YOUR MASTER PLAN. MAPL

Since 1996. Heemang Institute, inc. www.heemangedu.co.kr | www.mapl.co.kr

핵심단권화 수학개념서

마플교과서

공 통 수 학 2

핵심 단권화 수학개념서

마플교과서

공 통 수 학 2

마플교과서 공통수학 2
ISBN : 979-11-93575-08-6 (53410)
발행일 : 2024년 11월 20일(1판 1쇄)
인쇄일 : 2024년 11월 7일
판/쇄 : 1판 1쇄

펴낸곳
희망에듀출판부 *(Heemang Institute, inc. Publishing dept.)*

펴낸이
임정선

주소 경기도 부천시 석천로 174 하성빌딩
(174, Seokcheon-ro, Bucheon-si, Gyeonggi-do, Republic of Korea)

교재 오류 및 문의
mapl@heemangedu.co.kr

희망에듀 홈페이지
http://www.heemangedu.co.kr

마플교재 인터넷 구입처
http://www.mapl.co.kr

교재 구입 문의
오성서적
Tel 032) 653-6653
Fax 032) 655-4761

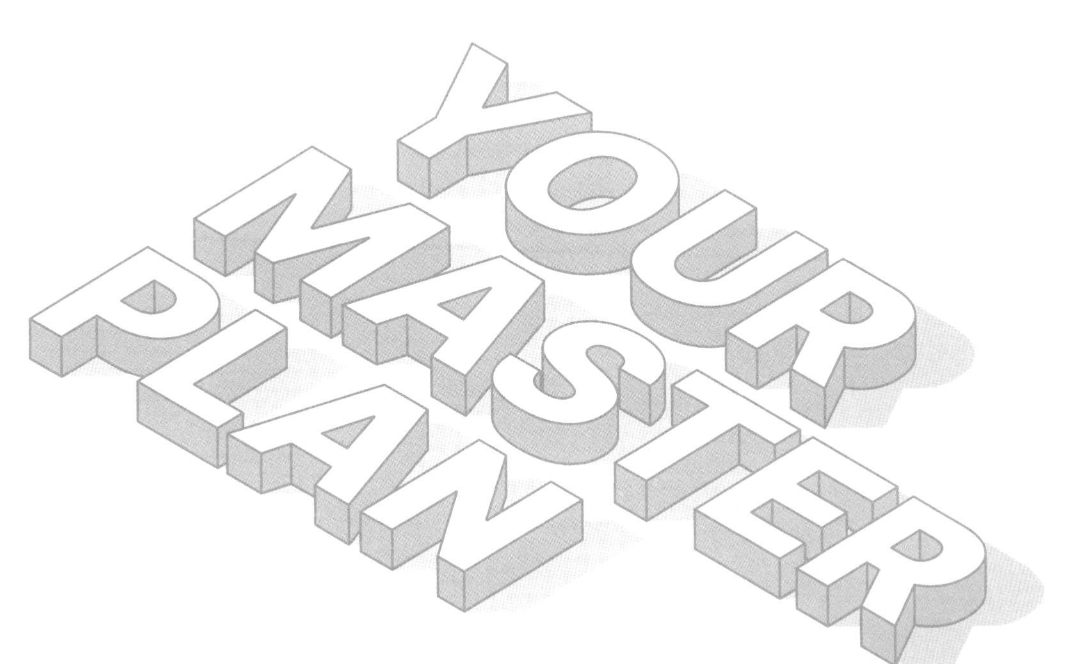

핵심단권화 수학개념서

마플교과서 시리즈

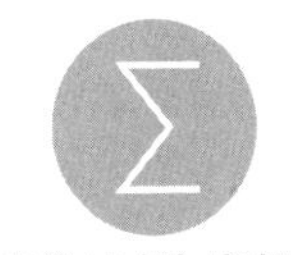

마플시너지 시리즈

마플총정리 시리즈

마플 모의고사 시리즈

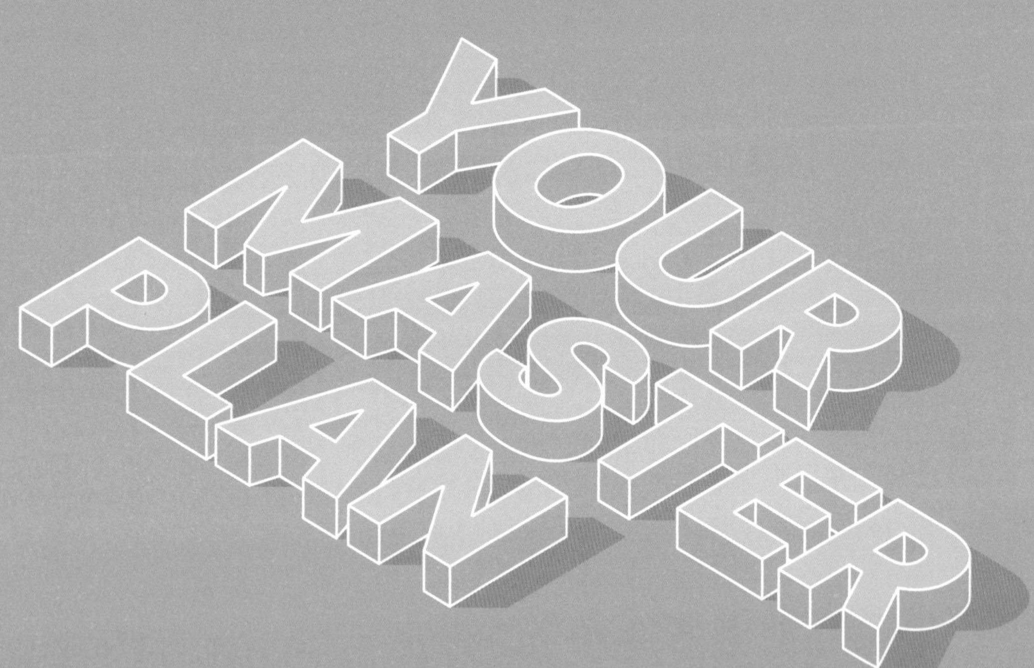

핵심단권화 수학개념서

마플교과서 시리즈

마플시너지 시리즈

마플총정리 시리즈

마플 모의고사 시리즈

Intro

핵심단권화 수학개념서
마플교과서
공통수학2

이 교재는 매시업 교재입니다.

매시업은 [으깨어서 하나로 뭉친다]는 의미로써 원래 DJ 뮤지션들이 여러 곡을 샘플링하거나 서로 다른 곡을 조합하여 새로운 곡을 만들어 내는 것을 의미하는 음악 용어이나 IT (정보기술) 분야에서는 웹상에서 웹서비스 업체들이 제공하는 다양한 정보(콘텐츠)와 서비스를 혼합하여 새로운 서비스를 개발하는 것을 의미합니다. 즉 서로 다른 웹사이트의 콘텐츠를 조합하여 새로운 차원의 콘텐츠와 서비스를 창출하는 것을 말합니다.

마플 수학 교과서는 '*매시업(MASH UP)*'된 교재입니다

마플교과서는 학생 여러분이 수능과 내신을 효율적으로 준비할 수 있도록 교육과정에 따라 체계적으로 꾸며졌습니다. 한 눈에 모든 유형을 볼 수 있도록 구성된 신개념 교과서입니다. 또한 개정교과서의 핵심 내용정리, 학교 내신 빈출문제, 수능 기출 및 전국 연합 모의고사의 엄선된 문제로 구성된 단권화된 유형별 개념서입니다.

1 핵심내용과 문제를 단권화한 마플 교과서

고등학생들이 수학 공부에 좌절하는 이유는 공부 자체의 양이 많고, 전 범위 시험에 따른 효과적인 반복학습 요구량이 급증하기 때문입니다. 단권화를 완성해 놓으면 엄청난 위력이 발휘되지만 거기에 도달하기까지의 지루함, 진도의 느림 등 많은 어려움이 있습니다. 이에 마플 교과서는 이 한 권으로 시간의 효율화를 기할 수 있고, 최근의 학교시험 경향과, 수능 과정의 기본적인 개념 정리를 한 눈에 쉽게 파악할 수 있도록 단권화하여 정리하였습니다.

2 마플 교과서는 반복입니다

많은 문제를 풀기보다 학생스스로 자연스럽게 개념을 습득하고, 문제를 해결하는 수학적인 힘을 기르기 위해서는 반복학습이 중요합니다.
이에 마플 교과서는 개념정리의 보기문제와 개념익힘의 확인, 변형, 발전문제, 단원종합문제의 BASIC, NORMAL, TOUGH문제를 통하여 자동적으로 유사문제 및 변형된 다양한 문제를 접해 새로 개정된 수학과 교육과정에 맞춘 문제해결 능력, 수학적 추론 능력, 의사소통 능력을 키울 수 있게 했습니다.

3 문제은행으로 구성된 교재

개념서 따로, 문제집 따로가 아닌 마플 교과서 한 권으로 두 가지 효과를 낼 수 있도록 문제은행식으로 구성되었습니다. 수학적 사고 능력이 능동적으로 키워질 수 있도록 교육과정에 따라 체계적인 문제흐름으로 문제를 구성하여 어떠한 형태의 문제라도 자신감있게 해결할 수 있도록 구성하였습니다.

Contents 목차

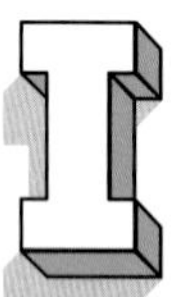

도형의 방정식

집합과 명제

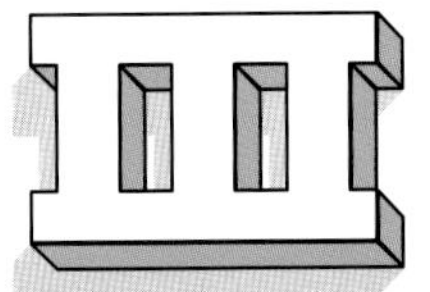

III 함수와 그래프

마플보충

마플특강

MAPL 교과서

Guide 01

MAPL. IT'S YOUR MASTER PLAN!
MAPL 교과서 SERIES
www.heemangedu.co.kr | www.mapl.co.kr

이 교재의 구성과 특징 본문 PART❶

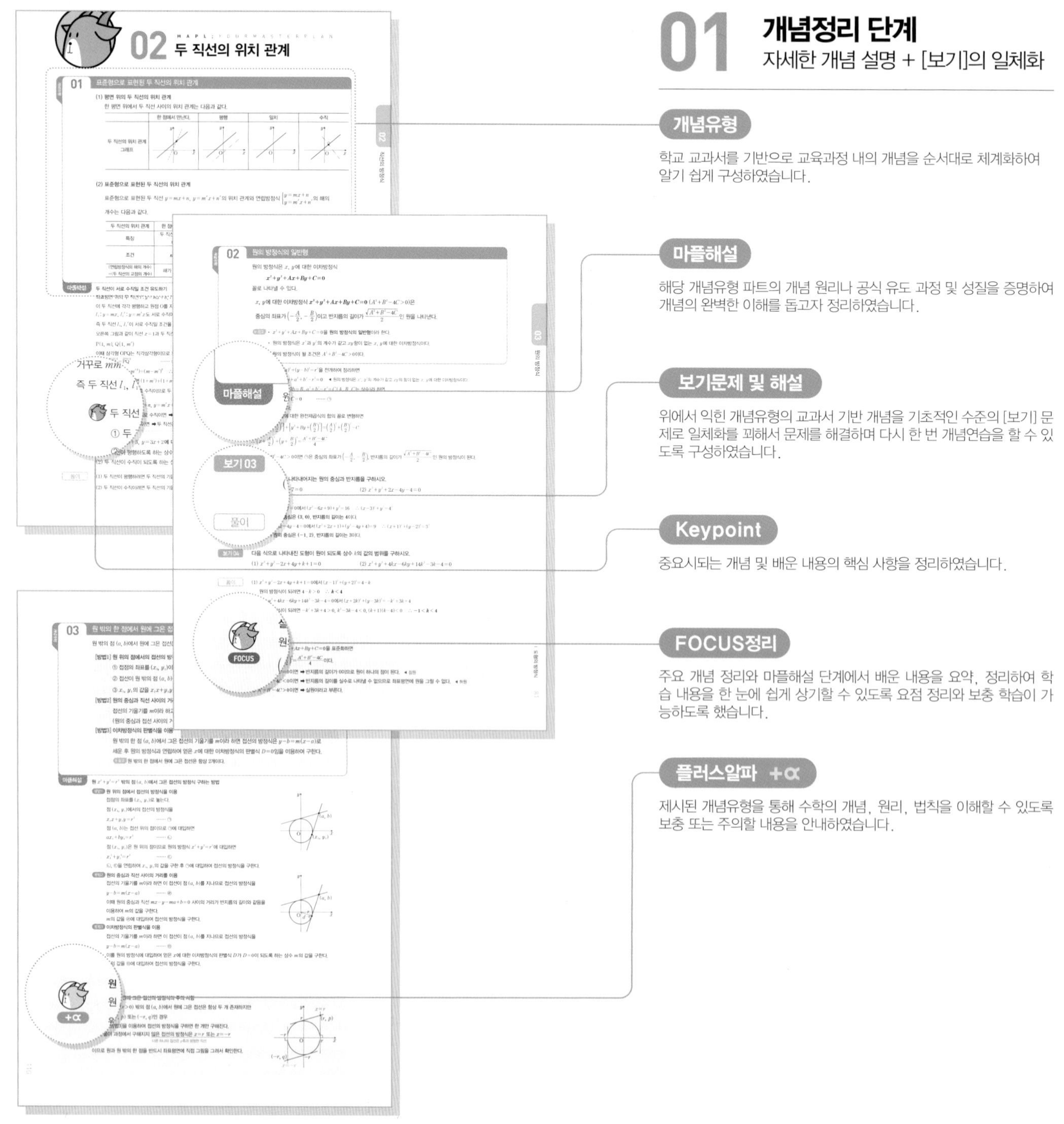

01 개념정리 단계

자세한 개념 설명 + [보기]의 일체화

개념유형

학교 교과서를 기반으로 교육과정 내의 개념을 순서대로 체계화하여 알기 쉽게 구성하였습니다.

마플해설

해당 개념유형 파트의 개념 원리나 공식 유도 과정 및 성질을 증명하여 개념의 완벽한 이해를 돕고자 정리하였습니다.

보기문제 및 해설

위에서 익힌 개념유형의 교과서 기반 개념을 기초적인 수준의 [보기] 문제로 일체화를 꾀해서 문제를 해결하며 다시 한 번 개념연습을 할 수 있도록 구성하였습니다.

Keypoint

중요시되는 개념 및 배운 내용의 핵심 사항을 정리하였습니다.

FOCUS정리

주요 개념 정리와 마플해설 단계에서 배운 내용을 요약, 정리하여 학습 내용을 한 눈에 쉽게 상기할 수 있도록 요점 정리와 보충 학습이 가능하도록 했습니다.

플러스알파 +α

제시된 개념유형을 통해 수학의 개념, 원리, 법칙을 이해할 수 있도록 보충 또는 주의할 내용을 안내하였습니다.

MAPL 교과서

Guide

02

핵심단권화 수학개념서

마플교과서 공통수학2

이 교재의 구성과 특징 본문 PART❷

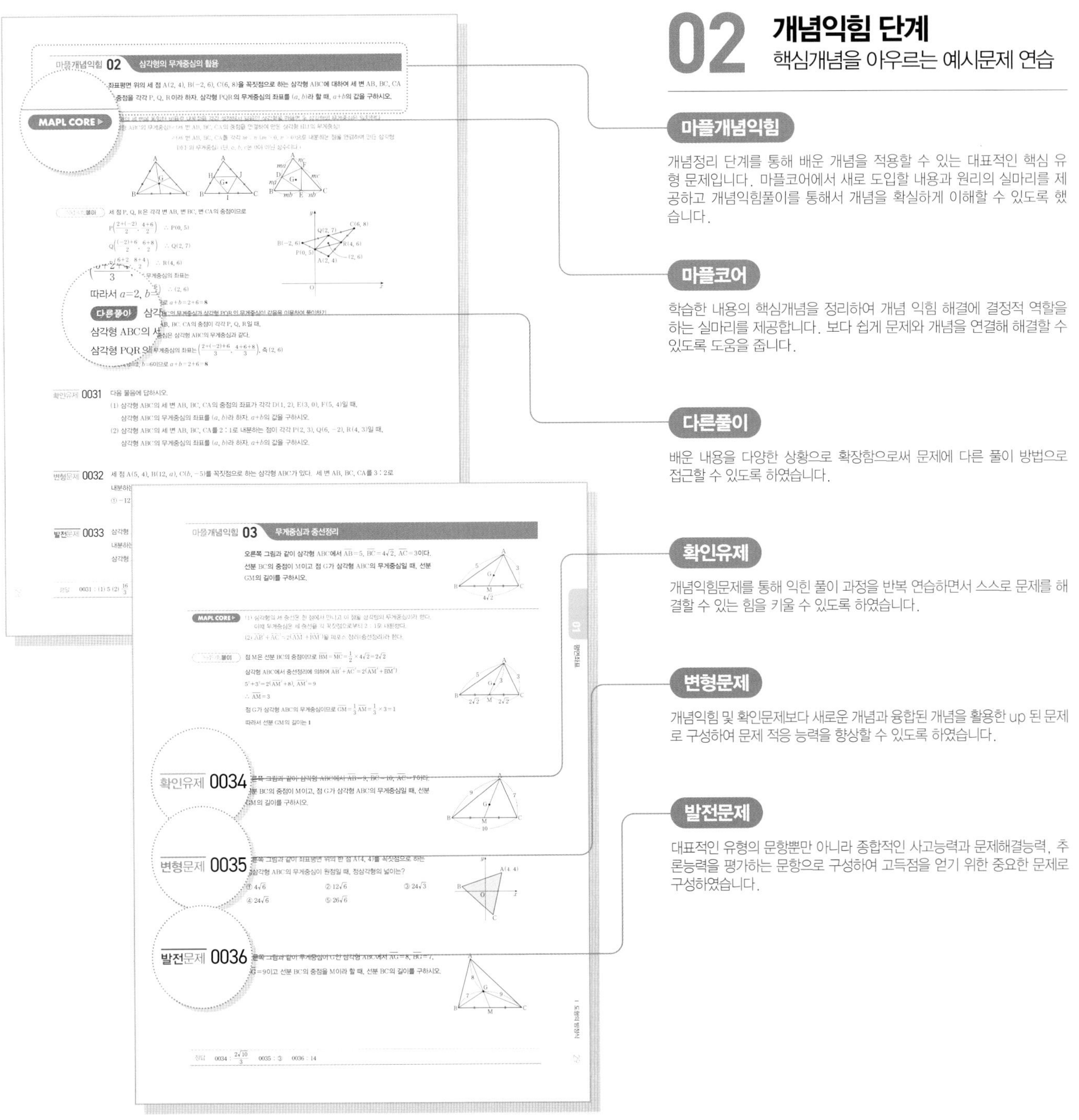

02 개념익힘 단계

핵심개념을 아우르는 예시문제 연습

마플개념익힘

개념정리 단계를 통해 배운 개념을 적용할 수 있는 대표적인 핵심 유형 문제입니다. 마플코어에서 새로 도입할 내용과 원리의 실마리를 제공하고 개념익힘풀이를 통해서 개념을 확실하게 이해할 수 있도록 했습니다.

마플코어

학습한 내용의 핵심개념을 정리하여 개념 익힘 해결에 결정적 역할을 하는 실마리를 제공합니다. 보다 쉽게 문제와 개념을 연결해 해결할 수 있도록 도움을 줍니다.

다른풀이

배운 내용을 다양한 상황으로 확장함으로써 문제에 다른 풀이 방법으로 접근할 수 있도록 하였습니다.

확인유제

개념익힘문제를 통해 익힌 풀이 과정을 반복 연습하면서 스스로 문제를 해결할 수 있는 힘을 키울 수 있도록 하였습니다.

변형문제

개념익힘 및 확인문제보다 새로운 개념과 융합된 개념을 활용한 up 된 문제로 구성하여 문제 적응 능력을 향상할 수 있도록 하였습니다.

발전문제

대표적인 유형의 문항뿐만 아니라 종합적인 사고능력과 문제해결능력, 추론능력을 평가하는 문항으로 구성하여 고득점을 얻기 위한 중요한 문제로 구성하였습니다.

MAPL. IT'S YOUR MASTER PLAN!
MAPL 교과서 SERIES
www.heemangedu.co.kr | www.mapl.co.kr

이 교재의 구성과 특징 본문 PART③

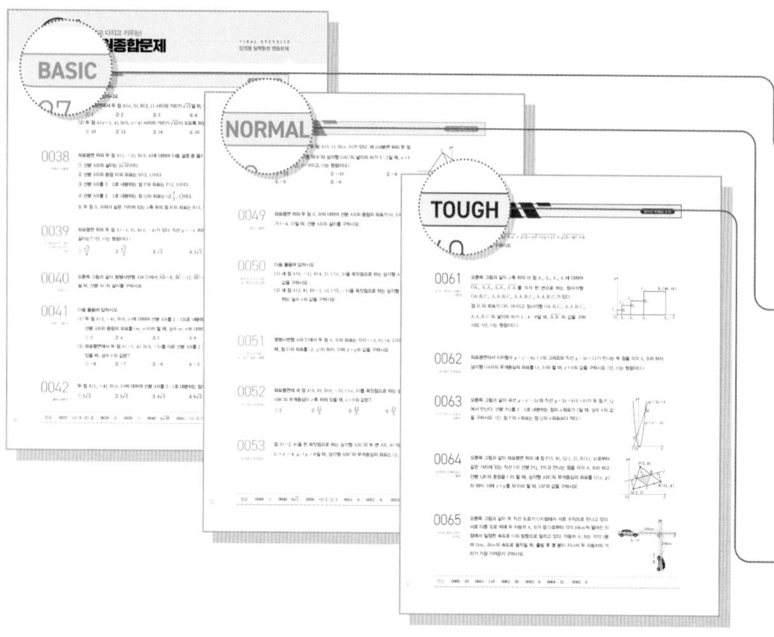

03 단원종합문제
BASIC + NORMAL + TOUGH

BASIC 개념을 익히는 문제

정답률 60% 이상의 내신기출문제와 전국연합 모의기출문제로 기본 개념을 활용하거나, 문제 상황을 논리적으로 추론하면 수월하게 해결할 수 있는 문항으로 구성하였습니다.

NORMAL 개념을 다지는 문제

정답률 40% 이상의 내신기출문제와 전국연합 모의기출문제로 고차원의 사고를 요구하는 문항보다는 기본적인 개념과 원리에 충실하면서도 변별력이 있는 문항으로 구성하였습니다.

서술형

복합적인 내용을 가진 변별력 높은 서술형 문제를 단계별로 서술하여 서술형 대비를 보다 구체적이고 체계적으로 할 수 있도록 문제를 구성하였습니다.

TOUGH 실력을 키우는 문제

오답률 70% 이상의 고난도 문제로 개념 · 원리의 활용, 문항의 확대, 변형, 자료 상황의 활용으로 수학적 사고력을 기르는 문제로 구성하였습니다.

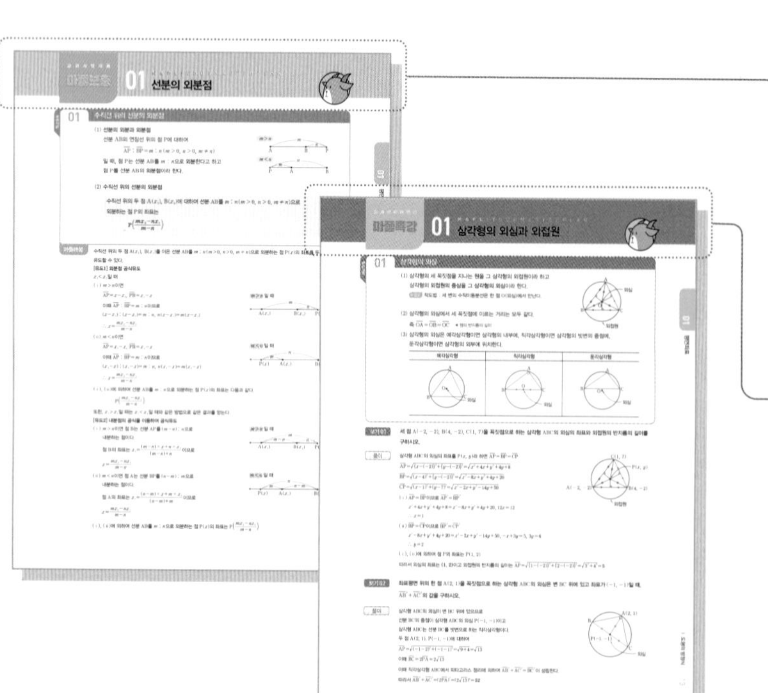

04 마플보충 / 마플특강
심층학습을 위한 추가 파트

마플보충 교과서 밖 내용

교육과정에서 다루고 있지 않지만 개념 이해와 문제 해결능력에 유용한 내용을 제시하여 수학적 원리의 이해도를 높일 수 있도록 했습니다.

마플특강 교과서 뛰어넘기

교육과정에서 다루는 새로운 개념의 이해와 문제 해결에 유용한 내용을 제시하여 수학적 원리의 이해도를 높일 수 있도록 했습니다.

핵심단권화 수학개념서

마플교과서 공통수학2

이 교재의 구성과 특징 해설

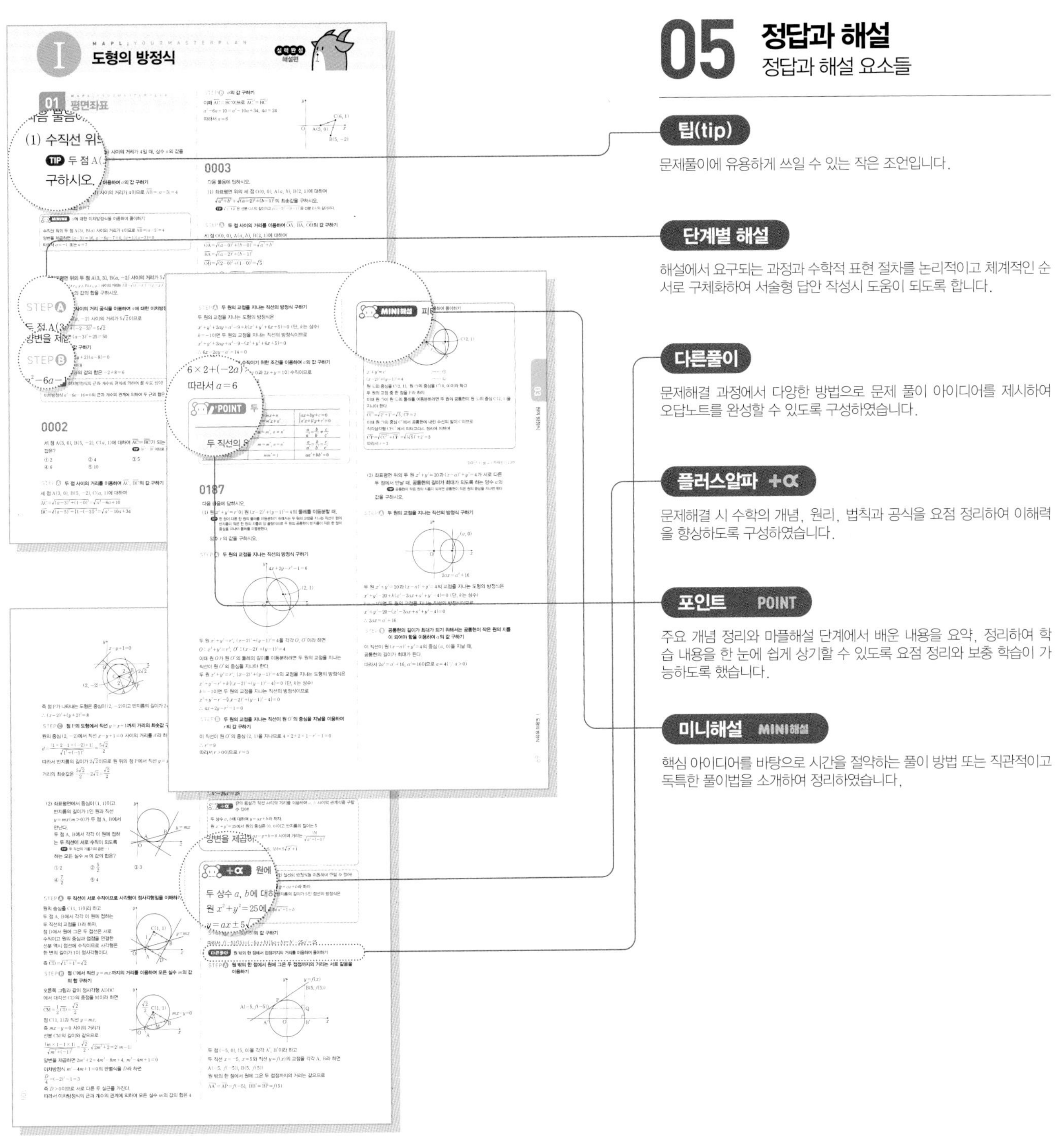

05 정답과 해설
정답과 해설 요소들

팁(tip)
문제풀이에 유용하게 쓰일 수 있는 작은 조언입니다.

단계별 해설
해설에서 요구되는 과정과 수학적 표현 절차를 논리적이고 체계적인 순서로 구체화하여 서술형 답안 작성시 도움이 되도록 합니다.

다른풀이
문제해결 과정에서 다양한 방법으로 문제 풀이 아이디어를 제시하여 오답노트를 완성할 수 있도록 구성하였습니다.

플러스알파 +α
문제해결 시 수학의 개념, 원리, 법칙과 공식을 요점 정리하여 이해력을 향상하도록 구성하였습니다.

포인트 POINT
주요 개념 정리와 마플해설 단계에서 배운 내용을 요약, 정리하여 학습 내용을 한 눈에 쉽게 상기할 수 있도록 요점 정리와 보충 학습이 가능하도록 했습니다.

미니해설 MINI해설
핵심 아이디어를 바탕으로 시간을 절약하는 풀이 방법 또는 직관적이고 독특한 풀이법을 소개하여 정리하였습니다.

© Photo by Getty Image on Unsplash

지금,
목 끝까지 차오르는
거친 숨결은
메마른 대지를 적셔
싹을 틔우고,
오늘,
흩뿌린 피와 땀은
가난한 토양에
밑거름이 되어
열매를 맺게 합니다.

더해,
이 책이 당신의 미래를 위한
훌륭한 자양분이 될 것입니다.

마플교과서

MAPL. IT'S YOUR MASTER PLAN!

MAPL 교과서 SERIES

www.heemangedu.co.kr | www.mapl.co.kr

공통수학 2 I. 도형의 방정식

01

평면좌표

01 두 점 사이의 거리

MAPL; YOURMASTERPLAN

개념유형 01 수직선 위의 두 점 사이의 거리

수직선 위의 두 점 사이의 거리는 다음과 같다.

(1) 두 점 $A(x_1)$, $B(x_2)$ 사이의 거리는

$\overline{AB}=|x_2-x_1|$ ◀ $|x_2-x_1|=|x_1-x_2|$이므로 빼는 순서를 바꾸어도 상관없다.

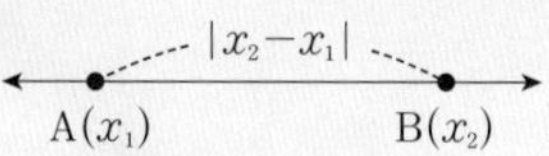

(2) 원점 $O(0)$과 점 $A(x_1)$ 사이의 거리는

$\overline{OA}=|x_1|$

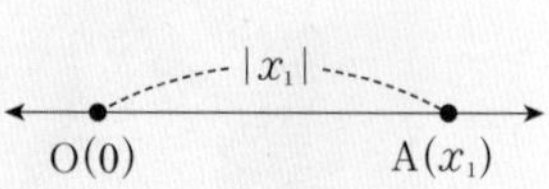

참고 $\overline{AB}$는 다음 두 가지 의미로 사용된다.

① 선분 AB ② 선분 AB의 길이

마플해설 일반적으로 수직선 위의 두 점 $A(x_1)$, $B(x_2)$ 사이의 거리 $\overline{AB}$는 다음과 같다. $\overline{AB}=\begin{cases} x_2-x_1 & (x_1 \le x_2) \\ x_1-x_2 & (x_1 > x_2) \end{cases}$

이때 수직선 위의 두 점 사이의 거리는 좌표가 큰 값에서 좌표가 작은 값을 뺀 값과 같으므로

다음과 같이 하나의 식으로 나타낼 수 있다. $\overline{AB}=|x_2-x_1|$

특히 원점 $O(0)$과 점 $A(x_1)$ 사이의 거리 $\overline{OA}$는 다음과 같다. $\overline{OA}=|x_1-0|=|x_1|$

보기 01 다음 두 점 사이의 거리를 구하시오.

(1) $A(3)$, $B(5)$　　(2) $P(3)$, $Q(-2)$　　(3) $O(0)$, $P(-5)$

풀이 (1) $\overline{AB}=|5-3|=\mathbf{2}$　　(2) $\overline{PQ}=|3-(-2)|=|3+2|=\mathbf{5}$　　(3) $\overline{OP}=|-5|=\mathbf{5}$

개념유형 02 좌표평면 위의 두 점 사이의 거리

좌표평면 위의 두 점 사이의 거리는 다음과 같다.

두 점 $A(x_1, y_1)$, $B(x_2, y_2)$ 사이의 거리는

$\overline{AB}=\sqrt{(x_2-x_1)^2+(y_2-y_1)^2}$ ◀ $\overline{AB}=\sqrt{(x\text{좌표의 차})^2+(y\text{좌표의 차})^2}$

특히 원점 $O(0, 0)$와 점 $A(x_1, y_1)$ 사이의 거리는

$\overline{OA}=\sqrt{x_1^2+y_1^2}$

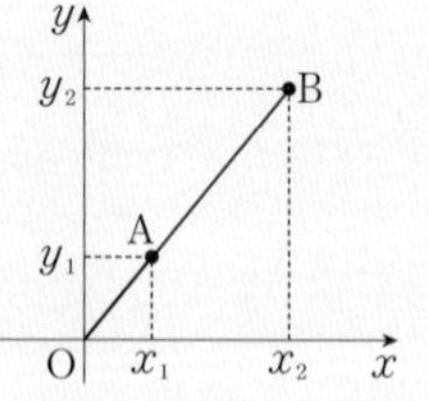

마플해설 오른쪽 그림과 같이 두 점 $A(x_1, y_1)$, $B(x_2, y_2)$에서 각각 x축, y축에 평행하게 그은 직선의 교점을 C라 하면 삼각형 ABC는 직각삼각형이고

$\overline{AC}=|x_2-x_1|$, $\overline{BC}=|y_2-y_1|$이므로

피타고라스 정리에 의하여 $\overline{AB}^2=\overline{AC}^2+\overline{BC}^2=(x_2-x_1)^2+(y_2-y_1)^2$

$\therefore \overline{AB}=\sqrt{(x_2-x_1)^2+(y_2-y_1)^2}$

특히 원점 $O(0, 0)$와 점 $A(x_1, y_1)$ 사이의 거리 $\overline{OA}$는 다음과 같다.

$\overline{OA}=\sqrt{(x_1-0)^2+(y_1-0)^2}=\sqrt{x_1^2+y_1^2}$

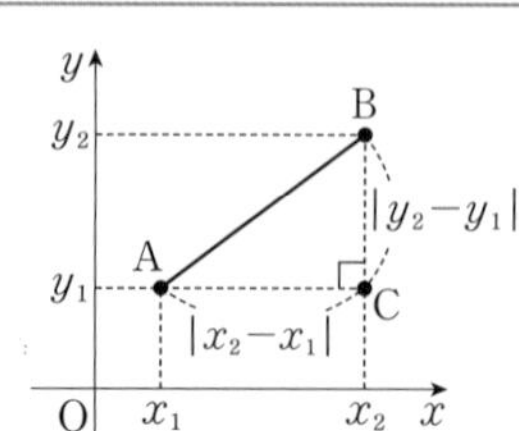

보기 02 다음 두 점 사이의 거리를 구하시오.

(1) $A(2, 1)$, $B(4, -3)$　　(2) $O(0, 0)$, $A(4, 3)$

풀이 (1) $\overline{AB}=\sqrt{(4-2)^2+(-3-1)^2}=\sqrt{20}=\mathbf{2\sqrt{5}}$　　(2) $\overline{OA}=\sqrt{4^2+3^2}=\mathbf{5}$

마플개념익힘 01 두 점 사이의 거리

다음 물음에 답하시오.

(1) 수직선 위에 세 점 $A(-3)$, $B(3)$, $C(x)$에서 $\overline{AC}=2\overline{BC}$가 성립할 때, x의 값을 구하시오.

(2) 좌표평면 위의 두 점 $A(3, 0)$, $B(2, a)$ 사이의 거리가 $\sqrt{10}$일 때, 양수 a의 값을 구하시오.

MAPL CORE ▶ (1) 수직선 위의 두 점 $A(x_1)$, $B(x_2)$ 사이의 거리 $\overline{AB}$ ➡ $\overline{AB}=|x_2-x_1|$

(2) 좌표평면 위의 두 점 $A(x_1, y_1)$, $B(x_2, y_2)$ 사이의 거리 $\overline{AB}$ ➡ $\overline{AB}=\sqrt{(x_2-x_1)^2+(y_2-y_1)^2}$

개념익힘풀이 (1) $\overline{AC}=|x-(-3)|=|x+3|$, $\overline{BC}=|x-3|$이고 $\overline{AC}=2\overline{BC}$이므로

$|x+3|=2|x-3|$

양변을 제곱하면

$(x+3)^2=4(x-3)^2$, $x^2-10x+9=0$, $(x-1)(x-9)=0$

$\therefore$ $\boldsymbol{x=1}$ **또는** $\boldsymbol{x=9}$

(2) 두 점 $A(3, 0)$, $B(2, a)$ 사이의 거리가 $\sqrt{10}$이므로

$\overline{AB}=\sqrt{(2-3)^2+(a-0)^2}=\sqrt{10}$

양변을 제곱하면 $1+a^2=10$, $a^2=9$

$\therefore$ $\boldsymbol{a=3}$ $(\because a>0)$

확인유제 0001 다음 물음에 답하시오.

(1) 수직선 위의 두 점 $A(3)$, $B(a)$ 사이의 거리가 4일 때, 상수 a의 값을 구하시오.

(2) 좌표평면 위의 두 점 $A(3, 3)$, $B(a, -2)$ 사이의 거리가 $5\sqrt{2}$일 때, 모든 실수 a의 값의 합을 구하시오.

변형문제 0002 세 점 $A(3, 0)$, $B(5, -2)$, $C(a, 1)$에 대하여 $\overline{AC}=\overline{BC}$가 되는 상수 a의 값은?

① 2 ② 4 ③ 5 ④ 6 ⑤ 10

발전문제 0003 다음 물음에 답하시오.

(1) 좌표평면 위의 세 점 $O(0, 0)$, $A(a, b)$, $B(2, 1)$에 대하여 $\sqrt{a^2+b^2}+\sqrt{(a-2)^2+(b-1)^2}$의 최솟값을 구하시오.

(2) 좌표평면 위에서 a, b가 실수일 때, $\sqrt{(a-1)^2+b^2}+\sqrt{a^2+(b-1)^2}$의 최솟값을 구하시오.

정답 0001 : (1) $a=-1$ 또는 $a=7$ (2) 6 0002 : ④ 0003 : (1) $\sqrt{5}$ (2) $\sqrt{2}$

마플개념익힘 02 두 점으로부터 같은 거리에 있는 점의 좌표

다음 물음에 답하시오.

(1) 두 점 A$(3,\ -2)$, B$(1,\ -4)$에서 같은 거리에 있는 x축 위의 점 P의 좌표를 구하시오.

(2) 두 점 A$(3,\ -5)$, B$(-4,\ 2)$에서 같은 거리에 있는 y축 위의 점 Q의 좌표를 구하시오.

MAPL CORE ▶ 두 점 A, B에서 같은 거리에 있는 점 P의 좌표를 미지수로 나타낸 후 $\overline{\mathrm{AP}}=\overline{\mathrm{BP}}$, 즉 $\overline{\mathrm{AP}}^2=\overline{\mathrm{BP}}^2$임을 이용하여 미지수에 대한 방정식을 푼다.

좌표평면 위에서 한 점의 좌표를 정하는 방법

① x축 위의 점이면 ➡ $(a,\ 0)$으로 놓는다.

② y축 위의 점이면 ➡ $(0,\ b)$로 놓는다.

③ 직선 $y=x$ 위의 점이면 ➡ $(a,\ a)$로 놓는다.

④ 도형 $y=f(x)$ 위의 점이면 ➡ $(a,\ f(a))$로 놓는다.

개념익힘**풀이**

(1) 두 점 A$(3,\ -2)$, B$(1,\ -4)$에서 같은 거리에 있는 x축 위의 점의 좌표를 P$(a,\ 0)$이라 하면

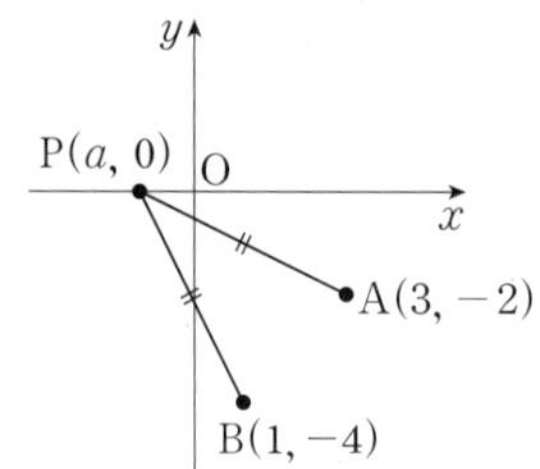

$\overline{\mathrm{AP}}=\sqrt{(a-3)^2+\{0-(-2)\}^2}=\sqrt{a^2-6a+13}$

$\overline{\mathrm{BP}}=\sqrt{(a-1)^2+\{0-(-4)\}^2}=\sqrt{a^2-2a+17}$

이때 $\overline{\mathrm{AP}}=\overline{\mathrm{BP}}$이므로 $\overline{\mathrm{AP}}^2=\overline{\mathrm{BP}}^2$

$a^2-6a+13=a^2-2a+17,\ -4a=4 \quad \therefore a=-1$

따라서 구하는 점 P의 좌표는 **P$(-1,\ 0)$**

(2) 두 점 A$(3,\ -5)$, B$(-4,\ 2)$에서 같은 거리에 있는 y축 위의 점의 좌표를 Q$(0,\ b)$라 하면

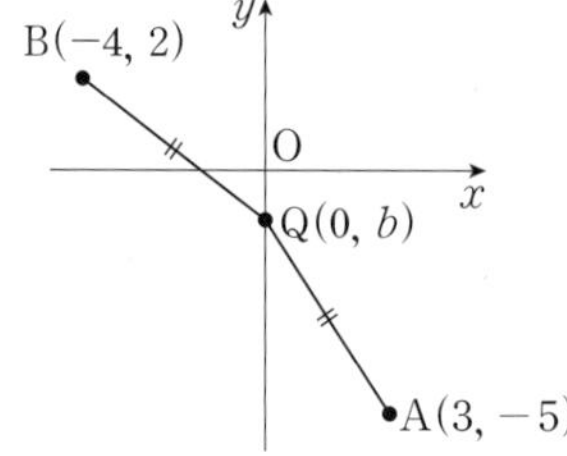

$\overline{\mathrm{AQ}}=\sqrt{(0-3)^2+\{b-(-5)\}^2}=\sqrt{b^2+10b+34}$

$\overline{\mathrm{BQ}}=\sqrt{\{0-(-4)\}^2+(b-2)^2}=\sqrt{b^2-4b+20}$

이때 $\overline{\mathrm{AQ}}=\overline{\mathrm{BQ}}$이므로 $\overline{\mathrm{AQ}}^2=\overline{\mathrm{BQ}}^2$

$b^2+10b+34=b^2-4b+20,\ 14b=-14 \quad \therefore b=-1$

따라서 구하는 점 Q의 좌표는 **Q$(0,\ -1)$**

확인유제 0004 다음 물음에 답하시오.

(1) 두 점 A$(-3,\ 1)$, B$(2,\ 4)$로부터 같은 거리에 있는 x축 위의 점 P의 좌표를 구하시오.

(2) 두 점 A$(-1,\ -2)$, B$(3,\ 0)$으로부터 같은 거리에 있는 y축 위의 점 Q의 좌표를 구하시오.

변형문제 0005 좌표평면 위의 두 점 A$(-2,\ 1)$, B$(4,\ 3)$이 있다. 직선 $y=x$ 위의 점 P에 대하여 $\overline{\mathrm{AP}}=\overline{\mathrm{BP}}$일 때, 선분 OP의 길이는? (단, O는 원점이다.)

① $\dfrac{\sqrt{2}}{4}$ ② $\dfrac{3\sqrt{2}}{4}$ ③ $\dfrac{3\sqrt{2}}{2}$ ④ $\dfrac{5\sqrt{2}}{4}$ ⑤ $\dfrac{5\sqrt{2}}{2}$

발전문제 0006 오른쪽 그림과 같이 직선 $l:2x+3y=12$와 두 점 A$(4,\ 0)$, B$(0,\ 2)$가 있다. $\overline{\mathrm{AP}}=\overline{\mathrm{BP}}$가 되도록 직선 l 위의 점 P$(a,\ b)$를 잡을 때, $8a+4b$의 값을 구하시오.

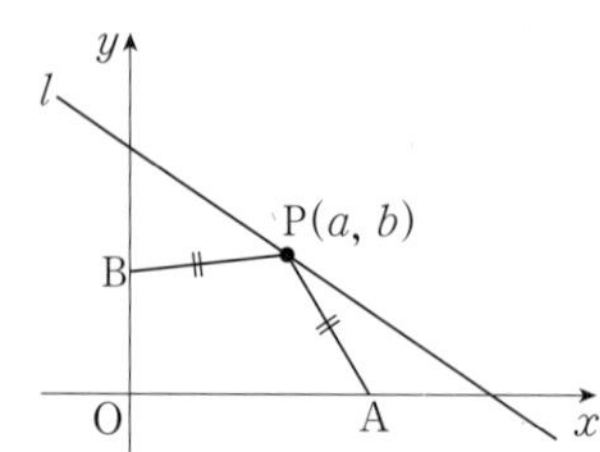

정답 0004 : (1) P$(1,\ 0)$ (2) Q$(0,\ 1)$ 0005 : ④ 0006 : 30

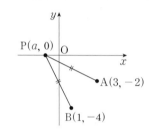

삼각형의 외심과 외접원

01 삼각형의 외심

특강유형

(1) 삼각형의 세 꼭짓점을 지나는 원을 그 삼각형의 외접원이라 하고 삼각형의 **외접원의 중심**을 그 **삼각형의 외심**이라 한다.

참고 작도법 : 세 변의 수직이등분선은 한 점 O(외심)에서 만난다.

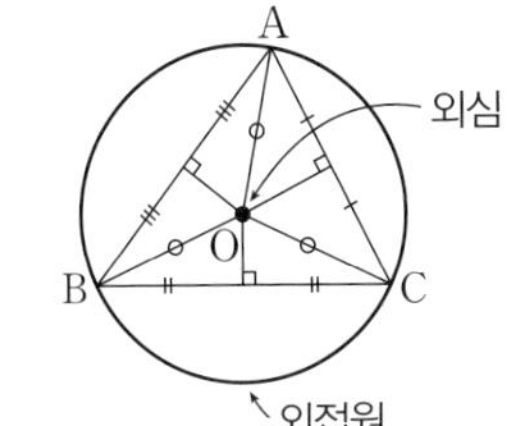

(2) 삼각형의 외심에서 세 꼭짓점에 이르는 거리는 모두 같다.

즉 $\overline{OA}=\overline{OB}=\overline{OC}$ ◀ 원의 반지름의 길이

(3) 삼각형의 외심은 예각삼각형이면 삼각형의 내부에, 직각삼각형이면 삼각형의 빗변의 중점에, 둔각삼각형이면 삼각형의 외부에 위치한다.

예각삼각형	직각삼각형	둔각삼각형
A, O, B, C, 외심	A, B, O, C, 외심	A, B, C, O, 외심

보기 01 세 점 $A(-2,\ -2)$, $B(4,\ -2)$, $C(1,\ 7)$을 꼭짓점으로 하는 삼각형 ABC의 외심의 좌표와 외접원의 반지름의 길이를 구하시오.

풀이

삼각형 ABC의 외심의 좌표를 $P(x,\ y)$라 하면 $\overline{AP}=\overline{BP}=\overline{CP}$

C(1, 7) P(x, y) A(−2, −2) B(4, −2) 외접원

$\overline{AP}=\sqrt{\{x-(-2)\}^2+\{y-(-2)\}^2}=\sqrt{x^2+4x+y^2+4y+8}$

$\overline{BP}=\sqrt{(x-4)^2+\{y-(-2)\}^2}=\sqrt{x^2-8x+y^2+4y+20}$

$\overline{CP}=\sqrt{(x-1)^2+(y-7)^2}=\sqrt{x^2-2x+y^2-14y+50}$

(i) $\overline{AP}=\overline{BP}$이므로 $\overline{AP}^2=\overline{BP}^2$

$x^2+4x+y^2+4y+8=x^2-8x+y^2+4y+20$, $12x=12$

$\therefore\ x=1$

(ii) $\overline{BP}=\overline{CP}$이므로 $\overline{BP}^2=\overline{CP}^2$

$x^2-8x+y^2+4y+20=x^2-2x+y^2-14y+50$, $-x+3y=5$, $3y=6$

$\therefore\ y=2$

(i), (ii)에 의하여 점 P의 좌표는 $P(1,\ 2)$

따라서 외심의 좌표는 **(1, 2)**이고 외접원의 반지름의 길이는 $\overline{AP}=\sqrt{\{1-(-2)\}^2+\{2-(-2)\}^2}=\sqrt{3^2+4^2}=\mathbf{5}$

보기 02 좌표평면 위의 한 점 $A(2,\ 1)$을 꼭짓점으로 하는 삼각형 ABC의 외심은 변 BC 위에 있고 좌표가 $(-1,\ -1)$일 때, $\overline{AB}^2+\overline{AC}^2$의 값을 구하시오.

2011년 09월 고1 학력평가 9번

풀이

삼각형 ABC의 외심이 변 BC 위에 있으므로

선분 BC의 중점이 삼각형 ABC의 외심 $P(-1,\ -1)$이고

삼각형 ABC는 선분 BC를 빗변으로 하는 직각삼각형이다.

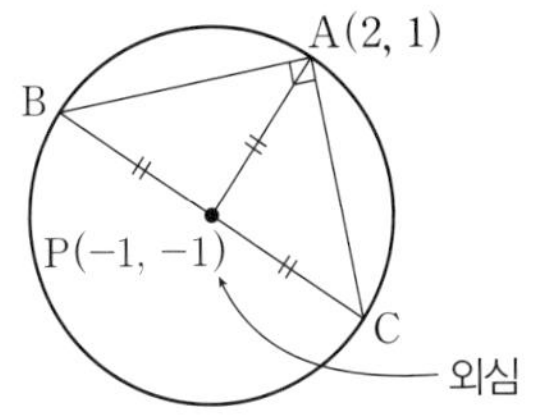

두 점 $A(2,\ 1)$, $P(-1,\ -1)$에 대하여

$\overline{AP}=\sqrt{(-1-2)^2+(-1-1)^2}=\sqrt{9+4}=\sqrt{13}$

이때 $\overline{BC}=2\overline{PA}=2\sqrt{13}$

이때 직각삼각형 ABC에서 피타고라스 정리에 의하여 $\overline{AB}^2+\overline{AC}^2=\overline{BC}^2$이 성립한다.

따라서 $\overline{AB}^2+\overline{AC}^2=(2\overline{PA})^2=(2\sqrt{13})^2=\mathbf{52}$

마플개념익힘 03 거리의 제곱의 합의 최솟값

두 점 A(2, 3), B(4, 1)과 x축 위의 임의의 점 P에 대하여
$\overline{AP}^2+\overline{BP}^2$의 최솟값과 그때의 점 P의 좌표를 구하시오.

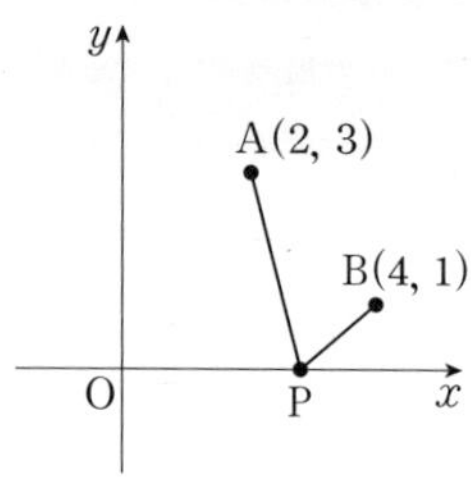

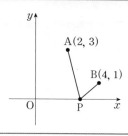

MAPL CORE ▶ 거리의 제곱의 합 $\overline{AP}^2+\overline{BP}^2$의 최솟값은 다음 순서로 구한다.

❶ 점 P의 좌표를 x를 이용하여 나타낸다.
❷ 두 점 사이의 거리를 이용하여 $\overline{AP}^2+\overline{BP}^2$을 x에 대한 이차식으로 나타낸다.
❸ 이차식을 완전제곱식으로 변형하여 최솟값을 구한다.

참고 $a>0$일 때, $y=a(x-p)^2+q$는 $x=p$에서 최솟값 q를 가진다.

 두 점 A(x_1, y_1), B(x_2, y_2)에 대하여

① $\overline{AP}^2+\overline{BP}^2$이 최소가 되는 x축 위의 점 P의 좌표 ➡ $P\left(\frac{x_1+x_2}{2}, 0\right)$

② $\overline{AP}^2+\overline{BP}^2$이 최소가 되는 y축 위의 점 P의 좌표 ➡ $P\left(0, \frac{y_1+y_2}{2}\right)$

③ $\overline{AP}^2+\overline{BP}^2$이 최소가 되는 점 P의 좌표 ➡ $P\left(\frac{x_1+x_2}{2}, \frac{y_1+y_2}{2}\right)$ ◀ 점 P는 선분 AB의 중점이다.

④ 세 점 A(x_1, y_1), B(x_2, y_2), C(x_3, y_3)에 대하여 $\overline{AP}^2+\overline{BP}^2+\overline{CP}^2$이 최소가 되는 점 P의 좌표
➡ $P\left(\frac{x_1+x_2+x_3}{3}, \frac{y_1+y_2+y_3}{3}\right)$ ◀ 점 P는 삼각형 ABC의 무게중심이다.

개념익힘풀이

점 P가 x축 위의 점이므로 점 P의 좌표를 P$(x, 0)$이라 하면

$\overline{AP}=\sqrt{(x-2)^2+(0-3)^2}=\sqrt{x^2-4x+13}$

$\overline{BP}=\sqrt{(x-4)^2+(0-1)^2}=\sqrt{x^2-8x+17}$

$\overline{AP}^2+\overline{BP}^2=x^2-4x+13+x^2-8x+17$
$=2x^2-12x+30$

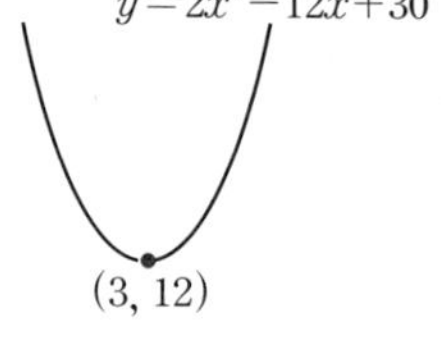

이때 $2x^2-12x+30$을 완전제곱식으로 변형하면

$2x^2-12x+30=2(x^2-6x)+30$
$=2(x^2-6x+9)-18+30$
$=2(x-3)^2+12$

이므로 $\overline{AP}^2+\overline{BP}^2$은 $x=3$일 때, 최솟값은 12

따라서 점 P의 좌표는 **P(3, 0)**이고 최솟값은 **12**

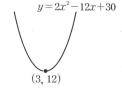

확인유제 0007 다음 물음에 답하시오.

(1) 두 점 A$(-1, 5)$, B$(3, 1)$과 y축 위의 임의의 점 P에 대하여 $\overline{AP}^2+\overline{BP}^2$의 최솟값과 그때의 점 P의 좌표를 구하시오.

(2) 두 점 A$(-3, 2)$, B$(1, 4)$에 대하여 $\overline{AP}^2+\overline{BP}^2$의 최솟값과 그때의 점 P의 좌표를 구하시오.

변형문제 0008 두 점 A$(4, -2)$, B$(1, -5)$와 직선 $y=x+3$ 위의 점 P(a, b)에 대하여 $\overline{AP}^2+\overline{BP}^2$이 최솟값을 가질 때, a^2+b^2의 값은?

① 5 ② 13 ③ 17 ④ 25 ⑤ 30

발전문제 0009 좌표평면 위의 세 점 O$(0, 0)$, A$(3, 0)$, B$(0, 6)$을 꼭짓점으로 하는 삼각형 OAB의 내부에 점 P가 있다. 이때 $\overline{OP}^2+\overline{AP}^2+\overline{BP}^2$의 최솟값을 구하시오. ⬅ p26 삼각형의 무게중심의 활용 참고

정답 0007 : (1) 18, P(0, 3) (2) 10, P(−1, 3)　0008 : ①　0009 : 30

마플개념익힘 04 세 변의 길이에 따른 삼각형의 모양 결정

세 점 A(1, 2), B(3, −2), C(5, 4)를 꼭짓점으로 하는 삼각형 ABC에 대하여 다음 물음에 답하시오.

(1) 삼각형 ABC의 세 변의 길이를 구하시오.

(2) 삼각형 ABC의 모양을 구하시오.

MAPL CORE ▶ 세 꼭짓점의 좌표가 주어진 삼각형의 모양을 결정할 때는 삼각형의 세 변의 길이를 각각 구한 후 세 변의 길이 사이의 관계를 이용하여 삼각형의 모양을 판단한다.
삼각형 ABC의 세 변의 길이를 각각 a, b, c라 할 때,
(1) $a=b=c$이면 삼각형 ABC는 정삼각형
(2) $a=b$ 또는 $b=c$ 또는 $c=a$이면 삼각형 ABC는 이등변삼각형
(3) $a^2+b^2=c^2$이고 $a=b$이면 삼각형 ABC는 $\angle C=90°$인 직각이등변삼각형

개념익힘풀이 (1) 세 점 A(1, 2), B(3, −2), C(5, 4)에서
두 점 사이의 거리 공식에 의하여 세 변의 길이를 각각 구하면

$\overline{AB}=\sqrt{(3-1)^2+(-2-2)^2}=\sqrt{4+16}=\mathbf{2\sqrt{5}}$

$\overline{BC}=\sqrt{(5-3)^2+\{4-(-2)\}^2}=\sqrt{4+36}=\mathbf{2\sqrt{10}}$

$\overline{AC}=\sqrt{(5-1)^2+(4-2)^2}=\sqrt{16+4}=\mathbf{2\sqrt{5}}$

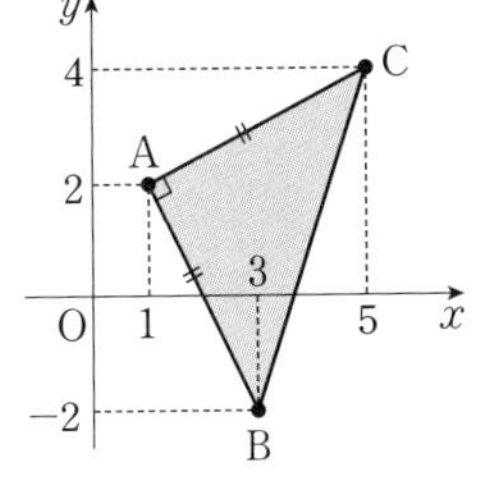

(2) $\overline{AB}=\overline{AC}$, $\overline{AB}^2+\overline{AC}^2=\overline{BC}^2$에서 삼각형 ABC의 모양은
$\angle A=90°$인 직각이등변삼각형

삼각형의 분류와 성질

내각의 크기의 합이 180°인 삼각형은 각의 크기가 모두 같은지, 또는 각의 유형에 따라 다음과 같이 분류한다.

삼각형의 분류		그림	삼각형의 성질
정삼각형	세 각의 크기가 모두 같다. 세 변의 길이가 같다.		세 내각의 크기가 모두 60°로 같다.
이등변삼각형	두 변의 길이가 같다. 두 변과 함께하는 두 각의 크기가 같다.		꼭지각의 이등분선은 밑변을 수직이등분한다.
직각삼각형	한 내각의 크기가 90°인 삼각형		빗변의 길이의 제곱은 다른 두 변의 길이의 제곱의 합과 같다. 빗변의 중점은 세 꼭짓점에서 같은 거리에 있다.

확인유제 0010 삼각형 ABC의 꼭짓점의 좌표가 A(2, 1), B(3, 4), C(5, 2)일 때, 삼각형 ABC는 어떤 삼각형인지 구하시오.

변형문제 0011 좌표평면의 세 꼭짓점 A(a, 2), B(0, 3), C(4, 5)인 삼각형 ABC가 $\angle A=90°$인 직각삼각형일 때, 상수 a의 값의 합은?

① 3　② 4　③ 5　④ 6　⑤ 8

발전문제 0012 좌표평면의 세 꼭짓점 A(2, 1), B(−2, −1), C(a, b)인 삼각형 ABC가 정삼각형일 때, 상수 a, b에 대하여 ab의 값을 구하시오. (단, 점 C는 제 4사분면 위의 점이다.)

정답 0010 : $\overline{AB}=\overline{AC}$인 이등변삼각형　0011 : ②　0012 : −6

마플개념익힘 05 파포스(Pappos) 정리 또는 중선정리

오른쪽 그림과 같이 삼각형 ABC의 변 BC의 중점을 M이라 할 때,

$$\overline{AB}^2+\overline{AC}^2=2(\overline{AM}^2+\overline{BM}^2)$$

이 성립함을 좌표평면을 이용하여 증명하시오.

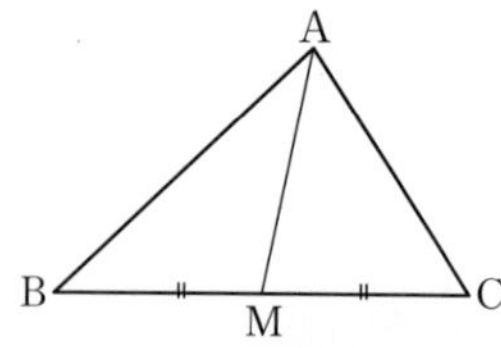

MAPL CORE ▶ 도형을 좌표평면 위에 나타내면 좌표를 이용하여 변의 길이를 나타낼 수 있으므로 도형의 성질을 쉽게 설명할 수 있다. 좌표평면을 이용하여 도형의 성질을 증명할 때, 주어진 도형의 선분을 x축이나 y축으로 놓거나, 한 꼭짓점을 원점으로 놓으면 계산이 간단히 되는 경우가 많다.

개념익힘**풀이** 오른쪽 그림과 같이 선분 BC를 x축으로 하고, 선분 BC의 수직이등분선을 y축으로 잡으면 선분 BC의 중점 M은 원점이 된다.
이때 세 점 A, B, C의 좌표를 각각 $A(a, b)$, $B(-c, 0)$, $C(c, 0)$으로 나타낼 수 있다.

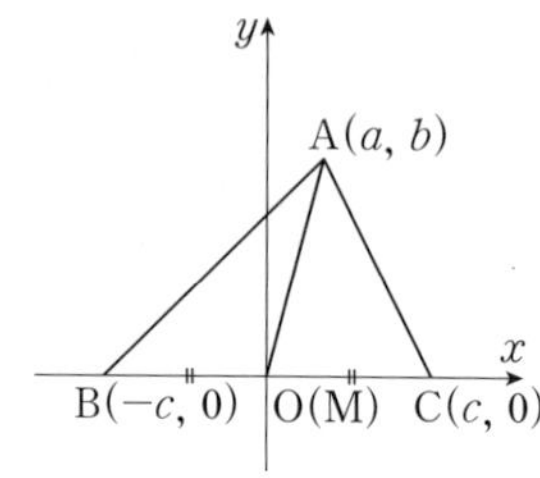

$\overline{AB}^2+\overline{AC}^2=[\{a-(-c)\}^2+(b-0)^2]+\{(a-c)^2+(b-0)^2\}$

$=a^2+2ac+c^2+b^2+a^2-2ac+c^2+b^2$

$=2(a^2+b^2+c^2)$ …… ㉠

$2(\overline{AM}^2+\overline{BM}^2)=2\{(a^2+b^2)+c^2\}=2(a^2+b^2+c^2)$ …… ㉡

㉠, ㉡에 의하여 $\mathbf{\overline{AB}^2+\overline{AC}^2=2(\overline{AM}^2+\overline{BM}^2)}$

확인유제 0013

다음 물음에 답하시오.

(1) 오른쪽 그림과 같이 삼각형 ABC에서 $\overline{AB}=9$, $\overline{AC}=7$, $\overline{BC}=8$이고 점 M이 변 BC의 중점일 때, 선분 AM의 길이를 구하시오.

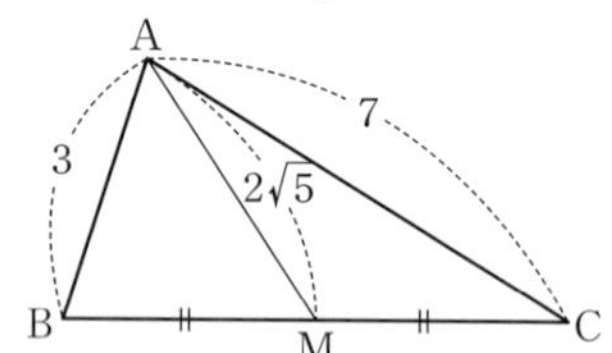

(2) 오른쪽 그림과 같이 삼각형 ABC에서 $\overline{AB}=3$, $\overline{AC}=7$, $\overline{AM}=2\sqrt{5}$이고 점 M이 변 BC의 중점일 때, 선분 BC의 길이를 구하시오.

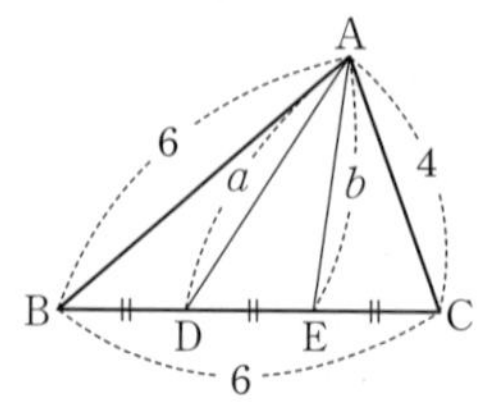

변형문제 0014

오른쪽 그림과 같이 삼각형 ABC에서 두 점 D, E는 변 BC의 삼등분점이고 $\overline{AB}=6$, $\overline{BC}=6$, $\overline{AC}=4$, $\overline{AD}=a$, $\overline{AE}=b$일 때, a^2+b^2의 값은?

① 16 ② 18 ③ 28
④ 32 ⑤ 36

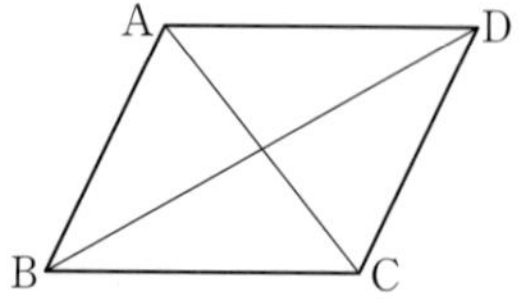

발전문제 0015

오른쪽 그림과 같이 평행사변형 ABCD의 두 대각선 AC, BD에 대하여

$$\overline{AC}^2+\overline{BD}^2=2(\overline{AB}^2+\overline{BC}^2)$$

이 성립함을 좌표평면을 이용하여 증명하시오.

A D B C

정답 0013 : (1) 7 (2) 6 0014 : ⑤ 0015 : 해설참조

MAPL; YOUR MASTER PLAN

02 선분의 내분점

개념유형

01 수직선 위의 선분의 내분점

(1) 선분의 내분과 내분점

선분 AB 위의 점 P에 대하여

$$\overline{\mathrm{AP}} : \overline{\mathrm{PB}} = m : n\ (m>0,\ n>0)$$

일 때, 점 P는 선분 AB를 $m : n$으로 **내분**한다고 하고 점 P를 선분 AB의 **내분점**이라 한다.

(2) 수직선 위의 선분의 내분점

수직선 위의 두 점 $\mathrm{A}(x_1)$, $\mathrm{B}(x_2)$에 대하여 선분 AB를 $m : n\ (m>0,\ n>0)$으로 내분하는 점 P의 좌표는

$$\mathrm{P}\left(\frac{mx_2+nx_1}{m+n}\right)$$

◀ 선분을 읽는 순서에 주의하여 $m : n$, $\mathrm{A}(x_1)$ $\mathrm{B}(x_2)$ 와 같이 대각선 방향으로 곱하여 더한다.

특히 선분 AB의 중점 M의 좌표는

$$\mathrm{M}\left(\frac{x_1+x_2}{2}\right)$$

◀ 선분 AB를 1 : 1로 내분하는 점

마플해설 수직선 위의 두 점 $\mathrm{A}(x_1)$, $\mathrm{B}(x_2)$를 이은 선분 AB를 $m : n\ (m>0,\ n>0)$으로 내분하는 점 $\mathrm{P}(x)$의 좌표를 구해보자.

(ⅰ) $x_1<x_2$일 때, $x_1<x<x_2$이므로

$\overline{\mathrm{AP}}=x-x_1$, $\overline{\mathrm{PB}}=x_2-x$

이때 $\overline{\mathrm{AP}} : \overline{\mathrm{PB}}=m : n$이므로 $(x-x_1) : (x_2-x)=m : n$,

$n(x-x_1)=m(x_2-x)$, $(m+n)x=mx_2+nx_1$ ◀ 외항의 곱과 내항의 곱은 같다.

$\therefore\ x=\dfrac{mx_2+nx_1}{m+n}$

(ⅱ) $x_1>x_2$일 때, $x_2<x<x_1$이므로

$\overline{\mathrm{AP}}=x_1-x$, $\overline{\mathrm{PB}}=x-x_2$

이때 $\overline{\mathrm{AP}} : \overline{\mathrm{PB}}=m : n$이므로 $(x_1-x) : (x-x_2)=m : n$,

$n(x_1-x)=m(x-x_2)$, $(m+n)x=mx_2+nx_1$ ◀ 외항의 곱과 내항의 곱은 같다.

$\therefore\ x=\dfrac{mx_2+nx_1}{m+n}$

(ⅰ), (ⅱ)에 의하여 선분 AB를 $m : n$으로 내분하는 점 $\mathrm{P}(x)$의 좌표는 다음과 같다.

$$\mathrm{P}\left(\frac{mx_2+nx_1}{m+n}\right)$$

특히 선분 AB를 1 : 1로 내분하는 중점 M의 좌표는 다음과 같다.

$$\mathrm{M}\left(\frac{x_1+x_2}{2}\right)$$ ◀ $\dfrac{1\times x_2+1\times x_1}{1+1}$

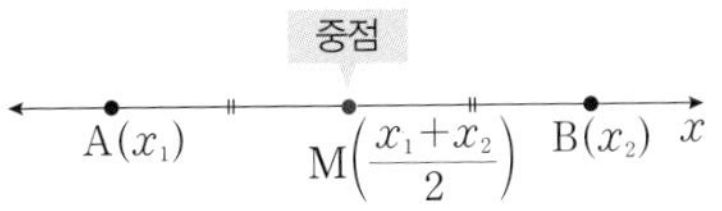

보기 01 수직선 위의 두 점 $\mathrm{A}(-1)$, $\mathrm{B}(4)$에 대하여 다음을 구하시오.

(1) 선분 AB를 3 : 2로 내분하는 점 P의 좌표

(2) 선분 AB를 2 : 3으로 내분하는 점 Q의 좌표

(3) 선분 AB의 중점 M의 좌표

풀이

(1) $\dfrac{3\times4+2\times(-1)}{3+2}=\dfrac{10}{5}=2\quad \therefore\ \mathbf{P(2)}$ ◀ 점 P(2)는 선분 BA를 2 : 3으로 내분하는 점

(2) $\dfrac{2\times4+3\times(-1)}{2+3}=\dfrac{5}{5}=1\quad \therefore\ \mathbf{Q(1)}$

(3) $\dfrac{-1+4}{2}=\dfrac{3}{2}\quad \therefore\ \mathbf{M}\left(\dfrac{3}{2}\right)$

개념유형

02 좌표평면 위의 선분의 내분점

좌표평면 위의 두 점 $A(x_1, y_1)$, $B(x_2, y_2)$에 대하여 선분 AB를 $m : n(m>0, n>0)$으로 내분하는 점 P의 좌표

$$P\left(\frac{mx_2+nx_1}{m+n}, \frac{my_2+ny_1}{m+n}\right)$$

특히 선분 AB의 중점 M의 좌표는

$$M\left(\frac{x_1+x_2}{2}, \frac{y_1+y_2}{2}\right)$$

주의 $m \neq n$일 때, 선분 AB를 $m : n$으로 내분하는 점과 선분 BA를 $m : n$으로 내분하는 점은 서로 다르다.
즉 선분의 내분점을 구할 때에는 선분을 읽는 순서에 주의하여야 한다.

마플해설 좌표평면 위의 두 점 $A(x_1, y_1)$, $B(x_2, y_2)$를 이은 선분 AB를 $m:n(m>0, n>0)$으로 내분하는 점 $P(x, y)$의 좌표를 구하면
세 점 A, P, B에서 x축에 각각 수선을 그어 x축과 만나는 점을
A′, P′, B′이라고 하면 평행선 사이의 선분의 길이의 비에 의하여
$\overline{AP} : \overline{PB} = \overline{A'P'} : \overline{P'B'} = m : n$

$p /\!/ q /\!/ r$이면 $a : b = a' : b'$

이므로 점 P′은 선분 A′B′을 $m : n$으로 내분하는 점이므로

$\therefore x = \dfrac{mx_2+nx_1}{m+n}$

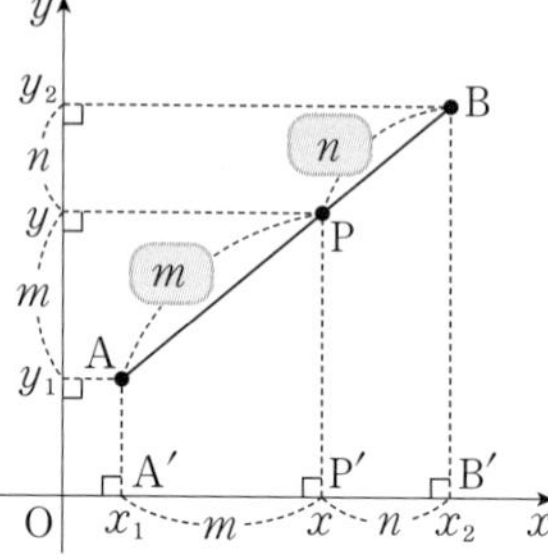

마찬가지로 세 점 A, P, B에서 y축에 수선을 그어서
위와 같은 방법으로 점 P의 y좌표를 구하면

$y = \dfrac{my_2+ny_1}{m+n}$

따라서 점 P의 좌표는 $P\left(\dfrac{mx_2+nx_1}{m+n}, \dfrac{my_2+ny_1}{m+n}\right)$이고

특히 선분 AB의 중점 M은 선분 AB를 1 : 1로 내분하는 점이므로

$M\left(\dfrac{x_1+x_2}{2}, \dfrac{y_1+y_2}{2}\right)$ ◀ $\left(\dfrac{1\times x_2+1\times x_1}{1+1}, \dfrac{1\times y_2+1\times y_1}{1+1}\right)$

선분 AB를 $m : n$으로 내분하는 점

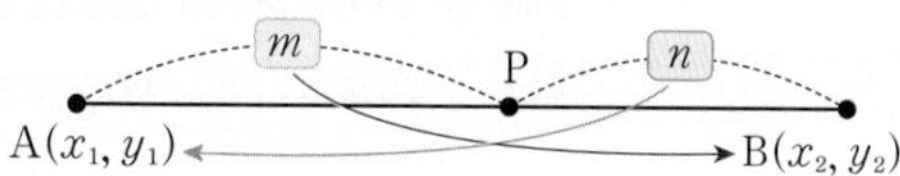

선분 AB의 내분점 $P\left(\dfrac{mx_2+nx_1}{m+n}, \dfrac{my_2+ny_1}{m+n}\right)$

보기 02 두 점 $A(-5, -1)$, $B(1, 2)$에 대하여 다음을 구하시오.

(1) 선분 AB를 2 : 1로 내분하는 점 P의 좌표

(2) 선분 AB를 1 : 2로 내분하는 점 Q의 좌표

(3) 선분 AB의 중점 M의 좌표

풀이

(1) 점 P의 x좌표 $\dfrac{2\times1+1\times(-5)}{2+1}=-1$

점 P의 y좌표 $\dfrac{2\times2+1\times(-1)}{2+1}=1$

따라서 점 P의 좌표는 $\mathbf{P(-1, 1)}$

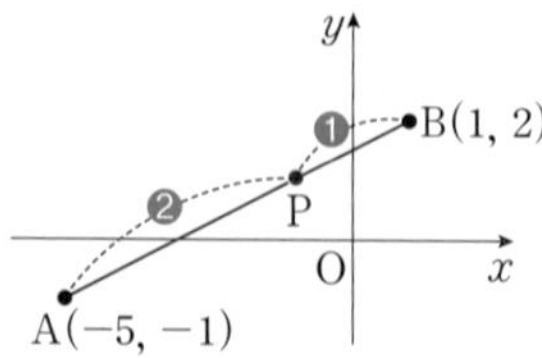

(2) 점 Q의 x좌표 $\dfrac{1\times1+2\times(-5)}{1+2}=-3$

점 Q의 y좌표 $\dfrac{1\times2+2\times(-1)}{1+2}=0$

따라서 점 Q의 좌표는 $\mathbf{Q(-3, 0)}$

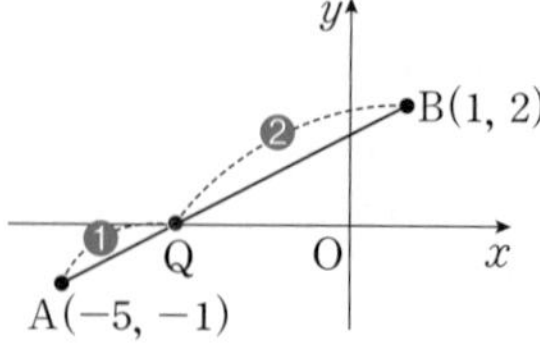

(3) 점 M의 x좌표 $\dfrac{-5+1}{2}=-2$

점 M의 y좌표 $\dfrac{-1+2}{2}=\dfrac{1}{2}$

따라서 점 M의 좌표는 $\mathbf{M\left(-2, \frac{1}{2}\right)}$

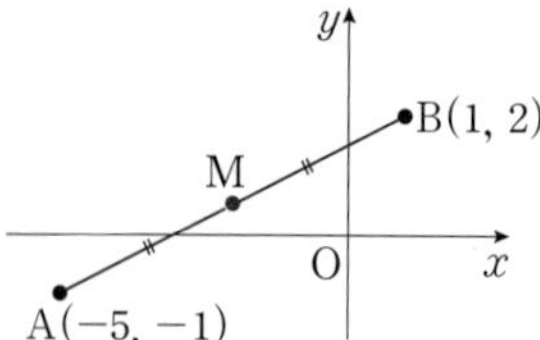

선분의 외분점

01 수직선 위의 선분의 외분점

보충유형

(1) 선분의 외분과 외분점

선분 AB의 연장선 위의 점 P에 대하여

$$\overline{AP} : \overline{BP} = m : n \ (m>0,\ n>0,\ m \neq n)$$

일 때, 점 P는 선분 AB를 $m : n$으로 **외분**한다고 하고
점 P를 선분 AB의 **외분점**이라 한다.

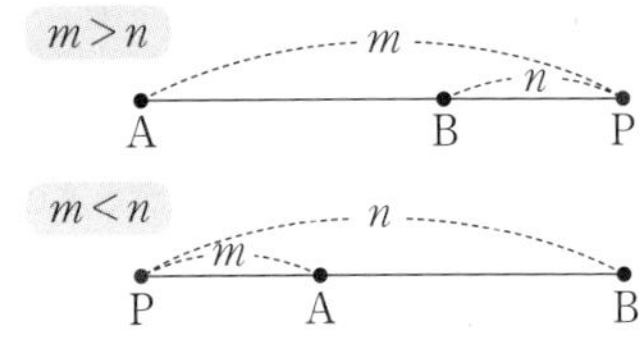

(2) 수직선 위의 선분의 외분점

수직선 위의 두 점 $A(x_1)$, $B(x_2)$에 대하여 선분 AB를 $m : n (m>0,\ n>0,\ m \neq n)$으로 외분하는 점 P의 좌표는

$$\mathbf{P}\left(\frac{mx_2-nx_1}{m-n}\right)$$

마플해설 수직선 위의 두 점 $A(x_1)$, $B(x_2)$를 이은 선분 AB를 $m : n (m>0,\ n>0,\ m \neq n)$으로 외분하는 점 $P(x)$의 좌표를 두 가지 방법으로 유도할 수 있다.

유도1 외분점 공식유도

$x_1<x_2$일 때

(i) $m>n$이면

$\overline{AP}=x-x_1$, $\overline{PB}=x-x_2$

이때 $\overline{AP} : \overline{BP} = m : n$이므로

$(x-x_1) : (x-x_2)=m : n$, $n(x-x_1)=m(x-x_2)$

$\therefore x=\dfrac{mx_2-nx_1}{m-n}$

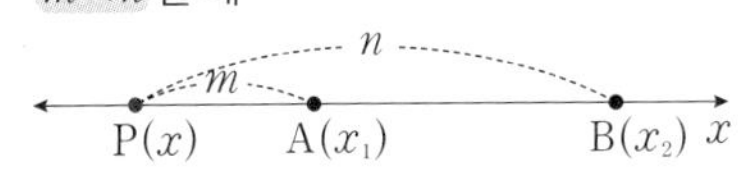

(ii) $m<n$이면

$\overline{AP}=x_1-x$, $\overline{PB}=x_2-x$

이때 $\overline{AP} : \overline{BP} = m : n$이므로

$(x_1-x) : (x_2-x)=m : n$, $n(x_1-x)=m(x_2-x)$

$\therefore x=\dfrac{mx_2-nx_1}{m-n}$

(i), (ii)에 의하여 선분 AB를 $m : n$으로 외분하는 점 $P(x)$의 좌표는 다음과 같다.

$$P\left(\frac{mx_2-nx_1}{m-n}\right)$$

또한, $x_1>x_2$일 때는 $x_1<x_2$일 때와 같은 방법으로 같은 결과를 얻는다.

유도2 내분점의 공식을 이용하여 공식유도

(i) $m>n$이면 점 B는 선분 AP를 $(m-n) : n$으로 내분하는 점이다.

점 B의 좌표는 $x_2=\dfrac{(m-n)\times x+n\times x_1}{(m-n)+n}$이므로

$x=\dfrac{mx_2-nx_1}{m-n}$

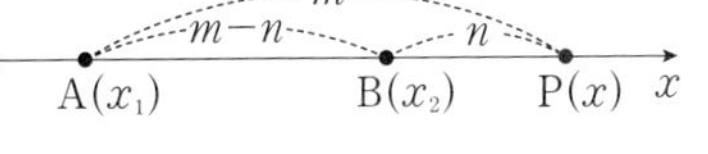

(ii) $m<n$이면 점 A는 선분 BP를 $(n-m) : m$으로 내분하는 점이다.

점 A의 좌표는 $x_1=\dfrac{(n-m)\times x+m\times x_2}{(n-m)+m}$이므로

$x=\dfrac{mx_2-nx_1}{m-n}$

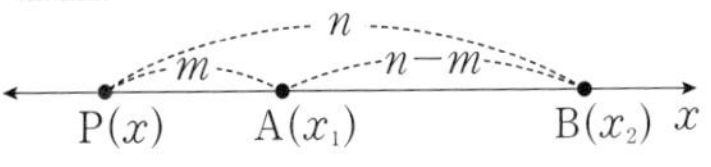

(i), (ii)에 의하여 선분 AB를 $m : n$으로 외분하는 점 $P(x)$의 좌표는 $P\left(\dfrac{mx_2-nx_1}{m-n}\right)$

보충유형

02 좌표평면 위의 선분의 외분점

좌표평면 위의 두 점 $A(x_1, y_1)$, $B(x_2, y_2)$에 대하여 선분 AB를 $m:n(m>0,\ n>0,\ m\neq n)$으로 외분하는 점 P의 좌표는

$$\mathbf{P}\left(\frac{mx_2-nx_1}{m-n},\ \frac{my_2-ny_1}{m-n}\right)$$

마플해설 좌표평면 위의 두 점 $A(x_1, y_1)$, $B(x_2, y_2)$를 이은 선분 AB를 $m:n(m>0,\ n>0)$으로 외분하는 점 $P(x)$의 좌표를 두 가지 방법으로 유도할 수 있다.

유도1 외분점 공식유도

세 점 A, B, P에서 x축에 내린 수선의 발을 A′, B′, P′이라 하면

$\overline{A'P'}:\overline{B'P'}=\overline{AP}:\overline{BP}=m:n$

즉 점 P′은 선분 A′B′을 $m:n$으로 외분하는 점이므로

점 P의 x좌표를 구하면 다음과 같다.

$x=\frac{mx_2-nx_1}{m-n}$

마찬가지 방법으로 점 P의 y좌표를 구하면 다음과 같다.

$y=\frac{my_2-ny_1}{m-n}$

따라서 점 P의 좌표는 $P\left(\frac{mx_2-nx_1}{m-n},\ \frac{my_2-ny_1}{m-n}\right)$

$m>n$

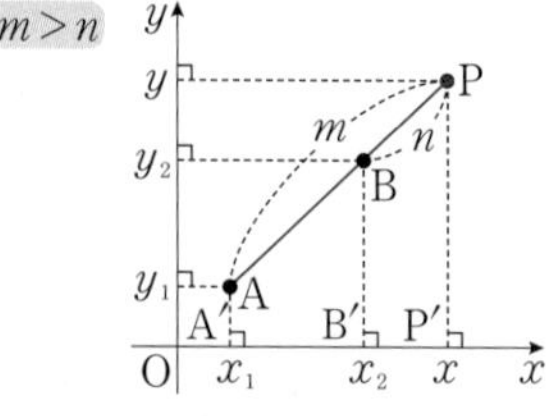

$m<n$

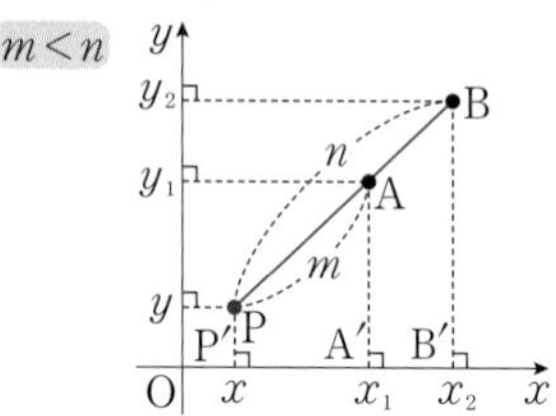

유도2 내분점의 공식을 이용하여 유도

(i) $m>n$이면 점 B는 선분 AP를 $(m-n):n$으로 내분하는 점이다.

점 B의 x좌표는 $x_2=\frac{(m-n)\times x+n\times x_1}{(m-n)+n}$이므로

$x=\frac{mx_2-nx_1}{m-n}$

점 B의 y좌표는 $y_2=\frac{(m-n)\times y+n\times y_1}{(m-n)+n}$이므로

$y=\frac{my_2-ny_1}{m-n}$

(ii) $m<n$이면 점 A는 선분 BP를 $(n-m):m$으로 내분하는 점이다.

(i)과 같은 방법으로 같은 결과를 얻는다.

(i), (ii)에 의하여 점 P의 좌표는 $P\left(\frac{mx_2-nx_1}{m-n},\ \frac{my_2-ny_1}{m-n}\right)$

$m>n$

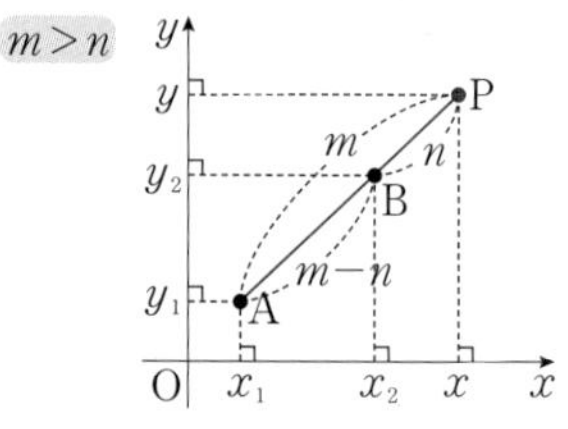

$m<n$

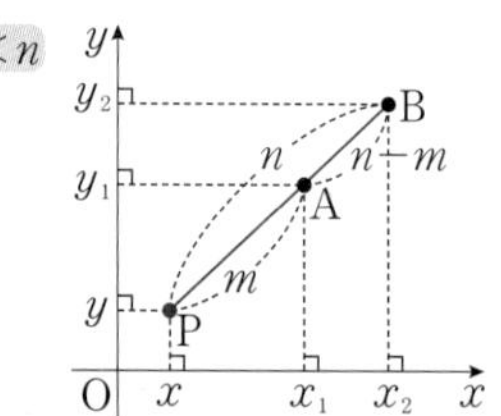

보기 01 **다음 물음에 답하시오.**

(1) 수직선 위의 두 점 $A(-1)$, $B(4)$에 대하여 선분 AB를 $2:1$로 외분하는 점 P의 좌표를 구하시오.

(2) 두 점 $A(2, 0)$, $B(5, 3)$에 대하여 선분 AB를 $2:1$로 외분하는 점 P의 좌표를 구하시오.

풀이

(1) $\frac{2\times4-1\times(-1)}{2-1}=9$ $\therefore$ **P(9)**

(2) $x=\frac{2\times5-1\times2}{2-1}=\frac{8}{1}=8$, $y=\frac{2\times3-1\times0}{2-1}=\frac{6}{1}=6$ $\therefore$ **P(8, 6)**

	수직선 위의 두 점 $A(x_1)$, $B(x_2)$에 대하여	좌표평면 위의 두 점 $A(x_1, y_1)$, $B(x_2, y_2)$에 대하여
선분 AB를 $m:n$으로 내분하는 점 P $(m>0,\ n>0)$	$P\left(\frac{mx_2+nx_1}{m+n}\right)$	$P\left(\frac{mx_2+nx_1}{m+n},\ \frac{my_2+ny_1}{m+n}\right)$
선분 AB의 중점 M(1 : 1 내분점)	$M\left(\frac{x_1+x_2}{2}\right)$	$M\left(\frac{x_1+x_2}{2},\ \frac{y_1+y_2}{2}\right)$
선분 AB를 $m:n$으로 외분하는 점 Q $(m>0,\ n>0,\ m\neq n)$	$Q\left(\frac{mx_2-nx_1}{m-n}\right)$	$Q\left(\frac{mx_2-nx_1}{m-n},\ \frac{my_2-ny_1}{m-n}\right)$

마플개념익힘 01 선분의 내분점

다음 물음에 답하시오.

(1) 수직선 위의 두 점 $A(-7)$, $B(a)$에 대하여 선분 AB의 중점이 $M(-2)$이고, 선분 AB를 $2:3$으로 내분하는 점이 $P(b)$일 때, $a+b$의 값을 구하시오.

(2) 두 점 $A(-1, 2)$, $B(4, -3)$에 대하여 선분 AB를 $3:2$로 내분하는 점을 P, 선분 AB를 $1:2$로 내분하는 점을 Q라 할 때, 선분 PQ의 중점의 좌표를 구하시오.

MAPL CORE ▶ 좌표평면 위의 두 점 $A(x_1, y_1)$, $B(x_2, y_2)$에 대하여 선분 AB를 $m:n(m>0, n>0)$으로

(1) 내분하는 점 P의 좌표는 $P\left(\frac{mx_2+nx_1}{m+n}, \frac{my_2+ny_1}{m+n}\right)$

(2) 중점 M의 좌표는 $M\left(\frac{x_1+x_2}{2}, \frac{y_1+y_2}{2}\right)$

개념익힘풀이 (1) 선분 AB의 중점이 $M(-2)$이므로 $\frac{-7+a}{2}=-2$, $a-7=-4$에서 $a=3$

선분 AB를 $2:3$으로 내분하는 점이 $P(b)$이므로

$\frac{2\times a+3\times(-7)}{2+3}=b$에서 $2a-21=5b$

$a=3$을 대입하면 $b=-3$

따라서 $a+b=3+(-3)=\mathbf{0}$

(2) 두 점 $A(-1, 2)$, $B(4, -3)$에 대하여 선분 AB를 $3:2$로 내분하는 점 P의 좌표는

$\left(\frac{3\times4+2\times(-1)}{3+2}, \frac{3\times(-3)+2\times2}{3+2}\right)$, 즉 $P(2, -1)$

선분 AB를 $1:2$로 내분하는 점 Q의 좌표는

$\left(\frac{1\times4+2\times(-1)}{1+2}, \frac{1\times(-3)+2\times2}{1+2}\right)$, 즉 $Q\left(\frac{2}{3}, \frac{1}{3}\right)$

따라서 선분 PQ의 중점의 좌표는 $\left(\frac{2+\frac{2}{3}}{2}, \frac{-1+\frac{1}{3}}{2}\right)$이므로 $\left(\mathbf{\frac{4}{3}, -\frac{1}{3}}\right)$

확인유제 0016 다음 물음에 답하시오.

(1) 두 점 $A(-2)$, $B(a)$에 대하여 선분 AB의 중점이 $M(3)$이고, 선분 AB를 $2:3$으로 내분하는 점을 $P(b)$일 때, ab의 값을 구하시오.

(2) 두 점 $A(1, 4)$, $B(6, -6)$에 대하여 선분 AB를 $3:2$로 내분하는 점 P, 선분 AB를 $1:2$로 내분하는 점을 Q라 하자. 선분 PQ의 중점의 좌표를 (p, q)라 할 때, $p-q$의 값을 구하시오.

변형문제 0017 다음 물음에 답하시오.

(1) 두 점 $A(-2, -1)$, $B(4, 5)$에 대하여 선분 AB를 $2:1$로 내분하는 점이 직선 $y=kx-5$ 위에 있을 때, 실수 k의 값은?

① 2 ② 3 ③ 4 ④ 5 ⑤ 6

(2) 두 점 $A(-1, -2)$, $B(5, a)$에 대하여 선분 AB를 $2:1$로 내분하는 점이 직선 $y=-x+7$ 위에 있을 때, 실수 a의 값은?

① 5 ② 6 ③ 7 ④ 8 ⑤ 9

발전문제 0018 두 점 $A(1, -2)$, $B(8, 5)$에 대하여 선분 AB 위의 점 P가 $5\overline{AP}=2\overline{BP}$를 만족시킬 때, $\overline{OP}^2$의 값을 구하시오. (단, O는 원점이다.)

정답 0016 : (1) 16 (2) 4 0017 : (1) ③ (2) ③ 0018 : 9

마플개념익힘 02 조건이 주어진 선분의 내분점

좌표평면 위의 두 점 $A(-2, 5)$, $B(6, -3)$을 잇는 선분 AB를 $t : (1-t)$로 내분하는 점이 제1사분면에 있을 때, 실수 t의 값의 범위를 구하시오.

MAPL CORE ▶ 선분의 내분점을 $P(a, b)$라 할 때, 사분면의 부호

(1) 점 P가 제1사분면 위의 점이면 $a>0$, $b>0$

(2) 점 P가 제2사분면 위의 점이면 $a<0$, $b>0$

(3) 점 P가 제3사분면 위의 점이면 $a<0$, $b<0$

(4) 점 P가 제4사분면 위의 점이면 $a>0$, $b<0$

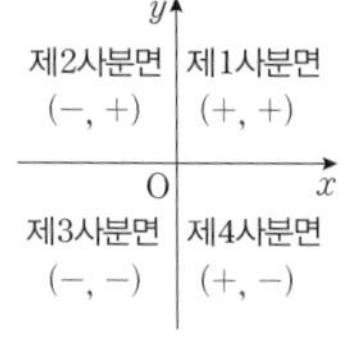

두 점 $A(-2, 5)$, $B(6, -3)$에 대하여

선분 AB를 $t : (1-t)$로 내분하는 점의 좌표는

$\left(\dfrac{t\times6+(1-t)\times(-2)}{t+(1-t)}, \dfrac{t\times(-3)+(1-t)\times5}{t+(1-t)}\right)$, 즉 $(8t-2, -8t+5)$

점 $(8t-2, -8t+5)$가 제1사분면에 있으므로 $8t-2>0$, $-8t+5>0$
($x>0$, $y>0$이어야 한다.)

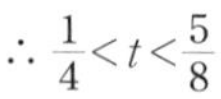

$\therefore \dfrac{1}{4}<t<\dfrac{5}{8}$ …… ㉠

이때 $t : (1-t)$로 내분하므로 $t>0$, $1-t>0$

$\therefore 0<t<1$ …… ㉡

㉠, ㉡을 동시에 만족하는 t의 값의 범위는 $\boldsymbol{\dfrac{1}{4}<t<\dfrac{5}{8}}$

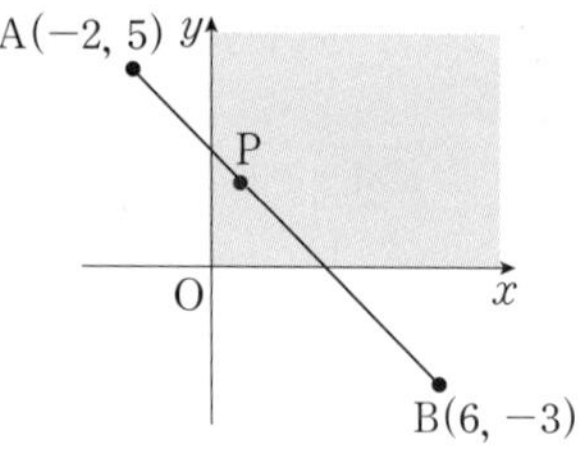

확인유제 0019 두 점 $A(-3, -2)$, $B(5, 4)$에 대하여 선분 AB를 $t : (1-t)$로 내분하는 점이 제2사분면 위에 있을 때, 실수 t의 값의 범위는 $\alpha<t<\beta$이다. 이때 $\alpha\beta$의 값을 구하시오.

변형문제 0020 두 점 $A(1, 2)$, $B(-2, 7)$에 대하여 선분 AB를 $1 : k$로 내분하는 점이 직선 $y=2x+1$ 위에 있을 때, 양수 k의 값은?

① 4 ② 5 ③ 6 ④ 8 ⑤ 10

발전문제 0021 오른쪽 그림과 같이 좌표평면 위의 세 점 $A(-3, 9)$, $B(-4, -5)$, $C(8, 7)$을 꼭짓점으로 하는 삼각형 ABC의 변 BC 위의 점 P에 대하여 삼각형 APC의 넓이가 삼각형 ABP의 넓이의 3배이다. 점 P의 좌표가 (a, b)일 때, $a+b$의 값은?

① -5 ② -4 ③ -3

④ -2 ⑤ -1

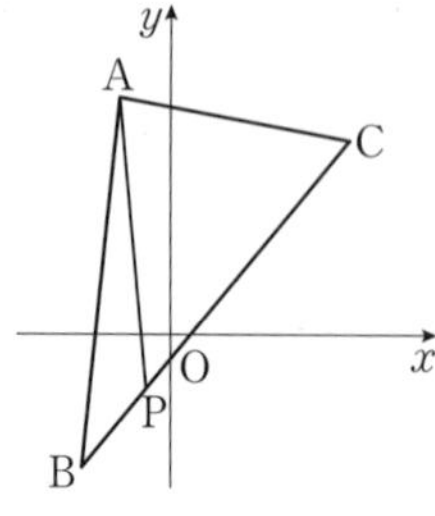

정답 0019 : $\dfrac{1}{8}$ 0020 : ⑤ 0021 : ③

마플개념익힘 03 사각형의 성질의 활용

다음 물음에 답하시오. (단, a, b는 상수이다.)

(1) 네 점 A$(-4, 5)$, B$(-5, 4)$, C$(2, 3)$, D(a, b)를 꼭짓점으로 하는 사각형 ABCD가 평행사변형일 때, 점 D의 좌표를 구하시오.

(2) 네 점 A$(6, 2)$, B$(8, a)$, C$(-2, b)$, D$(-4, -3)$를 꼭짓점으로 하는 사각형 ABCD가 마름모일 때, a, b의 값을 구하시오. (단, $a>0$)

MAPL CORE ▶

	평행사변형	마름모
그림		
정의	두 쌍의 대변이 각각 평행한 사각형이다.	네 변의 길이가 모두 같은 사각형이다.
성질	두 대각선은 서로 다른 것을 이등분한다.	두 대각선은 서로 다른 것을 수직이등분한다.
공통 성질	두 대각선의 중점이 일치한다. ($\overline{AC}$의 중점)$=$($\overline{BD}$의 중점)	

개념익힘풀이

(1) 대각선 AC의 중점과 대각선 BD의 중점이 일치하므로

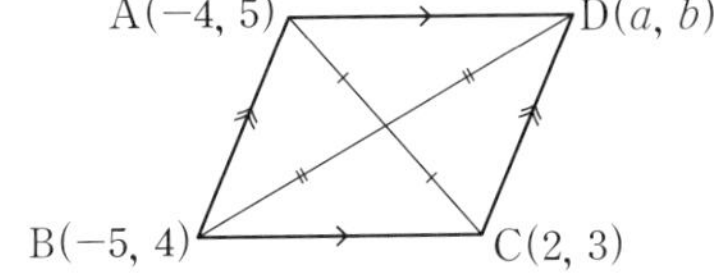

점 $\left(\dfrac{2+(-4)}{2}, \dfrac{3+5}{2}\right)$, 즉 $(-1, 4)$와 점 $\left(\dfrac{-5+a}{2}, \dfrac{4+b}{2}\right)$가 서로 같다.

$-1=\dfrac{-5+a}{2}$, $4=\dfrac{4+b}{2}$이므로 $-5+a=-2$, $4+b=8$

$\therefore a=3, b=4$

따라서 점 D의 좌표는 $\mathbf{D(3, 4)}$

(2) 대각선 AC의 중점과 대각선 BD의 중점이 일치하므로

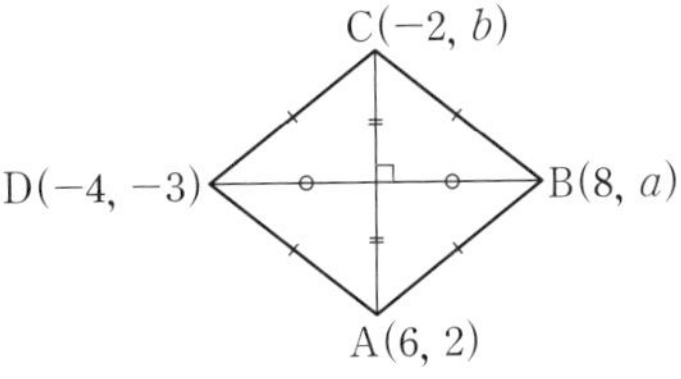

점 $\left(\dfrac{6+(-2)}{2}, \dfrac{2+b}{2}\right)$와 점 $\left(\dfrac{-4+8}{2}, \dfrac{-3+a}{2}\right)$가 서로 같다.

$2+b=a-3$에서 $b=a-5$ …… ㉠

마름모는 네 변의 길이가 모두 같으므로 $\overline{AB}=\overline{AD}$에서 $\overline{AB}^2=\overline{AD}^2$

$(8-6)^2+(a-2)^2=(-4-6)^2+(-3-2)^2$,

$a^2-4a-117=0$, $(a+9)(a-13)=0$

이때 $a>0$이므로 $a=13$

이를 ㉠에 대입하면 $b=13-5=8$

따라서 $\boldsymbol{a=13, b=8}$

확인유제 0022 세 점 A$(-3, 2)$, B$(4, -2)$, C$(6, 4)$에 대하여 사각형 ABCD가 평행사변형이 되도록 하는 꼭짓점 D의 좌표가 (a, b)일 때, 상수 a, b에 대하여 $a+b$의 값을 구하시오.

변형문제 0023 네 점 A$(3, 7)$, B$(a, 5)$, C$(b, -1)$, D$(10, 1)$을 꼭짓점으로 하는 사각형 ABCD가 마름모일 때, 상수 a, b에 대하여 $a+b$의 값은? (단, $a<0$)

① -7 ② -6 ③ -5 ④ -4 ⑤ -3

발전문제 0024 세 양수 a, b, c에 대하여 좌표평면 위에 서로 다른 네 점 A(a, b), B$(2, 9)$, C$(1, 2)$, D$(c, 7)$이 있다. 사각형 ABCD가 선분 AC를 대각선으로 하는 마름모일 때, $a+b+c$의 값을 구하시오.
(단, 네 점 A, B, C, D 중 어느 세 점도 한 직선 위에 있지 않다.)

정답 0022 : 7 0023 : ③ 0024 : 27

마플개념익힘 04 삼각형의 각의 이등분선의 성질

오른쪽 그림과 같이 세 점 $A(1, 5)$, $B(-4, -7)$, $C(5, 2)$를 꼭짓점으로 하는 삼각형 ABC에서 $\angle A$의 이등분선이 변 BC와 만나는 점을 D라 할 때, 다음을 구하시오.

(1) $\overline{AB} : \overline{AC}$

(2) 점 D의 좌표

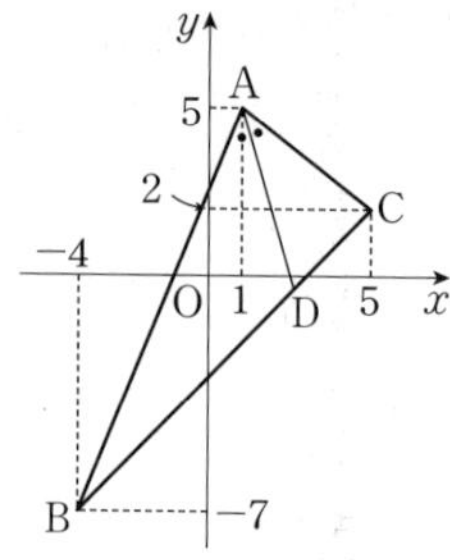

MAPL CORE ▶ 삼각형의 내각의 이등분선의 성질

삼각형 ABC의 $\angle A$의 이등분선이 변 BC와 만나는 점을 D라 하면

(1) $\overline{AB} : \overline{AC} = \overline{BD} : \overline{DC}$

(2) 점 D는 선분 BC를 $\overline{AB} : \overline{AC}$로 내분하는 점이다.

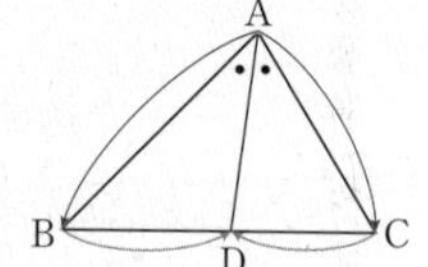

개념익힘풀이

(1) 세 점 $A(1, 5)$, $B(-4, -7)$, $C(5, 2)$에 대하여

$\overline{AB} = \sqrt{(-4-1)^2+(-7-5)^2} = 13$, $\overline{AC} = \sqrt{(5-1)^2+(2-5)^2} = 5$

삼각형의 각의 이등분선의 성질에 의하여

$\overline{AB} : \overline{AC} = \overline{BD} : \overline{DC} = \mathbf{13 : 5}$

(2) 점 D는 선분 BC를 $13 : 5$로 내분하는 점이므로 점 D의 좌표는

$\left(\frac{13 \times 5 + 5 \times (-4)}{13+5}, \frac{13 \times 2 + 5 \times (-7)}{13+5}\right)$ $\quad \therefore \mathbf{D\left(\frac{5}{2}, -\frac{1}{2}\right)}$

확인유제 0025

오른쪽 그림과 같이 세 점 $A(-2, 1)$, $B(-4, -1)$, $C(1, -2)$를 꼭짓점으로 하는 삼각형 ABC에서 $\angle A$의 이등분선이 변 BC와 만나는 점을 D라 할 때, 선분 AD의 길이를 구하시오.

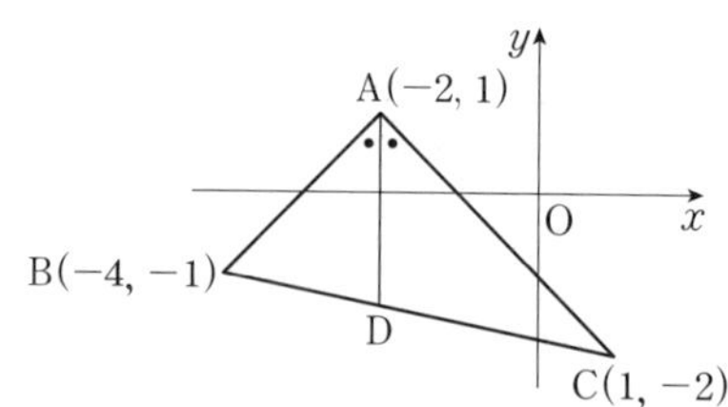

변형문제 0026

세 점 $A(a, 1)$, $B(0, 6)$, $C(12, -3)$을 꼭짓점으로 하는 삼각형 ABC가 있다. $\angle A$의 이등분선이 변 BC와 만나는 점 D의 좌표가 $(8, 0)$일 때, 모든 a의 값의 합은?

① 16 ② 20 ③ 24 ④ 28 ⑤ 32

발전문제 0027

 내심

정의 : 내접원의 중심

성질 : 삼각형 ABC의 세 내각의 이등분선의 교점

좌표평면 위에 세 점 $A(1, 4)$, $B(-4, -8)$, $C(5, 1)$을 꼭짓점으로 하는 삼각형 ABC가 있다. 삼각형 ABC의 내심을 I라 하고 직선 AI와 선분 BC의 교점을 $D(a, b)$라 할 때, 상수 a, b에 대하여 $a+b$의 값을 구하시오.

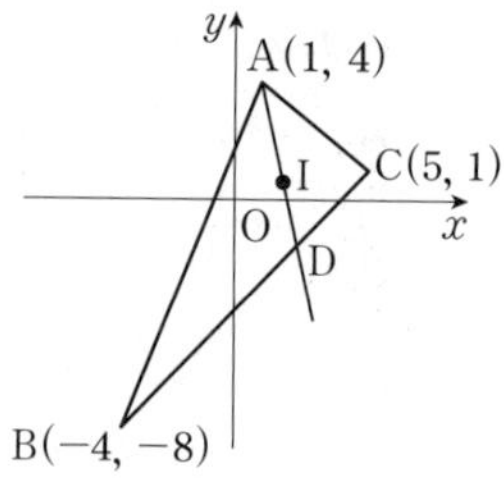

정답 0025 : $\frac{12}{5}$ 0026 : ⑤ 0027 : 1

M A P L ; Y O U R M A S T E R P L A N

03 삼각형의 무게중심

개념유형

01 삼각형의 무게중심

(1) 삼각형의 무게중심

삼각형의 세 **중선**은 한 점에서 만나고 이 점을 삼각형의 **무게중심**이라 한다.

이때 무게중심은 세 중선을 각 꼭짓점으로부터 각각 **2 : 1**로 내분한다.

참고 중선 : 삼각형에서 한 꼭짓점과 대변의 중점을 이은 선분을 중선이라 한다. 한 삼각형에는 세 개의 중선이 있다.

(2) 삼각형의 무게중심의 좌표

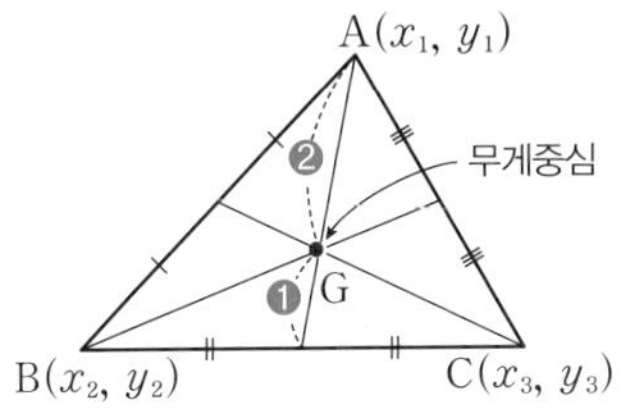

좌표평면 위의 세 점 $A(x_1, y_1)$, $B(x_2, y_2)$, $C(x_3, y_3)$을 꼭짓점으로 하는 삼각형 ABC의 무게중심 G의 좌표는

$$\mathbf{G}\left(\frac{x_1+x_2+x_3}{3}, \frac{y_1+y_2+y_3}{3}\right)$$

참고 점 G는 삼각형 ABC의 무게중심이며 $\triangle GAB=\triangle GBC=\triangle GCA$이다.

마플해설 **삼각형의 무게중심의 좌표를 구하는 공식의 유도**

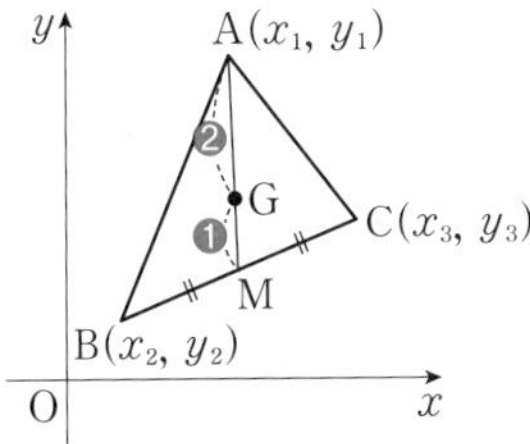

오른쪽 그림과 같이 세 점 $A(x_1, y_1)$, $B(x_2, y_2)$, $C(x_3, y_3)$을 꼭짓점으로 하는 삼각형 ABC의 변 BC의 중점을 M이라 하면

$$M\left(\frac{x_2+x_3}{2}, \frac{y_2+y_3}{2}\right)$$

이때 무게중심 $G(x, y)$는 선분 AM을 2 : 1로 내분하는 점이므로

$$x=\frac{2\times\frac{x_2+x_3}{2}+1\times x_1}{2+1}=\frac{x_1+x_2+x_3}{3}$$

$$y=\frac{2\times\frac{y_2+y_3}{2}+1\times y_1}{2+1}=\frac{y_1+y_2+y_3}{3}$$

따라서 무게중심 G의 좌표는 $G\left(\frac{x_1+x_2+x_3}{3}, \frac{y_1+y_2+y_3}{3}\right)$

보기 01 **다음 세 점을 꼭짓점으로 하는 삼각형 ABC의 무게중심의 좌표를 구하시오.**

(1) $A(5, -3)$, $B(4, 6)$, $C(-6, 3)$

(2) $A(2, 3)$, $B(-6, 1)$, $C(4, -7)$

풀이

(1) $\left(\frac{5+4+(-6)}{3}, \frac{(-3)+6+3}{3}\right)$ $\therefore$ **(1, 2)**

(2) $\left(\frac{2+(-6)+4}{3}, \frac{3+1+(-7)}{3}\right)$ $\therefore$ **(0, −1)**

보기 02 **삼각형 ABC에서 $A(6, -3)$, $B(1, 5)$이고 무게중심의 좌표가 $G(5, 3)$일 때, 꼭짓점 C의 좌표를 구하시오.**

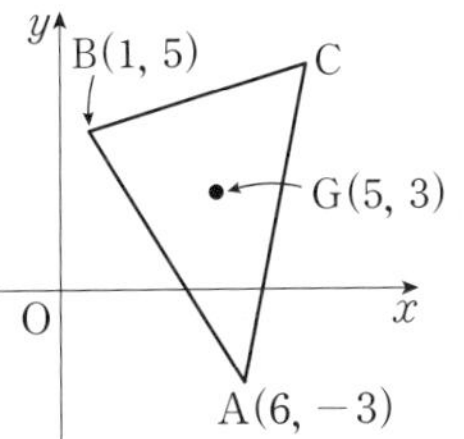

풀이

점 C의 좌표를 (a, b)라고 하면 삼각형 ABC의 무게중심의 좌표가 $(5, 3)$이므로 $\frac{6+1+a}{3}=5$, $\frac{-3+5+b}{3}=3$

$\therefore a=8, b=7$

따라서 점 C의 좌표는 **C(8, 7)**

02 삼각형의 무게중심의 활용

(1) 삼각형의 세 변을 일정한 비율로 내분하는 점을 연결한 삼각형의 무게중심

원래 삼각형의 무게중심과 삼각형의 **세 변을 동일한 비율로 내분점을 각각 설정**하여 만든 삼각형의 무게중심은 일치한다.

설명 오른쪽 그림과 같이 삼각형 ABC의 세 꼭짓점 A, B, C의 x좌표를 각각 x_1, x_2, x_3라 하자.

이때 변 AB, BC, CA를 각각 $m : n(m>0, n>0)$으로 내분하는 점을 각각 D, E, F라 하고 이 세 점의 x좌표를 각각 구하면

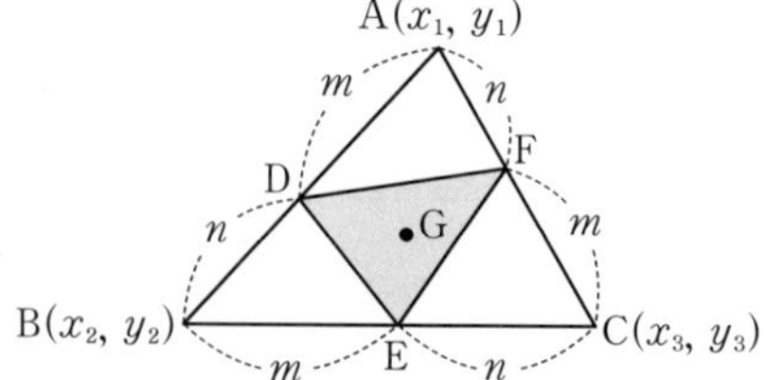

$$\frac{mx_2+nx_1}{m+n},\ \frac{mx_3+nx_2}{m+n},\ \frac{mx_1+nx_3}{m+n} \quad \cdots\cdots \text{㉠}$$

㉠을 이용하여 삼각형 DEF의 무게중심의 x좌표를 구하면

$$\frac{1}{3}\left(\frac{mx_2+nx_1}{m+n}+\frac{mx_3+nx_2}{m+n}+\frac{mx_1+nx_3}{m+n}\right)=\frac{x_1+x_2+x_3}{3}$$

같은 방법으로 삼각형 DEF의 무게중심의 y좌표를 구하면 삼각형 ABC의 무게중심의 y좌표와 일치한다.

따라서 삼각형 DEF의 무게중심은 삼각형 ABC의 무게중심과 일치하므로 원래의 삼각형의 무게중심과 삼각형의 세 변을 일정 비율로 내분하여 만든 삼각형의 무게중심은 일치한다.

(2) 삼각형의 세 변에 이르는 거리의 제곱의 합이 최소가 되는 점의 좌표

삼각형 ABC와 이 삼각형 내부의 임의의 점 P에 대하여

$\overline{AP}^2+\overline{BP}^2+\overline{CP}^2$의 **값이 최소가 되도록 하는 점 P는 삼각형 ABC의 무게중심 G와 일치**한다.

설명 삼각형 ABC의 세 꼭짓점을 $A(x_1, y_1)$, $B(x_2, y_2)$, $C(x_3, y_3)$라 하고 점 P의 좌표를 $P(x, y)$라 하면

$$\overline{AP}^2+\overline{BP}^2+\overline{CP}^2$$
$$=(x-x_1)^2+(y-y_1)^2+(x-x_2)^2+(y-y_2)^2+(x-x_3)^2+(y-y_3)^2$$
$$=3x^2-2(x_1+x_2+x_3)x+x_1^2+x_2^2+x_3^2+3y^2-2(y_1+y_2+y_3)y+y_1^2+y_2^2+y_3^2$$
$$=3\left(x-\frac{x_1+x_2+x_3}{3}\right)^2+3\left(y-\frac{y_1+y_2+y_3}{3}\right)^2+x_1^2+x_2^2+x_3^2+y_1^2+y_2^2+y_3^2-\frac{(x_1+x_2+x_3)^2}{3}-\frac{(y_1+y_2+y_3)^2}{3}$$

$\overline{AP}^2+\overline{BP}^2+\overline{CP}^2$은 $x=\frac{x_1+x_2+x_3}{3}$, $y=\frac{y_1+y_2+y_3}{3}$에서 최솟값을 갖고

이때 점 P의 좌표는 $\mathbf{P}\left(\frac{x_1+x_2+x_3}{3}, \frac{y_1+y_2+y_3}{3}\right)$

따라서 점 P는 삼각형 ABC의 무게중심이다.

보기 03 **삼각형 ABC의 세 변의 중점의 좌표가 각각 (1, 2), (5, 3), (3, 7)일 때, 삼각형 ABC의 무게중심의 좌표를 구하시오.**

풀이 삼각형 ABC의 무게중심과 각 변의 중점을 연결한 삼각형의 무게중심이 일치하므로

$\left(\frac{1+5+3}{3}, \frac{2+3+7}{3}\right)$ $\therefore$ **(3, 4)**

보기 04 **좌표평면 위의 세 점 O(0, 0), A(7, 1), B(5, 5)에 대하여 $\overline{OP}^2+\overline{AP}^2+\overline{BP}^2$을 최소로 하는 점 P의 좌표를 구하시오.**

풀이 점 P는 세 점 O(0, 0), A(7, 1), B(5, 5)의 무게중심이므로 $\left(\frac{0+7+5}{3}, \frac{0+1+5}{3}\right)$ $\therefore$ **P(4, 2)**

삼각형의 무게중심의 활용

① 삼각형 ABC의 세 변 AB, BC, CA를 각각 $m : n$ $(m>0, n>0)$으로 내분하는 점을 각각 D, E, F라 할 때, 삼각형 ABC와 삼각형 DEF의 무게중심은 일치한다.

② 삼각형 ABC와 이 삼각형 내부의 임의의 점 P에 대하여 $\overline{AP}^2+\overline{BP}^2+\overline{CP}^2$의 값이 최소가 되도록 하는 점 P는 삼각형 ABC의 무게중심 G와 일치한다.

마플개념익힘 01 삼각형의 무게중심

다음 물음에 답하시오.

(1) 삼각형 ABC에서 꼭짓점 A의 좌표가 $(1, 3)$이고 선분 BC의 중점의 좌표가 $(-2, 6)$일 때, 삼각형 ABC의 무게중심의 좌표를 (a, b)라 하자. 이때 $a+b$의 값을 구하시오.

(2) 세 점 $A(a, b)$, $B(b, -2a)$, $C(3, 6)$을 꼭짓점으로 하는 삼각형 ABC의 무게중심이 원점과 일치할 때, ab의 값을 구하시오.

MAPL CORE ▶ 세 점 $A(x_1, y_1)$, $B(x_2, y_2)$, $C(x_3, y_3)$을 꼭짓점으로 하는 삼각형 ABC의 무게중심 G의 좌표는

$$G\left(\frac{x_1+x_2+x_3}{3}, \frac{y_1+y_2+y_3}{3}\right)$$

개념익힘풀이

(1) 삼각형의 무게중심은 중선을 꼭짓점에서부터 $2:1$로 내분하므로
변 BC의 중점을 D, 삼각형 ABC의 무게중심을 G라 하면
점 G는 중선 AD를 $2:1$로 내분하는 점이다.

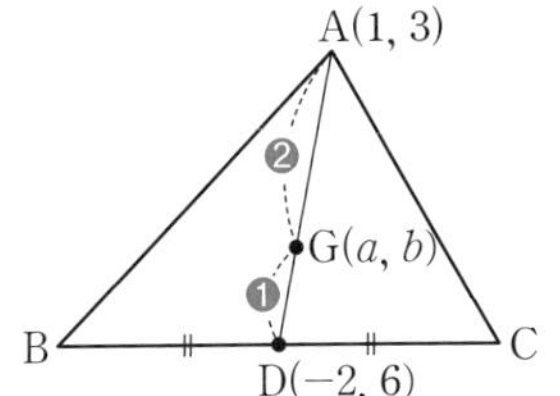

$$\left(\frac{2\times(-2)+1\times1}{2+1}, \frac{2\times6+1\times3}{2+1}\right) \quad \therefore G(-1, 5)$$

따라서 $a=-1$, $b=5$이므로 $a+b=-1+5=\mathbf{4}$

(2) 세 점 $A(a, b)$, $B(b, -2a)$, $C(3, 6)$을 꼭짓점으로 하는 삼각형 ABC의

무게중심 G의 좌표는 $G\left(\frac{a+b+3}{3}, \frac{b+(-2a)+6}{3}\right)$

이때 점 G의 좌표가 원점 $(0, 0)$과 일치하므로

$\frac{a+b+3}{3}=0 \quad \therefore a+b=-3$ …… ㉠

$\frac{b+(-2a)+6}{3}=0 \quad \therefore b-2a=-6$ …… ㉡

㉠, ㉡을 연립하여 풀면 $a=1$, $b=-4$

따라서 $ab=1\times(-4)=\mathbf{-4}$

확인유제 0028 다음 물음에 답하시오.

(1) 삼각형 ABC의 선분 AB의 중점의 좌표가 $(0, 3)$이고, 이 삼각형의 무게중심의 좌표가 $(1, 3)$일 때, 꼭짓점 C의 좌표를 구하시오.

(2) 좌표평면 위의 세 점 $A(a, b)$, $B(1, 3)$, $C(2, 2)$에 대하여 선분 AB의 중점을 M, 선분 CM을 $2:1$로 내분하는 점을 G라 하자. 점 G의 좌표가 $(4, 5)$일 때, $a+b$의 값을 구하시오.

변형문제 0029 좌표평면 위의 세 점 $A(1, 7)$, $B(4, 1)$, $C(9, a)$에 대하여 삼각형 ABC의 무게중심이 직선 $y=x+1$ 위에 있을 때, 상수 a의 값은? (단, 점 C는 제1사분면 위의 점이다.)

① 6 ② 7 ③ 8 ④ 9 ⑤ 10

발전문제 0030 세 점 $A(1, 5)$, $B(5, 3)$, $C(9, 4)$를 꼭짓점으로 하는 삼각형 ABC와 삼각형의 내부의 점 P에 대하여 다음 물음에 답하시오.

(1) $\overline{AP}^2+\overline{BP}^2+\overline{CP}^2$의 최솟값과 그때의 점 P의 좌표를 구하시오.

(2) 삼각형 ABC의 무게중심의 좌표를 구하시오.

정답 0028 : (1) C(3, 3) (2) 19 0029 : ④ 0030 : (1) 34, P(5, 4) (2) (5, 4)

마플개념익힘 02 삼각형의 무게중심의 활용

좌표평면 위의 세 점 $A(2, 4)$, $B(-2, 6)$, $C(6, 8)$을 꼭짓점으로 하는 삼각형 ABC에 대하여 세 변 AB, BC, CA의 중점을 각각 P, Q, R이라 하자. 삼각형 PQR의 무게중심의 좌표를 (a, b)라 할 때, $a+b$의 값을 구하시오.

MAPL CORE ▶ 삼각형의 세 변에 동일한 비율로 내분점을 각각 설정해서 닮음인 삼각형을 만들면 두 삼각형의 무게중심은 일치한다.
(삼각형 ABC의 무게중심)
=(세 변 AB, BC, CA의 중점을 연결하여 만든 삼각형 HIJ의 무게중심)
=(세 변 AB, BC, CA를 각각 $m : n$ ($m>0$, $n>0$)으로 내분하는 점을 연결하여 만든 삼각형 DEF의 무게중심)

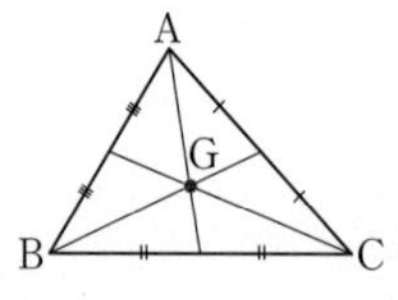

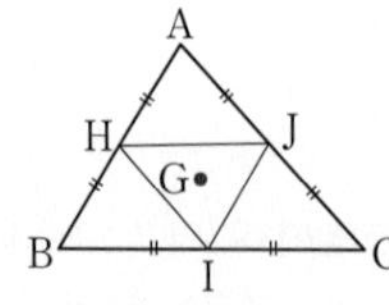

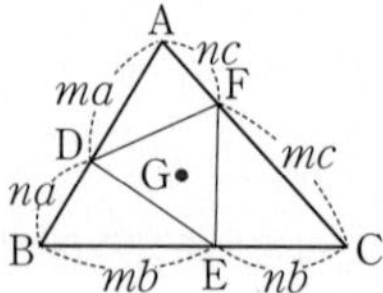

개념익힘풀이 세 점 P, Q, R은 각각 변 AB, 변 BC, 변 CA의 중점이므로

$P\left(\frac{2+(-2)}{2}, \frac{4+6}{2}\right)$ $\therefore P(0, 5)$

$Q\left(\frac{(-2)+6}{2}, \frac{6+8}{2}\right)$ $\therefore Q(2, 7)$

$R\left(\frac{6+2}{2}, \frac{8+4}{2}\right)$ $\therefore R(4, 6)$

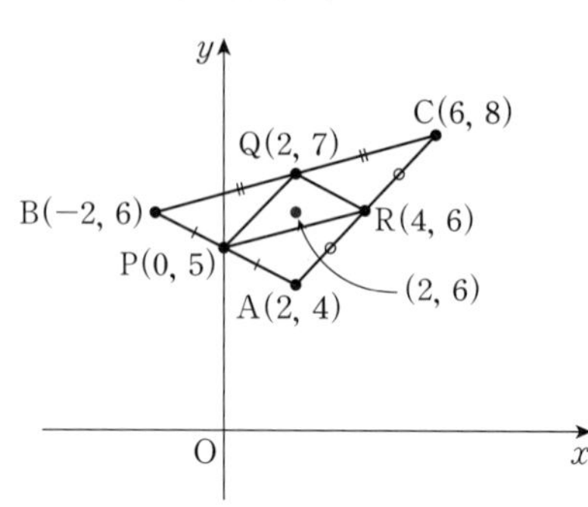

삼각형 PQR의 무게중심의 좌표는

$\left(\frac{0+2+4}{3}, \frac{5+7+6}{3}\right)$ $\therefore (2, 6)$

따라서 $a=2$, $b=6$이므로 $a+b=2+6=\mathbf{8}$

다른풀이 삼각형 ABC의 무게중심과 삼각형 PQR의 무게중심이 같음을 이용하여 풀이하기

삼각형 ABC의 세 변 AB, BC, CA의 중점이 각각 P, Q, R일 때,
삼각형 PQR의 무게중심은 삼각형 ABC의 무게중심과 같다.

즉 삼각형 PQR의 무게중심의 좌표는 $\left(\frac{2+(-2)+6}{3}, \frac{4+6+8}{3}\right)$, 즉 $(2, 6)$

따라서 $a=2$, $b=6$이므로 $a+b=2+6=\mathbf{8}$

확인유제 0031 다음 물음에 답하시오.

(1) 삼각형 ABC의 세 변 AB, BC, CA의 중점의 좌표가 각각 $D(1, 2)$, $E(3, 0)$, $F(5, 4)$일 때, 삼각형 ABC의 무게중심의 좌표를 (a, b)라 하자. $a+b$의 값을 구하시오.

(2) 삼각형 ABC의 세 변 AB, BC, CA를 $2 : 1$로 내분하는 점이 각각 $P(2, 3)$, $Q(6, -2)$, $R(4, 3)$일 때, 삼각형 ABC의 무게중심의 좌표를 (a, b)라 하자. $a+b$의 값을 구하시오.

변형문제 0032 세 점 $A(5, 4)$, $B(12, a)$, $C(b, -5)$를 꼭짓점으로 하는 삼각형 ABC가 있다. 세 변 AB, BC, CA를 $3 : 2$로 내분하는 점 P, Q, R을 꼭짓점으로 하는 삼각형 PQR의 무게중심의 좌표가 $(5, -3)$일 때, $a+b$의 값은?

① -12 ② -10 ③ -8 ④ -6 ⑤ -4

발전문제 0033 삼각형 ABC의 세 변 AB, BC, CA에 대하여 변 AB를 $1 : 2$로 내분하는 점의 좌표를 $(10, 8)$, 변 BC를 $1 : 3$으로 내분하는 점의 좌표를 $(5, -3)$, 변 CA를 $2 : 3$으로 내분하는 점의 좌표를 $(2, 12)$라 하자.
삼각형 ABC의 무게중심 G의 좌표를 (a, b)라 할 때, $a+b$의 값을 구하시오.

정답 0031 : (1) 5 (2) $\frac{16}{3}$ 0032 : ② 0033 : 11

마플개념익힘 03 무게중심과 중선정리

오른쪽 그림과 같이 삼각형 ABC에서 $\overline{AB}=5$, $\overline{BC}=4\sqrt{2}$, $\overline{AC}=3$이다. 선분 BC의 중점이 M이고 점 G가 삼각형 ABC의 무게중심일 때, 선분 GM의 길이를 구하시오.

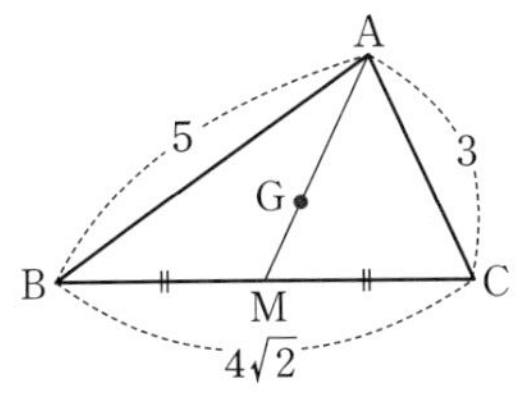

MAPL CORE ▶ (1) 삼각형의 세 중선은 한 점에서 만나고 이 점을 삼각형의 무게중심이라 한다.
이때 무게중심은 세 중선을 각 꼭짓점으로부터 2 : 1로 내분한다.
(2) $\overline{AB}^2+\overline{AC}^2=2(\overline{AM}^2+\overline{BM}^2)$을 파포스 정리(중선정리)라 한다.

개념익힘풀이

점 M은 선분 BC의 중점이므로 $\overline{BM}=\overline{MC}=\frac{1}{2}\times 4\sqrt{2}=2\sqrt{2}$

삼각형 ABC에서 중선정리에 의하여 $\overline{AB}^2+\overline{AC}^2=2(\overline{AM}^2+\overline{BM}^2)$

$5^2+3^2=2(\overline{AM}^2+8)$, $\overline{AM}^2=9$

$\therefore \overline{AM}=3$

점 G가 삼각형 ABC의 무게중심이므로 $\overline{GM}=\frac{1}{3}\overline{AM}=\frac{1}{3}\times 3=1$

따라서 선분 GM의 길이는 **1**

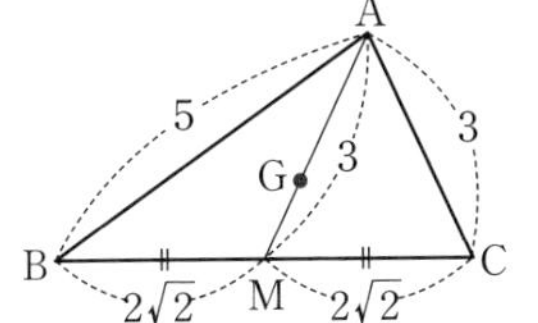

확인유제 0034 오른쪽 그림과 같이 삼각형 ABC에서 $\overline{AB}=9$, $\overline{BC}=10$, $\overline{AC}=7$이다. 선분 BC의 중점이 M이고, 점 G가 삼각형 ABC의 무게중심일 때, 선분 GM의 길이를 구하시오.

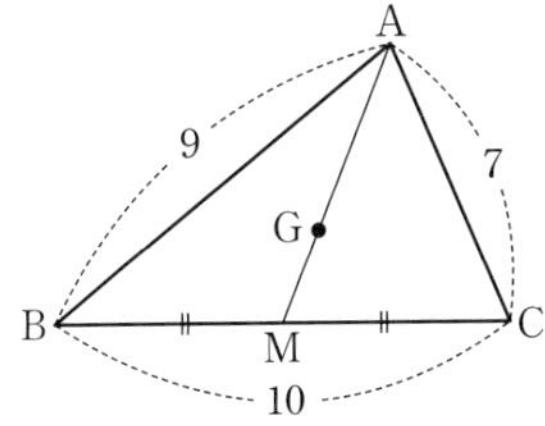

변형문제 0035 오른쪽 그림과 같이 좌표평면 위의 한 점 A(4, 4)를 꼭짓점으로 하는 정삼각형 ABC의 무게중심이 원점일 때, 정삼각형의 넓이는?

① $4\sqrt{6}$ ② $12\sqrt{6}$ ③ $24\sqrt{3}$
④ $24\sqrt{6}$ ⑤ $26\sqrt{6}$

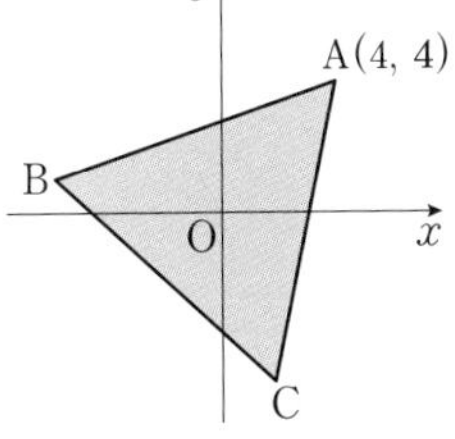

발전문제 0036 오른쪽 그림과 같이 무게중심이 G인 삼각형 ABC에서 $\overline{AG}=8$, $\overline{BG}=7$, $\overline{CG}=9$이고 선분 BC의 중점을 M이라 할 때, 선분 BC의 길이를 구하시오.

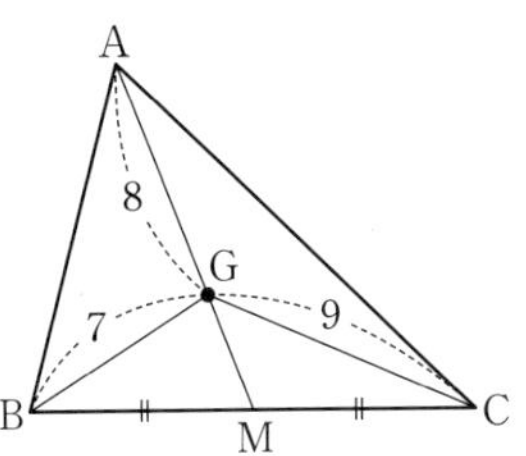

정답 0034 : $\frac{2\sqrt{10}}{3}$ 0035 : ③ 0036 : 14

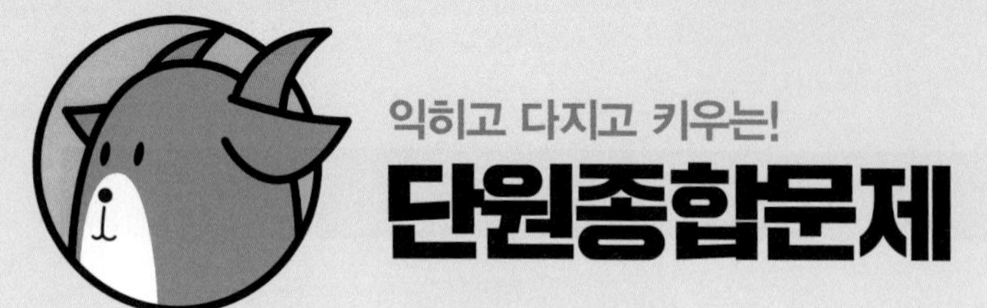

단원종합문제

BASIC

개념을 **익히는** 문제

0037
두 점 사이의 거리

다음 물음에 답하시오.

(1) 좌표평면에서 두 점 $\mathrm{A}(a, 3)$, $\mathrm{B}(2, 1)$ 사이의 거리가 $\sqrt{13}$일 때, 양수 a의 값은?

① 1　② 2　③ 3　④ 4　⑤ 5

(2) 두 점 $\mathrm{A}(a-1, 4)$, $\mathrm{B}(5, a-4)$ 사이의 거리가 $\sqrt{10}$이 되도록 하는 모든 실수 a의 값의 합은?

① 10　② 12　③ 14　④ 16　⑤ 18

0038
선분의 내분점

좌표평면 위의 두 점 $\mathrm{A}(1, -2)$, $\mathrm{B}(3, 4)$에 대하여 다음 설명 중 옳지 않은 것은?

① 선분 AB의 길이는 $2\sqrt{10}$이다.

② 선분 AB의 중점 M의 좌표는 $\mathrm{M}(2, 1)$이다.

③ 선분 AB를 $3:2$로 내분하는 점 P의 좌표는 $\mathrm{P}(2, 5)$이다.

④ 선분 AB를 $2:1$로 내분하는 점 Q의 좌표는 $\mathrm{Q}\left(\frac{7}{3}, 2\right)$이다.

⑤ 두 점 A, B에서 같은 거리에 있는 x축 위의 점 R의 좌표는 $\mathrm{R}(5, 0)$이다.

0039
두 점으로부터 같은 거리에 있는 점의 좌표

좌표평면 위에 두 점 $\mathrm{A}(-1, 5)$, $\mathrm{B}(2, -4)$가 있다. 직선 $y=-x$ 위의 점 P에 대하여 $\overline{\mathrm{AP}}=\overline{\mathrm{BP}}$일 때, 선분 OP의 길이는? (단, O는 원점이다.)

① $\frac{\sqrt{2}}{4}$　② $\frac{\sqrt{2}}{2}$　③ $\sqrt{2}$　④ $2\sqrt{2}$　⑤ $4\sqrt{2}$

0040
중선정리

오른쪽 그림과 같이 평행사변형 ABCD에서 $\overline{\mathrm{AB}}=8$, $\overline{\mathrm{BC}}=12$, $\overline{\mathrm{BD}}=16$일 때, 선분 AC의 길이를 구하시오.

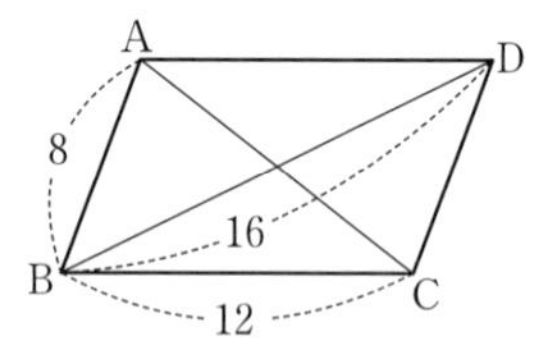

0041
선분의 내분점

다음 물음에 답하시오.

(1) 두 점 $\mathrm{A}(2, -4)$, $\mathrm{B}(6, a)$에 대하여 선분 AB를 $2:3$으로 내분하는 점이 x축 위에 있다.
선분 AB의 중점의 좌표를 (m, n)이라 할 때, 상수 m, n에 대하여 $m+n$의 값은?

① 3　② 4　③ 5　④ 6　⑤ 7

(2) 좌표평면에서 두 점 $\mathrm{A}(-1, 4)$, $\mathrm{B}(5, -5)$를 이은 선분 AB를 $2:1$로 내분하는 점이 직선 $y=2x+k$ 위에 있을 때, 상수 k의 값은?

① -8　② -7　③ -6　④ -5　⑤ -4

0042
선분의 내분점

두 점 $\mathrm{A}(1, -4)$, $\mathrm{B}(a, b)$에 대하여 선분 AB를 $3:1$로 내분하는 점의 좌표가 $(7, 2)$일 때, 선분 AB의 길이는?

① $2\sqrt{2}$　② $3\sqrt{2}$　③ $4\sqrt{2}$　④ $6\sqrt{2}$　⑤ $8\sqrt{2}$

정답　0037 : (1) ⑤ (2) ③　0038 : ③　0039 : ①　0040 : $4\sqrt{10}$　0041 : (1) ③ (2) ①　0042 : ⑤

0043
선분의 내분점

다음 물음에 답하시오.

(1) 두 점 A$(2, -5)$, B$(a, 1)$에 대하여 선분 AB를 $2:1$로 내분하는 점이 P$(6, b)$일 때, 선분 BP의 중점 M의 좌표가 (p, q)이다. 이때 상수 p, q에 대하여 $p+q$의 값은?

① 4 ② 5 ③ 6 ④ 7 ⑤ 8

(2) 좌표평면 위의 세 점 A$(7, 3)$, B$(1, 6)$, C(a, b)에 대하여 선분 AB를 $2:1$로 내분하는 점의 좌표를 P, 선분 AP의 중점의 좌표를 점 C라 할 때, $a+b$의 값은?

① 5 ② 6 ③ 7 ④ 8 ⑤ 9

0044
선분의 내분점

다음 물음에 답하시오.

(1) 두 점 A$(0, 1)$, B$(5, 3)$에 대하여 선분 AB의 연장선 위의 점 C(a, b)에 대하여 $2\overline{AB}=\overline{BC}$를 만족할 때, 상수 a, b에 대하여 $a+b$의 값을 구하시오, (단, 점 C의 x좌표는 양수이다.)

(2) 두 점 A$(8, 1)$, B$(0, 3)$을 이은 선분 AB의 연장선 위의 점 C(a, b)에 대하여 $3\overline{AB}=2\overline{BC}$를 만족할 때, 상수 a, b에 대하여 $b-a$의 값을 구하시오. (단, 점 C의 x좌표는 음수이다.)

0045
삼각형의 무게중심

다음 물음에 답하시오.

(1) 세 점 A$(a, 6)$, B$(4, b)$, C$(-3, -1)$을 세 꼭짓점으로 하는 삼각형 ABC의 내부에 점 P$(-1, 2)$를 잡았더니

(삼각형 PAB의 넓이)=(삼각형 PBC의 넓이)=(삼각형 PCA의 넓이)

가 성립한다. 이때 상수 a, b에 대하여 $a+b$의 값은?

① -3 ② -1 ③ 1 ④ 2 ⑤ 3

(2) 좌표평면 위의 세 점 A$(4, -3)$, B, C를 꼭짓점으로 하는 삼각형 ABC가 있다. 선분 AB의 중점의 좌표가 $(a, 4)$, 선분 AC의 중점의 좌표가 $(1, -1)$이고 삼각형 ABC의 무게중심의 좌표는 $(6, b)$일 때, $a+b$의 값은?

① 9 ② 10 ③ 11 ④ 12 ⑤ 13

0046
삼각형의 무게중심의 활용

삼각형 ABC의 무게중심을 G라 하자. 삼각형 ABC와 만나지 않는 직선 l에 대하여 세 점 A, B, C에서 직선 l까지의 거리를 각각 7, 4, 10이라 할 때, 점 G에서 직선 l 사이의 거리를 구하시오.

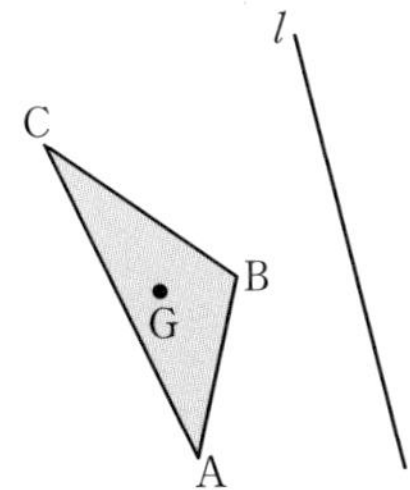

0047
삼각형의 무게중심의 활용

다음 물음에 답하시오.

(1) 삼각형 ABC의 세 변 AB, BC, CA의 중점이 각각 $(1, 2)$, $(3, 5)$, (a, b)일 때, 삼각형 ABC의 무게중심의 좌표는 $\left(\frac{8}{3}, \frac{14}{3}\right)$이다. 이때 $a+b$의 값을 구하시오.

(2) 세 점 A$(6, -1)$, B$(3, -4)$, C$(-3, 2)$를 꼭짓점으로 하는 삼각형 ABC에서 세 변 AB, BC, CA를 각각 $2:1$로 내분하는 점을 차례대로 P, Q, R이라 할 때, 삼각형 PQR의 무게중심의 좌표를 (a, b)라 하자.
이때 $a+b$의 값을 구하시오.

정답 0043 : (1) ④ (2) ⑤ 0044 : (1) 22 (2) 18 0045: (1) ① (2) ⑤ 0046 : 7 0047 : (1) 11 (2) 1

0048

조건이 주어진 선분의 내분점

직선 $y=\frac{1}{3}x$ 위의 두 점 A(3, 1), B(a, b)가 있다. 제2사분면 위의 한 점 C에 대하여 삼각형 BOC와 삼각형 OAC의 넓이의 비가 3 : 1일 때, $a+b$의 값은? (단, $a<0$이고, O는 원점이다.)

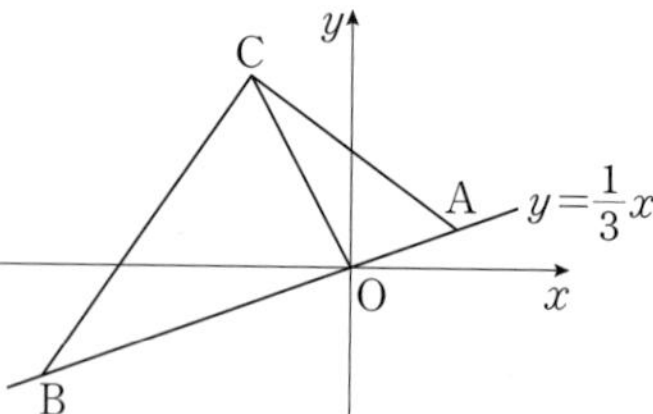

① -12　② -10　③ -8　④ -9　⑤ -6

0049

선분의 내분점

좌표평면 위의 두 점 A, B에 대하여 선분 AB의 중점의 좌표가 (0, 5)이고, 선분 AB를 1 : 3으로 내분하는 점의 좌표가 $(-4, 3)$일 때, 선분 AB의 길이를 구하시오.

0050

세 변의 길이에 따른 삼각형의 모양 결정

다음 물음에 답하시오.

(1) 세 점 A(0, -1), B(4, 2), C(a, 3)을 꼭짓점으로 하는 삼각형 ABC가 $\angle C=90°$인 직각삼각형일 때, 실수 a의 값을 구하시오.

(2) 세 점 A(2, 8), B(-1, a), C(5, -1)을 꼭짓점으로 하는 삼각형 ABC가 $\overline{AB}=\overline{BC}$인 이등변삼각형이 되도록 하는 실수 a의 값을 구하시오.

0051

삼각형의 무게중심
사각형의 성질의 활용

평행사변형 ABCD에서 두 점 A, B의 좌표는 각각 $(-3, 0)$, (4, 2)이고 삼각형 ABC의 무게중심의 좌표가 (2, 2)일 때, 점 D의 좌표를 (p, q)라 하자. 이때 $p+q$의 값을 구하시오.

0052

삼각형의 무게중심

좌표평면에 세 점 A(5, 0), B(0, -3), C(a, b)를 꼭짓점으로 하는 삼각형 ABC가 있다. $\overline{AC}=\overline{BC}$이고 삼각형 ABC의 무게중심이 x축 위에 있을 때, $a+b$의 값은?

① 2　② $\frac{11}{5}$　③ $\frac{12}{5}$　④ $\frac{13}{5}$　⑤ $\frac{14}{5}$

0053

삼각형의 무게중심

점 A(-2, 8)을 한 꼭짓점으로 하는 삼각형 ABC의 두 변 AB, AC의 중점을 각각 M(x_1, y_1), N(x_2, y_2)라 하자. $x_1+x_2=4$, $y_1+y_2=6$일 때, 삼각형 ABC의 무게중심의 좌표는 (p, q)이다. 이때 $p+q$의 값을 구하시오.

정답　0048 : ①　0049 : $8\sqrt{5}$　0050 : (1) 2 (2) 2　0051 : 0　0052 : ⑤　0053 : $\frac{14}{3}$

0054
삼각형의 무게중심

세 점 $A(15, 2)$, $B(2, 5)$, $C(-2, -1)$에 대하여 $\overline{AP}^2+\overline{BP}^2+\overline{CP}^2$이 최소가 되는 점 P의 좌표가 (a, b)일 때, $a+b$의 값을 구하시오.

0055
삼각형의 무게중심

오른쪽 그림과 같이 두 직선 $y=\frac{1}{2}x$와 $y=3x$가 직선 $y=-2x+k$와 만나는 점을 각각 A, B라 하자. 원점 O와 두 점 A, B를 꼭짓점으로 하는 삼각형 OAB의 무게중심의 좌표가 $\left(2, \frac{8}{3}\right)$일 때, 상수 k의 값은?

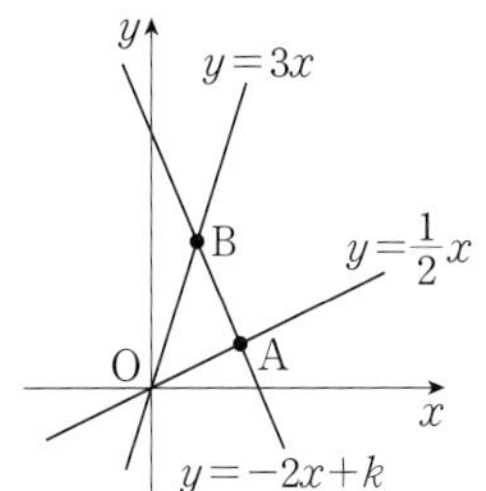

① 2 ② 4 ③ 6
④ 8 ⑤ 10

0056
조건을 주어진 선분의 내분점

두 점 $A(-1, 4)$, $B(6, 0)$에 대하여 선분 AB를 $(3+k):(3-k)$로 내분하는 점 P가 제1사분면에 있을 때, 정수 k의 개수는?

① 3 ② 4 ③ 5 ④ 6 ⑤ 7

0057
삼각형의 각의 이등분선의 성질

다음 물음에 답하시오.

(1) 오른쪽 그림과 같이 좌표평면 위의 세 점 $A(0, a)$, $B(-6, 0)$, $C(2, 0)$을 꼭짓점으로 하는 삼각형 ABC가 있다. $\angle ABC$의 이등분선이 선분 AC의 중점을 지날 때, 양수 a의 값은?

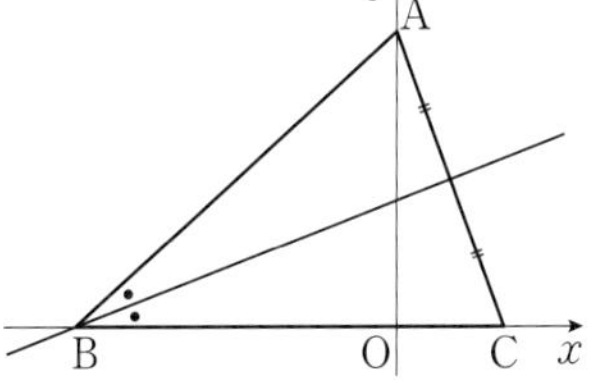

① $2\sqrt{5}$ ② $2\sqrt{6}$ ③ $2\sqrt{7}$
④ $4\sqrt{2}$ ⑤ 6

(2) 오른쪽 그림과 같이 삼각형 ABC에서 $\overline{AB}=8$, $\overline{AC}=4$, $\overline{BC}=9$이고 $\angle A$의 이등분선이 변 BC와 만나는 점을 D라 하자. $\overline{BD}=a$, $\overline{DC}=b$가 이차방정식 $x^2+px+q=0$의 두 근일 때, $p+q$의 값은?

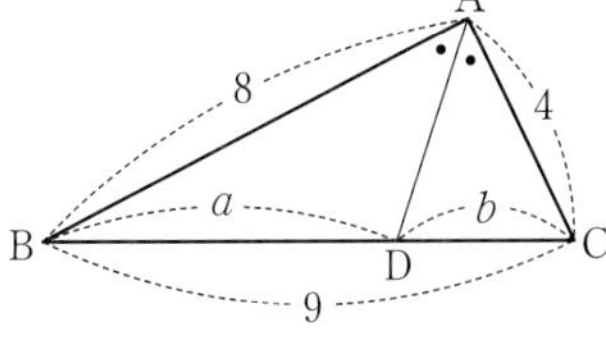

① −11 ② −9 ③ 0
④ 9 ⑤ 11

0058
조건을 주어진 선분의 내분점
서술형

점 P가 직선 $x-3y+6=0$ 위를 움직일 때, 점 $A(3, -2)$와 점 P를 이은 선분 AP를 $1:2$로 내분하는 점이 나타내는 도형의 방정식을 구하는 과정을 다음 단계로 서술하시오.

[1단계] 점 $P(a, b)$라 놓고 직선 위의 점임을 이용하여 a, b 사이의 관계식을 구한다. [2점]
[2단계] 선분 AP를 $1:2$로 내분하는 점의 좌표를 구한다. [5점]
[3단계] 도형의 방정식을 구한다. [3점]

0059
삼각형의 각의 이등분선의 성질
삼각형의 무게중심
서술형

세 점 $A(0, 7)$, $B(-5, -5)$, $C(4, 4)$에 대하여 $\angle CAB$의 이등분선이 변 BC와 만나는 점을 D, 삼각형 ABC의 무게중심을 G라 하자. 선분 DG의 중점의 좌표를 구하는 과정을 다음 단계로 서술하시오.

[1단계] 각의 이등분선의 성질을 이용하여 점 D의 좌표를 구한다. [5점]
[2단계] 삼각형 ABC의 무게중심 G의 좌표를 구한다. [3점]
[3단계] 선분 DG의 중점의 좌표를 구한다. [2점]

정답 0054 : 7 0055 : ⑤ 0056: ③ 0057 : (1) ③ (2) ④ 0058 : 해설참조 0059 : 해설참조

TOUGH

실력을 **키우는** 문제

0060

두 점 사이의 거리

실수 a, b에 대하여

$$\sqrt{(a-4)^2+a^2}+\sqrt{(b-a)^2+(a+1)^2}+\sqrt{(b-6)^2+9}$$

의 최솟값을 구하시오.

0061

조건이 주어진 선분의 내분점

오른쪽 그림과 같이 x축 위의 네 점 A_1, A_2, A_3, A_4에 대하여 $\overline{OA_1}$, $\overline{A_1A_2}$, $\overline{A_2A_3}$, $\overline{A_3A_4}$를 각각 한 변으로 하는 정사각형 $OA_1B_1C_1$, $A_1A_2B_2C_2$, $A_2A_3B_3C_3$, $A_3A_4B_4C_4$가 있다. 점 B_4의 좌표가 $(30, 18)$이고 정사각형 $OA_1B_1C_1$, $A_1A_2B_2C_2$, $A_2A_3B_3C_3$의 넓이의 비가 $1:4:9$일 때, $\overline{B_1B_3}^2$의 값을 구하시오. (단, O는 원점이다.)

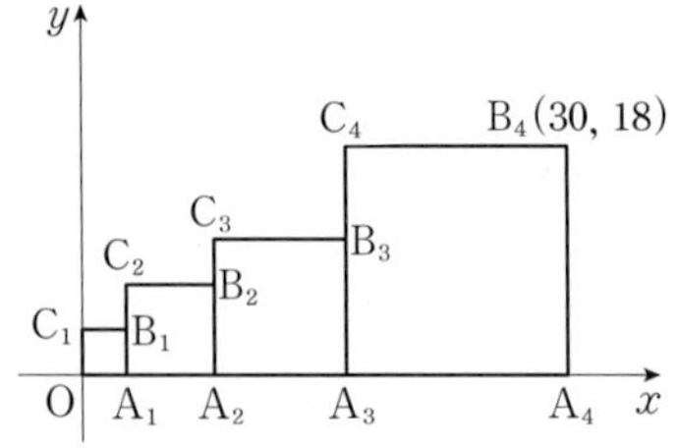

0062

삼각형의 무게중심

좌표평면에서 이차함수 $y=x^2-6x+2$의 그래프와 직선 $y=3x+12$가 만나는 두 점을 각각 A, B라 하자. 삼각형 OAB의 무게중심의 좌표를 (a, b)라 할 때, $a+b$의 값을 구하시오. (단, O는 원점이다.)

0063

조건이 주어진 선분의 내분점

오른쪽 그림과 같이 곡선 $y=x^2-2x$와 직선 $y=3x+k(k>0)$가 두 점 P, Q에서 만난다. 선분 PQ를 $2:5$로 내분하는 점의 x좌표가 1일 때, 상수 k의 값을 구하시오. (단, 점 P의 x좌표는 점 Q의 x좌표보다 작다.)

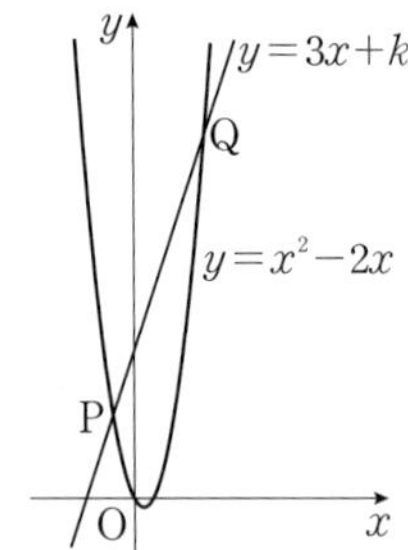

0064

삼각형의 무게중심의 활용

오른쪽 그림과 같이 좌표평면 위의 세 점 P(5, 8), Q(1, 2), R(11, 4)로부터 같은 거리에 있는 직선 l이 선분 PQ, PR과 만나는 점을 각각 A, B라 하고 선분 QR의 중점을 C라 할 때, 삼각형 ABC의 무게중심의 좌표를 $G(x, y)$라 하자. 이때 $x+y$를 M이라 할 때, $3M$의 값을 구하시오.

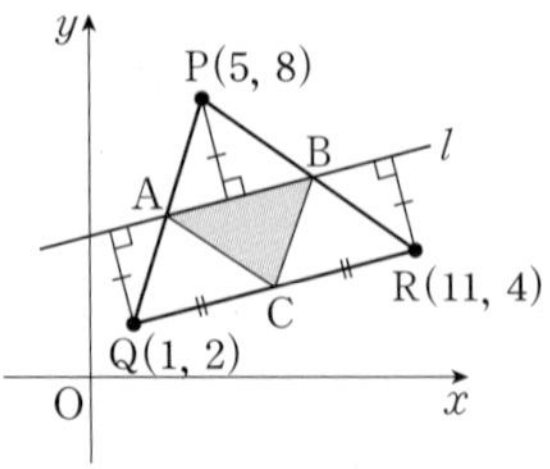

0065

거리의 제곱의 합의 최솟값

오른쪽 그림과 같이 두 직선 도로가 O지점에서 서로 수직으로 만나고 있다. 서로 다른 도로 위에 두 자동차 A, B가 점 O로부터 각각 10km씩 떨어진 지점에서 일정한 속도로 O의 방향으로 달리고 있다. 자동차 A, B는 각각 1분에 1km, 2km의 속도로 움직일 때, 출발 후 몇 분이 지나서 두 자동차의 거리가 가장 가까운지 구하시오.

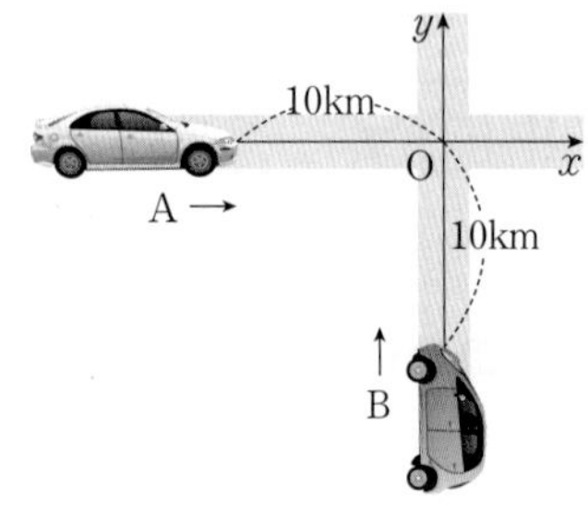

정답	0060 : 10	0061 : 116	0062 : 20	0063 : 6	0064 : 31	0065 : 6

마플교과서

MAPL. IT'S YOUR MASTER PLAN!

MAPL 교과서 SERIES

www.heemangedu.co.kr | www.mapl.co.kr

공통수학 2 I. 도형의 방정식

02

직선의 방정식

M A P L ; Y O U R M A S T E R P L A N

01 직선의 방정식

개념유형

01 직선의 방정식의 표준형과 일반형

(1) 직선의 방정식의 표준형

기울기가 m이고 y절편이 n인 직선의 방정식은 $\boldsymbol{y=mx+n}$이다.

특히, 기울기가 m인 직선이 x축의 양의 방향과 이루는 각의 크기가

$\theta\,(0^\circ \le \theta < 90^\circ)$일 때, $\boldsymbol{m=\dfrac{(y\text{의 값의 증가량})}{(x\text{의 값의 증가량})}=\tan\theta}$이다.

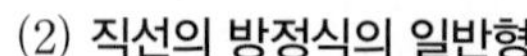

직선의 방정식의 표준형은 그래프 개형을 쉽게 파악할 수 있다.

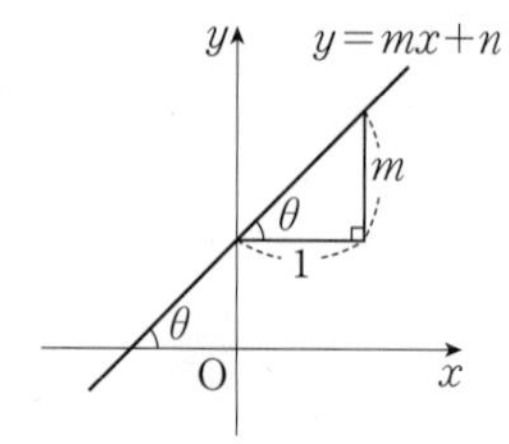

(2) 직선의 방정식의 일반형

직선의 방정식의 표준형을 정리하여 $\boldsymbol{ax+by+c=0}$ $(\boldsymbol{a\neq0}$ **또는** $\boldsymbol{b\neq0})$꼴로 나타낸 식을 직선의 방정식의 일반형이라 한다.

마플해설 직선 $y=mx+n$이 x축의 양의 방향과 이루는 각의 크기를 θ라 할 때, $m=\tan\theta$임을 확인하면 오른쪽 그림과 같이 $\overline{\mathrm{AB}}=1$이 되도록 x축 위에 두 점 A, B를 잡고 점 B를 지나고 x축에 수직인 직선이 직선 $y=mx+n$과 만나는 점을 C라 하면 삼각형 ABC는 $\angle\mathrm{ABC}=90^\circ$인 직각삼각형이므로 $\tan\theta=\dfrac{\overline{\mathrm{BC}}}{\overline{\mathrm{AB}}}=\dfrac{m}{1}=m$

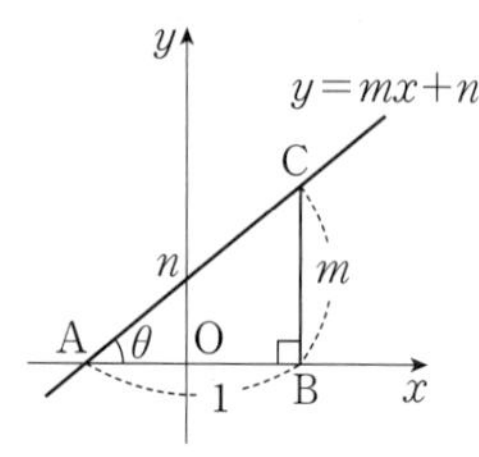

보기 01 **다음 직선의 방정식을 구하시오.**

(1) 기울기가 3이고 y절편이 2인 직선의 방정식

(2) x축의 양의 방향과 이루는 각의 크기가 45°이고 y절편이 3인 직선의 방정식

풀이

(1) 직선의 방정식은 $\boldsymbol{y=3x+2}$

(2) $\tan45^\circ=1$이므로 기울기가 1이고 y절편이 3인 직선의 방정식은 $\boldsymbol{y=x+3}$

개념유형

02 좌표축과 평행한 직선의 방정식

좌표축에 평행한 직선의 방정식

(1) y축에 평행하고 x절편이 a인 직선의 방정식

$x=a$ ◀ (y축에 평행한 직선)=(x축에 수직인 직선)

(2) x축에 평행하고 y절편이 b인 직선의 방정식

$y=b$ ◀ (x축에 평행한 직선)=(y축에 수직인 직선)

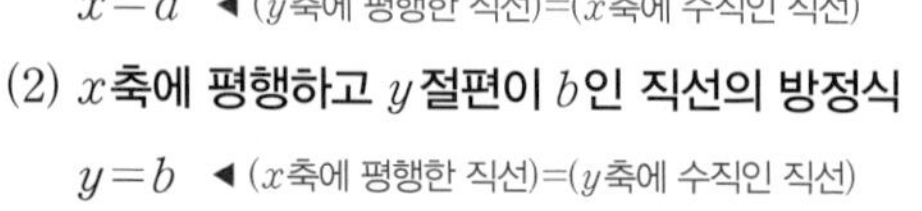

참고 y축의 방정식은 $x=0$, x축의 방정식은 $y=0$이다.

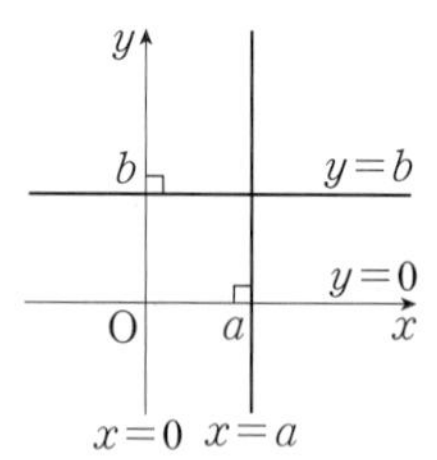

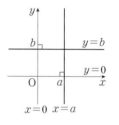

마플해설 직선의 방정식 $ax+by+c=0$에서

① $a\neq0$, $b=0$이면 $x=-\dfrac{c}{a}$ ⇨ y축에 평행하고 x절편이 $-\dfrac{c}{a}$인 직선

② $a=0$, $b\neq0$이면 $y=-\dfrac{c}{b}$ ⇨ x축에 평행하고 y절편이 $-\dfrac{c}{b}$인 직선

보기 02 **다음 일차방정식의 그래프를 그리시오.**

(1) $2x-y-3=0$ (2) $3x+y+2=0$ (3) $2y+4=0$ (4) $3x-6=0$

풀이

(1) $2x-y-3=0$에서
$y=2x-3$

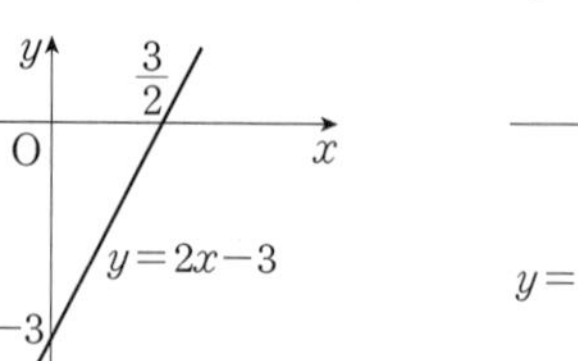

(2) $3x+y+2=0$에서
$y=-3x-2$

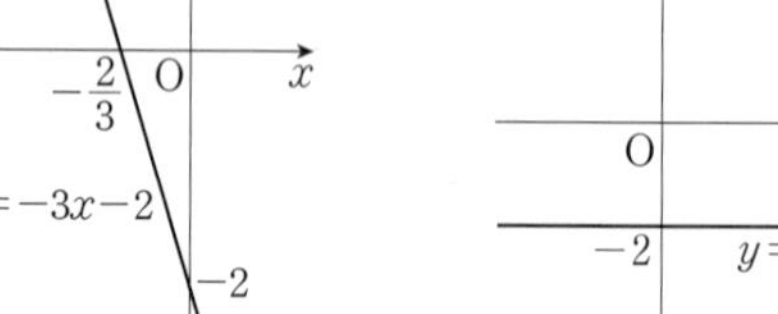

(3) $2y+4=0$에서
$y=-2$

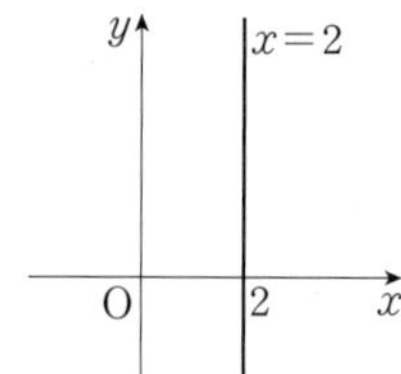

(4) $3x-6=0$에서
$x=2$

y $x=2$ O 2 x

03 직선의 방정식

(1) 한 점과 기울기가 주어진 직선의 방정식

점 $\mathrm{A}(x_1,\ y_1)$을 지나고 기울기가 m인 직선의 방정식은 다음과 같다.

$$\boldsymbol{y-y_1=m(x-x_1)}$$

(2) 두 점을 지나는 직선의 방정식

서로 다른 두 점 $\mathrm{A}(x_1,\ y_1)$, $\mathrm{B}(x_2,\ y_2)$를 지나는 직선의 방정식은 다음과 같다.

① $x_1 \neq x_2$일 때, $\boldsymbol{y-y_1=\dfrac{y_2-y_1}{x_2-x_1}(x-x_1)}$ ◀ $y-y_1=m(x-x_1)$에서 m대신 $\dfrac{y_2-y_1}{x_2-x_1}$을 대입

② $x_1=x_2$일 때, $x=x_1$ ◀ y축에 평행한 직선

(3) x절편과 y절편이 주어진 직선의 방정식

x절편이 a, y절편이 b인 직선의 방정식은 다음과 같다.

$$\boldsymbol{\frac{x}{a}+\frac{y}{b}=1}\ (\text{단, } a\neq 0,\ b\neq 0)$$ ◀ 두 점 $(a,\ 0)$, $(0,\ b)$를 지나는 직선

참고 x절편 : 직선이 x축과 만나는 점의 x좌표 ◀ 직선의 방정식에 $y=0$을 대입했을 때 x의 값

y절편 : 직선이 y축과 만나는 점의 y좌표 ◀ 직선의 방정식에 $x=0$을 대입했을 때 y의 값

마플해설

(1) 좌표평면 위의 점 $\mathrm{A}(x_1,\ y_1)$을 지나고 기울기가 m인 직선의 방정식을 구하면

유도1 구하는 직선의 방정식을 $y=mx+n$ ······ ㉠

이 직선이 점 $\mathrm{A}(x_1,\ y_1)$을 지나므로 $y_1=mx_1+n$ $\therefore n=y_1-mx_1$

이를 ㉠에 대입하여 정리하면 $y-y_1=m(x-x_1)$

특히 $m=0$인 경우 $y-y_1=0$ $\therefore y=y_1$

유도2 오른쪽 그림과 같이 구하는 직선 l 위의 한 점 $\mathrm{A}(x_1,\ y_1)$과

다른 임의의 점을 $\mathrm{P}(x,\ y)$라 하자.

$x\neq x_1$이면 기울기 m은 $m=\dfrac{y-y_1}{x-x_1}$로 점 P의 위치에 관계없이 항상 일정하다.

이때 직선 l의 방정식의 양변에 $x-x_1$을 곱하면 $y-y_1=m(x-x_1)$

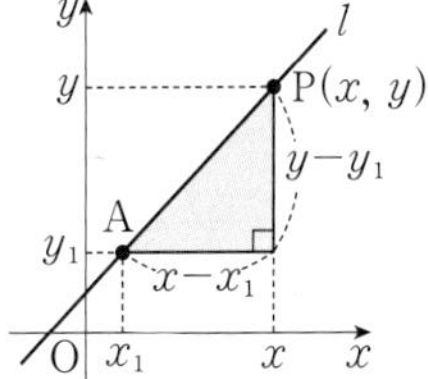

(2) 좌표평면 위의 서로 다른 두 점 $\mathrm{A}(x_1,\ y_1)$, $\mathrm{B}(x_2,\ y_2)$를 지나는 직선의 방정식을 구하면

(i) $x_1\neq x_2$일 때,

직선 AB의 기울기를 m이라 하면

$m=\dfrac{y_2-y_1}{x_2-x_1}$이고 이 직선은 점 $\mathrm{A}(x_1,\ y_1)$을 지나므로

$y-y_1=\dfrac{y_2-y_1}{x_2-x_1}(x-x_1)$ ◀ 한 점과 기울기가 주어질 때의 직선의 방정식을 구하는 방법을 이용

점 $\mathrm{B}(x_2,\ y_2)$를 지나고 기울기가 m인 직선의 방정식을 구하여도 결과는 같다.

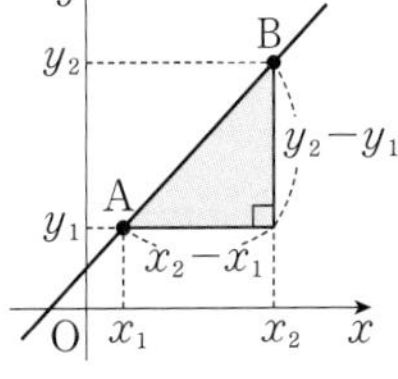

(ii) $x_1=x_2$일 때,

직선 AB는 y축에 평행하므로 (x축에 수직)

그 직선의 방정식은 $x=x_1$

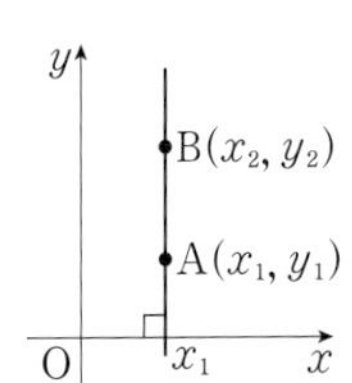

(3) x절편이 a, y절편이 b인 직선의 방정식 (단, $a\neq 0$, $b\neq 0$)을 구하면

직선의 방정식 두 점 $(a,\ 0)$, $(0,\ b)$를 지나는 직선과 같으므로 방정식은

$y-0=\dfrac{b-0}{0-a}(x-a)$ $\therefore y=-\dfrac{b}{a}x+b$

양변을 b로 나누면 $\dfrac{y}{b}=-\dfrac{1}{a}x+1$ $\therefore \dfrac{x}{a}+\dfrac{y}{b}=1$

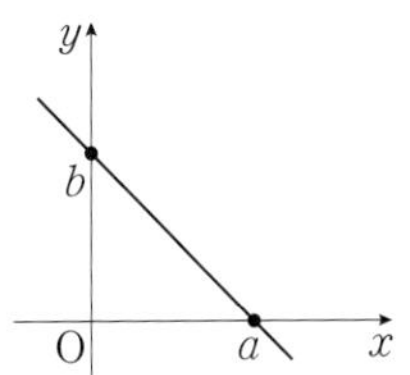

보기 03 다음 직선의 방정식을 구하시오.

(1) 기울기가 5이고 점 $(3, 2)$를 지나는 직선의 방정식

(2) 직선 $y=2x+1$과 기울기가 같고 점 $(-1, 2)$를 지나는 직선의 방정식

(3) 기울기가 -2이고 x절편이 2인 직선의 방정식

풀이 기울기와 한 점의 좌표가 주어진 직선의 방정식 ⇨ $y-y_1=m(x-x_1)$

(1) 기울기 $m=5$이고 점 $(3, 2)$를 지나므로 x_1대신 3, y_1대신 2를 대입한다.
따라서 구하는 직선의 방정식은 $y-2=5(x-3)$이므로 $\boldsymbol{y=5x-13}$

(2) 직선 $y=2x+1$과 기울기가 같으므로 $m=2$이고 점 $(-1, 2)$를 지나므로
x_1대신 -1, y_1대신 2를 대입한다.
따라서 구하는 직선의 방정식은 $y-2=2(x+1)$이므로 $\boldsymbol{y=2x+4}$

(3) 기울기 $m=-2$이고 x절편이 2, 즉 점 $(2, 0)$을 지나므로 x_1대신 2, y_1대신 0을 대입한다.
따라서 구하는 직선의 방정식은 $y-0=-2(x-2)$이므로 $\boldsymbol{y=-2x+4}$

보기 04 다음 직선의 방정식을 구하시오.

(1) x축에 평행하고 점 $(2, 3)$을 지나는 직선의 방정식

(2) x축과 수직이고 점 $(-4, 5)$를 지나는 직선의 방정식

풀이 점 (a, b)를 지나고 x축에 평행한 직선 (y축에 수직인 직선) ⇨ $y=b$
점 (a, b)를 지나고 y축에 평행한 직선 (x축에 수직인 직선) ⇨ $x=a$

(1) x축에 평행한 직선은 기울기가 0이고 점 $(2, 3)$을 지나므로 x_1대신 2, y_1대신 3을 대입한다.
따라서 구하는 직선의 방정식은 $y-3=0\times(x-2)$이므로 $\boldsymbol{y=3}$

(2) x축과 수직인 직선은 기울기가 정의되지 않는다.
따라서 구하는 직선의 방정식은 $\boldsymbol{x=-4}$

보기 05 다음 직선의 방정식을 구하시오.

(1) 두 점 $(1, 3)$, $(2, 5)$를 지나는 직선의 방정식

(2) x절편이 2, y절편이 4인 직선의 방정식

풀이 점 $A(x_1, y_1)$, $B(x_2, y_2)$를 지나는 직선의 방정식 ⇨ $y-y_1=\frac{y_2-y_1}{x_2-x_1}(x-x_1)$

(1) 두 점 $(1, 3)$, $(2, 5)$를 지나는 직선의 기울기가 $\frac{5-3}{2-1}=2$이고 점 $(1, 3)$을 지나는 직선의 방정식은
$y-3=2(x-1)$이므로 $\boldsymbol{y=2x+1}$

(2) x절편이 2, y절편이 4이면 두 점 $(2, 0)$, $(0, 4)$를 지나므로 직선의 기울기는 $\frac{4-0}{0-2}=-2$이고
점 $(2, 0)$을 지나는 직선의 방정식은 $y-0=-2(x-2)$이므로 $\boldsymbol{y=-2x+4}$

다른풀이 절편을 이용하여 풀이하기
x절편이 2, y절편이 4인 직선의 방정식은 $\frac{x}{2}+\frac{y}{4}=1$이므로 $\boldsymbol{y=-2x+4}$

직선의 기울기

$m=\frac{(y\text{의 값의 증가량})}{(x\text{의 값의 증가량})}=\frac{y_2-y_1}{x_2-x_1}=\tan\theta$

① $m=\tan 30°=\frac{1}{\sqrt{3}}$ ⟷ $m=\tan 150°=-\frac{1}{\sqrt{3}}$

② $m=\tan 45°=1$ ⟷ $m=\tan 135°=-1$

③ $m=\tan 60°=\sqrt{3}$ ⟷ $m=\tan 120°=-\sqrt{3}$

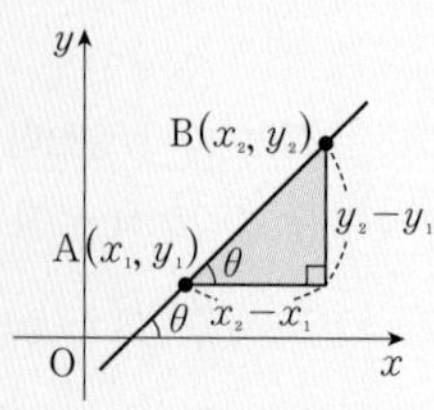

참고 두 각의 합이 180°인 관계이고 일반선택 대수의 삼각함수에서 다룬다.

다음 직선의 방정식을 구하시오.

(1) x축의 양의 방향과 이루는 각의 크기가 30°이고 점 $(\sqrt{3},\ 2)$를 지나는 직선의 방정식을 구하시오.

(2) 두 점 $\mathrm{A}(5,\ -4)$, $\mathrm{B}(-1,\ 2)$에 대하여 선분 AB를 $1:2$로 내분하는 점을 지나고 기울기가 2인 직선의 방정식을 구하시오.

MAPL CORE ▶

(1) 점 $(x_1,\ y_1)$을 지나고 기울기가 m인 직선의 방정식은 ➡ $y-y_1=m(x-x_1)$

(2) 두 점 $(x_1,\ y_1)$, $(x_2,\ y_2)$를 지나는 직선의 방정식은 ➡ $y-y_1=\dfrac{y_2-y_1}{x_2-x_1}(x-x_1)$

개념익힘풀이

(1) x축의 양의 방향과 이루는 각의 크기가 30°이므로 구하는 직선의 방정식의 기울기는

$\tan 30^\circ=\dfrac{1}{\sqrt{3}}$

즉 점 $(\sqrt{3},\ 2)$를 지나고 기울기가 $\dfrac{1}{\sqrt{3}}$인 직선의 방정식은 $y-2=\dfrac{1}{\sqrt{3}}(x-\sqrt{3})$

따라서 $\boldsymbol{y=\dfrac{\sqrt{3}}{3}x+1}$

(2) 두 점 $\mathrm{A}(5,\ -4)$, $\mathrm{B}(-1,\ 2)$에 대하여 선분 AB를 $1:2$로 내분하는 점의 좌표는

$\left(\dfrac{1\times(-1)+2\times5}{1+2},\ \dfrac{1\times2+2\times(-4)}{1+2}\right)$, 즉 $(3,\ -2)$

즉 점 $(3,\ -2)$를 지나고 기울기가 2인 직선의 방정식은 $y-(-2)=2(x-3)$

따라서 $\boldsymbol{y=2x-8}$

확인유제 0066 다음 직선의 방정식을 구하시오.

(1) x축의 양의 방향과 이루는 각의 크기가 60°이고 점 $(2,\ 3)$을 지나는 직선의 방정식을 구하시오.

(2) 두 점 $(4,\ 3)$, $(6,\ -5)$를 잇는 선분의 중점을 지나고 기울기가 2인 직선의 방정식을 구하시오.

변형문제 0067 다음 물음에 답하시오.

(1) 세 점 $\mathrm{A}(-2,\ 6)$, $\mathrm{B}(-3,\ 1)$, $\mathrm{C}(2,\ -4)$에 대하여 점 A와 선분 BC를 $3:2$로 내분하는 점을 지나는 직선의 방정식이 $ax+y+b=0$일 때, 상수 a, b에 대하여 $a+b$의 값을 구하시오.

(2) 세 점 $\mathrm{A}(2,\ 4)$, $\mathrm{B}(-5,\ -3)$, $\mathrm{C}(6,\ -4)$를 꼭짓점으로 하는 삼각형 ABC의 무게중심 G와 점 A를 지나는 직선의 방정식을 구하시오.

발전문제 0068 다음 물음에 답하시오.

(1) 오른쪽 그림과 같이 좌표평면 위에 세 개의 정사각형이 있다. $\mathrm{A}(0,\ 8)$, $\mathrm{D}(14,\ 2)$이고 두 점 B, C를 지나는 직선의 방정식이 $y=mx+n$일 때, $m+n$의 값을 구하시오. (단, m, n은 상수이다.)

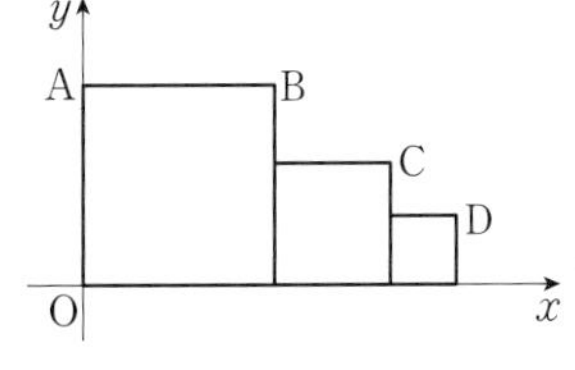

(2) 오른쪽 그림과 같이 좌표평면 위의 네 점 $\mathrm{A}(-8,\ 3)$, B, C, D를 꼭짓점으로 하는 직사각형의 둘레의 길이는 32이고, 가로의 길이는 세로의 길이의 3배이다. 점 B와 D를 지나는 직선의 방정식이 $ax+by+5=0$일 때, 상수 a, b에 대하여 $a-b$의 값을 구하시오. (단, 각 변은 축에 평행하다.)

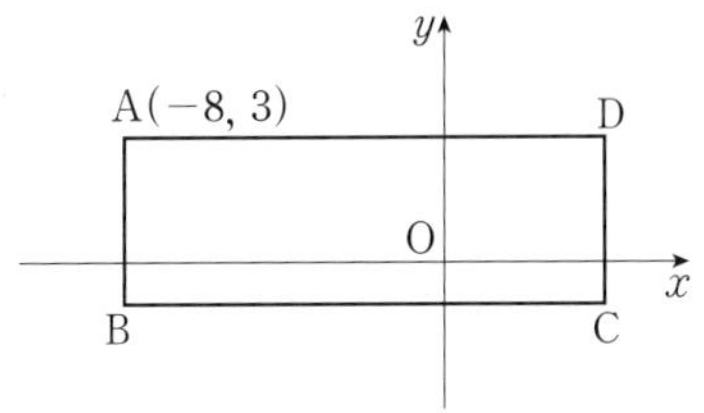

정답 0066 : (1) $y=\sqrt{3}x-2\sqrt{3}+3$ (2) $y=2x-11$ 0067 : (1) 6 (2) $y=5x-6$ 0068 : (1) 15 (2) 4

마플개념익힘 02 x절편과 y절편이 주어질 때, 직선의 방정식

다음 물음에 답하시오.

(1) 직선 $x+\frac{y}{2}=1$이 x축과 만나는 점을 P, 직선 $\frac{x}{3}+\frac{y}{4}=1$이 y축과 만나는 점을 Q라 할 때, 두 점 P, Q를 지나는 직선의 방정식을 구하시오.

(2) 점 $(4, -3)$을 지나는 직선의 x절편이 y절편의 2배일 때, 직선의 방정식을 구하시오. (단, x절편은 0이 아니다)

MAPL CORE ▶ x절편 a, y절편이 b인 직선의 방정식 ➡ $\frac{x}{a}+\frac{y}{b}=1$ (단, $a\neq0$, $b\neq0$)

개념익힘풀이

(1) 직선 $x+\frac{y}{2}=1$이 x축과 만나는 점이 $(1, 0)$이므로 $\mathrm{P}(1, 0)$

직선 $\frac{x}{3}+\frac{y}{4}=1$이 y축과 만나는 점이 $(0, 4)$이므로 $\mathrm{Q}(0, 4)$

두 점 P, Q를 지나는 직선의 방정식의 x절편이 1, y절편이 4이므로 $\frac{x}{1}+\frac{y}{4}=1$

따라서 구하는 직선의 방정식은 $\boldsymbol{x+\frac{y}{4}=1}$

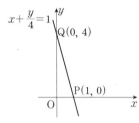

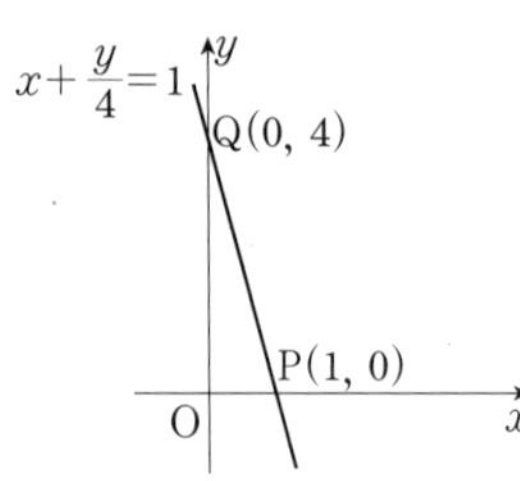

(2) y절편을 a $(a\neq0)$라 하면 x절편은 $2a$이므로 직선의 방정식은

$\frac{x}{2a}+\frac{y}{a}=1$ $\quad\therefore x+2y=2a$

이 직선이 점 $(4, -3)$을 지나므로

$4+2\times(-3)=2a$ $\quad\therefore a=-1$

따라서 구하는 직선의 방정식은 $\boldsymbol{x+2y+2=0}$

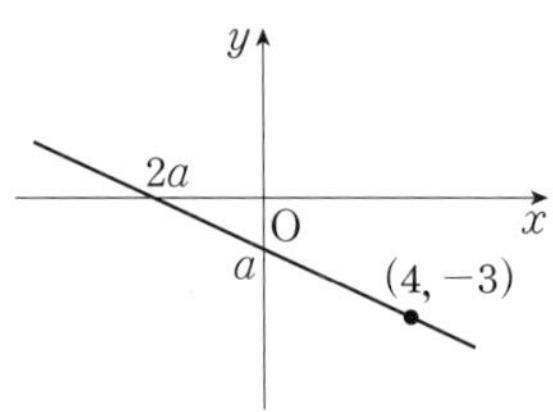

확인유제 0069 다음 물음에 답하시오.

(1) 직선 $3x+ay=3a$와 x축 및 y축으로 둘러싸인 삼각형의 넓이가 12일 때, 양수 a의 값을 구하시오.

(2) 점 $(2, 6)$을 지나는 직선의 0이 아닌 y절편이 x절편의 3배일 때, 직선의 방정식을 구하시오.

변형문제 0070 다음 물음에 답하시오. (단, O는 원점이다.)

(1) 직선 $\frac{x}{a}+\frac{y}{b}=1$과 x축, y축의 교점을 각각 P, Q라 하고 삼각형 OPQ의 넓이가 4일 때, 양수 a, b에 대하여 ab의 값은?

① 4 ② 5 ③ 6 ④ 7 ⑤ 8

(2) x절편은 양수, y절편은 음수인 직선 $ax+by=6$과 두 좌표축으로 둘러싸인 삼각형의 넓이가 6일 때, 실수 a, b에 대하여 ab의 값은?

① -3 ② -2 ③ -1 ④ 2 ⑤ 3

발전문제 0071 오른쪽 그림과 같이 직선 l과 x축, y축으로 둘러싸인 삼각형 OAB의 외접원의 중심의 좌표가 $(2, 3)$일 때, 직선 l의 방정식을 구하시오. (단, O는 원점이다.)

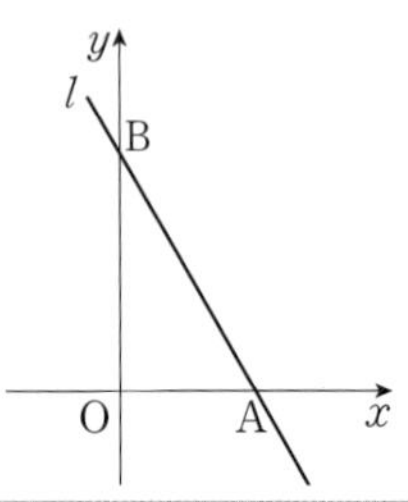

정답 0069 : (1) 8 (2) $3x+y=12$ 0070 : (1) ⑤ (2) ① 0071 : $\frac{x}{4}+\frac{y}{6}=1$

마플개념익힘 03 세 점이 한 직선 위에 있기 위한 조건

다음 물음에 답하시오.

(1) 세 점 $\mathrm{A}(1,\ 4)$, $\mathrm{B}(-3,\ 2)$, $\mathrm{C}(3,\ k)$가 한 직선 위에 있도록 하는 상수 k의 값을 구하시오.

(2) 서로 다른 세 점 $\mathrm{A}(1,\ 0)$, $\mathrm{B}(2,\ 4)$, $\mathrm{C}(5,\ a)$가 삼각형을 이루지 않을 때, 상수 a의 값을 구하시오.

MAPL CORE ▶ 서로 다른 세 점 A, B, C가 한 직선 위에 있는 조건은 다음 방법으로 미지수를 구한다.
(또는 서로 다른 세 점 A, B, C가 삼각형을 이루지 않을 때)

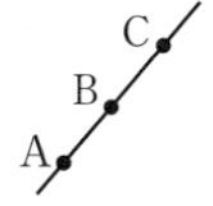

[방법1] 세 점 중 두 점을 이용하여 만든 직선의 기울기는 서로 같다.
(직선 AB의 기울기)=(직선 AC의 기울기)=(직선 BC의 기울기)

[방법2] 두 점을 지나는 직선의 방정식을 구한 후 나머지 한 점의 좌표를 대입한다.

개념익힘풀이

(1) 방법1 세 점 A, B, C가 일직선 위에 있으므로 두 점을 이용하여 만드는 직선의 기울기는 서로 같다.
즉 (직선 AB의 기울기)=(직선 AC의 기울기)이므로

$\frac{4-2}{1-(-3)}=\frac{k-4}{3-1}$, $\frac{1}{2}=\frac{k-4}{2}$, $k-4=1$

따라서 $\boldsymbol{k=5}$

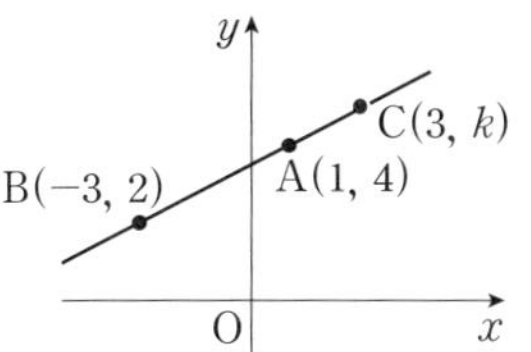

방법2 두 점 $\mathrm{A}(1,\ 4)$, $\mathrm{B}(-3,\ 2)$를 지나는 직선의 방정식은

$y-4=\frac{2-4}{-3-1}(x-1)$, 즉 $y=\frac{1}{2}x+\frac{7}{2}$

이 직선이 점 $\mathrm{C}(3,\ k)$를 지나므로 $k=\frac{3}{2}+\frac{7}{2}=\mathbf{5}$

(2) 세 점 $\mathrm{A}(1,\ 0)$, $\mathrm{B}(2,\ 4)$, $\mathrm{C}(5,\ a)$가 삼각형을 이루지 않으려면 세 점 A, B, C는 한 직선 위에 있어야 한다.

방법1 세 점 A, B, C가 일직선 위에 있으므로 두 점을 이용하여 만드는 직선의 기울기는 서로 같다.
즉 (직선 AB의 기울기)=(직선 AC의 기울기)이므로

$\frac{4-0}{2-1}=\frac{a-0}{5-1}$, $4=\frac{a}{4}$

따라서 $\boldsymbol{a=16}$

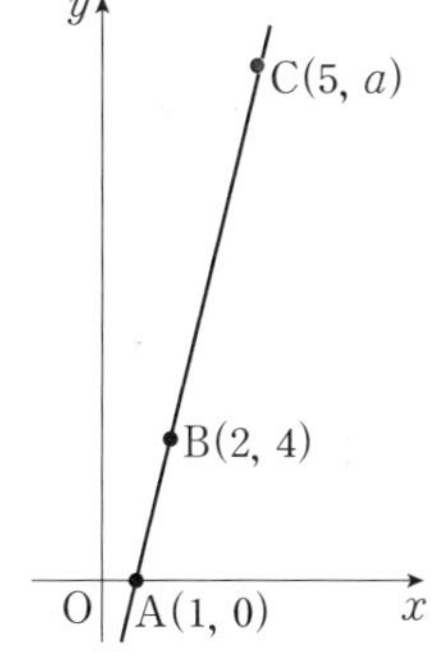

방법2 두 점 $\mathrm{A}(1,\ 0)$, $\mathrm{B}(2,\ 4)$를 지나는 직선의 방정식은

$y-4=\frac{4-0}{2-1}(x-2)$, 즉 $y=4x-4$

이 직선이 점 $\mathrm{C}(5,\ a)$를 지나므로 $a=4\times5-4=\mathbf{16}$

확인유제 0072 세 점 $\mathrm{A}(4,\ 6)$, $\mathrm{B}(1,\ 0)$, $\mathrm{C}(k+1,\ k-2)$가 한 직선 위에 있도록 하는 상수 k의 값을 구하시오.

변형문제 0073 서로 다른 세 점 $\mathrm{A}(-2k-1,\ 5)$, $\mathrm{B}(1,\ k+3)$, $\mathrm{C}(-3,\ k-1)$이 삼각형을 이루지 않도록 하는 상수 k의 값은?

① -6 ② -5 ③ -4 ④ -3 ⑤ -2

발전문제 0074 좌표평면 위의 네 점 $\mathrm{A}(0,\ 1)$, $\mathrm{B}(0,\ 5)$, $\mathrm{C}(\sqrt{3},\ p)$, $\mathrm{D}(3\sqrt{3},\ q)$가 다음 조건을 만족시킬 때, $p+q$의 값을 구하시오. (단, p, q는 상수이다.)

(가) 직선 CD의 기울기는 음수이다.
(나) $\overline{\mathrm{AB}}=\overline{\mathrm{CD}}$이고 $\overline{\mathrm{AD}}\,/\!/\,\overline{\mathrm{BC}}$이다.

정답 0072 : -2 0073 : ③ 0074 : 10

마플개념익힘 04 삼각형의 넓이를 이등분하는 직선

세 점 A(0, 2), B(−2, −3), C(4, 3)을 꼭짓점으로 하는 삼각형 ABC가 있다. 꼭짓점 A를 지나고 삼각형 ABC의 넓이를 이등분하는 직선의 방정식을 구하시오.

MAPL CORE ▶

삼각형의 넓이를 이등분하는 직선의 방정식	직선과 x축 및 y축으로 둘러싸인 도형의 넓이를 이등분하는 직선의 방정식
삼각형의 한 꼭짓점과 대변의 중점을 지난다.	원점과 선분 AB의 중점을 지난다.

개념익힘풀이 점 A를 지나는 직선이 삼각형 ABC의 넓이를 이등분하려면 오른쪽 그림과 같이 선분 BC의 중점 M을 지나야 한다.

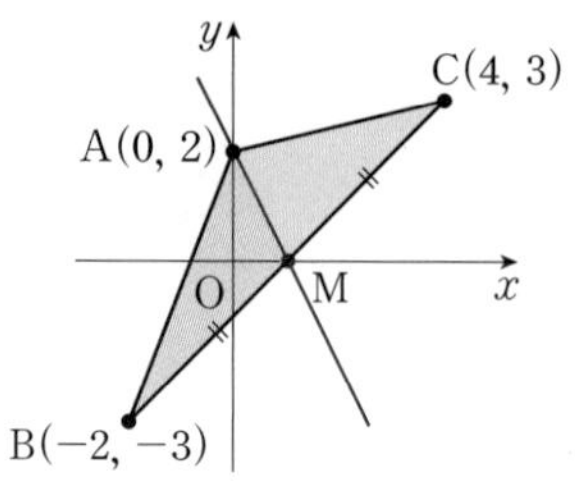

선분 BC의 중점 M의 좌표는 $\left(\frac{-2+4}{2}, \frac{-3+3}{2}\right)$, 즉 M(1, 0)

즉 두 점 A(0, 2), M(1, 0)을 지나는 직선의 방정식은

$y-2=\frac{0-2}{1-0}(x-0)$

따라서 $\boldsymbol{y=-2x+2}$

확인유제 0075 세 점 A(−1, 2), B(−2, 3), C(4, 5)를 꼭짓점으로 하는 삼각형 ABC의 넓이를 점 A를 지나는 직선 l이 이등분할 때, 직선 l의 방정식을 구하시오.

변형문제 0076 직선 $y=-3x+5$와 x축 및 y축으로 둘러싸인 도형을 직선 $y=ax$가 이등분할 때, 상수 a의 값은?

① 1 ② 2 ③ 3 ④ 4 ⑤ 5

발전문제 0077 좌표평면에서 원점 O를 지나고 꼭짓점이 A(3, −9)인 이차함수 $y=f(x)$의 그래프가 x축과 만나는 점 중에서 원점이 아닌 점을 B라 하자. 직선 $y=mx$가 삼각형 OAB의 넓이를 이등분하도록 하는 실수 m의 값을 구하시오.

정답 0075 : $y=x+3$ 0076 : ③ 0077 : −1

사각형의 넓이를 이등분하는 직선

오른쪽 그림과 같이 좌표평면에서 점 $(-1,\ -2)$를 지나고 직사각형 ABCD의 넓이를 이등분하는 직선의 방정식을 구하시오.

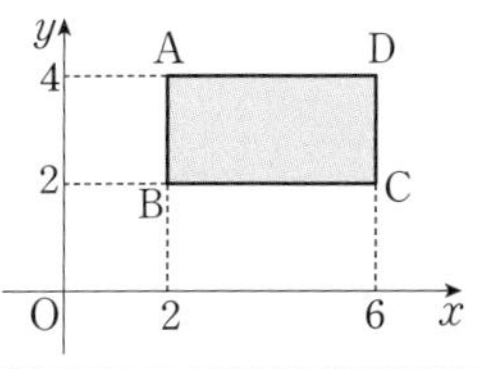

MAPL CORE ▶

정사각형, 직사각형, 마름모, 평행사변형의 넓이를 이등분하는 직선의 방정식	원의 넓이를 이등분하는 직선의 방정식
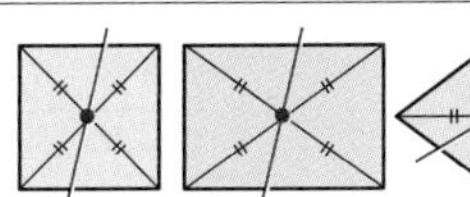 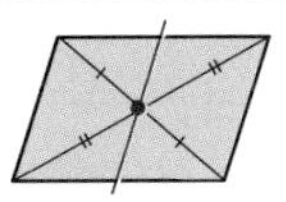	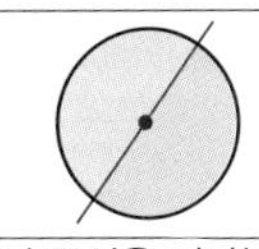
두 대각선의 교점을 지나는 직선	원의 중심을 지나는 직선

개념익힘**풀이**

직사각형의 넓이를 이등분하는 직선은 직사각형의 두 대각선의 교점을 지나는 직선이다. 즉 직사각형 ABCD의 두 대각선의 중점의 좌표 M을 구하면

$\left(\frac{2+6}{2},\ \frac{2+4}{2}\right)$, 즉 $\mathrm{M}(4, 3)$

이때 두 점 $(-1,\ -2)$, $(4,\ 3)$을 지나는 직선의 방정식은

$y-3=\frac{3-(-2)}{4-(-1)}(x-4)$

따라서 $\boldsymbol{y=x-1}$

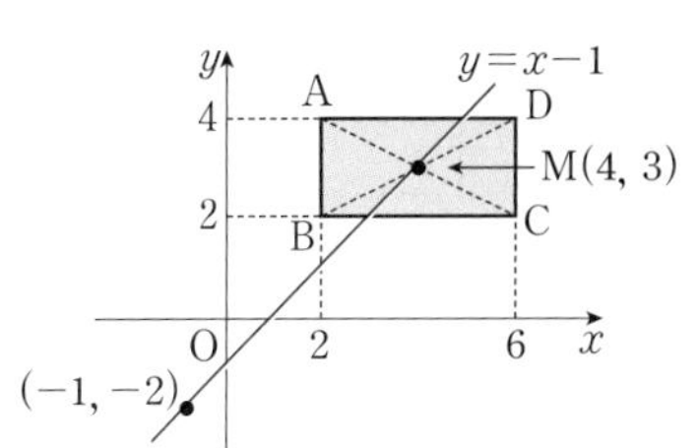

확인유제 **0078** 다음 물음에 답하시오.

(1) 오른쪽 그림과 같이 좌표평면 위에 모든 변이 x축 또는 y축에 평행한 두 직사각형 ABCD, EFGH가 있다.
기울기가 m인 한 직선이 두 직사각형 ABCD, EFGH의 넓이를 각각 이등분할 때, $12m$의 값을 구하시오.

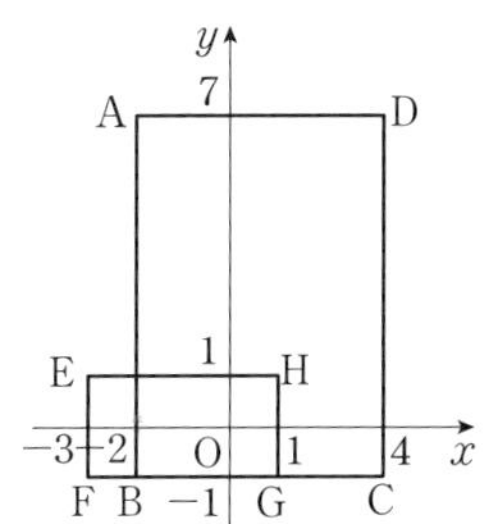

(2) 오른쪽 그림과 같이 좌표평면에 놓인 두 직사각형의 넓이를 동시에 이등분하는 직선의 방정식을 구하시오.

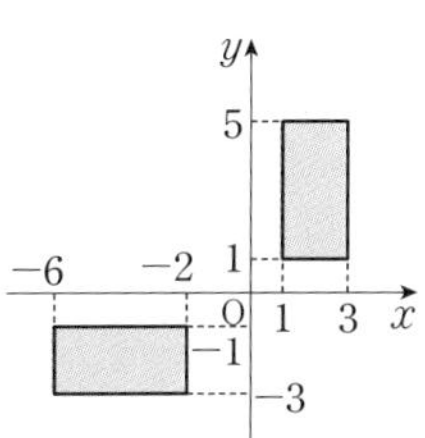

변형문제 **0079** 좌표평면 위의 네 직선 $x=1$, $x=3$, $y=-1$, $y=4$로 둘러싸인 도형의 넓이를 일차함수 $y=ax$의 그래프가 이등분할 때, 상수 a의 값은?

① $\frac{1}{4}$ ② $\frac{1}{2}$ ③ $\frac{3}{4}$ ④ 1 ⑤ $\frac{5}{4}$

발전문제 **0080** 오른쪽 그림과 같이 네 점 $\mathrm{O}(0,\ 0)$, $\mathrm{A}(4,\ 0)$, $\mathrm{B}(4,\ 9)$, $\mathrm{C}(0,\ 9)$를 꼭짓점으로 하는 직사각형 OABC가 있다. 두 직선 $y=x+a$, $y=x+b$가 직사각형 OABC의 넓이를 삼등분할 때, 실수 a, b에 대하여 $a+b$의 값을 구하시오.

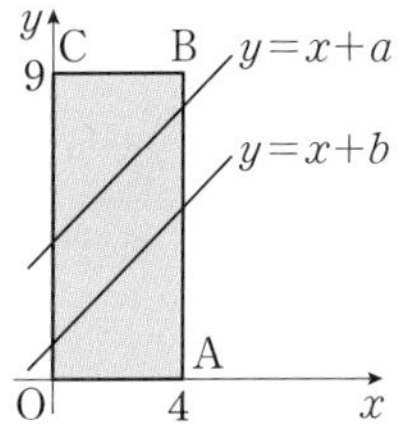

정답 0078 : (1) 18 (2) $y=\frac{5}{6}x+\frac{4}{3}$ 0079 : ③ 0080 : 5

마플개념익힘 06　직선 $ax+by+c=0$의 개형

세 수 a, b, c가 다음 조건을 만족시킬 때, 직선 $ax+by+c=0$이 지나는 사분면을 모두 구하시오.

(1) $ac>0$, $bc>0$　　(2) $ab<0$, $bc>0$　　(3) $ac>0$, $b=0$

MAPL CORE ▶ 직선의 방정식이 $ax+by+c=0$꼴이면

$a\neq 0$, $b\neq 0$일 때,	$a\neq 0$, $b=0$일 때,	$a=0$, $b\neq 0$일 때,
$ax+by+c=0$, 즉 $y=-\frac{a}{b}x-\frac{c}{b}$ ➡ 기울기가 $-\frac{a}{b}$이고 y절편이 $-\frac{c}{b}$인 직선	$ax+c=0$, 즉 $x=-\frac{c}{a}$ ➡ x축에 수직인 직선 (y축에 평행한 직선)	$by+c=0$, 즉 $y=-\frac{c}{b}$ ➡ y축에 수직인 직선 (x축에 평행한 직선)

개념익힘풀이

(1) $ac>0$, $bc>0$

	a	b	c
부호	+	+	+
	−	−	−

(1) $ax+by+c=0$에서 $y=-\frac{a}{b}x-\frac{c}{b}$이므로 x절편은 $-\frac{c}{a}$, y절편은 $-\frac{c}{b}$

그런데 $ac>0$, $bc>0$에서 $\frac{c}{a}>0$, $\frac{c}{b}>0$이므로 $-\frac{c}{a}<0$, $-\frac{c}{b}<0$
a와 c는 같은 부호이고 b와 c도 같은 부호

따라서 x절편, y절편이 모두 음수이므로 오른쪽 그림과 같이 **제2, 3, 4사분면**을 지난다.

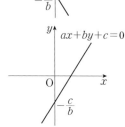

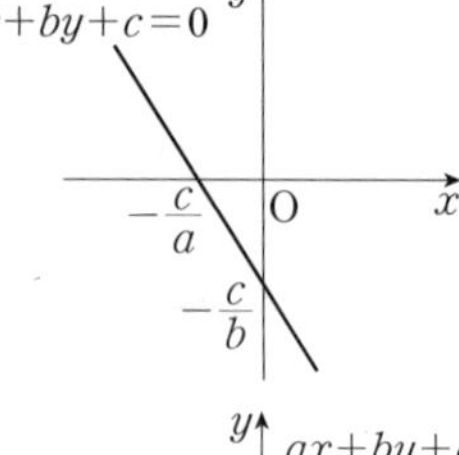

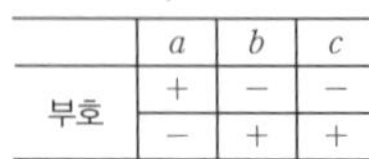
(2) $ab<0$, $bc>0$

	a	b	c
부호	+	−	−
	−	+	+

(2) $ax+by+c=0$에서 $y=-\frac{a}{b}x-\frac{c}{b}$이므로 기울기는 $-\frac{a}{b}$, y절편은 $-\frac{c}{b}$

그런데 $ab<0$, $bc>0$에서 $\frac{a}{b}<0$, $\frac{c}{b}>0$이므로 $-\frac{a}{b}>0$, $-\frac{c}{b}<0$
a와 b는 다른 부호이고 b와 c는 같은 부호

따라서 기울기가 양수, y절편이 음수이므로 오른쪽 그림과 같이 **제1, 3, 4사분면**을 지난다.

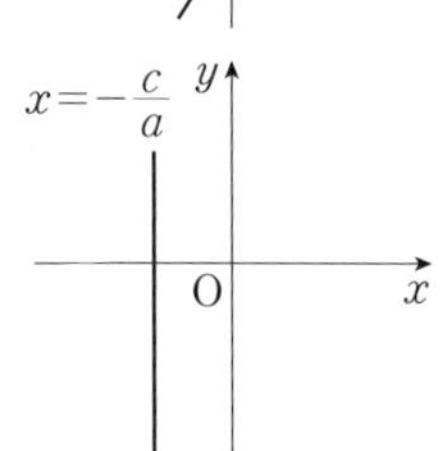

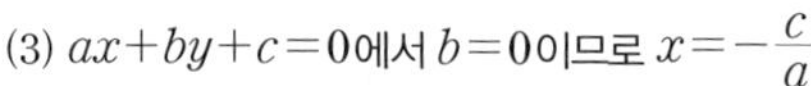
(3) $ax+by+c=0$에서 $b=0$이므로 $x=-\frac{c}{a}$

그런데 $ac>0$에서 $\frac{c}{a}>0$이므로 $-\frac{c}{a}<0$
a와 c는 같은 부호

따라서 y축에 평행하고 x절편이 음수인 직선이므로 오른쪽 그림과 같이 **제2, 3사분면**을 지난다.

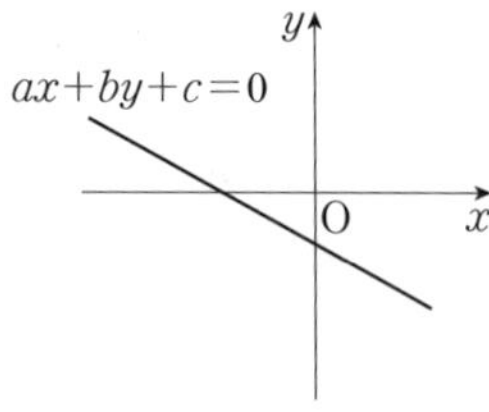

확인유제 0081 직선 $ax+by+c=0$이 오른쪽 그림과 같을 때, 직선 $-bx+ay+c=0$이 지나는 사분면을 모두 고른 것은?

① 제1, 2사분면　② 제2, 3사분면
③ 제3, 4사분면　④ 제1, 2, 3사분면
⑤ 제1, 3, 4사분면

변형문제 0082 다음 중 직선 $ax+by+c=0$이 오른쪽 그림과 같을 때, 직선 $cx+ay+b=0$의 개형은?

①
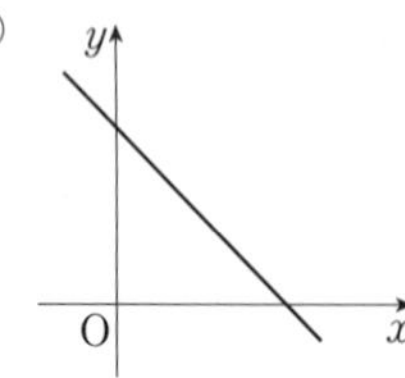

②
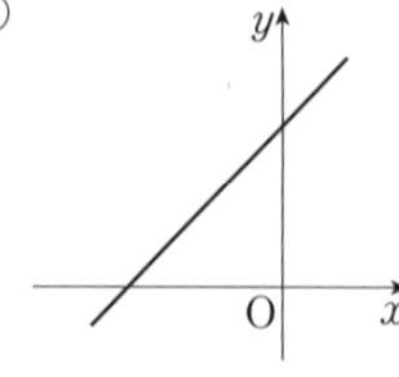

③
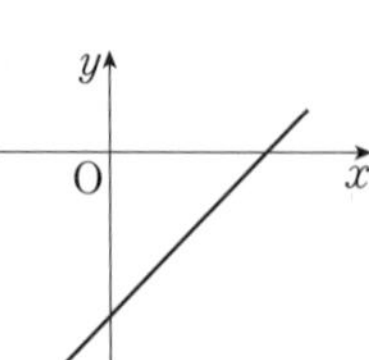

④
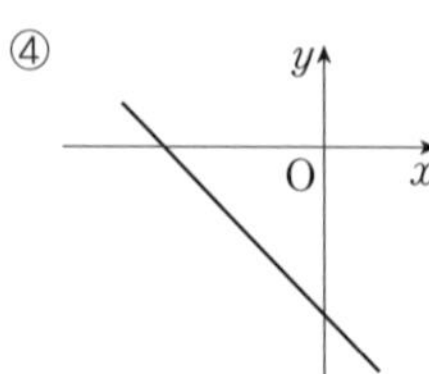

⑤
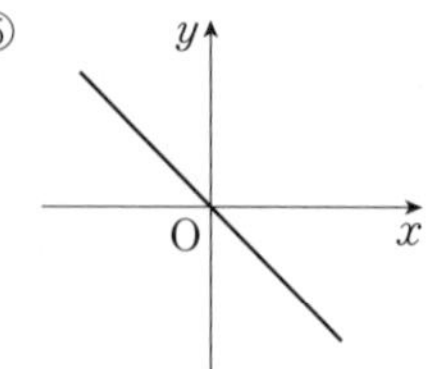

정답 0081 : ⑤　0082 : ①

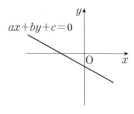

MAPL ; YOUR MASTER PLAN

02 두 직선의 위치 관계

개념유형

01 표준형으로 표현된 두 직선의 위치 관계

(1) 평면 위의 두 직선의 위치 관계

한 평면 위에서 두 직선 사이의 위치 관계는 다음과 같다.

	한 점에서 만난다.	평행	일치	수직
두 직선의 위치 관계 그래프				

(2) 표준형으로 표현된 두 직선의 위치 관계

표준형으로 표현된 두 직선 $y=mx+n$, $y=m'x+n'$의 위치 관계와 연립방정식 $\begin{cases} y=mx+n \\ y=m'x+n' \end{cases}$의 해의 개수는 다음과 같다.

두 직선의 위치 관계	한 점에서 만난다.	평행	일치	수직
특징	두 직선의 기울기가 다르다.	두 직선의 기울기는 같고 y절편이 다르다.	두 직선의 기울기와 y절편이 각각 같다.	두 직선의 기울기의 곱이 -1이다.
조건	$m\neq m'$	$m=m'$, $n\neq n'$	$m=m'$, $n=n'$	$mm'=-1$
(연립방정식의 해의 개수) =(두 직선의 교점의 개수)	해가 한 개 있다.	해가 없다.	해가 무수히 많다.	해가 한 개 있다.

마플해설 **두 직선이 서로 수직일 조건 유도하기**

좌표평면 위의 두 직선 $l:y=mx+n$, $l':y=m'x+n'$이 서로 수직일 때,
이 두 직선에 각각 평행하고 원점 O를 지나는 두 직선
$l_1:y=mx$, $l_1':y=m'x$도 서로 수직이다.
즉 두 직선 l_1, l_1'이 서로 수직일 조건을 알아보면 된다.
오른쪽 그림과 같이 직선 $x=1$과 두 직선 l_1, l_1'의 교점을 각각 P, Q라 하면
$\text{P}(1,\ m)$, $\text{Q}(1,\ m')$
이때 삼각형 OPQ는 직각삼각형이므로 피타고라스 정리에 의하여
$\overline{\text{OP}}^2+\overline{\text{OQ}}^2=\overline{\text{PQ}}^2$ ⋯⋯ ㉠ ◀ $\overline{\text{OP}}^2=1+m^2$, $\overline{\text{OQ}}^2=1+m'^2$, $\overline{\text{PQ}}^2=(m-m')^2$
즉 $(1+m^2)+(1+m'^2)=(m-m')^2$ $\therefore mm'=-1$
거꾸로 $mm'=-1$이면 $(1+m^2)+(1+m'^2)=(m-m')^2$, 즉 ㉠이 성립하므로 삼각형 OPQ는 $\angle\text{POQ}=90°$인 직각삼각형이다.
즉 두 직선 l_1, l_1'은 서로 수직이므로 두 직선 l_1, l_1'을 각각 평행이동시킨 두 직선 l, l'도 서로 수직이다.

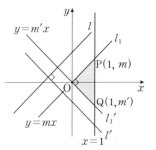
두 직선 $y=mx+n$, $y=m'x+n'$에서
① 두 직선이 서로 수직이면 ➡ $mm'=-1$이다.
② $mm'=-1$이면 ➡ 두 직선은 서로 수직이다.

보기 01 **두 직선 $y=mx+3$, $y=3x+2$에 대하여 다음 물음에 답하시오.**

(1) 두 직선이 평행하도록 하는 상수 m의 값을 구하시오.
(2) 두 직선이 수직이 되도록 하는 상수 m의 값을 구하시오.

풀이

(1) 두 직선이 평행하려면 두 직선의 기울기가 같아야 하므로 $m=3$

(2) 두 직선이 수직이려면 두 직선의 기울기의 곱이 -1이므로 $3m=-1$ $\therefore m=-\dfrac{1}{3}$

02 일반형으로 표현된 두 직선의 위치 관계

일반형으로 표현된 두 직선 $ax+by+c=0$, $a'x+b'y+c'=0$의 x, y의 계수가 모두 0이 아닐 때,

두 직선의 위치 관계와 연립방정식 $\begin{cases} ax+by+c=0 \\ a'x+b'y+c'=0 \end{cases}$의 해의 개수는 다음과 같다.

두 직선의 위치 관계	한 점에서 만난다.	평행	일치	수직
그래프				
특징	두 직선의 기울기가 다르다.	두 직선의 기울기는 같고 y절편이 다르다.	두 직선의 기울기와 y절편이 각각 같다.	두 직선의 기울기의 곱이 -1이다.
조건	$\boldsymbol{\frac{a}{a'} \neq \frac{b}{b'}}$	$\boldsymbol{\frac{a}{a'}=\frac{b}{b'} \neq \frac{c}{c'}}$	$\boldsymbol{\frac{a}{a'}=\frac{b}{b'}=\frac{c}{c'}}$	$\boldsymbol{aa'+bb'=0}$
(연립방정식의 해의 개수) =(두 직선의 교점의 개수)	해가 한 개 있다.	해가 없다.	해가 무수히 많다.	해가 한 개 있다.

마플해설 두 직선의 방정식 $ax+by+c=0$, $a'x+b'y+c'=0$의 x, y의 계수가 모두 0이 아닐 때,

$$y=-\frac{a}{b}x-\frac{c}{b},\ y=-\frac{a'}{b'}x-\frac{c'}{b'}$$

(기울기 비교: $-\frac{a}{b}$, $-\frac{a'}{b'}$ / y절편 비교: $-\frac{c}{b}$, $-\frac{c'}{b'}$)

꼴로 변형하면 두 직선의 기울기는 각각 $-\frac{a}{b}$, $-\frac{a'}{b'}$이고 y절편은 각각 $-\frac{c}{b}$, $-\frac{c'}{b'}$이다.

① 두 직선이 한 점에서 만날 조건 : 기울기가 다르다.

$-\frac{a}{b} \neq -\frac{a'}{b'}$이므로 $\boldsymbol{\frac{a}{a'} \neq \frac{b}{b'}}$

② 두 직선이 서로 평행할 조건 : 기울기는 서로 같고 y절편은 서로 다르다.

$-\frac{a}{b}=-\frac{a'}{b'}$, $-\frac{c}{b} \neq -\frac{c'}{b'}$이므로 $\frac{a}{a'}=\frac{b}{b'}$, $\frac{c}{c'} \neq \frac{b}{b'}$ $\quad \therefore \boldsymbol{\frac{a}{a'}=\frac{b}{b'} \neq \frac{c}{c'}}$

③ 두 직선이 일치할 조건 : 기울기와 y절편이 각각 같다.

$-\frac{a}{b}=-\frac{a'}{b'}$, $-\frac{c}{b}=-\frac{c'}{b'}$이므로 $\frac{a}{a'}=\frac{b}{b'}$, $\frac{c}{c'}=\frac{b}{b'}$ $\quad \therefore \boldsymbol{\frac{a}{a'}=\frac{b}{b'}=\frac{c}{c'}}$

④ 두 직선이 서로 수직일 조건 : 기울기의 곱이 -1이다.

$\left(-\frac{a}{b}\right)\times\left(-\frac{a'}{b'}\right)=-1$이므로 $\frac{aa'}{bb'}=-1$ $\quad \therefore \boldsymbol{aa'+bb'=0}$

보기 02 **두 직선 $ax+3y-1=0$, $x-(a+4)y+1=0$에 대하여 다음 물음에 답하시오.**

(1) 두 직선이 서로 평행할 때, 상수 a의 값을 구하시오.

(2) 두 직선이 서로 일치할 때, 상수 a의 값을 구하시오.

(3) 두 직선이 서로 수직할 때, 상수 a의 값을 구하시오.

풀이 (1) 두 직선이 평행하므로 $\frac{a}{1}=\frac{3}{-(a+4)} \neq \frac{-1}{1}$

즉 $\frac{a}{1}=\frac{3}{-(a+4)}$에서 $a^2+4a+3=0$, $(a+1)(a+3)=0$ $\quad \therefore a=-1$ 또는 $a=-3$ …… ㉠

또, $\frac{a}{1} \neq -1$에서 $a \neq -1$ …… ㉡

㉠, ㉡을 동시에 만족하는 상수 a의 값은 $\boldsymbol{a=-3}$

(2) 두 직선이 일치하므로 $\frac{a}{1}=\frac{3}{-(a+4)}=\frac{-1}{1}$

$\frac{a}{1}=\frac{-1}{1}$에서 $a=-1$ …… ㉢

㉠, ㉢을 동시에 만족하는 상수 a의 값은 $\boldsymbol{a=-1}$

(3) 두 직선이 수직이므로 $a\times1+3\times\{-(a+4)\}=0$, $2a=-12$ $\quad \therefore \boldsymbol{a=-6}$

마플개념익힘 01 평행 또는 수직인 직선의 방정식

다음 직선의 방정식을 구하시오.

(1) 직선 $y=-3x+1$에 평행하고 점 $(-2,\ 3)$을 지나는 직선의 방정식

(2) 직선 $x-2y+2=0$에 수직이고 점 $(3,\ 1)$을 지나는 직선의 방정식

MAPL CORE ▶ 주어진 직선의 방정식을 $y=mx+n$꼴로 고친 후 두 직선이 서로 평행 또는 수직일 조건을 이용하여 기울기를 구하고, 한 점과 기울기가 주어진 직선의 방정식을 이용한다.

(1) 평행한 두 직선 ➡ 기울기는 같고 y절편이 다르다.

(2) 수직인 두 직선 ➡ 기울기의 곱이 -1이다.

개념익힘풀이

(1) 직선 $y=-3x+1$의 기울기가 -3이므로 구하는 직선의 기울기가 -3이고

점 $(-2,\ 3)$을 지나는 직선은 $y-3=-3(x+2)$

$\therefore\ \boldsymbol{y=-3x-3}$

(2) 주어진 직선의 방정식을 변형하면 $y=\frac{1}{2}x+1$이므로 이 직선에 수직인 직선의 기울기를 m이라 하면

$\frac{1}{2}\times m=-1\quad \therefore\ m=-2$

따라서 구하는 직선의 기울기가 -2이고 점 $(3,\ 1)$을 지나므로 $y-1=-2(x-3)$

$\therefore\ \boldsymbol{y=-2x+7}$

확인유제 0083 다음 직선의 방정식을 구하시오.

(1) 점 $(5,\ 3)$을 지나고 직선 $2x-y+3=0$과 만나지 않는 직선의 방정식

(2) 점 $(2,\ 3)$을 지나고 직선 $x-3y-3=0$에 수직인 직선의 방정식

변형문제 0084 다음 물음에 답하시오.

(1) 직선 $2x+y+3=0$과 평행하고 점 $(4,\ -5)$를 지나는 직선이 점 $(-1,\ k)$를 지날 때, 상수 k의 값은?

① 2 ② 3 ③ 4 ④ 5 ⑤ 6

(2) 두 점 $\mathrm{A}(1,\ 3)$, $\mathrm{B}(6,\ 8)$을 지나는 직선에 수직이고 두 점 A, B를 이은 선분 AB를 $3:2$로 내분하는 점 C를 지나는 직선을 $y=ax+b$라 할 때, 상수 a, b에 대하여 $a+b$의 값은?

① 5 ② 6 ③ 7 ④ 8 ⑤ 9

발전문제 0085 세 점 $\mathrm{A}(3,\ 4)$, $\mathrm{B}(-4,\ 2)$, $\mathrm{C}(7,\ 3)$을 꼭짓점으로 하는 삼각형 ABC의 무게중심 G를 지나고 직선 AB에 수직인 직선의 방정식은 $7x+ay+b=0$이다. 이때 ab의 값을 구하시오. (단, a, b는 상수이다.)

정답 0083 : (1) $y=2x-7$ (2) $y=-3x+9$　0084 : (1) ④ (2) ⑤　0085 : -40

마플개념익힘 02 선분의 수직이등분선의 방정식

두 점 $A(1, 4)$, $B(3, -2)$를 잇는 선분을 수직이등분하는 직선 l의 방정식을 다음 순서에 따라 구하시오.

(1) 직선 AB의 기울기

(2) 선분 AB의 중점 M의 좌표

(3) 직선 l의 방정식

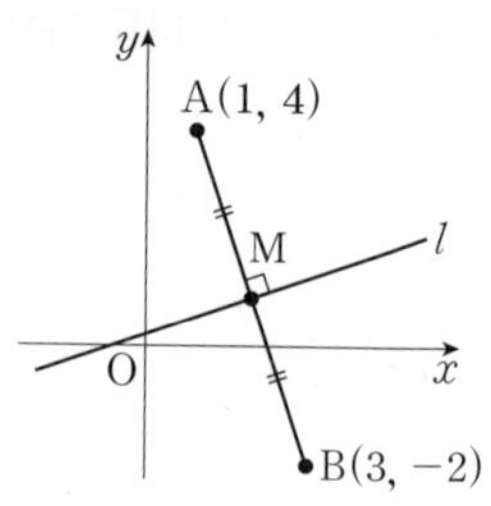

MAPL CORE ▶ 선분 AB의 수직이등분선의 방정식은 다음 순서로 구한다.

❶ 직선 AB와 수직인 직선의 기울기를 구한다.

❷ 선분 AB의 중점의 좌표를 구한다.

❸ 한 점과 기울기가 주어진 직선의 방정식을 구한다.

개념익힘풀이

(1) 두 점 $A(1, 4)$, $B(3, -2)$를 지나는 직선의 기울기는

$\frac{(-2)-4}{3-1}=-\frac{6}{2}=\mathbf{-3}$

(2) 선분 AB의 중점의 좌표는 $\left(\frac{1+3}{2}, \frac{4+(-2)}{2}\right)$ $\therefore$ $\mathbf{(2, 1)}$

(3) 선분 AB의 수직이등분선의 기울기를 m이라 하면 $-3m=-1$에서 $m=\frac{1}{3}$

따라서 선분 AB의 수직이등분선은 기울기가 $\frac{1}{3}$이고 점 $(2, 1)$을 지나므로

$y-1=\frac{1}{3}(x-2)$, 즉 $\boldsymbol{y=\frac{1}{3}x+\frac{1}{3}}$

확인유제 0086 다음 물음에 답하시오. (단, a, b는 상수이다.)

(1) 두 점 $A(-2, 2)$, $B(2, 0)$을 이은 선분 AB의 수직이등분선의 방정식이 $ax+by+1=0$일 때, $a+b$의 값을 구하시오.

(2) 두 점 $A(1, a)$, $B(9, b)$를 이은 선분 AB의 수직이등분선의 방정식이 $2x+y-15=0$일 때, ab의 값을 구하시오.

변형문제 0087 직선 $3x+2y-6=0$이 x축, y축과 만나는 점을 각각 A, B라 하자. 선분 AB의 수직이등분선이 점 $\left(\frac{1}{4}, a\right)$를 지날 때, 상수 a의 값은?

① $\frac{5}{6}$ ② 1 ③ $\frac{3}{2}$ ④ 2 ⑤ $\frac{5}{2}$

발전문제 0088 다음 물음에 답하시오. (단, a, b는 상수이다.)

(1) 오른쪽 그림과 같이 정사각형 ABCD에서 두 점 A, C의 좌표는 각각 $A(2, 0)$, $C(3, 5)$일 때, 직선 BD의 방정식이 $ax+by-15=0$이다. $a+b$의 값을 구하시오.

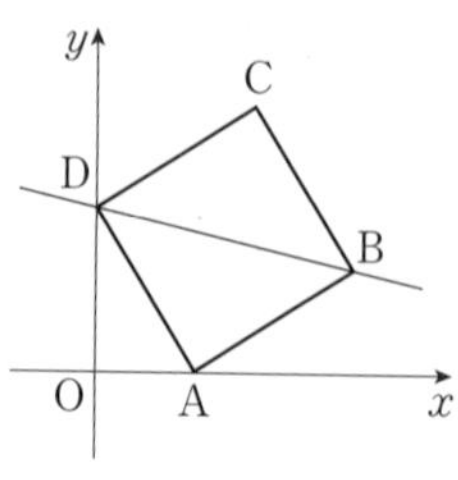

(2) 오른쪽 그림과 같이 좌표평면 위에 마름모 ABCD가 있다. 두 점 A, C의 좌표가 각각 $(1, 3)$, $(5, 1)$이고 두 점 B, D를 지나는 직선 l의 방정식이 $2x+ay+b=0$일 때, ab의 값을 구하시오.

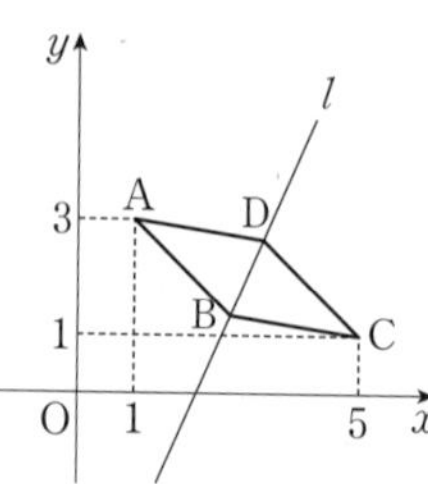

정답 0086 : (1) 1 (2) 21 0087 : ② 0088 : (1) 6 (2) 4

마플개념익힘 03 수직인 조건의 활용

점 $\mathrm{P}(-1,\ 6)$에서 직선 $2x-y-2=0$에 내린 수선의 발을 H라 할 때, 점 H의 좌표를 구하시오.

MAPL CORE ▶ 점 P에서 직선 l에 내린 수선의 발 H의 좌표는 다음 순서로 구한다.

❶ (직선 l의 기울기)$\times$($\overline{\mathrm{PH}}$의 기울기)$=-1$임을 이용하여 기울기를 구한다.

❷ 한 점과 기울기가 주어진 직선 PH의 방정식을 구한다.

❸ 직선 l과 직선 PH를 연립하여 점 H의 좌표를 구한다.

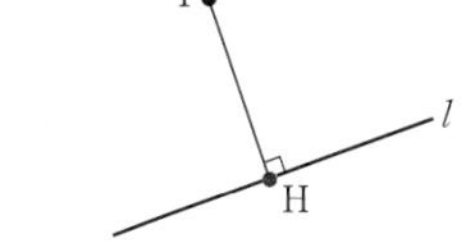

개념익힘풀이 직선 $2x-y-2=0$, 즉 $y=2x-2$의 기울기는 2이므로

이 직선과 수직인 직선의 기울기는 $-\frac{1}{2}$

기울기가 $-\frac{1}{2}$이고 점 $\mathrm{P}(-1,\ 6)$을 지나는 직선의 방정식은

$y-6=-\frac{1}{2}\{x-(-1)\}$, 즉 $y=-\frac{1}{2}x+\frac{11}{2}$

이때 점 H는 두 직선 $y=2x-2$, $y=-\frac{1}{2}x+\frac{11}{2}$의 교점이므로

두 식을 연립하여 풀면 $x=3$, $y=4$

따라서 점 H의 좌표는 $\mathbf{H(3,\ 4)}$

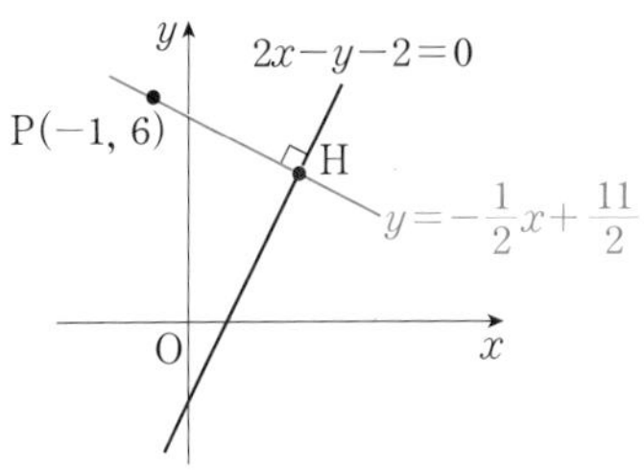

확인유제 0089 점 $\mathrm{P}(2,\ 0)$에서 직선 $3x+y+4=0$에 내린 수선의 발을 H라 할 때, 점 H의 좌표를 구하시오.

변형문제 0090 오른쪽 그림과 같이 자연수 n에 대하여 좌표평면에서 점 $\mathrm{A}(0,\ 1)$을 지나는 직선과 점 $\mathrm{B}(n,\ 1)$을 지나는 직선이 서로 수직으로 만나는 점을 $\mathrm{P}(4,\ 3)$이라 할 때, 삼각형 ABP의 무게중심의 좌표를 $(a,\ b)$라 하자. ab의 값을 구하시오.

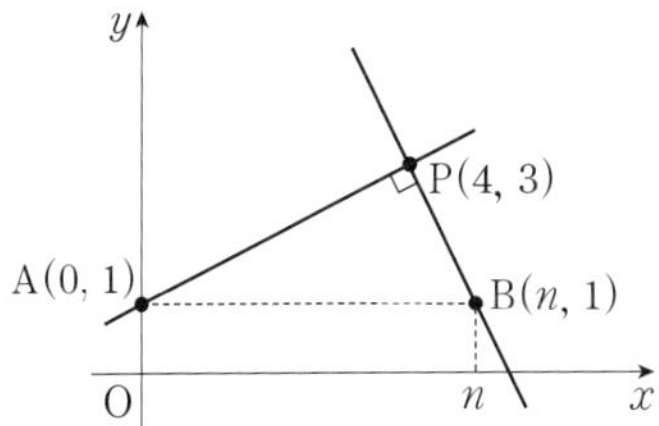

발전문제 0091 다음 물음에 답하시오.

(1) 좌표평면 위의 세 점 A, B, C를 꼭짓점으로 하는 정삼각형 ABC가 있다. 점 A가 직선 $y=3x$ 위의 점 $(2,\ 6)$이고, 삼각형 ABC의 무게중심이 원점일 때, 점 B와 점 C를 지나는 직선의 방정식은?

① $x-3y-8=0$ ② $x+3y-3=0$ ③ $x+3y+10=0$
④ $3x+y+5=0$ ⑤ $3x+y+6=0$

(2) 오른쪽 그림과 같이 좌표평면에서 점 $\mathrm{A}(-2,\ 3)$과 직선 $y=m(x-2)$ 위의 서로 다른 두 점 B, C가 $\overline{\mathrm{AB}}=\overline{\mathrm{AC}}$를 만족시킨다. 선분 BC의 중점이 y축 위에 있을 때, 양수 m의 값을 구하시오.

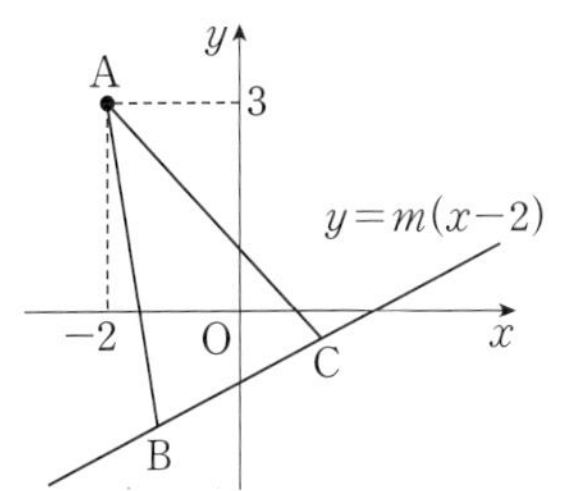

정답 0089 : $\mathrm{H}(-1,\ -1)$ 0090 : 5 0091 : (1) ③ (2) $\frac{1}{2}$

마플개념익힘 04 두 직선의 위치 관계

직선 $x+ay+1=0$이 직선 $2x-by+1=0$과는 수직이고 직선 $x-(b-3)y-1=0$과는 평행할 때, 실수 a, b에 대하여 a^3+b^3의 값을 구하시오.

MAPL CORE ▶ 두 직선이 서로 평행, 일치, 수직은 다음과 같다.

두 직선의 위치 관계	$\begin{cases} y=mx+n \\ y=m'x+n' \end{cases}$	$\begin{cases} ax+by+c=0 \\ a'x+b'y+c'=0 \end{cases}$
평행하다.	$m=m'$, $n\neq n'$	$\dfrac{a}{a'}=\dfrac{b}{b'}\neq\dfrac{c}{c'}$
일치한다.	$m=m'$, $n=n'$	$\dfrac{a}{a'}=\dfrac{b}{b'}=\dfrac{c}{c'}$
수직이다.	$mm'=-1$	$aa'+bb'=0$

주의 미지수로 주어진 두 직선의 평행과 일치 조건
두 직선 $ax+by+c=0$, $a'x+b'y+c'=0$에서 $\dfrac{a}{a'}=\dfrac{b}{b'}$ 만으로는 두 직선의 평행과 일치를 구분할 수 없으므로 $\dfrac{c}{c'}$ 도 반드시 비교해야 한다.

개념익힘풀이 직선 $x+ay+1=0$과 직선 $2x-by+1=0$이 수직이므로

$1\times2+a\times(-b)=0$ $\quad\therefore ab=2$ $\quad\cdots\cdots$ ㉠

직선 $x+ay+1=0$과 직선 $x-(b-3)y-1=0$이 평행하므로

$\dfrac{1}{1}=\dfrac{a}{-(b-3)}\neq\dfrac{1}{-1}$, $a=-b+3$

$\therefore a+b=3$ $\quad\cdots\cdots$ ㉡

㉠, ㉡에 의하여 $a^3+b^3=(a+b)^3-3ab(a+b)=3^3-3\times2\times3=\mathbf{9}$

확인유제 0092 다음 물음에 답하시오.

(1) 세 직선 l : $x-ay+2=0$, m : $4x+by+2=0$, n : $x-(b-3)y-2=0$에 대하여 두 직선 l과 m은 수직이고 두 직선 l과 n은 평행할 때, a^2+b^2의 값을 구하시오. (단, a, b는 상수이다.)

(2) 직선 $y=mx+3$이 직선 $nx-2y-2=0$과는 수직이고 직선 $y=(3-n)x-1$에는 평행할 때, m^3+n^3의 값을 구하시오. (단, m, n은 상수이다.)

변형문제 0093 두 직선 $x+ay+4=0$, $ax+(a+4)y+b=0$은 서로 수직이고 두 직선의 교점의 좌표는 $(c, 2)$이다. 상수 a, b, c에 대하여 $a+b+c$의 값은? (단, $a<0$)

① 28 ② 30 ③ 31 ④ 32 ⑤ 33

발전문제 0094 두 직선

$$ax+2y+1=0,\ x+(a+1)y+a=0$$

이 두 개 이상의 교점을 가질 때, 상수 a의 값을 구하시오.

정답 0092 : (1) 17 (2) 45 0093 : ⑤ 0094 : 1

마플개념익힘 05 세 직선의 위치 관계

세 직선

$$2x-y+2=0,\ x+y-5=0,\ ax-y-1=0$$

이 삼각형을 이루지 않도록 하는 실수 a의 값의 합을 구하시오.

MAPL CORE ▶ 서로 다른 세 직선이 삼각형을 이루지 않는 경우는 다음과 같다.

	세 직선이 모두 평행할 때,	세 직선 중 두 직선이 평행할 때,	세 직선이 한 점에서 만날 때,
특징	① 세 직선의 기울기가 모두 같다. ② 세 직선이 좌표평면을 네 부분으로 나눈다.	① 두 직선의 기울기는 같고 다른 한 직선의 기울기는 다르다. ② 세 직선이 좌표평면을 여섯 부분으로 나눈다.	① 두 직선의 교점을 다른 한 직선이 지난다. ② 세 직선이 좌표평면을 여섯 부분으로 나눈다.
그래프			

개념익힘풀이 두 직선 $2x-y+2=0$, $x+y-5=0$의 기울기가 각각 2, -1이므로 세 직선이 모두 평행한 경우는 없다.
즉 주어진 세 직선이 삼각형을 이루지 않으려면 세 직선 중 두 직선이 평행하거나 세 직선이 한 점에서 만나야 한다.

(ⅰ) 세 직선 중 두 직선이 서로 평행한 경우

직선 $2x-y+2=0$이 직선 $ax-y-1=0$과 평행한 경우

$\frac{2}{a}=\frac{-1}{-1}\neq\frac{2}{-1}$ $\quad\therefore a=2$

직선 $x+y-5=0$이 직선 $ax-y-1=0$과 평행한 경우

$\frac{1}{a}=\frac{1}{-1}\neq\frac{-5}{-1}$ $\quad\therefore a=-1$

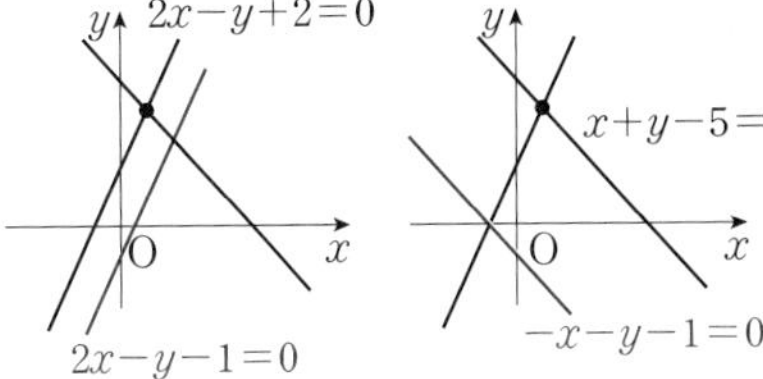

(ⅱ) 세 직선이 한 점에서 만나는 경우

두 직선 $2x-y+2=0$, $x+y-5=0$의 교점의 좌표가 $(1, 4)$이므로

직선 $ax-y-1=0$이 점 $(1, 4)$를 지나야 한다.

$a-4-1=0$ $\quad\therefore a=5$

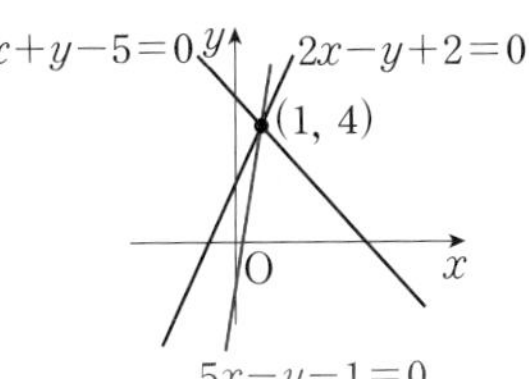

(ⅰ), (ⅱ)에서 실수 a의 값은 2, -1, 5이므로 그 합은 $2+(-1)+5=\mathbf{6}$

확인유제 0095

세 직선

$$x+3y=5,\ 3x-y=5,\ ax+y=0$$

이 삼각형을 이루지 않도록 하는 모든 실수 a의 값의 곱을 구하시오.

변형문제 0096

서로 다른 세 직선

$$ax+y+5=0,\ 2x+by-4=0,\ x+2y+3=0$$

에 의하여 좌표평면이 네 부분으로 나누어질 때, 상수 a, b에 대하여 ab의 값은?

① 2 ② 3 ③ 5 ④ 6 ⑤ 8

발전문제 0097

세 직선

$$x-y=1,\ x+y=3,\ x+ay=4$$

가 좌표평면을 6개 부분으로 나눌 때, 모든 실수 a의 값의 합을 구하시오.

정답 0095 : $\frac{1}{2}$ 0096 : ① 0097 : 2

마플개념익힘 06 직선의 방정식의 활용

오른쪽 그림과 같이 좌표평면에서 한 변의 길이가 4인 정사각형 ABCD에서 점 E와 점 F는 각각 변 AB와 변 BC의 중점이고 점 I와 점 H는 각각 직선 AF와 두 직선 DE, DB의 교점이다.

(1) 세 직선 BD, DE, AF의 방정식을 구하시오.

(2) 두 점 H와 I의 좌표를 구하시오.

(3) 사각형 BHIE의 넓이를 구하시오.

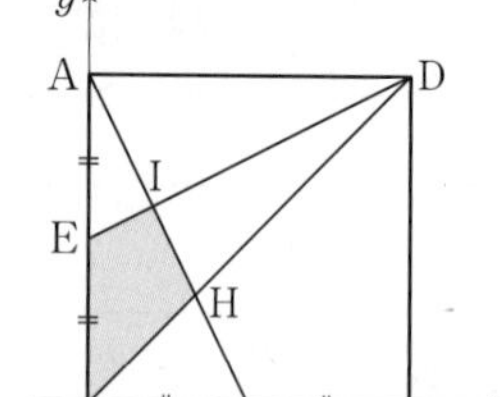

MAPL CORE ▶ 도형에서 직선의 방정식의 활용 ➡ 좌표평면 위에서 각 꼭짓점의 좌표를 결정한다.

개념익힘풀이

정사각형 ABCD의 각 변의 길이가 4이므로 네 점 A, B, C, D의 좌표는

A(0, 4), B(0, 0), C(4, 0), D(4, 4)

선분 AB의 중점 E의 좌표는 E(0, 2)

선분 BC의 중점 F의 좌표는 F(2, 0)

(1) 직선 BD의 방정식은 $\boldsymbol{y=x}$ ······ ㉠

직선 DE의 방정식은 $\boldsymbol{y=\frac{1}{2}x+2}$ ······ ㉡

직선 AF의 방정식은 $\boldsymbol{y=-2x+4}$ ······ ㉢

(2) 점 H는 두 직선 BD와 AF의 교점이므로

㉠, ㉢을 연립하여 풀면 $x=\frac{4}{3}$, $y=\frac{4}{3}$ $\quad\therefore \mathbf{H}\left(\boldsymbol{\frac{4}{3}, \frac{4}{3}}\right)$

점 I는 두 직선 AF와 DE의 교점이므로

㉡, ㉢을 연립하여 풀면 $x=\frac{4}{5}$, $y=\frac{12}{5}$ $\quad\therefore \mathbf{I}\left(\boldsymbol{\frac{4}{5}, \frac{12}{5}}\right)$

(3) (사각형 BHIE의 넓이)

=(삼각형 ABF의 넓이)−(삼각형 AEI의 넓이)−(삼각형 HBF의 넓이)

$=\frac{1}{2}\times2\times4-\frac{1}{2}\times2\times\frac{4}{5}-\frac{1}{2}\times2\times\frac{4}{3}=\boldsymbol{\frac{28}{15}}$

확인유제 0098 오른쪽 그림과 같이 한 변의 길이가 1인 정사각형 ABCD에서 변 BC와 변 CD의 중점을 각각 M, N이라 하고 직선 BN이 두 직선 AM, AC와 만나는 점을 각각 P, Q라고 할 때, 사각형 PMCQ의 넓이를 구하시오.

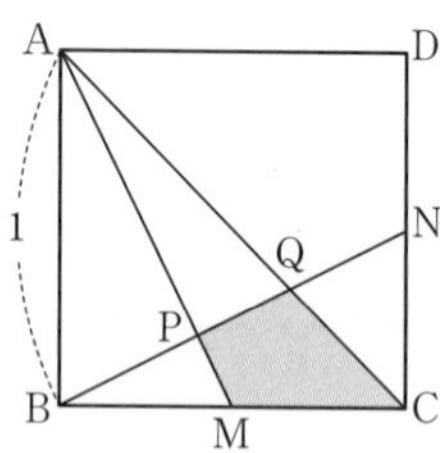

변형문제 0099 오른쪽 그림과 같이 두 직선 $y=ax+b$와 $y=bx+a$가 y축과 만나는 점을 각각 A, B라 하고, 이 두 직선이 만나는 점을 C라 하자. 점 C의 y좌표가 8이고, 삼각형 ABC의 넓이가 3일 때, $2a+b$의 값은? (단, $0<a<b$)

① 9 ② 10 ③ 11 ④ 12 ⑤ 13

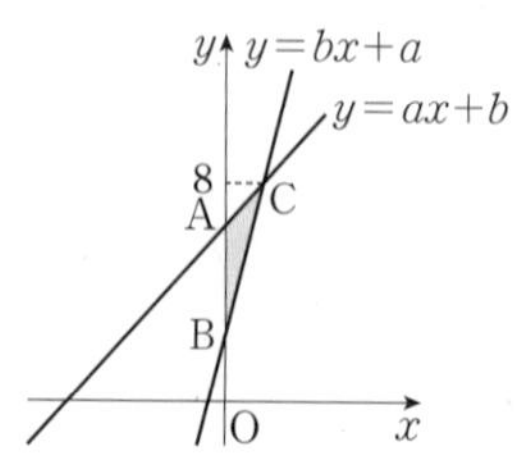

발전문제 0100 좌표평면 위에서 직선 $y=mx$가 네 점 A(1, 5), B(5, 5), C(5, 13), D(1, 13)을 꼭짓점으로 하는 직사각형 ABCD의 넓이를 이등분한다. 직선 $y=mx$에 수직이고 직사각형 ABCD의 넓이를 이등분하는 직선을 $y=ax+b$라 할 때, 세 상수 a, b, m에 대하여 abm의 값은?

① −9 ② −10 ③ −11 ④ −12 ⑤ −13

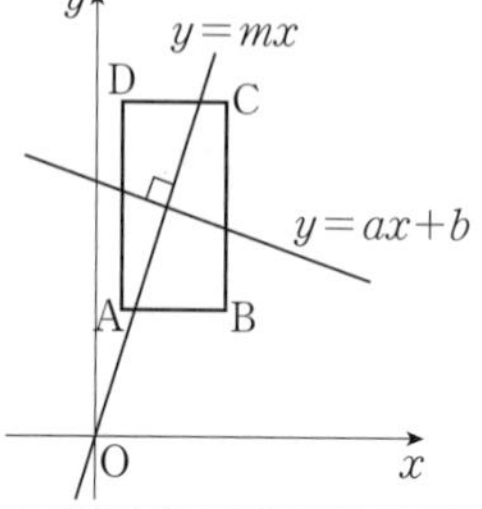

정답 0098 : $\frac{7}{60}$ 0099 : ① 0100 : ②

M A P L ; Y O U R M A S T E R P L A N

03 두 직선의 교점을 지나는 직선

01 정점을 지나는 직선

개념유형

두 직선 $ax+by+c=0$, $a'x+b'y+c'=0$이 한 점에서 만날 때, 방정식

$$(ax+by+c)+k(a'x+b'y+c')=0$$

의 그래프는 실수 k의 값에 관계없이 항상 두 직선

$ax+by+c=0$, $a'x+b'y+c'=0$의 교점을 지나는 직선이다.

참고 k의 값에 관계없이 항상 지나는 점을 구하려면 $(\quad)+k(\quad)=0$꼴로 정리한 후 항등식의 성질을 이용하면 된다.

마플해설 **방정식 $(ax+by+c)+k(a'x+b'y+c')=0$의 그래프**

두 직선 $ax+by+c=0$, $a'x+b'y+c'=0$이 한 점에서 만날 때,

두 직선이 서로 평행하거나 일치하는 경우는 제외한다.

임의의 실수 k에 대하여

방정식 $(ax+by+c)+k(a'x+b'y+c')=0$ …… ㉠

(i) x, y에 대한 일차방정식이므로 직선 $(a+ka')x+(b+kb')y+(c+kc')=0$으로 나타낸다.

(ii) 두 직선 $ax+by+c=0$, $a'x+b'y+c'=0$의 교점의 좌표를 $(p,\ q)$라 하면

$ap+bq+c=0$, $a'p+b'q+c'=0$

이므로 k의 값에 관계없이

$(ap+bq+c)+k(a'p+b'q+c')=0$이 성립한다.

(i), (ii)에서 방정식 ㉠의 그래프는 k의 값에 관계없이 항상 점 $(p,\ q)$를 지난다.

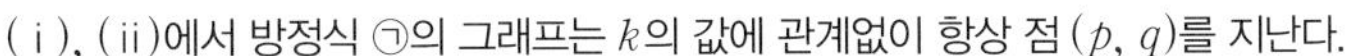

따라서 방정식 ㉠의 그래프는 k의 값에 관계없이 두 직선 $ax+by+c=0$, $a'x+b'y+c'=0$의 교점을 지나는 직선이다.

참고 두 직선 $ax+by+c=0$, $a'x+b'y+c'=0$이 서로 평행한 경우에는 ㉠이 두 직선의 교점을 지나는 직선이 될 수 없으므로 두 직선이 한 점에서 만나는 경우에만 생각한다.

보기 01 **방정식 $x+y+2+k(x-y-4)=0$ (단, k는 실수)의 의미를 파악하시오.**

풀이 방정식 $x+y+2+k(x-y-4)=0$ …… ㉠

을 x, y에 대하여 정리하면 $(1+k)x+(1-k)y+2-4k=0$ (k는 실수)

(i) ㉠은 x, y에 대한 일차방정식이고 이 방정식이 나타내는 그래프는 직선이다.

(ii) 직선 $x+y+2=0$와 직선 $x-y-4=0$의 교점의 좌표를 구하면 $(1,\ -3)$이고

이를 ㉠에 대입하면 $0+k\times 0=0$꼴이므로 k의 값에 관계없이 항상 성립한다.

즉 직선 ㉠은 k의 값에 관계없이 점 $(1,\ -3)$을 지난다.

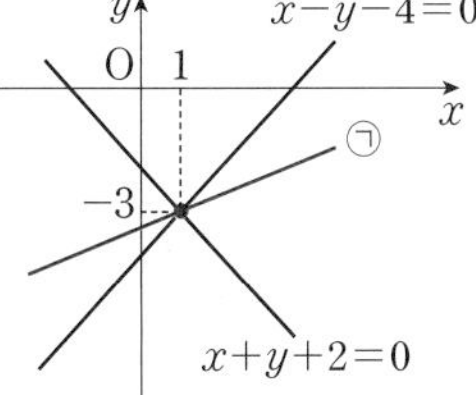

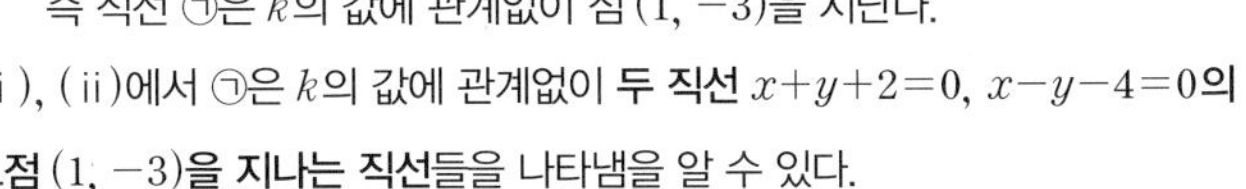

(i), (ii)에서 ㉠은 k의 값에 관계없이 **두 직선 $x+y+2=0$, $x-y-4=0$의 교점 $(1,\ -3)$을 지나는 직선**들을 나타냄을 알 수 있다.

보기 02 **다음 직선이 실수 k의 값에 관계없이 항상 지나는 점의 좌표를 구하시오.**

(1) $2x-y+1+k(x+y-4)=0$

(2) $x+ky-k-3=0$

풀이 (1) $2x-y+1+k(x+y-4)=0$이 k의 값에 관계없이 항상 성립하므로

$2x-y+1=0$, $x+y-4=0$

두 식을 연립하여 풀면 $x=1$, $y=3$

따라서 k의 값에 관계없이 항상 점 $\mathbf{(1,\ 3)}$을 지난다.

(2) $x+ky-k-3=0$을 k에 대하여 정리하면 $(x-3)+k(y-1)=0$

이 등식이 k의 값에 관계없이 항상 성립하므로 $x-3=0$, $y-1=0$ $\therefore x=3$, $y=1$

따라서 k의 값에 관계없이 항상 점 $\mathbf{(3,\ 1)}$을 지난다.

개념유형

02 두 직선의 교점을 지나는 직선의 방정식

한 점에서 만나는 두 직선 $ax+by+c=0$, $a'x+b'y+c'=0$의 교점을 지나는 직선 중에서 $a'x+b'y+c'=0$을 제외한 직선의 방정식은

$$(ax+by+c)+k(a'x+b'y+c')=0\ (k\text{는 실수})$$

꼴로 나타낼 수 있다.

참고 일반적으로 x, y에 대한 방정식 $f(x, y)+k\times g(x, y)=0$의 그래프는 실수 k의 값에 관계없이 두 그래프 $f(x, y)=0$, $g(x, y)=0$의 교점을 지난다.

마플해설 일반적으로 한 점에서 만나는 두 직선

$l : ax+by+c=0$, $l' : a'x+b'y+c'=0$

의 교점을 지나는 모든 직선의 방정식은 동시에 0이 아닌 임의의 상수 m, n에 대하여

$m(ax+by+c)+n(a'x+b'y+c')=0$ ...... ㉠

으로 나타내어진다. 이때 직선 ㉠은

(i) $m\neq0$, $n=0$이면

$m(ax+by+c)=0$ $\quad\therefore ax+by+c=0$ ◀ 직선 l을 나타낸다.

(ii) $m=0$, $n\neq0$이면

$n(a'x+b'y+c')=0$ $\quad\therefore a'x+b'y+c'=0$ ◀ 직선 l'을 나타낸다.

(iii) $m\neq0$, $n\neq0$이면

두 직선 l, l'의 교점을 지나는 직선 중 l과 l'을 제외한 직선을 나타낸다.

(i), (ii)일 때, 식을 간단히 하기 위하여 ㉠의 양변을 $m(m\neq0)$으로 나누어 $\frac{n}{m}=k$로 놓으면 ㉠을

$(ax+by+c)+k(a'x+b'y+c')=0$ ...... ㉡

으로 나타낼 수 있다. 그런데 $m\neq0$이라고 가정하였으므로 k가 어떤 값을 갖더라도 ㉡은 두 직선 l, l'의 교점을 지나는 직선 중 $l' : a'x+b'y+c'=0$은 표현할 수 없다.

$l : ax+by+c=0$
㉡
$l' : a'x+b'y+c'=0$

따라서 두 직선 $ax+by+c=0$, $a'x+b'y+c'=0$의 교점을 지나는 직선 중 $a'x+b'y+c'=0$을 제외한 직선의 방정식은 $(ax+by+c)+k(a'x+b'y+c')=0$ (k는 실수)꼴로 나타낼 수 있다.

보기 03 **두 직선 $2x-y+2=0$, $3x+2y-1=0$의 교점과 원점을 지나는 직선의 방정식을 구하시오.**

풀이 두 직선의 교점을 지나는 직선의 방정식을 $(2x-y+2)+k(3x+2y-1)=0$ (k는 실수)으로 놓으면

이 직선이 원점을 지나므로 $2-k=0$ $\quad\therefore k=2$

$k=2$를 대입하여 정리하면 $(2x-y+2)+2(3x+2y-1)=0$

따라서 구하는 직선의 방정식은 $\mathbf{8x+3y=0}$

보기 04 **방정식 $(1+k)x+(-1+k)y-2k=0$에 대한 다음 설명 중 [보기]에서 옳은 것을 모두 고르시오. (단, k는 상수이다.)**

ㄱ. k의 값에 관계없이 항상 점 $(1, 1)$을 지나는 직선의 방정식을 의미한다.
ㄴ. 직선 $y=-x+2$를 나타낼 수 있다.
ㄷ. 직선 $y=x$를 나타낼 수 있다.
ㄹ. 점 $(1, 1)$을 지나는 모든 직선을 나타낼 수 있다.

풀이 방정식 $(1+k)x+(-1+k)y-2k=0$을 k에 대하여 정리하면

$(x-y)+k(x+y-2)=0$이므로 이 방정식은 두 직선

$x-y=0$, $x+y-2=0$의 교점 $(1, 1)$을 지나는 직선 중

k에 관한 항등식이므로 $x-y=0$, $x+y-2=0$을 연립하여 풀면 $x=1$, $y=1$

$x+y-2=0$을 제외한 다양한 직선의 방정식을 나타낸다.

즉 k에 어떤 값을 대입해도 직선 $y=-x+2$만은 나타나지 않는다.

이 직선 이외의 점 $(1, 1)$을 지나는 다른 모든 직선은 나타난다.

따라서 옳은 것은 ㄱ, ㄷ이다.

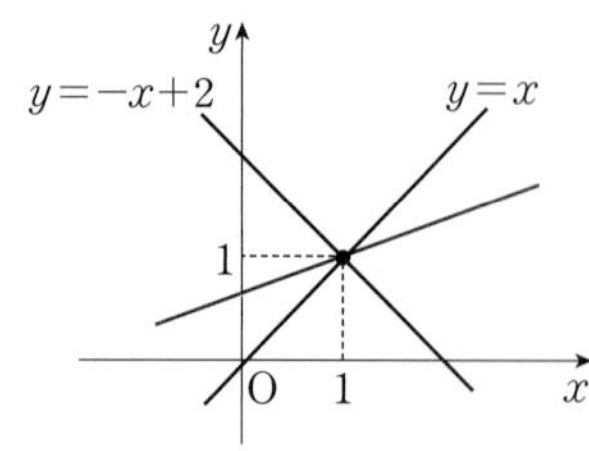

마플개념익힘 01 정점을 지나는 직선

다음 각 물음에 답하시오.

(1) 직선 $2(k+2)x+(3k+5)y+k+3=0$이 실수 k의 값에 관계없이 항상 지나는 점을 구하시오.

(2) 두 직선 $2x+y+1=0$, $x-y+2=0$의 교점과 점 $(-2, 2)$를 지나는 직선의 방정식을 구하시오.

MAPL CORE ▶ (1) k의 값에 관계없이 항상 성립하는 등식 ➡ k에 대한 항등식을 구한다.

주어진 직선의 방정식 $ax+by+c+k(a'x+b'y+c')=0$꼴로 정리한 후 k에 대한 항등식의 성질을 이용한다.

(2) 두 직선 $ax+by+c=0$, $a'x+b'y+c'=0$의 교점을 지나는 직선의 방정식은

$(ax+by+c)+k(a'x+b'y+c')=0$ (단, k는 실수이다.)

개념익힘풀이 (1) $2(k+2)x+(3k+5)y+k+3=0$을 k에 대하여 정리하면

$(2x+3y+1)k+4x+5y+3=0$

주어진 직선이 실수 k의 값에 관계없이 항상 지나는 점은

두 직선 $2x+3y+1=0$, $4x+5y+3=0$의 교점이다.

이 두 식을 연립하여 풀면 $x=-2$, $y=1$

따라서 주어진 직선은 실수 k의 값에 관계없이 항상 점 $\mathbf{(-2, 1)}$을 지난다.

(2) 두 직선 $2x+y+1=0$, $x-y+2=0$의 교점을 지나는 직선의 방정식은

$(2x+y+1)+k(x-y+2)=0$ (k는 실수) …… ㉠

직선 ㉠이 점 $(-2, 2)$를 지나므로 $(-4+2+1)+k(-2-2+2)=0$ $\therefore k=-\frac{1}{2}$

이를 ㉠에 대입하면 $(2x+y+1)+\left(-\frac{1}{2}\right)\times(x-y+2)=0$, $3x+3y=0$

$\therefore \boldsymbol{y=-x}$

다른풀이 두 직선의 교점을 구하여 직선의 방정식 풀이하기

두 직선 $2x+y+1=0$, $x-y+2=0$을 연립하여 풀면 $x=-1$, $y=1$이므로

두 직선의 교점의 좌표는 $(-1, 1)$

따라서 두 점 $(-1, 1)$, $(-2, 2)$를 지나는 직선의 방정식은 $y-1=\frac{2-1}{-2-(-1)}\{x-(-1)\}$, 즉 $\boldsymbol{y=-x}$

확인유제 0101 다음 물음에 답하시오.

(1) 직선 $(2+k)x+(1+2k)y+1-4k=0$이 실수 k의 값에 관계없이 항상 한 점 (a, b)를 지날 때, ab의 값을 구하시오.

(2) 두 직선 $2x+3y+4=0$, $x-2y-5=0$의 교점과 점 $(2, -1)$을 지나는 직선의 방정식을 구하시오.

변형문제 0102 직선 $(2k-1)x+(k+2)y+3k-4=0$이 실수 k의 값에 관계없이 항상 점 P를 지날 때, 점 P와 원점 사이의 거리는?

① $\sqrt{2}$ ② $\sqrt{3}$ ③ $\sqrt{5}$ ④ $\sqrt{6}$ ⑤ $2\sqrt{2}$

발전문제 0103 다음 물음에 답하시오.

(1) 직선 $2x+4y+1=0$에 평행하고 두 직선 $x-2y+10=0$, $x+3y-5=0$의 교점을 지나는 직선의 방정식을 구하시오.

(2) 직선 $x+3y=3$에 수직이고 두 직선 $3x+2y=-1$, $2x-y=-10$의 교점을 지나는 직선의 방정식을 구하시오.

정답 0101 : (1) -6 (2) $y=x-3$ 0102 : ③ 0103 : (1) $x+2y-2=0$ (2) $3x-y+13=0$

마플개념익힘 02 정점을 지나는 직선의 활용

다음 물음에 답하시오.

(1) 두 직선 $x+y=2$, $mx-y+m+1=0$이 제1사분면에서 만날 때, 실수 m의 값의 범위를 구하시오.

(2) 직선 $y=m(x+1)+3$이 두 점 $\mathrm{A}(2,\ 6)$, $\mathrm{B}(3,\ 1)$을 이은 선분 AB와 만나도록 하는 실수 m의 값의 범위를 구하시오.

MAPL CORE ▶ 실수 m에 값에 관계없이 항상 지나는 점의 좌표를 구할 수 있으므로 이 점의 좌표와 기울기를 이용하여 m의 값의 범위를 구한다.
직선 $y-y_1+m(x-x_1)=0$은 실수 m에 값에 관계없이 항상 점 $(x_1,\ y_1)$을 지난다.

개념익힘풀이

(1) 직선 $mx-y+m+1=0$에서 $m(x+1)+1-y=0$ …… ㉠

직선 ㉠은 m의 값에 관계없이 항상 점 $(-1,\ 1)$을 지난다.

직선 $x+y=2$가 x축, y축과 만나는 점을 각각 A, B라 하면

$\mathrm{A}(2,\ 0)$, $\mathrm{B}(0,\ 2)$

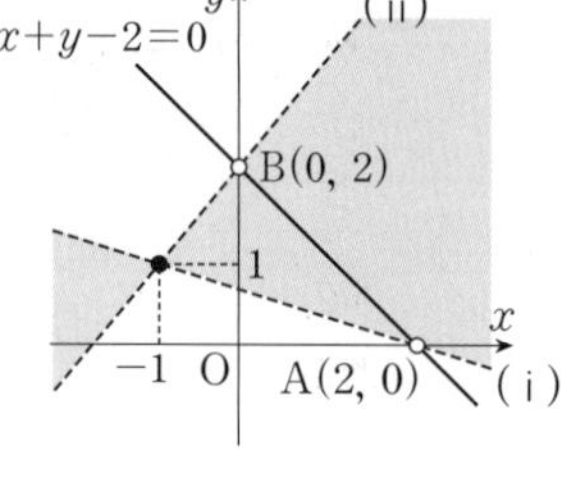

오른쪽 그림과 같이 직선 ㉠이 직선 $x+y=2$와 제 1사분면에서 만나도록

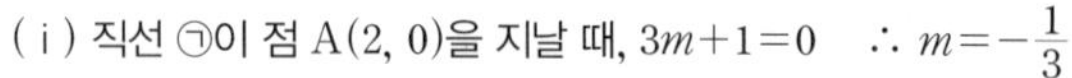
직선 ㉠을 움직여 보면 선분 AB(점 A, B는 제외)와 만나야 한다.

(i) 직선 ㉠이 점 $\mathrm{A}(2,\ 0)$을 지날 때, $3m+1=0$ $\therefore m=-\frac{1}{3}$

(ii) 직선 ㉠이 점 $\mathrm{B}(0,\ 2)$를 지날 때, $m-1=0$ $\therefore m=1$

(i), (ii)에서 구하는 m의 값의 범위는 $\boldsymbol{-\frac{1}{3}<m<1}$

(2) 직선 $y=m(x+1)+3$에서 $m(x+1)+3-y=0$ …… ㉠

직선 ㉠은 m의 값에 관계없이 항상 점 $(-1,\ 3)$을 지난다.

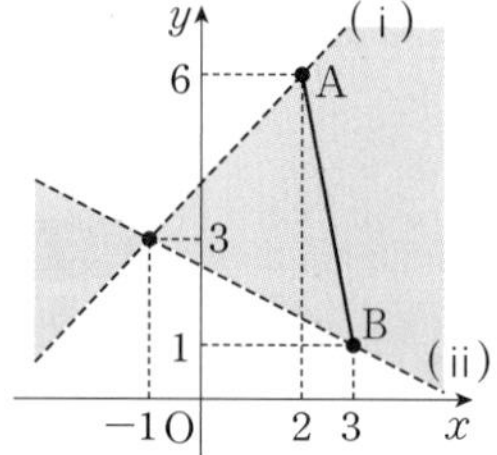

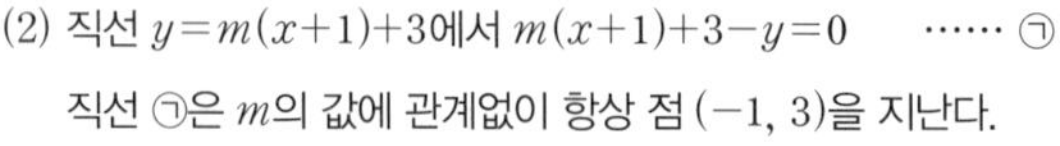
이 점을 중심으로 직선 ㉠을 돌려보면 선분 AB(점 A, B는 포함)와 만날 때는 오른쪽 그림의 색칠한 부분을 지날 때이다.

(i) 직선 ㉠이 점 $\mathrm{A}(2,\ 6)$을 지날 때, $3m-3=0$ $\therefore m=1$

(ii) 직선 ㉠이 점 $\mathrm{B}(3,\ 1)$을 지날 때, $4m+2=0$ $\therefore m=-\frac{1}{2}$

(i), (ii)에서 구하는 m의 값의 범위는 $\boldsymbol{-\frac{1}{2}\le m\le 1}$

확인유제 0104 다음 물음에 답하시오.

(1) 두 직선 $x+y+3=0$과 $mx-y-2m+1=0$이 제3사분면에서 만나도록 하는 실수 m의 값의 범위를 구하시오.

(2) 직선 $y=mx-m+1$이 두 점 $\mathrm{A}(-2,\ 0)$, $\mathrm{B}(0,\ 2)$를 이은 선분 AB와 만날 때, 실수 m의 값의 범위를 구하시오.

변형문제 0105 직선 $kx-y+2k-1=0$이 오른쪽 그림의 직사각형과 만나도록 하는 실수 k의 최댓값을 M, 최솟값을 m이라 할 때, Mm의 값은?

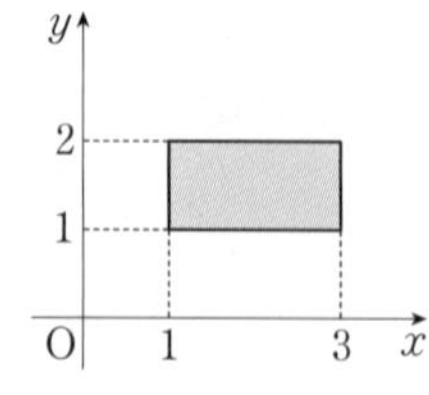

① $\frac{2}{5}$ ② $\frac{3}{5}$ ③ $\frac{4}{5}$
④ 1 ⑤ $\frac{6}{5}$

발전문제 0106 세 점 $\mathrm{A}(1,\ 2)$, $\mathrm{B}(0,\ -2)$, $\mathrm{C}(4,\ 0)$을 꼭짓점으로 하는 삼각형 ABC가 있다. 직선 $mx+y-m-2=0$이 삼각형 ABC의 넓이를 이등분할 때, 상수 m의 값은?

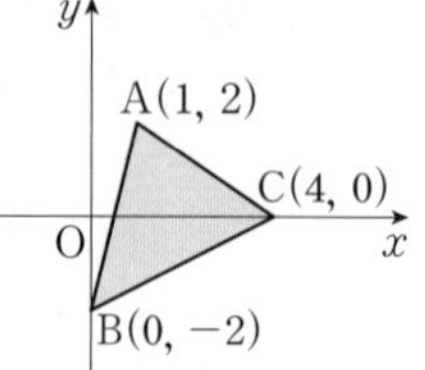

① $\sqrt{2}$ ② $\sqrt{3}$ ③ 2
④ $2\sqrt{2}$ ⑤ 3

정답 0104 : (1) $\frac{1}{5}<m<2$ (2) $-1\le m\le\frac{1}{3}$ 0105 : ① 0106 : ⑤

04 점과 직선 사이의 거리

MAPL ; YOUR MASTER PLAN

개념유형 01 점과 직선 사이의 거리

좌표평면 위의 점 P에서 점 P를 지나지 않는 직선 l에 내린 수선의 발을 H라 할 때, 선분 PH의 길이를 **점 P와 직선 l 사이의 거리**라 한다. 좌표평면에서 점과 직선 사이의 거리는 다음과 같다.

점 $P(x_1, y_1)$와 직선 $ax+by+c=0$ 사이의 거리 d는

$$d=\frac{|ax_1+by_1+c|}{\sqrt{a^2+b^2}}$$

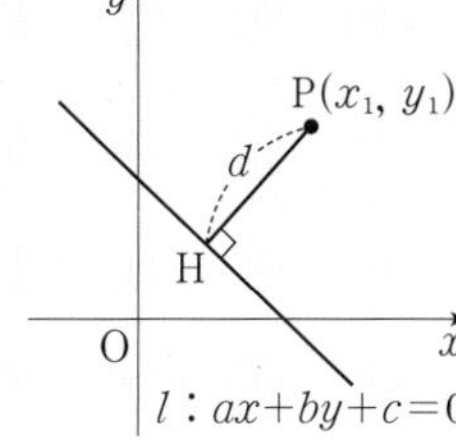

특히, 원점 $O(0, 0)$과 직선 $ax+by+c=0$ 사이의 거리는

$$\frac{|c|}{\sqrt{a^2+b^2}}$$

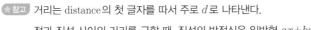

참고 거리는 distance의 첫 글자를 따서 주로 d로 나타낸다.

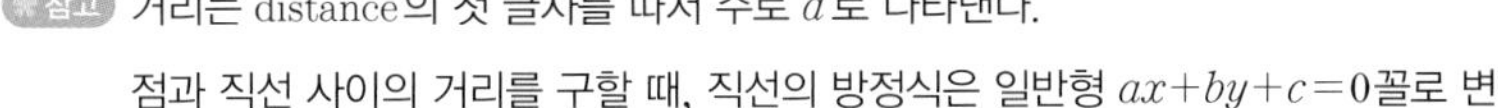

점과 직선 사이의 거리를 구할 때, 직선의 방정식은 일반형 $ax+by+c=0$꼴로 변형한 후 공식을 적용한다.

마플해설

증명1 점 $P(x_1, y_1)$에서 직선 $l : ax+by+c=0$에 내린 수선의 발을 $H(x_2, y_2)$라 하자.

(i) $a\neq0$, $b\neq0$일 때,

직선 $l : ax+by+c=0$에서 $y=-\frac{a}{b}x-\frac{c}{b}$이므로

직선 l의 기울기 $-\frac{a}{b}$인 직선에 수직인 직선 PH의 기울기는 $\frac{b}{a}$이다.

즉 $\frac{y_2-y_1}{x_2-x_1}=\frac{b}{a}$이므로 $y_2-y_1=\frac{b}{a}(x_2-x_1)$

$\therefore b(x_2-x_1)-a(y_2-y_1)=0$ ⋯⋯ ㉠

또, 점 $H(x_2, y_2)$가 직선 $l : ax+by+c=0$ 위의 점이므로 $ax_2+by_2+c=0$

$\therefore a(x_2-x_1)+b(y_2-y_1)+ax_1+by_1+c=0$ ⋯⋯ ㉡

㉠, ㉡을 연립하여 x_2-x_1, y_2-y_1을 각각 구하면 다음과 같다.

$$x_2-x_1=-\frac{a(ax_1+by_1+c)}{a^2+b^2},\ y_2-y_1=-\frac{b(ax_1+by_1+c)}{a^2+b^2}$$

따라서 점 P와 직선 l 사이의 거리 선분 PH의 길이는

$$\overline{PH}=\sqrt{(x_2-x_1)^2+(y_2-y_1)^2}=\sqrt{\left\{-\frac{a(ax_1+by_1+c)}{a^2+b^2}\right\}^2+\left\{-\frac{b(ax_1+by_1+c)}{a^2+b^2}\right\}^2}$$

$$=\frac{|ax_1+by_1+c|}{\sqrt{a^2+b^2}}$$ ⋯⋯ ㉢

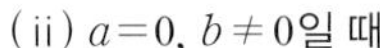

(ii) $a=0$, $b\neq0$일 때,

직선 $l : ax+by+c=0$에서 $y=-\frac{c}{b}$이므로

$\overline{PH}=\left|y_1-\left(-\frac{c}{b}\right)\right|=\left|\frac{by_1+c}{b}\right|$ ◀ 두 점 P, H의 y좌표의 차

이 경우에도 점 P와 직선 l 사이의 거리는 ㉢과 같다.

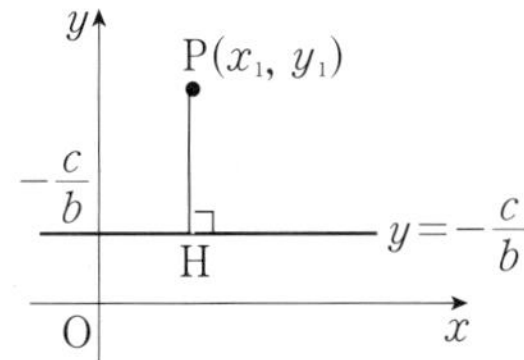

(iii) $a\neq0$, $b=0$일 때,

직선 $l : ax+by+c=0$에서 $x=-\frac{c}{a}$이므로

$\overline{PH}=\left|x_1-\left(-\frac{c}{a}\right)\right|=\left|\frac{ax_1+c}{a}\right|$ ◀ 두 점 P, H의 x좌표의 차

이 경우에도 점 P와 직선 l 사이의 거리는 ㉢과 같다.

(i)~(iii)에 의하여 점 P와 직선 l 사이의 거리는 ㉢과 같다.

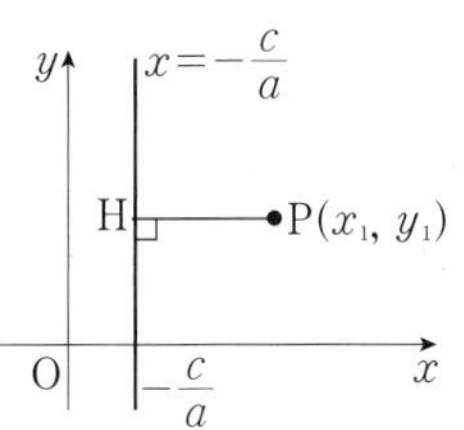

증명2 점과 직선 사이의 거리 공식의 유도

점 $\mathrm{P}(x_1,\ y_1)$에서 직선 $l : ax+by+c=0$에 내린 수선의 발을 $\mathrm{H}(x_2,\ y_2)$라 하자.

(ⅰ) $a\neq 0,\ b\neq 0$일 때,

직선 PH와 직선 l의 기울기가 각각 $\dfrac{y_2-y_1}{x_2-x_1},\ -\dfrac{a}{b}$이고

두 직선이 서로 수직이므로

$$\frac{y_2-y_1}{x_2-x_1}\times\left(-\frac{a}{b}\right)=-1 \quad \therefore \frac{x_2-x_1}{a}=\frac{y_2-y_1}{b}$$

이때 $\dfrac{x_2-x_1}{a}=\dfrac{y_2-y_1}{b}=k$로 놓으면

$x_2-x_1=ak,\ y_2-y_1=bk$ …… ㉠

$\overline{\mathrm{PH}}=\sqrt{(x_2-x_1)^2+(y_2-y_1)^2}=\sqrt{k^2(a^2+b^2)}=|k|\sqrt{a^2+b^2}$ …… ㉡

점 $\mathrm{H}(x_2,\ y_2)$는 직선 l 위에 있으므로 $ax_2+by_2+c=0$ …… ㉢

㉠에서 $x_2=x_1+ak,\ y_2=y_1+bk$를 ㉢에 대입하면

$a(x_1+ak)+b(y_1+bk)+c=0$

$\therefore k=-\dfrac{ax_1+by_1+c}{a^2+b^2}$ …… ㉣

㉣을 ㉡에 대입하면

$\overline{\mathrm{PH}}=\left|-\dfrac{ax_1+by_1+c}{a^2+b^2}\right|\sqrt{a^2+b^2}=\dfrac{|\boldsymbol{ax_1+by_1+c}|}{\sqrt{\boldsymbol{a^2+b^2}}}$ …… ㉤

(ⅱ) $a=0,\ b\neq 0$ 또는 $a\neq 0,\ b=0$일 때,

직선 l은 x축 또는 y축에 평행하고 이 경우에도 점 P와 직선 l 사이의 거리는 ㉤과 같다.

특히 원점 $\mathrm{O}(0,\ 0)$과 직선 $l : ax+by+c=0$ 사이의 거리는 다음과 같다.

$\dfrac{|\boldsymbol{c}|}{\sqrt{\boldsymbol{a^2+b^2}}}$ ◀ 위의 공식에 $x_1=0,\ y_1=0$을 대입한 값이다.

보기 01 **다음 물음에 답하시오.**

(1) 점 $(3,\ -2)$와 직선 $3x-4y-2=0$ 사이의 거리를 구하시오.

(2) 원점과 직선 $y=-\dfrac{3}{4}x+5$ 사이의 거리를 구하시오.

풀이

(1) 점 $(3,\ -2)$와 직선 $3x-4y-2=0$ 사이의 거리는

$$d=\frac{|3\times3-4\times(-2)-2|}{\sqrt{3^2+(-4)^2}}=\frac{15}{5}=\mathbf{3}$$

(2) 원점 $\mathrm{O}(0,\ 0)$과 직선 $y=-\dfrac{3}{4}x+5$, 즉 $3x+4y-20=0$ 사이의 거리는

$$d=\frac{|-20|}{\sqrt{3^2+4^2}}=\frac{20}{5}=\mathbf{4}$$

+α

우리가 말하는 모든 거리는 최단 거리를 의미한다.

① 점과 직선 l 사이의 거리 ➡ 점 P에서 직선에 내린 수선의 길이 $\overline{\mathrm{PH}}$

② 평행한 두 직선 사이의 거리 ➡ 한 직선 위에 임의의 점과 다른 직선 사이의 수선의 길이

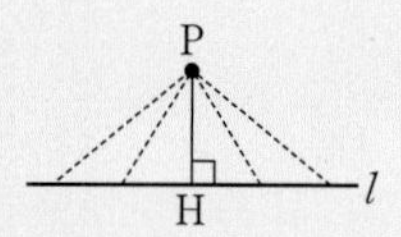

02 평행한 두 직선 사이의 거리

(1) 평행한 두 직선 사이의 거리

평행한 두 직선 l : $ax+by+c=0$, l' : $ax+by+c'=0$ 사이의 거리는 항상 같으므로 두 직선 l, l' 사이의 거리는 직선 l 위의 임의의 점 P와 직선 l' 사이의 거리와 같다.

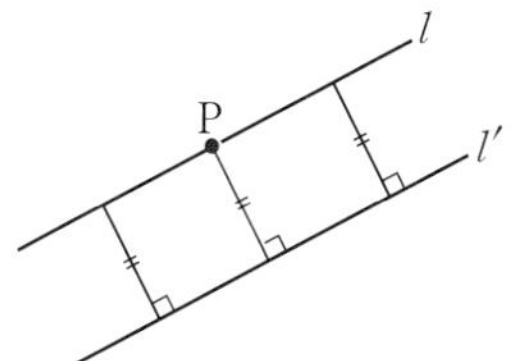

참고 직선 위의 임의의 점 P는 좌표가 간단한 점 (정수점)이나 좌표축(x축, y축)과의 교점을 선택하면 계산이 편리하다.

(2) 평행한 두 직선 사이의 거리 공식

① 평행한 두 직선 $y=mx+n$, $y=mx+k$ 사이의 거리 d는

$$d=\frac{|n-k|}{\sqrt{m^2+1}}$$

② 평행한 두 직선 $ax+by+c=0$, $ax+by+c'=0$ 사이의 거리 d는 (단, 점 (α, β)는 직선 $ax+by+c'=0$ 위의 점)

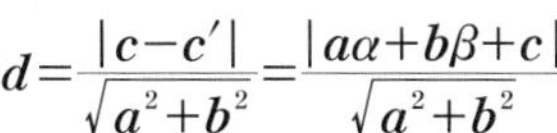

$$d=\frac{|c-c'|}{\sqrt{a^2+b^2}}=\frac{|a\alpha+b\beta+c|}{\sqrt{a^2+b^2}}$$

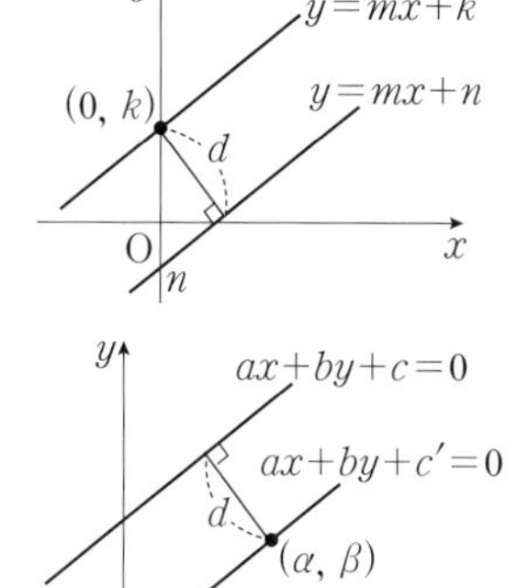

마플해설

(1) 평행한 두 직선 $y=mx+n$, $y=mx+k$ 사이의 거리 d는 직선 $y=mx+k$ 위의 한 점 $(0, k)$와 직선 $y=mx+n$, 즉 $mx-y+n=0$ 사이의 거리와 같으므로 $d=\frac{|n-k|}{\sqrt{m^2+1}}$

(2) 평행한 두 직선 $ax+by+c=0$, $ax+by+c'=0$ 사이의 거리 d는 직선 $ax+by+c'=0$ 위의 한 점 (α, β)와 직선 $ax+by+c=0$ 사이의 거리와 같으므로

$d=\frac{|a\alpha+b\beta+c|}{\sqrt{a^2+b^2}}=\frac{|c-c'|}{\sqrt{a^2+b^2}}$ ◀ 직선 $ax+by+c'=0$ 위의 점 (α, β)를 대입하면 $a\alpha+b\beta+c'=0$ $\therefore a\alpha+b\beta=-c'$

보기 02 평행한 두 직선에 대하여 다음 물음에 답하시오.

(1) 두 직선 $y=-x-1$, $y=-x-3$ 사이의 거리를 구하시오.

(2) 두 직선 $x+2y-2=0$, $x+2y+3=0$ 사이의 거리를 구하시오.

풀이

(1) 두 직선 $y=-x-1$, $y=-x-3$은 평행하므로 두 직선 사이의 거리는 직선 $y=-x-1$ 위의 점 $(-1, 0)$과 직선 $y=-x-3$, 즉 $x+y+3=0$ 사이의 거리와 같으므로 $\frac{|1\times(-1)+1\times0+3|}{\sqrt{1^2+1^2}}=\frac{2}{\sqrt{2}}=\sqrt{2}$

다른풀이 $d=\frac{|n-k|}{\sqrt{m^2+1}}$에 대입하면 $d=\frac{|-1-(-3)|}{\sqrt{(-1)^2+1}}=\frac{2}{\sqrt{2}}=\sqrt{2}$

(2) 두 직선 $x+2y-2=0$, $x+2y+3=0$은 평행하므로 두 직선 사이의 거리는 직선 $x+2y-2=0$ 위의 점 $(2, 0)$과 직선 $x+2y+3=0$ 사이의 거리와 같으므로 $\frac{|1\times2+2\times0+3|}{\sqrt{1^2+2^2}}=\frac{5}{\sqrt{5}}=\sqrt{5}$

다른풀이 $d=\frac{|c-c'|}{\sqrt{a^2+b^2}}$에 대입하면 $d=\frac{|-2-3|}{\sqrt{1^2+2^2}}=\frac{5}{\sqrt{5}}=\sqrt{5}$

평행한 두 직선 $ax+by+c=0$, $ax+by+c'=0$ 사이의 거리 구하는 방법

방법1 $ax+by+c'=0$ 위의 한 점 $P(x_1, y_1)$에서 $ax+by+c=0$에 이르는 거리를 구한다.

방법2 공식 $d=\frac{|c-c'|}{\sqrt{a^2+b^2}}$을 사용한다.

주의 공식 사용 시 직선의 방정식의 계수 a, b를 통일해야 한다.

마플개념익힘 01 점과 직선 사이의 거리

다음 물음에 답하시오.

(1) 점 $(2, -1)$과 직선 $4x+3y+k=0$ 사이의 거리가 2일 때, 실수 k의 값을 구하시오.

(2) 점 $(2, 1)$을 지나고 원점에서 거리가 1인 직선의 방정식을 구하시오.

MAPL CORE ▶ 점 (x_1, y_1)과 직선 $ax+by+c=0$ 사이의 거리 d는 ➡ $d=\dfrac{|ax_1+by_1+c|}{\sqrt{a^2+b^2}}$

점과 직선 사이의 거리는 직선의 방정식을 $ax+by+c=0$꼴로 변형한 후 공식을 적용한다.

개념익힘풀이 (1) 점 $(2, -1)$과 직선 $4x+3y+k=0$ 사이의 거리가 2이므로

$\dfrac{|4\times2+3\times(-1)+k|}{\sqrt{4^2+3^2}}=2$, $|k+5|=10$, $k+5=\pm10$

$\therefore$ $\boldsymbol{k=-15}$ **또는** $\boldsymbol{k=5}$

(2) 구하는 직선의 기울기를 m이라 하면 이 직선이 점 $(2, 1)$을 지나므로 직선의 방정식은

$y-1=m(x-2)$ $\quad\therefore mx-y-2m+1=0$ $\quad\cdots\cdots$ ㉠

원점과 직선 ㉠ 사이의 거리가 1이므로

$\dfrac{|-2m+1|}{\sqrt{m^2+(-1)^2}}=1$, $|-2m+1|=\sqrt{m^2+1}$

양변을 제곱하면 $4m^2-4m+1=m^2+1$, $3m^2-4m=0$, $m(3m-4)=0$

$\therefore m=0$ 또는 $m=\dfrac{4}{3}$

따라서 구하는 직선의 방정식은 $\boldsymbol{y=1}$ **또는** $\boldsymbol{y=\dfrac{4}{3}x-\dfrac{5}{3}}$

확인유제 0107 다음 물음에 답하시오.

(1) 점 $(0, 1)$에서 거리가 $2\sqrt{5}$이고 직선 $2x-y=1$에 평행인 두 직선이 y축과 만나는 점을 A, B라 할 때, 선분 AB의 길이를 구하시오.

(2) 점 $(1, 1)$에서 거리가 $\sqrt{5}$이고 직선 $x+2y+3=0$에 수직인 두 직선이 y축과 만나는 점을 A, B라 할 때, 선분 AB의 길이를 구하시오.

변형문제 0108 직선 $(k+1)x-(k-3)y+k-15=0$은 실수 k의 값에 관계없이 일정한 점 A를 지난다. 점 A와 직선 $2x-y+m=0$ 사이의 거리가 $\sqrt{5}$일 때, 모든 실수 m의 값의 합은?

① -4 ② -3 ③ 2 ④ 3 ⑤ 4

발전문제 0109 점 $A(-3, 3)$과 직선 $y=2x-1$ 위의 두 점 B, C를 꼭짓점으로 하는 삼각형 ABC가 정삼각형일 때, 이 정삼각형의 한 변의 길이는?

① $\dfrac{\sqrt{15}}{3}$ ② $\dfrac{2\sqrt{15}}{3}$ ③ $\dfrac{4\sqrt{15}}{3}$ ④ $\dfrac{3\sqrt{15}}{4}$ ⑤ $\dfrac{5\sqrt{5}}{3}$

정답 0107 : (1) 20 (2) 10 0108 : ① 0109 : ③

다음 물음에 답하시오.

(1) 평행한 두 직선 $2x+3y-1=0$과 $2x+3y-k=0$ 사이의 거리가 $\sqrt{13}$일 때, 실수 k의 값을 구하시오.

(2) 두 직선 $2x-y+2=0$, $mx-(m-2)y-6=0$이 평행할 때, 두 직선 사이의 거리를 구하시오.

MAPL CORE ▶ 평행한 두 직선 l, l' 사이의 거리는 다음과 같은 순서로 구한다.

❶ 직선 l 위의 한 점의 좌표 $(x_1,\ y_1)$을 구한다.

❷ 점 $(x_1,\ y_1)$과 직선 l' 사이의 거리를 구한다.

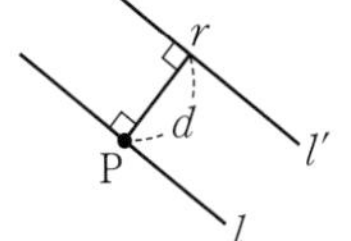

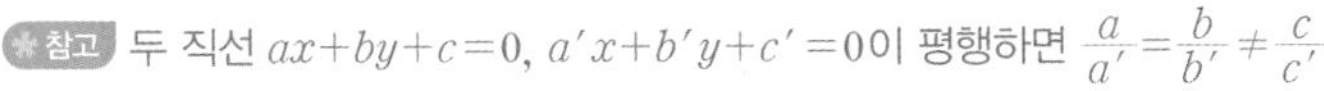
참고 두 직선 $ax+by+c=0$, $a'x+b'y+c'=0$이 평행하면 $\dfrac{a}{a'}=\dfrac{b}{b'}\neq\dfrac{c}{c'}$

(1) 평행한 두 직선 $2x+3y-1=0$, $2x+3y-k=0$

사이의 거리는 직선 $2x+3y-1=0$ 위의 한 점 $(-1,\ 1)$에서

직선 $2x+3y-k=0$에 이르는 거리와 같으므로

$\dfrac{|2\times(-1)+3\times1-k|}{\sqrt{2^2+3^2}}=\sqrt{13}$, $|1-k|=13$, $1-k=\pm13$

$\therefore$ $\boldsymbol{k=-12}$ **또는** $\boldsymbol{k=14}$

(2) 두 직선 $2x-y+2=0$, $mx-(m-2)y-6=0$이 평행하므로 $\dfrac{2}{m}=\dfrac{-1}{-(m-2)}\neq\dfrac{2}{-6}$

즉 $\dfrac{2}{m}=\dfrac{1}{m-2}$에서 $2(m-2)=m$ $\quad\therefore m=4$ $(\because m\neq-6)$

$m=4$이므로 두 직선의 방정식은 $2x-y+2=0$, $2x-y-3=0$

평행한 두 직선 사이의 거리는 직선 $2x-y+2=0$ 위의 한 점 $(0,\ 2)$와 직선 $2x-y-3=0$ 사이의 거리와 같다.

따라서 구하는 거리는 $\dfrac{|2\times0-1\times2-3|}{\sqrt{2^2+(-1)^2}}=\dfrac{|-5|}{\sqrt{5}}=\boldsymbol{\sqrt{5}}$

다른풀이 정점을 지나는 직선을 이용하여 풀이하기

직선 $mx-(m-2)y-6=0$을 m에 대하여 정리하면 $m(x-y)+2y-6=0$

이 등식이 m의 값에 관계없이 항상 성립하므로 m에 대한 항등식이다.

항등식의 성질에 의하여 $x-y=0$, $2y-6=0$ $\quad\therefore x=3$, $y=3$

즉 이 직선은 m의 값에 관계없이 항상 점 $(3,\ 3)$을 지난다.

따라서 평행한 두 직선 사이의 거리는 점 $(3,\ 3)$과 직선 $2x-y+2=0$ 사이의 거리와 같으므로

$\dfrac{|2\times3-1\times3+2|}{\sqrt{2^2+(-1)^2}}=\dfrac{|5|}{\sqrt{5}}=\boldsymbol{\sqrt{5}}$

확인유제 0110 평행한 두 직선 $2x-y-2=0$, $2x-y+a=0$ 사이의 거리가 $\sqrt{5}$일 때, 모든 실수 a의 값의 합을 구하시오.

변형문제 0111 두 직선 $2x+ky-1=0$, $kx+(k+4)y-2=0$이 서로 평행할 때, 두 직선 사이의 거리를 구하시오. (단, k는 상수이다.)

발전문제 0112 오른쪽 그림과 같이 원점 O를 꼭짓점으로 하고 평행한 두 직선 $y=2x+6$, $y=2x-4$와 수직인 선분 PQ를 밑변으로 하는 삼각형 OPQ의 넓이가 20일 때, 직선 PQ의 방정식을 구하시오.
(단, O는 원점이고 두 점 P, Q는 제 1사분면 위의 점이다.)

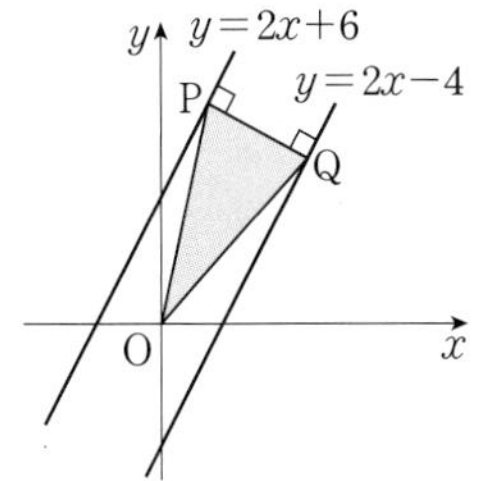

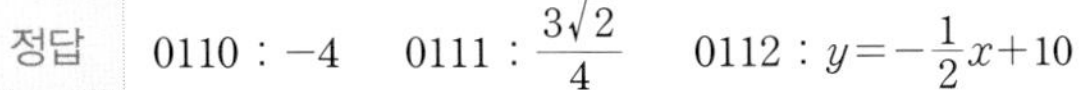
정답 0110 : -4 0111 : $\dfrac{3\sqrt{2}}{4}$ 0112 : $y=-\dfrac{1}{2}x+10$

마플개념익힘 03 점과 직선 사이의 거리의 활용

다음 물음에 답하시오.

(1) 원점에서 직선 $x+y+4+k(x-y)=0$ 사이의 거리를 $f(k)$라 할 때, $f(k)$의 최댓값을 구하시오. (단, k는 실수이다.)

(2) 두 직선 $x+y+1=0$, $x-y+3=0$의 교점을 지나는 직선 중 원점으로부터 거리가 최대인 직선의 방정식을 구하시오.

MAPL CORE ▶ 점과 직선 사이의 거리 $f(k)$를 $f(k)=\dfrac{|a|}{g(k)}$ (a는 상수)라 하면 ➡ $g(k)$가 최소이면 $f(k)$가 최대이다.

 오른쪽 그림에서 $d_1<d$, $d_2<d$이므로 원점 O와 정점 A를 지나는 임의의 직선 사이의 거리의 최댓값은 원점 O로부터 선분 OA와 수직인 직선 l에 이르는 거리 d, 즉 원점 O와 점 A 사이의 거리와 같다.

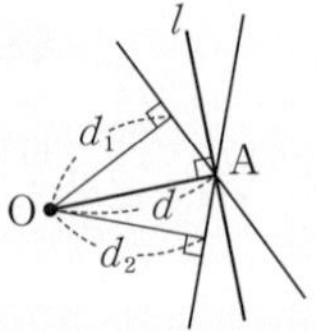

개념익힘풀이

(1) 직선 $x+y+4+k(x-y)=0$을 정리하면 $(k+1)x+(1-k)y+4=0$

이 직선과 원점 사이의 거리가 $f(k)$이므로 $f(k)=\dfrac{|4|}{\sqrt{(k+1)^2+(1-k)^2}}=\dfrac{4}{\sqrt{2k^2+2}}=\dfrac{2\sqrt{2}}{\sqrt{k^2+1}}$

이때 $f(k)$가 최대이려면 k^2+1이 최소이어야 한다.

따라서 $k=0$일 때, $f(k)$가 최대이므로 최댓값은 $f(0)=\dfrac{2\sqrt{2}}{\sqrt{0+1}}=\mathbf{2\sqrt{2}}$

다른풀이 주어진 직선의 정점을 활용하여 풀이하기

직선 $x+y+4+k(x-y)=0$은 k의 값에 관계없이 지나는 정점은

항등식의 성질에 의하여 $x+y+4=0$, $x-y=0$ $\quad\therefore x=-2$, $y=-2$

이 직선은 항상 점 $(-2, -2)$를 지난다. 이때 점 $(-2, -2)$를 지나는 직선이 원점과 점 $(-2, -2)$를 지나는 직선과 수직일 때, 원점 O와의 거리가 최대가 된다.

따라서 원점에서 직선 $x+y+4+k(x-y)=0$ 사이의 최댓값은 $\sqrt{(-2)^2+(-2)^2}=\mathbf{2\sqrt{2}}$

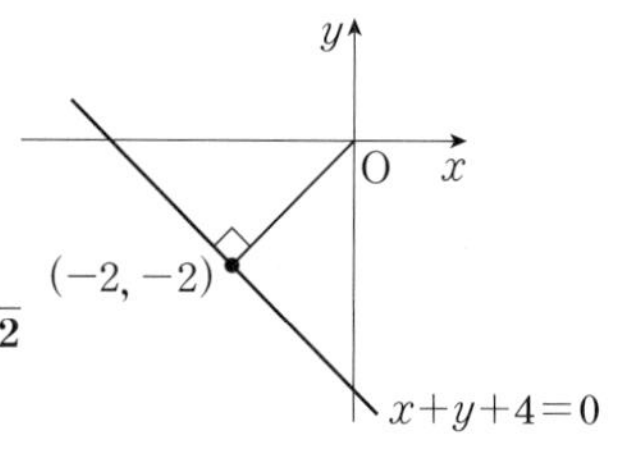

(2) 두 직선 $x+y+1=0$, $x-y+3=0$을 연립하면 $x=-2$, $y=1$

이때 점 $(-2, 1)$을 지나는 직선이 원점과 점 $(-2, 1)$을 지나는 직선과 수직일 때, 원점 O와의 거리가 최대가 된다.

원점 O와 교점 $(-2, 1)$을 지나는 직선의 기울기는 $\dfrac{1-0}{-2-0}=-\dfrac{1}{2}$이므로

이 직선과 수직인 직선의 기울기는 2

따라서 구하는 직선의 방정식은 $y-1=2(x+2)$ $\quad\therefore \mathbf{y=2x+5}$

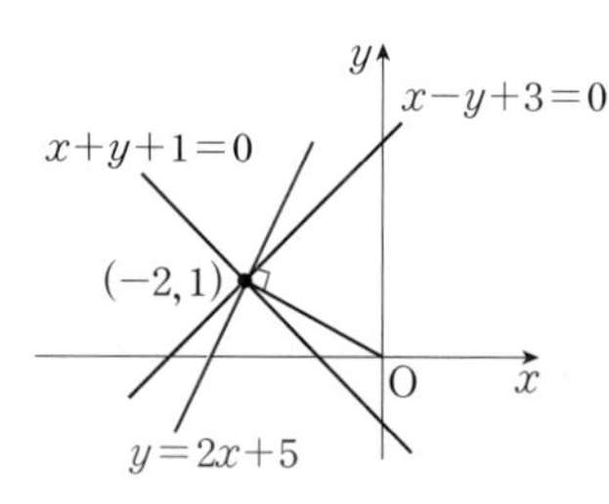

참고 두 직선 $x+y+1=0$, $x-y+3=0$의 교점을 지나는 직선은 $(x+y+1)+k(x-y+3)=0$이므로

직선 $(1+k)x+(1-k)y+1+3k=0$에서 원점까지 최대의 거리를 구한다.

$f(k)=\dfrac{|1+3k|}{\sqrt{(1+k)^2+(1-k)^2}}=\dfrac{|1+3k|}{\sqrt{2k^2+2}}$의 최댓값을 구하는 방법 ← 고 1과정을 뛰어넘어서 생략하기로 한다.

확인유제 0113

다음 물음에 답하시오.

(1) 점 $(1, -1)$에서 직선 $x-y+2+k(x+y)=0$까지의 거리의 최댓값을 구하시오. (단, k는 실수이다.)

(2) 두 직선 $x+y-3=0$, $x-y-1=0$의 교점을 지나는 직선 중에서 원점에서의 거리가 최대인 직선의 방정식을 구하시오.

변형문제 0114

방정식 $2x^2-xy-y^2+3x-3y=0$은 두 직선을 나타낸다. 이 두 직선의 교점을 지나는 직선 중에서 원점으로부터의 거리가 최대인 직선의 방정식은?

① $x+y=0$ ② $2x+y+1=0$ ③ $x+y-1=0$ ④ $x+y+2=0$ ⑤ $x+2y-3=0$

정답 0113 : (1) $2\sqrt{2}$ (2) $y=-2x+5$ 0114 : ④

마플개념익힘 04 세 꼭짓점의 좌표가 주어진 삼각형의 넓이

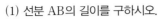

세 점 $\mathrm{O}(0, 0)$, $\mathrm{A}(6, 2)$, $\mathrm{B}(3, 5)$를 꼭짓점으로 하는 삼각형 OAB의 넓이를 S라 할 때, 다음 물음에 답하시오.

(1) 선분 AB의 길이를 구하시오.
(2) 직선 AB의 방정식을 구하시오.
(3) 원점 O와 직선 AB 사이의 거리를 구하시오.
(4) 삼각형 OAB의 넓이 S를 구하시오.

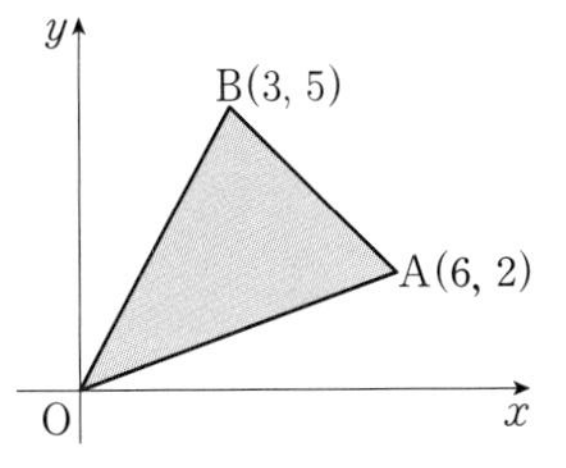

좌표평면 위의 세 점을 꼭짓점으로 하는 삼각형의 넓이는 밑변의 길이와 높이로 결정된다.
(1) 밑면의 길이 ➡ 두 점 사이의 거리를 이용한다.
(2) 높이 ➡ 점과 직선 사이의 거리를 구하는 공식을 이용한다.
즉 좌표평면 위에 삼각형 ABC를 그린 후, 선분 AB를 밑변으로 하고 점 C와 직선 AB 사이의 거리를 높이로 생각하여 삼각형 ABC의 넓이를 구한다.

개념익힘**풀이**

(1) 두 점 $\mathrm{A}(6, 2)$, $\mathrm{B}(3, 5)$에 대하여

$\overline{\mathrm{AB}}=\sqrt{(6-3)^2+(2-5)^2}=\mathbf{3\sqrt{2}}$

(2) 두 점 $\mathrm{A}(6, 2)$, $\mathrm{B}(3, 5)$를 지나는 직선 AB의 방정식은

$y-5=\frac{2-5}{6-3}(x-3)$, 즉 $\boldsymbol{x+y-8=0}$

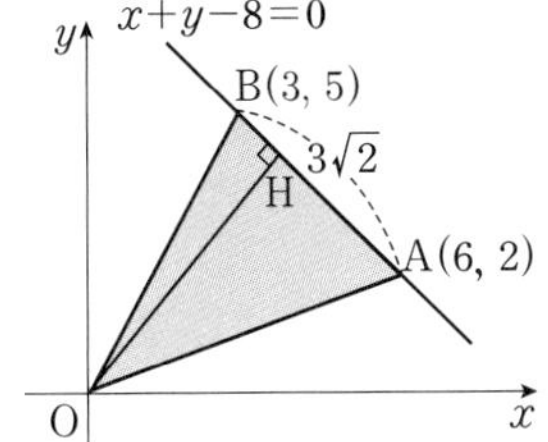

(3) 원점 O와 직선 AB에 내린 수선의 발을 H라고 하면
원점 O와 직선 AB 사이의 거리는 선분 OH의 길이와 같다.

$\overline{\mathrm{OH}}=\frac{|-8|}{\sqrt{1^2+1^2}}=\frac{8}{\sqrt{2}}=\mathbf{4\sqrt{2}}$

(4) 삼각형 OAB의 넓이를 S라 하면

$S=\frac{1}{2}\times\overline{\mathrm{AB}}\times\overline{\mathrm{OH}}=\frac{1}{2}\times3\sqrt{2}\times4\sqrt{2}=\mathbf{12}$

확인유제 0115 세 점 $\mathrm{A}(2, 2)$, $\mathrm{B}(-1, 3)$, $\mathrm{C}(3, -1)$을 꼭짓점으로 하는 삼각형 ABC의 넓이를 구하려고 한다. 다음 물음에 답하시오.

(1) 선분 BC의 길이를 구하시오.
(2) 직선 BC의 방정식을 구하시오.
(3) 점 A와 직선 BC 사이의 거리를 구하시오.
(4) 삼각형 ABC의 넓이를 구하시오.

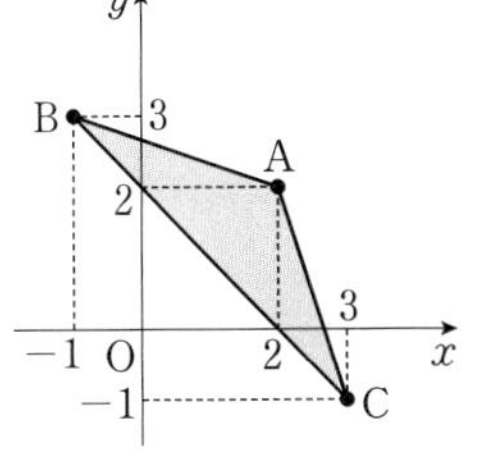

변형문제 0116 세 점 $\mathrm{A}(-2, a)$, $\mathrm{B}(1, 4)$, $\mathrm{C}(3, 8)$을 꼭짓점으로 하는 삼각형 ABC의 넓이가 12일 때, 모든 실수 a의 값의 합은?

① -6 ② -4 ③ -2 ④ 2 ⑤ 4

발전문제 0117 세 직선 $x+2y=6$, $2x-y=2$, $3x+y=3$으로 둘러싸인 삼각형의 넓이를 구하시오.

정답 0115 : (1) $4\sqrt{2}$ (2) $x+y-2=0$ (3) $\sqrt{2}$ (4) 4 0116 : ② 0117 : $\frac{5}{2}$

마플개념익힘 05 두 직선이 이루는 각의 이등분선

두 직선 $2x-y-1=0$, $x+2y-1=0$으로부터 같은 거리에 있는 점 P의 자취의 방정식을 구하시오.

MAPL CORE ▶ (1) 좌표평면에서 두 직선으로부터 같은 거리에 있는 점의 자취

➡ 두 직선이 이루는 각의 이등분선이다.

(2) 두 직선 $ax+by+c=0$, $px+qy+r=0$이 이루는 각의 이등분선

➡ 이등분선 위의 임의의 점 $\mathrm{P}(x, y)$에서 두 직선에 이르는 거리가 같음을 이용하여 이등분선의 방정식을 구한다.

※참고 두 직선이 한 점에서 만나면 두 쌍의 맞꼭지각이 생기므로 두 직선으로부터 같은 거리에 있는 점의 자취도 두 개의 직선으로 나타낸다.

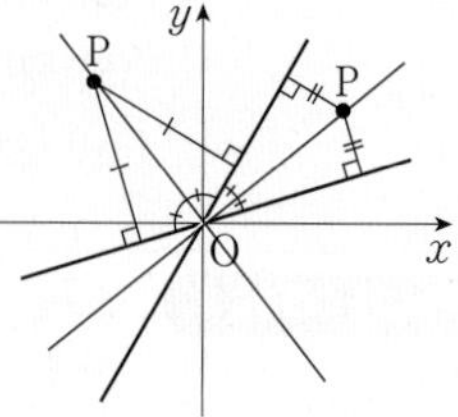

개념익힘풀이 두 직선 $2x-y-1=0$, $x+2y-1=0$이 이루는 각의 이등분선 위의 임의의 점을 점 $\mathrm{P}(x, y)$라 하자.

점 P에서 두 직선에 이르는 거리가 같으므로

$\dfrac{|2x-y-1|}{\sqrt{2^2+(-1)^2}}=\dfrac{|x+2y-1|}{\sqrt{1^2+2^2}}$, $|2x-y-1|=|x+2y-1|$ ← $|a|=|b|$ 이면 $a=\pm b$

$\therefore 2x-y-1=\pm(x+2y-1)$

(i) $2x-y-1=x+2y-1$에서 $x-3y=0$

(ii) $2x-y-1=-(x+2y-1)$에서 $3x+y-2=0$

(i), (ii)에서 각의 이등분선의 방정식은 $\boldsymbol{x-3y=0}$ **또는** $\boldsymbol{3x+y-2=0}$

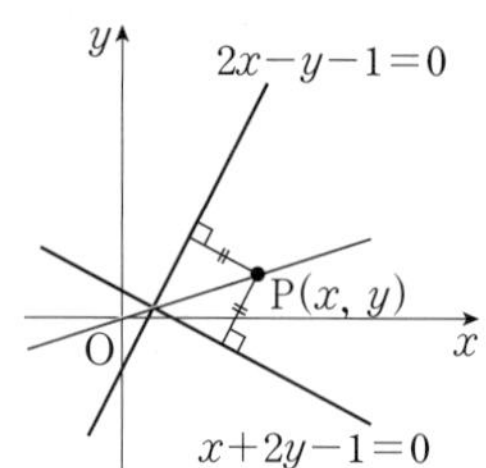

확인유제 0118

다음 물음에 답하시오.

(1) 두 직선 $x+2y-1=0$, $2x+y+1=0$으로부터 같은 거리에 있는 점 P가 나타내는 도형의 방정식을 모두 구하시오.

(2) 두 직선 $3x-4y+9=0$, $4x+3y+12=0$이 이루는 각의 이등분선의 방정식을 구하시오.

변형문제 0119

두 직선 $2x-3y+1=0$, $3x+2y+a=0$이 이루는 각의 이등분선 중 기울기가 양수인 직선이 $bx-y+6=0$일 때, 상수 a, b에 대하여 $a+b$의 값은?

① 6 ② 8 ③ 10 ④ 12 ⑤ 14

발전문제 0120

오른쪽 그림과 같이 좌표평면 위의 점 $\mathrm{A}(-6, 8)$에서 y축에 내린 수선의 발을 H라 하고, 선분 OH 위의 점 B에서 선분 OA에 내린 수선의 발을 I라 하자. $\overline{\mathrm{BH}}=\overline{\mathrm{BI}}$일 때, 직선 AB의 방정식은 $y=mx+n$이다. $m+n$의 값은?

(단, O는 원점이고, m, n은 상수이다.)

① $\dfrac{1}{2}$ ② $\dfrac{3}{2}$ ③ $\dfrac{5}{2}$

④ $\dfrac{7}{2}$ ⑤ $\dfrac{9}{2}$

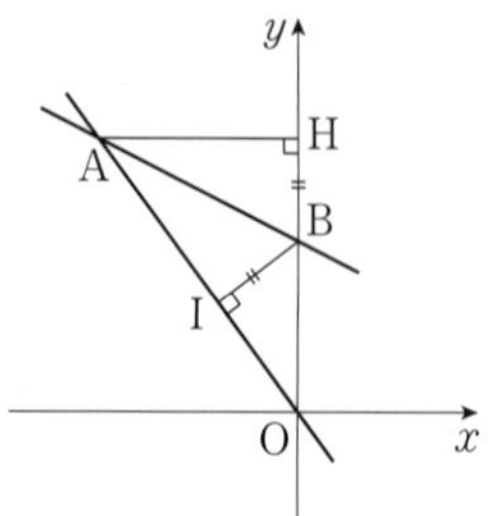

정답 0118 : (1) $x-y+2=0$ 또는 $x+y=0$ (2) $x+7y+3=0$ 또는 $7x-y+21=0$ 0119 : ③ 0120 : ⑤

삼각형의 넓이

01 삼각형의 넓이 공식(신발끈 공식)

특강유형

서로 다른 세 점 $A(x_1, y_1)$, $B(x_2, y_2)$, $C(x_3, y_3)$을 꼭짓점으로 하는 삼각형 ABC의 넓이 S는 다음과 같다.

$$S=\frac{1}{2}|(x_1y_2+x_2y_3+x_3y_1)-(x_1y_3+x_2y_1+x_3y_2)|$$

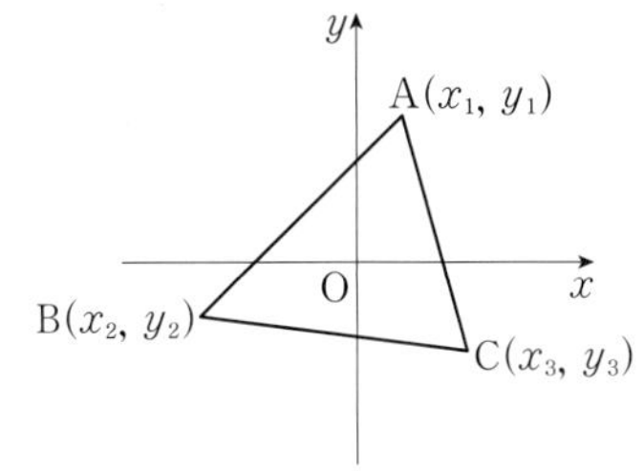

마플해설

두 점 $A(x_1, y_1)$, $B(x_2, y_2)$에 대하여 $\overline{AB}=\sqrt{(x_2-x_1)^2+(y_2-y_1)^2}$

두 점 $A(x_1, y_1)$, $B(x_2, y_2)$를 지나는

직선의 방정식은 $y-y_1=\frac{y_2-y_1}{x_2-x_1}(x-x_1)$,

즉 $-(y_2-y_1)x+(x_2-x_1)y+x_1y_2-x_2y_1=0$

이때 점 $C(x_3, y_3)$와 직선 AB 사이의 거리를 d라 하면

$$d=\frac{|-(y_2-y_1)\times x_3+(x_2-x_1)\times y_3+x_1y_2-x_2y_1|}{\sqrt{(x_2-x_1)^2+(y_2-y_1)^2}}$$

$$=\frac{|-x_3y_2+x_3y_1+x_2y_3-x_1y_3+x_1y_2-x_2y_1|}{\sqrt{(x_2-x_1)^2+(y_2-y_1)^2}}$$

$$=\frac{|(x_1y_2+x_2y_3+x_3y_1)-(x_1y_3+x_2y_1+x_3y_2)|}{\sqrt{(x_2-x_1)^2+(y_2-y_1)^2}}$$

따라서 삼각형 ABC의 넓이 S라 하면

$$S=\frac{1}{2}\sqrt{(x_2-x_1)^2+(y_2-y_1)^2}\times\frac{|(x_1y_2+x_2y_3+x_3y_1)-(x_1y_3+x_2y_1+x_3y_2)|}{\sqrt{(x_2-x_1)^2+(y_2-y_1)^2}}$$

$$=\frac{1}{2}|(x_1y_2+x_2y_3+x_3y_1)-(x_1y_3+x_2y_1+x_3y_2)|$$

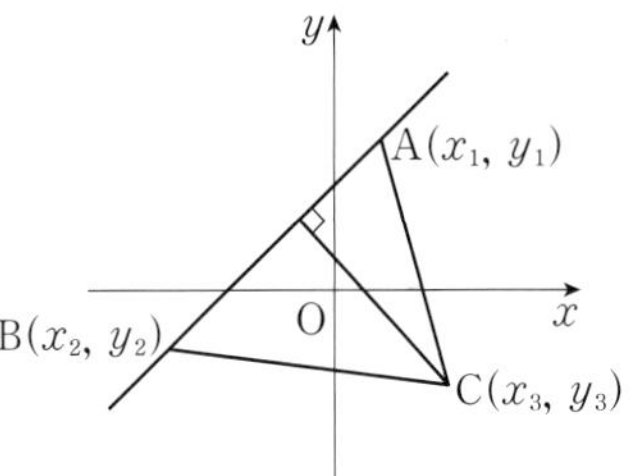

신발끈 공식 (사선 공식 (斜線 公式)) : 좌표평면 상에서 꼭짓점의 좌표를 알 때, 다각형의 넓이를 구할 수 있는 방법

서로 다른 세 점 $A(x_1, y_1)$, $B(x_2, y_2)$, $C(x_3, y_3)$을 꼭짓점으로 하는 삼각형 ABC의 넓이 S라 하면

꼭짓점의 좌표를 차례로 쓴 후 첫 번째 꼭짓점을 마지막에 반복하여 쓴다.

$$S=\frac{1}{2}\left|\begin{matrix} x_1 & x_2 & x_3 & x_1 \\ y_1 & y_2 & y_3 & y_1 \end{matrix}\right|=\frac{1}{2}|(x_1y_2+x_2y_3+x_3y_1)-(x_2y_1+x_3y_2+x_1y_3)|$$

꼭짓점들을 사선 방향 (\\)으로 곱한 값을 모두 더한 것에서 다음 사선 방향 (/)으로 곱한 값을 모두 더한 것을 뺀다.
이 공식은 꼭짓점의 좌표를 알 때, 다각형의 넓이에서도 적용된다.

보기 01 **좌표평면 위의 세 점 $A(-3, -1)$, $B(1, 2)$, $C(-1, 3)$에 대하여 삼각형 ABC의 넓이를 구하시오.**

풀이

삼각형 ABC의 넓이를 S라 하면

첫번째 꼭짓점을 반복하여 쓴다.

$$S=\frac{1}{2}\left|\begin{matrix} -3 & 1 & -1 & -3 \\ -1 & 2 & 3 & -1 \end{matrix}\right|$$

$$=\frac{1}{2}|\{-3\times2+1\times3+(-1)\times(-1)\}-\{1\times(-1)+(-1)\times2+(-3)\times3\}|$$

$$=\frac{1}{2}|(-6+3+1)-(-1-2-9)|$$

$$=\frac{1}{2}\times10=\mathbf{5}$$

02 원점을 한 꼭짓점으로 하는 삼각형의 넓이

세 점 $\mathrm{O}(0, 0)$, $\mathrm{A}(x_1, y_1)$, $\mathrm{B}(x_2, y_2)$를 꼭짓점으로 하는 삼각형 OAB의 넓이 S는 다음과 같다.

$$S=\frac{1}{2}|x_1y_2-x_2y_1|$$

마플해설 두 점 $\mathrm{A}(x_1, y_1)$, $\mathrm{B}(x_2, y_2)$에 대하여 $\overline{\mathrm{AB}}=\sqrt{(x_2-x_1)^2+(y_2-y_1)^2}$

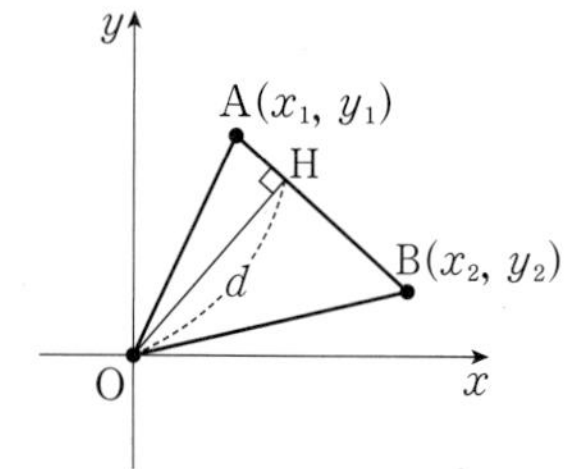

두 점 $\mathrm{A}(x_1, y_1)$, $\mathrm{B}(x_2, y_2)$를 지나는 직선 AB의 방정식은 $y-y_1=\frac{y_2-y_1}{x_2-x_1}(x-x_1)$,

즉 $(y_1-y_2)x-(x_1-x_2)y+x_1y_2-x_2y_1=0$

이때 점 O와 직선 AB에 내린 수선의 발을 H라고 하면 $\overline{\mathrm{OH}}=\frac{|x_1y_2-x_2y_1|}{\sqrt{(y_1-y_2)^2+(x_1-x_2)^2}}$

삼각형 OAB의 넓이를 S라고 하면

$$S=\frac{1}{2}\times\overline{\mathrm{AB}}\times\overline{\mathrm{OH}}=\frac{1}{2}\times\sqrt{(x_1-x_2)^2+(y_1-y_2)^2}\times\frac{|x_1y_2-x_2y_1|}{\sqrt{(x_1-x_2)^2+(y_1-y_2)^2}}$$
$$=\frac{1}{2}|x_1y_2-x_2y_1|$$

보기 02 **세 점 $\mathrm{O}(0, 0)$, $\mathrm{A}(1, 4)$, $\mathrm{B}(3, -2)$를 꼭짓점으로 하는 삼각형 OAB의 넓이 S를 구하시오.**

풀이 삼각형 OAB의 넓이를 S라 하면 $S=\frac{1}{2}\times|1\times(-2)-3\times4|=\frac{1}{2}\times14=\mathbf{7}$

03 평행이동을 이용한 삼각형의 넓이

오른쪽 그림과 같이 좌표평면 위에서 일직선 위에 있지 않은 세 점 $\mathrm{A}(x_1, y_1)$, $\mathrm{B}(x_2, y_2)$, $\mathrm{C}(x_3, y_3)$에 대하여

$$a=x_1-x_3,\ b=y_1-y_3,\ c=x_2-x_3,\ d=y_2-y_3$$

이라 할 때, 삼각형 ABC의 넓이 S는 다음과 같다.

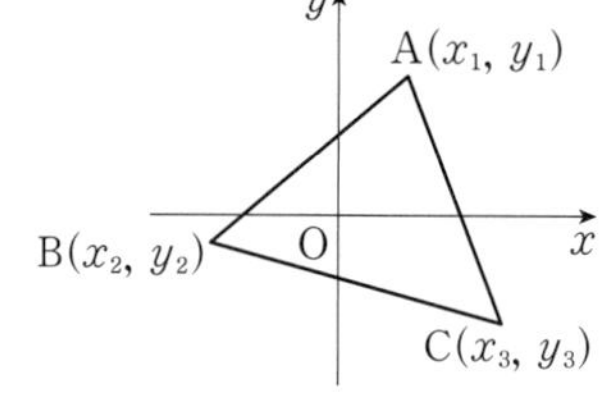

$$S=\frac{1}{2}|ad-bc|$$

마플해설 세 점 A, B, C를 x축의 방향으로 $-x_3$만큼, y축의 방향으로 $-y_3$만큼 평행이동시킨 점을 각각 $\mathrm{A}'(a, b)$, $\mathrm{B}'(c, d)$, $\mathrm{C}'(0, 0)$이라 하면

$a=x_1-x_3$, $b=y_1-y_3$, $c=x_2-x_3$, $d=y_2-y_3$이므로

$\overline{\mathrm{C'A'}}=\sqrt{a^2+b^2}$이고 직선 C′A′의 방정식은 $y=\frac{b}{a}x$, 즉 $bx-ay=0$

이때 점 B′와 직선 C′A′에 내린 수선의 발을 H라고 하면

$\overline{\mathrm{B'H}}=\frac{|bc-ad|}{\sqrt{b^2+a^2}}=\frac{|ad-bc|}{\sqrt{a^2+b^2}}$

이때 삼각형 A′B′C′의 넓이 S는 $S=\frac{1}{2}\times\overline{\mathrm{C'A'}}\times\overline{\mathrm{B'H}}=\frac{1}{2}\times\sqrt{a^2+b^2}\times\frac{|ad-bc|}{\sqrt{a^2+b^2}}=\frac{1}{2}|ad-bc|$

그런데 삼각형 A′B′C′과 삼각형 ABC는 합동이므로 삼각형 ABC의 넓이는 $\frac{1}{2}|ad-bc|$

보기 03 **좌표평면 위의 세 점 $\mathrm{A}(5, 3)$, $\mathrm{B}(2, 6)$, $\mathrm{C}(1, 1)$에 대하여 삼각형 ABC의 넓이를 구하시오.**

풀이 세 점 $\mathrm{A}(5, 3)$, $\mathrm{B}(2, 6)$, $\mathrm{C}(1, 1)$을 x축의 방향으로 -1만큼, y축의 방향으로 -1만큼 평행이동시킨 점을 각각 $\mathrm{A}'(4, 2)$, $\mathrm{B}'(1, 5)$, $\mathrm{C}'(0, 0)$이라 하면

$a=4$, $b=2$, $c=1$, $d=5$

따라서 삼각형 ABC의 넓이 $\frac{1}{2}|ad-bc|=\frac{1}{2}|4\times5-2\times1|=\frac{1}{2}\times18=\mathbf{9}$

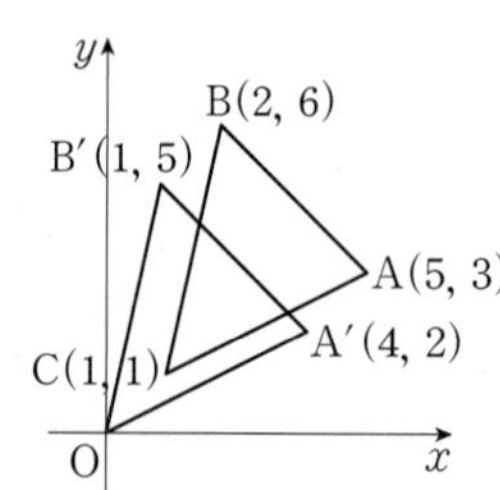

BASIC

개념을 **익히는** 문제

0121
평행 또는 수직인 직선의 방정식

다음 물음에 답하시오.

(1) 직선 $4x+y-3=0$에 평행하고, 점 $(-2, 3)$을 지나는 직선이 $(a, 3)$을 지날 때, 상수 a의 값은?

① -3 ② -2 ③ -1 ④ 1 ⑤ 2

(2) 점 $(2, a)$를 지나고 직선 $2x+3y+1=0$에 수직인 직선의 y절편이 5일 때, 상수 a의 값은?

① 2 ② 4 ③ 6 ④ 8 ⑤ 10

직선의 방정식

(3) 두 점 $A(-2, 0)$, $B(1, 6)$을 잇는 선분 AB를 $2:1$로 내분하는 점과 점 $(2, 2)$를 지나는 직선이 $(a, 6)$을 지날 때, 상수 a의 값은?

① -2 ② -1 ③ 0 ④ 1 ⑤ 2

0122
평행 또는 수직인 직선의 방정식

다음 물음에 답하시오. (단, a, b는 상수이다.)

(1) 좌표평면 위의 두 점 $A(1, 5)$, $B(4, 2)$에 대하여 선분 AB를 $1:2$로 내분하는 점을 지나고 직선 AB에 수직인 직선의 방정식을 $ax-y+b=0$이라 할 때, $a+b$의 값을 구하시오.

(2) 세 점 $A(3, 4)$, $B(-4, 2)$, $C(7, 3)$을 꼭짓점으로 하는 삼각형 ABC의 무게중심 G를 지나고 직선 AB에 수직인 직선의 방정식이 $7x+ay+b=0$일 때, $a-b$의 값을 구하시오.

0123
두 직선의 위치 관계

두 직선 $ax+2y+2=0$과 $x+(a+1)y+2=0$이 수직일 때와 평행일 때, a의 값을 각각 m, n이라 하자. 이때 mn의 값은? (단, a는 상수이다.)

① $-\frac{4}{3}$ ② $-\frac{2}{3}$ ③ $\frac{1}{3}$ ④ $\frac{4}{3}$ ⑤ $\frac{7}{3}$

0124
세 점이 한 직선 위에 있기 위한 조건

다음 물음에 답하시오.

(1) 서로 다른 세 점 $A(3, 8)$, $B(k-3, k)$, $C(k-1, 2k+1)$이 일직선 위에 있을 때, 모든 실수 k의 값의 합은?

① 5 ② 6 ③ 7 ④ 8 ⑤ 9

(2) 좌표평면 위의 서로 다른 세 점 $A(2, 1)$, $B(2a+1, 7)$, $C(-1, 1-3a)$가 삼각형을 이루지 않도록 하는 모든 실수 a의 값의 합은?

① $\frac{1}{2}$ ② 1 ③ $\frac{3}{2}$ ④ 2 ⑤ $\frac{5}{2}$

0125
두 직선의 위치 관계

좌표평면에서 두 일차함수 $y=f(x)$, $y=g(x)$의 그래프가 점 $(2, 3)$에서 서로 수직으로 만나고 $f(-2)=g(6)$일 때, $f(3)g(3)$의 값은?

① -8 ② -4 ③ 0 ④ 4 ⑤ 8

정답 0121 : (1) ② (2) ④ (3) ① 0122 : (1) 3 (2) 22 0123 : ④ 0124 : (1) ③ (2) ① 0125 : ⑤

0126
정점을 지나는 직선

다음 물음에 답하시오.

(1) 두 직선 $x+3y+2=0$, $2x-3y-14=0$의 교점을 지나고 직선 $2x+y+1=0$과 평행한 직선의 y절편은?

① 2　② 4　③ 6　④ 8　⑤ 10

(2) 두 직선 $x-2y+2=0$, $2x+y-6=0$의 교점을 지나고 직선 $x-3y+6=0$에 수직인 직선의 y절편은?

① $\frac{13}{2}$　② 7　③ $\frac{15}{2}$　④ 8　⑤ $\frac{17}{2}$

0127
선분의 수직이등분선의 방정식

두 점 $\mathrm{A}(2, -1)$, $\mathrm{B}(6, a)$를 이은 선분의 수직이등분선의 방정식이 $y=-x+b$일 때, 상수 a, b에 대하여 $a+b$의 값은?

① 3　② 5　③ 6　④ 8　⑤ 10

0128
점과 직선 사이의 거리

점 $(1, 3)$을 지나고 기울기가 k인 직선 l이 있다. 원점과 직선 l 사이의 거리가 $\sqrt{5}$일 때, 실수 k의 값의 곱은?

① -2　② -1　③ $-\frac{1}{2}$　④ 1　⑤ 2

0129
세 꼭짓점의 좌표가 주어진 삼각형의 넓이

다음 물음에 답하시오.

(1) 오른쪽 그림과 같이 $\mathrm{O}(0, 0)$, $\mathrm{A}(4, 2)$, $\mathrm{B}(1, k)$를 꼭짓점으로 하는 삼각형 OAB의 넓이가 4일 때, 양수 k의 값은?

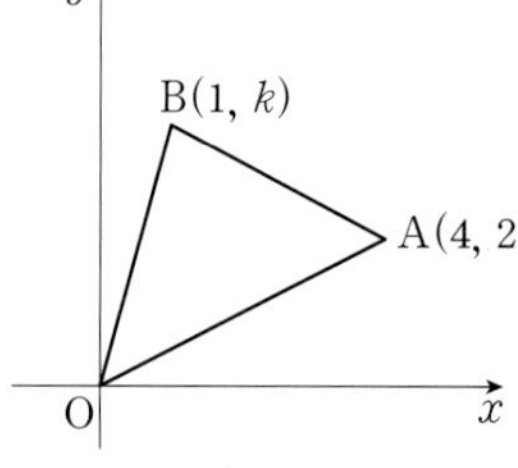

① 2　② $\frac{5}{2}$　③ 3

④ $\frac{7}{2}$　⑤ 4

(2) 점 $\mathrm{A}(-1, 2)$에서 직선 $3x+4y+5=0$에 내린 수선의 발을 H라 한다. 직선 $3x+4y+5=0$ 위의 점 P가 $\overline{\mathrm{AP}}=2\overline{\mathrm{AH}}$를 만족할 때, 삼각형 AHP의 넓이는?

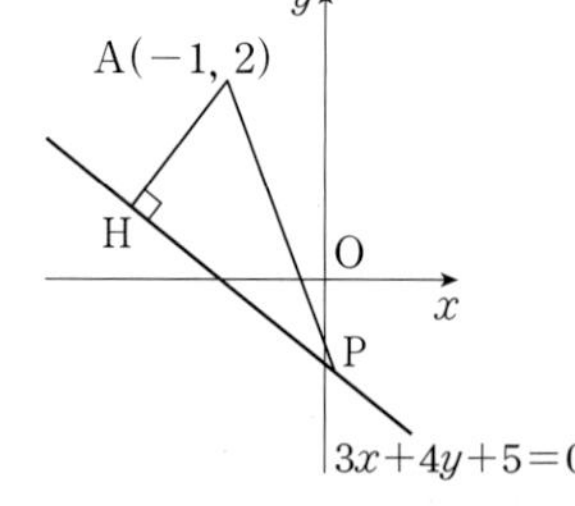

① $\sqrt{3}$　② 2　③ $2\sqrt{3}$

④ 4　⑤ $3\sqrt{3}$

0130
사각형의 넓이를 이등분하는 직선

다음 물음에 답하시오.

(1) 오른쪽 그림과 같이 좌표평면 위에 두 개의 직사각형이 있다. 직선 $ax+by-8=0$이 두 직사각형의 넓이를 동시에 이등분할 때, 상수 a, b에 대하여 $a-b$의 값을 구하시오.

(2) 오른쪽 그림과 같이 두 직사각형의 넓이를 동시에 이등분하는 직선의 방정식이 $ax+by+5=0$일 때, 상수 a, b에 대하여 $a+b$의 값은?

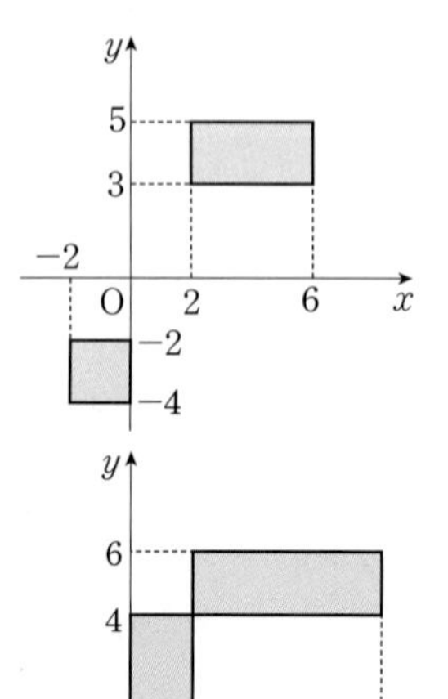

① -1　② 0　③ 1

④ 2　⑤ 5

정답　0126 : (1) ③ (2) ④　0127 : ④　0128 : ②　0129 : (1) ② (2) ③　0130 : (1) 12 (2) ①

0131

점과 직선 사이의 거리

점 A(1, 3)과 직선 $y=x-1$ 위의 두 점 B, C를 꼭짓점으로 하는 정삼각형 ABC가 있다. 이 정삼각형의 한 변의 길이는?

① $\sqrt{2}$ ② $\sqrt{3}$ ③ 2 ④ $\sqrt{5}$ ⑤ $\sqrt{6}$

0132

점과 직선 사이의 거리

다음 물음에 답하시오.

(1) 기울기가 3이고 원점으로부터 거리가 $\sqrt{10}$인 두 직선이 y축과 만나는 점을 각각 A, B라 할 때, 선분 AB의 길이는?

① 12 ② 14 ③ 16 ④ 18 ⑤ 20

(2) 두 직선 $x-2y+5=0$, $x+y+2=0$의 교점을 지나고 원점으로부터 거리가 $\sqrt{10}$인 직선의 기울기는?

① 1 ② 2 ③ 3 ④ 4 ⑤ 5

0133

선분의 수직이등분선의 방정식

오른쪽 그림과 같이 정사각형 ABCD의 두 꼭짓점 A, C의 좌표가 각각 (2, 4), (6, 2)일 때, 원점 O와 직선 BD 사이의 거리는?

① 1 ② $\sqrt{2}$ ③ $\sqrt{3}$ 

④ 2 ⑤ $\sqrt{5}$

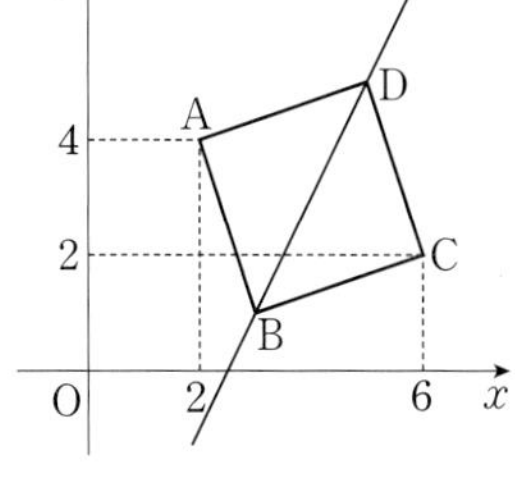

0134

평행한 두 직선 사이의 거리

다음 물음에 답하시오.

(1) 두 실수 a, b에 대하여 $a^2+b^2=9$일 때, 평행한 두 직선 $ax+by-1=0$, $ax+by-4=0$ 사이의 거리는?

① 1 ② 2 ③ 3 ④ 4 ⑤ 5

(2) 평행한 두 직선 $3x+4y+3=0$, $3x+4y+k=0$ 사이의 거리가 2가 되도록 하는 실수 k의 값의 합은?

① 2 ② 3 ③ 4 ④ 5 ⑤ 6

(3) 두 직선 $2x+y=4$, $mx+(m-3)y=-3$이 서로 평행할 때, 두 직선 사이의 거리는? (단, m은 상수이다.)

① $\sqrt{2}$ ② $\sqrt{3}$ ③ 2 ④ $\sqrt{5}$ ⑤ $\sqrt{6}$

0135

점과 직선 사이의 거리의 활용

다음 물음에 답하시오.

(1) 직선 $2(m+2)x+(3m+5)y+m+3=0$이 실수 m의 값에 관계없이 일정한 점 A를 지날 때, 점 A에서 직선 $3x+4y=8$까지의 거리는?

① 1 ② 2 ③ 3 ④ 4 ⑤ 5

(2) 좌표평면 위의 원점에서 직선 $3x-y+2-k(x+y)=0$까지의 거리의 최댓값은? (단, k는 실수이다.)

① $\frac{1}{4}$ ② $\frac{\sqrt{2}}{4}$ ③ $\frac{1}{2}$ ④ $\frac{\sqrt{2}}{2}$ ⑤ $\sqrt{2}$

0136

두 직선이 이루는 각의 이등분선

두 직선 $2x-y+a=0$, $x+2y+3=0$이 이루는 각을 이등분하는 직선이 점 (3, 2)를 지날 때, 모든 실수 a의 값의 합을 구하시오.

정답 0131 : ⑤ 0132 : (1) ⑤ (2) ③ 0133 : ⑤ 0134 : (1) ① (2) ⑤ (3) ④ 0135 : (1) ② (2) ④ 0136 : -8

0137 두 직선의 위치 관계

두 양의 실수 a, b에 대하여 두 일차함수

$$f(x)=\frac{a}{3}x-2,\ g(x)=\frac{2}{b}x+\frac{1}{3}$$

이 있다. 직선 $y=f(x)$와 직선 $y=g(x)$가 서로 평행할 때, $(a+1)(b+6)$의 최솟값을 구하시오.

0138 점과 직선 사이의 거리

다음 물음에 답하시오.

(1) 오른쪽 그림과 같이 직선 $\frac{x}{a}+\frac{y}{b}=1$과 x축, y축으로 둘러싸인 넓이가 10이다. 원점과 직선 사이의 거리가 2가 되도록 두 양수 a, b에 대하여 $a+b$의 값은?

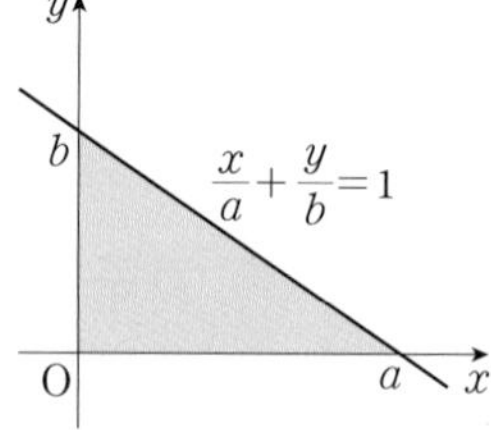

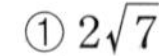

① $2\sqrt{7}$ ② $2\sqrt{10}$ ③ $2\sqrt{14}$
④ $2\sqrt{15}$ ⑤ $2\sqrt{35}$

(2) 점 $(1,\ 1)$을 지나는 직선 $ax+by+2=0$에 대하여 원점 O와 이 직선 사이의 거리가 $\frac{\sqrt{10}}{5}$일 때 실수 a, b에 대하여 ab의 값은?

① -5 ② -4 ③ -3 ④ 4 ⑤ 5

0139 삼각형의 넓이를 이등분하는 직선

직선 $(2k+3)x+(-k+2)y+10k+1=0$이 세 점 $\mathrm{A}(-3,\ 4)$, $\mathrm{B}(-5,\ -3)$, $\mathrm{C}(1,\ 1)$을 꼭짓점으로 하는 삼각형 ABC의 넓이를 이등분할 때, 상수 k의 값은?

① $\frac{1}{4}$ ② 1 ③ $\frac{7}{4}$ ④ 4 ⑤ 7

0140 선분의 수직이등분선의 방정식

세 점 $\mathrm{P}(3,\ 1)$, $\mathrm{Q}(1,\ -3)$, $\mathrm{R}(4,\ 0)$을 꼭짓점으로 하는 삼각형 PQR의 외심에서 직선 $3x-4y+10=0$까지의 거리를 구하시오.

0141 삼각형의 넓이를 이등분하는 직선

다음 물음에 답하시오.

(1) 세 점 $\mathrm{A}(1,\ 2)$, $\mathrm{B}(4,\ 5)$, $\mathrm{C}(2,\ -3)$을 꼭짓점으로 하는 삼각형 ABC에 대하여 점 A를 지나고 삼각형 ABC의 넓이를 이등분하는 직선에 평행하고 점 $(-1,\ -2)$를 지나는 직선의 방정식이 $x+ay+b=0$ 일 때, 상수 a, b에 대하여 $a+b$의 값은?

① 1 ② 3 ③ 5 ④ 7 ⑤ 9

(2) 세 점 $\mathrm{A}(-1,\ 1)$, $\mathrm{B}(5,\ -1)$, $\mathrm{C}(4,\ 3)$을 꼭짓점으로 하는 삼각형 ABC가 있다. 변 AB 위의 한 점 P와 점 C를 잇는 직선 $y=ax+b$가 삼각형 ABC의 넓이를 $\triangle\mathrm{APC} : \triangle\mathrm{PBC}=2 : 1$로 분할할 때, 상수 a, b에 대하여 $a+b$의 값은?

① -8 ② -7 ③ -6 ④ -5 ⑤ -4

0142 직선의 방정식의 활용

오른쪽 그림과 같이 좌표평면 위에 세 점 $\mathrm{A}(-8,\ a)$, $\mathrm{B}(7,\ 3)$, $\mathrm{C}(-6,\ 0)$이 있다. 선분 AB를 $2 : 1$로 내분하는 점을 P라 할 때, 직선 PC가 삼각형 AOB의 넓이를 이등분한다. 양수 a의 값은? (단, O는 원점이다.)

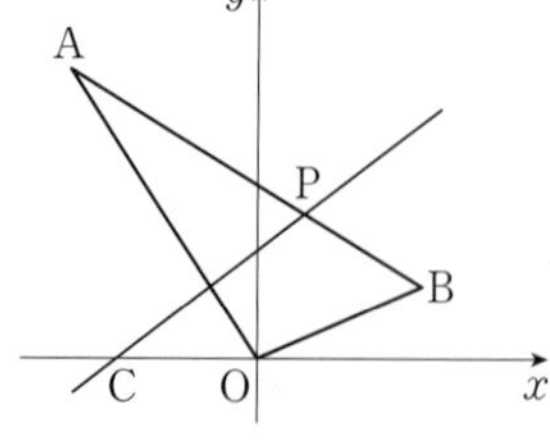

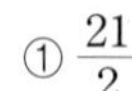
① $\frac{21}{2}$ ② 11 ③ $\frac{23}{2}$

④ 12 ⑤ $\frac{25}{2}$

정답 0137 : 24 0138 : (1) ⑤ (2) ③ 0139 : ② 0140 : 4 0141 : (1) ④ (2) ② 0142 : ④

0143

두 직선의 위치 관계

두 직선

$l : ax-y+a+2=0,$

$m : 4x+ay+3a+8=0$

에 대하여 [보기]에서 옳은 것만을 있는 대로 고른 것은? (단, a는 실수이다.)

ㄱ. $a=0$일 때, 두 직선 l과 m은 서로 수직이다.

ㄴ. 직선 l은 a의 값에 관계없이 항상 점 $(1, 2)$를 지난다.

ㄷ. 두 직선 l과 m이 평행이 되기 위한 a의 값은 존재하지 않는다.

① ㄱ ② ㄴ ③ ㄱ, ㄷ ④ ㄴ, ㄷ ⑤ ㄱ, ㄴ, ㄷ

0144

사각형의 넓이를 이등분하는 직선

두 변의 길이가 각각 2, 4인 두 직사각형 A, B와 한 변의 길이가 2인 정사각형 8개를 오른쪽 그림과 같이 배열하였다. 이때 두 직사각형 A와 B의 넓이를 동시에 이등분하는 직선과 점 C 사이의 거리는?

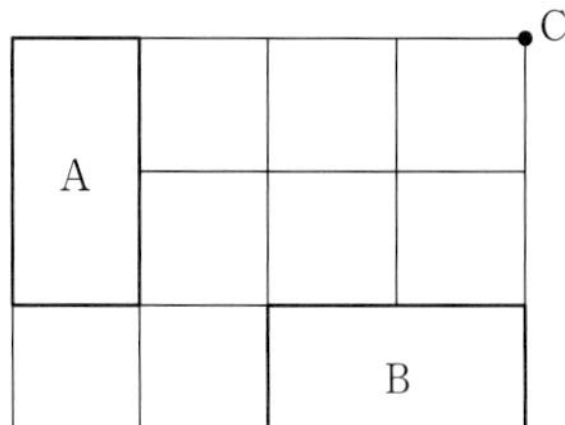

① $\frac{1}{2}$ ② $\frac{\sqrt{3}}{3}$ ③ $\frac{21\sqrt{29}}{29}$ ④ $\frac{31\sqrt{34}}{34}$ ⑤ $\frac{32\sqrt{37}}{37}$

0145

점과 직선 사이의 거리

오른쪽 그림과 같이 한 변의 길이가 10인 정사각형 ABCD에 내접하는 원이 있다. 선분 BC를 $1 : 2$로 내분하는 점을 P라 하자. 선분 AP가 정사각형 ABCD에 내접하는 원과 만나는 두 점을 Q, R이라 할 때, 선분 QR의 길이는?

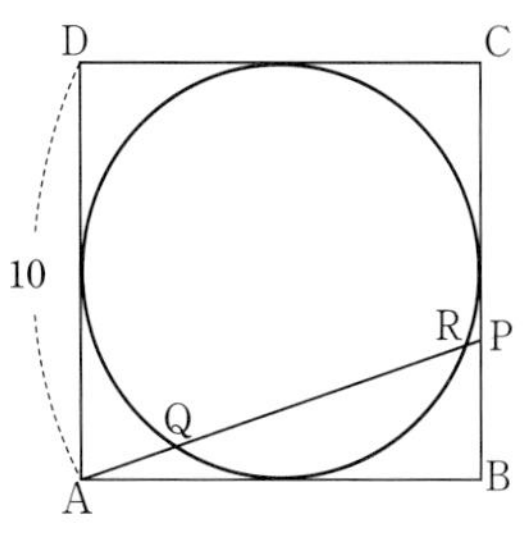

① $2\sqrt{11}$ ② $4\sqrt{3}$ ③ $2\sqrt{13}$ ④ $2\sqrt{14}$ ⑤ $2\sqrt{15}$

0146

점과 직선 사이의 거리

오른쪽 그림과 같이 좌표평면에 세 점 $\mathrm{O}(0, 0)$, $\mathrm{A}(8, 4)$, $\mathrm{B}(7, a)$와 삼각형 OAB의 무게중심 $\mathrm{G}(5, b)$가 있다. 점 G와 직선 OA 사이의 거리가 $\sqrt{5}$일 때, $a+b$의 값은? (단, a는 양수이다.)

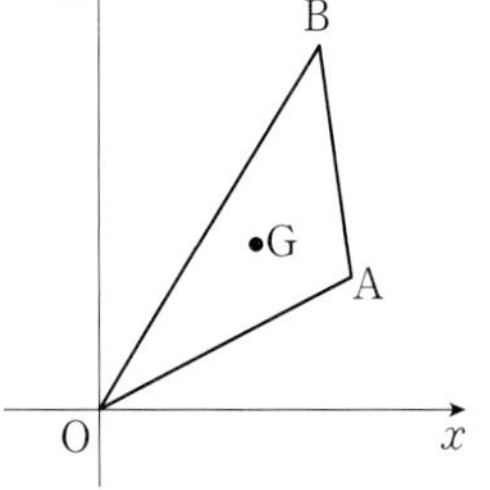

① 16 ② 17 ③ 18 ④ 19 ⑤ 20

0147

점과 직선 사이의 거리의 활용

다음 물음에 답하시오.

(1) 오른쪽 그림과 같이 좌표평면 위에 점 $\mathrm{A}(a, 10)$ $(a>0)$과 두 점 $(8, 0)$, $(0, 4)$를 지나는 직선 l이 있다. 직선 l 위의 서로 다른 두 점 B, C와 제1사분면 위의 점 D를 사각형 ABCD가 정사각형이 되도록 잡는다. 정사각형 ABCD의 넓이가 45일 때, a의 값을 구하시오.

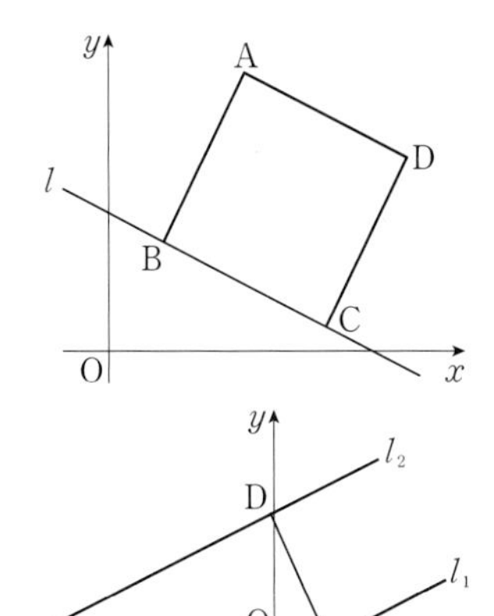

(2) 오른쪽 그림과 같이 좌표평면 위에 직선 $l_1 : x-2y-2=0$과 평행하고 y절편이 양수인 직선 l_2가 있다. 직선 l_1이 x축, y축과 만나는 점을 각각 A, B라 하고 직선 l_2가 x축, y축과 만나는 점을 각각 C, D라 할 때, 사각형 ADCB의 넓이가 25이다. 두 직선 l_1과 l_2 사이의 거리를 d라 할 때, d^2의 값을 구하시오.

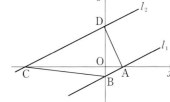

정답 0143 : ③ 0144 : ④ 0145 : ⑤ 0146 : ① 0147 : (1) 3 (2) 20

0148

정점을 지나는 직선의 활용

다음 물음에 답하시오.

(1) 두 직선 $y=-x+2$, $y=mx+m+1$이 제2사분면에서 만날 때, 실수 m의 값의 범위를 구하시오.

(2) 두 직선 $y=-x+3$, $y=mx+3m+2$가 제1사분면에서 만날 때, 실수 m의 값의 범위를 구하시오.

(3) 세 점 $\mathrm{A}(1, 2)$, $\mathrm{B}(-1, 1)$, $\mathrm{C}(3, -1)$을 꼭짓점으로 하는 삼각형 ABC가 직선 $y=mx-2m+2$와 만나지 않도록 하는 실수 m의 값의 범위를 구하시오.

0149

두 직선이 이루는 각의 이등분선

오른쪽 그림과 같이 좌표평면에서 세 직선

$$y=2x,\ y=-\frac{1}{2}x,\ y=mx+5\ (m>0)$$

로 둘러싸인 도형이 이등변삼각형일 때, m의 값은?

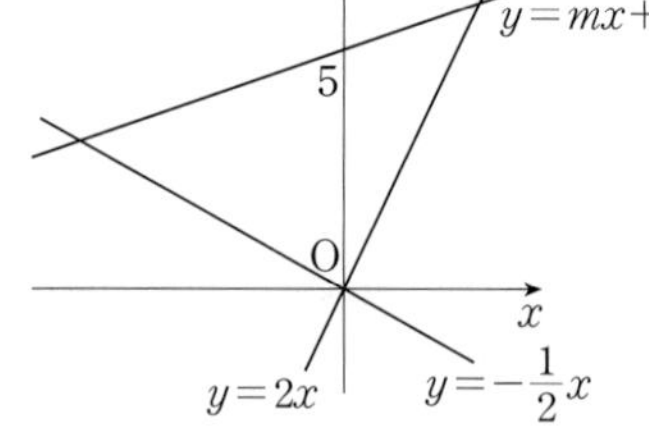

① $\frac{1}{3}$　② $\frac{2}{5}$　③ $\frac{7}{15}$

④ $\frac{8}{15}$　⑤ $\frac{3}{5}$

0150

점과 직선 사이의 거리

오른쪽 그림과 같이 폭이 20m인 도로가 수직으로 만나고 있다. 건물의 한 지점 A에 있는 사람이 B지점에 있는 사람을 보기 위하여 움직일 때, 그 최단 거리를 구하시오.

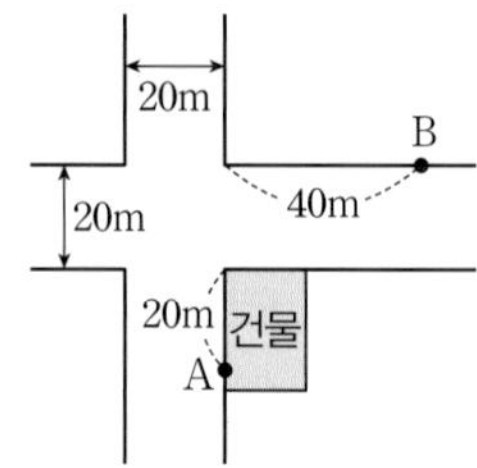

0151

세 직선의 위치 관계 서술형

세 직선 $2x-y-4=0$, $3x-2y-9=0$, $(k+3)x+y+5=0$이 삼각형을 이루지 않도록 하는 모든 실수 k의 값의 곱을 구하는 과정을 다음 단계로 서술하시오.

[1단계] 두 직선 $2x-y-4=0$과 $(k+3)x+y+5=0$이 평행할 때, k의 값을 구한다. [3점]

[2단계] 두 직선 $3x-2y-9=0$과 $(k+3)x+y+5=0$이 평행할 때, k의 값을 구한다. [3점]

[3단계] 세 직선이 한 점에서 만날 때, k의 값을 구한다. [3점]

[4단계] 모든 실수 k의 값의 곱을 구한다. [1점]

0152

점과 직선 사이의 거리 서술형

오른쪽 그림과 같이 일직선으로 뻗은 해안선의 A지점에 부두가 있고, 부두로부터 $3\sqrt{3}$km 떨어진 B지점에서 수직으로 2km 떨어진 C지점에 등대가 있다. 부두에서 배가 해안선에 대하여 60°를 이루면서 움직일 때, 등대와 배 사이의 최단 거리를 구하는 과정을 다음 단계로 서술하시오.

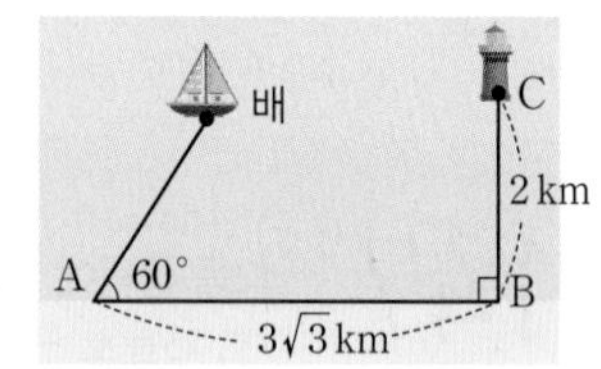

[1단계] B지점을 원점으로 하는 좌표평면 위에서 세 점 A, B, C의 좌표를 구한다. [2점]

[2단계] 점 A를 지나고 기울기가 tan 60°인 직선의 방정식을 구한다. [4점]

[3단계] 등대와 배 사이의 최단 거리를 구한다. [4점]

0153

수심 : 삼각형 세 꼭짓점에서 각 대변에 그은 수선의 발의 교점 서술형

세 점 $\mathrm{A}(3, 6)$, $\mathrm{B}(1, 0)$, $\mathrm{C}(7, 2)$를 꼭짓점으로 하는 삼각형 ABC의 수심의 좌표를 구하는 과정을 다음 단계로 서술하시오.

[1단계] 꼭짓점 A에서 선분 BC에 내린 수선의 방정식을 구한다. [4점]

[2단계] 꼭짓점 B에서 선분 AC에 내린 수선의 방정식을 구한다. [4점]

[3단계] 삼각형 ABC의 수심의 좌표를 구한다. [2점]

정답

0148 : (1) $m<-1$ 또는 $m>1$ (2) $-\frac{1}{3}<m<\frac{1}{3}$ (3) $-3<m<0$　0149 : ①　0150 : $8\sqrt{5}$ (m)　0151 : 해설참조
0152 : 해설참조　0153 : 해설참조

0154 평행 또는 수직인 직선의 방정식

오른쪽 그림과 같이 $\angle A=\angle B=90°$, $\overline{AB}=3$, $\overline{BC}=6$인 사다리꼴 ABCD에 대하여 선분 AD를 $2:1$로 내분하는 점을 P라 하자. 두 직선 AC, BP가 점 Q에서 서로 수직으로 만날 때, 삼각형 AQD의 넓이는?

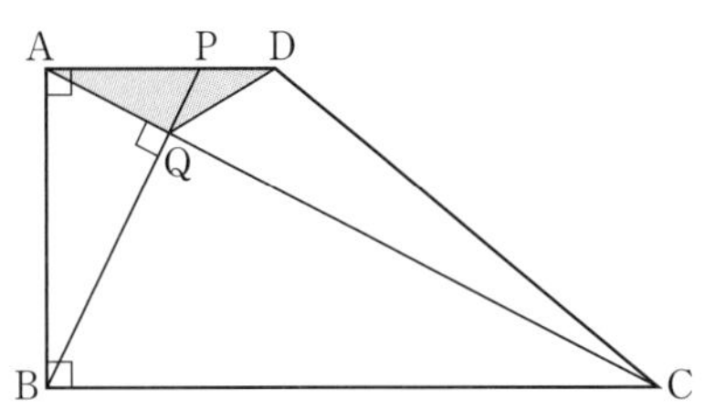

① $\frac{27}{40}$ ② $\frac{17}{20}$ ③ $\frac{13}{20}$
④ $\frac{19}{10}$ ⑤ $\frac{27}{10}$

0155 직선의 방정식의 활용

오른쪽 그림과 같이 좌표평면에서 이차함수 $y=\frac{1}{3}x^2$의 그래프 위의 점 P(3, 3)에서의 접선을 l_1, 점 P를 지나고 직선 l_1과 수직인 직선을 l_2라 하자. 직선 l_1이 y축과 만나는 점을 Q, 직선 l_2가 이차함수 $y=\frac{1}{3}x^2$의 그래프와 만나는 점 중 점 P가 아닌 점을 R이라 하자. 삼각형 PRQ의 넓이를 S라 할 때, $8S$의 값을 구하시오.

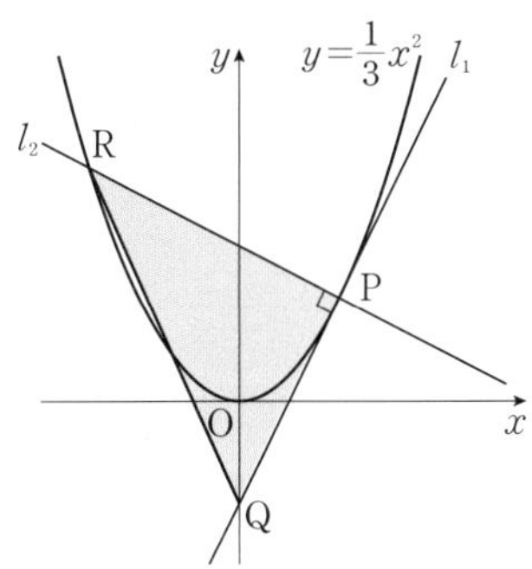

0156 평행 또는 수직인 직선의 방정식

오른쪽 그림과 같이 좌표평면에서 직선 $y=-x+8$과 y축과의 교점을 A, 직선 $y=3x-12$와 x축과의 교점을 B, 두 직선 $y=-x+8$, $y=3x-12$의 교점을 C라 하자. x축 위의 점 D$(a, 0)$ $(a>4)$에 대하여 삼각형 ABD의 넓이가 삼각형 ABC의 넓이와 같도록 하는 a의 값은?

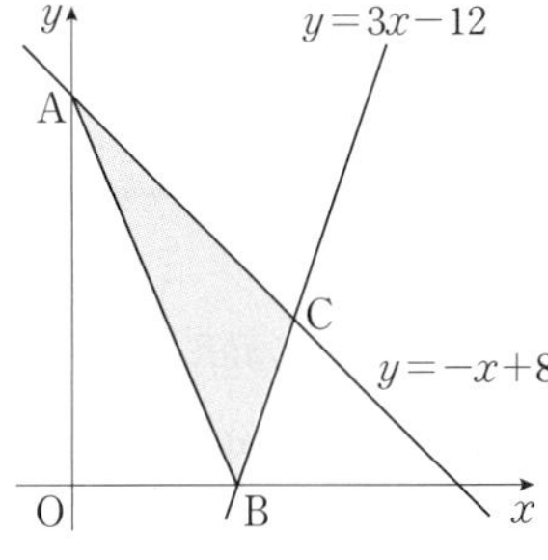

① 5 ② $\frac{11}{2}$ ③ 6
④ $\frac{13}{2}$ ⑤ 7

0157 직선의 방정식의 활용

오른쪽 그림과 같이 좌표평면 위의 세 점 A(4, 10), B(0, 2), C(8, -2)를 꼭짓점으로 하는 삼각형 ABC에 대하여 선분 AB 위의 한 점 D와 선분 AC 위의 한 점 E가 다음 조건을 만족시킨다.

(가) 선분 DE와 선분 BC는 평행하다.
(나) 삼각형 ADE와 삼각형 ABC의 넓이의 비는 $1:16$이다.

직선 BE의 방정식이 $y=ax+b$일 때, 상수 a, b에 대하여 $a+b$의 값은?

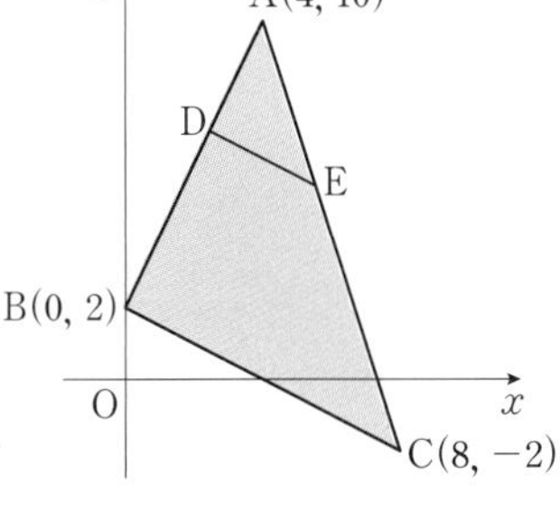

① 3 ② 4 ③ 5
④ 6 ⑤ 7

0158 평행 또는 수직인 직선의 방정식

오른쪽 그림과 같이 이차함수 $f(x)=x^2-4x$의 그래프와 직선 $g(x)=\frac{1}{2}x$가 두 점 O, A에서 만난다. 직선 l은 이차함수 $y=f(x)$의 그래프에 접하고 직선 $y=g(x)$와 수직이다. 직선 l의 y절편은? (단, O는 원점이다.)

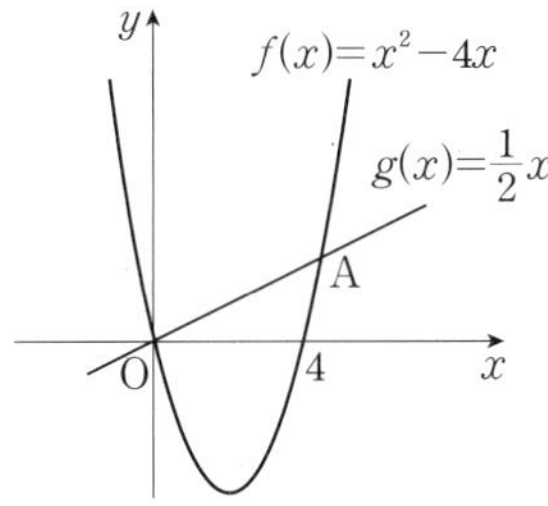

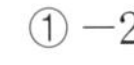

① -2 ② $-\frac{5}{3}$ ③ $-\frac{4}{3}$
④ -1 ⑤ $-\frac{2}{3}$

정답 0154 : ① 0155 : 225 0156 : ④ 0157 : ① 0158 : ④

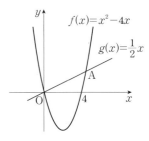

0159

선분의 수직이등분선의 방정식

오른쪽 그림과 같이 함수 $f(x)=x^2-x-5$와 $g(x)=x+3$의 그래프가 만나는 두 점을 각각 A, B라 하자. 함수 $y=f(x)$의 그래프 위의 점 P에 대하여 $\overline{AP}=\overline{BP}$일 때, 점 P의 x좌표는? (단, 점 P의 x좌표는 양수이다.)

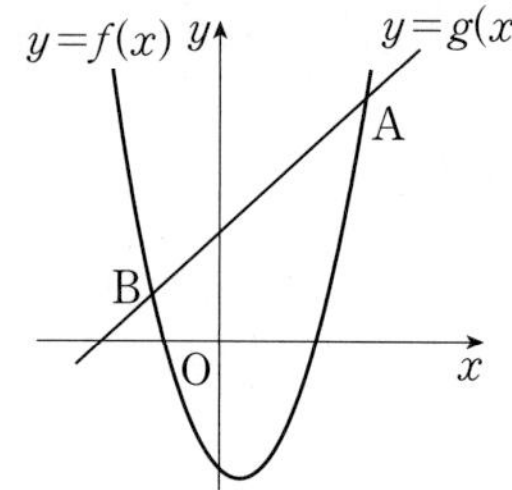

① 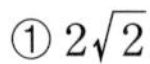 $2\sqrt{2}$　② 3　③ $\sqrt{10}$　④ $\sqrt{11}$　⑤ $2\sqrt{3}$

0160

평행한 두 직선 사이의 거리

다음 물음에 답하시오.

(1) 이차함수 $y=x^2+3x+4$의 그래프 위의 점에서 직선 $y=x+1$에 이르는 거리의 최솟값을 구하시오.

(2) 곡선 $y=-x^2+4$ 위의 점과 직선 $y=2x+k$ 사이의 거리의 최솟값이 $2\sqrt{5}$가 되도록 하는 상수 k의 값을 구하시오.

0161

평행 또는 수직인 직선의 방정식

좌표평면 위의 세 점 A, B, C를 꼭짓점으로 하는 삼각형 ABC의 무게중심을 G라 하고, 변 AB, 변 BC, 변 CA의 중점의 좌표를 각각 L(4, 3), M(6, −3), N(a, b)라 하자. 직선 BN과 직선 LM이 서로 수직이고, 점 G에서 직선 LM까지의 거리가 $\sqrt{10}$일 때, ab의 값을 구하시오. (단, 무게중심 G는 제1사분면에 있다.)

0162

직선의 방정식의 활용

좌표평면 위에 점 A(0, 1)이 있다. 이차함수 $f(x)=\frac{1}{4}x^2$의 그래프 위의 점 $\mathrm{P}\left(t, \frac{t^2}{4}\right)$ $(t>0)$을 지나고 기울기가 $\frac{t}{2}$인 직선이 x축과 만나는 점을 Q라 할 때, [보기]에서 옳은 것만을 있는 대로 고른 것은?

> ㄱ. $t=2$일 때, 점 Q의 x좌표는 1이다.
> ㄴ. 두 직선 PQ와 AQ는 서로 수직이다.
> ㄷ. 점 R에 대하여 선분 QR을 1 : 2로 내분하는 점이 A이고 점 R이 함수 $y=f(x)$의 그래프 위의 점일 때, 삼각형 RQP의 넓이는 $6\sqrt{3}$이다.

① ㄱ　② ㄴ　③ ㄱ, ㄴ　④ ㄱ, ㄷ　⑤ ㄱ, ㄴ, ㄷ

0163

직선의 방정식의 활용

좌표평면 위에 세 점 A(0, 4), B(4, 4), C(4, 0)이 있다. 세 선분 OA, AB, BC를 $m : n$ $(m>0, n>0)$으로 내분하는 점을 각각 P, Q, R이라 하고, 세 점 P, Q, R을 지나는 원을 C라 할 때, [보기]에서 옳은 것만을 있는 대로 고른 것은? (단, O는 원점이다.)

> ㄱ. $m=n$일 때, 점 P의 좌표는 (0, 2)이다.
> ㄴ. 점 $\left(\frac{4m}{m+n}, 0\right)$은 원 C 위의 점이다.
> ㄷ. 원 C가 x축과 만나는 서로 다른 두 점 사이의 거리가 3일 때, $\overline{PQ}=\frac{5\sqrt{2}}{2}$이다.

① ㄱ　② ㄷ　③ ㄱ, ㄴ　④ ㄱ, ㄷ　⑤ ㄱ, ㄴ, ㄷ

정답　0159 : ③　0160 : (1) $\sqrt{2}$ (2) 15　0161 : 42　0162 : ⑤　0163 : ⑤

마플특강 03 사각형 모양의 종이를 접었을 때 여러 문제

마플특강문제 01

오른쪽 그림과 같이 한 변의 길이가 2인 정사각형 모양의 종이를 꼭짓점 A가 선분 MN 위에 놓이도록 접었을 때, 점 A가 선분 MN과 만나는 점을 A′이라 하자. 이때 점 A와 직선 A′B 사이의 거리를 구하시오.
(단, M은 선분 AB의 중점, N은 선분 CD의 중점이다.)

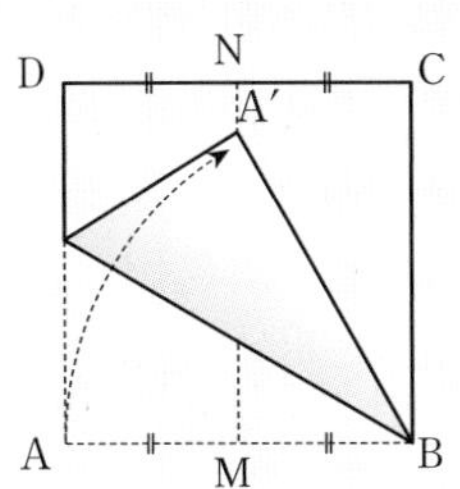

마플특강 풀이

STEP Ⓐ **주어진 그림을 좌표평면 위에 나타내고 점 A′의 좌표 구하기**

정사각형 ABCD를 좌표평면 위에 점 M을 원점으로 하고 직선 AB를 x축 직선 MN을 y축 위에 잡자.

이때 $\overline{AM}=\overline{MB}=1$이므로 A$(-1,\ 0)$, B$(1,\ 0)$이고 $\overline{A'B}=\overline{AB}=2$

$\overline{A'M}=\sqrt{\overline{A'B}^2-\overline{MB}^2}=\sqrt{2^2-1^2}=\sqrt{3}$, 즉 점 A′의 좌표는 A′$(0,\ \sqrt{3})$

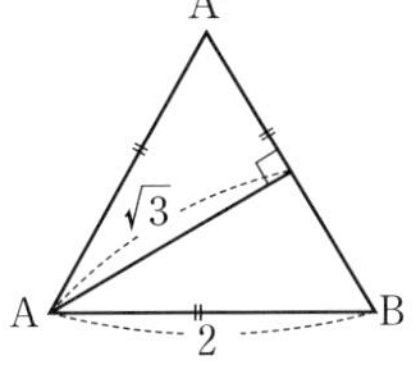

STEP Ⓑ **점 A와 직선 A′B 사이의 거리 구하기**

두 점 A′$(0,\ \sqrt{3})$, B$(1,\ 0)$을 지나는 직선의 방정식은

$y-0=\dfrac{0-\sqrt{3}}{1-0}(x-1)$, 즉 $\sqrt{3}x+y-\sqrt{3}=0$

따라서 점 A$(-1,\ 0)$과 직선 $\sqrt{3}x+y-\sqrt{3}=0$ 사이의 거리는 $\dfrac{|\sqrt{3}\times(-1)+0-\sqrt{3}|}{\sqrt{(\sqrt{3})^2+1^2}}=\dfrac{2\sqrt{3}}{2}=\sqrt{3}$

다른풀이 삼각형 A′AB가 정삼각형임을 이용하여 풀이하기

점 A′은 정사각형 모양의 종이를 접었을 때 점 A가 이동하여 생긴 점이므로

$\overline{AB}=\overline{A'B}$ …… ㉠

선분 A′M은 선분 AB의 수직이등분선이므로 이등변삼각형의 성질에 의하여

$\overline{A'A}=\overline{A'B}$ …… ㉡

㉠, ㉡에서 삼각형 A′AB는 한 변의 길이가 2인 정삼각형이다.

점 A와 직선 A′B 사이의 거리는 정삼각형 A′AB의 높이이므로 $\dfrac{\sqrt{3}}{2}\times2=\sqrt{3}$

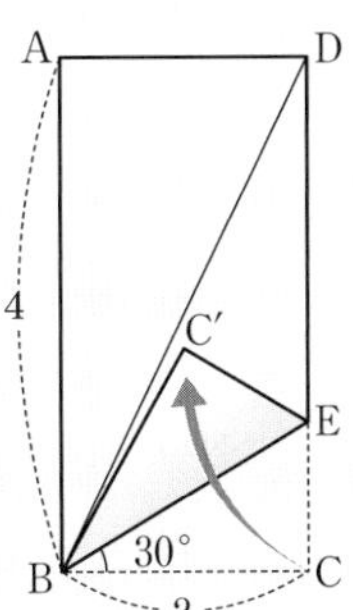

마플특강문제 02

2012년 11월 고1 학력평가 30번

오른쪽 그림과 같이 직사각형 모양의 종이가 있다.
이 종이의 각 꼭짓점 A, B, C, D라 하면 $\overline{AB}=4$, $\overline{BC}=2$이다.
$\angle$EBC$=30°$가 되도록 변 CD 위에 점 E를 정하고 선분 BE를 따라 이 종이를 접으면 점 C는 점 C′으로 옮겨진다.
점 C′과 대각선 BD 사이의 거리가 $a\sqrt{5}-b\sqrt{15}$일 때, $100ab$의 값을 구하시오.
(단, a, b는 유리수이다.)

A D
4
C′
E
B 30° C
2

마플특강 풀이

STEP Ⓐ **주어진 그림을 좌표평면 위에 나타내고 점 C′의 좌표 구하기**

좌표평면 위에 점 B를 원점으로 하고 선분 BC를 x축, 선분 AB를 y축 위에 잡으면 세 점 A, C, D의 좌표는 A$(0,\ 4)$, C$(2,\ 0)$, D$(2,\ 4)$

이때 $\overline{BC}=\overline{BC'}=2$, $\angle$EBC$=\angle$C′BE$=30°$이므로 $\angle$C′BC$=60°$

점 C′에서 x축에 내린 수선의 발을 H라 하면 H$(1,\ 0)$

직각삼각형 C′BH에서

$\overline{BH}=\overline{BC'}\times\cos60°=2\times\dfrac{1}{2}=1$, $\overline{C'H}=\overline{BC'}\times\sin60°=2\times\dfrac{\sqrt{3}}{2}=\sqrt{3}$

$\therefore$ C′$(1,\ \sqrt{3})$

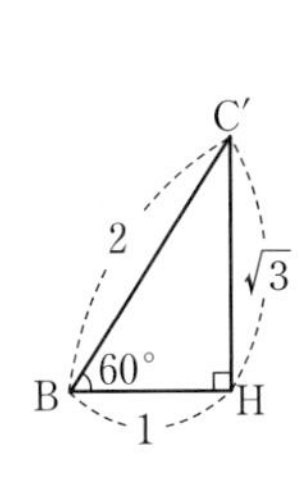

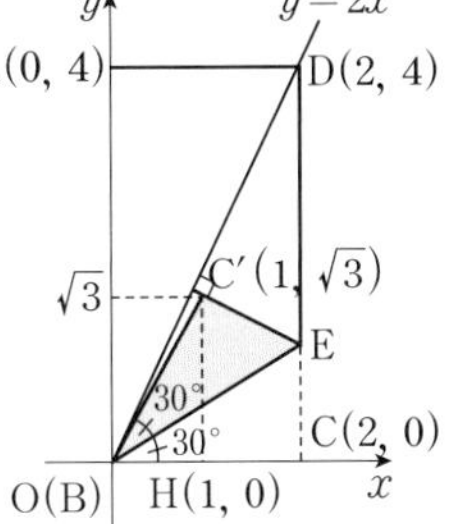

STEP Ⓑ **점 C′과 직선 BD 사이의 거리 구하기**

두 점 B$(0,\ 0)$, D$(2,\ 4)$에서 직선 BD의 방정식은 $y=\dfrac{4-0}{2-0}x$, 즉 $2x-y=0$

점 C′$(1,\ \sqrt{3})$과 직선 $2x-y=0$ 사이의 거리는 $\dfrac{|2\times1-1\times\sqrt{3}|}{\sqrt{2^2+(-1)^2}}=\dfrac{2}{5}\sqrt{5}-\dfrac{1}{5}\sqrt{15}$

따라서 $a=\dfrac{2}{5}$, $b=\dfrac{1}{5}$이므로 $100ab=100\times\dfrac{2}{5}\times\dfrac{1}{5}=8$

마플특강문제 **03**

2016년 03월 고2 학력평가 나형 21번

오른쪽 그림과 같이 한 변의 길이가 12인 정사각형 OABC 모양의 종이를 점 O가 원점에, 두 점 A, C가 각각 x축, y축 위에 있도록 좌표평면 위에 놓았다. 두 점 D, E는 각각 두 선분 OC, AB를 2 : 1로 내분하는 점이고, 선분 OA 위의 점 F에 대하여 $\overline{\mathrm{OF}}=5$이다. 선분 OC 위의 점 P와 선분 AB 위의 점 Q에 대하여 선분 PQ를 접는 선으로 하여 종이를 접었더니 점 O는 선분 BC 위의 점 O′으로 점 F는 선분 DE 위의 점 F′으로 옮겨졌다. 이때 좌표평면에서 직선 PQ의 방정식은 $y=mx+n$이다. $m+n$의 값을 구하시오. (단, m, n은 상수이고, 종이의 두께는 고려하지 않는다.)

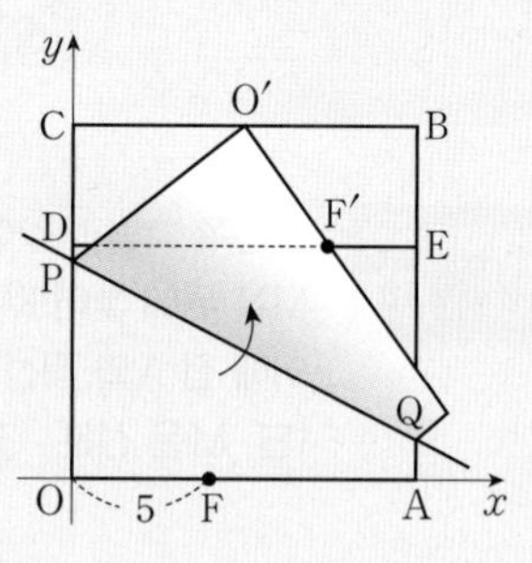

마플특강 풀이

STEP **A** **주어진 조건을 이용하여 두 점 O′, F′의 좌표 구하기**

점 O, A, B, C, F의 좌표는 각각 O(0, 0), A(12, 0), B(12, 12), C(0, 12), F(5, 0)

이때 점 O′은 선분 BC 위의 점이므로 점 O′의 좌표를 $(a, 12)$ $(0 \le a \le 12)$로 놓을 수 있다.

점 D는 선분 OC를 2 : 1로 내분하는 점이므로

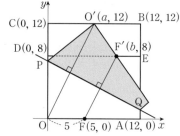

$\left(\dfrac{2\times0+1\times0}{2+1}, \dfrac{2\times12+1\times0}{2+1}\right)$, 즉 D(0, 8)

점 E는 선분 AB를 2 : 1로 내분하는 점이므로

$\left(\dfrac{2\times12+1\times12}{2+1}, \dfrac{2\times12+1\times0}{2+1}\right)$, 즉 E(12, 8)

점 F′은 선분 DE 위의 점이므로 점 F′의 좌표를 F′$(b, 8)$$(0 \le b \le 12)$로 놓을 수 있다.

두 점 O, F는 직선 PQ에 대하여 각각 점 O′, F′으로 대칭이므로

두 직선 OO′, FF′은 각각 직선 PQ와 수직이고 직선 PQ는 두 직선 OO′, FF′의 중점을 지난다.

두 직선 OO′, FF′은 서로 평행이므로 기울기가 같다.

$\dfrac{12-0}{a-0}=\dfrac{8-0}{b-5}$, $8a=12(b-5)$ $\quad\therefore 2a=3b-15$ $\qquad\cdots\cdots$ ㉠

$\overline{\mathrm{O'F'}}=\overline{\mathrm{OF}}=5$이므로 $\sqrt{(b-a)^2+(8-12)^2}=5$ $\quad\therefore (b-a)^2=9$ $\quad\cdots\cdots$ ㉡

㉠, ㉡을 연립하여 $0 \le a \le 12$, $0 \le b \le 12$의 범위에서 해를 구하면 $a=6$, $b=9$ $\quad\therefore$ O′(6, 12), F′(9, 8)

STEP **B** **직선 PQ의 방정식 구하기**

두 점 O(0, 0), O′(6, 12)의 중점의 좌표는 (3, 6), 두 점 F(5, 0), F′(9, 8)의 중점의 좌표는 (7, 4)

이때 두 점 (3, 6), (7, 4)를 지나는 직선 PQ의 방정식은 $y-6=\dfrac{6-4}{3-7}(x-3)$, 즉 $y=-\dfrac{1}{2}x+\dfrac{15}{2}$

따라서 $m=-\dfrac{1}{2}$, $n=\dfrac{15}{2}$이므로 $m+n=7$

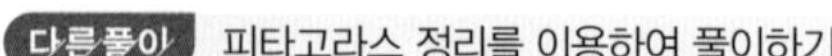
다른풀이 피타고라스 정리를 이용하여 풀이하기

STEP **A** **직각삼각형 O′HF′에서 피타고라스 정리를 이용하여 점 F′의 좌표 구하기**

점 O, A, B, C, F의 좌표는 각각 O(0, 0), A(12, 0), B(12, 12), C(0, 12), F(5, 0)

점 O′는 선분 BC 위의 점이므로 점 O′의 좌표를 $(a, 12)$로 놓을 수 있다.

점 F′에서 직선 BC에 내린 수선의 발을 H라 하면 $\overline{\mathrm{O'F'}}=\overline{\mathrm{OF}}=5$이고

두 점 D, E의 좌표는 D(0, 8), E(12, 8)

$\overline{\mathrm{HF'}}=4$이므로 직각삼각형 O′F′H에서 $\overline{\mathrm{O'H}}=\sqrt{\overline{\mathrm{O'F'}}^2-\overline{\mathrm{HF'}}^2}=\sqrt{5^2-4^2}=3$

즉 점 F′의 좌표를 $(a+3, 8)$로 놓을 수 있다.

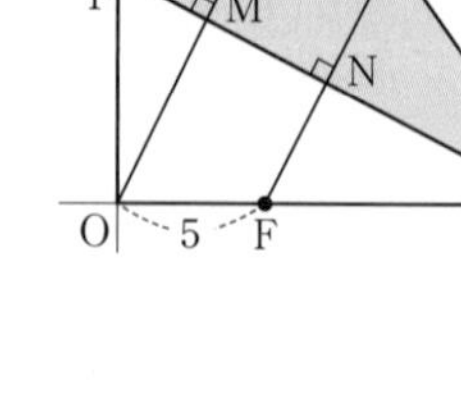

STEP **B** **직선 PQ의 기울기를 이용하여 a의 값 구하기**

선분 OO′의 중점을 M, 선분 FF′의 중점을 N이라 하면 $\mathrm{M}\left(\dfrac{a}{2}, 6\right)$, $\mathrm{N}\left(\dfrac{a+8}{2}, 4\right)$이고

두 점 M, N은 직선 PQ 위의 점이므로 직선 PQ의 기울기는 $\dfrac{4-6}{\dfrac{a+8}{2}-\dfrac{a}{2}}=-\dfrac{2}{4}=-\dfrac{1}{2}$

두 직선 OO′, PQ는 서로 수직이므로 직선 OO′의 기울기는 2이다.

즉 $\dfrac{12-0}{a-0}=\dfrac{12}{a}=2$이므로 $a=6$

STEP **C** **직선 PQ의 방정식 구하기**

직선 PQ의 기울기는 $-\dfrac{1}{2}$이고 점 M(3, 6)을 지나므로 직선 PQ의 방정식은 $y-6=-\dfrac{1}{2}(x-3)$, 즉 $y=-\dfrac{1}{2}x+\dfrac{15}{2}$

따라서 $m=-\dfrac{1}{2}$, $n=\dfrac{15}{2}$ 이므로 $m+n=7$

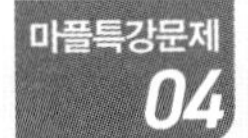
마플특강문제 04

2014년 11월 고1 학력평가 30번

오른쪽 그림과 같이 한 변의 길이가 $6\sqrt{2}$인 정사각형 ABCD 모양의 종이가 있다. 선분 AB와 선분 AD를 $2:1$로 내분하는 점을 각각 E, F라 하자. 선분 EC를 접는 선으로 하여 삼각형 EBC를 접었을 때, 점 B가 옮겨지는 점을 B′, 선분 FC를 접는 선으로 하여 삼각형 FDC를 접었을 때, 점 D가 옮겨지는 점을 D′이라 하자. 점 B′에서 선분 AE에 내린 수선의 발을 G, 점 D′에서 선분 AF에 내린 수선의 발을 H, 선분 GH의 중점을 M이라 하자. 선분 GH를 접는 선으로 하여 삼각형 AGH를 접었을 때, 점 A가 옮겨지는 점을 A′이라 하면 점 A′이 선분 MC를 $1:k$로 내분한다. $50k$의 값을 구하시오.

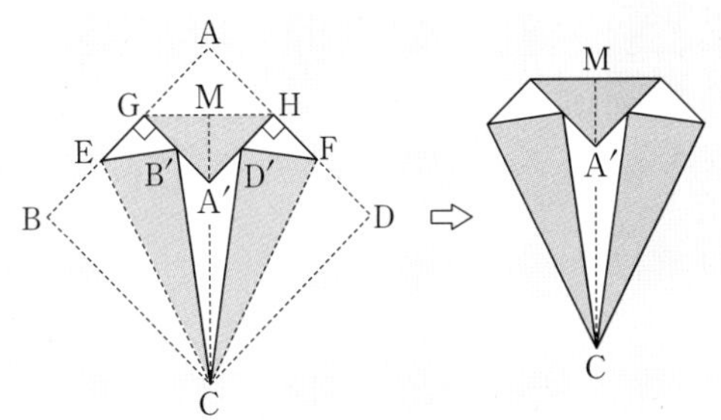

마플특강 풀이

STEP Ⓐ 주어진 그림을 좌표평면 위에 나타내고, 다섯 개의 점 A, B, C, D, F의 좌표 구하기

좌표평면 위에 정사각형 ABCD를 점 C가 원점과 일치하고, 선분 AC가 y축 위에 있도록 놓으면 정사각형 ABCD는 한 변의 길이가 $6\sqrt{2}$이므로 네 점 A, B, C, D의 좌표는

A(0, 12), B(−6, 6), C(0, 0), D(6, 6)

점 F는 선분 AD를 $2:1$로 내분하는 점이므로

$\left(\frac{2\times6+1\times0}{2+1}, \frac{2\times6+1\times12}{2+1}\right)$, 즉 F(4, 8)

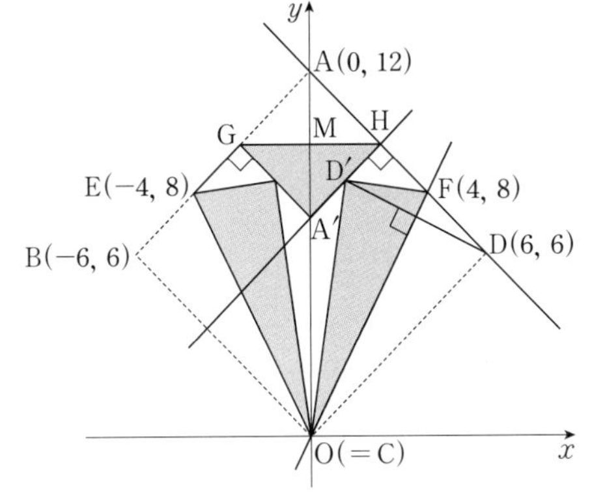

STEP Ⓑ 직선의 방정식을 이용하여 네 점 D′, A′, H, M의 좌표 구하기

두 점 C, F를 지나는 직선은 $y=2x$이고 점 D′(a, b)라 하면

선분 DD′의 중점 $\left(\frac{a+6}{2}, \frac{b+6}{2}\right)$이 직선 $y=2x$ 위에 있으므로

$\frac{b+6}{2}=a+6$

$\therefore b=2a+6$ …… ㉠

두 점 D, D′을 지나는 직선은 직선 $y=2x$와 수직이므로 $-\frac{1}{2}=\frac{b-6}{a-6}$

$\therefore a+2b=18$ …… ㉡

㉠, ㉡을 연립하여 풀면 $a=\frac{6}{5}$, $b=\frac{42}{5}$ $\quad\therefore$ D′$\left(\frac{6}{5}, \frac{42}{5}\right)$

직선 A′H는 직선 CD와 평행하므로 기울기가 1이고 ← 직선 CD의 방정식은 $y=x$

점 D′을 지나므로

$y-\frac{42}{5}=x-\frac{6}{5}$, 즉 $y=x+\frac{36}{5}$ …… ㉢

$\therefore$ A′$\left(0, \frac{36}{5}\right)$

직선 AD의 방정식은 $y=-x+12$ …… ㉣

㉢, ㉣을 연립하여 풀면 $x=\frac{12}{5}$, $y=\frac{48}{5}$ $\quad\therefore$ H$\left(\frac{12}{5}, \frac{48}{5}\right)$

점 M은 점 H와 y좌표가 같으므로 M$\left(0, \frac{48}{5}\right)$

STEP Ⓒ 점 A′이 선분 MC를 $1:k$로 내분하는 점임을 이용하여 k의 값 구하기

점 A′$\left(0, \frac{36}{5}\right)$이 두 점 M$\left(0, \frac{48}{5}\right)$, C(0, 0)의 선분 MC를 $1:k$로 내분하는 점이므로

점 A′의 y좌표에서 $\frac{36}{5}=\frac{1\times0+k\times\frac{48}{5}}{1+k}$, $48k=36(1+k)$

$\therefore k=3$

따라서 $50k=50\times3=150$

淸明 청명

한국의 절기 ❺

자료출처 : 한국민속대백과사전 http://folkency.nfm.go.kr

음력 3월에 드는 24절기의 다섯 번째 절기. 청명(淸明)이란 하늘이 차츰 맑아진다는 뜻을 지닌 말이다. 청명은 음력으로는 3월에, 양력으로는 4월 5~6일 무렵에 든다. 태양의 황경(黃經)이 15도에 있을 때이다. 이날은 한식(寒食) 하루 전날이거나 같은 날일 수 있으며, 춘분(春分)과 곡우(穀雨) 사이에 있다.

청명이란 말 그대로 날씨가 좋은 날이고, 날씨가 좋아야 봄에 막 시작하는 농사일이나 고기잡이 같은 생업 활동을 하기에도 수월하다. 곳에 따라서는 손 없는 날이라고 하여 특별히 택일을 하지 않고도 이날 산소를 돌보거나, 묘자리 고치기, 집수리 같은 일을 한다. 이러한 일들은 봄이 오기를 기다리면서 겨우내 미루어두었던 것들이다.

땅에서는
꽃이 피고
하늘에서는
푸르름이
피어나네

© Photo by Waleed Rostom on Unsplash

마플교과서

MAPL. IT'S YOUR MASTER PLAN!

MAPL 교과서 SERIES

www.heemangedu.co.kr | www.mapl.co.kr

공통수학2 I. 도형의 방정식

03

원의 방정식

1. 원의 방정식
2. 여러 가지 원의 방정식
3. 두 원의 교점을 지나는 도형의 방정식
4. 원과 직선의 위치 관계
5. 원의 접선의 방정식
6. 원과 직선의 활용

MAPL; YOUR MASTER PLAN

01 원의 방정식

개념유형

01 원의 방정식

(1) 원의 정의

평면 위의 한 점 C에서 일정한 거리에 있는 모든 점으로 이루어진 도형을 **원**이라 한다.
이때 이 점 C를 **원의 중심**, 일정한 거리를 **원의 반지름의 길이**라 한다.

(2) 원의 방정식

중심의 좌표와 반지름의 길이가 주어진 원의 방정식은 다음과 같다.

중심이 $(a,\ b)$이고 반지름이 r인 원의 방정식

$$(\boldsymbol{x-a})^2+(\boldsymbol{y-b})^2=\boldsymbol{r}^2$$

특히 중심이 원점 $(0,\ 0)$이고 반지름이 r인 원의 방정식

$$\boldsymbol{x}^2+\boldsymbol{y}^2=\boldsymbol{r}^2$$

참고 이때 $(x-a)^2+(y-b)^2=r^2$꼴과 같이 원의 중심의 좌표와 반지름의 길이를 바로 알 수 있는 형태를 **원의 방정식의 표준형**이라 한다.

마플해설 **좌표평면 위에서 중심이 점 $\mathrm{C}(a,\ b)$이고 반지름의 길이가 r인 원의 방정식을 구해보자.**

오른쪽 그림과 같이 원 위의 임의의 점을 $\mathrm{P}(x,\ y)$라 하면

$\overline{\mathrm{CP}}=r$이므로 $\sqrt{(x-a)^2+(y-b)^2}=r$ ◀ 두 점 $\mathrm{C}(a,\ b)$, $\mathrm{P}(x,\ y)$ 사이의 거리 공식

이다. 이 식의 양변을 제곱하면 다음과 같다.

$$(\boldsymbol{x-a})^2+(\boldsymbol{y-b})^2=\boldsymbol{r}^2 \quad \cdots\cdots ㉠$$

특히 중심이 원점이고 반지름의 길이가 r인 원의 방정식은 ㉠에서 $a=0,\ b=0$인 경우이므로

$$\boldsymbol{x}^2+\boldsymbol{y}^2=\boldsymbol{r}^2$$ ◀ 반지름의 길이가 1인 원을 단위원이라 한다.

이다. 거꾸로 방정식 ㉠을 만족하는 점 $\mathrm{P}(x,\ y)$에 대하여 $\overline{\mathrm{CP}}=r$이므로

중심이 점 $\mathrm{C}(a,\ b)$이고 반지름의 길이가 r인 원 위에 있다.

따라서 ㉠은 중심이 $\mathrm{C}(a,\ b)$이고 반지름의 길이가 r인 원의 방정식이다.

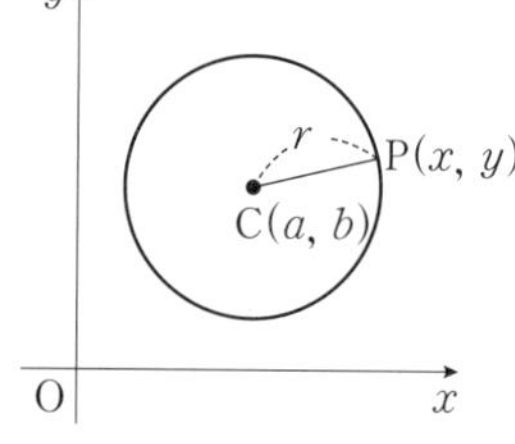

보기 01 **다음 조건을 만족하는 원의 방정식을 구하시오.**

(1) 중심이 $(2,\ -3)$이고 반지름이 3인 원의 방정식

(2) 중심이 원점이고 반지름이 $\sqrt{2}$인 원의 방정식

풀이

(1) $(x-2)^2+\{y-(-3)\}^2=3^2 \quad \therefore\ \boldsymbol{(x-2)^2+(y+3)^2=9}$

(2) $x^2+y^2=(\sqrt{2})^2 \quad \therefore\ \boldsymbol{x^2+y^2=2}$

보기 02 **다음 그림에서 나타낸 원의 방정식을 구하시오. (단, 점 C는 원의 중심이다.)**

(1)

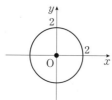

(2)

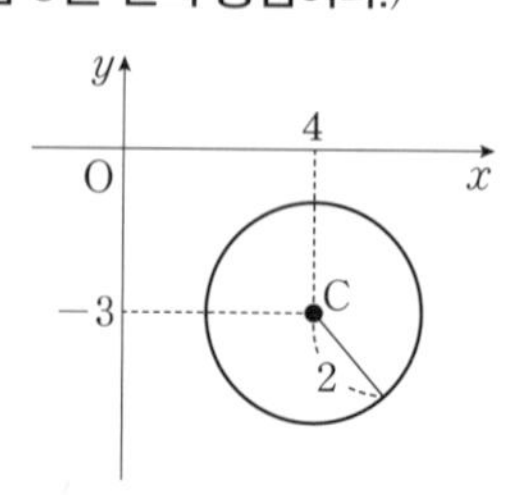

풀이

(1) 중심이 $(0,\ 0)$이고 반지름의 길이가 2인 원이므로 $(x-0)^2+(y-0)^2=2^2 \quad \therefore\ \boldsymbol{x^2+y^2=4}$

(2) 중심이 $(4,\ -3)$이고 반지름의 길이가 2인 원이므로 $(x-4)^2+\{y-(-3)\}^2=2^2 \quad \therefore\ \boldsymbol{(x-4)^2+(y+3)^2=4}$

개념유형

02 원의 방정식의 일반형

원의 방정식은 x, y에 대한 이차방정식

$$x^2+y^2+Ax+By+C=0$$

꼴로 나타낼 수 있다.

x, y에 대한 이차방정식 $x^2+y^2+Ax+By+C=0$ $(A^2+B^2-4C>0)$은

중심의 좌표가 $\left(-\frac{A}{2}, -\frac{B}{2}\right)$이고 반지름의 길이가 $\frac{\sqrt{A^2+B^2-4C}}{2}$인 원을 나타낸다.

참고
- $x^2+y^2+Ax+By+C=0$을 **원의 방정식의 일반형**이라 한다.
- 원의 방정식은 x^2과 y^2의 계수가 같고 xy항이 없는 x, y에 대한 이차방정식이다.
- 원의 방정식이 될 조건은 $A^2+B^2-4C>0$이다.

마플해설 원의 방정식 $(x-a)^2+(y-b)^2=r^2$을 전개하여 정리하면

$x^2+y^2-2ax-2by+a^2+b^2-r^2=0$ ◀ 원의 방정식은 x^2, y^2의 계수가 같고 xy의 항이 없는 x, y에 대한 이차방정식이다.

여기서 $-2a=A$, $-2b=B$, $a^2+b^2-r^2=C$(A, B, C는 상수)라 하면

$x^2+y^2+Ax+By+C=0$ …… ㉠

꼴로 나타낼 수 있다.

역으로 ㉠을 x, y에 대한 완전제곱식의 합의 꼴로 변형하면

$$\left\{x^2+Ax+\left(\frac{A}{2}\right)^2\right\}+\left\{y^2+By+\left(\frac{B}{2}\right)^2\right\}=\left(\frac{A}{2}\right)^2+\left(\frac{B}{2}\right)^2-C$$

$$\therefore \left(x+\frac{A}{2}\right)^2+\left(y+\frac{B}{2}\right)^2=\frac{A^2+B^2-4C}{4}$$

이때 $A^2+B^2-4C>0$이면 ㉠은 중심의 좌표가 $\left(-\frac{A}{2}, -\frac{B}{2}\right)$, 반지름의 길이가 $\frac{\sqrt{A^2+B^2-4C}}{2}$인 원의 방정식이 된다.

보기 03 다음 방정식으로 나타내어지는 원의 중심과 반지름을 구하시오.

(1) $x^2+y^2-6x-7=0$ (2) $x^2+y^2+2x-4y-4=0$

풀이 (1) $x^2+y^2-6x-7=0$에서 $(x^2-6x+9)+y^2=16$ $\therefore (x-3)^2+y^2=4^2$

따라서 **원의 중심은 $(3, 0)$, 반지름의 길이는 4**이다.

(2) $x^2+y^2+2x-4y-4=0$에서 $(x^2+2x+1)+(y^2-4y+4)=9$ $\therefore (x+1)^2+(y-2)^2=3^2$

따라서 **원의 중심은 $(-1, 2)$, 반지름의 길이는 3**이다.

보기 04 다음 식으로 나타내진 도형이 원이 되도록 상수 k의 값의 범위를 구하시오.

(1) $x^2+y^2-2x+4y+k+1=0$ (2) $x^2+y^2+4kx-6ky+14k^2-3k-4=0$

풀이 (1) $x^2+y^2-2x+4y+k+1=0$에서 $(x-1)^2+(y+2)^2=4-k$

원의 방정식이 되려면 $4-k>0$ $\therefore \boldsymbol{k<4}$

(2) $x^2+y^2+4kx-6ky+14k^2-3k-4=0$에서 $(x+2k)^2+(y-3k)^2=-k^2+3k+4$

원의 방정식이 되려면 $-k^2+3k+4>0$, $k^2-3k-4<0$, $(k+1)(k-4)<0$ $\therefore \boldsymbol{-1<k<4}$

실원, 점원, 허원

원의 방정식 $x^2+y^2+Ax+By+C=0$을 표준화하면

$\left(x+\frac{A}{2}\right)^2+\left(y+\frac{B}{2}\right)^2=\frac{A^2+B^2-4C}{4}$이다.

① $A^2+B^2-4C=0$이면 ➡ 반지름의 길이가 0이므로 원이 하나의 점이 된다. ◀ 점원

② $A^2+B^2-4C<0$이면 ➡ 반지름의 길이를 실수로 나타낼 수 없으므로 좌표평면에 원을 그릴 수 없다. ◀ 허원

③ $A^2+B^2-4C>0$이면 ➡ 실원이라고 부른다.

04 두 점을 지름의 양끝으로 하는 원

특강유형

01 두 점을 지름의 양끝으로 하는 원의 방정식

서로 다른 두 점 $A(a_1, b_1)$, $B(a_2, b_2)$를 지름의 양 끝점으로 하는 원의 방정식

$$(x-a_1)(x-a_2)+(y-b_1)(y-b_2)=0$$

위의 두 점을 지름의 양끝으로 하는 원의 방정식은 교과서에서 다루는 내용이 아니기 때문에 직접적으로 이 공식을 이용하는 문제가 나오지는 않을 것이다. 하지만 잘 익혀두고 있다면 문제 풀이를 훨씬 간단하게 해줄 수 있는 식이다.
실전에서는 지름의 양 끝점의 중점이 원의 중심이 되고, 지름의 양 끝점 사이의 거리의 절반이 반지름의 길이가 됨을 이용하여 원의 방정식을 유도한다.

마플해설

증명1 수직인 두 직선의 기울기의 곱이 -1임을 이용하여 증명

오른쪽 그림과 같이 두 점 $A(a_1, b_1)$, $B(a_2, b_2)$를 지름의 양 끝점으로 하는 원 위의 임의의 점을 $P(x, y)$라고 하면 $\angle APB=90^\circ$이므로

(직선 AP의 기울기)$\times$(직선 BP의 기울기)$=-1$

$\dfrac{y-b_1}{x-a_1}\times\dfrac{y-b_2}{x-a_2}=-1$,

$(y-b_1)(y-b_2)=-(x-a_1)(x-a_2)$

$\therefore (x-a_1)(x-a_2)+(y-b_1)(y-b_2)=0$

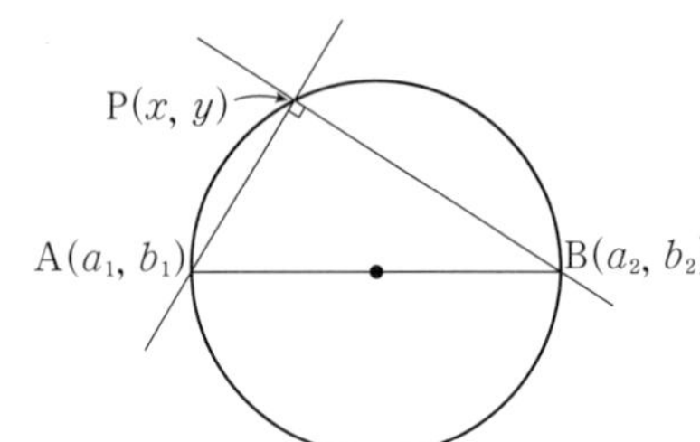

증명2 직각삼각형의 피타고라스 정리를 이용하여 증명

오른쪽 그림과 같이 두 점 $A(a_1, b_1)$, $B(a_2, b_2)$를 지름의 양 끝점으로 하는 원 위에 임의의 점 $P(x, y)$가 있다.

이때 삼각형 PAB는 $\angle APB=90^\circ$인 직각삼각형이므로

피타고라스 정리에 의하여 $\overline{PA}^2+\overline{PB}^2=\overline{AB}^2$이 성립한다.

즉 $(x-a_1)^2+(y-b_1)^2+(x-a_2)^2+(y-b_2)^2=(a_1-a_2)^2+(b_1-b_2)^2$

위의 식을 정리하면

$2x^2-2a_1x-2a_2x+2a_1a_2+2y^2-2b_1y-2b_2y+2b_1b_2=0$,

$x^2-a_1x-a_2x+a_1a_2+y^2-b_1y-b_2y+b_1b_2=0$

$\therefore (x-a_1)(x-a_2)+(y-b_1)(y-b_2)=0$

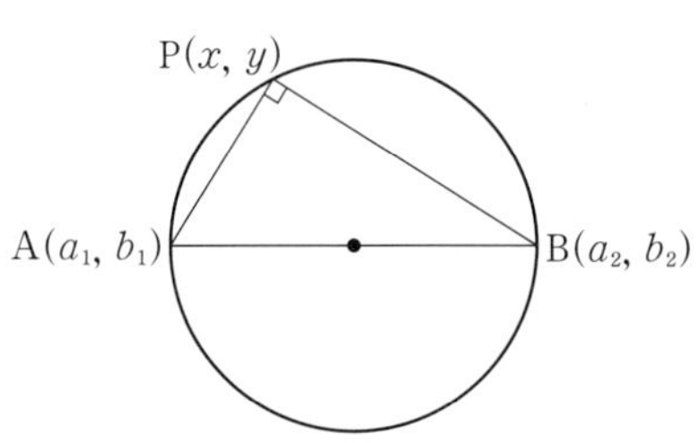

증명3 지름의 양 끝점의 중점이 원의 중심이 되고, 지름의 양 끝점 사이의 거리의 절반이 반지름의 길이가 됨을 이용하여 증명

두 점 $A(a_1, b_1)$, $B(a_2, b_2)$를 지름의 양 끝점으로 하는 원의 중심의 좌표는

$\left(\dfrac{a_1+a_2}{2}, \dfrac{b_1+b_2}{2}\right)$이고 반지름의 길이는 $\dfrac{1}{2}\sqrt{(a_2-a_1)^2+(b_2-b_1)^2}$

이므로 원의 방정식은

$\left(x-\dfrac{a_1+a_2}{2}\right)^2+\left(y-\dfrac{b_1+b_2}{2}\right)^2=\dfrac{1}{4}\{(a_2-a_1)^2+(b_2-b_1)^2\}$

위의 식을 정리하면

$x^2-(a_1+a_2)x+\dfrac{1}{4}(a_1+a_2)^2+y^2-(b_1+b_2)y+\dfrac{1}{4}(b_1+b_2)^2=\dfrac{1}{4}(a_2-a_1)^2+\dfrac{1}{4}(b_2-b_1)^2$,

$x^2-(a_1+a_2)x+a_1a_2+y^2-(b_1+b_2)y+b_1b_2=0$

$\therefore (x-a_1)(x-a_2)+(y-b_1)(y-b_2)=0$

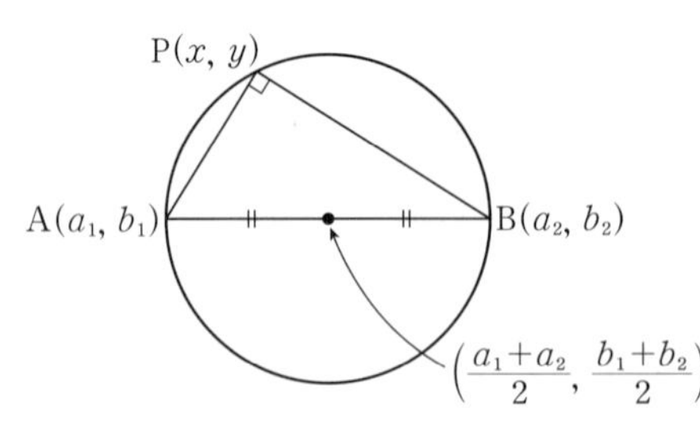

보기 01 두 점 $A(2, 3)$, $B(-2, -1)$을 지름의 양 끝점으로 하는 원의 방정식을 구하시오.

풀이 $(x-2)(x+2)+(y-3)(y+1)=0$이므로 정리하면 $x^2-4+y^2-2y-3=0$

$\therefore \boldsymbol{x^2+(y-1)^2=8}$

마플개념익힘 01 원의 방정식의 표준형

다음 조건을 만족하는 원의 방정식을 구하시오.

(1) 점 $\mathrm{C}(3,\ -2)$를 중심으로 하고, 점 $\mathrm{P}(6,\ 1)$을 지나는 원의 방정식

(2) 두 점 $\mathrm{A}(-4,\ 0)$, $\mathrm{B}(2,\ 6)$을 지름의 양 끝점으로 하는 원의 방정식

MAPL CORE ▶ (1) 원의 중심이나 반지름에 대한 조건이 주어지면 원의 방정식의 표준형 $(x-a)^2+(y-b)^2=r^2$을 이용한다.
(2) 두 점 A, B를 지름의 양 끝점으로 하는 원에 대하여 선분 AB의 중점이 원의 중심이고, 선분 AB의 길이가 원의 지름임을 이용하여 원의 방정식을 구할 수 있다.

개념익힘풀이

(1) **방법1 원의 방정식을 세운 후 원이 지나는 점의 좌표를 대입하여 풀이하기**

점 $\mathrm{C}(3,\ -2)$를 중심으로 하고 반지름의 길이가 r인 원의 방정식은

$(x-3)^2+(y+2)^2=r^2$

이 원은 점 $\mathrm{P}(6,\ 1)$을 지나므로 $(6-3)^2+(1+2)^2=r^2$

$\therefore\ r^2=18$

따라서 구하는 원의 방정식은 $\boldsymbol{(x-3)^2+(y+2)^2=18}$

방법2 두 점 사이의 거리를 이용하여 풀이하기

두 점 $\mathrm{C}(3,\ -2)$, $\mathrm{P}(6,\ 1)$ 사이의 거리가 반지름의 길이이므로

$r=\overline{\mathrm{CP}}=\sqrt{(6-3)^2+\{1-(-2)\}^2}=\sqrt{18}$

따라서 중심이 점 $(3,\ -2)$이고 반지름이 $\sqrt{18}$인 원의 방정식은 $\boldsymbol{(x-3)^2+(y+2)^2=18}$

(2) 두 점 $\mathrm{A}(-4,\ 0)$, $\mathrm{B}(2,\ 6)$을 지름의 양 끝점으로 하는 원의 중심은 선분 AB의 중점이므로

원의 중심의 좌표는 $\left(\dfrac{-4+2}{2},\ \dfrac{0+6}{2}\right)$, 즉 $(-1,\ 3)$

선분 AB가 원의 지름이므로 원의 반지름의 길이는

$\dfrac{1}{2}\overline{\mathrm{AB}}=\dfrac{1}{2}\sqrt{\{2-(-4)\}^2+(6-0)^2}=3\sqrt{2}$

따라서 구하는 원의 방정식은 $\boldsymbol{(x+1)^2+(y-3)^2=18}$

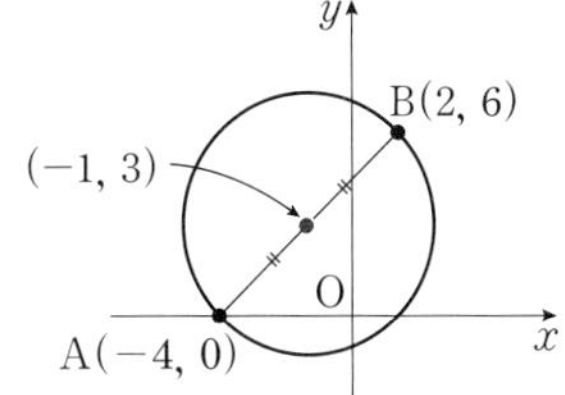

확인유제 0164 다음 조건을 만족하는 원의 방정식을 구하시오.

(1) 점 $(-2,\ 1)$을 중심으로 하고, 점 $(2,\ 4)$를 지나는 원의 방정식

(2) 두 점 $\mathrm{A}(-2,\ 3)$, $\mathrm{B}(6,\ -1)$을 지름의 양 끝점으로 하는 원의 방정식

변형문제 0165 두 점 $\mathrm{A}(-1,\ -2)$, $\mathrm{B}(7,\ 4)$를 지름의 양 끝점으로 하는 원이 점 $(k,\ 1)$을 지날 때, 모든 실수 k의 값의 합은?

① 4 ② 5 ③ 6 ④ 7 ⑤ 8

발전문제 0166 다음 물음에 답하시오.

(1) 좌표평면 위의 두 점 $\mathrm{A}(5,\ 1)$, $\mathrm{B}(2,\ 4)$에 대하여 선분 AB를 $2:1$로 내분하는 점을 P라 하자.
선분 AP를 지름으로 하는 원의 방정식을 구하시오.

(2) 세 점 $\mathrm{A}(-1,\ 2)$, $\mathrm{B}(10,\ -1)$, $\mathrm{C}(-3,\ 14)$에 대하여 삼각형 ABC의 무게중심과 점 B를 지름의 양 끝점으로 하는 원의 방정식을 구하시오.

정답 0164 : (1) $(x+2)^2+(y-1)^2=25$ (2) $(x-2)^2+(y-1)^2=20$ 0165 : ③ 0166 : (1) $(x-4)^2+(y-2)^2=2$ (2) $(x-6)^2+(y-2)^2=25$

마플개념익힘 02 중심이 직선 위에 있는 원의 방정식

중심이 x축 위에 있고 두 점 $(-2, 4)$, $(2, 0)$을 지나는 원의 방정식을 구하시오.

MAPL CORE ▶ (1) 중심이 x축 위에 있을 때 ➡ 중심의 좌표 $(a, 0)$
(2) 중심이 y축 위에 있을 때 ➡ 중심의 좌표 $(0, b)$
(3) 중심이 도형 위에 있을 때 ➡ 중심의 좌표 $(a, f(a))$

개념익힘**풀이**

방법1 **원의 방정식을 세운 후 원이 지나는 두 점의 좌표를 대입하여 풀이하기**

원의 중심이 x축 위에 있으므로 중심의 좌표를 $(a, 0)$, 반지름의 길이를 r이라 하면
원의 방정식은
$(x-a)^2+y^2=r^2$ …… ㉠
원 ㉠이 점 $(-2, 4)$를 지나므로
$(-2-a)^2+4^2=r^2$ $\quad\therefore a^2+4a+20=r^2$ …… ㉡
원 ㉠이 점 $(2, 0)$을 지나므로
$(2-a)^2=r^2$ $\quad\therefore a^2-4a+4=r^2$ …… ㉢
㉡, ㉢을 연립하여 풀면 $a=-2$, $r^2=16$
따라서 구하는 원의 방정식은 $\mathbf{(x+2)^2+y^2=16}$

방법2 **원의 중심에서 두 점에 이르는 거리가 같음을 이용하여 풀이하기**

원의 중심이 x축 위에 있으므로 중심의 좌표를 $(a, 0)$이라 하자.
점 $(a, 0)$에서 두 점 $(-2, 4)$, $(2, 0)$에 이르는 거리가 일치하므로
$\sqrt{\{a-(-2)\}^2+(0-4)^2}=\sqrt{(a-2)^2+(0-0)^2}$,
$\sqrt{a^2+4a+20}=\sqrt{a^2-4a+4}$ …… ㉠
㉠의 양변을 제곱하면 $a^2+4a+20=a^2-4a+4$, $8a=-16$
$\therefore a=-2$
㉠에 $a=-2$를 대입하면 원의 반지름의 길이는 $\sqrt{16}=4$
따라서 구하는 원의 방정식은 $\mathbf{(x+2)^2+y^2=16}$

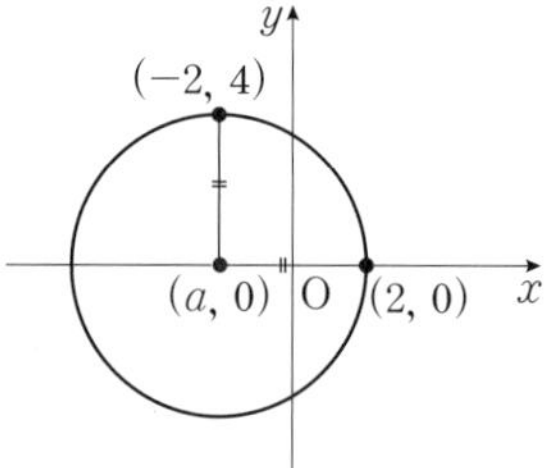

확인유제 0167 다음 조건을 만족하는 원의 방정식을 구하시오.
(1) 중심이 x축에 있고 두 점 $(1, \sqrt{3})$, $(2, -2)$를 지나는 원의 방정식
(2) 중심이 y축에 있고 두 점 $(-4, 1)$, $(3, 0)$을 지나는 원의 방정식

변형문제 0168 중심이 직선 $y=x$ 위에 있고 두 점 $(-1, 6)$, $(5, -2)$를 지나는 원의 둘레의 길이는?
① 5π ② 10π ③ 15π ④ 25π ⑤ 36π

발전문제 0169 중심이 직선 $y=2x+1$ 위에 있고 두 점 $(2, 9)$, $(4, 5)$를 지나는 원의 방정식을 구하시오.

정답 0167 : (1) $(x-2)^2+y^2=4$ (2) $x^2+(y-4)^2=25$ 0168 : ② 0169 : $(x-3)^2+(y-7)^2=5$

마플개념익힘 03 원의 방정식의 일반형

다음 물음에 답하시오.

(1) 원 $x^2+y^2-2ax-6y=0$의 중심의 좌표가 $(4, b)$이고 반지름의 길이가 r일 때, 상수 a, b, r에 대하여 $a+b+r$의 값을 구하시오.

(2) 방정식 $x^2+y^2+6x-2ky+2k^2-7=0$이 원의 방정식이 되도록 하는 실수 k의 값의 범위를 구하시오.

MAPL CORE ▶ x, y에 대한 이차방정식 $x^2+y^2+Ax+By+C=0$을 완전제곱식을 이용하여 $(x-a)^2+(y-b)^2=c$꼴로 변형했을 때,

(1) 원의 중심의 좌표는 (a, b), 반지름의 길이는 $\sqrt{c}$이다.

(2) 원을 나타내려면 $c>0$이어야 한다.

개념익힘풀이

(1) 원 $x^2+y^2-2ax-6y=0$을 변형하면

$(x^2-2ax+a^2)+(y^2-6y+9)-a^2-9=0$에서

$(x-a)^2+(y-3)^2=a^2+9$

이 원의 중심의 좌표는 $(a, 3)$이므로 $a=4$, $b=3$

원의 반지름의 길이는 $r=\sqrt{a^2+9}=\sqrt{25}=5$

따라서 $a+b+r=4+3+5=\mathbf{12}$

(2) $x^2+y^2+6x-2ky+2k^2-7=0$을 변형하면

$(x^2+6x+9)+(y^2-2ky+k^2)-16+k^2=0$에서

$(x+3)^2+(y-k)^2=16-k^2$

이 방정식이 원을 나타내려면 $16-k^2>0$, $(k+4)(k-4)<0$

$\therefore \mathbf{-4<k<4}$

확인유제 0170 다음 물음에 답하시오.

(1) 원 $x^2+y^2-2x+8y+a=0$의 중심의 좌표가 $(b, -4)$이고 반지름의 길이가 3일 때, 상수 a, b에 대하여 $a+b$의 값을 구하시오.

(2) 방정식 $x^2+y^2-2kx+6y+2k^2-4k+4=0$이 나타내는 도형이 원이 되도록 하는 실수 k의 값의 범위를 구하시오.

변형문제 0171 방정식 $x^2+y^2-2x-2ky+2k^2-7k-5=0$이 나타내는 도형의 반지름의 길이가 $2\sqrt{3}$ 이상인 원이 되도록 하는 자연수 k의 값의 합은?

① 15 ② 17 ③ 19 ④ 21 ⑤ 23

발전문제 0172 직선 $y=2x-2$가 원 $x^2+y^2-2ax-2ay-a^2-2a-9=0$의 넓이를 이등분할 때, 이 원의 넓이를 구하시오.

정답 0170 : (1) 9 (2) $-1<k<5$ 0171 : ④ 0172 : 25π

마플개념익힘 04 세 점을 지나는 원의 방정식

세 점 $(0, 0)$, $(0, 2)$, $(-2, 4)$를 지나는 원의 방정식을 구하시오.

MAPL CORE ▶ 원 위에 세 점이 주어지면
[방법1] $x^2+y^2+Ax+By+C=0$에 대입하여 구한다.
[방법2] 원의 중심과 세 점 사이의 거리가 같음을 이용하여 구한다.

개념익힘풀이

방법1 원의 방정식을 $x^2+y^2+Ax+By+C=0$으로 놓고 세 점의 좌표를 대입하여 풀이하기

구하는 원의 방정식을 $x^2+y^2+Ax+By+C=0$이라 하면

이 원은 세 점 $(0, 0)$, $(0, 2)$, $(-2, 4)$를 지나므로

$C=0$, $4+2B+C=0$, $20-2A+4B+C=0$

위의 세 식을 연립하여 풀면 $A=6$, $B=-2$, $C=0$

따라서 구하는 원의 방정식은 $\boldsymbol{x^2+y^2+6x-2y=0}$

방법2 원의 중심에서 세 점에 이르는 거리가 같음을 이용하여 풀이하기

주어진 세 점을 $\mathrm{A}(0, 0)$, $\mathrm{B}(0, 2)$, $\mathrm{C}(-2, 4)$라 하고

원의 중심을 $\mathrm{P}(a, b)$라 하면 $\overline{\mathrm{AP}}=\overline{\mathrm{BP}}=\overline{\mathrm{CP}}$

$\overline{\mathrm{AP}}=\sqrt{a^2+b^2}$

$\overline{\mathrm{BP}}=\sqrt{(a-0)^2+(b-2)^2}=\sqrt{a^2+b^2-4b+4}$

$\overline{\mathrm{CP}}=\sqrt{\{a-(-2)\}^2+(b-4)^2}=\sqrt{a^2+4a+b^2-8b+20}$

$\overline{\mathrm{AP}}=\overline{\mathrm{BP}}$에서 $\overline{\mathrm{AP}}^2=\overline{\mathrm{BP}}^2$이므로 $a^2+b^2=a^2+b^2-4b+4$, $4b=4$

$\therefore b=1$ …… ㉠

$\overline{\mathrm{AP}}=\overline{\mathrm{CP}}$에서 $\overline{\mathrm{AP}}^2=\overline{\mathrm{CP}}^2$이므로 $a^2+b^2=a^2+4a+b^2-8b+20$

$\therefore a-2b+5=0$ …… ㉡

㉠, ㉡을 연립하여 풀면 $a=-3$, $b=1$

이때 중심은 $\mathrm{P}(-3, 1)$이고 반지름의 길이는 $\overline{\mathrm{AP}}=\sqrt{(-3)^2+1^2}=\sqrt{10}$

따라서 구하는 원의 방정식은 $\boldsymbol{(x+3)^2+(y-1)^2=10}$

확인유제 0173 세 점 $(0, 0)$, $(2, 6)$, $(4, 2)$를 지나는 원의 방정식이 $(x-a)^2+(y-b)^2=r^2$일 때, $a+b+r^2$의 값을 구하시오.

변형문제 0174 좌표평면에 있는 네 점 $(1, 0)$, $(0, -1)$, $(0, 2)$, $(k, 1)$이 한 원 위의 점일 때, 실수 k의 값의 합은?

① -3 ② -2 ③ -1 ④ 1 ⑤ 2

발전문제 0175 세 직선 $2x+y=0$, $3x+5y=0$, $x+y-2=0$으로 둘러싸인 삼각형의 외접원의 방정식을 $(x-a)^2+(y-b)^2=r^2$일 때, $a+b+r^2$의 값을 구하시오.

정답 0173 : 14 0174 : ③ 0175 : 98

02 여러 가지 원의 방정식

개념유형 01 좌표축에 접하는 원의 방정식

(1) **x축에 접하는 원의 방정식**

중심의 좌표가 (a, b)이고 반지름의 길이가 r인 원이 x축에 접하면

(반지름의 길이)$=|$(중심의 y좌표)$|=|b|$ ◀ $r=|b|$

원의 방정식은

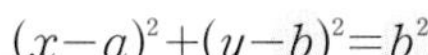

$$(x-a)^2+(y-b)^2=b^2$$

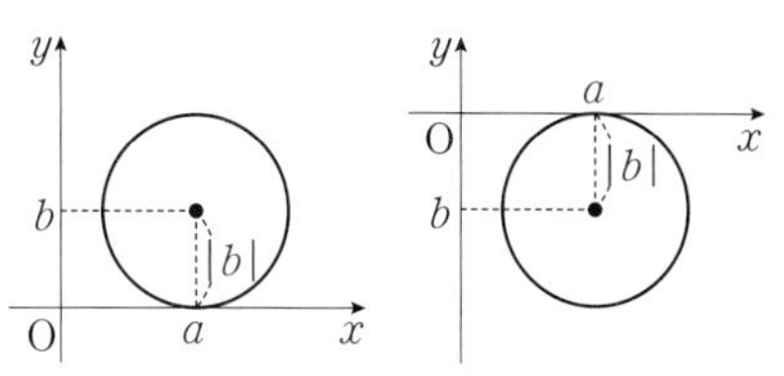

(2) **y축에 접하는 원의 방정식**

중심의 좌표가 (a, b)이고 반지름의 길이가 r인 원이 y축에 접하면

(반지름의 길이)$=|$(중심의 x좌표)$|=|a|$ ◀ $r=|a|$

원의 방정식은

$$(x-a)^2+(y-b)^2=a^2$$

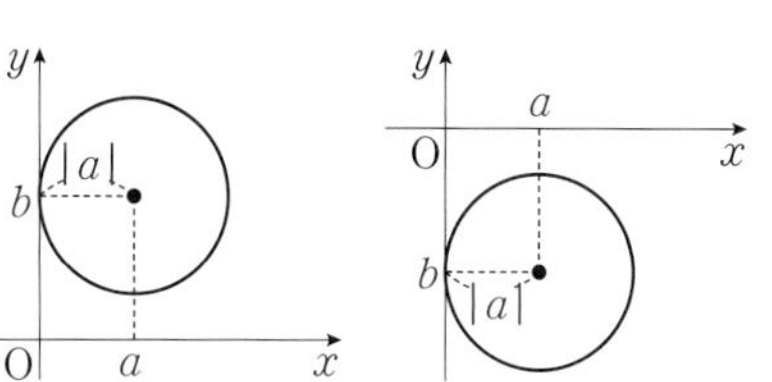

참고 『축에 접한다』는 조건을 이용하면 원의 방정식의 표준형에서 미지수의 개수를 줄일 수 있다.
원이 좌표축에 접하면 반지름의 길이는 원의 중심의 좌표를 이용해서 나타낸다.

보기 01 다음 원의 방정식을 구하시오.

(1) 중심의 좌표가 $(4, -3)$이고 x축에 접하는 원의 방정식

(2) 중심의 좌표가 $(-2, 5)$이고 y축에 접하는 원의 방정식

풀이

(1) $|$(중심의 y좌표)$|=$(반지름의 길이), 즉 $r=|-3|=3$이므로 원의 방정식은 $\boldsymbol{(x-4)^2+(y+3)^2=9}$

(2) $|$(중심의 x좌표)$|=$(반지름의 길이), 즉 $r=|-2|=2$이므로 원의 방정식은 $\boldsymbol{(x+2)^2+(y-5)^2=4}$

개념유형 02 x축, y축에 동시에 접하는 원의 방정식

반지름의 길이가 $r(r>0)$이고 x축, y축에 동시에 접하면

$|$(중심의 x좌표)$|=|$(중심의 y좌표)$|=$(반지름의 길이)

이므로 중심이 속하는 사분면에 따라 원의 방정식은 다음과 같다.

(1) 중심이 제1사분면 위에 있으면 ➡ $(x-r)^2+(y-r)^2=r^2$

(2) 중심이 제2사분면 위에 있으면 ➡ $(x+r)^2+(y-r)^2=r^2$

(3) 중심이 제3사분면 위에 있으면 ➡ $(x+r)^2+(y+r)^2=r^2$

(4) 중심이 제4사분면 위에 있으면 ➡ $(x-r)^2+(y+r)^2=r^2$

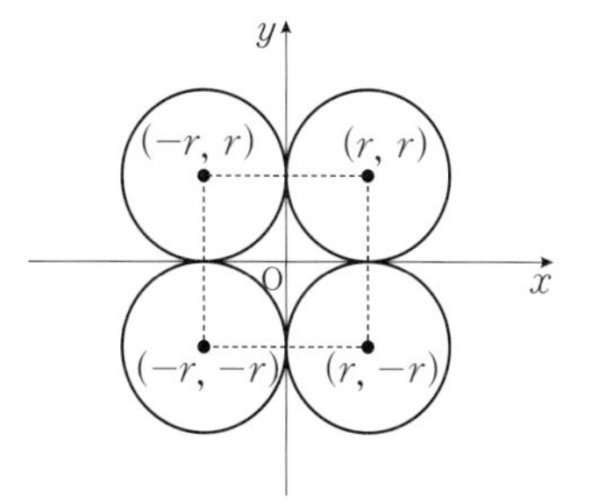

참고 x축, y축에 동시에 접하는 원의 중심은 직선 $y=x$ 또는 $y=-x$ 위에 있다.

마플해설

① 제1, 3사분면에서 x축, y축에 동시에 접하는 원의 중심은 ⇨ 직선 $y=x$ 위에 있다.

② 제2, 4사분면에서 x축, y축에 동시에 접하는 원의 중심은 ⇨ 직선 $y=-x$ 위에 있다.

③ 제1사분면에서 x축, y축에 동시에 접하는 원의 중심이 직선 $ax+by+c=0$ 위에 있으면
원의 중심 (r, r)의 좌표를 $ax+by+c=0$에 대입하여 r의 값을 구할 수 있다.

보기 02 다음 원의 방정식을 구하시오.

(1) 중심의 좌표가 $(2, 2)$이고 x축과 y축에 동시에 접하는 원의 방정식

(2) 중심의 좌표가 $(-3, -3)$이고 x축과 y축에 동시에 접하는 원의 방정식

풀이

(1) 반지름의 길이는 중심의 x좌표, y좌표의 절댓값과 같으므로 $\boldsymbol{(x-2)^2+(y-2)^2=4}$

(2) 반지름의 길이는 중심의 x좌표, y좌표의 절댓값과 같으므로 $\boldsymbol{(x+3)^2+(y+3)^2=9}$

02 길이의 비가 주어진 점이 나타내는 도형의 방정식

보충유형

01 아폴로니오스(Apollonios)의 원의 정의

두 정점으로부터 거리의 비가 일정한 점의 자취

두 정점 A, B에 대하여 $\overline{PA} : \overline{PB} = m : n$ $(m>0,\ n>0)$인 점 P가 나타내는 도형은

(1) $m=n$일 때, 선분 AB의 수직이등분선이다.

(2) $m \neq n$일 때, 선분 AB를 $m : n$으로 내분한 점과 외분한 점을 지름의 양 끝으로 하는 원이다.

마플해설 두 점 A, B에 대하여

$\overline{PA} : \overline{PB} = m : n$ $(m>0,\ n>0,\ m \neq n)$인 점 P가 그리는 도형은

선분 AB를 $m : n$으로 내분한 점과 $m : n$으로 외분한 점을 지름의 양 끝으로 하는 원이 된다.

이 원을 '아폴로니오스의 원' 이라고 한다.

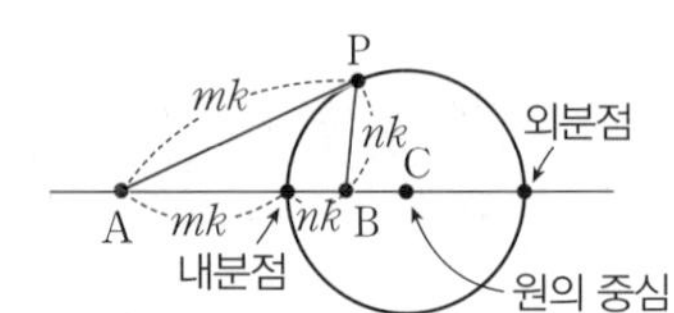

보기 01 두 점 A(1, 0), B(4, 0)에 대하여

$$\overline{AP} : \overline{BP} = 2 : 1$$

을 만족하는 점 P가 그리는 도형의 방정식을 구하시오.

풀이 주어진 조건을 만족하는 점 P의 좌표를 $P(x,\ y)$로 놓으면

두 점 A(1, 0), B(4, 0)에 대하여

$\overline{AP} = \sqrt{(x-1)^2+(y-0)^2} = \sqrt{x^2-2x+y^2+1}$

$\overline{BP} = \sqrt{(x-4)^2+(y-0)^2} = \sqrt{x^2-8x+y^2+16}$

이때 $\overline{AP} : \overline{BP} = 2 : 1$에서 $2\overline{BP} = \overline{AP}$이므로 $4\overline{BP}^2 = \overline{AP}^2$

$4(x^2-8x+y^2+16) = x^2-2x+y^2+1,\ x^2+y^2-10x+21=0$

$\therefore\ \boldsymbol{(x-5)^2+y^2=4}$

다른풀이 선분 AB를 $m : n$으로 내분한 점과 외분한 점을 이용하여 풀이하기

점 P의 자취는 선분 AB를 2 : 1로 내분하는 점과 외분하는 점을 지름의 양 끝점으로 하는 원이다.

두 점 A(1, 0), B(4, 0)을 이은 선분 AB를 2 : 1로 내분하는 점의 좌표는

$\left(\dfrac{2\times4+1\times1}{2+1},\ \dfrac{2\times0+1\times0}{2+1}\right)$, 즉 Q(3, 0)

또한, 2 : 1로 외분하는 점의 좌표는

$\left(\dfrac{2\times4-1\times1}{2-1},\ \dfrac{2\times0-1\times0}{2-1}\right)$, 즉 R(7, 0)

이때 두 점 Q(3, 0), R(7, 0)을 지름의 양 끝점으로 하는 원의 중심은

C(5, 0)이고 반지름의 길이는 $\dfrac{1}{2}\overline{QR}=2$

따라서 점 P의 자취의 방정식은 $\boldsymbol{(x-5)^2+y^2=4}$

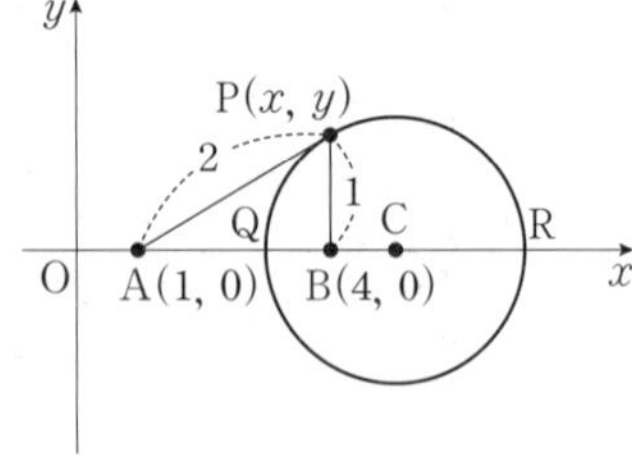

중점, 내분점, 무게중심의 도형(자취)의 방정식 구하기

❶ 주어진 조건을 만족하는 점의 좌표를 $P(x,\ y)$로 놓는다.

❷ 주어진 조건 (중점, 내분점, 무게중심)의 공식을 이용하여 x와 y 사이의 관계식을 구한다.

❸ x와 y의 관계식을 보고 자취가 나타내는 도형을 알아낸다.
이때 제한된 범위의 유무를 조사한다.

마플개념익힘 01 x축 또는 y축에 접하는 원의 방정식

다음 물음에 답하시오.

(1) 점 $(4,\ 0)$에서 x축에 접하고 점 $(0,\ 2)$를 지나는 원의 넓이를 구하시오.

(2) 중심이 직선 $y=x+1$ 위에 있고 점 $(3,\ 2)$를 지나며 x축에 접하는 원의 방정식을 구하시오.

MAPL CORE ▶ 원이 좌표축에 접하면 반지름의 길이는 원의 중심의 좌표를 이용해서 나타낸다.

(1) x축에 접하는 원의 반지름의 길이는 원의 중심의 y좌표의 절댓값과 같다. 즉 중심이 $(a,\ b)$인 원은 $(x-a)^2+(y-b)^2=b^2$

(2) y축에 접하는 원의 반지름의 길이는 원의 중심의 x좌표의 절댓값과 같다. 즉 중심이 $(a,\ b)$인 원은 $(x-a)^2+(y-b)^2=a^2$

개념익힘풀이

(1) 점 $(4,\ 0)$에서 x축에 접하므로 원의 중심을 $(4,\ b)$로 놓으면

원의 방정식은 $(x-4)^2+(y-b)^2=b^2$

이 원이 점 $(0,\ 2)$를 지나므로 대입하면 $16+b^2-4b+4=b^2$

$\therefore\ b=5$

원의 방정식이 $(x-4)^2+(y-5)^2=25$

따라서 구하는 원의 넓이는 **25π**

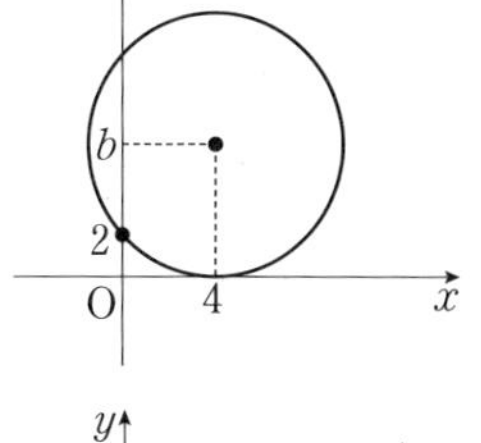

(2) x축에 접하는 원의 방정식을 $(x-a)^2+(y-b)^2=b^2$이라 놓으면

중심 $(a,\ b)$가 직선 $y=x+1$ 위에 있으므로 $b=a+1$이므로

$(x-a)^2+(y-a-1)^2=(a+1)^2$

이 원이 점 $(3,\ 2)$를 지나므로

$(3-a)^2+(1-a)^2=(a+1)^2$, $a^2-10a+9=0$, $(a-1)(a-9)=0$

$\therefore\ a=1$ 또는 $a=9$ ← $b=2$ 또는 $b=10$

따라서 구하는 원의 방정식은 **$(x-1)^2+(y-2)^2=4$ 또는 $(x-9)^2+(y-10)^2=100$**

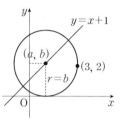

확인유제 0176 다음 물음에 답하시오.

(1) 점 $(0,\ 3)$에서 y축에 접하는 원의 넓이가 16π일 때, 이 원의 방정식을 구하시오.

(2) 중심이 직선 $y=x+2$ 위에 있고 점 $(4,\ 4)$를 지나며 y축에 접하는 원의 방정식을 구하시오.

변형문제 0177 두 점 $\mathrm{A}(2,\ -3)$, $\mathrm{B}(5,\ 6)$에 대하여 선분 AB를 $2:1$로 내분하는 점을 중심으로 하고 y축에 접하는 원의 방정식이 $(x-a)^2+(y-b)^2=r^2$일 때, 상수 a, b, r^2에 대하여 $a+b+r^2$의 값은?

① 20 ② 21 ③ 22 ④ 23 ⑤ 24

발전문제 0178 원 $x^2+y^2-2ax-2y+b=0$이 점 $(-2,\ 3)$을 지나고 y축에 접할 때, 상수 a, b에 대하여 $b-a$의 값을 구하시오.

정답
0176 : (1) $(x-4)^2+(y-3)^2=16$ 또는 $(x+4)^2+(y-3)^2=16$ (2) $(x-2)^2+(y-4)^2=4$ 또는 $(x-10)^2+(y-12)^2=100$
0177 : ④ 0178 : 3

마플개념익힘 02 x축과 y축에 동시에 접하는 원의 방정식

오른쪽 그림과 같이 점 $(2, 1)$을 지나고 x축과 y축에 동시에 접하는 두 원에 대하여 다음 물음에 답하시오.

(1) 원의 방정식을 구하시오.

(2) 두 원의 중심 사이의 거리를 구하시오.

(3) 두 원의 넓이의 합을 구하시오.

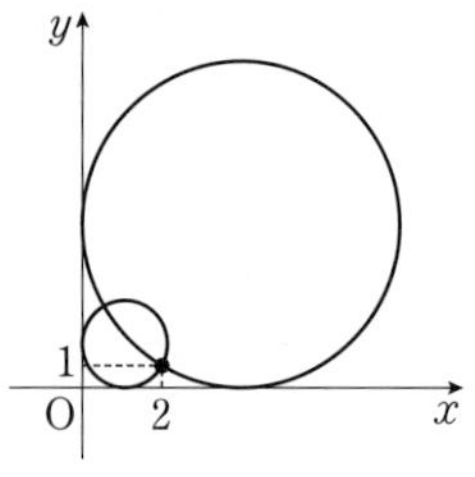

MAPL CORE ▶ x축과 y축에 접하는 원

(1) (반지름의 길이)$=|$중심의 x좌표$|=|$중심의 y좌표$|$

① 중심이 제1사분면 ➡ $(x-r)^2+(y-r)^2=r^2$

② 중심이 제2사분면 ➡ $(x+r)^2+(y-r)^2=r^2$

③ 중심이 제3사분면 ➡ $(x+r)^2+(y+r)^2=r^2$

④ 중심이 제4사분면 ➡ $(x-r)^2+(y+r)^2=r^2$

(2) x축과 y축에 동시에 접하는 원의 중심은 직선 $y=x$ 또는 $y=-x$ 위에 있다.

개념익힘풀이

(1) x축과 y축에 동시에 접하는 원이 점 $(2, 1)$을 지나므로

원의 중심이 제1사분면에 있어야 한다.

즉 원의 반지름의 길이를 r이라 하면 원의 중심이 (r, r)이므로

원의 방정식은 $(x-r)^2+(y-r)^2=r^2$

이 원이 점 $(2, 1)$을 지나므로

$(2-r)^2+(1-r)^2=r^2$, $r^2-6r+5=0$, $(r-5)(r-1)=0$

$\therefore r=5$ 또는 $r=1$

따라서 원의 방정식은 $\boldsymbol{(x-1)^2+(y-1)^2=1}$ **또는** $\boldsymbol{(x-5)^2+(y-5)^2=25}$

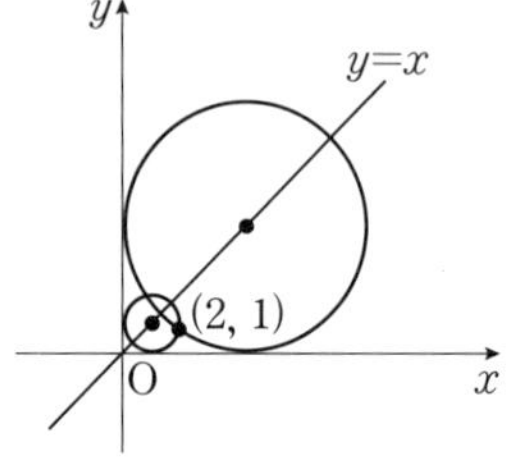

(2) 두 원의 중심의 좌표가 각각 $(1, 1)$, $(5, 5)$이므로

두 원의 중심 사이의 거리는 $\sqrt{(5-1)^2+(5-1)^2}=\boldsymbol{4\sqrt{2}}$

(3) 두 원의 반지름이 각각 1, 5이므로 두 원의 넓이의 합은 $\pi+25\pi=\boldsymbol{26\pi}$

확인유제 0179 점 $(-3, -6)$을 지나고 x축과 y축에 동시에 접하는 두 원에 대하여 다음 물음에 답하시오.

(1) 원의 방정식을 구하시오.

(2) 두 원의 중심 사이의 거리를 구하시오.

(3) 두 원의 넓이의 합을 구하시오.

변형문제 0180 원 $x^2+y^2-6x-2ay+b=0$이 x축과 y축에 동시에 접할 때, 양수 a, b에 대하여 $a+b$의 값은?

① 6 ② 9 ③ 12 ④ 15 ⑤ 18

발전문제 0181 다음 조건을 만족하는 원의 방정식을 구하시오.

(1) 중심이 직선 $3x+y=8$의 제1사분면 위에 있고 x축과 y축에 동시에 접하는 원의 방정식

(2) 중심이 직선 $x+2y=3$의 제2사분면 위에 있고 x축과 y축에 동시에 접하는 원의 방정식

정답
0179 : (1) $(x+3)^2+(y+3)^2=9$ 또는 $(x+15)^2+(y+15)^2=225$ (2) $12\sqrt{2}$ (3) 234π 0180 : ③
0181 : (1) $(x-2)^2+(y-2)^2=4$ (2) $(x+3)^2+(y-3)^2=9$

두 정점 $A(-2, 0)$, $B(3, 0)$에 대하여 $\overline{AP}:\overline{BP}=3:2$인 점 P에 대하여 다음 물음에 답하시오.

(1) 점 P가 그리는 도형의 방정식을 구하시오.

(2) 삼각형 PAB의 넓이의 최댓값을 구하시오.

(3) $\angle PAB$의 크기가 최대일 때, 선분 AP의 길이를 구하시오.

MAPL CORE ▶ 점이 나타내는 도형은 조건을 만족하는 점의 좌표를 (x, y)로 놓고 x, y 사이의 관계식을 구한다.
점 P의 좌표를 (x, y)로 놓고 두 점 사이의 거리를 구하는 공식을 이용하여 주어진 조건을 만족시키는 x, y 사이의 관계식을 구한다.

(1) 주어진 조건을 만족하는 점을 $P(x, y)$라고 하면

두 점 $A(-2, 0)$, $B(3, 0)$에 대하여

$\overline{AP}=\sqrt{\{x-(-2)\}^2+(y-0)^2}=\sqrt{x^2+4x+y^2+4}$

$\overline{BP}=\sqrt{(x-3)^2+(y-0)^2}=\sqrt{x^2-6x+y^2+9}$

이때 $\overline{AP}:\overline{BP}=3:2$에서 $3\overline{BP}=2\overline{AP}$이므로 $9\overline{BP}^2=4\overline{AP}^2$

$9(x^2-6x+y^2+9)=4(x^2+4x+y^2+4)$, $x^2-14x+y^2+13=0$

$\therefore \boldsymbol{(x-7)^2+y^2=36}$

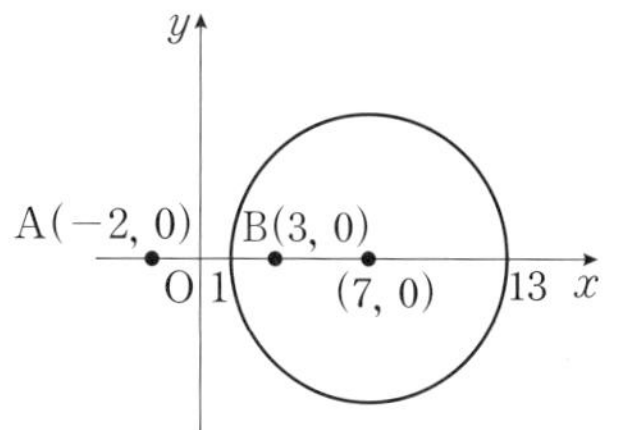

(2) 점 P에서 x축에 내린 수선의 발을 H라고 하면

삼각형 PAB의 넓이는 $\frac{1}{2}\times\overline{AB}\times\overline{PH}$

$\overline{AB}=5$이고 직선 AB가 원의 중심 $(7, 0)$을 지나므로

선분 PH의 길이의 최댓값은 반지름의 길이 6과 같다.

따라서 삼각형 PAB의 넓이의 최댓값은 $\frac{1}{2}\times5\times6=\mathbf{15}$

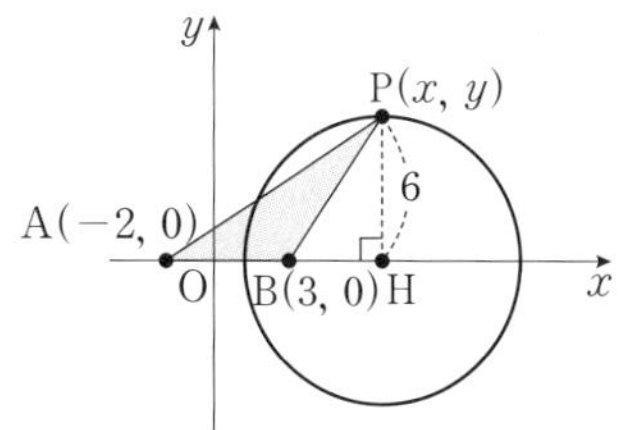

(3) $\angle PAB$의 크기는 오른쪽 그림과 같이 직선 AP가 원에 접할 때, 최대이다.

원의 중심을 C라 하면 삼각형 PAC에서 $\angle CPA=90°$이므로

피타고라스 정리에 의하여

$\overline{AP}=\sqrt{\overline{AC}^2-\overline{PC}^2}=\sqrt{9^2-6^2}=\sqrt{45}=\mathbf{3\sqrt{5}}$

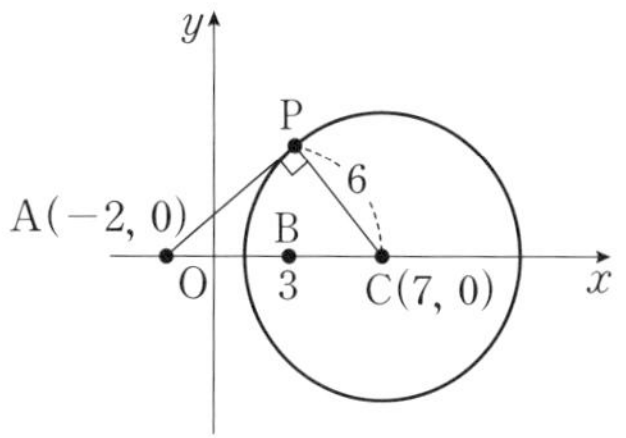

확인유제 0182 두 점 $A(-4, 0)$, $B(2, 0)$으로부터 거리의 비가 $2:1$인 점 P에 대하여 다음 물음에 답하시오.

(1) 점 P가 그리는 도형의 방정식을 구하시오.

(2) 삼각형 PAB의 넓이의 최댓값을 구하시오.

(3) $\angle PAB$의 크기가 최대일 때, 선분 AP의 길이를 구하시오.

변형문제 0183 좌표평면 위에 두 점 $A(0, 3)$, $B(b, 0)(b>0)$이 있다. $\overline{PA}:\overline{PB}=1:2$를 만족하는 점 P가 나타내는 도형이 x축에 접하도록 하는 상수 b의 값은?

① $\sqrt{3}$　② $2\sqrt{3}$　③ $3\sqrt{3}$　④ $4\sqrt{3}$　⑤ $5\sqrt{3}$

발전문제 0184 다음 물음에 답하시오.

(1) 점 $A(6, 1)$과 원 $x^2+y^2+4x+6y-23=0$ 위의 임의의 점 P를 이은 선분 AP의 중점을 M이라 할 때, 점 M이 나타내는 도형의 길이를 구하시오.

(2) 점 P가 원 $x^2+y^2=9$ 위를 움직일 때, 두 점 $A(3, 6)$, $B(6, 0)$에 대하여 삼각형 ABP의 무게중심 G가 나타내는 도형의 방정식을 구하시오.

정답 0182 : (1) $(x-4)^2+y^2=16$ (2) 12 (3) $4\sqrt{3}$　0183 : ③　0184 : (1) 6π (2) $(x-3)^2+(y-2)^2=1$

도형과 축에 접하는 원의 방정식

특강유형

01 직선과 축에 접하는 원의 방정식

(1) 중심의 좌표가 $(a,\ b)$이고, x축에 접하는 원의 방정식은

$(x-a)^2+(y-b)^2=b^2$

(2) 중심의 좌표가 $(a,\ b)$이고, y축에 접하는 원의 방정식은

$(x-a)^2+(y-b)^2=a^2$

(3) 반지름의 길이가 r이고, x축과 y축에 동시에 접하는 원의 방정식은

$(x\pm r)^2+(y\pm r)^2=r^2$

참고 원과 직선이 접할 때, (원의 중심에서 직선 사이의 거리)=(원의 반지름의 길이)임을 이용하기

마플특강문제 01

오른쪽 그림과 같이 중심이 직선 $y=-2x+6$ 위에 있고 x축과 y축에 동시에 접하는 두 원의 반지름의 길이의 합을 구하시오.

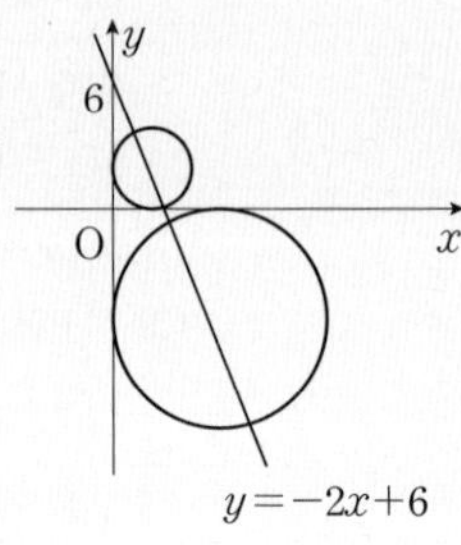

마플특강 풀이

STEP Ⓐ x축과 y축에 동시에 접하는 원의 방정식 구하기

구하는 원의 중심의 좌표를 $(a,\ b)$, 반지름의 길이를 r이라고 하자.

원의 중심이 직선 $y=-2x+6$ 위에 있으므로 $b=-2a+6$ …… ㉠

원이 x축과 y축에 접하므로 $|a|=|b|$, 즉 $b=\pm a$

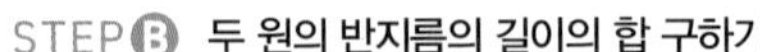

STEP Ⓑ 두 원의 반지름의 길이의 합 구하기

(ⅰ) $b=a$일 때, ㉠에서 $a=-2a+6$ $\quad\therefore a=b=2$

이때 $r=2$이고 원의 방정식은 $(x-2)^2+(y-2)^2=4$

(ⅱ) $b=-a$일 때, ㉠에서 $-a=-2a+6$ $\quad\therefore a=6,\ b=-6$

이때 $r=6$이고 원의 방정식은 $(x-6)^2+(y+6)^2=36$

(ⅰ), (ⅱ)에서 두 원의 반지름의 길이의 합은 $2+6=$**8**

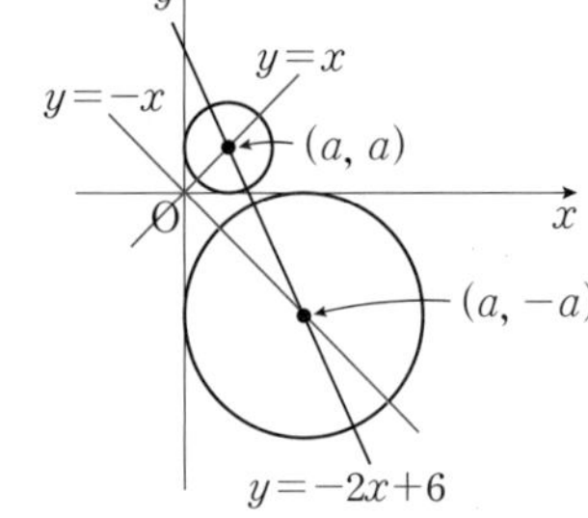

마플특강문제 02

점 $(3,\ 0)$을 지나면서 x축과 직선 $4x-3y+12=0$에 동시에 접하는 원은 두 개 있다. 이 두 원의 중심 사이의 거리를 구하시오.

마플특강 풀이

STEP Ⓐ (원의 중심에서 직선 사이의 거리)=(원의 반지름의 길이)임을 이용하기

점 $(3,\ 0)$을 지나고 x축에 접하는 원의 방정식은 $(x-3)^2+(y-b)^2=b^2$이라 하자.

이 원이 직선 $4x-3y+12=0$에 접하면 중심 $(3,\ b)$와

이 직선 사이의 거리가 원의 반지름의 길이와 같아야 한다.

즉 $\dfrac{|4\times3-3\times b+12|}{\sqrt{4^2+(-3)^2}}=|b|$에서 $|24-3b|=5|b|$, $24-3b=\pm5b$

$\therefore b=3$ 또는 $b=-12$

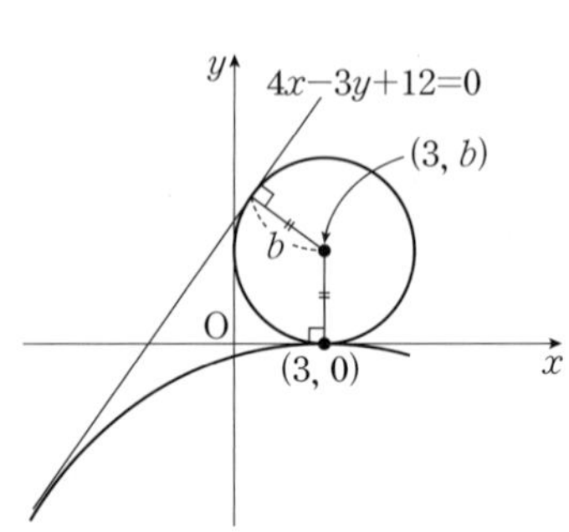

STEP Ⓑ 두 원의 중심 사이의 거리 구하기

따라서 구하는 두 원의 중심의 좌표는 각각 $(3,\ 3)$, $(3,\ -12)$이므로 중심 사이의 거리는 $|-12-3|=$**15**

마플특강문제 **03** 오른쪽 그림과 같이 제2사분면에서 x축, y축, 직선 $4x-3y+24=0$에 동시에 접하는 원이 두 개 있다. 이 두 원의 반지름의 길이의 합을 구하시오.

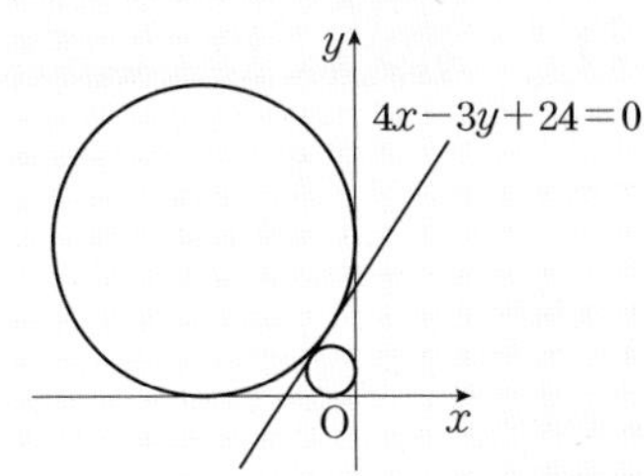

마플특강 풀이

STEP Ⓐ x축과 y축에 동시에 접하는 원의 방정식 구하기

제2사분면에 접하는 원의 방정식을 $(x+a)^2+(y-a)^2=a^2\ (a>0)$이라 하자.

STEP Ⓑ (원의 중심에서 직선 사이의 거리)=(원의 반지름의 길이)임을 이용하기

원의 중심 $(-a,\ a)$에서 직선 $4x-3y+24=0$까지의 거리가 반지름의 길이와 같아야 한다.

즉 $\dfrac{|-4a-3a+24|}{\sqrt{4^2+(-3)^2}}=a$에서 $|-7a+24|=5a,\ -7a+24=\pm5a$

$\therefore a=2$ 또는 $a=12$

따라서 구하는 반지름의 길이의 합은 $2+12=\mathbf{14}$

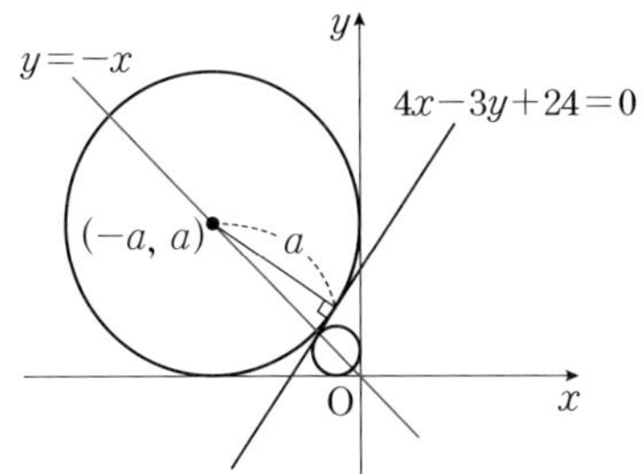

마플특강문제 **04** 직선 $y=x$ 위의 점을 중심으로 하고, x축과 y축에 동시에 접하는 원 중에서 직선 $3x-4y+12=0$과 접하는 원의 개수는 2이다. 두 원의 중심을 각각 A, B라 할 때, $\overline{\mathrm{AB}}^2$의 값을 구하시오.

2019년 09월 고1 학력평가 27번

마플특강 풀이

STEP Ⓐ x축과 y축에 동시에 접하는 원의 방정식 구하기

원의 중심이 직선 $y=x$ 위에 있고 x축과 y축에 동시에 접하는 원의 방정식을 $(x-a)^2+(y-a)^2=a^2\ (a>0)$이라 하자.

STEP Ⓑ (원의 중심에서 직선 사이의 거리)=(원의 반지름의 길이)임을 이용하기

원의 중심 $(a,\ a)$에서 직선 $3x-4y+12=0$까지의 거리가 반지름의 길이와 같아야 한다.

즉 $\dfrac{|3a-4a+12|}{\sqrt{3^2+(-4)^2}}=|a|,\ |-a+12|=5|a|$ 에서 양변을 제곱하면

$a^2-24a+144=25a^2,\ a^2+a-6=0,\ (a+3)(a-2)=0$

$\therefore a=-3$ 또는 $a=2$

따라서 두 원의 중심 A, B의 좌표는 $(2,\ 2),\ (-3,\ -3)$이므로

$\overline{\mathrm{AB}}^2=(-3-2)^2+(-3-2)^2=\mathbf{50}$

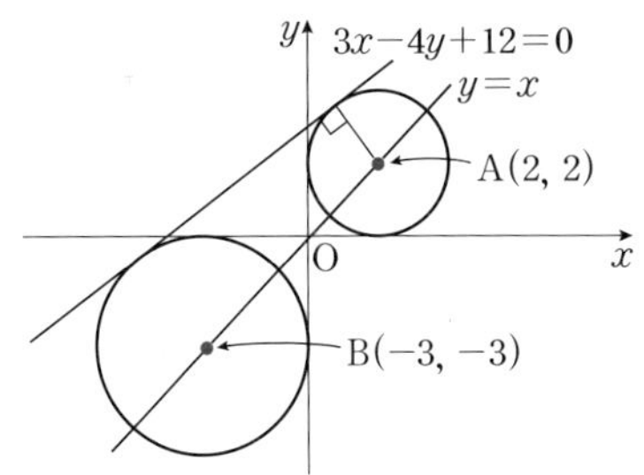

02 이차함수와 축에 접하는 원의 방정식

원의 중심이 이차함수 $y=f(x)$ 위에 있고, 좌표축에 접하는 원의 방정식의 반지름의 길이를 구할 때 원의 중심에서 접하는 좌표축 사이의 거리가 원의 반지름의 길이가 됨을 이용하여 구한다.

마플특강문제 05 중심이 곡선 $y=x^2-2$ 위에 있고 x축과 y축에 동시에 접하는 원들의 넓이의 합을 구하시오.

마플특강 풀이

STEP Ⓐ x축과 y축에 동시에 접하는 원의 중심이 곡선 $y=x^2-2$ 위에 있음을 이용하기

x축과 y축에 동시에 접하는 원의 중심은 직선 $y=x$ 또는 직선 $y=-x$ 위에 있다.

즉 구하는 원의 중심은 곡선 $y=x^2-2$와 두 직선 $y=x$, $y=-x$의 교점이다.

STEP Ⓑ 네 원의 반지름을 구한 후 원들의 넓이의 합 구하기

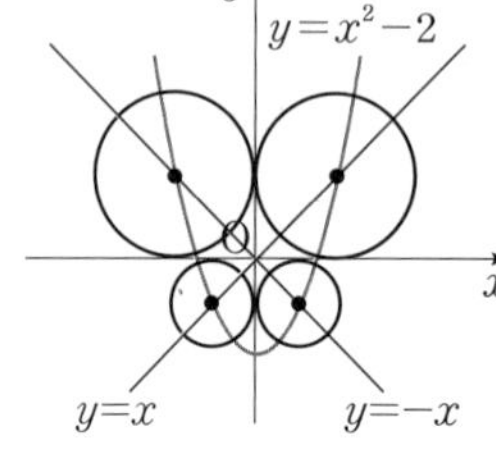

(i) $x^2-2=x$에서 $x^2-x-2=0$, $(x+1)(x-2)=0$

$\therefore x=-1$ 또는 $x=2$

(ii) $x^2-2=-x$에서 $x^2+x-2=0$, $(x+2)(x-1)=0$

$\therefore x=-2$ 또는 $x=1$

(i), (ii)에서 네 원의 중심의 좌표는 각각 $(-1, -1)$, $(2, 2)$, $(-2, 2)$, $(1, -1)$이고

네 원이 x축과 y축에 동시에 접하므로 네 원의 반지름의 길이는 각각 1, 2, 2, 1이다.

따라서 네 원의 넓이의 합은 $\pi\times1^2+\pi\times2^2+\pi\times2^2+\pi\times1^2=\mathbf{10\pi}$

마플특강문제 06 곡선 $y=x^2-x-1$ 위의 점 중 제2사분면에 있는 점을 중심으로 하고, x축과 y축에 동시에 접하는 원의 방정식은 $x^2+y^2+ax+by+c=0$이다. $a+b+c$의 값을 구하시오. (단, a, b, c는 상수이다.)

2022년 03월 고2 학력평가 25번

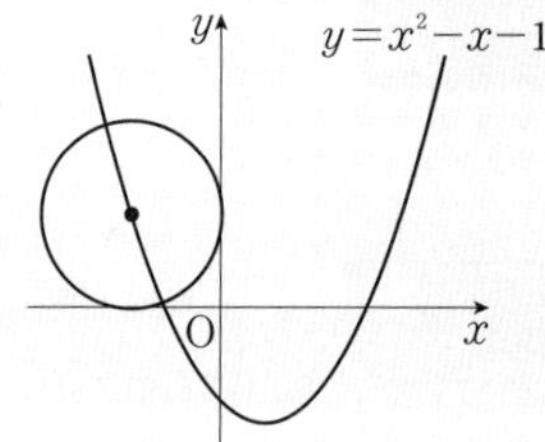

마플특강 풀이

STEP Ⓐ x축과 y축에 동시에 접하는 원의 중심이 곡선 $y=x^2-x-1$ 위에 있음을 이용하기

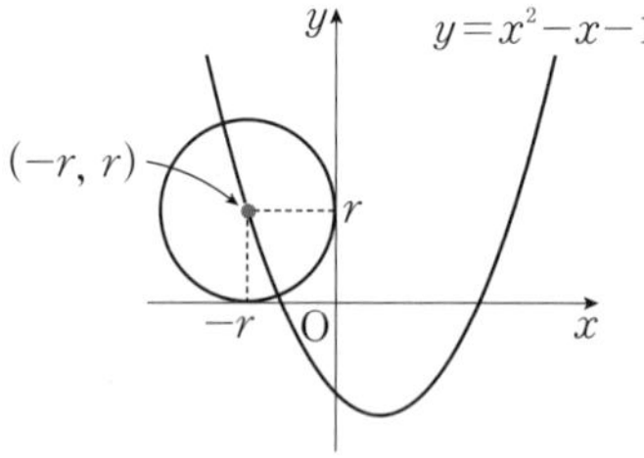

원의 중심이 제 2사분면에 있고 원이 x축과 y축에 동시에 접하므로

원의 반지름의 길이를 r이라 하면 원의 중심의 좌표는 $(-r, r)$

원의 중심 $(-r, r)$이 곡선 $y=x^2-x-1$ 위에 있으므로 $x=-r$, $y=r$을 대입하면

$r=(-r)^2-(-r)-1$, $r^2=1$

이때 $r>0$이므로 $r=1$

STEP Ⓑ $a+b+c$의 값 구하기

원의 중심이 $(-1, 1)$이고 반지름의 길이가 1인 원의 방정식은

$(x+1)^2+(y-1)^2=1$, $x^2+y^2+2x-2y+1=0$

따라서 $a=2$, $b=-2$, $c=1$이므로 $a+b+c=\mathbf{1}$

다른풀이 원의 중심이 직선 $y=-x$ 위에 있음을 이용하여 풀이하기

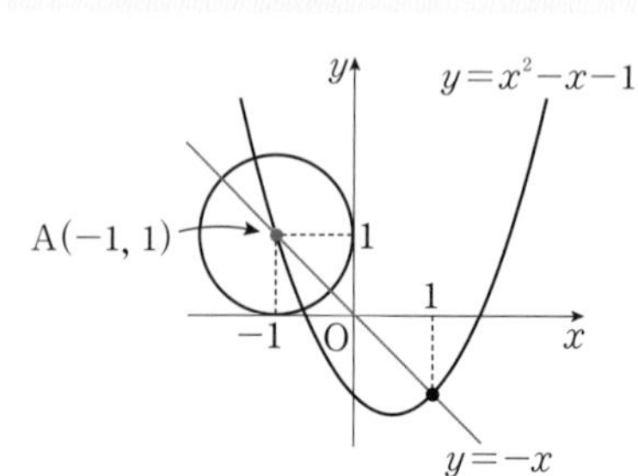

원 $x^2+y^2+ax+by+c=0$의 중심을 A라 하면 점 A는 제 2사분면에 있고

원이 x축과 y축에 동시에 접하므로 점 A는 직선 $y=-x$ 위에 있다.

곡선 $y=x^2-x-1$과 직선 $y=-x$의 교점 A의 좌표를 구하기 위하여

두 식을 연립하면 $x^2-x-1=-x$, $x^2-1=0$, $(x-1)(x+1)=0$

$\therefore x=1$ 또는 $x=-1$

점 A의 x좌표는 음수이므로 $x=-1$

이를 직선 $y=-x$에 대입하면 $y=-(-1)=1$ $\quad\therefore$ A$(-1, 1)$

구하는 원의 방정식은 $(x+1)^2+(y-1)^2=1$, $x^2+y^2+2x-2y+1=0$

따라서 $a=2$, $b=-2$, $c=1$이므로 $a+b+c=\mathbf{1}$

마플특강문제 07

이차함수 $y=x^2$의 그래프 위의 점을 중심으로 하고 y축에 접하는 원 중에서 직선 $y=\sqrt{3}x-2$와 접하는 원은 2개이다. 두 원의 반지름의 길이를 각각 a, b라 할 때, $100ab$의 값을 구하시오.

마플특강 풀이

STEP Ⓐ **(원의 중심에서 직선 사이의 거리)=(원의 반지름의 길이)임을 이용하기**

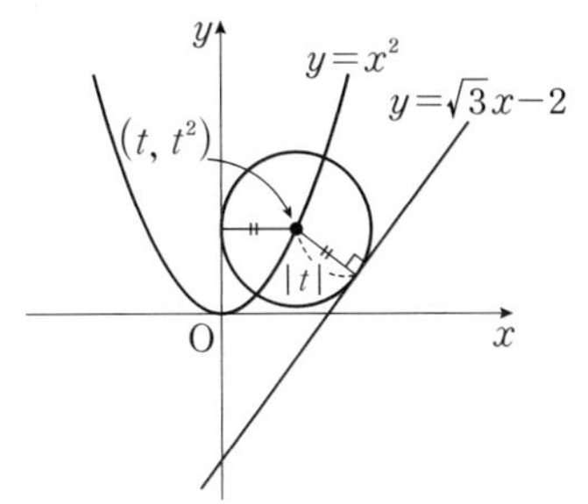

원의 중심이 이차함수 $y=x^2$의 그래프 위에 있으므로

원의 중심을 $(t,\ t^2)$이라 하자.

주어진 원이 y축에 접하므로 원의 반지름의 길이는 $|t|$이다.

즉 주어진 원의 방정식은 $(x-t)^2+(y-t^2)^2=t^2$

원의 중심 $(t,\ t^2)$에서 직선 $\sqrt{3}x-y-2=0$ 사이의 거리가

원의 반지름 $|t|$와 같으므로 $\dfrac{|\sqrt{3}t-t^2-2|}{2}=|t|$, $|t^2-\sqrt{3}t+2|=2|t|$

$\therefore\ t^2-\sqrt{3}t+2=\pm 2t$ …… ㉠

STEP Ⓑ **이차방정식의 근과 계수의 관계를 이용하여 ab의 값 구하기**

(ⅰ) $t^2-\sqrt{3}t+2=-2t$일 때,

즉 이차방정식 $t^2+(2-\sqrt{3})t+2=0$의 판별식을 D_1이라 하면

$D_1=(2-\sqrt{3})^2-8<0$이므로 실근을 갖지 않는다.

(ⅱ) $t^2-\sqrt{3}t+2=2t$일 때,

즉 이차방정식 $t^2-(2+\sqrt{3})t+2=0$의 판별식을 D_2라 하면

$D_2=(2+\sqrt{3})^2-8>0$

또한, (두 근의 합)>0, (두 근의 곱)>0이므로 서로 다른 두 양의 실근을 갖는다.

(ⅰ), (ⅱ)에서 두 원의 반지름의 길이 a, b가 이차방정식 $t^2-(2+\sqrt{3})t+2=0$의 두 실근이므로

이차방정식의 근과 계수의 관계에 의하여 두 근의 곱 $ab=2$

따라서 $100ab=100\times 2=$ **200**

마플특강문제 08

2024년 09월 고1 학력평가 30번

두 실수 a, b에 대하여 이차함수 $f(x)=a(x-b)^2$이 있다. 중심이 함수 $y=f(x)$의 그래프 위에 있고 직선 $y=\dfrac{4}{3}x$와 x축에 동시에 접하는 서로 다른 원의 개수는 3이다. 이 세 원의 중심의 x좌표를 각각 x_1, x_2, x_3이라 할 때, 세 실수 x_1, x_2, x_3이 다음 조건을 만족시킨다.

(가) $x_1\times x_2\times x_3>0$

(나) 세 점 $(x_1,\ f(x_1))$, $(x_2,\ f(x_2))$, $(x_3,\ f(x_3))$을 꼭짓점으로 하는 삼각형의 무게중심의 y좌표는 $-\dfrac{7}{3}$이다.

$f(4)\times f(6)$의 값을 구하시오.

마플특강 풀이

STEP Ⓐ **각의 이등분선을 이용하여 직선의 방정식 구하기**

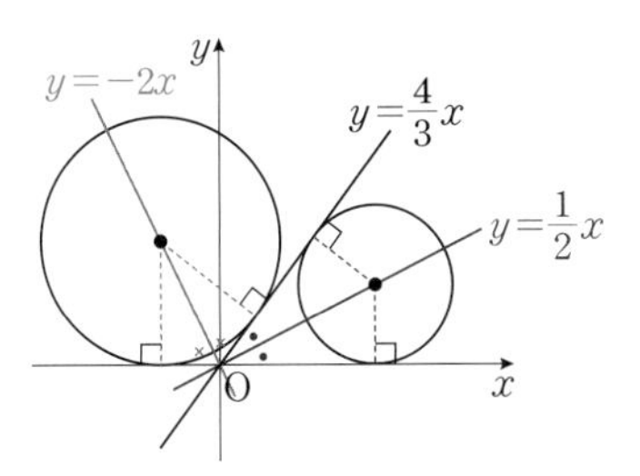

직선 $y=\dfrac{4}{3}x$와 x축에 동시에 접하는 원의 중심은 직선 $y=\dfrac{4}{3}x$와 x축이

이루는 각의 이등분선 위에 존재한다.

각의 이등분선 위의 점을 $(x,\ y)$라고 하면

점 $(x,\ y)$에서 직선 $y=\dfrac{4}{3}x$, 즉 $4x-3y=0$까지의 거리가 $|y|$이므로

$\dfrac{|4x-3y|}{\sqrt{4^2+(-3)^2}}=|y|$, $|4x-3y|=5|y|$

$4x-3y=5y$ 또는 $4x-3y=-5y$

$\therefore\ y=\dfrac{1}{2}x$ 또는 $y=-2x$

STEP **B** **두 조건 (가), (나)를 이용하여 함수 $f(x)$와 직선의 위치 관계 구하기**

중심이 이차함수 $f(x)=a(x-b)^2$ 위에 있고 동시에 직선 $y=\frac{1}{2}x$, $y=2x$ 위에 존재한다.

중심의 x좌표가 x_1, x_2, $x_3(x_1<x_2<x_3)$이므로 이차함수는 한 직선과는 서로 다른 두 점에서 만나고 다른 한 직선과는 접해야 한다.

$x_1\times x_2\times x_3>0$이므로 $0<x_1<x_2<x_3$ 또는 $x_1<x_2<0<x_3$

이때 이차함수는 x축에 접하므로 $x>0$에서 $y=f(x)$와 두 직선 $y=\frac{1}{2}x$, $y=2x$와 $x>0$에서 서로 다른 세 교점을 가질 수 없다.

또한, 세 중심 $(x_1,\ f(x_1))$, $(x_2,\ f(x_2))$, $(x_3,\ f(x_3))$으로 이루어진 삼각형의 무게중심의 y좌표가 $-\frac{7}{3}<0$이므로

이차함수 $f(x)$는 위로 볼록하다.

즉 $x_1<x_2<0<x_3$가 되어야 $a<0$인 이차함수 $y=f(x)$와 두 직선의 그래프는 다음과 같다.

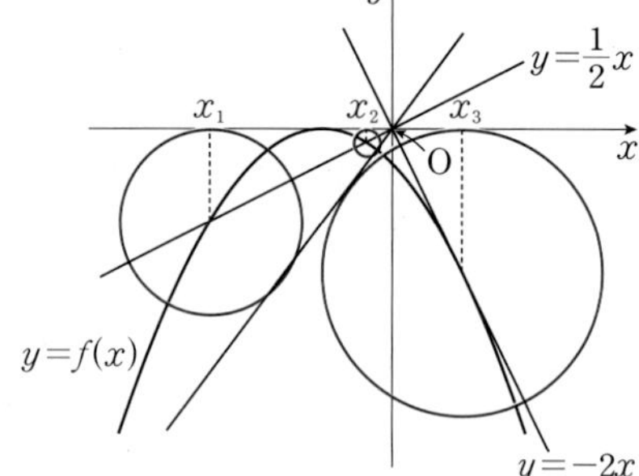

STEP **C** **접선과 무게중심의 y좌표를 이용하여 $f(x)$의 식 구하기**

이차함수 $f(x)=a(x-b)^2$과 직선 $y=-2x$는 접하므로

이차방정식 $a(x-b)^2=-2x$, $ax^2-2(ab-1)x+ab^2=0$의 판별식을 D라 하면 중근을 가지므로 $D=0$이어야 한다.

$\frac{D}{4}=(ab-1)^2-a^2b^2=0$, $-2ab+1=0$ $\quad\therefore b=\frac{1}{2a}$ $\quad\cdots\cdots$ ㉠

㉠을 방정식에 대입하면 $ax^2+x+\frac{1}{4a}=0$, $\frac{1}{a}\left(a^2x^2+ax+\frac{1}{4}\right)=0$, $\frac{1}{a}\left(ax+\frac{1}{2}\right)^2=0$

$\therefore x_3=-\frac{1}{2a}$

x_1, x_2는 이차함수 $f(x)=a(x-b)^2$과 직선 $y=\frac{1}{2}x$의 교점의 x좌표이므로

이차방정식 $a(x-b)^2=\frac{1}{2}x$, $ax^2-2abx+ab^2=\frac{1}{2}x$, $ax^2-\left(2ab+\frac{1}{2}\right)x+ab^2=0$의 두 근이다.

근과 계수의 관계에 의하여 두 근의 합은 $x_1+x_2=\dfrac{2ab+\frac{1}{2}}{a}=\frac{3}{2a}$ ← $b=\frac{1}{2a}$을 대입하여 정리한다.

세 점 $(x_1,\ f(x_1))$, $(x_2,\ f(x_2))$, $(x_3,\ f(x_3))$를 꼭짓점으로 하는 삼각형의 무게중심의 y좌표가 $-\frac{7}{3}$이므로

$f(x_1)=\frac{1}{2}x_1$, $f(x_2)=\frac{1}{2}x_2$, $f(x_3)=f\left(-\frac{1}{2a}\right)=\frac{1}{a}$ ← $(x_1,\ f(x_1))$, $(x_2,\ f(x_2))$는 이차함수와 직선 $y=\frac{1}{2}x$ 위에 동시에 존재하는 점이고 $(x_3,\ f(x_3))$은 이차함수와 직선 $y=-2x$ 위에 동시에 존재하는 점이다.

무게중심은 $\dfrac{\frac{1}{2}x_1+\frac{1}{2}x_2+\frac{1}{a}}{3}=\dfrac{\frac{1}{2}(x_1+x_2)+\frac{1}{a}}{3}=\dfrac{\frac{3}{4a}+\frac{1}{a}}{3}=\frac{7}{12a}$

즉 $\frac{7}{12a}=-\frac{7}{3}$이므로 $a=-\frac{1}{4}$

$a=-\frac{1}{4}$를 ㉠의 식에 대입하면 $b=-2$

$\therefore f(x)=-\frac{1}{4}(x+2)^2$

따라서 $f(4)\times f(6)=(-9)\times(-16)=\mathbf{144}$

03 원이 직선과 이차함수에 접하는 경우

좌표축에 접하는 원의 방정식을 구하여 원의 중심에서 직선 사이의 거리가 원의 반지름의 길이가 됨을 이용하여 구한다.

마플특강문제 09 (2024년 10월 고1 학력평가 26번 변형)

좌표평면에서 두 직선 $y=2x-9$, $y=-2x-9$에 모두 접하고
점 $(-3,\ 0)$을 지나는 서로 다른 두 원의 중심을 각각 O_1, O_2라 할 때, 선분 O_1O_2의 길이를 구하시오.

마플특강 풀이

STEP A 두 직선 $y=2x-9$, $y=-2x-9$에 모두 접하는 원의 중심의 x좌표 구하기

두 직선 $y=2x-9$, $y=-2x-9$에 모두 접하는 원의 중심을 $C(a,\ b)$, 반지름의 길이를 r이라 하자.
이때 점 $C(a,\ b)$와 두 직선 $2x-y-9=0$, $2x+y+9=0$ 사이의 거리는 원의 반지름의 길이 r과 같으므로

$r=\dfrac{|2a-b-9|}{\sqrt{2^2+(-1)^2}}=\dfrac{|2a+b+9|}{\sqrt{2^2+1^2}}$ …… ㉠

$|2a-b-9|=|2a+b+9|$, 즉 $2a-b-9=\pm(2a+b+9)$

(ⅰ) $2a-b-9=2a+b+9$에서 $b=-9$

(ⅱ) $2a-b-9=-(2a+b+9)$에서 $a=0$

그런데 중심이 $C(a,\ -9)$이고 두 직선 $y=2x-9$, $y=-2x-9$에 모두 접하는 원은 점 $(-3,\ 0)$을 지날 수 없으므로 $b\neq-9$

이때 $a=0$이므로 원의 중심 C의 좌표는 $C(0,\ b)$

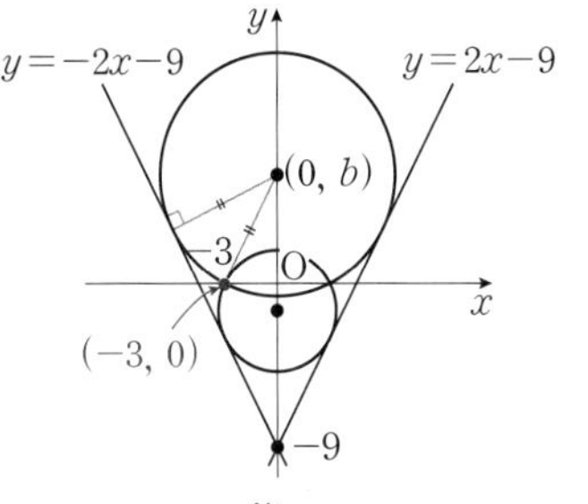

STEP B 원의 중심에서 점 $(-3,\ 0)$까지의 거리와 원의 반지름의 길이와 같음을 이용하여 두 원의 중심의 좌표 구하기

점 $C(0,\ b)$에서 점 $(-3,\ 0)$까지의 거리가 r이므로

$r=\sqrt{(-3-0)^2+(0-b)^2}=\sqrt{b^2+9}$ …… ㉡

㉠, ㉡에 의하여 $\dfrac{|b+9|}{\sqrt{5}}=\sqrt{b^2+9}$, $|b+9|=\sqrt{5b^2+45}$

양변을 제곱하면 $2b^2-9b-18=0$, $(2b+3)(b-6)=0$ $\quad\therefore b=-\dfrac{3}{2}$ 또는 $b=6$

이때 두 직선 $y=2x-9$, $y=-2x-9$에 모두 접하는
두 원의 중심 O_1, O_2의 좌표는 $\left(0,\ -\dfrac{3}{2}\right)$, $(0,\ 6)$

따라서 선분 O_1O_2의 길이는 $6-\left(-\dfrac{3}{2}\right)=\dfrac{15}{2}$

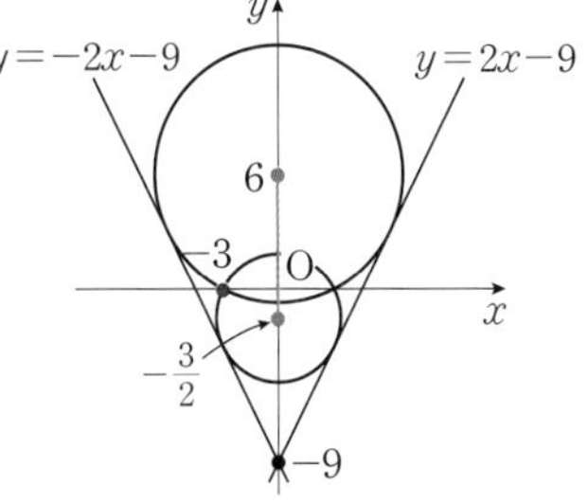

마플특강문제 10 (2009년 11월 고1 학력평가 29번)

이차함수 $y=2x^2$의 그래프와 원 $x^2+(y+1)^2=1$에 동시에 접하는 직선이 $y=ax+b$일 때, a^2+b의 값을 구하시오. (단, a, b는 상수이고 $b<0$)

마플특강 풀이

STEP A 이차방정식의 판별식을 이용하여 a, b 사이의 관계식 구하기

이차함수 $y=2x^2$의 그래프와 직선 $y=ax+b$가 접하므로
이차함수와 직선의 방정식을 연립한 이차방정식 $2x^2-ax-b=0$이 중근을 가져야 한다.
이 이차방정식의 판별식을 D라 하면 $D=a^2+8b=0$ …… ㉠

STEP B (원의 중심에서 직선 사이의 거리)=(원의 반지름의 길이)임을 이용하여 a, b 사이의 관계식 구하기

원 $x^2+(y+1)^2=1$에서 중심은 $(0,\ -1)$이고 반지름의 길이는 1이다.
원의 중심 $(0,\ -1)$로부터 직선 $y=ax+b$까지의 거리 d는

$d=\dfrac{|1+b|}{\sqrt{a^2+1}}$이고 원과 직선이 접하므로 $\dfrac{|1+b|}{\sqrt{a^2+1}}=1$에서 $|b+1|=\sqrt{a^2+1}$

양변을 제곱하면 $b^2+2b+1=a^2+1$, $b^2+2b=a^2$ …… ㉡

STEP C 이차함수와 원에 동시에 접하도록 하는 a, b의 값 구하기

㉠, ㉡에서 $b^2+2b=-8b$, $b^2+10b=0$, $b(b+10)=0$

$b<0$이므로 $b=-10$

$a^2=(-10)^2+2\times(-10)=80$

따라서 $a^2+b=80+(-10)=$ **70**

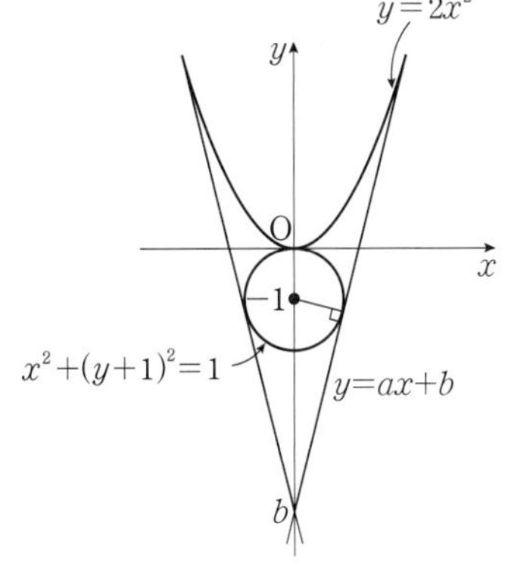

03 두 원의 교점을 지나는 도형의 방정식

MAPL; YOURMASTERPLAN

개념유형

01 두 원의 교점을 지나는 직선과 원의 방정식

서로 다른 두 점에서 만나는 두 원

$O : x^2+y^2+ax+by+c=0,\ O' : x^2+y^2+a'x+b'y+c'=0$

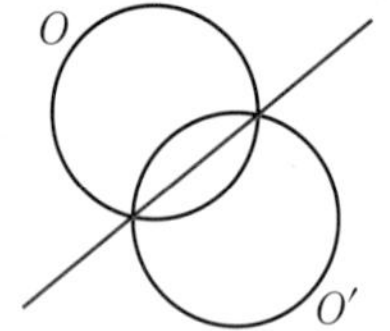

에 대하여 두 원의 교점을 지나는 도형의 방정식은 다음과 같다.

(1) **두 원 O, O'의 교점을 지나는 직선의 방정식, 즉 공통현의 방정식**은 다음과 같다.

원의 방정식 $x^2+y^2+ax+by+c+k(x^2+y^2+a'x+b'y+c')=0$에 $k=-1$을 대입하면

$$x^2+y^2+ax+by+c-(x^2+y^2+a'x+b'y+c')=0$$

즉 $(a-a')x+(b-b')y+c-c'=0$이다. ◀ 두 원의 방정식에서 이차항을 소거한 식이다.

참고 두 원의 교점을 지나는 직선의 방정식은 두 원의 방정식에서 이차항을 소거한 식이다.

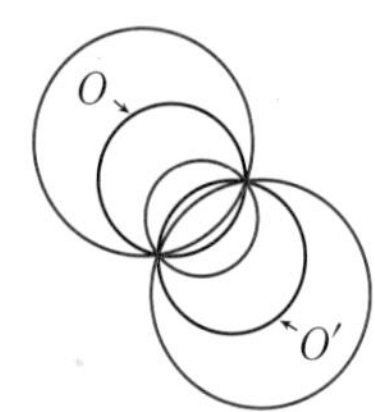

(2) **두 원 O, O'의 교점을 지나는 원 중에서 원 O'을 제외한 원의 방정식은**

$$x^2+y^2+ax+by+c+k(x^2+y^2+a'x+b'y+c')=0 \text{ (단, } k\neq-1\text{인 실수)}$$

마플해설 서로 다른 두 점에서 만나는 두 원

$O : x^2+y^2+ax+by+c=0$ …… ㉠

$O' : x^2+y^2+a'x+b'y+c'=0$ …… ㉡

의 교점의 좌표는 방정식 ㉠, ㉡을 동시에 만족시키므로 k의 값에 관계없이 두 원의 교점을 지나는 도형의 방정식은 다음과 같다.

$x^2+y^2+ax+by+c+k(x^2+y^2+a'x+b'y+c')=0$ …… ㉢ ◀ k에 관한 항등식

(i) $k=-1$일 때, ㉢은 두 원의 교점을 지나는 직선의 방정식(공통현의 방정식)이다.

두 점에서 만나는 두 원 $x^2+y^2+ax+by+c=0$, $x^2+y^2+a'x+b'y+c'=0$의 교점의 좌표는

두 방정식 ㉠, ㉡을 동시에 만족시키므로 ㉠−㉡을 하여 얻은 방정식

$(a-a')x+(b-b')y+c-c'=0$ …… ㉣

도 만족시킨다.

이때 ㉣은 직선의 방정식을 나타내고 이 직선이 주어진 두 원의 교점을 지나는 직선의 방정식, 즉 공통현의 방정식이 된다.

이와 같이 두 원의 교점을 지나는 직선의 방정식, 즉 공통현의 방정식은 두 원의 방정식에서 이차항을 소거하면 구할 수 있다.

(ii) $k\neq-1$일 때, ㉢은 x^2, y^2의 계수가 서로 같고 xy의 항이 없는 x, y에 대한 이차방정식이므로 원의 방정식이다.

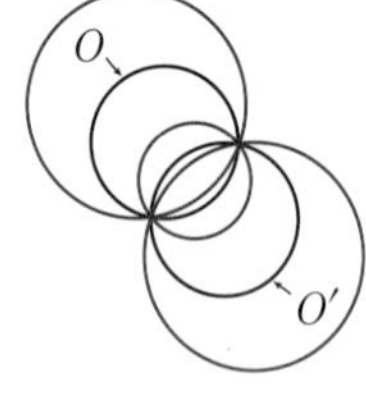

이때 두 원 ㉠, ㉡의 교점을 지나는 원 ㉢은 오른쪽 그림과 같이 무수히 많으므로

두 원의 교점을 지나는 원 ㉢ 위의 점 중에서 두 원 ㉠, ㉡의 교점이 아닌 다른 한 점이 주어질 때,

원 ㉢은 유일하게 결정된다. 즉 ㉢은 두 원 ㉠, ㉡의 교점을 지나는 원의 방정식이다.

이때 $k=0$이면 원 O를 나타내고, 원의 방정식 ㉢은 k가 어떤 실수 값을 갖더라도 원 ㉡을 나타내지 못한다.

보기 01 **방정식 $x^2+y^2-6x+2+k(x^2+y^2-4)=0$이 k의 값에 관계없이 항상 지나는 점을 구하시오.**

풀이

방정식 $x^2+y^2-6x+2+k(x^2+y^2-4)=0$이 나타내는 도형은

상수 k의 값에 관계없이 항상 일정한 두 점,

즉 두 원 $x^2+y^2-6x+2=0$ …… ㉠

$x^2+y^2-4=0$ …… ㉡

의 교점을 지난다.

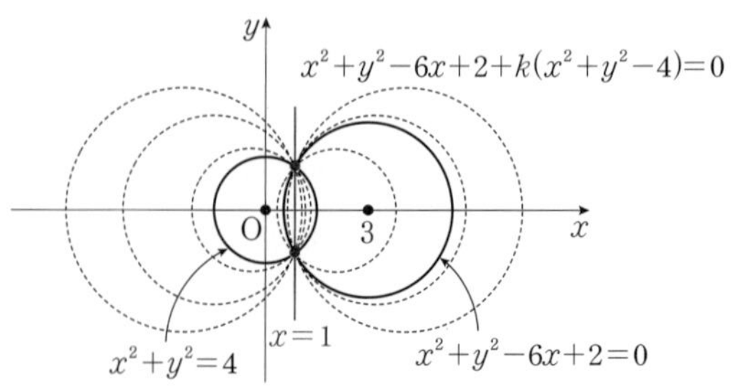

이때 두 원의 방정식에서 이차식을 소거하면 ㉠−㉡

$-6x+6=0 \quad \therefore x=1$ ◀ 공통현의 방정식

$x=1$을 $x^2+y^2-4=0$에 대입하면 $1+y^2-4=0 \quad \therefore y=\pm\sqrt{3}$

따라서 주어진 방정식이 나타내는 도형이 상수 k의 값에 관계없이 항상 두 점 $(1,\ \sqrt{3})$, $(1,\ -\sqrt{3})$을 지난다.

02 현 또는 공통현의 길이

(1) **공통현**

두 원 C, C'이 두 점 A, B에서 만날 때, 두 원의 교점을 연결한 선분 AB를 공통현이라고 한다.

(2) **중심선과 공통현**

두 원의 공통현 AB는 중심선 OO′에 의하여 수직이등분 된다.

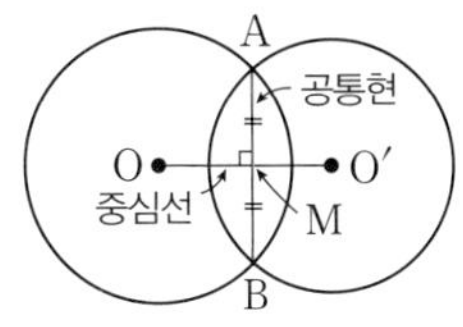

$$\overline{AB} \perp \overline{OO'},\ \overline{AM}=\overline{BM}$$

(3) **현 또는 공통현의 길이 구하는 방법**

원의 중심에서 현에 내린 수선은 그 현을 이등분한다.
역으로 원에서 현의 수직이등분선은 그 원의 중심을 지난다.

① 중심 O와 직선 l 사이의 거리, 선분 OH의 길이를 구한다.

② 직각삼각형 AOH에서 피타고라스 정리에 의하여 선분 AH의 길이를 구한다.

③ 현의 길이 $\overline{AB}=2\overline{AH}$

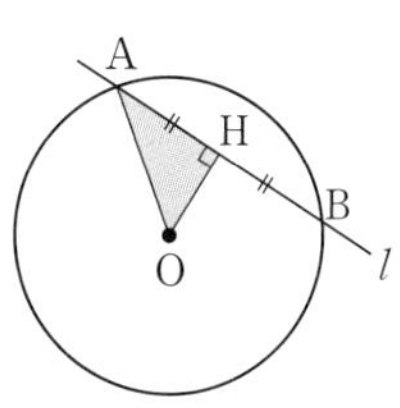

참고 현의 길이가 최대이면 원의 지름이 된다.

마플해설

삼각형 OAO′과 삼각형 OBO′에서 $\overline{OA}=\overline{OB}$ (원 C의 반지름), $\overline{O'A}=\overline{O'B}$ (원 C'의 반지름)
또, $\overline{OO'}$은 두 삼각형의 공통인 변이므로 $\triangle OAO' \equiv \triangle OBO'$ (SSS합동)
$\therefore \angle AOO'=\angle BOO'$
따라서 $\overline{OO'}$은 이등변삼각형 AOB의 꼭지각의 이등분선이므로
$\overline{OO'}$은 밑면, 즉 두 원 C, C'의 공통현 AB를 수직이등분한다.

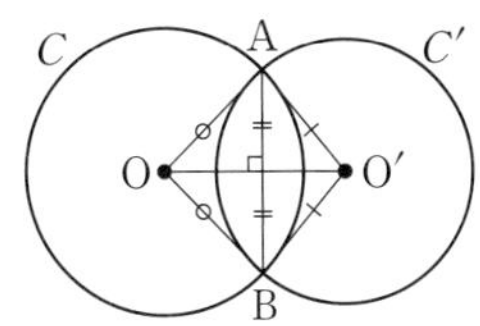

보기 02 원 $x^2+y^2=4$가 직선 $y=x+1$에 의하여 잘린 현의 길이를 구하시오.

풀이

오른쪽 그림과 같이 원과 직선의 두 교점을 A, B라 하고 원 $x^2+y^2=4$의 중심 O(0, 0)에서 직선 $y=x+1$에 내린 수선의 발을 H라 하면
원점에서 직선 $x-y+1=0$에 이르는 거리, 선분 OH의 길이는

$\overline{OH}=\dfrac{|1|}{\sqrt{1^2+(-1)^2}}=\dfrac{1}{\sqrt{2}}$

직각삼각형 AOH에서 피타고라스 정리에 의하여

$\overline{AH}=\sqrt{\overline{OA}^2-\overline{OH}^2}=\sqrt{4-\dfrac{1}{2}}=\dfrac{\sqrt{14}}{2}$

따라서 현의 길이는 $\overline{AB}=2\overline{AH}=\boldsymbol{\sqrt{14}}$

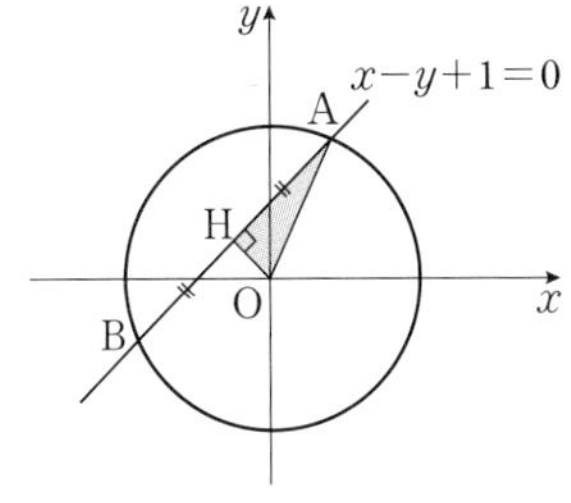

보기 03 두 원 $x^2+y^2=4$, $x^2+y^2-4x+3y+1=0$의 공통현의 길이를 구하시오.

풀이

오른쪽 그림과 같이 두 원 $x^2+y^2=4$, $x^2+y^2-4x+3y+1=0$의 중심을 각각 O, O′이라 하고
두 원의 교점을 P, Q, $\overline{OO'}$과 $\overline{PQ}$의 교점을 M이라 하자.
두 원의 교점을 지나는 직선 PQ의 방정식은

$x^2+y^2-4-(x^2+y^2-4x+3y+1)=0$

$\therefore 4x-3y-5=0$

원 $x^2+y^2=4$에서 중심 O(0, 0)과 직선 $4x-3y-5=0$ 사이의 거리,

즉 선분 OM의 길이는 $\overline{OM}=\dfrac{|-5|}{\sqrt{4^2+(-3)^2}}=1$

직각삼각형 POM에서 피타고라스 정리에 의하여

$\overline{PM}=\sqrt{\overline{OP}^2-\overline{OM}^2}=\sqrt{2^2-1^2}=\sqrt{3}$

따라서 공통현의 길이는 $\overline{PQ}=2\overline{PM}=\boldsymbol{2\sqrt{3}}$

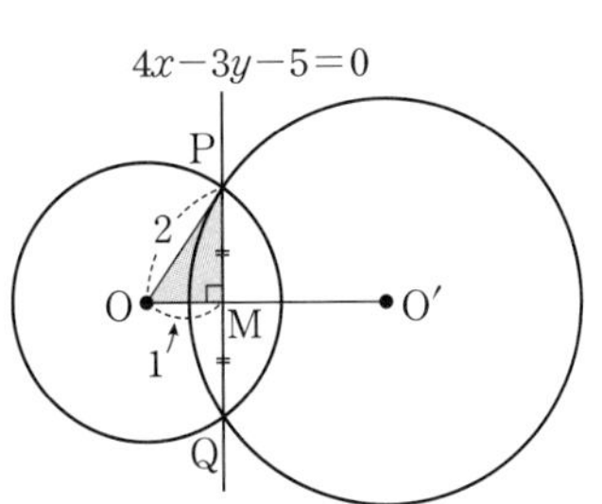

마플개념익힘 01 두 원의 교점을 지나는 도형의 방정식

두 원 $x^2+y^2-5=0$, $x^2+y^2+x+3y-4=0$에 대하여 다음을 구하시오.

(1) 두 원의 교점을 지나는 직선이 점 $(5, a)$를 지날 때, a의 값을 구하시오.

(2) 두 원의 교점과 점 $(1, 0)$을 지나는 원의 방정식의 넓이를 구하시오.

MAPL CORE ▶ 두 점에서 만나는 두 원 $x^2+y^2+ax+by+c=0$, $x^2+y^2+a'x+b'y+c'=0$

(1) 두 원의 교점을 지나는 직선의 방정식 (공통현의 방정식) ➡ $(a-a')x+(b-b')y+c-c'=0$

(2) 두 원의 교점을 지나는 원의 방정식 ➡ $(x^2+y^2+ax+by+c)+k(x^2+y^2+a'x+b'y+c')=0$ (단, $k\neq-1$)

개념익힘**풀이**

(1) 두 원의 교점을 지나는 도형의 방정식은

$(x^2+y^2-5)+k(x^2+y^2+x+3y-4)=0$ (단, k는 실수)

$k=-1$이면 두 원의 교점을 지나는 직선의 방정식이므로

$(x^2+y^2-5)-(x^2+y^2+x+3y-4)=0$

$\therefore x+3y+1=0$

이 직선이 점 $(5, a)$를 지나므로 $5+3a+1=0$, $3a=-6$ $\quad\therefore \boldsymbol{a=-2}$

(2) 두 원의 교점을 지나는 원의 방정식은

$(x^2+y^2-5)+k(x^2+y^2+x+3y-4)=0$ (단, $k\neq-1$) $\quad\cdots\cdots$ ㉠

이 원이 점 $(1, 0)$을 지나므로

$(1+0-5)+k(1+0+1+0-4)=0$, $-4-2k=0$ $\quad\therefore k=-2$

$k=-2$를 ㉠에 대입하면

$(x^2+y^2-5)-2(x^2+y^2+x+3y-4)=0$, $x^2+y^2+2x+6y-3=0$

$\therefore (x+1)^2+(y+3)^2=13$

따라서 이 원의 반지름의 길이는 $\sqrt{13}$이므로 원의 넓이는 $\pi\times(\sqrt{13})^2=\boldsymbol{13\pi}$

! 주의 두 원의 방정식을 연립하여 두 원의 교점의 좌표와 점 $(1, 0)$을 원의 방정식 $x^2+y^2+Ax+By+C=0$에 대입하여 두 원의 교점을 지나는 원의 방정식을 구할 수 있다. 그러나 두 원의 교점을 지나는 연립이차방정식을 풀어야 하기 때문에 계산 과정이 복잡하고 시간이 많이 걸리므로 위의 방법을 이용하는 것이 좀 더 편리하다.

확인유제 0185 두 원 $x^2+y^2+x+5y-6=0$, $x^2+y^2-x-y-2=0$에 대하여 다음 물음에 답하시오.

(1) 두 원의 교점을 지나는 직선이 점 $(-4, a)$를 지날 때, a의 값을 구하시오.

(2) 두 원의 교점과 원점을 지나는 원의 넓이를 구하시오.

변형문제 0186 다음 물음에 답하시오.

(1) 두 원 $x^2+y^2+3x+2y-1=0$, $x^2+y^2+ax-(2a-1)y+1=0$의 교점을 지나는 직선이 직선 $y=x+3$과 평행할 때, 상수 a의 값은?

① -6 ② -5 ③ -4 ④ -3 ⑤ -2

(2) 두 원 $x^2+y^2+2ay+a^2-9=0$, $x^2+y^2+6x+5=0$의 교점을 지나는 직선이 직선 $2x+y=1$과 수직일 때, 상수 a의 값은?

① 2 ② 3 ③ 4 ④ 5 ⑤ 6

발전문제 0187 다음 물음에 답하시오.

(1) 원 $x^2+y^2=r^2$이 원 $(x-2)^2+(y-1)^2=4$의 둘레를 이등분할 때, 양수 r의 값을 구하시오.

(2) 좌표평면 위의 두 원 $x^2+y^2=20$과 $(x-a)^2+y^2=4$가 서로 다른 두 점에서 만날 때, 공통현의 길이가 최대가 되도록 하는 양수 a의 값을 구하시오.

정답 0185 : (1) 2 (2) 5π 0186 : (1) ③ (2) ⑤ 0187 : (1) 3 (2) 4

마플개념익힘 02 두 원의 교점을 지나는 직선의 방정식

오른쪽 그림과 같이 원 $x^2+y^2=16$을 접어서 x축과 점 $(-2,\ 0)$에서 접하도록 하였을 때, 직선 PQ의 방정식을 구하시오.

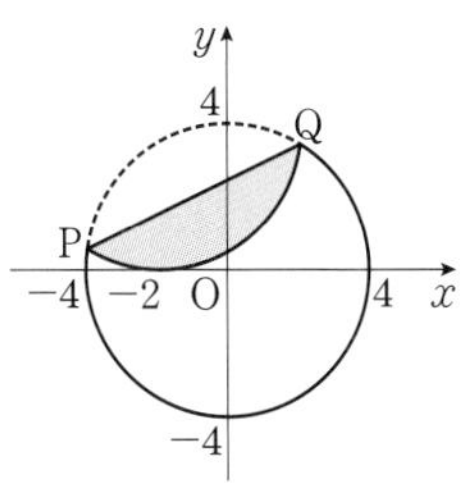

MAPL CORE ▶ 원 $x^2+y^2=16$의 일부를 접은 것이므로 반지름의 길이가 같다.
즉 반지름의 길이가 4이고 x축에 접하므로 원의 중심의 y좌표의 절댓값이 반지름의 길이와 같다.
서로 다른 두 점에서 만나는 두 원 $x^2+y^2+ax+by+c=0$, $x^2+y^2+a'x+b'y+c'=0$의 교점을 지나는 직선의 방정식은
$x^2+y^2+ax+by+c-(x^2+y^2+a'x+b'y+c')=0$, 즉 공통현의 방정식은 $(a-a')x+(b-b')y+c-c'=0$
참고 원의 중심 : 접선의 접점에서 수직인 직선 위에 존재한다.

개념익힘풀이 오른쪽 그림과 같이 호 PQ를 일부분으로 하는 원을 그리면 원은 $x^2+y^2=16$과 반지름의 길이가 같으므로 반지름의 길이가 4이고 x축과 점 $(-2,\ 0)$에서 접하므로 중심의 좌표는 $(-2,\ 4)$이다.
이때 호 PQ를 일부분으로 하는 원의 방정식은
$(x+2)^2+(y-4)^2=4^2$
$\therefore\ x^2+y^2+4x-8y+4=0$
따라서 현 PQ는 두 원의 공통현이므로 공통현의 방정식은
$x^2+y^2-16-(x^2+y^2+4x-8y+4)=0$, 즉 $\boldsymbol{x-2y+5=0}$

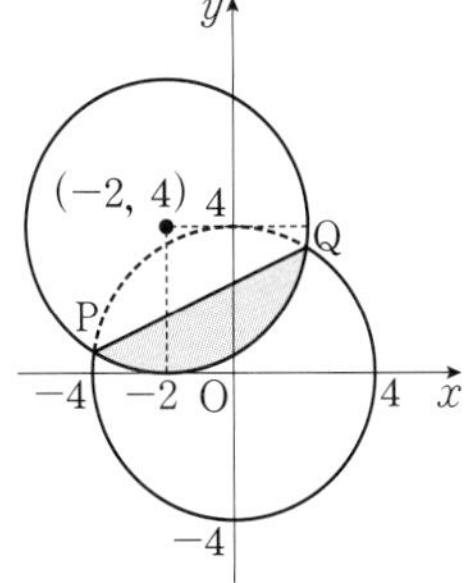

확인유제 0188 오른쪽 그림과 같이 원 $x^2+y^2=36$을 선분 PQ를 접는 선으로 접어서 x축 위의 점 $(2,\ 0)$에서 접하도록 하였다.
직선 PQ의 방정식을 $x+ay+b=0$이라 할 때, 상수 a, b에 대하여 ab의 값을 구하시오.

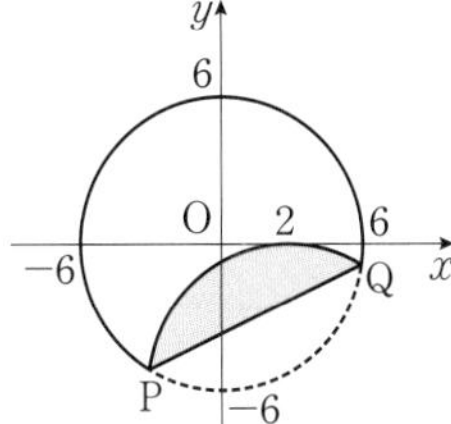

변형문제 0189 원 $x^2+y^2=4$ 위의 두 점 P, Q가 있다. 오른쪽 그림과 같이 현 PQ를 접는 선으로 하여 원의 작은 부분을 접었을 때, 호 PQ는 점 C$(1,\ 0)$에서 x축에 접한다. 다음 물음에 답하시오.
(1) 직선 PQ의 방정식을 구하시오.
(2) 지름이 선분 PQ인 원의 방정식을 구하시오.

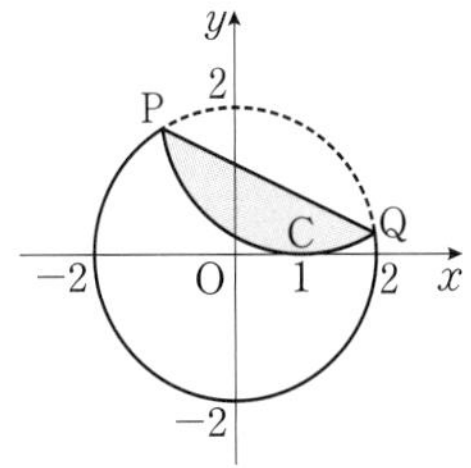

발전문제 0190 두 원

$$x^2+y^2=10,\ x^2+y^2-4x+4y+2=0$$

의 공통현의 중점의 좌표가 $(a,\ b)$일 때, 상수 a, b에 대하여 $a-b$의 값을 구하시오.

정답 0188 : 30 0189 : (1) $2x+4y-5=0$ (2) $\left(x-\frac{1}{2}\right)^2+(y-1)^2=\frac{11}{4}$ 0190: 3

마플개념익힘 03 두 원의 공통현의 길이

두 원 $O : x^2+y^2=20$, $O' : (x-3)^2+(y-4)^2=25$의 공통현의 길이를 구하려고 한다. 다음 물음에 답하시오.

(1) 두 원의 방정식에서 이차항을 소거하여 공통현의 방정식을 구하시오.

(2) 원 $x^2+y^2=20$의 중심과 공통현 사이의 거리를 구하시오.

(3) 두 원의 공통현의 길이를 구하시오.

MAPL CORE ▶ 두 원의 공통현의 길이 ➡ 두 원의 중심선은 공통현의 수직이등분선임을 이용한다.

두 원 $O : x^2+y^2+ax+by+c=0$, $O' : x^2+y^2+a'x+b'y+c'=0$의 공통현의 길이는 다음과 같은 순서로 한다.

❶ 직선 PQ의 방정식을 구한다.

❷ 점과 직선 사이의 거리(d)를 이용하여 선분 OM 또는 선분 O′M의 길이를 구한다.

❸ 삼각형 OPM 또는 삼각형 O′PM에서 피타고라스 정리를 이용하여 선분 PM의 길이를 구한다.

❹ $\overline{PQ}=2\overline{PM}$임을 이용한다.

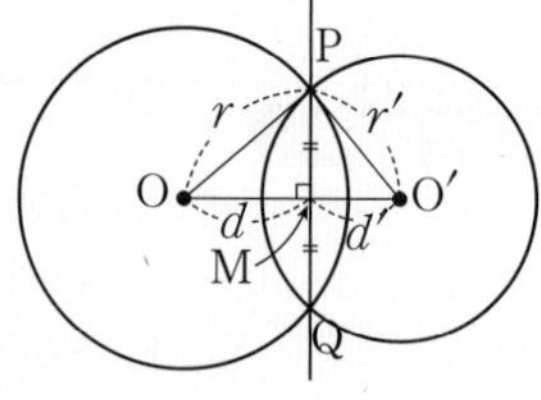

개념익힘풀이

(1) $x^2+y^2=20$ …… ㉠

$(x-3)^2+(y-4)^2=25$에서 $x^2+y^2-6x-8y=0$ …… ㉡

㉠−㉡에서 공통현의 방정식은 $6x+8y=20$

$\therefore$ $\mathbf{3x+4y-10=0}$

(2) 오른쪽 그림과 같이 공통현과 원과의 교점을 각각 P, Q라 하고 현 PQ의 중점을 M이라 하자.

원 $x^2+y^2=20$의 중심 $(0, 0)$과 공통현 $3x+4y-10=0$ 사이의 거리는

선분 OM의 길이와 같으므로 $\overline{OM}=\dfrac{|-10|}{\sqrt{3^2+4^2}}=\dfrac{10}{5}=\mathbf{2}$

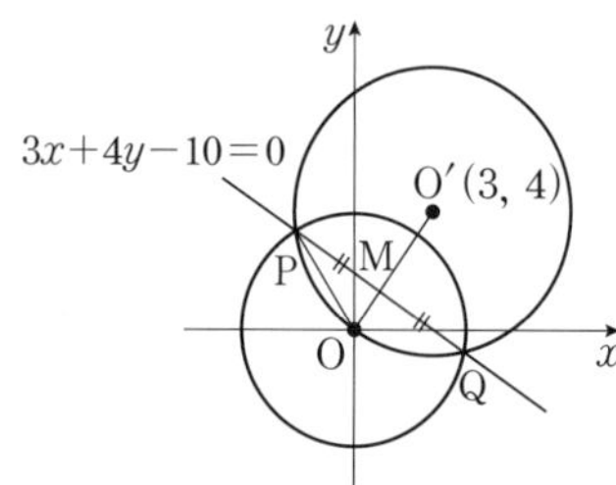

(3) 원 ㉠에서 반지름의 길이가 $2\sqrt{5}$이므로 $\overline{OP}=2\sqrt{5}$

직각삼각형 OPM에서 피타고라스 정리에 의하여

$\overline{PM}=\sqrt{\overline{OP}^2-\overline{OM}^2}=\sqrt{(2\sqrt{5})^2-2^2}=4$

따라서 공통현 PQ의 길이는 $\overline{PQ}=2\overline{PM}=2\times4=\mathbf{8}$

확인유제 0191 두 원 $x^2+y^2=4$, $x^2+y^2-4x-4y=0$의 공통현의 길이를 구하려고 한다. 다음 물음에 답하시오.

(1) 두 원의 방정식에서 이차항을 소거하여 공통현의 방정식을 구하시오.

(2) 원 $x^2+y^2=4$의 중심과 공통현 사이의 거리를 구하시오.

(3) 두 원의 공통현의 길이를 구하시오.

변형문제 0192 두 원 $x^2+y^2-2x-2y+a=0$, $x^2+y^2+2x+2y-6=0$의 공통현의 길이가 $2\sqrt{6}$이 되도록 하는 모든 실수 a의 값의 합은?

① -28 ② -24 ③ -22 ④ -20 ⑤ -18

발전문제 0193 다음 물음에 답하시오.

(1) 원 $x^2+y^2=25$와 직선 $x+2y+5=0$의 교점을 지나는 원 중에서 그 넓이가 최소인 원의 넓이를 구하시오.

(2) 두 원 $x^2+y^2-2y=0$, $x^2+y^2+2x-4=0$의 두 교점을 지나는 원 중에서 넓이가 최소인 원의 방정식을 구하시오.

정답 0191 : (1) $x+y-1=0$ (2) $\dfrac{\sqrt{2}}{2}$ (3) $\sqrt{14}$ 0192 : ① 0193 : (1) 20π (2) $\left(x-\dfrac{1}{2}\right)^2+\left(y-\dfrac{3}{2}\right)^2=\dfrac{1}{2}$

마플개념익힘 04 현의 길이

원 $(x-3)^2+(y+2)^2=r^2$이 직선 $y=x+1$과 만나서 생기는 현의 길이가 6일 때, 양수 r의 값을 구하시오.

MAPL CORE ▶ 원이 직선과 만나서 생긴 현의 길이는 원의 중심에서 현에 내린 수선이 현을 이등분함을 이용한다.

❶ 원의 중심에서 직선까지의 거리 d를 구한다.

❷ 피타고라스 정리를 이용하여 현의 길이 l을 구하면 $l=2\sqrt{r^2-d^2}$

참고 직선의 방정식을 원의 방정식에 직접 대입하여 교점을 구할 수 있으나 계산이 복잡하므로 원의 중심에서 현의 선분 AB에 내린 수선은 선분 AB를 수직이등분함을 이용한다.

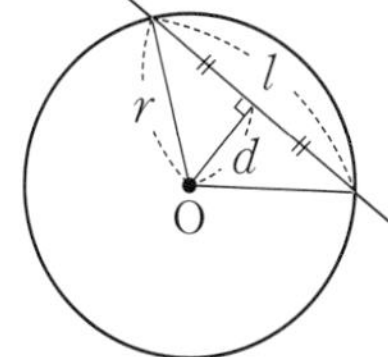

개념익힘풀이 오른쪽 그림과 같이 원과 직선이 만나는 두 점을 각각 A, B라 하고 원 $(x-3)^2+(y+2)^2=r^2$의 중심 C$(3, -2)$에서 직선 $y=x+1$에 내린 수선의 발을 H라 하자.

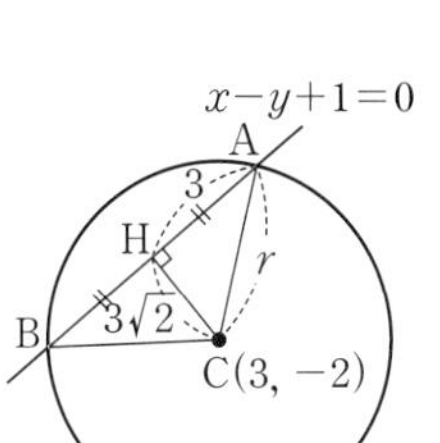

점 H는 선분 AB의 중점이므로

$\overline{AH}=\frac{1}{2}\overline{AB}=\frac{1}{2}\times 6=3$ …… ㉠

원의 중심 C$(3, -2)$와 직선 $x-y+1=0$에 이르는 거리는 선분 CH의 길이와 같으므로

$\overline{CH}=\frac{|3+2+1|}{\sqrt{1^2+(-1)^2}}=\frac{6}{\sqrt{2}}=3\sqrt{2}$ …… ㉡

한편 원의 반지름의 길이는 r이므로 $\overline{CA}=r$이고

직각삼각형 CHA에서 피타고라스 정리에 의해

$\overline{CA}=r=\sqrt{\overline{CH}^2+\overline{AH}^2}=\sqrt{(3\sqrt{2})^2+3^2}=\mathbf{3\sqrt{3}}$ ($\because$ ㉠, ㉡)

확인유제 0194 다음 물음에 답하시오.

(1) 원 $(x-3)^2+(y-4)^2=16$과 직선 $x+3y-5=0$이 만나는 두 점을 각각 A, B라 할 때, 선분 AB의 길이를 구하시오.

(2) 원 $(x-1)^2+(y+1)^2=27$과 직선 $x-y+k=0$이 만나서 생기는 현의 길이가 6일 때, 양수 k의 값을 구하시오.

변형문제 0195 오른쪽 그림과 같이 좌표평면에서 원 $x^2+y^2-4x-6y+k=0$과 직선 $4x-3y+21=0$이 두 점 A, B에서 만난다. $\overline{AB}=6$일 때, 상수 k의 값은?

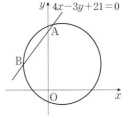

① -13　② -12　③ -11

④ -10　⑤ -9

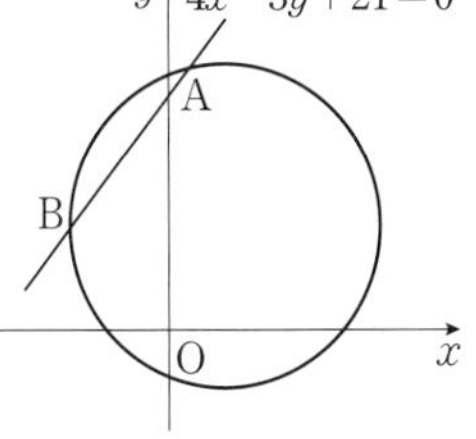

발전문제 0196 원 $x^2+y^2-6x-4y-12=0$과 직선 $4x+3y-3=0$이 만나는 두 점을 A, B라 하고 원의 중심을 C라 할 때, 삼각형 ABC의 넓이를 구하시오.

정답 0194 : (1) $2\sqrt{6}$ (2) 4　0195 : ②　0196 : 12

04 원과 직선의 위치 관계

개념유형

01 원과 직선의 위치 관계

원과 직선의 위치 관계는 원과 직선이

서로 다른 두 점에서 만나는 경우, **한 점**에서 만나는 경우, **만나지 않는** 경우

의 세 가지로 구분할 수 있다. 원과 직선의 위치 관계는 다음 두 가지 방법으로 확인할 수 있다.

(1) 판별식을 이용한 원과 직선의 위치 관계

원 $x^2+y^2=r^2$과 직선 $y=mx+n$의 교점의 개수는 두 식을 연립한 이차방정식 $x^2+(mx+n)^2=r^2$, $(1+m^2)x^2+2mnx+n^2-r^2=0$의 실근의 개수와 같으므로 판별식 D의 부호에 따라 다음과 같이 구분할 수 있다.

D의 부호	원과 직선의 위치 관계	그림
$D>0$	서로 다른 두 점에서 만난다.	$D<0$, $D=0$, $D>0$
$D=0$	한 점에서 만난다. (접한다.)	
$D<0$	만나지 않는다.	

참고 $D=0$인 경우 직선은 원에 접한다고 하며 그 교점을 **접점**, 이 직선은 원의 **접선**이라고 한다.

(2) 원의 중심과 직선 사이의 거리를 이용한 원과 직선의 위치 관계

반지름의 길이가 r인 원의 중심과 직선 사이의 거리를 d라 할 때, 원과 직선의 위치 관계는 **d와 r의 대소 관계**에 따라 다음과 같이 구분할 수 있다.

d와 r의 대소 관계	원과 직선의 위치 관계	그림
$d<r$	서로 다른 두 점에서 만난다.	$d>r$, $d=r$, $d<r$, d, r
$d=r$	한 점에서 만난다. (접한다.)	
$d>r$	만나지 않는다.	

참고 원과 직선 사이의 위치 관계는 판별식을 이용하기보다 **원의 중심에서 직선 사이의 거리**를 적극 활용한다.

마플해설

(1) 판별식을 이용한 원과 직선의 위치 관계

원 $x^2+y^2=r^2$과 직선 $y=mx+n$의 교점의 개수를 구하여 보자.

직선을 원에 대입하면 $x^2+(mx+n)^2=r^2$

$\therefore (m^2+1)x^2+2mnx+n^2-r^2=0$ …… ㉠ ◀ $m^2+1\neq0$이므로 x에 대한 이차방정식이다.

이때 원과 직선의 교점의 개수는 이차방정식의 실근의 개수와 같다.

즉 이차방정식 ㉠의 판별식을 D라 하면 원과 직선의 위치 관계는 다음과 같다.

① $D>0$이면 교점이 2개 ➡ 서로 다른 두 점에서 만난다.

② $D=0$이면 교점이 1개 ➡ 한 점에서 만난다. (접한다.)

③ $D<0$이면 교점이 0개 ➡ 만나지 않는다.

(2) 원의 중심과 직선 사이의 거리를 이용한 원과 직선의 위치 관계

원 $C:(x-x_1)^2+(y-y_1)^2=r^2\,(r>0)$과 직선 $l : ax+by+c=0$의 위치 관계는 원의 중심 $\mathrm{C}(x_1, y_1)$과 직선 l 사이의 거리 d와 원의 반지름의 길이 r 사이의 대소 관계를 비교하여 구할 수 있다.

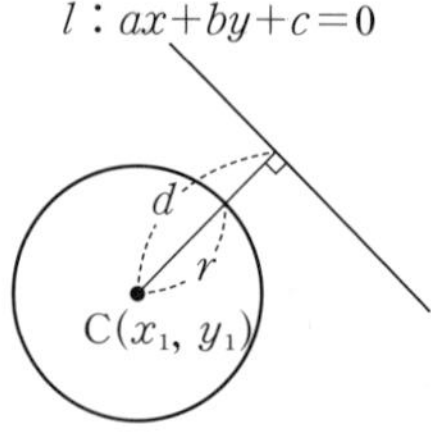

즉 $d=\dfrac{|ax_1+by_1+c|}{\sqrt{a^2+b^2}}$의 값과 원의 반지름의 길이 r 사이의 대소 관계에 따라 원과 직선의 위치 관계를 알 수 있다.

보기 01 원 $x^2+y^2=4$와 직선 $y=x-1$의 위치 관계를 구하시오.

방법1 판별식을 이용하는 방법

직선 $y=x-1$을 원 $x^2+y^2=4$에 대입하면 $x^2+(x-1)^2=4$

$2x^2-2x-3=0$

이차방정식의 판별식을 D라고 하면

$\frac{D}{4}=(-1)^2-2\times(-3)>0$

따라서 **원과 직선은 서로 다른 두 점에서 만난다.**

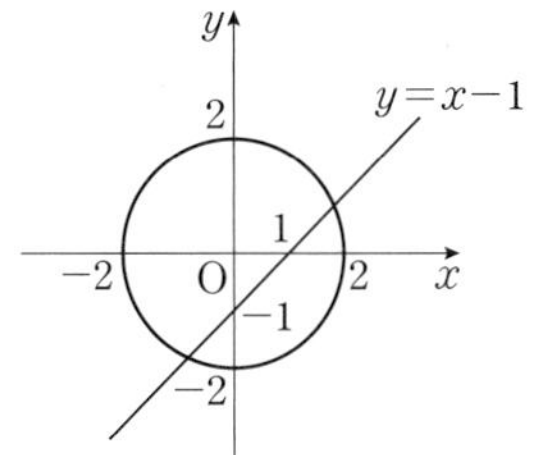

방법2 원의 중심과 직선 사이의 거리를 이용하는 방법

원의 중심 $(0, 0)$에서 직선 $x-y-1=0$까지의 거리 d는

$d=\frac{|-1|}{\sqrt{1^2+(-1)^2}}=\frac{1}{\sqrt{2}}=\frac{\sqrt{2}}{2}$

원의 반지름의 길이가 2이므로 $r=2$ $\therefore r>d$

따라서 **원과 직선은 서로 다른 두 점에서 만난다.**

보기 02 직선 $y=x+n$과 원 $x^2+y^2=8$이 다음과 같은 위치에 있을 때의 상수 n의 값 또는 그 범위를 구하시오.

(1) 서로 다른 두 점에서 만난다.

(2) 한 점에서 만난다.

(3) 만나지 않는다.

방법1 판별식을 이용하는 방법

직선 $y=x+n$을 원 $x^2+y^2=8$에 대입하면 $x^2+(x+n)^2=8$

$\therefore 2x^2+2nx+n^2-8=0$ ...... ㉠

㉠의 판별식을 D라 하면 $\frac{D}{4}=n^2-2(n^2-8)=-(n+4)(n-4)$

(1) 직선이 원과 두 점에서 만나려면 ㉠이 서로 다른 두 실근을 가져야 하므로 $D>0$이어야 한다.

$\frac{D}{4}=-(n+4)(n-4)>0$ $\therefore$ $\boldsymbol{-4<n<4}$

(2) 직선이 원과 한 점에서 만나려면 ㉠이 중근을 가져야 하므로 $D=0$이어야 한다.

$\frac{D}{4}=-(n+4)(n-4)=0$ $\therefore$ $\boldsymbol{n=-4}$ **또는** $\boldsymbol{n=4}$

(3) 직선이 원과 만나지 않으려면 ㉠이 허근을 가져야 하므로 $D<0$이어야 한다.

$\frac{D}{4}=-(n+4)(n-4)<0$ $\therefore$ $\boldsymbol{n<-4}$ **또는** $\boldsymbol{n>4}$

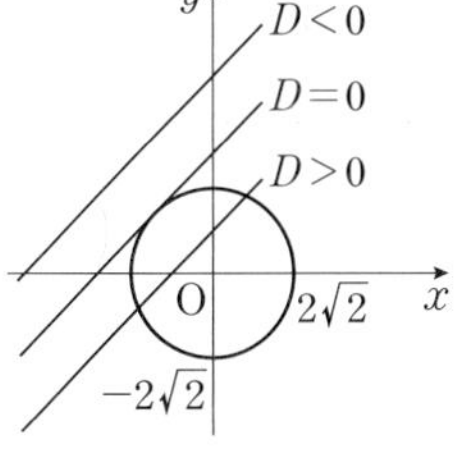

방법2 원의 중심과 직선 사이의 거리를 이용하는 방법

원의 중심 $(0, 0)$과 직선 $x-y+n=0$ 사이의 거리를 d, 원의 반지름의 길이를 r이라 하면

$d=\frac{|n|}{\sqrt{1^2+(-1)^2}}=\frac{|n|}{\sqrt{2}}$, $r=2\sqrt{2}$

(1) 서로 다른 두 점에서 만나려면 $d<r$이어야 하므로

$\frac{|n|}{\sqrt{2}}<2\sqrt{2}$, $|n|<4$ $\therefore$ $\boldsymbol{-4<n<4}$ ◀ $|x|<a$이면 $-a<x<a$ (단, a는 양수)

(2) 한 점에서 만나려면 $d=r$이어야 하므로

$\frac{|n|}{\sqrt{2}}=2\sqrt{2}$, $|n|=4$ $\therefore$ $\boldsymbol{n=-4}$ **또는** $\boldsymbol{n=4}$

(3) 만나지 않으려면 $d>r$이어야 하므로

$\frac{|n|}{\sqrt{2}}>2\sqrt{2}$, $|n|>4$ $\therefore$ $\boldsymbol{n<-4}$ **또는** $\boldsymbol{n>4}$ ◀ $|x|>a$이면 $x<-a$ 또는 $x>a$ (단, a는 양수)

마플개념익힘 01 원과 직선의 위치 관계

다음 물음에 답하시오.

(1) 원 $x^2+y^2=2$와 직선 $y=x+k$가 서로 다른 두 점에서 만나도록 실수 k의 값의 범위를 구하시오.

(2) 원 $x^2+y^2=4$와 직선 $y=\sqrt{3}x+k$가 만나지 않기 위한 실수 k의 값의 범위를 구하시오.

MAPL CORE ▶ 원과 직선의 위치 관계를 판정하는 방법은 다음 두 가지 방법이 있다.
(1) 직선의 방정식을 원에 대입하여 판별식 D를 이용한다.
(2) 원의 중심과 직선 사이의 거리 d와 반지름의 길이 r을 비교한다.

개념익힘**풀이**

(1) 방법1 **판별식을 이용하는 방법**

원 $x^2+y^2=2$에 직선 $y=x+k$를 대입하면 $x^2+(x+k)^2=2$

$\therefore 2x^2+2kx+k^2-2=0$ …… ㉠

원과 직선이 서로 다른 두 점에서 만나려면 ㉠은 서로 다른 두 실근을 가지므로 판별식 $D>0$이어야 한다.

$\frac{D}{4}=k^2-2(k^2-2)>0$, $-k^2+4>0$, $(k-2)(k+2)<0$ $\therefore$ $\boldsymbol{-2<k<2}$

방법2 **원의 중심과 직선 사이의 거리를 이용하는 방법**

원의 중심 $(0, 0)$에서 직선 $x-y+k=0$ 사이의 거리가 반지름의 길이보다 작아야 하므로

$\frac{|k|}{\sqrt{1^2+(-1)^2}}<\sqrt{2}$, 즉 $|k|<2$ $\therefore$ $\boldsymbol{-2<k<2}$

(2) 방법1 **판별식을 이용하는 방법**

직선 $y=\sqrt{3}x+k$를 원 $x^2+y^2=4$에 대입하면 $x^2+(\sqrt{3}x+k)^2=4$

$\therefore 4x^2+2\sqrt{3}kx+k^2-4=0$ …… ㉠

원과 직선이 만나지 않으려면 ㉠은 허근을 가지므로 판별식 $D<0$이어야 한다.

$\frac{D}{4}=(\sqrt{3}k)^2-4(k^2-4)<0$, $k^2-16>0$, $(k+4)(k-4)>0$ $\therefore$ $\boldsymbol{k<-4}$ **또는** $\boldsymbol{k>4}$

방법2 **원의 중심과 직선 사이의 거리를 이용하는 방법**

원의 중심 $(0, 0)$과 직선 $\sqrt{3}x-y+k=0$ 사이의 거리가 반지름의 길이보다 커야 하므로

$\frac{|k|}{\sqrt{(\sqrt{3})^2+(-1)^2}}>2$, 즉 $|k|>4$ $\therefore$ $\boldsymbol{k<-4}$ **또는** $\boldsymbol{k>4}$

확인유제 0197 직선 $y=mx+2$와 원 $x^2+y^2=1$이 다음과 같은 위치에 있을 때, 실수 m의 값 또는 그 범위를 구하시오.

(1) 두 점에서 만난다. (2) 한 점에서 만난다. (3) 만나지 않는다.

변형문제 0198 원 $x^2+y^2=4$와 직선 $4x-3y+k=0$이 만날 때, 실수 k의 최댓값과 최솟값의 곱은?

① -200 ② -100 ③ -10 ④ 10 ⑤ 100

발전문제 0199 좌표평면 위의 원 $x^2+y^2=4$와 직선 $y=ax+2\sqrt{b}$가 접하도록 하는 b의 모든 값의 합을 구하시오.
(단, a, b는 10보다 작은 자연수이다.)

정답 0197 : (1) $m<-\sqrt{3}$ 또는 $m>\sqrt{3}$ (2) $m=\sqrt{3}$ 또는 $m=-\sqrt{3}$ (3) $-\sqrt{3}<m<\sqrt{3}$ 0198 : ② 0199 : 7

마플개념익힘 02 원의 중심과 직선 사이의 거리를 이용한 원과 직선의 위치 관계

원 $x^2+y^2+4x-2y+1=0$과 직선 $y=-x-n$이 서로 다른 두 점에서 만나기 위한 실수 n의 값의 범위를 구하시오.

MAPL CORE ▶ 원과 직선의 위치 관계 ➡ 연립방정식의 판별식 또는 원의 중심과 직선 사이의 거리를 이용한다.
원과 직선의 위치 관계에서 원의 중심이 원점이 아닌 경우 판별식을 이용하는 방법에서는 계산이 복잡해지므로 원의 중심과 직선 사이의 거리를 이용하는 것이 보다 편리하다.

개념익힘풀이 원 $x^2+y^2+4x-2y+1=0$에서 $(x+2)^2+(y-1)^2=4$

원의 중심 $(-2, 1)$과 직선 $x+y+n=0$ 사이의 거리를 d라 하면

$$d=\frac{|-2+1+n|}{\sqrt{1^2+1^2}}=\frac{|-1+n|}{\sqrt{2}}$$

원의 반지름의 길이가 2이므로 직선과 원이 서로 다른 두 점에서 만나려면 $d<2$이어야 한다.

$\frac{|-1+n|}{\sqrt{2}}<2$, $|-1+n|<2\sqrt{2}$, $-2\sqrt{2}<n-1<2\sqrt{2}$

$\therefore$ $\mathbf{1-2\sqrt{2}<n<1+2\sqrt{2}}$

다른풀이 이차방정식의 판별식을 이용하여 풀이하기

$y=-x-n$를 원 $x^2+y^2+4x-2y+1=0$에 대입하면

$x^2+(-x-n)^2+4x-2(-x-n)+1=0$

$\therefore$ $2x^2+2(n+3)x+n^2+2n+1=0$

이 이차방정식의 판별식을 D라 하면 직선이 원과 서로 다른 두 점에서 만나야 하므로 $D>0$이다.

즉 $\frac{D}{4}=(n+3)^2-2(n^2+2n+1)>0$, $n^2-2n-7<0$, $(n-1+2\sqrt{2})(n-1-2\sqrt{2})<0$

$\therefore$ $\mathbf{1-2\sqrt{2}<n<1+2\sqrt{2}}$

확인유제 0200 다음 물음에 답하시오.

(1) 원 $(x-1)^2+(y-1)^2=r^2$과 직선 $x+2y+2=0$이 서로 다른 두 점에서 만날 때, 양수 r의 값의 범위를 구하시오.

(2) 원 $x^2+y^2-4x-6y+4=0$이 직선 $3x-4y+k=0$과 서로 다른 두 점에서 만날 때, 실수 k의 값의 범위를 구하시오.

변형문제 0201 다음 물음에 답하시오.

(1) 원 $(x-1)^2+(y-1)^2=r^2$이 직선 $3x+4y+3=0$에 접할 때, 양수 r의 값은?

① 1 ② $\sqrt{2}$ ③ $\sqrt{3}$ ④ 2 ⑤ 3

(2) 중심의 좌표가 $(1, 3)$이고 직선 $x-y+k=0$에 접하는 원의 넓이가 8π일 때, 모든 상수 k의 값의 합은?

① 1 ② $\sqrt{2}$ ③ $\sqrt{3}$ ④ 3 ⑤ 4

발전문제 0202 좌표평면에서 두 점 $(-2, 0)$, $(6, 0)$을 지름의 양 끝점으로 하는 원과 직선 $kx-y+4=0$이 오직 한 점에서 만나도록 하는 양수 k의 값을 구하시오.

정답 0200 : (1) $r>\sqrt{5}$ (2) $-9<k<21$ 0201 : (1) ④ (2) ⑤ 0202 : $\frac{4}{3}$

MAPL ; YOUR MASTER PLAN

05 원의 접선의 방정식

개념유형

01 기울기가 주어진 원의 접선의 방정식

(1) 원 $x^2+y^2=r^2$에 접하고 기울기가 m인 접선의 방정식

$$\boldsymbol{y=mx\pm r\sqrt{m^2+1}}$$ ◀ 중심이 원점일 때 사용

참고 기울기가 m인 접선의 방정식은 항상 2개가 있다.

(2) 원 $(x-a)^2+(y-b)^2=r^2$에 접하고 기울기가 m인 접선의 방정식 ◀ 중심이 원점이 아닌 원의 접선

$$\boldsymbol{y-b=m(x-a)\pm r\sqrt{m^2+1}}$$ ◀ 중심이 (a, b)일 때 사용

참고 $y-b=m(x-a)\pm r\sqrt{m^2+1}$은 $y=mx\pm r\sqrt{m^2+1}$을 x축의 방향으로 a만큼 y축의 방향으로 b만큼 평행이동한 것이다.

마플해설

(1) 원 $x^2+y^2=r^2$에 접하고 기울기가 m인 접선의 방정식 유도

방법1 판별식을 이용하는 방법

기울기가 m인 접선의 방정식을 $y=mx+n$ …… ㉠

이라고 할 때, ㉠을 원 $x^2+y^2=r^2$에 대입하면 $x^2+(mx+n)^2=r^2$

$\therefore (m^2+1)x^2+2mnx+(n^2-r^2)=0$ …… ㉡

이때 x에 대한 이차방정식 ㉡의 판별식을 D라고 하면

$D=(2mn)^2-4(m^2+1)(n^2-r^2)=4\{r^2(m^2+1)-n^2\}$

원과 직선이 접하므로 $D=0$, 즉 $r^2(m^2+1)-n^2=0$ $\quad\therefore n=\pm r\sqrt{m^2+1}$

따라서 구하는 접선의 방정식은 $y=mx\pm r\sqrt{m^2+1}$

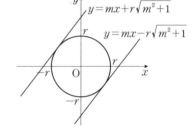

방법2 (원의 중심과 직선 사이의 거리)=(원의 반지름의 길이)임을 이용하는 방법

원 $x^2+y^2=r^2$에 접하고 기울기 m인 직선의 방정식을 $y=mx+b$라 하자.

원의 중심 $(0, 0)$에서 직선 $mx-y+b=0$에 이르는 거리가

반지름의 길이 r과 같으므로 $\dfrac{|b|}{\sqrt{m^2+1}}=r$ $\quad\therefore b=\pm r\sqrt{m^2+1}$

따라서 구하는 접선의 방정식은 $y=mx\pm r\sqrt{m^2+1}$

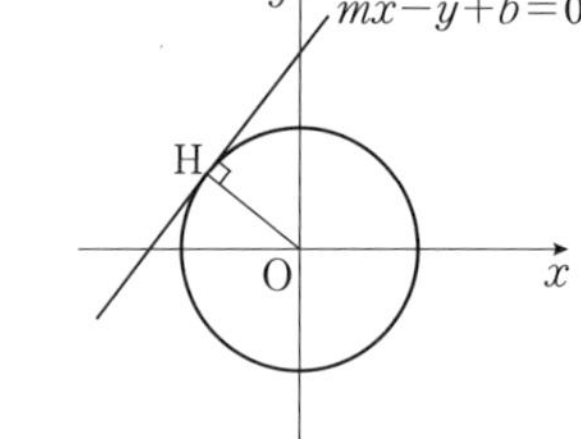

(2) 원 $(x-a)^2+(y-b)^2=r^2$에 접하고 기울기가 m인 접선의 방정식 유도

원 $(x-a)^2+(y-b)^2=r^2$에 접하고 기울기가 m인 직선의 방정식을 $y=mx+n$, 즉 $mx-y+n=0$이라 하면

원의 중심 (a, b)와 직선 사이의 거리가 원의 반지름의 길이 r과 같으므로

$\dfrac{|m\times a-b+n|}{\sqrt{m^2+1}}=r$, $|m\times a-b+n|=r\sqrt{m^2+1}$, $m\times a-b+n=\pm r\sqrt{m^2+1}$ $\quad\therefore n=-ma+b\pm r\sqrt{m^2+1}$

따라서 구하는 접선의 방정식은 $y=mx-ma+b\pm r\sqrt{m^2+1}$, 즉 $y-b=m(x-a)\pm r\sqrt{m^2+1}$

보기 01 **다음 직선의 방정식을 구하시오.**

(1) 원 $x^2+y^2=4$에 접하고 기울기가 2인 직선의 방정식

(2) 원 $x^2+y^2=9$에 접하고 직선 $3x-y=1$에 평행한 직선의 방정식

(3) 원 $x^2+y^2=25$에 접하고 직선 $x-2y+1=0$과 수직인 직선의 방정식

풀이

(1) $r=2$, $m=2$이므로 $y=2x\pm2\sqrt{2^2+1}$ $\quad\therefore \boldsymbol{y=2x\pm2\sqrt{5}}$

(2) 직선 $3x-y=1$에 평행한 접선은 기울기 $m=3$이고 $r=3$이므로 $y=3x\pm3\sqrt{3^2+1}$

$\therefore \boldsymbol{y=3x\pm3\sqrt{10}}$

(3) 직선 $x-2y+1=0$, 즉 $y=\dfrac{1}{2}x+\dfrac{1}{2}$과 수직인 접선은 기울기가 $m=-2$이고 $r=5$이므로

$y=-2x\pm5\sqrt{(-2)^2+1}$ $\quad\therefore \boldsymbol{y=-2x\pm5\sqrt{5}}$

02 원 위의 점에서의 접선의 방정식

(1) 원 $x^2+y^2=r^2$ 위의 점 $(x_1,\ y_1)$에서의 접선의 방정식

$$\boldsymbol{x_1x+y_1y=r^2}$$

(2) 원 $(x-a)^2+(y-b)^2=r^2$ 위의 점 $(x_1,\ y_1)$에서의 접선의 방정식

$$\boldsymbol{(x_1-a)(x-a)+(y_1-b)(y-b)=r^2}$$

(3) 원 $x^2+y^2+ax+by+c=0$ 위의 점 $(x_1,\ y_1)$에서의 접선의 방정식

$$\boldsymbol{x_1x+y_1y+a\times\frac{x+x_1}{2}+b\times\frac{y+y_1}{2}+c=0}$$

참고 원 위의 점 $(x_1,\ y_1)$에서 접선의 방정식은 다음과 같이 대입하여 구한다.

$x^2\to x_1x$, $y^2\to y_1y$, $(x-a)^2\to(x_1-a)(x-a)$, $(y-b)^2\to(y_1-b)(y-b)$, $x\to\frac{x+x_1}{2}$, $y\to\frac{y+y_1}{2}$이며

상수항은 변하지 않는다.

마플해설 (1) 원 $x^2+y^2=r^2$ 위의 점 $\mathrm{P}(x_1,\ y_1)$에서의 접선 l의 방정식 유도

(ⅰ) $x_1\neq0,\ y_1\neq0$인 경우 ◀ 점 P는 좌표축 위에 있지 않은 점이다.

원 $x^2+y^2=r^2$의 중심 $(0,\ 0)$과 접점 $\mathrm{P}(x_1,\ y_1)$을 지나는 직선 OP의 기울기는

$\frac{y_1}{x_1}$이고 접선 l과 직선 OP는 서로 수직이므로 접선 l의 기울기는 $-\frac{x_1}{y_1}$이다.

또, 접선 l은 점 $\mathrm{P}(x_1,\ y_1)$을 지나므로 접선 l의 방정식은

$y-y_1=-\frac{x_1}{y_1}(x-x_1)$, 즉 $x_1x+y_1y=x_1^2+y_1^2$

그런데 점 $\mathrm{P}(x_1,\ y_1)$은 원 $x^2+y^2=r^2$ 위의 점이므로 $x_1^2+y_1^2=r^2$

따라서 접선 l의 방정식은 $\boldsymbol{x_1x+y_1y=r^2}$

(ⅱ) $x_1=0$ 또는 $y_1=0$인 경우 ◀ 점 P는 좌표축 위에 있는 점이다.

점 P의 좌표는 $(0,\ \pm r)$ 또는 $(\pm r,\ 0)$이므로 접선의 방정식은

이 경우에도 $x_1x+y_1y=r^2$이 성립함을 알 수 있다.

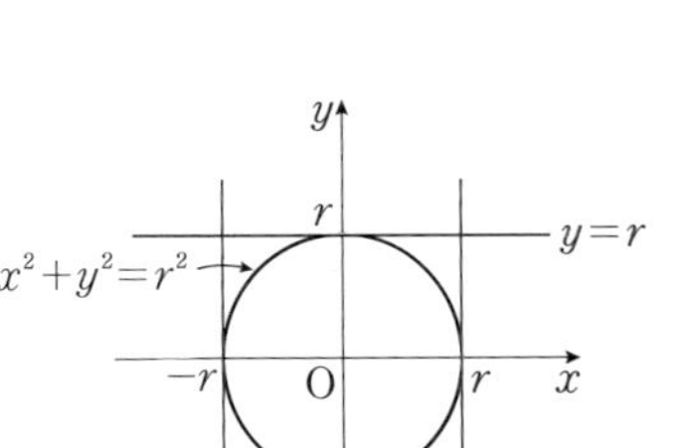

(ⅰ), (ⅱ)에서 원 $x^2+y^2=r^2$ 위의 점 $\mathrm{P}(x_1,\ y_1)$에서의 접선의 방정식은

$x_1x+y_1y=r^2$이다.

(2), (3)에서와 같이 원의 중심이 원점이 아닌 경우에도 위와 마찬가지로

(원의 중심과 접점을 지나는 직선)⊥(접선)을 이용하여 접선의 방정식을 구하면 (2), (3)의 결과가 나온다.

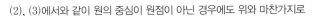

보기 02 다음 접선의 방정식을 구하시오.

(1) 원 $x^2+y^2=5$ 위의 점 $(2,\ 1)$에서의 접선의 방정식

(2) 원 $x^2+y^2=25$ 위의 점 $(-3,\ 4)$에서의 접선의 방정식

풀이 (1) $2\times x+1\times y=5$이므로 접선의 방정식은 $\boldsymbol{y=-2x+5}$

(2) $-3\times x+4\times y=25$이므로 접선의 방정식은 $\boldsymbol{3x-4y+25=0}$

보기 03 다음 접선의 방정식을 구하시오.

(1) 원 $(x+2)^2+y^2=5$ 위의 점 $(0,\ 1)$에서의 접선의 방정식

(2) 원 $x^2+y^2-2x-y+1=0$ 위의 점 $(1,\ 1)$에서의 접선의 방정식

풀이 (1) $(0+2)\times(x+2)+1\times y=5$이므로 접선의 방정식은 $\boldsymbol{y=-2x+1}$

(2) $1\times x+1\times y-2\times\frac{1}{2}(x+1)-1\times\frac{1}{2}(y+1)+1=0$이므로 접선의 방정식은 $\boldsymbol{y=1}$

03 원 밖의 한 점에서 원에 그은 접선의 방정식

원 밖의 점 (a, b)에서 원에 그은 접선은 두 개가 존재하고 그 접선의 방정식은 다음과 같이 세 가지 방법으로 구한다.

[방법1] 원 위의 점에서의 접선의 방정식을 이용

① 접점의 좌표를 (x_1, y_1)이라 하고 이 점에서 접선의 방정식 $x_1x+y_1y=r^2$을 구한다.

② 접선이 원 밖의 점 (a, b)를 지나고, 점 (x_1, y_1)이 원 위의 점임을 이용하여 x_1, y_1의 값을 구한다.

③ x_1, y_1의 값을 $x_1x+y_1y=r^2$에 대입하여 접선의 방정식을 구한다.

[방법2] 원의 중심과 직선 사이의 거리를 이용

접선의 기울기를 m이라 하고 점 (a, b)를 지나는 접선의 방정식 $y-b=m(x-a)$로 세운 후
(원의 중심과 접선 사이의 거리)=(원의 반지름의 길이)임을 이용하여 구한다.

[방법3] 이차방정식의 판별식을 이용

원 밖의 한 점 (a, b)에서 그은 접선의 기울기를 m이라 하면 접선의 방정식은 $y-b=m(x-a)$로 세운 후 원의 방정식과 연립하여 얻은 x에 대한 이차방정식의 판별식 $D=0$임을 이용하여 구한다.

참고 원 밖의 한 점에서 원에 그은 접선은 항상 2개이다.

마플해설 원 $x^2+y^2=r^2$ 밖의 점 (a, b)에서 그은 접선의 방정식 구하는 방법

방법1 원 위의 점에서 접선의 방정식을 이용

접점의 좌표를 (x_1, y_1)로 놓는다.

점 (x_1, y_1)에서의 접선의 방정식을

$x_1x+y_1y=r^2$ …… ㉠

점 (a, b)는 접선 위의 점이므로 ㉠에 대입하면

$ax_1+by_1=r^2$ …… ㉡

점 (x_1, y_1)은 원 위의 점이므로 원의 방정식 $x^2+y^2=r^2$에 대입하면

$x_1^2+y_1^2=r^2$ …… ㉢

㉡, ㉢을 연립하여 x_1, y_1의 값을 구한 후 ㉠에 대입하여 접선의 방정식을 구한다.

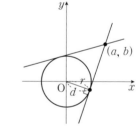

방법2 원의 중심과 직선 사이의 거리를 이용

접선의 기울기를 m이라 하면 이 접선이 점 (a, b)를 지나므로 접선의 방정식을

$y-b=m(x-a)$ …… ㉣

이때 원의 중심과 직선 $mx-y-ma+b=0$ 사이의 거리가 반지름의 길이와 같음을 이용하여 m의 값을 구한다.

m의 값을 ㉣에 대입하여 접선의 방정식을 구한다.

방법3 이차방정식의 판별식을 이용

접선의 기울기를 m이라 하면 이 접선이 점 (a, b)를 지나므로 접선의 방정식을

$y-b=m(x-a)$ …… ㉤

이를 원의 방정식에 대입하여 얻은 x에 대한 이차방정식의 판별식 D가 $D=0$이 되도록 하는 상수 m의 값을 구한다.

m의 값을 ㉤에 대입하여 접선의 방정식을 구한다.

+α 원 밖의 점에서 원에 그은 접선의 방정식의 주의 사항

원 $x^2+y^2=r^2(r>0)$ 밖의 점 (a, b)에서 원에 그은 접선은 항상 두 개 존재하지만
원 밖의 점 (r, p) 또는 $(-r, q)$인 경우
[방법2], [방법3]을 이용하여 접선의 방정식을 구하면 한 개만 구해진다.
이때 풀이 과정에서 구해지지 않은 접선의 방정식은 $x=r$ 또는 $x=-r$ (다른 하나의 접선은 y축과 평행한 직선)
이므로 원과 원 밖의 한 점을 반드시 좌표평면에 직접 그림을 그려서 확인한다.

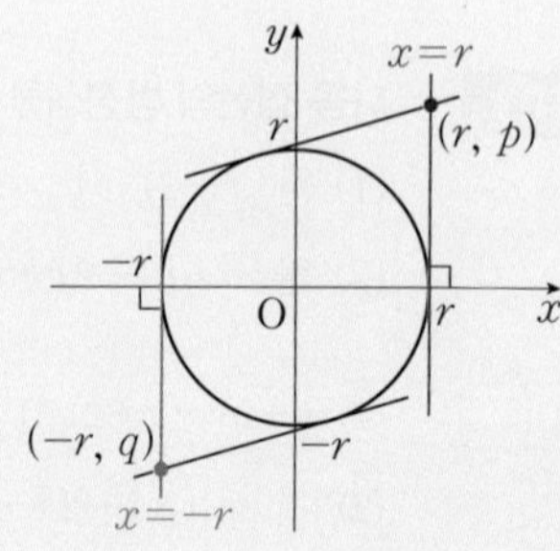

보기 04 **점 $(4,\ 0)$에서 원 $x^2+y^2=8$에 그은 접선의 방정식을 구하시오.**

풀이

방법1 원 위의 점에서의 접선의 방정식 이용

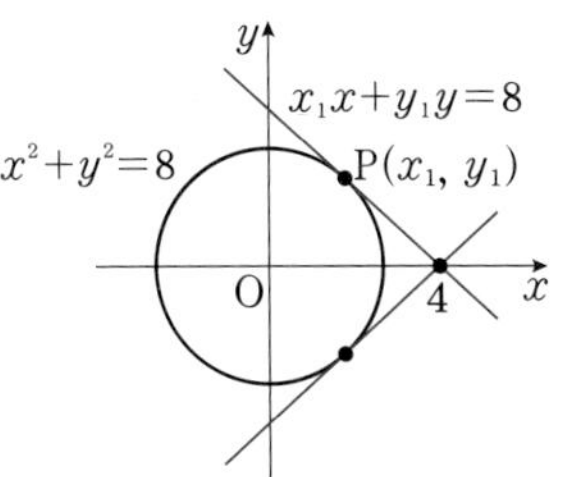

접점을 $P(x_1,\ y_1)$이라 하면 구하는 접선의 방정식은

$x_1x+y_1y=8$ …… ㉠

또, 점 $(4,\ 0)$은 직선 ㉠ 위의 점이므로 $4x_1=8$ $\quad\therefore x_1=2$

그런데 점 $P(x_1,\ y_1)$은 원 위의 점이므로

$x_1^2+y_1^2=8$ …… ㉡

$x_1=2$를 ㉡에 대입하면 $y_1=\pm2$

따라서 $x_1,\ y_1$의 값을 ㉠에 대입하여 정리하면 구하는 접선의 방정식은

$\boldsymbol{y=-x+4}$ **또는** $\boldsymbol{y=x-4}$

방법2 원의 중심과 직선 사이의 거리를 이용

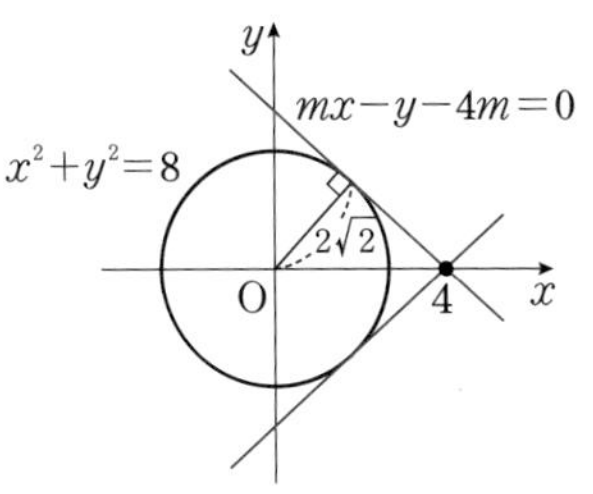

점 $(4,\ 0)$를 지나는 접선의 기울기를 m이라 하면 접선의 방정식은

$y-0=m(x-4)$, 즉 $mx-y-4m=0$

원의 중심 $(0,\ 0)$과 접선 사이의 거리는 원의 반지름의 길이 $2\sqrt{2}$와 같으므로

$\dfrac{|-4m|}{\sqrt{m^2+(-1)^2}}=2\sqrt{2}$, $|-4m|=2\sqrt{2}\times\sqrt{m^2+1}$

양변을 제곱하면 $16m^2=8m^2+8$, $m^2=1$

$\therefore m=1$ 또는 $m=-1$

따라서 구하는 접선의 방정식은 $\boldsymbol{y=-x+4}$ **또는** $\boldsymbol{y=x-4}$

방법3 이차방정식의 판별식을 이용

점 $(4,\ 0)$를 지나는 접선의 기울기를 m이라 하면 접선의 방정식은

$y-0=m(x-4)$, 즉 $y=mx-4m$ …… ㉠

㉠을 원의 방정식 $x^2+y^2=8$에 대입하면 $x^2+(mx-4m)^2=8$

$\therefore (m^2+1)x^2-8m^2x+16m^2-8=0$

이 x에 대한 이차방정식의 판별식을 D라 하면 $D=0$이어야 한다.

즉 $\dfrac{D}{4}=(-4m^2)^2-(m^2+1)(16m^2-8)=0$, $-8m^2+8=0$, $m^2=1$

$\therefore m=-1$ 또는 $m=1$

이를 ㉠에 대입하면 구하는 접선의 방정식은 $\boldsymbol{y=-x+4}$ **또는** $\boldsymbol{y=x-4}$

원 밖의 점에서 원에 그은 접선의 방정식은 [방법1] 또는 [방법2]를 이용하는 것이 계산이 편리하다.

마플개념익힘 01 기울기가 주어진 원의 접선의 방정식

다음 물음에 답하시오.

(1) 원 $x^2+y^2=9$에 접하고 직선 $2x-y=0$에 평행한 직선의 방정식을 구하시오.

(2) 원 $x^2+y^2=4$에 접하고 직선 $x-3y+3=0$에 수직인 직선의 방정식을 구하시오.

MAPL CORE ▶ (1) 원 $x^2+y^2=r^2\,(r>0)$에 접하고 기울기가 m인 접선의 방정식은 $y=mx\pm r\sqrt{m^2+1}$

(2) 원 $(x-a)^2+(y-b)^2=r^2$에 접하고 기울기가 m인 접선의 방정식을 구하는 방법

➡ 구하는 접선의 방정식을 $y=mx+k$(k는 상수)이라 하면 원의 중심과 접선 사이의 거리는 원의 반지름의 길이와 같음을 이용한다.

개념익힘풀이 (1) 직선 $2x-y=0$, 즉 $y=2x$에 평행하므로 직선의 기울기는 2이다.

원 $x^2+y^2=9$의 반지름의 길이는 3이므로 구하는 직선의 방정식은 $y=2x\pm3\sqrt{2^2+1}$ $\quad\therefore$ $\boldsymbol{y=2x\pm3\sqrt{5}}$

다른풀이 (원의 중심에서 직선 사이의 거리)=(원의 반지름의 길이)임을 이용하여 풀이하기

기울기가 2인 직선의 방정식을 $y=2x+k$로 놓으면

원의 중심 $(0,\ 0)$과 직선 $2x-y+k=0$ 사이의 거리가

반지름의 길이 3과 같으므로 $\dfrac{|k|}{\sqrt{2^2+(-1)^2}}=3$

$\therefore$ $k=\pm3\sqrt{5}$

따라서 구하는 접선의 방정식은 $\boldsymbol{y=2x\pm3\sqrt{5}}$

참고 직선 $y=2x+k$를 원 $x^2+y^2=9$에 대입하여 판별식 $D=0$을 이용하여 구할 수 있다.

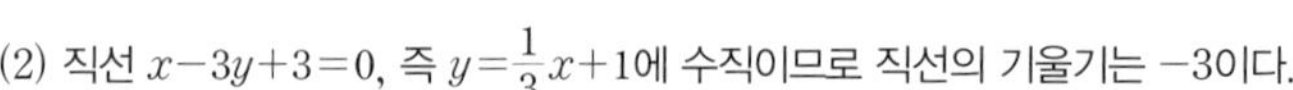

(2) 직선 $x-3y+3=0$, 즉 $y=\frac{1}{3}x+1$에 수직이므로 직선의 기울기는 -3이다.

원 $x^2+y^2=4$의 반지름의 길이는 2이므로 구하는 직선의 방정식은 $y=-3x\pm2\sqrt{(-3)^2+1}$ $\quad\therefore$ $\boldsymbol{y=-3x\pm2\sqrt{10}}$

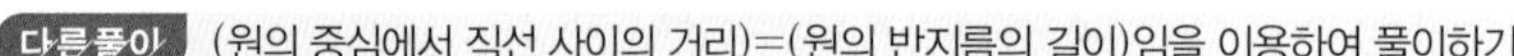

다른풀이 (원의 중심에서 직선 사이의 거리)=(원의 반지름의 길이)임을 이용하여 풀이하기

기울기가 -3인 직선의 방정식을 $y=-3x+k$로 놓으면

원의 중심 $(0,\ 0)$과 직선 $-3x-y+k=0$ 사이의 거리가

반지름의 길이 2와 같으므로 $\dfrac{|k|}{\sqrt{(-3)^2+(-1)^2}}=2$

$\therefore$ $k=\pm2\sqrt{10}$

따라서 구하는 접선의 방정식은 $\boldsymbol{y=-3x\pm2\sqrt{10}}$

참고 직선 $y=-3x+k$를 원 $x^2+y^2=4$에 대입하여 판별식 $D=0$을 이용하여 구할 수 있다.

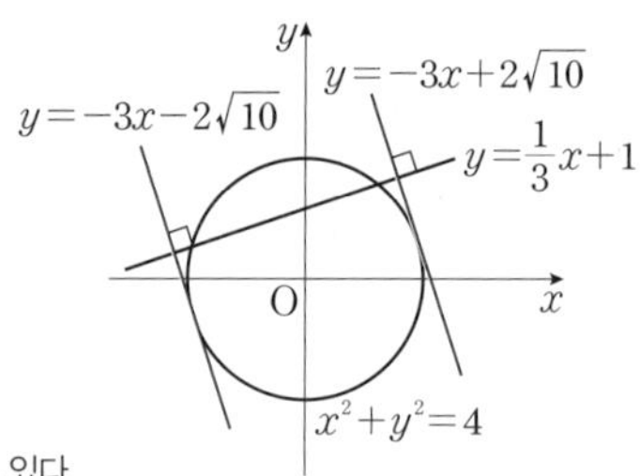

확인유제 0203 다음 물음에 답하시오.

(1) 원 $x^2+y^2=9$에 접하고 x축의 양의 방향과 $30°$의 각을 이루는 직선의 방정식을 구하시오.

(2) 원 $x^2+y^2=4$에 접하고 직선 $x-y+1=0$에 수직인 직선의 방정식을 구하시오.

변형문제 0204 다음 물음에 답하시오.

(1) 원 $(x+1)^2+(y-4)^2=9$에 접하고 직선 $2x-y+1=0$에 평행한 직선의 방정식을 구하시오.

(2) 원 $(x-3)^2+(y-2)^2=1$에 접하고 직선 $3x-4y-12=0$에 수직인 직선의 방정식을 구하시오.

발전문제 0205 오른쪽 그림과 같이 정사각형 ABCD에 내접하는 원의 방정식은 $(x-2)^2+(y-3)^2=1$이다. 두 점 C, D를 지나는 직선과 x축의 양의 방향이 이루는 각의 크기가 $30°$라 할 때, 두 점 A, D를 지나는 직선의 방정식을 구하시오.

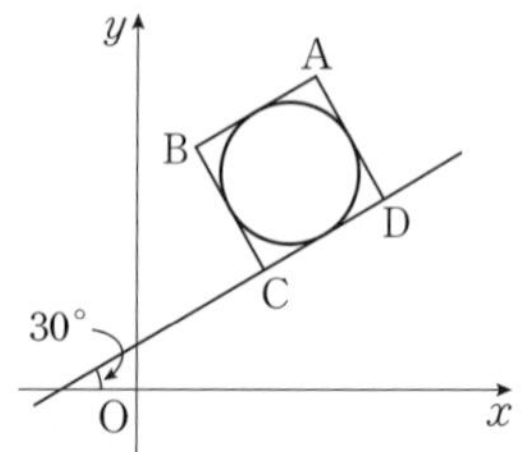

정답 0203 : (1) $y=\frac{\sqrt{3}}{3}x\pm2\sqrt{3}$ (2) $y=-x\pm2\sqrt{2}$ 0204 : (1) $y=2x+6\pm3\sqrt{5}$ (2) $y=-\frac{4}{3}x+\frac{13}{3}$ 또는 $y=-\frac{4}{3}x+\frac{23}{3}$
0205 : $y=-\sqrt{3}x+5+2\sqrt{3}$

마플개념익힘 02 원 위의 점에서의 접선의 방정식

다음 물음에 답하시오.

(1) 원 $x^2+y^2=13$ 위의 점 $(3, 2)$에서 접선의 방정식이 $(5, k)$를 지날 때, 실수 k의 값을 구하시오.

(2) 원 $(x-2)^2+(y+3)^2=25$ 위의 점 $(-1, 1)$에서 접선의 방정식을 구하시오.

MAPL CORE ▶ (1) 원 $x^2+y^2=r^2$ 위의 점 (x_1, y_1)에서 접선의 방정식 ➡ $x_1x+y_1y=r^2$

(2) 원 $(x-a)^2+(y-b)^2=r^2$ 위의 점 (x_1, y_1)에서 접선의 방정식 ➡ $(x_1-a)(x-a)+(y_1-b)(y-b)=r^2$

(3) 중심이 원점이 아닌 원 위의 점에서의 접선의 방정식 ➡ 원의 중심과 접점을 지나는 직선이 접선과 서로 수직임을 이용한다.

개념익힘풀이 (1) 원 $x^2+y^2=13$ 위의 점 $(3, 2)$에서의 접선의 방정식은 $3x+2y=13$

접선이 점 $(5, k)$를 지나므로 $15+2k=13$, $2k=-2$

따라서 $\boldsymbol{k=-1}$

다른풀이 원의 중심과 접점을 지나는 직선이 접선과 수직임을 이용하여 풀이하기

원의 중심 $(0, 0)$과 접점 $(3, 2)$를 지나는 직선의 기울기는 $\frac{2-0}{3-0}=\frac{2}{3}$

원의 중심과 접점을 지나는 직선은 접선에 수직이므로 접선의 기울기는 $-\frac{3}{2}$

즉 기울기가 $-\frac{3}{2}$이고 점 $(3, 2)$를 지나는 접선의 방정식은

$y-2=-\frac{3}{2}(x-3)$, 즉 $y=-\frac{3}{2}x+\frac{13}{2}$

이 직선이 점 $(5, k)$를 지나므로 $k=-\frac{15}{2}+\frac{13}{2}=\boldsymbol{-1}$

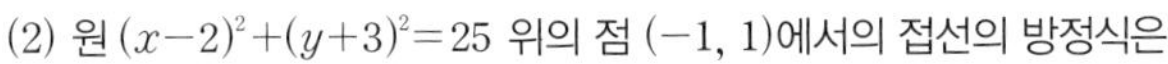

(2) 원 $(x-2)^2+(y+3)^2=25$ 위의 점 $(-1, 1)$에서의 접선의 방정식은

$(-1-2)(x-2)+(1+3)(y+3)=25$, $-3x+6+4y+12=25$

따라서 $\boldsymbol{3x-4y+7=0}$

다른풀이 원의 중심과 접점을 지나는 직선이 접선과 수직임을 이용하여 풀이하기

원의 중심 $(2, -3)$과 접점 $(-1, 1)$을 지나는 직선의 기울기가

$\frac{1-(-3)}{-1-2}=-\frac{4}{3}$

원의 중심과 접점을 지나는 직선은 접선에 수직이므로 접선의 기울기는 $\frac{3}{4}$

즉 기울기가 $\frac{3}{4}$이고 점 $(-1, 1)$을 지나는 접선의 방정식은

$y-1=\frac{3}{4}\{x-(-1)\}$, 즉 $\boldsymbol{3x-4y+7=0}$

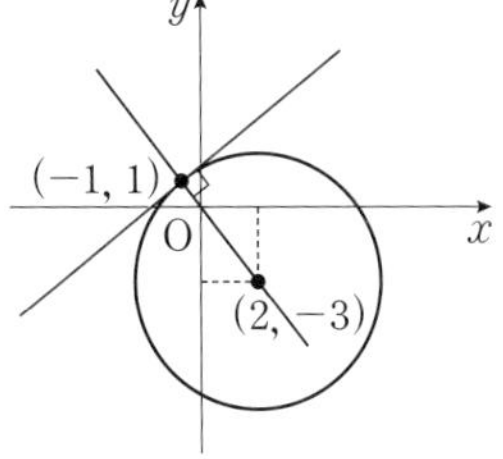

확인유제 0206 다음 물음에 답하시오.

(1) 원 $x^2+y^2=25$ 위의 점 $(4, 3)$에서 그은 접선이 직선 $3x+ay+2=0$과 서로 수직일 때, 실수 a의 값을 구하시오.

(2) 원 $(x+2)^2+(y-1)^2=10$ 위의 점 $(1, 2)$에서의 접선의 방정식을 구하시오.

변형문제 0207 원 $x^2+y^2=25$ 위의 점 $(-3, 4)$에서의 접선이 원 $x^2+y^2-16x-12y+91+k=0$과 접할 때, 실수 k의 값은?

① -16 ② -15 ③ -14 ④ -13 ⑤ -12

발전문제 0208 좌표평면에서 원 $x^2+y^2=45$ 위의 점 $(-3, 6)$에서의 접선이 원 $(x-10)^2+(y-2)^2=r^2$과 만나도록 하는 자연수 r의 최솟값을 구하시오. (단, $\sqrt{5}≒2.23$)

정답 0206 : (1) -4 (2) $y=-3x+5$ 0207 : ① 0208 : 10

마플개념익힘 03 원 밖의 점에서의 접선의 방정식

점 $(0, 2)$를 지나고 원 $x^2+y^2=1$에 접하는 직선의 방정식을 구하시오.

MAPL CORE ▶ 원 밖의 점에서 원에 그은 접선의 방정식을 구하는 방법

[방법1] 접점을 (x_1, y_1)이라 하고 이 점에서 접선 $x_1x+y_1y=r^2$을 이용한다.

[방법2] 기울기를 m으로 놓고 점 (x_1, y_1)을 지나는 직선을 구한 후 원에 대입하여 얻은 이차방정식의 판별식 $D=0$을 이용한다.

[방법3] (원의 중심과 접선 사이의 거리)=(원의 반지름의 길이)임을 이용한다.

개념익힘풀이

방법1 접점을 (x_1, y_1)로 놓고 접선 공식 $xx_1+yy_1=r^2$을 이용

원 $x^2+y^2=1$ 위의 접점을 (x_1, y_1)이라면 접선의 방정식은

$x_1x+y_1y=1$ …… ㉠

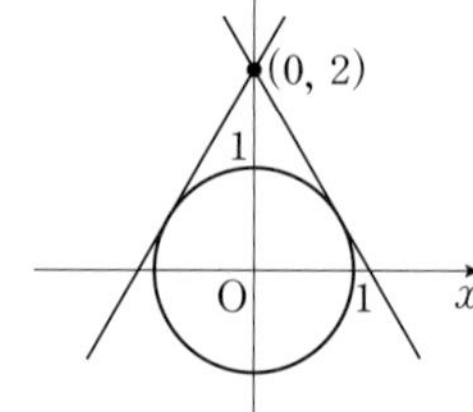

접선 ㉠이 점 $(0, 2)$를 지나므로 $2y_1=1$ $\therefore y_1=\frac{1}{2}$ …… ㉡

한편 점 (x_1, y_1)은 원 $x^2+y^2=1$ 위의 점이므로 $x_1^2+y_1^2=1$ …… ㉢

㉡을 ㉢에 대입하면 $x_1^2=\frac{3}{4}$ $\therefore x_1=\pm\frac{\sqrt{3}}{2}, y_1=\frac{1}{2}$

이를 ㉠에 대입하면 $\frac{\sqrt{3}}{2}x+\frac{1}{2}y=1$ 또는 $-\frac{\sqrt{3}}{2}x+\frac{1}{2}y=1$

따라서 $\boldsymbol{y=-\sqrt{3}x+2}$ **또는** $\boldsymbol{y=\sqrt{3}x+2}$

방법2 이차방정식의 판별식 $D=0$을 이용

$x^2+y^2=1$ …… ㉣

점 $(0, 2)$를 지나는 직선의 기울기를 m이라 하면 $y-2=m(x-0)$

$\therefore y=mx+2$ …… ㉤

㉤을 ㉣에 대입하면 $(m^2+1)x^2+4mx+3=0$ …… ㉥

㉤이 ㉣에 접하려면 이차방정식 ㉥이 중근을 가져야 하므로 이차방정식 ㉥의 판별식을 D라 하면 $D=0$이어야 한다.

$\frac{D}{4}=(2m)^2-3(m^2+1)=0,\ m^2=3$ $\therefore m=\pm\sqrt{3}$

이를 ㉤에 대입하면 $\boldsymbol{y=\pm\sqrt{3}x+2}$

방법3 (원의 중심에서 접선 사이의 거리)=(원의 반지름의 길이) 이용

점 $(0, 2)$를 지나는 직선의 기울기를 m이라 하면 $y-2=m(x-0)$

$\therefore mx-y+2=0$ …… ㉦

원과 직선이 접하려면 원 $x^2+y^2=1$의 중심 $(0, 0)$에서 직선 ㉦까지의 거리가 반지름의 길이 1과 같아야 한다.

즉 $\frac{2}{\sqrt{m^2+1}}=1,\ \sqrt{m^2+1}=2$

양변을 제곱하면 $m^2+1=4,\ m^2=3$ $\therefore m=\pm\sqrt{3}$

이를 ㉦에 대입하면 $\boldsymbol{y=\pm\sqrt{3}x+2}$

> **[방법2], [방법3]의 유의 사항**
> 일반적으로 원 $x^2+y^2=r^2$ 밖의 한 점에서 원에 그을 수 있는 접선은 두 개 존재하고 그 접선의 방정식은 [방법1], [방법2], [방법3]을 이용해서 구할 수 있다.
> 그런데 주어진 원 밖의 점이 $(r, k), (-r, k)$일 때, 즉 접선이 y축에 평행할 때, [방법2], [방법3]을 이용하면 접선의 방정식이 한 개만 구해진다.
> 이때에는 반드시 그래프를 그려서 확인하며 그때 나머지 하나의 접선의 방정식은 $x=r$ 또는 $x=-r$이다.

확인유제 0209 점 $(-2, 4)$에서 원 $x^2+y^2=4$에 그은 접선의 방정식을 구하시오.

변형문제 0210 다음 물음에 답하시오.

(1) 점 $\mathrm{P}(2, 0)$에서 원 $(x-2)^2+(y-a)^2=4$에 그은 두 접선의 기울기의 곱이 -1일 때, 양수 a의 값을 구하시오.

(2) 점 $\mathrm{P}(0, a)$에서 원 $x^2+y^2-6y+1=0$에 그은 두 접선이 서로 수직일 때, 양수 a의 값을 구하시오

발전문제 0211 점 $\mathrm{P}(-2, 4)$에서 원 $x^2+y^2=2$에 그은 두 접선이 y축과 만나는 두 점을 A와 B라 할 때, 삼각형 PAB의 넓이를 구하시오.

정답 0209 : $x=-2$ 또는 $3x+4y-10=0$ 0210 : (1) $2\sqrt{2}$ (2) 7 0211 : 12

06 극선의 방정식

01 극선의 방정식

특강유형

원 $x^2+y^2=r^2$ 밖의 점 $\mathrm{P}(x_1,\ y_1)$에서 원에 그은 두 접선의 접점을 각각 A, B라 할 때,
두 점 A, B를 연결한 직선을 **극선**이라 하며 **극선의 방정식은 $x_1x+y_1y=r^2$**

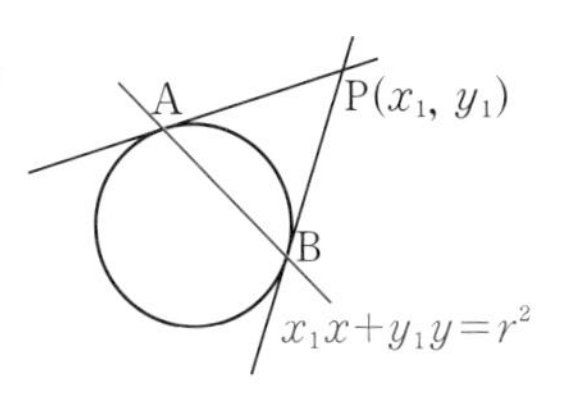

원 $x^2+y^2=r^2$ 밖의 점 $\mathrm{P}(x_1,\ y_1)$에서 극선의 방정식 $\boldsymbol{x_1x+y_1y=r^2}$

마플해설 두 접점을 각각 $(x_2,\ y_2)$, $(x_3,\ y_3)$라 하면 두 접점에서의 접선의 방정식은 원 위의 점에서의 접선이므로
$x_2x+y_2y=r^2$, $x_3x+y_3y=r^2$이다.
두 접선 모두 점 $\mathrm{P}(x_1,\ y_1)$를 지나므로 $x_2x_1+y_2y_1=r^2$, $x_3x_1+y_3y_1=r^2$이 성립한다.
이것은 $x_1x+y_1y=r^2$ 식에 각각 $(x_2,\ y_2)$, $(x_3,\ y_3)$를 대입한 식과 같으므로 두 점 $(x_2,\ y_2)$, $(x_3,\ y_3)$를 지나는 직선의 방정식은
$x_1x+y_1y=r^2$이라 할 수 있다.
이는 마치 원 위의 점 $\mathrm{P}(x_1,\ y_1)$에서 그은 접선의 방정식과 일치하는 식이다.

보기 01 점 $\mathrm{P}(-1,\ 2)$에서 원 $x^2+y^2=1$에 그은 두 접선의 접점을 각각 A, B라 할 때, 직선 AB의 방정식을 구하시오.

풀이

방법1 원 밖의 한 점에서 원에 그은 접선의 방정식을 이용하여 풀이하기

원 $x^2+y^2=1$ 위의 접점의 좌표를 $(x_1,\ y_1)$이라 하면 접선의 방정식은
$x_1x+y_1y=1$ …… ㉠
접선 ㉠이 점 $\mathrm{P}(-1,\ 2)$를 지나므로 $-x_1+2y_1=1$
$\therefore\ x_1=2y_1-1$ …… ㉡
한편 접점 $(x_1,\ y_1)$이 원 $x^2+y^2=1$ 위의 점이므로
$x_1^2+y_1^2=1$ …… ㉢
㉡을 ㉢에 대입하면 $(2y_1-1)^2+y_1^2=1$, $5y_1^2-4y_1=0$, $y_1(5y_1-4)=0$
$\therefore\ y_1=0$ 또는 $y_1=\dfrac{4}{5}$
이를 ㉡에 대입하면 $x_1=-1$ 또는 $x_1=\dfrac{3}{5}$
이때 두 접점의 좌표가 $(-1,\ 0)$, $\left(\dfrac{3}{5},\ \dfrac{4}{5}\right)$이므로 직선 AB의 방정식은 $y-0=\dfrac{\frac{4}{5}-0}{\frac{3}{5}-(-1)}\{x-(-1)\}$, 즉 $\boldsymbol{y=\frac{1}{2}(x+1)}$

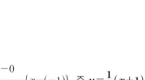

방법2 극선의 방정식을 유도하여 풀이하기

점 $\mathrm{P}(-1,\ 2)$에서 원 $x^2+y^2=1$에 그은 두 접선의 접점을 각각 점 $\mathrm{A}(x_1,\ y_1)$,
점 $\mathrm{B}(x_2,\ y_2)$라 하면 접선의 방정식은 각각 $x_1x+y_1y=1$, $x_2x+y_2y=1$
이때 두 접선은 모두 점 $(-1,\ 2)$를 지나므로 $-x_1+2y_1=1$, $-x_2+2y_2=1$
이 두 식은 직선 $-x+2y=1$에 두 점 $\mathrm{A}(x_1,\ y_1)$, $\mathrm{B}(x_2,\ y_2)$를 대입한 것과 같다.
따라서 두 점을 지나는 직선은 유일하므로 직선 AB의 방정식은 $\boldsymbol{x-2y+1=0}$

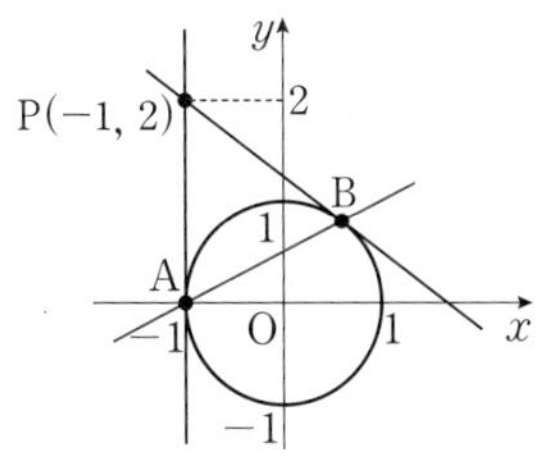

방법3 공통현의 방정식을 유도하여 풀이하기

선분 AB는 점 P를 중심으로 하고 선분 PA를 반지름으로 하는 원과 원 $x^2+y^2=1$의 공통현이 되므로
점 $\mathrm{P}(-1,\ 2)$에서 원의 중심 $(0,\ 0)$까지의 거리는 $\sqrt{5}$이고
원의 반지름의 길이는 1이므로 $\overline{\mathrm{PA}}=\sqrt{\overline{\mathrm{OP}}^2-\overline{\mathrm{OA}}^2}=\sqrt{(\sqrt{5})^2-1^2}=2$
즉 원의 중심이 $(-1,\ 2)$이고 반지름의 길이가 2인 원의 방정식은
$(x+1)^2+(y-2)^2=4$, 즉 $x^2+y^2+2x-4y+1=0$
두 원의 공통현의 방정식은
$x^2+y^2-1-(x^2+y^2+2x-4y+1)=0$, $-2x+4y-2=0$
$\therefore\ \boldsymbol{x-2y+1=0}$

y
P$(-1,\ 2)$
$x-2y+1=0$
2
B
A O
x

점 $\mathrm{A}(2, 3)$에서 원 $x^2+y^2=1$에 그은 두 접선이 원과 만나는 점을 P, Q라 할 때, 직선 PQ의 방정식을 구하시오.

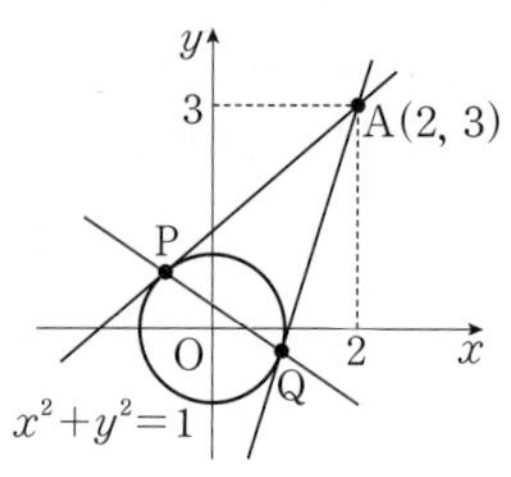

MAPL CORE ▶ 원 $x^2+y^2=r^2$밖의 한 점 $\mathrm{A}(\alpha, \beta)$에서 원에 그은 접선의 두 접점을 각각 P, Q라 할 때,
두 점 P, Q를 지나는 직선의 방정식 ➡ 극선의 방정식 $\alpha x+\beta y=r^2$

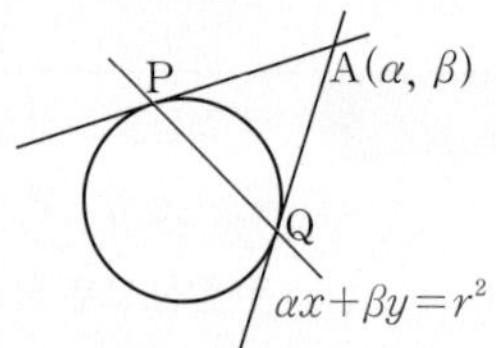

개념익힘풀이 점 $\mathrm{A}(2, 3)$에서 원 $x^2+y^2=1$에 그은 두 접선의 접점을 각각 $\mathrm{P}(x_1, y_1)$, $\mathrm{Q}(x_2, y_2)$라 하면
접선의 방정식은 각각 $x_1x+y_1y=1$, $x_2x+y_2y=1$
이때 두 접선은 모두 점 $\mathrm{A}(2, 3)$을 지나므로 $2x_1+3y_1=1$, $2x_2+3y_2=1$
즉 두 점 P, Q는 직선 $2x+3y=1$ 위의 점이 된다.
따라서 직선 PQ의 방정식은 $\mathbf{2x+3y-1=0}$

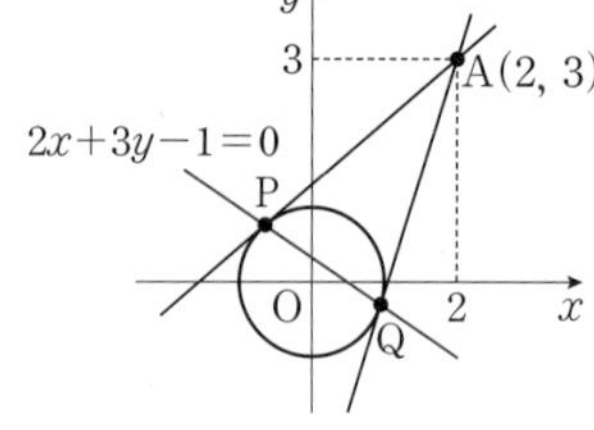

다른풀이 공통현의 방정식을 유도하여 풀이하기
선분 PQ는 점 A를 중심으로 하고 선분 AQ를 반지름으로 하는 원과 원 $x^2+y^2=1$의 공통현의 방정식이다.
점 $\mathrm{A}(2, 3)$에서 원의 중심 $(0, 0)$까지의 거리는 $\sqrt{13}$이고,
원 $x^2+y^2=1$의 반지름의 길이는 1이므로
$\overline{\mathrm{AQ}}=\sqrt{\overline{\mathrm{OA}}^2-\overline{\mathrm{OQ}}^2}=\sqrt{(\sqrt{13})^2-1^2}=2\sqrt{3}$
즉 원의 중심이 $\mathrm{A}(2, 3)$이고 반지름의 길이가 $2\sqrt{3}$인 원의 방정식은
$(x-2)^2+(y-3)^2=12$, 즉 $x^2+y^2-4x-6y+1=0$
두 원의 공통현의 방정식은 $x^2+y^2-1-(x^2+y^2-4x-6y+1)=0$, $4x+6y-2=0$
$\therefore$ $\mathbf{2x+3y-1=0}$

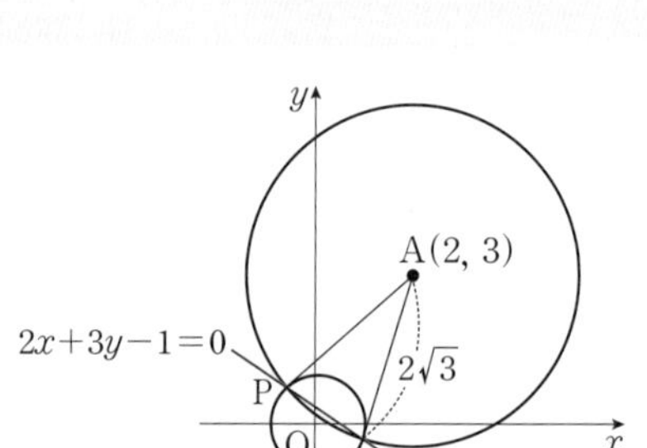

확인유제 0212 좌표평면 위의 점 $(3, 4)$에서 원 $x^2+y^2=5$에 그은 두 접선의 접점을 각각 A, B라 할 때, 점 $(3, 4)$에서 직선 AB에 이르는 거리를 구하시오.

변형문제 0213 점 $\mathrm{P}(6, 8)$에서 원 $x^2+y^2=25$에 그은 두 접선의 접점을 각각 A, B라고 할 때, 선분 AB의 길이는?

① $\frac{7\sqrt{3}}{2}$ ② $4\sqrt{3}$ ③ $\frac{9\sqrt{3}}{2}$ ④ $5\sqrt{3}$ ⑤ $\frac{11\sqrt{3}}{2}$

발전문제 0214 오른쪽 그림과 같이 점 $\mathrm{P}(3, 4)$에서 원 $x^2+y^2=5$에 그은 접선의 두 접점을 A, B라 할 때, 삼각형 OAB의 넓이를 구하시오. (단, O는 원점이다.)

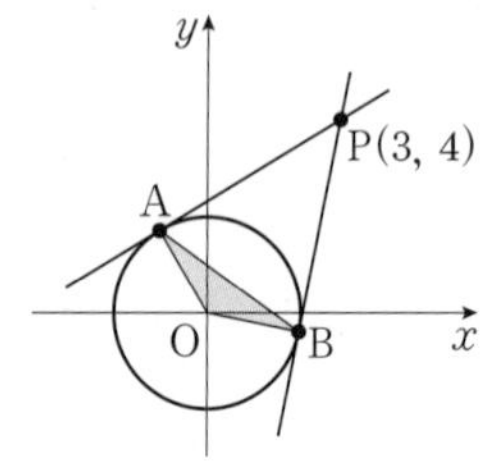

정답 0212 : 4 0213 : ④ 0214 : 2

MAPL; YOURMASTERPLAN

06 원과 직선의 활용

개념유형 01 원 밖의 한 점에서 원에 그은 접선의 길이

원 $(x-a)^2+(y-b)^2=r^2$ 밖의 한 점 $P(x_1, y_1)$에서
원에 접선을 그었을 때의 접선의 길이 l은 오른쪽 그림과 같다.
이 원에 그은 접선의 접점을 T라고 하면
$\overline{CP}^2=\overline{PT}^2+\overline{CT}^2$에서 $\overline{PT}=\sqrt{\overline{CP}^2-\overline{CT}^2}$

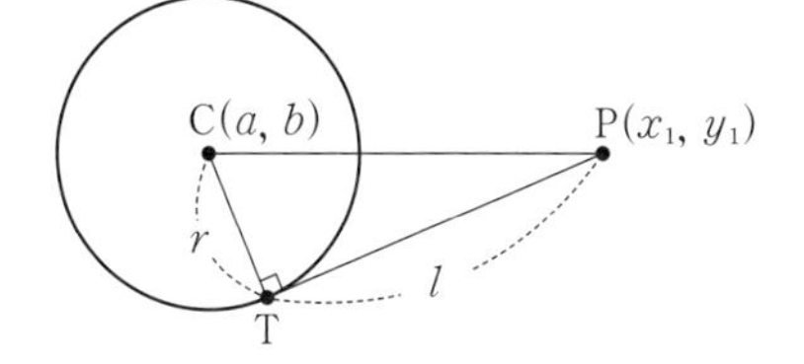

$$l=\sqrt{(x_1-a)^2+(y_1-b)^2-r^2}$$

참고 원 $x^2+y^2+ax+by+c=0$ 밖의 한 점 $A(x_1, y_1)$에서 원에 접선을 그었을 때의 접점을 P라고 하면 접선의 길이는

$$l=\sqrt{x_1^2+y_1^2+ax_1+by_1+c}$$

마플해설 원의 접선의 길이를 구할 때 접점의 좌표를 구할 필요는 없다.
접점의 좌표를 구하지 않더라도 접선을 그은 점으로부터 원의 중심까지의 거리 및 원의 반지름의 길이를 구한 후 피타고라스 정리를 이용하여 접선의 길이를 구할 수 있다.

보기 01 점 $(3, -1)$에서 원 $x^2+y^2=4$에 그은 접선의 길이를 구하시오.

풀이 오른쪽 그림과 같이 원의 중심을 $O(0, 0)$, 접점을 T라 하면
원의 반지름 $\overline{OT}=2$, $\overline{OA}=\sqrt{3^2+(-1)^2}=\sqrt{10}$
따라서 직각삼각형 OAT에서 피타고라스 정리에 의하여
접선의 길이 $\overline{AT}=\sqrt{\overline{OA}^2-\overline{OT}^2}=\sqrt{10-4}=\sqrt{6}$

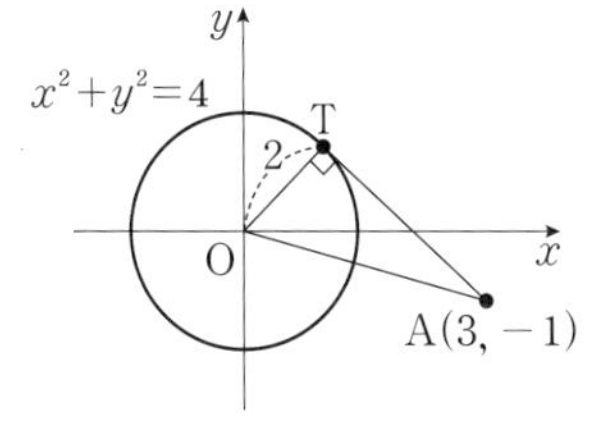

개념유형 02 원 위의 점으로부터 거리의 최대 · 최소

(1) 원 밖의 한 점에서 원에 이르는 거리의 최대 · 최소

중심이 C이고 반지름의 길이가 r인 원에 대하여 원 밖의 한 정점 A에서
원 위의 동점 P에 이르는 거리의 최댓값, 최솟값은
점 A에서 중심 C에 이르는 거리 d를 이용하여 구한다.

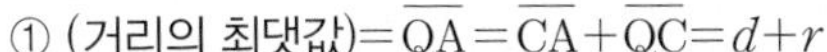

① (거리의 최댓값)$=\overline{QA}=\overline{CA}+\overline{QC}=d+r$

② (거리의 최솟값)$=\overline{PA}=\overline{CA}-\overline{PC}=d-r$

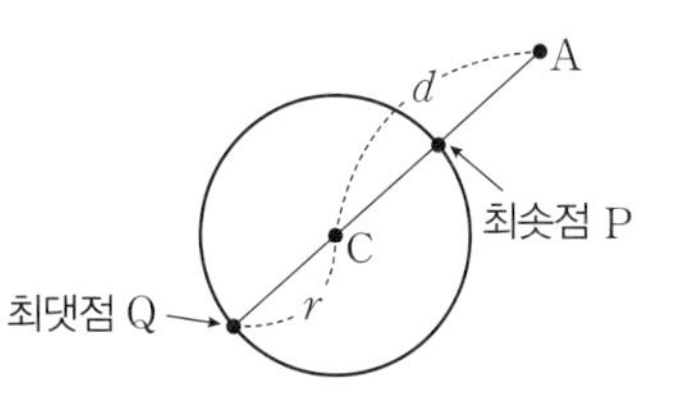

(2) 원 위의 한 점과 직선 사이의 거리의 최대 · 최소

직선 l이 반지름의 길이가 r인 원의 중심 C에서 $d\,(d>r)$만큼 떨어져
있을 때, 직선 l과 원 위의 점 P 사이의 거리의 최댓값, 최솟값이 되는
경우는 오른쪽 그림과 같다.

① (거리의 최댓값)$=\overline{QH}=\overline{CH}+\overline{QC}=d+r$

② (거리의 최솟값)$=\overline{PH}=\overline{CH}-\overline{CP}=d-r$

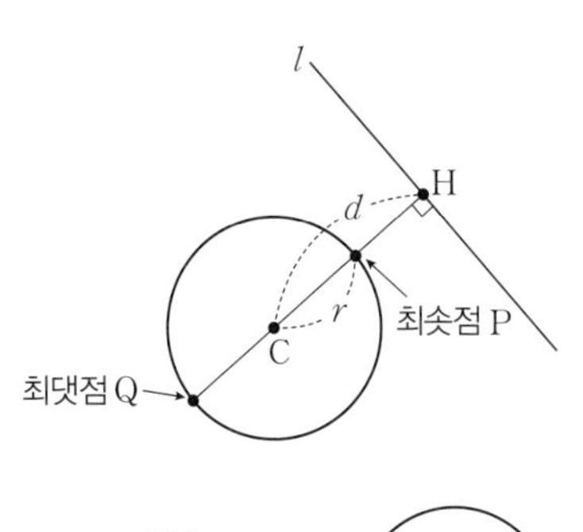

(3) 두 원 사이의 거리의 최대 · 최소

① (거리의 최댓값)$=\overline{OO'}+r+r'$

② (거리의 최솟값)$=\overline{OO'}-(r+r')$

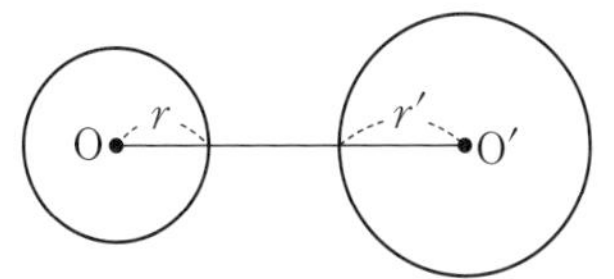

점 $\mathrm{P}(2, -3)$에서 원 $x^2+y^2+4x-2y=0$에 접선의 접점을 T라 할 때, 선분 PT의 길이를 구하시오.

MAPL CORE ▶ 원 밖의 한 점 P에서 중심이 C인 원에 그은 접선의 접점을 T라 하면
접선 PT와 원의 중심과 접점을 이은 직선 CT는 서로 수직임을 이용한다.
$\angle \mathrm{CTP}=90°$인 직각삼각형 CPT에서 피타고라스 정리에 의하여
$\overline{\mathrm{PT}}=\sqrt{\overline{\mathrm{PC}}^2-\overline{\mathrm{CT}}^2}$

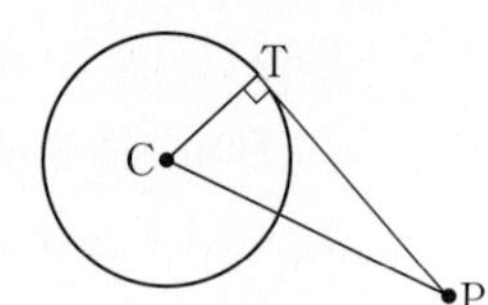

개념익힘풀이 원 $x^2+y^2+4x-2y=0$에서 $(x+2)^2+(y-1)^2=5$
오른쪽 그림과 같이 원의 중심을 C라 하면 $\mathrm{C}(-2, 1)$
접선의 접점을 T라 하면 반지름의 길이는 $\overline{\mathrm{CT}}=\sqrt{5}$
두 점 $\mathrm{P}(2, -3)$, $\mathrm{C}(-2, 1)$ 사이의 거리는
$\overline{\mathrm{PC}}=\sqrt{(-2-2)^2+\{1-(-3)\}^2}=4\sqrt{2}$
원의 중심과 접점을 이은 직선은 접선과 서로 수직이므로
직각삼각형 PCT에서 피타고라스 정리에 의하여
$\overline{\mathrm{PT}}=\sqrt{\overline{\mathrm{PC}}^2-\overline{\mathrm{CT}}^2}=\sqrt{(4\sqrt{2})^2-(\sqrt{5})^2}=3\sqrt{3}$
따라서 선분 PT의 길이는 $\mathbf{3\sqrt{3}}$

다른풀이 접선의 길이 공식을 이용하여 풀이하기
원 $x^2+y^2+ax+by+c=0$ 밖의 한 점 $\mathrm{P}(x_1, y_1)$에서 원에 접선을 그었을 때의 접점을 T라고 하면
접선의 길이는 $\overline{\mathrm{PT}}=l=\sqrt{x_1^2+y_1^2+ax_1+by_1+c}$
따라서 점 $\mathrm{P}(2, -3)$에서 원 $x^2+y^2+4x-2y=0$에 그은 접선의 길이는
$\overline{\mathrm{PT}}=l=\sqrt{2^2+(-3)^2+4\times2-2\times(-3)}=\mathbf{3\sqrt{3}}$

확인유제 0215 점 $\mathrm{P}(1, 4)$에서 원 $x^2+y^2+4x=0$에 접선의 접점을 T라 할 때, 선분 PT의 길이를 구하시오.

변형문제 0216 다음 물음에 답하시오.

(1) 점 $\mathrm{P}(a, 1)$에서 원 $x^2+y^2-6x+6y+14=0$에 그은 접선의 접점을 T라고 할 때, $\overline{\mathrm{PT}}=4$를 만족하는 실수 a의 값의 합은?

① -6 ② -5 ③ 3 ④ 4 ⑤ 6

(2) 점 $\mathrm{P}(4, 3)$에서 중심이 $\mathrm{C}(2, 0)$인 원에 그은 접선의 길이가 3일 때, 이 원의 넓이는?

① 2π ② 4π ③ 6π ④ 9π ⑤ 16π

발전문제 0217 오른쪽 그림과 같이 점 $\mathrm{P}(3, 4)$에서 원 $x^2+y^2=1$에 그은 두 접선의 접점을 각각 A, B라 할 때, 사각형 OAPB의 넓이를 구하시오. (단, O는 원점이다.)

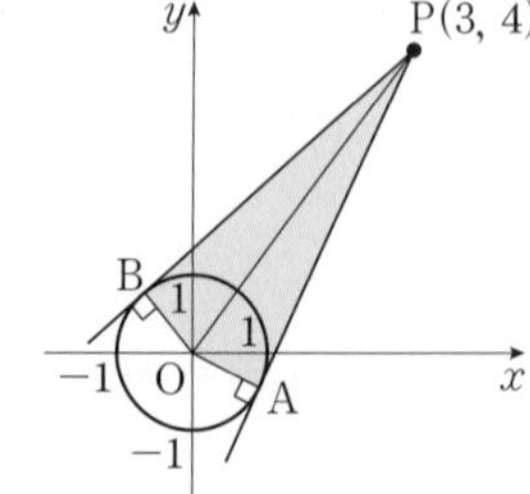

정답 0215 : $\sqrt{21}$ 0216 : (1) ⑤ (2) ② 0217 : $2\sqrt{6}$

원 위의 점과 원 밖의 점 사이의 거리의 최대 · 최소

원점 O와 원 $(x-3)^2+(y-4)^2=4$ 위의 점 P에 대하여 선분 OP의 길이의 최댓값과 최솟값을 각각 구하시오.

MAPL CORE ▶ 원의 반지름의 길이를 r, 원의 중심과 원 밖의 점 사이의 거리를 $d\,(d>r)$라 하면 한 점에서 원에 이르는 거리의 최댓값과 최솟값은 다음과 같다.
중심이 C이고 반지름의 길이가 r인 원에 대하여 원 밖의 한 정점 A에서
(1) (거리의 최댓값)$=\overline{AQ}=\overline{AC}+\overline{CQ}=d+r$
(2) (거리의의 최솟값)$=\overline{AP}=\overline{AC}-\overline{CP}=d-r$

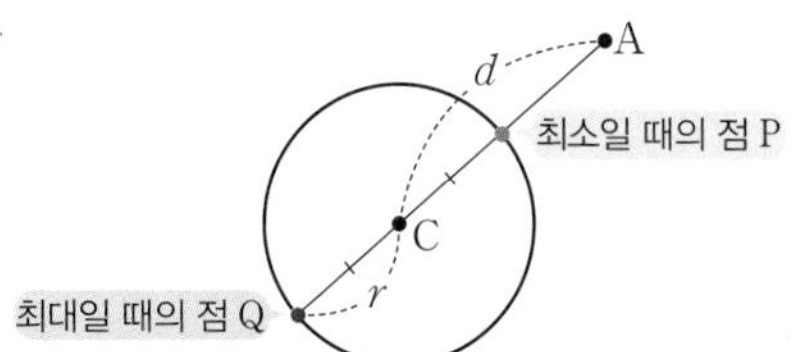

개념익힘풀이 오른쪽 그림과 같이 원 $(x-3)^2+(y-4)^2=4$의 중심을 C$(3,\ 4)$라 하면
$\overline{OC}=\sqrt{3^2+4^2}=5$
이때 선분 OC와 원이 만나는 점을 Q, 선분 OC의 연장선과 원이 만나는 점을 R이라 하면
선분 OP의 최댓값 : $\overline{OR}=\overline{OC}+$(반지름의 길이)$=5+2=\mathbf{7}$
선분 OP의 최솟값 : $\overline{OQ}=\overline{OC}-$(반지름의 길이)$=5-2=\mathbf{3}$

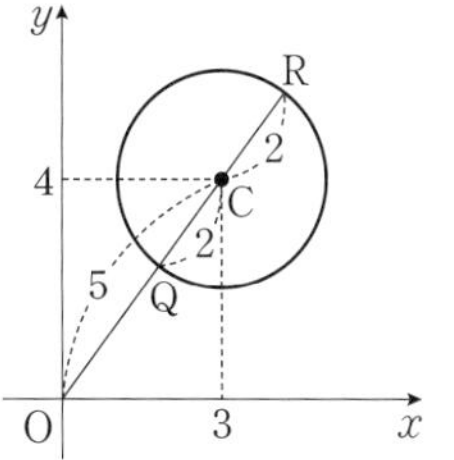

확인유제 0218 다음 물음에 답하시오.

(1) 점 A$(6,\ 8)$과 원 $x^2+y^2=25$ 위를 움직이는 점 P에 대하여 선분 AP의 최댓값을 M, 최솟값을 m이라 할 때, $M+m$의 값을 구하시오.

(2) 좌표평면에 원 C : $x^2+y^2=16$과 점 A$(8,\ 6)$이 있다. 점 A에서 원 C 위의 점 P까지의 거리가 정수가 되는 점 P의 개수를 구하시오.

변형문제 0219 다음 물음에 답하시오.

(1) 두 원 $x^2+y^2-6x-14y+42=0$, $x^2+y^2+4x+10y+20=0$ 위의 점을 각각 P, Q라 할 때, 선분 PQ의 길이의 최댓값과 최솟값의 합은?
① 18　② 20　③ 22　④ 24　⑤ 26

(2) 두 원 $(x+6)^2+y^2=9$, $x^2+(y-8)^2=r^2$ 위의 점을 각각 P, Q라 하고 선분 PQ의 길이의 최댓값이 17일 때, 양수 r의 값은?
① 4　② 5　③ 6　④ 7　⑤ 8

발전문제 0220 오른쪽 그림과 같이 두 점 A$(-6,\ -2)$, B$(-2,\ -4)$와 원 $x^2+y^2=4$ 위의 점 P에 대하여 $\overline{PA}^2+\overline{PB}^2$의 최솟값을 구하시오.

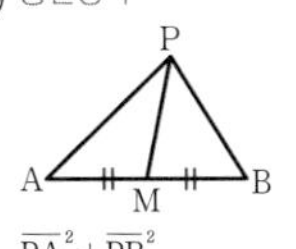

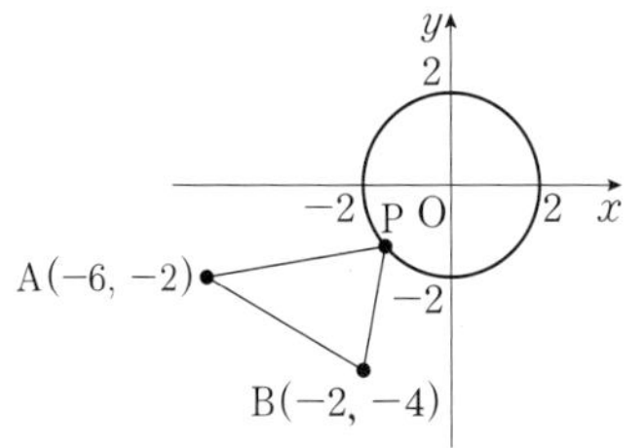

정답　0218 : (1) 20 (2) 16　0219 : (1) ⑤ (2) ①　0220 : 28

마플개념익힘 03 원 위의 점과 직선 사이의 거리의 최대 · 최소

원 $(x-1)^2+(y+3)^2=4$ 위의 점 P에서 직선 $3x-4y+5=0$에 이르는 거리의 최댓값과 최솟값을 구하시오.

MAPL CORE ▶ 원의 반지름의 길이를 r, 원의 중심과 직선 사이의 거리를 $d(d>r)$라 하면 원 위의 점 P와 직선 사이의 거리의 최댓값과 최솟값은 다음과 같다.

(1) 최댓값=(원의 중심과 직선 사이의 거리)+(원의 반지름의 길이)
$=d+r$

(2) 최솟값=(원의 중심과 직선 사이의 거리)−(원의 반지름의 길이)
$=d-r$

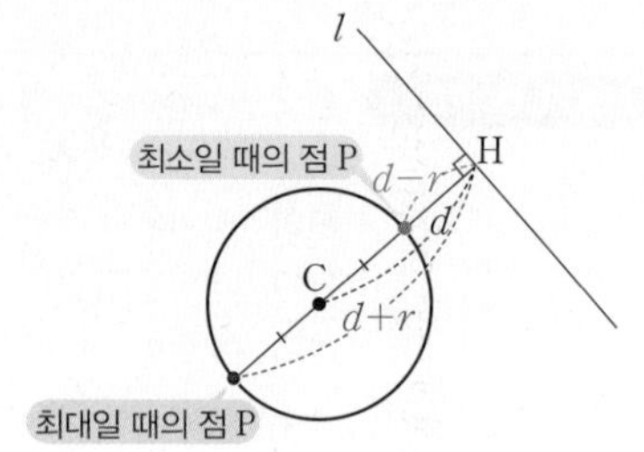

개념익힘풀이 원 $(x-1)^2+(y+3)^2=4$의 중심을 $\mathrm{C}(1, -3)$이라 하고

점 C에서 직선 $3x-4y+5=0$에 내린 수선의 발을 H라 하자.

$\overline{\mathrm{CH}}=\dfrac{|3\times1-4\times(-3)+5|}{\sqrt{3^2+(-4)^2}}=\dfrac{20}{5}=4$

원의 반지름의 길이가 2이므로

오른쪽 그림과 같이 선분 CH와 원이 만나는 점을 Q,

선분 CH의 연장선과 원이 만나는 점을 R이라 하자.

따라서 선분 PH의 최댓값은 $\overline{\mathrm{RH}}=\overline{\mathrm{CH}}+r=4+2=\mathbf{6}$

선분 PH의 최솟값은 $\overline{\mathrm{QH}}=\overline{\mathrm{CH}}-r=4-2=\mathbf{2}$

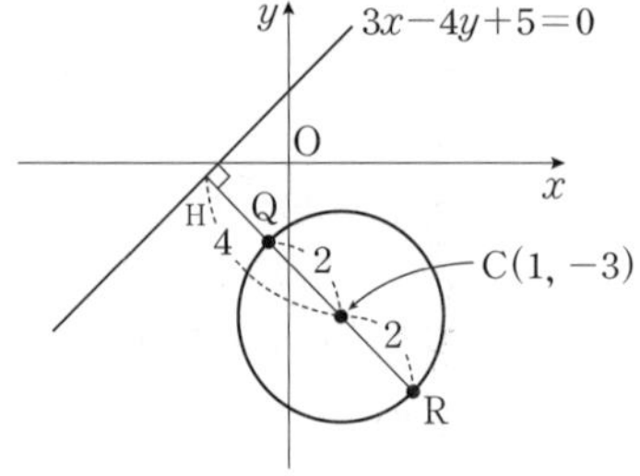

확인유제 0221 다음 물음에 답하시오.

(1) 원 $(x-2)^2+(y+2)^2=4$ 위의 점에서 직선 $4x-3y+6=0$에 이르는 거리의 최댓값과 최솟값의 합을 구하시오.

(2) 원 $(x+3)^2+(y-3)^2=20$ 위의 점 P와 직선 $2x+y+k=0$ 사이의 거리의 최솟값이 $\sqrt{5}$가 되도록 하는 실수 k의 값을 구하시오.

(3) 원 $x^2+y^2=5$ 위의 임의의 점 P와 두 점 $\mathrm{A}(4, 3)$, $\mathrm{B}(2, 4)$에 대하여 삼각형 PAB의 넓이의 최솟값을 구하시오.

변형문제 0222 좌표평면 위의 점 $(3, 4)$를 지나는 직선 중에서 원점과의 거리가 최대인 직선을 l이라 하자. 원 $(x-7)^2+(y-5)^2=1$ 위의 점 P와 직선 l 사이의 거리의 최솟값을 m이라 할 때, $10m$의 값을 구하시오.

발전문제 0223 오른쪽 그림과 같이 원 $x^2+y^2=2$ 위의 점 A와 직선 $y=x+6$ 위의 서로 다른 두 점 B와 C를 꼭짓점으로 하는 정삼각형 ABC를 만들 때, 그 넓이의 최댓값과 최솟값의 합을 구하시오.

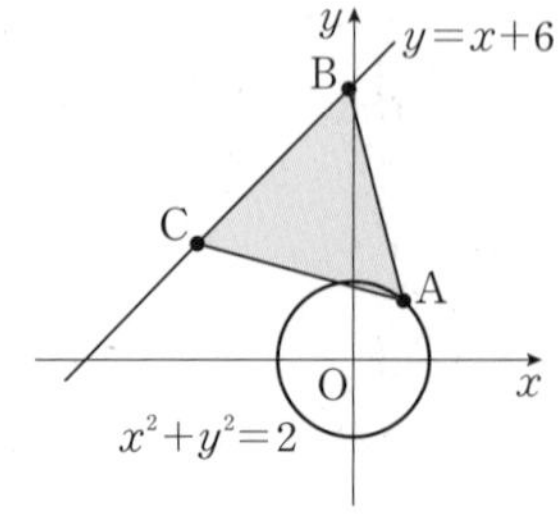

정답 0221 : (1) 8 (2) $k=-12$ 또는 $k=18$ (3) $\frac{5}{2}$ 0222 : 22 0223 : $\frac{40\sqrt{3}}{3}$

03 두 원의 위치 관계와 공통접선

보충유형

01 두 원의 위치 관계와 중심 사이의 거리

두 원 O, O'의 반지름의 길이를 각각 r, r' $(r'>r)$, 중심 사이의 거리를 d라 할 때,

두 원의 위치 관계에 따른 r, r', d 사이의 관계는 다음과 같다.

한 원이 다른 원의 외부에 있다.	두 원이 외접한다.	두 원이 두 점에서 만난다.
$r+r'<d$ 두 원은 공유점이 없다.	$r+r'=d$ 두 원은 한 점에서 외접한다.	$r'-r<d<r+r'$ 두 원은 두 점에서 만난다.
두 원이 내접한다.	**한 원이 다른 원의 내부에 있다.**	**두 원의 중심이 같다.**
$r'-r=d$ 두 원은 한 점에서 내접한다.	$r'-r>d$ 두 원은 공유점이 없다.	$d=0$ 두 원은 공유점이 없다.

두 원의 위치 관계를 판정하려면 두 원의 반지름의 길이 r, r'와 중심 사이의 거리 d를 구한 후 반지름의 길이의 합, 차를 비교한다.

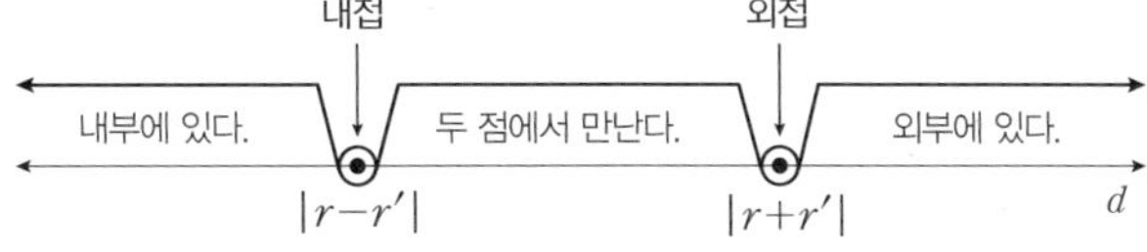

보기 01 **두 원 $x^2+y^2=1$, $(x-a)^2+(y-b)^2=4$에 대하여 다음 물음에 답하시오.**

(1) 두 원의 중심 사이의 거리를 구하시오.

(2) 두 원의 외접조건, 내접조건을 각각 구하시오.

(3) 두 원이 서로 다른 두 점에서 만날 조건을 구하시오.

풀이

(1) 두 원의 중심이 각각 $(0, 0)$, (a, b)이므로 $\boldsymbol{\sqrt{a^2+b^2}}$

(2) 두 원이 외접하기 위한 조건은 $\sqrt{a^2+b^2}=2+1$ $\quad\therefore$ $\boldsymbol{a^2+b^2=9}$

두 원이 내접하기 위한 조건은 $\sqrt{a^2+b^2}=2-1$ $\quad\therefore$ $\boldsymbol{a^2+b^2=1}$

(3) $2-1<\sqrt{a^2+b^2}<2+1$ $\quad\therefore$ $\boldsymbol{1<a^2+b^2<9}$

보기 02 **두 원 $x^2+(y+2)^2=9$, $(x-4)^2+(y-1)^2=4$의 위치 관계를 구하시오.**

풀이

두 원의 중심이 각각 $(0, -2)$, $(4, 1)$이므로 두 원의 중심 사이의 거리 $\sqrt{(4-0)^2+\{1-(-2)\}^2}=5$

두 원의 반지름의 길이는 각각 3, 2이므로 **두 원은 외접한다.**

FOCUS

원의 공통접선과 공통접선의 개수

두 원의 위치 관계	$r+r'<d$	$r+r'=d$	$\lvert r-r'\rvert<d<r+r'$	$\lvert r-r'\rvert=d$
공통접선의 개수	4	3	2	1

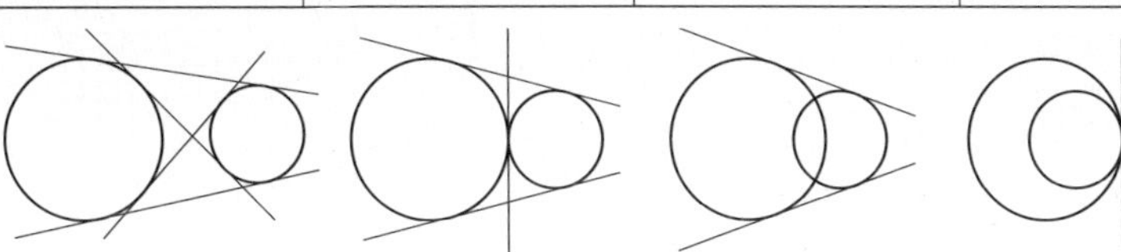

보충유형

02 공통접선

두 원에 동시에 접하는 직선을 그 원의 **공통접선**이라 하고 공통접선에는 **공통내접선**과 **공통외접선**이 있다.

두 원에 동시에 접하는 직선(공통접선)은 다음과 같이 두 가지로 구분한다.

① 공통외접선 : 두 원이 공통접선에 대하여 같은 쪽에 있을 때

② 공통내접선 : 두 원이 공통접선에 대하여 서로 반대쪽에 있을 때

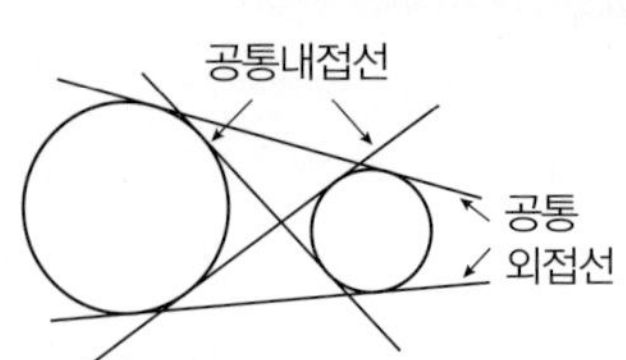

보충유형

03 공통접선의 길이

두 원 O, O'의 중심 사이의 거리를 d, 반지름의 길이를 각각 r, $r'(r>r')$이라 할 때,

(1) **공통외접선의 길이**

삼각형 $\mathrm{HOO'}$은 직각삼각형이므로 피타고라스 정리에 의하여

$\overline{\mathrm{HO'}}^2=\overline{\mathrm{OO'}}^2-\overline{\mathrm{HO}}^2 \quad \therefore \overline{\mathrm{HO'}}=\sqrt{d^2-(r-r')^2}$

$\overline{\mathrm{AB}}=\overline{\mathrm{HO'}}$이므로 공통외접선 AB의 길이는

$\overline{\mathrm{AB}}=\sqrt{d^2-(r-r')^2}$

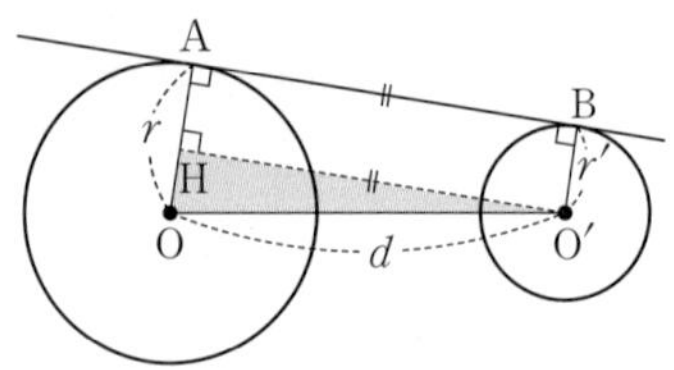

(2) **공통내접선의 길이**

삼각형 $\mathrm{HOO'}$은 직각삼각형이므로 피타고라스 정리에 의하여

$\overline{\mathrm{HO}}^2=\overline{\mathrm{OO'}}^2-\overline{\mathrm{HO'}}^2 \quad \therefore \overline{\mathrm{HO}}^2=\sqrt{d^2-(r+r')^2}$

$\overline{\mathrm{AB}}=\overline{\mathrm{HO}}$이므로 공통내접선 AB의 길이는

$\overline{\mathrm{AB}}=\sqrt{d^2-(r+r')^2}$

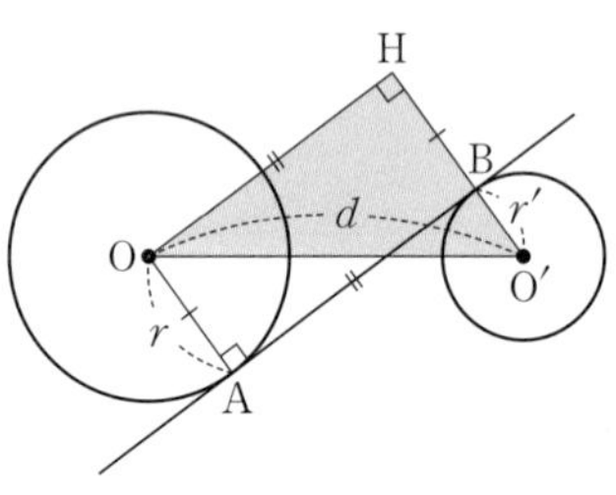

마플해설 두 원 O, O'의 중심 사이의 거리를 d, 반지름의 길이를 각각 r, $r'(r>r')$이라 할 때,

① 공통외접선의 길이 : $\overline{\mathrm{AB}}=\sqrt{d^2-(r-r')^2}=\sqrt{(d+r-r')(d-r+r')}$

② 공통내접선의 길이 : $\overline{\mathrm{AB}}=\sqrt{d^2-(r+r')^2}=\sqrt{(d+r+r')(d-r-r')}$

보기 03 **두 원 $x^2+y^2=1$, $(x+2)^2+(y-3)^2=4$에 대하여 다음 물음에 답하시오.**

(1) 공통외접선의 길이를 구하시오.

(2) 공통내접선의 길이를 구하시오.

풀이 두 원의 중심이 각각 $(0,\ 0)$, $(-2,\ 3)$이므로

두 원의 중심 사이의 거리 $d=\sqrt{(-2)^2+3^2}=\sqrt{13}$

또한, 두 원의 반지름의 길이가 각각 2, 1이므로

(1) 공통외접선의 길이

$\overline{\mathrm{AB}}=\sqrt{d^2-(r-r')^2}$

$=\sqrt{(\sqrt{13})^2-(2-1)^2}$

$=\mathbf{2\sqrt{3}}$

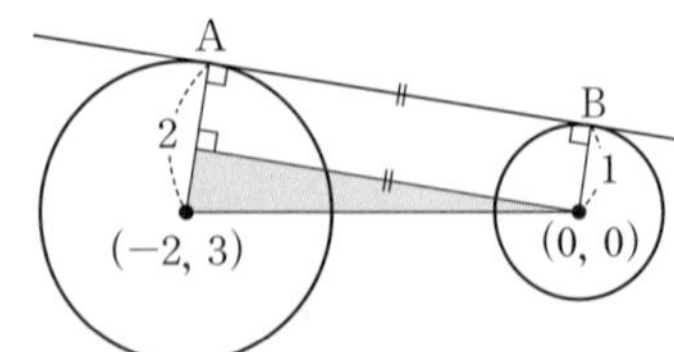

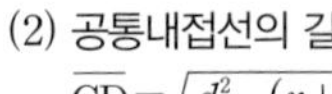

(2) 공통내접선의 길이

$\overline{\mathrm{CD}}=\sqrt{d^2-(r+r')^2}$

$=\sqrt{(\sqrt{13})^2-(2+1)^2}$

$=\mathbf{2}$

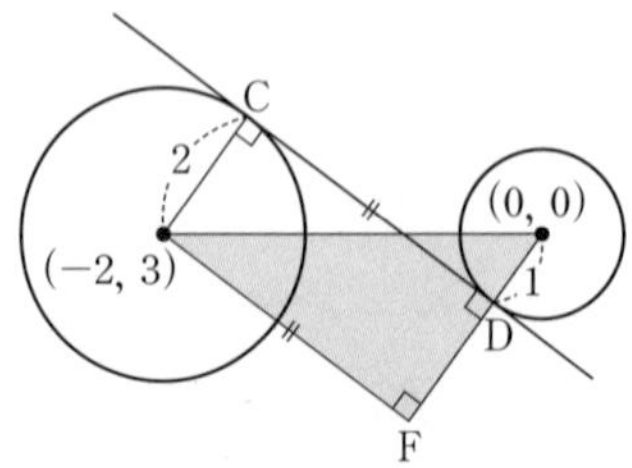

마플개념익힘 04 두 원의 위치 관계

다음 물음에 답하시오.

(1) 두 원 $x^2+y^2+4x-6y-3=0$, $x^2+y^2-2x+2y+k=0$이 외접할 때, 상수 k의 값을 구하시오.

(2) 두 원 $x^2+(y-a)^2=3$, $(x-b)^2+y^2=12$가 내접할 때, 실수 a, b에 대하여 점 (a, b)가 그리는 도형의 길이를 구하시오.

MAPL CORE ▶ 두 원 O, O'의 반지름의 길이를 각각 r, r' $(r<r')$, 중심 사이의 거리를 d라 하면

(1) 두 원이 외접한다. ➡ $r+r'=d$ ◀ (두 원의 반지름의 길이의 합)=(두 원의 중심 사이의 거리)

(2) 두 원이 내접한다. ➡ $|r-r'|=d$ ◀ (두 원의 반지름의 길이의 차)=(두 원의 중심 사이의 거리)

개념익힘풀이

(1) 두 원을 표준형으로 바꾸면

$(x+2)^2+(y-3)^2=16$, $(x-1)^2+(y+1)^2=2-k$

두 원의 중심이 각각 $(-2, 3)$, $(1, -1)$이므로

두 원의 중심 사이의 거리는 $\sqrt{\{1-(-2)\}^2+(-1-3)^2}=5$

또한, 두 원의 반지름의 길이는 각각 4, $\sqrt{2-k}$

이때 두 원이 외접하므로 (두 원의 반지름의 길이의 합)=(두 원의 중심 사이의 거리)

즉 $4+\sqrt{2-k}=5$, $\sqrt{2-k}=1$ $\therefore$ $\boldsymbol{k=1}$

(2) 두 원의 중심이 각각 $(0, a)$, $(b, 0)$이므로

두 원의 중심 사이의 거리는 $\sqrt{b^2+a^2}$

또한, 두 원의 반지름의 길이는 각각 $\sqrt{3}$, $2\sqrt{3}$

이때 두 원이 내접하므로

(두 원의 반지름의 길이의 차)=(두 원의 중심 사이의 거리)

즉 $2\sqrt{3}-\sqrt{3}=\sqrt{b^2+a^2}$

$a^2+b^2=3$이므로 점 (a, b)가 그리는 도형은 중심이 $(0, 0)$,

반지름이 $\sqrt{3}$인 원이다.

따라서 구하는 도형의 길이, 즉 원의 둘레의 길이는 $\boldsymbol{2\sqrt{3}\pi}$

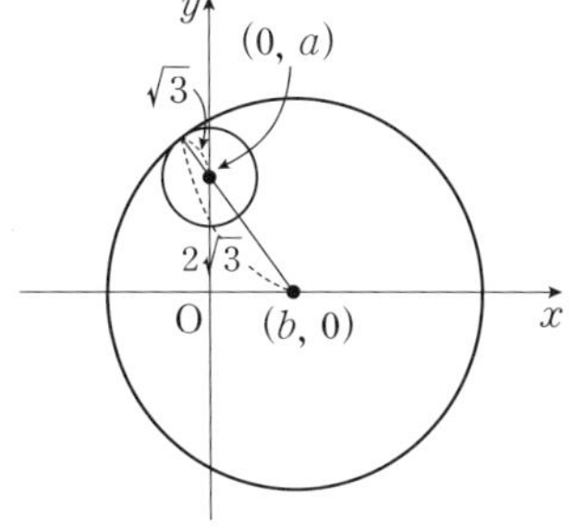

확인유제 0224 원 $x^2+y^2=16$과 원 $(x-a)^2+(y-b)^2=1$이 외접하도록 하는 실수 a, b에 대하여 점 (a, b)가 그리는 도형의 길이는?

① 10π ② 12π ③ 14π ④ 16π ⑤ 18π

변형문제 0225 두 원 $(x+1)^2+y^2=1$, $x^2+y^2-6x-6y+2=0$의 공통접선의 개수는?

① 0 ② 1 ③ 2 ④ 3 ⑤ 4

발전문제 0226 오른쪽 그림과 같이 좌표평면 위의 제1사분면에 반지름의 길이가 1인 원 C_1, C_2가 있다. 원 C_1은 x축에 접하면서 움직이고, 원 C_2는 y축에 접하는 동시에 원 C_1에 외접하면서 움직인다.

두 원이 외접하는 접점을 P라 할 때, 점 P가 나타내는 도형의 길이는 $a\pi$이다. 이때 $30a$의 값을 구하시오.

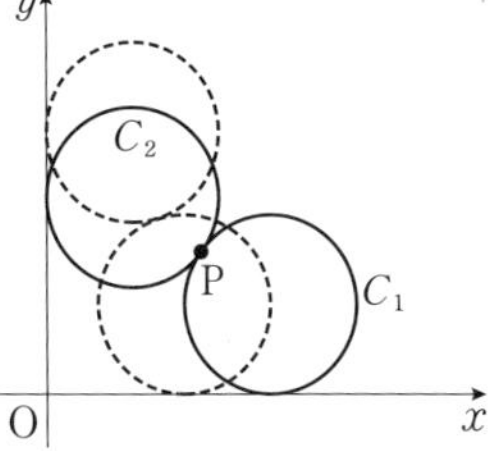

정답 0224 : ① 0225 : ④ 0226 : 15

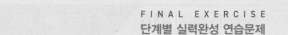

BASIC

개념을 **익히는** 문제

0227

원의 방정식의 표준형

다음 물음에 답하시오.

(1) 두 점 $\mathrm{A}(-2, -4)$, $\mathrm{B}(6, 2)$를 지름의 양 끝점으로 하는 원이 x축과 만나는 두 점을 C, D라 할 때, 선분 CD의 길이는?

① $2\sqrt{2}$ ② $4\sqrt{3}$ ③ $4\sqrt{6}$ ④ 12 ⑤ 16

(2) 원 $x^2+y^2-4x+3=0$과 중심이 같고 점 $(-2, 3)$을 지나는 원의 넓이는?

① 4π ② 9π ③ 16π ④ 25π ⑤ 36π

0228

x축 또는 y축에 접하는 원의 방정식

다음 물음에 답하시오.

(1) 오른쪽 그림과 같은 원의 방정식이 $x^2+y^2+ax-2y+b=0$일 때, 상수 a, b에 대하여 ab의 값은?

① -25 ② -16 ③ -9
④ 16 ⑤ 25

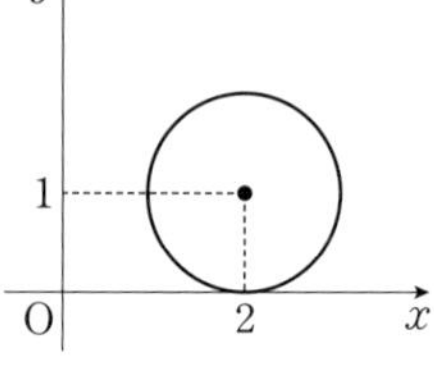

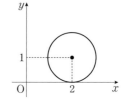

x축과 y축에 동시에 접하는 원의 방정식

(2) 원 $x^2+y^2+2x-2y+k-1=0$이 x축과 y축에 동시에 접할 때, 상수 k의 값은?

① -2 ② -1 ③ 2 ④ 3 ⑤ 4

0229

x축 또는 y축에 접하는 원의 방정식

다음 물음에 답하시오.

(1) 중심이 직선 $y=x+2$ 위에 있고 점 $(-1, -6)$을 지나며 y축에 접하는 두 원의 중심 사이의 거리는?

① $2\sqrt{2}$ ② 4 ③ $4\sqrt{2}$ ④ 8 ⑤ $8\sqrt{2}$

(2) 중심이 직선 $y=x-1$ 위에 있는 원이 y축에 접하고 점 $(3, -1)$을 지날 때, 이 원의 반지름의 길이는?

① 2 ② 3 ③ 4 ④ 5 ⑤ 6

0230

원의 방정식의 일반형

두 상수 a, b에 대하여 이차함수 $y=x^2+6x+a$의 그래프의 꼭짓점을 A라 할 때, 점 A는 원 $x^2+y^2+2bx+12y+20=0$의 중심과 일치한다. $a+b$의 값은?

① 2 ② 3 ③ 4 ④ 5 ⑤ 6

0231

원의 방정식의 일반형

원 $x^2+y^2-8x-4y+k=0$이 x축과 만나는 두 점 사이의 거리가 10일 때, 상수 k의 값을 구하시오.

0232

원 위의 점과 원 밖의 점 사이의 거리의 최대 최소

좌표평면에서 점 $\mathrm{A}(4, 4)$와 원 $x^2+y^2=8$ 위의 점 P에 대하여 선분 AP의 길이의 최솟값은?

① $2\sqrt{2}$ ② $\frac{5\sqrt{2}}{2}$ ③ $3\sqrt{2}$ ④ $\frac{7\sqrt{2}}{2}$ ⑤ $4\sqrt{2}$

정답 0227 : (1) ③ (2) ④ 0228 : (1) ② (2) ③ 0229 : (1) ⑤ (2) ② 0230 : ⑤ 0231 : -9 0232 : ①

0233
원의 방정식의 일반형

다음 물음에 답하시오.

(1) 직선 $ax-y=1$이 두 원 $x^2+y^2-by=0$, $x^2-4x+y^2-8y=0$의 넓이를 이등분할 때, 상수 a, b에 대하여 $a+b$의 값은?

① $\frac{1}{2}$　② $\frac{5}{2}$　③ 3　④ 4　⑤ $\frac{9}{2}$

(2) 좌표평면 위의 두 점 $\mathrm{A}(1, 1)$, $\mathrm{B}(3, a)$에 대하여 선분 AB의 수직이등분선이 원 $(x+2)^2+(y-5)^2=4$의 넓이를 이등분할 때, 상수 a의 값은?

① 5　② 6　③ 7　④ 8　⑤ 9

0234
원의 방정식의 일반형

원 $x^2+y^2-2x-4y-7=0$의 내부의 넓이와 네 직선 $x=-6$, $x=0$, $y=-4$, $y=-2$로 둘러싸인 직사각형의 넓이를 모두 이등분하는 직선의 방정식은?

① $y=\frac{4}{5}x+\frac{6}{5}$　② $y=\frac{5}{4}x+\frac{3}{4}$　③ $y=\frac{8}{5}x+\frac{2}{5}$　④ $y=4x-2$　⑤ $y=5x-3$

0235
두 원의 교점을 지나는 도형의 방정식

다음 물음에 답하시오.

(1) 두 원 $x^2+y^2-4x+6y+5=0$, $x^2+y^2-2x+4y+1=0$의 두 교점을 지나는 직선이 점 $(k, 1)$을 지날 때, 상수 k의 값은?

① 2　② 3　③ 4　④ 5　⑤ 6

(2) 두 원 $x^2+y^2+ax+y-1=0$, $x^2+y^2-x+ay+1=0$의 두 교점을 지나는 직선이 점 $(2, 3)$을 지날 때, 상수 a의 값은?

① 1　② 2　③ 3　④ 4　⑤ 5

0236
두 원의 교점을 지나는 도형의 방정식

다음 물음에 답하시오.

(1) 두 원 $x^2+y^2-4=0$, $x^2+y^2-4x-2y-2=0$의 교점과 원점을 지나는 원의 넓이가 $a\pi$일 때, 상수 a의 값은?

① 8　② 12　③ 16　④ 20　⑤ 25

(2) 두 원 $x^2+y^2+4x-4=0$, $x^2+y^2+ax-6y+2=0$이 두 점에서 만나고 두 원의 교점과 원점을 지나는 원의 넓이가 5π일 때, 양수 a의 값은?

① 1　② 2　③ 3　④ 4　⑤ 5

0237
현의 길이

다음 물음에 답하시오.

(1) 좌표평면에서 원 $(x-2)^2+(y-3)^2=r^2$과 직선 $y=x+5$가 서로 다른 두 점 A, B에서 만나고, $\overline{\mathrm{AB}}=2\sqrt{3}$이다. 양수 r의 값은?

① 3　② $\sqrt{10}$　③ $\sqrt{11}$　④ $2\sqrt{3}$　⑤ $\sqrt{13}$

(2) 오른쪽 그림과 같이 원 $(x+1)^2+(y-3)^2=4$와 직선 $y=mx+2$를 좌표평면 위에 나타낸 것이다. 원과 직선의 두 교점을 각각 A, B라 할 때, 선분 AB의 길이가 $2\sqrt{2}$가 되도록 하는 상수 m의 값은?

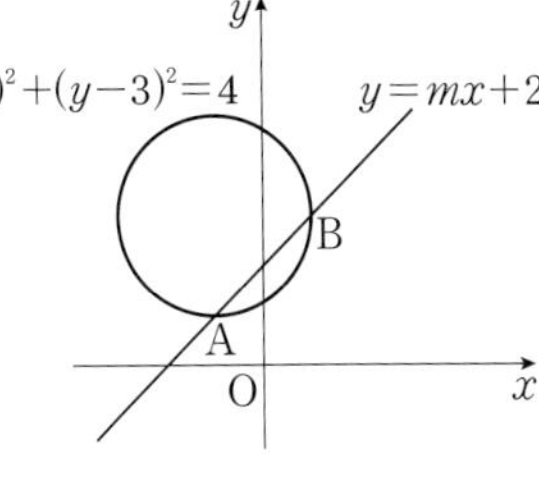

① 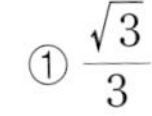 $\frac{\sqrt{3}}{3}$　② $\frac{\sqrt{2}}{2}$　③ 1　④ $\sqrt{2}$　⑤ $\sqrt{3}$

정답　0233 : (1) ① (2) ①　0234 : ②　0235 : (1) ② (2) ③　0236 : (1) ④ (2) ①　0237 : (1) ③ (2) ③

0238

원과 직선의 위치 관계

다음 물음에 답하시오.

(1) 직선 $y=\sqrt{2}x+k$가 원 $x^2+y^2=4$에 접할 때, 양의 실수 k의 값은?

① $\sqrt{2}$ ② $\sqrt{3}$ ③ $2\sqrt{2}$ ④ $2\sqrt{3}$ ⑤ $3\sqrt{2}$

(2) 직선 $y=\sqrt{3}x+k$가 원 $x^2+y^2-6y-7=0$에 접할 때, 모든 실수 k의 값의 합은?

① 5 ② 6 ③ 7 ④ 9 ⑤ 11

0239

원과 직선의 위치 관계

두 점 $(-1, 2)$, $(3, 6)$을 지름의 양 끝점으로 하는 원이 직선 $y=x+k$와 만나지 않을 때, 자연수 k의 최솟값은?

① 5 ② 6 ③ 7 ④ 8 ⑤ 9

0240

원 위의 점에서의 접선의 방정식

원 $x^2+y^2=r^2$ 위의 점 $(a, 4\sqrt{2})$에서의 접선의 방정식이 $x+2\sqrt{2}y+b=0$일 때, $a+b+r$의 값은? (단, r은 양수이고, a, b는 상수이다.)

① -10 ② -12 ③ -14 ④ -16 ⑤ -18

0241

원 위의 점에서의 접선의 방정식

다음 물음에 답하시오.

(1) 오른쪽 그림과 같이 원 $x^2+y^2=20$ 위의 점 $(-2, 4)$에서의 원에 접하는 직선이 x축, y축과 만나는 점을 각각 A, B라 할 때, 삼각형 AOB의 넓이를 구하시오. (단, O는 원점이다.)

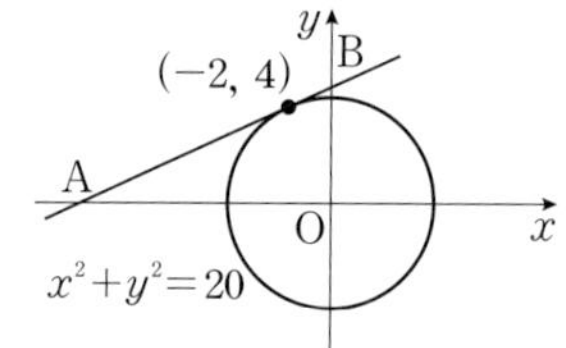

(2) 오른쪽 그림과 같이 원 $x^2+y^2-2x-4y=0$ 위의 점 $(2, 4)$에서의 접선의 방정식이 x축, y축과 만나는 점을 각각 A, B라 할 때, 삼각형 OAB의 넓이를 구하시오. (단, O는 원점이다.)

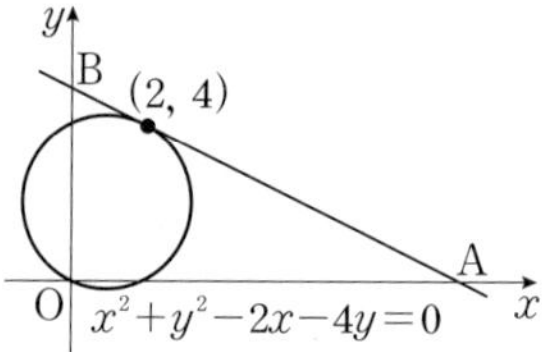

0242

원 위의 점에서의 접선의 방정식

다음 물음에 답하시오.

(1) 원 $x^2+y^2=10$ 위의 점 $(1, 3)$에서의 접선이 원 $x^2+y^2-16x-8y+20+k=0$과 접할 때, 실수 k의 값은?

① 30 ② 40 ③ 50 ④ 60 ⑤ 70

(2) 원 $x^2+y^2=20$ 위의 점 $(-2, 4)$에서의 접선이 원 $(x-5)^2+(y-a)^2=b$와 한 점 $(6, 8)$에서만 만날 때, 상수 a, b에 대하여 $a+b$의 값은?

① 11 ② 12 ③ 13 ④ 14 ⑤ 15

0243

원 밖의 한 점에서의 접선의 방정식

오른쪽 그림과 같이 점 $A(2, 1)$에서 원 $x^2+y^2=1$에 그은 두 접선이 y축과 만나는 점을 각각 B, C라 할 때, 삼각형 ABC의 넓이를 구하시오.

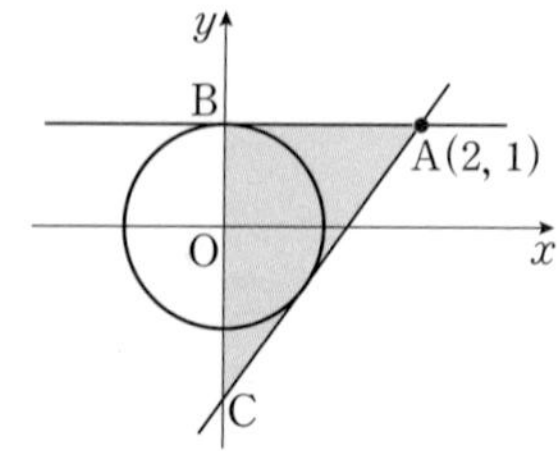

정답 0238 : (1) ④ (2) ② 0239 : ④ 0240 : ① 0241 : (1) 25 (2) 25 0242 : (1) ③ (2) ⑤ 0243 : $\frac{8}{3}$

0244 원 위의 점과 원 밖의 점 사이의 거리의 최대 최소

다음 물음에 답하시오.

(1) 원 $(x+2)^2+y^2=k$ 위의 임의의 점 T와 원 밖의 점 P$(-2, 5)$에 대하여 $3 \le \overline{\text{PT}} \le 7$일 때, 양수 k의 값은?

① 3 ② 4 ③ 5 ④ 6 ⑤ 7

(2) 점 A$(7, 10)$에서 원 $x^2-2x+y^2-4y-4=0$ 위의 임의의 점 P까지의 거리가 자연수인 점 P의 개수는?

① 8 ② 10 ③ 12 ④ 14 ⑤ 16

0245 원 위의 점과 직선 사이의 거리의 최대 최소

다음 물음에 답하시오.

(1) 원 $x^2+y^2-4x+2y-4=0$ 위의 점과 직선 $3x-4y+15=0$ 사이의 거리의 최댓값을 M, 최솟값을 m이라 할 때, Mm의 값을 구하시오.

(2) 원 $(x-4)^2+(y-4)^2=25$ 위의 점에서 두 점 A$(6, -4)$와 B$(10, 0)$을 지나는 직선에 이르는 거리의 최댓값과 최솟값의 곱을 구하시오.

0246 원 위의 점과 직선 사이의 거리의 최대 최소

두 점 A$(3, 2)$, B$(6, 5)$에 대하여 $2\overline{\text{AP}}=\overline{\text{BP}}$를 만족하는 점 P가 있다. 점 P와 직선 $x+y+3=0$ 사이의 거리의 최솟값은?

① $\sqrt{2}$ ② $\sqrt{3}$ ③ $2\sqrt{2}$ ④ $2\sqrt{3}$ ⑤ $3\sqrt{2}$

0247 현의 길이

다음 물음에 답하시오.

(1) 원 $x^2+y^2=4$와 직선 $2x+y-a=0$이 두 점 P, Q에서 만날 때, 삼각형 OPQ가 정삼각형이 되도록 하는 양수 a의 값은? (단, O는 원점이다.)

① $2\sqrt{3}$ ② $\sqrt{13}$ ③ $\sqrt{14}$ ④ $\sqrt{15}$ ⑤ 4

(2) 직선 $3x+4y+k=0$이 원 $(x-2)^2+(y-3)^2=4$와 만나는 두 점을 A, B라 한다. 원의 중심 C와 두 점 A, B를 꼭짓점으로 하는 삼각형 ABC가 정삼각형일 때, 상수 k의 값의 합은?

① -36 ② -25 ③ -16 ④ $-10\sqrt{3}$ ⑤ $10\sqrt{3}$

0248 원의 접선의 길이

점 P$(a, 0)$에서 원 $x^2+y^2+6x-4y+9=0$에 그은 접선의 접점을 T라고 할 때, $\overline{\text{PT}}=3$을 만족하는 실수 a의 값의 합은?

① -8 ② -6 ③ -4 ④ -2 ⑤ 6

0249 점이 나타내는 도형의 방정식

다음 물음에 답하시오.

(1) 점 A$(4, 4)$와 원 $x^2+y^2=4$ 위의 임의의 점 P를 이은 선분 AP의 중점을 M이라 할 때, 점 M이 나타내는 도형의 길이를 구하시오.

(2) 점 A$(6, 0)$과 원 $x^2+y^2+6x-6y+9=0$ 위의 임의의 점 P를 이은 선분 AP를 1 : 2로 내분하는 점 Q가 그리는 도형의 길이를 구하시오.

정답 0244 : (1) ② (2) ③ 0245 : (1) 16 (2) 25 0246 : ① 0247 : (1) ④ (2) ① 0248 : ② 0249 : (1) 2π (2) 2π

0250 원과 직선의 위치 관계

오른쪽 그림과 같이 좌표평면 위에 원 $C : (x-a)^2+(y-a)^2=10$이 있다. 원 C의 중심과 직선 $y=2x$ 사이의 거리가 $\sqrt{5}$이고 직선 $y=kx$가 원 C에 접할 때, 상수 k의 값은? (단, $a>0$, $0<k<1$)

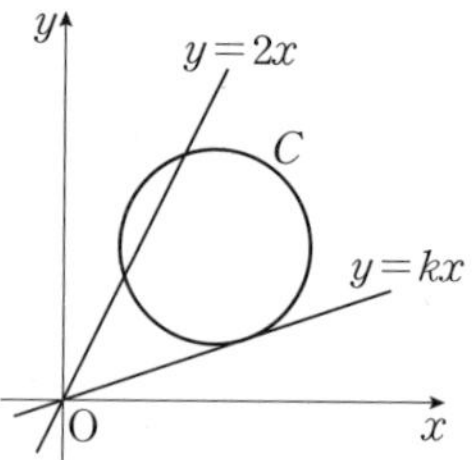

① $\frac{2}{9}$ ② $\frac{5}{18}$ ③ $\frac{1}{3}$
④ $\frac{7}{18}$ ⑤ $\frac{4}{9}$

0251 원 위의 점에서의 접선의 방정식

원 $x^2+y^2=10$과 직선 $y=x-2$의 교점에서의 접선을 각각 l_1, l_2라 할 때, 두 접선 l_1, l_2의 교점을 P라 하자. $\overline{OP}^2$의 값을 구하시오. (단, O는 원점이다.)

0252 두 원의 공통현의 길이

두 원 $x^2+y^2-4x-6y=0$, $x^2+y^2+2x+2y-a=0$의 공통현의 길이가 6일 때, 모든 실수 a의 값의 합은?

① 4 ② 16 ③ 40 ④ 56 ⑤ 72

0253 현의 길이

좌표평면에 원 $x^2+y^2-10x=0$이 있다. 이 원의 현 중에서 점 A$(1, 0)$을 지나고 그 길이가 자연수인 현의 개수는?

① 6 ② 7 ③ 8 ④ 9 ⑤ 10

0254 원의 방정식의 표준형

세 점 A$(2, 3)$, B$(-1, -1)$, C$(8, -5)$를 꼭짓점으로 하는 삼각형 ABC에서 $\angle$A의 이등분선이 변 BC와 만나는 점을 D라 할 때, 점 A와 D를 지름의 양 끝으로 하는 원의 넓이는?

① $\frac{16}{9}\pi$ ② $\frac{25}{9}\pi$ ③ 4π ④ $\frac{49}{9}\pi$ ⑤ $\frac{64}{9}\pi$

0255 두 원의 교점을 지나는 도형의 방정식

다음 물음에 답하시오.

(1) 원 $(x-2)^2+(y-4)^2=r^2$이 원 $(x-1)^2+(y-1)^2=4$의 둘레를 이등분할 때, 반지름 r의 값은?

① 3 ② $2\sqrt{3}$ ③ $\sqrt{14}$ ④ 4 ⑤ $\sqrt{17}$

(2) 두 원 $(x-3)^2+(y-2)^2=4$, $(x-k)^2+y^2=9$의 교점을 P, Q라고 할 때, 선분 PQ의 길이를 최대로 하는 실수 k의 값의 합은?

① 3 ② 4 ③ 5 ④ 6 ⑤ 7

0256 점이 나타내는 도형의 방정식

다음 물음에 답하시오.

(1) 두 점 A$(3, 0)$, B$(0, 3)$에 대하여 $\overline{AP} : \overline{BP}=1 : 2$를 만족하는 점 P에서 삼각형 PAB의 넓이의 최댓값은?

① 3 ② $3\sqrt{2}$ ③ 6 ④ $6\sqrt{2}$ ⑤ 9

(2) 두 점 A$(-1, 1)$, B$(2, 1)$로부터의 거리의 비가 $2 : 1$인 점 P에 대하여 $\angle$PAB가 최대일 때, 선분 AP의 길이는?

① $\sqrt{10}$ ② $2\sqrt{3}$ ③ $\sqrt{13}$ ④ $3\sqrt{2}$ ⑤ $2\sqrt{5}$

정답 0250 : ③ 0251 : 50 0252 : ⑤ 0253 : ③ 0254 : ⑤ 0255 : (1) ③ (2) ④ 0256 : (1) ③ (2) ②

0257

기울기가 주어진 원의 접선의 방정식

원 $(x-2)^2+y^2=40$에 접하고 직선 $x+3y-9=0$에 수직인 두 직선이 y축과 만나는 점을 각각 P, Q라 할 때, 선분 PQ의 길이는?

① 32 ② 38 ③ 40 ④ 42 ⑤ 46

0258

두 원의 공통현의 길이

원 $(x-2)^2+(y-3)^2=10$과 직선 $3x+4y-8=0$의 두 교점을 지나는 원 중에서 그 넓이가 최소인 원의 넓이는?

① 6π ② 8π ③ 9π ④ 12π ⑤ 15π

0259

극선의 방정식

다음 물음에 답하시오.

(1) 원 $x^2+y^2=4$ 밖의 한 점 $P(3, 4)$에서 이 원에 그은 두 접선의 접점을 A와 B라 할 때, 선분 AB의 길이를 구하시오.

(2) 점 $P(1, 3)$에서 원 $x^2+y^2=5$에 그은 두 접선의 접점을 각각 A, B라 할 때, 삼각형 PAB의 넓이를 구하시오.

0260

원 밖의 점에서의 접선의 방정식

다음 물음에 답하시오.

(1) 점 $A(0, a)$에서 원 $x^2+y^2=8$에 그은 두 접선이 서로 수직일 때, 양수 a의 값은?

① 3 ② 4 ③ 5 ④ 6 ⑤ 7

(2) 좌표평면에 원 $(x-1)^2+(y-2)^2=r^2$과 원 밖의 점 $P(5, 4)$가 있다. 점 P에서 원에 그은 두 접선이 서로 수직일 때, 반지름 r의 값은?

① $\sqrt{10}$ ② $\sqrt{11}$ ③ $2\sqrt{3}$ ④ $\sqrt{13}$ ⑤ $\sqrt{14}$

0261

원 밖의 점에서의 접선의 방정식

다음 물음에 답하시오.

(1) 좌표평면 위에 원 $(x-2)^2+(y+2)^2=4$가 있다. 이 원에 접하는 접선들 중에서 서로 수직이 되는 두 직선의 교점을 P라 할 때, 점 P가 그리는 도형과 직선 $y=x+1$까지 거리의 최솟값은?

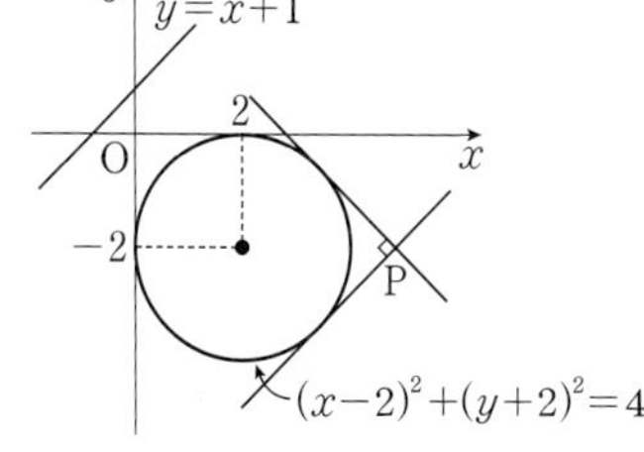

① 1 ② $\frac{\sqrt{2}}{2}$ ③ $\frac{3\sqrt{2}}{2}$ ④ $\frac{5\sqrt{2}}{2}$ ⑤ 2

(2) 좌표평면에서 중심이 $(1, 1)$이고 반지름의 길이가 1인 원과 직선 $y=mx\,(m>0)$가 두 점 A, B에서 만난다. 두 점 A, B에서 각각 이 원에 접하는 두 직선이 서로 수직이 되도록 하는 모든 실수 m의 값의 합은?

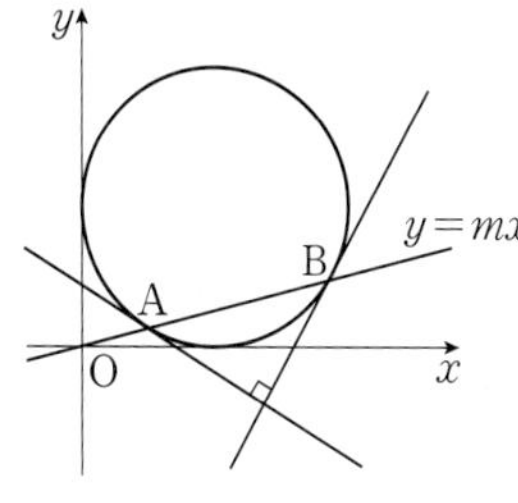

① 2 ② $\frac{5}{2}$ ③ 3 ④ $\frac{7}{2}$ ⑤ 4

정답 0257 : ③ 0258 : ① 0259: (1) $\frac{4\sqrt{21}}{5}$ (2) $\frac{5}{2}$ 0260 : (1) ② (2) ① 0261 : (1) ② (2) ⑤

0262

원과 직선의 위치 관계

오른쪽 그림과 같이 원 $x^2+y^2=25$와 직선 $y=f(x)$가 제2사분면에 있는 원 위의 점 P에서 접할 때, $f(-5)f(5)$의 값을 구하시오.

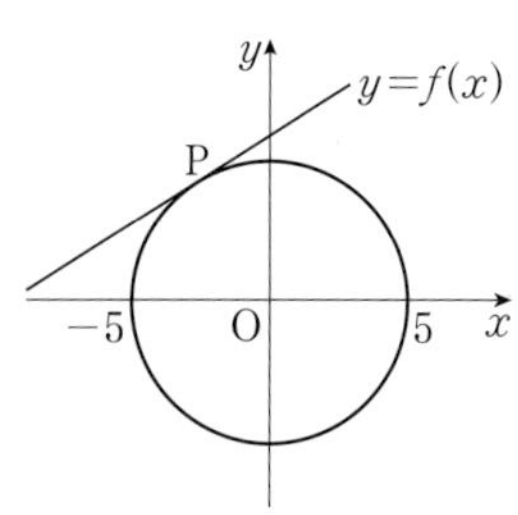

0263

원의 방정식의 표준형

좌표평면 위의 두 점 A(8, 15), B(a, b)에 대하여 선분 AB의 길이가 2일 때, a^2+b^2의 최댓값을 구하시오.

0264

원과 직선의 위치 관계 서술형

오른쪽 그림과 같이 직선 $y=mx+n$이 두 원

$$x^2+y^2=9,\ (x+3)^2+y^2=4$$

에 동시에 접할 때, 두 실수 m, n에 대하여 $16mn$의 값을 구하는 과정을 다음 단계로 서술하시오.

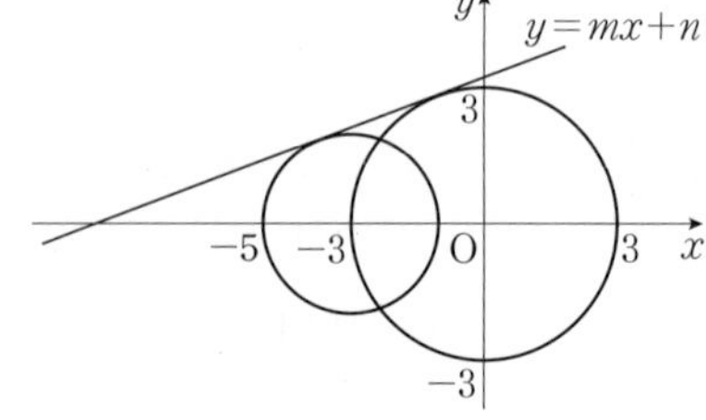

[1단계] 닮음비를 이용하여 m, n 사이의 관계식을 구한다. [3점]

[2단계] 점과 직선 사이의 거리를 이용하여 m^2의 값을 구한다. [5점]

[3단계] $16mn$의 값을 구한다. [2점]

0265

원 위의 점과 직선 사이의 거리의 최대 최소 서술형

오른쪽 그림과 같이 원 $x^2+(y-3)^2=2$ 위의 임의의 점 P와 두 점 A(0, −1), B(4, 3)에 대하여 삼각형 ABP의 넓이의 최댓값과 최솟값의 합을 구하는 과정을 다음 단계로 서술하시오.

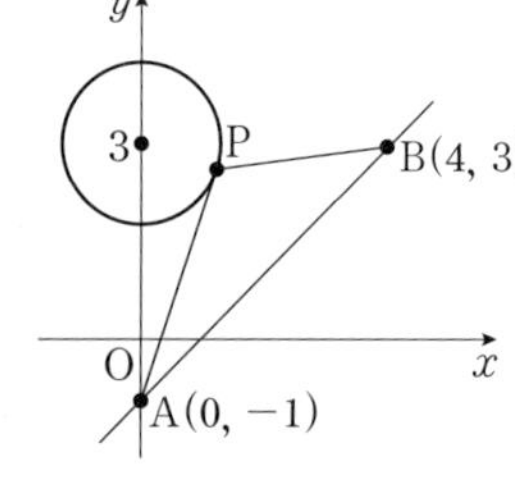

[1단계] 직선 AB의 방정식을 구한다. [3점]

[2단계] 원의 중심에서 직선 AB까지의 거리를 구한다. [3점]

[3단계] 삼각형 ABP의 넓이의 최댓값과 최솟값을 구한다. [4점]

0266

원 위의 점과 원 밖의 점 사이의 거리의 최대 최소 서술형

좌표평면의 두 점 A(2, 5)와 B(4, 1)이 있다. 점 P가 중심이 원점이고 반지름의 길이가 1인 원 위의 점일 때, $\overline{PA}^2+\overline{PB}^2$의 최댓값과 최솟값을 구하는 과정을 다음 단계로 서술하시오.

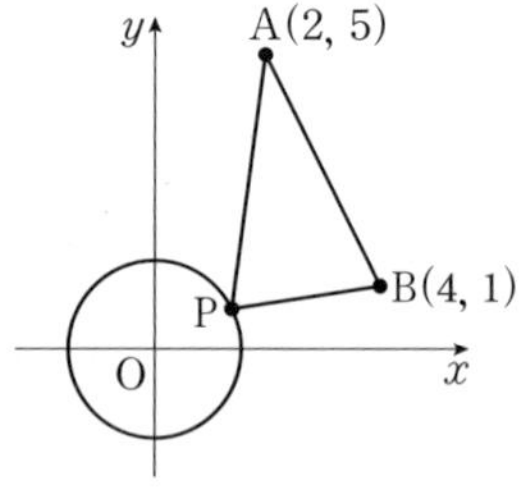

[1단계] 선분 AB의 중점 M의 좌표를 구한다. [2점]

[2단계] 원 위의 점 P에서 점 M까지의 거리의 최댓값과 최솟값을 구한다. [3점]

[3단계] 중선정리를 이용하여 $\overline{PA}^2+\overline{PB}^2$의 최댓값과 최솟값을 구한다. [5점]

0267

원 밖의 점에서의 접선의 방정식 서술형

점 P(3, −1)에서 원 $x^2+y^2=5$에 그은 두 접선이 y축과 만나는 두 점을 A와 B라 할 때, 삼각형 PAB의 넓이를 구하는 과정을 다음 단계로 서술하시오.

[1단계] 점 P(3, −1)에서 원 $x^2+y^2=5$에 그은 두 접선의 접점의 좌표를 구한다. [4점]

[2단계] 두 접선의 방정식을 구한다. [3점]

[3단계] 삼각형 PAB의 넓이를 구한다. [3점]

정답 0262 : 25 0263 : 361 0264 : 해설참조 0265 : 해설참조 0266 : 해설참조 0267 : 해설참조

0268 원 위의 점과 직선 사이의 거리의 최대 최소

원 $x^2+y^2=4$ 위를 움직이는 점 A와 직선 $y=x-4\sqrt{2}$ 위를 움직이는 서로 다른 두 점 B, C를 꼭짓점으로 하는 정삼각형 ABC를 만들 때, 정삼각형 ABC의 넓이의 최댓값을 M, 최솟값을 m이라 하자. 이때 Mm의 값을 구하시오.

0269 중심이 직선 위에 있는 원의 방정식

원 C : $x^2+y^2-4x-ay-b=0$에 대하여 좌표평면에서 원 C의 중심이 직선 $y=3x-4$ 위에 있다. 원 C와 직선 $y=3x-4$가 만나는 서로 다른 두 점을 A, B라 하자. 원 C 위의 점 P에 대하여 삼각형 ABP의 넓이의 최댓값이 9일 때, $a+b$의 값을 구하시오. (단, a, b는 상수이고, 점 P는 점 A도 아니고 점 B도 아니다.)

0270 원의 접선의 길이

좌표평면에 두 원 C_1 : $x^2+y^2=1$, C_2 : $x^2+y^2-12x+8y+43=0$이 있다. 오른쪽 그림과 같이 x축 위의 점 P에서 원 C_1에 그은 한 접선의 접점을 Q, 점 P에서 원 C_2에 그은 한 접선의 접점을 R이라 하자. $\overline{PQ}=\overline{PR}$일 때, 점 P의 x좌표를 구하시오.

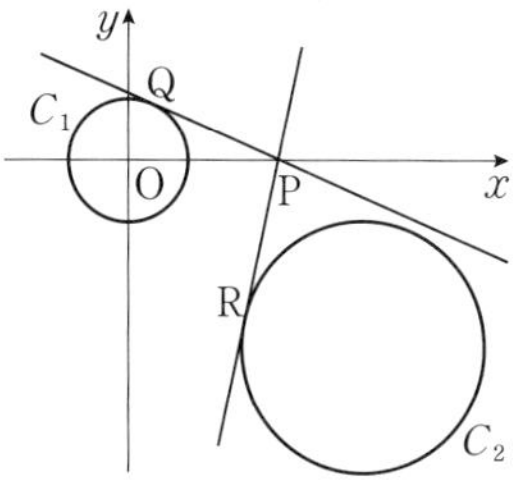

0271 원과 직선의 위치 관계

좌표평면 위의 두 점 A$(-\sqrt{7}, -2)$, B$(\sqrt{7}, 4)$와 직선 $y=x-3$ 위의 서로 다른 두 점 P, Q에 대하여 $\angle$APB$=\angle$AQB$=90°$일 때, 선분 PQ의 길이를 l이라 하자. l^2의 값을 구하시오.

0272 원과 직선의 위치 관계

실수 $t\,(t>0)$에 대하여 좌표평면 위에 네 점 A$(1, 4)$, B$(5, 4)$, C$(3t, 0)$, D$(0, t)$가 있다. 선분 CD 위에 $\angle$APB$=90°$인 점 P가 존재하도록 하는 t의 최댓값을 M, 최솟값을 m이라 할 때, $M+m$의 값을 구하시오.

0273 원과 직선의 위치 관계

세 직선 $2x-3y-6=0$, $2x+3y+6=0$, $3x+2y-9=0$의 교점을 꼭짓점으로 하는 삼각형 ABC에 내접하는 원의 중심을 P(a, b)라 할 때, $a+b$의 값을 구하시오. (단, a, b는 상수이다.)

정답 0268 : 48 0269 : 5 0270 : $\frac{11}{3}$ 0271 : 32 0272 : 10 0273 : $\frac{3}{5}$

0274

원 위의 점과 직선 사이의 거리의 최대 최소

좌표평면 위에 두 점 $\mathrm{A}(0, \sqrt{3})$, $\mathrm{B}(1, 0)$과 원 $C : (x-1)^2+(y-12)^2=4$가 있다. 원 C 위의 점 P에 대하여 삼각형 ABP의 넓이가 자연수가 되도록 하는 모든 점 P의 개수를 구하시오.

0275

원 위의 점과 직선 사이의 거리의 최대 최소

오른쪽 그림과 같이 좌표평면 위에 두 원 $C_1 : (x+7)^2+y^2=9$, $C_2 : (x-6)^2+(y+3)^2=1$과 직선 $l : y=x-3$이 있다. 원 C_1 위의 점 P에서 직선 l에 내린 수선의 발을 H_1, 원 C_2 위의 점 Q에서 직선 l에 내린 수선의 발을 H_2라 하자. 선분 $\mathrm{H}_1\mathrm{H}_2$의 길이의 최댓값을 M, 최솟값을 m이라 할 때, 두 수 M, m에 대하여 Mm의 값을 구하시오.

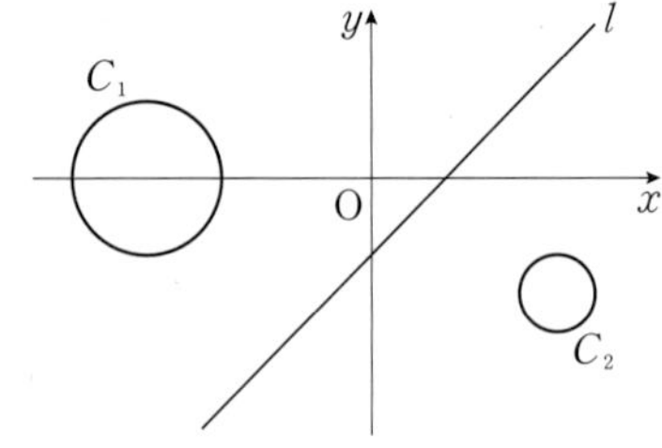

0276

원 위의 점과 직선 사이의 거리의 최대 최소

다음 물음에 답하시오.

(1) 원 $(x+8)^2+(y-6)^2=10^2$ 위에 두 점 $\mathrm{A}(-8, -4)$, $\mathrm{B}(2, 6)$이 있다. 삼각형 ABP의 넓이가 최대가 되도록 하는 원 위의 한 점 P와 원의 중심을 지나는 직선의 방정식을 $y=ax+b$라 할 때, $a+b$의 값을 구하시오.

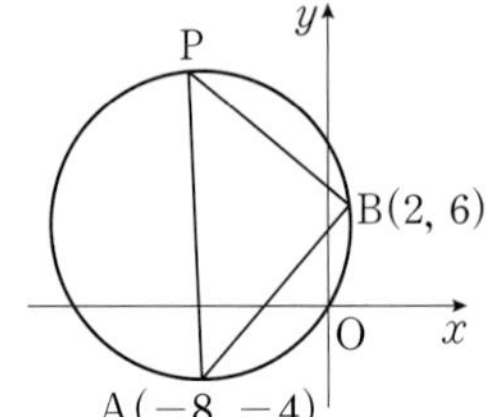

(2) 오른쪽 그림과 같이 원 $x^2+y^2=13$ 위의 두 정점 $\mathrm{A}(-3, -2)$, $\mathrm{B}(2, -3)$과 원 위의 동점 P를 꼭짓점으로 하는 삼각형 ABP의 넓이의 최댓값은 $\frac{q}{p}(1+\sqrt{2})$이다. pq의 값을 구하시오. (단, p, q는 서로소인 자연수이다.)

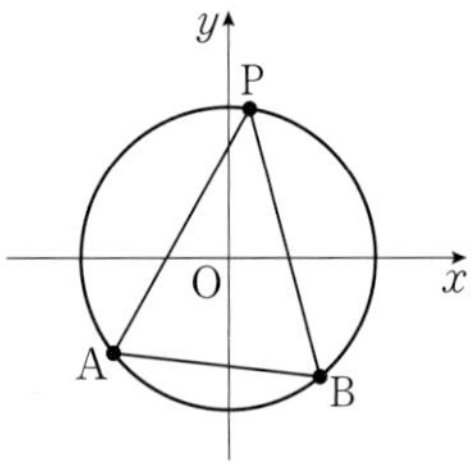

(3) 원 $x^2+y^2=5$가 직선 $x+y-1=0$과 만나는 두 점을 각각 A, B라고 하자. 원 위의 점을 P라고 할 때, 삼각형 ABP의 넓이의 최댓값을 S라 하자. $2S$의 값을 구하시오.

0277

원과 직선의 위치 관계

오른쪽 그림과 같이 좌표평면 위에 원과 반원으로 이루어진 태극 문양이 있다. 태극 문양과 직선 $y=a(x-1)$이 서로 다른 다섯 개의 점에서 만날 때, 상수 a의 값의 범위는?

① $-\sqrt{3}<a<0$　② $-\frac{\sqrt{5}}{3}<a<0$　③ $-\frac{\sqrt{3}}{3}<a<0$
④ $0<a<\frac{\sqrt{2}}{3}$　⑤ $0<a<\frac{\sqrt{3}}{3}$

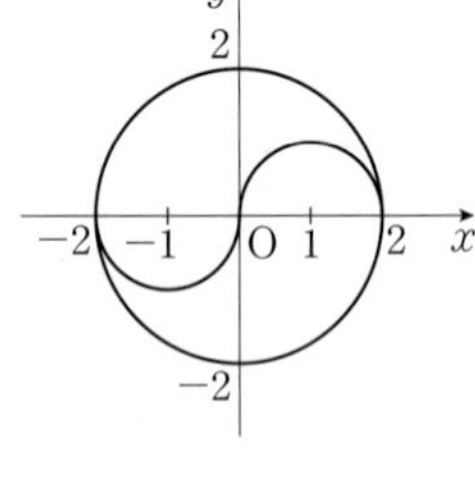

0278

원 위의 점과 직선 사이의 거리의 최대 최소

좌표평면 위에 원 $C : (x-1)^2+(y-2)^2=4$와 두 점 $\mathrm{A}(4, 3)$, $\mathrm{B}(1, 7)$이 있다. 원 C 위를 움직이는 점 P에 대하여 삼각형 PAB의 무게중심과 직선 AB 사이의 거리의 최솟값을 구하시오.

정답　0274 : 8　0275 : 34　0276 : (1) -3 (2) 26 (3) $3(\sqrt{10}+1)$　0277 : ⑤　0278 : $\frac{1}{3}$

마플교과서

MAPL. IT'S YOUR MASTER PLAN!

MAPL 교과서 SERIES

www.heemangedu.co.kr | www.mapl.co.kr

공통수학 2 I. 도형의 방정식

04

도형의 이동

1. 평행이동
2. 대칭이동

01 평행이동

MAPL; YOUR MASTER PLAN

01 점의 평행이동

개념유형

어떤 도형을 모양과 크기를 바꾸지 않고 일정한 방향으로 일정한 거리만큼 옮기는 것을 **평행이동**이라 한다.

좌표평면 위의 점 $\mathrm{P}(x, y)$를 x축 방향으로 a만큼, y축 방향으로 b만큼 평행이동한 점 P'은 $\mathrm{P}'(x+a, y+b)$이다.

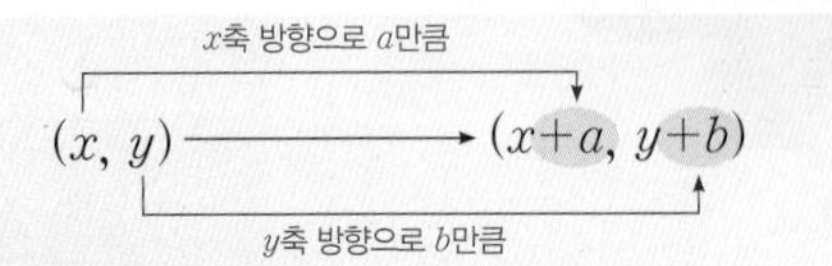

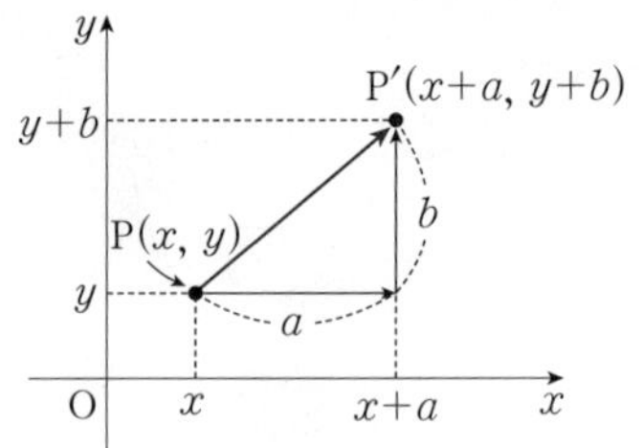

참고 x축의 방향으로 a만큼 이동시킨다는 것은
$a>0$인 경우에는 x축의 양의 방향으로, $a<0$인 경우에는 x축의 음의 방향으로 $|a|$ 만큼 이동시킨 것을 의미한다.

마플해설 좌표평면 위의 점 $\mathrm{P}(x, y)$를 x축 양의 방향으로 a만큼, y축 양의 방향으로 b만큼 평행이동한 점을 $\mathrm{P}'(x', y')$로 놓으면

$x'=x+a,\ y'=y+b$ …… ㉠

즉 평행이동 $(x, y) \longrightarrow (x', y')$은 ㉠에 의하여 $(x, y) \longrightarrow (x+a, y+b)$와 같이 표현한다.

보기 01 **다음 점을 x축 양의 방향으로 3만큼, y축 양의 방향으로 -2만큼 평행이동한 점의 좌표를 구하시오.**

(1) $(0, 0)$ (2) $(2, 5)$

풀이 점 (x, y)를 x축 양의 방향으로 3만큼, y축 양의 방향으로 -2만큼 평행이동하면 $(x, y) \longrightarrow (x+3, y-2)$

(1) $(0, 0) \longrightarrow (0+3, 0-2)$ $\therefore$ $\mathbf{(3, -2)}$ (2) $(2, 5) \longrightarrow (2+3, 5-2)$ $\therefore$ $\mathbf{(5, 3)}$

02 도형의 평행이동

개념유형

일반적으로 좌표평면 위의 도형의 방정식은 $f(x, y)=0$꼴로 나타낼 수 있다. 이때 좌표평면 위에서 방정식 $f(x, y)=0$이 나타내는 도형을 x축의 방향으로 a만큼, y축의 방향으로 b만큼 평행이동한 도형의 방정식은 $\boldsymbol{f(x-a, y-b)=0}$이다.

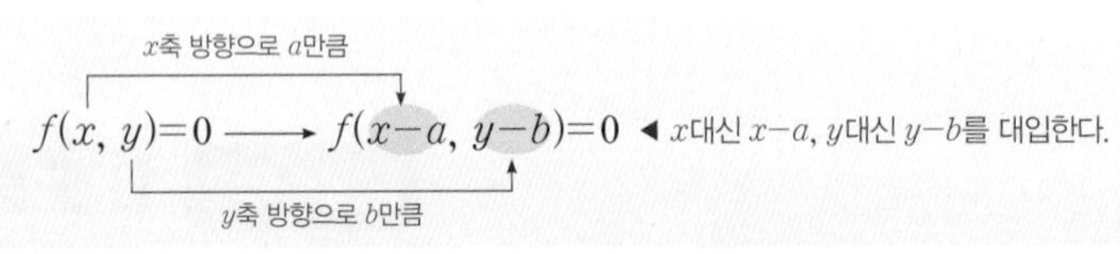

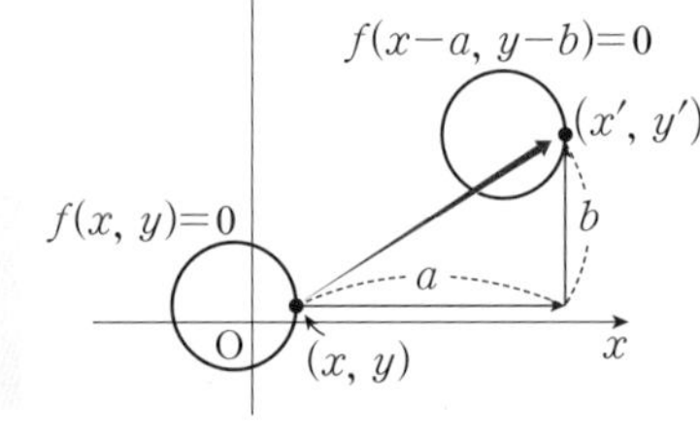

마플해설 **방정식 $f(x, y)=0$이 나타내는 도형을 x축 양의 방향으로 a만큼, y축 양의 방향으로 b만큼 평행이동한 도형의 방정식 유도**

오른쪽 그림과 같이 도형 $f(x, y)=0$ 위의 점 $\mathrm{P}(x, y)$를 x축 양의 방향으로 a만큼, y축 양의 방향으로 b만큼 평행이동한 점을 $\mathrm{P}'(x', y')$이라 하면

$x'=x+a,\ y'=y+b$이므로 $x=x'-a,\ y=y'-b$

이 식을 방정식 $f(x, y)=0$에 대입하면

$f(x'-a, y'-b)=0$ …… ㉠

이것은 평행이동한 도형 위의 점 $\mathrm{P}'(x', y')$을 만족하는 방정식이다.

이때 일반적으로 도형의 방정식을 표현할 때, x', y'보다는 x, y를 많이 이용하므로

㉠에 있는 x', y'을 각각 x, y로 바꾸어 쓰면 평행이동한 도형의 방정식은 $f(x-a, y-b)=0$임을 알 수 있다.

y $f(x-a, y-b)=0$
$f(x, y)=0$
$\mathrm{P}'(x', y')$
b
$\mathrm{P}(x, y)$ a
O x

$f(x, y)=0$의 의미

x, y에 대한 방정식임을 의미하며 좌표평면 위의 도형의 방정식은 $f(x, y)=0$꼴로 나타낸다.

예를 들면 원의 방정식 $x^2+y^2=1 \Rightarrow x^2+y^2-1=0$이므로 $f(x, y)=x^2+y^2-1$일 때,

방정식 $f(x, y)=0$은 원의 방정식 $x^2+y^2=1$으로 나타낸다.

 점의 평행이동과 도형의 평행이동의 비교

평행이동에 대한 문제를 풀 때에는 점의 평행이동인지 도형의 평행이동인지를 파악한 후, 도형의 평행이동인 경우에는 식을 변형할 때, 이동량의 부호를 바꿔 대입함에 주의한다.

평행이동	점의 평행이동	도형의 평행이동
x축의 방향으로 a만큼 y축의 방향으로 b만큼	$(x,\ y) \longrightarrow (x+a,\ y+b)$ ➡ 평행이동 부호 그대로 대입	$f(x,\ y)=0 \longrightarrow f(x-a,\ y-b)=0$ ➡ 평행이동 부호 반대로 대입

보기 02 평행이동 $(x,\ y) \longrightarrow (x+a,\ y+b)$에 의하여 점 $(4,\ -2)$가 점 $(1,\ 3)$으로 옮겨질 때, a, b의 값을 구하시오.

풀이 점 $(4,\ -2)$가 평행이동에 의하여 점 $(1,\ 3)$으로 옮겨지므로

$(4,\ -2) \longrightarrow (4+a,\ -2+b)$에서 $4+a=1$, $-2+b=3$

$\therefore$ $\boldsymbol{a=-3,\ b=5}$

보기 03 다음 방정식이 나타내는 도형을 x축의 방향으로 3만큼, y축의 방향으로 -2만큼 평행이동한 도형의 방정식을 구하시오.

(1) $2x-y+1=0$　　(2) $x^2+(y-1)^2=4$　　(3) $y=x^2-2$

풀이 주어진 평행이동은 x축의 방향으로 3만큼, y축의 방향으로 -2만큼 평행이동한 것이다.

(1) $2x-y+1=0$에서 x대신 $x-3$을, y대신 $y+2$를 대입하면

$2(x-3)-(y+2)+1=0$　$\therefore$ $\boldsymbol{2x-y-7=0}$

(2) $x^2+(y-1)^2=4$에서 x대신 $x-3$을, y대신 $y+2$를 대입하면

$(x-3)^2+(y+2-1)^2=4$　$\therefore$ $\boldsymbol{(x-3)^2+(y+1)^2=4}$

(3) $y=x^2-2$에서 x대신 $x-3$을, y대신 $y+2$를 대입하면

$y+2=(x-3)^2-2$　$\therefore$ $\boldsymbol{y=x^2-6x+5}$

보기 04 좌표평면에서 도형 $f(x,\ y)=0$을 도형 $f(x+2,\ y-3)=0$으로 옮기는 평행이동에 의하여 다음 도형이 옮겨지는 도형의 방정식을 구하시오.

(1) $2x+y-1=0$　　(2) $(x-1)^2+y^2=4$　　(3) $y=-x^2+2x$

풀이 주어진 평행이동은 x축의 방향으로 -2만큼, y축의 방향으로 3만큼 평행이동한 것이다.

(1) $2x+y-1=0$에 x대신 $x+2$를, y대신 $y-3$을 대입하면

$2(x+2)+(y-3)-1=0$　$\therefore$ $\boldsymbol{2x+y=0}$

(2) $(x-1)^2+y^2=4$에 x대신 $x+2$를, y대신 $y-3$을 대입하면

$(x+2-1)^2+(y-3)^2=4$　$\therefore$ $\boldsymbol{(x+1)^2+(y-3)^2=4}$

(3) $y=-x^2+2x$에 x대신 $x+2$를, y대신 $y-3$을 대입하면

$y-3=-(x+2)^2+2(x+2)$　$\therefore$ $\boldsymbol{y=-x^2-2x+3}$

도형을 평행이동하여도 도형의 크기와 모양은 변하지 않는다.

평행이동은 일정한 방향으로 일정한 거리만큼 점 또는 도형을 옮기는 것이므로 평행이동해도 점 또는 도형의 모양이나 크기는 변하지 않는다. 즉 평행이동에 의하여 점은 점으로, 직선은 기울기가 같은 직선으로 원은 반지름의 길이가 같은 원으로 옮겨진다.

① 원의 평행이동 ➡ 원 전체를 평행이동할 필요없이 원의 중심만 평행이동하면 된다.

② 포물선의 평행이동 ➡ 포물선의 꼭짓점을 평행이동하면 된다.

이때 포물선을 평행이동하여도 모양은 변하지 않으므로 이차항의 계수는 변하지 않는다.

마플개념익힘 01 점의 평행이동

다음 물음에 답하시오.

(1) 점 $(3,\ -5)$를 점 $(2,\ -4)$로 옮기는 평행이동에 의하여 점 $(-2,\ 5)$가 옮겨지는 점의 좌표를 구하시오.

(2) 평행이동 $(x,\ y) \longrightarrow (x-1,\ y+2)$에 의하여 점 $(-1,\ 3)$이 직선 $y=ax+7$ 위의 점으로 옮겨질 때, 상수 a의 값을 구하시오.

MAPL CORE ▶ 점 $(x,\ y)$를 x축의 방향으로 a만큼 y축의 방향으로 b만큼 평행이동한 점의 좌표는 $(x+a,\ y+b)$

(1) 평행이동을 구해야 하는 경우 : 원래의 점과 옮겨진 점의 좌표를 이용하여 평행이동을 파악한 후, 주어진 점을 평행이동한다.

(2) 평행이동이 주어진 경우 : $(x,\ y) \longrightarrow (x+a,\ y+b)$에 의하여 점 $(x_1,\ y_1)$은 점 $(x_1+a,\ y_1+b)$로 옮겨진다.

개념익힘풀이

(1) 점 $(3,\ -5)$를 x축의 방향으로 a만큼 y축의 방향으로 b만큼 평행이동한 점을 $(2,\ -4)$라고 하면

$3+a=2,\ -5+b=-4$

$\therefore a=-1,\ b=1$

즉 주어진 평행이동은 x축의 방향으로 -1만큼, y축의 방향으로 1만큼 평행이동한 것이다.

따라서 점 $(-2,\ 5)$가 옮겨지는 점은 $(-2-1,\ 5+1)$, 즉 $\mathbf{(-3,\ 6)}$이다.

(2) 점 $(-1,\ 3)$이 평행이동 $(x,\ y) \longrightarrow (x-1,\ y+2)$에 의하여 옮겨진 점은

$(-1-1,\ 3+2)$, 즉 $(-2,\ 5)$

이 점이 직선 $y=ax+7$ 위의 점이므로 $5=-2a+7,\ 2a=2$

따라서 상수 a의 값은 **1**이다.

확인유제 0279 다음 물음에 답하시오.

(1) 점 $(3,\ 1)$을 점 $(1,\ -2)$로 옮기는 평행이동에 의하여 점 $(-1,\ -1)$로 옮겨지는 점의 좌표를 구하시오.

(2) 점 $(5,\ -3)$을 x축의 방향으로 a만큼, y축의 방향으로 -1만큼 평행이동한 점이 직선 $x+2y-1=0$ 위의 점일 때, 상수 a의 값을 구하시오.

변형문제 0280 두 점 $\mathrm{A}(-1,\ a)$, $\mathrm{B}(b,\ 4)$가 어떤 평행이동에 의하여 각각 $\mathrm{A}'(1,\ 3)$, $\mathrm{B}'(5,\ 7)$로 옮겨질 때, 이 평행이동에 의하여 점 $(a,\ b)$가 옮겨지는 점의 좌표를 구하시오. (단, a, b는 상수이다.)

발전문제 0281 점 $(1,\ -3)$을 점 $(4,\ -5)$로 옮기는 평행이동에 의하여 y축 위의 점 P가 직선 $y=-3x+5$ 위의 점으로 옮겨질 때, 점 P의 좌표를 구하시오.

정답 0279 : (1) $(1,\ 2)$ (2) 4 0280 : $(2,\ 6)$ 0281 : $(0,\ -2)$

마플개념익힘 02 직선의 평행이동

점 $(-1, 1)$을 점 $(2, 3)$으로 옮기는 평행이동에 의하여 직선 $4x-y+3=0$이 직선 $ax-y+b=0$으로 옮겨질 때, 상수 a, b에 대하여 $a+b$의 값을 구하시오.

MAPL CORE ▶ 방정식 $f(x, y)=0$이 나타내는 도형을 x축의 방향으로 a만큼 y축의 방향으로 b만큼 평행이동한 도형의 방정식은
➡ $f(x-a, y-b)=0$

개념익힘풀이 점 $(-1, 1)$을 x축의 방향으로 a만큼 y축의 방향으로 b만큼 평행이동한 점을 $(2, 3)$이라고 하면
$-1+a=2$, $1+b=3$
$\therefore a=3$, $b=2$
즉 평행이동 $(x, y) \longrightarrow (x+3, y+2)$에 의하여 직선 $4x-y+3=0$이 옮겨지는 직선의 방정식은
x대신 $x-3$, y대신 $y-2$를 대입하면 $4(x-3)-(y-2)+3=0$
$\therefore 4x-y-7=0$
이 직선이 직선 $ax-y+b=0$과 일치하므로 $a=4$, $b=-7$
따라서 $a+b=4+(-7)=\mathbf{-3}$

확인유제 0282 다음 물음에 답하시오.

(1) 점 $(1, -2)$를 점 $(0, 1)$로 옮기는 평행이동에 의하여 직선 $x+ay+b=0$이 직선 $x-2y+6=0$으로 옮겨질 때, 상수 a, b에 대하여 $a+b$의 값을 구하시오.

(2) 직선 $2x+y+a=0$을 x축의 방향으로 3만큼, y축의 방향으로 -4만큼 평행이동한 직선이 점 $(2, -5)$를 지날 때, 상수 a의 값을 구하시오.

변형문제 0283 다음 물음에 답하시오.

(1) 직선 $5x+y+3=0$을 x축의 방향으로 2만큼, y축의 방향으로 a만큼 평행이동하였더니 직선 $5x+y-6=0$과 일치하였다. 이 평행이동에 의하여 점 $(3, 4)$가 이동하는 점의 좌표를 (p, q)라 할 때, 상수 p, q에 대하여 pq의 값은? (단, a는 상수이다.)

① 12 ② 13 ③ 14 ④ 15 ⑤ 16

(2) 직선 $3x+ay+5=0$을 x축의 방향으로 2만큼, y축의 방향으로 -4만큼 평행이동하였더니 원 $(x+1)^2+(y+3)^2=8$의 넓이를 이등분하는 직선으로 옮겨졌을 때, 상수 a의 값은?

① 1 ② 2 ③ 3 ④ 4 ⑤ 5

발전문제 0284 다음 물음에 답하시오.

(1) 직선 $y=ax+b$를 x축의 방향으로 2만큼, y축의 방향으로 -1만큼 평행이동한 직선은 직선 $y=-\frac{1}{2}x+1$과 y축 위에서 수직으로 만난다. 이때 상수 a, b에 대하여 ab의 값을 구하시오.

(2) 직선 $x-2y+3=0$을 x축의 방향으로 1만큼, y축의 방향으로 b만큼 평행이동하였을 때, 두 직선 사이의 거리가 $\sqrt{5}$가 되도록 하는 양수 b의 값을 구하시오.

정답 0282 : (1) -3 (2) 3 0283 : (1) ④ (2) ④ 0284 : (1) 12 (2) 3

마플개념익힘 03 원의 평행이동

원 $(x+2)^2+y^2=1$을 x축의 방향으로 a만큼, y축의 방향으로 b만큼 평행이동하였더니 원

$$x^2+y^2+6x-4y+12=0$$

이 되었을 때, 상수 a, b에 대하여 $a+b$의 값을 구하시오.

MAPL CORE ▶ 방정식 $f(x, y)=0$이 나타내는 도형을 x축의 방향으로 a만큼, y축의 방향으로 b만큼 평행이동한 도형의 방정식은

➡ $f(x-a, y-b)=0$

원 또는 포물선의 평행이동할 때, 주어진 원의 중심의 좌표 또는 포물선의 꼭짓점의 좌표를 평행이동하여 풀이하면 계산이 간단하다.

참고 직선을 평행이동하여도 기울기가 변하지 않고, 원을 평행이동하여도 원의 반지름의 길이가 변하지 않는다.

개념익힘풀이 $(x+2)^2+y^2=1$을 x축의 방향으로 a만큼, y축의 방향으로 b만큼 평행이동한 원의 방정식은

x대신 $x-a$, y대신 $y-b$를 대입하면 $\{(x-a)+2\}^2+(y-b)^2=1$

$\therefore (x-a+2)^2+(y-b)^2=1$ …… ㉠

원 $x^2+y^2+6x-4y+12=0$에서

$(x+3)^2+(y-2)^2=1$ …… ㉡

㉠, ㉡이 일치해야 하므로 $-a+2=3$, $b=2$에서 $a=-1$, $b=2$

따라서 $\boldsymbol{a+b=1}$

다른풀이 원의 중심의 좌표를 평행이동하여 풀이하기

원 $(x+2)^2+y^2=1$의 중심의 좌표는 $(-2, 0)$이고 이 점을 x축의 방향으로 a만큼,

y축의 방향으로 b만큼 평행이동한 점의 좌표는 $(-2+a, 0+b)$이다.

이 점이 원 $x^2+y^2+6x-4y+12=0$에서 $(x+3)^2+(y-2)^2=1$의 중심 $(-3, 2)$와 일치하므로

$-2+a=-3$, $b=2$

따라서 $a=-1$, $b=2$이므로 $\boldsymbol{a+b=1}$

확인유제 0285 원 $(x-a)^2+(y-b)^2=c$를 x축의 방향으로 -4만큼, y축의 방향으로 -1만큼 평행이동하면 원 $x^2+y^2=4$와 일치할 때, 상수 a, b, c에 대하여 $a+b+c$의 값을 구하시오.

변형문제 0286 다음 물음에 답하시오.

(1) 좌표평면에서 원 $(x+1)^2+(y+2)^2=9$를 x축의 방향으로 3만큼, y축의 방향으로 a만큼 평행이동한 원을 C라 하자. 원 C의 넓이가 직선 $3x+4y-7=0$에 의하여 이등분되도록 하는 상수 a의 값은?

① $\frac{1}{4}$ ② $\frac{3}{4}$ ③ $\frac{5}{4}$ ④ $\frac{7}{4}$ ⑤ $\frac{9}{4}$

(2) 원 $(x-2)^2+y^2=9$를 y축의 방향으로 a만큼 평행이동하였더니 직선 $3x+4y+1=0$과 접할 때, 모든 실수 a의 값의 곱은?

① -11 ② -9 ③ -7 ④ -5 ⑤ -3

발전문제 0287 다음 물음에 답하시오.

(1) 원 $x^2+y^2=25$를 x축의 방향으로 2만큼, y축의 방향으로 -2만큼 평행이동한 원과 직선 $3x-4y+1=0$이 만나는 두 점을 A, B라 할 때, 선분 AB의 길이를 구하시오.

(2) 원 $x^2+y^2-4x+6y+9=0$과 이 원을 x축의 방향으로 a만큼, y축의 방향으로 2만큼 평행이동한 원의 공통현의 길이가 2일 때, 모든 실수 a의 값의 곱을 구하시오.

정답 0285 : 9 0286 : (1) ⑤ (2) ① 0287 : (1) 8 (2) -8

마플개념익힘 04 포물선의 평행이동

포물선 $y=x^2-2x+a$를 x축으로 2만큼, y축으로 -1만큼 평행이동한 포물선이

$$y=x^2-2bx+10$$

일 때, 상수 a, b에 대하여 $a+b$의 값을 구하시오.

MAPL CORE ▶ 방정식 $f(x, y)=0$이 나타내는 도형을 x축의 방향으로 a만큼 y축의 방향으로 b만큼 평행이동한 도형의 방정식은

➡ $f(x-a, y-b)=0$

참고 원 또는 포물선의 평행이동은 점의 평행이동으로 생각할 수 있다.

① 원의 평행이동 ➡ 원의 중심의 평행이동

② 포물선의 평행이동 ➡ 포물선의 꼭짓점의 평행이동

개념익힘풀이 포물선 $y=x^2-2x+a$를 x축으로 2만큼, y축으로 -1만큼 평행이동한 포물선의 방정식은

x대신 $x-2$, y대신 $y+1$을 대입하면 $y+1=(x-2)^2-2(x-2)+a$

$\therefore y=x^2-6x+a+7$

이 포물선이 $y=x^2-2bx+10$과 일치하므로 $6=2b$, $a+7=10$

따라서 $a=3$, $b=3$이므로 $\boldsymbol{a+b=6}$

다른풀이 포물선의 꼭짓점을 평행이동하여 풀이하기

포물선 $y=x^2-2x+a=(x-1)^2-1+a$의 꼭짓점이 $(1, -1+a)$이므로

x축으로 2만큼, y축으로 -1만큼 평행이동하면 $(1+2, -1+a-1)$

즉 $(3, -2+a)$ …… ㉠

이때 포물선 $y=x^2-2bx+10=(x-b)^2-b^2+10$의 꼭짓점은

$(b, -b^2+10)$ …… ㉡

㉠, ㉡이 일치해야 하므로 $3=b$, $-2+a=-b^2+10$

따라서 $a=3$, $b=3$이므로 $\boldsymbol{a+b=6}$

확인유제 0288 이차함수 $y=x^2-2x+a$의 그래프를 y축의 방향으로 -4만큼 평행이동한 그래프가 x축에 접할 때, 상수 a의 값을 구하시오.

변형문제 0289 다음 물음에 답하시오.

(1) 이차함수 $y=x^2-2x$의 그래프를 x축의 방향으로 -2만큼, y축의 방향으로 -1만큼 평행이동시키면 직선 $y=mx$와 두 점 P, Q에서 만난다. 선분 PQ의 중점이 원점일 때, 상수 m의 값은?

① -2 ② -1 ③ 0 ④ 1 ⑤ 2

(2) 포물선 $y=x^2+x+5$의 그래프를 x축의 방향으로 3만큼, y축의 방향으로 k만큼 평행이동시키면 직선 $y=-3x+4$와 접할 때, 상수 k의 값은?

① -8 ② -6 ③ -4 ④ 6 ⑤ 8

발전문제 0290 포물선 $y=x^2-2x$를 포물선 $y=x^2-12x+30$으로 옮기는 평행이동에 의하여 직선 l : $x-2y=0$이 직선 l'으로 옮겨진다. 두 직선 l, l' 사이의 거리를 d라 할 때, d^2의 값을 구하시오.

정답 0288 : 5 0289 : (1) ⑤ (2) ② 0290 : 45

MAPL ; YOUR MASTER PLAN

02 대칭이동

개념유형

01 대칭이동

어떤 도형을 한 정점 또는 한 정직선에 대하여 대칭인 도형으로 옮기는 것을 **대칭이동**이라 한다.

(1) 점에 대한 대칭이동을 **점대칭**이라 하고 이때 주어진 점을 대칭의 중심이라 한다.

(2) 직선에 대한 대칭이동을 **선대칭**이라 하고 이때 주어진 직선을 대칭축이라 한다.

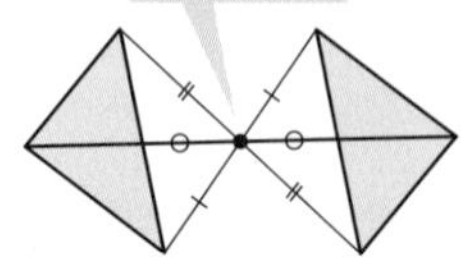

[점대칭이동]

대칭축

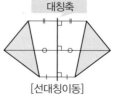

[선대칭이동]

마플해설

점대칭이동으로 얻은 도형은 대칭의 중심을 중심으로 $180°$만큼 회전하였을 때, 원래의 도형과 완전히 포개어지므로 두 도형은 점대칭 위치에 있고, 선대칭이동으로 얻은 도형은 대칭축을 따라 접었을 때, 원래의 도형과 완전히 포개어지므로 두 도형은 선대칭 위치에 있다.

① **점대칭 위치에 있는 두 도형** ⇨ 대응점을 이은 선분은 대칭의 중심에 의하여 이등분된다.

② **선대칭 위치에 있는 두 도형** ⇨ 대응점을 이은 선분은 대칭축과 수직이고 이등분으로 만난다.

개념유형

02 점과 도형의 대칭이동

(1) 점의 대칭이동

① x축에 대한 대칭이동 : $(x,\ y) \longrightarrow (x,\ -y)$ ◀ y좌표의 부호만 바뀐다.

② y축에 대한 대칭이동 : $(x,\ y) \longrightarrow (-x,\ y)$ ◀ x좌표의 부호만 바뀐다.

③ 원점에 대한 대칭이동 : $(x,\ y) \longrightarrow (-x,\ -y)$ ◀ x좌표, y좌표의 부호가 모두 바뀐다.

④ 직선 $y=x$에 대한 대칭이동 : $(x,\ y) \longrightarrow (y,\ x)$ ◀ x좌표, y좌표가 서로 바뀐다.

(2) 도형의 대칭이동

① x축에 대한 대칭이동 : $f(x,\ y)=0 \longrightarrow f(x,\ -y)=0$ ◀ y대신 $-y$를 대입한다.

② y축에 대한 대칭이동 : $f(x,\ y)=0 \longrightarrow f(-x,\ y)=0$ ◀ x대신 $-x$를 대입한다.

③ 원점에 대한 대칭이동 : $f(x,\ y)=0 \longrightarrow f(-x,\ -y)=0$ ◀ x대신 $-x$, y대신 $-y$를 대입한다.

④ 직선 $y=x$에 대한 대칭이동 : $f(x,\ y)=0 \longrightarrow f(y,\ x)=0$ ◀ x대신 y, y대신 x를 대입한다.

마플해설

점 $(x,\ y)$를 직선 또는 점에 대하여 대칭이동한 점의 좌표는 다음과 같다.

	x축에 대한 대칭이동	y축에 대한 대칭이동	원점에 대한 대칭이동	직선 $y=x$에 대한 대칭이동
점	$(x,\ y)$, $(x,\ -y)$ $(x,\ y) \longrightarrow (x,\ -y)$	$(-x,\ y)$, $(x,\ y)$ $(x,\ y) \longrightarrow (-x,\ y)$	$(x,\ y)$, $(-x,\ -y)$ $(x,\ y) \longrightarrow (-x,\ -y)$	$(y,\ x)$, $y=x$, $(x,\ y)$ $(x,\ y) \longrightarrow (y,\ x)$
도형	$f(x,\ y)=0$, $(x,\ y)$, $(x,\ -y)$, $f(x,\ -y)=0$ $f(x,\ y)=0 \rightarrow f(x,\ -y)=0$	$f(-x,\ y)=0$, $f(x,\ y)=0$, $(-x,\ y)$, $(x,\ y)$ $f(x,\ y)=0 \rightarrow f(-x,\ y)=0$	$f(x,\ y)=0$, $(x,\ y)$, $(-x,\ -y)$, $f(-x,\ -y)=0$ $f(x,\ y)=0 \rightarrow f(-x,\ -y)=0$	$y=x$, $(y,\ x)$, $f(y,\ x)=0$, $(x,\ y)$, $f(x,\ y)=0$ $f(x,\ y)=0 \rightarrow f(y,\ x)=0$
특징	y좌표의 부호가 바뀐다.	x좌표의 부호가 바뀐다.	x, y좌표의 부호가 모두 바뀐다.	x, y좌표가 서로 바뀐다.

마플해설 방정식 $f(x, y)=0$을 x축에 대하여 대칭이동하면 이 도형 위의 임의의 한 점 $\mathrm{P}(x, y)$도 마찬가지로 대칭이동한다.

이 점을 $\mathrm{P}'(x', y')$이라 하면 다음 관계가 성립한다.

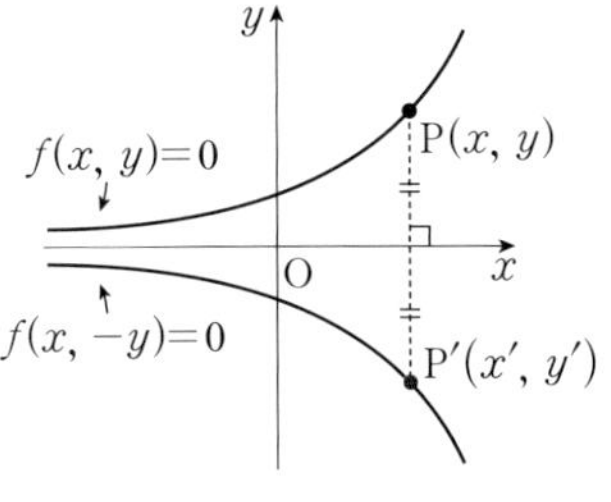

$x'=x,\ y'=-y \quad \therefore x=x',\ y=-y'$

위의 x, y를 $f(x, y)=0$에 대입하면 $f(x', -y')=0$이다.

그런데 보통 도형의 방정식은 x, y로 표현된 식을 쓰기 때문에

프라임 기호 (′)를 떼고 나타내면 $f(x, -y)=0$

따라서 도형 $f(x, y)=0$을 x축에 대하여 대칭이동한 도형의 방정식은 $f(x, -y)=0$이다.

마찬가지 방법으로 방정식 $f(x, y)=0$이 나타내는 도형을 y축, 원점에 대하여

대칭이동한 도형의 방정식은 각각 $f(-x, y)=0$, $f(-x, -y)=0$이다.

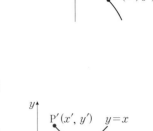

좌표평면에서 점 $\mathrm{P}(x, y)$를 직선 $y=x$에 대하여 대칭이동한 점을 구해보자.

오른쪽 그림과 같이 점 $\mathrm{P}(x, y)$를 직선 $y=x$에 대하여 대칭이동한 점을 $\mathrm{P}(x', y')$이라 하면

직선 $y=x$는 선분 PP'의 수직이등분선이다.

선분 PP'의 중점 $\mathrm{M}\left(\dfrac{x+x'}{2}, \dfrac{y+y'}{2}\right)$은 직선 $y=x$ 위의 점이므로 직선의 방정식에 대입하면

$\dfrac{y+y'}{2}=\dfrac{x+x'}{2}$, 즉 $x+x'=y+y'$ ...... ㉠

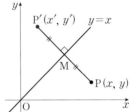

직선 PP'은 직선 $y=x$에 수직이므로 직선 PP'의 기울기는 -1이다.

$\dfrac{y'-y}{x'-x}=-1$, 즉 $x-x'=y'-y$ ...... ㉡

㉠, ㉡을 연립하여 풀면 $x'=y$, $y'=x$이므로 점 P를 직선 $y=x$에 대하여 대칭이동한 점 $\mathrm{P}'(y, x)$이다.

또한, 도형의 방정식 $f(x, y)=0$을 직선 $y=x$에 대하여 대칭이동한 도형의 방정식은 $f(y, x)=0$이다.

보기 01 **점 $(-1, 3)$을 다음에 대하여 대칭이동한 점의 좌표를 구하시오.**

(1) x축 (2) y축 (3) 원점 (4) 직선 $y=x$

풀이

(1) x축에 대하여 대칭이동한 점의 좌표는 $\mathbf{(-1, -3)}$ ← y좌표의 부호가 반대

(2) y축에 대하여 대칭이동한 점의 좌표는 $\mathbf{(1, 3)}$ ← x좌표의 부호가 반대

(3) 원점에 대하여 대칭이동한 점의 좌표는 $\mathbf{(1, -3)}$ ← x, y좌표의 부호가 반대

(4) 직선 $y=x$에 대하여 대칭이동한 점의 좌표는 $\mathbf{(3, -1)}$ ← x좌표, y좌표를 바꾼다.

보기 02 **직선 $x+5y+3=0$을 직선 또는 점에 대하여 대칭이동한 도형의 방정식을 구하시오.**

(1) x축 (2) y축 (3) 원점 (4) $y=x$

풀이

(1) x축에 대칭 : y대신에 $-y$ 대입하면 $\boldsymbol{x-5y+3=0}$

(2) y축에 대칭 : x대신에 $-x$ 대입하면 $\boldsymbol{-x+5y+3=0}$, 즉 $\boldsymbol{x+5y-3=0}$

(3) 원점에 대칭 : x대신에 $-x$, y대신에 $-y$를 대입하면 $-x-5y+3=0$, 즉 $\boldsymbol{x-5y-3=0}$

(4) $y=x$에 대칭 : x대신에 y, y대신에 x를 대입하면 $y+5x+3=0$, 즉 $\boldsymbol{5x+y+3=0}$

보기 03 **원 $(x+3)^2+(y-2)^2=4$를 직선 또는 점에 대하여 대칭이동한 도형의 방정식을 구하시오.**

(1) x축 (2) y축 (3) 원점 (4) $y=x$

풀이

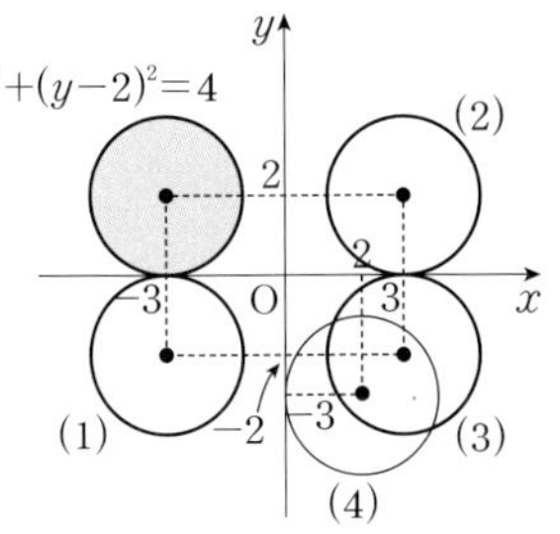

(1) x축에 대하여 대칭이동한 원의 방정식은 y대신에 $-y$를 대입하므로

$(x+3)^2+(-y-2)^2=4 \quad \therefore \boldsymbol{(x+3)^2+(y+2)^2=4}$

(2) y축에 대하여 대칭이동한 원의 방정식은 x대신에 $-x$를 대입하므로

$(-x+3)^2+(y-2)^2=4 \quad \therefore \boldsymbol{(x-3)^2+(y-2)^2=4}$

(3) 원점에 대하여 대칭이동한 원의 방정식은 x대신에 $-x$, y대신에 $-y$를 대입하므로

$(-x+3)^2+(-y-2)^2=4 \quad \therefore \boldsymbol{(x-3)^2+(y+2)^2=4}$

(4) $y=x$에 대하여 대칭이동한 원의 방정식은 x, y를 서로 바꾸면 되므로

$(y+3)^2+(x-2)^2=4 \quad \therefore \boldsymbol{(x-2)^2+(y+3)^2=4}$

개념유형

03 점에 대한 대칭이동

원점에 대한 대칭이동과 같이 평면 위의 점 또는 도형을 한 점 (a, b)에 대하여 대칭인 점 또는 도형으로 옮기는 것을 **점 $\mathbf{A(a, b)}$에 대한 대칭이동**이라 한다.

(1) 점 $P(x, y)$를 **점 $\mathbf{A(a, b)}$에 대하여** 대칭이동한 점 P'은

$\mathbf{P'(2a-x, 2b-y)}$

(2) 도형 $f(x, y)=0$을 **점 $\mathbf{A(a, b)}$에 대하여** 대칭이동한 도형의 방정식은

$\boldsymbol{f(2a-x, 2b-y)=0}$

참고 ① 직선 $x=a$에 대한 대칭이동 : $(x, y) \longrightarrow (2a-x, y)$

② 직선 $y=b$에 대한 대칭이동 : $(x, y) \longrightarrow (x, 2b-y)$

마플해설 오른쪽 그림과 같이 점 P를 점 A에 대하여 대칭이동한 점을 P′이라 하면
$\overline{PP'}$은 대칭의 중심 A에 의하여 이등분된다.
점 $P(x, y)$를 점 $A(a, b)$에 대하여 대칭이동한 점의 좌표를 $P'(x', y')$라 하면
점 $A(a, b)$는 선분 PP′의 중점이다.
즉 $\dfrac{x+x'}{2}=a$, $\dfrac{y+y'}{2}=b$에서 $x'=2a-x$, $y'=2b-y$이므로 $P'(2a-x, 2b-y)$
또, 점 $P(x, y)$가 도형 $f(x, y)=0$ 위의 점이면 $x=2a-x'$, $y=2b-y'$이므로 $f(2a-x', 2b-y')=0$
즉 도형 $f(x, y)=0$을 점 $A(a, b)$에 대하여 대칭이동한 도형의 방정식은 $f(2a-x, 2b-y)=0$이다.

보기 04 다음 물음에 답하시오.

(1) 점 $P(1, 2)$를 점 $A(3, 1)$에 대하여 대칭이동한 점의 좌표를 구하시오.

(2) 직선 $3x-y+2=0$을 점 $(2, 3)$에 대하여 대칭이동한 도형의 방정식을 구하시오.

풀이 (1) 점 $P(1, 2)$를 점 $A(3, 1)$에 대하여 대칭이동한 점을 $P'(a, b)$라 하면

선분 PP′의 중점 $\left(\dfrac{1+a}{2}, \dfrac{2+b}{2}\right)$가 점 $A(3, 1)$이므로 $\dfrac{1+a}{2}=3$, $\dfrac{2+b}{2}=1$

$\therefore a=5, b=0$

따라서 점 $\mathbf{P'(5, 0)}$

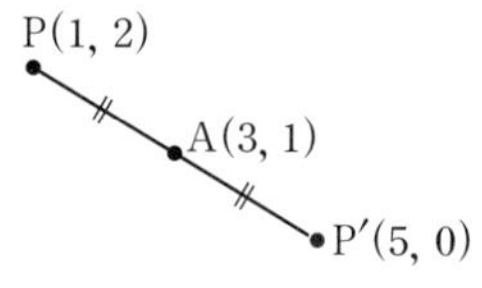

(2) x대신 $2\times2-x=4-x$, y대신 $2\times3-y=6-y$를 직선 $3x-y+2=0$에 대입하면

$3(4-x)-(6-y)+2=0$ $\quad\therefore \mathbf{3x-y-8=0}$

보기 05 점 $P(1, -2)$를 점 $A(a, b)$에 대하여 대칭이동한 점을 $P'(5, 4)$라 할 때, 점 $A(a, b)$의 좌표를 구하시오.

풀이 점 $P(1, -2)$와 점 $P'(5, 4)$를 이은 선분의 중점이 점 $A(a, b)$이므로

$\dfrac{1+5}{2}=a$, $\dfrac{-2+4}{2}=b$ $\quad\therefore a=3, b=1$

따라서 점 $\mathbf{A(3, 1)}$

보기 06 다음에 대하여 대칭이동한 점의 좌표를 구하시오.

(1) 점 $A(4, 3)$을 $x=1$에 대하여 대칭이동한 점 P의 좌표

(2) 점 $B(3, 2)$를 $y=-1$에 대하여 대칭이동한 점 Q의 좌표

풀이 (1) 점 $A(4, 3)$을 $x=1$에 대하여 대칭이동한 점 $P(a, 3)$이라 하면

$\left(\dfrac{4+a}{2}, 3\right)=(1, 3)$이므로 $\dfrac{4+a}{2}=1$ $\quad\therefore a=-2$

따라서 점 $\mathbf{P(-2, 3)}$

(2) 점 $B(3, 2)$를 $y=-1$에 대하여 대칭이동한 점 $Q(3, b)$라 하면

$\left(3, \dfrac{b+2}{2}\right)=(3, -1)$이므로 $\dfrac{b+2}{2}=-1$ $\quad\therefore b=-4$

따라서 점 $\mathbf{Q(3, -4)}$

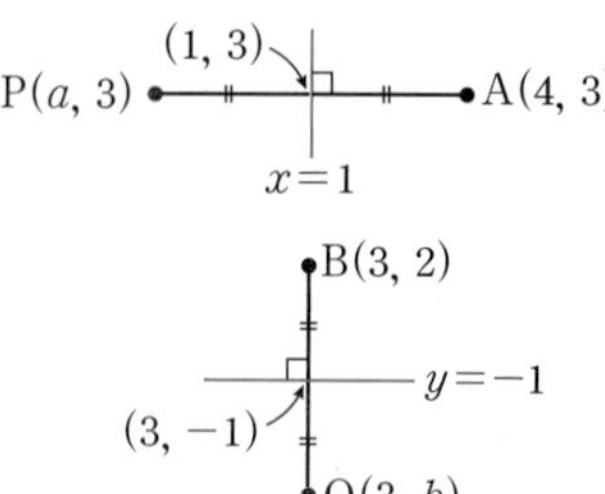

04 직선에 대한 대칭이동

직선 $y=x$에 대한 대칭이동과 같이 평면 위의 점 또는 도형을 한 직선 l에 대하여 대칭인 점 또는 도형으로 옮기는 것을 **직선 l에 대한 대칭이동**이라 한다.

점 P가 직선 l에 대하여 대칭이동한 점을 P′라 하면 다음과 같은 두 가지 조건을 이용하여 구할 수 있다.

점 $\mathrm{P}(x,\ y)$를 직선 $l : ax+by+c=0$에 대하여 대칭이동한 점을 $\mathrm{P}'(x',\ y')$이라 하면

(1) **중점 조건** : $\overline{\mathrm{PP}'}$의 중점 $\mathrm{M}\left(\dfrac{x+x'}{2},\ \dfrac{y+y'}{2}\right)$은 직선 l 위의 점이다.

➡ $a\left(\dfrac{x+x'}{2}\right)+b\left(\dfrac{y+y'}{2}\right)+c=0$

(2) **수직 조건** : 직선 PP′과 직선 l은 서로 수직이다.

➡ $\dfrac{y'-y}{x'-x}\times\left(-\dfrac{a}{b}\right)=-1$, 즉 $\dfrac{y'-y}{x'-x}=\dfrac{b}{a}$

(직선 $\overline{\mathrm{PP}'}$ 의 기울기)×(직선 l의 기울기)$=-1$

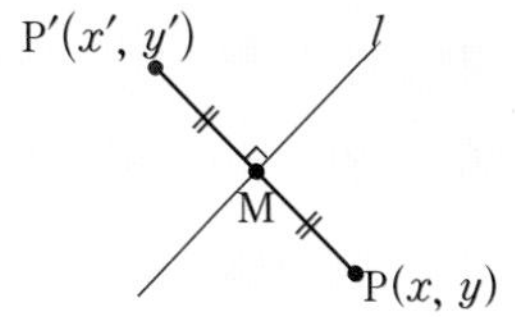

한편 도형 $f(x,\ y)=0$을 직선에 대하여 대칭이동한 도형의 방정식 $f(x',\ y')=0$도 위의 방법으로 $x',\ y'$을 구하면 된다.

마플해설 **중점 조건과 수직 조건을 이용하여 직선 $y=-x$에 대한 대칭이동에 대하여 알아보자.**

(1) 중점 조건 : 도형 $f(x,\ y)=0$ 위의 점 $\mathrm{P}(x,\ y)$를 직선 $y=-x$에 대하여 대칭이동한 점을 $\mathrm{P}'(x',\ y')$이라 하면

$\overline{\mathrm{PP}'}$의 중점 $\mathrm{M}\left(\dfrac{x+x'}{2},\ \dfrac{y+y'}{2}\right)$이 직선 $y=-x$ 위의 점이므로

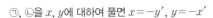

$\dfrac{y+y'}{2}=-\dfrac{x+x'}{2}$ …… ㉠

(2) 수직 조건 : 직선 PP′과 직선 $y=-x$는 서로 수직이므로

직선 PP′의 기울기는 1이다.

$\dfrac{y'-y}{x'-x}=1$ …… ㉡

㉠, ㉡을 $x,\ y$에 대하여 풀면 $x=-y',\ y=-x'$

그런데 점 $\mathrm{P}(x,\ y)$는 도형 $f(x,\ y)=0$ 위의 점이므로 $f(-y',\ -x')=0$이다.

즉 점 $\mathrm{P}'(x',\ y')$은 도형 $f(-y,\ -x)=0$ 위의 점이다.

따라서 도형 $f(x,\ y)=0$을 직선 $y=-x$에 대하여 대칭이동한 도형의 방정식은 $f(-y,\ -x)=0$

① 점 $\mathrm{P}(x,\ y)$를 직선 $y=-x$에 대하여 대칭이동한 점 P′은 ➡ $\mathrm{P}'(-y,\ -x)$

② 도형 $f(x,\ y)=0$을 직선 $y=-x$에 대하여 대칭이동한 도형의 방정식은 ➡ $f(-y,\ -x)=0$

보기 07 **다음 물음에 답하시오.**

(1) 점 $(3,\ -2)$를 직선 $y=-x$에 대하여 대칭이동한 점의 좌표를 구하시오.

(2) 직선 $2x+3y+1=0$을 직선 $y=-x$에 대하여 대칭이동한 도형의 방정식을 구하시오.

풀이

(1) 점 $(3,\ -2)$를 직선 $y=-x$에 대하여 대칭이동한 점의 좌표는 $\mathbf{(2,\ -3)}$

(2) 직선 $2x+3y+1=0$에 x대신 $-y$, y대신 $-x$를 대입하면 $2\times(-y)+3\times(-x)+1=0$

$\therefore\ \mathbf{3x+2y-1=0}$

직선의 기울기가 ±1인 경우 대칭이동

① 직선 $y=x$에 대한 대칭이동 : $f(x,\ y)=0 \longrightarrow f(y,\ x)=0$

② 직선 $y=-x$에 대한 대칭이동 : $f(x,\ y)=0 \longrightarrow f(-y,\ -x)=0$

③ 직선 $y=x+a$에 대한 대칭이동 : $f(x,\ y)=0 \longrightarrow f(y-a,\ x+a)=0$ ◀ x대신 $y-a$, y대신 $x+a$를 대입한다.

④ 직선 $y=-x+a$에 대한 대칭이동 : $f(x,\ y)=0 \longrightarrow f(-y+a,\ -x+a)=0$ ◀ x대신 $-y+a$, y대신 $-x+a$를 대입한다.

주의 기울기가 ±1이 아닌 경우 ➡ 중점조건과 수직조건을 이용한다.

마플개념익힘 01 점의 대칭이동

다음 물음에 답하시오.

(1) 점 $(a,\ 3)$을 x축에 대하여 대칭이동한 후 다시 원점에 대하여 대칭이동한 점이 직선 $y=x-5$ 위에 있을 때, 상수 a의 값을 구하시오.

(2) 점 $(a,\ b)$를 y축에 대하여 대칭이동한 후 다시 직선 $y=x$에 대하여 대칭이동한 점의 좌표가 $(3,\ 4)$일 때, 상수 $a,\ b$에 대하여 $a+b$의 값을 구하시오.

MAPL CORE ▶

(1) x축에 대한 대칭이동 : $(x,\ y) \longrightarrow (x,\ -y)$

(2) y축에 대한 대칭이동 : $(x,\ y) \longrightarrow (-x,\ y)$

(3) 원점에 대한 대칭이동 : $(x,\ y) \longrightarrow (-x,\ -y)$

(4) 직선 $y=x$에 대한 대칭이동 : $(x,\ y) \longrightarrow (y,\ x)$

(5) 직선 $y=-x$에 대한 대칭이동 : $(x,\ y) \longrightarrow (-y,\ -x)$

개념익힘풀이

(1) 점 $(a,\ 3)$을 x축에 대하여 대칭이동한 점의 좌표는

$(a,\ -3)$ ◀ y좌표의 부호만 반대

점 $(a,\ -3)$을 원점에 대하여 대칭이동한 점의 좌표는

$(-a,\ 3)$ ◀ $x,\ y$좌표의 부호가 모두 반대

이 점이 직선 $y=x-5$ 위에 있으므로 $3=-a-5$

$\therefore\ \boldsymbol{a=-8}$

(2) 점 $(a,\ b)$를 y축에 대하여 대칭이동한 점의 좌표는

$(-a,\ b)$ ◀ x좌표의 부호만 반대

점 $(-a,\ b)$를 $y=x$에 대하여 대칭이동한 점의 좌표는

$(b,\ -a)$ ◀ x대신 y를, y대신 x를 대입하기

이 점이 $(3,\ 4)$와 일치하므로 $b=3,\ -a=4$

따라서 $a=-4,\ b=3$이므로 $a+b=-4+3=\boldsymbol{-1}$

확인유제 0291 다음 물음에 답하시오.

(1) 점 $(-3,\ 1)$을 y축에 대하여 대칭이동한 후 직선 $y=x$에 대하여 대칭이동한 점이 포물선 $y=x^2+ax-5$ 위에 있을 때, 상수 a의 값을 구하시오.

(2) 점 $(a,\ b)$를 x축, y축, 원점에 대하여 대칭이동한 점을 각각 P, Q, R이라 하자. 삼각형 PQR의 무게중심의 좌표가 $(-2,\ 1)$일 때, 상수 $a,\ b$에 대하여 $a+b$의 값을 구하시오.

변형문제 0292 좌표평면에서 점 A$(1,\ 3)$을 x축, y축에 대하여 대칭이동한 점을 각각 B, C라 하고, 점 D$(a,\ b)$를 x축에 대하여 대칭이동한 점을 E라 하자. 세 점 B, C, E가 한 직선 위에 있을 때, 직선 AD의 기울기는?
(단, $a \neq \pm 1$인 상수이다.)

① -2 ② -1 ③ 1 ④ 2 ⑤ 3

발전문제 0293 점 P$(a,\ b)$를 y축에 대하여 대칭이동한 점이 제 3사분면 위에 있을 때, 점 Q$(a-b,\ ab)$를 원점에 대하여 대칭이동한 후 y축에 대하여 대칭이동한 점은 제 몇 사분면 위에 있는지 구하시오. (단, $a,\ b$는 상수이다.)

정답 0291 : (1) 7 (2) 3 0292 : ⑤ 0293 : 제 1사분면

마플개념익힘 02 도형의 대칭이동

다음 물음에 답하시오.

(1) 직선 $y=\frac{1}{2}x+k$를 y축에 대하여 대칭이동한 직선이 점 $(2, 3)$을 지날 때, 상수 k의 값을 구하시오.

(2) 원 $(x+1)^2+(y-2)^2=1$을 원점에 대하여 대칭이동한 다음 그 원을 직선 $y=x$에 대하여 대칭이동한 원의 중심이 직선 $y=-3x+k$ 위에 있을 때, 상수 k의 값을 구하시오.

MAPL CORE ▶ 도형의 평행이동은 점의 평행이동과 부호를 반대로 생각하지만 도형의 대칭이동은 점의 대칭이동과 같은 방법으로 생각한다.

(1) x축에 대한 대칭이동 : $f(x, y)=0 \longrightarrow f(x, -y)=0$

(2) y축에 대한 대칭이동 : $f(x, y)=0 \longrightarrow f(-x, y)=0$

(3) 원점에 대한 대칭이동 : $f(x, y)=0 \longrightarrow f(-x, -y)=0$

(4) 직선 $y=x$에 대한 대칭이동 : $f(x, y)=0 \longrightarrow f(y, x)=0$

개념익힘풀이 (1) 직선 $y=\frac{1}{2}x+k$을 y축에 대하여 대칭이동한

직선의 방정식은 $y=-\frac{1}{2}x+k$

이 직선이 점 $(2, 3)$을 지나므로 $3=-\frac{1}{2}\times 2+k$

$\therefore$ $\boldsymbol{k=4}$

(2) 원 $(x+1)^2+(y-2)^2=1$을 원점에 대하여 대칭이동하면 $(-x+1)^2+(-y-2)^2=1$

$\therefore (x-1)^2+(y+2)^2=1$ …… ㉠

㉠을 직선 $y=x$에 대하여 대칭이동하면 $(y-1)^2+(x+2)^2=1$

$\therefore (x+2)^2+(y-1)^2=1$

이 원의 중심 $(-2, 1)$이 직선 $y=-3x+k$ 위에 있으므로 $1=6+k$ $\therefore$ $\boldsymbol{k=-5}$

다른풀이 원의 중심을 대칭이동하여 풀이하기

원 $(x+1)^2+(y-2)^2=1$의 중심이 $(-1, 2)$이므로 중심을 원점에 대하여 대칭이동한 중심이 $(1, -2)$이고 그 중심 $(1, -2)$를 직선 $y=x$에 대하여 대칭이동한 중심은 $(-2, 1)$

점 $(-2, 1)$이 직선 $y=-3x+k$ 위에 있으므로 $1=6+k$ $\therefore$ $\boldsymbol{k=-5}$

확인유제 0294 다음 물음에 답하시오.

(1) 포물선 $y=x^2+2ax+b$를 원점에 대하여 대칭이동한 포물선의 꼭짓점의 좌표가 $(3, 1)$일 때, 상수 a, b에 대하여 $a+b$의 값을 구하시오.

(2) 원 $x^2+y^2+2x+2ay+b=0$을 x축에 대하여 대칭이동한 후 직선 $y=x$에 대하여 대칭이동한 원은 $(x+2)^2+(y+1)^2=9$이다. 이때 상수 a, b에 대하여 ab의 값을 구하시오.

변형문제 0295 원 $(x+1)^2+(y+3)^2=4$를 원점에 대하여 대칭이동한 원을 C라 하고, 직선 $mx-y+6=0$을 y축에 대하여 대칭이동한 직선을 l이라 하자. 직선 l이 원 C의 넓이를 이등분할 때, 상수 m의 값은?

① 3 ② 4 ③ 5 ④ 6 ⑤ 7

발전문제 0296 원 $(x-a)^2+(y+1)^2=4$를 직선 $y=x$에 대하여 대칭이동한 원이 직선 $3x+4y+1=0$에 접할 때, 모든 상수 a의 값의 합을 구하시오.

정답 0294 : (1) 11 (2) 8 0295 : ① 0296 : 1

마플개념익힘 03 평행이동과 대칭이동

다음 물음에 답하시오. (단, a, b는 상수이다.)

(1) 점 $(-2,\ 1)$을 원점에 대하여 대칭이동한 다음 다시 x축의 방향으로 a만큼, y축의 방향으로 b만큼 평행이동하였더니 $(3,\ 1)$이 되었다. 이때 $a+b$의 값을 구하시오.

(2) 직선 $2x-3y+4=0$을 x축의 방향으로 1만큼, y축의 방향으로 -2만큼 평행이동한 후 직선 $y=x$에 대하여 대칭이동한 직선의 방정식이 $ax+by+4=0$일 때, $a+b$의 값을 구하시오.

MAPL CORE ▶ 평행이동과 대칭이동을 이어서 할 때는 문제에서 주어진 도형의 이동 순서에 맞게 이동한다.

개념익힘풀이

(1) 점 $(-2,\ 1)$을 원점에 대하여 대칭이동하면 $(2,\ -1)$이고 다시 x축의 방향으로 a만큼, y축의 방향으로 b만큼 평행이동하면 $(2+a,\ -1+b)$이다.

이때 점 $(2+a,\ -1+b)$는 점 $(3,\ 1)$과 일치하므로 $2+a=3$, $-1+b=1$ $\quad\therefore a=1,\ b=2$

따라서 $\boldsymbol{a+b=3}$

(2) 직선 $2x-3y+4=0$을 x축의 방향으로 1만큼, y축의 방향으로 -2만큼 평행이동한 직선의 방정식은

$2(x-1)-3(y+2)+4=0 \quad \therefore 2x-3y-4=0$

이 직선을 직선 $y=x$에 대하여 대칭이동한 직선의 방정식은

$2y-3x-4=0 \quad \therefore 3x-2y+4=0$

이 직선이 $ax+by+4=0$과 일치하므로 $a=3$, $b=-2$

따라서 $a+b=3+(-2)=\mathbf{1}$

! 주의 평행이동과 대칭이동을 연달아 할 때는 도형의 이동 순서에 주의해야 한다.

만약, 직선 $2x-3y+4=0$을 직선 $y=x$에 대하여 대칭이동한 후 x축의 방향으로 1만큼, y축으로 -2만큼 평행이동하면

$$2x-3y+4=0 \xrightarrow[\text{대칭이동}]{\text{직선 } y=x\text{에 대하여}} 2y-3x+4=0 \xrightarrow[\text{평행이동}]{x\text{축으로 1만큼, } y\text{축으로 } -2\text{만큼}} 2(y+2)-3(x-1)+4=0$$

즉 $3x-2y-11=0$이므로 (2)번에서 풀이한 직선의 방정식과 다름을 알 수 있다.

확인유제 0297 다음 물음에 답하시오.

(1) 점 $(a,\ b)$를 직선 $y=x$에 대하여 대칭이동한 후 x축의 방향으로 2만큼, y축의 방향으로 -2만큼 평행이동하였더니 점 $(3,\ 1)$이 되었다. 이때 상수 a, b에 대하여 $a+b$의 값을 구하시오.

(2) 직선 $y=x+k$를 x축 방향으로 -1만큼, y축 방향으로 2만큼 평행이동시킨 다음 다시 y축에 대하여 대칭이동 시켰더니 점 $(2,\ 3)$을 지날 때, 상수 k의 값을 구하시오.

변형문제 0298 다음 물음에 답하시오.

(1) 직선 $y=2x+3$을 x축 방향으로 a만큼 평행이동한 후 원점에 대하여 대칭이동한 직선이 원 $x^2+y^2-2x-2y+1=0$의 넓이를 이등분할 때, 상수 a의 값은?

① 1 ② 2 ③ 3 ④ 4 ⑤ 5

(2) 원 $x^2+y^2=9$를 x축의 방향으로 1만큼, y축의 방향으로 2만큼 평행이동한 원을 다시 직선 $y=x$에 대하여 대칭이동하였더니 직선 $3x-4y-12=0$과 두 점 P, Q에서 만날 때, 선분 PQ의 길이는?

① $2\sqrt{2}$ ② $2\sqrt{5}$ ③ $4\sqrt{2}$ ④ $3\sqrt{5}$ ⑤ $4\sqrt{5}$

발전문제 0299 이차함수 $y=x^2$의 그래프를 x축에 대하여 대칭이동한 후, x축의 방향으로 2만큼, y축의 방향으로 m만큼 평행이동한 그래프가 직선 $y=-2x+3$에 접할 때, 상수 m의 값을 구하시오.

정답 0297 : (1) 4 (2) 2 0298 : (1) ① (2) ② 0299 : -2

마플개념익힘 04 점에 대한 대칭이동

원 $(x+2)^2+y^2=4$를 점 $(3,\ 1)$에 대하여 대칭이동한 도형의 방정식을 구하시오.

MAPL CORE ▶ 점 P를 점 A에 대하여 대칭이동한 점 P′ ➡ 점 A는 선분 PP′의 중점
원은 대칭이동하여도 반지름의 길이는 변하지 않으므로 원의 대칭이동은 원의 중심의 대칭이동으로 생각한다.

개념익힘풀이 주어진 원을 점 $(3,\ 1)$에 대하여 대칭이동한 원의 중심의 좌표를 $(a,\ b)$라 하면
원 $(x+2)^2+y^2=4$의 중심 $(-2,\ 0)$과 점 $(a,\ b)$는 점 $(3,\ 1)$에 대하여
대칭이므로 점 $(3,\ 1)$은 두 점 $(-2,\ 0)$, $(a,\ b)$를 잇는 선분의 중점이다.
즉 $\frac{-2+a}{2}=3$, $\frac{0+b}{2}=1$이므로 $a=8$, $b=2$
따라서 대칭이동한 원의 중심의 좌표는 $(8,\ 2)$이고 이 원의 반지름의
길이는 2이므로 구하는 도형의 방정식은 $\boldsymbol{(x-8)^2+(y-2)^2=4}$

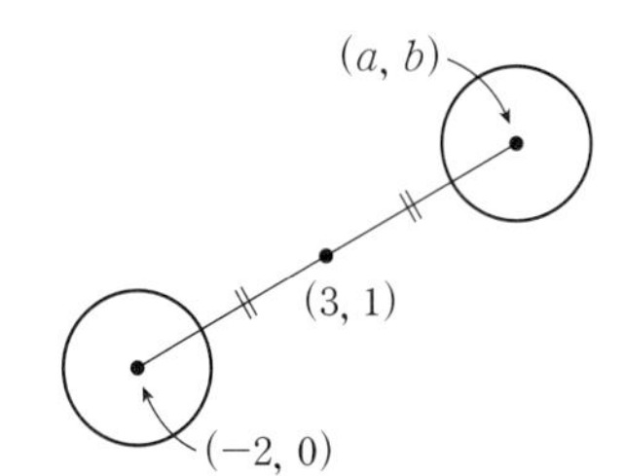

다른풀이 도형 $f(x,\ y)=0$을 점 $\mathrm{A}(a,\ b)$에 대하여 대칭이동한 도형의 방정식은 $f(2a-x,\ 2b-y)=0$임을 이용하기
점 $(3,\ 1)$에 대한 대칭이동이므로 구하는 원의 방정식은
$(x+2)^2+y^2=4$에 x 대신 $2\times3-x$, y 대신 $2\times1-y$를 대입하면 되므로
$(6-x+2)^2+(2-y)^2=4$
$\therefore\ \boldsymbol{(x-8)^2+(y-2)^2=4}$

확인유제 0300 점 $(-3,\ a)$를 점 $(6,\ 5)$에 대하여 대칭이동한 점의 좌표가 $(b,\ 2)$일 때, 상수 a, b에 대하여 $a+b$의 값을 구하시오.

변형문제 0301 다음 물음에 답하시오.

(1) 원 $(x-1)^2+(y-2)^2=k$를 점 $(-2,\ -3)$에 대하여 대칭이동한 원이 x축에 접할 때, 상수 k의 값은?

① 9 ② 16 ③ 25 ④ 49 ⑤ 64

(2) 두 이차함수 $y=(x-1)^2+3$, $y=-(x-3)^2+13$의 그래프가 점 $(a,\ b)$에 대하여 대칭일 때, 상수 a, b에 대하여 $a+b$의 값은?

① 6 ② 7 ③ 8 ④ 9 ⑤ 10

발전문제 0302 좌표평면 위의 정점 P에 대한 두 점 A, B의 대칭점은 각각 A′, B′이고 직선 AB의 방정식은 $x-2y+4=0$이라 한다. 점 A′의 좌표가 $(3,\ 1)$, 직선 A′B′의 방정식이 $y=ax+b$일 때, 두 상수 a, b의 곱 ab의 값을 구하시오.

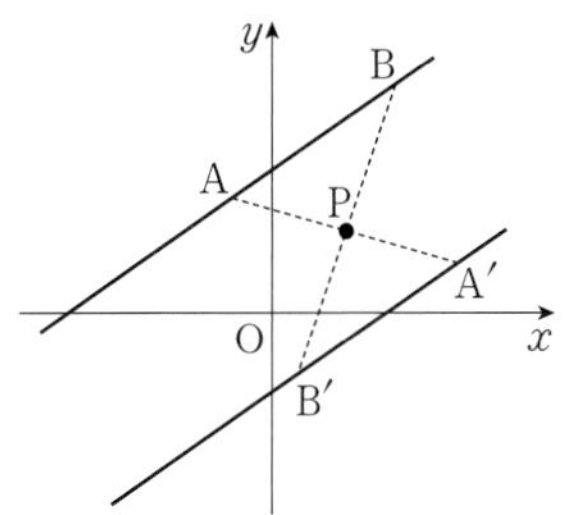

정답 0300 : 23 0301 : (1) ⑤ (2) ⑤ 0302 : $-\frac{1}{4}$

다음 물음에 답하시오.

(1) 점 $P(2, 5)$를 직선 $y=x+1$에 대하여 대칭이동한 점의 좌표를 구하시오.

(2) 원 $(x-1)^2+(y-2)^2=4$를 직선 $x+2y=10$에 대하여 대칭이동한 원의 방정식을 구하시오.

MAPL CORE ▶ 점 P를 직선 l에 대하여 대칭이동한 점 P'라 하면 중점 조건과 수직 조건을 이용한다.

(1) 중점 조건 : 선분 PP'의 중점은 직선 l 위에 있다.

(2) 수직 조건 : 두 직선 PP', l은 서로 수직이다. ◀ (직선 PP'의 기울기)×(직선 l의 기울기)$=-1$

개념익힘풀이

(1) 점 $P(2, 5)$를 직선 $y=x+1$에 대하여 대칭이동한 점을 $P'(a, b)$라 하면

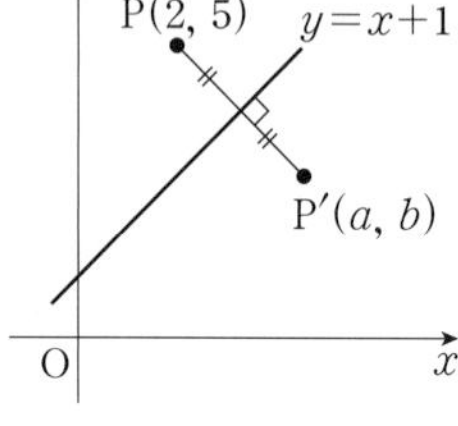

(i) 선분 PP'의 중점 $\left(\frac{2+a}{2}, \frac{5+b}{2}\right)$가 직선 $y=x+1$ 위의 점이므로

$\frac{5+b}{2}=\frac{2+a}{2}+1 \quad \therefore a-b=1$ …… ㉠

(ii) 두 점 $P(2, 5)$, $P'(a, b)$를 지나는 직선과 직선 $y=x+1$이 수직이므로

$\frac{5-b}{2-a}\times 1=-1 \quad \therefore a+b=7$ …… ㉡

㉠, ㉡을 연립하면 $a=4$, $b=3$이므로 대칭이동한 점의 좌표 **(4, 3)**

(2) 원 $(x-1)^2+(y-2)^2=4$의 중심 $A(1, 2)$를

직선 $x+2y=10$에 대하여 대칭이동한 점을 $A'(a, b)$라 하면

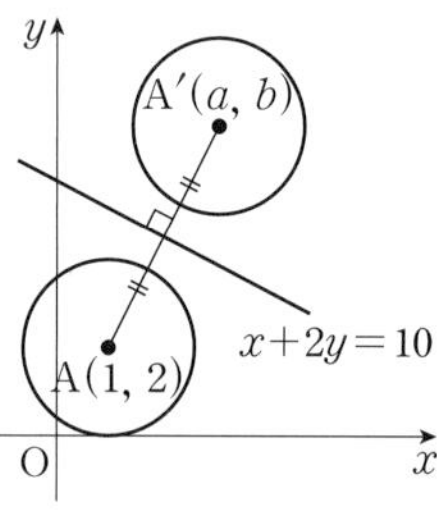

(i) 선분 AA'의 중점 $\left(\frac{1+a}{2}, \frac{2+b}{2}\right)$가 직선 $x+2y=10$ 위에 있으므로

$\frac{a+1}{2}+2\times\frac{b+2}{2}=10 \quad \therefore a+2b=15$ …… ㉠

(ii) 두 점 $A(1, 2)$, $A'(a, b)$를 지나는 직선과 $x+2y=10$과 수직이므로

$\frac{b-2}{a-1}\times\left(-\frac{1}{2}\right)=-1 \quad \therefore 2a-b=0$ …… ㉡

㉠, ㉡을 연립하여 풀면 $a=3$, $b=6$

따라서 대칭이동한 원의 중심의 좌표 $A'(3, 6)$이고 반지름의 길이가 2이므로 구하는 원의 방정식은

$\boldsymbol{(x-3)^2+(y-6)^2=4}$

확인유제 0303 다음 물음에 답하시오.

(1) 점 $P(5, 3)$을 직선 $y=2x+3$에 대하여 대칭이동한 점의 좌표를 구하시오.

(2) 원 $(x+6)^2+(y-5)^2=4$를 직선 $x-2y-4=0$에 대하여 대칭이동한 도형의 방정식을 구하시오.

변형문제 0304 좌표평면에서 두 원 $(x+2)^2+(y-1)^2=4$, $(x+4)^2+(y-3)^2=4$가 직선 $ax+by+5=0$에 대하여 대칭일 때, 상수 a, b에 대하여 ab의 값은? (단, $ab\neq 0$)

① -3 ② -2 ③ -1 ④ 1 ⑤ 2

발전문제 0305 다음 물음에 답하시오.

(1) 직선 $x-y-2=0$에 대하여 직선 $x+2y-4=0$을 대칭이동한 직선의 방정식을 구하시오.

(2) 직선 $3x+y-1=0$을 직선 $x+y-2=0$에 대하여 대칭이동한 직선의 방정식을 구하시오.

정답 0303 : (1) $(-3, 7)$ (2) $(x-2)^2+(y+11)^2=4$ 0304 : ③ 0305 : (1) $2x+y-6=0$ (2) $x+3y-7=0$

마플개념익힘 06 도형의 평행이동과 대칭이동

방정식 $f(x, y)=0$이 나타내는 도형이 오른쪽 그림과 같을 때,
방정식 $f(y-1, x+2)=0$이 나타내는 도형을 그리시오.

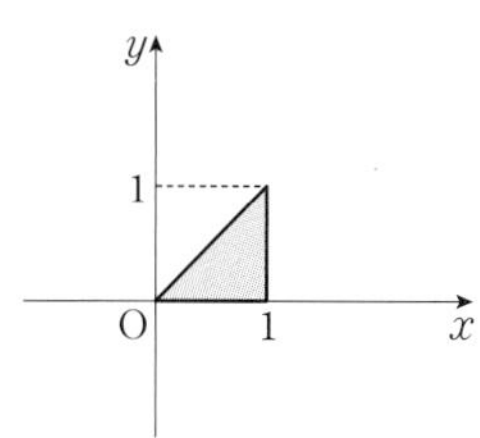

MAPL CORE ▶ 방정식 $f(x, y)=0$을 x축의 방향으로 a만큼, y축의 방향으로 b만큼 평행이동한 도형 $f(x-a, y-b)=0$을 $y=x$에 대하여 대칭이동하면 $f(y-a, x-b)=0$이다.

개념익힘**풀이**

방법1 **평행이동한 후 대칭이동을 한다.**

$f(x, y)=0$을 x축으로 1만큼, y축으로 -2만큼 평행이동하면

$f(x-1, y+2)=0$ ← x 대신에 $x-1$, y 대신에 $y+2$ 대입

또한, $f(x-1, y+2)=0$을 직선 $y=x$에 대하여 대칭이동하면

$f(y-1, x+2)=0$이다. ← x, y를 바꾸어 준다.

따라서 주어진 도형을 x축으로 1만큼, y축으로 -2만큼 평행이동한 후 직선 $y=x$에 대하여 대칭이동한 도형은 오른쪽 그림과 같다.

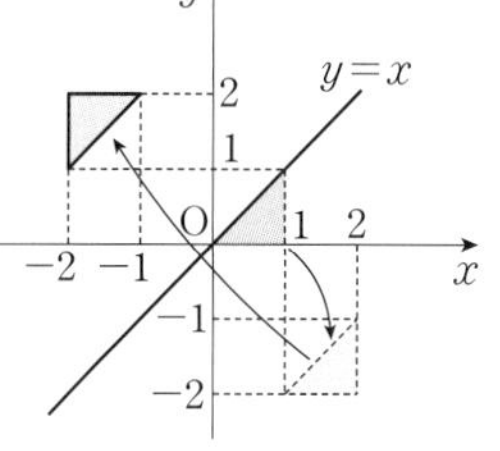

$f(x, y)=0$ $\xrightarrow[y\text{축 방향으로 }-2\text{만큼}]{x\text{축 방향으로 1만큼}}$ $f(x-1, y+2)=0$ $\xrightarrow{\text{직선 } y=x \text{ 대칭}}$ $f(y-1, x+2)=0$

방법2 **대칭이동한 후 평행이동을 한다.**

$f(x, y)=0$을 직선 $y=x$에 대하여 대칭이동하면

$f(y, x)=0$ ← x, y를 바꾸어 준다.

또한, $f(y, x)=0$을 x축으로 -2만큼, y축으로 1만큼 평행이동하면 $f(y-1, x+2)=0$이다. ← x 대신에 $x+2$, y 대신에 $y-1$ 대입

따라서 주어진 도형을 직선 $y=x$에 대하여 대칭이동한 후 x축으로 -2만큼, y축으로 1만큼 평행이동한 후 도형은 오른쪽 그림과 같다.

$f(x, y)=0$ $\xrightarrow{\text{직선 } y=x \text{ 대칭}}$ $f(y, x)=0$ $\xrightarrow[y\text{축 방향으로 1만큼}]{x\text{축 방향으로 }-2\text{만큼}}$ $f(y-1, x+2)=0$

참고 [방법1]과 [방법2]에서와 같이 평행이동과 대칭이동 중 어느 것을 먼저 해도 결과는 같다.

확인유제 0306 도형 $f(x, y)=0$이 오른쪽 그림과 같을 때, 다음 중 도형 $f(y-2, x-1)=0$으로 옳은 것은?

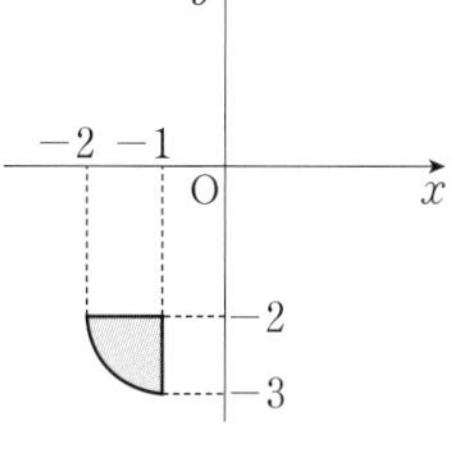

①
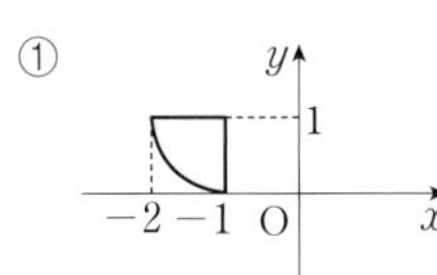

②
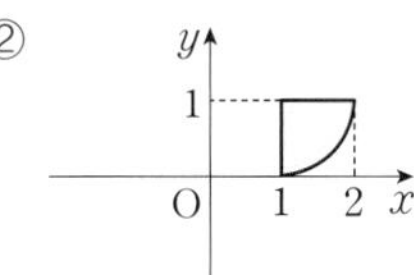

③
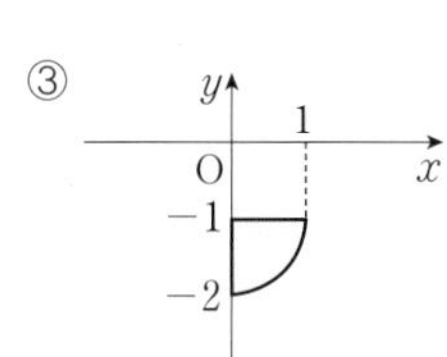

④
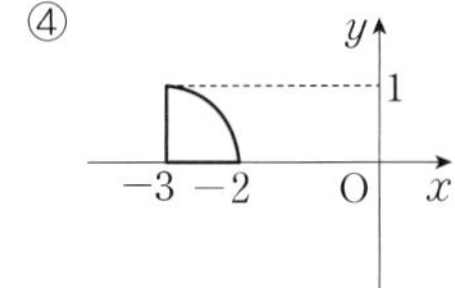

⑤
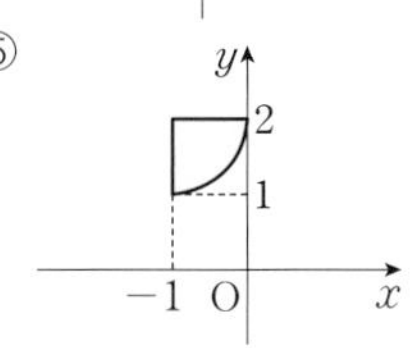

변형문제 0307 오른쪽 그림과 같이 도형 A를 나타내는 방정식이 $f(x, y)=0$일 때, 다음 [보기] 중 도형 B를 나타낼 수 있는 방정식을 모두 고르시오.

ㄱ. $f(x-4, y-1)=0$	ㄴ. $f(-x, -y-3)=0$
ㄷ. $f(x-4, -y+3)=0$	ㄹ. $f(-x, y-1)=0$

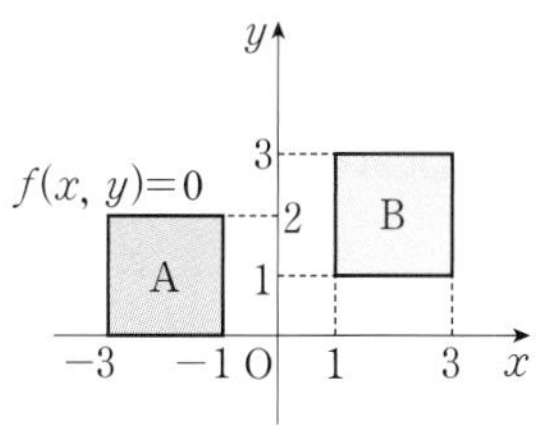

정답 0306 : ① 0307 : ㄱ, ㄷ, ㄹ

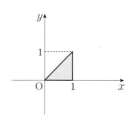

마플개념익힘 07 대칭이동을 이용한 선분의 길이의 합의 최솟값 (1)

다음 물음에 답하시오.

(1) 두 점 A$(1, 3)$, B$(9, 3)$이 있다. 점 P가 x축 위에 있을 때, $\overline{AP}+\overline{BP}$의 최솟값을 구하시오.

(2) 두 점 A$(3, 7)$, B$(-1, 4)$와 직선 $y=x$ 위를 움직이는 점 P에 대하여 $\overline{AP}+\overline{BP}$의 최솟값을 구하시오.

MAPL CORE ▶ 두 점 A, B가 주어진 직선에 대하여 같은 쪽에 있으면 $\overline{AP}+\overline{BP}$의 최솟값을 직접 구하기는 어려우므로 한 점을 주어진 직선에 대하여 대칭이동을 이용하면 최단 거리를 쉽게 구할 수 있다.
오른쪽 그림의 점 A에서 직선 l 위의 한 점 P를 거쳐 점 B까지 가는 최단 거리는 다음과 같은 순서로 구한다.

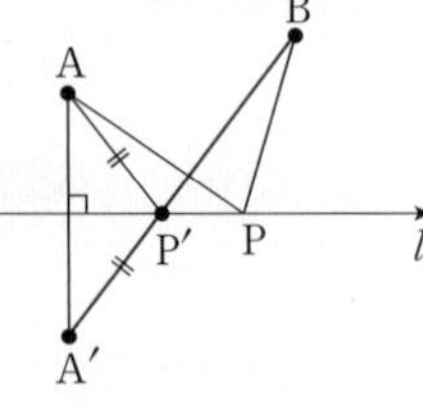

❶ 직선 l에 대하여 점 A를 대칭이동한 점을 A′의 좌표를 구한다.
⬅ 점 A′의 좌표는 직선 l이 선분 AA′의 수직이등분임을 이용한다.

❷ $\overline{AP}+\overline{PB}=\overline{A'P}+\overline{PB}$이므로 세 점 A′, P, B가 한 직선 위에 있을 때, 최솟값을 갖는다.
⬅ $\overline{AP}+\overline{PB}=\overline{A'P}+\overline{PB}\geq\overline{A'B}$이므로 구하는 최솟값은 $\overline{A'B}$이다.

개념익힘풀이

(1) 점 A$(1, 3)$의 x축에 대하여 대칭이동한 점을 A′$(1, -3)$이라 하면
오른쪽 그림에서 $\overline{AP}=\overline{A'P}$이므로
$\overline{AP}+\overline{BP}=\overline{A'P}+\overline{BP}\geq\overline{A'P'}+\overline{P'B}=\overline{A'B}$
$\overline{A'B}=\sqrt{(9-1)^2+\{3-(-3)\}^2}=\sqrt{64+36}=\sqrt{100}=10$
따라서 $\overline{AP}+\overline{BP}$의 최솟값은 **10**

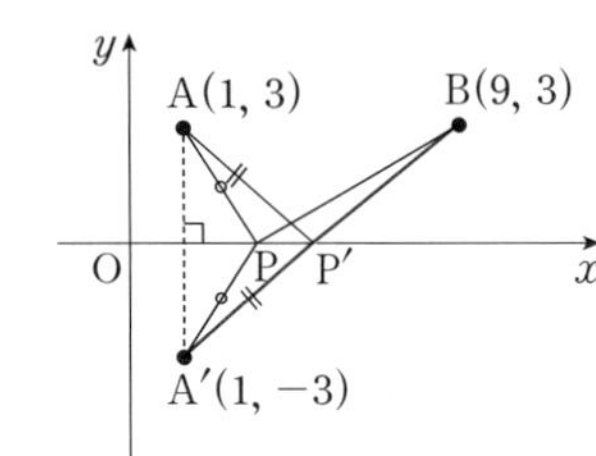

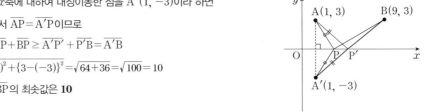

(2) 점 B$(-1, 4)$를 직선 $y=x$에 대하여 대칭이동한 점을 B′$(4, -1)$
이라 하면 오른쪽 그림에서 $\overline{BP}=\overline{B'P}$이므로
$\overline{AP}+\overline{BP}=\overline{AP}+\overline{B'P}\geq\overline{AP'}+\overline{P'B'}=\overline{AB'}$
$\overline{AB'}=\sqrt{(4-3)^2+(-1-7)^2}=\sqrt{65}$
따라서 $\overline{AP}+\overline{BP}$의 최솟값은 $\sqrt{\mathbf{65}}$

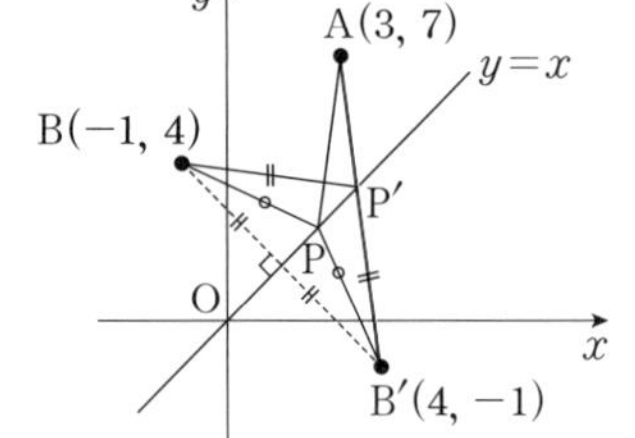

확인유제 0308 다음 물음에 답하시오.

(1) 두 점 A$(2, 4)$, B$(3, -5)$와 y축 위의 임의의 점 P에 대하여 $\overline{AP}+\overline{PB}$의 최솟값을 구하시오.

(2) 두 점 A$(-1, 5)$, B$(2, 3)$과 직선 $y=-x$ 위를 움직이는 점 P에 대하여 $\overline{AP}+\overline{PB}$의 최솟값을 구하시오.

변형문제 0309 두 점 A$(2, 5)$, B$(7, 0)$과 직선 $x+y=4$에 대하여 다음 물음에 답하시오.

(1) 직선 $x+y=4$에 대하여 점 A와 대칭인 점 A′의 좌표를 구하시오.

(2) 직선 $x+y=4$ 위에 한 점 P에 대하여 $\overline{AP}+\overline{BP}$의 최솟값과 이때 점 P의 좌표를 구하시오.

발전문제 0310 좌표평면 위에 두 점 A$(-2, 3)$, B$(4, 5)$가 있다. $\overline{BP}=2$인 점 P와 x축 위의 점 Q에 대하여 $\overline{AQ}+\overline{QP}$의 최솟값을 구하시오.

정답 0308 : (1) $\sqrt{106}$ (2) $\sqrt{53}$ 0309 : (1) A′$(-1, 2)$ (2) 최솟값 $2\sqrt{17}$, P$(3, 1)$ 0310 : 8

마플개념익힘 08 대칭이동을 이용한 선분의 길이의 합의 최솟값 (2)

오른쪽 그림과 같이 점 $A(3, 1)$과 직선 $y=x$ 위의 점 P, x축 위의 점 Q에 대하여 $\overline{AP}+\overline{PQ}+\overline{QA}$의 최솟값을 구하시오.

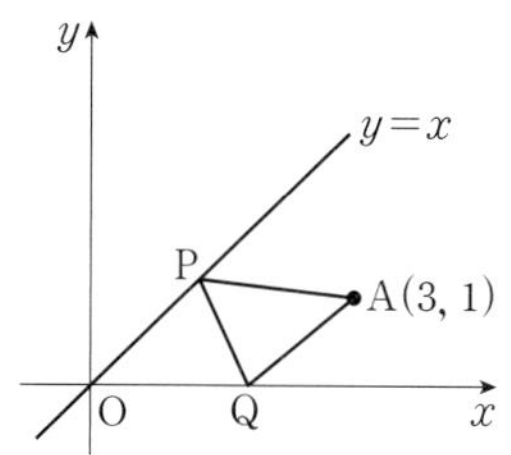

MAPL CORE ▶ 선분의 길이의 합의 최솟값
➡ 직선에 대한 점의 대칭이동을 이용하고 정삼각형과 직각삼각형, 이등변삼각형의 성질을 이용하여 최솟값을 구한다.

개념익힘풀이 점 $A(3, 1)$을 직선 $y=x$에 대하여 대칭이동한 점을 A', x축에 대하여 대칭이동한 점을 A''라 하면
$A'(1, 3)$, $A''(3, -1)$
$\overline{AP}+\overline{PQ}+\overline{QA}$가 최소일 때는 오른쪽 그림과 같이
$\overline{AP}=\overline{A'P}$, $\overline{QA}=\overline{QA''}$이므로
$\overline{AP}+\overline{PQ}+\overline{QA}=\overline{A'P}+\overline{PQ}+\overline{QA''}\geq\overline{A'A''}$
따라서 $\overline{AP}+\overline{PQ}+\overline{QA}$의 최솟값은
$\overline{A'A''}=\sqrt{(3-1)^2+(-1-3)^2}=\mathbf{2\sqrt{5}}$

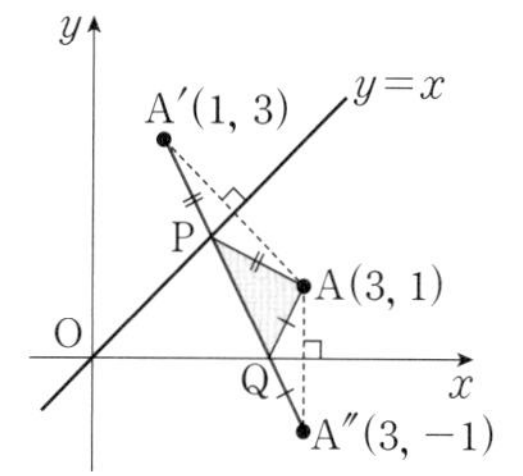

확인유제 0311 오른쪽 그림과 같이 좌표평면 위의 두 점 $A(2, 5)$, $B(4, 3)$과 y축 위를 움직이는 점 P, x축 위를 움직이는 점 Q에 대하여 $\overline{AP}+\overline{PQ}+\overline{QB}$의 최솟값을 구하시오.

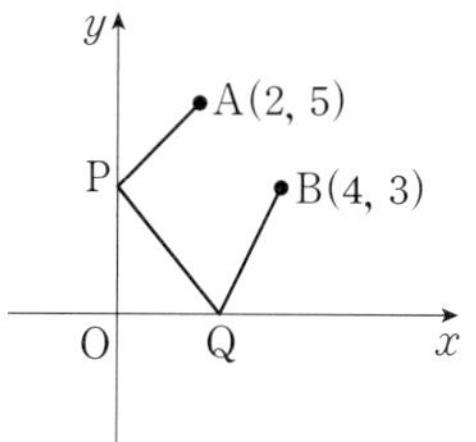

변형문제 0312 오른쪽 그림과 같이 좌표평면 위의 한 점 $A(3, 2)$와 x축 위를 움직이는 점 B, 직선 $y=x+1$ 위를 움직이는 점 C를 세 꼭짓점으로 하는 삼각형 ABC의 둘레의 길이의 최솟값은?

① $2\sqrt{3}$ ② $2\sqrt{5}$ ③ 6
④ $4\sqrt{3}$ ⑤ $2\sqrt{10}$

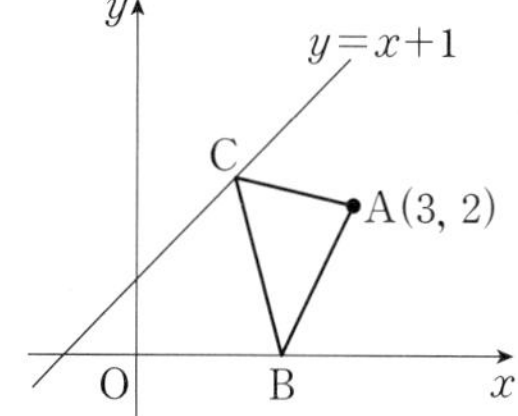

발전문제 0313 오른쪽 그림과 같이 바다에 인접해 있는 두 해안 도로가 $45°$의 각을 이루며 만나고 있다. 두 해안 도로가 만나는 지점에서 바다쪽으로 k m 떨어져 있는 배에서 출발하여 두 해안 도로를 차례대로 한 번씩 거쳐 다시 배로 되돌아오는 수영코스의 최단길이가 $100\sqrt{2}$ m일 때, 상수 k의 값을 구하시오. (단, 배는 정지해 있고 두 해안 도로는 일직선 모양이며 그 폭은 무시한다.)

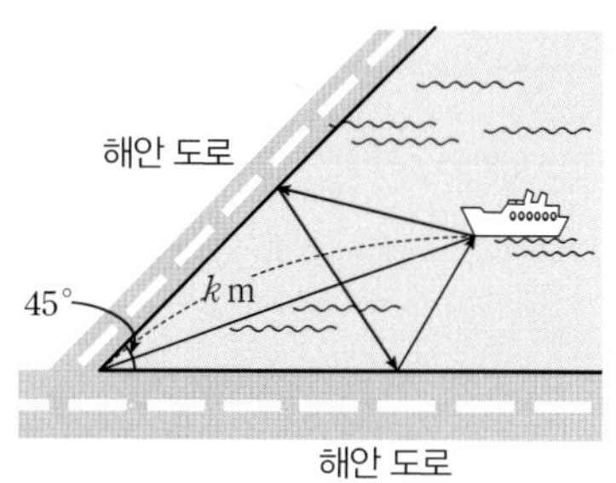

정답 0311 : 10 0312 : ⑤ 0313 : 100

최단 거리의 총정리

마플특강문제 01

2020년 09월 고1 학력평가 13번

원 $(x-6)^2+(y+3)^2=4$ 위의 점 P와 x축 위의 점 Q가 있다. 점 A$(0,\ -5)$에 대하여 $\overline{AQ}+\overline{QP}$의 최솟값을 구하시오.

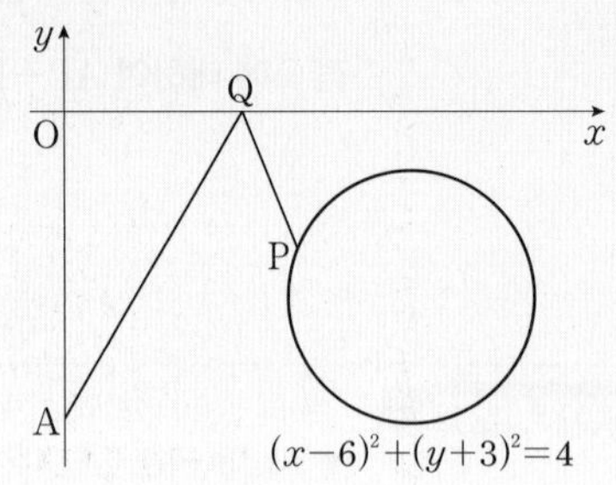

마플특강 풀이

STEP Ⓐ **대칭이동을 이용하여 $\overline{AQ}+\overline{QP}$의 값이 최소가 되는 조건 구하기**

점 A$(0,\ -5)$를 x축에 대하여 대칭이동한 (y좌표의 부호를 바꾼다.)

점을 A$'$이라 하면 A$'(0,\ 5)$

이때 $\overline{AQ}=\overline{A'Q}$이므로

$\overline{AQ}+\overline{QP}=\overline{A'Q}+\overline{QP}\geq\overline{A'P}$

즉 $\overline{AQ}+\overline{QP}$의 값은 점 Q가 두 점 A$'$, P를 지나는 직선 위에 있을 때 최소가 되고 그 값은 선분 A$'$P의 길이와 같다.

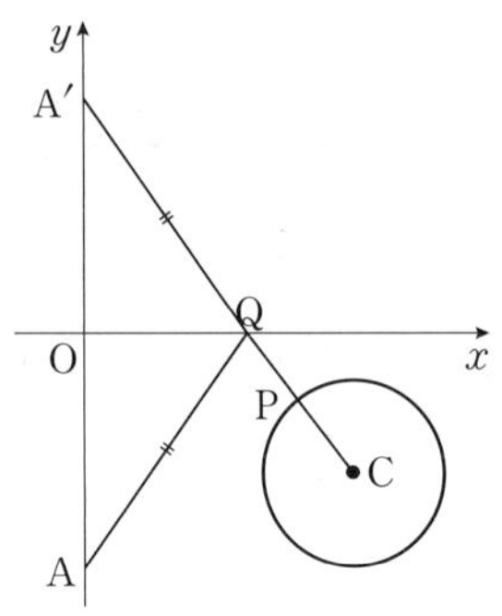

STEP Ⓑ **$\overline{AQ}+\overline{QP}$의 최솟값 구하기**

원 $(x-6)^2+(y+3)^2=4$의 중심을 C라 하면 C$(6,\ -3)$

점 A$'(0,\ 5)$와 C$(6,\ -3)$ 사이의 거리는

(두 점 $(x_1,\ y_1)$, $(x_2,\ y_2)$ 사이의 거리는 $\sqrt{(x_2-x_1)^2+(y_2-y_1)^2}$)

$\overline{A'C}=\sqrt{(6-0)^2+(-3-5)^2}=\sqrt{100}=10$

이때 $\overline{A'P}$의 최솟값은 선분 A$'$C의 길이에서 원의 반지름의 길이 2를 뺀 값이다.

따라서 $\overline{AQ}+\overline{QP}$의 최솟값은 $10-2=\mathbf{8}$

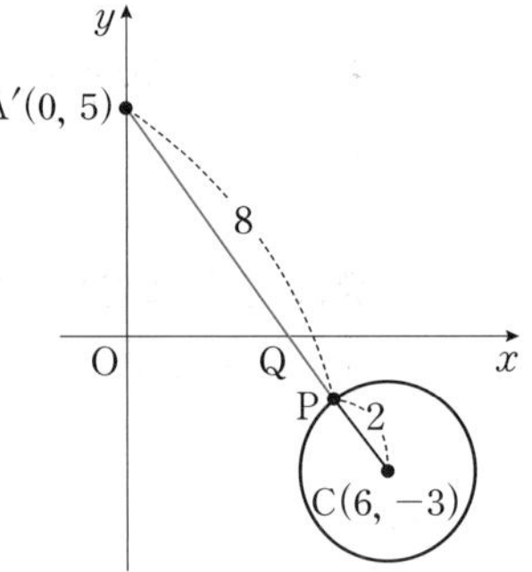

마플특강문제 02

2013년 03월 고2 학력평가 B형 27번

오른쪽 그림과 같이 좌표평면 위에 점 A$(-1,\ 0)$과 원 C : $(x+3)^2+(y-8)^2=5$가 있다. y축 위의 점 P와 원 C 위의 점 Q에 대하여 $\overline{AP}+\overline{PQ}$의 최솟값을 k 라 할 때, k^2의 값을 구하시오.

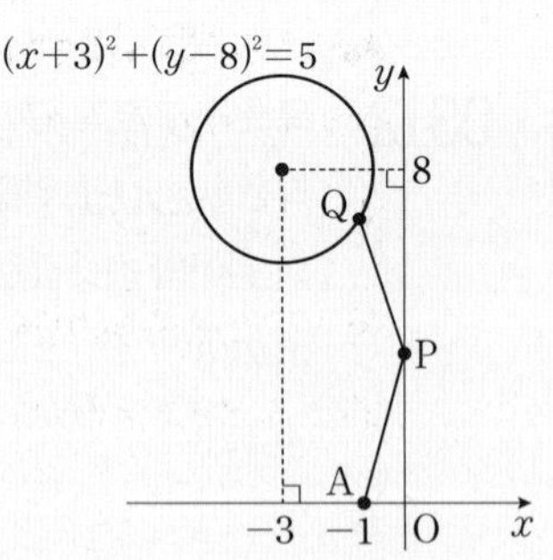

마플특강 풀이

STEP Ⓐ **대칭이동을 이용하여 $\overline{AP}+\overline{PQ}$의 값이 최소가 되는 조건 구하기**

점 A$(-1,\ 0)$을 y축에 대하여 대칭이동한 점을 A$'(1,\ 0)$이라 하면

오른쪽 그림에서 $\overline{AP}=\overline{A'P}$이므로

$\overline{AP}+\overline{PQ}=\overline{A'P}+\overline{PQ}\geq\overline{A'P'}+\overline{P'Q'}=\overline{A'Q}$

STEP Ⓑ **$\overline{AP}+\overline{PQ}$의 최솟값 구하기**

원 $(x+3)^2+(y-8)^2=5$의 중심을 C라 하면 C$(-3,\ 8)$

점 A$'(1,\ 0)$과 C$(-3,\ 8)$ 사이의 거리는

$\overline{A'C}=\sqrt{\{1-(-3)\}^2+(0-8)^2}=4\sqrt{5}$

이때 $\overline{A'Q}$의 최솟값은 선분 A$'$C의 길이에서 원 C의 반지름의 길이 $\sqrt{5}$를 뺀 값이다.

따라서 $k=4\sqrt{5}-\sqrt{5}=3\sqrt{5}$이므로 $\boldsymbol{k^2=45}$

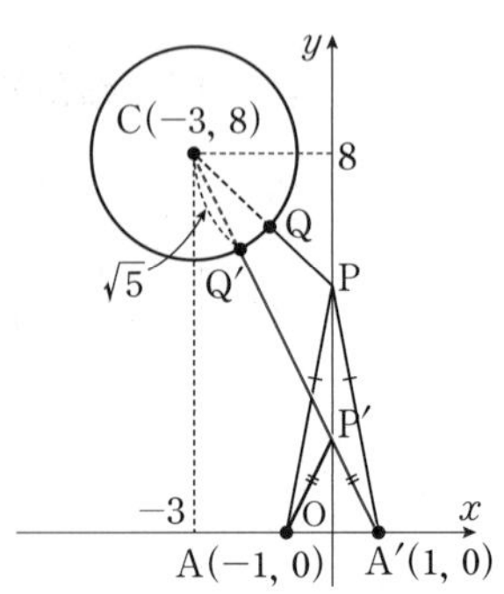

2023년 09월 고1 학력평가 16번

오른쪽 그림과 같이 좌표평면 위에 두 원

$C_1 : (x-8)^2+(y-2)^2=4$,

$C_2 : (x-3)^2+(y+4)^2=4$

와 직선 $y=x$가 있다. 점 A는 원 C_1 위에 있고, 점 B는 원 C_2 위에 있다. 점 P는 x축 위에 있고, 점 Q는 직선 $y=x$ 위에 있을 때, $\overline{AP}+\overline{PQ}+\overline{QB}$의 최솟값을 구하시오. (단, 세 점 A, P, Q는 서로 다른 점이다.)

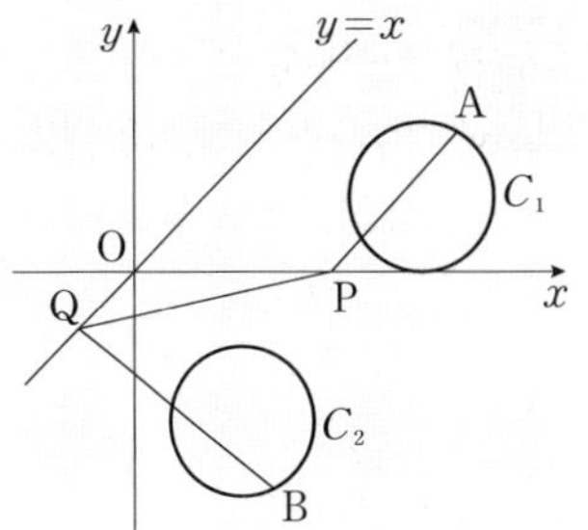

마플특강 풀이

STEP A 두 원을 대칭이동하여 $\overline{AP}+\overline{PQ}+\overline{QB}$의 값이 최소가 되는 조건 구하기

원 C_1을 x축에 대하여 대칭이동한 원을 C_1'이라 하면

$C_1' : (x-8)^2+(y+2)^2=4$ ← y 대신에 $-y$를 대입한다.

점 A를 x축에 대하여 대칭이동한 점을 A′이라 하면

점 A′은 원 C_1' 위의 점이므로 $\overline{AP}=\overline{A'P}$

원 C_2를 직선 $y=x$에 대하여 대칭이동한 원을 C_2'이라 하면

$C_2' : (x+4)^2+(y-3)^2=4$ ← x, y를 바꾸어 준다.

점 B를 직선 $y=x$에 대하여 대칭이동한 점을 B′이라 하면

점 B′은 원 C_2' 위의 점이므로 $\overline{QB}=\overline{QB'}$

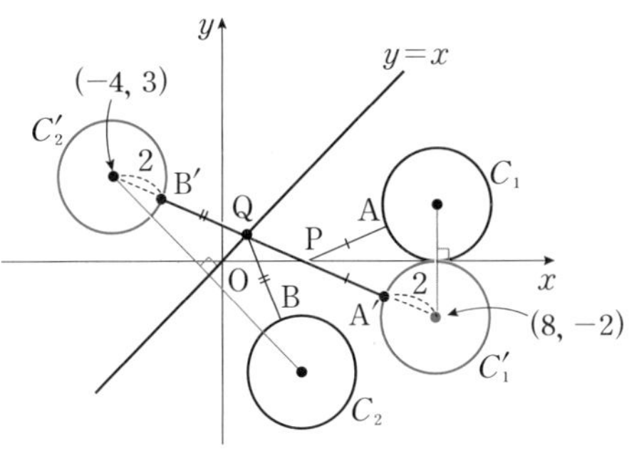

$\overline{AP}+\overline{PQ}+\overline{QB}$의 값은 네 점 A′, P, Q, B′이 두 원 C_1', C_2'의 중심을 연결한 선분 위에 있을 때 최소이다.

즉 $\overline{AP}+\overline{PQ}+\overline{QB}=\overline{A'P}+\overline{PQ}+\overline{QB'} \geq \overline{A'B'}$

STEP B $\overline{AP}+\overline{PQ}+\overline{QB}$의 최솟값 구하기

원 C_1'의 중심의 좌표가 $(8, -2)$이고 원 C_2'의 중심의 좌표가 $(-4, 3)$이므로

두 점 $(8, -2)$, $(-4, 3)$ 사이의 거리는

$\sqrt{\{8-(-4)\}^2+\{(-2)-3\}^2}=\sqrt{144+25}=13$

또한, 두 원 C_1', C_2'의 반지름의 길이가 2이므로

$\overline{A'B'}$의 최솟값은 두 원의 중심 사이의 거리에서 두 원의 반지름의 길이를 각각 뺀 값이다.

$\therefore 13-2-2=9$

따라서 $\overline{AP}+\overline{PQ}+\overline{QB}$의 최솟값은 **9**

마플특강문제 **04**

2017년 11월 고1 학력평가 16번

좌표평면 위에 세 점 $A(0, 1)$, $B(0, 2)$, $C(0, 4)$와 직선 $y=x$ 위의 두 점 P, Q가 있다. $\overline{AP}+\overline{PB}+\overline{BQ}+\overline{QC}$의 값이 최소가 되도록 하는 두 점 P, Q에 대하여 선분 PQ의 길이는?

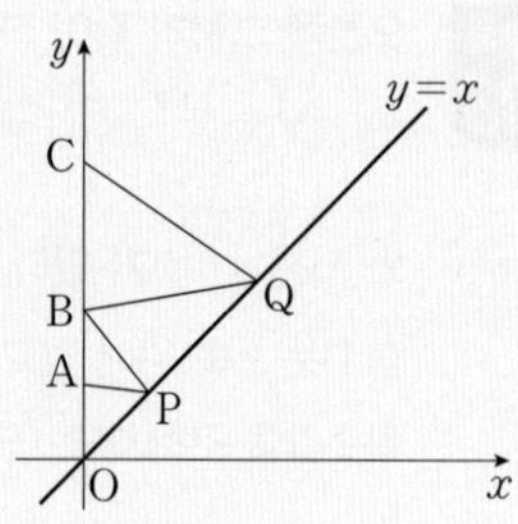

① $\dfrac{\sqrt{2}}{2}$ ② $\dfrac{2\sqrt{2}}{3}$ ③ $\dfrac{5\sqrt{2}}{6}$

④ $\sqrt{2}$ ⑤ $\dfrac{7\sqrt{2}}{6}$

마플특강 풀이

STEP Ⓐ **두 점 A, B의 대칭이동을 이용하여 $\overline{AP}+\overline{PB}+\overline{BQ}+\overline{QC}$의 값이 최소가 되기 위한 조건 구하기**

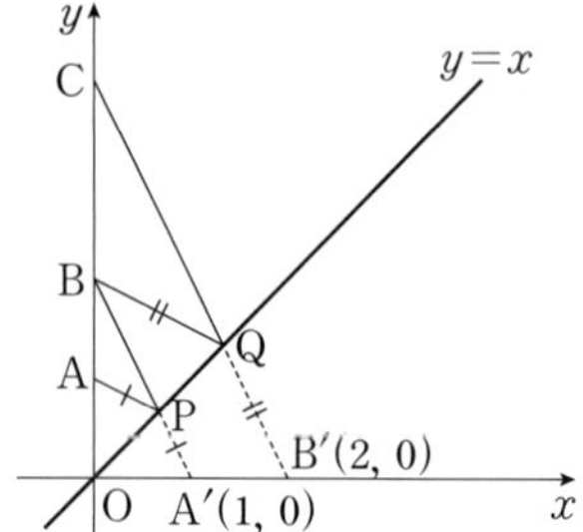

두 점 $A(0, 1)$, $B(0, 2)$를 직선 $y=x$에 대하여 대칭이동한 점을 각각 A', B'이라 하면 $A'(1, 0)$, $B'(2, 0)$

이때 $\overline{AP}=\overline{A'P}$, $\overline{BQ}=\overline{B'Q}$이므로

$\overline{AP}+\overline{PB}+\overline{BQ}+\overline{QC}=\overline{A'P}+\overline{PB}+\overline{B'Q}+\overline{QC}\geq\overline{A'B}+\overline{B'C}$

즉 $\overline{AP}+\overline{PB}+\overline{BQ}+\overline{QC}$의 값은 점 P가 두 점 A', B를 지나는 직선 위에 있고, 점 Q가 두 점 B', C를 지나는 직선 위에 있을 때 최소가 된다.

STEP Ⓑ **$\overline{AP}+\overline{PB}+\overline{BQ}+\overline{QC}$가 최소일 때 두 점 P, Q의 좌표 구하기**

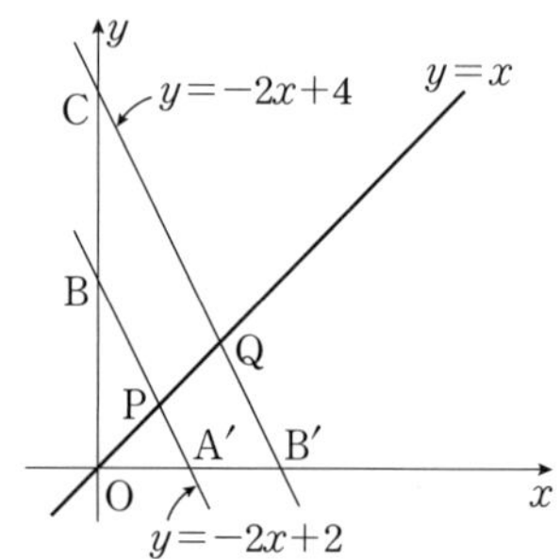

두 점 $A'(1, 0)$, $B(0, 2)$를 지나는 직선의 방정식은

$y=\dfrac{2-0}{0-1}(x-0)+2$에서 $y=-2x+2$

두 점 $B'(2, 0)$, $C(0, 4)$를 지나는 직선의 방정식은

$y=\dfrac{4-0}{0-2}(x-0)+4$에서 $y=-2x+4$

이때 점 P는 두 직선 $y=-2x+2$, $y=x$의 교점이므로

$x=-2x+2$에서 $3x=2$ $\quad\therefore x=y=\dfrac{2}{3}$

$\therefore P\left(\dfrac{2}{3}, \dfrac{2}{3}\right)$

또한, 점 Q는 두 직선 $y=-2x+4$, $y=x$의 교점이므로

$x=-2x+4$에서 $3x=4$ $\quad\therefore x=y=\dfrac{4}{3}$

$\therefore Q\left(\dfrac{4}{3}, \dfrac{4}{3}\right)$

따라서 선분 PQ의 길이는 $\overline{PQ}=\sqrt{\left(\dfrac{4}{3}-\dfrac{2}{3}\right)^2+\left(\dfrac{4}{3}-\dfrac{2}{3}\right)^2}=\sqrt{\dfrac{4}{9}+\dfrac{4}{9}}=\sqrt{\dfrac{8}{9}}=\mathbf{\dfrac{2\sqrt{2}}{3}}$

마플특강문제 **05**

2018년 11월 고1 학력평가 19번

좌표평면 위에 두 점 $\mathrm{A}(-4,\ 4)$, $\mathrm{B}(5,\ 3)$이 있다. x축 위의 두 점 P, Q와 직선 $y=1$ 위의 점 R에 대하여 $\overline{\mathrm{AP}}+\overline{\mathrm{PR}}+\overline{\mathrm{RQ}}+\overline{\mathrm{QB}}$의 최솟값은?

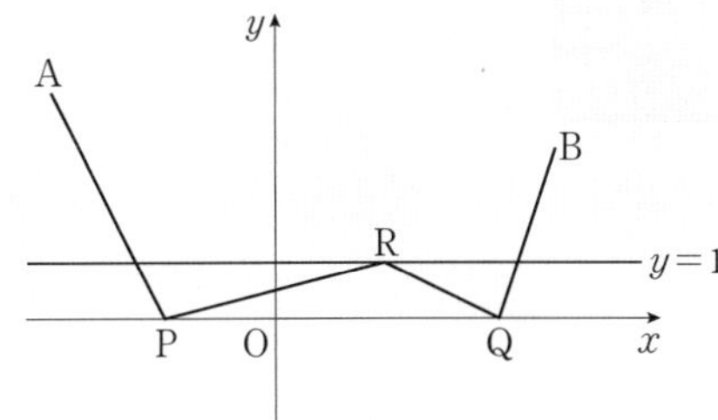

① 12 ② $5\sqrt{6}$ ③ $2\sqrt{39}$
④ $9\sqrt{2}$ ⑤ $2\sqrt{42}$

마플특강 풀이

STEP Ⓐ 대칭이동을 이용하여 $\overline{\mathrm{AP}}+\overline{\mathrm{PR}}+\overline{\mathrm{RQ}}+\overline{\mathrm{QB}}$의 값이 최소가 되기 위한 조건 구하기

점 R은 직선 $y=1$ 위에 있으므로 점 R의 좌표를 $(a,\ 1)$이라 하자.

점 R을 x축에 대하여 대칭이동한 점을 R′이라 하면
(y좌표의 부호를 바꾼다.)

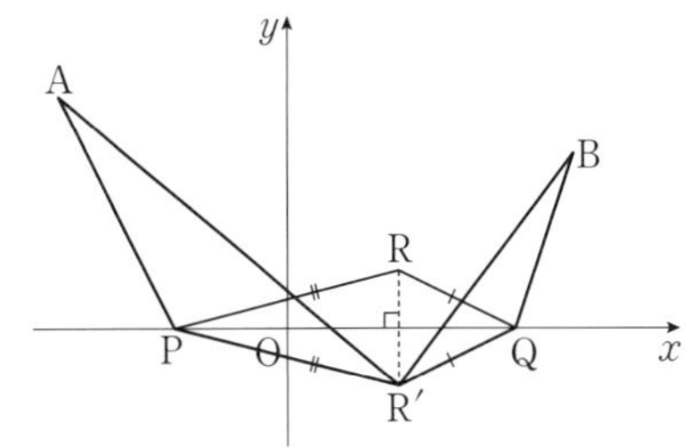

점 R′의 좌표는 $\mathrm{R}'(a,\ -1)$

이때 $\overline{\mathrm{PR}}=\overline{\mathrm{PR}'}$, $\overline{\mathrm{RQ}}=\overline{\mathrm{R}'\mathrm{Q}}$이므로

$\overline{\mathrm{AP}}+\overline{\mathrm{PR}}=\overline{\mathrm{AP}}+\overline{\mathrm{PR}'}\ge\overline{\mathrm{AR}'}$,

$\overline{\mathrm{RQ}}+\overline{\mathrm{QB}}=\overline{\mathrm{R}'\mathrm{Q}}+\overline{\mathrm{QB}}\ge\overline{\mathrm{R}'\mathrm{B}}$

$\therefore\ \overline{\mathrm{AP}}+\overline{\mathrm{PR}}+\overline{\mathrm{RQ}}+\overline{\mathrm{QB}}\ge\overline{\mathrm{AR}'}+\overline{\mathrm{R}'\mathrm{B}}$

즉 $\overline{\mathrm{AP}}+\overline{\mathrm{PR}}+\overline{\mathrm{RQ}}+\overline{\mathrm{QB}}$의 최솟값은 $\overline{\mathrm{AR}'}+\overline{\mathrm{R}'\mathrm{B}}$의 최솟값과 같다.

STEP Ⓑ 평행이동과 대칭이동을 이용하여 최솟값 구하기

세 점 $\mathrm{A}(-4,\ 4)$, $\mathrm{B}(5,\ 3)$, $\mathrm{R}'(a,\ -1)$을 y축의 방향으로 1만큼 평행이동한 점을 각각 A′, B′, R″이라 하면
(y좌표에 1씩 더한다.)

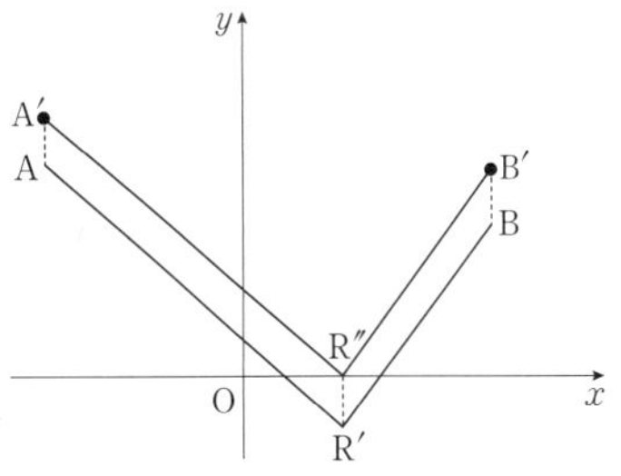

$\mathrm{A}'(-4,\ 5)$, $\mathrm{B}'(5,\ 4)$, $\mathrm{R}''(a,\ 0)$이고 $\overline{\mathrm{AR}'}+\overline{\mathrm{R}'\mathrm{B}}=\overline{\mathrm{A}'\mathrm{R}''}+\overline{\mathrm{R}''\mathrm{B}'}$이다.

이때 점 B′을 x축에 대하여 대칭이동한 점을 B″이라 하면

점 B″의 좌표는 $(5,\ -4)$이고 $\overline{\mathrm{R}''\mathrm{B}'}=\overline{\mathrm{R}''\mathrm{B}''}$이므로

$\overline{\mathrm{AR}'}+\overline{\mathrm{R}'\mathrm{B}}=\overline{\mathrm{A}'\mathrm{R}''}+\overline{\mathrm{R}''\mathrm{B}'}=\overline{\mathrm{A}'\mathrm{R}''}+\overline{\mathrm{R}''\mathrm{B}''}\ge\overline{\mathrm{A}'\mathrm{B}''}$

즉 $\overline{\mathrm{AR}'}+\overline{\mathrm{R}'\mathrm{B}}$의 최솟값은 $\overline{\mathrm{A}'\mathrm{B}''}$과 같다.

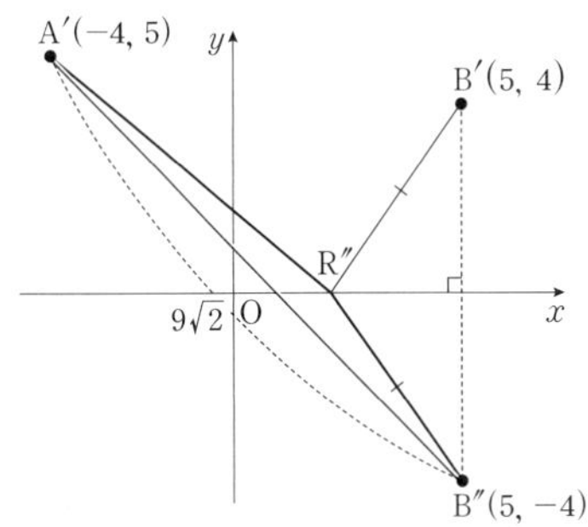

점 $\mathrm{A}'(-4,\ 5)$와 점 $\mathrm{B}''(5,\ -4)$에 대하여

$\overline{\mathrm{A}'\mathrm{B}''}=\sqrt{\{5-(-4)\}^2+(-4-5)^2}=9\sqrt{2}$ ← 두 점 $(x_1,\ y_1)$, $(x_2,\ y_2)$ 사이의 거리는 $\sqrt{(x_2-x_1)^2+(y_2-y_1)^2}$

따라서 $\overline{\mathrm{AP}}+\overline{\mathrm{PR}}+\overline{\mathrm{RQ}}+\overline{\mathrm{QB}}$의 최솟값은 $\mathbf{9\sqrt{2}}$

다른풀이 점 B를 직선 $y=-1$에 대하여 대칭이동하여 풀이하기

점 $\mathrm{B}(5,\ 3)$을 직선 $y=-1$에 대하여 대칭이동한 점을 B′이라 하면 점 B′의 좌표는 $(5,\ -5)$

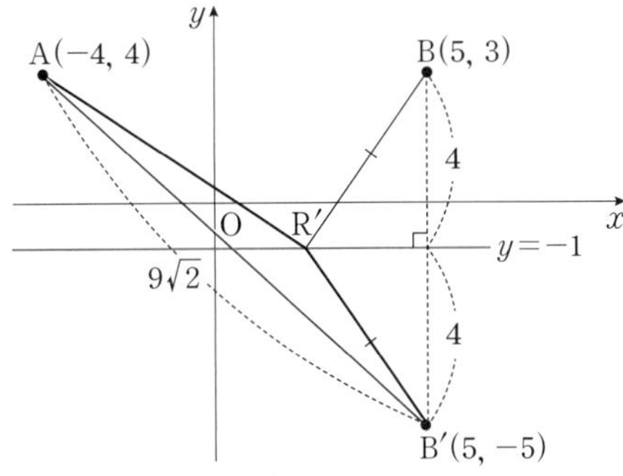

이때 $\overline{\mathrm{R}'\mathrm{B}}=\overline{\mathrm{R}'\mathrm{B}'}$이므로

$\overline{\mathrm{AR}'}+\overline{\mathrm{R}'\mathrm{B}}=\overline{\mathrm{AR}'}+\overline{\mathrm{R}'\mathrm{B}'}\ge\overline{\mathrm{AB}'}$

$\overline{\mathrm{AB}'}=\sqrt{\{5-(-4)\}^2+(-5-4)^2}=9\sqrt{2}$

따라서 $\overline{\mathrm{AP}}+\overline{\mathrm{PR}}+\overline{\mathrm{RQ}}+\overline{\mathrm{QB}}$의 최솟값은 $\mathbf{9\sqrt{2}}$

2016년 09월 고1 학력평가 30번

오른쪽 그림과 같이 $\overline{AB}=3\sqrt{2}$, $\overline{BC}=4$, $\overline{CA}=\sqrt{10}$인 삼각형 ABC에 대하여 세 선분 AB, BC, CA 위의 점을 각각 D, E, F라 하자. 삼각형 DEF의 둘레의 길이의 최솟값이 $\dfrac{q}{p}\sqrt{5}$일 때, $p+q$의 값을 구하시오. (단, p와 q는 서로소인 자연수이다.)

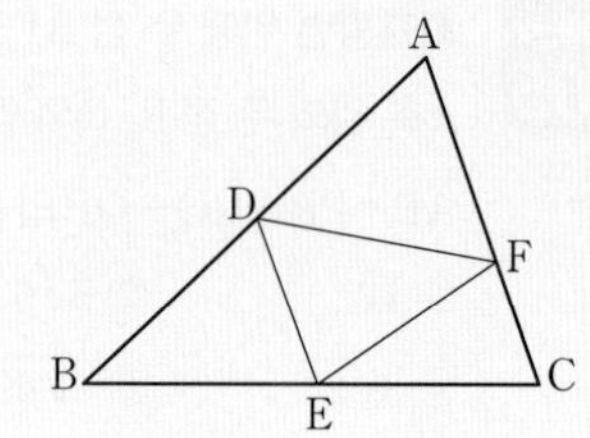

마플특강 풀이

STEP Ⓐ 주어진 그림을 좌표평면에 옮기고 점 A의 좌표 구하기

주어진 삼각형 ABC를 선분 BC가 x축, 점 B가 원점, 점 A가 제 1사분면 위에 있도록 좌표평면 위에 나타내면 다음 그림과 같다.
$x>0$, $y>0$

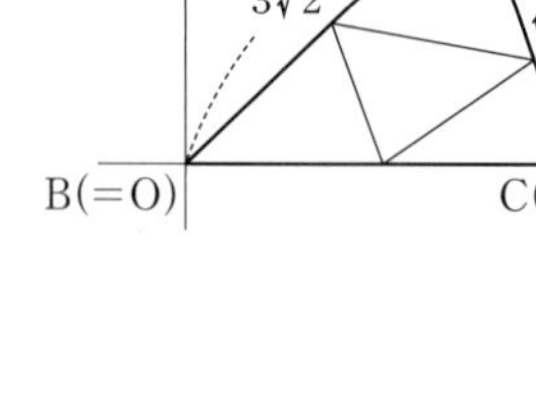

이때 $\overline{BC}=4$이므로 점 C의 좌표는 C$(4, 0)$

점 A의 좌표를 A(a, b)라 하면

$\overline{AB}=\sqrt{(a-0)^2+(b-0)^2}=\sqrt{a^2+b^2}=3\sqrt{2}$

$\therefore a^2+b^2=18$ ...... ㉠

$\overline{CA}=\sqrt{(4-a)^2+(0-b)^2}=\sqrt{(4-a)^2+b^2}=\sqrt{10}$

$\therefore (4-a)^2+b^2=10$ ...... ㉡

㉡$-$㉠을 하면 $(4-a)^2+b^2-(a^2+b^2)=10-18$

$16-8a=-8$, $8a=24$ $\therefore a=3$

㉠에서 $3^2+b^2=18$, $b^2=9$

$\therefore a=3$, $b=3$ ($\because a>0$, $b>0$)

즉 점 A의 좌표는 A$(3, 3)$

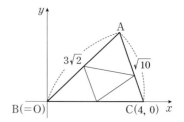

STEP Ⓑ 삼각형 DEF의 둘레가 최소가 되기 위한 조건 구하기

두 점 A$(3, 3)$, C$(4, 0)$을 지나는 직선 AC의 방정식은

$y-0=\dfrac{0-3}{4-3}(x-4)$, 즉 $y=-3x+12$

점 F의 좌표를 F(α, β)라 하면

$\beta=-3\alpha+12$ ...... ㉢

이때 점 F는 선분 AC 위에 있으므로 (점 A의 x좌표)$<\alpha<$(점 C의 x좌표)

$\therefore 3<\alpha<4$

이때 직선 AB가 $y=x$이므로 점 F를 직선 AB와 x축에 대하여 대칭이동한 점을 각각 F′, F″이라 하면 F′(β, α), F″$(\alpha, -\beta)$이다.

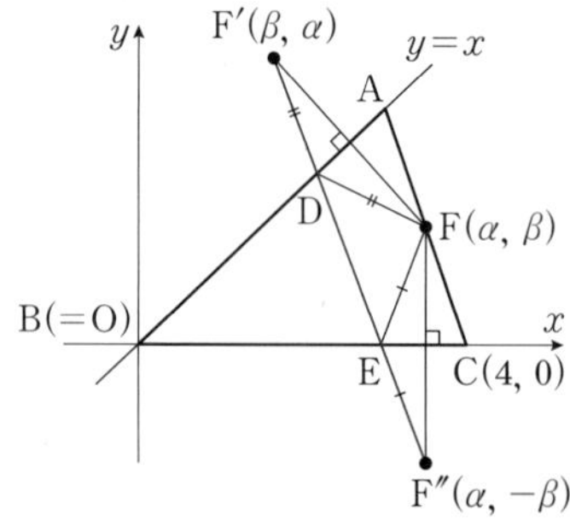

즉 $\overline{FD}=\overline{F'D}$, $\overline{EF}=\overline{EF''}$이므로

삼각형 DEF의 둘레의 길이는 $\overline{DE}+\overline{EF}+\overline{FD}=\overline{DE}+\overline{EF''}+\overline{F'D}$이다.

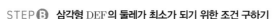

이때 $\overline{DE}+\overline{EF''}+\overline{F'D}$의 값은 네 점 D, E, F′, F″이 한 직선 위에 있을 때 최소가 되고 그 값은 선분 F′F″의 길이와 같다.

STEP Ⓒ 삼각형 DEF의 둘레의 길이의 최솟값 구하기

$\overline{F'F''}=\sqrt{(\alpha-\beta)^2+(-\beta-\alpha)^2}=\sqrt{2\alpha^2+2\beta^2}$

$=\sqrt{2\alpha^2+2(-3\alpha+12)^2}$ ($\because$ ㉢)

$=\sqrt{20\alpha^2-144\alpha+288}$

$=\sqrt{20\left(\alpha-\dfrac{18}{5}\right)^2+\dfrac{144}{5}}$ $(3<\alpha<4)$

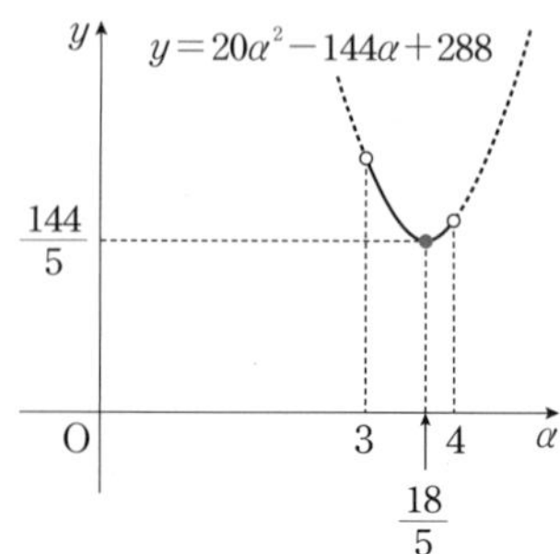

즉 근호 안의 값이 최소일 때, 선분의 길이도 최소가 되므로 $\alpha=\dfrac{18}{5}$일 때,

삼각형 DEF의 둘레의 길이가 최소가 되고 그 값은 $\sqrt{\dfrac{144}{5}}=\dfrac{12}{5}\sqrt{5}$

따라서 $p=5$, $q=12$이므로 $p+q=5+12=\mathbf{17}$

2017학년도 경찰대 24번

좌표평면에서 직선 $2x+y=k$ $(k>1)$를 따라 거울 l, x축을 따라 거울 m이 놓여 있다. 점 $\mathrm{A}(0, 1)$에서 거울 l을 향해 쏜 빛은 l과 m에 차례로 반사되어 점 A로 되돌아 왔다. 빛이 이동한 거리가 $\sqrt{5}$일 때, $10k$의 값을 구하시오.

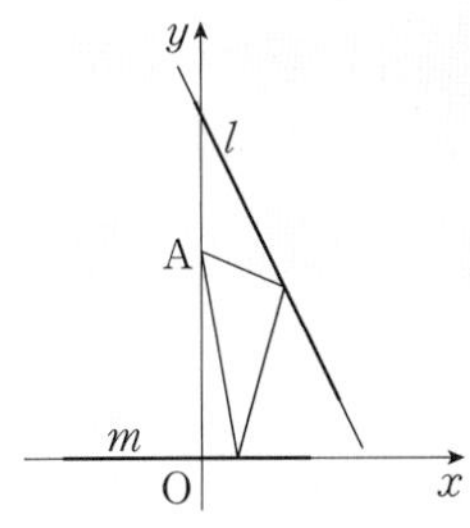

마플특강 풀이

STEP A 점 A를 $2x+y=k$에 대하여 대칭이동한 점의 좌표 구하기

오른쪽 그림과 같이 점 $\mathrm{A}(0, 1)$을 직선 $2x+y=k$ $(k>1)$에 대하여 대칭인 점을 $\mathrm{A}'(a, b)$, x축에 대칭인 점을 $\mathrm{A}''(0, -1)$이라 하면 빛이 반사되는 상황은 최단 거리로 이동하므로 빛이 이동한 거리는 $\overline{\mathrm{A'A''}}=\sqrt{5}$이다.

즉 $\overline{\mathrm{A'A''}}=\sqrt{a^2+(b+1)^2}=\sqrt{5}$

$\therefore a^2+(b+1)^2=5$ ...... ㉠

이때 직선 AA′와 직선 $2x+y-k=0$이 수직이므로 두 직선의 기울기의 곱은 -1

즉 $\dfrac{b-1}{a}\times(-2)=-1$ $\therefore a=2b-2$ ...... ㉡

㉡을 ㉠에 대입하여 연립하면 $a=\dfrac{2}{5}$, $b=\dfrac{6}{5}$ $\therefore \mathrm{A}'\left(\dfrac{2}{5}, \dfrac{6}{5}\right)$

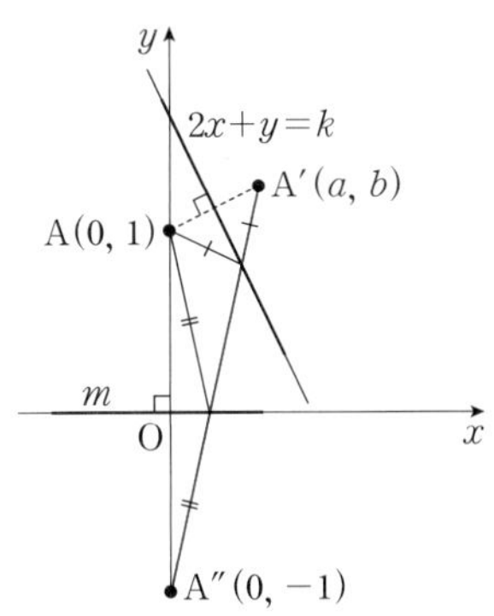

STEP B 두 점 A, A′의 중점을 이용하여 k의 값 구하기

이때 AA′의 중점 $\mathrm{M}\left(\dfrac{2}{10}, \dfrac{11}{10}\right)$이 직선 $2x+y-k=0$ 위에 있으므로

대입하면 $2\times\dfrac{2}{10}+\dfrac{11}{10}-k=0$, $15-10k=0$ $\therefore k=\dfrac{3}{2}$

따라서 $10k=10\times\dfrac{3}{2}=\mathbf{15}$

마플특강문제 08

2014학년도 경찰대 18번

$2x-y=2$를 만족시키는 실수 x, y에 대하여 다음 식의 최솟값을 구하시오.

$$\sqrt{x^2+(y+1)^2}+\sqrt{x^2+(y-3)^2}$$

마플특강 풀이

STEP A 주어진 식의 의미 이해하기

$\sqrt{x^2+(y+1)^2}$은 두 점 (x, y)와 $(0, -1)$의 거리이고 $\sqrt{x^2+(y-3)^2}$은 두 점 (x, y)와 $(0, 3)$의 거리이다.

이때 $\mathrm{P}(x, y)$, $\mathrm{A}(0, -1)$, $\mathrm{B}(0, 3)$이라 하면 $\overline{\mathrm{AP}}+\overline{\mathrm{BP}}$의 최솟값을 구하는 것이다. ← 점 $\mathrm{P}(x, y)$는 직선 $2x-y=2$ 위의 점

STEP B 점 $\mathrm{B}(0, 3)$을 직선 $2x-y=2$에 대하여 대칭이동한 점의 좌표 구하기

점 $\mathrm{B}(0, 3)$을 직선 $2x-y=2$에 대하여 대칭이동한 점을 $\mathrm{B}'(a, b)$로 놓으면

선분 BB′의 중점 $\left(\dfrac{a+0}{2}, \dfrac{3+b}{2}\right)$는 직선 $2x-y=2$ 위에 있으므로

$2\times\dfrac{a+0}{2}-\dfrac{b+3}{2}=2$ $\therefore 2a-b=7$ ...... ㉠

또, 직선 BB′가 직선 $2x-y=2$와 수직이므로

$\dfrac{b-3}{a-0}\times 2=-1$ $\therefore a+2b=6$ ...... ㉡

㉠, ㉡을 연립하여 풀면 $a=4$, $b=1$ $\therefore \mathrm{B}'(4, 1)$

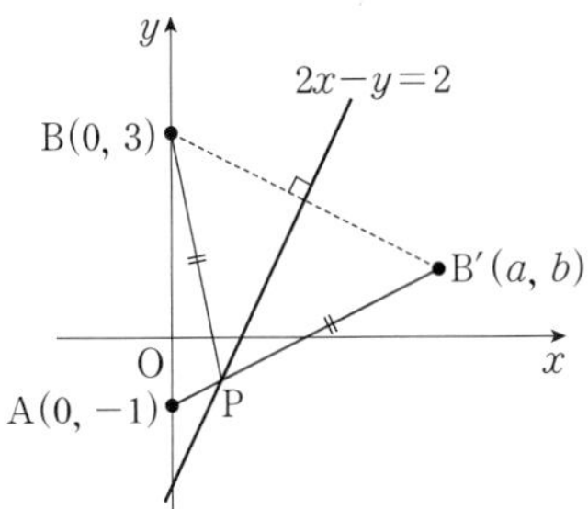

STEP C $\overline{\mathrm{AP}}+\overline{\mathrm{BP}}$의 최솟값 구하기

$\sqrt{x^2+(y+1)^2}+\sqrt{x^2+(y-3)^2}=\overline{\mathrm{PA}}+\overline{\mathrm{PB}}=\overline{\mathrm{PA}}+\overline{\mathrm{PB'}}\geq\overline{\mathrm{AB'}}$

따라서 구하는 최솟값은 $\overline{\mathrm{AB'}}$이므로 $\overline{\mathrm{AB'}}=\sqrt{(4-0)^2+\{1-(-1)\}^2}=\mathbf{2\sqrt{5}}$

참고 $\sqrt{x^2+(y+1)^2}+\sqrt{x^2+(y-3)^2}$의 최솟값은 두 점 $\mathrm{A}(0, -1)$, $\mathrm{B}(0, 3)$에서 직선 $2x-y=2$ 위의 점 (x, y)에 이르는 거리의 합의 최솟값을 구한다.
점 $\mathrm{A}(0, -1)$을 $y=2x-2$에 대하여 대칭이동시킨 점이 $\mathrm{A}'\left(\dfrac{4}{5}, -\dfrac{7}{5}\right)$임을 이용하여
주어진 식의 최솟값은 $\overline{\mathrm{A'B}}=\sqrt{\dfrac{16}{25}+\dfrac{484}{25}}=\sqrt{\dfrac{500}{25}}=\mathbf{2\sqrt{5}}$

마플특강문제 **09**

2011년 10월 고1 성취도평가 27번

빗변의 길이가 $6\sqrt{2}$이고 $\angle A=90°$인 직각이등변삼각형 ABC가 있다. 변 AB의 중점을 M, 변 CA를 $1:2$로 내분하는 점을 N, 변 BC 위의 임의의 점을 P라 할 때, $\overline{MP}+\overline{PN}$의 최솟값은 l이다. 이때 l^2의 값을 구하시오.

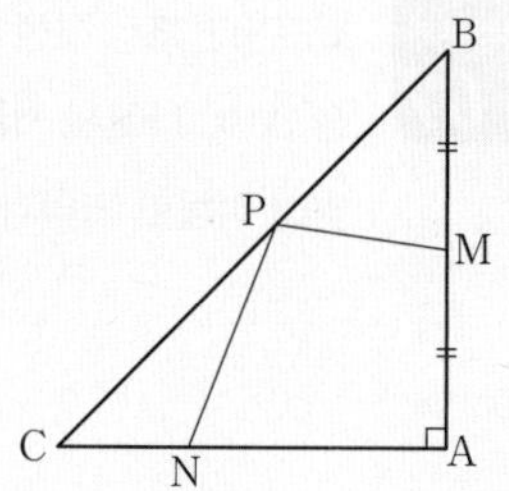

마플특강 풀이

STEP Ⓐ **주어진 그림을 좌표평면으로 옮기고 두 점 M, N의 좌표 구하기**

직각이등변삼각형 ABC에서 점 C를 원점으로 하는 좌표평면 위에 나타내면
오른쪽 그림과 같이 빗변의 길이가 $6\sqrt{2}$이므로 $\overline{AB}=\overline{AC}=6$
즉 점 A(6, 0), B(6, 6)이고 직선 CB의 방정식은 $y=x$이다.
변 AB의 중점을 M, 변 CA를 $1:2$로 내분하는 점이 N이므로
M(6, 3), N(2, 0)

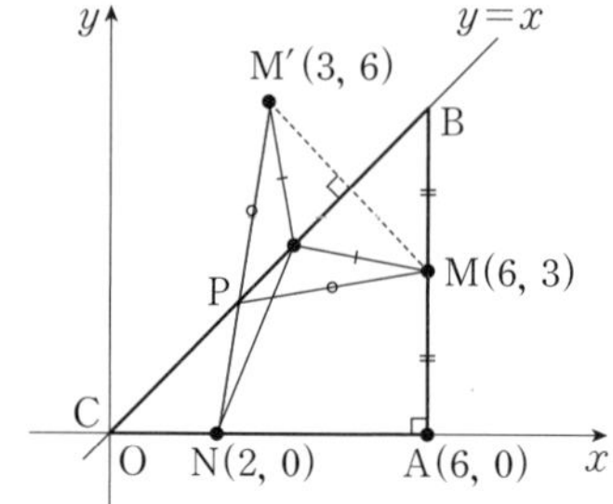

STEP Ⓑ **대칭이동을 이용하여 $\overline{MP}+\overline{PN}$의 최솟값 구하기**

점 M을 직선 $y=x$에 대하여 대칭이동한 점을 M′이라 하면 M′(3, 6)이고
$\overline{MP}=\overline{M'P}$이므로 오른쪽 그림과 같이
$\overline{MP}+\overline{PN}=\overline{M'P}+\overline{PN}\geq\overline{M'N}$
즉 $\overline{MP}+\overline{PN}$의 최솟값은 $\overline{M'N}$이므로 최솟값 l은 $\overline{M'N}=\sqrt{(3-2)^2+(6-0)^2}=\sqrt{37}$
따라서 $l^2=$**37**

마플특강문제 **10**

다음 그림과 같이 두 개의 아파트 단지 A, B가 직선 도로로부터 각각 2km, 1km 떨어져 있고 C와 D 사이의 거리는 6km이다. C와 D지점 사이의 도로변에 두 아파트 단지 A, B까지의 거리의 합이 최소가 되는 지점을 택하여 그 곳에 버스 정류장을 만들려고 한다. 이때 버스 정류장의 위치와 정류장에서 두 아파트 단지 A, B까지의 거리의 합을 구하시오. (단, 두 아파트 단지 A와 B는 직선 도로와 수직으로 놓여 있다.)

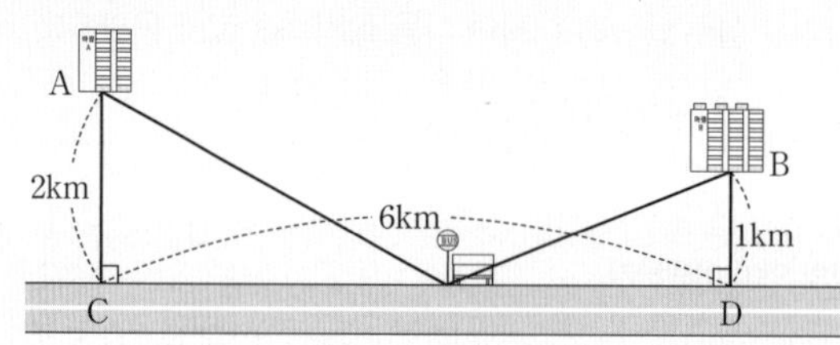

마플특강 풀이

STEP Ⓐ **그림을 좌표평면으로 옮기고 거리의 합이 최소가 되기 위한 조건 구하기**

점 C를 원점, 도로변을 x축, 버스 정류장의 위치를 P라고 하자.
이때 점 B(6, 1)을 x축에 대하여 대칭이동한 점을 B′라고 하면
B′(6, −1)
또한, 직선 AB′과 x축과의 교점을 P라고 하면
오른쪽 그림에서 $\overline{PB}=\overline{PB'}$이므로 $\overline{AP}+\overline{PB}=\overline{AP}+\overline{PB'}\geq\overline{AB'}$

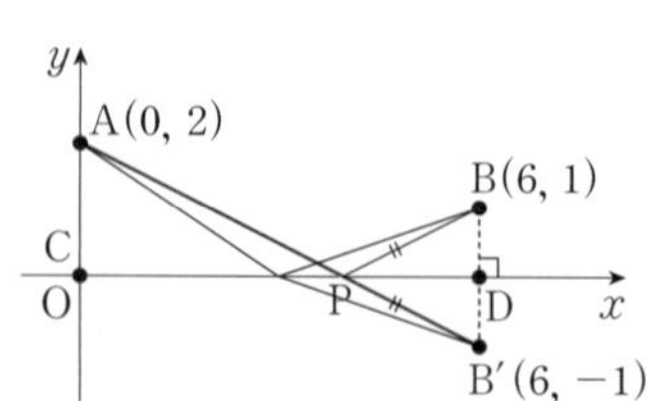

STEP Ⓑ **거리의 합의 최솟값과 버스 정류장의 위치 구하기**

두 아파트 단지 A, B까지의 거리의 합이 최소가 되도록 하는
정류장의 위치는 x축과 직선 AB′이 만나는 점 P이다.
이때 두 삼각형 ACP와 B′DP는 닮음이므로
$\overline{AC}:\overline{B'D}=2:1=\overline{CP}:\overline{DP}$
즉 점 P는 선분 CD를 $2:1$로 내분하는 점이므로 P(4, 0)
C에서 우측으로 4km 떨어진 지점에 정류장을 만들면 된다.
이때 정류장에서 두 아파트 단지 A, B까지의 거리의 합은
$\overline{AB'}=\sqrt{(6-0)^2+(-1-2)^2}=\sqrt{45}=3\sqrt{5}$

따라서 버스 정류장의 위치는 C에서 우측으로 **4km**떨어진 지점이므로 두 아파트 단지까지의 거리의 합은
$\mathbf{3\sqrt{5}}$**km**

마플특강문제 11

2004년 11월 고1 학력평가 21번

오른쪽 그림과 같이 폭이 20m인 직선 도로를 사이에 두고 학교와 도서관이 위치하고 있다. 학교에서 정동쪽으로 800m, 다시 그 지점에서 정남쪽으로 620m지점에 도서관이 있다. 학교에서 출발하여 횡단보도를 건너 도서관까지 가는데 최단 거리가 되도록 길이 20m인 횡단보도가 설치되었을 때, 이 최단 거리를 구하시오. (단, 고도와 횡단보도의 폭은 무시한다.)

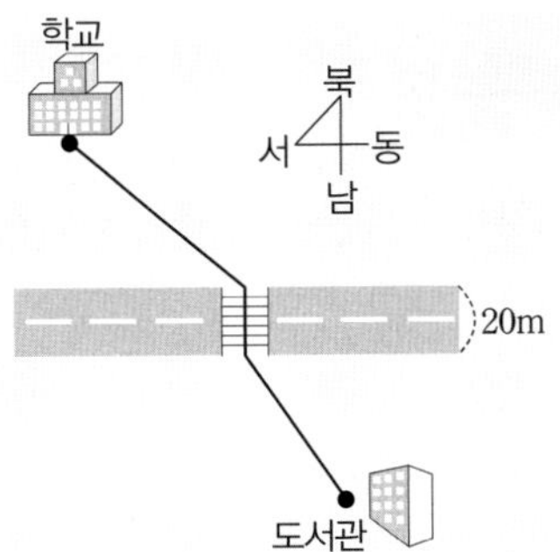

마플특강 풀이

STEP Ⓐ **그림을 좌표평면으로 옮기고 평행이동을 이용하여 최단 거리 구하기**

주어진 그림에서 학교를 A, 도서관을 B라 하고 점 A가 원점이 되도록 좌표평면 위에 나타내면 오른쪽 그림과 같다.

점 $A(0, 0)$을 y축의 방향으로 -20만큼 평행이동한 점을 $A'(0, -20)$이라 하고 횡단보도의 양 끝점을 C, C′이라 하면

오른쪽 그림과 같이 $\overline{AA'}=\overline{CC'}$, $\overline{AC}=\overline{A'C'}$이 된다.

따라서 학교와 도서관 사이의 최단 거리는

$$\overline{AC}+\overline{CC'}+\overline{C'B}=\overline{AA'}+\overline{A'B}$$
$$=20+\sqrt{(800-0)^2+\{-620-(-20)\}^2}$$
$$=\mathbf{1020(m)}$$

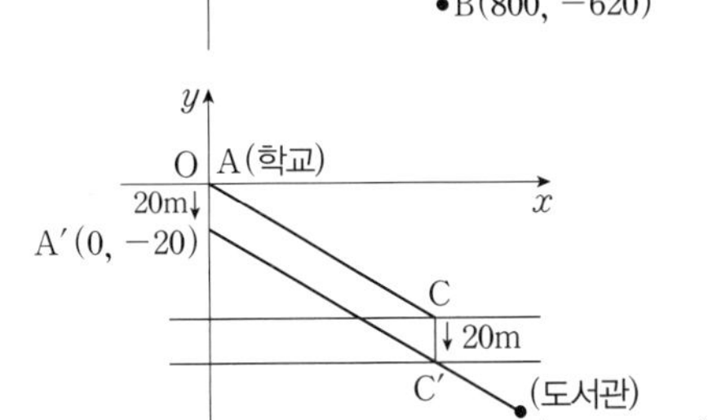

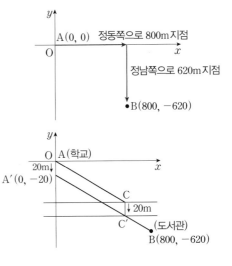

마플특강문제 12

오른쪽 그림과 같이 두 지점 A, B 사이에 폭이 1km로 일정한 강이 있다. 두 지점 A, B의 왕래를 원활히 하기 위해 강물의 방향에 수직이 되도록 다리를 건설하려고 한다. A, B 두 지점에서 강까지의 거리는 각각 2km, 4km이고, 두 지점 A, B 사이의 직선거리는 $\sqrt{85}$km이다. A지점에서 다리를 이용해 B지점까지 최소 거리로 이용할 수 있는 강가의 지점 C, D를 잡아 다리를 건설할 때, A지점에서 다리 입구까지의 거리 $\overline{AC}$의 값을 구하시오.

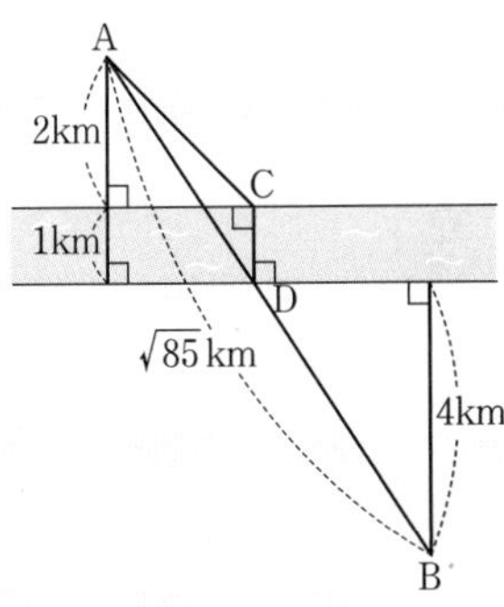

마플특강 풀이

STEP Ⓐ **그림을 좌표평면으로 옮겨 점 B의 좌표 구하기**

오른쪽 그림과 같이 A지점에서 강에 내린 수선의 발을 원점 O라 하고 직선 OC, 직선 OA를 각각 x축, y축으로 잡으면

$A(0, 2)$, $B(a, -5)$로 놓을 수 있다.

피타고라스 정리에 의하여 $a^2+49=85$

그런데 $a>0$이므로 $a=6$ $\quad\therefore B(6, -5)$

STEP Ⓑ **최소 거리를 이용하여 $\overline{AC}$의 값 구하기**

점 $B(6, -5)$를 y축의 방향으로 1만큼 평행이동한 점을 $B'(6, -4)$라고 하면

$\overline{AB'}$과 x축이 만나는 점이 A에서 다리를 이용해 B까지의 최소 거리로 이동할 수 있도록 다리를 놓아야 하는 지점이다.

직선 AB′의 방정식은 $y-2=\dfrac{-4-2}{6-0}(x-0)$에서 $y=-x+2$

따라서 점 C의 좌표는 $(2, 0)$이므로 $\overline{AC}=\sqrt{(2-0)^2+(0-2)^2}=\mathbf{2\sqrt{2}\,km}$

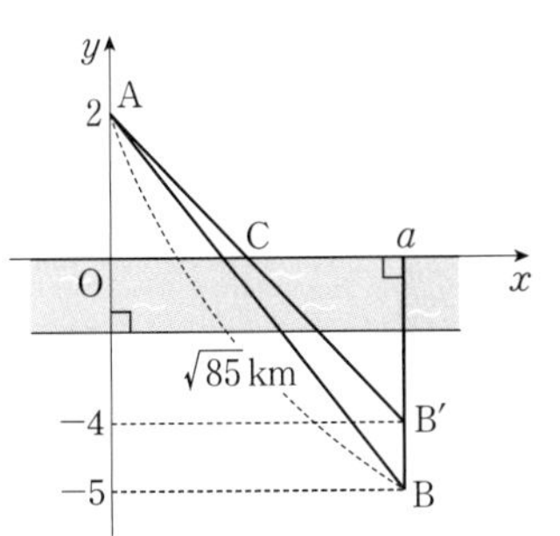

마플특강문제 **13** **오른쪽 그림과 같이 두 개의 도로가 30°의 각도를 이루며 만나고 있다. 두 도로의 교차점에서 5km 떨어진 공업 단지와 두 도로를 모두 연결하는 삼각형 모양의 간선도로를 건설하려고 한다. 건설해야 하는 간선도로의 길이의 최솟값을 구하시오. (단, 도로의 폭은 무시한다.)**

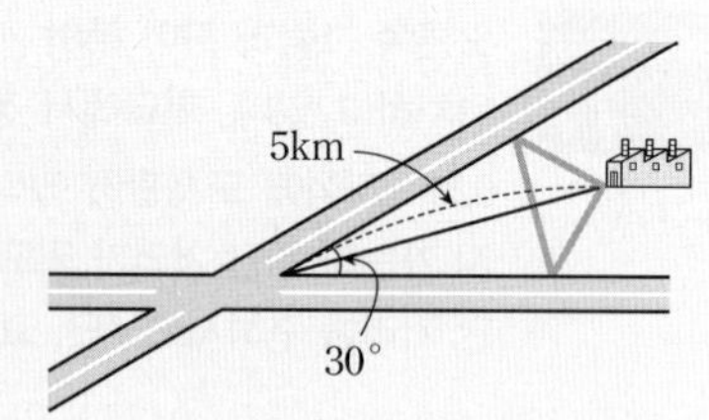

마플특강 풀이

STEP Ⓐ **대칭이동을 이용하여 길이의 최솟값 구하기**

두 도로의 교차점을 O, 공업 단지의 위치를 A, 새로 건설할 간선도로와 두 도로가 연결되는 지점을 각각 X, Y라고 하자.

점 A를 두 도로에 대하여 대칭이동한 점을 각각 B, C라고 하면

오른쪽 그림에서 $\overline{AX}=\overline{BX}$, $\overline{AY}=\overline{CY}$이므로

$\overline{AX}+\overline{XY}+\overline{YA}=\overline{BX}+\overline{XY}+\overline{YC}\geq\overline{BC}$

즉 간선도로 길이의 최솟값은 $\overline{BC}$이다.

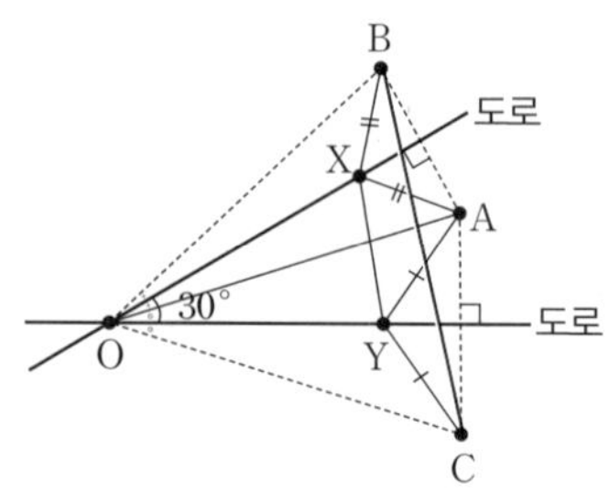

이때 두 삼각형 AOB와 AOC는 이등변삼각형이므로 $\overline{OB}=\overline{OA}=\overline{OC}=5$이고

$\angle BOC$는 $30°\times2=60°$이므로 삼각형 OBC는 한 변의 길이가 5인 정삼각형이다. ← ×+●=30°

따라서 $\overline{BC}=5$이므로 간선도로의 길이의 최솟값은 **5km**

마플특강문제 **14** **오른쪽 그림과 같이 반지름의 길이가 1이고 중심각의 크기가 45°인 부채꼴 OAB의 호 AB 위에 동점 P가 있고 $\overline{OA}$, $\overline{OB}$ 위에 두 동점 Q, R이 있을 때, 삼각형 PQR의 둘레의 길이의 최솟값을 구하시오.**

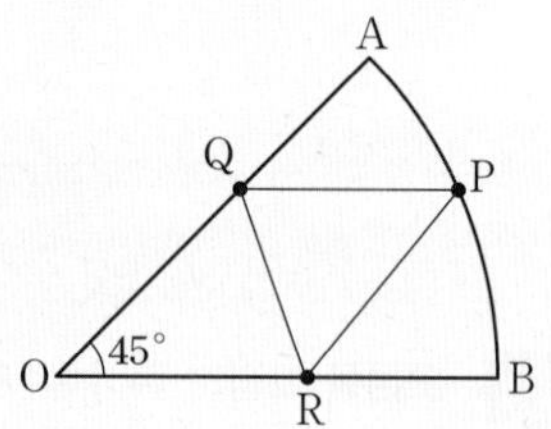

마플특강 풀이

STEP Ⓐ **삼각형 PQR의 둘레의 길이가 최소가 되기 위한 조건 구하기**

부채꼴 OAB의 호 AB 위에 동점 P를 선분 OA, OB에 대하여 대칭이동한 점을 각각 A′, B′라 하면

오른쪽 그림에서 $\overline{PQ}=\overline{A'Q}$, $\overline{PR}=\overline{B'R}$이므로

삼각형 PQR의 둘레의 길이

$\overline{QR}+\overline{PR}+\overline{PQ}=\overline{QR}+\overline{B'R}+\overline{A'Q}\geq\overline{A'B'}$

즉 삼각형 PQR의 둘레의 길이의 최솟값은 $\overline{A'B'}$이다.

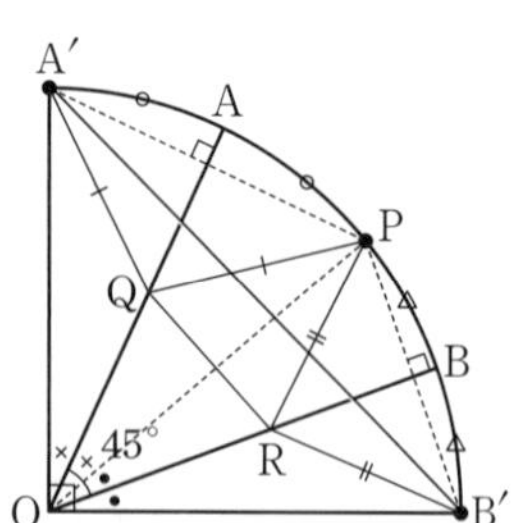

STEP Ⓑ **피타고라스 정리를 이용하여 최솟값 구하기**

이때 두 삼각형 POA′과 POB′는 이등변삼각형이므로 $\overline{OA'}=\overline{OB'}=\overline{OP}=1$이고

$\angle A'OB'=45°\times2=90°$이므로 삼각형 A′OB′는 직각삼각형이다. ← ×+●=45°

따라서 피타고라스 정리에 의해 $\overline{A'B'}=\sqrt{1^2+1^2}=\sqrt{2}$

익히고 다지고 키우는!

단원종합문제

FINAL EXERCISE
단계별 실력완성 연습문제

BASIC

개념을 **익히는** 문제

0314
점의 평행이동과 대칭이동

다음 물음에 답하시오.

(1) 좌표평면 위의 점 $(2, 3)$을 x축의 방향으로 -1만큼, y축의 방향으로 2만큼 평행이동한 후 x축에 대하여 대칭이동한 점의 좌표가 (a, b)일 때, $a+b$의 값은? (단, a, b는 상수이다.)

① -5 ② -4 ③ -3 ④ 4 ⑤ 5

(2) 점 $(3, 5)$를 직선 $y=x$에 대하여 대칭이동한 후, y축의 방향으로 1만큼 평행이동한 점의 좌표는 (a, b)이다. ab의 값은? (단, a, b는 상수이다.)

① 10 ② 15 ③ 20 ④ 25 ⑤ 30

0315
직선의 평행이동

좌표평면 위의 점 $\mathrm{A}(3, -1)$을 x축의 방향으로 1만큼, y축의 방향으로 -4만큼 평행이동한 점을 B라 하자. 직선 AB를 x축의 방향으로 5만큼, y축의 방향으로 4만큼 평행이동한 직선의 y절편을 구하시오.

0316
원의 평행이동

원 $(x-1)^2+(y+1)^2=4$를 x축의 방향으로 1만큼, y축의 방향으로 2만큼 평행이동한 원에 대한 [보기]의 설명 중 옳은 것을 모두 고른 것은?

> ㄱ. 원점을 지난다.
> ㄴ. y축에 접한다.
> ㄷ. 직선 $y=\frac{1}{2}x$는 원의 둘레를 이등분한다.

① ㄴ ② ㄱ, ㄴ ③ ㄱ, ㄷ ④ ㄴ, ㄷ ⑤ ㄱ, ㄴ, ㄷ

0317
평행이동과 대칭이동에서 원과 직선이 접하는 경우

다음 물음에 답하시오.

(1) 원 $x^2+y^2=1$을 x축의 방향으로 a만큼 평행이동하면 직선 $3x-4y-4=0$에 접한다. 이때 양수 a의 값은?

① $\frac{8}{3}$ ② $2\sqrt{2}$ ③ 3 ④ $\sqrt{10}$ ⑤ $\frac{7}{2}$

(2) 직선 $y=-\frac{1}{2}x-3$을 x축의 방향으로 a만큼 평행이동한 후 직선 $y=x$에 대하여 대칭이동한 직선을 l이라 하자. 직선 l이 원 $(x+1)^2+(y-3)^2=5$와 접하도록 하는 모든 상수 a의 값의 합은?

① 14 ② 15 ③ 16 ④ 17 ⑤ 18

0318
평행이동과 원의 이등분

다음 물음에 답하시오.

(1) 원 $x^2+y^2+2kx-6y+k^2=0$이 x축의 방향으로 1만큼, y축의 방향으로 -2만큼 평행이동하면 직선 $x-y+2=0$에 의하여 이등분된다. 이때 상수 k의 값은?

① 1 ② 2 ③ 3 ④ 4 ⑤ 5

(2) 직선 $y=kx+1$을 x축의 방향으로 2만큼, y축의 방향으로 -3만큼 평행이동시킨 직선이 원 $(x-3)^2+(y-2)^2=1$의 넓이를 이등분할 때, 상수 k의 값은?

① $\frac{7}{2}$ ② 4 ③ $\frac{9}{2}$ ④ 5 ⑤ $\frac{11}{2}$

정답 0314 : (1) ② (2) ③ 0315 : 35 0316 : ④ 0317 : (1) ③ (2) ① 0318 : (1) ② (2) ②

0319
평행이동과 대칭이동

다음 물음에 답하시오.

(1) 점 (2, 3)을 y축에 대하여 대칭이동한 후, 다시 직선 $y=-x$에 대하여 대칭이동하였더니 포물선 $y=x^2+ax+8$ 위의 점이 되었다. 이때 상수 a의 값을 구하시오.

(2) 원 $(x+6)^2+(y+11)^2=36$을 y축의 방향으로 1만큼 평행이동한 후, x축에 대하여 대칭이동한 원이 점 $(0, a)$를 지날 때, 상수 a의 값을 구하시오.

0320
직선의 대칭이동과 평행이동

다음 물음에 답하시오.

(1) 직선 $y=2x+k$를 원점에 대하여 대칭이동시킨 다음 x축 방향으로 1만큼, y축 방향으로 -2만큼 평행이동시켰더니 직선 $y=2x-7$과 일치하였다. 이때 상수 k의 값은?

① -3　② -2　③ 0　④ 2　⑤ 3

(2) 직선 $y=2x+3$을 x축의 방향으로 1만큼, y축의 방향으로 -2만큼 평행이동한 다음, 직선 $y=x$에 대하여 대칭이동하면 점 $(3, a)$를 지난다. 이때 실수 a의 값은?

① -2　② -1　③ 0　④ 1　⑤ 2

0321
원의 대칭이동과 평행이동

다음 물음에 답하시오.

(1) 원 $(x-a)^2+(y+1)^2=4$를 원점에 대하여 대칭이동한 후 다시 직선 $y=x$에 대하여 대칭이동하였더니 직선 $x+2y+3=0$에 의하여 넓이가 이등분되었다. 이때 상수 a의 값은?

① -2　② -1　③ 0　④ 1　⑤ 2

(2) 좌표평면에서 직선 $x-y+2=0$을 원점에 대하여 대칭이동시킨 후, 다시 직선 $y=x$에 대하여 대칭이동시켰더니 원 $(x-1)^2+(y-a)^2=1$의 둘레의 길이를 이등분하였다. 이때 상수 a의 값은?

① 2　② 3　③ 4　④ 5　⑤ 6

0322
평행이동과 대칭이동
두 직선의 수직조건

다음 물음에 답하시오.

(1) 직선 $y=\frac{1}{2}ax-1$을 y축에 대하여 대칭이동한 직선과 직선 $y=\frac{1}{2}ax-1$을 원점에 대하여 대칭이동한 직선이 서로 수직일 때, 양수 a의 값은?

① 2　② 3　③ 4　④ 5　⑤ 6

(2) 좌표평면에 두 점 A$(-4, 2)$, B$(2, k)$가 있다. 점 A를 y축에 대하여 대칭이동한 점을 P라 하고, 점 B를 y축의 방향으로 -4만큼 평행이동한 점을 Q라 하자. 직선 BP와 직선 PQ가 서로 수직이 되도록 하는 실수 k의 값을 구하시오.

0323
원의 평행이동과 대칭이동

원 $x^2+y^2-4x+6y+12=0$을 x축에 대하여 대칭이동한 원이 직선 $y=mx$에 접하도록 하는 모든 실수 m의 값의 합은?

① -3　② -2　③ -1　④ 2　⑤ 4

0324
$y=x$의 대칭이동

원 C_1 : $x^2-2x+y^2+4y+4=0$을 직선 $y=x$에 대하여 대칭이동한 원을 C_2라 하자. 원 C_1 위의 임의의 점 P와 원 C_2 위의 임의의 점 Q에 대하여 두 점 P, Q 사이의 최소거리는?

① $2\sqrt{3}-2$　② $2\sqrt{3}+2$　③ $3\sqrt{2}-2$　④ $3\sqrt{2}+2$　⑤ $3\sqrt{3}-2$

정답　0319 : (1) 5 (2) 10　0320 : (1) ⑤ (2) ⑤　0321 : (1) ⑤ (2) ②　0322 : (1) ① (2) 4　0323 : ⑤　0324 : ③

0325 원의 평행이동

다음 물음에 답하시오.

(1) 원 $(x+1)^2+(y-2)^2=9$를 x축의 방향으로 m만큼, y축의 방향으로 n만큼 평행이동한 원을 C라 하자. 원 C가 다음 조건을 만족시킬 때, $m+n$의 값을 구하시오. (단, m, n은 상수이다.)

> (가) 원 C의 중심은 제4사분면 위에 있다.
> (나) 원 C는 x축과 y축에 동시에 접한다.

(2) 원 $(x-a)^2+(y+3)^2=4$를 x축에 대하여 대칭이동한 후, y축의 방향으로 -1만큼 평행이동한 원이 x축과 y축에 모두 접한다. 이때 양수 a의 값은?

① 1 ② 2 ③ 3 ④ 4 ⑤ 5

(3) 좌표평면에서 두 양수 a, b에 대하여 원 $(x-a)^2+(y-b)^2=a^2$을 x축의 방향으로 -8만큼, y축의 방향으로 -3만큼 평행이동한 원을 C라 하자. 원 C가 x축과 y축에 동시에 접할 때, $a+b$의 값을 구하시오.

0326 대칭이동을 이용한 선분의 길이의 합의 최솟값

다음 물음에 답하시오.

(1) 좌표평면 위에 두 점 A(1, 3), B(3, 1)이 있다. x축 위의 점 C에 대하여 삼각형 ABC의 둘레의 길이의 최솟값이 $2(\sqrt{a}+\sqrt{b})$일 때, 두 자연수 a, b의 합 $a+b$의 값을 구하시오.
(단, 점 C는 직선 AB 위에 있지 않다.)

(2) 좌표평면 위에 직선 $y=x$ 위의 한 점 P가 있다. 점 P에서 점 A(3, 2)와 점 B(5, 3)에 이르는 거리의 합 $\overline{\text{AP}}+\overline{\text{BP}}$의 값이 최소일 때, 삼각형 ABP의 넓이는?

① 1 ② $\frac{3}{2}$ ③ 2 ④ $\frac{5}{2}$ ⑤ 3

(3) 좌표평면에서 제1사분면 위의 점 A를 $y=x$에 대하여 대칭이동시킨 점을 B라 하자. x축 위의 점 P에 대하여 $\overline{\text{AP}}+\overline{\text{PB}}$의 최솟값이 $10\sqrt{2}$일 때, 선분 OA의 길이를 구하시오.
(단, O는 원점이고 점 A는 $y=x$ 위의 점이 아니다.)

0327 대칭이동을 이용한 선분의 길이의 합의 최솟값

오른쪽 그림과 같이 좌표평면 위에 두 점 A(3, 4), B(−4, 1)이 있다. 서로 다른 두 점 C와 D가 각각 x축과 직선 $y=x$ 위에 있을 때, $\overline{\text{AD}}+\overline{\text{CD}}+\overline{\text{BC}}$의 최솟값은?

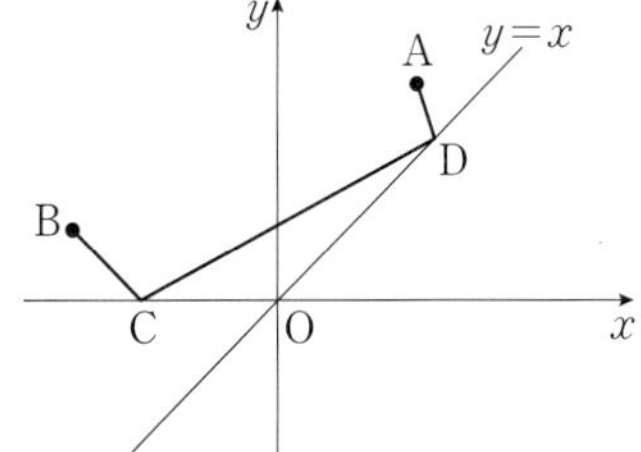

① $6\sqrt{2}$ ② $\sqrt{73}$ ③ $\sqrt{74}$
④ $5\sqrt{3}$ ⑤ $\sqrt{76}$

0328 대칭이동을 이용한 선분의 길이의 합의 최솟값

다음 물음에 답하시오.

(1) 오른쪽 그림과 같이 좌표평면 위에 두 점 A(5, 2), B(1, 4)가 있다. x축 위의 점 P와 y축 위의 점 Q에 대하여 사각형 ABQP의 둘레의 길이의 최솟값은?

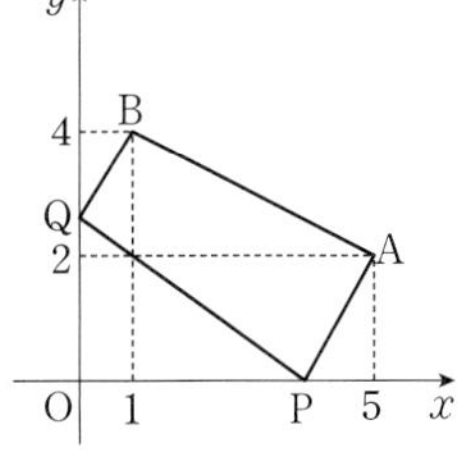

① 10 ② $6\sqrt{3}$ ③ $8\sqrt{5}$
④ $6\sqrt{2}+2\sqrt{5}$ ⑤ $2\sqrt{2}+6\sqrt{5}$

(2) 두 점 A(4, 1), B(2, 5)와 x축 위의 임의의 점 P, y축 위의 임의의 점 Q에 대하여 사각형 APQB의 둘레의 길이가 최소일 때, 직선 PQ의 기울기는?

① $-\frac{5}{3}$ ② $-\frac{4}{3}$ ③ -1 ④ $-\frac{2}{3}$ ⑤ $-\frac{1}{3}$

정답 0325 : (1) −1 (2) ② (3) 11 0326 : (1) 7 (2) ① (3) 10 0327 : ③ 0328 : (1) ④ (2) ③

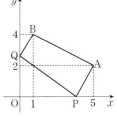

0329 원의 평행이동

원 $(x-2)^2+(y+1)^2=1$을 x축의 방향으로 a만큼, y축의 방향으로 b만큼 평행이동한 원의 넓이를 직선 $(k-1)x+(k+1)y-6k=0$이 실수 k의 값에 관계없이 항상 이등분할 때, ab의 값을 구하시오. (단, a, b는 상수이다.)

0330 점의 대칭이동

좌표평면에서 세 점 A$(2, 4)$, B$(a, 6)$, C(b, c)가 다음 조건을 만족시킨다.

(가) 두 직선 OA, OB는 서로 수직이다.
(나) 두 점 B, C는 직선 $y=x$에 대하여 서로 대칭이다.

직선 AC의 y절편은? (단, O는 원점이다.)

① 8 ② 10 ③ 12 ④ 14 ⑤ 16

0331 포물선의 평행이동

다음 물음에 답하시오.

(1) 점 $(2, a)$를 점 $(3, 2a)$로 옮기는 평행이동에 의하여 포물선 $y=-x^2+2x$를 평행이동하면 직선 $y=2x+3$과 접할 때, 상수 a의 값을 구하시오.

(2) 직선 $y=2x+2$를 y축의 방향으로 m만큼 평행이동한 직선이 이차함수 $y=x^2-4x+12$의 그래프에 접할 때, 상수 m의 값을 구하시오.

0332 대칭이동을 이용한 선분의 길이의 합의 최솟값

좌표평면 위의 두 점 A$(2, 0)$, B$(6, 4)$와 직선 $y=x$ 위의 점 P에 대하여 $\overline{AP}+\overline{BP}$의 값이 최소가 되도록 하는 점 P를 P_0이라 하자. 직선 AP_0을 직선 $y=x$에 대하여 대칭이동한 직선이 점 $(a, 6)$을 지날 때, 상수 a값을 구하시오.

0333 점의 대칭이동의 활용

다음 물음에 답하시오.

(1) 원 C : $x^2+y^2=8$ 위에 서로 다른 두 점 A(a, b), B$(-b, -a)$가 있다. 원 C 위의 점 중 $\overline{AP}=\overline{BP}$, $\overline{AQ}=\overline{BQ}$를 만족시키는 서로 다른 두 점 P, Q에 대하여 사각형 APBQ의 넓이가 8일 때, $a\times b$의 값을 구하시오. (단, $a+b\neq 0$)

(2) 오른쪽 그림과 같이 좌표평면에서 두 점 A$(2, 0)$, B$(1, 2)$를 직선 $y=x$에 대하여 대칭이동한 점을 각각 C, D라 하자. 삼각형 OAB 및 그 내부와 삼각형 ODC 및 그 내부의 공통부분의 넓이를 S라 할 때, $60S$의 값을 구하시오. (단, O는 원점이다.)

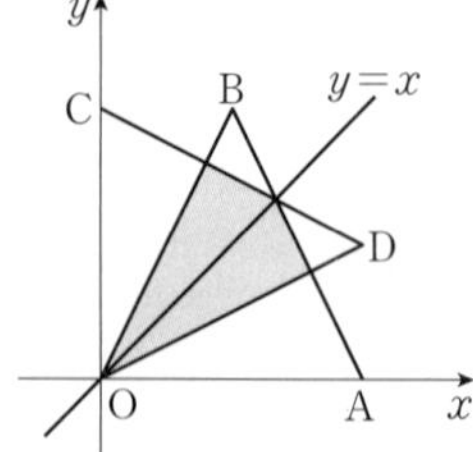

0334 점의 평행이동의 활용

오른쪽 그림과 같이 좌표평면에서 세 점 O$(0, 0)$, A$(4, 0)$, B$(0, 3)$을 꼭짓점으로 하는 삼각형 OAB를 평행이동한 도형을 삼각형 O′A′B′이라 하자. 점 A′의 좌표가 $(9, 2)$일 때, 삼각형 O′A′B′에 내접하는 원의 방정식은 $x^2+y^2+ax+by+c=0$이다. $a+b+c$의 값을 구하시오. (단, a, b, c는 상수이다.)

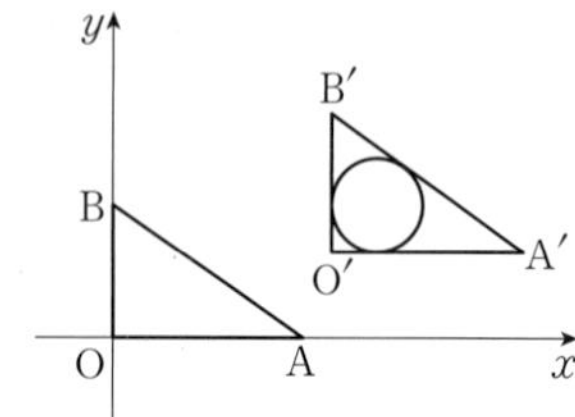

정답 0329 : 4 0330 : ③ 0331 : (1) 5 (2) 1 0332 : 12 0333 : (1) −2 (2) 64 0334 : 26

0335 직선에 대한 대칭이동

다음 물음에 답하시오.

(1) 두 원 $(x+2)^2+(y-1)^2=1$, $(x-2)^2+(y-5)^2=1$은 직선 l에 대하여 서로 대칭이다. 직선 l의 방정식은?

① $y=-2x+3$ ② $y=-x+2$ ③ $y=x+3$
④ $y=-x+3$ ⑤ $y=2x-1$

(2) 원 $(x-2)^2+(y-5)^2=16$을 직선 $ax+by+1=0$에 대하여 대칭이동한 원이 $x^2+y^2+12x-2y+c=0$일 때, 상수 a, b, c에 대하여 $a+b+c$의 값은?

① 16 ② 20 ③ 24 ④ 28 ⑤ 32

0336 대칭이동을 이용한 선분의 길이의 합의 최솟값

다음 물음에 답하시오.

(1) 좌표평면 위의 두 점 $A\left(2,\ \frac{1}{2}\right)$, $B(5,\ -4)$가 있다. 직선 $y=x$ 위를 움직이는 점 P와 직선 $y=-x$ 위를 움직이는 점 Q에 대하여 $\overline{AP}+\overline{PQ}+\overline{QB}$가 최소가 될 때, 두 점 P와 Q를 지나는 직선의 방정식을 $y=ax+b$라 하자. 상수 a, b에 대하여 a^2+b^2의 값을 구하시오.

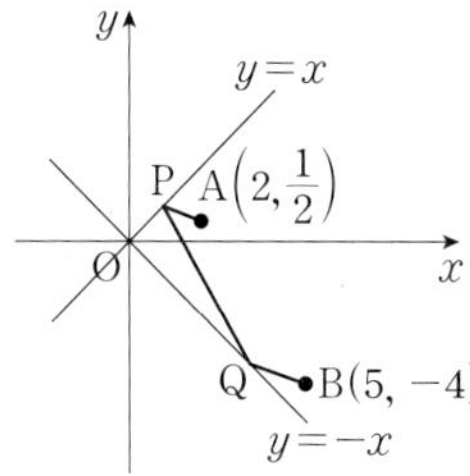

(2) 오른쪽 그림과 같이 좌표평면 위에 두 점 $A(-10,\ 0)$, $B(10,\ 10)$과 선분 AB 위의 두 점 $C(-8,\ 1)$, $D(4,\ 7)$이 있다. 선분 AO 위의 점 E와 선분 OB 위의 점 F에 대하여 $\overline{CE}+\overline{EF}+\overline{FD}$의 값이 최소가 되도록 하는 점 E의 x좌표는? (단, O는 원점이다.)

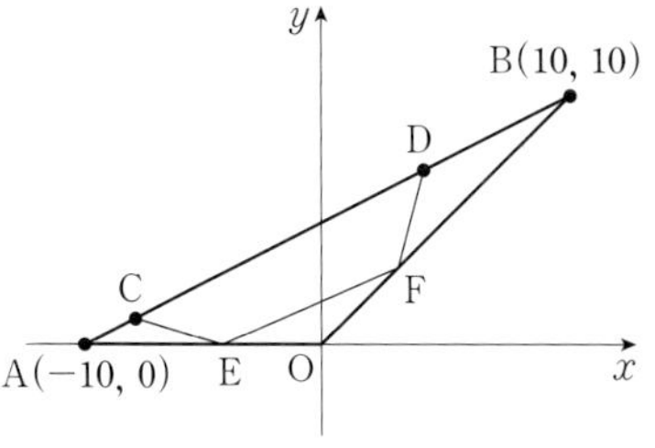

① -5 ② $-\frac{9}{2}$ ③ -4
④ $-\frac{7}{2}$ ⑤ -3

0337 대칭이동을 이용한 선분의 길이의 합의 최솟값

좌표평면 위에 점 $A(0,\ 5)$가 있다. 직선 $y=-x$와 직선 $y=2x$ 위를 움직이는 점을 각각 B, C라 할 때, 삼각형 ABC의 둘레의 길이의 최솟값은?

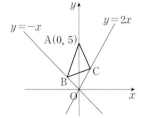

① $2\sqrt{2}$ ② $2\sqrt{3}$ ③ $3\sqrt{2}$
④ $3\sqrt{5}$ ⑤ $3\sqrt{10}$

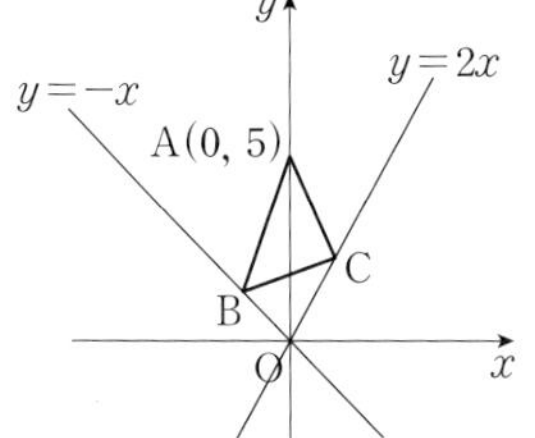

0338 도형의 대칭이동과 평행이동

좌표평면에서 방정식 $f(x,\ y)=0$이 나타내는 도형이 그림과 같은 ㄱ 모양일 때, 다음 중 방정식 $f(x+1,\ 2-y)=0$이 좌표평면에 나타내는 도형은?

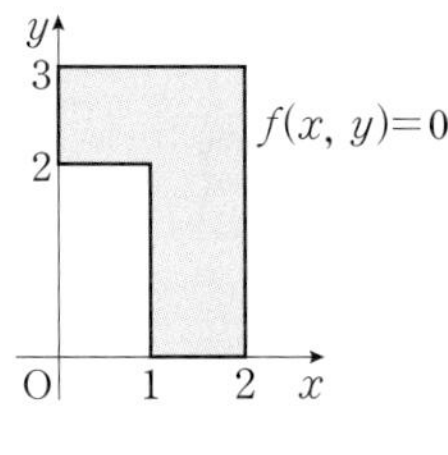

①
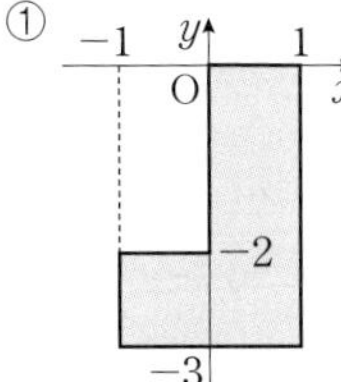

②
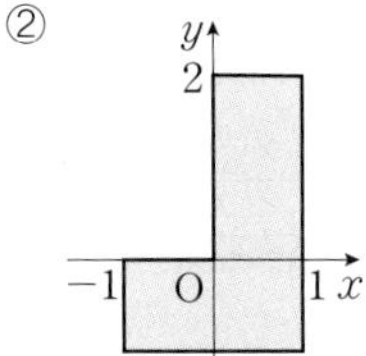

③
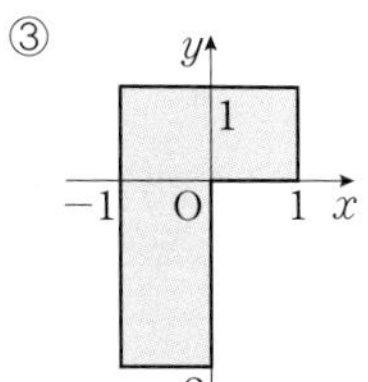

④
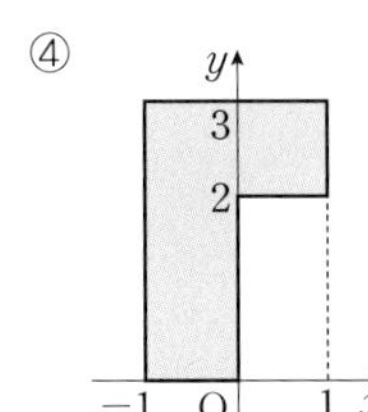

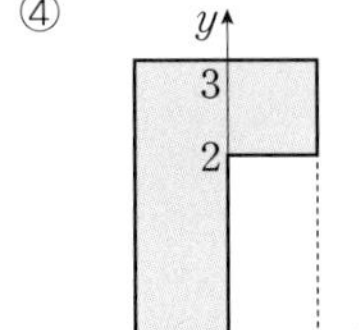

⑤
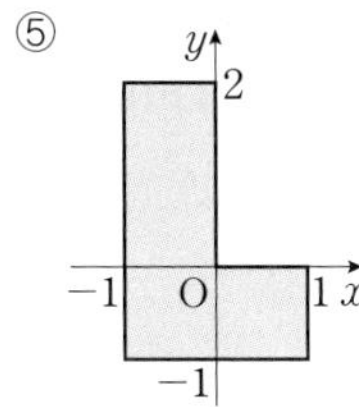

정답 0335 : (1) ④ (2) ③ 0336 : (1) 13 (2) ① 0337 : ⑤ 0338 : ②

0339

점의 대칭이동
서술형

점 A(2, 1)을 원점에 대하여 대칭이동한 점을 B, 직선 $y=x$에 대하여 대칭이동한 점을 C라 할 때, 세 점 A, B, C를 꼭짓점으로 하는 삼각형 ABC의 넓이를 구하는 과정을 다음 단계로 서술하시오.

[1단계] 점 B, C의 좌표를 구한다. [3점]
[2단계] 선분 AB의 길이와 직선 AB의 방정식을 구한다. [3점]
[3단계] 점 C에서 직선 AB 사이의 거리를 구하여 삼각형 ABC의 넓이를 구한다. [4점]

0340

대칭이동을 이용한 선분의 길이의 합의 최솟값
서술형

두 점 A(3, 4), B(7, -1)과 직선 $x+y+1=0$ 위에 한 점 P에 대하여 $\overline{AP}+\overline{BP}$의 최솟값을 구하는 과정을 다음 단계로 서술하시오.

[1단계] 직선 $x+y+1=0$에 대하여 점 A와 대칭인 점 A$'$의 좌표를 구한다. [4점]
[2단계] 직선 $x+y+1=0$ 위에 한 점 P에 대하여 $\overline{AP}+\overline{BP}$의 최솟값과 이때 점 P의 좌표를 구한다. [6점]

0341

대칭이동을 이용한 선분의 길이의 합의 최솟값
서술형

세 점 A(4, 2), B(a, 0), C(b, b)를 꼭짓점으로 하는 삼각형 ABC에 대하여 삼각형 ABC의 둘레의 길이의 최솟값과 그때의 a, b를 구하는 과정을 다음 단계로 서술하시오. (단, $a>0$, $b>0$)

[1단계] 점 A(4, 2)를 x축과 $y=x$에 대하여 대칭이동한 점의 좌표를 구한다. [2점]
[2단계] 삼각형 ABC의 둘레의 길이의 최솟값을 구한다. [4점]
[3단계] 삼각형 ABC의 둘레의 길이가 최소일 때, 실수 a, b의 값을 구한다. [4점]

0342

도형의 평행이동
서술형

포물선 $y=x^2-4x$를 포물선 $y=x^2+6x$로 옮기는 평행이동에 의하여 직선 l : $x-2y+1=0$은 직선 l'으로 옮겨진다. 두 직선 l과 l' 사이의 거리를 구하는 과정을 다음 단계로 서술하시오.

[1단계] 꼭짓점의 좌표를 이용하여 포물선 $y=x^2-4x$를 포물선 $y=x^2+6x$로 옮기는 평행이동을 구한다. [3점]
[2단계] 직선 l : $x-2y+1=0$을 평행이동하여 직선 l'의 방정식을 구한다. [3점]
[3단계] 두 직선 l과 l' 사이의 거리를 구한다. [4점]

0343

도형의 평행이동과 대칭이동
서술형

방정식 $f(x, y)=0$이 나타내는 도형이 네 점 A(-1, -1), B(-2, -2), C(-1, -3), D(0, -2)를 꼭짓점으로 하는 정사각형일 때, 방정식 $f(-x, -y-1)=0$이 나타내는 도형 위의 점과 원점 사이의 거리의 최댓값을 M, 최솟값을 m을 구하는 과정을 다음 단계로 서술하시오.

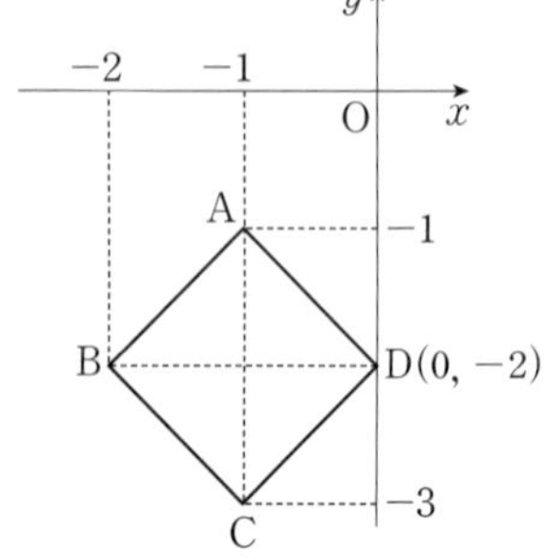

[1단계] 도형 $f(x, y)=0$을 도형 $f(-x, -y-1)=0$으로 옮기는 평행이동 또는 대칭이동을 구한다. [5점]
[2단계] 네 점 A(-1, -1), B(-2, -2), C(-1, -3), D(0, -2)가 옮겨지는 점을 각각 A$'$, B$'$, C$'$, D$'$이라 할 때, 네 점 A$'$, B$'$, C$'$, D$'$의 좌표를 각각 구한다, [2점]
[3단계] 도형 위의 점과 원점 사이의 거리의 최댓값을 M, 최솟값을 m을 구한다. [3점]

정답 0339 : 해설참조 0340 : 해설참조 0341 : 해설참조 0342 : 해설참조 0343 : 해설참조

0344 점의 평행이동과 대칭이동

오른쪽 그림과 같이 좌표평면 위의 점 $A(a, 4)(a>4)$를 직선 $y=x$에 대하여 대칭이동한 점을 B, 점 B를 x축에 대하여 대칭이동한 점을 C라 하자. 두 삼각형 ABC, AOC의 외접원의 반지름의 길이를 각각 r_1, r_2라 할 때, $r_1 \times r_2 = 36\sqrt{2}$이다. 상수 a에 대하여 a^2의 값을 구하시오. (단, O는 원점이다.)

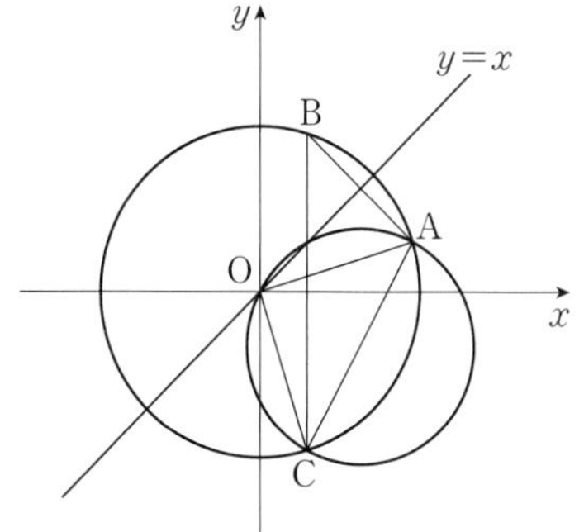

0345 평행이동과 대칭이동

오른쪽 그림과 같이 기울기가 3인 직선 l이 원 $x^2+y^2=20$과 제 2사분면 위의 점 A, 제 3사분면 위의 점 B에서 만나고 $\overline{AB}=2\sqrt{10}$이다. 직선 OA와 원이 만나는 점 중 A가 아닌 점을 C라 하자. 점 C를 지나고 x축과 평행한 직선이 직선 l과 만나는 점을 $D(a, b)$라 할 때, 두 상수 a, b에 대하여 $3a+b$의 값을 구하시오 (단, O는 원점이다.)

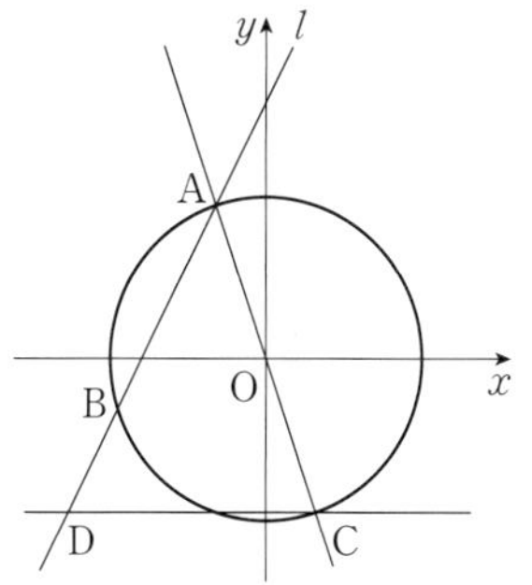

0346 평행이동과 대칭이동

중심이 $(4, 2)$이고 반지름의 길이가 2인 원 O_1이 있다. 원 O_1을 직선 $y=x$에 대하여 대칭이동한 후 y축의 방향으로 a만큼 평행이동한 원을 O_2라 하자. 원 O_1과 원 O_2가 서로 다른 두 점 A, B에서 만나고 선분 AB의 길이가 $2\sqrt{3}$일 때, 상수 a의 값을 구하시오.

0347 평행이동과 대칭이동

두 양수 a, b에 대하여 원 $C:(x-2)^2+y^2=r^2$을 x축의 방향으로 a만큼, y축의 방향으로 b만큼 평행이동한 원을 C'이라 할 때, 두 원 C, C'이 다음 조건을 만족시킨다.

(가) 원 C'은 원 C의 중심을 지난다.
(나) 직선 $3x-4y+24=0$은 두 원 C, C'에 모두 접한다.

$5(a+b)+r$의 값을 구하시오. (단, r은 양수이다.)

0348 대칭이동의 활용

좌표평면 위에 두 점 $A(3, 6)$, $B(12, 12)$가 있다. 점 A를 직선 $y=x$에 대하여 대칭이동한 점을 A′이라 하자. 점 $C(0, k)$가 다음 조건을 만족시킬 때, 상수 k의 값은?

(가) $0<k<4$
(나) 삼각형 A′BC의 넓이는 삼각형 ACB의 넓이의 2배이다.

① 1 ② $\frac{3}{2}$ ③ 2 ④ $\frac{5}{2}$ ⑤ 3

정답 0344 : 56 0345 : −18 0346 : −2 0347 : 48 0348 : ②

0349
직선에 대한 대칭이동

오른쪽 그림과 같이 좌표평면이 그려진 종이를 한 번 접었더니 두 점 $A(0, 2)$와 $B(4, 0)$이 겹쳐졌다. 이때 점 $C(3, -2)$와 겹쳐지는 점의 좌표를 구하시오.

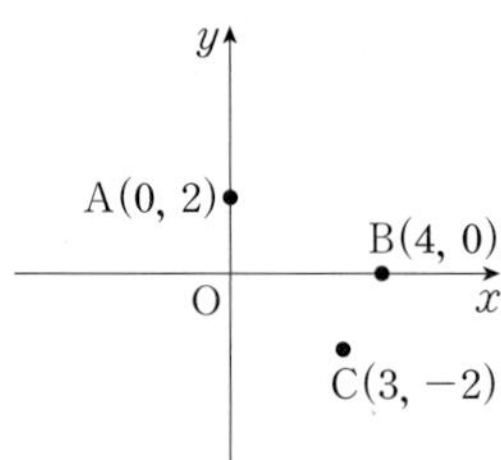

0350
점에 대한 대칭이동

원 $x^2-6x+y^2+2y+8=0$을 점 $P(a, 1)$에 대하여 대칭이동한 도형이 직선 $y=x+2$에 접한다고 할 때, 상수 a의 값의 합은?

① 2　② 3　③ 4　④ 5　⑤ 6

0351
대칭이동과 평행이동을 이용한 부채꼴의 넓이 구하기

좌표평면 위에 중심의 좌표가 $\left(-\frac{1}{2}, 0\right)$이고 반지름의 길이가 1인 원 O_1이 있다.
원 O_1을 y축에 대하여 대칭이동한 원을 O_2라 하고 x축의 방향으로 2만큼 평행이동한 원을 O_3이라 하자.
원 O_1의 내부와 원 O_2의 내부의 공통부분의 넓이와 원 O_2의 내부와 원 O_3의 내부의 공통부분의 넓이의 합은?

① $\frac{4}{3}\pi-2\sqrt{3}$　② $\frac{2}{3}\pi-\frac{\sqrt{3}}{2}$　③ $\frac{4}{3}\pi-\sqrt{3}$　④ $\frac{2}{3}\pi+\frac{\sqrt{3}}{2}$　⑤ $\frac{2}{3}\pi+\sqrt{3}$

0352
최소이동거리

오른쪽 그림과 같은 전시장에서 관람객들이 전시물 A, B를 차례대로 관람한다. 입구 P에서 출구 Q까지 이동하는 거리가 최소가 되도록 전시물 A, B를 양 벽에 각각 배치하려고 할 때, 전시물 A의 위치는 입구 P가 있는 벽면에서 오른쪽으로 몇 m 떨어져 있어야 하는지 구하고, 그때의 최소 이동 거리를 구하시오. (단, 이 전시장의 바닥은 직사각형 모양이고 벽의 두께와 전시물의 크기는 무시한다.)

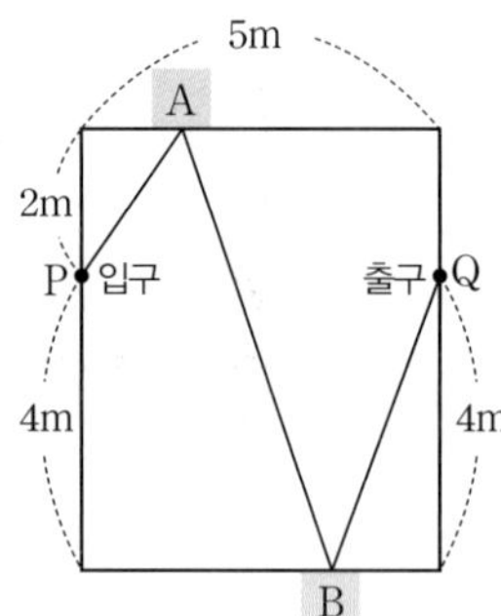

0353
평행이동의 활용

원 $x^2+(y-1)^2=9$ 위의 점 P가 있다. 점 P를 y축의 방향으로 -1만큼 평행이동한 후 y축에 대하여 대칭이동한 점을 Q라 하자. 두 점 $A(1, -\sqrt{3})$, $B(3, \sqrt{3})$에 대하여 삼각형 ABQ의 넓이가 최대일 때, 점 P의 y좌표는?

① $\frac{5}{2}$　② $\frac{11}{4}$　③ 3　④ $\frac{13}{4}$　⑤ $\frac{7}{2}$

0354
대칭이동을 이용한 선분의 길이의 합의 최솟값

좌표평면 위의 두 원

$$C_1 : (x-1)^2+(y-6)^2=1,$$
$$C_2 : (x-8)^2+(y-2)^2=4$$

에 대하여 원 C_1 위를 움직이는 점 P, 원 C_2 위를 움직이는 점 Q, y축 위를 움직이는 두 점 R, S가 있다.
두 점 R, S를 x축에 대하여 대칭이동한 점을 각각 R′, S′이라 하자.
이때 점 $A(a, 2a+1)$에 대하여 다음을 만족시킨다.

$$(\overline{AR}+\overline{PR'}\text{의 최솟값})=(\overline{AS}+\overline{QS'}\text{의 최솟값})+1$$

상수 a의 값을 구하시오.

정답　0349 : $(-1, 0)$　0350 : ③　0351 : ③　0352 : 13m　0353 : ①　0354 : $\frac{23}{2}$

마플교과서

MAPL. IT'S YOUR MASTER PLAN!

MAPL 교과서 SERIES

www.heemangedu.co.kr | www.mapl.co.kr

공통수학 2 II. 집합과 명제

집합

01 집합의 뜻과 표현

M A P L ; Y O U R M A S T E R P L A N

개념유형

01 집합과 원소

(1) **집합** : 어떤 기준에 따라 그 대상을 분명하게 정할 수 있는 것들의 모임을 **집합**(set)이라 한다.

(2) **원소** : 집합을 구성하고 있는 대상 하나하나를 그 집합의 **원소**(element)라 한다.

참고 집합은 일반적으로 대문자 A, B, C, …등으로 나타내고 원소는 소문자 a, b, c, …등으로 나타낸다.

마플해설 어떤 조건에 맞는 대상들의 모임을 표현할 때, 그 기준이 명확한 것과 명확하지 않은 것이 있다.
예를 들면

5보다 작은 자연수의 모임

과 같이 그 대상이 명확하게 1, 2, 3, 4로 정해지므로 그 모임은 집합이지만

목소리가 예쁜 사람들의 모임

과 같이 '목소리가 예쁜' 이라는 조건은 그 대상이 명확하게 정해지지 않으므로 그 모임은 집합이 아니다.

① 집합이 될 수 있는 것 ➡ 객관적 기준이 명확하여 그 대상이 분명하게 정해진 모임
② 집합이 될 수 없는 것 ➡ 주관적 판단이 개입되면 집합이 아니다. ('유명한', '잘하는', '크다', …)

보기 01 **다음 중 집합인 것은?**

① 노래를 잘하는 학생들의 모임
② 얼굴이 아름다운 사람들의 모임
③ 성적이 나쁜 학생들의 모임
④ 착한 학생의 모임
⑤ 10보다 작은 소수의 모임

풀이 '잘하는', '아름다운', '나쁜', '착한' 과 같은 조건은 그 대상이 명확하지 않으므로 ①, ②, ③, ④는 집합이 아니다.
그러나 '10보다 작은'과 같은 조건은 그 대상이 명확하므로 ⑤는 집합이다.

개념유형

02 집합과 원소의 사이의 관계

집합 A에 대하여 a는 A의 원소이거나 원소가 아니다. 이때 각각의 경우를 다음과 같이 표현하고 $\in$와 $\notin$를 사용하여 나타낸다.

(1) a가 집합 A의 원소일 때, '**a가 집합 A에 속한다**'고 하며,
이것을 기호로 $\boldsymbol{a \in A}$와 같이 나타낸다.

(2) b가 집합 A의 원소가 아닐 때, '**b가 집합 A에 속하지 않는다**'고 하며,
이것을 기호로 $\boldsymbol{b \notin A}$와 같이 나타낸다.

$a \in A$
원소 집합

참고 기호 $\in$는 원소를 뜻하는 Element의 첫 글자 E의 모양을 기호화한 것이다.

마플해설 자연수 전체의 집합을 N이라 할 때, 1은 자연수이고 0은 자연수가 아니므로
① 1은 집합 N의 원소이다. ➡ 1은 집합 N에 속한다. 즉 $1 \in N$
② 0은 집합 N의 원소가 아니다. ➡ 0은 집합 N에 속하지 않는다. 즉 $0 \notin N$

보기 02 **자연수 전체의 집합을 N, 정수 전체의 집합을 Z, 실수 전체의 집합을 R이라 할 때, 다음 중 옳은 것은?**

① $0 \in N$ ② $-1 \in N$ ③ $\frac{1}{2} \in Z$ ④ $\sqrt{2} \in Z$ ⑤ $\sqrt{5} \in R$

풀이 ① 0은 자연수가 아니므로 $0 \notin N$
② -1은 자연수가 아니므로 $-1 \notin N$
③ $\frac{1}{2}$은 정수가 아니므로 $\frac{1}{2} \notin Z$
④ $\sqrt{2}$는 정수가 아니므로 $\sqrt{2} \notin Z$
⑤ $\sqrt{5}$는 실수이므로 $\sqrt{5} \in R$
따라서 옳은 것은 ⑤이다.

개념유형

03 집합의 표현

(1) **원소나열법** : 집합에 속하는 모든 원소를 { }안에 나열하여 나타내는 방법

① **원소를 나열하는 순서는 관계없다.** 즉 1, 2, 3을 원소로 갖는 집합은 $\{3, 2, 1\}=\{1, 2, 3\}$

② **같은 원소는 중복하여 쓰지 않는다.** 즉 $\{1, 1, 2, 2, 3\}$은 $\{1, 2, 3\}$으로 나타낸다.

③ **원소의 개수가 많고 원소 사이에 일정한 규칙이 있는 경우 그 원소의 일부를 생략하고 '⋯'를 사용하여 나타낼 수 있다.** 예를 들면 '1부터 100까지의 자연수의 집합'은 $\{1, 2, 3, \cdots, 100\}$과 같이 나타낸다.

(2) **조건제시법** : 집합에 속하는 모든 원소가 갖는 공통된 성질을 { }안에 조건으로 제시하여 나타내는 방법

즉 $\{x|x$의 조건$\}$꼴로 나타내는 방법

(3) **벤 다이어그램** : 집합을 원이나 직사각형 등으로 나타내는 그림

참고 벤 다이어그램에서 벤 (Venn)은 이 그림을 처음으로 생각해 낸 영국의 논리학자의 이름이며, 다이어그램 (diagram)은 그림표를 뜻한다.

마플해설 집합 A는 6의 약수의 집합 A를 위의 방법으로 나타내면 다음과 같다.

	원소나열법	조건제시법	벤 다이어그램
	$A=\{1, 2, 3, 6\}$	$A=\{x\|x$는 6의 약수$\}$ (원소를 대표하는 문자: x, 원소들이 갖는 공통된 성질: 6의 약수)	A ← 집합을 나타내는 기호; 1 2 3 6 ← 집합의 원소
장점	원소를 쉽게 알아볼 수 있다.	원소들의 공통 성질을 알기 쉽다.	집합 사이의 관계를 알기 쉽다
단점	원소들의 공통 성질을 알기 어렵다.	구체적인 원소를 파악하기 어렵다.	원소의 개수가 많은 경우 표현하기 어렵다.

개념유형

04 원소의 개수에 따른 집합의 분류

(1) **유한집합과 무한집합**

① **유한집합** : 원소가 유한개인 집합 ◀ 모든 원소의 개수를 셀 수 있다.

② **무한집합** : 원소가 무수히 많은 집합 ◀ 모든 원소의 개수를 셀 수 없다.

(2) **공집합** (empty set)

원소가 하나도 없는 집합을 공집합이라 하고, 이것을 기호로 $\varnothing$, { }와 같이 나타낸다.

주의 공집합은 원소의 개수가 0이므로 유한집합임에 주의한다.

(3) **유한집합의 원소의 개수**

① 집합 A가 유한집합일 때, 집합 A의 원소의 개수를 기호로 $\boldsymbol{n(A)}$와 같이 나타낸다.

② $A=\varnothing$이면 $n(A)=0$

참고 $n(A)$에서 n은 개수를 뜻하는 영어 number의 첫 글자이다.

보기 04 **다음 집합에 대하여 유한집합, 무한집합, 공집합을 구하시오.**

(1) $A=\{x|x$는 3의 양의 배수$\}$ (2) $B=\{x|x$는 두 자리 자연수 중 홀수$\}$

(3) $C=\{x|x<1, x$는 자연수$\}$ (4) $D=\{\{\varnothing\}\}$

풀이

(1) $A=\{3, 6, 9, 12, \cdots\}$이므로 집합 A는 **무한집합**

(2) $B=\{11, 13, 15, \cdots, 99\}$이므로 집합 B는 **유한집합**

(3) $C=\varnothing$이므로 공집합이고 **유한집합**

(4) $D=\{\{\varnothing\}\}$이므로 집합 D는 $\{\varnothing\}$을 원소로 하는 **유한집합**

FOCUS

여러 가지 집합의 원소의 개수

① 공집합에는 원소가 없으므로 원소의 개수는 0개이다. ➡ $n(\varnothing)=0$

② $\{0\}$은 공집합이 아니고, 원소가 0인 집합이다. ➡ $n(\{0\})=1$

③ $\{\varnothing\}$은 $\varnothing$을 원소로 갖는 집합이므로 원소가 1개인 집합이다. ➡ $n(\{\varnothing\})=1$, $\varnothing\in\{\varnothing\}$

④ 공집합은 모든 집합의 부분집합이다. ➡ '$\varnothing\subset$집합'의 꼴은 무조건 참이다.

다음 [보기] 중 집합인 것만을 있는 대로 고르시오.

ㄱ. 유명한 축구선수의 모임	ㄴ. 맛있는 음식점의 모임
ㄷ. $x^2=-1$을 만족하는 실수 x의 모임	ㄹ. 짝수인 소수의 모임
ㅁ. 우리나라의 높은 산의 모임	ㅂ. 홀수의 모임

MAPL CORE (1) 집합 ➡ 주어진 기준에 의하여 그 대상을 분명하게 정할 수 있는 것들의 모음
(2) a가 집합 A의 원소일 때, $a \in A$, b가 집합 A의 원소가 아닐 때, $b \notin A$

개념익힘**풀이** ㄱ, ㄴ, ㅁ에서 '유명한', '맛있는', '높은'은 기준이 명확하지 않아 대상을 분명하게 정할 수 없으므로 집합이 아니다.
ㄷ. $x^2=-1$을 만족하는 실수 x의 값은 없으므로 주어진 모임은 공집합을 나타낸다.
ㄹ. 짝수인 소수는 2뿐이므로 주어진 모임은 집합 $\{2\}$를 나타낸다.
ㅂ. 그 대상이 1, 3, 5, 7, $\cdots$로 분명하므로 집합이다.
따라서 집합인 것은 ㄷ, ㄹ, ㅂ이다.

확인유제 0355 다음 [보기] 중 집합인 것만을 있는 대로 고르시오.

ㄱ. 0에 가까운 수의 모임	ㄴ. 제곱하여 1이 되는 실수의 모임
ㄷ. 우리나라 광역시의 모임	ㄹ. 귀여운 동물의 모임

① ㄱ ② ㄱ, ㄷ ③ ㄴ, ㄷ ④ ㄱ, ㄴ, ㄷ ⑤ ㄱ, ㄴ, ㄷ, ㄹ

변형문제 0356 집합 $A=\{\varnothing, 0, 1, \{0, 1\}\}$에 대하여 다음 중 옳지 않은 것은?

① $\varnothing \in A$ ② $0 \in A$ ③ $1 \in A$ ④ $\{1\} \in A$ ⑤ $\{0, 1\} \in A$

발전문제 0357 다음 물음에 답하시오,

(1) 다음 원소나열법을 조건제시법으로, 조건제시법을 원소나열법으로 나타낸 것으로 옳지 않은 것은?

① $\{2, 3, 5, 7\}$ ➡ $\{x \mid x$는 10 이하의 소수$\}$

② $\{x \mid x$는 8의 양의 약수$\}$ ➡ $\{1, 2, 4, 8\}$

③ $\{-1, -2, -3, -4, \cdots\}$ ➡ $\{x \mid x$는 음의 정수$\}$

④ $\{x \mid x^3-8x^2+15x=0\}$ ➡ $\{0, 3, 5\}$

⑤ $\{x \mid x$는 1보다 크고 30보다 작은 짝수$\}$ ➡ $\{2, 4, 6, 8, \cdots, 30\}$

(2) 다음 보기 중 집합 $A=\{3, 6, 9, 12, 15, 18\}$을 조건제시법으로 바르게 나타낸 것만을 있는 대로 고르면?

ㄱ. $A=\{x \mid x$는 3의 양의 배수$\}$
ㄴ. $A=\{x \mid x=3n,\ n=1, 2, 3, 4, 5, 6\}$
ㄷ. $A=\{x \mid x$는 18의 양의 배수$\}$
ㄹ. $A=\{x \mid x$는 $1<x<20$인 3의 배수$\}$

① ㄱ ② ㄱ, ㄷ ③ ㄴ, ㄹ ④ ㄱ, ㄴ, ㄹ ⑤ ㄴ, ㄷ, ㄹ

정답 0355 : ③ 0356 : ④ 0357 : (1) ⑤ (2) ③

마플개념익힘 02 조건제시법으로 나타내어진 집합

집합 $A=\{2, 4, 6\}$, $B=\{-1, 0, 1\}$에 대하여 다음 집합 P, Q를 원소나열법으로 나타내시오.

(1) $P=\{a+b \mid a\in A,\ b\in A\}$

(2) $Q=\{ab \mid a\in A,\ b\in B\}$

MAPL CORE ▶ 조건제시법으로 나타내어진 집합 ➡ 원소와 조건을 확인한 후 원소나열법으로 나타낸다.

(1) $\{x \mid p(x)\}$ ➡ 조건 $p(x)$를 만족시키는 x를 원소로 갖는 집합

(2) $\{(a, b) \mid p(x)\}$ ➡ 조건 $p(x)$를 만족시키는 원소 a, b의 순서쌍 (a, b)를 원소로 갖는 집합

(3) $\{a+b \mid p(x)\}$ ➡ 조건 $p(x)$를 만족시키는 원소 a, b의 합 $a+b$를 원소로 갖는 집합

(4) $\{ab \mid p(x)\}$ ➡ 조건 $p(x)$를 만족시키는 원소 a, b의 곱 ab를 원소로 갖는 집합

개념익힘풀이

(1) 집합 $A=\{2, 4, 6\}$이므로
집합 P는 집합 A의 원소 a, b의 합 $a+b$를 원소로 갖는 집합이다.
이때 $a\in A$, $b\in A$에서 a, b의 값은 2, 4, 6이므로
$a+b$의 값은 오른쪽 표와 같다.
$\therefore$ $\boldsymbol{P=\{4, 6, 8, 10, 12\}}$

+	2	4	6
2	4	6	8
4	6	8	10
6	8	10	12

(2) $A=\{2, 4, 6\}$, $B=\{-1, 0, 1\}$이므로
집합 Q는 집합 A의 원소 a와 집합 B의 원소 b의 곱 ab를 원소로 갖는 집합이다.
이때 $a\in A$에서 a의 값은 2, 4, 6,
$b\in B$에서 b의 값은 -1, 0, 1
이므로 ab의 값은 오른쪽 표와 같다.
$\therefore$ $\boldsymbol{Q=\{-6, -4, -2, 0, 2, 4, 6\}}$

×	2	4	6
−1	−2	−4	−6
0	0	0	0
1	2	4	6

확인유제 0358 집합 $A=\{-1, 0, 1\}$, $B=\{x \mid x$는 $x^2=4\}$에 대하여 다음 집합 C가

$$C=\{a+b \mid a\in A,\ b\in B\}$$

일 때, 집합 C의 모든 원소의 합을 구하시오.

변형문제 0359 다음 물음에 답하시오.

(1) 집합 $A=\{x \mid x$는 6의 양의 약수$\}$에 대하여 $S=\{2x \mid x\in A\}$일 때, 집합 S의 모든 원소들의 합을 구하시오.

(2) 집합 $A=\{x \mid x=2n-1,\ n=1, 2\}$, $B=\{x \mid x$는 한 자리의 소수$\}$에 대하여 $S=\{a+b \mid a\in A,\ b\in B\}$일 때, 집합 S의 모든 원소들의 합을 구하시오.

발전문제 0360 서로 다른 세 자연수를 원소로 가지는 집합 $A=\{a, 5, 8\}$에 대하여 집합

$$B=\{x+y \mid x\in A,\ y\in A,\ x\neq y\}$$

라 하자. 집합 B의 모든 원소의 합이 30일 때, a의 값을 구하시오.

정답 0358 : 0 0359 : (1) 24 (2) 36 0360 : 2

마플개념익힘 03 유한집합의 원소의 개수

다음 [보기] 중 옳은 것만을 있는 대로 고르시오.

ㄱ. $n(\varnothing)=0$

ㄴ. $n(\{\varnothing\})>n(\{-5\})$

ㄷ. $n(A)=n(B)$이면 $A=B$

ㄹ. $A=\{x|x^2-6x+9=0,\ x$는 실수$\}$이면 $n(A)=1$

ㅁ. $A=\{x|x$는 9의 양의 약수$\}$, $B=\{x|x$는 25의 양의 약수$\}$이면 $n(A)<n(B)$

MAPL CORE ▶ 집합 A가 유한집합일 때, 집합 A의 원소의 개수를 기호로 $n(A)$와 같이 나타낸다.

 집합 $\varnothing$, $\{\varnothing\}$, $\{0\}$의 원소의 개수

① $n(\varnothing)=0$ ➡ 공집합 $\varnothing$은 원소가 하나도 없는 집합이므로 원소의 개수는 0이다.

② $n(\{\varnothing\})=1$ ➡ 집합 $\{\varnothing\}$의 원소는 $\varnothing$이므로 원소의 개수는 1개이다.

③ $n(\{0\})=1$ ➡ 집합 $\{0\}$의 원소는 0이므로 원소의 개수는 1개이다.

개념익힘풀이

ㄱ. 공집합 $\varnothing$은 원소가 하나도 없는 집합이므로 원소의 개수는 0이다. 즉 $n(\varnothing)=0$ [참]

ㄴ. 집합 $\{\varnothing\}$의 원소는 $\varnothing$이므로 원소의 개수는 1개이다. 즉 $n(\{\varnothing\})=1$, $n(\{-5\})=1$, $n(\{\varnothing\})=n(\{-5\})$ [거짓]

ㄷ. $A=\{2, 7\}$, $B=\{5, 6\}$일 때, $n(A)=n(B)=2$이지만 $A\neq B$이다. [거짓]

ㄹ. $x^2-6x+9=0$에서 $(x-3)^2=0\quad \therefore x=3$

즉 $A=\{3\}$이므로 $n(A)=1$

$A=\{x|x^2-6x+9=0,\ x$는 실수$\}$이면 $n(A)=1$ [참]

ㅁ. $A=\{x|x$는 9의 약수$\}=\{1, 3, 9\}$, $B=\{x|x$는 25의 약수$\}=\{1, 5, 25\}$이므로 $n(A)=n(B)=3$ [거짓]

따라서 옳은 것은 ㄱ, ㄹ이다.

확인유제 0361 다음 [보기] 중 옳은 것만을 있는 대로 고르시오.

ㄱ. $n(\{0\})=1$

ㄴ. $n(\{1, 2, 3\})-n(\{1, 3\})=3$

ㄷ. $n(\{\varnothing, 2, 5\})=2$

ㄹ. $n(\{x|x$는 한 자리의 소수$\})=5$

ㅁ. $n(\{7\})<n(\{10\})$

변형문제 0362 세 집합

$A=\{x|x$는 $|x|<2$의 정수$\}$,

$B=\{x|x$는 36의 양의 약수$\}$,

$C=\{x|x^2=-9$인 실수$\}$

일 때, $n(A)+n(B)+n(C)$의 값은?

① 11 ② 12 ③ 13 ④ 14 ⑤ 15

발전문제 0363 두 집합

$A=\{(x, y)|x^2+y^2=1,\ x,\ y$는 정수$\}$, $B=\{x|x^2-(k+4)x+4k<0,\ x$는 자연수$\}$

에 대하여 $n(A)=n(B)$를 만족시키는 실수 k의 값의 범위를 구하시오.

정답 0361 : ㄱ 0362 : ② 0363 : $8<k\leq 9$

마플개념익힘 04 조건을 만족시키는 집합

공집합이 아닌 집합 S가 자연수를 원소로 가질 때, 조건

$$x \in S\text{이면 } 6-x \in S$$

를 만족하는 집합 S의 개수를 구하시오.

MAPL CORE ▶ 원소 조건을 만족하는 집합 해결 ➡ 먼저 조건을 만족시키는 원소의 범위를 찾는다.
(1) 주어진 집합의 범위가 자연수, 정수, 유리수, 실수인지 확인한다.
(2) 주어진 조건을 모두 만족하는지 확인한다.

개념익힘**풀이** 집합 S는 자연수를 원소로 가지므로 x와 $6-x$가 모두 자연수이어야 한다.

$x \geq 1,\ 6-x \geq 1 \quad \therefore 1 \leq x \leq 5$

즉 집합 S의 원소가 될 수 있는 자연수는 $1,\ 2,\ 3,\ 4,\ 5$

이때 $x \in S$이면 $6-x \in S$이므로 1과 5, 2와 4, 3과 3은

동시에 집합 S의 원소이거나 원소가 아니다.

$1 \in S$이면 $6-1=5 \in S$
$2 \in S$이면 $6-2=4 \in S$
$3 \in S$이면 $6-3=3 \in S$
$4 \in S$이면 $6-4=2 \in S$
$5 \in S$이면 $6-5=1 \in S$

집합 S의 원소의 개수에 따라 집합 S를 구하면 다음과 같다.

(ⅰ) 원소의 개수가 1개일 때, $S=\{3\}$

(ⅱ) 원소의 개수가 2개일 때, $S=\{1,\ 5\}$, $S=\{2,\ 4\}$

(ⅲ) 원소의 개수가 3개일 때, $S=\{1,\ 3,\ 5\}$, $S=\{2,\ 3,\ 4\}$

(ⅳ) 원소의 개수가 4개일 때, $S=\{1,\ 2,\ 4,\ 5\}$

(ⅴ) 원소의 개수가 5개일 때, $S=\{1,\ 2,\ 3,\ 4,\ 5\}$

따라서 집합 S의 총 개수는 **7**개이다.

다른풀이 $1,\ 2,\ 3$이 집합 A의 원소인지 아닌지에 따라 풀이하기

집합 A는 $1,\ 2,\ 3,\ 4,\ 5$ 중의 어떤 원소들로 구성되면서

$1 \in A$이면 $5 \in A$, $2 \in A$이면 $4 \in A$, $3 \in A$이면 $3 \in A$를 만족한다.

즉 $1,\ 2,\ 3$이 집합 A의 원소인지 아닌지에 따라 $5,\ 4,\ 3$이 집합 A의 원소인지 아닌지가 결정된다.

따라서 A의 개수는 $2 \times 2 \times 2 = 2^3 = 8$이고 이 중에도 $\varnothing$이 포함되므로

$\varnothing$을 제외하면 집합 A의 개수는 $8-1=\mathbf{7}$이다.

확인유제 0364

집합 A가 자연수를 원소로 가질 때, 조건

$$x \in A\text{이면 } 7-x \in A$$

를 만족하는 집합 A의 개수를 구하시오. (단, $A \neq \varnothing$)

변형문제 0365

공집합이 아닌 집합 A가 자연수를 원소로 가질 때, 조건

$$x \in A\text{이면 } \frac{16}{x} \in A$$

를 만족하는 집합 A의 개수는?

① 3 ② 4 ③ 5 ④ 6 ⑤ 7

발전문제 0366

집합 A가 다음 조건을 만족할 때, $n(A)$의 최솟값을 구하시오. (단, $1 \notin A$)

(가) $3 \in A$

(나) $a \in A$이면 $\dfrac{1}{1-a} \in A$

정답 0364 : 7 0365 : ⑤ 0366 : 3

02 집합 사이의 포함 관계

MAPL; YOUR MASTER PLAN

01 부분집합

개념유형

(1) 부분집합 (subset)

① 집합 A의 모든 원소가 집합 B에 속할 때, 즉 $x\in A$이면 반드시 $x\in B$일 때, 집합 A를 집합 B의 **부분집합**이라 하고 기호로 $\boldsymbol{A\subset B}$와 같이 나타낸다.
이때 A는 B에 포함된다 또는 B는 A를 포함한다고 한다.

② 집합 A가 집합 B의 부분집합이 아닐 때, 기호로 $\boldsymbol{A\not\subset B}$와 같이 나타낸다.

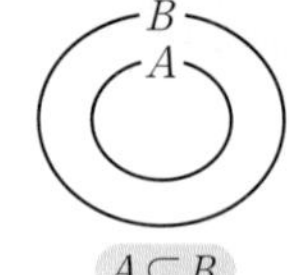

$A\subset B$

참고 • 기호 ⊂는 포함하다를 뜻하는 Contain의 첫 글자 C를 기호화한 것이다.
• $A\not\subset B$이면 집합 A의 원소 중에서 집합 B의 원소가 아닌 것이 적어도 하나 있다.

(2) 부분집합의 성질

세 집합 A, B, C에 대하여 다음이 성립한다.

① $\boldsymbol{A\subset A}$ ◀ 모든 집합은 자기 자신의 부분집합이다.

② $\boldsymbol{\varnothing\subset A}$ ◀ 공집합은 모든 집합의 부분집합이다.

③ $\boldsymbol{A\subset B}$이고 $\boldsymbol{B\subset C}$이면 $\boldsymbol{A\subset C}$이다.

마플해설

(1) 부분집합

두 집합 $A=\{1, 3, 5\}$, $B=\{1, 2, 3, 4, 5\}$에서 집합 A의 모든 원소는 집합 B의 원소이다.
즉 $x\in A$이면 $x\in B$이므로 집합 A는 집합 B의 부분집합이고 이것을 $A\subset B$로 나타낸다.
또, 2는 집합 B의 원소이지만 집합 A의 원소는 아니므로 집합 B는 집합 A의 부분집합이 아니고 이것을 $B\not\subset A$로 나타낸다.

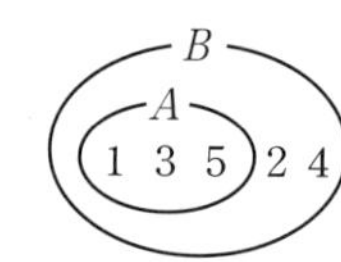

(2) 부분집합의 성질

공집합 $\varnothing$은 모든 집합의 부분집합이고 모든 집합은 자기 자신의 부분집합이다. 즉 임의의 집합 A에 대하여 $\varnothing\subset A$, $A\subset A$가 성립한다. 또한, 세 집합 A, B, C에 대하여 $A\subset B$이고 $B\subset C$이면 오른쪽 벤 다이어그램에서 $A\subset C$임을 알 수 있다.

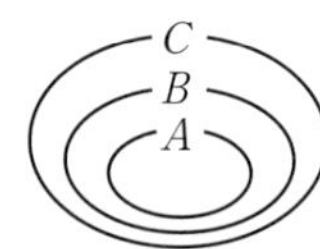

02 서로 같은 집합과 진부분집합

개념유형

(1) 두 집합이 서로 같다.

두 집합 A, B에 대하여 $A\subset B$이고 $B\subset A$일 때, 'A와 B는 **서로 같다**' 고 하며

① 이것을 기호로 $\boldsymbol{A=B}$와 같이 나타낸다. 서로 같은 두 집합의 원소는 같다.

② 두 집합 A와 B가 서로 같지 않을 때, 이것을 기호로 $\boldsymbol{A\neq B}$와 같이 나타낸다.

(2) 진부분집합

어떤 집합에 대하여 자기 자신이 아닌 부분집합을 그 집합의 **진부분집합**이라고 한다.
즉 두 집합 A, B에 대하여 $A\subset B$이고 $A\neq B$일 때, 집합 A를 B의 **진부분집합**이라 한다.

참고 $A\subset B$는 ($A\subset B$, $A\neq B$인 진부분집합)이거나 ($A=B$인 서로 같은 집합)임을 뜻한다.

마플해설

(1) 두 집합이 서로 같다.

두 집합 A, B가 서로 같은 원소들로 이루어져 있을 때, 즉 집합 A의 모든 원소가 집합 B에 속하고, 집합 B의 모든 원소가 집합 A에 속하면 집합 A와 집합 B는 서로 같다고 한다.

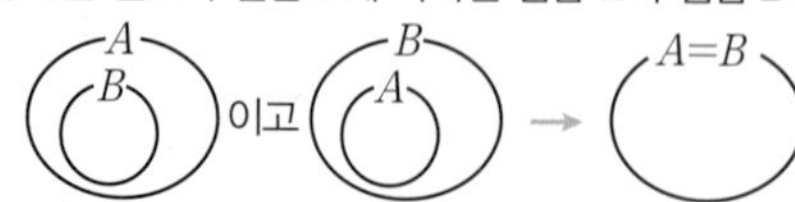

(2) 두 집합 $A=\{1, 2\}$, $B=\{1, 2, 3\}$ 사이에 $A\subset B$이고 $A\neq B$인 관계가 있다. 이때 A는 B의 진부분집합이다.
자기 자신을 제외한 부분집합

① $A\subset B$, $B\subset A$ ➡ A, B는 서로 같다.
② $A\subset B$, $A\neq B$ ➡ A는 B의 진부분집합이다.

보기 01 **다음 두 집합 A, B 사이의 관계를 구하시오.**

(1) $A=\{x|x$는 2의 배수$\}$, $B=\{x|x$는 4의 배수$\}$

(2) $A=\{x|x$는 9의 약수$\}$, $B=\{3, 9\}$

(3) $A=\{x|x^3-x=0\}$, $B=\{-1, 0, 1\}$

풀이 (1) $A=\{2, 4, 6, 8, \cdots\}$, $B=\{4, 8, 12, \cdots\}$이므로 $\boldsymbol{B\subset A}$

(2) $A=\{x|x$는 9의 약수$\}=\{1, 3, 9\}$, $B=\{3, 9\}$이므로 $\boldsymbol{B\subset A}$

(3) $A=\{x|x(x^2-1)=0\}=\{-1, 0, 1\}$, $B=\{-1, 0, 1\}$이므로 $\boldsymbol{A=B}$

보기 02 **다음 집합의 부분집합을 모두 구하시오.**

(1) $\{\varnothing\}$ (2) $\{1, 2, 3\}$

풀이 (1) $\{\varnothing\}$의 부분집합은 $\boldsymbol{\varnothing, \{\varnothing\}}$

(2) $\{1, 2, 3\}$의 부분집합은 $\boldsymbol{\varnothing, \{1\}, \{2\}, \{3\}, \{1, 2\}, \{2, 3\}, \{1, 3\}, \{1, 2, 3\}}$

참고 집합 $\{1, 2, 3\}$의 진부분집합 $\varnothing$, $\{1\}$, $\{2\}$, $\{3\}$, $\{1, 2\}$, $\{2, 3\}$, $\{1, 3\}$

개념유형

03 집합과 원소 사이의 관계

집합과 원소의 포함 관계	집합과 집합의 포함 관계
a가 집합 A의 원소일 때, ➡ a는 A에 속한다. ➡ $a\in A$	집합 A의 모든 원소가 집합 B에 속할 때, ➡ A는 B에 포함된다. ➡ $A\subset B$

 두 기호 $\in$, $\subset$의 비교

(1) $\in$의 왼쪽에는 원소가 온다. ⇨ (원소)$\in A$

(2) $\subset$의 왼쪽에는 부분집합이 온다. ⇨ (부분집합)$\subset A$

마플해설 예를 들면 집합 $A=\{0, 1\}$에 대하여

① $\in$의 왼쪽에는 2가지가 올 수 있다. ⇨ $0\in A$, $1\in A$

② $\subset$의 왼쪽에는 4가지가 올 수 있다. ⇨ $\varnothing\subset A$, $\{0\}\subset A$, $\{1\}\subset A$, $\{0, 1\}\subset A$

보기 03 **집합 $A=\{\varnothing, 1, 2, \{1\}\}$일 때, 다음 중 옳지 않은 것은?**

① $\varnothing\subset A$ ② $\varnothing\in A$ ③ $\{1\}\in A$ ④ $1\in A$ ⑤ $\{1, 2\}\in A$

풀이 주어진 집합에서 $\varnothing$, 1, $\{1\}$은 각각 하나의 원소이므로 $\varnothing\in A$, $1\in A$, $\{1\}\in A$

또한, 공집합은 모든 집합의 부분집합이므로 $\varnothing\subset A$

따라서 $\{1, 2\}\subset A$이므로 옳지 않은 것은 ⑤이다.

FOCUS

집합이 다른 집합의 원소가 되는 경우

집합 $A=\{\varnothing, 1, \{2\}\}$에 대하여

① 원소를 모두 나열하면 다음과 같다.

$\varnothing\in A$, $1\in A$, $\{2\}\in A$ ◀ $2\notin A$

② 부분집합을 모두 나열하면 다음과 같다.

원소가 0개 ➡ $\varnothing\subset A$

원소가 1개 ➡ $\{\varnothing\}\subset A$, $\{1\}\subset A$, $\{\{2\}\}\subset A$ ◀ $\{2\}\not\subset A$

원소가 2개 ➡ $\{\varnothing, 1\}\subset A$, $\{1, \{2\}\}\subset A$, $\{\varnothing, \{2\}\}\subset A$

원소가 3개 ➡ $\{\varnothing, 1, \{2\}\}\subset A$

마플개념익힘 01 집합을 원소로 갖는 집합의 포함 관계

집합 $A=\{0, 2, \{0, 2\}, ☆\}$일 때, 다음 중 옳지 않은 것을 모두 고르면?

① $\{0, 2\}\in A$ ② $\varnothing\subset A$ ③ $\{0, 2\}\subset A$

④ $\{☆\}\in A$ ⑤ $\{\{0, 2\}\}\in A$

MAPL CORE ▶ 원소의 기호와 부분집합의 기호

① 원소와 집합 사이의 관계 ➡ (원소) $\in$(집합)

② 집합과 집합 사이의 관계 ➡ (집합) $\subset$(집합)

두 기호 $\in$, $\subset$의 비교

① $\in$의 왼쪽에는 원소가 온다. ➡ (원소)$\in A$

② $\subset$의 왼쪽에는 부분집합이 온다. ➡ (부분집합)$\subset A$

개념익힘풀이 집합 A는 0, 2, $\{0, 2\}$, ☆을 원소로 가지므로 $0\in A$, $2\in A$, $\{0, 2\}\in A$, $☆\in A$

또, 집합 A의 부분집합은 $\varnothing\subset A$, $\{0\}\subset A$, $\{2\}\subset A$, $\{☆\}\subset A$, $\{\{0, 2\}\}\subset A$

$\{0, 2\}\subset A$, $\{2, ☆\}\subset A$, $\{0, \{0, 2\}\}\subset A$ …이므로

① $\{0, 2\}$는 집합 A의 원소이므로 $\{0, 2\}\in A$ [참]

② $\varnothing$은 모든 집합의 부분집합이므로 $\varnothing\subset A$ [참]

③ $\{0, 2\}$는 집합 A의 부분집합이므로 $\{0, 2\}\subset A$ [참]

④ $\{☆\}$는 집합 A의 부분집합이므로 $\{☆\}\notin A$이고 $\{☆\}\subset A$ [거짓]

⑤ $\{\{0, 2\}\}$는 집합 A의 부분집합이므로 $\{\{0, 2\}\}\notin A$이고 $\{\{0, 2\}\}\subset A$ [거짓]

따라서 옳지 않은 것은 ④, ⑤이다.

확인유제 0367 다음 물음에 답하시오.

(1) 집합 $A=\{0, 1, \{1, 2\}, \varnothing\}$에 대하여 다음 중 옳은 것은?

① $\{1\}\in A$ ② $\{1, 2\}\in A$ ③ $\varnothing\notin A$ ④ $\{1, 2\}\subset A$ ⑤ $\{0, 1, 2\}\subset A$

(2) 집합 $A=\{1, 2, \{2, 3\}, \varnothing\}$에 대하여 옳은 것은?

① $\{\varnothing\}\subset A$ ② $3\in A$ ③ $\{1\}\in A$ ④ $\{1, 2\}\in A$ ⑤ $\{2, 3\}\subset A$

변형문제 0368 두 집합 A, B가 오른쪽 벤 다이어그램과 같을 때, 다음 중 옳지 않은 것은?

① $\{\varnothing\}\subset B$ ② $\{\varnothing, \{\varnothing\}\}\subset B$ ③ $\{3, 5\}\not\subset A$

④ $\{2, 3, 4\}\subset B$ ⑤ $A\subset\{x|x$는 소수인 자연수$\}$

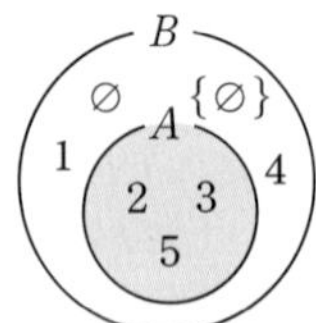

발전문제 0369 세 집합 A, B, C가 $A=\{0, 1, 2\}$, $B=\{2x+y|x\in A, y\in A\}$, $C=\{xy|x\in A, y\in A\}$일 때, 다음 중 옳은 것은?

① $A\subset B\subset C$ ② $A\subset C\subset B$ ③ $B\subset A\subset C$ ④ $B\subset C\subset A$ ⑤ $C\subset B\subset A$

정답 0367 : (1) ② (2) ① 0368 : ③ 0369 : ②

마플개념익힘 02 집합 사이의 포함 관계를 이용하여 미지수 구하기

다음 물음에 답하시오.

(1) 두 집합 $A=\{3, a\}$, $B=\{1, a-5, 16-a\}$에 대하여 $A\subset B$일 때, 상수 a의 값을 구하시오.

(2) 두 집합 $A=\{1, 2, a^2+3a\}$, $B=\{4, a+1, 2a-1\}$에 대하여 $A\subset B$이고 $B\subset A$일 때, 상수 a의 값을 구하시오.

MAPL CORE ▶ 두 집합 A, B에 대하여 $A\subset B$이고 $B\subset A$이면 $A=B$이다.
즉 두 집합 A, B의 원소가 모두 같을 때, 두 집합 A, B는 서로 같다고 한다.

개념익힘풀이

(1) $3\in A$이므로 $A\subset B$이려면 $3\in B$에서 $a-5=3$ 또는 $16-a=3$

$\therefore a=8$ 또는 $a=13$

(ⅰ) $a=8$일 때, $A=\{3, 8\}$, $B=\{1, 3, 8\}$ $\quad\therefore A\subset B$

(ⅱ) $a=13$일 때, $A=\{3, 13\}$, $B=\{1, 3, 8\}$ $\quad\therefore A\not\subset B$

(ⅰ), (ⅱ)에서 $\boldsymbol{a=8}$

(2) $A\subset B$이고 $B\subset A$이므로 $A=B$이다.

즉 두 집합 A, B가 같으므로 원소가 모두 같아야 한다.

$4\in B$이므로 $4\in A$이어야 하므로 $a^2+3a=4$

즉 $a^2+3a-4=0$, $(a-1)(a+4)=0$ $\quad\therefore a=1$ 또는 $a=-4$

(ⅰ) $a=-4$일 때,

$A=\{1, 2, 4\}$, $B=\{-9, -3, 4\}$이므로 $A\neq B$

(ⅱ) $a=1$일 때,

$A=\{1, 2, 4\}$, $B=\{1, 2, 4\}$이므로 $A=B$

(ⅰ), (ⅱ)에서 $A=B$를 만족시키는 a의 값은 **1**이다.

확인유제 0370 다음 물음에 답하시오.

(1) 두 집합 $A=\{3, a+1\}$, $B=\{2, a-1, 2a+1\}$에 대하여 $A\subset B$일 때, 상수 a의 값을 구하시오.

(2) 두 집합 $A=\{1, 2, a^2-1\}$, $B=\{3, a-1, b-1\}$에 대하여 $A\subset B$이고 $B\subset A$일 때, 상수 a, b에 대하여 $a+b$의 값을 구하시오.

변형문제 0371 두 집합

$$A=\{3, 4-2a\},\ B=\{x\mid x^2-bx-18=0\}$$

에 대하여 $A\subset B$이고 $B\subset A$일 때, 상수 a, b에 대하여 $a+b$의 값은?

① -2 ② -1 ③ 1 ④ 2 ⑤ 3

발전문제 0372 두 집합

$$A=\{x\mid -3a\le x\le 6\},\ B=\{x\mid -16<x<3a\}$$

에 대하여 $A\subset B$가 성립하도록 하는 정수 a의 값의 합을 구하시오.

정답 0370 : (1) 1 (2) 5 0371 : ④ 0372 : 12

03 부분집합의 개수

M A P L ; Y O U R M A S T E R P L A N

개념유형

01 부분집합의 개수

원소의 개수가 n개인 집합 A의 부분집합의 개수는 다음과 같다.

집합 $A=\{a_1, a_2, a_3, \cdots, a_n\}$에 대하여

(1) A의 부분집합의 개수 ➡ $\mathbf{2^n}$

(2) A의 진부분집합의 개수 ➡ $\mathbf{2^n-1}$ ◀ 자기 자신 제외

마플해설

집합 $A=\{a, b, c\}$의 부분집합의 개수 공식 유도

집합 A의 부분집합에는 원소 a, b, c가 속하거나 속하지 않는다.

즉 집합 A의 부분집합을 S라 하면 집합 A의 원소 a가 속하는 경우와 속하지 않는 2가지 경우가 있고 그 각각에 대하여 b가 속하는 경우와 속하지 않는 경우가 있으며 다시 그 각각에 대하여 c가 속하는 경우와 속하지 않는 경우가 있다.

따라서 원소의 개수가 3인 집합 A의 부분집합의 개수는

$$2\times2\times2=2^3=8$$

이다. 즉 일반적으로 원소의 개수가 n인 집합의 부분집합의 개수는

$\underbrace{2\times2\times2\times\cdots\times2}_{n\text{개}}=2^n$임을 알 수 있다.

a의 포함 여부	b의 포함 여부	c의 포함 여부		A의 부분집합
○	○	○	➡	$\{a, b, c\}$
		×	➡	$\{a, b\}$
	×	○	➡	$\{a, c\}$
		×	➡	$\{a\}$
×	○	○	➡	$\{b, c\}$
		×	➡	$\{b\}$
	×	○	➡	$\{c\}$
		×	➡	$\varnothing$

또한 집합 A의 진부분집합의 개수는 집합 A의 부분집합에서 자기 자신을 제외한 집합의 개수이므로 2^n-1이다.

원소의 개수가 $1, 2, 3, \cdots, n$개일 때, 부분집합의 개수는 각각 $2^1, 2^2, 2^3, \cdots, 2^n$이다.

보기 01 **집합 $A=\{1, 2, 3, 4, 5\}$에 대하여 다음을 구하시오.**

(1) 집합 A의 부분집합의 개수 (2) 집합 A의 진부분집합의 개수

풀이

(1) 집합 A의 부분집합의 개수는 $2^5=\mathbf{32}$ (2) 집합 A의 진부분집합의 개수는 $2^5-1=\mathbf{31}$

보기 02 **집합 A의 부분집합의 개수를 a, 진부분집합의 개수를 b라 할 때, $a+b=15$이다. 이때 집합 A의 원소의 개수를 구하시오.**

풀이

진부분집합의 개수가 b이므로 $b=a-1$

이때 $a+b=a+(a-1)=15$, $2a=16$ $\therefore a=8$

집합 A의 원소의 개수를 n이라 하면 $2^n=8$에서 $2^n=2^3$ $\therefore \boldsymbol{n=3}$

개념유형

02 특정한 원소를 포함하는(포함하지 않는) 부분집합의 개수

원소의 개수가 n인 집합 $A=\{a_1, a_2, a_3, \cdots, a_n\}$에 대하여 특정한 원소를 반드시 갖거나 갖지 않는 부분집합의 개수는 다음과 같다.

(1) 집합 A의 특정한 원소 r개를 반드시 포함하는 부분집합의 개수 ➡ $\mathbf{2^{n-r}}$ (단, $r<n$)

(2) 집합 A의 특정한 원소 k개를 포함하지 않는 부분집합의 개수 ➡ $\mathbf{2^{n-k}}$ (단, $k<n$)

(3) 집합 A의 특정한 원소 r개를 반드시 포함하고, 특정한 원소 k개를 포함하지 않는 부분집합 개수 ➡ $\mathbf{2^{n-r-k}}$ (단, $r+k<n$)

(4) 집합 A의 부분집합으로 k개의 특정한 원소 중 적어도 하나를 포함하는 부분집합의 개수

➡ **(전체 부분집합의 개수)−(k개의 특정한 원소를 모두 포함하지 않는 부분집합의 개수)**

➡ $\mathbf{2^n-2^{n-k}}$

마플해설 (1), (2) **특정한 원소를 모두 포함하는(포함하지 않는) 부분집합의 개수**

집합 $A=\{a, b, c\}$의 부분집합 $\varnothing$, $\{a\}$, $\{b\}$, $\{c\}$, $\{a, b\}$, $\{a, c\}$, $\{b, c\}$, $\{a, b, c\}$ 중에서

a를 원소로 갖지 않는 부분집합은 $\varnothing$, $\{b\}$, $\{c\}$, $\{b, c\}$이다.

이는 A에서 원소 a를 제외한 집합 $\{b, c\}$의 부분집합과 같다.

즉 a를 원소로 갖지 않는 A의 부분집합의 개수는 $2^{3-1}=2^2=4$ …… ㉠

└ 부분집합에 속하지 않는 원소의 개수

또, a를 반드시 원소로 갖는 부분집합은 $\{a\}$, $\{a, b\}$, $\{a, c\}$, $\{a, b, c\}$이다.

이는 집합 $\{b, c\}$의 부분집합 $\varnothing$, $\{b\}$, $\{c\}$, $\{b, c\}$에 원소 a를 추가한 $\{a\}$, $\{a, b\}$, $\{a, c\}$, $\{a, b, c\}$인 것과 같다.

즉 a를 반드시 원소로 갖는 A의 부분집합의 개수는 $2^{3-1}=2^2=4$ …… ㉡

㉠, ㉡에서 a를 원소로 갖지 않는 부분집합의 개수와 a를 반드시 원소로 갖는 부분집합의 개수는 서로 같음을 알 수 있다.

(3) r개의 특정한 원소는 모두 포함하고 k개의 특정한 원소는 포함하지 않는 부분집합의 개수

집합 $A=\{a, b, c\}$의 부분집합 $\varnothing$, $\{a\}$, $\{b\}$, $\{c\}$, $\{a, b\}$, $\{a, c\}$, $\{b, c\}$, $\{a, b, c\}$ 중에서

a를 반드시 원소로 갖고 b를 원소로 갖지 않는 부분집합은 $\{a\}$, $\{a, c\}$이다.

이는 집합 $\{c\}$의 부분집합 $\varnothing$, $\{c\}$에 a를 추가한 것과 같다.

즉 a를 반드시 원소로 갖고 b를 원소로 갖지 않는 집합 A의 부분집합의 개수는 $2^{3-1-1}=2$

└ 부분집합에 속하지 않는 원소의 개수
└ 부분집합에 속하는 원소의 개수

(4) k개의 특정한 원소 중 적어도 한 개를 포함하는 부분집합의 개수

집합 $A=\{a, b, c\}$에 대하여 집합 A의 부분집합 중에서 원소 a, b를 적어도 한 개 포함하는 부분집합의 개수는

집합 A의 부분집합의 개수에서 원소 a, b를 모두 포함하지 않는 부분집합의 개수를 뺀 것과 같으므로

$2^3-2^{3-2}=8-2=6$ ◀ $\{a\}$, $\{b\}$, $\{a, b\}$, $\{a, c\}$, $\{b, c\}$, $\{a, b, c\}$이다.

 특정한 원소를 포함하는 부분집합과 포함하지 않는 부분집합의 개수는 같다.

➡ 포함하든 포함하지 않든 특정 원소를 제외하고 생각한다.

보기 03 **집합 $A=\{1, 2, 3, 4, 5\}$에 대하여 다음을 구하시오.**

(1) 집합 A의 부분집합 중 원소 1, 2를 포함하는 부분집합의 개수

(2) 집합 A의 부분집합 중 원소 3, 4, 5를 포함하지 않는 부분집합의 개수

(3) 집합 A의 부분집합 중 1, 3은 포함하고 5는 포함하지 않는 부분집합의 개수

풀이

(1) 구하는 부분집합은 1, 2를 빼고 생각한 $\{3, 4, 5\}$의 부분집합과 같으므로 그 개수는 $2^{5-2}=2^3=\mathbf{8}$

(2) 구하는 부분집합은 3, 4, 5를 빼고 생각한 $\{1, 2\}$의 부분집합과 같으므로 그 개수는 $2^{5-3}=2^2=\mathbf{4}$

(3) 구하는 부분집합은 1, 3, 5를 빼고 생각한 $\{2, 4\}$의 부분집합에 1, 3을 포함하는 것과 같으므로

부분집합의 개수는 $2^{5-2-1}=\mathbf{4}$

참고 구하는 부분집합은 집합 A의 원소 중 1, 3, 5를 제외한 나머지 원소들의 집합 $\{2, 4\}$의 모든 부분집합

$\varnothing$, $\{2\}$, $\{4\}$, $\{2, 4\}$의 각각에 1, 3을 넣어 $\{1, 3\}$, $\{1, 2, 3\}$, $\{1, 3, 4\}$, $\{1, 2, 3, 4\}$와 같이 구할 수 있다.

같은문제**다른표현** 집합 $A=\{1, 2, 3, 4, 5\}$의 부분집합 X에 대하여 $\{1, 3\}\subset X$, $5\notin X$를 만족하는 집합 X의 개수 구하기

보기 04 **다음 물음에 답하시오.**

(1) 집합 $A=\{1, 2, 3, \cdots, n\}$의 부분집합 개수가 16일 때 자연수 n의 값을 구하시오.

(2) 집합 $A=\{a_1, a_2, a_3, \cdots, a_n\}$의 부분집합 중 a_2, a_4, a_6을 포함하는 부분집합의 개수가 32일 때, 자연수 n의 값을 구하시오.

(3) 집합 $A=\{a_1, a_2, a_3, \cdots, a_n\}$의 부분집합 중 a_1, a_2는 포함하고, a_3은 포함하지 않는 부분집합의 개수가 64일 때, 자연수 n의 값을 구하시오.

풀이

(1) 부분집합의 개수가 16이므로 $2^n=16$, $2^n=2^4$ $\therefore \boldsymbol{n=4}$

(2) 원소 a_2, a_4, a_6을 포함하는 부분집합의 개수가 32이므로 $2^{n-3}=32$, $2^{n-3}=2^5$에서 $n-3=5$ $\therefore \boldsymbol{n=8}$

(3) 원소 a_1, a_2는 포함하고 a_3은 포함하지 않는 부분집합의 개수가 64이므로 $2^{n-2-1}=64$

$2^{n-3}=2^6$에서 $n-3=6$ $\therefore \boldsymbol{n=9}$

마플개념익힘 01 특정한 원소를 갖거나 갖지 않는 부분집합의 개수

다음 물음에 답하시오.

(1) 집합 $A=\{1, 2, 3, \cdots, n\}$의 부분집합 중에서 1, 2를 반드시 원소로 갖고, 7은 원소로 갖지 않는 부분집합의 개수가 64일 때, 자연수 n의 값을 구하시오.

(2) 집합 $A=\{2, 3, 4, 6, 9\}$의 부분집합 중 적어도 한 개의 3의 배수를 원소로 갖는 부분집합의 개수를 구하시오.

MAPL CORE ▶ 원소의 개수가 n인 집합 A에 대하여

(1) 집합 A의 부분집합으로 r개의 특정한 원소를 모두 포함하는(포함하지 않는) 부분집합의 개수 ➡ 2^{n-r}

(2) 집합 A에서 $k(k<n)$개의 특정한 원소 중 적어도 한 개를 포함하는 집합 A의 부분집합의 개수

➡ 전체 부분집합의 개수에서 '～ 가 아닌' 경우를 제외한 부분집합의 개수

➡ 2^n-2^{n-k} ◀ k개의 특정한 원소를 모두 포함하지 않는 부분집합의 개수

개념익힘풀이

(1) 집합 $A=\{1, 2, 3, \cdots, n\}$의 부분집합 중에서 1, 2를 반드시 원소로 갖고, 7은 원소로 갖지 않는 부분집합의 개수는 2^{n-2-1}이다.

즉 $2^{n-3}=64=2^6$, $n-3=6$

$\therefore$ $\boldsymbol{n=9}$

(2) 구하는 집합의 개수는 집합 A의 부분집합의 개수에서 3의 배수 3, 6, 9를 포함하지 않는 부분집합의 개수를 뺀 것과 같으므로 $2^5-2^{5-3}=32-4=\mathbf{28}$

확인유제 0373 집합 $A=\{1, 2, 3, \cdots, n\}$의 부분집합 중에서 2, 3, 4를 반드시 포함하는 부분집합의 개수가 32일 때, 자연수 n의 값을 구하시오.

변형문제 0374 다음 물음에 답하시오.

(1) 집합 $A=\{1, 2, 3, 4, 5\}$의 부분집합 중에서 홀수가 한 개 이상 속해 있는 집합의 개수는?

① 16 ② 20 ③ 24 ④ 28 ⑤ 32

(2) 집합 $A=\{1, 2, 3, 4, 5, 6\}$의 부분집합 중 적어도 하나의 짝수를 원소로 갖는 부분집합의 개수는?

① 24 ② 36 ③ 42 ④ 50 ⑤ 56

발전문제 0375 집합 S의 원소 중에서 가장 큰 원소를 $M(S)$라 하자.

예를 들어 $S=\{4\}$일 때, $M(S)=4$이고 $S=\{1, 2\}$일 때, $M(S)=2$이다.

집합 $A=\{1, 2, 3, 4, 5\}$의 부분집합 X에 대하여 $M(X)\geq 3$을 만족하는 집합 X의 개수를 구하시오.

정답 0373 : 8 0374 : (1) ④ (2) ⑤ 0375 : 28

마플개념익힘 02 $A \subset X \subset B$를 만족하는 집합 X의 개수

두 집합 $A=\{1, 2, 3\}$, $B=\{1, 2, 3, 4, 5, 6\}$에 대하여 $A \subset X \subset B$를 만족하는 집합 X의 개수를 구하시오.

MAPL CORE ▶ $A \subset X \subset B$를 만족하는 집합 X의 개수는

➡ 집합 B의 부분집합 중에서 집합 A의 모든 원소를 반드시 원소로 갖는 집합의 개수와 같다.

➡ $n(A)=a$, $n(B)=b$일 때, $A \subset X \subset B$를 만족시키는 집합 X의 개수는 2^{b-a}이다.

개념익힘풀이 $\{1, 2, 3\} \subset X \subset \{1, 2, 3, 4, 5, 6\}$이므로

집합 X는 집합 $\{1, 2, 3, 4, 5, 6\}$의 부분집합 중 원소 1, 2, 3을 반드시 포함하는 부분집합이다.

따라서 구하는 집합 X의 개수는 $2^{6-3}=2^3=\mathbf{8}$

참고 집합 $\{1, 2, 3, 4, 5, 6\}$에서 세 원소 1, 2, 3을 제외한 집합 $\{4, 5, 6\}$의 각 부분집합에 1, 2, 3을 포함하는 것과 같다.

집합 $\{4, 5, 6\}$의 부분집합은 $\varnothing$, $\{4\}$, $\{5\}$, $\{6\}$, $\{4, 5\}$, $\{4, 6\}$, $\{5, 6\}$, $\{4, 5, 6\}$이므로

구하는 집합 X는

$\{1, 2, 3\}$, $\{1, 2, 3, 4\}$, $\{1, 2, 3, 5\}$, $\{1, 2, 3, 6\}$, $\{1, 2, 3, 4, 5\}$, $\{1, 2, 3, 4, 6\}$, $\{1, 2, 3, 5, 6\}$, $\{1, 2, 3, 4, 5, 6\}$

확인유제 0376 다음 물음에 답하시오.

(1) 두 집합 $A=\{3, 4\}$, $B=\{x \mid x$는 12의 양의 약수$\}$에 대하여

$$A \subset X \subset B$$

를 만족하는 집합 X의 개수를 구하시오.

(2) 두 집합 $A=\{2, 3, 5, 7, 11, 13, 15\}$, $B=\{2, 3, 5\}$에 대하여

$$B \subset X \subset A,\ X \neq A,\ X \neq B$$

를 만족시키는 집합 X의 개수를 구하시오.

변형문제 0377 다음 물음에 답하시오.

(1) 두 집합 $A=\{1, 3, 5, 7, 9\}$, $B=\{x \mid x$는 10 이하의 자연수$\}$에 대하여 $C=\{x \mid x \in B$이고 $x \notin A\}$일 때, $C \subset X \subset B$를 만족시키는 집합 X의 개수는?

① 12 ② 16 ③ 30 ④ 32 ⑤ 64

(2) 두 집합 $A=\{x \mid x$는 $x^2-4x+3 \leq 0$인 정수$\}$, $B=\{x \mid x$는 k 이하의 자연수$\}$에 대하여 $A \subset X \subset B$를 만족시키는 집합 X의 개수가 64일 때, 자연수 k의 값은?

① 6 ② 8 ③ 9 ④ 10 ⑤ 12

발전문제 0378 두 집합 $A=\{x \mid x$는 $x^2<4$인 정수$\}$, $B=\{x \mid x$는 $|x|<4$인 정수$\}$에 대하여 다음 조건을 만족시키는 집합 X의 개수를 구하시오.

(가) $A \subset X \subset B$
(나) 집합 X의 원소의 개수는 5 이상이다.

정답 0376 : (1) 16 (2) 14 0377 : (1) ④ (2) ③ 0378 : 11

마플개념익힘 03 부분집합의 활용 (1)

집합

$$A=\left\{n \,\middle|\, \left(\frac{1-i}{1+i}\right)^n=1,\ n\text{은 40 이하의 자연수}\right\}$$

에 대하여 다음 조건을 만족하는 집합 A의 부분집합 X의 개수를 구하시오. (단, $\sqrt{-1}=i$)

(가) 집합 X의 원소 중 가장 작은 수는 16이다.
(나) 집합 X의 원소 중 가장 큰 수는 32이다.

MAPL CORE ▶ 집합 A를 원소나열법으로 나타낸 후 집합 A가 반드시 원소로 갖는 수와 원소로 갖지 않는 수를 찾아 집합 A의 부분집합 X의 개수를 구한다.

개념익힘풀이 $\frac{1-i}{1+i}=\frac{(1-i)^2}{(1+i)(1-i)}=\frac{-2i}{2}=-i$이므로

$A=\{n \mid (-i)^n=1,\ n$은 40 이하의 자연수$\}$

이때 $(-i)^1=-i,\ (-i)^2=-1,\ (-i)^3=i,\ (-i)^4=1,\ (-i)^5=-i,\ \cdots$

이므로 $(-i)^n=1$을 만족하는 자연수 n은 4의 배수이다.

즉 $A=\{4, 8, 12, 16, 20, \cdots, 40\}$이므로 집합 A의 원소의 개수는 10개이다.

조건 (가)에서 집합 X의 원소 중 가장 작은 수는 16이므로 집합 X는 4, 8, 12는 원소로 갖지 않고 16은 반드시 원소로 가져야 한다.

또, 조건 (나)에서 집합 X의 원소 중 가장 큰 수는 32이므로 집합 X는 36, 40은 원소로 갖지 않고 32는 반드시 원소로 가져야 한다.

따라서 집합 X는 집합 A의 부분집합 중에서 16, 32는 반드시 원소로 갖고 4, 8, 12, 36, 40을 원소로 갖지 않아야 하므로

집합 X의 개수는 $2^{10-2-5}=2^3=$ **8**

확인유제 0379 집합 $A=\{1, 2, 3, \cdots, 10\}$에 대하여 다음 조건을 만족하는 집합 A의 부분집합 X의 개수를 구하시오.

(가) 집합 X의 원소 중 가장 작은 수는 3이다.
(나) 집합 X의 원소 중 가장 큰 수는 8이다.

변형문제 0380 집합 $X=\{x \mid x$는 10 이하의 자연수$\}$의 원소 n에 대하여 X의 부분집합 중 n을 최소의 원소로 갖는 모든 집합의 개수를 $f(n)$이라 할 때, $f(5)+f(6)+f(7)+f(8)+f(9)$의 값은?

① 26 ② 32 ③ 42 ④ 56 ⑤ 62

발전문제 0381 집합 $S=\{1, 2, 3, 4, 5\}$의 부분집합 중 원소의 개수가 2개 이상인 모든 집합에 대하여 각 집합의 가장 작은 원소를 모두 더한 값은?

① 42 ② 46 ③ 50 ④ 54 ⑤ 58

정답 0379 : 16 0380 : ⑤ 0381 : ①

마플개념익힘 04 부분집합의 활용 (2)

집합 $A=\{1, 2, 3, 4, a\}$의 공집합을 제외한 모든 진부분집합을 $A_1, A_2, A_3, \cdots, A_n$이라 하고, 집합 A_i의 모든 원소의 합을 $s_i(i=1, 2, 3, \cdots, n)$이라 하자. $s_1+s_2+s_3+\cdots s_n=240$일 때, $n+a$의 값을 구하시오.

MAPL CORE ▶ 집합 A를 원소나열법으로 나타낸 후 집합 A가 반드시 원소로 갖는 수와 원소로 갖지 않는 수를 찾아 집합 A의 부분집합 X의 개수를 구한다.

개념익힘풀이 공집합을 제외한 집합 A의 진부분집합의 개수는

$2^5-2=30$이므로 $n=30$이다.

공집합 $\varnothing$과 자기 자신의 집합 A를 제외한다.

또한, 원소 1을 포함하는 부분집합의 개수는 $2^{5-1}=16$이고,

같은 방법으로 원소 2, 3, 4, a에 대해서도 부분집합이 각각 16개씩 존재한다.

그러므로 집합 A의 모든 부분집합의 모든 원소의 합은

$16(1+2+3+4+a)$

이때 집합 $A=\{1, 2, 3, 4, a\}$는 집합 A의 진부분집합이 아니므로

$$\begin{aligned} s_1+s_2+s_3+\cdots s_n &= 16(1+2+3+4+a)-(1+2+3+4+a) \\ &= 15(1+2+3+4+a) \\ &= 150+15a \end{aligned}$$

$150+15a=240$에서 $a=6$

따라서 $n+a=30+6=$**36**

확인유제 0382 다음 물음에 답하시오.

(1) 집합 $A=\{-1, 0, 1, a, b\}$의 공집합을 제외한 모든 진부분집합을 $A_1, A_2, A_3, \cdots, A_n$이라 하고, 집합 A_i의 모든 원소의 합을 $s_i(i=1, 2, 3, \cdots, n)$이라 하자. $s_1+s_2+s_3+\cdots+s_n=90$일 때, $n+a+b$의 값을 구하시오. (단, $a>b>1$)

(2) 집합 $A=\{x|x$는 10 이하의 자연수$\}$의 부분집합 중에서 원소의 개수가 2인 부분집합을 각각 $X_1, X_2, X_3, \cdots, X_n$이라 하고, 집합 X_n의 모든 원소의 합을 S_n이라 하자. 이때 $S_1+S_2+S_3+\cdots+S_n$의 값을 구하시오.

변형문제 0383 집합 $S=\{2, 4, 6, 8, 10, 12\}$의 공집합이 아닌 서로 다른 부분집합을 $A_1, A_2, A_3, \cdots, A_n$($n$은 자연수)이라 하자. 집합 $A_k(k=1, 2, 3, \cdots, n)$의 원소 중 최솟값을 a_k라 할 때, $a_1+a_2+a_3+\cdots+a_n$의 값은?

① 236 ② 240 ③ 244 ④ 248 ⑤ 252

발전문제 0384 집합 $A=\{2, 4, 6, 8, 10\}$의 부분집합 중에서 원소의 개수가 2 이상인 모든 부분집합을 $A_1, A_2, A_3, \cdots, A_n$이라 하고, 집합 $A_k(k=1, 2, 3, \cdots, n)$의 원소 중 가장 큰 수를 M_k라 하자. $M_1+M_2+M_3+\cdots+M_n$의 값을 구하시오.

정답 0382 : (1) 36 (2) 495 0383 : ② 0384 : 228

01 부분집합을 원소로 하는 집합

보충유형

(1) 멱집합의 정의

집합 A의 모든 부분집합을 원소로 갖는 집합을 A의 멱집합이라 하고 다음과 같이 표현한다.

$$P(A)=\{X \mid X \subset A\}$$

예를 들면 집합 $A=\{1, 2\}$이면 $P(A)$는 A의 부분집합 $\varnothing$, $\{1\}$, $\{2\}$, $\{1, 2\}$를 원소로 갖는 집합이다.

즉 $P(A)=\{X \mid X \subset A\}=\{\varnothing, \{1\}, \{2\}, \{1, 2\}\}$

(2) 멱집합의 성질

집합 A에 대하여 $P(A)$를 $P(A)=\{X \mid X \subset A\}$로 정의할 때, 다음이 성립한다.

① $n(A)=m$일 때, $n(P(A))=2^{n(A)}=2^m$(개)

② $\varnothing \in P(A)$, $\varnothing \subset P(A)$

③ $A \in P(A)$, $\{A\} \subset P(A)$

④ $X \in P(A)$, $Y \in P(A)$이면 $X \cup Y \in P(A)$, $X \cap Y \in P(A)$

마플해설 멱집합의 성질의 이해

① 집합 A의 원소의 개수가 m일 때, A의 모든 부분집합의 개수는 2^m이므로 A의 모든 부분집합을 원소로 하는 집합 A의 멱집합 $P(A)$의 원소의 개수는 $n(P(A))=2^m=2^{n(A)}$이다.

② $\varnothing$은 모든 집합의 부분집합이므로 임의의 멱집합의 원소인 동시에 부분집합이 된다.
즉 $\varnothing \in P(A)$, $\varnothing \subset P(A)$이다.

③ 집합 A는 집합 $P(A)$의 원소이므로 $A \in P(A)$
A를 원소로 하는 부분집합 $\{A\}$는 $P(A)$의 부분집합이므로 $\{A\} \subset P(A)$

④ $X \in P(A)$, $Y \in P(A)$이면 X, Y가 A의 부분집합이므로 $X \cup Y \subset A$, $X \cap Y \subset A$이다.
즉 $X \cup Y \in P(A)$, $X \cap Y \in P(A)$

보기 01 집합 $A=\{1, 2, \{1, 2\}\}$에 대하여

$$P(A)=\{X \mid X \subset A\}$$

라 할 때, 다음 중 옳지 않은 것을 모두 고르시오.

① $\{1, 2\} \in P(A)$ ② $\{1, 2\} \subset P(A)$ ③ $\varnothing \in P(A)$

④ $\varnothing \subset P(A)$ ⑤ $A \in P(A)$ ⑥ $A \subset P(A)$

풀이 $P(A)$는 집합 $A=\{1, 2, \{1, 2\}\}$의 부분집합들을 원소로 가지므로

$P(A)=\{\varnothing, \{1\}, \{2\}, \{\{1, 2\}\}, \{1, 2\}, \{1, \{1, 2\}\}, \{2, \{1, 2\}\}, \{1, 2, \{1, 2\}\}\}$

따라서 $\{1, 2\} \in P(A)$, $\{A\} \subset P(A)$이므로 옳지 않은 것은 ②, ⑥이다.

보기 02 집합 $A=\{1, 2, 3\}$에 대하여

$$P(A)=\{X \mid X \subset A\}$$

으로 정의할 때, $P(P(A))$의 원소의 개수를 구하시오.

풀이 $P(A)$는 집합 A의 부분집합들을 원소로 가지므로 $P(A)$의 원소의 개수는 $2^3=8$ ◀ $n(P(A))=2^3=8$

즉 $P(A)=\{\varnothing, \{1\}, \{2\}, \{3\}, \{1, 2\}, \{1, 3\}, \{2, 3\}, \{1, 2, 3\}\}$

따라서 $P(P(A))$는 $P(A)$의 부분집합들을 원소로 가지므로 $P(P(A))$의 원소의 개수는 $2^8=\mathbf{256}$

◀ $P(P(A))=\{\varnothing, \{\varnothing\}, \{\{1\}\}, \cdots, \{\{\varnothing\}, \{1\}, \{2\}, \cdots \{1, 2, 3\}\}\}$

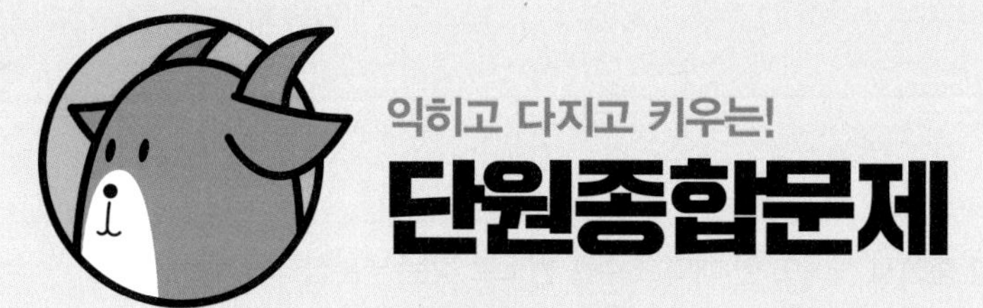

BASIC

개념을 **익히는** 문제

0385

집합과 원소

집합 $A=\{1,\ 2,\ \{1,\ 2\},\ 3\}$일 때, 다음 중 옳지 않은 것은?

① $1\in A$　② $\{1,\ 2\}\subset A$　③ $\{1,\ 2\}\in A$　④ $\{1,\ 2,\ 3\}\subset A$　⑤ $\{2,\ 3\}\in A$

0386

서로 같은 집합

다음 물음에 답하시오.

(1) 두 집합 $A=\{a-1,\ a+5,\ 3\}$, $B=\{a^2-2a,\ -2,\ 4\}$에 대하여 $A=B$일 때, 상수 a의 값은?

① -2　② -1　③ 1　④ 2　⑤ 3

(2) 두 집합 $A=\{a+2,\ a^2-2\}$, $B=\{2,\ 6-a\}$ 에 대하여 $A=B$일 때, a의 값은?

① -2　② -1　③ 0　④ 1　⑤ 2

0387

특정한 원소를 갖거나 갖지 않는 부분집합의 개수

다음 물음에 답하시오.

(1) 전체집합 $U=\{1,\ 2,\ 3,\ 4,\ 5\}$에 대하여 $\{1,\ 2\}\subset X$를 만족시키는 U의 모든 부분집합 X의 개수는?

① 4　② 6　③ 8　④ 10　⑤ 12

(2) 전체집합 $U=\{1,\ 2,\ 3,\ 4,\ 5,\ 6\}$의 부분집합 A가 $\{1,\ 2\}\subset A$, $6\notin A$를 만족할 때, 집합 A의 개수는?

① 2　② 4　③ 8　④ 16　⑤ 32

0388

집합 사이의 포함 관계

세 집합

$$A=\{-1,\ 0,\ 1\},\ B=\{x+y\,|\,x\in A,\ y\in A\},\ C=\{xy\,|\,x\in A,\ y\in A\}$$

사이의 포함 관계를 바르게 나타낸 것은?

① $A\subset B\subset C$　② $A=C\subset B$　③ $B\subset A=C$　④ $B\subset C\subset A$　⑤ $C=B\subset A$

0389

집합의 원소의 개수의 진위 판단

두 집합 A, B에 대하여 옳은 것만을 [보기]에서 있는 대로 고른 것은?

ㄱ. $n(A)=n(\varnothing)$이면 $A=\varnothing$
ㄴ. $A\subset B$이면 $n(A)<n(B)$
ㄷ. $n(A)<n(B)$이면 $A\subset B$

① ㄱ　② ㄱ, ㄴ　③ ㄱ, ㄷ　④ ㄴ, ㄷ　⑤ ㄱ, ㄴ, ㄷ

0390

특정한 원소를 갖거나 갖지 않는 부분집합의 개수

다음 물음에 답하시오.

(1) 집합 $S=\{x\,|\,x=4k,\ k$는 10 이하의 자연수$\}$에 대하여 $4\in X$, $16\in X$, $8\notin X$를 모두 만족시키는 집합 S의 부분집합 X의 개수는?

① 32　② 64　③ 128　④ 256　⑤ 512

(2) 집합 $A=\{1,\ 3,\ 5,\ 7,\ 9,\ 11,\ 13,\ 15\}$에 대하여 $\{1,\ 5,\ 11\}\subset X$, $3\notin X$, $15\notin X$를 만족시키는 집합 A의 부분집합 X의 개수는?

① 4　② 8　③ 16　④ 32　⑤ 64

정답 0385 : ⑤　0386 : (1) ② (2) ⑤　0387 : (1) ③ (2) ③　0388 : ②　0389 : ①　0390 : (1) ③ (2) ②

0391

적어도가 있는 부분집합의 개수

다음 물음에 답하시오.

(1) 집합 $A=\{1, 2, 3, 4, 5, 6, 7\}$의 부분집합 중에서 적어도 한 개의 소수를 원소로 갖는 부분집합의 개수는?

① 36 ② 60 ③ 80 ④ 120 ⑤ 248

(2) 집합 $A=\left\{x \mid x=\frac{18}{n},\ n\text{은 자연수}\right\}$의 부분집합 중에서 적어도 한 개의 홀수를 원소로 갖는 부분집합의 개수는?

① 26 ② 36 ③ 56 ④ 66 ⑤ 72

0392

특정한 원소를 갖거나 갖지 않는 부분집합의 개수

집합 $A=\{x \mid x\text{는 } k \text{ 이하의 자연수}\}$의 부분집합 중 1, 4, 8을 반드시 원소로 갖고 5, 9를 원소로 갖지 않는 부분집합의 개수가 64일 때, 자연수 k의 값은? (단, $k \geq 9$)

① 10 ② 11 ③ 12 ④ 13 ⑤ 14

0393

$A\subset X\subset B$를 만족시키는 집합 X의 개수

다음 물음에 답하시오.

(1) 두 집합 $A=\{x \mid x\text{는 4의 약수}\}$, $B=\{x \mid x\text{는 12의 약수}\}$에 대하여 $A\subset X\subset B$를 만족시키는 집합 X의 개수는?

① 4 ② 8 ③ 16 ④ 32 ⑤ 64

(2) 두 집합 $A=\{x \mid x^2-7x-8<0,\ x\text{는 정수}\}$, $B=\{x \mid x^2-7x+10=0\}$에 대하여 $B\subset X\subset A$를 만족시키는 집합 X의 개수는?

① 16 ② 32 ③ 64 ④ 128 ⑤ 256

0394

$B\subset A$

두 집합

$$A=\{x \mid x^2-2x-35\leq 0\},\ B=\{x \mid |x|\leq k\}$$

에 대하여 $B\subset A$가 성립하도록 하는 자연수 k의 값의 합을 구하시오.

0395

집합의 사이의 포함 관계

다음 물음에 답하시오.

(1) 자연수 n에 대하여 자연수 전체집합의 부분집합 A_n을 다음과 같이 정의하자.

$$A_n=\{x \mid x\text{는 } \sqrt{n} \text{ 이하의 짝수}\}$$

$A_n\subset A_{50}$을 만족시키는 n의 최댓값을 구하시오.

(2) 자연수 n에 대하여

$$A_n=\{x \mid x\text{는 } \sqrt{4n} \text{ 이하의 홀수}\}$$

일 때, $A_n\subset A_{100}$을 만족시키는 n의 최댓값을 구하시오.

0396

집합의 원소의 개수의 진위 판단

두 집합 A, B에 대하여 다음 [보기] 중 옳은 것을 모두 고른 것은?

ㄱ. $n(A)=n(B)$이면 $A=B$

ㄴ. $n(A)=0$이면 $A=\varnothing$

ㄷ. $A=\left\{x \mid x=\frac{4}{n},\ x, n\text{은 정수},\ n\neq 0\right\}$일 때, $n(A)=6$

ㄹ. 자연수를 원소로 갖는 집합 A가 '$x\in A$이면 $6-x\in A$'를 만족시킬 때, 집합 A의 개수는 7이다.

① ㄱ, ㄷ ② ㄴ, ㄹ ③ ㄱ, ㄴ, ㄹ ④ ㄴ, ㄷ, ㄹ ⑤ ㄱ, ㄴ, ㄷ, ㄹ

정답 0391 : (1) ④ (2) ③ 0392 : ② 0393 : (1) ② (2) ③ 0394 : 15 0395 : (1) 63 (2) 110 0396 : ④

NORMAL

개념을 **다지는** 문제

0397

집합 사이의 포함 관계

실수 a에 대하여 두 집합 A, B를 $A=\{-1, 0, a\}$, $B=\{-2, -1, 0, a, 2a\}$라 하고, 집합 C를 $C=\{x+y \mid x\in A, y\in A\}$라 하자. $B=C$일 때, a의 값은? (단, $a(a-1)\neq 0$)

① -3　② -2　③ -1　④ 2　⑤ 3

0398

특정한 원소를 갖거나 갖지 않는 부분집합의 개수

집합 $X=\{1, 2, 3, 4, 5, 6, 7\}$의 부분집합 중 두 개의 짝수를 원소로 갖는 부분집합의 개수는?

① 32　② 36　③ 40　④ 44　⑤ 48

0399

원소의 개수가 같도록 하는 경우

두 집합

$$A=\{x \mid x^2-6x+10=0,\ x\text{는 실수}\},\ B=\{x \mid x^2-2kx+9k=0,\ x\text{는 실수}\}$$

$n(A)=n(B)$가 성립하도록 하는 정수 k의 개수를 구하시오.

0400

부분집합의 개수의 활용

다음 물음에 답하시오.

(1) 집합 $A=\{1, 2, 3, 4\}$의 서로 다른 16개의 부분집합을 각각 A_1, A_2, $\cdots$, A_{16}이라 하자. 집합 A_k의 원소의 합을 $a_k(k=1, 2, \cdots, 16)$라 할 때, $a_1+a_2+\cdots+a_{16}$의 값을 구하시오. (단, 공집합의 원소의 합은 0으로 간주한다.)

(2) 집합 $A=\{1, 2, 3, 4, x\}$의 모든 부분집합들의 원소들의 총합이 256일 때, 실수 x의 값을 구하시오. (단, $n(A)=5$)

0401

서로 같은 집합에서 미지수 구하기

서술형

두 집합 $A=\{x \mid x^2+ax-6=0\}$, $B=\{b, -3\}$에 대하여 $A\subset B$, $B\subset A$일 때, $a+b$의 값을 구하는 과정을 다음 단계로 서술하시오.

[1단계] 상수 a의 값을 구한다. [4점]
[2단계] 상수 b의 값을 구한다. [4점]
[3단계] $a+b$의 값을 구한다. [2점]

0402

$A\subset X\subset B$를 만족하는 집합 X의 개수

서술형

자연수 전체의 집합의 두 부분집합

$$A=\left\{x \mid x=\frac{6}{n},\ n\text{은 자연수}\right\},\ B=\left\{x \mid x=\frac{30}{n},\ n\text{은 자연수}\right\}$$

에 대하여 $A\subset X\subset B$이고 $X\neq A$, $X\neq B$를 만족시키는 집합 X의 개수를 구하는 과정을 다음 단계로 서술하시오.

[1단계] 두 집합을 원소나열법으로 나타낸다. [3점]
[2단계] $A\subset X\subset B$를 만족시키는 집합 X의 개수를 구한다. [4점]
[3단계] $A\subset X\subset B$이고 $X\neq A$, $X\neq B$를 만족시키는 집합 X의 개수를 구한다. [3점]

정답 0397 : ③　0398 : ⑤　0399 : 8　0400 : (1) 80 (2) 6　0401 : 해설참조　0402 : 해설참조

0403 부분집합의 활용

세 집합 A, B, C에 대하여 옳은 것만을 [보기]에서 있는 대로 고르시오.

ㄱ. $n(A)=n(B)$이면 $A=B$
ㄴ. $A\subset C$, $B\subset C$이면 $A=B$
ㄷ. $A\subset B$, $A\subset C$이면 $B=C$
ㄹ. $A\subset B$이면 $n(A)\le n(B)$
ㅁ. $A\subset B\subset C$이면 $n(A)<n(C)$
ㅂ. $n(A)<n(B)$이고 $n(B)<n(C)$이면 $A\subset C$

0404 부분집합의 활용

다음 물음에 답하시오.

(1) 집합 $A=\{3, 4, 5, 6, 7\}$에 대하여 다음 조건을 만족시키는 집합 A의 모든 부분집합 X의 개수를 구하시오.

(가) $n(X)\ge 2$
(나) 집합 X의 모든 원소의 곱은 6의 배수이다.

(2) 집합 $A=\{1, 2, 3, 4, 5, 6\}$에 대하여 다음 조건을 만족시키는 집합 A의 모든 부분집합 X의 개수를 구하시오.

(가) $n(X)\ge 2$
(나) 집합 X의 모든 원소의 합은 홀수이다.

(3) 두 집합 $A=\{1, 2, 3, 4, 5\}$, $B=\{1, 2\}$에 대하여 다음을 만족시키는 집합 X의 개수를 구하시오.

(가) $B\subset X\subset A$
(나) $n(X)\ge 4$

0405 집합의 포함 관계

다음 세 조건을 만족하는 집합 X의 개수를 구하시오.

(가) $X\ne\varnothing$
(나) 모든 원소가 자연수이다.
(다) $x\in X$이면 $(9-x)\in X$이다.

0406 집합 사이의 포함 관계를 이용하여 미지수 구하기

두 집합

$$A=\{x\,|\,x\text{는 } x^2-ax+8=0\text{인 실수}\},\ B=\{1, 2, 4\}$$

에 대하여 $A\subset B$를 만족하는 자연수 a의 개수를 구하시오.

0407 부분집합의 활용

집합 $S=\left\{1, \frac{1}{2}, \frac{1}{2^2}, \frac{1}{2^3}, \frac{1}{2^4}\right\}$의 공집합이 아닌 서로 다른 부분집합을 A_1, A_2, A_3, $\cdots$, A_{31}이라고 하자.
이때 집합 A_i의 원소 중에서 최소인 것을 $a_i(i=1, 2, 3, \cdots, 31)$라고 할 때, $a_1+a_2+a_3+\cdots+a_{31}$의 값을 구하시오.

정답 0403 : ㄹ 0404 : (1) 19 (2) 29 (3) 4 0405 : 15 0406 : 6 0407 : 5

04 집합의 연산

MAPL; YOURMASTERPLAN

01 합집합과 교집합

개념유형

(1) **합집합**

두 집합 A, B에 대하여 집합 A에 속하거나 집합 B에 속하는 모든 원소로 이루어진 집합을 A와 B의 합집합이라 하고, 이것을 기호로 $A\cup B$와 같이 나타낸다.

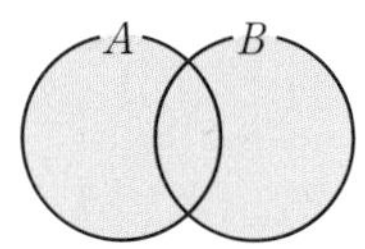

$$A\cup B=\{x\,|\,x\in A \text{ 또는 } x\in B\}$$ ◀ A에 속하거나 B에 속한다.

(2) **교집합**

두 집합 A, B에 대하여 A와 B에 모두 속하는 원소로 이루어진 집합을 A와 B의 교집합이라 하고, 이것을 기호로 $A\cap B$와 같이 나타낸다.

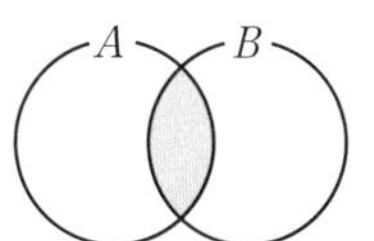

$$A\cap B=\{x\,|\,x\in A \text{ 그리고 } x\in B\}$$ ◀ A에 속하고 동시에 B에 속한다.

(3) **서로소**

두 집합 A, B에 대하여 A와 B의 공통인 원소가 없을 때,

즉 $A\cap B=\varnothing$일 때, A와 B는 서로소 (disjoint)라고 한다.

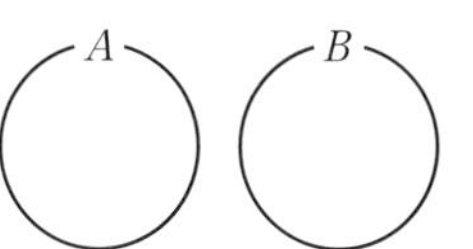

참고 $A\cap\varnothing=\varnothing$이므로 공집합은 모든 집합과 공통인 원소가 없으므로 공집합은 모든 집합과 서로소이다.

보기 01 **세 집합 $A=\{1, 2, 3, 5\}$, $B=\{1, 2, 7, 8\}$에 대하여 다음을 구하시오.**

(1) $A\cap B$ (2) $A\cup B$

풀이 (1) $A\cap B=\{1, 2\}$

(2) $A\cup B=\{1, 2, 3, 5, 7, 8\}$

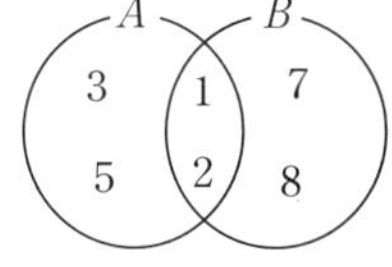

보기 02 **다음 두 집합 A, B가 서로소인지 아닌지 구하시오.**

(1) $A=\{x\,|\,x$는 유리수$\}$, $B=\{x\,|\,x$는 무리수$\}$ (2) $A=\{1, 2, 3, 4\}$, $B=\{4, 5, 6, 7\}$

풀이 (1) $A\cap B=\varnothing$이므로 **두 집합 A, B는 서로소이다.**

(2) $A\cap B=\{4\}$이므로 **두 집합 A, B는 서로소가 아니다.**

02 합집합과 교집합의 성질

개념유형

전체집합 U의 두 부분집합 A, B에 대하여 다음이 성립한다.

(1) $A\cup A=A$, $A\cap A=A$

(2) $A\cup\varnothing=A$, $A\cap\varnothing=\varnothing$ ◀ 공집합의 성질

(3) $A\subset(A\cup B)$, $B\subset(A\cup B)$, $(A\cap B)\subset A$, $(A\cap B)\subset B$

(4) $A\cup(A\cap B)=A$, $A\cap(A\cup B)=A$ ◀ 흡수법칙

마플해설 (1), (2), (3)이 성립함을 모두 벤 다이어그램을 이용하면 쉽게 정리한다. (4)가 성립함을 벤 다이어그램을 이용하여 확인한다.

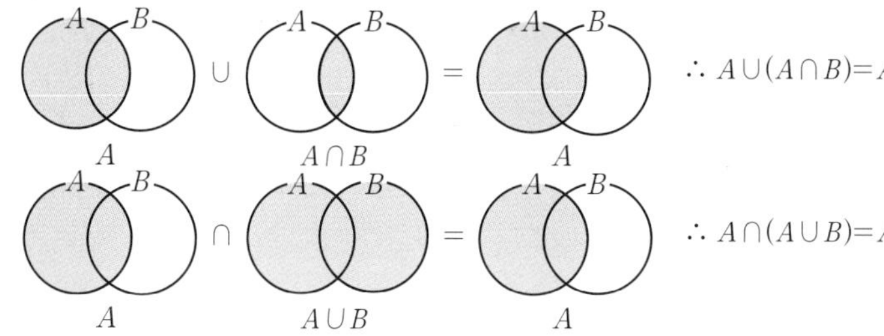

개념유형

03 여집합과 차집합

(1) **전체집합**

어떤 집합에 대하여 그 부분집합을 생각할 때, 처음에 주어진 집합을 전체집합이라 하고 이것을 기호로 U와 같이 나타낸다.

(2) **여집합**

전체집합 U의 부분집합 A에 대하여 집합 U에는 속하지만 집합 A에는 속하지 않는 원소로 이루어진 집합을 전체집합 U에 대한 A의 여집합이라 하고 이것을 기호로 A^c와 같이 나타낸다.

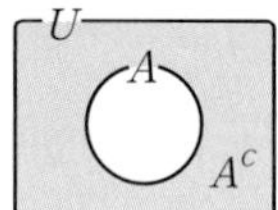

$$A^c=\{x|x\in U \text{ 그리고 } x\notin A\}=U-A$$

(3) **차집합**

두 집합 A, B에 대하여 집합 A에는 속하지만 집합 B에는 속하지 않는 원소로 이루어진 집합을 A에 대한 B의 차집합이라 하고 이것을 기호로 $A-B$와 같이 나타낸다.

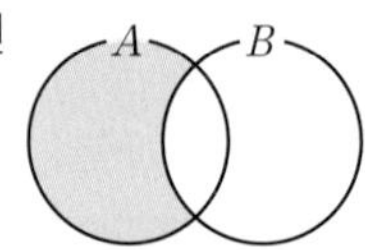

$$A-B=\{x|x\in A \text{ 그리고 } x\notin B\}=A\cap B^c$$

주의 두 집합 A, B에 대하여 $A-B$는 A에서 B를 뺀 집합이 아니라 집합 A에서 집합 B의 원소를 제외한 나머지 원소로 이루어진 새로운 집합을 나타낸다.

참고 기호 U는 전체를 뜻하는 Universal set의 첫 글자이고 기호 A^c의 c는 여집합을 뜻하는 complement set의 첫 글자이다.

마플해설

(1) $A\cup U=U$, $A\cap U=A$ ◀ 전체집합의 성질

(2) 오른쪽 벤 다이어그램과 같이 $A-B$와 $B-A$는 서로 다른 집합임에 주의한다.

(3) 집합 A의 여집합 A^c는 전체집합 U에 대한 A의 차집합과 같다.

즉 $A^c=U-A$

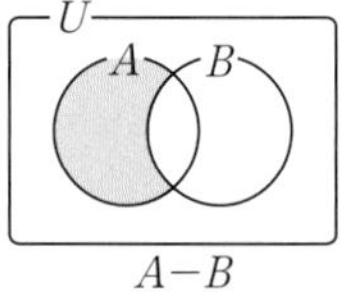

$A-B$

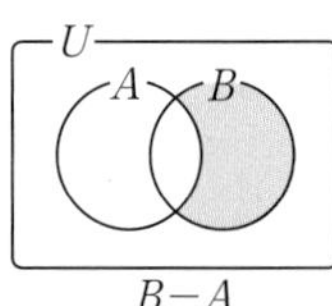

$B-A$

보기 03 전체집합 $U=\{1, 2, 3, 4, 5, 6, 7, 8\}$의 두 부분집합 $A=\{1, 2, 3, 4\}$, $B=\{2, 4, 5, 7\}$에 대하여 다음을 구하시오.

(1) A^c (2) B^c (3) $(A\cup B)^c$

(4) $A-B$ (5) $B-A$

풀이 집합 U, A, B를 벤 다이어그램으로 나타내면 오른쪽 그림과 같다.

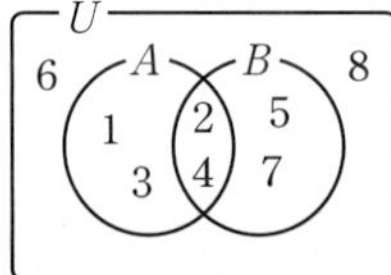

(1) $A^c=\{\mathbf{5, 6, 7, 8}\}$ (2) $B^c=\{\mathbf{1, 3, 6, 8}\}$ (3) $(A\cup B)^c=\{\mathbf{6, 8}\}$

(4) $A-B$는 A의 원소 중 B에 있는 원소를 지우면 되므로 $A-B=\{\mathbf{1, 3}\}$

(5) $B-A$는 B의 원소 중 A에 있는 원소를 지우면 되므로 $B-A=\{\mathbf{5, 7}\}$

참고 $A-B\neq B-A$

개념유형

04 여집합과 차집합의 성질

전체집합 U의 두 부분집합 A, B에 대하여 다음이 성립한다.

① $A\cap A^c=\varnothing$, $A\cup A^c=U$ ② $U^c=\varnothing$, $\varnothing^c=U$

③ $(A^c)^c=A$ ④ $U-A=A^c$

⑤ $A-B=A\cap B^c=A-(A\cap B)=(A\cup B)-B$

마플해설 $A-B=A\cap B^c$임을 확인할 수 있다.

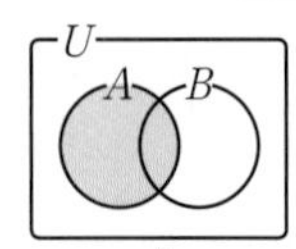

A

$\cap$

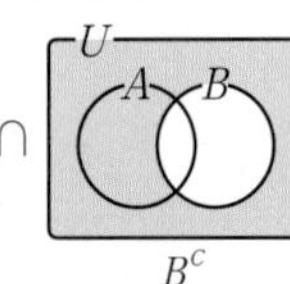

B^c

$=$

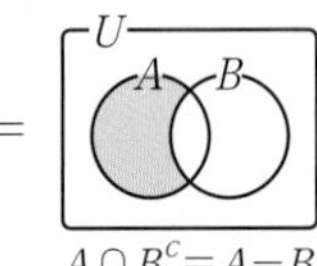

$A\cap B^c=A-B$

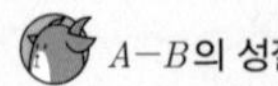

$A-B$의 성질

① $A-B=A-(A\cap B)=(A\cup B)-B$

② $A-B\subset A$, $B-A\subset B$

③ $(A-B)\cap(B-A)=\varnothing$

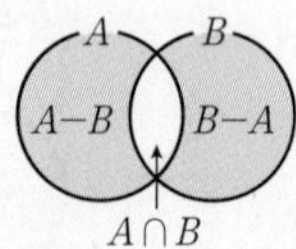

개념유형

05 집합의 연산을 이용한 같은 표현

전체집합 U의 두 부분집합 A, B에 대하여 다음이 모두 같은 표현이다.

(1) $A\subset B$**인 부분집합의 같은 표현**

① $A\cap B=A$
② $A\cup B=B$
③ $A-B=\varnothing$ ◀ $A\cap B^{c}=\varnothing$
④ $B^{c}\subset A^{c}$ ◀ $B^{c}-A^{c}=\varnothing$
⑤ $A^{c}\cup B=U$ (전체집합)

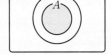

(2) $A\cap B=\varnothing$**인 서로소의 같은 표현**

① $A\subset B^{c}$
② $B\subset A^{c}$
③ $A-B=A$, $B-A=B$
④ $A^{c}-B^{c}=B$ ◀ $A^{c}-B^{c}=A^{c}\cap(B^{c})^{c}=A^{c}\cap B=B$
⑤ $A^{c}\cup B^{c}=U$ ◀ $A^{c}\cup B^{c}=(A\cap B)^{c}=\varnothing^{c}=U$

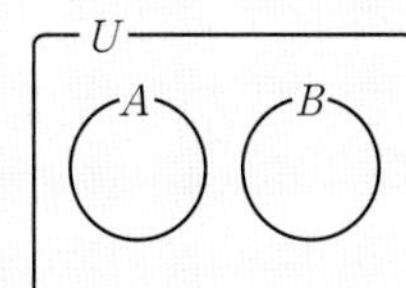

마플해설 두 집합 A, B에 대하여 $A\subset B$일 때, $B^{c}\subset A^{c}$이 성립함을 벤 다이어그램에 색칠하여 확인하시오.

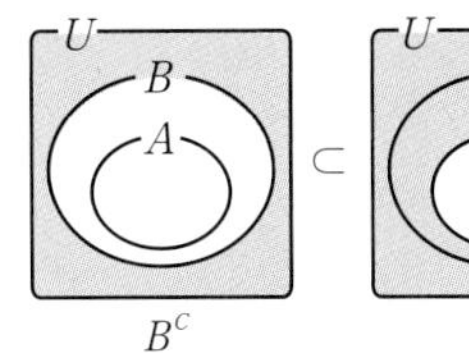

$\therefore B^{c}\subset A^{c}$

보기 04 **전체집합 U의 두 부분집합 A, B에 대하여 $A\subset B$일 때, 다음 중 항상 성립하는 것이 아닌 것은?**

① $A\cup B=B$ ② $A\cap B=A$ ③ $A-B=\varnothing$
④ $B^{c}\subset A^{c}$ ⑤ $A\cup B^{c}=U$

풀이 $A\subset B$이므로 벤 다이어그램으로 나타내면 오른쪽 그림과 같다.
그런데 ⑤에서 $A\cup B^{c}=U$는 $B\subset A$일 때에만 성립하므로
$A\subset B$일 때에는 항상 성립하는 것은 아니다.
따라서 옳지 않은 것은 ⑤이다.

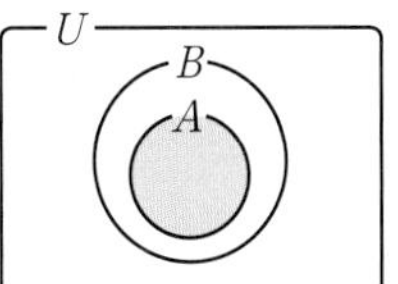

보기 05 **전체집합 U의 공집합이 아닌 두 부분집합 A, B가 서로소일 때, 다음 중 옳은 것은?**

① $A\subset B^{c}$ ② $B\subset A$ ③ $A\cap B^{c}=\varnothing$
④ $B-A=\varnothing$ ⑤ $A\cup B=U$

풀이 $A\cap B=\varnothing$이므로 벤 다이어그램으로 나타내면 오른쪽 그림과 같다.
따라서 옳은 것은 ①이다.

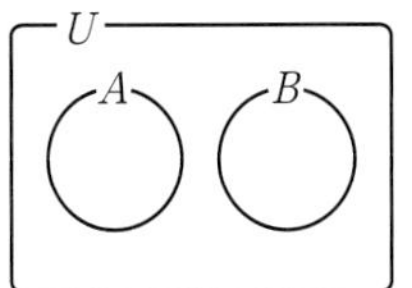

마플개념익힘 01 집합의 연산

전체집합 $U=\{x|x$는 **10 이하의 자연수**$\}$의 두 부분집합

$A=\{x|x$ n은 소수$\}$, $B=\{x|x$ n은 홀수$\}$

에 대하여 다음 집합을 구하시오.

(1) $(A\cup B)^C$　　(2) $A\cap B^C$　　(3) $A^C\cap B$　　(4) $A-B^C$

MAPL CORE ▶
(1) $A\cup B$ ➡ 두 집합 A, B의 모든 원소로 이루어진 집합
(2) $A\cap B$ ➡ 두 집합 A, B에 공통으로 들어있는 원소로 이루어진 집합
(3) A^C ➡ 전체집합에서 집합 A의 원소를 제외한 원소로 이루어진 집합
(4) $A-B$ ➡ 집합 A의 원소에서 집합 B의 원소를 제외한 원소로 이루어진 집합

개념익힘풀이 세 집합 U, A, B를 원소나열법으로 나타내면

$U=\{1, 2, 3, 4, 5, 6, 7, 8, 9, 10\}$, $A=\{2, 3, 5, 7\}$, $B=\{1, 3, 5, 7, 9\}$

집합 A^C, B^C을 구하면 $A^C=\{1, 4, 6, 8, 9, 10\}$, $B^C=\{2, 4, 6, 8, 10\}$

(1) $A\cup B=\{1, 2, 3, 5, 7, 9\}$이므로 $(A\cup B)^C=\{\mathbf{4, 6, 8, 10}\}$

(2) $A\cap B^C=\{\mathbf{2}\}$

(3) $A^C\cap B=\{\mathbf{1, 9}\}$

(4) $A-B^C=\{\mathbf{3, 5, 7}\}$

다른풀이 여집합과 차집합의 성질을 이용하여 풀이하기

(2) $A\cap B^C=A-B=\{2, 3, 5, 7\}-\{1, 3, 5, 7, 9\}=\{\mathbf{2}\}$

(3) $A^C\cap B=B-A=\{1, 3, 5, 7, 9\}-\{2, 3, 5, 7\}=\{\mathbf{1, 9}\}$

(4) $A-B^C=A\cap(B^C)^C=A\cap B=\{2, 3, 5, 7\}\cap\{1, 3, 5, 7, 9\}=\{\mathbf{3, 5, 7}\}$

확인유제 0408 전체집합 $U=\{x|x$는 12 이하의 자연수$\}$의 두 부분집합

$$A=\{x|x\text{는 짝수}\},\ B=\left\{x\,\middle|\,x=\frac{12}{n},\ n\text{은 자연수}\right\}$$

에 대하여 다음 집합을 구하시오.

(1) $(A-B)^C$　　(2) $A-B^C$　　(3) $A^C\cap B$　　(4) $U-A^C$

변형문제 0409 세 집합

$$A=\left\{x\,\middle|\,x=\frac{15}{n},\ n\text{은 자연수}\right\},\ B=\left\{x\,\middle|\,x=\frac{6}{n},\ n\text{은 자연수}\right\},\ C=\left\{x\,\middle|\,x=\frac{20}{n},\ n\text{은 자연수}\right\}$$

대하여 다음 중 옳지 않은 것은?

① $A\cap C=\{1, 5\}$　　② $B\cap C=\{1, 2\}$

③ $(A\cap B)\cup C=\{1, 2, 3, 4, 5, 10, 20\}$　　④ $(A\cup B)\cap C=\{1, 2, 5, 10\}$

⑤ $A\cup(B\cap C)=\{1, 2, 3, 5, 15\}$

발전문제 0410 두 집합 A, B에 대하여

$$A=\left\{x\,\middle|\,x=\frac{6}{n},\ n\text{은 자연수}\right\},\ A\cup B=\{x|x\text{는 }1\le x<10\text{인 자연수}\}$$

일 때, 집합 A와 서로소인 집합 B의 모든 원소의 합을 구하시오.

정답 0408 : (1) $\{1, 2, 3, 4, 5, 6, 7, 9, 11, 12\}$ (2) $\{2, 4, 6, 12\}$ (3) $\{1, 3\}$ (4) $\{2, 4, 6, 8, 10, 12\}$　0409 : ④　0410 : 33

마플개념익힘 02 벤 다이어그램을 이용한 집합의 연산

다음 물음에 답하시오.

(1) 두 집합 A, B에 대하여

$$A=\{x \mid x\text{는 10의 양의 약수}\},\ A\cap B=\{5, 10\},\ A\cup B=\{1, 2, 3, 5, 7, 10\}$$

일 때, 집합 B를 구하시오.

(2) 전체집합 $U=\{x \mid x\text{는 16 이하의 짝수}\}$의 두 부분집합 A, B에 대하여

$$(A\cup B)^C=\{2, 16\},\ A-B=\{4, 6\},\ A^C\cap B=\{8, 12\}$$

일 때, 집합 A를 구하시오.

MAPL CORE ▶ 집합의 연산과 특정한 집합의 원소가 제시된 문제를 해결할 때는 벤 다이어그램을 이용하면 편리하다.

구분	전체집합 U와 두 개의 부분집합 A, B가 주어진 경우	전체집합 U와 세 개의 부분집합 A, B, C가 주어진 경우
벤 다이어그램 모양	U, A, B	U, A, B, C

개념익힘풀이 (1) $A=\{1, 2, 5, 10\}$이므로 A, $A\cap B$, $A\cup B$를 벤 다이어그램으로 나타내면 오른쪽 그림과 같다.

$\therefore B=$**{3, 5, 7, 10}**

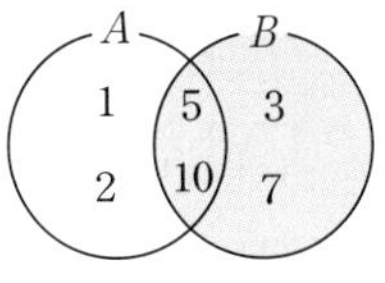

(2) $U=\{2, 4, 6, 8, 10, 12, 14, 16\}$, $(A\cup B)^C=\{2, 16\}$, $A-B=\{4, 6\}$, $A^C\cap B=B-A=\{8, 12\}$

이므로 주어진 조건을 벤 다이어그램으로 나타내면 오른쪽 그림과 같다.

$\therefore A=$**{4, 6, 10, 14}**

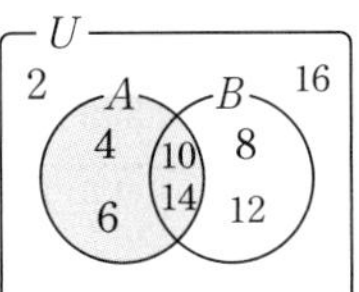

확인유제 0411

다음 물음에 답하시오.

(1) 전체집합 $U=\{1, 2, 3, 4, 5, 6, 7, 8\}$의 두 부분집합 A, B에 대하여

$$(A\cup B)^C=\{2, 8\},\ A\cap B=\{4\},\ A\cap B^C=\{1, 3, 7\}$$

일 때, 집합 B의 원소의 합을 구하시오.

(2) 전체집합 $U=\{1, 2, 4, 8, 16\}$의 두 부분집합 A, B에 대하여

$$A\cap B^C=\{1, 2\},\ B-A=\{8\},\ (A\cap B)^C=\{1, 2, 4, 8\}$$

일 때, 집합 A의 원소의 합을 구하시오.

변형문제 0412

전체집합 $U=\{x \mid x\text{는 9 이하의 자연수}\}$의 두 부분집합 A, B에 대하여

$$A\cap B=\{1, 2\},\ A^C\cap B=\{3, 4, 5\},\ A^C\cap B^C=\{8, 9\}$$

를 만족시키는 집합 A의 모든 원소의 합은?

① 8 ② 10 ③ 12 ④ 14 ⑤ 16

발전문제 0413

두 집합 $A=\{1, 3, 4, 5\}$, $B=\{1, 4, 5\}$에 대하여 집합 X가 다음 두 조건을 모두 만족한다.

$$A\cap X=\{1, 3\},\ B\cup X=\{1, 2, 3, 4, 5, 6\}$$

이때 집합 X의 모든 원소의 합을 구하시오.

정답 0411 : (1) 15 (2) 19 0412 : ⑤ 0413 : 12

마플개념익힘 03 집합의 연산을 이용하여 미지수 구하기

두 집합 $A=\{1, 3, a^2-a\}$, $B=\{a, a^2, a^2+1\}$에 대하여 $A\cap B=\{1, 2\}$일 때,
집합 $A\cup B$의 모든 원소의 합을 구하시오. (단, a는 실수이다.)

MAPL CORE ▶ (1) $x\in(A\cup B)$이면 $x\in A$ 또는 $x\in B$
(2) $x\in(A\cap B)$이면 $x\in A$ 그리고 $x\in B$
(3) $x\in(A-B)$이면 $x\in A$ 그리고 $x\notin B$
(4) $x\in(B-A)$이면 $x\notin A$ 그리고 $x\in B$

개념익힘풀이 $A\cap B=\{1, 2\}$에서 $2\in A$이므로 $a^2-a=2$, $a^2-a-2=0$, $(a+1)(a-2)=0$

$\therefore a=-1$ 또는 $a=2$

(i) $a=-1$일 때,
$A=\{1, 2, 3\}$, $B=\{-1, 1, 2\}$이므로 $A\cap B=\{1, 2\}$를 만족시킨다.

(ii) $a=2$일 때,
$A=\{1, 2, 3\}$, $B=\{2, 4, 5\}$에서 $A\cap B=\{2\}$이므로 만족시키지 않는다.

(i), (ii)에서 $A=\{1, 2, 3\}$, $B=\{-1, 1, 2\}$이므로 $A\cup B=\{-1, 1, 2, 3\}$

따라서 집합 $A\cup B$의 모든 원소의 합은 $-1+1+2+3=$**5**

확인유제 0414
다음 물음에 답하시오.

(1) 전체집합 $U=\{x\,|\,x$는 9 이하의 자연수$\}$의 두 부분집합 $A=\{3, 6, 7\}$, $B=\{a-4, 8, 9\}$에 대하여 $A\cap B^C=\{6, 7\}$이다. 자연수 a의 값을 구하시오.

(2) 두 집합 $A=\{1, 6, 8, a^2-a-2\}$, $B=\{1, 4, a^2-1\}$에 대하여 $A-B=\{6\}$일 때, 상수 a의 값을 구하시오.

변형문제 0415
다음 물음에 답하시오.

(1) 두 집합 $A=\{3, 3a+5\}$, $B=\{2, 4-a, 2a^2-5a\}$에 대하여 $A\cap B=\{2\}$일 때, $A\cup B$의 모든 원소의 합은?

① 17 ② 22 ③ 24 ④ 26 ⑤ 30

(2) 두 집합 $A=\{0, 3, a^2-3a+3\}$, $B=\{a-1, a, a+2\}$에 대하여 $A-B^C=\{1\}$일 때, $A\cup B$의 모든 원소의 합은?

① 6 ② 8 ③ 10 ④ 12 ⑤ 14

발전문제 0416
다음 물음에 답하시오.

(1) 두 집합 $A=\{1, a+1, 2a^2-1\}$, $B=\{a-2, 2a-1, a^2+3\}$에 대하여 $A-B=\{-1, 1\}$일 때, B의 모든 원소의 곱을 구하시오.

(2) 두 집합 $A=\{x\,|\,x^2-3x-10=0\}$, $B=\{x\,|\,x^2-ax+6=0\}$에 대하여 $A-B=\{5\}$일 때, $A\cup B$의 모든 원소의 합을 구하시오.

정답 0414 : (1) 7 (2) 3 0415 : (1) ① (2) ③ 0416 : (1) 140 (2) 0

마플개념익힘 04 서로소인 집합

전체집합 U의 공집합이 아닌 두 부분집합 A, B가 서로소일 때, 다음 [보기] 중 옳지 않은 것을 고르면?

① $(A\cap B)^{C}=U$　② $A-B=A$　③ $A^{C}-B^{C}=B$
④ A와 $B-A$는 서로소이다.　⑤ $A\cup B=A$

MAPL CORE ▶ $A\cap B=\varnothing$ (A와 B가 서로소)과 같은 표현이다.
① $A-B=A$, $B-A=B$　② $A^{C}-B^{C}=B$　③ $A\subset B^{C}$
④ $B\subset A^{C}$　⑤ $A^{C}\cup B^{C}=U$

개념익힘풀이 두 집합 A, B가 서로소이므로 $A\cap B=\varnothing$이다.
벤 다이어그램을 이용하면 오른쪽 그림과 같다.

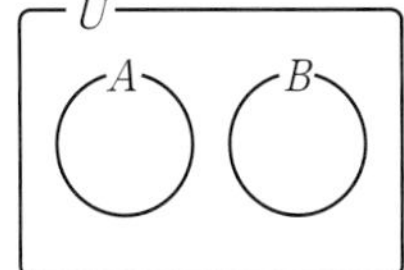

① $(A\cap B)^{C}=\varnothing^{C}=U$ [참]
② $A-B=A$ [참]
③ $A^{C}-B^{C}=A^{C}\cap(B^{C})^{C}=A^{C}\cap B=B$ [참]
④ $B-A=B$이므로 A와 $B-A$는 서로소이다. [참]
⑤ $A\cup B\neq A$ [거짓]
따라서 옳지 않은 것은 ⑤이다.

확인유제 0417 두 집합 A, B에 대하여 $A-B=A$를 만족할 때, 다음 중 항상 옳은 것은?

① $A\cup B=B$　② $A\cap B=A$　③ $A^{C}\subset B$
④ $A\cap(A-B)=\varnothing$　⑤ $A\subset B^{C}$

변형문제 0418 다음 물음에 답하시오.

(1) 집합 $S=\{1, 2, 3, 4, 5\}$의 부분집합 중에서 집합 $\{1, 2\}$와 서로소인 집합의 개수는?

① 1　② 2　③ 4　④ 7　⑤ 8

(2) 전체집합 $U=\{x\mid x$는 10 이하의 자연수$\}$의 두 부분집합

$A=\{x\mid x$는 6의 약수$\}$, $B=\{2, 3, 5, 7\}$

에 대하여 [보기]에서 옳은 것만을 있는 대로 고른 것은?

> ㄱ. $5\notin A\cap B$
> ㄴ. $n(B-A)=2$
> ㄷ. U의 부분집합 중 집합 $A\cup B$와 서로소인 집합의 개수는 16이다.

① ㄱ　② ㄷ　③ ㄱ, ㄴ　④ ㄴ, ㄷ　⑤ ㄱ, ㄴ, ㄷ

발전문제 0419 다음 물음에 답하시오.

(1) 자연수 n에 대하여 두 집합 A, B가 $A=\{x\mid x^{2}-n^{2}\geq 0\}$, $B=\{x\mid |x-1|<5\}$일 때, $A\cap B=\varnothing$이 되도록 하는 자연수 n의 최솟값은?

① 3　② 4　③ 5　④ 6　⑤ 7

(2) 두 집합 $A=\{x\mid (x-1)(x-26)>0\}$, $B=\{x\mid (x-a)(x-a^{2})\leq 0\}$에 대하여 $A\cap B=\varnothing$이 되도록 하는 정수 a의 개수는?

① 1　② 2　③ 3　④ 4　⑤ 5

정답 0417 : ⑤　0418 : (1) ⑤ (2) ⑤　0419 : (1) ④ (2) ⑤

마플개념익힘 05 집합의 연산과 포함 관계

전체집합 U의 두 부분집합 A, B에 대하여 $A \subset B$일 때, 다음 중 옳지 않은 것은? (단, $U \neq \varnothing$)

① $A \cup B = B$　② $A \cap B = A$　③ $A \cap B^C = \varnothing$
④ $B^C - A^C = \varnothing$　⑤ $(A \cap B)^C = B^C$

MAPL CORE ▶ (1) 여러 가지 집합의 표현은 집합의 연산에 대한 성질 또는 벤 다이어그램을 이용한다.
(2) 부분집합 $A \subset B$의 같은 표현
① $A \cap B = A$　② $A \cup B = B$　③ $B^C \subset A^C$
④ $A - B = \varnothing$　⑤ $A^C \cup B = U$(전체집합)

개념익힘풀이 전체집합 U의 두 부분집합 A, B에 대하여 $A \subset B$이므로
두 집합 A, B 사이의 관계를 벤 다이어그램으로 나타내면 오른쪽 그림과 같다.

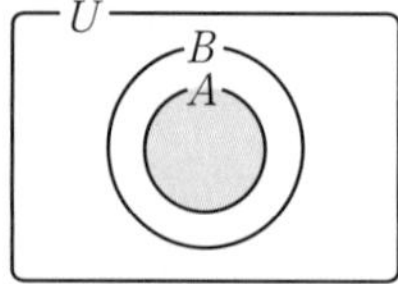

① $A \cup B = B$ [참]
② $A \cap B = A$ [참]
③ $A \cap B^C = A - B = \varnothing$ [참]
④ $B^C - A^C = \varnothing$ [참]
⑤ $(A \cap B)^C = B^C$ 즉 $A \cap B = B$이므로 $B \subset A$ [거짓]
따라서 옳지 않은 것은 ⑤이다.

확인유제 0420 다음 물음에 답하시오.

(1) $A \cap B^C = \varnothing$일 때, 항상 옳지 않은 것은? (단, U는 전체집합이다.)

① $A \subset B$　② $B^C \subset A^C$　③ $(A \cup B) - B = \varnothing$
④ $A^C \cup B = U$　⑤ $B - A = \varnothing$

(2) 전체집합 U의 두 부분집합 A, B에 대하여 $A \cap B = A$가 성립할 때, 다음 중 옳지 않은 것은?

① $A^C \cup B = U$　② $A \cup B = B$　③ $(A - B)^C = U$
④ $A \cap B^C = \varnothing$　⑤ $B \cap A^C = \varnothing$

변형문제 0421 다음 물음에 답하시오.

(1) 두 집합 $A = \{2, 2a+3\}$, $B = \{5, 7, a^2-2\}$에 대하여 $A \cap B = A$를 만족시키는 실수 a의 값은?

① -4　② -2　③ 0　④ 2　⑤ 4

(2) 두 집합 A, B가 $A = \{-1, a^2\}$, $B = \{4, a-3, 2a-1\}$일 때, $A - B = \varnothing$을 만족하도록 하는 실수 a의 값은?

① -2　② -1　③ 0　④ 1　⑤ 2

발전문제 0422 다음 물음에 답하시오.

(1) 두 집합 $A = \{x \mid a-3 < x \leq 5\}$, $B = \{x \mid 1 < x < 5-a\}$에 대하여 $A \cup B = A$를 만족하도록 하는 정수 a의 개수를 구하시오. (단, $a < 5$)

(2) 실수 전체의 집합의 두 부분집합 $A = \{x \mid x^2 - x - 2 \leq 0\}$, $B = \{x \mid |x-1| \leq k\}$에 대하여 $A \cap B = A$가 성립하도록 하는 양수 k의 최솟값을 구하시오.

정답 0420 : (1) ⑤ (2) ⑤　0421 : (1) ④ (2) ⑤　0422 : (1) 5 (2) 2

마플개념익힘 06 집합의 연산과 부분집합의 개수 (1)

두 집합 $A=\{1, 2, 3, 4, 5, 6\}$, $B=\{4, 5, 6, 7\}$에 대하여

$$(A-B)\cup X=X,\ A\cap X=X$$

를 만족하는 집합 X의 개수를 구하시오.

MAPL CORE ▶ 집합 X와 주어진 집합 사이의 포함 관계를 확인하여 집합 X가 반드시 포함하는 원소와 포함하지 않는 원소를 찾는다.
$B\cap X=X$, $A\cup X=X$이면 $A\subset X\subset B$이므로 집합 X는 집합 A의 원소를 포함하고 집합 B의 부분집합이다.

개념익힘풀이

$(A-B)\cup X=X$에서 $(A-B)\subset X$

$A\cap X=X$에서 $X\subset A$

$\therefore (A-B)\subset X\subset A$

이때 $A-B=\{1, 2, 3\}$이므로 $\{1, 2, 3\}\subset X\subset \{1, 2, 3, 4, 5, 6\}$

집합 X는 $\{1, 2, 3, 4, 5, 6\}$의 부분집합 중 1, 2, 3을 반드시 원소로 갖는 집합이다.

따라서 집합 X의 개수는 $2^{6-3}=2^3=\mathbf{8}$

확인유제 0423 다음 물음에 답하시오.

(1) 두 집합 $A=\{1, 2, 3, 4\}$, $B=\{3, 4, 5, 6, 7\}$에 대하여

$$(B-A)\cup X=X,\ B\cap X=X$$

를 만족하는 집합 X의 개수를 구하시오.

(2) 두 집합 $A=\{1, 2, 3, 4, 5\}$, $B=\{1, 3, 5, 7\}$에 대하여

$$(A\cap B)\cap X=A\cap B,\ (A\cup B)\cup X=A\cup B$$

를 만족하는 집합 X의 개수를 구하시오.

변형문제 0424 다음 물음에 답하시오.

(1) 전체집합 $U=\{1, 2, 3, 4, 5, 6, 7, 8\}$의 두 부분집합 $A=\{1, 2\}$, $B=\{3, 4, 5\}$에 대하여

$$X\cup A=X,\ X\cap B^C=X$$

를 만족시키는 U의 모든 부분집합 X의 개수를 구하시오.

(2) 전체집합 $U=\{x\,|\,x$는 10 이하의 자연수$\}$의 두 부분집합 $A=\{1, 2, 3\}$, $B=\{4, 5, 6\}$에 대하여 다음 조건을 만족시키는 U의 부분집합 X의 개수는?

(가) $A-X=\varnothing$
(나) $B\cap X=\varnothing$

① 4 ② 8 ③ 16 ④ 32 ⑤ 64

발전문제 0425 전체집합 $U=\{x\,|\,1\le x\le 12,\ x$는 자연수$\}$의 두 부분집합 $A=\{1, 2\}$, $B=\{2, 3, 5, 7\}$에 대하여 다음 조건을 만족시키는 U의 부분집합 X의 개수를 구하시오.

(가) $A\cup X=X$
(나) $(B-A)\cap X=\{5, 7\}$

정답 0423 : (1) 4 (2) 8 0424 : (1) 8 (2) ③ 0425 : 128

다음 물음에 답하시오.

(1) 집합 $A=\{1, 2, 3, 4, 5\}$에 대하여 A의 부분집합 X가 $\{1, 2, 3\}\cup X=\{1, 2, 3, 4\}$를 만족할 때, 집합 X의 개수를 구하시오.

(2) 집합 $A=\{1, 2, 3, 4, 5\}$에 대하여 $\{3, 4\}\cap X\neq\varnothing$을 만족하는 집합 A의 부분집합 X의 개수를 구하시오.

MAPL CORE ▶ 집합 $A=\{a_1, a_2, a_3, \cdots, a_n\}$에 대하여 집합 A의 원소 중 r개의 특정한 원소는 모두 포함하고 k개의 특정한 원소는 포함하지 않는 부분집합의 개수 ➡ 2^{n-r-k}개

개념익힘풀이

(1) $A=\{1, 2, 3, 4, 5\}$에서 $\{1, 2, 3\}\cup X=\{1, 2, 3, 4\}$를 만족하는 집합 X는
$\{4\}\subset X\subset\{1, 2, 3, 4\}$를 만족한다.
즉 집합 X는 집합 A의 부분집합 중에서 4를 원소로 반드시 가지며 5를 원소로 갖지 않는 것들이다.
따라서 집합 X의 개수는 $\{1, 2, 3\}$의 부분집합의 개수와 같으므로 구하는 개수는 $2^3=\mathbf{8}$

(2) $\{3, 4\}\cap X\neq\varnothing$에서 집합 X는 집합 $\{3, 4\}$의 원소 중 적어도 하나는 포함한다.
따라서 집합 X의 개수는 집합 A의 모든 부분집합의 개수에서 원소 3, 4를 모두 포함하지 않는 부분집합의 개수를 빼면 된다.
$\therefore 2^5-2^3=32-8=\mathbf{24}$

다른풀이 3 또는 4를 원소로 갖는 부분집합의 개수를 이용하여 풀이하기
(ⅰ) 3은 원소로 갖고 4는 원소로 갖지 않는 부분집합의 개수는 $2^3=8$
(ⅱ) 4는 원소로 갖고 3은 원소로 갖지 않는 부분집합의 개수는 $2^3=8$
(ⅲ) 3, 4를 원소로 갖는 부분집합의 개수는 $2^3=8$
(ⅰ)~(ⅲ)에서 구하는 부분집합의 개수는 $8\times3=\mathbf{24}$

확인유제 0426 다음 물음에 답하시오.

(1) 집합 X가 집합 $A=\{1, 2, 3, 4, 5, 6\}$의 부분집합일 때, $\{1, 2, 3, 4, 5\}\cap X=\{3, 4, 5\}$를 만족하는 집합 X의 개수를 구하시오.

(2) $U=\{1, 2, 3, 4, 5\}$일 때, $\{2, 3\}\cap A\neq\varnothing$을 만족하는 U의 부분집합 A의 개수를 구하시오.

변형문제 0427 전체집합 $U=\{x\mid x$는 60 이하의 자연수$\}$의 두 부분집합 $A=\{x\mid x$는 8의 배수$\}$, $B=\{x\mid x$는 3의 배수$\}$가 있다.

$A\cup X=A$이고 $B\cap X=\varnothing$

인 집합 X의 개수는?

① 8 ② 16 ③ 32 ④ 64 ⑤ 128

발전문제 0428 다음 물음에 답하시오.

(1) 전체집합 $U=\{1, 2, 3, 4, 5, 6\}$의 두 부분집합 $A=\{1, 2, 3\}$, $B=\{3, 5, 6\}$에 대하여 $(A-B)\cup X=(B-A)\cup X$를 만족시키는 U의 부분집합 X의 개수를 구하시오.

(2) 전체집합 $U=\{x\mid x$는 $1\leq x\leq 10$인 자연수$\}$의 두 부분집합 $A=\{1, 2, 3, 4, 5\}$, $B=\{1, 3, 5, 7, 9\}$가 있다. $A\cup C=B\cup C$가 성립하는 U의 부분집합 C의 개수를 구하시오.

정답 0426 : (1) 2 (2) 24 0427 : ③ 0428 : (1) 4 (2) 64

마플개념익힘 08 집합의 연산을 이용하여 미정계수 결정

자연수 전체의 집합의 두 부분집합 $A=\{a, b, c, d\}$, $B=\{\sqrt{a}, \sqrt{b}, \sqrt{c}, \sqrt{d}\}$에 대하여 다음 조건을 만족할 때, $c-d$의 값을 구하시오. (단, $c>d$)

(가) $a+b=13$
(나) $A\cap B=\{a, b\}$

MAPL CORE ▶ 주어진 조건을 만족하는 집합의 연산을 이용하여 미지수 구하기

개념익힘**풀이** $\sqrt{a}$, $\sqrt{b}$, $\sqrt{c}$, $\sqrt{d}$가 자연수이므로 a, b, c, d는 1, 4, 9, 16, 25, 36, … 과 같은 제곱수이다.
조건 (가)에 의하여 $a+b=13$을 만족하는 자연수는 $a=4$, $b=9$ 또는 $a=9$, $b=4$이다.
$\therefore A=\{4, 9, c, d\}$, $B=\{2, 3, \sqrt{c}, \sqrt{d}\}$
조건 (나)에 의하여 $A\cap B=\{4, 9\}$에서 $\sqrt{c}=4$, $\sqrt{d}=9$ 또는 $\sqrt{c}=9$, $\sqrt{d}=4$
$\therefore c=81$, $d=16$ ($\because c>d$)
따라서 $c-d=81-16=$**65**

확인유제 0429 자연수를 원소로 갖는 두 집합 $A=\{a, b, c, d\}$와 $B=\{a^2, b^2, c^2, d^2\}$이 다음 조건을 만족할 때, 집합 A의 모든 원소의 합을 구하시오.

(가) $A\cap B=\{a, d\}$
(나) $a+d=10$
(다) $A\cup B$의 원소의 합은 114이다.

변형문제 0430 집합 $A=\{1, 2, 3, 4, 5, 6, 7\}$의 공집합이 아닌 부분집합 X에 대하여 집합 X의 모든 원소의 합을 $S(X)$라 하자. 집합 X가 다음 조건을 만족시킬 때, $S(X)$의 최댓값은?

(가) $X\cap\{1, 2, 3\}=\{2\}$
(나) $S(X)$의 값은 홀수이다.

① 11 ② 13 ③ 15 ④ 17 ⑤ 19

발전문제 0431 두 집합 $A=\{1, 2, 3, 4\}$, $B=\{1, 2, 3, 4, 5, 6, 7, 8\}$에 대하여 집합 P가 다음 조건을 만족시킨다.

(가) $n(P\cap A)=2$
(나) $P-B=\varnothing$
(다) 집합 P의 모든 원소의 합은 28이다.

집합 $P-A$의 모든 원소의 곱을 구하시오.

정답 0429 : 17 0430 : ⑤ 0431 : 336

05 집합의 연산 법칙

MAPL; YOURMASTERPLAN

01 집합의 3대 기본 연산 법칙

개념유형

세 집합 A, B, C에 대하여 다음이 성립한다.

(1) **교환법칙** : $A\cup B=B\cup A$, $A\cap B=B\cap A$

(2) **결합법칙** : $(A\cup B)\cup C=A\cup(B\cup C)$, $(A\cap B)\cap C=A\cap(B\cap C)$ ◀ 집합의 연산 기호가 같을 때

(3) **분배법칙** : $A\cup(B\cap C)=(A\cup B)\cap(A\cup C)$ ◀ 집합의 연산 기호가 다를 때

$A\cap(B\cup C)=(A\cap B)\cup(A\cap C)$

참고 결합법칙이 성립하므로 괄호를 생략하여 $A\cup B\cup C$, $A\cap B\cap C$와 같이 나타내기도 한다.

흡수법칙 : $A\cup(B\cap A)=A$, $A\cap(A\cup B)=A$ ◀ 집합이 중복될 때 답은 중복된 것

마플해설 합집합과 교집합의 교환법칙과 결합법칙이 성립함을 직관적으로 알 수 있으므로 분배법칙이 성립함을 벤 다이어그램을 이용하여 확인하여 보자.

① $A\cup(B\cap C)=(A\cup B)\cap(A\cup C)$

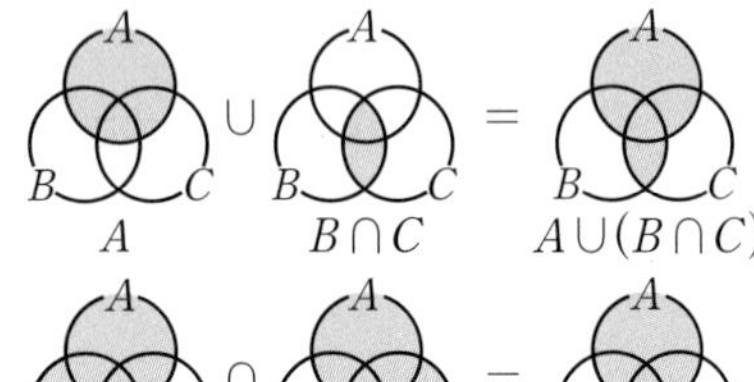

② $A\cap(B\cup C)=(A\cap B)\cup(A\cap C)$

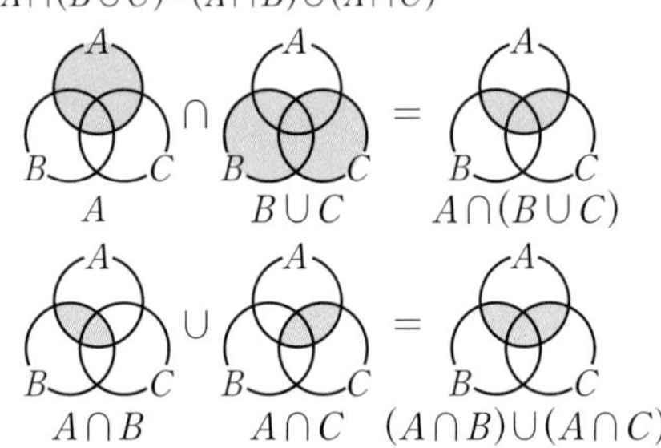

보기 01 **다음 물음에 답하시오.**

(1) 세 집합 A, B, C가 $A\cap B=\{2, 3, 5\}$, $A\cap C=\{1, 3, 5, 7\}$을 만족할 때, $A\cap(B\cup C)$를 구하시오.

(2) 세 집합 A, B, C가 $A\cup B=\{1, 2, 4\}$, $A\cup C=\{1, 4, 5, 6\}$을 만족할 때, $A\cup(B\cap C)$를 구하시오.

풀이 분배법칙에 의하여

(1) $A\cap(B\cup C)=(A\cap B)\cup(A\cap C)=\{2, 3, 5\}\cup\{1, 3, 5, 7\}=\mathbf{\{1, 2, 3, 5, 7\}}$

(2) $A\cup(B\cap C)=(A\cup B)\cap(A\cup C)=\{1, 2, 4\}\cap\{1, 4, 5, 6\}=\mathbf{\{1, 4\}}$

02 드모르간의 법칙

개념유형

전체집합 U의 두 부분집합 A, B에 대하여 다음이 성립하고, 이것을 **드모르간의 법칙**이라 한다.

(1) $(A\cup B)^c=A^c\cap B^c$ (2) $(A\cap B)^c=A^c\cup B^c$

참고 여집합의 기호가 괄호 안으로 들어갈 때, 각각의 집합에 여집합의 기호가 붙고, $\cup$을 $\cap$, $\cap$을 $\cup$으로 바꿔 준다.

마플해설 집합의 연산법칙과 마찬가지로 드모르간의 법칙이 성립함을 다음과 같이 벤 다이어그램을 이용하여 확인할 수 있다.

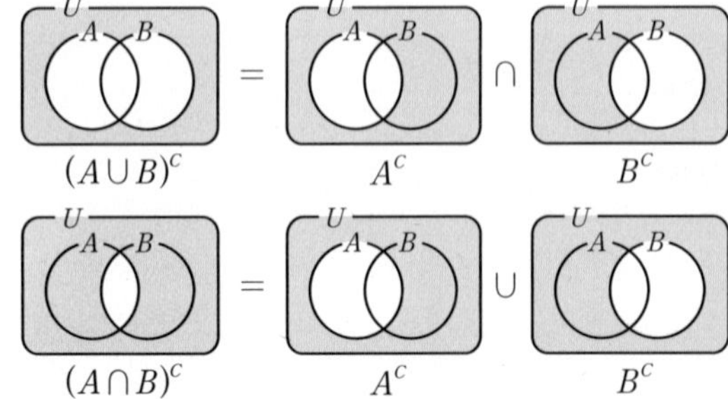

보기 02 **전체집합 U의 세 부분집합 A, B, C에 대하여 다음을 증명하시오.**

(1) $(A\cup B\cup C)^c=A^c\cap B^c\cap C^c$ ◀ 합집합의 여집합은 여집합의 교집합이 된다.

(2) $(A\cap B\cap C)^c=A^c\cup B^c\cup C^c$ ◀ 교집합의 여집합은 여집합의 합집합이 된다.

풀이

(1) $(A\cup B\cup C)^c=[(A\cup B)\cup C]^c=(A\cup B)^c\cap C^c=\boldsymbol{A^c\cap B^c\cap C^c}$

(2) $(A\cap B\cap C)^c=[(A\cap B)\cap C]^c=(A\cap B)^c\cup C^c=\boldsymbol{A^c\cup B^c\cup C^c}$

보기 03 **다음 물음에 답하시오.**

(1) 전체집합 U의 임의의 두 부분집합 A, B에 대하여 $(A-B)^c$과 같은 집합은?

① $A\cap B^c$ ② $A^c\cap B$ ③ $A\cup B^c$ ④ $A^c\cup B$ ⑤ $A^c\cup B^c$

(2) 전체집합 U의 임의의 두 부분집합 A, B에 대하여 다음 중 집합 $(A-B^c)^c$과 같은 집합은?

① $A\cup B^c$ ② $A^c\cap B$ ③ $A\cap B$ ④ $A^c\cup B^c$ ⑤ $A^c\cap B^c$

풀이

(1) $A-B=A\cap B^c$이므로 드모르간의 법칙에 의해
$(A-B)^c=(A\cap B^c)^c=A^c\cup(B^c)^c=A^c\cup B$이므로 ④이다.

(2) $A-B^c=A\cap(B^c)^c=A\cap B$이므로 드모르간의 법칙에 의해
$(A-B^c)^c=(A\cap B)^c=A^c\cup B^c$이므로 ④이다.

보기 04 **전체집합 $U=\{1, 2, 3, 4, 5\}$의 두 부분집합 $A=\{1, 2a-3\}$, $B=\{3, 4\}$에 대하여 $A^c\cup B^c=\{1, 2, 4, 5\}$일 때, 상수 a의 값을 구하시오.**

풀이

전체집합 U에 대하여
$A^c\cup B^c=(A\cap B)^c=\{1, 2, 4, 5\}$이므로 $A\cap B=\{3\}$
즉 $\{1, 2a-3\}\cap\{3, 4\}=\{3\}$
따라서 $2a-3=3$ $\therefore$ $\boldsymbol{a=3}$

보기 05 **오른쪽 그림은 전체집합 $U=\{1, 2, 3, 4, 5, 6, 7, 8\}$의 세 부분집합 A, B, C를 벤 다이어그램으로 나타낸 것이다. 다음을 원소나열법으로 나타내시오.**

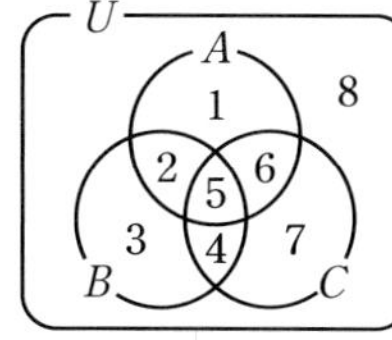

(1) $A\cup B\cup C$ (2) $A\cap B\cap C$

(3) $(A\cup B)\cap C^c$ (4) $(A-B)\cap C$

풀이

(1) $A\cup B\cup C=\boldsymbol{\{1, 2, 3, 4, 5, 6, 7\}}$

(2) $A\cap B\cap C=\boldsymbol{\{5\}}$

(3) $(A\cup B)\cap C^c=(A\cup B)-C=\boldsymbol{\{1, 2, 3\}}$ ◀ $A-B=A\cap B^c$

(4) $(A-B)\cap C=\boldsymbol{\{6\}}$

집합의 연산 3대 주요 공식

① 차집합 성질 : $A-B=A\cap B^c$

② 드모르간의 법칙 : $(A\cup B)^c=A^c\cap B^c$, $(A\cap B)^c=A^c\cup B^c$

③ 흡수법칙 : $A\cup(A\cap B)=A$, $A\cap(A\cup B)=A$

보기 06 **전체집합 U의 세 부분집합 A, B, C에 대하여 다음을 간단히 하시오.**

(1) $A\cup(A^c\cup B^c)^c$

(2) $A\cup(A-B^c)$

(3) $(A\cup B)\cup(A^c\cap B^c)$

(4) $(A\cap B)\cup(A^c\cup B)^c$

풀이

(1) $A\cup(A^c\cup B^c)^c=A\cup(A\cap B)$ ◀ 드모르간의 법칙

$=\boldsymbol{A}$ ◀ 흡수법칙

(2) $A\cup(A-B^c)=A\cup\{A\cap(B^c)^c\}$ ◀ 차집합의 성질, 여집합의 성질

$=A\cup(A\cap B)=\boldsymbol{A}$ ◀ 흡수법칙

(3) $(A\cup B)\cup(A^c\cap B^c)=(A\cup B)\cup(A\cup B)^c$ ◀ 드모르간의 법칙

$=\boldsymbol{U}$ ◀ $A\cup A^c=U$, $B\cup B^c=U$

(4) $(A\cap B)\cup(A^c\cup B)^c=(A\cap B)\cup(A\cap B^c)$ ◀ 드모르간의 법칙

$=A\cap(B\cup B^c)$ ◀ 분배법칙

$=A\cap U=\boldsymbol{A}$

보기 07 **전체집합 U의 두 부분집합 A, B에 대하여 등식 $(A^c\cup B)^c=A-B$가 성립함을 다음을 이용하여 보시오.**

(1) 집합의 연산 법칙

(2) 벤 다이어그램

풀이

(1) 집합의 연산법칙을 이용하면

$(A^c\cup B)^c=(A^c)^c\cap B^c$ ◀ 드모르간의 법칙 $(A\cup B)^c=A^c\cap B^c$

$=A\cap B^c$ ◀ 여집합의 성질 $(A^c)^c=A$

$=A-B$ ◀ 차집합의 성질 $A\cap B^c=A-B$

$\therefore (A^c\cup B)^c=\boldsymbol{A-B}$

(2) 벤 다이어그램을 이용하면

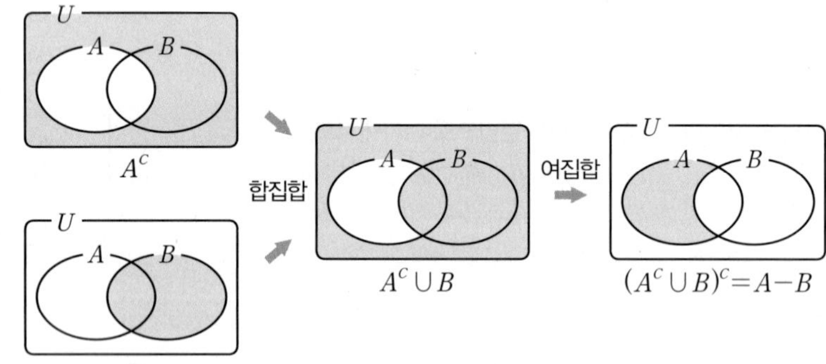

집합 사이에 등식이 성립함을 보일 때 교과서에서는 주로 벤 다이어그램을 이용하여 확인하였다.
벤 다이어그램뿐만 아니라 집합의 교환법칙, 결합법칙, 분배법칙, 드모르간의 법칙 등을 활용하여 집합 사이에 등식이 성립함을 증명할 수도 있다.

마플개념익힘 01 집합의 연산 법칙

전체집합 $U=\{x|x$는 자연수$\}$의 세 부분집합 P, Q, R이

$$P=\{x|x\text{는 } 10 \text{ 이하의 자연수}\},\ Q=\{x|x\text{는 } 10 \text{ 이하의 소수}\},\ R=\{x|x\text{는 } 10 \text{ 이하의 홀수}\}$$

일 때, 집합 $(P^C \cup Q)^C-R$의 모든 원소의 합을 구하시오.

MAPL CORE ▶ (1) 드모르간의 법칙 : $(A\cap B)^C=A^C\cup B^C$, $(A\cup B)^C=A^C\cap B^C$

(2) 차집합의 성질 : $A-B=A\cap B^C$, $B-A=B\cap A^C$

개념익힘**풀이** 전체집합 $U=\{x|x$는 자연수$\}$이므로

$P=\{1, 2, 3, \cdots, 10\}$, $Q=\{2, 3, 5, 7\}$, $R=\{1, 3, 5, 7, 9\}$

$(P^C\cup Q)^C-R=(P\cap Q^C)\cap R^C$ ← 차집합의 성질, 드모르간의 법칙

$=P\cap(Q^C\cap R^C)$ ← 결합법칙

$=P\cap(Q\cup R)^C$ ← 드모르간의 법칙

$=P-(Q\cup R)$ ← 차집합의 성질

이때 $Q\cup R=\{1, 2, 3, 5, 7, 9\}$이므로 $P-(Q\cup R)=\{4, 6, 8, 10\}$

따라서 모든 원소의 합은 $4+6+8+10=$**28**

확인유제 0432

전체집합 $U=\{1, 2, 3, 4, 5\}$의 두 부분집합

$$A=\{1, 2, 3\},\ B=\{2, 4\}$$

에 대하여 집합 $(A^C\cap B)^C$의 모든 원소의 합을 구하시오.

변형문제 0433

다음 물음에 답하시오.

(1) 전체집합 $U=\{1, 2, 3, 4, 5, 6\}$의 두 부분집합 $A=\{1, 2, 3, 4\}$, $B=\{3, 4, 5\}$에 대하여 집합 $A\cap(A^C\cup B)$의 모든 원소의 합은?

① 5 ② 6 ③ 7 ④ 8 ⑤ 9

(2) 전체집합 $U=\{1, 3, 5, 7, 9, 11\}$의 두 부분집합 $A=\{1, 3, 5, 7\}$, $B=\{5, 7, 9, 11\}$에 대하여 집합 $(B-A)^C-B^C$의 모든 원소의 합은?

① 7 ② 9 ③ 12 ④ 14 ⑤ 16

발전문제 0434

전체집합 $U=\{x|x$는 7 이하의 자연수$\}$의 세 부분집합 A, B, C에 대하여 $B\subset A$이고 $A\cup C=\{1, 2, 3, 4, 5, 6\}$이다.

$$A-B=\{5\},\ B-C=\{2\},\ C-A=\{4, 6\}$$

일 때, 집합 $A\cap(B^C\cup C)$의 원소의 합을 구하시오.

정답 0432 : 11 0433 : (1) ③ (2) ③ 0434 : 9

마플개념익힘 02 집합의 연산법칙의 증명

전체집합 U의 세 부분집합 A, B, C에 대하여 집합의 연산법칙을 이용하여 다음 등식이 성립함을 증명하시오.

(1) $A-(B\cap C)=(A-B)\cup(A-C)$

(2) $A-(B-C)=(A-B)\cup(A\cap C)$

MAPL CORE ▶ 집합의 연산에 대한 성질과 연산 법칙 및 드모르간의 법칙을 이용하여 간단히 정리하기

(1) 교환법칙 : $A\cup B=B\cup A$, $A\cap B=B\cap A$

(2) 결합법칙 : $(A\cup B)\cup C=A\cup(B\cup C)$, $(A\cap B)\cap C=A\cap(B\cap C)$

(3) 분배법칙 : $A\cup(B\cap C)=(A\cup B)\cap(A\cup C)$, $A\cap(B\cup C)=(A\cap B)\cup(A\cap C)$

(4) 흡수법칙 : $A\cup(B\cap A)=A$, $A\cap(A\cup B)=A$

(5) 드모르간의 법칙 : $(A\cap B)^c=A^c\cup B^c$, $(A\cup B)^c=A^c\cap B^c$

개념익힘풀이

(1) $A-(B\cap C)=A\cap(B\cap C)^c$ ← 차집합의 성질

$=A\cap(B^c\cup C^c)$ ← 드모르간의 법칙

$=(A\cap B^c)\cup(A\cap C^c)$ ← 분배법칙

$=(A-B)\cup(A-C)$ ← 차집합의 성질

(2) $A-(B-C)=A-(B\cap C^c)$ ← 차집합의 성질

$=A\cap(B\cap C^c)^c$

$=A\cap(B^c\cup C)$ ← 드모르간의 법칙

$=(A\cap B^c)\cup(A\cap C)$ ← 분배법칙

$=(A-B)\cup(A\cap C)$ ← 차집합의 성질

확인유제 0435 집합의 연산법칙을 이용하여 다음 등식이 성립함을 증명하시오.

(1) $(A-B)-C=A-(B\cup C)$ (2) $(A\cup B)\cap(B-A)^c=A$

변형문제 0436 전체집합 U의 세 부분집합 A, B, C에 대하여 옳은 것만을 [보기]에서 있는 대로 고른 것은?

ㄱ. $(A\cup B)\cap(A-B)^c=B$

ㄴ. $(A-B)-C=A-(B\cup C)$

ㄷ. $\{A\cap(B-A)^c\}\cup\{(B-A)\cap A\}=A$

① ㄱ ② ㄷ ③ ㄱ, ㄴ ④ ㄴ, ㄷ ⑤ ㄱ, ㄴ, ㄷ

발전문제 0437 전체집합 U의 세 부분집합 A, B, C에 대하여 다음 [보기]에서 $A-(B\cup C)$와 같은 것을 모두 고른 것은?

ㄱ. $(A-B)-C$

ㄴ. $(A-C)-B$

ㄷ. $(A-B)\cap(A-C)$

① ㄱ ② ㄱ, ㄴ ③ ㄱ, ㄷ ④ ㄴ, ㄷ ⑤ ㄱ, ㄴ, ㄷ

정답 0435 : 해설참조 0436 : ⑤ 0437 : ⑤

마플개념익힘 03 집합의 연산 법칙과 집합의 포함 관계

전체집합 U의 두 부분집합 A, B 사이에 $\{(A\cup B)\cap(A\cup B^c)\}\cap B=A$인 관계가 있을 때, 다음 중에서 옳은 것은?

① $A\cap B=B$　② $B\subset A$　③ $A\cup B=U$　④ $A-B=\varnothing$　⑤ $A^c\cup B=B$

MAPL CORE ▶ 집합에 대한 복잡한 연산 ➡ 집합의 연산법칙과 드모르간의 법칙을 이용한다.

(1) 분배법칙　: $A\cap(B\cup C)=(A\cap B)\cup(A\cap C)$

(2) 드모르간의 법칙 : $(A\cup B)^c=A^c\cap B^c$

(3) 흡수법칙　: $A\cap(A\cup B)=A,\ A\cup(A\cap B)=A$

개념익힘풀이

$\{(A\cup B)\cap(A\cup B^c)\}\cap B$

$=\{A\cup(B\cap B^c)\}\cap B$

$=\{A\cup\varnothing\}\cap B$

$=A\cap B$

즉 $A\cap B=A$　$\therefore A\subset B$

따라서 옳은 것은 ④이다.

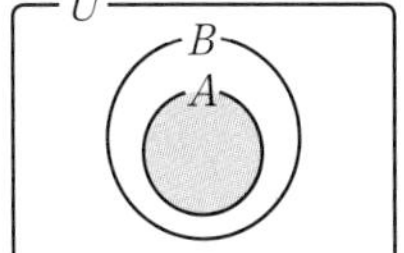

확인유제 0438 전체집합 U의 공집합이 아닌 서로 다른 두 부분집합 A, B가 $\{(A\cap B)\cup(A-B)\}\cap B=B$를 만족시킬 때, 항상 옳은 것만을 [보기]에서 있는 대로 고른 것은?

ㄱ. $B\subset A$
ㄴ. $A-B=\varnothing$
ㄷ. $A\cup B^c=U$

① ㄱ　② ㄴ　③ ㄱ, ㄷ　④ ㄴ, ㄷ　⑤ ㄱ, ㄴ, ㄷ

변형문제 0439 다음 물음에 답하시오.

(1) 전체집합 U의 두 부분집합 A, B에 대하여 $\{(A^c\cup B^c)\cap(A\cup B^c)\}\cap A=\varnothing$일 때, 다음 중 항상 성립하는 것은?

① $A\cap B=\varnothing$　② $A^c\subset B^c$　③ $A\subset B$　④ $A\cup B=U$　⑤ $A=B$

(2) 전체집합 U의 두 부분집합 A, B에 대하여 $\{(A\cap B)\cup(A-B)\}\cap B^c=A$일 때, 다음 중 항상 성립하는 것은?

① $A\subset B$　② $B\subset A$　③ $A\cap B=\varnothing$　④ $A\cup B=U$　⑤ $A=B$

발전문제 0440 전체집합 U의 두 부분집합 A, B에 대하여 $\{(A-B)\cup(A\cap B)\}\cap\{(A-B)^c\cap(A\cup B)\}=A$일 때, 다음 중 옳은 것은?

① $A-B=\varnothing$　② $A^c\subset B^c$　③ $A\cap B=B$　④ $A\cap(A\cup B)=\varnothing$　⑤ $A\cup(A^c\cap B^c)=A$

정답　0438 : ③　0439 : (1) ③ (2) ③　0440 : ①

마플개념익힘 04 색칠한 부분을 나타내는 집합

세 집합 A, B, C에 대하여 오른쪽 벤 다이어그램의 색칠한 부분을 나타내는 집합을 [보기]에서 모두 고르시오. (단, U는 전체집합이다.)

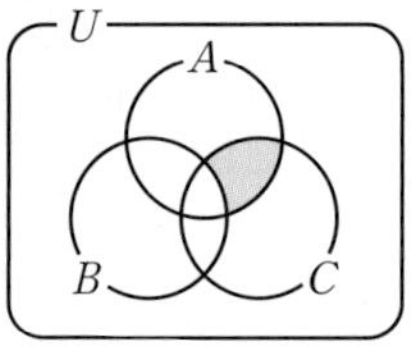

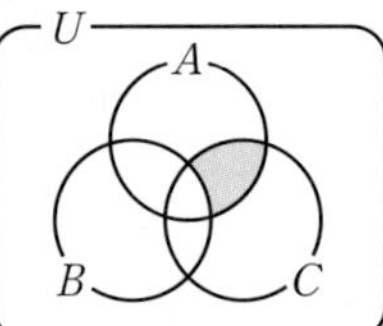

ㄱ. $(A\cap C)\cap B^c$
ㄴ. $(A\cap C)-(A\cap B\cap C)$
ㄷ. $(A-B)\cap(C-B)$

MAPL CORE ▶ 색칠한 부분을 나타내는 집합
(1) 벤 다이어그램을 보고 색칠한 부분을 포함하는 대략의 집합을 생각한다.
(2) (1)에서 생각한 집합에서 색칠한 부분에 해당하지 않는 부분을 집합으로 표시하여 뺀다.

개념익힘풀이 주어진 벤 다이어그램의 색칠한 부분은 $A\cap C$에서 B와 겹치는 부분을 제외한 것이므로 식으로 나타내면
$(A\cap C)-B$

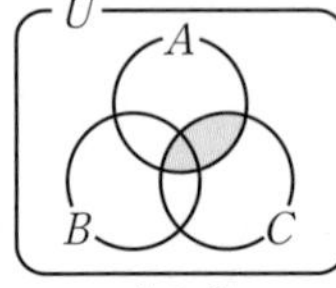

$A\cap C$

−

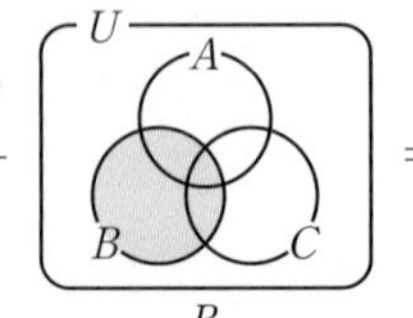

B

=

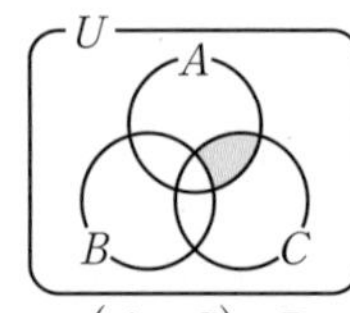

$(A\cap C)-B$

ㄱ. $(A\cap C)\cap B^c=(A\cap C)-B$

ㄴ. $(A\cap C)-(A\cap B\cap C)=(A\cap C)\cap(A\cap B\cap C)^c=(A\cap C)\cap\{(A\cap C)^c\cup B^c\}$
$=\{(A\cap C)\cap(A\cap C)^c\}\cup\{(A\cap C)\cap B^c\}=\varnothing\cup\{(A\cap C)\cap B^c\}$
$=(A\cap C)\cap B^c=(A\cap C)-B$

ㄷ. $(A-B)\cap(C-B)=(A\cap B^c)\cap(C\cap B^c)=(A\cap C)\cap B^c=(A\cap C)-B$

참고 $(A-B)\cap(C-B)$를 벤 다이어그램으로 나타내면 다음과 같다.

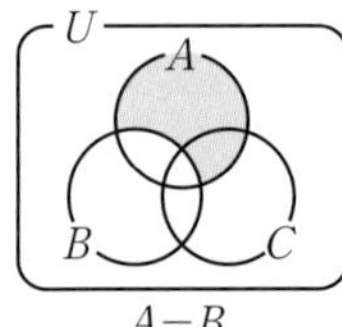

$A-B$

∩

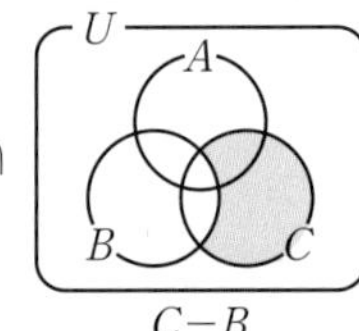

$C-B$

=

$(A-B)\cap(C-B)$

따라서 주어진 벤 다이어그램의 어두운 부분을 나타내는 집합은 ㄱ, ㄴ, ㄷ이다.

확인유제 0441 세 집합 A, B, C에 대하여 오른쪽 벤 다이어그램의 색칠한 부분을 나타내는 집합은? (단, U는 전체집합이다.)

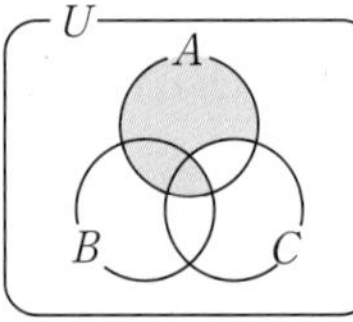

① $A\cap(B\cup C)$ ② $A\cup(B\cap C)$ ③ $A\cap(B\cap C^c)$
④ $A-(B\cap C)$ ⑤ $A-(C-B)$

변형문제 0442 세 집합 A, B, C에 대하여 오른쪽 벤 다이어그램의 색칠한 부분을 나타내는 집합은? (단, U는 전체집합이다.)

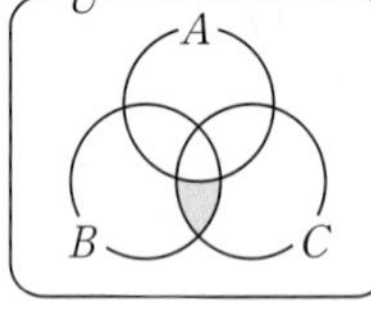

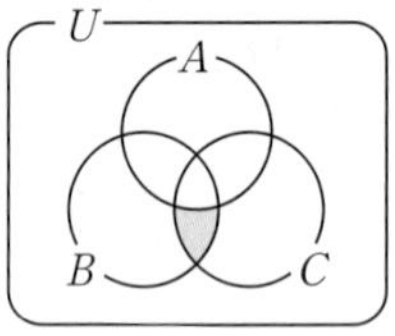

① $A-(B\cup C)$ ② $A-(B\cap C)$ ③ $A\cap(B-C)$
④ $(B\cap C)-A$ ⑤ $(B\cup C)-A$

발전문제 0443 전체집합 U의 세 부분집합 A, B, C에 대하여 오른쪽 벤 다이어그램에서 색칠한 부분이 나타내는 집합을 [보기]에서 모두 고른 것은?

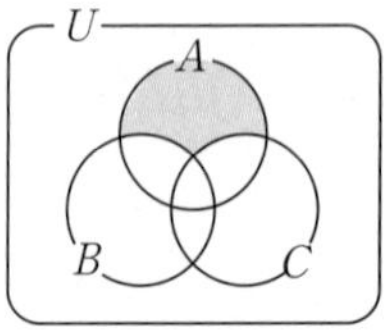

ㄱ. $A\cap(B^c\cup C^c)$ ㄴ. $A\cap B^c\cap C^c$
ㄷ. $A-(B-C)$ ㄹ. $(A-B)-C$

① ㄱ ② ㄴ ③ ㄱ, ㄴ ④ ㄴ, ㄹ ⑤ ㄱ, ㄴ, ㄷ, ㄹ

정답 0441 : ⑤ 0442 : ④ 0443 : ④

실수 전체의 집합의 두 부분집합 $A=\{x||x+1|\le 2\}$, $B=\{x|x^2-x-2\ge 0\}$에 대하여

$$A\cap B=\{x|x^2+ax+b\le 0\}$$

일 때, 상수 a, b에 대하여 $a+b$의 값을 구하시오.

MAPL CORE ▶ α, β는 실수이고 $\alpha<\beta$일 때,

(1) 이차부등식 $(x-\alpha)(x-\beta)\le 0$의 해는 $\alpha\le x\le\beta$이다.

(2) 이차부등식 $(x-\alpha)(x-\beta)\ge 0$의 해는 $x\le\alpha$ 또는 $x\ge\beta$이다.

개념익힘**풀이** 집합 A에서 $|x+1|\le 2$, $-2\le x+1\le 2$

$\therefore -3\le x\le 1$

집합 B에서 $x^2-x-2\ge 0$, $(x+1)(x-2)\ge 0$

$\therefore x\le -1$ 또는 $x\ge 2$

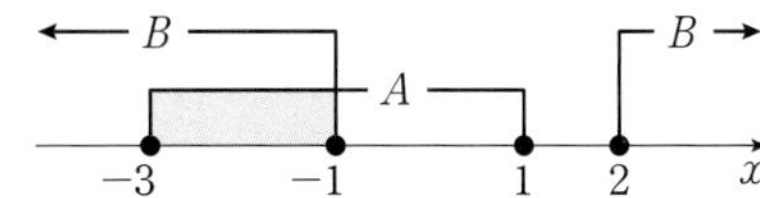

두 부등식을 동시에 만족하는 x의 값의 범위는 $-3\le x\le -1$

집합 $A\cap B$에서 부등식 $x^2+ax+b\le 0$의 해가 $-3\le x\le -1$이므로

$x^2+ax+b\le 0$에서 $(x+3)(x+1)\le 0$, 즉 $x^2+4x+3\le 0$

따라서 $a=4$, $b=3$이므로 $a+b=$**7**

※참고 $A\cap B=\{x|x^2+ax+b\le 0\}=\{x|-3\le x\le -1\}$에서 이차방정식 $x^2+ax+b=0$의 두 근은 -3, -1이므로

이차방정식의 근과 계수의 관계에 의하여 $-a=-3+(-1)$, $b=(-3)\times(-1)$

따라서 $a=4$, $b=3$이므로 $a+b=$**7**

확인유제 0444 두 집합 $A=\{x|x^2-8x+12\le 0\}$, $B=\{x|x^2+ax+b<0\}$에 대하여

$$A\cap B=\varnothing,\ A\cup B=\{x|-1<x\le 6\}$$

일 때, 두 실수 a, b의 합 $a+b$의 값은?

① -3 ② -1 ③ 0 ④ 1 ⑤ 3

변형문제 0445 두 집합 $A=\{x|x^2+3x-4<0\}$, $B=\{x|x^2+ax+b<0\}$에 대하여

$$A\cup B=\{x|x^2+x-12<0\},\ A\cap B=\{x|x^2-1<0\}$$

일 때, 두 상수 a, b의 합 $a+b$의 값은?

① -5 ② -3 ③ 0 ④ 3 ⑤ 5

발전문제 0446 실수 전체의 집합 R의 두 부분집합 $A=\{x|x^2-x-12\le 0\}$, $B=\{x|x<a$ 또는 $x>b\}$가 다음 조건을 만족시킨다.

(가) $A\cup B=R$

(나) $A-B=\{x|-3\le x\le 1\}$

두 상수 a, b에 대하여 $b-a$의 값을 구하시오.

정답 0444 : ① 0445 : ① 0446 : 4

06 여러 가지 집합

개념유형

01 대칭차집합

(1) 대칭차집합의 정의

전체집합 U의 두 부분집합 A, B에 대하여 두 차집합 $A-B$와 $B-A$의 합집합을 **대칭차집합**이라 하고 일반적으로 기호 △를 사용하여

$$A\triangle B=(A-B)\cup(B-A)$$

로 정의하고 $A\triangle B$를 벤 다이어그램으로 나타내면 오른쪽 그림의 색칠한 부분과 같다.

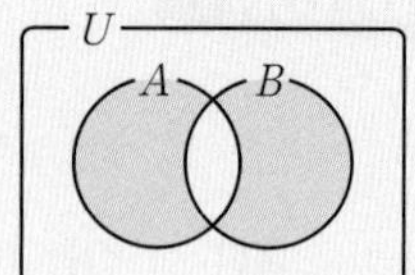

(2) 대칭차집합의 여러 가지 표현

$$\begin{aligned}(A-B)\cup(B-A)&=(A\cap B^c)\cup(A^c\cap B)\\&=(A\cup B)-(A\cap B)\\&=(A\cup B)\cap(A\cap B)^c\\&=(A\cup B)\cap(A^c\cup B^c)\end{aligned}$$

참고 대칭차집합의 연산의 표현 : $A\triangle B$, $A*B$

(3) 대칭차집합의 성질 ◀ 증명은 개념익힘 01번에서 한다.

① 교환법칙 : $A\triangle B=B\triangle A$
② 결합법칙 : $(A\triangle B)\triangle C=A\triangle(B\triangle C)$
③ $A\triangle\varnothing=\varnothing\triangle A=A$
④ $A\triangle A=\varnothing$
⑤ $A\triangle B=\varnothing$이면 $A=B$
⑥ $A\triangle A^c=U$
⑦ $A\triangle U=A^c$
⑧ $(A\triangle B)\triangle A=B$ ◀ 집합이 중복될 때 중복되지 않는 것

보기 01 **전체집합 U의 두 부분집합 A, B에 대하여 연산 △를 $A\triangle B=(A-B)\cup(B-A)$로 정의할 때, $A^c\triangle B^c=A\triangle B$임을 보이시오.**

풀이

$$\begin{aligned}A^c\triangle B^c&=(A^c-B^c)\cup(B^c-A^c)\\&=\{A^c\cap(B^c)^c\}\cup\{B^c\cap(A^c)^c\}\\&=(A^c\cap B)\cup(B^c\cap A)=(B-A)\cup(A-B)\\&=(A-B)\cup(B-A)=\boldsymbol{A\triangle B}\end{aligned}$$

보기 02 **전체집합 U의 두 부분집합 A, B에 대하여 연산 △를 $A\triangle B=(A-B)\cup(B-A)$로 정의할 때, U의 세 부분집합 A, B, C에 대하여 $(A\triangle B)\triangle C=A\triangle(B\triangle C)$가 성립함을 벤 다이어그램을 이용하여 보이시오.**

풀이

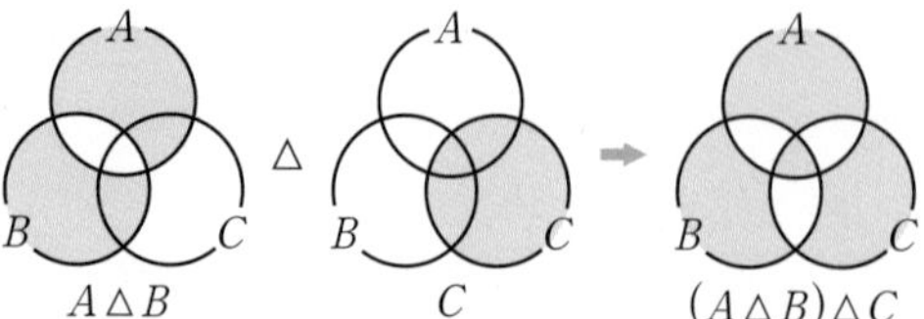

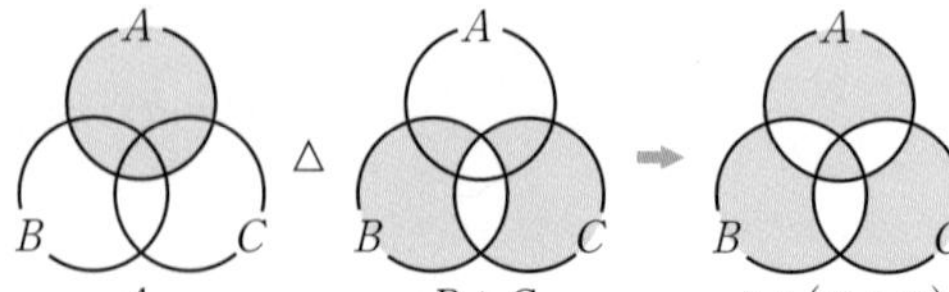

따라서 $\boldsymbol{(A\triangle B)\triangle C=A\triangle(B\triangle C)}$

개념유형

02 대칭차집합의 여집합

(1) 대칭차집합의 여집합의 여러 가지 표현

전체집합 U의 두 부분집합 A, B에 대하여 연산 ⊙를 다음과 같이 정의한다.

$A \odot B=(A\cup B)^c \cup (A\cap B)=(A-B)^c \cap (B-A)^c$

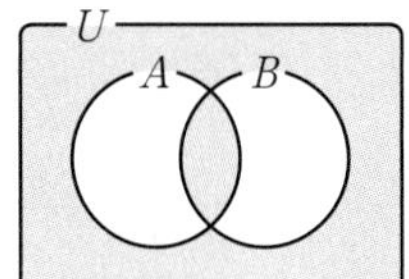

(2) 대칭차집합의 여집합 성질

① $A\odot B=B\odot A$ ◀ 교환법칙　　② $(A\odot B)\odot A=B$

③ $A\odot A=U$　　④ $A\odot U=A$

⑤ $\underbrace{A\odot A\odot A\odot \cdots \odot A}_{A\text{가 } n\text{개}}=\begin{cases} U & (n\text{이 짝수}) \\ A & (n\text{이 홀수}) \end{cases}$

보기 03 **전체집합 U의 두 부분집합 A, B에 대한 벤 다이어그램에서 색칠한 부분을 집합으로 바르게 나타낸 것을 [보기]에서 고르시오.**

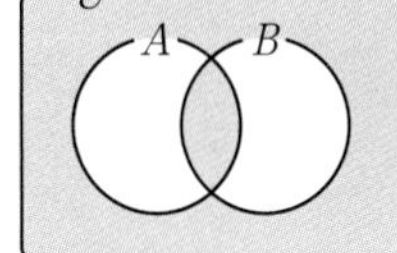

ㄱ. $(A\cup B)-(A\cap B)$	ㄴ. $(A\cap B)\cup (A\cup B)^c$
ㄷ. $(A\cup B^c)\cap (B\cup A^c)$	

풀이

[보기]의 ㄱ, ㄴ, ㄷ을 벤 다이어그램으로 나타내면 다음과 같다.

ㄱ. 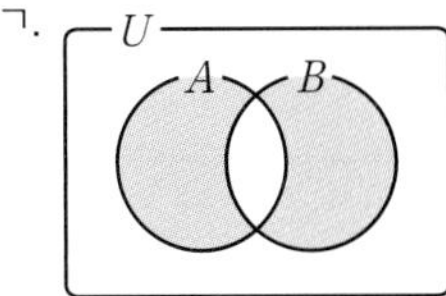

ㄴ. 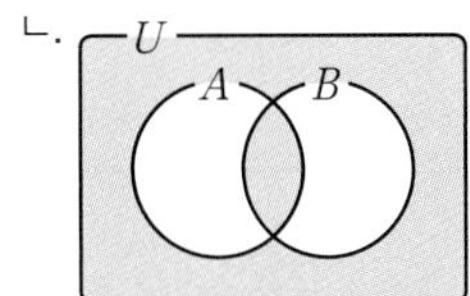

ㄷ. 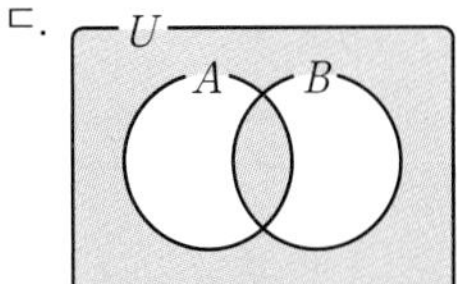

따라서 옳은 것은 ㄴ, ㄷ이다.

다른풀이 집합의 연산법칙을 이용하여 풀이하기

ㄱ. $(A\cup B)-(A\cap B)=(A-B)\cup (B-A)$ [거짓]

ㄴ. $(A\cap B)\cup (A\cup B)^c=\{(A\cap B)^c\cap (A\cup B)\}^c=\{(A\cup B)-(A\cap B)\}^c=\{(A-B)\cup (B-A)\}^c$ [참]

ㄷ. $(A\cup B^c)\cap (B\cup A^c)=(A^c\cap B)^c\cap (B^c\cap A)^c=(B-A)^c\cap (A-B)^c=\{(A-B)\cup (B-A)\}^c$ [참]

따라서 옳은 것은 ㄴ, ㄷ이다.

보기 04 **전체집합 U의 두 부분집합 A, B에 대하여 연산 $*$을 $A*B=(A\cup B)^c\cup (A\cap B)$로 정의할 때, 옳은 것만을 [보기]에서 있는 대로 고르시오.**

ㄱ. $A*B=B*A$	ㄴ. $A*A=A$	ㄷ. $\underbrace{A*A*\cdots *A}_{A\text{가 } 2025\text{개}}=A$

풀이

ㄱ. $A*B=(A\cup B)^c\cup (A\cap B)=(B\cup A)^c\cup (B\cap A)=B*A$ [참]

ㄴ. $A*A=(A\cup A)^c\cup (A\cap A)=A^c\cup A(\because A\cup A=A\cap A=A)=U$ [거짓]

ㄷ. $A*A=U$임을 이용하여 규칙을 찾아보면

$A*A*A=U*A=U^c\cup A=\varnothing \cup A=A$

$A*A*A*A=A*A=U$

$A*A*A*A*A=U*A=A$

⋮

즉 $\underbrace{A*A*A*\cdots *A}_{A\text{가 } n\text{개}}=\begin{cases} U & (n\text{이 짝수}) \\ A & (n\text{이 홀수}) \end{cases}$

이때 2025가 홀수이므로 $\underbrace{A*A*\cdots *A}_{A\text{가 } 2025\text{개}}=A$ [참]

따라서 옳은 것은 ㄱ, ㄷ이다.

개념유형

03 배수의 집합

자연수의 배수의 집합에 대하여 다음이 성립한다.

자연수 k, m, n의 배수의 집합을 각각 A_k, A_m, A_n이라 할 때, 다음이 성립한다.

(1) $A_m \cap A_n = A_k$ ➡ k는 m과 n의 최소공배수

(2) $A_m \cup A_n = A_m$ ➡ $A_n \subset A_m$ ➡ n은 m의 배수

마플해설 배수 집합의 연산은 각각의 배수의 집합을 원소나열법으로 나타낸 후, 각 집합의 원소를 이용하여 연산한다.
예를 들어 자연수 n의 양의 배수인 집합을 A_n이라 할 때,

① $A_2=\{2, 4, 6, 8, 10, 12, 14, 16, 18, \cdots\}$, $A_3=\{3, 6, 9, 12, 15, 18, 21, \cdots\}$

$\therefore A_2 \cap A_3=\{6, 12, 18, \cdots\}=A_6$ ◀ 2와 3의 공배수의 집합

② $A_4=\{4, 8, 12, 16, 20, 24, 28, \cdots\}$, $A_8=\{8, 16, 24, 32, 40, \cdots\}$

$\therefore A_4 \cup A_8=\{4, 8, 12, 16, \cdots\}=A_4$ ◀ $A_8 \subset A_4$

보기 05 **자연수 전체의 집합에서 자연수 k의 배수의 집합을 A_k라 할 때, 다음 중에서 옳지 않은 것은?**

① $A_2 \cup A_4 = A_2$　② $A_3 \cap A_6 = A_6$　③ $(A_4 \cap A_5) \cup A_{10} = A_{20}$

④ $A_2 \cap (A_3 \cup A_6) = A_6$　⑤ $(A_6 \cup A_4) \cap A_{12} = A_{12}$

풀이 $A_m \cap A_n=\{x \mid x$는 m의 배수이고 x는 n의 배수$\}=\{x \mid x$는 m과 n의 공배수$\}$

① $A_4 \subset A_2$이므로 $A_2 \cup A_4 = A_2$ [참]

② $A_6 \subset A_3$이므로 $A_3 \cap A_6 = A_6$ [참]

③ 4와 5의 공배수가 20이므로 $A_4 \cap A_5 = A_{20}$이고 $A_{20} \subset A_{10}$

$(A_4 \cap A_5) \cup A_{10} = A_{20} \cup A_{10} = A_{10}$ [거짓]

④ $A_6 \subset A_3$이므로 $A_3 \cup A_6 = A_3$, 즉 $A_2 \cap (A_3 \cup A_6) = A_2 \cap A_3 = A_6$ [참]

⑤ $(A_6 \cup A_4) \cap A_{12} = (A_6 \cap A_{12}) \cup (A_4 \cap A_{12})$

$(A_6 \cap A_{12})$는 6의 배수이면서 12의 배수인 자연수의 집합이므로 A_{12}이다.

$(A_4 \cap A_{12})$는 4의 배수이면서 12의 배수인 자연수의 집합이므로 A_{12}이다.

$(A_6 \cap A_{12}) \cup (A_4 \cap A_{12}) = A_{12} \cup A_{12} = A_{12}$ [참]

따라서 옳지 않은 것은 ③이다.

보기 06 **100 이하의 자연수 중에서 자연수 k의 배수의 집합을 A_k로 나타낼 때, 세 집합 A_3, A_8, A_{10}에 대하여 $n(A_{10} \cap (A_3 \cup A_8))$을 구하시오.**

풀이 $A_{10} \cap (A_3 \cup A_8) = (A_{10} \cap A_3) \cup (A_{10} \cap A_8)$

$= A_{30} \cap A_{40}$ ◀ 10과 3의 최소공배수는 30, 10와 8의 최소공배수는 40

$= \{30, 60, 90\} \cup \{40, 80\}$

$= \{30, 40, 60, 80, 90\}$

따라서 $n(A_{10} \cap (A_3 \cup A_8)) = \mathbf{5}$

FOCUS

약수의 집합의 연산

자연수 k, l, m의 약수의 집합을 각각 A_k, A_l, A_m이라 할 때, 다음이 성립한다.

① $A_k \subset A_m \iff m$은 k의 배수 (k는 m의 약수)

② $A_k \cap A_l = A_m \iff m$은 k, l의 최대공약수

참고 $(A_k \cup A_l) \subset A_m$에서 m의 최솟값은 k와 l의 최소공배수

마플개념익힘 01 대칭차집합의 성질

전체집합 U의 두 부분집합 A, B에 대하여 연산 $\triangle$를 $A\triangle B=(A-B)\cup(B-A)$로 정의할 때, 다음 중 옳지 않은 것은?

① $A\triangle B=B\triangle A$ ② $A\triangle A=\varnothing$ ③ $A\triangle A^c=U$
④ $A\triangle\varnothing=A$ ⑤ $A\triangle U=A$

MAPL CORE ▶ 대칭차집합의 성질을 이해하면 수월하게 해결할 수 있지만, 숙지가 안 될 경우 연산 $\triangle$의 정의를 충실히 따르면 해결할 수 있다.

(1) $A\triangle B=B\triangle A$ (교환법칙) (2) $(A\triangle B)\triangle C=A\triangle(B\triangle C)$ (결합법칙)
(3) $A\triangle\varnothing=\varnothing\triangle A=A$ (4) $A\triangle A=\varnothing$
(5) $A\triangle B=\varnothing$이면 $A=B$ (6) $A\triangle A^c=U$
(7) $A\triangle U=A^c$ (8) $(A\triangle B)\triangle A=B$ (집합이 중복될 때, 중복되지 않는 것)

개념익힘풀이

① $A\triangle B=(A-B)\cup(B-A)$, $B\triangle A=(B-A)\cup(A-B)$이므로
$\therefore A\triangle B=B\triangle A$ [참]
② $A\triangle A=(A-A)\cup(A-A)=\varnothing\cup\varnothing=\varnothing$ [참]
③ $A\triangle A^c=(A-A^c)\cup(A^c-A)=A\cup A^c=U$ [참]
④ $A\triangle\varnothing=(A-\varnothing)\cup(\varnothing-A)=A\cup\varnothing=A$ [참]
⑤ $A\triangle U=(A-U)\cup(U-A)=\varnothing\cup(U-A)=U-A=A^c$ [거짓]
따라서 옳지 않은 것은 ⑤이다.

확인유제 0447 전체집합 U의 두 부분집합 A, B에 대하여 $A\circ B=(A\cup B)-(A\cap B)$라 할 때, 다음 중 옳지 않은 것은?

① $A\circ\varnothing=A$ ② $A\circ U=A^C$ ③ $\varnothing\circ U=\varnothing$ ④ $\varnothing\circ\varnothing=\varnothing$ ⑤ $A\circ A^c=U$

변형문제 0448 전체집합 U의 두 부분집합 A, B에 대하여 연산 $\triangle$를 $A\triangle B=(A-B)\cup(B-A)$라 정의한다. 이때 $A\triangle B=\varnothing$이 성립할 때, 다음 두 집합 A, B 사이의 관계를 나타낸 것은?

① $A\subset B$ ② $B\subset A$ ③ $A=B$ ④ $A\cap B=\varnothing$ ⑤ $A\cup B=U$

발전문제 0449 전체집합 U의 두 부분집합 A, B에 대하여 연산 $\circ$를 $A\circ B=(A\cap B^c)\cup(A^c\cap B)$로 정의할 때, [보기] 중 옳은 것을 모두 고르면?

ㄱ. $A\circ A=A$
ㄴ. $A\circ B=B\circ A$
ㄷ. $A^c\circ B^c=A\circ B$
ㄹ. $(A\circ B)\circ C=A\circ(B\circ C)$

① ㄱ, ㄴ ② ㄱ, ㄷ ③ ㄴ, ㄷ ④ ㄴ, ㄷ, ㄹ ⑤ ㄱ, ㄴ, ㄷ, ㄹ

정답 0447 : ③ 0448 : ③ 0449 : ④

마플개념익힘 02 대칭차집합의 원소 구하기

두 집합 $A=\{3, -a+2, a^2-2\}$, $B=\{2, 3, a-1\}$에 대하여 $(A-B)\cup(B-A)=\{0, 1\}$일 때, 집합 A의 모든 원소의 합을 구하시오.

MAPL CORE ▶ 대칭차집합을 이용한 미지수 구하기
➡ 벤 다이어그램을 이용하여 두 집합의 원소를 구하여 미지수를 구한다.

개념익힘풀이 $2\in B$, $2\notin(A-B)\cup(B-A)$이므로 $2\in A\cap B$ $\therefore 2\in A$

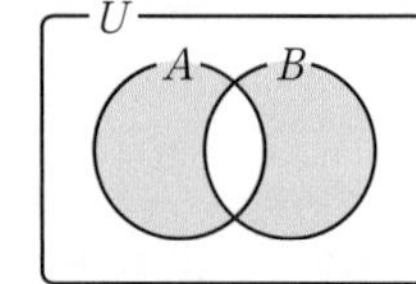

(ⅰ) $-a+2=2$, 즉 $a=0$일 때,

$A=\{3, 2, -2\}$, $B=\{2, 3, -1\}$이므로

$(A-B)\cup(B-A)=\{-2, -1\}$은 주어진 조건에 모순이다.

(ⅱ) $a^2-2=2$, 즉 $a=\pm2$일 때,

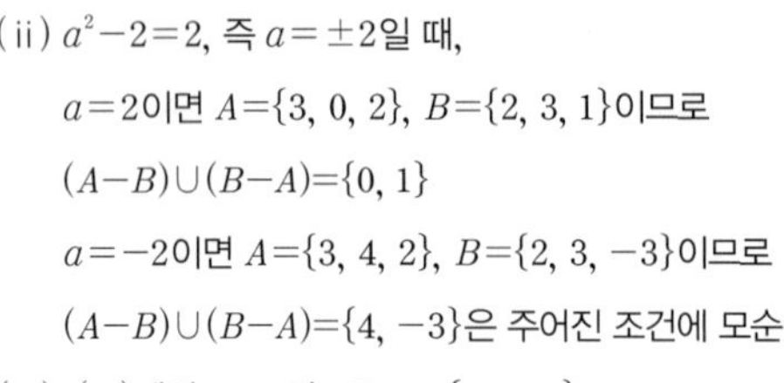

$a=2$이면 $A=\{3, 0, 2\}$, $B=\{2, 3, 1\}$이므로

$(A-B)\cup(B-A)=\{0, 1\}$

$a=-2$이면 $A=\{3, 4, 2\}$, $B=\{2, 3, -3\}$이므로

$(A-B)\cup(B-A)=\{4, -3\}$은 주어진 조건에 모순이다.

(ⅰ), (ⅱ)에서 $a=2$이므로 $A=\{0, 2, 3\}$

따라서 집합 A의 모든 원소의 합은 $0+2+3=$**5**

확인유제 0450

다음 물음에 답하시오.

(1) 두 집합 $A=\{3, x+1, x^2\}$, $B=\{3, 4, x+4\}$에 대하여 $(A-B)\cup(B-A)=\{-1, 2\}$일 때, x의 값을 구하시오.

(2) 전체집합 $U=\{x\,|\,x$는 20 이하의 자연수$\}$의 두 부분집합 $A=\{1, 3, a-1\}$, $B=\{a^2-4a-7, a+2\}$에 대하여 $(A\cap B^C)\cup(A^C\cap B)=\{1, 3, 8\}$일 때, 상수 a의 값을 구하시오.

변형문제 0451

다음 물음에 답하시오.

(1) 집합 $A=\{1, 2, 3, 4\}$에 대하여 $(A\cup B)-(A\cap B)=\{3, 4, 5, 6\}$일 때, 집합 B에 속하는 모든 원소의 합은?

① 12 ② 14 ③ 16 ④ 18 ⑤ 20

(2) 집합 $A=\{3, 4, 5, 6\}$에 대하여 $(A\cup B)\cap(A^C\cup B^C)=\{2, 4, 6, 10\}$일 때, 집합 B에 속하는 모든 원소의 합은?

① 12 ② 14 ③ 16 ④ 18 ⑤ 20

발전문제 0452

다음 물음에 답하시오.

(1) 전체집합 $U=\{1, 2, 3, 4, 5, 6, 7\}$의 두 부분집합 $A=\{1, 2, 3\}$, $B=\{2, 3, 4, 5\}$에 대하여 집합 P를 $P=(A\cup B)\cap(A\cap B)^C$이라 하자. $P\subset X\subset U$를 만족시키는 집합 X의 개수를 구하시오.

(2) 임의의 두 집합 X, Y에 대하여 $X\triangle Y=(X-Y)\cup(Y-X)$로 정의하자.

전체집합 $U=\{x\,|\,x$는 10 이하의 자연수$\}$의 두 부분집합 A, B가

$$A=\left\{x\,\middle|\,x=\frac{6}{n},\ n\text{은 자연수}\right\},\ A\triangle B=\{2, 5, 8, 10\}$$

을 만족시킬 때, 집합 B의 부분집합의 개수를 구하시오.

정답 0450 : (1) -2 (2) 6 0451 : (1) ② (2) ⑤ 0452 : (1) 16 (2) 64

마플개념익힘 03 약수와 배수 집합

전체집합 $U=\{x\mid x$는 100 이하의 자연수$\}$의 부분집합 A_k를

$A_k=\{x\mid x$는 k의 배수, k는 자연수$\}$

라 정의할 때, 집합 $A_3\cap(A_2\cup A_4)$의 원소의 개수를 구하시오.

MAPL CORE ▶ 배수 집합의 연산은 각각의 배수의 집합을 원소나열법으로 나타낸 후, 각 집합의 원소를 이용하여 연산한다.
집합 A_n을 자연수 n의 배수의 집합이라 하면

(1) $A_m\cap A_n$ ➡ k는 m과 n의 최소공배수

(2) m이 n의 배수이면 $A_m\subset A_n$ ➡ $A_m\cap A_n=A_m$, $A_m\cup A_n=A_n$

개념익힘풀이 $A_3\cap(A_2\cup A_4)=(A_3\cap A_2)\cup(A_3\cap A_4)$

$A_3\cap A_2$은 3과 2의 공배수, 즉 6의 배수의 집합이고,

$A_3\cap A_4$은 3과 4의 공배수, 즉 12의 배수의 집합이므로

$A_3\cap(A_2\cup A_4)=(A_3\cap A_2)\cup(A_3\cap A_4)=A_6\cup A_{12}$

이때 12가 6의 배수이므로 $A_6\cup A_{12}$는 6의 배수의 집합이다.

따라서 $A_6=\{6, 12, 18, \cdots, 96\}$이므로 100 이하의 자연수 중 6의 배수의 개수는 **16**이다.

다른풀이 원소나열법을 이용하여 풀이하기

$A_2=\{2, 4, 6, 8, \cdots, 100\}$, $A_4=\{4, 8, 12, 16, \cdots, 100\}$

$A_2\cup A_4=\{2, 4, 6, 8, \cdots, 100\}=A_2$ ⟵ 2와 4의 공배수의 집합

이므로

$A_3\cap(A_2\cup A_4)=A_3\cap A_2=\{3, 6, 9, 12, \cdots, 99\}\cap\{2, 4, 6, 8, \cdots, 100\}=\{6, 12, 18, \cdots, 96\}=A_6$

따라서 100 이하의 자연수 중 6의 배수의 개수는 **16**이다.

확인유제 0453 자연수 전체의 부분집합 A_k를 $A_k=\{x\mid x$는 k의 배수, k는 자연수$\}$라 정의할 때, $(A_2\cup A_3)\cap A_4=A_n$을 만족시키는 자연수 n의 값을 구하시오.

변형문제 0454 다음 물음에 답하시오.

(1) 두 집합 $A_m=\{x\mid x$는 자연수 m의 약수$\}$, $B_n=\{x\mid x$는 자연수 n의 배수$\}$에 대하여 $A_p=A_{12}\cap A_{18}$, $B_q=B_6\cap B_8$일 때, $p+q$의 값은?

① 12 ② 16 ③ 20 ④ 24 ⑤ 30

(2) 자연수 n에 대하여 집합 A_n을 $A_n=\{x\mid x$는 n의 양의 약수$\}$로 정의할 때, $(A_{12}\cup A_{16})\cap(A_{12}\cup A_{20})=A_k$를 만족하는 자연수 k의 값은?

① 8 ② 10 ③ 12 ④ 14 ⑤ 16

발전문제 0455 자연수 전체의 두 부분집합 A_m, B_n을

$A_m=\{x\mid x$는 m의 배수$\}$, $B_n=\{x\mid x$는 n의 약수$\}$

라 하자. $A_p\subset(A_4\cap A_{10})$을 만족시키는 자연수 p의 최솟값과 $B_q\subset(B_{12}\cap B_{16})$을 만족시키는 자연수 q의 최댓값의 합을 구하시오.

정답 0453 : 4 0454 : (1) ⑤ (2) ③ 0455 : 24

08 부분집합의 원소의 합

특강유형

01 원소의 합

자연수를 원소로 갖는 전체집합 U의 부분집합 X에 대하여 $f(X)$를 X에 속하는 모든 원소의 합이라 하면 두 부분집합 A, B에 대하여 다음이 성립한다. (단, 집합 U의 원소의 개수는 유한개이고 $f(\varnothing)=0$으로 정의한다.)

(1) $f(A^c)=f(U)-f(A)$

(2) $A\subset B$이면 $f(A)\le f(B)$

(3) $f(A\cup B)=f(A)+f(B)-f(A\cap B)$

마플해설 $f(A)$는 A에 속하는 모든 원소의 합이므로

(1) $A^c\cap A=\varnothing$이므로 $f(U)=f(A)+f(A^c)$

$f(A^c)=f(U)-f(A)$

(2) $A\subset B$이면 집합 A가 집합 B의 진부분집합을 뜻하거나 $A=B$를 뜻하므로

$f(A)<f(B)$ 또는 $f(A)=f(B)$

즉 $A\subset B$이면 $f(A)\le f(B)$

(3) $A=\{2, 3\}$, $B=\{2, 4\}$일 때, $A\cup B=\{2, 3, 4\}$, $A\cap B=\{2\}$이므로

$f(A)=2+3=5$, $f(B)=2+4=6$, $f(A\cup B)=2+3+4=9$, $f(A\cap B)=2$

$\therefore$ $f(A\cup B)=f(A)+f(B)-f(A\cap B)$

보기 01 **전체집합 $U=\{1, 2, 3, 4, 5, 6\}$의 두 부분집합 A, B에 대하여**

$$A\cup B=U,\ A\cap B=\{3, 6\}$$

이다. 집합 A, B의 모든 원소의 합을 각각 $S(A)$, $S(B)$라고 할 때, $S(A)\times S(B)$의 최댓값을 구하시오.

풀이 $S(X)$는 집합 X에 속하는 모든 원소의 합이므로

$S(A-B)=x$라고 하면 $S(A)=x+9$

$S(U)=21$이므로

$S(B)=21-x$ ◀ $A\cup B=U$

$S(A)\times S(B)=(x+9)(21-x)$

$=-x^2+12x+189$

$=-(x-6)^2+225\,(0\le x\le 12)$

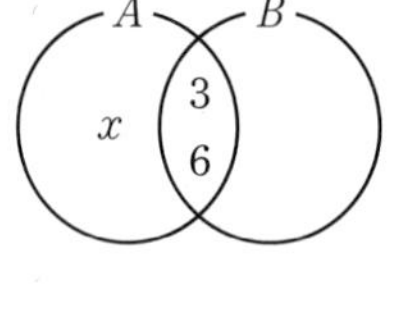

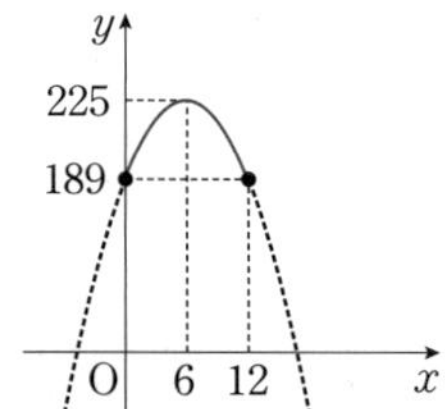

따라서 $x=6$일 때, $S(A)\times S(B)$의 최댓값은 **225**

다른풀이 산술평균과 기하평균의 관계를 이용하여 풀이하기

$S(A\cup B)=S(A)+S(B)-S(A\cap B)$이므로

$S(A)+S(B)=S(A\cup B)+S(A\cap B)$

$=S(U)+S(A\cap B)$

$=(1+2+3+4+5+6)+3+6$

$=21+9=30$

$S(A)>0$, $S(B)>0$이므로 산술평균과 기하평균의 관계에 의하여

$\dfrac{S(A)+S(B)}{2}\ge\sqrt{S(A)\times S(B)}$ (단, 등호는 $S(A)=S(B)$일 때 성립한다.)

$\dfrac{30}{2}\ge\sqrt{S(A)\times S(B)}$ $\quad\therefore$ $S(A)\times S(B)\le 15^2=225$

따라서 $S(A)\times S(B)$의 최댓값은 **225**

마플특강익힘 04 부분집합의 원소의 합

정수를 원소로 하는 두 집합

$$A=\{a,\ b,\ c,\ d\},\ B=\{a+k,\ b+k,\ c+k,\ d+k\}$$

에 대하여 $A\cap B=\{2,\ 5\}$이고 집합 A의 모든 원소의 합이 9, 집합 $A\cup B$의 모든 원소의 합이 23일 때, 상수 k의 값을 구하시오.

MAPL CORE ▶ 전체집합 U의 부분집합 A에 대하여 $S(A)$를 A에 속하는 모든 원소의 합이라 하면 다음이 성립한다.

(1) $S(A^C)=S(U)-S(A)$

(2) $A\subset B$이면 $S(A)\le S(B)$

(3) $S(A\cup B)=S(A)+S(B)-S(A\cap B)$

개념익힘풀이 집합 X의 모든 원소의 합을 $S(X)$라 하면

$A\cap B=\{2,\ 5\}$이고 집합 $A\cup B$의 모든 원소의 합이 23, 집합 A의 모든 원소의 합이 9이므로

$S(A\cap B)=2+5=7,\ S(A\cup B)=23,\ S(A)=9$ ← $S(A)=a+b+c+d=9$

$S(B)=9+4k$ ← $S(B)=a+b+c+d+4k=9+4k$

이므로

$S(A\cup B)=S(A)+S(B)-S(A\cap B)$ ← 집합 $A\cup B$의 모든 원소의 합은 (집합 A의 모든 원소의 합)+(집합 B의 모든 원소의 합)−(집합 $A\cap B$의 모든 원소의 합)

$23=9+9+4k-7 \quad \therefore\ \boldsymbol{k=3}$

참고 $(a+b+c+d)+(a+k+b+k+c+k+d+k)=23+(2+5)$

이때 $a+b+c+d=9$이므로 $\boldsymbol{k=3}$

확인유제 0456 전체집합 $U=\{x\,|\,x$는 자연수$\}$의 부분집합 A는 원소의 개수가 4이고 모든 원소의 합이 21이다. 상수 k에 대하여 집합 $B=\{x+k\,|\,x\in A\}$가 다음 조건을 만족시킨다.

(가) $A\cap B=\{4,\ 6\}$

(나) $A\cup B$의 모든 원소의 합이 40이다.

집합 A의 모든 원소의 곱을 구하시오.

변형문제 0457 집합 X의 모든 원소의 합을 $S(X)$라 할 때, 실수 전체의 집합의 두 부분집합

$$A=\{a,\ b,\ c,\ d,\ e\},\ B=\{a+k,\ b+k,\ c+k,\ d+k,\ e+k\}$$

에 대하여 다음 조건을 만족시키는 상수 k의 값은?

(가) $S(A)=25$

(나) $A-B=\{3,\ 7,\ 10\}$

(다) $S(A\cup B)=85$

① 6 ② 7 ③ 8 ④ 9 ⑤ 10

발전문제 0458 실수 전체의 집합 U의 두 부분집합 $A,\ B$에 대하여

$$n(A)=5,\ B=\left\{\frac{x+a}{2}\,\middle|\,x\in A\right\}$$

이다. 두 집합 $A,\ B$가 다음 조건을 만족시킬 때, 상수 a의 값을 구하시오.

(가) 집합 A의 모든 원소의 합은 28이다.

(나) 집합 $A\cup B$의 모든 원소의 합은 49이다.

(다) $A\cap B=\{10,\ 13\}$

정답 0456 : 432 0457 : ③ 0458 : 12

MAPL ; YOUR MASTERPLAN

07 유한집합의 원소의 개수

개념유형 01 합집합의 원소의 개수

(1) 두 유한집합 A, B에 대하여

$$n(A\cup B)=n(A)+n(B)-n(A\cap B)$$

특히, 집합 A, B가 서로소이면 $n(A\cap B)=0$이므로 $n(A\cup B)=n(A)+n(B)$

(2) 세 유한집합 A, B, C에 대하여

$$n(A\cup B\cup C)=n(A)+n(B)+n(C)-n(A\cap B)-n(B\cap C)-n(C\cap A)+n(A\cap B\cap C)$$

마플해설 집합의 합집합의 원소의 개수를 구하는 공식을 벤 다이어그램을 이용하여 확인하여 보자.

(1) 두 집합 A, B에 대하여 오른쪽 벤 다이어그램과 같이 세 부분으로 나누고 각 영역의 원소의 개수를 각각 a, b, c라 하면

$n(A\cup B)=a+b+c=(a+b)+(b+c)-b=n(A)+n(B)-n(A\cap B)$

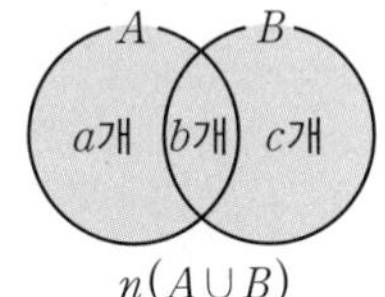

$n(A\cup B)$

(2) 세 집합 A, B, C에 대하여 오른쪽 그림과 같이 각 영역에 해당하는 원소의 개수를 a, b, c, d, e, f, g라 하면

$n(A\cup B\cup C)=a+b+c+d+e+f+g$

$=(a+d+f+g)+(b+d+e+g)+(c+e+f+g)-(d+g)-(e+g)-(f+g)+g$

$=n(A)+n(B)+n(C)-n(A\cap B)-n(B\cap C)-n(C\cap A)+n(A\cap B\cap C)$

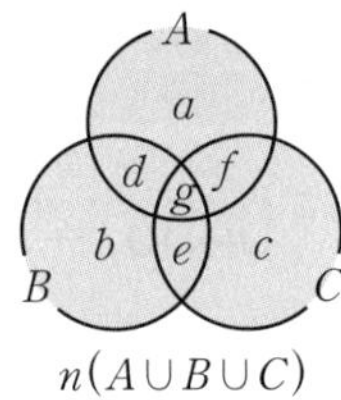

$n(A\cup B\cup C)$

보기 01 두 집합 A, B에 대하여 $n(A)=3$, $n(B)=5$, $n(A\cap B)=1$일 때, $n(A\cup B)$를 구하시오.

풀이 $n(A\cup B)=n(A)+n(B)-n(A\cap B)=3+5-1=\mathbf{7}$

보기 02 세 집합 A, B, C에 대하여 $n(A)=6$, $n(B)=3$, $n(C)=4$, $n(A\cap B)=2$, $n(B\cap C)=1$ $n(C\cap A)=2$, $n(A\cup B\cup C)=9$일 때, $n(A\cap B\cap C)$를 구하시오.

풀이 $n(A\cup B\cup C)=n(A)+n(B)+n(C)-n(A\cap B)-n(B\cap C)-n(C\cap A)+n(A\cap B\cap C)$이므로

$9=6+3+4-2-1-2+n(A\cap B\cap C)$

$\therefore n(A\cap B\cap C)=9-8=\mathbf{1}$

보기 03 H고등학교 동아리 학생 15명을 대상으로 축구와 농구에 대한 선호도를 조사하였더니 축구를 선택한 학생이 9명, 농구를 선택한 학생이 8명, 축구와 농구 둘 다 선택한 학생이 5명이었다. 축구 또는 농구를 선택한 학생 수를 구하시오.

풀이 축구를 선택한 학생의 집합을 A, 농구를 선택한 학생의 집합을 B라 하면 $n(U)=15$, $n(A)=9$, $n(B)=8$, $n(A\cap B)=5$이다.

이때 축구 또는 농구를 선택한 학생의 집합은 $A\cup B$이므로 $n(A\cup B)=n(A)+n(B)-n(A\cap B)=9+8-5=12$

따라서 축구 또는 농구를 선택한 학생은 **12**명이다.

+α

$n(A\cup B\cup C)=n(A\cup(B\cup C))=n(A)+n(B\cup C)-n(A\cap(B\cup C))$ …… ㉠

그런데 $n(B\cup C)=n(B)+n(C)-n(B\cap C)$ …… ㉡

또한, 분배법칙에 의해 $A\cap(B\cup C)=(A\cap B)\cup(A\cap C)$이므로

$n(A\cap(B\cup C))=n((A\cap B)\cup(A\cap C))$

$=n(A\cap B)+n(A\cap C)-n((A\cap B)\cap(A\cap C))$

$=n(A\cap B)+n(C\cap A)-n(A\cap B\cap C)$ …… ㉢

따라서 ㉡, ㉢을 ㉠에 대입하면 $n(A\cup B\cup C)=n(A)+n(B)+n(C)-n(A\cap B)-n(B\cap C)-n(C\cap A)+n(A\cap B\cap C)$

개념유형

02 여집합과 차집합의 원소의 개수

전체집합 U가 유한집합일 때, 두 부분집합 A, B에 대하여 다음이 성립한다.

(1) $\boldsymbol{n(A^c)=n(U)-n(A)}$

$n(A^c\cap B^c)=n((A\cup B)^c)=n(U)-n(A\cup B)$

(2) $\boldsymbol{n(A-B)=n(A)-n(A\cap B)=n(A\cup B)-n(B)}$

특히, $B\subset A$이면 $A\cap B=B$이므로 $n(A-B)=n(A)-n(B)$이다.

주의 일반적으로는 $n(A-B)\neq n(A)-n(B)$임을 유의한다.

마플해설 여집합과 차집합의 원소의 개수를 구하는 공식을 집합의 연산의 성질과 벤 다이어그램을 이용하여 확인하여 보자.

(1) 전체집합 U의 부분집합 A에 대하여 $A\cap A^c=\varnothing$이므로

$n(A\cup A^c)=n(A)+n(A^c)$

$n(U)=n(A)+n(A^c)$ ◀ $A\cup A^c=U$

$\therefore n(A^c)=n(U)-n(A)$

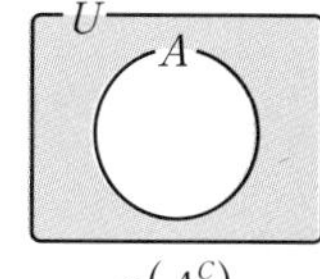

$n(A^c)$

(2) 두 집합 A, B 에 대하여 오른쪽 벤 다이어그램과 같이

$n(A-B)=a$, $n(A\cap B)=b$, $n(B-A)=c$라 하면

$n(A)-n(A\cap B)=(a+b)-b=a$

$n(A\cup B)-n(B)=(a+b+c)-(b+c)=a$

$\therefore n(A-B)=n(A)-n(A\cap B)=n(A\cup B)-n(B)$

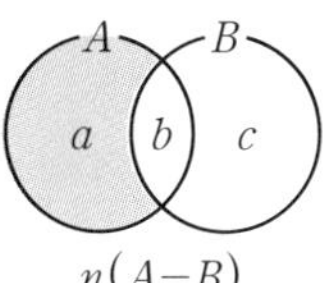

$n(A-B)$

보기 04 **전체집합 U의 두 부분집합 A, B에 대하여 $n(U)=12$, $n(A)=7$, $n(B)=6$, $n(A\cap B)=4$일 때, 다음 값을 구하시오.**

(1) $n(A^c)$　　(2) $n(A-B)$　　(3) $n(B-A)$

(4) $n(A^c\cup B^c)$　　(5) $n(A^c\cap B^c)$　　(6) $n(A^c\cup B)$

풀이

$n(A\cup B)=n(A)+n(B)-n(A\cap B)=7+6-4=9$

(1) $n(A^c)=n(U)-n(A)=12-7=\mathbf{5}$

(2) $n(A-B)=n(A)-n(A\cap B)=7-4=\mathbf{3}$

(3) $n(B-A)=n(B)-n(A\cap B)=6-4=\mathbf{2}$

(4) $n(A^c\cup B^c)=n((A\cap B)^c)=n(U)-n(A\cap B)=12-4=\mathbf{8}$

(5) $n(A^c\cap B^c)=n((A\cup B)^c)=n(U)-n(A\cup B)=12-9=\mathbf{3}$

(6) $n(A^c\cup B)=n((A-B)^c)=n(U)-n(A-B)=12-3=\mathbf{9}$

보기 05 **전체집합 U의 두 부분집합 A, B에 대하여 $n(U)=10$, $n(A^c\cup B^c)=4$일 때, $n(A\cap B)$를 구하시오.**

풀이

$n(A^c\cup B^c)=n((A\cap B)^c)=4$

$n((A\cap B)^c)=n(U)-n(A\cap B)$이므로 $4=10-n(A\cap B)$

$\therefore n(A\cap B)=\mathbf{6}$

보기 06 **희망 고등학교 학생 50명 중에서 축구동아리와 농구동아리를 신청한 학생이 각각 38명, 32명이고 축구동아리와 농구동아리를 모두 신청한 학생이 24명이다. 이때 축구동아리와 농구동아리를 모두 신청하지 않는 학생 수를 구하시오.**

풀이

축구동아리와 농구동아리를 신창한 학생들의 집합을 각각 A, B라 하면

$n(A)=38$, $n(B)=32$, $n(A\cap B)=24$

이때 $n(A\cup B)=n(A)+n(B)-n(A\cap B)=38+32-24=46$

따라서 $n(A^c\cap B^c)=n((A\cup B)^c)=n(U)-n(A\cup B)=50-46=\mathbf{4}$(명)

개념유형

03 원소의 개수의 최댓값과 최솟값

(1) $n(A\cup B)$의 최댓값과 최솟값

전체집합 U의 두 부분집합 A, B에 대하여 $n(A)\le n(B)$이면 $B\subset(A\cup B)\subset U$이므로

$$\underbrace{\boldsymbol{n(B)}}_{\text{최솟값}}\le \boldsymbol{n(A\cup B)}\le \underbrace{\boldsymbol{n(U)}}_{\text{최댓값}}$$

(2) $n(A\cap B)$의 최댓값과 최솟값

전체집합 U의 두 부분집합 A, B에 대하여 $n(A)\le n(B)$에서 $n(A\cup B)=n(A)+n(B)-n(A\cap B)$

이므로 $n(B)\le n(A\cup B)\le n(U)$에 대입하면

$n(B)\le n(A)+n(B)-n(A\cap B)\le n(U)$

$$\underbrace{\boldsymbol{n(A)+n(B)-n(U)}}_{\text{최솟값}}\le \boldsymbol{n(A\cap B)}\le \underbrace{\boldsymbol{n(A)}}_{\text{최댓값}}$$

주의 위의 식을 이용할 경우 $n(A\cap B)$의 최솟값이 음수일 수도 있다. 이때 $n(A\cap B)\ge 0$을 만족해야 하므로 0으로 처리한다.

마플해설

교집합의 원소의 개수의 범위

전체집합 U의 두 부분집합 A, B에 대하여

① $n(A\cap B)$의 최솟값 : $n(A\cup B)=n(A)+n(B)-n(A\cap B)\le n(U)$에서

$n(A)+n(B)-n(U)\le n(A\cap B)$

② $n(A\cap B)$의 최댓값 : $n(A\cap B)\le n(A)$, $n(B)$ ◀ 원소의 개수가 작은 쪽

보기 07 **전체집합 U의 두 부분집합 A, B에 대하여 $n(U)=24$, $n(A)=10$, $n(B)=16$일 때, $n(A\cap B)$의 최댓값과 최솟값을 구하시오.**

풀이

$n(A)\le n(B)$이고 $n(B)\le n(A\cup B)\le n(U)$, 즉 $16\le n(A\cup B)\le 24$이므로

$n(A\cup B)=n(A)+n(B)-n(A\cap B)=10+16-n(A\cap B)$를 대입하면

$16\le 10+16-n(A\cap B)\le 24$ $\therefore\ 2\le n(A\cap B)\le 10$

따라서 **최댓값은 10과 최솟값은 2**이다.

보기 08 **100명의 학생 중 호동이의 팬클럽에 가입한 학생은 56명, 재석이의 팬클럽에 가입한 학생은 70명이다. 이때 호동이와 재석이의 팬클럽에 모두 가입한 학생 수의 최댓값과 최솟값을 구하시오.**

풀이

전체학생의 집합을 U, 호동이의 팬클럽에 가입한 학생의 집합을 A, 재석이의 팬클럽에 가입한 학생의 집합을 B라 하면

$n(U)=100$, $n(A)=56$, $n(B)=70$

호동이와 재석이의 팬클럽에 모두 가입한 학생수는 $n(A\cap B)$이다.

(i) $n(A\cap B)\le n(A)$, $n(A\cap B)\le n(B)$이므로

$n(A\cap B)\le 56$

(ii) $n(A\cup B)\le n(U)$이므로

$n(A\cup B)=n(A)+n(B)-n(A\cap B)\le n(U)$ ◀ $n(A\cap B)=n(A)+n(B)-n(A\cup B)$

$56+70-n(A\cap B)\le 100$

$\therefore\ 26\le n(A\cap B)$

(i), (ii)에서 $26\le n(A\cap B)\le 56$

따라서 호동이와 재석이의 팬클럽에 모두 가입한 학생 수의 **최댓값은 56과 최솟값은 26**이다.

마플개념익힘 01 원소의 개수

다음 물음에 답하시오.

(1) 전체집합 U의 두 부분집합 A, B에 대하여 $n(U)=60$, $n(A)=30$, $n(B)=42$, $n(A\cup B)=50$일 때, $n(A^c\cup B^c)$를 구하시오.

(2) 전체집합 U의 두 부분집합 A, B에 대하여 $n(U)=30$, $n(A)=17$, $n(B)=22$, $n(A^c\cap B^c)=6$일 때, $n(A-B)$를 구하시오.

MAPL CORE ▶ 유한집합의 원소의 개수는 집합을 설정하고 벤 다이어그램을 이용하여 원소의 개수 구하기

(1) $n(A\cup B)=n(A)+n(B)-n(A\cap B)$

(2) $n(A^c\cap B^c)=n((A\cup B)^c)=n(U)-n(A\cup B)$

(3) $n(A-B)=n(A\cup B)-n(B)=n(A)-n(A\cap B)$

개념익힘풀이 (1) $n(A\cup B)=n(A)+n(B)-n(A\cap B)$

$50=30+42-n(A\cap B)$ $\quad\therefore n(A\cap B)=22$

따라서 $n(A^c\cup B^c)=n(U)-n(A\cap B)=60-22=\mathbf{38}$

다른풀이 벤 다이어그램을 이용하여 풀이하기

주어진 조건을 이용하여 오른쪽 그림과 같이 영역을 네 부분으로 나누고

$n(A-B)=a$, $n(B-A)=b$, $n(A\cap B)=x$라 하면

$n(A\cup B)=n(A)+n(B)-n(A\cap B)$

$n(A\cup B)=a+b+x=50$

$n(A)=a+x=30$ $\quad\cdots\cdots$ ㉠

$n(B)=b+x=42$ $\quad\cdots\cdots$ ㉡

㉠+㉡에서 $a+b+2x=72$ $\quad\therefore x=22$

$\therefore n(A^c\cup B^c)=n(U)-n(A\cap B)=60-22=\mathbf{38}$

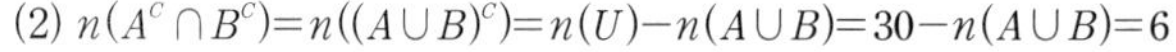

(2) $n(A^c\cap B^c)=n((A\cup B)^c)=n(U)-n(A\cup B)=30-n(A\cup B)=6$

$\therefore n(A\cup B)=24$

따라서 $n(A-B)=n(A\cup B)-n(B)=24-22=\mathbf{2}$

참고 $n(A\cup B)=n(A)+n(B)-n(A\cap B)$에서 $24=17+22-n(A\cap B)$ $\quad\therefore n(A\cap B)=15$

따라서 $n(A-B)=n(A)-n(A\cap B)=17-15=\mathbf{2}$

확인유제 0459 다음 물음에 답하시오.

(1) 전체집합 U의 두 부분집합 A, B에 대하여 $n(U)=25$, $n(A)=11$, $n(B)=17$, $n(A^c\cap B^c)=6$일 때, $n(A\cap B)$를 구하시오.

(2) 두 집합 A, B에 대하여 $n(A)=38$, $n(B)=25$, $n(A\cup B)=49$일 때, $n(B-A)$의 값을 구하시오.

변형문제 0460 전체집합 U의 두 부분집합 A, B에 대하여 $n(U)=70$, $n(A)=52$, $n(A\cap B)=20$, $n(A^c\cap B^c)=13$일 때, $n(B)$의 값은?

① 20 ② 21 ③ 22 ④ 23 ⑤ 25

발전문제 0461 두 집합 A, B에 대하여 $n(A)=8$, $n(A-B)=5$, $n(B)=6$일 때, $(B-A)\subset X\subset B$를 만족하는 집합 X의 개수를 구하시오.

정답 0459 : (1) 9 (2) 11 0460 : ⑤ 0461 : 8

마플개념익힘 02 집합의 원소의 개수의 활용

전체 학생이 50명인 학급에서 마라톤과 자전거 타기에 대한 선호도를 조사하였더니 마라톤을 선택한 학생이 30명, 자전거 타기를 선택한 학생이 25명, 마라톤과 자전거 타기를 모두 선택하지 않은 학생이 8명일 때, 다음 물음에 답하시오.

(1) 마라톤과 자전거 타기 중 적어도 하나를 선택한 학생 수를 구하시오.

(2) 마라톤과 자전거 타기를 모두 선택한 학생 수를 구하시오.

(3) 마라톤만을 선택한 학생 수를 구하시오.

MAPL CORE ▶ 문장으로 주어진 유한집합의 원소의 개수에 관한 활용 문제는 조건을 집합으로 나타낸 후 벤 다이어그램을 이용하여 해결한다.

전체집합 U의 두 부분집합 A, B에 대하여 집합을 기호로 나타내는 방법

① A를 ~하지 않는 ➡ A^c　② 또는, 적어도 ~인 ➡ $A\cup B$　③ 둘 다, 모두 ➡ $A\cap B$

④ A만, A뿐 ~ ➡ $A-B$　⑤ A, B 둘 중 하나만 ➡ $(A-B)\cup(B-A)$

개념익힘풀이 전체 학생의 집합을 U, 마라톤을 선택한 학생의 집합을 A, 자전거 타기를 선택한 학생의 집합을 B라 하면

$n(U)=50,\ n(A)=30,\ n(B)=25,\ n(A^c\cap B^c)=8$

(1) 마라톤과 자전거 타기 중 적어도 하나를 선택한 학생 수는 $n(A\cup B)$이므로

$n(A^c\cap B^c)=n((A\cup B)^c)=n(U)-n(A\cup B)=8$ ← 드모르간의 법칙에 의하여 $A^c\cap B^c=(A\cup B)^c$

$50-n(A\cup B)=8\quad \therefore\ n(A\cup B)=\mathbf{42}$

(2) 마라톤과 자전거 타기를 모두 선택한 학생 수는 $n(A\cap B)$이므로

$n(A\cap B)=n(A)+n(B)-n(A\cup B)=30+25-42=\mathbf{13}$

(3) 마라톤만 선택한 학생 수는 $n(A-B)$이므로

$n(A-B)=n(A)-n(A\cap B)=30-13=\mathbf{17}$

다른풀이 벤 다이어그램 이용하여 풀이하기

주어진 조건을 이용하여 오른쪽 그림과 같이 영역을 네 부분으로 나누고

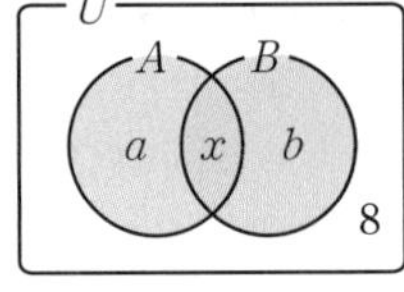

$n(A-B)=a,\ n(B-A)=b,\ n(A\cap B)=x$라 하면

$n(U)=a+x+b+8=50\quad \therefore\ a+b+x=42$

$n(A)=a+x=30$ …… ㉠

$n(B)=b+x=25$ …… ㉡

㉠+㉡에서 $a+b+2x=55\quad \therefore\ x=13$

따라서 $a=17,\ b=12$이므로 마라톤만 선택한 학생수는 $n(A-B)=a=\mathbf{17}$

확인유제 0462 전체 60명의 학생을 대상으로 수학 여행지를 조사하였더니 제주도를 희망한 학생이 25명, 금강산을 희망한 학생이 39명이고 두 군데 모두 희망하지 않은 학생이 3명일 때, 다음 물음에 답하시오.

(1) 제주도와 금강산 중 적어도 하나를 희망하는 학생 수를 구하시오.

(2) 제주도와 금강산을 모두 희망하는 학생 수를 구하시오.

(3) 금강산만 희망하는 학생의 수를 구하시오.

변형문제 0463 어느 회사의 전체 신입사원 200명 중에서 소방안전 교육을 받은 사원은 120명, 심폐소생술 교육을 받은 사원은 115명, 두 교육을 모두 받지 않은 사원은 17명이다. 이 회사의 전체 신입사원 200명 중에서 심폐소생술 교육만을 받은 사원의 수는?

① 60　② 63　③ 66　④ 69　⑤ 72

발전문제 0464 준기네 반 학생 25명을 대상으로 A, B 두 영화를 관람한 학생 수를 조사하였더니 A영화를 관람한 학생이 12명, B영화를 관람한 학생이 18명, A, B 두 영화 중 어느 것도 관람하지 않은 학생이 5명이었다고 한다. 이때 A, B 두 영화 중 한 영화만 본 학생 수를 구하시오.

정답　0462 : (1) 57 (2) 7 (3) 32　0463 : ②　0464 : 10

마플개념익힘 03 원소의 개수의 최댓값과 최솟값

전체 40명을 대상으로 음악과 영화에 대한 선호도를 조사하였다. 그 결과 음악을 선택한 학생이 26명, 영화를 선택한 학생이 18명이었다. 음악과 영화를 모두 선택한 학생의 수의 최댓값과 최솟값의 합을 구하시오.

MAPL CORE ▶ 전체집합 U의 두 부분집합 A, B에 대하여

(1) $n(A\cap B)$의 최솟값 : $n(A\cup B)=n(A)+n(B)-n(A\cap B)\le n(U)$에서 $n(A)+n(B)-n(U)\le n(A\cap B)$

(2) $n(A\cap B)$의 최댓값 : $n(A\cap B)\le n(A)$와 $n(B)$ 중 원소의 개수가 작은 쪽

개념익힘풀이 40명의 학생 전체의 집합을 U, 음악과 영화를 선택한 학생의 집합을 각각 A, B라고 하면

$n(U)=40$, $n(A)=26$, $n(B)=18$

$n(A\cup B)=n(A)+n(B)-n(A\cap B)$에서

$$\begin{aligned}n(A\cap B)&=n(A)+n(B)-n(A\cup B)\\&=26+18-n(A\cup B)\\&=44-n(A\cup B)\end{aligned}$$

(ⅰ) $n(A\cup B)$의 값이 최대인 경우는 $n(A\cup B)=n(U)$일 때이므로
$n(A\cap B)$의 최솟값은 $n(A\cap B)=44-40=4$

(ⅱ) $n(A\cup B)$의 값이 최소인 경우는
$n(A)>n(B)$에서 $B\subset A$일 때이므로 $n(A\cup B)$의 최솟값은 $n(A)=26$
$n(A\cap B)$의 최댓값은 $n(A\cap B)=44-26=18$

(ⅰ), (ⅱ)에 의하여 $4\le n(A\cap B)\le 18$이므로 최댓값과 최솟값의 합은 $18+4=$**22**

확인유제 0465 전체집합 U의 두 부분집합 A, B에 대하여 $n(U)=40$, $n(A)=28$, $n(B)=22$일 때, $n(A\cap B)$의 최댓값을 M, 최솟값을 m이라 하자. 이때 $M-m$의 값을 구하시오.

변형문제 0466 어느 날 2개의 놀이 기구 A, B가 있는 놀이공원에 다녀온 30명의 학생을 대상으로 그날 어떤 놀이 기구를 이용했는지 조사하였더니 놀이 기구 A를 이용한 학생은 23명, 놀이 기구 B를 이용한 학생은 16명이었다. 놀이 기구 A, B를 모두 이용한 학생 수의 최댓값을 M, 최솟값을 m이라 할 때, $M+m$의 값을 구하시오.

발전문제 0467 어느 학급 학생 30명을 대상으로 두 봉사 활동 A, B에 대한 신청을 받았다. 봉사 활동 A를 신청한 학생 수와 봉사 활동 B를 신청한 학생 수의 합이 36일 때, 봉사 활동 A, B를 모두 신청한 학생 수의 최댓값을 M, 최솟값을 m이라 하자. $M+m$의 값은?

① 18 ② 20 ③ 22 ④ 24 ⑤ 26

봉사 활동 A

봉사 활동 B

정답 0465 : 12 0466 : 25 0467 : ④

마플개념익힘 04 세 집합의 원소의 개수

어느 학급 학생 35명을 대상으로 학기 중에 교내 봉사 활동을 3회 실시하였다. 1차, 2차, 3차에 참여한 학생 수는 각각 30명, 25명, 18명이었고, 모든 학생은 적어도 1회 이상 봉사 활동에 참여하였다. 3회 모두 참여한 학생 수가 10명일 때, 3회 중 2회 이상 봉사 활동에 참여한 학생 수를 구하시오.

MAPL CORE ▶ $n(A\cup B\cup C)=n(A)+n(B)+n(C)-n(A\cap B)-n(B\cap C)-n(C\cap A)+n(A\cap B\cap C)$

개념익힘풀이 학생 35명의 집합을 전체집합 U, 1차, 2차, 3차에 참여한 학생들의 집합을 각각 A, B, C라고 하면

$n(U)=35$, $n(A)=30$, $n(B)=25$, $n(C)=18$

모든 학생은 적어도 1회 이상 봉사 활동에 참여하므로 $n(A\cup B\cup C)=n(U)=35$

또한, 3회 모두 참여한 학생 수가 10명이므로 $n(A\cap B\cap C)=10$

$n(A\cup B\cup C)=n(A)+n(B)+n(C)-n(A\cap B)-n(B\cap C)-n(C\cap A)+n(A\cap B\cap C)$에서

$35=30+25+18-\{(n(A\cap B)+n(B\cap C)+n(C\cap A)\}+10$

$\therefore n(A\cap B)+n(B\cap C)+n(C\cap A)=48$

따라서 구한 학생 수는 $n(A\cap B)+n(B\cap C)+n(C\cap A)-\underline{2\times n(A\cap B\cap C)}=48-20=\mathbf{28}$(명)

$n(A\cap B\cap C)$는 $n(A\cap B)$, $n(B\cap C)$, $n(A\cap C)$에 모두 포함되므로 2를 곱해서 뺀다.

다른풀이 벤 다이어그램 이용하여 풀이하기

오른쪽 벤 다이어그램에서 35명의 모든 학생은 적어도 1회 이상 봉사 활동에 참여하였으므로

$a+b+c+x+y+z=25$ …… ㉠

1차, 2차, 3차에 참여한 학생은 각각 30명, 25명, 18명이므로

$$\begin{cases} a+x+z=20 \\ b+x+y=15 \\ c+y+z=8 \end{cases}$$

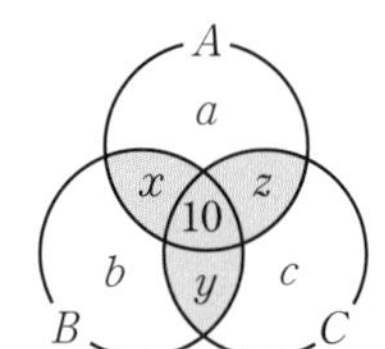

위 세 식을 변끼리 더하면 $(a+b+c)+2(x+y+z)=43$ …… ㉡

㉠, ㉡에서 $x+y+z=18$

2회 이상 봉사 활동에 참여한 학생 수는 $x+y+z+10=18+10=\mathbf{28}$(명)

확인유제 0468 S고 학생 40명을 대상으로 세 편의 영화 A, B, C에 대한 관람여부를 조사하였더니 A, B, C를 관람한 학생이 각각 21명, 18명, 23명이었고, 세 편 모두를 관람한 학생이 4명이었다. 또한, 한 편도 관람하지 않은 학생이 2명이었다. 이때 영화를 두 편 이상 관람한 학생 수를 구하시오.

변형문제 0469 어느 나라의 축구선수 1,000명 중 대표팀에 소속된 선수는 48명이다. 대표팀은 월드컵대표, 올림픽대표, 청소년대표의 세 종류로 각각 23명으로 구성되어 있다. 월드컵대표이면서 올림픽대표인 선수는 16명, 올림픽대표이면서 청소년대표인 선수는 5명, 청소년대표이면서 월드컵대표인 선수는 2명이다. 월드컵대표에만 소속되어 있는 선수는 모두 몇 명인가?

① 3 ② 4 ③ 5 ④ 6 ⑤ 7

발전문제 0470 어느 고등학교의 2학년 학생 212명을 대상으로 문학 체험, 역사 체험, 과학 체험의 신청자 수를 조사한 결과 다음과 같은 사실을 알게 되었다.

(가) 문학 체험을 신청한 학생은 80명, 역사 체험을 신청한 학생은 90명이다.
(나) 문학 체험과 역사 체험을 모두 신청한 학생은 45명이다
(다) 세 가지 체험 중 어느 것도 신청하지 않은 학생은 12명이다.

과학 체험만 신청한 학생의 수를 구하시오.

정답 0468 : 20 0469 : ⑤ 0470 : 75

09 조합을 이용한 집합의 개수

마플특강문제 01 **집합 $\{1, 2, 3, 4, 5\}$의 부분집합 중 원소의 개수가 2인 부분집합을 두 개 선택할 때, 선택한 두 집합이 서로 같지 않은 경우의 수를 구하시오.**

2018학년도 06월 모의평가 가형 27번

마플특강 풀이 집합 $\{1, 2, 3, 4, 5\}$의 부분집합 중 원소의 개수가 2인 부분집합의 개수는

${}_5C_2=\frac{5\times4}{2\times1}=10$

이 10가지 중에서 2개를 선택하는 경우의 수를 구하면

${}_{10}C_2=\frac{10\times9}{2}=45$

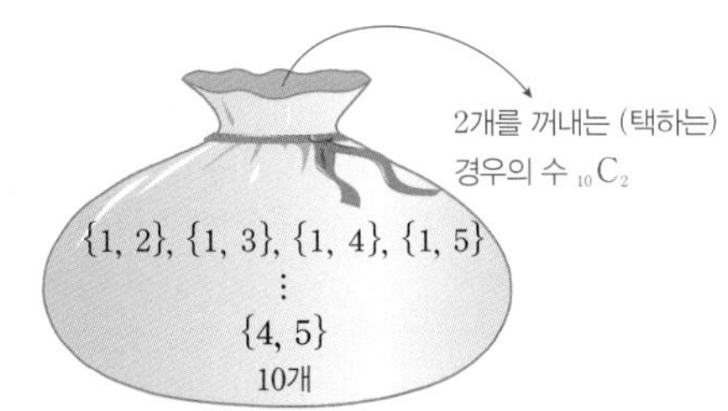

마플특강문제 02 **집합 $A=\{1, 2, 3, 4, 5, 6, 7, 8, 9\}$의 부분집합 중 가장 작은 원소가 3이고, 원소의 개수는 4인 집합의 개수를 구하시오.**

마플특강 풀이 집합 A의 부분집합 중 가장 작은 원소가 3이고 원소의 개수가 4인 집합은
3을 먼저 원소로 택한 다음,
3보다 큰 나머지 원소 4, 5, 6, 7, 8, 9의 6개 중 3개를 택하는 경우와 같다.

따라서 구하는 집합의 개수는 ${}_6C_3=\frac{6\times5\times4}{3\times2\times1}=20$

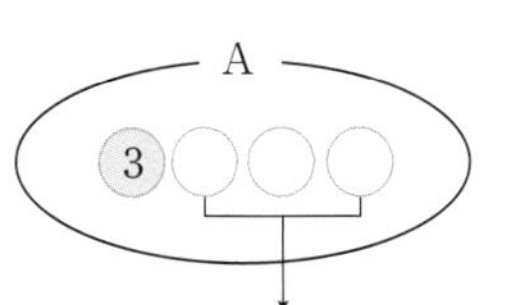

마플특강문제 03 **전체집합 U의 두 부분집합 A, B에 대하여 집합 $A=\{1, 2, 3, 4\}$일 때,**

$$n(A\cap B)=2,\ B\subset\{1, 2, 3, 4, 5, 6, 7, 8\}$$

를 만족하는 집합 B의 개수를 구하시오.

마플특강 풀이 $n(A\cap B)=2$이므로 집합 B는 집합 A의 원소 중 2개만을 원소로 가진다.
즉 집합 A의 원소 중에서 집합 B에도 속하는 원소 2개를 택하는 경우의 수는

${}_4C_2=\frac{4\times3}{2\times1}=6$

$B\subset\{1, 2, 3, 4, 5, 6, 7, 8\}$에서 집합 B는 집합 $\{1, 2, 3, 4, 5, 6, 7, 8\}$에서 원소 1, 2, 3, 4를 제외한 원소 5, 6, 7, 8을 원소로 가질 수 있다.
즉 집합 $\{5, 6, 7, 8\}$의 부분집합의 개수는 $2^4=16$
따라서 구하는 집합 B의 개수는 $6\times16=96$

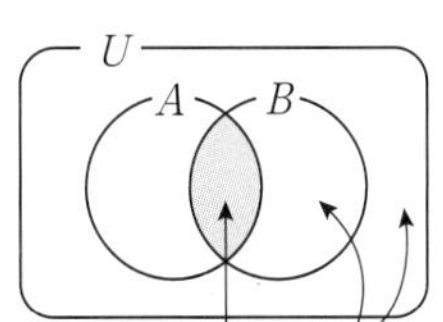

마플특강문제 04 **전체집합 $U=\{1, 2, 3, 4, 5\}$의 두 부분집합 A, B에 대하여 $n(A\cap B)=2$를 만족하는 순서쌍 (A, B)의 개수를 구하시오.**

마플특강 풀이 $n(A\cap B)=2$이므로 전체집합 $U=\{1, 2, 3, 4, 5\}$에서 원소 중에서 $A\cap B$에 들어갈 2개의 원소를 택하는 경우의 수는 ${}_5C_2=\frac{5\times4}{2\times1}=10$

이 각각에 대하여 전체집합 U의 남은 원소 3개가 들어갈 수 있는 곳은
오른쪽 그림의 ㉠, ㉡, ㉢의 세 곳이므로 곱의 법칙에 의하여 $3\times3\times3=27$
따라서 구하는 순서쌍 (A, B)의 개수는 $10\times27=270$

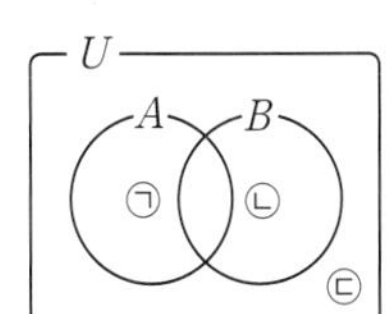

마플특강문제 05 **전체집합 $U=\{1, 2, 3, 4, 5\}$의 두 부분집합 A, B에 대하여 $A \subset B$를 만족하는 순서쌍 (A, B)의 개수를 구하시오.**

마플특강 풀이 오른쪽 벤 다이어그램에서 전체집합 $U=\{1, 2, 3, 4, 5\}$의 각 원소가 들어갈 수 있는 곳은 ㉠, ㉡, ㉢의 세 곳이므로 원소를 넣는 경우의 수는 곱의 법칙에 의하여

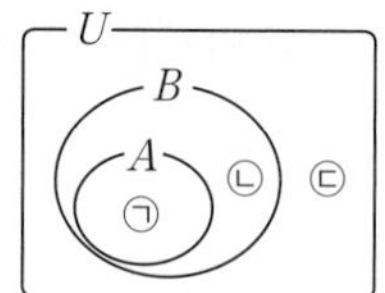

$3\times3\times3\times3\times3=3^5=243$

따라서 구하는 순서쌍 (A, B)의 개수는 243

마플특강문제 06 **전체집합 $U=\{1, 2, 3, 4, 5\}$의 두 부분집합 A, B에 대하여 $A \subset B$를 만족하는 공집합이 아닌 A, B에 대하여 순서쌍 (A, B)의 개수를 구하시오.**

마플특강 풀이 오른쪽 벤 다이어그램에서 전체집합 $U=\{1, 2, 3, 4, 5\}$의 각 원소가 들어갈 수 있는 곳은 3군데이므로 $3\times3\times3\times3\times3=3^5=243$

A가 공집합인 경우의 순서쌍 (A, B)의 개수는

오른쪽 벤 다이어그램에서 $U=\{1, 2, 3, 4, 5\}$의 각 원소가 들어갈 수 있는 곳은 2군데이므로

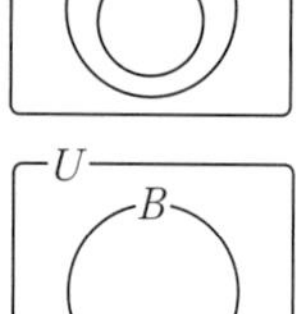

$2\times2\times2\times2\times2=2^5=32$

따라서 A가 공집합이 아닐 때 순서쌍 (A, B)의 개수는 전체 경우의 수에서

A가 공집합인 경우의 수를 제외하면 $243-32=211$

다른풀이 집합 B의 원소의 개수에 따라 경우를 나누고 집합 A는 집합 B의 부분집합임을 이용하여 풀이하기

(i) 집합 B의 원소가 1개인 경우

집합 B의 경우의 수는 ${}_5C_1=5$

원소의 개수가 1개인 집합 B의 부분집합의 개수 2^1에서 $A\neq\varnothing$인 집합 A의 경우의 수는 $2^1-1=1$

즉 순서쌍 (A, B)의 개수는 $5\times1=5$

(ii) 집합 B의 원소가 2개인 경우

집합 B의 경우의 수는 ${}_5C_2=\dfrac{5\times4}{2\times1}=10$

원소의 개수가 2개인 집합 B의 부분집합의 개수 2^2에서 $A\neq\varnothing$인 집합 A의 경우의 수는 $2^2-1=3$

즉 순서쌍 (A, B)의 개수는 $10\times3=30$

(iii) 집합 B의 원소가 3개인 경우

집합 B의 경우의 수는 ${}_5C_3={}_5C_2=\dfrac{5\times4}{2\times1}=10$

원소의 개수가 3개인 집합 B의 부분집합의 개수 2^3에서 $A\neq\varnothing$인 집합 A의 경우의 수는 $2^3-1=7$

즉 순서쌍 (A, B)의 개수는 $10\times7=70$

(iv) 집합 B의 원소가 4개인 경우

집합 B의 경우의 수는 ${}_5C_4={}_5C_1=5$

원소의 개수가 4개인 집합 B의 부분집합의 개수 2^4에서 $A\neq\varnothing$인 집합 A의 경우의 수는 $2^4-1=15$

즉 순서쌍 (A, B)의 개수는 $5\times15=75$

(v) 집합 B의 원소가 5개인 경우

집합 B의 경우의 수는 ${}_5C_5=1$

원소의 개수가 5개인 집합 B의 부분집합의 개수 2^5에서 $A\neq\varnothing$인 집합 A의 경우의 수는 $2^5-1=31$

즉 순서쌍 (A, B)의 개수는 $1\times31=31$

(i)~(v)에서 구하는 순서쌍 (A, B)의 개수는 $5+30+70+75+31=211$

BASIC

개념을 **익히는** 문제

0471 집합의 연산

다음 물음에 답하시오.

(1) 전체집합 $U=\{1, 2, 3, 4, 5\}$의 두 부분집합 $A=\{1, 2\}$, $B=\{2, 3, 4\}$에 대하여 집합 $A^C \cup B$의 원소의 개수는?

① 1 ② 2 ③ 3 ④ 4 ⑤ 5

(2) 전체집합 $U=\{x|x$는 10 이하의 자연수$\}$의 두 부분집합 $A=\{1, 3, 5, 7, 9\}$, $B=\{4, 5, 6, 7, 8, 9\}$에 대하여 집합 $A \cap B^C$의 원소들의 합은?

① 4 ② 6 ③ 8 ④ 10 ⑤ 12

(3) 전체집합 $U=\{x|x$는 10 이하의 자연수$\}$의 두 부분집합 $A=\{1, 2, 3, 6\}$, $B=\{1, 3, 5, 7, 9\}$에 대하여 집합 B^C-A^C의 모든 원소의 합은?

① 8 ② 9 ③ 10 ④ 11 ⑤ 12

0472 집합 사이의 포함 관계를 이용하여 미지수 구하기

두 집합

$$A=\{x^2+2x, 4, 6\}, B=\{x, 6\}$$

에 대하여 $A \cap B=B$를 만족시키는 모든 정수 x의 값의 합은?

① 3 ② 4 ③ 5 ④ 6 ⑤ 7

0473 벤 다이어그램을 이용한 집합의 연산

다음 물음에 답하시오.

(1) 전체집합 $U=\{x|x$는 9 이하의 자연수$\}$의 두 부분집합 A, B에 대하여

$A \cap B=\{1, 2\}$, $A^C \cap B=\{3, 4, 5\}$, $A^C \cap B^C=\{8, 9\}$를 만족시키는 집합 A의 모든 원소의 합은?

① 8 ② 10 ③ 12 ④ 14 ⑤ 16

(2) 전체집합 $U=\{1, 2, 3, 4, 5\}$의 두 부분집합 A, B에 대하여

$A \cap B=\{2\}$, $A-B=\{4\}$, $A^C \cap B^C=\{5\}$를 만족시키는 집합 B의 모든 원소의 합은?

① 2 ② 3 ③ 5 ④ 6 ⑤ 14

0474 벤 다이어그램을 이용한 집합의 연산

전체집합 $U=\{1, 3, 5, 7, 9, 11\}$의 두 부분집합 A, B가 다음 조건을 만족시킨다.

(가) $A \cap B=\{3, 7\}$
(나) $A^C \cup B=\{1, 3, 7, 9\}$

집합 A의 모든 원소의 합은?

① 21 ② 24 ③ 26 ④ 31 ⑤ 36

0475 집합의 연산 법칙과 포함 관계

전체집합 U의 두 부분집합 A, B에 대하여

$$\{A \cap (A^C \cup B)\} \cup \{B \cap (A \cup B)\}=A \cap B$$

일 때, [보기] 중 항상 옳은 것만을 있는 대로 고른 것은?

ㄱ. $A \cap B=B$ ㄴ. $A-B=\varnothing$ ㄷ. $B^C \subset A^C$ ㄹ. $A \cup B^C=U$

정답 0471 : (1) ④ (2) ① (3) ① 0472 : ① 0473 : (1) ⑤ (2) ④ 0474 : ③ 0475 : ㄱ, ㄹ

0476

집합의 연산에 대한 여러 가지 성질

다음 물음에 답하시오.

(1) 전체집합 U의 세 부분집합 A, B, C에 대하여 다음 중 $(A-B)\cup(A-C)$와 같은 집합은?

① $A\cap B\cap C$ ② $A-(B-C)$ ③ $A-(C-B)$ ④ $A-(B\cap C)$ ⑤ $A-(B\cup C)$

(2) 전체집합 U의 임의의 세 부분집합 A, B, C에 대하여 $(A-B)-C$와 같은 집합은?

① $A\cap B\cap C$ ② $A\cap B\cap C^c$ ③ $A-(B\cap C)$ ④ $A-(B\cup C)$ ⑤ $A-(B\cup C)^c$

0477

집합의 연산 법칙

다음 물음에 답하시오.

(1) 전체집합 $U=\{1, 2, 3, 4, 5, 6\}$의 두 부분집합 A, B에 대하여

$A^c\cup B^c=\{1, 2, 3, 5\}$, $(B-A)^c\cap\{A\cap(A\cap B)^c\}=\{1\}$이 성립할 때, 집합 A의 모든 원소의 합을 구하시오.

(2) 전체집합 $U=\{1, 2, 3, 4, 5\}$의 두 부분집합 A, B에 대하여

$A=\{1, 3\}$이고 $A\cap(A^c\cup B^c)=A$를 만족시키는 집합 B의 개수를 구하시오.

0478

집합의 연산과 부분집합의 개수

다음 물음에 답하시오.

(1) 전체집합 $U=\{1, 2, 3, 4, 5, 6\}$의 부분집합 A에 대하여 $\{1, 2, 3\}\cap A=\varnothing$을 만족시키는 모든 집합 A의 개수를 구하시오.

(2) 전체집합 $U=\{x\,|\,x$는 10 이하의 자연수$\}$의 두 부분집합 A, B에 대하여 $A=\{3, 8, 10\}$, $A^c\cap B^c=\{2, 4, 6\}$을 만족하는 집합 B의 개수를 구하시오.

0479

집합의 연산과 부분집합의 개수

다음 물음에 답하시오.

(1) 전체집합 $U=\{1, 2, 3, 4, 5\}$의 두 부분집합 A, B에 대하여

$$\{1, 2, 3\}\cap A=\varnothing,\ \{4, 5\}\cup B=U$$

이다. 집합 A의 개수를 a개, 집합 B의 개수를 b개라 할 때, $a+b$의 값은?

① 4 ② 8 ③ 10 ④ 14 ⑤ 16

(2) 전체집합 $U=\{1, 2, 3, 4, 5, 6\}$의 두 부분집합 A, B에 대하여

$$\{1, 2, 3\}\cap A\neq\varnothing,\ \{4, 5\}\cap A=\varnothing$$

를 만족시키는 U의 부분집합 A의 개수는?

① 4 ② 8 ③ 10 ④ 14 ⑤ 16

0480

색칠한 부분을 나타내는 집합

오른쪽 벤 다이어그램의 색칠한 부분을 나타내는 집합을 [보기]에서 모두 고른 것은? (단, U는 전체집합이다.)

ㄱ. $(B\cap C)\cap A^c$

ㄴ. $(B\cap C)-(A\cap B\cap C)$

ㄷ. $(B-A)\cap(C-A)$

① ㄱ ② ㄴ ③ ㄱ, ㄴ ④ ㄴ, ㄷ ⑤ ㄱ, ㄴ, ㄷ

0481

집합의 연산법칙과 부분집합의 개수

다음 물음에 답하시오.

(1) 두 집합 $A=\{1, 2, 3, 4\}$, $B=\{3, 4, 5, 6\}$에 대하여 $(A-B)-X=\varnothing$, $(A\cup B)\cap X=X$를 만족시키는 집합 X의 개수를 구하시오.

(2) 전체집합 $U=\{1, 2, 3, 4, 5, 6, 7, 8\}$의 세 부분집합 A, B, X에 대하여 $A=\{1, 2, 3, 4\}$, $B=\{2, 4, 6, 8\}$일 때, $A^c\cup X=X$, $(A^c\cup B^c)\cap X=X$를 만족하는 집합 X의 개수를 구하시오.

정답 0476 : (1) ④ (2) ④ 0477 : (1) 11 (2) 8 0478 : (1) 8 (2) 8 0479 : (1) ② (2) ④ 0480 : ⑤ 0481 : (1) 16 (2) 4

0482 집합의 연산과 부분집합의 개수

다음 물음에 답하시오.

(1) 전체집합 $U=\{x|1 \le x \le 12,\ x$는 자연수$\}$의 두 부분집합 $A=\{1, 2\}$, $B=\{2, 3, 5, 7\}$에 대하여 다음 조건을 만족시키는 U의 부분집합 X의 개수를 구하시오.

(가) $A \cup X = X$
(나) $(B-A) \cap X = \{5, 7\}$

(2) 전체집합 $U=\{x|1 \le x \le 30,\ x$는 자연수$\}$의 부분집합 $A_k=\{x|x$는 k의 배수$\}$에 대하여 다음 조건을 만족하는 집합 X의 개수를 구하시오. (단, k는 자연수이다.)

(가) $A_4 \cap X = X$
(나) $(A_3 \cap A_4) \cup X = X$

0483 집합의 원소의 개수

다음 물음에 답하시오.

(1) 전체집합 U의 두 부분집합 A와 B에 대하여 $n(A^C \cap B)=7$, $n(A \cap B)=4$, $n(A \cup B)=20$일 때, $n(A-B)$를 구하시오.

(2) 전체집합 U의 두 부분집합 A, B에 대하여 $n(U)=20$, $n(A^C)=12$, $n(A^C \cap B^C)=6$일 때, $n(B-A)$의 값을 구하시오.

(3) 전체집합 U의 두 부분집합 A와 B에 대하여 $A \cap B^C = A$, $n(A)=9$, $n(B)=14$일 때, $n(A \cup B)$의 값을 구하시오. (단, $n(X)$는 집합 X의 원소의 개수이다.)

0484 집합의 연산

세 집합 A, B, C가 다음 조건을 만족시킨다.

(가) $n(A \cup B) = n(A) + n(B)$
(나) $n((A \cup C) \cap (B \cup C)) = 3 \times n(B \cap C^C)$

$n(B \cup C)=20$일 때, $n(C)$의 값을 구하시오.

0485 집합의 원소의 개수

다음 물음에 답하시오.

(1) 100명의 학생을 대상으로 수학, 영어 과목에 대한 선호도를 조사하였더니, 수학을 선택한 학생이 48명, 영어를 선택한 학생이 65명, 수학과 영어를 모두 선택하지 않은 학생이 21명이었다. 영어만 선택한 학생의 수를 구하시오.

(2) 어느 학교 56명의 학생들을 대상으로 두 동아리 A, B의 가입여부를 조사한 결과 다음과 같은 사실을 알게 되었다.

(가) 학생들은 두 동아리 A, B중 적어도 한 곳에 가입하였다.
(나) 두 동아리 A, B에 가입한 학생의 수는 각각 35명, 27명이었다.

동아리 A에만 가입한 학생의 수를 구하시오.

정답 0482 : (1) 128 (2) 32 0483 : (1) 9 (2) 6 (3) 23 0484 : 15 0485 : (1) 31 (2) 29

0486

집합 사이의 포함 관계를 이용하여 미지수 구하기

다음 물음에 답하시오.

(1) 두 집합 $A=\{a^2+a, 3\}$, $B=\{a^2+2a, 2, 6\}$에 대하여 $A\cap B^C=\varnothing$를 만족시키는 모든 실수 a의 값의 합을 구하시오.

(2) 두 집합 $A=\{2, 3, 5, a^2-5\}$, $B=\{a-1, 2a-3, 4\}$에 대하여 $A-B=\{5\}$일 때, 집합 $A\cup B$의 모든 원소의 합을 구하시오. (단, a는 상수이다.)

(3) 두 집합 $A=\{a, a+4, |a-1|\}$, $B=\{1, 2, a^2-1\}$에 대하여 $A\cap B=\{2, 3\}$이 되도록 상수 a의 값을 정할 때, 집합 $A\cup B$의 모든 원소의 합은?

① 3 ② 4 ③ 5 ④ 6 ⑤ 7

0487

대칭차집합

다음 물음에 답하시오.

(1) 두 집합 $A=\{x-2, x+1, x+3\}$, $B=\{1, 2, x^2-1\}$에 대하여 $A\cap B=\{0, 2\}$일 때, $(A-B)\cup(B-A)$의 모든 원소의 합은?

① -3 ② -2 ③ -1 ④ 1 ⑤ 2

(2) 두 집합 $A=\{1, 5, a-8\}$, $B=\{a^2-7a+4, a+3\}$에 대하여 $(A\cup B)-(A\cap B)=\{1, 5, b\}$일 때, $a+b$의 값은? (단, a, b는 상수이다.)

① 14 ② 15 ③ 16 ④ 17 ⑤ 18

0488

집합의 포함 관계

두 집합 $A=\{3, 4, 7\}$, $B=\left\{\frac{x+k}{3}\middle|x\in A\right\}$에 대하여 $(A\cap B)\subset X\subset A$를 만족시키는 집합 X의 개수가 2일 때, 상수 k의 값은?

① 1 ② 2 ③ 3 ④ 4 ⑤ 5

0489

부분집합의 연산의 활용

전체집합 U의 공집합이 아닌 세 부분집합 P, Q, R이 다음 조건을 만족시킨다.

(가) $P\cup Q=Q$
(나) $P\cap Q\cap R^C=P$

[보기]에서 항상 옳은 것만을 있는 대로 고른 것은?

ㄱ. $P\cap Q=P$	ㄴ. $R\subset P^C$	ㄷ. $P\cap R=\varnothing$

① ㄱ ② ㄴ ③ ㄱ, ㄴ ④ ㄱ, ㄷ ⑤ ㄱ, ㄴ, ㄷ

0490

집합의 연산법칙의 활용

전체집합 $U=\{x|x$는 10 이하의 자연수$\}$의 두 부분집합 A, B에 대하여 $A-B=\{x|x$는 짝수$\}$, $(A\cup B)\cap A^C=\{x|x$는 홀수인 소수$\}$가 성립할 때, 집합 A의 원소의 개수가 최대일 때, 집합 B의 원소의 합은?

① 10 ② 15 ③ 20 ④ 25 ⑤ 30

0491

연산을 만족하는 부분집합의 개수

다음 물음에 답하시오.

(1) 전체집합 $U=\{1, 2, 3, 4, 5, 6, 7, 8, 9, 10\}$의 두 부분집합 $A=\{1, 3, 5, 7, 9\}$, $B=\{3, 6, 9\}$가 있다. $A\cup C=B\cup C$가 성립하는 U의 부분집합 C의 개수를 구하시오.

(2) 전체집합 $U=\{1, 2, 3, 4, 5, 6, 7, 8, 9, 10\}$의 두 부분집합 $A=\{1, 2, 3, 4, 5, 6\}$, $B=\{1, 3, 5\}$에 대하여 $A\cap X=B\cup X$를 만족하는 집합 X의 개수는?

① 4 ② 8 ③ 16 ④ 32 ⑤ 64

정답 0486 : (1) -2 (2) 14 (3) ② 0487 : (1) ② (2) ② 0488 : ⑤ 0489 : ⑤ 0490 : ④ 0491 : (1) 64 (2) ②

0492

집합의 연산법칙과 부등식

다음 물음에 답하시오.

(1) 두 집합 $A=\{x \mid x^2-6x+a \le 0\}$, $B=\{x \mid x^2-x+b<0\}$에 대하여 $A \cup B=\{x \mid -1<x \le 4\}$를 만족시키는 두 상수 a, b에 대하여 $a+b$의 값을 구하시오.

(2) 실수 전체의 집합의 두 집합 $A=\{x \mid 2x+1>4-x\}$, $B=\{x \mid x^2+ax+b \le 0\}$에 대하여 $A \cup B=\{x \mid x \ge -1\}$, $A \cap B=\{x \mid 1<x \le 5\}$를 만족시키는 두 상수 a, b에 대하여 $a+b$의 값을 구하시오.

0493

유한집합의 원소의 개수

S대학 병원에서는 지난 1개월간 통증 클리닉을 방문한 고등학생 52명을 대상으로 통증 부위에 관한 설문 조사를 실시하였다. 허리 또는 목의 통증을 호소한 학생이 41명으로 다른 부위의 통증으로 병원을 찾은 학생보다 압도적으로 많았는데, 그중 허리 통증을 호소한 학생이 38명, 목 통증을 호소한 학생은 12명이었다. 허리 통증이 아니거나 목 통증이 아닌 증상으로 이 병원을 방문한 학생의 수를 구하시오.

0494

집합의 원소의 개수의 활용

어느 야구팀에서 등 번호가 2의 배수 또는 3의 배수인 선수는 모두 25명이다. 이 야구팀에서 등 번호가 2의 배수인 선수의 수와 등 번호가 3의 배수인 선수의 수는 같고, 등 번호가 6의 배수인 선수는 3명이다. 이 야구팀에서 등 번호가 2의 배수인 선수의 수는? (단, 모든 선수는 각각 한 개의 등 번호를 갖는다.)

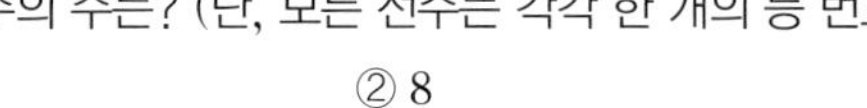

① 6　② 8　③ 10　④ 12　⑤ 14

0495

원소의 개수의 최댓값과 최솟값 **서술형**

어느 마라톤 동아리 회원 40명을 대상으로 두 코스 P와 Q를 다녀온 경험이 있는 회원 수를 조사하였더니 P코스는 28명이고 Q코스는 21명이었다. 두 코스 P와 Q를 모두 다녀온 회원 수의 최댓값을 M, 최솟값을 m이라 할 때, $M-m$의 값을 구하는 과정을 다음 단계로 서술하시오.

[1단계] 두 코스 P와 Q를 모두 다녀온 회원의 집합은 $A \cap B$이라 할 때, 최댓값 M을 구한다. [4점]

[2단계] 최솟값 m을 구한다. [4점]

[3단계] $M-m$의 값을 구한다. [2점]

0496

서로소와 부분집합 **서술형**

두 집합 $A=\{x \mid x$는 8의 약수$\}$, $B=\{x \mid x$는 20 이하의 4의 배수$\}$에 대하여 $A \cap X=\varnothing$과 $B \cup X=B$를 만족시키는 집합 X의 개수를 구하는 과정을 다음 단계로 서술하시오.

[1단계] $A \cap X=\varnothing$과 $B \cup X=B$를 만족시키는 집합 X의 의미를 파악한다. [5점]

[2단계] 집합 X의 개수를 구한다. [5점]

0497

집합의 원소의 개수의 활용 **서술형**

다음 물음에 답하시오.

(1) 1부터 100까지 자연수 중 3의 배수도 아니고 5의 배수도 아닌 자연수의 개수를 구하는 과정을 다음 단계로 서술하시오.

[1단계] 3의 배수의 집합을 A, 5의 배수의 집합을 B라 하고 $n(A)$, $n(B)$의 값을 구한다. [4점]

[2단계] $n(A \cup B)$의 값을 구한다. [3점]

[3단계] 3의 배수도 아니고 5의 배수도 아닌 자연수의 개수를 구한다. [3점]

(2) 100 미만의 자연수 중에서 7의 배수가 아니고, 5로 나누었을 때의 나머지가 3이 아닌 자연수의 개수를 구하는 과정을 다음 단계로 서술하시오.

[1단계] 7의 배수의 집합을 A, 5로 나누었을 때의 나머지가 3인 집합을 B라 하고 $n(A)$, $n(B)$의 값을 구한다. [4점]

[2단계] $n(A \cup B)$의 값을 구한다. [3점]

[3단계] 7의 배수도 아니고 5로 나누었을 때의 나머지가 3이 아닌 자연수의 개수를 구한다. [3점]

정답　0492 : (1) 6 (2) −9　0493 : 43　0494 : ⑤　0495 : 해설참조　0496 : 해설참조　0497 : 해설참조

0498 집합의 연산법칙을 이용한 식의 정리

전체집합 $U=\{x|x$는 $1 \le x \le 10$, x는 자연수$\}$의 두 부분집합 A, B에 대하여

$$A-(A-B)=\{1, 3, 7\},\ B-(A\cap B)=\{2, 6, 8\}$$

일 때, 집합 B^C의 모든 원소의 합을 구하시오.

0499 집합의 연산의 활용

자연수 n에 대하여

$$A_n=\{x|2n-1 \le x \le 9n+10,\ x\text{는 정수}\}$$

라 할 때, $A_1 \cap A_2 \cap A_3 \cap \cdots \cap A_n \ne \varnothing$을 만족시키는 자연수 n의 최댓값을 구하시오.

0500 배수집합과 차집합

집합 A_n을 $A_n=\{x|x$는 n의 배수$\}(n=1, 2, 3, \cdots)$이라 하자.
$A_n \cap A_2 = A_{2n}$이고 90이 집합 A_2-A_n의 원소가 되도록 하는 90 이하의 자연수 n의 개수를 구하시오.

0501 집합의 성질

두 자연수 a, $b(b \le 40)$에 대하여
전체집합 $U=\{x|x$는 40 이하의 자연수$\}$의 두 부분집합

$$A=\{x|x\text{는 } a\text{의 배수}, x\in U\},$$

$$B=\{x|x\text{는 } b\text{의 약수}, x\in U\}$$

가 다음 조건을 만족시킨다.

(가) $\{5, 10\} \subset A \cap B$
(나) $n(B-A)=3$

집합 $A-B$의 모든 원소의 합을 구하시오.

0502 유한집합의 원소의 개수

1보다 큰 자연수 k에 대하여 전체집합

$$U=\{x|x\text{는 } 2k \text{ 이하의 자연수}\}$$

의 두 부분집합

$$A=\{x|x\text{는 } 2k \text{ 이하의 짝수}\},\ B=\{x|x\text{는 } 2k\text{의 약수}\}$$

가 $n(A)\times n((A\cup B)^C)=24$를 만족시킨다. 이때 $k+n((A\cup B)^C)$의 값을 구하시오.

0503 유한집합의 원소의 개수

두 동아리 A 또는 B에 가입한 남학생 28명과 여학생 22명을 조사한 결과가 다음과 같다.

(가) 동아리 A에 가입한 학생 수와 동아리 B에 가입한 학생 수의 합은 60이다.
(나) 두 동아리 A와 B 중에서 한 동아리에만 가입한 남학생 수와 여학생 수는 같다.

이때 두 동아리 A와 B에 모두 가입한 여학생 수를 구하시오.

정답 0498 : 28 0499 : 10 0500 : 39 0501 : 145 0502 : 10 0503 : 2

마플교과서

MAPL. IT'S YOUR MASTER PLAN!
MAPL 교과서 SERIES
www.heemangedu.co.kr | www.mapl.co.kr

공통수학 2 II. 집합과 명제

02

명제

1. 명제와 조건
2. 명제 사이의 관계
3. 충분조건과 필요조건

01 명제와 조건

M A P L ; Y O U R M A S T E R P L A N

개념유형

01 명제

참과 거짓을 명확하게 판별할 수 있는 문장이나 식을 **명제**라 하고, 간단히 p, q, r, …와 같이 나타낸다.

(1) **참인 명제** : 문장이나 식이 항상 옳은 명제
(2) **거짓인 명제** : 한 가지라도 옳지 않은 경우가 있는 명제

참고 명령문, 감탄문, 의문문 등 불확실한 문장은 명제가 아니다.
그러나 $5-3=2$, $3-2>0$과 같은 등식과 부등식은 참, 거짓을 판별할 수 있으므로 명제이다.

마플해설 '2는 짝수이다' 는 참인 명제이고 '$1+3=6$' 은 거짓인 명제이다.
이와 같이 문장이나 식 중에는 참, 거짓을 판별할 수 있는 것과 판별할 수 없는 것이 있다.
① 한글을 창제하신 분은 세종대왕이다. ◀ 명확하게 참이므로 참인 명제이다.
② $3-4>0$ ◀ $3-4=-1$이므로 $3-4>0$은 거짓인 명제이다.
③ $x+3=5$ ◀ x의 값에 따라 참, 거짓이 정해지므로 명제가 아니다.

보기 01 **다음 중 명제인 것을 고르고, 그것의 참 거짓을 판별하시오.**

① 환경을 보호하자. ② $x+5=2$ ③ 한국의 동쪽 끝에 있는 섬은 독도이다.
④ x는 3의 배수이다. ⑤ 소수는 모두 홀수이다.

풀이
① 명령문, 감탄문, 의문문과 같이 기준이 명확하지 않으므로 **명제가 아니다.**
②, ④ x의 값에 따라 참 또는 거짓이 될 수 있으므로 **명제가 아니다.**
③ 한국의 동쪽 끝에 있는 섬은 독도이므로 **참인 명제이다.**
⑤ 소수 중에 짝수인 2가 있으므로 **거짓인 명제이다.**

개념유형

02 명제의 부정

(1) **명제의 부정**
명제 p에 대하여 'p가 아니다' 를 명제 p의 **부정**이라 하며 이것을 기호로 $\sim p$와 같이 나타낸다.
참고 $\sim p$는 'p의 부정' 또는 not p라 읽는다.

(2) 명제 p와 그 부정 $\sim p$의 참, 거짓 사이에는 다음과 같은 관계가 있다.

① p가 참인 명제이면 $\sim p$는 거짓인 명제이다.
② p가 거짓인 명제이면 $\sim p$는 참인 명제이다.

(3) 명제 $\sim p$의 부정은 p이다. 즉 $\sim(\sim p)=p$이다.
참고 부정이란 반대되는 말이므로 뒤 부분에 '아니다' 를 붙이면 부정이 된다.

마플해설 참인 명제 '4는 2의 배수이다.' 의 부정은 '4는 2의 배수가 아니다.' 이고 이것은 거짓인 명제이다.
또, 거짓인 명제 '2는 홀수이다.' 의 부정은 '2는 홀수가 아니다.' 이고 이것은 참인 명제이다.
이와 같이 명제가 참이면 그 부정은 거짓이고 명제가 거짓이면 그 부정은 참이다.
또한, $3<2$의 부정은 $3\geq 2$이다.
이때 $3<2$의 부정은 $3>2$으로 해서는 안 된다. 두 수 사이의 대소 관계는 크다, 작다, 같다의 세 가지이므로
'작다' 의 부정은 나머지 두 가지 '같다' 와 '크다' 를 모두 말해주어야 한다.
또한, '3은 홀수이다.' 의 부정은 '3은 짝수이다.' 라고 하면 안 된다.
자연수라는 전제 조건이 없으므로 -2, 9, $\frac{1}{2}$, … 등도 부정에 포함되어야 한다.

보기 02 **다음 명제의 부정을 말하고, 그것의 참, 거짓을 판단하시오.**

(1) $\sqrt{2}$는 무리수이다. (2) 2는 6의 약수이다.

풀이
(1) 명제의 부정은 '**$\sqrt{2}$는 무리수가 아니다.**' 이고 이것은 **거짓**이다.
(2) 명제의 부정은 '**2는 6의 약수가 아니다.**' 이고 이것은 **거짓**이다.

개념유형

03 조건

문장 'x는 소수이다.' 는 그 자체로 참, 거짓을 판정할 수 없지만 $x=2$이면 참인 명제가 되고, $x=4$이면 거짓인 명제가 된다. 이와 같이 **변수 x의 값에 따라 참, 거짓을 판별할 수 있는 문장이나 식을 조건**이라 한다.

참고 문자 x에 대한 조건은 보통 $p(x)$, $q(x)$, $r(x)$, …와 같이 나타내고, 문자 x를 언급하지 않아도 혼동이 없을 때에는 간단히 p, q, r, …와 같이 나타내기도 한다.

마플해설 참, 거짓을 명확하게 판정할 수 있는 명제와는 달리 'x는 6의 약수이다.' 와 같은 문장은 x가 무엇인지 알기 전에는 참, 거짓을 판정할 수 없으므로 명제가 아니다.
하지만 $x=2$이면 '2는 6의 약수이다.' 이므로 참인 명제가 된다.
또, $x=5$이면 '5는 6의 약수이다.' 이므로 거짓인 명제가 된다.
즉 'x는 6의 약수이다.' 는 x의 값이 주어지면 참, 거짓을 판별할 수 있으므로 명제가 된다.
이와 같이 변수 x를 포함하는 문장이나 식이 x의 값에 따라 참, 거짓이 판별될 때, 이 문장이나 식을 조건이라 한다.

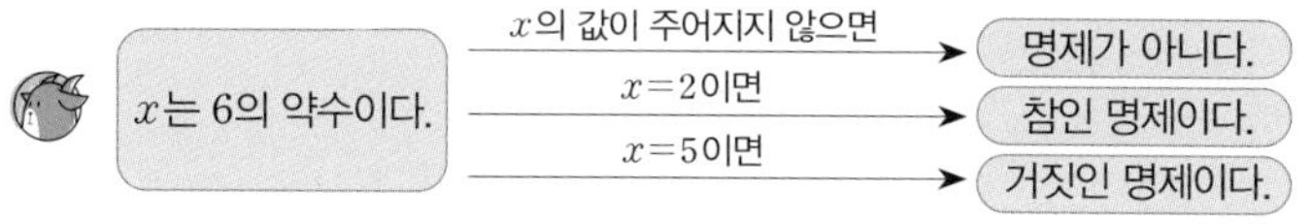

보기 03 **다음에서 명제와 조건을 구분하시오.**

(1) 3은 유리수이다.
(2) x는 홀수이다.
(3) x는 16의 약수이다.
(4) $x=1$이면 $2x+1=3$이다.

풀이 명제 : 참인지 거짓인지를 분명하게 판별할 수 있는 문장이나 식 **(1), (4)**
조건 : 변수 x의 값에 따라 참, 거짓을 판별할 수 있는 문장이나 식 **(2), (3)**

개념유형

04 진리집합

전체집합 U의 원소 중에서 조건 $p(x)$를 참이 되게 하는 U의 모든 원소의 집합을 조건 $p(x)$의 **진리집합**이라고 한다. 즉 조건 $p(x)$의 진리집합을 P라 하면

$$\boldsymbol{P=\{x \mid x \in U,\ p(x)\text{는 참}\}}$$

참고 조건 p, q, r, …의 진리집합은 주로 집합 P, Q, R, … 로 나타낸다.

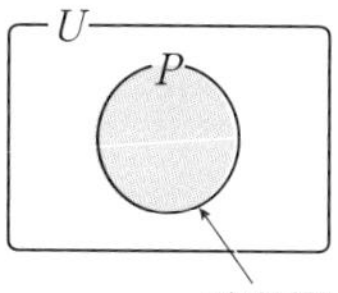

마플해설 전체집합 $U=\{x \mid x\text{는 10 이하의 자연수}\}$에서 정의된 조건 p가

$p(x)$: x는 6의 약수이다.

일 때, 전체집합 U의 원소 중 조건 p를 참이 되게 하는 원소는 1, 2, 3, 6이다.
따라서 조건 p의 진리집합을 P라 하면 $P=\{1, 2, 3, 6\}$이다.
이와 같이 전체집합 U에서 정의된 조건 $p(x)$에 대하여 집합 U의 원소 중 조건 $p(x)$를 참이 되게 하는 원소의 집합을 조건 $p(x)$의 진리집합이라 한다.

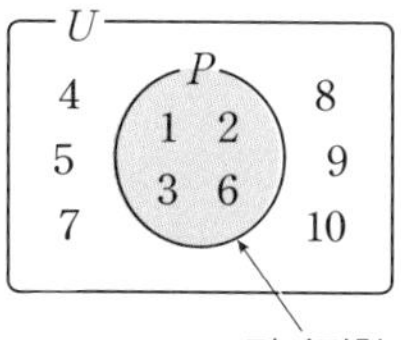

보기 04 **전체집합 $U=\{1, 2, 3, 4, 5\}$에 대하여 다음 조건의 진리집합을 구하시오.**

(1) $p(x)$: x는 4의 약수
(2) $q(x)$: $x+1 \ge 4$

풀이 두 조건 $p(x)$, $q(x)$의 진리집합을 각각 P, Q라 하면
(1) $p(x)$: x는 4의 약수이므로 $\boldsymbol{P=\{1, 2, 4\}}$
(2) $q(x)$: $x \ge 3$이므로 $\boldsymbol{Q=\{3, 4, 5\}}$

보기 05 **전체집합이 $U=\{x \mid x\text{는 실수}\}$에 대하여 다음 조건의 진리집합을 구하시오.**

(1) x는 짝수인 소수이다.
(2) $x^2-3x-4=0$

풀이 (1) x는 짝수인 소수의 진리집합을 P라 하면 $\boldsymbol{P=\{2\}}$
(2) $x^2-3x-4=0$, $(x-4)(x+1)=0$이므로 진리집합을 Q라 하면 $\boldsymbol{Q=\{-1, 4\}}$

개념유형

05 조건의 부정

조건 p에 대하여 'p가 아니다.' 를 p의 부정이라 하고 기호로 $\sim \boldsymbol{p}$와 같이 나타낸다.

(1) 조건의 부정의 진리집합

조건 p의 진리집합이 P이면 $\sim p$의 진리집합은 P^C이다.

(2) 조건 $\sim p$의 부정

조건 $\sim p$의 부정은 p, 즉 $\sim(\sim p)=p$이므로

$\sim(\sim p)$의 진리집합은 p의 진리집합과 같다.

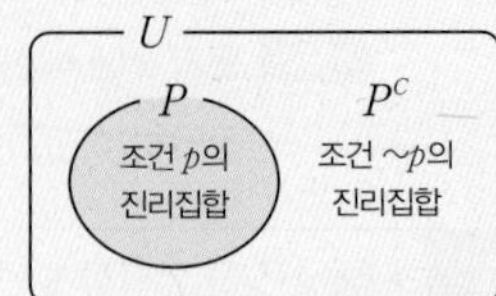

마플해설 전체집합 $U=\{1, 2, 3, 4, 5, \cdots, 10\}$에서 정의된 조건 p가

p : x는 6의 약수이다.

일 때, 조건 p의 부정은

$\sim p$: x는 6의 약수가 아니다.

이다.

이때 조건 p, $\sim p$의 진리집합을 각각 P, P^C라 하면

$P=\{1, 2, 3, 6\}$, $P^C=\{4, 5, 7, 8, 9, 10\}$

이다.

또, 집합의 연산의 성질에서 $(P^C)^C=P$이므로 조건 $\sim p$의 부정, 즉 $\sim(\sim p)$의 진리집합은 조건 p의 진리집합과 같음을 알 수 있다.

보기 06 **전체집합 $U=\{1, 2, 3, 4, 5, 6, 7, 8, 9\}$에서 정의된 조건 p가**

p : x는 3의 배수이다.

일 때, 다음 물음에 답하시오.

(1) 조건 p의 부정 $\sim p$를 구하시오.

(2) 조건 $\sim p$의 진리집합을 구하시오.

풀이

(1) **x는 3의 배수가 아니다.**

(2) 조건 p의 진리집합을 P라 하면 $P=\{3, 6, 9\}$이므로 조건 $\sim p$의 진리집합 P^C은 $\boldsymbol{P^C=\{1, 2, 4, 5, 7, 8\}}$

개념유형

06 조건 'p 또는 q' 와 'p 그리고 q'

(1) 두 조건 p, q의 진리집합을 각각 P, Q라 하면 다음이 성립한다.

① 조건 'p 또는 q' 의 진리집합 ➡ $P \cup Q$

② 조건 'p 그리고 q' 의 진리집합 ➡ $P \cap Q$

(2) 조건 'p 또는 q' , 'p 그리고 q' 의 부정은 다음과 같다.

① $\sim(p$ 또는 $q)$ ➡ $\sim p$ 그리고 $\sim q$

② $\sim(p$ 그리고 $q)$ ➡ $\sim p$ 또는 $\sim q$

마플해설 두 조건 p, q의 진리집합을 각각 P, Q라 할 때,

① 'p 또는 q' 의 진리집합 ➡ $P \cup Q$

'p 또는 q' 의 부정의 진리집합 ➡ $(P \cup Q)^C=P^C \cap Q^C$

즉 'p 또는 q' 의 부정의 진리집합은 조건 '$\sim p$ 그리고 $\sim q$' 의 진리집합과 같다.

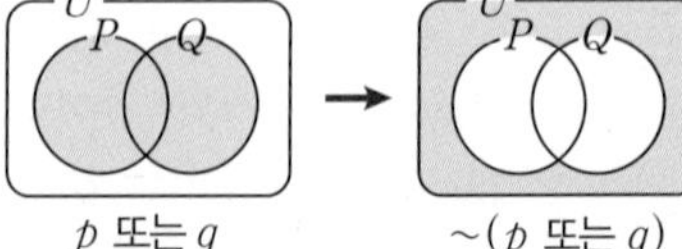

② 'p 그리고 q' 의 진리집합 ➡ $P \cap Q$

'p 그리고 q' 의 부정의 진리집합 ➡ $(P \cap Q)^C=P^C \cup Q^C$

즉 'p 그리고 q' 의 부정의 진리집합은 조건 '$\sim p$ 또는 $\sim q$' 의 진리집합과 같다.

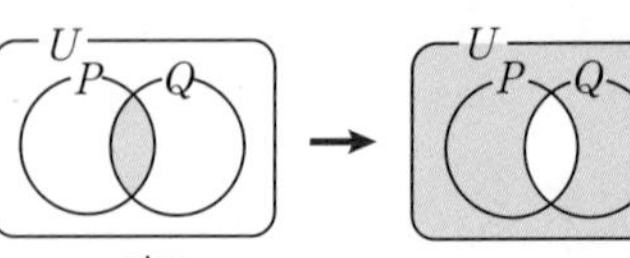

보기 07 전체집합 $U=\{x|x$는 10 이하의 자연수$\}$에서 정의된 두 조건

p : x는 짝수이다. q : x는 소수이다.

에서 조건 'p 또는 q' 의 진리집합과 조건 'p 그리고 q' 의 진리집합을 구하시오.

풀이 조건 'p 또는 q' 는 x는 짝수이거나 소수이다.

따라서 진리집합은 $\{\mathbf{2, 3, 4, 5, 6, 7, 8, 10}\}$이고

조건 'p 그리고 q' 는 x는 짝수이고 소수이다.

따라서 진리집합은 $\{\mathbf{2}\}$이다.

보기 08 다음 조건의 부정을 말하시오.

(1) $x=1$ 또는 $x=3$ (2) $x=2$이고 $x=4$

(3) $3 < x \le 5$ (4) $x < -5$ 또는 $x > 5$

풀이 (1) $\boldsymbol{x \ne 1}$**이고** $\boldsymbol{x \ne 3}$

(2) $\boldsymbol{x \ne 2}$ **또는** $\boldsymbol{x \ne 4}$

(3) $3 < x \le 5$는 $3 < x$이고 $x \le 5$이므로 $3 < x \le 5$의 부정은 $\boldsymbol{x \le 3}$ **또는** $\boldsymbol{x > 5}$

(4) $x \ge -5$ 그리고 $x \le 5$, 즉 $\boldsymbol{-5 \le x \le 5}$

FOCUS

① a, b가 실수일 때, $ab=0(a=0$ 또는 $b=0)$의 부정 ➡ $ab \ne 0(a \ne 0$이고 $b \ne 0)$

② a, b가 실수일 때, $a^2+b^2=0(a=0$이고 $b=0)$의 부정 ➡ $a^2+b^2 \ne 0(a \ne 0$ 또는 $b \ne 0)$

개념유형

07 명제 $p \longrightarrow q$

(1) **명제 $p \longrightarrow q$**

두 조건 p, q에 대하여 'p이면 q이다.' 의 꼴인 명제를 기호로 $p \longrightarrow q$로 나타낸다.

이때 명제 $p \longrightarrow q$에서 p를 **가정**, q를 **결론**이라고 한다.

예를 들면 명제 'x가 9의 배수이면 x는 3의 배수이다.' 에 대하여

가정 : x가 9의 배수이다, 결론 : x는 3의 배수이다.

$p \longrightarrow q$
가정 결론

(2) **명제의 참, 거짓**

① 명제 $p \longrightarrow q$가 참인 것은 **조건 p가 성립하는 모든 경우에 조건 q도 성립한다는 뜻이다.**

② 명제 $p \longrightarrow q$가 거짓인 것은 **조건 p는 성립하지만 조건 q가 성립하지 않은 경우가 있다는 뜻이다.**

마플해설 다음 두 문장 p : x는 6의 약수이다. q : x는 12의 약수이다.

는 참, 거짓을 판별할 수 없는 조건이다. 이때 두 조건 p, q를 결합하면

'x가 6의 약수이면 x는 12의 약수이다.'

와 같이 '이면' 으로 연결하여 한 문장으로 나열하면 이 문장은 참, 거짓을 판별할 수 있으므로 명제가 된다.

한편 6의 약수는 모두 12의 약수이므로 p를 만족시키는 x의 값은 모두 q도 만족시킨다.

따라서 명제 $p \longrightarrow q$는 참이다.

 명제 $p \longrightarrow q$는 참, 거짓을 명확하게 판별할 수 있으므로 명제이다.

보기 09 다음 명제의 참, 거짓을 판별하시오.

(1) $x=-2$이면 $x^2=4$이다.

(2) 사각형 ABCD가 정사각형이면 사각형 ABCD는 마름모이다.

(3) 삼각형 ABC가 정삼각형이면 삼각형 ABC는 이등변삼각형이다.

(4) 자연수 x, y에 대하여 $x+y$가 짝수이면 x 또는 y가 짝수이다.

풀이 (1) $(-2)^2=4$이므로 주어진 명제는 **참**이다.

(2) 사각형 ABCD가 정사각형이면 네 변의 길이가 모두 같으므로 사각형 ABCD는 마름모이다. 즉 명제는 **참**이다.

(3) 삼각형 ABC가 정삼각형이면 세 변의 길이가 모두 같으므로 삼각형 ABC가 이등변삼각형이이다. 즉 명제는 **참**이다.

(4) $x=1$, $y=5$이면 $x+y=6$(짝수)이지만 x, y는 모두 홀수이므로 주어진 명제는 **거짓**이다.

08 명제 $p \longrightarrow q$의 참, 거짓과 진리집합의 포함 관계

(1) **조건 p, q의 진리집합의 포함 관계**

두 조건 p, q의 진리집합을 각각 P, Q라 하면
집합 P, Q의 포함 관계와 명제 $p \longrightarrow q$의 참, 거짓 사이의 관계는 다음과 같다.

① $P \subset Q$이면 명제 $p \longrightarrow q$는 참이다. ◀ 명제 $p \longrightarrow q$가 참이면 $P \subset Q$

② $P \not\subset Q$이면 명제 $p \longrightarrow q$는 거짓이다. ◀ 명제 $p \longrightarrow q$가 거짓이면 $P \not\subset Q$

(2) **반례**

명제 $p \longrightarrow q$가 거짓임을 보이려면 조건 p는 만족시키지만 조건 q는 만족시키지 않는 예를 들면 된다. 이와 같은 예를 **반례**라 한다.
즉 두 조건 p, q의 진리집합을 각각 P, Q라 할 때,
집합 P에 속하지만 집합 Q에 속하지 않는 원소의 예를 반례라 한다.

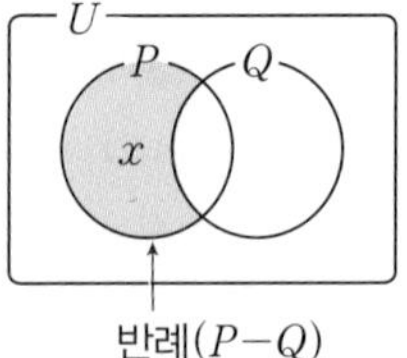

 $P \not\subset Q$이면 $p \longrightarrow q$가 거짓이다. 이때 $x \in P$, $x \notin Q$인 x를 반례라고 한다.

마플해설 조건의 진리집합의 포함 관계를 이용하여 명제의 참, 거짓을 판별하여 보자.
예를 들어 참인 명제 '$x=1$이면 $x^2=1$이다.' 에서

$$p : x=1,\ q : x^2=1$$

이고 두 조건 p, q의 진리집합을 각각 P, Q라 하면 $P=\{1\}$, $Q=\{-1, 1\}$이므로 $P \subset Q$이다.
일반적으로 명제 $p \longrightarrow q$는 조건 p가 성립할 때, 조건 q가 성립하면 참이다.
즉 명제 $p \longrightarrow q$가 참인 조건 p의 진리집합 P의 모든 원소가 조건 q의 진리집합 Q에 속한다는 뜻이다.
또, $Q \not\subset P$이므로 명제 $q \longrightarrow p$, 즉 '$x^2=1$이면 $x=1$이다.' 는 거짓이다.
이때 $Q \not\subset P$가 되도록 하는 원소, 즉 집합 $Q-P$의 원소인 -1은 명제 $q \longrightarrow p$가 거짓임을 보이는 반례이다.

(Q, P 벤다이어그램) $p \longrightarrow q$는 참

보기 10 **다음 명제의 참, 거짓을 판별하시오.**

(1) x가 8의 양의 약수이면 x는 4의 양의 약수이다.

(2) $x-2=0$이면 $x^2-2x=0$이다.

(3) $2 \leq x \leq 5$이면 $1 \leq x \leq 6$이다.

풀이 주어진 명제의 가정을 p, 결론을 q라 하고 각각의 진리집합을 P, Q라고 하자.

(1) $P=\{1, 2, 4, 8\}$, $Q=\{1, 2, 4\}$이므로 $P \not\subset Q$이다.
따라서 주어진 명제 $p \longrightarrow q$는 **거짓**이다.

(2) $P=\{2\}$, $Q=\{0, 2\}$이므로 $P \subset Q$이다.
따라서 주어진 명제는 $p \longrightarrow q$는 **참**이다.

(3) $P=\{x|2 \leq x \leq 5\}$, $Q=\{x|1 \leq x \leq 6\}$이므로 $P \subset Q$이다.
따라서 주어진 명제는 $p \longrightarrow q$는 **참**이다.

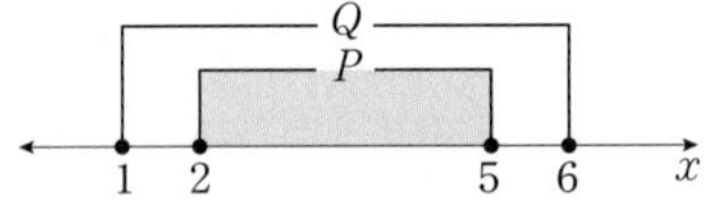

부정의 관계
다음에 짝지어진 표현은 서로 부정인 관계이다. 이런 관계를 이용하면 명제의 부정뿐만 아니라 명제의 대우를 구하는 데도 편리하다.

	p (조건)	$\sim p$ (부정)
①	그리고, 이고	또는, 이거나
②	같다. (=)	같지 않다. (≠)
③	$x<a$ (미만)	$x \geq a$ (이상)
④	$x>a$ (초과)	$x \leq a$ (이하)
⑤	짝수 (자연수)	홀수 (자연수)
⑥	음수	음수가 아니다. (0을 포함한 양수이다.)
⑦	$a=b=c$($a=b$이고 $b=c$이고 $c=a$)	$a \neq b$ 또는 $b \neq c$ 또는 $c \neq a$
⑧	$a<x<b$	$x \leq a$ 또는 $x \geq b$
⑨	모든 (임의의)	어떤
⑩	적어도 하나는 ~이다.	모두 ~이 아니다.

개념유형

09 '모든' 과 '어떤' 이 들어 있는 명제

(1) '모든' 과 '어떤' 이 들어 있는 명제의 참, 거짓

조건 $p(x)$는 명제가 아니지만, 조건 $p(x)$ 앞에 '모든' 이나 '어떤' 이라는 단서가 있으면 x의 값이 정해지지 않아도 참, 거짓을 판별할 수 있으므로 명제가 된다.

공집합이 아닌 전체집합 U에서 정의된 조건 $p(x)$의 진리집합을 P라 하면 다음이 성립한다.

① '모든 $x \in U$에 대하여 p이다.' ➡ $\begin{cases} P=U\text{이면 } \textbf{참} \\ P \neq U\text{이면 } \textbf{거짓} \end{cases}$ ◀ 하나라도 거짓이면 거짓

② '어떤 $x \in U$에 대하여 p이다.' ➡ $\begin{cases} P=\varnothing\text{이면 } \textbf{거짓} \\ P \neq \varnothing\text{이면 } \textbf{참} \end{cases}$ ◀ 하나라도 참이면 참

참고 모든 x에 대하여 p가 참이려면 모든 x에 대하여 p가 성립한다. 즉 p를 만족시키지 않는 것이 단 하나만 존재해도 거짓이 된다.
어떤 x에 대하여 p가 참이려면 어떤 x에 대하여 p가 성립한다. 즉 p를 만족시키는 것이 단 하나만 존재해도 참이 된다.

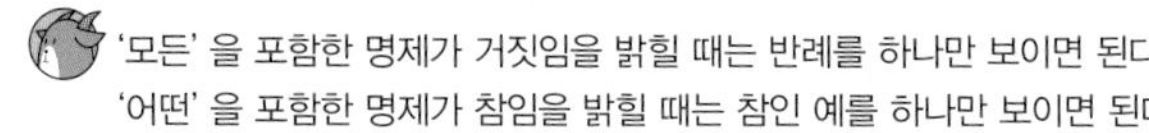

'모든' 을 포함한 명제가 거짓임을 밝힐 때는 반례를 하나만 보이면 된다.
'어떤' 을 포함한 명제가 참임을 밝힐 때는 참인 예를 하나만 보이면 된다.

(2) '모든' 과 '어떤' 이 들어 있는 명제의 부정

① '모든 $x \in U$에 대하여 p이다.' 의 부정은 **'어떤 $x \in U$에 대하여 $\sim p$이다.'**

② '어떤 $x \in U$에 대하여 p이다.' 의 부정은 **'모든 $x \in U$에 대하여 $\sim p$이다.'**

참고 '모든 것이 p이다.' 의 부정 ⇨ 어떤 것은 p가 아니다.
⇨ 적어도 하나는 p가 아니다.
⇨ p가 아닌 것도 있다.

EX '모든 학생은 대학에 진학한다.' 의 부정
⇨ 어떤 학생은 대학에 진학하지 않는다.
⇨ 적어도 한 학생은 대학에 진학하지 않는다.
⇨ 대학에 진학하지 않는 학생도 있다.

마플해설 '모든' 과 '어떤' 이 들어 있는 명제의 참, 거짓

① 모든 실수 x에 대하여 $x^2 \geq 0$이다. [참]
② 어떤 실수 x에 대하여 $x^2 \leq 0$이다. [참]
③ 모든 실수 x에 대하여 $x^2 > 0$이다. [거짓]
④ 어떤 실수 x에 대하여 $x^2 > 0$이다. [참]

보기 11 다음 명제의 참, 거짓을 말하시오.

(1) 모든 실수 x에 대하여 $x^2=9$이다.
(2) 어떤 실수 x에 대하여 $x^2=9$이다.

풀이 전체집합 U를 실수 전체의 집합이라고 할 때,
조건 $p : x^2=9$의 진리집합을 P라고 하면 $P=\{-3, 3\}$이다.
(1) $P \neq U$이므로 '모든 실수 x에 대하여 $x^2=9$이다.' 는 **거짓인 명제**이다.
(2) $P \neq \varnothing$이므로 '어떤 실수 x에 대하여 $x^2=9$이다.' 는 **참인 명제**이다.

보기 12 다음 명제의 부정을 말하시오.

(1) 모든 실수 x에 대하여 $x^2-2x+1 \geq 0$이다.
(2) 어떤 실수 x에 대하여 $x+5=9$이다.

풀이 (1) **어떤 실수 x에 대하여 $x^2-2x+1<0$이다.**
(2) **모든 실수 x에 대하여 $x+5 \neq 9$이다.**

보기 13 명제 '모든 사람은 수학적 사고를 한다.' 의 부정은?

① 어떤 사람은 수학적 사고를 한다.
② 수학적 사고를 하는 사람은 없다.
③ 수학적 사고를 하지 않는 사람도 있다.
④ 모든 사람은 수학적 사고를 하지 않는다.
⑤ 수학적 사고를 하지 않는 사람은 없다.

풀이 주어진 명제의 부정은 ③이다.

마플개념익힘 01 명제의 참, 거짓

다음 중 명제인 것을 찾고, 그 명제의 참, 거짓을 판별하시오.

(1) 장미는 아름다운 꽃이다.

(2) 소수는 홀수이다.

(3) 12의 양의 약수는 5개이다.

(4) $x+2>3$

(5) 정삼각형은 이등변삼각형이다.

MAPL CORE ▶ 명제 ➡ 참, 거짓을 명확하게 판별할 수 있는 문장이나 식
사람에 따라 기준이 달라질 수 있는 문장은 명제가 아니다.

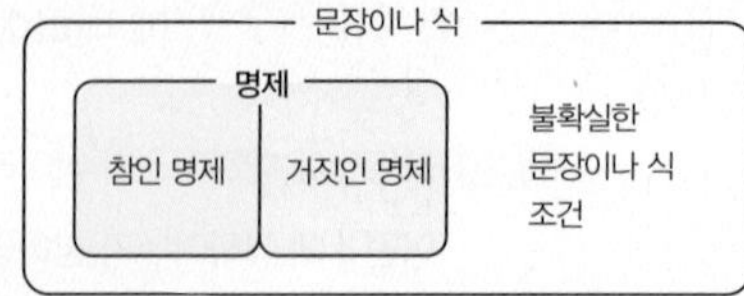

개념익힘풀이

(1) '아름다운' 은 주관적인 견해이므로 참, 거짓을 판별할 수 없으므로 명제가 아니다.

(2) 2는 소수이지만 홀수가 아닌 짝수이므로 **거짓인 명제이다.**

(3) 12의 양의 약수는 1, 2, 3, 4, 6, 12이고 약수는 6개이므로 **거짓인 명제이다.**

(4) x의 값에 따라 참, 거짓이 달라지므로 명제가 아니다. 즉 조건이다.

(5) 정삼각형의 모든 변의 길이는 같으므로 두 변의 길이는 항상 같다.
즉 정삼각형은 이등변삼각형이므로 **참인 명제이다.**

확인유제 0504

다음 중 참인 명제는?

① $\sqrt{25}$는 무리수이다.

② 마름모는 평행사변형이다.

③ $\sqrt{2}+\sqrt{3}=\sqrt{5}$

④ 9는 소수이다.

⑤ 2의 배수는 4의 배수이다.

변형문제 0505

다음 중 거짓인 명제는?

① 강아지는 동물이다.

② x가 실수이면 부등식 $3-x \leq -x+5$이 성립한다.

③ 25의 약수는 5의 약수이다.

④ 9999는 10000에 가까운 수이다.

⑤ $a=0$이고 $b=0$이면 $a^2+b^2=0$이다.

발전문제 0506

다음 명제 중 그 부정이 참인 명제는?

① $2+\sqrt{3}$은 무리수이다.

② 삼각형의 세 내각의 크기의 합은 $180°$이다.

③ 광화문은 서울에 있다.

④ 두 홀수의 합은 짝수이다.

⑤ 방정식 $x^2+2=0$을 만족시키는 실수 x가 존재한다.

정답 0504 : ② 0505 : ③ 0506 : ⑤

마플개념익힘 02 조건의 진리집합

전체집합 $U=\{x|x$는 10 이하의 자연수$\}$에서 정의된 두 조건 p, q가

p : x**는 소수이다.** $\quad q$: $x^2-11x+24<0$

일 때, 다음 조건의 진리집합을 구하시오.

(1) $\sim p$ (2) p 그리고 q (3) $\sim p$ 또는 $\sim q$

MAPL CORE ▶

조건	p 또는 q	p 그리고 q	$\sim(p$ 또는 $q)$	$\sim(p$ 그리고 $q)$
진리집합	$P\cup Q$	$P\cap Q$	$(P\cup Q)^C=P^C\cap Q^C$	$(P\cap Q)^C=P^C\cup Q^C$

개념익힘풀이 전체집합 $U=\{1, 2, 3, 4, 5, 6, 7, 8, 9, 10\}$에 대하여

두 조건 p, q의 진리집합을 각각 P, Q라 하면

p : x는 소수이다. $\therefore P=\{2, 3, 5, 7\}$

q : $x^2-11x+24<0$에서 $(x-3)(x-8)<0 \quad \therefore 3<x<8$

$Q=\{4, 5, 6, 7\}$

(1) 조건 $\sim p$의 진리집합 P^C이므로 구하는 진리집합은

$P^C=$**{1, 4, 6, 8, 9, 10}**

(2) 조건 'p 그리고 q'의 진리집합은 $P\cap Q$이므로 구하는 진리집합은

$P\cap Q=$**{5, 7}**

(3) 조건 '$\sim p$ 또는 $\sim q$'의 진리집합은 $P^C\cup Q^C$이므로 구하는 진리집합은

$P^C\cup Q^C=(P\cap Q)^C=$**{1, 2, 3, 4, 6, 8, 9, 10}**

확인유제 0507 전체집합 $U=\{x|x$는 10 이하의 자연수$\}$에서 정의된 두 조건 p, q가

p : x는 $x=\dfrac{6}{n}$ (n은 자연수)이다. $\quad q$: x는 $x=\dfrac{8}{n}$ (n은 자연수)이다.

일 때, 다음 조건의 진리집합을 구하시오.

(1) $\sim(\sim p)$ (2) p 그리고 $\sim q$ (3) $\sim p$ 또는 $\sim q$

변형문제 0508 전체집합 $U=\{x|x$는 7 이하의 자연수$\}$에서 정의된 두 조건 p, q가

p : $x^2-8x+12=0$, q : $x^2-6x+9>0$

일 때, 조건 '$\sim p$ 그리고 q'의 진리집합의 모든 원소의 합은?

① 15 ② 16 ③ 17 ④ 18 ⑤ 19

발전문제 0509 전체집합 $U=\{x|x$는 정수$\}$에 대하여 두 조건 p, q가

p : $x^2+4x-21\neq 0$, q : $|2x+1|=9$

일 때, 조건 'p 그리고 $\sim q$'의 부정의 집합의 원소의 합은?

① 5 ② 3 ③ -3 ④ -5 ⑤ -9

정답 0507 : (1) {1, 2, 3, 6} (2) {3, 6} (3) {3, 4, 5, 6, 7, 8, 9, 10} 0508 : ③ 0509 : ④

마플개념익힘 03 명제 $p \longrightarrow q$의 참 거짓

다음 명제 중 참인 것은? (단, x, y는 실수이다.)

① $xy=0$이면 $x^2+y^2=0$이다.

② $x^2=4$이면 $x^3=4x$이다.

③ $x+y>0$이면 $xy>0$이다.

④ 마름모이면 정사각형이다

⑤ x가 무리수이면 x^2은 유리수이다.

MAPL CORE ▶ 명제의 참, 거짓을 판정하는 방법

[방법1] 조건 p, q의 진리집합을 각각 P, Q라 할 때, P, Q 사이의 포함 관계를 따진다.

① $P \subset Q$이면 $p \longrightarrow q$는 참이다.　② $P \not\subset Q$이면 $p \longrightarrow q$는 거짓이다.

[방법2] 문제에서 진리집합을 구하기 힘들면 '이면' 뒤에 '반드시' 를 끼워 넣고 논리적인 분석을 한다.

개념익힘풀이

① 반례 $x=2$, $y=0$일 때, $xy=0$이지만 $x^2+y^2 \neq 0$이다. [거짓]

② 조건 $x^2=4$에서 $x=\pm 2$이므로 진리집합 $P=\{-2, 2\}$

조건 $x^3=4x$에서 $x(x+2)(x-2)=0$이므로 $Q=\{-2, 0, 2\}$

이때 $P \subset Q$이므로 $p \longrightarrow q$는 참이다.

③ 반례 $x=3$, $y=-1$이면 $x+y>0$이지만 $xy<0$이다. [거짓]

④ 정사각형 $\subset$ (마름모 / 직사각형) $\subset$ 평행사변형 $\subset$ 사다리꼴인 포함 관계이다. [거짓]

⑤ 반례 $x=\sqrt{2}-1$(무리수)이면 $x^2=(\sqrt{2}-1)^2=3-2\sqrt{2}$이므로 유리수가 아니다. [거짓]

따라서 참인 명제는 ②이다.

반례로는 가정은 만족시키지만 결론은 만족시키지 않는 구체적인 예를 제시한다.

확인유제 0510 다음 명제 중 참인 것은? (단, x, y, z는 실수이다.)

① $x^2=y^2$이면 $x=y$이다.

② 이등변삼각형이면 정삼각형이다.

③ $xz=yz$이면 $x=y$이다.

④ x가 소수이면 x는 홀수이다.

⑤ $x-2=0$이면 $x^2-x-2=0$이다.

변형문제 0511 다음 [보기] 중 참인 명제를 모두 고른 것은?

ㄱ. x가 홀수이면 x^2은 홀수이다.
ㄴ. 두 정수 x, y에 대하여 xy가 홀수이면 $x+y$도 홀수이다.
ㄷ. xy가 정수이면 x, y는 정수이다.
ㄹ. 자연수 x에서 x가 6의 약수이면 x는 12의 약수이다.

① ㄱ　② ㄴ　③ ㄱ, ㄹ　④ ㄴ, ㄷ　⑤ ㄷ, ㄹ

발전문제 0512 다음 [보기]의 명제 중 참인 것을 모두 고른 것은?

ㄱ. $a>b>0$이면 $\frac{1}{a}>\frac{1}{b}>0$이다.
ㄴ. $ab=0$이면 $a=0$이고 $b=0$이다.
ㄷ. $a>0$, $b>0$이면 $a+b>0$, $ab>0$이다.
ㄹ. $a+b>2$, $ab>1$이면 $a>1$, $b>1$이다.

① ㄱ　② ㄴ　③ ㄷ　④ ㄷ, ㄹ　⑤ ㄴ, ㄷ, ㄹ

정답　0510 : ⑤　0511 : ③　0512 : ③

마플개념익힘 04 명제의 참, 거짓과 집합의 포함 관계

전체집합 U에 대하여 조건 p, q의 진리집합을 각각 P, Q라 할 때, 명제 $p \longrightarrow q$가 참일 때, 다음 중 항상 옳은 것은? (단, $Q \neq U$)

① $P \cup Q = P$ ② $Q^C \subset P^C$ ③ $Q - P = \varnothing$ ④ $P \cap Q = Q$ ⑤ $P \cup Q^C = U$

MAPL CORE ▶ 두 조건 p, q의 진리집합을 P, Q라 할 때,
(1) 명제 $p \longrightarrow q$가 참이면 $P \subset Q$
(2) $P \subset Q$이면 명제 $p \longrightarrow q$가 참

개념익힘풀이 조건 p, q의 진리집합이 각각 P, Q이므로 $p \longrightarrow q$가 참이면 $P \subset Q$이다.
벤 다이어그램으로 나타내면 오른쪽 그림과 같다.

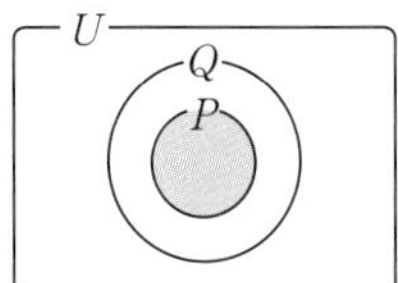

① $P \cup Q = Q$ [거짓]
② $Q^C \subset P^C$ [참]
③ $Q - P \neq \varnothing$ [거짓]
④ $P \cap Q = P$ [거짓]
⑤ $P \cup Q^C \neq U$ [거짓]
따라서 옳은 것은 ②이다.

확인유제 0513 전체집합 U에 대하여 두 조건 p, q의 진리집합을 각각 P, Q라 하자. 명제 $p \longrightarrow \sim q$가 참일 때, 다음 중 항상 옳은 것은?

① $P \cup Q = U$ ② $P - Q = P$ ③ $Q - P = \varnothing$ ④ $P \cap Q = P$ ⑤ $P \cup Q = P$

변형문제 0514 다음 물음에 답하시오.

(1) 전체집합 U에 대하여 세 조건 p, q, r의 진리집합을 각각 P, Q, R이라고 할 때, 다음 두 조건이 성립한다.

(가) $P \cap Q = Q$
(나) $P \cup R^C = R^C$

이때 다음 중 항상 참인 명제는?

① $p \longrightarrow q$ ② $\sim q \longrightarrow \sim r$ ③ $p \longrightarrow r$ ④ $\sim q \longrightarrow r$ ⑤ $r \longrightarrow \sim q$

(2) 전체집합 U에 대하여 세 조건 p, q, r의 진리집합을 각각 P, Q, R이라고 할 때, 다음 두 조건이 성립한다.

(가) $P \cap Q = P$
(나) $Q - R = Q$

이때 다음 중 항상 참이라고 할 수 없는 명제는?

① $p \longrightarrow q$ ② $\sim p \longrightarrow r$ ③ $r \longrightarrow \sim q$ ④ $\sim q \longrightarrow \sim p$ ⑤ $p \longrightarrow \sim r$

발전문제 0515 전체집합 U에서 세 조건 p, q, r의 진리집합을 각각 P, Q, R이라 하고 이들의 포함 관계가 오른쪽 벤 다이어그램으로 나타날 때, 참인 명제는?

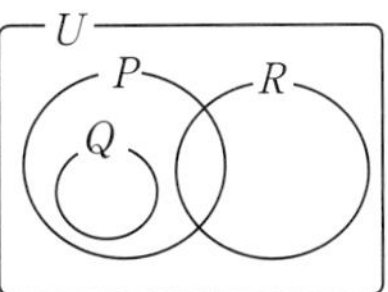

① $\sim q \longrightarrow p$ ② $\sim p \longrightarrow r$ ③ $r \longrightarrow q$
④ $\sim p \longrightarrow \sim q$ ⑤ $\sim r \longrightarrow q$

정답 0513 : ② 0514 : (1) ⑤ (2) ② 0515 : ④

마플개념익힘 05 거짓인 명제의 반례

전체집합 U에 대하여 세 조건 p, q, r의 진리집합을 각각 P, Q, R이라 할 때, 그 포함 관계가 오른쪽 그림과 같다.
명제 (p 또는 q) $\longrightarrow r$ 가 거짓임을 보여주는 원소는?

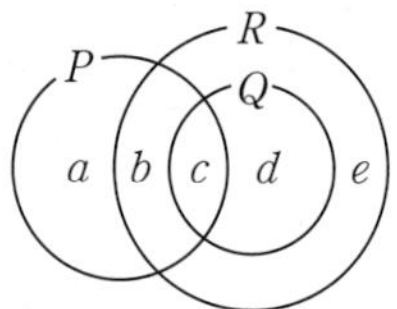

① a　② b　③ c
④ d　⑤ e

MAPL CORE ▶ 명제 $p \longrightarrow q$가 거짓임을 보이려면
조건 p는 만족시키지만 조건 q는 만족시키지 않는 반례를 들면 된다.
즉 두 조건 p, q의 진리집합을 각각 P, Q라 할 때,
집합 P에 속하지만 집합 Q에 속하지 않는 원소의 예를 반례라 한다.

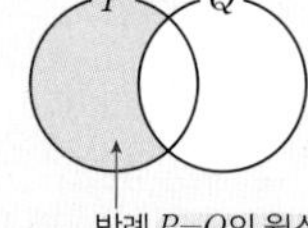

개념익힘**풀이** 명제 「(p 또는 q) $\longrightarrow r$」가 거짓임을 보이려면
집합 $P \cup Q$에는 속하지만 집합 R에는 속하지 않는 원소를 찾으면 된다.
따라서 **반례는 a**이다.

확인유제 0516 전체집합 U에서 두 조건 p, q의 진리집합 P, Q에 대하여 두 집합 P, Q 사이의 포함 관계가 오른쪽 그림과 같을 때, 명제 $p \longrightarrow \sim q$가 거짓임을 보여주는 원소는?

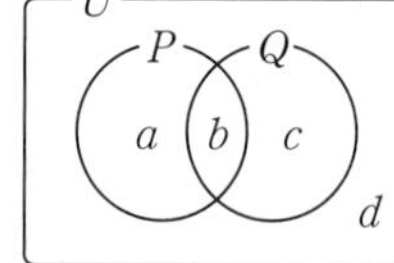

① a　② b　③ c
④ d　⑤ b, c

변형문제 0517 두 조건 p, q의 진리집합을 P, Q라 하자. 명제 $p \longrightarrow q$가 거짓임을 보이려면 반례를 찾으면 된다. 다음 중 그 반례가 반드시 속하는 집합은?

① $P \cap Q$　② $P \cap Q^C$　③ $P^C \cap Q$　④ $P^C \cap Q^C$　⑤ $P^C \cup Q$

발전문제 0518 다음 물음에 답하시오.

(1) 실수 x에 대하여 명제 '$x > \frac{2}{3}$이면 $x > \frac{8}{3}$이다.'가 거짓이 되도록 하는 x의 값의 범위가 $\alpha < x \le \beta$일 때, $\beta - \alpha$의 값을 구하시오.

(2) x가 정수일 때, 두 조건

$$p : x^2 - 6x - 7 < 0,\ q : 2x - 5 > 0$$

에 대하여 명제 $p \longrightarrow \sim q$가 거짓이 되도록 하는 모든 정수 x의 값의 합을 구하시오.

정답 0516 : ② 0517 : ② 0518 : (1) 2 (2) 18

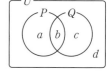

마플개념익힘 06 명제가 참이 되도록 하는 미지수 구하기

두 조건 p, q가

$$p: -2 \le x \le a,\ q: -\frac{a}{3} \le x < 10$$

일 때, 명제 $p \longrightarrow q$가 참이 되도록 하는 실수 a의 값의 범위를 구하시오. (단, $a \ge -2$)

MAPL CORE ▶ 조건 p, q의 진리집합을 각각 P, Q라 할 때.
명제 $p \longrightarrow q$가 참이 되려면 $P \subset Q$가 되도록 수직선 위에 나타낸다.

개념익힘풀이 두 조건 p, q의 진리집합을 P, Q라고 하면

$P=\{x|-2 \le x \le a\}$, $Q=\left\{x \middle| -\frac{a}{3} \le x < 10\right\}$

이때 명제 $p \longrightarrow q$가 참이 되려면 $P \subset Q$이어야 하므로
수직선 위에 나타내면 오른쪽 그림과 같다.

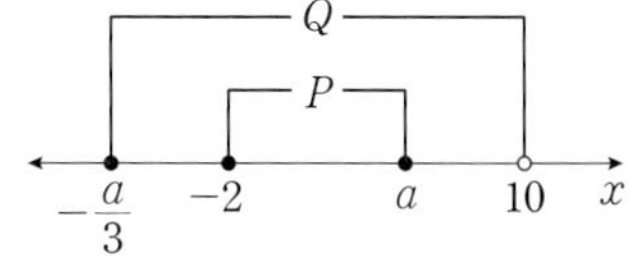

$-\frac{a}{3} \le -2$, $a < 10$

따라서 $a \ge 6$, $a < 10$이므로 $\mathbf{6 \le a < 10}$

확인유제 0519 다음 물음에 답하시오.

(1) 실수 전체 집합에서 두 조건 $p: 0 < x < 2$, $q: -3+a < x < 3+a$에 대하여 명제 $p \longrightarrow q$가 참일 때, 실수 a의 값의 범위를 구하시오.

(2) 실수 x에 대한 두 조건 $p: -1 < x < a+1$, $q: |x-10| \ge 1$에 대하여 명제 $p \longrightarrow q$가 참이 되도록 실수 a의 값의 범위를 구하시오.

변형문제 0520 다음 물음에 답하시오.

(1) 실수 x에 대하여 두 조건 p, q를 각각

$$p: |x-a| \le 3,\ q: x^2+2x-24 \le 0$$

이라 하자. 명제 $p \longrightarrow q$가 참이 되도록 하는 실수 a의 최댓값은?

① -2 ② -1 ③ 0 ④ 1 ⑤ 2

(2) 두 조건 p, q의 진리집합을 각각 P, Q라 하고

$$P=\{x|x^2-x-20 \le 0\},\ Q=\{x||x|>a\}$$

일 때, 명제 $\sim p \longrightarrow q$가 참이기 위한 자연수 a의 개수는?

① 1 ② 2 ③ 3 ④ 4 ⑤ 5

발전문제 0521 세 조건 p, q, r이

$$p: x>4,\ q: x>5-a,\ r: (x-a)(x+a)>0$$

일 때, 명제 $p \longrightarrow q$와 명제 $q \longrightarrow r$이 모두 참이 되도록 하는 실수 a의 최댓값과 최솟값의 합은?

① 3 ② $\frac{7}{2}$ ③ 4 ④ $\frac{9}{2}$ ⑤ 5

정답 0519 : (1) $-1 \le a \le 3$ (2) $a \le 8$ 0520 : (1) ④ (2) ④ 0521 : ②

마플개념익힘 07 '모든' 이나 '어떤' 을 포함한 명제의 참, 거짓

다음 [보기]에서 참인 명제를 있는 대로 고르시오.

ㄱ. 어떤 실수 x에 대하여 $x^2<1$이다.
ㄴ. 모든 실수 x에 대하여 $x^2+x+1>0$이다.
ㄷ. 어떤 자연수 x에 대하여 $x^2-3x+2<0$이다.
ㄹ. 모든 자연수 x에 대하여 $x^2-9x+20\ge 0$이다.

MAPL CORE ▶ (1) '모든 x에 대하여 p이다' ➡ 전체집합 U의 모든 원소가 조건 p를 만족시키면 참이다.
(2) '어떤 x에 대하여 p이다' ➡ 전체집합 U의 모든 원소 중 조건 만족시키는 원소가 한 개라도 있으면 참이다.
(3) 같은 표현

모든 x에 대하여 $p(x)$		어떤 x에 대하여 $\sim p(x)$
임의의 x에 대하여 $p(x)$	⟵ 부정 ⟶	적당한 x에 대하여 $\sim p(x)$
어떠한 x에 대하여도 $p(x)$		$\sim p(x)$인 x가 존재한다.

개념익힘풀이 ㄱ. $x=\frac{1}{2}$일 때, $\left(\frac{1}{2}\right)^2=\frac{1}{4}<1$이므로 어떤 실수 x에 대하여 $x^2<1$이다. [참]
ㄴ. $x^2+x+1=\left(x+\frac{1}{2}\right)^2+\frac{3}{4}>0$이므로 모든 실수 x에 대하여 성립한다. [참]
ㄷ. $x^2-3x+2<0$에서 $(x-1)(x-2)<0$ $\quad\therefore 1<x<2$
$1<x<2$를 만족시키는 자연수 x는 존재하지 않는다. [거짓]
ㄹ. $x^2-9x+20\ge 0$에서 $(x-4)(x-5)\ge 0$ $\quad\therefore x\le 4$ 또는 $x\ge 5$
$x\le 4$ 또는 $x\ge 5$이므로 모든 자연수 x에 대하여 $x^2-9x+20\ge 0$이다. [참]
따라서 참인 명제는 ㄱ, ㄴ, ㄹ이다.

확인유제 0522 다음 [보기]에서 명제의 부정이 참인 명제를 있는 대로 고르시오.

ㄱ. 어떤 홀수 n에 대하여 n^2은 짝수이다.
ㄴ. $x^3=8$인 실수 x가 존재한다.
ㄷ. 모든 마름모는 정사각형이다.
ㄹ. 어떤 실수 x에 대하여 $x^2-x+1\le 0$이다.

변형문제 0523 다음 물음에 답하시오.

(1) 명제 '모든 실수 x에 대하여 $x^2-8x+k\ge 0$이다.'가 참이 되도록 하는 실수 k의 최솟값은?
① 4 ② 6 ③ 8 ④ 12 ⑤ 16

(2) 실수 x에 대한 조건 '모든 실수 x에 대하여 $x^2+4kx+3k^2\ge 2k-3$이다.'가 참인 명제가 되도록 하는 상수 k의 최댓값을 M, 최솟값을 m이라 하자. $M-m$의 값은?
① 2 ② 4 ③ 6 ④ 8 ⑤ 10

발전문제 0524 정수 k에 대한 두 조건 p, q가 모두 참인 명제가 되도록 하는 모든 k의 값의 합을 구하시오.

p : 모든 실수 x에 대하여 $x^2+2kx+4k+5>0$이다.
q : 어떤 실수 x에 대하여 $x^2=k-2$이다.

정답 0522 : ㄱ, ㄷ, ㄹ 0523 : (1) ⑤ (2) ② 0524 : 9

익히고 다지고 키우는!

단원종합문제

FINAL EXERCISE
단계별 실력완성 연습문제

BASIC

개념을 **익히는** 문제

0525 명제의 참, 거짓

다음은 편지 내용의 일부분이다.

안녕하세요? 저는 제주도에 사는 희망이라고 해요.
ㄱ. 제주도는 섬이랍니다.
제가 자랑하고 싶은 곳은 한라산이에요.
ㄴ. 한라산은 아시아에서 가장 높은 산이랍니다.
ㄷ. 한라산에는 예쁜 꽃들이 많아요.
날씨가 맑은 날에는 산 정상까지 보인답니다.
ㄹ. 오늘은 날씨가 참 좋군요.

위의 밑줄 친 문장 중에서 명제인 것을 모두 고른 것은?

① ㄱ ② ㄱ, ㄴ ③ ㄴ, ㄹ ④ ㄱ, ㄷ, ㄹ ⑤ ㄱ, ㄴ, ㄷ, ㄹ

0526 명제의 참, 거짓의 판정

x, y가 실수일 때, 다음 중 참인 명제는?

① $x^2=1$이면 $x=1$이다.
② $x^2>1$이면 $x<1$이다.
③ x가 9의 배수이면 x는 3의 배수이다.
④ $x+y\geq 2$이면 $x\geq 1$이고 $y\geq 1$이다.
⑤ $x+y$가 짝수이면 x, y는 모두 짝수이다.

0527 명제와 조건의 부정

다음 물음에 답하시오.

(1) 정수 x에 대한 조건 p : $x(x-11)\geq 0$ 에 대하여 조건 $\sim p$의 진리집합의 원소의 개수는?

① 6 ② 7 ③ 8 ④ 9 ⑤ 10

(2) 전체집합 $U=\{x|x$는 실수$\}$일 때, U의 두 원소 a, b에 대하여 조건 '$|a|+|b|=0$'의 부정과 같은 것은?

① $a=0$ 또는 $b=0$ ② $a\neq 0$ 또는 $b\neq 0$ ③ $a=0$이고 $b=0$
④ $a=0$이고 $b\neq 0$ ⑤ $a\neq 0$이고 $b=0$

0528 조건과 진리집합

전체집합 $U=\{x|x$는 10 이하의 자연수$\}$일 때, 두 조건 p, q가

$$p : x^2-6x+5<0,\ q : x\text{는 9의 약수이다.}$$

일 때, 조건 '$\sim p$ 그리고 q'의 진리집합의 원소의 합은?

① 6 ② 7 ③ 8 ④ 9 ⑤ 10

0529 모든과 어떤의 부정

다음 명제 [보기]에서 참인 명제만을 있는 대로 고른 것은?

ㄱ. 모든 실수 x에 대하여 $|x+3|>0$이다.
ㄴ. 어떤 실수 x에 대하여 $2x^2+5x+3=0$이다.
ㄷ. 어떤 실수 x에 대하여 $x^2+2<0$이다.

① ㄱ ② ㄴ ③ ㄷ ④ ㄱ, ㄷ ⑤ ㄱ, ㄴ, ㄷ

정답 0525 : ② 0526 : ③ 0527 : (1) ⑤ (2) ② 0528 : ⑤ 0529 : ②

0530

명제의 참, 거짓과 진리집합의 포함 관계

다음 물음에 답하시오.

(1) 전체집합 U에 대하여 두 조건 p, q의 진리집합을 각각 P, Q라 할 때, 명제 $p \longrightarrow \sim q$가 참일 때, [보기]에서 옳은 것을 있는 대로 고른 것은?

ㄱ. $P \subset Q^C$	ㄴ. $P \cap Q^C = P$
ㄷ. $P^C \cap Q = Q$	ㄹ. $P^C \cup Q^C = U$

① ㄱ, ㄴ　② ㄷ, ㄹ　③ ㄱ, ㄴ, ㄷ　④ ㄱ, ㄷ, ㄹ　⑤ ㄱ, ㄴ, ㄷ, ㄹ

(2) 두 조건 p, q의 진리집합을 각각 P, Q라 할 때, 명제 $\sim p \longrightarrow q$가 참이다. 다음 [보기] 중 항상 옳은 것을 있는 대로 고른 것은? (단, U는 전체집합이다.)

ㄱ. $P \cup Q = U$	ㄴ. $P \cap Q = \varnothing$	ㄷ. $P^C \cap Q = P^C$

① ㄱ　② ㄷ　③ ㄱ, ㄴ　④ ㄱ, ㄷ　⑤ ㄱ, ㄴ, ㄷ

0531

조건의 진리집합 사이의 포함 관계

실수 x에 대한 세 조건

$$p : |x| > 4,\ q : x^2 - 9 \le 0,\ r : x \le 3$$

에 대하여 [보기]에서 참인 명제만을 있는 대로 고른 것은?

ㄱ. $q \longrightarrow r$	ㄴ. $p \longrightarrow \sim q$	ㄷ. $r \longrightarrow \sim p$

① ㄱ　② ㄱ, ㄴ　③ ㄱ, ㄷ　④ ㄴ, ㄷ　⑤ ㄱ, ㄴ, ㄷ

0532

명제 $p \longrightarrow q$가 참일 때의 미지수 구하기

다음 물음에 답하시오.

(1) 실수 x에 대하여 두 조건 p, q가

$$p : x^2 - 2x - 15 > 0,\ q : |x| > a$$

일 때, 명제 $p \longrightarrow q$가 참이 되도록 하는 자연수 a의 값의 합은?

① 3　② 4　③ 5　④ 6　⑤ 7

(2) 실수 x에 대하여 두 조건 p, q가

$$p : |x| \ge a,\ q : x < -2 \text{ 또는 } x \ge 4$$

일 때, 명제 $p \longrightarrow q$가 참이 되도록 하는 양수 a의 최솟값은?

① 1　② 2　③ 3　④ 4　⑤ 5

0533

명제의 진리집합의 활용

다음 물음에 답하시오.

(1) 전체집합 $U = \{x | x\text{는 10 이하의 자연수}\}$에서의 두 조건

p : x는 4의 약수이다.　　$q : 2x - 17 \le 0$

의 진리집합을 각각 P, Q라 할 때, $P \subset X \subset Q$를 만족시키는 집합 X의 개수는?

① 4　② 8　③ 16　④ 32　⑤ 64

(2) 전체집합 $U = \{x | x\text{는 10 이하의 자연수}\}$에 대하여 두 조건 p, q의 진리집합을 각각 P, Q라 하자.

조건 p가 p : x는 소수이다.

일 때, 명제 $\sim p \longrightarrow q$가 참이 되게 하는 집합 Q의 개수를 구하시오.

정답　0530 : (1) ⑤ (2) ④　0531 : ②　0532 : (1) ④ (2) ④　0533 : (1) ④ (2) 16

0534 거짓인 명제 $p \longrightarrow q$의 반례

전체집합 U에 대하여 두 조건 p, q의 진리집합을 각각 P, Q라 할 때, 다음 [보기] 중 명제 $\sim p \longrightarrow \sim q$가 거짓임을 보일 수 있는 원소가 반드시 속하는 집합은?

ㄱ. $P \cap Q^C$	ㄴ. $P \cap Q$
ㄷ. $Q-P$	ㄹ. $(P \cup Q)^C$

① ㄱ　② ㄷ　③ ㄱ, ㄷ　④ ㄷ, ㄹ　⑤ ㄴ, ㄷ, ㄹ

0535 조건의 진리집합 사이의 포함 관계

세 조건

p : $|x-2| \le 3$,

q : $x^2-5x+4 \le 0$,

r : $x<0$

에 대하여 참인 명제를 [보기]에서 있는 대로 고른 것은?

ㄱ. $p \longrightarrow q$	ㄴ. $q \longrightarrow p$
ㄷ. $q \longrightarrow \sim r$	ㄹ. $\sim r \longrightarrow p$

① ㄱ　② ㄴ, ㄷ　③ ㄷ, ㄹ　④ ㄱ, ㄷ, ㄹ　⑤ ㄴ, ㄷ, ㄹ

0536 조건의 진리집합 사이의 포함 관계

실수 x에 대하여 세 조건 p, q, r이 p : $1 \le x \le 3$, q : $6<x<8$, r : $x>k$일 때, 두 명제 $q \longrightarrow r$, $r \longrightarrow \sim p$가 모두 참이 되도록 하는 실수 k의 최댓값을 M, 최솟값을 m이라 할 때, Mm의 값은?

① 3　② 6　③ 8　④ 18　⑤ 24

0537 명제의 참이 되도록 하는 조건

다음 물음에 답하시오.

(1) 실수 x에 대한 두 조건

p : $x^2-a^2 \le 0$, q : $|x-2| \le 5$

에 대하여 명제 $p \longrightarrow q$가 참이 되도록 하는 양수 a의 최댓값을 구하시오.

(2) 실수 x에 대하여 두 조건 p, q가

p : $|x-5| \le a$, q : $x<1$ 또는 $x \ge 10$

일 때, 명제 $p \longrightarrow \sim q$가 참이 되도록 하는 양수 a의 최댓값을 구하시오.

0538 명제의 참, 거짓과 진리집합의 포함 관계

전체집합 U에 대하여 세 조건 p, q, r의 진리집합을 각각 P, Q, R이라고 할 때, 다음 두 조건이 성립한다.

$P \cap Q=P$, $R^C \cup Q=U$

다음 중 참인 명제만을 [보기]에서 있는 대로 고른 것은?

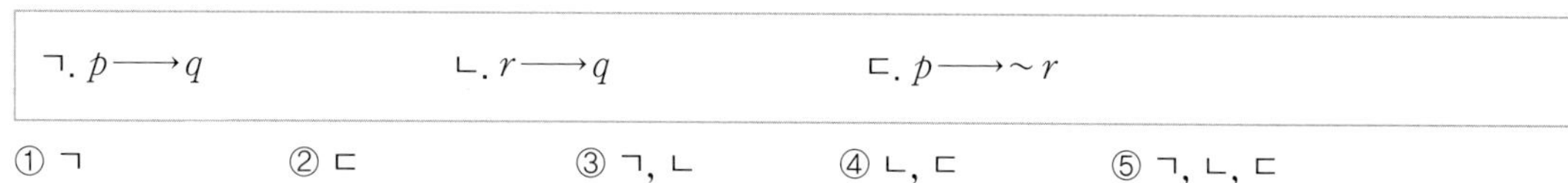

ㄱ. $p \longrightarrow q$　ㄴ. $r \longrightarrow q$　ㄷ. $p \longrightarrow \sim r$

① ㄱ　② ㄷ　③ ㄱ, ㄴ　④ ㄴ, ㄷ　⑤ ㄱ, ㄴ, ㄷ

정답 0534 : ②　0535 : ②　0536 : ④　0537 : (1) 3 (2) 4　0538 : ③

0539

명제의 참, 거짓과 진리집합의 포함 관계

다음 물음에 답하시오.

(1) 세 조건 p, q, r을 만족시키는 진리집합 P, Q, R이 오른쪽 벤 다이어그램과 같을 때, 다음 명제 중 항상 참인 것은?

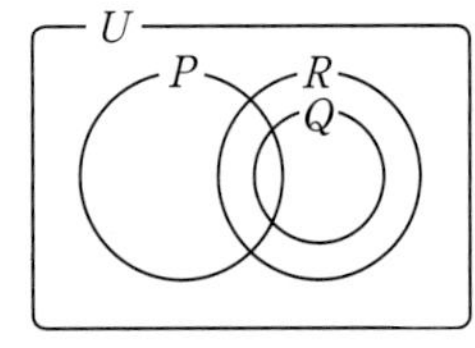

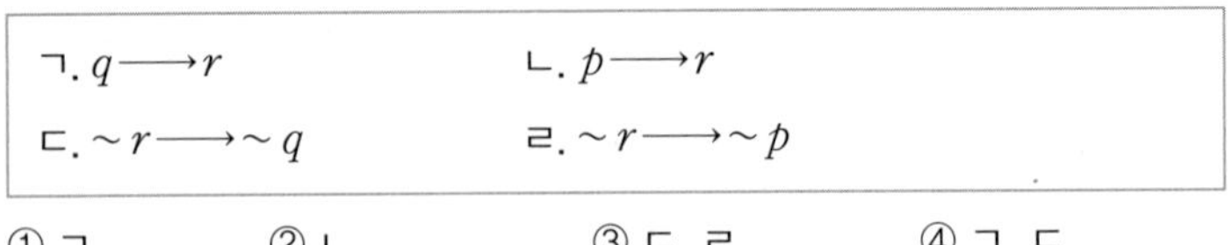

ㄱ. $q \longrightarrow r$　　ㄴ. $p \longrightarrow r$

ㄷ. $\sim r \longrightarrow \sim q$　　ㄹ. $\sim r \longrightarrow \sim p$

① ㄱ　② ㄴ　③ ㄷ, ㄹ　④ ㄱ, ㄷ　⑤ ㄱ, ㄴ, ㄷ

(2) 전체집합 U에 대하여 세 조건 p, q, r의 진리집합을 각각 P, Q, R이라 할 때, 이들의 포함 관계가 오른쪽 벤 다이어그램으로 나타난다. 다음 [보기] 중 참인 명제를 모두 고르면?

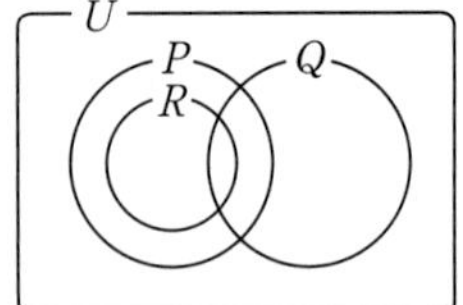

ㄱ. $r \longrightarrow p$　　ㄴ. $q \longrightarrow r$

ㄷ. (q이고 r)$\longrightarrow p$　　ㄹ. $p \longrightarrow$ (q 또는 r)

① ㄱ　② ㄱ, ㄷ　③ ㄱ, ㄴ, ㄷ　④ ㄴ, ㄷ, ㄹ　⑤ ㄱ, ㄴ, ㄷ, ㄹ

0540

모든을 포함한 명제와 이차부등식

다음 물음에 답하시오.

(1) 실수 전체의 집합에 대하여 명제

'어떤 실수 x에 대하여 $x^2-18x+k<0$'

의 부정이 참이 되도록 하는 상수 k의 최솟값을 구하시오.

(2) 명제

'어떤 실수 x에 대하여 $x^2+10x+3k-4 \le 0$이다.'

가 거짓이 되도록 하는 정수 k의 최솟값을 구하시오.

0541

모든을 포함한 명제와 이차부등식

다음 물음에 답하시오.

(1) 명제 '모든 실수 x에 대하여 $2x^2-2kx+3k>0$이다'가 거짓이 되도록 하는 자연수 k의 최솟값은?

① 3　② 4　③ 5　④ 6　⑤ 7

(2) 명제 '모든 실수 x에 대하여 $2x^2+8x+a \ge 0$이다.'가 거짓이 되도록 하는 정수 a의 최댓값을 구하시오.

0542

명제의 참이 되도록 하는 조건

서술형

두 조건

p : $|2x-1|<3$, q : $a \le x \le b-5$

에 대하여 명제 $p \longrightarrow q$가 참일 때, 정수 a의 최댓값과 정수 b의 최솟값의 합을 구하는 과정을 다음 단계로 서술하시오.

[1단계] 두 조건 p, q의 진리집합을 구한다. [4점]

[2단계] a, b의 값의 범위를 구한다. [4점]

[3단계] 정수 a의 최댓값과 정수 b의 최솟값의 합을 구한다. [2점]

정답 0539 : (1) ④ (2) ②　0540 : (1) 81 (2) 8　0541 : (1) ④ (2) 7　0542 : 해설참조

0543 모든과 어떤을 포함한 명제

전체집합 U의 공집합이 아닌 세 부분집합 A, B, C에 대하여 다음은 A, B, C의 관계를 나타낸 명제이다.

(가) 어떤 $x\in A$에 대하여 $x\notin B$이다.
(나) 모든 $x\in B$에 대하여 $x\notin C$이다.

세 집합 A, B, C의 포함 관계를 나타낸 다음 벤 다이어그램 중 위의 두 명제가 항상 참이 되도록 하는 것은?

①
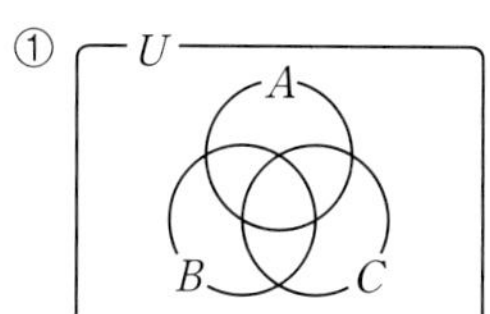

②
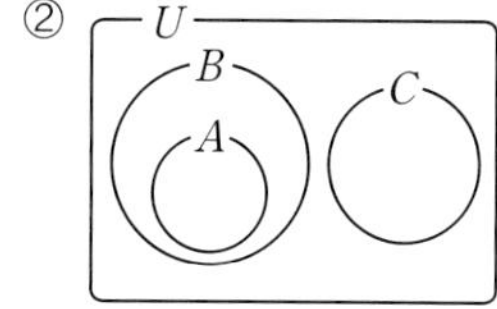

③
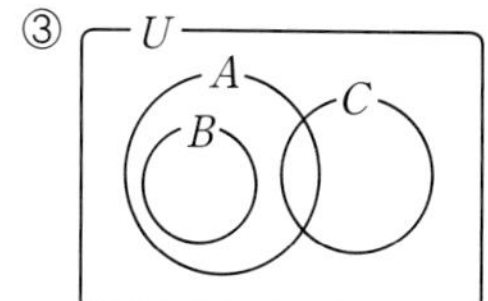

④
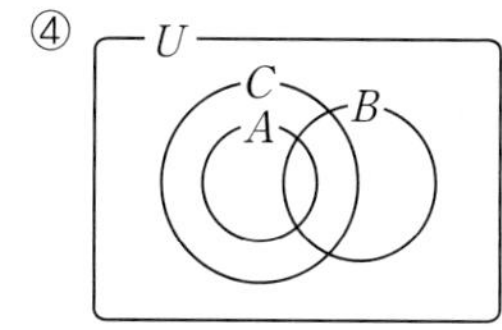

⑤
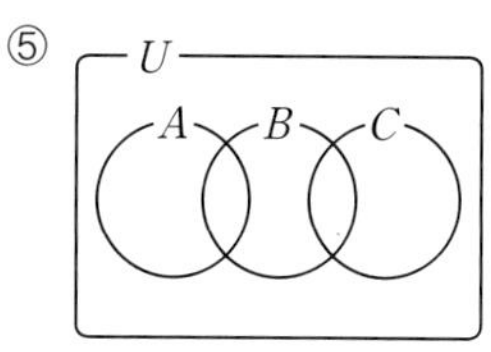

0544 진리집합의 포함 관계의 진위 판단

전체집합 U가 실수 전체의 집합일 때, 실수 x에 대한 두 조건 p, q가

$$p : a(x-1)(x-2)<0,\ q : x>b$$

이다. 두 조건 p, q의 진리집합을 각각 P, Q라 할 때, 옳은 것만을 [보기]에서 있는 대로 고른 것은? (단, a, b는 실수이다.)

ㄱ. $a=0$일 때, $P=\varnothing$이다.
ㄴ. $a>0$, $b=0$일 때, $P\subset Q$이다.
ㄷ. $a<0$, $b=3$일 때, 명제 '$\sim p$이면 q이다.'는 참이다.

① ㄱ ② ㄱ, ㄴ ③ ㄱ, ㄷ ④ ㄴ, ㄷ ⑤ ㄱ, ㄴ, ㄷ

0545 모든과 어떤을 포함한 명제

다음 물음에 답하시오.

(1) 명제 '$k-1\le x\le k+3$인 어떤 실수 x에 대하여 $0\le x\le 2$이다.'가 참이 되게 하는 정수 k의 개수는?

① 4 ② 5 ③ 6 ④ 7 ⑤ 8

(2) 자연수 n에 대한 조건

'$1\le x\le 4$인 어떤 실수 x에 대하여 $x^2-6x+n\ge 0$이다.'

가 참인 명제가 되도록 하는 n의 최솟값은?

① 4 ② 5 ③ 6 ④ 7 ⑤ 8

0546 명제의 참과 진리집합의 포함 관계

실수 x에 대한 두 조건

$$p : |x-k|\le 2,\ q : x^2-4x-5\le 0$$

이 있다. 명제 $p \longrightarrow q$와 명제 $p \longrightarrow \sim q$가 모두 거짓이 되도록 하는 모든 정수 k의 값의 합은?

① 14 ② 16 ③ 18 ④ 20 ⑤ 22

0547 명제의 참과 진리집합의 포함 관계

전체집합 $U=\{x|x$는 8 이하의 자연수$\}$에 대하여 조건 '$p : x^2\le 2x+8$'의 진리집합을 P, 두 조건 q, r의 진리집합을 각각 Q, R이라 하자. 두 명제 $p \longrightarrow q$와 $\sim p \longrightarrow r$가 모두 참일 때, 두 집합 Q, R의 순서쌍 (Q, R)의 개수를 구하시오.

정답 0543 : ③ 0544 : ② 0545 : (1) ④ (2) ② 0546 : ② 0547 : 256

02 명제 사이의 관계

MAPL; YOURMASTERPLAN

01 명제의 역과 대우

개념유형

(1) 명제의 역과 대우

명제 $p \longrightarrow q$에서 가정과 결론에 대하여

① 역 $q \longrightarrow p$ ◀ 가정과 결론의 위치를 바꾼 명제

② 대우 $\sim q \longrightarrow \sim p$ ◀ 가정과 결론을 각각 부정하고 위치를 바꾼 명제

(2) 명제의 역, 대우 사이의 관계

명제 $p \longrightarrow q$와 그 역, 대우 사이의 관계를 그림으로 나타내면 다음과 같다.

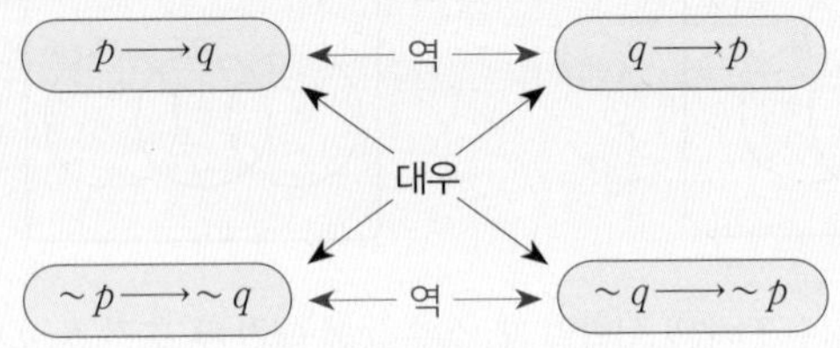

마플해설 명제 $p \longrightarrow q$에서 가정과 결론을 서로 바꾸어 놓은 명제 $q \longrightarrow p$를 $p \longrightarrow q$의 역이라고 한다.
또한, 명제 $p \longrightarrow q$에서 가정과 결론을 각각 부정하고 서로 바꾸어 놓은 명제 $\sim q \longrightarrow \sim p$를 $p \longrightarrow q$의 대우라고 한다.
예를 들면 명제 'x가 2의 배수이면 x는 4의 배수이다.' 의 역, 대우는 다음과 같다

① 역 : x가 4의 배수이면 x는 2의 배수이다. ◀ 가정과 결론의 위치를 바꾼 것

② 대우 : x가 4의 배수가 아니면 x는 2의 배수가 아니다. ◀ 가정과 결론을 각각 부정하고 위치를 바꾼 것

보기 01 다음 표에 명제의 역, 대우를 빈칸에 각각 써넣으시오.

명제	$p \longrightarrow q$	$p \longrightarrow \sim q$	$\sim q \longrightarrow p$
역	$q \longrightarrow p$		
대우	$\sim q \longrightarrow \sim p$		

풀이

명제	$p \longrightarrow q$	$p \longrightarrow \sim q$	$\sim q \longrightarrow p$
역	$q \longrightarrow p$	$\sim q \longrightarrow p$	$p \longrightarrow \sim q$
대우	$\sim q \longrightarrow \sim p$	$q \longrightarrow \sim p$	$\sim p \longrightarrow q$

보기 02 다음 명제의 역과 대우를 말하고, 그 참, 거짓을 각각 판별하시오.

(1) $x=1$이면 $x^2=1$이다.

(2) $x=1$이면 $x^2-2x+1=0$이다.

(3) 세 내각이 크기가 같은 삼각형은 정삼각형이다.

(4) $x^2 \geq 1$이면 $x \geq 1$이다.

풀이

(1) 역 : $x^2=1$이면 $x=1$이다. [거짓] ◀ 반례 $x=-1$이면 $x^2=1$이지만 $x \neq 1$이다.
대우 : $x^2 \neq 1$이면 $x \neq 1$이다. [참]

(2) 역 : $x^2-2x+1=0$이면 $x=1$이다. [참]
대우 : $x^2-2x+1 \neq 0$이면 $x \neq 1$이다. [참]

(3) 역 : 정삼각형이면 세 내각이 크기가 같다. [참]
대우 : 정삼각형이 아니면 세 내각이 크기가 같지 않다. [참]

(4) 역 : $x \geq 1$이면 $x^2 \geq 1$이다. [참]
대우 : $x < 1$이면 $x^2 < 1$이다. [거짓] ◀ 반례 $x=-2$이면 $x < 1$이지만 $x^2 > 1$이다.

개념유형

02 명제와 대우 사이의 관계

명제와 그 대우의 참, 거짓은 일치한다.

(1) 명제 $p \longrightarrow q$가 참이면 그 대우 $\sim q \longrightarrow \sim p$도 참이다.

(2) 명제 $p \longrightarrow q$가 거짓이면 그 대우 $\sim q \longrightarrow \sim p$도 거짓이다.

참고 $P \subset Q$가 성립한다고 해서 $Q \subset P$가 반드시 성립한다고 할 수 없으므로 명제 $p \longrightarrow q$가 참이라고 해서 그 명제의 역 $q \longrightarrow p$가 반드시 참인 것은 아니다.
즉 명제 $p \longrightarrow q$가 참이라 해도 역 $q \longrightarrow p$가 반드시 참인 것은 아니다.

마플해설 명제 $p \longrightarrow q$와 대우 $\sim q \longrightarrow \sim p$의 참, 거짓이 일치하는 것은 진리집합의 포함 관계를 이용하여 확인할 수 있다.
두 조건 p, q의 진리집합을 각각 P, Q라고 하면 두 조건 $\sim p$, $\sim q$의 진리집합은 각각 P^c, Q^c이다.

(1) 명제 $p \longrightarrow q$가 참이면 $P \subset Q$이므로 $Q^c \subset P^c$인 관계가 성립하므로
$\sim q \longrightarrow \sim p$는 참이다.
즉 명제 $p \longrightarrow q$가 참이면 그 대우 $\sim q \longrightarrow \sim p$도 참이다.

(2) 명제 $p \longrightarrow q$가 거짓이면 $P \not\subset Q$이므로 $Q^c \not\subset P^c$인 관계가 성립하므로
$\sim q \longrightarrow \sim p$는 거짓이다.
즉 명제 $p \longrightarrow q$가 거짓이면 그 대우 $\sim q \longrightarrow \sim p$도 거짓이다.

(1), (2)에서 명제와 그 대우의 참, 거짓은 항상 일치한다.

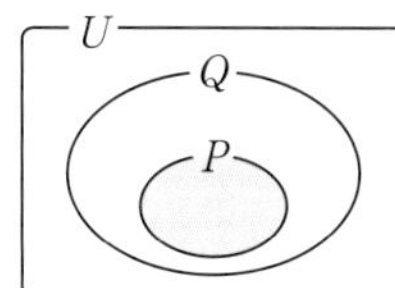

$P \subset Q$, $Q^c \subset P^c$

대우 관계에 있는 두 명제 ➡ 참, 거짓이 일치한다.

보기 03 **두 조건 p, q에 대하여 명제 $p \longrightarrow \sim q$가 참일 때, 다음 명제 중에서 반드시 참인 명제는?**

① $p \longrightarrow q$ ② $\sim q \longrightarrow p$ ③ $q \longrightarrow \sim p$ ④ $\sim q \longrightarrow \sim p$ ⑤ $\sim p \longrightarrow \sim q$

풀이 명제 $p \longrightarrow \sim q$가 참이므로 반드시 참인 명제는 그 명제의 대우이다.
따라서 $\sim(\sim q) \longrightarrow \sim p$이고 이것을 정리하면 $q \longrightarrow \sim p$이므로 ③이다.

보기 04 **두 조건 p, q에 대하여 명제 $\sim q \longrightarrow p$가 참일 때, 다음 중 반드시 참인 명제는?**

① $\sim q \longrightarrow p$ ② $p \longrightarrow \sim q$ ③ $q \longrightarrow \sim p$ ④ $p \longrightarrow q$ ⑤ $\sim p \longrightarrow q$

풀이 명제 $\sim q \longrightarrow p$가 참이므로 반드시 참인 명제는 그 명제의 대우이다.
따라서 $\sim p \longrightarrow \sim(\sim q)$이고 이것을 정리하면 $\sim p \longrightarrow q$이므로 ⑤이다.

보기 05 **전체집합 U에서 정의된 두 조건 p, q를 만족하는 진리집합을 각각 P, Q라 할 때, $Q \subset P$인 관계가 성립한다. 이때 다음 중 반드시 참인 명제는?**

① $p \longrightarrow q$ ② $\sim p \longrightarrow q$ ③ $p \longrightarrow \sim q$ ④ $\sim p \longrightarrow \sim q$ ⑤ $q \longrightarrow \sim p$

풀이 $Q \subset P$이므로 $q \longrightarrow p$가 참이다.
따라서 $q \longrightarrow p$가 참이므로 그 대우인 $\sim p \longrightarrow \sim q$도 참이므로 ④이다.

두 조건 p, q의 진리집합이 각각 P, Q일 때, $\sim p$, $\sim q$의 진리집합은 각각 P^c, Q^c이므로 다음이 성립한다.

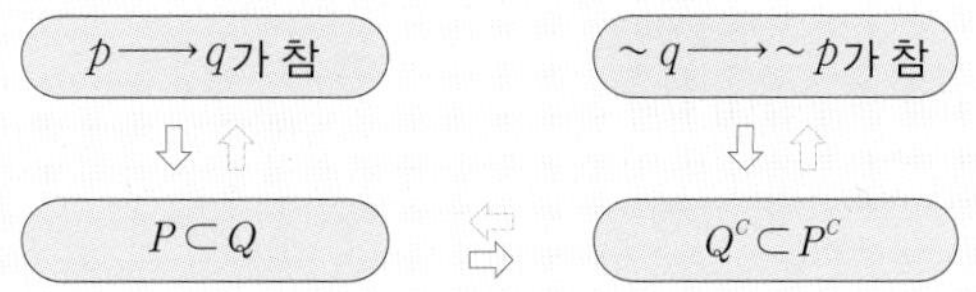

① 어떤 명제가 참이면 그 대우도 참이다.
② 어떤 명제의 대우가 참이면 그 명제도 참이다.
③ 어떤 명제가 참이라고 해서 그 역이 반드시 참인 것은 아니다.

개념유형

03 삼단논법

세 조건 p, q, r에 대하여 **삼단논법**은 다음과 같다.

두 명제 $p \longrightarrow q$, $q \longrightarrow r$이 참이면 명제 $p \longrightarrow r$도 참이다.

예를 들면 「정사각형이면 직사각형이다. 직사각형이면 평행사변형이다. 그러므로 정사각형이면 평행사변형이다.」 와 같이 추론하는 것을 삼단논법이라고 한다.

참고 대우와 삼단논법이 뭉치면 새로운 명제가 탄생한다.

$p \longrightarrow q$, $\sim p \longrightarrow \sim s$가 모두 참이면 $\sim p \longrightarrow \sim s$의 대우도 참이므로 $s \longrightarrow p$도 참이다.

명제 $s \longrightarrow p$가 참이고 명제 $p \longrightarrow q$가 참이므로 삼단논법에 의하여 명제 $s \longrightarrow q$가 참이다.

마플해설 세 조건 p, q, r의 진리집합을 각각 P, Q, R이라 하자.

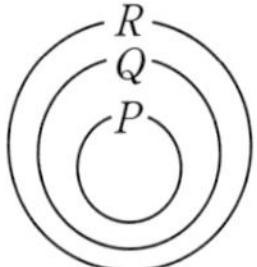

명제 $p \longrightarrow q$가 참이므로 $P \subset Q$이다.

명제 $q \longrightarrow r$이 참이므로 $Q \subset R$이다.

즉 $P \subset Q \subset R$에서 $P \subset R$이다.

따라서 명제 $p \longrightarrow r$은 참이다.

보기 06 **세 조건 p, q, r에 대하여 두 명제 $p \longrightarrow q$, $q \longrightarrow \sim r$이 모두 참일 때, 항상 참인 명제는?**

① $q \longrightarrow p$ ② $p \longrightarrow r$ ③ $r \longrightarrow \sim p$ ④ $\sim r \longrightarrow p$ ⑤ $\sim q \longrightarrow \sim r$

풀이 명제 $p \longrightarrow q$, $q \longrightarrow \sim r$이 모두 참이므로 삼단논법에 의하여 명제 $p \longrightarrow \sim r$이 참이다.

참인 명제의 대우도 항상 참이므로 $r \longrightarrow \sim p$도 항상 참이므로 ③이다.

보기 07 **세 조건 p, q, r에 대하여 명제 $p \longrightarrow \sim q$와 $\sim r \longrightarrow q$가 모두 참일 때, 다음 명제 중 반드시 참이라고 할 수 없는 것은?**

① $p \longrightarrow r$ ② $p \longrightarrow \sim r$ ③ $q \longrightarrow \sim p$ ④ $\sim q \longrightarrow r$ ⑤ $\sim r \longrightarrow \sim p$

풀이 주어진 두 명제가 참이므로 그 대우 $q \longrightarrow \sim p$와 $\sim q \longrightarrow r$도 참이다.

또한, 명제 $p \longrightarrow \sim q$와 $\sim q \longrightarrow r$이 참이므로 삼단논법을 적용하면 $p \longrightarrow r$도 참이다.

이때 $p \longrightarrow r$이 참이므로 그 대우 $\sim r \longrightarrow \sim p$도 참이다.

따라서 반드시 참이라고 할 수 없는 것은 ②이다.

보기 08 **다음에 주어진 세 문장 (가), (나), (다)가 모두 참이라면**

'CEO에 적합한 사람은 [　　] (하는) 사람이다.'

라고 말할 수 있다. 절약, 부지런한, 활동적인 중에서 [　　] 안에 알맞은 단어를 말하시오.

(가) 절약하는 사람은 부지런한 사람이다.
(나) 활동적인 사람은 절약하는 사람이다.
(다) 절약하지 않은 사람은 CEO에 적합하지 않은 사람이다.

풀이 p : 절약하는 사람이다. q : 부지런한 사람이다.

r : 활동적인 사람이다. s : CEO에 적합한 사람이다.

라고 하면 주어진 세 문자 (가), (나), (다)에 의하여

세 명제 $p \longrightarrow q$, $r \longrightarrow p$, $\sim p \longrightarrow \sim s$가 모두 참이다.

명제 $\sim p \longrightarrow \sim s$가 참이므로 그 대우 $s \longrightarrow p$가 참이다.

즉 CEO에 적합한 사람은 [절약하는 사람] 이다.

또, 명제 $s \longrightarrow p$가 참이고 명제 $p \longrightarrow q$가 참이므로 삼단논법에 의하여 명제 $s \longrightarrow q$가 참이다.

즉 CEO에 적합한 사람은 [부지런한 사람] 이다.

따라서 [　　] 안에 알맞은 단어는 **절약하는 사람, 부지런한** 사람이다.

마플개념익힘 01 명제의 역, 대우의 참과 거짓

다음 명제의 역과 대우를 말하고, 그것의 참, 거짓을 판별하시오.

(1) $x-2=0$이면 $x^2-4=0$이다.

(2) $xy>0$이면 $x>0$이고 $y>0$이다.

(3) $x+y<0$이면 $x<0$이고 $y<0$이다.

MAPL CORE ▶

명제	역	대우
$p \longrightarrow q$	$q \longrightarrow p$	$\sim q \longrightarrow \sim p$

(1) 명제가 참이더라도 그 역은 참이 아닌 경우가 있다.
(2) 명제와 그 대우는 참, 거짓이 항상 일치한다.

개념익힘**풀이**

(1) 명제 : $x-2=0$이면 $x^2-4=0$이다. [참]
역 : $x^2-4=0$이면 $x-2=0$이다. [거짓]
반례 $x=-2$일 때, $x^2-4=0$이지만 $x\neq 2$이다.
대우 : $x^2-4\neq 0$이면 $x-2\neq 0$이다. [참]

(2) 명제 : $xy>0$이면 $x>0$이고 $y>0$이다. [거짓]
반례 $x<0$, $y<0$일 때, $xy>0$이지만 $x>0$, $y>0$은 아니다.
역 : $x>0$이고 $y>0$이면 $xy>0$이다. [참]
대우 : $x\le 0$ 또는 $y\le 0$이면 $xy\le 0$이다. [거짓]

(3) 명제 : $x+y<0$이면 $x<0$이고 $y<0$이다. [거짓]
반례 $x=1$, $y=-2$일 때, $x+y<0$이지만 $x<0$, $y<0$은 아니다.
역 : $x<0$이고 $y<0$이면 $x+y<0$이다. [참]
대우 : $x\ge 0$ 또는 $y\ge 0$이면 $x+y\ge 0$이다. [거짓]

확인유제 0548 다음 명제의 역과 대우를 구하고 각각의 참, 거짓을 판별하시오.

(1) a, b가 무리수이면 ab도 무리수이다.

(2) x가 6의 약수이면 x는 12의 약수이다.

(3) 실수 x, y에 대하여 $|x|+|y|=0$이면 $x^2+y^2=0$이다.

변형문제 0549 다음 물음에 답하시오.

(1) 명제 '$x^2-6x+5\neq 0$이면 $x-a\neq 0$이다.'가 참이 되기 위한 모든 실수 a의 값의 합은?

① 6 ② 7 ③ 8 ④ 9 ⑤ 10

(2) 두 실수 x, y에 대하여 명제 '$x+y<-4$이면 $x<a$ 또는 $y<1$이다.'가 참이 되도록 하는 실수 a의 최솟값은?

① -6 ② -5 ③ -4 ④ -3 ⑤ -2

발전문제 0550 다음 명제의 역과 대우를 말하고, 그것의 참, 거짓을 판별하시오.

(1) 실수 a, b, c에 대하여 $ac=bc$이면 $a=b$이다.

(2) 실수 x에 대하여 $x\ge 0$이면 $|x|=x$이다.

(3) 집합 A, B에 대하여 $A\subset B$이면 $A\cap B=A$이다.

(4) 자연수 x, y에 대하여 $x+y$가 짝수이면 x, y가 짝수이다.

(5) x, y가 정수이면 $x+y$, xy는 모두 정수이다.

정답 0548 : (1) 거짓 (2) 참 (3) 참 0549 : (1) ① (2) ② 0550 : 해설참조

마플개념익힘 02 역이 참인 명제

다음 명제 중 역이 참인 것은?

① 실수 x, y에 대하여 $x > y$이면 $x^2 > y^2$이다.

② 집합 A, B, C에 대하여 $A \subset B$이면 $(A \cap C) \subset (B \cap C)$이다.

③ $x=-2$이면 $3x^2-12=0$이다.

④ $a=0$이고 $b=0$이면 $ab=0$이다.

⑤ 실수 a, b에 대하여 $a>0$이고 $b>0$이면 $a+b>0$이고 $ab>0$이다.

MAPL CORE ▶ (1) 명제 $p \longrightarrow q$에서 역은 $q \longrightarrow p$이다.
(2) 명제가 참이면 그 명제의 대우도 참이다.

개념익힘풀이 ① 역 : 실수 x, y에 대하여 $x^2 > y^2$이면 $x > y$이다. [거짓]

반례 $x=-3$, $y=2$이면 $x^2 > y^2$이지만 $x < y$이다.

② 역 : 집합 A, B, C에 대하여 $(A \cap C) \subset (B \cap C)$이면 $A \subset B$이다. [거짓]

반례 $A=\{1\}$, $B=\{2\}$, $C=\varnothing$이면 $(A \cap C) \subset (B \cap C)$이지만 $A \not\subset B$이다.

③ 역 : $3x^2-12=0$이면 $x=-2$이다. [거짓]

반례 $x=2$이면 $3x^2-12=0$이지만 $x \neq -2$이다.

④ 역 : $ab=0$이면 $a=0$이고 $b=0$이다. [거짓]

반례 $a=0$, $b=5$이면 $ab=0$이지만 $b \neq 0$이다.

⑤ 역 : 실수 a, b에 대하여 $a+b>0$이고 $ab>0$이면 $a>0$이고 $b>0$이다. [참]

따라서 역이 참인 명제는 ⑤이다.

확인유제 0551 다음 명제 중 그 역이 참인 것은? (단, a, b, m은 실수이다.)

① 자연수 x, y에 대하여 x, y가 짝수이면 xy는 짝수이다.

② $a>2$이면 $a^2>4$이다.

③ $a=b$이면 $a^2=b^2$이다.

④ $a>0$이고 $b>0$이면 $a+b>0$이다.

⑤ $a^2+b^2=0$이면 $a=0$이고 $b=0$이다.

변형문제 0552 다음 물음에 답하시오.

(1) 명제 '$x^2-ax+6=0$이면 $x-2=0$이다.'의 역이 참이 되도록 하는 상수 a의 값은?

① 2 ② 3 ③ 4 ④ 5 ⑤ 7

(2) 두 조건 p, q가 $p : -5 \le x < 3$, $q : |x-n| \le 2$일 때, 명제 $p \longrightarrow q$의 역이 참이 되게 하는 정수 n의 개수는?

① 2 ② 3 ③ 4 ④ 5 ⑤ 7

발전문제 0553 명제의 역이 참인 것을 [보기]에서 모두 고르면?

ㄱ. 자연수 n에 대하여 n이 홀수이면 n^2은 홀수이다.
ㄴ. 자연수 n에 대하여 n이 2의 배수이면 n은 4의 배수이다.
ㄷ. 실수 x, y에 대하여 $xy>0$이면 $x>0$이고 $y>0$이다.

① ㄱ ② ㄷ ③ ㄱ, ㄴ ④ ㄴ, ㄷ ⑤ ㄱ, ㄴ, ㄷ

정답 0551 : ⑤ 0552 : (1) ④ (2) ③ 0553 : ⑤

세 조건 p, q, r에 대하여 명제 $p \longrightarrow q$와 $\sim r \longrightarrow \sim q$가 모두 참이라고 할 때, 다음 명제 중 반드시 참이라고 말할 수 없는 것은?

① $q \longrightarrow r$ ② $p \longrightarrow r$ ③ $\sim r \longrightarrow \sim p$
④ $\sim p \longrightarrow \sim r$ ⑤ $\sim q \longrightarrow \sim p$

MAPL CORE ▶ 세 조건에 대한 추론 문제는 명제의 대우와 삼단논법을 이용한다.
명제 $p \longrightarrow q$와 $q \longrightarrow r$이 참이면 명제 $p \longrightarrow r$도 참이다.

개념익힘풀이
① 명제 $\sim r \longrightarrow \sim q$가 참이므로 그 대우 $q \longrightarrow r$도 참이다.
② 두 명제 $p \longrightarrow q$와 $q \longrightarrow r$이 참이므로 $p \longrightarrow r$이 참이다.
③ 명제 $p \longrightarrow r$이 참이므로 그 대우 $\sim r \longrightarrow \sim p$도 참이다.
④ 명제 $\sim r \longrightarrow \sim p$가 참이므로 그 역 $\sim p \longrightarrow \sim r$는 반드시 참이라 할 수 없다.
⑤ 명제 $p \longrightarrow q$가 참이므로 그 대우 $\sim q \longrightarrow \sim p$도 참이다.
따라서 반드시 참이라 할 수 없는 명제는 ④이다.

확인유제 0554 세 조건 p, q, r에 대하여 두 명제 $p \longrightarrow \sim q$와 $r \longrightarrow q$가 모두 참일 때, 다음 명제 중 항상 참인 것은?

① $r \longrightarrow \sim p$ ② $p \longrightarrow r$ ③ $q \longrightarrow p$ ④ $q \longrightarrow \sim r$ ⑤ $\sim r \longrightarrow p$

변형문제 0555 세 조건 p, q, r에 대하여 두 명제 $\sim q \longrightarrow \sim p$, $r \longrightarrow \sim q$가 모두 참일 때, [보기]에서 참인 명제를 모두 고른 것은?

ㄱ. $p \longrightarrow q$
ㄴ. $q \longrightarrow r$
ㄷ. $r \longrightarrow \sim p$

① ㄱ ② ㄴ ③ ㄱ, ㄷ ④ ㄴ, ㄷ ⑤ ㄱ, ㄴ, ㄷ

발전문제 0556 다음 두 명제가 모두 참일 때, 항상 참인 명제인 것은?

(가) 음악을 잘하는 학생은 노래도 잘 부른다.
(나) 노래를 잘 부르는 학생은 슈퍼스타 K에 출전한다.

① 음악을 잘하는 학생은 슈퍼스타 K에 출전하는 것은 아니다.
② 슈퍼스타 K에 출전하는 학생은 노래를 잘 부른다.
③ 슈퍼스타 K에 출전하는 학생은 음악을 잘한다.
④ 슈퍼스타 K에 출전하지 않는 학생은 음악을 잘하지 않는다.
⑤ 노래를 잘부르고 슈퍼스타 K에 출전한 학생은 음악을 잘한다.

정답 0554 : ① 0555 : ③ 0556 : ④

마플개념익힘 04 명제의 대우와 삼단논법의 집합의 포함 관계

전체집합 U에서 세 조건 p, q, r의 진리집합을 각각 P, Q, R이라 하자.
$p \longrightarrow \sim q$와 $\sim r \longrightarrow q$이 모두 참일 때, 다음 중 옳지 않은 것은?
(단, P, Q, R은 모두 공집합이 아니다.)

① $P \subset Q^c$　② $Q^c \subset R$　③ $P \subset (R \cap Q^c)$
④ $P \subset R$　⑤ $R \subset P^c$

MAPL CORE ▶ $p \longrightarrow q$가 참이면 $P \subset Q$이다.

참고 $p \Longrightarrow q$는 $p \longrightarrow q$가 참이라는 뜻이다.

개념익힘풀이 명제 $p \longrightarrow \sim q$가 참이므로 $P \subset Q^c$이고 그 대우는 $q \longrightarrow \sim p$이므로 $Q \subset P^c$
명제 $\sim r \longrightarrow q$가 참이므로 $R^c \subset Q$이고 그 대우는 $\sim q \longrightarrow r$이므로 $Q^c \subset R$
또한, 두 명제 $p \longrightarrow \sim q$와 $\sim q \longrightarrow r$가 참이므로 삼단논법에 의하여 명제 $p \longrightarrow r$도 참이다.
즉 $P \subset R$
이때 $P \subset Q^c$, $P \subset R$에서 $P \subset (R \cap Q^c)$
따라서 옳지 않은 것은 ⑤이다.

확인유제 0557 전체집합 U의 세 부분집합 P, Q, R이 각각 세 조건 p, q, r의 진리집합이고 두 명제 $p \longrightarrow q$와 $q \longrightarrow r$가 모두 참일 때, [보기] 중 옳은 것을 모두 고르면?

ㄱ. $P \subset R$
ㄴ. $(P \cup Q) \subset R^c$
ㄷ. $(P^c \cap R^c) \subset Q^c$

① ㄱ　② ㄱ, ㄴ　③ ㄱ, ㄷ　④ ㄴ, ㄷ　⑤ ㄱ, ㄴ, ㄷ

변형문제 0558 전체집합 U에 대하여 세 조건 p, q, r의 진리집합을 각각 P, Q, R이라 하자. 세 명제

$$p \longrightarrow \sim q,\ \sim q \longrightarrow r,\ q \longrightarrow \sim r$$

이 모두 참일 때, 항상 옳은 것만을 [보기]에서 있는 대로 고른 것은?

ㄱ. $P \cap Q = \varnothing$
ㄴ. $P \cap R = R$
ㄷ. $Q \cup R = U$

① ㄱ　② ㄷ　③ ㄱ, ㄴ　④ ㄱ, ㄷ　⑤ ㄴ, ㄷ

발전문제 0559 전체집합 U의 공집합이 아닌 세 부분집합 P, Q, R이 각각 세 조건 p, q, r의 진리집합이고 세 명제

$$p \longrightarrow q,\ \sim p \longrightarrow q,\ \sim r \longrightarrow p$$

가 모두 참일 때, 옳은 것만을 [보기]에서 있는 대로 고른 것은?

ㄱ. $P^c \subset Q$
ㄴ. $R - P^c = \varnothing$
ㄷ. $(R^c \cup P^c) \subset Q$

① ㄱ　② ㄴ　③ ㄱ, ㄷ　④ ㄴ, ㄷ　⑤ ㄱ, ㄴ, ㄷ

정답　0557 : ③　0558 : ④　0559 : ③

10 대우와 삼단논법, 명제의 추론

특강유형

01 문장으로 주어진 삼단논법

세 조건 p, q, r에 대하여 삼단논법은 다음과 같다.

명제 $p \longrightarrow q$와 $q \longrightarrow r$이 모두 참이면 명제 $p \longrightarrow r$도 참이다.

마플특강문제 01 **다음 [보기]의 두 명제가 항상 참일 때, 명제 '수학을 잘하면 국어를 잘한다.'가 성립하기 위해 필요한 참인 명제는?**

(가) 영어를 잘하면 수학을 잘하지 못한다.
(나) 국어를 잘하지 못하면 역사를 잘하지 못한다.

① 역사를 잘하면 영어를 잘하지 못한다.
② 수학을 잘하면 역사를 잘하지 못한다.
③ 영어를 잘하지 못하면 역사를 잘한다.
④ 국어를 잘하지 못하면 수학을 잘한다.
⑤ 수학을 잘하지 못하면 영어를 잘하지 못한다.

마플특강 풀이

STEP Ⓐ **주어진 조건을 기호로 나타내고 각각의 명제를 기호로 나타내기**
명제 (가), (나)에서 주어진 조건을 p, q, r, s로 놓으면
p : 수학을 잘한다. q : 영어를 잘한다. r : 국어를 잘한다. s : 역사를 잘한다.
이므로 조건을 이용하여 나타내면 명제 $q \longrightarrow \sim p$, $\sim r \longrightarrow \sim s$가 참이다.
이때 대우명제도 참이므로 $p \longrightarrow \sim q$, $s \longrightarrow r$

STEP Ⓑ **'수학을 잘하면 국어를 잘한다.'가 성립하기 위해 필요한 참인 명제 구하기**
이때 '수학을 잘하면 국어도 잘한다.' 즉 $p \longrightarrow r$이 참이 되는 경우 삼단논법에 의해
$p \longrightarrow \sim q$와 $s \longrightarrow r$을 연결해 주는 문장이 필요하다.
따라서 필요한 참인 명제는 명제 $\sim q \longrightarrow s$이거나 그 대우인 명제 $\sim s \longrightarrow q$가 필요하므로
③ **'영어를 잘하지 못하면 역사를 잘한다.' 또는 '역사를 잘하지 못하면 영어를 잘한다.'**

마플특강문제 02 **다음 두 명제가 모두 참일 때, '10대에 선호도가 높은 제품은 기능이 많다.'가 참이려면 하나의 참인 명제가 더 필요하다. 이때 필요한 명제가 될 수 있는 것을 모두 고르면?**

(가) 가격이 비싸면 기능이 많다.
(나) 10대에 선호도가 높은 제품은 판매량이 많다.

① 가격이 비싸면 10대에 선호도가 높은 제품이다.
② 가격이 싼 제품은 10대에 선호도가 높지 않다.
③ 가격이 싼 제품은 판매량이 적다.
④ 10대에 선호도가 높지 않은 제품은 가격이 싼 제품이다.
⑤ 판매량이 많은 제품은 기능이 많지 않다.

마플특강 풀이

STEP Ⓐ **주어진 조건을 기호로 나타내고 각각의 명제를 기호로 나타내기**
명제 (가), (나)에서 주어진 조건을 p, q, r, s로 놓으면
p : 가격이 비싸다. q : 기능이 많다. r : 10대에 선호도가 높다. s : 판매량이 많다.
이므로 조건을 이용하여 나타내면 명제 $p \longrightarrow q$가 참이고 명제 $r \longrightarrow s$가 참이다.

STEP Ⓑ **'10대에 선호도가 높은 제품은 기능이 많다.' 가 성립하기 위해 필요한 참인 명제 구하기**
이때 명제 $r \longrightarrow q$가 참이 되는 경우는 다음과 같이 세 경우가 있을 수 있다.
(i) 명제 $r \longrightarrow p$, $p \longrightarrow q$가 참이면 삼단논법에 의해 $r \longrightarrow q$가 참이다.
(ii) 명제 $r \longrightarrow s$, $s \longrightarrow q$가 참이면 삼단논법에 의해 $r \longrightarrow q$가 참이다.
(iii) 명제 $r \longrightarrow s$, $s \longrightarrow p$, $p \longrightarrow q$가 참이면 삼단논법에 의해 $r \longrightarrow q$가 참이다.
즉 필요한 참인 명제는
명제 $r \longrightarrow p$이거나 그 대우인 $\sim p \longrightarrow \sim r$
명제 $s \longrightarrow p$이거나 그 대우인 $\sim p \longrightarrow \sim s$
명제 $s \longrightarrow q$이거나 그 대우인 $\sim q \longrightarrow \sim s$
따라서 필요한 명제가 될 수 있는 것은
② '가격이 싼 제품은 10대에 선호도가 높지 않다.'
③ '가격이 싼 제품은 판매량이 적다.'

특강유형

02 명제의 대우의 활용

두 조건 p, q에 대하여

명제 $p \longrightarrow q$가 참이면 그 대우 $\sim q \longrightarrow \sim p$도 반드시 참이다.

마플특강문제 03

오른쪽 그림과 같이 한쪽 면에는 숫자, 다른 쪽 면에는 알파벳이 적힌 4장의 카드가 있다. 명제 '짝수가 적힌 카드의 뒷면에는 모음이 적혀 있다.'가 참인지 알아보기 위하여 반드시 뒷면을 확인할 필요가 있는 카드는 어느 것인가?

① 4, K ② 7, K ③ 4, E
④ 7, E ⑤ E, K

마플특강 풀이

짝수 '4'가 적힌 카드의 뒷면에 모음이 적혀 있어야 주어진 명제는 참이므로
'4'가 적힌 카드는 반드시 뒷면을 확인해야 한다.
한편 주어진 명제가 참이면 그 대우
'자음이 적힌 카드의 뒷면에는 홀수가 적혀 있다.'도 참이므로
자음 'K'가 적힌 카드의 뒷면에 홀수가 적혀 있는지 확인해야 한다.
따라서 주어진 명제가 참인지 알아보기 위해 **반드시 뒷면을 확인할 필요가 있는 카드는** ① '4'와 'K'**가 적힌 카드**이다.

마플특강문제 04

미술시간에 모든 학생이 자신의 번호가 뒷면에 쓰여 있는 종이에 각자 그림을 그린다. 이때 홀수번 학생은 동물을 그리도록 지시하였다. 5번, 10번 학생은 번호가 보이도록 하고, 말과 사과 그림을 각각 그린 두 학생은 번호가 안보이도록 책상 위에 그림을 놓았다. 네 그림이 모두 위의 지시에 맞는 그림인지 알기 위해 다른 쪽 면을 확인할 필요가 있는 것은?

① 5번 그림과 말 ② 5번 그림과 사과 ③ 10번 그림과 말
④ 10번 그림과 사과 ⑤ 모두

마플특강 풀이

주어진 조건에서 명제
'홀수번 학생은 동물을 그리도록 지시하였다.'가 참이라면 그 대우인 명제
'식물을 그린 학생은 짝수번이다.'도 참이다.
따라서 주어진 규칙에 맞는지 반드시 확인할 필요가 있는 그림인지 알기 위해 다른 쪽 면을 확인할 필요가 있는 것은
5번 그림과 사과이다.

마플특강문제 05

어느 선생님이 5명의 학생을 뽑아 한 달 동안 청소를 5번 이상하면 상점 5점을 주겠다고 약속하였다. 오른쪽 표는 한 달 후, 이 학생들의 청소 횟수와 받은 상점을 나타낸 것인데, 얼룩이 묻어 일부분이 보이지 않는다. 선생님이 약속을 지켰는지 알아보기 위하여 반드시 확인해야 할 학생을 말하시오. (단, 상점은 청소횟수 이외에도 여러 가지 이유로 받을 수 있다.)

학생	청소횟수(회)	상점(점)
혜교		3
정우		6
수지	4	4
민호	7	
정미	3	1

마플특강 풀이

명제 '청소를 5번 이상 하면 상점 5점을 받는다.'가 참이라면 그 대우인 명제는
'상점 5점을 받지 않았으면 청소를 5번 이상 하지 않았다.'이다.
상점이 3점인 혜교는 청소 횟수가 5회 이상인지 확인할 필요가 있고,
상점이 6점인 정우는 청소를 5회 이상하여 상점을 받았을 수도 있고
다른 이유로 상점을 받았을 수도 있으므로 청소 횟수를 확인하지 않아도 된다.
또, 청소 횟수가 7회인 민호는 상점 5점을 받았는지 확인할 필요가 있다.
따라서 **반드시 확인해야 할 학생은 혜교와 민호**이다.

03 문장에서 추론

주어진 조건에서 진실을 말한 경우로 나누어 추론한다.

마플특강문제 06 **다음 중 열쇠를 가진 학생을 찾으려고 한다. 열쇠는 세 학생 준기, 태희, 혜교 중에서 한 학생이 가지고 있으며, 한 학생만이 진실을 말하고 나머지 두 학생은 거짓을 말한다고 한다. 다음 상황을 보고 세 학생 준기, 태희, 혜교 중에서 열쇠를 가지고 있는 학생이 누구인지 말하시오.**

준기 : 내가 열쇠를 가지고 있다.
태희 : 준기가 열쇠를 가지고 있다.
혜교 : 나는 열쇠를 가지고 있지 않다.

마플특강 풀이

(ⅰ) 준기만 진실을 말한 경우
태희가 한 말도 진실이 되므로 준기가 한 말은 진실이 아니다.
(ⅱ) 태희만 진실을 말한 경우
준기가 한 말도 진실이 되므로 태희가 한 말은 진실이 아니다.
(ⅲ) 혜교만 진실을 말한 경우
준기, 태희가 한 말은 모두 거짓이므로 **열쇠를 가지고 있는 학생은 태희**이다.

마플특강문제 07 **철수는 여행을 가다가 가방을 잃어버렸다. 잃어버릴 수 있는 곳은 공항과 버스 두 곳이다. 철수의 일행 A, B, C는 다음과 같이 목격한 바를 이야기했고, 이 중에 진실을 이야기한 사람은 단 한 명이다. 진실을 말한 사람과 철수가 가방을 잃어버린 곳이 옳게 짝지어진 것은?**

A : 철수는 공항에서 가방을 잃어버렸다.
B : 철수는 버스에서 가방을 잃어버렸다.
C : A는 거짓말을 하고 있다.

① A, 공항 ② B, 버스 ③ C, 공항 ④ C, 버스 ⑤ B, 공항

마플특강 풀이

A, B, C 중 한 명만이 진실을 이야기하고 있으므로 각각의 경우를 가정하면
(ⅰ) A만 진실을 말한 경우
철수는 공항에서 가방을 잃어버렸으므로 B는 거짓이고 C도 거짓이다.
(ⅱ) B만 진실을 말한 경우
철수는 버스에서 가방을 잃어버렸으므로 A는 거짓이다. 그러나 C는 참이므로 모순이다.
(ⅲ) C만 진실을 말한 경우
A, B 모두 거짓을 말한다. 이것은 서로 모순이다.
따라서 **진실을 말한 사람은 A이고 가방은 공항에서 잃어버렸다.**

마플특강문제 08 **네 명의 피의자 A, B, C, D가 경찰에게 다음과 같이 진술하였다.**

A : C가 범인이다
B : 나는 범인이 아니다.
C : D가 범인이다.
D : C는 거짓말을 했다.

이때 범인은 1명이고 한 사람의 진술만이 참이라면 범인은 누구인지 말하시오.

마플특강 풀이

각각의 경우를 표로 나타내면 다음과 같다.

	A	B	C	D
A가 범인인 경우	거짓	참	거짓	참
B가 범인인 경우	거짓	거짓	거짓	참
C가 범인인 경우	참	참	거짓	참
D가 범인인 경우	거짓	참	참	거짓

따라서 A, B, C, D의 진술 중 하나만 참인 것을 찾으면 **B가 범인**인 경우이다.

03 충분조건과 필요조건

MAPL; YOUR MASTER PLAN

01 충분조건과 필요조건

개념유형

(1) **충분조건, 필요조건**

명제 $p \longrightarrow q$가 참일 때, 기호로 $p \Longrightarrow q$로 나타낸다. 이때

p는 q이기 위한 충분조건, q는 p이기 위한 필요조건

p이기 위한 필요조건
$p \Longrightarrow q$
q이기 위한 충분조건

참고 명제 $p \longrightarrow q$가 거짓일 때, 기호로 $p \not\Longrightarrow q$와 같이 나타낸다.

$p \Longrightarrow q$에서 화살표를 주는 쪽 p는 **충분조건 (충분해서 준다.)**, 받는 쪽 q는 **필요조건 (필요해서 받는다.)**으로 생각한다.

(2) **필요충분조건**

명제 $p \longrightarrow q$와 그 역 $q \longrightarrow p$가 모두 참일 때, 즉 $p \Longrightarrow q$이고 $q \Longrightarrow p$일 때,

이것을 기호로 $p \Longleftrightarrow q$와 같이 나타낸다. 이때

p는 q이기 위한 **필요충분조건**(또는 서로 동치)이라 한다.

마플해설 명제를 이용한 필요조건인지 충분조건인지 필요충분조건인지 판정

우선 명제 $p \longrightarrow q$와 명제 $q \longrightarrow p$의 참, 거짓을 조사해야 한다.

① p : x는 자연수 　　 q : x는 정수

에 대하여 명제 $p \longrightarrow q$가 참이다. 즉 $p \Longrightarrow q$이므로 p는 q이기 위한 충분조건이고 q는 p이기 위한 필요조건이다.

② p : x는 2의 배수이다. 　　 q : x는 4의 배수이다.

에 대하여 명제 $q \longrightarrow p$가 참이다. 즉 $p \Longleftarrow q$이므로 p는 q이기 위한 필요조건이고 q는 p이기 위한 충분조건이다.

③ p : $x^2=1$ 　　 q : $|x|=1$

에 대하여 두 명제 $p \longrightarrow q$, $q \longrightarrow p$가 참이다. 즉 $p \Longrightarrow q$, $q \Longrightarrow p$에서 $p \Longleftrightarrow q$이므로

p는 q이기 위한 필요충분조건 (q는 p이기 위한 필요충분조건)이다.

02 필요조건과 충분조건과 진리집합의 관계

개념유형

두 조건 p, q의 진리집합을 각각 P, Q라 하면

(1) $P \subset Q$이면 $p \Longrightarrow q$이므로 $\begin{cases} p\text{는 } q\text{이기 위한 충분조건} \\ q\text{는 } p\text{이기 위한 필요조건} \end{cases}$

(2) $P=Q$이면 $p \Longleftrightarrow q$이므로 p와 q는 서로 필요충분조건

참고 $Q \subset P$이면 $q \Longrightarrow p$이므로 $\begin{cases} p\text{는 } q\text{이기 위한 필요조건} \\ q\text{는 } p\text{이기 위한 충분조건} \end{cases}$

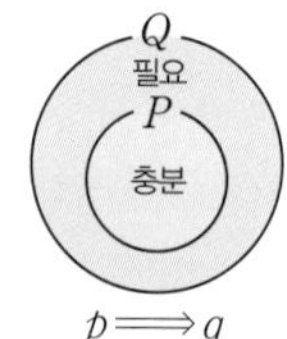

마플해설 집합을 이용한 충분조건인지 필요조건인지 판정

두 조건 p, q의 진리집합을 각각 P, Q라 할 때,

(1) $p \Longrightarrow q$일 때,

p가 q이기 위한 충분조건이라는 말은 집합 P의 원소이면 집합 Q의 원소이기에 충분하다는 의미이다.
q가 p이기 위한 필요조건이라는 말은 집합 P의 원소이기 위해서는 집합 Q의 원소일 필요가 있다는 의미이다. 예를 들어 두 조건 p, q가

p : x는 3의 약수이다. 　　 q : x는 6의 약수이다.

일 때, 조건 p의 진리집합이 $P=\{1,\ 3\}$, 조건 q의 진리집합이 $Q=\{1,\ 2,\ 3,\ 6\}$이므로 $P \subset Q$이다.
따라서 $p \Longrightarrow q$이므로 p는 q이기 위한 충분조건이고 q는 p이기 위한 필요조건이다.

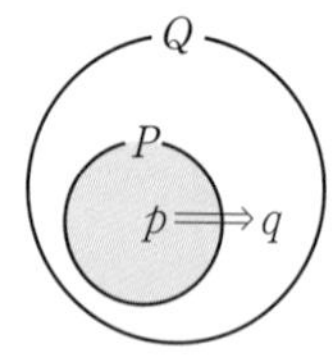

(2) $P=Q$이면 $P \subset Q$이므로 $p \Longrightarrow q$이고, $Q \subset P$이므로 $p \Longleftarrow q$이다.

즉 $p \Longleftrightarrow q$이므로 p는 q이기 위한 필요충분조건 (q는 p이기 위한 필요충분조건)이다.

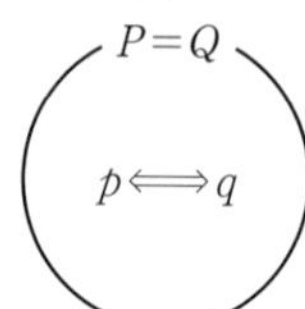

두 조건 p, q의 진리집합을 각각 P, Q라 할 때, p가 q이기 위한 충분조건일 때, 다음이 성립한다.

$P \subset Q \iff P \cap Q = P$
$\iff P \cup Q = Q$
$\iff P - Q = \varnothing$
$\iff P^c \supset Q^c$

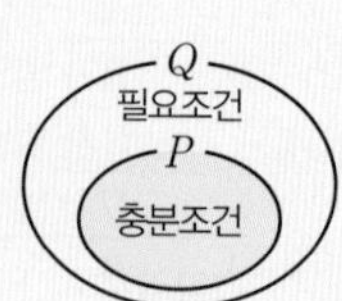

보기 01 다음 두 조건 p, q에 대하여 p는 q이기 위한 무슨 조건인가?

(1) p : $x=2$　　　q : $x^2=4$

(2) p : x는 10의 약수　　　q : x는 5의 약수 (단, x는 자연수이다.)

(3) p : $-2x+6>0$　　　q : $x-3<0$

풀이 두 조건 p, q의 진리집합을 각각 P, Q라고 하면

(1) $P=\{2\}$, $Q=\{-2, 2\}$이므로 $P\subset Q$, 즉 $\boldsymbol{p \Longrightarrow q}$

따라서 p는 q이기 위한 **충분조건**이다.

(2) $P=\{1, 2, 5, 10\}$, $Q=\{1, 5\}$이므로 $Q\subset P$, 즉 $\boldsymbol{q \Longrightarrow p}$

따라서 p는 q이기 위한 **필요조건**이다.

(3) $P=\{x|x<3\}$, $Q=\{x|x<3\}$이므로 $P=Q$, 즉 $\boldsymbol{p \Longleftrightarrow q}$

따라서 p는 q이기 위한 **필요충분조건**이다.

보기 02 다음 두 조건 p, q에 대하여 p는 q이기 위한 무슨 조건인가?

(1) p : 정삼각형이다.　　　q : 이등변삼각형이다.

(2) p : $a^2=b^2$　　　q : $a=b$

(3) p : $x>0$, $y>0$　　　q : $x+y>0$, $xy>0$ (단, x, y는 실수이다.)

풀이 (1) $p \longrightarrow q$: 정삼각형이면 이등변삼각형이다. [참]

$q \longrightarrow p$: 이등변삼각형이면 정삼각형이다. [거짓]

따라서 $p \longrightarrow q$가 참이므로 p는 q이기 위한 **충분조건**이다.

(2) $p \longrightarrow q$: $a^2=b^2$이면 $a=b$이다. [거짓] 반례 $a=1$, $b=-1$

$q \longrightarrow p$: $a=b$이면 $a^2=b^2$이다. [참]

따라서 $q \longrightarrow p$가 참이므로 p는 q이기 위한 **필요조건**이다.

(3) $p \longrightarrow q$: $x>0$, $y>0$이면 $x+y>0$, $xy>0$이다. [참]

$q \longrightarrow p$: $x+y>0$, $xy>0$이면 $x>0$, $y>0$이다. [참]

따라서 $p \longrightarrow q$, $q \longrightarrow p$가 모두 참이므로 p는 q이기 위한 **필요충분조건**이다.

보기 03 다음 물음에 답하시오.

(1) $x^2+kx+6=0$이 $x+2=0$이기 위한 필요조건일 때, 상수 k의 값을 구하시오.

(2) 두 조건 p : $1\le x\le 3$ 또는 $x\ge 5$, q : $x\ge a$에 대하여 p가 q이기 위한 충분조건일 때, 실수 a의 최댓값을 구하시오. (단, x는 실수이다.)

풀이 (1) $x^2+kx+6=0$이 $x+2=0$이기 위한 필요조건이므로

$\{x|x+2=0\}\subset\{x|x^2+kx+6=0\}$

따라서 $x=-2$가 $x^2+kx+6=0$을 만족시키므로 $4-2k+6=0$　$\therefore \boldsymbol{k=5}$

(2) 두 조건 p, q의 진리집합을 각각 P, Q라고 하면

$P=\{x|1\le x\le 3$ 또는 $x\ge 5\}$, $Q=\{x|x\ge a\}$

p가 q이기 위한 충분조건이므로 $P\subset Q$　$\therefore a\le 1$

따라서 실수 a의 최댓값은 **1**이다.

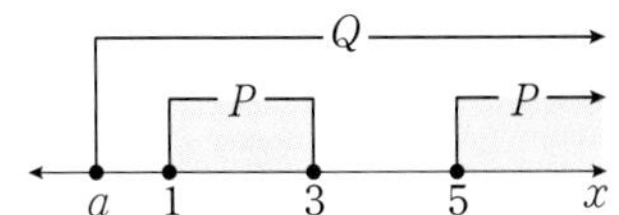

충분조건과 필요조건을 판정하는 방법

방법1 명제 $p \longrightarrow q$와 $q \longrightarrow p$의 참, 거짓을 조사하여 판별한다.

	p는 q이기 위한 충분조건	p는 q이기 위한 필요조건	p는 q이기 위한 필요충분조건
판정	$p \longrightarrow q$는 참 $q \longrightarrow p$는 거짓	$p \longrightarrow q$는 거짓 $q \longrightarrow p$는 참	$p \longrightarrow q$는 참 $q \longrightarrow p$는 참

방법2 두 조건 p, q의 진리집합 P, Q의 포함 관계를 이용하여 판별한다.

	p는 q이기 위한 충분조건	p는 q이기 위한 필요조건	p는 q이기 위한 필요충분조건
판정	$P\subset Q$	$P\supset Q$	$P=Q$

11 충분조건과 필요조건 예시

MAPL; YOURMASTERPLAN

01 충분조건과 필요조건

	p	q	p는 q이기 위한 조건
집합	$A\cap B=A$	$A-B=\varnothing$	필요충분조건
	$A\cap B=\varnothing$	$A-B=A$	필요충분조건
수와 연산	x는 4의 배수	x는 2의 배수	충분조건
	x는 12의 약수	x는 6의 약수	필요조건
	x, y는 정수	$x+y$는 정수	충분조건
	x, y는 홀수	$x+y$는 짝수	충분조건
	x, y는 유리수	$x+y$는 유리수	충분조건
방정식 (x, y는 실수)	$xy=0$	$x=0$ 또는 $y=0$	필요충분조건
	$a=b$	$ac=bc$	충분조건
	$x=y$	$x^2=y^2$	충분조건
	$\lvert x\rvert=\lvert y\rvert$	$x^2=y^2$	필요충분조건
	$x^2=1$	$x=1$	필요조건
	실수 a, b에 대하여 $a=0$, $b=0$	$a+b\sqrt{2}=0$	충분조건
부등식	$x>0$, $y>0$ (∗)	$x+y>0$, $xy>0$	충분조건
	$x>0$, $y>0$	$xy>0$	충분조건
	$a>1$, $b>1$	$a+b>2$	충분조건
	$x>2$	$x^2>4$	충분조건
	$x>1$	$x^2>1$	충분조건
	$x<1$	$x^2<1$	필요조건
	$x\geq 1$이고 $y\geq 1$	$xy\geq 1$	충분조건
도형 (평행사변형: 직사각형, 정사각형, 마름모)	△ABC에서 ∠A=∠B	△ABC는 이등변삼각형	충분조건
	△ABC가 이등변삼각형	△ABC가 정삼각형	필요조건
	$\overline{AB}=\overline{AC}$인 △ABC	∠B=∠C인 △ABC	필요충분조건
	□ABCD가 정사각형이다.	□ABCD는 마름모이다.	충분조건

(∗) 주의 $p\longrightarrow q$일 때, p에서 $x>0$, $y>0$이라는 것은 x와 y가 실수임을 말해준다.
하지만 q에서 보면 $(q\longrightarrow p)$ $x+y>0$, $xy>0$인데 이는 x와 y가 실수가 아닐 수도 있다.
반례 $x=1+ai$, $y=1-ai$ (a는 실수)일 때, $x+y>0$, $xy>0$

FOCUS

(1) a, b가 실수일 때, 다음은 필요충분조건이다.

① $a^2+b^2=0 \iff a=0$이고 $b=0$ 참고 a, b가 유리수일 때, $a+b\sqrt{2}=0 \iff a=b=0$

② $\lvert a\rvert+\lvert b\rvert=0 \iff a=0$이고 $b=0$

③ $a+bi=0 \iff a=0$이고 $b=0$ (단, $i=\sqrt{-1}$)

④ $ab=0 \iff a=0$ 또는 $b=0$

(2) 두 집합 A, B에 대하여 다음은 필요충분조건이다.

$A\subset B \iff A-B=\varnothing$
$\iff A\cap B=A$
$\iff A\cup B=B$

마플개념익힘 01 명제를 이용한 필요조건과 충분조건의 판단

다음에서 조건 p는 조건 q이기 위한 어떤 조건인지 판정하시오. (단, x, y는 실수이다.)

(1) p : $(x-y)(y-z)=0$ $\quad$ q : $x=y=z$

(2) p : $x^2+y^2=0$ $\quad$ q : $x=0$ 또는 $y=0$

(3) p : $x+y$는 유리수이다. $\quad$ q : x, y는 모두 유리수이다.

MAPL CORE ▶ 명제를 이용하여 필요조건, 충분조건의 판정법

집합을 이용하는 방법이 빠르고 명쾌하지만 대부분의 문제들은 집합으로는 안 되므로 명제를 이용하여 판정한다.

명제를 이용하여 판정하는 순서

❶ 두 명제 $p \longrightarrow q$와 $q \longrightarrow p$의 참, 거짓을 판정한다.

❷ $p \longrightarrow q$가 참이면 p는 q에게 주는 쪽이므로 p는 q이기 위한 충분조건이다.
$p \longleftarrow q$가 참이면 p는 q에게 받는 쪽이므로 p는 q이기 위한 필요조건이다.

개념익힘**풀이** (1) $(x-y)(y-z)=0$에서 $x=y$ 또는 $y=z$

$p \longrightarrow q$: $(x-y)(y-z)=0$이면 $x=y=z$이다. [거짓]

반례 $x=y=1$, $z=3$이면 $x=y=z$를 만족하지 않는다.

$q \longrightarrow p$: $x=y=z$이면 $(x-y)(y-z)=0$이다. [참]

따라서 $q \Longrightarrow p$이므로 p는 q이기 위한 **필요조건**이다.

(2) $p \longrightarrow q$: $x^2+y^2=0$이면 $x=0$ 또는 $y=0$이다. [참]

$q \longrightarrow p$: $x=0$ 또는 $y=0$이면 $x^2+y^2=0$이다. [거짓]

반례 $x=1$, $y=0$이면 $x^2+y^2=0$을 만족하지 않는다.

따라서 $p \Longrightarrow q$이므로 p는 q이기 위한 **충분조건**이다.

(3) $p \longrightarrow q$: $x+y$가 유리수이면 x, y는 모두 유리수이다. [거짓]

반례 $x=1+\sqrt{2}$, $y=1-\sqrt{2}$이면 $x+y$는 유리수이지만 x, y는 모두 유리수가 아니다.

$q \longrightarrow p$: x, y가 모두 유리수이면 $x+y$는 유리수이다. [참]

따라서 $q \Longrightarrow p$이므로 p는 q이기 위한 **필요조건**이다.

확인유제 0560 다음에서 조건 p는 조건 q이기 위한 어떤 조건인지 말하시오. (단, x, y는 실수이다.)

(1) p : $a>0$이고 $b>0$ $\quad$ q : $a+b>0$

(2) p : x, y가 모두 정수이다. $\quad$ q : xy, $x+y$가 정수이다.

(3) p : $x^2=y^2$ $\quad$ q : $|x|=|y|$

변형문제 0561 다음 중 p가 q이기 위한 필요조건이지만 충분조건은 아닌 것을 고르면?
(단, A, B는 집합이고 a, b, c는 모두 실수이다.)

① p : $a>b>0$ $\quad$ q : $a^2>b^2$

② p : $a^2+b^2=0$ $\quad$ q : $ab=0$

③ p : $a=b$ $\quad$ q : $ac=bc$

④ p : $A \subset B$ 또는 $A \subset C$ $\quad$ q : $A \subset (B \cup C)$

⑤ p : $ab=|ab|$ $\quad$ q : $a>0$, $b>0$

발전문제 0562 다음 두 조건 p, q에 대하여 다음 중 p가 q이기 위한 필요충분조건이 아닌 것은?
(단, A, B는 집합이고 a, b, c는 실수이다.)

① p : $a^2+b^2=0$ $\quad$ q : $|a|+|b|=0$

② p : $a-c>b-c$ $\quad$ q : $a>b$

③ p : $a^2>b^2$ $\quad$ q : $|a|>|b|$

④ p : $a=b=c=0$ $\quad$ q : $(a-b)^2+(b-c)^2+(c-a)^2=0$

⑤ p : $A \cup B=B$ $\quad$ q : $A-B=\varnothing$

정답 0560 : (1) 충분조건 (2) 충분조건 (3) 필요충분조건 $\quad$ 0561 : ⑤ $\quad$ 0562 : ④

마플개념익힘 02 집합을 이용한 필요조건과 충분조건의 판단

다음에서 조건 p는 조건 q이기 위한 어떤 조건인지 판정하시오. (단, x는 실수이다.)

(1) $p : |x| \leq 3$　　　　$q : 0 \leq x \leq 2$

(2) $p : (x-1)^2=0$　　　　$q : x^2-3x+2=0$

(3) $p : x^2-6x+9=0$　　　　$q : 2x-6=0$

MAPL CORE ▶ 집합을 이용하여(문자가 하나인 방정식과 부등식) 필요조건, 충분조건의 판정법

[1단계] 두 조건 p, q의 진리집합 P, Q를 구한다.

[2단계] $P \subset Q$일 때, $\begin{cases} p\text{는 } q\text{이기 위한 충분조건} \\ q\text{는 } p\text{이기 위한 필요조건} \end{cases}$

개념익힘풀이 두 조건 p, q의 진리집합을 각각 P, Q라고 하면

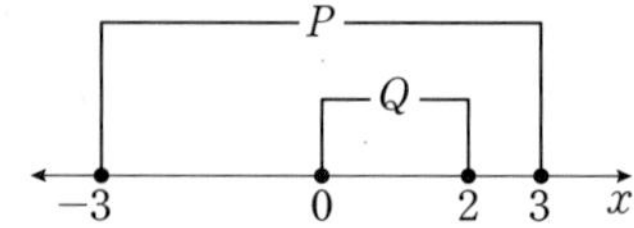

(1) $P=\{x|-3 \leq x \leq 3\}$, $Q=\{x|0 \leq x \leq 2\}$

$\therefore Q \subset P$

따라서 p는 q이기 위한 **필요조건**이다.

(2) $P=\{1\}$, $Q=\{1, 2\}$　$\therefore P \subset Q$

따라서 p는 q이기 위한 **충분조건**이다.

(3) $P=\{3\}$, $Q=\{3\}$　$\therefore P=Q$

따라서 p는 q이기 위한 **필요충분조건**이다.

확인유제 0563 다음에서 조건 p는 조건 q이기 위한 어떤 조건인지 말하시오. (단, x는 실수이다.)

(1) $p : 1 < x < 3$　　　　$q : x < 5$

(2) $p : x=0$　　　　$q : x^2=0$

(3) $p : x^2-2x=0$　　　　$q : x-2=0$

변형문제 0564 다음 중 p가 q이기 위한 필요조건이지만 충분조건은 아닌 것을 고르면? (단, A, B는 집합이고 x는 실수이다.)

① p : x는 6의 약수이다.　　　　q : x는 12의 약수이다.

② $p : x>0$　　　　$q : x^2>0$

③ $p : x>2$　　　　$q : 3x>4-x$

④ p : x는 24의 약수이다.　　　　q : x는 12의 약수이다.

⑤ $p : x=2$　　　　$q : x^2=4$

발전문제 0565 다음 중 $a=b=0$과 필요충분조건이 아닌 것은? (단, a, b는 실수이다.)

① $a^2+b^2=0$　　② $a^2-ab+b^2=0$　　③ $|a|+|b|=0$

④ $a+bi=0$　　⑤ $a+b\sqrt{m}=0$ (단, $\sqrt{m}$은 무리수이다.)

정답 0563 : (1) 충분조건 (2) 필요충분조건 (3) 필요조건　0564 : ④　0565 : ⑤

마플개념익힘 03 충분조건, 필요조건과 방정식, 부등식을 만족하는 미정계수 결정 (1)

다음 물음에 답하시오.

(1) 실수 x에 대한 두 조건 p, q가 $p : -4 \le x \le 6$, $q : |x-2| \le a$에 대하여 p가 q이기 위한 충분조건이 되도록 하는 자연수 a의 최솟값을 구하시오.

(2) 실수 x에 대한 두 조건 p, q가 $p : -3 \le x \le 8$, $q : a-3 \le x \le a$에 대하여 p는 q이기 위한 필요조건이 되도록 하는 모든 정수 a의 개수를 구하시오.

MAPL CORE ▶ p는 q이기 위한 충분조건이면 $p \longrightarrow q$는 참이고 두 조건 p, q의 진리집합을 각각 P, Q라 할 때,
p는 q이기 위한 충분조건이면 ➡ $P \subset Q$

개념익힘풀이

(1) $q : |x-2| \le a$에서 $-a \le x-2 \le a$ $\therefore -a+2 \le x \le a+2$

두 조건 p, q의 진리집합을 각각 P, Q라 하면

$P=\{x|-4 \le x \le 6\}$, $Q=\{x|-a+2 \le x \le a+2\}$

이때 p가 q이기 위한 충분조건이 되려면 $P \subset Q$이므로

이를 수직선 위에 나타내면 오른쪽 그림과 같다.

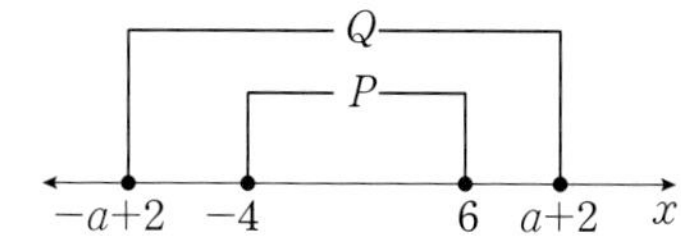

$-a+2 \le -4$, $6 \le a+2$이므로 $a \ge 6$, $a \ge 4$ $\therefore a \ge 6$

따라서 자연수 a의 **최솟값은 6**이다.

(2) 두 조건 p, q의 진리집합을 각각 P, Q라 하면

$P=\{x|-3 \le x \le 8\}$, $Q=\{x|a-3 \le x \le a\}$

p는 q이기 위한 필요조건이 되려면 $Q \subset P$이므로

이를 수직선 위에 나타내면 오른쪽 그림과 같다.

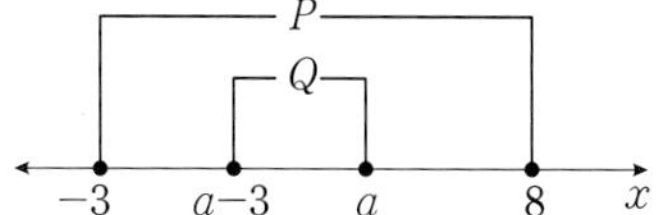

$-3 \le a-3$, $a \le 8$이므로 $a \ge 0$, $a \le 8$ $\therefore 0 \le a \le 8$

따라서 정수 a는 0, 1, 2, 3, 4, 5, 6, 7, 8이므로 그 **개수는 9**이다.

확인유제 0566 실수 x에 대하여 두 조건 p, q가 $p : a \le x \le a+2$, $q : x < 5$ 또는 $x > 9$이다.
$\sim p$는 q이기 위한 필요조건이 되도록 하는 모든 정수 a의 값의 합을 구하시오.

변형문제 0567 실수 x에 대하여 두 조건 p, q가 다음과 같다.

$$p : x^2-2x-8 < 0,\ q : x \ge a$$

p가 q이기 위한 충분조건이 되도록 하는 실수 a의 최댓값은?

① -4 ② -2 ③ 0 ④ 2 ⑤ 4

발전문제 0568 다음 물음에 답하시오.

(1) 실수 x에 대하여 두 조건 p, q를 각각 $p : -1 < x < 2$, $q : x^2+ax+b < 0$이라 하자.
p는 q이기 위한 필요충분조건일 때, $a+b$의 값을 구하시오. (단, a, b는 상수이다.)

(2) 실수 x에 대하여 두 조건 p, q가 다음과 같다.

$$p : x^2-2x-3 \le 0,\ q : |x-a| \le b$$

p는 q이기 위한 필요충분조건일 때, ab의 값을 구하시오. (단, a, b는 상수이다.)

정답 0566 : 18 0567 : ② 0568 : (1) -3 (2) 2

다음 물음에 답하시오.

(1) $x^2+ax+2\neq0$는 $x-1\neq0$이기 위한 충분조건이 되도록 상수 a의 값을 구하시오.

(2) 두 조건 $p : \dfrac{\sqrt{x+1}}{\sqrt{x-8}}=-\sqrt{\dfrac{x+1}{x-8}}$, $q : a-8<x<a+3$에 대하여 p는 q이기 위한 충분조건일 때, 상수 a의 값의 범위를 구하시오.

MAPL CORE ▶ 조건에 '$\neq$'를 포함하는 식이 주어진 충분조건과 필요조건은 그 대우를 이용하여 미지수의 값을 구한다.
p는 q이기 위한 충분조건이면 $p \longrightarrow q$는 참이고, 진리집합을 각각 P, Q라 하면 $P\subset Q$이다.

개념익힘풀이

(1) $p : x^2+ax+2\neq0$, $q : x-1\neq0$라 하면

p가 q이기 위한 충분조건이므로 $p\Longrightarrow q$

참인 명제의 대우는 참이므로 $\sim q\Longrightarrow\sim p$

즉 '$x-1=0$이면 $x^2+ax+2=0$이다.'는 참이다.

따라서 $x=1$을 $x^2+ax+2=0$에 대입하면 $1^2+a+2=0$ $\quad\therefore$ $\boldsymbol{a=-3}$

(2) $p : \dfrac{\sqrt{x+1}}{\sqrt{x-8}}=-\sqrt{\dfrac{x+1}{x-8}}$이 성립하려면 ← $\dfrac{\sqrt{b}}{\sqrt{a}}=-\sqrt{\dfrac{b}{a}}$에서 $a<0$, $b\geq0$

$x-8<0$이고 $x+1\geq0$에서 $-1\leq x<8$

p, q의 진리집합을 각각 P, Q라 하면

$P=\{x|-1\leq x<8\}$, $Q=\{x|a-8<x<a+3\}$

p가 q이기 위한 충분조건이 되기 위해서는 $P\subset Q$이므로

수직선 위에 나타내면 오른쪽 그림과 같다.

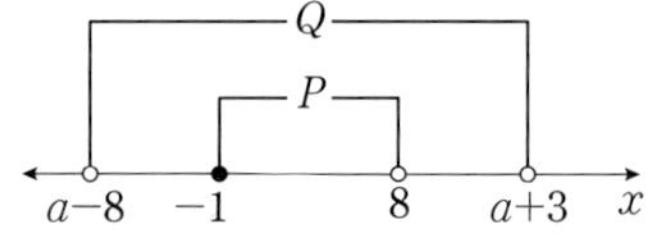

$a-8<-1$에서 $a<7$ $\quad\cdots\cdots$ ㉠

$a+3\geq8$에서 $a\geq5$ $\quad\cdots\cdots$ ㉡

따라서 ㉠, ㉡을 동시에 만족하는 a의 값의 범위는 $\boldsymbol{5\leq a<7}$

확인유제 0569 다음 물음에 답하시오.

(1) 실수 x에 대한 두 조건

$$p : 2x^2+5x-a=0,\ q : x-2=0$$

에 대하여 p가 q이기 위한 필요조건이 되도록 하는 상수 a의 값을 구하시오.

(2) 실수 x에 대한 두 조건 $p : \dfrac{\sqrt{x+3}}{\sqrt{x-12}}=-\sqrt{\dfrac{x+3}{x-12}}$, $q : -5<x<n-4$에 대하여 p는 q이기 위한 충분조건일 때, 상수 n의 최솟값을 구하시오.

변형문제 0570 실수 x에 대한 두 조건 $p : |x-1|\leq3$, $q : |x|\leq a$에 대하여 p가 q이기 위한 충분조건이 되도록 하는 자연수 a의 최솟값은?

① 1 ② 2 ③ 3 ④ 4 ⑤ 5

발전문제 0571 세 조건

$$p : -a\leq x\leq a+2,\ q : -4<x<2,\ r : x\leq7$$

에 대하여 p가 q이기 위한 필요조건이고 p는 r이기 위한 충분조건이 되는 a의 값의 범위를 구하시오.

정답 0569 : (1) 18 (2) 16 0570 : ④ 0571 : $4\leq a\leq5$

마플개념익힘 05 충분조건, 필요조건과 진리집합의 포함 관계

두 조건 p, q의 진리집합을 각각 P, Q라 하자. p가 $\sim q$이기 위한 충분조건일 때, 다음 중 옳은 것은? (단, U는 전체집합이다.)

① $P \subset Q$　　② $P^{c} \subset Q$　　③ $P \cap Q^{c} = Q^{c}$
④ $P^{c} \cup Q = Q$　　⑤ $P - Q = P$

MAPL CORE ▶ 필요조건, 충분조건의 판단 ➡ 두 조건 p, q를 만족하는 진리집합 P, Q의 포함 관계를 벤 다이어그램으로 나타낸다.
① p는 q이기 위한 충분조건 ($p \Longrightarrow q$) ➡ $P \subset Q$
② p는 q이기 위한 필요조건 ($p \Longleftarrow q$) ➡ $Q \subset P$
③ p는 q이기 위한 필요충분조건 ($p \Longleftrightarrow q$) ➡ $P = Q$

개념익힘**풀이** 조건 q의 진리집합이 Q이므로 $\sim q$의 진리집합은 Q^{c}으로 나타낼 수 있다.
p가 $\sim q$이기 위한 충분조건이므로 $p \Longrightarrow \sim q$　$\therefore P \subset Q^{c}$
이때 두 집합 P, Q 사이의 포함 관계를 벤 다이어그램으로 나타내면 오른쪽 그림과 같다.
따라서 주어진 보기에서 항상 옳은 것은 $P - Q = P$인 ⑤이다.

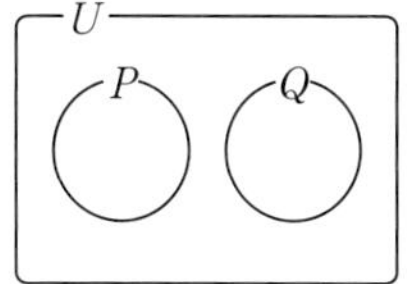

확인유제 0572 두 조건 p, q를 만족하는 진리집합을 각각 P, Q라 하자. $\sim q$는 p이기 위한 충분조건일 때, 다음 중 옳은 것은? (단, U는 전체집합이다.)

① $P \cap Q = \varnothing$　② $P \subset Q$　③ $Q \subset P$　④ $P - Q = P$　⑤ $P \cup Q = U$

변형문제 0573 전체집합 U에 대하여 세 조건 p, q, r의 진리집합을 각각 P, Q, R이라고 하자. 세 집합 P, Q, R 사이의 포함 관계가 오른쪽 벤 다이어그램과 같을 때, 다음 [보기] 중 옳은 것을 모두 고르면?

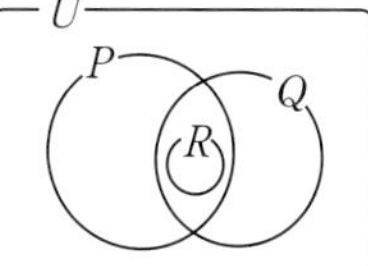

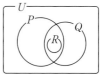

ㄱ. q는 r이기 위한 필요조건이다.
ㄴ. $\sim p$는 $\sim r$이기 위한 충분조건이다.
ㄷ. p이고 q는 r이기 위한 필요조건이다.

① ㄱ　② ㄴ　③ ㄷ　④ ㄱ, ㄷ　⑤ ㄱ, ㄴ, ㄷ

발전문제 0574 전체집합 U에서 세 조건 p, q, r을 만족하는 진리집합을 각각 P, Q, R이라 할 때, 다음 물음에 답하시오. (단, $P \neq Q \neq R$)

(1) $P \cup (Q-P) = P$가 성립할 때, p는 q이기 위한 무슨 조건인지 말하시오.
(2) $P \cup (Q-P)^{c} = U$가 성립할 때, p는 q이기 위한 무슨 조건인지 말하시오.
(3) $(R-P) \cup (P-Q) = \varnothing$이 성립할 때, r은 q이기 위한 무슨 조건인지 말하시오.

정답　0572 : ⑤　0573 : ⑤　0574 : (1) 필요조건 (2) 필요조건 (3) 충분조건

마플개념익힘 06 필요조건 충분조건과 삼단논법

세 조건 p, q, r에 대하여 명제 $p \longrightarrow \sim q$, $\sim p \longrightarrow \sim r$이 모두 참일 때, 항상 옳은 것만을 [보기]에서 있는 대로 고르시오.

ㄱ. $\sim p$는 q이기 위한 필요조건이다.
ㄴ. r은 p이기 위한 충분조건이다.
ㄷ. r은 $\sim q$이기 위한 충분조건이다.

MAPL CORE ▶ 세 조건 p, q, r 사이의 충분조건과 필요조건이 주어지면 참인 명제를 구하고
참인 명제의 대우도 참임을 이용하여 또 다른 참인 명제를 찾을 수 있다.
삼단논법 $p \Longrightarrow q$이고 $q \Longrightarrow r$이면 $p \Longrightarrow r$

개념익힘풀이 명제 $p \longrightarrow \sim q$, $\sim p \longrightarrow \sim r$이 모두 참이므로
각각의 대우 $q \longrightarrow \sim p$, $r \longrightarrow p$도 참이다.
즉 $r \longrightarrow p$, $p \longrightarrow \sim q$가 참이므로 삼단논법에 의하여 $r \longrightarrow \sim q$가 참이다.
ㄱ. $p \Longrightarrow \sim q$에서 $q \Longrightarrow \sim p$이므로 $\sim p$는 q이기 위한 필요조건이다. [참]
ㄴ. $\sim p \Longrightarrow \sim r$에서 $r \Longrightarrow p$이므로 r은 p이기 위한 충분조건이다. [참]
ㄷ. $r \Longrightarrow p$, $p \Longrightarrow \sim q$이므로 삼단논법에 의하여 $r \Longrightarrow \sim q$이므로 r은 $\sim q$이기 위한 충분조건이다. [참]
따라서 항상 옳은 것은 ㄱ, ㄴ, ㄷ이다.

확인유제 0575 세 조건 p, q, r에 대하여 p는 q이기 위한 충분조건, $\sim q$는 r이기 위한 필요조건일 때, 다음 중 항상 참이라고 할 수 없는 것은?

① $p \longrightarrow \sim r$　② $q \longrightarrow \sim r$　③ $\sim q \longrightarrow \sim p$　④ $r \longrightarrow \sim p$　⑤ $\sim r \longrightarrow q$

변형문제 0576 세 조건 p, q, r이 다음 조건을 만족시킨다.

(가) p는 q이기 위한 충분조건이다.
(나) $\sim q$는 $\sim r$이기 위한 필요조건이다.

이때 [보기]의 명제 중에서 항상 참인 것만을 있는 대로 고른 것은?

ㄱ. $q \longrightarrow p$
ㄴ. $p \longrightarrow r$
ㄷ. $\sim p \longrightarrow r$

① ㄱ　② ㄴ　③ ㄱ, ㄴ　④ ㄴ, ㄷ　⑤ ㄱ, ㄴ, ㄷ

발전문제 0577 네 조건 p, q, r, s에 있어서 다음 조건을 만족한다.

p는 q이기 위한 충분조건, q는 r이기 위한 필요조건, r은 s이기 위한 필요조건, s는 q이기 위한 필요조건

다음 중에서 옳은 것을 모두 고른 것은?

ㄱ. p는 s이기 위한 충분조건이다.
ㄴ. r은 p이기 위한 필요조건이다.
ㄷ. s는 q이기 위한 필요충분조건이다.

① ㄱ　② ㄴ　③ ㄷ　④ ㄱ, ㄷ　⑤ ㄱ, ㄴ, ㄷ

정답 0575 : ⑤　0576 : ②　0577 : ⑤

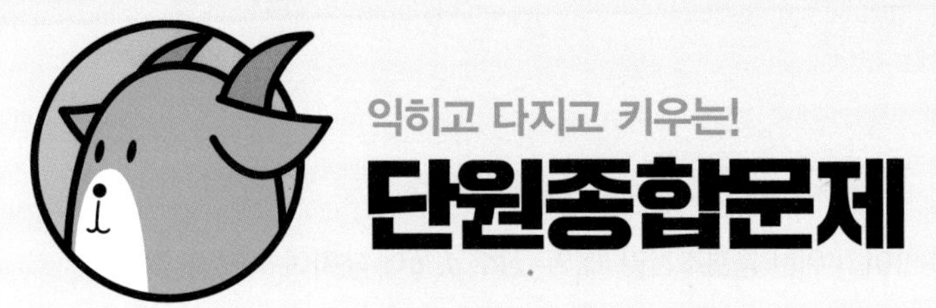

BASIC

개념을 **익히는** 문제

0578
명제의 대우

실수 a에 대하여 명제

'$a \geq \sqrt{3}$이면 $a^2 \geq 3$이다.'

의 대우는?

① $a^2 < 3$이면 $a > \sqrt{3}$이다. ② $a^2 < 3$이면 $a < \sqrt{3}$이다. ③ $a^2 \leq 3$이면 $a \leq \sqrt{3}$이다.
④ $a > \sqrt{3}$이면 $a^2 \leq 3$이다. ⑤ $a \geq \sqrt{3}$이면 $a^2 < 3$이다.

0579
명제의 여러 가지 정리

전체집합 U에 대하여 두 조건 p와 q의 진리집합을 각각 P와 Q라 할 때, 다음에서 옳지 않은 것은?

① $\sim p$의 진리집합은 P^C이다.
② 명제 $p \longrightarrow q$가 참이면 $Q^C \subset P^C$이다.
③ $Q \subset P$이면 명제 $p \longrightarrow q$는 참이다.
④ $P \neq U$이면 '모든 x에 대하여 p이다.'는 거짓이다.
⑤ $P \neq \varnothing$이면 '어떤 x에 대하여 p이다.'는 참이다.

0580
삼단논법

다음 물음에 답하시오.

(1) 세 조건 p, q, r에 대하여 두 명제 $p \longrightarrow q$, $r \longrightarrow \sim q$가 모두 참일 때, 다음 명제 중 항상 참인 것은?

① $\sim p \longrightarrow \sim q$ ② $q \longrightarrow r$ ③ $r \longrightarrow \sim p$
④ $\sim r \longrightarrow q$ ⑤ $\sim r \longrightarrow \sim p$

(2) 세 조건 p, q, r에 대하여 두 명제 $p \longrightarrow q$와 $\sim r \longrightarrow \sim q$가 모두 참일 때, 항상 참인 명제를 [보기]에서 모두 고르면?

ㄱ. $q \longrightarrow r$ ㄴ. $\sim p \longrightarrow \sim q$
ㄷ. $\sim r \longrightarrow \sim p$ ㄹ. $p \longrightarrow \sim r$

① ㄱ, ㄴ ② ㄱ, ㄷ ③ ㄴ, ㄹ ④ ㄴ, ㄷ, ㄹ ⑤ ㄱ, ㄴ, ㄷ, ㄹ

0581
명제의 역과 대우

두 조건 p, q에 대하여 명제 $p \longrightarrow \sim q$의 역이 참일 때, 다음 중 반드시 참인 명제는?

① $\sim p \longrightarrow q$ ② $\sim q \longrightarrow \sim p$ ③ $\sim p \longrightarrow \sim q$
④ $q \longrightarrow p$ ⑤ $p \longrightarrow \sim q$

0582
필요조건과 충분조건의 판단

두 조건 p, q에 대하여 p가 q이기 위한 필요조건이지만 충분조건이 아닌 것만을 [보기]에서 있는 대로 고른 것은? (단, x, y는 실수이다.)

ㄱ. p : $|x+3|=2$ q : $x=-1$
ㄴ. p : $|x|<1$ q : $x<1$
ㄷ. p : $x^2>y^2$ q : $x>y>0$

① ㄱ ② ㄴ ③ ㄱ, ㄷ ④ ㄴ, ㄷ ⑤ ㄱ, ㄴ, ㄷ

정답 0578 : ② 0579 : ③ 0580 : (1) ③ (2) ② 0581 : ① 0582 : ③

0583 다음 물음에 답하시오.

명제가 참이 되도록 하는 조건

(1) $x^3-4x^2+ax+b\neq 0$은 $x\neq -1$이고 $x\neq 2$이기 위한 충분조건일 때, 두 상수 a, b에 대하여 $a+b$의 값을 구하시오.

(2) 실수 x에 대한 두 조건 $p: 2x^2+3x-2a=0$, $q: x-4=0$에 대하여 p가 q이기 위한 필요조건이 되도록 하는 상수 a의 값을 구하시오.

0584 다음 [보기]의 세 조건에 대하여 p가 q이기 위한 충분조건이고 q는 r이기 위한 필요충분조건일 때, 상수 a, b, c에 대하여 $a+b+c$의 값은?

충분조건과 필요조건이 되도록 하는 미지수 구하기

$p: x=4$

$q: x^2-(a+1)x+a=0$

$r: x^2+bx+c=0$

① 3 ② 5 ③ 7 ④ 10 ⑤ 12

0585 세 조건 p, q, r의 진리집합을 각각 P, Q, R이라 하자. p는 q이기 위한 필요조건이고 p는 r이기 위한 충분조건일 때, 다음 [보기] 중 옳은 것을 있는 대로 고른 것은?

필요조건과 충분조건의 집합의 포함 관계

ㄱ. $Q\cap R^C=\varnothing$

ㄴ. 명제 $p \longrightarrow q$는 참이다.

ㄷ. q는 r이기 위한 충분조건이다.

① ㄱ ② ㄴ ③ ㄷ ④ ㄱ, ㄷ ⑤ ㄱ, ㄴ, ㄷ

0586 다음 물음에 답하시오.

필요조건, 충분조건의 진리집합의 포함 관계

(1) 전체집합 U에 대하여 세 조건 p, q, r의 진리집합이 각각 P, Q, R이다. 세 집합 P, Q, R 사이의 포함 관계가 오른쪽 벤 다이어그램과 같을 때, 다음 중에서 옳은 것은?

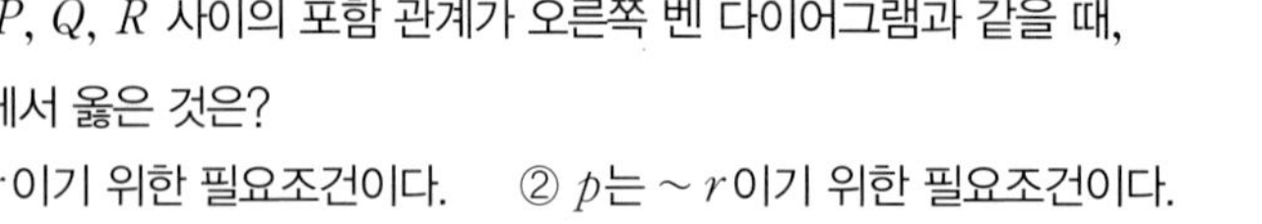

① p는 r이기 위한 필요조건이다. ② p는 $\sim r$이기 위한 필요조건이다.

③ q는 p이기 위한 충분조건이다. ④ $\sim p$는 q이기 위한 필요충분조건이다.

⑤ $\sim r$은 $\sim p$이기 위한 충분조건이다.

(2) 전체집합 U에 대하여 세 조건 p, q, r의 진리집합을 각각 P, Q, R이라고 할 때, 집합 P, Q, R 사이의 관계를 벤 다이어그램으로 나타내면 오른쪽 그림과 같다. 다음 중 옳은 것은?

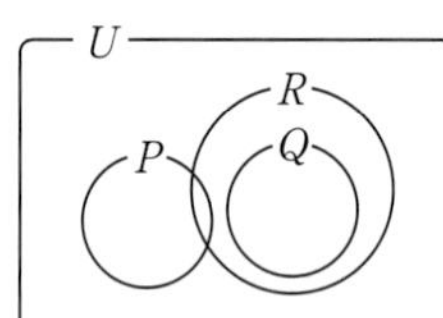

① p는 $\sim q$이기 위한 필요조건이다. ② $\sim p$는 q이기 위한 충분조건이다.

③ p는 $\sim r$이기 위한 충분조건이다. ④ 명제 $\sim r \longrightarrow \sim q$는 참이다.

⑤ 명제 $\sim r \longrightarrow p$는 참이다.

0587 다음 물음에 답하시오.

절댓값 부등식의 필요조건과 충분조건

(1) 실수 x에 대하여 두 조건 p, q가 $p: |x-1|<k$, $q: x\leq 6$이다. p는 q이기 위한 충분조건이 되도록 하는 실수 k의 최댓값은?

① 1 ② 2 ③ 3 ④ 4 ⑤ 5

(2) 실수 x에 대하여 두 조건 p, q가 $p: a-1\leq x\leq b+2$, $q: |x-1|<3$일 때, p가 q이기 위한 필요조건이 되는 a의 최댓값과 b의 최솟값의 합은?

① 1 ② 2 ③ 3 ④ 4 ⑤ 5

정답 0583 : (1) 7 (2) 22 0584 : ① 0585 : ④ 0586 : (1) ⑤ (2) ④ 0587 : (1) ⑤ (2) ①

0588 역이 참이 되기 위한 조건

실수 x에 대하여 두 조건 p와 q가

$p : x^2-4a^2 \le 0,\ q : |x-3| \le 4$

일 때, 명제 $p \longrightarrow q$의 역이 참이 되도록 하는 자연수 a의 최솟값을 구하시오.

0589 충분조건, 필요조건과 진리집합의 관계

전체집합 U에 대하여 세 조건 p, q, r의 진리집합을 각각 P, Q, R이라 할 때, 세 집합 사이의 포함 관계가 오른쪽 그림과 같다. 다음에서 옳은 것은?

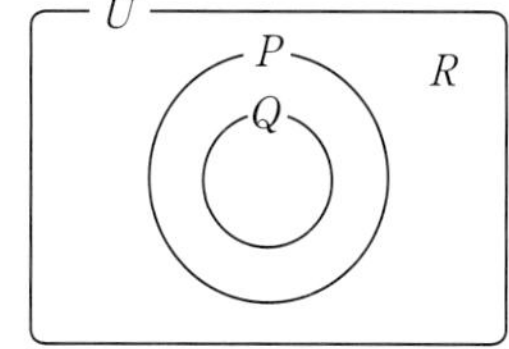

① p는 q이기 위한 충분조건이다.

② $\sim q$는 p이기 위한 충분조건이다.

③ q는 $\sim r$이기 위한 필요조건이다.

④ r은 $\sim p$이기 위한 필요충분조건이다.

⑤ $\sim r$은 $\sim q$이기 위한 필요조건이다.

0590 충분조건, 필요조건이 되도록 하는 미지수 구하기

다음 물음에 답하시오.

(1) 실수 x에 대한 두 조건

$p : x^2-4x+4 \le 0,\ q : |x-a| \le 5$

에 대하여 p가 q이기 위한 충분조건이 되도록 하는 실수 a의 최댓값과 최솟값의 합은?

① 4 ② 5 ③ 6 ④ 7 ⑤ 8

(2) 실수 x에 대하여 두 조건 p, q가

$p : |x-1| < a,\ q : |x+1| < 5$

일 때, p가 q이기 위한 필요조건이 되도록 하는 자연수 a의 최솟값은?

① 3 ② 4 ③ 5 ④ 6 ⑤ 7

0591 충분조건, 필요조건이 되도록 하는 미지수 구하기

실수 x에 대하여 두 조건 p와 q가

$p : (x-a+4)(x+3a-18)=0,\ q : x(x-3a) \le 0$

일 때, p가 q이기 위한 충분조건이 되도록 하는 모든 정수 a의 값의 합을 구하시오.

0592 충분조건, 필요조건이 되도록 하는 미지수 구하기

다음 물음에 답하시오.

(1) 실수 x에 대한 두 조건

$p : (x+3)(x+1)(x-4)=0,\ q : x^2+kx+k-1=0$

에 대하여 p가 q이기 위한 필요조건이 되도록 하는 모든 정수 k의 값의 곱은?

① -81 ② -36 ③ -24 ④ -18 ⑤ -16

(2) 실수 x에 대한 두 조건

$p : (x-1)^2 \le 0,\ q : 2x^2-(3k+7)x+2=0$

에 대하여 p가 q이기 위한 필요조건이 되도록 하는 모든 정수 k의 값의 합은?

① -7 ② -6 ③ -5 ④ -4 ⑤ -3

정답 0588 : 4 0589 : ④ 0590 : (1) ① (2) ⑤ 0591 : 15 0592 : (1) ③ (2) ②

0593

충분조건과 필요조건의 판단

두 실수 a, b에 대하여 세 조건 p, q, r은

$$p : |a|+|b|=0,\ q : a^2-2ab+b^2=0,\ r : |a+b|=|a-b|$$

이다. 옳은 것만을 [보기]에서 있는 대로 고른 것은?

> ㄱ. p는 q이기 위한 충분조건이다.
> ㄴ. $\sim p$는 $\sim r$이기 위한 필요조건이다.
> ㄷ. q이고 r은 p이기 위한 필요충분조건이다.

① ㄱ　② ㄷ　③ ㄱ, ㄴ　④ ㄴ, ㄷ　⑤ ㄱ, ㄴ, ㄷ

0594

필요조건, 충분조건과 부등식

다음 물음에 답하시오.

(1) 전체집합 $U=\{x|x$는 실수$\}$에 대하여 두 조건 p, q는

$$p : x^2-3ax+2a^2>0,\ q : -8<x\le 18$$이다.

$\sim p$는 q이기 위한 충분조건일 때, 정수 a의 개수를 구하시오.

(2) 실수 x에 대하여 두 조건 p, q를 각각

$$p : (x-5)(x+2)\ge 0,\ q : |x-8|<a$$라 하자.

p는 q이기 위한 필요조건이 되도록 하는 자연수 a의 값의 합을 구하시오.

0595

필요조건, 충분조건과 부등식

다음 물음에 답하시오.

(1) 실수 x에 대하여 세 조건 p, q, r이 $p : 0<x\le 7$, $q : -1\le x\le a$, $r : x\ge b$이다.

p는 q이기 위한 충분조건이고 r은 q이기 위한 필요조건일 때, $a-b$의 최솟값을 구하시오.

(2) 실수 x에 대하여 세 조건 $p : 1\le x\le 2$ 또는 $x\ge 4$, $q : x\ge a$, $r : x\ge b$에 대하여

p가 q이기 위한 충분조건일 때, a의 최댓값을 M, p가 r이기 위한 필요조건일 때, b의 최솟값을 m이라고 하자. 이때 $M+m$의 값을 구하시오.

0596

대우를 이용한 증명

서술형

양수 a, b에 대하여

$$p : x^2<a,\ q : x^2-2x<3,\ r : x<b$$

일 때, p는 q이기 위한 충분조건이고, r은 q이기 위한 필요조건이다.

a의 최댓값과 b의 최솟값의 합을 구하는 과정을 다음 단계로 서술하시오.

[1단계] 세 조건 p, q, r의 진리집합을 각각 구한다. [3점]

[2단계] 수직선 위에 나타내어 a와 b의 값의 범위를 구한다. [4점]

[3단계] a의 최댓값과 b의 최솟값의 합을 구한다. [3점]

0597

참인 명제와 충분조건

서술형

실수 x에 대하여 두 조건 p와 q가

$$p : ax^2+2x-6\ge 0,\ q : x^2+2bx+9>0$$

이다. 다음 두 명제가 모두 거짓이 되도록 하는 정수 a의 최댓값을 M, 자연수 b의 최솟값을 m이라 할 때, $M+m$의 값을 구하는 과정을 다음 단계로 서술하시오.

> (가) 어떤 실수 x에 대하여 p이다.
> (나) $\sim p$는 q이기 위한 충분조건이다.

[1단계] 명제 (가)가 거짓임을 이용하여 a의 값의 범위를 구한다. [4점]

[2단계] 명제 (나)가 거짓임을 이용하여 b의 값의 범위를 구한다. [4점]

[3단계] 정수 a의 최댓값 M, 자연수 b의 최솟값 m을 이용하여 $M+m$의 값을 구한다. [2점]

정답　0593 : ⑤　0594 : (1) 13 (2) 6　0595 : (1) 8 (2) 5　0596 : 해설참조　0597 : 해설참조

0598
필요조건, 충분조건의 진리집합의 포함 관계

세 조건 p, q, r의 진리집합을 각각 P, Q, R이라 하자.

$$(P-Q)\cup(Q-R^C)=\varnothing$$

일 때, 다음 중 항상 옳은 것은? (단, P, Q, R은 공집합이 아니다.)

① 조건 p는 조건 r이기 위한 충분조건이다.
② 조건 $\sim r$은 조건 q이기 위한 충분조건이다.
③ 조건 p는 조건 $\sim r$이기 위한 충분조건이다.
④ 조건 p는 조건 q이기 위한 필요조건이다.
⑤ 조건 r은 조건 q이기 위한 필요조건이다.

0599
필요조건, 충분조건의 활용

세 조건 p, q, r의 진리집합을 각각

$$P=\{3\},\ Q=\{a^2-1,\ b\},\ R=\{a,\ ab\}$$

라 하자. p는 q이기 위한 충분조건이고, r은 p이기 위한 필요조건일 때, $a+b$의 최솟값은? (단, a, b는 실수이다.)

① $-\frac{3}{2}$　② -2　③ $-\frac{5}{2}$　④ -3　⑤ $-\frac{7}{2}$

0600
참인 명제와 충분조건

다음 물음에 답하시오.

(1) 실수 x에 대한 두 조건

p : $x^2+4ax+4\geq 0$,

q : $x^2+2bx+25\leq 0$

이 있다. 다음 두 문장이 모두 참인 명제가 되도록 하는 정수 a, b의 순서쌍 (a, b)의 개수를 구하시오.

(가) 모든 실수 x에 대하여 p이다.
(나) p는 $\sim q$이기 위한 충분조건이다.

(2) 두 자연수 a, b에 대하여 실수 x에 대한 두 조건

p : $x^2-4x+a+2\leq 0$,

q : $0<|x-b|\leq 5$

의 진리집합을 각각 P, Q라 하자.

$P\neq\varnothing$, $P\subset Q$

가 되도록 하는 a, b의 모든 순서쌍 (a, b)의 개수는?

① 6　② 7　③ 8　④ 9　⑤ 10

0601
대우와 집합

다음 조건을 만족시키는 집합 A의 개수를 구하시오.

(가) $\{0\}\subset A\subset\{x\,|\,x$는 실수$\}$
(나) $a^2-2a-1\notin A$이면 $a\notin A$이다.
(다) $n(A)=4$

0602
진리집합의 포함 관계

실수 x에 대한 두 조건

$$p : 3x-a=0,\ q : x^2-bx+16>0$$

이 있다. 명제 $p\longrightarrow\sim q$와 명제 $\sim p\longrightarrow q$가 모두 참이 되도록 하는 두 양수 a, b의 값의 합을 구하시오.

정답 0598 : ③　0599 : ⑤　0600 : (1) 27 (2) 9　0601 : 5　0602 : 20

穀雨 곡우

한국의 절기 ❻

자료출처 : 한국민속대백과사전 http://folkency.nfm.go.kr

24절기의 여섯 번째 절기. 곡우(穀雨)는 청명(淸明)과 입하(立夏) 사이에 있으며, 음력 3월 중순경으로, 양력 4월 20일 무렵에 해당한다. 곡우의 의미는 봄비[雨]가 내려 백곡[穀]을 기름지게 한다는 뜻이다.

곡우 무렵이면 못자리를 마련하는 것부터 해서 본격적으로 농사철이 시작된다. 그래서 "곡우에 모든 곡물들이 잠을 깬다.", "곡우에 가물면 땅이 석자가 마른다.", "곡우에 비가 오면 농사에 좋지 않다.", "곡우가 넘어야 조기가 운다." 같은 농사와 관련한 다양한 속담이 전한다.

곡우가 되면 농사에 가장 중요한 볍씨를 담근다. 한편 볍씨를 담아두었던 가마니는 솔가지로 덮어둔다. 이때 초상집에 가거나 부정한 일을 당하거나 부정한 것을 본 사람은 집 앞에 불을 놓아 그 위를 건너게 하여 악귀를 몰아낸 다음 집 안에 들이고, 집 안에 들어와서도 볍씨를 보지 않게 한다. 만일 부정한 사람이 볍씨를 보거나 만지게 되면 싹이 잘 트지 않아 그 해 농사를 망친다고 믿었기 때문이다.

© Photo by John Park on Unsplash

공통수학 2 II. 집합과 명제

절대부등식

1. 명제의 증명
2. 부등식의 증명
3. 절대부등식

MAPL ; YOURMASTERPLAN

01 명제의 증명

개념유형

01 용어의 정의, 증명, 정리의 뜻

(1) **정의** : 용어의 뜻을 명확하게 정한 것을 그 용어의 **정의**라고 한다.
예를 들어 수직이등분선의 정의는 '선분의 중점을 지나고 그 선분에 수직인 직선' 이다.

(2) **증명** : 정의, 명제의 가정 또는 이미 알고 있는 정의나 성질을 이용하여 어떤 명제가 참임을 설명하는 것을 **증명**이라고 한다.

(3) **정리** : 참임이 증명된 명제 중에서 기본이 되는 것이나 다른 명제를 증명할 때 이용할 수 있는 것을 **정리**라고 한다.
예를 들어 명제 '선분의 수직이등분선 위의 점은 그 선분의 양 끝 점에서 같은 거리에 있다.' 는 정리이다.

참고 집합의 정의는 '주어진 기준에 의하여 그 대상을 분명히 알 수 있는 것들의 모임' 이다.
명제의 정의는 '참인지 거짓인지를 명확하게 판별할 수 있는 문장이나 식' 이다.

마플해설

'세 변의 길이가 모두 같은 삼각형' 과 '세 내각의 크기가 모두 같은 삼각형' 은 모두 정삼각형을 뜻한다.
하지만 한 용어의 뜻을 여러 가지로 나타내면 혼란이 생길 수 있으므로 수학에서는 용어의 뜻을 간결하고 명확한 것 하나만 정하여 사용한다.
예를 들어 정삼각형의 뜻은 '세 변의 길이가 모두 같은 삼각형' 으로 정한다.
이와 같이 용어의 뜻을 명확하게 정한 문장을 그 용어의 정의라 한다.
또한, 실험이나 경험으로 어떤 사실을 추측할 수 있지만, 그것이 항상 옳음을 보이려면 그 사실이 참이 되는 이유를 밝혀야 한다.
이미 참으로 밝혀진 성질을 이용하여 어떤 명제가 참임을 밝히는 것을 증명이라 한다.
이에 증명된 명제 중에서 기본이 되는 것이나 다른 명제를 증명할 때 이용할 수 있는 중요한 명제를 정리라 한다.

여러 가지 도형의 정의와 정리

도형	정의	정리
이등변삼각형	두변의 길이가 같은 삼각형	두 밑각의 크기가 같다.
평행사변형	두 쌍의 대변이 각각 평행한 사각형	두 쌍의 대변의 길이와 두 쌍의 대각의 크기가 각각 같다.
직사각형	네 각의 크기가 모두 같은 사각형	두 대각선의 길이가 같고 서로 다른 것을 이등분한다.

① 정의와 정리는 참인 명제이다.
② 정의는 용어의 뜻을 한가지로 정한 것이므로 증명이 필요 없지만 정리는 증명이 필요하다.

보기 01 **다음 명제가 참임을 증명하시오.**

(1) 두 홀수의 합은 짝수이다.

(2) 자연수 n에 대하여 n이 짝수이면 n^2도 짝수이다.

증명

(1) 두 홀수 a, b를 각각 $a=2m-1$, $b=2n-1$ (단, m, n은 자연수)이라 하면
$a+b=(2m-1)+(2n-1)=2m+2n-2=2(m+n-1)$이고
$m+n-1$은 자연수이므로 두 홀수 a, b의 합 $a+b$는 짝수이다.

(2) n이 짝수이므로 $n=2k$ (k는 자연수)로 놓으면
$n^2=(2k)^2=4k^2=2\times(2k^2)$
따라서 n^2은 **짝수**이다.

FOCUS

사각형 사이의 관계와 정의

① 사다리꼴 : 한 쌍의 대변이 평행한 사각형
② 평행사변형 : 두 쌍의 대변이 평행한 사각형
③ 직사각형 : 네 각의 크기가 모두 같은 평행사변형
④ 마름모 : 네 변의 길이가 모두 같은 평행사변형
⑤ 정사각형 : 네 변의 길이가 모두 같은 직사각형

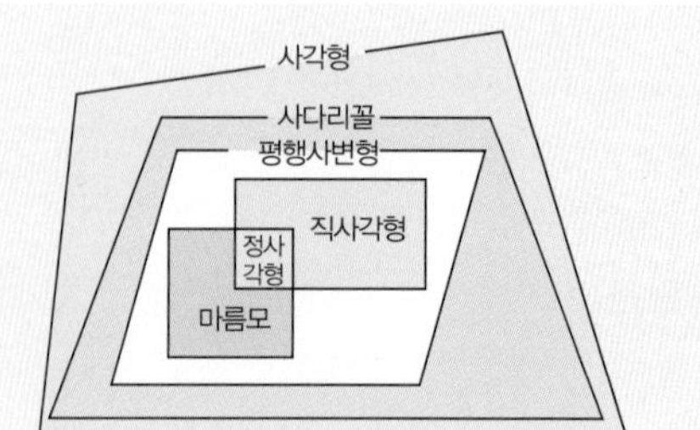

02 대우를 이용한 증명법

명제 $p \longrightarrow q$가 참임을 직접 증명하기 어려울 때, 그 대우인 $\sim q \longrightarrow \sim p$가 참임을 증명하여 원래 명제 $p \longrightarrow q$가 참임을 증명하는 방법을 **대우법**이라 한다.

예를 들면 자연수 n에 대하여 '명제 n^2이 홀수이면 n도 홀수이다.' 가 참임을 직접 증명하기 어려우므로 이 명제의 대우 'n이 짝수이면 n^2도 짝수이다.' 가 참임을 증명하여 주어진 명제가 참임을 증명하는 것이 대우법이다.
즉 $n=2k$(k는 자연수)라 하면 $n^2=4k^2$이므로 n이 짝수이면 n^2도 짝수이다.

주의 명제의 대우에서 전제조건은 변하지 않으므로 이 조건은 그대로 둔다.
예를 들면 '자연수 n에 대하여' 라 하면 이것은 가정도 결론도 아닌 n에 대한 조건이므로 그 명제의 대우에서도 이 조건은 그대로 둔다.

참고 명제가 참임을 증명하는 방법에는 직접증명법과 간접증명법 두 가지가 있다.
① 직접증명법 : 명제의 가정에서 출발하여 논리적으로 전개하여 결론을 이끌어 내는 증명법
② 간접증명법 : 직접증명법으로 증명하기 어렵거나 복잡할 때, 우회적인 방법으로 결론을 이끌어 내는 증명법
간접증명법으로 대표적인 것이 대우법과 귀류법이 있다.

마플해설 **자주 나오는 증명 문제**

① 자연수 n에 대하여 n^2이 짝수(홀수)이면 n도 짝수(홀수)이다.
② 자연수 a, b에 대하여 ab가 짝수이면 a 또는 b가 짝수이다.
③ 실수 a, b에 대하여 $a^2+b^2=0$이면 $a=0$이고 $b=0$이다.
④ 자연수 n에 대하여 n^2이 3의 배수이면 n도 3의 배수이다.

어떤 명제가 참임을 증명할 때, 직접 증명이 어려우면 ➡ 대우를 이용한 증명

보기 02 **n이 자연수일 때, 다음 명제에 대하여 물음에 답하시오.**

n^2이 짝수이면 n도 짝수이다.

(1) 위의 명제의 대우를 말하시오.
(2) (1)을 이용하여 주어진 명제가 참임을 증명하시오.

풀이

(1) 주어진 명제의 대우는 n이 자연수일 때, 'n이 홀수이면 n^2도 홀수이다.' 이다.
(2) n이 홀수이면 $n=2k-1$ (k는 자연수)로 나타낼 수 있으므로
$n^2=(2k-1)^2=4k^2-4k+1=2(2k^2-2k)+1$ ◀ $2(2k^2-2k)$는 짝수
여기서 $2(2k^2-2k)$는 0 또는 짝수이므로 n^2은 홀수이다.
따라서 주어진 명제의 대우가 참이므로 주어진 명제도 참이다.

보기 03 **a, b가 자연수일 때, 다음 명제에 대하여 물음에 답하시오.**

ab가 짝수이면 a 또는 b가 짝수이다.

(1) 위의 명제의 대우를 말하시오.
(2) (1)을 이용하여 주어진 명제가 참임을 증명하시오.

풀이

(1) 주어진 명제의 대우는 a, b가 자연수일 때, 'a, b가 모두 홀수이면 ab도 홀수이다.' 이다.
(2) 여기서 a, b를 모두 홀수라 하면 $a=2k-1$, $b=2l-1$ (단, k, l은 2 이상의 자연수)로 놓으면
$ab=(2k-1)(2l-1)=4kl-2k-2l+1=2(2kl-k-l)+1$
$2kl-k-l$은 자연수이므로 ab는 홀수이다.
따라서 주어진 명제의 대우가 참이므로 주어진 명제도 참이다.

보기 04 **다음 명제에 대하여 물음에 답하시오.**

자연수 n에 대하여 n^2이 3의 배수이면 n도 3의 배수이다.

(1) 위의 명제의 대우를 말하시오.
(2) (1)을 이용하여 주어진 명제가 참임을 증명하시오.

풀이

(1) 주어진 명제의 대우는 '자연수 n에 대하여 n이 3의 배수가 아니면 n^2도 3의 배수가 아니다.' 이다.
(2) n이 3의 배수가 아니면 $n=3k-1$ 또는 $n=3k-2$ (k는 자연수)로 나타낼 수 있으므로
(i) $n=3k-1$이면 $n^2=(3k-1)^2=3(3k^2-2k)+1$
(ii) $n=3k-2$이면 $n^2=(3k-2)^2=3(3k^2-4k+1)+1$
여기서 $3k^2-2k$와 $3k^2-4k+1$은 0 또는 자연수이므로 n^2은 3의 배수가 아니다.
따라서 주어진 명제의 대우가 참이므로 주어진 명제도 참이다.

보기 05 **다음 명제에 대하여 물음에 답하시오.**

자연수 m, n에 대하여 m^2+n^2이 홀수이면 mn은 짝수이다.

(1) 위의 명제의 대우를 말하시오.
(2) (1)을 이용하여 주어진 명제가 참임을 증명하시오.

풀이

(1) 주어진 명제의 대우는 '자연수 m, n에 대하여 mn이 홀수이면 m^2+n^2은 짝수이다.' 이다.
(2) mn이 홀수이면 두 수는 모두 홀수이다.
즉 $m=2a-1$, $n=2b-1$이라 하면 (a, b는 자연수)

$$\begin{aligned} m^2+n^2 &= (2a-1)^2+(2b-1)^2 \\ &= 4a^2-4a+1+4b^2-4b+1 \\ &= 2(2a^2-2a+2b^2-2b+1) \end{aligned}$$

m^2+n^2은 짝수이다.
따라서 주어진 명제의 대우가 참이므로 주어진 명제도 참이다.

개념유형

03 귀류법 (모순법)

명제가 참임을 직접 증명하기 어려울 때, 그 명제의 결론을 부정하여 가정이나 이미 알고 있는 정리 등에 모순됨을 보여줌으로써 주어진 명제가 참임을 증명하는 방법을 **귀류법**이라 한다.

EX 다음은 명제 '가장 큰 자연수는 존재하지 않는다.' 를 귀류법을 이용하여 증명한 것이다.
가장 큰 자연수가 존재한다고 가정하고, 그 수를 M이라 하자.
이때 $M+1$도 자연수이고 $M<M+1$이다.
즉 가장 큰 자연수인 M보다 더 큰 자연수 $M+1$이 존재하므로 M이 가장 큰 자연수라는 가정에 모순이다.
따라서 가장 큰 자연수는 존재하지 않는다.

참고 귀류법 (proof by contradiction)이란 돌아갈 歸(귀), 그릇될 謬(류), 방법 法(법), 즉 결론을 부정하면 오류로 귀착된다는 것을 보이는 방법

마플해설 명제 $p \longrightarrow q$가 거짓이라 함은 가정 p를 만족시키면서 결론 q를 만족시키지 않는 경우(반례)가 존재한다는 뜻이다.
한편 명제 'p이면 q이다.' 를 증명할 때, 귀류법의 핵심은 가정 p를 만족시키면서 결론 q를 부정하면 가정 p에 모순이 발생한다는 것이다.

 귀류법을 이용하여 증명은 ➡ 명제 또는 그 명제의 결론을 부정해서 모순임을 보인다.

보기 06 **두 자연수 a, b에 대하여 다음 명제가 참임을 귀류법을 이용하여 증명하려고 한다. 다음 물음에 답하시오.**

a, b가 서로소이면 a와 b가 모두 짝수인 것은 아니다.

(1) 명제의 결론의 부정을 말하시오.
(2) 주어진 명제가 참임을 증명하시오.

풀이 (1) 주어진 명제의 결론을 부정하면 'a, b가 서로소이면 a, b가 모두 짝수이다.' 이다.
(2) a, b가 모두 짝수라 가정하면 $a=2k$, $b=2l$(k, l은 자연수)로 나타낼 수 있다.
그러면 2는 a와 b의 공약수이다.
이것은 a와 b가 서로소라는 가정에 모순이다.
따라서 주어진 명제는 참이다.

보기 07 **n이 자연수일 때, 다음 명제가 참임을 귀류법을 이용하여 증명하려고 한다. 다음 물음에 답하시오.**

n^2+3n이 9의 배수가 아니면 n은 3의 배수가 아니다.

(1) 명제의 결론의 부정을 말하시오.
(2) 주어진 명제가 참임을 증명하시오.

풀이 (1) 주어진 명제의 결론을 부정하면 'n^2+3n이 9의 배수이면 n은 3의 배수이다.' 이다.
(2) n이 3의 배수라고 가정하면 $n=3k$(k는 자연수)로 나타낼 수 있으므로
$n^2+3n=(3k)^2+3\times 3k=9k^2+9k=9(k^2+k)$ …… ㉠
여기서 ㉠이 9의 배수이므로 n^2+3n은 9의 배수이다.
이것은 n^2+3n이 9의 배수가 아니라는 주어진 명제의 가정에 모순이다.
따라서 n은 3의 배수가 아니다.

대우법과 귀류법의 비교

비교	대우법	귀류법
	자연수 m, n에 대하여 mn이 짝수이면 m 또는 n이 짝수이다. (p: mn이 짝수, q: m 또는 n이 짝수)	
의미	명제의 대우가 참이면 그 명제도 참이다. $\sim q \longrightarrow \sim p$	결론을 부정한 명제가 모순이면 그 명제는 참이다. $p \longrightarrow \sim q$
명제	m과 n이 둘 다 홀수이면 mn이 홀수이다. ($\sim q$, $\sim p$)	mn이 짝수이면 m과 n이 둘 다 홀수라 가정하자. (p, $\sim q$)
증명	m과 n이 둘 다 홀수이므로 $m=2k-1$, $n=2l-1$(k, l은 자연수)이라 하면 $mn=(2k-1)(2l-1)$ $=4kl-2k-2l+1$ $=2(2kl-k-l)+1$ 이므로 mn은 홀수이다. 따라서 대우가 참이므로 주어진 명제도 참이다.	m과 n이 둘 다 홀수이므로 $m=2k-1$, $n=2l-1$(k, l은 자연수)이라 하면 $mn=(2k-1)(2l-1)$ $=4kl-2k-2l+1$ $=2(2kl-k-l)+1$ 이므로 mn은 홀수이다. 따라서 이것은 mn이 짝수라는 가정에 모순이므로 주어진 명제도 참이다.

마플개념익힘 01 대우를 이용한 증명

다음 명제에 대하여 물음에 답하시오.

a, b가 실수일 때, $a^2+b^2=0$이면 $a=0$이고 $b=0$이다.

(1) 위의 명제의 대우를 말하시오.
(2) (1)을 이용하여 주어진 명제가 참임을 증명하시오.

MAPL CORE ▶ 대우를 이용한 증명
명제 $p \longrightarrow q$가 참임을 증명하기 위하여 그 대우인 명제 $\sim q \longrightarrow \sim p$가 참임을 증명하는 방법

개념익힘풀이 (1) 주어진 명제의 대우는
'a, b가 실수일 때, $a \neq 0$ 또는 $b \neq 0$이면 $a^2+b^2 \neq 0$이다.'

(2) a, b가 실수일 때, $a \neq 0$ 또는 $b \neq 0$이면
$a^2>0$ 또는 $b^2>0$이므로 $a^2+b^2>0$이다.
즉 $a \neq 0$ 또는 $b \neq 0$이면 $a^2+b^2 \neq 0$이다.
따라서 주어진 명제의 대우가 참이므로 $a^2+b^2=0$이면 $a=0$이고 $b=0$이다.

확인유제 0603 다음 명제에 대하여 물음에 답하시오. [풀이 과정을 자세히 서술하시오.]

두 자연수 m, n에 대하여 mn이 홀수이면 m과 n은 모두 홀수이다.

(1) 위의 명제의 대우를 말하시오.
(2) (1)을 이용하여 주어진 명제가 참임을 증명하시오.

변형문제 0604 다음 명제에 대하여 물음에 답하시오. [풀이 과정을 자세히 서술하시오.]

a, b가 양의 정수일 때, $a+b$가 홀수이면 a, b 중 하나는 홀수이고 다른 하나는 짝수이다.

(1) 위의 명제의 대우를 말하시오.
(2) (1)을 이용하여 주어진 명제가 참임을 증명하시오.

발전문제 0605 다음은 명제 '자연수 a, b에 대하여 ab가 짝수이면 a 또는 b가 짝수이다.'를 증명한 것이다.

주어진 명제의 대우
'자연수 a, b에 대하여 a와 b가 모두 홀수이면 ab는 (가) 이다.'가 참임을 보이면 된다.
a와 b가 모두 홀수이면
$a=2k+1$, $b=2k'+1$ (k, k'은 0 또는 자연수)로 나타낼 수 있으므로
$ab=(2k+1)(2k'+1)=4kk'+2k+2k'+1=2(2kk'+k+k')+1$
이때 $2kk'+k+k'$은 0 또는 자연수이므로 ab는 (나) 이다.
즉 a와 b가 모두 홀수이면 ab는 (가) 이다.
따라서 자연수 a, b에 대하여 ab가 짝수이면 a 또는 b도 짝수이다.

위의 증명에서 (가), (나)에 알맞은 것을 써 넣으시오.

정답 0603 : 해설참조 0604 : 해설참조 0605 : (가) 홀수 (나) 홀수

마플개념익힘 02 귀류법

다음 명제가 참임을 귀류법을 이용하여 증명하시오.

$\sqrt{2}$는 유리수가 아니다.

MAPL CORE ▶ 귀류법 (歸謬法)
명제가 참임을 직접 증명하기 어려울 때, 그 명제의 결론을 부정하여 가정에 모순되거나 이미 참이라고 알려진 사실에 모순됨을 보임으로써 주어진 명제가 참임을 증명하는 방법

개념익힘풀이 주어진 명제의 결론을 부정하여 $\sqrt{2}$가 유리수라고 가정하면
$\sqrt{2}=\frac{n}{m}$ (단, m, n은 서로소인 자연수)으로 나타낼 수 있다.
위 식의 양변을 제곱하면 $2=\frac{n^2}{m^2}$ $\quad\therefore n^2=2m^2$ $\quad\cdots\cdots$ ㉠
이때 n^2이 짝수이므로 n도 짝수이다. ← 우변 $2m^2$은 짝수이므로 좌변 n^2도 짝수
$n=2k$ (k는 자연수)로 놓고 이것을 ㉠에 대입하면 $(2k)^2=2m^2$
$\therefore m^2=2k^2$
이때 m^2이 짝수이므로 m도 짝수이다. ← 우변 $2k^2$은 짝수이므로 좌변 m^2도 짝수
그런데 이것은 m, n은 모두 짝수이므로 m, n이 서로소인 자연수라는 가정에 모순이다.
따라서 $\sqrt{2}$는 유리수가 아니다.

확인유제 0606 $\sqrt{2}$가 유리수가 아님을 이용하여 명제 '$\sqrt{2}+1$은 유리수가 아니다.'가 참임을 귀류법으로 증명하려고 한다. 다음 물음에 답하시오.
(1) 주어진 명제의 부정을 말하시오.
(2) 주어진 명제가 참임을 증명하시오.

변형문제 0607 $\sqrt{2}$가 무리수임을 이용하여 다음 명제가 참임을 귀류법을 이용하여 증명하시오.

유리수 a, b에 대하여 $a+b\sqrt{2}=0$이면 $a=b=0$이다.

발전문제 0608 다음은 자연수 n에 대하여 명제 'n^2이 3의 배수이면 n이 3의 배수이다.'가 참임을 귀류법으로 증명하는 과정이다.

> 주어진 명제의 결론을 부정하면
> 'n^2이 3의 배수이면 n이 3의 배수가 아니다.'
> 라고 가정하면 n은 3의 배수가 아니므로
> $n=$ (가) 또는 $n=$ (나) (k는 음이 아닌 정수) 중의 하나이다.
> (i) $n=$ (가) 일 때, $n^2=3(3k^2+2k)+$ (다) 이므로 n^2이 3의 배수가 아니다.
> (ii) $n=$ (나) 일 때, $n^2=3(3k^2+4k+1)+$ (다) 이므로 n^2이 3의 배수가 아니다.
> (i), (ii)에 n^2이 3의 배수라는 가정에 모순이다.
> 따라서 자연수 n에 대하여 n^2이 3의 배수이면 n이 3의 배수이다.

위의 과정에서 (가), (나)를 $f(k)$, $g(k)$라 하고, (다)를 a라 할 때, $f(2)+g(2)+a$의 값을 구하시오.

정답 0606 : 해설참조 0607 : 해설참조 0608 : 16

02 부등식의 증명

MAPL ; YOUR MASTER PLAN

01 실수와 부등식의 기본 성질

개념유형

(1) 부등식의 증명에 사용되는 실수의 성질

부등식의 기본 성질을 이용하여 여러 가지 부등식을 증명할 수 있다.

a, b가 실수일 때

① $a>b \Longleftrightarrow a-b>0$

② $a>0,\ b>0 \Longleftrightarrow a+b>0,\ ab>0$

③ $a>0,\ b>0$일 때, $\begin{cases} a>b \Longleftrightarrow a^2>b^2 \\ a>b \Longleftrightarrow \sqrt{a}>\sqrt{b} \end{cases}$

④ $a^2\geq 0,\ |a|\geq 0,\ a^2+b^2\geq 0,\ |a|+|b|\geq 0$

⑤ $a^2+b^2=0 \Longleftrightarrow a=0,\ b=0$

⑥ $|a|\geq a,\ |a|^2=a^2,\ |ab|=|a||b|$

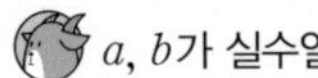

a, b가 실수일 때,

① $a^2+b^2=0 \Longleftrightarrow a=0$이고 $b=0$

② $|a|+|b|=0 \Longleftrightarrow a=0$이고 $b=0$

③ $a+bi=0 \Longleftrightarrow a=0$이고 $b=0$ (단, $\sqrt{-1}=i$)

참고 공통수학 1 여러 가지 부등식에서는 문자 x를 포함하는 부등식을 만족하는 x의 범위를 구하는 방법을 공부했다면 이 단원에서는 부등식을 증명하는 방법에 대하여 공부한다.

마플해설 위의 부등식의 기본 성질은 실수의 기본 성질과 실수의 대소 관계에 대한 성질의 내용을 토대로 정리한 것이다.

(1) 실수의 기본성질

① 임의의 실수 a에 대하여 다음 중 어느 하나만 성립한다. $a>0,\ a=0,\ a<0$

② $a>0,\ b>0$이면 $a+b>0,\ ab>0$

③ $a>0$이면 $-a<0$

두 실수 a, b에 대하여 두 수의 차 $a-b$도 실수이므로 $a-b>0,\ a-b=0,\ a-b<0$ 중에서 어느 하나만 성립한다.
따라서 두 실수 a, b의 대소 관계는 $a>b,\ a=b,\ a<b$ 중 하나이다.

(2) 부등식의 기본성질 ◀ 공통수학 1에서 배운 부등식의 기본성질

a, b, c가 실수일 때,

① $a>b,\ b>c$이면 $a>c$

② $a>b$이면 $a+c>b+c,\ a-c>b-c$

③ $a>b,\ c>0$이면 $ac>bc,\ \dfrac{a}{c}>\dfrac{b}{c}$ ◀ 부등식의 양변에 양수를 곱하거나 나누면 부등호의 방향이 그대로

④ $a>b,\ c<0$이면 $ac<bc,\ \dfrac{a}{c}<\dfrac{b}{c}$ ◀ 부등식의 양변에 음수를 곱하거나 나누면 부등호의 방향이 바뀐다.

보기 01 **부등식 $a>b>c>0$일 때, $ac>bc$임을 증명하시오.**

풀이

$ac>bc$에서 $ac-bc=(a-b)c>0$이고 $a>b$이므로 $a-b>0$ ◀ 부등식의 증명에서 실수의 성질 ①

또한, $c>0$이므로 $(a-b)c>0$ ◀ 부등식의 증명에서 실수의 성질 ②

따라서 $ac>bc$가 성립한다.

보기 02 **두 실수 a, b에 대하여 옳은 것을 모두 고르시오.**

ㄱ. $a>b$이면 $|a|>|b|$

ㄴ. $a^2+b^2=0$이면 $a=0,\ b=0$

ㄷ. $a-b<0$이고 $ab<0$이면 $a<0,\ b>0$

풀이

ㄱ. 반례 $a=2,\ b=-3$이면 $a>b$이지만 $|a|<|b|$이다. [거짓]

ㄴ. $a^2+b^2=0$이면 $a=0,\ b=0$ [참]

ㄷ. $a-b<0$, 즉 $a<b$이고 $ab<0$이면 $a<0,\ b>0$이다. [참]

따라서 옳은 것은 ㄴ, ㄷ이다.

02 두 수 또는 두 식의 대소 비교

(1) 차 ($A-B$의 부호)를 이용하여 증명

$A-B$의 식을 인수분해하여 다항식의 곱의 꼴로 변형하거나 완전제곱식의 합의 꼴로 변형한 후 그 부호를 조사하면 두 수 또는 두 식의 대소를 비교할 수 있다.

두 수 또는 두 식 A, B에 대하여

① $A-B>0 \Longleftrightarrow A>B$

② $A-B\geq 0 \Longleftrightarrow A\geq B$

③ $A-B<0 \Longleftrightarrow A<B$

④ $A-B\leq 0 \Longleftrightarrow A\leq B$

(2) 제곱의 차 (A^2-B^2의 부호)를 이용하여 증명

A^2-B^2의 제곱의 차를 이용하는 증명은 두 수 또는 두 식이 근호나 절댓값 기호를 포함하고 있을 때, 두 수 또는 두 식의 대소를 비교할 수 있다.

두 수 또는 두 식 A, B에 대하여 $A\geq 0$, $B\geq 0$일 때,

◀ $A\geq 0$, $B\geq 0$의 조건이 없으면 A^2-B^2의 부호로 두 수 A, B의 대소를 비교할 수 없다.

① $A^2-B^2>0 \Longleftrightarrow A^2>B^2 \Longleftrightarrow A>B$

② $A^2-B^2\geq 0 \Longleftrightarrow A^2\geq B^2 \Longleftrightarrow A\geq B$

③ $A^2-B^2<0 \Longleftrightarrow A^2<B^2 \Longleftrightarrow A<B$

④ $A^2-B^2\leq 0 \Longleftrightarrow A^2\leq B^2 \Longleftrightarrow A\leq B$

! 주의 A^2-B^2의 부호를 이용하여 두 식 A, B의 대소를 비교할 때는 $A\geq 0$, $B\geq 0$의 조건을 반드시 확인한다.
왜냐하면 $A=1$, $B=-2$이면 $A>B$이지만 $A^2-B^2=1-4=-3<0$이 되고 $A^2<B^2$이다.
A^2-B^2의 부호와 $A-B$의 부호가 일치하지 않으므로 $A\geq 0$, $B\geq 0$이 아닌 경우 A^2-B^2의 부호로 두 수 또는 두 식 A, B의 대소를 비교 할 수 없으므로 A, B의 부호에 주의하여야 한다.

(3) 비 ($\frac{A}{B}$와 1의 대소)를 이용하여 증명

비를 이용한 증명은 거듭제곱으로 표현되거나 비가 간단히 정리되는 두 수 또는 두 식의 대소를 비교할 수 있다.

두 수 또는 두 식 A, B에 대하여 $A>0$, $B>0$일 때,

◀ $A>0$, $B>0$의 조건이 없으면 $\frac{A}{B}$와 1의 대소 관계로 두 수 A, B의 대소를 비교할 수 없다.

① $\frac{A}{B}>1 \Longleftrightarrow A>B$

② $\frac{A}{B}\geq 1 \Longleftrightarrow A\geq B$

③ $\frac{A}{B}<1 \Longleftrightarrow A<B$

④ $\frac{A}{B}\leq 1 \Longleftrightarrow A\leq B$

! 주의 $\frac{A}{B}$와 1의 대소를 이용하여 두 식 A, B의 대소를 비교할 때는 $A>0$, $B>0$의 조건을 반드시 확인한다.
왜냐하면 $A=2$, $B=-1$이면 $A>B$이지만 $\frac{A}{B}=-2<1$이므로 $\frac{A}{B}$와 1의 대소 관계와 두 수 A, B의 대소 관계가 일치하지 않는다. $A>0$, $B>0$이 아닌 경우 $\frac{A}{B}$와 1의 대소 관계로 두 식 A, B의 대소를 비교 할 수 없으므로 A, B의 부호에 주의하여야 한다.

보기 03 **다음에 물음에 답하시오.**

(1) $a>1$, $b>1$일 때, $A=ab+1$, $B=a+b$의 대소를 비교하시오.

(2) $a>c$, $b>d$일 때, 부등식 $ab+cd>ad+bc$가 성립함을 증명하시오.

풀이 차를 이용하여 $A-B$의 식을 인수분해하여 다항식의 곱의 꼴로 변형

(1) $A-B=ab+1-(a+b)=ab+1-a-b=a(b-1)-(b-1)=(a-1)(b-1)$

이때 $a>1$, $b>1$이므로 $(a-1)(b-1)>0$, 즉 $A-B>0$

따라서 $\boldsymbol{A>B}$

(2) $ab+cd-(ad+bc)=(ab-ad)+(cd-bc)=a(b-d)-c(b-d)$

$=(a-c)(b-d)$

이때 $a>c$, $b>d$이므로 $a-c>0$, $b-d>0$

따라서 $(a-c)(b-d)>0$이므로 $\boldsymbol{ab+cd>ad+bc}$

보기 04 **다음에 물음에 답하시오.**

(1) a, b가 실수일 때, $A=(a+b)^2$, $B=4ab$의 대소를 비교하시오.

(2) $a>0$, $b>0$일 때, $A=a^3+b^3$, $B=ab(a+b)$의 대소를 비교하시오.

풀이 차를 이용하여 $A-B$의 식을 완전제곱식으로 변형하여 (실수)$^2\geq0$임을 이용한다.

(1) $A-B=(a+b)^2-4ab=a^2-2ab+b^2=(a-b)^2\geq0$

따라서 $\boldsymbol{(a+b)^2\geq4ab}$ (단, 등호는 $a=b$일 때 성립한다.)

(2) $A-B=a^3+b^3-ab(a+b)$

$=(a+b)(a^2-ab+b^2)-ab(a+b)$

$=(a+b)(a-b)^2$

이때 $a+b>0$, $(a-b)^2\geq0$이므로 $(a+b)(a-b)^2\geq0$

따라서 $\boldsymbol{a^3+b^3\geq ab(a+b)}$ (단, 등호는 $a=b$일 때 성립한다.)

보기 05 **실수 a, b에 대하여 $A=|a|+|b|$, $B=\sqrt{a^2+b^2}$의 대소를 비교하시오.**

풀이 제곱의 차를 이용하여 두 수 또는 두 식의 대소 비교

$A^2-B^2=(|a|+|b|)^2-(\sqrt{a^2+b^2})^2$

$=|a|^2+2|a||b|+|b|^2-(a^2+b^2)$

$=2|a||b|$

그런데 $2|a||b|\geq0$이므로 $A^2-B^2\geq0$

따라서 $\boldsymbol{A\geq B}$ (단, 등호는 $a=0$ 또는 $b=0$일 때 성립한다.)

보기 06 **다음에 물음에 답하시오.**

(1) 양수 a에 대하여 두 식 $A=\sqrt{a+1}$, $B=a+1$의 대소를 비교하시오.

(2) 두 수 6^6, 3^{10}의 대소를 비교하시오.

풀이 비를 이용하여 $\frac{A}{B}$의 식을 거듭제곱으로 표현되거나 비가 간단히 정리되는 꼴로 변형

(1) $\frac{A}{B}=\frac{\sqrt{a+1}}{a+1}=\frac{1}{\sqrt{a+1}}$

이때 양수 a에 대하여 $\sqrt{a+1}>1$이므로 $\frac{1}{\sqrt{a+1}}<1$, 즉 $\frac{A}{B}<1$

따라서 $\boldsymbol{A<B}$

(2) $\frac{6^6}{3^{10}}=\frac{(2\times3)^6}{3^{10}}=\frac{2^6\times3^6}{3^{10}}=\frac{2^6}{3^4}=\left(\frac{2^3}{3^2}\right)^2=\left(\frac{8}{9}\right)^2<1$ ◀ $\frac{8}{9}<1$

$6^6>0$, $3^{10}>0$이므로 $\boldsymbol{6^6<3^{10}}$

마플개념익힘 01 제곱의 차를 이용한 부등식의 증명

두 실수 a, b에 대하여 다음 부등식을 증명하시오. 또, 등호가 성립하는 경우를 구하시오.

$$|a+b| \le |a|+|b|$$

MAPL CORE ▶ 두 수 또는 두 식 A, B에 대하여 $A \ge 0$, $B \ge 0$일 때,

(1) $A^2-B^2 \ge 0 \Longleftrightarrow A^2 \ge B^2 \Longleftrightarrow A \ge B$

(2) $A^2-B^2 \le 0 \Longleftrightarrow A^2 \le B^2 \Longleftrightarrow A \le B$

개념익힘풀이 $|a+b| \ge 0$, $|a|+|b| \ge 0$이므로 양변을 제곱하여 $|a+b|^2 \le (|a|+|b|)^2$을 증명하면 된다.

$|a+b|^2-(|a|+|b|)^2=(a+b)^2-(|a|^2+2|a||b|+|b|^2)$

$=(a^2+2ab+b^2)-(a^2+2|ab|+b^2)$

$=2(ab-|ab|)$

그런데 $ab \le |ab|$이므로 $2(ab-|ab|) \le 0$

여기서 등호가 성립하는 경우는 $|ab|=ab$, 즉 $ab \ge 0$일 때이다.

따라서 $|a+b|^2 \le (|a|+|b|)^2$이므로 $|\boldsymbol{a}+\boldsymbol{b}| \le |\boldsymbol{a}|+|\boldsymbol{b}|$이다. (단, 등호는 $ab \ge 0$)

확인유제 0609 다음은 실수 a, b에 대하여 $|a-b| \le |a|+|b|$임을 증명하는 과정이다.

> a, b가 실수이고 $|a-b| \ge 0$, $|a|+|b| \ge 0$이므로
>
> $(|a|+|b|)^2-(|a-b|)^2=|a|^2+2|a||b|+|b|^2-(a-b)^2$
>
> $=$ (가) ≥ 0
>
> $\therefore |a|+|b| \ge |a-b|$
>
> 이때 등호가 성립하는 경우는 (나) 일 때이다.

위의 증명에서 (가), (나)에 들어갈 알맞은 것을 차례로 나열하시오.

변형문제 0610 다음은 실수 $a>0$, $b>0$에 대하여 $\sqrt{a}+\sqrt{b}>\sqrt{a+b}$임을 증명하는 과정이다.

> $(\sqrt{a}+\sqrt{b})^2-(\sqrt{a+b})^2=(a+2\sqrt{ab}+b)-(a+b)$
>
> $=$ (가) >0
>
> $\therefore (\sqrt{a}+\sqrt{b})^2$ (나) $(\sqrt{a+b})^2$
>
> 그런데 $\sqrt{a}+\sqrt{b}>0$, $\sqrt{a+b}>0$이므로 $\sqrt{a}+\sqrt{b}$ (다) $\sqrt{a+b}$

위의 증명에서 (가), (나), (다)에 들어갈 알맞은 것을 차례로 나열하시오.

발전문제 0611 다음 중 옳지 않은 것은?

① a, b가 실수일 때, $|a-b| \ge ||a|-|b||$

② a, b가 실수일 때, $|a-b| \ge |a|-|b|$

③ a, b가 실수일 때, $\sqrt{2(a^2+b^2)} \le |a|+|b|$

④ $a \ge 0$, $b \ge 0$일 때, $\sqrt{a}+\sqrt{b} \ge \sqrt{a+b}$

⑤ $a \ge 0$, $b \ge 0$일 때, $\sqrt{2(a+b)} \ge \sqrt{a}+\sqrt{b}$

정답 0609 : (가) $2(|ab|+ab)$ (나) $ab \le 0$ 0610 : (가) $2\sqrt{ab}$ (나) $>$ (다) $>$ 0611 : ③

12 제곱의 차를 이용하여 두 식의 대소 비교

특강유형

01 제곱의 차를 이용하여 A^2-B^2의 부호를 증명

A^2-B^2의 제곱의 차를 이용하는 증명은 두 수 또는 두 식이 근호나 절댓값 기호를 포함하고 있을 때, 두 수 또는 두 식의 대소를 비교할 수 있다.

두 수 또는 두 식 A, B에 대하여 $A\ge 0$, $B\ge 0$일 때,

◀ $A\ge 0$, $B\ge 0$의 조건이 없으면 A^2-B^2의 부호로 두 수 A, B의 대소를 비교할 수 없다.

① $A^2-B^2>0 \iff A^2>B^2 \iff A>B$

② $A^2-B^2\ge 0 \iff A^2\ge B^2 \iff A\ge B$

③ $A^2-B^2<0 \iff A^2<B^2 \iff A<B$

④ $A^2-B^2\le 0 \iff A^2\le B^2 \iff A\le B$

특강유형

02 제곱의 차를 이용하여 증명하는 중요한 부등식

(1) a, b가 실수일 때, 부등식 $|a+b|\le|a|+|b|$가 성립함을 증명하시오.

증명 $A\ge 0$, $B\ge 0$일 때, $A^2-B^2\ge 0 \iff A\ge B$임을 이용한다.

$|a+b|\ge 0$, $|a|+|b|\ge 0$이므로 양변을 제곱하여 $|a+b|^2\le(|a|+|b|)^2$을 증명하면 된다.

$$\begin{aligned}|a+b|^2-(|a|+|b|)^2&=(a+b)^2-(|a|^2+2|a||b|+|b|^2)\\&=(a^2+2ab+b^2)-(a^2+2|ab|+b^2)\\&=2(ab-|ab|)\end{aligned}$$

그런데 $ab\le|ab|$이므로 $2(ab-|ab|)\le 0$

여기서 등호가 성립하는 경우는 $|ab|=ab$, 즉 $ab\ge 0$일 때이다.

따라서 $|a+b|^2\le(|a|+|b|)^2$이므로 $|a+b|\le|a|+|b|$이다. (단, 등호는 $ab\ge 0$일 때 성립한다.)

(2) a, b가 실수일 때, 부등식 $|a-b|\le|a|+|b|$가 성립함을 증명하시오.

증명 $|a-b|\ge 0$, $|a|+|b|\ge 0$이므로 양변을 제곱하여 $|a-b|^2\le(|a|+|b|)^2$을 증명하면 된다.

$$\begin{aligned}(|a-b|)^2-(|a|+|b|)^2&=(a-b)^2-(|a|^2+2|a||b|+|b|^2)\\&=(a^2-2ab+b^2)-(a^2+2|ab|+b^2)\\&=-2(ab+|ab|)\end{aligned}$$

그런데 $ab+|ab|\ge 0$이므로 $-2(ab+|ab|)\le 0$

여기서 등호가 성립하는 경우는 $|ab|=-ab$, 즉 $ab\le 0$일 때이다.

따라서 $|a-b|^2\le(|a|+|b|)^2$이므로 $|a-b|\le|a|+|b|$이다. (단, 등호는 $ab\le 0$일 때 성립한다.)

(3) a, b가 실수일 때, 부등식 $|a-b|\ge||a|-|b||$가 성립함을 증명하시오.

증명 $|a-b|\ge 0$, $||a|-|b||\ge 0$이므로 양변을 제곱하여 $|a-b|^2\ge||a|-|b||^2$을 증명하면 된다.

$$\begin{aligned}(|a-b|)^2-||a|-|b||^2&=(a-b)^2-(|a|-|b|)^2\\&=(a^2-2ab+b^2)-(a^2-2|ab|+b^2)\\&=-2(ab-|ab|)\end{aligned}$$

그런데 $ab\le|ab|$이므로 $-2(ab-|ab|)\ge 0$

여기서 등호가 성립하는 경우는 $|ab|=ab$, 즉 $ab\ge 0$일 때이다.

따라서 $|a-b|^2\ge||a|-|b||^2$이므로 $|a-b|\ge||a|-|b||$이다. (단, 등호는 $ab\ge 0$일 때 성립한다.)

(4) a, b가 실수일 때, 부등식 $|a-b| \ge |a|-|b|$가 성립함을 증명하시오.

증명 (ⅰ) $|a|<|b|$일 때,

$|a-b|>0$, $|a|-|b|<0$이므로 $|a-b|>|a|-|b|$

(ⅱ) $|a| \ge |b|$일 때,

$|a-b| \ge 0$, $|a|-|b| \ge 0$이므로 양변을 제곱하여 $|a-b|^2 \ge (|a|-|b|)^2$을 증명하면 된다.

$(|a-b|)^2-(|a|-|b|)^2=(a^2-2ab+b^2)-(a^2-2|ab|+b^2)$

$=-2(ab-|ab|)$

그런데 $ab \le |ab|$이므로 $-2(ab-|ab|) \ge 0$

여기서 등호가 성립하는 경우는 $|ab|=ab$, 즉 $ab \ge 0$일 때이다.

즉 $(|a-b|)^2 \ge (|a|-|b|)^2$이므로 $|a-b| \ge |a|-|b|$이다.

(ⅰ), (ⅱ)에 의하여 $|a-b| \ge |a|-|b|$이다. (단, 등호는 $|a| \ge |b|$이고 $ab \ge 0$일 때 성립한다.)

(5) a, b가 실수일 때, 부등식 $\sqrt{2(a^2+b^2)} \ge |a|+|b|$가 성립함을 증명하시오.

증명 $\sqrt{2(a^2+b^2)} \ge 0$, $|a|+|b| \ge 0$이므로 양변을 제곱하여 $\{\sqrt{2(a^2+b^2)}\}^2 \ge \{|a|+|b|\}^2$을 증명한다.

$\{\sqrt{2(a^2+b^2)}\}^2-\{|a|+|b|\}^2=2(a^2+b^2)-(|a|^2+2|a||b|+|b|^2)$

$=2(a^2+b^2)-(a^2+2|a||b|+b^2)$

$=|a|^2-2|a||b|+|b|^2$

$=(|a|-|b|)^2 \ge 0$

여기서 등호가 성립하는 경우는 $|a|=|b|$, 즉 $a=\pm b$일 때이다.

따라서 $\{\sqrt{2(a^2+b^2)}\}^2 \ge \{|a|+|b|\}^2$이므로 $\sqrt{2(a^2+b^2)} \ge |a|+|b|$이다. (단, 등호는 $a=\pm b$일 때 성립한다.)

(6) $a \ge 0$, $b \ge 0$일 때, 부등식 $\sqrt{a}+\sqrt{b} \ge \sqrt{a+b}$가 성립함을 증명하시오.

증명 $\sqrt{a}+\sqrt{b} \ge 0$, $\sqrt{a+b} \ge 0$이므로 양변을 제곱하여 $(\sqrt{a}+\sqrt{b})^2 \ge (\sqrt{a+b})^2$을 증명한다.

$(\sqrt{a}+\sqrt{b})^2-(\sqrt{a+b})^2=(a+b+2\sqrt{ab})-(a+b)$

$=2\sqrt{ab} \ge 0$

여기서 등호가 성립하는 경우는 $ab=0$, 즉 $a=0$ 또는 $b=0$일 때이다.

따라서 $(\sqrt{a}+\sqrt{b})^2 \ge (\sqrt{a+b})^2$이므로 $\sqrt{a}+\sqrt{b} \ge \sqrt{a+b}$ (단, 등호는 $ab=0$일 때 성립한다.)

참고 $a>0$, $b>0$일 때, 부등식 $\sqrt{a}+\sqrt{b}>\sqrt{a+b}$가 성립한다.

(7) $a \ge 0$, $b \ge 0$일 때, 부등식 $\sqrt{2(a+b)} \ge \sqrt{a}+\sqrt{b}$가 성립함을 증명하시오.

증명 $\sqrt{2(a+b)} \ge 0$, $\sqrt{a}+\sqrt{b} \ge 0$이므로 양변을 제곱하여 $(\sqrt{2(a+b)})^2 \ge (\sqrt{a}+\sqrt{b})^2$을 증명한다.

$(\sqrt{2(a+b)})^2-(\sqrt{a}+\sqrt{b})^2=2(a+b)-(a+2\sqrt{ab}+b)$

$=2a+2b-a-2\sqrt{ab}-b$

$=a-2\sqrt{ab}+b$

$=(\sqrt{a}-\sqrt{b})^2 \ge 0$

여기서 등호가 성립하는 경우는 $\sqrt{a}=\sqrt{b}$, 즉 $a=b$일 때이다.

따라서 $(\sqrt{2(a+b)})^2 \ge (\sqrt{a}+\sqrt{b})^2$이므로 $\sqrt{2(a+b)} \ge \sqrt{a}+\sqrt{b}$ (단, 등호는 $a=b$일 때 성립한다.)

참고 $a>0$, $b>0$일 때, 부등식 $\sqrt{2(a+b)} \ge \sqrt{a}+\sqrt{b}$가 성립한다.

(8) $a>b>0$일 때, 부등식 $\sqrt{a-b}>\sqrt{a}-\sqrt{b}$가 성립함을 증명하시오.

증명 $a>b>0$에서 $\sqrt{a-b}>0$, $\sqrt{a}-\sqrt{b}>0$이므로 양변을 제곱하여 $(\sqrt{a-b})^2>(\sqrt{a}-\sqrt{b})^2$을 증명한다.

$(\sqrt{a-b})^2-(\sqrt{a}-\sqrt{b})^2=(a-b)-(a-2\sqrt{a}\sqrt{b}+b)$

$=2\sqrt{ab}-2b$

$=2\sqrt{b}(\sqrt{a}-\sqrt{b})>0$

따라서 $(\sqrt{a-b})^2>(\sqrt{a}-\sqrt{b})^2$이므로 $\sqrt{a-b}>\sqrt{a}-\sqrt{b}$

03 절대부등식

01 절대부등식

(1) **절대부등식**

$x^2+1>0$는 모든 실수 x에 대하여 항상 성립한다. 이와 같이 모든 실수에 대해서도 항상 성립하는 부등식을 **절대부등식**이라 한다. 즉 항상 성립하는 등식을 항등식이라 하듯 항상 성립하는 부등식을 절대부등식이라 한다.

(2) **기본적인 절대부등식**

a, b, c가 실수일 때

① $a^2\pm ab+b^2\geq 0$ (단, 등호는 $a=b=0$일 때 성립한다.)

② $a^2\pm 2ab+b^2\geq 0$ (단, 등호는 $a=\mp b$일 때 성립, 복호동순이다.)

③ $a^2+b^2+c^2-ab-bc-ca\geq 0$ (단, 등호는 $a=b=c$일 때 성립한다.)

참고 등호가 포함된 절대부등식은 특별한 조건이 없더라도 등호가 성립하는 조건을 밝힌다.

마플해설 일반적인 부등식 $2x<4$의 해는 $x<2$이다. 반면 절대부등식은 해를 구하라는 질문을 하지 않고 그 부등식이 항상 성립하는 지를 증명하는 것이 중요하다. 따라서 절대부등식은 그 부등식이 모든 실수에 대하여 성립하는 이유를 밝히는 증명이 필요하다.
위의 절대부등식을 증명하여 보자.

(1) $a^2\pm ab+b^2\geq 0$**의 증명**

증명 $a^2\pm ab+b^2=\left(a\pm\frac{b}{2}\right)^2+\frac{3}{4}b^2\geq 0$

그런데 $\left(a\pm\frac{b}{2}\right)^2\geq 0$, $\frac{3}{4}b^2\geq 0$이므로

$a^2\pm ab+b^2\geq 0$ $\left(\text{단, 등호는 } a\pm\frac{b}{2}=0,\ b=0,\ \text{즉 } a=b=0\text{일 때 성립한다.}\right)$

(2) $a^2\pm 2ab+b^2\geq 0$**의 증명**

증명 $a^2\pm 2ab+b^2=(a\pm b)^2\geq 0$ (복호동순)

실수의 제곱은 항상 0보다 크거나 같으므로

$a^2\pm 2ab+b^2\geq 0$ (단, 등호는 $a\pm b=0$, 즉 $a=\mp b$일 때 성립한다.)

(3) $a^2+b^2+c^2-ab-bc-ca\geq 0$**의 증명**

증명 $a^2+b^2+c^2-ab-bc-ca=\frac{1}{2}(2a^2+2b^2+2c^2-2ab-2bc-2ca)$

$=\frac{1}{2}\{(a-b)^2+(b-c)^2+(c-a)^2\}\geq 0$ ◀ (실수)^2+(실수)^2+(실수)$^2\geq 0$

$\therefore\ a^2+b^2+c^2-ab-bc-ca\geq 0$

(등호는 $a-b=b-c=c-a=0$, 즉 $a=b=c$일 때 성립한다.)

보기 01 **다음 부등식을 증명하시오. (단, a, b는 실수이다.)**

(1) $a^2-4ab+4b^2\geq 0$　　(2) $a^2-2ab+2b^2\geq 0$

풀이

(1) $a^2-4ab+4b^2=(a-2b)^2$

실수의 제곱은 항상 0보다 크거나 같으므로

$a^2-4ab+4b^2\geq 0$

이때 등호는 $a-2b=0$, 즉 $a=2b$일 때 성립한다.

(2) $a^2-2ab+2b^2=(a^2-2ab+b^2)+b^2=(a-b)^2+b^2$

a, b가 실수이므로 $(a-b)^2\geq 0$, $b^2\geq 0$

즉 $a^2-2ab+2b^2\geq 0$이다.

이때 등호는 $a-b=0$, $b=0$, 즉 $a=b=0$일 때 성립한다.

개념유형

02 산술평균과 기하평균의 관계

양수 a, b에 대하여 $\frac{a+b}{2}$를 a와 b의 **산술평균**, $\sqrt{ab}$를 a와 b의 **기하평균**이라 한다.

이때 산술평균과 기하평균 사이에는 다음 절대부등식이 성립한다.

$a>0$, $b>0$일 때, $\frac{a+b}{2}\ge\sqrt{ab}$ (단, 등호는 $a=b$일 때 성립한다.)

참고 두 양수 a, b에 대하여 $\frac{2ab}{a+b}$를 a와 b의 **조화평균**이라 하고 다음 절대부등식이 성립한다.

$\frac{a+b}{2}\ge\sqrt{ab}\ge\frac{2ab}{a+b}$ (단, 등호는 $a=b$일 때 성립한다.)

마플해설 **산술평균, 기하평균, 조화평균의 관계를 증명** ◀ 부등식 $A\ge B$의 증명은 완전제곱식으로 변형하여 $(\text{실수})^2\ge0$임을 이용한다.

(ⅰ) $\frac{a+b}{2}\ge\sqrt{ab}$에서 $a>0$, $b>0$이므로 $\sqrt{ab}=\sqrt{a}\sqrt{b}$

$\frac{a+b}{2}-\sqrt{ab}=\frac{a+b-2\sqrt{ab}}{2}=\frac{(\sqrt{a})^2-2\sqrt{a}\sqrt{b}+(\sqrt{b})^2}{2}=\frac{(\sqrt{a}-\sqrt{b})^2}{2}\ge0$ ◀ $(\text{실수})^2\ge0$

즉 $\frac{a+b}{2}-\sqrt{ab}\ge0$이므로 $\frac{a+b}{2}\ge\sqrt{ab}$이다. (단, 등호는 $a=b$일 때 성립한다.)

(ⅱ) $\sqrt{ab}\ge\frac{2ab}{a+b}$에서

$\sqrt{ab}-\frac{2ab}{a+b}=\frac{\sqrt{ab}(a+b)-2ab}{a+b}=\frac{\sqrt{ab}(a+b-2\sqrt{ab})}{a+b}=\frac{\sqrt{ab}(\sqrt{a}-\sqrt{b})^2}{a+b}\ge0$

즉 $\sqrt{ab}-\frac{2ab}{a+b}\ge0$이므로 $\sqrt{ab}\ge\frac{2ab}{a+b}$이다. (단, 등호는 $a=b$일 때 성립한다.)

(ⅰ), (ⅱ)에서 $\frac{a+b}{2}\ge\sqrt{ab}\ge\frac{2ab}{a+b}$ (단, 등호는 $a=b$일 때, 성립한다.)

보기 02 **$a>0$, $b>0$일 때, 다음 부등식을 증명하시오.**

(1) $a+\frac{1}{a}\ge2$ (2) $\frac{a}{b}+\frac{b}{a}\ge2$

풀이

(1) $a+\frac{1}{a}-2=(\sqrt{a})^2-2+\left(\frac{1}{\sqrt{a}}\right)^2=(\sqrt{a})^2-2\sqrt{a}\times\frac{1}{\sqrt{a}}+\left(\frac{1}{\sqrt{a}}\right)^2=\left(\sqrt{a}-\frac{1}{\sqrt{a}}\right)^2\ge0$

따라서 $a+\frac{1}{a}\ge2$이다.

여기서 등호가 성립하는 경우는 $\sqrt{a}-\frac{1}{\sqrt{a}}=0$, 즉 $a=1$일 때, 성립한다.

다른풀이 산술평균과 기하평균의 관계에 의하여 증명하기

$a+\frac{1}{a}\ge2\sqrt{a\times\frac{1}{a}}=2$ $\left(\text{단, 등호는 } a=\frac{1}{a}, \text{ 즉 } a=1\text{일 때 성립한다.}\right)$

(2) $\frac{a}{b}+\frac{b}{a}-2=\left(\frac{\sqrt{a}}{\sqrt{b}}\right)^2-2+\left(\frac{\sqrt{b}}{\sqrt{a}}\right)^2=\left(\frac{\sqrt{a}}{\sqrt{b}}\right)^2-2\frac{\sqrt{a}}{\sqrt{b}}\times\frac{\sqrt{b}}{\sqrt{a}}+\left(\frac{\sqrt{b}}{\sqrt{a}}\right)^2=\left(\frac{\sqrt{a}}{\sqrt{b}}-\frac{\sqrt{b}}{\sqrt{a}}\right)^2\ge0$

따라서 $\frac{a}{b}+\frac{b}{a}\ge2$이다.

여기서 등호는 $\frac{\sqrt{a}}{\sqrt{b}}-\frac{\sqrt{b}}{\sqrt{a}}=0$, 즉 $a=b$일 때, 성립한다.

다른풀이 산술평균과 기하평균의 관계에 의하여 증명하기

$\frac{a}{b}+\frac{b}{a}\ge2\sqrt{\frac{a}{b}\times\frac{b}{a}}=2$ $\left(\text{단, 등호는 } \frac{a}{b}=\frac{b}{a}, \text{ 즉 } a=b\text{일 때 성립한다.}\right)$

개념유형

03 산술평균과 기하평균의 최대 최소

양수 조건이 있는 산술평균과 기하평균의 관계, 즉 $\frac{a+b}{2} \geq \sqrt{ab}$를 이용하여 최댓값과 최솟값을 구하는 문제에 자주 이용한다.

(1) 두 양수의 합이 일정하면 산술평균과 기하평균의 관계를 이용하여 **곱의 최댓값**을 구할 수 있다.

$a>0$, $b>0$이고 $a+b=k$ (k는 상수)일 때,

$\frac{k}{2} \geq \sqrt{ab}$에서 양변을 제곱하면 $\frac{k^2}{4} \geq ab$이므로 ab의 최댓값은 $\frac{k^2}{4}$ $\left(\text{단, 등호는 } a=b=\frac{k}{2}\right)$

(2) 두 양수의 곱이 일정하면 산술평균과 기하평균의 관계를 이용하여 **합의 최솟값**을 구할 수 있다.

설명 $a>0$, $b>0$이고 $ab=k$ (k는 상수)일 때,

$a+b \geq 2\sqrt{ab}=2\sqrt{k}$이므로 $a+b$의 최솟값은 $2\sqrt{k}$ (단, 등호는 $a=b=\sqrt{k}$)

(산술평균)≥(기하평균) 이용시 주의사항

① 두 수가 항상 양수일 때만 성립 ② 두 수의 합 또는 곱이 일정할 때 사용 ③ 등호가 성립하는 조건을 항상 확인

보기 03 **다음 물음에 답하시오.**

(1) $x>0$, $y>0$이고 $x+y=10$일 때, xy의 최댓값을 구하시오.

(2) $x>0$, $y>0$이고 $xy=100$일 때, $x+y$의 최솟값을 구하시오.

풀이 (1) $\frac{x+y}{2} \geq \sqrt{xy}$에 $x+y=10$을 대입하면 $\frac{10}{2} \geq \sqrt{xy}$

양변을 제곱하면 $25 \geq xy$ (단, 등호는 $x=y=5$일 때 성립한다.)

따라서 xy의 **최댓값은 25**이다.

(2) $\frac{x+y}{2} \geq \sqrt{xy}$에 $xy=100$을 대입하면 $\frac{x+y}{2} \geq \sqrt{100}$

$\therefore$ $x+y \geq 20$ (단, 등호는 $x=y=10$일 때 성립한다.)

따라서 $x+y$의 **최솟값은 20**이다.

양수 a, $b(a \geq b)$에 대하여 세 가지 평균, 산술평균 $\frac{a+b}{2}$, 기하평균 $\sqrt{ab}$, 조화평균 $\frac{2ab}{a+b}$를 '피타고라스의 평균' 이라 한다.

피타고라스의 평균 $\frac{a+b}{2} \geq \sqrt{ab} \geq \frac{2ab}{a+b}$를 기하학적으로 증명하면 다음과 같다.

오른쪽 그림에서 원의 중심 O이고 $\overline{AB}$를 지름으로 하는 반원에서 $\overline{AC}=a$, $\overline{BC}=b(a \geq b)$라 할 때, 다음이 성립한다.

$$\overline{DE} \leq \overline{DC} \leq \overline{DO}\text{이고 } \overline{DO}=\frac{a+b}{2},\ \overline{DC}=\sqrt{ab},\ \overline{DE}=\frac{2ab}{a+b}$$

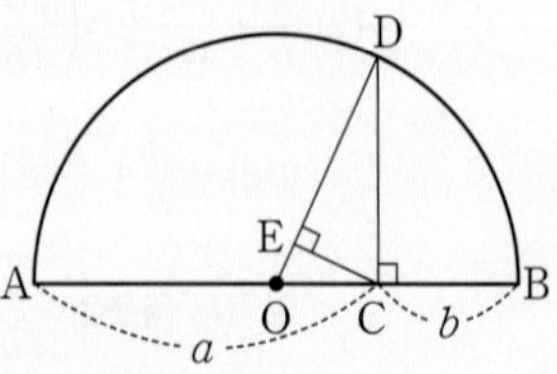

(ⅰ) $\overline{DO}=\frac{a+b}{2}$의 증명 : $\overline{DO}$는 원 O의 반지름이므로 $\overline{DO}=\frac{1}{2}\overline{AB}=\frac{a+b}{2}$

(ⅱ) $\overline{DC}=\sqrt{ab}$의 증명 : 삼각형 DOC는 직각삼각형이므로 피타고라스 정리에 의하여

$$\overline{DC}^2=\overline{DO}^2-\overline{CO}^2=\left(\frac{a+b}{2}\right)^2-\left(a-\frac{a+b}{2}\right)^2=ab$$

$$\therefore \overline{DC}=\sqrt{ab}$$

(ⅲ) $\overline{DE}=\frac{2ab}{a+b}$의 증명 : 삼각형 DCO와 삼각형 DEC는 닮은 도형이므로 $\overline{DC} : \overline{DO}=\overline{DE} : \overline{DC}$에서

$$\overline{DC}^2=\overline{DO}\times\overline{DE}$$

$$\therefore \overline{DE}=\frac{\overline{DC}^2}{\overline{DO}}=\frac{ab}{\frac{a+b}{2}}=\frac{2ab}{a+b}$$

그런데 $\overline{DO} \geq \overline{DC} \geq \overline{DE}$이므로 $\frac{a+b}{2} \geq \sqrt{ab} \geq \frac{2ab}{a+b}$ (단, 등호는 $a=b$일 때 성립한다.)

개념유형

04 코시 − 슈바르츠의 부등식

다음과 같은 절대부등식을 **코시−슈바르츠의 부등식**이라 한다.

a, b, x, y가 실수일 때,

$$(a^2+b^2)(x^2+y^2)\geq(ax+by)^2 \left(\text{ 단, 등호는 } \frac{x}{a}=\frac{y}{b}\text{일 때 성립한다.}\right)$$

x, y가 실수일 때, 최댓값 또는 최솟값을 구하는 문제에서 x^2+y^2의 값 또는 $ax+by$의 값이 일정하면 코시−슈바르츠의 부등식을 이용하여 해결한다.

참고 코시−슈바르츠의 부등식은 산술평균과 기하평균의 관계와 더불어 절대부등식의 양대 이론이다.

마플해설 **코시−슈바르츠의 부등식을 증명** ◀ 부등식 $A\geq B$의 증명은 완전제곱식으로 변형하여 $(\text{실수})^2\geq 0$임을 이용한다.

$(a^2+b^2)(x^2+y^2)-(ax+by)^2\geq 0$임을 보이면 된다.

$$\begin{aligned}(a^2+b^2)(x^2+y^2)-(ax+by)^2&=a^2x^2+a^2y^2+b^2x^2+b^2y^2-(a^2x^2+2abxy+b^2y^2)\\&=a^2y^2-2abxy+b^2x^2\\&=(ay-bx)^2\end{aligned}$$

이때 a, b, x, y가 실수이므로 $(ay-bx)^2\geq 0$이다. ◀ $(\text{실수})^2\geq 0$

따라서 $(a^2+b^2)(x^2+y^2)-(ax+by)^2\geq 0$이므로 $(a^2+b^2)(x^2+y^2)\geq(ax+by)^2$

이때 등호는 $ay=bx$, 즉 $\frac{x}{a}=\frac{y}{b}$일 때, 성립한다.

보기 04 **실수 a, b, x, y가 $a^2+b^2=4$, $x^2+y^2=9$를 만족할 때, $ax+by$의 값의 범위를 구하시오.**

풀이

a, b, x, y가 실수이므로 코시−슈바르츠의 부등식에 의하여

$(a^2+b^2)(x^2+y^2)\geq(ax+by)^2$, $4\times 9\geq(ax+by)^2$

즉 $(ax+by)^2\leq 36$

$\therefore$ $\boldsymbol{-6\leq ax+by\leq 6}$ $\left(\text{단, 등호는 } ay=bx,\text{ 즉 } \frac{x}{a}=\frac{y}{b}\text{일 때 성립한다.}\right)$

보기 05 **실수 x, y가 $x^2+y^2=5$를 만족할 때, $x+2y$의 최댓값과 최솟값을 구하시오.**

풀이

x, y가 실수이므로 코시−슈바르츠의 부등식에 의하여 $(1^2+2^2)(x^2+y^2)\geq(x+2y)^2$

$x^2+y^2=5$이므로 $25\geq(x+2y)^2$

$\therefore -5\leq x+2y\leq 5$ $\left(\text{단, 등호는 } x=\frac{y}{2}\text{일 때 성립한다.}\right)$

따라서 $x+2y$의 **최댓값은 5, 최솟값은 −5**이다.

FOCUS

① (산술평균)≥(기하평균) ➡ 양수일 때만 성립

② 코시−슈바르츠 부등식 ➡ 음수, 양수에 관계없이 실수이면 성립

마플개념익힘 01 산술평균과 기하평균의 관계 – 합과 곱이 일정할 때

$a>0$, $b>0$일 때, 다음 물음에 답하시오.

(1) $2a+3b=12$일 때, ab의 최댓값을 구하시오.

(2) $ab=4$일 때, $4a^2+9b^2$의 최솟값을 구하시오.

MAPL CORE ▶ 두 양수의 합 또는 곱의 최대 · 최소 ➡ 산술평균과 기하평균의 관계를 이용한다.
$a>0$, $b>0$일 때, $a+b \geq 2\sqrt{ab}$ (단, 등호는 $a=b$일 때 성립한다.)

개념익힘**풀이**

(1) $2a>0$, $3b>0$이므로 산술평균과 기하평균의 관계에 의하여

$2a+3b \geq 2\sqrt{2a \times 3b}$ (단, 등호는 $2a=3b$일 때 성립한다.)

그런데 $2a+3b=12$이므로

$12 \geq 2\sqrt{6ab}$, $6 \geq \sqrt{6ab}$

양변을 제곱하면 $36 \geq 6ab$ $\quad \therefore ab \leq 6$

따라서 ab의 **최댓값은 6**이다.

(2) $4a^2>0$, $9b^2>0$이므로 산술평균과 기하평균의 관계에 의하여

$4a^2+9b^2 \geq 2\sqrt{4a^2 \times 9b^2}=2\times 6|ab|=12ab$ (단, 등호는 $4a^2=9b^2$, 즉 $2a=3b$일 때 성립한다.)

그런데 $ab=4$이므로

$4a^2+9b^2 \geq 12\times 4=48$

따라서 $4a^2+9b^2$의 **최솟값은 48**이다.

확인유제 0612 $a>0$, $b>0$일 때, 다음 물음에 답하시오.

(1) $3a+4b=24$일 때, ab의 최댓값을 구하시오.

(2) $ab=2$일 때, a^2+b^2의 최솟값을 구하시오.

변형문제 0613 양수 a, b에 대하여 $a^2+16b^2=16$일 때, ab의 최댓값은?

① 1 ② 2 ③ 3 ④ 4 ⑤ 5

발전문제 0614 다음 물음에 답하시오.

(1) $a>0$, $b>0$이고 $3a+2b=1$일 때, $\dfrac{2}{a}+\dfrac{3}{b}$의 최솟값을 구하시오.

(2) 두 실수 x, y에 대하여 $xy>0$, $x+y=3$일 때, $\dfrac{1}{x}+\dfrac{1}{y}$의 최솟값을 구하시오.

① 1 ② $\dfrac{4}{3}$ ③ $\dfrac{5}{3}$ ④ 2 ⑤ $\dfrac{7}{3}$

정답 0612 : (1) 12 (2) 4 0613 : ② 0614 : (1) 24 (2) ②

마플개념익힘 02 산술평균과 기하평균의 관계 – 식의 전개

$a>0,\ b>0$일 때, 다음 식의 최솟값을 구하시오.

(1) $\left(a+\dfrac{1}{b}\right)\left(b+\dfrac{1}{a}\right)$ (2) $(2a+b)\left(\dfrac{8}{a}+\dfrac{1}{b}\right)$

MAPL CORE ▶ 두 양수의 합 또는 곱의 최대 · 최소 ➡ 산술평균과 기하평균의 관계를 이용한다.
$a>0,\ b>0$일 때, $a+b\geq 2\sqrt{ab}$ (단, 등호는 $a=b$일 때 성립한다.)

개념익힘풀이 (1) 주어진 식을 전개하여 정리하면 $\left(a+\dfrac{1}{b}\right)\left(b+\dfrac{1}{a}\right)=ab+\dfrac{1}{ab}+2$

$ab>0,\ \dfrac{1}{ab}>0$이므로 산술평균과 기하평균의 관계에 의하여 $ab+\dfrac{1}{ab}+2\geq 2\sqrt{ab\times\dfrac{1}{ab}}+2=4$

$\therefore \left(a+\dfrac{1}{b}\right)\left(b+\dfrac{1}{a}\right)\geq 4$ $\left(\text{단, 등호는 } ab=\dfrac{1}{ab},\ ab=1\text{일 때 성립한다.}\right)$

따라서 구하는 **최솟값은 4**이다.

(2) 주어진 식을 전개하여 정리하면 $(2a+b)\left(\dfrac{8}{a}+\dfrac{1}{b}\right)=\dfrac{8b}{a}+\dfrac{2a}{b}+17$

$\dfrac{8b}{a}>0,\ \dfrac{2a}{b}>0$이므로 산술평균과 기하평균의 관계에 의하여 $\dfrac{8b}{a}+\dfrac{2a}{b}+17\geq 2\sqrt{\dfrac{8b}{a}\times\dfrac{2a}{b}}+17=25$

$\therefore (2a+b)\left(\dfrac{8}{a}+\dfrac{1}{b}\right)\geq 25$ $\left(\text{단, 등호는 } \dfrac{8b}{a}=\dfrac{2a}{b},\ a=2b\text{일 때 성립한다.}\right)$

따라서 구하는 **최솟값은 25**이다.

오답풀이 $(2a+b)\left(\dfrac{8}{a}+\dfrac{1}{b}\right)$에서 산술평균과 기하평균의 관계를 직접 적용하면

$2a+b\geq 2\sqrt{2ab}$ …… ㉠

$\dfrac{8}{a}+\dfrac{1}{b}\geq 2\sqrt{\dfrac{8}{ab}}$ …… ㉡

두 부등식의 양변을 곱하면 $(2a+b)\left(\dfrac{8}{a}+\dfrac{1}{b}\right)\geq 2\sqrt{2ab}\times 2\sqrt{\dfrac{8}{ab}}=16$

㉠에서 등호는 $2a=b$일 때, 성립하고 ㉡에서 등호는 $\dfrac{8}{a}=\dfrac{1}{b}$, 즉 $a=8b$일 때, 성립하는데

$2a=b,\ a=8b$를 동시에 만족하는 $a,\ b$가 존재하지 않으므로 주어진 식의 최솟값은 구할 수 없다.

따라서 산술평균과 기하평균을 한개의 식에 두 번 사용하려면 등호가 성립할 조건이 같은지 확인한다.

확인유제 0615

다음 물음에 답하시오.

(1) $a>0,\ b>0$일 때, $\left(a+\dfrac{2}{b}\right)\left(b+\dfrac{8}{a}\right)$의 최솟값을 구하시오.

(2) $x>0,\ y>0$일 때, $\left(2x+\dfrac{3}{y}\right)\left(\dfrac{3}{x}+2y\right)$의 최솟값을 구하시오.

변형문제 0616

다음 물음에 답하시오.

(1) $a>1$일 때, $9a+\dfrac{1}{a-1}$의 최솟값은?

① 10 ② 13 ③ 15 ④ 16 ⑤ 17

(2) $x>-1$일 때, $x+\dfrac{9}{x+1}$의 최솟값을 m, 그 때의 x의 값을 n이라 할 때, $m+n$의 값은?

① 2 ② 3 ③ 5 ④ 6 ⑤ 7

발전문제 0617

실수 x에 대하여 $x^2-x+\dfrac{16}{x^2-x+1}$의 최솟값을 a, 그때의 x의 값의 합을 b라 할 때, $a+b$의 값을 구하시오.

정답 0615 : (1) 18 (2) 24 0616 : (1) ③ (2) ⑤ 0617 : 15

마플개념익힘 03 산술평균과 기하평균의 활용

길이가 100m인 줄로 오른쪽 그림과 같은 네 개의 작은 직사각형으로 이루어진 구역을 만들려고 한다. 구역의 전체 넓이가 최대가 되도록 할 때, 바깥쪽의 직사각형의 둘레의 길이를 구하시오. (단, 줄의 굵기는 무시한다.)

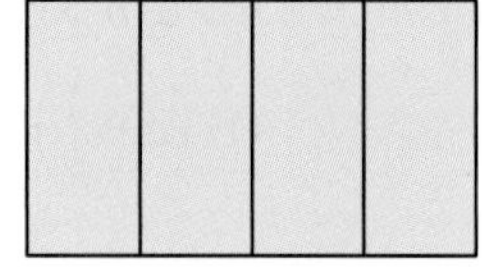

MAPL CORE ▶ 합이 일정한 경우 곱의 최댓값 또는 곱이 일정한 경우 합의 최솟값 구하기
➡ 산술평균과 기하평균의 관계를 이용하여 최댓값과 최솟값을 구한다.

개념익힘풀이 오른쪽 그림과 같이 바깥쪽 직사각형의 가로의 길이를 xm, 세로의 길이를 ym라 하면

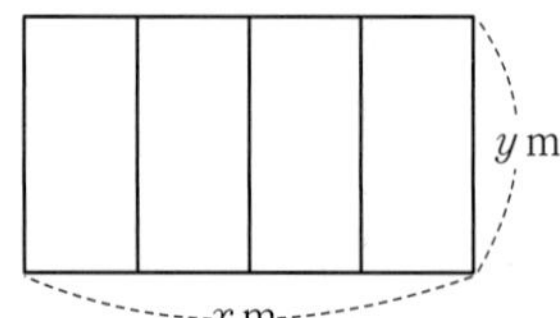

줄의 전체의 길이가 100m이므로 $2x+5y=100$

이때 $x>0$, $y>0$이므로 산술평균과 기하평균의 관계에 의하여

$2x+5y \geq 2\sqrt{2x \times 5y}=2\sqrt{10xy}$ …… ㉠

$100 \geq 2\sqrt{10xy}$, $250 \geq xy$ ← 전체 직사각형의 넓이의 최댓값

㉠에서 등호는 $2x=5y$일 때, 즉 $2x+5y=100$에서 $x=25$, $y=10$일 때, 구역의 전체 넓이가 최대이고 최댓값은 250이다.

따라서 바깥쪽 직사각형의 둘레의 길이는 $2(x+y)=2\times 35=$ **70**

확인유제 0618 한 모서리의 길이가 4이고 부피가 64인 직육면체를 만들려고 한다. 이때 만들 수 있는 직육면체의 대각선의 길이의 최솟값을 구하시오.

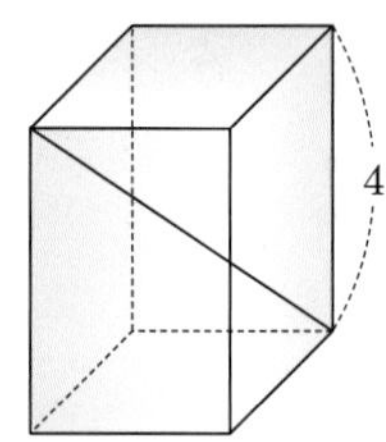

변형문제 0619 양수 m에 대하여 직선 $y=mx+3m+4$가 x축, y축과 만나는 점을 각각 A, B라 하자. 삼각형 OAB의 넓이의 최솟값을 구하시오. (단, O는 원점이다.)

발전문제 0620 오른쪽 그림과 같이 좌표평면에서 직선 $y=-2x+8$ 위의 점 $\mathrm{P}(a, b)$와 x축 위의 두 점 $\mathrm{A}(3, 0)$, $\mathrm{B}(5, 0)$ 및 y축 위의 두 점 $\mathrm{C}(0, 5)$, $\mathrm{D}(0, 9)$를 꼭짓점으로 하는 두 삼각형 PAB, PCD의 넓이를 각각 S_1, S_2라고 하자. $S_1 \times S_2$의 최댓값을 구하시오. (단, $a>0$, $b>0$)

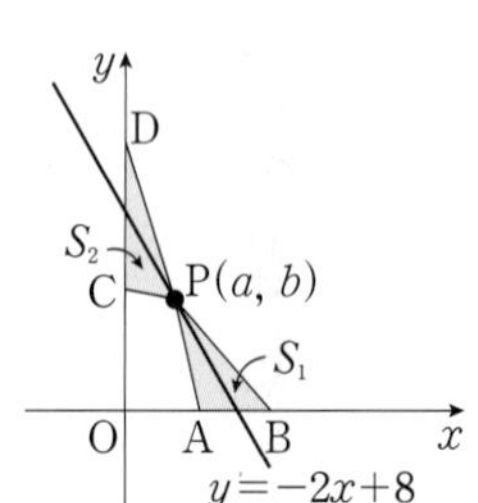

정답 0618 : $4\sqrt{3}$ 0619 : 24 0620 : 16

마플개념익힘 04 코시 - 슈바르츠의 부등식

다음 물음에 답하시오.

(1) 실수 a, b, x, y에 대하여 $a^2+b^2=28$, $x^2+y^2=7$일 때, $ax+by$의 최댓값과 최솟값을 각각 구하시오.

(2) x, y가 실수에 대하여 $x^2+y^2=9$일 때, $3x+4y$의 최댓값과 최솟값을 각각 구하시오.

MAPL CORE ▶ a, b, x, y가 실수일 때, x^2+y^2, $ax+by$의 최대 최소 ➡ 코시-슈바르츠의 부등식을 이용한다.

$(a^2+b^2)(x^2+y^2)\geq(ax+by)^2$ (단, 등호는 $\frac{x}{a}=\frac{y}{b}$일 때 성립한다.)

개념익힘풀이 (1) a, b, c, x, y는 실수이므로 코시-슈바르츠의 부등식에 의하여

$(a^2+b^2)(x^2+y^2)\geq(ax+by)^2$ $\left(\text{단, 등호는 } ay=bx, \text{ 즉 } \frac{x}{a}=\frac{y}{b}\text{일 때 성립한다.}\right)$

이때 $a^2+b^2=28$, $x^2+y^2=7$이므로 대입하면

$28\times7\geq(ax+by)^2$ $\quad\therefore (ax+by)^2\leq196$

$\therefore -14\leq ax+by\leq14$

따라서 $ax+by$의 **최댓값은 14, 최솟값은 -14**이다.

(2) x, y가 실수이므로 코시-슈바르츠의 부등식에 의하여

$(3^2+4^2)(x^2+y^2)\geq(3x+4y)^2$ $\left(\text{단, 등호는 } 4x=3y, \text{ 즉 } \frac{x}{3}=\frac{y}{4}\text{일 때 성립한다.}\right)$

이때 $x^2+y^2=9$이므로 $25\times9\geq(3x+4y)^2$, $(3x+4y)^2\leq225$

$\therefore -15\leq3x+4y\leq15$

따라서 $3x+4y$의 **최댓값은 15, 최솟값은 -15**이다.

확인유제 0621 다음 물음에 답하시오.

(1) 실수 x, y에 대하여 $x^2+y^2=4$일 때, $4x+3y$의 최댓값과 최솟값을 각각 구하시오.

(2) 실수 x, y에 대하여 $x+3y=10$일 때, x^2+y^2의 최솟값을 구하시오.

변형문제 0622 오른쪽 그림과 같이 반지름의 길이가 $10\sqrt{2}$cm인 원에 내접하는 직사각형의 둘레의 길이의 최댓값은?

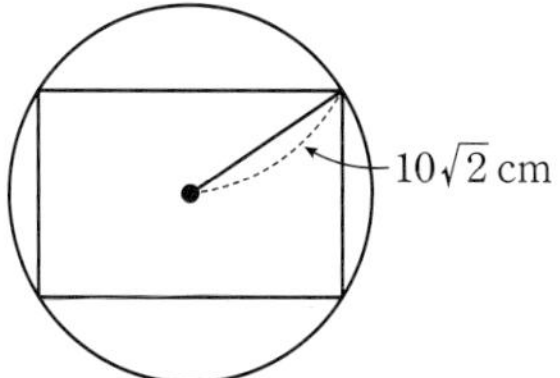

① 20cm ② 40cm ③ 60cm ④ 80cm ⑤ 100cm

발전문제 0623 다음 그림과 같이 대각선의 길이가 $2\sqrt{5}$이고 가로의 길이와 세로의 길이가 각각 a, b인 직사각형 모양의 종이를 4등분하여 눈금에 맞게 접어서 직육면체 모양의 기둥을 만들려고 한다. 기둥의 모든 모서리의 길이의 합의 최댓값을 구하시오.

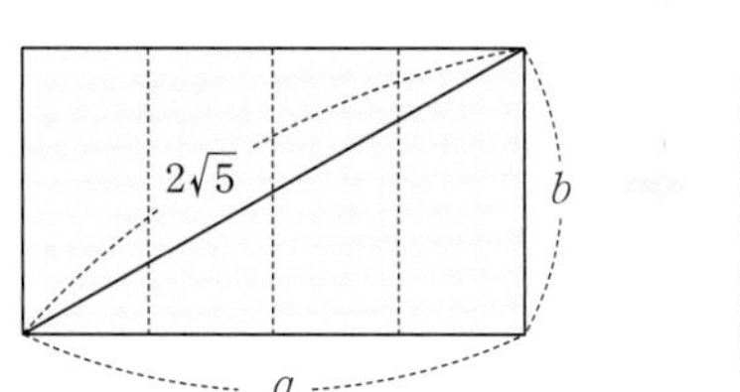

정답 0621 : (1) 최댓값 10, 최솟값 -10 (2) 10 0622 : ④ 0623 : 20

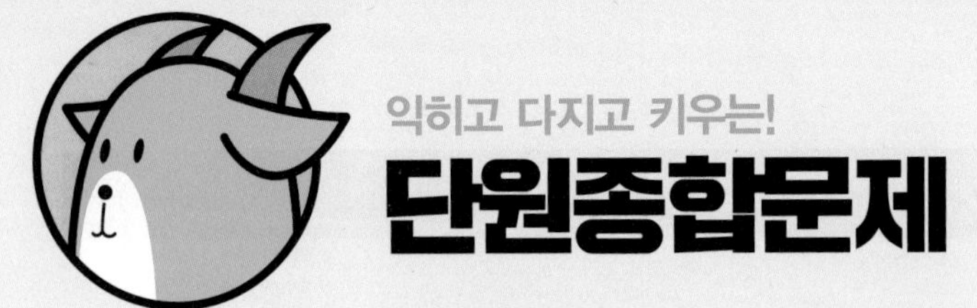

BASIC

개념을 익히는 문제

0624 귀류법의 증명

다음은 명제 '$\sqrt{5}$는 무리수이다.'가 참임을 귀류법을 이용하여 증명하는 과정이다.

> $\sqrt{5}$를 (가) 라 가정하면
>
> $\sqrt{5}=\frac{n}{m}$(m, n은 (나) 인 자연수) …… ㉠
>
> 으로 나타낼 수 있다.
>
> ㉠의 양변을 제곱하면
>
> $5=\frac{n^2}{m^2}$ $\quad\therefore n^2=5m^2$ …… ㉡
>
> 이때 n^2이 (다) 이므로 n도 (다) 이다.
>
> $n=5k$(k는 자연수)라 하고 ㉡에 대입하면
>
> $(5k)^2=5m^2$ $\quad\therefore m^2=5k^2$
>
> 이때 m^2이 (다) 이므로 m도 (다) 이다.
>
> 그런데 이것은 m, n이 (나) 인 자연수라는 가정에 모순이다.
>
> 따라서 $\sqrt{5}$은 무리수이다.

위의 과정에서 (가), (나), (다)에 알맞은 것은?

	(가)	(나)	(다)
①	유리수	서로소	짝수
②	유리수	서로소	5의 배수
③	유리수	$m\neq n$	홀수
④	무리수	서로소	홀수
⑤	무리수	$m\neq n$	5의 배수

0625 두 식의 대소 비교

a, b가 실수일 때, 다음 [보기] 중 옳은 것을 모두 고른 것은?

> ㄱ. $|a+b|\geq|a|+|b|$
>
> ㄴ. $|a-b|\leq|a|+|b|$
>
> ㄷ. $|a-b|\geq|a|-|b|$

① ㄱ ② ㄴ ③ ㄱ, ㄴ ④ ㄴ, ㄷ ⑤ ㄱ, ㄴ, ㄷ

0626 산술평균과 기하평균의 관계

다음 물음에 답하시오.

(1) 양수 x에 대하여 $2x+\frac{8}{x}$의 최솟값은?

① 5 ② 6 ③ 7 ④ 8 ⑤ 9

(2) 양수 a에 대하여 $18a+\frac{1}{2a}$의 최솟값은?

① 6 ② 8 ③ 10 ④ 12 ⑤ 14

정답 0624 : ② 0625 : ④ 0626 : (1) ④ (2) ①

0627 산술평균과 기하평균

$x>0$인 실수 x에 대하여 $9x+\frac{a}{x}(a>0)$의 최솟값이 12일 때, 상수 a의 값은?

① 2 ② 3 ③ 4 ④ 6 ⑤ 9

0628 산술평균과 기하평균

두 실수 a, b에 대하여 $ab=8$일 때, a^2+4b^2의 최솟값을 구하시오.

0629 코시-슈바르츠의 부등식

실수 x, y에 대하여 $x^2+y^2=10$일 때, $(x+3y)^2$의 값이 최대가 되는 양수 x의 값은?

① 1 ② $\sqrt{2}$ ③ $\sqrt{3}$ ④ 2 ⑤ $\sqrt{10}$

0630 절대부등식의 진위판단

다음 [보기]에서 옳은 것만을 있는 대로 고른 것은?

> ㄱ. 실수 a, b에 대하여 $|a+b|\ge|a|-|b|$
> ㄴ. $a\ge b\ge 0$이면 $\sqrt{a-b}\ge\sqrt{a}-\sqrt{b}$
> ㄷ. 0이 아닌 실수 a, b에 대하여 $\left(a^2+\frac{1}{b^2}\right)\left(b^2+\frac{1}{a^2}\right)\ge 4$

① ㄱ ② ㄷ ③ ㄱ, ㄴ ④ ㄴ, ㄷ ⑤ ㄱ, ㄴ, ㄷ

0631 산술평균과 기하평균의 관계

다음 물음에 답하시오.

(1) $x>0$, $y>0$일 때, $\left(4x+\frac{1}{y}\right)\left(\frac{1}{x}+16y\right)$의 최솟값은?

① 34 ② 36 ③ 38 ④ 40 ⑤ 42

(2) $x>0$, $y>0$일 때, $(x-3y)\left(\frac{1}{x}-\frac{3}{y}\right)$의 최댓값은?

① -4 ② -2 ③ 2 ④ 4 ⑤ 6

0632 산술평균과 기하평균의 증명

다음은 양수 a, b에 대하여 $\sqrt{ab}\le\frac{a+b}{2}$가 성립함을 증명하는 과정이다.

> 그림과 같이 O가 중심이고 선분 AB가 지름인 반원에서
> $\overline{AC}=a$, $\overline{BC}=b$이고 두 선분 CD, OE는 모두 선분 AB에 수직이다.
> $\angle$ADB는 지름 AB에 대한 원주각이므로
> 삼각형 ADB는 직각삼각형이다.
> 또한, $\triangle ACD \backsim \triangle DCB$이므로
> $\boxed{(가)}^2=\overline{AC}\times\overline{BC}=ab$ $\therefore$ $\boxed{(가)}=\sqrt{ab}$
> 한편 $\boxed{(나)}=\frac{\overline{AB}}{2}=\frac{a+b}{2}$
> 이때 $\boxed{(가)}\le\boxed{(나)}$ 이므로 $\sqrt{ab}\le\frac{a+b}{2}$이다.
>
> (그림: E, D, A, a, C, O, b, B)

위의 [증명]과정에서 다음 중 (가), (나)에 알맞은 것은?

	(가)	(나)		(가)	(나)
①	$\overline{OE}$	$\overline{BD}$	②	$\overline{CD}$	$\overline{OE}$
③	$\overline{CD}$	$\overline{AD}$	④	$\overline{AD}$	$\overline{OE}$
⑤	$\overline{AC}$	$\overline{CD}$			

정답 0627 : ③ 0628 : 32 0629 : ① 0630 : ⑤ 0631 : (1) ② (2) ④ 0632 : ②

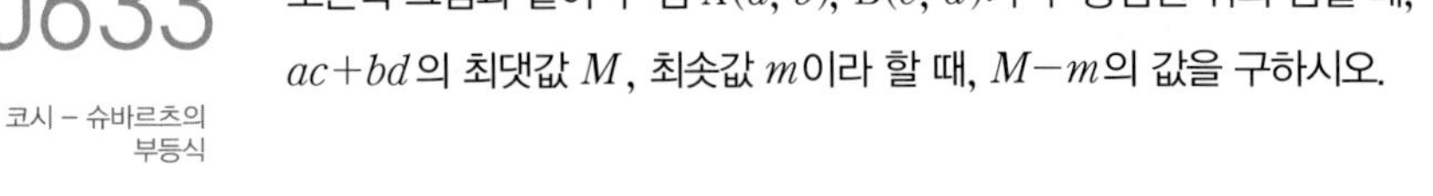

0633

코시 - 슈바르츠의 부등식

오른쪽 그림과 같이 두 점 $A(a, b)$, $B(c, d)$가 두 동심원 위의 점일 때, $ac+bd$의 최댓값 M, 최솟값 m이라 할 때, $M-m$의 값을 구하시오.

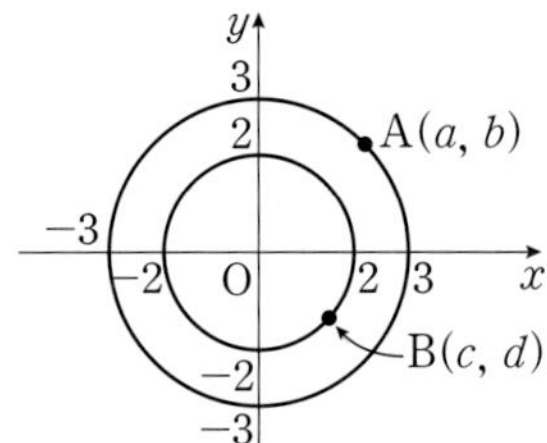

0634

산술평균과 기하평균의 관계

a, b, c가 양수일 때, $\frac{b+c}{a}+\frac{c+a}{b}+\frac{a+b}{c}$의 최솟값은?

① 3　② 4　③ 6　④ 8　⑤ 12

0635

부등식의 진위판단

실수 a, b, c, d에 대하여 $a>b$, $c>d$일 때, 대소 관계가 항상 성립하는 것만을 [보기]에서 있는 대로 고른 것은?

ㄱ. $ac+bd>bc+ad$
ㄴ. $ac>bd$
ㄷ. $\sqrt{a-b}+\sqrt{c-d}>\sqrt{a+c-b-d}$

① ㄱ　② ㄴ　③ ㄱ, ㄷ　④ ㄴ, ㄷ　⑤ ㄱ, ㄴ, ㄷ

0636

필요조건과 충분조건의 판단

세 실수 x, y, z에 대하여 조건 p가 조건 q이기 위한 충분조건이지만 필요조건이 아닌 것만을 [보기]에서 있는 대로 고른 것은?

ㄱ. p : $x=0$이고 $y=0$　　q : $|x+y|=|x-y|$
ㄴ. p : $x>y>z$　　q : $(x-y)(y-z)(z-x)<0$
ㄷ. p : $xy<0$　　q : $|x|+|y|>|x+y|$

① ㄱ　② ㄷ　③ ㄱ, ㄴ　④ ㄴ, ㄷ　⑤ ㄱ, ㄴ, ㄷ

0637

산술평균과 기하평균의 관계

다음 물음에 답하시오.

(1) 직선 $\frac{x}{a}+\frac{y}{b}=1\,(a>0,\ b>0)$가 점 $A(2, 3)$을 지날 때, ab의 최솟값은?

① 18　② 21　③ 24　④ 27　⑤ 30

(2) 점 $(1, 4)$를 지나는 직선이 x축과 만나는 점을 $A(a, 0)$, y축과 만나는 점을 $B(0, b)$라 할 때, 삼각형 OAB의 넓이의 최솟값을 구하시오.
(단, $a>0$, $b>0$이고 점 O는 원점이다.)

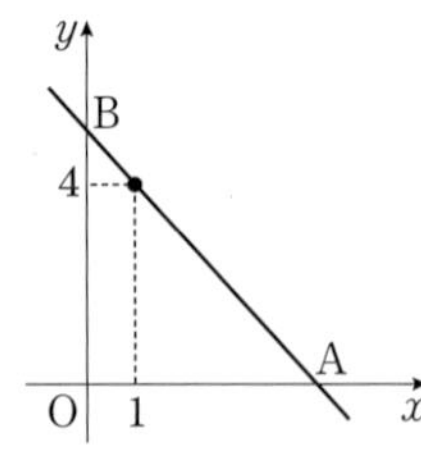

0638

산술평균과 기하평균의 관계

다음 물음에 답하시오.

(1) 이차방정식 $x^2-2x+a=0$이 허근을 갖도록 하는 실수 a에 대하여 $a+\frac{9}{a-1}$는 $a=k$일 때, 최솟값 l을 갖는다. 이때 $k+l$의 값을 구하시오.

(2) 이차방정식 $x^2+2x-a=0$이 서로 다른 두 실근을 갖도록 하는 실수 a에 대하여 $a+\frac{4}{a+1}$는 $a=k$일 때, 최솟값 l을 갖는다. 이때 $k+l$의 값을 구하시오.

정답　0633 : 12　0634 : ③　0635 : ③　0636 : ③　0637 : (1) ③ (2) 8　0638 : (1) 11 (2) 4

0639

산술평균과 기하평균의 관계

다음 물음에 답하시오.

(1) $x>3$일 때, $x^2+\dfrac{49}{x^2-9}$의 최솟값을 구하시오.

(2) 모든 실수 x에 대하여 $x^2-x+\dfrac{64}{x^2-x+1}$의 최솟값을 구하시오.

0640

산술평균과 기하평균의 계산

다음은 실수 a, b에 대하여 $a>0$, $b>0$일 때, $\left(a+\dfrac{1}{b}\right)\left(b+\dfrac{4}{a}\right)$의 최솟값을 구하는 과정으로, 어떤 학생의 오답에 대한 선생님의 첨삭지도 일부이다. (가), (나)에 알맞은 것과 최솟값을 바르게 구한 것은?

[학생풀이] 2025년 ○○월 ○○일

산술평균과 기하평균의 대소 관계를 적용하면

$a+\dfrac{1}{b}\geq 2\sqrt{\dfrac{a}{b}}$ …… ㉠

$b+\dfrac{4}{a}\geq 2\sqrt{\dfrac{4b}{a}}$ …… ㉡

㉠, ㉡의 양변을 각각 곱하면

$\left(a+\dfrac{1}{b}\right)\left(b+\dfrac{4}{a}\right)\geq 4\sqrt{\dfrac{a}{b}\times\dfrac{4b}{a}}=8$ …… ㉢

그러므로 구하는 최솟값은 8이다.

[첨삭내용] ○ ○ ○ (인)

㉠의 등호가 성립할 때는 (가) 이고

㉡의 등호가 성립할 때는 (나) 이다.

따라서 (가)와 (나)를 동시에 만족하는 양수 a, b는 존재하지 않으므로 최솟값은 8이 될 수 없다.

	(가)	(나)	최솟값
①	$ab=1$	$a=4b$	10
②	$ab=1$	$ab=4$	10
③	$a=b$	$a=b$	10
④	$a=b$	$ab=1$	9
⑤	$ab=1$	$ab=4$	9

0641

산술평균과 기하평균의 활용

좌표평면에서 제 1사분면 위의 점 $\mathrm{P}(a, b)$에 대하여 $a+2b=10$이 성립한다. x축 위의 두 점 $\mathrm{A}(2, 0)$, $\mathrm{B}(6, 0)$과 y축 위의 두 점 $\mathrm{C}(0, 1)$, $\mathrm{D}(0, 3)$에 대하여 두 삼각형 ABP, CDP의 넓이를 각각 S_1, S_2라 할 때, S_1과 S_2의 곱 S_1S_2의 최댓값을 구하시오.

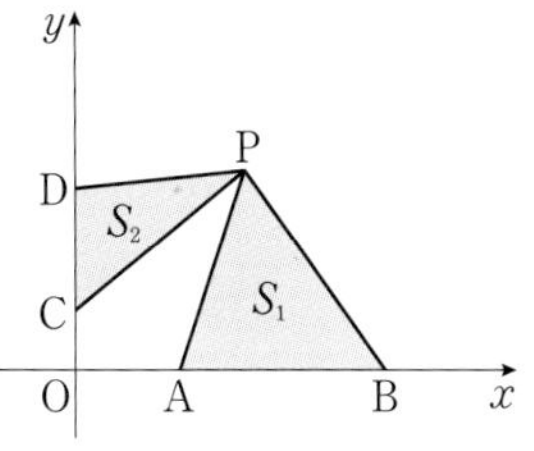

0642

산술평균과 기하평균 서술형

양수 a, b에 대하여 $\left(a+\dfrac{1}{2b}\right)\left(2b+\dfrac{9}{a}\right)$는 $ab=m$일 때, 최솟값 n을 갖는다. 상수 m, n에 대하여 mn의 값을 구하는 과정을 다음 단계로 서술하시오.

[1단계] 산술평균과 기하평균의 관계를 이용하여 최솟값 n을 구한다. [5점]

[2단계] m의 값을 구한다. [3점]

[3단계] mn의 값을 구한다. [2점]

0643

대우를 이용한 증명 서술형

자연수 a, b, c에 대하여 명제

'$a^2+b^2=c^2$이면 a, b, c 중 적어도 하나는 짝수이다.'

가 참임을 증명하는 과정을 다음 단계로 서술하시오.

[1단계] 위의 명제의 대우를 구한다. [3점]

[2단계] 대우를 이용하여 주어진 명제가 참임을 증명한다. [7점]

정답 0639 : (1) 23 (2) 15 0640 : ⑤ 0641 : 25 0642 : 해설참조 0643 : 해설참조

0644

산술평균과 기하평균의 활용

두 양수 a, b에 대하여 좌표평면 위의 점 $\mathrm{P}(a,\ b)$를 지나고 직선 OP에 수직인 직선이 y축과 만나는 점을 Q라 하자. 점 $\mathrm{R}\left(-\frac{1}{a},\ 0\right)$에 대하여 삼각형 OQR의 넓이의 최솟값은? (단, O는 원점이다.)

① $\frac{1}{2}$　② 1　③ $\frac{3}{2}$　④ 2　⑤ $\frac{5}{2}$

0645

산술평균과 기하평균의 관계식의 변형

두 실수 x와 y에 대하여

$$2x^2+y^2-2x+\frac{4}{x^2+y^2+1}$$

의 최솟값을 구하시오.

0646

산술평균과 기하평균의 활용

'피타고라스 나무'란 다음과 같은 규칙으로 그린 [그림1]과 같은 도형이다.

[단계1]	정사각형을 그린 후 정사각형의 한 변을 빗변으로 하는 직각삼각형을 그린다.
[단계2]	직각삼각형의 나머지 두 변을 한 변으로 하는 정사각형을 각각 그린다.
[단계3]	[단계2]에서 그려진 두 정사각형의 한 변을 각각 빗변으로 하는 직각삼각형을 [단계1]에서 그린 직각삼각형과 닮음이 되도록 그린다.
[단계4]	[단계2]와 [단계3]을 계속 반복하여 그린다.

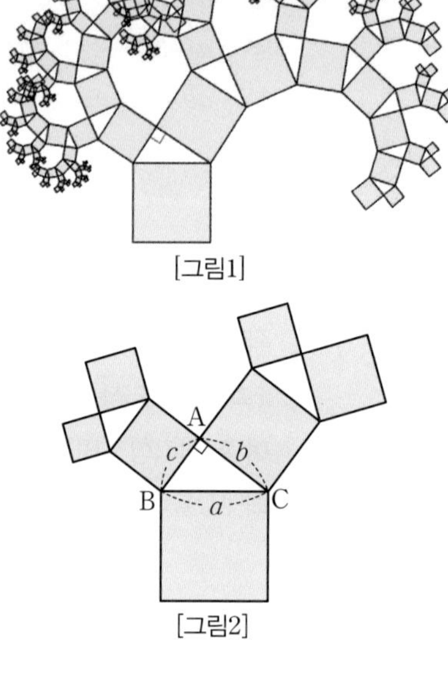

[그림1]

[그림2]

'피타고라스 나무'의 일부분인 [그림2]에서 직각삼각형 ABC의 세 변의 길이가 각각 a, b, c이고 정사각형 7개의 넓이의 합이 75일 때, $2abc$의 최댓값은?

① 125　② 130　③ 135
④ 140　⑤ 145

0647

산술평균과 기하평균의 활용

오른쪽 그림과 같이 $\overline{\mathrm{AB}}=2$, $\overline{\mathrm{AC}}=3$, $\mathrm{A}=30°$인 삼각형 ABC의 변 BC 위의 점 P에서 두 직선 AB, AC 위에 내린 수선의 발을 각각 M, N이라 하자. $\frac{\overline{\mathrm{AB}}}{\overline{\mathrm{PM}}}+\frac{\overline{\mathrm{AC}}}{\overline{\mathrm{PN}}}$의 최솟값이 $\frac{q}{p}$일 때, $p+q$의 값을 구하시오.
(단, p와 q는 서로소인 자연수이다.)

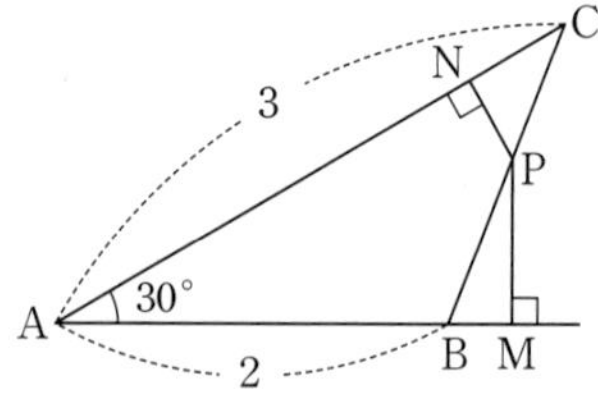

0648

산술평균과 기하평균의 활용

두 양수 a, b에 대하여 한 변의 길이가 $a+b$인 정사각형 ABCD의 네 변 AB, BC, DC, DA를 각각 $a:b$로 내분하는 점을 E, F, G, H라 하고, 선분 FH의 중점을 M이라 하자. 그림은 위의 설명과 같이 그린 한 예이다. [보기]에서 옳은 것만을 있는 대로 고른 것은?

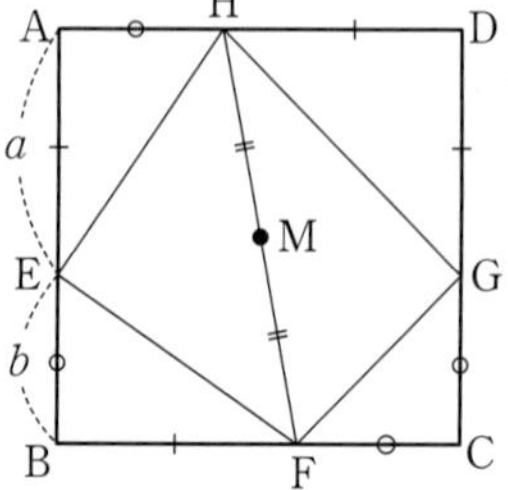

ㄱ. $\overline{\mathrm{FM}}=\overline{\mathrm{GM}}$
ㄴ. $\triangle\mathrm{EFM}\geq\triangle\mathrm{FGM}$
ㄷ. $\overline{\mathrm{FH}}=6\sqrt{2}$일 때, 삼각형 FGM의 넓이의 최댓값은 9이다.

① ㄱ　② ㄷ　③ ㄱ, ㄷ　④ ㄴ, ㄷ　⑤ ㄱ, ㄴ, ㄷ

정답　0644 : ②　0645 : 2　0646 : ①　0647 : 28　0648 : ⑤

마플교과서

MAPL. IT'S YOUR MASTER PLAN!

MAPL 교과서 SERIES

www.heemangedu.co.kr | www.mapl.co.kr

공통수학2 III. 함수와 그래프

함수

MAPL ; YOUR MASTER PLAN

01 함수의 정의

개념유형

01 함수

(1) 대응

공집합이 아닌 두 집합 X, Y에 대하여 X의 원소에 Y의 원소를 짝 지어 주는 것을 집합 X에서 집합 Y로의 **대응**이라 한다.

이때 X의 원소 x에 Y의 원소 y가 대응하는 것을 기호로 $x \longrightarrow y$와 같이 나타낸다.

(2) 함수

두 집합 X, Y에 대하여 X의 모든 원소 각각에 대하여 Y의 원소가 오직 하나씩 대응할 때, 이 대응을 '**X에서 Y로의 함수**'라 하고 이것을 기호로 $\boldsymbol{f : X \longrightarrow Y}$로 나타낸다.

참고 모든 대응이 함수인 것은 아니다. 함수는 대응 중에서 X의 모든 원소가 Y에 오직 하나씩 대응해야 한다.

마플해설

(1) 집합 X에서 집합 Y로의 대응 중 함수 판별하기

집합 $X=\{1, 2, 3\}$의 각 원소에 집합 $Y=\{a, b, c\}$의 원소를 짝지어 놓은 것이다.

이때 1에는 b, 2에는 a, 3에는 c가 대응한다고 하며

$1 \longrightarrow b$, $2 \longrightarrow a$, $3 \longrightarrow c$

로 나타낸다.

특히, 오른쪽 [그림1]에서 집합 X의 모든 원소는 $1 \longrightarrow b$, $2 \longrightarrow a$, $3 \longrightarrow c$와 같이 Y의 원소에 오직 하나씩 대응할 때, X에서 Y로의 함수라 한다.

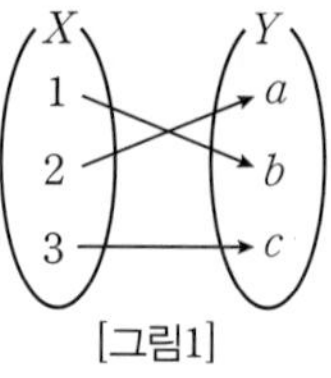

[그림1]

참고 여러 가지 대응

[그림2]에서 X의 원소 2에 대응하는 Y의 원소는 a, b의 2개이다.

반면, X의 원소 3에 대응하는 Y의 원소는 없다.

이와 같이 집합 X에서 집합 Y로의 대응에는 X의 원소에 대응하는 Y의 원소가 여러 개이거나 없는 경우도 있다.

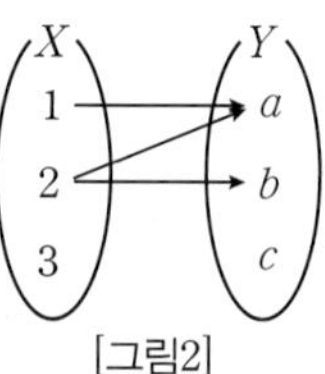

[그림2]

(2) 두 집합의 대응관계가 함수가 성립되지 않는 경우

① [그림1] X의 원소 중 Y에 대응하지 않고 남아 있는 원소가 있을 때

(X의 원소 3에 대응하는 Y의 원소가 없다.)

② [그림2] X의 한 원소에 Y의 원소가 두 개 이상 대응할 때

(X의 원소 2에 대응하는 Y의 원소가 두 개이다.)

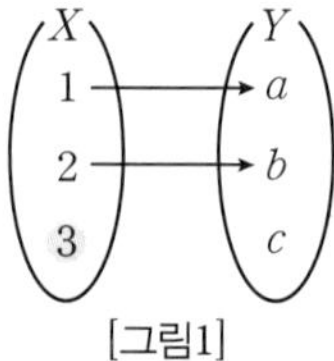

[그림1]

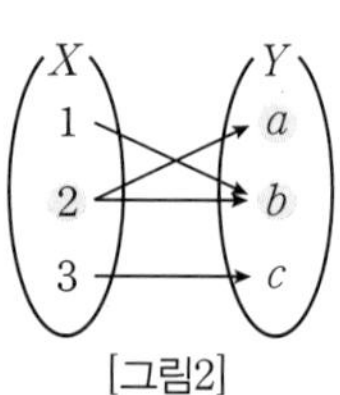

[그림2]

참고 함수를 영어로 function이라 하며, 함수를 나타낼 때에는 보통 알파벳 소문자 f, g, h, $\cdots$를 사용한다.

보기 01 **두 집합 $X=\{-1, 0, 1, 2\}$, $Y=\{0, 1, 2\}$에 대하여 집합 X의 각 원소 x에 집합 Y의 원소가 $y=|x|$인 관계로 대응하는 것을 그림으로 나타내시오.**

풀이

$x=-1$일 때, $y=|-1|=1$, 즉 $-1 \longrightarrow 1$

$x=0$일 때, $y=|0|=0$, 즉 $0 \longrightarrow 0$

$x=1$일 때, $y=|1|=1$, 즉 $1 \longrightarrow 1$

$x=2$일 때, $y=|2|=2$, 즉 $2 \longrightarrow 2$

따라서 주어진 대응을 그림으로 나타내면 오른쪽과 같다.

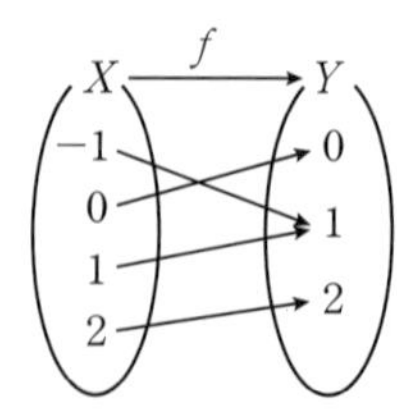

X에서 Y로의 함수가 되려면 X의 모든 원소가 Y에 오직 하나씩 대응해야 한다.

① X의 원소 중에서 대응하지 않고 남아 있는 원소가 있으면 함수가 아니다.

② X의 한 원소에 집합 Y의 원소가 두 개 이상 대응할 때, 그 대응은 함수가 아니다.

02 함수의 정의역, 공역, 치역

(1) **정의역과 공역**

함수 $f: X \longrightarrow Y$에서 집합 X를 함수 f의 **정의역**, Y를 함수 f의 **공역**이라 한다.

(2) **함숫값**

함수 $f: X \longrightarrow Y$에서 정의역 X의 원소 x에 공역 Y의 원소 y가 대응할 때, 이것을 기호로 $y=f(x)$와 같이 나타내고 $f(x)$를 원소 x의 **함숫값**이라 한다.

(3) **치역**

함숫값 전체의 집합, 즉 $\{f(x) | x \in X\}$를 함수 f의 **치역**이라고 한다.

따라서 함수 $f: X \longrightarrow Y$의 치역은 공역 Y의 부분집합이다.

공역의 원소 중에는 정의역의 각 원소에 대응하지 않는 원소가 있을 수 있다.

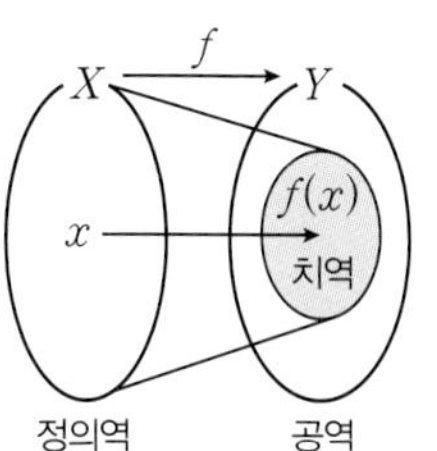

마플해설

오른쪽 그림과 같은 함수 $f: X \longrightarrow Y$에서

정의역은 $X=\{1, 2, 3\}$, 공역은 $Y=\{4, 5, 6\}$이고

정의역 X의 각 원소에 대한 함숫값은 $f(1)=4$, $f(2)=4$, $f(3)=6$

따라서 치역은 $\{4, 6\}$이고 이것은 공역 Y의 부분집합이다.

참고 정의역은 domain, 공역은 codomain이라 한다.

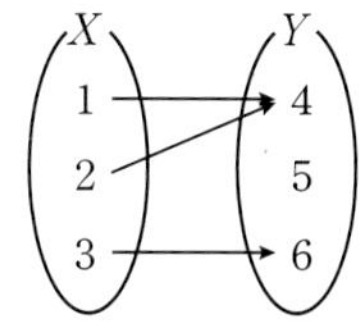

보기 02 다음 대응 중 집합 X에서 집합 Y로의 함수인 것을 찾고 함수의 정의역, 공역, 치역을 각각 구하시오.

(1)
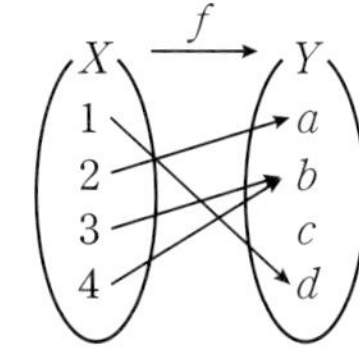

(2)
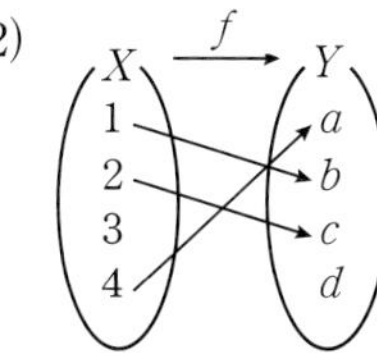

(3)
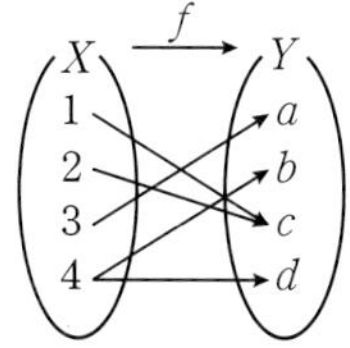

풀이

(1) X의 각 원소에 Y의 원소가 하나씩만 대응하므로 함수이다.

정의역은 $\{1, 2, 3, 4\}$, 공역 $\{a, b, c, d\}$, 치역 $\{a, b, d\}$

(2) X의 원소 3에 대응하는 Y의 원소가 존재하지 않으므로 **함수가 아니다.**

(3) X의 각 원소에 4에 대응하는 Y의 원소가 b, d의 2개이므로 **함수가 아니다.**

보기 03 다음 함수의 정의역, 공역, 치역을 구하시오.

(1) $y=x+1$　　(2) $y=x^2$　　(3) $y=\dfrac{1}{x}$

풀이

(1) $y=x+1$ ⟶ 정의역 : 실수 전체의 집합 / 공　역 : 실수 전체의 집합 / 치　역 : 실수 전체의 집합

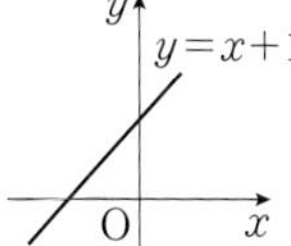

(2) $y=x^2$ ⟶ 정의역 : 실수 전체의 집합 / 공　역 : 실수 전체의 집합 / 치　역 : $y \geq 0$인 실수 전체의 집합

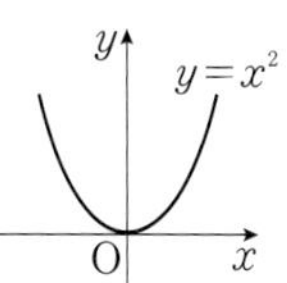

(3) $y=\dfrac{1}{x}$ ⟶ 정의역 : $x \neq 0$인 실수 전체의 집합 / 공　역 : 실수 전체의 집합 / 치　역 : $y \neq 0$인 실수 전체의 집합

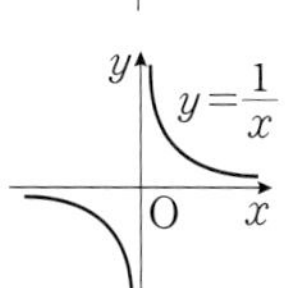

+α

함수 $y=f(x)$의 정의역과 공역이 특별히 주어지지 않은 경우, 정의역은 함수가 정의되는 실수 전체의 집합으로 공역은 실수 전체의 집합으로 생각한다.

특히, 함수 $y=f(x)$의 정의역이 $\{x | a \leq x \leq b\}$일 때, $y=f(x)\,(a \leq x \leq b)$와 같이 나타내기도 한다.

예를 들면 함수 $y=x^2$을 정의역 $\{x | 1 \leq x \leq 2\}$에서 정의할 때에는 $y=x^2\,(1 \leq x \leq 2)$와 같이 나타낸다.

개념유형

03 서로 같은 함수

두 함수 f, g가 다음 두 조건을 만족할 때, f와 g는 서로 같다고 하며, 이것을 기호로 $\boldsymbol{f=g}$와 같이 나타낸다.

[조건1] **두 함수의 정의역과 공역이 각각 같다.**
[조건2] **정의역에 속하는 모든 원소 x에 대하여 $f(x)=g(x)$이다.** ◀ 함숫값이 서로 같다.

또, 두 함수 f와 g가 서로 같지 않을 때에는 기호로 $\boldsymbol{f\neq g}$와 같이 나타낸다.

서로 같은 함수는 두 함수의 식이 같은지 비교하는 것이 아니라,
정의역의 각 원소에 대하여 두 함수의 함숫값이 서로 같다는 뜻이다.

마플해설 정의역의 모든 원소에 대하여 두 함수의 함숫값이 같으면 서로 같은 함수이다. 예를 들어 두 함수 $f(x)=x$, $g(x)=x^3$에 대하여

① 정의역이 $\{-1, 1\}$일 때, $f(-1)=g(-1)=-1$, $f(1)=g(1)=1$
따라서 두 함수 f, g는 주어진 정의역에서 서로 같은 함수이다. ◀ $f=g$

② 정의역이 $\{-1, 2\}$일 때, $f(-1)=g(-1)=-1$, $f(2)\neq g(2)$
따라서 두 함수 f, g는 주어진 정의역에서 서로 같은 함수가 아니다. ◀ $f\neq g$

보기 04 **정의역이 $X=\{-1, 2\}$인 두 함수 $f(x)=-x^2+3x$, $g(x)=ax+b$에 대하여 $f=g$일 때, 상수 a, b의 값을 구하시오.**

풀이 $f=g$이므로 각 정의역의 원소에 대하여 함숫값 $f(-1)=g(-1)$, $f(2)=g(2)$이다.
즉 $-4=-a+b$, $2=2a+b$
두 식을 연립하여 풀면 $a=\mathbf{2}$, $b=\mathbf{-2}$

개념유형

04 함수의 그래프

(1) **함수의 그래프**
함수 $f: X \longrightarrow Y$에 대하여 정의역 X의 원소 x와 이에 대응하는 함숫값 $f(x)$의 순서쌍 $(x, f(x))$의 전체의 집합 $\{(x, f(x)) \mid x\in X\}$를 **함수 f의 그래프**라 한다.

(2) **함수의 그래프의 기하학적 표현**
함수 $y=f(x)$의 정의역과 공역이 **모두 실수 전체의 집합**일 때, 함수 f의 그래프는 순서쌍 $(x, f(x))$를 좌표로 하는 점을 좌표평면 위에 나타내어 그릴 수 있다.

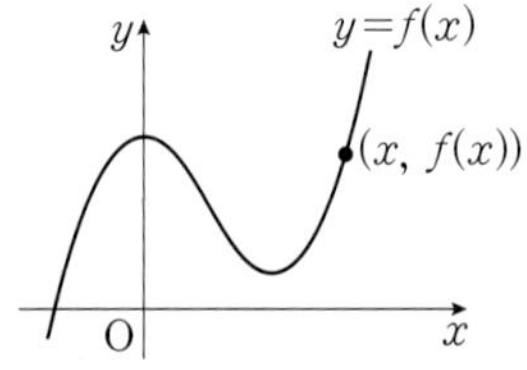

보기 05 **다음 함수의 그래프를 구하고 좌표평면 위에 나타내시오.**
(1) 정의역 $X=\{1, 2, 3\}$, 공역이 실수 전체의 집합인 함수 $f(x)=x^2$
(2) 정의역과 공역이 모두 실수 전체의 집합인 함수 $f(x)=x^2$

풀이 (1) $f(1)=1$, $f(2)=4$, $f(3)=9$이므로
$G=\{(1, 1), (2, 4), (3, 9)\}$

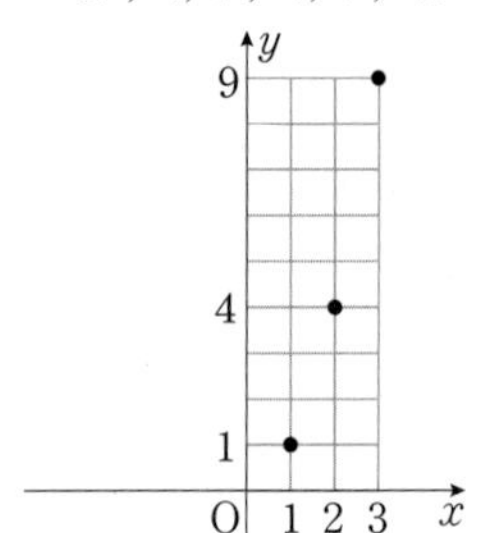

(2) 정의역이 실수 전체의 집합이므로
$G=\{(x, x^2) \mid x$는 실수$\}$

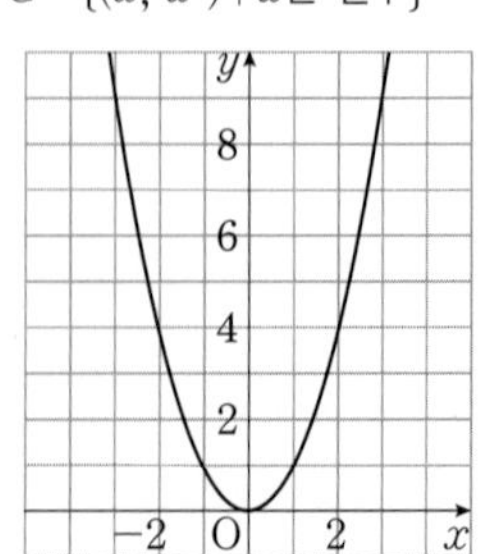

05 함수인지 판별하기

(1) **대응 $f : X \longrightarrow Y$가 함수인지 판별하기**

함수의 정의 : 두 집합 X, Y에서 집합 X의 각 원소에 집합 Y의 원소가 하나씩 대응한다.

➡ 집합 X의 각 원소 x에 대응하는 집합 Y의 원소가 1개인지 확인한다.

(2) **$f : X \longrightarrow Y$의 그래프가 함수인지 판별하기**

함수의 정의 : 두 집합 X, Y에서 집합 X의 각 원소 a에 집합 Y의 원소가 하나씩 대응한다.

➡ 직선 $x=a$와 주어진 대응의 그래프의 교점이 1개인지 확인한다.

참고 함수의 그래프가 되려면 x의 값에 대응되는 함숫값이 오직 하나씩 있어야 하므로 정의역의 각 원소 a에 대하여 y축에 평행한 직선 $x=a$와 오직 한 점에서 만나야 한다. 모든 대응이 함수인 것이 아닌 것처럼 모든 그래프가 함수의 그래프가 되는 것은 아니다.

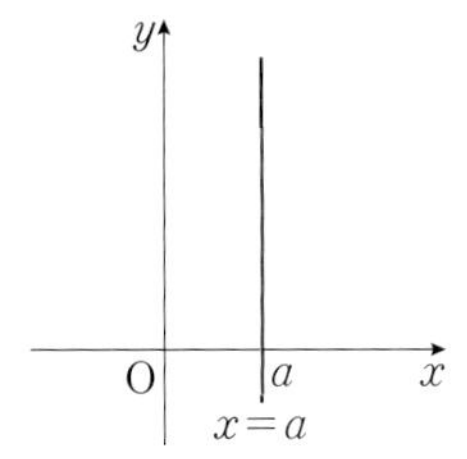

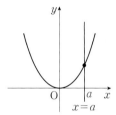

x의 값 a에 대응하는 y의 값이 무수히 많으므로 **함수의 그래프가 아니다.**

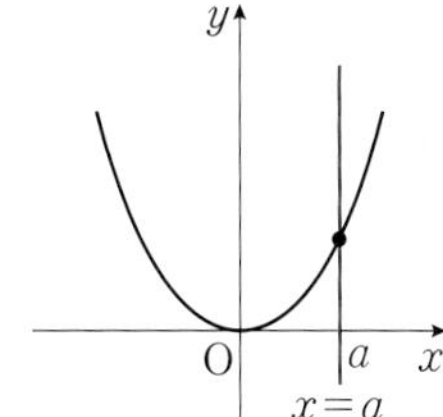

x의 값 a에 대응하는 y의 값이 오직 하나씩이므로 **함수의 그래프이다.**

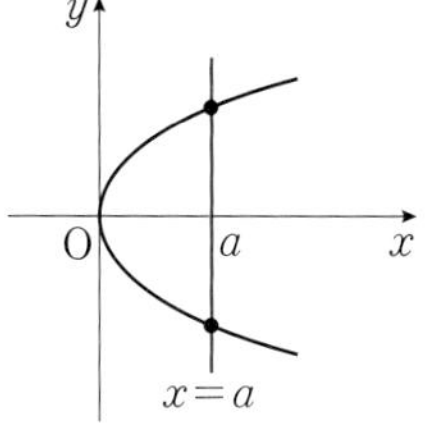

x의 값 a에 대응하는 y의 값이 두 개이므로 **함수의 그래프가 아니다.**

보기 06 **다음 중에서 함수의 그래프인 것을 모두 찾으시오.**

①
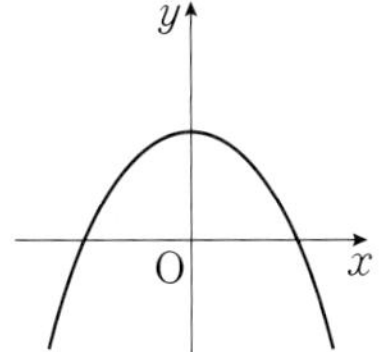

②
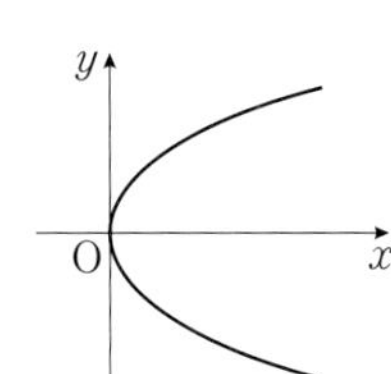

③
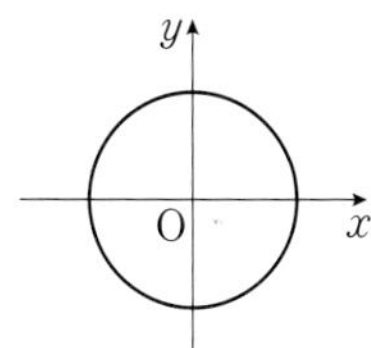

④
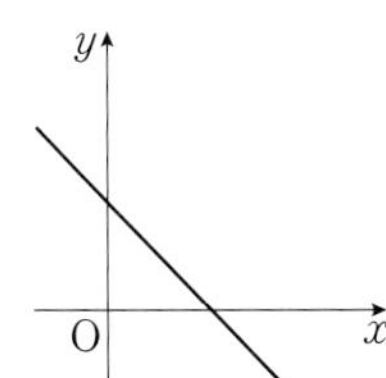

⑤
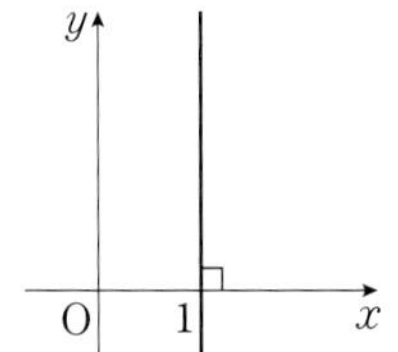

⑥
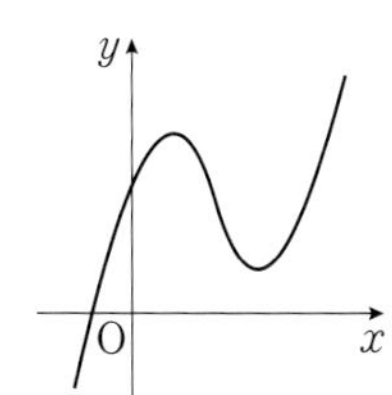

풀이 정의역의 원소 a에 대하여 x축에 수직인(y축에 평행한) 직선 $x=a$와 **그래프의 교점이 없거나 2개 이상이면** 그 대응은 함수가 아니므로 [보기]에서 함수인 것은 ①, ④, ⑥이다.

'서로 같다.'를 나타내는 기호의 정리

① 두 집합 A, B에 대하여 $A \subset B$이고 $B \subset A$이면 $A=B$

② 두 함수 f, g에 대하여

(ⅰ) 정의역과 공역이 서로 같고

(ⅱ) 정의역에 속하는 모든 원소 x에 대하여 두 함숫값 $f(x)$, $g(x)$가 같다.

두 조건 (ⅰ), (ⅱ)를 만족하면 $f=g$이다.

두 함수 f, g의 함수식이 같다는 것이 아니라 정의역의 각 원소에 대하여 두 함수의 함숫값이 같다는 뜻이다.

마플개념익힘 01 함수의 정의

두 집합 $X=\{0, 1, 2\}$, $Y=\{0, 1, 2, 3\}$에 대하여 집합 X의 원소 x에 집합 Y의 원소가 대응할 때, 다음 [보기] 중 집합 X에서 집합 Y로의 함수인 것을 찾고, 그 함수의 치역을 구하시오.

ㄱ. $x \longrightarrow x-1$	ㄴ. $x \longrightarrow (x-1)^2$	ㄷ. $x \longrightarrow x+1$	ㄹ. $x \longrightarrow x^3$

MAPL CORE ▶ 집합 X에서 집합 Y로의 함수는 X의 각 원소에 Y의 원소가 오직 하나씩 대응한다.
함수가 성립되지 않는 경우는 다음과 같다.
(1) X의 원소 중 Y에 대응하지 않고 남아 있는 원소가 있을 때. ◀ X의 원소는 모두 대응에 참가해야 한다.
(2) X의 한 원소에 Y의 원소가 두 개 이상 대응할 때. ◀ Y의 원소는 대응에서 빠진 것이 있어도 좋다.

개념익힘풀이 주어진 대응을 그림으로 나타낸 후 집합 X의 각 원소에 집합 Y의 원소가 오직 하나씩 대응하는 것을 찾는다.

ㄱ.
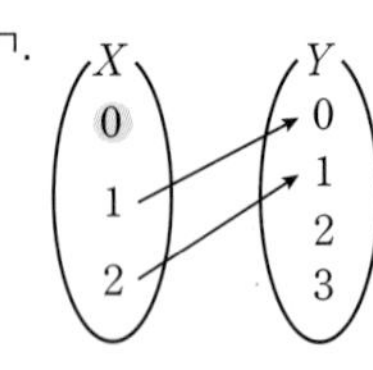
ㄴ.
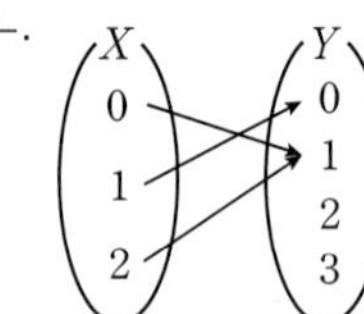
ㄷ.
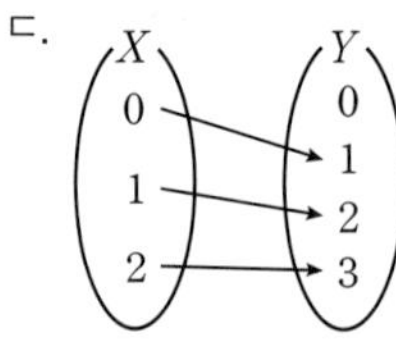
ㄹ.
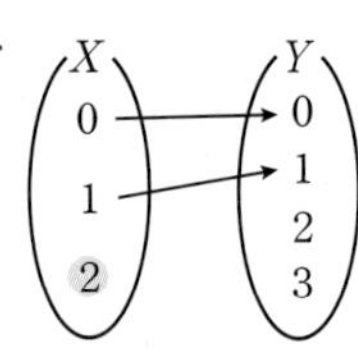

ㄱ. 집합 X의 원소 0에 대응하는 집합 Y의 원소가 없으므로 **함수가 아니다.**
ㄴ. 집합 X의 각 원소에 집합 Y의 원소가 오직 하나씩 대응하므로 **함수이다.** 이때 치역은 $\{\mathbf{0, 1}\}$
ㄷ. 집합 X의 각 원소에 집합 Y의 원소가 오직 하나씩 대응하므로 **함수이다.** 이때 치역은 $\{\mathbf{1, 2, 3}\}$
ㄹ. 집합 X의 원소 2에 대응하는 집합 Y의 원소가 없으므로 **함수가 아니다.**

확인유제 0649 다음은 두 집합 $X=\{1, 2, 3\}$, $Y=\{1, 2, 3, 4\}$의 원소들 사이의 대응 관계를 좌표평면 위에 나타낸 것이다. 이 중 X에서 Y로의 함수인 것은?

①
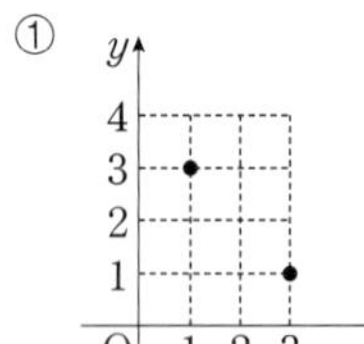
②
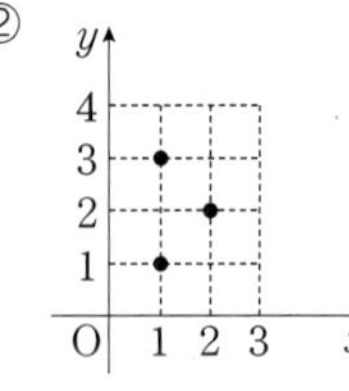
③
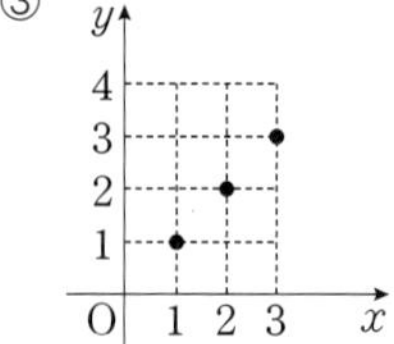
④
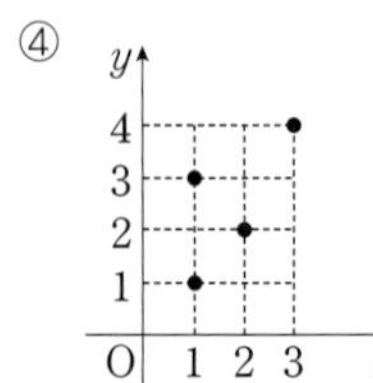
⑤
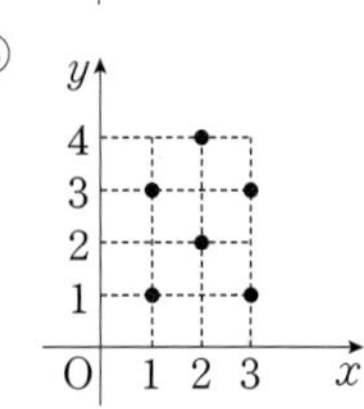

변형문제 0650 두 집합 $X=\{-1, 0, 1\}$, $Y=\{0, 1, 2, 3\}$에 대하여 다음 중 X에서 Y로의 함수가 아닌 것은?

① $y=x^3+1$　② $y=|x|$　③ $y=2x+1$

④ $y=\begin{cases} 1 & (x<0) \\ 3 & (x \geq 0) \end{cases}$　⑤ $y=\dfrac{2}{x^2+1}$

발전문제 0651 두 집합 $X=\{-2, 0, 2\}$, $Y=\{a, b, c\}$에 대하여 $f(x)=5x+1$에 X에서 Y로의 함수가 되도록 하는 상수 a, b, c에 대하여 $a+b+c$의 값을 구하시오.

정답 0649 : ③　0650 : ③　0651 : 3

실수 전체의 집합에서 정의된 [보기]의 그래프 중 함수의 그래프인 것만을 있는 대로 고르시오.

ㄱ. 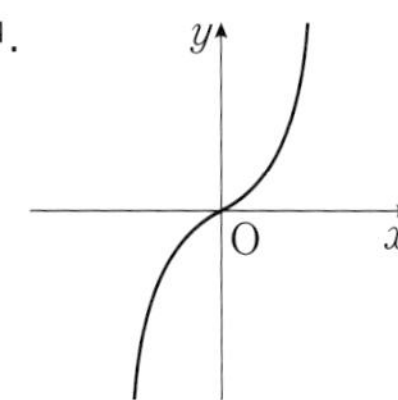
ㄴ. 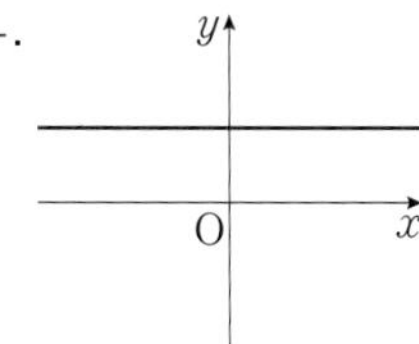
ㄷ. 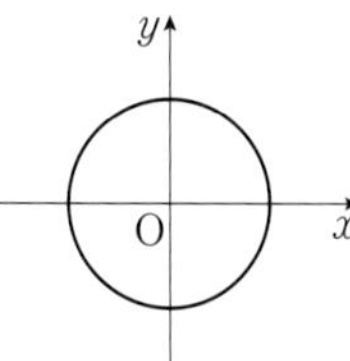
ㄹ. 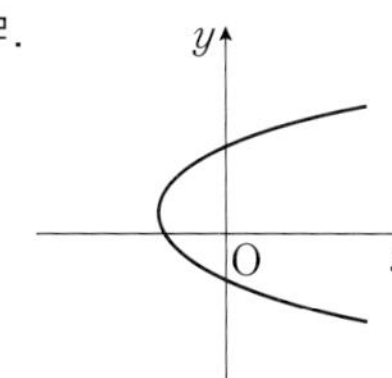
ㅁ. 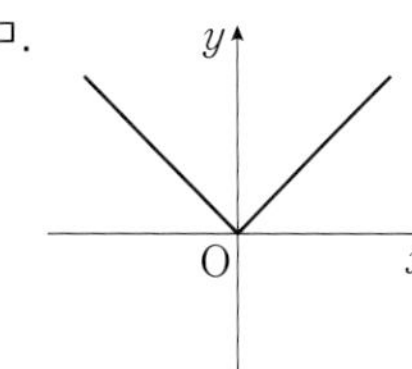
ㅂ. 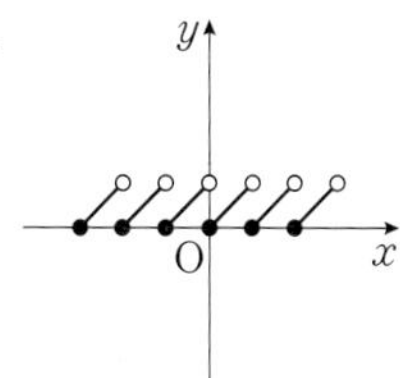

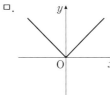

MAPL CORE ▶ 함수의 그래프를 판별하려면 정의역의 범위 내에서 y축에 평행한 직선 $x=a$(a는 정의역의 원소)를 그어 교점이 1개이면 함수의 그래프이고 교점이 없거나 2개 이상이면 함수의 그래프가 아니다.

개념익힘풀이 다음 그래프가 정의역의 각 원소 a에 대하여 y축에 평행한 직선 $x=a$를 그어 만나지 않거나 두 개 이상의 점에서 만나면 함수의 그래프가 아니다.

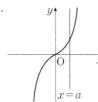

ㄱ. 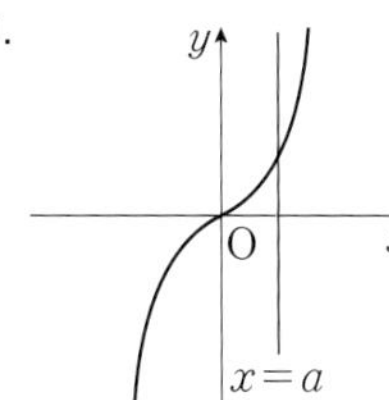
ㄴ. 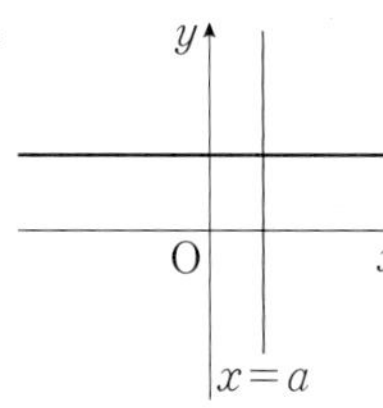
ㄷ. 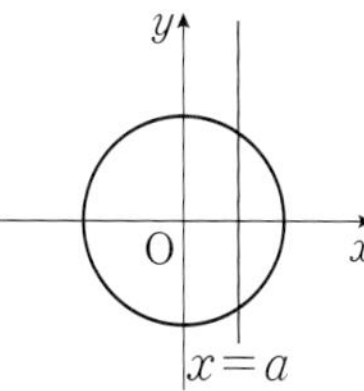
ㄹ. 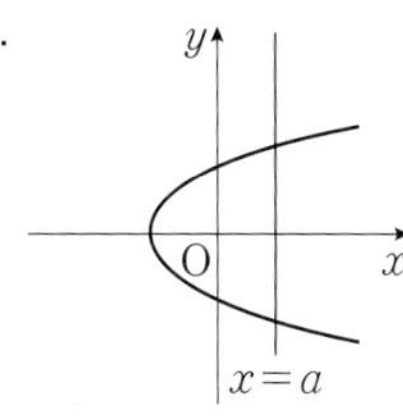
ㅁ. 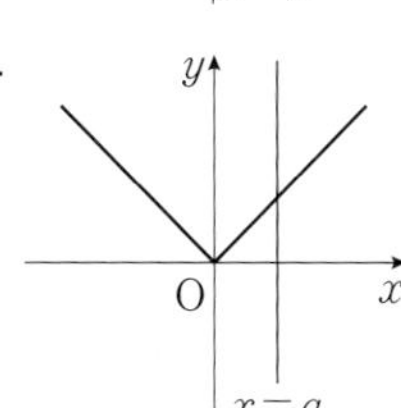
ㅂ. 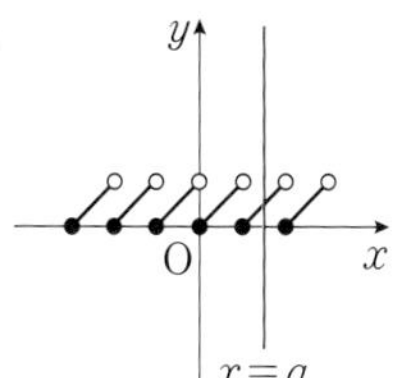

따라서 함수의 그래프인 것은 ㄱ, ㄴ, ㅁ, ㅂ이다.

확인유제 0652 실수 전체의 집합에서 정의된 [보기]의 그래프 중 함수의 그래프인 것만을 있는 대로 고르시오.

① 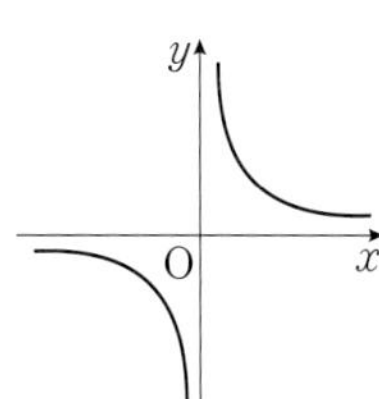
② 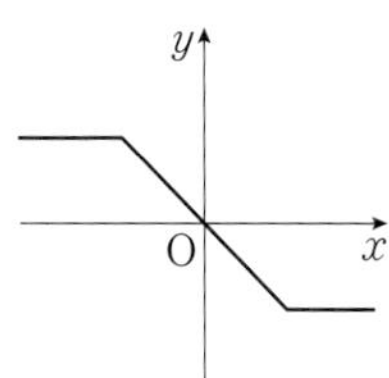
③ 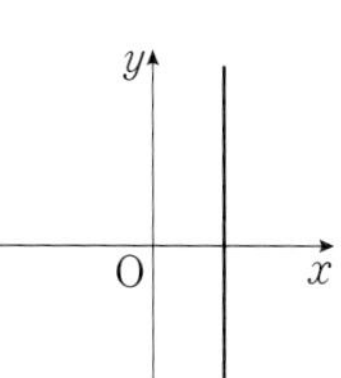
④ 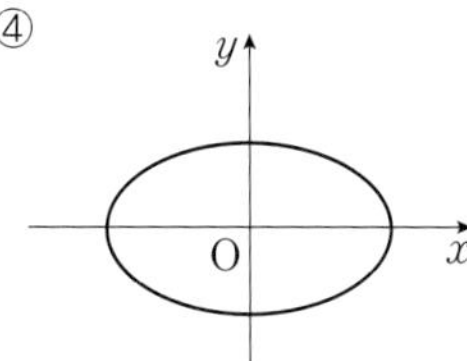
⑤ 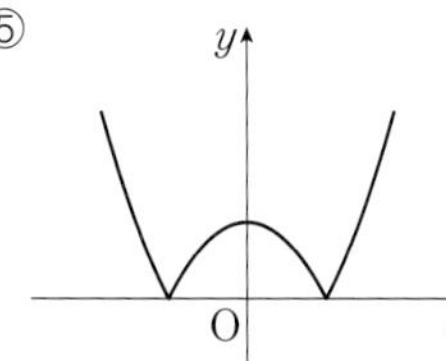
⑥ 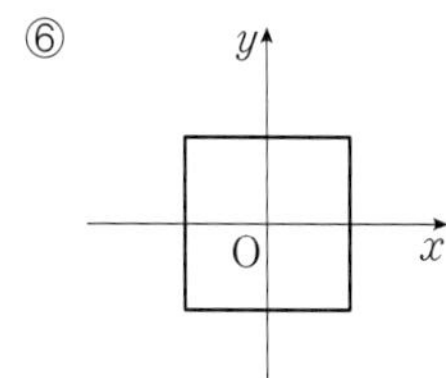

정답 0652 : ②, ⑤

다음 물음에 답하시오.

(1) 두 집합 $X=\{-2, -1, 0, 1, 2\}$, $Y=\{y|y\text{는 정수}\}$에 대하여 함수 $f : X \longrightarrow Y$를

$$f(x)=\begin{cases} x+3 & (x>0) \\ -x^2-1 & (x\le 0) \end{cases}$$

로 정의할 때, 함수 f의 치역의 모든 원소의 합을 구하시오.

(2) 함수 f가 실수 전체의 집합 R에서 R로의 함수 f를 $f(x)=\begin{cases} -x+2 & (x\le 1) \\ 2x-1 & (x>1) \end{cases}$로 정의할 때,

$f(-1)+f(2)$의 값을 구하시오.

MAPL CORE ▶ (1) 함수 $f(x)$에서 $f(k)$의 값 구하기 ➡ x대신 k를 대입한다.

(2) 함수 $f(ax+b)$에서 $f(k)$의 값 구하기 ➡ $ax+b=k$를 만족시키는 x의 값을 구하여 x대신 그 수를 대입한다.

개념익힘풀이 (1) 집합 X의 각 원소의 함숫값을 구하면

(i) $x\le 0$이면, 즉 $x=-2, -1, 0$일 때, $f(x)=-x^2-1$이므로

$f(-2)=-(-2)^2-1=-5$, $f(-1)=-(-1)^2-1=-2$, $f(0)=-1$

(ii) $x>0$이면, 즉 $x=1, 2$일 때, $f(x)=x+3$이므로

$f(1)=1+3=4$, $f(2)=2+3=5$

따라서 함수 f의 치역은 $\{-5, -2, -1, 4, 5\}$이므로 모든 치역의 원소의 합은 $(-5)+(-2)+(-1)+4+5=\mathbf{1}$

(2) (i) $-1<1$이므로 $f(-1)=-(-1)+2=3$ ← $x\le 1$에서 $f(x)=-x+2$

(ii) $2\ge 1$이므로 $f(2)=2\times 2-1=3$ ← $x>1$에서 $f(x)=2x-1$

(i), (ii)에서 $f(-1)+f(2)=3+3=\mathbf{6}$

확인유제 0653 다음 물음에 답하시오.

(1) 두 집합 $X=\{0, 1, 2, 3, 4\}$, $Y=\{y|y\text{는 정수}\}$에 대하여 함수 $f : X \longrightarrow Y$를

$f(x)=(x^2$을 5로 나누었을 때의 나머지)

로 정의할 때, 함수 f의 치역의 모든 원소의 합을 구하시오.

(2) 함수 f가 실수 전체의 집합 R에서 R로의 함수 f를 $f(x)=\begin{cases} 2x+1 & (x\le 1) \\ -x^2+5 & (x>1) \end{cases}$로 정의할 때,

$f(-2)+f(2)$의 값을 구하시오.

변형문제 0654 다음 물음에 답하시오.

(1) 실수 전체의 집합에서 정의된 함수 f가 $f(x)=\begin{cases} x & (x\text{는 유리수}) \\ 4-x & (x\text{는 무리수}) \end{cases}$일 때, $f(x)+f(4-x)$의 값은?

① 2 ② 3 ③ 4 ④ 5 ⑤ 6

(2) 음이 아닌 정수 전체의 집합에서 정의된 함수 $f(x)=\begin{cases} x+1 & (0\le x\le 4) \\ f(x-4) & (x>4) \end{cases}$로 정의할 때, $f(3)+f(25)$의 값은?

① 2 ② 3 ③ 5 ④ 6 ⑤ 7

발전문제 0655 실수 전체의 집합에서 정의된 함수 f에 대하여 다음 등식이 성립할 때, $f(3)$의 값과 $f(x)$를 구하시오.

(1) $f\left(\dfrac{x+1}{2}\right)=3x+5$

(2) $f(2x-1)=x^2+2x$

정답 0653 : (1) 5 (2) -2 0654 : (1) ③ (2) ④ 0655 : (1) $f(3)=20$, $f(x)=6x+2$ (2) $f(3)=8$, $f(x)=\frac{1}{4}x^2+\frac{3}{2}x+\frac{5}{4}$

마플개념익힘 04 서로 같은 함수

두 함수 f, g가 모두 집합 $X=\{-1, 0, 1\}$을 정의역으로 할 때, 다음 [보기]의 함수 중에서 $f=g$인 것을 모두 고르시오.

ㄱ. $f(x)=x$, $g(x)=x^3$
ㄴ. $f(x)=x-1$, $g(x)=x+2$
ㄷ. $f(x)=|x|+1$, $g(x)=x^2+1$

MAPL CORE ▸ 함수가 서로 같을 조건 $f=g$일 때,
(ⅰ) 두 함수 f, g의 정의역과 공역이 각각 서로 같다.
(ⅱ) 정의역의 모든 원소에 대한 함숫값이 서로 같다.

개념익힘풀이 두 함수 f, g의 정의역이 집합 $X=\{-1, 0, 1\}$로 같으므로 두 함수가 서로 같기 위해서는 정의역 X의 모든 원소 -1, 0, 1에 대하여 두 함수 f, g의 함숫값이 서로 같아야 한다.

ㄱ. $f(x)=x$, $g(x)=x^3$에서 $f(-1)=g(-1)=-1$, $f(0)=g(0)=0$, $f(1)=g(1)=1$
$\therefore f=g$

ㄴ. $f(x)=x-1$, $g(x)=x+2$에서 $f(-1)=-2$, $g(-1)=-1+2=1$이므로 $f(-1)\neq g(-1)$
$\therefore f\neq g$

ㄷ. $f(x)=|x|+1$, $g(x)=x^2+1$에서 $f(-1)=g(-1)=2$, $f(0)=g(0)=1$, $f(1)=g(1)=2$
$\therefore f=g$

따라서 두 함수 f, g가 서로 같은 것은 ㄱ, ㄷ이다.

확인유제 0656 두 집합 $X=\{-1, 0, 1\}$, $Y=\{-2, -1, 0, 1, 2\}$에 대하여 X에서 Y로의 두 함수 f, g가 [보기]와 같을 때, $f=g$인 것만을 있는 대로 고르면?

ㄱ. $f(x)=x^2$, $g(x)=x^3$

ㄴ. $f(x)=\begin{cases} 2 & (x=1) \\ \dfrac{x^2-1}{x-1} & (x\neq 1) \end{cases}$, $g(x)=x+1$

ㄷ. $f(x)=-2|x|$, $g(x)=2x$

① ㄱ ② ㄴ ③ ㄱ, ㄴ ④ ㄴ, ㄷ ⑤ ㄱ, ㄴ, ㄷ

변형문제 0657 집합 $X=\{-1, 1\}$에서 실수 전체의 집합 R로의 함수 f와 g를 각각 다음과 같이 정의하자.

$$f(x)=x^3+2a,\ g(x)=ax+b$$

이때 두 함수 f, g가 서로 같도록 하는 상수 a, b에 대하여 ab의 값은?

① -2 ② -1 ③ 2 ④ 4 ⑤ 6

발전문제 0658 다음 물음에 답하시오.

(1) 실수 전체의 집합의 부분집합 X를 정의역으로 하는 두 함수

$$f(x)=x^2,\ g(x)=3x-2$$

일 때, $f=g$가 되는 정의역 X의 개수를 구하시오. (단, $X\neq\varnothing$)

(2) 집합 X를 정의역으로 하는 두 함수

$$f(x)=x^3-6x-1,\ g(x)=x+5$$

에 대하여 $f=g$가 되도록 하는 집합 X의 개수를 구하시오. (단, $X\neq\varnothing$)

정답 0656 : ② 0657 : ③ 0658 : (1) 3 (2) 7

마플개념익힘 05 조건을 이용하여 함숫값 구하기

임의의 실수 x, y에 대하여 함수 $f(x)$가 $f(x+y)=f(x)+f(y)$를 만족하고 $f(2)=6$일 때, 다음 값을 구하시오.

(1) $f(0)$ (2) $f(1)$ (3) $f(-10)+f(20)$

MAPL CORE ▶ 함수방정식 $f(x+y)=f(x)f(y)$ 또는 $f(x+y)=f(x)+f(y)$의 조건이 주어질 때,
➡ 적당한 x, y의 값을 대입하여 함숫값을 구한다.

개념익힘풀이 $f(x+y)=f(x)+f(y)$ …… ㉠

(1) $x=0$, $y=0$을 ㉠의 양변에 대입하면

$f(0+0)=f(0)+f(0)$ $\therefore$ $\mathbf{f(0)=0}$

(2) $x=1$, $y=1$을 ㉠의 양변에 대입하면

$f(1+1)=f(1)+f(1)$, $2f(1)=6$ $\therefore$ $\mathbf{f(1)=3}$

(3) $x=-1$, $y=1$을 ㉠의 양변에 대입하면

$f(0)=f(-1)+f(1)$, $0=f(-1)+3$ $\therefore$ $f(-1)=-3$

$f(-2)=f(-1)+f(-1)=2f(-1)$

$f(-3)=f(-1)+f(-2)=f(-1)+2f(-1)=3f(-1)$

$f(-4)=f(-1)+f(-3)=f(-1)+3f(-1)=4f(-1)$

⋮

$f(-10)=f(-1)+f(-9)=f(-1)+9f(-1)$

$=10f(-1)=10\times(-3)=-30$

마찬가지로 $f(20)=20f(1)=20\times3=60$

$\therefore$ $f(-10)+f(20)=10\times f(-1)+20\times f(1)=-30+60=\mathbf{30}$

다른풀이

$f(20-10)=f(10)=f(20)+f(-10)$이므로

$f(4)=f(2)+f(2)=6+6=12$

$f(8)=f(4)+f(4)=12+12=24$

$f(10)=f(8)+f(2)=24+6=30$

따라서 $f(20)+f(-10)=f(10)=30$

확인유제 0659 임의의 두 실수 a, b에 대하여 함수 $f(x)$가 $f(a+b)=f(a)+f(b)$를 만족하고, $f(1)=2$일 때, [보기]에서 옳은 것만을 있는 대로 고른 것은?

> ㄱ. $f(2)=4$
> ㄴ. $f(0)+f(3)=6$
> ㄷ. 임의의 자연수 n에 대하여 $f(na)=nf(a)$이다.

① ㄷ ② ㄱ, ㄴ ③ ㄱ, ㄷ ④ ㄴ, ㄷ ⑤ ㄱ, ㄴ, ㄷ

변형문제 0660 임의의 실수 x, y에 대하여 함수 f가

$$f(x+y)=f(x)f(y),\ f(x)>0$$

을 만족시키고 $f(2)=4$일 때, 다음 [보기]에서 옳은 것만을 있는 대로 고르면?

> ㄱ. $f(0)=1$ ㄴ. $f(1)=2$ ㄷ. $f(100x)=\{f(x)\}^{100}$

① ㄱ ② ㄱ, ㄴ ③ ㄱ, ㄷ ④ ㄴ, ㄷ ⑤ ㄱ, ㄴ, ㄷ

발전문제 0661 함수 f가 임의의 두 양수 x, y에 대하여

$$f(xy)=f(x)+f(y),\ f(2)=2,\ f(3)=5$$

를 만족할 때, $f(1)+f(216)$의 값을 구하시오.

정답 0659 : ⑤ 0660 : ⑤ 0661 : 21

02 여러 가지 함수

MAPL; YOURMASTERPLAN

01 일대일함수

개념유형

함수 $f : X \longrightarrow Y$에서 정의역 X의 **서로 다른 두 원소에 대응하는 공역 Y의 원소가 항상 서로 다를 때,**
이 함수 f를 **일대일함수**라고 한다.

즉 함수 $f : X \longrightarrow Y$에서 정의역 X의 임의의 두 원소 x_1, x_2에 대하여

$$x_1 \neq x_2 \text{이면 } f(x_1) \neq f(x_2)$$

일 때, 함수 f를 **일대일함수**라고 한다.

참고 '$x_1 \neq x_2$이면 $f(x_1) \neq f(x_2)$' 의 대우인 '$f(x_1)=f(x_2)$이면 $x_1=x_2$' 가 성립할 때도 함수 f는 일대일함수이다.

마플해설 다음 세 함수 f, g, h에 대하여 일대일함수를 판별하기

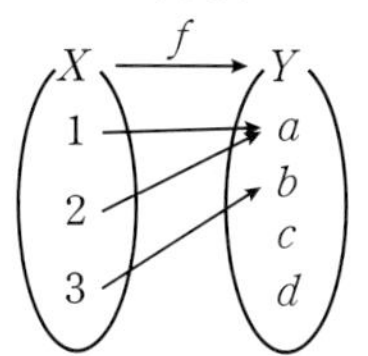

정의역 원소 1, 2는 다르지만 $f(1)=f(2)=a$이므로 **일대일함수가 아니다.**

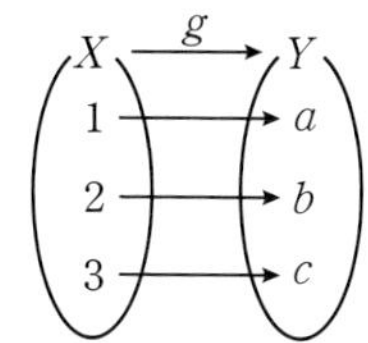

정의역 원소 1, 2, 3의 함숫값이 각각 a, b, c로 서로 다르므로 **일대일함수이다.**

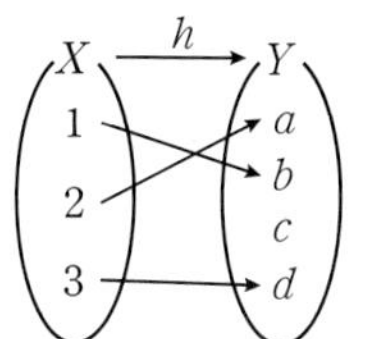

정의역 원소 1, 2, 3의 함숫값이 각각 a, b, d로 서로 다르므로 **일대일함수이다.**

02 일대일대응

개념유형

함수 $f : X \longrightarrow Y$에서 **일대일함수이고 치역과 공역이 서로 같을 때,** 이 함수 f를 **일대일대응**이라 한다.

즉 함수 $f : X \longrightarrow Y$에서

(ⅰ) 정의역 X의 임의의 두 원소 x_1, x_2에 대하여 $x_1 \neq x_2$이면 $f(x_1) \neq f(x_2)$

(ⅱ) 치역과 공역이 서로 같다.

즉 $\{f(x) \mid x \in X\}=Y$ ◀ 원소의 개수가 유한개일 때, 정의역의 원소의 개수와 공역의 원소의 개수가 같다.

(ⅰ), (ⅱ)를 동시에 만족할 때, 함수 f를 X에서 Y로의 **일대일대응**이라고 한다.

대응 ⊃ 함수 ⊃ 일대일함수 ⊃ 일대일대응

주의 {일대일대응} ⊂ {일대일함수}이므로 일대일대응이면 일대일함수이지만 일대일함수라고 해서 모두 일대일대응인 것은 아니다.

마플해설 **다음 세 함수 f, g, h가 일대일함수와 일대일대응의 판별**

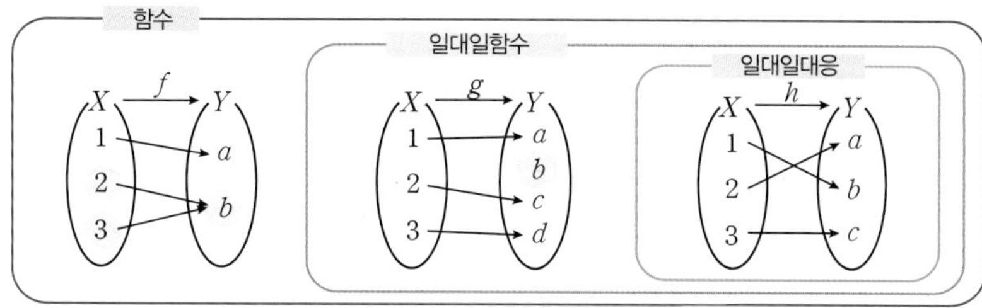

① 함수 f에서 원소 사이의 대응 관계는 치역이 $\{a, b\}$이고 공역이 $\{a, b\}$로 서로 같다.
그러나 정의역의 두 원소 2, 3에 대응하는 공역의 원소가 모두 b이므로 함수 f는 **일대일함수가 아니다.**
➡ 함수 f는 함수이지만 **일대일대응이 아니다.**

② 함수 g에서 정의역이 서로 다른 두 원소에 대응하는 공역의 원소가 항상 서로 다르므로 **일대일함수이다.**
이때 원소 사이의 대응 관계에서 치역이 $\{a, c, d\}$이고 공역이 $\{a, b, c, d\}$로 서로 같지 않다.
➡ 함수 g는 **일대일대응이 아니다.**

③ 함수 h에서 원소 사이의 대응 관계는 치역이 $\{a, b, c\}$이고 공역이 $\{a, b, c\}$로 서로 같다.
또, 정의역의 서로 다른 두 원소에 대응하는 공역의 원소가 항상 서로 다르므로 **일대일함수이다.**
➡ 함수 h는 **일대일대응이다.**

개념유형

03 항등함수

함수 $f : X \longrightarrow X$에서 정의역 X의 임의의 원소 x에 그 자신인 x가 대응될 때, 즉 $\boldsymbol{f(x)=x}$일 때, 이 함수 f를 X에서의 **항등함수**라고 한다.

실수 전체의 집합에서 항등함수의 그래프 직선 ➡ $y=x$

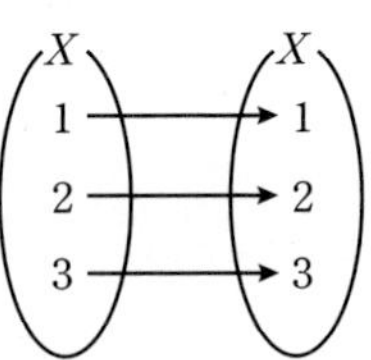

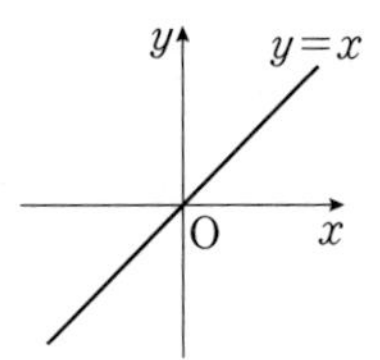

참고 항등함수를 영어로 identity function이라 하고 보통 I로 나타낸다. 항등함수는 일대일대응이다.

마플해설 정의역 X에 따라 항등함수의 그래프가 다음과 같이 달라진다.

① $X=\{0, 1, 2, 3\}$ ② $X=\{x|a \le x \le b\}$ ③ $X=\{x|x$는 실수$\}$

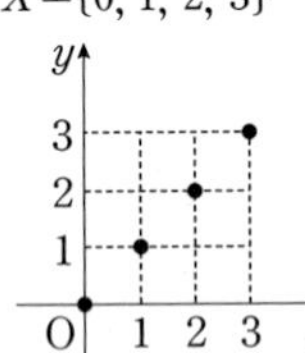

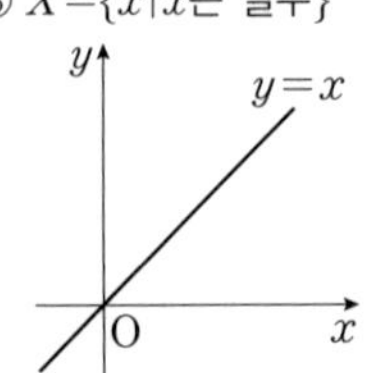

참고 모든 항등함수 $f : X \longrightarrow X$는 치역과 공역이 서로 같고 $x_1 \neq x_2$이면 $f(x_1) \neq f(x_2)$이므로 일대일대응이다.

보기 01 **집합 $X=\{-1, 0, 1\}$에 대하여 다음 함수 $f : X \longrightarrow X$가 일대일대응인 것과 항등함수인 것을 각각 구하시오.**

(1) $f(x)=x^3$ (2) $g(x)=-x$ (3) $h(x)=|x|$

풀이 (1) (2) (3)

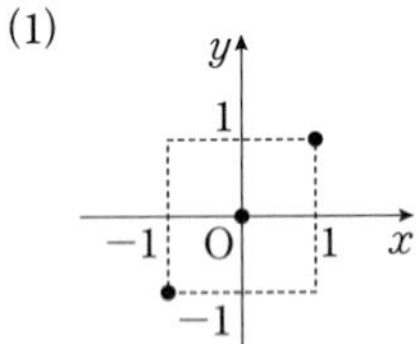

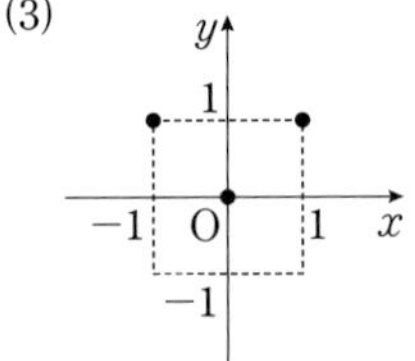

따라서 **일대일대응은 (1), (2)이고 항등함수는 (1)**이다.

개념유형

04 상수함수

함수 $f : X \longrightarrow Y$에서 정의역 X의 모든 원소 x에 공역 Y의 오직 하나의 원소가 대응할 때, 즉 $f(x)=c$ (c는 상수)일 때, 함수 f를 **상수함수**라 한다.

상수함수의 그래프 ➡ x축에 평행하거나 x축과 같다.

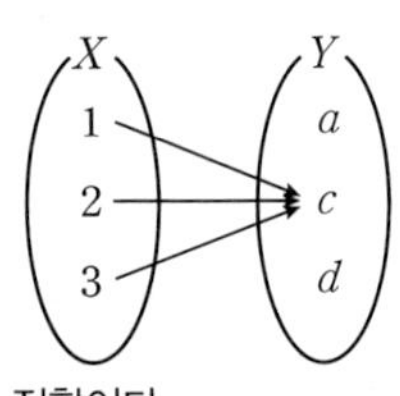

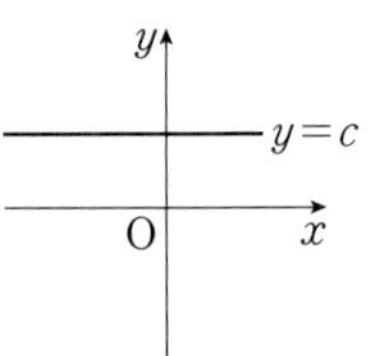

참고 상수함수는 영어로 constant function이라 하고 치역은 원소가 1개인 집합이다.

마플해설 정의역 X에 따라 상수함수의 그래프가 다음과 같이 달라진다.

① $X=\{0, 1, 2, 3\}$ ② $X=\{x|a \le x \le b\}$ ③ $X=\{x|x$는 실수$\}$

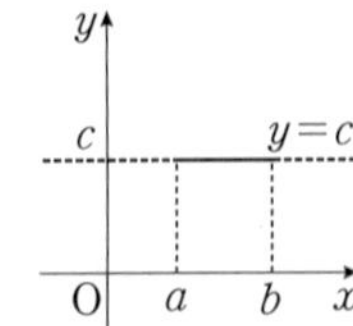

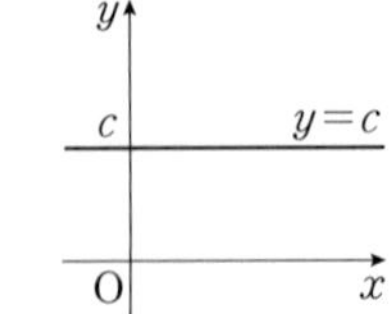

보기 02 **자연수 전체의 집합에서 정의된 함수 f는 항등함수, g는 상수함수이다. $f(2)=g(2)$일 때, $f(5)+g(5)$의 값을 구하시오.**

풀이
(ⅰ) f가 항등함수이므로 $f(x)=x$ $\therefore f(2)=2$
(ⅱ) g가 상수함수이고 $f(2)=g(2)=2$이므로
$g(x)=2$ $\therefore g(5)=2$
(ⅰ), (ⅱ)에서 $f(5)+g(5)=5+2=\mathbf{7}$

항등함수와 상수함수
항등함수는 $f(x)=x$이므로 $f(1)=1,\ f(2)=2,\ f(3)=3, \cdots$
상수함수는 $g(x)=c$이므로 $g(1)=g(2)=g(3)=\cdots=c$

보기 03 다음에 대응에 대하여 물음에 답하시오.

ㄱ.

ㄴ.

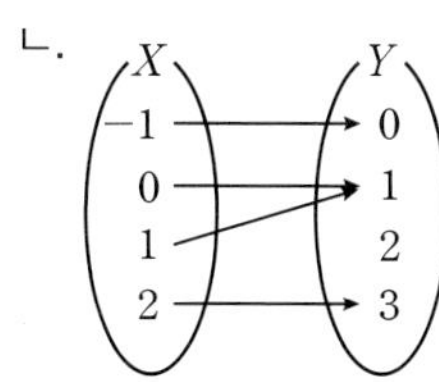

ㄷ.

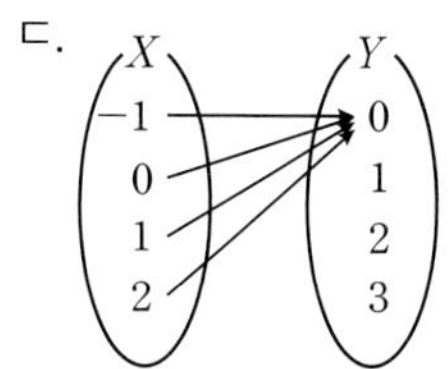

ㄹ.

ㅁ.

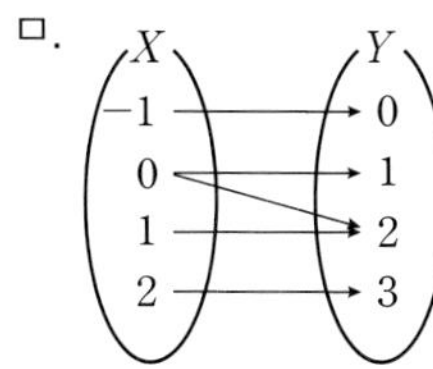

ㅂ.

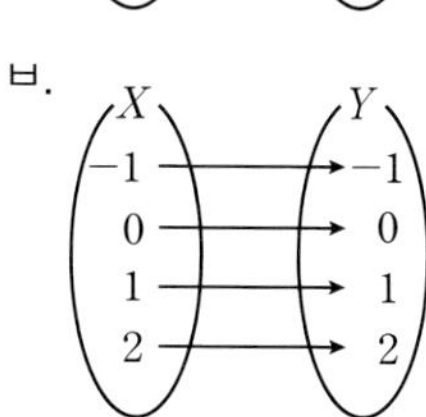

(1) 함수가 아닌 것을 모두 구하시오. (2) 일대일대응인 것을 모두 구하시오.
(3) 항등함수인 것을 모두 구하시오. (4) 상수함수인 것을 모두 구하시오.

풀이

(1) 함수가 아닌 것 : ㄱ, ㅁ (2) 일대일대응 : ㄹ, ㅂ
(3) 항등함수 : ㅂ (4) 상수함수 : ㄷ

보기 04 다음에 해당하는 것만을 [보기]에서 있는 대로 고르시오.

ㄱ. $y=\|x+1\|$	ㄴ. $y=x^2$	ㄷ. $y=2x+1$
ㄹ. $y=x$	ㅁ. $y=-1$	ㅂ. $y=-\frac{1}{3}x$

(1) 일대일대응 (2) 항등함수 (3) 상수함수

풀이

ㄱ. $x=0$일 때, $|0+1|=1$이고 $x=-2$일 때, $|-2+1|=1$이므로 일대일함수가 아니다.

ㄴ. $-2\neq 2$이지만 $f(-2)=f(2)=4$이므로 일대일함수가 아니다.

ㄷ. 서로 다른 임의의 두 실수 x_1, x_2에 대하여 $f(x_1)-f(x_2)=(2x_1+1)-(2x_2+1)=2(x_1-x_2)\neq 0$
즉 $f(x_1)\neq f(x_2)$이므로 일대일함수이고 치역과 공역이 실수 전체의 집합이다.
따라서 일대일대응이다.

ㄹ. 서로 다른 임의의 두 실수 x_1, x_2에 대하여 $f(x_1)-f(x_2)=x_1-x_2\neq 0$
즉 $f(x_1)\neq f(x_2)$이므로 일대일함수이고 치역과 공역이 실수 전체의 집합이다.
따라서 일대일대응이고 항등함수이다.

ㅁ. $y=-1$은 모든 x에 대하여 $y=-1$이므로 상수함수이다.

ㅂ. 서로 다른 임의의 두 실수 x_1, x_2에 대하여 $f(x_1)-f(x_2)=-\frac{1}{3}x_1-\left(-\frac{1}{3}x_2\right)=-\frac{1}{3}(x_1-x_2)\neq 0$
즉 $f(x_1)\neq f(x_2)$이므로 일대일함수이고 치역과 공역이 실수 전체의 집합이다.
따라서 일대일대응이다.

(1) **일대일대응 : ㄷ, ㄹ, ㅂ** (2) **항등함수 : ㄹ** (3) **상수함수 : ㅁ**

여러 가지 함수

① 일대일함수 : 정의역의 서로 다른 원소에 공역의 서로 다른 원소가 대응하는 함수
② 일대일대응 : 일대일함수 중 치역과 공역이 서로 같은 함수
③ 항등함수 : 정의역과 공역이 같고 정의역의 각 원소에 자기 자신이 대응하는 함수
즉 $f(x)=x$
④ 상수함수 : 정의역의 모든 원소에 공역의 단 하나의 원소만 대응하는 함수
즉 $f(x)=c$ (c는 상수)

함수 / 일대일함수 / 일대일대응 / 항등함수 $f(x)=x$ / 상수함수 $f(x)=c$

참고 공역이 주어지지 않은 어떤 함수가 일대일함수이면 치역을 공역으로 생각하여 이 함수를 일대일대응으로 볼 수 있다.

교과서 뛰어넘기

마플특강 13 일대일함수, 일대일대응의 그래프의 판별

MAPL; YOURMASTERPLAN

특강유형

01 일대일함수, 일대일대응의 그래프

(1) 함수의 그래프

함수는 두 집합 X, Y에 대하여 X의 각 원소에 Y의 각 원소가 오직 하나씩 대응하여야 한다.
따라서 함수의 그래프는 다음의 성질을 갖는다.

함수의 그래프는 정의역의 임의의 원소 k에 대하여 y축에 평행한 직선 $x=k$와 주어진 그래프의 교점이 1개이다.

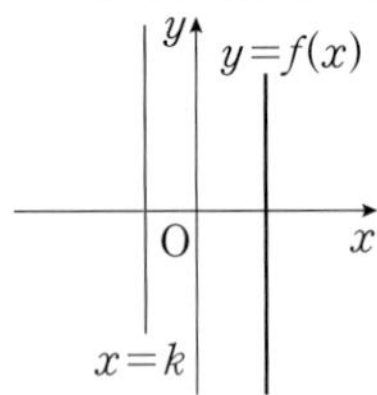

$y=f(x)$의 그래프와 직선 $x=k$의 교점이 없거나 무수히 많으므로 함수의 그래프가 아니다.

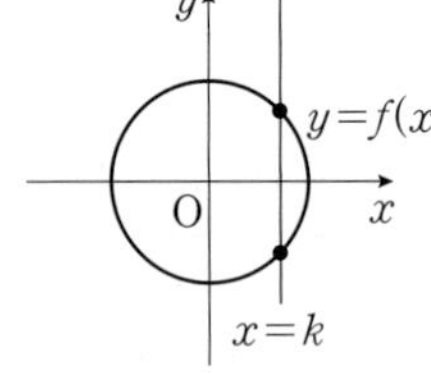

$y=f(x)$의 그래프와 직선 $x=k$의 교점이 2개이므로 함수의 그래프가 아니다.

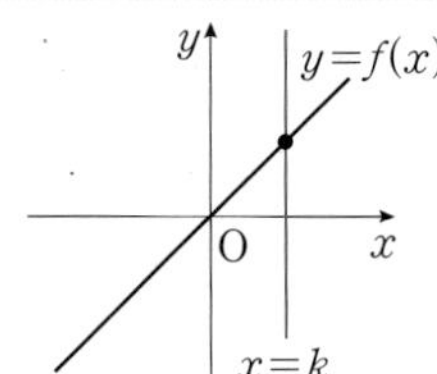

$y=f(x)$의 그래프와 직선 $x=k$의 교점이 1개이므로 함수의 그래프이다.

(2) 일대일함수의 그래프

일대일함수는 정의역의 서로 다른 두 원소에 대응하는 공역의 원소가 항상 서로 달라야 한다.
따라서 일대일함수의 그래프는 다음의 성질을 갖는다.

일대일함수의 그래프는 치역의 임의의 원소 k에 대하여 x축에 평행한 직선 $y=k$와 주어진 함수의 그래프의 교점이 1개이다.

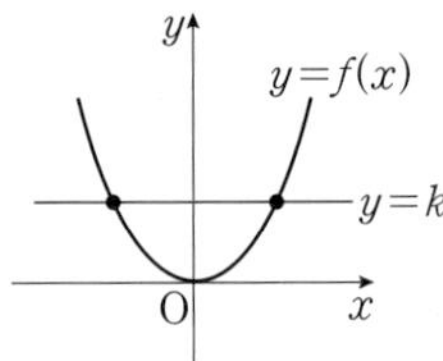

함수 $y=f(x)$의 그래프와 직선 $y=k$의 교점이 2개이므로 일대일함수의 그래프가 아니다.

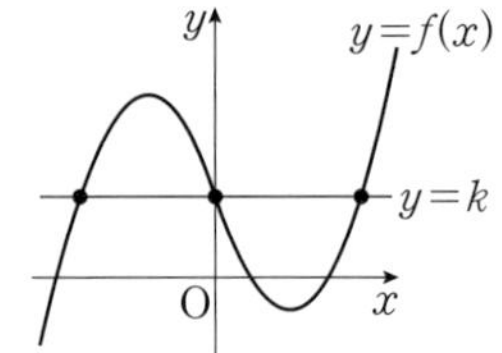

함수 $y=f(x)$의 그래프와 직선 $y=k$의 교점이 3개이므로 일대일함수의 그래프가 아니다.

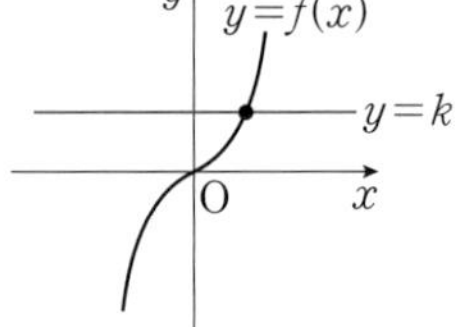

함수 $y=f(x)$의 그래프와 직선 $y=k$의 교점이 1개이므로 일대일함수의 그래프이다.

참고 일대일함수의 그래프의 특징 : 정의역의 구간에서 증가 또는 감소함수

(3) 일대일대응의 그래프

일대일대응은 치역과 공역이 서로 같고 일대일함수이어야 한다.
따라서 일대일대응의 그래프는 다음의 성질을 갖는다.

직선 $y=k$와 함수 $y=f(x)$의 그래프의 교점의 개수가 1개이고 (치역)=(공역)인 함수의 그래프이다.

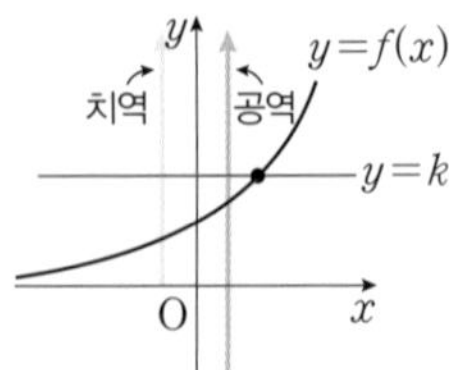

함수 $y=f(x)$의 치역은 양의 실수 전체의 집합이고 공역은 실수 전체의 집합으로 서로 같지 않다.
즉 일대일대응의 그래프가 아니다.

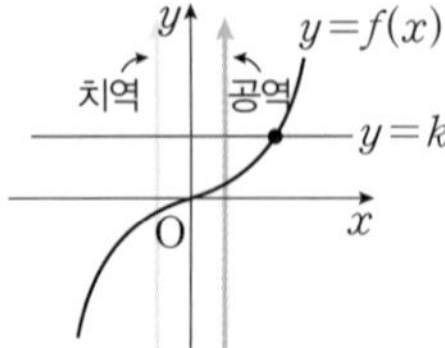

함수 $y=f(x)$의 치역과 공역이 모두 실수 전체의 집합으로 같고 함수 $y=f(x)$의 그래프와 직선 $y=k$의 교점이 1개이므로 일대일대응이다.

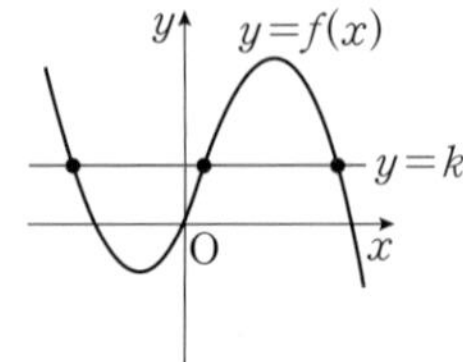

함수 $y=f(x)$의 치역과 공역이 모두 실수 전체의 집합으로 같지만 함수 $y=f(x)$의 그래프와 직선 $y=k$의 교점이 3개이므로 일대일대응의 그래프가 아니다.

참고 일대일대응의 그래프의 특징 : 일대일함수는 항상 증가이거나 감소하므로 일대일대응은 증가함수 또는 감소함수이고 (치역)=(공역)이어야 한다.

마플개념익힘 01 여러 가지 함수

정의역과 공역이 실수 전체의 집합에서 정의된 [보기]의 함수의 그래프에 대하여 다음 함수를 고르시오.

ㄱ. ㄴ. ㄷ.

ㄹ. ㅁ. ㅂ.

(1) 일대일함수 (2) 일대일대응 (3) 항등함수 (4) 상수함수

MAPL CORE ▶ (1) 일대일함수의 그래프 : 직선 $y=a$와의 교점이 항상 1개인 그래프, 즉 계속 증가하거나 계속 감소하는 그래프

(2) 일대일대응의 그래프 : 일대일함수의 그래프 중 (치역)=(공역)인 함수

(3) 항등함수의 그래프 : 직선 $y=x$

(4) 상수함수의 그래프 : 치역의 원소가 1개, x축에 평행한 직선

개념익힘풀이 (1) 일대일함수는 그래프와 치역의 각 원소 a에 대하여 직선 $y=a$와의 교점이 1개이므로 ㄱ, ㄴ, ㄹ, ㅂ이다.

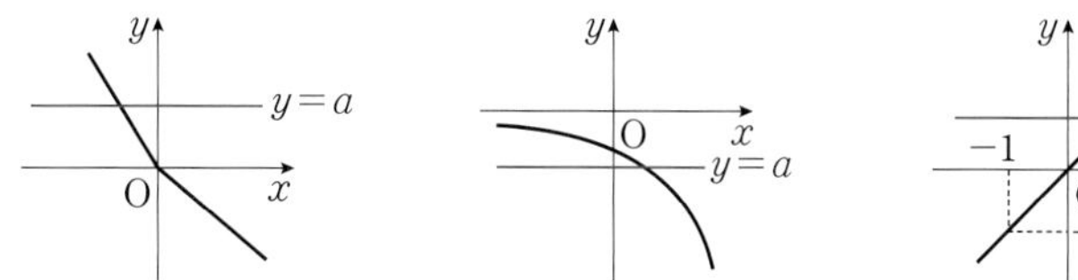

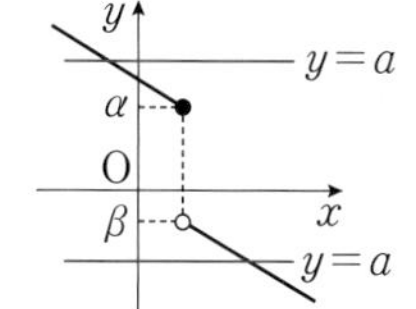

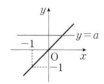

ㄴ. 직선 $y=a(a<0)$와 그래프가 오직 한 점에서 만나므로 일대일함수이지만 치역이 실수 전체의 집합이 아니므로 일대일대응은 아니다. $\{y|y<0\}$

ㅂ. 직선 $y=a(a\ge\alpha$ 또는 $a<\beta)$와 그래프가 오직 한 점에서 만나므로 일대일함수이지만 치역이 실수 전체의 집합이 아니므로 일대일대응은 아니다. $\{y|y\ge\alpha$ 또는 $y<\beta\}$

(2) 일대일대응은 일대일함수의 그래프 중에서 치역과 공역이 같은 함수, 즉 그래프에서 일대일함수이면서 치역이 실수 전체의 집합인 함수이므로 ㄱ, ㄹ이다.

(3) 항등함수는 정의역과 공역이 같고 정의역의 각 원소에 자기 자신이 대응하는 함수, 즉 그래프가 직선 $y=x$이므로 ㄹ이다.

(4) 상수함수는 치역의 원소가 1개, 즉 그래프는 x축에 평행한 직선인 함수이므로 ㅁ이다.

확인유제 0662

다음 함수 중에서 일대일대응인 것은?

① $f(x)=|x|-1$ ② $f(x)=x^2-2x+1$ ③ $f(x)=-x+1$

④ $f(x)=|x+1|$ ⑤ $f(x)=-x^2$

변형문제 0663

함수 f 중 다음 조건을 만족하는 함수가 아닌 것은?

정의역의 임의의 두 원소 x_1, x_2에 대하여 $x_1\neq x_2$이면 $f(x_1)\neq f(x_2)$이다.

① $f(x)=x+1$ ② $f(x)=(x-2)^2(x\ge2)$ ③ $f(x)=\begin{cases} x+2 & (x\ge0) \\ -x^2-1 & (x<0)\end{cases}$

④ $f(x)=-x^2(x\ge0)$ ⑤ $f(x)=x+|x|$

정답 0662 : ③ 0663 : ⑤

마플개념익힘 02 일대일대응, 항등함수, 상수함수

집합 $X=\{0, 1, 2\}$에 대하여 집합 X에서 X로의 세 함수 f, g, h는 일대일대응, 항등함수, 상수함수이고 다음 조건을 만족시킬 때, $f(2)+g(2)+h(2)$의 값을 구하시오.

(가) $f(0)=g(2)=h(1)$
(나) $f(1)+2f(2)=f(0)$

MAPL CORE ▶ (1) 항등함수 $f: X \longrightarrow X$, $f(x)=x$
(2) 상수함수 $f: X \longrightarrow Y$, $f(x)=c$ (c는 $c \in Y$인 상수)

개념익힘풀이 함수 g가 항등함수이므로 $g(x)=x$

조건 (가)에서 $f(0)=g(2)=h(1)=2$ ← $g(2)=2$

이때 함수 h는 상수함수이므로 $h(0)=h(1)=h(2)=2$ ← 상수함수 $h(x)=2$

또, 함수 f는 일대일대응이고 $f(0)=2$이므로 $f(1)=0$, $f(2)=1$ 또는 $f(1)=1$, $f(2)=0$

(i) $f(1)=0$, $f(2)=1$일 때, $f(1)+2f(2)=2=f(0)$

(ii) $f(1)=1$, $f(2)=0$일 때, $f(1)+2f(2)=1 \neq f(0)$

(i), (ii)에 의하여 조건 (나)를 만족시키는 것은 $f(1)=0$, $f(2)=1$

따라서 $f(2)+g(2)+h(2)=1+2+2=\mathbf{5}$

확인유제 0664 다음 물음에 답하시오.

(1) 실수 전체의 집합에서 정의된 함수 f는 상수함수이고 $f(5)=2$일 때, $f(1)+f(3)+f(5)+\cdots+f(99)$의 값을 구하시오.

(2) 실수 전체의 집합에서 정의된 두 함수 f, g에 대하여 f가 항등함수, g가 상수함수이다. $f(-2)+g(5)=7$일 때, $f(3)+g(3)$의 값을 구하시오.

변형문제 0665 다음 물음에 답하시오.

(1) 집합 $X=\{1, 2, 3\}$에 대하여 집합 X에서 X로의 세 함수 f, g, h는 일대일대응, 항등함수, 상수함수이고 다음 조건을 만족시킬 때, $f(2)+g(3)+h(3)$의 값은?

(가) $f(3)=g(2)=h(1)$
(나) $f(1)g(2)=f(3)$

① 4 ② 5 ③ 6 ④ 7 ⑤ 8

(2) 집합 $X=\{2, 3, 6\}$에 대하여 집합 X에서 X로의 세 함수 f, g, h는 일대일대응, 항등함수, 상수함수이고 다음 조건을 만족시킬 때, $f(6)+g(3)+h(6)$의 값은?

(가) $f(3)=g(2)=h(6)$
(나) $f(2)=g(2)+2h(3)$

① 4 ② 5 ③ 6 ④ 7 ⑤ 8

발전문제 0666 집합 $X=\{1, 2, 3, 4, 5, 6\}$에 대하여 집합 X에서 X로의 세 함수 f, g, h가 다음 조건을 만족시킨다.

(가) f는 항등함수이고 g는 상수함수이다.
(나) 집합 X의 모든 원소 x에 대하여 $f(x)+g(x)+h(x)=8$이다.

$g(5)+h(1)$의 값을 구하시오.

정답 0664 : (1) 100 (2) 12 0665 : (1) ⑤ (2) ⑤ 0666 : 7

마플개념익힘 03 일대일대응

집합 $X=\{x|0\le x\le 1\}$에서 집합 $Y=\{y|-1\le y\le 2\}$로의 함수 $f(x)=ax+b$가 일대일대응이 되도록 할 때, 다음 물음에 답하시오.

(1) $a>0$일 때, 실수 a, b의 값을 구하시오.

(2) $a<0$일 때, 실수 a, b의 값을 구하시오.

MAPL CORE ▶ 함수 f가 일대일대응이 되려면 정의역의 양 끝값의 함숫값이 공역의 양 끝값이어야 한다.

즉 $X=\{x|x_1\le x\le x_2\}$에서 $Y=\{y|y_1\le y\le y_2\}$로의 함수 $f(x)=ax+b$가 일대일대응이 되려면

(1) $a>0$일 때, $f(x_1)=y_1$, $f(x_2)=y_2$ ◀ 함수 f의 그래프가 증가

(2) $a<0$일 때, $f(x_1)=y_2$, $f(x_2)=y_1$ ◀ 함수 f의 그래프가 감소

개념익힘풀이 (1) $a>0$일 때,

$f(x)=ax+b$에서 x의 값이 증가할 때, y의 값도 증가한다.

이때 $f(x)$가 일대일대응이므로 치역과 공역이 같도록

$y=f(x)$의 그래프를 그려 보면 오른쪽 그림과 같다.

즉 $f(0)=b=-1$, $f(1)=a+b=2$

두 식을 연립하여 풀면 $\boldsymbol{a=3}$, $\boldsymbol{b=-1}$

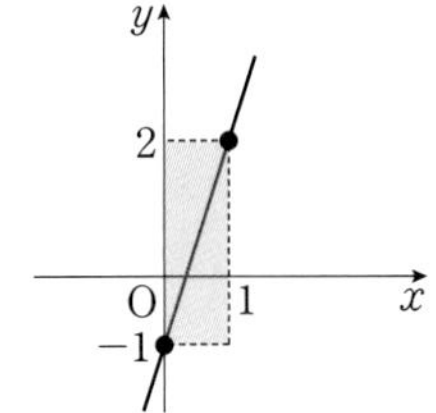

(2) $a<0$일 때,

$f(x)=ax+b$에서 x의 값이 증가할 때, y의 값도 감소한다.

이때 $f(x)$가 일대일대응이므로 치역과 공역이 같도록

$y=f(x)$의 그래프를 그려 보면 오른쪽 그림과 같다.

$f(0)=b=2$, $f(1)=a+b=-1$

두 식을 연립하여 풀면 $\boldsymbol{a=-3}$, $\boldsymbol{b=2}$

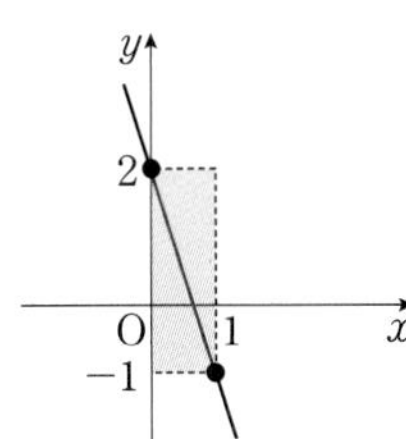

확인유제 0667

다음 물음에 답하시오.

(1) 두 집합 $X=\{x|-1\le x\le 1\}$, $Y=\{y|2\le y\le 4\}$에 대하여 X에서 Y로의 함수 $f(x)=ax+b$가 일대일대응일 때, 상수 a, b에 대하여 ab의 값을 구하시오. (단, $a>0$)

(2) 두 집합 $X=\{x|1\le x\le 2\}$, $Y=\{y|-2\le y\le 3\}$에 대하여 함수 $f(x)=ax^2+2ax+b$가 집합 X에서 Y로의 일대일대응일 때, 두 상수 a, b에 대하여 $a+b$의 값을 구하시오. (단, $a>0$)

변형문제 0668

다음 물음에 답하시오.

(1) 집합 $X=\{x|x\ge k\}$에 대하여 X에서 X로의 함수 $f(x)=x^2+4x$가 일대일대응이 되도록 하는 실수 k의 값을 구하시오.

(2) 집합 $X=\{x|x\le k\}$에 대하여 X에서 X로의 함수 $f(x)=-x^2-6x$가 일대일대응이 되도록 하는 실수 k의 값을 구하시오.

발전문제 0669

다음 물음에 답하시오.

(1) 두 집합 $X=\{x|x\ge a\}$, $Y=\{y|y\ge b\}$에 대하여 X에서 Y로의 함수 $f(x)=x^2-5x+5$가 일대일대응이다. 두 상수 a, b에 대하여 $a-b$의 최댓값을 구하시오.

(2) 집합 $X=\{x|0\le x\le 5\}$에 대하여 X에서 X로의 함수 $f(x)=\begin{cases} ax^2+b & (0\le x<2) \\ x-2 & (2\le x\le 5)\end{cases}$가 일대일대응일 때, $f(1)$의 값을 구하시오. (단, a, b는 상수이다.)

정답 0667 : (1) 3 (2) -4 0668 : (1) 0 (2) -7 0669 : (1) 4 (2) $\frac{9}{2}$

마플개념익힘 04 일대일대응이 되기 위한 조건

실수 전체의 집합 R에서 R로의 함수 f가

$$f(x)=\begin{cases} 2x+1 & (x \geq 0) \\ (2-a)x+1 & (x<0) \end{cases}$$

로 정의되고 일대일대응일 때, 상수 a의 값의 범위를 구하시오.

MAPL CORE ▶ 함수 $f(x)$가 일대일대응이 되려면 x의 값이 증가할 때, $f(x)$의 값이 증가하거나 감소해야 한다.

➡ $f(x)=\begin{cases} ax+b & (x \geq k) \\ cx+d & (x<k) \end{cases}$이면 a, c의 부호가 같아야 하고 직선 $y=ax+b$가 점 $(k, ck+d)$를 지나야 한다.

➡ $ac>0$, $ak+b=ck+d$이어야 한다.

개념익힘풀이 $x \geq 0$에서 직선 $y=2x+1$은 기울기가 양수이므로 x의 값이 증가함에 따라 y의 값도 증가한다.

이때 함수 f가 일대일대응이 되려면 $y=f(x)$의 그래프가 오른쪽 그림과 같아야 한다.

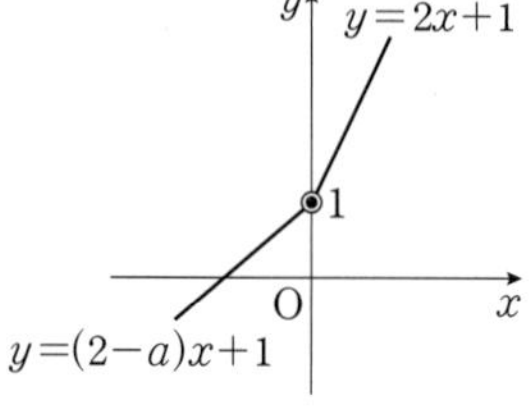

(ⅰ) $x<0$에서 직선 $y=(2-a)x+1$의 기울기가 양수이어야 하므로

$2-a>0 \quad \therefore a<2$

(ⅱ) 직선 $y=(2-a)x+1$가 점 $(0, 1)$을 지나므로 함수 $f(x)$는 (치역)=(공역)이다.

(ⅰ), (ⅱ)에 의해 함수 $f(x)$가 일대일대응이 되기 위한 a의 값의 범위는 $\boldsymbol{a<2}$이다.

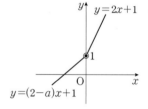

확인유제 0670 실수 전체의 집합에서 정의된 함수

$$f(x)=\begin{cases} (a+5)x+1 & (x<0) \\ (3-a)x+1 & (x \geq 0) \end{cases}$$

이 일대일대응이 되도록 하는 모든 정수 a의 개수는?

① 4　② 5　③ 6　④ 7　⑤ 8

변형문제 0671 실수 전체의 집합 R에서 R로의 함수 f가

$$f(x)=\begin{cases} -(x-1)^2+b & (x<1) \\ ax+5 & (x \geq 1) \end{cases}$$

이고 일대일대응일 때, 정수 a, b에 대하여 $a+b$의 최솟값은?

① 3　② 4　③ 5　④ 6　⑤ 7

발전문제 0672 다음 물음에 답하시오.

(1) 실수 전체의 집합 R에 대하여 함수 $f: R \longrightarrow R$이

$$f(x)=a|x+1|-5x$$

로 정의될 때, 이 함수가 일대일대응이 되도록 하는 정수 a의 개수를 구하시오.

(2) 실수 전체의 집합 R에 대하여 R에서 R로의 함수

$$f(x)=a|x-2|+(2-a)x+2a$$

가 일대일대응이 되기 위한 실수 a의 값의 범위는?

① $a<-1$　② $-1<a<1$　③ $0<a<1$　④ $a<1$　⑤ $a<-1$, $a>1$

정답 0670 : ④　0671 : ⑤　0672 : (1) 9 (2) ④

항등함수

실수 전체의 집합의 부분집합 X에 대하여 함수

$$f(x)=x^3-2x^2-4x+6$$

이 X에서 X로의 항등함수가 되도록 하는 집합 X 중 원소의 개수가 최대인 집합을 S라 할 때, 집합 S의 모든 원소의 합을 구하시오. (단, 집합 X는 공집합이 아니다.)

MAPL CORE ▶ 항등함수는 정의역과 공역이 같으면서 정의역의 각 원소에 자기 자신이 대응하는 함수이다.
즉 항등함수 $f: X \longrightarrow X,\ f(x)=x$

개념익힘**풀이** 함수 $f(x)$가 항등함수가 되려면 정의역의 원소 x에 대하여

$f(x)=x^3-2x^2-4x+6=x$이어야 하므로

$x^3-2x^2-5x+6=0$

조립제법을 이용하여 인수분해하면

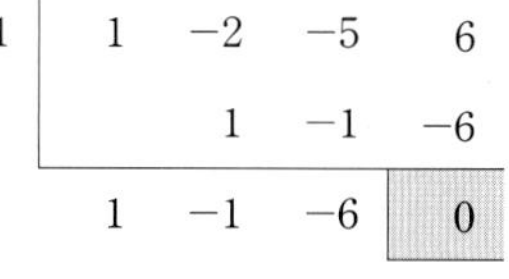

1	1	−2	−5	6
		1	−1	−6
	1	−1	−6	0

$(x-1)(x^2-x-6)=(x-1)(x-3)(x+2)=0$

$\therefore x=1$ 또는 $x=3$ 또는 $x=-2$

즉 집합 X는 집합 $\{-2, 1, 3\}$의 부분집합이므로 공집합이 아닌 집합 X의 개수는 $2^3-1=7$

집합 $X=\{x_1, x_2, x_3, \cdots, x_n\}$에 대하여 집합 X의 부분집합의 개수는 2^n 이때 공집합을 제외한 부분집합의 개수는 2^n-1

이때 집합 X 중 원소의 개수가 최대인 집합이 S이므로

$S=\{-2, 1, 3\}$

따라서 구하는 모든 원소의 합은 $-2+1+3=$**2**

확인유제 0673

다음 물음에 답하시오.

(1) 실수 전체의 집합에서 공집합이 아닌 부분집합 X에 대하여 함수 $f(x)=\dfrac{4}{x}$가 X에서 X로의 항등함수가 되도록 하는 집합 X 중 원소의 개수가 최대인 집합을 S라 할 때, 집합 S의 모든 원소의 곱을 구하시오.

(2) 실수 전체의 집합에서 공집합이 아닌 집합 X를 정의역으로 하는 함수 $f(x)=x^2-2x+2$가 항등함수가 되도록 하는 집합 X의 개수를 구하시오.

변형문제 0674

다음 물음에 답하시오.

(1) 집합 $X=\{-2, 1\}$에 대하여 X에서 X로의 함수 $f(x)=\begin{cases} 3x+a & (x<0) \\ x^2-3x+b & (x \ge 0) \end{cases}$이 항등함수일 때, ab의 값은? (단, a, b는 상수이다.)

① 9 ② 12 ③ 15 ④ 18 ⑤ 21

(2) 집합 $X=\{0, 3, 5\}$에 대하여 X에서 X로의 함수 $f(x)=\begin{cases} 2x+3 & (x<2) \\ x^2+ax+b & (x \ge 2) \end{cases}$가 상수함수일 때, $a+b$의 값은? (단, a, b는 상수이다.)

① 6 ② 8 ③ 10 ④ 12 ⑤ 14

발전문제 0675

집합 $X=\{a, b, c\}$에 대하여 X에서 X로의 함수 f를 다음과 같이 정의한다.

$$f(x)=\begin{cases} -3 & (x<0) \\ 4x-3 & (0 \le x < 2) \\ 5 & (x \ge 2) \end{cases}$$

이 함수 f가 항등함수일 때, $f(a)+f(b)+f(c)$의 값을 구하시오. (단, a, b, c는 서로 다른 상수이다.)

정답 0673 : (1) −4 (2) 3 0674 : (1) ② (2) ③ 0675 : 3

MAPL ; YOURMASTERPLAN

03 함수의 개수

개념유형

01 함수의 개수

(1) 여러 가지 함수의 개수

두 집합 $X=\{x_1, x_2, x_3, \cdots, x_m\}$, $Y=\{y_1, y_2, y_3, \cdots, y_n\}$에 대하여

X에서 Y로의 함수 f의 개수는 다음과 같다.

① 함수 f의 개수

➡ $\underbrace{n\times n\times n\times\cdots\times n}_{m\text{개}}=n^m$ ◀ (공역)^{정의역}

② 일대일함수 f의 개수

➡ ${}_nP_m=n\times(n-1)\times(n-2)\times\cdots\times(n-m+1)$ (단, $m\le n$) ◀ ${}_{\text{공역}}P_{\text{정의역}}$

③ 일대일대응 f의 개수

➡ $n!=n\times(n-1)\times(n-2)\times\cdots\times1$ (단, $m=n$)

④ 상수함수 f의 개수

➡ n ◀ 공역의 개수

(2) 함숫값의 대소가 정해진 함수의 개수

실수를 원소로 갖는 두 집합 X, Y의 원소의 개수가 각각 m, $n(m\le n)$이고 함수 $f: X\longrightarrow Y$가

$x_1\in X$, $x_2\in X$에 대하여 $x_1<x_2$이면 $f(x_1)<f(x_2)$를 만족시킬 때, 함수 f의 개수는

➡ ${}_nC_m=\dfrac{{}_nP_m}{m!}=\dfrac{n!}{m!(n-m)!}$ ◀ ${}_{\text{공역}}C_{\text{정의역}}$

참고 ${}_nC_r={}_nC_{n-r}$ (단, $0\le r\le n$)

마플해설

(1) **여러 가지 함수의 개수**

두 집합 $X=\{x_1, x_2, x_3, \cdots, x_m\}$, $Y=\{y_1, y_2, y_3, \cdots, y_n\}$에 대하여 X에서 Y로의 함수에 대하여

① 함수의 개수

X의 원소 $x_1, x_2, x_3, \cdots, x_m$에 대응할 수 있는 Y의 원소는 각각 $y_1, y_2, y_3, \cdots, y_n$의 n가지씩이므로

➡ $\underbrace{n\times n\times n\times\cdots\times n}_{m\text{개}}=n^m$

② 일대일함수의 개수

X의 원소 x_1에 대응할 수 있는 Y의 원소는 $y_1, y_2, y_3, \cdots, y_n$의 n가지,

X의 원소 x_2에 대응할 수 있는 Y의 원소는 x_1에 대응한 원소를 제외한 $(n-1)$가지,

X의 원소 x_3에 대응할 수 있는 Y의 원소는 x_1, x_2에 대응한 원소를 제외한 $(n-2)$가지,

⋮

X의 원소 x_m에 대응할 수 있는 Y의 원소는 $x_1, x_2, \cdots, x_{m-1}$에 대응한 원소를 제외한 $(n-m+1)$가지이므로

➡ ${}_nP_m=n\times(n-1)\times(n-2)\times\cdots\times(n-m+1)$ (단, $m\le n$)

③ 일대일대응의 개수

일대일함수에서 $m=n$인 경우이므로

➡ ${}_nP_n=n!=n\times(n-1)\times(n-2)\times\cdots\times1$

④ 상수함수의 개수

X의 모든 원소에 대응할 수 있는 Y의 원소는 $y_1, y_2, y_3, \cdots, y_n$의 n가지이므로

➡ n

(2) **함숫값의 대소가 정해진 함수의 개수**

두 집합 $X=\{1, 2, 3, \cdots, m\}$, $Y=\{1, 2, 3, \cdots, n\}(m\le n)$에 대하여

함수 $f: X\longrightarrow Y$가 조건 $x_1\in X$, $x_2\in X$에 대하여 $x_1<x_2$이면 $f(x_1)<f(x_2)$를 만족시키면

$f(1)<f(2)<f(3)<\cdots<f(m)$이어야 하므로 집합 Y의 원소 중 m개를 택하여 크기가 작은 것부터

순서대로 $f(1), f(2), f(3), \cdots, f(m)$에 대응시키면 된다. ◀ 순서가 결정되어 있다.

따라서 함수 f의 개수는 ${}_nC_m$

마플개념익힘 01 함수의 개수

두 집합 $X=\{a, b, c\}$, $Y=\{1, 2, 3\}$에 대하여 다음의 물음에 답하시오.

(1) X에서 Y로의 함수의 개수

(2) X에서 Y로의 함수에서 일대일대응의 개수

(3) X에서 Y로의 함수에서 상수함수의 개수

MAPL CORE ▶ 집합 X의 원소의 개수가 m, 집합 Y의 원소의 개수가 n일 때,

(1) X에서 Y로의 함수의 개수 ➡ n^m

(2) X에서 Y로의 일대일함수의 개수 ➡ $n(n-1)(n-2)\cdots(n-m+1)$ (단, $m \le n$)

(3) $m=n$일 때, 일대일대응의 개수 ➡ $n(n-1)(n-2)\cdots 2\times 1$

(4) X에서 Y로의 상수함수의 개수 ➡ n개 (공역의 개수)

개념익힘풀이

(1) 집합 X에서 집합 Y로의 함수의 개수는 오른쪽 그림과 같이 집합 X의 원소 a, b, c에 대응하는 집합 Y의 원소 1, 2, 3을 선택하는 경우의 수와 같으므로

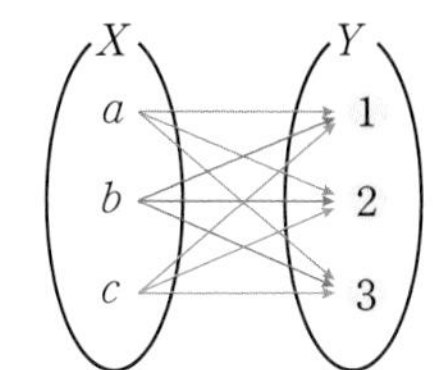

a에 대응할 수 있는 집합 Y의 원소는 1, 2, 3으로 3가지

b에 대응할 수 있는 집합 Y의 원소는 1, 2, 3으로 3가지

c에 대응할 수 있는 집합 Y의 원소는 1, 2, 3으로 3가지

따라서 함수의 개수는 $3\times3\times3=3^3=\mathbf{27}$

(2) 집합 X에서 집합 Y로의 일대일대응의 개수는 ← 집합 X의 원소에 집합 Y의 서로 다른 원소가 대응

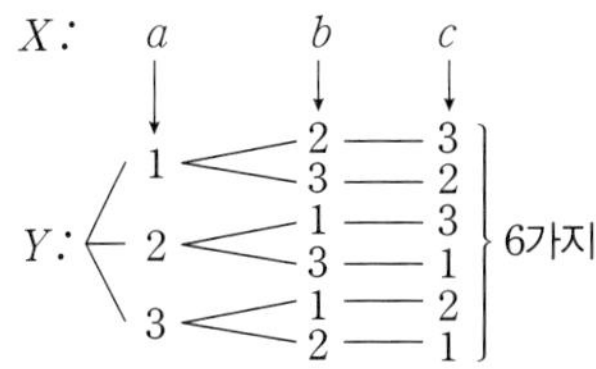

a에 대응할 수 있는 집합 Y의 원소는 1, 2, 3으로 3가지

b에 대응할 수 있는 집합 Y의 원소는 a에 대응한 원소를 제외한 2가지

c에 대응할 수 있는 집합 Y의 원소는 a, b에 대응한 원소를 제외한 1가지

따라서 일대일대응의 개수는 $3\times2\times1=\mathbf{6}$

(3) 집합 X에서 집합 Y로의 상수함수의 개수는 ← 치역의 원소가 1, 2, 3 중 하나뿐임

a, b, c에 대응할 수 있는 집합 Y의 원소는 1 또는 2 또는 3으로 3가지

따라서 상수함수의 개수는 **3**

확인유제 0676 두 집합 $X=\{1, 2, 3\}$, $Y=\{1, 2, 3, 4, 5\}$에 대하여 다음 물음에 답하시오.

(1) X에서 Y로의 함수의 개수

(2) X에서 Y로의 함수에서 일대일함수의 개수

(3) X에서 Y로의 함수에서 상수함수의 개수

변형문제 0677 두 집합 $X=\{1, 2, 3, 4\}$, $Y=\{5, 6, 7, 8, 9\}$에 대하여 다음 조건을 만족시키는 X에서 Y로의 함수 f의 개수는?

> 집합 X의 임의의 두 원소 x_1, x_2에 대하여 $f(x_1)=f(x_2)$이면 $x_1=x_2$이다.

① 24 ② 36 ③ 64 ④ 81 ⑤ 120

발전문제 0678 집합 $X=\{1, 2, 3\}$에서 집합 X에서 Y로의 함수의 개수가 64일 때, 집합 X에서 Y로의 일대일함수의 개수를 구하시오.

정답 0676 : (1) 125 (2) 60 (3) 5 0677 : ⑤ 0678 : 24

마플개념익힘 02 함숫값의 대소가 정해진 함수의 개수

두 집합 $X=\{1, 2, 3\}$, $Y=\{1, 2, 3, 4, 5\}$에 대하여 다음 조건을 만족하는 함수 $f : X \longrightarrow Y$의 개수를 구하시오.

(1) 집합 X의 임의의 두 원소 x_1, x_2에 대하여 $x_1 \neq x_2$이면 $f(x_1) \neq f(x_2)$

(2) 집합 X의 임의의 두 원소 x_1, x_2에 대하여 $x_1 < x_2$이면 $f(x_1) < f(x_2)$

(3) 집합 X의 임의의 두 원소 x_1, x_2에 대하여 $x_1 < x_2$이면 $f(x_1) < f(x_2)$이고 $f(2)=3$

MAPL CORE ▶ 두 집합 $X=\{x_1, x_2, \cdots, x_m\}$, $Y=\{y_1, y_2, \cdots, y_n\}$일 때, (단, $m \leq n$)

(1) 집합 X의 임의의 두 원소 x_1, x_2에 대하여 $x_1 \neq x_2$이면 $f(x_1) \neq f(x_2)$인 함수의 개수 ➡ ${}_n\mathrm{P}_m$

(2) 집합 X의 임의의 두 원소 x_1, x_2에 대하여 $x_1 < x_2$이면 $f(x_1) < f(x_2)$인 함수의 개수 ➡ ${}_n\mathrm{C}_m$

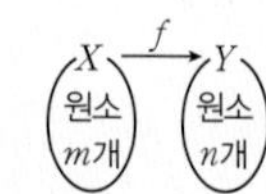

개념익힘풀이

(1) X의 원소가 서로 다른 경우, 대응되는 Y의 원소도 서로 달라야 하므로 f는 일대일함수이고 정의역의 원소 3개에 대응할 공역의 원소 5개 중 3개를 선택한 후 순서를 고려하여 일렬로 나열하면 된다.
따라서 순열의 수와 같으므로 함수 f의 개수는 ${}_5\mathrm{P}_3=\mathbf{60}$

(2) X의 원소 1, 2, 3에 대하여 Y의 원소 1, 2, 3, 4, 5 중에서 서로 다른 세 개의 원소를 뽑아 이것을 크기 순서로 대응시킨다.
즉 $f(1)$, $f(2)$, $f(3)$의 대소 관계는 $f(1)<f(2)<f(3)$를 만족한다.
Y의 원소 1, 2, 3, 4, 5의 5개 중에서 3개를 택하여 크기가 작은 수부터 차례대로 X의 원소 1, 2, 3에 대응시키면 된다.
따라서 조합의 수와 같으므로 함수 f의 개수는 ${}_5\mathrm{C}_3=\mathbf{10}$

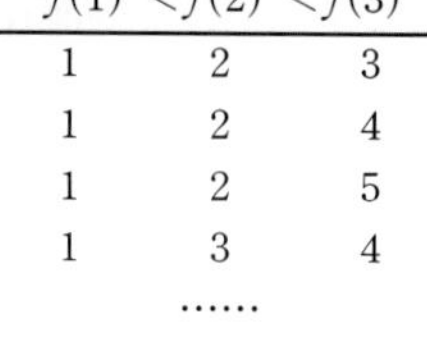

$f(1)$	$<f(2)$	$<f(3)$
1	2	3
1	2	4
1	2	5
1	3	4
	……	

(3) 조건에서 $f(2)=3$이고 $f(1)<f(2)<f(3)$의 크기순으로 나열하는 함수의 개수이다.

(ⅰ) $f(1)$은 각각 1, 2 중 하나와 짝이 지어지므로 1, 2에서 1개를 선택하는 경우의 수는 ${}_2\mathrm{C}_1=2$

(ⅱ) $f(3)$은 4, 5 중 하나와 짝이 지어지므로 4, 5에서 1개를 선택하는 경우의 수는 ${}_2\mathrm{C}_1=2$

(ⅰ), (ⅱ)에서 구하는 함수 f의 개수는 $2 \times 2=\mathbf{4}$

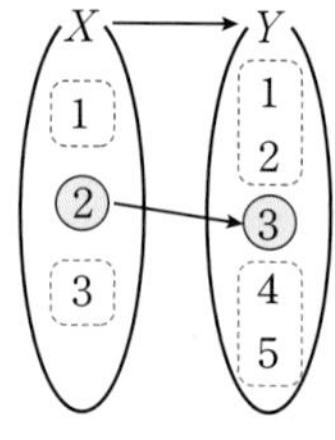

확인유제 0679 두 집합 $X=\{1, 2, 3, 4\}$, $Y=\{1, 2, 3, 4, 5, 6\}$에 대하여 다음 조건을 만족하는 함수 $f : X \longrightarrow Y$의 개수를 구하시오.

(1) 집합 X의 임의의 두 원소 x_1, x_2에 대하여 $x_1 \neq x_2$이면 $f(x_1) \neq f(x_2)$이다.

(2) 집합 X의 임의의 두 원소 x_1, x_2에 대하여 $x_1 < x_2$이면 $f(x_1) > f(x_2)$이다.

변형문제 0680 두 집합 $X=\{1, 2, 3, 4, 5\}$, $Y=\{1, 2, 3, 4, 5, 6, 7\}$에 대하여 다음 조건을 모두 만족하는 함수 $f : X \longrightarrow Y$의 개수는?

(가) $f(3)=4$
(나) 집합 X의 임의의 두 원소 x_1, x_2에 대하여 $x_1 < x_2$이면 $f(x_1) < f(x_2)$이다.

① 6 ② 8 ③ 9 ④ 10 ⑤ 12

발전문제 0681 다음 물음에 답하시오.

(1) 집합 $X=\{1, 2, 3, 4, 5\}$에 대하여 함수 $f : X \longrightarrow X$ 중에서 $f(1)<f(3)<f(5)$를 만족시키는 함수 f의 개수를 구하시오.

(2) 두 집합 $X=\{1, 2, 3, 4, 5\}$, $Y=\{0, 1, 2, 3, 4, 5\}$에 대하여 함수 $f : X \longrightarrow Y$가 일대일함수이고 $f(2)<f(3)<f(4)$일 때, 함수 f의 개수를 구하시오.

정답 0679 : (1) 360 (2) 15 0680 : ③ 0681 : (1) 250 (2) 120

14 조합을 이용한 함수의 개수

특강유형 01 함수의 개수

두 집합 $X=\{x_1, x_2, \cdots, x_m\}$, $Y=\{y_1, y_2, \cdots, y_n\}$ (단, $m \le n$)에 대하여 함수 $f: X \longrightarrow Y$일 때,

(1) 집합 X의 임의의 두 원소 x_1, x_2에 대하여 $x_1 \ne x_2$이면 $f(x_1) \ne f(x_2)$인 함수의 개수 ➡ ${}_nP_m$

(2) 집합 X의 임의의 두 원소 x_1, x_2에 대하여 $x_1 < x_2$이면 $f(x_1) < f(x_2)$인 함수의 개수 ➡ ${}_nC_m$

마플특강문제 01 **두 집합 $X=\{1, 2, 3, 4, 5, 6, 7\}$, $Y=\{1, 2, 3, 4, 5, 6, 7, 8, 9, 10\}$에 대하여 다음 조건을 만족시키는 함수 $f: X \longrightarrow Y$의 개수를 구하시오.**

(가) $f(4)=6$, $f(7)=10$
(나) X의 임의의 두 원소 x_1, x_2에 대하여 $x_1 < x_2$이면 $f(x_1) < f(x_2)$이다.

마플특강 풀이

STEP Ⓐ $f(1)$, $f(2)$, $f(3)$**이 될 수 있는 경우의 수 구하기**

조건 (가)에서 $f(4)=6$, $f(7)=10$이고 조건 (나)에 의하여
$f(1)<f(2)<f(3)<f(4)<f(5)<f(6)<f(7)$이므로 함수 $f: X \longrightarrow Y$는 오른쪽 그림과 같다.
조건 (가)에서 $f(4)=6$이고 조건 (나)에서 $x_1<x_2$이면 $f(x_1)<f(x_2)$이므로
$f(1)$, $f(2)$, $f(3)$이 될 수 있는 값은 집합 $\{1, 2, 3, 4, 5\}$에서 3개의 원소를 택하고
크기가 작은 순서대로 $f(1)$, $f(2)$, $f(3)$에 하나씩 대응시키는 경우와 같다.
즉 조합의 수와 같으므로 ${}_5C_3={}_5C_2=\frac{5\times4}{2\times1}=10$

X → Y (f): X = {1, 2, 3, 4, 5, 6, 7}, Y = {1, 2, 3, 4, 5, 6, 7, 8, 9, 10}; 4 → 6, 7 → 10

STEP Ⓑ $f(5)$, $f(6)$**이 될 수 있는 경우 구하기**

또한, $f(4)=6$, $f(7)=10$이고 조건 (나)에서 $x_1<x_2$이면 $f(x_1)<f(x_2)$이므로 $f(5)$, $f(6)$이 될 수 있는 값은 집합 $\{7, 8, 9\}$에서 2개의 원소를 택하는 크기가 작은 순서대로 $f(5)$, $f(6)$에 하나씩 대응시키는 경우와 같다.
즉 조합의 수와 같으므로 ${}_3C_2={}_3C_1=3$

STEP Ⓒ **곱의 법칙을 이용하여 경우의 수 구하기**

따라서 구하는 함수 f의 개수는 ${}_5C_3\times{}_3C_2=10\times3=\mathbf{30}$

마플특강문제 02 **집합 $X=\{1, 2, 3, 4, 5, 6\}$에 대하여 다음 조건을 만족시키는 함수 $f: X \longrightarrow X$의 개수를 구하시오.**

(가) $f(1)<f(2)$이다.
(나) 집합 X의 3 이상의 임의의 두 원소 x_1, x_2에 대하여 $x_1<x_2$이면 $f(x_1)>f(x_2)$이다.

마플특강 풀이

STEP Ⓐ $f(1)$, $f(2)$**에 대응하는 함수의 개수 구하기**

조건 (가)에서 $f(1)<f(2)$이므로 공역 $X=\{1, 2, 3, 4, 5, 6\}$에서 2개 택한 후
크기가 작은 순으로 $f(1)$, $f(2)$에 하나씩 대응시키는 경우와 같다.
즉 조합의 수와 같으므로 ${}_6C_2=\frac{6\times5}{2\times1}=15$

STEP Ⓑ $f(3)$, $f(4)$, $f(5)$, $f(6)$**에 대응하는 함수의 개수 구하기**

조건 (나)에서 $f(3)>f(4)>f(5)>f(6)$이므로 공역 $X=\{1, 2, 3, 4, 5, 6\}$에서 4개를 택한 후
크기가 큰 순으로 $f(3)$, $f(4)$, $f(5)$, $f(6)$에 대응시키는 경우와 같다.
즉 조합의 수와 같으므로 ${}_6C_4={}_6C_2=\frac{6\times5}{2\times1}=15$

STEP Ⓒ **곱의 법칙을 이용하여 경우의 수 구하기**

따라서 구하는 함수의 개수는 곱의 법칙에 의하여 $15\times15=\mathbf{225}$

마플특강문제 03 두 집합 $X=\{1, 2, 3, 4, 5, 6\}$, $Y=\{1, 2, 3, 4, 5, 6, 7, 8, 9\}$에 대하여 다음 조건을 만족시키는 함수 $f: X \longrightarrow Y$의 개수를 구하시오.

(가) $f(3) \geq 5$

(나) 집합 X의 임의의 두 원소 x_1, x_2에 대하여 $x_1 < x_2$이면 $f(x_1) < f(x_2)$이다.

마플특강 풀이

STEP Ⓐ $f(3)=5$, $f(3)=6$**인 경우로 나누어 함수의 개수 구하기**

조건 (가)에서 $f(3)$의 값은 5 또는 6이고 조건 (나)에 의하여 ← $f(3) \geq 7$일 때, X의 원소 4, 5, 6이 대응할 수 없다.

$f(1) < f(2) < f(3) < f(4) < f(5) < f(6)$의 순서가 정해진다.

(i) $f(3)=5$일 때,

X의 원소 1, 2를 대응시키는 방법의 수는 Y의 원소 1, 2, 3, 4 중에서 서로 다른 두 수를 뽑는 경우의 수와 같으므로 ${}_4C_2=6$

또한, X의 원소 4, 5, 6을 대응시키는 방법의 수는 Y의 원소 6, 7, 8, 9 중에서 서로 다른 세 수를 뽑는 경우의 수와 같으므로 ${}_4C_3=4$

즉 조건을 만족하는 함수의 개수는 $6 \times 4=24$

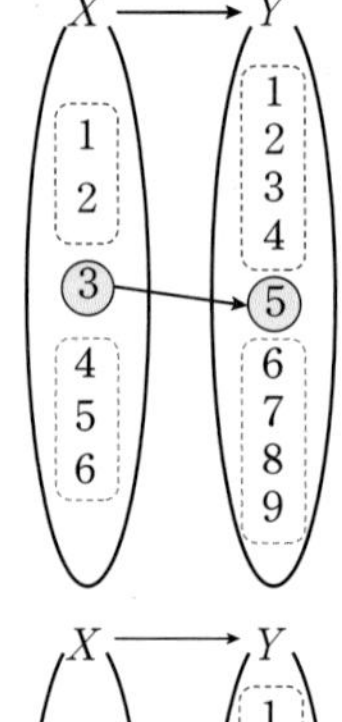

(ii) $f(3)=6$일 때,

X의 원소 1, 2를 대응시키는 방법의 수는 Y의 원소 1, 2, 3, 4, 5 중에서 서로 다른 두 수를 뽑는 경우의 수는 ${}_5C_2=10$

또한, X의 원소 4, 5, 6을 대응시키는 방법의 수는 Y의 원소 7, 8, 9 중에서 서로 다른 세 수를 뽑는 경우의 수는 ${}_3C_3=1$

즉 조건을 만족하는 함수의 개수는 $10 \times 1=10$

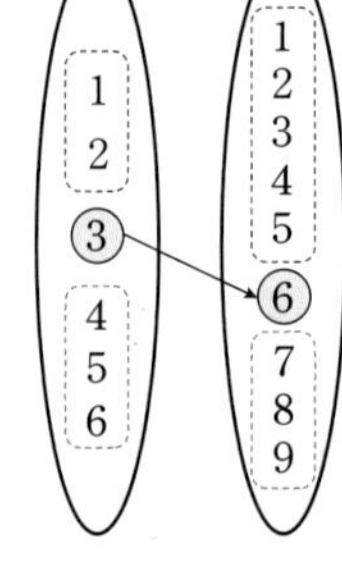

STEP Ⓑ **합의 법칙을 이용하여 경우의 수 구하기**

(i), (ii)에서 구하는 함수의 개수는 $24+10=$**34**

마플특강문제 04 집합 $X=\{1, 2, 3, 4, 5, 6\}$에 대하여 다음 조건을 만족시키는 함수 $f: X \longrightarrow X$의 개수를 구하시오.

(가) 함수 f는 일대일대응이다.

(나) $f(x)=x$를 만족시키는 x의 개수는 2, $f(x) \neq x$를 만족시키는 x의 개수는 4이다.

마플특강 풀이

STEP Ⓐ $f(x)=x$**를 만족하는 함수의 개수 구하기**

$f(x)=x$를 만족시키는 x가 2개이므로 정의역의 6개의 숫자 중 $f(x)=x$를 만족시키는 x를 2개 택하여 자기 자신에게 대응시키면 된다.

이때 이 경우의 수는 서로 다른 6개에서 2개를 택하는 조합의 수와 같으므로 ${}_6C_2=\frac{6 \times 5}{2 \times 1}=15$

STEP Ⓑ $f(x) \neq x$**에 대응하는 함수의 개수 구하기**

위의 15가지의 경우 중의 하나인 $f(1)=1$, $f(2)=2$인 경우를 생각하면 집합 X의 나머지 원소인 3, 4, 5, 6이 $f(x) \neq x$를 만족시키는 일대일대응은 오른쪽 그림의 9가지이다.

$f(x)=x$를 만족시키는 x의 개수가 2인 15가지의 각 경우도 위와 마찬가지로 일대일대응이 9가지씩 있다.

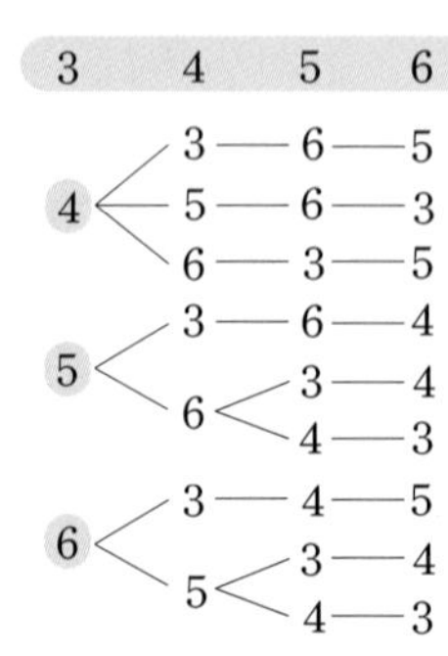

STEP Ⓒ **곱의 법칙을 이용하여 경우의 수 구하기**

따라서 구하는 함수 f의 개수는 곱의 법칙에 의하여 $15 \times 9=$**135**

15 절댓값 기호를 포함한 함수의 그래프

특강유형

01 절댓값 기호를 포함한 $y=|f(x)|$와 $y=f(|x|)$의 그래프

(1) **함수 $y=|f(x)|$의 그래프**

$y=f(x)$에 대하여 $y=|f(x)|$는 $y=\begin{cases}-f(x) & (f(x)<0) \\ f(x) & (f(x)\geq 0)\end{cases}$으로 나타낼 수 있다.

즉 $y=f(x)$에서 y의 값이 항상 0 이상이 되도록 $f(x)$의 값의 부호를 바꾸어주는 것으로 생각할 수 있다.

$y=|f(x)|$의 그래프는 대칭이동을 이용하여 다음과 같은 단계로 그린다.

[1단계] $y=f(x)$의 그래프를 그린다.

[2단계] $y<0$인 부분을 x축에 대하여 대칭이동시킨 부분과 $y\geq 0$인 부분을 함께 그린다.

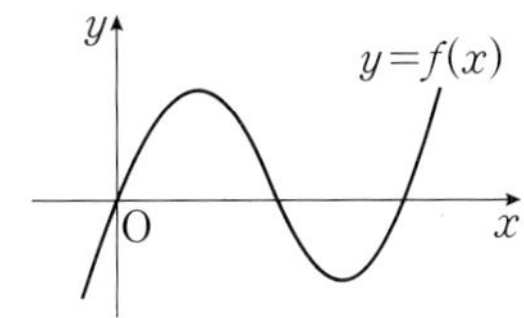

➡

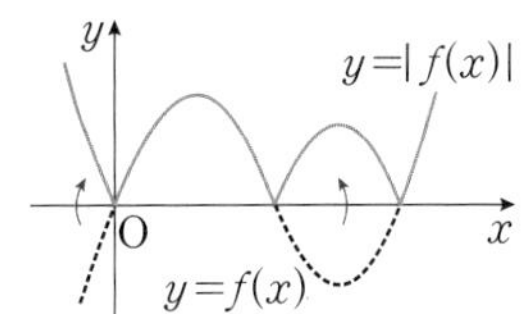

(2) **함수 $y=f(|x|)$의 그래프**

$y=f(x)$에 대하여 $y=f(|x|)$는 $y=\begin{cases}f(-x) & (x<0) \\ f(x) & (x\geq 0)\end{cases}$으로 나타낼 수 있다.

즉 $y=f(x)$에서 x의 값이 항상 0 이상이 되도록 x의 부호를 바꾸어주는 것으로 생각할 수 있다.

$y=f(|x|)$의 그래프는 대칭이동을 이용하여 다음과 같은 단계로 그린다.

[1단계] $y=f(x)$의 그래프를 그린다.

[2단계] $x<0$인 부분을 없앤다.

[3단계] $x\geq 0$인 부분을 y축에 대하여 대칭이동시킨 부분과 $x\geq 0$인 부분을 함께 그린다.

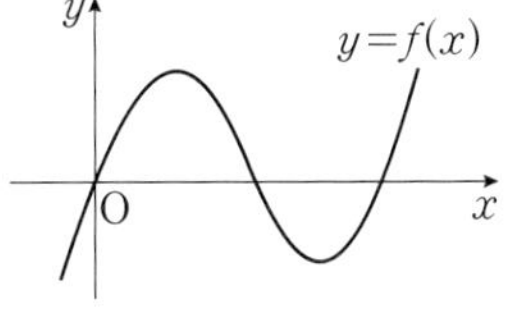

➡

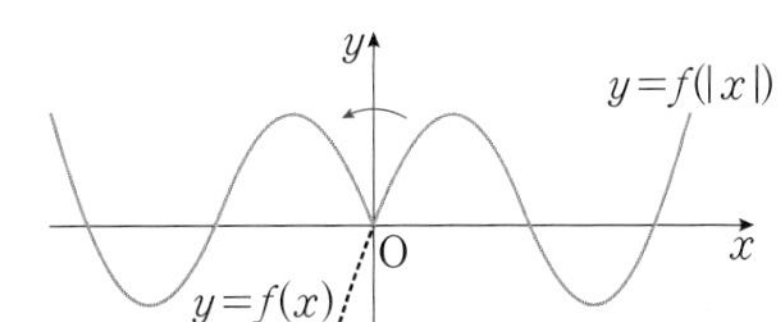

마플특강문제 01 **함수 $y=f(x)$의 그래프가 오른쪽 그림과 같을 때, 다음 함수의 그래프를 그리시오.**

(1) $y=|f(x)|$

(2) $y=f(|x|)$

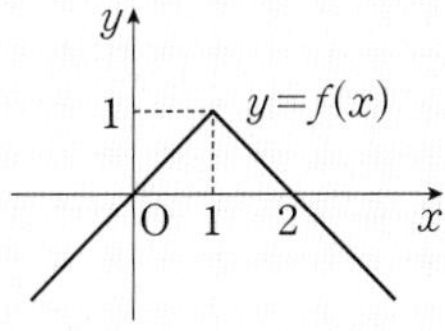

마플특강 풀이

(1) $y=|f(x)|$의 그래프는 $y=f(x)$의 그래프에서 $y\geq 0$인 부분은 그대로 두고, $y<0$인 부분을 x축에 대하여 대칭이동하면 되므로 오른쪽 그림과 같다.

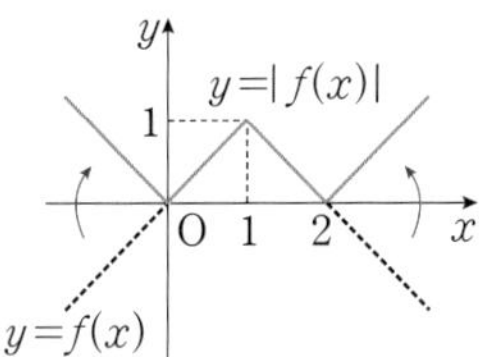

(2) $y=f(|x|)$의 그래프는 $y=f(x)$의 그래프에서 $x\geq 0$인 부분을 그리고, $x<0$인 부분은 $x\geq 0$인 부분을 y축에 대하여 대칭이동하면 되므로 오른쪽 그림과 같다.

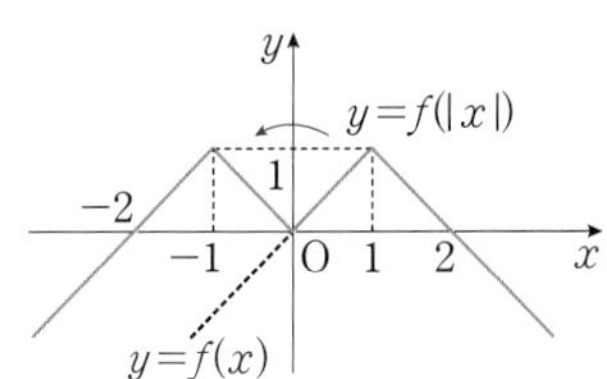

02 절댓값 기호를 포함한 $|y|=f(x)$와 $|y|=f(|x|)$의 그래프

(1) 함수 $|y|=f(x)$의 그래프

$|y|=f(x)$에서 $|y|$의 값은 0 이상이므로 등호가 성립하기 위해서는 $f(x)\geq 0$이어야 한다.

$f(x)\geq 0$일 때, $y=f(x)$ 또는 $-y=f(x)$로 나타낼 수 있다.

즉 부등식 $f(x)\geq 0$를 만족시키는 x의 값에 대하여 y의 값은 $f(x)$ 또는 $-f(x)$이다.

$|y|=f(x)$의 그래프는 대칭이동을 이용하여 다음과 같은 단계로 그린다.

[1단계] $y=f(x)$의 그래프를 그린다.

[2단계] $y<0$인 부분을 없앤다.

[3단계] $y\geq 0$인 부분을 x축에 대하여 대칭이동시킨 부분과 $y\geq 0$인 부분을 함께 그린다.

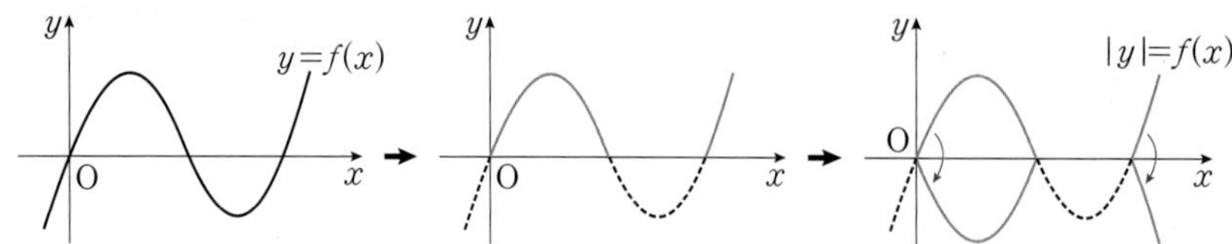

(2) 함수 $|y|=f(|x|)$의 그래프

$|y|=f(|x|)$의 그래프는 $y=f(|x|)$와 $|y|=f(x)$를 바탕으로 대칭이동을 이용하여 그린다.

$|y|=f(|x|)$의 그래프는 대칭이동을 이용하여 다음과 같은 단계로 그린다.

[1단계] $y=f(x)$의 그래프를 그린다.

[2단계] $x\geq 0,\ y\geq 0$인 부분을 제외하고 모두 없앤다.

[3단계] 2단계의 그래프를 x축, y축, 원점에 대하여 각각 대칭이동한 부분과 2단계의 그래프를 함께 그린다.

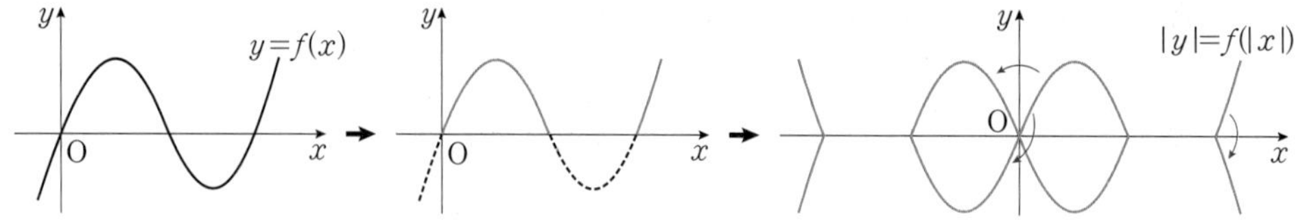

마플특강문제 02 함수 $y=f(x)$의 그래프가 오른쪽 그림과 같을 때, 다음 함수의 그래프를 그리시오.

(1) $|y|=f(x)$

(2) $|y|=f(|x|)$

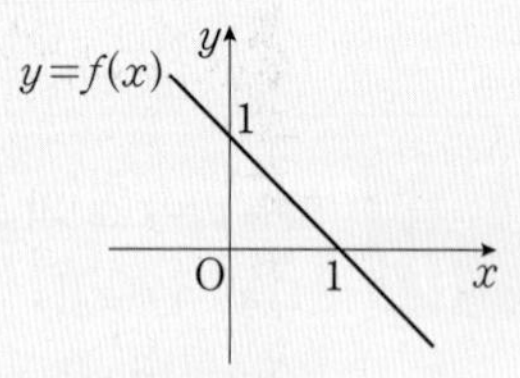

마플특강 풀이

(1) $|y|=f(x)$의 그래프는 $y=f(x)$의 그래프에서 $y\geq 0$인 부분은 그대로 두고, $y\geq 0$인 부분을 x축에 대하여 대칭이동하면 되므로 오른쪽 그림과 같다.

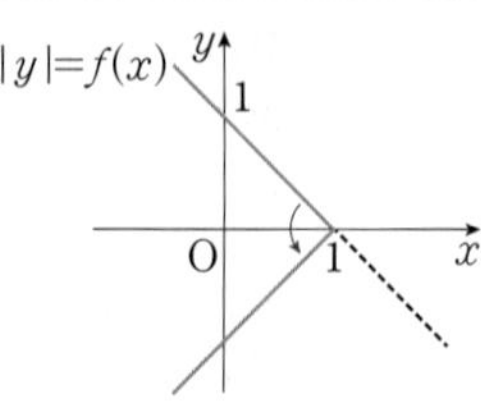

(2) $|y|=f(|x|)$의 그래프는 $y=f(x)$의 그래프에서 $x\geq 0,\ y\geq 0$인 부분을 그대로 두고, x축, y축, 원점에 대하여 각각 대칭이동하여 그리면 되므로 오른쪽 그림과 같다.

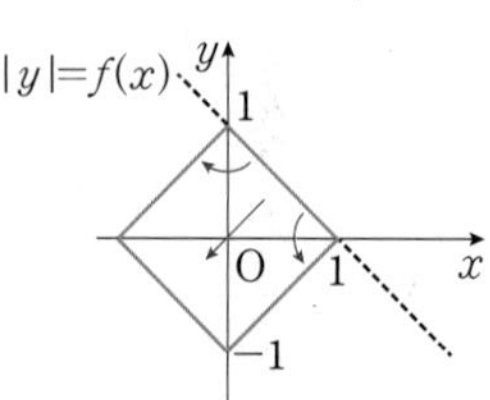

BASIC

개념을 **익히는** 문제

0682
함수의 정의

다음 두 집합 $X=\{-1, 0, 1\}$, $Y=\{0, 1, 2, 3\}$에 대하여 X에서 Y로의 함수가 아닌 것은?

① $f(x)=|x|+1$　② $f(x)=|x|-1$　③ $f(x)=1-x^3$
④ $f(x)=x^2+1$　⑤ $f(x)=x^2+2$

0683
함숫값 구하기

함수 f가 실수 전체의 집합에서

$$f(x)=\begin{cases} x-1 & (x\text{는 유리수}) \\ x & (x\text{는 무리수}) \end{cases}$$

로 정의될 때, $f(2)-f(1-\sqrt{2})$의 값을 구하시오.

0684
함숫값 구하기

다음 물음에 답하시오.
(1) 함수 $f(x)$에 대하여 $f(2x-1)=x+2$일 때, $f(3)$의 값을 구하시오.

(2) 두 함수 f, g를 $f(x)=2x^2-x+1$, $g(2x-1)=f(x+1)$로 정의할 때, $g(5)$의 값을 구하시오.

0685
일대일대응인 함수의 그래프

실수 전체의 집합에서 정의된 함수 f에 대하여 다음의 그래프 중 아래의 두 조건을 모두 만족시키는 것은?

(가) 정의역의 임의의 두 원소 x_1, x_2에 대하여 $f(x_1)=f(x_2)$이면 $x_1=x_2$이다.
(나) 치역과 공역이 같다.

①
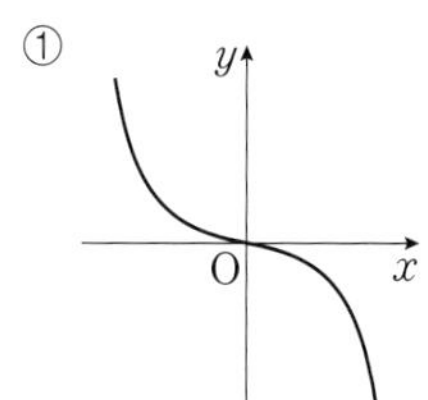

②
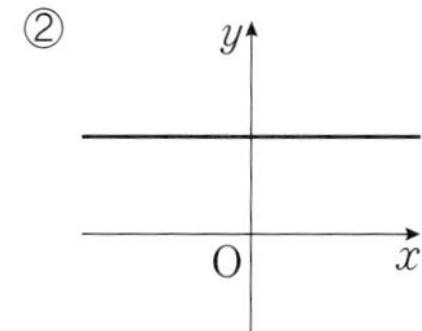

③
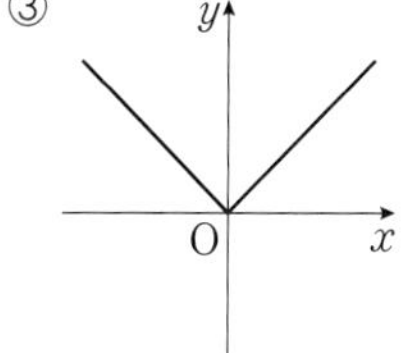

④
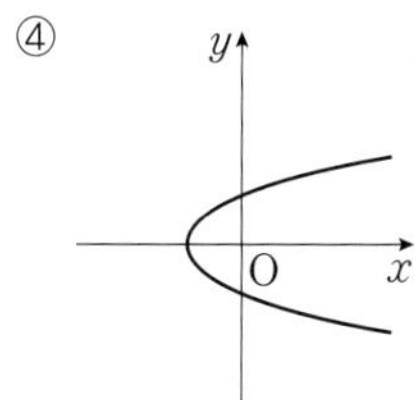

⑤
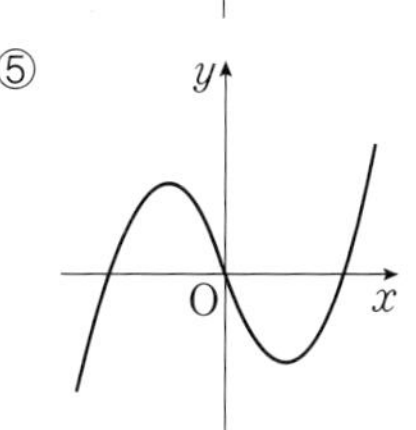

0686
서로 같은 함수

집합 $X=\{1, 2\}$에서 실수 전체의 집합 Y로의 두 함수

$$f(x)=ax^2-1,\ g(x)=3x+b$$

에 대하여 $f=g$일 때, $a+b$의 값은? (단, a, b는 상수이다.)

① -1　② -2　③ -3　④ -4　⑤ -5

정답 0682 : ②　0683 : $\sqrt{2}$　0684 : (1) 4 (2) 29　0685 : ①　0686 : ②

0687 서로 같은 함수

집합 $X=\{-1, a\}$에 대하여 X에서 실수 전체의 집합으로의 두 함수 $f(x)$, $g(x)$가 다음과 같다.

$$f(x)=x^2-x-2,\ g(x)=x+b$$

집합 X의 모든 원소 x에 대하여 $f=g$일 때, $a+b$의 값은? (단, $a>0$이고 b는 상수이다.)

① -4 ② -2 ③ 0 ④ 2 ⑤ 4

0688 일대일대응이 되기 위한 조건

두 집합 $X=\{x|x\le k\}$, $Y=\{y|y\le 2\}$에 대하여 X에서 Y로의 함수 f가 $f(x)=-(x-1)^2+2$일 때, 다음 물음에 답하시오.

(1) 함수 f가 일대일함수가 되도록 하는 실수 k의 값의 범위를 구하시오.

(2) 함수 f가 공역과 치역이 같도록 하는 실수 k의 값의 범위를 구하시오.

(3) 함수 f가 일대일대응이 되도록 하는 실수 k의 값을 구하시오.

0689 일대일대응이 되기 위한 조건

실수 전체의 집합 R에서 R로의 함수

$$f(x)=\begin{cases}-2x+1 & (x\ge 0)\\ (|a|-5)x+1 & (x<0)\end{cases}$$

가 일대일대응일 때, 정수 a의 개수를 구하시오.

0690 일대일대응, 항등함수, 상수함수

다음 물음에 답하시오.

(1) 집합 $X=\{-1, 0, 1\}$에 대하여 X에서 X로의 세 함수 f, g, h는 각각 일대일대응, 항등함수, 상수함수이고 다음을 만족할 때, $f(1)g(-1)h(-1)$의 값을 구하시오.

(가) $f(-1)=g(1)=h(1)$
(나) $f(-1)+f(1)=f(0)$

(2) 실수 전체의 집합에서 정의된 두 함수 f, g가 다음 조건을 만족시킬 때, $f(2)g(2)$의 값을 구하시오.

(가) $f(x)$는 항등함수, $g(x)$는 상수함수
(나) 두 함수 $y=f(x)$와 $y=g(x)$의 그래프의 교점의 x좌표는 3이다.

0691 함숫값과 치역

전체집합 $U=\{x|x$는 10이하의 자연수$\}$의 부분집합 X를 정의역으로 하는 함수 f를

$$f(x)=(x\text{의 양의 약수의 개수})$$

로 정의할 때, 함수 f의 치역이 $\{2\}$가 되도록 하는 집합 X의 개수는? (단, $X\ne\varnothing$)

① 4 ② 8 ③ 15 ④ 16 ⑤ 31

0692 함수의 개수

다음 물음에 답하시오.

(1) 집합 $X=\{1, 2, 3, 4, 5\}$에 대하여 함수 $f: X\longrightarrow X$ 중에서 $f(1)\ne 5$이고 일대일대응인 f의 개수는?

① 36 ② 64 ③ 72 ④ 81 ⑤ 96

(2) 집합 $X=\{1, 2, 3, 4\}$에 대하여 함수 $f: X\longrightarrow X$ 중에서 $f(1)\ne 1$, $f(3)\ne 3$이고 치역과 공역이 일치하는 일대일함수 f의 개수는?

① 12 ② 14 ③ 16 ④ 18 ⑤ 20

정답 0687 : ⑤ 0688 : (1) $k\le 1$ (2) $k\ge 1$ (3) $k=1$ 0689 : 9 0690 : (1) 1 (2) 6 0691 : ③ 0692 : (1) ⑤ (2) ②

0693 서로 같은 함수

다음 [보기] 중에서 서로 같은 함수끼리 짝을 지은 것을 모두 고른 것은?

ㄱ. 정의역이 $\{-1, 1\}$일 때, $f(x)=x$, $g(x)=\dfrac{1}{x}$

ㄴ. $f(x)=x+1$, $g(x)=\dfrac{x^2-1}{x-1}$

ㄷ. $f(x)=|x|$, $g(x)=\sqrt{x^2}$

① ㄱ ② ㄴ ③ ㄷ ④ ㄱ, ㄷ ⑤ ㄴ, ㄷ

0694 함숫값의 대소가 정해진 함수의 개수

두 집합 $X=\{1, 2, 3, 4, 5\}$, $Y=\{1, 2, 3, 4, 5, 6, 7, 8\}$에 대하여 다음 조건을 만족시키는 함수 $f: X \longrightarrow Y$의 개수는?

(가) $f(3)=3$

(나) $x_1 \in X$, $x_2 \in X$에 대하여 $x_1 < x_2$이면 $f(x_1) > f(x_2)$이다.

① 10 ② 12 ③ 16 ④ 18 ⑤ 20

0695 일대일대응이 되기 위한 조건

다음 물음에 답하시오.

(1) 집합 $X=\{x | x \geq a\}$에 대하여 X에서 X로의 함수 $f(x)=x^2+2x-6$이 일대일대응일 때, 상수 a의 값을 구하시오.

(2) 정의역이 $\{x | x \geq k\}$이고 공역이 $\{y | y \geq k+3\}$인 함수 $f(x)=x^2-x$가 일대일대응이 되도록 하는 상수 k의 값을 구하시오.

0696 일대일대응이 되기 위한 조건

다음 물음에 답하시오.

(1) 실수 전체의 집합에서 정의된 함수 $f(x)=ax+|x-2|+3$이 일대일대응이 되도록 하는 실수 a의 값의 범위를 구하시오.

(2) 실수 전체의 집합에서 정의된 함수 $f(x)=a|x-1|+x-2$가 일대일대응이 되도록 하는 실수 a의 값의 범위를 구하시오.

0697 항등함수

다음 물음에 답하시오.

(1) 집합 X를 정의역으로 하는 함수 $f(x)=x^2-12$가 항등함수가 되도록 하는 집합 X의 개수는? (단, $X \neq \varnothing$)

① 3 ② 4 ③ 5 ④ 6 ⑤ 7

(2) 공집합이 아닌 집합 X를 정의역으로 하는 함수 $f(x)=(x-2)^3+2$에 대하여 함수 f가 X에서의 항등함수가 되도록 하는 집합 X의 개수는?

① 3 ② 4 ③ 7 ④ 8 ⑤ 15

정답 0693 : ④ 0694 : ① 0695 : (1) 2 (2) 3 0696 : (1) $a<-1$ 또는 $a>1$ (2) $-1<a<1$ 0697 : (1) ① (2) ③

0698
함수의 개수

다음 물음에 답하시오.

(1) 두 집합 $X=\{1, 2, 3\}$, $Y=\{1, 2, 3, 4, 5\}$에 대하여 다음 조건을 만족시키는 X에서 Y로의 함수 f의 개수를 구하시오.

(가) $x_1 \in X$, $x_2 \in X$일 때, $x_1 \neq x_2$이면 $f(x_1) \neq f(x_2)$
(나) $f(1)+f(2)+f(3)=7$

(2) 두 집합 $X=\{x_1, x_2, x_3, x_4, x_5, x_6\}$, $Y=\{1, 2, 3, 4, 6, 9\}$에 대하여 함수 $f: X \longrightarrow Y$ 중에서 다음 조건을 모두 만족시키는 f의 개수를 구하시오.

(가) $f(x_1) \times f(x_3) \times f(x_5) = f(x_2) \times f(x_4) \times f(x_6)$
(나) 일대일대응이다.

0699
함수의 개수

다음 물음에 답하시오.

(1) 두 집합 $X=\{a, b, c, d\}$, $Y=\{y \mid y$는 $1 \leq y \leq 10$인 자연수$\}$에 대하여 다음 조건을 모두 만족시키는 함수 $f: X \longrightarrow Y$의 개수를 구하시오.

(가) $x_1 \in X$, $x_2 \in X$일 때, $x_1 \neq x_2$이면 $f(x_1) \neq f(x_2)$이다.
(나) $x \in X$일 때, $f(x)$의 최솟값은 3, 최댓값은 9이다.

(2) 집합 $U=\{1, 2, 3, \cdots, 7, 8\}$의 두 부분집합 A, B에 대하여 다음 조건을 모두 만족시키는 A에서 B로의 함수 f의 개수를 구하시오.

(가) 함수 f는 일대일대응이다.
(나) $f(1)=4$
(다) $A \cup B = U$, $A \cap B = \varnothing$

0700
조건을 이용하여 함숫값 구하기

다음 물음에 답하시오.

(1) 0이 아닌 모든 실수 x에 대하여 정의된 함수 f가 $2f(x)+3f\left(\frac{1}{x}\right)=\frac{2}{x}$를 만족할 때, $f(2)$의 값은?

① 1　② 2　③ 3　④ 4　⑤ 5

(2) $x \neq 0$인 모든 실수 x에 대하여 정의된 함수 $f(x)$가 $2f(x)+f\left(\frac{1}{2x}\right)=2x$를 만족시킬 때, $f(1)$의 값은?

① 1　② 2　③ 3　④ 4　⑤ 5

0701
일대일대응이 되기 위한 조건
서술형

두 집합 $X=\{x \mid 1 \leq x \leq 3\}$과 $Y=\{y \mid -1 \leq y \leq 5\}$에 대하여 X에서 Y로의 함수 $f(x)=ax+b$가 일대일대응이 되도록 할 때, 상수 a, b의 순서쌍 (a, b)를 구하는 과정을 다음 단계로 서술하시오.

[1단계] $a>0$일 때, 순서쌍 (a, b)를 구하시오. [5점]

[2단계] $a<0$일 때, 순서쌍 (a, b)를 구하시오. [5점]

0702
조건을 이용하여 함숫값 구하기
서술형

함수 $f(x)$가 모든 실수 x, y에 대하여 $f(x+y)=f(x)+f(y)+2xy$를 만족하고 $f(1)=2$일 때, $f(5)$의 값을 구하는 과정을 다음 단계로 서술하시오.

[1단계] $f(2)$의 값을 구하시오. [3점]

[2단계] $f(1)$과 $f(2)$를 이용하여 $f(3)$의 값을 구하시오. [3점]

[3단계] $f(2)$와 $f(3)$을 이용하여 $f(5)$의 값을 구하시오. [4점]

정답　0698 : (1) 6 (2) 72　0699 : (1) 240 (2) 120　0700 : (1) ② (2) ①　0701 : 해설참조　0702 : 해설참조

0703 함수의 개수

집합 $X=\{1, 2, 3, 4, 5, 6\}$에 대하여 다음 조건을 만족시키는 함수 $f : X \longrightarrow X$의 개수를 구하시오.

(가) $x_1 \in X$, $x_2 \in X$인 임의의 x_1, x_2에 대하여 $1 \le x_1 < x_2 \le 4$이면 $f(x_1) > f(x_2)$이다.
(나) 함수 f의 일대일대응이 아니다.

0704 함수의 개수

다음 물음에 답하시오.

(1) 집합 $A=\{-2, -1, 0, 1, 2\}$에 대하여 다음 두 조건을 모두 만족하는 함수 f의 개수를 구하시오.

(가) 함수 f는 A에서 A로의 함수이다.
(나) A의 모든 원소 x에 대하여 $f(-x)=-f(x)$이다.

(2) 집합 $X=\{-2, -1, 0, 1, 2\}$에 대하여 다음 두 조건을 만족하는 함수 $f : X \longrightarrow X$의 개수를 구하시오.

(가) f는 일대일대응이다.
(나) X의 모든 원소 x에 대하여 $f(-x)=-f(x)$이다.

0705 조건을 이용한 함숫값 구하기

집합 $X=\{1, 2, 3, 4, 5, 6\}$에서 집합 $Y=\{0, 2, 4, 6, 8\}$로의 함수 f를 $f(x)=(x^3+3x^2$의 일의 자리의 숫자$)$로 정의하자. $f(a)=0$, $f(b)=4$를 만족시키는 X의 원소 a, b에 대하여 $a+b$의 최댓값은?

① 7 ② 8 ③ 9 ④ 10 ⑤ 11

0706 조건을 이용한 함숫값 구하기

함수 $f(x)$가 모든 실수 x에 대하여 등식

$$f(x+1)=\frac{f(x)-5}{f(x)-3},\ f(0)=-1$$

을 만족할 때, $f(2025)+f(2026)$의 값은 $\frac{n}{m}$이다. 이때 $m+n$의 값을 구하시오. (단, m, n은 서로소인 자연수이다.)

0707 일대일대응

집합 $X=\{1, 2, 3, 4, 5\}$에 대하여 일대일대응인 함수 $f : X \longrightarrow X$가 다음 조건을 만족시킨다.

(가) $f(2)-f(3)=f(4)-f(1)=f(5)$
(나) $f(1)<f(2)<f(4)$

$f(2)+f(5)$의 값은?

① 4 ② 5 ③ 6 ④ 7 ⑤ 8

0708 조건을 이용한 함숫값 구하기

집합 $X=\{1, 2, 3, 4\}$에 대하여 두 함수 $f : X \longrightarrow X$, $g : X \longrightarrow X$가 있다. 함수 $y=f(x)$는 $f(4)=2$를 만족시키고 함수 $y=g(x)$의 그래프는 그림과 같다. 두 함수 $y=f(x)$, $y=g(x)$에 대하여 함수 $h : X \longrightarrow X$를

$$h(x)=\begin{cases} f(x) & (f(x) \ge g(x)) \\ g(x) & (g(x) > f(x)) \end{cases}$$

라 정의하자. 함수 $y=h(x)$가 일대일대응일 때, $f(2)+h(3)$의 값을 구하시오.

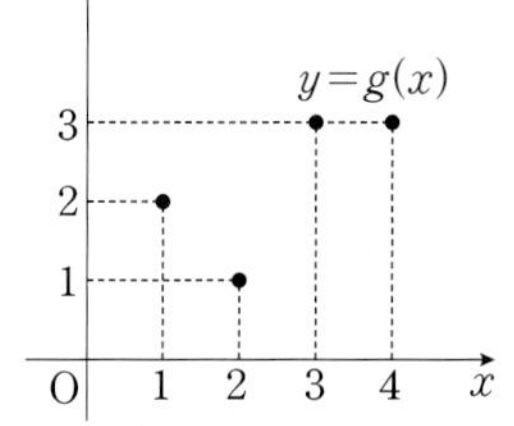

정답 0703 : 510 0704 : (1) 25 (2) 8 0705 : ⑤ 0706 : 29 0707 : ④ 0708 : 5

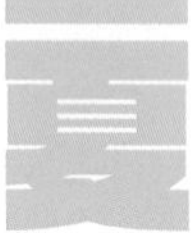

입하

한국의 절기 ⑦

자료출처 : 한국민속대백과사전 http://folkency.nfm.go.kr

24절기 중 일곱 번째 절기. 양력으로 5월 6일 무렵이고 음력으로 4월에 들었으며, 태양의 황경(黃經)이 45도에 이르렀을 때이다. 입하(立夏)는 곡우(穀雨)와 소만(小滿) 사이에 들어 여름이 시작되었음을 알리는 절후이다. '보리가 익을 무렵의 서늘한 날씨'라는 뜻으로 맥량(麥凉), 맥추(麥秋)라고도 하며, '초여름'이란 뜻으로 맹하(孟夏), 초하(初夏), 괴하(槐夏), 유하(維夏)라고도 부른다.
이때가 되면 봄은 완전히 퇴색하고 산과 들에는 신록이 일기 시작하며 개구리 우는 소리가 들린다. 또 마당에는 지렁이들이 꿈틀거리고, 밭에는 참외꽃이 피기 시작한다. 그리고 묘판에는 볍씨의 싹이 터 모가 한창 자라고, 밭의 보리이삭들이 패기 시작한다. 집안에서는 부인들이 누에치기에 한창이고, 논밭에는 해충도 많아지고 잡초가 자라서 풀뽑기에 부산해진다.

오월
잎새는
햇살로
차오르고

www.heemangedu.co.kr | www.mapl.co.kr

© Photo by Kumiko Shimizu on Unsplash

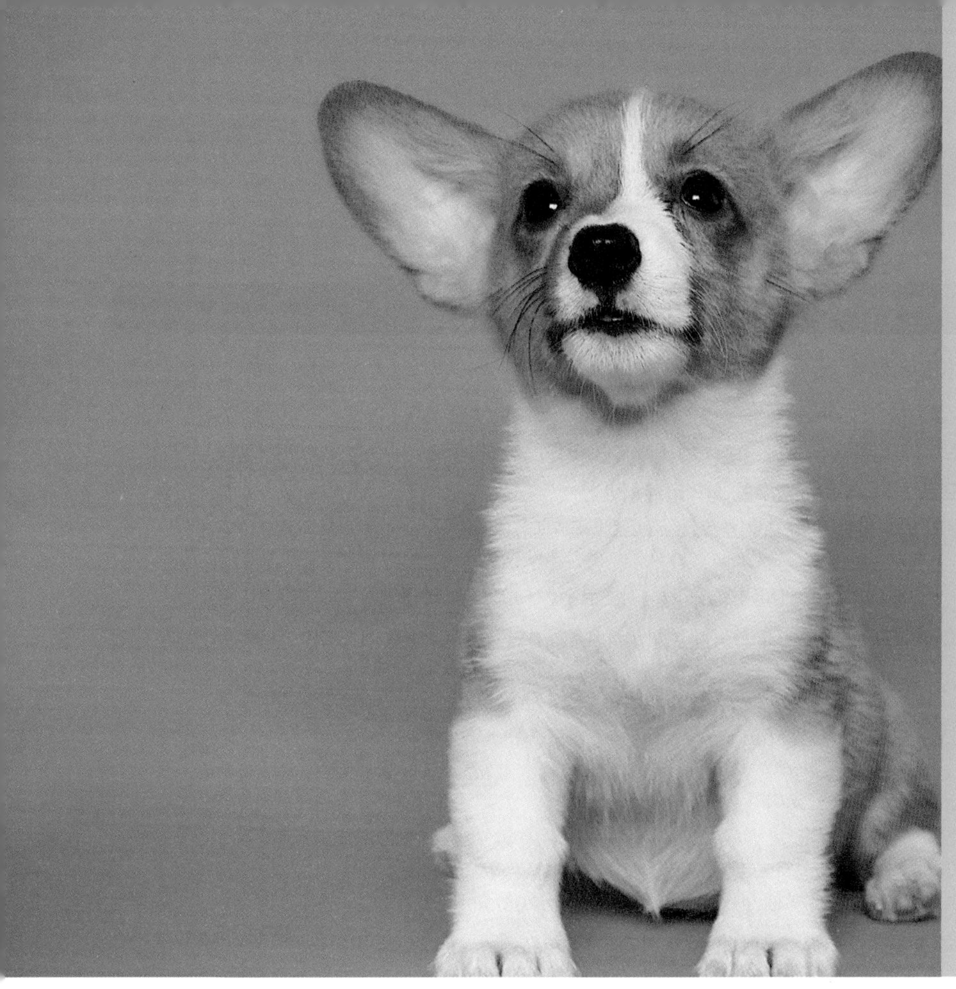

마플교과서

MAPL. IT'S YOUR MASTER PLAN!

MAPL 교과서 SERIES

www.heemangedu.co.kr | www.mapl.co.kr

공통수학2 III. 함수와 그래프

02

합성함수와 역함수

01 합성함수

M A P L ; Y O U R M A S T E R P L A N

개념유형 01 합성함수의 정의

(1) 세 집합 X, Y, Z에 대하여 두 함수

$$f: X \longrightarrow Y,\ g: Y \longrightarrow Z$$

일 때, 집합 X의 각 원소 x에 집합 Z의 원소 $g(f(x))$를 대응시키면 X를 정의역, Z를 공역으로 하는 새로운 함수를 정의할 수 있다.
이 새로운 함수를 f와 g의 **합성함수**라 하고 기호로 $g \circ f$로 나타낸다.

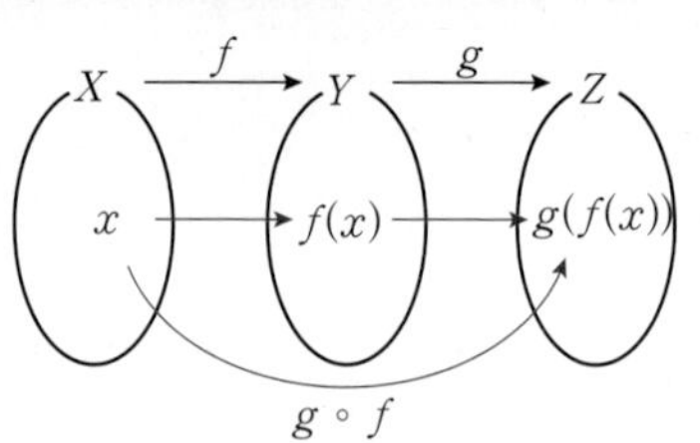

(2) 합성함수 $g \circ f: X \longrightarrow Z$에 대하여 x에서의 함숫값을 기호로 $g(f(x))$로 나타낸다.
이때 $(g \circ f)(x)=g(f(x))$이므로 f와 g의 합성함수를 $y=g(f(x))$와 같이 나타낼 수 있다.

> **두 함수 $f: X \longrightarrow Y$, $g: Y \longrightarrow Z$의 합성함수는**
> $g \circ f: X \longrightarrow Z$, $(g \circ f)(x)=g(f(x))$ ◀ $g(x)$의 x자리에 $f(x)$를 대입하라는 뜻

참고 ① 합성함수를 영어로 composite function이라 한다.
② $g \circ f$는 함수 f를 함수 g에 합성한 함수, $f \circ g$는 함수 g를 함수 f에 합성한 함수이다.
합성함수는 순서에 따라 그 의미가 달라지므로 반드시 합성하는 순서에 주의해야 한다.
③ $f: X \longrightarrow Y$, $g: Y \longrightarrow Z$가 주어졌을 때, (f의 치역) $\subset$ (g의 정의역)이어야 함수 $g \circ f: X \longrightarrow Z$를 정의할 수 있다. (합성함수가 정의되기 위한 조건)

마플해설 세 집합 $X=\{1, 2, 3\}$, $Y=\{a, b, c, d\}$, $Z=\{p, q, r\}$에 대하여
두 함수 $f: X \longrightarrow Y$, $g: Y \longrightarrow Z$가 오른쪽 그림과 같이 주어져 있다.
함수 f의 치역은 $\{b, c, d\}$이고 함수 g의 정의역은 $\{a, b, c, d\}$이므로
함수 f의 치역이 함수 g의 정의역의 부분집합이므로 합성함수 $g \circ f$를 정의할 수 있다.
이때 $(g \circ f)(1)=g(f(1))=g(b)=q$
$(g \circ f)(2)=g(f(2))=g(d)=r$
$(g \circ f)(3)=g(f(3))=g(c)=p$

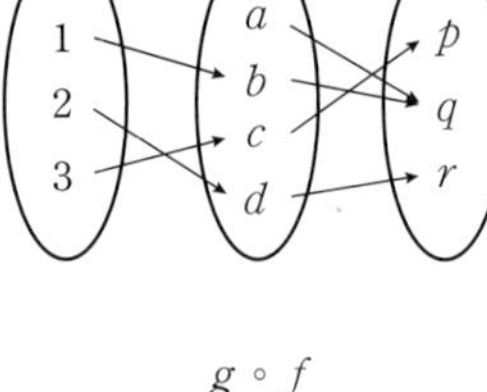

따라서 이 대응관계는 오른쪽 그림과 같이 X에서 Z로의 새로운 함수가 되고
이 함수를 $g \circ f$와 같이 나타낸다.
또한, 합성함수 $g \circ f$는 함수 f의 치역은 $\{b, c, d\}$이고 g의 정의역은 $\{a, b, c, d\}$로 부분집합이므로 정의되지만 함수 g의 치역 $\{p, q, r\}$은 함수 f의 정의역 X의 부분집합이 아니므로 합성함수 $f \circ g$는 정의되지 않는다.

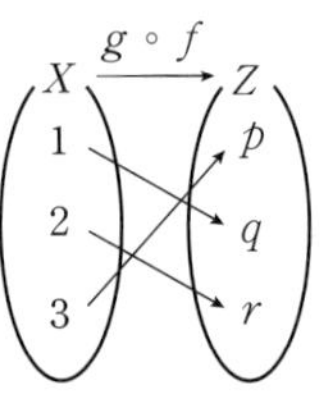

보기 01 **두 함수 f, g가 오른쪽 그림과 같을 때, 다음을 구하시오.**

(1) $(g \circ f)(2)$　　(2) $(g \circ f)(3)$

(3) $(f \circ g)(b)$　　(4) $(f \circ g)(c)$

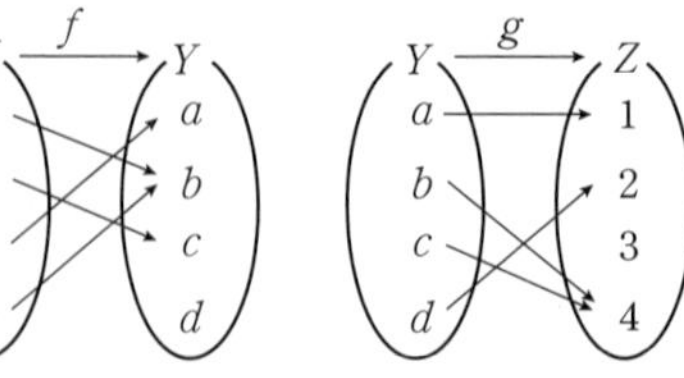

풀이
(1) $(g \circ f)(2)=g(f(2))=g(c)=\mathbf{4}$
(2) $(g \circ f)(3)=g(f(3))=g(a)=\mathbf{1}$
(3) $(f \circ g)(b)=f(g(b))=f(4)=\boldsymbol{b}$
(4) $(f \circ g)(c)=f(g(c))=f(4)=\boldsymbol{b}$

보기 02 **두 함수 $f(x)=2x+3$, $g(x)=-x^2+5$에 대하여 다음을 구하시오.**

(1) $(g \circ f)(1)$　　(2) $(f \circ g)(1)$

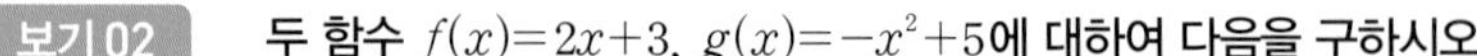

풀이
(1) $(g \circ f)(1)=g(f(1))=g(2\times1+3)=g(5)=-5^2+5=\mathbf{-20}$
(2) $(f \circ g)(1)=f(g(1))=f(-1+5)=f(4)=2\times4+3=\mathbf{11}$

개념유형

02 합성함수의 성질

일반적으로 합성함수는 다음과 같은 성질을 갖는다.

(1) $f \circ g \neq g \circ f$ ◀ 교환법칙은 성립하지 않는다.

(2) $h \circ (g \circ f) = (h \circ g) \circ f$ ◀ 결합법칙은 성립한다.

(3) $f : X \longrightarrow X$일 때,

$f \circ I = I \circ f = f$ (단, I는 항등함수) ◀ 항등함수와 합성하면 자기 자신이 된다.

참고 $h \circ (g \circ f) = (h \circ g) \circ f$가 성립하므로 $h \circ g \circ f$와 같이 표현할 수 있다.

마플해설 위의 합성함수의 성질을 예를 들어 확인하면 다음과 같다.

① $f \circ g \neq g \circ f$

반례 두 함수 $f(x)=2x-1$, $g(x)=-3x+6$에서

$(g \circ f)(x) = g(f(x)) = g(2x-1) = -3(2x-1)+6 = -6x+9$

$(f \circ g)(x) = f(g(x)) = f(-3x+6) = 2(-3x+6)-1 = -6x+11$

$\therefore g \circ f \neq f \circ g$

② $h \circ (g \circ f) = (h \circ g) \circ f$

세 함수 $f : X \longrightarrow Y$, $g : Y \longrightarrow Z$, $h : Z \longrightarrow W$

$g \circ f : X \longrightarrow Z$이므로 $h \circ (g \circ f) : X \longrightarrow W$

$h \circ g : Y \longrightarrow W$이므로 $(h \circ g) \circ f : X \longrightarrow W$

즉 두 합성함수 $h \circ (g \circ f)$와 $(h \circ g) \circ f$는

모두 X에서 W로의 함수이다.

이때 정의역 X의 임의의 원소 x에 대하여

$(h \circ (g \circ f))(x) = h((g \circ f)(x)) = h(g(f(x)))$

$((h \circ g) \circ f)(x) = (h \circ g)(f(x)) = h(g(f(x)))$

$\therefore h \circ (g \circ f) = (h \circ g) \circ f$

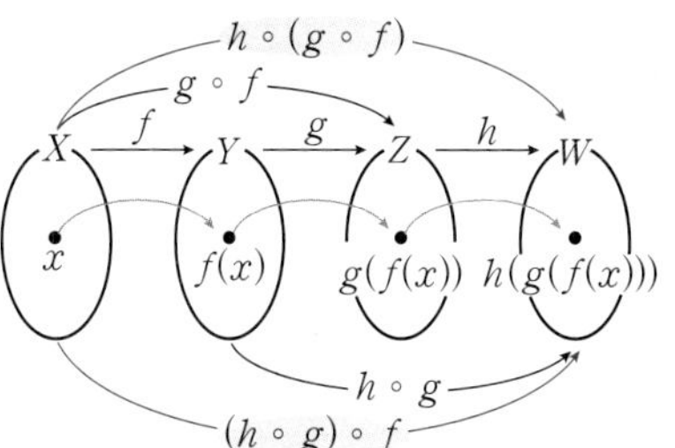

③ 집합 X에서의 항등함수 I에 대하여 $I(x)=x$이므로

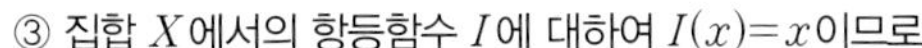

$f : X \longrightarrow X$와 두 항등함수 $I_X : X \longrightarrow X$, $I_Y : Y \longrightarrow Y$가 주어졌을 때, X의 임의의 원소 x에 대하여

$(f \circ I_X)(x) = f(I_X(x)) = f(x)$, $(I_Y \circ f)(x) = I_Y(f(x)) = f(x)$

이므로 $f \circ I_X = f$, $I_Y \circ f = f$

특히, $f : X \longrightarrow X$와 X에서의 항등함수 I에 대하여 $f \circ I = I \circ f = f$이다. ◀ $I(x)=x$

보기 03 **세 함수 $f(x)=2x$, $g(x)=x^2+1$, $h(x)=-x+2$에 대하여 다음을 구하시오.**

(1) $(h \circ (g \circ f))(x)$ (2) $((h \circ g) \circ f)(x)$

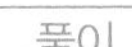

풀이 (1) $(g \circ f)(x) = g(f(x)) = g(2x) = (2x)^2+1 = 4x^2+1$

$(h \circ (g \circ f))(x) = h((g \circ f)(x)) = h(4x^2+1) = -(4x^2+1)+2 = \mathbf{-4x^2+1}$

(2) $(h \circ g)(x) = h(g(x)) = h(x^2+1) = -(x^2+1)+2 = -x^2+1$

$((h \circ g) \circ f)(x) = (h \circ g)(f(x)) = (h \circ g)(2x) = -(2x)^2+1 = \mathbf{-4x^2+1}$

참고 일반적으로 합성함수에서는 결합법칙이 성립하므로 다음과 같이 계산해도 된다.

$(h \circ (g \circ f))(x) = ((h \circ g) \circ f)(x) = (h \circ g \circ f)(x) = h(g(f(x)))$

$\therefore h(g(f(x))) = h(g(2x)) = h(4x^2+1) = -(4x^2+1)+2 = \mathbf{-4x^2+1}$

보기 04 **세 함수 f, g, h에 대하여 $(f \circ g)(x)=2x+3$, $h(x)=5x-2$일 때, $(f \circ (g \circ h))(1)$의 값을 구하시오.**

풀이 $(f \circ (g \circ h))(1) = ((f \circ g) \circ h)(1) = (f \circ g)(h(1))$ ◀ 결합법칙이 성립한다.

$= (f \circ g)(3) = 2 \times 3 + 3 = \mathbf{9}$

마플개념익힘 01 합성함수의 함숫값

다음 물음에 답하시오.

(1) 집합 $X=\{a, b, c, d\}$에서 X로의 함수 f의 대응 관계가 오른쪽 그림과 같을 때, $(f \circ f)(x)=a$가 되는 x의 값을 구하시오.

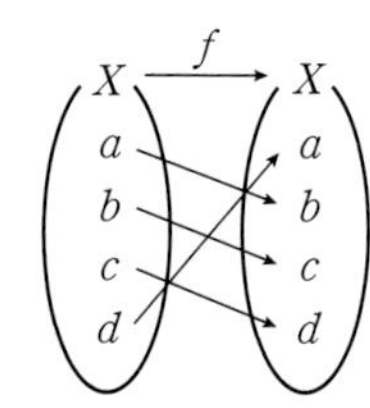

(2) 오른쪽 그림과 같이 정의된 두 함수 $f : X \longrightarrow Y$, $g : Y \longrightarrow Z$에 대하여 합성함수 $g \circ f$의 치역을 구하시오.

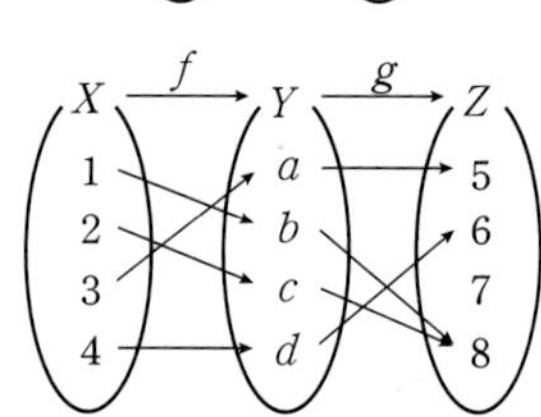

MAPL CORE ▶ $(g \circ f)(x)=g(f(x))$ ◀ $g(x)$의 x자리에 $f(x)$를 대입하라는 뜻

개념익힘**풀이** (1) $f \circ f$의 대응 관계를 나타내면 오른쪽 그림과 같다.

오른쪽 그림에서 $(f \circ f)(x)=a$를 만족하는 x의 값은 $\boldsymbol{c}$이다.

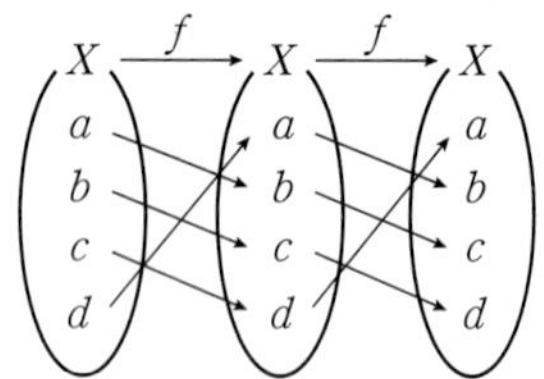

다른풀이 합성함수의 정의를 이용하여 풀이하기

$f(x)$는 일대일대응이고 $f(a)=b$, $f(b)=c$, $f(c)=d$, $f(d)=a$

이므로 $(f \circ f)(x)=f(f(x))=a$에서 $f(x)=d$ $\quad \therefore \boldsymbol{x=c}$

(2) $(g \circ f)(1)=g(f(1))=g(b)=8$

$(g \circ f)(2)=g(f(2))=g(c)=8$

$(g \circ f)(3)=g(f(3))=g(a)=5$

$(g \circ f)(4)=g(f(4))=g(d)=6$

따라서 $g \circ f$의 치역은 $\{\mathbf{5, 6, 8}\}$

확인유제 0709 두 함수 $f : X \longrightarrow Y$, $g : Y \longrightarrow Z$가 오른쪽 그림과 같을 때, $(g \circ f)(x)=6$을 만족하는 x의 값을 구하시오.

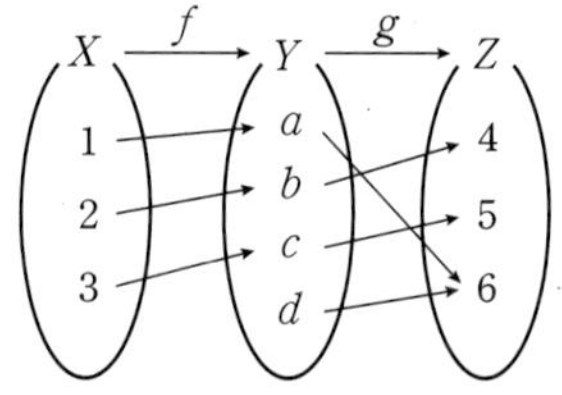

변형문제 0710 오른쪽 그림과 같이 정의된 함수 $f : X \longrightarrow X$에 대하여 $f(3)+(f \circ f)(3)+(f \circ f \circ f)(3)$의 값은?

① 5 ② 6 ③ 7
④ 8 ⑤ 9

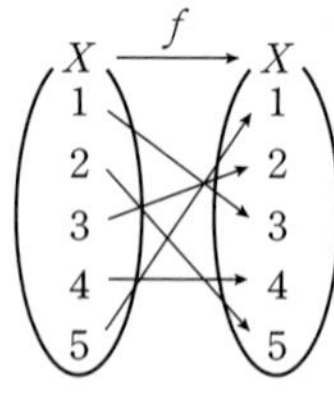

발전문제 0711 집합 $X=\{1, 2, 3\}$에 대하여 X에서 X로의 함수 $f(x)=ax+3$과 X에서 모든 정수집합으로의 함수 $g(x)=4-x$에 대하여 합성함수 $g \circ f$가 정의되도록 실수 a의 값을 구하시오.

함수 f의 치역이 함수 g의 정의역의 부분집합이어야만 합성함수 $g \circ f$를 정의할 수 있다.

정답 0709 : 1 0710 : ④ 0711 : 0

마플개념익힘 02 합성함수의 계산

두 함수 f, g에 대하여 다음에 물음에 답하시오.

(1) 두 함수 $f(x)=2x+1$, $g(x)=3x-a$에 대하여 $f(g(1))=5$를 만족하는 상수 a의 값을 구하시오.

(2) 두 함수 $f(x)=2x+1$, $g(x)=-x+2$에 대하여 $(g\circ f)(x)=ax+b$일 때, 상수 a, b의 값을 구하시오.

MAPL CORE ▶ $(f\circ g)(a)$의 값 구하기 ➡ 합성함수 $(f\circ g)(x)$를 구하여 a를 대입할 수도 있지만 $(f\circ g)(a)=f(g(a))$이므로 $g(a)$의 값을 구하여 $f(x)$에 대입하는 것이 편리하다.

개념익힘**풀이** (1) $f(g(1))=f(3-a)=2(3-a)+1=7-2a$

$f(g(1))=5$이므로 $7-2a=5$

따라서 $\boldsymbol{a=1}$

다른풀이 $f(x)=5$가 되는 x값을 이용하여 구하기

$f(x)=2x+1$에서 $f(2)=5$이다.

이때 $f(g(1))=5$이므로 $g(1)=2$이어야 한다.

따라서 $g(1)=3-a=2$이므로 $\boldsymbol{a=1}$

(2) $(g\circ f)(x)=g(f(x))=g(2x+1)=-(2x+1)+2=-2x+1$

$(g\circ f)(x)=ax+b$이므로 $-2x+1=ax+b$ ← x에 대한 항등식

$-2=a$, $1=b$

따라서 $\boldsymbol{a=-2,\ b=1}$

확인유제 0712 두 함수 f, g에 대하여 다음 물음에 답하시오.

(1) 함수 $f(x)=2x+a$에 대하여 $(f\circ f)(1)=f(-1)$이 성립하도록 하는 상수 a의 값을 구하시오.

(2) 함수 $f(x)=ax+b$에 대하여 합성함수 $(f\circ f)(x)=4x+3$일 때, $f(1)$의 값을 구하시오.
(단, $a>0$, a, b는 상수이다.)

변형문제 0713 다음 물음에 답하시오.

(1) 두 함수 $f(x)=ax+b$, $g(x)=-x+1$에 대하여 $(g\circ f)(x)=2x+3$이 성립할 때, $f(-3)$의 값은?
(단, a, b는 상수이다.)

① 1 ② 2 ③ 3 ④ 4 ⑤ 5

(2) 두 함수 $f(x)=\begin{cases}-2x+4 & (x\ge 1)\\ 2 & (x<1)\end{cases}$, $g(x)=x^2-2$에 대하여 $(f\circ g)(3)+(g\circ f)(0)$의 값은?

① -18 ② -12 ③ -10 ④ -8 ⑤ -6

발전문제 0714 두 함수 $f(x)=x+a$, $g(x)=\begin{cases}x-4 & (x<3)\\ x^2 & (x\ge 3)\end{cases}$에 대하여

$$(f\circ g)(0)+(g\circ f)(0)=16$$

을 만족하는 상수 a의 값을 구하시오.

정답 0712 : (1) -3 (2) 3 0713 : (1) ④ (2) ④ 0714 : 4

마플개념익힘 03 f^n꼴의 합성함수

함수 $f(x)$에 대하여 $f^1=f$, $f^2=f\circ f$, $f^3=f\circ f^2$, $\cdots$, $f^{n+1}=f\circ f^n$(n은 자연수)와 같이 정의할 때, 다음 물음에 답하시오.

(1) 함수 $f(x)=x+2$에 대하여 $f^{100}(5)$의 값을 구하시오.

(2) 함수 $f(x)=2x$에 대하여 $f^{10}(1)$의 값을 구하시오.

MAPL CORE ▶ f^n꼴의 합성함수에서 규칙성 찾기 ➡ f^2, f^3, f^4, $\cdots$를 직접 구하여 규칙을 찾는다.

(1) $f(x)=x+a$ (단, a는 상수) ➡ $f^n(x)=x+an$

(2) $f(x)=ax$ (단, a는 상수) ➡ $f^n(x)=a^nx$

개념익힘풀이

(1) $f(x)=x+2$에서

$f^1(x)=f(x)=x+2=x+2\times 1$

$f^2(x)=(f\circ f)(x)=f(f(x))=(x+2)+2=x+2\times 2$

$f^3(x)=(f\circ f^2)(x)=f(f^2(x))=(x+4)+2=x+2\times 3$

$f^4(x)=(f\circ f^3)(x)=f(f^3(x))=(x+6)+2=x+2\times 4$

$\vdots$

$\therefore f^n(x)=x+2n$

따라서 $f^{100}(5)=5+2\times 100=$ **205**

(2) $f(x)=2x$에서

$f^1(x)=f(x)=2^1x$

$f^2(x)=(f\circ f)(x)=f(f(x))=2(2x)=2^2x$

$f^3(x)=(f\circ f^2)(x)=f(f^2(x))=2(2^2x)=2^3x$

$f^4(x)=(f\circ f^3)(x)=f(f^3(x))=2(2^3x)=2^4x$

$\vdots$

$\therefore f^n(x)=2^nx$

따라서 $f^{10}(1)=2^{10}\times 1=$ **1024**

확인유제 0715 함수 $f(x)=1-x$에 대하여 $f^1=f$, $f^{n+1}=f\circ f^n$와 같이 정의할 때, $f^9(6)+f^{10}(10)$의 값을 구하시오. (단, n은 자연수이다.)

변형문제 0716 다음 물음에 답하시오.

(1) 집합 $X=\{1, 2, 3\}$에 대하여 함수 $f : X\longrightarrow X$를 오른쪽 그림과 같이 정의한다.

$f^1(x)=f(x)$, $f^{n+1}(x)=f(f^n(x))$($n=1, 2, 3, \cdots$)이라고 할 때,

$f^{31}(1)+f^{32}(2)+f^{33}(3)$의 값은?

① 2 ② 3 ③ 4 ④ 5 ⑤ 6

(2) 집합 $X=\{1, 2, 3\}$에 대하여 함수 $f : X\longrightarrow X$의 그래프가 오른쪽 그림과 같다.

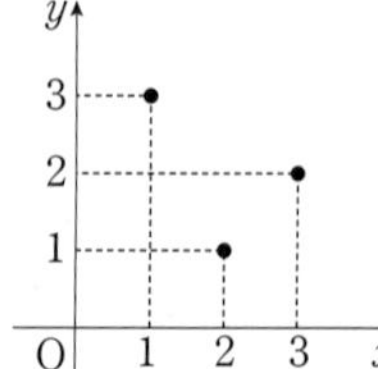

$f^1(x)=f(x)$, $f^{n+1}(x)=f(f^n(x))$이라고 할 때,

$f^{10}(1)+f^{11}(2)+f^{12}(3)$의 값은? (단, n은 자연수이다.)

① 3 ② 4 ③ 5 ④ 6 ⑤ 9

발전문제 0717 집합 $A=\{1, 3, 5, 7\}$에서 정의된 함수 $f(x)$가 $f(x)=\begin{cases} x+2 & (x\le 5) \\ 1 & (x>5) \end{cases}$이고 $f^1=f$, $f^{n+1}=f\circ f^n$으로 정의할 때, $f^{100}(3)+f^{101}(5)$의 값을 구하시오. (단, n은 자연수이다.)

정답 0715 : 5 0716 : (1) ⑤ (2) ⑤ 0717 : 10

교환법칙과 결합법칙을 활용한 미정계수 구하기

다음 물음에 답하시오.

(1) 두 함수 $f(x)=2x-3$, $g(x)=-x+a$에 대하여 $g\circ f=f\circ g$가 성립할 때, $g(3)$의 값을 구하시오. (단, a는 상수이다.)

(2) 세 함수 f, g, h에 대하여 $(h\circ g)(x)=6x+7$, $f(x)=x-5$일 때, $(h\circ(g\circ f))(4)$의 값을 구하시오.

MAPL CORE ▸ (1) $f\circ g=g\circ f$가 성립하면 합성함수 $f\circ g$와 $g\circ f$를 각각 구하여 각 항의 계수를 비교한다.

(2) 결합법칙은 성립한다. $f\circ g\circ h=(f\circ g)\circ h=f\circ(g\circ h)$

일반적으로 함수의 합성에서는 교환법칙이 성립하지 않는다.

개념익힘풀이 (1) $g\circ f=f\circ g$이므로 $(g\circ f)(x)=(f\circ g)(x)$

$f(x)=2x-3$, $g(x)=-x+a$에서

$(g\circ f)(x)=g(f(x))=g(2x-3)$

$=-(2x-3)+a=-2x+3+a$ …… ㉠

$(f\circ g)(x)=f(g(x))=f(-x+a)$

$=2(-x+a)-3=-2x+2a-3$ …… ㉡

㉠과 ㉡이 같아야 하므로 $-2x+3+a=-2x+2a-3$, $3+a=2a-3$ $\therefore a=6$ ← x에 대한 항등식

따라서 $g(x)=-x+6$이므로 $\boldsymbol{g(3)=-3+6=3}$

(2) $(h\circ g)(x)=6x+7$, $f(x)=x-5$에서

$h\circ(g\circ f)=(h\circ g)\circ f$이므로 ← 결합법칙은 성립한다.

$(h\circ(g\circ f))(4)=(h\circ g)(f(4))$ ← $f(4)=4-5=-1$

$=(h\circ g)(-1)=6\times(-1)+7=\mathbf{1}$

확인유제 0718 다음 물음에 답하시오.

(1) 두 함수 $f(x)=3x+a$, $g(x)=-2x+3$에 대하여 합성함수 $g\circ f=f\circ g$가 성립할 때, $f(10)$의 값을 구하시오. (단, a는 상수이다.)

(2) 세 함수 f, g, h에 대하여 $(f\circ g)(x)=5x+1$, $h(x)=x+1$일 때, $(f\circ(g\circ h))(x)=-4$를 만족할 때, x의 값을 구하시오.

변형문제 0719 두 함수 $f(x)=4x-3$, $g(x)=ax+b$에 대하여

$$g(2)=3,\ f\circ g=g\circ f$$

가 성립할 때, $(g\circ f)(2)$의 값은?

① 5　② 6　③ 7　④ 8　⑤ 9

발전문제 0720 세 함수 f, g, h가 다음 조건을 만족할 때, 상수 a, b에 대하여 $a+b$의 값을 구하시오.

(가) $f(x)=-x+a$

(나) $(h\circ g)(x)=2x+1$

(다) $(h\circ(g\circ f))(x)=2bx-3$

정답 0718 : (1) 28 (2) -2　0719 : ⑤　0720 : -3

마플개념익힘 05 $f \circ g=h$를 만족시키는 함수 구하기

두 함수 $f(x)=2x-3$, $g(x)=-x+2$에 대하여 다음을 만족하는 함수 $h(x)$를 구하시오.

(1) $(g \circ h)(x)=f(x)$

(2) $(h \circ g)(x)=f(x)$

(3) $(h \circ g \circ f)(x)=g(x)$

MAPL CORE ▶ 함수 $h(x)$를 구하는 방법

[유형1] $f(h(x))=g(x)$에서는 $h(x)$를 $f(x)$의 x에 대입하여 정리한다.

[유형2] $h(f(x))=g(x)$에서는 $f(x)=t$로 놓고 $h(t)$를 구한다.

[유형3] $(h(g(f(x)))=g(x)$에서 $g(f(x))$를 구하여 정리한 후 $g(f(x))$를 t로 치환한다.

개념익힘풀이

(1) $(g \circ h)(x)=f(x)$에서 $(g \circ h)(x)=g(h(x))=-h(x)+2$

$-h(x)+2=2x-3$

$\therefore$ $\boldsymbol{h(x)=-2x+5}$

(2) $(h \circ g)(x)=f(x)$에서 $(h \circ g)(x)=h(g(x))=h(-x+2)$

$h(-x+2)=2x-3$ …… ㉠

이때 $-x+2=t$라 하면 $x=-t+2$이므로 ㉠에 대입하면

$h(t)=2(-t+2)-3$, $h(t)=-2t+1$에서 t를 x로 바꾸면 된다.

$\therefore$ $\boldsymbol{h(x)=-2x+1}$

(3) $(h \circ g \circ f)(x)=h((g(f(x)))=h(g(2x-3))=h(-(2x-3)+2)=h(-2x+5)$

즉 $(h \circ g \circ f)(x)=g(x)$에서 $h(-2x+5)=-x+2$ …… ㉠

이때 $-2x+5=t$라 하면 $x=\frac{5-t}{2}$ 이므로 ㉠에 대입하면

$h(t)=-\frac{5-t}{2}+2=\frac{t-1}{2}$에서 t를 x로 바꾸면 된다.

$\therefore$ $\boldsymbol{h(x)=\frac{x-1}{2}}$

확인유제 0721 두 함수 $f(x)=2x+1$, $g(x)=6x+3$에 대하여 다음을 만족하는 함수 $h(x)$를 구하시오.

(1) $(f \circ h)(x)=g(x)$

(2) $(h \circ f)(x)=g(x)$

(3) $(h \circ g \circ f)(x)=g(x)$

변형문제 0722 다음 물음에 답하시오.

(1) 두 함수 $f(x)=\frac{1}{2}x+1$, $g(x)=-x^2+6$이 있다. 모든 실수 x에 대하여 함수 $h(x)$가 $(f \circ h)(x)=g(x)$를 만족시킬 때, $h(3)$의 값은?

① -8 ② -5 ③ 0 ④ 5 ⑤ 8

(2) 두 함수 f, g에 대하여 $g(x)=\frac{x+1}{2}$, $(f \circ g)(x)=3x+2$일 때, $f(2)$의 값은?

① 5 ② 7 ③ 9 ④ 11 ⑤ 13

발전문제 0723 $f(x)=5x-1$이고 함수 $g(x)$는 모든 함수 $h(x)$에 대하여

$$(h \circ g \circ f)(x)=h(x)$$

를 만족시킨다. $g(4)$의 값을 구하시오. (단, $f(x)$, $g(x)$, $h(x)$는 실수 전체의 집합 R에서 R로의 함수이다.)

정답 0721 : (1) $3x+1$ (2) $3x$ (3) $\frac{x-3}{2}$ 0722 : (1) ① (2) ④ 0723 : 1

마플개념익힘 06 합성함수와 일대일대응

세 집합 $X=\{1, 2, 3\}$, $Y=\{a, b, c\}$, $Z=\{4, 5, 6\}$에 대하여 일대일대응인 두 함수 $f : X \longrightarrow Y$, $g : Y \longrightarrow Z$가

$$f(1)=a,\ g(c)=6,\ (g \circ f)(2)=4$$

를 만족할 때, $f(3)$의 값을 구하시오.

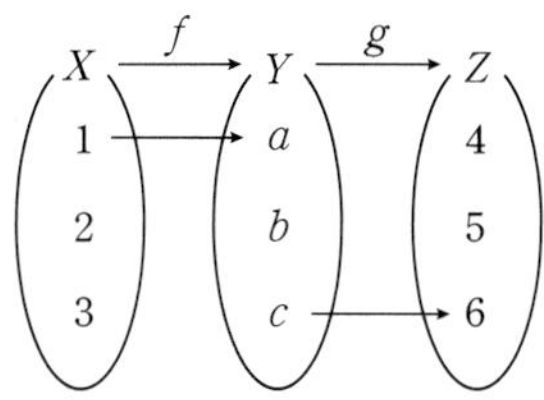

MAPL CORE ▶ 일대일대응의 정의

(ⅰ) $x_1, x_2 \in X$에 대하여 $x_1 \neq x_2$이면 $f(x_1) \neq f(x_2)$이다.

(ⅱ) 치역과 공역이 같다. (정의역의 원소의 개수와 공역의 원소의 개수가 같다.)

개념익힘풀이

함수 f가 일대일대응이고 $f(1)=a$이므로

$f(2)=b$이면 $f(3)=c$ 또는 $f(2)=c$이면 $f(3)=b$

(ⅰ) $f(2)=b$, $f(3)=c$인 경우

$(g \circ f)(2)=g(f(2))=g(b)=4$이므로

$g(a)=5$

(ⅱ) $f(2)=c$, $f(3)=b$인 경우

$(g \circ f)(2)=g(f(2))=g(c)=4$이므로

문제의 조건에서 $g(c)=6$이므로

함수 g는 함수의 정의에 모순이다.

(ⅰ), (ⅱ)에서 $f(2)=b$이므로 $\boldsymbol{f(3)=c}$

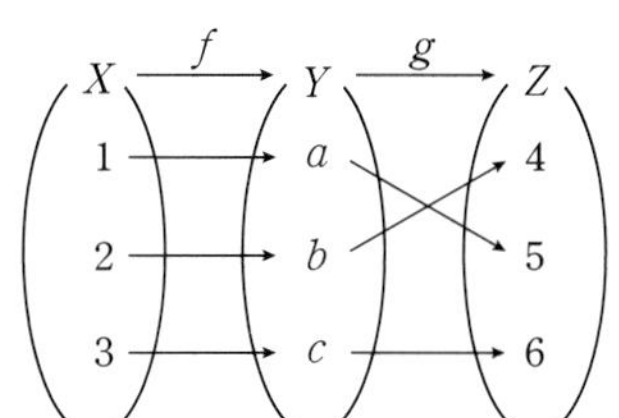

확인유제 0724 다음 물음에 답하시오.

(1) 세 집합 $X=\{1, 2, 3\}$, $Y=\{a, b, c\}$, $Z=\{4, 5, 6\}$에 대하여 일대일대응인 함수 $f : X \longrightarrow Y$와

$$g : Y \longrightarrow Z가\ f(1)=a,\ g(b)=4,\ (g \circ f)(2)=6$$

을 만족할 때, $(g \circ f)(3)$의 값을 구하시오.

(2) 집합 $X=\{1, 2, 3\}$에 대하여 X에서 X로의 일대일대응인 두 함수 f, g가

$$f(1)=2,\ g(3)=1,\ (g \circ f)(3)=2$$

를 만족시킨다. $f(2)+f(3)+2g(2)$의 값을 구하시오.

변형문제 0725 집합 $X=\{1, 2, 3, 4\}$에 대하여 X에서 X로의 두 함수 f, g가 모두 일대일대응이고

$$f(1)=4,\ g(2)=3,\ g(3)=4,\ (g \circ f)(2)=3,\ (g \circ f)(4)=1$$

을 만족할 때, 다음을 구하시오.

(1) $f(3)$ (2) $(g \circ f)(1)$

발전문제 0726 집합 $X=\{1, 2, 3, 4, 5\}$에 대하여 일대일대응인 함수 $f : X \longrightarrow X$가

$$f(1)=2,\ f(3)=4,\ (f \circ f \circ f)(5)=1$$

을 만족할 때, $f(2)+2f(4)+3f(5)$의 값을 구하시오.

정답 0724 : (1) 4 (2) 10 0725 : (1) 3 (2) 2 0726 : 16

마플개념익힘 07 그래프에서 합성함수의 함숫값 구하기

오른쪽 그림은 두 함수 $y=f(x)$의 그래프와 직선 $y=x$를 나타낸 것이다.
다음 물음에 답하시오. (단, 모든 점선은 x축 또는 y축에 평행하다.)

(1) $(f \circ f \circ f)(d)$의 값을 구하시오.

(2) $(f \circ f)(x)=a$를 만족시키는 x의 값을 구하시오.

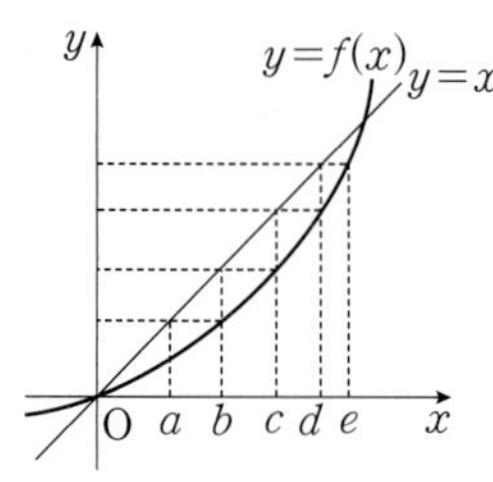

MAPL CORE ▶ 그래프에서 함수 $f(x)$의 함숫값을 찾아 합성함수의 함숫값을 구하려면 직선 $y=x$ 위의 점은 x좌표와 y좌표가 서로 같음을 이용하여 함수 $y=f(x)$ 또는 $y=g(x)$의 y좌표 또는 x좌표를 구하여 합성함수의 함숫값을 구한다.

개념익힘**풀이**

(1) 오른쪽 그림에서 직선 $y=x$를 이용하여 y축과 점선이 만나는 점의 y의 좌표를 구하면 다음과 같다.

$f(d)=c,\ f(c)=b,\ f(b)=a$이므로

$(f \circ f \circ f)(d)=(f \circ f)(f(d))=(f \circ f)(c)$

$\qquad =\boldsymbol{f(f(c))=f(b)=a}$

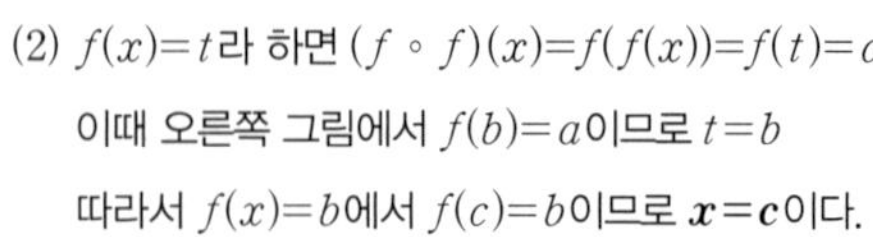

(2) $f(x)=t$라 하면 $(f \circ f)(x)=f(f(x))=f(t)=a$

이때 오른쪽 그림에서 $f(b)=a$이므로 $t=b$

따라서 $f(x)=b$에서 $f(c)=b$이므로 $\boldsymbol{x=c}$이다.

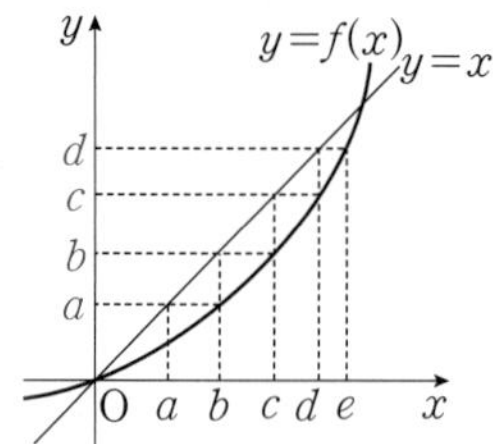

확인유제 0727 오른쪽 그림은 함수 $y=f(x)$의 그래프와 직선 $y=x$이다.
이때 다음 물음에 답하시오. (단, 모든 점선은 x축 또는 y축에 평행하다.)

(1) $(f \circ f \circ f)(b)$의 값을 구하시오.

(2) $(f \circ f)(x)=c$를 만족시키는 x의 값을 구하시오.

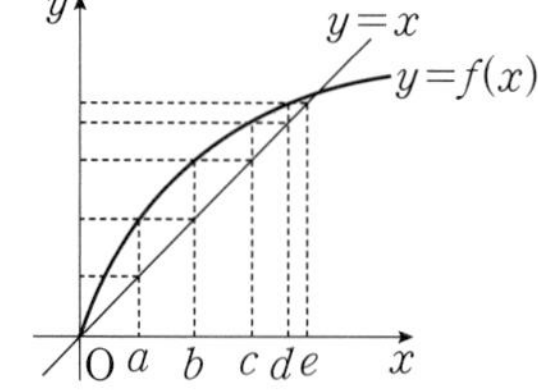

변형문제 0728 두 함수 $y=f(x)$, $y=g(x)$의 그래프가 오른쪽 그림과 같다.
이때 $(g \circ f)(p)$의 값은? (단, 모든 점선은 x축 또는 y축에 평행하다.)

① a　　② b　　③ c　　④ d　　⑤ e

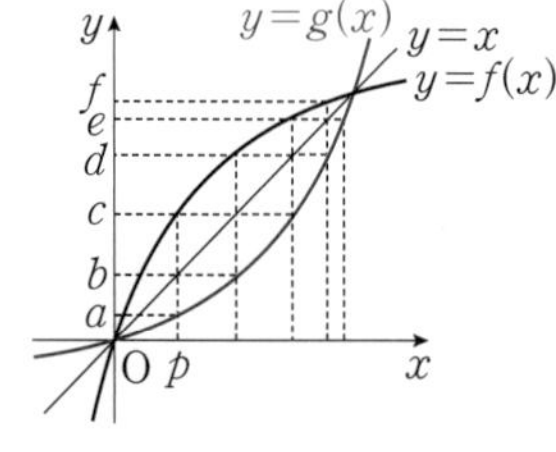

발전문제 0729 다음 물음에 답하시오.

(1) 오른쪽 그래프 $y=f(x)$에 대하여 다음 물음에 답하시오.

① $(f \circ f \circ f)(1)$의 값을 구하시오.

② $(f \circ f)(x)=3$을 만족하는 x의 값을 모두 구하시오.

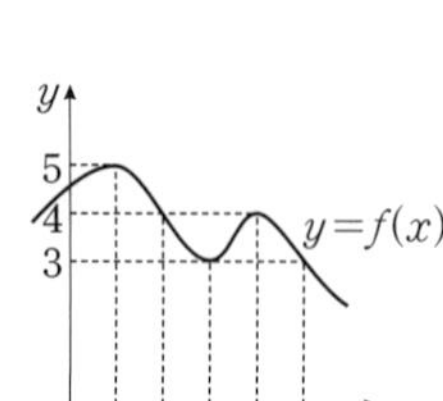

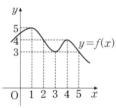

(2) 오른쪽 그래프 $y=f(x)$에 대하여 다음 물음에 답하시오.
(단, $x<0$, $x>13$일 때, $f(x)<0$이다.)

① $(f \circ f \circ f \circ f)(9)$의 값을 구하시오.

② $(f \circ f)(x)=5$를 만족시키는 x의 값을 모두 구하시오.

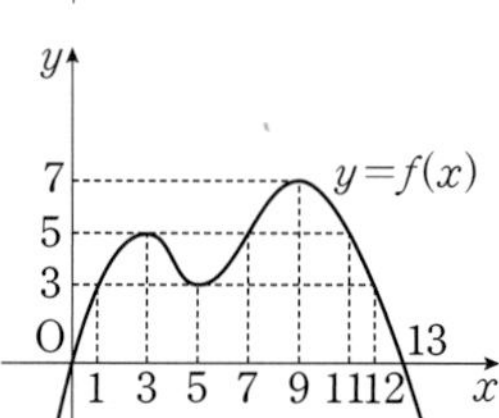

정답 0727 : (1) e (2) a　0728 : ②
0729 : (1) ① : 3 ② : $x=1$ 또는 $x=3$ 또는 $x=5$　(2) ① : 5 ② : $x=1$ 또는 $x=5$ 또는 $x=9$ 또는 $x=12$

$0 \le x \le 3$에서 정의된 두 함수 $y=f(x)$, $y=g(x)$의 그래프가 오른쪽 그림과 같을 때, 합성함수 $y=(g \circ f)(x)$의 그래프를 그리시오.

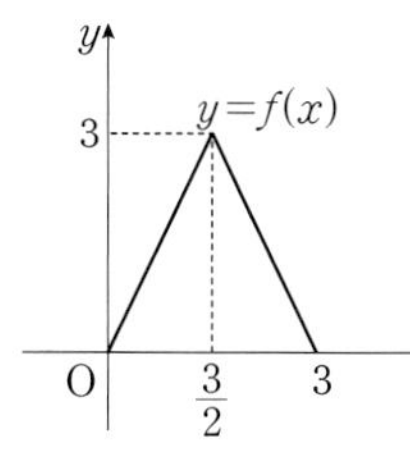

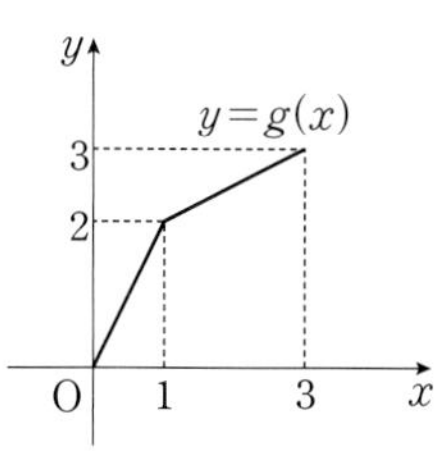

MAPL CORE ▶ 합성함수 $y=(g \circ f)(x)$의 그래프는 다음과 같은 순서로 그린다.

❶ 구간에 따른 $f(x)$, $g(x)$의 식을 구한다.

❷ 꺾인 점 (함수식이 달라지는 경계)을 기준으로 정의역의 범위를 나누어 함수의 식을 생각한다.

❸ $(g \circ f)(x)$의 식을 구한 후 함수 $y=(g \circ f)(x)$의 그래프를 그린다.

개념익힘풀이 방법 1 꺾인 형태의 그래프는 꺾인 점을 기준으로 정의역의 범위를 나누어 함수의 식을 생각하여 그리는 방법

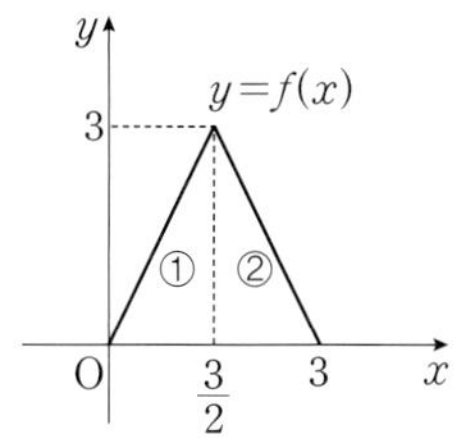

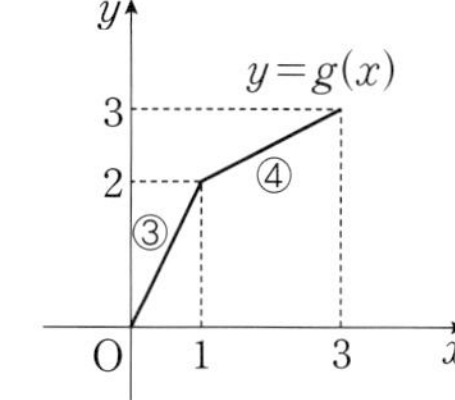

구간에 따른 $f(x)$, $g(x)$의 식을 구한다.

$$f(x)=\begin{cases} 2x & \left(0 \le x \le \frac{3}{2}\right) \cdots\cdots ① \\ -2x+6 & \left(\frac{3}{2} < x \le 3\right) \cdots\cdots ② \end{cases} \quad g(x)=\begin{cases} 2x & (0 \le x \le 1) \cdots\cdots ③ \\ \frac{1}{2}x+\frac{3}{2} & (1 < x \le 3) \cdots\cdots ④ \end{cases}$$

$$y=(g \circ f)(x)=g(f(x))=\begin{cases} f(x) & (0 \le f(x) \le 1) \\ \frac{1}{2}f(x)+\frac{3}{2} & (1 < f(x) \le 3) \end{cases}$$

$0 \le f(x) \le 1$인 x의 범위

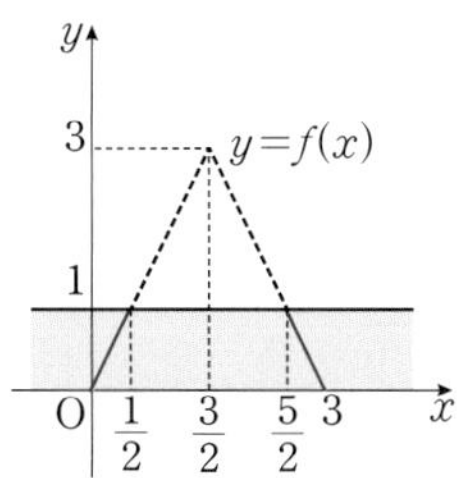

(i) $0 \le x \le \frac{1}{2}$일 때,

$0 \le f(x) \le 1$이고 $f(x)=2x$이므로

$(g \circ f)(x)=g(f(x))=2(2x)=4x$

(ii) $\frac{5}{2} \le x \le 3$일 때,

$0 \le f(x) \le 1$이고 $f(x)=-2x+6$이므로

$(g \circ f)(x)=g(f(x))=2(-2x+6)=-4x+12$

$1 < f(x) \le 3$인 x의 범위

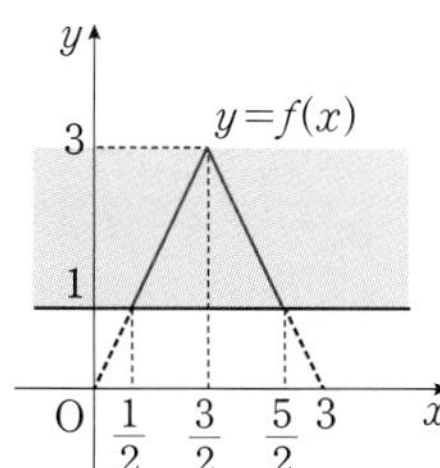

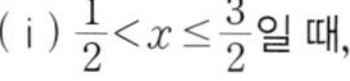
(i) $\frac{1}{2} < x \le \frac{3}{2}$일 때,

$1 < f(x) \le 3$이고 $f(x)=2x$이므로

$(g \circ f)(x)=g(f(x))=\frac{1}{2}(2x)+\frac{3}{2}=x+\frac{3}{2}$

(ii) $\frac{3}{2} \le x < \frac{5}{2}$일 때,

$1 < f(x) \le 3$이고 $f(x)=-2x+6$이므로

$(g \circ f)(x)=g(f(x))=\frac{1}{2}(-2x+6)=-x+\frac{9}{2}$

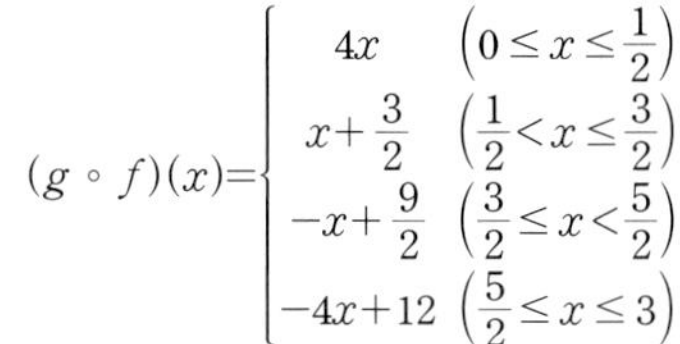

$$(g \circ f)(x)=\begin{cases} 4x & \left(0 \le x \le \frac{1}{2}\right) \\ x+\frac{3}{2} & \left(\frac{1}{2} < x \le \frac{3}{2}\right) \\ -x+\frac{9}{2} & \left(\frac{3}{2} \le x < \frac{5}{2}\right) \\ -4x+12 & \left(\frac{5}{2} \le x \le 3\right) \end{cases}$$

이므로 함수 $y=(g \circ f)(x)$의 그래프는 오른쪽과 같다.

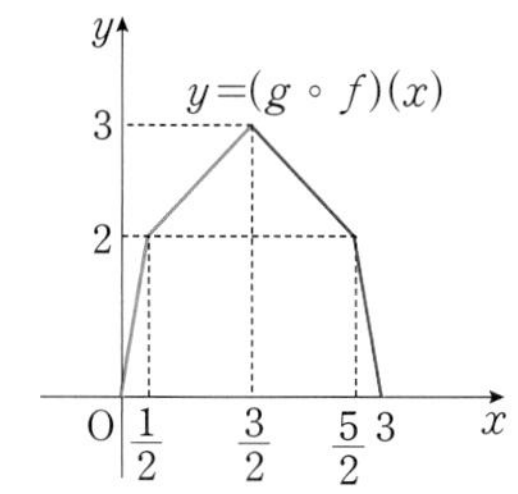

개념익힘**풀이** **방법 2** 그래프를 이용하여 합성함수의 그래프를 그리는 방법

$y=(g\circ f)(x)=g(f(x))=g(t)$ ← $f(x)=t$로 놓는다.

	그래프	표
x에 따른 t의 증가와 감소를 조사한다.	$y=f(x)$ (3, $\frac{3}{2}$, 3, O, x, y)	
t에 따른 y의 증가와 감소를 조사한다.	$y=g(x)$ (3, 2, 1, 3, O, x, y)	
x에 따른 y의 증가와 감소를 조사하여, 함수 $y=(g\circ f)(x)$의 그래프를 그린다.	$y=(g\circ f)(x)$ (3, 2, $\frac{1}{2}$, $\frac{3}{2}$, $\frac{5}{2}$, 3, O, x, y)	

x	$0\longrightarrow\frac{3}{2}$	$\frac{3}{2}\longrightarrow 3$
t	$0\longrightarrow 3$ (증가)	$3\longrightarrow 0$ (감소)

t	$0\longrightarrow 3$	$3\longrightarrow 0$
y	$0\longrightarrow 2\longrightarrow 3$ (증가)	$3\longrightarrow 2\longrightarrow 0$ (감소)

x	$0\longrightarrow\frac{3}{2}$	$\frac{3}{2}\longrightarrow 3$
y	$0\longrightarrow 2\longrightarrow 3$ (증가)	$3\longrightarrow 2\longrightarrow 0$ (감소)

확인유제 0730 다음 물음에 답하시오.

(1) $0\le x\le 4$에서 정의된 함수 $y=f(x)$의 그래프가 오른쪽 그림과 같을 때, 함수 $y=(f\circ f)(x)$의 그래프를 그리시오.

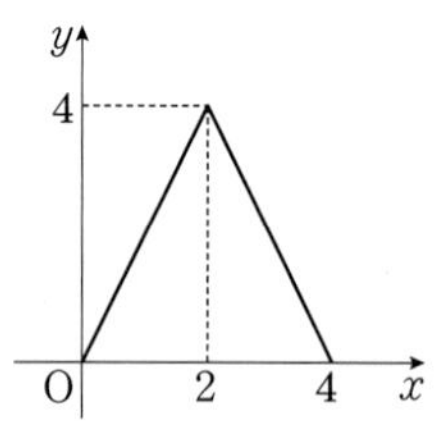

(2) $0\le x\le 4$에서 정의된 두 함수 $y=f(x)$, $y=g(x)$의 그래프가 다음 그림과 같을 때, 합성함수 $(g\circ f)(x)$의 그래프를 그리시오.

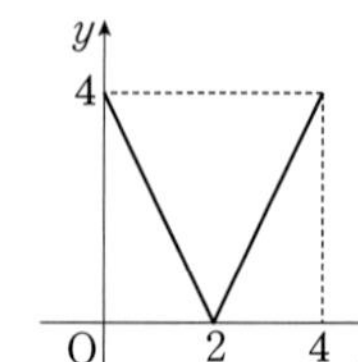

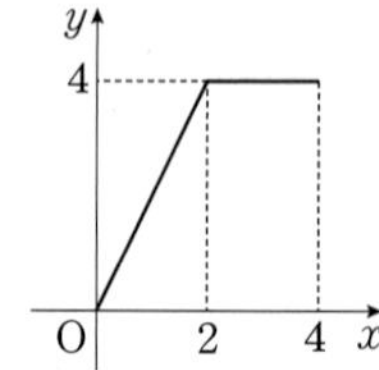

정답 0730 : (1) 해설참조 (2) 해설참조

변형문제 **0731** $0 \le x \le 2$에서 정의된 두 함수 $y=f(x)$, $y=g(x)$의 그래프가 아래의 그림과 같다.

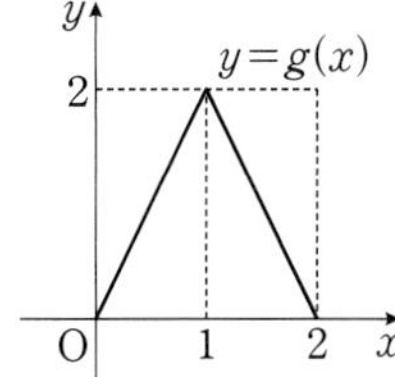

이때 합성함수 $y=(f \circ g)(x)$의 그래프의 개형으로 바른 것은?

①
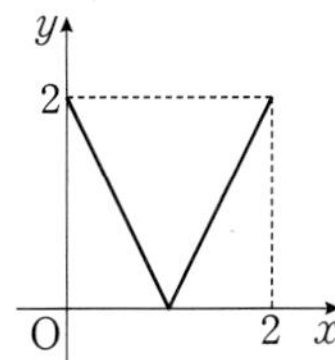

②
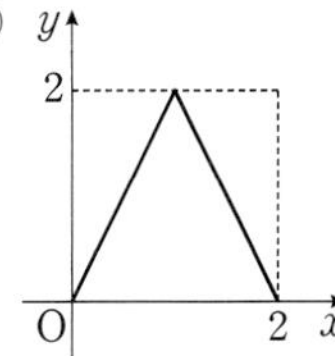

③
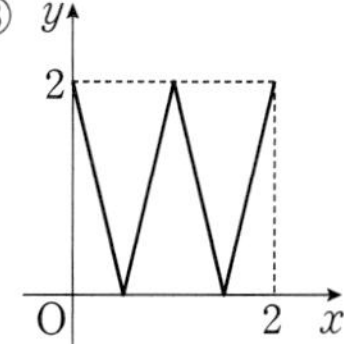

④
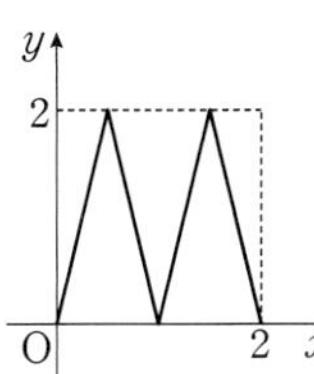

⑤
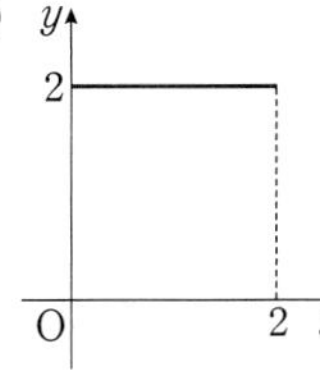

발전문제 **0732** 집합 $0 \le x \le 1$에서 정의된 두 함수 $y=f(x)$, $y=g(x)$의 그래프가 아래의 그림과 같다.

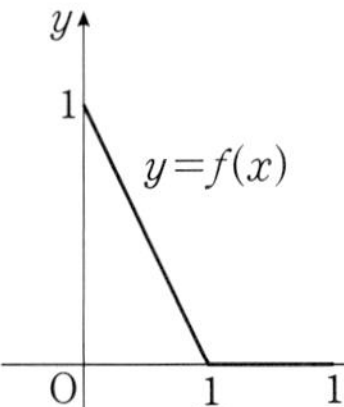

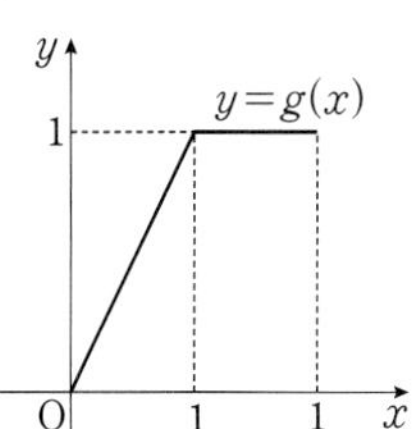

다음 중 함수 $y=(g \circ f)(x)$의 그래프로 옳은 것은?

①
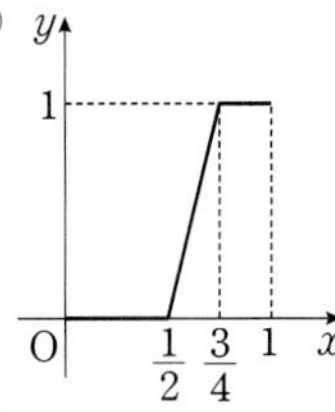

②
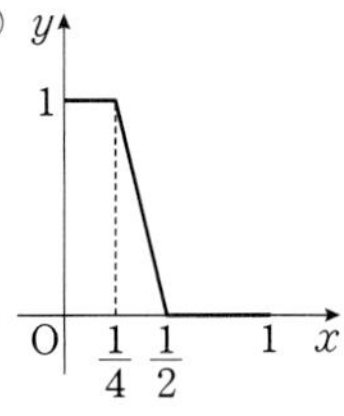

③
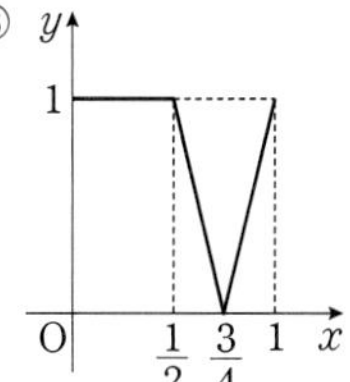

④
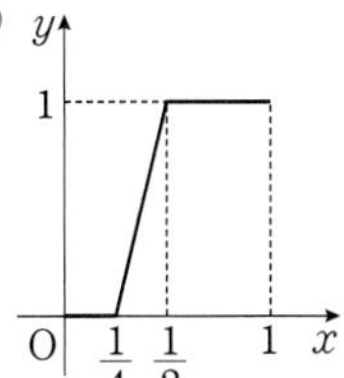

⑤
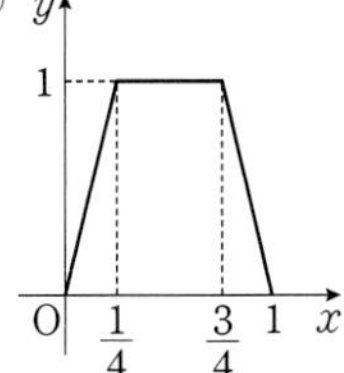

정답 0731 : ③ 0732 : ②

마플개념익힘 09 그래프에서 합성함수의 실근 구하기

집합 $\{x|-4 \le x \le 4\}$에서 정의된 함수 $y=f(x)$의 그래프가 오른쪽 그림과 같을 때, 방정식 $(f \circ f)(x)=0$의 모든 실근의 합을 구하시오.

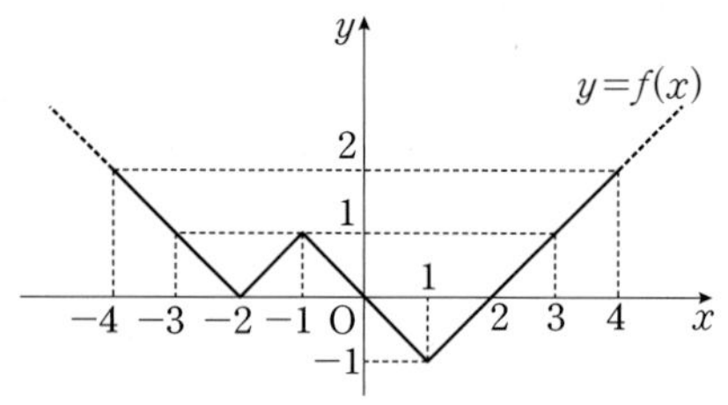

MAPL CORE ▶ $f(f(x))=0$의 실근을 구하는 순서

❶ $f(x)=0$인 실근을 구한다. 즉 $y=f(x)$와 x축과의 교점을 α, β라 하자.

❷ $f(x)=\alpha$ 또는 $f(x)=\beta$에서 $y=f(x)$와 $y=\alpha$, $y=f(x)$와 $y=\beta$ 교점의 x좌표를 구한다.

개념익힘풀이

주어진 그림에서 $f(-2)=f(0)=f(2)=0$이므로

$(f \circ f)(x)=f(f(x))=0$에서

$f(x)=-2$ 또는 $f(x)=0$ 또는 $f(x)=2$

그런데 정의역 $\{x|-4 \le x \le 4\}$에 대한 f의 치역은

$\{y|-1 \le y \le 2\}$이므로 $f(x)=0$ 또는 $f(x)=2$이다.

즉 오른쪽 그림에서

$f(x)=0$을 만족하는 x의 값은 -2, 0, 2이고

$f(x)=2$를 만족하는 x의 값은 -4, 4이다.

따라서 구하는 모든 근의 합은 $(-2)+0+2+(-4)+4=\mathbf{0}$

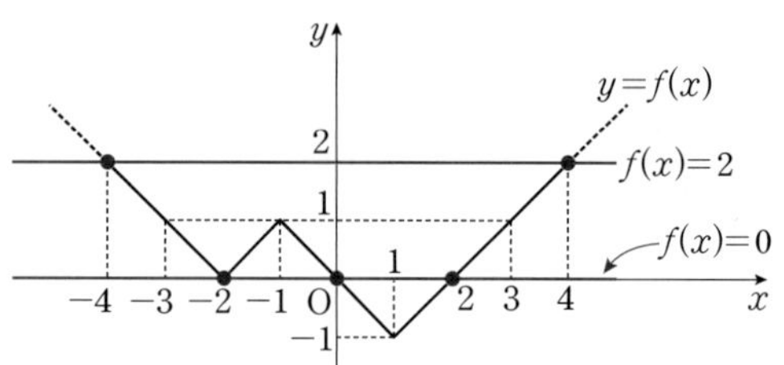

확인유제 0733 $0 \le x \le 2$에서 함수 $y=f(x)$의 그래프가 오른쪽 그림과 같을 때, 방정식 $f(f(x))=1$의 모든 실근의 합을 구하시오.

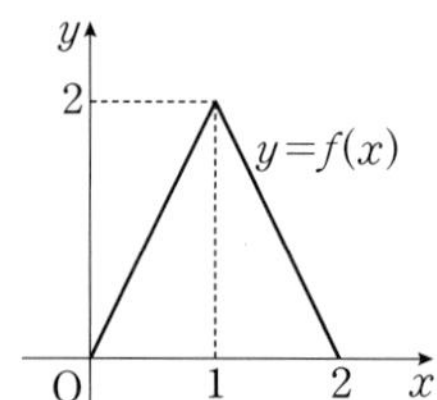

변형문제 0734 이차함수 $y=f(x)$의 그래프는 그림과 같이 점 $(3,\ -6)$을 꼭짓점으로 하고 점 $(0,\ -3)$을 지난다. 이때 방정식 $f(f(x))=-3$의 모든 실근의 합은?

① 6 ② 8 ③ 10
④ 12 ⑤ 18

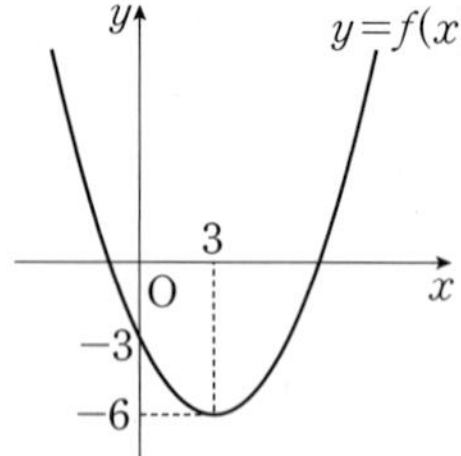

발전문제 0735 이차함수 $y=f(x)$의 그래프는 그림과 같고 $f(-1)=0$, $f(5)=0$이다. 방정식 $(f \circ f)(x)=0$의 서로 다른 실근의 개수가 3이고 이 세 실근을 α, β, γ라 할 때, $\alpha\beta\gamma$의 값을 구하시오.

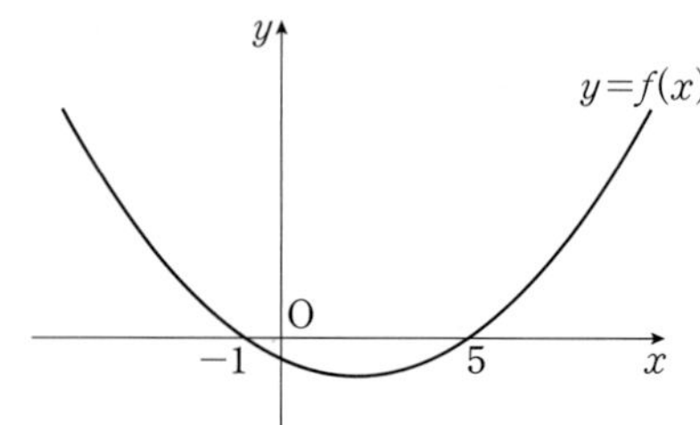

정답 0733 : 4 0734 : ④ 0735 : −100

02 역함수

M A P L ; Y O U R M A S T E R P L A N

01 역함수의 정의

개념유형

함수 $f : X \longrightarrow Y$가 일대일대응이면 Y의 각 원소 y에 대하여 $f(x)=y$인 X의 원소 x가 단 하나 존재한다.

이때 Y의 각 원소 y에 $f(x)=y$인 X의 원소 x를 대응시켜 Y를 정의역, X를 공역으로 하는 새로운 함수를 정의할 수 있다.

이 새로운 함수를 f의 **역함수**라 하며 이것을 기호로 $\boldsymbol{f^{-1}}$와 같이 나타낸다.

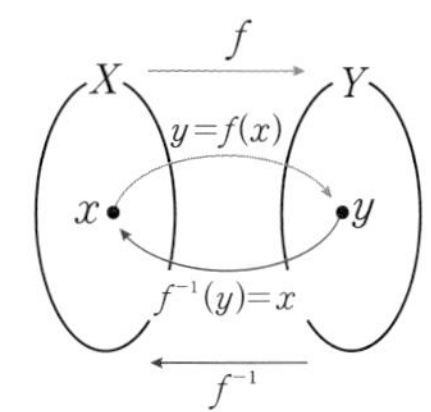

함수 $f : X \longrightarrow Y$가 **일대일대응**일 때,

(1) **함수 f의 역함수 $f^{-1} : Y \longrightarrow X$가 존재한다.**

(2) $\boldsymbol{y=f(x) \iff x=f^{-1}(y)}$

참고 함수 f의 역함수 f^{-1}의 정의역은 f의 치역, f^{-1}의 치역은 f의 정의역이다.

역함수를 영어로 inverse function이라 하고 기호 f^{-1}는 'f의 역함수' 또는 'f inverse' 라고 읽는다.

마플해설 어떤 함수의 역함수가 존재할 필요충분조건은 그 함수가 일대일대응인 것이다.

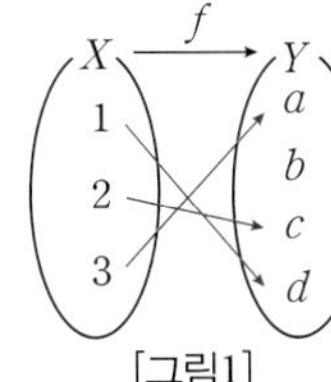

[그림1]

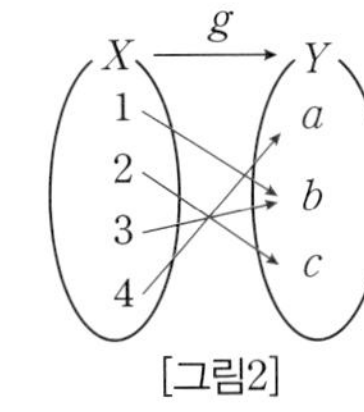

[그림2]

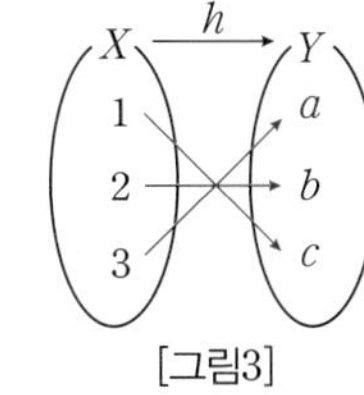

[그림3]

그림과 같이 세 함수 f, g, h에 대하여 공역을 정의역으로, 정의역을 공역으로 바꿔놓은 다음, 역의 대응이 Y에서 X로의 함수가 되는지 알아보자. [그림1]의 함수 $f : X \longrightarrow Y$는 치역과 공역이 서로 같지 않고, [그림2]의 함수 $g : X \longrightarrow Y$는 치역과 공역이 서로 같지만 일대일함수가 아니므로 [그림1], [그림2]와 같이 함수가 일대일대응이 아니면 Y에서 X로의 대응이 함수가 되지 않으므로 역함수가 정의되지 않는다.

반면에 [그림3]과 같이 함수 $f : X \longrightarrow Y$가 일대일대응이면 Y에서 X로의 대응도 함수가 되고 있으므로 역함수가 존재한다.

어떤 함수의 역함수가 존재할 필요충분조건은 그 함수가 일대일대응인 것이다.

보기 01 **두 집합 $X=\{1, 2, 3, 4\}$와 $Y=\{1, 3, 5, 7\}$에 대하여 함수 $f : X \longrightarrow Y$를 $f(x)=2x-1$로 정의할 때, 다음 물음에 답하시오.**

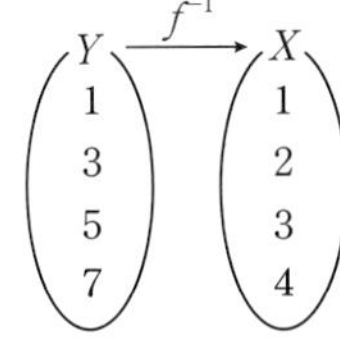

(1) 함수 f가 일대일대응임을 확인하시오.

(2) 함수 f의 역함수 f^{-1}가 나타내는 대응 관계를 오른쪽 그림에 나타내시오.

(3) 역함수 f^{-1}의 정의역과 치역을 각각 구하시오.

풀이 두 집합 $X=\{1, 2, 3, 4\}$와 $Y=\{1, 3, 5, 7\}$에 대하여 함수 $f : X \longrightarrow Y$는 $f(x)=2x-1$이므로

$f(1)=1$, $f(2)=3$, $f(3)=5$, $f(4)=7$

(1) 오른쪽 대응 관계에 의하여 **일대일대응**이다.

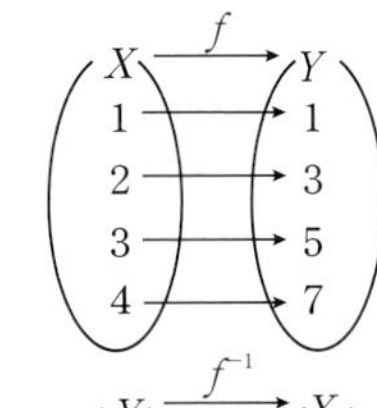

(2) 역함수 f^{-1}가 나타내는 대응 관계는 오른쪽과 같다.

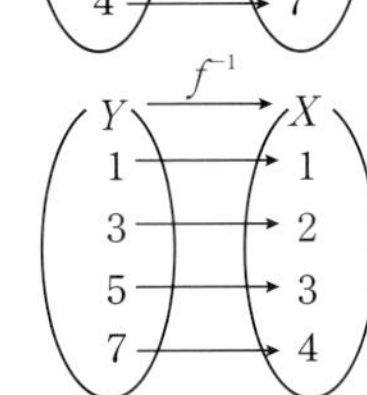

(3) 역함수 f^{-1}의 **정의역은 $\mathbf{Y=\{1, 3, 5, 7\}}$**이고 **치역은 $\boldsymbol{X=\{1, 2, 3, 4\}}$**이다.

보기 02 **다음 중 역함수를 갖는 함수의 그래프는?**

①

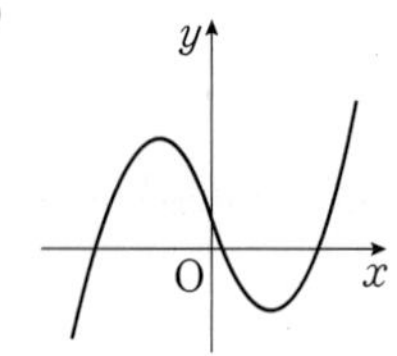

②

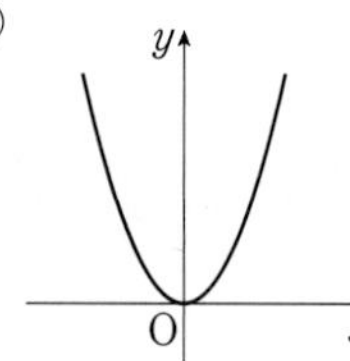

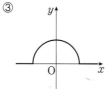

③

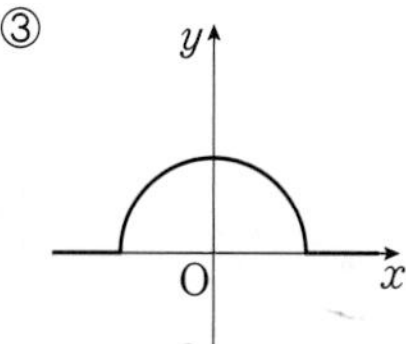

④

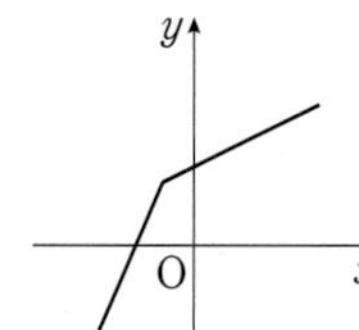

⑤

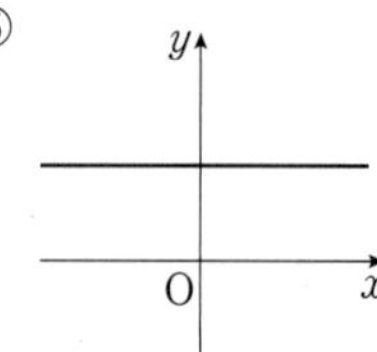

풀이 역함수가 존재하려면 함수가 일대일대응이어야 한다.
즉 함수는 일대일함수이면서 공역과 치역이 실수 전체의 집합으로 같아야 한다.
따라서 ④ 함수는 역함수를 가진다.

보기 03 **실수 전체의 집합 R에서 R로의 함수**

$$f(x)=\begin{cases} x+a & (x \geq 2) \\ 3x-1 & (x<2) \end{cases}$$

의 역함수가 존재할 때, 상수 a의 값을 구하시오.

풀이

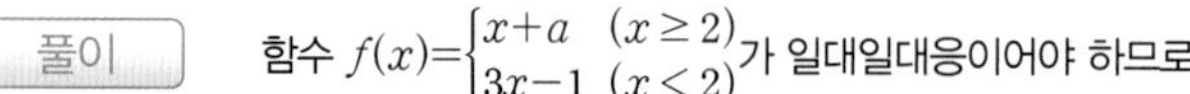

함수 $f(x)=\begin{cases} x+a & (x \geq 2) \\ 3x-1 & (x<2) \end{cases}$가 일대일대응이어야 하므로

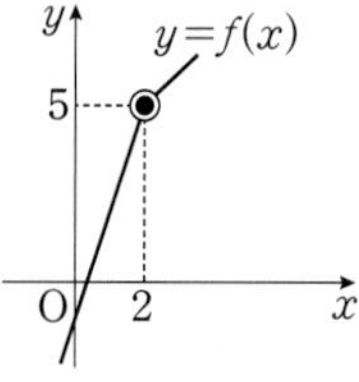

$y=f(x)$의 그래프가 오른쪽 그림과 같아야 한다.
즉 직선 $y=x+a$가 점 $(2,\ 5)$를 지나야 하므로
$5=2+a \quad \therefore\ \boldsymbol{a=3}$

보기 04 **집합 $X=\{1,\ 2,\ 3,\ 4,\ 5\}$에 대하여 X에서 X로의 두 함수 $f,\ g$가 각각 오른쪽 그림과 같을 때, 다음의 값을 구하시오.**
(단, f^{-1}는 f의 역함수이다.)

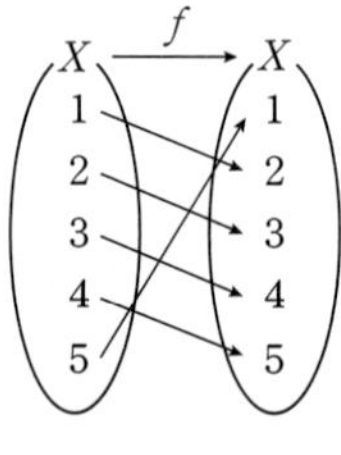

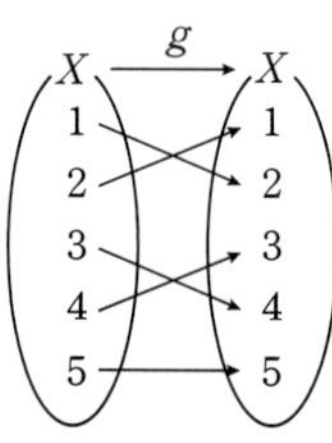

(1) $g^{-1}(2)$

(2) $f^{-1}(3)$

(3) $(f^{-1} \circ g)(3)$

풀이 (1) $g^{-1}(2)=a$라 하면 $g(a)=2$이므로 $a=1 \quad \therefore\ \boldsymbol{g^{-1}(2)=1}$
(2) $f^{-1}(3)=b$라 하면 $f(b)=3$이므로 $b=2 \quad \therefore\ \boldsymbol{f^{-1}(3)=2}$
(3) $g(3)=4$이므로 $(f^{-1} \circ g)(3)=f^{-1}(g(3))=f^{-1}(4)$
$f^{-1}(4)=c$라 하면 $f(c)=4$이므로 $c=3$
$f^{-1}(4)=3 \quad \therefore\ \boldsymbol{(f^{-1} \circ g)(3)=3}$

보기 05 **함수 $f(x)=2x+1$에 대하여 다음 등식을 만족시키는 상수 $a,\ b$의 값을 구하시오.**

(1) $f^{-1}(3)=a$

(2) $f^{-1}(b)=3$

풀이 (1) $f^{-1}(3)=a$에서 $f(a)=3$이므로 $2a+1=3 \quad \therefore\ \boldsymbol{a=1}$
(2) $f^{-1}(b)=3$에서 $f(3)=b$이므로 $b=2 \times 3+1 \quad \therefore\ \boldsymbol{b=7}$

02 역함수 구하기

함수 $y=f(x)$의 역함수는 다음과 같은 순서로 구한다.

❶ 주어진 함수가 일대일대응인지 확인한다.

❷ $y=f(x)$를 x에 관하여 정리하여 $x=f^{-1}(y)$꼴로 고친다.

❸ $x=f^{-1}(y)$에서 x와 y를 서로 바꾸어 $y=f^{-1}(x)$로 만든다.

❹ 함수 f의 정의역과 치역을 역함수 f^{-1}의 치역과 정의역으로 바꾼다.

마플해설 일반적으로 함수를 나타낼 때에는 정의역의 원소를 x, 함숫값을 y로 나타내므로 $y=f(x)$의 역함수 $x=f^{-1}(y)$에서 x와 y를 서로 바꿔 $y=f^{-1}(x)$로 나타내면 함수 $f(x)$의 역함수 $f^{-1}(x)$를 구할 수 있다.
이때, 함수 f의 정의역이 제한될 때에는 치역, 즉 함수 f^{-1}의 정의역을 반드시 나타내어 주어야 한다.

$y=f(x)$ —(x를 y에 대한 식으로 나타내기)→ $x=f^{-1}(y)$ —(x와 y를 서로 바꾼다.)→ $y=f^{-1}(x)$

보기 06 **함수 $f(x)=2x-1(x\geq 0)$의 역함수를 구하시오.**

풀이 함수 $f(x)=2x-1$의 정의역이 $\{x|x\geq 0\}$이므로 치역은 $\{y|y\geq -1\}$이다.
즉, 집합 $\{x|x\geq 0\}$에서 집합 $\{y|y\geq -1\}$로의 일대일대응이므로 역함수가 존재한다.
$y=2x-1$로 놓고 x에 대하여 풀면 $x=\frac{1}{2}y+\frac{1}{2}$이므로
x와 y를 서로 바꾸면 구하는 역함수는 $y=\frac{1}{2}x+\frac{1}{2}$
$\therefore$ $\boldsymbol{f^{-1}(x)=\frac{1}{2}x+\frac{1}{2}(x\geq -1)}$ ◀ 역함수의 정의역은 원래 함수의 치역이다.

보기 07 **두 함수 $f(x)=x+1$, $g(x)=-2x+3$에 대하여 다음을 구하시오.**

(1) $(g\circ f)^{-1}(x)$

(2) $(f^{-1}\circ g^{-1})(x)$

풀이 (1) $(g\circ f)(x)=g(f(x))=g(x+1)=-2(x+1)+3=-2x+1$
함수 $y=(g\circ f)(x)$는 일대일대응이므로 역함수가 존재한다.
$y=-2x+1$로 놓고 x에 대하여 풀면 $x=-\frac{1}{2}y+\frac{1}{2}$
x와 y를 서로 바꾸면 역함수는 $y=-\frac{1}{2}x+\frac{1}{2}$
따라서 $\boldsymbol{(g\circ f)^{-1}(x)=-\frac{1}{2}x+\frac{1}{2}}$

(2) $f(x)=x+1$의 역함수는 $f^{-1}(x)=x-1$ ◀ $y=x+1$에서 $x=y-1$이므로 x와 y를 서로 바꾸면 $y=x-1$, 즉 $f^{-1}(x)=x-1$
$g(x)=-2x+3$의 역함수는 $g^{-1}(x)=-\frac{1}{2}x+\frac{3}{2}$ ◀ $y=-2x+3$에서 $x=-\frac{1}{2}y+\frac{3}{2}$이므로 x와 y를 서로 바꾸면 $y=-\frac{1}{2}x+\frac{3}{2}$, 즉 $g^{-1}(x)=-\frac{1}{2}x+\frac{3}{2}$
이므로
$$(f^{-1}\circ g^{-1})(x)=f^{-1}(g^{-1}(x))=f^{-1}\left(-\frac{1}{2}x+\frac{3}{2}\right)$$
$$=\left(-\frac{1}{2}x+\frac{3}{2}\right)-1=\boldsymbol{-\frac{1}{2}x+\frac{1}{2}}$$
(1), (2)에서 $(g\circ f)^{-1}=f^{-1}\circ g^{-1}$가 성립한다.

FOCUS

함수 $f^{-1}\circ f$와 함수 $f\circ f^{-1}$은 서로 같은 함수가 아니다.

해설 **두 함수의 정의역과 공역을 구해 본다.**
일대일대응 $f:X\longrightarrow Y$에 대하여 함수 $f^{-1}\circ f$는 정의역과 공역이 모두 X인 항등함수이고
함수 $f\circ f^{-1}$는 정의역과 공역이 모두 Y인 항등함수이므로 $f^{-1}\circ f$와 $f\circ f^{-1}$은 정의역이 서로 다르기 때문이다.

03 역함수의 성질

(1) 함수 $f : X \longrightarrow Y$가 일대일대응이고 I는 항등함수일 때, 역함수 $f^{-1} : Y \longrightarrow X$에 대하여

① $(f^{-1})^{-1}=f$ ◀ 역함수의 역함수는 원함수가 된다.

② $(f^{-1} \circ f)(x)=x(x \in X)$, 즉 $f^{-1} \circ f=I$ ◀ $f^{-1} \circ f$는 X에서의 항등함수

$(f \circ f^{-1})(y)=y(y \in Y)$, 즉 $f \circ f^{-1}=I$ ◀ $f \circ f^{-1}$는 Y에서의 항등함수

(2) 두 함수 $f : X \longrightarrow Y$, $g : Y \longrightarrow X$가 일대일대응이고 I는 항등함수일 때,

① $(g \circ f)(x)=x$, 즉 $g \circ f=I$이면 $g=f^{-1}$(또는 $f=g^{-1}$)

② $(f \circ g)(x)=x$, 즉 $f \circ g=I$이면 $g=f^{-1}$(또는 $f=g^{-1}$)

◀ 합성함수가 항등함수이면 두 함수는 서로 역함수 관계이다.

(3) 함수 $f : X \longrightarrow Y$, $g : Y \longrightarrow Z$가 일대일대응이고 그 역함수가 각각 f^{-1}, g^{-1}일 때,

$(f \circ g)^{-1}=g^{-1} \circ f^{-1}$ ◀ 순서가 바뀜에 주의한다.

참고 $(h \circ g \circ f)^{-1}=f^{-1} \circ g^{-1} \circ h^{-1}$

$f \circ g=h$일 때, $f=h \circ g^{-1}$이고 $f \circ g=h$일 때, $g=f^{-1} \circ h$ ◀ 합성하는 위치에 주의한다.

마플해설 역함수의 성질을 증명

(1) ① 오른쪽 그림과 같이 함수 f의 역함수가 f^{-1}이므로

함수 f^{-1}의 역함수 $(f^{-1})^{-1}$는 다시 f일 수 밖에 없다.

즉 $(f^{-1})^{-1}=f$

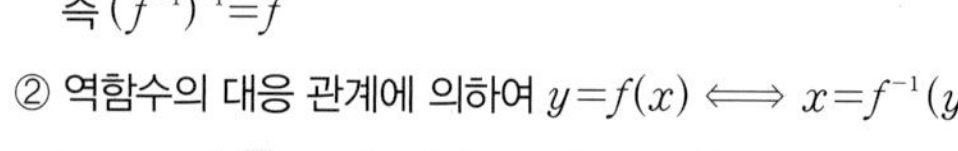

② 역함수의 대응 관계에 의하여 $y=f(x) \Longleftrightarrow x=f^{-1}(y)$

$(f^{-1} \circ f)(x)=f^{-1}(f(x))=f^{-1}(y)=x(x \in \mathrm{X})$

$\therefore f^{-1} \circ f=I_X$ ◀ $f^{-1} \circ f$는 X에서의 항등함수 I_X

$(f \circ f^{-1})(y)=f(f^{-1}(y))=f(x)=y(y \in \mathrm{Y})$

$\therefore f \circ f^{-1}=I_Y$ ◀ $f \circ f^{-1}$는 Y에서의 항등함수 I_Y

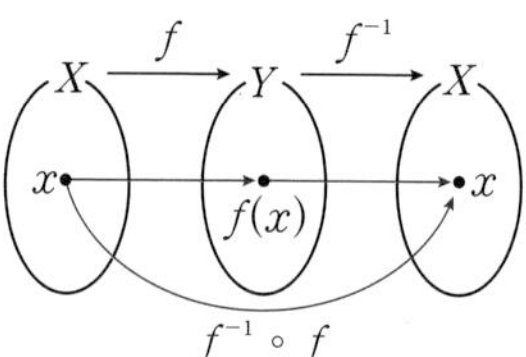

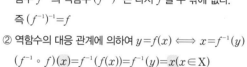

(2) $g=g \circ I=g \circ (f \circ f^{-1})=(g \circ f) \circ f^{-1}=I \circ f^{-1}=f^{-1}$ $\quad \therefore g=f^{-1}$

$f=f \circ I=f \circ (g \circ g^{-1})=(f \circ g) \circ g^{-1}=I \circ g^{-1}=g^{-1}$ $\quad \therefore f=g^{-1}$

(3) $f : X \longrightarrow Y$, $g : Y \longrightarrow Z$에서 $f^{-1} : Y \longrightarrow X$, $g^{-1} : Z \longrightarrow Y$이므로

$g \circ f : X \longrightarrow Z$, $f^{-1} \circ g^{-1} : Z \longrightarrow X$

또, 합성함수에서는 결합법칙이 성립하므로

$(g \circ f) \circ (f^{-1} \circ g^{-1})=g \circ (f \circ f^{-1}) \circ g^{-1}$ ◀ 합성에 대한 결합법칙

$=g \circ I_Y \circ g^{-1}$ ◀ Y에서의 항등함수

$=g \circ g^{-1}=I_Z$ ◀ Z에서의 항등함수

$(f^{-1} \circ g^{-1}) \circ (g \circ f)=f^{-1} \circ (g^{-1} \circ g) \circ f$ ◀ 합성에 대한 결합법칙

$=f^{-1} \circ I_Y \circ f$ ◀ Y에서의 항등함수

$=f^{-1} \circ f=I_X$ ◀ Y에서의 항등함수

역함수의 성질에 의하여 $(g \circ f)^{-1}=f^{-1} \circ g^{-1}$

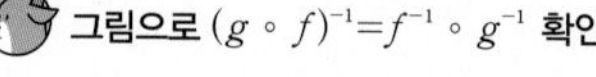

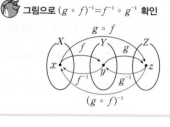

그림으로 $(g \circ f)^{-1}=f^{-1} \circ g^{-1}$ 확인

보기 08 함수 f를 오른쪽 그림과 같이 정의할 때, 다음을 구하시오.

(1) $(f \circ f)^{-1}(1)$

(2) $(f^{-1} \circ f)(3)$

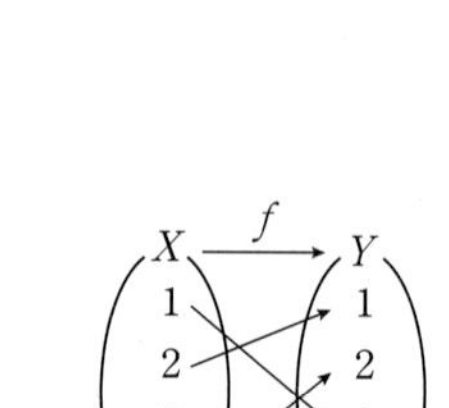
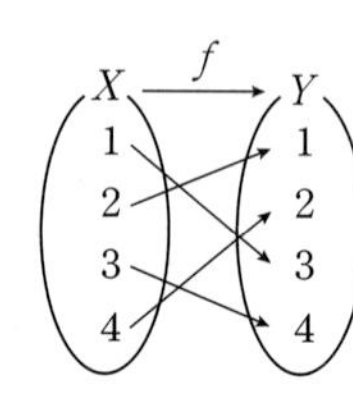

풀이

(1) $f^{-1}(1)=a$라 하면 $f(a)=1$이고 $a=2$이므로 $f^{-1}(1)=2$

$\therefore (f \circ f)^{-1}(1)=f^{-1}(f^{-1}(1))=f^{-1}(2)=4$ ◀ $f^{-1}(2)=b$라 할 때, $f(b)=2$이므로 $b=4$

(2) $(f^{-1} \circ f)(3)=f^{-1}(f(3))=f^{-1}(4)$

이때 $f^{-1}(4)=a$라 하면 $f(a)=4$에서 $a=3$이다.

따라서 $(f^{-1} \circ f)(3)=3$

개념유형

04 역함수의 그래프

함수 $y=f(x)$의 그래프와 그 역함수 $y=f^{-1}(x)$의 그래프 사이의 관계는 다음과 같다.

(1) 함수 $y=f(x)$와 그 역함수 $y=f^{-1}(x)$의 그래프는 직선 $y=x$에 관하여 서로 대칭이다.

(2) 함수 $y=f(x)$ (또는 역함수 $y=f^{-1}(x)$)의 그래프와 직선 $y=x$의 교점이 존재하면

➡ 그 교점은 두 함수 $y=f(x)$, $y=f^{-1}(x)$의 그래프의 교점이다.

주의 (2)의 역은 항상 성립하는 것은 아님을 주의한다.

두 함수 $y=f(x)$, $y=f^{-1}(x)$의 그래프의 교점이 반드시 함수 $y=f(x)$의 그래프와 직선 $y=x$의 교점만 되는 것은 아니다.

$y=f(x)$와 $y=x$의 교점이면 $y=f(x)$와 $y=f^{-1}(x)$의 교점이다. [참]

$y=f(x)$와 $y=f^{-1}(x)$의 교점이면 $y=f(x)$와 $y=x$의 교점이다. [거짓]

반례 함수 $f(x)=(x-1)^2\,(x\le 1)$과 같이 주어진 정의역에서 감소하는 함수는 그 그래프와 직선 $y=x$ 위의 점이 아닌 교점 $(0,\ 1)$, $(1,\ 0)$것도 존재한다.

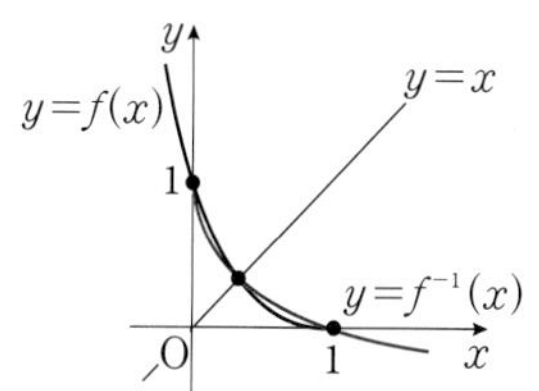

마플해설 함수 $y=f(x)$의 역함수 $y=f^{-1}(x)$가 존재할 때, 함수 $y=f(x)$의 그래프 위의 점을 $(a,\ b)$라 하면 역함수의 정의에 의해

$$b=f(a) \iff a=f^{-1}(b)$$

이므로 $(a,\ b)$가 함수 $y=f(x)$의 그래프 위의 점이면 점 $(b,\ a)$는 역함수 $y=f^{-1}(x)$의 그래프 위의 점이다.

이때 점 $(a,\ b)$와 $(b,\ a)$는 $y=x$에 대하여 대칭이다.

따라서 함수 $y=f(x)$의 그래프와 함수 $y=f^{-1}(x)$의 그래프도 직선 $y=x$에 대하여 대칭이다.

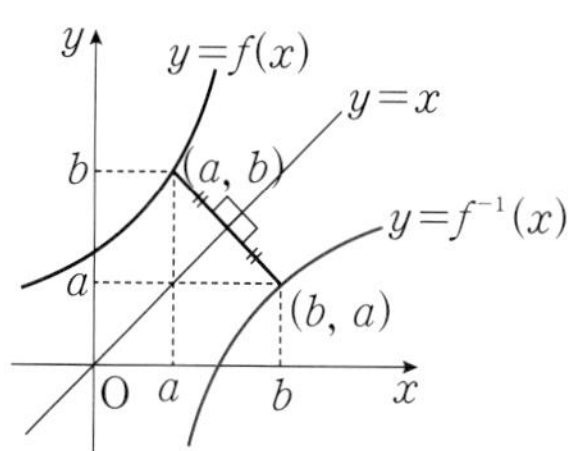

보기 09 **다음 함수의 역함수의 그래프를 그리시오.**

(1) $y=2x-2$ (2) 정의역이 $\{x\,|\,x\le 0\}$, 공역이 $\{y\,|\,y\ge 1\}$인 함수 $y=x^2+1$

풀이 역함수의 그래프는 주어진 함수의 그래프를 $y=x$에 대하여 대칭인 그래프이다.

(1)

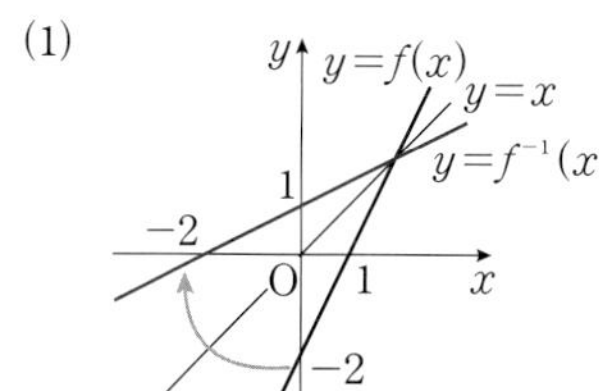

(2)

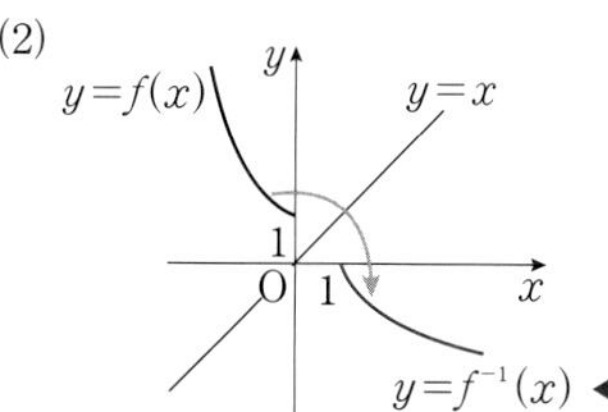

◀ 역함수의 정의역은 $\{x\,|\,x\ge 1\}$, 치역은 $\{y\,|\,y\le 0\}$

보기 10 **함수 $f(x)=x^2\,(x\ge 0)$의 그래프와 그 역함수 $y=f^{-1}(x)$의 그래프의 교점을 구하시오.**

풀이 함수 $f(x)=x^2\,(x\ge 0)$의 역함수 $y=f^{-1}(x)$의 그래프는

$f(x)=x^2\,(x\ge 0)$의 그래프를 $y=x$에 대하여 대칭이동하면 된다.

즉, 함수 $f(x)=x^2\,(x\ge 0)$의 그래프와 $y=f^{-1}(x)$의 그래프의 교점은

$f(x)=x^2\,(x\ge 0)$의 그래프와 $y=x$의 그래프의 교점과 같다.

증가함수일 경우 $y=f(x)$와 $y=f^{-1}(x)$의 교점은 $y=f(x)$와 $y=x$의 교점과 일치한다.

따라서 $x^2=x$를 풀면 $x=0$, $x=1$이므로 교점의 좌표는 $\mathbf{(0,\ 0)}$, $\mathbf{(1,\ 1)}$이다.

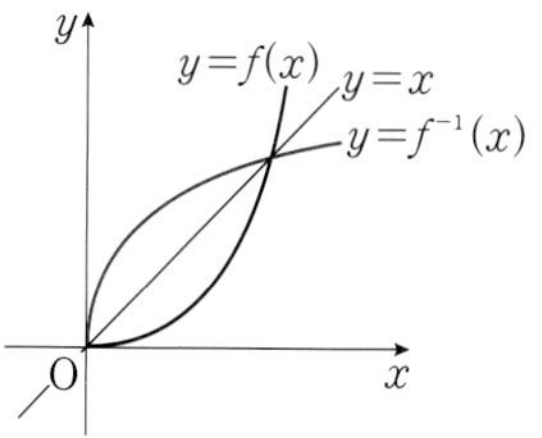

그래프를 이용하여 $(f^{-1}\circ f^{-1})(d)$의 함숫값 구하기

$f^{-1}(d)=k$라 하면 $f(k)=d$이므로 $k=c$

$\therefore f^{-1}(d)=c$ ◀ y축의 값에서 x축의 값으로 대응

$f^{-1}(c)=s$라 하면 $f(s)=c$이므로 $s=b$

$\therefore f^{-1}(c)=b$ ◀ y축의 값에서 x축의 값으로 대응

따라서 $(f^{-1}\circ f^{-1})(d)=f^{-1}(f^{-1}(d))=f^{-1}(c)=b$

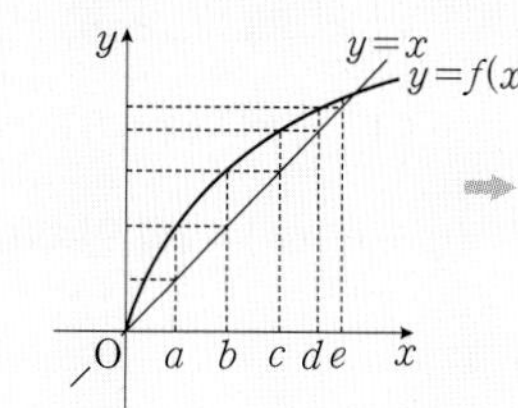

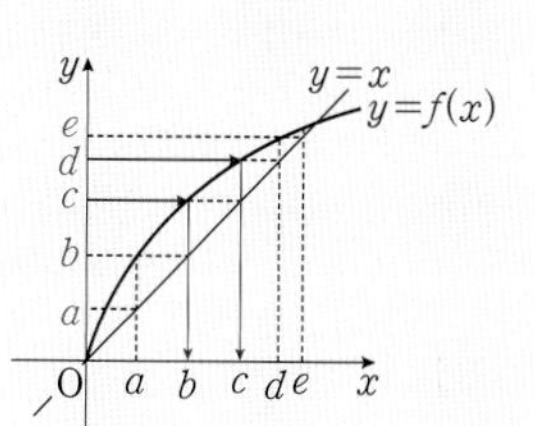

마플개념익힘 01 역함수 계산

다음 물음에 답하시오.

(1) 함수 $f(x)=ax+b$(a, b는 상수)에 대하여 $f(-3)=1$, $f^{-1}(3)=-2$일 때, $f(1)$의 값을 구하시오.

(2) 함수 $f(x)=ax+b$에 대하여 $f^{-1}(1)=2$이고 $f(f(2))=-3$일 때, $f(3)$의 값을 구하시오.

MAPL CORE ▶ 함수 f와 그 역함수 f^{-1}에 대하여 $f^{-1}(a)=b \Longleftrightarrow f(b)=a$임을 이용한다.

개념익힘풀이

(1) $f(-3)=-3a+b=1$ ······ ㉠

$f^{-1}(3)=-2$에서 $f(-2)=3$ ← 역함수의 성질에서 $f(a)=b$이면 $f^{-1}(b)=a$

$f(-2)=-2a+b=3$ ······ ㉡

㉠과 ㉡을 연립하여 풀면 $a=2$, $b=7$이므로 $f(x)=2x+7$

$\therefore$ $\boldsymbol{f(1)=2\times1+7=9}$

(2) $f^{-1}(1)=2$에서 $f(2)=1$이므로

$f(2)=2a+b=1$ ······ ㉠

$f(f(2))=f(1)=-3$이므로

$f(1)=a+b=-3$ ······ ㉡

㉠, ㉡을 연립하여 풀면 $a=4$, $b=-7$이므로 $f(x)=4x-7$

$\therefore$ $\boldsymbol{f(3)=4\times3-7=5}$

확인유제 0736

다음 물음에 답하시오. (단, a, b는 상수이다.)

(1) 두 함수 $f(x)=2x+a$, $g(x)=-2x+b$에 대하여 $f^{-1}(3)=2$, $g^{-1}(4)=-2$일 때, $a+b$의 값을 구하시오.

(2) 함수 $f(x)=ax+b$에 대하여, $f^{-1}(2)=0$, $f(f(0))=3$일 때, $f(6)$의 값을 구하시오.

변형문제 0737

다음 물음에 답하시오.

(1) 집합 $A=\{1, 2, 3, 4\}$에 대하여 집합 A에서 A로의 두 함수 $y=f(x)$, $y=g(x)$의 그래프가 각각 그림과 같을 때, $(g\circ f)(1)+(f\circ g)^{-1}(3)$의 값은?

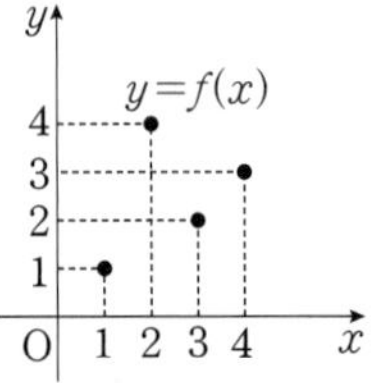

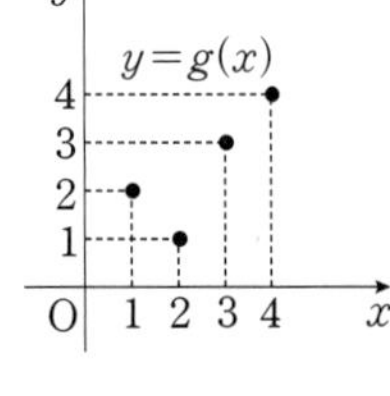

① 4 ② 5 ③ 6 ④ 8 ⑤ 9

(2) 집합 $A=\{1, 2, 3, 4, 5\}$에 대하여 집합 A에서 A로의 두 함수 $f(x)$, $g(x)$가 있다. 두 함수 $y=f(x)$, $y=(f\circ g)(x)$의 그래프가 각각 그림과 같을 때, $g(4)+(g\circ f)^{-1}(2)$의 값은?

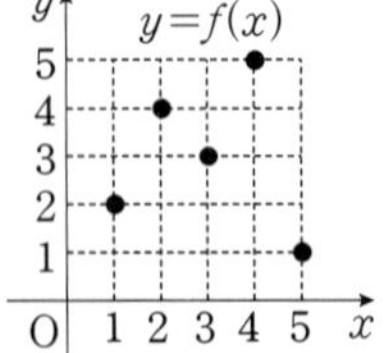

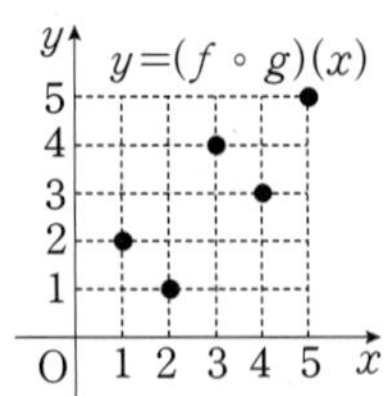

① 6 ② 7 ③ 8

④ 9 ⑤ 10

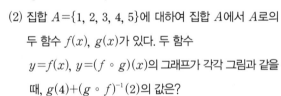

발전문제 0738

실수 전체의 집합 R에서 R로의 함수

$$f(x)=\begin{cases} \frac{1}{5}x^2+3 & (x\geq0) \\ 3-\frac{1}{3}x^2 & (x<0) \end{cases}$$

에 대하여 $f^{-1}(0)+f^{-1}(a)=2$를 만족하는 a의 값을 구하시오.

정답 0736 : (1) -1 (2) 5 0737 : (1) ③ (2) ① 0738 : 8

마플개념익힘 02 역함수의 성질

다음 물음에 답하시오.

(1) 두 함수 f와 g에 대하여 $h(x)=(f \circ g)^{-1}(x)$라 할 때, $f^{-1}(2)=3$이고 $g^{-1}(3)=1$일 때, $h(2)$의 값을 구하시오.

(2) 두 함수 $f(x)=x-1$, $g(x)=2x+4$에 대하여 $(f \circ (g \circ f)^{-1} \circ f)(3)$의 값을 구하시오.

MAPL CORE ▶ 합성함수의 역함수 ➡ $(f \circ g)^{-1}=g^{-1} \circ f^{-1}$, $(h \circ g \circ f)^{-1}=f^{-1} \circ g^{-1} \circ h^{-1}$ (순서가 바뀜에 주의한다.)
$f^{-1}(a)=b$이면 $f(b)=a$의 성질을 이용한다.

개념익힘풀이 (1) $h(x)=(f \circ g)^{-1}(x)=(g^{-1} \circ f^{-1})(x)$이므로
$h(2)=(g^{-1} \circ f^{-1})(2)=g^{-1}(f^{-1}(2))=\mathbf{g^{-1}(3)=1}$

(2) $(g \circ f)^{-1}=f^{-1} \circ g^{-1}$이므로

$$\begin{aligned} f \circ (g \circ f)^{-1} \circ f &= f \circ f^{-1} \circ g^{-1} \circ f \\ &= (f \circ f^{-1}) \circ (g^{-1} \circ f) \\ &= I \circ (g^{-1} \circ f) = g^{-1} \circ f \ (I\text{는 항등함수}) \end{aligned}$$

$(f \circ (g \circ f)^{-1} \circ f)(3)=(g^{-1} \circ f)(3)=g^{-1}(f(3))=g^{-1}(2)$ ← $f(3)=3-1=2$

$g^{-1}(2)=k$로 놓으면 $g(k)=2$에서

$g(k)=2k+4=2 \quad \therefore k=-1$

따라서 $(f \circ (g \circ f)^{-1} \circ f)(3)=\mathbf{-1}$

확인유제 0739 두 함수 $f(x)=3x-5$, $g(x)=2x-3$에 대하여 다음 물음에 답하시오.

(1) $(f \circ g^{-1})(a)=7$을 만족시키는 상수 a의 값을 구하시오.

(2) $(g \circ (f \circ g)^{-1} \circ g)(2)$의 값을 구하시오.

변형문제 0740 실수 전체의 집합에서 정의된 두 함수

$$f(x)=\begin{cases} x^2+2 & (x \geq 0) \\ x+2 & (x < 0) \end{cases}, \quad g(x)=x-3$$

에 대하여 $((f^{-1} \circ g)^{-1} \circ f)(-1)$의 값은?

① 3 ② 4 ③ 5 ④ 6 ⑤ 7

발전문제 0741 다음 물음에 답하시오.

(1) 두 함수 $f(x)$, $g(x)$에 대하여 $f(x)=2x-3$, $f^{-1}(x)=g(2x+3)$일 때, $g(9)$의 값을 구하시오.

(2) 함수 $f(x)$의 역함수는 $f^{-1}(x)=3x-2$이고 함수 $g(x)$를 $g(x)=f(2x-2)$로 정의할 때, $g(3)$의 값을 구하시오.

정답 0739 : (1) 5 (2) 2 0740 : ④ 0741 : (1) 3 (2) 2

마플개념익힘 03 역함수 구하기

다음 물음에 답하시오.

(1) 함수 $y=x^2+1(x \geq 0)$의 역함수를 구하시오.

(2) 실수 전체의 집합에서 정의된 함수 f가 $f(3x-1)=6x+4$를 만족시킬 때, $f^{-1}(10)$의 값을 구하시오.

MAPL CORE ▶ 함수 $y=f(x)$의 역함수 $y=f^{-1}(x)$는 다음과 같은 순서로 구한다.

❶ $y=f(x)$를 x에 대하여 풀어 $x=f^{-1}(y)$꼴로 고친다.

❷ $x=f^{-1}(y)$에서 x와 y를 서로 바꾸어 $y=f^{-1}(x)$로 나타낸다.

❸ f의 정의역과 치역을 각각 f^{-1}의 치역과 정의역으로 바꾼다.

개념익힘풀이

(1) 함수 $y=x^2+1$의 정의역이 $\{x | x \geq 0\}$이므로

치역이 $\{y | y \geq 1\}$ ← $x \geq 0$에서 $x^2+1 \geq 1$ $\therefore y \geq 1$

즉 집합 $\{x | x \geq 0\}$에서 집합 $\{y | y \geq 1\}$로의

일대일대응이므로 역함수가 존재한다.

$y=x^2+1$을 x에 대하여 풀면 $x^2=y-1$

$\therefore x=\sqrt{y-1}(\because x \geq 0)$

x와 y를 서로 바꾸면 $\boldsymbol{y=\sqrt{x-1}(x \geq 1)}$

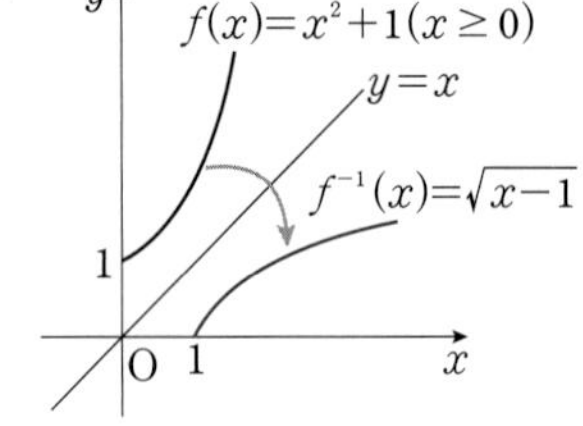

(2) $f(3x-1)=6x+4$에서 $3x-1=t$라 하면 $x=\frac{t+1}{3}$

이것을 $f(3x-1)=6x+4$에 대입하면

$f(t)=6\left(\frac{t+1}{3}\right)+4=2t+6$ $\therefore f(x)=2x+6$

$y=2x+6$으로 놓고 x에 대하여 풀면 $x=\frac{1}{2}y-3$

x와 y를 서로 바꾸면 $f(x)$의 역함수는 $y=\frac{1}{2}x-3$

따라서 $f^{-1}(x)=\frac{1}{2}x-3$이므로 $\boldsymbol{f^{-1}(10)=2}$

다른풀이 $f^{-1}(10)=k$로 놓고 풀이하기

$f^{-1}(10)=k$라 하면 $f(k)=10$이므로

$3x-1=k$에서 $x=\frac{k+1}{3}$

$f(k)=6\left(\frac{k+1}{3}\right)+4=2k+6$

따라서 $2k+6=10$이므로 $k=2$

다른풀이 역함수의 성질을 이용하여 풀이하기

$f(3x-1)=6x+4$이므로

$f^{-1}(6x+4)=3x-1$ ······ ㉠

$6x+4=10$에서 $x=1$

따라서 ㉠에 $x=1$을 대입하면 $f^{-1}(10)=3\times1-1=2$

확인유제 0742 다음 물음에 답하시오.

(1) 함수 $f(x)=ax-5$의 역함수가 $f^{-1}(x)=\frac{1}{2}x+b$일 때, 상수 a, b의 곱 ab의 값을 구하시오.

(2) 실수 전체의 집합에서 정의된 함수 f가 $f(2x+1)=4x+5$를 만족시킬 때, $f^{-1}(11)$의 값을 구하시오.

변형문제 0743 두 함수 f, g에 대하여 $f(x)=2x+4$이고 $f^{-1}(x)=g\left(\frac{1}{6}x+1\right)$일 때, 함수 $g(x)=ax+b$일 때, 상수 a, b에 대하여 ab의 값은?

① -15 ② -10 ③ -5 ④ 10 ⑤ 15

발전문제 0744 두 함수 $f(x)=\frac{1}{2}x-1$, $g(x)=2x+a$에 대하여

$$(g \circ f)^{-1}=g^{-1} \circ f^{-1}$$

이 성립할 때, 상수 a의 값을 구하시오.

정답	0742 : (1) 5 (2) 4 0743 : ① 0744 : 2

마플개념익힘 04 $(f\circ f)(x)=x$이면 $f^{-1}(x)=f(x)$이 성립하는 함수

다음 함수 중 $f(x)=f^{-1}(x)$를 만족시키는 함수를 [보기]에서 있는 대로 고르시오.

ㄱ. $f(x)=x+2$	ㄴ. $f(x)=-x+1$	ㄷ. $f(x)=\dfrac{1}{x}$

MAPL CORE ▶ 함수 f와 f의 역함수 f^{-1}에 대하여 $f=f^{-1}$이면 $(f\circ f)(x)=x$

$\Longleftrightarrow$ $y=f(x)$의 그래프가 그 역함수 $y=f^{-1}(x)$의 그래프와 같다.

$\Longleftrightarrow$ $y=f(x)$의 그래프 자신이 $y=x$에 대칭인 그래프이다.

$(f\circ f)(x)=x$가 성립하는 함수

① 다항함수에서는 기울기가 -1인 일차함수와 $y=x$

② 유리함수는 점근선의 교점이 직선 $y=x$ 위에 있는 직각쌍곡선

개념익힘풀이 $f(x)=f^{-1}(x)$이므로 $(f\circ f)(x)=f(f(x))=x$

ㄱ. $f(x)=x+2$이므로 $f(f(x))=f(x+2)=x+4$

ㄴ. $f(x)=-x+1$이므로 $f(f(x))=f(-x+1)=-(-x+1)+1=x$

ㄷ. $f(x)=\dfrac{1}{x}$이므로 $f(f(x))=f\left(\dfrac{1}{x}\right)=\dfrac{1}{\frac{1}{x}}=x$

따라서 $f(x)=f^{-1}(x)$인 것은 **ㄴ, ㄷ**이다.

확인유제 0745 [보기]의 함수 $f(x)$ 중 $(f\circ f\circ f)(x)=f(x)$가 성립하는 것을 모두 고른 것은?

ㄱ. $f(x)=x+1$
ㄴ. $f(x)=-x$
ㄷ. $f(x)=-x+1$

① ㄱ　② ㄴ　③ ㄷ　④ ㄱ, ㄷ　⑤ ㄴ, ㄷ

변형문제 0746 다음 함수의 그래프 중 정의역의 모든 원소 x에 대하여 $f(f(x))=x$를 만족시키는 함수 $f(x)$의 그래프는?

①
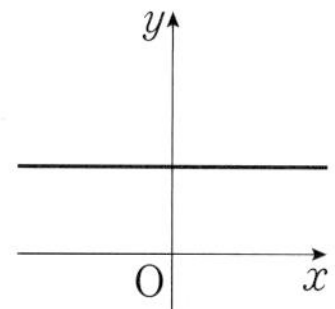

②
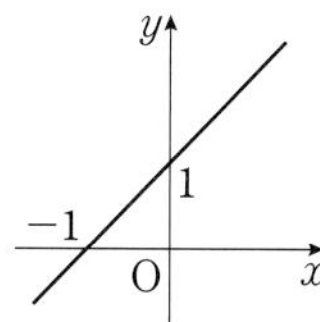

③
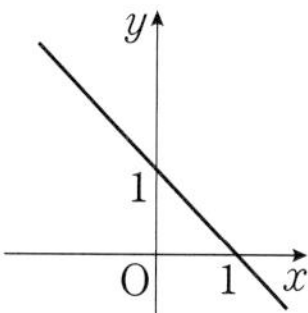

④
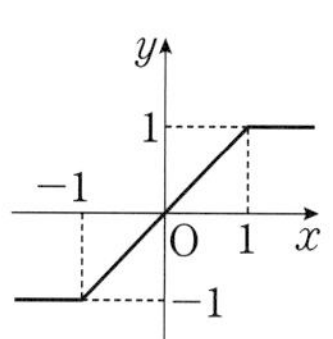

⑤
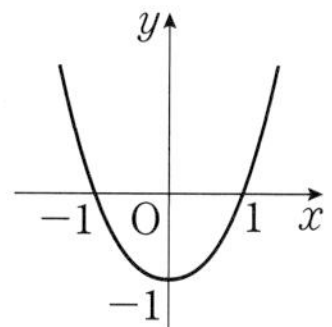

발전문제 0747 다음 물음에 답하시오.

(1) 함수 $f(x)=ax+2$가 실수 x에 대하여 $f=f^{-1}$을 만족시킬 때, 상수 a의 값을 구하시오. (단, $a\neq 0$)

(2) 일차함수 $f(x)$가 모든 실수 x에 대하여 $f(f(x))=x$이고 $f(0)=5$일 때, $f(3)$의 값을 구하시오.

정답 0745 : ⑤　0746 : ③　0747 : (1) -1 (2) 2

마플개념익힘 05 역함수가 존재하기 위한 조건

실수 전체의 집합에서 함수 $f(x)$가

$$f(x)=|x-3|+kx-6$$

으로 정의될 때, $f(x)$의 역함수가 존재하도록 하는 실수 k의 값의 범위를 구하시오.

MAPL CORE ▶ 함수 f의 역함수 f^{-1}가 존재하기 위해서는 함수 f가 일대일대응이어야 한다.
주어진 함수가 절댓값 기호를 포함하고 있으므로 절댓값 기호 안의 식의 값이 0이 되는 x의 값을 기준으로 범위를 나누어 각 범위에서 함수 $f(x)$의 식을 구한다.

개념익힘풀이 $f(x)=|x-3|+kx-6$에서

(ⅰ) $x \geq 3$일 때,

$f(x)=x-3+kx-6=(k+1)x-9$

(ⅱ) $x<3$일 때,

$f(x)=3-x+kx-6=(k-1)x-3$

(ⅰ), (ⅱ)에서 함수 $f(x)=\begin{cases}(k+1)x-9 & (x \geq 3) \\ (k-1)x-3 & (x<3)\end{cases}$의 역함수가 존재하려면 일대일대응이어야 한다.

즉 구간에 의하여 나누어진 두 직선의 기울기의 부호가 같아야 한다. ← $x=3$에서 함숫값을 같으므로 연결되어있다.

따라서 $(k+1)(k-1)>0$이어야 하므로 $\boldsymbol{k<-1}$ **또는** $\boldsymbol{k>1}$

확인유제 0748 다음 물음에 답하시오.

(1) 실수 전체의 집합에서 함수 $f(x)$가 $f(x)=|2x-4|-ax+2$로 정의될 때, $f(x)$의 역함수가 존재하도록 하는 자연수 a의 최솟값을 구하시오.

(2) 실수 전체의 집합에서 함수 $f(x)$가 $f(x)=\begin{cases}-kx+1 & (x \leq 0) \\ (k-5)x+1 & (x>0)\end{cases}$과 같이 정의될 때, 역함수 f^{-1}가 존재하기 위한 정수 k의 개수를 구하시오.

변형문제 0749 다음 물음에 답하시오.

(1) 실수 전체의 집합에서 정의된 함수 $f(x)=\begin{cases}-2x+2a & (x \geq 0) \\ (a-1)x+a^2-8 & (x<0)\end{cases}$의 역함수가 존재할 때, 상수 a의 값은?

① -5 ② -4 ③ -3 ④ -2 ⑤ -1

(2) 두 정수 a, b에 대하여 실수 전체의 집합에서 정의된 함수 $f(x)=\begin{cases}a(x-2)^2+b & (x<2) \\ -2x+8 & (x \geq 2)\end{cases}$의 역함수가 존재할 때, $a+b$의 최솟값은?

① 1 ② 3 ③ 5 ④ 7 ⑤ 9

발전문제 0750 실수 전체의 집합에서 함수 $f(x)$가 $f(x)=\begin{cases}x+a & (x \leq 3) \\ 3x-1 & (x>3)\end{cases}$과 같이 정의되고 역함수 f^{-1}가 존재할 때, $(f^{-1} \circ f^{-1})(14)$의 값을 구하시오. (단, a는 상수이다.)

정답 0748 : (1) 3 (2) 4 0749 : (1) ④ (2) ③ 0750 : 0

마플개념익힘 06 그래프를 이용하여 역함수의 함숫값 구하기

오른쪽 그림은 세 함수 $y=f(x)$, $y=x$, $y=g(x)$의 그래프이다.
다음 물음에 답하시오. (단, 모든 점선은 x축 또는 y축에 평행하다.)

(1) $f(a)$의 값을 구하시오.

(2) $(g^{-1}\circ f)(a)$의 값을 구하시오.

(3) $(f^{-1}\circ g^{-1}\circ f)(a)$의 값을 구하시오.

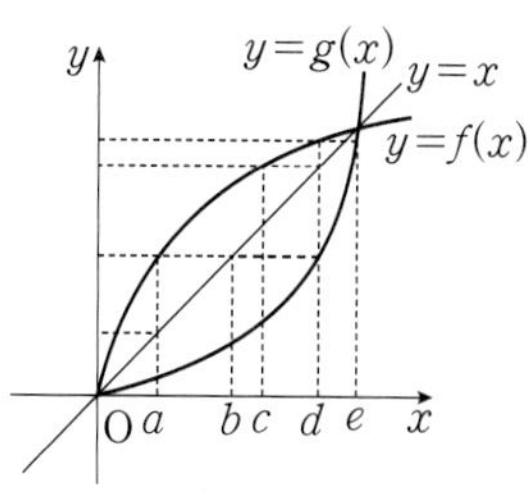

MAPL CORE ▶ 함수 $y=f(x)$와 $y=x$의 그래프가 주어지면 직선 $y=x$ 위의 점은 「x의 값과 y의 값이 같다.」는 것을 이용한다.
역함수의 그래프를 그려서 풀면 복잡해지므로 역함수의 대응관계, 즉 $f(a)=b \Longleftrightarrow f^{-1}(b)=a$와 직선 $y=x$를 이용한다.

개념익힘풀이 직선 $y=x$ 위의 점의 x좌표와 y좌표는 서로 같으므로
주어진 그림에 y좌표를 나타내면 오른쪽 그림과 같다.

(1) $\boldsymbol{f(a)=b}$

(2) $(g^{-1}\circ f)(a)=g^{-1}(f(a))=g^{-1}(b)=p$라 하면

$g(p)=b$에서 $p=d$

$\therefore \boldsymbol{(g^{-1}\circ f)(a)=d}$

(3) $(f^{-1}\circ g^{-1}\circ f)(a)=f^{-1}(g^{-1}(f(a)))=f^{-1}(d)=q$라 하면

$f(q)=d$에서 $q=c$

$\therefore \boldsymbol{(f^{-1}\circ g^{-1}\circ f)(a)=c}$

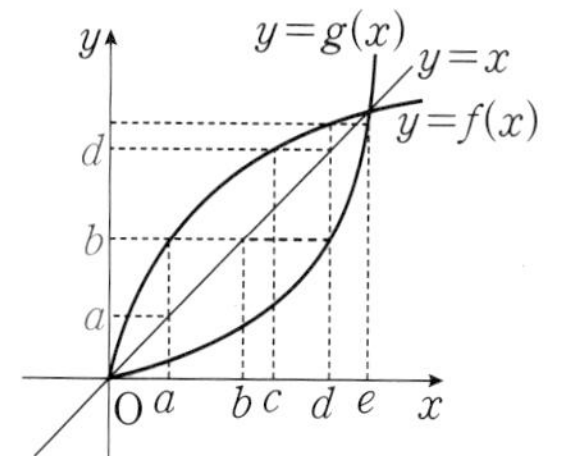

확인유제 0751 함수 $y=f(x)$의 그래프와 직선 $y=x$가 오른쪽 그림과 같을 때, 다음 물음에 답하시오. (단, 모든 점선은 x축 또는 y축에 평행하다.)

(1) $(f\circ f\circ f)(a)$의 값을 구하시오.

(2) $(f\circ f)(x)=d$인 x의 값을 구하시오.

(3) $(f^{-1}\circ f^{-1})(c)$의 값을 구하시오.

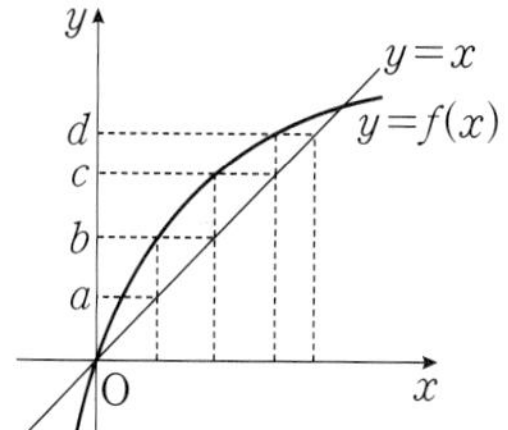

변형문제 0752 일대일대응인 두 함수 $y=f(x)$, $y=g(x)$의 그래프가 오른쪽 그림과 같이 주어졌을 때, $(g\circ f)^{-1}(3)+g^{-1}(2)$의 값은?
(단, 모든 점선은 x축 또는 y축에 평행하다.)

① 3 ② 4 ③ 5
④ 6 ⑤ 7

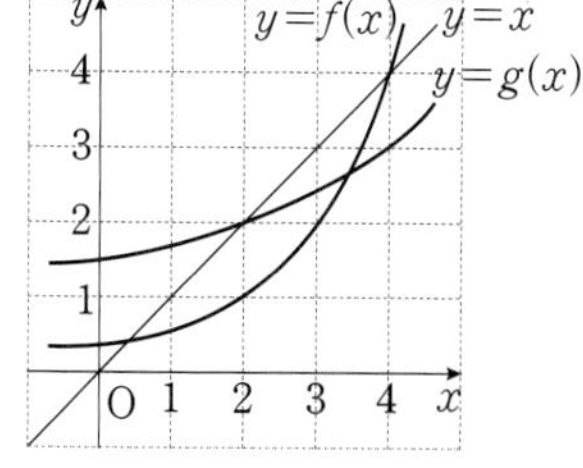

발전문제 0753 오른쪽 그림은 $x\geq 0$에서 정의된 두 함수 $y=f(x)$, $y=g(x)$의 그래프와 직선 $y=x$를 나타낸 것이다. $(f\circ g^{-1})(c)$의 값은? (단, 모든 점선은 x축 또는 y축에 평행하고 함수 $g(x)$는 역함수가 존재한다.)

① a ② b ③ c
④ d ⑤ e

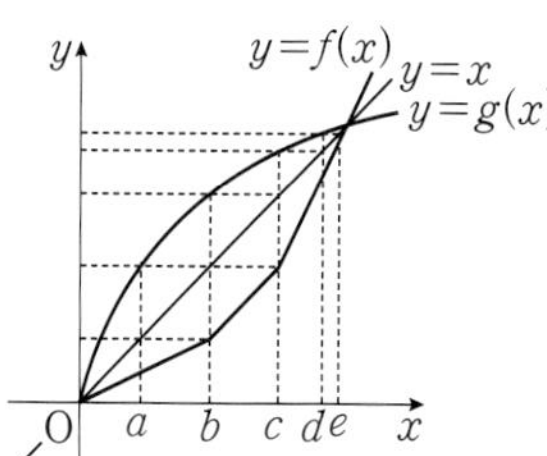

정답 0751 : (1) d (2) b (3) a 0752: ④ 0753 : ①

마플개념익힘 07 역함수의 그래프의 성질

함수 $f(x)=\frac{1}{4}(x^2+3)(x\ge 0)$의 역함수를 $g(x)$라고 할 때, 두 함수 $y=f(x)$와 $y=g(x)$의 그래프의 두 교점 사이의 거리를 구하시오.

MAPL CORE ▶ (1) 함수 $y=f(x)$의 그래프와 그 역함수 $y=f^{-1}(x)$의 그래프는 직선 $y=x$에 대하여 서로 대칭이다.

(2) 함수 $y=f(x)$의 그래프와 직선 $y=x$의 교점은 함수 $y=f(x)$의 그래프와 역함수 $y=f^{-1}(x)$의 그래프의 교점과 같다.

! 주의 직선 $y=x$를 이용하여 주어진 함수의 그래프와 그 역함수의 그래프의 교점을 구할 때는 직접 그래프를 그려서 교점이 주어진 함수의 그래프와 직선 $y=x$의 교점이 일치하는지 확인 한다.

개념익힘풀이 함수 $y=f(x)$의 그래프와 그 역함수 $y=g(x)$의 그래프는 직선 $y=x$에 대하여 대칭이므로 오른쪽 그림과 같다.

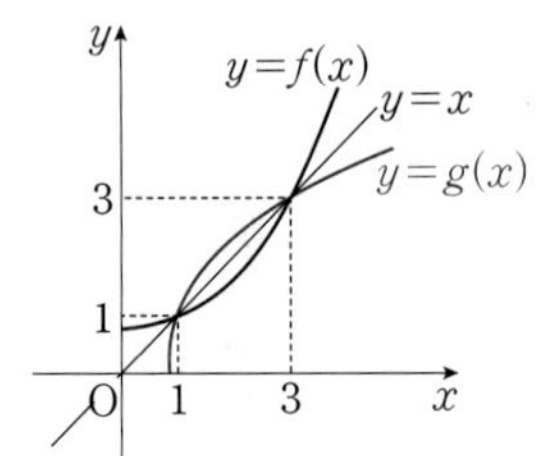

즉 함수 $y=f(x)$의 그래프와 그 역함수 $y=g(x)$의 그래프의 교점은

함수 $y=f(x)$의 그래프와 직선 $y=x$의 교점과 같으므로

교점의 x좌표는 $\frac{1}{4}(x^2+3)=x$에서 $x^2-4x+3=0$, $(x-1)(x-3)=0$

$\therefore x=1$ 또는 $x=3$

따라서 두 교점의 좌표는 $(1, 1)$, $(3, 3)$이므로 두 점 사이의 거리는

$\sqrt{(3-1)^2+(3-1)^2}=\mathbf{2\sqrt{2}}$

확인유제 0754

다음 물음에 답하시오.

(1) 함수 $f(x)=x^2-4x(x\ge 2)$의 그래프와 그 역함수 $y=f^{-1}(x)$의 그래프의 교점이 (a, b)일 때, ab의 값을 구하시오.

(2) 함수 $f(x)=5x-a$의 그래프와 그 역함수 $y=f^{-1}(x)$의 그래프의 교점의 x좌표가 2일 때, 상수 a의 값을 구하시오.

변형문제 0755

함수 $f(x)=2x-6$의 역함수를 $f^{-1}(x)$라 할 때,

$$\{f(x)\}^2=f(x)f^{-1}(x)$$

를 만족시키는 모든 실수 x의 값의 합은?

① 4　② 6　③ 8　④ 9　⑤ 12

발전문제 0756

다음 물음에 답하시오.

(1) 함수 $f(x)=\begin{cases}\frac{1}{4}x+3 & (x\ge 0)\\ \frac{5}{2}x+3 & (x<0)\end{cases}$의 역함수를 $g(x)$라 할 때, 함수 $y=f(x)$와 $y=g(x)$의 그래프로 둘러싸인 부분의 넓이를 구하시오.

(2) 정의역과 치역이 모두 실수 전체의 집합이고 역함수가 존재하는 함수

$$f(x)=\begin{cases}(a^2-1)(x-4)+2 & (x\ge 4)\\ \frac{1}{2}x & (x<4)\end{cases}$$

에 대하여 a의 값이 최소의 양의 정수일 때, $f(x)$의 역함수 $g(x)$에 대하여 두 함수 $y=f(x)$, $y=g(x)$의 그래프로 둘러싸인 부분의 넓이를 구하시오.

정답　0754 : (1) 25 (2) 8　0755 : ④　0756 : (1) 18 (2) 10

BASIC

개념을 **익히는** 문제

0757 합성함수의 함숫값

다음 물음에 답하시오.

(1) 오른쪽 그림은 두 함수 $f: X \longrightarrow Y$, $g: Y \longrightarrow Z$를 나타낸 것이다. $(g \circ f)(2)$의 값은?

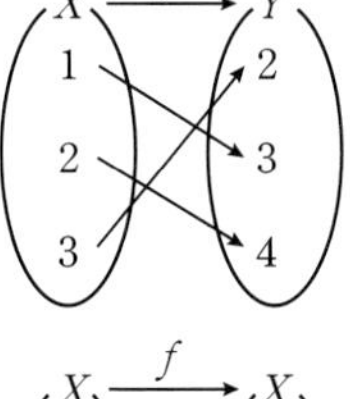

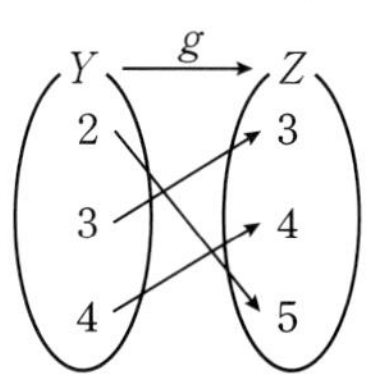

① 1 ② 2 ③ 3 ④ 4 ⑤ 5

(2) 집합 $X=\{1, 2, 3, 4, 5\}$에 대하여 X에서 X로의 두 함수 f, g가 각각 오른쪽 그림과 같을 때, $(f^{-1} \circ g)(4)$의 값은? (단, f^{-1}는 f의 역함수이다.)

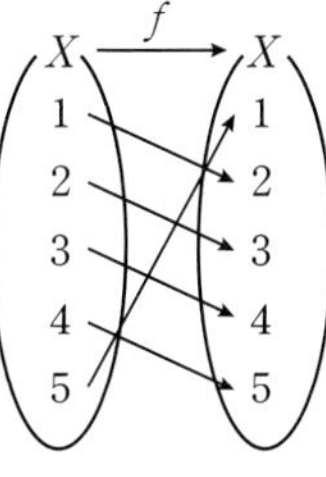

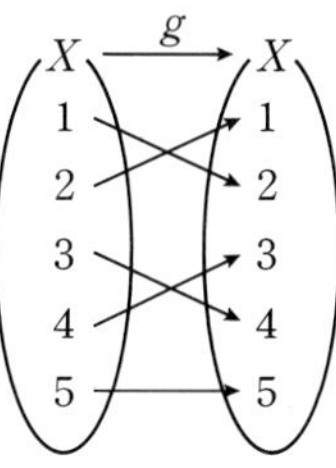

① 1 ② 2 ③ 3 ④ 4 ⑤ 5

0758 합성함수의 함숫값

다음 물음에 답하시오.

(1) 두 함수 f, g가 $f(x)=2x-3$, $g(2x-1)=-6x+5$를 만족할 때, $(f \circ g)(5)$의 값은?

① -31 ② -29 ③ -27 ④ -25 ⑤ -23

(2) 두 함수 $f(x)=ax+b$, $g(x)=x+2$에 대하여 $(f \circ g)(x)=2x+3$이 성립할 때, $f(5)$의 값은? (단, a, b는 상수이다.)

① 3 ② 5 ③ 7 ④ 9 ⑤ 11

(3) 두 함수 $f(x)=\begin{cases} 2x-3 & (x \geq 1) \\ 5 & (x<1) \end{cases}$, $g(x)=3x^2-5$에 대하여 $(f \circ g)(1)+(g \circ f)(2)$의 값은?

① 3 ② 4 ③ 5 ④ 6 ⑤ 7

0759 역함수 구하기

실수 전체의 집합에서 정의된 함수 f에 대하여

$$f(6x+1)=-2x+9$$

가 성립할 때, 역함수는 $f^{-1}(x)=ax+b$이다. 이때 상수 a, b에 대하여 ab의 값은?

① -96 ② -84 ③ -66 ④ -52 ⑤ -36

0760 그래프에서 합성함수의 실근 구하기

일차함수 $y=f(x)$의 그래프가 오른쪽 그림과 같이 두 점 $(-1, 0)$, $(0, 2)$를 지난다. $(f \circ f)(x)=2$를 만족시키는 실수 x의 값은?

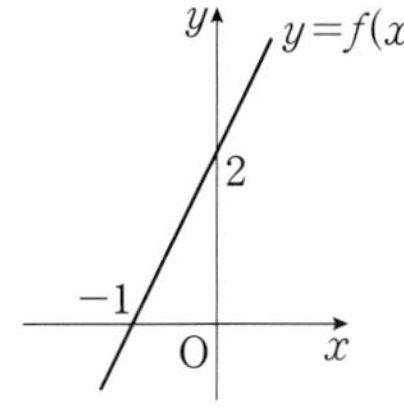

① -2 ② -1 ③ 0 ④ 1 ⑤ 2

0761 합성함수가 정의되는 조건

집합 $X=\{1, 2, 3\}$에 대하여 X에서 X로의 두 함수

$$f(x)=ax+2,\ g(x)=-x+3$$

에 대하여 합성함수 $g \circ f$가 정의되도록 하는 상수 a의 값은?

① -2 ② -1 ③ 0 ④ 1 ⑤ 2

정답 0757 : (1) ④ (2) ② 0758 : (1) ② (2) ④ (3) ① 0759 : ② 0760 : ② 0761 : ③

0762

교환법칙과 결합법칙을 활용한 미정계수 구하기

다음 물음에 답하시오

(1) 두 함수 $f(x)=4x+a$, $g(x)=ax+2$에 대하여

$$f\circ g=g\circ f$$

가 성립할 때, $f(2)+g(3)$의 값을 구하시오. (단, $a>0$)

(2) 실수 전체의 집합에서 정의된 함수 $f(x)=x-1$, $g(x)=ax+b$(a, b는 상수)에 대하여

$$g(-1)=1,\ (f\circ g)(x)=(g\circ f)(x)$$

를 만족할 때, $g(3)$의 값을 구하시오.

(3) 함수 $f : X \longrightarrow X$가 오른쪽 그림과 같고 함수 $g : X \longrightarrow X$에 대하여

$$g(1)=3,\ f\circ g=g\circ f$$

가 성립할 때, $g(2)$의 값을 구하시오.

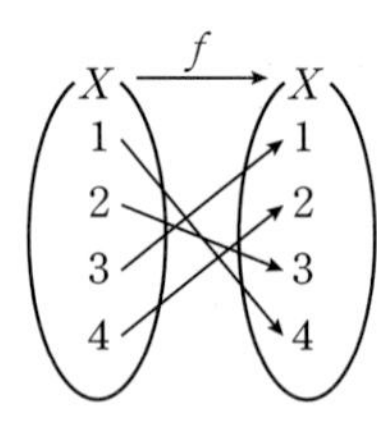

0763

교환법칙과 결합법칙을 활용한 미정계수 구하기

다음 물음에 답하시오.

(1) 세 함수 f, g, h에 대하여 $(h\circ g)(x)=6x+7$, $f(x)=x-5$일 때, $(h\circ(g\circ f))(4)$의 값은?

① 1 ② 2 ③ 3 ④ 4 ⑤ 5

(2) 실수 전체의 집합에서 정의된 두 함수 $f(x)=2x+7$, $g(x)$가 있다.

모든 실수 x에 대하여 $(g\circ g)(x)=3x-1$일 때, $((f\circ g)\circ g)(a)=a$를 만족시키는 실수 a의 값은?

① -2 ② -1 ③ 1 ④ 2 ⑤ 3

$f\circ g=h$를 만족시키는 함수 구하기

(3) 실수 전체의 집합에서 정의된 두 함수 f, g가 $f(x)=-x+3$, $g(x)=4x-1$일 때,

$(g\circ(f\circ h))(x)=3x-1$을 만족시키는 함수 $h(8)$의 값은?

① -5 ② -4 ③ -3 ④ -2 ⑤ -1

0764

합성함수와 일대일대응

다음 물음에 답하시오.

(1) 집합 $X=\{1, 2, 3\}$에 대하여 X에서 X로의 두 함수 f, g가 모두 일대일대응이고

$$f(1)=3,\ f(2)=1,\ (g\circ f)(3)=3,\ (f\circ g)(3)=3$$

을 만족할 때, $f(3)+(g\circ f)(1)$의 값은?

① 1 ② 2 ③ 3 ④ 5 ⑤ 6

(2) 집합 $X=\{1, 2, 3, 4\}$에 대하여 X에서 X로의 두 함수 f, g가 모두 일대일대응이고

$$f(2)=4,\ g(1)=2,\ g(3)=4,\ (g\circ f)(3)=2,\ (g\circ f)(4)=1$$

을 만족할 때, $f(1)+(g\circ f)(2)$의 값은?

① 2 ② 3 ③ 4 ④ 5 ⑤ 6

0765

합성함수의 함숫값 역함수 계산

집합 $X=\{1, 2, 3, 4, 5\}$에 대하여 함수 $f : X \longrightarrow X$의 역함수 f^{-1}가 존재하고

$$f(2)=4,\ f^{-1}(3)=f(5)=1,\ (f\circ f)(1)=2$$

일 때, $f^{-1}(2)+(f\circ f)(4)$의 값을 구하시오.

정답 0762 : (1) 22 (2) 5 (3) 4 0763 : (1) ① (2) ② (3) ③ 0764 : (1) ③ (2) ⑤ 0765 : 4

0766 역함수의 성질

다음 물음에 답하시오.

(1) 함수 $f(x)=2x+a$에 대하여 $f^{-1}(4)=1$, $f^{-1}(8)=b$일 때, $a+b$의 값은?
(단, a, b는 상수이고, f^{-1}는 f의 역함수이다.)

① 3 ② 4 ③ 5 ④ 6 ⑤ 7

(2) 두 함수 $f(x)=x^3+1$, $g(x)=x-6$ 에 대하여 $(g^{-1}\circ f)(1)$의 값은? (단, g^{-1}는 g의 역함수이다.)

① 4 ② 5 ③ 6 ④ 7 ⑤ 8

0767 그래프를 이용하여 역함수의 함숫값 구하기

다음 물음에 답하시오. (단, f^{-1},g^{-1}는 각각 f, g의 역함수이다.)

(1) 집합 $A=\{1, 2, 3, 4, 5\}$에 대하여 집합 A에서 A로의 두 함수 f, g가 있다. (가)는 함수 f의 그래프이고 (나)는 함수 g의 대응을 나타낸 것이다. $(f^{-1}\circ g)^{-1}(1)$의 값은?

① 1 ② 2 ③ 3
④ 4 ⑤ 5

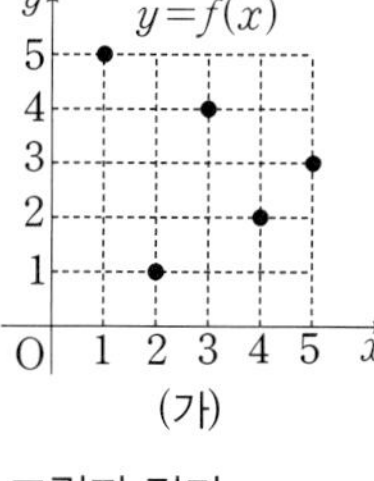

(가)

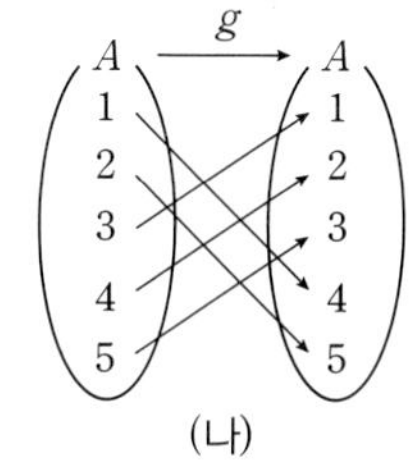

(나)

(2) 집합 $X=\{1, 2, 3, 4\}$에 대하여 함수 $f : X \longrightarrow X$의 그래프가 그림과 같다. 함수 $g : X \longrightarrow X$의 역함수가 존재하고 $g(1)=3$, $g^{-1}(4)=2$, $(g\circ f)(3)=1$ 일 때, $(f\circ(g\circ f)^{-1}\circ f)(1)$의 값은?

① 0 ② 1 ③ 2
④ 3 ⑤ 4

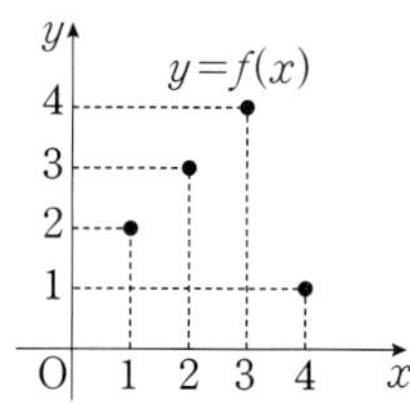

0768 그래프를 이용하여 역함수의 함숫값 구하기

다음 물음에 답하시오. (단, 모든 점선은 x축 또는 y축에 평행하다.)

(1) $x\geq 0$에서 정의된 두 함수 $y=f(x)$, $y=x$의 그래프가 오른쪽 그림과 같다. 함수 $f(x)$의 역함수를 $g(x)$라 할 때, $(g\circ g)(k)$의 값은?

① a ② b ③ c
④ d ⑤ e

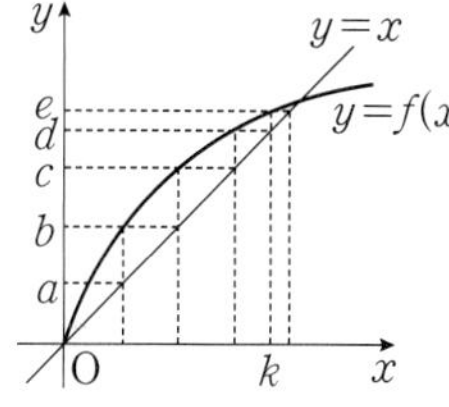

(2) 오른쪽 그림은 함수 $y=f(x)$의 그래프와 직선 $y=x$의 그래프이다. 이때 $(f\circ f)(4)+(f\circ f)^{-1}(8)$의 값은? (단, f^{-1}는 f의 역함수이다.)

① 6 ② 8 ③ 10
④ 12 ⑤ 14

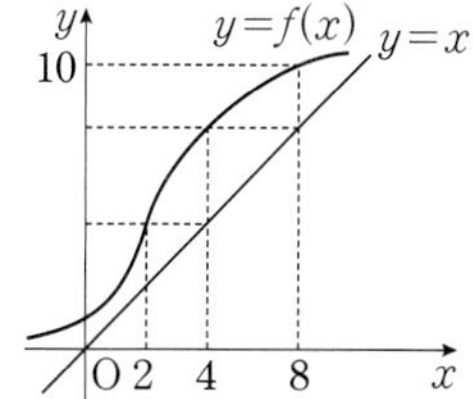

0769 역함수의 계산

다음 물음에 답하시오. (단, f^{-1}는 f의 역함수이다.)

(1) 함수 $f(x)=\begin{cases} x+5 & (x\geq 1) \\ 2x+4 & (x<1) \end{cases}$에 대하여 $f(0)+f^{-1}(7)$의 값은?

① 6 ② 5 ③ 4 ④ 3 ⑤ 2

(2) 실수 전체의 집합에서 정의된 함수 $f(x)=\begin{cases} x & (x\geq 1) \\ -x^2+2x & (x<1) \end{cases}$에 대하여 $(f\circ f)(2)+f^{-1}(-3)$의 값은?

① 1 ② 2 ③ 3 ④ 4 ⑤ 5

0770 역함수가 존재하기 위한 조건

다음 물음에 답하시오.

(1) 집합 $X=\{x|x\geq a\}$에 대하여 집합 X에서 X로의 함수 $f(x)=x^2-2x$의 역함수가 존재할 때, 상수 a의 값은?

① 1 ② 2 ③ 3 ④ 4 ⑤ 5

(2) 함수 $f(x)=\begin{cases} (2-a)x+5 & (x\geq 0) \\ (a+2)x+5 & (x<0) \end{cases}$의 역함수가 존재하도록 하는 정수 a의 개수는?

① 1 ② 2 ③ 3 ④ 4 ⑤ 5

정답 0766 : (1) ③ (2) ⑤ 0767 : (1) ② (2) ④ 0768 : (1) ② (2) ④ 0769 : (1) ① (2) ① 0770 : (1) ③ (2) ③

0771 f^n꼴의 합성함수

집합 $X=\{0, 2, 4, 6\}$에 대하여 함수 $f: X \longrightarrow X$가

$$f(x)=\begin{cases} x+2 & (x \le 4) \\ 0 & (x=6) \end{cases}$$

이다. $f^2=f \circ f$, $f^3=f \circ f^2$, $\cdots$, $f^{n+1}=f \circ f^n$으로 나타낼 때, $f^{30}(6)+f^{31}(0)$의 값은? (단, n은 자연수이다.)

① 2 ② 4 ③ 6 ④ 8 ⑤ 10

0772 합성함수와 일대일대응

다음 물음에 답하시오.

(1) 집합 $X=\{1, 2, 3, 4\}$에 대하여 함수 $f: X \longrightarrow X$가 다음 조건을 만족시킨다.

> (가) 함수 f는 일대일대응이다.
> (나) 집합 X의 모든 원소 a에 대하여 $f(a) \ne a$이다.

$f(1)+f(4)=7$일 때, $f(1)+f^{-1}(1)$의 값은? (단, f^{-1}는 f의 역함수이다.)

① 4 ② 5 ③ 6 ④ 7 ⑤ 8

(2) 집합 $X=\{1, 2, 3, 4, 5\}$에 대하여 함수 $f: X \longrightarrow X$가 그림과 같다.
함수 $g: X \longrightarrow X$는 다음 조건을 만족시킨다.

> (가) $g(1)=3$, $g(2)=5$
> (나) g의 역함수가 존재한다.

$(g \circ f)(4)+(f \circ g)(4)$의 최댓값은?

① 5 ② 6 ③ 7 ④ 8 ⑤ 9

0773 합성함수의 함숫값

두 함수

$$f(x)=|x|-3,\ g(x)=\begin{cases} -x^2+3 & (x \ge 0) \\ x^2+3 & (x<0) \end{cases}$$

에 대하여 $g(f(k))=2$를 만족하는 실수 k의 값을 α, $\beta(\alpha>\beta)$라 하자. 이때 $\alpha-\beta$의 값을 구하시오.

0774 역함수의 계산

실수 전체의 집합에서 정의된 두 함수

$$f(x)=5x+20,\ g(x)=\begin{cases} 2x & (x<25) \\ x+25 & (x \ge 25) \end{cases}$$

에 대하여 $f(g^{-1}(40))+f^{-1}(g(40))$의 값을 구하시오. (단, f^{-1}, g^{-1}는 각각 f, g의 역함수이다.)

0775 역함수의 계산

다음 물음에 답하시오. (단, f^{-1}는 f의 역함수이다.)

(1) 실수 전체의 집합 R에서 R로의 함수 $f(x)=\begin{cases} 2x+3 & (x \ge 0) \\ -x^2+3 & (x<0) \end{cases}$에 대하여 $f^{-1}(2)+f^{-1}(a)=3$을 만족하는 상수 a의 값은?

① 9 ② 10 ③ 11 ④ 12 ⑤ 13

(2) 실수 전체의 집합에서 정의된 함수 $f(x)=\begin{cases} x^2+a & (x \ge 1) \\ x+3 & (x<1) \end{cases}$가 역함수가 존재할 때, $(f^{-1} \circ f^{-1})(7)$의 값은? (단, a는 상수이다.)

① -4 ② -3 ③ -2 ④ -1 ⑤ 3

(3) 함수 $f(x)=x|x|+a$와 그 역함수 $f^{-1}(x)$에 대하여 $f^{-1}(2)=3$일 때, $(f \circ f)^{-1}(2)$의 값은? (단, a는 상수이다.)

① 1 ② $\sqrt{2}$ ③ $\sqrt{5}$ ④ $2\sqrt{2}$ ⑤ $\sqrt{10}$

정답 0771 : ④ 0772 : (1) ③ (2) ③ 0773 : 8 0774 : 129 0775 : (1) ③ (2) ④ (3) ⑤

0776

역함수의 계산

집합 $X=\{1, 2, 3, 4\}$에서 집합 $Y=\{1, 3, 7, 9\}$로의 두 함수 f, g를 각각

$f(n)=(3^n$의 일의 자릿수$)$,

$g(n)=(7^n$의 일의 자릿수$)$

로 정의할 때, $(f\circ g^{-1})(1)+(g\circ f^{-1})(7)$의 값은?

① 4 ② 8 ③ 10 ④ 12 ⑤ 16

0777

$(f\circ f)(x)=x$이면 $f^{-1}(x)=f(x)$가 성립하는 함수

실수 전체의 집합에서 정의된 함수 $f(x)$가 역함수를 갖는다. 모든 실수 x에 대하여

$f(x)=f^{-1}(x)$, $f(x^2+2)=-2x^2+2$

일 때, $f(-4)$의 값은?

① 2 ② 3 ③ 4 ④ 5 ⑤ 6

0778

역함수의 계산 내신빈출

다음 물음에 답하시오.

(1) $x\neq-1$인 모든 실수에서 정의되는 두 함수 $f(x)=\dfrac{2x-1}{x+1}$, $g\left(\dfrac{2x-1}{3}\right)=2x+1$에 대하여 $(f^{-1}\circ g)(1)$의 값을 구하시오.

(2) 양의 실수 전체의 집합 A에서 A로의 함수 f와 h를 각각 $f(x)=x^2+x$, $h(x)=\dfrac{x+2}{f(x)}$라 한다. g를 f의 역함수라 할 때, $h(g(2))$의 값을 구하시오.

0779

그래프에서 합성함수의 실근 구하기

다음 물음에 답하시오.

(1) 오른쪽 그림과 같이 좌표평면 위에 점 $(2, -9)$를 꼭짓점으로 하고 점 $(0, -5)$를 지나는 이차함수 $y=f(x)$의 그래프가 있다. 방정식 $f(f(x))=-5$를 만족시키는 모든 실근의 합은?

① 6 ② 7 ③ 8 ④ 9 ⑤ 10

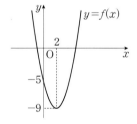

(2) 이차함수 $f(x)$가 다음 조건을 만족시킨다.

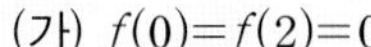

(가) $f(0)=f(2)=0$
(나) 이차방정식 $f(x)-4(x-2)=0$의 실근의 개수는 1이다.

방정식 $(f\circ f)(x)=-2$의 서로 다른 실근을 모두 곱한 값은?

① $-\dfrac{1}{3}$ ② $-\dfrac{2}{3}$ ③ $-\dfrac{1}{2}$ ④ $-\dfrac{4}{3}$ ⑤ $-\dfrac{5}{3}$

0780

역함수의 그래프의 성질

오른쪽 그림과 같이 점 $(2, 0)$을 지나는 함수 $y=f(x)$의 그래프와 $y=x$의 그래프가 두 점 $(-2, -2)$, $(5, 5)$에서 만나고 그 외의 점에서 만나지 않는다.

$\{f(x)\}^2=f(x)f^{-1}(x)$

를 만족시키는 모든 실수 x의 값의 합은?

(단, f^{-1}은 f의 역함수이다.)

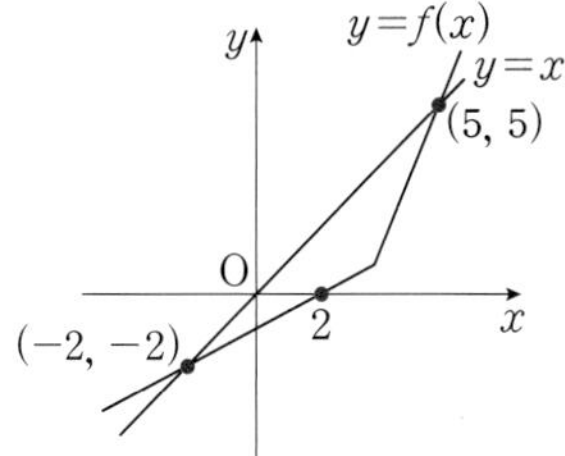

① 1 ② 2 ③ 3 ④ 4 ⑤ 5

정답 0776 : ① 0777 : ④ 0778 : (1) -2 (2) $\dfrac{3}{2}$ 0779 : (1) ③ (2) ③ 0780 : ⑤

0781 역함수의 그래프의 성질

다음 물음에 답하시오.

(1) 함수 $f(x)=x^2-4x+6(x\ge 2)$의 역함수를 $y=f^{-1}(x)$라 할 때, $y=f(x)$와 $y=f^{-1}(x)$의 두 교점 사이의 거리는?

① $\sqrt{2}$ ② $\sqrt{3}$ ③ 2 ④ $2\sqrt{2}$ ⑤ $2\sqrt{3}$

(2) $x\ge 1$에서 정의된 함수 $f(x)=\frac{1}{2}x^2-x+a$에 대하여 함수 $y=f(x)$의 그래프와 그 역함수 $y=f^{-1}(x)$의 그래프는 서로 다른 두 점 A, B에서 만난다. $\overline{AB}=4$일 때, 상수 a의 값은?

① 1 ② $\sqrt{2}$ ③ 2 ④ $2\sqrt{2}$ ⑤ 4

0782 역함수의 성질

두 함수 $f: X \longrightarrow Y$, $g: Y \longrightarrow Z$에 대하여 다음 중 옳은 것은? (단, 정답은 두 개이다.)

① 두 함수 f, g가 일대일대응이면 $(g\circ f)^{-1}=f^{-1}\circ g^{-1}$이다.

② $(g\circ f)(x)=x$이면 f는 g의 역함수이다.

③ 함수 f의 역함수 f^{-1}가 존재할 때, 두 함수 $f\circ f^{-1}$와 $f^{-1}\circ f$는 서로 같은 함수이다.

④ 함수 $y=f(x)$의 그래프와 그 역함수 $y=f^{-1}(x)$의 그래프는 직선 $y=x$에 대하여 대칭이다.

⑤ 두 함수 $y=f(x)$, $y=f^{-1}(x)$의 그래프의 교점은 함수 $y=f(x)$의 그래프와 직선 $y=x$의 교점이다.

0783 역함수의 그래프의 성질 서술형

함수 $f(x)=x+1-\left|\frac{1}{2}x-1\right|$의 역함수를 $g(x)$라고 할 때, 두 함수 $y=f(x)$, $y=g(x)$의 그래프로 둘러싸인 부분의 넓이를 구하는 과정을 다음 단계로 서술하시오.

[1단계] 함수 $f(x)$를 범위에 따라 구한다. [3점]

[2단계] 두 함수 $y=f(x)$, $y=g(x)$의 그래프의 교점의 좌표를 구한다. [3점]

[3단계] 두 함수 $y=f(x)$, $y=g(x)$의 그래프로 둘러싸인 부분의 넓이를 구한다. [4점]

0784 f^n꼴의 합성함수 서술형

다음 물음에 답하시오.

(1) 함수 f에 대하여 $f^2(x)=f(f(x))$, $f^3(x)=f(f^2(x))$, $\cdots$로 정의하자.

집합 $X=\{1, 2, 3\}$에 대하여 함수 $f: X\longrightarrow X$가 다음 두 조건을 만족시킨다.

(가) $f(1)=3$ (나) $f^3=I$ (I는 항등함수)

함수 f의 역함수를 g라 할 때, $g^{10}(2)+g^{11}(3)$의 값을 구하는 과정을 다음 단계로 서술하시오.

[1단계] 일대일대응을 만족하면서 $f^3=I$를 만족하는 함수 $f(2)$, $f(3)$의 값을 구한다. [3점]

[2단계] 역함수 g에 대하여 $g^n=I$ (I는 항등함수)를 만족하는 최소의 자연수 n의 값을 구한다. [3점]

[3단계] $g^{2026}(2)+g^{2027}(3)$의 값을 구한다. [4점]

(2) 집합 $X=\{1, 2, 3, 4\}$에 대하여 X에서 X로의 함수 f가

$$f(x)=\begin{cases} x^2 & (x=1, 2) \\ x+a & (x=3, 4) \end{cases} (a\text{는 상수})$$

이고 함수 f의 역함수 g가 존재한다. $g^1(x)=g(x)$, $g^{n+1}(x)=g(g^n(x))(n=1, 2, 3, \cdots)$이라 할 때, $a+g^{10}(2)+g^{11}(2)$의 값을 구하는 과정을 다음 단계로 서술하시오.

[1단계] 역함수가 존재하기 위한 a의 값을 구한다. [3점]

[2단계] 역함수 g에 대하여 $g^n=I$ (I는 항등함수)를 만족하는 최소의 자연수 n의 값을 구한다. [3점]

[3단계] $a+g^{100}(2)+g^{101}(2)$의 값을 구한다. [4점]

정답 0781 : (1) ① (2) ① 0782 : ①, ④ 0783 : 해설참조 0784 : 해설참조

TOUGH

실력을 키우는 문제

0785 역함수의 성질

두 집합 $X=\{1, 2, 3, 4\}$, $Y=\{1, 2, 4, 8\}$에 대하여 함수 $f : X \longrightarrow Y$가 다음 조건을 만족시킨다.

(가) 함수 f는 일대일대응이다.
(나) $f(3)=4$
(다) 등식 $\frac{1}{2}f(a)=(f \circ f^{-1})(a)$를 만족시키는 상수 a의 개수는 2이다.

$f(4)\times f^{-1}(1)$의 값을 구하시오.

0786 합성함수의 함숫값

두 함수

$$f(x)=-x+a,\ g(x)=\begin{cases} 2x+4 & (x<a) \\ x^2-4 & (x \ge a) \end{cases}$$

에 대하여 $(g \circ f)(-1)+(f \circ g)(4)=39$를 만족시키는 모든 실수 a의 값의 합을 S라 할 때, $10S^2$의 값을 구하시오.

0787 그래프에서 합성함수의 실근 구하기

실수 전체의 집합에서 정의된 함수

$$f(x)=\begin{cases} 4x+3 & (x<2) \\ x^2-9x+25 & (x \ge 2) \end{cases}$$

에 대하여 $(f \circ f)(a)=f(a)$를 만족시키는 모든 실수 a의 값의 합을 구하시오.

0788 역함수 계산

다음 물음에 답하시오.

(1) 집합 $X=\{2, 4, 6, 8\}$에서 X로의 일대일대응 $f(x)$가 $f(6)-f(4)=f(2)$, $f(6)+f(4)=f(8)$을 모두 만족시킬 때, $(f \circ f)(6)+f^{-1}(4)$의 값은?

① 8 ② 10 ③ 12 ④ 14 ⑤ 16

(2) 집합 $X=\{1, 2, 3, 4, 5\}$에 대하여 X에서 X로의 함수 f의 역함수가 존재하고 $2f(1)+f(3)=12$, $f^{-1}(3)-f^{-1}(1)=2$일 때, $f(5)+f^{-1}(5)$의 값은?

① 5 ② 6 ③ 7 ④ 8 ⑤ 9

0789 합성함수의 성질의 진위판단

실수 전체의 집합에서 정의된 두 함수 $f(x)$, $g(x)$가

$$f(x)=\begin{cases} 2 & (x>2) \\ x & (|x| \le 2) \\ -2 & (x<-2) \end{cases},\ g(x)=x^2-2$$

일 때, 옳은 것만을 [보기]에서 있는 대로 고른 것은?

ㄱ. $(f \circ g)(2)=2$
ㄴ. $(g \circ f)(-x)=(g \circ f)(x)$
ㄷ. $(f \circ g)(x)=(g \circ f)(x)$

① ㄱ ② ㄷ ③ ㄱ, ㄴ ④ ㄴ, ㄷ ⑤ ㄱ, ㄴ, ㄷ

0790 역함수의 성질

함수 $f(x)=\begin{cases} ax+b & (x<2) \\ cx^2+3x & (x \ge 2) \end{cases}$가 실수 전체의 집합에서 연속이고 역함수를 갖는다. 함수 $y=f(x)$의 그래프와 역함수 $y=f^{-1}(x)$의 그래프의 교점의 개수가 3이고, 그 교점의 x좌표가 각각 0, 2, 3일 때, $20(a+b+c)$의 값을 구하시오. (단, a, b, c는 상수이다.)

정답 0785 : 16 0786 : 90 0787 : $\frac{17}{2}$ 0788 : (1) ① (2) ① 0789 : ⑤ 0790 : 30

16 $f=f^{-1}$인 함수의 개수

특강유형

01 함수 $f: X \longrightarrow X$에서 $f=f^{-1}$ 또는 $f(f(x))=x$인 함수의 개수

(1) 집합 $X=\{1, 2\}$일 때, 함수 $f: X \longrightarrow X$에 대하여 $f(f(x))=x$를 만족하는 함수 f는 2가지

해설 $f=f^{-1}$이면 $f \circ f$는 항등함수이므로 항등함수가 되는 경우는 다음과 같다.

(ⅰ) 자기 자신에 모두 대응되는 경우 ➡ 1가지

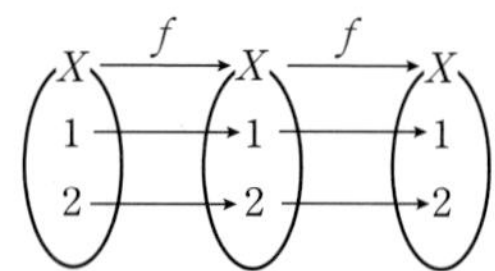

(ⅱ) 2개가 서로 엇갈려되는 대응되는 경우 ➡ 1가지

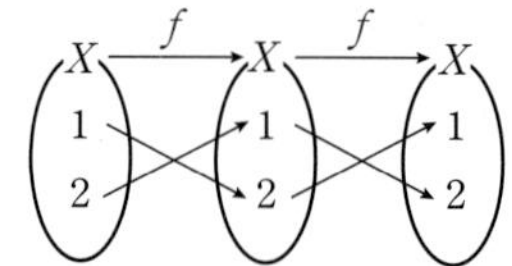

(ⅰ), (ⅱ)에서 $1+1=2$

(2) 집합 $X=\{1, 2, 3\}$일 때, 함수 $f: X \longrightarrow X$에 대하여 $f(f(x))=x$를 만족하는 함수 f는 4가지

해설 (ⅰ) 자기 자신에 모두 대응되는 경우 ➡ 1가지 ◀ $f(x)=x$인 항등함수

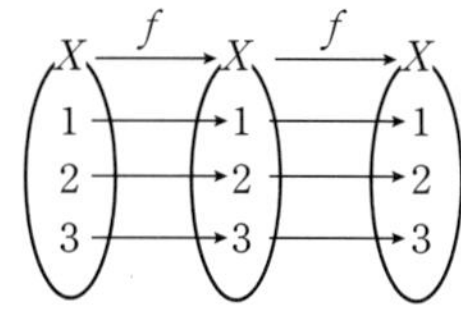

(ⅱ) 자기 자신에 대응되는 원소가 1개이고, 나머지 2개는 서로 엇갈려 대응되는 경우 ➡ 3개

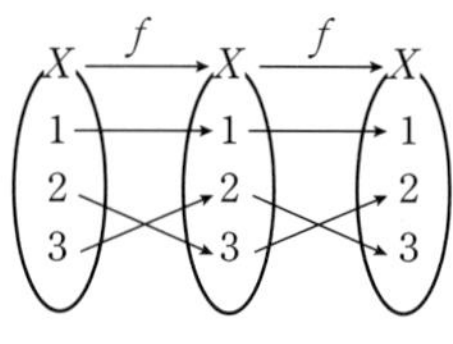

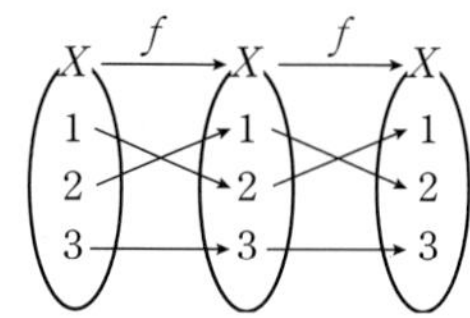

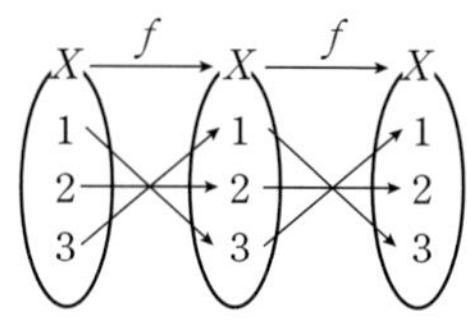

(ⅰ), (ⅱ)에서 $1+3=4$

(3) 집합 $X=\{1, 2, 3, 4\}$일 때, 함수 $f: X \longrightarrow X$에 대하여 $f(f(x))=x$를 만족하는 함수 f는 10가지

해설 (ⅰ) 자기 자신에 모두 대응되는 경우 ➡ 1가지 ◀ $f(x)=x$인 항등함수

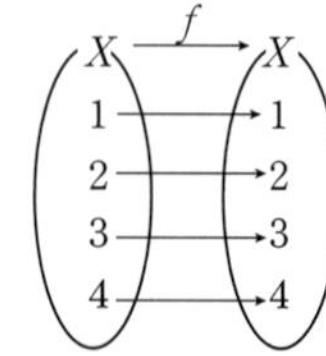

(ⅱ) 자기 자신에 대응되는 원소가 2개이고, 나머지 2개는 서로 엇갈려 대응되는 경우 ➡ 6가지

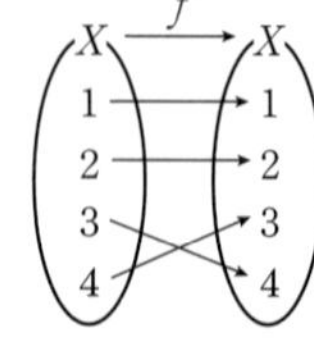

1, 2, 3, 4에서 2개의 원소를 선택하여 서로 같은 원소에 대응시키고, 나머지 2개의 원소는 서로 엇갈려 대응시킨다. 이때 2개의 원소를 선택하는 경우는 (1, 2), (1, 3), (1, 4), (2, 3), (2, 4), (3, 4)의 6가지

◀ ${}_4C_2=\frac{4\times3}{2}=6$가지 [조합단원에서 배운다]

(ⅲ) 두 개씩 짝이 되어 서로 엇갈려 대응되는 경우 ➡ 3가지

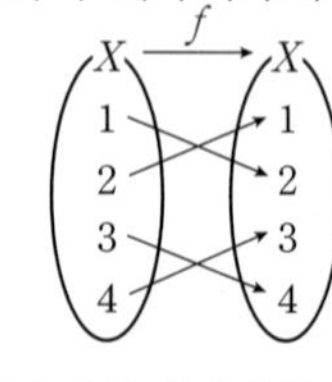

1, 2, 3, 4를 2개씩 짝지어 놓은 후 서로 엇갈리게 대응시키면 되므로 (1, 2)와 (3, 4), (1, 3)와 (2, 4), (1, 4)와 (2, 3)의 3가지

◀ ${}_4C_2\times{}_2C_2\times\frac{1}{2}=3$가지

(ⅰ), (ⅱ), (ⅲ)에서 $1+6+3=10$

(4) 집합 $X=\{1, 2, 3, 4, 5\}$일 때, 함수 $f : X \longrightarrow X$에 대하여 $f(f(x))=x$를 만족하는 함수 f는 26가지

해설 (ⅰ) 자기 자신에 모두 대응되는 경우 ➡ 1가지 ◀ $f(x)=x$인 항등함수

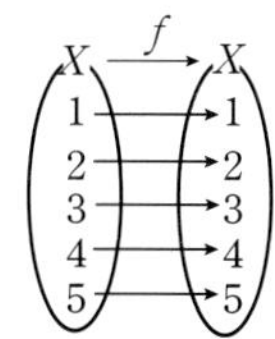

(ⅱ) 자기 자신에 대응되는 원소가 3개이고 나머지 2개는 서로 엇갈려 대응되는 경우 ➡ 10가지

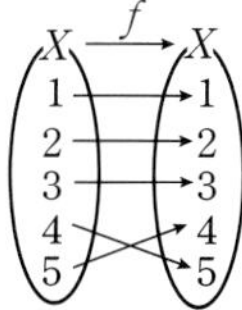

1, 2, 3, 4, 5에서 3개의 원소를 선택하여 서로 같은 원소에 대응시키고 나머지 2개의 원소는 서로 엇갈려 대응시키면 되므로 3개의 원소를 선택하는 경우는 ${}_5C_3=\frac{5\times4\times3}{3\times2\times1}=10$ 또는 ${}_5C_2=\frac{5\times4}{2}=10$가지

(ⅲ) 자기 자신에 대응되는 원소가 1개이고 나머지 4개를 두 개씩 짝이 되어 서로 엇갈려 대응되는 경우 ➡ 15가지

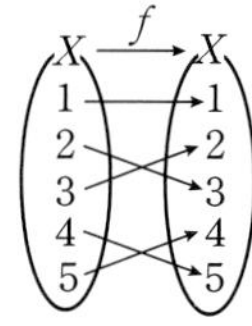

1, 2, 3, 4, 5에서 1개의 원소를 선택하여 서로 같은 원소에 대응시키고 나머지 4개의 원소는 두 개씩 짝이 되어 서로 엇갈려 대응시키면 되므로 ${}_5C_1\times{}_4C_2\times{}_2C_2\times\frac{1}{2}=15$가지

(ⅰ)~(ⅲ)에서 $1+10+15=26$

특강유형 02 함수 $f : X \longrightarrow X$에서 $f(f(f(x)))=x$인 함수의 개수

(1) 집합 $X=\{1, 2, 3\}$일 때, 함수 $f : X \longrightarrow X$에 대하여 $f(f(f(x)))=x$를 만족하는 함수 f는 3가지

해설 $f\circ f\circ f$는 항등함수이므로 항등함수가 되는 경우는 다음과 같다.

(ⅰ) 자기 자신에 모두 대응되는 경우 ➡ 1가지

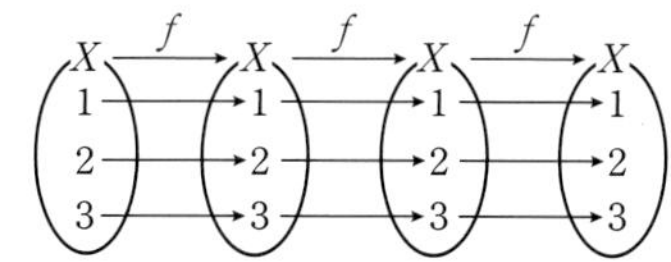

(ⅱ) 3개가 서로 순환하여 대응되는 경우 ➡ 2가지

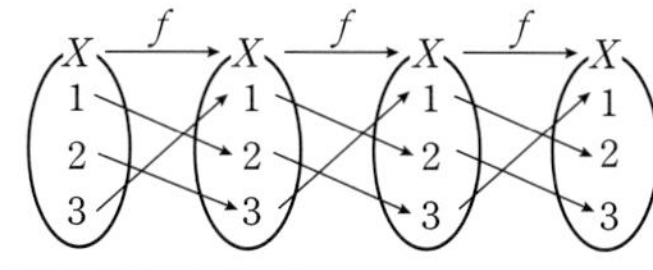

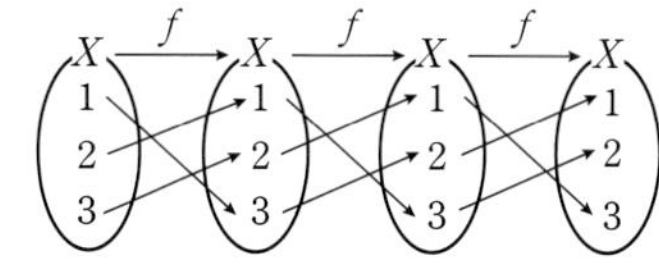

(ⅰ), (ⅱ)에서 $1+2=3$

(2) 집합 $X=\{1, 2, 3, 4, 5\}$일 때, 함수 $f : X \longrightarrow X$에 대하여 $f(f(f(x)))=x$를 만족하는 함수 f는 21가지

해설 (ⅰ) 자기 자신에 모두 대응되는 경우 ➡ 1가지 ◀ $f(x)=x$인 항등함수

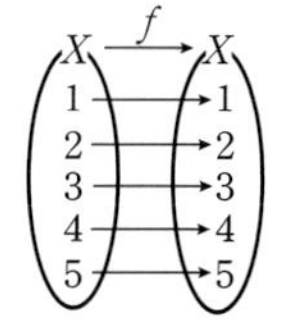

(ⅱ) 자기 자신에 대응되는 원소가 2개이고, 3개가 서로 순환하여 대응되는 경우 ➡ 20가지

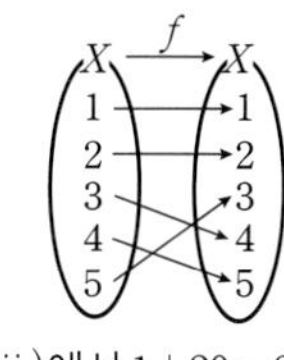

1, 2, 3, 4, 5에서 2개의 원소를 선택하여 서로 같은 원소에 대응시키고 나머지 3개의 원소는 서로 순환하여 대응시키면 되므로 ${}_5C_3\times2={}_5C_2\times2=20$가지 ◀ 순환하는 경우는 2가지

(ⅰ), (ⅱ)에서 $1+20=21$

小滿 소만

한국의 절기 ❽

자료출처 : 한국민속대백과사전 http://folkency.nfm.go.kr

24절기 중 여덟 번째 절기. 양력으로는 5월 21일 무렵이고 음력으로는 4월에 들었으며, 태양이 황경 60도를 통과할 때를 말한다. 소만(小滿)은 입하(立夏)와 망종(芒種) 사이에 들어 햇볕이 풍부하고 만물이 점차 생장하여 가득 찬다[滿]는 의미가 있다.
이때는 씀바귀 잎을 뜯어 나물을 해먹고, 냉이나물은 없어지고 보리이삭은 익어서 누런색을 띠니 여름의 문턱이 시작되는 계절이다. '농가월령가(農家月令歌)'에 "4월이라 맹하(孟夏, 초여름)되니 입하, 소만 절기로다."라고 했다. 이때부터 여름 기분이 나기 시작하며 식물이 성장한다. 그래서 맹하는 초여름이라는 뜻인 이칭도 있다.
소만 무렵에는 모내기 준비에 바빠진다. 이른 모내기, 가을보리 먼저 베기, 여러 가지 밭작물 김매기가 줄을 잇는다. 보리 싹이 성장하고, 산야의 식물은 꽃을 피우고 열매를 맺으며, 모내기 준비를 서두르고, 빨간 꽃이 피어나는 계절이다. 모판을 만들면 모내기까지 모의 성장기간이 예전에는 40~50일 걸렸으나, 지금의 비닐 모판에서는 40일 이내에 충분히 자라기 때문에 소만에 모내기가 시작되어 일년 중 제일 바쁜 계절로 접어든다. 또한 소만이 되면 보리가 익어가며 산에서는 부엉이가 울어댄다. 이 무렵은 '보릿고개'란 말이 있을 정도로 양식이 떨어져 힘겹게 연명하던 시기이다. 산과 들판은 신록이 우거져 푸르게 변하고 추맥(秋麥)과 죽맥(竹麥)이 나타난다.
모든 산야가 푸른데 대나무는 푸른빛을 잃고 누렇게 변한다. 이는 새롭게 탄생하는 죽순에 영양분을 공급해 주었기 때문이다. 마치 자기 몸을 돌보지 않고 어린 자식을 정성들여 키우는 어미의 모습을 보는 듯하다. 그래서 봄철의 누런 대나무를 가리켜 죽추(竹秋)라고 한다.

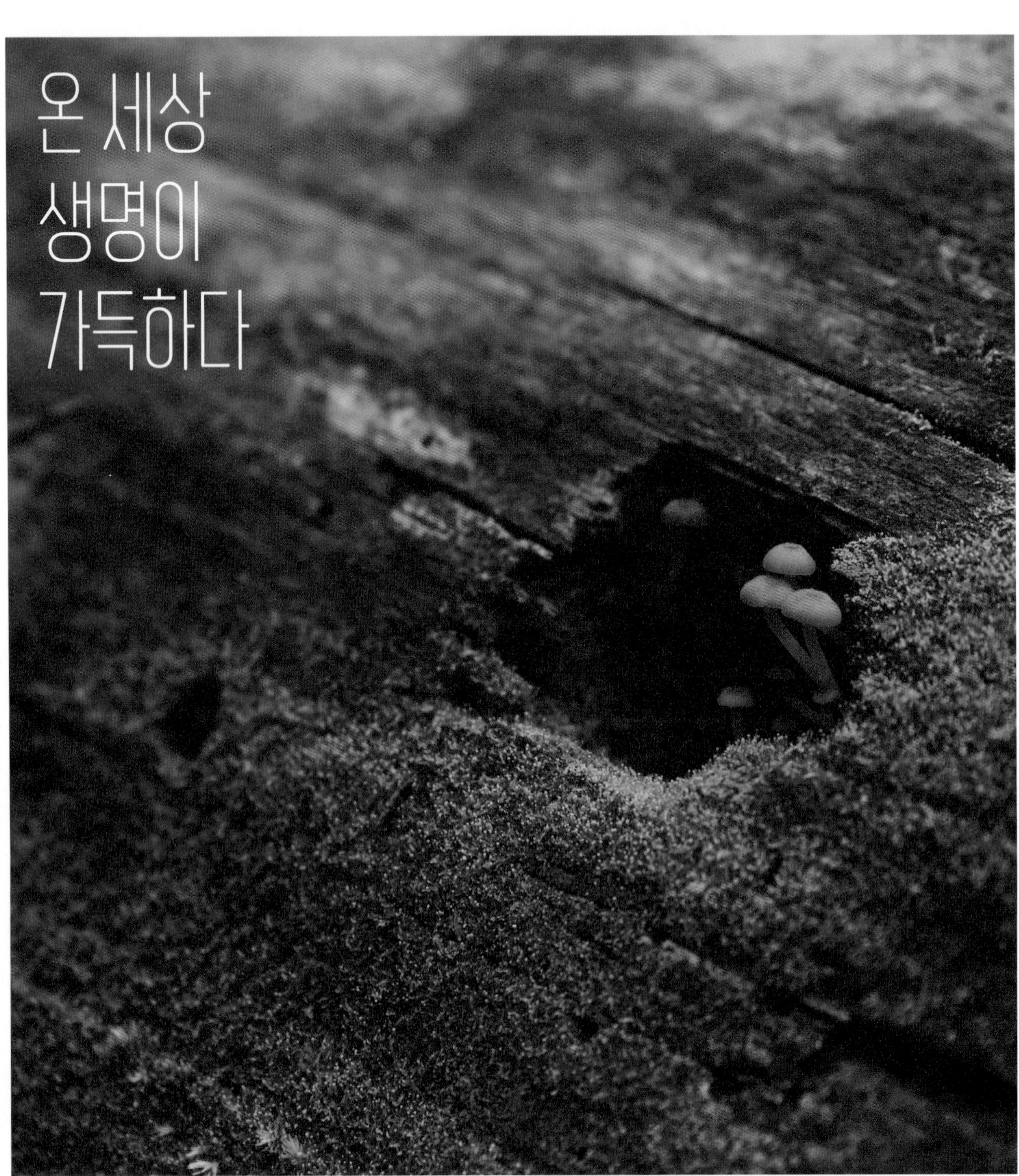

© Photo by Rae Galatas on Unsplash

마플교과서

MAPL. IT'S YOUR MASTER PLAN!

MAPL 교과서 SERIES

www.heemangedu.co.kr | www.mapl.co.kr

Ⅰ. 도형의 방정식

Ⅱ. 집합과 명제

Ⅲ. 함수와 그래프

공통수학2 Ⅲ. 함수와 그래프

03

유리함수

1. 유리식
2. 유리함수

01 유리식

MAPL ; YOURMASTERPLAN

01 유리식

개념유형

(1) 유리식

두 다항식 A, $B\,(B\neq 0)$에 대하여 $\frac{A}{B}$의 꼴로 나타내어지는 식을 **유리식**이라 한다. ◀ 유리수는 두 정수 m, $n(n\neq 0)$에 대하여 $\frac{m}{n}$ 꼴로 나타내는 수

특히 B가 0이 아닌 상수이면 $\frac{A}{B}$는 다항식이 되므로 다항식도 유리식이다.

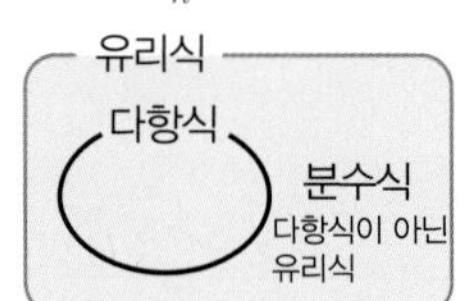

예를 들면 $\frac{1}{x-1}$, $\frac{x+1}{x-2}$, $\frac{x^2-1}{3}$은 모두 유리식이고 이중에서 $\frac{x^2-1}{3}$은 다항식이다.

(2) 유리식의 성질

유리수의 분모, 분자에 0이 아닌 같은 수를 곱하거나 나누어도 그 값은 변하지 않는다는 성질은 유리식에서도 성립한다.

세 다항식 A, B, $C\,(B\neq 0,\ C\neq 0)$에 대하여

① $\frac{A}{B}=\frac{A\times C}{B\times C}$ ② $\frac{A}{B}=\frac{A\div C}{B\div C}$

참고 통분 : 유리식의 성질 ①을 이용하여 두 개 이상의 유리식을 분모가 같은 유리식으로 고치는 것을 **통분**한다고 한다.

약분 : 유리식의 분자와 분모에 공통인 인수가 있을 때, 유리식의 성질 ②를 이용하여 분자, 분모를 공통인 인수로 나누어 식을 간단히 하는 것을 **약분**한다고 한다.

기약분수식 : 분모, 분자가 더 이상 약분되지 않는 분수식, 즉 분자, 분모가 서로소인 분수식을 의미하고 유리식의 계산 결과는 항상 **기약분수식**으로 나타낸다.

보기 01 다음 두 유리식에서 (1)번은 통분하고 (2)번은 약분하시오.

(1) $\frac{x+1}{x(x-1)}$, $\frac{x-1}{x(x+1)}$ (2) $\frac{x^2-x}{x^2-3x+2}$

풀이 (1) 두 유리식의 분모를 통분하면

$\mathbf{\frac{(x+1)^2}{x(x-1)(x+1)}}$, $\mathbf{\frac{(x-1)^2}{x(x+1)(x-1)}}$

(2) 두 유리식을 약분하면

$\frac{x^2-x}{x^2-3x+2}=\frac{x(x-1)}{(x-1)(x-2)}=\mathbf{\frac{x}{x-2}}$

02 유리식의 사칙연산

개념유형

네 다항식 A, B, C, $D\,(C\neq 0,\ D\neq 0)$에 대하여

(1) 유리식의 덧셈과 뺄셈

	분모가 같을 때,	분모가 다를 때, ◀ 분모를 통분하여 계산
덧셈	$\frac{A}{C}+\frac{B}{C}=\frac{A+B}{C}$	$\frac{A}{C}+\frac{B}{D}=\frac{AD+BC}{CD}$
뺄셈	$\frac{A}{C}-\frac{B}{C}=\frac{A-B}{C}$	$\frac{A}{C}-\frac{B}{D}=\frac{AD-BC}{CD}$

(2) 유리식의 곱셈과 나눗셈

곱셈	$\frac{A}{C}\times\frac{B}{D}=\frac{AB}{CD}$ ◀ 통분할 필요 없이 분모는 분모끼리, 분자는 분자끼리 곱한다.
나눗셈	$\frac{A}{C}\div\frac{B}{D}=\frac{A}{C}\times\frac{D}{B}=\frac{AD}{CB}$ $(B\neq 0)$ ◀ 역수를 취해서 곱한다.

참고 번분수식 : 분모 또는 분자에 분수식이 포함되어 있는 분수식, 번분수식은 분자에 분모의 역수를 곱하여 계산한다.

$$\frac{\frac{A}{B}}{\frac{C}{D}}=\frac{A}{B}\div\frac{C}{D}=\frac{A}{B}\times\frac{D}{C}=\frac{AD}{BC}$$ (단, 분모는 0이 아니다.)

보기 02 **다음 식을 계산하시오.**

(1) $\frac{1}{x-2}+\frac{1}{x+2}$ (2) $\frac{3x}{x^2+x-2}-\frac{x}{x^2+3x+2}$

풀이

(1) $\frac{1}{x-2}+\frac{1}{x+2}=\frac{x+2}{(x-2)(x+2)}+\frac{x-2}{(x+2)(x-2)}$ ◀ 분모를 통분한다.

$=\frac{(x+2)+(x-2)}{(x-2)(x+2)}=\boldsymbol{\frac{2x}{(x-2)(x+2)}}$

(2) $\frac{3x}{x^2+x-2}-\frac{x}{x^2+3x+2}=\frac{3x}{(x+2)(x-1)}-\frac{x}{(x+2)(x+1)}$

$=\frac{3x(x+1)-x(x-1)}{(x+2)(x-1)(x+1)}=\frac{2x^2+4x}{(x+2)(x-1)(x+1)}$ ◀ 분모를 통분한다.

$=\frac{2x\cancel{(x+2)}}{\cancel{(x+2)}(x-1)(x+1)}$

$=\boldsymbol{\frac{2x}{(x-1)(x+1)}}$ ◀ 유리식의 계산 결과를 약분할 수 있으면 약분하여 간단한 꼴로 나타낸다.

보기 03 **다음 식을 계산하시오.**

(1) $\frac{x^2-1}{x^2+2x}\times\frac{x+2}{x+1}$ (2) $\frac{a-4}{a-2}\div\frac{a^2-5a+4}{a^2-4}$

풀이

(1) $\frac{x^2-1}{x^2+2x}\times\frac{x+2}{x+1}=\frac{\cancel{(x+1)}(x-1)}{x\cancel{(x+2)}}\times\frac{\cancel{x+2}}{\cancel{x+1}}=\boldsymbol{\frac{x-1}{x}}$

(2) $\frac{a-4}{a-2}\div\frac{a^2-5a+4}{a^2-4}=\frac{a-4}{a-2}\times\frac{a^2-4}{a^2-5a+4}$

$=\frac{\cancel{a-4}}{\cancel{a-2}}\times\frac{(a+2)\cancel{(a-2)}}{(a-1)\cancel{(a-4)}}$

$=\boldsymbol{\frac{a+2}{a-1}}$

개념유형 **03**

여러 가지 유리식의 계산

(1) **(분자의 차수) ≥ (분모의 차수)인 유리식**

유리식의 분자를 분모로 나누어 (분자의 차수) < (분모의 차수)인 유리식으로 나타낸 후 계산한다.

분자의 차수가 분모의 차수보다 크거나 같은 유리식은 분자를 분모로 나누어 다항식과 분수식의 합으로 변형한다.

(2) **부분분수로의 변형 또는 부분분수로의 분해**

유리식의 분모가 두 인수의 곱으로 되어 있으면 다음을 이용하여 한 개의 분수를 두 개의 분수로 나누어 계산한다.

$$\frac{1}{AB}=\frac{1}{B-A}\left(\frac{1}{A}-\frac{1}{B}\right)$$ ◀ $\frac{1}{B-A}\left(\frac{1}{A}-\frac{1}{B}\right)=\frac{1}{B-A}\left(\frac{B-A}{AB}\right)=\frac{1}{AB}$

(3) **분자 또는 분모가 분수식인 경우 (번분수식)**

분모 또는 분자가 분수식인 유리식은 분자에 분모의 역수를 곱하여 계산한다.

$$\frac{\frac{A}{B}}{\frac{C}{D}}=\frac{A}{B}\div\frac{C}{D}=\frac{A}{B}\times\frac{D}{C}=\frac{AD}{BC}\ (\text{단, } BCD\neq 0)$$ ◀ 번분수식에서 가운데 (B, C)의 곱은 분모가 되고 위, 아래 (A, D)의 곱은 분자가 된다.

마플해설 (1) (분자의 차수) ≥ (분모의 차수)인 유리식

분자의 차수가 분모의 차수보다 크거나 같은 유리식은
분자를 분모로 나누어 분자의 차수를 분모의 차수보다 작게 나타낸 후 계산한다.

두 다항식 A, B(단, $A\neq0$에 대하여 B를 A로 나누었을 때 몫을 Q, 나머지를 R이라 하면

$$\frac{B}{A}=\frac{AQ+R}{A}=Q+\frac{R}{A}$$

예를 들면 $\frac{x+3}{x+1}-\frac{x+5}{x+3}=\frac{(x+1)+2}{x+1}-\frac{(x+3)+2}{x+3}=\left(1+\frac{2}{x+1}\right)-\left(1+\frac{2}{x+3}\right)$

$$=\frac{2}{x+1}-\frac{2}{x+3}=\frac{2(x+3)-2(x+1)}{(x+1)(x+3)}=\frac{4}{(x+1)(x+3)}$$

(2) **부분분수로의 변형 또는 부분분수로의 분해**

유리식의 분모가 두 개 이상의 곱으로 되어 있을 때,
다음을 이용하여 한 개의 유리식을 두 유리식의 차로 나타낼 수 있다.
이때 이렇게 하나의 유리식을 통분하기 전에 두 유리식의 차로 나타내는 것을
부분분수로의 변형 또는 부분분수로의 분해라 한다.

$\frac{1}{AB}=\frac{1}{B-A}\left(\frac{1}{A}-\frac{1}{B}\right)$ ◀ $\frac{1}{B-A}\left(\frac{1}{A}-\frac{1}{B}\right)=\frac{1}{B-A}\left(\frac{B-A}{AB}\right)=\frac{1}{AB}$

예를 들면 $\frac{1}{2\times3}=\frac{1}{3-2}\left(\frac{1}{2}-\frac{1}{3}\right)=\frac{1}{2}-\frac{1}{3}$

$$\frac{1}{x(x+1)}=\frac{1}{x+1-x}\left(\frac{1}{x}-\frac{1}{x+1}\right)=\frac{1}{x}-\frac{1}{x+1}$$

$$\frac{1}{x(x+2)}=\frac{1}{(x+2)-x}\left(\frac{1}{x}-\frac{1}{x+2}\right)=\frac{1}{2}\left(\frac{1}{x}-\frac{1}{x+2}\right)$$

(3) **분자 또는 분모가 분수식인 경우**

분자 또는 분모에 분수식으로 된 유리식을 번분수식이라 하고
번분수식은 다음과 같이 유리식의 성질을 이용하여 분자에 분모의 역수를 곱하여 계산한다.

① $\dfrac{\frac{A}{B}}{\frac{C}{D}}=\frac{A}{B}\div\frac{C}{D}=\frac{A}{B}\times\frac{D}{C}=\frac{AD}{BC}$ (단, $BCD\neq0$)

② $A+\dfrac{1}{B+\dfrac{1}{1+\frac{1}{C}}}=A+\dfrac{1}{B+\frac{C}{C+1}}=A+\dfrac{C+1}{BC+B+C}$ ◀ 분모의 제일 아래에서부터 차례로 계산하거나 분모, 분자를 분리하여 계산한다.

예를 들면 $\dfrac{\frac{x+2}{x-1}}{\frac{x+3}{x+1}}=\dfrac{(x+2)(x+1)}{(x-1)(x+3)}$

보기 04 **다음 분수식을 간단히 하시오.**

(1) $1-\dfrac{1}{1-\dfrac{1}{1-\frac{x}{x-1}}}$

(2) $2-\dfrac{1}{2-\frac{1}{x+1}}$

풀이

(1) $1-\dfrac{1}{1-\dfrac{1}{\boxed{1-\frac{x}{x-1}}}}=1-\dfrac{1}{1-\dfrac{1}{\boxed{\frac{-1}{x-1}}}}=1-\dfrac{1}{1+x-1}=1-\dfrac{1}{x}=\boldsymbol{\dfrac{x-1}{x}}$

(2) $2-\dfrac{1}{\boxed{2-\frac{1}{x+1}}}=2-\dfrac{1}{\frac{2x+1}{x+1}}=2-\dfrac{x+1}{2x+1}=\boldsymbol{\dfrac{3x+1}{2x+1}}$

01 비례식

보충유형

(1) **비례식의 뜻**

두 개의 비 $a:b$와 $c:d$의 비의 값과 $\frac{a}{b}$와 $\frac{c}{d}$가 같을 때,

$$a:b=c:d \text{ 또는 } \frac{a}{b}=\frac{c}{d}$$

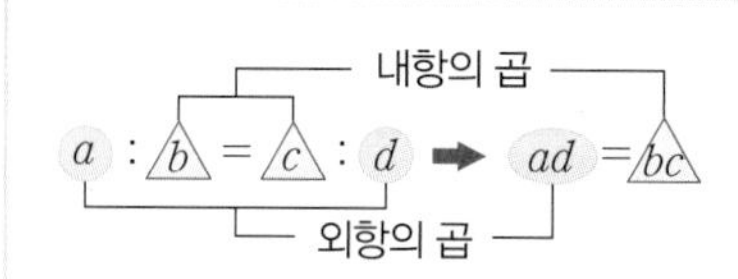

와 같이 나타내고 이 식을 **비례식**이라 한다. (단, $abcd\neq0$)

이때 비례식에서 내항의 곱과 외항의 곱은 같으므로

$$a:b=c:d \iff ad=bc \iff \frac{a}{b}=\frac{c}{d} \iff \frac{a}{c}=\frac{b}{d}$$

(2) **조건이 비례식으로 주어진 유리식의 계산**

조건이 비례식으로 주어진 경우 그 비의 값이 일정하므로 비의 값을 상수 k로 놓고 주어진 유리식의 계산은 비례상수 k를 이용하여 계산하는 것이 일반적이다.

① $a:b=c:d \iff \frac{a}{b}=\frac{c}{d}=k\ (k\neq0$인 실수$) \iff a=bk,\ c=dk$

② $a:b:c=d:e:f \iff \frac{a}{d}=\frac{b}{e}=\frac{c}{f}=k\ (k\neq0$인 실수$) \iff a=dk,\ b=ek,\ c=fk$

보기 01 $x:y=2:3$일 때, $\frac{xy+y^2}{x^2+xy}$의 값을 구하시오.

풀이 $x:y=2:3$이면 $\frac{x}{y}=\frac{2}{3}$에서 $\frac{x}{2}=\frac{y}{3}=k\ (k\neq0$인 실수$)$로 놓으면

$x=2k,\ y=3k$

$\therefore \frac{xy+y^2}{x^2+xy}=\frac{2k\times3k+(3k)^2}{(2k)^2+2k\times3k}=\frac{6k^2+9k^2}{4k^2+6k^2}=\frac{15k^2}{10k^2}=\mathbf{\frac{3}{2}}$

참고 내항의 곱과 외항의 곱이 같음을 이용하면 $3x=2y$를 구할 수 있다.

02 비례식의 성질

보충유형

(1) $a:b=c:d$, 즉 $\frac{a}{b}=\frac{c}{d}$일 때, 다음이 성립한다.

① $\frac{a+b}{b}=\frac{c+d}{d}$ ◀ $\frac{a}{b}=\frac{c}{d}$의 양변에 1을 더하면 $\frac{a}{b}+1=\frac{c}{d}+1 \quad \therefore \frac{a+b}{b}=\frac{c+d}{d}$ …… ㉠

② $\frac{a-b}{b}=\frac{c-d}{d}$ ◀ $\frac{a}{b}=\frac{c}{d}$의 양변에 1을 빼면 $\frac{a}{b}-1=\frac{c}{d}-1 \quad \therefore \frac{a-b}{b}=\frac{c-d}{d}$ …… ㉡

③ $\frac{a+b}{a-b}=\frac{c+d}{c-d}$ (단, $a\neq b,\ c\neq d$) ◀ ㉠÷㉡을 하면 $\frac{a+b}{b}\times\frac{b}{a-b}=\frac{c+d}{d}\times\frac{d}{c-d} \quad \therefore \frac{a+b}{a-b}=\frac{c+d}{c-d}$

(2) **가비의 리** ◀ 가비(加比)는 비를 더한다는 뜻이다.

$a:b=c:d=e:f$, 즉 $\frac{a}{b}=\frac{c}{d}=\frac{e}{f}$일 때, 다음이 성립하고 이를 **가비의 리**라고 한다.

$$\frac{a}{b}=\frac{c}{d}=\frac{e}{f}=\frac{a+c+e}{b+d+f}=\frac{pa+qc+re}{pb+qd+rf}\ (\text{단, } b+d+f\neq0,\ pb+qd+rf\neq0)$$

보기 02 $\frac{x}{3}=\frac{y}{4}=\frac{z}{5}=\frac{2x+3y+5z}{a}$일 때, 실수 a의 값을 구하시오.

풀이 가비의 리를 이용하면 $\frac{x}{3}=\frac{y}{4}=\frac{z}{5}=\frac{2x+3y+5z}{3\times2+4\times3+5\times5}=\frac{2x+3y+5z}{43}$

$\therefore \mathbf{a=43}$

마플개념익힘 01 유리식의 사칙계산

다음 식을 간단히 하시오.

(1) $\frac{x}{x^2-4}+\frac{2}{x^2-4}$ (2) $\frac{2}{x^2+2x}-\frac{1}{x^2+x-2}$

(3) $\frac{x-1}{x^2-4}\times\frac{x+2}{x^2+2x-3}$ (4) $\frac{x^3-8}{x^2-1}\div\frac{x-2}{x-1}$

MAPL CORE ▶ (1) 유리식의 덧셈과 뺄셈 ➡ 분모를 통분하여 계산한다.
(2) 유리식의 곱셈과 나눗셈 ➡ 인수분해하여 약분한 후 계산한다.

개념익힘**풀이**

(1) $\frac{x}{x^2-4}+\frac{2}{x^2-4}=\frac{x+2}{x^2-4}=\frac{x+2}{(x-2)(x+2)}=\mathbf{\frac{1}{x-2}}$

(2) $\frac{2}{x^2+2x}-\frac{1}{x^2+x-2}=\frac{2}{x(x+2)}-\frac{1}{(x-1)(x+2)}$

$=\frac{2(x-1)}{x(x-1)(x+2)}-\frac{x}{x(x-1)(x+2)}$

$=\mathbf{\frac{x-2}{x(x-1)(x+2)}}$

(3) $\frac{x-1}{x^2-4}\times\frac{x+2}{x^2+2x-3}=\frac{x-1}{(x-2)(x+2)}\times\frac{x+2}{(x+3)(x-1)}=\mathbf{\frac{1}{(x-2)(x+3)}}$

(4) $\frac{x^3-8}{x^2-1}\div\frac{x-2}{x-1}=\frac{x^3-8}{x^2-1}\times\frac{x-1}{x-2}=\frac{(x-2)(x^2+2x+4)}{(x-1)(x+1)}\times\frac{x-1}{x-2}=\mathbf{\frac{x^2+2x+4}{x+1}}$

확인유제 0791 다음 식을 간단히 하시오.

(1) $\frac{a}{a^2-b^2}-\frac{b}{b^2-a^2}$ (2) $\frac{2}{x^2-1}+\frac{1}{x^2+3x+2}$

(3) $\frac{x-1}{x^2+3x+2}\times\frac{x^2-4}{x^2-x}$ (4) $\frac{x^2-5x+6}{x^2+5x+4}\div\frac{x^2-4x+3}{x^2+3x-4}$

변형문제 0792 다음 식의 값을 구하시오.

(1) $\frac{1}{(a-b)(a-c)}+\frac{1}{(b-a)(b-c)}+\frac{1}{(c-a)(c-b)}$

(2) $\frac{a}{(a-b)(a-c)}+\frac{b}{(b-a)(b-c)}+\frac{c}{(c-a)(c-b)}$

(3) $\frac{a^2}{(a-b)(a-c)}+\frac{b^2}{(b-c)(b-a)}+\frac{c^2}{(c-a)(c-b)}$

발전문제 0793 다음 식을 간단히 하시오.

(1) $\frac{a^2-6a}{a^2+a-2}\times\frac{a^2+5a+6}{a+1}\div\frac{a^2-3a-18}{a-1}$

(2) $\frac{x+3}{x^2+x-2}\times\frac{3x^2+2x-8}{2x^2+x-1}\div\frac{3x^2+5x-12}{x^2-1}$

정답 0791 : (1) $\frac{1}{a-b}$ (2) $\frac{3}{(x-1)(x+2)}$ (3) $\frac{x-2}{x(x+1)}$ (4) $\frac{x-2}{x+1}$ 0792 : (1) 0 (2) 0 (3) 1 0793 : (1) $\frac{a}{a+1}$ (2) $\frac{1}{2x-1}$

마플개념익힘 02 유리식과 항등식

분모를 0이 되게 하지 않는 모든 실수 x에 대하여 등식

$$\frac{a}{x+2}+\frac{b}{x-3}=\frac{x+12}{x^2-x-6}$$

이 성립할 때, 상수 a, b의 값을 구하시오.

MAPL CORE ▶ 유리식으로 주어진 항등식은 분모를 통분하여 분자의 동류항의 계수를 비교한다.
$ax+b=a'x+b'$이 x에 대한 항등식 $\Longleftrightarrow$ $a=a'$, $b=b'$

개념익힘풀이 주어진 식의 좌변을 통분하여 정리하면

$$\frac{a}{x+2}+\frac{b}{x-3}=\frac{a(x-3)+b(x+2)}{(x+2)(x-3)}=\frac{(a+b)x-3a+2b}{(x+2)(x-3)}$$

즉 $\frac{(a+b)x-3a+2b}{(x+2)(x-3)}=\frac{x+12}{x^2-x-6}$가 모든 실수 x에 대하여 성립하려면 x에 대한 항등식이 된다.

분모가 서로 같으므로 분자의 동류항의 계수를 비교하면

$(a+b)x-3a+2b=x+12$

$a+b=1$, $-3a+2b=12$

따라서 두 식을 연립하면 $\boldsymbol{a=-2,\ b=3}$

확인유제 0794 다음 물음에 답하시오. (단, a, b는 상수이다.)

(1) $x\neq-1$, $x\neq2$인 모든 실수 x에 대하여 $\frac{a}{x-2}+\frac{b}{x+1}=\frac{3x-3}{x^2-x-2}$이 성립할 때, $b-a$의 값을 구하시오.

(2) $x\neq1$인 임의의 실수 x에 대하여 등식 $\frac{a}{x-1}+\frac{bx+a}{x^2+x+1}=\frac{3x}{x^3-1}$가 성립할 때, $a-b$의 값을 구하시오.

변형문제 0795 다음 물음에 답하시오.

(1) 모든 실수 x에 대하여 유리식 $\frac{x^2+2px+q}{2x^2+qx+2}$의 값이 항상 일정할 때, $4p+q$의 값은?

(단, p, q는 상수이다.)

① 2 ② 3 ③ 4 ④ 5 ⑤ 6

(2) 다음 식의 분모를 0으로 만들지 않는 모든 실수 x에 대하여 $\frac{1-\frac{1}{x+1}}{1+\frac{1}{x-1}}=\frac{px+q}{x+1}$가 성립할 때,

상수 p, q의 합 $p+q$의 값은?

① -2 ② -1 ③ 0 ④ 1 ⑤ 2

발전문제 0796 $x\neq1$인 모든 실수 x에 대하여 다음 물음에 답하시오. (단, a_1, a_2, a_3, $\cdots$, a_{10}는 상수이다.)

(1) $\frac{x^9-1}{(x-1)^{10}}=\frac{a_1}{x-1}+\frac{a_2}{(x-1)^2}+\cdots+\frac{a_{10}}{(x-1)^{10}}$가 성립할 때,

$a_1-a_2+a_3-a_4+\cdots+a_9-a_{10}$의 값을 구하시오.

(2) $\frac{x^9+8}{(x-1)^{10}}=\frac{a_1}{x-1}+\frac{a_2}{(x-1)^2}+\cdots+\frac{a_9}{(x-1)^9}+\frac{a_{10}}{(x-1)^{10}}$가 성립할 때,

$a_1+a_2+\cdots+a_9$의 값의 값을 구하시오.

정답 0794 : (1) 1 (2) 2 0795 : (1) ① (2) ③ 0796 : (1) 1 (2) 511

마플개념익힘 03 부분분수로의 변형

다음 각 분수식을 간단히 하시오.

(1) $\dfrac{1}{x(x+2)}+\dfrac{1}{(x+2)(x+4)}+\dfrac{1}{(x+4)(x+6)}+\dfrac{1}{(x+6)(x+8)}$

(2) $\dfrac{1}{1\times2}+\dfrac{1}{2\times3}+\dfrac{1}{3\times4}+\cdots+\dfrac{1}{9\times10}$

MAPL CORE ▶ 부분분수로 변형하여 유리식이 규칙적으로 지워지는 형태로 바꾸어 식을 간단히 계산한다.

$\dfrac{1}{AB}=\dfrac{1}{B-A}\left(\dfrac{1}{A}-\dfrac{1}{B}\right)$ (단, $A\neq B$)

개념익힘풀이 (1) 각 분수식을 부분분수로 변형하여 정리하면

$$\frac{1}{x(x+2)}+\frac{1}{(x+2)(x+4)}+\frac{1}{(x+4)(x+6)}+\frac{1}{(x+6)(x+8)}$$
$$=\frac{1}{2}\left(\frac{1}{x}-\frac{1}{x+2}\right)+\frac{1}{2}\left(\frac{1}{x+2}-\frac{1}{x+4}\right)+\frac{1}{2}\left(\frac{1}{x+4}-\frac{1}{x+6}\right)+\frac{1}{2}\left(\frac{1}{x+6}-\frac{1}{x+8}\right)$$
$$=\frac{1}{2}\left\{\left(\frac{1}{x}-\frac{1}{x+2}\right)+\left(\frac{1}{x+2}-\frac{1}{x+4}\right)+\left(\frac{1}{x+4}-\frac{1}{x+6}\right)+\left(\frac{1}{x+6}-\frac{1}{x+8}\right)\right\}$$
$$=\frac{1}{2}\left\{\frac{1}{x}-\frac{1}{x+8}\right\}=\frac{1}{2}\times\frac{8}{x(x+8)}=\boldsymbol{\frac{4}{x(x+8)}}$$

(2) $\dfrac{1}{1\times2}+\dfrac{1}{2\times3}+\dfrac{1}{3\times4}+\cdots+\dfrac{1}{9\times10}$

$$=\frac{1}{2-1}\left(1-\frac{1}{2}\right)+\frac{1}{3-2}\left(\frac{1}{2}-\frac{1}{3}\right)+\frac{1}{4-3}\left(\frac{1}{3}-\frac{1}{4}\right)+\cdots+\frac{1}{10-9}\left(\frac{1}{9}-\frac{1}{10}\right)$$
$$=1-\frac{1}{2}+\frac{1}{2}-\frac{1}{3}+\frac{1}{3}-\frac{1}{4}+\cdots+\frac{1}{9}-\frac{1}{10}$$
$$=1-\frac{1}{10}=\boldsymbol{\frac{9}{10}}$$

확인유제 0797 다음 각 분수식을 간단히 하시오.

(1) $\dfrac{1}{x(x+1)}+\dfrac{2}{(x+1)(x+3)}+\dfrac{3}{(x+3)(x+6)}+\dfrac{4}{(x+6)(x+10)}$

(2) $\dfrac{1}{1\times3}+\dfrac{1}{3\times5}+\dfrac{1}{5\times7}+\dfrac{1}{7\times9}+\dfrac{1}{9\times11}$

변형문제 0798 다음 물음에 답하시오.

(1) $f(x)=\dfrac{1}{x(x+1)}$일 때, $f(1)+f(2)+f(3)+\cdots+f(99)$의 값은?

① $\dfrac{1}{100}$ ② $\dfrac{1}{101}$ ③ $\dfrac{98}{99}$ ④ $\dfrac{99}{100}$ ⑤ $\dfrac{100}{101}$

(2) 분모를 0으로 만들지 않는 모든 실수 x에 대하여

$\dfrac{1}{(x-2)(x-1)}+\dfrac{2}{(x-1)(x+1)}+\dfrac{1}{(x+1)(x+2)}=\dfrac{c}{(x+a)(x+b)}$이 성립할 때, $a+b+c$의 값은?

(단, a, b, c는 상수이다.)

① 4 ② 5 ③ 6 ④ 7 ⑤ 8

발전문제 0799 다음 물음에 답하시오.

(1) 함수 $f(x)=4x^2-1$에 대하여 $\dfrac{1}{f(1)}+\dfrac{1}{f(2)}+\dfrac{1}{f(3)}+\cdots+\dfrac{1}{f(50)}$의 값을 구하시오.

(2) 함수 $f(x)=\dfrac{2}{x^2-1}$에 대하여 $f(2)+f(3)+f(4)+\cdots+f(10)$의 값을 구하시오.

정답 0797 : (1) $\dfrac{10}{x(x+10)}$ (2) $\dfrac{5}{11}$ 0798 : (1) ④ (2) ① 0799 : (1) $\dfrac{50}{101}$ (2) $\dfrac{72}{55}$

02 유리함수

M A P L ; Y O U R M A S T E R P L A N

01 유리함수의 뜻

개념유형

(1) **유리함수**

함수 $y=f(x)$에서 $f(x)$가 x에 대한 유리식일 때, 이 함수를 **유리함수**라고 한다.
특히, 함수 $f(x)$가 x에 대한 다항식일 때, 이 함수를 **다항함수**라 하고,
다항식은 유리식이므로 다항함수도 유리함수이다.

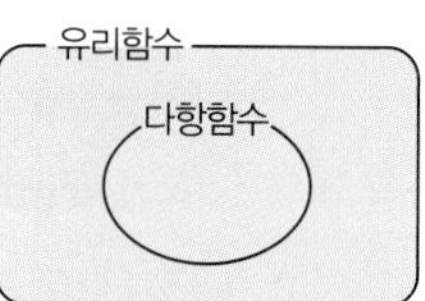

(2) **유리함수의 정의역**

유리함수의 정의역이 주어져 있지 않은 경우에는 분모가 0이 되지 않도록 하는 모든 실수의 집합을 정의역으로 한다.

EX 함수 $y=\frac{1}{x-2}$의 정의역은 $x-2\neq0$인 실수 전체의 집합이므로 $\{x\mid x\neq2$인 실수$\}$

함수 $y=x^2+2x-3$의 정의역은 실수 전체의 집합이다.

참고 다항함수의 정의역은 실수 전체의 집합이다.

마플해설 유리식과 다항식의 관계로부터 유리함수와 다항함수의 관계

$y=3x-1,\ y=x^2-x+2,\ y=\frac{1}{x},\ y=\frac{x}{x-1}$와 같이 함수 $y=f(x)$에서 $f(x)$가 x에 대한 유리식일 때, 이 함수를 유리함수라고 한다.
특히, $y=3x-1,\ y=x^2-x+2$와 같이 y가 x에 대한 다항식인 유리함수를 다항함수라 하고
$y=\frac{1}{x},\ y=\frac{x}{x-1}$는 다항함수가 아닌 유리함수라 한다.

보기 01 다음 함수 중 다항함수가 아닌 유리함수를 찾고, 그 함수의 정의역을 구하시오.

(1) $y=\frac{1}{x}$ (2) $y=\frac{3x+1}{2x-1}$ (3) $y=\frac{2x^2-x}{5}$

풀이

(1) 함수 $y=\frac{1}{x}$은 다항함수가 아닌 유리함수이고 **정의역은 $\{x\mid x\neq0$인 실수$\}$**이다.

(2) 함수 $y=\frac{3x+1}{2x-1}$은 다항함수가 아닌 유리함수이고 **정의역은 $\left\{x\mid x\neq\frac{1}{2}$인 실수$\right\}$**이다.

(3) 함수 $y=\frac{2x^2-x}{5}$는 분모가 상수이므로 다항함수이고 **정의역은 $\{x\mid x$는 실수$\}$**이다.

보기 02 다음 두 함수 $f(x),\ g(x)$는 서로 같은 함수인지 말하시오.

(1) $f(x)=\frac{x^2-1}{x-1},\ g(x)=x+1$

(2) $f(x)=\frac{x^4-1}{x^2+1},\ g(x)=x^2-1$

풀이

(1) $f(x)=\frac{x^2-1}{x-1}$에서 정의역은 $\{x\mid x\neq1$인 실수$\}$이고 $f(x)=\frac{x^2-1}{x-1}=\frac{(x-1)(x+1)}{x-1}=x+1$

$g(x)=x+1$의 정의역은 $\{x\mid x$는 모든 실수$\}$

따라서 두 유리함수의 정의역이 서로 다르므로 두 유리함수는 같은 함수가 아니다. 즉 $f\neq g$

(2) $f(x)=\frac{x^4-1}{x^2+1}$의 정의역은 $\{x\mid x$는 모든 실수$\}$이고 $f(x)=\frac{x^4-1}{x^2+1}=\frac{(x^2-1)(x^2+1)}{x^2+1}=x^2-1$

$g(x)=x^2-1$의 정의역은 $\{x\mid x$는 모든 실수$\}$

따라서 두 유리함수의 정의역이 같으므로 두 유리함수는 같은 함수이다. 즉 $f=g$

02 유리함수 $y=\frac{k}{x}(k\neq 0)$의 그래프

함수 $y=\frac{k}{x}(k\neq 0)$의 그래프의 특징은 다음과 같다.

(1) **정의역** : $\{x|x\neq 0$인 실수$\}$, **치역** : $\{y|y\neq 0$인 실수$\}$,

(2) **점근선의 방정식** : x축 $(y=0)$, y축 $(x=0)$이다.

(3) $\boldsymbol{k>0}$이면 제 1, 3사분면의 그래프이다.

$\boldsymbol{k<0}$이면 제 2, 4사분면의 그래프이다.

(4) $|k|$의 값이 커질수록 그래프는 원점에서 멀어진다.

(5) **대칭성** : 원점 및 $y=x$, $y=-x$에 관하여 대칭인 직각쌍곡선이다.

(6) 일대일대응이므로 역함수가 존재한다.

(7) 직선 $y=x$에 대하여 대칭이므로 $y=\frac{k}{x}$의 역함수는 자기 자신이다.

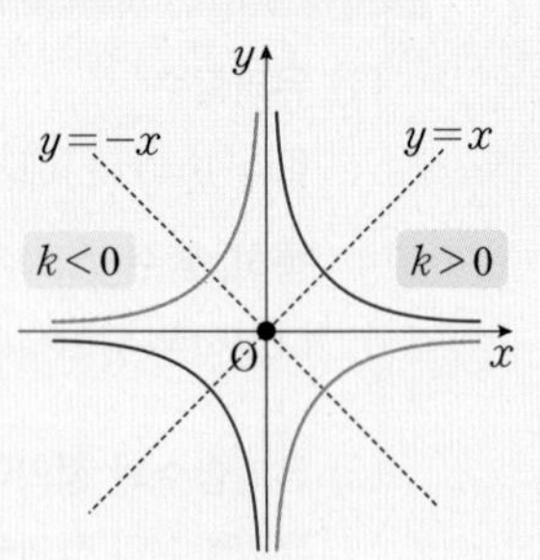

마플해설 그림과 같이 상수 k의 값에 따라 유리함수 $y=\frac{k}{x}(k\neq 0)$의 그래프를 그려 보면 $|k|$의 값이 커질수록 그래프는 원점으로부터 멀어지고 정의역과 치역은 모두 0아닌 실수 전체의 집합임을 알 수 있다.
이때 유리함수 $y=\frac{k}{x}$의 그래프는 원점 및 두 직선 $y=x$, $y=-x$에 대하여 각각 대칭이다. 또한, 유리함수의 그래프의 점근선은 x축 $(y=0)$과 y축 $(x=0)$이다.

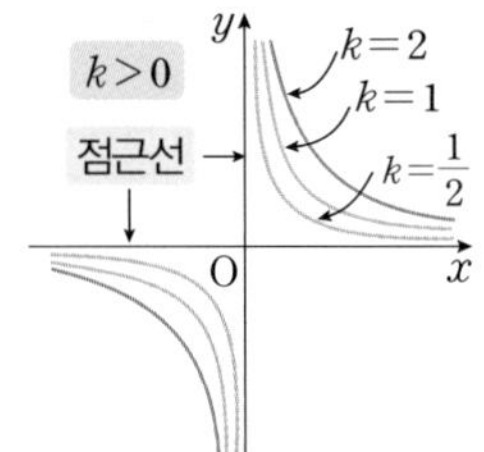

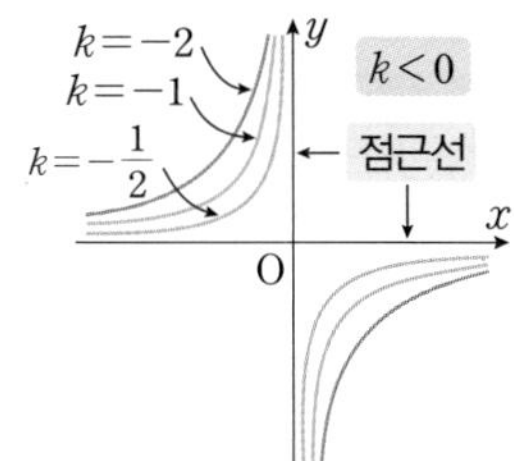

보기 03 **다음 함수의 그래프를 그리시오.**

(1) $y=\frac{2}{x}$　　(2) $y=-\frac{1}{x}$　　(3) $y=-\frac{4}{x}$　　(4) $y=\frac{1}{2x}$

풀이

(1)

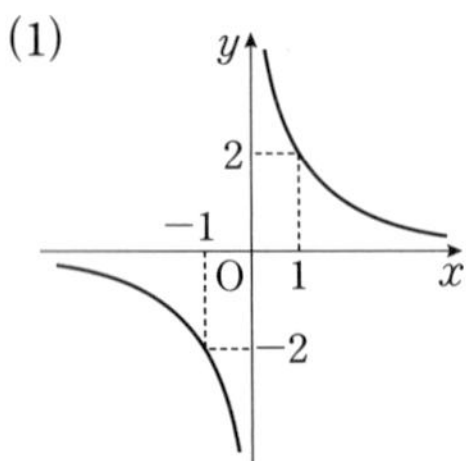

(2)

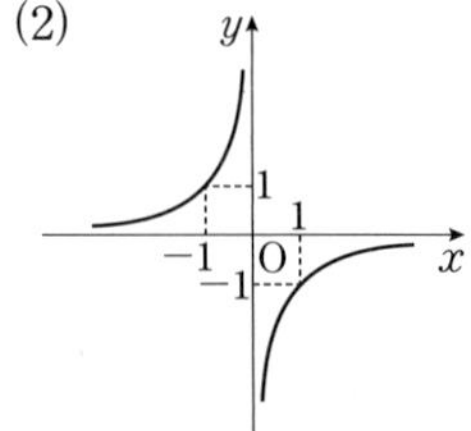

(3)

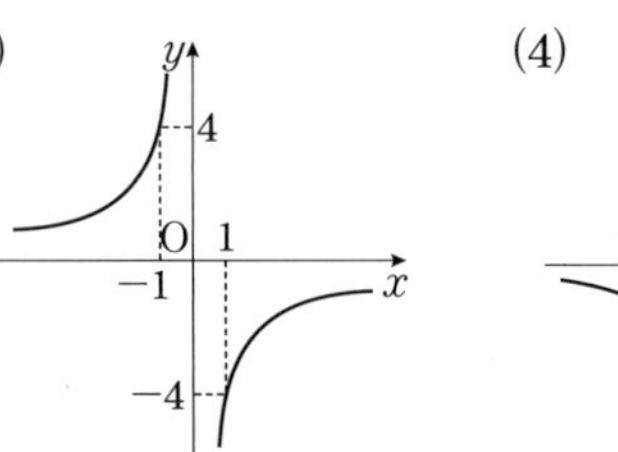

(4)

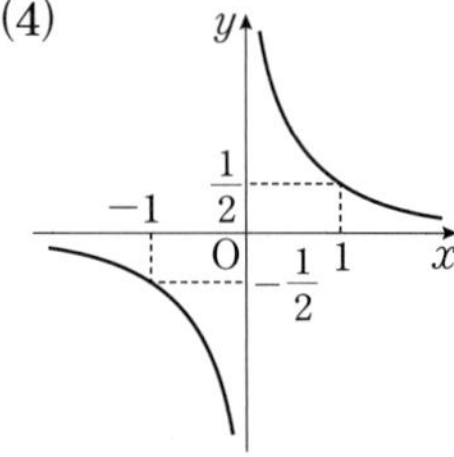

보기 04 **오른쪽 그림은 함수 $y=\frac{a}{x}$, $y=\frac{b}{x}$, $y=\frac{c}{x}$, $y=\frac{d}{x}$의 그래프의 일부이다.**
이때 실수 a, b, c, d 사이의 대소 관계를 옳게 나타낸 것은?

① $a<b<c<d$　② $a<b<d<c$　③ $a<c<b<d$
④ $a<d<c<b$　⑤ $d<c<b<a$

y=a/x, y=b/x, y=c/x, y=d/x, y, O, x

풀이 $y=\frac{k}{x}$에서 $k>0$이면 제 1사분면과 제 3사분면을 지나고, $k<0$이면 제 2사분면과 제 4사분면을 지난다.
이때 그림에서 $a<0$, $b<0$, $c>0$, $d>0$임을 알 수 있다.
따라서 절댓값이 클수록 원점에서 멀어지므로 $\boldsymbol{a<b<0<c<d}$

점근선 (asymptotic line)

함수 $y=\frac{k}{x}(k\neq 0)$의 그래프 위의 점은 x좌표의 절댓값이 커질수록 x축에 가까워지고 x좌표의 절댓값이 작아질수록 y축에 가까워진다. 이와 같이 곡선이 어떤 직선에 한없이 가까워질 때, 이 직선을 곡선의 **점근선**이라 한다.
따라서 $y=\frac{k}{x}$의 그래프의 점근선은 x축과 y축, 즉 $y=0$과 $x=0$이다.

03 유리함수 $y=\frac{k}{x-p}+q(k\neq 0)$의 그래프

함수 $y=\frac{k}{x-p}+q(k\neq 0)$의 그래프는 함수 $y=\frac{k}{x}$의 그래프를 x축의 방향으로 p만큼, y축의 방향으로 q만큼 평행이동한 것이다.

(1) **정의역** : $\{x|x\neq p$인 실수$\}$, **치역** : $\{y|y\neq q$인 실수$\}$

(2) **접근선의 방정식** : $x=p$, $y=q$

(3) **대칭성** : 점 (p, q)에 대하여 대칭이다.

(4) 그래프는 점 (p, q)를 지나고 기울기가 ± 1인 두 직선에 대하여 대칭이다.
즉 두 직선 $y=(x-p)+q$, $y=-(x-p)+q$에 대하여도 대칭이다.

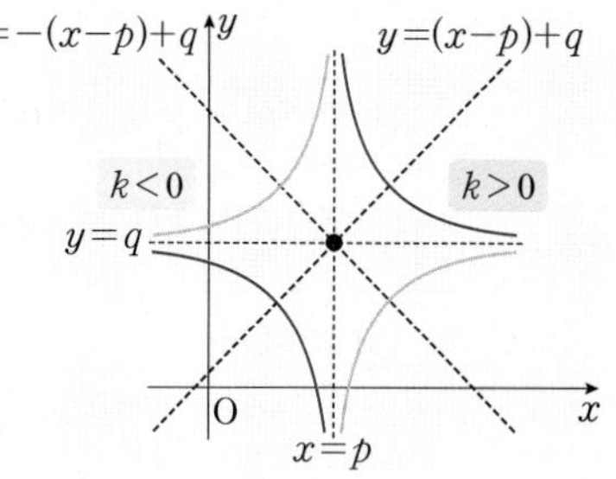

마플해설

유리함수 $y=\frac{k}{x-p}+q(k>0)$의 그래프

함수 $y=\frac{k}{x-p}+q$의 그래프는 함수 $y=\frac{k}{x}$의 그래프를 x축의 방향으로 p만큼, y축의 방향으로 q만큼 평행이동한 것이다.
정의역은 p를 제외한 실수 전체의 집합이고 치역은 q를 제외한 실수 전체의 집합이다.
또, 이 그래프의 점근선은 직선 $x=p$, $y=q$이다.

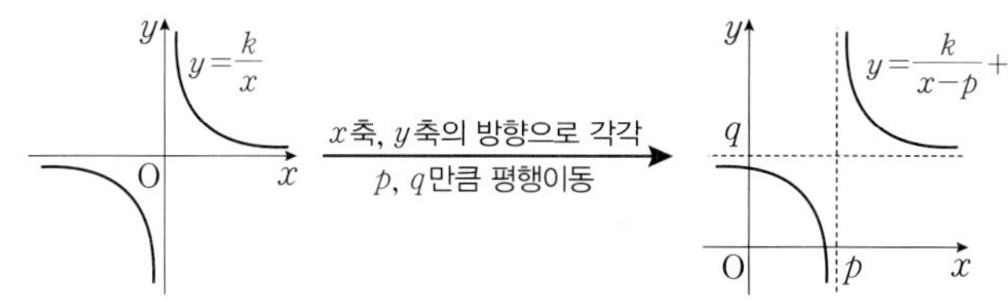

또한, 함수 $y=\frac{k}{x-p}+q$의 그래프는 다음과 같은 대칭성이 있다.

① 점 (p, q)에 대하여 대칭이다. ◀ 점근선의 교점

② 점 (p, q)를 지나고 기울기가 ± 1인 두 직선 $y=\pm(x-p)+q$에 대하여 대칭이다.

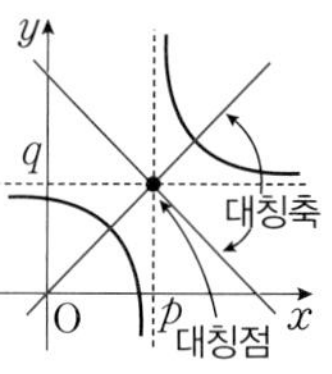

보기 05 **다음 함수의 그래프를 그리고, 점근선의 방정식을 구하시오.**

(1) $y=\frac{2}{x-4}+3$　　　(2) $y=-\frac{1}{x+1}-2$

풀이

(1) 함수 $y=\frac{2}{x-4}+3$의 그래프는 $y=\frac{2}{x}$의 그래프를 x축의 방향으로 4만큼, y축의 방향으로 3만큼 평행이동한 것이다.
정의역은 $\{x|x\neq 4$인 실수$\}$이고 치역은 $\{y|y\neq 3$인 실수$\}$이다.
따라서 그래프는 오른쪽 그림과 같고 점근선은 두 직선 $\boldsymbol{x=4}$, $\boldsymbol{y=3}$이다.

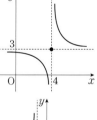

(2) 함수 $y=-\frac{1}{x+1}-2$의 그래프는 $y=-\frac{1}{x}$의 그래프를 x축의 방향으로 -1만큼, y축의 방향으로 -2만큼 평행이동한 것이다.
정의역은 $\{x|x\neq -1$인 실수$\}$이고 치역은 $\{y|y\neq -2$인 실수$\}$이다.
따라서 그래프는 오른쪽 그림과 같고 점근선은 두 직선 $\boldsymbol{x=-1}$, $\boldsymbol{y=-2}$이다.

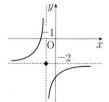

유리함수 $y=\frac{k}{x-p}+q$의 그래프는 유리함수 $y=\frac{k}{x}$의 그래프를 x축, y축의 방향으로 평행이동시켜 그린 것이므로 k의 절댓값, 즉 $|k|$의 값이 서로 같은 유리함수의 그래프들은 p, q의 값에 관계없이 평행이동이나 대칭이동에 의하여 서로 겹칠 수 있다.
이때 k의 값이 서로 같으면 평행이동만으로도 서로 겹칠 수 있다.

04 유리함수 $y=\dfrac{ax+b}{cx+d}\,(c\neq 0,\ ad-bc\neq 0)$의 그래프

유리함수 $y=\dfrac{ax+b}{cx+d}\,(c\neq 0,\ ad-bc\neq 0)$의 그래프는 $\boldsymbol{y=\dfrac{k}{x-p}+q\,(k\neq 0)}$**꼴로 변형**하여 그린다.

분자를 분모로 나누어 분자의 차수가 분모의 차수보다 작아지도록 변형 한다.

$y=\dfrac{ax+b}{cx+d}\,(c\neq 0,\ ad-bc\neq 0)$의 그래프는 다음과 같은 특징을 가진다.

(1) **정의역** : $\left\{x\,|\,x\neq -\dfrac{d}{c}\text{인 실수}\right\}$, **치역** : $\left\{y\,|\,y\neq -\dfrac{a}{c}\text{인 실수}\right\}$

(2) **점근선의 방정식** : $\boldsymbol{x=-\dfrac{d}{c}}$ ◀ 분모를 0으로 하는 x의 값 $\boldsymbol{y=\dfrac{a}{c}}$ ◀ 분모, 분자의 일차항 x의 계수비율

(3) x절편 $x=-\dfrac{b}{a}$, y절편 $y=\dfrac{b}{d}$이다. ◀ 점근선을 기준으로 했을 때, 몇 사분면을 지나는지 모르기 때문에 절편이 필요하다.

(4) **대칭성** : 점 $\left(-\dfrac{d}{c},\ \dfrac{a}{c}\right)$에 대하여 대칭이고 두 직선 $y=\pm\left(x+\dfrac{d}{c}\right)+\dfrac{a}{c}$에 대하여도 대칭이다.

참고 함수 $y=\dfrac{2x+3}{x+1}$은 다음과 같은 두 가지 방법으로 변형할 수 있다.

[방법1] $2x+3$을 $x+1$로 직접 나누면 몫은 2이고 나머지 1이므로

$y=\dfrac{2x+3}{x+1}=\dfrac{1}{x+1}+2$이다.

[방법2] $y=\dfrac{2x+3}{x+1}=\dfrac{2(x+1)+1}{x+1}=\dfrac{1}{x+1}+2$

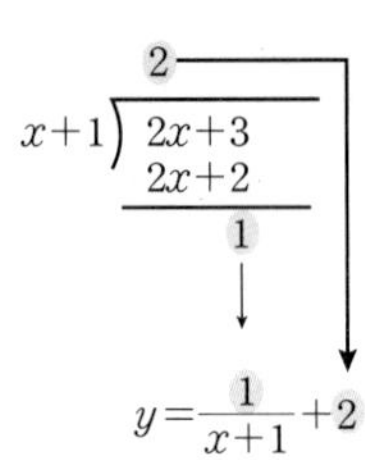

마플해설

유리함수 $y=\dfrac{ax+b}{cx+d}$의 정의역은 분모를 0으로 만들지 않는 실수 전체의 집합 $\left\{x\,|\,x\neq -\dfrac{d}{c}\text{인 실수}\right\}$이므로

한 점근선은 직선 $x=-\dfrac{d}{c}$이고 두 다항식 A, B(단, $B\neq 0$)에 대하여 A를 B로 나누었을 때 몫을 Q, 나머지를 R라 하면

유리식 $\dfrac{A}{B}$는 $\dfrac{A}{B}=\dfrac{BQ+R}{B}=Q+\dfrac{R}{B}$꼴로 나타낼 수 있으므로 $y=\dfrac{ax+b}{cx+d}$에서
(분자의 차수) ≥ (분모의 차수)

분자 $ax+b$를 분모 $cx+d$로 나눈 몫 Q는 x의 계수의 비율인 $\dfrac{a}{c}$이므로

유리함수의 그래프의 한 점근선은 직선 $y=\dfrac{a}{c}$이다.

x의 계수의 비율
$y=\dfrac{ax+b}{cx+d}$ ➡ $x=\dfrac{-d}{c}$, $y=\dfrac{a}{c}$
분모를 0으로 하는 x 값

즉 $y=\dfrac{ax+b}{cx+d}\,(c\neq 0,\ ad-bc\neq 0)$의 그래프의 두 점근선의 방정식은

$$x=-\frac{d}{c},\ y=\frac{a}{c}$$

이고 $y=\dfrac{ax+b}{cx+d}$에 $x=0$을 대입하면 $y=\dfrac{b}{d}$, $y=0$을 대입하면 $x=-\dfrac{b}{a}$이므로 점 $\left(0,\ \dfrac{b}{d}\right)$, $\left(-\dfrac{b}{a},\ 0\right)$를 지나는 그래프이다.

보기 06 다음 함수의 그래프를 그리고, 점근선을 구하시오.

(1) $y=\dfrac{x+1}{x-2}$ (2) $y=\dfrac{2x-3}{x-1}$

풀이

(1) $y=\dfrac{x+1}{x-2}=\dfrac{(x-2)+3}{x-2}=\dfrac{3}{x-2}+1$이므로

함수 $y=\dfrac{x+1}{x-2}$의 그래프는 $y=\dfrac{3}{x}$의 그래프를 x축의 방향으로 2만큼, y축의 방향으로 1만큼 평행이동한 것이다.

정의역은 $\{x\,|\,x\neq 2\text{인 실수}\}$, 치역은 $\{y\,|\,y\neq 1\text{인 실수}\}$이다.

따라서 그래프는 오른쪽 그림과 같고 **점근선은 두 직선 $\boldsymbol{x=2}$, $\boldsymbol{y=1}$이다.**

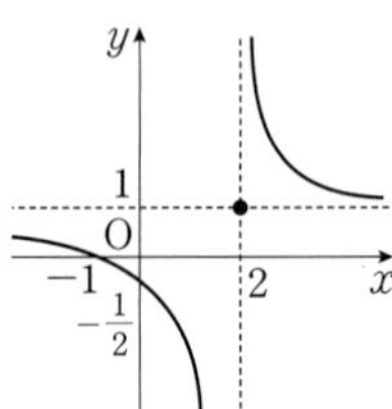

(2) $y=\dfrac{2x-3}{x-1}=\dfrac{2(x-1)-1}{x-1}=-\dfrac{1}{x-1}+2$이므로

함수 $y=\dfrac{2x-3}{x-1}$의 그래프는 $y=-\dfrac{1}{x}$의 그래프를 x축의 방향으로 1만큼, y축의 방향으로 2만큼 평행이동한 것이다.

정의역은 $\{x\,|\,x\neq 1\text{인 실수}\}$, 치역은 $\{y\,|\,y\neq 2\text{인 실수}\}$이다.

따라서 그래프는 오른쪽 그림과 같고 **점근선은 두 직선 $\boldsymbol{x=1}$, $\boldsymbol{y=2}$이다.**

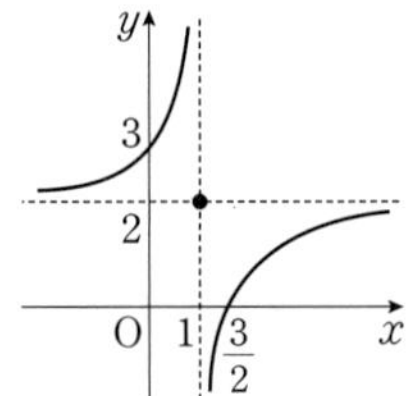

보기 07 **다음 물음에 답하시오.**

(1) 함수 $y=\frac{k}{x-p}+q$의 그래프가 점 $(0,\ 3)$을 지나고 점근선이 두 직선 $x=-1$, $y=1$일 때, 상수 k, p, q의 값을 각각 구하시오.

(2) 함수 $f(x)=\frac{ax+b}{x+c}$의 그래프가 점 $(0,\ 1)$을 지나고 점근선이 두 직선 $x=-1$, $y=-2$일 때, 상수 a, b, c의 값을 각각 구하시오.

풀이

(1) 함수 $f(x)=\frac{k}{x-p}+q$의 점근선의 방정식이 $x=p$, $y=q$이다.

함수의 점근선이 두 직선 $x=-1$, $y=1$이므로 $\boldsymbol{p=-1,\ q=1}$

함수 $y=\frac{k}{x+1}+1$가 점 $(0,\ 3)$을 지나므로 $3=k+1$ $\quad\therefore \boldsymbol{k=2}$

(2) 함수 $f(x)=\frac{ax+b}{x+c}$의 점근선의 방정식이 $x=-c$, $y=a$이다.

함수의 점근선이 두 직선 $x=-1$, $y=-2$이므로 $\boldsymbol{c=1,\ a=-2}$

함수 $f(x)=\frac{-2x+b}{x+1}$가 점 $(0,\ 1)$을 지나므로 $1=\frac{b}{0+1}$ $\quad\therefore \boldsymbol{b=1}$

유리함수 $y=\frac{ax+b}{cx+d}$가 다항함수가 아닌 유리함수가 되기 위한 필요충분조건이 $c\neq0$, $ad-bc\neq0$인 이유

(ⅰ) $c=0$일 때, $y=\frac{ax+b}{cx+d}=\frac{a}{d}x+\frac{b}{d}$이므로 상수함수 또는 일차함수이다.

(ⅱ) $c\neq0$일 때, $y=\frac{ax+b}{cx+d}=\frac{\frac{a}{c}(cx+d)+b-\frac{ad}{c}}{cx+d}=\frac{b-\frac{ad}{c}}{cx+d}+\frac{a}{c}=\frac{\frac{bc-ad}{c}}{cx+d}+\frac{a}{c}$이므로

$bc-ad=0$이면 $y=\frac{ax+b}{cx+d}=\frac{a}{c}$가 되어 상수함수가 된다. ◀ $bc=ad$에서 $c:d=a:b$이므로 $y=\frac{ax+b}{cx+d}=\frac{a}{c}$인 상수함수가 된다.

즉 $y=\frac{ax+b}{cx+d}$가 다항함수가 아닌 유리함수이려면 $bc-ad\neq0$, 즉 $ad-bc\neq0$이어야 한다.

(ⅰ), (ⅱ)에서 $y=\frac{ax+b}{cx+d}$가 다항함수가 아닌 유리함수이려면 $c\neq0$, $ad-bc\neq0$이라는 조건이 필요하다.

개념유형

05 유리함수의 역함수

유리함수 $f(x)=\dfrac{ax+b}{cx+d}(c\neq 0,\ ad-bc\neq 0)$역함수는 다음과 같은 순서로 구한다.

❶ $y=f(x)$를 x에 대하여 정리하여 $x=f^{-1}(y)$꼴로 변형한다.

❷ $x=f^{-1}(y)$에서 x와 y를 서로 바꾸어 $y=f^{-1}(x)$꼴로 고친다.

❸ f의 치역을 f^{-1}의 정의역으로 바꾼다.

마플해설 유리함수 $y=\dfrac{ax+b}{cx+d}(c\neq 0,\ ad-bc\neq 0)$는 정의역 $\left\{x \mid x\neq -\dfrac{d}{c}\text{인 실수}\right\}$에서 공역 $\left\{y \mid y\neq \dfrac{a}{c}\text{인 실수}\right\}$로의 일대일대응이므로 역함수가 존재한다.

이때 유리함수의 역함수를 다음 순서로 구할 수 있다.

❶ $x=f(x)$를 x에 대하여 정리한다.

$y=\dfrac{ax+b}{cx+d}$를 x에 대하여 풀면 $y(cx+d)=ax+b,\ cxy+dy=ax+b$

$cxy-ax=-dy+b,\ (cy-a)x=-dy+b$

$\therefore\ \boldsymbol{x=\dfrac{-dy+b}{cy-a}}$

❷ $x=f^{-1}(y)$에서 x와 y를 서로 바꿔 역함수를 구한다.

$x=\dfrac{-dy+b}{cy-a}$에서 x와 y를 서로 바꾸면 구하는 역함수는 $\boldsymbol{y=\dfrac{-dx+b}{cx-a}}$

❸ f의 치역을 f^{-1}의 정의역으로 바꾼다.

유리함수 $y=\dfrac{ax+b}{cx+d}$의 치역은 $\left\{y \mid y\neq \dfrac{a}{c}\text{인 실수}\right\}$이므로 이 함수의 역함수 $\boldsymbol{y=\dfrac{-dx+b}{cx-a}}$의 정의역은

$\left\{\boldsymbol{x \mid x\neq \dfrac{a}{c}\textbf{인 실수}}\right\}$이다.

보기 08 **함수 $y=\dfrac{2x+1}{x-1}$의 역함수를 구하시오.**

풀이 $y=\dfrac{2x+1}{x-1}$을 x에 대하여 정리하면

$(x-1)y=2x+1,\ (y-2)x=y+1$

$\therefore\ x=\dfrac{y+1}{y-2}$

x와 y를 서로 바꾸면 구하는 역함수는 $y=\dfrac{x+1}{x-2}$

이때 유리함수 $y=\dfrac{2x+1}{x-1}$의 치역은 $\{y \mid y\neq 2\text{인 실수}\}$이므로 이 함수의 역함수 $y=\dfrac{x+1}{x-2}$의 정의역은 $\{x \mid x\neq 2\text{인 실수}\}$이다.

$\therefore\ \boldsymbol{y=\dfrac{x+1}{x-2}}$ **(단, $\boldsymbol{x\neq 2}$)**

참고 $f(x)=\dfrac{2x+1}{x-1}$로 놓고 역함수 공식을 이용하면 $f^{-1}(x)=\dfrac{x+1}{x-2}$ ◀ $2,\ -1$의 부호와 자리만 바꾼다.

FOCUS

유리함수의 역함수를 다음 공식을 이용하여 구할 수 있어!

$f(x)=\dfrac{ax+b}{cx+d}$ ←— 역함수 / a, d의 부호와 위치를 바꾼다. —→ $f^{-1}(x)=\dfrac{-dx+b}{cx-a}$

즉 유리함수 $y=\dfrac{ax+b}{cx+d}$의 역함수는 원래 함수식에서 분자의 x의 계수인 a와 분모의 상수항인 d의 위치가 서로 바뀌고 그 부호가 각각 바뀐 것과 같다.

특히 대칭인 점 $\left(-\dfrac{d}{c},\ \dfrac{a}{c}\right)$가 직선 $y=x$ 위에 있으면, 즉 $-\dfrac{d}{c}=\dfrac{a}{c}$일 때, $f(x)=\dfrac{ax+b}{cx+d}$는 역함수 $f^{-1}(x)$와 일치한다.

06 유리함수의 대칭성과 역함수의 점근선

(1) **유리함수 $y=\frac{k}{x}$의 그래프의 대칭성**

① 점대칭 : 원점에 대하여 대칭이다.

② 선대칭 : 원점을 지나고 기울기가 ± 1인 직선 $y=\pm x$에 대하여 각각 대칭이다.

주의 x축 또는 y축에 대하여 대칭인 것은 아니다.

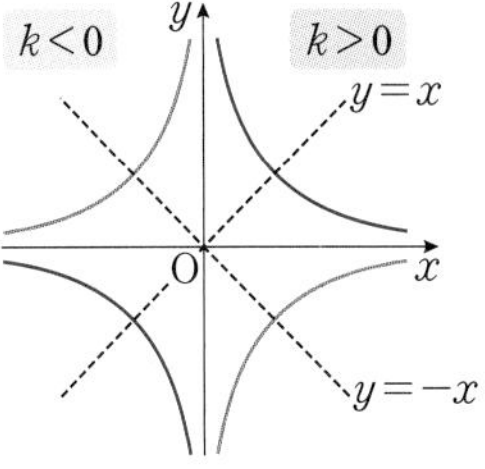

(2) **유리함수 $y=\frac{k}{x-p}+q$의 그래프의 대칭성**

① 두 점근선 $x=p$, $y=q$의 교점 (p, q)에 대하여 대칭이다.

② 두 점근선의 교점 (p, q)를 지나고 기울기가 ± 1인 직선 $y=\pm(x-p)+q$에 대하여 각각 대칭이다.

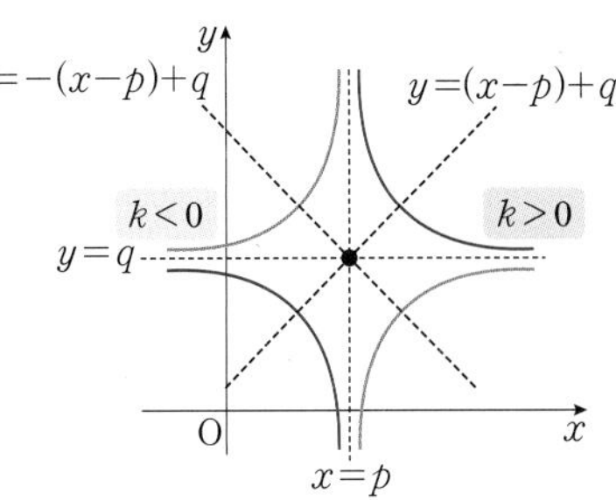

(3) **유리함수 $y=\frac{k}{x-p}+q$의 역함수 그래프의 점근선**

함수 $y=\frac{k}{x-p}+q$의 그래프를 직선 $y=x$에 대하여 대칭이동하면 그 점근선 $x=p$, $y=q$도 마찬가지로 대칭이동 되므로 함수 $y=\frac{k}{x-p}+q$의 역함수는 점근선이 두 직선 $x=q$, $y=p$인 함수 $y=\frac{k}{x-q}+p$이다.

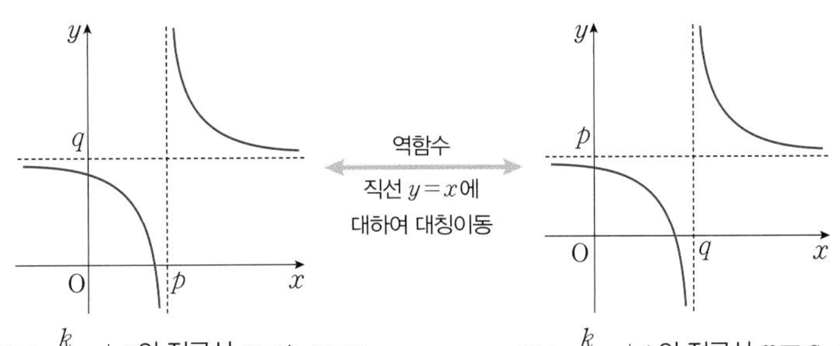

$y=\frac{k}{x-p}+q$의 점근선 $x=p$, $y=q$ $\qquad$ $y=\frac{k}{x-q}+p$의 점근선 $x=q$, $y=p$

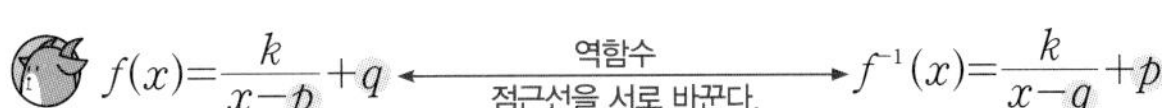

보기 09 **함수 $y=\frac{ax+2}{x-1}$의 그래프가 직선 $y=x$에 대하여 대칭일 때, 실수 a의 값을 구하시오.**

풀이

함수 $y=\frac{ax+2}{x-1}=\frac{a(x-1)+a+2}{x-1}=\frac{a+2}{x-1}+a$이므로 점근선의 방정식 $x=1$, $y=a$이다.

따라서 두 점근선의 교점 $(1, a)$가 직선 $y=x$ 위의 점이므로 $\boldsymbol{a=1}$

다른풀이 $f(x)=f^{-1}(x)$임을 이용하여 풀이하기

$y=\frac{ax+2}{x-1}$이므로 x에 대하여 정리하면 $y=(x-1)=ax+2$, $(y-a)x=y+2$

$x=\frac{y+2}{y-a}$

x와 y를 서로 바꾸면 $y=\frac{x+2}{x-a}$

$y=f(x)$의 그래프가 직선 $y=x$에 대하여 대칭이면

따라서 $f(x)=f^{-1}(x)$이므로 $\frac{ax+2}{x-1}=\frac{x+2}{x-a}$ $\quad\therefore \boldsymbol{a=1}$

FOCUS

유리함수 $f(x)=\frac{ax+b}{cx+d}(c\neq 0)$의 그래프가 직선 $y=x$에 대하여 대칭이기 위한 필요충분조건은

$f(x)=f^{-1}(x)$이므로 $a+d=0$ ◀ $\frac{ax+b}{cx+d}=\frac{-dx+b}{cx-a}$이므로 $a=-d$

다음 함수의 그래프를 그리고 정의역, 치역, 점근선의 방정식을 구하시오.

(1) $y=\dfrac{4}{x+1}+3$　　　　(2) $y=\dfrac{2x+1}{x+1}$

MAPL CORE ▶ 함수 $y=\dfrac{k}{x-m}+n(k\neq 0)$의 그래프는 $y=\dfrac{k}{x}$의 그래프를 x축의 방향으로 m만큼, y축의 방향으로 n만큼 평행이동한 것이다. 또한, $y=\dfrac{ax+b}{cx+d}(ad-bc\neq 0,\ c\neq 0)$의 그래프는 $y=\dfrac{k}{x-m}+n(k\neq 0)$의 꼴로 변형하여 그래프를 그린다.

(1) 정의역 : $\{x\,|\,x\neq m$인 실수$\}$, 치역 : $\{y\,|\,y\neq n$인 실수$\}$

(2) 점근선의 방정식은 $x=m,\ y=n$

개념익힘풀이

(1) $y=\dfrac{4}{x+1}+3$의 그래프는 함수 $y=\dfrac{4}{x}$의 그래프를 x축의 방향으로 -1만큼, y축 방향으로 3만큼 평행이동한 것이므로 오른쪽 그림과 같다.

정의역 : **$\{x\,|\,x\neq -1$인 모든 실수$\}$**

치　역 : **$\{y\,|\,y\neq 3$인 모든 실수$\}$**

점근선 : **$x=-1,\ y=3$**

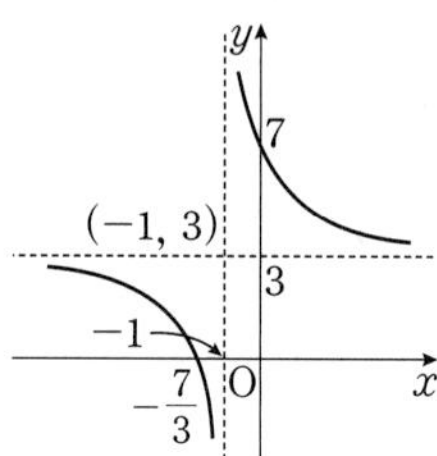

(2) $y=\dfrac{2x+1}{x+1}=\dfrac{2(x+1)-1}{x+1}=\dfrac{-1}{x+1}+2$이므로

$y=-\dfrac{1}{x}$의 그래프를 x축의 방향으로 -1만큼, y축 방향으로 2만큼 평행이동한 것이므로 오른쪽 그림과 같다.

정의역 : **$\{x\,|\,x\neq -1$인 모든 실수$\}$**

치　역 : **$\{y\,|\,y\neq 2$인 모든 실수$\}$**

점근선 : **$x=-1,\ y=2$**

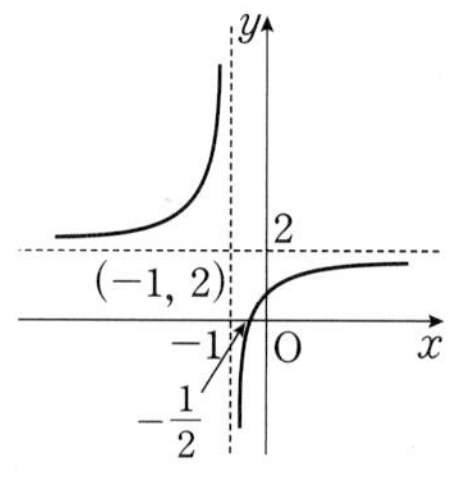

확인유제 0800 다음 함수의 그래프를 그리고 정의역, 치역, 점근선의 방정식을 구하시오.

(1) $y=-\dfrac{2}{x+1}-1$　　　　(2) $y=\dfrac{5-x}{x-3}$

변형문제 0801 함수 $y=\dfrac{2x-1}{x-1}$의 그래프에 대한 다음 설명 중 옳지 않은 것은?

① 정의역은 $\{x\,|\,x\neq 1$인 실수$\}$이다.

② 점근선은 두 직선 $x=1,\ y=2$이다.

③ 함수 $y=\dfrac{1}{x}$의 그래프를 x축의 방향으로 1만큼, y축의 방향으로 2만큼 평행이동한 것이다.

④ 점 $(1,\ 2)$에 대하여 대칭이다.

⑤ 그래프는 제 1, 2, 3사분면을 지난다.

발전문제 0802 다음 물음에 답하시오.

(1) 유리함수 $y=\dfrac{x+2a-5}{x-4}$의 그래프가 제 3사분면을 지나지 않도록 하는 상수 a의 범위를 구하시오. (단, $2a-1\neq 0$)

(2) 함수 $y=\dfrac{3x+k-10}{x+1}$의 그래프가 제 4사분면을 지나도록 하는 자연수 k의 개수를 구하시오.

정답 0800 : (1) 해설참조 (2) 해설참조　0801 : ⑤　0802 : (1) $a<\dfrac{1}{2}$ 또는 $\dfrac{1}{2}<a\leq\dfrac{5}{2}$ (2) 9

마플개념익힘 02 유리함수가 서로 겹칠 조건

다음 [보기]의 함수의 그래프 중 평행이동하여 $y=\frac{1}{x}$의 그래프와 겹쳐질 수 있는 것을 고르시오.

ㄱ. $y=\frac{x+1}{x-1}$	ㄴ. $y=\frac{x}{x-1}$	ㄷ. $y=\frac{x-2}{x-1}$

MAPL CORE ▶ 두 유리함수 $y=\frac{k}{x}$와 $y=\frac{l}{x-p}+q$의 그래프가 서로 겹치기 위한 조건

(1) $k=l$이면 평행이동하여 두 그래프를 겹칠 수 있다.

(2) $|k|=|l|$이면 평행이동 또는 대칭이동하여 두 그래프를 겹칠 수 있다.

개념익힘풀이

ㄱ. $y=\frac{x+1}{x-1}$의 그래프는 $y=\frac{(x-1)+2}{x-1}=\frac{2}{x-1}+1$

이므로 $y=\frac{2}{x}$의 그래프를 x축의 방향으로 1만큼, y축의 방향으로 1만큼 평행이동한 그래프이다.

ㄴ. $y=\frac{x}{x-1}$의 그래프는 $y=\frac{(x-1)+1}{x-1}=\frac{1}{x-1}+1$

이므로 $y=\frac{1}{x}$의 그래프를 x축의 방향으로 1만큼, y축의 방향으로 1만큼 평행이동한 그래프이다.

ㄷ. $y=\frac{x-2}{x-1}$의 그래프는 $y=\frac{(x-1)-1}{x-1}=\frac{-1}{x-1}+1$

이므로 $y=-\frac{1}{x}$의 그래프를 x축의 방향으로 1만큼, y축의 방향으로 1만큼 평행이동한 그래프이다.

따라서 평행이동에 의하여 그 그래프가 $y=\frac{1}{x}$의 그래프와 겹쳐질 수 있는 함수는 ㄴ이다.

확인유제 0803 다음 [보기] 중에서 평행이동을 하여 $y=\frac{2}{x}$의 그래프와 일치할 수 있는 것을 모두 고른 것은?

ㄱ. $y=\frac{-x+2}{x+1}$	ㄴ. $y=\frac{2x+3}{x+2}$	ㄷ. $y=\frac{-2x+6}{x-2}$

① ㄱ ② ㄴ ③ ㄷ ④ ㄱ, ㄷ ⑤ ㄴ, ㄷ

변형문제 0804 다음 물음에 답하시오.

(1) 유리함수 $y=\frac{2}{x+3}+1$의 그래프를 x축의 방향으로 m만큼, y축의 방향으로 n만큼 평행이동하면 $y=\frac{-2x+6}{x-2}$의 그래프와 일치하였다. 두 상수 m, n에 대하여 $m+n$의 값은?

① -4 ② -2 ③ 2 ④ 4 ⑤ 6

(2) 함수 $y=\frac{-x+1}{x+3}$의 그래프를 x축의 방향으로 a만큼, y축의 방향으로 b만큼 평행이동하면 함수 $y=\frac{-3x-2}{x+2}$의 그래프와 일치한다고 할 때, 상수 a, b에 대하여 $a+b$는?

① -3 ② -2 ③ -1 ④ 1 ⑤ 2

발전문제 0805 유리함수 $f(x)=\frac{3x+k}{x+4}$의 그래프를 x축의 방향으로 -2만큼, y축의 방향으로 3만큼 평행이동한 곡선을 $y=g(x)$라 하자. 곡선 $y=g(x)$의 두 점근선의 교점이 곡선 $y=f(x)$ 위의 점일 때, 상수 k의 값을 구하시오.

정답 0803 : ③ 0804 : (1) ③ (2) ③ 0805 : 6

마플개념익힘 03 그래프에서 유리함수의 식 구하기

오른쪽 그림은 점 $(0, 2)$를 지나는 유리함수 $y=\frac{ax+b}{x+c}$의 그래프이다. 점근선의 방정식이 $x=1$, $y=3$일 때, 세 상수 a, b, c에 대하여 $a+b+c$의 값을 구하시오.

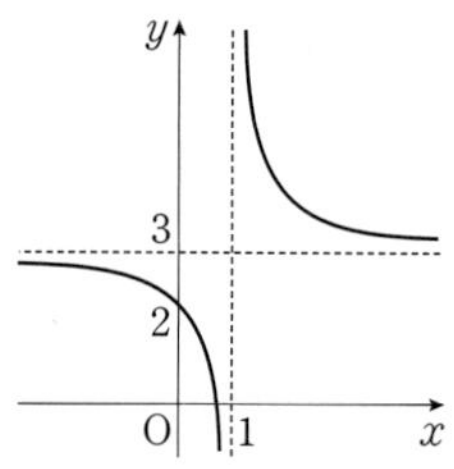

MAPL CORE ▶ 그래프에서 유리함수의 식을 구하려면 점근선의 방정식과 유리함수가 지나는 한 점을 이용한다.
점근선의 방정식이 $x=p$, $y=q$이고 점 (a, b)를 지나는 유리함수의 식은 다음 순서로 구한다.

❶ $y=\frac{k}{x-p}+q\,(k\neq 0)$로 놓는다.

❷ $x=a$, $y=b$를 대입하여 상수 k의 값을 구한다.

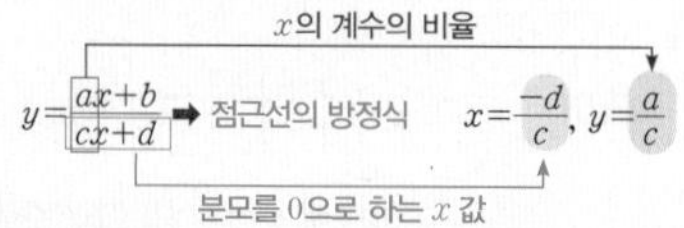

개념익힘풀이 주어진 함수의 그래프의 점근선의 방정식이 $x=1$, $y=3$이므로
함수의 식을 $y=\frac{k}{x-1}+3\,(k\neq 0)$이라 놓을 수 있다.
이때 $y=\frac{k}{x-1}+3$의 그래프가 점 $(0, 2)$를 지나므로
$2=\frac{k}{-1}+3 \quad \therefore k=1$
즉 구하는 유리함수는 $y=\frac{1}{x-1}+3=\frac{3x-2}{x-1}$
따라서 $a=3$, $b=-2$, $c=-1$이므로
$\boldsymbol{a+b+c=3+(-2)+(-1)=0}$

다른풀이 점근선의 방정식을 이용하여 구하기
함수 $y=\frac{ax+b}{x+c}$의 두 점근선의 방정식이
$x=-c$, $y=a$이므로 $c=-1$, $a=3$
이때 함수 $y=\frac{3x+b}{x-1}$가 점 $(0, 2)$를 지나므로 $2=-b$
따라서 $y=\frac{3x-2}{x-1}$

확인유제 0806

다음 물음에 답하시오.

(1) 함수 $y=\frac{ax+b}{x+c}$의 그래프가 오른쪽 그림과 같을 때, 상수 a, b, c에 대하여 $a+b+c$의 값을 구하시오.

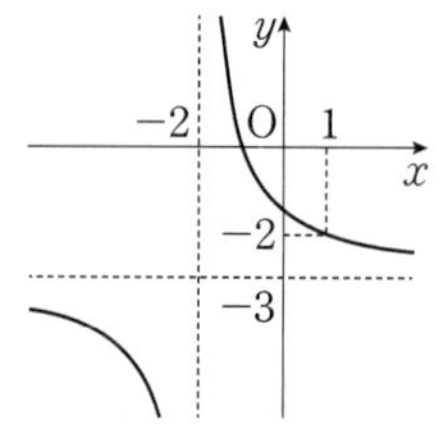

(2) 함수 $y=\frac{b}{x+a}+c$의 그래프가 오른쪽 그림과 같을 때, 상수 a, b, c에 대하여 $a+b+c$의 값을 구하시오.

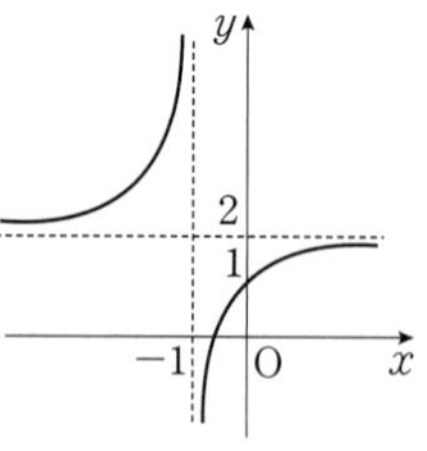

변형문제 0807

다음 물음에 답하시오.

(1) 유리함수 $f(x)=\frac{ax+1}{x+b}$의 정의역이 $\{x\,|\,x\neq 2인\ 실수\}$, 치역이 $\{y\,|\,y\neq 3인\ 실수\}$일 때, $f(4)$의 값은? (단, a, b는 상수이다.)

① 6 ② $\frac{13}{2}$ ③ 7 ④ $\frac{15}{2}$ ⑤ 8

(2) 유리함수 $f(x)=\frac{ax+b}{x+c}$의 그래프가 점 $(0, 1)$을 지나고 정의역이 $\{x\,|\,x\neq -1인\ 실수\}$, 치역이 $\{y\,|\,y\neq -2인\ 실수\}$일 때, $f(-4)$의 값은? (단, a, b, c는 상수이다.)

① -5 ② -4 ③ -3 ④ -2 ⑤ -1

정답 0806 : (1) -4 (2) 2 0807 : (1) ② (2) ③

마플개념익힘 04 유리함수의 정의역과 치역

유리함수 $y=\frac{3x-2}{x-2}$의 정의역이 $\{x\,|\,3\le x\le 6\}$일 때, 치역을 구하시오.

MAPL CORE ▶ (1) 유리함수 $y=\frac{ax+b}{cx+d}(c\neq 0,\ ad-bc\neq 0)$의 정의역과 치역은 $y=\frac{k}{x-p}+q(k\neq 0)$꼴로 변형하여 정의역은 $\{x|x\neq p$인 실수$\}$, 치역은 $\{y|x\neq q$인 실수$\}$임을 이용한다.

(2) 정의역 (또는 치역)이 주어지면 주어진 범위에서 함수의 그래프를 그리고 함숫값의 범위 즉, 치역 (또는 정의역)을 구한다.

개념익힘**풀이** $y=\frac{3x-2}{x-2}=\frac{3(x-2)+4}{x-2}=\frac{4}{x-2}+3$

$y=\frac{3x-2}{x-2}$의 그래프는 $y=\frac{4}{x}$의 그래프를 x축의 방향으로 2만큼, y축의 방향으로 3만큼 평행이동한 것이다.

따라서 $3\le x\le 6$에서 $y=\frac{3x-2}{x-2}$의 그래프는 오른쪽 그림과 같다.

$x=3$일 때, $y=7$

$x=6$일 때, $y=4$

따라서 정의역이 $\{x\,|\,3\le x\le 6\}$일 때, **치역은 $\{y\,|\,4\le y\le 7\}$**이다.

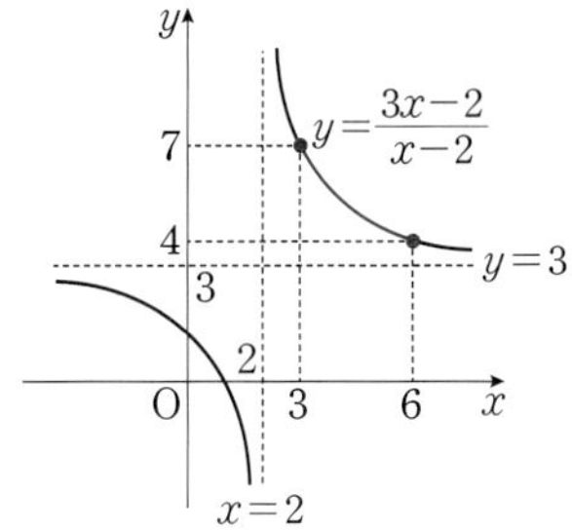

확인유제 0808 다음 물음에 답하시오.

(1) 함수 $y=\frac{6x+4}{x-1}$의 정의역은 $\{x\,|\,a\le x\le b\}$일 때 치역은 $\{y\,|-4\le y\le 4\}$이다. 상수 $a,\ b$에 대하여 $a+b$의 값을 구하시오.

(2) 함수 $y=\frac{3-2x}{x+1}$의 치역이 $\{y\,|\,y\le -3$ 또는 $y\ge 3\}$일 때, 정의역에 속하는 모든 정수의 개수를 구하시오.

변형문제 0809 다음 물음에 답하시오.

(1) 두 상수 $a,\ b$에 대하여 정의역이 $\{x\,|\,2\le x\le a\}$인 함수 $y=\frac{4}{x-1}-3$의 치역이 $\{y\,|-1\le y\le b\}$일 때, $a+b$의 값은? (단, $a>2,\ b>-1$)

① 4 ② 5 ③ 6 ④ 7 ⑤ 8

(2) 정의역이 $\{x\,|-5\le x\le a\}$인 함수 $f(x)=\frac{x-1}{x+2}$의 치역이 $\{y\,|\,b\le y\le 4\}$일 때, 상수 $a,\ b$에 대하여 $b-a$의 값은?

① 4 ② 5 ③ 6 ④ 7 ⑤ 8

발전문제 0810 함수 $f(x)=\frac{ax+b}{x+c}$의 정의역을 A, 치역을 B라 하면

$$A-B=\{3\},\ B-A=\{-2\}$$

이다. 함수 $y=f(x)$의 그래프가 점 $(2,\ 2)$를 지날 때, 상수 $a,\ b,\ c$에 대하여 $a+b+c$의 값을 구하시오. (단, $b\neq ac$)

정답 0808 : (1) -4 (2) 6(개) 0809 : (1) ① (2) ② 0810 : 7

마플개념익힘 05 유리함수의 역함수

다음 물음에 답하시오.

(1) 함수 $f(x)=\dfrac{ax+b}{x+c}$의 역함수가 $f^{-1}(x)=\dfrac{4x-3}{x+2}$일 때, 상수 a, b, c에 대하여 $a+b+c$의 값을 구하시오.

(2) 함수 $f(x)=\dfrac{3x+2}{x-1}$에 대하여 $(f\circ g)(x)=x$를 만족하는 함수 $g(x)$를 구하시오.

MAPL CORE ▶ (1) 주어진 유리함수를 $y=f(x)$로 놓고 x에 대하여 푼 후, x와 y를 서로 바꾸어 역함수를 구한다.

$f(x)=\dfrac{ax+b}{cx+d}$ ← 역함수 → $f^{-1}(x)=\dfrac{-dx+b}{cx-a}$ (a, d의 부호와 위치를 바꾼다.)

(2) $(f\circ g)(x)=x$에서 $g(x)=f^{-1}(x)$이므로 $g(x)$는 함수 $f(x)$의 역함수이다.

개념익힘풀이 (1) $y=\dfrac{ax+b}{x+c}$로 놓고 x에 대하여 풀면

$yx+cy=ax+b$, $(y-a)x=-cy+b$ $\quad\therefore x=\dfrac{-cy+b}{y-a}$

x와 y를 서로 바꾸어 역함수를 구하면

$y=\dfrac{-cx+b}{x-a}$ $\quad\therefore f^{-1}(x)=\dfrac{-cx+b}{x-a}$

이때 $f^{-1}(x)=\dfrac{4x-3}{x+2}$이므로 $\dfrac{-cx+b}{x-a}=\dfrac{4x-3}{x+2}$

따라서 $a=-2$, $b=-3$, $c=-4$이므로 $\boldsymbol{a+b+c=(-2)+(-3)+(-4)=-9}$

[역함수의 공식을 이용]

$f(x)=\dfrac{ax+b}{x+c}$에서

$f^{-1}(x)=\dfrac{-cx+b}{x-a}=\dfrac{4x-3}{x+2}$

$\therefore a=-2$, $b=-3$, $c=-4$

(2) $(f\circ g)(x)=x$에서 $g(x)=f^{-1}(x)$이므로

$g(x)$는 함수 $f(x)$의 역함수이다.

$y=\dfrac{3x+2}{x-1}$로 놓고 x에 대하여 풀면

$yx-y=3x+2$, $(y-3)x=y+2$ $\quad\therefore x=\dfrac{y+2}{y-3}$

x와 y를 바꾸어 역함수를 구하면 $y=\dfrac{x+2}{x-3}$ $\quad\therefore \boldsymbol{g(x)=\dfrac{x+2}{x-3}}$

[역함수의 공식을 이용]

$f(x)=\dfrac{3x+2}{x-1}$의 역함수의 공식을 이용하면

$f^{-1}(x)=g(x)=\dfrac{x+2}{x-3}$

확인유제 0811 다음 물음에 답하시오.

(1) 함수 $f(x)=\dfrac{bx+c}{2x+a}$의 역함수가 $f^{-1}(x)=\dfrac{4x+7}{2x-5}$일 때, 상수 a, b, c에 대하여 $a+b+c$의 값을 구하시오.

(2) 함수 $f(x)=\dfrac{1-4x}{2x-3}$에 대하여 $(f\circ g)(x)=x$를 만족하는 함수 $g(x)$를 구하시오.

변형문제 0812 함수 $f(x)=\dfrac{ax+b}{x+c}$의 그래프가 오른쪽 그림과 같을 때,

함수 $y=f(x)$의 역함수를 $g(x)$라 할 때, $g(5)$의 값은?

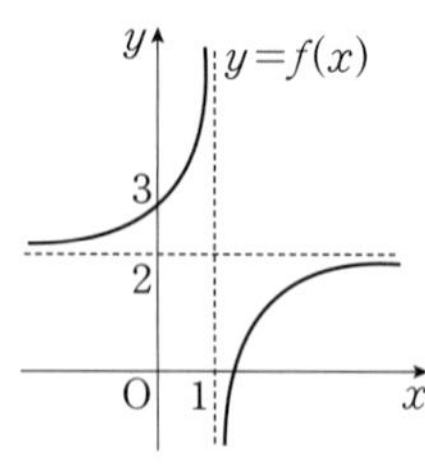

① $\dfrac{1}{2}$ ② $\dfrac{2}{3}$ ③ $\dfrac{3}{4}$

④ 1 ⑤ $\dfrac{7}{4}$

발전문제 0813 유리함수 $f(x)=\dfrac{ax+b}{cx+d}$의 그래프가 다음 조건을 만족시킨다.

(가) 원점을 지난다.
(나) 점근선의 방정식은 $x=1$과 $y=-2$이다.

이때 함수 $f(x)$의 역함수를 $f^{-1}(x)$라 할 때, $f^{-1}(-1)$의 값을 구하시오.

정답 0811 : (1) 8 (2) $g(x)=\dfrac{3x+1}{2x+4}$ 0812 : ② 0813 : -1

마플개념익힘 06 $f^{-1}(x)=f(x)$를 만족하는 유리함수

함수 $f(x)=\dfrac{ax+2}{x-3}$에 대하여 $f=f^{-1}$가 성립하도록 상수 a의 값을 구하시오.

(단, f^{-1}는 f의 역함수이다.)

MAPL CORE ▶ 유리함수 $y=f(x)$의 그래프가 직선 $y=x$에 대하여 대칭이면 $f(x)=f^{-1}(x)$를 만족한다.
즉 유리함수 f에 대하여 $f=f^{-1}$이 성립하려면 유리함수의 두 점근선의 교점이 직선 $y=x$ 위에 존재해야 한다.

 유리함수 $f(x)=\dfrac{ax+b}{cx+d}(c\neq 0)$의 그래프가 직선 $y=x$에 대하여 대칭이기 위한 필요충분조건은
$f(x)=f^{-1}(x)$이므로 $a+d=0$이어야 한다. ◀ $\dfrac{ax+b}{cx+d}=\dfrac{-dx+b}{cx-a}$이므로 $a=-d$

개념익힘풀이 $y=\dfrac{ax+2}{x-3}$로 놓고 x에 대하여 풀면 $xy-3y=ax+2$

$(y-a)x=3y+2 \quad \therefore x=\dfrac{3y+2}{y-a}$

x와 y를 서로 바꾸어 역함수를 구하면 $y=\dfrac{3x+2}{x-a}$

$\therefore f^{-1}(x)=\dfrac{3x+2}{x-a}$

$f(x)=f^{-1}(x)$이므로 $\dfrac{ax+2}{x-3}=\dfrac{3x+2}{x-a}$

따라서 $\boldsymbol{a=3}$

참고 $f(x)=f^{-1}(x)$에서
$(f\circ f)(x)=(f\circ f^{-1})(x)=x$ (단, $x\neq 3$, $f(x)\neq 3$)

다른풀이 $y=f(x)$가 역함수와 일치하려면 점근선의 교점이 $y=x$ 위에 있을 조건을 이용하여 풀이하기

$f(x)=\dfrac{ax+2}{x-3}=\dfrac{a(x-3)+3a+2}{x-3}=\dfrac{3a+2}{x-3}+a$의

그래프가 $f=f^{-1}$를 만족하려면 유리함수 $y=f(x)$의

그래프의 두 점근선의 교점은 직선 $y=x$ 위에 존재해야 한다.

즉 두 점근선의 방정식은 $x=3$, $y=a$이므로 두 점근선의 교점 $(3,\ a)$은 직선 $y=x$ 위에 있어야 한다.

따라서 $a=3$이다. $(3,\ a)=(a,\ 3)$이므로 $a=3$

확인유제 0814
다음 물음에 답하시오.

(1) 함수 $f(x)=\dfrac{ax}{3x+2}$에 대하여 $f(x)=f^{-1}(x)$가 성립할 때, 상수 a의 값을 구하시오.
(단, f^{-1}는 f의 역함수이다.)

(2) 두 함수 $y=\dfrac{ax+1}{2x-6}$, $y=\dfrac{bx+1}{2x+6}$의 그래프가 직선 $y=x$에 대하여 대칭일 때, 상수 a, b에 대하여 $b-a$의 값을 구하시오.

변형문제 0815
다음 물음에 답하시오.

(1) 유리함수 $f(x)=\dfrac{kx}{x+3}$의 그래프가 직선 $y=x$에 대하여 대칭일 때, 상수 k의 값은?

① -5 ② -3 ③ -1 ④ 1 ⑤ 3

(2) 좌표평면에서 함수 $y=\dfrac{3}{x-5}+k$의 그래프가 직선 $y=x$에 대하여 대칭일 때, 상수 k의 값은?

① 1 ② 2 ③ 3 ④ 4 ⑤ 5

발전문제 0816
다음 물음에 답하시오.

(1) 함수 $f(x)=\dfrac{ax+1}{x+b}$의 그래프와 그 역함수의 그래프가 모두 점 $(2,\ 3)$을 지날 때, 상수 a, b에 대하여 $a+b$의 값을 구하시오.

(2) 함수 $f(x)=\dfrac{ax}{3x+b}$의 그래프와 그 역함수의 $y=f^{-1}(x)$의 그래프가 모두 점 $(1,\ 2)$를 지날 때, $f^{-1}(6)$의 값을 구하시오. (단, a, b는 상수이다.)

정답 0814 : (1) -2 (2) 12　0815 : (1) ② (2) ⑤　0816 : (1) 0 (2) $\dfrac{3}{4}$

마플개념익힘 07 유리함수의 대칭성

함수 $f(x)=\dfrac{3x+4}{x+2}$에 대하여 다음 물음에 답하시오.

(1) 함수 $y=f(x)$의 그래프가 점 (a, b)에 대하여 대칭일 때, 상수 a, b에 대하여 $a+b$의 값을 구하시오.

(2) 함수 $y=f(x)$의 그래프가 두 직선 $y=x+m$, $y=-x+n$에 대하여 대칭일 때, 상수 m, n에 대하여 $m+n$의 값을 구하시오.

MAPL CORE ▶ 유리함수 $y=\dfrac{k}{x-p}+q\ (k\neq 0)$의 그래프는

(1) 두 점근선의 교점 (p, q)에 대하여 대칭이다.

(2) 두 점근선의 교점 (p, q)를 지나고 기울기가 ±1인 직선 $y=\pm(x-p)+q$에 대하여 각각 대칭이다.

참고 유리함수의 그래프가 직선 $y=\pm x+k$에 대하여 대칭인 도형이 되려면 두 점근선의 교점이 직선 $y=\pm x+k$ 위에 존재해야 한다.

개념익힘풀이 $f(x)=\dfrac{3x+4}{x+2}=\dfrac{3(x+2)-2}{x+2}=\dfrac{-2}{x+2}+3$에서 점근선의 방정식은 $x=-2$, $y=3$이므로 그래프는 오른쪽 그림과 같다.

(1) 함수 $y=f(x)$의 그래프의 점근선의 방정식 $x=-2$, $y=3$의 교점 $(-2, 3)$에 대하여 대칭이므로 $a=-2$, $b=3$

따라서 $\boldsymbol{a+b=-2+3=1}$

$y=-x+1$, $y=x+5$, 3, -2, O, x, y

(2) 함수 $y=f(x)$의 그래프는 두 점근선의 교점 $(-2, 3)$을 지나고 기울기가 ±1인 직선에 대하여 대칭이므로

두 직선 $y=x+m$, $y=-x+n$은 점 $(-2, 3)$을 지난다.

즉 $3=-2+m$, $3=2+n$에서 $m=5$, $n=1$

따라서 $\boldsymbol{m+n=5+1=6}$

다른풀이 $y=f(x)$가 기울기가 ±1이고 $(-2, 3)$을 지나는 직선에 대칭임을 이용하여 풀이하기

함수 $y=f(x)$의 그래프는 두 점근선의 교점 $(-2, 3)$을 지나고 기울기가 ±1인 직선의 방정식은 $y-3=\pm(x+2)$

$\therefore y=\pm(x+2)+3$

따라서 대칭인 두 직선은 $y=x+5$, $y=-x+1$이다.

확인유제 0817 다음 물음에 답하시오.

(1) 함수 $y=\dfrac{4x-5}{x-2}$의 그래프는 점 (a, b)에 대하여 대칭일 때, 상수 a, b에 대하여 $a+b$의 값을 구하시오.

(2) 함수 $y=\dfrac{3}{x-a}+b$의 그래프가 직선 $y=x-1$, $y=-x+3$에 대하여 대칭일 때, 상수 a, b에 대하여 $a+b$의 값을 구하시오.

변형문제 0818 다음 물음에 답하시오.

(1) 유리함수 $y=\dfrac{3x+b}{x+a}$의 그래프가 점 $(2, 1)$을 지나고, 점 $(-2, c)$에 대하여 대칭일 때, 상수 a, b, c에 대하여 $a+b+c$의 값은?

① 1 ② 2 ③ 3 ④ 4 ⑤ 5

(2) 함수 $f(x)=\dfrac{ax+b}{x+c}$의 그래프가 두 직선 $y=x+1$, $y=-x+7$에 대하여 대칭이고 점 $(1, 2)$를 지날 때, 상수 a, b, c에 대하여 $a+b+c$의 값은?

① -9 ② -8 ③ -7 ④ -6 ⑤ -5

발전문제 0819 함수 $f(x)=\dfrac{ax-5}{x+b}$의 역함수의 그래프가 두 직선 $y=x-1$, $y=-x+5$에 대하여 대칭일 때, 상수 a, b에 대하여 $a+b$의 값을 구하시오.

정답 0817 : (1) 6 (2) 3 0818 : (1) ③ (2) ③ 0819 : 1

마플개념익힘 08 유리함수의 최대 • 최소

다음 물음에 답하시오.

(1) 함수 $y=\dfrac{3x+2}{x+2}$의 정의역이 $\{x|-1\leq x\leq 1\}$일 때, 이 함수의 최댓값과 최솟값을 구하시오.

(2) 함수 $y=\dfrac{-2x+3}{x-1}$의 정의역이 $\{x|2\leq x\leq 4\}$일 때, 이 함수의 최댓값과 최솟값을 구하시오

MAPL CORE ▶ 제한된 범위에서 유리함수의 최댓값과 최솟값

함수 $y=\dfrac{k}{x-p}+q(k\neq 0)$의 꼴로 변형하여 그래프를 그려 주어진 x값의 범위에서 y의 최댓값과 최솟값을 구한다.

개념익힘풀이

(1) $y=\dfrac{3x+2}{x+2}=\dfrac{3(x+2)-4}{x+2}=\dfrac{-4}{x+2}+3$이므로

함수 $y=\dfrac{3x+2}{x+2}$의 그래프는 $y=-\dfrac{4}{x}$의 그래프를 x축의 방향으로 -2만큼, y축의 방향으로 3만큼 평행이동한 것이다.

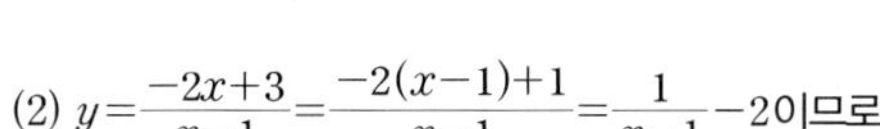

이때 $-1\leq x\leq 1$에서 주어진 함수의 그래프는 오른쪽 그림과 같다.

따라서 $x=1$일 때, **최댓값은 $\dfrac{5}{3}$**이고

$x=-1$일 때, **최솟값은 -1**이다.

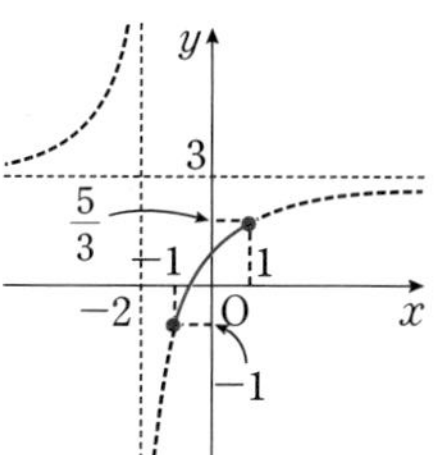

(2) $y=\dfrac{-2x+3}{x-1}=\dfrac{-2(x-1)+1}{x-1}=\dfrac{1}{x-1}-2$이므로

함수 $y=\dfrac{-2x+3}{x-1}$의 그래프는 $y=\dfrac{1}{x}$의 그래프를 x축의 방향으로 1만큼, y축의 방향으로 -2만큼 평행이동한 것이다.

이때 $2\leq x\leq 4$에서 주어진 함수의 그래프는 오른쪽 그림과 같다.

따라서 $x=2$일 때, **최댓값은 -1**이고

$x=4$일 때, **최솟값은 $-\dfrac{5}{3}$**이다.

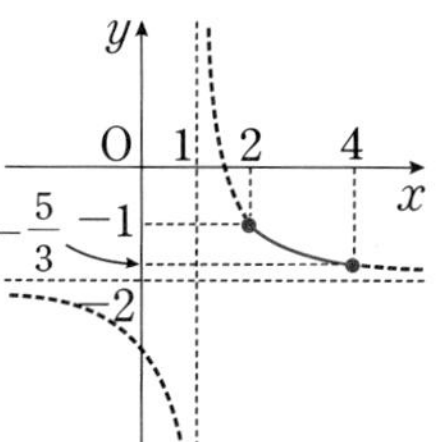

확인유제 0820 함수 $f(x)=\dfrac{ax+b}{x+c}$의 그래프는 점 $(1,\ 4)$를 지나며 $x=-1$, $y=3$을 점근선으로 가질 때, $1\leq x\leq 3$에 대하여 $f(x)$의 최댓값과 최솟값을 구하시오.

변형문제 0821 함수 $y=\dfrac{ax+b}{x+c}$가 점 $(2,\ 1)$에 대하여 대칭이고 점 $(3,\ 3)$을 지난다. 구간 $-1\leq x\leq 1$에서 이 함수의 최댓값을 M, 최솟값을 m이라 하면 $3M-m$의 값은?

① 1　② 2　③ 3　④ 4　⑤ 5

발전문제 0822 $a\leq x\leq 1$에서 함수 $y=\dfrac{4x+k}{x-2}$의 최댓값이 $\dfrac{3}{2}$, 최솟값이 1일 때, 두 상수 a, k에 대하여 $5a-k$의 값을 구하시오.

정답 0820 : 최댓값 4, 최솟값 $\dfrac{7}{2}$　0821 : ②　0822 : 9

두 집합 $A=\left\{(x, y) \middle| y=\frac{x+1}{x}\right\}$, $B=\{(x, y)|y=kx+1\}$에 대하여 $A\cap B=\varnothing$일 때, 상수 k의 값의 범위를 구하시오.

MAPL CORE ▶ (1) 유리함수 $y=f(x)$의 그래프를 그리고, 직선 $y=mx+n$이 반드시 지나는 점을 찾고 방정식 $f(x)=mx+n$를 정리하여 이차방정식을 유도한 후 판별식을 이용하여 미지수의 범위를 구한다.
(2) $A\cap B=\varnothing$이려면 두 함수의 그래프가 만나지 않아야 한다.

개념익힘**풀이** $y=\frac{x+1}{x}=\frac{1}{x}+1$이므로 $y=\frac{1}{x}$의 그래프를 y축으로 1만큼 평행이동한 것이므로 오른쪽 그림과 같다.
이때 직선 $y=kx+1$은 k의 값에 관계없이 $(0, 1)$을 지나는 직선이다.
따라서 직선 $y=kx+1$이 곡선 $y=\frac{x+1}{x}$과 만나지 않으려면
기울기 k는 $\boldsymbol{k\le 0}$이어야 한다.

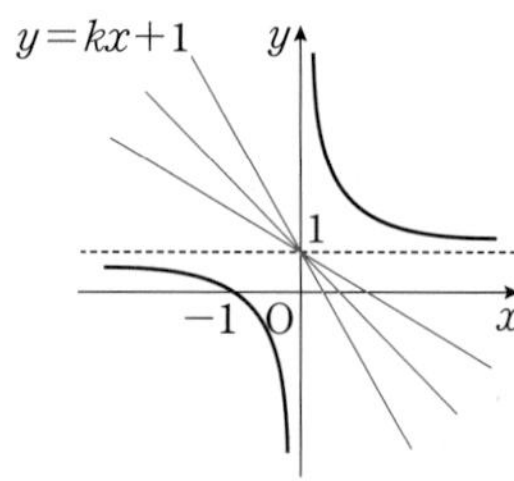

다른풀이 유리함수의 그래프와 직선의 위치관계를 판별식을 이용하여 풀이하기

(ⅰ) $k=0$일 때,
오른쪽 그림과 같이 함수 $y=\frac{x+1}{x}$의 그래프와 직선 $y=1$은 만나지 않는다.

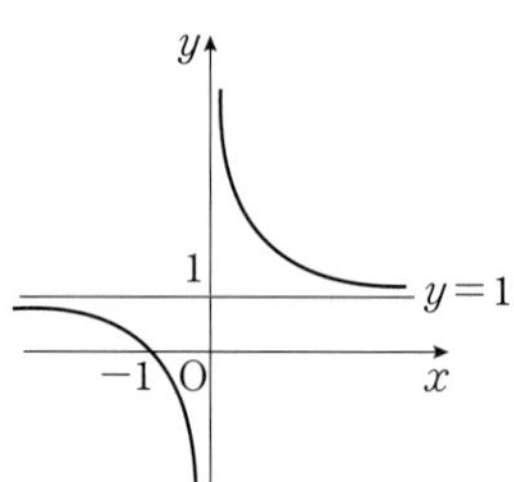

(ⅱ) $k\ne 0$일 때,
$y=\frac{x+1}{x}$의 그래프와 직선 $y=kx+1$이 만나지 않으려면
$\frac{x+1}{x}=kx+1$에서 $kx^2+x=x+1$ $\therefore kx^2-1=0$ …… ㉠
이차방정식 ㉠의 실근이 존재하지 않아야 하므로
이 이차방정식의 판별식을 D라 하면 $D=4k<0$ $\therefore k<0$
(ⅰ), (ⅱ)에 의하여 k의 값의 범위는 $\boldsymbol{k\le 0}$이다.

확인유제 **0823** 두 집합 $A=\left\{(x, y) \middle| y=\frac{2x-4}{x}\right\}$, $B=\{(x, y)|y=ax+2\}$에 대하여 $A\cap B=\varnothing$일 때, 상수 a의 값의 범위를 구하시오.

변형문제 **0824** 두 집합 $A=\left\{(x, y) \middle| y=\frac{x-3}{x+1}\right\}$, $B=\{(x, y)|y=ax+1\}$에 대하여 $n(A\cap B)=1$일 때, 상수 a의 값은?

① 10 ② 12 ③ 14 ④ 16 ⑤ 18

발전문제 **0825** 다음 물음에 답하시오.

(1) $2\le x\le 4$에서 정의된 함수 $y=\frac{2x+1}{x-1}$의 그래프와 직선 $y=mx-m+2$가 만나도록 하는 상수 m의 값의 범위를 구하시오.

(2) $1\le x\le 3$인 임의의 실수 x에 대하여 $ax+3\le\frac{3x+5}{x+1}\le bx+3$이 항상 성립할 때, $b-a$의 최솟값을 구하시오. (단, a, b는 상수이다.)

정답 0823 : $a\ge 0$ 0824 : ④ 0825 : (1) $\frac{1}{3}\le m\le 3$ (2) $\frac{5}{6}$

마플개념익힘 10 유리함수의 합성

함수 $f(x)=\dfrac{x}{x-1}$에 대하여

$$f^1=f,\ f^n=f\circ f^{n-1}\ (n=1, 2, 3, 4, \cdots)$$

로 정의할 때, $f^{2025}(3)$의 값을 구하시오.

MAPL CORE ▶ 합성함수 $f^n(a)$의 값을 구하는 방법

[방법1] $f^n(x)$의 규칙 : $f^2(x)$, $f^3(x)$, $f^4(x)$, $\cdots$를 직접 구하여 $f^n(x)$의 규칙을 찾아 x대신 a를 대입한다.

[방법2] $f^n(a)$의 규칙 : $f^2(a)$, $f^3(a)$, $f^4(a)$, $\cdots$의 값을 구하여 규칙을 찾아 $f^n(a)$의 값을 구한다.

함수 $f(x)$의 합성함수를 차례대로 구하여 $f^n(x)=f(x)$ 또는 $f^n(x)=x$를 만족하는 자연수 n을 구한다.

개념익힘풀이 $f(x)=\dfrac{x}{x-1}$에서 $f^2(x)=(f\circ f)(x)=f(f(x))=f\left(\dfrac{x}{x-1}\right)=\dfrac{\frac{x}{x-1}}{\frac{x}{x-1}-1}=\dfrac{\frac{x}{x-1}}{\frac{1}{x-1}}=x$

$f^3(x)=(f\circ f^2)(x)=f(f^2(x))=f(x)=\dfrac{x}{x-1}$

$f^4(x)=(f\circ f^3)(x)=f(f^3(x))=f\left(\dfrac{x}{x-1}\right)=x$

즉 자연수 n에 대하여

함수 $f^2(x)=f^4(x)=f^6(x)=\cdots=f^{2n}(x)=x$는 항등함수이므로

$f^{2025}(x)=f^{2\times1012+1}(x)=f(x)$

따라서 $\boldsymbol{f^{2025}(3)=f(3)=\dfrac{3}{3-1}=\dfrac{3}{2}}$

다른풀이 직접 대입하여 풀이하기

$f(x)=\dfrac{x}{x-1}$에서 $f(3)=\dfrac{3}{3-1}=\dfrac{3}{2}$

$f^2(3)=(f\circ f)(3)=f(f(3))=f\left(\dfrac{3}{2}\right)=\dfrac{\frac{3}{2}}{\frac{3}{2}-1}=3$

$f^3(3)=(f\circ f^2)(3)=f(f^2(3))=f(3)=\dfrac{3}{2}$

$f^4(3)=(f\circ f^3)(3)=f(f^3(3))=f\left(\dfrac{3}{2}\right)=3$

$\vdots$

$\therefore f^n(3)=\begin{cases}\dfrac{3}{2} & (n\text{이 홀수})\\ 3 & (n\text{이 짝수})\end{cases}$

따라서 $f^{2025}(3)=\dfrac{3}{2}$

확인유제 0826 함수 $f(x)=\dfrac{x}{x+1}$에 대하여

$$f^2(x)=f(f(x)),\ f^3(x)=f(f^2(x)),\ \cdots,\ f^{10}(x)=f(f^9(x))$$

로 정의할 때, $f^{10}(1)$의 값은?

① $\dfrac{1}{10}$ ② $\dfrac{9}{10}$ ③ $\dfrac{10}{9}$ ④ $\dfrac{1}{11}$ ⑤ $\dfrac{10}{11}$

변형문제 0827 함수 $f(x)=\dfrac{1}{1-x}$에 대하여

$$f^1=f,\ f^{n+1}=f\circ f^n\ (n=1, 2, 3, \cdots)$$

로 정의할 때, $f^{101}(2)$의 값은?

① -1 ② $-\dfrac{1}{2}$ ③ 1 ④ $\dfrac{1}{2}$ ⑤ $\dfrac{3}{2}$

발전문제 0828 오른쪽 그림은 유리함수 $f(x)=\dfrac{ax+b}{x+c}$의 그래프이다.

$$f^1=f,\ f^{n+1}=f\circ f^n\ (n=1, 2, 3, \cdots)$$

로 정의할 때, $f^{2026}(3)+f^{2027}(3)$의 값을 구하시오.

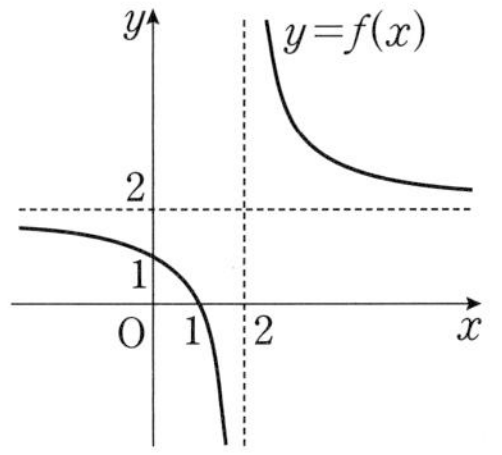

정답 0826 : ④ 0827 : ④ 0828 : 7

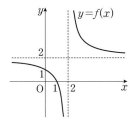

오른쪽 그림과 같이 함수 $y=\frac{1}{x}$의 제 1사분면 위의 점 A에서 x축과 y축에 평행한 직선을 그어 $y=\frac{k}{x}(k>1)$와 만나는 점을 각각 B, C라 하자. 삼각형 ABC의 넓이가 32일 때, 상수 k의 값을 구하시오.

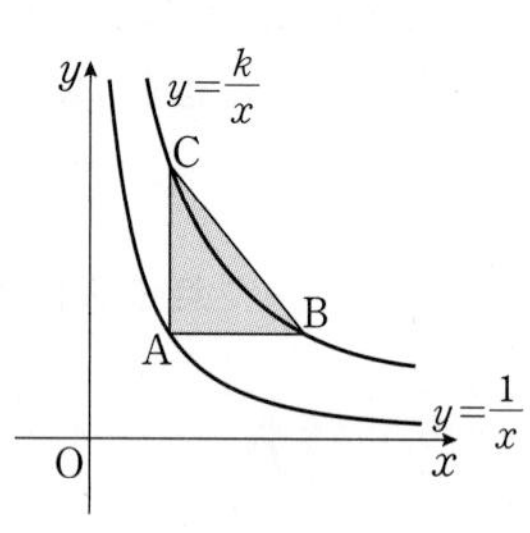

MAPL CORE ▶ 세 점 A, B, C의 좌표를 각각 구하여 두 선분 AB, AC의 길이를 구하고 삼각형 ABC의 넓이 구하기

개념익힘**풀이** 점 $A\left(p, \frac{1}{p}\right)$이라 하면 점 B의 y좌표는 $\frac{1}{p}$이고 점 C의 x좌표는 p이므로

두 점 B, C의 좌표는 $B\left(kp, \frac{1}{p}\right)$, $C\left(p, \frac{k}{p}\right)$ (단, $p>0$)

$\overline{AB}=|kp-p|=|(k-1)p|$, $\overline{AC}=\left|\frac{k}{p}-\frac{1}{p}\right|=\left|\frac{k-1}{p}\right|$

이때 삼각형 ABC의 넓이가 32이므로

$32=\frac{1}{2}\times\overline{AB}\times\overline{AC}=\frac{1}{2}\times|(k-1)\cancel{p}|\times\left|\frac{k-1}{\cancel{p}}\right|$에서

$64=|k-1|^2$, $k-1=\pm8$

$\therefore k=9$ 또는 $k=-7$

따라서 $\boldsymbol{k=9}(\because k>1)$

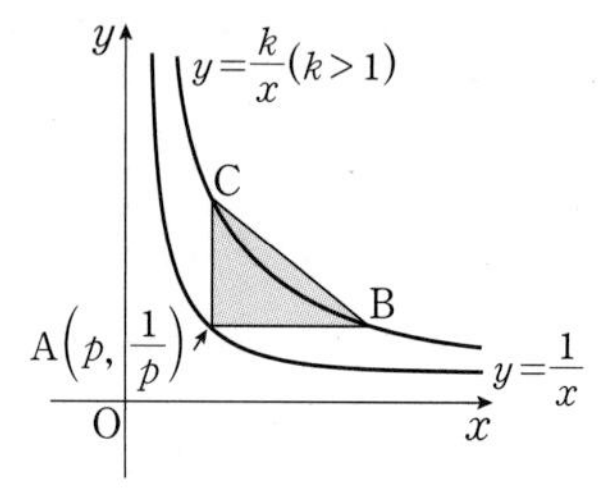

확인유제 0829 양수 a에 대하여 함수 $f(x)=\frac{ax}{x+1}$의 그래프의 점근선인 두 직선과 직선 $y=x$로 둘러싸인 부분의 넓이가 8일 때, a의 값은?

① 2 ② 3 ③ 4 ④ 5 ⑤ 6

변형문제 0830 오른쪽 그림과 같이 유리함수 $y=\frac{k}{x}(k>0)$의 그래프가 직선 $y=-x+8$과 두 점 P, Q에서 만난다. 삼각형 OPQ의 넓이가 16일 때, 상수 k의 값은? (단, O는 원점이다.)

① 10 ② 12 ③ 14
④ 16 ⑤ 18

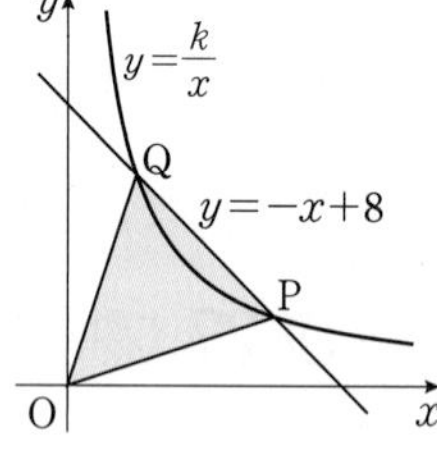

발전문제 0831 오른쪽 그림과 같이 점 A$(-3, 3)$와 곡선 $y=\frac{3}{x}$ 위의 두 점 B, C가 다음 조건을 만족시킨다.

(가) 점 B와 점 C는 직선 $y=x$에 대하여 대칭이다.
(나) 삼각형 ABC의 넓이는 4이다.

점 B의 좌표를 (α, β)라 할 때, $\alpha^2+\beta^2$의 값을 구하시오. (단, $\alpha>\sqrt{3}$)

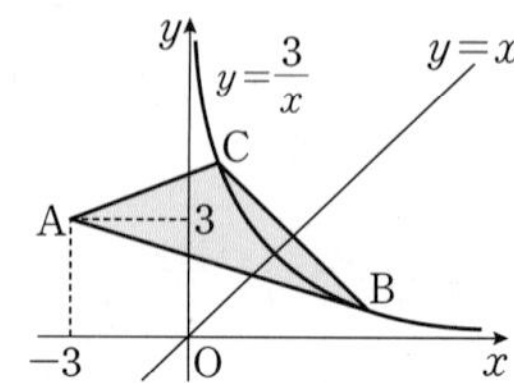

정답 0829 : ② 0830 : ② 0831 : 10

마플개념익힘 12 유리함수 위의 점에서 산술평균과 기하평균

오른쪽 그림과 같이 함수 $y=\frac{9}{x-1}+2(x>1)$의 그래프 위의 한 점 P에서 두 점근선에 내린 수선의 발을 각각 A, B라 할 때, $\overline{PA}+\overline{PB}$의 최솟값을 구하시오.

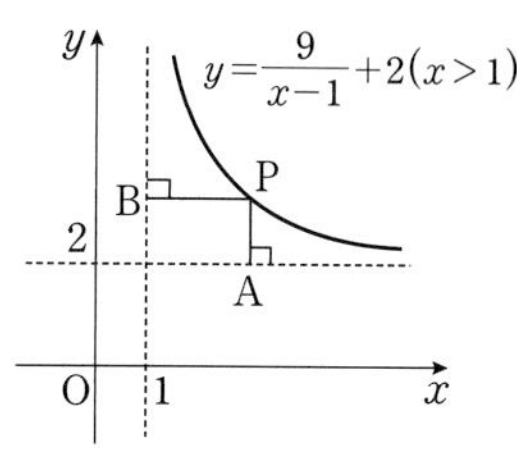

MAPL CORE ▶ (1) 유리함수 위의 점 P(a, b)라 하고 주어진 조건(넓이, 둘레의 길이)을 이용하여 a, b의 관계식을 구한다.
(2) 산술평균과 기하평균의 관계를 이용하여 최대, 최소를 구한다.
$a>0$, $b>0$일 때, $a+b \geq 2\sqrt{ab}$ (단, 등호는 $a=b$일 때 성립한다.)

개념익힘풀이 $y=\frac{9}{x-1}+2$의 그래프 위의 한 점 P의 x좌표를 $a(a>1)$라 하면

$P\left(a, \frac{9}{a-1}+2\right)$, $A(a, 2)$, $B\left(1, \frac{9}{a-1}+2\right)$

$\overline{PA}=\frac{9}{a-1}+2-2=\frac{9}{a-1}$, $\overline{PB}=a-1$

이때 $a>1$에서 $\frac{9}{a-1}>0$, $a-1>0$이므로

산술평균과 기하평균의 관계에 의하여

$\overline{PA}+\overline{PB}=\frac{9}{a-1}+a-1 \geq 2\sqrt{\frac{9}{a-1}\times(a-1)}=6$

여기서 등호는 $\frac{9}{a-1}=a-1$, 즉 $a=4$일 때, 성립한다.

따라서 $\overline{PA}+\overline{PB}$의 최솟값은 **6**

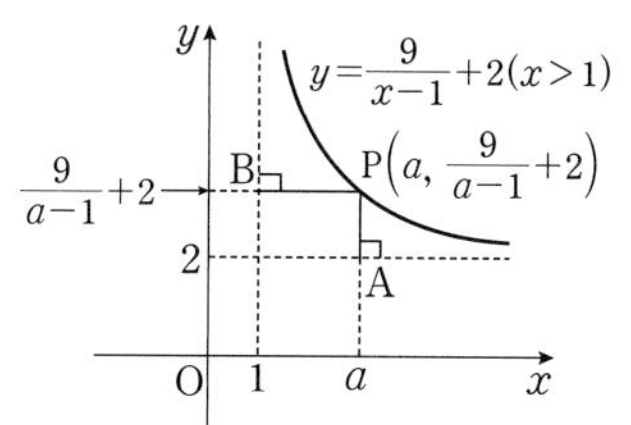

확인유제 0832 오른쪽 그림과 같이 함수 $y=\frac{k}{x-2}+1(x>2)$의 그래프 위의 한 점 P에서 두 점근선에 내린 수선의 발을 각각 A, B라 하자. $\overline{PA}+\overline{PB}$의 최솟값이 6이 되도록 k의 값을 정할 때, 양수 k의 값을 구하시오.

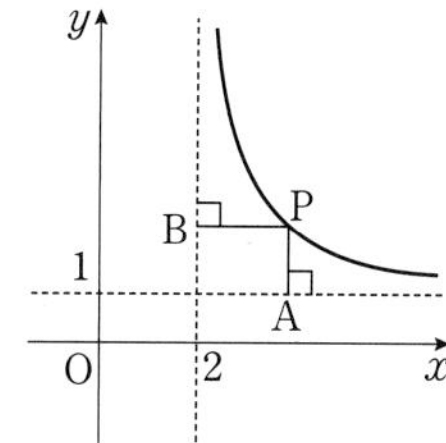

변형문제 0833 $x>0$에서 정의된 함수 $y=\frac{8}{x}$의 그래프를 x축의 방향으로 1만큼, y축의 방향으로 2만큼 평행이동한 그래프 위의 점 P에서 x축, y축에 내린 수선의 발을 각각 Q, R이라 할 때, 직사각형 ROQP의 넓이의 최솟값은? (단, O는 원점이다.)

① 8 ② 10 ③ 12 ④ 16 ⑤ 18

발전문제 0834 오른쪽 그림과 같이 함수 $y=\frac{4}{x-1}+2$의 그래프 위의 한 점 P에서 이 함수의 그래프의 두 점근선에 내린 수선의 발을 각각 Q, R이라 하고 두 점근선의 교점을 S라 하자. 사각형 PRSQ의 둘레의 길이의 최솟값을 구하시오. (단, 점 P는 제 1사분면 위의 점이다.)

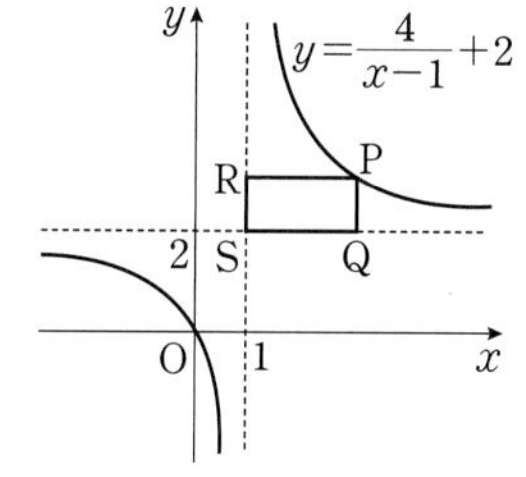

정답 0832 : 9 0833 : ⑤ 0834 : 8

17 유리함수 위의 점에서 최단 거리 구하기

MAPL; YOURMASTERPLAN

특강유형

01 대칭인 점에서 유리함수 위의 점까지의 거리의 최솟값 구하기

유리함수 $y=\dfrac{ax+b}{cx+d}$ 위의 점에서 대칭인 점 $A\left(-\dfrac{d}{c}, \dfrac{a}{c}\right)$까지 거리의 최솟값 구하는 방법은 다음과 같다.

점근선의 방정식은 $x=-\dfrac{d}{c}$, $y=\dfrac{a}{c}$

방법 1 산술평균과 기하평균을 이용하여 구할 수 있다.

방법 2 대칭인 직선의 방정식을 구하여 유리함수의 교점을 구하여 최단 거리 구할 수 있고 순서는 다음과 같다.

❶ 두 점근선의 교점 $A\left(-\dfrac{d}{c}, \dfrac{a}{c}\right)$를 지나고 기울기가 ±1인 직선의 방정식을 구한다.

❷ 이 직선과 유리함수의 교점 P를 구한다.

❸ 대칭점 A와 점 P 사이의 거리를 구한다.

마플특강문제 01

2009년 03월 고2 학력평가 25번 변형

좌표평면에 점 $P(0, 3)$과 곡선 $y=\dfrac{8}{x}+3(x>0)$이 있다. 점 Q가 이 곡선 위를 움직일 때, 선분 PQ의 길이의 최솟값과 그때의 점 Q의 좌표를 구하시오.

마플특강 풀이

STEP Ⓐ 산술평균과 기하평균을 이용하여 최솟값 구하기

점 Q는 곡선 $y=\dfrac{8}{x}+3$ 위의 점이므로 $Q\left(a, \dfrac{8}{a}+3\right)(a\neq0)$이라 하면

점 $P(0, 3)$에 대하여 $\overline{PQ}=\sqrt{(a-0)^2+\left(\dfrac{8}{a}+3-3\right)^2}=\sqrt{a^2+\dfrac{64}{a^2}}$

$a^2>0$, $\dfrac{64}{a^2}>0$이므로 산술평균과 기하평균의 관계에 의하여

$a^2+\dfrac{64}{a^2}\geq2\sqrt{a^2\times\dfrac{64}{a^2}}=16$

이므로 선분 PQ의 길이의 최솟값은 $\sqrt{16}=\mathbf{4}$

이때 등호는 $a^2=\dfrac{64}{a^2}$일 때, 성립하므로 $a^4=64$ $\quad\therefore a^2=8$

즉 $a=2\sqrt{2}$ ($\because a>0$)일 때, y좌표는 $\dfrac{8}{2\sqrt{2}}+3=2\sqrt{2}+3$

따라서 최솟값을 가질 때의 점 Q의 좌표는 $\mathbf{Q(2\sqrt{2}, 2\sqrt{2}+3)}$

다른풀이 유리함수에 대칭인 직선과 유리함수와 만나는 점에서 대칭점까지 거리가 최소임을 이용하여 최솟값 구하기

곡선 $y=\dfrac{8}{x}+3$의 점근선의 방정식이 $x=0$, $y=3$이므로

점 $P(0, 3)$는 대칭점이다.

유리함수 위의 점 Q는 점 $P(0, 3)$을 지나고 기울기가 1인

직선 $y=x+3$과 $y=\dfrac{8}{x}+3$의 교점일 때, 선분 PQ의 길이가

최솟값을 가진다.

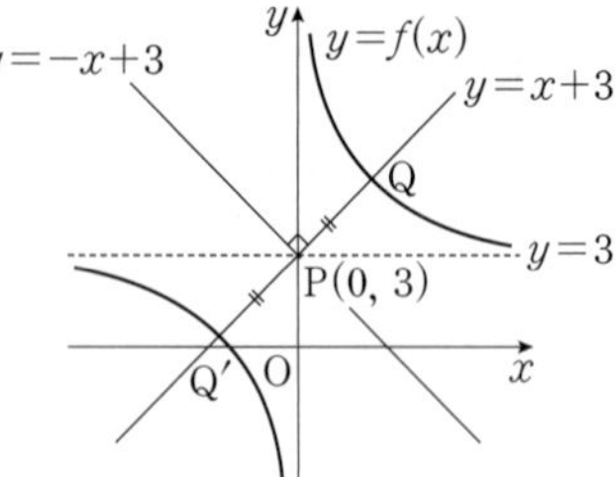

즉 $\dfrac{8}{x}+3=x+3$, $x^2=8$

$\therefore x=2\sqrt{2}$ 또는 $x=-2\sqrt{2}$

따라서 점 $Q(2\sqrt{2}, 2\sqrt{2}+3)$과 $P(0, 3)$이므로

선분 PQ의 길이의 최솟값 $\sqrt{(2\sqrt{2}-0)^2+(2\sqrt{2}+3-3)^2}=\mathbf{4}$이고 그때의 점 Q의 좌표는 $\mathbf{Q(2\sqrt{2}, 2\sqrt{2}+3)}$

마플특강문제 02

2013년 03월 고2 학력평가 10~11번

다음은 유리함수 $f(x)=\dfrac{3}{x-1}+2$의 그래프에 대하여 두 물음에 답하시오.

(1) 함수 $y=f(x)$의 역함수를 $y=g(x)$라 할 때, $g(3)$의 값을 구하시오.

(2) 제1사분면에서 함수 $y=f(x)$의 그래프 위에 점 $\mathrm{P}(a,\ b)$가 있을 때, $(a-1)+(b-2)$의 최솟값을 구하시오.

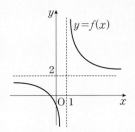

마플특강 풀이

STEP Ⓐ $f^{-1}(a)=b$이면 $f(b)=a$임을 이용하여 $g(3)$의 값 구하기

(1) $g(3)=k$라 하면 $g^{-1}(k)=3$이다.

$g^{-1}(x)=f(x)$이므로 $f(k)=3$에서 $\dfrac{3}{k-1}+2=3$, $\dfrac{3}{k-1}=1$ $\quad\therefore k=4$

따라서 $g(3)=4$

STEP Ⓑ 산술평균과 기하평균을 이용하여 최솟값 구하기

(2) 제1사분면에서 점 $\mathrm{P}(a,\ b)$가 $y=\dfrac{3}{x-1}+2$의 그래프 위에 있으므로

$b=\dfrac{3}{a-1}+2$이고 $a>1$, $b>2$임을 알 수 있다.

이때 $b-2=\dfrac{3}{a-1}$이므로 $(a-1)+(b-2)=(a-1)+\dfrac{3}{(a-1)}$

$a>1$, $b>2$에서 $a-1>0$, $b-2>0$이므로 산술평균과 기하평균의 관계에 의하여

$(a-1)+(b-2)=(a-1)+\dfrac{3}{(a-1)}\geq 2\sqrt{(a-1)\times\dfrac{3}{a-1}}=2\sqrt{3}$

(단, 등호는 $a=1+\sqrt{3}$일 때, 성립한다.)

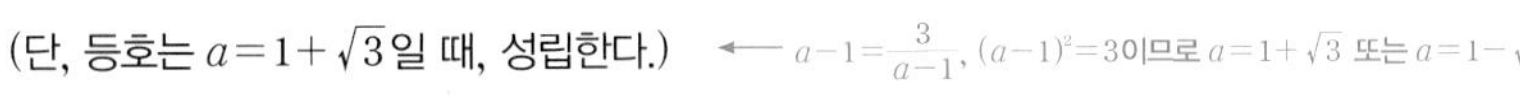

← $a-1=\dfrac{3}{a-1}$, $(a-1)^2=3$이므로 $a=1+\sqrt{3}$ 또는 $a=1-\sqrt{3}$

이때 $a>1$이므로 $a=1+\sqrt{3}$

따라서 주어진 식의 **최솟값은 $2\sqrt{3}$**이다.

특강유형

02 직선에서 유리함수 위의 점까지의 거리의 최솟값 구하기

유리함수 $f(x)=\dfrac{ax+b}{cx+d}$ 위의 점에서 직선 $ax+by+c=0$ 사이의 거리의 최솟값을 구하는 순서는 다음과 같다.

❶ 유리함수 위의 점 $(k,\ f(k))$에서 직선 $ax+by+c=0$ 사이의 거리 $\dfrac{|ak+bf(k)+c|}{\sqrt{a^2+b^2}}$ 구하기

❷ 산술평균과 기하평균을 이용하여 최솟값 구하기

마플특강문제 03

유리함수 $y=\dfrac{-x+7}{x-2}(x>2)$의 그래프 위의 점 P와 직선 $y=-2x+3$ 사이의 거리의 최솟값은?

① $\sqrt{2}$ ② 2 ③ $\sqrt{5}$ ④ $2\sqrt{2}$ ⑤ 3

마플특강 풀이

STEP Ⓐ 점과 직선 사이의 거리를 이용하여 식 작성하기

$y=\dfrac{-x+7}{x-2}=\dfrac{-(x-2)+5}{x-2}=\dfrac{5}{x-2}-1$이므로 유리함수 그래프 위의 한 점을 $\mathrm{P}\left(t,\ \dfrac{5}{t-2}-1\right)(t>2)$라 하면

점 P와 직선 $2x+y-3=0$ 사이의 거리는 $\dfrac{\left|2t+\dfrac{5}{t-2}-1-3\right|}{\sqrt{2^2+1^2}}=\dfrac{2(t-2)+\dfrac{5}{t-2}}{\sqrt{5}}\ (\because t>2)$

STEP Ⓑ 산술평균과 기하평균을 이용하여 최솟값 구하기

$t>2$에서 $t-2>0$, $\dfrac{5}{t-2}>0$이므로 산술평균과 기하평균의 관계의 의하여

$2(t-2)+\dfrac{5}{t-2}\geq 2\sqrt{2(t-2)\times\dfrac{5}{t-2}}=2\sqrt{10}$ $\left(\text{단, 등호는 } t=2+\dfrac{\sqrt{10}}{2}\text{일 때 성립한다.}\right)$

← $2(t-2)=\dfrac{5}{t-2}$, $2(t-2)^2=5$이므로 $t=2+\dfrac{\sqrt{10}}{2}$ 또는 $t=2-\dfrac{\sqrt{10}}{2}$ 이때 $t>2$이므로 $t=2+\dfrac{\sqrt{10}}{2}$

$\dfrac{2(t-2)+\dfrac{5}{t-2}}{\sqrt{5}}\geq\dfrac{2\sqrt{10}}{\sqrt{5}}=2\sqrt{2}$

따라서 구하는 거리의 최솟값은 $2\sqrt{2}$이다.

마플특강문제 04

2015년 06월 고2 학력평가 13~14번

상수 a에 대하여 유리함수 $f(x)=\dfrac{2}{x-a}+3a-1$에 대하여 두 물음에 답하시오.

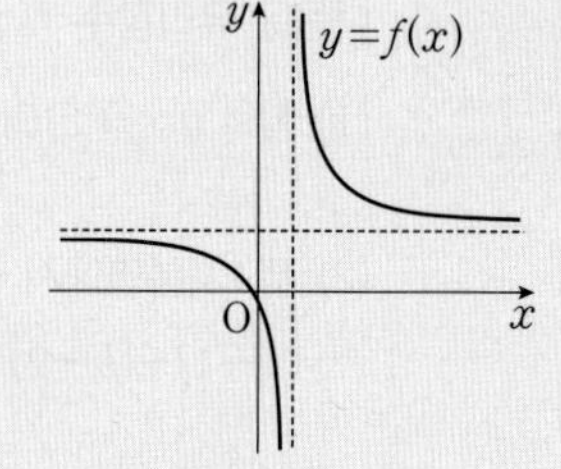

(1) 직선 $y=x$가 곡선 $y=f(x)$의 두 점근선의 교점을 지날 때, 상수 a의 값은?

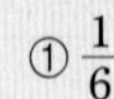

① $\dfrac{1}{6}$　② $\dfrac{1}{3}$　③ $\dfrac{1}{2}$　④ $\dfrac{2}{3}$　⑤ $\dfrac{5}{6}$

(2) $a=1$일 때, 유리함수 $y=f(x)$의 그래프 위를 움직이는 점 P와 직선 $y=-x+3$ 사이의 거리의 최솟값은?

① 1　② $\sqrt{2}$　③ $\sqrt{3}$　④ 2　⑤ $\sqrt{5}$

마플특강 풀이

STEP Ⓐ **$y=\dfrac{k}{x-p}+q$의 점근선의 교점이 $y=x$ 위에 있음을 이용하기**

(1) 유리함수 $f(x)=\dfrac{2}{x-a}+3a-1$의 점근선은 $x=a$, $y=3a-1$이고

그래프는 오른쪽 그림과 같다.

곡선 $y=f(x)$의 두 점근선의 교점은 $(a,\ 3a-1)$

직선 $y=x$가 이 교점을 지나므로 $3a-1=a$

$\therefore\ \boldsymbol{a=\dfrac{1}{2}}$

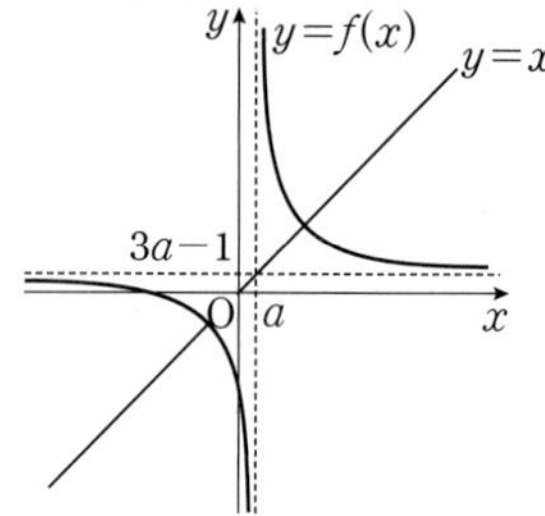

STEP Ⓑ **점과 직선 사이의 거리를 이용하여 산술평균과 기하평균에서 최솟값 구하기**

(2) $a=1$이므로 유리함수 $f(x)=\dfrac{2}{x-1}+2$이고 점근선의 방정식은 $x=1$, $y=2$

직선 $y=-x+3$은 두 점근선의 교점 $(1,\ 2)$를 지나므로

이 유리함수의 그래프는 직선 $y=-x+3$에 대하여 대칭이다.

즉 $x>1$인 경우만 생각해도 된다.

유리함수 $f(x)$의 그래프 위를 움직이는 한 점 중 제 1사분면의 점을

$\mathrm{P}\left(t,\ \dfrac{2}{t-1}+2\right)(t>1)$라 하면

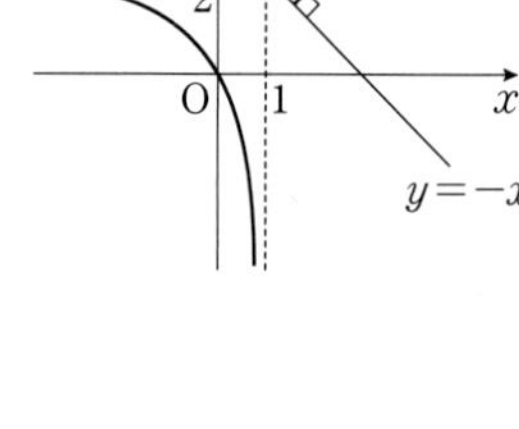

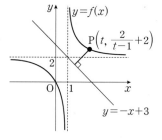

점 P와 직선 $x+y-3=0$ 사이의 거리는 $\dfrac{\left|t+\dfrac{2}{t-1}+2-3\right|}{\sqrt{1^2+1^2}}=\dfrac{\left|t-1+\dfrac{2}{t-1}\right|}{\sqrt{2}}$

$t>1$이므로 산술평균과 기하평균의 관계에 의하여

$(t-1)+\dfrac{2}{t-1}\geq 2\sqrt{(t-1)\times\dfrac{2}{t-1}}=2\sqrt{2}$ (단, 등호는 $t=1+\sqrt{2}$일 때 성립)

← $t-1=\dfrac{2}{t-1}$, $(t-1)^2=2$이므로 $t=1+\sqrt{2}$ 또는 $t=1-2$ 이때 $t>1$이므로 $t=1+\sqrt{2}$

따라서 구하는 거리의 최솟값은 $\dfrac{\left|t-1+\dfrac{2}{t-1}\right|}{\sqrt{2}}\geq\dfrac{2\sqrt{2}}{\sqrt{2}}=\boldsymbol{2}$

익히고 다지고 키우는!

단원종합문제

FINAL EXERCISE
단계별 실력완성 연습문제

BASIC

개념을 **익히는** 문제

0835 다항함수가 아닌 유리함수가 되기 위한 조건

함수 $y=\dfrac{ax+b}{cx+d}$가 다항함수가 아닌 유리함수가 되기 위한 상수 a, b, c, d의 조건을 구하면?

① $c\neq0$, $ad\neq bc$　② $c=0$, $ad\neq bc$　③ $c\neq0$, $ad=bc$
④ $c=0$, $ad=bc$　⑤ $d=0$, $ad\neq bc$

0836 유리함수가 서로 겹칠 조건

다음 물음에 답하시오.

(1) 함수 $y=\dfrac{2x+1}{x-3}$의 그래프는 $y=\dfrac{k}{x}$의 그래프를 x축의 방향으로 m만큼, y축의 방향으로 n만큼 평행이동한 것이다. $k+m+n$의 값은? (단, k, m, n은 상수이다.)

① 9　② 12　③ 15　④ 18　⑤ 21

(2) 함수 $y=\dfrac{2x+b}{x+a}$의 그래프를 x축의 방향으로 1만큼, y축의 방향으로 c만큼 평행이동하였더니 함수 $y=\dfrac{3}{x}$의 그래프와 일치하였다. 이때 상수 a, b, c의 합 $a+b+c$의 값은?

① 1　② 2　③ 3　④ 4　⑤ 5

0837 그래프에서 유리함수의 식 구하기

다음 물음에 답하시오.

(1) 함수 $y=\dfrac{ax+b}{x+c}$의 그래프가 점 $(2, 3)$에 대하여 대칭이고 점 $(5, 4)$를 지날 때, 상수 a, b, c에 대하여 $a+b+c$의 값은?

① -4　② -3　③ -2　④ -1　⑤ 0

(2) 유리함수 $y=\dfrac{3ax}{2x-1}(a\neq0)$의 그래프의 점근선은 두 직선 $x=m$, $y=m$이다. $a+m$의 값은? (단, a, m은 상수이다.)

① $\dfrac{1}{6}$　② $\dfrac{1}{3}$　③ $\dfrac{1}{2}$　④ $\dfrac{2}{3}$　⑤ $\dfrac{5}{6}$

0838 유리함수의 그래프

다음 물음에 답하시오.

(1) 유리함수 $f(x)=\dfrac{2x-3}{x-2}$의 그래프에 대한 설명으로 옳은 것만을 [보기]에서 있는 대로 고른 것은?

ㄱ. $g(x)=\dfrac{1}{x}$의 그래프를 평행이동시켜 $f(x)$의 그래프와 일치시킬 수 있다.
ㄴ. $f(x)$의 그래프는 직선 $y=-x$에 대하여 대칭이다.
ㄷ. $f(x)$의 그래프와 $f(x)$의 역함수의 그래프는 일치한다.

① ㄱ　② ㄷ　③ ㄱ, ㄴ　④ ㄱ, ㄷ　⑤ ㄱ, ㄴ, ㄷ

(2) 유리함수 $f(x)=\dfrac{x}{1-x}$에 대하여 [보기]에서 옳은 것만을 있는 대로 고른 것은?

ㄱ. 함수 $f(x)$의 정의역과 치역이 서로 같다.
ㄴ. 함수 $y=f(x)$의 그래프는 $y=-\dfrac{1}{x}$의 그래프를 평행이동한 것이다.
ㄷ. 함수 $y=f(x)$의 그래프는 제 2사분면을 지나지 않는다.

① ㄴ　② ㄷ　③ ㄱ, ㄷ　④ ㄴ, ㄷ　⑤ ㄱ, ㄴ, ㄷ

정답　0835 : ①　0836 : (1) ② (2) ④　0837 : (1) ③ (2) ⑤　0388 : (1) ④ (2) ④

0839
유리함수의 역함수

두 함수 $f(x)=\frac{x+4}{x+1}$, $g(x)=\frac{x+3}{x-1}$에 대하여 $(f^{-1}\circ g)^{-1}(2)$의 값은?

① -5 ② -3 ③ 2 ④ 3 ⑤ 5

0840
유리함수의 최대 최소

다음 물음에 답하시오.

(1) $-5\le x\le a$에서 유리함수 $y=-\frac{2}{x-1}$의 최댓값은 $\frac{2}{3}$, 최솟값은 b이다. 상수 a, b에 대하여 ab의 값을 구하시오.

(2) 유리함수 $f(x)=\frac{ax+b}{x+c}$의 그래프는 점 $(2, 1)$에 대하여 대칭이고 점 $(1, 2)$를 지난다. $-1\le x\le 1$일 때, $y=f(x)$의 최댓값과 최솟값을 구하시오.

0841
그래프에서 유리함수의 식 구하기

다음 물음에 답하시오.

(1) 유리함수 $y=\frac{ax+b}{cx+1}$의 그래프가 오른쪽 그림과 같을 때, 상수 a, b, c에 대하여 $a+b+c$의 값을 구하시오.

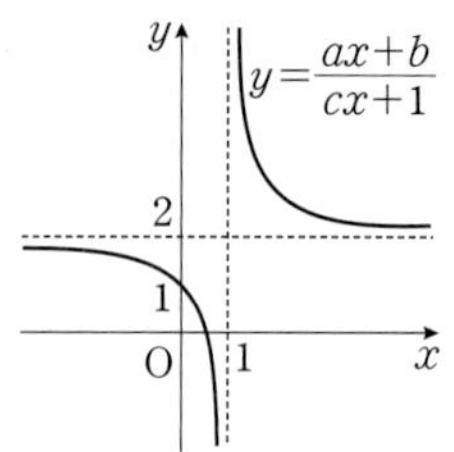

(2) 함수 $f(x)=\frac{x+a}{bx+c}$의 그래프가 오른쪽 그림과 같을 때, 함수 $g(x)=ax^2+2bx+c$의 최솟값을 구하시오.

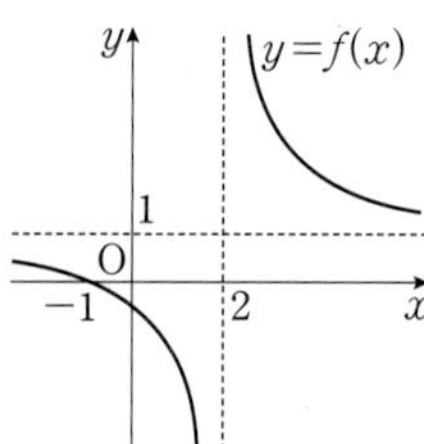

0842
유리함수 대칭성

다음 물음에 답하시오.

(1) 함수 $y=\frac{2x+3}{x+1}$의 그래프를 y축의 방향으로 a만큼 평행이동하면 직선 $y=-x$에 대하여 대칭일 때, 상수 a의 값은?

① -2 ② -1 ③ 1 ④ 2 ⑤ 3

(2) 함수 $f(x)=\frac{bx}{ax+1}$의 정의역과 치역이 같다. 곡선 $y=f(x)$의 두 점근선의 교점이 직선 $y=2x+3$ 위에 있을 때, $a+b$의 값은? (단, a와 b는 0이 아닌 상수이다.)

① $-\frac{2}{3}$ ② $-\frac{1}{3}$ ③ 0 ④ $\frac{1}{3}$ ⑤ $\frac{2}{3}$

0843
유리함수의 그래프

다음 물음에 답하시오.

(1) 유리함수 $y=\frac{3x+k-1}{x+1}$의 그래프가 모든 사분면을 지나도록 하는 정수 k의 최댓값은?

① -2 ② -1 ③ 0 ④ 1 ⑤ 2

(2) 유리함수 $y=\frac{5}{x-p}+2$의 그래프가 제 3사분면을 지나지 않도록 하는 정수 p의 최솟값은?

① 3 ② 4 ③ 5 ④ 6 ⑤ 7

정답 0839 : ⑤ 0840 : (1) $-\frac{2}{3}$ (2) 최댓값 2, 최솟값 $\frac{4}{3}$ 0841 : (1) -2 (2) -3 0842 : (1) ② (2) ① 0843 : (1) ③ (2) ①

0844 다음 물음에 답하시오.

$f(x)=f^{-1}(x)$를 만족하는 유리함수

(1) 유리함수 $y=\frac{2x-1}{x-a}$의 그래프와 그 역함수의 그래프가 일치할 때, 상수 a의 값은?

① 1 ② 2 ③ 3 ④ 4 ⑤ 5

(2) 함수 $g(x)=\frac{2x+1}{x-2}$에 대하여 $(g \circ f)(x)=x$를 만족하는 함수 $f(x)$가 있을 때, $(f \circ f)(1)$의 값은?

① 1 ② 2 ③ 3 ④ 4 ⑤ 5

0845 다음 물음에 답하시오.

유리함수의 역함수

(1) 함수 $f(x)=\frac{ax+b}{x+c}$의 그래프는 점근선의 방정식이 $x=-1$, $y=2$이고 y축과 점 $(0, 4)$에서 만날 때, $f^{-1}(3)$의 값은? (단, f^{-1}는 f의 역함수 이다.)

① -2 ② -1 ③ 0 ④ 1 ⑤ 2

(2) 함수 $f(x)=\frac{3x-1}{x-2}$의 역함수를 $g(x)$라 할 때, $y=g(x)$의 그래프를 x축의 방향으로 a만큼, y축의 방향으로 b만큼 평행이동하면 $y=f(x)$의 그래프와 겹쳐진다. 상수 a, b에 대하여 $a+b$의 값은?

① -2 ② -1 ③ 0 ④ 1 ⑤ 2

0846 다음 물음에 답하시오.

$f(x)=f^{-1}(x)$를 만족하는 유리함수

(1) 함수 $f(x)=\frac{ax+b}{x+1}$에 대하여 $y=f(x)$의 그래프가 점 $(3, 1)$을 지나고 $f=f^{-1}$일 때, 상수 a, b에 대하여 $b-a$의 값을 구하시오. (단, f^{-1}는 f의 역함수이다.)

유리함수의 역함수

(2) 함수 $f(x)=\frac{ax+1}{x+b}$의 그래프의 역함수가 $y=g(x)$이다. 점 $(1, 2)$가 함수 $y=f(x)$의 그래프와 $y=g(x)$의 그래프 위에 있을 때, 상수 a, b에 대하여 ab의 값을 구하시오.

0847 오른쪽 그림은 유리함수 $f(x)=\frac{ax+b}{x+c}$의 그래프이다.

유리함수의 합성

$$f^1=f,\ f^{n+1}=f \circ f^n\ (n=1, 2, 3, \cdots)$$

로 정의할 때, $f^{99}(1)+f^{100}(2)$의 값은?

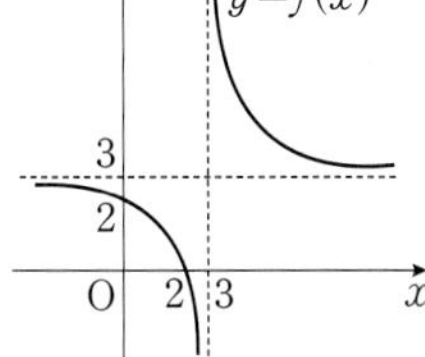

① 2 ② $\frac{5}{2}$ ③ $\frac{7}{2}$

④ 5 ⑤ 7

0848 $0\le x\le 2$에서 함수 $y=\frac{2x+a}{x+1}$의 최댓값이 1일 때, 상수 a의 값을 구하시오. (단, $a\ne 2$)

유리함수의 최대 최소

정답 0844 : (1) ② (2) ① 0845 : (1) ④ (2) ③ 0846 : (1) 8 (2) $-\frac{1}{9}$ 0847 : ③ 0848 : -1

0849 유리함수의 그래프

두 유리함수 $y=\frac{x-4}{x-a}$, $y=\frac{-ax+1}{x-2}$의 그래프의 점근선으로 둘러싸인 부분의 넓이가 18일 때, 양수 a의 값을 구하시오.

0850 유리함수의 그래프

좌표평면에서 곡선 $y=\frac{k}{x-3}+2(k<0)$이 x축, y축과 만나는 점을 각각 A, B라 하고, 이 곡선의 두 점근선의 교점을 C라 하자. 세 점 A, B, C가 한 직선 위에 있도록 하는 상수 k의 값은?

① -6 ② -5 ③ -4 ④ -3 ⑤ -2

0851 유리함수의 그래프와 직선의 위치 관계

$2\le x\le 3$에서

$$ax+1\le\frac{x}{x-1}\le bx+1$$

이 항상 성립할 때, 상수 a, b에 대하여 $a-b$의 최댓값을 구하시오.

0852 유리함수의 그래프

$0\le x\le 3$에서 두 함수

$$f(x)=x^2-4x+1,\ g(x)=\frac{x+9}{x+4}$$

에 대하여 $(g\circ f)(x)$의 최댓값 M, 최솟값을 m이라 하면 $M+m$의 값을 구하시오.

0853 유리함수의 합성

두 함수 $f(x)$, $g(x)$가

$$f(x)=\frac{6x+12}{2x-1},\ g(x)=\begin{cases}1 & (x\text{가 정수인 경우})\\ 0 & (x\text{가 정수가 아닌 경우})\end{cases}$$

일 때, 방정식 $(g\circ f)(x)=1$을 만족시키는 모든 자연수 x의 개수는?

① 4 ② 5 ③ 6 ④ 7 ⑤ 8

0854 $f^{-1}(x)=f(x)$를 만족하는 유리함수

유리함수 $f(x)=\frac{ax+b}{x+2}$는 그 역함수와 일치하며, $y=f(x)$와 $y=x$의 두 교점 사이의 거리가 8일 때, 상수 a, b에 대하여 $a-b$의 값은?

① -6 ② -3 ③ 0 ④ 3 ⑤ 6

정답 0849 : 5 0850 : ① 0851 : $-\frac{1}{3}$ 0852 : 8 0853 : ① 0854 : ①

0855 유리함수와 역함수

유리함수 $f(x)=\dfrac{2x+b}{x-a}$가 다음 조건을 만족시킨다.

(가) 2가 아닌 모든 실수 x에 대하여 $f^{-1}(x)=f(x-4)-4$이다.
(나) 함수 $y=f(x)$의 그래프를 평행이동하면 함수 $y=\dfrac{3}{x}$의 그래프와 일치한다.

$a+b$의 값은? (단, a, b는 상수이고 f^{-1}은 f의 역함수이다.)

① 1　② 2　③ 3　④ 4　⑤ 5

0856 유리함수의 그래프

함수 $f(x)=\dfrac{a}{x-4}+b$에 대하여 함수 $y=\left|f(x-a)-\dfrac{a}{2}\right|$의 그래프가 y축에 대하여 대칭일 때, $f(b)$의 값은? (단, a, b는 상수이고 $a\neq0$)

① -2　② $-\dfrac{5}{3}$　③ $-\dfrac{4}{3}$　④ -1　⑤ $-\dfrac{2}{3}$

0857 유리함수의 넓이의 활용

오른쪽 그림은 함수 $y=\dfrac{2}{x-2}+4$의 그래프를 나타낸 것이다. 이 곡선 위의 세 점 P, Q, R을 각각 한 꼭짓점으로 하고, 이 점과 이웃하지 않는 두 변이 점근선과 평행하거나 점근선 위에 있는 세 직사각형 A, B, C의 넓이를 각각 S_A, S_B, S_C라고 할 때, 다음 중 옳은 것은?

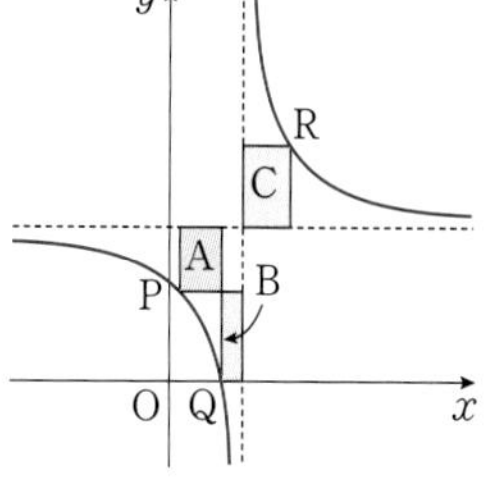

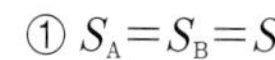
① $S_A=S_B=S_C$　② $S_A=S_B<S_C$　③ $S_C<S_A=S_B$
④ $S_B<S_A<S_C$　⑤ $S_A<S_B<S_C$

0858 유리함수 위의 점에서 산술평균과 기하평균

오른쪽 그림과 같이 함수 $y=\dfrac{4}{x}$의 그래프 위의 점 중 제 1사분면에 있는 한 점을 $\mathrm{A}\left(a,\ \dfrac{4}{a}\right)$라 하고 점 A를 x축, y축, 원점에 대하여 대칭이동한 점을 각각 B, C, D라 하자. 직사각형 ACDB의 둘레의 길이의 최솟값은?

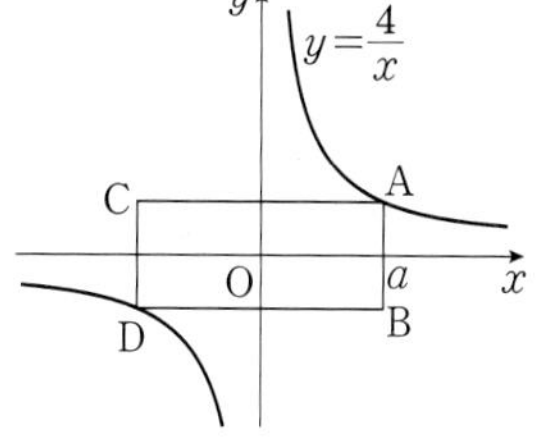

① 10　② 12　③ 14
④ 16　⑤ 18

0859 유리함수 위의 점에서 산술평균과 기하평균 서술형

유리함수 $f(x)=\dfrac{bx+c}{x+a}$의 그래프는 두 직선 $x=1$, $y=2$를 점근선으로 하고 점 $(-2,\ 1)$을 지난다. 이 그래프 위의 제 1사분면의 점 P에서 x축, y축에 내린 수선의 발을 각각 A, B라 할 때, $\overline{\mathrm{AP}}+\overline{\mathrm{BP}}$의 최솟값을 구하는 과정을 다음 단계로 서술하시오. (단, a, b, c는 상수이다.)

[1단계] 두 점근선과 한 점을 지나는 유리함수 $f(x)$의 식을 구한다. [5점]
[2단계] 산술평균과 기하평균을 이용하여 $\overline{\mathrm{AP}}+\overline{\mathrm{BP}}$의 최솟값을 구한다. [5점]

0860 유리함수의 그래프 서술형

유리함수 $f(x)=\dfrac{ax+b}{cx+d}$($ad-bc\neq0$, $c\neq0$)의 그래프가 두 직선 $y=x-1$, $y=-x+5$에 대하여 모두 대칭이고 점 $(1,\ 3)$을 지날 때, $f(x)$의 역함수 $f^{-1}(x)$를 구하는 과정을 다음 단계로 서술하시오. (단, a, b, c, d는 상수이다.)

[1단계] 유리함수의 그래프의 대칭성을 이용하여 유리함수 $f(x)$의 식을 구한다. [3점]
[2단계] 유리함수가 지나는 점을 대입하여 $f(x)$를 구한다. [3점]
[3단계] 유리함수 $f(x)$의 역함수 $f^{-1}(x)$를 구한다. [4점]

정답	0855 : ⑤　0856 : ③　0857 : ②　0858 : ④　0859 : 해설참조　0860 : 해설참조

0861 유리함수의 그래프

집합 $X=\{x|x>0\}$에 대하여 함수 $f: X \longrightarrow X$가

$$f(x)=\begin{cases} \frac{1}{x}+1 & (0<x\le 3) \\ -\frac{1}{x-a}+b & (x>3) \end{cases}$$

이다. 함수 $f(x)$가 일대일대응일 때, $a+b$의 값은? (단, a, b는 상수이다.)

① $\frac{13}{4}$ ② $\frac{10}{3}$ ③ $\frac{41}{12}$ ④ $\frac{7}{2}$ ⑤ $\frac{43}{12}$

0862 유리함수의 그래프

유리함수 $f(x)=\frac{6}{x-a}+6(a>1)$에 대하여 좌표평면에서 함수 $y=f(x)$의 그래프가 x축, y축과 만나는 점을 각각 A, B라 하고 함수 $y=f(x)$의 그래프의 두 점근선이 만나는 점을 C라 하자.
사각형 OACB의 넓이가 30일 때, 상수 a의 값은? (단, O는 원점이다.)

① 4 ② $\frac{9}{2}$ ③ 5 ④ $\frac{11}{2}$ ⑤ 6

0863 유리함수의 그래프

두 양수 a, k에 대하여 함수 $f(x)=\frac{k}{x}$의 그래프 위의 두 점 $P(a,\ f(a))$, $Q(a+4,\ f(a+4))$가 다음 조건을 만족시킬 때, k의 값은?

(가) 직선 PQ의 기울기는 -1이다.
(나) 두 점 P, Q를 원점에 대하여 대칭이동한 점을 각각 R, S라 할 때, 사각형 PQRS의 넓이는 $16\sqrt{5}$이다.

① $\frac{1}{2}$ ② 1 ③ $\frac{3}{2}$ ④ 2 ⑤ $\frac{5}{2}$

0864 유리함수 위의 점에서 산술평균과 기하평균

오른쪽 그림과 같이 함수 $f(x)=\frac{8}{2x-1}\left(x>\frac{1}{2}\right)$의 그래프와 직선 $y=-x$가 있다. 함수 $y=f(x)$의 그래프 위의 점 P를 지나고 x축에 수직인 직선이 직선 $y=-x$와 만나는 점을 Q라 하자. 선분 PQ의 길이의 최솟값은?

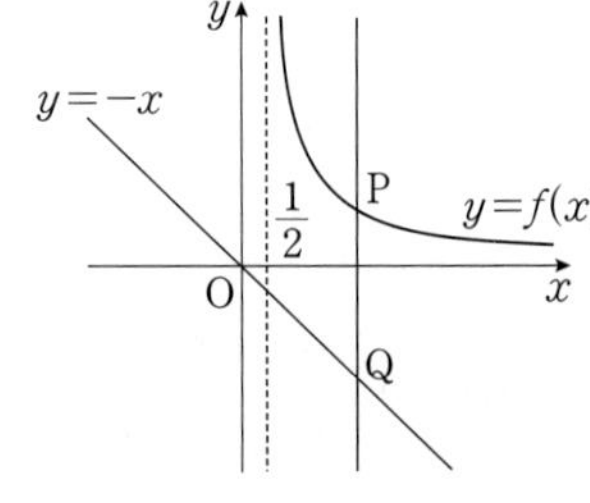

① $\frac{5}{2}$ ② 3 ③ $\frac{7}{2}$
④ 4 ⑤ $\frac{9}{2}$

0865 유리함수의 그래프

함수 $f(x)=\frac{a}{x}+b(a\neq 0)$이 다음 조건을 만족시킨다.

(가) 곡선 $y=|f(x)|$는 직선 $y=2$와 한 점에서만 만난다.
(나) $f^{-1}(2)=f(2)-1$

$f(8)$의 값은? (단, a, b는 상수이다.)

① $-\frac{1}{2}$ ② $-\frac{1}{4}$ ③ 0 ④ $\frac{1}{4}$ ⑤ $\frac{1}{2}$

정답 0861 : ⑤ 0862 : ⑤ 0863 : ② 0864 : ⑤ 0865 : ①

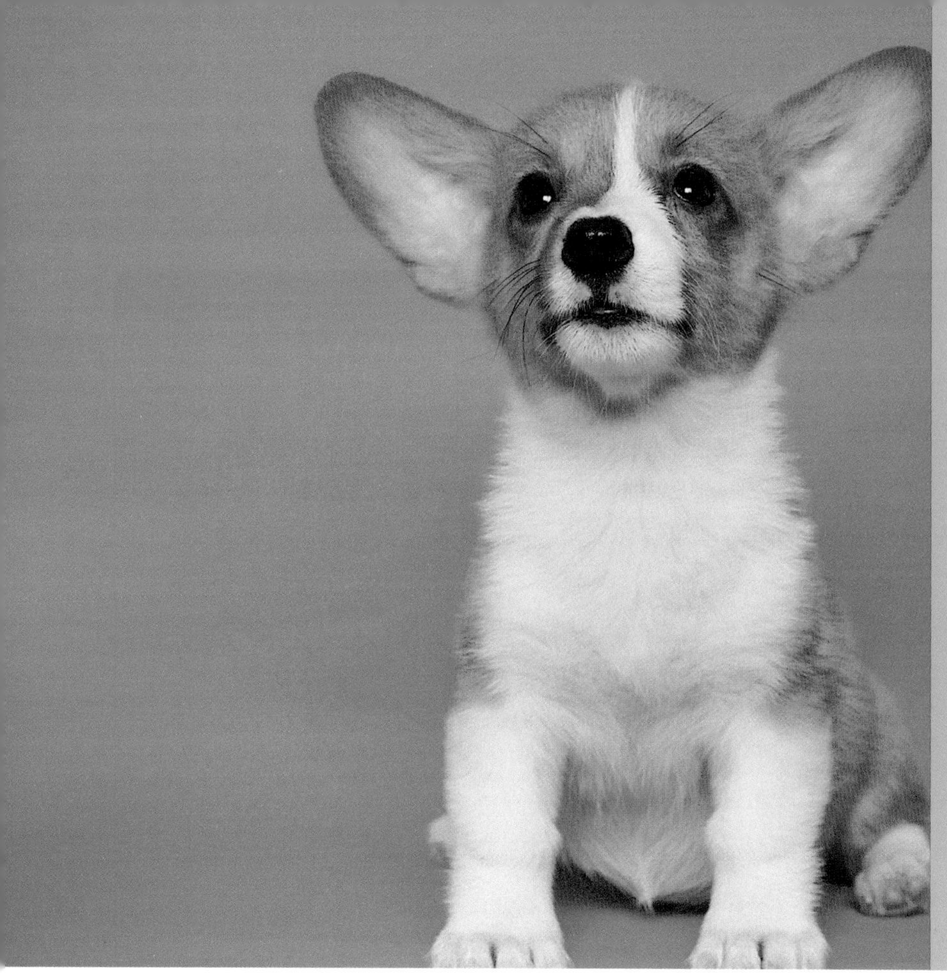

마플교과서

MAPL. IT'S YOUR MASTER PLAN!

MAPL 교과서 SERIES

www.heemangedu.co.kr | www.mapl.co.kr

I. 도형의 방정식

II. 집합과 명제

III. 함수와 그래프

공통수학 2 III. 함수와 그래프

04

무리함수

MAPL; YOUR MASTER PLAN

01 무리식

개념유형

01 제곱근

(1) 제곱근

$a \geq 0$일 때, 제곱하여 실수 a가 되는 수, 즉 **$x^2=a$인 x를 a의 제곱근**이라 한다.

이때 양의 제곱근은 $\sqrt{a}$, 음의 제곱근은 $-\sqrt{a}$로 나타내고 이것을 한꺼번에 $\pm\sqrt{a}$로 나타낸다.

제곱근 a 또는 루트(root) a라 읽는다.

특히, $\sqrt{0}=0$

예를 들어 제곱하면 9가 되는 수, 즉 9의 제곱근은 $\pm\sqrt{9}=\pm3$

25의 양의 제곱근은 $\sqrt{25}=5$, 25의 음의 제곱근은 $-\sqrt{25}=-5$

(2) 제곱수의 제곱근

두 실수 a, b에 대하여

① $\sqrt{a^2}=|a|=\begin{cases} a & (a \geq 0) \\ -a & (a<0) \end{cases}$

② $(\sqrt{a})^2=a(a \geq 0)$

③ $\sqrt{(a-b)^2}=|a-b|=|b-a|=\sqrt{(b-a)^2}$

(3) 제곱근의 성질 ◀ 무리수뿐만 아니라 무리식에서도 성립한다.

$a>0$, $b>0$일 때,

① $\sqrt{a}\sqrt{b}=\sqrt{ab}$

② $\dfrac{\sqrt{a}}{\sqrt{b}}=\sqrt{\dfrac{a}{b}}$

③ $\sqrt{a^2b}=a\sqrt{b}$ ◀ $a>0$, $b>0$이면 $\sqrt{a^2}=a$이므로 $\sqrt{a^2b}=\sqrt{a^2}\sqrt{b}=a\sqrt{b}$

④ $\sqrt{\dfrac{a}{b^2}}=\dfrac{\sqrt{a}}{b}$ ◀ $a>0$, $b>0$이면 $\sqrt{b^2}=b$이므로 $\sqrt{\dfrac{a}{b^2}}=\dfrac{\sqrt{a}}{\sqrt{b^2}}=\dfrac{\sqrt{a}}{b}$

복소수 단원에서 음수의 제곱근의 성질

① $a<0$, $b<0$일 때, $\sqrt{a}\sqrt{b}=-\sqrt{ab}$

② $a>0$, $b<0$일 때, $\dfrac{\sqrt{a}}{\sqrt{b}}=-\sqrt{\dfrac{a}{b}}$

마플해설

$\sqrt{3^2}=\sqrt{9}=3$, $\sqrt{(-3)^2}=\sqrt{9}=3$이므로 $\sqrt{a^2}$은 제곱하여 a^2이 되는 수 중에서 음이 아닌 수이다.

제곱하여 a^2이 되는 수는 a와 $-a$이므로 둘 중 음이 아닌 수가 $\sqrt{a^2}$의 값이 된다.

즉 a의 부호에 따라 $\sqrt{a^2}=|a|=\begin{cases} a & (a \geq 0) \\ -a & (a<0) \end{cases}$가 성립한다.

a가 양수일 때에는 $\sqrt{a^2}=a$이고, a가 음수일 때에는 음의 부호 $(-)$가 붙어 $\sqrt{a^2}=-a$가 되는 것을 알 수 있다.

즉 절댓값의 정의와 같으므로 임의의 실수 a에 대하여 $\sqrt{a^2}=|a|$이므로 두 실수 a, b에 대하여

$\sqrt{(a-b)^2}=|a-b|=|b-a|=\sqrt{(b-a)^2}$이 성립한다.

보기 01 **다음 [보기] 중 옳은 것을 모두 고르시오.**

ㄱ. 25의 제곱근은 5이다.
ㄴ. 제곱근 9는 3이다.
ㄷ. 제곱하여 7이 되는 수는 $\sqrt{7}$이다.

풀이

ㄱ. 25의 제곱근은 $\pm\sqrt{25}=\pm5$이다. [거짓]
ㄴ. 제곱근 9는 $\sqrt{9}=3$이다. [참]
ㄷ. 제곱하여 7이 되는 수는 $\pm\sqrt{7}$이다. [거짓]
따라서 옳은 것은 ㄴ뿐이다.

제곱근 a와 a의 제곱근의 비교 $(a \geq 0)$

제곱근 a는 $\sqrt{a}$이고, a의 제곱근은 $\pm\sqrt{a}$로 서로 다르므로 주의한다.

즉 a의 제곱근은 제곱해서 a가 되는 수를, 제곱근 a는 $\sqrt{a}$(루트 a)를 우리말로 읽은 것이다.

① 제곱근 a ➡ $\sqrt{a}$ ② a의 제곱근 ➡ $\pm\sqrt{a}$

02 무리식

(1) **무리식**

근호 안에 문자가 포함되어 있는 식 중 $\sqrt{2x-1}$, $\dfrac{x}{\sqrt{x-1}}$과 같이 유리식으로 나타낼 수 없는 식을 무리식이라 한다.

(2) **무리식의 값이 실수가 되기 위한 조건**

무리식의 값은 실수가 되는 경우만 생각하므로 무리식의 값이 실수가 되려면 **근호 안의 식의 값이 0 또는 양의 실수이어야 하고 분모는 0이 될 수 없으므로** 무리식을 계산할 때는 다음과 같이 문자의 값의 범위를 제한한다.

(근호 안에 있는 식의 값)≥ 0, **(분모의 식의 값)**$\neq 0$

예를 들면 무리식 $\sqrt{x+2}$의 값이 실수이려면 $x+2\geq 0$을 만족해야 하므로 $x\geq -2$인 경우만 생각한다.

주의 $\sqrt{3}x$와 같이 근호 안에 문자가 없는 식은 무리식이 아니다.

보기 02 다음 무리식의 값이 실수가 되도록 하는 x의 값의 범위를 구하시오.

(1) $\sqrt{x+3}-\sqrt{1-x}$ (2) $\sqrt{x+2}+\dfrac{1}{\sqrt{3-x}}$ (3) $\dfrac{\sqrt{x+1}}{\sqrt{2-x}}$

풀이
(1) 무리식의 값이 실수가 되려면 $x+3\geq 0$, $1-x\geq 0$이므로 $\boldsymbol{-3\leq x\leq 1}$
(2) 무리식의 값이 실수가 되려면 $x+2\geq 0$, $3-x>0$이므로 $\boldsymbol{-2\leq x<3}$
(3) 무리식의 값이 실수가 되려면 $x+1\geq 0$, $2-x>0$이므로 $\boldsymbol{-1\leq x<2}$

03 분모의 유리화

분모에 근호가 포함되어 있는 식의 분모, 분자에 적당한 수 또는 식을 곱하여 분모에 근호가 포함되어 있지 않도록 변형하는 것을 **분모의 유리화**라고 한다.

$a>0$, $b>0$일 때,

(1) $\dfrac{b}{\sqrt{a}}=\dfrac{b\sqrt{a}}{\sqrt{a}\sqrt{a}}=\dfrac{b\sqrt{a}}{a}$

(2) $\dfrac{c}{\sqrt{a}+\sqrt{b}}=\dfrac{c(\sqrt{a}-\sqrt{b})}{(\sqrt{a}+\sqrt{b})(\sqrt{a}-\sqrt{b})}=\dfrac{c(\sqrt{a}-\sqrt{b})}{a-b}$

(3) $\dfrac{c}{\sqrt{a}-\sqrt{b}}=\dfrac{c(\sqrt{a}+\sqrt{b})}{(\sqrt{a}-\sqrt{b})(\sqrt{a}+\sqrt{b})}=\dfrac{c(\sqrt{a}+\sqrt{b})}{a-b}$

마플해설 중학교 때, 다음과 같이 무리수에서 분모의 유리화를 공부하였다.

$\dfrac{\sqrt{2}}{\sqrt{3}+\sqrt{2}}=\dfrac{\sqrt{2}(\sqrt{3}-\sqrt{2})}{(\sqrt{3}+\sqrt{2})(\sqrt{3}-\sqrt{2})}=\dfrac{\sqrt{2}\sqrt{3}-(\sqrt{2})^2}{(\sqrt{3})^2-(\sqrt{2})^2}=\dfrac{\sqrt{6}-2}{3-2}=\sqrt{6}-2$ ◀ 분모를 유리화하기 위하여 분자, 분모에 $\sqrt{3}-\sqrt{2}$를 각각 곱한다.

$\dfrac{\sqrt{2}}{\sqrt{3}-\sqrt{2}}=\dfrac{\sqrt{2}(\sqrt{3}+\sqrt{2})}{(\sqrt{3}-\sqrt{2})(\sqrt{3}+\sqrt{2})}=\dfrac{\sqrt{2}\sqrt{3}+(\sqrt{2})^2}{(\sqrt{3})^2-(\sqrt{2})^2}=\dfrac{\sqrt{6}+2}{3-2}=\sqrt{6}+2$ ◀ 분모를 유리화하기 위하여 분자, 분모에 $\sqrt{3}+\sqrt{2}$를 각각 곱한다.

보기 03 다음 식을 간단히 하시오.

(1) $\dfrac{1}{\sqrt{x+1}+\sqrt{x}}$ (2) $\dfrac{1}{\sqrt{x+2}-\sqrt{x+1}}$

풀이
(1) $\dfrac{1}{\sqrt{x+1}+\sqrt{x}}=\dfrac{\sqrt{x+1}-\sqrt{x}}{(\sqrt{x+1}+\sqrt{x})(\sqrt{x+1}-\sqrt{x})}=\dfrac{\sqrt{x+1}-\sqrt{x}}{x+1-x}=\boldsymbol{\sqrt{x+1}-\sqrt{x}}$

(2) $\dfrac{1}{\sqrt{x+2}-\sqrt{x+1}}=\dfrac{\sqrt{x+2}+\sqrt{x+1}}{(\sqrt{x+2}-\sqrt{x+1})(\sqrt{x+2}+\sqrt{x+1})}=\dfrac{\sqrt{x+2}+\sqrt{x+1}}{(x+2)-(x+1)}=\boldsymbol{\sqrt{x+2}+\sqrt{x+1}}$

06 무리식에서 이중근호

보충유형

01 무리수가 서로 같을 조건

유리수 전체의 집합과 무리수 전체의 집합의 교집합은 공집합이므로 두 무리수가 서로 같으려면 유리수 부분은 유리수 부분끼리, 무리수 부분은 무리수 부분끼리 같아야 한다.

a, b, c, d가 유리수이고 $\sqrt{m}$이 무리수일 때,

(1) $a+b\sqrt{m}=0 \Longleftrightarrow a=0,\ b=0$

(2) $a+b\sqrt{m}=c+d\sqrt{m} \Longleftrightarrow a=c,\ b=d$

주의 무리수가 서로 같을 조건을 이용하려면 반드시 a, b, c, d가 유리수라는 조건이 있어야 한다.

 복소수 단원에서 복소수가 서로 같을 조건

a, b, c, d가 실수이고 (단, $i=\sqrt{-1}$)

① $a+bi=0 \Longleftrightarrow a=0,\ b=0$　　② $a+bi=c+di \Longleftrightarrow a=c,\ b=d$

마플해설 $a+2\sqrt{3}=5+b\sqrt{3}$을 만족시키는 두 실수 a, b는 다음과 같이 무수히 많다.

$a=5,\ b=2,\ a=5+\sqrt{3},\ b=3,\ a=2+2\sqrt{3},\ b=4-\sqrt{3}$

이때 등식 $a+2\sqrt{3}=5+b\sqrt{3}$을 만족시키는 두 유리수 a, b는 무리수가 서로 같을 조건에 의하여 $a=5,\ b=2$이다.

보기 01 다음 등식을 만족시키는 유리수 x, y의 값을 각각 구하시오.

(1) $x+y+(x-1)\sqrt{3}=1+2\sqrt{3}$　　(2) $\dfrac{x}{\sqrt{2}+1}+\dfrac{y}{\sqrt{2}-1}=3-5\sqrt{2}$

풀이 (1) x, y가 유리수이므로 무리수가 서로 같을 조건에 의하여 $x+y=1,\ x-1=2$ $\quad\therefore$ $\boldsymbol{x=3,\ y=-2}$

(2) 주어진 등식의 좌변을 통분하여 정리하면

$$\frac{x}{\sqrt{2}+1}+\frac{y}{\sqrt{2}-1}=\frac{x(\sqrt{2}-1)+y(\sqrt{2}+1)}{(\sqrt{2}+1)(\sqrt{2}-1)}=\frac{-x+y+(x+y)\sqrt{2}}{2-1}=-x+y+(x+y)\sqrt{2}$$

즉 $-x+y+(x+y)\sqrt{2}=3-5\sqrt{2}$에서 무리수가 서로 같을 조건에 의하여 $-x+y=3,\ x+y=-5$

두 식을 연립하여 풀면 $\boldsymbol{x=-4,\ y=-1}$

보충유형

02 이중근호

$\sqrt{3+2\sqrt{2}},\ \sqrt{x-\sqrt{x+1}}$과 같이 근호 안에 또 근호가 들어 있는 것을 **이중근호**라고 한다.

이때 $a>0,\ b>0$일 때, $(\sqrt{a}+\sqrt{b})^2=(a+b)+2\sqrt{ab}$이므로 $\sqrt{a}+\sqrt{b}=\sqrt{(a+b)+2\sqrt{ab}}$

같은 방법으로 $a>b>0$일 때, $(\sqrt{a}-\sqrt{b})^2=(a+b)-2\sqrt{ab}$이므로 $\sqrt{a}-\sqrt{b}=\sqrt{(a+b)-2\sqrt{ab}}$

(1) $a>0,\ b>0$일 때, $\sqrt{a+b+2\sqrt{ab}}=\sqrt{a}+\sqrt{b}$ ◀ 합이 $a+b$, 곱이 ab

(2) $a>b>0$일 때, $\sqrt{a+b-2\sqrt{ab}}=\sqrt{a}-\sqrt{b}$ ◀ 합이 $a+b$, 곱이 ab

$\sqrt{p\pm2\sqrt{q}}$꼴의 이중근호 안의 무리식을 완전제곱식의 꼴로 고치려면 $p=a+b,\ q=ab$를 만족시키는 a, b의 값을 각각 찾으면 된다.

$\sqrt{x\pm\sqrt{y}}$와 같이 안쪽 근호에 2가 곱해져 있지 않으면 2가 곱해지도록 변형한 다음 완전제곱식의 꼴로 나타낸다.

보기 02 다음 이중근호를 풀이하시오.

(1) $\sqrt{4+2\sqrt{3}}$　　(2) $\sqrt{7-\sqrt{40}}$

풀이 (1) $\sqrt{4+2\sqrt{3}}$에서 $3+1=4,\ 3\times1=3$이므로 $\sqrt{4+2\sqrt{3}}=\sqrt{(3+1)+2\sqrt{3\times1}}=\sqrt{(\sqrt{3}+1)^2}=\boldsymbol{\sqrt{3}+1}$

(2) $\sqrt{7-\sqrt{40}}=\sqrt{7-2\sqrt{10}}$에서 $5+2=7,\ 5\times2=10$이므로 $\sqrt{7-2\sqrt{10}}=\sqrt{(5+2)-2\sqrt{5\times2}}=\sqrt{(\sqrt{5}-\sqrt{2})^2}=\boldsymbol{\sqrt{5}-\sqrt{2}}$

$0<a<3$일 때, 다음 식을 간단히 하시오.

(1) $\sqrt{(a-3)^2}+\sqrt{(a+3)^2}$

(2) $\sqrt{a^2+2a+1}-\sqrt{a^2-10a+25}$

MAPL CORE ▶ $\sqrt{(x-a)^2}=|x-a|=\begin{cases} x-a & (x \geq a) \\ -(x-a) & (x<a) \end{cases}$

개념익힘풀이 (1) $0<a<3$에서 $a-3<0$, $a+3>0$이므로

$$\begin{aligned}\sqrt{(a-3)^2}+\sqrt{(a+3)^2}&=|a-3|+|a+3|\\&=-(a-3)+(a+3)\\&=\mathbf{6}\end{aligned}$$

(2) $\sqrt{a^2+2a+1}-\sqrt{a^2-10a+25}=\sqrt{(a+1)^2}-\sqrt{(a-5)^2}$

$=|a+1|-|a-5|$

이때 $0<a<3$에서 $a+1>0$, $a-5<0$이므로

$$\begin{aligned}\sqrt{a^2+2a+1}-\sqrt{a^2-10a+25}&=|a+1|-|a-5|\\&=(a+1)+(a-5)\\&=\mathbf{2a-4}\end{aligned}$$

확인유제 0866 다음 물음에 답하시오.

(1) $1<a<2$일 때, $\sqrt{(1-a)^2}-\sqrt{4a^2-4a+1}$을 간단히 하시오.

(2) $-2<a<3$일 때, $\sqrt{a^2+4a+4}+\sqrt{a^2-6a+9}$를 간단히 하시오.

변형문제 0867 다음 물음에 답하시오.

(1) $\dfrac{1}{\sqrt{3-x}}+\sqrt{x+2}$의 값이 실수가 되도록 하는 실수 x에 대하여 $\sqrt{(x+3)^2}-\sqrt{x^2-8x+16}$을 간단히 하면?

① $2x-1$ ② 7 ③ $-2x+1$ ④ $2x+1$ ⑤ 1

(2) 실수 x가 $\dfrac{\sqrt{x+1}}{\sqrt{x-1}}=-\sqrt{\dfrac{x+1}{x-1}}$을 만족할 때, $\sqrt{(x-1)^2+4x}-\sqrt{(x+1)^2-4x}$를 간단히 하면?

① 2 ② $2x$ ③ $-2x$ ④ $2x+2$ ⑤ $-2x+2$

발전문제 0868 다음 물음에 답하시오.

(1) 모든 실수 x에 대하여 $\sqrt{kx^2-kx+3}$의 값이 실수가 되도록 하는 정수 k의 개수를 구하시오.

(2) 실수 x의 값에 관계없이 $\dfrac{1}{\sqrt{x^2-2kx+k+20}}$이 항상 실수가 되도록 하는 정수 k의 개수를 구하시오.

정답 0866 : (1) $-a$ (2) 5 0867 : (1) ① (2) ② 0868 : (1) 13 (2) 8

다음 식의 값을 구하시오.

(1) $x=\sqrt{3}$일 때, $\dfrac{\sqrt{x-1}}{\sqrt{x+1}}+\dfrac{\sqrt{x+1}}{\sqrt{x-1}}$의 값을 구하시오.

(2) $x=\sqrt{2}$일 때, $\dfrac{\sqrt{2+x}+\sqrt{2-x}}{\sqrt{2+x}-\sqrt{2-x}}+\dfrac{\sqrt{2+x}-\sqrt{2-x}}{\sqrt{2+x}+\sqrt{2-x}}$의 값을 구하시오.

MAPL CORE ▶ (1) 식을 간단히 할 수 있는 경우 ➡ 식을 간단히 한 후 수를 대입한다.
(2) 식을 간단히 할 수 없는 경우 ➡ 수를 먼저 대입한다.

개념익힘**풀이** (1) $x=\sqrt{3}$이므로 $x-1>0$, $x+1>0$

$$\frac{\sqrt{x-1}}{\sqrt{x+1}}+\frac{\sqrt{x+1}}{\sqrt{x-1}}=\frac{(\sqrt{x-1})^2+(\sqrt{x+1})^2}{\sqrt{x+1}\sqrt{x-1}}$$ ← 두 식을 통분한다.

$$=\frac{(x-1)+(x+1)}{\sqrt{x^2-1}}=\frac{2x}{\sqrt{x^2-1}} \quad \cdots\cdots ㉠$$

따라서 $x=\sqrt{3}$을 ㉠의 식에 대입하면 구하는 식의 값은 $\dfrac{2x}{\sqrt{x^2-1}}=\dfrac{2\times\sqrt{3}}{\sqrt{(\sqrt{3})^2-1}}=\dfrac{2\sqrt{3}}{\sqrt{2}}=\boldsymbol{\sqrt{6}}$

(2) $$\frac{\sqrt{2+x}+\sqrt{2-x}}{\sqrt{2+x}-\sqrt{2-x}}+\frac{\sqrt{2+x}-\sqrt{2-x}}{\sqrt{2+x}+\sqrt{2-x}}=\frac{(\sqrt{2+x}+\sqrt{2-x})^2+(\sqrt{2+x}-\sqrt{2-x})^2}{(\sqrt{2+x}-\sqrt{2-x})(\sqrt{2+x}+\sqrt{2-x})}$$ ← 두 식을 통분한다.

$$=\frac{(2+x+2\sqrt{4-x^2}+2-x)+(2+x-2\sqrt{4-x^2}+2-x)}{2+x-(2-x)}$$

$$=\frac{8}{2x}=\frac{4}{x} \quad \cdots\cdots ㉡$$

따라서 $x=\sqrt{2}$를 ㉡의 식에 대입하면 구하는 식의 값은 $\dfrac{4}{\sqrt{2}}=\boldsymbol{2\sqrt{2}}$

확인유제 0869 다음 물음에 답하시오.

(1) $x=\dfrac{\sqrt{2}}{2}$일 때, $\dfrac{\sqrt{1+x}}{\sqrt{1-x}}-\dfrac{\sqrt{1-x}}{\sqrt{1+x}}$의 값을 구하시오.

(2) $x=\dfrac{\sqrt{5}}{2}$일 때, $\dfrac{\sqrt{x+1}-\sqrt{x-1}}{\sqrt{x+1}+\sqrt{x-1}}+\dfrac{\sqrt{x+1}+\sqrt{x-1}}{\sqrt{x+1}-\sqrt{x-1}}$의 값을 구하시오.

변형문제 0870 다음 물음에 답하시오.

(1) 양의 실수 x에 대하여 $f(x)=\dfrac{1}{\sqrt{x+1}+\sqrt{x}}$일 때, $f(1)+f(2)+f(3)+\cdots+f(99)$의 값은?

① 8 ② 9 ③ 10 ④ 11 ⑤ 12

(2) $x>\dfrac{1}{2}$인 실수 x에 대하여 $f(x)=\sqrt{2x-1}+\sqrt{2x+1}$일 때, $\dfrac{1}{f(1)}+\dfrac{1}{f(2)}+\dfrac{1}{f(3)}+\cdots+\dfrac{1}{f(60)}$의 값은?

① 5 ② 6 ③ 7 ④ 8 ⑤ 9

발전문제 0871 다음 물음에 답하시오.

(1) $x=\dfrac{1}{2-\sqrt{3}}$, $y=\dfrac{1}{2+\sqrt{3}}$일 때, $\dfrac{\sqrt{y}}{\sqrt{x}}+\dfrac{\sqrt{x}}{\sqrt{y}}$의 값을 구하시오.

(2) $x=\dfrac{1}{\sqrt{3}-1}$, $y=\dfrac{1}{\sqrt{3}+1}$일 때, $\dfrac{\sqrt{x}-\sqrt{y}}{\sqrt{x}+\sqrt{y}}+\dfrac{\sqrt{x}+\sqrt{y}}{\sqrt{x}-\sqrt{y}}$의 값을 구하시오.

정답 0869 : (1) 2 (2) $\sqrt{5}$ 0870 : (1) ② (2) ① 0871 : (1) 4 (2) $2\sqrt{3}$

MAPL; YOURMASTERPLAN

02 무리함수

개념유형 01 무리함수의 뜻

(1) 무리함수

함수 $y=f(x)$에서 $f(x)$가 x에 대한 무리식일 때, 이 함수를 **무리함수**라 한다.

EX 함수 $y=\sqrt{x}$, $y=\sqrt{2x-1}+3$은 모두 무리함수이고 함수 $y=\sqrt{2}x$는 무리함수가 아닌 일차함수, 즉 다항함수이다.

(2) 무리함수의 정의역

무리함수 $y=f(x)$에서 정의역이 특별히 주어지지 않는 경우에는 $f(x)$가 실수의 값을 가져야 하므로 근호 안의 식의 값이 0 또는 양이 되게 하는 모든 실수의 집합을 정의역으로 한다.

EX 무리함수 $y=\sqrt{-x+2}$에서 $-x+2\ge 0$이어야 하므로 이 함수의 정의역은 $\{x|x\le 2\}$이다.

보기 01 다음 함수의 정의역을 구하시오.

(1) $y=-\sqrt{2x+4}$ (2) $y=\sqrt{4-2x}+2$

풀이

(1) $2x+4\ge 0$에서 $x\ge -2$이므로 주어진 무리함수의 정의역은 $\{x|x\ge -2\}$이다.

(2) $4-2x\ge 0$에서 $x\le 2$이므로 주어진 무리함수의 정의역은 $\{x|x\le 2\}$이다.

개념유형 02 무리함수 $y=\pm\sqrt{ax}\,(a\ne 0)$의 그래프

(1) 무리함수 $y=\pm\sqrt{ax}\,(a\ne 0)$의 그래프의 성질

무리함수 $y=\pm\sqrt{ax}\,(a\ne 0)$의 그래프는 a의 값의 부호에 따라 다음과 같다.

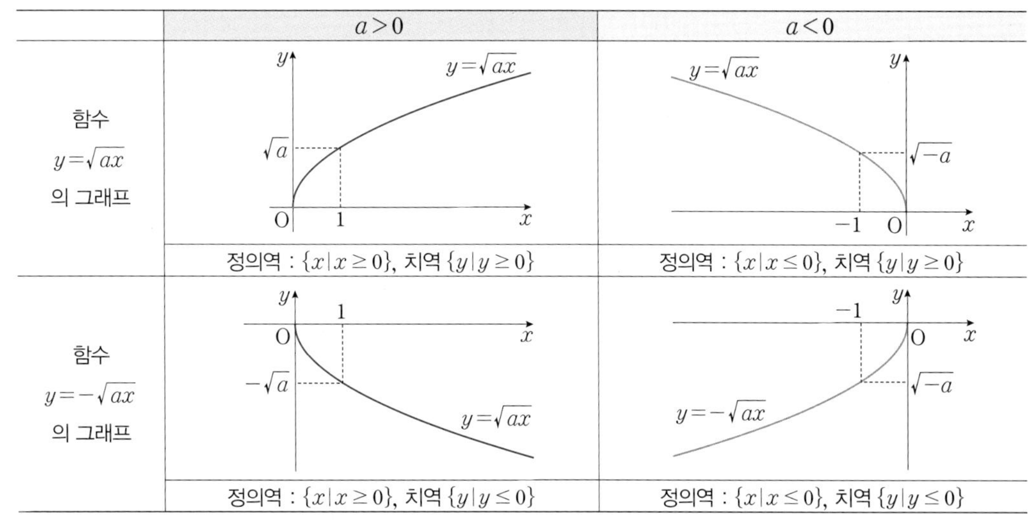

	$a>0$	$a<0$
함수 $y=\sqrt{ax}$의 그래프	정의역 : $\{x\|x\ge 0\}$, 치역 $\{y\|y\ge 0\}$	정의역 : $\{x\|x\le 0\}$, 치역 $\{y\|y\ge 0\}$
함수 $y=-\sqrt{ax}$의 그래프	정의역 : $\{x\|x\ge 0\}$, 치역 $\{y\|y\le 0\}$	정의역 : $\{x\|x\le 0\}$, 치역 $\{y\|y\le 0\}$

참고 함수 $y=\pm\sqrt{ax}\,(x\ne 0)$의 그래프는 $|a|$의 값이 클수록 곡선은 x축에서 멀어진다.

(2) 무리함수 $y=\pm\sqrt{ax}\,(a\ne 0)$의 그래프의 대칭성

① $y=\sqrt{ax}$의 그래프는 함수 $y=\dfrac{x^2}{a}(x\ge 0)$의 그래프와 직선 $y=x$에 대하여 대칭이다.

$y=\sqrt{ax}$에서 x에 대하여 정리하면 $x=\dfrac{y^2}{a}(y\ge 0)$이므로 x와 y를 바꾸면 $y=\dfrac{x^2}{a}(x\ge 0)$이다.

② $y=-\sqrt{ax}$의 그래프는 함수 $y=\dfrac{x^2}{a}(x\le 0)$의 그래프와 직선 $y=x$에 대하여 대칭이다.

③ $y=-\sqrt{ax}\,(a\ne 0)$의 그래프는 $y=\sqrt{ax}$의 그래프와 x축에 대하여 대칭이다.

참고 $a>0$일 때, 함수 $y=-\sqrt{ax}$, $y=\sqrt{-ax}$, $y=-\sqrt{-ax}$의 그래프는 각각 함수 $y=\sqrt{ax}$의 그래프를 x축, y축, 원점에 대하여 대칭이동한 것과 같다.

마플해설 **무리함수 $y=\sqrt{x}$와 $y=\sqrt{-x}$의 그래프를 그려 보자.**

무리함수 $y=\sqrt{x}$의 정의역은 $\{x|x \ge 0\}$이므로 이 범위에서 함숫값의 대응표를 만들고 순서쌍 (x, y)를 좌표평면에 나타내어 부드럽게 연결하면 아래 그림의 오른쪽과 같은 곡선을 얻을 수 있다.

이 곡선이 함수 $y=\sqrt{x}$의 그래프이고 이 그래프를 y축에 대하여 대칭이동하면 무리함수 $y=\sqrt{-x}$의 그래프가 된다.

x	0	1	2	3	4	9	$\cdots$
y	0	1	1.414$\cdots$	1.732$\cdots$	2	3	$\cdots$

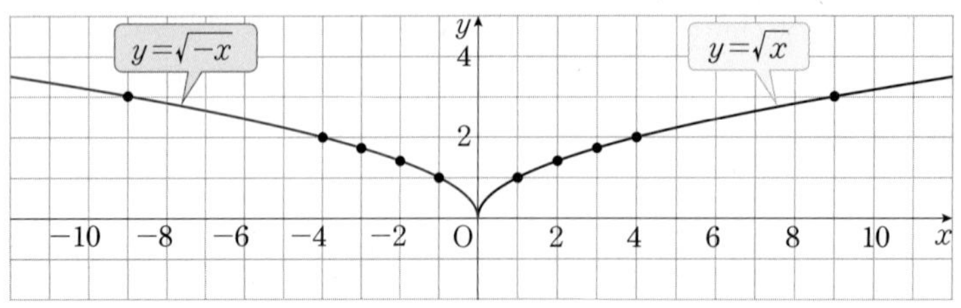

(1) $y=\sqrt{ax}$의 그래프는 근호 안의 값은 항상 0보다 크거나 같아야 하므로 정의역은 $a>0$일 때, 정의역 $\{x|x \ge 0\}$, $a<0$일 때, 정의역 $\{x|x \le 0\}$이고 함숫값 $y=\sqrt{ax}$는 ax의 양의 제곱근 꼴이므로 치역은 a의 값의 부호에 관계없이 $\{y|y \ge 0\}$이다.
ax의 제곱근 중 양수인 것

(2) $y=-\sqrt{ax}$의 그래프는 근호 안의 값은 항상 0보다 크거나 같아야 하므로 정의역은 $a>0$일 때, 정의역 $\{x|x \ge 0\}$, $a<0$일 때, 정의역 $\{x|x \le 0\}$이고 함숫값 $y=-\sqrt{ax}$는 ax의 음의 제곱근 꼴이므로 치역은 a의 값의 부호에 관계없이 $\{y|y \le 0\}$이다.
ax의 제곱근 중 음수인 것

일반적으로 무리함수 $y=\pm\sqrt{ax}$의 그래프를 그리면 그림과 같이 a의 절댓값이 커질수록 x축으로부터 멀어진다.

$y=\sqrt{ax}$의 그래프

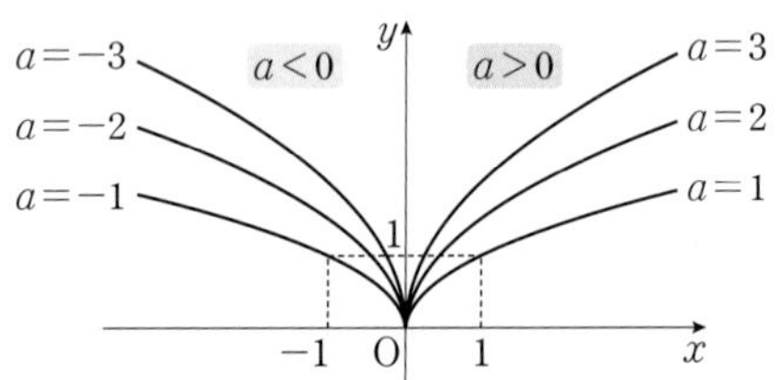

$y=-\sqrt{ax}$의 그래프

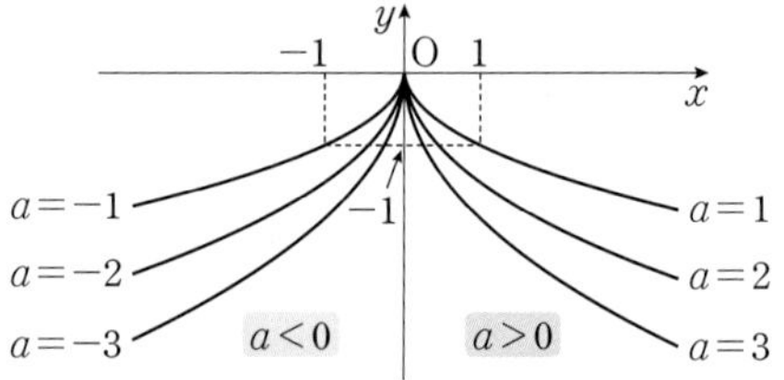

무리함수 $y=\sqrt{x}$의 그래프의 개형

함수 $y=\sqrt{x}$의 정의역 $\{x|x \ge 0\}$에서 치역 $\{y|y \ge 0\}$으로의 일대일대응이므로 역함수가 존재한다.

즉 $y=\sqrt{x}$에서 $y^2=x(y \ge 0)$이므로 x와 y를 바꾸어 역함수를 구하면 $y=x^2(x \ge 0)$이다. 함수 $y=\sqrt{x}$와 함수 $y=x^2(x \ge 0)$은 서로 역함수 관계이므로 두 그래프는 오른쪽 그림과 같이 직선 $y=x$에 대하여 서로 대칭이다.

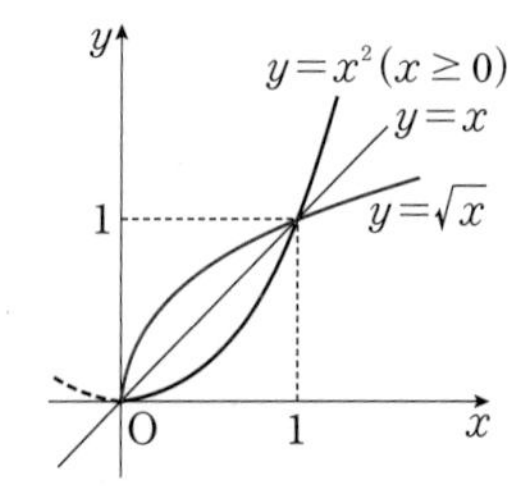

보기 02 **다음 함수의 그래프를 그리고, 정의역과 치역을 각각 구하시오.**

(1) $y=\sqrt{2x}$ (2) $y=-\sqrt{2x}$ (3) $y=\sqrt{-2x}$ (4) $y=-\sqrt{-2x}$

풀이

(1) **정의역은 $\{x|x \ge 0\}$, 치역은 $\{y|y \ge 0\}$**

(2) **정의역은 $\{x|x \ge 0\}$, 치역은 $\{y|y \le 0\}$**

(3) **정의역은 $\{x|x \le 0\}$, 치역은 $\{y|y \ge 0\}$**

(4) **정의역은 $\{x|x \le 0\}$, 치역은 $\{y|y \le 0\}$**

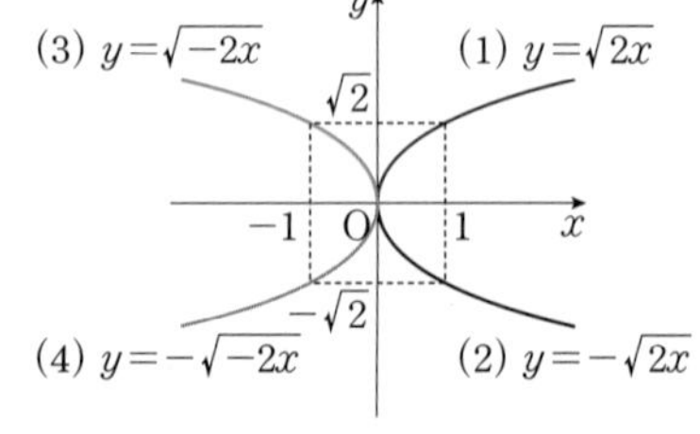

무리함수 $y=b\sqrt{ax}$의 그래프 그리는 방법

원점을 그래프의 시작점으로 하여

① $a>0$, $b>0$일 때, 제 1사분면 방향으로 그린다.

② $a<0$, $b>0$일 때, 제 2사분면 방향으로 그린다.

③ $a<0$, $b<0$일 때, 제 3사분면 방향으로 그린다.

④ $a>0$, $b<0$일 때, 제 4사분면 방향으로 그린다.

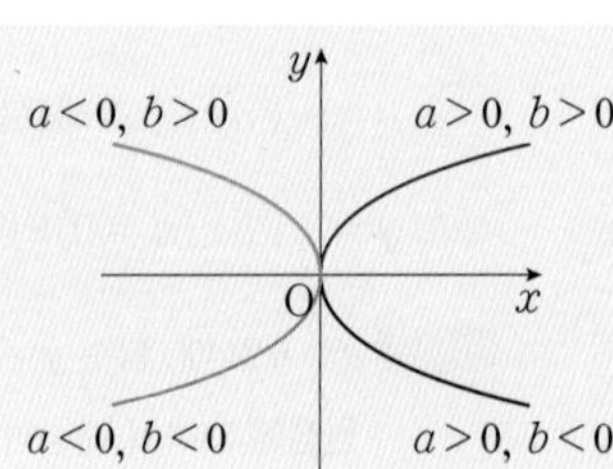

03 무리함수 $y=\sqrt{a(x-p)}+q(a\neq0)$의 그래프

(1) **함수 $y=\sqrt{a(x-p)}+q(a\neq0)$의 그래프**

무리함수 $y=\sqrt{a(x-p)}+q(a\neq0)$의 그래프는 함수 $y=\sqrt{ax}$의 그래프를 평행이동하여 그린다.

① 무리함수 $y=\sqrt{a(x-p)}+q(a\neq0)$의 그래프는 함수 $y=\sqrt{ax}$의 그래프를 x축의 방향으로 p만큼, y축의 방향으로 q만큼 평행이동한 것이다.

② 무리함수 $y=\sqrt{a(x-p)}+q$의 정의역과 치역은 다음과 같다.

$a>0$일 때, 정의역은 $\{x|x\geq p\}$, 치역은 $\{y|y\geq q\}$이다.

$a<0$일 때, 정의역은 $\{x|x\leq p\}$, 치역은 $\{y|y\geq q\}$이다.

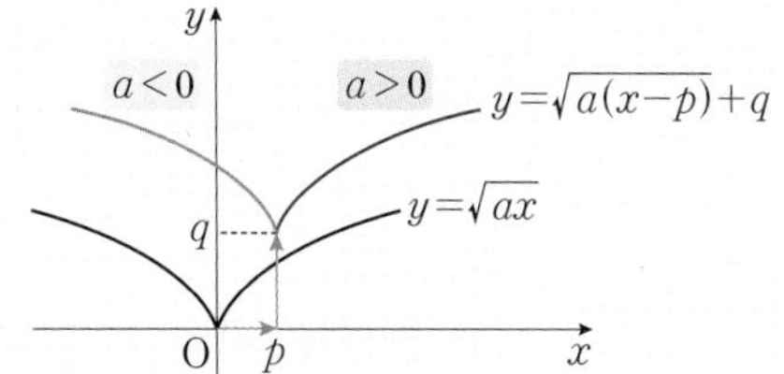

③ 점 (p, q)가 그래프의 시작점이다.

④ $|a|$의 값이 서로 같은 무리함수의 그래프들은 p, q의 값에 관계없이 평행이동이나 대칭이동에 의하여 서로 겹쳐진다.

(2) **함수 $y=\sqrt{ax+b}+c$의 그래프**

무리함수 $y=\sqrt{ax+b}+c$의 그래프는 함수 $y=\sqrt{a(x-p)}+q$꼴로 변형하여 그린다.

무리함수 $y=\sqrt{ax+b}+c(a\neq0)$의 그래프는 $y=\sqrt{a\left(x+\frac{b}{a}\right)}+c(a\neq0)$이므로

① $y=\sqrt{ax+b}+c$의 그래프는 $y=\sqrt{ax}$의 그래프를 x축의 방향으로 $-\frac{b}{a}$만큼, y축의 방향으로 c만큼 평행이동한 것이다.

② **$a>0$일 때, 정의역 $\left\{x \middle| x\geq-\frac{b}{a}\right\}$, 치역 $\{y|y\geq c\}$**

$a<0$일 때, 정의역 $\left\{x \middle| x\leq-\frac{b}{a}\right\}$, 치역 $\{y|y\geq c\}$

예를들면 $y=\sqrt{2x+6}+1$의 그래프는 $y=\sqrt{2(x+3)}+1$이므로 $y=\sqrt{2x}$의 그래프를 x축의 방향으로 -3만큼, y축의 방향으로 1만큼 평행이동한 것이므로 오른쪽 그림과 같고 정의역은 $\{x|x\geq-3\}$, 치역은 $\{y|y\geq1\}$이다.

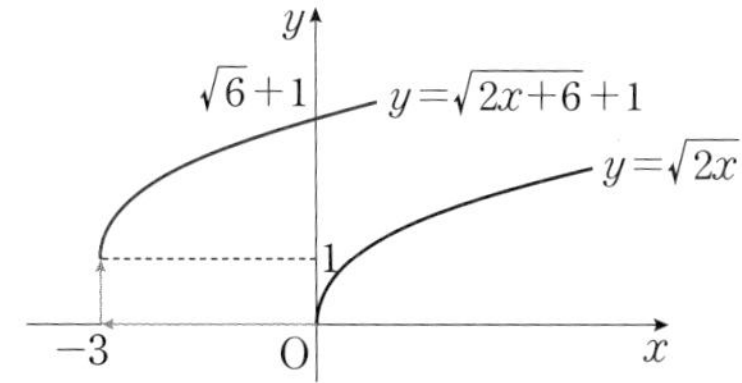

마플해설 **함수 $y=\sqrt{a(x-p)}+q(a\neq0)$의 그래프**

무리함수 $y=\sqrt{a(x-p)}$의 그래프는 함수 $y=\sqrt{ax}$의 그래프를 x축의 방향으로 p만큼 평행이동한 것과 같다.
또, 무리함수 $y=\sqrt{ax}+q$의 그래프는 함수 $y=\sqrt{ax}$의 그래프를 y축의 방향으로 q만큼 평행이동한 것과 같다.
따라서 무리함수 $y=\sqrt{a(x-p)}+q$의 그래프는 함수 $y=\sqrt{ax}$의 그래프를 x축의 방향으로 p만큼, y축의 방향으로 q만큼 평행이동한 것과 같다.
또한, 무리함수 $y=\sqrt{a(x-p)}+q$의 정의역은 $a>0$일 때, $\{x|x\geq p\}$, $a<0$일 때, $\{x|x\leq p\}$이고 치역은 $\{y|y\geq q\}$이다.

무리함수 $y=\pm\sqrt{a(x-p)}+q$의 그래프 그리는 방법 ◀ 점 (p, q)를 기준으로 a의 값의 부호에 따라 방향을 정하여 그린다.

(1) **무리함수 $y=\sqrt{a(x-p)}+q$의 그래프**

① $a>0$일 때, 시작점이 (p, q)이고 제1사분면 방향으로 그린다.

② $a<0$일 때, 시작점이 (p, q)이고 제2사분면 방향으로 그린다.

(2) **무리함수 $y=-\sqrt{a(x-p)}+q$의 그래프**

① $a>0$일 때, 시작점이 (p, q)이고 제4사분면 방향으로 그린다.

② $a<0$일 때, 시작점이 (p, q)이고 제3사분면 방향으로 그린다.

보기 03 **다음 무리함수의 그래프를 그리고, 정의역과 치역을 각각 구하시오.**

(1) $y=\sqrt{x-3}+1$

(2) $y=1-\sqrt{-x+2}$

풀이 무리함수 $y=\sqrt{a(x-p)}+q\,(a\neq0)$의 그래프는 함수 $y=\sqrt{ax}$의 그래프를 평행이동하여 그린다.

(1) $y=\sqrt{x-3}+1$의 그래프는 $y=\sqrt{x}$의 그래프를 x축의 방향으로 3만큼, y축의 방향으로 1만큼 평행이동한 것과 같다.

따라서 **정의역은 $\{x|x\geq3\}$, 치역은 $\{y|y\geq1\}$**이고 ◀ 시작점은 $(3,\ 1)$

이 함수의 그래프는 오른쪽 그림과 같다.

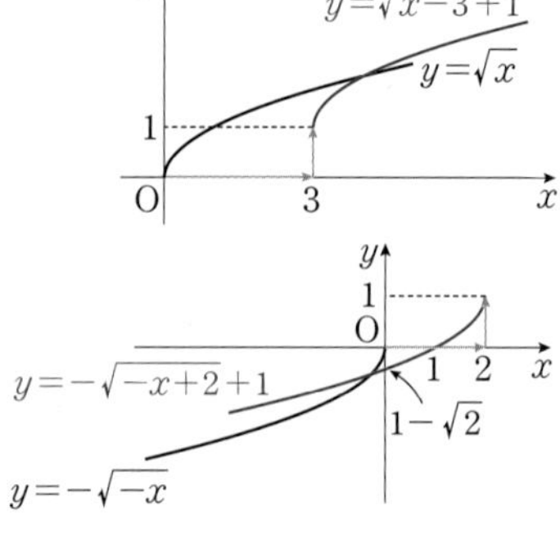

(2) $y=1-\sqrt{-x+2}=-\sqrt{-(x-2)}+1$의 그래프는 $y=-\sqrt{-x}$의 그래프를 x축의 방향으로 2만큼, y축의 방향으로 1만큼 평행이동한 것과 같다.

따라서 **정의역은 $\{x|x\leq2\}$, 치역은 $\{y|y\leq1\}$**이고 ◀ 시작점은 $(2,\ 1)$

이 함수의 그래프는 오른쪽 그림과 같다.

보기 04 **다음 무리함수의 그래프를 그리고, 정의역과 치역을 구하시오.**

(1) $y=\sqrt{3x+6}-4$

(2) $y=-\sqrt{3x+9}-2$

풀이 무리함수 $y=\sqrt{ax+b}+c$의 그래프는 함수 $y=\sqrt{a(x-p)}+q$꼴로 변형하여 그린다.

(1) $y=\sqrt{3x+6}-4=\sqrt{3(x+2)}-4$의 그래프는 $y=\sqrt{3x}$의 그래프를 x축의 방향으로 -2만큼, y축의 방향으로 -4만큼 평행이동한 것이다.

따라서 그래프는 오른쪽 그림과 같고

정의역은 $\{x|x\geq-2\}$, 치역은 $\{y|y\geq-4\}$이다. ◀ 시작점은 $(-2,\ -4)$

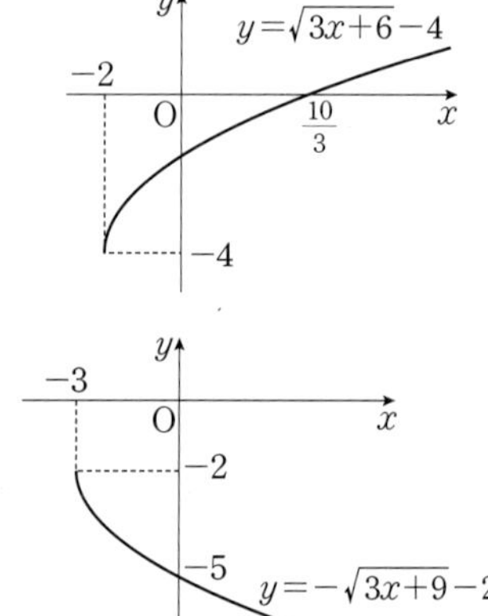

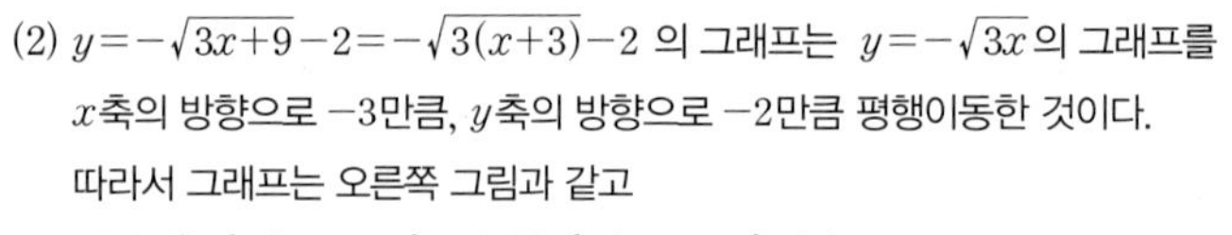

(2) $y=-\sqrt{3x+9}-2=-\sqrt{3(x+3)}-2$ 의 그래프는 $y=-\sqrt{3x}$의 그래프를 x축의 방향으로 -3만큼, y축의 방향으로 -2만큼 평행이동한 것이다.

따라서 그래프는 오른쪽 그림과 같고

정의역은 $\{x|x\geq-3\}$, 치역은 $\{y|y\leq-2\}$이다. ◀ 시작점은 $(-3,\ -2)$

개념유형

04 무리함수의 역함수

무리함수 $y=\sqrt{ax+b}+c\,(a>0)$의 역함수 $y=\frac{1}{a}(x-c)^2-\frac{b}{a}\,(x\geq c)$는 다음과 같은 순서로 구할 수 있다.

❶ 함수의 정의역 $\left\{x\middle|x\geq-\frac{b}{a}\right\}$ $\Longleftrightarrow$ 역함수의 치역 $\left\{y\middle|y\geq-\frac{b}{a}\right\}$

함수의 치역 $\{y|y\geq c\}$ $\Longleftrightarrow$ 역함수의 정의역 $\{x|x\geq c\}$

❷ $y=\sqrt{ax+b}+c$에서 $y-c=\sqrt{ax+b}$이고

양변을 제곱한 후, x에 대하여 풀면 $(y-c)^2=ax+b$

$ax=(y-c)^2-b\quad\therefore\ x=\frac{1}{a}(y-c)^2-\frac{b}{a}$

❸ x와 y를 서로 바꾸어 역함수를 구한다.

따라서 역함수는 $y=\frac{1}{a}(x-c)^2-\frac{b}{a}\,(x\geq c)$

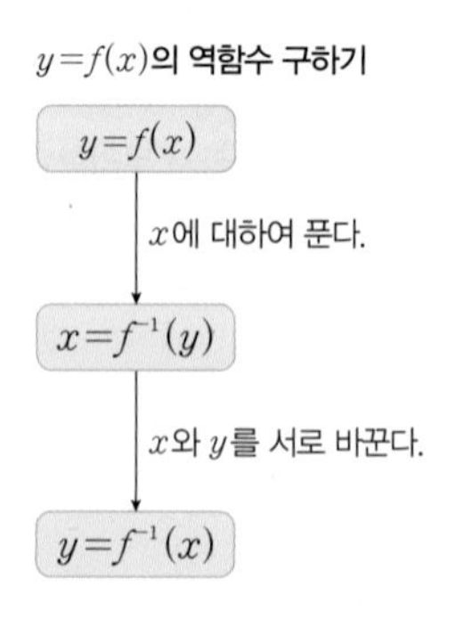

보기 05 **무리함수 $y=\sqrt{x+1}+1$의 역함수를 구하시오.**

풀이 함수 $y=\sqrt{x+1}+1$의 정의역은 $\{x|x\geq-1\}$, 치역은 $\{y|y\geq1\}$이므로 역함수의 정의역은 $\{x|x\geq1\}$이다.

$y=\sqrt{x+1}+1$을 x에 대하여 풀면 $y-1=\sqrt{x+1}$, $(y-1)^2=x+1\quad\therefore\ x=y^2-2y$

x와 y를 바꾸어 역함수를 구하면 $\boldsymbol{y=x^2-2x\,(x\geq1)}$

18 무리함수와 그 역함수의 그래프의 교점

MAPL; YOURMASTERPLAN

01 무리함수의 그래프와 그 역함수의 그래프의 교점

특강유형

역함수가 존재하는 함수 $y=f(x)$에 대하여 함수 $y=f(x)$의 그래프와 그 역함수 $y=f^{-1}(x)$의 그래프는 직선 $y=x$에 대하여 대칭이므로 함수 $y=f(x)$의 그래프와 직선 $y=x$의 교점이 존재하면 그 교점은 함수 $y=f(x)$의 그래프와 그 역함수 $y=f^{-1}(x)$의 그래프의 교점이다.

함수 $y=f(x)$와 직선 $y=x$의 교점은 두 함수 $y=f(x)$와 $y=f^{-1}(x)$ 교점이다.

참고 $y=f(x)$와 $y=x$를 연립하여 구한 해가 역함수의 정의역에 포함되는지 확인한다. ◀ 정의역에 포함되지 않는 경우 교점이 되지 않는다.

보기 01 **함수 $f(x)=\sqrt{x-1}+1$의 그래프와 그 역함수의 그래프의 교점을 구하시오.**

풀이 함수 $f(x)=\sqrt{x-1}+1$의 그래프와 그 역함수 $y=f^{-1}(x)$의 그래프는 직선 $y=x$에 대하여 대칭이므로 오른쪽 그림과 같다.

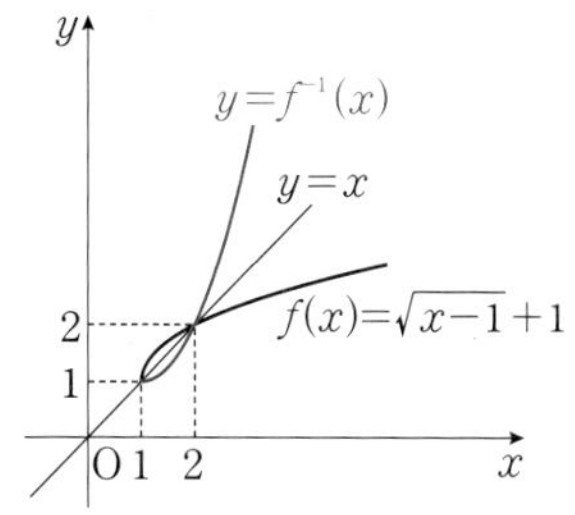

이때 $y=f(x)$, $y=f^{-1}(x)$의 그래프의 교점은 함수 $f(x)=\sqrt{x-1}+1$의 그래프와 직선 $y=x$의 교점과 같으므로 $\sqrt{x-1}+1=x$에서 $\sqrt{x-1}=x-1$

양변을 제곱하여 풀면 $x-1=x^2-2x+1$, $x^2-3x+2=0$

$(x-1)(x-2)=0$ $\therefore x=1$ 또는 $x=2$

따라서 두 함수의 그래프의 교점은 $\mathbf{(1,\ 1),\ (2,\ 2)}$이다.

주의 $y=\sqrt{x-1}+1$과 $y=x$를 연립하여 구한 해가 역함수의 정의역에 포함되는지 확인한다.
즉 $y=\sqrt{x-1}+1$의 치역이 $\{y\,|\,y\geq 1\}$이므로 역함수의 정의역은 $\{x\,|\,x\geq 1\}$이므로
$x=1$ 또는 $x=2$는 역함수의 정의역에 포함되므로 교점이 된다.

02 무리함수와 그 역함수의 그래프의 교점에서 주의사항

특강유형

함수 $y=f(x)$의 그래프와 그 역함수 $y=f^{-1}(x)$의 그래프의 교점의 좌표를 구할 때는 두 함수의 그래프를 그려 두 함수의 그래프의 교점이 모두 $y=x$ 위에 있는지 확인한 후, 방정식 $f(x)=x$를 푼다.

함수 $y=f(x)$의 그래프와 직선 $y=x$의 교점이 존재하면 그 교점은 함수 $y=f(x)$의 그래프와 그 역함수 $y=f^{-1}(x)$의 그래프의 교점이지만 함수 $y=f(x)$의 그래프와 그 역함수 $y=f^{-1}(x)$의 그래프의 교점이 반드시 함수 $y=f(x)$의 그래프와 직선 $y=x$의 교점만 되는 것은 아니다.

보기 02 **함수 $f(x)=\sqrt{-x+1}$의 그래프와 그 역함수의 그래프의 교점을 구하시오.**

풀이 함수 $f(x)=\sqrt{-x+1}$의 그래프와 그 역함수 $f^{-1}(x)=-x^2+1\,(x\geq 0)$의 그래프는 직선 $y=x$에 대하여 대칭이므로 오른쪽 그림과 같다.

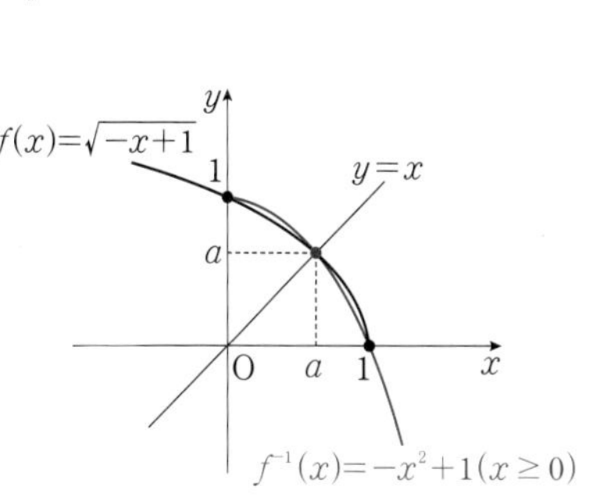

$\sqrt{-x+1}=x$의 양변을 제곱하여 풀면 $-x+1=x^2$

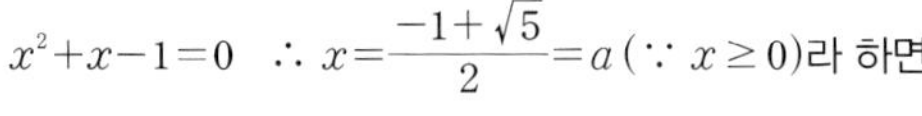

$x^2+x-1=0$ $\therefore x=\dfrac{-1+\sqrt{5}}{2}=a\,(\because x\geq 0)$라 하면

함수 $f(x)=\sqrt{-x+1}$의 그래프와 그 역함수의 그래프의 교점은 $\mathbf{(0,\ 1),\ (1,\ 0),\ (\mathit{a},\ \mathit{a})}$이다.

그런데 $(0,\ 1)$, $(1,\ 0)$은 직선 $y=x$ 위의 점이 아니므로 두 함수의 그래프를 그려 두 함수의 그래프의 교점을 구한다.

마플개념익힘 01 무리함수의 정의역과 치역

다음 함수의 그래프를 그리고 정의역과 치역을 구하시오.

(1) $y=\sqrt{-2x+6}+2$

(2) $y=2-\sqrt{2x-5}$

MAPL CORE ▶ 무리함수 $y=\sqrt{a(x-p)}+q\,(a\neq0)$의 그래프는 $y=\sqrt{ax}$의 그래프를 x축 방향으로 p, y축 방향으로 q만큼 평행이동한 것이다.

$$y=\sqrt{ax}\xrightarrow[\text{평행이동}]{x\text{축으로 }p\text{만큼, }y\text{축으로 }q\text{만큼}}y=\sqrt{a(x-p)}+q$$

함수 $y=\sqrt{ax+b}+c\,(a\neq0)$의 식을 $y=\sqrt{a\left(x+\frac{b}{a}\right)}+c$꼴로 변형하여 그린다.

개념익힘풀이 (1) $y=\sqrt{-2(x-3)}+2$의 그래프는 $y=\sqrt{-2x}$의 그래프를 x축 방향으로 3만큼, y축 방향으로 2만큼 평행이동한 것이므로 그래프는 오른쪽 그림과 같고
정의역은 $\{x|x\leq3\}$, 치역은 $\{y|y\geq2\}$이다.

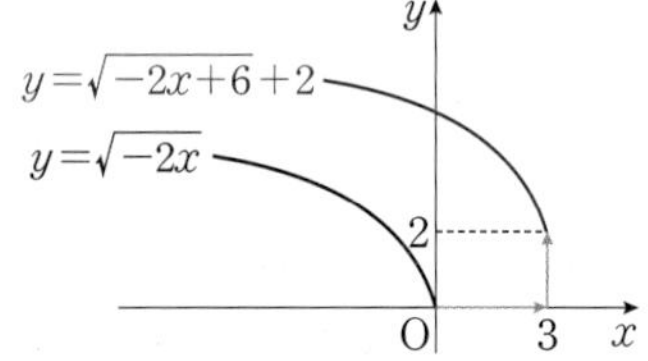

(2) $y=2-\sqrt{2\left(x-\frac{5}{2}\right)}$의 그래프는 $y=-\sqrt{2x}$의 그래프를 x축 방향으로 $\frac{5}{2}$만큼, y축 방향으로 2만큼 평행이동한 것이므로 그래프는 오른쪽 그림과 같고
정의역은 $\left\{x\middle|x\geq\frac{5}{2}\right\}$, 치역은 $\{y|y\leq2\}$이다.

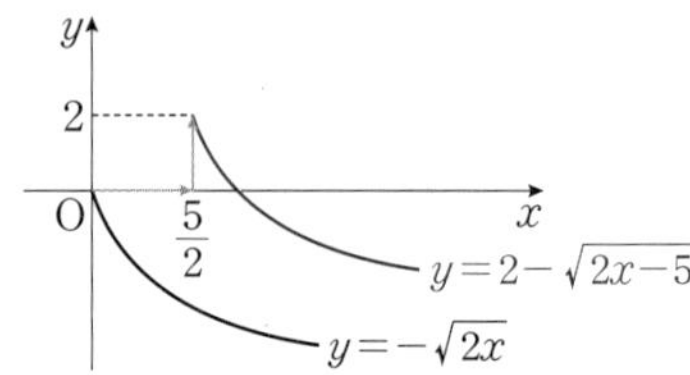

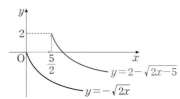

확인유제 0872 무리함수 $y=-\sqrt{x+1}+2$에 대한 설명으로 [보기]에서 옳은 것을 모두 고른 것은?

ㄱ. 정의역은 $\{x|x\geq-1\}$이다.
ㄴ. 치역은 $\{y|y\leq2\}$이다.
ㄷ. 그래프는 제3사분면을 지난다.

① ㄱ ② ㄷ ③ ㄱ, ㄴ ④ ㄴ, ㄷ ⑤ ㄱ, ㄴ, ㄷ

변형문제 0873 다음 물음에 답하시오. (단, a, b는 상수이다.)

(1) 함수 $y=-\sqrt{-4x+a}+2$의 정의역이 $\{x|x\leq2\}$이고 치역이 $\{y|y\leq b\}$일 때, ab의 값은?

① 6 ② 12 ③ 14 ④ 16 ⑤ 18

(2) 함수 $y=\sqrt{-2x+4}+a$의 정의역이 $\{x|x\leq b\}$이고 치역이 $\{y|y\geq-1\}$일 때, $a+b$의 값은?

① -2 ② -1 ③ 1 ④ 2 ⑤ 3

발전문제 0874 함수 $y=\frac{3x+10}{x+3}$의 그래프의 점근선의 방정식이 $x=a$, $y=b$이고, 함수 $f(x)=-\sqrt{ax+b}+c$에 대하여 $f(1)=-2$이다. 이때 함수 $f(x)$의 정의역과 치역을 구하시오. (단, a, b, c는 상수이다.)

정답 0872 : ③ 0873 : (1) ④ (2) ③ 0874 : 정의역은 $\{x|x\leq1\}$, 치역은 $\{y|y\leq-2\}$

마플개념익힘 02 무리함수의 최대 · 최소

다음 무리함수의 최댓값과 최솟값을 각각 구하시오.

(1) $y=-\sqrt{2x+4}+1$ (단, $0\le x\le 6$)

(2) $y=-\sqrt{-3x+3}-1$ (단, $-2\le x\le 1$)

MAPL CORE ▶ 무리함수의 최대 최소 ➡ 그래프를 그려 확인한다.

정의역이 $\{x\,|\,p\le x\le q\}$인 무리함수 $f(x)=\sqrt{ax+b}+c$에 대하여

(1) $a>0$일 때, 최솟값은 $f(p)$, 최댓값은 $f(q)$

(2) $a<0$일 때, 최솟값은 $f(q)$, 최댓값은 $f(p)$

개념익힘**풀이** (1) $y=-\sqrt{2x+4}+1=-\sqrt{2(x+2)}+1$이므로

$y=-\sqrt{2x}$의 그래프를 x축의 방향으로 -2만큼, y축의 방향으로 1만큼 평행이동한 것이다.

$0\le x\le 6$에서 이 함수의 그래프는 오른쪽 그림과 같으므로

$x=0$에서 **최댓값 -1**, $x=6$에서 **최솟값 -3**이다.

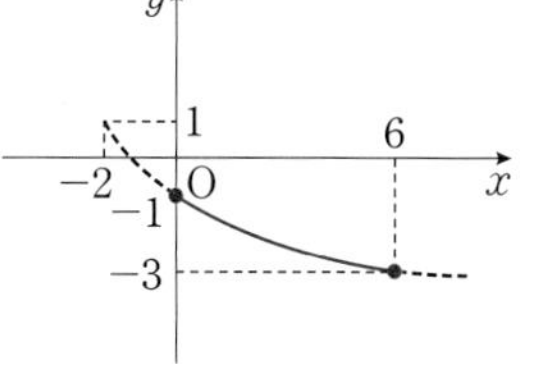

(2) $y=-\sqrt{-3x+3}-1=-\sqrt{-3(x-1)}-1$이므로

$y=-\sqrt{-3x}$의 그래프를 x축의 방향으로 1만큼, y축의 방향으로 -1만큼 평행이동한 것이다.

$-2\le x\le 1$에서 이 함수의 그래프는 오른쪽 그림과 같으므로

$x=1$에서 **최댓값 -1**, $x=-2$에서 **최솟값 -4**이다.

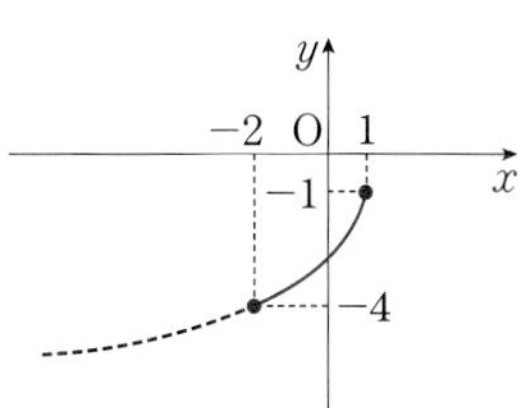

확인유제 0875 다음 무리함수의 최댓값과 최솟값을 각각 구하시오.

(1) $y=\sqrt{2-x}+3$ (단, $0\le x\le 1$)

(2) $y=-\sqrt{3-x}+2$ (단, $-1\le x\le 2$)

변형문제 0876 다음 물음에 답하시오.

(1) $-4\le x\le 0$에서 함수 $y=\sqrt{9-ax}+b$의 최댓값이 5, 최솟값이 1일 때, 상수 a, b에 대하여 $a+b$의 값은? (단, $a>0$)

① 5 ② 6 ③ 7 ④ 8 ⑤ 9

(2) $-8\le x\le -1$에서 함수 $y=-\sqrt{-x+a}+2$의 최댓값이 -1일 때, 최솟값은? (단, a는 상수이다.)

① -6 ② -5 ③ -4 ④ -3 ⑤ -2

발전문제 0877 유리함수 $f(x)=\dfrac{ax+c}{x+b}$의 점근선의 방정식이 $x=-4$, $y=-2$이고 $f(0)=\dfrac{1}{4}$을 만족하는 상수 a, b, c에 대하여 $-6\le x\le 0$에서 함수 $y=-\sqrt{ax+b}+c$의 최댓값을 M, 최솟값을 m이라 할 때, $M+m$의 값을 구하시오.

정답 0875 : (1) 최댓값 : $\sqrt{2}+3$ 최솟값: 4 (2) 최댓값 : 1 최솟값: 0 0876 : (1) ④ (2) ⑤ 0877 : -4

마플개념익힘 03 무리함수의 그래프의 평행이동과 대칭이동

다음 함수의 그래프 중 무리함수 $y=-\sqrt{x}$의 그래프를 평행이동 또는 대칭이동하여 겹쳐질 수 있는 함수가 아닌 것은?

① $y=\sqrt{-x}$ ② $y=\sqrt{1-x}+2$ ③ $y=\frac{1}{2}\sqrt{4x-8}+2$

④ $y=-\frac{\sqrt{-9x}}{3}$ ⑤ $y=\sqrt{-2x+2}+1$

MAPL CORE ▸ 두 무리함수 $y=\sqrt{ax}$, $y=\sqrt{b(x-m)}+n$의 그래프가 서로 겹쳐지기 위한 조건

(1) $a=b$이면 평행이동을 하여 두 그래프는 겹쳐질 수 있다.

(2) $|a|=|b|$이면 평행이동과 대칭이동을 하여 두 그래프는 겹쳐질 수 있다.

개념익힘풀이 평행이동과 대칭이동하여 $y=-\sqrt{x}$의 그래프와 겹칠 수 있는 것은 $y=\pm\sqrt{\pm(x-b)}+c$의 꼴이어야 한다.

① 함수 $y=\sqrt{-x}$의 그래프는 $y=-\sqrt{x}$의 그래프를 원점에 대하여 대칭이동한 것이다.

② 함수 $y=\sqrt{1-x}+2=\sqrt{-(x-1)}+2$의 그래프는 $y=-\sqrt{x}$의 그래프를 원점에 대하여 대칭이동한 후 x축의 방향으로 1만큼, y축의 방향으로 2만큼 평행이동한 것이다.

③ $y=\frac{1}{2}\sqrt{4x-8}+2=\sqrt{\frac{1}{4}(4x-8)}+2=\sqrt{x-2}+2$의 그래프는 $y=-\sqrt{x}$의 그래프를 x축에 대하여 대칭이동한 후 x축의 방향으로 2만큼, y축의 방향으로 2만큼 평행이동한 것이다.

④ $y=-\frac{\sqrt{-9x}}{3}=-\sqrt{\frac{-9}{9}x}=-\sqrt{-x}$의 그래프는 $y=-\sqrt{x}$의 그래프를 y축에 대하여 대칭이동한 것이다.

⑤ $y=\sqrt{-2x+2}+1=\sqrt{-2(x-1)}+1$의 그래프는 $y=\sqrt{-2x}$의 그래프를 x축 방향으로 1만큼, y축 방향으로 1만큼 평행이동한 그래프이다.

따라서 평행이동 또는 대칭이동하여 $y=\sqrt{-x}$의 그래프와 겹쳐질 수 없는 함수는 ⑤이다.

확인유제 0878 다음 함수의 그래프 중 무리함수 $y=\sqrt{x}$의 그래프를 평행이동 또는 대칭이동하여 겹쳐질 수 있는 함수가 아닌 것은?

① $y=-\sqrt{x}$ ② $y=\frac{1}{2}\sqrt{4-4x}+2$ ③ $y=-\frac{\sqrt{-4x}}{2}$

④ $y=3\sqrt{x-2}+1$ ⑤ $y=-\sqrt{3-x}+1$

변형문제 0879 다음 물음에 답하시오.

(1) 함수 $y=\sqrt{ax}$의 그래프를 x축의 방향으로 m만큼, y축의 방향으로 n만큼 평행이동하였더니 함수 $y=\sqrt{-2x-4}-3$의 그래프와 겹쳐진다. 이때 $a+m+n$의 값은? (단, a, m, n이 상수이다.)

① -7 ② -6 ③ -5 ④ -4 ⑤ -3

(2) 함수 $y=a\sqrt{x}+4$의 그래프를 x축의 방향으로 m만큼, y축의 방향으로 n만큼 평행이동하였더니 함수 $y=\sqrt{9x-18}$의 그래프와 일치하였다. $a+m+n$의 값은? (단, a, m, n은 상수이다.)

① 1 ② 2 ③ 3 ④ 4 ⑤ 5

발전문제 0880 다음 물음에 답하시오.

(1) 함수 $y=\sqrt{kx+2}$의 그래프를 x축의 방향으로 3만큼, y축의 방향으로 -2만큼 평행이동한 후, y축에 대하여 대칭이동한 함수의 그래프가 점 $(-4, 2)$를 지날 때, 상수 k의 값을 구하시오.

(2) 함수 $y=\sqrt{ax+b}+c$의 그래프를 x축의 방향으로 -4만큼, y축의 방향으로 3만큼 평행이동한 후, y축에 대하여 대칭이동하였더니 함수 $y=\sqrt{-2x+9}+6$의 그래프와 일치하였다. $a+b+c$의 값을 구하시오. (단, a, b, c는 상수이다.)

정답 0878 : ④ 0879 : (1) ① (2) ① 0880 : (1) 14 (2) 6

마플개념익힘 04 무리함수 $y=\sqrt{ax+b}+c(a\neq 0)$의 그래프

무리함수 $y=\sqrt{ax+b}+c$의 그래프가 오른쪽과 같을 때,
상수 a, b, c의 합 $a+b+c$의 값을 구하시오.

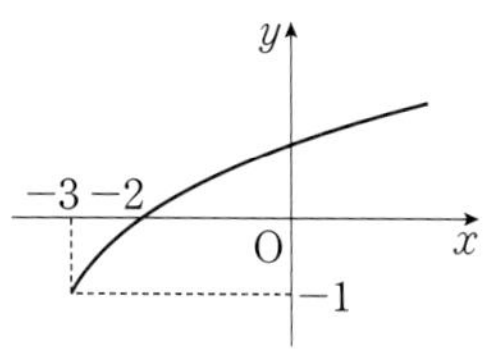

MAPL CORE ▸ 그래프가 주어졌을 때, 무리함수의 식은 다음의 순서로 구한다.
❶ 기준이 되는 무리함수의 식 $y=\pm\sqrt{ax}\,(a\neq 0)$를 정한다.
❷ 시작점 $(p,\ q)$를 기준으로 $y=\sqrt{a(x-p)}+q$로 놓는다.
❸ 주어진 그래프가 지나는 점의 좌표를 함수식에 대입하여 식을 결정한다.

개념익힘풀이 무리함수 $y=\sqrt{ax+b}+c$의 그래프는 $y=\sqrt{ax}\,(a>0)$의 그래프를 x축의 방향으로 -3만큼, y축의 방향으로 -1만큼 평행이동 한 것이므로 함수의 식은

$y=\sqrt{a(x+3)}-1$로 놓을수 있다. …… ㉠

이때 ㉠의 그래프가 점 $(-2,\ 0)$을 지나므로

$0=\sqrt{a}-1,\ \sqrt{a}=1 \quad \therefore a=1$

즉 구하는 식은 $y=\sqrt{x+3}-1$이므로 $a=1,\ b=3,\ c=-1$

따라서 $\boldsymbol{a+b+c=1+3+(-1)=3}$

확인유제 0881 함수 $f(x)=-\sqrt{ax+b}+c$의 그래프가 오른쪽 그림과 같을 때, $f(-6)$의 값은? (단, a, b, c는 상수이다.)

① -7 ② -6 ③ -5
④ -4 ⑤ -3

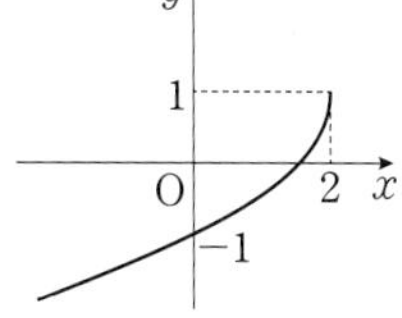

변형문제 0882 무리함수 $y=\sqrt{ax+b}+c$의 그래프가 오른쪽 그림과 같을 때, 무리함수 $f(x)=\sqrt{bx+c}+a$의 그래프의 개형은? (단, a, b, c는 상수이다.)

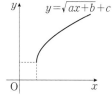

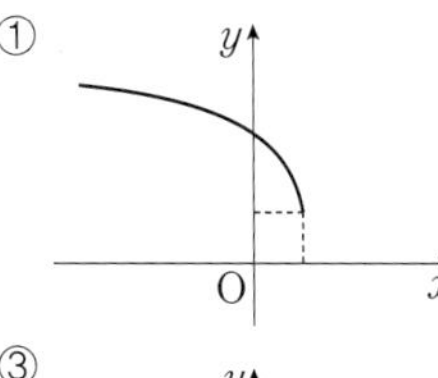
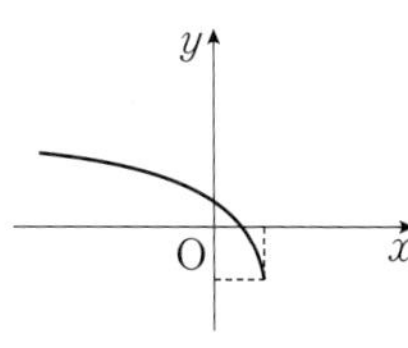
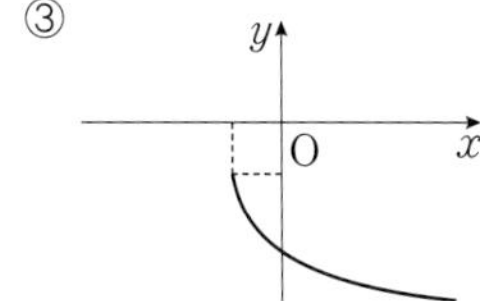
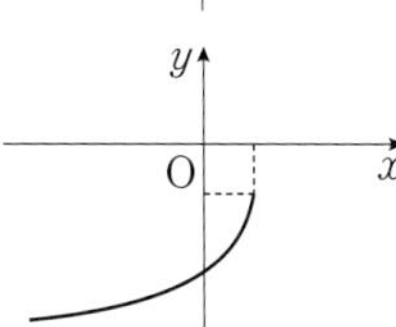
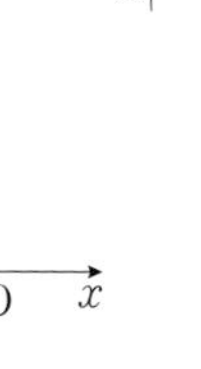

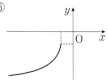

발전문제 0883 함수 $y=\sqrt{ax+b}+c$의 그래프가 오른쪽 그림과 같다. 함수 $y=\dfrac{ax+b}{x+c}$의 그래프의 두 점근선의 교점의 좌표가 $(p,\ q)$일 때, $p+q$의 값을 구하시오.
(단, a, b, c는 상수이다.)

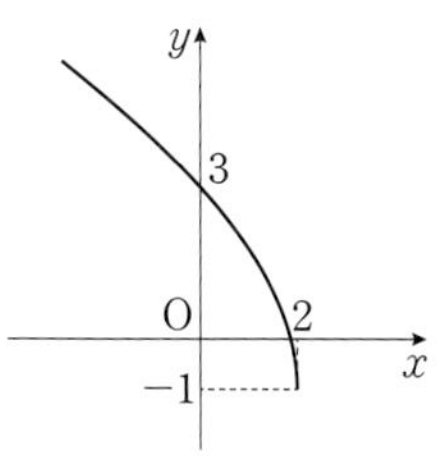

정답 0881 : ⑤ 0882 : ① 0883 : -7

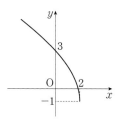

함수 $y=\sqrt{ax+b}+c$의 그래프가 오른쪽 그림과 같을 때,

함수 $y=\dfrac{b}{x+a}+c$의 그래프로 적당한 것은? (단, a, b, c는 상수이다.)

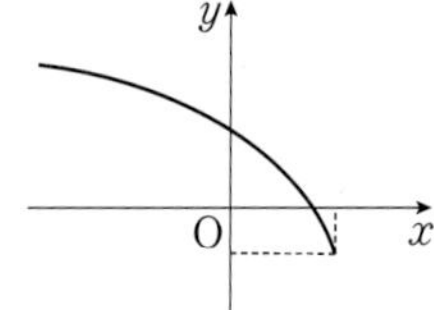

①

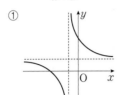

② 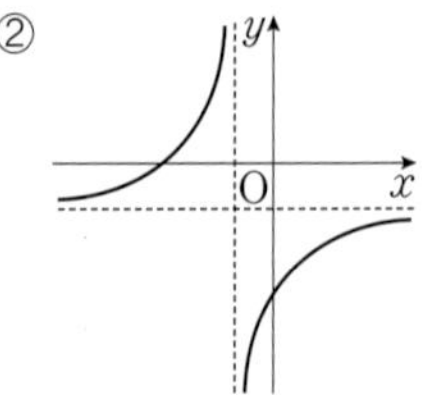

③ 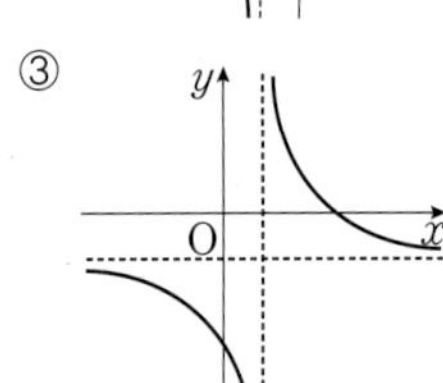

④ 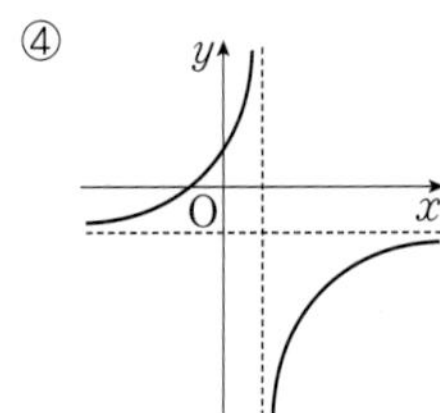

⑤ 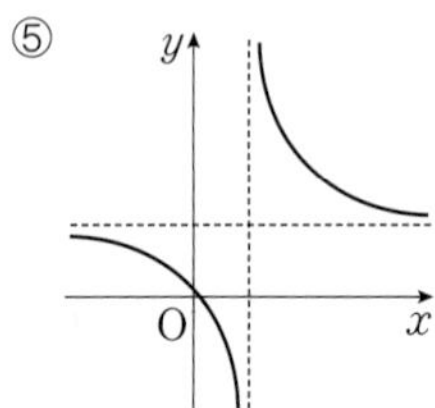

MAPL CORE ▶ (1) 유리함수의 그래프는 ➡ 점근선과 한 점을 구하여 그린다.
(2) 무리함수의 그래프는 ➡ 정의역과 치역, 한 점을 구하여 그린다.

개념익힘**풀이** $y=\sqrt{ax+b}+c=\sqrt{a\left(x+\dfrac{b}{a}\right)}+c$이므로 $y=\sqrt{ax}\,(a<0)$의 그래프는 x축의 방향으로 $-\dfrac{b}{a}$만큼, y축의 방향으로 c만큼 평행이동한 그래프이다.

주어진 무리함수의 그래프에서

$a<0,\ -\dfrac{b}{a}>0,\ c<0 \quad \therefore a<0,\ b>0,\ c<0$ ← 점 $\left(-\dfrac{b}{a},\ c\right)$가 제4사분면의 점

$\therefore a<0,\ b>0,\ c<0$

함수 $y=\dfrac{b}{x+a}+c$의 그래프의 개형은 $y=\dfrac{b}{x}$의 그래프를 x축의 방향으로 $-a$만큼, y축의 방향으로 c만큼 평행이동시킨 것이다.

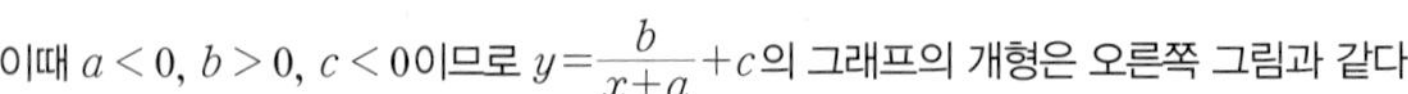

이때 $a<0,\ b>0,\ c<0$이므로 $y=\dfrac{b}{x+a}+c$의 그래프의 개형은 오른쪽 그림과 같다.

따라서 그래프로 적당한 것은 ③과 같다.

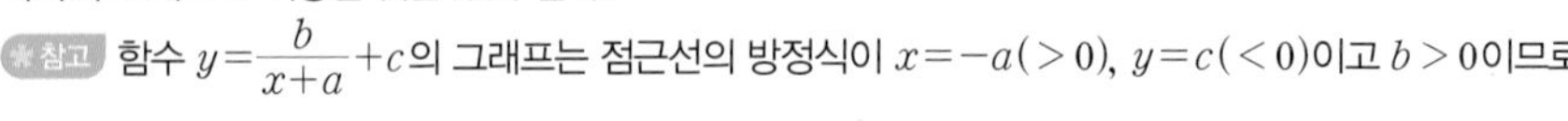

참고 함수 $y=\dfrac{b}{x+a}+c$의 그래프는 점근선의 방정식이 $x=-a(>0)$, $y=c(<0)$이고 $b>0$이므로 그래프의 개형은 오른쪽 그림과 같다.

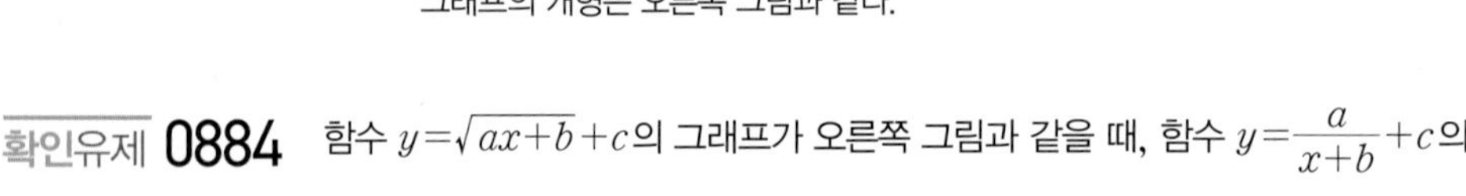

확인유제 **0884** 함수 $y=\sqrt{ax+b}+c$의 그래프가 오른쪽 그림과 같을 때, 함수 $y=\dfrac{a}{x+b}+c$의 그래프의 개형은? (단, a, b, c는 상수이다.)

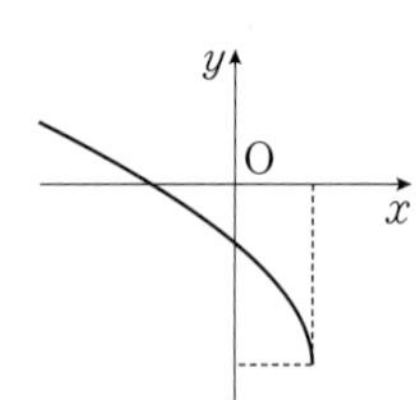

① 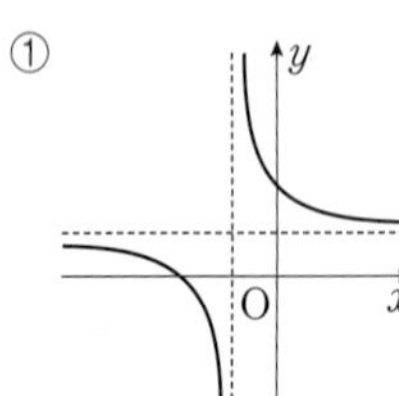

② 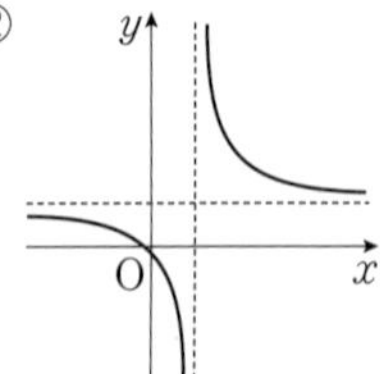

③ 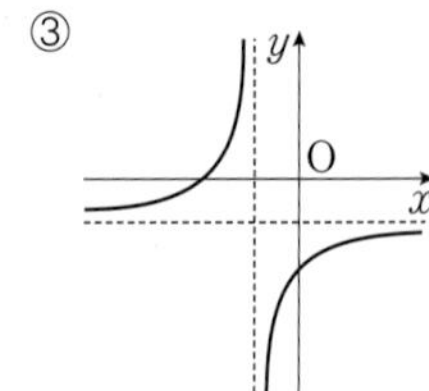

④ 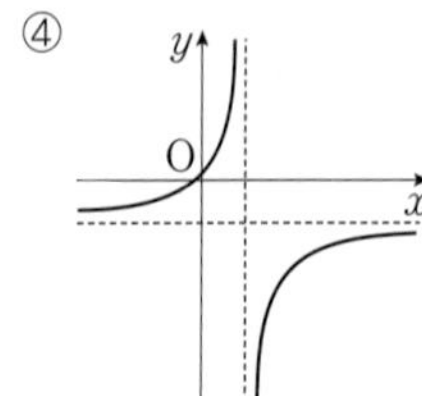

⑤ 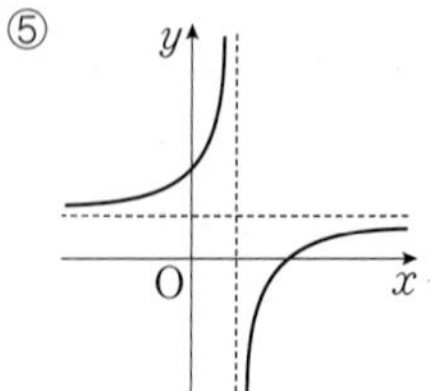

정답 0884 : ③

변형문제 **0885** 다음 물음에 답하시오.

(1) 함수 $y=\dfrac{ax+b}{x+c}$의 그래프가 오른쪽 그림과 같을 때, 다음 중 함수 $y=\sqrt{-bx+c}+a$의 그래프의 개형은? (단, a, b, c는 상수이다.)

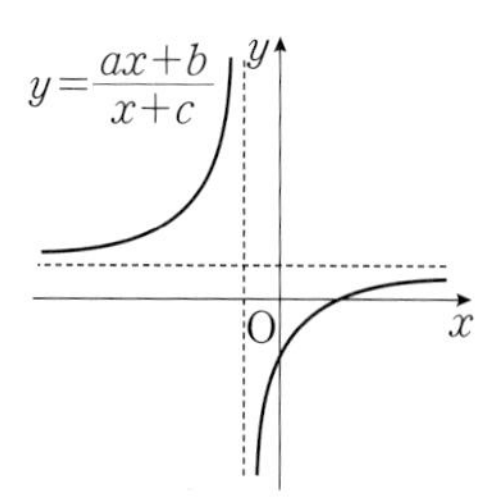

①
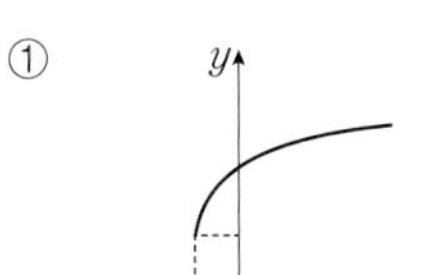

②
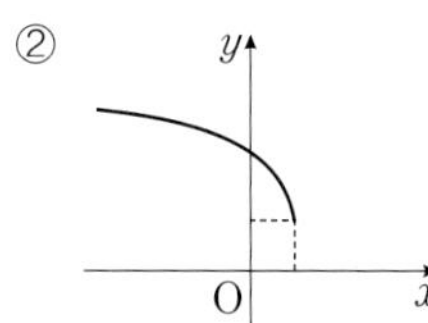

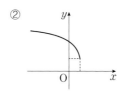

③
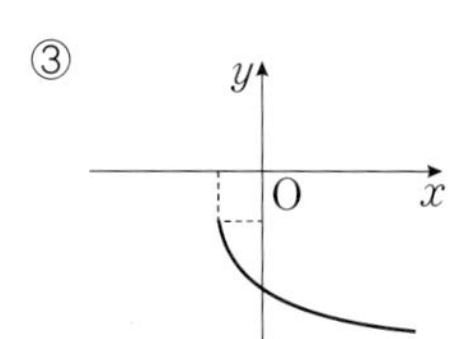

④
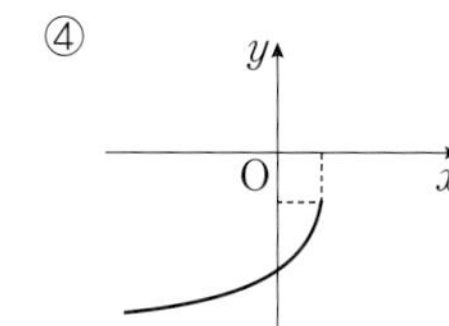

⑤
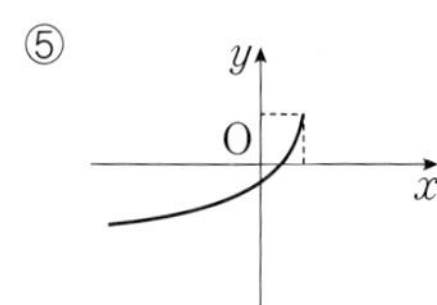

(2) 유리함수 $y=\dfrac{ax+b}{cx+1}$의 그래프가 오른쪽과 같을 때,

무리함수 $y=\sqrt{ax-b}+c$의 그래프의 개형으로 알맞은 것은?

(단, a, b, c는 상수이다.)

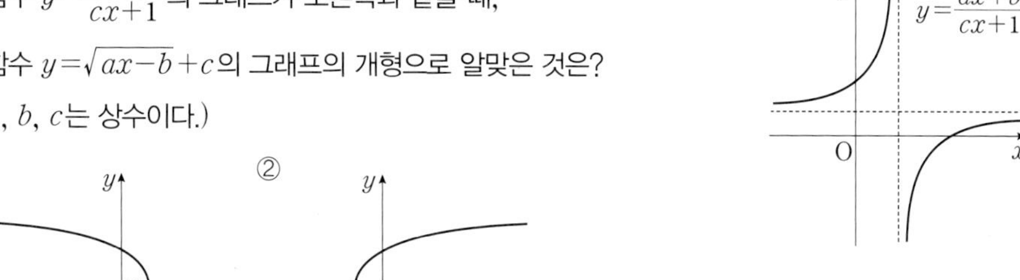

①
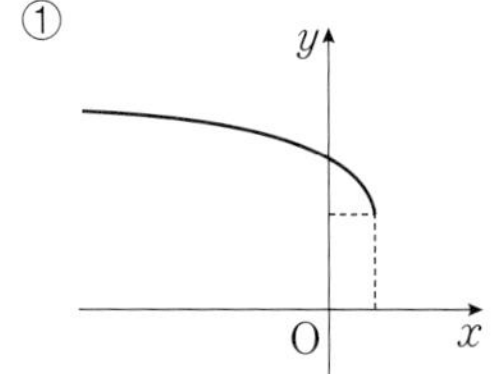

②
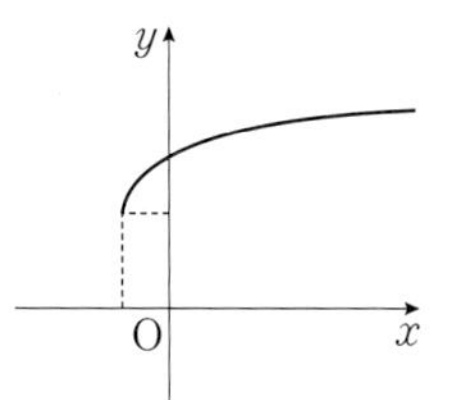

③ ④
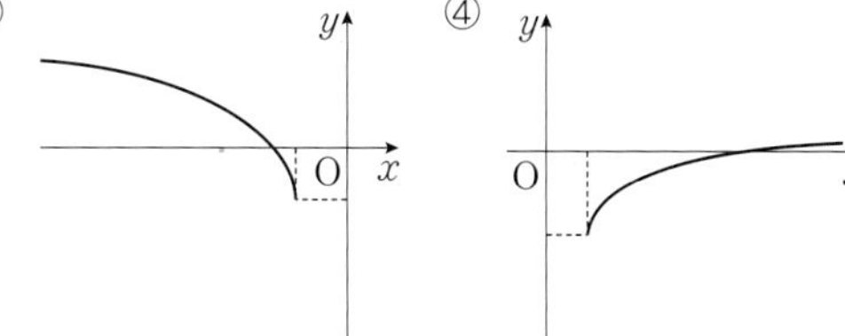

⑤
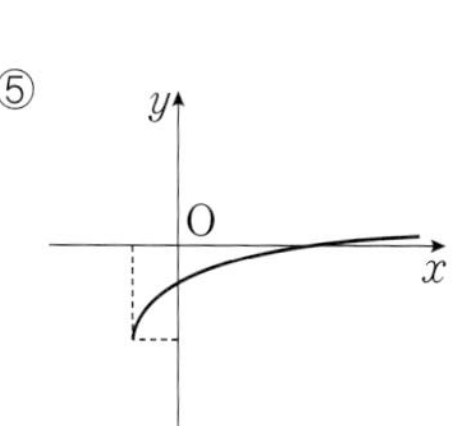

발전문제 **0886** 유리함수 $y=\dfrac{bx+c}{x+a}$의 그래프가 오른쪽 그림과 같을 때, 함수 $f(x)=\sqrt{ax+b}+c$에 대하여 [보기]에서 옳은 것만을 있는 대로 고른 것은? (단, a, b, c는 상수이다.)

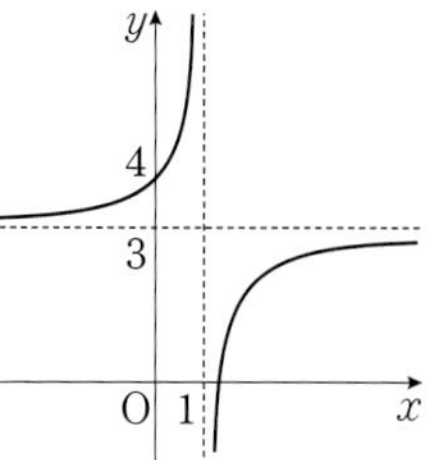

ㄱ. 정의역이 $\{x|x\leq 3\}$이고 치역이 $\{y|y\geq -4\}$이다.
ㄴ. 그래프는 제1사분면을 지나지 않는다.
ㄷ. $-6\leq x\leq -1$에서 함수 $f(x)$의 최댓값은 -1이다.

① ㄱ ② ㄴ ③ ㄱ, ㄴ ④ ㄴ, ㄷ ⑤ ㄱ, ㄴ, ㄷ

정답 0885 : (1) ① (2) ③ 0886 : ⑤

다음 함수의 역함수를 구하고, 그 그래프의 정의역을 구하시오.

(1) $y=\sqrt{x-1}+2$

(2) $y=\sqrt{4-2x}+1$

MAPL CORE ▶ 무리함수 $y=\sqrt{ax+b}+c$의 역함수를 구하는 순서는 다음과 같다.

❶ 함수의 정의역은 역함수의 치역이 되고, 함수의 치역은 역함수의 정의역이 된다.

❷ $\sqrt{ax+b}=y-c$의 양변을 제곱하여 x에 대하여 정리한다.

❸ x와 y를 서로 바꾸어 역함수를 구한다.

개념익힘풀이

(1) 함수 $y=\sqrt{x-1}+2$의 정의역은 $\{x|x\ge 1\}$, 치역은 $\{y|y\ge 2\}$이므로

역함수의 정의역은 $\{x|x\ge 2\}$, 치역은 $\{y|y\ge 1\}$이다.

$y=\sqrt{x-1}+2$에서 $y-2=\sqrt{x-1}$

양변을 제곱한 후 x에 대하여 풀면

$(y-2)^2=x-1$, $x=(y-2)^2+1$ $\quad\therefore x=y^2-4y+5$

x와 y를 바꾸면 구하는 역함수는 $\boldsymbol{y=x^2-4x+5=(x-2)^2+1(x\ge 2)}$

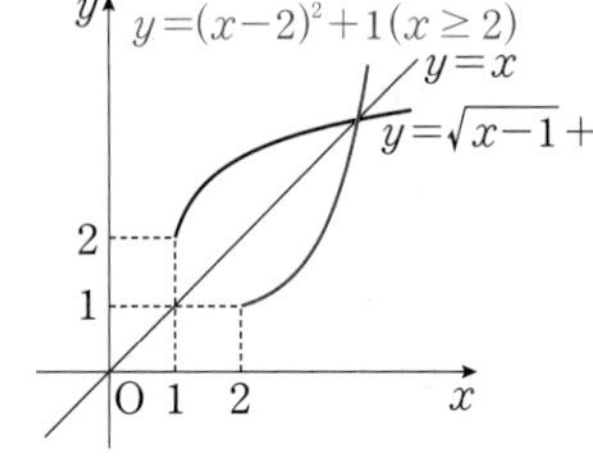

(2) 함수 $y=\sqrt{4-2x}+1$의 정의역은 $\{x|x\le 2\}$, 치역은 $\{y|y\ge 1\}$이므로

역함수의 정의역은 $\{x|x\ge 1\}$, 치역은 $\{y|y\le 2\}$이다.

$y=\sqrt{4-2x}+1$에서 $y-1=\sqrt{4-2x}$

양변을 제곱한 후, x에 대하여 풀면

$(y-1)^2=4-2x$, $x=-\frac{1}{2}(y-1)^2+2$

x와 y를 바꾸면 구하는 역함수는 $\boldsymbol{y=-\frac{1}{2}(x-1)^2+2(x\ge 1)}$

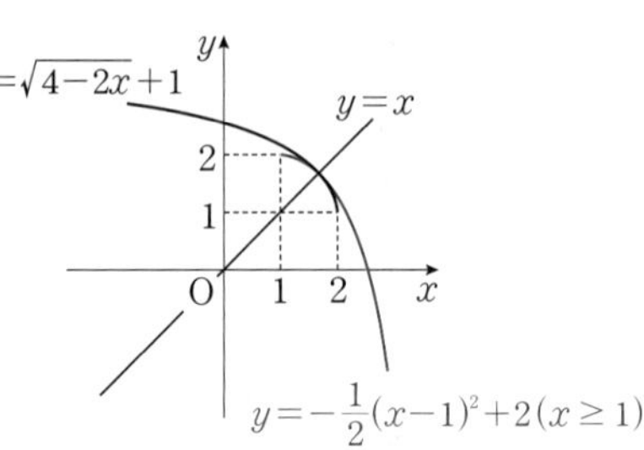

확인유제 0887 다음 물음에 답하시오.

(1) 함수 $y=\sqrt{1-x}+1$의 역함수가 $y=-x^2+ax+b\,(x\ge c)$일 때, 상수 a, b, c에 대하여 $a+b+c$의 값을 구하시오.

(2) 함수 $y=-\sqrt{3x-6}+1$의 역함수가 $y=a(x+b)^2+c\,(x\le d)$일 때, 상수 a, b, c, d에 대하여 $a+b+c+d$의 값을 구하시오.

변형문제 0888 무리함수 $f(x)=\sqrt{ax+b}+1$의 역함수를 $g(x)$라 하자. 곡선 $y=f(x)$와 곡선 $y=g(x)$가 점 $(1,\ 4)$에서 만날 때, $g(7)$의 값은? (단, a, b는 상수이다.)

① -9 ② -8 ③ -7 ④ -6 ⑤ -5

발전문제 0889 다음 물음에 답하시오.

(1) 함수 $f(x)=\sqrt{-x+a}+b$의 그래프가 오른쪽 그림과 같다.

이때 역함수를 $y=g(x)$라 할 때, $g(0)$을 구하시오. (단, a, b는 실수이다.)

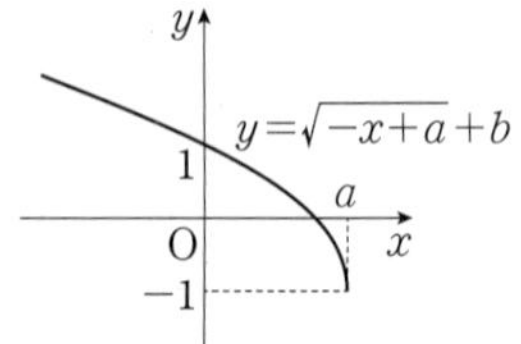

(2) 함수 $y=a(x-b)^2+c\,(x\ge b)$의 역함수의 그래프가 오른쪽 그림과 같을 때, 상수 a, b, c에 대하여 $a+b+c$의 값을 구하시오.

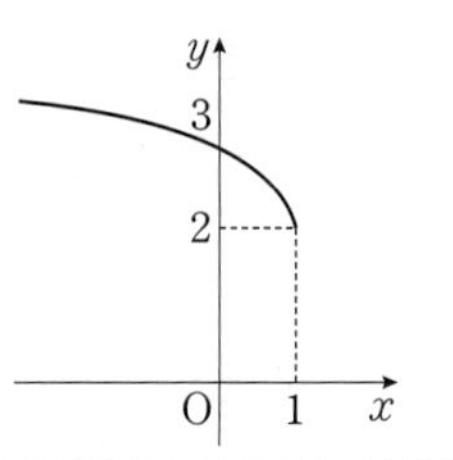

정답 0887 : (1) 3 (2) $\frac{7}{3}$ 0888 : ② 0889 : (1) 3 (2) 2

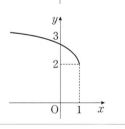

정의역이 $\{x|x>1\}$인 두 함수

$$f(x)=\frac{x+3}{x-1},\ g(x)=\sqrt{3x-2}$$

에 대하여 $(f\circ(g\circ f)^{-1}\circ f)(5)$를 구하시오.

MAPL CORE ▶ 역함수가 존재하는 두 함수 f, g에 대하여 $(g\circ f)^{-1}=f^{-1}\circ g^{-1}$
$f: X\longrightarrow X$가 일대일대응일 때, $f^{-1}\circ f=I$, $f\circ f^{-1}=I$ (단, I는 항등함수)

개념익힘**풀이** $f\circ(g\circ f)^{-1}\circ f=f\circ f^{-1}\circ g^{-1}\circ f=g^{-1}\circ f$ ⟵ $f\circ f^{-1}=I$

이므로

$(f\circ(g\circ f)^{-1}\circ f)(5)=(g^{-1}\circ f)(5)$

$=g^{-1}(f(5))$

$=g^{-1}(2)$ ⟵ $f(5)=\frac{5+3}{5-1}=2$

$g^{-1}(2)=k$라 하면 $g(k)=2$이므로

$\sqrt{3k-2}=2$

양변을 제곱하면 $3k-2=4$ $\quad\therefore k=2$

따라서 $(f\circ(g\circ f)^{-1}\circ f)(5)=g^{-1}(2)=\mathbf{2}$

확인유제 0890 정의역이 $\{x|x>2\}$인 두 함수

$$f(x)=\sqrt{4x+1},\ g(x)=\frac{x+2}{x-2}$$

에 대하여 $(g\circ(f\circ g)^{-1}\circ g)(3)$을 구하시오.

변형문제 0891 다음 물음에 답하시오.

(1) 두 함수 $f(x)=\frac{2x+3}{x+3}$, $g(x)=-3\sqrt{x-1}$에 대하여 $(f\circ g)^{-1}(3)$의 값은?

① 2 ② 3 ③ 4 ④ 5 ⑤ 6

(2) 두 함수 $f(x)=\frac{3x+1}{x-1}$, $g(x)=\sqrt{3x+4}$ 에 대하여 $(f^{-1}\circ g)^{-1}(3)$의 값은?

① 5 ② 6 ③ 7 ④ 8 ⑤ 9

발전문제 0892 함수 $f(x)=\sqrt{2x-14}+3$이 있다. 함수 $g(x)$가 $\frac{7}{3}$ 이상의 모든 실수 x에 대하여

$$f^{-1}(g(x))=3x$$

를 만족시킬 때, $g(3)$의 값을 구하시오.

정답 0890 : 6 0891 : (1) ④ (2) ③ 0892 : 5

마플개념익힘 08 무리함수와 그 역함수의 그래프의 교점

다음 물음에 답하시오.

(1) 두 함수 $y=\sqrt{x-2}+2$, $x=\sqrt{y-2}+2$의 그래프의 두 교점 사이의 거리를 구하시오.

(2) 함수 $f(x)=\sqrt{x+1}+1$의 역함수를 $y=g(x)$라 하자. $y=f(x)$의 그래프와 $y=g(x)$의 그래프의 교점을 P라 할 때, $\overline{\text{OP}}$의 길이를 구하시오. (단, O는 원점이다.)

MAPL CORE ▶ (1) 무리함수 $y=f(x)$의 그래프와 그 역함수 $y=f^{-1}(x)$의 그래프는 직선 $y=x$에 대하여 대칭이다.
(2) 무리함수 $y=f(x)$의 그래프와 직선 $y=x$의 교점은 두 함수 $y=f(x)$, $y=f^{-1}(x)$의 그래프와의 교점과 같다.

개념익힘풀이 (1) 두 함수 $y=\sqrt{x-2}+2$, $x=\sqrt{y-2}+2$는 x와 y의 위치가 서로 바뀌어 있으므로 서로 역함수 관계이다.
즉 두 곡선의 그래프의 교점은 $y=\sqrt{x-2}+2$의 그래프와 직선 $y=x$의 교점과 일치하므로 두 식을 연립하면
$\sqrt{x-2}+2=x$, $x-2=\sqrt{x-2}$에서 양변을 제곱하면
$(x-2)^2=x-2$, $x^2-5x+6=0$, $(x-2)(x-3)=0$
$\therefore x=2$ 또는 $x=3$
두 함수의 교점은 $y=x$ 위에 있으므로 교점의 좌표는 $(2, 2)$, $(3, 3)$이다.
따라서 두 교점 사이의 거리는 $\sqrt{(3-2)^2+(3-2)^2}=\boldsymbol{\sqrt{2}}$

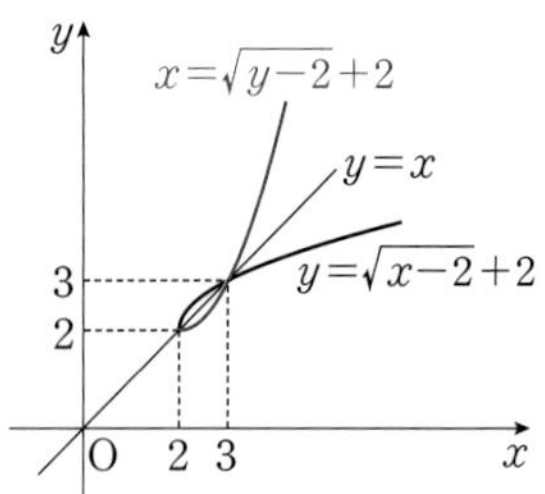

(2) 함수 $f(x)=\sqrt{x+1}+1$의 그래프와 그 함수의 역함수의 그래프의 교점은 직선 $y=x$ 위에 있으므로 $\sqrt{x+1}+1=x$에서 $\sqrt{x+1}=x-1$이므로
$x^2-3x=0$, $x(x-3)=0$ $\quad\therefore x=0$ 또는 $x=3$
$x\geq 1$이므로 $x=3$ ← 역함수의 정의역 $\{x|x\geq 1\}$
즉 점 P는 직선 $y=x$ 위의 점이므로 점 P의 좌표는 $(3, 3)$이다.
따라서 $\overline{\text{OP}}=\boldsymbol{\sqrt{(3-0)^2+(3-0)^2}=3\sqrt{2}}$

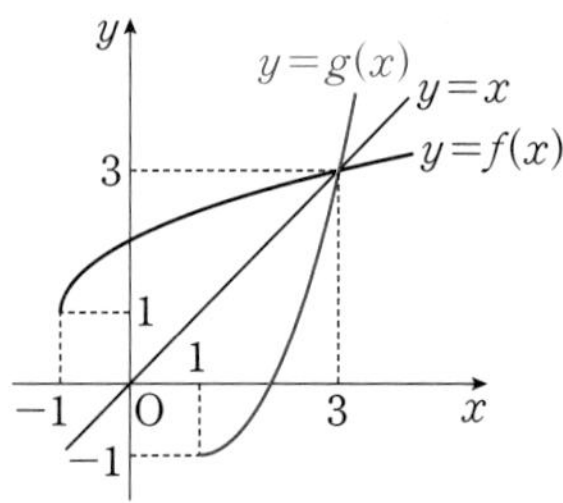

참고 $f(x)=\sqrt{x+1}+1$과 $y=x$를 연립하여 구한 해 $x=0$ 또는 $x=3$ 중 역함수의 정의역 $\{x|x\geq 1\}$에 포함되는 해 $x=3$만 된다.

확인유제 0893 다음 물음에 답하시오.

(1) 두 곡선 $y=\sqrt{x+6}$, $x=\sqrt{y+6}$의 교점의 좌표를 (a, b)라 할 때, 상수 a, b에 대하여 $a+b$의 값을 구하시오.

(2) 무리함수 $y=\sqrt{x-3}+3$의 그래프와 그 역함수의 그래프가 서로 다른 두 점에서 만날 때, 이 두 점 사이의 거리를 구하시오.

변형문제 0894 무리함수 $y=\sqrt{3x-2}+k$의 그래프와 이 함수의 역함수의 그래프가 두 점에서 만날 때, 교점 사이의 거리가 $\sqrt{14}$이 되도록 하는 상수 k의 값은?

① $\frac{1}{8}$ ② $\frac{1}{4}$ ③ $\frac{3}{8}$ ④ $\frac{1}{2}$ ⑤ $\frac{5}{8}$

발전문제 0895 다음 물음에 답하시오.

(1) 함수 $y=\sqrt{4-2x}+4$의 역함수의 그래프와 직선 $y=-x+k$가 서로 다른 두 점에서 만나도록 하는 실수 k의 최솟값은?

① 4 ② 5 ③ 6 ④ 7 ⑤ 8

(2) 무리함수 $f(x)=\sqrt{x-2}+k$의 역함수를 $g(x)$라 할 때, 두 함수 $y=f(x)$와 $y=g(x)$의 그래프가 서로 다른 두 점에서 만나도록 하는 정수 k의 개수는?

① 1 ② 2 ③ 3 ④ 4 ⑤ 5

정답 0893 : (1) 6 (2) $\sqrt{2}$ 0894 : ④ 0895 : (1) ③ (2) ①

마플개념익힘 09 무리함수의 그래프와 직선의 위치 관계

함수 $y=\sqrt{x-2}$의 그래프와 직선 $y=x+k$의 위치 관계가 다음과 같을 때, 상수 k의 값 또는 k의 값의 범위를 구하시오.

(1) 서로 다른 두 점에서 만난다. (2) 한 점에서 만난다. (3) 만나지 않는다.

MAPL CORE ▶ 무리함수의 그래프와 직선의 위치 관계가 주어지면 무리함수의 그래프를 그리고, 위치관계를 만족시키도록 직선을 좌표평면 위에 나타낸다.

(1) 시작점을 지날 때, ➡ 시작점의 좌표를 직선의 방정식에 대입한다.

(2) 접할 때, ➡ 이차방정식의 판별식을 이용한다.

개념익힘풀이 무리함수 $y=\sqrt{x-2}$의 그래프는 $y=\sqrt{x}$의 그래프를 x축의 방향으로 2만큼 평행이동한 것이고 $y=x+k$는 기울기가 1이고 y절편이 k인 직선이다.

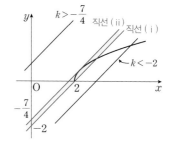

(ⅰ) $y=x+k$가 점 $(2,\ 0)$을 지날 때, $0=2+k$ $\quad\therefore k=-2$

(ⅱ) 직선 $y=x+k$가 $y=\sqrt{x-2}$의 그래프에 접할 때,

$\sqrt{x-2}=x+k$에서 양변을 제곱하면

$x-2=(x+k)^2 \quad \therefore x^2+(2k-1)x+k^2+2=0$

이 이차방정식의 판별식을 D라 하면

$D=(2k-1)^2-4(k^2+2)=0,\ -4k=7 \quad \therefore k=-\frac{7}{4}$

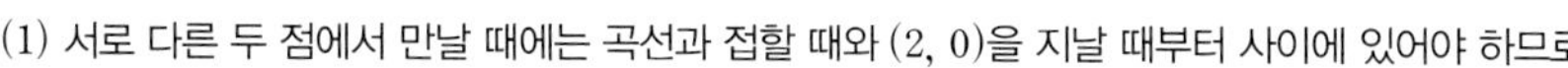

(1) 서로 다른 두 점에서 만날 때에는 곡선과 접할 때와 $(2,\ 0)$을 지날 때부터 사이에 있어야 하므로

k의 값의 범위는 $\boldsymbol{-2\le k<-\frac{7}{4}}$ ← 두 직선 (ⅰ), (ⅱ) 사이 또는 직선 (ⅰ)

(2) 한 점에서 만날 때, k의 값의 범위는 $\boldsymbol{k=-\frac{7}{4}}$ 또는 $\boldsymbol{k<-2}$ ← 직선 (ⅰ)의 아래쪽 또는 직선 (ⅱ)

(3) 만나지 않을 때, k의 값의 범위는 $\boldsymbol{k>-\frac{7}{4}}$ ← 직선 (ⅱ)의 위쪽

확인유제 0896

함수 $y=\sqrt{x+1}$의 그래프와 직선 $y=x+k$가 다음 조건을 만족하기 위한 실수 k의 값의 범위를 구하시오.

(1) 서로 다른 두 점에서 만난다.

(2) 한 점에서 만난다.

(3) 만나지 않는다.

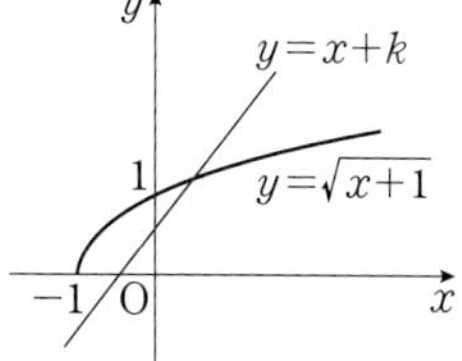

변형문제 0897

다음 물음에 답하시오.

(1) 두 집합 $A=\{(x,\ y)|y=-\sqrt{2x+4}+1\}$, $B=\{(x,\ y)|y=-x+k\}$일 때, $n(A\cap B)=2$를 만족하는 실수 k의 범위는?

① $-\frac{3}{2}<k\le-1$ ② $-\frac{3}{2}\le k<-1$ ③ $-\frac{3}{2}\le k\le-1$

④ $-1\le k\le\frac{3}{2}$ ⑤ $-1\le k<\frac{3}{2}$

(2) 두 집합 $A=\{(x,\ y)\mid y=\sqrt{2x-4}+1\}$, $B=\{(x,\ y)\mid y=mx+1\}$에 대하여 $A\cap B\neq\varnothing$일 때, 실수 m의 범위는?

① $0\le m\le\frac{1}{2}$ ② $0\le m\le1$ ③ $\frac{1}{2}\le m\le1$ ④ $\frac{1}{2}\le m\le3$ ⑤ $\frac{1}{2}\le m<\frac{3}{2}$

발전문제 0898

함수 $y=6-2\sqrt{1-x}$의 그래프와 직선 $y=-x+k$가 제1사분면에서 만나도록 하는 모든 정수 k의 값의 합을 구하시오.

정답 0896 : (1) $1\le k<\frac{5}{4}$ (2) $k=\frac{5}{4}$ 또는 $k<1$ (3) $k>\frac{5}{4}$ 0897 : (1) ① (2) ① 0898 : 18

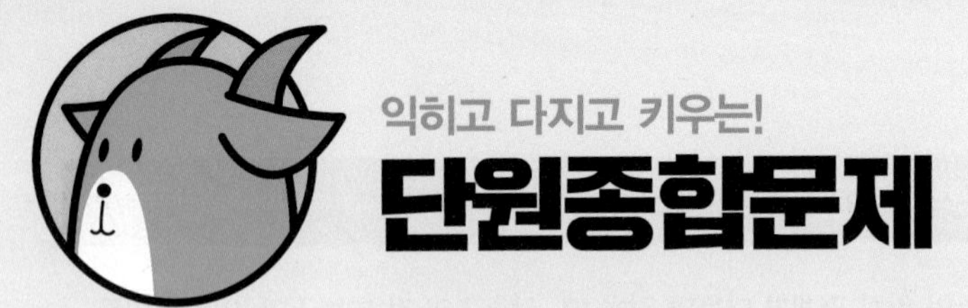

BASIC

개념을 **익히는** 문제

0899 무리식이 실수가 되기 위한 조건

무리식 $\sqrt{3x+9}-\sqrt{1-x}$의 값이 실수가 되도록 하는 모든 정수 x의 값의 합은?

① -1 ② -2 ③ -3 ④ -4 ⑤ -5

0900 무리함수의 그래프

다음 물음에 답하시오.

(1) 오른쪽 그림과 같이 무리함수 $y=\sqrt{-2x+4}+a$의 그래프가 두 점 $(b, 1)$, $(0, 3)$을 지날 때, 두 상수 a, b의 합 $a+b$의 값은?

① 3 ② 4 ③ 5
④ 6 ⑤ 7

(2) 함수 $f(x)=-\sqrt{ax+b}+c$의 그래프가 오른쪽 그림과 같을 때, $f(-5)$의 값은? (단, a, b, c는 상수이다.)

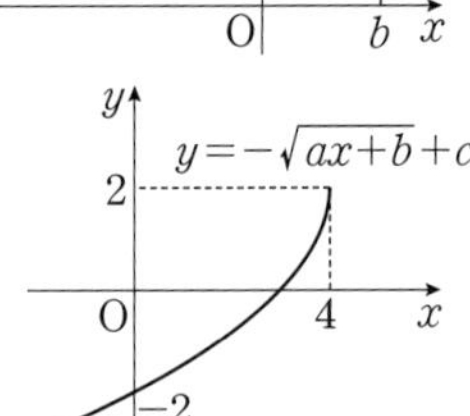

① -8 ② -7 ③ -6
④ -5 ⑤ -4

0901 무리함수의 정의역과 치역

다음 물음에 답하시오.

(1) 함수 $f(x)=\sqrt{-3x+a}+b$의 정의역은 $\{x|x\le 2\}$이고 치역은 $\{y|y\ge -2\}$일 때, $f(-1)$의 값은? (단, a, b는 상수이다.)

① 1 ② 2 ③ 3 ④ 4 ⑤ 5

(2) $a\le x\le b$에서 정의된 함수 $y=\sqrt{-2x+1}+4$의 치역이 $\{y|5\le y\le 7\}$일 때, 상수 a, b에 대하여 $a+b$의 값은?

① -5 ② -4 ③ -3 ④ -2 ⑤ -1

0902 무리함수의 그래프와 평행이동과 대칭이동

다음 물음에 답하시오.

(1) 함수 $y=\sqrt{px+9}+3$의 그래프를 x축의 방향으로 m만큼, y축의 방향으로 n만큼 평행이동하였더니 함수 $y=3\sqrt{x}$의 그래프와 일치하였다. $m+n+p$의 값은? (단, m, n, p는 상수이다.)

① 6 ② 7 ③ 8 ④ 9 ⑤ 10

(2) 점 $(-2, 2)$를 지나는 함수 $y=\sqrt{ax}$의 그래프를 y축의 방향으로 b만큼 평행이동한 후 x축에 대하여 대칭이동한 그래프가 점 $(-8, 5)$를 지날 때, ab의 값은? (단, a, b는 상수이다.)

① 12 ② 14 ③ 16 ④ 18 ⑤ 20

0903 무리함수의 그래프와 평행이동과 대칭이동

다음 함수의 그래프 중 평행이동하여 무리함수 $y=\sqrt{-2x+4}$의 그래프와 겹쳐지는 것은?

① $y=\sqrt{2x-2}-3$ ② $y=\sqrt{-(4-2x)}+1$ ③ $y=\sqrt{2-2x}+1$
④ $y=\sqrt{-3x+6}+1$ ⑤ $y=-\sqrt{-x+2}+3$

0904 무리함수의 그래프

함수 $y=\sqrt{a(6-x)}\ (a>0)$의 그래프와 함수 $y=\sqrt{x}$의 그래프가 만나는 점을 A라 하자. 원점 O와 점 B$(6, 0)$에 대하여 삼각형 AOB의 넓이가 6일 때, 상수 a의 값은?

① 1 ② 2 ③ 3 ④ 4 ⑤ 5

정답 0899 : ⑤ 0900 : (1) ① (2) ⑤ 0901 : (1) ① (2) ② 0902 : (1) ② (2) ④ 0903 : ③ 0904 : ②

0905
무리함수의 그래프

두 무리함수 $y=\sqrt{2x}$와 $y=\sqrt{8x}$의 그래프가 오른쪽 그림과 같다. 점 $\mathrm{A}(a,\ 0)$에서 x축에 수직인 직선을 그어 곡선 $y=\sqrt{8x}$와 만나는 점을 D라 하고 $\overline{\mathrm{AD}}$를 한 변으로 하는 정사각형 ABCD를 만들면 점 C가 곡선 $y=\sqrt{2x}$ 위에 존재한다. 이때 a의 값을 구하시오.

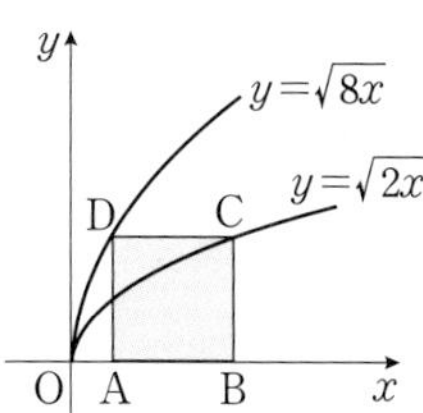

0906
무리함수의 최대 최소

다음 물음에 답하시오.

(1) $-5\le x\le 3$에서 함수 $y=\sqrt{-2x+6}+a$는 최솟값 -2, 최댓값 M을 갖는다. 이때 $a+M$의 값은? (단, a는 상수이다.)

① -2　② -1　③ 0　④ 1　⑤ 2

(2) $-1\le x\le 3$에서 함수 $y=\sqrt{2x+3}+a$의 최댓값이 5일 때, 이 함수의 최솟값은? (단, a는 상수이다.)

① 2　② 3　③ $2+\sqrt{5}$　④ $2+\sqrt{6}$　⑤ $2+\sqrt{7}$

(3) $-2\le x\le a$에서 함수 $y=-\sqrt{3x+7}+3$의 최솟값이 -2, 최댓값이 b일 때, $a+b$의 값은? (단, a는 상수이다.)

① 8　② 11　③ 14　④ 17　⑤ 20

0907
무리함수와 역함수

다음 물음에 답하시오.

(1) 무리함수 $f(x)=a\sqrt{x+1}+2$에 대하여 $f^{-1}(10)=3$일 때, 상수 a의 값은? (단, f^{-1}는 f의 역함수이다.)

① 1　② 2　③ 3　④ 4　⑤ 5

(2) 무리함수 $y=\sqrt{ax+b}$의 역함수의 그래프가 두 점 $(2,\ 0)$, $(5,\ 7)$을 지날 때, $a+b$의 값을 구하시오. (단, a, b는 상수이다.)

(3) 함수 $f(x)=\sqrt{-x+2a}-3$의 역함수 $g(x)$에 대하여 $g(0)=-1$일 때, $g(2)$의 값은?

① -19　② -18　③ -17　④ -16　⑤ -15

0908
유리함수와 무리함수의 합성함수와 역함수

다음 물음에 답하시오.

(1) 정의역이 $\{x|x>1\}$인 두 함수 $f(x)=\dfrac{2x+3}{x-1}$, $g(x)=\sqrt{x+2}$에 대하여 $(g\circ f^{-1})(a)=2$일 때, 상수 a의 값은? (단, f^{-1}는 f의 역함수이다.)

① 3　② 5　③ 7　④ 9　⑤ 11

(2) 1보다 큰 실수 전체의 집합에서 정의된 함수 $f(x)=\dfrac{x+1}{x-1}$, $g(x)=\sqrt{2x-1}$에 대하여 $(f\circ(g\circ f)^{-1}\circ f)(3)$의 값은? (단, f^{-1}는 f의 역함수이다.)

① $\dfrac{1}{2}$　② $\dfrac{3}{2}$　③ $\dfrac{5}{2}$　④ $\dfrac{7}{2}$　⑤ $\dfrac{9}{2}$

0909
유리함수와 무리함수의 그래프

유리함수 $y=\dfrac{ax+b}{x+c}$의 그래프가 그림과 같을 때, 무리함수 $y=\sqrt{ax+b}+c$의 그래프의 개형은? (단, a, b, c는 상수이다.)

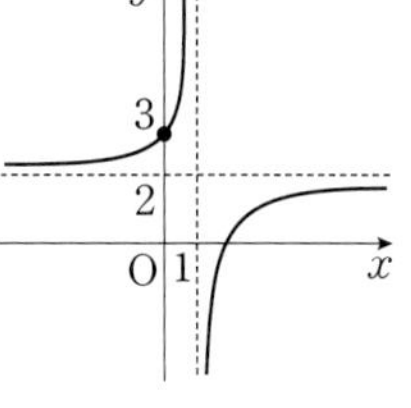

①
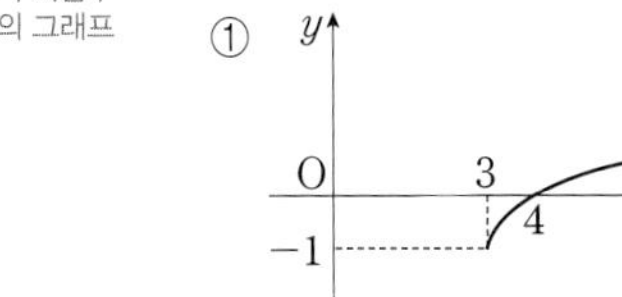

②
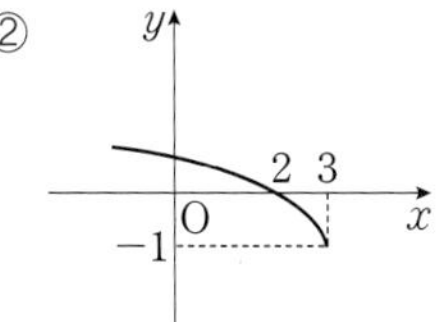

③

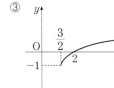

④
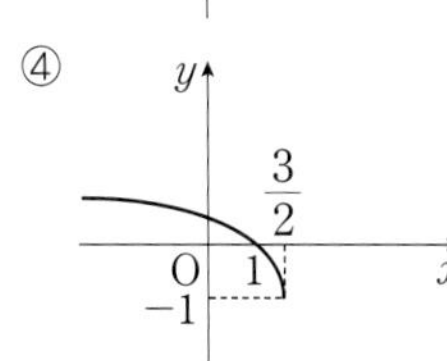

⑤
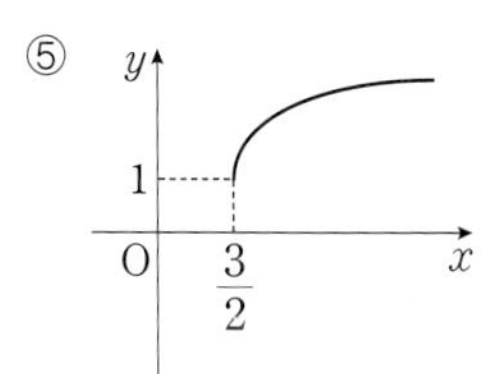

정답　0905 : $\dfrac{8}{9}$　0906 : (1) ③ (2) ② (3) ①　0907 : (1) ④ (2) 7 (3) ③　0908 : (1) ③ (3) ③　0909 : ③

0910 무리함수의 그래프

다음에서 함수 $y=-\sqrt{3x+6}+3$에 대한 설명으로 옳지 않은 것은?

① 정의역은 $\{x|x\geq-2\}$이다.

② 치역은 $\{y|y\leq3\}$이다.

③ 그래프는 함수 $y=-\sqrt{3x}$의 그래프를 x축의 방향으로 -2만큼, y축의 방향으로 -3만큼 평행이동한 것이다.

④ 그래프는 제 3사분면을 지나지 않는다.

⑤ 역함수는 $y=\frac{1}{3}x^2-2x+1(x\leq3)$이다.

0911 유리함수와 무리함수의 그래프

두 함수 $f(x)$, $g(x)$가

$$f(x)=\sqrt{x+1},\ g(x)=\frac{p}{x-1}+q\ (p>0,\ q>0)$$

이다. 두 집합 $A=\{f(x)|-1\leq x\leq0\}$과 $B=\{g(x)|-1\leq x\leq0\}$이 서로 같을 때, 두 상수 p, q에 대하여 $p+q$의 값은?

① 1 ② 2 ③ 3 ④ 4 ⑤ 5

0912 무리함수의 그래프

함수 $y=\sqrt{x}$의 그래프 위의 두 점 $\mathrm{P}(a, b)$, $\mathrm{Q}(c, d)$에 대하여 $\frac{b+d}{2}=1$일 때, 직선 PQ의 기울기는? (단, $0<a<c$)

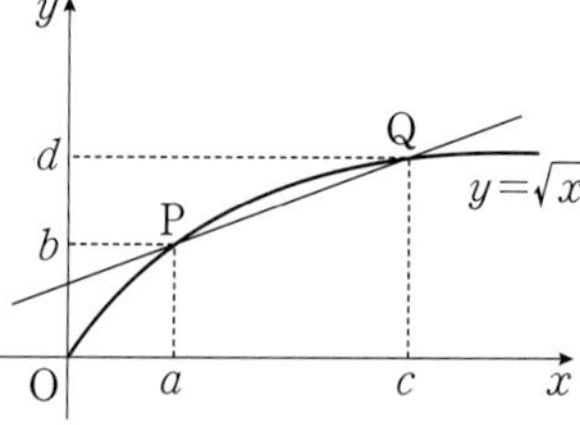

① $\frac{1}{5}$ ② $\frac{1}{4}$ ③ $\frac{1}{3}$

④ $\frac{1}{2}$ ⑤ 1

0913 무리함수의 그래프

오른쪽 그림과 같이 양수 a에 대하여 직선 $x=a$와 두 곡선 $y=\sqrt{x}$, $y=\sqrt{3x}$가 만나는 점을 각각 A, B라 하자. 점 B를 지나고 x축과 평행한 직선이 곡선 $y=\sqrt{x}$와 만나는 점을 C라 하고, 점 C를 지나고 y축과 평행한 직선이 곡선 $y=\sqrt{3x}$와 만나는 점을 D라 하자. 두 점 A, D를 지나는 직선의 기울기가 $\frac{1}{4}$일 때, a의 값을 구하시오.

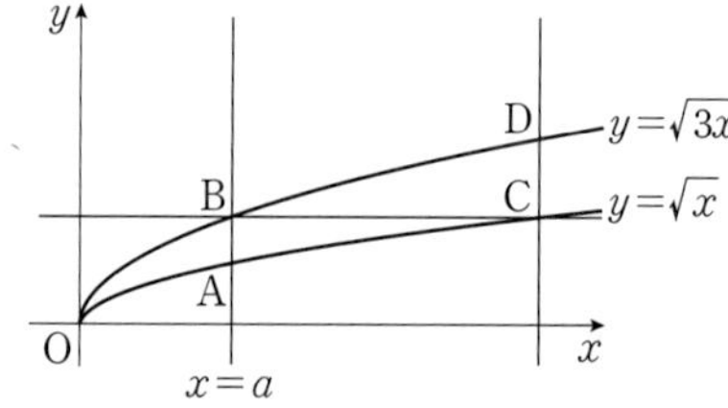

0914 무리함수의 그래프와 직선의 위치관계

두 집합 $A=\{(x, y)\,|\,-1\leq x\leq1,\ 1\leq y\leq3\}$, $B=\{(x, y)\,|\,y=\sqrt{x-k}\}$에 대하여 $A\cap B\neq\varnothing$을 만족시키는 실수 k의 최솟값은?

① -10 ② -8 ③ -6 ④ -4 ⑤ -2

0915 무리함수의 그래프

실수 전체의 집합 R에서 R로의 함수

$$f(x)=\begin{cases}\sqrt{4-x}+3 & (x<4)\\ -(x-a)^2+4 & (x\geq4)\end{cases}$$

가 일대일대응이 되도록 하는 상수 a의 값을 구하시오.

정답 0910 : ③ 0911 : ④ 0912 : ④ 0913 : 16 0914 : ① 0915 : 3

0916 유리함수와 무리함수의 그래프

함수 $y=\sqrt{ax+b}+c$의 그래프가 오른쪽 그림과 같을 때,

함수 $y=\dfrac{cx+b}{x+a}$에 대하여 [보기]에서 옳은 것만을 있는 대로 고른 것은?

(단, a, b, c는 상수이다.)

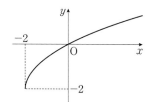

ㄱ. 정의역과 치역이 서로 같다.
ㄴ. 그래프는 직선 $y=x$에 대하여 대칭이다.
ㄷ. 그래프는 제4사분면을 지나지 않는다.

① ㄱ ② ㄴ ③ ㄱ, ㄴ ④ ㄴ, ㄷ ⑤ ㄱ, ㄴ, ㄷ

0917 무리함수의 그래프

꼭짓점의 좌표가 $\left(\frac{1}{2}, \frac{9}{2}\right)$인 이차함수 $f(x)=ax^2+bx+c$의 그래프가 점 $(0, 4)$를 지날 때,

무리함수 $g(x)=a\sqrt{x+b}+c$에 대하여 옳은 것만을 [보기]에서 있는 대로 고른 것은?

ㄱ. 정의역은 $\{x\,|\,x\geq -2\}$이고 치역은 $\{y\,|\,y\leq 4\}$이다.
ㄴ. 함수 $y=g(x)$의 그래프는 제3사분면을 지난다.
ㄷ. 방정식 $f(x)=0$의 두 근을 α, β $(\alpha<\beta)$라 할 때, $\alpha\leq x\leq\beta$에서 함수 $g(x)$의 최댓값은 2이다.

① ㄱ ② ㄴ ③ ㄱ, ㄷ ④ ㄴ, ㄷ ⑤ ㄱ, ㄴ, ㄷ

0918 무리함수와 그 역함수의 그래프의 교점

다음 물음에 답하시오.

(1) 오른쪽 그림은 함수 $f(x)=-\sqrt{-4x-a}$의 그래프이다. 함수 $y=f(x)$와 그 역함수 $y=f^{-1}(x)$의 그래프가 한 점에서 접할 때, 상수 a의 값을 구하시오.

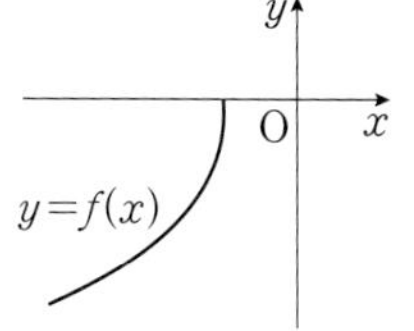

(2) 함수 $y=4\sqrt{x}$의 그래프를 x축의 방향으로 a만큼 평행이동한 함수를 $y=f(x)$라 할 때, $y=f(x)$와 그 역함수 $y=f^{-1}(x)$의 그래프가 서로 접할 때, 상수 a의 값을 구하시오.

0919 무리함수와 그 역함수의 그래프의 교점

다음 물음에 답하시오.

(1) $x\geq 2$에서 정의된 두 함수 $f(x)=\sqrt{x-2}+2$, $g(x)=x^2-4x+6$의 그래프가 서로 다른 두 점에서 만난다. 두 점 사이의 거리는?

① 1 ② $\sqrt{2}$ ③ 2 ④ $2\sqrt{2}$ ⑤ 4

(2) 함수 $f(x)=\sqrt{2x-a}+2$의 그래프와 그 역함수 $f^{-1}(x)$의 그래프의 두 교점 사이의 거리가 $2\sqrt{2}$일 때, 상수 a의 값은?

① -1 ② 1 ③ 2 ④ 3 ⑤ 4

(3) 함수 $y=\sqrt{x+2}+2$의 역함수를 $y=g(x)$라 할 때, 연립방정식 $\begin{cases} y=\sqrt{x+2}+2 \\ y=g(x) \end{cases}$의 근을 $x=\alpha$, $y=\beta$라 하자. $\alpha^2-5\beta$의 값은?

① -3 ② -2 ③ -1 ④ 0 ⑤ 1

정답 0916 : ③ 0917 : ③ 0918 : (1) 4 (2) 4 0919 : (1) ② (2) ⑤ (3) ②

0920

무리함수의 그래프와 직선의 위치관계

다음 물음에 답하시오.

(1) 두 함수 $y=\sqrt{x+|x|}$, $y=x+k$의 그래프가 서로 다른 세 점에서 만나도록 하는 실수 k의 값의 범위는?

① $k\geq\frac{1}{2}$　② $k<\frac{1}{2}$　③ $k>1$　④ $0<k<\frac{1}{2}$　⑤ $0<k<1$

(2) 함수 $f(x)=\begin{cases}\sqrt{x-1} & (x\geq1)\\ \sqrt{1-x} & (x<1)\end{cases}$의 그래프와 직선 $y=mx$가 서로 다른 세 점에서 만나도록 하는 실수 m의 값의 범위는?

① $m>1$　② $m>\frac{1}{2}$　③ $-\frac{1}{2}<m<0$　④ $0<m<\frac{1}{2}$　⑤ $0<m<1$

0921

유리함수와 무리함수의 위치 관계

$3\leq x\leq5$에서 정의된 두 함수 $y=\frac{-2x+4}{x-1}$와 $y=\sqrt{3x}+k$의 그래프가 한 점에서 만나도록 하는 실수 k의 최댓값을 M이라 할 때, M^2의 값을 구하시오.

0922

무리함수와 직선의 최단거리

함수 $y=\sqrt{x+1}-1$의 그래프 위의 점 P와 직선 $y=x+1$ 사이의 거리의 최솟값을 구하시오.

0923

무리함수와 역함수의 교점

서술형

다음을 서술하시오.

(1) 함수 $f(x)=\sqrt{x-5}+k$의 그래프와 그 역함수 $y=f^{-1}(x)$의 그래프가 서로 다른 두 점에서 만나도록 하는 실수 k의 값의 범위를 구하는 과정을 다음 단계로 서술하시오.

[1단계] 두 함수 $y=f(x)$, $y=f^{-1}(x)$의 그래프가 서로 다른 두 점에서 만날 조건을 구한다. [3점]

[2단계] 점 $(5,\ k)$가 직선 $y=x$ 위에 있을 때 상수 k의 값을 구한다. [1점]

[3단계] 함수 $y=\sqrt{x-5}+k$의 그래프와 직선 $y=x$가 한 점에서 만날 때 상수 k의 값을 구한다. [4점]

[4단계] 실수 k의 값의 범위를 구한다. [2점]

(2) 함수 $f(x)=\sqrt{2x-2}+k$에 대하여 함수 $y=f(x)$의 그래프와 그 역함수 $y=f^{-1}(x)$의 그래프가 서로 다른 두 점에서 만날 때, 이 두 점 사이의 거리가 $2\sqrt{2}$가 되도록 하는 상수 k의 값을 구하는 과정을 다음 단계로 서술하시오.

[1단계] $y=f(x)$와 $y=f^{-1}(x)$가 만나는 점의 x좌표를 각각 α, β라 할 때, 만나는 두 점을 구한다. [3점]

[2단계] 이차방정식의 근과 계수의 관계를 이용하여 α, β의 관계식을 구한다. [3점]

[3단계] 곱셈공식 $(\alpha-\beta)^2=(\alpha+\beta)^2-4\alpha\beta$를 이용하여 k의 값을 구한다. [4점]

0924

무리함수와 직선의 위치 관계

서술형

두 집합 $A=\{(x,\ y)\mid y=\sqrt{4-2x}\}$, $B=\{(x,\ y)\mid y=-x+k\}$에 대하여 $n(A\cap B)=2$일 때, 실수 k의 값의 범위를 다음 단계로 서술하시오.

[1단계] $n(A\cap B)=2$일 때, 무리함수 $y=\sqrt{4-2x}$의 그래프와 직선 $y=-x+k$의 위치 관계를 서술한다. [2점]

[2단계] 직선이 $(2,\ 0)$을 지날 때의 k의 값을 구한다. [2점]

[3단계] 직선 $y=-x+k$가 무리함수 $y=\sqrt{4-2x}$와 접할 때의 k의 값을 구한다. [4점]

[4단계] $n(A\cap B)=2$일 때, k의 범위를 구한다. [2점]

정답 0920 : (1) ④ (2) ④　0921 : 16　0922 : $\frac{3\sqrt{2}}{8}$　0923 : 해설참조　0924 : 해설참조

0925 무리함수와 역함수의 활용

무리함수 $f(x)=\sqrt{x-k}$에 대하여 좌표평면에 곡선 $y=f(x)$와 세 점 $\mathrm{A}(1,\ 6)$, $\mathrm{B}(7,\ 1)$, $\mathrm{C}(8,\ 9)$를 꼭짓점으로 하는 삼각형 ABC가 있다. 곡선 $y=f(x)$와 함수 $f(x)$의 역함수의 그래프가 삼각형 ABC와 만나도록 하는 실수 k의 최댓값은?

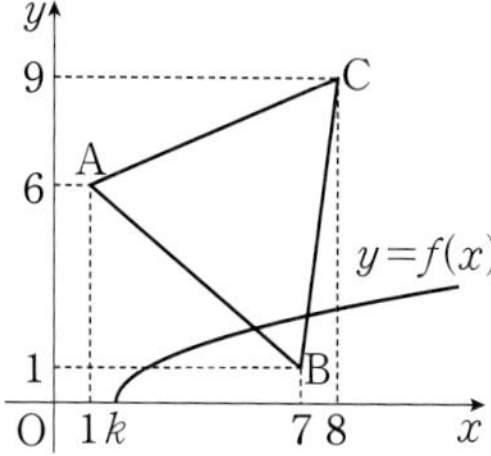

① 6 ② 5 ③ 4 ④ 3 ⑤ 2

0926 일대일함수일 조건

실수 전체의 집합에서 정의된 함수 f가 $f(x)=\begin{cases} \dfrac{2x+3}{x-2} & (x>3) \\ \sqrt{3-x}+a & (x\le 3) \end{cases}$일 때, 함수 f는 다음 조건을 만족시킨다.

(가) 함수 f의 치역은 $\{y\,|\,y>2\}$이다.
(나) 임의의 두 실수 x_1, x_2에 대하여 $x_1\neq x_2$이면 $f(x_1)\neq f(x_2)$이다.

$f(2)f(k)=40$일 때, 상수 k의 값은? (단, a는 상수이다.)

① $\frac{3}{2}$ ② $\frac{5}{2}$ ③ $\frac{7}{2}$ ④ $\frac{9}{2}$ ⑤ $\frac{11}{2}$

0927 무리함수와 역함수의 관계

다음 물음에 답하시오.

(1) 오른쪽 그림과 같이 함수 $f(x)=\sqrt{2x+3}$의 그래프가 함수 $g(x)=\frac{1}{2}(x^2-3)\,(x\ge 0)$의 그래프와 만나는 점을 A라 하자. 함수 $y=f(x)$ 위의 점 $\mathrm{B}\left(\frac{1}{2},\ 2\right)$를 지나고 기울기가 -1인 직선 l이 함수 $y=g(x)$의 그래프와 만나는 점을 C라 할 때, 삼각형 ABC의 넓이는?

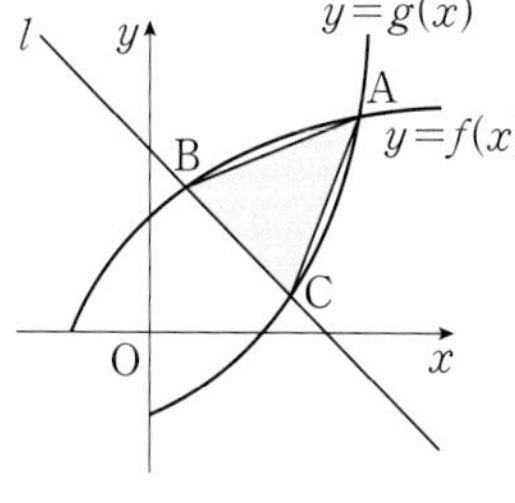

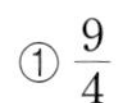

① $\frac{9}{4}$ ② $\frac{19}{8}$ ③ $\frac{5}{2}$ ④ $\frac{21}{8}$ ⑤ $\frac{11}{4}$

(2) 오른쪽 그림과 같이 두 양수 a, b에 대하여 함수 $f(x)=a\sqrt{x+5}+b$의 그래프와 역함수 $f^{-1}(x)$의 그래프가 만나는 점을 A라 하자. 곡선 $y=f(x)$ 위의 점 $\mathrm{B}(-1,\ 7)$과 곡선 $y=f^{-1}(x)$ 위의 점 C에 대하여 삼각형 ABC는 $\overline{\mathrm{AB}}=\overline{\mathrm{AC}}$인 이등변삼각형이다. 삼각형 ABC의 넓이가 64일 때, ab의 값은? (단, 점 C의 x좌표는 점 A의 x좌표보다 작다.)

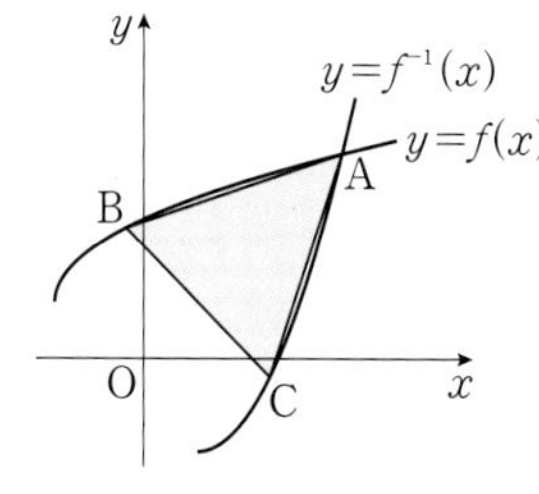

① 6 ② 8 ③ 10 ④ 12 ⑤ 14

0928 무리함수의 그래프와 넓이

다음 물음에 답하시오.

(1) 두 함수 $f(x)=\sqrt{x+4}-3$, $g(x)=\sqrt{-x+4}+3$의 그래프와 두 직선 $x=-4$, $x=4$로 둘러싸인 도형의 넓이를 구하시오.

(2) 함수 $f(x)=\begin{cases} \sqrt{x} & (x\ge 0) \\ x^2 & (x<0) \end{cases}$의 그래프와 직선 $x+3y-10=0$이 두 점 $\mathrm{A}(-2,\ 4)$, $\mathrm{B}(4,\ 2)$에서 만난다. 그림과 같이 주어진 함수 $f(x)$의 그래프와 직선으로 둘러싸인 부분의 넓이를 구하시오. (단, O는 원점이다.)

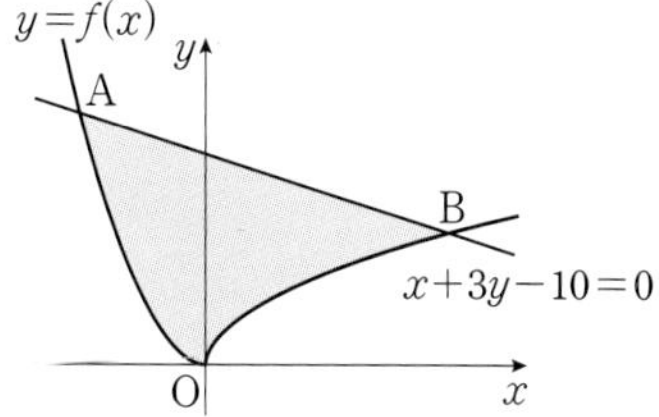

정답 0925 : ② 0926 : ⑤ 0927 : (1) ④ (2) ① 0928 : (1) 48 (2) 10

19 주기함수의 그래프와 반원

01 주기함수

특강유형

일반적으로 함수 $y=f(x)$의 정의역에 속하는 임의의 실수 x에 대하여

$$f(x+p)=f(x)$$

를 만족시키는 0이 아닌 상수 p가 존재할 때, 함수 $y=f(x)$를 **주기함수**라 하고 이러한 p의 값 중에서 최소인 양수를 그 함수의 **주기**라 한다.

즉 함수 $f(x)$가 주기가 p인 주기함수이면

$f(x)=f(x+p)=f(x+2p)=f(x+3p)=\cdots=f(x+np)$ (단, n은 정수)

※참고 ① $f(-x)=f(x)$를 만족하는 함수 $f(x)$는 y축에 대하여 대칭인 함수 (우함수)
② $f(-x)=-f(x)$를 만족하는 함수 $f(x)$는 원점에 대하여 대칭인 함수 (기함수)

마플특강문제 01

2010년 06월 고2 학력평가 29번

함수 $f(x)$는 다음 조건을 만족시킨다.

(가) $0 \le x \le 1$일 때, $f(x)=\dfrac{2x}{x+1}$

(나) $f(x)=f(-x)$

(다) $f(x)=f(x+2)$

함수 $g(x)=\dfrac{1}{6}|x|$에 대하여 방정식 $f(x)-g(x)=0$의 실근의 개수를 구하시오.

마플특강 풀이

STEP Ⓐ **세 조건 (가), (나), (다)를 이용하여 $f(x)$의 그래프 그리기**

조건 (가)에서 $f(x)=\dfrac{2x}{x+1}=\dfrac{2(x+1)-2}{x+1}=-\dfrac{2}{x+1}+2$이므로

점근선의 방정식이 $x=-1$, $y=2$인 유리함수의 그래프이다.

$f(0)=0$, $f(1)=\dfrac{2}{2}=1$이므로

$0 \le x \le 1$에서 $y=f(x)$의 그래프는 오른쪽 그림과 같다.

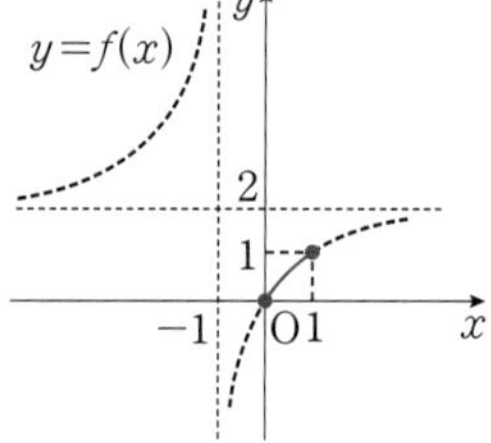

이때 $f(x)$의 그래프는

조건 (나)에서 y축에 대하여 대칭이고

조건 (다)에서 주기가 2인 함수이므로 실수 전체에서 $f(x)$의 그래프는 다음과 같다.

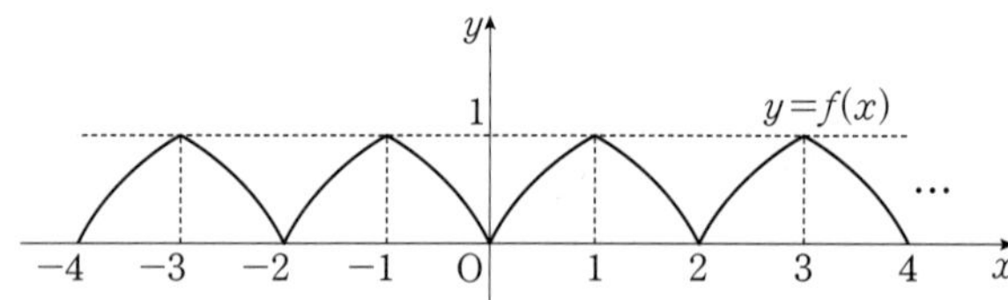

STEP Ⓑ **방정식 $f(x)-g(x)=0$의 실근의 개수는 $y=f(x)$와 $y=g(x)$의 그래프의 교점의 개수와 같음을 이용하기**

방정식 $f(x)-g(x)=0$의 실근의 개수는 $y=f(x)$와 $y=g(x)$의 그래프의 교점의 개수와 같다.

$g(x)=\dfrac{1}{6}|x|=\begin{cases} \dfrac{1}{6}x & (x \ge 0) \\ -\dfrac{1}{6}x & (x<0) \end{cases}$이므로 $y=f(x)$와 $y=g(x)$의 그래프를 그리면 다음과 같다.

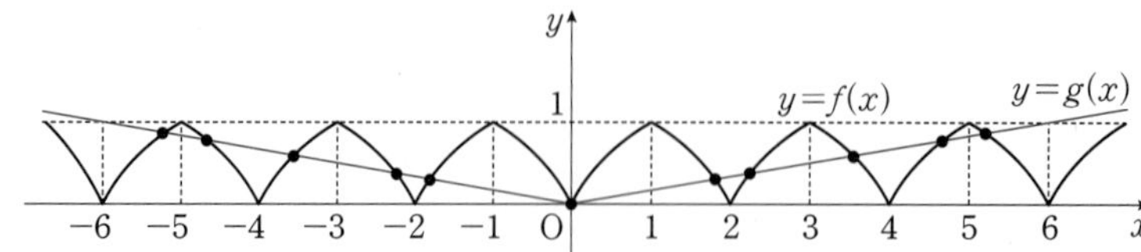

따라서 $y=f(x)$와 $y=g(x)$의 그래프의 교점의 개수는 11이므로 **실근의 개수는 11**개이다.

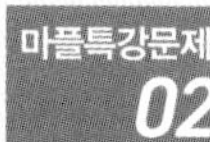
마플특강문제 02

임의의 실수 x에 대하여 함수 $y=f(x)$는 다음 두 조건을 만족한다.

(가) $f(x)=\begin{cases}(x-1)^2 & (0\le x\le 1)\\ x-1 & (1<x\le 2)\end{cases}$

(나) 모든 실수 x에 대하여 $f(x+2)=f(x)$이다.

함수 $y=f(x)$의 그래프와 직선 $y=\frac{1}{5}x$와의 교점의 개수가 n개일 때, n의 값을 구하시오.

마플특강 풀이

STEP Ⓐ 함수 $y=f(x)$의 그래프 그리기

조건 (가)에서 $f(x)=\begin{cases}(x-1)^2 & (0\le x\le 1)\\ x-1 & (1<x\le 2)\end{cases}$의 $0\le x\le 2$에서 $y=f(x)$의 그래프는 오른쪽과 같다.

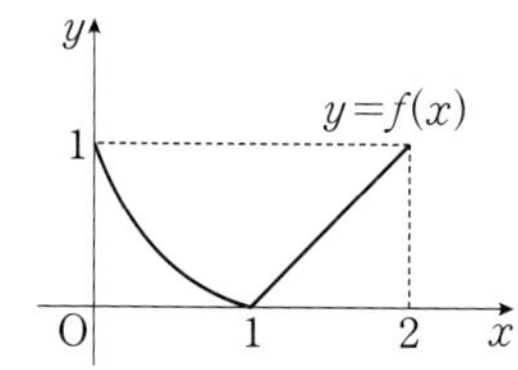

STEP Ⓑ 함수 $y=f(x)$의 그래프와 직선 $y=\frac{1}{5}x$의 교점의 개수 구하기

조건 (나)에서 $f(x+2)=f(x)$이므로 함수 $f(x)$는 주기가 2인 주기함수이다.

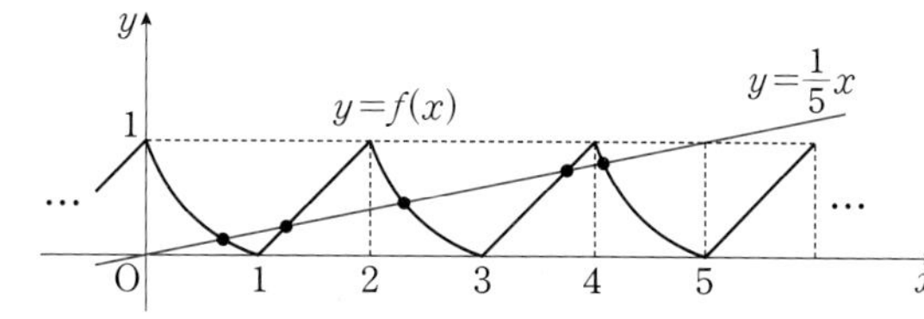

따라서 $y=f(x)$의 그래프와 직선 $y=\frac{1}{5}x$의 교점의 개수는 5이므로 $\boldsymbol{n=5}$

마플특강문제 03

실수 전체의 집합 R에서 R로의 함수 f가 다음 조건을 모두 만족시킨다.

(가) $-1\le x\le 1$에서 $f(x)=\sqrt{1-x^2}$

(나) $f(x+2)=f(x)$

함수 $y=f(x)$의 그래프가 직선 $y=ax+1$과 서로 다른 네 점에서 만나도록 하는 양수 a의 값을 구하시오.

마플특강 풀이

STEP Ⓐ 함수 $y=f(x)$의 그래프 그리기

$y=\sqrt{1-x^2}$의 양변을 제곱하면

$y^2=1-x^2$, $x^2+y^2=1$

이때 $1-x^2\ge 0$이므로 $-1\le x\le 1$

오른쪽 그림과 같이 중심이 원점이고 반지름이 1인 반원이다.

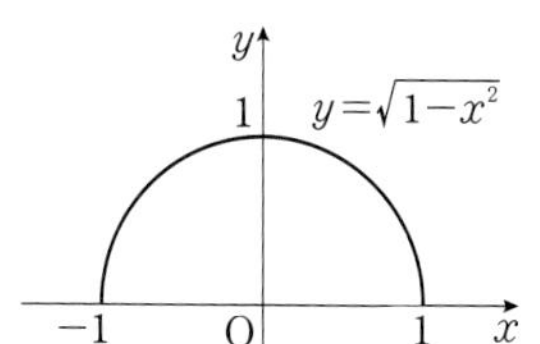

STEP Ⓑ 함수 $y=f(x)$의 그래프가 직선 $y=ax+1$과 서로 다른 네 점에서 만나기 위한 양수 a 구하기

또, $f(x+2)=f(x)$이므로 함수 $f(x)$는 주기가 2인 주기함수이다.

$y=f(x)$의 그래프는 다음 그림과 같다.

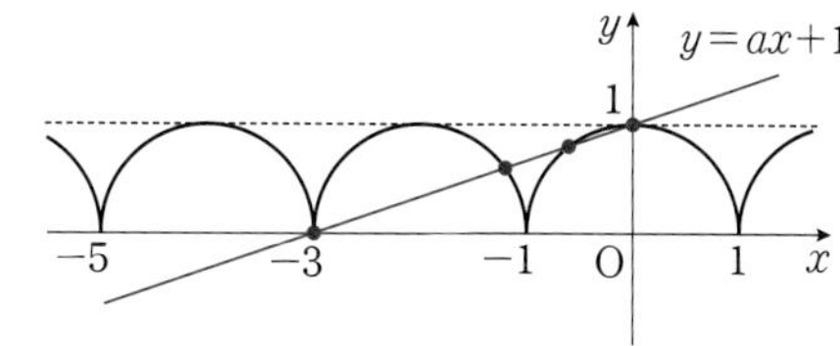

이때 $y=f(x)$의 그래프가 직선 $y=ax+1(a>0)$과 서로 다른 네 점에서 만나려면

직선이 점 $(-3, 0)$을 지나야 하므로 $0=-3a+1$

따라서 $\boldsymbol{a=\frac{1}{3}}$

마플특강문제 **04**

2014년 03월 고2 학력평가 21번

함수 $f(x)$는 다음 조건을 만족시킨다.

(가) $-2 \le x \le 2$에서 $f(x)=x^2+2$이다.

(나) 모든 실수 x에 대하여 $f(x)=f(x+4)$이다.

두 함수 $y=f(x)$, $y=\dfrac{ax}{x+2}$의 그래프가 무수히 많은 점에서 만나도록 하는 정수 a의 값의 합은?

① 14 ② 16 ③ 18 ④ 20 ⑤ 22

마플특강 풀이

STEP Ⓐ **조건 (가), (나)를 이용하여 $f(x)$의 그래프 그리기**

조건 (가)에서 $y=f(x)$의 그래프는 $-2 \le x \le 2$에서 꼭짓점의 좌표가 $(0,\ 2)$이고 아래로 볼록한 이차함수이므로 오른쪽 그림과 같다.

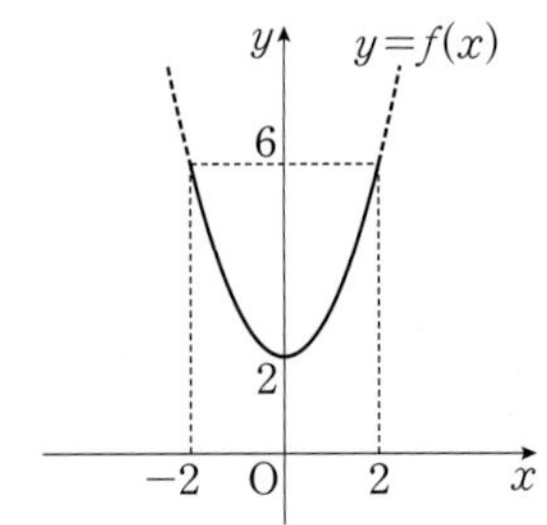

또한, 조건 (나)에서 $f(x)$는 주기가 4인 함수이므로 실수 전체에서 함수 $y=f(x)$의 그래프는 다음과 같다.

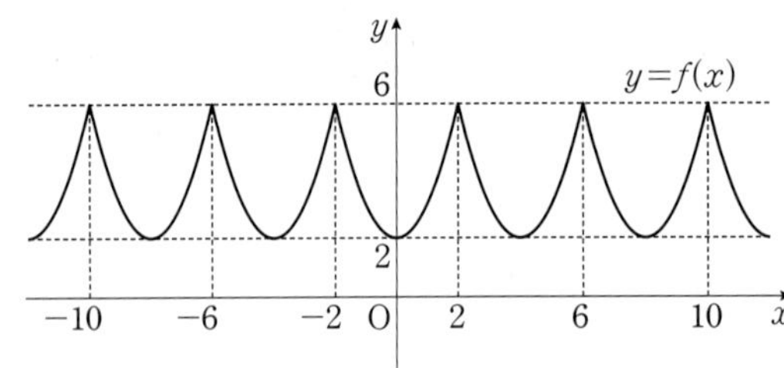

STEP Ⓑ **a의 값의 범위에 따른 두 곡선의 교점이 무수히 많도록 a의 범위 구하기**

$y=\dfrac{ax}{x+2}=a-\dfrac{2a}{x+2}$이므로 함수 $y=\dfrac{ax}{x+2}$의 그래프의 점근선의 방정식은 $x=-2$, $y=a$

(ⅰ) $a<0$일 때,

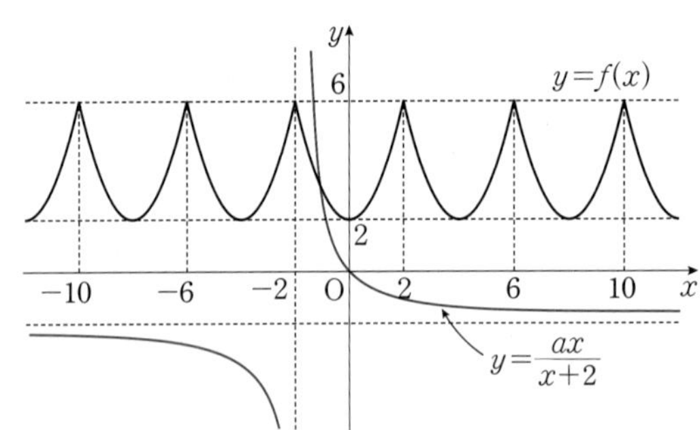

그림과 같이 두 함수 $y=f(x)$, $y=\dfrac{ax}{x+2}$의 그래프의 교점의 개수는 1개이다.

(ⅱ) $a>0$일 때,

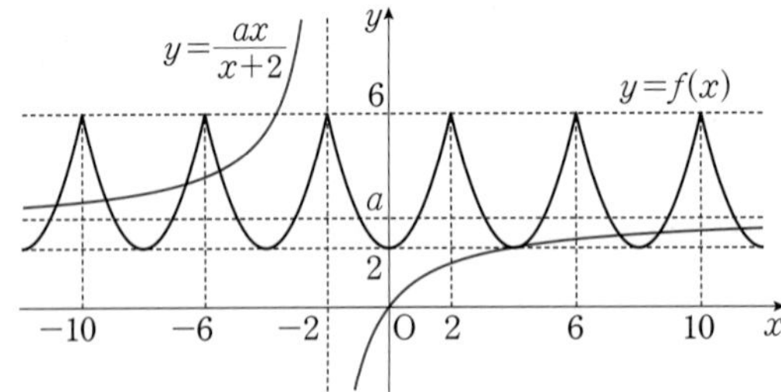

그림과 같이 두 함수 $y=f(x)$, $y=\dfrac{ax}{x+2}$의 그래프의 교점의 개수가 무수히 많으려면

$y=\dfrac{ax}{x+2}$의 그래프의 점근선 $y=a$가 함수 $y=f(x)$의 치역 안에 존재해야 하므로

$2 \le a \le 6$

(ⅰ), (ⅱ)에서 조건을 만족시키는 정수 a의 값은 2, 3, 4, 5, 6이므로 그 합은 **20**이다.

특강유형

02 반원의 방정식

도형의 방정식에서 학습한 원의 방정식 $x^2+y^2=r^2$은 원점을 중심으로 하고 반지름의 길이가 r인 원이다.

(1) $\boldsymbol{y=\sqrt{r^2-x^2}}$ **의 그래프**

$y=\sqrt{r^2-x^2}$에서 $\sqrt{r^2-x^2}\ge 0$이므로 $y\ge 0$

$y=\sqrt{r^2-x^2}$의 양변을 제곱하면

$y^2=r^2-x^2 \quad \therefore\ x^2+y^2=r^2(y\ge 0)$

이때 $r^2-x^2\ge 0$이므로 $-r\le x\le r$

오른쪽 그림과 같이 중심이 원점이고 반지름이 r인 반원이다.

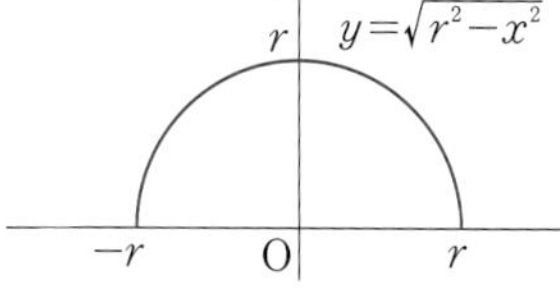

(2) $\boldsymbol{y=-\sqrt{r^2-x^2}}$ **의 그래프**

$y=-\sqrt{r^2-x^2}$에서 $\sqrt{r^2-x^2}\ge 0$이므로 $y\le 0$

$y=-\sqrt{r^2-x^2}$의 양변을 제곱하면

$y^2=r^2-x^2 \quad \therefore\ x^2+y^2=r^2(y\le 0)$

이때 $r^2-x^2\ge 0$이므로 $-r\le x\le r$

오른쪽 그림과 같이 중심이 원점이고 반지름이 r인 반원이다.

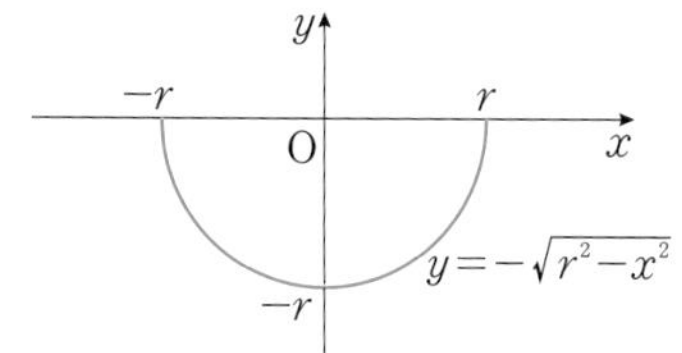

마플특강문제 05 무리함수 $y=\sqrt{1-x^2}$의 그래프가 직선 $y=m(x-2)$가 서로 다른 두 점에서 만나도록 실수 m의 값의 범위를 구하시오.

마플특강 풀이

$y=\sqrt{1-x^2}$에서 $\sqrt{1-x^2}\ge 0$이므로 $y\ge 0$

$y=\sqrt{1-x^2}$의 양변을 제곱하면 $y^2=1-x^2$, $x^2+y^2=1(y\ge 0)$

이때 $1-x^2\ge 0$이므로 $-1\le x\le 1$

오른쪽 그림과 같이 중심이 원점이고 반지름이 1인 반원이다.

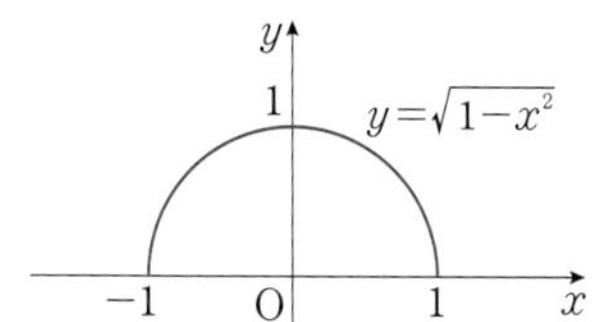

또, 직선 $y=m(x-2)$는 m의 값에 관계없이 항상 점 $(2,\ 0)$을 지난다.

(ⅰ) 원과 직선이 접할 때, $y=m(x-2)$가 원 $x^2+y^2=1$에 접하므로

원의 중심 $(0,\ 0)$과 직선 $y=m(x-2)$

즉 $mx-y-2m=0$ 사이의 거리는 반지름의 길이와 같다.

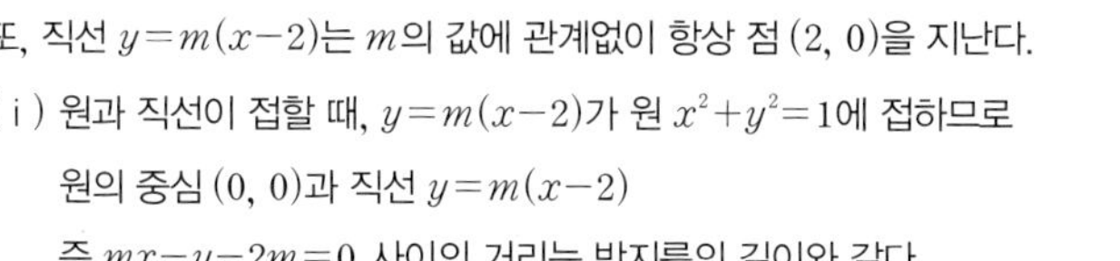

즉 $\dfrac{|0-0-2m|}{\sqrt{m^2+(-1)^2}}=1$이므로 $|-2m|=\sqrt{m^2+1}$

$4m^2=m^2+1,\ m^2=\dfrac{1}{3} \quad \therefore\ m=-\dfrac{\sqrt{3}}{3}$

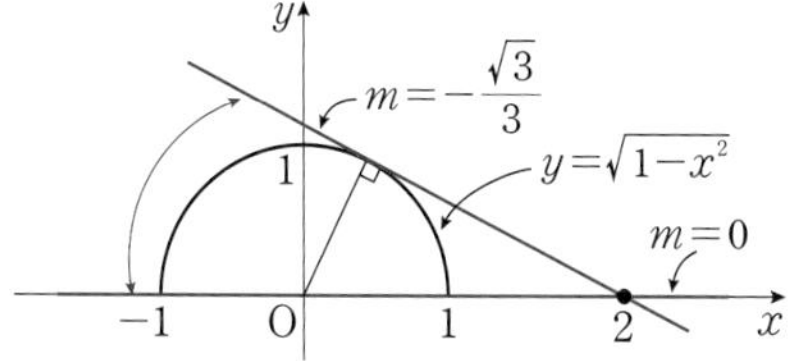

(ⅱ) 직선 $y=m(x-2)$가 x축이 되려면 $m=0$

(ⅰ), (ⅱ)에서 $\boldsymbol{-\dfrac{\sqrt{3}}{3}<m\le 0}$

마플특강문제 06 무리함수 $y=-\sqrt{1-x^2}$의 그래프와 $y=mx+m-1$이 서로 다른 두 점에서 만나도록 실수 m의 값의 범위를 구하시오.

마플특강 풀이

$y=-\sqrt{1-x^2}$에서 $\sqrt{1-x^2}\ge 0$이므로 $y\le 0$

$y=-\sqrt{1-x^2}$의 양변을 제곱하면 $y^2=1-x^2$, $x^2+y^2=1(y\le 0)$

또, 직선 $y=mx+m-1=m(x+1)-1$은 m의 값에 관계없이

항상 점 $(-1,\ -1)$을 지난다.

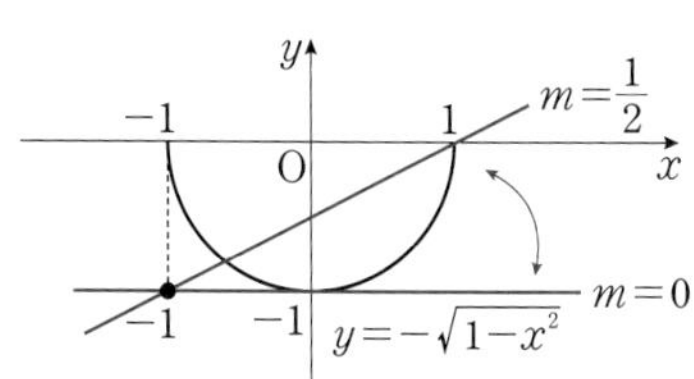

(ⅰ) 직선 $y=mx+m-1$이 점 $(1,\ 0)$을 지날 때이므로 $0=m+m-1 \quad \therefore\ m=\dfrac{1}{2}$

(ⅱ) 직선 $y=mx+m-1$이 점 $(0,\ -1)$을 지날 때이므로 $-1=m-1 \quad \therefore\ m=0$

(ⅰ), (ⅱ)에서 $\boldsymbol{0<m\le\dfrac{1}{2}}$

빠른정답

핵심 단권화 수학개념서

마플교과서

공통수학2

빠른정답

Since 1996. Heemang Institute, Inc.
www.heemangedu.co.kr
www.mapl.co.kr

공통수학2

I 도형의 방정식

01 평면좌표

0001 (1) $a=-1$ 또는 $a=7$ (2) 6　　0002 ④
0003 (1) $\sqrt{5}$ (2) $\sqrt{2}$　　0004 (1) P(1, 0) (2) Q(0, 1)
0005 ④　　0006 30
0007 (1) 18, P(0, 3) (2) 10, P(−1, 3)　　0008 ①
0009 30　　0010 $\overline{AB}=\overline{AC}$인 이등변삼각형　　0011 ②
0012 −6　　0013 (1) 7 (2) 6　　0014 ⑤
0015 해설참조　　0016 (1) 16 (2) 4
0017 (1) ③ (2) ③　　0018 9　　0019 $\frac{1}{8}$
0020 ⑤　　0021 ③　　0022 7　　0023 ③
0024 27　　0025 $\frac{12}{5}$　　0026 ⑤　　0027 1
0028 (1) C(3, 3) (2) 19　　0029 ④
0030 (1) 34, P(5, 4) (2) (5, 4)　　0031 (1) 5 (2) $\frac{16}{3}$
0032 ②　　0033 11　　0034 $\frac{2\sqrt{10}}{3}$　　0035 ③
0036 14　　0037 (1) ⑤ (2) ③　　0038 ③
0039 ①　　0040 $4\sqrt{10}$　　0041 (1) ③ (2) ①
0042 ⑤　　0043 (1) ④ (2) ⑤
0044 (1) 22 (2) 18　　0045 (1) ① (2) ⑤
0046 7　　0047 (1) 11 (2) 1　　0048 ①
0049 $8\sqrt{5}$　　0050 (1) 2 (2) 2　　0051 0
0052 ⑤　　0053 $\frac{14}{3}$　　0054 7　　0055 ⑤
0056 ③　　0057 (1) ③ (2) ④
0058 해설참조　　0059 해설참조
0060 10　　0061 116　　0062 20　　0063 6
0064 31　　0065 6

02 직선의 방정식

0066 (1) $y=\sqrt{3}x-2\sqrt{3}+3$ (2) $y=2x-11$
0067 (1) 6 (2) $y=5x-6$　　0068 (1) 15 (2) 4
0069 (1) 8 (2) $3x+y=12$　　0070 (1) ⑤ (2) ①
0071 $\frac{x}{4}+\frac{y}{6}=1$　　0072 −2　　0073 ③
0074 10　　0075 $y=x+3$　　0076 ③
0077 −1　　0078 (1) 18 (2) $y=\frac{5}{6}x+\frac{4}{3}$　　0079 ③
0080 5　　0081 ⑤　　0082 ①
0083 (1) $y=2x-7$ (2) $y=-3x+9$
0084 (1) ④ (2) ⑤　　0085 −40
0086 (1) 1 (2) 21　　0087 ②
0088 (1) 6 (2) 4　　0089 H(−1, −1)
0090 5　　0091 (1) ③ (2) $\frac{1}{2}$
0092 (1) 17 (2) 45　　0093 ⑤　　0094 1
0095 $\frac{1}{2}$　　0096 ①　　0097 2　　0098 $\frac{7}{60}$
0099 ①　　0100 ②　　0101 (1) −6 (2) $y=x-3$
0102 ③　　0103 (1) $x+2y-2=0$ (2) $3x-y+13=0$
0104 (1) $\frac{1}{5}<m<2$ (2) $-1\le m\le\frac{1}{3}$　　0105 ①
0106 ⑤　　0107 (1) 20 (2) 10　　0108 ①
0109 ③　　0110 −4　　0111 $\frac{3\sqrt{2}}{4}$
0112 $y=-\frac{1}{2}x+10$　　0113 (1) $2\sqrt{2}$ (2) $y=-2x+5$
0114 ④　　0115 (1) $4\sqrt{2}$ (2) $x+y-2=0$ (3) $\sqrt{2}$ (4) 4
0116 ②　　0117 $\frac{5}{2}$
0118 (1) $x-y+2=0$ 또는 $x+y=0$
(2) $x+7y+3=0$ 또는 $7x-y+21=0$
0119 ③　　0120 ⑤　　0121 (1) ② (2) ④ (3) ①
0122 (1) 3 (2) 22　　0123 ④
0124 (1) ③ (2) ①　　0125 ⑤
0126 (1) ③ (2) ④　　0127 ④　　0128 ②
0129 (1) ② (2) ③　　0130 (1) 12 (2) ①
0131 ⑤　　0132 (1) ⑤ (2) ③　　0133 ⑤
0134 (1) ① (2) ⑤ (3) ④　　0135 (1) ② (2) ④
0136 −8　　0137 24　　0138 (1) ⑤ (2) ③
0139 ②　　0140 4　　0141 (1) ④ (2) ②
0142 ④　　0143 ③　　0144 ④　　0145 ⑤
0146 ①　　0147 (1) 3 (2) 20
0148 (1) $m<-1$ 또는 $m>1$ (2) $-\frac{1}{3}<m<\frac{1}{3}$ (3) $-3<m<0$
0149 ①　　0150 $8\sqrt{5}$ (m)　　0151 해설참조

0152 해설참조 0153 해설참조
0154 ① 0155 225 0156 ④ 0157 ①
0158 ④ 0159 ③ 0160 (1) $\sqrt{2}$ (2) 15
0161 42 0162 ⑤ 0163 ⑤

03 원의 방정식

0164 (1) $(x+2)^2+(y-1)^2=25$ (2) $(x-2)^2+(y-1)^2=20$
0165 ③
0166 (1) $(x-4)^2+(y-2)^2=2$ (2) $(x-6)^2+(y-2)^2=25$
0167 (1) $(x-2)^2+y^2=4$ (2) $x^2+(y-4)^2=25$ 0168 ②
0169 $(x-3)^2+(y-7)^2=5$ 0170 (1) 9 (2) $-1<k<5$
0171 ④ 0172 25π 0173 14 0174 ③
0175 98
0176 (1) $(x-4)^2+(y-3)^2=16$ 또는 $(x+4)^2+(y-3)^2=16$
(2) $(x-2)^2+(y-4)^2=4$ 또는 $(x-10)^2+(y-12)^2=100$
0177 ④ 0178 3
0179 (1) $(x+3)^2+(y+3)^2=9$ 또는 $(x+15)^2+(y+15)^2=225$
(2) $12\sqrt{2}$ (3) 234π
0180 ③
0181 (1) $(x-2)^2+(y-2)^2=4$ (2) $(x+3)^2+(y-3)^2=9$
0182 (1) $(x-4)^2+y^2=16$ (2) 12 (3) $4\sqrt{3}$ 0183 ③
0184 (1) 6π (2) $(x-3)^2+(y-2)^2=1$
0185 (1) 2 (2) 5π 0186 (1) ③ (2) ⑤
0187 (1) 3 (2) 4 0188 30
0189 (1) $2x+4y-5=0$ (2) $\left(x-\frac{1}{2}\right)^2+(y-1)^2=\frac{11}{4}$
0190 3 0191 (1) $x+y-1=0$ (2) $\frac{\sqrt{2}}{2}$ (3) $\sqrt{14}$
0192 ① 0193 (1) 20π (2) $\left(x-\frac{1}{2}\right)^2+\left(y-\frac{3}{2}\right)^2=\frac{1}{2}$
0194 (1) $2\sqrt{6}$ (2) 4 0195 ② 0196 12
0197 (1) $m<-\sqrt{3}$ 또는 $m>\sqrt{3}$ (2) $m=\sqrt{3}$ 또는 $m=-\sqrt{3}$
(3) $-\sqrt{3}<m<\sqrt{3}$
0198 ② 0199 7 0200 (1) $r>\sqrt{5}$ (2) $-9<k<21$
0201 (1) ④ (2) ⑤ 0202 $\frac{4}{3}$
0203 (1) $y=\frac{\sqrt{3}}{3}x\pm2\sqrt{3}$ (2) $y=-x\pm2\sqrt{2}$
0204 (1) $y=2x+6\pm3\sqrt{5}$ (2) $y=-\frac{4}{3}x+\frac{13}{3}$ 또는 $y=-\frac{4}{3}x+\frac{23}{3}$
0205 $y=-\sqrt{3}x+5+2\sqrt{3}$ 0206 (1) -4 (2) $y=-3x+5$
0207 ① 0208 10
0209 $x=-2$ 또는 $3x+4y-10=0$
0210 (1) $2\sqrt{2}$ (2) 7 0211 12 0212 4
0213 ④ 0214 2 0215 $\sqrt{21}$
0216 (1) ⑤ (2) ② 0217 $2\sqrt{6}$

0218 (1) 20 (2) 16 0219 (1) ⑤ (2) ①
0220 28 0221 (1) 8 (2) $k=-12$ 또는 $k=18$ (3) $\frac{5}{2}$
0222 22 0223 $\frac{40\sqrt{3}}{3}$ 0224 ① 0225 ④
0226 15 0227 (1) ③ (2) ④
0228 (1) ② (2) ③ 0229 (1) ⑤ (2) ②
0230 ⑤ 0231 -9 0232 ①
0233 (1) ① (2) ① 0234 ②
0235 (1) ② (2) ③ 0236 (1) ④ (2) ①
0237 (1) ③ (2) ③ 0238 (1) ④ (2) ②
0239 ④ 0240 ① 0241 (1) 25 (2) 25
0242 (1) ③ (2) ⑤ 0243 $\frac{8}{3}$
0244 (1) ② (2) ③ 0245 (1) 16 (2) 25
0246 ① 0247 (1) ④ (2) ① 0248 ②
0249 (1) 2π (2) 2π 0250 ③ 0251 50
0252 ⑤ 0253 ③ 0254 ⑤
0255 (1) ③ (2) ④ 0256 (1) ③ (2) ②
0257 ③ 0258 ① 0259 (1) $\frac{4\sqrt{21}}{5}$ (2) $\frac{5}{2}$
0260 (1) ② (2) ① 0261 (1) ② (2) ⑤
0262 25 0263 361 0264 해설참조
0265 해설참조 0266 해설참조
0267 해설참조 0268 48 0269 5
0270 $\frac{11}{3}$ 0271 32 0272 10 0273 $\frac{3}{5}$
0274 8 0275 34
0276 (1) -3 (2) 26 (3) $3(\sqrt{10}+1)$ 0277 ⑤
0278 $\frac{1}{3}$

04 도형의 이동

0279 (1) (1, 2) (2) 4 0280 (2, 6) 0281 (0, -2)
0282 (1) -3 (2) 3 0283 (1) ④ (2) ④
0284 (1) 12 (2) 3 0285 9
0286 (1) ⑤ (2) ① 0287 (1) 8 (2) -8
0288 5 0289 (1) ⑤ (2) ② 0290 45
0291 (1) 7 (2) 3 0292 ⑤
0293 제 1사분면 0294 (1) 11 (2) 8
0295 ① 0296 1 0297 (1) 4 (2) 2
0298 (1) ① (2) ② 0299 -2 0300 23
0301 (1) ⑤ (2) ⑤ 0302 $-\frac{1}{4}$
0303 (1) $(-3, 7)$ (2) $(x-2)^2+(y+11)^2=4$ 0304 ③
0305 (1) $2x+y-6=0$ (2) $x+3y-7=0$ 0306 ①

0307 ㄱ, ㄷ, ㄹ 0308 (1) $\sqrt{106}$ (2) $\sqrt{53}$
0309 (1) A′(−1, 2) (2) 최솟값 $2\sqrt{17}$, P(3, 1) 0310 8
0311 10 0312 ⑤ 0313 100
0314 (1) ② (2) ③ 0315 35 0316 ④
0317 (1) ③ (2) ① 0318 (1) ② (2) ②
0319 (1) 5 (2) 10 0320 (1) ⑤ (2) ⑤
0321 (1) ⑤ (2) ② 0322 (1) ① (2) 4
0323 ⑤ 0324 ③ 0325 (1) −1 (2) ② (3) 11
0326 (1) 7 (2) ① (3) 10 0327 ③
0328 (1) ④ (2) ③ 0329 4 0330 ③
0331 (1) 5 (2) 1 0332 12
0333 (1) −2 (2) 64 0334 26
0335 (1) ④ (2) ③ 0336 (1) 13 (2) ①
0337 ⑤ 0338 ② 0339 해설참조
0340 해설참조 0341 해설참조
0342 해설참조 0343 해설참조
0344 56 0345 −18 0346 −2 0347 48
0348 ② 0349 (−1, 0) 0350 ③
0351 ③ 0352 13m 0353 ① 0354 $\frac{23}{2}$

II 집합과 명제

01 집합

0355 ③ 0356 ④ 0357 (1) ⑤ (2) ③
0358 0 0359 (1) 24 (2) 36 0360 2
0361 ㄱ 0362 ② 0363 $8<k\leq 9$
0364 7 0365 ⑤ 0366 3
0367 (1) ② (2) ① 0368 ③ 0369 ②
0370 (1) 1 (2) 5 0371 ④ 0372 12
0373 8 0374 (1) ④ (2) ⑤ 0375 28
0376 (1) 16 (2) 14 0377 (1) ④ (2) ③
0378 11 0379 16 0380 ⑤ 0381 ①
0382 (1) 36 (2) 495 0383 ② 0384 228
0385 ⑤ 0386 (1) ② (2) ⑤
0387 (1) ③ (2) ③ 0388 ② 0389 ①
0390 (1) ③ (2) ② 0391 (1) ④ (2) ③
0392 ② 0393 (1) ② (2) ③ 0394 15
0395 (1) 63 (2) 110 0396 ④ 0397 ③
0398 ⑤ 0399 8 0400 (1) 80 (2) 6

0401 해설참조 0402 해설참조
0403 ㄹ 0404 (1) 19 (2) 29 (3) 4 0405 15
0406 6 0407 5
0408 (1) {1, 2, 3, 4, 5, 6, 7, 9, 11, 12} (2) {2, 4, 6, 12} (3) {1, 3} (4) {2, 4, 6, 8, 10, 12}
0409 ④ 0410 33 0411 (1) 15 (2) 19
0412 ⑤ 0413 12 0414 (1) 7 (2) 3
0415 (1) ① (2) ③ 0416 (1) 140 (2) 0
0417 ⑤ 0418 (1) ⑤ (2) ⑤
0419 (1) ④ (2) ⑤ 0420 (1) ⑤ (2) ⑤
0421 (1) ④ (2) ⑤ 0422 (1) 5 (2) 2
0423 (1) 4 (2) 8 0424 (1) 8 (2) ③
0425 128 0426 (1) 2 (2) 24 0427 ③
0428 (1) 4 (2) 64 0429 17 0430 ⑤
0431 336 0432 11 0433 (1) ③ (2) ③
0434 9 0435 해설참조 0436 ⑤
0437 ⑤ 0438 ③ 0439 (1) ③ (2) ③
0440 ① 0441 ⑤ 0442 ④ 0443 ④
0444 ① 0445 ① 0446 4 0447 ③
0448 ③ 0449 ④ 0450 (1) −2 (2) 6
0451 (1) ② (2) ⑤ 0452 (1) 16 (2) 64
0453 4 0454 (1) ⑤ (2) ③ 0455 24
0456 432 0457 ③ 0458 12
0459 (1) 9 (2) 11 0460 ⑤ 0461 8
0462 (1) 57 (2) 7 (3) 32 0463 ② 0464 10
0465 12 0466 25 0467 ④ 0468 20
0469 ⑤ 0470 75 0471 (1) ④ (2) ① (3) ①
0472 ① 0473 (1) ⑤ (2) ④ 0474 ③
0475 ㄱ, ㄹ 0476 (1) ④ (2) ④
0477 (1) 11 (2) 8 0478 (1) 8 (2) 8
0479 (1) ② (2) ④ 0480 ⑤
0481 (1) 16 (2) 4 0482 (1) 128 (2) 32
0483 (1) 9 (2) 6 (3) 23 0484 15
0485 (1) 31 (2) 29 0486 (1) −2 (2) 14 (3) ②
0487 (1) ② (2) ② 0488 ⑤ 0489 ⑤
0490 ④ 0491 (1) 64 (2) ②
0492 (1) 6 (2) −9 0493 43 0494 ⑤
0495 해설참조 0496 해설참조
0497 해설참조 0498 28 0499 10

0500 39 0501 145 0502 10 0503 2

02 명제

0504 ② 0505 ③ 0506 ⑤

0507 (1) {1, 2, 3, 6} (2) {3, 6} (3) {3, 4, 5, 6, 7, 8, 9, 10}

0508 ③ 0509 ④ 0510 ⑤ 0511 ③

0512 ③ 0513 ② 0514 (1) ⑤ (2) ②

0515 ④ 0516 ② 0517 ②

0518 (1) 2 (2) 18 0519 (1) $-1 \le a \le 3$ (2) $a \le 8$

0520 (1) ④ (2) ④ 0521 ②

0522 ㄱ, ㄷ, ㄹ 0523 (1) ⑤ (2) ②

0524 9 0525 ② 0526 ③

0527 (1) ⑤ (2) ② 0528 ⑤ 0529 ②

0530 (1) ⑤ (2) ④ 0531 ②

0532 (1) ④ (2) ④ 0533 (1) ④ (2) 16

0534 ② 0535 ② 0536 ④

0537 (1) 3 (2) 4 0538 ③

0539 (1) ④ (2) ② 0540 (1) 81 (2) 8

0541 (1) ④ (2) 7 0542 해설참조

0543 ③ 0544 ② 0545 (1) ④ (2) ②

0546 ② 0547 256 0548 (1) 거짓 (2) 참 (3) 참

0549 (1) ① (2) ② 0550 해설참조

0551 ⑤ 0552 (1) ④ (2) ③ 0553 ⑤

0554 ① 0555 ③ 0556 ④ 0557 ③

0558 ④ 0559 ③

0560 (1) 충분조건 (2) 충분조건 (3) 필요충분조건 0561 ⑤

0562 ④ 0563 (1) 충분조건 (2) 필요충분조건 (3) 필요조건

0564 ④ 0565 ⑤ 0566 18 0567 ②

0568 (1) -3 (2) 2 0569 (1) 18 (2) 16

0570 ④ 0571 $4 \le a \le 5$ 0572 ⑤

0573 ⑤ 0574 (1) 필요조건 (2) 필요조건 (3) 충분조건

0575 ⑤ 0576 ② 0577 ⑤ 0578 ②

0579 ③ 0580 (1) ③ (2) ② 0581 ①

0582 ③ 0583 (1) 7 (2) 22 0584 ①

0585 ④ 0586 (1) ⑤ (2) ④

0587 (1) ⑤ (2) ① 0588 4 0589 ④

0590 (1) ① (2) ⑤ 0591 15

0592 (1) ③ (2) ② 0593 ⑤

0594 (1) 13 (2) 6 0595 (1) 8 (2) 5

0596 해설참조 0597 해설참조

0598 ③ 0599 ⑤ 0600 (1) 27 (2) 9

0601 5 0602 20

03 절대부등식

0603 해설참조 0604 해설참조

0605 (가) 홀수 (나) 홀수 0606 해설참조

0607 해설참조 0608 16

0609 (가) $2(|ab|+ab)$ (나) $ab \le 0$

0610 (가) $2\sqrt{ab}$ (나) $>$ (다) $>$ 0611 ③

0612 (1) 12 (2) 4 0613 ②

0614 (1) 24 (2) ② 0615 (1) 18 (2) 24

0616 (1) ③ (2) ⑤ 0617 8 0618 $4\sqrt{3}$

0619 24 0620 16

0621 (1) 최댓값 10, 최솟값 -10 (2) 10 0622 ④

0623 20 0624 ② 0625 ④

0626 (1) ④ (2) ① 0627 ③ 0628 32

0629 ① 0630 ⑤ 0631 (1) ② (2) ④

0632 ② 0633 12 0634 ③ 0635 ③

0636 ③ 0637 (1) ③ (2) 8

0638 (1) 11 (2) 4 0639 (1) 23 (2) 15

0640 ⑤ 0641 25 0642 해설참조

0643 해설참조 0644 ② 0645 2

0646 ① 0647 28 0648 ⑤

III 함수와 그래프

01 함수

0649 ③ 0650 ③ 0651 3 0652 ②, ⑤

0653 (1) 5 (2) -2 0654 (1) ③ (2) ④

0655 (1) $f(3)=20$, $f(x)=6x+2$
(2) $f(3)=8$, $f(x)=\frac{1}{4}x^2+\frac{3}{2}x+\frac{5}{4}$

0656 ② 0657 ③ 0658 (1) 3 (2) 7

0659 ⑤ 0660 ⑤ 0661 21 0662 ③

0663 ⑤ 0664 (1) 100 (2) 12

0665 (1) ⑤ (2) ⑤ 0666 7

0667 (1) 3 (2) -4 0668 (1) 0 (2) -7

0669 (1) 4 (2) $\frac{9}{2}$ 0670 ④ 0671 ⑤

0672 (1) 9 (2) ④ 0673 (1) -4 (2) 3

0674 (1) ② (2) ③ 0675 3

0676 (1) 125 (2) 60 (3) 5 0677 ⑤ 0678 24

0679 (1) 360 (2) 15 0680 ③

0681 (1) 250 (2) 120 0682 ② 0683 $\sqrt{2}$

0684 (1) 4 (2) 29 0685 ① 0686 ②

0687 ⑤ 0688 (1) $k \le 1$ (2) $k \ge 1$ (3) $k=1$

0689 9 0690 (1) 1 (2) 6 0691 ③

0692 (1) ⑤ (2) ② 0693 ④ 0694 ①

0695 (1) 2 (2) 3

0696 (1) $a<-1$ 또는 $a>1$ (2) $-1<a<1$

0697 (1) ① (2) ③ 0698 (1) 6 (2) 72

0699 (1) 240 (2) 120 0700 (1) ② (2) ①

0701 해설참조 0702 해설참조

0703 510 0704 (1) 25 (2) 8 0705 ⑤

0706 29 0707 ④ 0708 5

02 합성함수와 역함수

0709 1 0710 ④ 0711 0

0712 (1) -3 (2) 3 0713 (1) ④ (2) ④

0714 4 0715 5 0716 (1) ⑤ (2) ⑤

0717 10 0718 (1) 28 (2) -2 0719 ⑤

0720 -3 0721 (1) $3x+1$ (2) $3x$ (3) $\frac{x-3}{2}$

0722 (1) ① (2) ④ 0723 1

0724 (1) 4 (2) 10 0725 (1) 3 (2) 2

0726 16 0727 (1) e (2) a 0728 ②

0729 (1) ① : 3 ② : $x=1$ 또는 $x=3$ 또는 $x=5$
(2) ① : 5 ② : $x=1$ 또는 $x=5$ 또는 $x=9$ 또는 $x=12$

0730 (1) 해설참조 (2) 해설참조 0731 ③ 0732 ②

0733 4 0734 ④ 0735 -100

0736 (1) -1 (2) 5 0737 (1) ③ (2) ①

0738 8 0739 (1) 5 (2) 2 0740 ④

0741 (1) 3 (2) 2 0742 (1) 5 (2) 4

0743 ① 0744 2 0745 ⑤ 0746 ③

0747 (1) -1 (2) 2 0748 (1) 3 (2) 4

0749 (1) ④ (2) ③ 0750 0

0751 (1) d (2) b (3) a 0752 ④ 0753 ①

0754 (1) 25 (2) 8 0755 ④

0756 (1) 18 (2) 10 0757 (1) ④ (2) ②

0758 (1) ② (2) ④ (3) ① 0759 ② 0760 ②

0761 ③ 0762 (1) 22 (2) 5 (3) 4

0763 (1) ① (2) ② (3) ③ 0764 (1) ③ (2) ⑤

0765 4 0766 (1) ③ (2) ⑤

0767 (1) ② (2) ④ 0768 (1) ② (2) ④

0769 (1) ① (2) ① 0770 (1) ③ (2) ③

0771 ④ 0772 (1) ③ (2) ③ 0773 8

0774 129 0775 (1) ③ (2) ④ (3) ⑤ 0776 ①

0777 ④ 0778 (1) -2 (2) $\frac{3}{2}$

0779 (1) ③ (2) ③ 0780 ⑤

0781 (1) ① (2) ① 0782 ①, ④

0783 해설참조 0784 해설참조

0785 16 0786 90 0787 $\frac{17}{2}$

0788 (1) ① (2) ① 0789 ⑤ 0790 30

03 유리함수

0791 (1) $\frac{1}{a-b}$ (2) $\frac{3}{(x-1)(x+2)}$ (3) $\frac{x-2}{x(x+1)}$ (4) $\frac{x-2}{x+1}$

0792 (1) 0 (2) 0 (3) 1 0793 (1) $\frac{a}{a+1}$ (2) $\frac{1}{2x-1}$

0794 (1) 1 (2) 2 0795 (1) ① (2) ③

0796 (1) 1 (2) 511 0797 (1) $\frac{10}{x(x+10)}$ (2) $\frac{5}{11}$

0798 (1) ④ (2) ① 0799 (1) $\frac{50}{101}$ (2) $\frac{72}{55}$

0800 (1) 해설참조 (2) 해설참조 0801 ⑤

0802 (1) $a<\frac{1}{2}$ 또는 $\frac{1}{2}<a\le\frac{5}{2}$ (2) 9 0803 ③

0804 (1) ③ (2) ③ 0805 6

0806 (1) -4 (2) 2 0807 (1) ② (2) ③

0808 (1) -4 (2) 6(개) 0809 (1) ① (2) ②

0810 7 0811 (1) 8 (2) $\frac{3x+1}{2x+4}$ 0812 ②

0813 -1 0814 (1) -2 (2) 12

0815 (1) ② (2) ⑤ 0816 (1) 0 (2) $\frac{3}{4}$

0817 (1) 6 (2) 3 0818 (1) ③ (2) ③

0819 1 0820 최댓값 4, 최솟값 $\frac{7}{2}$ 0821 ②

0822 9 0823 $a \ge 0$ 0824 ④

0825 (1) $\frac{1}{3}\le m\le 3$ (2) $\frac{5}{6}$ 0826 ④ 0827 ④

0828 7 0829 ② 0830 ② 0831 10

0832 9 0833 ⑤ 0834 8 0835 ①

0836 (1) ② (2) ④ 0837 (1) ③ (2) ⑤

0838 (1) ④ (2) ④ 0839 ⑤

0840 (1) $-\frac{2}{3}$ (2) 최댓값 2, 최솟값 $\frac{4}{3}$

0841 (1) -2 (2) -3 0842 (1) ② (2) ①

0843 (1) ③ (2) ① 0844 (1) ② (2) ①

0845 (1) ④ (2) ③ 0846 (1) 8 (2) $-\frac{1}{9}$

0847 ③ 0848 -1 0849 5 0850 ①

0851 $-\frac{1}{3}$ 0852 8 0853 ① 0854 ①

0855 ⑤ 0856 ③ 0857 ② 0858 ④

0859 해설참조 0860 해설참조

0861 ⑤ 0862 ⑤ 0863 ② 0864 ⑤

0865 ①

04 무리함수

0866 (1) $-a$ (2) 5 0867 (1) ① (2) ②

0868 (1) 13 (2) 8 0869 (1) 2 (2) $\sqrt{5}$

0870 (1) ② (2) ① 0871 (1) 4 (2) $2\sqrt{3}$

0872 ③ 0873 (1) ④ (2) ③

0874 정의역은 $\{x|x \le 1\}$, 치역은 $\{y|y \le -2\}$

0875 (1) 최댓값 : $\sqrt{2}+3$ 최솟값: 4 (2) 최댓값 : 1 최솟값: 0

0876 (1) ④ (2) ⑤ 0877 -4 0878 ④

0879 (1) ① (2) ① 0880 (1) 14 (2) 6

0881 ⑤ 0882 ① 0883 -7 0884 ③

0885 (1) ① (2) ③ 0886 ⑤

0887 (1) 3 (2) $\frac{7}{3}$ 0888 ②

0889 (1) 3 (2) 2 0890 6

0891 (1) ④ (2) ③ 0892 5

0893 (1) 6 (2) $\sqrt{2}$ 0894 ④

0895 (1) ③ (2) ①

0896 (1) $1 \le k < \frac{5}{4}$ (2) $k=\frac{5}{4}$ 또는 $k<1$ (3) $k>\frac{5}{4}$

0897 (1) ① (2) ① 0898 18 0899 ⑤

0900 (1) ① (2) ⑤ 0901 (1) ① (2) ②

0902 (1) ② (2) ④ 0903 ③ 0904 ②

0905 $\frac{8}{9}$ 0906 (1) ③ (2) ② (3) ①

0907 (1) ④ (2) 7 (3) ③ 0908 (1) ③ (3) ③

0909 ③ 0910 ③ 0911 ④ 0912 ④

0913 16 0914 ① 0915 3 0916 ③

0917 ③ 0918 (1) 4 (2) 4

0919 (1) ② (2) ⑤ (3) ② 0920 (1) ④ (2) ④

0921 16 0922 $\frac{3\sqrt{2}}{8}$ 0923 해설참조

0924 해설참조 0925 ② 0926 ⑤

0927 (1) ④ (2) ① 0928 (1) 48 (2) 10

Everything is hard before it is easy.

Johann Wolfgang von Goethe

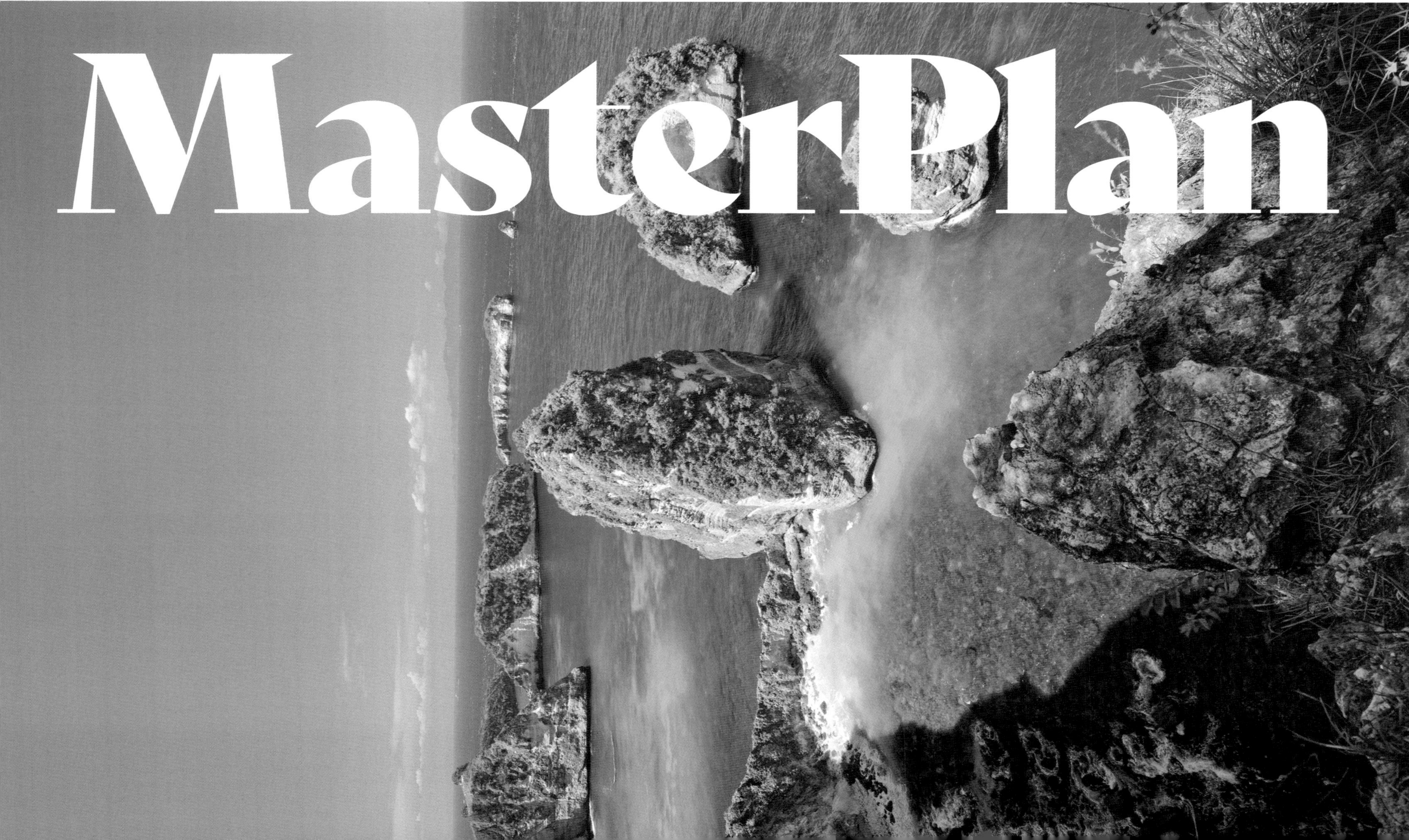

YOUR MASTER PLAN. MAPL

Since 1996. Heemang Institute, inc. www.heemangedu.co.kr | www.mapl.co.kr

mapl

핵심단권화 수학개념서

마플교과서

공 통 수 학 2

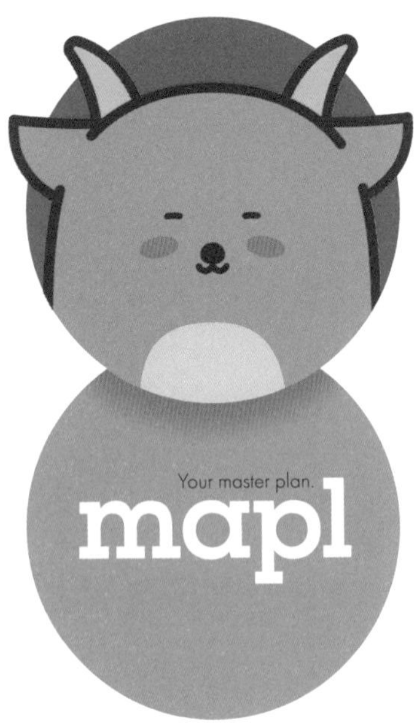

핵심 단권화 수학개념서

마플교과서

공 통 수 학 2

마플교과서 공통수학 2
ISBN : 979-11-93575-08-6 (53410)
발행일 : 2024년 11월 20일(1판 1쇄)
인쇄일 : 2024년 11월 7일
판/쇄 : 1판 1쇄

펴낸곳
희망에듀출판부 *(Heemang Institute, inc. Publishing dept.)*

펴낸이
임정선

주소 경기도 부천시 석천로 174 하성빌딩
(174, Seokcheon-ro, Bucheon-si, Gyeonggi-do, Republic of Korea)

교재 오류 및 문의
mapl@heemangedu.co.kr

희망에듀 홈페이지
http://www.heemangedu.co.kr

마플교재 인터넷 구입처
http://www.mapl.co.kr

교재 구입 문의
오성서적
Tel 032) 653-6653
Fax 032) 655-4761

핵심단권화 수학개념서

마플교과서 시리즈

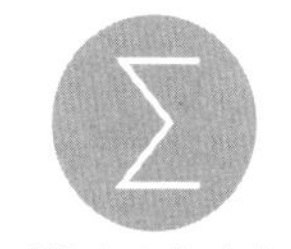

마플시너지 시리즈

마플총정리 시리즈

마플 모의고사 시리즈

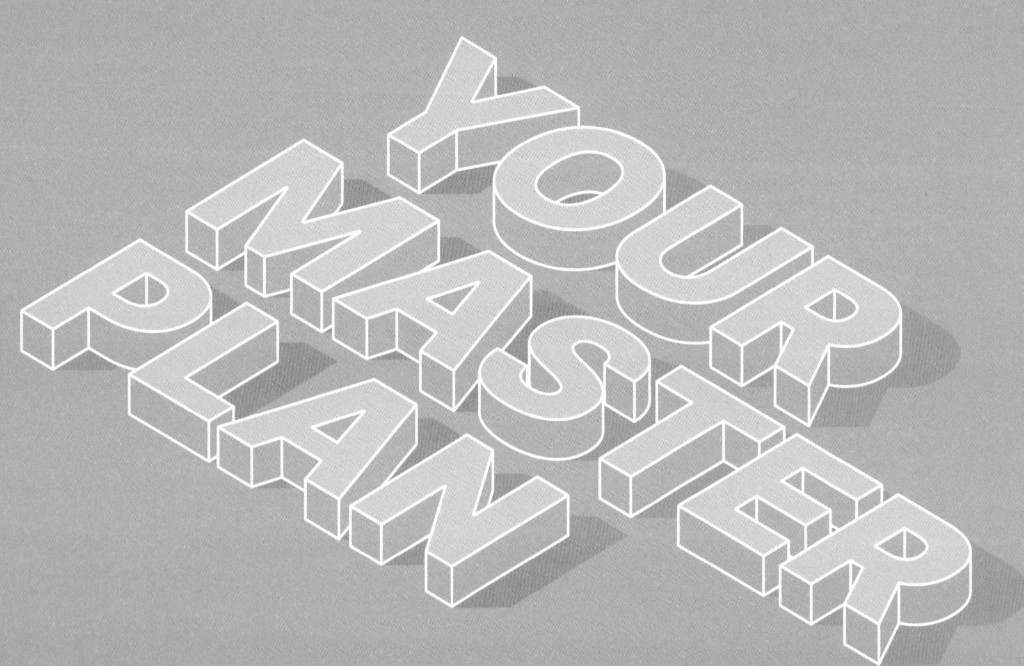

핵심단권화 수학개념서

마플교과서 시리즈

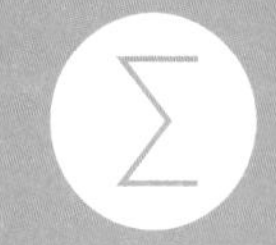

마플시너지 시리즈

마플총정리 시리즈

마플 모의고사 시리즈

masterplan

펴낸곳 희망에듀출판부 *(Heemang Institute, inc. Publishing dept.)*
펴낸이 임정선
주소 경기도 부천시 석천로 174 하성빌딩 *174, Seokcheon-ro, Bucheon-si, Gyeonggi-do, Republic of Korea.*
교재 오류 및 문의 *mapl@heemangedu.co.kr*
희망에듀 홈페이지 *http://www.heemangedu.co.kr*
마플교재 인터넷 구입처 *http://www.mapl.co.kr*
교재 구입 문의 오성서적 *Tel 032) 653-6653 Fax 032) 655-4761*

서명 : 마플교과서 공통수학2
발행일 : 2024년 11월 20일(1판 1쇄)
인쇄일 : 2024년 11월 7일
판/쇄 : 1판 1쇄

핵심 단권화 수학개념서

마플교과서

공통수학2

정가 25000 원

ISBN 979-11-93575-08-6

내신과 수능을 잡는 최고의 개념서!
개념서와 문제집이 한 권으로 이루어진 단권화 교재

MAPL 교과서 SERIES

www.heemangedu.co.kr | www.mapl.co.kr

Your master plan.

mapl

마플교과서

공통수학 2

핵심 단권화 수학개념서

정답과 해설

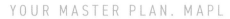

Since 1996. Heemang Institute, inc. www.heemangedu.co.kr | www.mapl.co.kr

내신과 수능을 잡는 최고의 개념서!
개념서와 문제집이 한 권으로 이루어진 단권화 교재

핵심 단권화 수학개념서

마플교과서

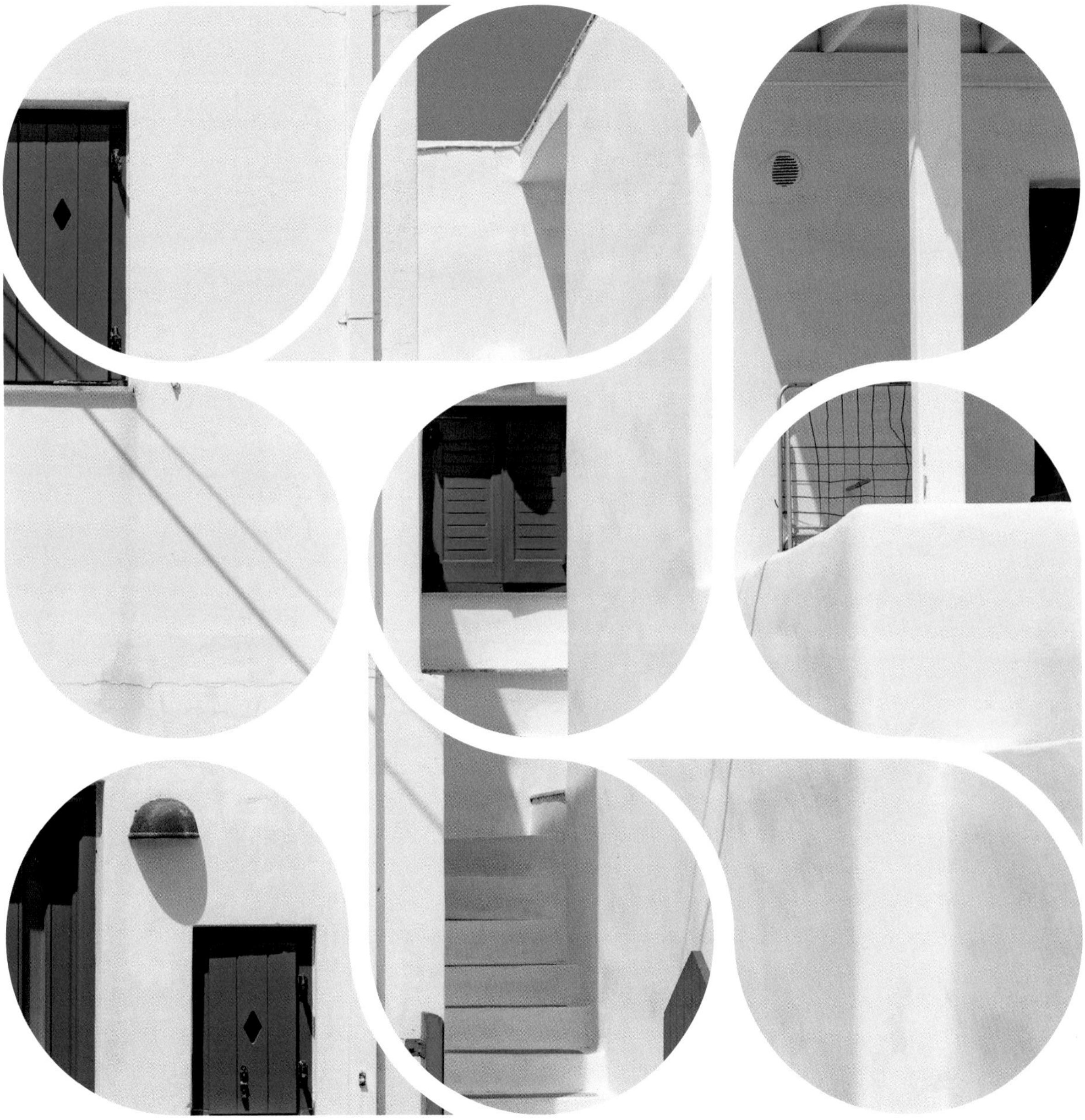

YOUR MASTER PLAN. MAPL

Since 1996. Heemang Institute, inc. www.heemangedu.co.kr | www.mapl.co.kr

mapl

핵심단권화 수학개념서

마플교과서

공통수학2

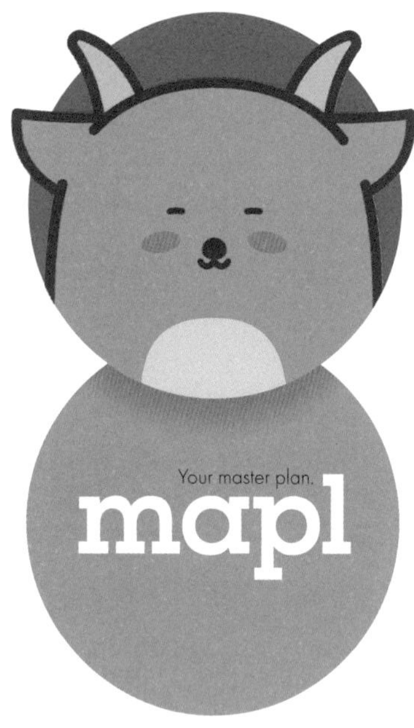

핵심 단권화 수학개념서

마플교과서

공 통 수 학 2

마플교과서 공통수학 2
ISBN : 979-11-93575-08-6 (53410)
발행일 : 2024년 11월 20일(1판 1쇄)
인쇄일 : 2024년 11월 7일
판/쇄 : 1판 1쇄

펴낸곳
희망에듀출판부 *(Heemang Institute, inc. Publishing dept.)*

펴낸이
임정선

주소 경기도 부천시 석천로 174 하성빌딩
[174, Seokcheon-ro, Bucheon-si, Gyeonggi-do, Republic of Korea]

교재 오류 및 문의
mapl@heemangedu.co.kr

희망에듀 홈페이지
http://www.heemangedu.co.kr

마플교재 인터넷 구입처
http://www.mapl.co.kr

교재 구입 문의
오성서적
Tel 032) 653-6653
Fax 032) 655-4761

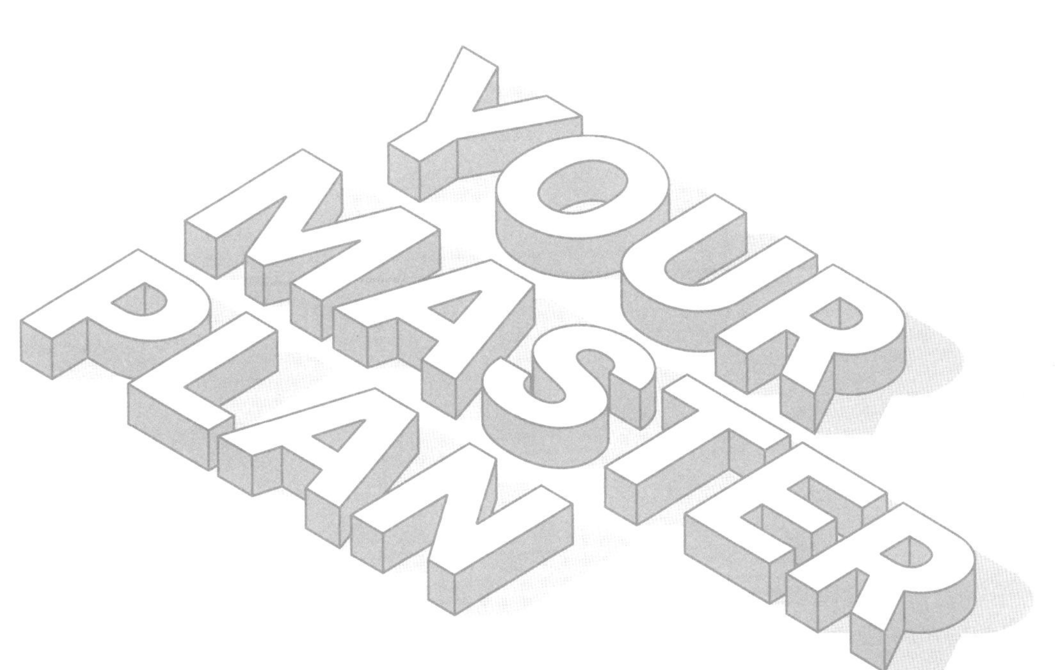

핵심단권화 수학개념서

마플교과서 시리즈

마플시너지 시리즈

마플총정리 시리즈

마플 모의고사 시리즈

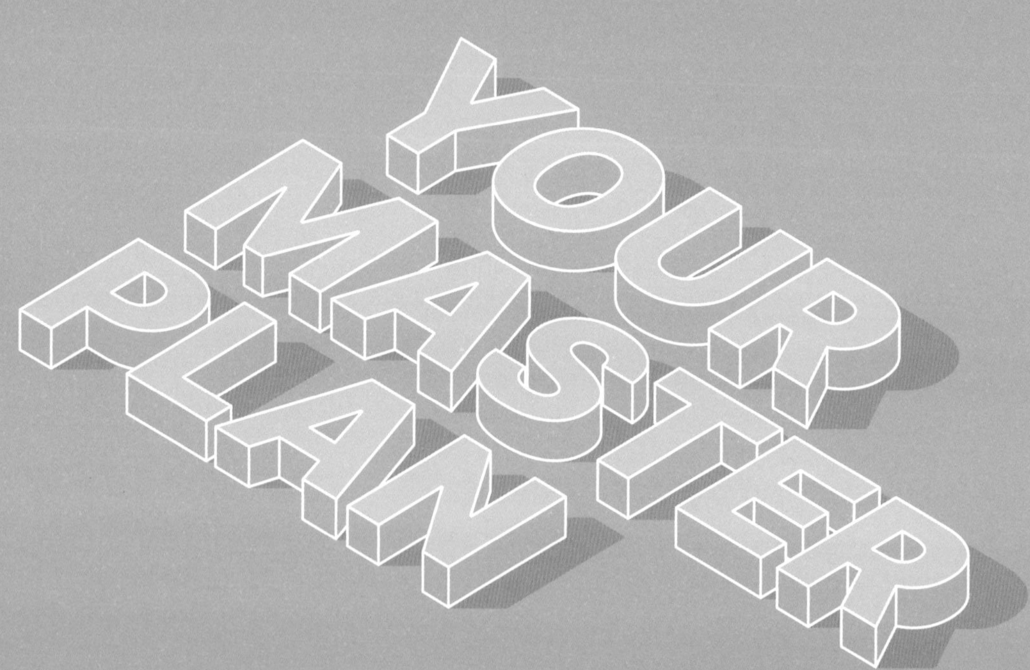

핵심단권화 수학개념서

마플교과서 시리즈

마플시너지 시리즈

마플총정리 시리즈

마플 모의고사 시리즈

마플교과서

MAPL. IT'S YOUR MASTER PLAN!

MAPL 교과서 SERIES

www.heemangedu.co.kr | www.mapl.co.kr

공통수학 2

개념이 있는

정답과 해설

목차

01 평면좌표

0001

다음 물음에 답하시오.

(1) 수직선 위의 두 점 A(3), B(a) 사이의 거리가 4일 때, 상수 a의 값을 구하시오.

TIP 두 점 A(x_1), B(x_2) 사이의 거리는 $\overline{AB}=|x_2-x_1|=|x_1-x_2|$

STEP Ⓐ 두 점 사이의 거리를 이용하여 a의 값 구하기

수직선 위의 두 점 A(3), B(a) 사이의 거리가 4이므로 $\overline{AB}=|a-3|=4$

$a-3=-4$ 또는 $a-3=4$

따라서 $a=-1$ 또는 $a=7$

MINI해설 a에 대한 이차방정식을 이용하여 풀이하기

수직선 위의 두 점 A(3), B(a) 사이의 거리가 4이므로 $\overline{AB}=|a-3|=4$

양변을 제곱하면 $(a-3)^2=16$, $a^2-6a-7=0$, $(a+1)(a-7)=0$

따라서 $a=-1$ 또는 $a=7$

(2) 좌표평면 위의 두 점 A(3, 3), B(a, -2) 사이의 거리가 $5\sqrt{2}$일 때, 모든 실수 a의 값의 합을 구하시오.

TIP 두 점 A(x_1, y_1), B(x_2, y_2) 사이의 거리는 $\overline{AB}=\sqrt{(x_2-x_1)^2+(y_2-y_1)^2}$

STEP Ⓐ 두 점 사이의 거리 공식을 이용하여 a에 대한 이차방정식 구하기

두 점 A(3, 3), B(a, -2) 사이의 거리가 $5\sqrt{2}$이므로

$\overline{AB}=\sqrt{(a-3)^2+(-2-3)^2}=5\sqrt{2}$

양변을 제곱하면 $(a-3)^2+25=50$

STEP Ⓑ a의 값 구하기

$a^2-6a-16=0$, $(a+2)(a-8)=0$

$\therefore a=-2$ 또는 $a=8$

따라서 모든 실수 a의 값의 합은 $-2+8=6$

+α 이차방정식의 근과 계수의 관계에 의하여 풀 수도 있어!

이차방정식 $a^2-6a-16=0$의 근과 계수의 관계에 의하여 두 근의 합은 6

0002

세 점 A(3, 0), B(5, -2), C(a, 1)에 대하여 $\overline{AC}=\overline{BC}$가 되는 상수 a의 값은?

TIP $\overline{AC}=\overline{BC}$이므로 $\overline{AC}^2=\overline{BC}^2$

① 2 ② 4 ③ 5
④ 6 ⑤ 10

STEP Ⓐ 두 점 사이의 거리를 이용하여 $\overline{AC}$, $\overline{BC}$의 값 구하기

세 점 A(3, 0), B(5, -2), C(a, 1)에 대하여

$\overline{AC}=\sqrt{(a-3)^2+(1-0)^2}=\sqrt{a^2-6a+10}$

$\overline{BC}=\sqrt{(a-5)^2+\{1-(-2)\}^2}=\sqrt{a^2-10a+34}$

STEP Ⓑ a의 값 구하기

이때 $\overline{AC}=\overline{BC}$이므로 $\overline{AC}^2=\overline{BC}^2$

$a^2-6a+10=a^2-10a+34$, $4a=24$

따라서 $a=6$

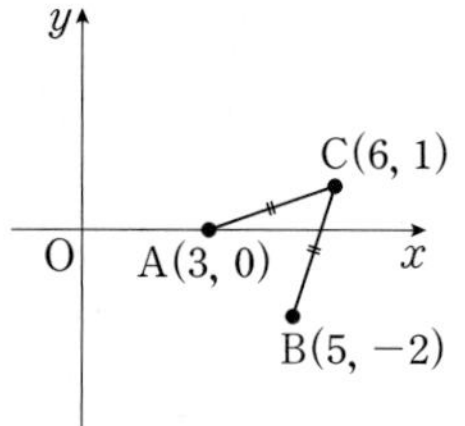

0003

다음 물음에 답하시오.

(1) 좌표평면 위의 세 점 O(0, 0), A(a, b), B(2, 1)에 대하여 $\sqrt{a^2+b^2}+\sqrt{(a-2)^2+(b-1)^2}$의 최솟값을 구하시오.

TIP $\sqrt{a^2+b^2}$은 선분 OA의 길이이고 $\sqrt{(a-2)^2+(b-1)^2}$은 선분 BA의 길이이다.

STEP Ⓐ 두 점 사이의 거리를 이용하여 $\overline{OA}$, $\overline{BA}$, $\overline{OB}$의 값 구하기

세 점 O(0, 0), A(a, b), B(2, 1)에 대하여

$\overline{OA}=\sqrt{(a-0)^2+(b-0)^2}=\sqrt{a^2+b^2}$

$\overline{BA}=\sqrt{(a-2)^2+(b-1)^2}$

$\overline{OB}=\sqrt{(2-0)^2+(1-0)^2}=\sqrt{5}$

STEP Ⓑ $\sqrt{a^2+b^2}+\sqrt{(a-2)^2+(b-1)^2}$의 최솟값 구하기

$\sqrt{a^2+b^2}+\sqrt{(a-2)^2+(b-1)^2}=\overline{OA}+\overline{BA}$

이므로 오른쪽 그림과 같이 $\overline{OA}+\overline{BA}\geq\overline{OB}$

즉 점 A가 선분 OB 위에 있을 때,

$\overline{OA}+\overline{BA}$는 최소가 된다.

따라서 $\overline{OA}+\overline{BA}$의 최솟값은 선분 OB의 길이이므로 $\overline{OB}=\sqrt{2^2+1^2}=\sqrt{5}$

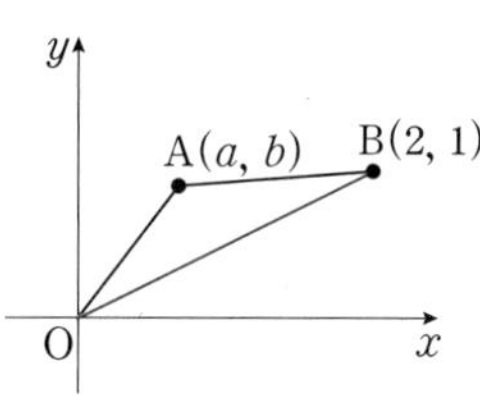

(2) 좌표평면 위에서 a, b가 실수일 때, $\sqrt{(a-1)^2+b^2}+\sqrt{a^2+(b-1)^2}$의 최솟값을 구하시오.

TIP 세 점을 A(1, 0), B(0, 1), P(a, b)라 하면 $\sqrt{(a-1)^2+b^2}$은 선분 AP의 길이이고 $\sqrt{a^2+(b-1)^2}$은 선분 BP의 길이이다.

STEP Ⓐ 두 점 사이의 거리를 이용하여 선분의 길이 구하기

임의의 세 점 A(1, 0), B(0, 1), P(a, b)로 좌표를 정하면

$\overline{AP}=\sqrt{(a-1)^2+(b-0)^2}=\sqrt{(a-1)^2+b^2}$

$\overline{BP}=\sqrt{(a-0)^2+(b-1)^2}=\sqrt{a^2+(b-1)^2}$

$\overline{AB}=\sqrt{(0-1)^2+(1-0)^2}=\sqrt{2}$

STEP Ⓑ $\sqrt{(a-1)^2+b^2}+\sqrt{a^2+(b-1)^2}$의 최솟값 구하기

$\sqrt{(a-1)^2+b^2}+\sqrt{a^2+(b-1)^2}=\overline{AP}+\overline{BP}$

이므로 오른쪽 그림과 같이

$\overline{AP}+\overline{BP}\geq\overline{AB}$

즉 점 P가 선분 AB 위에 있을 때,

$\overline{AP}+\overline{BP}$는 최소가 된다.

따라서 $\overline{AP}+\overline{BP}$의 최솟값이 선분 AB의 길이이므로 $\overline{AB}=\sqrt{1^2+1^2}=\sqrt{2}$

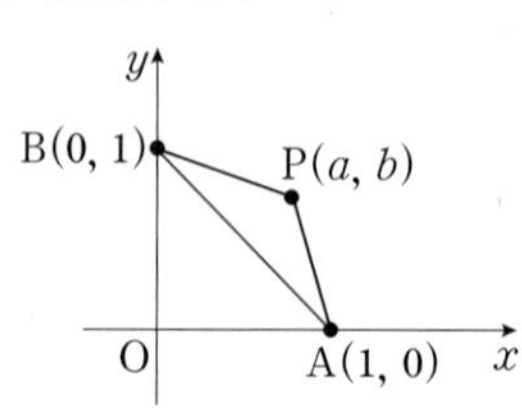

0004

다음 물음에 답하시오.

(1) 두 점 $A(-3, 1)$, $B(2, 4)$로부터 같은 거리에 있는 x축 위의 점 P의 좌표를 구하시오.

TIP 점 P의 좌표를 $(a, 0)$으로 놓고 $\overline{AP}=\overline{BP}$를 구한다.

STEP A $\overline{AP}=\overline{BP}$임을 이용하여 점 P의 좌표 구하기

두 점 $A(-3, 1)$, $B(2, 4)$로부터 같은 거리에 있는 x축 위의 점 P의 좌표를 $P(a, 0)$이라 하면

$\overline{AP}=\sqrt{\{a-(-3)\}^2+(0-1)^2}=\sqrt{a^2+6a+10}$

$\overline{BP}=\sqrt{(a-2)^2+(0-4)^2}=\sqrt{a^2-4a+20}$

이때 $\overline{AP}=\overline{BP}$이므로 $\overline{AP}^2=\overline{BP}^2$

$a^2+6a+10=a^2-4a+20$, $10a=10$

$\therefore a=1$

따라서 점 P의 좌표는 $P(1, 0)$

(2) 두 점 $A(-1, -2)$, $B(3, 0)$으로부터 같은 거리에 있는 y축 위의 점 Q의 좌표를 구하시오.

TIP 점 Q의 좌표를 $(0, b)$로 놓고 $\overline{AQ}=\overline{BQ}$를 구한다.

STEP A $\overline{AQ}=\overline{BQ}$임을 이용하여 점 Q의 좌표 구하기

두 점 $A(-1, -2)$, $B(3, 0)$으로부터 같은 거리에 있는 y축 위의 점 Q의 좌표를 $Q(0, b)$라 하면

$\overline{AQ}=\sqrt{\{0-(-1)\}^2+\{b-(-2)\}^2}=\sqrt{b^2+4b+5}$

$\overline{BQ}=\sqrt{(0-3)^2+(b-0)^2}=\sqrt{b^2+9}$

이때 $\overline{AQ}=\overline{BQ}$이므로 $\overline{AQ}^2=\overline{BQ}^2$

$b^2+4b+5=b^2+9$, $4b=4$ $\quad\therefore b=1$

따라서 점 Q의 좌표는 $Q(0, 1)$

0005

좌표평면 위의 두 점 $A(-2, 1)$, $B(4, 3)$이 있다. 직선 $y=x$ 위의 점 P에 대하여 $\overline{AP}=\overline{BP}$일 때, 선분 OP의 길이는? (단, O은 원점이다.)

TIP 점 P의 좌표를 (a, a)로 놓고 풀이한다.

① $\frac{\sqrt{2}}{4}$ ② $\frac{3\sqrt{2}}{4}$ ③ $\frac{3\sqrt{2}}{2}$

④ $\frac{5\sqrt{2}}{4}$ ⑤ $\frac{5\sqrt{2}}{2}$

STEP A $\overline{AP}=\overline{BP}$임을 이용하여 점 P의 좌표 구하기

점 P는 직선 $y=x$ 위의 점이므로 점 P의 좌표를 $P(a, a)$ (a는 실수)라 하면

$\overline{AP}=\sqrt{\{a-(-2)\}^2+(a-1)^2}$

$=\sqrt{2a^2+2a+5}$

$\overline{BP}=\sqrt{(a-4)^2+(a-3)^2}$

$=\sqrt{2a^2-14a+25}$

이때 $\overline{AP}=\overline{BP}$이므로 $\overline{AP}^2=\overline{BP}^2$

$2a^2+2a+5=2a^2-14a+25$, $16a=20$

$\therefore a=\frac{5}{4}$

STEP B 선분 OP의 길이 구하기

따라서 점 P의 좌표가 $P\left(\frac{5}{4}, \frac{5}{4}\right)$이므로 선분 OP의 길이는

$\sqrt{\left(\frac{5}{4}\right)^2+\left(\frac{5}{4}\right)^2}=\frac{5\sqrt{2}}{4}$

0006

2012년 03월 고2 학력평가 25번

오른쪽 그림과 같이 직선 $l: 2x+3y=12$와 두 점 $A(4, 0)$, $B(0, 2)$가 있다. $\overline{AP}=\overline{BP}$가 되도록 직선 l 위의 점 $P(a, b)$를 잡을 때, $8a+4b$의 값을 구하시오.

TIP $2a+3b=12$

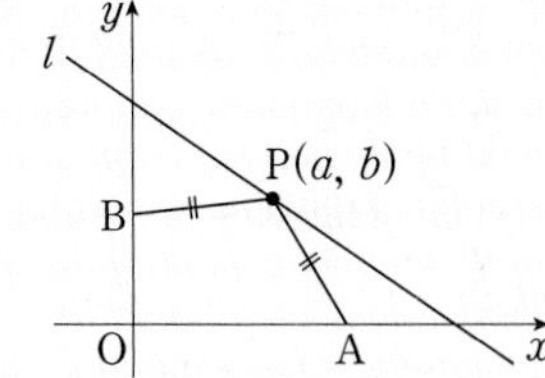

STEP A $\overline{AP}=\overline{BP}$임을 이용하여 a, b 사이의 관계식 구하기

세 점 $A(4, 0)$, $B(0, 2)$, $P(a, b)$에 대하여

$\overline{AP}=\sqrt{(a-4)^2+(b-0)^2}$

$=\sqrt{a^2-8a+b^2+16}$

$\overline{BP}=\sqrt{(a-0)^2+(b-2)^2}$

$=\sqrt{a^2+b^2-4b+4}$

이때 $\overline{AP}=\overline{BP}$이므로 $\overline{AP}^2=\overline{BP}^2$

$a^2-8a+b^2+16=a^2+b^2-4b+4$

$\therefore 2a-b=3$ …… ㉠

STEP B 점 $P(a, b)$를 직선 l에 대입하여 a, b 사이의 관계식 구하기

점 $P(a, b)$가 직선 l 위에 있으므로 $2a+3b=12$ …… ㉡

STEP C a, b의 값 구하기

㉠, ㉡을 연립하여 풀면 $a=\frac{21}{8}$, $b=\frac{9}{4}$

따라서 $8a+4b=8\times\frac{21}{8}+4\times\frac{9}{4}=21+9=30$

0007

다음 물음에 답하시오.

(1) 두 점 $A(-1, 5)$, $B(3, 1)$과 y축 위의 임의의 점 P에 대하여 $\overline{AP}^2+\overline{BP}^2$의 최솟값과 그때의 점 P의 좌표를 구하시오.

TIP 점 P의 좌표를 $(0, y)$로 놓고 풀이한다.

STEP A 점 P의 좌표를 $(0, y)$로 놓고 $\overline{AP}^2+\overline{BP}^2$에 대입하기

점 P가 y축 위의 점이므로 점 P의 좌표를 $P(0, y)$라 하면

$\overline{AP}=\sqrt{\{0-(-1)\}^2+(y-5)^2}=\sqrt{y^2-10y+26}$

$\overline{BP}=\sqrt{(0-3)^2+(y-1)^2}=\sqrt{y^2-2y+10}$

$\overline{AP}^2+\overline{BP}^2=y^2-10y+26+y^2-2y+10$

$=2y^2-12y+36$

STEP B 완전제곱식을 이용하여 $\overline{AP}^2+\overline{BP}^2$의 최솟값 구하기

이때 $2y^2-12y+36$을 완전제곱식으로 변형하면

$2y^2-12y+36=2(y^2-6y)+36$

$=2(y^2-6y+9)-18+36$

$=2(y-3)^2+18$

이므로 $\overline{AP}^2+\overline{BP}^2$은 $y=3$일 때, 최솟값은 18

따라서 점 P의 좌표는 $P(0, 3)$이고 최솟값은 18

(2) 두 점 $\mathrm{A}(-3, 2)$, $\mathrm{B}(1, 4)$에 대하여 $\overline{\mathrm{AP}}^2+\overline{\mathrm{BP}}^2$의 최솟값과 그때의 점 P의 좌표를 구하시오.

TIP $\mathrm{P}(x, y)$라 하고 완전제곱식으로 구한다.

STEP A **점 P의 좌표를 (x, y)로 놓고 $\overline{\mathrm{AP}}^2+\overline{\mathrm{BP}}^2$에 대입하기**

점 P의 좌표를 $\mathrm{P}(x, y)$라 하면

$\overline{\mathrm{AP}}=\sqrt{\{x-(-3)\}^2+(y-2)^2}=\sqrt{x^2+6x+y^2-4y+13}$

$\overline{\mathrm{BP}}=\sqrt{(x-1)^2+(y-4)^2}=\sqrt{x^2-2x+y^2-8y+17}$

$\overline{\mathrm{AP}}^2+\overline{\mathrm{BP}}^2=x^2+6x+y^2-4y+13+x^2-2x+y^2-8y+17$

$=2x^2+4x+2y^2-12y+30$

STEP B **완전제곱식을 이용하여 $\overline{\mathrm{AP}}^2+\overline{\mathrm{BP}}^2$의 최솟값 구하기**

이때 $2x^2+4x+2y^2-12y+30$을 완전제곱식으로 변형하면

$2x^2+4x+2y^2-12y+30=2(x^2+2x)+2(y^2-6y)+30$

$=2(x^2+2x+1)-2+2(y^2-6y+9)-18+30$

$=2(x+1)^2+2(y-3)^2+10$

이므로 $\overline{\mathrm{AP}}^2+\overline{\mathrm{BP}}^2$은 $x=-1$, $y=3$일 때, 최솟값은 10

따라서 점 P의 좌표는 $\mathrm{P}(-1, 3)$이고 최솟값은 10

0008

두 점 $\mathrm{A}(4, -2)$, $\mathrm{B}(1, -5)$와 직선 $y=x+3$ 위의 점 $\mathrm{P}(a, b)$에 대하여 $\overline{\mathrm{AP}}^2+\overline{\mathrm{BP}}^2$이 최솟값을 가질 때, a^2+b^2의 값은?

TIP 점 P의 좌표는 $\mathrm{P}(a, a+3)$

① 5 ② 13 ③ 17
④ 25 ⑤ 30

STEP A **점 P의 좌표를 직선에 대입하여 a, b 사이의 관계식 구하기**

점 $\mathrm{P}(a, b)$가 직선 $y=x+3$ 위의 점이므로 $b=a+3$

STEP B **완전제곱식을 이용하여 $\overline{\mathrm{AP}}^2+\overline{\mathrm{BP}}^2$의 최솟값 구하기**

세 점 $\mathrm{A}(4, -2)$, $\mathrm{B}(1, -5)$, $\mathrm{P}(a, a+3)$에 대하여

$\overline{\mathrm{AP}}=\sqrt{(a-4)^2+\{(a+3)-(-2)\}^2}=\sqrt{2a^2+2a+41}$

$\overline{\mathrm{BP}}=\sqrt{(a-1)^2+\{(a+3)-(-5)\}^2}=\sqrt{2a^2+14a+65}$

$\overline{\mathrm{AP}}^2+\overline{\mathrm{BP}}^2=2a^2+2a+41+2a^2+14a+65$

$=4a^2+16a+106$

이때 $4a^2+16a+106$을 완전제곱식으로 변형하면

$4a^2+16a+106=4(a^2+4a)+106$

$=4(a^2+4a+4)-16+106$

$=4(a+2)^2+90$

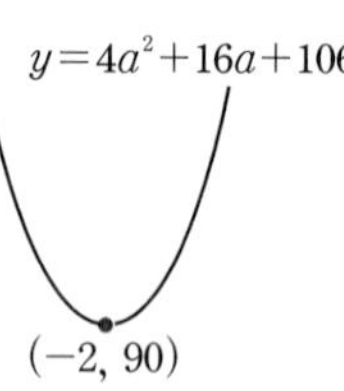

이므로 $\overline{\mathrm{AP}}^2+\overline{\mathrm{BP}}^2$은 $a=-2$일 때, 최솟값은 90

$\therefore \mathrm{P}(-2, 1)$

따라서 $a=-2$, $b=1$이므로 $a^2+b^2=(-2)^2+1^2=5$

0009

2012년 11월 고1 학력평가 9번

좌표평면 위의 세 점 $\mathrm{O}(0, 0)$, $\mathrm{A}(3, 0)$, $\mathrm{B}(0, 6)$을 꼭짓점으로 하는 삼각형 OAB의 내부에 점 P가 있다. 이때 $\overline{\mathrm{OP}}^2+\overline{\mathrm{AP}}^2+\overline{\mathrm{BP}}^2$의 최솟값을 구하시오.

TIP 점 P의 좌표를 (x, y)으로 놓고 x, y에 대한 완전제곱식을 이용하여 최솟값을 구한다.

STEP A **점 P의 좌표를 (x, y)로 놓고 $\overline{\mathrm{OP}}^2+\overline{\mathrm{AP}}^2+\overline{\mathrm{BP}}^2$에 대입하기**

점 P의 좌표를 $\mathrm{P}(x, y)$라 하면

$\overline{\mathrm{OP}}=\sqrt{(x-0)^2+(y-0)^2}=\sqrt{x^2+y^2}$

$\overline{\mathrm{AP}}=\sqrt{(x-3)^2+(y-0)^2}=\sqrt{x^2-6x+y^2+9}$

$\overline{\mathrm{BP}}=\sqrt{(x-0)^2+(y-6)^2}=\sqrt{x^2+y^2-12y+36}$

$\overline{\mathrm{OP}}^2+\overline{\mathrm{AP}}^2+\overline{\mathrm{BP}}^2=x^2+y^2+x^2-6x+y^2+9+x^2+y^2-12y+36$

$=3x^2-6x+3y^2-12y+45$

STEP B **완전제곱식을 이용하여 $\overline{\mathrm{OP}}^2+\overline{\mathrm{AP}}^2+\overline{\mathrm{BP}}^2$의 최솟값 구하기**

이때 $3x^2-6x+3y^2-12y+45$를 완전제곱식으로 변형하면

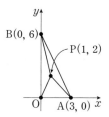

$3x^2-6x+3y^2-12y+45=3(x^2-2x)+3(y^2-4y)+45$

$=3(x^2-2x+1)-3+3(y^2-4y+4)-12+45$

$=3(x-1)^2+3(y-2)^2+30$

이므로 $\overline{\mathrm{OP}}^2+\overline{\mathrm{AP}}^2+\overline{\mathrm{BP}}^2$은 $x=1$, $y=2$일 때, 최솟값은 30

이때 점 $\mathrm{P}(1, 2)$는 삼각형 OAB의 내부의 점이므로 주어진 조건도 만족한다.

따라서 $\overline{\mathrm{OP}}^2+\overline{\mathrm{AP}}^2+\overline{\mathrm{BP}}^2$의 최솟값은 30

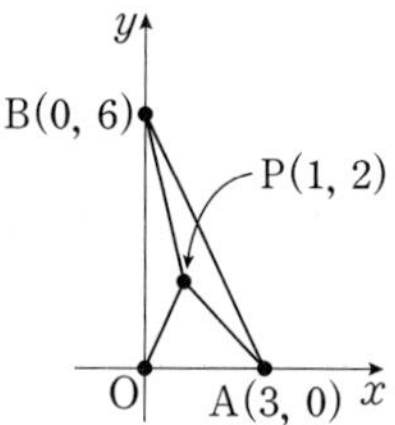

0010

삼각형 ABC의 꼭짓점의 좌표가 $\mathrm{A}(2, 1)$, $\mathrm{B}(3, 4)$, $\mathrm{C}(5, 2)$일 때, 삼각형 ABC는 어떤 삼각형인지 구하시오.

TIP 세 변의 길이를 구한다.

STEP A **세 변의 길이를 구하여 삼각형의 모양 결정하기**

세 점 $\mathrm{A}(2, 1)$, $\mathrm{B}(3, 4)$, $\mathrm{C}(5, 2)$에 대하여

$\overline{\mathrm{AB}}=\sqrt{(3-2)^2+(4-1)^2}=\sqrt{1+9}=\sqrt{10}$

$\overline{\mathrm{BC}}=\sqrt{(5-3)^2+(2-4)^2}=\sqrt{4+4}=2\sqrt{2}$

$\overline{\mathrm{AC}}=\sqrt{(5-2)^2+(2-1)^2}=\sqrt{9+1}=\sqrt{10}$

따라서 $\overline{\mathrm{AB}}=\overline{\mathrm{AC}}$인 이등변삼각형이다.

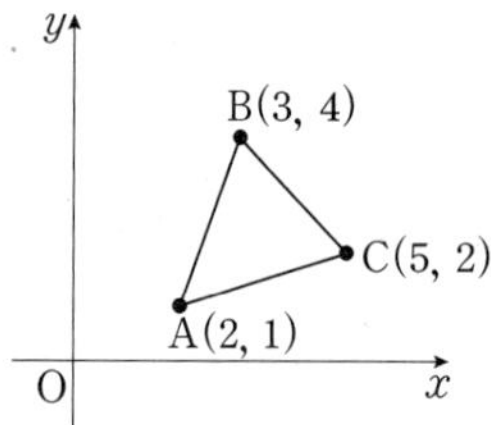

0011

좌표평면의 세 꼭짓점 $\mathrm{A}(a, 2)$, $\mathrm{B}(0, 3)$, $\mathrm{C}(4, 5)$인 삼각형 ABC가 $\angle\mathrm{A}=90°$인 직각삼각형일 때, 상수 a의 값의 합은?

TIP $\overline{\mathrm{AB}}^2+\overline{\mathrm{CA}}^2=\overline{\mathrm{BC}}^2$

① 3 ② 4 ③ 5
④ 6 ⑤ 8

STEP A **두 점 사이의 거리 공식을 이용하여 세 변의 길이 구하기**

세 점 $\mathrm{A}(a, 2)$, $\mathrm{B}(0, 3)$, $\mathrm{C}(4, 5)$에 대하여

$\overline{\mathrm{AB}}=\sqrt{(0-a)^2+(3-2)^2}=\sqrt{a^2+1}$

$\overline{\mathrm{BC}}=\sqrt{(4-0)^2+(5-3)^2}=\sqrt{16+4}=2\sqrt{5}$

$\overline{\mathrm{CA}}=\sqrt{(a-4)^2+(2-5)^2}=\sqrt{a^2-8a+25}$

STEP B **직각삼각형에서 피타고라스 정리를 이용하여 a의 값 구하기**

이때 삼각형 ABC가 $\angle\mathrm{A}=90°$인 직각삼각형이므로

피타고라스 정리에 의하여

$\overline{\mathrm{AB}}^2+\overline{\mathrm{CA}}^2=\overline{\mathrm{BC}}^2$

즉 $a^2+1+a^2-8a+25=20$,

$a^2-4a+3=0$, $(a-1)(a-3)=0$

$\therefore a=1$ 또는 $a=3$

따라서 a의 값의 합은 $1+3=4$

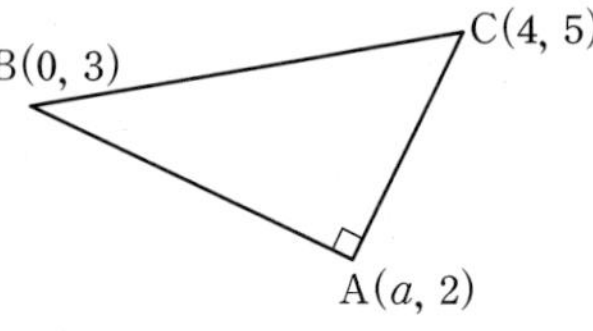

0012

좌표평면의 세 꼭짓점 A(2, 1), B(−2, −1), C(a, b)인 삼각형 ABC가 정삼각형일 때, 상수 a, b에 대하여 ab의 값을 구하시오.
TIP 정삼각형이므로 세 변의 길이가 같다.
(단, 점 C는 제 4사분면 위의 점이다.)

STEP A 두 점 사이의 거리 공식을 이용하여 세 변의 길이 구하기

세 점 A(2, 1), B(−2, −1), C(a, b)($a>0$, $b<0$)에서
두 점 사이의 거리 공식에 의하여 세 변의 길이를 각각 구하면

$\overline{AB}=\sqrt{(-2-2)^2+(-1-1)^2}=\sqrt{16+4}=2\sqrt{5}$

$\overline{BC}=\sqrt{\{a-(-2)\}^2+\{b-(-1)\}^2}=\sqrt{a^2+4a+b^2+2b+5}$

$\overline{AC}=\sqrt{(a-2)^2+(b-1)^2}=\sqrt{a^2-4a+b^2-2b+5}$

STEP B 삼각형 ABC가 정삼각형임을 이용하여 a, b의 값 구하기

삼각형 ABC가 정삼각형이므로 $\overline{AB}=\overline{BC}=\overline{AC}$이므로

(i) $\overline{AB}=\overline{BC}$이므로 $\overline{AB}^2=\overline{BC}^2$

$20=a^2+4a+b^2+2b+5$

$\therefore a^2+4a+b^2+2b-15=0$ …… ㉠

(ii) $\overline{BC}=\overline{AC}$이므로 $\overline{BC}^2=\overline{AC}^2$

$a^2+4a+b^2+2b+5=a^2-4a+b^2-2b+5$

$\therefore b=-2a$ …… ㉡

㉡을 ㉠에 대입하면 $5a^2-15=0$, $a^2=3$ $\quad\therefore a=\sqrt{3}\,(\because a>0)$

이를 ㉡에 대입하면 $b=-2\sqrt{3}$

따라서 $ab=\sqrt{3}\times(-2\sqrt{3})=-6$

0013

다음 물음에 답하시오.

(1) 그림과 같이 삼각형 ABC에서 $\overline{AB}=9$, $\overline{AC}=7$, $\overline{BC}=8$이고 점 M이 변 BC의 중점일 때, 선분 AM의 길이를 구하시오.
TIP 중선정리에 의하여 $\overline{AB}^2+\overline{AC}^2=2(\overline{AM}^2+\overline{BM}^2)$

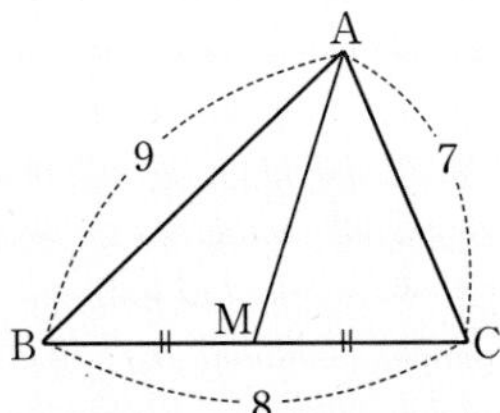

STEP A 중선정리를 이용하여 선분 AM의 길이 구하기

점 M은 변 BC의 중점이므로 $\overline{BM}=\frac{1}{2}\times\overline{BC}=\frac{1}{2}\times 8=4$

중선정리에 의하여 $\overline{AB}^2+\overline{AC}^2=2(\overline{AM}^2+\overline{BM}^2)$

$9^2+7^2=2(\overline{AM}^2+4^2)$, $130=2\overline{AM}^2+32$, $\overline{AM}^2=49$

따라서 선분 AM의 길이는 7

(2) 그림과 같이 삼각형 ABC에서 $\overline{AB}=3$, $\overline{AC}=7$, $\overline{AM}=2\sqrt{5}$이고 점 M이 변 BC의 중점일 때, 선분 BC의 길이를 구하시오.
TIP 중선정리에 의하여 $\overline{AB}^2+\overline{AC}^2=2(\overline{AM}^2+\overline{BM}^2)$

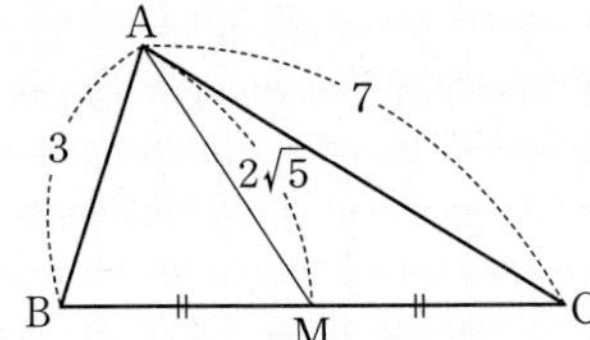

STEP A 중선정리를 이용하여 선분 BC의 길이 구하기

중선정리에 의하여 $\overline{AB}^2+\overline{AC}^2=2(\overline{AM}^2+\overline{BM}^2)$

$3^2+7^2=2\{(2\sqrt{5})^2+\overline{BM}^2\}$, $58=40+2\overline{BM}^2$, $\overline{BM}^2=9$

$\therefore \overline{BM}=3$

따라서 $\overline{BC}=2\overline{BM}=6$

0014

오른쪽 그림과 같이 삼각형 ABC에서 두 점 D, E는 변 BC의 삼등분점이고
TIP $\overline{BD}=\overline{DE}=\overline{EC}=\frac{1}{3}\overline{BC}$

$\overline{AB}=6$, $\overline{BC}=6$, $\overline{AC}=4$,

$\overline{AD}=a$, $\overline{AE}=b$일 때, a^2+b^2의 값은?

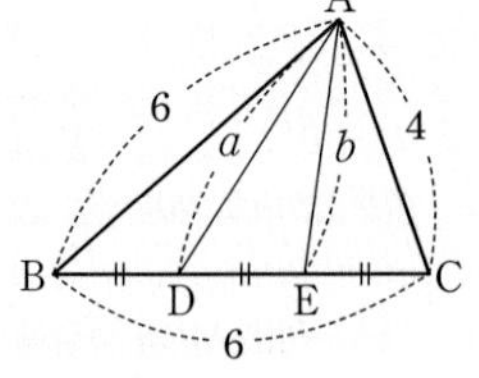

① 16 ② 18
③ 28 ④ 32
⑤ 36

STEP A 삼각형 ABE에서 중선정리를 이용하여 a^2, b^2 사이의 관계식 구하기

삼각형 ABC에서 두 점 D, E는 변 BC의 삼등분점이므로

$\overline{BD}=\overline{DE}=\overline{EC}=\frac{1}{3}\overline{BC}=2$

삼각형 ABE에서 중선정리에 의하여 $\overline{AB}^2+\overline{AE}^2=2(\overline{AD}^2+\overline{BD}^2)$

$6^2+b^2=2(a^2+2^2)$

$\therefore 2a^2-b^2=28$ …… ㉠

STEP B 삼각형 ADC에서 중선정리를 이용하여 a^2, b^2 사이의 관계식 구하기

삼각형 ADC에서 중선정리에 의하여 $\overline{AD}^2+\overline{AC}^2=2(\overline{AE}^2+\overline{DE}^2)$

$a^2+4^2=2(b^2+2^2)$

$\therefore 2b^2-a^2=8$ …… ㉡

따라서 ㉠, ㉡을 연립하여 풀면 $a^2+b^2=36$

0015

오른쪽 그림과 같이 평행사변형 ABCD의
TIP 점 B가 원점 O에 오도록 평행사변형을 좌표평면 위에 두면 세 점 A, C, D의 좌표는 각각 A(a, b), C(c, 0), D($a+c$, b)으로 둘 수 있다.

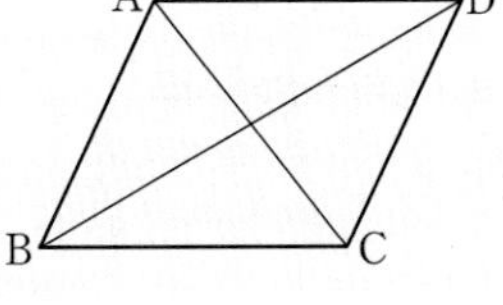

두 대각선 AC, BD에 대하여

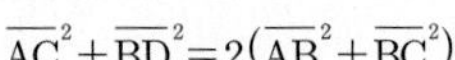
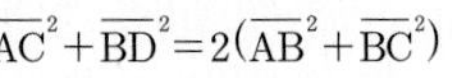

$\overline{AC}^2+\overline{BD}^2=2(\overline{AB}^2+\overline{BC}^2)$

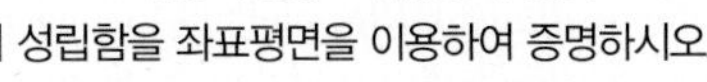

이 성립함을 좌표평면을 이용하여 증명하시오.

STEP A 점 B를 원점이 되도록 좌표축에 나타내어 세 점 A, C, D의 좌표 정하기

선분 BC를 x축, 점 B가 원점 O에 오도록 평행사변형 ABCD를 좌표평면 위에 두자.

이때 세 점 A, C, D의 좌표를 각각 A(a, b), C(c, 0), D($a+c$, b)로 나타낼 수 있다.

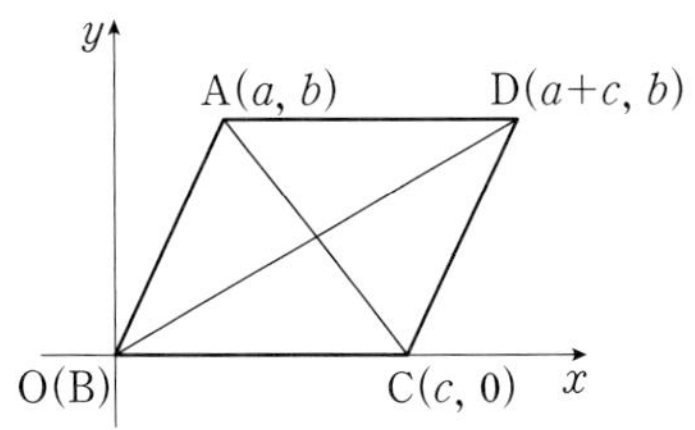

STEP Ⓑ 두 점 사이의 거리를 구하여 관계식이 성립함을 보이기

$\overline{AC}^2+\overline{BD}^2=\{(c-a)^2+(0-b)^2\}+\{(a+c)^2+b^2\}$

$=a^2-2ac+c^2+b^2+a^2+2ac+c^2+b^2$

$=2(a^2+b^2+c^2)$ …… ㉠

$2(\overline{AB}^2+\overline{BC}^2)=2\{(a^2+b^2)+c^2\}=2(a^2+b^2+c^2)$ …… ㉡

㉠, ㉡에 의하여 $\overline{AC}^2+\overline{BD}^2=2(\overline{AB}^2+\overline{BC}^2)$

0016

다음 물음에 답하시오.

(1) 두 점 $A(-2)$, $B(a)$에 대하여 선분 AB의 중점이 $M(3)$이고, 선분 AB를 2 : 3으로 내분하는 점을 $P(b)$일 때, ab의 값을 구하시오.

STEP Ⓐ 선분 AB의 중점과 2 : 3으로 내분하는 점의 좌표 구하기

선분 AB의 중점이 $M(3)$이므로 $\frac{-2+a}{2}=3$, $-2+a=6$에서 $a=8$

선분 AB를 2 : 3으로 내분하는 점이 $P(b)$이므로

$\frac{2\times a+3\times(-2)}{2+3}=b$에서 $2a-6=5b$

$a=8$을 대입하면 $b=2$

따라서 $ab=8\times2=16$

(2) 두 점 $A(1, 4)$, $B(6, -6)$에 대하여 선분 AB를 3 : 2로 내분하는 점 P, 선분 AB를 1 : 2로 내분하는 점을 Q라 하자. 선분 PQ의 중점의 좌표를 (p, q)라 할 때, $p-q$의 값을 구하시오.

STEP Ⓐ 선분 AB를 3 : 2로 내분하는 점 P와 선분 AB를 1 : 2로 내분하는 점 Q의 좌표 구하기

두 점 $A(1, 4)$, $B(6, -6)$에 대하여

선분 AB를 3 : 2로 내분하는 점 P의 좌표는

$\left(\frac{3\times6+2\times1}{3+2}, \frac{3\times(-6)+2\times4}{3+2}\right)$, 즉 $P(4, -2)$

선분 AB를 1 : 2로 내분하는 점 Q의 좌표는

$\left(\frac{1\times6+2\times1}{1+2}, \frac{1\times(-6)+2\times4}{1+2}\right)$, 즉 $Q\left(\frac{8}{3}, \frac{2}{3}\right)$

STEP Ⓑ 선분 PQ의 중점의 좌표 구하기

선분 PQ의 중점의 좌표 $\left(\frac{4+\frac{8}{3}}{2}, \frac{-2+\frac{2}{3}}{2}\right)$, 즉 $\left(\frac{10}{3}, -\frac{2}{3}\right)$

따라서 $p=\frac{10}{3}$, $q=-\frac{2}{3}$이므로 $p-q=\frac{10}{3}-\left(-\frac{2}{3}\right)=4$

0017

다음 물음에 답하시오.

(1) 두 점 $A(-2, -1)$, $B(4, 5)$에 대하여 선분 AB를 2 : 1로 내분하는 점이 직선 $y=kx-5$ 위에 있을 때, 실수 k의 값은?

TIP 내분점을 직선에 대입하여 k의 값을 구한다.

① 2 ② 3 ③ 4 ④ 5 ⑤ 6

STEP Ⓐ 선분 AB를 2 : 1로 내분하는 점의 좌표 구하기

두 점 $A(-2, -1)$, $B(4, 5)$에 대하여 선분 AB를 2 : 1로 내분하는 점의 좌표는

$\left(\frac{2\times4+1\times(-2)}{2+1}, \frac{2\times5+1\times(-1)}{2+1}\right)$, 즉 $(2, 3)$

STEP Ⓑ 내분점을 직선 $y=kx-5$에 대입하여 k의 값 구하기

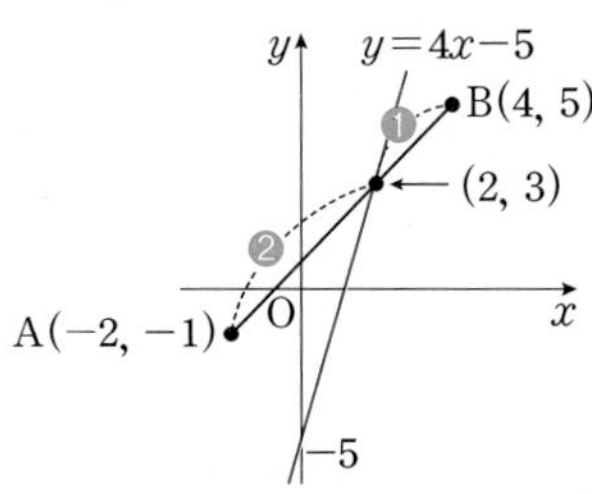

점 $(2, 3)$이 직선 $y=kx-5$ 위에 있으므로 $3=2k-5$, $2k=8$

따라서 $k=4$

(2) 두 점 $A(-1, -2)$, $B(5, a)$에 대하여 선분 AB를 2 : 1로 내분하는 점이 직선 $y=-x+7$ 위에 있을 때, 실수 a의 값은?

TIP 내분점을 직선에 대입하여 a의 값을 구한다.

① 5 ② 6 ③ 7 ④ 8 ⑤ 9

STEP Ⓐ 선분 AB를 2 : 1로 내분하는 점의 좌표 구하기

두 점 $A(-1, -2)$, $B(5, a)$에 대하여

선분 AB를 2 : 1로 내분하는 점의 좌표는

$\left(\frac{2\times5+1\times(-1)}{2+1}, \frac{2\times a+1\times(-2)}{2+1}\right)$, 즉 $\left(3, \frac{2a-2}{3}\right)$

STEP Ⓑ 내분점을 직선 $y=-x+7$에 대입하여 a의 값 구하기

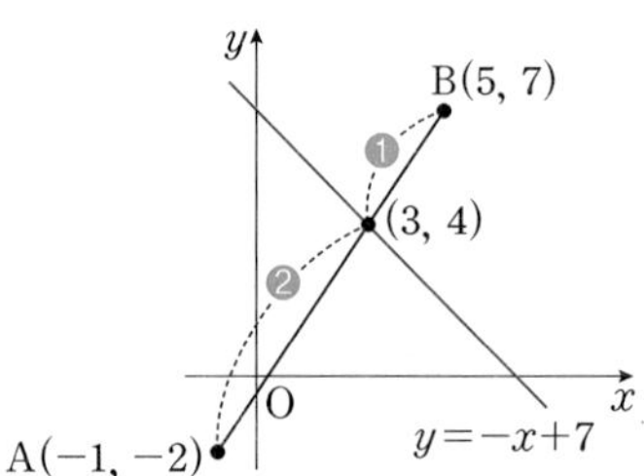

점 $\left(3, \frac{2a-2}{3}\right)$가 직선 $y=-x+7$ 위에 있으므로

$\frac{2a-2}{3}=-3+7$, $2a=14$

따라서 $a=7$

0018

두 점 $A(1, -2)$, $B(8, 5)$에 대하여 선분 AB 위의 점 P가 $5\overline{AP}=2\overline{BP}$를 만족시킬 때, $\overline{OP}^2$의 값을 구하시오. (단, O는 원점이다.)

TIP 점 P는 선분 AB를 2 : 5로 내분하는 점이다.

STEP Ⓐ 선분 AB를 2 : 5로 내분하는 점의 좌표 구하기

선분 AB 위의 점 P가 $5\overline{AP}=2\overline{BP}$를 만족시키므로

$\overline{AP} : \overline{BP}=2 : 5$, 즉 점 P는 선분 AB를 2 : 5로 내분하는 점이다.

선분 AB를 2 : 5로 내분하는 점 P의 좌표는

$\left(\frac{2\times8+5\times1}{2+5}, \frac{2\times5+5\times(-2)}{2+5}\right)$, 즉 $P(3, 0)$

따라서 $\overline{OP}=\sqrt{3^2+0}=3$이므로 $\overline{OP}^2=9$

0019

두 점 A$(-3, -2)$, B$(5, 4)$에 대하여 선분 AB를 $t : (1-t)$로 내분하는 점이 제 2사분면 위에 있을 때, 실수 t의 값의 범위는 $\alpha < t < \beta$이다.
TIP $8t-3<0$, $6t-2>0$
이때 $\alpha\beta$의 값을 구하시오.

STEP A 선분 AB를 $t : (1-t)$로 내분하는 점의 좌표 구하기

두 점 A$(-3, -2)$, B$(5, 4)$에 대하여
선분 AB를 $t : (1-t)$로 내분하는 점의 좌표는
$\left(\frac{t\times5+(1-t)\times(-3)}{t+(1-t)}, \frac{t\times4+(1-t)\times(-2)}{t+(1-t)}\right)$, 즉 $(8t-3, 6t-2)$

STEP B 내분점이 제 2사분면 위에 있음을 이용하여 t의 값의 범위 구하기

점 $(8t-3, 6t-2)$가 제 2사분면에 위에 있으므로
$8t-3<0$, $6t-2>0$
$\therefore \frac{1}{3}<t<\frac{3}{8}$ …… ㉠
이때 $t : (1-t)$로 내분하므로 $t>0$, $1-t>0$
$\therefore 0<t<1$ …… ㉡
㉠, ㉡을 동시에 만족하는 t의 값의 범위는 $\frac{1}{3}<t<\frac{3}{8}$
따라서 $\alpha=\frac{1}{3}$, $\beta=\frac{3}{8}$이므로 $\alpha\beta=\frac{1}{3}\times\frac{3}{8}=\frac{1}{8}$

0020

두 점 A$(1, 2)$, B$(-2, 7)$에 대하여 선분 AB를 $1 : k$로 내분하는 점이 직선 $y=2x+1$ 위에 있을 때, 양수 k의 값은?
TIP 내분점을 직선에 대입하여 k의 값을 구한다.

① 4 ② 5 ③ 6
④ 8 ⑤ 10

STEP A 선분 AB를 $1 : k$로 내분하는 점의 좌표 구하기

두 점 A$(1, 2)$, B$(-2, 7)$에 대하여 선분 AB를 $1 : k$로 내분하는 점의 좌표는
$\left(\frac{1\times(-2)+k\times1}{1+k}, \frac{1\times7+k\times2}{1+k}\right)$, 즉 $\left(\frac{k-2}{k+1}, \frac{2k+7}{k+1}\right)$

STEP B 내분점을 직선 $y=2x+1$에 대입하여 k의 값 구하기

점 $\left(\frac{k-2}{1+k}, \frac{7+2k}{1+k}\right)$가 직선 $y=2x+1$ 위에 있으므로
$\frac{7+2k}{1+k}=2\times\frac{k-2}{1+k}+1$, $7+2k=3k-3$
따라서 $k=10$

0021

오른쪽 그림과 같이 좌표평면 위의 세 점 A$(-3, 9)$, B$(-4, -5)$, C$(8, 7)$을 꼭짓점으로 하는 삼각형 ABC의 변 BC 위의 점 P에 대하여 삼각형 APC의 넓이가 삼각형 ABP의 넓이의 3배이다. 점 P의
TIP 점 P가 선분 BC를 $1 : 3$으로 내분하는 점이다.
좌표가 (a, b)일 때, $a+b$의 값은?

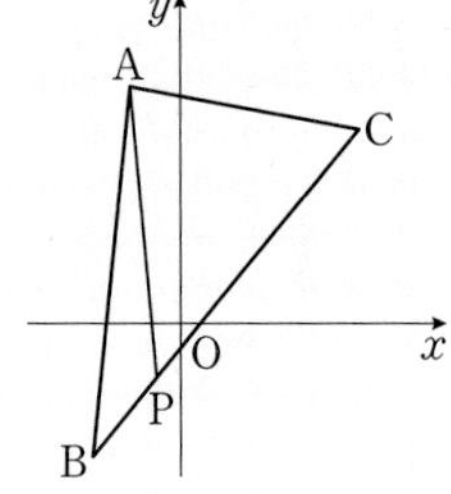

① -5 ② -4
③ -3 ④ -2
⑤ -1

STEP A 두 삼각형의 넓이의 비를 이용하여 점 P의 위치 구하기

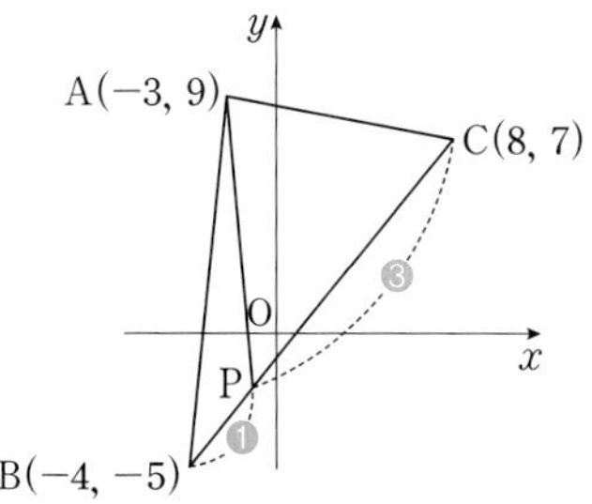

두 삼각형 ABP와 APC의 높이는 점 A에서 선분 BC까지의 거리로 동일하고 밑변은 각각 $\overline{BP}$, $\overline{CP}$
이때 삼각형 APC의 넓이가 삼각형 ABP의 넓이의 3배이므로
$\overline{BP} : \overline{CP}=1 : 3$
즉 점 P가 선분 BC를 $1 : 3$으로 내분하는 점이어야 한다.

STEP B 선분 BC를 $1 : 3$으로 내분하는 점 P의 좌표 구하기

두 점 B$(-4, -5)$, C$(8, 7)$에 대하여
선분 BC를 $1 : 3$으로 내분하는 점 P의 좌표는
$\left(\frac{1\times8+3\times(-4)}{1+3}, \frac{1\times7+3\times(-5)}{1+3}\right)$, 즉 P$(-1, -2)$
따라서 $a=-1$, $b=-2$이므로 $a+b=-3$

POINT 높이가 같은 두 삼각형의 넓이의 비

높이가 같은 두 삼각형의 넓이의 비는
두 삼각형의 밑변의 길이의 비와 같다.
➡ $\overline{BD} : \overline{DC}=m : n$이면
△ABD : △ADC $=m : n$

0022

세 점 A$(-3, 2)$, B$(4, -2)$, C$(6, 4)$에 대하여 사각형 ABCD가 평행사변형이 되도록 하는 꼭짓점 D의 좌표가 (a, b)일 때, 상수 a, b에
TIP 두 대각선의 중점이 일치한다.
대하여 $a+b$의 값을 구하시오.

STEP A 평행사변형의 두 대각선의 중점이 일치함을 이용하여 a, b의 값 구하기

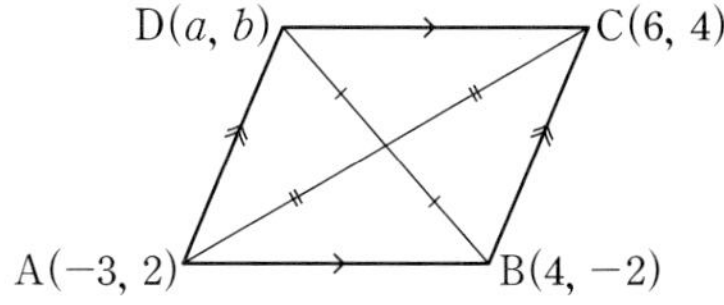

두 점 A$(-3, 2)$, C$(6, 4)$에 대하여 선분 AC의 중점의 좌표는
$\left(\frac{-3+6}{2}, \frac{2+4}{2}\right)$, 즉 $\left(\frac{3}{2}, 3\right)$
두 점 B$(4, -2)$, D(a, b)에 대하여 선분 BD의 중점의 좌표는
$\left(\frac{a+4}{2}, \frac{b-2}{2}\right)$
평행사변형 ABCD의 성질에 의하여 두 대각선의 중점이 일치하므로
$a+4=3$, $b-2=6$에서 $a=-1$, $b=8$
따라서 $a+b=-1+8=7$

0023

네 점 A$(3, 7)$, B$(a, 5)$, C$(b, -1)$, D$(10, 1)$을 꼭짓점으로 하는 사각형 ABCD가 마름모일 때, 상수 a, b에 대하여 $a+b$의 값은? (단, $a<0$)

TIP 두 대각선의 중점이 일치하고, 네 변의 길이가 모두 같다.

① -7　② -6　③ -5
④ -4　⑤ -3

STEP Ⓐ 마름모의 두 대각선의 중점이 일치함을 이용하여 a, b 사이의 관계식 구하기

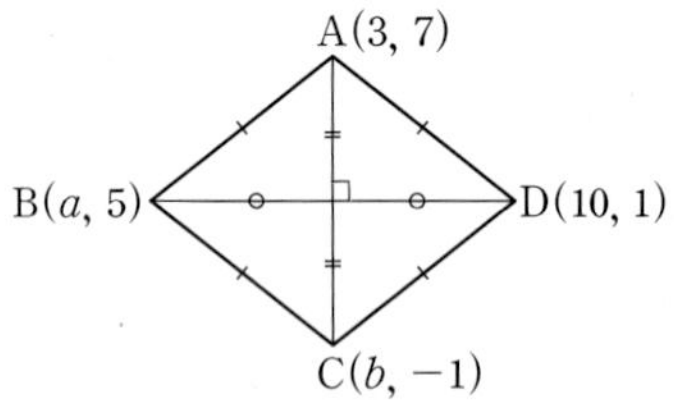

두 점 A$(3, 7)$, C$(b, -1)$에 대하여 선분 AC의 중점의 좌표는

$\left(\frac{b+3}{2}, \frac{7+(-1)}{2}\right)$, 즉 $\left(\frac{b+3}{2}, 3\right)$

두 점 B$(a, 5)$, D$(10, 1)$에 대하여 선분 BD의 중점의 좌표는

$\left(\frac{a+10}{2}, \frac{5+1}{2}\right)$, 즉 $\left(\frac{a+10}{2}, 3\right)$

마름모 ABCD의 성질에 의하여 두 대각선의 중점이 일치하므로

$b=a+7$ ⋯⋯ ㉠

STEP Ⓑ 마름모는 네 변의 길이가 모두 같음을 이용하여 a, b의 값 구하기

세 점 A$(3, 7)$, B$(a, 5)$, D$(10, 1)$에 대하여

$\overline{AB}=\sqrt{(a-3)^2+(5-7)^2}=\sqrt{a^2-6a+13}$

$\overline{AD}=\sqrt{(10-3)^2+(1-7)^2}=\sqrt{49+36}=\sqrt{85}$

마름모는 네 변의 길이가 모두 같으므로

$\overline{AB}=\overline{AD}$에서 $\overline{AB}^2=\overline{AD}^2$

$a^2-6a+13=85$, $a^2-6a-72=0$, $(a+6)(a-12)=0$

이때 $a<0$이므로 $a=-6$

이를 ㉠에 대입하면 $b=-6+7=1$

따라서 $a+b=-6+1=-5$

MINI해설 마름모의 두 대각선은 서로 수직이등분임을 이용하여 풀이하기

마름모 ABCD에서 두 대각선 AC, BD는 서로를 수직이등분한다.

네 점 A$(3, 7)$, B$(a, 5)$, C$(b, -1)$, D$(10, 1)$에 대하여

(i) 두 직선 AC와 BD는 서로 수직

직선 AC의 기울기는 $\frac{-1-7}{b-3}=\frac{-8}{b-3}$

직선 BD의 기울기는 $\frac{1-5}{10-a}=\frac{-4}{10-a}$

이때 두 직선 AC, BD는 서로 수직이므로 두 직선의 기울기의 곱이 -1

$\frac{-8}{b-3}\times\frac{-4}{10-a}=-1$ ⋯⋯ ㉠

(ii) 두 선분 AC와 BD의 중점의 좌표가 일치

선분 AC의 중점의 좌표는 $\left(\frac{b+3}{2}, \frac{7-1}{2}\right)$

선분 BD의 중점의 좌표는 $\left(\frac{a+10}{2}, \frac{5+1}{2}\right)$

$\frac{b+3}{2}=\frac{a+10}{2}$에서 $b=a+7$ ⋯⋯ ㉡

㉡을 ㉠에 대입하면 $\frac{-8}{a+4}\times\frac{-4}{10-a}=-1$,

$(a+4)(10-a)=-32$, $a^2-6a-72=0$, $(a+6)(a-12)=0$

$\therefore a=-6(\because a<0)$

이를 ㉡에 대입하면 $b=1$

따라서 $a+b=-6+1=-5$

0024

2021년 11월 고1 학력평가 25번 변형

세 양수 a, b, c에 대하여 좌표평면 위에 서로 다른 네 점 A(a, b), B$(2, 9)$, C$(1, 2)$, D$(c, 7)$이 있다. 사각형 ABCD가 선분 AC를 대각선으로 하는 마름모일 때, $a+b+c$의 값을 구하시오.

TIP 두 대각선의 중점이 일치하고, 네 변의 길이가 모두 같다.

(단, 네 점 A, B, C, D 중 어느 세 점도 한 직선 위에 있지 않다.)

STEP Ⓐ 마름모는 네 변의 길이가 모두 같음을 이용하여 c의 값 구하기

세 점 B$(2, 9)$, C$(1, 2)$, D$(c, 7)$에 대하여

$\overline{BC}=\sqrt{(1-2)^2+(2-9)^2}=\sqrt{1+49}=5\sqrt{2}$

$\overline{DC}=\sqrt{(c-1)^2+(7-2)^2}=\sqrt{c^2-2c+26}$

마름모 ABCD는 네 변의 길이가 모두 같으므로

$\overline{BC}=\overline{DC}$에서 $\overline{BC}^2=\overline{DC}^2$

$50=c^2-2c+26$, $c^2-2c-24=0$, $(c+4)(c-6)=0$

$\therefore c=6(\because c>0)$

STEP Ⓑ 마름모의 두 대각선의 중점이 일치함을 이용하여 a, b의 값 구하기

두 점 B$(2, 9)$, D$(6, 7)$에 대하여 선분 BD의 중점의 좌표는

$\left(\frac{2+6}{2}, \frac{9+7}{2}\right)$, 즉 $(4, 8)$

두 점 A(a, b), C$(1, 2)$에 대하여 선분 AC의 중점의 좌표는

$\left(\frac{a+1}{2}, \frac{b+2}{2}\right)$

마름모 ABCD의 성질에 의하여 두 대각선의 중점이 일치하므로

$\frac{a+1}{2}=4$에서 $a=7$

$\frac{b+2}{2}=8$에서 $b=14$

따라서 $a+b+c=7+14+6=27$

MINI해설 마름모의 두 대각선은 서로 수직이등분임을 이용하여 풀이하기

마름모 ABCD에서 두 대각선 AC, BD는 서로를 수직이등분한다.

네 점 A(a, b), B$(2, 9)$, C$(1, 2)$, D$(c, 7)$에 대하여

(i) 두 직선 AC와 BD는 서로 수직

직선 AC의 기울기는 $\frac{2-b}{1-a}$

직선 BD의 기울기는 $\frac{7-9}{c-2}=\frac{-2}{c-2}$

이때 두 직선 AC, BD는 서로 수직이므로 두 직선의 기울기의 곱이 -1

$\frac{2-b}{1-a}\times\frac{-2}{c-2}=-1$ ⋯⋯ ㉠

(ii) 두 선분 AC와 BD의 중점의 좌표가 일치

선분 AC의 중점의 좌표는 $\left(\frac{a+1}{2}, \frac{b+2}{2}\right)$

선분 BD의 중점의 좌표는 $\left(\frac{2+c}{2}, \frac{9+7}{2}\right)$

$\frac{a+1}{2}=\frac{2+c}{2}$에서 $c=a-1$ ⋯⋯ ㉡

$\frac{b+2}{2}=\frac{16}{2}$에서 $b=14$ ⋯⋯ ㉢

㉡, ㉢을 ㉠에 대입하면 $\frac{-12}{1-a}\times\frac{-2}{a-3}=-1$,

$(1-a)(a-3)=-24$, $a^2-4a-21=0$, $(a+3)(a-7)=0$

$\therefore a=7(\because a>0)$

이를 ㉡에 대입하면 $c=6$

따라서 $a+b+c=7+14+6=27$

0025

그림과 같이 세 점 A$(-2, 1)$, B$(-4, -1)$, C$(1, -2)$를 꼭짓점으로 하는 삼각형 ABC에서 $\angle$A의 이등분선이 변 BC와 만나는 점을 D라 할 때,

TIP $\overline{AB} : \overline{AC} = \overline{BD} : \overline{DC}$

선분 AD의 길이를 구하시오.

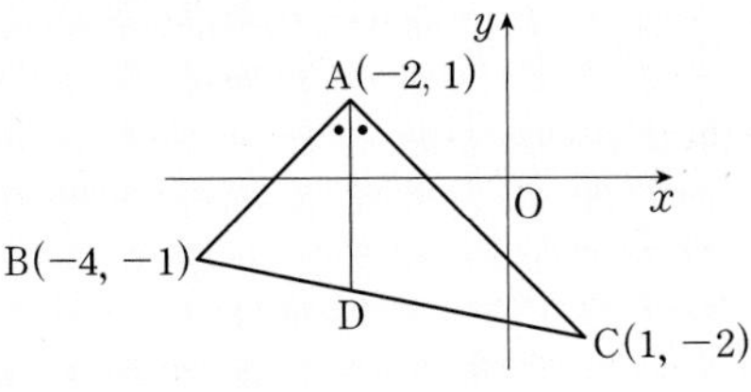

STEP A 삼각형의 각의 이등분선의 성질을 이용하여 점 D의 위치 구하기

세 점 A$(-2, 1)$, B$(-4, -1)$, C$(1, -2)$에 대하여

$\overline{AB} = \sqrt{\{-4-(-2)\}^2 + (-1-1)^2} = \sqrt{4+4} = 2\sqrt{2}$

$\overline{AC} = \sqrt{\{1-(-2)\}^2 + (-2-1)^2} = \sqrt{9+9} = 3\sqrt{2}$

각의 이등분선의 성질에 의하여

$\overline{AB} : \overline{AC} = \overline{BD} : \overline{DC} = 2 : 3$

STEP B 선분 BC를 $2 : 3$으로 내분하는 점 D의 좌표 구하기

점 D(a, b)는 선분 BC를 $2 : 3$으로 내분하는 점이므로 점 D의 좌표는

$\left(\dfrac{2\times1+3\times(-4)}{2+3}, \dfrac{2\times(-2)+3\times(-1)}{2+3}\right)$, 즉 D$\left(-2, -\dfrac{7}{5}\right)$

STEP C 선분 AD의 길이 구하기

따라서 두 점 A$(-2, 1)$, D$\left(-2, -\dfrac{7}{5}\right)$에 대하여

선분 AD의 길이는 $\overline{AD} = \left|1-\left(-\dfrac{7}{5}\right)\right| = \dfrac{12}{5}$

POINT 삼각형의 각의 이등분선

삼각형 ABC의 $\angle$A의 이등분선이 BC와 만나는 점을 D라 하면

$\overline{AB} : \overline{AC} = \overline{BD} : \overline{DC}$

증명

선분 AB의 연장선과 선분 AD와 평행하고 점 C를 지나는 직선이 만나는 점을 E라고 하면

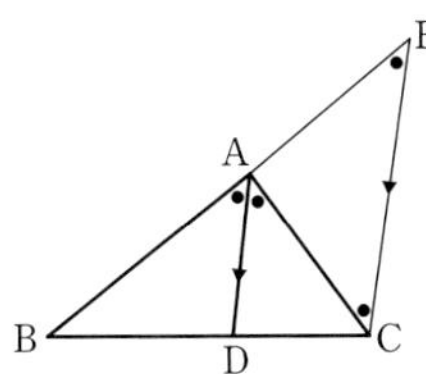

$\triangle$ABD$\backsim\triangle$EBC이므로 $\overline{AB} : \overline{AE} = \overline{BD} : \overline{CD}$

이때 삼각형 ACE는 이등변삼각형이므로 $\overline{AC} = \overline{AE}$

따라서 $\overline{AB} : \overline{AC} = \overline{BD} : \overline{CD}$

0026

세 점 A$(a, 1)$, B$(0, 6)$, C$(12, -3)$을 꼭짓점으로 하는 삼각형 ABC가 있다. $\angle$A의 이등분선이 변 BC와 만나는 점 D의 좌표가 $(8, 0)$일 때,

TIP $\overline{AB} : \overline{AC} = \overline{BD} : \overline{DC}$

모든 a의 값의 합은?

① 16 ② 20 ③ 24
④ 28 ⑤ 32

STEP A 각의 이등분선의 성질을 이용하여 비 구하기

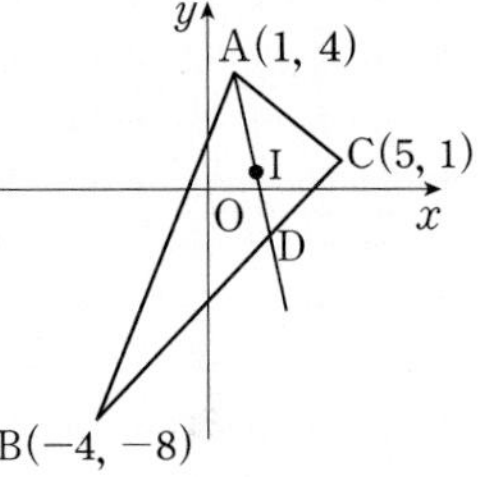

세 점 B$(0, 6)$, C$(12, -3)$, D$(8, 0)$에 대하여

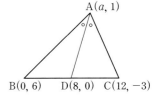

$\overline{BD} = \sqrt{(8-0)^2 + (0-6)^2} = 10$

$\overline{DC} = \sqrt{(12-8)^2 + (-3-0)^2} = 5$

이때 선분 AD는 $\angle$A의 이등분선이므로

$\overline{AB} : \overline{AC} = \overline{BD} : \overline{DC} = 2 : 1$

STEP B a의 값의 합 구하기

$2\overline{AC} = \overline{AB}$에서 $4\overline{AC}^2 = \overline{AB}^2$이므로

$4\{(12-a)^2 + (-3-1)^2\} = (a-0)^2 + (1-6)^2$

$\therefore a^2 - 32a + 205 = 0$ ← $\dfrac{D}{4} = 16^2 - 205 > 0$이므로 서로 다른 두 실근

따라서 이차방정식의 근과 계수의 관계에 의하여 모든 a의 값의 합은 32

0027

좌표평면 위에 세 점 A$(1, 4)$, B$(-4, -8)$, C$(5, 1)$을 꼭짓점으로 하는 삼각형 ABC가 있다.

삼각형 ABC의 내심을 I라 하고 직선 AI

TIP 점 I는 삼각형의 내심이므로 선분 AD는 $\angle$A를 이등분한다.

와 선분 BC의 교점을 D(a, b)라 할 때, 상수 a, b에 대하여 $a+b$의 값을 구하시오.

STEP A 내심이 삼각형 ABC의 세 내각의 이등분선의 교점임을 이해하기

점 I는 삼각형 ABC의 내심이므로

$\angle$BAI$=\angle$CAI가 성립한다.

삼각형 ABC에서 $\angle$BAD$=\angle$CAD

이므로 점 D는 선분 BC를

$\overline{AB} : \overline{AC}$로 내분하는 점이다.

세 점 A$(1, 4)$, B$(-4, -8)$, C$(5, 1)$에

대하여 $\overline{AB} = \sqrt{(-4-1)^2 + (-8-4)^2} = 13$

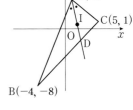

$\overline{AC} = \sqrt{(5-1)^2 + (1-4)^2} = 5$

이때 선분 AD는 $\angle$A의 이등분선이므로 $\overline{AB} : \overline{AC} = \overline{BD} : \overline{DC} = 13 : 5$

STEP B 선분 BC를 $13 : 5$로 내분하는 점의 좌표 구하기

점 D는 선분 BC를 $13 : 5$로 내분하는 점이므로 점 D의 좌표는

$\left(\dfrac{13\times5+5\times(-4)}{13+5}, \dfrac{13\times1+5\times(-8)}{13+5}\right)$, 즉 D$\left(\dfrac{5}{2}, -\dfrac{3}{2}\right)$

따라서 $a = \dfrac{5}{2}$, $b = -\dfrac{3}{2}$이므로 $a+b = \dfrac{5}{2} - \dfrac{3}{2} = 1$

POINT 삼각형의 내심

(1) 정의 : 내접원의 중심
(2) 작도법 : 삼각형 ABC의 세 내각의 이등분선의 교점
(3) 성질 : 내심은 삼각형의 각 변에서 같은 거리에 있다.
내접원의 반지름

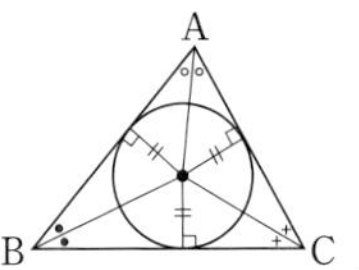

POINT 오심

구분	개념도	정의 (작도방법)	성질
내심		내각의 이등분선의 교점	내심 I로부터 각 변에 이르는 거리가 같다.
외심		변의 수직이등분선의 교점	외심 O로부터 각 꼭짓점에 이르는 거리가 같다.
무게중심		세 중선의 교점	무게중심 G의 작도과정에서 만들어지는 6개의 삼각형은 면적이 동일하다. 무게중심 G는 꼭짓점과 대변의 중점을 2 : 1로 내분한다.
방심		외각의 이등분선의 교점	내심과 작도방법이 유사하며 방심 O로부터 방접원을 형성한다. 방심은 삼각형에서 3개가 만들어진다.
수심		각 꼭짓점에서 대변에 내린 수선의 교점	수심은 삼각형 A′B′C′의 외심이 된다.

0028

다음 물음에 답하시오.

(1) 삼각형 ABC의 선분 AB의 중점의 좌표가 $(0, 3)$이고, 이 삼각형의 무게중심의 좌표가 $(1, 3)$일 때, 꼭짓점 C의 좌표를 구하시오.

TIP 삼각형의 무게중심은 중선을 꼭짓점에서부터 2 : 1로 내분하는 점이다.

STEP Ⓐ 삼각형의 무게중심의 성질을 이용하여 점 C의 위치 이해하기

선분 AB의 중점을 M이라 하고 삼각형 ABC의 무게중심을 G라고 하면 무게중심 $G(1, 3)$은 중선 CM을 2 : 1로 내분하는 점이다.

STEP Ⓑ 삼각형 ABC의 무게중심을 이용하여 점 C의 좌표 구하기

점 C의 좌표를 $C(a, b)$라 하면 선분 CM을 2 : 1로 내분하는 점 G의 좌표는

$\left(\frac{2\times0+1\times a}{2+1}, \frac{2\times3+1\times b}{2+1}\right)$, 즉 $G\left(\frac{a}{3}, \frac{6+b}{3}\right)$

이 점이 $G(1, 3)$과 일치해야 하므로 $\frac{a}{3}=1$, $\frac{6+b}{3}=3$

따라서 $a=3$, $b=3$이므로 점 C의 좌표는 $C(3, 3)$

(2) 좌표평면 위의 세 점 $A(a, b)$, $B(1, 3)$, $C(2, 2)$에 대하여 선분 AB의 중점을 M, 선분 CM을 2 : 1로 내분하는 점을 G라 하자.

TIP 삼각형의 무게중심은 중선을 꼭짓점에서부터 2 : 1로 내분하는 점이다.

점 G의 좌표가 $(4, 5)$일 때, $a+b$의 값을 구하시오.

STEP Ⓐ 삼각형의 무게중심의 성질을 이용하여 점 G의 위치 이해하기

선분 CM을 2 : 1로 내분하는 점 G는 삼각형 ABC의 무게중심이다.

STEP Ⓑ 삼각형 ABC의 무게중심을 이용하여 a, b의 값 구하기

삼각형 ABC에서 세 꼭짓점의 좌표가 $A(a, b)$, $B(1, 3)$, $C(2, 2)$이므로

무게중심 G의 좌표는 $\left(\frac{a+1+2}{3}, \frac{b+3+2}{3}\right)$, 즉 $\left(\frac{a+3}{3}, \frac{b+5}{3}\right)$

이 점이 $G(4, 5)$와 일치해야 하므로 $\frac{a+3}{3}=4$, $\frac{b+5}{3}=5$

따라서 $a=9$, $b=10$이므로 $a+b=19$

0029

2021년 11월 고1 학력평가 24번 변형

좌표평면 위의 세 점 $A(1, 7)$, $B(4, 1)$, $C(9, a)$에 대하여 삼각형 ABC의 무게중심이 직선 $y=x+1$ 위에 있을 때, 상수 a의 값은?
(단, 점 C는 제1사분면 위의 점이다.)

① 6 ② 7 ③ 8
④ 9 ⑤ 10

STEP Ⓐ 삼각형 ABC의 무게중심의 좌표를 이용하여 상수 a의 값 구하기

세 점 $A(1, 7)$, $B(4, 1)$, $C(9, a)$에 대하여 삼각형 ABC의 무게중심의 좌표는

$\left(\frac{1+4+9}{3}, \frac{7+1+a}{3}\right)$, 즉 $\left(\frac{14}{3}, \frac{8+a}{3}\right)$

점 $\left(\frac{14}{3}, \frac{8+a}{3}\right)$가 직선 $y=x+1$ 위에 있으므로

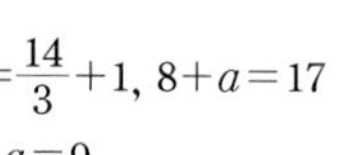

$\frac{8+a}{3}=\frac{14}{3}+1$, $8+a=17$

따라서 $a=9$

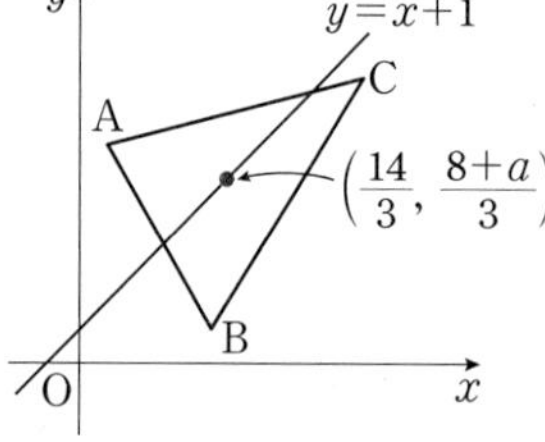

0030

세 점 $A(1, 5)$, $B(5, 3)$, $C(9, 4)$를 꼭짓점으로 하는 삼각형 ABC와 삼각형의 내부의 점 P에 대하여 다음 물음에 답하시오.

(1) $\overline{AP}^2+\overline{BP}^2+\overline{CP}^2$의 최솟값과 그때의 점 P의 좌표를 구하시오.

TIP 각각의 길이를 구한 후 완전제곱식으로 변형해준다.

STEP Ⓐ 점 P의 좌표를 (x, y)로 놓고 $\overline{AP}^2+\overline{BP}^2+\overline{CP}^2$에 대입하기

점 P의 좌표를 $P(x, y)$라 하고 세 점 $A(1, 5)$, $B(5, 3)$, $C(9, 4)$에 대하여

$\overline{AP}=\sqrt{(x-1)^2+(y-5)^2}=\sqrt{x^2-2x+y^2-10y+26}$

$\overline{BP}=\sqrt{(x-5)^2+(y-3)^2}=\sqrt{x^2-10x+y^2-6y+34}$

$\overline{CP}=\sqrt{(x-9)^2+(y-4)^2}=\sqrt{x^2-18x+y^2-8y+97}$

$$\begin{aligned}\overline{AP}^2+\overline{BP}^2+\overline{CP}^2&=(x^2-2x+y^2-10y+26)+(x^2-10x+y^2-6y+34)\\&\quad+(x^2-18x+y^2-8y+97)\\&=3x^2-30x+3y^2-24y+157\end{aligned}$$

STEP Ⓑ 완전제곱식을 이용하여 $\overline{AP}^2+\overline{BP}^2+\overline{CP}^2$의 최솟값과 최소가 되는 점 P의 좌표 구하기

이때 $3x^2-30x+3y^2-24y+157$을 완전제곱식으로 변형하면

$3x^2-30x+3y^2-24y+157$
$=3(x^2-10x)+3(y^2-8y)+157$
$=3(x^2-10x+25)-75+3(y^2-8y+16)-48+157$
$=3(x-5)^2+3(y-4)^2+34$

이므로 $\overline{AP}^2+\overline{BP}^2+\overline{CP}^2$은 $x=5$, $y=4$일 때, 최솟값은 34

따라서 $\overline{AP}^2+\overline{BP}^2+\overline{CP}^2$의 최솟값은 34이고 점 P의 좌표는 $P(5, 4)$

(2) 삼각형 ABC의 무게중심의 좌표를 구하시오.

STEP **A** **삼각형의 무게중심의 좌표 구하기**

세 점 A(1, 5), B(5, 3), C(9, 4)를 꼭짓점으로 하는 삼각형 ABC의 무게중심의 좌표는 $\left(\frac{1+5+9}{3}, \frac{5+3+4}{3}\right)$, 즉 (5, 4)

+α 삼각형 ABC의 무게중심과 일치함을 알 수 있어!

삼각형 ABC와 이 삼각형 내부의 임의의 점 P에 대하여 $\overline{AP}^2+\overline{BP}^2+\overline{CP}^2$의 값이 최소가 되도록 하는 점 P는 삼각형 ABC의 무게중심 G와 일치한다.

0031

다음 물음에 답하시오.

(1) 삼각형 ABC의 세 변 AB, BC, CA의 중점의 좌표가 각각 D(1, 2), E(3, 0), F(5, 4)일 때, 삼각형 ABC의 무게중심의 좌표를 (a, b)라 하자. $a+b$의 값을 구하시오.

TIP 원래 삼각형의 무게중심과 삼각형의 세 변을 동일한 비율로 내분한 점을 이어 만든 삼각형의 무게중심은 일정하다.

STEP **A** **삼각형 ABC의 무게중심의 좌표는 세 변 AB, BC, CA의 중점을 이어 만든 삼각형의 무게중심의 좌표와 같음을 이용하기**

삼각형 ABC의 무게중심 G와 세 변 AB, BC, CA의 중점 D, E, F로 만들어진 삼각형 DEF의 무게중심과 일치한다.

이때 점 G의 좌표는 $\left(\frac{1+3+5}{3}, \frac{2+0+4}{3}\right)$, 즉 G(3, 2)

따라서 $a=3$, $b=2$이므로 $a+b=3+2=5$

(2) 삼각형 ABC의 세 변 AB, BC, CA를 2 : 1로 내분하는 점이 각각 P(2, 3), Q(6, −2), R(4, 3)일 때, 삼각형 ABC의 무게중심의 좌표를 (a, b)라 하자. $a+b$의 값을 구하시오.

TIP 원래 삼각형의 무게중심과 삼각형의 세 변을 동일한 비율로 내분한 점을 이어 만든 삼각형의 무게중심은 일정하다.

STEP **A** **삼각형 ABC의 무게중심의 좌표는 세 변을 동일한 비율로 내분한 점을 이어 만든 삼각형의 무게중심의 좌표와 같음을 이용하기**

삼각형 ABC의 무게중심과 세 변 AB, BC, CA를 각각 2 : 1로 내분하는 점 P, Q, R을 꼭짓점으로 하는 삼각형 PQR의 무게중심과 일치한다.

삼각형 ABC의 무게중심의 좌표는 $\left(\frac{2+6+4}{3}, \frac{3-2+3}{3}\right)$, 즉 $\left(4, \frac{4}{3}\right)$

따라서 $a=4$, $b=\frac{4}{3}$이므로 $a+b=4+\frac{4}{3}=\frac{16}{3}$

0032

세 점 A(5, 4), B(12, a), C(b, −5)를 꼭짓점으로 하는 삼각형 ABC가 있다. 세 변 AB, BC, CA를 3 : 2로 내분하는 점 P, Q, R을 꼭짓점으로 하는 삼각형 PQR의 무게중심의 좌표가 (5, −3)일 때, $a+b$의 값은?

TIP 원래 삼각형의 무게중심과 삼각형의 세 변을 동일한 비율로 내분한 점을 이어 만든 삼각형의 무게중심은 일정하다.

① −12 ② −10 ③ −8
④ −6 ⑤ −4

STEP **A** **두 삼각형의 무게중심이 일치함을 이용하여 a, b의 값 구하기**

삼각형 ABC의 무게중심은 세 변 AB, BC, CA를 각각 3 : 2로 내분하는 점 P, Q, R을 꼭짓점으로 하는 삼각형 PQR의 무게중심과 같다.

즉 삼각형 ABC의 무게중심의 좌표는

$\left(\frac{5+12+b}{3}, \frac{4+a-5}{3}\right)$, 즉 $\left(\frac{b+17}{3}, \frac{a-1}{3}\right)$

이 점이 (5, −3)과 일치하므로 $\frac{b+17}{3}=5$, $\frac{a-1}{3}=-3$

따라서 $a=-8$, $b=-20$이므로 $a+b=-10$

0033

2010년 09월 고1 학력평가 28번

삼각형 ABC의 세 변 AB, BC, CA에 대하여 변 AB를 1 : 2로 내분하는 점의 좌표를 (10, 8), 변 BC를 1 : 3으로 내분하는 점의 좌표를 (5, −3), 변 CA를 2 : 3으로 내분하는 점의 좌표를 (2, 12)라 하자. 삼각형 ABC의 무게중심 G의 좌표를 (a, b)라 할 때, $a+b$의 값을 구하시오.

TIP 세 점의 좌표를 문자로 놓은 후 내분점 공식을 이용하여 식을 세운다.

STEP **A** **삼각형 ABC의 세 꼭짓점의 좌표를 문자로 놓은 후 주어진 조건을 이용하여 관계식 구하기**

삼각형 ABC의 세 꼭짓점의 좌표를 A(x_1, y_1), B(x_2, y_2), C(x_3, y_3)라 하면

변 AB를 1 : 2로 내분하는 점의 좌표는

$\left(\frac{1\times x_2+2\times x_1}{1+2}, \frac{1\times y_2+2\times y_1}{1+2}\right)$

이 점이 (10, 8)과 일치하므로

$2x_1+x_2=30$ …… ㉠

$2y_1+y_2=24$ …… ㉡

변 BC를 1 : 3으로 내분하는 점의 좌표는

$\left(\frac{1\times x_3+3\times x_2}{1+3}, \frac{1\times y_3+3\times y_2}{1+3}\right)$

이 점이 (5, −3)과 일치하므로

$3x_2+x_3=20$ …… ㉢

$3y_2+y_3=-12$ …… ㉣

변 CA를 2 : 3으로 내분하는 점의 좌표는

$\left(\frac{2\times x_1+3\times x_3}{2+3}, \frac{2\times y_1+3\times y_3}{2+3}\right)$

이 점이 (2, 12)와 일치하므로

$3x_3+2x_1=10$ …… ㉤

$3y_3+2y_1=60$ …… ㉥

STEP **B** **삼각형 ABC의 무게중심 G의 좌표 구하기**

㉠+㉢+㉤에서 $4(x_1+x_2+x_3)=60$이므로

$x_1+x_2+x_3=15$

㉡+㉣+㉥에서 $4(y_1+y_2+y_3)=72$이므로

$y_1+y_2+y_3=18$

삼각형 ABC의 무게중심은

$\left(\frac{x_1+x_2+x_3}{3}, \frac{y_1+y_2+y_3}{3}\right)$, 즉 G(5, 6)

따라서 $a=5$, $b=6$이므로 $a+b=5+6=11$

0034

오른쪽 그림과 같이 삼각형 ABC에서
$\overline{AB}=9$, $\overline{BC}=10$, $\overline{AC}=7$이다.
선분 BC의 중점이 M이고, 점 G가
TIP 중선정리에 의하여 $\overline{AB}^2+\overline{AC}^2=2(\overline{AM}^2+\overline{BM}^2)$
삼각형 ABC의 무게중심일 때,
선분 GM의 길이를 구하시오.

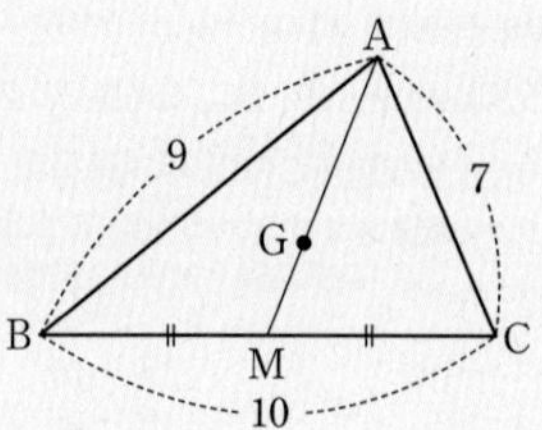

STEP **A** **삼각형 ABC에서 중선정리를 이용하여 선분 AM의 길이 구하기**

점 M은 선분 BC의 중점이므로
$\overline{BM}=\overline{MC}=\frac{1}{2}\times 10=5$

삼각형 ABC에서 중선정리에 의하여 $\overline{AB}^2+\overline{AC}^2=2(\overline{AM}^2+\overline{BM}^2)$
$9^2+7^2=2(\overline{AM}^2+5^2)$, $\overline{AM}^2=40$
$\therefore\ \overline{AM}=2\sqrt{10}$

STEP **B** **선분 GM의 길이 구하기**

따라서 점 G가 삼각형 ABC의 무게중심이므로
$\overline{GM}=\frac{1}{3}\overline{AM}=\frac{1}{3}\times 2\sqrt{10}=\frac{2\sqrt{10}}{3}$

0035

오른쪽 그림과 같이 좌표평면 위의 한 점 A(4, 4)를 꼭짓점으로 하는 정삼각형 ABC의 무게중심이 원점일 때, 정삼각형의 넓이는?

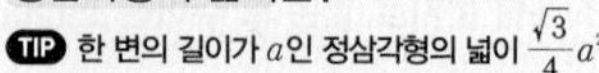
TIP 한 변의 길이가 a인 정삼각형의 넓이 $\frac{\sqrt{3}}{4}a^2$

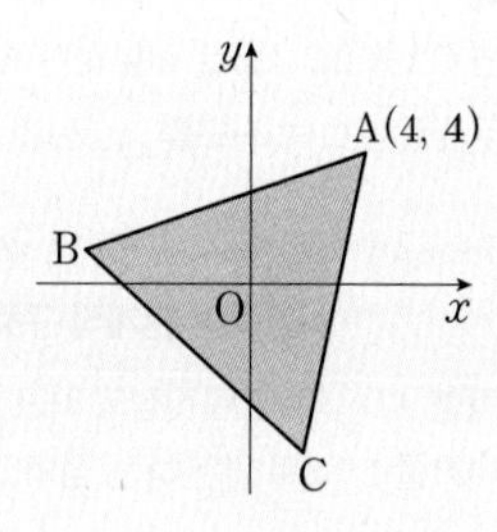

① $4\sqrt{6}$ ② $12\sqrt{6}$
③ $24\sqrt{3}$ ④ $24\sqrt{6}$
⑤ $26\sqrt{6}$

STEP **A** **삼각형 ABC의 무게중심을 이용하여 선분 BC의 중점의 좌표 구하기**

정삼각형 ABC에서 변 BC의 중점을 M(a, b)라 하면 무게중심은 선분 AM을 2 : 1로 내분하는 점이다.
이때 삼각형 ABC의 무게중심의 좌표는
$\left(\frac{2\times a+1\times 4}{2+1}, \frac{2\times b+1\times 4}{2+1}\right)$
이 점이 (0, 0)과 일치하므로
$\frac{2a+4}{3}=0$, $\frac{2b+4}{3}=0$
$\therefore\ a=-2,\ b=-2$
즉 중점 M의 좌표는 M$(-2, -2)$

STEP **B** **정삼각형 ABC의 한 변의 길이 구하기**

두 점 A(4, 4), M$(-2, -2)$에 대하여
$\overline{AM}=\sqrt{(-2-4)^2+(-2-4)^2}=6\sqrt{2}$ …… ㉠
또한, 정삼각형의 한 내각의 이등분선은 밑변을 수직이등분하므로
$\angle AMB=\angle AMC=90°$
즉 삼각형 ABM은 $\angle ABM=60°$인 직각삼각형이므로
$\overline{AB} : \overline{AM}=2 : \sqrt{3}$
위 식에 ㉠을 대입하면 $\overline{AB} : 6\sqrt{2}=2 : \sqrt{3}$, $\sqrt{3}\times\overline{AB}=12\sqrt{2}$
$\therefore\ \overline{AB}=4\sqrt{6}$

+α 정삼각형 ABC의 높이를 이용하여 한 변의 길이를 구할 수 있어!

두 점 A(4, 4), O(0, 0)에 대하여 $\overline{AO}=\sqrt{4^2+4^2}=4\sqrt{2}$
정삼각형 ABC의 무게중심이 원점이므로
점 A에서 변 BC에 내린 수선의 발을 M이라 하면
$\overline{AM}=\frac{3}{2}\overline{AO}=6\sqrt{2}$
즉 정삼각형 ABC의 높이가 $6\sqrt{2}$이므로 $\frac{\sqrt{3}}{2}\times\overline{AB}=6\sqrt{2}$
$\therefore\ \overline{AB}=4\sqrt{6}$

STEP **C** **정삼각형 ABC의 넓이 구하기**

따라서 정삼각형 ABC의 넓이는 $\frac{\sqrt{3}}{4}\times(4\sqrt{6})^2=24\sqrt{3}$

0036

오른쪽 그림과 같이 무게중심이 G인 삼각형 ABC에서 $\overline{AG}=8$, $\overline{BG}=7$,
TIP 삼각형의 무게중심은 중선을 꼭짓점에서부터 2 : 1로 내분하는 점이다.
$\overline{CG}=9$이고 선분 BC의 중점을 M이라 할 때, 선분 BC의 길이를 구하시오.

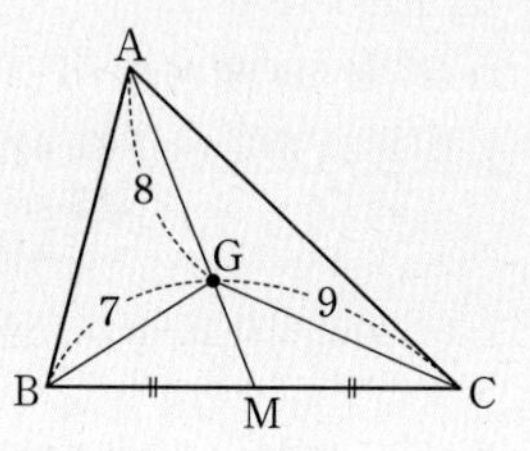

STEP **A** **점 G가 삼각형 ABC의 무게중심임을 이용하여 선분 GM의 길이 구하기**

선분 AG의 연장선이 선분 BC와 만나는 점을 M이라 하면 M은 선분 BC의 중점이다.
이때 점 G가 삼각형 ABC의 무게중심이므로 $\overline{AG} : \overline{GM}=2 : 1$
$\therefore\ \overline{GM}=4$

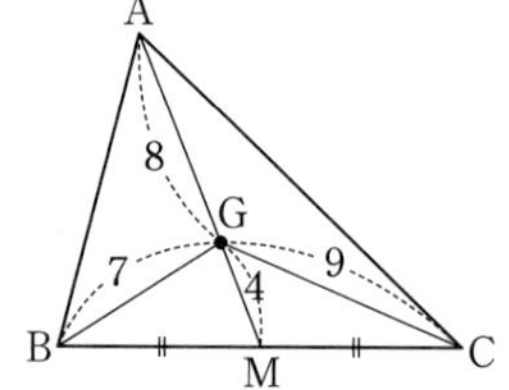

STEP **B** **삼각형 GBC에서 중선정리를 이용하여 선분 BM의 길이 구하기**

삼각형 GBC에서 중선정리에 의하여
$\overline{GB}^2+\overline{GC}^2=2(\overline{GM}^2+\overline{BM}^2)$
$7^2+9^2=2(4^2+\overline{BM}^2)$, $\overline{BM}^2=49$
$\therefore\ \overline{BM}=7$
따라서 $\overline{BC}=2\overline{BM}=14$

MAPL; YOURMASTERPLAN

단원종합문제

평면좌표

BASIC

0037

2016년 09월 고1 학력평가 4번

다음 물음에 답하시오.

(1) 좌표평면에서 두 점 $\mathrm{A}(a,\ 3)$, $\mathrm{B}(2,\ 1)$ 사이의 거리가 $\sqrt{13}$일 때,

TIP 두 점 $\mathrm{A}(x_1,\ y_1)$, $\mathrm{B}(x_2,\ y_2)$ 사이의 거리는 $\overline{\mathrm{AB}}=\sqrt{(x_2-x_1)^2+(y_2-y_1)^2}$

양수 a의 값은?

① 1 ② 2 ③ 3
④ 4 ⑤ 5

STEP A **두 점 사이의 거리 공식을 이용하여 a에 대한 이차방정식 구하기**

두 점 $\mathrm{A}(a,\ 3)$, $\mathrm{B}(2,\ 1)$ 사이의 거리가 $\sqrt{13}$이므로

$\overline{\mathrm{AB}}=\sqrt{(a-2)^2+(3-1)^2}=\sqrt{13}$

양변을 제곱하면 $(a-2)^2+4=13$

STEP B **a의 값 구하기**

$a^2-4a-5=0$, $(a+1)(a-5)=0$

따라서 $a=5$ ($\because a>0$)

2012년 09월 고1 학력평가 23번

(2) 두 점 $\mathrm{A}(a-1,\ 4)$, $\mathrm{B}(5,\ a-4)$ 사이의 거리가 $\sqrt{10}$이 되도록 하는

TIP 두 점 $\mathrm{A}(x_1,\ y_1)$, $\mathrm{B}(x_2,\ y_2)$ 사이의 거리는 $\overline{\mathrm{AB}}=\sqrt{(x_2-x_1)^2+(y_2-y_1)^2}$

모든 실수 a의 값의 합은?

① 10 ② 12 ③ 14
④ 16 ⑤ 18

STEP A **두 점 사이의 거리 공식을 이용하여 a에 대한 이차방정식 구하기**

두 점 $\mathrm{A}(a-1,\ 4)$, $\mathrm{B}(5,\ a-4)$ 사이의 거리가 $\sqrt{10}$이므로

$\overline{\mathrm{AB}}=\sqrt{\{(a-1)-5\}^2+\{4-(a-4)\}^2}=\sqrt{10}$

양변을 제곱하면 $(a-6)^2+(8-a)^2=10$

STEP B **a의 값 구하기**

$a^2-14a+45=0$, $(a-5)(a-9)=0$

$\therefore a=5$ 또는 $a=9$

따라서 모든 실수 a의 값의 합은 $5+9=14$

+α 이차방정식의 근과 계수의 관계에 의하여 풀 수도 있어!

이차방정식 $a^2-14a+45=0$의 근과 계수의 관계에 의하여 두 근의 합은 14

0038

좌표평면 위의 두 점 $\mathrm{A}(1,\ -2)$, $\mathrm{B}(3,\ 4)$에 대하여 다음 설명 중 옳지 않은 것은?

① 선분 AB의 길이는 $2\sqrt{10}$이다.
② 선분 AB의 중점 M의 좌표는 $\mathrm{M}(2,\ 1)$이다.
③ 선분 AB를 $3:2$로 내분하는 점 P의 좌표는 $\mathrm{P}(2,\ 5)$이다.
④ 선분 AB를 $2:1$로 내분하는 점 Q의 좌표는 $\mathrm{Q}\left(\frac{7}{3},\ 2\right)$이다.
⑤ 두 점 A, B에서 같은 거리에 있는 x축 위의 점 R의 좌표는 $\mathrm{R}(5,\ 0)$이다.

STEP A **[보기]의 참, 거짓 판단하기**

① $\overline{\mathrm{AB}}=\sqrt{(3-1)^2+\{4-(-2)\}^2}=\sqrt{4+36}=2\sqrt{10}$ [참]

② 선분 AB의 중점 M의 좌표는 $\left(\frac{1+3}{2},\ \frac{-2+4}{2}\right)$ $\therefore \mathrm{M}(2,\ 1)$ [참]

③ 선분 AB를 $3:2$로 내분하는 점 P의 좌표는

$\left(\frac{3\times3+2\times1}{3+2},\ \frac{3\times4+2\times(-2)}{3+2}\right)$ $\therefore \mathrm{P}\left(\frac{11}{5},\ \frac{8}{5}\right)$ [거짓]

④ 선분 AB를 $2:1$로 내분하는 점 Q의 좌표는

$\left(\frac{2\times3+1\times1}{2+1},\ \frac{2\times4+1\times(-2)}{2+1}\right)$ $\therefore \mathrm{Q}\left(\frac{7}{3},\ 2\right)$ [참]

⑤ x축 위의 점 R의 좌표를 $(a,\ 0)$이라 하면

세 점 $\mathrm{A}(1,\ -2)$, $\mathrm{B}(3,\ 4)$, $\mathrm{R}(a,\ 0)$에 대하여

$\overline{\mathrm{AR}}=\sqrt{(a-1)^2+\{0-(-2)\}^2}=\sqrt{a^2-2a+5}$

$\overline{\mathrm{BR}}=\sqrt{(a-3)^2+(0-4)^2}=\sqrt{a^2-6a+25}$

$\overline{\mathrm{AR}}=\overline{\mathrm{BR}}$이므로 $\overline{\mathrm{AR}}^2=\overline{\mathrm{BR}}^2$

$a^2-2a+5=a^2-6a+25$, $4a=20$ $\therefore a=5$

즉 $\mathrm{R}(5,\ 0)$ [참]

따라서 옳지 않은 것은 ③이다.

0039

2023년 11월 고1 학력평가 9번 변형

좌표평면 위에 두 점 $\mathrm{A}(-1,\ 5)$, $\mathrm{B}(2,\ -4)$가 있다. 직선 $y=-x$ 위의 점 P에 대하여 $\overline{\mathrm{AP}}=\overline{\mathrm{BP}}$일 때, 선분 OP의 길이는? (단, O는 원점이다.)

TIP $\overline{\mathrm{AP}}=\overline{\mathrm{BP}}$이므로 $\overline{\mathrm{AP}}^2=\overline{\mathrm{BP}}^2$

① $\frac{\sqrt{2}}{4}$ ② $\frac{\sqrt{2}}{2}$ ③ $\sqrt{2}$
④ $2\sqrt{2}$ ⑤ $4\sqrt{2}$

STEP A **$\overline{\mathrm{AP}}=\overline{\mathrm{BP}}$를 이용하여 점 P의 좌표 구하기**

점 P는 직선 $y=-x$ 위의 점이므로

점 P의 좌표를 $(a,\ -a)$라 하자. (단, a는 상수이다.)

$\overline{\mathrm{AP}}=\sqrt{\{a-(-1)\}^2+(-a-5)^2}=\sqrt{2a^2+12a+26}$

$\overline{\mathrm{BP}}=\sqrt{(a-2)^2+\{-a-(-4)\}^2}=\sqrt{2a^2-12a+20}$

이때 $\overline{\mathrm{AP}}=\overline{\mathrm{BP}}$이므로 $\overline{\mathrm{AP}}^2=\overline{\mathrm{BP}}^2$

$2a^2+12a+26=2a^2-12a+20$, $24a=-6$

$\therefore a=-\frac{1}{4}$

즉 점 P의 좌표는 $\mathrm{P}\left(-\frac{1}{4},\ \frac{1}{4}\right)$

STEP B **선분 OP의 길이 구하기**

따라서 $\overline{\mathrm{OP}}=\sqrt{\left(-\frac{1}{4}\right)^2+\left(\frac{1}{4}\right)^2}=\frac{\sqrt{2}}{4}$

0040

오른쪽 그림과 같이
평행사변형 ABCD에서
TIP 두 대각선의 중점이 일치한다.
$\overline{AB}=8$, $\overline{BC}=12$, $\overline{BD}=16$일 때,
선분 AC의 길이를 구하시오.

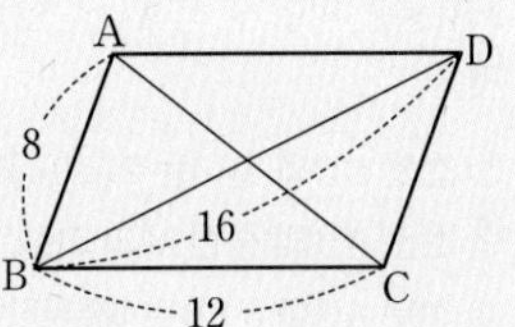

STEP Ⓐ **삼각형 ABD에서 중선정리를 이용하여 선분 AC의 길이 구하기**

평행사변형의 두 대각선은 서로 다른 것을 이등분한다.
오른쪽 그림과 같이 두 대각선의 교점을 M이라고 하면
$\overline{BM}=\overline{DM}=8$
삼각형 ABD에서 중선정리에 의하여
$\overline{AB}^2+\overline{AD}^2=2(\overline{AM}^2+\overline{BM}^2)$
$8^2+12^2=2(\overline{AM}^2+8^2)$, $\overline{AM}^2=40$
$\therefore \overline{AM}=2\sqrt{10}$
따라서 $\overline{AC}=2\overline{AM}=4\sqrt{10}$

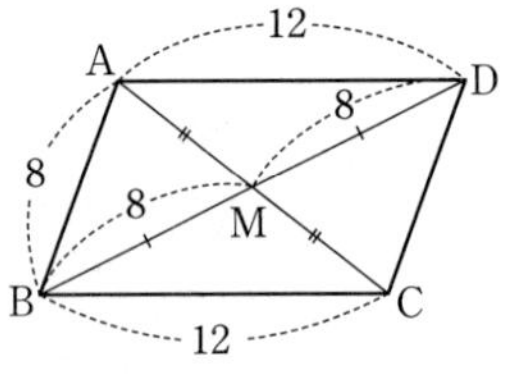

0041

다음 물음에 답하시오.

(1) 두 점 A(2, −4), B(6, a)에 대하여 선분 AB를 2 : 3으로 내분하는 점이 x축 위에 있다. 선분 AB의 중점의 좌표를 (m, n)이라 할 때,
TIP 내분점의 y좌표가 0이어야 한다.
상수 m, n에 대하여 $m+n$의 값은?

① 3 ② 4 ③ 5
④ 6 ⑤ 7

STEP Ⓐ **내분점의 y좌표가 0임을 이용하여 a의 값 구하기**

두 점 A(2, −4), B(6, a)에 대하여
선분 AB를 2 : 3으로 내분하는 점의 좌표는
$\left(\dfrac{2\times6+3\times2}{2+3}, \dfrac{2\times a+3\times(-4)}{2+3}\right)$, 즉 $\left(\dfrac{18}{5}, \dfrac{2a-12}{5}\right)$
이 점이 x축 위에 있는 점이므로 y좌표가 0이다.
즉 $\dfrac{2a-12}{5}=0$이므로 $a=6$

STEP Ⓑ **선분 AB의 중점의 좌표 구하기**

이때 A(2, −4), B(6, 6)이므로 선분 AB의 중점의 좌표는
$\left(\dfrac{2+6}{2}, \dfrac{-4+6}{2}\right)$, 즉 (4, 1)
따라서 $m=4$, $n=1$이므로 $m+n=4+1=5$

2007년 09월 고1 학력평가 5번

(2) 좌표평면에서 두 점 A(−1, 4), B(5, −5)를 이은 선분 AB를 2 : 1로 내분하는 점이 직선 $y=2x+k$ 위에 있을 때, 상수 k의 값은?
TIP 내분점을 직선에 대입하여 k의 값을 구한다.

① −8 ② −7 ③ −6
④ −5 ⑤ −4

STEP Ⓐ **선분 AB를 2 : 1로 내분하는 점의 좌표 구하기**

두 점 A(−1, 4), B(5, −5)에 대하여
선분 AB를 2 : 1로 내분하는 점의 좌표는
$\left(\dfrac{2\times5+1\times(-1)}{2+1}, \dfrac{2\times(-5)+1\times4}{2+1}\right)$, 즉 (3, −2)

STEP Ⓑ **내분점을 직선 $y=2x+k$에 대입하여 k의 값 구하기**

점 (3, −2)가 직선 $y=2x+k$ 위에 있으므로 $-2=6+k$
따라서 $k=-8$

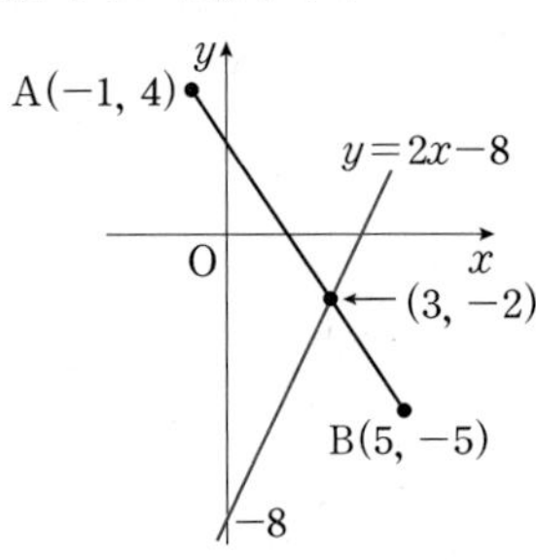

0042

두 점 A(1, −4), B(a, b)에 대하여 선분 AB를 3 : 1로 내분하는 점의 좌표가 (7, 2)일 때, 선분 AB의 길이는?

① $2\sqrt{2}$ ② $3\sqrt{2}$ ③ $4\sqrt{2}$
④ $6\sqrt{2}$ ⑤ $8\sqrt{2}$

STEP Ⓐ **선분 AB를 3 : 1로 내분하는 점의 좌표를 이용하여 점 B의 좌표 구하기**

두 점 A(1, −4), B(a, b)에 대하여
선분 AB를 3 : 1로 내분하는 점의 좌표는
$\left(\dfrac{3\times a+1\times1}{3+1}, \dfrac{3\times b+1\times(-4)}{3+1}\right)$, 즉 $\left(\dfrac{3a+1}{4}, \dfrac{3b-4}{4}\right)$
이 점이 (7, 2)와 일치하므로 $\dfrac{3a+1}{4}=7$, $\dfrac{3b-4}{4}=2$
즉 $a=9$, $b=4$이므로 B(9, 4)

STEP Ⓑ **선분 AB의 길이 구하기**

따라서 두 점 A(1, −4), B(9, 4)에 대하여
$\overline{AB}=\sqrt{(9-1)^2+\{4-(-4)\}^2}=\sqrt{64+64}=8\sqrt{2}$

0043

다음 물음에 답하시오.

(1) 두 점 A(2, −5), B(a, 1)에 대하여 선분 AB를 2 : 1로 내분하는 점이 P(6, b)일 때, 선분 BP의 중점 M의 좌표가 (p, q)이다.
이때 상수 p, q에 대하여 $p+q$의 값은?

① 4 ② 5 ③ 6
④ 7 ⑤ 8

STEP Ⓐ **선분 AB를 2 : 1로 내분하는 점의 좌표를 이용하여 a, b의 값 구하기**

두 점 A(2, −5), B(a, 1)에 대하여
선분 AB를 2 : 1로 내분하는 점 P의 좌표는
$\left(\dfrac{2\times a+1\times2}{2+1}, \dfrac{2\times1+1\times(-5)}{2+1}\right)$, 즉 $P\left(\dfrac{2a+2}{3}, -1\right)$
이 점이 P(6, b)와 일치하므로 $\dfrac{2a+2}{3}=6$, $b=-1$
즉 $a=8$, $b=-1$

STEP Ⓑ **선분 BP의 중점 M의 좌표 구하기**

두 점 B(8, 1), P(6, −1)에 대하여 선분 BP의 중점 M의 좌표는
$\left(\dfrac{8+6}{2}, \dfrac{1+(-1)}{2}\right)$, 즉 M(7, 0)
따라서 $p=7$, $q=0$이므로 $p+q=7+0=7$

2023년 11월 고1 학력평가 7번 변형

(2) 좌표평면 위의 세 점 $A(7, 3)$, $B(1, 6)$, $C(a, b)$에 대하여 선분 AB를 2 : 1로 내분하는 점의 좌표를 P, 선분 AP의 중점의 좌표를 점 C라 할 때, $a+b$의 값은?

① 5　② 6　③ 7
④ 8　⑤ 9

STEP A 선분 AB를 2 : 1로 내분하는 점 P의 좌표 구하기

두 점 $A(7, 3)$, $B(1, 6)$에 대하여
선분 AB를 2 : 1로 내분하는 점 P의 좌표는
$\left(\frac{2\times1+1\times7}{2+1}, \frac{2\times6+1\times3}{2+1}\right)$, 즉 $P(3, 5)$

STEP B 선분 AP의 중점 C의 좌표 구하기

두 점 $A(7, 3)$, $P(3, 5)$에 대하여 선분 AP의 중점 C의 좌표는
$\left(\frac{7+3}{2}, \frac{3+5}{2}\right)$, 즉 $C(5, 4)$
따라서 $a=5$, $b=4$이므로 $a+b=9$

0044

다음 물음에 답하시오.

(1) 두 점 $A(0, 1)$, $B(5, 3)$에 대하여 선분 AB의 연장선 위의 점 $C(a, b)$에 대하여 $2\overline{AB}=\overline{BC}$를 만족할 때, 상수 a, b에 대하여 $a+b$의 값을
TIP 점 B는 선분 AC를 1 : 2로 내분하는 점이다.
구하시오. (단, 점 C의 x좌표는 양수이다.)

STEP A $2\overline{AB}=\overline{BC}$를 이용하여 점 C의 위치 이해하기

점 C가 $2\overline{AB}=\overline{BC}$를 만족시키므로
$\overline{AB} : \overline{BC}=1 : 2$
이때 점 C의 x좌표가 양수이므로
점 B는 선분 AC를 1 : 2로 내분하는 점이다.

STEP B 선분 AC를 1 : 2로 내분하는 점의 좌표를 이용하여 a, b의 값 구하기

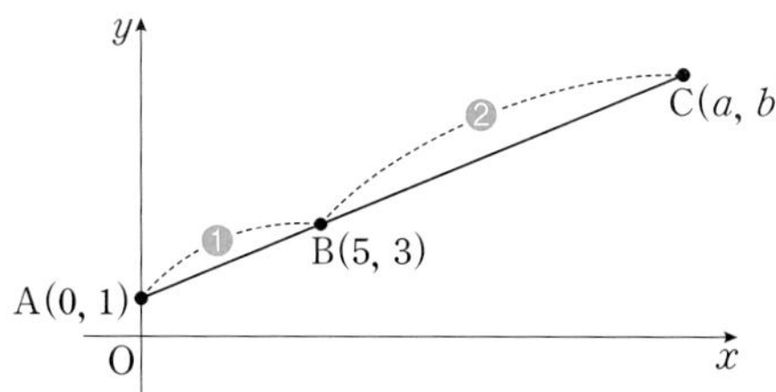

두 점 $A(0, 1)$, $C(a, b)$에 대하여
선분 AC를 1 : 2로 내분하는 점 B의 좌표는
$\left(\frac{1\times a+2\times0}{1+2}, \frac{1\times b+2\times1}{1+2}\right)$, 즉 $B\left(\frac{a}{3}, \frac{b+2}{3}\right)$
이 점은 $B(5, 3)$과 일치하므로 $\frac{a}{3}=5$, $\frac{b+2}{3}=3$
따라서 $a=15$, $b=7$이므로 $a+b=15+7=22$

(2) 두 점 $A(8, 1)$, $B(0, 3)$을 이은 선분 AB의 연장선 위의 점 $C(a, b)$에 대하여 $3\overline{AB}=2\overline{BC}$를 만족할 때, 상수 a, b에 대하여 $b-a$의 값을
TIP 점 B는 선분 AC를 2 : 3으로 내분하는 점이다.
구하시오. (단, 점 C의 x좌표는 음수이다.)

STEP A $3\overline{AB}=2\overline{BC}$를 이용하여 점 C의 위치 이해하기

점 C가 $3\overline{AB}=2\overline{BC}$를 만족시키므로
$\overline{AB} : \overline{BC}=2 : 3$
이때 점 C의 x좌표가 음수이므로
점 B는 선분 AC를 2 : 3으로 내분하는 점이다.

STEP B 선분 AC를 2 : 3으로 내분하는 점의 좌표를 이용하여 a, b의 값 구하기

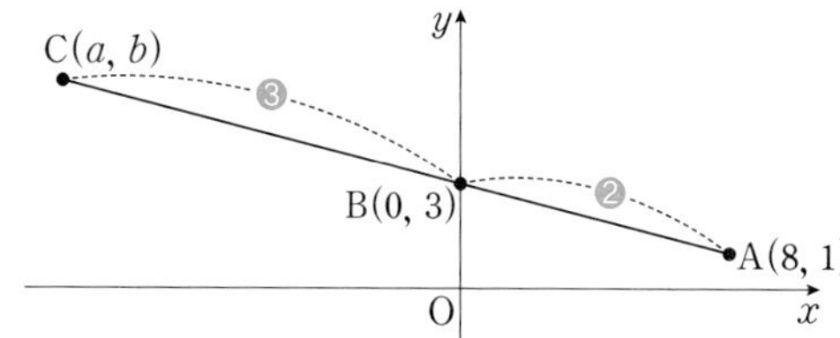

두 점 $A(8, 1)$, $C(a, b)$에 대하여
선분 AC를 2 : 3으로 내분하는 점 B의 좌표는
$\left(\frac{2\times a+3\times8}{2+3}, \frac{2\times b+3\times1}{2+3}\right)$, 즉 $B\left(\frac{2a+24}{5}, \frac{2b+3}{5}\right)$
이 점은 $B(0, 3)$과 일치하므로 $\frac{2a+24}{5}=0$, $\frac{2b+3}{5}=3$
따라서 $a=-12$, $b=6$이므로 $b-a=6-(-12)=18$

0045

다음 물음에 답하시오.

(1) 세 점 $A(a, 6)$, $B(4, b)$, $C(-3, -1)$을 세 꼭짓점으로 하는 삼각형 ABC의 내부에 점 $P(-1, 2)$를 잡았더니
(삼각형 PAB의 넓이)=(삼각형 PBC의 넓이)=(삼각형 PCA의 넓이)
TIP 점 P는 삼각형 ABC의 무게중심이다.
가 성립한다. 이때 상수 a, b에 대하여 $a+b$의 값은?

① -3　② -1　③ 1
④ 2　⑤ 3

STEP A 세 삼각형 PAB, PBC, PCA의 넓이가 같음을 이용하여 점 P의 위치 이해하기

삼각형 ABC의 내부에 점 $P(-1, 2)$에 의하여
세 삼각형 PAB, PBC, PCA의 넓이가 같으므로
점 P는 삼각형 ABC의 무게중심이다.

STEP B 삼각형 ABC의 무게중심 좌표를 이용하여 a, b의 값 구하기

세 점 $A(a, 6)$, $B(4, b)$, $C(-3, -1)$을 꼭짓점으로 하는
삼각형 ABC의 무게중심의 좌표는
$\left(\frac{a+4+(-3)}{3}, \frac{6+b+(-1)}{3}\right)$, 즉 $\left(\frac{a+1}{3}, \frac{b+5}{3}\right)$
이 점이 $P(-1, 2)$와 일치해야 하므로 $\frac{a+1}{3}=-1$, $\frac{b+5}{3}=2$
따라서 $a=-4$, $b=1$이므로 $a+b=-3$

2024년 10월 고1 학력평가 11번 변형

(2) 좌표평면 위의 세 점 $A(4, -3)$, B, C를 꼭짓점으로 하는 삼각형 ABC가 있다. 선분 AB의 중점의 좌표가 $(a, 4)$, 선분 AC의 중점의 좌표가 $(1, -1)$이고 삼각형 ABC의 무게중심의 좌표는 $(6, b)$일 때, $a+b$의 값은?
TIP 삼각형의 무게중심은 중선을 꼭짓점에서부터 2 : 1로 내분하는 점이다.

① 9　② 10　③ 11
④ 12　⑤ 13

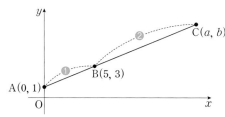

STEP A 선분 AC의 중점의 좌표를 이용하여 점 C의 좌표 구하기

점 C의 좌표를 $C(p, q)$라 하면 두 점 $A(4, -3)$, $C(p, q)$에 대하여

선분 AC의 중점의 좌표는 $\left(\frac{4+p}{2}, \frac{-3+q}{2}\right)$

이 점은 $(1, -1)$과 같으므로 $\frac{4+p}{2}=1$, $\frac{q-3}{2}=-1$

$\therefore p=-2, q=1$

즉 점 C의 좌표는 $C(-2, 1)$

STEP B 삼각형의 무게중심의 성질을 이용하여 a, b의 값 구하기

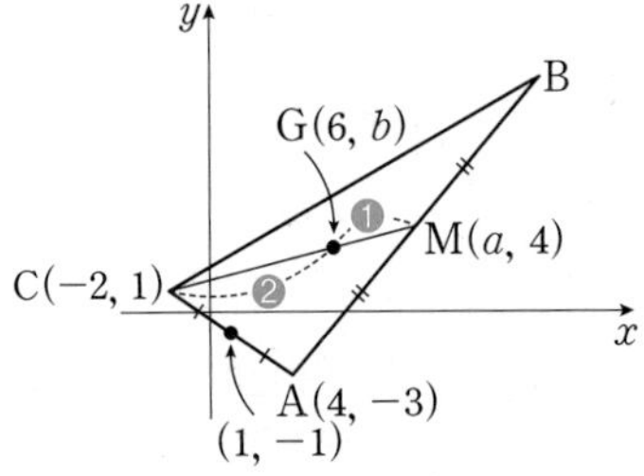

선분 AB의 중점을 M이라 하고 삼각형 ABC의 무게중심을 G라고 하면 무게중심 $G(6, b)$는 중선 CM을 $2:1$로 내분하는 점이다.

두 점 $C(-2, 1)$, $M(a, 4)$에 대하여 선분 CM을 $2:1$로 내분하는 점의 좌표는

$\left(\frac{2\times a+1\times(-2)}{2+1}, \frac{2\times4+1\times1}{2+1}\right)$, 즉 $\left(\frac{2a-2}{3}, 3\right)$

이 점은 $G(6, b)$와 같으므로 $\frac{2a-2}{3}=6$, $3=b$

$\therefore a=10, b=3$

따라서 $a+b=13$

0046

삼각형 ABC의 무게중심을 G라 하자.
삼각형 ABC와 만나지 않는 직선 l에 대하여
세 점 A, B, C에서 직선 l까지의 거리를 각각
7, 4, 10이라 할 때,
점 G에서 직선 l 사이의 거리 를 구하시오.

TIP 직선 l을 x축으로 생각한다.

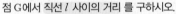

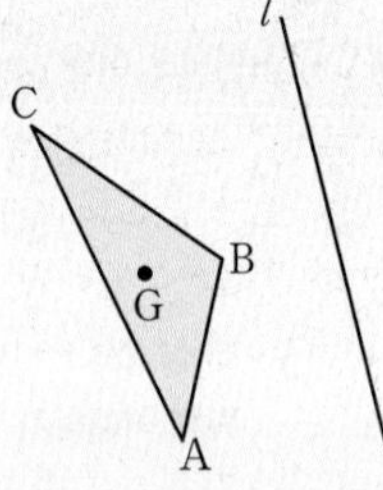

STEP A 직선 l을 x축이라 생각하고 세 점 A, B, C의 y좌표 구하기

직선 l을 x축이라 생각하면
세 점 A, B, C에서 l까지의 거리가
y좌표가 됨을 알 수 있다.
이때 세 점 A, B, C의 y좌표를
각각 y_1, y_2, y_3이라 하면
$y_1=7$, $y_2=4$, $y_3=10$

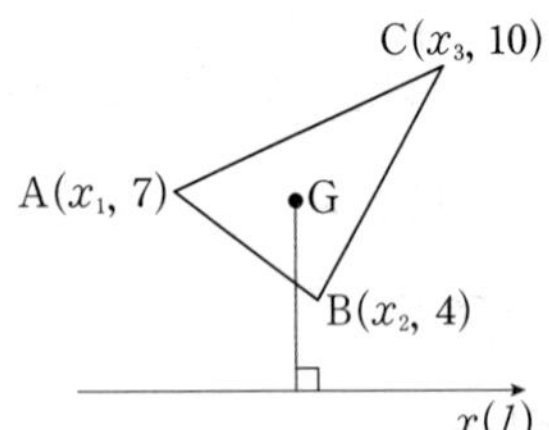

STEP B 무게중심의 정의를 이용하여 점 G의 y좌표 구하기

세 점 $A(x_1, 7)$, $B(x_2, 4)$, $C(x_3, 10)$을 꼭짓점으로 하는
삼각형 ABC의 무게중심 G의 좌표는

$\left(\frac{x_1+x_2+x_3}{3}, \frac{7+4+10}{3}\right)$, 즉 $G\left(\frac{x_1+x_2+x_3}{3}, 7\right)$

따라서 점 G에서 직선 l까지의 거리는 점 G의 y좌표와 같으므로
점 G에서 직선 l까지의 거리는 7

+α 점 G에서 직선 l까지의 거리가 y좌표인 이유!

삼각형과 만나지 않는 직선 l을 x축이라 생각하고 세 점에서 직선 l까지의 거리를 각 점의 y좌표로 두어 접근한다.

0047

2009년 09월 고1 학력평가 14번

다음 물음에 답하시오.

(1) 삼각형 ABC의 세 변 AB, BC, CA의 중점이 각각 $(1, 2)$, $(3, 5)$, (a, b) 일 때, 삼각형 ABC의 무게중심의 좌표는 $\left(\frac{8}{3}, \frac{14}{3}\right)$이다.

TIP 원래 삼각형의 무게중심과 삼각형의 세 변을 동일한 비율로 내분한 점을 이어 만든 삼각형의 무게중심은 일정하다.

이때 $a+b$의 값을 구하시오.

STEP A 삼각형 ABC의 무게중심의 좌표는 세 변 AB, BC, CA의 중점을 이어 만든 삼각형의 무게중심의 좌표와 같음을 이용하기

세 변 AB, BC, CA의 중점 $(1, 2)$, $(3, 5)$, (a, b)를 이어 만든
삼각형의 무게중심의 좌표는

$\left(\frac{1+3+a}{3}, \frac{2+5+b}{3}\right)$, 즉 $\left(\frac{a+4}{3}, \frac{b+7}{3}\right)$

삼각형 ABC의 무게중심의 좌표가 $\left(\frac{8}{3}, \frac{14}{3}\right)$

이때 삼각형 ABC의 무게중심의 좌표와 세 변 AB, BC, CA의 중점들을 이어 만든 삼각형의 무게중심의 좌표는 같으므로

$\frac{a+4}{3}=\frac{8}{3}$, $\frac{b+7}{3}=\frac{14}{3}$

따라서 $a=4$, $b=7$이므로 $a+b=4+7=11$

(2) 세 점 $A(6, -1)$, $B(3, -4)$, $C(-3, 2)$를 꼭짓점으로 하는 삼각형 ABC에서 세 변 AB, BC, CA를 각각 $2:1$로 내분하는 점을 차례대로 P, Q, R이라 할 때, 삼각형 PQR의 무게중심의 좌표를 (a, b)라 하자.

TIP 원래 삼각형의 무게중심과 삼각형의 세 변을 동일한 비율로 내분한 점을 이어 만든 삼각형의 무게중심은 일치한다.

이때 $a+b$의 값을 구하시오.

STEP A 삼각형 ABC의 무게중심의 좌표는 세 변을 동일한 비율로 내분한 점을 이어 만든 삼각형의 무게중심의 좌표와 같음을 이용하기

삼각형 ABC의 무게중심과 세 변 AB, BC, CA를 각각 $2:1$로 내분하는
점 P, Q, R을 꼭짓점으로 하는 삼각형 PQR의 무게중심과 일치한다.
삼각형 PQR의 무게중심의 좌표는

$\left(\frac{6+3+(-3)}{3}, \frac{-1+(-4)+2}{3}\right)$, 즉 $(2, -1)$

따라서 $a=2$, $b=-1$이므로 $a+b=1$

MINI해설 직접 내분점의 좌표를 구하여 풀이하기

세 점 $A(6, -1)$, $B(3, -4)$, $C(-3, 2)$에 대하여

선분 AB를 $2:1$로 내분하는 점 P의 좌표는

$\left(\frac{2\times3+1\times6}{2+1}, \frac{2\times(-4)+1\times(-1)}{2+1}\right)$, 즉 $P(4, -3)$

선분 BC를 $2:1$로 내분하는 점 Q의 좌표는

$\left(\frac{2\times(-3)+1\times3}{2+1}, \frac{2\times2+1\times(-4)}{2+1}\right)$, 즉 $Q(-1, 0)$

선분 CA를 $2:1$로 내분하는 점 R의 좌표는

$\left(\frac{2\times6+1\times(-3)}{2+1}, \frac{2\times(-1)+1\times2}{2+1}\right)$, 즉 $R(3, 0)$

삼각형 PQR의 무게중심의 좌표는

$\left(\frac{4+(-1)+3}{3}, \frac{-3+0+0}{3}\right)$, 즉 $(2, -1)$

따라서 $a=2$, $b=-1$이므로 $a+b=1$

NORMAL

0048

2019년 09월 고1 학력평가 12번 변형

직선 $y=\frac{1}{3}x$ 위의 두 점 $\mathrm{A}(3, 1)$, $\mathrm{B}(a, b)$가 있다. 제 2사분면 위의 한 점 C에 대하여 삼각형 BOC와 삼각형 OAC의 넓이의 비가 $3:1$일 때,

TIP 높이가 동일한 두 삼각형의 넓이의 비는 밑변의 길이의 비이다.

$a+b$의 값은? (단, $a<0$이고, O는 원점이다.)

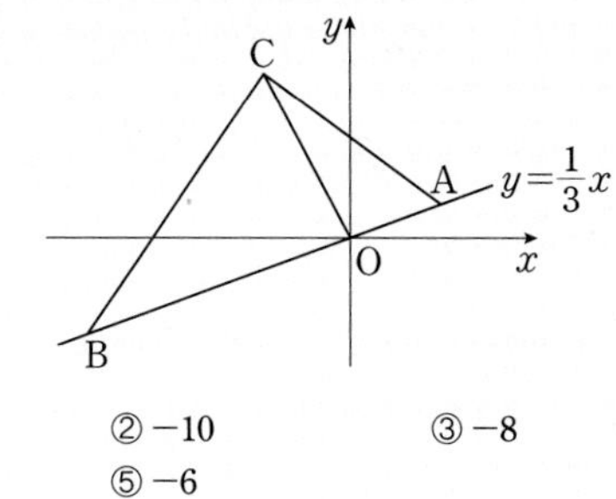

① -12　② -10　③ -8
④ -9　⑤ -6

STEP A 두 삼각형의 넓이의 비를 이용하여 밑변의 길이의 비 구하기

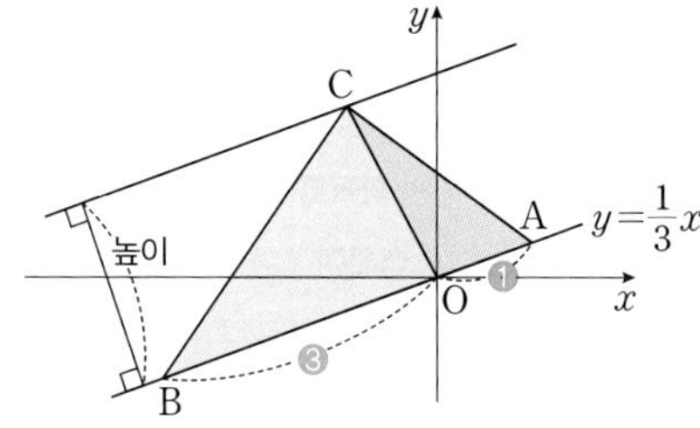

두 삼각형 BOC와 OAC의 높이는 점 C에서 선분 AB까지의 거리로 동일하고
밑변은 각각 $\overline{\mathrm{BO}}$, $\overline{\mathrm{OA}}$
이때 삼각형 BOC와 삼각형 OAC의 넓이의 비는 $3:1$이므로
$\overline{\mathrm{BO}}:\overline{\mathrm{OA}}=3:1$
즉 원점 O는 선분 BA를 $3:1$로 내분하는 점이다.

STEP B 선분 BA를 $3:1$로 내분하는 점의 좌표를 이용하여 a, b의 값 구하기

두 점 $\mathrm{B}(a, b)$, $\mathrm{A}(3, 1)$에 대하여 선분 BA를 $3:1$로 내분하는 점의 좌표는

$\left(\frac{3\times3+1\times a}{3+1}, \frac{3\times1+1\times b}{3+1}\right)$, 즉 $\left(\frac{9+a}{4}, \frac{3+b}{4}\right)$

이 점이 $\mathrm{O}(0, 0)$과 같으므로 $\frac{9+a}{4}=0$, $\frac{3+b}{3}=0$

따라서 $a=-9$, $b=-3$이므로 $a+b=(-9)+(-3)=-12$

+α 두 삼각형의 닮음비를 이용하여 구할 수 있어!

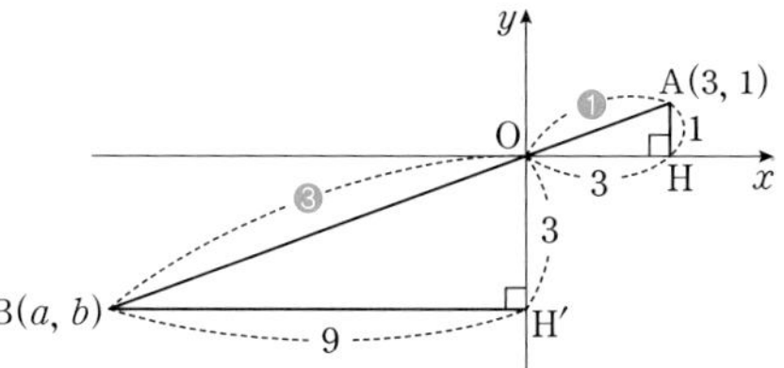

점 $\mathrm{A}(3, 1)$에서 x축에 내린 수선의 발을 H라 하면 $\overline{\mathrm{AH}}=1$, $\overline{\mathrm{OH}}=3$
마찬가지로 점 $\mathrm{B}(a, b)(a<0, b<0)$에서 y축에 내린 수선의 발을 H′라 하자.
이때 삼각형 AOH와 삼각형 OBH′은 닮음이다.
$\angle\mathrm{AOH}=\angle\mathrm{OBH'}$, $\angle\mathrm{OAH}=\angle\mathrm{BOH'}$이므로 $\triangle\mathrm{AOH}\backsim\triangle\mathrm{OBH'}$ (AA닮음)
원점 O는 선분 BA를 $3:1$로 내분하는 점이므로
삼각형 AOH와 삼각형 OBH′의 닮음비는 $\overline{\mathrm{AO}}:\overline{\mathrm{OB}}=1:3$
$\overline{\mathrm{AH}}:\overline{\mathrm{OH'}}=1:3$이므로 $\overline{\mathrm{OH'}}=3$
$\overline{\mathrm{OH}}:\overline{\mathrm{BH'}}=1:3$이므로 $\overline{\mathrm{BH'}}=3\times\overline{\mathrm{OH}}=9$
즉 제 3사분면에 있는 점 B의 좌표는 $\mathrm{B}(-9, -3)$
따라서 $a=-9$, $b=-3$이므로 $a+b=-12$

0049

2020년 11월 고1 학력평가 25번 변형

좌표평면 위의 두 점 A, B에 대하여 선분 AB의 중점의 좌표가 $(0, 5)$이고, 선분 AB를 $1:3$으로 내분하는 점의 좌표가 $(-4, 3)$일 때, 선분 AB의 길이

TIP 선분 AB의 중점과 선분 AB를 $1:3$으로 내분하는 점 모두 선분 AB의 사등분점임을 이용하여 두 점 사이의 거리를 구한다.

를 구하시오.

STEP A 선분 AB의 중점과 내분점의 위치 구하기

선분 AB의 중점을 P, 선분 AB를 $1:3$으로 내분하는 점을 Q라 하면
점 Q는 선분 AP의 중점이다.
즉 선분 AB의 사등분점 중 두 점 P, Q의 좌표는
$\mathrm{P}(0, 5)$, $\mathrm{Q}(-4, 3)$

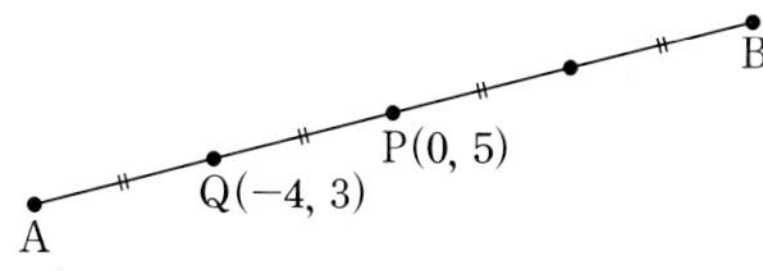

STEP B 선분 AB의 길이 구하기

두 점 $\mathrm{P}(0, 5)$, $\mathrm{Q}(-4, 3)$에 대하여 선분 PQ의 길이는
$\overline{\mathrm{PQ}}=\sqrt{\{0-(-4)\}^2+(5-3)^2}=\sqrt{16+4}=2\sqrt{5}$
따라서 $\overline{\mathrm{AB}}=2\overline{\mathrm{AP}}=2\times2\overline{\mathrm{PQ}}=8\sqrt{5}$

다른풀이 두 점 A, B의 좌표를 구하여 풀이하기

STEP A 선분 AB의 중점의 좌표와 내분점의 좌표를 이용하여 두 점 A, B의 좌표 구하기

두 점 A, B의 좌표를 각각 $\mathrm{A}(x_1, y_1)$, $\mathrm{B}(x_2, y_2)$라 하면
선분 AB의 중점의 좌표는 $\left(\frac{x_1+x_2}{2}, \frac{y_1+y_2}{2}\right)$
이 점은 $(0, 5)$와 일치하므로
$\frac{x_1+x_2}{2}=0$에서 $x_1+x_2=0$ …… ㉠
$\frac{y_1+y_2}{2}=5$에서 $y_1+y_2=10$ …… ㉡
선분 AB를 $1:3$으로 내분하는 점의 좌표는
$\left(\frac{1\times x_2+3\times x_1}{1+3}, \frac{1\times y_2+3\times y_1}{1+3}\right)$
이 점은 $(-4, 3)$과 일치하므로
$\frac{3x_1+x_2}{4}=-4$에서 $3x_1+x_2=-16$ …… ㉢
$\frac{3y_1+y_2}{4}=3$에서 $3y_1+y_2=12$ …… ㉣
㉠, ㉢을 연립하여 풀면 $x_1=-8$, $x_2=8$
㉡, ㉣을 연립하여 풀면 $y_1=1$, $y_2=9$

STEP B 두 점 사이의 거리를 이용하여 선분 AB의 길이 구하기

따라서 두 점 $\mathrm{A}(-8, 1)$, $\mathrm{B}(8, 9)$에 대하여
$\overline{\mathrm{AB}}=\sqrt{\{8-(-8)\}^2+(9-1)^2}=\sqrt{256+64}=8\sqrt{5}$

0050

다음 물음에 답하시오.

(1) 세 점 A$(0, -1)$, B$(4, 2)$, C$(a, 3)$을 꼭짓점으로 하는 삼각형 ABC가 $\angle C=90°$인 직각삼각형일 때, 실수 a의 값을 구하시오.

TIP $\overline{AB}^2=\overline{BC}^2+\overline{CA}^2$

STEP Ⓐ 두 점 사이의 거리 공식을 이용하여 세 변의 길이 구하기

세 점 A$(0, -1)$, B$(4, 2)$, C$(a, 3)$에 대하여

$\overline{AB}=\sqrt{(4-0)^2+\{2-(-1)\}^2}=\sqrt{16+9}=5$

$\overline{BC}=\sqrt{(a-4)^2+(3-2)^2}=\sqrt{a^2-8a+17}$

$\overline{CA}=\sqrt{(0-a)^2+(-1-3)^2}=\sqrt{a^2+16}$

STEP Ⓑ 피타고라스 정리를 이용하여 실수 a의 값 구하기

이때 삼각형 ABC가 $\angle C=90°$인 직각삼각형이므로

피타고라스 정리에 의하여 $\overline{AB}^2=\overline{BC}^2+\overline{CA}^2$

즉 $5^2=(a^2-8a+17)+(a^2+16)$, $a^2-4a+4=0$, $(a-2)^2=0$

따라서 $a=2$

(2) 세 점 A$(2, 8)$, B$(-1, a)$, C$(5, -1)$을 꼭짓점으로 하는 삼각형 ABC가 $\overline{AB}=\overline{BC}$인 이등변삼각형이 되도록 하는 실수 a의 값을 구하시오.

TIP $\overline{AB}=\overline{BC}$이므로 $\overline{AB}^2=\overline{BC}^2$

STEP Ⓐ 삼각형 ABC가 이등변삼각형이 되도록 하는 a의 값 구하기

세 점 A$(2, 8)$, B$(-1, a)$, C$(5, -1)$에 대하여

$\overline{AB}=\sqrt{(-1-2)^2+(a-8)^2}=\sqrt{a^2-16a+73}$

$\overline{BC}=\sqrt{\{5-(-1)\}^2+(-1-a)^2}=\sqrt{a^2+2a+37}$

이때 $\overline{AB}=\overline{BC}$이므로 $\overline{AB}^2=\overline{BC}^2$

$a^2-16a+73=a^2+2a+37$, $18a=36$

따라서 $a=2$

0051

평행사변형 ABCD에서 두 점 A, B의 좌표는 각각 $(-3, 0)$, $(4, 2)$이고

TIP 두 대각선의 중점이 일치한다.

삼각형 ABC의 무게중심의 좌표가 $(2, 2)$일 때, 점 D의 좌표를 (p, q)라 하자. 이때 $p+q$의 값을 구하시오.

STEP Ⓐ 삼각형 ABC의 무게중심의 좌표를 이용하여 점 C의 좌표 구하기

점 C의 좌표를 C(a, b)라 하고 두 점 A$(-3, 0)$, B$(4, 2)$에 대하여

삼각형 ABC의 무게중심의 좌표는

$\left(\frac{-3+4+a}{3}, \frac{0+2+b}{3}\right)$, 즉 $\left(\frac{1+a}{3}, \frac{2+b}{3}\right)$

이 점이 $(2, 2)$와 일치해야 하므로 $\frac{1+a}{3}=2$, $\frac{2+b}{3}=2$

$\therefore a=5, b=4$

즉 점 C의 좌표는 C$(5, 4)$

STEP Ⓑ 평행사변형의 두 대각선의 중점이 일치함을 이용하여 점 D의 좌표 구하기

두 점 A$(-3, 0)$, C$(5, 4)$에 대하여 선분 AC의 중점의 좌표는

$\left(\frac{-3+5}{2}, \frac{0+4}{2}\right)$, 즉 $(1, 2)$

두 점 B$(4, 2)$, D(p, q)에 대하여 선분 BD의 중점의 좌표는

$\left(\frac{4+p}{2}, \frac{2+q}{2}\right)$

평행사변형 ABCD의 성질에 의하여 두 대각선의 중점이 일치하므로

$\frac{4+p}{2}=1$, $\frac{2+q}{2}=2$에서 $p=-2$, $q=2$

따라서 $p+q=-2+2=0$

0052

2021년 03월 고2 학력평가 12번 변형

좌표평면에 세 점 A$(5, 0)$, B$(0, -3)$, C(a, b)를 꼭짓점으로 하는 삼각형 ABC가 있다. $\overline{AC}=\overline{BC}$이고 삼각형 ABC의 무게중심이 x축 위에 있을 때, $a+b$의 값은?

TIP 무게중심의 y좌표가 0이어야 한다.

① 2 ② $\frac{11}{5}$ ③ $\frac{12}{5}$ ④ $\frac{13}{5}$ ⑤ $\frac{14}{5}$

STEP Ⓐ $\overline{AC}=\overline{BC}$임을 이용하여 a, b 사이의 관계식 구하기

세 점 A$(5, 0)$, B$(0, -3)$, C(a, b)에 대하여

$\overline{AC}=\sqrt{(a-5)^2+(b-0)^2}=\sqrt{a^2-10a+b^2+25}$

$\overline{BC}=\sqrt{(a-0)^2+\{b-(-3)\}^2}=\sqrt{a^2+b^2+6b+9}$

이때 $\overline{AC}=\overline{BC}$에서 $\overline{AC}^2=\overline{BC}^2$이므로

$a^2-10a+b^2+25=a^2+b^2+6b+9$, $10a+6b=16$

$\therefore 5a+3b=8$ …… ㉠

STEP Ⓑ 삼각형 ABC의 무게중심의 좌표를 이용하여 a, b의 값 구하기

세 점 A$(5, 0)$, B$(0, -3)$, C(a, b)에 대하여

삼각형 ABC의 무게중심의 좌표는

$\left(\frac{5+0+a}{3}, \frac{0+(-3)+b}{3}\right)$, 즉 $\left(\frac{a+5}{3}, \frac{b-3}{3}\right)$

이 점이 x축 위에 있으므로 y좌표가 0이어야 한다. 즉 $\frac{b-3}{3}=0$ $\therefore b=3$

이를 ㉠에 대입하면 $5a+9=8$, $5a=-1$ $\therefore a=-\frac{1}{5}$

따라서 $a+b=-\frac{1}{5}+3=\frac{14}{5}$ ← C$\left(-\frac{1}{5}, 3\right)$

다른풀이 이등변삼각형의 수직이등분선의 성질을 이용하여 풀이하기

STEP Ⓐ 선분 AB의 수직이등분선의 방정식 구하기

삼각형 ABC가 $\overline{AC}=\overline{BC}$인 이등변삼각형이므로

점 C는 선분 AB의 수직이등분선 위에 있다.

두 점 A$(5, 0)$, B$(0, -3)$에 대하여 직선 AB의 기울기는 $\frac{-3-0}{0-5}=\frac{3}{5}$

두 점 (x_1, y_1), (x_2, y_2)를 지나는 직선의 기울기는 $\frac{y_2-y_1}{x_2-x_1}$ 또는 $\frac{y_1-y_2}{x_1-x_2}$

직선 AB의 수직이등분선의 기울기를 m이라 하면

수직인 두 직선의 기울기의 곱은 -1

$\frac{3}{5}m=-1$ $\therefore m=-\frac{5}{3}$

두 점 A$(5, 0)$, B$(0, -3)$에 대하여 선분 AB의 중점을 M이라 하면

점 M의 좌표는 $\left(\frac{5+0}{2}, \frac{0+(-3)}{2}\right)$, 즉 M$\left(\frac{5}{2}, -\frac{3}{2}\right)$

이때 기울기가 $-\frac{5}{3}$이고 점 M$\left(\frac{5}{2}, -\frac{3}{2}\right)$을 지나는 직선의 방정식은

기울기가 m이고 점 (x_1, y_1)을 지나는 직선의 방정식은 $y-y_1=m(x-x_1)$

$y-\left(-\frac{3}{2}\right)=-\frac{5}{3}\left(x-\frac{5}{2}\right)$ $\therefore y=-\frac{5}{3}x+\frac{8}{3}$

STEP Ⓑ 이등변삼각형의 무게중심의 성질을 이용하여 점 C의 좌표 구하기

이등변삼각형 ABC의 무게중심을 G라 하면 점 G는 직선 $y=-\frac{5}{3}x+\frac{8}{3}$

이등변삼각형의 무게중심은 밑변의 수직이등분선 위에 있다.

위에 있고 x축 위에 있으므로 y좌표가 0이어야 한다.

$\therefore$ G$\left(\frac{8}{5}, 0\right)$

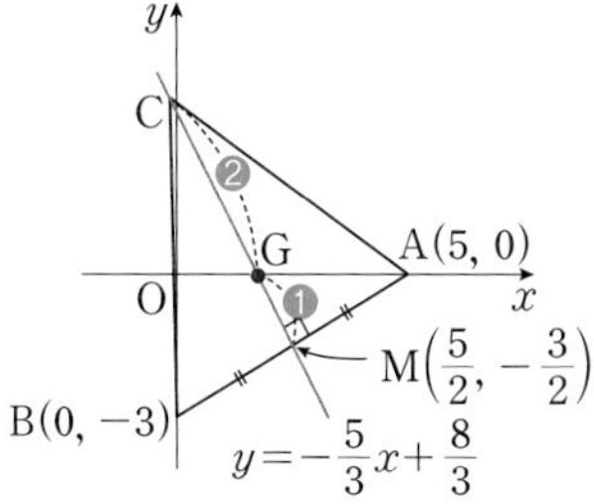

이때 선분 CM은 삼각형 ABC의 중선이므로

두 점 C(a, b), M$\left(\frac{5}{2}, -\frac{3}{2}\right)$에 대하여

중선 CM을 2 : 1로 내분하는 점이 삼각형 ABC의 무게중심이 된다.

$\left(\frac{2\times\frac{5}{2}+1\times a}{2+1}, \frac{2\times\left(-\frac{3}{2}\right)+1\times b}{2+1}\right)$, 즉 $\left(\frac{a+5}{3}, \frac{b-3}{3}\right)$

이 점은 G$\left(\frac{8}{5}, 0\right)$과 일치하므로 $\frac{a+5}{3}=\frac{8}{5}$, $\frac{b-3}{3}=0$

따라서 $a=-\frac{1}{5}$, $b=3$이므로 $a+b=\frac{14}{5}$

0053

2013년 09월 고1 학력평가 12번 변형

점 A$(-2, 8)$을 한 꼭짓점으로 하는 삼각형 ABC의 두 변 AB, AC의 중점을 각각 M(x_1, y_1), N(x_2, y_2)라 하자.

TIP 두 점 B, C의 좌표가 주어지지 않았으므로 문자를 이용하여 관계식을 구한다.

$x_1+x_2=4$, $y_1+y_2=6$일 때, 삼각형 ABC의 무게중심의 좌표는 (p, q)이다. 이때 $p+q$의 값을 구하시오.

STEP A 두 꼭짓점 B, C의 좌표를 각각 B(a, b), C(c, d)라 하고 주어진 조건을 이용하여 a, b, c, d 사이의 관계식 구하기

두 꼭짓점 B, C의 좌표를 B(a, b), C(c, d)라 하자.

변 AB의 중점의 좌표가 M(x_1, y_1)이므로 $\frac{-2+a}{2}=x_1$, $\frac{8+b}{2}=y_1$

변 AC의 중점의 좌표가 N(x_2, y_2)이므로 $\frac{-2+c}{2}=x_2$, $\frac{8+d}{2}=y_2$

이때 $x_1+x_2=4$, $y_1+y_2=6$이므로

$x_1+x_2=\frac{-2+a}{2}+\frac{-2+c}{2}=4 \quad \therefore a+c=12$ …… ㉠

$y_1+y_2=\frac{8+b}{2}+\frac{8+d}{2}=6 \quad \therefore b+d=-4$ …… ㉡

STEP B 삼각형 ABC의 무게중심의 좌표 구하기

세 점 A$(-2, 8)$, B(a, b), C(c, d)를 꼭짓점으로 하는

삼각형 ABC의 무게중심의 좌표는 $\left(\frac{-2+a+c}{3}, \frac{8+b+d}{3}\right)$이므로

㉠, ㉡에 의하여 $\left(\frac{10}{3}, \frac{4}{3}\right)$

따라서 $p=\frac{10}{3}$, $q=\frac{4}{3}$이므로 $p+q=\frac{14}{3}$

+α 삼각형의 무게중심의 성질을 이용하여 구할 수 있어!

두 점 B(a, b), C(c, d)의 중점을 D라 하면

점 D의 좌표는 D$\left(\frac{a+c}{2}, \frac{b+d}{2}\right)$

㉠, ㉡에 의하여 D$(6, -2)$

이때 삼각형 ABC의 무게중심은 중선을 꼭짓점으로부터 2 : 1로 내분하는 점이므로

두 점 A$(-2, 8)$, D$(6, -2)$에 대하여

중선 AD를 2 : 1로 내분하는 점의 좌표는

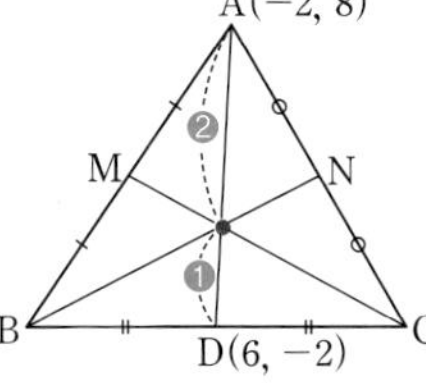

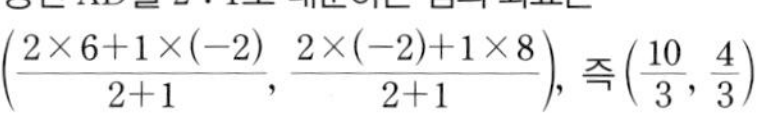

$\left(\frac{2\times6+1\times(-2)}{2+1}, \frac{2\times(-2)+1\times8}{2+1}\right)$, 즉 $\left(\frac{10}{3}, \frac{4}{3}\right)$

따라서 $p=\frac{10}{3}$, $q=\frac{4}{3}$이므로 $p+q=\frac{14}{3}$

0054

세 점 A$(15, 2)$, B$(2, 5)$, C$(-2, -1)$에 대하여 $\overline{AP}^2+\overline{BP}^2+\overline{CP}^2$이 최소가 되는 점 P의 좌표가 (a, b)일 때, $a+b$의 값을 구하시오.

TIP 점 P는 삼각형 ABC의 무게중심이다.

STEP A $\overline{AP}^2+\overline{BP}^2+\overline{CP}^2$의 값이 최소가 되도록 하는 점 P는 삼각형 ABC의 무게중심임을 이용하여 a, b의 값 구하기

$\overline{AP}^2+\overline{BP}^2+\overline{CP}^2$의 값이 최소가 되도록 하는 점 P는 삼각형 ABC의 무게중심이다.

이때 세 점 A$(15, 2)$, B$(2, 5)$, C$(-2, -1)$을 꼭짓점으로 하는

삼각형 ABC의 무게중심의 좌표는

$\left(\frac{15+2+(-2)}{3}, \frac{2+5+(-1)}{3}\right)$, 즉 $(5, 2)$

따라서 $a=5$, $b=2$이므로 $a+b=5+2=7$

0055

2010년 03월 고2 학력평가 8번

오른쪽 그림과 같이 두 직선 $y=\frac{1}{2}x$와 $y=3x$가 직선 $y=-2x+k$와 만나는 점을 각각 A, B라 하자. 원점 O와

TIP 두 점 A, B의 좌표를 문자로 놓고 무게중심을 이용하여 두 점 A, B의 좌표를 구한다.

두 점 A, B를 꼭짓점으로 하는 삼각형 OAB의 무게중심의 좌표가 $\left(2, \frac{8}{3}\right)$일 때, 상수 k의 값은?

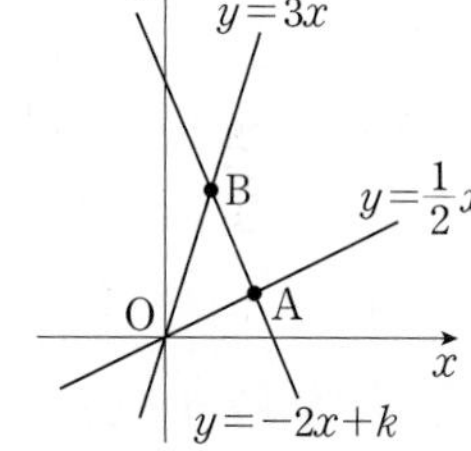

① 2 ② 4 ③ 6 ④ 8 ⑤ 10

STEP A 삼각형의 무게중심 좌표를 이용하여 두 점 A, B의 좌표 구하기

두 점 A, B는 각각 두 직선 $y=\frac{1}{2}x$, $y=3x$ 위의 점이므로

A$\left(a, \frac{1}{2}a\right)$, B$(b, 3b)$라 하자.

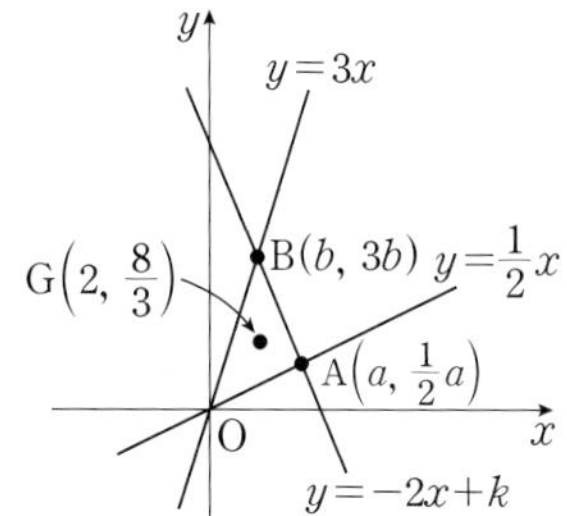

삼각형 OAB의 무게중심의 좌표를 G라 하면

G$\left(\frac{0+a+b}{3}, \frac{0+\frac{1}{2}a+3b}{3}\right)$

이 점은 G$\left(2, \frac{8}{3}\right)$의 좌표와 같으므로

$\frac{a+b}{3}=2$에서 $a+b=6$ …… ㉠

$\frac{\frac{1}{2}a+3b}{3}=\frac{8}{3}$에서 $a+6b=16$ …… ㉡

㉠, ㉡을 연립하여 풀면 $a=4$, $b=2$

$\therefore$ A$(4, 2)$, B$(2, 6)$

STEP B 점 A가 직선 $y=-2x+k$ 위의 점임을 이용하여 k의 값 구하기

점 A$(4, 2)$가 직선 $y=-2x+k$ 위의 점이므로 $2=-8+k$

따라서 $k=10$

MINI해설 두 직선의 교점의 좌표를 구하여 풀이하기

직선 $y=-2x+k$와 두 직선 $y=\frac{1}{2}x$, $y=3x$의 교점 A, B의 좌표를 구하면

$y=-2x+k$에 $y=\frac{1}{2}x$를 대입하면 $\frac{1}{2}x=-2x+k$ $\therefore x=\frac{2}{5}k$

$x=\frac{2}{5}k$를 $y=\frac{1}{2}x$에 대입하면 $y=\frac{1}{5}k$ $\therefore A\left(\frac{2}{5}k, \frac{1}{5}k\right)$

$y=-2x+k$에 $y=3x$를 대입하면 $3x=-2x+k$ $\therefore x=\frac{1}{5}k$

$x=\frac{1}{5}k$를 $y=3x$에 대입하면 $y=\frac{3}{5}k$ $\therefore B\left(\frac{1}{5}k, \frac{3}{5}k\right)$

이때 삼각형 OAB의 무게중심의 x좌표가 2이므로 $\frac{0+\frac{1}{5}k+\frac{2}{5}k}{3}=2$, $\frac{1}{5}k=2$

따라서 $k=10$

0056

두 점 A$(-1, 4)$, B$(6, 0)$에 대하여 선분 AB를 $(3+k):(3-k)$로 내분하는 점 P가 제1사분면에 있을 때, 정수 k의 개수는?

TIP $\frac{7k+15}{6}>0$, $\frac{-4k+12}{6}>0$

① 3 ② 4 ③ 5
④ 6 ⑤ 7

STEP Ⓐ **선분 AB를 $(3+k):(3-k)$로 내분하는 점의 좌표 구하기**

두 점 A$(-1, 4)$, B$(6, 0)$에 대하여

선분 AB를 $(3+k):(3-k)$로 내분하는 점의 좌표는

$\left(\frac{(3+k)\times 6+(3-k)\times(-1)}{(3+k)+(3-k)}, \frac{(3+k)\times 0+(3-k)\times 4}{(3+k)+(3-k)}\right)$,

즉 $\left(\frac{7k+15}{6}, \frac{-4k+12}{6}\right)$

STEP Ⓑ **내분점이 제1사분면 위에 있음을 이용하여 k의 값의 범위 구하기**

점 $\left(\frac{7k+15}{6}, \frac{-4k+12}{6}\right)$가 제1사분면 위에 있으므로

$\frac{7k+15}{6}>0$, $\frac{-4k+12}{6}>0$ $\therefore -\frac{15}{7}<k<3$ ...... ㉠

이때 $(3+k):(3-k)$로 내분하므로 $3+k>0$, $3-k>0$

$\therefore -3<k<3$ ...... ㉡

㉠, ㉡을 동시에 만족하는 k의 값의 범위는 $-\frac{15}{7}<k<3$

STEP Ⓒ **정수 k의 개수 구하기**

따라서 구하는 정수 k는 $-2, -1, 0, 1, 2$이므로 그 개수는 5

0057

2020년 09월 고1 학력평가 12번 변형

다음 물음에 답하시오.

(1) 그림과 같이 좌표평면 위의 세 점 A$(0, a)$, B$(-6, 0)$, C$(2, 0)$을 꼭짓점으로 하는 삼각형 ABC가 있다. ∠ABC의 이등분선이 선분 AC의 중점을 지날 때, 양수 a의 값은?

TIP ∠ABC의 이등분선과 선분 AC가 만나는 점을 M이라 하면 $\overline{BA}:\overline{BC}=\overline{AM}:\overline{CM}$

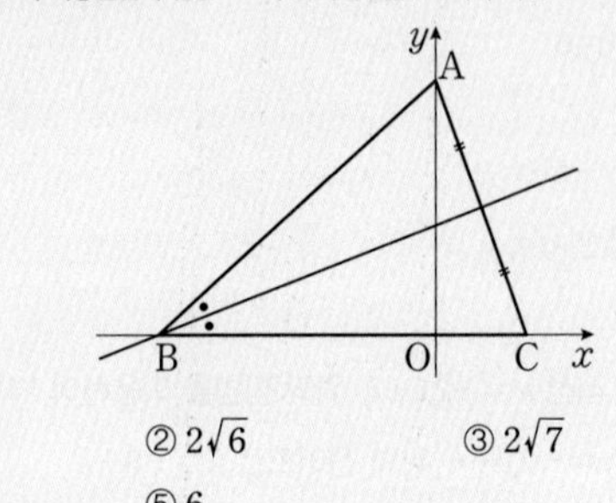

① $2\sqrt{5}$ ② $2\sqrt{6}$ ③ $2\sqrt{7}$
④ $4\sqrt{2}$ ⑤ 6

STEP Ⓐ **삼각형의 각의 이등분선의 성질 이용하여 삼각형 ABC의 형태 구하기**

∠ABC의 이등분선이 변 AC와 만나는 점을 M이라 하면 ← $\overline{AM}=\overline{CM}$

선분 AC는 ∠B의 이등분선이고 $\overline{BA}:\overline{BC}=\overline{AM}:\overline{CM}=1:1$이 성립한다.

즉 삼각형 ABC는 $\overline{BA}=\overline{BC}$인 이등변삼각형이다.

STEP Ⓑ **두 점 사이의 거리를 이용하여 양수 a의 값 구하기**

세 점 A$(0, a)$, B$(-6, 0)$, C$(2, 0)$에 대하여

$\overline{BA}=\sqrt{(-6-0)^2+(0-a)^2}=\sqrt{a^2+36}$

$\overline{BC}=|2-(-6)|=8$

이때 $\overline{BA}=\overline{BC}$이므로 $\overline{BA}^2=\overline{BC}^2$

$a^2+36=64$, $a^2=28$

따라서 $a=2\sqrt{7}$ ($\because a>0$) ← A$(0, 2\sqrt{7})$

2004년 03월 고1 학력평가 5번

(2) 그림과 같이 삼각형 ABC에서 $\overline{AB}=8$, $\overline{AC}=4$, $\overline{BC}=9$이고 ∠A의 이등분선이 변 BC와 만나는 점을 D라 하자. $\overline{BD}=a$, $\overline{DC}=b$

TIP 각의 이등분선의 성질에 의하여 $\overline{AB}:\overline{AC}=\overline{BD}:\overline{DC}$

가 이차방정식 $x^2+px+q=0$의 두 근일 때, $p+q$의 값은?

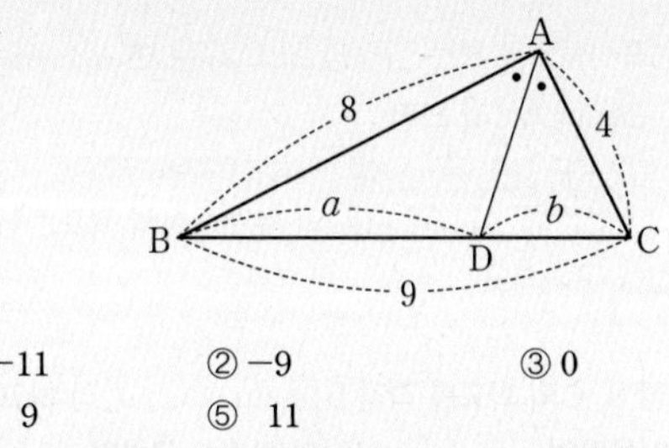

① -11 ② -9 ③ 0
④ 9 ⑤ 11

STEP Ⓐ **삼각형의 각의 이등분선의 성질을 이용하여 a, b의 값 구하기**

∠A의 이등분선이 변 BC와 만나는 점이 D이므로

선분 AD는 ∠A의 이등분선이고 $\overline{AB}:\overline{AC}=\overline{BD}:\overline{DC}$가 성립한다.

즉 $a:b=8:4=2:1$이므로 점 D는 선분 BC를 $2:1$로 내분하는 점이다.

$a=\frac{2}{3}\times\overline{BC}=\frac{2}{3}\times 9=6$, $b=\frac{1}{3}\times\overline{BC}=\frac{1}{3}\times 9=3$

STEP Ⓑ **a, b를 두 근으로 하고 이차항의 계수가 1인 이차방정식 구하기**

6, 3을 두 근으로 하고 이차항의 계수가 1인 이차방정식은

이차항의 계수가 a이고 두 근이 α, β인 이차방정식은 $a(x-\alpha)(x-\beta)=0$, 즉 $a\{x^2-(\alpha+\beta)x+\alpha\beta\}=0$

$(x-6)(x-3)=0$, $x^2-9x+18=0$

따라서 $p=-9$, $q=18$이므로 $p+q=9$

+α 이차방정식의 근과 계수의 관계를 이용하여 p, q의 값을 구할 수 있어!

이차방정식 $x^2+px+q=0$의 두 근이 6, 3이므로

근과 계수의 관계에 의하여 $-p=6+3$, $q=6\times 3$

따라서 $p=-9$, $q=18$이므로 $p+q=9$

0058

서술형

점 P가 직선 $x-3y+6=0$ 위를 움직일 때, 점 A$(3, -2)$와 점 P를 이은

TIP 점 P(a, b)라 하면 $a-3b+6=0$

선분 AP를 $1:2$로 내분하는 점이 나타내는 도형의 방정식을 구하는 과정을 다음 단계로 서술하시오.

[1단계] 점 P(a, b)라 놓고 직선 위의 점임을 이용하여 a, b 사이의 관계식을 구한다. [2점]

[2단계] 선분 AP를 $1:2$로 내분하는 점의 좌표를 구한다. [5점]

[3단계] 도형의 방정식을 구한다. [3점]

1단계	점 P(a, b)라 놓고 직선 위의 점임을 이용하여 a, b 사이의 관계식을 구한다.	2점

점 P의 좌표를 P(a, b)라 하면
점 P는 직선 $x-3y+6=0$ 위에 있으므로
$a-3b+6=0$ ······ ㉠

2단계	선분 AP를 1 : 2로 내분하는 점의 좌표를 구한다.	5점

선분 AP를 1 : 2로 내분하는 점의 좌표를 (x, y)라 하자.
두 점 A$(3, -2)$, P(a, b)에 대하여 선분 AP를 1 : 2로 내분하는 점의 좌표는
$\left(\frac{1\times a+2\times 3}{1+2}, \frac{1\times b+2\times(-2)}{1+2}\right)$, 즉 $\left(\frac{a+6}{3}, \frac{b-4}{3}\right)$
이 점의 좌표는 (x, y)와 같으므로 $x=\frac{a+6}{3}$, $y=\frac{b-4}{3}$
$\therefore a=3x-6$, $b=3y+4$

3단계	도형의 방정식을 구한다.	3점

이를 ㉠에 대입하면 $(3x-6)-3(3y+4)+6=0$, $3x-9y-12=0$
따라서 $x-3y-4=0$

0059

세 점 A$(0, 7)$, B$(-5, -5)$, C$(4, 4)$에 대하여 ∠CAB의 이등분선이 변 BC와 만나는 점을 D, 삼각형 ABC의 무게중심을 G라 하자.

TIP 각의 이등분선의 성질에 의하여 $\overline{AB}:\overline{AC}=\overline{BD}:\overline{DC}$

선분 DG의 중점의 좌표를 구하는 과정을 다음 단계로 서술하시오.

[1단계] 각의 이등분선의 성질을 이용하여 점 D의 좌표를 구한다. [5점]
[2단계] 삼각형 ABC의 무게중심 G의 좌표를 구한다. [3점]
[3단계] 선분 DG의 중점의 좌표를 구한다. [2점]

1단계	각의 이등분선의 성질을 이용하여 점 D의 좌표를 구한다.	5점

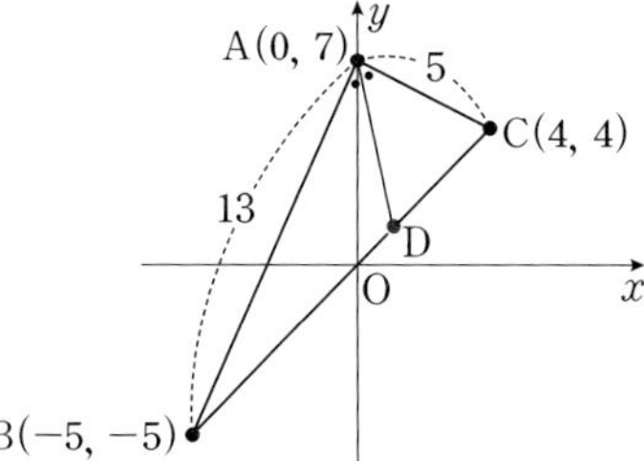

세 점 A$(0, 7)$, B$(-5, -5)$, C$(4, 4)$에 대하여
$\overline{AB}=\sqrt{\{0-(-5)\}^2+\{7-(-5)\}^2}=\sqrt{25+144}=13$
$\overline{AC}=\sqrt{(4-0)^2+(4-7)^2}=\sqrt{16+9}=5$
각의 이등분선의 성질에 의하여 $\overline{AB}:\overline{AC}=\overline{BD}:\overline{DC}=13:5$
점 D는 선분 BC를 13 : 5로 내분하는 점이므로 점 D의 좌표는
$\left(\frac{13\times 4+5\times(-5)}{13+5}, \frac{13\times 4+5\times(-5)}{13+5}\right)$, 즉 D$\left(\frac{3}{2}, \frac{3}{2}\right)$

2단계	삼각형 ABC의 무게중심 G의 좌표를 구한다.	3점

세 점 A$(0, 7)$, B$(-5, -5)$, C$(4, 4)$를 꼭짓점으로 하는 삼각형 ABC의 무게중심 G의 좌표는
$\left(\frac{0+(-5)+4}{3}, \frac{7+(-5)+4}{3}\right)$, 즉 G$\left(-\frac{1}{3}, 2\right)$

3단계	선분 DG의 중점의 좌표를 구한다.	2점

두 점 D$\left(\frac{3}{2}, \frac{3}{2}\right)$, G$\left(-\frac{1}{3}, 2\right)$에 대하여 선분 DG의 중점의 좌표는
$\left(\frac{\frac{3}{2}+\left(-\frac{1}{3}\right)}{2}, \frac{\frac{3}{2}+2}{2}\right)$, 즉 $\left(\frac{7}{12}, \frac{7}{4}\right)$

TOUGH

0060

실수 a, b에 대하여

$$\sqrt{(a-4)^2+a^2}+\sqrt{(b-a)^2+(a+1)^2}+\sqrt{(b-6)^2+9}$$

TIP 네 점을 A$(5, 0)$, P$(a+1, a)$, Q$(0, b)$, B$(-3, 6)$이라 하면
$\sqrt{(a-4)^2+a^2}$은 선분 AP의 길이이고
$\sqrt{(b-a)^2+(a+1)^2}$은 선분 PQ의 길이이고 $\sqrt{(b-6)^2+9}$는 선분 QB의 길이이다.

의 최솟값을 구하시오.

STEP A **두 점 사이의 거리를 이용하여 선분의 길이 구하기**

임의의 네 점 A$(5, 0)$, P$(a+1, a)$, Q$(0, b)$, B$(-3, 6)$이라 하면
$\overline{AP}=\sqrt{\{(a+1)-5\}^2+(a-0)^2}=\sqrt{(a-4)^2+a^2}$
$\overline{PQ}=\sqrt{\{0-(a+1)\}^2+(b-a)^2}=\sqrt{(b-a)^2+(a+1)^2}$
$\overline{QB}=\sqrt{(-3-0)^2+(6-b)^2}=\sqrt{(b-6)^2+9}$

STEP B **$\sqrt{(a-4)^2+a^2}+\sqrt{(b-a)^2+(a+1)^2}+\sqrt{(b-6)^2+9}$의 최솟값 구하기**

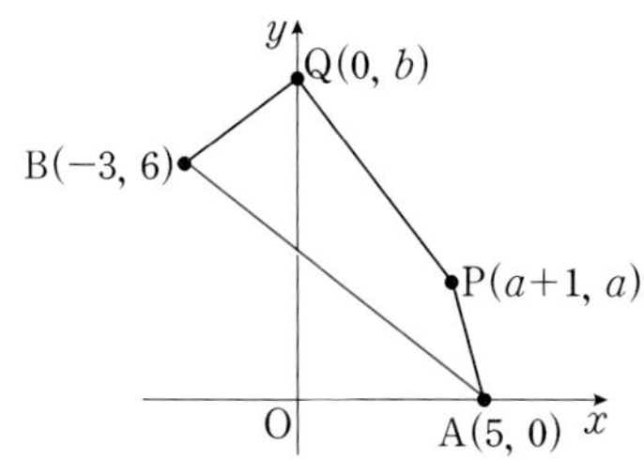

$\sqrt{(a-4)^2+a^2}+\sqrt{(b-a)^2+(a+1)^2}+\sqrt{(b-6)^2+9}=\overline{AP}+\overline{PQ}+\overline{QB}$
$\geq \overline{AB}$
즉 두 점 P, Q가 선분 AB 위에 있을 때, $\overline{AP}+\overline{PQ}+\overline{QB}$는 최소가 된다.
따라서 $\overline{AP}+\overline{PQ}+\overline{QB}$의 최솟값이 선분 AB의 길이이므로
$\overline{AB}=\sqrt{(-3-5)^2+(6-0)^2}=\sqrt{64+36}=10$

0061

2013년 09월 고1 학력평가 28번

오른쪽 그림과 같이 x축 위의 네 점 A_1, A_2, A_3, A_4에 대하여 $\overline{OA_1}$, $\overline{A_1A_2}$, $\overline{A_2A_3}$, $\overline{A_3A_4}$를 각각 한 변으로 하는 정사각형 $OA_1B_1C_1$, $A_1A_2B_2C_2$, $A_2A_3B_3C_3$, $A_3A_4B_4C_4$가 있다.

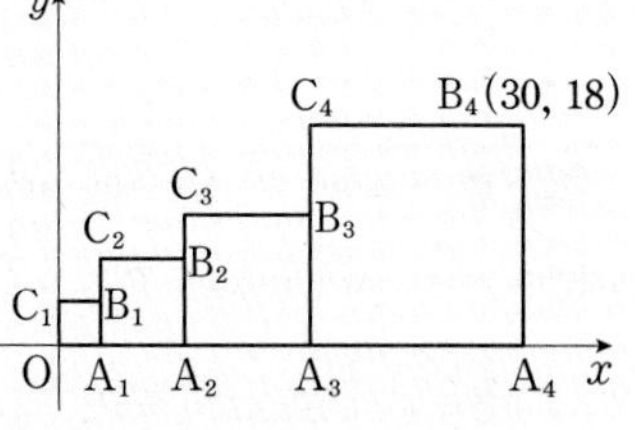

점 B_4의 좌표가 $(30, 18)$이고
정사각형 $OA_1B_1C_1$, $A_1A_2B_2C_2$, $A_2A_3B_3C_3$의 넓이의 비가 $1:4:9$일

TIP 모든 정사각형은 닮은꼴이고 닮음비가 $a:b$이면 넓이의 비는 $a^2:b^2$

때, $\overline{B_1B_3}^2$의 값을 구하시오. (단, O는 원점이다.)

STEP A **세 정사각형의 넓이의 비를 이용하여 점 A_1의 x좌표 구하기**

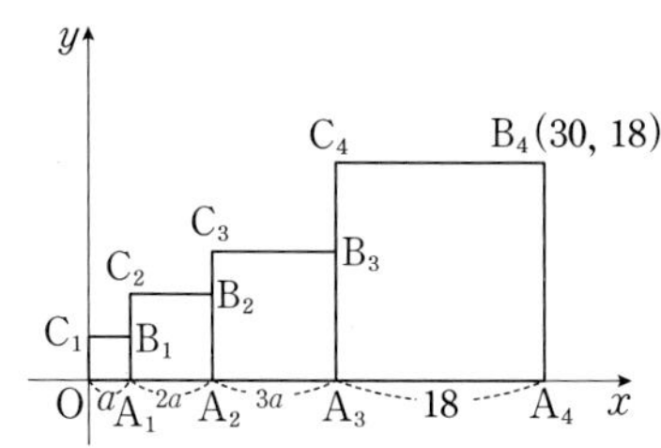

정사각형 $A_3A_4B_4C_4$는 한 변의 길이가 18이므로
점 A_3의 좌표는 $A_3(12, 0)$
세 정사각형 $OA_1B_1C_1$, $A_1A_2B_2C_2$, $A_2A_3B_3C_3$의 넓이의 비가
$1:4:9=1^2:2^2:3^2$
세 정사각형 $OA_1B_1C_1$, $A_1A_2B_2C_2$, $A_2A_3B_3C_3$의 한 변의 길이의 비는
$\overline{OA_1}:\overline{A_1A_2}:\overline{A_2A_3}=1:2:3$
$x>0$에서의 점 A_1의 x좌표를 a (단, $a>0$)라 하면
$\overline{OA_1}=a$, $\overline{A_1A_2}=2a$, $\overline{A_2A_3}=3a$
즉 $\overline{OA_3}=\overline{OA_1}+\overline{A_1A_2}+\overline{A_2A_3}=12$, $a+2a+3a=12$, $6a=12$이므로
$a=2$

STEP B 두 점 사이의 거리를 이용하여 선분 B_1B_3의 길이 구하기

$\overline{OA_1}=2$, $\overline{A_1A_2}=4$, $\overline{A_2A_3}=6$이므로 $B_1(2, 2)$, $B_2(6, 4)$, $B_3(12, 6)$
두 점 $B_1(2, 2)$, $B_3(12, 6)$에 대하여 선분 B_1B_3의 길이는
$\overline{B_1B_3}=\sqrt{(12-2)^2+(6-2)^2}=\sqrt{100+16}=\sqrt{116}$
따라서 $\overline{B_1B_3}^2=(\sqrt{116})^2=116$ ← $(\sqrt{a})^2=a$ (단, $a\ge 0$)

0062

2020년 11월 고1 학력평가 26번 변형

좌표평면에서 이차함수 $y=x^2-6x+2$의 그래프와 직선 $y=3x+12$가 만나는 두 점을 각각 A, B라 하자. 삼각형 OAB의 무게중심의 좌표를 (a, b)라 할 때, $a+b$의 값을 구하시오. (단, O는 원점이다.)

TIP 이차함수와 직선의 방정식을 연립하여 구한 이차방정식의 두 근이 두 점 A, B의 x좌표이다.

STEP A 이차방정식의 근과 계수의 관계를 이용하여 두 점 A, B의 x좌표에 대한 관계식 구하기

이차함수 $y=x^2-6x+2$의 그래프와 직선 $y=3x+12$가 만나는 두 점 A, B의 x좌표를 각각 α, β라 하자.
이차방정식 $x^2-6x+2=3x+12$, 즉 $x^2-9x-10=0$의 두 근이 α, β이다.
이차방정식의 근과 계수의 관계에 의하여 $\alpha+\beta=9$, $\alpha\beta=-10$

STEP B 두 교점이 직선 $y=3x+12$ 위의 점임을 이용하여 삼각형 OAB의 무게중심의 좌표 구하기

직선 $y=3x+12$ 위의 두 점 A, B의 좌표는 각각 $(\alpha, 3\alpha+12)$, $(\beta, 3\beta+12)$
삼각형 OAB의 무게중심의 좌표는
$\left(\frac{\alpha+\beta+0}{3}, \frac{(3\alpha+12)+(3\beta+12)+0}{3}\right)$, 즉 $(3, 17)$ ← $3(\alpha+\beta)+24=51$
따라서 $a=3$, $b=17$이므로 $a+b=20$
$a+b=\frac{4(\alpha+\beta)+24}{3}=\frac{36+24}{3}=20$

+α 두 교점이 이차함수 위의 점임을 이용하여 구할 수 있어!

이차함수 $y=x^2-6x+2$ 위의 두 점 A, B의 좌표는 각각
$(\alpha, \alpha^2-6\alpha+2)$, $(\beta, \beta^2-6\beta+2)$
이때 삼각형 OAB의 무게중심의 좌표는
$\left(\frac{0+\alpha+\beta}{3}, \frac{0+(\alpha^2-6\alpha+2)+(\beta^2-6\beta+2)}{3}\right)$, 즉 $(3, 17)$
$\alpha^2+\beta^2-6(\alpha+\beta)+4=(\alpha+\beta)^2-2\alpha\beta-6(\alpha+\beta)+4$
$=9^2-2\times(-10)-6\times9+4=51$

다른풀이 두 교점 A, B의 좌표를 직접 구하여 풀이하기

STEP A 이차함수와 직선의 방정식을 연립하여 두 교점 A, B의 좌표 구하기

이차함수 $y=x^2-6x+2$의 그래프와 직선 $y=3x+12$가 만나는
두 점 A, B의 x좌표를 구하기 위하여 두 식을 연립하면
이차방정식 $x^2-6x+2=3x+12$, $x^2-9x-10=0$, $(x+1)(x-10)=0$
$\therefore x=-1$ 또는 $x=10$
이를 직선 $y=3x+12$에 대입하면 $y=9$ 또는 $y=42$
두 점 A, B의 좌표는 각각 $(-1, 9)$, $(10, 42)$

STEP B 삼각형 OAB의 무게중심의 좌표 구하기

삼각형 OAB의 무게중심의 좌표는
$\left(\frac{0+(-1)+10}{3}, \frac{0+9+42}{3}\right)$, 즉 $(3, 17)$
따라서 $a=3$, $b=17$이므로 $a+b=20$

0063

2021년 03월 고2 학력평가 27번 변형

그림과 같이 곡선 $y=x^2-2x$와 직선 $y=3x+k(k>0)$가 두 점 P, Q에서 만난다. 선분 PQ를 $2:5$로 내분하는 점의 x좌표가 1일 때, 상수 k의 값을 구하시오. (단, 점 P의 x좌표는 점 Q의 x좌표보다 작다.)

TIP 곡선과 직선의 방정식을 연립하여 구한 이차방정식의 두 근이 두 점 P, Q의 x좌표이다.

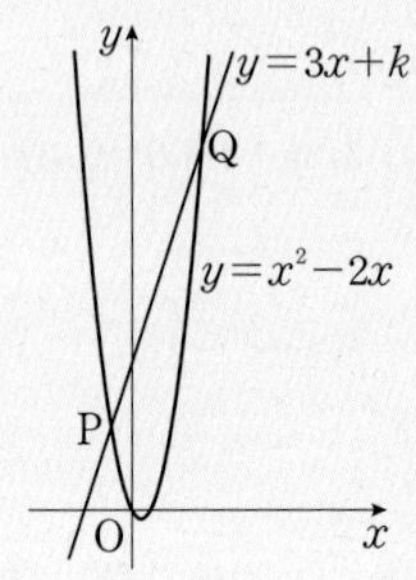

STEP A 이차방정식의 근과 계수의 관계를 이용하여 두 점 P, Q의 x좌표에 대한 관계식 구하기

곡선 $y=x^2-2x$와 직선 $y=3x+k$가 만나는 두 점 P, Q의 x좌표를 각각 α, $\beta(\alpha<\beta)$라 하자.
이차방정식 $x^2-2x=3x+k$,
즉 $x^2-5x-k=0$의 두 실근이 α, β이다.
이차방정식의 근과 계수의 관계에 의하여
$\alpha+\beta=5$ …… ㉠
$\alpha\beta=-k$ …… ㉡

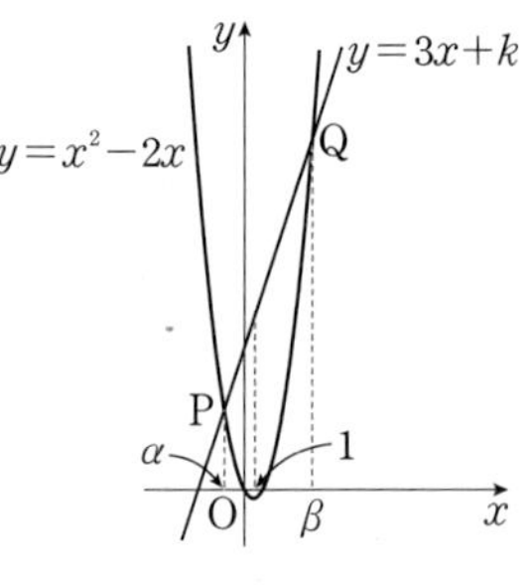

STEP B 선분 PQ를 $2:5$로 내분하는 점의 x좌표를 이용하여 상수 k의 값 구하기

선분 PQ를 $2:5$로 내분하는 점의 x좌표가 1이므로
$\frac{2\times\beta+5\times\alpha}{2+5}=1$
$\therefore 5\alpha+2\beta=7$ …… ㉢
㉠, ㉢을 연립하여 풀면 $\alpha=-1$, $\beta=6$
이를 ㉡에 대입하면 $-6=-k$
따라서 $k=6$

0064

2006년 11월 고1 학력평가 17번 변형

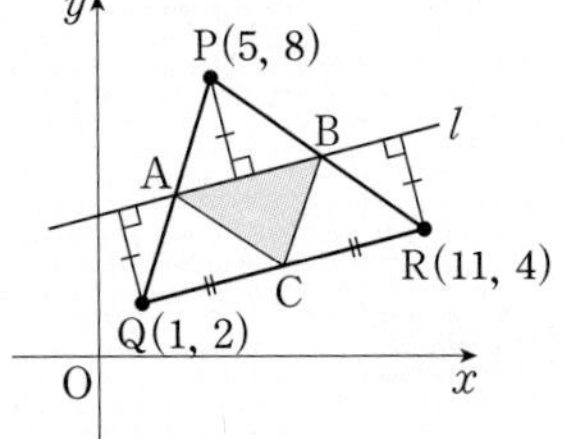

오른쪽 그림과 같이 좌표평면 위의 세 점 P(5, 8), Q(1, 2), R(11, 4)로부터 같은 거리에 있는 직선 l이

TIP 세 점 P, Q, R에서 직선 l에 내린 수선에 의해 생기는 삼각형들 중 합동인 것을 구한다.

선분 PQ, PR과 만나는 점을 각각 A, B라 하고 선분 QR의 중점을 C라 할 때, 삼각형 ABC의 무게중심의 좌표를 G(x, y)라 하자.
이때 $x+y$를 M이라 할 때, $3M$의 값을 구하시오.

STEP Ⓐ 두 삼각형이 합동임을 이용하여 두 점 A, B의 위치 구하기

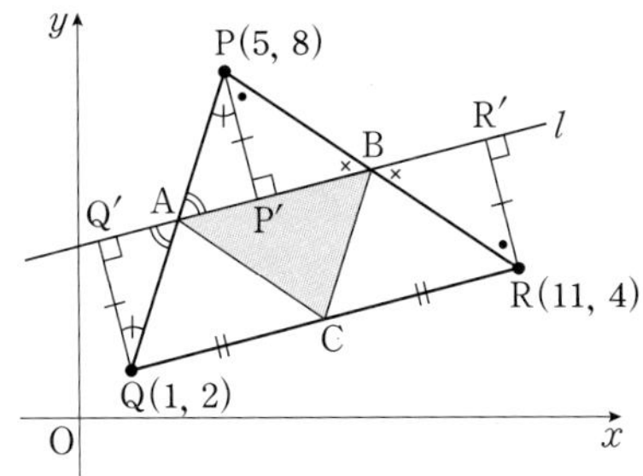

세 점 P, Q, R에서 직선 l에 내린 수선의 발을 각각 P′, Q′, R′이라 하자.
두 삼각형 PAP′, QAQ′에서
$\overline{PP'}=\overline{QQ'}$, $\angle APP'=\angle AQQ'$(엇각), $\angle AP'P=\angle AQ'Q=90°$
$\therefore \triangle PAP' \equiv \triangle QAQ'$(ASA 합동)
이때 점 A는 선분 PQ의 중점이다. ← $\overline{PA}=\overline{QA}$
두 삼각형 PP′B, RR′B에서
$\overline{PP'}=\overline{RR'}$, $\angle BPP'=\angle BRR'$(엇각), $\angle BP'P=\angle BR'R=90°$
$\therefore \triangle PP'B \equiv \triangle RR'B$(ASA 합동)
이때 점 B는 선분 PR의 중점이다. ← $\overline{PB}=\overline{RB}$

STEP Ⓑ 두 삼각형의 무게중심이 일치함을 이용하여 x, y의 값 구하기

삼각형 PQR의 무게중심은 세 변 PQ, PR, QR의 중점 A, B, C를 꼭짓점으로 하는 삼각형 ABC의 무게중심과 같다.
즉 세 점 P(5, 8), Q(1, 2), R(11, 4)에 대하여
삼각형 PQR의 무게중심 G의 좌표는
$\left(\frac{5+1+11}{3}, \frac{8+2+4}{3}\right)$, 즉 $G\left(\frac{17}{3}, \frac{14}{3}\right)$
$\therefore x=\frac{17}{3}, y=\frac{14}{3}$
따라서 $M=\frac{17}{3}+\frac{14}{3}=\frac{31}{3}$이므로 $3M=3\times\frac{31}{3}=31$

+α 직접 중점의 좌표를 구하여 무게중심을 구할 수 있어!

세 점 P(5, 8), Q(1, 2), R(11, 4)에 대하여
선분 PQ의 중점 A의 좌표는 $\left(\frac{5+1}{2}, \frac{8+2}{2}\right)$, 즉 A(3, 5)
선분 PR의 중점 B의 좌표는 $\left(\frac{5+11}{2}, \frac{8+4}{2}\right)$, 즉 B(8, 6)
선분 QR의 중점 C의 좌표는 $\left(\frac{1+11}{2}, \frac{2+4}{2}\right)$, 즉 C(6, 3)
삼각형 ABC의 무게중심 G의 좌표는 $\left(\frac{3+8+6}{3}, \frac{5+6+3}{3}\right)$, 즉 $G\left(\frac{17}{3}, \frac{14}{3}\right)$

0065

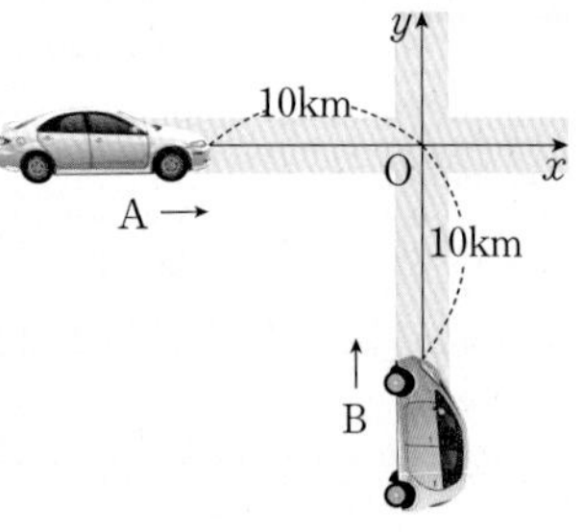

오른쪽 그림과 같이 두 직선 도로가 O지점에서 서로 수직으로 만나고 있다. 서로 다른 도로 위에 두 자동차 A, B가 점 O로부터 각각 10km씩 떨어진 지점에서 일정한 속도로 O의 방향으로 달리고 있다. 자동차 A, B는 각각 1분에 1km, 2km의 속도로 움직일 때, 출발 후 몇 분이 지나서 두 자동차의 거리가 가장 가까운지 구하시오.

TIP 주어진 조건을 좌표평면 위에 나타낸 후 두 점 사이의 거리를 구하여 완전제곱식에서 최솟값을 구한다.

STEP Ⓐ t시간 후의 두 자동차의 좌표 구하기

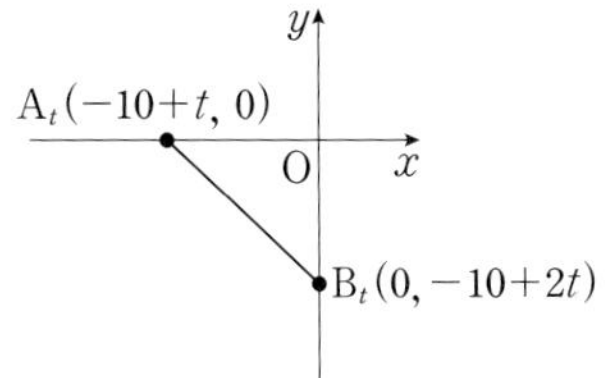

두 자동차 A, B의 위치는 A$(-10, 0)$, B$(0, -10)$이고
자동차 A, B는 각각 1분에 1km, 2km의 속도로 움직이므로
t분 후의 A와 B의 위치를 각각 A_t, B_t라 하면
$A_t(-10+t, 0)$, $B_t(0, -10+2t)$

STEP Ⓑ t시간 후 두 자동차 사이의 거리를 이용하여 최솟값 구하기

두 점 $A_t(-10+t, 0)$, $B_t(0, -10+2t)$에 대하여

$$\begin{aligned}\overline{A_tB_t}&=\sqrt{\{0-(-10+t)\}^2+\{(-10+2t)-0\}^2}\\&=\sqrt{t^2-20t+100+4t^2-40t+100}\\&=\sqrt{5t^2-60t+200}\\&=\sqrt{5(t^2-12t+36)-180+200}\\&=\sqrt{5(t-6)^2+20}\end{aligned}$$

이므로 $t=6$일 때, 최솟값 $2\sqrt{5}$를 가진다.
따라서 출발 후 6분이 지나서 두 자동차의 거리가 가장 가깝다.

MAPL; YOURMASTERPLAN

02 직선의 방정식

0066

다음 직선의 방정식을 구하시오.

(1) x축의 양의 방향과 이루는 각의 크기가 $60°$이고 점 $(2,\ 3)$을 지나는

TIP 구하는 직선의 기울기는 $\tan 60° = \sqrt{3}$

직선의 방정식을 구하시오.

STEP Ⓐ **직선의 기울기 구하기**

x축의 양의 방향과 이루는 각의 크기가 $60°$이므로

구하는 직선의 기울기는 $\tan 60° = \sqrt{3}$

STEP Ⓑ **한 점과 지나고 기울기가 주어진 직선의 방정식 구하기**

점 $(2,\ 3)$을 지나고 기울기가 $\sqrt{3}$인 직선의 방정식은 $y-3=\sqrt{3}(x-2)$

따라서 $y=\sqrt{3}x-2\sqrt{3}+3$

(2) 두 점 $(4,\ 3)$, $(6,\ -5)$를 잇는 선분의 중점을 지나고 기울기가 2인 직선의 방정식을 구하시오.

STEP Ⓐ **두 점 $(4,\ 3)$, $(6,\ -5)$를 잇는 선분의 중점의 좌표 구하기**

두 점 $(4,\ 3)$, $(6,\ -5)$를 잇는 선분의 중점의 좌표는

$\left(\dfrac{4+6}{2},\ \dfrac{3+(-5)}{2}\right)$, 즉 $(5,\ -1)$

STEP Ⓑ **한 점을 지나고 기울기가 주어진 직선의 방정식 구하기**

점 $(5,\ -1)$을 지나고 기울기가 2인 방정식은 $y-(-1)=2(x-5)$

따라서 $y=2x-11$

0067

다음 물음에 답하시오.

(1) 세 점 $\mathrm{A}(-2,\ 6)$, $\mathrm{B}(-3,\ 1)$, $\mathrm{C}(2,\ -4)$에 대하여 점 A와 선분 BC를 $3:2$로 내분하는 점을 지나는 직선의 방정식이 $ax+y+b=0$일 때, 상수 a, b에 대하여 $a+b$의 값을 구하시오.

STEP Ⓐ **선분 BC를 $3:2$로 내분하는 점의 좌표 구하기**

두 점 $\mathrm{B}(-3,\ 1)$, $\mathrm{C}(2,\ -4)$에 대하여 선분 BC를 $3:2$로 내분하는 점의

좌표는 $\left(\dfrac{3\times2+2\times(-3)}{3+2},\ \dfrac{3\times(-4)+2\times1}{3+2}\right)$, 즉 $(0,\ -2)$

STEP Ⓑ **두 점을 지나는 직선의 방정식 구하기**

두 점 $\mathrm{A}(-2,\ 6)$, $(0,\ -2)$를 지나는 직선의 방정식은

$y-6=\dfrac{-2-6}{0-(-2)}\{x-(-2)\}$, 즉 $4x+y+2=0$

따라서 $a=4$, $b=2$이므로 $a+b=6$

(2) 세 점 $\mathrm{A}(2,\ 4)$, $\mathrm{B}(-5,\ -3)$, $\mathrm{C}(6,\ -4)$를 꼭짓점으로 하는 삼각형 ABC의 무게중심 G와 점 A를 지나는 직선의 방정식을 구하시오.

STEP Ⓐ **삼각형 ABC의 무게중심 G의 좌표 구하기**

세 점 $\mathrm{A}(2,\ 4)$, $\mathrm{B}(-5,\ -3)$, $\mathrm{C}(6,\ -4)$를 꼭짓점으로 하는

삼각형 ABC의 무게중심 G의 좌표는

$\left(\dfrac{2+(-5)+6}{3},\ \dfrac{4+(-3)+(-4)}{3}\right)$, 즉 $\mathrm{G}(1,\ -1)$

STEP Ⓑ **두 점 G, A를 지나는 직선의 방정식 구하기**

두 점 $\mathrm{G}(1,\ -1)$, $\mathrm{A}(2,\ 4)$를 지나는 직선의 방정식은

$y-(-1)=\dfrac{4-(-1)}{2-1}(x-1)$

따라서 $y=5x-6$

0068

다음 물음에 답하시오.

(1) 오른쪽 그림과 같이 좌표평면 위에 세 개의 정사각형이 있다.

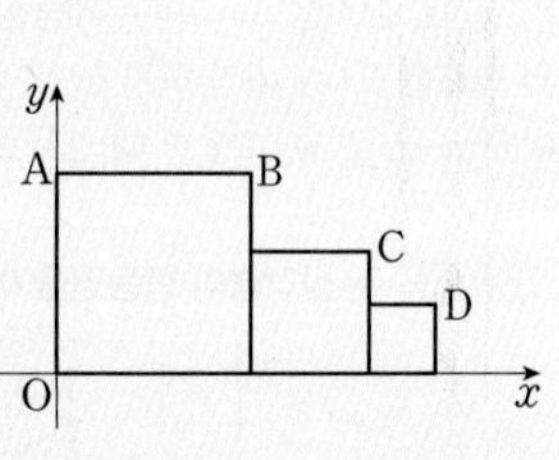

$\mathrm{A}(0,\ 8)$, $\mathrm{D}(14,\ 2)$이고 두 점 B, C를 지나는 직선의 방정식이

TIP 두 점의 좌표를 구한 후 직선의 방정식을 구한다.

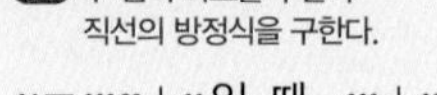

$y=mx+n$일 때, $m+n$의 값을 구하시오. (단, m, n은 실수이다.)

STEP Ⓐ **주어진 조건을 만족하는 점 C의 좌표 구하기**

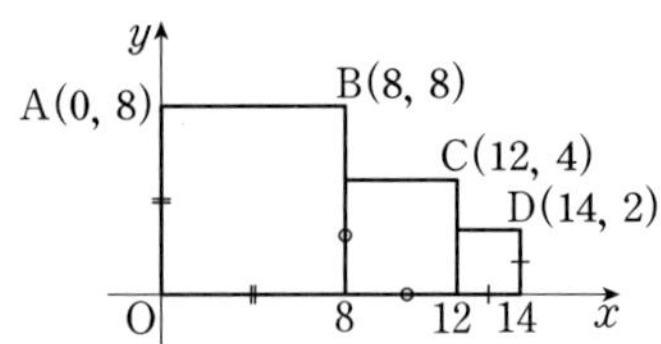

주어진 사각형이 모두 정사각형이므로 점 $\mathrm{C}(a,\ b)$라 하자.

점 $\mathrm{D}(14,\ 2)$이므로 $a+2=14$ $\quad\therefore a=12$

또한 $b=a-8=4$이므로 $\mathrm{C}(12,\ 4)$

STEP Ⓑ **두 점 B, C를 지나는 직선의 방정식 구하기**

두 점 $\mathrm{B}(8,\ 8)$, $\mathrm{C}(12,\ 4)$를 지나는 직선의 방정식은

$y-8=\dfrac{4-8}{12-8}(x-8)$, 즉 $y=-x+16$

따라서 $m=-1$, $n=16$이므로 $m+n=15$

2005년 06월 고1 학력평가 14번 변형

(2) 오른쪽 그림과 같이 좌표평면 위의 네 점 $\mathrm{A}(-8,\ 3)$, B, C, D를

TIP 점 C의 좌표를 $\mathrm{C}(p,\ q)$라 하면 두 점 B, D의 좌표는 $\mathrm{B}(-8,\ q)$, $\mathrm{D}(p,\ 3)$

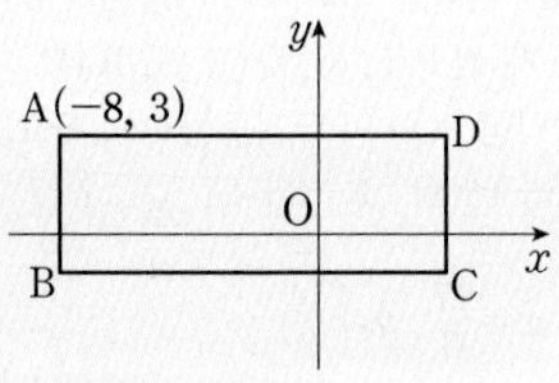

꼭짓점으로 하는 직사각형의 둘레의 길이는 32이고, 가로의 길이는 세로의 길이의 3배이다. 점 B와 D를 지나는 직선의 방정식이 $ax+by+5=0$일 때, 상수 a, b에 대하여 $a-b$의 값을 구하시오. (단, 각 변은 축에 평행하다.)

STEP Ⓐ **세 점 B, C, D의 좌표를 각각 구하기**

점 C의 좌표를 $\mathrm{C}(p,\ q)$라 하면

점 A의 좌표가 $\mathrm{A}(-8,\ 3)$이므로

점 D의 좌표는 $\mathrm{D}(p,\ 3)$,

점 B의 좌표는 $\mathrm{B}(-8,\ q)$

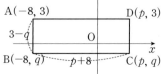

직사각형의 둘레의 길이가

32이므로 $2\times\{(p+8)+(3-q)\}=32$, $p+11-q=16$

$\therefore p-q=5$ $\quad\cdots\cdots$ ㉠

가로의 길이가 세로의 길이의 3배이므로 $p+8=3(3-q)$

$\therefore p+3q=1$ $\quad\cdots\cdots$ ㉡

㉠, ㉡을 연립하여 풀면 $p=4$, $q=-1$

$\therefore \mathrm{B}(-8,\ -1)$, $\mathrm{C}(4,\ -1)$, $\mathrm{D}(4,\ 3)$

STEP **B** **두 점 B, D를 지나는 직선의 방정식 구하기**

두 점 $B(-8, -1)$, $D(4, 3)$을 지나는 직선의 방정식은

$y-3=\frac{3-(-1)}{4-(-8)}(x-4)$, 즉 $x-3y+5=0$

따라서 $a=1$, $b=-3$이므로 $a-b=1-(-3)=4$

0069

다음 물음에 답하시오.

(1) 직선 $3x+ay=3a$와 x축 및 y축으로 둘러싸인 삼각형의 넓이가 12일 때, 양수 a의 값을 구하시오.

STEP **A** **삼각형의 넓이를 이용하여 a의 값 구하기**

직선 $3x+ay=3a$가 x축 및 y축과 만나는 점의 좌표가 각각 $(a, 0)$, $(0, 3)$

이때 삼각형의 넓이가 12이므로

$\frac{1}{2}\times a\times 3=12$

따라서 $a=8$

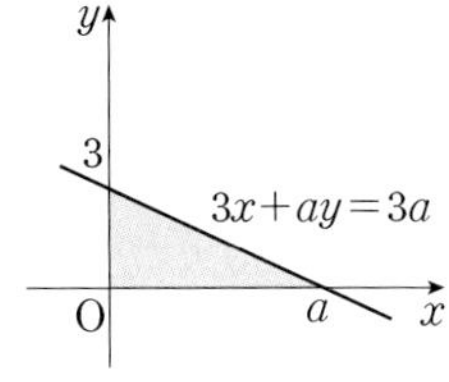

(2) 점 $(2, 6)$을 지나는 직선의 0이 아닌 y절편이 x절편의 3배일 때, 직선의 방정식을 구하시오.

STEP **A** **절편이 주어진 직선의 방정식 구하기**

x절편을 a라 하면 y절편은 $3a$이므로 구하는 직선의 방정식은

$\frac{x}{a}+\frac{y}{3a}=1$, 즉 $3x+y=3a$

STEP **B** **점 $(2, 6)$을 지나는 직선의 방정식 구하기**

이 직선이 점 $(2, 6)$을 지나므로 $3\times 2+6=3a$, $3a=12$ $\therefore a=4$

따라서 구하는 직선의 방정식은 $3x+y=12$

0070

다음 물음에 답하시오. (단, O는 원점이다.)

(1) 직선 $\frac{x}{a}+\frac{y}{b}=1$과 x축, y축의 교점을 각각 P, Q라 하고 삼각형 OPQ의 넓이가 4일 때, 양수 a, b에 대하여 ab의 값은?

TIP (삼각형 OPQ의 넓이)$=\frac{1}{2}\times$(점 P의 x좌표)$\times$(점 Q의 y좌표)

① 4 ② 5 ③ 6
④ 7 ⑤ 8

STEP **A** **직선의 방정식의 x절편과 y절편 구하기**

$\frac{x}{a}+\frac{y}{b}=1$은 x절편이 a, y절편이 b인 직선이므로 두 점 P, Q의 좌표는 각각 $P(a, 0)$, $Q(0, b)$

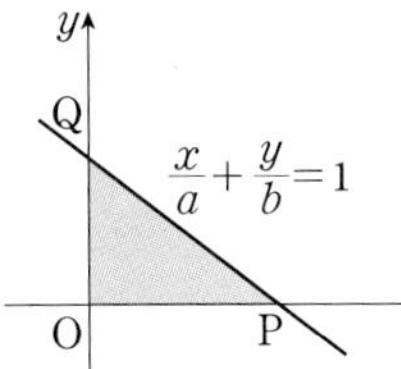

STEP **B** **삼각형의 넓이를 이용하여 ab의 값 구하기**

이때 삼각형 OPQ의 넓이가 4이므로 $\frac{1}{2}\times\overline{OP}\times\overline{OQ}=4$, $\frac{1}{2}ab=4$

따라서 $ab=8$

(2) x절편은 양수, y절편은 음수인 직선 $ax+by=6$과 두 좌표축으로 둘러싸인 삼각형의 넓이가 6일 때, 실수 a, b에 대하여 ab의 값은?

TIP $\frac{6}{a}>0$, $\frac{6}{b}<0$

① -3 ② -2 ③ -1
④ 2 ⑤ 3

STEP **A** **직선의 방정식의 x절편과 y절편 구하기**

$ax+by=6$의 x절편은 $\frac{6}{a}$, y절편은 $\frac{6}{b}$

x절편은 양수이므로 $\frac{6}{a}>0$

y절편은 음수이므로 $\frac{6}{b}<0$, 즉 $-\frac{6}{b}>0$

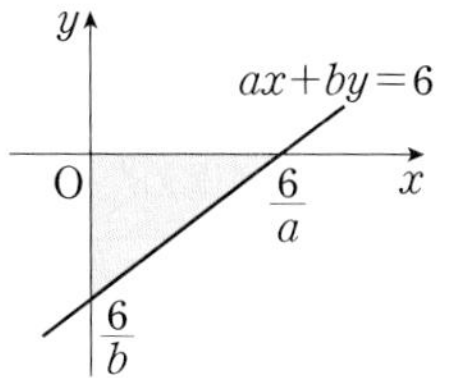

STEP **B** **삼각형의 넓이를 이용하여 ab의 값 구하기**

주어진 직선과 좌표축으로 둘러싸인 삼각형의 넓이가 6이므로

$\frac{1}{2}\times\frac{6}{a}\times\left(-\frac{6}{b}\right)=6$, $-\frac{18}{ab}=6$

따라서 $ab=-3$

0071

오른쪽 그림과 같이 직선 l과 x축, y축으로 둘러싸인 삼각형 OAB의 외접원의 중심의 좌표가 $(2, 3)$일 때, 직선 l의 방정식을 구하시오. (단, O는 원점이다.)

TIP 직각삼각형이므로 외심은 삼각형의 빗변의 중심에 위치한다.

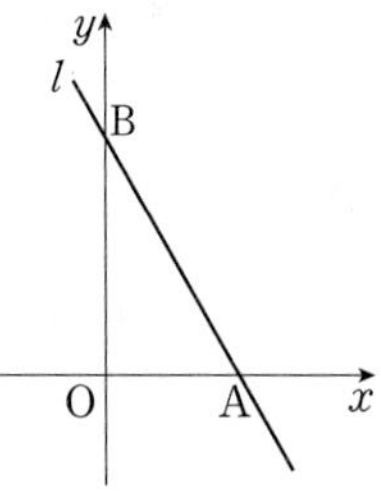

STEP **A** **삼각형 OAB의 외심의 위치 파악하기**

삼각형 OAB는 직각삼각형이므로 외접원의 중심은 빗변 AB의 중점에 있고 그 점을 M이라 하자.

점 M에서 x축, y축에 내린 수선의 발을 각각 M_1, M_2라 하자.

이때 점 $M(2, 3)$에 대하여 두 점 M_1, M_2의 좌표는 $M_1(2, 0)$, $M_2(0, 3)$이고

각각 선분 OA, OB의 중점이므로

두 점 A, B의 좌표는 $A(4, 0)$, $B(0, 6)$

STEP **B** **직선 l의 방정식 구하기**

따라서 x절편이 4, y절편이 6이므로 구하는 직선 l의 방정식은 $\frac{x}{4}+\frac{y}{6}=1$

POINT 삼각형의 외심

① 삼각형의 세 꼭짓점을 지나는 원을 그 삼각형의 외접원이라 하고 삼각형의 외접원의 중심을 그 삼각형의 외심이라 한다.

② 삼각형의 외심은 예각삼각형이면 삼각형의 내부에, 직각삼각형이면 삼각형의 빗변의 중점에, 둔각삼각형이면 삼각형의 외부에 위치한다.

예각삼각형	직각삼각형	둔각삼각형
A, B, C, O, 외심	A, B, C, O, 외심	A, B, C, O, 외심

0072

세 점 A$(4, 6)$, B$(1, 0)$, C$(k+1, k-2)$가 한 직선 위에 있도록 하는
TIP (직선 AB의 기울기)=(직선 BC의 기울기)
상수 k의 값을 구하시오.

STEP A 세 점 중 두 점을 이용하여 만든 직선의 기울기는 서로 같음을 이용하여 k의 값 구하기

세 점 A$(4, 6)$, B$(1, 0)$, C$(k+1, k-2)$가 한 직선 위에 있으므로 두 점을 이용하여 만드는 직선의 기울기는 서로 같다.
즉 (직선 AB의 기울기)=(직선 BC의 기울기)이므로

$\frac{0-6}{1-4}=\frac{(k-2)-0}{(k+1)-1}$, $2=\frac{k-2}{k}$, $2k=k-2$

따라서 $k=-2$

다른풀이 두 점을 지나는 직선 위에 나머지 한 점이 있음을 이용하여 풀이하기

STEP A 두 점을 지나는 직선의 방정식 구하기

두 점 A$(4, 6)$, B$(1, 0)$을 지나는 직선의 방정식은

$y-0=\frac{6-0}{4-1}(x-1)$, 즉 $y=2x-2$

STEP B 직선이 점 C$(k+1, k-2)$를 지남을 이용하여 k의 값 구하기

이 직선이 점 C$(k+1, k-2)$를 지나므로 $k-2=2(k+1)-2$

따라서 $k=-2$

0073

서로 다른 세 점 A$(-2k-1, 5)$, B$(1, k+3)$, C$(-3, k-1)$이 삼각형을 이루지 않도록 하는 상수 k의 값은?
TIP 세 점이 한 직선 위에 있어야 한다.

① -6　② -5　③ -4
④ -3　⑤ -2

STEP A 세 점이 삼각형을 이루지 않을 조건 구하기

서로 다른 세 점으로 삼각형을 이루지 않도록 하기 위해서는 세 점이 한 직선 위에 존재해야 하므로 두 점을 이용하여 만드는 직선의 기울기는 서로 같다.

STEP B 세 점 중 두 점을 이용하여 만든 직선의 기울기는 서로 같음을 이용하여 k의 값 구하기

즉 (직선 AB의 기울기)=(직선 BC의 기울기)이므로

$\frac{(k+3)-5}{1-(-2k-1)}=\frac{(k-1)-(k+3)}{-3-1}$, $\frac{k-2}{2k+2}=1$, $k-2=2k+2$

따라서 $k=-4$

다른풀이 두 점을 지나는 직선 위에 나머지 한 점이 있음을 이용하여 풀이하기

STEP A 두 점을 지나는 직선의 방정식 구하기

두 점 A$(-2k-1, 5)$, B$(1, k+3)$을 지나는 직선의 방정식은

$y-(k+3)=\frac{(k+3)-5}{1-(-2k-1)}(x-1)$, 즉 $y=\frac{k-2}{2k+2}(x-1)+(k+3)$

STEP B 직선이 점 C$(-3, k-1)$을 지남을 이용하여 k의 값 구하기

이 직선이 점 C$(-3, k-1)$을 지나므로

$k-1=\frac{k-2}{2k+2}(-3-1)+(k+3)$, $\frac{k-2}{2k+2}\times(-4)=-4$,

$\frac{k-2}{2k+2}=1$, $k-2=2k+2$

따라서 $k=-4$

0074

2023년 03월 고2 학력평가 26번 변형

좌표평면 위의 네 점 A$(0, 1)$, B$(0, 5)$, C$(\sqrt{3}, p)$, D$(3\sqrt{3}, q)$가 다음 조건을 만족시킬 때, $p+q$의 값을 구하시오. (단, p, q는 상수이다.)

(가) 직선 CD의 기울기는 음수이다.
(나) $\overline{AB}=\overline{CD}$이고 $\overline{AD} /\!/ \overline{BC}$이다. TIP 두 직선이 평행할 때 기울기가 서로 같다.

STEP A 두 조건 (가), (나)를 만족시키는 p, q 사이의 관계식 구하기

두 점 C$(\sqrt{3}, p)$, D$(3\sqrt{3}, q)$를 지나는 직선의 기울기는 $\frac{q-p}{3\sqrt{3}-\sqrt{3}}=\frac{q-p}{2\sqrt{3}}$

조건 (가)에 의하여 $\frac{q-p}{2\sqrt{3}}<0$이므로 $q-p<0$

네 점 A$(0, 1)$, B$(0, 5)$, C$(\sqrt{3}, p)$, D$(3\sqrt{3}, q)$에 대하여 $\overline{AB}=5-1=4$

$\overline{CD}=\sqrt{(3\sqrt{3}-\sqrt{3})^2+(q-p)^2}=\sqrt{(q-p)^2+12}$

조건 (나)에 의하여 $\overline{AB}=\overline{CD}$이므로 $\overline{AB}^2=\overline{CD}^2$

즉 $4^2=(q-p)^2+12$, $(q-p)^2=4$

$\therefore q-p=-2$ ($\because q-p<0$) …… ㉠

STEP B 조건 (나)를 만족시키는 p, q 사이의 관계식 구하기

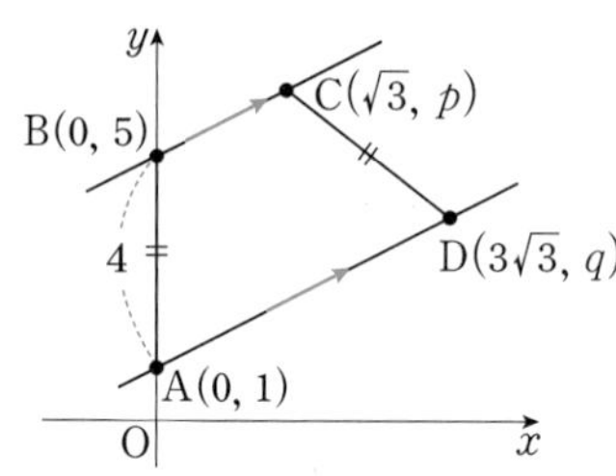

조건 (나)에 의하여 (직선 AD의 기울기)=(직선 BC의 기울기)

즉 $\frac{q-1}{3\sqrt{3}-0}=\frac{p-5}{\sqrt{3}-0}$, $\frac{q-1}{3}=\frac{p-5}{1}$

$\therefore q-3p=-14$ …… ㉡

STEP C $p+q$의 값 구하기

㉠, ㉡을 연립하여 풀면 $p=6$, $q=4$

따라서 $p+q=6+4=10$

0075

세 점 A$(-1, 2)$, B$(-2, 3)$, C$(4, 5)$를 꼭짓점으로 하는 삼각형 ABC의 넓이를 점 A를 지나는 직선 l이 이등분할 때, 직선 l의 방정식을 구하시오.
TIP 삼각형 ABC의 넓이를 이등분하기 위해서는 직선 l이 점 A와 선분 BC의 중점을 지나야 한다.

STEP A 삼각형 ABC의 넓이를 이등분하는 직선이 선분 BC의 중점을 지남을 이용하기

점 A를 지나는 직선 l이 삼각형 ABC의 넓이를 이등분하려면 선분 BC의 중점을 지나야 한다.
두 점 B$(-2, 3)$, C$(4, 5)$에 대하여 선분 BC의 중점을 M이라 하면

$\left(\frac{-2+4}{2}, \frac{3+5}{2}\right)$, 즉 M$(1, 4)$

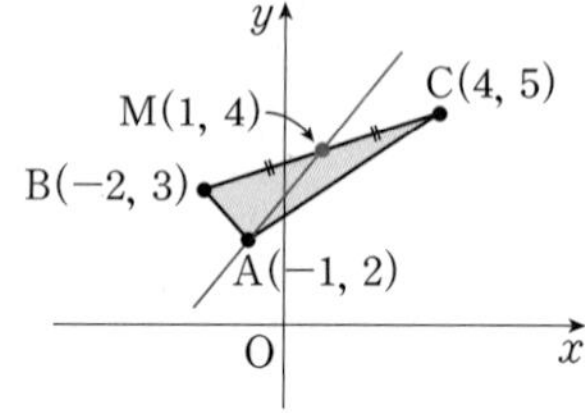

STEP B 두 점 A$(-1, 2)$, M$(1, 4)$를 지나는 직선의 방정식 구하기

두 점 A$(-1, 2)$, M$(1, 4)$를 지나는 직선 l의 방정식은

$y-2=\frac{4-2}{1-(-1)}\{x-(-1)\}$

따라서 $y=x+3$

0076

직선 $y=-3x+5$와 x축 및 y축으로 둘러싸인 도형을 직선 $y=ax$가

TIP 원점을 지나는 직선

이등분할 때, 상수 a의 값은?

① 1　② 2　③ 3
④ 4　⑤ 5

STEP A 직선과 좌표축으로 둘러싸인 도형의 넓이를 이등분하는 직선의 방정식 구하기

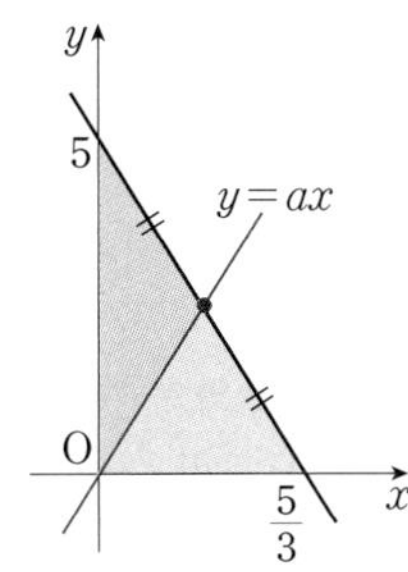

직선 $y=-3x+5$의 x절편은 $\frac{5}{3}$, y절편은 5
이므로 두 점의 좌표는 각각 $\left(\frac{5}{3}, 0\right)$, $(0, 5)$
두 점을 이은 선분의 중점의 좌표는 $\left(\frac{5}{6}, \frac{5}{2}\right)$
직선 $y=ax$는 점 $\left(\frac{5}{6}, \frac{5}{2}\right)$를 지나므로
$\frac{5}{2}=\frac{5}{6}a$, $5a=15$
따라서 $a=3$

0077

2016년 09월 고1 학력평가 14번 변형

좌표평면에서 원점 O를 지나고 꼭짓점이 $A(3, -9)$인 이차함수 $y=f(x)$의 그래프가 x축과 만나는 점 중에서 원점이 아닌 점을 B라 하자.
직선 $y=mx$가 삼각형 OAB의 넓이를 이등분하도록 하는 실수 m의 값을

TIP 삼각형 OAB의 넓이를 이등분하기 위해서는 직선 $y=mx$가 선분 AB의 중점을 지나야 한다.

구하시오.

STEP A 이차함수 $y=f(x)$의 대칭축을 이용하여 점 B의 좌표 구하기

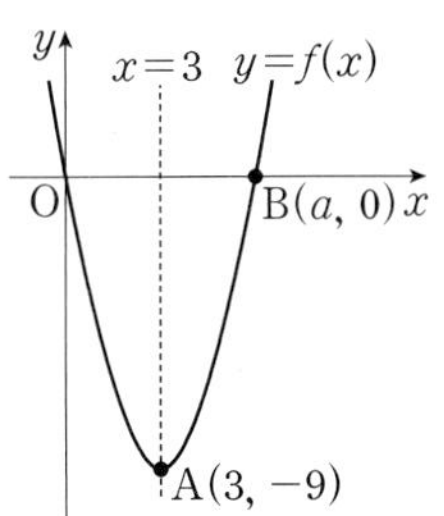

이차함수 $y=f(x)$의 그래프가 x축과 만나는 점 중 원점이 아닌 점이 B이므로
점 B의 좌표를 $B(a, 0)$이라 하자.
이차함수 $y=f(x)$의 그래프의 대칭축이
$x=3$이므로 $3=\frac{0+a}{2}$　$\therefore a=6$
즉 점 B의 좌표는 $B(6, 0)$

+α $f(x)=k(x-3)^2-9$임을 이용하여 점 B의 좌표를 구할 수 있어!

꼭짓점이 $A(3, -9)$인 이차함수 $f(x)=k(x-3)^2-9$ $(k\neq 0)$라 하면
이 이차함수의 그래프가 원점 $O(0, 0)$을 지나므로
$0=9k-9$　$\therefore k=1$
즉 $f(x)=(x-3)^2-9=x^2-6x=x(x-6)$이므로 점 B의 좌표는 $B(6, 0)$

STEP B 삼각형 OAB의 넓이를 이등분하는 직선이 선분 AB의 중점을 지남을 이용하여 직선의 방정식 구하기

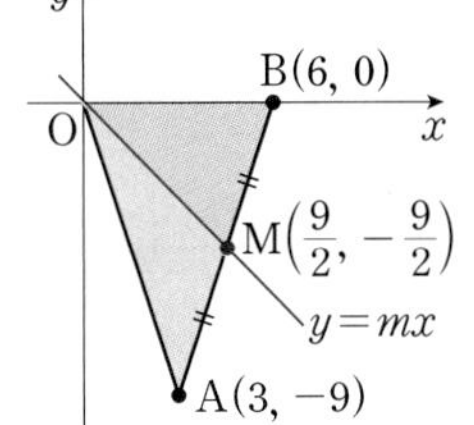

직선 $y=mx$는
원점 $O(0, 0)$을 지나고
삼각형 OAB의 넓이를 이등분하려면
선분 AB의 중점을 지나야 한다.
두 점 $A(3, -9)$, $B(6, 0)$에 대하여
선분 AB의 중점의 좌표를 M이라 하면
$\left(\frac{3+6}{2}, \frac{-9+0}{2}\right)$, 즉 $M\left(\frac{9}{2}, -\frac{9}{2}\right)$
이때 직선 $y=mx$가 점 $M\left(\frac{9}{2}, -\frac{9}{2}\right)$를 지나야 하므로 $-\frac{9}{2}=\frac{9}{2}m$
따라서 $m=-1$

0078

2013년 03월 고2 학력평가 A형 28번

다음 물음에 답하시오.

(1) 오른쪽 그림과 같이 좌표평면 위에 모든 변이 x축 또는 y축에 평행한 두 직사각형 ABCD, EFGH가 있다. 기울기가 m인 한 직선이 두 직사각형 ABCD, EFGH의 넓이를 각각 이등분할 때, $12m$의 값을 구하시오.

TIP 직사각형의 넓이를 이등분하기 위해서는 직사각형의 두 대각선의 교점을 지나야 한다.

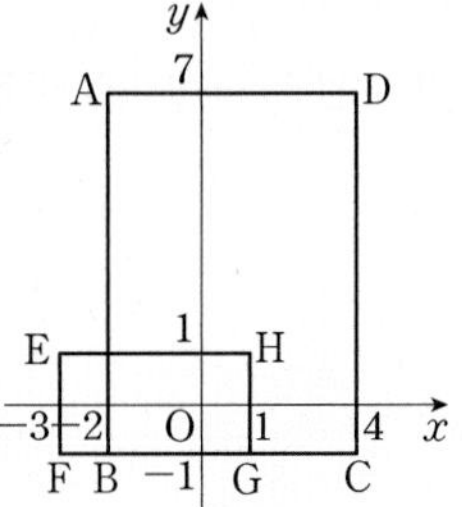

STEP A 두 직사각형 ABCD, EFGH의 넓이를 이등분하는 직선이 지나는 점의 좌표 구하기

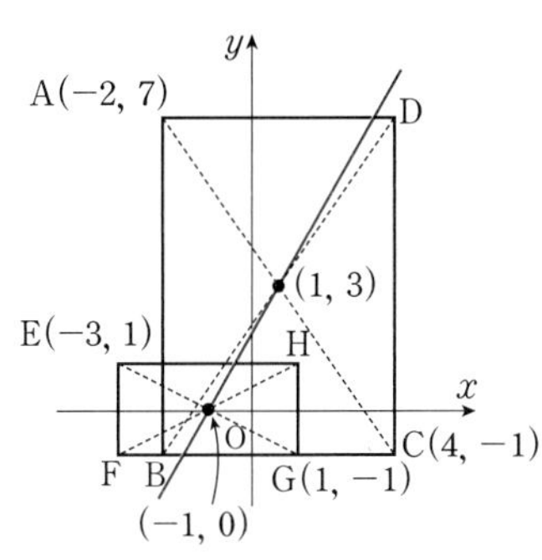

두 직사각형 ABCD, EFGH의 넓이를 이등분하는 직선은 오른쪽 그림과 같이 각 직사각형의 두 대각선의 교점을 지나야 한다.
직사각형 ABCD의 두 대각선의 교점은 선분 AC의 중점이므로
$\left(\frac{-2+4}{2}, \frac{7+(-1)}{2}\right)$, 즉 $(1, 3)$
직사각형 EFGH의 두 대각선의 교점은 EG의 중점이므로
$\left(\frac{-3+1}{2}, \frac{1+(-1)}{2}\right)$, 즉 $(-1, 0)$

STEP B 두 점을 지나는 직선의 기울기 m의 값 구하기

따라서 두 점 $(1, 3)$, $(-1, 0)$을 지나는 직선의 기울기를 m이라 하면
$m=\frac{3-0}{1-(-1)}=\frac{3}{2}$이므로 $12m=12\times\frac{3}{2}=18$

(2) 오른쪽 그림과 같이 좌표평면에 놓인 두 직사각형의 넓이를 동시에 이등분

TIP 직사각형의 넓이를 이등분하기 위해서는 직사각형의 두 대각선의 교점을 지나야 한다.

하는 직선의 방정식을 구하시오.

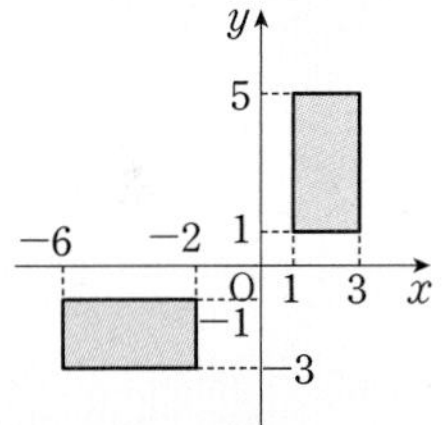

STEP A 두 직사각형의 넓이를 이등분하는 직선이 지나는 점의 좌표 구하기

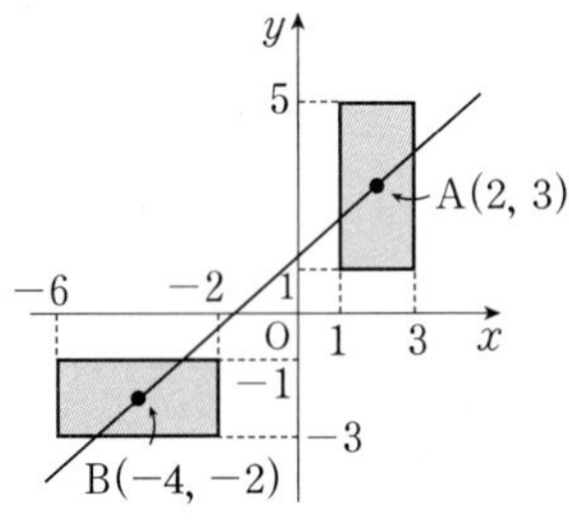

직사각형의 두 대각선의 교점을 지나는 직선이 두 직사각형의 넓이를 동시에 이등분한다.
세로 모양의 직사각형의 대각선의 교점은 두 점 $(1, 5)$, $(3, 1)$을 이은 선분의 중점을 A라 하면
점 A의 좌표는
$\left(\frac{1+3}{2}, \frac{1+5}{2}\right)$, 즉 $A(2, 3)$
가로 모양의 직사각형의 대각선의 교점은 두 점 $(-2, -1)$, $(-6, -3)$을 이은 선분의 중점을 B라 하면 점 B의 좌표는
$\left(\frac{-2-6}{2}, \frac{-1-3}{2}\right)$, 즉 $B(-4, -2)$

STEP B 두 점을 지나는 직선의 방정식 구하기

즉 두 점 $A(2, 3)$, $B(-4, -2)$를 지나는 직선의 방정식은
$y-3=\frac{-2-3}{-4-2}(x-2)$
따라서 $y=\frac{5}{6}x+\frac{4}{3}$

0079

2012년 03월 고1 학력평가 16번

좌표평면 위의 네 직선 $x=1$, $x=3$, $y=-1$, $y=4$로 둘러싸인 도형의 넓이를 일차함수 $y=ax$의 그래프가 이등분할 때, 상수 a의 값은?

TIP (네 직선으로 둘러싸인 도형의 넓이)$=(3-1)\times\{4-(-1)\}=10$

① $\frac{1}{4}$ ② $\frac{1}{2}$ ③ $\frac{3}{4}$

④ 1 ⑤ $\frac{5}{4}$

STEP Ⓐ 네 직선 $x=1$, $x=3$, $y=-1$, $y=4$로 둘러싸인 도형의 넓이 구하기

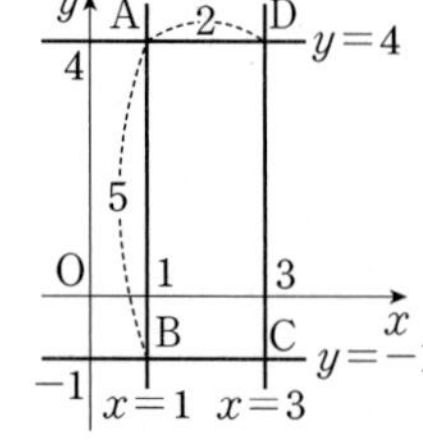

오른쪽 그림과 같이 네 직선 $x=1$, $x=3$, $y=-1$, $y=4$로 둘러싸인

두 직선 $x=1$, $x=3$은 x절편이 각각 1과 3이며 x축에 수직이고 두 직선 $y=-1$, $y=4$는 y절편이 각각 -1과 4이며 y축에 수직이다.

도형의 각 꼭짓점을 A, B, C, D라 하면 사각형 ABCD는 직사각형이고 그 넓이는 $2\times5=10$

STEP Ⓑ 일차함수 $y=ax$의 그래프에 의하여 직사각형 ABCD에서 나누어진 두 부분의 넓이가 각각 5임을 이용하여 a의 값 구하기

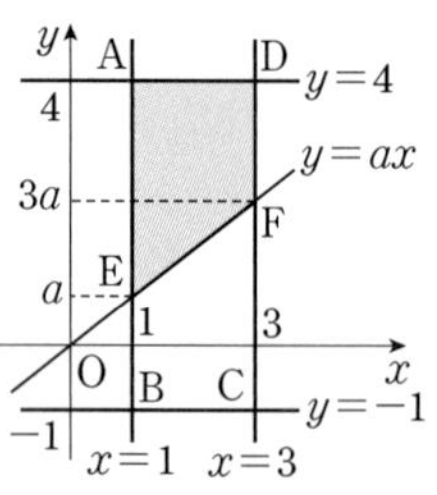

일차함수 $y=ax$의 그래프가 직선 $x=1$, $x=3$과 만나는 점을 각각 E, F라 하면 E$(1, a)$, F$(3, 3a)$이고

$\overline{AE}=4-a$, $\overline{DF}=4-3a$

이때 일차함수 $y=ax$의 그래프가 직사각형 ABCD의 넓이를 이등분하므로 사다리꼴 AEFD의 넓이는 5이다.

$\frac{1}{2}\times(\overline{AE}+\overline{DF})\times\overline{AD}$

$=\frac{1}{2}\times\{(4-a)+(4-3a)\}\times(3-1)$

$=8-4a=5$

따라서 $4a=3$이므로 $a=\frac{3}{4}$

다른풀이 직선이 직사각형의 넓이를 이등분하는 조건을 이용하여 풀이하기

STEP Ⓐ 직사각형의 넓이를 이등분하려면 직선이 직사각형의 두 대각선의 교점을 지남을 이해하기

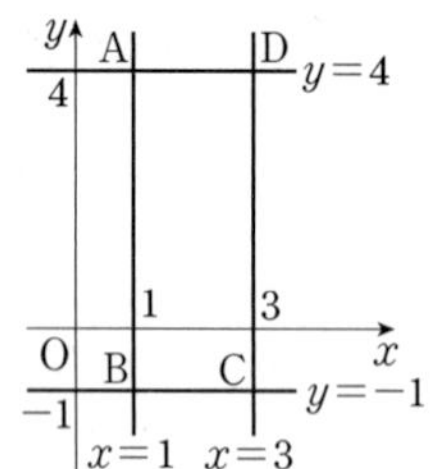

오른쪽 그림과 같이 네 직선 $x=1$, $x=3$, $y=-1$, $y=4$로 둘러싸인 도형의 각 꼭짓점을 A, B, C, D라 하면 사각형 ABCD는 직사각형이다.

직선이 직사각형의 넓이를 이등분하려면 직사각형의 두 대각선의 교점을 지나야 한다.

STEP Ⓑ 대각선 AC의 중점의 좌표를 이용하여 a의 값 구하기

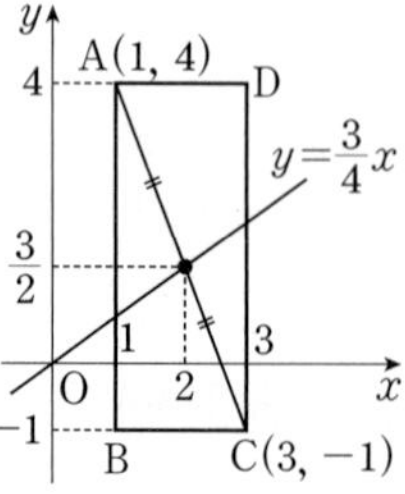

직사각형 ABCD의 두 대각선의 교점은 대각선 AC의 중점이므로

$\left(\frac{1+3}{2}, \frac{4+(-1)}{2}\right)$, 즉 $\left(2, \frac{3}{2}\right)$

이때 직선 $y=ax$가 점 $\left(2, \frac{3}{2}\right)$을 지나야 하므로 $\frac{3}{2}=2a$

따라서 $a=\frac{3}{4}$

0080

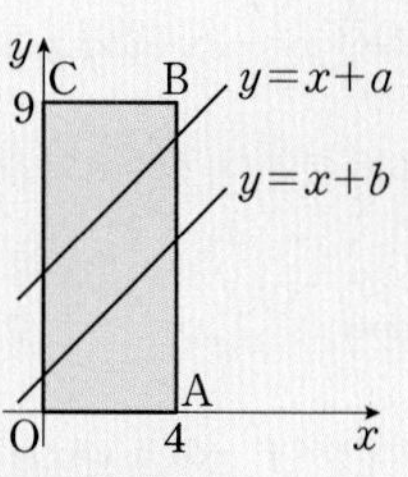

오른쪽 그림과 같이 네 점 O$(0, 0)$, A$(4, 0)$, B$(4, 9)$, C$(0, 9)$를 꼭짓점으로 하는 직사각형 OABC가 있다.

두 직선 $y=x+a$, $y=x+b$가 직사각형 OABC의 넓이를 삼등분할 때, 실수 a, b에 대하여 $a+b$의 값을 구하시오.

TIP (직사각형 OABC 넓이)$=4\times9=36$

STEP Ⓐ 직사각형의 넓이를 삼등분하는 도형의 넓이 구하기

직사각형 OABC의 넓이가 $4\times9=36$이므로 삼등분하는 각 도형의 넓이는 12

STEP Ⓑ 직선 $y=x+b$에 의하여 직사각형 OABC의 사다리꼴 부분의 넓이가 12인 부분의 b의 값 구하기

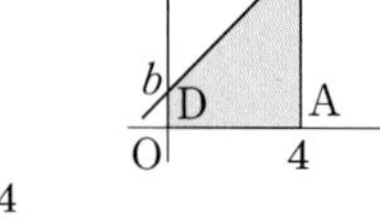

직선 $y=x+b$와 두 직선 $x=0$, $x=4$와 만나는 점을 각각 D, E라 하면 D$(0, b)$, E$(4, 4+b)$

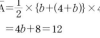

이고 $\overline{OD}=b$, $\overline{AE}=4+b$

이때 직선 $y=x+b$의 그래프가 직사각형 OABC의 넓이를 삼등분하므로 사다리꼴 OAED의 넓이는 12이다.

$\frac{1}{2}\times(\overline{OD}+\overline{AE})\times\overline{OA}=\frac{1}{2}\times\{b+(4+b)\}\times4$

$=4b+8=12$

즉 $4b=4$이므로 $b=1$

STEP Ⓒ 직선 $y=x+a$에 의하여 직사각형 OABC의 사다리꼴 부분의 넓이가 24인 부분의 a의 값 구하기

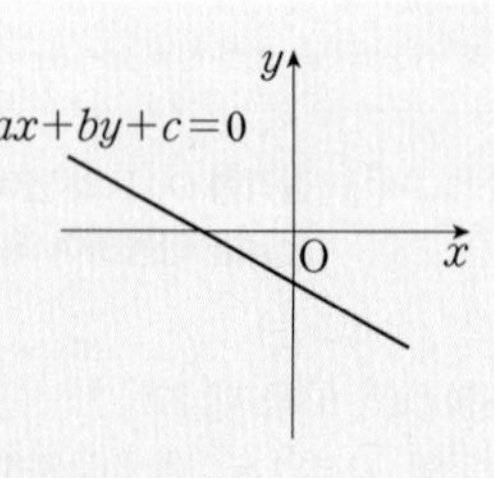

직선 $y=x+a$와 두 직선 $x=0$, $x=4$와 만나는 점을 각각 F, G라 하면 F$(0, a)$, G$(4, 4+a)$

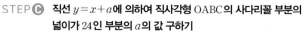

이고 $\overline{OF}=a$, $\overline{AG}=4+a$

이때 직선 $y=x+a$의 그래프가 직사각형 OABC의 넓이를 삼등분하므로 사다리꼴 OAGF의 넓이는 $12+12=24$

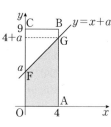

$\frac{1}{2}\times(\overline{OF}+\overline{AG})\times\overline{OA}=\frac{1}{2}\times\{a+(4+a)\}\times4$

$=4a+8=24$

즉 $4a=16$이므로 $a=4$

따라서 $a=4$, $b=1$이므로 $a+b=5$

0081

직선 $ax+by+c=0$이 오른쪽 그림과 같을 때, 직선 $-bx+ay+c=0$이 지나는 사분면을 모두 고른 것은?

TIP x절편과 y절편, 기울기가 모두 음수이다.

$ax+by+c=0$

① 제1, 2사분면 ② 제2, 3사분면

③ 제3, 4사분면 ④ 제1, 2, 3사분면

⑤ 제1, 3, 4사분면

STEP Ⓐ 주어진 그래프에서 a, b, c의 부호 결정하기

직선 $ax+by+c=0$에서 $y=-\frac{a}{b}x-\frac{c}{b}$ ($\because b\neq0$)이므로

기울기가 $-\frac{a}{b}$, y절편이 $-\frac{c}{b}$이다.

주어진 그림에서 기울기와 y절편이 모두 음수이므로

$-\frac{a}{b}<0$, $-\frac{c}{b}<0$

$\therefore ab>0$, $bc>0$

이때 b의 부호에 따라 a, c의 부호를 구하면
(i) $b>0$일 때, $a>0$, $c>0$
(ii) $b<0$일 때, $a<0$, $c<0$
(i), (ii)에서 b의 부호에 관계없이 $ac>0$, 즉 a와 c의 부호는 모두 같다.

STEP B **직선 $-bx+ay+c=0$의 그래프 그리기**

직선 $-bx+ay+c=0$에서 $y=\frac{b}{a}x-\frac{c}{a}$ ($\because a\neq 0$)이므로
기울기가 $\frac{b}{a}$, y절편이 $-\frac{c}{a}$이다.
이때 $ab>0$, $ac>0$이므로
$\frac{b}{a}>0$, $-\frac{c}{a}<0$
즉 직선 $-bx+ay+c=0$의 기울기는 양수, y절편은 음수이다.
따라서 직선 $-bx+ay+c=0$은 오른쪽 그림과 같이 제1, 3, 4사분면을 지난다.

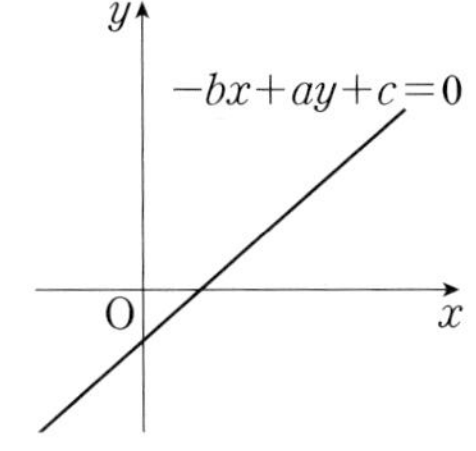

0082

다음 중 직선 $ax+by+c=0$이 오른쪽 그림과 같을 때,
TIP y절편과 기울기 모두 양수이다.
직선 $cx+ay+b=0$의 개형은?

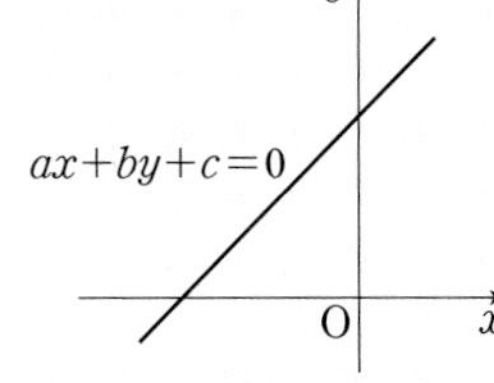

①
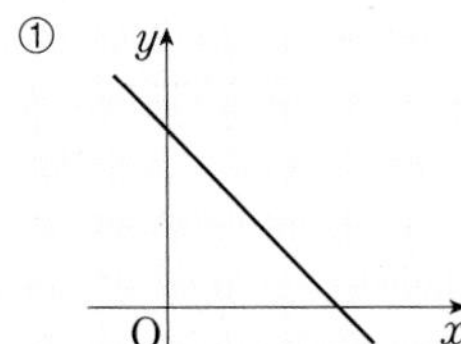

②
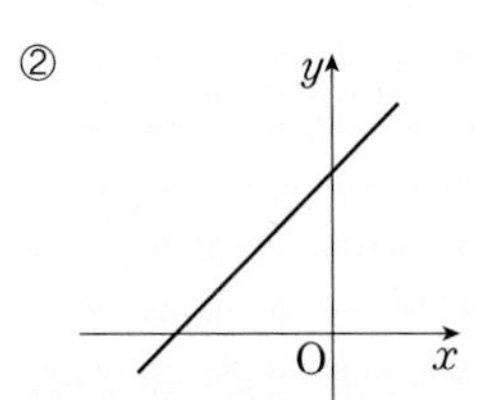

③
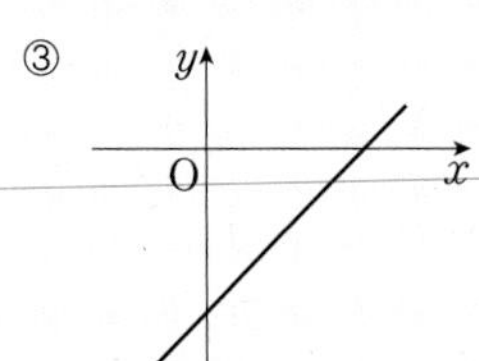

④
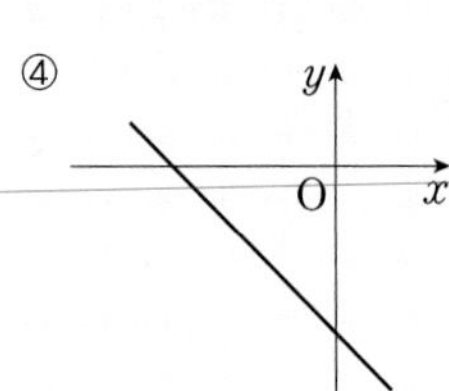

⑤
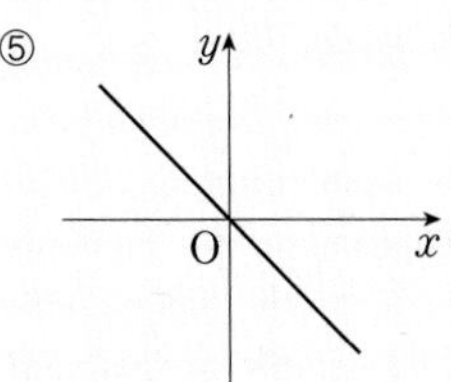

STEP A **주어진 그래프에서 a, b, c의 부호 결정하기**

직선 $ax+by+c=0$에서 $y=-\frac{a}{b}x-\frac{c}{b}$ ($\because b\neq 0$)이므로
기울기가 $-\frac{a}{b}$, y절편이 $-\frac{c}{b}$이다.
주어진 그림에서 기울기와 y절편이 모두 양수이므로
$-\frac{a}{b}>0$, $-\frac{c}{b}>0$
$\therefore ab<0$, $bc<0$
이때 b의 부호에 따라 a, c의 부호를 구하면
(i) $b>0$일 때, $a<0$, $c<0$
(ii) $b<0$일 때, $a>0$, $c>0$
(i), (ii)에서 b의 부호에 관계없이 $ac>0$, 즉 a와 c의 부호는 모두 같다.

STEP B **직선 $cx+ay+b=0$의 그래프 그리기**

한편 $cx+ay+b=0$, $y=-\frac{c}{a}x-\frac{b}{a}$ ($\because a\neq 0$)이므로
기울기가 $-\frac{c}{a}$, y절편이 $-\frac{a}{b}$이다.
이때 $ac>0$, $ab<0$이므로
$-\frac{c}{a}<0$, $-\frac{b}{a}>0$
즉 직선 $cx+ay+b=0$의 기울기는 음수, y절편은 양수이다.
따라서 직선 $cx+ay+b=0$의 그래프의 개형은 오른쪽 그림과 같다.

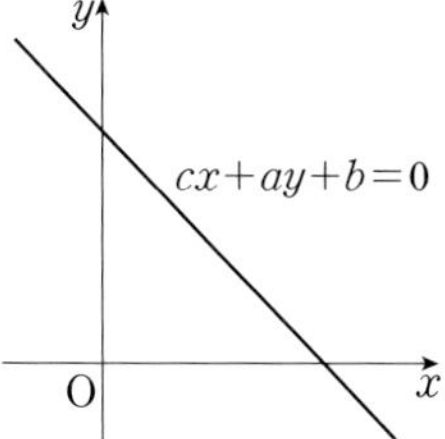

0083

다음 직선의 방정식을 구하시오.

(1) 점 $(5, 3)$을 지나고 직선 $2x-y+3=0$과 만나지 않는 직선의 방정식
TIP 두 직선은 서로 평행하다.

STEP A **직선 $2x-y+3=0$과 평행한 직선의 방정식 구하기**

직선 $2x-y+3=0$에서 $y=2x+3$과 만나지 않으려면
서로 평행해야 하므로 구하는 직선의 기울기는 2
즉 기울기는 2이고 점 $(5, 3)$을 지나는 직선의 방정식은 $y-3=2(x-5)$
따라서 $y=2x-7$

(2) 점 $(2, 3)$을 지나고 직선 $x-3y-3=0$에 수직인 직선의 방정식
TIP 두 직선의 기울기의 곱은 -1이다.

STEP A **직선 $x-3y-3=0$과 수직인 직선의 방정식 구하기**

직선 $x-3y-3=0$에서 $y=\frac{1}{3}x-1$
수직인 직선의 기울기를 m이라 하면 $\frac{1}{3}\times m=-1$　$\therefore m=-3$
즉 기울기는 -3이고 점 $(2, 3)$을 지나는 직선의 방정식은 $y-3=-3(x-2)$
따라서 $y=-3x+9$

0084

2005년 03월 고1 학력평가 24번

다음 물음에 답하시오.

(1) 직선 $2x+y+3=0$과 평행하고 점 $(4, -5)$를 지나는 직선이
TIP 두 직선의 기울기는 -2로 동일하다.
점 $(-1, k)$를 지날 때, 상수 k의 값은?

① 2　② 3　③ 4
④ 5　⑤ 6

STEP A **한 점과 기울기가 주어진 직선의 방정식 구하기**

직선 $2x+y+3=0$에서 $y=-2x-3$이므로 평행한 직선의 기울기는 -2
기울기가 -2이고 점 $(4, -5)$를 지나는 직선의 방정식은
$y-(-5)=-2(x-4)$, 즉 $y=-2x+3$

STEP B **직선이 점 $(-1, k)$를 지남을 이용하여 k의 값 구하기**

따라서 직선 $y=-2x+3$이 점 $(-1, k)$를 지나므로 $k=-2\times(-1)+3=5$

MINI해설 직선의 기울기가 -2임을 이용하여 풀이하기

주어진 직선의 기울기가 -2이고
이 직선과 평행한 직선이 두 점 $(4, -5)$, $(-1, k)$를 지난다.
따라서 $\frac{-5-k}{4-(-1)}=-2$이므로 $k=5$

(2) 두 점 A$(1, 3)$, B$(6, 8)$을 지나는 직선에 수직이고 두 점 A, B를 이은

TIP 두 직선의 기울기의 곱은 -1이다.

선분 AB를 $3:2$로 내분하는 점 C를 지나는 직선을 $y=ax+b$라 할 때, 상수 a, b에 대하여 $a+b$의 값은?

① 5 ② 6 ③ 7
④ 8 ⑤ 9

STEP Ⓐ 수직 조건을 이용하여 a의 값 구하기

두 점 A$(1, 3)$, B$(6, 8)$을 지나는 직선의 기울기가 $\frac{8-3}{6-1}=1$

이 직선과 수직인 직선의 기울기는 -1이므로 $a=-1$

STEP Ⓑ 내분점의 좌표를 구하여 직선의 방정식 구하기

두 점 A$(1, 3)$, B$(6, 8)$을 $3:2$로 내분하는 점 C의 좌표는

$\left(\frac{3\times6+2\times1}{3+2}, \frac{3\times8+2\times3}{3+2}\right)$, 즉 C$(4, 6)$

기울기가 -1이고 점 C$(4, 6)$을 지나는 직선의 방정식은

$y-6=-(x-4)$, 즉 $y=-x+10$

따라서 $a=-1$, $b=10$이므로 $a+b=9$

0085

세 점 A$(3, 4)$, B$(-4, 2)$, C$(7, 3)$을 꼭짓점으로 하는 삼각형 ABC의 무게중심 G를 지나고 직선 AB에 수직인 직선의 방정식은 $7x+ay+b=0$

TIP 세 점 A(x_1, y_1), B(x_2, y_2), C(x_3, y_3)를 꼭짓점으로 하는 삼각형 ABC의 무게중심 G의 좌표는 G$\left(\frac{x_1+x_2+x_3}{3}, \frac{y_1+y_2+y_3}{3}\right)$

이다. 이때 ab의 값을 구하시오. (단, a, b는 상수이다.)

STEP Ⓐ 삼각형 ABC의 무게중심의 좌표 구하기

세 점 A$(3, 4)$, B$(-4, 2)$, C$(7, 3)$을 꼭짓점으로 하는 삼각형 ABC의 무게중심 G의 좌표는 $\left(\frac{3-4+7}{3}, \frac{4+2+3}{3}\right)$, 즉 G$(2, 3)$

STEP Ⓑ 직선 AB에 수직인 직선의 방정식 구하기

두 점 A$(3, 4)$, B$(-4, 2)$를 지나는 직선 AB의 기울기 $\frac{2-4}{-4-3}=\frac{2}{7}$이므로

이 직선과 수직인 직선의 기울기는 $-\frac{7}{2}$

기울기가 $-\frac{7}{2}$이고 점 G$(2, 3)$을 지나는 직선의 방정식은

$y-3=-\frac{7}{2}(x-2)$, 즉 $7x+2y-20=0$

따라서 $a=2$, $b=-20$이므로 $ab=-40$

0086

다음 물음에 답하시오. (단, a, b는 상수이다.)

(1) 두 점 A$(-2, 2)$, B$(2, 0)$을 이은 선분 AB의 수직이등분선의

TIP 직선 AB의 수직이고 선분 AB의 중점을 지남을 이용한다.

방정식이 $ax+by+1=0$일 때, $a+b$의 값을 구하시오.

STEP Ⓐ 직선 AB의 기울기와 선분 AB의 중점의 좌표 구하기

두 점 A$(-2, 2)$, B$(2, 0)$을 지나는 직선의 기울기는

$\frac{0-2}{2-(-2)}=-\frac{1}{2}$이므로

선분 AB의 수직이등분인 직선의 기울기는 2

두 점 A$(-2, 2)$, B$(2, 0)$을 이은 선분 AB의 중점의 좌표는

$\left(\frac{-2+2}{2}, \frac{2+0}{2}\right)$, 즉 $(0, 1)$

STEP Ⓑ 선분 AB의 수직이등분선의 방정식 구하기

선분 AB의 수직이등분선은 기울기가 2이고 점 $(0, 1)$을 지나므로

$y-1=2(x-0)$, 즉 $2x-y+1=0$

따라서 $a=2$, $b=-1$이므로 $a+b=1$

2011년 10월 고1 성취도평가 7번

(2) 두 점 A$(1, a)$, B$(9, b)$를 이은 선분 AB의 수직이등분선의 방정식이

TIP 직선 AB의 수직이고 선분 AB의 중점을 지남을 이용한다.

$2x+y-15=0$일 때, ab의 값을 구하시오.

STEP Ⓐ 선분 AB의 중점의 좌표를 이용하여 a, b 사이의 관계식 세우기

두 점 A$(1, a)$, B$(9, b)$를 이은 선분 AB의 중점의 좌표는 $\left(5, \frac{a+b}{2}\right)$

이 점이 직선 $2x+y-15=0$ 위에 있으므로

$2\times5+\frac{a+b}{2}-15=0$

$\therefore a+b=10$ …… ㉠

STEP Ⓑ 두 직선이 수직임을 이용하여 a, b 사이의 관계식 구하기

두 점 A$(1, a)$, B$(9, b)$를 지나는 직선의 기울기는

$\frac{b-a}{9-1}=\frac{b-a}{8}$

선분 AB의 수직이등분인 직선 $2x+y-15=0$의 기울기는 -2이므로

$\frac{b-a}{8}\times(-2)=-1$

$\therefore a-b=-4$ …… ㉡

㉠, ㉡을 연립하여 풀면 $a=3$, $b=7$

따라서 $ab=21$

0087

직선 $3x+2y-6=0$이 x축, y축과 만나는 점을 각각 A, B라 하자.

TIP A$(2, 0)$, B$(0, 3)$

선분 AB의 수직이등분선이 점 $\left(\frac{1}{4}, a\right)$를 지날 때, 상수 a의 값은?

① $\frac{5}{6}$ ② 1 ③ $\frac{3}{2}$
④ 2 ⑤ $\frac{5}{2}$

STEP Ⓐ 직선 AB의 기울기와 선분 AB의 중점의 좌표 구하기

직선 $3x+2y-6=0$, 즉 $y=-\frac{3}{2}x+3$의

x절편, y절편이 각각 2, 3이므로

A$(2, 0)$, B$(0, 3)$

직선 AB의 기울기는 $-\frac{3}{2}$이므로

선분 AB의 수직이등분선인

직선의 기울기는 $\frac{2}{3}$

선분 AB의 중점의 좌표는 $\left(\frac{2+0}{2}, \frac{0+3}{2}\right)$, 즉 $\left(1, \frac{3}{2}\right)$

STEP Ⓑ 선분 AB의 수직이등분선의 방정식 구하기

선분 AB의 수직이등분선은 기울기가 $\frac{2}{3}$이고 점 $\left(1, \frac{3}{2}\right)$을 지나므로

$y-\frac{3}{2}=\frac{2}{3}(x-1)$, 즉 $y=\frac{2}{3}x+\frac{5}{6}$

따라서 이 직선이 점 $\left(\frac{1}{4}, a\right)$를 지나므로 $a=\frac{2}{3}\times\frac{1}{4}+\frac{5}{6}=1$

0088

다음 물음에 답하시오. (단, a, b는 상수이다.)

(1) 오른쪽 그림과 같이 정사각형 ABCD

TIP 정사각형의 두 대각선은 서로를 수직이등분한다.

에서 두 점 A, C의 좌표는 각각 A$(2, 0)$, C$(3, 5)$일 때, 직선 BD의 방정식이 $ax+by-15=0$이다. $a+b$의 값을 구하시오.

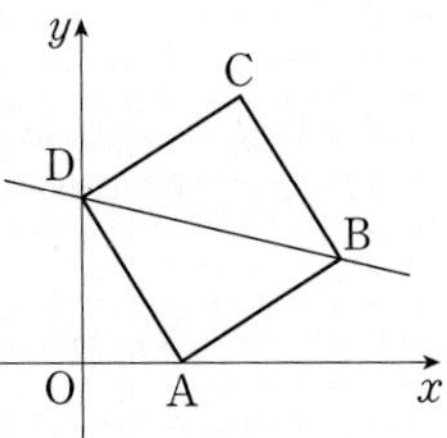

STEP A 직선 BD의 기울기와 선분 BD의 중점의 좌표 구하기

정사각형의 두 대각선은 서로를 수직이등분하므로
직선 BD는 선분 AC의 수직이등분선이다.

두 점 A$(2, 0)$, C$(3, 5)$를 지나는 직선 AC의 기울기는 $\frac{5-0}{3-2}=5$이므로

직선 BD의 기울기는 $-\frac{1}{5}$

두 선분 AC, BD의 중점의 좌표가 같으므로
선분 AC의 중점을 M이라 하면
$\left(\frac{2+3}{2}, \frac{0+5}{2}\right)$, 즉 M$\left(\frac{5}{2}, \frac{5}{2}\right)$

STEP B 직선 BD의 방정식 구하기

기울기가 $-\frac{1}{5}$이고 점 M$\left(\frac{5}{2}, \frac{5}{2}\right)$를 지나는 직선 BD의 방정식은

$y-\frac{5}{2}=-\frac{1}{5}\left(x-\frac{5}{2}\right)$, 즉 $x+5y-15=0$

따라서 $a=1$, $b=5$이므로 $a+b=6$

2012년 11월 고1 학력평가 26번

(2) 오른쪽 그림과 같이 좌표평면 위에 마름모 ABCD가 있다. 두 점 A, C의

TIP 마름모의 두 대각선은 서로를 수직이등분한다.

좌표가 각각 $(1, 3)$, $(5, 1)$이고 두 점 B, D를 지나는 직선 l의 방정식이 $2x+ay+b=0$일 때, ab의 값을 구하시오.

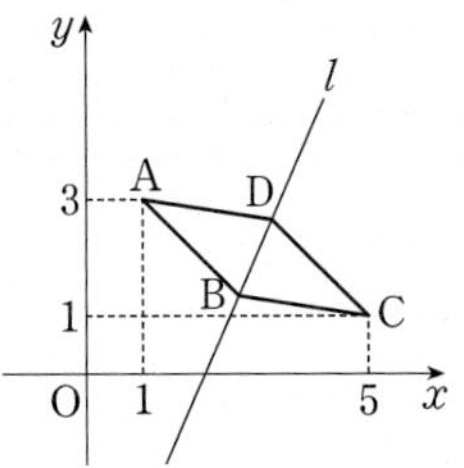

STEP A 직선 l이 선분 AC의 중점을 지나면서 선분 AC에 수직임을 이용하기

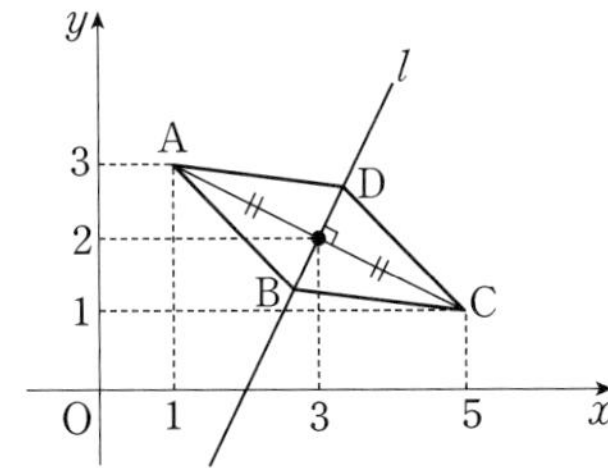

마름모의 두 대각선은 서로를 수직이등분하므로
직선 l은 선분 AC의 수직이등분선이다.

직선 AC의 기울기가 $\frac{1-3}{5-1}=-\frac{1}{2}$

이므로 직선 l의 기울기는 2 ← 기울기의 곱 -1

직선 AC의 중점의 좌표가 $\left(\frac{1+5}{2}, \frac{3+1}{2}\right)$, 즉 $(3, 2)$

STEP B 직선 l의 방정식 구하기

기울기가 2이고 점 $(3, 2)$를 지나는 직선 l의 방정식은

$y-2=2(x-3)$, 즉 $2x-y-4=0$

따라서 $a=-1$, $b=-4$이므로 $ab=4$

0089

점 P$(2, 0)$에서 직선 $3x+y+4=0$에 내린 수선의 발을 H라 할 때,

TIP 수직인 직선 PH를 구하고 연립한다.

점 H의 좌표를 구하시오.

STEP A 점 P$(2, 0)$을 지나고 직선 $3x+y+4=0$에 수직인 직선의 방정식 구하기

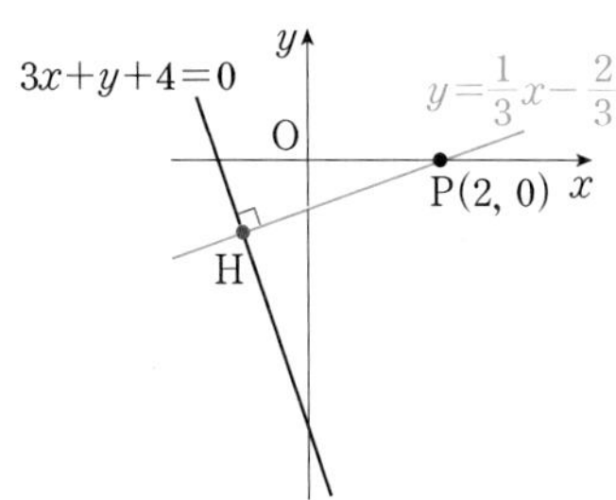

직선 $3x+y+4=0$, 즉 $y=-3x-4$의 기울기는 -3이므로

이 직선과 수직인 직선의 기울기는 $\frac{1}{3}$

기울기가 $\frac{1}{3}$이고 점 P$(2, 0)$을 지나는 직선의 방정식은

$y-0=\frac{1}{3}(x-2)$, 즉 $y=\frac{1}{3}x-\frac{2}{3}$

STEP B 점 H의 좌표 구하기

이때 점 H는 두 직선 $y=-3x-4$, $y=\frac{1}{3}x-\frac{2}{3}$의 교점이므로

두 식을 연립하여 풀면 $x=-1$, $y=-1$

따라서 점 H의 좌표는 H$(-1, -1)$

0090

2016년 03월 고2 학력평가 가형 13번 변형

다음 그림과 같이 자연수 n에 대하여 좌표평면에서 점 A$(0, 1)$을 지나는 직선과 점 B$(n, 1)$을 지나는 직선이 서로 수직으로 만나는 점을

TIP 기울기의 곱 -1

P$(4, 3)$이라 할 때, 삼각형 ABP의 무게중심의 좌표를 (a, b)라 하자.

TIP 세 점 A(x_1, y_1), B(x_2, y_2), C(x_3, y_3)를 꼭짓점으로 하는 삼각형 ABC의 무게중심의 좌표는 G$\left(\frac{x_1+x_2+x_3}{3}, \frac{y_1+y_2+y_3}{3}\right)$

ab의 값을 구하시오.

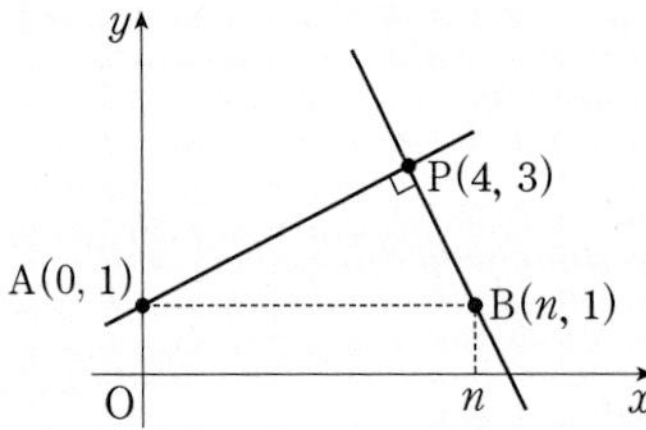

STEP A 두 직선이 서로 수직일 조건을 이용하여 n의 값 구하기

두 점 A$(0, 1)$, P$(4, 3)$을 지나는 직선 AP의 기울기는 $\frac{3-1}{4-0}=\frac{1}{2}$

두 점 B$(n, 1)$, P$(4, 3)$을 지나는 직선 BP의 기울기는 $\frac{3-1}{4-n}=\frac{2}{4-n}$

이때 두 직선 AP와 BP가 서로 수직이므로 $\frac{1}{2}\times\frac{2}{4-n}=-1$, $\frac{1}{4-n}=-1$

$\therefore n=5$

STEP B 삼각형 ABP의 무게중심의 좌표 구하기

세 점 A$(0, 1)$, B$(5, 1)$, P$(4, 3)$을 꼭짓점으로 하는
삼각형 ABP의 무게중심의 좌표는 $\left(\frac{0+5+4}{3}, \frac{1+1+3}{3}\right)$, 즉 $\left(3, \frac{5}{3}\right)$

따라서 $a=3$, $b=\frac{5}{3}$이므로 $ab=5$

0091

다음 물음에 답하시오.

(1) 좌표평면 위의 세 점 A, B, C를 꼭짓점으로 하는 정삼각형 ABC가

TIP 선분 BC의 중점을 D라고 하면 두 직선 AD, BC는 서로 수직이다.

있다. 점 A가 직선 $y=3x$ 위의 점 $(2, 6)$이고, 삼각형 ABC의 무게중심이 원점일 때, 점 B와 점 C를 지나는 직선의 방정식은?

TIP 삼각형의 무게중심은 중선을 꼭짓점에서부터 2 : 1로 내분하는 점이다.

① $x-3y-8=0$　② $x+3y-3=0$
③ $x+3y+10=0$　④ $3x+y+5=0$
⑤ $3x+y+6=0$

STEP A 삼각형의 무게중심의 성질을 이용하여 선분 BC의 중점의 좌표 구하기

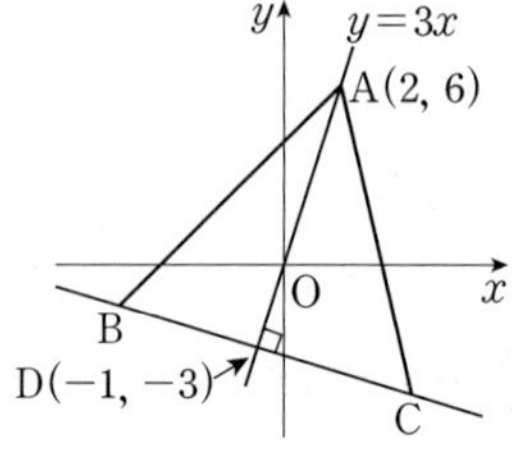

정삼각형 ABC의 한 꼭짓점 A에서 선분 BC에 내린 수선의 발을 D라 하면 점 D는 선분 BC의 중점이 된다.
이때 삼각형 ABC의 무게중심이 원점이므로 점 D는 직선 $y=3x$ 위에 있다.
또한, 점 D의 좌표를 $D(a, 3a)$라 하면 중선 AD를 2 : 1로 내분하는 점의 좌표는
$\left(\frac{2\times a+1\times 2}{2+1}, \frac{2\times 3a+1\times 6}{2+1}\right)$, 즉 $\left(\frac{2a+2}{3}, \frac{6a+6}{3}\right)$
이 점이 원점 $O(0, 0)$과 일치하므로 $a=-1$　$\therefore D(-1, -3)$

STEP B 점 D를 지나면서 직선 AD에 수직인 직선의 방정식 구하기

직선 $y=3x$의 기울기는 3이므로 이 직선과 수직인 직선 BC의 기울기는 $-\frac{1}{3}$
즉 기울기가 $-\frac{1}{3}$이고 점 $D(-1, -3)$을 지나는 직선의 방정식은
$y-(-3)=-\frac{1}{3}\{x-(-1)\}$
따라서 $x+3y+10=0$

(2) 오른쪽 그림과 같이 좌표평면에서 점 $A(-2, 3)$과 직선 $y=m(x-2)$ 위의 서로 다른 두 점 B, C가 $\overline{AB}=\overline{AC}$를 만족시킨다.
선분 BC의 중점이 y축 위에 있을 때,

TIP 선분 BC의 중점을 M이라고 하면 두 직선 AM, BC는 서로 수직이다.

양수 m의 값을 구하시오.

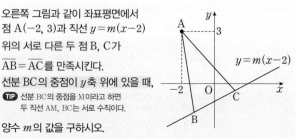

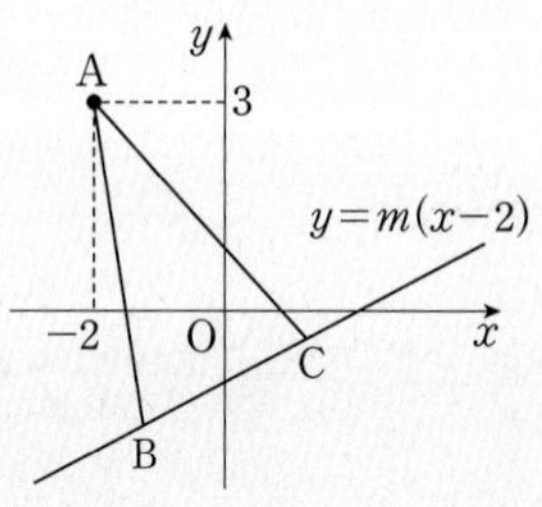

STEP A $\overline{AB}=\overline{AC}$임을 이용하여 선분 BC의 중점의 좌표 구하기

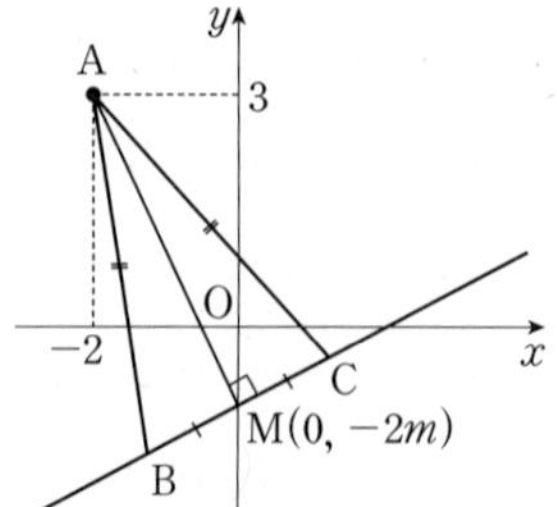

삼각형 ABC는 $\overline{AB}=\overline{AC}$인 이등변삼각형이고 밑변 BC의 중점을 M이라 하자.
이때 두 직선 AM과 BC는 서로 수직이다.
점 M은 직선 $y=m(x-2)$와 y축이 만나는 점이므로 $M(0, -2m)$

STEP B 두 직선이 서로 수직임을 이용하여 양수 m의 값 구하기

두 점 $A(-2, 3)$, $M(0, -2m)$을 지나는 직선 AM의 기울기는
$\frac{-2m-3}{0-(-2)}=\frac{-2m-3}{2}$
이 직선과 수직인 직선 BC의 기울기는 m이므로
$\frac{-2m-3}{2}\times m=-1$, $2m^2+3m-2=0$, $(m+2)(2m-1)=0$
따라서 양수 m의 값은 $\frac{1}{2}$

0092

2011년 11월 고1 학력평가 24번

다음 물음에 답하시오.

(1) 세 직선
$l : x-ay+2=0$, $m : 4x+by+2=0$, $n : x-(b-3)y-2=0$
에 대하여 두 직선 l과 m은 수직이고 두 직선 l과 n은 평행할 때, a^2+b^2의 값을 구하시오. (단, a, b는 상수이다.)

STEP A 두 직선의 위치 관계를 이용하여 a, b 사이의 관계식 구하기

직선 $l : x-ay+2=0$과 직선 $m : 4x+by+2=0$이 수직이므로
$1\times 4-a\times b=0$　$\therefore ab=4$　…… ㉠
직선 $l : x-ay+2=0$과 직선 $n : x-(b-3)y-2=0$이 평행하므로
$\frac{1}{1}=\frac{-a}{-(b-3)}\neq\frac{2}{-2}$, $-a=-b+3$
$\therefore a-b=-3$　…… ㉡

STEP B a^2+b^2의 값 구하기

㉠, ㉡에 의하여 $a^2+b^2=(a-b)^2+2ab=(-3)^2+2\times 4=9+8=17$

주의 직선 $l : x-ay+2=0$과 직선 $m : 4x+by+2=0$이 서로 수직인데, $a=0$이면 직선 $l : x=-2$가 되어 직선 m과 수직일 수 없으므로 $a\neq 0$이고 같은 이유로 $b\neq 0$

2009년 11월 고1 학력평가 24번 변형

(2) 직선 $y=mx+3$이 직선 $nx-2y-2=0$과는 수직이고
직선 $y=(3-n)x-1$과는 평행할 때, m^3+n^3의 값을 구하시오.

TIP $m^3+n^3=(m+n)^3-3mn(m+n)$

(단, m, n은 상수이다.)

STEP A 두 직선의 위치 관계를 이용하여 m, n 사이의 관계식 구하기

직선 $y=mx+3$이 직선 $nx-2y-2=0$, 즉 $y=\frac{n}{2}x-1$과 수직이므로
$m\times\frac{n}{2}=-1$　$\therefore mn=-2$　…… ㉠
직선 $y=mx+3$이 직선 $y=(3-n)x-1$과 평행하므로 $m=3-n$
$\therefore m+n=3$　…… ㉡

STEP B m^3+n^3의 값 구하기

㉠, ㉡에 의하여 $m^3+n^3=(m+n)^3-3mn(m+n)=3^3-3\times(-2)\times 3=45$

0093

두 직선 $x+ay+4=0$, $ax+(a+4)y+b=0$은 서로 수직이고 두 직선의

TIP 두 직선 $ax+by+c=0$, $a'x+b'y+c'=0$이 수직이면 $aa'+bb'=0$

교점의 좌표는 $(c, 2)$이다. 상수 a, b, c에 대하여 $a+b+c$의 값은? (단, $a<0$)

① 28　② 30　③ 31
④ 32　⑤ 33

STEP A 두 직선이 서로 수직임을 이용하여 a의 값 구하기

두 직선 $x+ay+4=0$, $ax+(a+4)y+b=0$이 수직이므로
$1\times a+a(a+4)=0$, $a^2+5a=0$, $a(a+5)=0$
$\therefore a=-5$ ($\because a<0$)

STEP B 두 직선의 교점이 $(c, 2)$임을 이용하여 b, c의 값 구하기

두 직선 $x-5y+4=0$, $-5x-y+b=0$의 교점이 $(c, 2)$이므로 (두 직선 위에 동시에 존재하는 점)
$c-10+4=0$, $-5c-2+b=0$
$\therefore b=32$, $c=6$
따라서 $a+b+c=-5+32+6=33$

0094

두 직선 $ax+2y+1=0$, $x+(a+1)y+a=0$이 두 개 이상의 교점을 가질
TIP 두 직선이 일치한다.
때, 상수 a의 값을 구하시오.

STEP A 두 직선이 일치하기 위한 a의 값 구하기

두 직선이 두 개 이상의 교점을 가지면 두 직선은 일치하므로 $\frac{a}{1}=\frac{2}{a+1}=\frac{1}{a}$

즉 $\frac{a}{1}=\frac{2}{a+1}$에서 $a(a+1)=2$, $a^2+a-2=0$, $(a+2)(a-1)=0$

$\therefore a=-2$ 또는 $a=1$ …… ㉠

$\frac{a}{1}=\frac{1}{a}$에서 $a^2=1$, $(a+1)(a-1)=0$

$\therefore a=-1$ 또는 $a=1$ …… ㉡

㉠, ㉡에서 동시에 만족하는 a의 값은 $a=1$

0095

세 직선 $x+3y=5$, $3x-y=5$, $ax+y=0$이 삼각형을 이루지 않도록
TIP 세 직선이 삼각형을 이루지 않으려면
세 직선 중 두 직선이 서로 평행하거나 세 직선이 한 점에서 만나는 경우이다.
하는 모든 실수 a의 값의 곱을 구하시오.

STEP A 서로 다른 세 직선이 삼각형을 이루지 않는 경우 구하기

세 직선 $x+3y=5$, $3x-y=5$, $ax+y=0$에서

$y=-\frac{1}{3}x+\frac{5}{3}$, $y=3x-5$, $y=-ax$이므로

세 직선이 모두 평행한 경우는 없다.
즉 주어진 세 직선이 삼각형을 이루지 않는 경우는 다음과 같다.

(i) 세 직선 중 두 직선이 서로 평행한 경우

세 직선의 기울기는 각각 $-\frac{1}{3}$, 3, $-a$이므로

두 직선이 평행하려면 $a=\frac{1}{3}$ 또는 $a=-3$

(ii) 세 직선이 한 점에서 만나는 경우

두 직선 $x+3y=5$, $3x-y=5$의 교점의 좌표는 $(2, 1)$이므로

직선 $ax+y=0$이 점 $(2, 1)$을 지나야 한다.

$2a+1=0$ $\therefore a=-\frac{1}{2}$

STEP B 모든 실수 a의 값의 곱 구하기

(i), (ii)에서 모든 실수 a의 값은 $\frac{1}{3}$, -3, $-\frac{1}{2}$이므로

그 곱은 $\frac{1}{3}\times(-3)\times\left(-\frac{1}{2}\right)=\frac{1}{2}$

0096

서로 다른 세 직선 $ax+y+5=0$, $2x+by-4=0$, $x+2y+3=0$에 의하여 좌표평면이 네 부분으로 나누어질 때, 상수 a, b에 대하여 ab의 값은?
TIP 세 직선이 모두 평행해야 한다.

① 2 ② 3 ③ 5
④ 6 ⑤ 8

STEP A 세 직선이 좌표평면을 네 부분으로 나누는 경우 구하기

서로 다른 세 직선이 좌표평면을 네 부분으로 나누려면 오른쪽 그림과 같이 세 직선이 서로 평행해야 한다.
즉 세 직선의 기울기가 같고 y절편이 달라야 한다.

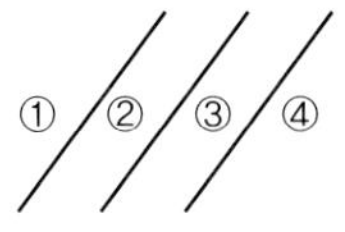

STEP B 세 직선이 평행하기 위한 a, b의 값 구하기

직선 $ax+y+5=0$과 직선 $x+2y+3=0$이 평행하므로

$\frac{a}{1}=\frac{1}{2}\neq\frac{5}{3}$ $\therefore a=\frac{1}{2}$

직선 $2x+by-4=0$과 직선 $x+2y+3=0$이 평행하므로

$\frac{2}{1}=\frac{b}{2}\neq\frac{-4}{3}$ $\therefore b=4$

따라서 $a=\frac{1}{2}$, $b=4$이므로 $ab=\frac{1}{2}\times4=2$

주의 '서로 다른'이라는 말이 없을 때에는 평행하지 않은 두 직선과 다른 한 직선은 두 직선 중 하나와 일치하게 되면 네 부분으로 나뉜다.

0097

세 직선 $x-y=1$, $x+y=3$, $x+ay=4$가 좌표평면을 6개 부분으로 나눌 때, 모든 실수 a의 값의 합을 구하시오.
TIP 세 직선 중 두 직선이 평행할 때와 세 직선이 한 점에서 만나는 경우가 있다.

STEP A 세 직선이 좌표평면을 여섯 부분으로 나누는 경우 구하기

세 직선이 좌표평면을 6개의 부분으로 나누는 경우는
다음 그림과 같이 세 직선 중 두 직선이 평행할 때와 세 직선이 한 점에서 만나는 2가지 경우가 있다.

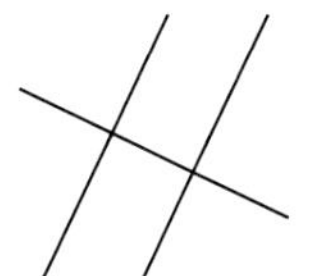

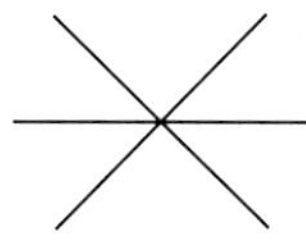

STEP B 각 경우의 a의 값 구하기

(i) $x+ay=4$가 $x-y=1$ 또는 $x+y=3$과 평행할 때, $a=-1$ 또는 $a=1$

(ii) 세 직선이 한 점에서 만날 때,

두 직선 $x-y=1$과 $x+y=3$의 교점의 좌표가 $(2, 1)$이므로

직선 $x+ay=4$가 점 $(2, 1)$을 지나야 한다.

$2+a=4$ $\therefore a=2$

(i), (ii)에서 실수 a의 값은 -1, 1, 2이므로 그 합은 $-1+1+2=2$

0098

오른쪽 그림과 같이 한 변의 길이가 1인 정사각형 ABCD에서 변 BC와 변 CD의 중점을 각각 M, N이라 하고 직선 BN이 두 직선 AM, AC와 만나는 점을 각각 P, Q라고 할 때, 사각형 PMCQ의 넓이를 구하시오.
TIP (사각형 PMCQ의 넓이)
=(삼각형 BCQ의 넓이)−(삼각형 BMP의 넓이)

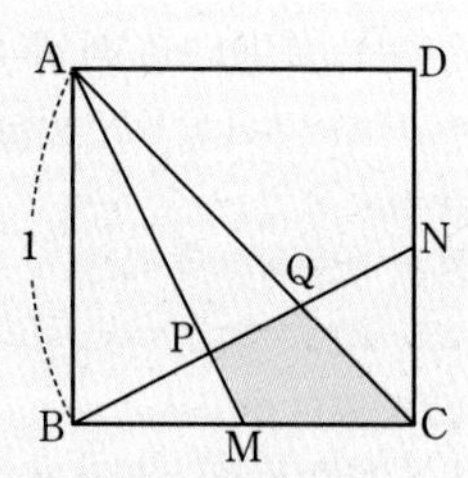

STEP A 정사각형을 좌표평면에 나타내어 각 꼭짓점의 좌표 구하기

오른쪽 그림과 같이
정사각형의 두 변 BC, AB가 각각 x축, y축 위에 있도록 좌표평면에 나타내면 네 꼭짓점의 좌표는

A$(0, 1)$, B$(0, 0)$,
C$(1, 0)$, D$(1, 1)$

선분 BC의 중점 M의 좌표는
M$\left(\frac{1}{2}, 0\right)$

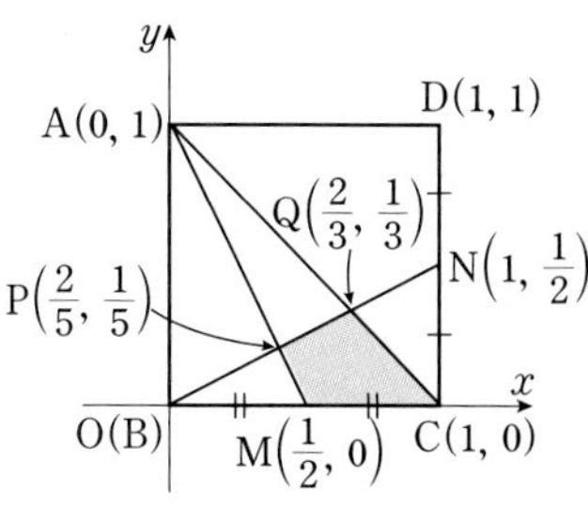

선분 CD의 중점 N의 좌표는 N$\left(1, \frac{1}{2}\right)$

STEP B **세 직선 BN, AM, AC의 방정식을 이용하여 두 점 P, Q의 좌표 구하기**

직선 BN의 방정식은 $y=\frac{1}{2}x$ …… ㉠

직선 AM의 방정식은 $y=-2x+1$ …… ㉡

직선 AC의 방정식은 $y=-x+1$ …… ㉢

점 P는 두 직선 BN과 AM의 교점이므로

㉠, ㉡을 연립하여 풀면 $x=\frac{2}{5}$, $y=\frac{1}{5}$ $\therefore \mathrm{P}\left(\frac{2}{5}, \frac{1}{5}\right)$

점 Q는 두 직선 BN과 AC의 교점이므로

㉠, ㉢을 연립하여 풀면 $x=\frac{2}{3}$, $y=\frac{1}{3}$ $\therefore \mathrm{Q}\left(\frac{2}{3}, \frac{1}{3}\right)$

STEP C **사각형 PMCQ의 넓이 구하기**

따라서 (사각형 PMCQ의 넓이)

=(삼각형 BCQ의 넓이)−(삼각형 BMP의 넓이)

$=\frac{1}{2}\times1\times\frac{1}{3}-\frac{1}{2}\times\frac{1}{2}\times\frac{1}{5}$

$=\frac{1}{6}-\frac{1}{20}=\frac{7}{60}$

0099

2009년 03월 고1 학력평가 19번

오른쪽 그림과 같이 두 직선 $y=ax+b$와 $y=bx+a$가 y축과 만나는 점을 각각 A, B라 하고, 이 두 직선이 만나는 점을 C라 하자. 점 C의 y좌표가 8이고 삼각형

TIP 두 직선의 방정식을 연립하여 점 C의 좌표를 구한다.

ABC의 넓이가 3일 때, $2a+b$의 값은? (단, $0<a<b$)

① 9 ② 10 ③ 11
④ 12 ⑤ 13

STEP A **두 직선의 교점 C의 좌표 구하기**

점 C는 두 직선 $y=ax+b$와 $y=bx+a$의 교점이므로

두 식을 연립하면 $ax+b=bx+a$, $(b-a)x=b-a$

$\therefore x=1$ ($\because 0<a<b$)

이때 점 C의 y좌표가 8이므로 C(1, 8)

STEP B **삼각형 ABC의 넓이가 3임을 이용하여 a, b의 값 구하기**

직선 $y=ax+b$가 점 C(1, 8)을 지나므로

$a+b=8$ …… ㉠

두 점 A, B는 각각 두 직선

$y=ax+b$, $y=bx+a$와 y축의 교점이므로

A(0, b), B(0, a)

이때 삼각형 ABC의 넓이가 3이므로

선분 AB를 밑변으로 하면 ← $a<b$이므로 $\overline{\mathrm{AB}}=b-a$

$\frac{1}{2}\times(b-a)\times1=3$

$\therefore b-a=6$ …… ㉡

㉠, ㉡을 연립하여 풀면 $a=1$, $b=7$

따라서 $2a+b=2\times1+7=9$

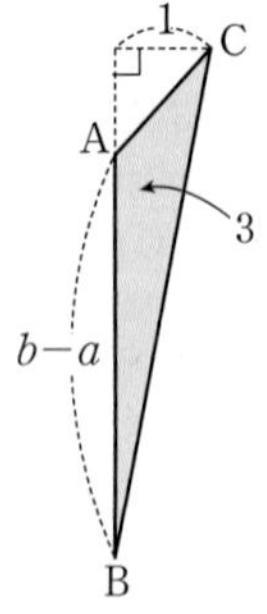

0100

2009년 05월 고1 성취도평가 21번

좌표평면 위에서 직선 $y=mx$가 네 점 A(1, 5), B(5, 5), C(5, 13), D(1, 13)을 꼭짓점으로 하는 직사각형 ABCD의 넓이를 이등분한다. 직선 $y=mx$에 수직이고

TIP 직선 $y=mx$는 직사각형 ABCD의 두 대각선의 교점을 지난다.

직사각형 ABCD의 넓이를 이등분하는 직선을 $y=ax+b$라 할 때, 세 상수 a, b, m에 대하여 abm의 값은?

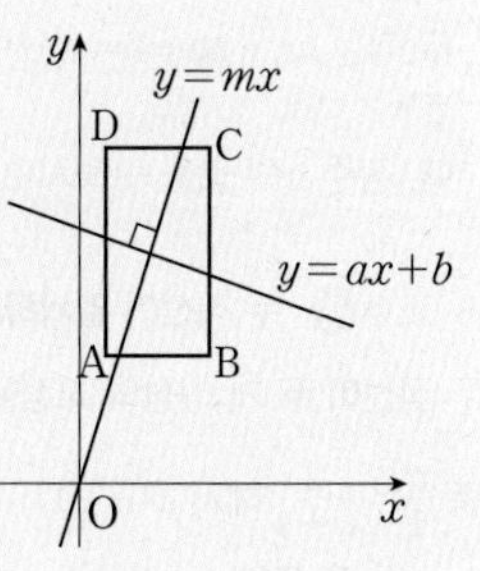

① −9 ② −10 ③ −11
④ −12 ⑤ −13

STEP A **직사각형의 넓이를 이등분하기 위한 조건을 이용하여 m의 값 구하기**

직선이 직사각형의 넓이를 이등분하려면 직사각형의 두 대각선의 교점을 지나야 한다.

직사각형 ABCD의 두 대각선의 교점은 대각선 AC의 중점이므로

$\left(\frac{1+5}{2}, \frac{5+13}{2}\right)$, 즉 (3, 9)

직선 $y=mx$가 점 (3, 9)를 지나므로

$3m=9$ $\therefore m=3$

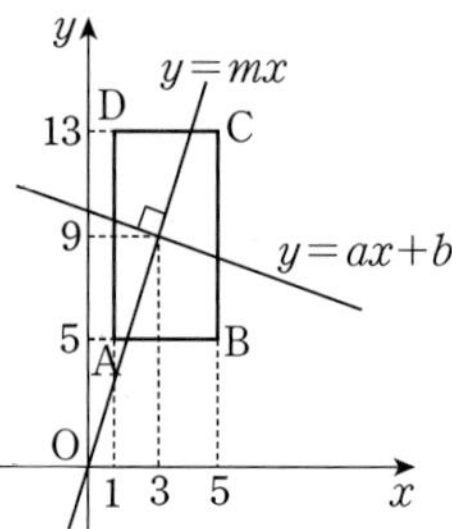

STEP B **두 직선의 수직 조건을 이용하여 a의 값 구하기**

직선 $y=ax+b$가 직선 $y=3x$와 수직이므로 $3a=-1$

$\therefore a=-\frac{1}{3}$

STEP C **abm의 값 구하기**

점 (3, 9)가 직선 $y=-\frac{1}{3}x+b$ 위의 점이므로 $3\times\left(-\frac{1}{3}\right)+b=9$

$\therefore b=10$

따라서 $a=-\frac{1}{3}$, $b=10$, $m=3$이므로 $abm=\left(-\frac{1}{3}\right)\times10\times3=-10$

0101

다음 물음에 답하시오.

(1) 직선 $(2+k)x+(1+2k)y+1-4k=0$이 실수 k의 값에 관계없이

TIP k에 대하여 정리하면 $(x+2y-4)k+(2x+y+1)=0$

항상 한 점 (a, b)를 지날 때, ab의 값을 구하시오.

STEP A **주어진 직선을 k에 대하여 내림차순으로 정리하기**

$(2+k)x+(1+2k)y+1-4k=0$을 k에 대하여 정리하면

$(x+2y-4)k+(2x+y+1)=0$

STEP B **k에 대한 항등식의 성질을 이용하여 a, b의 값 구하기**

이 식이 k의 값에 관계없이 항상 성립하므로 k에 대한 항등식이다.

항등식의 성질에 의하여 $x+2y-4=0$, $2x+y+1=0$

이 두 식을 연립하여 풀면 $x=-2$, $y=3$

즉 주어진 직선은 실수 k의 값에 관계없이 항상 점 $(-2, 3)$을 지난다.

따라서 $a=-2$, $b=3$이므로 $ab=-6$

0107

다음 물음에 답하시오.

(1) 점 $(0, 1)$에서 거리가 $2\sqrt{5}$이고 직선 $2x-y=1$에 평행인 두 직선이 y축과 만나는 점을 A, B라 할 때, 선분 AB의 길이를 구하시오.

STEP Ⓐ **직선 $2x-y=1$과 평행한 직선의 기울기 구하기**

직선 $2x-y=1$, 즉 $y=2x-1$의 기울기가 2이므로
이 직선과 평행한 직선의 기울기도 2
즉 구하는 직선의 방정식을 $y=2x+n$ $(n \neq -1)$

STEP Ⓑ **점과 직선 사이의 거리를 이용하여 직선의 방정식 구하기**

점 $(0, 1)$에서 직선 $2x-y+n=0$까지 거리가 $2\sqrt{5}$이므로

$\dfrac{|2\times0-1+n|}{\sqrt{2^2+(-1)^2}}=2\sqrt{5}$, $|-1+n|=10$, $-1+n=\pm10$

$\therefore n=11$ 또는 $n=-9$

즉 구하는 직선의 방정식은 $y=2x+11$ 또는 $y=2x-9$ ← 두 직선은 평행하다.

STEP Ⓒ **선분 AB의 길이 구하기**

따라서 두 직선 $y=2x+11$, $y=2x-9$가 y축과 만나는 점 A, B의 좌표는 각각 $(0, 11)$, $(0, -9)$이므로 $\overline{AB}=11-(-9)=20$

(2) 점 $(1, 1)$에서 거리가 $\sqrt{5}$이고 직선 $x+2y+3=0$에 수직인 두 직선이 y축과 만나는 점을 A, B라 할 때, 선분 AB의 길이를 구하시오.

STEP Ⓐ **직선 $x+2y+3=0$과 수직인 직선의 기울기 구하기**

직선 $x+2y+3=0$, 즉 $y=-\dfrac{1}{2}x-\dfrac{3}{2}$의 기울기가 $-\dfrac{1}{2}$이므로
이 직선과 수직인 직선의 기울기는 2
즉 구하는 직선의 방정식은 $y=2x+n$ $(n\neq-1)$ ← $(1, 1)$을 지나지 않는다.

STEP Ⓑ **점과 직선 사이의 거리를 이용하여 직선의 방정식 구하기**

점 $(1, 1)$과 직선 $2x-y+n=0$ 사이의 거리가 $\sqrt{5}$이므로

$\dfrac{|2\times1-1\times1+n|}{\sqrt{2^2+(-1)^2}}=\sqrt{5}$, $|1+n|=5$, $1+n=\pm5$

$\therefore n=4$ 또는 $n=-6$

즉 구하는 직선의 방정식은 $y=2x+4$ 또는 $y=2x-6$

STEP Ⓒ **선분 AB의 길이 구하기**

따라서 두 직선 $y=2x+4$, $y=2x-6$이 y축과 만나는 점 A, B의 좌표는 각각 $(0, 4)$, $(0, -6)$이므로 $\overline{AB}=4-(-6)=10$

0108

직선 $(k+1)x-(k-3)y+k-15=0$은 실수 k의 값에 관계없이 일정한

TIP k에 대한 항등식이므로 k의 값에 관계없이 항상 점 $(3, 4)$를 지난다.

점 A를 지난다. 점 A와 직선 $2x-y+m=0$ 사이의 거리가 $\sqrt{5}$일 때, 모든 실수 m의 값의 합은?

① -4 ② -3 ③ 2
④ 3 ⑤ 4

STEP Ⓐ **직선 $(k+1)x-(k-3)y+k-15=0$이 항상 지나는 점 구하기**

직선 $(k+1)x-(k-3)y+k-15=0$을 k에 대하여 정리하면

$(x+3y-15)+k(x-y+1)=0$ ⋯⋯ ㉠

이 등식이 k의 값에 관계없이 항상 성립하므로 k에 대한 항등식이다.

항등식의 성질에 의하여 $x-y+1=0$, $x+3y-15=0$

$\therefore x=3, y=4$

즉 직선 ㉠은 k의 값에 관계없이 항상 점 A$(3, 4)$를 지난다.

STEP Ⓑ **점과 직선 사이의 거리가 $\sqrt{5}$임을 이용하여 m의 값 구하기**

점 A$(3, 4)$와 직선 $2x-y+m=0$ 사이의 거리가 $\sqrt{5}$이므로

$\dfrac{|2\times3-1\times4+m|}{\sqrt{2^2+(-1)^2}}=\sqrt{5}$, $|m+2|=5$, $m+2=\pm5$

$\therefore m=-7$ 또는 $m=3$

따라서 m의 값의 합은 $-7+3=-4$

0109

점 A$(-3, 3)$과 직선 $y=2x-1$ 위의 두 점 B, C를 꼭짓점으로 하는 삼각형

TIP (삼각형 ABC의 높이)=(점 A에서 직선 $y=2x-1$ 사이의 거리)

ABC가 정삼각형일 때, 이 정삼각형의 한 변의 길이는?

① $\dfrac{\sqrt{15}}{3}$ ② $\dfrac{2\sqrt{15}}{3}$ ③ $\dfrac{4\sqrt{15}}{3}$
④ $\dfrac{3\sqrt{15}}{4}$ ⑤ $\dfrac{5\sqrt{5}}{3}$

STEP Ⓐ **정삼각형의 한 변의 길이를 a라 할 때, 높이를 a로 나타내기**

정삼각형 ABC의 한 변의 길이를 a라 하고 점 A에서 직선 $y=2x-1$에 내린 수선의 발을 H라고 하자.
이때 선분 AH의 길이는 정삼각형 ABC의 높이이므로

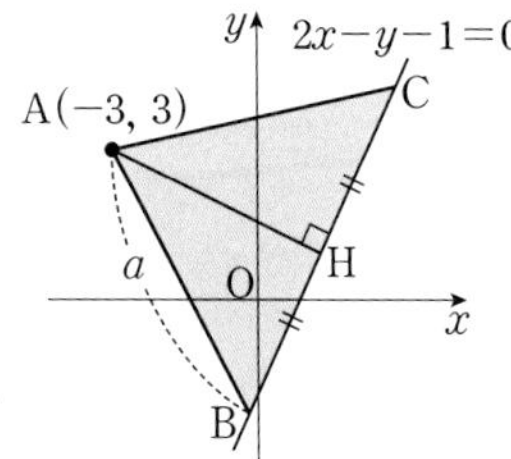

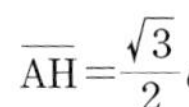

$\overline{AH}=\dfrac{\sqrt{3}}{2}a$ ⋯⋯ ㉠

STEP Ⓑ **점과 직선 사이의 거리 공식을 이용하여 a의 값 구하기**

점 A$(-3, 3)$과 직선 $2x-y-1=0$ 사이의 거리, 즉 선분 AH의 길이는

$\overline{AH}=\dfrac{|2\times(-3)-1\times3-1|}{\sqrt{2^2+(-1)^2}}=2\sqrt{5}$ ⋯⋯ ㉡

㉠, ㉡에 의하여 $\dfrac{\sqrt{3}}{2}a=2\sqrt{5}$

따라서 정삼각형 ABC의 한 변의 길이 $a=2\sqrt{5}\times\dfrac{2}{\sqrt{3}}=\dfrac{4\sqrt{15}}{3}$

0110

평행한 두 직선 $2x-y-2=0$, $2x-y+a=0$ 사이의 거리가 $\sqrt{5}$일 때,

TIP 평행한 두 직선은 x와 y의 계수의 비가 같다.

모든 실수 a의 값의 합을 구하시오.

STEP Ⓐ **평행한 두 직선 사이의 거리를 이용하여 a의 값 구하기**

평행한 두 직선 $2x-y-2=0$, $2x-y+a=0$ 사이의 거리는 직선 $2x-y-2=0$ 위의 한 점 $(1, 0)$과 직선 $2x-y+a=0$ 사이의 거리와 같다.

$\dfrac{|2+a|}{\sqrt{2^2+(-1)^2}}=\sqrt{5}$, $|a+2|=5$, $a+2=\pm5$

$\therefore a=3$ 또는 $a=-7$

따라서 구하는 a의 값의 합은 $3+(-7)=-4$

0111

두 직선 $2x+ky-1=0$, $kx+(k+4)y-2=0$이 서로 평행할 때,

TIP 평행한 두 직선은 x와 y의 계수의 비가 같다.

두 직선 사이의 거리를 구하시오. (단, k는 상수이다.)

STEP A 두 직선이 평행함을 이용하여 k의 값 구하기

두 직선 $2x+ky-1=0$, $kx+(k+4)y-2=0$이 평행하므로

$\frac{2}{k}=\frac{k}{k+4}\neq\frac{-1}{-2}$

즉 $\frac{2}{k}=\frac{k}{k+4}$에서 $2(k+4)=k^2$, $k^2-2k-8=0$, $(k+2)(k-4)=0$

$\therefore k=-2$ 또는 $k=4$

이때 $k=4$이면 두 직선은 일치하므로 $k=-2$

STEP B 평행한 두 직선 사이의 거리 구하기

$k=-2$이므로 두 직선의 방정식은 $2x-2y-1=0$, $2x-2y+2=0$

따라서 두 직선 사이의 거리는 직선 $2x-2y+2=0$ 위의 한 점 $(0, 1)$과

직선 $2x-2y-1=0$ 사이의 거리는 $\frac{|2\times0-2\times1-1|}{\sqrt{2^2+(-2)^2}}=\frac{3}{2\sqrt{2}}=\frac{3\sqrt{2}}{4}$

0112

오른쪽 그림과 같이 원점 O를 꼭짓점으로 하고

평행한 두 직선 $y=2x+6$, $y=2x-4$와

TIP 평행한 두 직선 사이의 거리는 선분 PQ의 길이와 같다.

수직인 선분 PQ를 밑변으로 하는 삼각형

TIP 두 직선의 기울기의 곱은 -1이다.

OPQ의 넓이가 20일 때, 직선 PQ의 방정식을 구하시오. (단, O는 원점이고 두 점 P, Q는 제 1사분면 위의 점이다.)

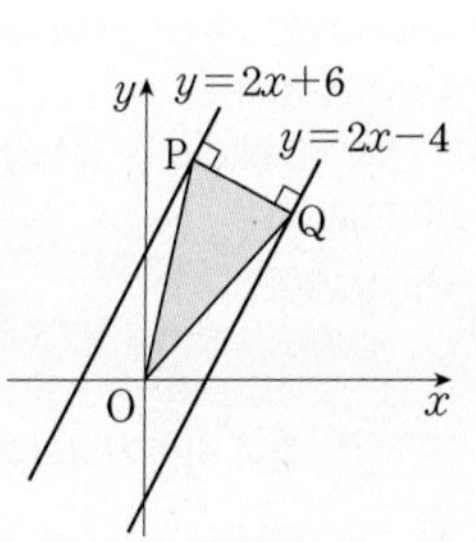

STEP A 평행한 두 직선 사이의 거리 구하기

선분 PQ의 길이는 두 직선 $y=2x+6$, $y=2x-4$ 사이의 거리와 같다.

즉 직선 $y=2x+6$ 위의 한 점 $(0, 6)$과 직선 $2x-y-4=0$ 사이의 거리와 같으므로

$\overline{PQ}=\frac{|2\times0-1\times6-4|}{\sqrt{2^2+(-1)^2}}=\frac{10}{\sqrt{5}}=2\sqrt{5}$

STEP B 삼각형 OPQ의 넓이를 이용하여 삼각형의 높이 구하기

원점 O에서 선분 PQ에 내린 수선의 발을 H라고 하자.

삼각형 OPQ의 넓이는 20이므로

$\frac{1}{2}\times\overline{PQ}\times\overline{OH}=20$, $\sqrt{5}\times\overline{OH}=20$

$\therefore \overline{OH}=4\sqrt{5}$ ⋯⋯ ㉠

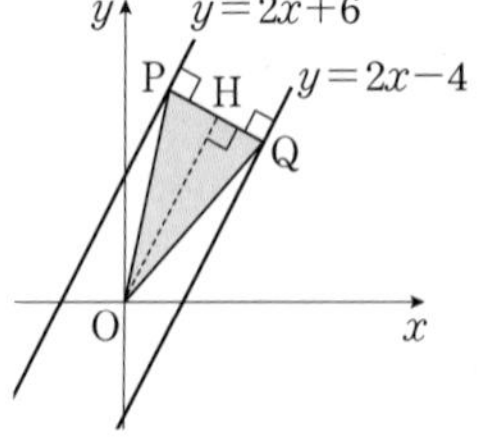

STEP C 점과 직선 사이의 거리를 이용하여 직선 PQ의 방정식 구하기

직선 $y=2x+6$의 기울기는 2이므로

이 직선과 수직인 직선의 기울기는 $-\frac{1}{2}$

즉 직선 PQ의 방정식을 $y=-\frac{1}{2}x+k$로 놓을 수 있다.

원점 $O(0, 0)$과 직선 $x+2y-2k=0$ 사이의 거리, 즉 선분 OH의 길이는

$\overline{OH}=\frac{|-2k|}{\sqrt{1^2+2^2}}$ ⋯⋯ ㉡

㉠, ㉡에 의하여 $\frac{|-2k|}{\sqrt{1^2+2^2}}=4\sqrt{5}$, $2|k|=20$

$\therefore k=\pm10$

이때 두 점 P, Q가 제 1사분면 위의 점이므로 $k=10$

따라서 직선 PQ의 방정식은 $y=-\frac{1}{2}x+10$

0113

다음 물음에 답하시오.

(1) 점 $(1, -1)$에서 직선 $x-y+2+k(x+y)=0$까지의 거리의 최댓값을 구하시오. (단, k는 실수이다.)

STEP A 점 $(1, -1)$과 직선 사이의 거리 구하기

직선 $x-y+2+k(x+y)=0$을 정리하면

$(k+1)x+(k-1)y+2=0$

이때 점 $(1, -1)$과 직선 사이의 거리가 $f(k)$라 하면

$f(k)=\frac{|(k+1)\times1+(k-1)\times(-1)+2|}{\sqrt{(k+1)^2+(k-1)^2}}=\frac{4}{\sqrt{2k^2+2}}=\frac{2\sqrt{2}}{\sqrt{k^2+1}}$

STEP B 점 $(1, -1)$과 직선 사이의 거리의 최댓값 구하기

이때 $f(k)$가 최대이려면 k^2+1이 최소이어야 한다.

분자가 $2\sqrt{2}$로 고정되어있으므로 분모가 작을수록 $f(k)$의 값이 최대가 된다.

따라서 $k=0$일 때, $f(k)$가 최대이므로 최댓값은 $f(0)=\frac{2\sqrt{2}}{\sqrt{0+1}}=2\sqrt{2}$

MINI해설 주어진 직선이 반드시 지나는 점을 이용하여 풀이하기

$x-y+2+k(x+y)=0$에서 k의 값에 관계없이

지나는 접점을 항등식의 성질에 의하여

$x-y+2=0$, $x+y=0$

$\therefore x=-1$, $y=1$

이 직선은 항상 점 $(-1, 1)$을 지난다.

이때 점 $(-1, 1)$을 지나는 직선이

점 $(1, -1)$과 점 $(-1, 1)$을 지나는 직선과

수직일 때, 점 $(1, -1)$과의 거리가 최대가 된다.

따라서 점 $(1, -1)$에서 직선 $x-y+2+k(x+y)=0$ 사이의 최댓값은

$\sqrt{(-1-1)^2+(1+1)^2}=2\sqrt{2}$

(2) 두 직선 $x+y-3=0$, $x-y-1=0$의 교점을 지나는 직선 중에서 원점에서의 거리가 최대인 직선의 방정식을 구하시오.

STEP A 원점에서의 거리가 최대인 직선의 방정식 구하기

두 직선 $x+y-3=0$, $x-y-1=0$의 교점을 P라 하고

두 직선을 연립하면 $x=2$, $y=1$이므로 $P(2, 1)$

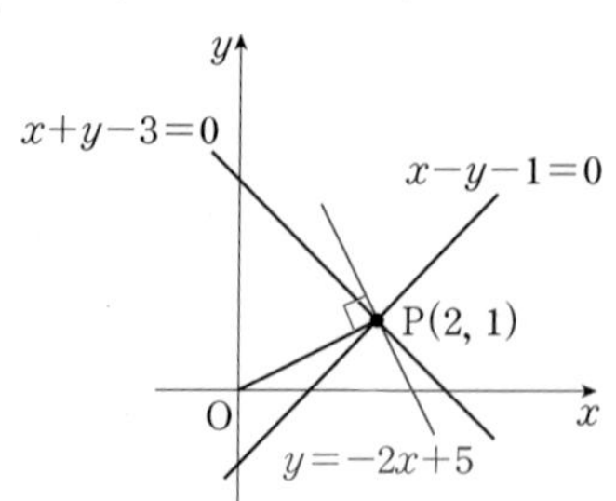

이때 점 $P(2, 1)$을 지나는 직선이 원점과 점 $P(2, 1)$을 지나는 직선과 수직일 때, 원점 O와의 거리가 최대가 된다.

원점 O와 교점 P(2, 1)을 지나는 직선의 기울기는 $\frac{1-0}{2-0}=\frac{1}{2}$이므로

이 직선과 수직인 직선의 기울기는 -2

따라서 구하는 직선의 방정식은 $y-1=-2(x-2)$, 즉 $y=-2x+5$

0114

방정식 $2x^2-xy-y^2+3x-3y=0$은 두 직선을 나타낸다.

TIP $2x^2+(3-y)x-y(y+3)=0$, $(2x+y+3)(x-y)=0$

이 두 직선의 교점을 지나는 직선 중에서 원점으로 부터의 거리가 최대인 직선의 방정식은?

① $x+y=0$ ② $2x+y+1=0$ ③ $x+y-1=0$
④ $x+y+2=0$ ⑤ $x+2y-3=0$

STEP A 주어진 방정식을 인수분해하여 두 직선의 교점 구하기

$2x^2-xy-y^2+3x-3y=0$에서 $2x^2+(3-y)x-y(y+3)=0$

$2x^2+(3-y)x-y(y+3)$

$2x$	$y+3$	→ $(y+3)x$
x	$-y$	→ $-2yx$ (+
$2x^2$	$-y(y+3)$	$(3-y)x$

$(2x+y+3)(x-y)=0$

$\therefore 2x+y+3=0$ 또는 $x-y=0$

즉 두 직선의 방정식은 $2x+y+3=0$, $x-y=0$이므로

교점의 좌표는 $(-1, -1)$

STEP B 원점으로부터의 거리가 최대인 직선의 방정식 구하기

이때 점 $(-1, -1)$을 지나는 직선이 원점과 점 $(-1, -1)$을 지나는 직선과 수직일 때, 원점 O와의 거리가 최대가 된다.

원점 O와 교점 $(-1, -1)$을 지나는 직선의 기울기는 $\frac{-1-0}{-1-0}=1$이므로

이 직선과 수직인 직선의 기울기는 -1

따라서 구하는 직선의 방정식은 $y-(-1)=-\{x-(-1)\}$, 즉 $x+y+2=0$

MINI해설 점과 직선 사이의 거리 공식을 이용하여 풀이하기

$2x^2-xy-y^2+3x-3y=0$에서 $(2x+y+3)(x-y)=0$

이때 두 직선 $2x+y+3=0$, $x-y=0$의 교점을 지나는 직선의 방정식은

$2x+y+3+k(x-y)=0$ (k는 실수)

$\therefore (2+k)x+(1-k)y+3=0$ …… ㉠

원점과 직선 ㉠ 사이의 거리는 $\frac{|3|}{\sqrt{(2+k)^2+(1-k)^2}}=\frac{3}{\sqrt{2k^2+2k+5}}$

원점에서 직선 ㉠까지의 거리가 최대가 되려면 $\sqrt{2k^2+2k+5}$가 최소이어야 하므로

$\sqrt{2k^2+2k+5}=\sqrt{2\left(k+\frac{1}{2}\right)^2+\frac{9}{2}}$

즉 $k=-\frac{1}{2}$일 때, 최소이므로 이를 ㉠에 대입하면 $x+y+2=0$

참고 원점에서 직선 ㉠까지의 거리의 최댓값은 $\frac{3}{\sqrt{\frac{9}{2}}}=\frac{3}{\frac{3}{\sqrt{2}}}=\sqrt{2}$

0115

세 점 A(2, 2), B(−1, 3), C(3, −1)을 꼭짓점으로 하는 삼각형 ABC의 넓이를 구하려고 한다. 다음 물음에 답하시오.

(1) 선분 BC의 길이를 구하시오.
(2) 직선 BC의 방정식을 구하시오.
(3) 점 A와 직선 BC 사이의 거리를 구하시오.
(4) 삼각형 ABC의 넓이를 구하시오.

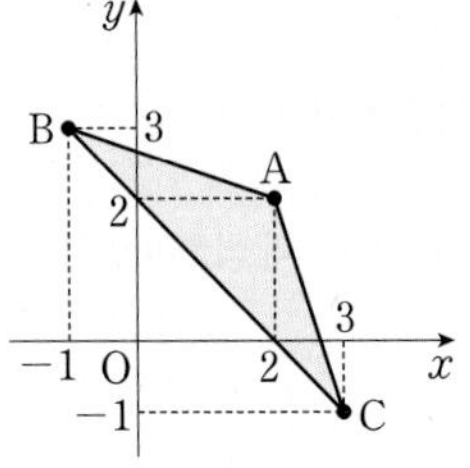

STEP A 삼각형 ABC의 넓이 구하기

(1) 두 점 B(−1, 3), C(3, −1)에 대하여

$\overline{BC}=\sqrt{\{3-(-1)\}^2+(-1-3)^2}=4\sqrt{2}$

(2) 두 점 B(−1, 3), C(3, −1)을 지나는 직선 BC의 방정식은

$y-3=\frac{-1-3}{3-(-1)}(x+1)$, 즉 $x+y-2=0$

(3) 점 A(2, 2)와 직선 $x+y-2=0$ 사이의 거리를 h라 하면

$h=\frac{|1\times2+1\times2-2|}{\sqrt{1^2+1^2}}=\frac{2}{\sqrt{2}}=\sqrt{2}$

(4) (삼각형 ABC의 넓이)$=\frac{1}{2}\times\overline{BC}\times h=\frac{1}{2}\times4\sqrt{2}\times\sqrt{2}=4$

0116

세 점 $A(-2, a)$, B(1, 4), C(3, 8)을 꼭짓점으로 하는 삼각형 ABC의 넓이가 12일 때, 모든 실수 a의 값의 합은?

① −6 ② −4 ③ −2
④ 2 ⑤ 4

STEP A 점과 직선 사이의 거리를 이용하여 삼각형 ABC의 밑변과 높이 구하기

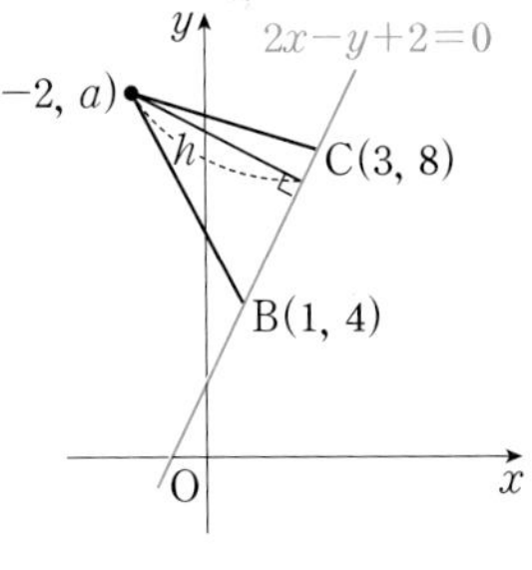

두 점 B(1, 4), C(3, 8)에 대하여

$\overline{BC}=\sqrt{(3-1)^2+(8-4)^2}=2\sqrt{5}$

두 점 B(1, 4), C(3, 8)을 지나는 직선 BC의 방정식은

$y-4=\frac{8-4}{3-1}(x-1)$, 즉 $2x-y+2=0$

점 $A(-2, a)$와 직선 BC 사이의 거리를 h라 하면

$h=\frac{|2\times(-2)-1\times a+2|}{\sqrt{2^2+(-1)^2}}=\frac{|-a-2|}{\sqrt{5}}$

STEP B 삼각형 ABC의 넓이가 12임을 이용하여 a의 값 구하기

삼각형 ABC의 넓이는 12이므로

$\frac{1}{2}\times\overline{BC}\times h=\frac{1}{2}\times2\sqrt{5}\times\frac{|-a-2|}{\sqrt{5}}=12$, $|-a-2|=12$, $-a-2=\pm12$

$\therefore a=-14$ 또는 $a=10$

따라서 구하는 모든 a의 값의 합은 $-14+10=-4$

0117

세 직선 $x+2y=6$, $2x-y=2$, $3x+y=3$으로 둘러싸인 삼각형의 넓이
TIP 세 직선이 만나는 교점을 구하여 삼각형의 세 꼭짓점을 구한다.
를 구하시오.

STEP A 세 직선이 만나는 교점을 구하여 삼각형의 세 꼭짓점 구하기

세 직선
$x+2y=6$, $2x-y=2$, $3x+y=3$
의 교점을 각각 A, B, C라고 하면
A$(2, 2)$, B$(1, 0)$, C$(0, 3)$

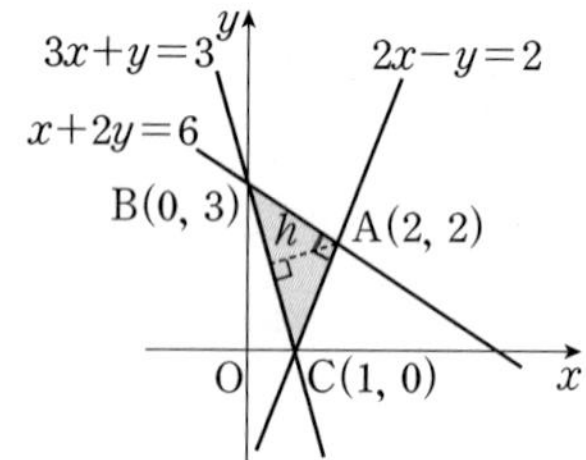

STEP B 삼각형 ABC의 넓이 구하기

두 점 B$(0, 3)$, C$(1, 0)$에 대하여
$\overline{\mathrm{BC}}=\sqrt{(0-1)^2+(3-0)^2}=\sqrt{10}$
점 A$(2, 2)$에서 $3x+y-3=0$ 사이의 거리를 h라 하면
$h=\dfrac{|3\times2+1\times2-3|}{\sqrt{3^2+1^2}}=\dfrac{5}{\sqrt{10}}=\dfrac{\sqrt{10}}{2}$

따라서 (삼각형 ABC의 넓이)$=\dfrac{1}{2}\times\overline{\mathrm{BC}}\times h=\dfrac{1}{2}\times\sqrt{10}\times\dfrac{\sqrt{10}}{2}=\dfrac{5}{2}$

0118

다음 물음에 답하시오.
(1) 두 직선 $x+2y-1=0$, $2x+y+1=0$으로부터 같은 거리에 있는 점 P가 나타내는 도형의 방정식을 모두 구하시오.
TIP 두 직선이 이루는 각의 이등분선이다.

STEP A 한 점에서 두 직선에 이르는 거리가 같음을 이용하기

두 직선 $x+2y-1=0$, $2x+y+1=0$이 이루는 각의 이등분선 위의 임의의 점을 P(x, y)라 하자.
점 P에서 두 직선에 이르는 거리가 같으므로
$\dfrac{|x+2y-1|}{\sqrt{1^2+2^2}}=\dfrac{|2x+y+1|}{\sqrt{2^2+1^2}}$
$|x+2y-1|=|2x+y+1|$
$\therefore x+2y-1=\pm(2x+y+1)$

STEP B 구하는 직선의 방정식 구하기

(ⅰ) $x+2y-1=2x+y+1$에서 $x-y+2=0$
(ⅱ) $x+2y-1=-(2x+y+1)$에서 $x+y=0$
(ⅰ), (ⅱ)에서 구하는 직선의 방정식은 $x-y+2=0$ 또는 $x+y=0$

(2) 두 직선 $3x-4y+9=0$, $4x+3y+12=0$이 이루는 각의 이등분선의
TIP 두 직선이 이루는 각의 이등분선 위의 점 P에서 두 직선에 이르는 거리는 같다.
방정식을 구하시오.

STEP A 한 점에서 두 직선에 이르는 거리가 같음을 이용하기

두 직선 $3x-4y+9=0$, $4x+3y+12=0$이 이루는 각의 이등분선 위의 점을 P(x, y)라 하면 점 P에서 두 직선에 이르는 거리가 같으므로
$\dfrac{|3x-4y+9|}{\sqrt{3^2+(-4)^2}}=\dfrac{|4x+3y+12|}{\sqrt{4^2+3^2}}$
$|3x-4y+9|=|4x+3y+12|$
$\therefore 3x-4y+9=\pm(4x+3y+12)$

STEP B 구하는 직선의 방정식 구하기

(ⅰ) $3x-4y+9=4x+3y+12$에서 $x+7y+3=0$
(ⅱ) $3x-4y+9=-(4x+3y+12)$에서 $7x-y+21=0$
(ⅰ), (ⅱ)에서 구하는 직선의 방정식은 $x+7y+3=0$ 또는 $7x-y+21=0$

0119

두 직선 $2x-3y+1=0$, $3x+2y+a=0$이 이루는 각의 이등분선 중 기울기가 양수인 직선이 $bx-y+6=0$일 때, 상수 a, b에 대하여 $a+b$의 값은?

① 6 ② 8 ③ 10
④ 12 ⑤ 14

STEP A 한 점에서 두 직선에 이르는 거리가 같음을 이용하기

두 직선 $2x-3y+1=0$, $3x+2y+a=0$이 이루는 각의 이등분선 위의 점을 P(x, y)라 하면 점 P에서 두 직선에 이르는 거리가 같으므로
$\dfrac{|2x-3y+1|}{\sqrt{2^2+(-3)^2}}=\dfrac{|3x+2y+a|}{\sqrt{3^2+2^2}}$
$|2x-3y+1|=|3x+2y+a|$
$\therefore 2x-3y+1=\pm(3x+2y+a)$

STEP B 각의 이등분선 중 기울기가 양수인 직선의 방정식 구하기

(ⅰ) $2x-3y+1=3x+2y+a$에서 $x+5y+a-1=0$
(ⅱ) $2x-3y+1=-(3x+2y+a)$에서 $5x-y+a+1=0$
(ⅰ), (ⅱ)에서 기울기가 양수인 직선의 방정식은 $5x-y+a+1=0$
이 직선과 $bx-y+6=0$이 일치하므로 $a+1=6$, $b=5$
따라서 $a=5$, $b=5$이므로 $a+b=10$

0120

2019년 03월 고2 학력평가 가형 17번 변형

오른쪽 그림과 같이 좌표평면 위의 점 $A(-6,\ 8)$에서 y축에 내린 수선의 발을 H라 하고, 선분 OH 위의 점 B에서 선분 OA에 내린 수선의 발을 I라 하자.

 선분 BI의 길이는 점 B와 직선 OA 사이의 거리이다.

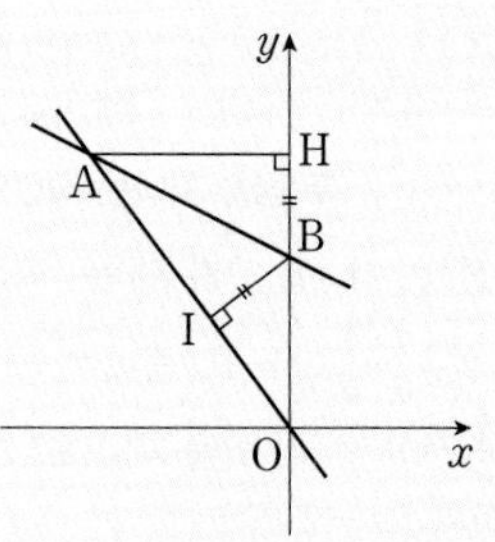

$\overline{BH}=\overline{BI}$일 때, 직선 AB의 방정식은 $y=mx+n$이다. $m+n$의 값은?
(단, O는 원점이고, m, n은 상수이다.)

① $\frac{1}{2}$　　② $\frac{3}{2}$　　③ $\frac{5}{2}$
④ $\frac{7}{2}$　　⑤ $\frac{9}{2}$

STEP A 점과 직선 사이의 거리와 $\overline{BH}=\overline{BI}$임을 이용하여 점 B의 좌표 구하기

두 점 $O(0,\ 0)$, $A(-6,\ 8)$을 지나는 직선 OA의 방정식은

$y=-\frac{4}{3}x$, 즉 $4x+3y=0$

점 $A(-6,\ 8)$에서 y축에 내린 수선의 발을 $H(0,\ 8)$

점 B의 좌표를 $(0,\ a)$ $(0<a<8)$이라 하면 $\overline{BH}=8-a$

점 $B(0,\ a)$와 직선 $4x+3y=0$ 사이의 거리, 즉 선분 BI의 길이는

$\overline{BI}=\frac{|4\times0+3\times a|}{\sqrt{4^2+3^2}}=\frac{3a}{5}$

이때 $\overline{BH}=\overline{BI}$이므로 $8-a=\frac{3a}{5}$, $8a=40$　$\therefore a=5$

즉 점 B의 좌표는 $B(0,\ 5)$

+α 두 삼각형이 서로 닮음임을 이용하여 구할 수 있어!

점 $A(-6,\ 8)$에서 y축에 내린 수선의 발을 $H(0,\ 8)$

직각삼각형 OAH에서 피타고라스 정리에 의하여

$\overline{OA}=\sqrt{\overline{AH}^2+\overline{OH}^2}=\sqrt{6^2+8^2}=10$

$\overline{BH}=\overline{BI}=x$라 하면 $\overline{OB}=\overline{OH}-\overline{BH}=8-x$

두 삼각형 OBI와 OAH가 서로 닮음이고 닮음비는 $\overline{OB}:\overline{BI}=\overline{OA}:\overline{AH}$

$\angle BIO=\angle AHO=90°$이고 $\angle AOH$는 공통이므로 $\triangle OBI \backsim \triangle OAH$(AA닮음)

즉 $(8-x):x=10:6$, $10x=48-6x$, $16x=48$　$\therefore x=3$

이때 $\overline{OB}=8-3=5$이므로 점 B의 좌표는 $B(0,\ 5)$

+α 각의 이등분선의 성질을 이용하여 구할 수 있어!

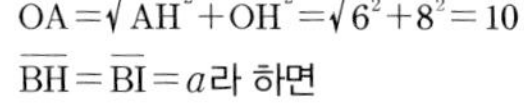

점 $A(-6,\ 8)$에서 y축에 내린 수선의 발을 $H(0,\ 8)$

직각삼각형 OAH에서 피타고라스 정리에 의하여

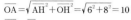

$\overline{OA}=\sqrt{\overline{AH}^2+\overline{OH}^2}=\sqrt{6^2+8^2}=10$

$\overline{BH}=\overline{BI}=a$라 하면

$\overline{OB}=\overline{OH}-\overline{BH}=8-a$

두 삼각형 AIB와 AHB가 합동이므로

$\overline{BI}=\overline{BH}$, $\angle AIB=\angle AHB=90°$이고 $\overline{AB}$가 공통이므로 $\triangle AIB\equiv\triangle AHB$(RHS합동)

$\angle BAI=\angle BAH$

이때 삼각형 OAH에서

각의 이등분선의 성질에 의하여 $\overline{AO}:\overline{AH}=\overline{OB}:\overline{BH}$

즉 $10:6=(8-a):a$, $10a=48-6a$, $16a=48$　$\therefore a=3$

이때 $\overline{OB}=8-3=5$이므로 점 B의 좌표는 $B(0,\ 5)$

STEP B 직선 AB의 방정식 구하기

두 점 $A(-6,\ 8)$, $B(0,\ 5)$를 지나는 직선 AB의 방정식은

$y-5=\frac{8-5}{-6-0}(x-0)$, 즉 $y=-\frac{1}{2}x+5$

따라서 $m=-\frac{1}{2}$, $n=5$이므로 $m+n=-\frac{1}{2}+5=\frac{9}{2}$

다른풀이 직선 $y=mx+n$이 x축과의 교점을 이용하여 풀이하기

STEP A 직선 $y=mx+n$이 x축과의 교점 구하기

점 $A(-6,\ 8)$에서 y축에 내린 수선의 발을 $H(0,\ 8)$

점 B의 좌표를 $(0,\ a)$ $(0<a<8)$이라 하고

직선 $y=mx+n$과 x축과의 교점을 C라 하자.

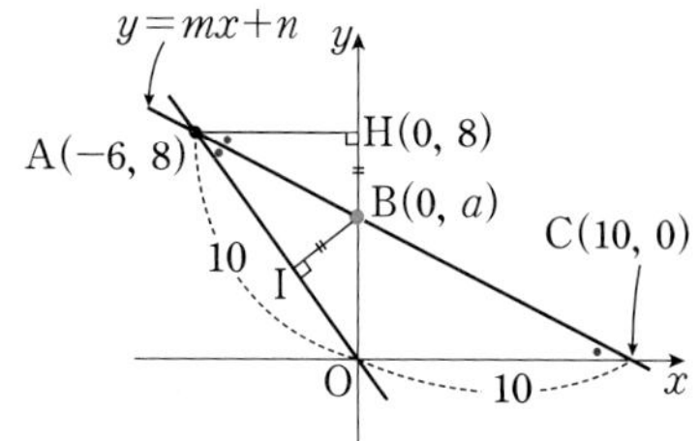

두 직선 OC, AH가 서로 평행하므로

$\angle BCO=\angle BAH$ (엇각)

두 직각삼각형 AIB와 AHB는 서로 합동이므로

$\angle BAI=\angle BAH$

이때 삼각형 OAC에서 $\angle OAC=\angle OCA$이므로

$\overline{OC}=\overline{OA}=\sqrt{8^2+6^2}=10$

즉 점 C의 좌표는 $C(10,\ 0)$

STEP B 직선 AC의 방정식 구하기

두 점 $A(-6,\ 8)$, $C(10,\ 0)$을 지나는 직선 AC의 방정식은

$y-0=\frac{0-8}{10-(-6)}(x-10)$, 즉 $y=-\frac{1}{2}x+5$

따라서 $m=-\frac{1}{2}$, $n=5$이므로 $m+n=-\frac{1}{2}+5=\frac{9}{2}$

MAPL; YOURMASTERPLAN

단원종합문제

직선의 방정식

BASIC

0121

다음 물음에 답하시오.

(1) 직선 $4x+y-3=0$에 평행하고, 점 $(-2, 3)$을 지나는 직선이
TIP x와 y의 계수의 비가 같다.
$(a, 3)$을 지날 때, 상수 a의 값은?

① -3 ② -2 ③ -1
④ 1 ⑤ 2

STEP A 직선 $4x+y-3=0$과 평행한 직선의 방정식 구하기

직선 $4x+y-3=0$, 즉 $y=-4x+3$의 기울기는 -4이므로
이 직선과 평행한 직선의 기울기는 -4
이때 기울기가 -4이고 점 $(-2, 3)$을 지나는 직선의 방정식은
$y-3=-4\{x-(-2)\}$, 즉 $y=-4x-5$

STEP B 직선이 점 $(a, 3)$을 지남을 이용하여 a의 값 구하기

직선 $y=-4x-5$가 $(a, 3)$을 지나므로 $3=-4a-5$, $4a=-8$
따라서 $a=-2$

2024년 09월 고1 학력평가 10번 변형

(2) 점 $(2, a)$를 지나고 직선 $2x+3y+1=0$에 수직인 직선의 y절편이
TIP 두 직선의 기울기의 곱은 -1이다.
5일 때, 상수 a의 값은?

① 2 ② 4 ③ 6
④ 8 ⑤ 10

STEP A 직선 $2x+3y+1=0$과 수직인 직선의 방정식 구하기

직선 $2x+3y+1=0$, 즉 $y=-\frac{2}{3}x-\frac{1}{3}$의 기울기는 $-\frac{2}{3}$이므로
이 직선과 수직인 직선의 기울기는 $\frac{3}{2}$
즉 기울기가 $\frac{3}{2}$이고 점 $(2, a)$를 지나는 직선의 방정식은
$y-a=\frac{3}{2}(x-2)$, 즉 $y=\frac{3}{2}x+a-3$

STEP B y절편이 5임을 이용하여 a의 값 구하기

직선 $y=\frac{3}{2}x+a-3$의 y절편이 5이므로 $a-3=5$
따라서 $a=8$

(3) 두 점 $A(-2, 0)$, $B(1, 6)$을 잇는 선분 AB를 $2:1$로 내분하는 점과 점 $(2, 2)$를 지나는 직선이 $(a, 6)$을 지날 때, 상수 a의 값은?

① -2 ② -1 ③ 0
④ 1 ⑤ 2

STEP A 선분 AB를 $2:1$로 내분하는 점의 좌표 구하기

두 점 $A(-2, 0)$, $B(1, 6)$을 잇는 선분 AB를 $2:1$로 내분하는 점의 좌표는
$\left(\frac{2\times1+1\times(-2)}{2+1}, \frac{2\times6+1\times0}{2+1}\right)$, 즉 $(0, 4)$

STEP B 두 점을 지나는 직선의 방정식 구하기

두 점 $(0, 4)$, $(2, 2)$를 지나는 직선의 방정식은
$y-2=\frac{4-2}{0-2}(x-2)$, 즉 $y=-x+4$
이 직선이 점 $(a, 6)$을 지나므로 $6=-a+4$
따라서 $a=-2$

0122

2004년 11월 고1 학력평가 29번

다음 물음에 답하시오. (단, a, b는 상수이다.)

(1) 좌표평면 위의 두 점 $A(1, 5)$, $B(4, 2)$에 대하여 선분 AB를 $1:2$로 내분하는 점을 지나고, 직선 AB에 수직인 직선의 방정식을
TIP 두 직선의 기울기의 곱은 -1이다.
$ax-y+b=0$이라 할 때, $a+b$의 값을 구하시오.

STEP A 선분 AB를 $2:1$로 내분하는 점의 좌표 구하기

두 점 $A(1, 5)$, $B(4, 2)$에 대하여 선분 AB를 $1:2$로 내분하는 점의 좌표는
$\left(\frac{1\times4+2\times1}{1+2}, \frac{1\times2+2\times5}{1+2}\right)$, 즉 $(2, 4)$

STEP B 직선 AB에 수직인 직선의 방정식 구하기

두 점 $A(1, 5)$, $B(4, 2)$를 지나는 직선의 기울기는 $\frac{2-5}{4-1}=-1$이므로
이 직선과 수직인 직선의 기울기는 1
즉 기울기가 1이고 점 $(2, 4)$를 지나는 직선의 방정식은
$y-4=x-2$, 즉 $x-y+2=0$
따라서 $a=1$, $b=2$이므로 $a+b=1+2=3$

(2) 세 점 $A(3, 4)$, $B(-4, 2)$, $C(7, 3)$을 꼭짓점으로 하는 삼각형 ABC의 무게중심 G를 지나고 직선 AB에 수직인 직선의 방정식이
TIP 두 직선의 기울기의 곱은 -1이다.
$7x+ay+b=0$일 때, $a-b$의 값을 구하시오.

STEP A 삼각형 ABC의 무게중심 G의 좌표 구하기

세 점 $A(3, 4)$, $B(-4, 2)$, $C(7, 3)$을 꼭짓점으로 하는 삼각형 ABC의 무게중심 G의 좌표는
$\left(\frac{3-4+7}{3}, \frac{4+2+3}{3}\right)$, 즉 $G(2, 3)$

STEP B 직선 AB에 수직인 직선의 방정식 구하기

두 점 $A(3, 4)$, $B(-4, 2)$를 지나는 직선의 기울기가 $\frac{4-2}{3-(-4)}=\frac{2}{7}$이므로
이 직선과 수직인 직선의 기울기는 $-\frac{7}{2}$
즉 기울기가 $-\frac{7}{2}$이고 점 $(2, 3)$을 지나는 직선의 방정식은
$y-3=-\frac{7}{2}(x-2)$, 즉 $7x+2y-20=0$
따라서 $a=2$, $b=-20$이므로 $a-b=2-(-20)=22$

0123

2008년 11월 고1 학력평가 8번

두 직선 $ax+2y+2=0$과 $x+(a+1)y+2=0$이 수직일 때와 평행일 때,

TIP 수직이면 x, y의 계수끼리 곱의 합이 0이고, 평행이면 x, y의 계수의 비가 같다.

a의 값을 각각 m, n이라 하자. 이때 mn의 값은? (단, a는 상수이다.)

① $-\frac{4}{3}$ ② $-\frac{2}{3}$ ③ $\frac{1}{3}$
④ $\frac{4}{3}$ ⑤ $\frac{7}{3}$

STEP A 두 직선이 수직일 때, a의 값 구하기

두 직선 $ax+2y+2=0$과 $x+(a+1)y+2=0$이 수직이므로

$a\times1+2(a+1)=0 \quad \therefore a=-\frac{2}{3}$

STEP B 두 직선이 평행할 때, a의 값 구하기

두 직선 $ax+2y+2=0$과 $x+(a+1)y+2=0$이 평행하므로

$\frac{a}{1}=\frac{2}{a+1}\neq\frac{2}{2}$, $a(a+1)=2$, $a^2+a-2=0$, $(a-1)(a+2)=0$

$\therefore a=-2$ ($\because a\neq1$) ← $a=1$이면 두 직선은 일치한다.

따라서 $m=-\frac{2}{3}$, $n=-2$이므로 $mn=\frac{4}{3}$

0124

다음 물음에 답하시오.

(1) 서로 다른 세 점 $A(3, 8)$, $B(k-3, k)$, $C(k-1, 2k+1)$이

TIP (직선 AB의 기울기)=(직선 AC의 기울기)

일직선 위에 있을 때, 모든 실수 k의 값의 합은?

① 5 ② 6 ③ 7
④ 8 ⑤ 9

STEP A 세 점 중 두 점을 이용하여 만든 직선의 기울기는 서로 같음을 이용하여 k의 값 구하기

세 점 $A(3, 8)$, $B(k-3, k)$, $C(k-1, 2k+1)$이 한 직선 위에 있으므로
두 점을 이용하여 만드는 직선의 기울기는 서로 같다.
즉 (직선 AB의 기울기)=(직선 AC의 기울기)이므로

$\frac{k-8}{(k-3)-3}=\frac{(2k+1)-8}{(k-1)-3}$, $\frac{k-8}{k-6}=\frac{2k-7}{k-4}$,

$k^2-7k+10=0$, $(k-2)(k-5)=0$

$\therefore k=2$ 또는 $k=5$

따라서 모든 실수 k의 값의 합은 $2+5=7$

다른풀이 두 점을 지나는 직선 위에 나머지 한 점이 있음을 이용하여 풀이하기

STEP A 두 점을 지나는 직선의 방정식 구하기

두 점 $B(k-3, k)$, $C(k-1, 2k+1)$을 지나는 직선의 방정식은

$y-k=\frac{(2k+1)-k}{(k-1)-(k-3)}\{x-(k-3)\}$, 즉 $y=\frac{k+1}{2}(x-k+3)+k$

STEP B 직선이 점 $A(3, 8)$을 지남을 이용하여 k의 값 구하기

이 직선이 점 $A(3, 8)$을 지나므로

$8=\frac{k+1}{2}(3-k+3)+k$, $k^2-7k+10=0$, $(k-2)(k-5)=0$

$\therefore k=2$ 또는 $k=5$

따라서 모든 실수 k의 값의 합은 $2+5=7$

(2) 좌표평면 위의 서로 다른 세 점
$A(2, 1)$, $B(2a+1, 7)$, $C(-1, 1-3a)$가 삼각형을 이루지 않도록

TIP 세 점이 한 직선 위에 있어야 한다.

하는 모든 실수 a의 값의 합은?

① $\frac{1}{2}$ ② 1 ③ $\frac{3}{2}$
④ 2 ⑤ $\frac{5}{2}$

STEP A 세 점이 삼각형을 이루지 않을 조건 구하기

서로 다른 세 점으로 삼각형을 이루지 않도록 하기 위해서는 세 점이 한 직선 위에 존재해야 하므로 두 점을 이용하여 만드는 직선의 기울기는 서로 같다.

STEP B 세 점 중 두 점을 이용하여 만든 직선의 기울기는 서로 같음을 이용하여 a의 값 구하기

즉 (직선 AB의 기울기)=(직선 AC의 기울기)이므로

$\frac{7-1}{(2a+1)-2}=\frac{(1-3a)-1}{-1-2}$, $\frac{6}{2a-1}=a$,

$2a^2-a-6=0$, $(2a+3)(a-2)=0$

$\therefore a=-\frac{3}{2}$ 또는 $a=2$

따라서 모든 a의 값의 합은 $-\frac{3}{2}+2=\frac{1}{2}$

다른풀이 두 점을 지나는 직선 위에 나머지 한 점이 있음을 이용하여 풀이하기

STEP A 두 점을 지나는 직선의 방정식 구하기

두 점 $A(2, 1)$, $B(2a+1, 7)$을 지나는 직선의 방정식은

$y-1=\frac{7-1}{(2a+1)-2}(x-2)$, 즉 $y=\frac{6}{2a-1}(x-2)+1$

STEP B 직선이 점 $C(-1, 1-3a)$를 지남을 이용하여 a의 값 구하기

이 직선이 점 $C(-1, 1-3a)$를 지나므로

$1-3a=\frac{6}{2a-1}(-1-2)+1$, $2a^2-a-6=0$, $(2a+3)(a-2)=0$

$\therefore a=-\frac{3}{2}$ 또는 $a=2$

따라서 모든 a의 값의 합은 $-\frac{3}{2}+2=\frac{1}{2}$

0125

2013년 03월 고2 학력평가 B형 13번

좌표평면에서 두 일차함수 $y=f(x)$, $y=g(x)$의 그래프가 점 $(2, 3)$에서 서로 수직으로 만나고 $f(-2)=g(6)$일 때, $f(3)\times g(3)$의 값은?

TIP 점 $(2, 3)$을 지나고 이 점에서 두 직선이 서로 수직이다.

① -8 ② -4 ③ 0
④ 4 ⑤ 8

STEP A 점 $(2, 3)$을 지나고 수직인 두 일차함수 $f(x)$, $g(x)$의 식 구하기

두 일차함수 $f(x)$, $g(x)$의 그래프가 점 $(2, 3)$을 지나고
이 점에서 서로 수직으로 만나므로

$f(x)=a(x-2)+3$, $g(x)=-\frac{1}{a}(x-2)+3$ $(a\neq0)$이라 하자.

STEP B $f(-2)=g(6)$임을 이용하여 $f(x)$, $g(x)$의 식 구하기

$f(-2)=g(6)$이므로 $-4a+3=-\frac{4}{a}+3$, $a^2=1$

$\therefore a=-1$ 또는 $a=1$

즉 $f(x)$, $g(x)$는 $\begin{cases}f(x)=x+1\\g(x)=-x+5\end{cases}$ 또는 $\begin{cases}f(x)=-x+5\\g(x)=x+1\end{cases}$

STEP C $f(3)\times g(3)$의 값 구하기

따라서 $f(3)\times g(3)=4\times2=8$ (또는 $f(3)\times g(3)=2\times4=8$)

0126

2024년 03월 고2 학력평가 9번 변형

다음 물음에 답하시오.

(1) 두 직선 $x+3y+2=0$, $2x-3y-14=0$의 교점을 지나고 직선 $2x+y+1=0$과 평행한 직선의 y절편은?

TIP x와 y의 계수의 비가 같다.

① 2 ② 4 ③ 6 ④ 8 ⑤ 10

STEP A 두 직선의 교점을 지나는 직선의 방정식 구하기

두 직선 $x+3y+2=0$, $2x-3y-14=0$ 의 교점을 지나는 직선의 방정식은

$x+3y+2+k(2x-3y-14)=0$ (k는 실수)

$\therefore (2k+1)x+(-3k+3)y-14k+2=0$

STEP B 두 직선의 평행 조건을 이용하여 k의 값 구하기

직선 $(2k+1)x+(-3k+3)y-14k+2=0$과 직선 $2x+y+1=0$과

평행하므로 $\frac{2k+1}{2}=\frac{-3k+3}{1}\neq\frac{-14k+2}{1}$

즉 $2k+1=-6k+6$, $8k=5$ $\therefore k=\frac{5}{8}$

따라서 구하는 직선의 방정식은 $2x+y-6=0$이므로 y절편은 6

다른풀이 두 직선의 교점의 좌표를 구하여 풀이하기

STEP A 두 직선을 연립하여 교점의 좌표 구하기

두 직선 $x+3y+2=0$, $2x-3y-14=0$을 연립하면 $x=4$, $y=-2$이므로

두 직선의 교점의 좌표는 $(4, -2)$

STEP B 한 점과 기울기가 주어진 직선의 방정식 구하기

직선 $2x+y+1=0$, 즉 $y=-2x-1$의 기울기는 -2이므로

이 직선과 평행한 직선의 기울기는 -2

기울기가 -2이고 점 $(4, -2)$를 지나는 직선의 방정식은

$y-(-2)=-2(x-4)$, 즉 $y=-2x+6$

따라서 직선 $y=-2x+6$의 y절편은 6

(2) 두 직선 $x-2y+2=0$, $2x+y-6=0$의 교점을 지나고 직선 $x-3y+6=0$에 수직인 직선의 y절편은?

TIP 두 직선 $ax+by+c=0$, $a'x+b'y+c'=0$이 수직이면 $aa'+bb'=0$

① $\frac{13}{2}$ ② 7 ③ $\frac{15}{2}$ ④ 8 ⑤ $\frac{17}{2}$

STEP A 두 직선의 교점을 지나는 직선의 방정식 구하기

두 직선 $x-2y+2=0$, $2x+y-6=0$의 교점을 지나는 직선의 방정식은

$(x-2y+2)+k(2x+y-6)=0$ (k는 실수)

$\therefore (2k+1)x+(k-2)y+2-6k=0$

STEP B 두 직선의 수직 조건을 이용하여 k의 값 구하기

직선 $(2k+1)x+(k-2)y+2-6k=0$과 직선 $x-3y+6=0$이 수직이므로

$(2k+1)\times1+(k-2)\times(-3)=0$, $-k+7=0$

$\therefore k=7$

따라서 구하는 직선의 방정식은 $3x+y-8=0$의 y절편은 8

다른풀이 두 직선의 교점의 좌표를 구하여 풀이하기

STEP A 두 직선을 연립하여 교점의 좌표 구하기

두 직선 $x-2y+2=0$, $2x+y-6=0$을 연립하면 $x=2$, $y=2$이므로

두 직선의 교점의 좌표는 $(2, 2)$

STEP B 한 점과 기울기가 주어진 직선의 방정식 구하기

직선 $x-3y+6=0$, 즉 $y=\frac{1}{3}x+2$의 기울기가 $\frac{1}{3}$이므로

이 직선과 수직인 직선의 기울기는 -3

기울기가 -3이고 점 $(2, 2)$를 지나는 직선의 방정식은

$y-2=-3(x-2)$, 즉 $y=-3x+8$

따라서 직선 $y=-3x+8$의 y절편은 8

0127

두 점 $A(2, -1)$, $B(6, a)$를 이은 선분의 수직이등분선의 방정식이 $y=-x+b$일 때, 상수 a, b에 대하여 $a+b$의 값은?

TIP 직선 AB의 수직이고 선분 AB의 중점을 지남을 이용한다.

① 3 ② 5 ③ 6 ④ 8 ⑤ 10

STEP A 선분 AB의 기울기를 이용하여 a의 값 구하기

두 점 $A(2, -1)$, $B(6, a)$를 지나는 직선의 기울기는 $\frac{a-(-1)}{6-2}=\frac{a+1}{4}$

이므로 선분 AB의 수직이등분선인 직선의 기울기는 $-\frac{4}{a+1}$

즉 $-\frac{4}{a+1}=-1$이므로 $a=3$

STEP B 선분 AB의 중점을 이용하여 b의 값 구하기

두 점 $A(2, -1)$, $B(6, 3)$을 이은 선분 AB의 중점의 좌표는

$\left(\frac{2+6}{2}, \frac{-1+3}{2}\right)$, 즉 $(4, 1)$

점 $(4, 1)$이 직선 $y=-x+b$ 위에 있으므로

$1=-4+b$ $\therefore b=5$

따라서 $a=3$, $b=5$이므로 $a+b=8$

0128

2024년 09월 고1 학력평가 13번 변형

점 $(1, 3)$을 지나고 기울기가 k인 직선 l이 있다. 원점과 직선 l 사이의 거리가 $\sqrt{5}$일 때, 실수 k의 값의 곱은?

① -2 ② -1 ③ $-\frac{1}{2}$ ④ 1 ⑤ 2

STEP A 점 $(1,3)$을 지나고 기울기가 k인 직선 l의 방정식 구하기

점 $(1, 3)$을 지나고 기울기가 k인 직선 l의 방정식은 $y-3=k(x-1)$,

즉 $l: y=kx-k+3$

STEP B 원점과 직선 l 사이의 거리를 이용하여 k의 값 구하기

원점 $(0, 0)$과 직선 $kx-y-k+3=0$ 사이의 거리가 $\sqrt{5}$이므로

$\frac{|-k+3|}{\sqrt{k^2+(-1)^2}}=\sqrt{5}$, $|-k+3|=\sqrt{5k^2+5}$

양변을 제곱하면 $2k^2+3k-2=0$, $(k+2)(2k-1)=0$

$\therefore k=-2$ 또는 $k=\frac{1}{2}$

따라서 실수 k의 값의 곱은 $-2\times\frac{1}{2}=-1$

0129

2004년 03월 고2 학력평가 18번

다음 물음에 답하시오.

(1) 오른쪽 그림과 같이 $O(0, 0)$, $A(4, 2)$, $B(1, k)$를 꼭짓점으로 하는 삼각형 OAB의 넓이가 4일 때, 양수 k의 값은?

 점 B에서 선분 OA에 수선의 발을 내려 삼각형의 높이를 구한 후 넓이를 구한다.

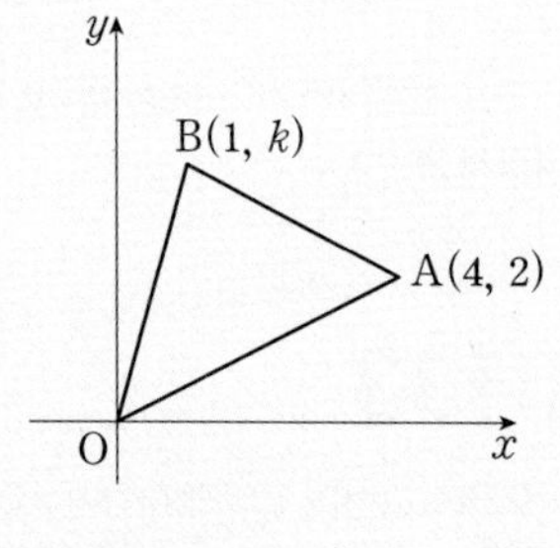

① 2　② $\frac{5}{2}$　③ 3　④ $\frac{7}{2}$　⑤ 4

STEP A **점과 직선 사이의 거리를 이용하여 삼각형 OAB의 밑변과 높이 구하기**

두 점 $O(0, 0)$, $A(4, 2)$에 대하여

$\overline{OA}=\sqrt{4^2+2^2}=2\sqrt{5}$

직선 OA의 방정식은

$y=\frac{1}{2}x$, 즉 $x-2y=0$

점 $B(1, k)$와 직선 OA 사이의 거리를

h라 하면 $h=\frac{|1-2k|}{\sqrt{1^2+(-2)^2}}=\frac{|1-2k|}{\sqrt{5}}$

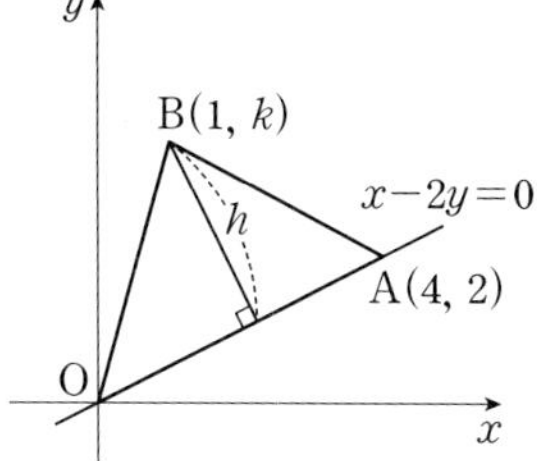

STEP B **삼각형 OAB의 넓이가 4가 되도록 하는 양수 k의 값 구하기**

삼각형 OAB의 넓이가 4이므로

$\frac{1}{2}\times\overline{OA}\times h=\frac{1}{2}\times 2\sqrt{5}\times\frac{|1-2k|}{\sqrt{5}}=4$, $|1-2k|=4$, $1-2k=\pm 4$

$\therefore k=\frac{5}{2}$ 또는 $k=-\frac{3}{2}$

따라서 양수 k의 값은 $\frac{5}{2}$

2006년 05월 고1 성취도평가 17번

(2) 점 $A(-1, 2)$에서 직선 $3x+4y+5=0$에 내린 수선의 발을 H라 한다. 직선 $3x+4y+5=0$ 위의 점 P가 $\overline{AP}=2\overline{AH}$를 만족할 때,

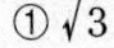 직각삼각형 AHP의 피타고라스 정리에 의하여 $\overline{PH}=\sqrt{\overline{AP}^2-\overline{AH}^2}=\sqrt{3}\times\overline{AH}$

삼각형 AHP의 넓이는?

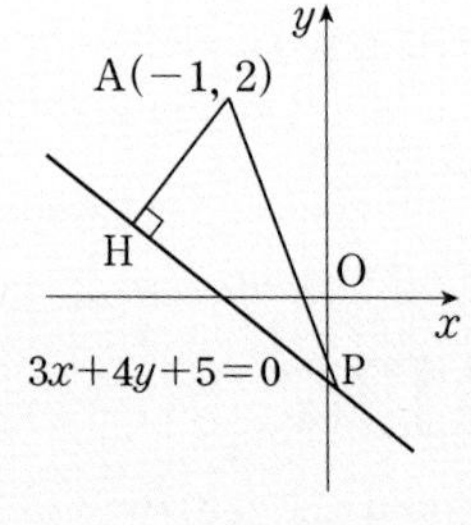

① $\sqrt{3}$　② 2　③ $2\sqrt{3}$　④ 4　⑤ $3\sqrt{3}$

STEP A **점과 직선 사이의 거리를 이용하여 선분 AH의 길이 구하기**

점 $A(-1, 2)$와 직선 $3x+4y+5=0$ 사이의 거리, 즉 선분 AH의 길이는

$\overline{AH}=\frac{|3\times(-1)+4\times 2+5|}{\sqrt{3^2+4^2}}=\frac{10}{5}=2$

STEP B **피타고라스 정리를 이용하여 선분 PH의 길이 구하기**

삼각형 AHP는 선분 AP를 빗변으로 하는 직각삼각형이고

$\overline{AP}=2\overline{AH}$이므로 피타고라스 정리에 의하여

$\overline{PH}=\sqrt{\overline{AP}^2-\overline{AH}^2}=\sqrt{(2\overline{AH})^2-\overline{AH}^2}=\sqrt{3}\times\overline{AH}=2\sqrt{3}$

STEP C **삼각형 AHP의 넓이 구하기**

따라서 (삼각형 AHP의 넓이)$=\frac{1}{2}\times\overline{AH}\times\overline{PH}=\frac{1}{2}\times 2\times 2\sqrt{3}=2\sqrt{3}$

0130

다음 물음에 답하시오.

(1) 오른쪽 그림과 같이 좌표평면 위에 두 개의 직사각형이 있다. 직선 $ax+by-8=0$이 두 직사각형의 넓이를 동시에 이등분할 때,

TIP 직사각형의 넓이를 이등분하기 위해서는 직사각형의 두 대각선의 교점을 지나야 한다.

상수 a, b에 대하여 $a-b$의 값을 구하시오.

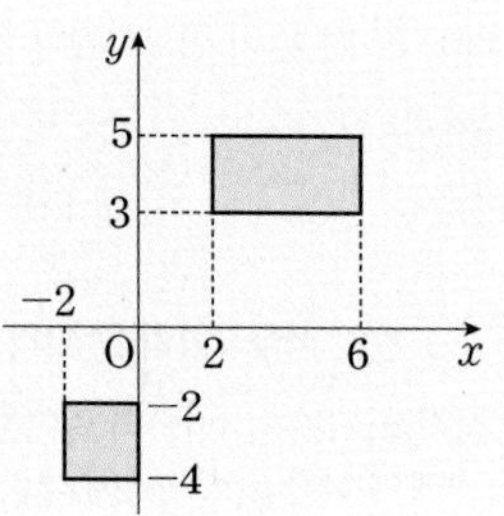

STEP A **두 직사각형의 넓이를 동시에 이등분하는 직선이 지나는 점의 좌표 구하기**

직사각형의 두 대각선의 교점을 지나는 직선이 두 직사각형의 넓이를 동시에 이등분한다.

제1사분면 위에 있는 직사각형의 대각선의 교점은

두 점 $(2, 3)$, $(6, 5)$를 이은 선분의 중점의 좌표이므로

$\left(\frac{2+6}{2}, \frac{3+5}{2}\right)$, 즉 $(4, 4)$

제3사분면 위에 있는 직사각형의 대각선의 교점은

두 점 $(0, -2)$, $(-2, -4)$를 이은 선분의 중점의 좌표이므로

$\left(\frac{0+(-2)}{2}, \frac{-2+(-4)}{2}\right)$, 즉 $(-1, -3)$

STEP B **두 점을 지나는 직선의 방정식 구하기**

두 점 $(4, 4)$, $(-1, -3)$을 지나는 직선의 방정식은

$y-4=\frac{-3-4}{-1-4}(x-4)$, 즉 $7x-5y-8=0$

따라서 $a=7$, $b=-5$이므로 $a-b=12$

2012년 10월 고1 성취도평가 10번 변형

(2) 오른쪽 그림과 같이 두 직사각형의 넓이를 동시에 이등분하는 직선의

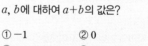

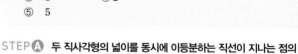

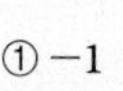 직사각형의 넓이를 이등분하기 위해서는 직사각형의 두 대각선의 교점을 지나야 한다.

방정식이 $ax+by+5=0$일 때, 상수 a, b에 대하여 $a+b$의 값은?

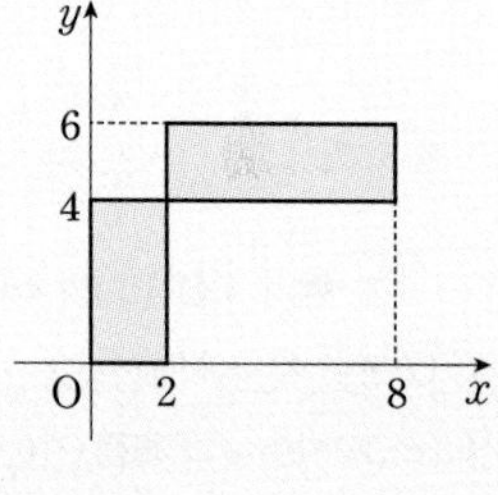

① -1　② 0　③ 1　④ 2　⑤ 5

STEP A **두 직사각형의 넓이를 동시에 이등분하는 직선이 지나는 점의 좌표 구하기**

직사각형의 두 대각선의 교점을 지나는 직선이 두 직사각형의 넓이를 동시에 이등분한다.

세로 모양의 직사각형의 대각선의 교점의 좌표는

두 점 $(0, 0)$, $(2, 4)$를 이은 선분의 중점의 좌표이므로

$\left(\frac{0+2}{2}, \frac{0+4}{2}\right)$, 즉 $(1, 2)$

가로 모양의 직사각형의 대각선의 교점의 좌표는

두 점 $(2, 4)$, $(8, 6)$을 이은 선분의 중점의 좌표이므로

$\left(\frac{2+8}{2}, \frac{4+6}{2}\right)$, 즉 $(5, 5)$

STEP B **두 점을 지나는 직선의 방정식 구하기**

두 점 $(1, 2)$, $(5, 5)$를 지나는 직선의 방정식은

$y-2=\frac{5-2}{5-1}(x-1)$, 즉 $3x-4y+5=0$

따라서 $a=3$, $b=-4$이므로 $a+b=-1$

0131

점 A(1, 3)과 직선 $y=x-1$ 위의 두 점 B, C를 꼭짓점으로 하는 정삼각형 ABC가 있다. 이 정삼각형의 한 변의 길이는?

① $\sqrt{2}$　② $\sqrt{3}$　③ 2
④ $\sqrt{5}$　⑤ $\sqrt{6}$

STEP A 정삼각형의 한 변의 길이를 a라 할 때, 높이를 a로 나타내기

정삼각형 ABC의 한 변의 길이를 a라 하고 점 A에서 직선 $y=x-1$에 내린 수선의 발을 H라고 하자.
이때 선분 AH의 길이는 정삼각형 ABC의 높이이므로

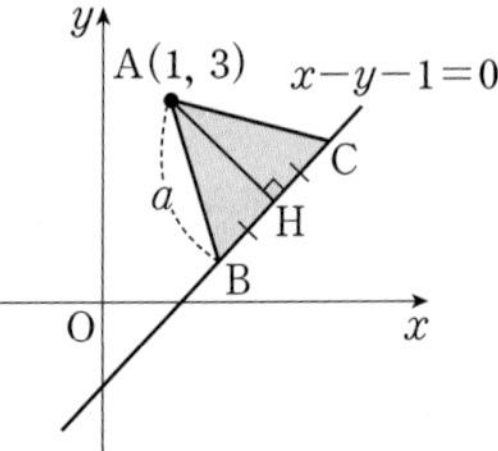

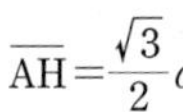

$\overline{AH}=\dfrac{\sqrt{3}}{2}a$ …… ㉠

STEP B 점과 직선 사이의 거리 공식을 이용하여 a의 값 구하기

점 A(1, 3)과 직선 $x-y-1=0$ 사이의 거리, 즉 선분 AH의 길이는

$\overline{AH}=\dfrac{|1\times1-1\times3-1|}{\sqrt{1^2+(-1)^2}}=\dfrac{3}{\sqrt{2}}=\dfrac{3\sqrt{2}}{2}$ …… ㉡

㉠, ㉡에 의하여 $\dfrac{\sqrt{3}}{2}a=\dfrac{3\sqrt{2}}{2}$　$\therefore a=\sqrt{6}$

따라서 정삼각형 ABC의 한 변의 길이는 $\sqrt{6}$

0132

2014년 고2 학업성취도평가 19번

다음 물음에 답하시오.

(1) 기울기가 3이고 원점으로부터 거리가 $\sqrt{10}$인 두 직선이 y축과 만나는 점을 각각 A, B라 할 때, 선분 AB의 길이는?

TIP $x=0$을 대입한다.

① 12　② 14　③ 16
④ 18　⑤ 20

STEP A 점과 직선 사이의 거리를 이용하여 직선의 방정식 구하기

기울기가 3인 직선의 방정식을 $y=3x+b$(b는 실수)라 하면
직선 $3x-y+b=0$과 원점 O(0, 0) 사이의 거리가 $\sqrt{10}$이므로

$\dfrac{|b|}{\sqrt{3^2+(-1)^2}}=\sqrt{10}$, $|b|=10$　$\therefore b=\pm10$

즉 두 직선의 방정식은 각각 $y=3x+10$, $y=3x-10$

STEP B 선분 AB의 길이 구하기

따라서 두 직선 $y=3x+10$, $y=3x-10$이 y축과 만나는 점 A, B의 좌표는 각각 (0, 10), (0, −10)이므로 $\overline{AB}=10-(-10)=20$

(2) 두 직선 $x-2y+5=0$, $x+y+2=0$의 교점을 지나고 원점으로부터 거리가 $\sqrt{10}$인 직선의 기울기는?

① 1　② 2　③ 3
④ 4　⑤ 5

STEP A 두 직선을 연립하여 교점의 좌표 구하기

두 직선 $x-2y+5=0$, $x+y+2=0$을 연립하면 $x=-3$, $y=1$이므로
두 직선의 교점의 좌표는 (−3, 1)
이때 기울기를 m이라 하고 점 (−3, 1)을 지나는 직선의 방정식은
$y-1=m\{x-(-3)\}$, 즉 $mx-y+3m+1=0$

STEP B 점과 직선 사이의 거리를 이용하여 직선의 기울기 구하기

직선 $mx-y+3m+1=0$과 원점까지 거리가 $\sqrt{10}$이므로

$\dfrac{|3m+1|}{\sqrt{m^2+1}}=\sqrt{10}$, $|3m+1|=\sqrt{10m^2+10}$

양변을 제곱하면 $m^2-6m+9=0$, $(m-3)^2=0$
따라서 $m=3$

0133

오른쪽 그림과 같이 정사각형 ABCD의 두 꼭짓점 A, C의 좌표가 각각 (2, 4), (6, 2)일 때, 원점 O와 직선 BD 사이의 거리는?

TIP 정사각형의 두 대각선은 서로를 수직이등분한다.

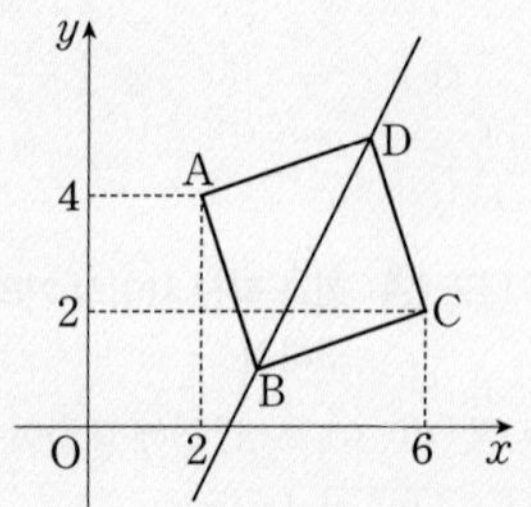

① 1　② $\sqrt{2}$
③ $\sqrt{3}$　④ 2
⑤ $\sqrt{5}$

STEP A 선분 AC의 수직이등분선의 방정식 구하기

사각형 ABCD가 정사각형이므로
직선 BD는 선분 AC의 수직이등분선이다.
두 점 A(2, 4), C(6, 2)를 지나는
직선 AC의 기울기는 $\dfrac{2-4}{6-2}=-\dfrac{1}{2}$이므로
선분 AC의 수직이등분선인 직선 BD의 기울기는 2
두 점 A(2, 4), C(6, 2)를 이은
선분 AC의 중점의 좌표는
$\left(\dfrac{2+6}{2}, \dfrac{4+2}{2}\right)$, 즉 (4, 3)
이때 기울기가 2이고 점 (4, 3)을 지나는 직선 BD의 방정식은
$y-3=2(x-4)$, 즉 $2x-y-5=0$

STEP B 점과 직선 사이의 거리 구하기

따라서 원점 O와 직선 $2x-y-5=0$ 사이의 거리는

$\dfrac{|-5|}{\sqrt{2^2+(-1)^2}}=\dfrac{5}{\sqrt{5}}=\sqrt{5}$

0134

다음 물음에 답하시오.

(1) 두 실수 a, b에 대하여 $a^2+b^2=9$일 때, 평행한 두 직선 $ax+by-1=0$, $ax+by-4=0$사이의 거리는?

TIP 한 직선 위의 점에서 다른 직선까지의 거리

① 1　② 2　③ 3
④ 4　⑤ 5

STEP A 평행한 두 직선 사이의 거리 구하기

평행한 두 직선 $ax+by-1=0$, $ax+by-4=0$ 사이의 거리는
직선 $ax+by-1=0$ 위의 한 점 $\left(\dfrac{1}{a}, 0\right)$과 직선 $ax+by-4=0$ 사이의 거리와 같다.

따라서 $\dfrac{\left|a\times\dfrac{1}{a}+b\times0-4\right|}{\sqrt{a^2+b^2}}=\dfrac{3}{\sqrt{9}}=1$

(2) 평행한 두 직선 $3x+4y+3=0$, $3x+4y+k=0$ 사이의 거리가 2가

TIP 한 직선 위의 점에서 다른 직선까지의 거리

되도록 하는 실수 k의 값의 합은?

① 2 ② 3 ③ 4
④ 5 ⑤ 6

STEP A 평행한 두 직선 사이의 거리를 이용하여 k의 값 구하기

평행한 두 직선 $3x+4y+3=0$, $3x+4y+k=0$ 사이의 거리는
직선 $3x+4y+3=0$ 위의 한 점 $(-1,\ 0)$과 직선 $3x+4y+k=0$ 사이의 거리와 같다.

$\dfrac{|3\times(-1)+4\times0+k|}{\sqrt{3^2+4^2}}=2$, $|k-3|=10$, $k-3=\pm10$

$\therefore k=-7$ 또는 $k=13$

따라서 실수 k의 값의 합은 $-7+13=6$

(3) 두 직선 $2x+y=4$, $mx+(m-3)y=-3$이 서로 평행할 때,

TIP 평행한 두 직선은 x와 y의 계수의 비가 같다.

두 직선 사이의 거리는? (단, m은 상수이다.)

① $\sqrt{2}$ ② $\sqrt{3}$ ③ 2
④ $\sqrt{5}$ ⑤ $\sqrt{6}$

STEP A 두 직선이 평행함을 이용하여 m의 값 구하기

두 직선 $2x+y=4$, $mx+(m-3)y=-3$이 평행하므로

$\dfrac{2}{m}=\dfrac{1}{m-3}\neq\dfrac{4}{-3}$

즉 $\dfrac{2}{m}=\dfrac{1}{m-3}$에서 $2m-6=m$

$\therefore m=6$

STEP B 평행한 두 직선 사이의 거리 구하기

$m=6$이므로 두 직선의 방정식은 $2x+y-4=0$, $2x+y+1=0$
따라서 두 직선 사이의 거리는 직선 $2x+y-4=0$ 위의 한 점 $(0,\ 4)$와
직선 $2x+y+1=0$ 사이의 거리는 $\dfrac{|2\times0+1\times4+1|}{\sqrt{2^2+1^2}}=\dfrac{5}{\sqrt{5}}=\sqrt{5}$

MINI해설 정점을 지나는 직선을 이용하여 풀이하기

직선 $mx+(m-3)y=-3$을 m에 대하여 정리하면
$(x+y)m-3y+3=0$
이 직선이 m의 값에 관계없이 지나는 접점을 구하면
항등식의 성질에 의하여 $x+y=0$, $-3y+3=0$
$\therefore x=-1$, $y=1$
즉 이 직선은 m의 값에 관계없이 점 $(-1,\ 1)$을 지난다.
따라서 평행한 두 직선 사이의 거리는 점 $(-1,\ 1)$과 직선 $2x+y-4=0$ 사이의
거리와 같으므로 $\dfrac{|2\times(-1)+1\times1-4|}{\sqrt{2^2+1^2}}=\dfrac{5}{\sqrt{5}}=\sqrt{5}$

0135

다음 물음에 답하시오.

(1) 직선 $2(m+2)x+(3m+5)y+m+3=0$이 실수 m의 값에 관계없이

TIP m에 대하여 정리하면 $(2x+3y+1)m+4x+5y+3=0$

일정한 점 A를 지날 때, 점 A에서 직선 $3x+4y=8$까지의 거리는?

① 1 ② 2 ③ 3
④ 4 ⑤ 5

STEP A 직선 $2(m+2)x+(3m+5)y+m+3=0$이 항상 지나는 점 구하기

직선 $2(m+2)x+(3m+5)y+m+3=0$을 m에 대하여 정리하면
$(2x+3y+1)m+4x+5y+3=0$ …… ㉠
이 직선이 m의 값에 관계없이 지나는 정점을 구하면
항등식의 성질에 의하여 $2x+3y+1=0$, $4x+5y+3=0$
$\therefore x=-2$, $y=1$
즉 직선 ㉠은 m의 값에 관계없이 항상 점 $\mathrm{A}(-2,\ 1)$을 지난다.

STEP B 점과 직선 사이의 거리 구하기

따라서 점 $\mathrm{A}(-2,\ 1)$에서 직선 $3x+4y-8=0$까지의 거리는

$\dfrac{|3\times(-2)+4\times1-8|}{\sqrt{3^2+4^2}}=\dfrac{10}{5}=2$

2007년 11월 고1 학력평가 20번

(2) 좌표평면 위의 원점에서 직선 $3x-y+2-k(x+y)=0$까지의
거리의 최댓값은? (단, k는 실수이다.)

① $\dfrac{1}{4}$ ② $\dfrac{\sqrt{2}}{4}$ ③ $\dfrac{1}{2}$
④ $\dfrac{\sqrt{2}}{2}$ ⑤ $\sqrt{2}$

STEP A 점과 직선 사이의 거리 구하기

직선 $3x-y+2-k(x+y)=0$을 정리하면
$(3-k)x+(-1-k)y+2=0$
이때 원점 $(0,\ 0)$과 직선 $(3-k)x+(-1-k)y+2=0$ 사이의 거리는

$\dfrac{|2|}{\sqrt{(3-k)^2+(-1-k)^2}}=\dfrac{2}{\sqrt{2k^2-4k+10}}$

STEP B 거리의 최댓값 구하기

거리의 최댓값을 구해야 하므로 $2k^2-4k+10=2(k-1)^2+8$ 최소이어야
한다. 분자가 2로 고정되어있으므로 분모가 작을수록 거리의 값이 최대가 된다.

따라서 $k=1$일 때, 거리가 최대이므로 $\dfrac{2}{\sqrt{8}}=\dfrac{\sqrt{2}}{2}$

MINI해설 주어진 직선이 반드시 지나는 점을 이용하여 풀이하기

직선 $3x-y+2-k(x+y)=0$을
k의 값에 관계없이 항상 성립하므로
항등식의 성질에 의하여
$3x-y+2=0$, $x+y=0$
$\therefore x=-\dfrac{1}{2}$, $y=\dfrac{1}{2}$
이 직선은 항상 점 $\left(-\dfrac{1}{2},\ \dfrac{1}{2}\right)$을 지난다.
이때 점 $\left(-\dfrac{1}{2},\ \dfrac{1}{2}\right)$을 지나는 직선이
원점과 점 $\left(-\dfrac{1}{2},\ \dfrac{1}{2}\right)$을 지나는 직선과
수직일 때, 원점과의 거리가 최대가 된다.
따라서 원점에서 직선 $3x-y+2-k(x+y)=0$ 사이의 최댓값은
$\sqrt{\left(-\dfrac{1}{2}\right)^2+\left(\dfrac{1}{2}\right)^2}=\dfrac{\sqrt{2}}{2}$

주의 직선의 방정식 $3x-y+2-k(x+y)=0$이 점 $\left(-\dfrac{1}{2},\ \dfrac{1}{2}\right)$을 지나는
모든 직선을 표현할 수 있는 것은 아니다.
이 방정식은 직선 $x+y=0$을 표현하지 못한다.
실수 k가 커질수록 직선 $x+y=0$에 가까워지기는 하지만 일치할 수는 없다.

0136

두 직선 $2x-y+a=0$, $x+2y+3=0$이 이루는 각을 이등분하는 직선

TIP 각의 이등분선 위의 점에서 두 직선에 이르는 거리는 같음을 이용한다.

이 점 $(3, 2)$를 지날 때, 모든 실수 a의 값의 합을 구하시오.

STEP Ⓐ 점 $(3, 2)$에서 두 직선에 이르는 거리가 같음을 이용하여 a의 값 구하기

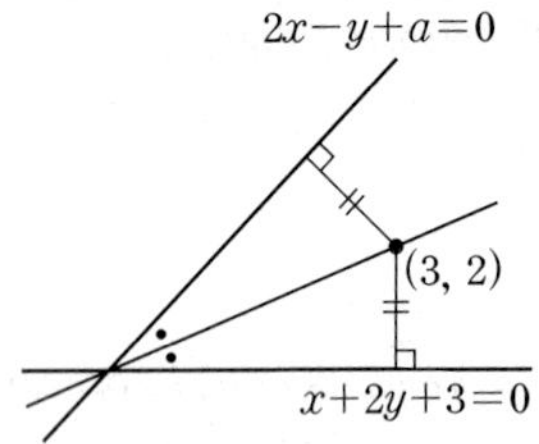

두 직선 $2x-y+a=0$, $x+2y+3=0$이 이루는 각의 이등분선 위의 점 $(3, 2)$에서 두 직선에 이르는 거리가 같으므로

$\dfrac{|2\times3-2+a|}{\sqrt{2^2+(-1)^2}}=\dfrac{|3+2\times2+3|}{\sqrt{1^2+2^2}}$, $|a+4|=10$, $a+4=\pm10$

$\therefore a=-14$ 또는 $a=6$

따라서 모든 실수 a의 값의 합은 $-14+6=-8$

NORMAL

0137

2022년 11월 고1 학력평가 25번 변형

두 양의 실수 a, b에 대하여 두 일차함수

$$f(x)=\frac{a}{3}x-2,\ g(x)=\frac{2}{b}x+\frac{1}{3}$$

이 있다. 직선 $y=f(x)$와 직선 $y=g(x)$가 서로 평행할 때,

TIP 평행한 두 직선의 기울기는 서로 같고 y절편으로 서로 달라야 한다.

$(a+1)(b+6)$의 최솟값을 구하시오.

TIP 산술평균과 기하평균의 관계를 이용하여 최솟값을 구한다.

STEP Ⓐ 평행한 두 직선의 기울기가 같음을 이용하기

두 직선 $y=f(x)$, $y=g(x)$의 기울기가 각각 $\dfrac{a}{3}$, $\dfrac{2}{b}$이고

두 직선이 서로 평행하므로 기울기는 서로 같고 y절편은 서로 달라야 한다.

$\dfrac{a}{3}=\dfrac{2}{b}$에서 $ab=6$

STEP Ⓑ 산술평균과 기하평균의 관계를 이용하여 $(a+1)(b+6)$의 최솟값 구하기

[산술평균과 기하평균의 관계]
$a>0$, $b>0$일 때, $\dfrac{a+b}{2}\ge\sqrt{ab}$
(단, 등호는 $a=b$일 때 성립)

$a>0$, $b>0$이므로

$(a+1)(b+6)=ab+6a+b+6$

$=12+6a+b$

$\ge 12+2\sqrt{6a\times b}$ (단, 등호는 $6a=b$일 때 성립)

$=12+2\times6=24$

따라서 $(a+1)(b+6)$의 최솟값은 24

0138

다음 물음에 답하시오.

(1) 오른쪽 그림과 같이 직선 $\dfrac{x}{a}+\dfrac{y}{b}=1$과 x축, y축으로 둘러싸인 넓이가 10이다. 원점과 직선 사이의 거리가 2가 되도록 두 양수 a, b에 대하여 $a+b$의 값은?

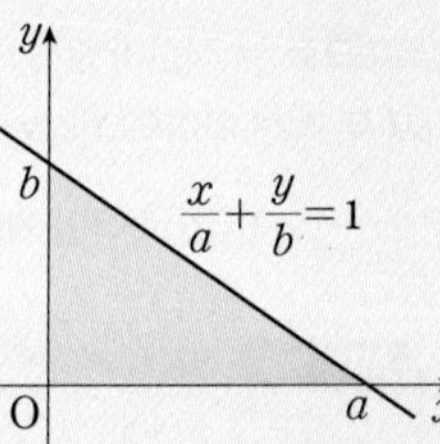

① $2\sqrt{7}$ ② $2\sqrt{10}$
③ $2\sqrt{14}$ ④ $2\sqrt{15}$
⑤ $2\sqrt{35}$

STEP Ⓐ 직선과 x축, y축으로 둘러싸인 넓이가 10일 때, a, b 사이의 관계식 구하기

직선 $\dfrac{x}{a}+\dfrac{y}{b}=1$과 x축 및 y축과 만나는 점의 좌표가 각각 $(a, 0)$, $(0, b)$

이때 삼각형의 넓이가 10이므로 $\dfrac{1}{2}ab=10$

$\therefore ab=20$ …… ㉠

STEP Ⓑ 원점과 직선 사이의 거리가 2일 때, a, b 사이의 관계식 구하기

직선 $\dfrac{x}{a}+\dfrac{y}{b}=1$, 즉 $bx+ay-ab=0$

원점에서 이 직선 사이의 거리가 2이므로 $\dfrac{|-ab|}{\sqrt{a^2+b^2}}=2$

㉠에 의하여 $\dfrac{20}{\sqrt{a^2+b^2}}=2$, $\sqrt{a^2+b^2}=10$

$\therefore a^2+b^2=100$ …… ㉡

STEP Ⓒ 곱셈 공식을 이용하여 $a+b$의 값 구하기

㉠, ㉡에 의하여 $(a+b)^2=a^2+b^2+2ab=100+2\times20=140$

따라서 $a>0$, $b>0$이므로 $a+b=2\sqrt{35}$

2005년 고1 학업성취도평가 16번

(2) 점 $(1, 1)$을 지나는 직선 $ax+by+2=0$에 대하여 원점 O와 이 직선

TIP 직선 $ax+bx+2=0$에 $x=1,\ y=1$을 대입한다.

사이의 거리가 $\frac{\sqrt{10}}{5}$일 때, 실수 $a,\ b$에 대하여 ab의 값은?

① -5 ② -4 ③ -3
④ 4 ⑤ 5

STEP A 주어진 조건을 이용하여 두 실수 $a,\ b$ 사이의 관계식 구하기

직선 $ax+by+2=0$이 점 $(1, 1)$을 지나므로 $a+b+2=0$

$\therefore a+b=-2$ …… ㉠

원점 O와 직선 $ax+by+2=0$ 사이의 거리가 $\frac{\sqrt{10}}{5}$이므로

$\frac{|2|}{\sqrt{a^2+b^2}}=\frac{\sqrt{10}}{5},\ \sqrt{10}\times\sqrt{a^2+b^2}=10$

$\therefore a^2+b^2=10$ …… ㉡

STEP B 곱셈 공식의 변형을 이용하여 ab의 값 구하기

㉠, ㉡에 의하여 $2ab=(a+b)^2-(a^2+b^2)=(-2)^2-10=-6$

따라서 $ab=-3$

0139

직선 $(2k+3)x+(-k+2)y+10k+1=0$이 세 점 $A(-3, 4)$, $B(-5, -3)$, $C(1, 1)$을 꼭짓점으로 하는 삼각형 ABC의 넓이를 이등분

TIP 직선이 삼각형의 넓이를 이등분하려면 꼭짓점과 마주보는 변의 중점을 지나야 한다.

할 때, 상수 k의 값은?

① $\frac{1}{4}$ ② 1 ③ $\frac{7}{4}$
④ 4 ⑤ 7

STEP A 직선 $(2k+3)x+(-k+2)y+10k+1=0$이 항상 지나는 점 구하기

직선 $(2k+3)x+(-k+2)y+10k+1=0$을 k에 대하여 정리하면

$(3x+2y+1)+k(2x-y+10)=0$ …… ㉠

이 직선이 k의 값에 관계없이 지나는 정점을 구하면

항등식의 성질에 의하여 $3x+2y+1=0,\ 2x-y+10=0$

$\therefore x=-3,\ y=4$

즉 직선 ㉠은 k의 값에 관계없이 항상 점 $A(-3, 4)$를 지난다.

STEP B 삼각형 ABC의 넓이를 이등분하는 직선이 선분 BC의 중점을 지남을 이용하여 k의 값 구하기

점 $A(-3, 4)$를 지나는 직선이 삼각형 ABC의 넓이를 이등분하려면 선분 BC의 중점을 지나야 한다.

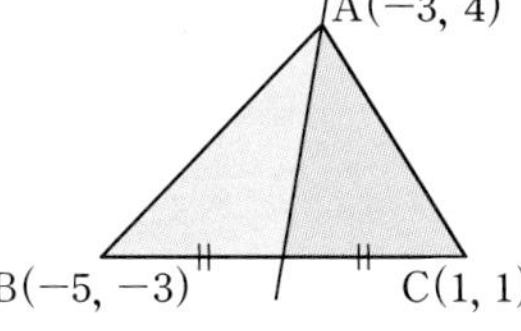

두 점 $B(-5, -3)$, $C(1, 1)$에 대하여 선분 BC의 중점의 좌표는

$\left(\frac{-5+1}{2},\ \frac{-3+1}{2}\right)$, 즉 $(-2, -1)$

이를 ㉠에 대입하면

$(-6-2+1)+k(-4+1+10)=0$

따라서 $k=1$

0140

2013년 경찰대기출 6번 변형

세 점 $P(3, 1)$, $Q(1, -3)$, $R(4, 0)$을 꼭짓점으로 하는 삼각형 PQR의 외심에서 직선 $3x-4y+10=0$까지의 거리를 구하시오.

TIP 삼각형의 외심은 각 변의 수직이등분선의 교점이다.

STEP A 삼각형의 외심은 각 변의 수직이등분선의 교점임을 이용하기

삼각형의 외심은 각 변의 수직이등분선의 교점이다.

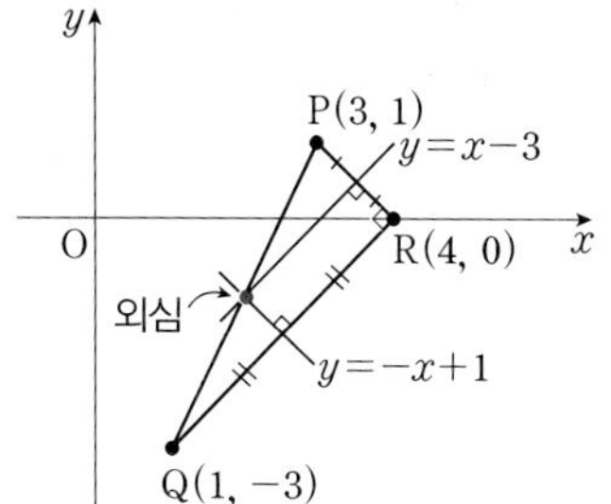

두 점 $P(3, 1)$, $R(4, 0)$을 지나는 직선의 기울기는 $\frac{0-1}{4-3}=-1$이므로

선분 QR의 수직이등분선인 직선의 기울기는 1

두 점 $P(3, 1)$, $R(4, 0)$을 이은 선분 PR의 중점의 좌표는

$\left(\frac{3+4}{2},\ \frac{1+0}{2}\right)$, 즉 $\left(\frac{7}{2},\ \frac{1}{2}\right)$

선분 QR의 수직이등분선은 기울기가 1이고 점 $\left(\frac{7}{2},\ \frac{1}{2}\right)$을 지나므로

$y-\frac{1}{2}=x-\frac{7}{2}$, 즉 $y=x-3$ …… ㉠

두 점 $Q(1, -3)$, $R(4, 0)$을 지나는 직선의 기울기는 $\frac{0-(-3)}{4-1}=1$이므로

선분 QR의 수직이등분선인 직선의 기울기는 -1

두 점 $Q(1, -3)$, $R(4, 0)$을 이은 선분 QR의 중점의 좌표는

$\left(\frac{1+4}{2},\ \frac{-3+0}{2}\right)$, 즉 $\left(\frac{5}{2},\ -\frac{3}{2}\right)$

선분 QR의 수직이등분선은 기울기가 -1이고 점 $\left(\frac{5}{2},\ -\frac{3}{2}\right)$을 지나므로

$y-\left(-\frac{3}{2}\right)=-\left(x-\frac{5}{2}\right)$, 즉 $y=-x+1$ …… ㉡

㉠, ㉡을 연립하여 풀면 $x=2,\ y=-1$

즉 삼각형 PQR의 외심의 좌표는 $(2, -1)$

> **+α 직각삼각형의 외심을 이용하여 구할 수 있어!**
>
> 직각삼각형에서 외심은 빗변의 중심에 있다.
>
> 두 점 $P(3, 1)$, $R(4, 0)$을 지나는 직선의 기울기는 $\frac{1-0}{3-4}=-1$
>
> 두 점 $Q(1, -3)$, $R(4, 0)$을 지나는 직선의 기울기는 $\frac{-3-0}{1-4}=1$
>
> 즉 두 선분 PR과 QR이 수직으로 만나므로 $\angle PRQ=90°$인 직각삼각형이다.
>
> 이때 삼각형 PQR의 외심은 두 점 P, Q의 중점이므로 $\left(\frac{3+1}{2},\ \frac{1+(-3)}{2}\right)$
>
> $\therefore (2, -1)$

STEP B 외심에서 직선 $3x-4y+10=0$까지의 거리 구하기

따라서 점 $(2, -1)$에서 직선 $3x-4y+10=0$까지의 거리는

$\frac{|3\times2-4\times(-1)+10|}{\sqrt{3^2+(-4)^2}}=\frac{20}{5}=4$

> **POINT 삼각형의 외심과 외접원**
>
> 삼각형의 세 꼭짓점을 지나는 원을 그 삼각형의 외접원이라 하고 삼각형의 외접원의 중심을 그 삼각형의 외심이라 한다.
>
> ① 점 O는 세 변의 수직이등분선의 교점이다.
>
> ② 점 O에서 세 꼭짓점에 이르는 거리가 같다.

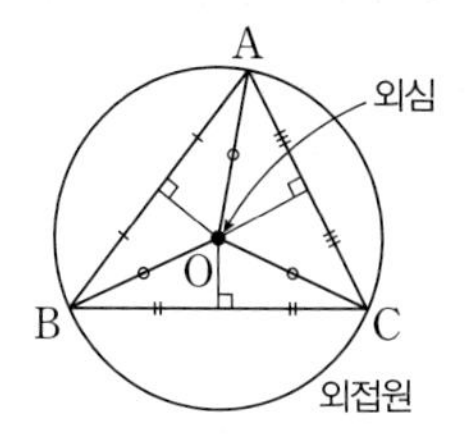

0141

다음 물음에 답하시오.

(1) 세 점 $A(1, 2)$, $B(4, 5)$, $C(2, -3)$을 꼭짓점으로 하는 삼각형 ABC에 대하여 점 A를 지나고 삼각형 ABC의 넓이를 이등분하는

TIP 점 A를 지나고 선분 BC의 중점을 지나는 직선이다.

직선에 평행하고 점 $(-1, -2)$를 지나는 직선의 방정식이 $x+ay+b=0$일 때, 상수 a, b에 대하여 $a+b$의 값은?

① 1　② 3　③ 5
④ 7　⑤ 9

STEP A 삼각형 ABC의 넓이를 이등분하는 직선의 기울기 구하기

점 $A(1, 2)$를 지나는 직선이 삼각형 ABC의 넓이를 이등분하려면 선분 BC의 중점을 지나야 한다.
두 점 $B(4, 5)$, $C(2, -3)$에 대하여 선분 BC의 중점을 M이라 하면

$\left(\frac{4+2}{2}, \frac{5+(-3)}{2}\right)$, 즉 $M(3, 1)$

두 점 $A(1, 2)$, $M(3, 1)$을 지나는

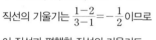

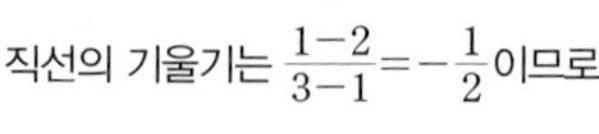

직선의 기울기는 $\frac{1-2}{3-1}=-\frac{1}{2}$이므로

이 직선과 평행한 직선의 기울기도 $-\frac{1}{2}$

STEP B 한 점과 기울기가 주어진 직선의 방정식 구하기

기울기가 $-\frac{1}{2}$이고 점 $(-1, -2)$를 지나는 직선의 방정식은

$y-(-2)=-\frac{1}{2}\{x-(-1)\}$, 즉 $x+2y+5=0$

따라서 $a=2$, $b=5$이므로 $a+b=7$

(2) 세 점 $A(-1, 1)$, $B(5, -1)$, $C(4, 3)$을 꼭짓점으로 하는 삼각형 ABC가 있다. 변 AB 위의 한 점 P와 점 C를 잇는 직선 $y=ax+b$가 삼각형 ABC의 넓이를 $\triangle APC : \triangle PBC=2:1$로 분할할 때,

TIP $\overline{AP} : \overline{PB}=2:1$이므로 점 P는 선분 AB를 $2:1$로 내분하는 점이다.

상수 a, b에 대하여 $a+b$의 값은?

① -8　② -7　③ -6
④ -5　⑤ -4

STEP A $\triangle APC : \triangle PBC=2:1$이므로 $\overline{AP} : \overline{PB}=2:1$인 점 P의 좌표 구하기

$\triangle APC : \triangle PBC=2:1$이므로 $\overline{AP} : \overline{PB}=2:1$
이때 점 P는 선분 AB를 $2:1$로 내분하는 점이므로 점 P의 좌표는

$\left(\frac{2\times5+1\times(-1)}{2+1}, \frac{2\times(-1)+1\times1}{2+1}\right)$, 즉 $P\left(3, -\frac{1}{3}\right)$

STEP B 두 점을 지나는 직선의 방정식 구하기

두 점 $C(4, 3)$, $P\left(3, -\frac{1}{3}\right)$을 지나는 직선의 방정식은

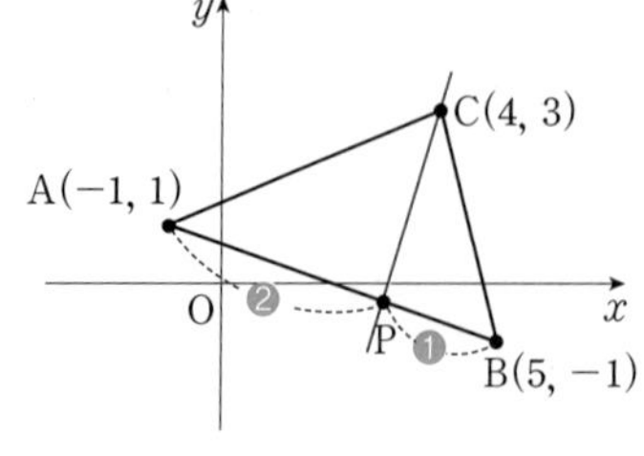

$y-3=\frac{-\frac{1}{3}-3}{3-4}(x-4)$,

즉 $y=\frac{10}{3}x-\frac{31}{3}$

따라서 $a=\frac{10}{3}$, $b=-\frac{31}{3}$이므로

$a+b=-7$

0142

2024년 09월 고1 학력평가 20번

그림과 같이 좌표평면 위에 세 점 $A(-8, a)$, $B(7, 3)$, $C(-6, 0)$이 있다. 선분 AB를 $2:1$로 내분하는 점을 P라 할 때, 직선 PC가 삼각형 AOB의 넓이를 이등분한다. 양수 a의 값은?

TIP 선분 OA와 직선 PC가 만나는 점을 Q라 하고 넓이의 비를 이용하여 구한다.

(단, O는 원점이다.)

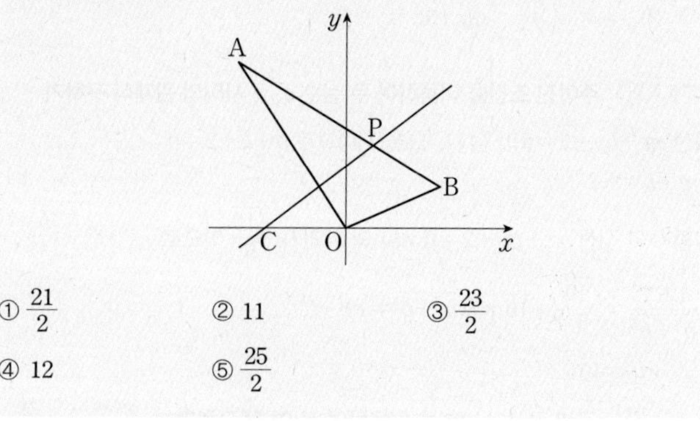

① $\frac{21}{2}$　② 11　③ $\frac{23}{2}$
④ 12　⑤ $\frac{25}{2}$

STEP A 삼각형 AOB의 넓이를 S라 하고 삼각형 QOP의 넓이를 S에 대하여 나타내기

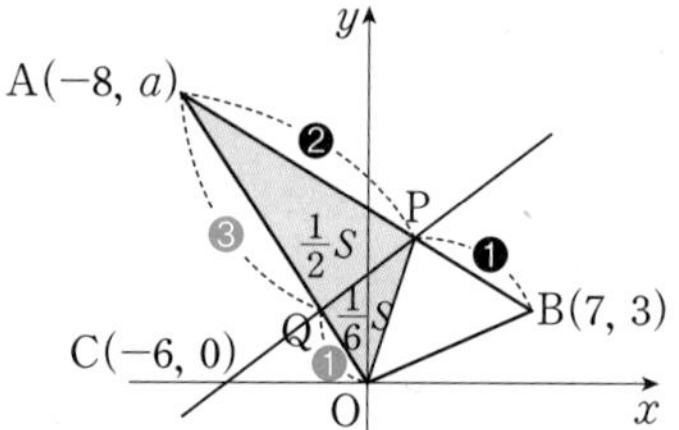

직선 PC와 선분 AO가 만나는 점을 Q라 하고
삼각형 AOB의 넓이를 S라 하자.

점 P가 선분 AB를 $2:1$로 내분하는 점이므로 삼각형 AOP의 넓이는 $\frac{2}{3}S$

직선 PC가 삼각형 AOB의 넓이를 이등분하므로 삼각형 AQP의 넓이는 $\frac{1}{2}S$

이때 (삼각형 QOP의 넓이)=(삼각형 AOP의 넓이)−(삼각형 AQP의 넓이)

$$=\frac{2}{3}S-\frac{1}{2}S=\frac{1}{6}S$$

STEP B 두 삼각형 AQP와 QOP의 넓이의 비가 $3:1$임을 이용하여 직선 PC의 방정식 구하기

두 삼각형 AQP와 QOP의 넓이의 비는 선분 AQ와 선분 QO의 길이의 비와 같다.

이때 두 삼각형 AQP와 QOP의 넓이의 비가 $\frac{1}{2}S : \frac{1}{6}S$,

즉 $3:1$이므로 $\overline{AQ} : \overline{QO}=3:1$

이때 점 Q는 선분 AO를 $3:1$로 내분하는 점이므로

$\left(\frac{3\times0+1\times(-8)}{3+1}, \frac{3\times0+1\times a}{3+1}\right)$, 즉 $Q\left(-2, \frac{a}{4}\right)$

점 P는 선분 AB를 $2:1$로 내분하는 점이므로

$\left(\frac{2\times7+1\times(-8)}{2+1}, \frac{2\times3+1\times a}{2+1}\right)$, 즉 $P\left(2, \frac{a+6}{3}\right)$

두 점 $P\left(2, \frac{a+6}{3}\right)$, $C(-6, 0)$을 지나는 직선 PC의 방정식은

$y-0=\frac{\frac{a+6}{3}-0}{2-(-6)}\{x-(-6)\}$, 즉 $y=\frac{a+6}{24}(x+6)$

STEP C 점 Q는 직선 PC 위의 점임을 이용하여 a의 값 구하기

점 $Q\left(-2, \frac{a}{4}\right)$가 직선 PC 위의 점이므로

$\frac{a}{4}=\frac{a+6}{24}\times4$, $\frac{a}{4}=\frac{a+6}{6}$, $2a=24$

따라서 $a=12$

0143

2014년 09월 고1 학력평가 20번

두 직선

$l : ax-y+a+2=0$,
$m : 4x+ay+3a+8=0$

에 대하여 [보기]에서 옳은 것만을 있는 대로 고른 것은?
(단, a는 실수이다.)

ㄱ. $a=0$일 때, 두 직선 l과 m은 서로 수직이다.
ㄴ. 직선 l은 a의 값에 관계없이 항상 점 $(1, 2)$를 지난다.
TIP a에 대한 항등식이다.
ㄷ. 두 직선 l과 m이 평행이 되기 위한 a의 값은 존재하지 않는다.

① ㄱ ② ㄴ ③ ㄱ, ㄷ
④ ㄴ, ㄷ ⑤ ㄱ, ㄴ, ㄷ

STEP A $a=0$일 때, 두 직선 l과 m의 위치 관계 구하기

ㄱ. $a=0$일 때,
$l : -y+2=0$에서 $y=2$
$m : 4x+8=0$에서 $x=-2$
즉 두 직선 l과 m은 각각 x축, y축에 평행하므로 두 직선 l과 m은 서로 수직이다. [참]

STEP B a에 대한 항등식을 이용하여 참, 거짓 판단하기

ㄴ. 직선 $l : ax-y+a+2=0$을 a에 대하여 정리하면
$(x+1)a-y+2=0$
이 직선이 a의 값에 관계없이 항상 지나는 정점은
항등식의 성질에 의하여 $x+1=0$, $-y+2=0$ $\quad\therefore x=-1$, $y=2$
즉 직선 l은 a의 값에 관계없이 점 $(-1, 2)$를 지난다. [거짓]

> **+α 직선 l의 방정식이 점 $(1, 2)$ 지남을 이용하여 진위 판별할 수 있어!**
> 직선 l의 방정식 $ax-y+a+2=0$에 $x=1$, $y=2$를 대입하면
> $a-2+a+2=0$ $\quad\therefore a=0$
> 즉 직선 l은 $a=0$일 때만 직선 l은 점 $(1, 2)$를 지난다. [거짓]

STEP C 두 직선의 기울기가 같음을 이용하여 참, 거짓 판단하기

ㄷ. (i) $a=0$일 때,
ㄱ에 의해 두 직선 l과 m은 서로 수직이다.
(ii) $a\neq0$일 때,
직선 $l : y=ax+a+2$에서 기울기는 a
직선 $m : y=-\frac{4}{a}x-3-\frac{8}{a}$의 기울기는 $-\frac{4}{a}$
이때 두 직선 l과 m이 평행하려면 $a=-\frac{4}{a}$
즉 $a^2=-4$를 만족하는 실수 a의 값은 존재하지 않는다.
$a^2\geq0$이므로 $a^2+4>0$
(i), (ii)에 의해 두 직선 l과 m이 평행이 되기 위한 실수 a의 값은 존재하지 않는다. [참]

> **+α 두 직선이 평행할 조건을 이용하여 판단할 수 있어!**
> 두 직선 $l : ax-y+a+2=0$, $m : 4x+ay+3a+8=0$이 평행하려면
> $\frac{a}{4}=\frac{-1}{a}\neq\frac{a+2}{3a+8}$에서 $a^2=-4$
> 그런데 a는 실수이므로 위의 식을 만족하는 a의 값은 존재하지 않는다. [참]

따라서 옳은 것은 ㄱ, ㄷ이다.

0144

두 변의 길이가 각각 2, 4인 두 직사각형 A, B와 한 변의 길이가 2인 정사각형 8개를 오른쪽 그림과 같이 배열하였다. 이때 두 직사각형 A와 B의 넓이를 동시에 이등분하는 직선과 점 C 사이의 거리는?

TIP 직사각형의 넓이를 이등분하기 위해서는 직사각형의 두 대각선의 교점을 지나야 한다.

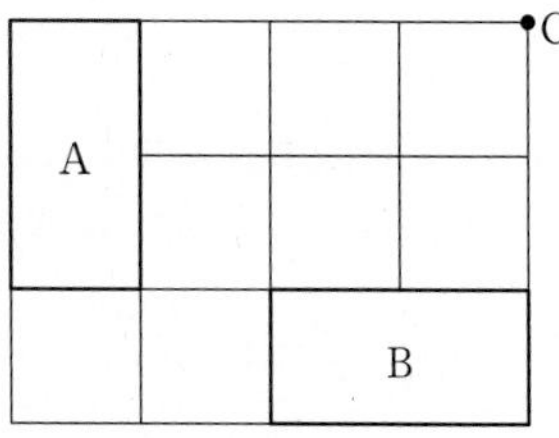

① $\frac{1}{2}$ ② $\frac{\sqrt{3}}{3}$ ③ $\frac{21\sqrt{29}}{29}$
④ $\frac{31\sqrt{34}}{34}$ ⑤ $\frac{32\sqrt{37}}{37}$

STEP A 두 직사각형의 넓이를 이등분하는 직선이 지나는 점의 좌표 구하기

직사각형의 두 대각선의 교점을 지나는 직선이 두 직사각형 A, B의 넓이를 동시에 이등분한다.
이때 직사각형 B의 중심의 좌표를 원점으로 잡으면
직사각형 A의 중심의 좌표는 $(-5, 3)$, 점 C의 좌표는 $(2, 5)$

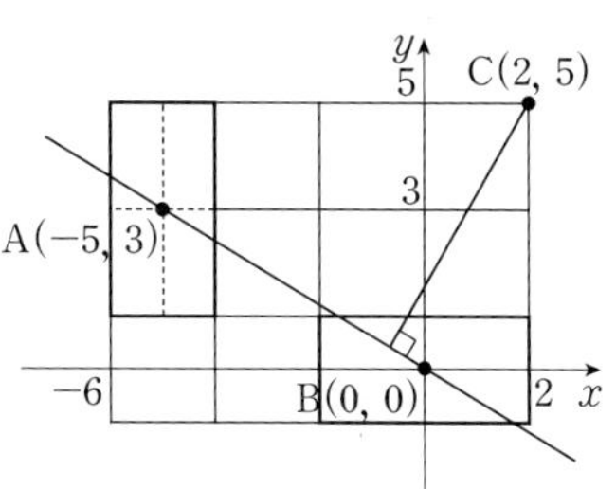

STEP B 두 점을 지나는 직선의 방정식 구하기

두 점 $(-5, 3)$, $(0, 0)$을 지나는 직선의 방정식은 $y=-\frac{3}{5}x$, 즉 $3x+5y=0$
따라서 점 $C(2, 5)$와 직선 $3x+5y=0$ 사이의 거리는
$\frac{|3\times2+5\times5|}{\sqrt{3^2+5^2}}=\frac{31}{\sqrt{34}}=\frac{31\sqrt{34}}{34}$

0145

2015년 11월 고1 학력평가 20번

오른쪽 그림과 같이 한 변의 길이가 10인 정사각형 ABCD에 내접하는 원이 있다. 선분 BC를 1 : 2로 내분하는 점을 P라 하자. 선분 AP가 정사각형 ABCD에 내접하는 원과 만나는 두 점을 Q, R이라 할 때, 선분 QR의 길이는?

TIP 점 A가 원점이 되도록 좌표평면 위에 나타낸 후 원의 중심과 직선 QR 사이의 거리를 구한다.

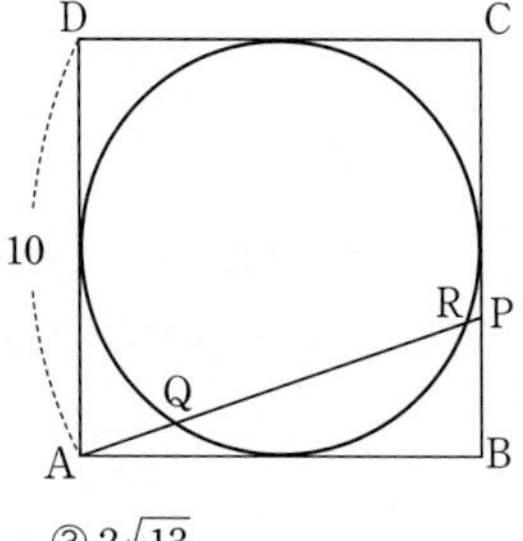

① $2\sqrt{11}$ ② $4\sqrt{3}$ ③ $2\sqrt{13}$
④ $2\sqrt{14}$ ⑤ $2\sqrt{15}$

STEP A 정사각형 ABCD를 좌표평면 위에 나타내고 직선 AP의 방정식 구하기

한 변의 길이가 10인 정사각형 ABCD에서 점 A를 원점으로 하는 좌표평면 위에 놓으면
두 점 B, C의 좌표는 각각
$B(10, 0)$, $C(10, 10)$
정사각형 ABCD에 내접하는 원의 중심을 점 O′라 하면
원의 반지름의 길이는 5이므로
점 O′의 좌표는 O′(5, 5)
점 O′에서 직선 AP에 내린 수선의 발을 H라 하자. ← $\overline{QH}=\overline{HR}$

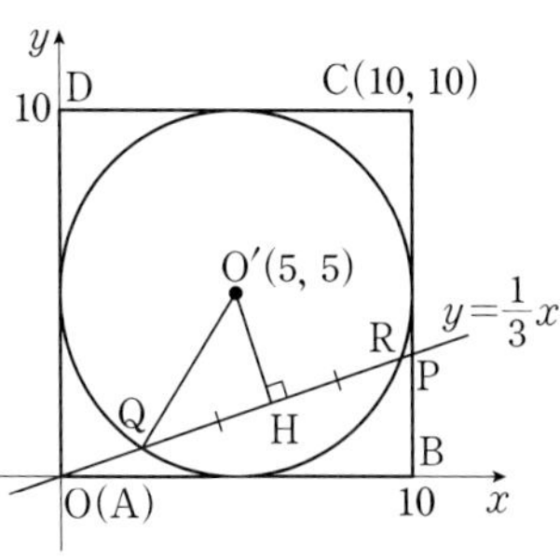

이때 선분 BC를 $1:2$로 내분하는 점 P의 좌표는

$\left(\dfrac{1\times10+2\times10}{1+2}, \dfrac{1\times10+2\times0}{1+2}\right)$, 즉 $P\left(10, \dfrac{10}{3}\right)$

직선 AP의 방정식은 $y=\dfrac{1}{3}x$, 즉 $x-3y=0$

STEP B 점과 직선 사이의 거리 공식을 이용하여 선분 O′H의 길이 구하기

점 $O'(5, 5)$와 직선 $x-3y=0$ 사이의 거리, 즉 선분 O′H의 길이는

$\overline{O'H}=\dfrac{|1\times5-3\times5|}{\sqrt{1^2+(-3)^2}}=\dfrac{10}{\sqrt{10}}=\sqrt{10}$

STEP C 직각삼각형에서 피타고라스 정리를 이용하여 선분 QR의 길이 구하기

선분 O′Q의 길이는 내접원의 반지름이므로 $\overline{O'Q}=5$ ← $\overline{O'Q}=\overline{O'R}=5$

직각삼각형 O′QH에서 피타고라스 정리에 의하여

$\overline{QH}=\sqrt{\overline{O'Q}^2-\overline{O'H}^2}=\sqrt{5^2-(\sqrt{10})^2}=\sqrt{15}$

따라서 $\overline{QR}=2\overline{QH}=2\sqrt{15}$

0146

2016년 03월 고2 학력평가 나형 18번

오른쪽 그림과 같이 좌표평면에 세 점 $O(0, 0)$, $A(8, 4)$, $B(7, a)$와 삼각형 OAB의 무게중심 $G(5, b)$가 있다. 점 G와 직선 OA 사이의 거리가 $\sqrt{5}$일 때, $a+b$의 값은?

TIP 점과 직선 사이의 거리 공식을 이용한다.

(단, a는 양수이다.)

① 16 ② 17 ③ 18 ④ 19 ⑤ 20

STEP A 삼각형 OAB의 무게중심 G의 좌표를 이용하여 a, b 사이의 관계식 세우기

세 점 $O(0, 0)$, $A(8, 4)$, $B(7, a)$를 꼭짓점으로 하는 삼각형 OAB의 무게중심 G의 좌표는

$\left(\dfrac{0+8+7}{3}, \dfrac{0+4+a}{3}\right)$, 즉 $G\left(5, \dfrac{4+a}{3}\right)$

이 점의 좌표와 $G(5, b)$의 좌표와 같으므로

$b=\dfrac{4+a}{3}$ ...... ㉠

STEP B 점 G와 직선 OA 사이의 거리를 이용하여 a, b의 값 구하기

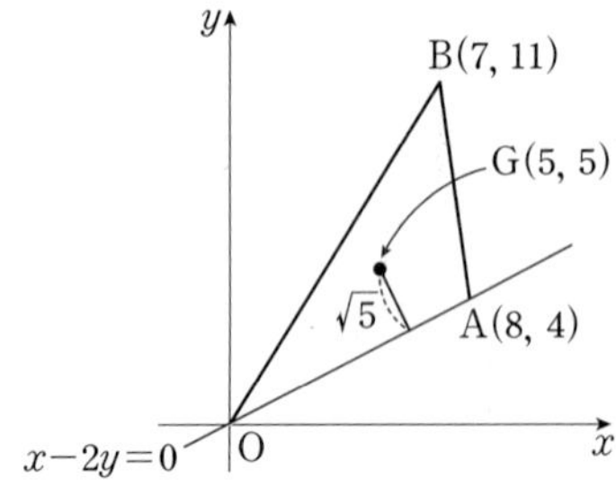

직선 OA의 방정식은 $y=\dfrac{1}{2}x$, 즉 $x-2y=0$

점 $G(5, b)$와 직선 $x-2y=0$ 사이의 거리가 $\sqrt{5}$이므로

$\dfrac{|1\times5-2\times b|}{\sqrt{1^2+(-2)^2}}=\sqrt{5}$, $|5-2b|=5$, $5-2b=\pm5$

$\therefore b=0$ 또는 $b=5$

이를 ㉠에 대입하면 $a=-4$ 또는 $a=11$

그런데 a는 양수이므로 $a=11$

따라서 $a=11$, $b=5$이므로 $a+b=16$

0147

2023년 09월 고1 학력평가 14번 변형

다음 물음에 답하시오.

(1) 그림과 같이 좌표평면 위에 점 $A(a, 10)(a>0)$과 두 점 $(8, 0)$, $(0, 4)$를 지나는 직선 l이 있다. 직선 l 위의 서로 다른 두 점 B, C와 제1사분면 위의 점 D를 사각형 ABCD가 정사각형이 되도록 잡는다. 정사각형 ABCD의 넓이가 45일 때, a의 값을 구하시오.

TIP $\dfrac{x}{8}+\dfrac{y}{4}=1$이므로 $x+2y-8=0$

TIP 정사각형 ABCD의 한 변의 길이 $\sqrt{45}=3\sqrt{5}$

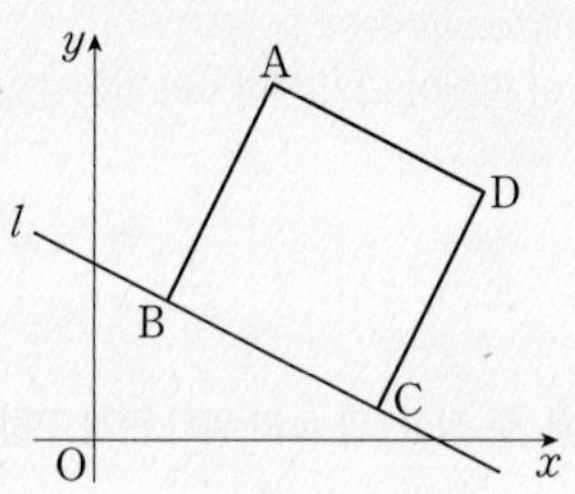

STEP A 두 점을 지나는 직선 l의 방정식 구하기

두 점 $(8, 0)$, $(0, 4)$을 지나는 직선 l의 방정식은 $\dfrac{x}{8}+\dfrac{y}{4}=1$,

즉 $l: x+2y-8=0$

STEP B 점과 직선 사이의 거리 공식을 이용하여 양수 a의 값 구하기

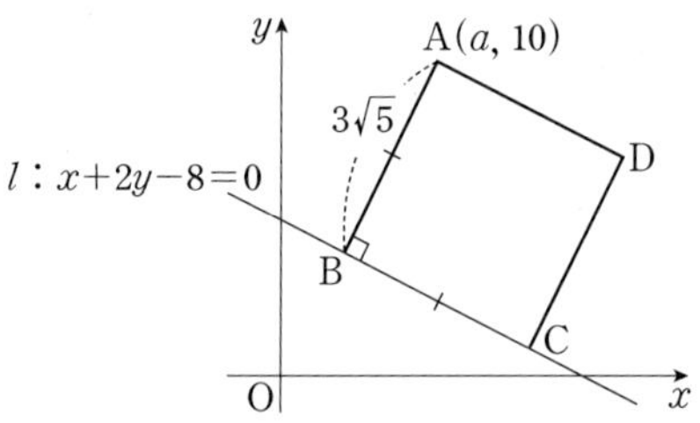

정사각형 ABCD의 넓이가 45이므로

한 변의 길이는 $\overline{AB}=3\sqrt{5}$

점 $A(a, 10)$과 직선 $l: x+2y-8=0$ 사이의 거리, 즉 선분 AB의 길이는

$\overline{AB}=\dfrac{|1\times a+2\times10-8|}{\sqrt{1^2+2^2}}=3\sqrt{5}$, $|a+12|=15$, $a+12=\pm15$

$\therefore a=3$ 또는 $a=-27$

따라서 $a>0$이므로 $a=3$

2024년 09월 고1 학력평가 26번

(2) 그림과 같이 좌표평면 위에 직선 $l_1: x-2y-2=0$과 평행하고 y절편이 양수인 직선 l_2가 있다. 직선 l_1이 x축, y축과 만나는 점을 각각 A, B라 하고 직선 l_2가 x축, y축과 만나는 점을 각각 C, D라 할 때, 사각형 ADCB의 넓이가 25이다. 두 직선 l_1과 l_2 사이의 거리를 d라 할 때, d^2의 값을 구하시오.

TIP 평행한 직선은 기울기가 같다.

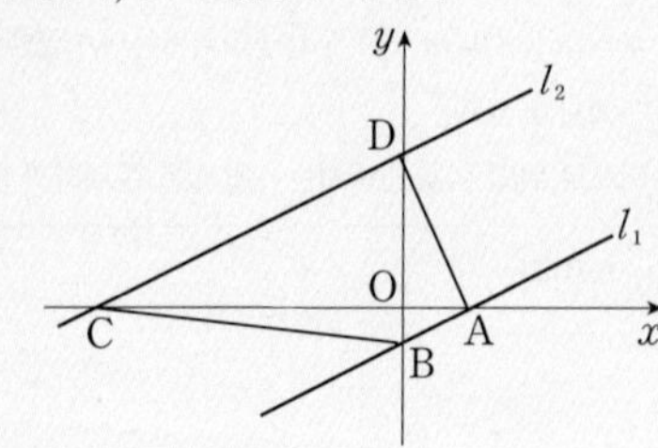

STEP A 두 직선 l_1, l_2가 평행함을 이용하여 네 점 A, B, C, D의 좌표 구하기

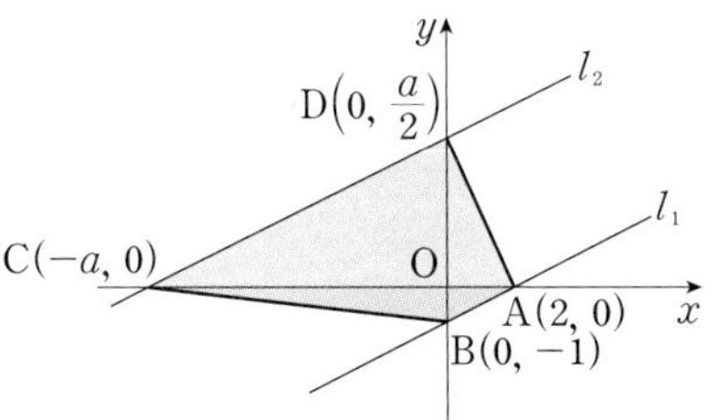

직선 l_1 : $x-2y-2=0$, 즉 $y=\frac{1}{2}x-1$의 기울기는 $\frac{1}{2}$이므로

이 직선과 평행한 직선 l_2의 기울기도 $\frac{1}{2}$

이때 직선 l_2의 방정식은 l_2 : $x-2y+a=0(a>0)$, 즉 $y=\frac{1}{2}x+\frac{a}{2}$

직선 l_1이 x축, y축과 만나는 점의 좌표가 각각 A, B이므로
$A(2, 0)$, $B(0, -1)$

직선 l_2가 x축, y축과 만나는 점의 좌표가 각각 C, D이므로
$C(-a, 0)$, $D\left(0, \frac{a}{2}\right)$

STEP B 사각형 ADCB의 넓이가 25임을 이용하여 양수 a의 값 구하기

사각형 ADCB의 넓이가 25이므로

(사각형 ADCB의 넓이)=(삼각형 ADC의 넓이)+(삼각형 ACB의 넓이)

$$=\frac{1}{2}\times(a+2)\times\frac{a}{2}+\frac{1}{2}\times(a+2)\times1$$
$$=\frac{1}{2}(a+2)\left(\frac{a}{2}+1\right)=\frac{a^2}{4}+a+1=25$$

즉 $a^2+4a-96=0$, $(a+12)(a-8)=0$ $\therefore a=-12$ 또는 $a=8$

그런데 $a>0$이므로 $a=8$

STEP C 두 직선 사이의 거리 구하기

두 직선 l_1과 l_2 사이의 거리 d는 직선 l_1 위의 점 $A(2, 0)$과

직선 l_2 : $x-2y+8=0$ 사이의 거리와 같으므로

$$d=\frac{|1\times2+0+8|}{\sqrt{1^2+(-2)^2}}=\frac{10}{\sqrt{5}}=2\sqrt{5}$$

따라서 $d^2=(2\sqrt{5})^2=20$

0148

다음 물음에 답하시오.

(1) 두 직선 $y=-x+2$, $y=mx+m+1$이 제2사분면에서 만날 때, 실수 m의 값의 범위를 구하시오. TIP $x<0$, $y>0$

STEP A 직선 $y=mx+m+1$이 항상 지나는 점 구하기

직선 $y=mx+m+1$을 m에 대하여 정리하면

$m(x+1)+1-y=0$ …… ㉠

이 직선이 m의 값에 관계없이 항상 지나는 정점을 구하면

항등식의 성질에 의하여 $x+1=0$, $1-y=0$ $\therefore x=-1$, $y=1$

즉 직선 ㉠은 m의 값에 관계없이 항상 점 $(-1, 1)$을 지난다.

STEP B 제2사분면에서 만날 때, 실수 m의 값의 범위 구하기

직선 $y=-x+2$의 x절편이 2, y절편이 2, 오른쪽 그림과 같이 직선 ㉠이 직선 $y=-x+2$와 제2사분면에서 만나려면 직선 ㉠의 기울기 m이 점 $(0, 2)$를 지날 때보다 크고 직선 $y=-x+2$의 기울기보다 작아야 한다.

(i) 직선 ㉠이 점 $(0, 2)$를 지날 때,

$m-1=0$ $\therefore m=1$

(ii) 직선 ㉠이 직선 $y=-x+2$와 평행할 때,

$\therefore m=-1$

(i), (ii)에서 구하는 m의 값의 범위는 $m<-1$ 또는 $m>1$

(2) 두 직선 $y=-x+3$, $y=mx+3m+2$가 제1사분면에서 만날 때, 실수 m의 값의 범위를 구하시오. TIP $x>0$, $y>0$

STEP A 직선 $y=mx+3m+2$가 항상 지나는 점 구하기

직선 $y=mx+3m+2$를 m에 대하여 정리하면

$(x+3)m-(y-2)=0$ …… ㉠

이 직선이 m의 값에 관계없이 항상 지나는 정점을 구하면

항등식의 성질에 의하여 $x+3=0$, $y-2=0$ $\therefore x=-3$, $y=2$

즉 직선 ㉠은 m의 값에 관계없이 항상 점 $(-3, 2)$을 지난다.

STEP B 제1사분면에서 만날 때, 실수 m의 값의 범위 구하기

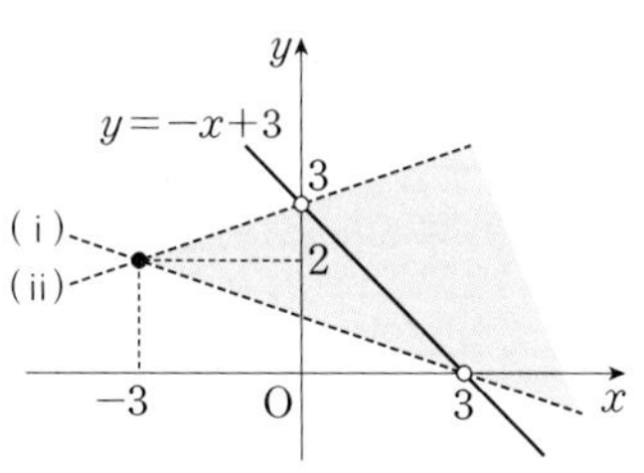

직선 $y=-x+3$의 x절편이 3, y절편이 3, 오른쪽 그림과 같이 직선 ㉠이 직선 $y=-x+3$와 제1사분면에서 만나려면 직선 ㉠의 기울기 m이 점 $(3, 0)$을 지날 때보다 크고 점 $(0, 3)$을 지날 때보다 작아야 한다.

(i) 직선 ㉠이 점 $(3, 0)$을 지날 때,

$6m+2=0$ $\therefore m=-\frac{1}{3}$

(ii) 직선 ㉠이 점 $(0, 3)$을 지날 때,

$3m-1=0$ $\therefore m=\frac{1}{3}$

(i), (ii)에서 구하는 m의 값의 범위는 $-\frac{1}{3}<m<\frac{1}{3}$

(3) 세 점 $A(1, 2)$, $B(-1, 1)$, $C(3, -1)$을 꼭짓점으로 하는 삼각형 ABC가 직선 $y=mx-2m+2$와 만나지 않도록 하는 실수 m의 값의 범위를 구하시오.

STEP A 직선 $y=mx-2m+2$가 항상 지나는 점 구하기

직선 $y=mx-2m+2$를 m에 대하여 정리하면

$m(x-2)+2-y=0$ …… ㉠

이 직선이 m의 값에 관계없이 항상 지나는 정점을 구하면

항등식의 성질에 의하여 $x-2=0$, $2-y=0$ $\therefore x=2$, $y=2$

즉 직선 ㉠은 m의 값에 관계없이 항상 점 $(2, 2)$를 지난다.

STEP B 삼각형 ABC가 직선 $y=mx-2m+2$와 만나지 않는 m의 값의 범위 구하기

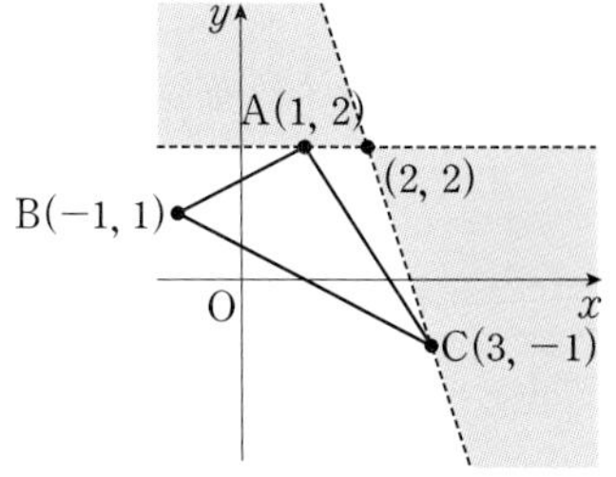

위의 그림과 같이 직선 ㉠이 삼각형 ABC와 만나지 않으려면

직선 ㉠의 기울기 m이 점 $A(1, 2)$를 지날 때보다 작아야 하고

점 $C(3, -1)$을 지날 때보다 커야 한다.

(i) 직선 ㉠이 점 $A(1, 2)$를 지날 때,

$-m+0=0$ $\therefore m=0$

(ii) 직선 ㉠이 점 $C(3, -1)$을 지날 때,

$m+3=0$ $\therefore m=-3$

(i), (ii)에서 구하는 m의 값의 범위는 $-3<m<0$

0149

2013년 03월 고2 학력평가 B형 17번

오른쪽 그림과 같이 좌표평면에서 세 직선 $y=2x$, $y=-\frac{1}{2}x$,

TIP 두 직선의 기울기의 곱이 -1이므로 서로 수직이다.

$y=mx+5$ $(m>0)$로 둘러싸인 도형이 이등변삼각형일 때, m의 값은?

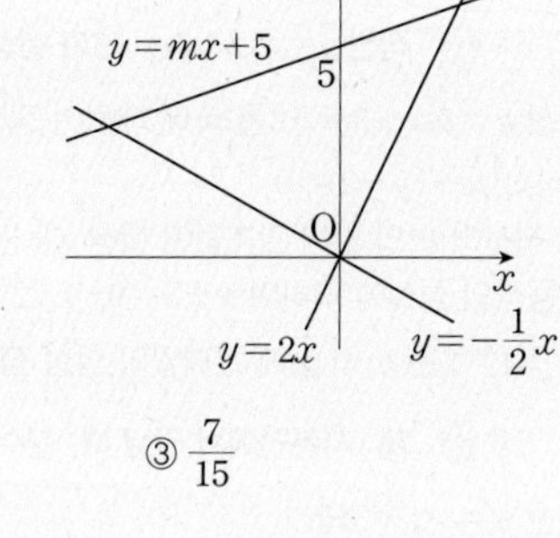

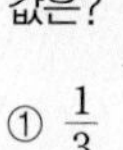

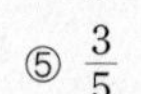

① $\frac{1}{3}$ ② $\frac{2}{5}$ ③ $\frac{7}{15}$
④ $\frac{8}{15}$ ⑤ $\frac{3}{5}$

STEP A **두 직선 $y=2x$와 $y=-\frac{1}{2}x$가 서로 수직임을 이용하기**

두 직선 $y=2x$와 $y=-\frac{1}{2}x$의 기울기의 곱이 $2\times\left(-\frac{1}{2}\right)=-1$이므로 이 두 직선은 서로 수직이다.

직선 $y=-\frac{1}{2}x$와 직선 $y=mx+5$가 만나는 점을 A,
직선 $y=2x$와 직선 $y=mx+5$가 만나는 점을 B라 하면
삼각형 OAB는 $\angle AOB=90°$, $\overline{OA}=\overline{OB}$인 직각이등변삼각형이다.

STEP B **$\angle AOB$를 이등분하는 직선을 이용하여 m의 값 구하기**

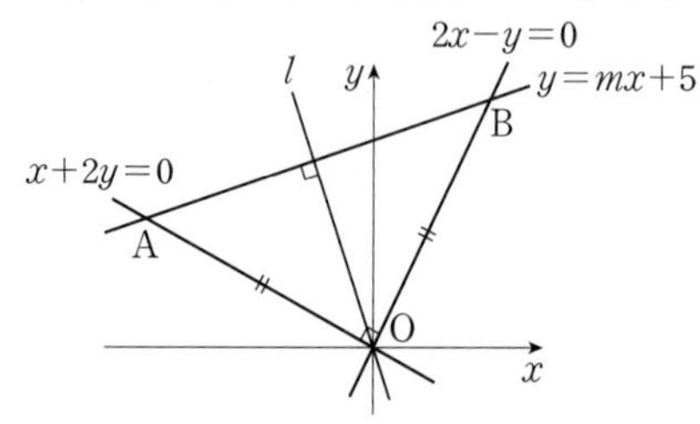

직선 $y=mx+5$는 $\angle AOB$를 이등분하는 직선 l과 수직이다.
두 직선 $2x-y=0$, $x+2y=0$이 이루는 각의 이등분선 위의 임의의 점을 $P(x, y)$라 하자.
점 P에서 두 직선에 이르는 거리가 같으므로

$\frac{|2x-y|}{\sqrt{2^2+(-1)^2}}=\frac{|x+2y|}{\sqrt{1^2+2^2}}$, $|2x-y|=|x+2y|$, $2x-y=\pm(x+2y)$

$\therefore y=\frac{1}{3}x$ 또는 $y=-3x$

그런데 $m>0$이므로 (직선 l의 기울기)<0이어야 한다.
즉 직선 l의 방정식은 $y=-3x$
이때 직선 $y=-3x$와 수직인 직선이 $y=mx+5$이므로 $-3\times m=-1$
따라서 $m=\frac{1}{3}$

+α 두 점 A, B의 좌표를 이용하여 구할 수 있어!

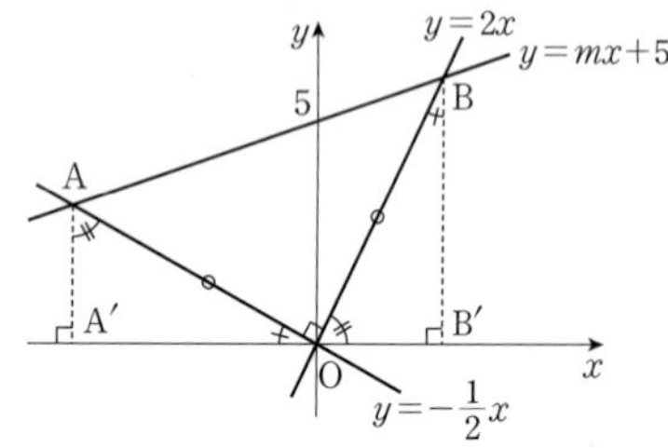

두 점 A, B에서 x축에 내린 수선의 발을 각각 A′, B′이라 하면
두 삼각형 A′OA와 B′BO는 합동이다.
$\angle AA'O=\angle OB'B=90°$, $\overline{OA}=\overline{BO}$, $\angle OAA'=\angle BOB'$이므로 $\triangle A'OA\equiv\triangle B'BO$(RHA 합동)
이때 점 A는 직선 $y=-\frac{1}{2}x$ 위의 점이므로 점 A의 좌표를 $A(-2a, a)$ $(a>0)$라 하면 점 B의 좌표는 $B(a, 2a)$ ← $\overline{OA'}=\overline{BB'}=2a$이면 $\overline{AA'}=\overline{OB'}=a$
두 점 $A(-2a, a)$, $B(a, 2a)$를 지나는 직선의 기울기가 m이므로
$m=\frac{2a-a}{a-(-2a)}=\frac{1}{3}$

0150

오른쪽 그림과 같이 폭이 20m인 도로가 수직으로 만나고 있다. 건물의 한 지점 A에 있는 사람이 B지점에 있는 사람을 보기 위하여 움직일 때, 그 최단 거리를

TIP 좌표평면 위에 나타내어 확인한다.

구하시오.

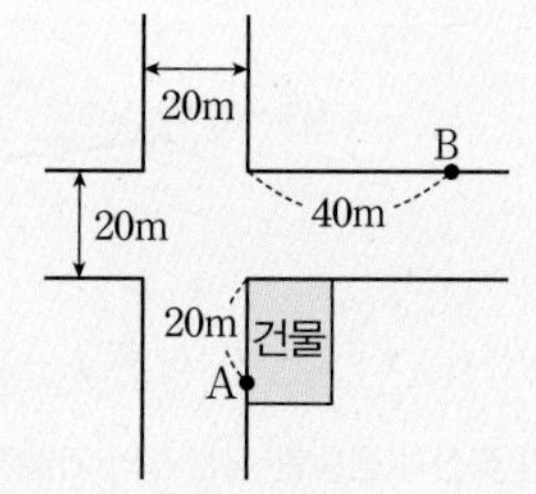

STEP A **주어진 그림을 좌표평면 위에 나타내어 두 점 A, B의 좌표 구하기**

건물의 한 모서리를 원점으로 하여 주어진 그림을 좌표평면 위에 나타내면 오른쪽 그림과 같다.
이때 서 있는 사람의 좌표는
$A(0, -20)$, $B(40, 20)$
원점과 점 $B(40, 20)$을 지나는 직선의 방정식은
$y=\frac{1}{2}x$, 즉 $x-2y=0$

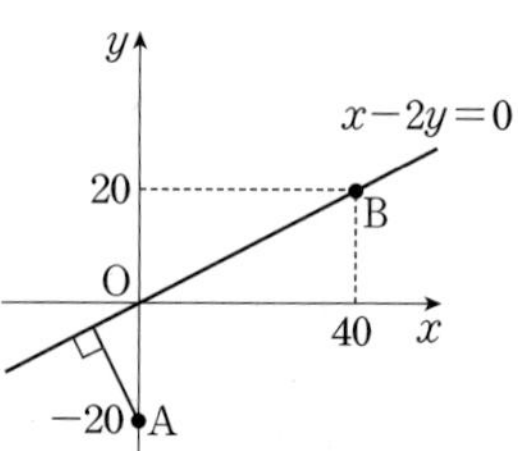

STEP B **점 A에 있는 사람이 B지점에 있는 사람을 보는 최단 거리 구하기**

점 B의 사람을 보기 위해 움직여야 할 최단 거리는
점 $A(0, -20)$과 직선 $x-2y=0$ 사이의 거리와 같다.
따라서 구하는 최단 거리는 $\frac{|1\times0-2\times(-20)|}{\sqrt{1^2+(-2)^2}}=\frac{40}{\sqrt{5}}=8\sqrt{5}$(m)

0151

서술형

세 직선 $2x-y-4=0$, $3x-2y-9=0$, $(k+3)x+y+5=0$이 삼각형을 이루지 않도록 하는 모든 실수 k의 값의 곱을 구하는 과정을 다음 단계로

TIP 세 직선이 삼각형을 이루지 않으려면 세 직선 중 두 직선이 서로 평행하거나 세 직선이 한 점에서 만나는 경우이다.

서술하시오.

[1단계] 두 직선 $2x-y-4=0$과 $(k+3)x+y+5=0$이 평행할 때, k의 값을 구한다. [3점]
[2단계] 두 직선 $3x-2y-9=0$과 $(k+3)x+y+5=0$이 평행할 때, k의 값을 구한다. [3점]
[3단계] 세 직선이 한 점에서 만날 때, k의 값을 구한다. [3점]
[4단계] 모든 실수 k의 값의 곱을 구한다. [1점]

1단계	두 직선 $2x-y-4=0$과 $(k+3)x+y+5=0$이 평행할 때, k의 값을 구한다.	3점

세 직선 $2x-y-4=0$, $3x-2y-9=0$, $(k+3)x+y+5=0$에서
$y=2x-4$, $y=\frac{3}{2}x-\frac{9}{2}$, $y=-(k+3)x-5$이므로
세 직선이 모두 평행한 경우는 없다.
즉 주어진 세 직선이 삼각형을 이루지 않는 경우는 세 직선 중 두 직선이 서로 평행한 경우와 세 직선이 한 점에서 만나는 경우이다.
두 직선 $2x-y-4=0$, $(k+3)x+y+5=0$이 서로 평행하면
$\frac{2}{k+3}=\frac{-1}{1}\neq\frac{-4}{5}$ $\therefore k=-5$

2단계	두 직선 $3x-2y-9=0$과 $(k+3)x+y+5=0$이 평행할 때, k의 값을 구한다.	3점

두 직선 $3x-2y-9=0$, $(k+3)x+y+5=0$이 서로 평행하면
$\frac{3}{k+3}=\frac{-2}{1}\neq\frac{-9}{5}$ $\therefore k=-\frac{9}{2}$

3단계 세 직선이 한 점에서 만날 때, k의 값을 구한다. 3점

두 직선 $2x-y-4=0$, $3x-2y-9=0$의 교점의 좌표는 $(-1, -6)$이므로
직선 $(k+3)x+y+5=0$이 점 $(-1, -6)$을 지나야 한다.
$-(k+3)-1=0 \quad \therefore k=-4$

4단계 모든 실수 k의 값의 곱을 구한다. 1점

따라서 모든 실수 k의 값의 곱은 -5, $-\frac{9}{2}$, -4이므로 그 곱은
$-5\times\left(-\frac{9}{2}\right)\times(-4)=-90$

0152

서술형

오른쪽 그림과 같이 일직선으로 뻗은 해안선의 A지점에 부두가 있고, 부두로부터 $3\sqrt{3}$km 떨어진 B지점에서 수직으로 2km 떨어진 C지점에 등대가 있다. 부두에서 배가 해안선에 대하여 60°를

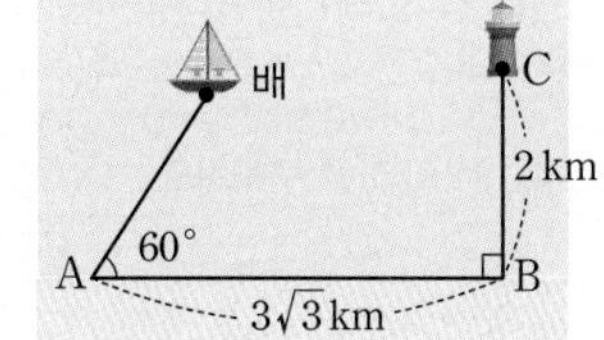

TIP (직선의 기울기)$=\tan 60°=\sqrt{3}$

이루면서 움직일 때, 등대와 배 사이의 최단 거리를 구하는 과정을 다음 단계로 서술하시오.

[1단계] B지점을 원점으로 하는 좌표평면 위에서 세 점 A, B, C의 좌표를 구한다. [2점]
[2단계] 점 A를 지나고 기울기가 $\tan 60°$인 직선의 방정식을 구한다. [4점]
[3단계] 등대와 배 사이의 최단 거리를 구한다. [4점]

1단계 B지점을 원점으로 하는 좌표평면 위에서 세 점 A, B, C의 좌표를 구한다. 2점

직선 AB를 x축으로 하고
직선 BC를 y축으로 하는
좌표평면에 나타내면
세 점 A, B, C의 좌표는
$A(-3\sqrt{3}, 0)$, $B(0, 0)$, $C(0, 2)$

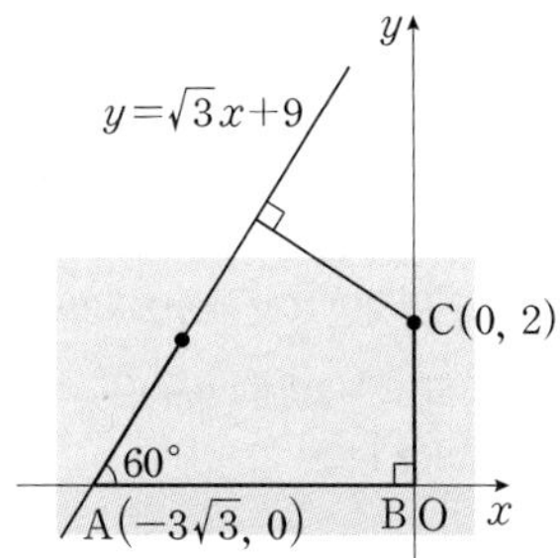

2단계 점 A를 지나고 기울기가 $\tan 60°$인 직선의 방정식을 구한다. 4점

점 $A(-3\sqrt{3}, 0)$을 지나고 기울기가 $m=\tan 60°=\sqrt{3}$인 직선의 방정식은
$y-0=\sqrt{3}\{x-(-3\sqrt{3})\}$, 즉 $\sqrt{3}x-y+9=0$

3단계 등대와 배 사이의 최단 거리를 구한다. 4점

등대와 배 사이의 최단 거리는
점 $C(0, 2)$와 직선 $\sqrt{3}x-y+9=0$ 사이의 거리와 같다.
따라서 구하는 최단 거리는 $\frac{|\sqrt{3}\times 0-1\times 2+9|}{\sqrt{(\sqrt{3})^2+(-1)^2}}=\frac{7}{2}$

0153

서술형

세 점 $A(3, 6)$, $B(1, 0)$, $C(7, 2)$를 꼭짓점으로 하는 삼각형 ABC의 수심의 좌표를 구하는 과정을 다음 단계로 서술하시오.

[1단계] 꼭짓점 A에서 선분 BC에 내린 수선의 방정식을 구한다. [4점]
[2단계] 꼭짓점 B에서 선분 AC에 내린 수선의 방정식을 구한다. [4점]
[3단계] 삼각형 ABC의 수심의 좌표를 구한다. [2점]

1단계 꼭짓점 A에서 선분 BC에 내린 수선의 방정식을 구한다. 4점

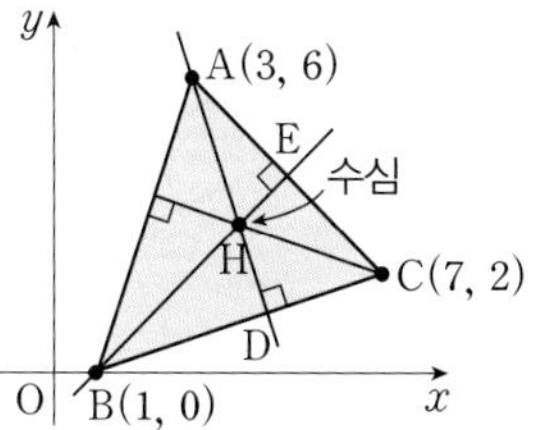

꼭짓점 A에서 선분 BC에 내린 수선의 발을 D라 하자.
두 점 $B(1, 0)$, $C(7, 2)$를 지나는 직선 BC의 기울기 $\frac{2-0}{7-1}=\frac{1}{3}$이므로
이 직선과 수직인 직선 AD의 기울기는 -3
이때 기울기가 -3이고 점 $A(3, 6)$을 지나는 직선 AD의 방정식은
$y-6=-3(x-3)$, 즉 $y=-3x+15$

2단계 꼭짓점 B에서 선분 AC에 내린 수선의 방정식을 구한다. 4점

꼭짓점 B에서 선분 AC에 내린 수선의 발을 E라 하자.
두 점 $A(3, 6)$, $C(7, 2)$를 지나는 직선 AC의 기울기 $\frac{2-6}{7-3}=-1$이므로
이 직선과 수직인 직선 BE의 기울기는 1
이때 기울기가 1이고 점 $B(1, 0)$을 지나는 직선 BE의 방정식은
$y-0=x-1$, 즉 $y=x-1$

3단계 삼각형 ABC의 수심의 좌표를 구한다. 2점

두 직선 $y=-3x+15$, $y=x-1$의 교점의 좌표는 $x=4$, $y=3$
따라서 삼각형 ABC의 수심의 좌표는 $(4, 3)$

POINT 삼각형의 수심의 좌표

삼각형의 세 꼭짓점에서 각각의 대변에 그은 수선의 교점을 그 삼각형의 수심이라 한다.
❶ 점 A에서 변 BC에 내린 수선의 방정식을 구한다.
❷ 점 B에서 변 AC에 내린 수선의 방정식을 구한다.
❸ 두 직선의 방정식을 연립하여 교점의 좌표를 구한다.

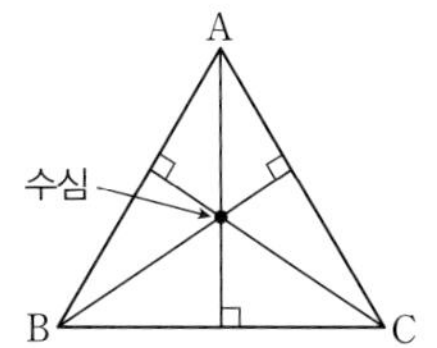

TOUGH

0154

2023년 09월 고1 학력평가 17번 변형

그림과 같이 $\angle A = \angle B = 90°$, $\overline{AB}=3$, $\overline{BC}=6$인 사다리꼴 ABCD에 대하여 선분 AD를 $2:1$로 내분하는 점을 P라 하자. 두 직선 AC, BP가 점 Q에서 서로 수직으로 만날 때, 삼각형 AQD의 넓이는?

TIP 서로 수직인 두 직선의 기울기의 곱은 -1

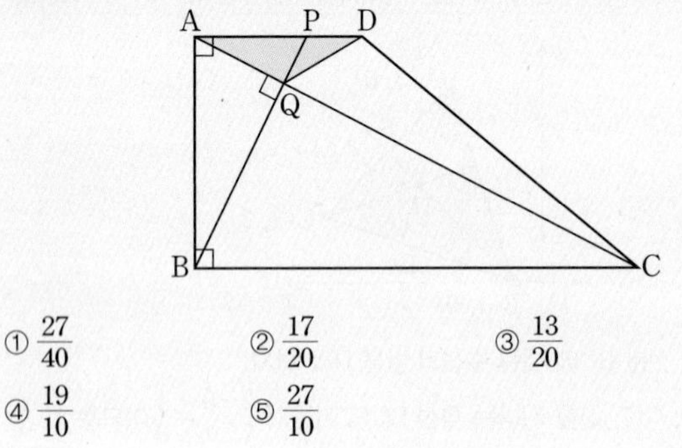

① $\frac{27}{40}$　② $\frac{17}{20}$　③ $\frac{13}{20}$　④ $\frac{19}{10}$　⑤ $\frac{27}{10}$

STEP Ⓐ **두 점을 지나는 직선의 방정식 구하기**

좌표평면에서 점 B를 원점으로 하면

$\overline{AB}=3$이므로 점 A의 좌표는 $A(0, 3)$,

$\overline{BC}=6$이므로 점 C의 좌표는 $C(6, 0)$

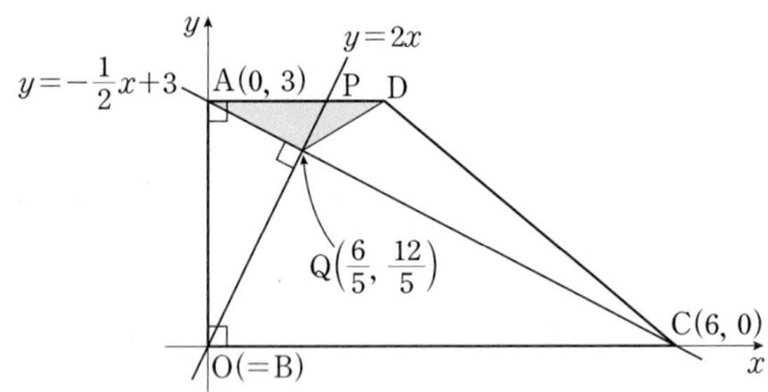

두 점 $A(0, 3)$, $C(6, 0)$을 지나는 직선 AC의 방정식은 $\frac{x}{6}+\frac{y}{3}=1$,

즉 $y=-\frac{1}{2}x+3$

점 $B(0, 0)$을 지나고 직선 AC에 수직인 직선 BP의 방정식은 $y=2x$

이때 두 직선 AC, BP의 교점 Q의 좌표는 $Q\left(\frac{6}{5}, \frac{12}{5}\right)$

STEP Ⓑ **선분 AD를 $2:1$로 내분하는 점 P의 좌표 구하기**

점 D의 좌표를 $(t, 3)$(t는 실수)라 하자. ← 점 A와 y좌표가 동일

두 점 $A(0, 3)$, $D(t, 3)$에 대하여

선분 AD를 $2:1$로 내분하는 점 P의 좌표는

$\left(\frac{2t+0}{2+1}, \frac{6+3}{2+1}\right)$, 즉 $P\left(\frac{2}{3}t, 3\right)$

점 $P\left(\frac{2}{3}t, 3\right)$은 직선 $y=2x$ 위의 점이므로 $3=2\times\frac{2}{3}t$　$\therefore t=\frac{9}{4}$

이때 점 P의 좌표는 $P\left(\frac{3}{2}, 3\right)$, 점 D의 좌표는 $D\left(\frac{9}{4}, 3\right)$ ← $\overline{AD}=\frac{9}{4}$

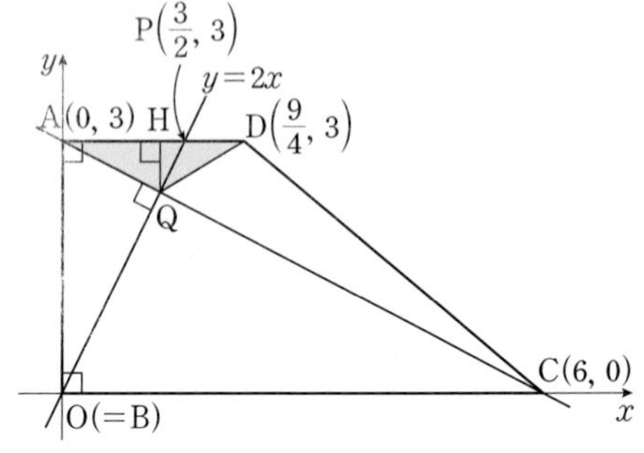

STEP Ⓒ **삼각형 AQD의 넓이 구하기**

점 Q에서 선분 AD에 내린 수선의 발을 H라 하면 $\overline{QH}=3-\frac{12}{5}=\frac{3}{5}$

따라서 삼각형 AQD의 넓이는 $\frac{1}{2}\times\overline{AD}\times\overline{QH}=\frac{1}{2}\times\frac{9}{4}\times\frac{3}{5}=\frac{27}{40}$

0155

2018년 09월 고1 학력평가 28번 변형

그림과 같이 좌표평면에서 이차함수 $y=\frac{1}{3}x^2$의 그래프 위의 점 $P(3, 3)$에서의 접선을 l_1, 점 P를 지나고 직선 l_1과 수직인 직선을 l_2라 하자.

TIP 서로 수직인 두 직선의 기울기의 곱은 -1임을 이용하여 구한다.

직선 l_1이 y축과 만나는 점을 Q, 직선 l_2가 이차함수 $y=\frac{1}{3}x^2$의 그래프와 만나는 점 중 점 P가 아닌 점을 R이라 하자. 삼각형 PRQ의 넓이를 S라

TIP 이차함수 $y=\frac{1}{3}x^2$의 그래프와 직선 l_2와의 교점의 x좌표는 두 그래프의 식을 연립한 이차방정식의 실근과 같다.

할 때, $8S$의 값을 구하시오.

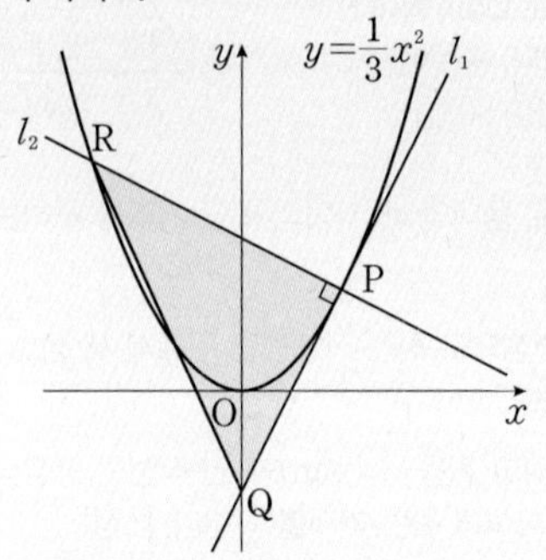

STEP Ⓐ **직선 l_1의 방정식을 이용하여 점 Q의 좌표 구하기**

점 $P(3, 3)$을 지나는 직선 l_1의 기울기를 m이라 하면

직선 l_1의 방정식은 $y-3=m(x-3)$

$\therefore y=mx-3m+3$　　…… ㉠

직선 l_1이 이차함수 $y=\frac{1}{3}x^2$의 그래프와 접하므로

두 식을 연립하면 $\frac{1}{3}x^2=mx-3m+3$, $x^2-3mx+9m-9=0$

이차방정식 $x^2-3mx+9m-9=0$의 중근을 가지므로 판별식을 D라 하면 $D=0$이어야 한다.

$D=(-3m)^2-4(9m-9)=0$, $m^2-4m+4=0$, $(m-2)^2=0$

$\therefore m=2$

이를 ㉠에 대입하면 직선 l_1의 방정식은 $y=2x-3$

이 직선이 y축과 만나는 점 Q의 좌표는 $Q(0, -3)$

STEP Ⓑ **직선 l_2의 방정식을 이용하여 점 R의 좌표 구하기**

직선 l_1의 기울기는 2이므로 직선 l_2의 기울기는 $-\frac{1}{2}$

점 $P(3, 3)$을 지나고 기울기가 $-\frac{1}{2}$인 직선 l_2의 방정식은

$y-3=-\frac{1}{2}(x-3)$, 즉 $y=-\frac{1}{2}x+\frac{9}{2}$

함수 $y=\frac{1}{3}x^2$과 직선 $y=-\frac{1}{2}x+\frac{9}{2}$의 교점의 x좌표를 구하기 위하여 두 식을 연립하면

$\frac{1}{3}x^2=-\frac{1}{2}x+\frac{9}{2}$, $2x^2+3x-27=0$, $(x-3)(2x+9)=0$

$\therefore x=3$ 또는 $x=-\frac{9}{2}$

그런데 점 P의 x좌표가 3이므로 점 R의 x좌표는 $-\frac{9}{2}$

이때 점 R은 이차함수 $y=\frac{1}{3}x^2$ 위의 점이므로 $y=\frac{1}{3}\times\left(-\frac{9}{2}\right)^2=\frac{27}{4}$

$\therefore R\left(-\frac{9}{2}, \frac{27}{4}\right)$

STEP C 삼각형 PRQ의 넓이 구하기

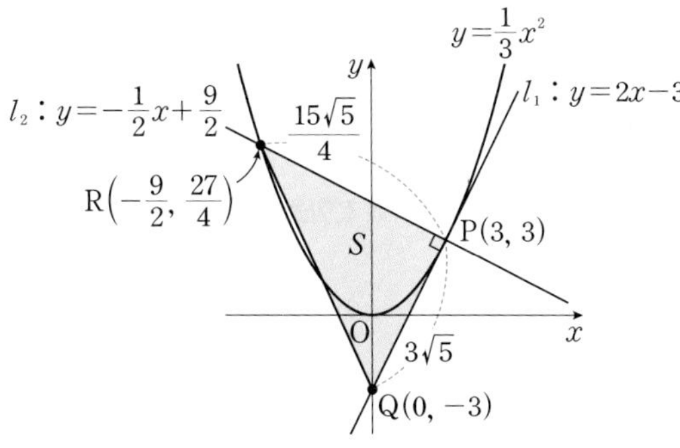

세 점 $P(3, 3)$, $Q(0, -3)$, $R\left(-\frac{9}{2}, \frac{27}{4}\right)$에 대하여

$\overline{PQ}=\sqrt{(0-3)^2+(-3-3)^2}=3\sqrt{5}$

$\overline{PR}=\sqrt{\left(-\frac{9}{2}-3\right)^2+\left(\frac{27}{4}-3\right)^2}=\frac{15\sqrt{5}}{4}$

이때 삼각형 PRQ의 넓이를 S라 하면

$S=\frac{1}{2}\times\overline{PQ}\times\overline{PR}=\frac{1}{2}\times3\sqrt{5}\times\frac{15\sqrt{5}}{4}=\frac{225}{8}$

따라서 $8S=8\times\frac{225}{8}=225$

0156

2018년 11월 고1 학력평가 17번 변형

그림과 같이 좌표평면에서 직선 $y=-x+8$과 y축과의 교점을 A, 직선 $y=3x-12$와 x축과의 교점을 B, 두 직선 $y=-x+8$, $y=3x-12$의 교점을 C라 하자. x축 위의 점 $D(a, 0)$ $(a>4)$에 대하여 삼각형 ABD의 넓이가 삼각형 ABC의 넓이와 같도록 하는 a의 값은?

TIP 두 삼각형 ABD와 ABC의 넓이가 같기 위해서는 밑변이 선분 AB로 공통이므로 두 삼각형의 높이도 같아야 한다. 즉 점 D는 점 C를 지나고 직선 AB에 평행한 직선 위에 있어야 한다.

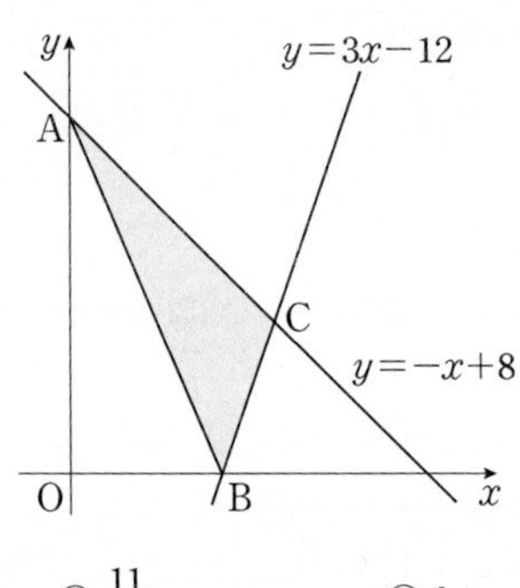

① 5 ② $\frac{11}{2}$ ③ 6 ④ $\frac{13}{2}$ ⑤ 7

STEP A 두 삼각형 ABD와 ABC의 넓이가 같음을 이용하여 점 D의 위치 구하기

x축 위의 점 $D(a, 0)$ $(a>4)$에 대하여

삼각형 ABC의 넓이와 삼각형 ABD의 넓이가 같기 위해서는 밑변의 길이가 선분 AB로 동일하고 두 삼각형의 높이인 직선 AB와 점 C 사이의 거리와 직선 AB와 점 D사이의 거리가 서로 같아야 한다.

즉 점 C를 지나고 직선 AB에 평행한 직선 위에 점 D가 있어야 한다.

STEP B 세 점 A, B, C의 좌표 구하기

직선 $y=-x+8$의 y절편이 8이므로 점 A의 좌표는 $A(0, 8)$

직선 $y=3x-12$의 x절편이 4이므로 점 B의 좌표는 $B(4, 0)$

두 점 $A(0, 8)$, $B(4, 0)$을 지나는 직선 AB의 기울기는 $\frac{0-8}{4-0}=-2$

직선 AB에 평행한 직선의 기울기도 -2

두 직선 $y=-x+8$, $y=3x-12$의 교점 C의 좌표는 $C(5, 3)$

STEP C 기울기와 지나는 한 점이 주어진 직선의 방정식 구하기

기울기가 -2이고 점 $C(5, 3)$을 지나는 직선 CD의 방정식은

$y-3=-2(x-5)$,

즉 $y=-2x+13$

점 $D(a, 0)$이 직선 $y=-2x+13$ 위의 점이므로 $0=-2a+13$

따라서 $a=\frac{13}{2}$

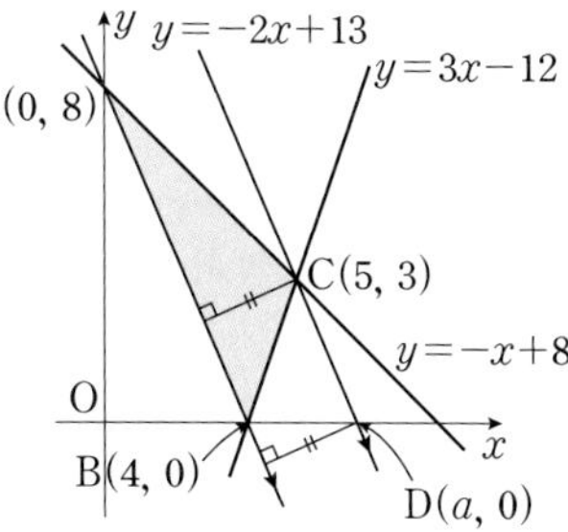

+α 두 삼각형 ABC와 ABD의 넓이를 이용하여 구할 수 있어!

점 $C(5, 3)$에서 x축에 내린 수선의 발을 $H(5, 0)$이라 하자.

삼각형 ABC의 넓이는 사각형 OACH에서 두 삼각형 AOB와 CBH의 넓이를 뺀 값과 같다.

즉 삼각형 ABC의 넓이는

$\frac{1}{2}\times(\overline{OA}+\overline{CH})\times\overline{OH}$

$-\frac{1}{2}\times\overline{OB}\times\overline{OA}-\frac{1}{2}\times\overline{BH}\times\overline{CH}$

$=\frac{1}{2}\times(8+3)\times5$

$-\frac{1}{2}\times4\times8-\frac{1}{2}\times(5-4)\times3$

$=\frac{55}{2}-16-\frac{3}{2}=10$

이때 두 삼각형 ABC와 ABD의 넓이가 동일하므로 삼각형 ABD의 넓이는 10

(삼각형 ABD의 넓이)$=\frac{1}{2}\times\overline{BD}\times\overline{OA}$

$=\frac{1}{2}\times(a-4)\times8=10$

따라서 $4a-16=10$, $4a=26$이므로 $a=\frac{13}{2}$

+α 두 삼각형의 넓이의 관계를 이용하여 점 D의 좌표를 구할 수 있어!

점 B에서 x축과 수직인 직선 $x=4$와 직선 $y=-x+8$과 만나는 점을 M이라 하면 $M(4, 4)$

두 삼각형 ABM과 BCM은 밑변으로 선분 BM을 공유하고 높이의 합은 점 A와 점 C의 x좌표의 차인 $5-0=5$가 된다.

(삼각형 ABC의 넓이)

$=\frac{1}{2}\times\overline{BM}\times5=\frac{1}{2}\times4\times5=10$

(삼각형 ABD의 넓이)

$=\frac{1}{2}\times\overline{BD}\times\overline{OA}=\frac{1}{2}\times\overline{BD}\times8=4\overline{BD}$

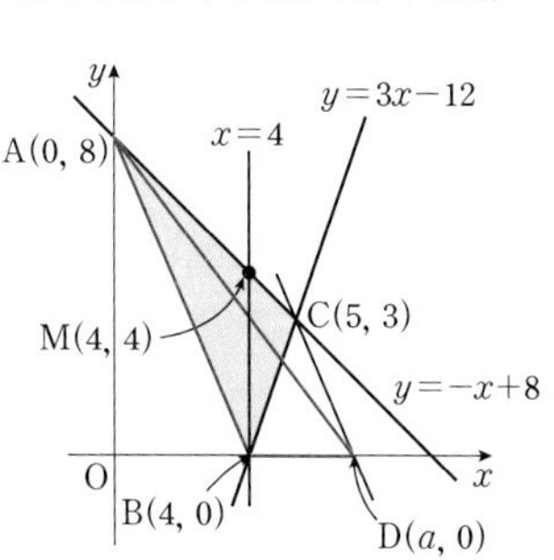

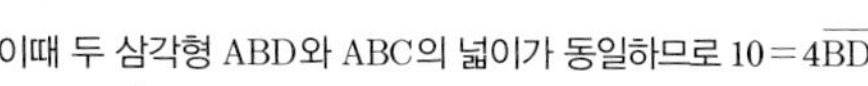
이때 두 삼각형 ABD와 ABC의 넓이가 동일하므로 $10=4\overline{BD}$

$\therefore \overline{BD}=\frac{5}{2}$

따라서 점 B의 x좌표는 4이므로 점 D의 x좌표 $a=4+\frac{5}{2}=\frac{13}{2}$

0157

2018년 09월 고1 학력평가 16번 변형

오른쪽 그림과 같이 좌표평면 위의 세 점 A$(4, 10)$, B$(0, 2)$, C$(8, -2)$를 꼭짓점으로 하는 삼각형 ABC에 대하여 선분 AB 위의 한 점 D와 선분 AC 위의 한 점 E가 다음 조건을 만족시킨다.

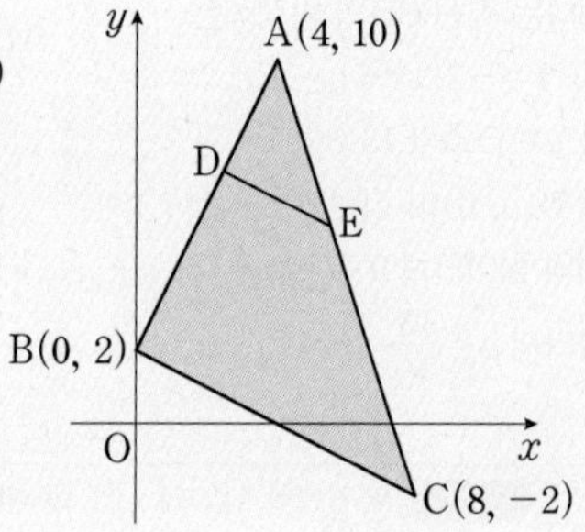

(가) 선분 DE와 선분 BC는 평행하다.
(나) 삼각형 ADE와 삼각형 ABC의 넓이의 비는 $1:16$이다.

TIP 두 삼각형의 닮음비는 $1:4$이므로 $\overline{AE}:\overline{AC}=1:4$

직선 BE의 방정식이 $y=ax+b$일 때, 상수 a, b에 대하여 $a+b$의 값은?

① 3 ② 4 ③ 5
④ 6 ⑤ 7

STEP A 두 삼각형의 닮음비를 이용하여 점 E의 좌표 구하기

조건 (가)에서 선분 DE와 선분 BC는 평행하므로 $\triangle ADE \backsim \triangle ABC$
조건 (나)에 의해 삼각형 ADE와 삼각형 ABC의 넓이의 비가
$1:16=1^2:4^2$
이므로 두 삼각형의 닮음비는 $1:4$ ← 닮음비가 $a:b$이면 넓이의 비는 $a^2:b^2$
$\therefore \overline{AE}:\overline{AC}=1:4$
즉 두 점 A$(4, 10)$, C$(8, -2)$에 대하여 선분 AC를 $1:3$으로 내분하는 점 E의 좌표는 $\left(\dfrac{1\times8+3\times4}{1+3}, \dfrac{1\times(-2)+3\times10}{1+3}\right)$, 즉 E$(5, 7)$

STEP B 두 점 B, E를 지나가는 직선의 방정식 구하기

두 점 B$(0, 2)$, E$(5, 7)$을 지나는 직선의 방정식은

$y-2=\dfrac{7-2}{5-0}(x-0)$, 즉 $y=x+2$

따라서 $a=1$, $b=2$이므로 $a+b=3$

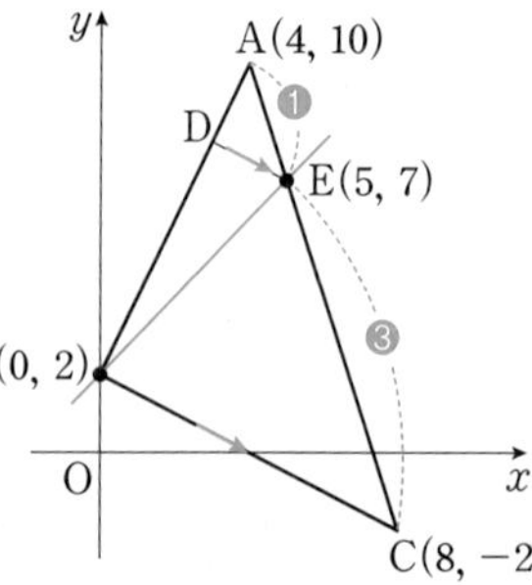

0158

2015년 11월 고1 학력평가 13번

오른쪽 그림과 같이 이차함수 $f(x)=x^2-4x$의 그래프와 직선 $g(x)=\dfrac{1}{2}x$가 두 점 O, A에서 만난다. 직선 l은 이차함수 $y=f(x)$의 그래프에 접하고 직선 $y=g(x)$와 수직이다. 직선 l의 y절편은?

TIP 수직이면 기울기의 곱은 -1이다.

(단, O는 원점이다.)

① -2 ② $-\dfrac{5}{3}$ ③ $-\dfrac{4}{3}$
④ -1 ⑤ $-\dfrac{2}{3}$

STEP A 두 직선이 수직임을 이용하여 직선 l의 기울기 구하기

직선 l의 방정식을 $y=mx+n$이라 하면
직선 l과 직선 $g(x)=\dfrac{1}{2}x$는 서로 수직이므로 $\dfrac{1}{2}\times m=-1$
$\therefore m=-2$

STEP B 직선 l이 이차함수 $y=f(x)$에 접함을 이용하여 직선 l의 y절편 구하기

직선 l의 기울기가 -2이므로 $y=-2x+n$이라 하면
직선 l은 이차함수 $y=f(x)$의 그래프와 접하므로 $-2x+n=x^2-4x$,
즉 $x^2-2x-n=0$은 중근을 가진다.
이차방정식 $x^2-2x-n=0$의 판별식을 D라 하면 $D=0$이어야 한다.
$\dfrac{D}{4}=(-1)^2-1\times(-n)=0$, $1+n=0$
$\therefore n=-1$
따라서 직선 l의 방정식은
$y=-2x-1$이므로 y절편은 -1

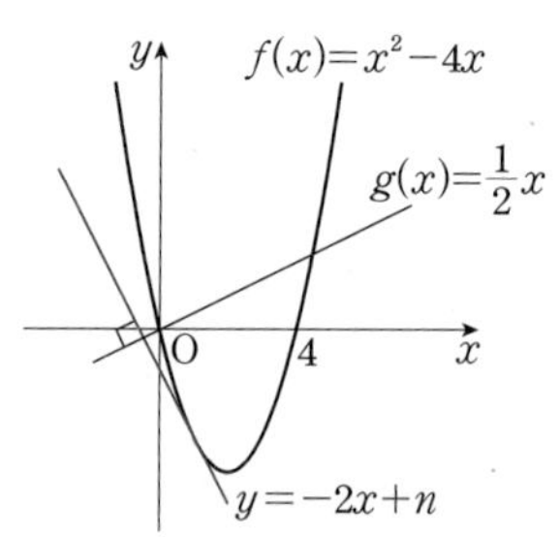

0159

2014년 11월 고1 학력평가 14번

오른쪽 그림과 같이 함수 $f(x)=x^2-x-5$와 $g(x)=x+3$의 그래프가 만나는 두 점을 각각 A, B라 하자. 함수 $y=f(x)$의 그래프 위의 점 P에 대하여 $\overline{AP}=\overline{BP}$일 때,

TIP 삼각형 APB가 이등변삼각형이므로 선분 AB의 중점과 점 P를 이은 직선은 선분 AB의 수직이등분선이다.

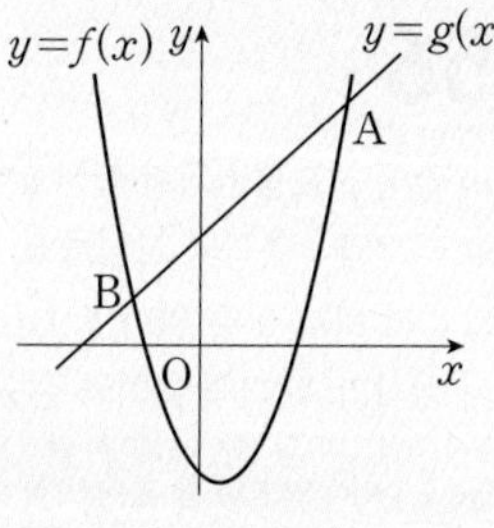

점 P의 x좌표는?
(단, 점 P의 x좌표는 양수이다.)

① $2\sqrt{2}$ ② 3 ③ $\sqrt{10}$
④ $\sqrt{11}$ ⑤ $2\sqrt{3}$

STEP A 함수 $y=f(x)$와 함수 $y=g(x)$의 그래프의 두 교점 A, B의 좌표 구하기

함수 $y=f(x)$와 함수 $y=g(x)$의 그래프가 만나는 점의 x좌표는
$x^2-x-5=x+3$, $x^2-2x-8=0$, $(x+2)(x-4)=0$
$\therefore x=-2$ 또는 $x=4$
즉 두 점 A, B의 좌표는 A$(-2, 1)$, B$(4, 7)$

STEP B $\overline{AP}=\overline{BP}$를 만족하는 함수 $y=f(x)$의 그래프 위의 점 P의 x좌표 구하기

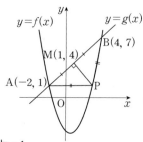

두 점 A$(-2, 1)$, B$(4, 7)$을 이은 선분 AB의 중점 M의 좌표는
$\left(\dfrac{-2+4}{2}, \dfrac{1+7}{2}\right)$, 즉 M$(1, 4)$
$\overline{AP}=\overline{BP}$이므로 이등변삼각형 ABP에서 직선 MP는 선분 AB를 수직이등분한다.
두 점 A$(-2, 1)$, B$(4, 7)$을 지나는 직선의 기울기는 $\dfrac{7-1}{4-(-2)}=1$이므로
선분 AB의 수직이등분선인 직선의 기울기는 -1
선분 AB의 수직이등분선은 기울기가 -1이고 점 $(1, 4)$를 지나므로
$y-4=-(x-1)$, 즉 $y=-x+5$
이때 점 P의 x좌표는 함수 $y=x^2-x-5$의 그래프와 직선 $y=-x+5$가 만나는 점의 x좌표이므로 $x^2-x-5=-x+5$, $x^2=10$
따라서 $x=\sqrt{10}$ ($\because x>0$)

0160

다음 물음에 답하시오.

(1) 이차함수 $y=x^2+3x+4$의 그래프 위의 점에서 직선 $y=x+1$에 이르는 거리의 최솟값을 구하시오.

TIP $y=x^2+3x+4$에 접하는 기울기가 1인 접선을 구한다.

STEP A 이차함수의 그래프에 접하고 주어진 직선과 평행한 직선의 방정식 구하기

이차함수 $y=x^2+3x+4$의 그래프에 접하고

직선 $y=x+1$과 평행한 직선을 $y=x+k$ (k는 상수)라 하자.

이차방정식 $x^2+3x+4=x+k$, 즉 $x^2+2x+4-k=0$이 중근을 가져야 하므로 이 이차방정식의 판별식을 D라 하면 $D=0$이어야 한다.

$\frac{D}{4}=1-(4-k)=0 \quad \therefore k=3$

즉 직선 $y=x+1$과 평행하고 곡선 $y=x^2+3x+4$에 접하는 직선의 방정식은 $y=x+3$

STEP B 평행한 두 직선 사이의 거리 구하기

따라서 구하는 거리의 최솟값은

직선 $y=x+3$ 위의 한 점 $(0, 3)$과

직선 $y=x+1$, 즉 $x-y+1=0$

사이의 거리와 같으므로

$\frac{|0-1\times3+1|}{\sqrt{1^2+(-1)^2}}=\frac{2}{\sqrt{2}}=\sqrt{2}$

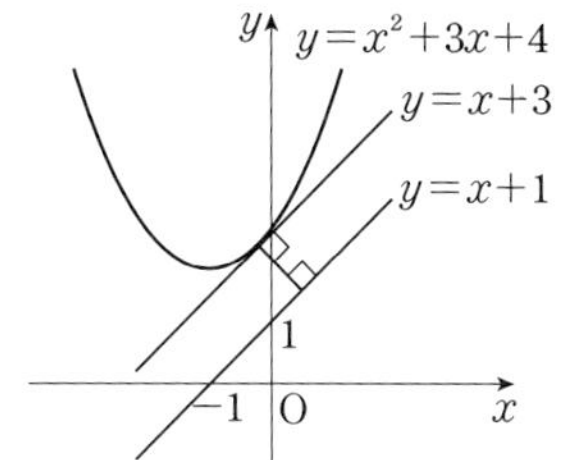

2015년 03월 고2 학력평가 나형 26번

(2) 곡선 $y=-x^2+4$ 위의 점과 직선 $y=2x+k$ 사이의 거리의 최솟값이 $2\sqrt{5}$가 되도록 하는 상수 k의 값을 구하시오.

TIP $y=-x^2+4$에 접하는 기울기가 2인 접선과 직선 $y=2x+k$ 사이의 거리가 $2\sqrt{5}$

STEP A 이차함수의 그래프에 접하고 주어진 직선과 평행한 직선의 방정식 구하기

곡선 $y=-x^2+4$에 접하고 직선 $y=2x+k$와 평행한 직선을 $y=2x+a$ (a는 상수)라 하자.

이차방정식 $-x^2+4=2x+a$, 즉 $x^2+2x+a-4=0$이 중근을 가져야 하므로 이 이차방정식의 판별식을 D라 하면 $D=0$이어야 한다.

$\frac{D}{4}=1-(a-4)=0 \quad \therefore a=5$

즉 직선 $y=2x+k$와 평행하고 곡선 $y=-x^2+4$에 접하는 직선의 방정식은 $y=2x+5$

STEP B 평행한 두 직선 사이의 거리를 이용하여 k의 값 구하기

직선 $y=2x+5$ 위의 한 점 $(0, 5)$와

직선 $y=2x+k$, 즉 $2x-y+k=0$

사이의 거리가 $2\sqrt{5}$이므로

$\frac{|-5+k|}{\sqrt{2^2+(-1)^2}}=2\sqrt{5}$,

$|k-5|=10$, $k-5=\pm10$

$\therefore k=15$ 또는 $k=-5$

그런데 $k=-5$이면

곡선 $y=-x^2+4$와 직선 $y=2x-5$가 만나므로 조건을 만족하지 않는다.

따라서 $k=15$

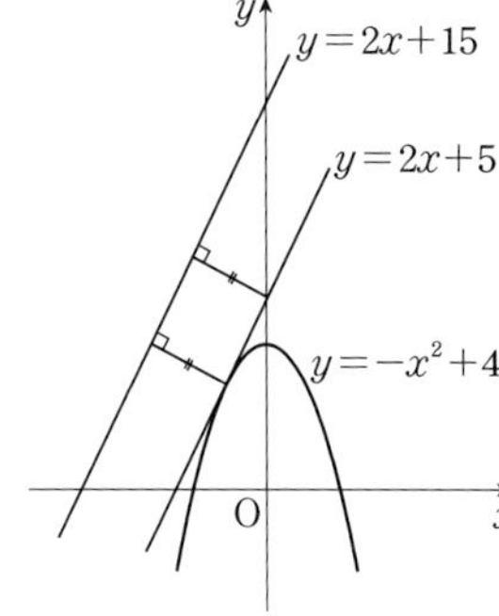

0161

2014년 09월 고1 학력평가 19번 변형

좌표평면 위의 세 점 A, B, C를 꼭짓점으로 하는 삼각형 ABC의 무게중심을 G라 하고, 변 AB, 변 BC, 변 CA의 중점의 좌표를 각각 L(4, 3), M(6, −3), N(a, b)라 하자. 직선 BN과 직선 LM이 서로 수직

TIP 두 직선의 기울기의 곱은 −1

이고, 점 G에서 직선 LM까지의 거리가 $\sqrt{10}$일 때, ab의 값을 구하시오. (단, 무게중심 G는 제1사분면에 있다.)

STEP A 두 직선 BN과 LM의 교점의 좌표 구하기

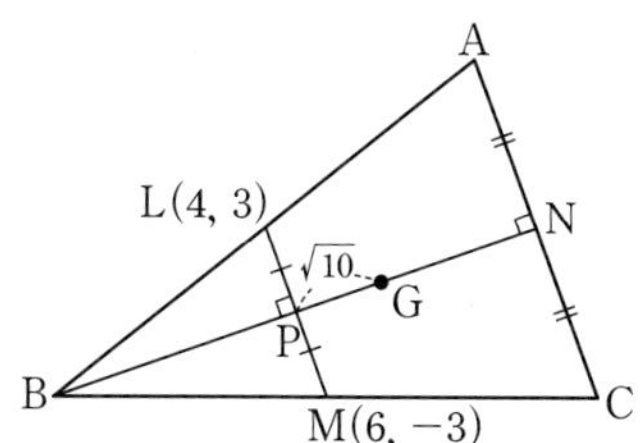

두 직선 BN과 LM의 교점을 P라 하면 삼각형의 중점연결 정리에 의하여 직선 BN이 선분 AC의 수직이등분선이므로

$\overline{LM} \,/\!/\, \overline{AC}$이고 $\overline{BN} \perp \overline{LM}$이므로 $\overline{BN} \perp \overline{AC}$

점 P는 선분 LM의 중점이다.

두 점 L(4, 3), M(6, −3)에 대하여 선분 LM의 중점 P의 좌표는

$\left(\frac{4+6}{2}, \frac{3+(-3)}{2}\right)$, 즉 P(5, 0)

STEP B 삼각형의 무게중심의 성질을 이용하여 선분 NP의 길이 구하기

삼각형 ABC의 무게중심 G에 대하여

$\overline{BG} : \overline{GN}=2:1$이므로 $\overline{BG}=2\overline{GN}$

$\overline{LM} \,/\!/\, \overline{AC}$, $\overline{AC}=2\overline{LM}$이므로 점 P는 선분 BN의 중점이다.

이때 $\overline{NP}=\overline{BP}$이므로

$\overline{BG} : \overline{GN}=(\overline{NP}+\sqrt{10}) : (\overline{NP}-\sqrt{10})=2:1$

$\therefore \overline{NP}=3\sqrt{10}$

두 점 N(a, b), P(5, 0)에 대하여 선분 NP의 길이는

$\overline{NP}=\sqrt{(a-5)^2+(b-0)^2}=3\sqrt{10}$

양변을 제곱하면 $(a-5)^2+b^2=90$ …… ㉠

STEP C 두 직선의 기울기의 곱이 −1임을 이용하여 a, b의 값 구하기

두 점 L(4, 3), M(6, −3)에 대하여 직선 LM의 기울기는 $\frac{-3-3}{6-4}=-3$

두 점 N(a, b), P(5, 0)에 대하여 직선 NP의 기울기는 $\frac{b-0}{a-5}=\frac{b}{a-5}$

이때 두 직선 LM과 NP는 서로 수직이므로

$-3\times\frac{b}{a-5}=-1$, $\frac{b}{a-5}=\frac{1}{3}$

즉 $a=3b+5$ …… ㉡

또한, 세 선분 AB, BC, CA의 중점은

각각 세 점 L(4, 3), M(6, −3), N(a, b)이므로

삼각형 ABC의 무게중심은 삼각형 LMN의 무게중심과 일치한다.

원래 삼각형의 무게중심과 삼각형의 세 변을 동일한 비율로 내분하여 만든 삼각형의 무게중심과 일치

삼각형 LMN의 무게중심 G의 좌표는 $\left(\frac{4+6+a}{3}, \frac{3+(-3)+b}{3}\right)$,

즉 $G\left(\frac{10+a}{3}, \frac{b}{3}\right)$

이때 점 G는 제1사분면 위에 있으므로

$\frac{10+a}{3}>0$, $\frac{b}{3}>0$, 즉 $a>-10$, $b>0$

㉠, ㉡을 연립하면 $a=14$, $b=3$

따라서 $ab=14\times3=42$

0162

2020년 09월 고1 학력평가 19번 변형

좌표평면 위에 점 A(0, 1)이 있다. 이차함수 $f(x)=\frac{1}{4}x^2$의 그래프 위의 점 $P\left(t, \frac{t^2}{4}\right)$ $(t>0)$을 지나고 기울기가 $\frac{t}{2}$인 직선이 x축과 만나는 점을 Q라 할 때, [보기]에서 옳은 것만을 있는 대로 고른 것은?

ㄱ. $t=2$일 때, 점 Q의 x좌표는 1이다.
ㄴ. 두 직선 PQ와 AQ는 서로 수직이다.
TIP 서로 수직인 두 직선의 기울기의 곱은 -1임을 이용하여 구한다.
ㄷ. 점 R에 대하여 선분 QR을 1 : 2로 내분하는 점이 A이고 점 R이 함수 $y=f(x)$의 그래프 위의 점일 때, 삼각형 RQP의 넓이는 $6\sqrt{3}$이다.

① ㄱ ② ㄴ ③ ㄱ, ㄴ
④ ㄱ, ㄷ ⑤ ㄱ, ㄴ, ㄷ

STEP A 직선 PQ의 방정식을 이용하여 점 Q의 x좌표 구하기

ㄱ. 점 $P\left(t, \frac{t^2}{4}\right)$을 지나고 기울기가 $\frac{t}{2}$인 직선 PQ의 방정식은

$y-\frac{t^2}{4}=\frac{t}{2}(x-t)$, 즉 $y=\frac{t}{2}x-\frac{t^2}{4}$

이 직선이 x축과 만나는 점 Q의 좌표는 $Q\left(\frac{t}{2}, 0\right)$

즉 $t=2$일 때, 점 Q의 x좌표는 $\frac{2}{2}=1$ [참]

STEP B 두 직선의 기울기의 곱이 -1임을 이용하여 참, 거짓 판단하기

ㄴ. 직선 PQ의 기울기는 $\frac{t}{2}$

두 점 A(0, 1), $Q\left(\frac{t}{2}, 0\right)$을 지나는 직선 AQ의 기울기는

$\frac{0-1}{\frac{t}{2}-0}=\frac{-1}{\frac{t}{2}}=-\frac{2}{t}$

이때 두 직선의 기울기의 곱이 $\frac{t}{2}\times\left(-\frac{2}{t}\right)=-1$이므로

두 직선 PQ와 AQ는 서로 수직이다. [참]

STEP C 선분 QR을 1 : 2로 내분하는 점의 좌표를 구한 후 삼각형 RQP의 넓이 구하기

ㄷ. 점 R을 (a, b)라 하면 선분 QR을 1 : 2로 내분하는 점 A의 좌표는

$\left(\frac{1\times a+2\times\frac{t}{2}}{1+2}, \frac{1\times b+2\times 0}{1+2}\right)$, 즉 $A\left(\frac{a+t}{3}, \frac{b}{3}\right)$

이 점이 A(0, 1)과 일치하므로 $\frac{a+t}{3}=0$, $\frac{b}{3}=1$ $\therefore a=-t, b=3$

이때 세 점 Q, A, R은 한 직선 위의 점이고

ㄴ에 의하여 선분 RQ와 선분 PQ는 서로 수직임을 알 수 있다.

점 $R(-t, 3)$이 이차함수 $y=\frac{1}{4}x^2$의 그래프 위의 점이므로

$3=\frac{1}{4}\times(-t)^2$, $t^2=12$ $\therefore t=2\sqrt{3}$ $(\because t>0)$

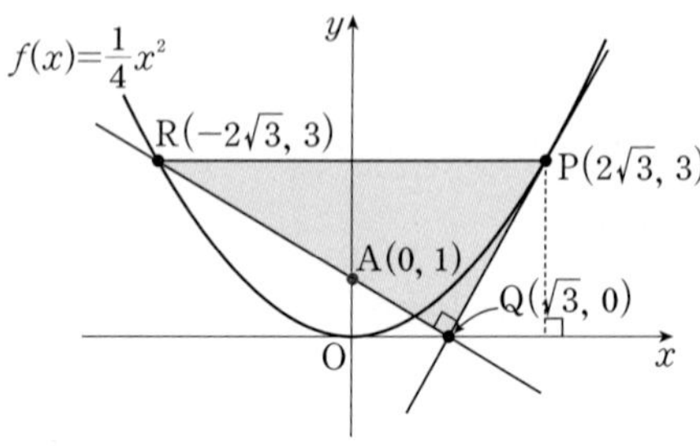

이때 세 점 $P(2\sqrt{3}, 3)$, $Q(\sqrt{3}, 0)$, $R(-2\sqrt{3}, 3)$에 대하여

$\overline{PQ}=\sqrt{(\sqrt{3}-2\sqrt{3})^2+(0-3)^2}=2\sqrt{3}$

$\overline{RQ}=\sqrt{\{\sqrt{3}-(-2\sqrt{3})\}^2+(0-3)^2}=6$

즉 삼각형 RQP의 넓이는

두 점 R과 P의 y좌표가 같으므로

삼각형 RQP의 넓이는 $\frac{1}{2}\times\overline{PR}\times$(점 P의 y좌표)$=\frac{1}{2}\times\{2\sqrt{3}-(-2\sqrt{3})\}\times 3=6\sqrt{3}$

$\frac{1}{2}\times\overline{RQ}\times\overline{PQ}=\frac{1}{2}\times 6\times 2\sqrt{3}=6\sqrt{3}$ [참]

+α 두 삼각형의 넓이의 비로 구할 수 있어!

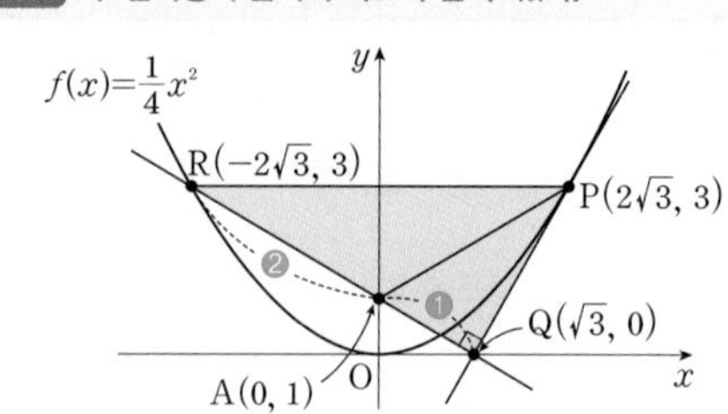

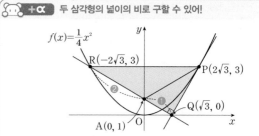

$\overline{AQ}=\sqrt{(\sqrt{3}-0)^2+(0-1)^2}=2$

$\overline{PQ}=\sqrt{(\sqrt{3}-2\sqrt{3})^2+(0-3)^2}=2\sqrt{3}$

삼각형 AQP의 넓이는 $\frac{1}{2}\times\overline{AQ}\times\overline{PQ}=\frac{1}{2}\times 2\times 2\sqrt{3}=2\sqrt{3}$

이때 점 A는 선분 QR을 1 : 2로 내분하는 점이고

두 삼각형 AQP와 RAP의 높이가 선분 PQ로 동일하므로

두 삼각형 AQP와 RAP의 넓이의 비는 1 : 2

높이가 같은 두 삼각형의 넓이의 비는 두 삼각형의 밑변의 길이의 비와 같다.

즉 삼각형 RAP의 넓이는 $2\times$(삼각형 AQP의 넓이)$=2\times 2\sqrt{3}=4\sqrt{3}$

따라서 삼각형 RQP의 넓이는 두 삼각형 AQP와 RAP의 합과 같으므로

$2\sqrt{3}+4\sqrt{3}=6\sqrt{3}$ [참]

따라서 옳은 것은 ㄱ, ㄴ, ㄷ이다.

0163

2023년 09월 고1 학력평가 20번

좌표평면 위에 세 점 A(0, 4), B(4, 4), C(4, 0)이 있다. 세 선분 OA, AB, BC를 $m : n$ $(m>0, n>0)$으로 내분하는 점을 각각 P, Q, R

TIP 두 점 (x_1, y_1), (x_2, y_2)를 $m : n$으로 내분하는 점의 좌표는 $\left(\frac{mx_2+nx_1}{m+n}, \frac{my_2+ny_1}{m+n}\right)$

이라 하고, 세 점 P, Q, R을 지나는 원을 C라 할 때, [보기]에서 옳은 것만을 있는 대로 고른 것은? (단, O는 원점이다.)

ㄱ. $m=n$일 때, 점 P의 좌표는 (0, 2)이다.
ㄴ. 점 $\left(\frac{4m}{m+n}, 0\right)$은 원 C 위의 점이다.
TIP 세 점 P, Q, R에서 두 직선 PQ, QR의 기울기의 곱이 -1임을 확인하고 선분 PR이 원의 지름임을 이용하여 점 $\left(\frac{4m}{m+n}, 0\right)$ 또한 원 위의 점임을 확인한다.
ㄷ. 원 C가 x축과 만나는 서로 다른 두 점 사이의 거리가 3일 때, $\overline{PQ}=\frac{5\sqrt{2}}{2}$이다.

① ㄱ ② ㄷ ③ ㄱ, ㄴ
④ ㄱ, ㄷ ⑤ ㄱ, ㄴ, ㄷ

STEP A 원의 방정식을 이용하여 [보기]의 참, 거짓 판단하기

ㄱ. $m=n$일 때, 점 P는 선분 OA의 중점이므로 점 P의 좌표는

$\left(\frac{0+0}{2}, \frac{0+4}{2}\right)$, 즉 (0, 2) [참]

ㄴ. 세 선분 OA, AB, BC를 $m : n$ $(m>0, n>0)$으로 내분하는 점이 각각 P, Q, R이므로 $P\left(0, \frac{4m}{m+n}\right)$, $Q\left(\frac{4m}{m+n}, 4\right)$, $R\left(4, \frac{4n}{m+n}\right)$

직선 PQ의 기울기는 $\frac{4-\frac{4m}{m+n}}{\frac{4m}{m+n}-0}=\frac{\frac{4n}{m+n}}{\frac{4m}{m+n}}=\frac{n}{m}$

직선 QR의 기울기는 $\frac{\frac{4n}{m+n}-4}{4-\frac{4m}{m+n}}=\frac{\frac{-4m}{m+n}}{\frac{4n}{m+n}}=-\frac{m}{n}$

두 직선 PQ, QR의 기울기의 곱이 -1이므로
두 직선은 서로 수직이고 선분 PR는 원 C의 지름이다.
점 S의 좌표를 $S\left(\frac{4m}{m+n},\ 0\right)$이라 하면

직선 PS의 기울기는 $\dfrac{0-\frac{4m}{m+n}}{\frac{4m}{m+n}-0}=-1$

직선 SR의 기울기는 $\dfrac{\frac{4n}{m+n}-0}{4-\frac{4m}{m+n}}=1$

두 직선 PS, SR의 기울기의 곱이 -1이므로 두 직선은 서로 수직이고
점 S는 선분 PR을 지름으로 하는 원 C 위의 점이다. [참]

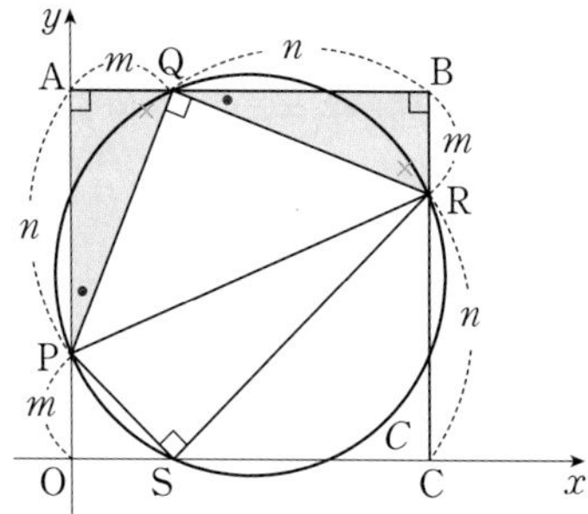

ㄷ. 선분 PR을 지름으로 하고 중심의 좌표가 (2, 2)인 원 C가
x축과 만나는 서로 다른 두 점을
$D\left(\frac{4m}{m+n},\ 0\right)$, $E\left(\frac{4n}{m+n},\ 0\right)$이라 하고 $\overline{DE}=\left|\frac{4(n-m)}{m+n}\right|=3$이라 하자.

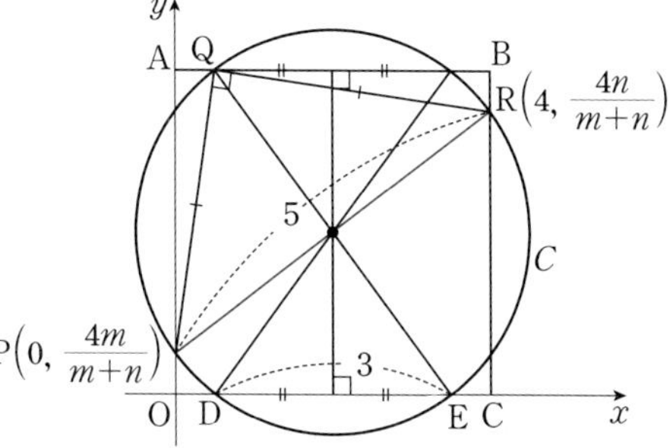

이때 선분 PR의 길이는

$$\overline{PR}=\sqrt{(4-0)^2+\left(\frac{4n}{m+n}-\frac{4m}{m+n}\right)^2}$$
$$=\sqrt{4^2+\left\{\frac{4(n-m)}{m+n}\right\}^2}$$
$$=\sqrt{4^2+3^2}=5$$

삼각형 PQR는 $\overline{PQ}=\overline{QR}$인 직각이등변삼각형이므로
피타고라스 정리에 의하여 $\overline{PR}^2=\overline{PQ}^2+\overline{QR}^2$
$25=2\times\overline{PQ}^2$, $\overline{PQ}^2=\frac{25}{2}$
$\therefore\ \overline{PQ}=\frac{5\sqrt{2}}{2}$ [참]

따라서 옳은 것은 ㄱ, ㄴ, ㄷ이다.

mapl YOUR MASTER PLAN
MEMO

0164

다음 조건을 만족하는 원의 방정식을 구하시오.

(1) 점 $(-2, 1)$을 중심으로 하고, 점 $(2, 4)$를 지나는 원의 방정식

TIP 중심이 (a, b)이고 반지름의 길이가 r인 원의 방정식은 $(x-a)^2+(y-b)^2=r^2$

STEP A 중심이 $(-2, 1)$이고 반지름의 길이가 r인 원의 방정식 구하기

점 $(-2, 1)$을 중심으로 하고 반지름의 길이가 r인 원의 방정식은

$(x+2)^2+(y-1)^2=r^2$

STEP B 점 $(2, 4)$를 지나는 원의 방정식 구하기

이 원은 점 $(2, 4)$를 지나므로 $(2+2)^2+(4-1)^2=r^2$

$\therefore r^2=25$

따라서 구하는 원의 방정식은 $(x+2)^2+(y-1)^2=25$

(2) 두 점 $A(-2, 3)$, $B(6, -1)$을 지름의 양 끝점으로 하는 원의 방정식

TIP 두 점 A, B의 중점이 원의 중심이고 선분 AB의 길이는 원의 지름이다.

STEP A 선분 AB를 지름으로 하는 원의 방정식 구하기

두 점 $A(-2, 3)$, $B(6, -1)$를 지름의 양 끝점으로 하는 원의 중심은 선분 AB의 중점이므로

원의 중심의 좌표는

$\left(\frac{-2+6}{2}, \frac{3-1}{2}\right)$, 즉 $(2, 1)$

선분 AB가 원의 지름이므로

원의 반지름의 길이는

$\frac{1}{2}\overline{AB}=\frac{1}{2}\sqrt{\{6-(-2)\}^2+(-1-3)^2}$

$=2\sqrt{5}$

따라서 구하는 원의 방정식은 $(x-2)^2+(y-1)^2=20$

MINI해설 두 점을 지름의 양 끝점으로 하는 원의 방정식 공식을 이용하여 풀이하기

두 점 $A(-2, 3)$, $B(6, -1)$을 지름의 양 끝점으로 하는 원의 방정식

$(x+2)(x-6)+(y-3)(y+1)=0$, $x^2-4x-12+y^2-2y-3=0$

$\therefore (x-2)^2+(y-1)^2=20$

0165

두 점 $A(-1, -2)$, $B(7, 4)$를 지름의 양 끝점으로 하는 원이 점 $(k, 1)$을 지날 때, 모든 실수 k의 값의 합은?

TIP 두 점 A, B의 중점이 원의 중심이고 선분 AB의 길이는 원의 지름이다.

① 4 ② 5 ③ 6 ④ 7 ⑤ 8

STEP A 선분 AB를 지름으로 하는 원의 방정식 구하기

두 점 $A(-1, -2)$, $B(7, 4)$를 지름의 양 끝점으로 하는

원의 중심은 선분 AB의 중점이므로

원의 중심의 좌표는

$\left(\frac{-1+7}{2}, \frac{-2+4}{2}\right)$, 즉 $(3, 1)$

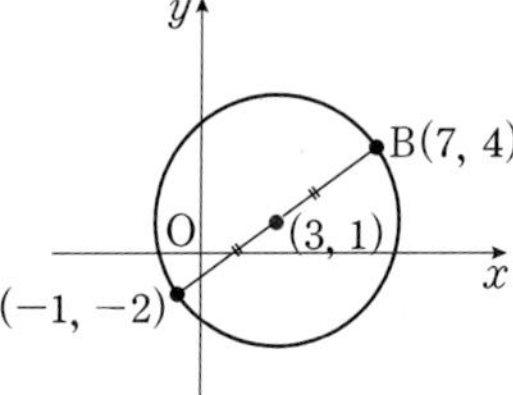

선분 AB가 원의 지름이므로

원의 반지름의 길이는

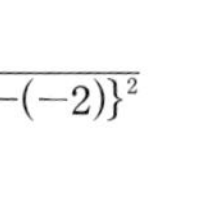

$\frac{1}{2}\overline{AB}=\frac{1}{2}\sqrt{\{7-(-1)\}^2+\{4-(-2)\}^2}$

$=5$

$\therefore (x-3)^2+(y-1)^2=25$ …… ㉠

+α 두 점을 지름의 양 끝점으로 하는 원의 방정식 공식을 이용하여 구할 수 있어!

두 점 $A(-1, -2)$, $B(7, 4)$를 지름의 양 끝점으로 하는 원의 방정식

$(x+1)(x-7)+(y+2)(y-4)=0$, $x^2-6x-7+y^2-2y-8=0$

$\therefore (x-3)^2+(y-1)^2=25$

STEP B 원이 점 $(k, 1)$을 지날 때, 모든 실수 k의 값 구하기

원 ㉠이 점 $(k, 1)$을 지나므로 $(k-3)^2=25$, $k-3=\pm5$

$\therefore k=8$ 또는 $k=-2$

따라서 모든 실수 k의 값의 합은 $8+(-2)=6$

0166

다음 물음에 답하시오.

(1) 좌표평면 위의 두 점 $A(5, 1)$, $B(2, 4)$에 대하여 선분 AB를 $2:1$로 내분하는 점을 P라 하자. 선분 AP를 지름으로 하는 원의 방정식을 구하시오.

TIP 두 점 A, P의 중점이 원의 중심이고 선분 AP의 길이는 원의 지름이다.

STEP A 선분 AB를 $2:1$로 내분하는 점 P의 좌표 구하기

두 점 $A(5, 1)$, $B(2, 4)$에 대하여

선분 AB를 $2:1$로 내분하는 점 P의 좌표는

$\left(\frac{2\times2+1\times5}{2+1}, \frac{2\times4+1\times1}{2+1}\right)$, 즉 $P(3, 3)$

STEP B 선분 AP를 지름으로 하는 원의 방정식 구하기

선분 AP를 지름으로 하는 원의 중심을 C라 하면

원의 중심 C는 선분 AP의 중점이므로

$\left(\frac{5+3}{2}, \frac{1+3}{2}\right)$, 즉 $C(4, 2)$

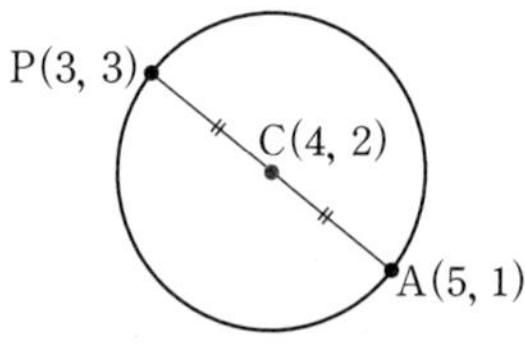

원의 반지름의 길이는

$\overline{AC}=\sqrt{(5-4)^2+(1-2)^2}=\sqrt{2}$

따라서 구하는 원의 방정식은

$(x-4)^2+(y-2)^2=2$

+α 두 점을 지름의 양 끝점으로 하는 원의 방정식 공식을 이용하여 구할 수 있어!

두 점 $A(5, 1)$, $P(3, 3)$을 지름의 양 끝점으로 하는 원의 방정식

$(x-5)(x-3)+(y-1)(y-3)=0$, $x^2-8x+15+y^2-4y+3=0$

$\therefore (x-4)^2+(y-2)^2=2$

(2) 세 점 $A(-1, 2)$, $B(10, -1)$, $C(-3, 14)$에 대하여 삼각형 ABC의 무게중심과 점 B를 지름의 양 끝점으로 하는 원의 방정식을 구하시오.

TIP 두 점의 중점이 원의 중심이고 두 점 사이의 거리가 원의 지름이다.

STEP A 삼각형 ABC의 무게중심의 좌표 구하기

세 점 $A(-1, 2)$, $B(10, -1)$, $C(-3, 14)$를 꼭짓점으로 하는

삼각형 ABC의 무게중심의 좌표를 G라 하면

$\left(\frac{-1+10+(-3)}{3}, \frac{2+(-1)+14}{3}\right)$, 즉 $G(2, 5)$

STEP B **선분 BG를 지름으로 하는 원의 방정식 구하기**

선분 BG를 지름으로 하는 원의 중심을 D라 하면
원의 중심 D는 선분 BG의 중점이므로
$\left(\frac{10+2}{2}, \frac{-1+5}{2}\right)$, 즉 D(6, 2)
원의 반지름의 길이는
$\overline{DG}=\sqrt{(6-2)^2+(2-5)^2}=5$
따라서 구하는 원의 방정식은
$(x-6)^2+(y-2)^2=25$

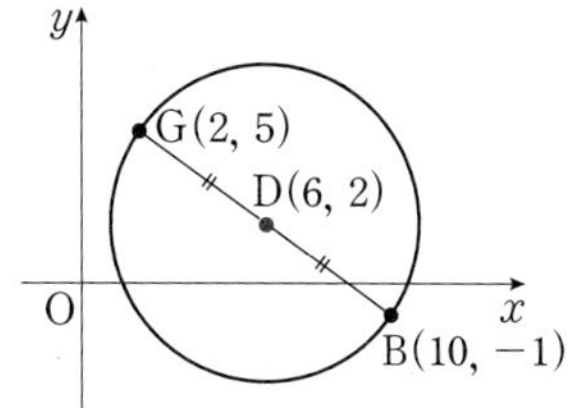

+α 두 점을 지름의 양 끝점으로 하는 원의 방정식 공식을 이용하여 구할 수 있어!

두 점 B(10, −1), G(2, 5)를 지름의 양 끝점으로 하는 원의 방정식
$(x-10)(x-2)+(y+1)(y-5)=0$, $x^2-12x+20+y^2-4y-5=0$
$\therefore (x-6)^2+(y-2)^2=25$

0167

다음 조건을 만족하는 원의 방정식을 구하시오.

(1) 중심이 x축에 있고 두 점 $(1, \sqrt{3})$, $(2, -2)$를 지나는 원의 방정식
TIP 중심의 좌표는 $(a, 0)$

STEP A **원의 중심이 x축에 있음을 이용하여 원의 방정식 세우기**

원의 중심이 x축에 있으므로 중심의 좌표를 $(a, 0)$,
반지름의 길이를 r이라 하면
원의 방정식은 $(x-a)^2+y^2=r^2$

STEP B **원이 두 점 $(1, \sqrt{3})$, $(2, -2)$를 지남을 이용하여 원의 방정식 구하기**

이 원이 두 점 $(1, \sqrt{3})$, $(2, -2)$를 지나므로
$(1-a)^2+3=r^2 \quad \therefore a^2-2a+4=r^2$ …… ㉠
$(2-a)^2+4=r^2 \quad \therefore a^2-4a+8=r^2$ …… ㉡
㉠, ㉡을 연립하여 풀면 $a=2$, $r^2=4$
따라서 구하는 원의 방정식은 $(x-2)^2+y^2=4$

MINI해설 원의 중심에서 두 점에 이르는 거리가 같음을 이용하여 풀이하기

원의 중심이 x축 위에 있으므로 중심의 좌표를 $(a, 0)$이라 하자.
점 $(a, 0)$에서 두 점 $(1, \sqrt{3})$, $(2, -2)$에 이르는 거리가 일치하므로
$\sqrt{(a-1)^2+(0-\sqrt{3})^2}=\sqrt{(a-2)^2+\{0-(-2)\}^2}$,
$\sqrt{a^2-2a+4}=\sqrt{a^2-4a+8}$ …… ㉠
㉠의 양변을 제곱하면
$a^2-2a+4=a^2-4a+8$, $2a=4$
$\therefore a=2$
㉠에 $a=2$를 대입하면
원의 반지름의 길이는 $\sqrt{4}=2$
따라서 구하는 원의 방정식은 $(x-2)^2+y^2=4$

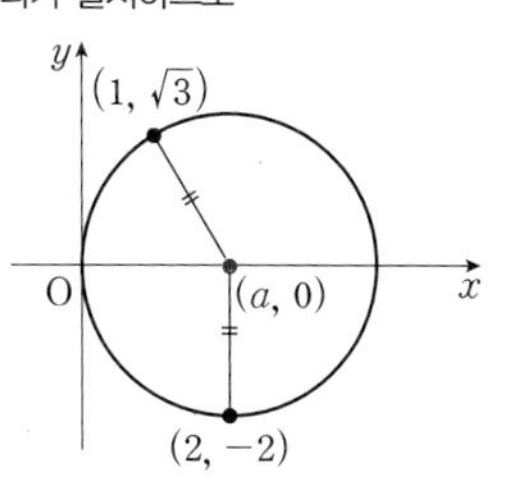

(2) 중심이 y축에 있고 두 점 $(-4, 1)$, $(3, 0)$을 지나는 원의 방정식
TIP 중심의 좌표는 $(0, b)$

STEP A **원의 중심이 y축에 있음을 이용하여 원의 방정식 세우기**

원의 중심이 y축에 있으므로 중심의 좌표를 $(0, b)$,
반지름의 길이를 r이라 하면
원의 방정식은 $x^2+(y-b)^2=r^2$

STEP B **원이 두 점 $(-4, 1)$, $(3, 0)$을 지남을 이용하여 원의 방정식 구하기**

이 원이 두 점 $(-4, 1)$, $(3, 0)$을 지나므로
$16+(1-b)^2=r^2 \quad \therefore b^2-2b+17=r^2$ …… ㉠
$9+(0-b)^2=r^2 \quad \therefore b^2+9=r^2$ …… ㉡
㉠, ㉡을 연립하여 풀면 $b=4$, $r^2=25$
따라서 구하는 원의 방정식은 $x^2+(y-4)^2=25$

MINI해설 원의 중심에서 두 점에 이르는 거리가 같음을 이용하여 풀이하기

원의 중심이 y축 위에 있으므로 중심의 좌표를 $(0, b)$라 하자.
점 $(0, b)$에서 두 점 $(-4, 1)$, $(3, 0)$에 이르는 거리가 일치하므로
$\sqrt{\{0-(-4)\}^2+(b-1)^2}=\sqrt{(0-3)^2+(b-0)^2}$,
$\sqrt{b^2-2b+17}=\sqrt{b^2+9}$ …… ㉠
㉠의 양변을 제곱하면
$b^2-2b+17=b^2+9$, $2b=8$
$\therefore b=4$
㉠에 $b=4$를 대입하면
원의 반지름의 길이는 $\sqrt{25}=5$
따라서 구하는 원의 방정식은
$x^2+(y-4)^2=25$

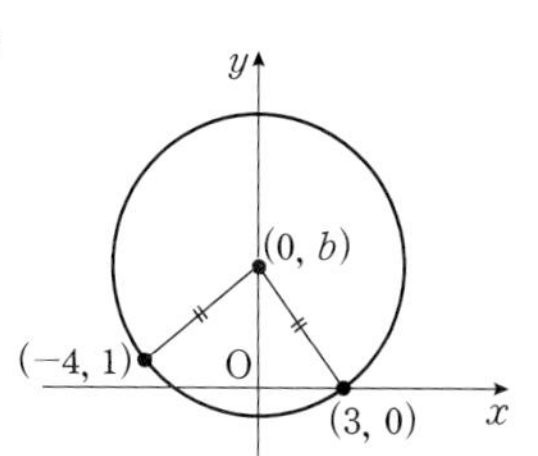

0168

중심이 직선 $y=x$ 위에 있고 두 점 $(-1, 6)$, $(5, -2)$를 지나는 원의 둘레의 길이는?
TIP 중심의 좌표는 (a, a)

① 5π ② 10π ③ 15π
④ 25π ⑤ 36π

STEP A **원의 중심이 직선 $y=x$ 위에 있음을 이용하여 원의 방정식 세우기**

원의 중심이 직선 $y=x$ 위에 있으므로 중심의 좌표를 (a, a),
반지름의 길이를 r이라 하면
원의 방정식은 $(x-a)^2+(y-a)^2=r^2$

STEP B **원이 두 점 $(-1, 6)$, $(5, -2)$를 지남을 이용하여 원의 방정식 구하기**

이 원이 두 점 $(-1, 6)$, $(5, -2)$를 지나므로
$(-1-a)^2+(6-a)^2=r^2 \quad \therefore 2a^2-10a+37=r^2$ …… ㉠
$(5-a)^2+(-2-a)^2=r^2 \quad \therefore 2a^2-6a+29=r^2$ …… ㉡
㉠, ㉡을 연립하여 풀면 $a=2$, $r^2=25$
따라서 구하는 원의 방정식은 $(x-2)^2+(y-2)^2=25$이므로
원의 둘레의 길이는 $2\pi\times5=10\pi$

MINI해설 원의 중심에서 두 점에 이르는 거리가 같음을 이용하여 풀이하기

원의 중심이 직선 $y=x$ 위에 있으므로 원의 중심의 좌표를 C(a, a)이라 하자.
점 C(a, a)에서 두 점 $(-1, 6)$, $(5, -2)$ 사이의 거리가 일치하므로
$\sqrt{\{a-(-1)\}^2+(a-6)^2}=\sqrt{(a-5)^2+\{a-(-2)\}^2}$,
$\sqrt{2a^2-10a+37}=\sqrt{2a^2-6a+29}$ …… ㉠
㉠의 양변을 제곱하면 $2a^2-10a+37=2a^2-6a+29$, $4a=8$
$\therefore a=2$
㉠에 $a=2$를 대입하면 원의 반지름의 길이는 $\sqrt{25}=5$
즉 구하는 원의 방정식이 $(x-2)^2+(y-2)^2=25$
따라서 원의 둘레의 길이는 $2\pi\times5=10\pi$

0169

중심이 직선 $y=2x+1$ 위에 있고 두 점 $(2, 9)$, $(4, 5)$를 지나는 원의
TIP 중심의 좌표는 $(a, 2a+1)$
방정식을 구하시오.

STEP Ⓐ **원의 중심이 직선 $y=2x+1$ 위에 있음을 이용하여 원의 방정식 세우기**

원의 중심이 직선 $y=2x+1$ 위에 있으므로 중심의 좌표를 $\mathrm{C}(a, 2a+1)$, 반지름의 길이를 r이라 하면 원의 방정식은 $(x-a)^2+(y-2a-1)^2=r^2$

STEP Ⓑ **원이 두 점 $(2, 9)$, $(4, 5)$를 지남을 이용하여 원의 방정식 구하기**

이 원이 두 점 $(2, 9)$, $(4, 5)$를 지나므로

$(2-a)^2+(9-2a-1)^2=r^2$ $\quad\therefore 5a^2-36a+68=r^2$ ······ ㉠

$(4-a)^2+(5-2a-1)^2=r^2$ $\quad\therefore 5a^2-24a+32=r^2$ ······ ㉡

㉠, ㉡을 연립하여 풀면 $a=3$, $r^2=5$

따라서 구하는 원의 방정식은 $(x-3)^2+(y-7)^2=5$

MINI해설 원의 중심에서 두 점에 이르는 거리가 같음을 이용하여 풀이하기

원의 중심이 직선 $y=2x+1$ 위에 있으므로
원의 중심의 좌표를 $\mathrm{C}(a, 2a+1)$이라 하자.
점 $\mathrm{C}(a, 2a+1)$에서 두 점 $(2, 9)$, $(4, 5)$ 사이의 거리가 일치하므로
$\sqrt{(a-2)^2+\{(2a+1)-9\}^2}=\sqrt{(a-4)^2+\{(2a+1)-5\}^2}$,
$\sqrt{5a^2-36a+68}=\sqrt{5a^2-24a+32}$ ······ ㉠
㉠의 양변을 제곱하면 $5a^2-36a+68=5a^2-24a+32$, $12a=36$
$\therefore a=3$
㉠에 $a=3$을 대입하면 원의 반지름의 길이는 $\sqrt{5}$
따라서 구하는 원의 방정식이 $(x-3)^2+(y-7)^2=5$

0170

다음 물음에 답하시오.

(1) 원 $x^2+y^2-2x+8y+a=0$의 중심의 좌표가 $(b, -4)$이고 반지름의 길이가 3일 때, 상수 a, b에 대하여 $a+b$의 값을 구하시오.

STEP Ⓐ **주어진 원의 방정식을 $(x-a)^2+(y-b)^2=r^2$꼴로 변형하여 상수 a, b의 값 구하기**

원 $x^2+y^2-2x+8y+a=0$을 변형하면
$(x^2-2x+1)+(y^2+8y+16)-17+a=0$에서
$(x-1)^2+(y+4)^2=17-a$
이 원의 중심의 좌표는 $(1, -4)$이므로 $b=1$
원의 반지름의 길이는 $\sqrt{17-a}=3$이므로 $17-a=9$ $\quad\therefore a=8$
따라서 $a+b=8+1=9$

(2) 방정식 $x^2+y^2-2kx+6y+2k^2-4k+4=0$이 나타내는 도형이 원이 되도록 하는 실수 k의 값의 범위를 구하시오.

STEP Ⓐ **방정식이 원이 되도록 하는 실수 k의 값의 범위 구하기**

$x^2+y^2-2kx+6y+2k^2-4k+4=0$을 변형하면
$(x^2-2kx+k^2)+(y^2+6y+9)+k^2-4k-5=0$에서
$(x-k)^2+(y+3)^2=-k^2+4k+5$
이 방정식이 원을 나타내려면
$-k^2+4k+5>0$, $k^2-4k-5<0$, $(k+1)(k-5)<0$
따라서 $-1<k<5$

0171

방정식 $x^2+y^2-2x-2ky+2k^2-7k-5=0$이 나타내는 도형의 반지름의
TIP $(x-1)^2+(y-k)^2=-k^2+7k+6$
길이가 $2\sqrt{3}$ 이상인 원이 되도록 하는 자연수 k의 값의 합은?

① 15 ② 17 ③ 19
④ 21 ⑤ 23

STEP Ⓐ **주어진 원의 방정식을 $(x-a)^2+(y-b)^2=r^2$꼴로 변형하여 자연수 k의 값 구하기**

$x^2+y^2-2x-2ky+2k^2-7k-5=0$을 변형하면
$(x^2-2x+1)+(y^2-2ky+k^2)+k^2-7k-6=0$에서
$(x-1)^2+(y-k)^2=-k^2+7k+6$
이 방정식이 나타내는 도형이 반지름의 길이가 $2\sqrt{3}$ 이상인 원이 되려면
$-k^2+7k+6\geq(2\sqrt{3})^2$, $k^2-7k+6\leq 0$, $(k-1)(k-6)\leq 0$
$\therefore 1\leq k\leq 6$
따라서 자연수 k는 1, 2, 3, 4, 5, 6이므로 그 합은
$1+2+3+4+5+6=21$

0172

직선 $y=2x-2$가 원 $x^2+y^2-2ax-2ay-a^2-2a-9=0$의 넓이를 이등분할 때, 이 원의 넓이를 구하시오.
TIP 직선이 원의 넓이를 이등분하려면 원의 중심을 지난다.

STEP Ⓐ **주어진 원의 방정식을 $(x-a)^2+(y-b)^2=r^2$꼴로 변형하기**

원 $x^2+y^2-2ax-2ay-a^2-2a-9=0$을 변형하면
$(x^2-2ax+a^2)+(y^2-2ay+a^2)-3a^2-2a-9=0$에서
$(x-a)^2+(y-a)^2=3a^2+2a+9$

STEP Ⓑ **원의 중심을 직선에 대입하여 a를 구한 후 원의 반지름의 길이 구하기**

이때 이 원의 넓이를 이등분하면 직선은 원의 중심 (a, a)를 지나야 한다.
즉 이 원의 중심 (a, a)가 직선 $y=2x-2$ 위에 있으므로
$a=2a-2$
$\therefore a=2$
이때 원의 반지름의 길이는 $\sqrt{3a^2+2a+9}=\sqrt{25}=5$
따라서 원의 넓이는 $\pi\times 5^2=25\pi$

0173

세 점 $(0, 0)$, $(2, 6)$, $(4, 2)$를 지나는 원의 방정식이
$$(x-a)^2+(y-b)^2=r^2$$
일 때, $a+b+r^2$의 값을 구하시오.

STEP Ⓐ **세 점을 지나는 원의 방정식 $x^2+y^2+Ax+By+C=0$을 이용하여 구하기**

구하는 원의 방정식을 $x^2+y^2+Ax+By+C=0$이라 하면
이 원은 세 점 $(0, 0)$, $(2, 6)$, $(4, 2)$를 지나므로
$C=0$, $40+2A+6B+C=0$, $20+4A+2B+C=0$
위의 세 식을 연립하여 풀면 $A=-2$, $B=-6$, $C=0$
이때 구하는 원의 방정식은 $x^2+y^2-2x-6y=0$,
즉 $(x-1)^2+(y-3)^2=10$

+α 원의 중심에서 세 점에 이르는 거리가 같음을 이용하여 구할 수 있어!

주어진 세 점을 $A(0, 0)$, $B(2, 6)$, $C(4, 2)$라 하고 원의 중심을 $P(a, b)$라 하면
$\overline{AP}=\overline{BP}=\overline{CP}$
$\overline{AP}=\sqrt{a^2+b^2}$
$\overline{BP}=\sqrt{(a-2)^2+(b-6)^2}=\sqrt{a^2-4a+b^2-12b+40}$
$\overline{CP}=\sqrt{(a-4)^2+(b-2)^2}=\sqrt{a^2-8a+b^2-4b+20}$
$\overline{AP}=\overline{BP}$에서 $\overline{AP}^2=\overline{BP}^2$이므로 $a^2+b^2=a^2-4a+b^2-12b+40$
$\therefore a+3b=10$ …… ㉠
$\overline{AP}=\overline{CP}$에서 $\overline{AP}^2=\overline{CP}^2$이므로 $a^2+b^2=a^2-8a+b^2-4b+20$
$\therefore 2a+b=5$ …… ㉡
㉠, ㉡을 연립하여 풀면 $a=1$, $b=3$
즉 원의 중심은 $P(1, 3)$이므로 원의 반지름의 길이는 $\overline{AP}=\sqrt{1^2+3^2}=\sqrt{10}$
$\therefore (x-1)^2+(y-3)^2=10$

STEP B $a+b+r^2$**의 값 구하기**
따라서 $a=1$, $b=3$, $r=\sqrt{10}$이므로 $a+b+r^2=1+3+10=14$

0174

좌표평면에 있는 네 점 $(1, 0)$, $(0, -1)$, $(0, 2)$, $(k, 1)$이 한 원 위의 점일 때,
TIP $x^2+y^2+Ax+By+C=0$에 세 점 $(1, 0)$, $(0, -1)$, $(0, 2)$을 대입하여 원의 방정식을 구한다.
실수 k의 값의 합은?

① -3　② -2　③ -1
④ 1　⑤ 2

STEP A 세 점을 지나는 원의 방정식 $x^2+y^2+Ax+By+C=0$**을 이용하여 구하기**
구하는 원의 방정식을 $x^2+y^2+Ax+By+C=0$이라 하면
이 원은 세 점 $(1, 0)$, $(0, -1)$, $(0, 2)$를 지나므로
$1+A+C=0$, $1-B+C=0$, $4+2B+C=0$
위의 세 식을 연립하여 풀면 $A=1$, $B=-1$, $C=-2$
즉 구하는 원의 방정식은 $x^2+y^2+x-y-2=0$

+α 원의 중심에서 세 점에 이르는 거리가 같음을 이용하여 구할 수 있어!

주어진 세 점을 $A(1, 0)$, $B(0, -1)$, $C(0, 2)$라 하고 원의 중심을 $P(a, b)$라 하면
$\overline{AP}=\overline{BP}=\overline{CP}$
$\overline{AP}=\sqrt{(a-1)^2+(b-0)^2}=\sqrt{a^2-2a+b^2+1}$
$\overline{BP}=\sqrt{(a-0)^2+\{b-(-1)\}^2}=\sqrt{a^2+b^2+2b+1}$
$\overline{CP}=\sqrt{(a-0)^2+(b-2)^2}=\sqrt{a^2+b^2-4b+4}$
$\overline{AP}=\overline{BP}$에서 $\overline{AP}^2=\overline{BP}^2$이므로 $a^2-2a+b^2+1=a^2+b^2+2b+1$
$\therefore a=-b$ …… ㉠
$\overline{BP}=\overline{CP}$에서 $\overline{BP}^2=\overline{CP}^2$이므로 $a^2+b^2+2b+1=a^2+b^2-4b+4$
$\therefore b=\frac{1}{2}$ …… ㉡
㉠, ㉡을 연립하여 풀면 $a=-\frac{1}{2}$, $b=\frac{1}{2}$
즉 원의 중심은 $P\left(-\frac{1}{2}, \frac{1}{2}\right)$이므로 원의 반지름의 길이는
$\overline{AP}=\sqrt{\frac{1}{4}+1+\frac{1}{4}+1}=\frac{\sqrt{10}}{2}$　$\therefore \left(x+\frac{1}{2}\right)^2+\left(y-\frac{1}{2}\right)^2=\frac{5}{2}$

STEP B 점 $(k, 1)$**을 원에 대입하여 실수** k**의 값 구하기**
이때 점 $(k, 1)$이 원 위의 점이므로
$k^2+1+k-1-2=0$, $k^2+k-2=0$, $(k-1)(k+2)=0$
$\therefore k=1$ 또는 $k=-2$
따라서 실수 k의 값의 합은 $1+(-2)=-1$

0175

세 직선 $2x+y=0$, $3x+5y=0$, $x+y-2=0$으로 둘러싸인 삼각형의
TIP 세 직선의 교점은 $(0, 0)$, $(5, -3)$, $(-2, 4)$
외접원의 방정식을 $(x-a)^2+(y-b)^2=r^2$일 때, $a+b+r^2$의 값을 구하시오.

STEP A 세 직선의 교점을 지나는 삼각형의 외접원의 방정식 구하기
세 직선 $2x+y=0$, $3x+5y=0$, $x+y-2=0$의 교점을 A, B, C라 하면
$A(0, 0)$, $B(5, -3)$, $C(-2, 4)$
외접원의 방정식을 $x^2+y^2+Ax+By+C=0$이라 하면
이 원은 세 점 $A(0, 0)$, $B(5, -3)$, $C(-2, 4)$를 지나므로
$C=0$, $34+5A-3B+C=0$, $20-2A+4B+C=0$
위의 세 식을 연립하여 풀면 $A=-14$, $B=-12$, $C=0$
이때 구하는 외접원의 방정식은 $x^2+y^2-14x-12y=0$,
즉 $(x-7)^2+(y-6)^2=85$

+α 원의 중심에서 세 점에 이르는 거리가 같음을 이용하여 구할 수 있어!

세 직선 $2x+y=0$, $3x+5y=0$, $x+y-2=0$의 교점을 A, B, C라 하면
$A(0, 0)$, $B(5, -3)$, $C(-2, 4)$
이때 외접원의 중심을 $P(a, b)$라 하면
$\overline{AP}=\overline{BP}=\overline{CP}$
$\overline{AP}=\sqrt{a^2+b^2}$
$\overline{BP}=\sqrt{(a-5)^2+\{b-(-3)\}^2}=\sqrt{a^2-10a+b^2+6b+34}$
$\overline{CP}=\sqrt{\{a-(-2)\}^2+(b-4)^2}=\sqrt{a^2+4a+b^2-8b+20}$
$\overline{AP}=\overline{BP}$에서 $\overline{AP}^2=\overline{BP}^2$이므로 $a^2+b^2=a^2-10a+b^2+6b+34$
$\therefore 5a-3b=17$ …… ㉠
$\overline{AP}=\overline{CP}$에서 $\overline{AP}^2=\overline{CP}^2$이므로 $a^2+b^2=a^2+4a+b^2-8b+20$
$\therefore a-2b=-5$ …… ㉡
㉠, ㉡을 연립하여 풀면 $a=7$, $b=6$
즉 외접원의 중심은 $P(7, 6)$이므로 원의 반지름의 길이는 $\overline{AP}=\sqrt{7^2+6^2}=\sqrt{85}$
$\therefore (x-7)^2+(y-6)^2=85$

STEP B $a+b+r^2$**의 값 구하기**
따라서 $a=7$, $b=6$, $r^2=85$이므로 $a+b+r^2=98$

0176

다음 물음에 답하시오.
(1) 점 $(0, 3)$에서 y축에 접하는 원의 넓이가 16π일 때, 이 원의 방정식을
TIP 원의 중심의 x좌표의 절댓값이 원의 반지름이다.
구하시오.

STEP A y**축에 접하는 원의 방정식 구하기**
원이 y축에 접하므로 원의 중심의
x좌표의 절댓값이 원의 반지름이다.
원의 넓이가 16π이므로
반지름의 길이는 4
이 원이 점 $(0, 3)$에서 y축에 접하고
원의 중심의 좌표는 $(4, 3)$, $(-4, 3)$
따라서 구하는 원의 방정식은

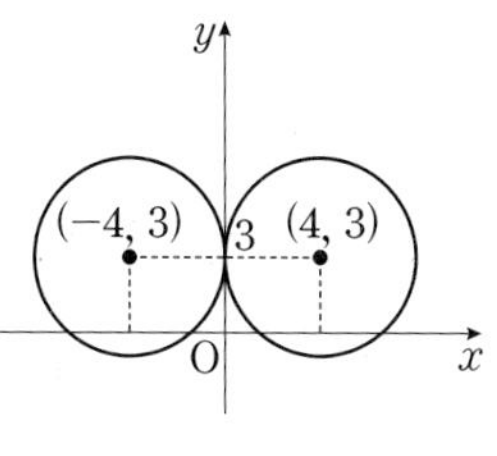

$(x-4)^2+(y-3)^2=16$ 또는 $(x+4)^2+(y-3)^2=16$

(2) 중심이 직선 $y=x+2$ 위에 있고 점 $(4, 4)$를 지나며 y축에 접하는

TIP 원의 중심의 x좌표의 절댓값이 원의 반지름이다.

원의 방정식을 구하시오.

STEP **A** **중심이 직선 위에 있으면서 y축에 접하는 원의 방정식 구하기**

원이 y축에 접하므로 원의 중심의 x좌표의 절댓값이 원의 반지름이다.

y축에 접하는 원의 방정식을 $(x-a)^2+(y-b)^2=a^2$이라 하면

중심 (a, b)가 직선 $y=x+2$ 위에 있으므로 $b=a+2$

$(x-a)^2+(y-a-2)^2=a^2$ ······ ㉠

STEP **B** **원이 점 $(4, 4)$를 지남을 이용하여 a의 값 구하기**

원 ㉠이 점 $(4, 4)$를 지나므로

$(4-a)^2+(2-a)^2=a^2$, $a^2-12a+20=0$, $(a-2)(a-10)=0$

$\therefore a=2$ 또는 $a=10$ ← $b=4$ 또는 $b=12$

따라서 구하는 원의 방정식은

$(x-2)^2+(y-4)^2=4$ 또는 $(x-10)^2+(y-12)^2=100$

0177

두 점 $\mathrm{A}(2, -3)$, $\mathrm{B}(5, 6)$에 대하여 선분 AB를 2 : 1로 내분하는 점을 중심으로 하고 y축에 접하는 원의 방정식이 $(x-a)^2+(y-b)^2=r^2$일 때,

TIP 원의 중심의 x좌표의 절댓값이 원의 반지름이다.

상수 a, b, r^2에 대하여 $a+b+r^2$의 값은?

① 20 ② 21 ③ 22
④ 23 ⑤ 24

STEP **A** **내분점의 좌표를 구한 후 y축에 접하는 원의 방정식 구하기**

두 점 $\mathrm{A}(2, -3)$, $\mathrm{B}(5, 6)$에 대하여 선분 AB를 2 : 1로 내분하는 점의 좌표는

$\left(\dfrac{2\times5+1\times2}{2+1}, \dfrac{2\times6+1\times(-3)}{2+1}\right)$, 즉 $(4, 3)$

이때 이 원이 y축에 접하므로 반지름의 길이는 4

구하는 원의 방정식은 $(x-4)^2+(y-3)^2=16$

STEP **B** **$a+b+r^2$의 값 구하기**

따라서 $a=4$, $b=3$, $r^2=16$이므로 $a+b+r^2=23$

0178

원 $x^2+y^2-2ax-2y+b=0$이 점 $(-2, 3)$을 지나고 y축에 접할 때,

TIP 원의 중심의 x좌표의 절댓값이 원의 반지름이다.

상수 a, b에 대하여 $b-a$의 값을 구하시오.

STEP **A** **주어진 원이 점 $(-2, 3)$을 지남을 이용하여 a, b 사이의 관계식 구하기**

원 $x^2+y^2-2ax-2y+b=0$이 점 $(-2, 3)$을 지나므로

$4+9+4a-6+b=0$ $\therefore 4a+b=-7$ ······ ㉠

STEP **B** **주어진 원이 y축에 접할 때, a, b의 값 구하기**

원 $x^2+y^2-2ax-2y+b=0$을 변형하면

$(x-a)^2+(y-1)^2=a^2-b+1$

이 원의 중심의 좌표는 $(a, 1)$이고 원이 y축에 접하므로

반지름의 길이는 $|a|$

즉 $\sqrt{a^2-b+1}=|a|$이므로 양변을 제곱하면 $a^2-b+1=a^2$ $\therefore b=1$

이를 ㉠에 대입하면 $a=-2$

따라서 $b-a=1-(-2)=3$

0179

점 $(-3, -6)$을 지나고 x축과 y축에 동시에 접하는 두 원에 대하여 다음 물음에 답하시오.

(1) 원의 방정식을 구하시오.
(2) 두 원의 중심 사이의 거리를 구하시오.
(3) 두 원의 넓이의 합을 구하시오.

STEP **A** **x축과 y축에 동시에 접하는 원의 방정식 구하기**

(1) x축과 y축에 동시에 접하는 원이 점 $(-3, -6)$을 지나므로
원의 중심이 제 3사분면에 있어야 한다.

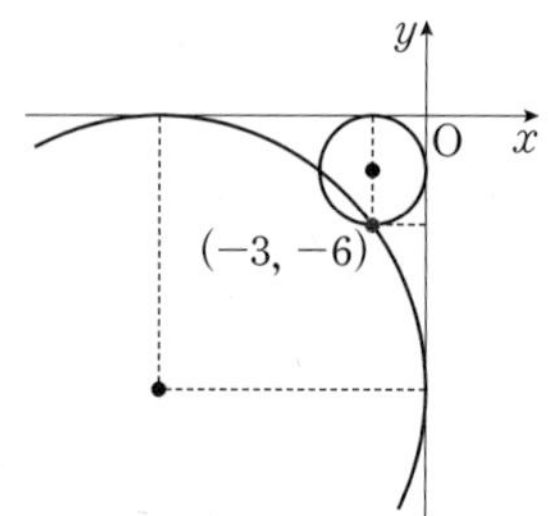

즉 원의 반지름의 길이를 r이라 하면

원의 중심이 $(-r, -r)$이므로 원의 방정식은 $(x+r)^2+(y+r)^2=r^2$

이 원이 점 $(-3, -6)$을 지나므로

$(-3+r)^2+(-6+r)^2=r^2$, $r^2-18r+45=0$, $(r-3)(r-15)=0$

$\therefore r=3$ 또는 $r=15$

따라서 원의 방정식은

$(x+3)^2+(y+3)^2=9$ 또는 $(x+15)^2+(y+15)^2=225$

STEP **B** **두 원의 중심 사이의 거리 구하기**

(2) 두 원의 중심의 좌표가 각각 $(-3, -3)$, $(-15, -15)$이므로
두 원의 중심 사이의 거리는 $\sqrt{(-15+3)^2+(-15+3)^2}=12\sqrt{2}$

STEP **C** **두 원의 넓이의 합 구하기**

(3) 두 원의 반지름의 길이는 각각 3, 15이므로 두 원의 넓이의 합은
$9\pi+225\pi=234\pi$

0180

원 $x^2+y^2-6x-2ay+b=0$이 x축과 y축에 동시에 접할 때,

TIP |원의 중심의 x좌표|=|원의 중심의 y좌표|=(원의 반지름의 길이)

양수 a, b에 대하여 $a+b$의 값은?

① 6 ② 9 ③ 12
④ 15 ⑤ 18

STEP **A** **원의 방정식을 표준형으로 변형하기**

원 $x^2+y^2-6x-2ay+b=0$에서

$(x-3)^2+(y-a)^2=a^2-b+9$이므로

원의 중심은 $(3, a)$, 반지름의 길이는 $\sqrt{a^2-b+9}$

STEP **B** **원이 x축과 y축에 동시에 접하는 조건을 이용하여 a, b의 값 구하기**

이 원이 x축과 y축에 동시에 접하므로

원의 중심의 x좌표와 y좌표의 절댓값과 반지름의 길이가 모두 같아야 한다.

즉 $|3|=|a|=\sqrt{a^2-b+9}$이므로

$3=|a|$에서 $a=3$ ($\because a>0$)

또한, $|a|=\sqrt{a^2-b+9}$에서 양변을 제곱하면

$a^2=a^2-b+9$ $\therefore b=9$

따라서 $a+b=3+9=12$

0181

다음 조건을 만족하는 원의 방정식을 구하시오.

(1) 중심이 직선 $3x+y=8$의 제 1사분면 위에 있고 x축과 y축에 동시에

TIP $r>0$이고 원의 중심의 좌표를 (r, r)로 놓는다.

접하는 원의 방정식

STEP A x**축과** y**축에 동시에 접하는 원의 방정식 세우기**

원의 중심이 제 1사분면에 있고 x축과 y축에 동시에 접하므로 원의 반지름의 길이를 $r(r>0)$이라 하면

원의 중심의 좌표는 (r, r)이고

원의 방정식은 $(x-r)^2+(y-r)^2=r^2$

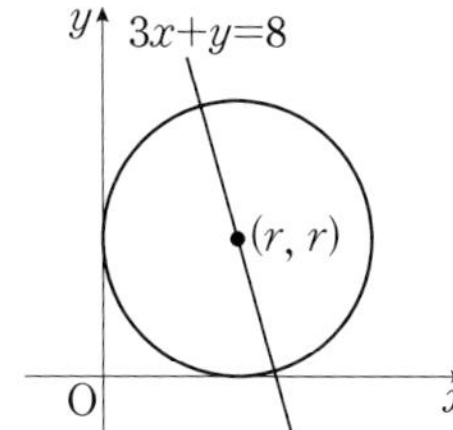

STEP B 원의 중심이 직선 $3x+y=8$**에 있음을 이용하여** r**의 값 구하기**

이때 원의 중심 (r, r)는 직선 $3x+y=8$ 위에 있으므로

$3r+r=8$, $4r=8$

$\therefore r=2$

따라서 구하는 원의 방정식은 $(x-2)^2+(y-2)^2=4$

MINI해설 **원의 중심이 직선** $y=x$ **위에 있음을 이용하여 풀이하기**

x축과 y축에 접하는 원의 중심은 직선 $y=x$ 또는 $y=-x$ 위에 있다.
이때 중심이 직선 $3x+y=8$의 제 1사분면 위에 있으므로 주어진 원의 중심은 직선 $3x+y=8$과 $y=x$의 교점이다.
교점의 x좌표는 $3x+x=8$, $4x=8$ $\therefore x=2$
즉 중심의 좌표는 $(2, 2)$이고 x축과 y축에 동시에 접하므로 반지름의 길이는 2
따라서 구하는 원의 방정식은 $(x-2)^2+(y-2)^2=4$

(2) 중심이 직선 $x+2y=3$의 제 2사분면 위에 있고 x축과 y축에 동시에

TIP $r>0$이고 원의 중심의 좌표를 $(-r, r)$로 놓는다.

접하는 원의 방정식

STEP A x**축과** y**축에 동시에 접하는 원의 방정식 세우기**

원의 중심이 제 2사분면에 있고 x축과 y축에 동시에 접하므로 원의 반지름의 길이를 $r(r>0)$이라 하면 원의 중심의 좌표는 $(-r, r)$이고 원의 방정식은 $(x+r)^2+(y-r)^2=r^2$

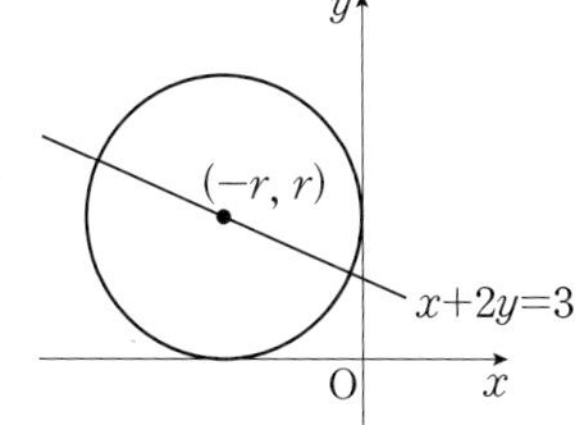

STEP B 원의 중심이 직선 $x+2y=3$ **위에 있음을 이용하여** r**의 값 구하기**

이때 원의 중심 $(-r, r)$는 직선 $x+2y=3$ 위에 있으므로

$-r+2r=3$

$\therefore r=3$

따라서 구하는 원의 방정식은 $(x+3)^2+(y-3)^2=9$

MINI해설 **원의 중심이 직선** $y=-x$ **위에 있음을 이용하여 풀이하기**

x축과 y축에 접하는 원의 중심은 직선 $y=x$ 또는 $y=-x$ 위에 있다.
이때 중심이 직선 $x+2y=3$의 제2사분면 위에 있으므로 주어진 원의 중심은 직선 $x+2y=3$와 $y=-x$의 교점이다.
교점의 x좌표는 $x-2x=3$ $\therefore x=-3$
즉 중심의 좌표는 $(-3, 3)$이고 x축과 y축에 동시에 접하므로 반지름의 길이는 3
따라서 구하는 원의 방정식은 $(x+3)^2+(y-3)^2=9$

0182

두 점 $A(-4, 0)$, $B(2, 0)$으로부터 거리의 비가 $2:1$인 점 P에 대하여

TIP $\overline{AP}:\overline{BP}=2:1$이므로 $\overline{AP}=2\overline{BP}$

다음 물음에 답하시오.

(1) 점 P가 그리는 도형의 방정식을 구하시오.
(2) 삼각형 PAB의 넓이의 최댓값을 구하시오.
(3) $\angle PAB$의 크기가 최대일 때, 선분 AP의 길이를 구하시오.

STEP A $\overline{AP}:\overline{BP}=2:1$**임을 이용하여 점 P가 그리는 도형의 방정식 구하기**

(1) 주어진 조건을 만족하는 점을 $P(x, y)$로 놓고

두 점 $A(-4, 0)$, $B(2, 0)$에 대하여

$\overline{AP}=\sqrt{\{x-(-4)\}^2+(y-0)^2}=\sqrt{x^2+8x+y^2+16}$

$\overline{BP}=\sqrt{(x-2)^2+(y-0)^2}=\sqrt{x^2-4x+y^2+4}$

이때 $\overline{AP}:\overline{BP}=2:1$에서 $\overline{AP}=2\overline{BP}$이므로 $\overline{AP}^2=4\overline{BP}^2$

$x^2+8x+y^2+16=4(x^2-4x+y^2+4)$, $x^2-8x+y^2=0$

$\therefore (x-4)^2+y^2=16$

STEP B 삼각형 PAB의 넓이의 최댓값 구하기

(2) 점 P에서 x축에 내린 수선의 발을 H라고 하면

삼각형 PAB의 넓이는

$\frac{1}{2}\times\overline{AB}\times\overline{PH}$

$\overline{AB}=6$이고 직선 AB가 원의 중심 $(4, 0)$을 지나므로

선분 PH의 길이의 최댓값은 반지름의 길이 4와 같다.

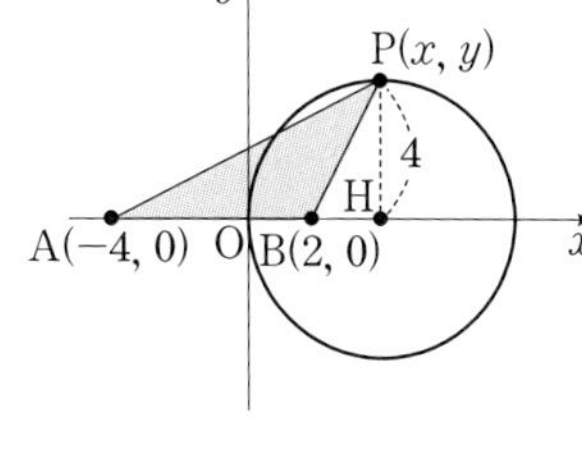

따라서 삼각형 PAB의 넓이의 최댓값은 $\frac{1}{2}\times6\times4=12$

STEP C $\angle PAB$**의 크기가 최대일 때, 선분 AP의 길이 구하기**

(3) $\angle PAB$의 크기는 오른쪽 그림과 같이 직선 AP가 원에 접할 때, 최대이다.

원의 중심을 C라 하면

삼각형 PCA에서 $\angle CPA=90°$

이므로 피타고라스 정리에 의하여

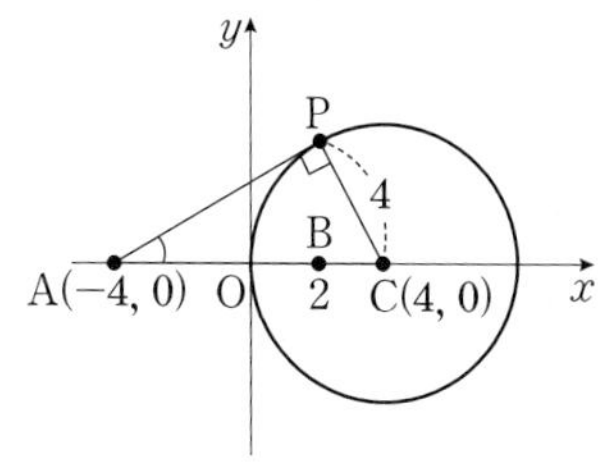

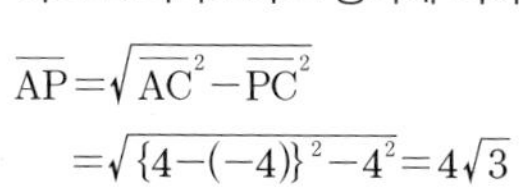

$\overline{AP}=\sqrt{\overline{AC}^2-\overline{PC}^2}$

$=\sqrt{\{4-(-4)\}^2-4^2}=4\sqrt{3}$

0183

좌표평면 위에 두 점 $A(0, 3)$, $B(b, 0)(b>0)$이 있다. $\overline{PA}:\overline{PB}=1:2$를 만족하는 점 P가 나타내는 도형이 x축에 접하도록 하는 상수 b의 값은?

TIP 원이 x축에 접하므로 원의 중심의 y좌표의 절댓값이 원의 반지름이다.

① $\sqrt{3}$ ② $2\sqrt{3}$ ③ $3\sqrt{3}$
④ $4\sqrt{3}$ ⑤ $5\sqrt{3}$

STEP A $\overline{PA}:\overline{PB}=1:2$**임을 이용하여 점 P가 나타내는 도형의 방정식 구하기**

주어진 조건을 만족하는 점 P의 좌표를 $P(x, y)$라 하고

두 점 $A(0, 3)$, $B(b, 0)$에 대하여

$\overline{PA}=\sqrt{(x-0)^2+(y-3)^2}=\sqrt{x^2+y^2-6y+9}$

$\overline{PB}=\sqrt{(x-b)^2+(y-0)^2}=\sqrt{x^2-2bx+y^2+b^2}$

이때 $\overline{PA} : \overline{PB} = 1 : 2$에서 $2\overline{PA} = \overline{PB}$이므로 $4\overline{PA}^2 = \overline{PB}^2$

$4(x^2+y^2-6y+9) = x^2-2bx+y^2+b^2$

$3x^2+2bx+3y^2-24y+36-b^2=0$

$\therefore \left(x+\frac{b}{3}\right)^2+(y-4)^2=\frac{4}{9}b^2+4$

STEP **B** **원이 x축에 접하므로 원의 중심의 y좌표의 절댓값이 원의 반지름임을 이용하여 b의 값 구하기**

이 원이 x축에 접하려면 원의 중심의 y좌표의 절댓값이 원의 반지름이므로

$\sqrt{\frac{4}{9}b^2+4}=4$

양변을 제곱하면 $\frac{4}{9}b^2+4=16$, $\frac{4}{9}b^2=12$, $b^2=27$

따라서 $b=3\sqrt{3}$ ($\because b>0$)

0184

다음 물음에 답하시오.

(1) 점 A(6, 1)과 원 $x^2+y^2+4x+6y-23=0$ 위의 임의의 점 P를 이은 선분 AP의 중점을 M이라 할 때, 점 M이 나타내는 도형의 길이를 구하시오.

TIP 선분 AP의 중점을 M(x, y)로 놓고 점 M이 그리는 도형의 방정식을 구한다.

STEP **A** **선분 AP의 중점 M으로 나타내는 도형의 방정식 구하기**

원 $x^2+y^2+4x+6y-23=0$에서

$(x+2)^2+(y+3)^2=36$이므로

원 위의 점의 좌표를 P(a, b)라 하면

점 P가 원 위의 점이므로

$(a+2)^2+(b+3)^2=36$ …… ㉠

두 점 P(a, b), A(6, 1)의 중점을

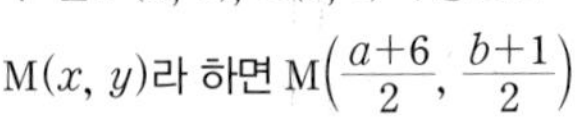

M(x, y)라 하면 M$\left(\frac{a+6}{2}, \frac{b+1}{2}\right)$

이므로 $x=\frac{a+6}{2}$, $y=\frac{b+1}{2}$

$\therefore a=2x-6$, $b=2y-1$ …… ㉡

㉡을 ㉠에 대입하면 $(2x-4)^2+(2y+2)^2=36$

$\therefore (x-2)^2+(y+1)^2=9$

STEP **B** **점 M이 그리는 도형의 길이 구하기**

점 M이 그리는 도형은 중심의 좌표가 $(2, -1)$, 반지름의 길이가 3인 원이다.

따라서 점 M이 나타내는 도형의 길이는 $2\pi \times 3 = 6\pi$

(2) 점 P가 원 $x^2+y^2=9$ 위를 움직일 때, 두 점 A(3, 6), B(6, 0)에 대하여 삼각형 ABP의 무게중심 G가 나타내는 도형의 방정식을 구하시오.

TIP 점 P의 좌표를 P(a, b)라 하면 $a^2+b^2=9$

STEP **A** **삼각형 ABP의 무게중심 G가 나타내는 도형의 방정식 구하기**

원 $x^2+y^2=9$ 위의 점의 좌표를 P(a, b)라 하면

점 P가 원 위의 점이므로 $a^2+b^2=9$ …… ㉠

세 점 A(3, 6), B(6, 0), P(a, b)를 꼭짓점으로 하는 삼각형 ABP의

무게중심 G(x, y)라 하면 G$\left(\frac{3+6+a}{3}, \frac{6+0+b}{3}\right)$

$x=\frac{a+9}{3}$, $y=\frac{b+6}{3}$

$\therefore a=3x-9$, $b=3y-6$ …… ㉡

㉡을 ㉠에 대입하면 $(3x-9)^2+(3y-6)^2=9$

따라서 $(x-3)^2+(y-2)^2=1$

0185

두 원 $x^2+y^2+x+5y-6=0$, $x^2+y^2-x-y-2=0$에 대하여 다음 물음에 답하시오.

(1) 두 원의 교점을 지나는 직선이 점 $(-4, a)$를 지날 때, a의 값을 구하시오.

(2) 두 원의 교점과 원점을 지나는 원의 넓이를 구하시오.

STEP **A** **두 원의 교점을 지나는 직선의 방정식 구하기**

(1) 두 원의 교점을 지나는 도형의 방정식은

$x^2+y^2+x+5y-6+k(x^2+y^2-x-y-2)=0$ (단, k는 상수)

$k=-1$이면 두 원의 교점을 지나는 직선의 방정식이므로

$x^2+y^2+x+5y-6-(x^2+y^2-x-y-2)=0$

$\therefore x+3y-2=0$

이 직선이 점 $(-4, a)$를 지나므로 $-4+3a-2=0$, $3a=6$

따라서 $a=2$

STEP **B** **두 원의 교점과 원점을 지나는 원의 방정식 구하기**

(2) 두 원의 교점을 지나는 원의 방정식은

$x^2+y^2+x+5y-6+k(x^2+y^2-x-y-2)=0$ (단, $k\neq-1$) …… ㉠

이 원이 점 $(0, 0)$을 지나므로 $-6-2k=0$, $2k=-6$ $\therefore k=-3$

$k=-3$을 ㉠에 대입하면

$x^2+y^2+x+5y-6-3(x^2+y^2-x-y-2)=0$, $x^2+y^2-2x-4y=0$

$\therefore (x-1)^2+(y-2)^2=5$

따라서 이 원의 반지름의 길이는 $\sqrt{5}$이므로 원의 넓이는 $\pi\times(\sqrt{5})^2=5\pi$

0186

다음 물음에 답하시오.

(1) 두 원 $x^2+y^2+3x+2y-1=0$, $x^2+y^2+ax-(2a-1)y+1=0$의 교점을 지나는 직선이 직선 $y=x+3$과 평행할 때, 상수 a의 값은?

TIP 두 직선 $ax+by+c=0$, $a'x+b'y+c'=0$이 평행할 조건 $\frac{a}{a'}=\frac{b}{b'}\neq\frac{c}{c'}$

① -6 ② -5 ③ -4
④ -3 ⑤ -2

STEP **A** **두 원의 교점을 지나는 직선의 방정식 구하기**

두 원의 교점을 지나는 도형의 방정식은

$x^2+y^2+3x+2y-1+k\{x^2+y^2+ax-(2a-1)y+1\}=0$ (단, k는 상수)

$k=-1$이면 두 원의 교점을 지나는 직선의 방정식이므로

$x^2+y^2+3x+2y-1-\{x^2+y^2+ax-(2a-1)y+1\}=0$

$\therefore (3-a)x+(2a+1)y-2=0$

STEP **B** **두 직선이 평행하기 위한 조건을 이용하여 a의 값 구하기**

두 직선 $(3-a)x+(2a+1)y-2=0$과 $x-y+3=0$이 평행하므로

$\frac{3-a}{1}=\frac{2a+1}{-1}\neq\frac{-2}{3}$에서 $\frac{3-a}{1}=\frac{2a+1}{-1}$, $-3+a=2a+1$

따라서 $a=-4$

(2) 두 원 $x^2+y^2+2ay+a^2-9=0$, $x^2+y^2+6x+5=0$의 교점을 지나는 직선이 직선 $2x+y=1$과 수직일 때, 상수 a의 값은?

TIP 두 직선 $ax+by+c=0$, $a'x+b'y+c'=0$이 수직일 조건 $aa'+bb'=0$

① 2 ② 3 ③ 4
④ 5 ⑤ 6

STEP Ⓐ **두 원의 교점을 지나는 직선의 방정식 구하기**

두 원의 교점을 지나는 도형의 방정식은

$x^2+y^2+2ay+a^2-9+k(x^2+y^2+6x+5)=0$ (단, k는 상수)

$k=-1$이면 두 원의 교점을 지나는 직선의 방정식이므로

$x^2+y^2+2ay+a^2-9-(x^2+y^2+6x+5)=0$

$\therefore 6x-2ay-a^2+14=0$

STEP Ⓑ **두 직선이 수직이기 위한 조건을 이용하여 a의 값 구하기**

두 직선 $6x-2ay-a^2+14=0$과 $2x+y=1$이 수직이므로

$6\times2+(-2a)\times1=0,\ 2a=12$

따라서 $a=6$

POINT 두 직선의 위치 관계

두 직선의 위치 관계	$\begin{cases} y=mx+n \\ y=m'x+n' \end{cases}$	$\begin{cases} ax+by+c=0 \\ a'x+b'y+c'=0 \end{cases}$
평행하다.	$m=m',\ n\neq n'$	$\dfrac{a}{a'}=\dfrac{b}{b'}\neq\dfrac{c}{c'}$
일치한다.	$m=m',\ n=n'$	$\dfrac{a}{a'}=\dfrac{b}{b'}=\dfrac{c}{c'}$
수직이다.	$mm'=1$	$aa'+bb'=0$

0187

다음 물음에 답하시오.

(1) 원 $x^2+y^2=r^2$이 원 $(x-2)^2+(y-1)^2=4$의 둘레를 이등분할 때,

TIP 한 원이 다른 한 원의 둘레를 이등분하기 위해서는 두 원의 교점을 지나는 직선이 원의 반지름이 작은 한 원의 지름의 양 끝점이므로 두 원의 공통현이 반지름이 작은 한 원의 중심을 지나야 둘레를 이등분한다.

양수 r의 값을 구하시오.

STEP Ⓐ **두 원의 교점을 지나는 직선의 방정식 구하기**

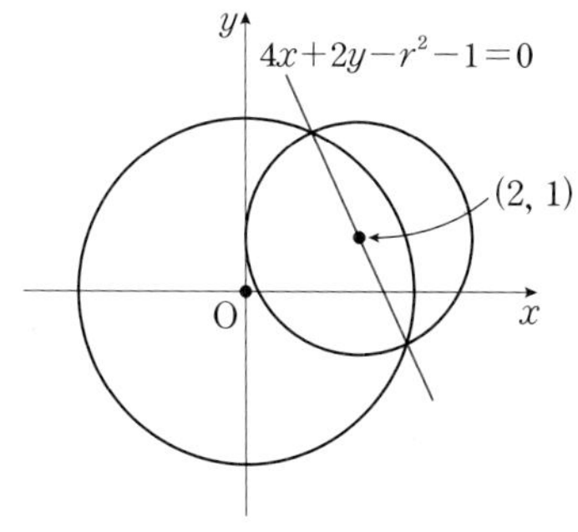

두 원 $x^2+y^2=r^2$, $(x-2)^2+(y-1)^2=4$을 각각 O, O'이라 하면

$O: x^2+y^2=r^2$, $O': (x-2)^2+(y-1)^2=4$

이때 원 O가 원 O'의 둘레의 길이를 이등분하려면 두 원의 교점을 지나는 직선이 원 O'의 중심을 지나야 한다.

두 원 $x^2+y^2=r^2$, $(x-2)^2+(y-1)^2=4$의 교점을 지나는 도형의 방정식은

$x^2+y^2-r^2+k\{(x-2)^2+(y-1)^2-4\}=0$ (단, k는 상수)

$k=-1$이면 두 원의 교점을 지나는 직선의 방정식이므로

$x^2+y^2-r^2-\{(x-2)^2+(y-1)^2-4\}=0$

$\therefore 4x+2y-r^2-1=0$

STEP Ⓑ **두 원의 교점을 지나는 직선이 원 O'의 중심을 지남을 이용하여 r의 값 구하기**

이 직선이 원 O'의 중심 $(2, 1)$을 지나므로

$4\times2+2\times1-r^2-1=0$

$\therefore r^2=9$

따라서 $r>0$이므로 $r=3$

MINI해설 피타고라스 정리를 이용하여 풀이하기

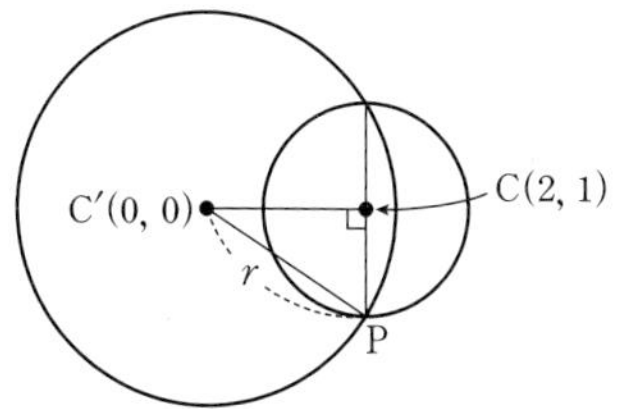

$x^2+y^2=r^2$ ······ ㉠

$(x-2)^2+(y-1)^2=4$ ······ ㉡

원 ㉡의 중심을 $\mathrm{C}(2, 1)$, 원 ㉠의 중심을 $\mathrm{C'}(0, 0)$이라 하고

두 원의 교점 중 한 점을 P라 하자.

이때 원 ㉠이 원 ㉡의 둘레를 이등분하려면 두 원의 공통현이 원 ㉡의 중심 $\mathrm{C}(2, 1)$을 지나야 한다.

$\overline{\mathrm{CC'}}=\sqrt{2^2+1^2}=\sqrt{5}$, $\overline{\mathrm{CP}}=2$

이때 원 ㉠의 중심 C′에서 공통현에 내린 수선의 발이 C이므로

직각삼각형 CPC′에서 피타고라스 정리에 의하여

$\overline{\mathrm{C'P}}=\sqrt{\overline{\mathrm{CC'}}^2+\overline{\mathrm{CP}}^2}=\sqrt{(\sqrt{5})^2+2^2}=3$

따라서 $r=3$

2008년 11월 고1 학력평가 24번

(2) 좌표평면 위의 두 원 $x^2+y^2=20$과 $(x-a)^2+y^2=4$가 서로 다른 두 점에서 만날 때, 공통현의 길이가 최대가 되도록 하는 양수 a의

TIP 공통현이 작은 원의 지름이 되려면 공통현이 작은 원의 중심을 지나면 된다.

값을 구하시오.

STEP Ⓐ **두 원의 교점을 지나는 직선의 방정식 구하기**

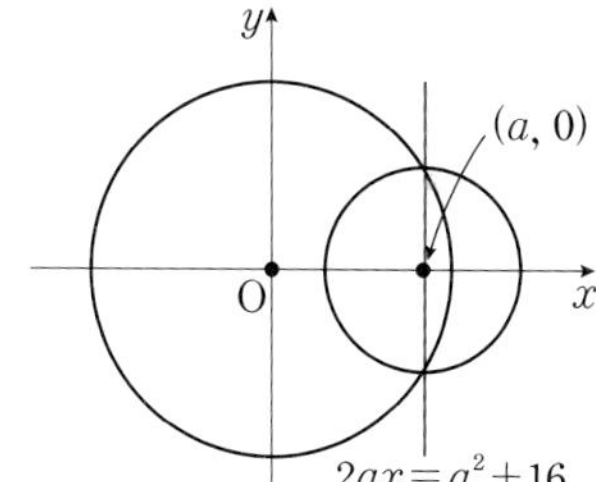

두 원 $x^2+y^2=20$과 $(x-a)^2+y^2=4$의 교점을 지나는 도형의 방정식은

$x^2+y^2-20+k(x^2-2ax+a^2+y^2-4)=0$ (단, k는 상수)

$k=-1$이면 두 원의 교점을 지나는 직선의 방정식이므로

$x^2+y^2-20-(x^2-2ax+a^2+y^2-4)=0$

$\therefore 2ax=a^2+16$

STEP Ⓑ **공통현의 길이가 최대가 되기 위해서는 공통현이 작은 원의 지름이 되어야 함을 이용하여 a의 값 구하기**

이 직선이 원 $(x-a)^2+y^2=4$의 중심 $(a, 0)$을 지날 때,

공통현의 길이가 최대가 된다.

따라서 $2a^2=a^2+16$, $a^2=16$이므로 $a=4$($\because a>0$)

0188

오른쪽 그림과 같이 원 $x^2+y^2=36$을 선분 PQ를 접는 선으로 접어서 x축 위의 점 $(2,\ 0)$에서 접하도록 하였다.

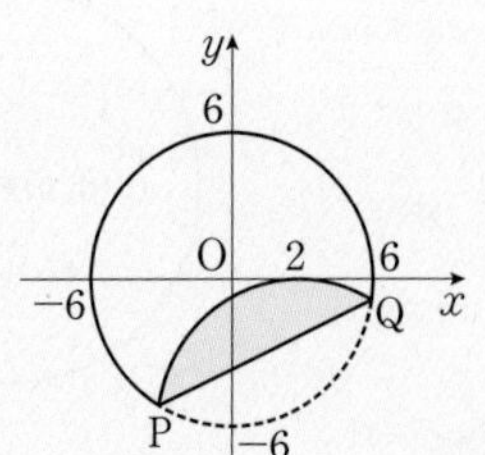

TIP 원 $x^2+y^2=36$의 일부를 접은 것이므로 반지름의 길이가 같다.
즉 반지름의 길이는 6이고 x축에 접하므로 원의 중심의 y좌표의 절댓값이 반지름의 길이와 같다.

직선 PQ의 방정식을 $x+ay+b=0$이라 할 때, 상수 $a,\ b$에 대하여 ab의 값을 구하시오.

STEP Ⓐ 두 점 P, Q를 지나고 점 $(2,\ 0)$에서 x축에 접하는 원의 방정식 구하기

오른쪽 그림과 같이 호 PQ는 점 $(2,\ 0)$에서 x축에 접하고 반지름의 길이가 6인 원의 일부이므로 중심이 $(2,\ -6)$이고 반지름의 길이가 6인 원의 호이다.

즉 세 점 P, Q, $(2,\ 0)$을 지나는 원의 방정식은

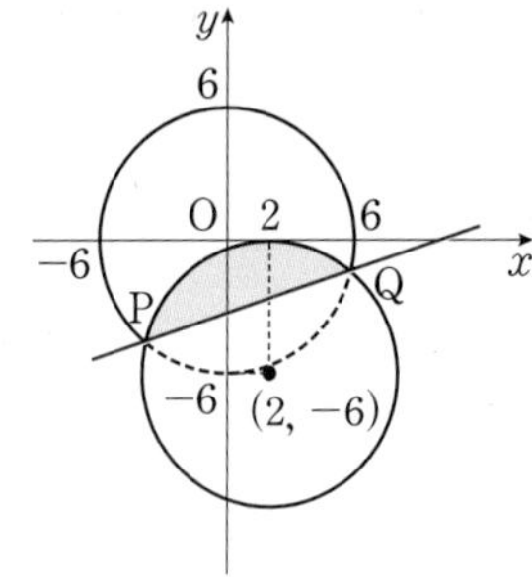

$(x-2)^2+(y+6)^2=36$

$\therefore\ x^2+y^2-4x+12y+4=0$

STEP Ⓑ 두 원의 교점을 지나는 직선의 방정식 구하기

두 원 $x^2+y^2=36,\ x^2+y^2-4x+12y+4=0$의 교점을 지나는 도형의 방정식은 $x^2+y^2-36+k(x^2+y^2-4x+12y+4)=0$ (단, k는 상수)

$k=-1$이면 두 원의 교점을 지나는 직선의 방정식이므로

$(x^2+y^2-36)-(x^2+y^2-4x+12y+4)=0$

$\therefore\ x-3y-10=0$

따라서 $a=-3,\ b=-10$이므로 $ab=30$

0189

원 $x^2+y^2=4$ 위의 두 점 P, Q가 있다. 오른쪽 그림과 같이 현 PQ를 접는 선으로 하여 원의 작은 부분을 접었을 때, 호 PQ는 점 C$(1,\ 0)$에서 x축에 접한다. 다음 물음에 답하시오.

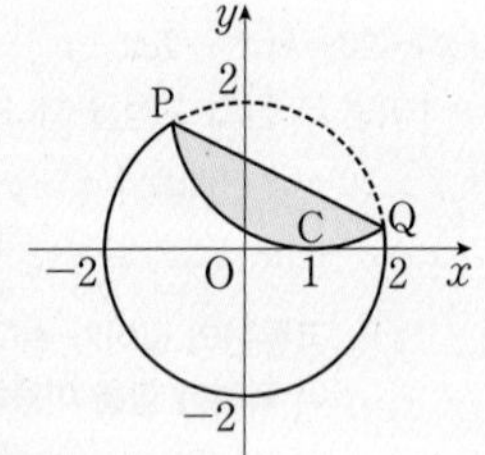

(1) 직선 PQ의 방정식을 구하시오.

(2) 지름이 선분 PQ인 원의 방정식을

TIP 공통현의 중점의 좌표를 구하려면 두 원의 중심을 지나는 직선이 공통현을 수직이등분함을 이용하여 구한다.

구하시오.

STEP Ⓐ 두 원의 교점을 지나는 직선의 방정식 구하기

(1) 호 PQ는 오른쪽 그림과 같이 점 $(1,\ 0)$에서 x축에 접하고 반지름의 길이가 2인 원의 일부이므로 원의 방정식 중심이 $(1,\ 2)$이고 반지름의 길이가 2인 원의 호이다.

즉 세 점 P, Q, C$(1,\ 0)$를 지나는 원의 방정식은

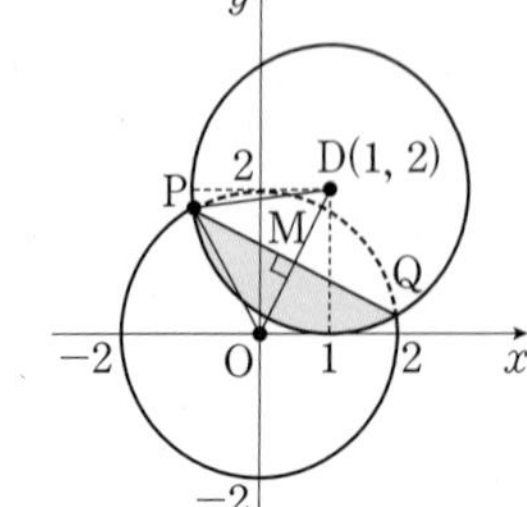

$(x-1)^2+(y-2)^2=4$

$\therefore\ x^2+y^2-2x-4y+1=0$

두 원 $x^2+y^2=4,\ x^2+y^2-2x-4y+1=0$의 교점을 지나는 도형의 방정식은 $x^2+y^2-4+k(x^2+y^2-2x-4y+1)=0$ (단, k는 상수)

$k=-1$이면 두 원의 교점을 지나는 직선의 방정식이므로

$(x^2+y^2-4)-(x^2+y^2-2x-4y+1)=0$

$\therefore\ 2x+4y-5=0$

STEP Ⓑ 피타고라스 정리를 이용하여 원의 방정식 구하기

(2) 원 $(x-1)^2+(y-2)^2=4$의 중심 $(1,\ 2)$를 D라 하면

$\overline{\text{PO}}=\overline{\text{PD}}$이므로 선분 OD의 중점 M은 두 직선 OD와 PQ의 교점이다.

그런데 직선 OD의 방정식이 $y=2x$이므로

두 직선 $2x-y=0,\ 2x+4y-5=0$을 연립하여 풀면 $x=\frac{1}{2},\ y=1$

$\therefore\ \text{M}\left(\frac{1}{2},\ 1\right)$

구하는 원의 반지름을 r이라 하면 $r=\overline{\text{MP}},\ \overline{\text{OM}}=\frac{1}{2}\overline{\text{OD}}=\frac{\sqrt{5}}{2}$이므로

직각삼각형 OMP에서 피타고라스 정리에 의하여 $\overline{\text{PO}}^2=\overline{\text{OM}}^2+\overline{\text{MP}}^2$

$2^2=\left(\frac{\sqrt{5}}{2}\right)^2+r^2\quad \therefore\ r^2=\frac{11}{4}$

따라서 구하는 원의 방정식은 $\left(x-\frac{1}{2}\right)^2+(y-1)^2=\frac{11}{4}$

0190

두 원

$$x^2+y^2=10,\ x^2+y^2-4x+4y+2=0$$

의 공통현의 중점의 좌표가 $(a,\ b)$일 때, 상수 $a,\ b$에 대하여 $a-b$의 값을

TIP 공통현의 중점의 좌표를 구하려면 두 원의 중심을 지나는 직선이 공통현을 수직이등분함을 이용하여 구한다.

구하시오.

STEP Ⓐ 두 원의 공통현의 방정식 구하기

두 원의 공통현의 중점은 두 원의 교점을 지나는 직선과 두 원의 중심을 지나는 직선의 교점과 같다.

두 원 $x^2+y^2=10,\ x^2+y^2-4x+4y+2=0$의 교점을 지나는 도형의 방정식은 $x^2+y^2-10+k(x^2+y^2-4x+4y+2)=0$ (단, k는 상수)

$k=-1$이면 두 원의 교점을 지나는 직선의 방정식이므로

$x^2+y^2-10-(x^2+y^2-4x+4y+2)=0$

$\therefore\ y=x-3$ …… ㉠

STEP Ⓑ 두 원의 중심을 지나는 직선의 방정식과 교점의 좌표 구하기

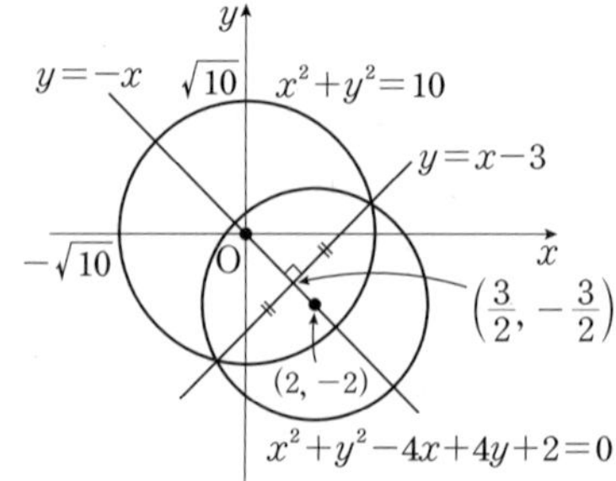

원 $x^2+y^2=10$의 중심의 좌표는 $(0,\ 0)$

원 $x^2+y^2-4x+4y+2=0$에서 $(x-2)^2+(y+2)^2=6$이므로 중심의 좌표는 $(2,\ -2)$

이때 두 점 $(0,\ 0),\ (2,\ -2)$를 지나는 직선의 방정식은

$y-0=\frac{-2-0}{2-0}(x-0)\quad \therefore\ y=-x$ …… ㉡

㉠, ㉡을 연립하여 풀면 $x=\frac{3}{2},\ y=-\frac{3}{2}$

따라서 $a=\frac{3}{2},\ b=-\frac{3}{2}$이므로 $a-b=\frac{3}{2}-\left(-\frac{3}{2}\right)=3$

0191

두 원 $x^2+y^2=4$, $x^2+y^2-4x-4y=0$의 공통현의 길이를 구하려고 한다. 다음 물음에 답하시오.

(1) 두 원의 방정식에서 이차항을 소거하여 공통현의 방정식을 구하시오.

(2) 원 $x^2+y^2=4$의 중심과 공통현 사이의 거리를 구하시오.

(3) 두 원의 공통현의 길이를 구하시오.

STEP A **두 원의 공통현의 방정식 구하기**

(1) 두 원의 공통현의 방정식은 $(x^2+y^2-4)-(x^2+y^2-4x-4y)=0$

$\therefore x+y-1=0$

STEP B **원의 중심에서 직선 사이의 거리 구하기**

(2) 오른쪽 그림과 같이 공통현과 원과의 교점을 각각 P, Q라 하고 현 PQ의 중점을 M이라 하자.

원 $x^2+y^2=4$의 중심 $(0,\ 0)$에서 직선 $x+y-1=0$에 이르는 거리는 선분 OM의 길이와 같으므로

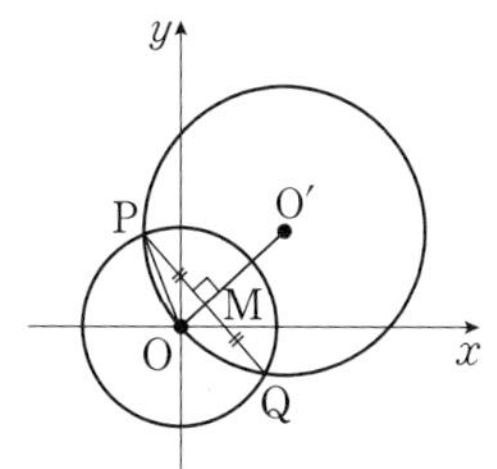

$\overline{\mathrm{OM}}=\dfrac{|-1|}{\sqrt{1^2+1^2}}=\dfrac{1}{\sqrt{2}}=\dfrac{\sqrt{2}}{2}$

STEP C **피타고라스 정리를 이용하여 공통현의 길이 구하기**

(3) 원 $x^2+y^2=4$에서 반지름의 길이가 2이므로 $\overline{\mathrm{OP}}=2$

직각삼각형 OPM에서

피타고라스 정리에 의하여 $\overline{\mathrm{PM}}=\sqrt{\overline{\mathrm{OP}}^2-\overline{\mathrm{OM}}^2}=\sqrt{2^2-\left(\dfrac{\sqrt{2}}{2}\right)^2}=\dfrac{\sqrt{14}}{2}$

따라서 구하는 공통현의 길이 $\overline{\mathrm{PQ}}=2\overline{\mathrm{PM}}=2\times\dfrac{\sqrt{14}}{2}=\sqrt{14}$

0192

두 원 $x^2+y^2-2x-2y+a=0$, $x^2+y^2+2x+2y-6=0$의 공통현의 길이가 $2\sqrt{6}$이 되도록 하는 모든 실수 a의 값의 합은?

TIP 원의 중심에서 공통현에 내린 수선은 현을 수직이등분함을 이용하여 구한다.

① -28 ② -24 ③ -22
④ -20 ⑤ -18

STEP A **두 원의 공통현의 방정식 구하기**

두 원 $x^2+y^2-2x-2y+a=0$, $x^2+y^2+2x+2y-6=0$의 중심을 각각 O, O′이라 하자.

두 원의 공통현의 방정식은

$x^2+y^2-2x-2y+a-(x^2+y^2+2x+2y-6)=0$

$\therefore 4x+4y-6-a=0$ …… ㉠

STEP B **피타고라스 정리를 이용하여 원의 중심에서 직선 사이의 거리 구하기**

오른쪽 그림과 같이 두 원의 교점을 A, B라 하고 두 원의 중심에서 ㉠에 내린 수선의 발을 H라 하면 공통현의 길이가 $\overline{\mathrm{AB}}=2\sqrt{6}$이므로

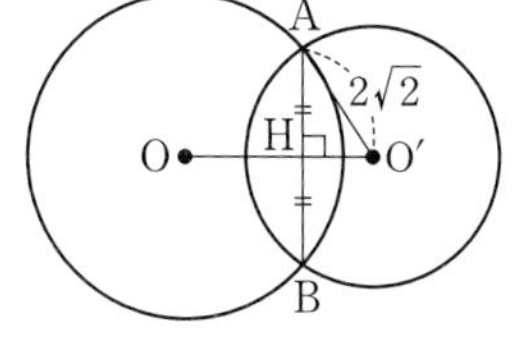

$\overline{\mathrm{AH}}=\dfrac{1}{2}\overline{\mathrm{AB}}=\sqrt{6}$

원 $x^2+y^2+2x+2y-6=0$에서 $(x+1)^2+(y+1)^2=8$이므로

중심의 좌표는 $\mathrm{O}'(-1,\ -1)$이고 반지름의 길이 $\overline{\mathrm{O'A}}=\sqrt{8}=2\sqrt{2}$

직각삼각형 O′AH에서 피타고라스 정리에 의하여

$\overline{\mathrm{O'H}}=\sqrt{\overline{\mathrm{O'A}}^2-\overline{\mathrm{AH}}^2}=\sqrt{(2\sqrt{2})^2-(\sqrt{6})^2}=\sqrt{2}$ …… ㉡

중심 $\mathrm{O}'(-1,\ -1)$에서 공통현 $4x+4y-6-a=0$ 사이의 거리는 선분 O′H의 길이와 같으므로

$\overline{\mathrm{O'H}}=\dfrac{|4\times(-1)+4\times(-1)-6-a|}{4\sqrt{2}}=\dfrac{|14+a|}{4\sqrt{2}}$ …… ㉢

㉡, ㉢에서 $\dfrac{|14+a|}{4\sqrt{2}}=\sqrt{2}$, $|14+a|=8$, $14+a=\pm 8$

$\therefore a=-6$ 또는 $a=-22$

따라서 실수 a의 값의 합은 $-6+(-22)=-28$

0193

다음 물음에 답하시오.

(1) 원 $x^2+y^2=25$와 직선 $x+2y+5=0$의 교점을 지나는 원 중에서 그 넓이가 최소인 원의 넓이를 구하시오.

TIP 원 중에서 넓이가 최소인 것은 두 교점을 지름으로 하는 원이다.

STEP A **원의 중심에서 현에 내린 수선은 현을 이등분함을 이용하기**

오른쪽 그림과 같이 원과 직선이 만나는 두 점을 각각 A, B라 하고

원의 중심 $\mathrm{O}(0,\ 0)$에서 직선 $x+2y+5=0$에 내린 수선의 발을 H라 하면 선분 OH의 길이는

$\overline{\mathrm{OH}}=\dfrac{|5|}{\sqrt{1^2+2^2}}=\sqrt{5}$

원 $x^2+y^2=25$에서 반지름의 길이가 5이므로 $\overline{\mathrm{OA}}=5$

직각삼각형 OAH에서 피타고라스 정리에 의하여

$\overline{\mathrm{AH}}=\sqrt{\overline{\mathrm{OA}}^2-\overline{\mathrm{OH}}^2}=\sqrt{5^2-(\sqrt{5})^2}=2\sqrt{5}$

STEP B **교점을 지나는 원 중에서 그 넓이가 최소인 원의 넓이 구하기**

두 점 A, B를 지나는 원 중에서 넓이가 최소인 것은 두 교점을 지름으로 하는 원이므로

원의 반지름의 길이는 $\overline{\mathrm{AH}}=2\sqrt{5}$

따라서 구하는 원의 넓이는 $\pi\times(2\sqrt{5})^2=20\pi$

MINI해설 **직접 교점을 구하여 풀이하기**

$x+2y+5=0$, 즉 $x=-2y-5$를 $x^2+y^2=25$에 대입하면

$(-2y-5)^2+y^2=25$, 즉 $5y(y+4)=0$이므로 $y=0$ 또는 $y=-4$

이때 두 교점의 좌표는 $(-5,\ 0)$, $(3,\ -4)$

넓이가 최소인 원은 두 교점을 지름으로 하는 것이므로 반지름의 길이는

$\dfrac{1}{2}\sqrt{\{3-(-5)\}^2+(-4-0)^2}=\dfrac{1}{2}\times 4\sqrt{5}=2\sqrt{5}$

따라서 구하는 원의 넓이는 $\pi\times(2\sqrt{5})^2=20\pi$

(2) 두 원 $x^2+y^2-2y=0$, $x^2+y^2+2x-4=0$의 두 교점을 지나는 원 중에서 넓이가 최소인 원의 방정식을 구하시오.

TIP 원 중에서 넓이가 최소인 것은 두 교점을 지름으로 하는 원이다.

STEP A **두 원의 공통현의 방정식 구하기**

두 원의 교점을 지나는 원 중에서 넓이가 최소인 것은 두 원의 공통현을 지름으로 하는 원이다.

두 원 $x^2+y^2-2y=0$, $x^2+y^2+2x-4=0$의 공통현의 방정식은

$(x^2+y^2-2y)-(x^2+y^2+2x-4)=0$

$\therefore y=-x+2$ …… ㉠

STEP Ⓑ **교점을 지나는 원 중에서 그 넓이가 최소인 원의 방정식 구하기**

직선 ㉠을 $x^2+y^2-2y=0$에 대입하면

$x^2+(-x+2)^2-2(-x+2)=0$에서

$x^2+x^2-4x+4+2x-4=0$, $x(x-1)=0$

$\therefore x=0$ 또는 $x=1$ …… ㉡

㉡을 ㉠에 대입하면 $y=2$ 또는 $y=1$

즉 두 원의 교점의 좌표는 $(0, 2)$ 또는 $(1, 1)$이므로

구하는 원은 이 두 점을 지름의 양 끝점으로 하는 원이다.

그러므로 두 점 $(0, 2)$, $(1, 1)$을 이은 선분의 중점이 원의 중심이므로

$\left(\frac{1}{2}, \frac{3}{2}\right)$이고 반지름의 길이는 $\frac{1}{2}\sqrt{(1-0)^2+(1-2)^2}=\frac{\sqrt{2}}{2}$

따라서 넓이가 최소인 원의 방정식은 $\left(x-\frac{1}{2}\right)^2+\left(y-\frac{3}{2}\right)^2=\frac{1}{2}$

0194

다음 물음에 답하시오.

(1) 원 $(x-3)^2+(y-4)^2=16$과 직선 $x+3y-5=0$이 만나는 두 점을 각각 A, B라 할 때, 선분 AB의 길이를 구하시오.

TIP 원의 중심에서 현에 내린 수선은 그 현을 수직이등분함을 이용하여 구한다.

STEP Ⓐ **원의 중심에서 현에 내린 수선은 현을 이등분함을 이용하기**

다음 그림과 같이 원과 직선의 두 교점이 A, B이므로

원 $(x-3)^2+(y-4)^2=16$의 중심의 좌표를 $C(3, 4)$라 하고 반지름의 길이는

$\overline{CA}=4$, 점 C에서 직선 $x+3y-5=0$에 내린 수선의 발을 H라 하자.

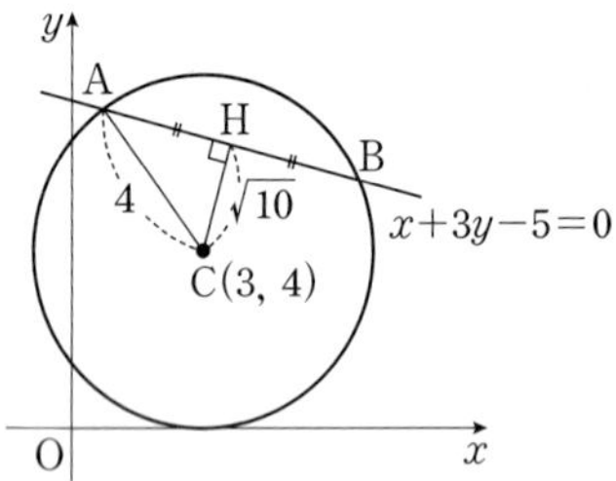

원의 중심 $C(3, 4)$와 직선 $x+3y-5=0$ 사이의 거리는

선분 CH의 길이와 같으므로 $\overline{CH}=\frac{|1\times3+3\times4-5|}{\sqrt{1^2+3^2}}=\sqrt{10}$

직각삼각형 CHA에서 피타고라스 정리에 의하여

$\overline{AH}=\sqrt{\overline{CA}^2-\overline{CH}^2}=\sqrt{4^2-(\sqrt{10})^2}=\sqrt{6}$

따라서 $\overline{AB}=2\overline{AH}=2\sqrt{6}$

(2) 원 $(x-1)^2+(y+1)^2=27$과 직선 $x-y+k=0$이 만나서 생기는 현의 길이가 6일 때, 양수 k의 값을 구하시오.

TIP 원의 중심에서 현에 내린 수선은 그 현을 수직이등분함을 이용하여 구한다.

STEP Ⓐ **원의 중심에서 현에 내린 수선은 현을 이등분함을 이용하기**

오른쪽 그림과 같이 원과 직선의 두 교점을 각각 A, B라 하자.

원 $(x-1)^2+(y+1)^2=27$의

중심의 좌표를 $C(1, -1)$이라 하고

반지름의 길이는 $\overline{CA}=3\sqrt{3}$,

점 C에서 직선 $x-y+k=0$에

내린 수선의 발을 H라 하자.

$\overline{AB}=6$이므로 $\overline{AH}=\frac{1}{2}\overline{AB}=3$

직각삼각형 CAH에서 피타고라스 정리에 의하여

$\overline{CH}=\sqrt{\overline{CA}^2-\overline{AH}^2}=\sqrt{(3\sqrt{3})^2-3^2}=3\sqrt{2}$

STEP Ⓑ **점과 직선 사이의 거리를 이용하여 k의 값 구하기**

원의 중심 $C(1, -1)$과 직선 $x-y+k=0$ 사이의 거리는 선분 CH의 길이와 같으므로

$\frac{|1+1+k|}{\sqrt{1^2+(-1)^2}}=3\sqrt{2}$, $|k+2|=6$, $k+2=\pm6$

$\therefore k=-8$ 또는 $k=4$

따라서 $k>0$이므로 $k=4$

0195

2018년 03월 고2 학력평가 나형 12번 변형

다음 그림과 같이 좌표평면에서 원 $x^2+y^2-4x-6y+k=0$과 직선 $4x-3y+21=0$이 두 점 A, B에서 만난다. $\overline{AB}=6$일 때, 상수 k의 값은?

TIP 원의 중심에서 현에 내린 수선은 그 현을 수직이등분함을 이용하여 구한다.

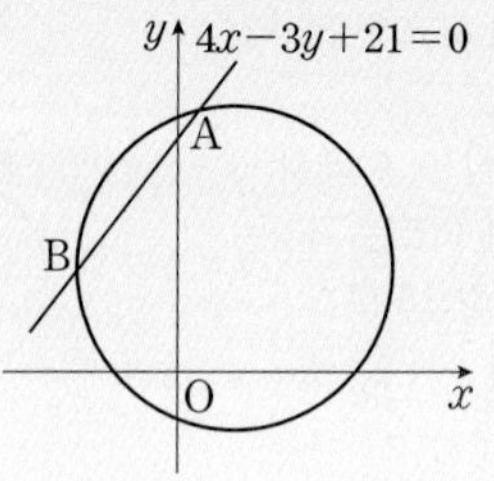

① -13 ② -12 ③ -11
④ -10 ⑤ -9

STEP Ⓐ **원의 방정식을 변형하여 중심과 반지름의 길이 구하기**

원 $x^2+y^2-4x-6y+k=0$에서 $(x-2)^2+(y-3)^2=13-k$

원의 중심을 C라 하면 $C(2, 3)$이고

반지름의 길이는 $\overline{CA}=\sqrt{13-k}$

STEP Ⓑ **원의 중심과 직선 사이의 거리 구하기**

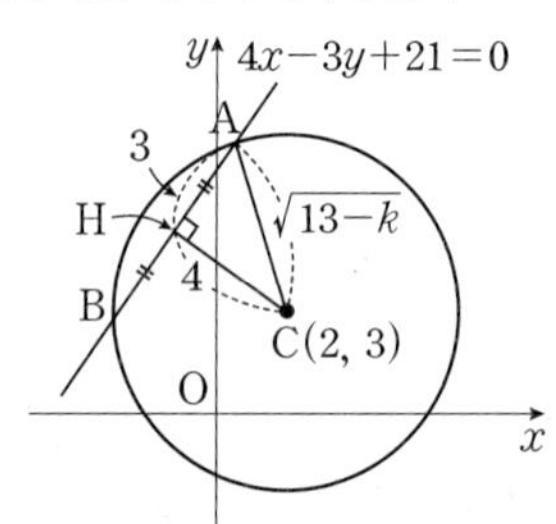

원의 중심 $C(2, 3)$에서 선분 AB에 내린 수선의 발을 H라 하면

$\overline{AB}=6$이므로 $\overline{AH}=\overline{BH}=3$

점 $C(2, 3)$와 직선 $4x-3y+21=0$ 사이의 거리, 즉 선분 CH의 길이는

$\overline{CH}=\frac{|4\times2-3\times3+21|}{\sqrt{4^2+(-3)^2}}=\frac{20}{5}=4$

STEP Ⓒ **직각삼각형의 피타고라스 정리를 이용하여 상수 k의 값 구하기**

직각삼각형 CAH에서 피타고라스 정리에 의하여

$\overline{CA}^2=\overline{CH}^2+\overline{AH}^2$, 즉 $13-k=4^2+3^2$

따라서 $k=-12$

0196

원 $x^2+y^2-6x-4y-12=0$과 직선 $4x+3y-3=0$이 만나는 두 점을

TIP 원의 중심에서 현에 내린 수선은 그 현을 수직이등분함을 이용하여 구한다.

A, B라 하고 원의 중심을 C라 할 때, 삼각형 ABC의 넓이를 구하시오.

STEP A **원의 방정식을 변형하여 중심과 반지름의 길이 구하기**

원 $x^2+y^2-6x-4y-12=0$에서 $(x-3)^2+(y-2)^2=25$

원의 중심을 C라 하면 C(3, 2)이고

반지름의 길이는 $\overline{CA}=5$

STEP B **원의 중심과 직선 사이의 거리를 이용하여 삼각형 ABC의 넓이 구하기**

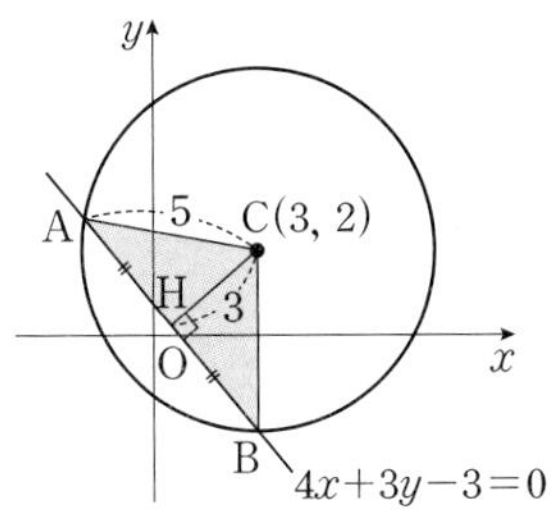

원의 중심 C(3, 2)에서 직선 $4x+3y-3=0$에 내린 수선의 발을 H라 하자.

점 C(3, 2)와 직선 $4x+3y-3=0$ 사이의 거리, 즉 선분 CH의 길이는

$\overline{CH}=\dfrac{|4\times3+3\times2-3|}{\sqrt{4^2+3^2}}=\dfrac{15}{5}=3$

삼각형 AHC에서 피타고라스 정리에 의하여

$\overline{AH}=\sqrt{\overline{CA}^2-\overline{CH}^2}=\sqrt{5^2-3^2}=4$

$\therefore \overline{AB}=2\overline{AH}=8$

따라서 삼각형 ABC의 넓이는 $\dfrac{1}{2}\times\overline{AB}\times\overline{CH}=\dfrac{1}{2}\times8\times3=12$

0197

직선 $y=mx+2$와 원 $x^2+y^2=1$이 다음과 같은 위치에 있을 때, 실수 m의 값 또는 그 범위를 구하시오.

(1) 두 점에서 만난다.
(2) 한 점에서 만난다.
(3) 만나지 않는다.

STEP A **이차방정식의 판별식을 이용하여 m의 값의 범위 구하기**

직선 $y=mx+2$를 원 $x^2+y^2=1$에 대입하면 $x^2+(mx+2)^2=1$

$\therefore (1+m^2)x^2+4mx+3=0$

이 이차방정식의 판별식을 D라 하면

$\dfrac{D}{4}=4m^2-3(m^2+1)$

$=m^2-3$

$=(m-\sqrt{3})(m+\sqrt{3})$

(1) 원과 직선이 두 점에서 만나려면 $\dfrac{D}{4}>0$이므로

$(m-\sqrt{3})(m+\sqrt{3})>0$

$\therefore m<-\sqrt{3}$ 또는 $m>\sqrt{3}$

(2) 원과 직선이 한 점에서 만나려면 $D=0$이므로

$(m-\sqrt{3})(m+\sqrt{3})=0$

$\therefore m=\sqrt{3}$ 또는 $m=-\sqrt{3}$

(3) 원과 직선이 만나지 않으려면 $D<0$이므로

$(m-\sqrt{3})(m+\sqrt{3})<0$

$\therefore -\sqrt{3}<m<\sqrt{3}$

MINI해설 원의 중심과 직선 사이의 거리를 이용하여 풀이하기

원의 중심 (0, 0)과 직선 $mx-y+2=0$ 사이의 거리 d와 반지름의 길이를 r이라 하면

$d=\dfrac{|2|}{\sqrt{m^2+(-1)^2}}$, $r=1$

(1) 서로 다른 두 점에서 만나려면 $d<r$이어야 하므로

$\dfrac{|2|}{\sqrt{m^2+1}}<1$, $2<\sqrt{m^2+1}$, $4<m^2+1$, $m^2-3>0$, $(m-\sqrt{3})(m+\sqrt{3})>0$

$\therefore m<-\sqrt{3}$ 또는 $m>\sqrt{3}$

(2) 한 점에서 만나려면 $d=r$이어야 하므로

$\dfrac{|2|}{\sqrt{m^2+1}}=1$, $2=\sqrt{m^2+1}$, $m^2=3$

$\therefore m=\sqrt{3}$ 또는 $m=-\sqrt{3}$

(3) 만나지 않으려면 $d>r$이어야 하므로

$\dfrac{|2|}{\sqrt{m^2+1}}>1$, $2>\sqrt{m^2+1}$, $4>m^2+1$, $m^2-3<0$, $(m-\sqrt{3})(m+\sqrt{3})<0$

$\therefore -\sqrt{3}<m<\sqrt{3}$

0198

원 $x^2+y^2=4$와 직선 $4x-3y+k=0$이 만날 때, 실수 k의 최댓값과

TIP (원의 중심과 직선 사이의 거리)≤(원의 반지름의 길이)

최솟값의 곱은?

① −200 ② −100 ③ −10
④ 10 ⑤ 100

STEP A **원의 중심과 직선 사이의 거리 구하기**

원 $x^2+y^2=4$은 중심은 원점 (0, 0)이고 반지름의 길이는 2

원의 중심 (0, 0)과 직선 $4x-3y+k=0$ 사이의 거리를 d라고 하면

$d=\dfrac{|k|}{\sqrt{4^2+(-3)^2}}=\dfrac{|k|}{5}$

STEP B **원과 직선이 만나기 위한 조건을 이용하여 최댓값과 최솟값 구하기**

원과 직선이 만나는 경우는 서로 다른 두 점에서 만나거나 접하는 경우이므로 $d\le r$이어야 한다.

즉 $\dfrac{|k|}{5}\le2$, $|k|\le10$

$\therefore -10\le k\le10$

따라서 k의 최댓값은 10, 최솟값은 −10이므로 최댓값과 최솟값의 곱은

$10\times(-10)=-100$

0199

2008년 11월 고1 학력평가 28번

좌표평면 위의 원 $x^2+y^2=4$와 직선 $y=ax+2\sqrt{b}$가 접하도록 하는 b의 모든 값의 합을 구하시오. (단, a, b는 10보다 작은 자연수이다.)

TIP 조건을 만족하는 순서쌍 (a, b)를 구한다.

STEP A **이차방정식의 판별식을 이용하여 a, b 사이의 관계식 구하기**

직선 $y=ax+2\sqrt{b}$를 원 $x^2+y^2=4$에 대입하면

$x^2+(ax+2\sqrt{b})^2=4$

$\therefore (a^2+1)x^2+4a\sqrt{b}x+4b-4=0$

원과 직선이 접하려면 이 이차방정식이 중근을 가져야 하므로

이차방정식의 판별식을 D라 하면 $D=0$이어야 한다.

$\dfrac{D}{4}=(2a\sqrt{b})^2-(a^2+1)(4b-4)=0$

$\therefore b=a^2+1$

+α 원의 중심과 직선 사이의 거리를 이용하여 a, b 사이의 관계식을 구할 수 있어!

원 $x^2+y^2=4$에서 원의 중심은 $(0, 0)$이고 반지름의 길이는 2

원의 중심 $(0, 0)$과 직선 $ax-y+2\sqrt{b}=0$ 사이의 거리는 $\dfrac{|2\sqrt{b}|}{\sqrt{a^2+1}}$

원과 직선이 접하므로 $\dfrac{|2\sqrt{b}|}{\sqrt{a^2+1}}=2$, $|2\sqrt{b}|=2\sqrt{a^2+1}$

양변을 제곱하면 $b=a^2+1$

+α 원에 접하고 기울기가 m인 접선의 방정식을 이용하여 구할 수 있어!

원 $x^2+y^2=4$에 접하고 기울기가 a, 반지름의 길이가 2인 접선의 방정식은

$y=ax\pm2\sqrt{a^2+1}$

이 직선은 $y=ax+2\sqrt{b}$와 일치하므로 $\sqrt{a^2+1}=\sqrt{b}$

양변을 제곱하면 $b=a^2+1$

STEP B a, b는 10보다 작은 자연수임을 이용하여 조건을 만족하는 b의 값 구하기

따라서 10보다 작은 자연수 a, b에 대하여 $b=a^2+1$을 만족하는

a가 3 이상의 자연수이면 b는 10 이상의 자연수가 된다.

순서쌍 (a, b)는 $(1, 2)$와 $(2, 5)$이므로 b의 모든 값의 합은 $2+5=7$

0200

다음 물음에 답하시오.

(1) 원 $(x-1)^2+(y-1)^2=r^2$과 직선 $x+2y+2=0$이 서로 다른 두 점에서 만날 때, 양수 r의 값의 범위를 구하시오.

TIP (원의 중심에서 직선 사이의 거리)<(원의 반지름의 길이)

STEP A (원의 중심에서 직선 사이의 거리)<(원의 반지름의 길이)임을 이용하여 r의 값의 범위 구하기

원 $(x-1)^2+(y-1)^2=r^2$의 중심 $(1, 1)$과 직선 $x+2y+2=0$ 사이의 거리는

$\dfrac{|1\times1+2\times1+2|}{\sqrt{1^2+2^2}}=\dfrac{5}{\sqrt{5}}=\sqrt{5}$

따라서 원의 반지름의 길이가 r이므로 원과 직선이 서로 다른 두 점에서 만나려면 $r>\sqrt{5}$

(2) 원 $x^2+y^2-4x-6y+4=0$이 직선 $3x-4y+k=0$과 서로 다른 두 점에서 만날 때, 실수 k의 값의 범위를 구하시오.

TIP (원의 중심에서 직선 사이의 거리)<(원의 반지름의 길이)

STEP A (원의 중심에서 직선 사이의 거리)<(원의 반지름의 길이)임을 이용하여 k의 값의 범위 구하기

원 $x^2+y^2-4x-6y+4=0$, 즉 $(x-2)^2+(y-3)^2=9$

원의 중심 $(2, 3)$과 직선 $3x-4y+k=0$ 사이의 거리는

$\dfrac{|3\times2-4\times3+k|}{\sqrt{3^2+(-4)^2}}=\dfrac{|k-6|}{5}$

원의 반지름의 길이가 3이므로 원과 직선이 서로 다른 두 점에서 만나려면

$\dfrac{|k-6|}{5}<3$, $|k-6|<15$, $-15<k-6<15$

따라서 $-9<k<21$

0201

다음 물음에 답하시오.

(1) 원 $(x-1)^2+(y-1)^2=r^2$이 직선 $3x+4y+3=0$에 접할 때, 양수 r의 값은?

TIP (원의 중심과 직선 사이의 거리)=(원의 반지름의 길이)

① 1 ② $\sqrt{2}$ ③ $\sqrt{3}$ ④ 2 ⑤ 3

STEP A (원의 중심에서 직선 사이의 거리)=(원의 반지름의 길이)임을 이용하여 r의 값 구하기

원과 직선이 접하므로 원의 중심 $(1, 1)$과 직선 $3x+4y+3=0$ 사이의 거리가 원의 반지름의 길이 r과 같다.

따라서 $r=\dfrac{|3\times1+4\times1+3|}{\sqrt{3^2+4^2}}=\dfrac{10}{5}=2$

(2) 중심의 좌표가 $(1, 3)$이고 직선 $x-y+k=0$에 접하는 원의 넓이가 8π일 때, 모든 상수 k의 값의 합은?

TIP 반지름의 길이가 r인 원의 넓이는 πr^2

① 1 ② $\sqrt{2}$ ③ $\sqrt{3}$ ④ 3 ⑤ 4

STEP A (원의 중심에서 직선 사이의 거리)=(원의 반지름의 길이)임을 이용하여 k의 값 구하기

원의 넓이가 8π이므로 원의 반지름의 길이는 $2\sqrt{2}$

원과 직선이 접하므로 원의 중심 $(1, 3)$과 직선 $x-y+k=0$ 사이의 거리가 반지름의 길이 $2\sqrt{2}$와 같다.

즉 $\dfrac{|1-3+k|}{\sqrt{1^2+(-1)^2}}=2\sqrt{2}$, $|k-2|=4$, $k-2=\pm4$

$\therefore k=6$ 또는 $k=-2$

따라서 모든 k의 값의 합은 $-2+6=4$

0202

2022년 11월 고1 학력평가 10번 변형

좌표평면에서 두 점 $(-2, 0)$, $(6, 0)$을 지름의 양 끝점으로 하는 원과 직선 $kx-y+4=0$이 오직 한 점에서 만나도록 하는 양수 k의 값을 구하시오.

TIP (원의 중심과 직선 사이의 거리)=(원의 반지름의 길이)

STEP A 두 점을 지름의 양 끝점으로 하는 원의 방정식 구하기

두 점 $(-2, 0)$, $(6, 0)$을 지름의 양 끝점으로 하는 원을 C라 하자.

이때 원의 중심은 두 점의 중점이므로

$\left(\dfrac{-2+6}{2}, \dfrac{0+0}{2}\right)$, 즉 $(2, 0)$

반지름의 길이는 $\dfrac{1}{2}\{6-(-2)\}=4$

즉 구하는 원의 방정식은 $C:(x-2)^2+y^2=16$

+α 두 점을 지름의 양 끝점으로 하는 원의 방정식 공식을 이용하여 구할 수 있어!

두 점 $(-2, 0)$, $(6, 0)$을 지름의 양 끝점으로 하는 원의 방정식은

서로 다른 두 점 $A(a_1, b_1)$, $B(a_2, b_2)$를 지름의 양 끝점으로 하는 원의 방정식은 $(x-a_1)(x-a_2)+(y-b_1)(y-b_2)=0$

$(x+2)(x-6)+(y-0)(y-0)=0$, $x^2-4x+y^2-12=0$

$\therefore (x-2)^2+y^2=16$

STEP B (원의 중심에서 직선 사이의 거리)=(원의 반지름의 길이)임을 이용하여 양수 k의 값 구하기

원 $C:(x-2)^2+y^2=16$와 직선 $kx-y+4=0$이 오직 한 점에서 만나려면 원 C의 중심인 점 $(2, 0)$과 직선 $kx-y+4=0$ 사이의 거리는 원의 반지름의 길이 4와 같다.

즉 $\frac{|k\times 2-1\times 0+4|}{\sqrt{k^2+(-1)^2}}=4$, $|2k+4|=4\sqrt{k^2+1}$

양변을 제곱하면 $4k^2+16k+16=16(k^2+1)$, $4k(3k-4)=0$

$\therefore k=0$ 또는 $k=\frac{4}{3}$

따라서 양수 k의 값은 $\frac{4}{3}$

+α 이차방정식의 판별식을 이용하여 구할 수 있어!

원 $C:(x-2)^2+y^2=16$와 직선 $kx-y+4=0$의 교점의 x좌표를 구하기 위하여
$kx-y+4=0$에서 $y=kx+4$를 $(x-2)^2+y^2=16$에 대입하면
$(x-2)^2+(kx+4)^2=16$ $\therefore (k^2+1)x^2+2(4k-2)x+4=0$
이때 원과 직선이 접하려면 이차방정식 $(k^2+1)x^2+2(4k-2)x+4=0$은 중근을 가져야 하고 판별식을 D라 하면 $D=0$이어야 한다.
$\frac{D}{4}=(4k-2)^2-4(k^2+1)=0$, $4k(3k-4)=0$
따라서 $k>0$이므로 $k=\frac{4}{3}$

+α 원에 접하고 기울기가 m인 접선의 방정식을 이용하여 구할 수 있어!

직선 $kx-y+4=0$, 즉 $y=kx+4$에서 기울기는 k,
원 $(x-2)^2+y^2=16$에 접하고 기울기가 k, 반지름의 길이가 4인 접선의 방정식은
원 $(x-a)^2+(y-b)^2=r^2$에 접하고 기울기가 m인 접선의 방정식은 $y-b=m(x-a)\pm r\sqrt{m^2+1}$
$y-0=k(x-2)\pm 4\sqrt{k^2+1}$
$\therefore y=kx-2k\pm 4\sqrt{k^2+1}$
이 직선은 $y=kx+4$와 일치하므로
$-2k\pm 4\sqrt{k^2+1}=4$, $2k+4=\pm 4\sqrt{k^2+1}$
양변을 제곱하면 $4k^2+16k+16=16k^2+16$, $4k(3k-4)=0$
따라서 $k>0$이므로 $k=\frac{4}{3}$

0203

다음 물음에 답하시오.

(1) 원 $x^2+y^2=9$에 접하고 x축의 양의 방향과 $30°$의 각을 이루는 직선의 방정식을 구하시오.

TIP 직선이 x축의 양의 방향과 이루는 각 θ에 대하여 직선의 기울기는 $\tan\theta$의 값이다.

STEP A 기울기가 주어진 원의 접선의 방정식 구하기

x축의 양의 방향과 $30°$의 각을 이루는 직선의 기울기는

$\tan 30° = \frac{\sqrt{3}}{3}$

원 $x^2+y^2=9$의 반지름의 길이는 3이므로

구하는 접선의 방정식은

$y=\frac{\sqrt{3}}{3}x\pm 3\sqrt{\left(\frac{\sqrt{3}}{3}\right)^2+1}$, 즉 $y=\frac{\sqrt{3}}{3}x\pm 2\sqrt{3}$

MINI해설 원의 중심에서 직선 사이의 거리를 이용하여 풀이하기

구하는 접선의 방정식을 $y=\frac{\sqrt{3}}{3}x+k$, 즉 $\sqrt{3}x-3y+3k=0$으로 놓으면
원의 중심 $(0, 0)$과 접선 사이의 거리가 원의 반지름의 길이인 3과 같으므로
$\frac{|3k|}{\sqrt{(\sqrt{3})^2+(-3)^2}}=3$, $|k|=2\sqrt{3}$ $\therefore k=\pm 2\sqrt{3}$
따라서 구하는 접선의 방정식은 $y=\frac{\sqrt{3}}{3}x\pm 2\sqrt{3}$

MINI해설 이차방정식의 판별식을 이용하여 풀이하기

구하는 접선의 방정식을 $y=\frac{\sqrt{3}}{3}x+k$로 놓고
원의 방정식 $x^2+y^2=9$에 대입하면 $x^2+\left(\frac{\sqrt{3}}{3}x+k\right)^2=9$
$\therefore \frac{4}{3}x^2+\frac{2\sqrt{3}}{3}kx+k^2-9=0$
이 이차방정식의 판별식을 D라 하면 원과 직선이 접하므로 $D=0$이어야 한다.
$\frac{D}{4}=\left(\frac{\sqrt{3}}{3}k\right)^2-\frac{4}{3}\times(k^2-9)=0$, $k^2=12$
$\therefore k=\pm 2\sqrt{3}$
따라서 구하는 접선의 방정식은 $y=\frac{\sqrt{3}}{3}x\pm 2\sqrt{3}$

(2) 원 $x^2+y^2=4$에 접하고 직선 $x-y+1=0$에 수직인 직선의 방정식을 구하시오.

TIP 두 직선의 기울기의 곱은 -1

STEP A 기울기가 주어진 원의 접선의 방정식 구하기

직선 $x-y+1=0$, 즉 $y=x+1$에 수직이므로 직선의 기울기는 -1
원 $x^2+y^2=4$의 반지름의 길이는 2이므로
구하는 직선의 방정식은 $y=-x\pm 2\sqrt{(-1)^2+1}$, 즉 $y=-x\pm 2\sqrt{2}$

MINI해설 원의 중심에서 직선 사이의 거리를 이용하여 풀이하기

구하는 접선의 방정식을 $y=-x+k$, 즉 $x+y-k=0$로 놓으면
원의 중심 $(0, 0)$과 접선 사이의 거리가 원의 반지름의 길이인 2와 같으므로
$\frac{|-k|}{\sqrt{1^2+1^2}}=2$, $|k|=2\sqrt{2}$ $\therefore k=\pm 2\sqrt{2}$
따라서 구하는 접선의 방정식은 $y=-x\pm 2\sqrt{2}$

MINI해설 이차방정식의 판별식을 이용하여 풀이하기

구하는 접선의 방정식을 $y=-x+k$로 놓고
원의 방정식 $x^2+y^2=4$에 대입하면 $x^2+(-x+k)^2=4$
$\therefore 2x^2-2kx+k^2-4=0$
이 이차방정식의 판별식을 D라 하면 원과 직선이 접하므로 $D=0$이어야 한다.
$\frac{D}{4}=(-k)^2-2\times(k^2-4)=0$, $k^2=8$ $\therefore k=\pm 2\sqrt{2}$
따라서 구하는 접선의 방정식은 $y=-x\pm 2\sqrt{2}$

0204

다음 물음에 답하시오.

(1) 원 $(x+1)^2+(y-4)^2=9$에 접하고 직선 $2x-y+1=0$에 평행한 직선의 방정식을 구하시오.

TIP 두 직선이 기울기가 같다.

STEP A 원의 중심에서 직선 사이의 거리를 이용하여 직선의 방정식 구하기

직선 $2x-y+1=0$, 즉 $y=2x+1$에 평행하므로 접선의 기울기는 2
이때 접선의 방정식을 $y=2x+k$라 놓으면
원 $(x+1)^2+(y-4)^2=9$의 중심 $(-1, 4)$와 직선 $2x-y+k=0$ 사이의 거리가 반지름의 길이 3과 같으므로
$\frac{|2\times(-1)-1\times 4+k|}{\sqrt{2^2+(-1)^2}}=3$, $|k-6|=3\sqrt{5}$, $k-6=\pm 3\sqrt{5}$
$\therefore k=6\pm 3\sqrt{5}$
따라서 구하는 접선의 방정식은 $y=2x+6\pm 3\sqrt{5}$

(2) 원 $(x-3)^2+(y-2)^2=1$에 접하고 직선 $3x-4y-12=0$에 수직인 직선의 방정식을 구하시오.

TIP 두 직선의 기울기의 곱은 -1

STEP A 원의 중심에서 직선 사이의 거리를 이용하여 직선의 방정식 구하기

직선 $3x-4y-12=0$, 즉 $y=\frac{3}{4}x-3$에 수직이므로 접선의 기울기는 $-\frac{4}{3}$

이때 접선의 방정식을 $y=-\frac{4}{3}x+k$라 놓으면

원 $(x-3)^2+(y-2)^2=1$의 중심 $(3, 2)$와 직선 $4x+3y-3k=0$ 사이의 거리가 반지름의 길이 1과 같으므로

$\frac{|4\times3+3\times2-3k|}{\sqrt{4^2+3^2}}=1$, $|18-3k|=5$, $18-3k=\pm5$

$\therefore k=\frac{13}{3}$ 또는 $k=\frac{23}{3}$

따라서 구하는 접선의 방정식은 $y=-\frac{4}{3}x+\frac{13}{3}$ 또는 $y=-\frac{4}{3}x+\frac{23}{3}$

0205

오른쪽 그림과 같이 정사각형 ABCD에 내접하는 원의 방정식은 $(x-2)^2+(y-3)^2=1$이다. 두 점 C, D를 지나는 직선과 x축의 양의 방향이 이루는 각의 크기가 30°

TIP 직선이 x축의 양의 방향과 이루는 각 θ에 대하여 직선의 기울기는 $\tan\theta$의 값이다.

라 할 때, 두 점 A, D를 지나는 직선의 방정식을 구하시오.

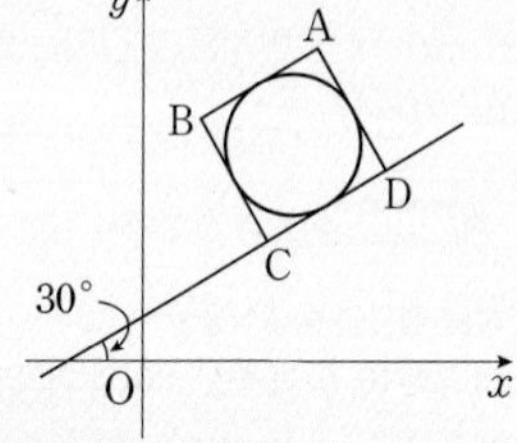

STEP A 두 점 A, D를 지나는 직선의 기울기 구하기

두 점 C, D를 지나는 직선의 기울기는 $\tan30^\circ=\frac{\sqrt{3}}{3}$이므로

정사각형 ABCD에서 $\overline{AD}$와 $\overline{CD}$가 수직이므로

두 점 A, D를 지나는 직선의 기울기는 $-\sqrt{3}$

STEP B 원의 중심에서 직선 사이의 거리를 이용하여 직선의 방정식 구하기

두 점 A, D를 지나는 직선의 방정식을 $y=-\sqrt{3}x+a$라 놓으면

원의 중심 $(2, 3)$에서 직선 $\sqrt{3}x+y-a=0$ 사이의 거리가 1이므로

$\frac{|2\sqrt{3}+3-a|}{\sqrt{(\sqrt{3})^2+1^2}}=1$, $|2\sqrt{3}+3-a|=2$, $2\sqrt{3}+3-a=\pm2$

$\therefore a=1+2\sqrt{3}$ 또는 $a=5+2\sqrt{3}$

즉 직선 AD의 y절편 $5+2\sqrt{3}$, 직선 BC의 y절편 $1+2\sqrt{3}$

따라서 두 점 A, D를 지나는 직선의 방정식은 $y=-\sqrt{3}x+5+2\sqrt{3}$

POINT 특수한 각의 삼각비의 값

	0°	30°	45°	60°	90°
$\sin A$	0	$\frac{1}{2}$	$\frac{\sqrt{2}}{2}$	$\frac{\sqrt{3}}{2}$	1
$\cos A$	1	$\frac{\sqrt{3}}{2}$	$\frac{\sqrt{2}}{2}$	$\frac{1}{2}$	0
$\tan A$	0	$\frac{\sqrt{3}}{3}$	1	$\sqrt{3}$	

0206

다음 물음에 답하시오.

(1) 원 $x^2+y^2=25$ 위의 점 $(4, 3)$에서 그은 접선이 직선 $3x+ay+2=0$과 서로 수직일 때, 실수 a의 값을 구하시오.

STEP A 원 위의 점에서 접선의 방정식을 이용하여 실수 a의 값 구하기

원 $x^2+y^2=25$ 위의 점 $(4, 3)$에서의 접선의 방정식은 $4x+3y=25$

이 직선이 $3x+ay+2=0$과 서로 수직이므로

$4\times3+3\times a=0$, $3a=-12$

따라서 $a=-4$

(2) 원 $(x+2)^2+(y-1)^2=10$ 위의 점 $(1, 2)$에서의 접선의 방정식을 구하시오.

STEP A 원 위의 점에서 접선의 방정식 구하기

원 $(x+2)^2+(y-1)^2=10$ 위의 점 $(1, 2)$에서의 접선의 방정식은

$(1+2)(x+2)+(2-1)(y-1)=10$, $3x+6+y-1=10$

따라서 $y=-3x+5$

MINI해설 원의 중심과 접점을 지나는 직선이 접선과 수직임을 이용하여 풀이하기

오른쪽 그림과 같이 원의 중심 $(-2, 1)$과 접점 $(1, 2)$를 지나는 직선의 기울기가 $\frac{2-1}{1-(-2)}=\frac{1}{3}$

원의 중심과 접점을 지나는 직선은 접선에 수직이므로 접선의 기울기는 -3

따라서 기울기가 -3이고 점 $(1, 2)$를 지나는 접선의 방정식은

$y-2=-3(x-1)$, 즉 $y=-3x+5$

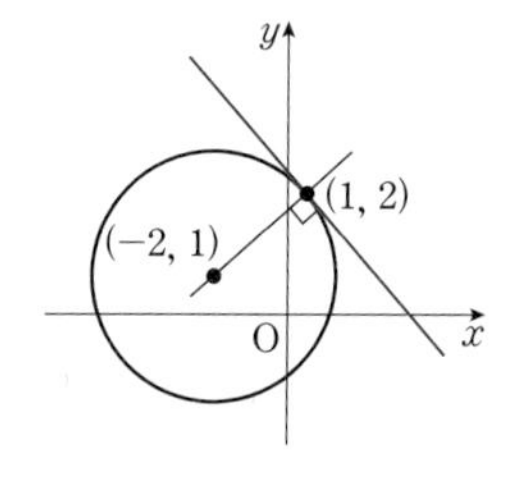

0207

원 $x^2+y^2=25$ 위의 점 $(-3, 4)$에서의 접선이 원 $x^2+y^2-16x-12y+91+k=0$과 접할 때, 실수 k의 값은?

TIP (원의 중심에서 직선 사이의 거리)=(원의 반지름의 길이)

① -16 ② -15 ③ -14
④ -13 ⑤ -12

STEP A 원 위의 점에서 접선의 방정식 구하기

원 $x^2+y^2=25$ 위의 점 $(-3, 4)$에서의 접선의 방정식은 $-3x+4y=25$

STEP B 원의 중심에서 직선 사이의 거리를 이용하여 실수 k의 값 구하기

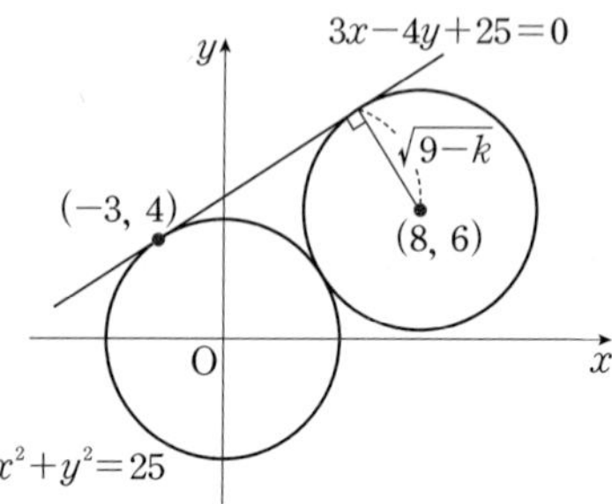

원 $x^2+y^2-16x-12y+91+k=0$에서 $(x-8)^2+(y-6)^2=9-k$이므로

중심은 $(8, 6)$, 반지름의 길이는 $\sqrt{9-k}$

이때 접선 $-3x+4y=25$가 원 $(x-8)^2+(y-6)^2=9-k$와 접하려면
점 $(8, 6)$과 직선 $3x-4y+25=0$ 사이의 거리가 반지름의 길이 $\sqrt{9-k}$와 같아야 한다.

즉 $\frac{|3\times8-4\times6+25|}{\sqrt{3^2+(-4)^2}}=\sqrt{9-k}$, $5=\sqrt{9-k}$

양변을 제곱하면 $25=9-k$

따라서 $k=-16$

0208

2023년 09월 고1 학력평가 26번 변형

좌표평면에서 원 $x^2+y^2=45$ 위의 점 $(-3, 6)$에서의 접선이 원 $(x-10)^2+(y-2)^2=r^2$과 만나도록 하는 자연수 r의 최솟값을 구하시오. (단, $\sqrt{5}\fallingdotseq2.23$)

TIP (원과 직선 사이의 거리)≤(원의 반지름의 길이)

STEP A 원 위의 점에서 접선의 방정식 구하기

원 $x^2+y^2=45$ 위의 점 $(-3, 6)$에서의 접선의 방정식은 $-3x+6y-45=0$

STEP B 원과 접선 사이의 거리를 이용하여 r의 최솟값 구하기

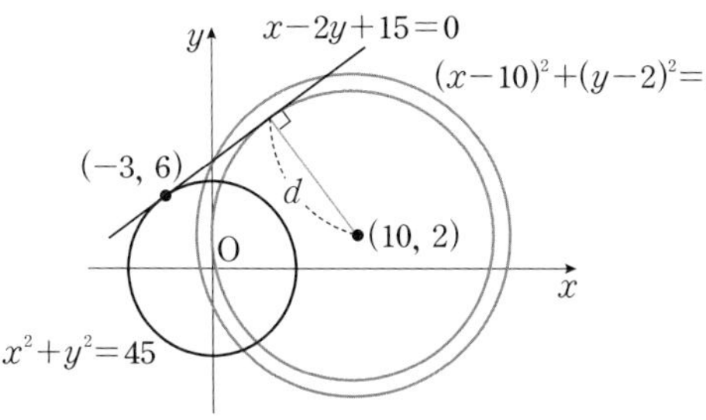

원 $(x-10)^2+(y-2)^2=r^2$의 중심은 $(10, 2)$, 반지름의 길이는 r

이때 접선 $x-2y+15=0$이 원 $(x-10)^2+(y-2)^2=r^2$과 만나려면
점 $(10, 2)$와 직선 $x-2y+15=0$ 사이의 거리가 반지름의 길이 r보다 작거나 같아야 한다.

즉 $\frac{|1\times10-2\times2+15|}{\sqrt{1^2+(-2)^2}}\le r$, $r\ge\frac{21\sqrt{5}}{5}$ ← 9.366

따라서 자연수 r의 최솟값은 10

0209

점 $(-2, 4)$에서 원 $x^2+y^2=4$에 그은 접선의 방정식을 구하시오.

STEP A 접점을 (x_1, y_1)로 놓고 접선의 방정식 구하기

원 $x^2+y^2=4$ 위의 접점을 (x_1, y_1)이라 하면 접선의 방정식은

$x_1x+y_1y=4$ …… ㉠

접선 ㉠이 점 $(-2, 4)$를 지나므로 $-2x_1+4y_1=4$

$\therefore x_1=2y_1-2$ …… ㉡

또한, 접점 (x_1, y_1)은 원 $x^2+y^2=4$ 위의 점이므로

$x_1^2+y_1^2=4$ …… ㉢

㉡을 ㉢에 대입하면

$(2y_1-2)^2+y_1^2=4$, $5y_1^2-8y_1=0$, $y_1(5y_1-8)=0$

$\therefore y_1=0$ 또는 $y_1=\frac{8}{5}$ …… ㉣

㉣을 ㉡에 대입하면

$x_1=-2$ 또는 $x_1=\frac{6}{5}$ …… ㉤

㉣, ㉤을 ㉠에 대입하면 $x=-2$ 또는 $3x+4y-10=0$

MINI해설 원의 중심에서 직선 사이의 거리를 이용하여 풀이하기

(i) 점 $(-2, 4)$를 지나는 직선의 기울기를 m이라 하면

$y-4=m(x+2)$ $\therefore mx-y+2m+4=0$ …… ㉠

원과 직선이 접하려면 원 $x^2+y^2=4$의 중심 $(0, 0)$과 접선 ㉠ 사이의 거리가 반지름의 길이 2와 같아야 한다.

즉 $\frac{|2m+4|}{\sqrt{m^2+(-1)^2}}=2$, $|2m+4|=2\sqrt{m^2+1}$

양변을 제곱하면 $4m^2+16m+16=4m^2+4$, $4m=-3$

$\therefore m=-\frac{3}{4}$ …… ㉡

㉡을 ㉠에 대입하면 $-\frac{3}{4}x-y+\frac{5}{2}=0$ $\therefore 3x+4y-10=0$

(ii) 원 밖의 점에서 그은 접선은 2개이므로 오른쪽 그림과 같이 나머지 접선의 방정식은 $x=-2$

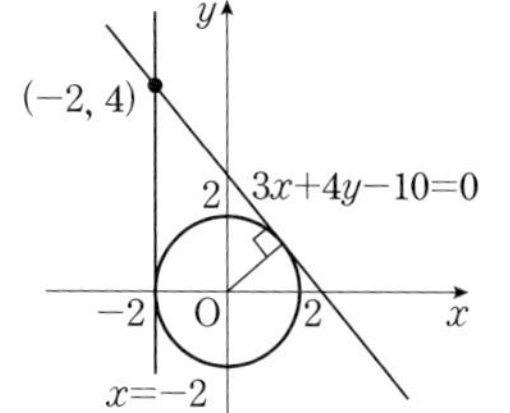

(i), (ii)에서 구하는 접선의 방정식은
$x=-2$ 또는 $3x+4y-10=0$

주의 원 밖의 한 점에서 원에 그은 접선의 주의 사항!
원 밖의 한 점에서 원에 그은 접선은 반드시 두 개 존재한다.
그런데 접선이 y축에 평행할 때,
(원의 중심에서 접선까지의 거리)=(원의 반지름의 길이)임을 이용하여 접선의 방정식을 구하면 한 개만 구해지는 경우도 있으므로 반드시 그래프를 그려서 나머지 한 접선의 방정식을 구한다.

0210

다음 물음에 답하시오.

(1) 점 $\mathrm{P}(2, 0)$에서 원 $(x-2)^2+(y-a)^2=4$에 그은 두 접선의 기울기의 곱이 -1일 때, 양수 a의 값을 구하시오.

TIP 두 접선이 서로 수직이다.

STEP A 두 직선이 서로 수직이므로 사각형이 정사각형임을 이해하기

원 $(x-2)^2+(y-a)^2=4$의 중심을 $\mathrm{C}(2, a)$라 하고 점 $\mathrm{P}(2, 0)$에서
원 $(x-2)^2+(y-a)^2=4$에 그은 두 접선의 기울기의 곱이 -1이므로
두 접선이 서로 수직이다.
원의 중심과 접점을 연결한 선분은 접선에 수직이므로
사각형은 한 변의 길이가 2인 정사각형이다

STEP B 정사각형의 대각선의 길이를 이용하여 양수 a의 값 구하기

오른쪽 그림과 같이 원의 중심 $\mathrm{C}(2, a)$, 점 $\mathrm{P}(2, 0)$에서 원에 그은 두 접선의 접점을 각각 A, B라 하면
사각형 PACB의 한 변의 길이가 2인 정사각형이므로

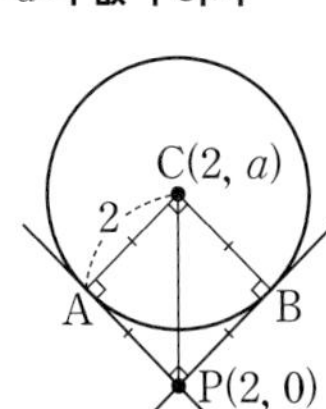

$\overline{\mathrm{CP}}=\sqrt{2^2+2^2}=2\sqrt{2}$

즉 두 점 $\mathrm{C}(2, a)$, $\mathrm{P}(2, 0)$에 대하여

$\overline{\mathrm{CP}}=\sqrt{(2-2)^2+(a-0)^2}=|a|$

따라서 $|a|=2\sqrt{2}$이므로 $a=2\sqrt{2}$ ($\because a>0$)

MINI해설 원의 중심에서 접선 사이의 거리를 이용하여 풀이하기

접선의 기울기를 m이라 하면 점 $\mathrm{P}(2, 0)$을 지나고 기울기가 m인 직선의 방정식은

$y=m(x-2)$ $\therefore mx-y-2m=0$ …… ㉠

이때 원과 직선이 접하려면 원의 중심 $(2, a)$에서
직선 ㉠까지의 거리가 원의 반지름의 길이 2와 같아야 한다.

즉 $\frac{|2m-a-2m|}{\sqrt{m^2+(-1)^2}}=2$, $|-a|=2\sqrt{m^2+1}$

양변을 제곱하면 $4m^2+4-a^2=0$ ← m에 관한 이차방정식

즉 두 접선의 기울기를 m_1, m_2라 하면 점 P에서 두 접선의 기울기가 -1이므로

이차방정식 $4m^2+4-a^2=0$의 근과 계수의 관계에 의하여

$m_1m_2=\frac{4-a^2}{4}=-1$, $4-a^2=-4$ $\therefore a^2=8$

따라서 $a=2\sqrt{2}$ ($\because a>0$)

(2) 점 $\mathrm{P}(0,\ a)$에서 원 $x^2+y^2-6y+1=0$에 그은 두 접선이 서로 수직

TIP 원의 중심과 점 $\mathrm{P}(0,\ a)$, 두 접점을 이어 만든 사각형은 정사각형이다.

일 때, 양수 a의 값을 구하시오.

STEP A 두 직선이 서로 수직이므로 사각형이 정사각형임을 이해하기

원 $x^2+y^2-6y+1=0$에서 $x^2+(y-3)^2=8$이므로 중심을 $\mathrm{C}(0,\ 3)$이라 하고 점 $\mathrm{P}(0,\ a)$에서 원 $x^2+(y-3)^2=8$에 그은 두 접선이 서로 수직이다.

즉 원의 중심과 접점을 연결한 선분은 접선에 수직이므로 사각형은 한 변의 길이가 $2\sqrt{2}$인 정사각형이다.

STEP B 정사각형의 대각선의 길이를 이용하여 양수 a의 값 구하기

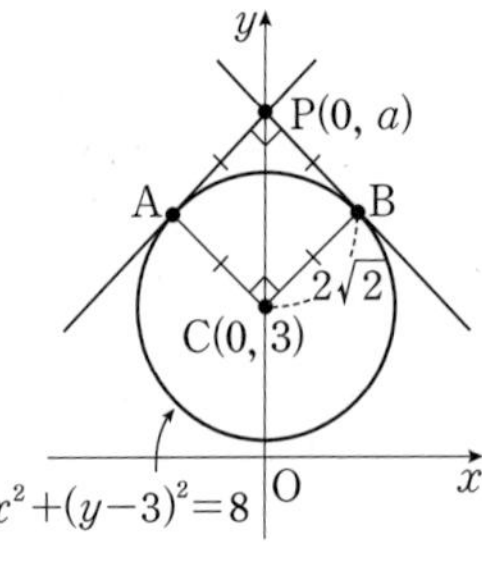

오른쪽 그림과 같이 원의 중심 $\mathrm{C}(0,\ 3)$, 점 $\mathrm{P}(0,\ a)$에서 원에 그은 두 접선의 접점을 각각 A, B라 하면 사각형 PACB의 한 변의 길이가 $2\sqrt{2}$인 정사각형이므로

$\overline{\mathrm{CP}}=\sqrt{(2\sqrt{2})^2+(2\sqrt{2})^2}=4$

두 점 $\mathrm{C}(0,\ 3)$, $\mathrm{P}(0,\ a)$에 대하여

$\overline{\mathrm{CP}}=\sqrt{(0-0)^2+(a-3)^2}=|a-3|$

즉 $|a-3|=4$, $a-3=\pm4$

$\therefore a=-1$ 또는 $a=7$

따라서 a는 양수이므로 $a=7$

MINI해설 원의 중심에서 접선 사이의 거리를 이용하여 풀이하기

접선의 기울기를 m이라 하면

점 $\mathrm{P}(0,\ a)$을 지나고 기울기가 m인 직선의 방정식은 $y=mx+a$

$\therefore mx-y+a=0$ …… ㉠

이때 원의 중심 $(0,\ 3)$에서 직선 ㉠까지의 거리가 원의 반지름의 길이 $2\sqrt{2}$와 같아야

하므로 $\dfrac{|-3+a|}{\sqrt{m^2+1}}=2\sqrt{2}$, $|-3+a|=2\sqrt{2}\times\sqrt{m^2+1}$

양변을 제곱하면 $8m^2+8-(-3+a)^2=0$ ← m에 관한 이차방정식

즉 두 접선의 기울기를 m_1, m_2라 하면 점 P에서 두 접선의 기울기의 곱이 -1이므로

이차방정식 $8m^2+8-(-3+a)^2=0$의 근과 계수의 관계에 의하여

$m_1m_2=\dfrac{8-(-3+a)^2}{8}=-1$, $a^2-6a-7=0$, $(a+1)(a-7)=0$

$\therefore a=-1$ 또는 $a=7$

따라서 a는 양수이므로 $a=7$

0211

점 $\mathrm{P}(-2,\ 4)$에서 원 $x^2+y^2=2$에 그은 두 접선이 y축과 만나는 두 점을

TIP 접점을 $(x_1,\ y_1)$로 놓고 $x_1x+y_1y=2$임을 이용하여 구한다.

A와 B라 할 때, 삼각형 PAB의 넓이를 구하시오.

STEP A 접점을 $(x_1,\ y_1)$로 놓고 접선의 방정식 구하기

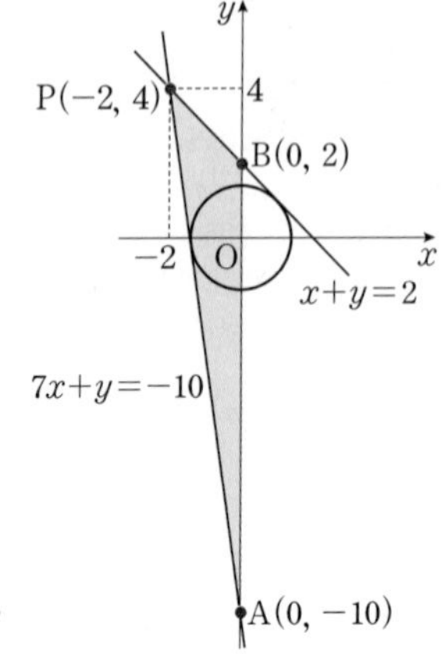

원 $x^2+y^2=2$ 위의 접점을 $\mathrm{Q}(x_1,\ y_1)$이라 하면 접선의 방정식은

$x_1x+y_1y=2$ …… ㉠

접선 ㉠이 점 $\mathrm{P}(-2,\ 4)$를 지나므로 $-2x_1+4y_1=2$

$\therefore y_1=\dfrac{1}{2}x_1+\dfrac{1}{2}$ …… ㉡

또한, 접점 $\mathrm{Q}(x_1,\ y_1)$가 원 위의 점이므로 ${x_1}^2+{y_1}^2=2$ …… ㉢

㉡을 ㉢에 대입하면

${x_1}^2+\left(\dfrac{1}{2}x_1+\dfrac{1}{2}\right)^2=2$,

$5{x_1}^2+2x_1-7=0$, $(5x_1+7)(x_1-1)=0$

$\therefore x_1=-\dfrac{7}{5}$ 또는 $x_1=1$ …… ㉣

㉣을 ㉡에 대입하면

$y_1=-\dfrac{1}{5}$ 또는 $y_1=1$ …… ㉤

㉣, ㉤을 ㉠에 대입하면 $7x+y=-10$ 또는 $x+y=2$

+α 원의 중심에서 직선 사이의 거리를 이용하여 구할 수 있어!

접선의 기울기를 m이라 하면

점 $\mathrm{P}(-2,\ 4)$를 지나고 기울기가 m인 직선의 방정식은 $y-4=m\{x-(-2)\}$

$\therefore mx-y+2m+4=0$ …… ㉠

이때 원과 직선이 접하려면 원의 중심 $(0,\ 0)$에서

직선 ㉠까지의 거리가 원의 반지름의 길이 $\sqrt{2}$와 같아야 한다.

즉 $\dfrac{|2m+4|}{\sqrt{m^2+(-1)^2}}=\sqrt{2}$, $|2m+4|=\sqrt{2m^2+2}$

양변을 제곱하면 $4m^2+16m+16=2m^2+2$, $m^2+8m+7=0$, $(m+1)(m+7)=0$

$\therefore m=-1$ 또는 $m=-7$

이를 ㉠에 대입하면 $x+y-2=0$ 또는 $7x+y+10=0$

STEP B 삼각형 PAB의 넓이 구하기

두 접선의 방정식이 y축과 만나는 두 점 A, B의 좌표는 $(0,\ -10)$, $(0,\ 2)$

따라서 삼각형 PAB의 넓이는 $\dfrac{1}{2}\times\{2-(-10)\}\times2=12$

0212

좌표평면 위의 점 $(3,\ 4)$에서 원 $x^2+y^2=5$에 그은 두 접선의 접점을 각각 A, B라 할 때, 점 $(3,\ 4)$에서 직선 AB에 이르는 거리를 구하시오.

STEP A 접선의 방정식을 이용하여 극선의 방정식 구하기

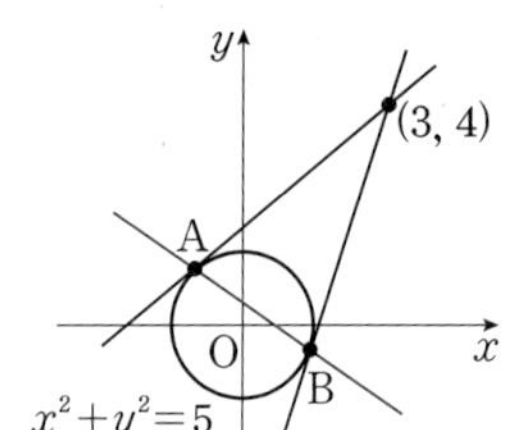

점 $(3,\ 4)$에서 원 $x^2+y^2=5$에 그은 두 접선의 접점을 각각

$\mathrm{A}(x_1,\ y_1)$, $\mathrm{B}(x_2,\ y_2)$라 하면

두 접선의 방정식은 각각 $x_1x+y_1y=5$, $x_2x+y_2y=5$

이때 두 접선은 모두 점 $(3,\ 4)$를 지나므로

$3x_1+4y_1=5$, $3x_2+4y_2=5$

이 두 식은 직선 $3x+4y=5$에 두 점 $\mathrm{A}(x_1,\ y_1)$, $\mathrm{B}(x_2,\ y_2)$를 대입한 것과 같다.

즉 직선 AB의 방정식은 $3x+4y=5$

STEP B 점과 직선 사이의 거리 구하기

따라서 점 $(3,\ 4)$에서 직선 $3x+4y-5=0$까지의 거리는

$\dfrac{|3\times3+4\times4-5|}{\sqrt{3^2+4^2}}=\dfrac{20}{5}=4$

0213

점 $\mathrm{P}(6,\ 8)$에서 원 $x^2+y^2=25$에 그은 두 접선의 접점을 각각 A, B라고 할 때, 선분 AB의 길이는?

① $\dfrac{7\sqrt{3}}{2}$ ② $4\sqrt{3}$ ③ $\dfrac{9\sqrt{3}}{2}$

④ $5\sqrt{3}$ ⑤ $\dfrac{11\sqrt{3}}{2}$

STEP A 접선의 방정식을 이용하여 극선의 방정식 구하기

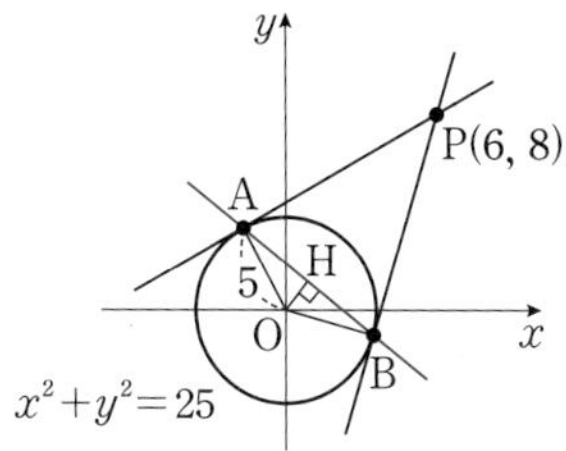

점 $\mathrm{P}(6,\ 8)$에서 원 $x^2+y^2=25$에 그은 두 접선의 접점의 좌표를

$\mathrm{A}(x_1,\ y_1)$, $\mathrm{B}(x_2,\ y_2)$라 하면

두 접선의 방정식은 각각 $x_1x+y_1y=25$, $x_2x+y_2y=25$

이때 두 접선은 모두 점 $\mathrm{P}(6,\ 8)$을 지나므로

$6x_1+8y_1=25$, $6x_2+8y_2=25$

이 두 식은 직선 $6x+8y=25$에

두 점 $\mathrm{A}(x_1,\ y_1)$, $\mathrm{B}(x_2,\ y_2)$를 대입한 것과 같다.

즉 직선 AB의 방정식은 $6x+8y=25$

STEP B $\overline{\mathrm{OA}}=\overline{\mathrm{OB}}$를 이용하여 선분 AB의 길이 구하기

원의 중심 $\mathrm{O}(0,\ 0)$에서 직선 $6x+8y-25=0$에 내린 수선의 발을 H라 하면

$\overline{\mathrm{OH}}=\dfrac{|25|}{\sqrt{6^2+8^2}}=\dfrac{5}{2}$

또한, $\overline{\mathrm{OA}}$, $\overline{\mathrm{OB}}$는 원의 반지름이므로 $\overline{\mathrm{OA}}=\overline{\mathrm{OB}}=5$

직각삼각형 AOH에서 피타고라스 정리에 의하여

$\overline{\mathrm{AH}}=\sqrt{\overline{\mathrm{OA}}^2-\overline{\mathrm{OH}}^2}=\sqrt{5^2-\left(\dfrac{5}{2}\right)^2}=\dfrac{5\sqrt{3}}{2}$

따라서 $\overline{\mathrm{AB}}=2\overline{\mathrm{AH}}=5\sqrt{3}$

MINI해설 직각삼각형 PAO의 넓이를 이용하여 풀이하기

원 $x^2+y^2=25$는 중심은 원점 $\mathrm{O}(0,\ 0)$

이고 반지름의 길이가 5이므로 $\overline{\mathrm{OA}}=5$

$\overline{\mathrm{OP}}=\sqrt{6^2+8^2}=10$

직각삼각형 OAP에서

피타고라스 정리에 의하여

$\overline{\mathrm{PA}}=\sqrt{\overline{\mathrm{OP}}^2-\overline{\mathrm{OA}}^2}=\sqrt{10^2-5^2}=5\sqrt{3}$

점 A에서 선분 OP에 내린 수선의 발을 H라 하자.

직각삼각형 PAO의 넓이는

$\dfrac{1}{2}\times\overline{\mathrm{OA}}\times\overline{\mathrm{PA}}=\dfrac{1}{2}\times\overline{\mathrm{OP}}\times\overline{\mathrm{AH}}$, $\overline{\mathrm{OA}}\times\overline{\mathrm{PA}}=\overline{\mathrm{OP}}\times\overline{\mathrm{AH}}$

즉 $5\times5\sqrt{3}=10\times\overline{\mathrm{AH}}$, $\overline{\mathrm{AH}}=\dfrac{5\sqrt{3}}{2}$

따라서 $\overline{\mathrm{AB}}=2\overline{\mathrm{AH}}=5\sqrt{3}$

0214

오른쪽 그림과 같이 점 $\mathrm{P}(3,\ 4)$에서 원 $x^2+y^2=5$에 그은 접선의 두 접점을 A, B라 할 때, 삼각형 OAB의 넓이를 구하시오. (단, O는 원점이다.)

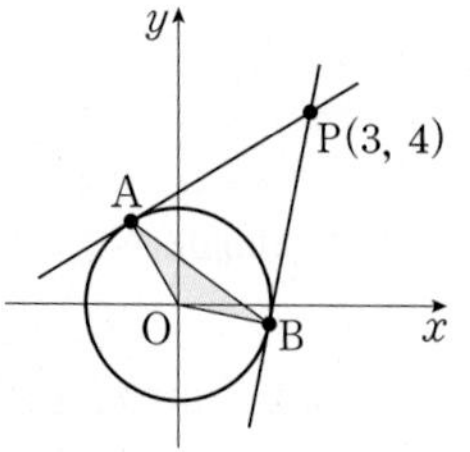

TIP 원의 중심에서 직선 AB에 내린 수선의 발을 H라 할 때, $\overline{\mathrm{OA}}=\overline{\mathrm{OB}}$이므로 $\overline{\mathrm{AH}}=\overline{\mathrm{BH}}$임을 이용하여 삼각형 OAB의 넓이를 구한다.

STEP A 접선의 방정식을 이용하여 극선의 방정식 구하기

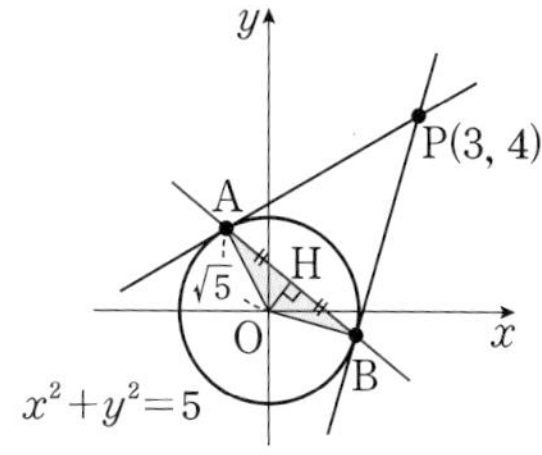

점 $\mathrm{P}(3,\ 4)$에서 원 $x^2+y^2=5$에 그은 두 접선의 접점의 좌표를

$\mathrm{A}(x_1,\ y_1)$, $\mathrm{B}(x_2,\ y_2)$라 하면

두 접선의 방정식은 각각 $x_1x+y_1y=5$, $x_2x+y_2y=5$

이때 두 접선은 모두 점 $\mathrm{P}(3,\ 4)$를 지나므로

$3x_1+4y_1=5$, $3x_2+4y_2=5$

이 두 식은 직선 $3x+4y=5$에 두 점 $\mathrm{A}(x_1,\ y_1)$, $\mathrm{B}(x_2,\ y_2)$를 대입한 것과 같다.

즉 직선 AB의 방정식은 $3x+4y=5$

STEP B $\overline{\mathrm{OA}}=\overline{\mathrm{OB}}$를 이용하여 삼각형 OAB의 넓이 구하기

원의 중심 $\mathrm{O}(0,\ 0)$에서 직선 $3x+4y-5=0$에 내린 수선의 발을 H라 하면

$\overline{\mathrm{OH}}=\dfrac{|5|}{\sqrt{3^2+4^2}}=1$

또한, $\overline{\mathrm{OA}}$, $\overline{\mathrm{OB}}$는 원의 반지름이므로 $\overline{\mathrm{OA}}=\overline{\mathrm{OB}}=\sqrt{5}$

직각삼각형 AOH에서 피타고라스 정리에 의하여

$\overline{\mathrm{AH}}=\sqrt{\overline{\mathrm{OA}}^2-\overline{\mathrm{OH}}^2}=\sqrt{(\sqrt{5})^2-1^2}=2$

$\therefore\ \overline{\mathrm{AB}}=2\overline{\mathrm{AH}}=4$

따라서 삼각형 OAB의 넓이는 $\dfrac{1}{2}\times\overline{\mathrm{AB}}\times\overline{\mathrm{OH}}=\dfrac{1}{2}\times4\times1=2$

MINI해설 직각삼각형 PAO의 넓이를 이용하여 풀이하기

원 $x^2+y^2=5$는 중심이 원점 $\mathrm{O}(0,\ 0)$이고

반지름의 길이가 $\sqrt{5}$이므로 $\overline{\mathrm{OA}}=\sqrt{5}$

$\overline{\mathrm{OP}}=\sqrt{3^2+4^2}=5$

직각삼각형 OAP에서

피타고라스 정리에 의하여

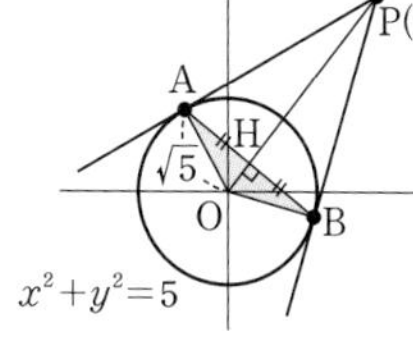

$\overline{\mathrm{PA}}=\sqrt{\overline{\mathrm{OP}}^2-\overline{\mathrm{OA}}^2}=\sqrt{5^2-(\sqrt{5})^2}=2\sqrt{5}$

점 A에서 선분 OP에 내린 수선의 발을 H라 하자.

직각삼각형 PAO의 넓이는

$\dfrac{1}{2}\times\overline{\mathrm{OA}}\times\overline{\mathrm{PA}}=\dfrac{1}{2}\times\overline{\mathrm{OP}}\times\overline{\mathrm{AH}}$, $\overline{\mathrm{OA}}\times\overline{\mathrm{PA}}=\overline{\mathrm{OP}}\times\overline{\mathrm{AH}}$

즉 $\sqrt{5}\times2\sqrt{5}=5\times\overline{\mathrm{AH}}$, $\overline{\mathrm{AH}}=2$

$\therefore\ \overline{\mathrm{AB}}=2\overline{\mathrm{AH}}=4$

또한, 직각삼각형 OHA에서 피타고라스 정리에 의하여

$\overline{\mathrm{OH}}=\sqrt{\overline{\mathrm{OA}}^2-\overline{\mathrm{AH}}^2}=\sqrt{(\sqrt{5})^2-2^2}=1$

따라서 삼각형 OAB의 넓이는 $\dfrac{1}{2}\times\overline{\mathrm{AB}}\times\overline{\mathrm{OH}}=\dfrac{1}{2}\times4\times1=2$

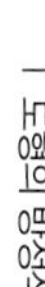

0215

점 P(1, 4)에서 원 $x^2+y^2+4x=0$에 접선의 접점을 T라 할 때, 선분 PT의 길이를 구하시오.

STEP A 피타고라스 정리를 이용하여 접선의 길이 구하기

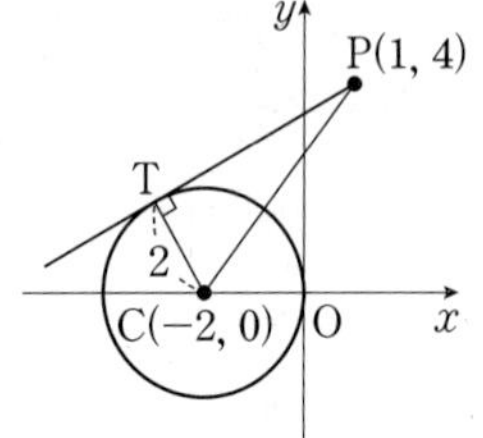

원 $x^2+y^2+4x=0$에서 $(x+2)^2+y^2=4$
오른쪽 그림과 같이 원의 중심을 C라 하면
C(−2, 0)이고 반지름의 길이는 $\overline{CT}=2$
두 점 P(1, 4), C(−2, 0) 사이의 거리는
$\overline{PC}=\sqrt{\{1-(-2)\}^2+(4-0)^2}=5$
이때 직각삼각형 CPT에서
피타고라스 정리에 의하여
$\overline{PT}=\sqrt{\overline{CP}^2-\overline{CT}^2}=\sqrt{5^2-2^2}=\sqrt{21}$
따라서 선분 PT의 길이는 $\sqrt{21}$

MINI해설 접선의 길이 공식을 이용하여 풀이하기

원 $x^2+y^2+ax+by+c=0$ 밖의 한 점 $P(x_1, y_1)$에서 원에 접선을 그었을 때의 접점을 T라고 하면 접선의 길이는 $\overline{PT}=l=\sqrt{x_1^2+y_1^2+ax_1+by_1+c}$
따라서 점 P(1, 4)에서 원 $x^2+y^2+4x=0$에 그은 접선의 길이는
$\overline{PT}=\sqrt{1^2+4^2+4\times1}=\sqrt{21}$

0216

다음 물음에 답하시오.

(1) 점 $P(a, 1)$에서 원 $x^2+y^2-6x+6y+14=0$에 그은 접선의 접점을 T라고 할 때, $\overline{PT}=4$를 만족하는 실수 a의 값의 합은?

① −6 ② −5 ③ 3
④ 4 ⑤ 6

STEP A 피타고라스 정리를 이용하여 실수 a의 값 구하기

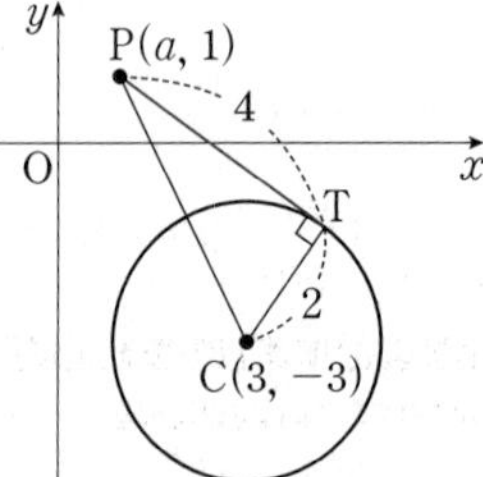

원 $x^2+y^2-6x+6y+14=0$에서
$(x-3)^2+(y+3)^2=4$
오른쪽 그림과 같이 원의 중심을 C라 하면
C(3, −3)이고 반지름의 길이는 $\overline{CT}=2$
두 점 $P(a, 1)$, C(3, −3) 사이의 거리는
$\overline{CP}=\sqrt{(a-3)^2+\{1-(-3)\}^2}$
$=\sqrt{a^2-6a+25}$
원의 중심과 접점을 이은 직선은 접선과 서로 수직이므로 직각삼각형 CTP에서
피타고라스 정리에 의하여 $\overline{CP}^2=\overline{CT}^2+\overline{PT}^2$
즉 $a^2-6a+25=2^2+4^2$, $a^2-6a+5=0$, $(a-1)(a-5)=0$
$\therefore a=1$ 또는 $a=5$
따라서 실수 a의 값의 합은 $1+5=6$

MINI해설 접선의 길이 공식을 이용하여 풀이하기

원 $x^2+y^2+ax+by+c=0$ 밖의 한 점 $P(x_1, y_1)$에서 원에 접선을 그었을 때의 접점을 T라고 하면 접선의 길이는 $\overline{PT}=l=\sqrt{x_1^2+y_1^2+ax_1+by_1+c}$
점 $P(a, 1)$에서 원 $x^2+y^2-6x+6y+14=0$에 그은 접선의 길이는
$\overline{PT}=\sqrt{a^2+1-6a+6+14}=4$이므로
양변을 제곱하면 $a^2-6a+21=16$, $a^2-6a+5=0$
따라서 이차방정식의 근과 계수의 관계에 의하여 a의 값의 합은 6

(2) 점 P(4, 3)에서 중심이 C(2, 0)인 원에 그은 접선의 길이가 3일 때, 이 원의 넓이는?

TIP 반지름의 길이가 r인 원의 넓이는 πr^2

① 2π ② 4π ③ 6π
④ 9π ⑤ 16π

STEP A 피타고라스 정리를 이용하여 접선의 길이 구하기

다음 그림과 같이 점 P에서 원에 그은 접선의 한 접점을 T라 하면
$\overline{TP}=3$

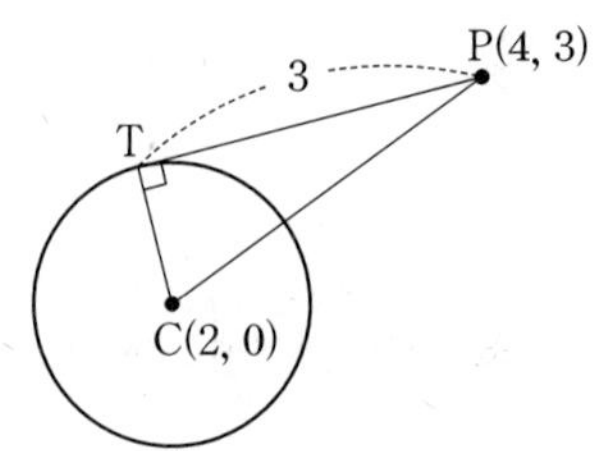

두 점 P(4, 3), C(2, 0) 사이의 거리는
$\overline{CP}=\sqrt{(4-2)^2+(3-0)^2}=\sqrt{13}$
직각삼각형 CPT에서 피타고라스 정리에 의하여
$\overline{CT}=\sqrt{\overline{CP}^2-\overline{TP}^2}=\sqrt{(\sqrt{13})^2-3^2}=2$

STEP B 원의 넓이 구하기

따라서 원의 반지름의 길이는 2이므로 원의 넓이는 $\pi\times2^2=4\pi$

0217

오른쪽 그림과 같이 점 P(3, 4)에서 원 $x^2+y^2=1$에 그은 두 접선의 접점을 각각 A, B라 할 때, 사각형 OAPB의 넓이를 구하시오.

TIP 두 삼각형 OPA와 OPB는 합동이므로
(사각형 OAPB의 넓이)=2×(삼각형 OAP의 넓이)

(단, O는 원점이다.)

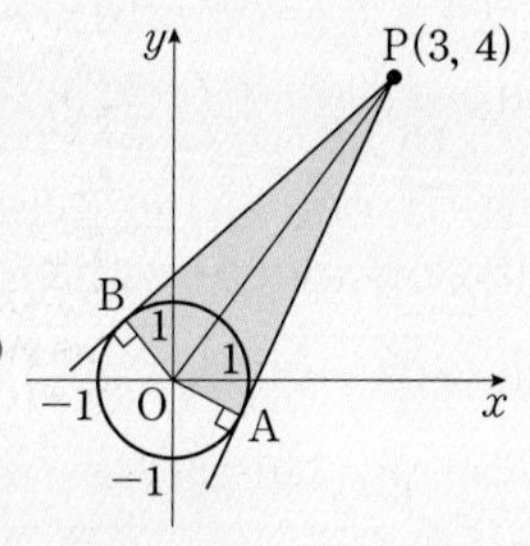

STEP A 피타고라스 정리를 이용하여 접선의 길이 구하기

원 $x^2+y^2=1$의 중심 O(0, 0)이고 반지름의 길이는 $\overline{OA}=1$
두 점 O(0, 0), P(3, 4) 사이의 거리는 $\overline{OP}=\sqrt{3^2+4^2}=5$
직각삼각형 OAP에서 피타고라스 정리에 의하여
$\overline{AP}=\sqrt{\overline{OP}^2-\overline{OA}^2}=\sqrt{5^2-1^2}=2\sqrt{6}$

STEP B 사각형 OAPB의 넓이 구하기

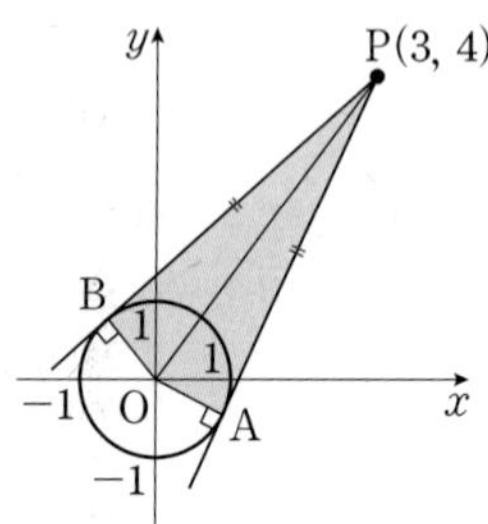

삼각형 OAP의 넓이는
$\frac{1}{2}\times\overline{AP}\times\overline{OA}=\frac{1}{2}\times2\sqrt{6}\times1=\sqrt{6}$
이때 두 삼각형 OPA와 OPB는 합동이므로
따라서 (사각형 OAPB의 넓이)
$=2\times$(삼각형 OAP의 넓이)
$=2\sqrt{6}$

0218

다음 물음에 답하시오.

(1) 점 A(6, 8)과 원 $x^2+y^2=25$ 위를 움직이는 점 P에 대하여 선분 AP의 최댓값을 M, 최솟값을 m이라 할 때, $M+m$의 값을 구하시오.

STEP A 점 A에서 원의 중심까지의 거리를 구하여 최댓값, 최솟값 구하기

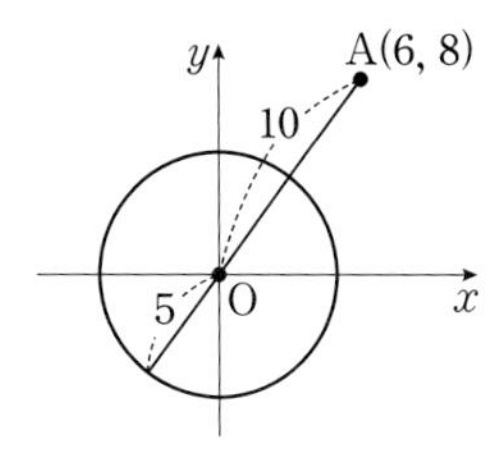

오른쪽 그림과 같이 원 $x^2+y^2=25$의 중심의 좌표는 O(0, 0)이므로

두 점 O(0, 0), A(6, 8) 사이의 거리는

$\overline{OA}=\sqrt{6^2+8^2}=10$

원 $x^2+y^2=25$의 반지름의 길이가 5,

원 위의 점 P에서 점 A(6, 8)까지 거리의

최댓값은 $M=\overline{OA}+$(반지름의 길이)$=10+5=15$,

최솟값은 $m=\overline{OA}-$(반지름의 길이)$=10-5=5$

따라서 $M+m=15+5=20$

(2) 좌표평면에 원 C : $x^2+y^2=16$과 점 A(8, 6)이 있다. 점 A에서 원 C 위의 점 P까지의 거리가 정수가 되는 점 P의 개수를 구하시오.

TIP 선분 AP의 최댓값과 최솟값은 각각 1개만 나온다.

STEP A 점 A에서 원의 중심까지의 거리를 이용하여 $\overline{AP}$의 범위 구하기

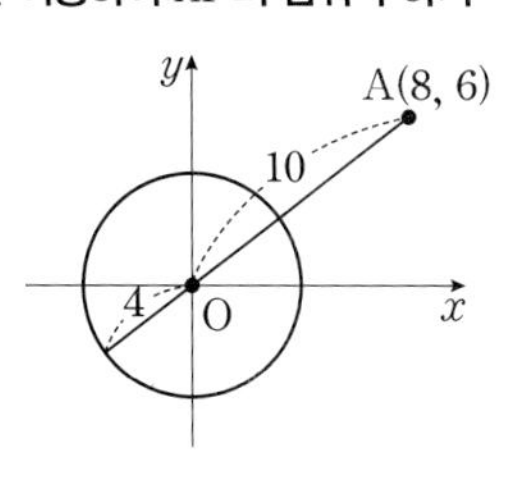

오른쪽 그림과 같이 원 C의 중심 O(0, 0)과 점 A(8, 6) 사이의 거리는

$\overline{OA}=\sqrt{8^2+6^2}=10$이고

반지름의 길이가 4,

원 C 위의 점 P에서 점 A(8, 6)까지 거리의

최댓값은 $\overline{OA}+$(반지름의 길이)$=10+4=14$

최솟값은 $\overline{OA}=$(반지름의 길이)$=10-4=6$

점 A에서 점 P까지의 거리 $\overline{AP}$의 범위는 $6 \le \overline{AP} \le 14$

STEP B 점 A에서 점 P까지의 거리가 정수가 되도록 하는 점 P의 개수 구하기

$\overline{AP}$가 정수가 되는 점 P에서 6과 14인 경우는 각각 1개씩이고 7, 8, 9, 10, 11, 12, 13인 경우는 각각 2개씩이다.

따라서 점 P의 개수는 $2+7\times2=16$

0219

다음 물음에 답하시오.

(1) 두 원 $x^2+y^2-6x-14y+42=0$, $x^2+y^2+4x+10y+20=0$ 위의 점을 각각 P, Q라 할 때, 선분 PQ의 길이의 최댓값과 최솟값의 합은?

① 18 ② 20 ③ 22 ④ 24 ⑤ 26

STEP A 두 원의 중심 사이의 거리 구하기

원 $x^2+y^2-6x-14y+42=0$에서 $(x-3)^2+(y-7)^2=16$이므로

중심의 좌표는 (3, 7), 반지름의 길이는 4

원 $x^2+y^2+4x+10y+20=0$에서 $(x+2)^2+(y+5)^2=9$이므로

중심의 좌표는 $(-2, -5)$, 반지름의 길이는 3

두 원의 중심 (3, 7), $(-2, -5)$ 사이의 거리는

$\sqrt{\{3-(-2)\}^2+\{7-(-5)\}^2}=13$

STEP B 선분 PQ의 길이의 최댓값, 최솟값 구하기

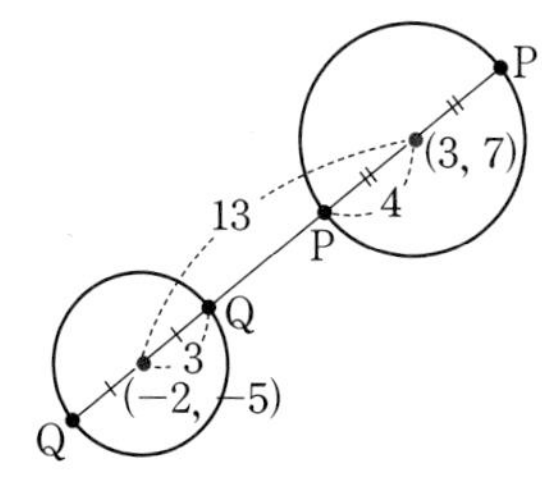

선분 PQ의 길이의 최댓값은 $13+4+3=20$,

선분 PQ의 길이의 최솟값은 $13-4-3=6$

따라서 최댓값과 최솟값의 합은 $20+6=26$

(2) 두 원 $(x+6)^2+y^2=9$, $x^2+(y-8)^2=r^2$ 위의 점을 각각 P, Q라 하고 선분 PQ의 길이의 최댓값이 17일 때, 양수 r의 값은?

TIP (두 원의 중심 사이의 거리)+(두 원의 반지름의 길이)

① 4 ② 5 ③ 6 ④ 7 ⑤ 8

STEP A 두 원의 중심 사이의 거리 구하기

원 $(x+6)^2+y^2=9$의 중심의 좌표는 $(-6, 0)$, 반지름의 길이는 3

원 $x^2+(y-8)^2=r^2$의 중심의 좌표는 (0, 8), 반지름의 길이는 r

두 원의 중심 $(-6, 0)$, (0, 8) 사이의 거리는 $\sqrt{\{0-(-6)\}^2+(8-0)^2}=10$

STEP B 선분 PQ의 길이의 최댓값이 17일 때, 양수 r의 값 구하기

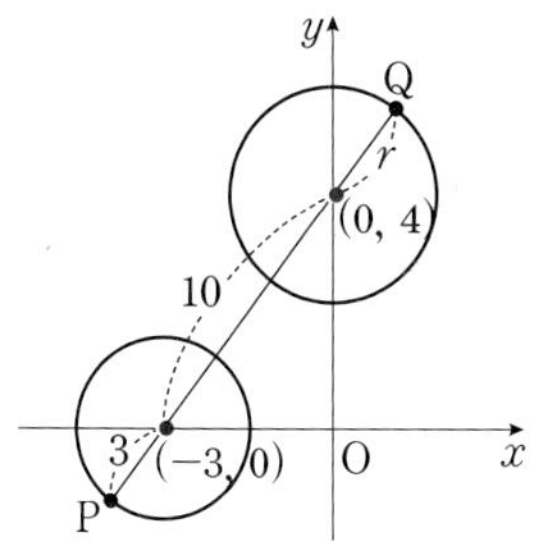

선분 PQ의 길이의 최댓값이 17이므로 $10+3+r=17$

따라서 $r=4$

0220

오른쪽 그림과 같이 두 점 A$(-6, -2)$, B$(-2, -4)$와 원 $x^2+y^2=4$ 위의 점 P에 대하여 $\overline{PA}^2+\overline{PB}^2$의 최솟값을 구하시오.

TIP $\overline{PA}^2+\overline{PB}^2=2(\overline{PM}^2+\overline{AM}^2)$을 이용하여 구한다.

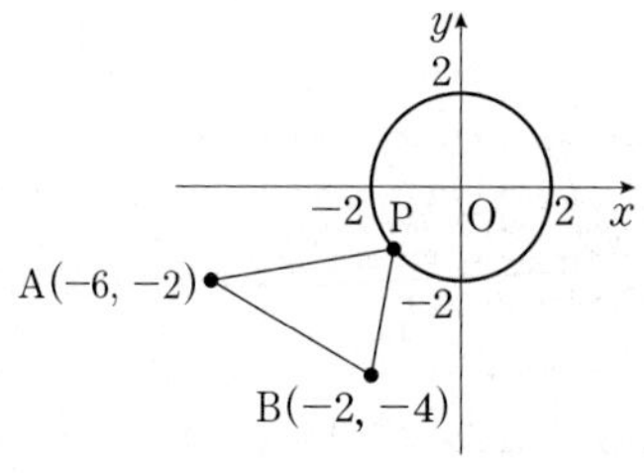

STEP A 선분 AB의 중점 M을 구한 후 원 위의 점 P에서 점 M까지의 거리의 최솟값 구하기

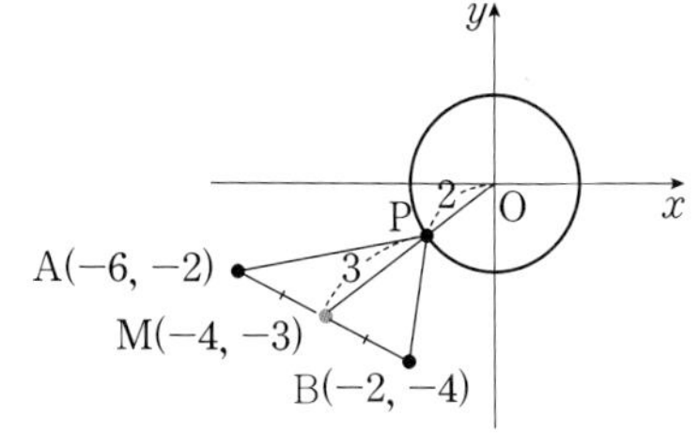

선분 AB의 중점을 M이라 하면 M$(-4,\ -3)$

두 점 A$(-6,\ -2)$, M$(-4,\ -3)$에 대하여

$\overline{AM}=\sqrt{\{-6-(-4)\}^2+\{-2-(-3)\}^2}=\sqrt{5}$

원 $x^2+y^2=4$의 중심의 좌표는 O$(0,\ 0)$, 반지름의 길이는 2

$\overline{OM}=\sqrt{(-4)^2+(-3)^2}=5$

(선분 PM의 길이의 최솟값)=(선분 OM의 길이)−(반지름의 길이)

$=5-2=3$

STEP Ⓑ **중선정리를 이용하여 $\overline{PA}^2+\overline{PB}^2$의 최솟값 구하기**

삼각형 PAB에서 중선정리에 의하여

$\overline{PA}^2+\overline{PB}^2=2(\overline{PM}^2+\overline{AM}^2)$

$\geq 2\{3^2+(\sqrt{5})^2\}=28$

따라서 $\overline{PA}^2+\overline{PB}^2$의 최솟값은 28

다른풀이 두 점 사이의 거리를 이용하여 풀이하기

STEP Ⓐ **원 $x^2+y^2=4$ 위의 점을 P$(a,\ b)$로 놓고 $\overline{PA}^2+\overline{PB}^2$의 관계식 세우기**

원 $x^2+y^2=4$ 위의 점 P를 P$(a,\ b)$라 하면

두 점 A$(-6,\ -2)$, B$(-2,\ -4)$에 대하여

$\overline{PA}=\sqrt{\{a-(-6)\}^2+\{b-(-2)\}^2}=\sqrt{a^2+12a+b^2+4b+40}$

$\overline{PB}=\sqrt{\{a-(-2)\}^2+\{b-(-4)\}^2}=\sqrt{a^2+4a+b^2+8b+20}$

$\overline{PA}^2+\overline{PB}^2=a^2+12a+b^2+4b+40+a^2+4a+b^2+8b+20$

$=2a^2+16a+2b^2+12b+60$

$=2\{(a+4)^2+(b+3)^2+5\}$

이때 $\overline{PA}^2+\overline{PB}^2=k$라 하면 $2\{(a+4)^2+(b+3)^2+5\}=k$이므로

$(a+4)^2+(b+3)^2=\dfrac{k-10}{2}$

STEP Ⓑ **거리의 제곱의 최솟값 구하기**

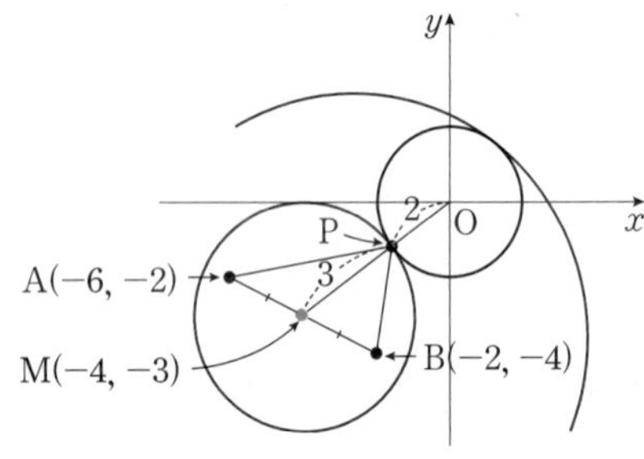

$(a+4)^2+(b+3)^2=\dfrac{k-10}{2}$은 원의 점 P$(a,\ b)$에서 선분 AB의 중점 M$(-4,\ -3)$까지 거리의 제곱이므로 선분 PM의 길이가 최소일 때, $\overline{PA}^2+\overline{PB}^2=k$가 최솟값을 가진다.

원 $x^2+y^2=4$의 중심의 좌표는 O$(0,\ 0)$, 반지름의 길이는 2,

$\overline{OM}=\sqrt{(-4)^2+(-3)^2}=5$

(선분 PM의 길이의 최솟값)=(선분 OM의 길이)−(반지름의 길이)

$=5-2=3$

따라서 $\dfrac{k-10}{2}=9$이므로 $k=28$

참고 $\overline{PA}^2+\overline{PB}^2$의 최댓값은 $\dfrac{k-10}{2}=49$이므로

$k=108$ ← 선분 PM의 길이의 최댓값은 7이다.

0221

다음 물음에 답하시오.

(1) 원 $(x-2)^2+(y+2)^2=4$ 위의 점에서 직선 $4x-3y+6=0$에 이르는 거리의 최댓값과 최솟값의 합을 구하시오.

STEP Ⓐ **원의 중심과 직선 사이의 거리 구하기**

원 $(x-2)^2+(y+2)^2=4$의 중심은 $(2,\ -2)$, 반지름의 길이는 $r=2$

점 $(2,\ -2)$에서 직선 $4x-3y+6=0$까지의 거리를 d라 하면

$d=\dfrac{|4\times2-3\times(-2)+6|}{\sqrt{4^2+(-3)^2}}=\dfrac{20}{5}=4$

STEP Ⓑ **원 위의 점과 직선 사이의 최댓값, 최솟값 구하기**

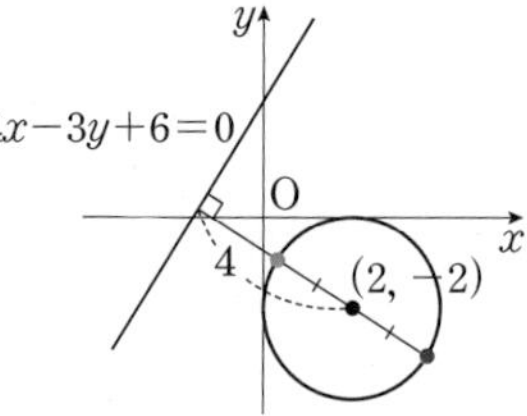

오른쪽 그림과 같이

원 위의 점에서 직선 사이의 거리의

최솟값은 $d-r=4-2=2$

최댓값은 $d+r=4+2=6$

따라서 거리의 최댓값과 최솟값의 합은

$6+2=8$

(2) 원 $(x+3)^2+(y-3)^2=20$ 위의 점 P와 직선 $2x+y+k=0$ 사이의 거리의 최솟값이 $\sqrt{5}$가 되도록 하는 실수 k의 값을 구하시오.

TIP (원의 중심과 직선 사이의 거리)−(원의 반지름의 길이)

STEP Ⓐ **원의 중심과 직선 사이의 거리, 원의 반지름의 길이 구하기**

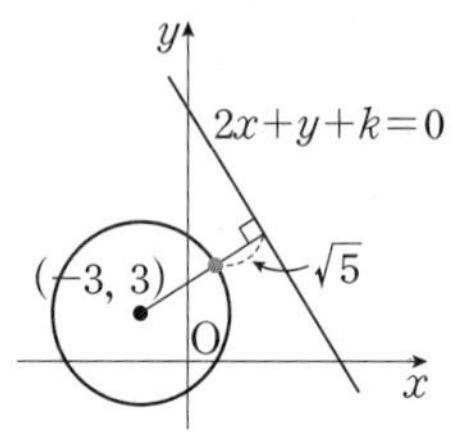

원 $(x+3)^2+(y-3)^2=20$의

중심은 $(-3,\ 3)$,

반지름의 길이 $r=2\sqrt{5}$

점 $(-3,\ 3)$에서 직선 $2x+y+k=0$

까지의 거리를 d라 하면

$d=\dfrac{|2\times(-3)+1\times3+k|}{\sqrt{2^2+1^2}}=\dfrac{|-3+k|}{\sqrt{5}}$

STEP Ⓑ **원 위의 점과 직선 사이의 최솟값을 이용하여 k의 값 구하기**

원 위의 점 P와 직선 사이의 거리의 최솟값이 $\sqrt{5}$이므로

$d-r=\dfrac{|-3+k|}{\sqrt{5}}-2\sqrt{5}=\sqrt{5}$, $\dfrac{|-3+k|}{\sqrt{5}}=3\sqrt{5}$,

$|-3+k|=15$, $-3+k=\pm15$

따라서 $k=-12$ 또는 $k=18$

(3) 원 $x^2+y^2=5$ 위의 임의의 점 P와 두 점 A$(4,\ 3)$, B$(2,\ 4)$에 대하여 삼각형 PAB의 넓이의 최솟값을 구하시오.

TIP 삼각형 PAB의 밑변인 선분 AB의 길이가 정해졌으므로 점 P와 직선 AB 사이의 거리가 최소일 때, 삼각형 PAB의 넓이가 최소이다.

STEP Ⓐ **원 위의 점과 직선 사이의 거리의 최솟값 구하기**

두 점 A$(4,\ 3)$, B$(2,\ 4)$를 지나는 직선 AB의 방정식은

$y-4=\dfrac{3-4}{4-2}(x-2)$, 즉 $x+2y-10=0$

원 $x^2+y^2=5$의 중심 O$(0,\ 0)$, 반지름의 길이는 $r=\sqrt{5}$

점 O$(0,\ 0)$과 직선 $x+2y-10=0$

사이의 거리를 d라 하면

$d=\dfrac{|-10|}{\sqrt{1^2+2^2}}=\dfrac{10}{\sqrt{5}}=2\sqrt{5}$

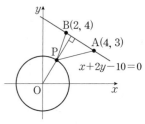

오른쪽 그림과 같이 원 위의 점 P와

직선 AB 사이의 거리의 최솟값은

$d-r=2\sqrt{5}-\sqrt{5}=\sqrt{5}$

STEP Ⓑ **삼각형 PAB의 넓이의 최솟값 구하기**

두 점 A$(4,\ 3)$, B$(2,\ 4)$에 대하여 $\overline{AB}=\sqrt{(4-2)^2+(3-4)^2}=\sqrt{5}$

따라서 구하는 삼각형 PAB의 넓이의 최솟값은 $\dfrac{1}{2}\times\sqrt{5}\times\sqrt{5}=\dfrac{5}{2}$

0222

2016년 09월 고1 학력평가 26번

좌표평면 위의 점 $(3,\ 4)$를 지나는 직선 중에서 원점과의 거리가 최대인 직선을 l이라 하자. 원 $(x-7)^2+(y-5)^2=1$ 위의 점 P와 직선 l 사이의 거리의 최솟값을 m이라 할 때, $10m$의 값을 구하시오.

TIP 직선 l은 원점과 점 $(3,\ 4)$를 이은 직선과 서로 수직이다.

STEP A 직선 l이 원점과 점 $(3,\ 4)$를 이은 직선과 서로 수직임을 이용하여 직선 l의 방정식 구하기

점 $(3,\ 4)$를 지나고 기울기가 m인 직선의 방정식은 $y=m(x-3)+4$

이 직선이 원점과의 거리가 최대가 되기 위해서는 원점과 점 $(3,\ 4)$를 이은 직선과 수직이어야 한다.

이때 원점과 점 $(3,\ 4)$를 이은 직선의 기울기는 $\frac{4}{3}$이므로

이 직선과 수직인 직선의 기울기는 $-\frac{3}{4}$

$m=-\frac{3}{4}$일 때, 직선과 원점과의 거리가 최대가 된다.

직선 l의 방정식은 $y-4=-\frac{3}{4}(x-3)$, 즉 $3x+4y-25=0$

STEP B 점 P와 직선 l 사이의 거리의 최솟값 구하기

원 $(x-7)^2+(y-5)^2=1$의 중심은 $(7,\ 5)$

직선 l : $3x+4y-25=0$ 사이의 거리는

$\frac{|3\times7+4\times5-25|}{\sqrt{3^2+4^2}}=\frac{16}{5}$

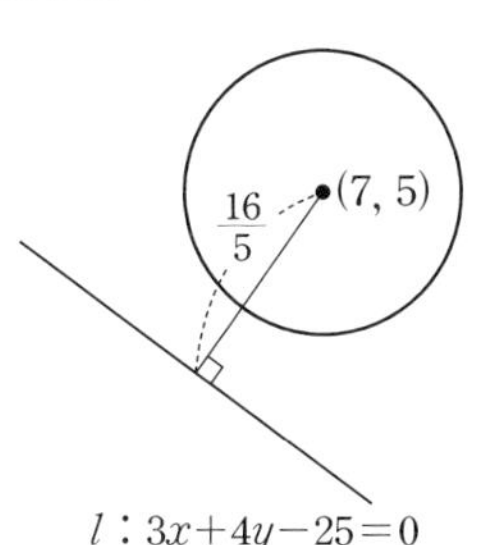

이때 원의 반지름의 길이가 1이므로 원 위의 점 P와 직선 l 사이의 거리의 최솟값 m은

$m=\frac{16}{5}-(\text{원의 반지름의 길이})$

$=\frac{16}{5}-1=\frac{11}{5}$

따라서 $10m=10\times\frac{11}{5}=22$

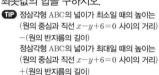

0223

오른쪽 그림과 같이 원 $x^2+y^2=2$ 위의 점 A와 직선 $y=x+6$ 위의 서로 다른 두 점 B와 C를 꼭짓점으로 하는 정삼각형 ABC를 만들 때, 그 넓이의 최댓값과 최솟값의 합을 구하시오.

TIP 정삼각형 ABC의 넓이가 최소일 때의 높이는 (원의 중심과 직선 $x-y+6=0$ 사이의 거리) $-$(원의 반지름의 길이)
정삼각형 ABC의 넓이가 최대일 때의 높이는 (원의 중심과 직선 $x-y+6=0$ 사이의 거리) $+$(원의 반지름의 길이)

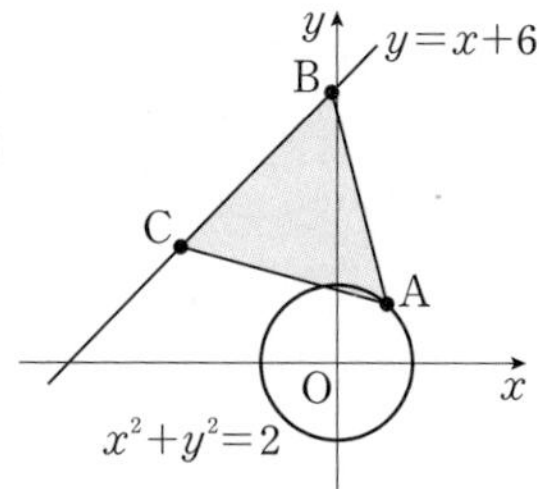

STEP A 원의 중심과 직선 사이의 거리를 이용하여 정삼각형의 높이 구하기

원 $x^2+y^2=2$ 위의 점 A와 직선 $y=x+6$ 사이의 거리는 정삼각형 ABC의 높이이다.

이때 원의 중심 $\mathrm{O}(0,\ 0)$과 직선 $y=x+6$, 즉 $x-y+6=0$ 사이의 거리는

$\frac{|6|}{\sqrt{1^2+(-1)^2}}=\frac{6}{\sqrt{2}}=3\sqrt{2}$

STEP B 정삼각형 ABC의 넓이의 최솟값과 최댓값 구하기

(i) 정삼각형 ABC의 넓이의 최솟값

원 $x^2+y^2=2$의 반지름의 길이는 $\sqrt{2}$이므로

정삼각형 ABC의 넓이가 최소일 때의 높이는 $3\sqrt{2}-\sqrt{2}=2\sqrt{2}$

정삼각형 ABC의 한 변의 길이를 m이라 하면

$\frac{\sqrt{3}}{2}\times m=2\sqrt{2}$ $\quad\therefore m=\frac{4\sqrt{6}}{3}$

이때 정삼각형 ABC의 넓이의 최솟값은 $\frac{\sqrt{3}}{4}\times\left(\frac{4\sqrt{6}}{3}\right)^2=\frac{8\sqrt{3}}{3}$

(ii) 정삼각형 ABC의 넓이의 최댓값

원 $x^2+y^2=2$의 반지름의 길이는 $\sqrt{2}$이므로

정삼각형 ABC의 넓이가 최대일 때의 높이는 $3\sqrt{2}+\sqrt{2}=4\sqrt{2}$

정삼각형 ABC의 한 변의 길이를 M이라 하면

$\frac{\sqrt{3}}{2}\times M=4\sqrt{2}$ $\quad\therefore M=\frac{8\sqrt{6}}{3}$

이때 정삼각형 ABC의 넓이의 최댓값은 $\frac{\sqrt{3}}{4}\times\left(\frac{8\sqrt{6}}{3}\right)^2=\frac{32\sqrt{3}}{3}$

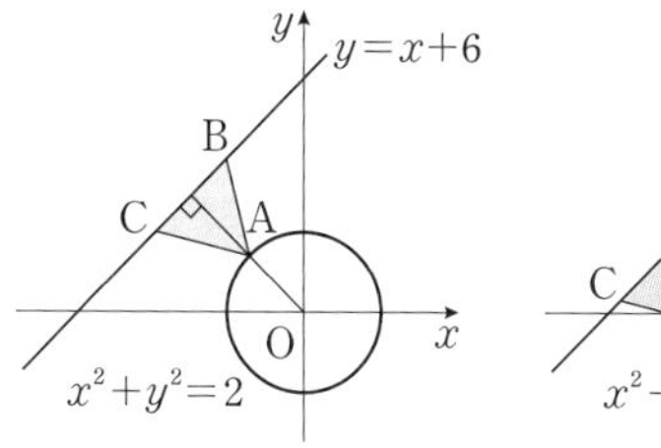

[정삼각형 ABC의 넓이 최소]

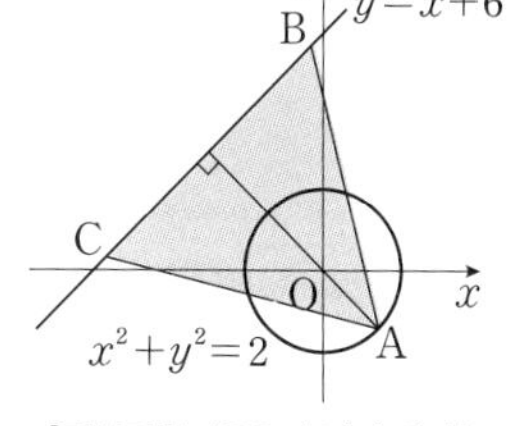

[정삼각형 ABC의 넓이 최대]

(i), (ii)에 의하여 삼각형 ABC의 넓이의 최댓값은 $\frac{32\sqrt{3}}{3}$, 최솟값은 $\frac{8\sqrt{3}}{3}$

따라서 삼각형 ABC의 넓이의 최댓값과 최솟값의 합은 $\frac{40\sqrt{3}}{3}$

0224

원 $x^2+y^2=16$과 원 $(x-a)^2+(y-b)^2=1$이 외접하도록 하는 실수 a, b에 대하여 점 $(a,\ b)$가 그리는 도형의 길이는?

TIP (두 원의 중심 사이의 거리)=(두 원의 반지름의 길이의 합)

① 10π ② 12π ③ 14π
④ 16π ⑤ 18π

STEP A 두 원이 외접할 때, 두 원의 중심 사이의 거리는 두 원의 반지름의 길이의 합과 같음을 이용하여 a, b 사이의 관계식 구하기

두 원의 중심이 각각 $(0,\ 0)$, $(a,\ b)$이므로

두 원의 중심 사이의 거리는 $\sqrt{a^2+b^2}$

또한, 두 원의 반지름의 길이는 각각 4, 1,

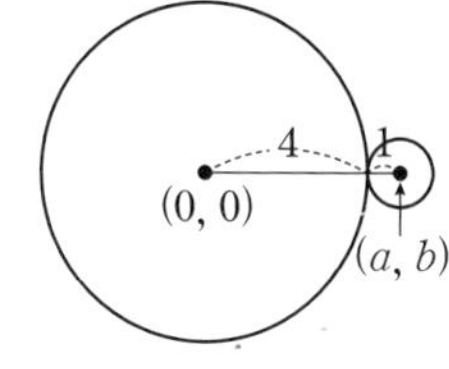

이때 두 원이 외접하므로

(두 원의 반지름의 길이의 합)=(두 원의 중심 사이의 거리)

즉 $4+1=\sqrt{a^2+b^2}$ $\quad\therefore a^2+b^2=25$

STEP B 점 $(a,\ b)$가 그리는 도형의 길이 구하기

따라서 점 $(a,\ b)$가 그리는 도형은 중심이 $(0,\ 0)$이고 반지름의 길이가 5인 원이므로 도형의 길이, 즉 원의 둘레의 길이는 $2\pi\times5=10\pi$

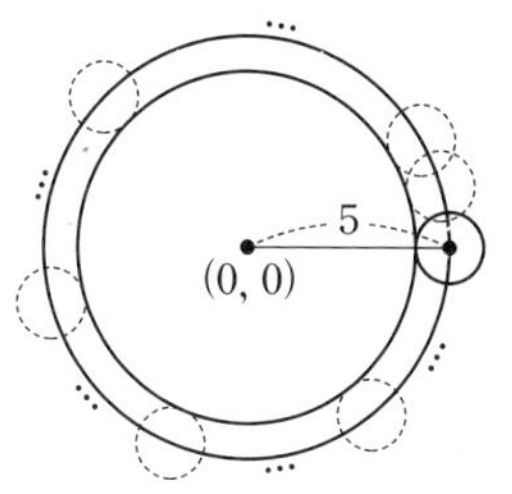

0225

두 원 $(x+1)^2+y^2=1$, $x^2+y^2-6x-6y+2=0$의 공통접선의 개수는?

TIP 두 원의 위치 관계를 확인하여 접선의 개수를 구한다.

① 0　② 1　③ 2　④ 3　⑤ 4

STEP Ⓐ **주어진 두 원의 위치 관계 구하기**

원 $x^2+y^2-6x-6y+2=0$의 표준형으로 바꾸면

$(x-3)^2+(y-3)^2=16$

두 원의 중심을 C_1, C_2라 하면 $C_1(-1, 0)$, $C_2(3, 3)$이므로

두 원의 중심 사이의 거리는 $\overline{C_1C_2}=\sqrt{\{3-(-1)\}^2+(3-0)^2}=5$

또한, 두 원의 반지름의 길이는 1, 4

이때 두 원의 반지름의 길이의 합은 $1+4=5$이므로 두 원은 서로 외접한다.

STEP Ⓑ **두 원의 공통접선의 개수 구하기**

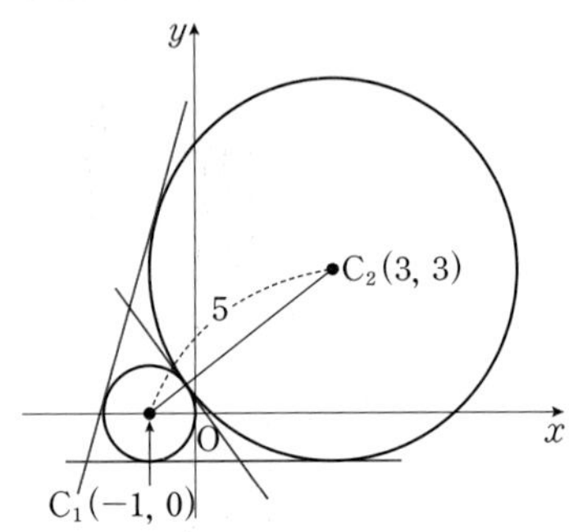

따라서 서로 외접하는 두 원의 공통접선의 개수는 3

0226

2012년 10월 고1 학업성취도평가 29번

오른쪽 그림과 같이 좌표평면 위의 제 1사분면에 반지름의 길이가 1인 원 C_1, C_2가 있다.
원 C_1은 x축에 접하면서 움직이고,

TIP 원 C_1의 중심의 좌표는 $(a, 1)$

원 C_2는 y축에 접하는 동시에

TIP 원 C_2의 중심의 좌표는 $(1, b)$

원 C_1에 외접하면서 움직인다.
두 원이 외접하는 접점을 P라 할 때,
점 P가 나타내는 도형의 길이는 $a\pi$이다. 이때 $30a$의 값을 구하시오.

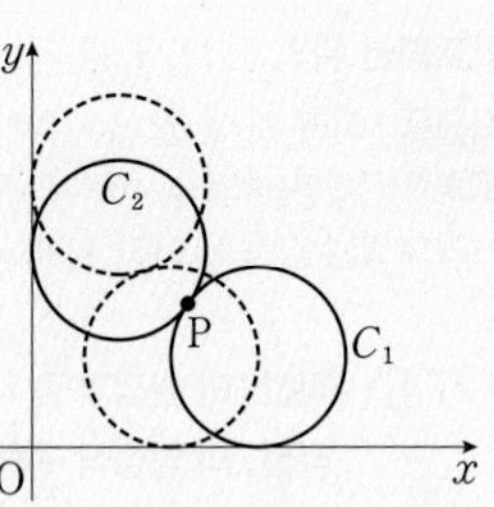

STEP Ⓐ **두 원이 외접하는 접점 P의 식 세우기**

원 C_1이 x축에 접하므로 C_1의 중심을 $(a, 1)$,

원 C_2가 y축에 접하므로 C_2의 중심을 $(1, b)$라 하자.

두 원의 중심 사이의 거리는 $\sqrt{(a-1)^2+(1-b)^2}$

두 원 C_1, C_2가 서로 외접하므로

(두 원의 반지름의 길이의 합)=(두 원의 중심 사이의 거리)

$(a-1)^2+(b-1)^2=4(1\le a\le 3,\ 1\le b\le 3)$ …… ㉠

이때 두 원이 외접하는 접점 P의 좌표를 $P(x, y)$라 하면

$P\left(\frac{a+1}{2}, \frac{b+1}{2}\right)$

$x=\frac{a+1}{2}$, $y=\frac{b+1}{2}$이므로 $a=2x-1$, $b=2y-1$ …… ㉡

STEP Ⓑ **점 P가 나타내는 도형의 길이 구하기**

㉡을 ㉠에 대입하면

$(2x-1-1)^2+(2y-1-1)^2=4$,

$(4x^2-8x+4)+(4y^2-8y+4)=4$,

$(x^2-2x+1)+(y^2-2y+1)^2=1$

$\therefore (x-1)^2+(y-1)^2=1(1\le x\le 2,\ 1\le y\le 2)$

이때 점 P가 그리는 도형의 길이는 $\frac{1}{4}\times 2\pi\times 1=\frac{1}{2}\pi$

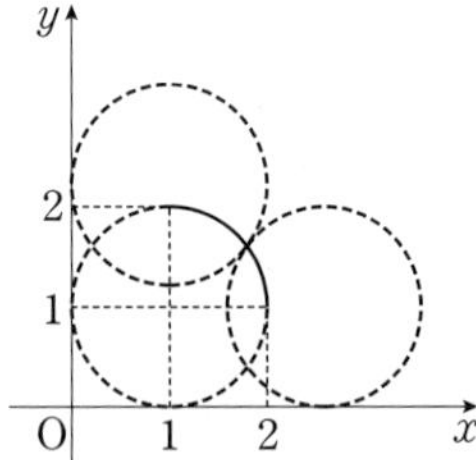

따라서 $a=\frac{1}{2}$이므로 $30a=30\times\frac{1}{2}=15$

MAPL; YOURMASTERPLAN

단원종합문제

원의 방정식

BASIC

0227

다음 물음에 답하시오.

(1) 두 점 A$(-2, -4)$, B$(6, 2)$를 지름의 양 끝점으로 하는 원이 x축과

TIP 두 점 A, B의 중점이 원의 중심이고 선분 AB의 길이는 원의 지름이다.

만나는 두 점을 C, D라 할 때, 선분 CD의 길이는?

① $2\sqrt{2}$ ② $4\sqrt{3}$ ③ $4\sqrt{6}$
④ 12 ⑤ 16

STEP A 선분 AB를 지름으로 하는 원의 방정식 구하기

두 점 A$(-2, -4)$, B$(6, 2)$를 지름의 양 끝점으로 하는 원의 중심은 선분 AB의 중점이므로 원의 중심의 좌표를 E라 하면

$\left(\frac{-2+6}{2}, \frac{-4+2}{2}\right)$, 즉 E$(2, -1)$

원의 반지름의 길이는 $\overline{AE}=\sqrt{\{2-(-2)\}^2+\{-1-(-4)\}^2}=5$

$\therefore (x-2)^2+(y+1)^2=25$

+α 두 점을 지름의 양 끝점으로 하는 원의 방정식 공식을 이용하여 구할 수 있어!

두 점 A$(-2, -4)$, B$(6, 2)$를 지름의 양 끝점으로 하는 원의 방정식
$(x+2)(x-6)+(y+4)(y-2)=0$, $x^2-4x+y^2+2y-20=0$
$\therefore (x-2)^2+(y+1)^2=25$

STEP B 선분 CD의 길이 구하기

이 원이 x축과 만나는 두 점 C, D를 구하기 위해 $y=0$을 대입하면

$(x-2)^2+(0+1)^2=25$, $x^2-4x-20=0$

$\therefore x=2-2\sqrt{6}$ 또는 $x=2+2\sqrt{6}$

따라서 선분 CD의 길이는 $|(2+2\sqrt{6})-(2-2\sqrt{6})|=4\sqrt{6}$

(2) 원 $x^2+y^2-4x+3=0$과 중심이 같고 점 $(-2, 3)$을 지나는 원의

TIP 원의 중심의 좌표는 $(2, 0)$

넓이는?

① 4π ② 9π ③ 16π
④ 25π ⑤ 36π

STEP A 원의 중심과 반지름의 길이를 이용하여 원의 넓이 구하기

원 $x^2+y^2-4x+3=0$을 변형하면 $(x-2)^2+y^2=1$이므로

중심의 좌표는 $(2, 0)$

두 점 $(2, 0)$, $(-2, 3)$ 사이의 거리, 즉 구하는 원의 반지름의 길이 r은

$r=\sqrt{(-2-2)^2+(3-0)^2}=5$

따라서 원의 넓이는 $\pi r^2=25\pi$

0228

다음 물음에 답하시오.

(1) 오른쪽 그림과 같은 원의 방정식이

TIP x축에 접하는 원의 반지름의 길이는 원의 중심의 y좌표의 절댓값이다.

$x^2+y^2+ax-2y+b=0$일 때,
상수 a, b에 대하여 ab의 값은?

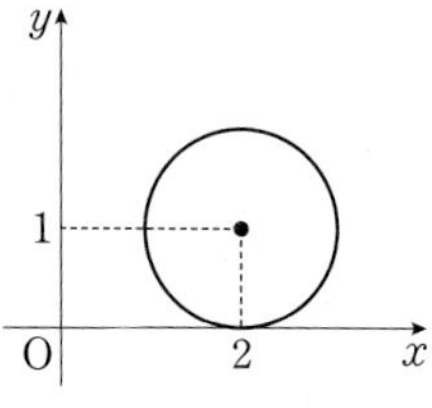

① -25 ② -16
③ -9 ④ 16
⑤ 25

STEP A x축에 접하는 원의 방정식 구하기

x축에 접하는 원의 반지름의 길이는 원의 중심의 y좌표의 절댓값이다.

즉 주어진 원은 중심이 $(2, 1)$이고 반지름의 길이가 1이므로

$(x-2)^2+(y-1)^2=1$, 즉 $x^2+y^2-4x-2y+4=0$

따라서 $a=-4$, $b=4$이므로 $ab=-16$

(2) 원 $x^2+y^2+2x-2y+k-1=0$이 x축과 y축에 동시에 접할 때,

TIP |원의 중심의 x좌표|=|원의 중심의 y좌표|=(원의 반지름의 길이)

상수 k의 값은?

① -2 ② -1 ③ 2
④ 3 ⑤ 4

STEP A 원의 방정식을 표준형으로 변형하기

원 $x^2+y^2+2x-2y+k-1=0$에서 $(x+1)^2+(y-1)^2=-k+3$이므로

원의 중심은 $(-1, 1)$, 반지름의 길이는 $\sqrt{-k+3}$

STEP B 원이 x축과 y축에 동시에 접하는 조건 구하기

이 원이 x축과 y축에 동시에 접하므로

원의 중심의 x좌표와 y좌표의 절댓값과 반지름의 길이가 모두 같아야 한다.

즉 $|-1|=\sqrt{-k+3}$이므로 양변을 제곱하면 $1=-k+3$

따라서 $k=2$

0229

다음 물음에 답하시오.

(1) 중심이 직선 $y=x+2$ 위에 있고 점 $(-1, -6)$을 지나며 y축에

TIP 중심의 좌표는 $(a, a+2)$

접하는 두 원의 중심 사이의 거리는?

① $2\sqrt{2}$ ② 4 ③ $4\sqrt{2}$
④ 8 ⑤ $8\sqrt{2}$

STEP A 원의 중심이 직선 $y=x+2$ 위에 있고 y축에 접하는 원의 방정식 세우기

원의 중심이 직선 $y=x+2$ 위에 있으므로 중심의 좌표를 $(a, a+2)$라 하면

y축에 접하는 원의 반지름의 길이는 원의 중심의 x좌표의 절댓값이므로 $|a|$

즉 원의 방정식은 $(x-a)^2+(y-a-2)^2=a^2$

STEP B 점 $(-1, -6)$을 지남을 이용하여 두 원의 중심 사이의 거리 구하기

이 원이 점 $(-1, -6)$을 지나므로 $(-1-a)^2+(-6-a-2)^2=a^2$

$a^2+18a+65=0$, $(a+5)(a+13)=0$ $\therefore a=-5$ 또는 $a=-13$

따라서 두 원의 중심의 좌표는 각각 $(-5, -3)$, $(-13, -11)$이므로

중심 사이의 거리는 $\sqrt{\{-13-(-5)\}^2+\{-11-(-3)\}^2}=8\sqrt{2}$

(2) 중심이 직선 $y=x-1$ 위에 있는 원이 y축에 접하고 점 $(3, -1)$을

TIP y축에 접하는 원의 반지름의 길이는 중심의 x좌표의 절댓값이다.

지날 때, 이 원의 반지름의 길이는?

① 2 ② 3 ③ 4
④ 5 ⑤ 6

STEP A **원의 중심이 직선 $y=x-1$ 위에 있고 y축에 접하는 원의 방정식 세우기**

원의 중심이 직선 $y=x-1$ 위에 있으므로 중심의 좌표를 $(a, a-1)$이라 하면
y축에 접하는 원의 반지름의 길이는 원의 중심의 x좌표의 절댓값이므로 $|a|$
즉 원의 방정식은 $(x-a)^2+(y-a+1)^2=a^2$

STEP B **점 $(3, -1)$를 지남을 이용하여 원의 반지름의 길이 구하기**

이 원이 점 $(3, -1)$을 지나므로 $(3-a)^2+(-1-a+1)^2=a^2$, $(a-3)^2=0$
$\therefore a=3$
따라서 원의 반지름의 길이는 3

0230

2023년 09월 고1 학력평가 11번 변형

두 상수 a, b에 대하여 이차함수 $y=x^2+6x+a$의 그래프의 꼭짓점을 A라 할 때, 점 A는 원 $x^2+y^2+2bx+12y+20=0$의 중심과 일치한다.

TIP $(x+b)^2+(y+6)^2=b^2+16$이므로 원의 중심의 좌표는 $(-b, -6)$

$a+b$의 값은?

① 2 ② 3 ③ 4
④ 5 ⑤ 6

STEP A **이차함수의 꼭짓점의 좌표와 원의 중심의 좌표 구하기**

이차함수 $y=x^2+6x+a=(x+3)^2+a-9$이므로
꼭짓점 A의 좌표는 $A(-3, a-9)$
원 $x^2+y^2+2bx+12y+20=0$을 변형하면
$(x^2+2bx+b^2)-b^2+(y^2+12y+36)-36+20=0$에서
$(x+b)^2+(y+6)^2=b^2+16$
이때 원의 중심의 좌표는 $(-b, -6)$

STEP B **이차함수의 꼭짓점의 좌표와 원의 중심이 일치함을 이용하여 a, b의 값 구하기**

두 점 $A(-3, a-9)$, $(-b, -6)$이 일치하므로 $-3=-b$, $a-9=-6$
따라서 $a=3$, $b=3$이므로 $a+b=6$

0231

원 $x^2+y^2-8x-4y+k=0$이 x축과 만나는 두 점 사이의 거리가 10

TIP 두 점의 좌표를 $(a, 0)$, $(b, 0)$이라 하면 $|a-b|=10$

일 때, 상수 k의 값을 구하시오.

STEP A **x축과 만나는 두 점 사이의 거리가 10임을 이용하기**

x축과 만나는 두 점을 $A(a, 0)$과 $B(b, 0)$이라 하면
$\overline{AB}=10$이므로 $|a-b|=10$
양변을 제곱하면 $(a-b)^2=100$ …… ㉠

STEP B **이차방정식의 근과 계수의 관계를 이용하여 상수 k의 값 구하기**

두 점 A와 B의 x좌표는 주어진 원의 방정식에 $y=0$을 대입하여 얻은 이차방정식 $x^2-8x+k=0$의 두 근과 같으므로 근과 계수의 관계에 의하여
$a+b=8$, $ab=k$ …… ㉡

㉠, ㉡을 $(a-b)^2=(a+b)^2-4ab$에 대입하면
$100=8^2-4k$, $4k=-36$
따라서 $k=-9$

0232

2024년 09월 고1 학력평가 9번 변형

좌표평면에서 점 $A(4, 4)$와 원 $x^2+y^2=8$ 위의 점 P에 대하여 선분 AP의 길이의 최솟값은?

TIP (원의 중심과 점 $A(4, 4)$ 사이의 거리)$-$(원의 반지름의 길이)

① $2\sqrt{2}$ ② $\frac{5\sqrt{2}}{2}$ ③ $3\sqrt{2}$
④ $\frac{7\sqrt{2}}{2}$ ⑤ $4\sqrt{2}$

STEP A **원 $x^2+y^2=8$의 중심의 좌표와 반지름의 길이 구하기**

원 $x^2+y^2=8$의 중심의 좌표는 $O(0, 0)$이므로
두 점 $O(0, 0)$, $A(4, 4)$ 사이의 거리는 $\overline{OA}=\sqrt{4^2+4^2}=4\sqrt{2}$
원 $x^2+y^2=8$의 반지름의 길이가 $2\sqrt{2}$이므로 $\overline{OP}=2\sqrt{2}$

STEP B **선분 AP의 길이의 최솟값 구하기**

이때 원 위의 점 P에서
점 $A(4, 4)$까지 거리의 최솟값은
$\overline{OA}-$(반지름의 길이)$=4\sqrt{2}-2\sqrt{2}=2\sqrt{2}$
따라서 선분 AP의 길이의 최솟값은 $2\sqrt{2}$

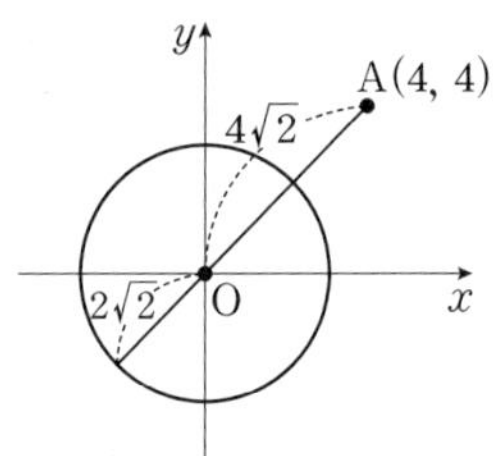

0233

다음 물음에 답하시오.

(1) 직선 $ax-y=1$이 두 원 $x^2+y^2-by=0$, $x^2-4x+y^2-8y=0$의 넓이를 이등분할 때, 상수 a, b에 대하여 $a+b$의 값은?

TIP 직선이 원의 넓이를 이등분하려면 원의 중심을 지난다.

① $\frac{1}{2}$ ② $\frac{5}{2}$ ③ 3
④ 4 ⑤ $\frac{9}{2}$

STEP A **직선 $ax-y=1$이 원 $x^2+y^2-by=0$의 넓이를 이등분할 때, b의 값 구하기**

원 $x^2+y^2-by=0$에서 $x^2+\left(y-\frac{b}{2}\right)^2=\frac{b^2}{4}$
이 원의 넓이를 이등분하면 직선은 원의 중심 $\left(0, \frac{b}{2}\right)$를 지나야 한다.
즉 이 원의 중심 $\left(0, \frac{b}{2}\right)$는 직선 $ax-y=1$ 위에 있으므로 $-\frac{b}{2}=1$
$\therefore b=-2$

STEP B **직선 $ax-y=1$이 원 $x^2-4x+y^2-8y=0$의 넓이를 이등분할 때, a의 값 구하기**

원 $x^2-4x+y^2-8y=0$에서 $(x-2)^2+(y-4)^2=20$
이 원의 넓이를 이등분하려면 직선은 원의 중심 $(2, 4)$를 지나야 한다.
즉 이 원의 중심 $(2, 4)$는 직선 $ax-y=1$ 위에 있으므로 $2a-4=1$
$\therefore a=\frac{5}{2}$
따라서 $a+b=\frac{5}{2}+(-2)=\frac{1}{2}$

2017년 09월 고1 학력평가 11번

(2) 좌표평면 위의 두 점 $\mathrm{A}(1, 1)$, $\mathrm{B}(3, a)$에 대하여 선분 AB의 수직이등분선이 원 $(x+2)^2+(y-5)^2=4$의 넓이를 이등분할 때,
TIP 수직인 두 직선의 기울기의 곱은 -1
상수 a의 값은?

① 5 ② 6 ③ 7
④ 8 ⑤ 9

STEP A 선분 AB의 수직이등분선이 지나는 점의 좌표 구하기

선분 AB의 수직이등분선을 l이라 하자.
두 점 $\mathrm{A}(1, 1)$, $\mathrm{B}(3, a)$에 대하여 선분 AB의 중점을 M이라 하면
$\left(\frac{1+3}{2}, \frac{1+a}{2}\right)$, 즉 $\mathrm{M}\left(2, \frac{a+1}{2}\right)$
원 $(x+2)^2+(y-5)^2=4$의 중심의 좌표는 $(-2, 5)$
이때 직선 l은 두 점 $\left(2, \frac{a+1}{2}\right)$, $(-2, 5)$를 지난다.

STEP B 두 직선이 수직이기 위한 조건을 이용하여 a의 값 구하기

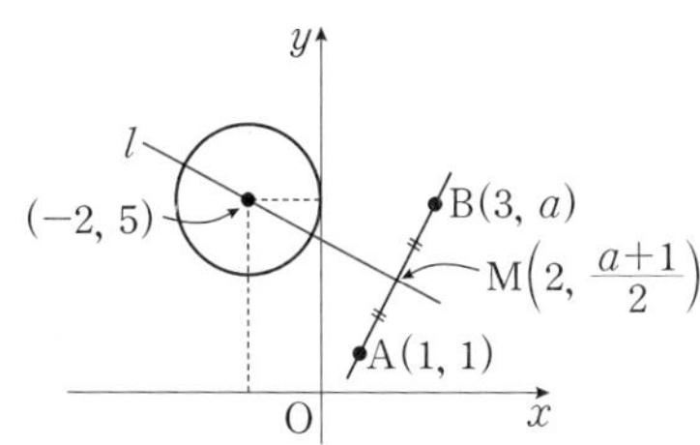

직선 l의 기울기는 $\frac{5-\frac{a+1}{2}}{-2-2}=\frac{a-9}{8}$, 직선 AB의 기울기는 $\frac{a-1}{3-1}=\frac{a-1}{2}$
이때 두 직선이 서로 수직이므로 $\frac{a-9}{8}\times\frac{a-1}{2}=-1$,
$a^2-10a+25=0$, $(a-5)^2=0$
따라서 $a=5$

0234

2010년 11월 고1 학력평가 14번

원 $x^2+y^2-2x-4y-7=0$의 내부의 넓이와 네 직선 $x=-6$, $x=0$, $y=-4$, $y=-2$로 둘러싸인 직사각형의 넓이를 모두 이등분하는 직선의 방정식은?
TIP 직선이 원의 넓이를 이등분하려면 원의 중심을 지나고 직사각형의 넓이를 이등분하려면 두 대각선의 교점을 지나면 된다.

① $y=\frac{4}{5}x+\frac{6}{5}$ ② $y=\frac{5}{4}x+\frac{3}{4}$ ③ $y=\frac{8}{5}x+\frac{2}{5}$
④ $y=4x-2$ ⑤ $y=5x-3$

STEP A 원의 넓이를 이등분하는 직선이 지나는 원의 중심 구하기

원 $x^2+y^2-2x-4y-7=0$에서 $(x-1)^2+(y-2)^2=12$
이 원의 넓이를 이등분하려면 직선은 원의 중심 $(1, 2)$를 지나야 한다.

STEP B 직사각형의 넓이를 이등분하는 두 대각선의 교점 구하기

네 직선 $x=-6$, $x=0$, $y=-4$, $y=-2$로 둘러싸인 직사각형의 넓이를 이등분하는 직선은 직사각형의 두 대각선의 교점 $(-3, -3)$을 지나야 한다.

STEP C 두 점을 지나는 직선의 방정식 구하기

따라서 주어진 원과 직사각형의 넓이를 모두 이등분하는 직선의 방정식은
두 점 $(1, 2)$, $(-3, -3)$을 지나야 하므로
$y-2=\frac{-3-2}{-3-1}(x-1)$,
즉 $y=\frac{5}{4}x+\frac{3}{4}$

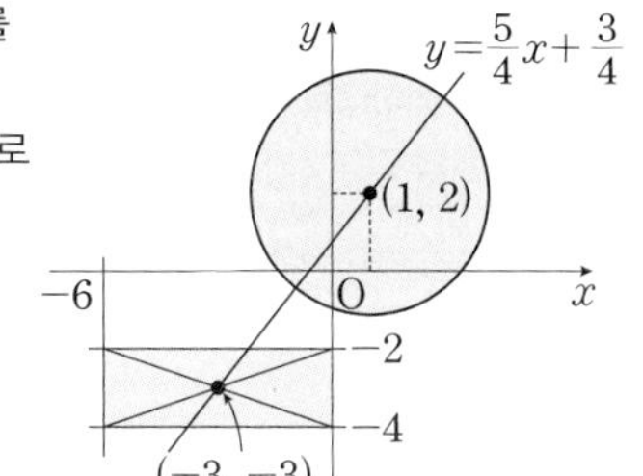

0235

다음 물음에 답하시오.

(1) 두 원 $x^2+y^2-4x+6y+5=0$, $x^2+y^2-2x+4y+1=0$의 두 교점을 지나는 직선이 점 $(k, 1)$을 지날 때, 상수 k의 값은?
TIP 두 원의 공통현을 구하기 위해서 두 식을 뺀다.

① 2 ② 3 ③ 4
④ 5 ⑤ 6

STEP A 두 원의 교점을 지나는 직선의 방정식 구하기

두 원의 교점을 지나는 도형의 방정식은
$x^2+y^2-4x+6y+5+k(x^2+y^2-2x+4y+1)=0$ (단, k는 상수)
$k=-1$이면 두 원의 교점을 지나는 직선의 방정식이므로
$x^2+y^2-4x+6y+5-(x^2+y^2-2x+4y+1)=0$
$\therefore -2x+2y+4=0$

STEP B 직선이 점 $(k, 1)$을 지남을 이용하여 k의 값 구하기

이 직선이 점 $(k, 1)$을 지나므로 $-2\times k+2\times 1+4=0$, $2k=6$
따라서 $k=3$

(2) 두 원 $x^2+y^2+ax+y-1=0$, $x^2+y^2-x+ay+1=0$의 두 교점을 지나는 직선이 점 $(2, 3)$을 지날 때, 상수 a의 값은?
TIP 두 원의 공통현을 구하기 위해서 두 식을 뺀다.

① 1 ② 2 ③ 3
④ 4 ⑤ 5

STEP A 두 원의 교점을 지나는 직선의 방정식 구하기

두 원의 교점을 지나는 도형의 방정식은
$x^2+y^2+ax+y-1+k(x^2+y^2-x+ay+1)=0$ (단, k는 상수)
$k=-1$이면 두 원의 교점을 지나는 직선의 방정식이므로
$x^2+y^2+ax+y-1-(x^2+y^2-x+ay+1)=0$
$\therefore (a+1)x+(1-a)y-2=0$

STEP B 직선이 점 $(2, 3)$을 지남을 이용하여 a의 값 구하기

이 직선이 점 $(2, 3)$을 지나므로 $2(a+1)+3(1-a)-2=0$
따라서 $a=3$

0236

다음 물음에 답하시오.

(1) 두 원 $x^2+y^2-4=0$, $x^2+y^2-4x-2y-2=0$의 교점과 원점을 지나는 원의 넓이가 $a\pi$일 때, 상수 a의 값은?
TIP 반지름의 길이가 r인 원의 넓이는 πr^2

① 8 ② 12 ③ 16
④ 20 ⑤ 25

STEP A 두 원의 교점을 지나는 원의 방정식에 원점을 대입하기

두 원의 교점을 지나는 원의 방정식은
$x^2+y^2-4+k(x^2+y^2-4x-2y-2)=0$ (단, $k\neq-1$) …… ㉠
이 원이 원점 $(0, 0)$을 지나므로 $-4-2k=0$, $2k=-4$
$\therefore k=-2$

STEP B 두 원의 교점과 원점을 지나는 원의 방정식 구하기

$k=-2$를 ㉠에 대입하면

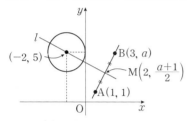

$x^2+y^2-4-2(x^2+y^2-4x-2y-2)=0$, $x^2+y^2-8x-4y=0$

$\therefore (x-4)^2+(y-2)^2=20$

이때 이 원의 반지름의 길이는 $\sqrt{20}$이므로 원의 넓이는 $\pi\times(\sqrt{20})^2=20\pi$

따라서 $a=20$

(2) 두 원 $x^2+y^2+4x-4=0$, $x^2+y^2+ax-6y+2=0$이 두 점에서 만나고 두 원의 교점과 원점을 지나는 원의 넓이가 5π일 때, 양수 a의 값은?

① 1 ② 2 ③ 3
④ 4 ⑤ 5

STEP A 두 원의 교점을 지나는 원의 방정식에 원점을 대입하기

두 원의 교점을 지나는 원의 방정식은

$x^2+y^2+4x-4+k(x^2+y^2+ax-6y+2)=0$ (단, $k\neq-1$) …… ㉠

이 원이 원점 $(0, 0)$을 지나므로 $-4+2k=0$, $2k=4$

$\therefore k=2$

STEP B 두 원의 교점과 원점을 지나는 원의 방정식 구하기

$k=2$를 ㉠에 대입하면

$x^2+y^2+4x-4+2(x^2+y^2+ax-6y+2)=0$, $x^2+y^2+\frac{2a+4}{3}x-4y=0$

$\therefore \left(x+\frac{a+2}{3}\right)^2+(y-2)^2=\frac{a^2+4a+40}{9}$

이때 이 원의 넓이가 5π이므로 $\frac{a^2+4a+40}{9}=5$,

$a^2+4a-5=0$, $(a+5)(a-1)=0$

따라서 $a=1(\because a>0)$

0237

2024년 03월 고2 학력평가 13번 변형

다음 물음에 답하시오.

(1) 좌표평면에서 원 $(x-2)^2+(y-3)^2=r^2$과 직선 $y=x+5$가 서로 다른 두 점 A, B에서 만나고, $\overline{AB}=2\sqrt{3}$이다. 양수 r의 값은?

TIP 원의 중심에서 현에 내린 수선은 그 현을 수직이등분함을 이용하여 구한다.

① 3 ② $\sqrt{10}$ ③ $\sqrt{11}$
④ $2\sqrt{3}$ ⑤ $\sqrt{13}$

STEP A 원의 중심에서 현에 내린 수선은 현을 이등분함을 이용하기

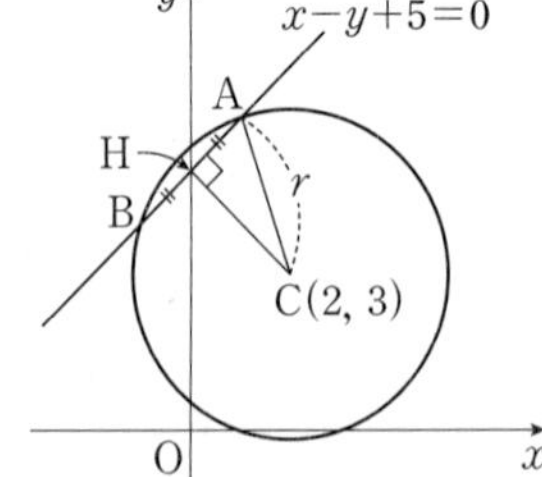

원과 직선의 두 교점이 A, B이므로 원 $(x-2)^2+(y-3)^2=r^2$의 중심을 C(2, 3)이라 하고

반지름의 길이 $\overline{CA}=r$

점 C에서 직선 $y=x+5$에 내린 수선의 발을 H라 하자.

$\overline{AB}=2\sqrt{3}$이므로 $\overline{AH}=\frac{1}{2}\overline{AB}=\sqrt{3}$

원의 중심 C(2, 3)과 직선 $x-y+5=0$ 사이의 거리는 선분 CH의 길이와 같으므로

$\overline{CH}=\frac{|1\times2-1\times3+5|}{\sqrt{1^2+(-1)^2}}=\frac{4}{\sqrt{2}}=2\sqrt{2}$

STEP B 피타고라스 정리를 이용하여 양수 r의 값 구하기

직각삼각형 ACH에서 피타고라스 정리에 의하여

$\overline{CA}=\sqrt{\overline{AH}^2+\overline{CH}^2}=\sqrt{(\sqrt{3})^2+(2\sqrt{2})^2}=\sqrt{11}$

따라서 $r=\sqrt{11}(\because r>0)$

2014년 03월 고2 학력평가 A형 12번

(2) 다음 그림과 같이 원 $(x+1)^2+(y-3)^2=4$와 직선 $y=mx+2$를 좌표평면 위에 나타낸 것이다. 원과 직선의 두 교점을 각각 A, B라 할 때, 선분 AB의 길이가 $2\sqrt{2}$가 되도록 하는 상수 m의 값은?

TIP 원의 중심에서 현에 내린 수선은 그 현을 수직이등분함을 이용하여 구한다.

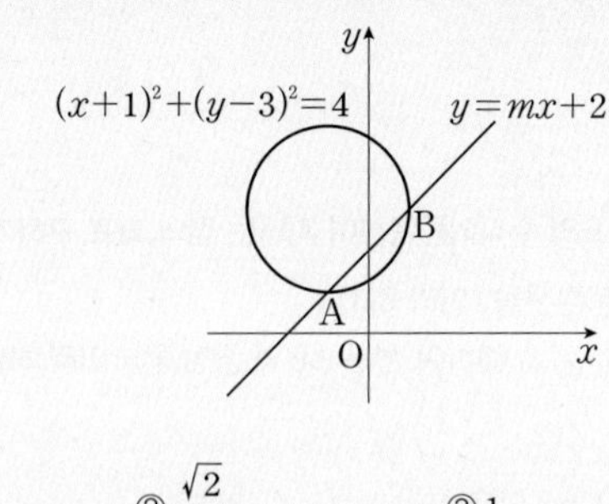

① $\frac{\sqrt{3}}{3}$ ② $\frac{\sqrt{2}}{2}$ ③ 1
④ $\sqrt{2}$ ⑤ $\sqrt{3}$

STEP A 원의 중심에서 현에 내린 수선은 현을 이등분함을 이용하기

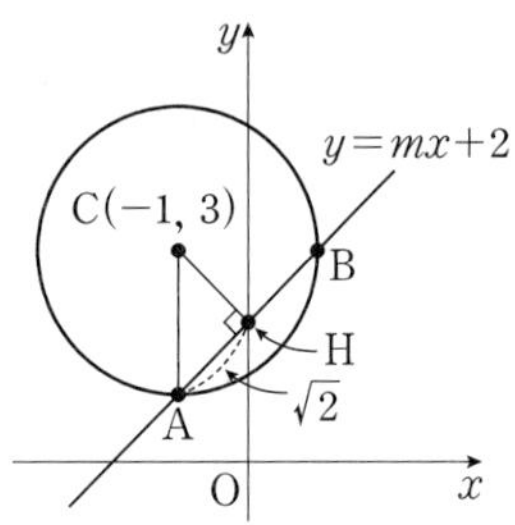

원과 직선의 두 교점이 A, B이므로 원 $(x+1)^2+(y-3)^2=4$의 중심의 좌표를 C$(-1, 3)$이라 하고

반지름의 길이 $\overline{CA}=2$

점 C에서 직선 $y=mx+2$에 내린 수선의 발을 H라 하자.

$\overline{AB}=2\sqrt{2}$이므로 $\overline{AH}=\frac{1}{2}\overline{AB}=\sqrt{2}$

직각삼각형 CAH에서 피타고라스 정리에 의하여

$\overline{CH}=\sqrt{\overline{CA}^2-\overline{AH}^2}=\sqrt{2^2-(\sqrt{2})^2}=\sqrt{2}$

STEP B 점과 직선 사이의 거리를 이용하여 직선의 기울기 m의 값 구하기

원의 중심 C$(-1, 3)$과 직선 $mx-y+2=0$ 사이의 거리는 선분 CH의 길이와 같으므로

$\frac{|m\times(-1)-1\times3+2|}{\sqrt{m^2+(-1)^2}}=\sqrt{2}$, $|-m-1|=\sqrt{2m^2+2}$

양변을 제곱하면 $m^2+2m+1=2m^2+2$

$m^2-2m+1=0$, $(m-1)^2=0$

따라서 $m=1$

0238

2012년 11월 고1 학력평가 7번

다음 물음에 답하시오.

(1) 직선 $y=\sqrt{2}x+k$가 원 $x^2+y^2=4$에 접할 때, 양의 실수 k의 값은?

TIP (원의 중심에서 직선 사이의 거리)=(원의 반지름의 길이)

① $\sqrt{2}$ ② $\sqrt{3}$ ③ $2\sqrt{2}$
④ $2\sqrt{3}$ ⑤ $3\sqrt{2}$

STEP A 원의 중심과 직선 사이의 거리를 이용하여 k의 값 구하기

원과 직선이 접하므로 원의 중심 $(0, 0)$과 직선 $\sqrt{2}x-y+k=0$ 사이의 거리가 원의 반지름의 길이 2와 같다.

즉 $\frac{|k|}{\sqrt{(\sqrt{2})^2+(-1)^2}}=2$, $|k|=2\sqrt{3}$

따라서 $k=2\sqrt{3}(\because k>0)$

MINI해설 이차방정식의 판별식을 이용하여 풀이하기

직선 $y=\sqrt{2}x+k$를 원 $x^2+y^2=4$에 대입하면 $x^2+(\sqrt{2}x+k)^2=4$

$\therefore 3x^2+2\sqrt{2}kx+k^2-4=0$

원과 직선이 접하려면
이 이차방정식은 중근을 가지므로
이차방정식의 판별식을 D라 하면
$D=0$이어야 한다.

$\frac{D}{4}=(\sqrt{2}k)^2-3(k^2-4)=0$

따라서 $k^2=12$이므로 $k=2\sqrt{3}$($\because k>0$)

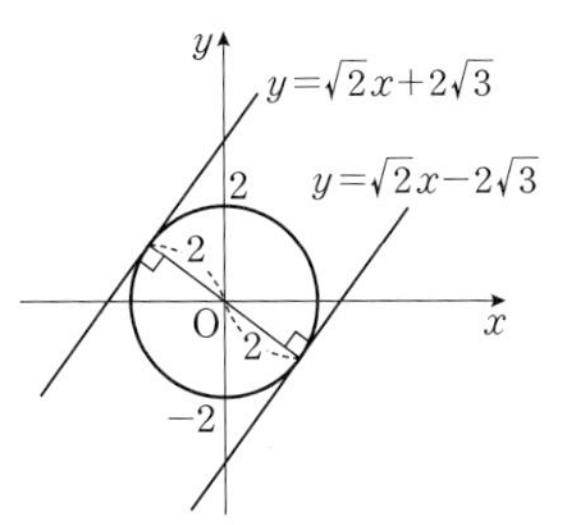

MINI해설 원에 접하고 기울기가 주어진 원의 접선의 방정식을 이용하여 풀이하기

원 $x^2+y^2=4$의 반지름의 길이는 2이고 기울기가 $\sqrt{2}$인 접선의 방정식은
$y=\sqrt{2}x\pm2\sqrt{(\sqrt{2})^2+1}$, 즉 $y=\sqrt{2}x\pm2\sqrt{3}$

따라서 $k=2\sqrt{3}$($\because k>0$)

2010년 11월 고1 학력평가 24번

(2) 직선 $y=\sqrt{3}x+k$가 원 $x^2+y^2-6y-7=0$에 접할 때, 모든 실수 k의 값의 합은?

TIP (원의 중심에서 직선 사이의 거리)=(원의 반지름의 길이)

① 5 ② 6 ③ 7
④ 9 ⑤ 11

STEP A 원의 중심과 직선 사이의 거리를 이용하여 k의 값 구하기

원 $x^2+y^2-6y-7=0$에서 $x^2+(y-3)^2=16$

원과 직선이 접하므로 원의 중심 $(0, 3)$과 직선 $\sqrt{3}x-y+k=0$ 사이의 거리가 원의 반지름의 길이 4와 같다.

즉 $\frac{|-1\times3+k|}{\sqrt{(\sqrt{3})^2+(-1)^2}}=4$, $|k-3|=8$, $k-3=\pm8$

$\therefore k=11$ 또는 $k=-5$

따라서 모든 실수 k의 값의 합은 $11+(-5)=6$

MINI해설 이차방정식의 판별식을 이용하여 풀이하기

직선 $y=\sqrt{3}x+k$를
원 $x^2+y^2-6y-7=0$에 대입하면
$x^2+(\sqrt{3}x+k)^2-6(\sqrt{3}x+k)-7=0$

$\therefore 4x^2+2(\sqrt{3}k-3\sqrt{3})x+k^2-6k-7=0$

원과 직선이 접하려면
이 이차방정식은 중근을 가지므로
이차방정식의 판별식을 D라 하면
$D=0$이어야 한다.

$\frac{D}{4}=(\sqrt{3}k-3\sqrt{3})^2-4(k^2-6k-7)=0$,
$k^2-6k-55=0$, $(k-11)(k+5)=0$

$\therefore k=11$ 또는 $k=-5$

따라서 모든 실수 k의 값의 합은 $11+(-5)=6$

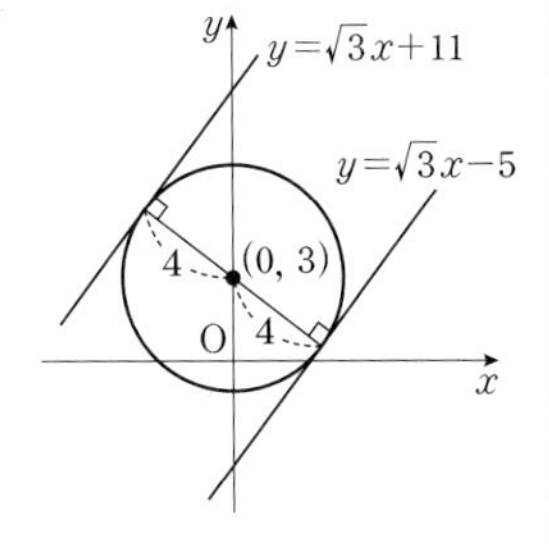

MINI해설 원에 접하고 기울기가 주어진 원의 접선의 방정식을 이용하여 풀이하기

원 $x^2+y^2-6y-7=0$에서 $x^2+(y-3)^2=16$의 중심의 좌표는 $(0, 3)$,
반지름의 길이는 4이고 기울기가 $\sqrt{3}$인 접선의 방정식은
$y-3=\sqrt{3}(x-0)\pm4\sqrt{(\sqrt{3})^2+1}$, 즉 $y=\sqrt{3}x+11$ 또는 $y=\sqrt{3}x-5$

$\therefore k=11$ 또는 $k=-5$

따라서 모든 실수 k의 값의 합은 $11+(-5)=6$

0239

두 점 $(-1, 2)$, $(3, 6)$을 지름의 양 끝점으로 하는 원이 직선 $y=x+k$와 만나지 않을 때, 자연수 k의 최솟값은?

TIP (원의 중심에서 직선 사이의 거리)>(원의 반지름의 길이)

① 5 ② 6 ③ 7
④ 8 ⑤ 9

STEP A 두 점을 지름의 양 끝점으로 하는 원의 방정식 구하기

두 점 $(-1, 2)$, $(3, 6)$을 지름의 양 끝점으로 하는 원을 C라 하자.

이때 원의 중심은 두 점의 중점이므로 $\left(\frac{-1+3}{2}, \frac{2+6}{2}\right)$, 즉 $(1, 4)$

반지름의 길이는 $\frac{1}{2}\sqrt{\{3-(-1)\}^2+(6-2)^2}=\frac{1}{2}\times4\sqrt{2}=2\sqrt{2}$

즉 구하는 원의 방정식은 $C:(x-1)^2+(y-4)^2=8$

+α 두 점을 지름의 양 끝점으로 하는 원의 방정식을 구할 수 있어!

두 점 $(-1, 2)$, $(3, 6)$을 지름의 양 끝점으로 하는 원의 방정식은
서로 다른 두 점 $A(a_1, b_1)$, $B(a_2, b_2)$를 지름의 양 끝점으로 하는 원의 방정식은
$(x-a_1)(x-a_2)+(y-b_1)(y-b_2)=0$
$(x+1)(x-3)+(y-2)(y-6)=0$, $x^2-2x+y^2-8y+9=0$

$\therefore (x-1)^2+(y-4)^2=8$

STEP B 원의 중심과 직선 사이의 거리가 원의 반지름의 길이보다 큼을 이용하여 자연수 k의 최솟값 구하기

원 $C:(x-1)^2+(y-4)^2=8$과 직선 $x-y+k=0$이 만나지 않으려면
원 C의 중심인 점 $(1, 4)$와 직선 $x-y+k=0$ 사이의 거리는 원의 반지름의 길이 $2\sqrt{2}$보다 커야 한다.

즉 $\frac{|1\times1-1\times4+k|}{\sqrt{1^2+(-1)^2}}>2\sqrt{2}$, $|k-3|>4$이므로 $k-3<-4$ 또는 $k-3>4$

$\therefore k<-1$ 또는 $k>7$

따라서 자연수 k의 최솟값은 8

+α 이차방정식의 판별식을 이용하여 구할 수 있어!

원 $C:(x-1)^2+(y-4)^2=8$과 직선 $y=x+k$의 교점의 x좌표를 구하기 위하여
두 식을 연립하면 $(x-1)^2+(x+k-4)^2=8$

$\therefore 2x^2+2(k-5)x+k^2-8k+9=0$

원과 직선이 만나지 않으려면 이 이차방정식은 허근을 가지므로
이차방정식의 판별식을 D라 하면 $D<0$이어야 한다.

$\frac{D}{4}=(k-5)^2-2(k^2-8k+9)<0$, $k^2-6k-7>0$, $(k+1)(k-7)>0$

$\therefore k<-1$ 또는 $k>7$

따라서 자연수 k의 최솟값은 8

0240

2023년 03월 고2 학력평가 9번 변형

원 $x^2+y^2=r^2$ 위의 점 $(a, 4\sqrt{2})$에서의 접선의 방정식이 $x+2\sqrt{2}y+b=0$ 일 때, $a+b+r$의 값은? (단, r은 양수이고, a, b는 상수이다.)

TIP $ax+4\sqrt{2}y=r^2$

① −10 ② −12 ③ −14
④ −16 ⑤ −18

STEP A 원 위의 점에서의 접선의 방정식을 이용하여 a, b 사이의 관계식 구하기

원 $x^2+y^2=r^2$ 위의 점 $(a, 4\sqrt{2})$에서의 접선의 방정식은 $ax+4\sqrt{2}y=r^2$

$\therefore ax+4\sqrt{2}y-r^2=0$

이 접선이 직선 $x+2\sqrt{2}y+b=0$과 일치하므로 동류항의 계수를 비교하면

$\frac{a}{1}=\frac{4\sqrt{2}}{2\sqrt{2}}=\frac{-r^2}{b}$에서 $a=2$, $b=-\frac{r^2}{2}$

> **+α** 원의 중심과 접점을 지나는 직선이 접선과 수직임을 이용하여 구할 수 있어!
>
> 점 $(a,\ 4\sqrt{2})$를 A라 하고
> 두 점 $\mathrm{O}(0,\ 0)$, $\mathrm{A}(a,\ 4\sqrt{2})$를 지나는
> 직선 OA의 기울기는 $\dfrac{4\sqrt{2}}{a}$ …… ㉠
> 원 $x^2+y^2=r^2$ 위의 점 A에서의
> 접선의 방정식이 $x+2\sqrt{2}y+b=0$,
> 즉 $y=-\dfrac{\sqrt{2}}{4}x-\dfrac{b\sqrt{2}}{4}$
> 이때 접선의 기울기는 $-\dfrac{\sqrt{2}}{4}$이므로
> 이 직선과 수직인 직선 OA의 기울기는
> $\dfrac{4}{\sqrt{2}}=2\sqrt{2}$ …… ㉡
> ㉠, ㉡에 의하여 $\dfrac{4\sqrt{2}}{a}=2\sqrt{2}$이므로 $a=2$

STEP B 점 $(a,\ 4\sqrt{2})$가 원 $x^2+y^2=r^2$ 위의 점임을 이용하여 $a+b+r$의 값 구하기

점 $(2,\ 4\sqrt{2})$가 원 $x^2+y^2=r^2$ 위의 점이므로 $2^2+(4\sqrt{2})^2=r^2$, $r^2=36$

$\therefore r=6(\because r>0)$

이를 $b=-\dfrac{r^2}{2}$에 대입하면 $b=-\dfrac{6^2}{2}=-18$

따라서 $a+b+r=2+(-18)+6=-10$

0241

다음 물음에 답하시오.

(1) 오른쪽 그림과 같이 원 $x^2+y^2=20$ 위의 점 $(-2,\ 4)$에서의 원에 접하는 직선이 x축, y축과 만나는 점을 각각

TIP 접선의 방정식에 x, y에 각각 0을 대입하여 x축과 y축에서 만나는 점을 구한다.

A, B라 할 때, 삼각형 AOB의 넓이를 구하시오. (단, O는 원점이다.)

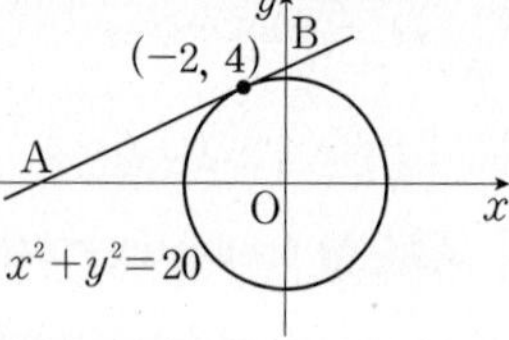

STEP A 원 위의 점에서의 접선의 방정식 구하기

원 $x^2+y^2=20$ 위의 점 $(-2,\ 4)$에서의 접선의 방정식은 $-2x+4y=20$

$\therefore x-2y+10=0$

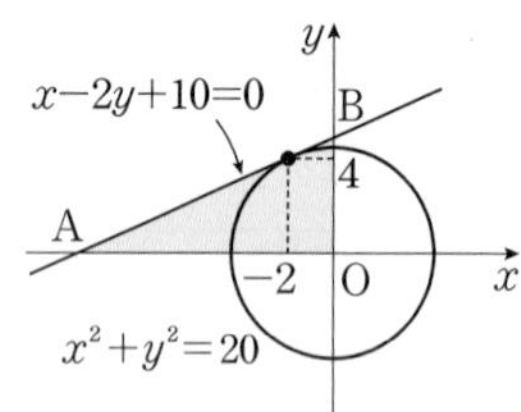

> **+α** 원의 중심과 접점을 지나는 직선이 접선과 수직임을 이용하여 구할 수 있어!
>
> 원의 중심 $(0,\ 0)$과 접점 $(-2,\ 4)$를 지나는 직선의 기울기가 $\dfrac{4}{-2}=-2$
> 원의 중심과 접점을 지나는 직선은 접선에 수직이므로 접선의 기울기는 $\dfrac{1}{2}$
> 즉 기울기가 $\dfrac{1}{2}$이고 점 $(-2,\ 4)$를 지나는 접선의 방정식은
> $y-4=\dfrac{1}{2}\{x-(-2)\}$, 즉 $x-2y+10=0$

STEP B 삼각형 AOB의 넓이 구하기

접선 $x-2y+10=0$이 x축, y축과 만나는 점이 각각

$\mathrm{A}(-10,\ 0)$, $\mathrm{B}(0,\ 5)$

따라서 삼각형 AOB의 넓이는 $\dfrac{1}{2}\times10\times5=25$

(2) 오른쪽 그림과 같이 원 $x^2+y^2-2x-4y=0$ 위의 점 $(2,\ 4)$에서의 접선의 방정식이 x축, y축과 만나는 점을 각각

TIP 접선의 방정식에 x, y에 각각 0을 대입하여 x축과 y축에서 만나는 점을 구한다.

A, B라 할 때, 삼각형 OAB의 넓이를 구하시오. (단, O는 원점이다.)

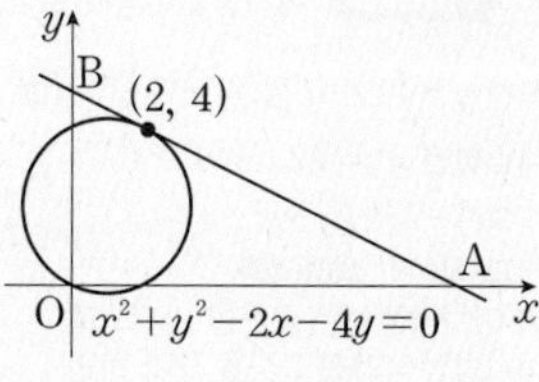

STEP A 원 위의 점에서의 접선의 방정식 구하기

원 $x^2+y^2-2x-4y=0$에서

$(x-1)^2+(y-2)^2=5$

원 $(x-1)^2+(y-2)^2=5$ 위의

점 $(2,\ 4)$에서의 접선의 방정식은

$(2-1)(x-1)+(4-2)(y-2)=5$,

$x-1+2y-4=5$

$\therefore x+2y-10=0$

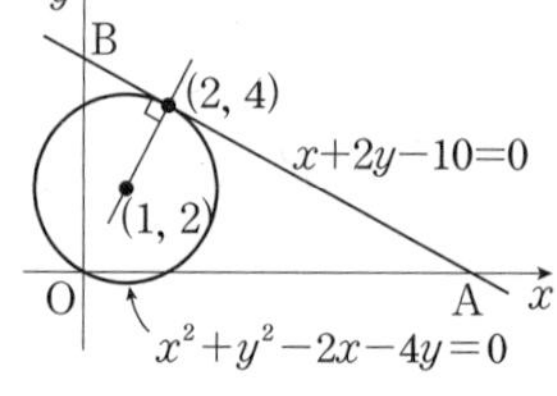

> **+α** 원의 중심과 접점을 지나는 직선이 접선과 수직임을 이용하여 구할 수 있어!
>
> 원 $x^2+y^2-2x-4y=0$에서 $(x-1)^2+(y-2)^2=5$
> 원의 중심 $(1,\ 2)$와 접점 $(2,\ 4)$를 지나는 직선의 기울기가 $\dfrac{4-2}{2-1}=2$
> 원의 중심과 접점을 지나는 직선은 접선에 수직이므로 접선의 기울기는 $-\dfrac{1}{2}$
> 즉 기울기가 $-\dfrac{1}{2}$이고 점 $(2,\ 4)$를 지나는 접선의 방정식은
> $y-4=-\dfrac{1}{2}(x-2)$, 즉 $x+2y-10=0$

STEP B 삼각형 OAB의 넓이 구하기

접선 $x+2y-10=0$이 x축, y축과 만나는 점이 각각

$\mathrm{A}(10,\ 0)$, $\mathrm{B}(0,\ 5)$

따라서 삼각형 OAB의 넓이는 $\dfrac{1}{2}\times10\times5=25$

0242

다음 물음에 답하시오.

(1) 원 $x^2+y^2=10$ 위의 점 $(1,\ 3)$에서의 접선이

TIP $x+3y=10$

원 $x^2+y^2-16x-8y+20+k=0$과 접할 때, 실수 k의 값은?

① 30 ② 40 ③ 50
④ 60 ⑤ 70

STEP A 원 위의 점에서 접선의 방정식 구하기

원 $x^2+y^2=10$ 위의 점 $(1,\ 3)$에서의 접선의 방정식은 $x+3y=10$

STEP B 원의 중심에서 직선 사이의 거리를 이용하여 실수 k의 값 구하기

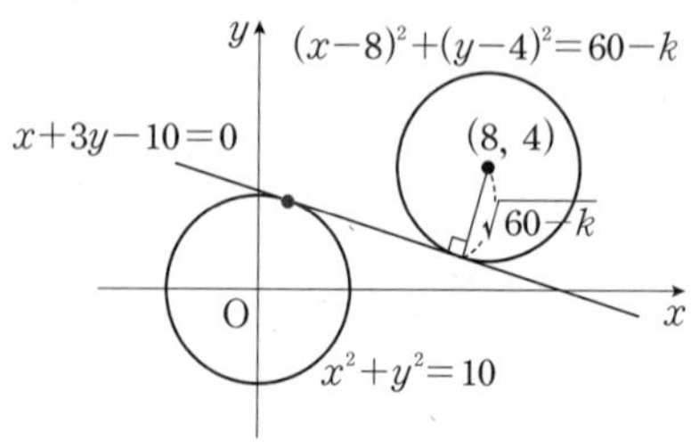

원 $x^2+y^2-16x-8y+20+k=0$에서 $(x-8)^2+(y-4)^2=60-k$이므로

중심은 $(8,\ 4)$, 반지름의 길이는 $\sqrt{60-k}$

이때 직선 $x+3y=10$이 원 $(x-8)^2+(y-4)^2=60-k$와 접하려면
점 $(8, 4)$와 직선 $x+3y-10=0$ 사이의 거리가 반지름의 길이 $\sqrt{60-k}$와 같아야 한다.

즉 $\dfrac{|1\times8+3\times4-10|}{\sqrt{1^2+3^2}}=\sqrt{60-k}$, $10=\sqrt{600-10k}$

양변을 제곱하면 $100=600-10k$, $10k=500$

따라서 $k=50$

(2) 원 $x^2+y^2=20$ 위의 점 $(-2, 4)$에서의 접선이 원 $(x-5)^2+(y-a)^2=b$

TIP $y=\frac{1}{2}x+5$

와 한 점 $(6, 8)$에서만 만날 때, 상수 a, b에 대하여 $a+b$의 값은?

① 11 ② 12 ③ 13
④ 14 ⑤ 15

STEP A **원 위의 점에서 접선의 방정식 구하기**

원 $x^2+y^2=20$ 위의 점 $(-2, 4)$에서 접선의 방정식은 $-2x+4y=20$

$\therefore y=\dfrac{1}{2}x+5$

이 직선의 기울기는 $\dfrac{1}{2}$

STEP B **원의 중심과 접점을 지나는 직선이 접선과 수직임을 이용하여 a, b의 값 구하기**

직선 $y=\dfrac{1}{2}x+5$와 원 $(x-5)^2+(y-a)^2=b$가 점 $(6, 8)$에서만 만난다.

이때 원의 중심과 접점을 지나는 직선은 접선에 수직이므로
직선의 기울기는 -2

즉 $\dfrac{8-a}{6-5}=-2$, $8-a=-2$ $\therefore a=10$

원 $(x-5)^2+(y-10)^2=b$가 점 $(6, 8)$을 지나므로 $(6-5)^2+(8-10)^2=b$

$\therefore b=5$

따라서 $a+b=10+5=15$

0243

오른쪽 그림과 같이 점 $A(2, 1)$에서 원 $x^2+y^2=1$에 그은 두 접선이 y축과 만나는 점을 각각 B, C라 할 때, 삼각형 ABC의 넓이를 구하시오.

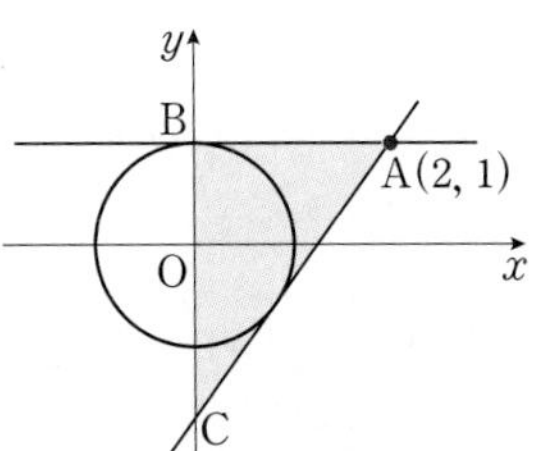

STEP A **접점의 좌표를 (x_1, y_1)으로 놓고 접선의 방정식 구하기**

원 $x^2+y^2=1$ 위의 접점을 (x_1, y_1)이라 하면 접선의 방정식은

$x_1x+y_1y=1$ ······ ㉠

접선 ㉠이 점 $A(2, 1)$을 지나므로 $2x_1+y_1=1$

$\therefore y_1=-2x_1+1$ ······ ㉡

또한, 접점 (x_1, y_1)은 원 $x^2+y^2=1$ 위의 점이므로

$x_1^2+y_1^2=1$ ······ ㉢

㉡을 ㉢에 대입하면

$x_1^2+(-2x_1+1)^2=1$, $5x_1^2-4x_1=0$, $x_1(5x_1-4)=0$

$\therefore x_1=0$ 또는 $x_1=\dfrac{4}{5}$ ······ ㉣

㉣을 ㉡에 대입하면

$y_1=1$ 또는 $y_1=-\dfrac{3}{5}$ ······ ㉤

㉣, ㉤을 ㉠에 대입하면 $y=1$ 또는 $4x-3y-5=0$

+α 원의 중심에서 직선 사이의 거리를 이용하여 구할 수 있어!

점 $A(2, 1)$을 지나는 직선의 기울기를 $m(m\neq0)$이라 하면

$y-1=m(x-2)$ $\therefore mx-y-2m+1=0$ ······ ㉠

원과 직선이 접하려면 원 $x^2+y^2=1$의 중심 $(0, 0)$과 접선 ㉠ 사이의 거리가 반지름의 길이 1과 같아야 한다.

즉 $\dfrac{|-2m+1|}{\sqrt{m^2+(-1)^2}}=1$, $|-2m+1|=\sqrt{m^2+1}$

양변을 제곱하면 $4m^2-4m+1=m^2+1$, $3m\left(m-\dfrac{4}{3}\right)=0$

$\therefore m=0$ 또는 $m=\dfrac{4}{3}$ ······ ㉡

㉡을 ㉠에 대입하면 접선의 방정식은 $y=1$ 또는 $4x-3y-5=0$

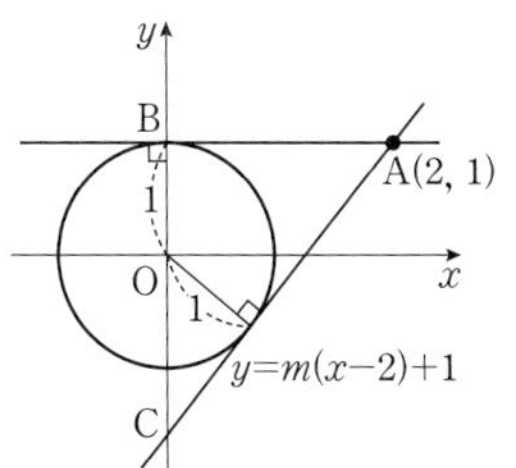

STEP B **삼각형 ABC의 넓이 구하기**

두 접선과 y축과의 교점은 각각 $B(0, 1)$, $C\left(0, -\dfrac{5}{3}\right)$

따라서 삼각형 ABC의 넓이는 $\dfrac{1}{2}\times2\times\left(1+\dfrac{5}{3}\right)=\dfrac{8}{3}$

0244

2005년 05월 고2 성취도평가 가형 8번

다음 물음에 답하시오.

(1) 원 $(x+2)^2+y^2=k$ 위의 임의의 점 T와 원 밖의 점 $P(-2, 5)$에 대하여 $3\le\overline{PT}\le7$일 때, 양수 k의 값은?

① 3 ② 4 ③ 5
④ 6 ⑤ 7

STEP A **점 $P(-2, 5)$에서 원의 중심까지의 거리를 이용하여 $\overline{PT}$의 범위 구하기**

원 $(x+2)^2+y^2=k$의 중심은 $C(-2, 0)$이고 반지름의 길이는 $\sqrt{k}$

두 점 $C(-2, 0)$, $P(-2, 5)$ 사이의 거리는

$\overline{PC}=\sqrt{\{-2-(-2)\}^2+(5-0)^2}=5$

원 위의 점 T에서 점 $P(-2, 5)$까지의 거리, 즉 선분 PT의 길이의 최댓값은

$\overline{PC}+$(반지름의 길이)$=5+\sqrt{k}$

선분 PT의 길이의 최솟값은

$\overline{PC}-$(반지름의 길이)$=5-\sqrt{k}$

즉 $5-\sqrt{k}\le\overline{PT}\le5+\sqrt{k}$이므로 $5-\sqrt{k}=3$, $5+\sqrt{k}=7$

따라서 $\sqrt{k}=2$이므로 $k=4$

(2) 점 $A(7, 10)$에서 원 $x^2-2x+y^2-4y-4=0$ 위의 임의의 점 P까지의 거리가 자연수인 점 P의 개수는?

TIP 선분 AP의 최댓값과 최솟값은 각각 1개만 나온다.

① 8 ② 10 ③ 12
④ 14 ⑤ 16

STEP Ⓐ 점 A에서 원의 중심까지의 거리를 이용하여 $\overline{AP}$의 범위 구하기

원 $x^2-2x+y^2-4y-4=0$에서
$(x-1)^2+(y-2)^2=9$이므로
원의 중심은 $C(1, 2)$이고
반지름의 길이는 3
두 점 $C(1, 2)$, $A(7, 10)$ 사이의 거리는
$\overline{CA}=\sqrt{(7-1)^2+(10-2)^2}=10$
원 위의 점 P에서 점 $A(7, 10)$까지의
최솟값은 $\overline{CA}-$(반지름의 길이)$=10-3=7$
최댓값은 $\overline{CA}+$(반지름의 길이)$=10+3=13$

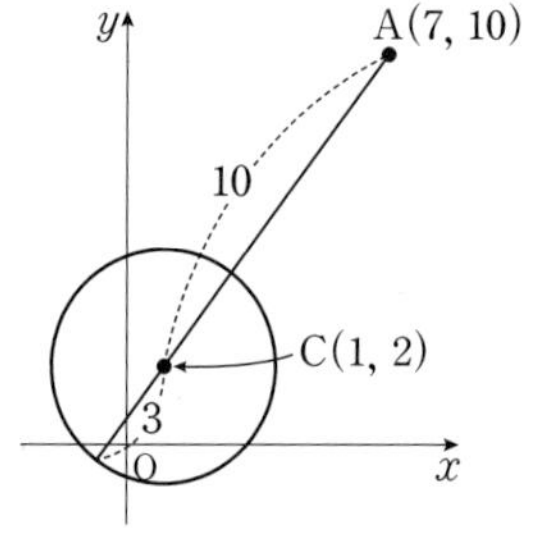

STEP Ⓑ 자연수인 점 P의 개수 구하기

점 A에서 점 P까지의 거리 $\overline{AP}$의 범위는
$7 \le \overline{AP} \le 13$
$\overline{AP}$가 자연수가 되는 점 P에서 7과 13인 경우는 각각 1개씩이고
8, 9, 10, 11, 12인 경우는 각각 2개씩이다.
따라서 점 P의 개수는 $2+5\times2=12$

0245

다음 물음에 답하시오.

(1) 원 $x^2+y^2-4x+2y-4=0$ 위의 점과 직선 $3x-4y+15=0$ 사이의 거리의 최댓값을 M, 최솟값을 m이라 할 때, Mm의 값을 구하시오.

TIP $M=$(원의 중심과 직선 사이의 거리)+(원의 반지름의 길이)
$m=$(원의 중심과 직선 사이의 거리)$-$(원의 반지름의 길이)

STEP Ⓐ 원의 중심과 직선 사이의 거리 구하기

원 $x^2+y^2-4x+2y-4=0$에서 $(x-2)^2+(y+1)^2=9$이므로
원의 중심은 $(2, -1)$, 반지름의 길이는 $r=3$
점 $(2, -1)$에서 직선 $3x-4y+15=0$까지의 거리를 d라 하면
$d=\dfrac{|3\times2-4\times(-1)+15|}{\sqrt{3^2+(-4)^2}}=\dfrac{25}{5}=5$

STEP Ⓑ 원 위의 점과 직선 사이의 최댓값, 최솟값 구하기

오른쪽 그림과 같이
원 위의 점에서 직선 사이의 거리의
최댓값은 $M=d+r=5+3=8$
최솟값은 $m=d-r=5-3=2$
따라서 $Mm=8\times2=16$

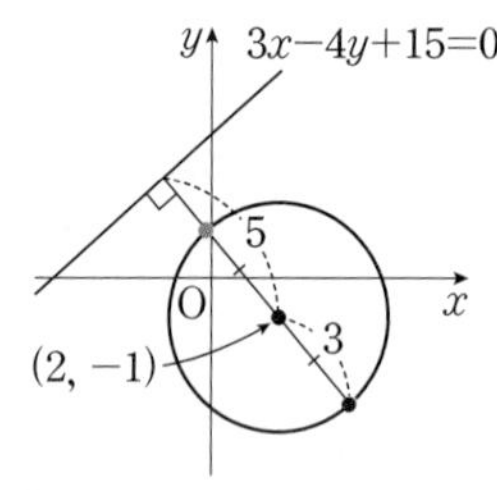

(2) 원 $(x-4)^2+(y-4)^2=25$ 위의 점에서 두 점 $A(6, -4)$와 $B(10, 0)$을 지나는 직선에 이르는 거리의 최댓값과 최솟값의 곱을 구하시오.

TIP 직선 AB의 방정식은 $x-y-10=0$

STEP Ⓐ 원 위의 점과 직선 사이의 거리 구하기

두 점 $A(6, -4)$와 $B(10, 0)$을 지나는 직선 AB의 방정식은
$y-0=\dfrac{0-(-4)}{10-6}(x-10)$, 즉 $x-y-10=0$
원 $(x-4)^2+(y-4)^2=25$의 중심은 $(4, 4)$, 반지름의 길이는 $r=5$
점 $(4, 4)$와 직선 $x-y-10=0$ 사이의 거리를 d라 하면
$d=\dfrac{|1\times4-1\times4-10|}{\sqrt{1^2+(-1)^2}}=\dfrac{10}{\sqrt{2}}=5\sqrt{2}$

STEP Ⓑ 원 위의 점과 직선 사이의 최댓값, 최솟값 구하기

오른쪽 그림과 같이 원 위의 점과
직선 AB 사이의 거리의 최댓값은
최댓값은 $d+r=5\sqrt{2}+5$
최솟값은 $d-r=5\sqrt{2}-5$
따라서 $(5\sqrt{2}+5)(5\sqrt{2}-5)=50-25=25$

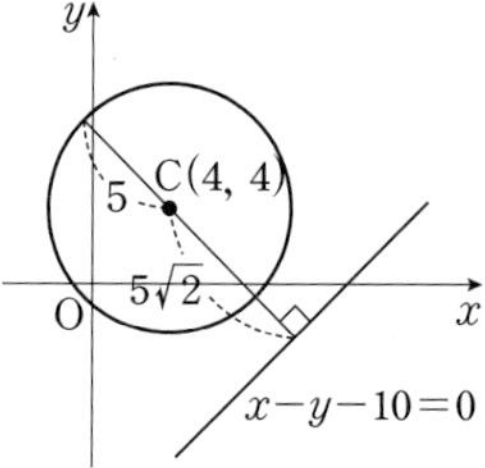

0246

두 점 $A(3, 2)$, $B(6, 5)$에 대하여 $2\overline{AP}=\overline{BP}$를 만족하는 점 P가 있다.

TIP 점 P의 좌표를 (x, y)라 놓고 $2\overline{AP}=\overline{BP}$이므로 $4\overline{AP}^2=\overline{BP}^2$에 대입하여 구한다.

점 P와 직선 $x+y+3=0$ 사이의 거리의 최솟값은?

① $\sqrt{2}$ ② $\sqrt{3}$ ③ $2\sqrt{2}$
④ $2\sqrt{3}$ ⑤ $3\sqrt{2}$

STEP Ⓐ $2\overline{AP}=\overline{BP}$를 만족하는 점 P가 나타내는 도형 구하기

주어진 조건을 만족하는 점 P의 좌표를 (x, y)라 하고
두 점 $A(3, 2)$, $B(6, 5)$에 대하여
$\overline{AP}=\sqrt{(x-3)^2+(y-2)^2}=\sqrt{x^2-6x+y^2-4y+13}$
$\overline{BP}=\sqrt{(x-6)^2+(y-5)^2}=\sqrt{x^2-12x+y^2-10y+61}$
이때 $2\overline{AP}=\overline{BP}$이므로 $4\overline{AP}^2=\overline{BP}^2$
$4(x^2-6x+y^2-4y+13)=x^2-12x+y^2-10y+61$,
$x^2+y^2-4x-2y-3=0 \quad \therefore (x-2)^2+(y-1)^2=8$
즉 점 P는 중심이 $(2, 1)$이고 반지름의 길이가 $r=2\sqrt{2}$인 원 위를 움직인다.

STEP Ⓑ 원 위의 점과 직선 사이의 거리를 이용하여 최솟값 구하기

원의 중심 $(2, 1)$과 직선 $x+y+3=0$
사이의 거리를 d라 하면
$d=\dfrac{|1\times2+1\times1+3|}{\sqrt{1^2+1^2}}=\dfrac{6}{\sqrt{2}}=3\sqrt{2}$
오른쪽 그림과 같이 원 위의 점 P와
직선 $x+y+3=0$ 사이의 거리의
최솟값은 $d-r=3\sqrt{2}-2\sqrt{2}=\sqrt{2}$

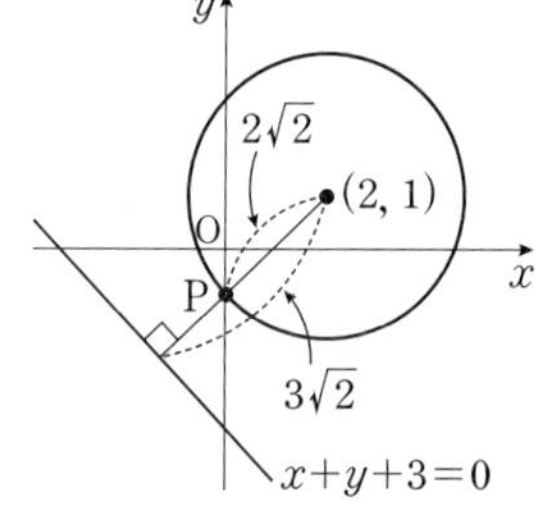

0247

다음 물음에 답하시오.

(1) 원 $x^2+y^2=4$와 직선 $2x+y-a=0$이 두 점 P, Q에서 만날 때,

TIP (정삼각형 OPQ의 높이)=(원의 중심과 직선 사이의 거리)

삼각형 OPQ가 정삼각형이 되도록 하는 양수 a의 값은?
(단, O는 원점이다.)

① $2\sqrt{3}$ ② $\sqrt{13}$ ③ $\sqrt{14}$
④ $\sqrt{15}$ ⑤ 4

STEP Ⓐ (정삼각형 OPQ의 높이)=(원의 중심과 직선 사이의 거리)임을 이용하여 a의 값 구하기

원 $x^2+y^2=4$의 중심은 $O(0, 0)$,
반지름의 길이는 $\overline{OP}=2$
이때 삼각형 OPQ는 한 변의 길이가
2인 정삼각형이다.
점 O에서 직선 $2x+y-a=0$에
내린 수선의 발을 H라 하자.

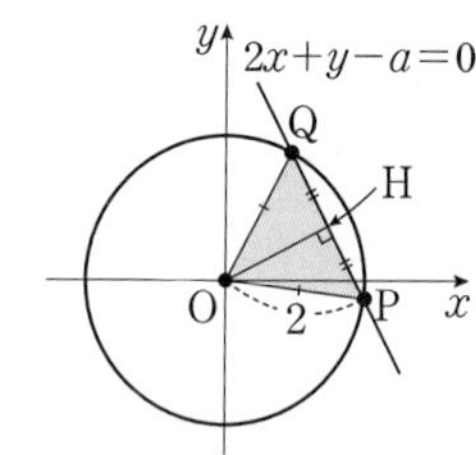

정삼각형 OPQ의 높이, 즉 선분 OH의 길이는 $\overline{\mathrm{OH}}=\frac{\sqrt{3}}{2}\times 2=\sqrt{3}$

원점 O(0, 0)에서 직선 $2x+y-a=0$ 사이의 거리는 선분 OH의 길이와

같으므로 $\frac{|-a|}{\sqrt{2^2+1^2}}=\sqrt{3}$, $|-a|=\sqrt{15}$

따라서 $a=\sqrt{15}\,(\because a>0)$

2011년 고1 성취도평가 14번 변형

(2) 직선 $3x+4y+k=0$이 원 $(x-2)^2+(y-3)^2=4$와 만나는 두 점을 A, B라 한다. 원의 중심 C와 두 점 A, B를 꼭짓점으로 하는 삼각형 ABC가 정삼각형일 때, 상수 k의 값의 합은?

TIP 한 변의 길이가 a인 정삼각형의 높이는 $\frac{\sqrt{3}}{2}a$

① -36　② -25　③ -16
④ $-10\sqrt{3}$　⑤ $10\sqrt{3}$

STEP A (정삼각형 ABC의 높이)=(원의 중심과 직선 사이의 거리)임을 이용하여 k의 값 구하기

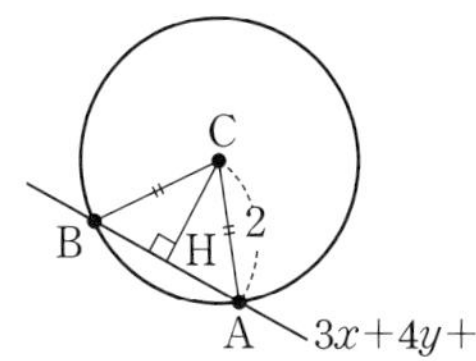

원 $(x-2)^2+(y-3)^2=4$의 중심은 C(2, 3), 반지름의 길이는 $\overline{\mathrm{CA}}=2$

이때 삼각형 ABC는 한 변의 길이가 2인 정삼각형이다.

점 C에서 직선 $3x+4y+k=0$에 내린 수선의 발을 H라 하자.

정삼각형 ABC의 높이, 즉 선분 CH의 길이는 $\overline{\mathrm{CH}}=\frac{\sqrt{3}}{2}\times 2=\sqrt{3}$

점 C(2, 3)에서 직선 $3x+4y+k=0$ 사이의 거리는 선분 CH의 길이와

같으므로 $\frac{|3\times 2+4\times 3+k|}{\sqrt{3^2+4^2}}=\sqrt{3}$, $|18+k|=5\sqrt{3}$, $18+k=\pm 5\sqrt{3}$

$\therefore k=-18+5\sqrt{3}$ 또는 $k=-18-5\sqrt{3}$

따라서 k의 값의 합은 $(-18+5\sqrt{3})+(-18-5\sqrt{3})=-36$

0248

점 P$(a, 0)$에서 원 $x^2+y^2+6x-4y+9=0$에 그은 접선의 접점을 T라고 할 때, $\overline{\mathrm{PT}}=3$을 만족하는 실수 a의 값의 합은?

TIP $(x+3)^2+(y-2)^2=4$

① -8　② -6　③ -4
④ -2　⑤ 6

STEP A 피타고라스 정리를 이용하여 실수 a의 값 구하기

원 $x^2+y^2+6x-4y+9=0$에서 $(x+3)^2+(y-2)^2=4$

오른쪽 그림과 같이 원의 중심을 C라 하면 C$(-3, 2)$이고 반지름의 길이는 $\overline{\mathrm{CT}}=2$

두 점 P$(a, 0)$, C$(-3, 2)$ 사이의 거리는

$\overline{\mathrm{PC}}=\sqrt{\{a-(-3)\}^2+(0-2)^2}$

$=\sqrt{a^2+6a+13}$

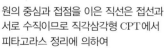

원의 중심과 접점을 이은 직선은 접선과 서로 수직이므로 직각삼각형 CPT에서 피타고라스 정리에 의하여

$\overline{\mathrm{CP}}^2=\overline{\mathrm{CT}}^2+\overline{\mathrm{PT}}^2$

즉 $a^2+6a+13=2^2+3^2$, $a(a+6)=0$

$\therefore a=0$ 또는 $a=-6$

따라서 실수 a의 값의 합은 $0+(-6)=-6$

MINI해설 접선의 길이 공식을 이용하여 풀이하기

원 $x^2+y^2+ax+by+c=0$ 밖의 한 점 P(x_1, y_1)에서 원에 접선을 그었을 때의 접점을 T라고 하면 접선의 길이는 $\overline{\mathrm{PT}}=l=\sqrt{x_1^2+y_1^2+ax_1+by_1+c}$

점 P$(a, 0)$에서 원 $x^2+y^2+6x-4y+9=0$에 그은 접선의 길이는

$\overline{\mathrm{PT}}=\sqrt{a^2+6a+9}=3$이므로

양변을 제곱하면 $a^2+6a+9=9$, $a^2+6a=0$

따라서 이차방정식의 근과 계수의 관계에 의하여 a의 값의 합은 -6

0249

다음 물음에 답하시오.

(1) 점 A(4, 4)와 원 $x^2+y^2=4$ 위의 임의의 점 P를 이은 선분 AP의 중점을 M이라 할 때, 점 M이 나타내는 도형의 길이를 구하시오.

TIP 선분 AP의 중점을 M(x, y)로 놓고 점 M이 그리는 도형의 방정식을 구한다.

STEP A 선분 AP의 중점 M으로 나타내는 도형의 방정식 구하기

원 $x^2+y^2=4$ 위의 점의 좌표를 P(a, b)라 하면 점 P가 원 위의 점이므로

$a^2+b^2=4$ ...... ㉠

두 점 P(a, b), A(4, 4)의 중점을

M(x, y)라 하면 M$\left(\frac{a+4}{2}, \frac{b+4}{2}\right)$

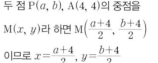

이므로 $x=\frac{a+4}{2}$, $y=\frac{b+4}{2}$

$\therefore a=2x-4$, $b=2y-4$ ...... ㉡

㉡을 ㉠에 대입하면 $(2x-4)^2+(2y-4)^2=4$

$\therefore (x-2)^2+(y-2)^2=1$

STEP B 점 M이 그리는 도형의 길이 구하기

점 M이 그리는 도형은 중심의 좌표가 (2, 2), 반지름의 길이가 1인 원이다.

따라서 점 M이 나타내는 도형의 길이는 $2\pi\times 1=2\pi$

(2) 점 A(6, 0)과 원 $x^2+y^2+6x-6y+9=0$ 위의 임의의 점 P를 이은 선분 AP를 1 : 2로 내분하는 점 Q가 그리는 도형의 길이를 구하시오.

TIP 선분 AP를 1 : 2로 내분하는 점을 Q(x, y)로 놓고 점 Q가 그리는 도형의 방정식을 구한다.

STEP A 선분 AP를 1 : 2로 내분하는 점 Q가 나타내는 도형의 방정식 구하기

원 $x^2+y^2+6x-6y+9=0$에서 $(x+3)^2+(y-3)^2=9$이므로

원 위의 점의 좌표를 P(a, b)라 하면 점 P가 원 위의 점이므로

$(a+3)^2+(b-3)^2=9$ ...... ㉠

두 점 A(6, 0), P(a, b)를 1 : 2로 내분하는 점을 Q(x, y)라 하면

Q$\left(\frac{1\times a+2\times 6}{1+2}, \frac{1\times b+2\times 0}{1+2}\right)$이므로 $x=\frac{a+12}{3}$, $y=\frac{b}{3}$

$\therefore a=3x-12$, $b=3y$ ...... ㉡

㉡을 ㉠에 대입하면 $(3x-12+3)^2+(3y-3)^2=9$

$\therefore (x-3)^2+(y-1)^2=1$

STEP B 점 Q가 그리는 도형의 길이 구하기

점 Q가 그리는 도형은 중심의 좌표가 (3, 1), 반지름의 길이가 1인 원이다.

따라서 점 Q가 나타내는 도형의 길이는 $2\pi\times 1=2\pi$

NORMAL

0250

2024년 09월 고1 학력평가 16번

다음 그림과 같이 좌표평면 위에 원 $C:(x-a)^2+(y-a)^2=10$이 있다. 원 C의 중심과 직선 $y=2x$ 사이의 거리가 $\sqrt{5}$이고 직선 $y=kx$가 원 C에 접할 때, 상수 k의 값은? (단, $a>0$, $0<k<1$)

TIP (원의 중심에서 직선 사이의 거리)=(원의 반지름의 길이)

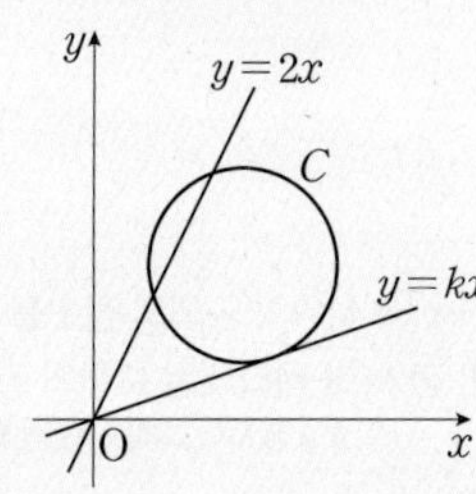

① $\frac{2}{9}$ ② $\frac{5}{18}$ ③ $\frac{1}{3}$
④ $\frac{7}{18}$ ⑤ $\frac{4}{9}$

STEP A 원 C의 중심과 직선 $2x-y=0$ 사이의 거리가 $\sqrt{5}$임을 이용하여 a의 값 구하기

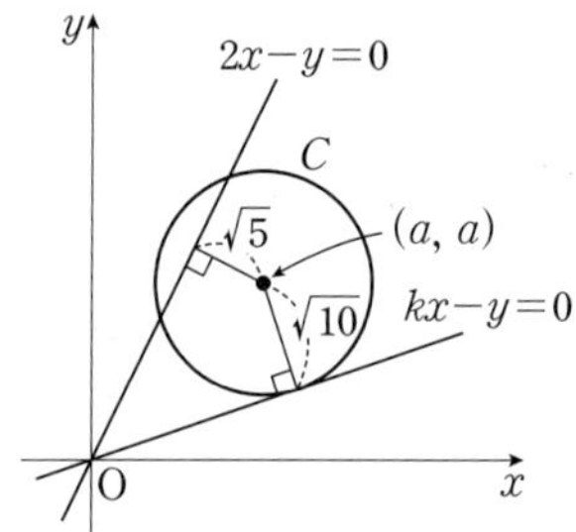

원 C의 중심 (a, a)와 직선 $2x-y=0$ 사이의 거리가 $\sqrt{5}$이므로

$\frac{|2a-a|}{\sqrt{2^2+(-1)^2}}=\frac{a}{\sqrt{5}}=\sqrt{5}$

$\therefore a=5$

STEP B 원의 중심과 직선 사이의 거리를 이용하여 k의 값 구하기

원과 직선이 접하므로 원 C의 중심 $(5, 5)$와 직선 $kx-y=0$ 사이의 거리가 반지름의 길이 $\sqrt{10}$과 같다.

즉 $\frac{|5k-5|}{\sqrt{k^2+(-1)^2}}=\sqrt{10}$, $|5k-5|=\sqrt{10k^2+10}$

양변을 제곱하면 $25k^2-50k+25=10k^2+10$

$3k^2-10k+3=0$, $(3k-1)(k-3)=0$

$\therefore k=\frac{1}{3}$ 또는 $k=3$

따라서 $0<k<1$이므로 $k=\frac{1}{3}$

MINI해설 이차방정식의 판별식을 이용하여 풀이하기

직선 $y=kx$를 원 $(x-5)^2+(y-5)^2=10$에 대입하면

$(x-5)^2+(kx-5)^2=10$

$\therefore (1+k^2)x^2-2(5+5k)x+40=0$

원과 직선이 접하려면 이 이차방정식은 중근을 가지므로
이차방정식의 판별식을 D라 하면 $D=0$이어야 한다.

$\frac{D}{4}=\{-(5+5k)\}^2-40(1+k^2)=0$, $3k^2-10k+3=0$, $(3k-1)(k-3)=0$

$\therefore k=\frac{1}{3}$ 또는 $k=3$

따라서 $0<k<1$이므로 $k=\frac{1}{3}$

MINI해설 원에 접하고 기울기가 주어진 원의 접선의 방정식을 이용하여 풀이하기

원 $(x-5)^2+(y-5)^2=10$에서 중심은 $(5, 5)$, 반지름의 길이는 $\sqrt{10}$이고

기울기가 k인 접선의 방정식은 $y-5=k(x-5)\pm\sqrt{10}\times\sqrt{k^2+1}$,

즉 $y=kx-5k+5\pm\sqrt{10k^2+10}$

이 식이 $y=kx$와 같아야 하므로

$-5k+5\pm\sqrt{10k^2+10}=0$, $5k-5=\pm\sqrt{10k^2+10}$

양변을 제곱하면 $3k^2-10k+3=0$, $(3k-1)(k-3)=0$

$\therefore k=\frac{1}{3}$ 또는 $k=3$

따라서 $0<k<1$이므로 $k=\frac{1}{3}$

0251

원 $x^2+y^2=10$과 직선 $y=x-2$의 교점에서의 접선을 각각 l_1, l_2라 할 때,

TIP 두 식을 연립하여 교점의 좌표를 구한다.

두 접선 l_1, l_2의 교점을 P라 하자. $\overline{\text{OP}}^2$의 값을 구하시오.
(단, O는 원점이다.)

STEP A 원과 직선의 교점의 좌표 구하기

원 $x^2+y^2=10$과 직선 $y=x-2$의 교점을 구하기 위하여
두 식을 연립하면 $x^2+(x-2)^2=10$, $x^2-2x-3=0$, $(x+1)(x-3)=0$

$\therefore x=-1$ 또는 $x=3$

이를 $y=x-2$에 대입하면 $y=-3$ 또는 $y=1$

즉 원과 직선의 교점의 좌표는 $(-1, -3)$, $(3, 1)$

STEP B 원 위의 점에서의 접선의 방정식 구하기

원 $x^2+y^2=10$ 위의 점 $(-1, -3)$에서의 접선의 방정식은

$\therefore x+3y=-10$ …… ㉠

원 $x^2+y^2=10$ 위의 점 $(3, 1)$에서의 접선의 방정식은

$3x+y=10$ …… ㉡

+α 원의 중심과 접점을 지나는 직선이 접선과 수직임을 이용하여 구할 수 있어!

(ⅰ) 점 $(-1, -3)$을 지나는 접선의 방정식
원 $x^2+y^2=10$의 중심 O$(0, 0)$과 접점 $(-1, -3)$을 지나는 직선의 기울기가 3
원의 중심과 접점을 지나는 직선은 접선에 수직이므로 접선의 기울기는 $-\frac{1}{3}$
즉 기울기가 $-\frac{1}{3}$이고 점 $(-1, -3)$을 지나는 접선의 방정식은
$y-(-3)=-\frac{1}{3}\{x-(-1)\}$, 즉 $x+3y+10=0$

(ⅱ) 점 $(3, 1)$을 지나는 접선의 방정식
원 $x^2+y^2=10$의 중심 O$(0, 0)$과 접점 $(3, 1)$을 지나는 직선의 기울기가 $\frac{1}{3}$
원의 중심과 접점을 지나는 직선은 접선에 수직이므로 접선의 기울기는 -3
즉 기울기가 -3이고 점 $(3, 1)$을 지나는 접선의 방정식은
$y-1=-3(x-3)$, 즉 $3x+y-10=0$

STEP C 두 접선 l_1, l_2의 교점 P의 좌표 구하기

㉠, ㉡을 연립하여 풀면 $x=5$, $y=-5$

따라서 두 접선 l_1, l_2의 교점의 좌표는 P$(5, -5)$이므로

$\overline{\text{OP}}^2=5^2+(-5)^2=50$

0252

두 원 $x^2+y^2-4x-6y=0$, $x^2+y^2+2x+2y-a=0$의 공통현의 길이가 6일 때, 모든 실수 a의 값의 합은?

TIP 원의 중심에서 공통현에 내린 수선은 현을 수직이등분함을 이용하여 구한다.

① 4　② 16　③ 40
④ 56　⑤ 72

STEP A 두 원의 공통현의 방정식 구하기

두 원 $x^2+y^2-4x-6y=0$, $x^2+y^2+2x+2y-a=0$의 중심을 각각 O, O′이라 하자.
두 원의 공통현의 방정식은
$x^2+y^2-4x-6y-(x^2+y^2+2x+2y-a)=0$
$\therefore 6x+8y-a=0$ …… ㉠

STEP B 피타고라스 정리를 이용하여 원의 중심에서 직선 사이의 거리 구하기

다음 그림과 같이 두 원의 교점을 A, B라 하고 두 원의 중심에서 ㉠에 내린 수선의 발을 H라 하면 공통현의 길이가 $\overline{AB}=6$이므로
$\overline{AH}=\frac{1}{2}\overline{AB}=3$

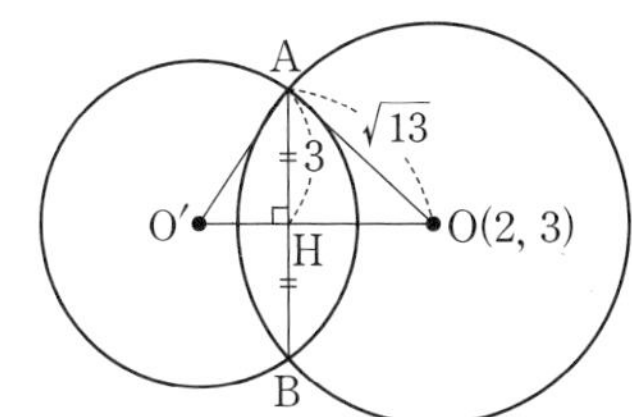

원 $x^2+y^2-4x-6y=0$에서 $(x-2)^2+(y-3)^2=13$이므로
중심의 좌표는 O$(2, 3)$이고 반지름의 길이 $\overline{OA}=\sqrt{13}$
직각삼각형 OAH에서 피타고라스 정리에 의하여
$\overline{OH}=\sqrt{\overline{OA}^2-\overline{AH}^2}=\sqrt{(\sqrt{13})^2-3^2}=2$ …… ㉡
중심 O$(2, 3)$에서 공통현의 방정식 $6x+8y-a=0$ 사이의 거리는 선분 OH의 길이와 같으므로
$\overline{OH}=\frac{|6\times2+8\times3-a|}{\sqrt{6^2+8^2}}=\frac{|36-a|}{10}$ …… ㉢
㉡, ㉢에서 $\frac{|36-a|}{10}=2$, $|36-a|=20$, $36-a=\pm20$
$\therefore a=16$ 또는 $a=56$
따라서 실수 a의 값의 합은 $16+56=72$

0253

2015년 03월 고2 학력평가 나형 15번

좌표평면에 원 $x^2+y^2-10x=0$이 있다. 이 원의 현 중에서 점 A$(1, 0)$을 지나고 그 길이가 자연수인 현의 개수는?

TIP 원의 현 중에서 길이가 최대일 때는 지름인 경우이다.

① 6　② 7　③ 8
④ 9　⑤ 10

STEP A 원의 성질을 이용하여 조건을 만족시키는 현의 범위 구하기

$x^2+y^2-10x=0$에서 $(x-5)^2+y^2=25$이므로 원의 중심을 C라 하면
C$(5, 0)$이고 반지름의 길이는 5
점 A$(1, 0)$은 원의 내부에 있고 점 A를 지나는 현을 구해보면
현의 길이가 최소일 때는 다음 그림과 같이 현과 선분 AC가 수직일 때이고
이때 현의 길이는 $\overline{P_1Q_1}=6$

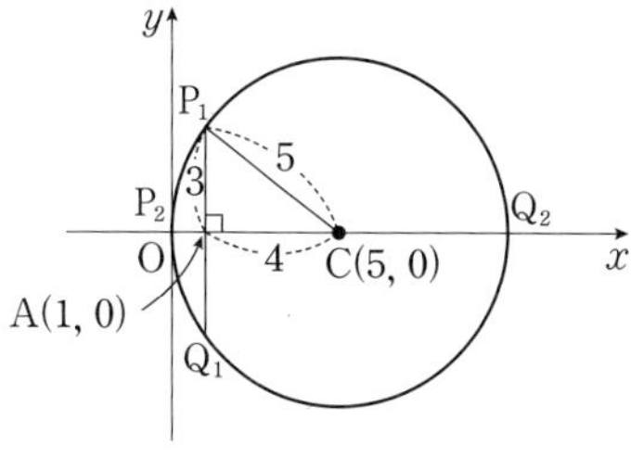

또한, 현의 길이가 최대일 때는 현과 지름이 같을 때이고
이때 현의 길이는 $\overline{P_2Q_2}=10$
즉 $6\le$(현의 길이)≤10

STEP B 현의 길이가 자연수인 개수 구하기

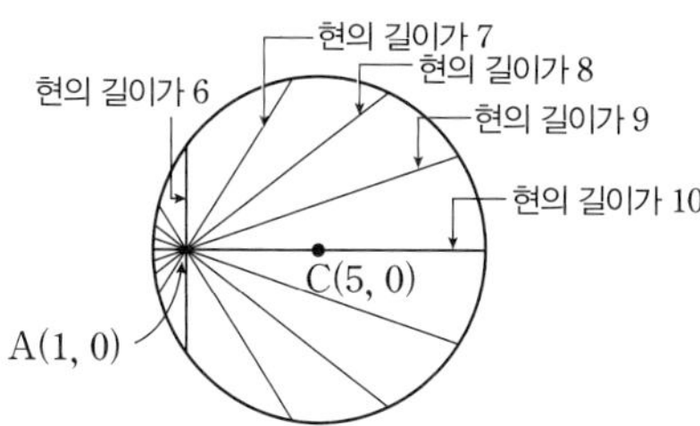

현의 길이가 자연수인 경우는 6, 7, 8, 9, 10
이때 길이가 7, 8, 9인 현은 각각 2개씩 존재하고
현의 길이가 7, 8, 9인 경우 선분 P_2Q_2에 대칭인 경우 각각 2개씩이다.
길이가 6, 10인 현은 각각 1개씩 존재한다.
따라서 구하는 현의 개수는 $3\times2+2\times1=8$

0254

2006년 05월 고2 성취도평가 나형 17번

세 점 A$(2, 3)$, B$(-1, -1)$, C$(8, -5)$를 꼭짓점으로 하는 삼각형 ABC에서 $\angle$A의 이등분선이 변 BC와 만나는 점을 D라 할 때, 점 A와 D를 지름의 양 끝으로 하는 원의 넓이는?

TIP 삼각형의 각의 이등분선의 성질에 의하여 $\overline{AB}:\overline{AC}=\overline{BD}:\overline{DC}$

① $\frac{16}{9}\pi$　② $\frac{25}{9}\pi$　③ 4π
④ $\frac{49}{9}\pi$　⑤ $\frac{64}{9}\pi$

STEP A 삼각형의 각의 이등분선의 성질을 이용하여 점 D의 좌표 구하기

삼각형 ABC의 각의 이등분선의 성질에 의하여 $\overline{AB}:\overline{AC}=\overline{BD}:\overline{DC}$가 성립한다.

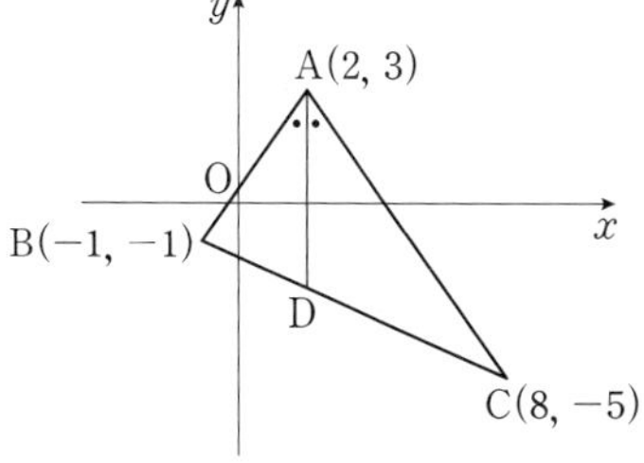

세 점 A$(2, 3)$, B$(-1, -1)$, C$(8, -5)$에 대하여
$\overline{AB}=\sqrt{(-1-2)^2+(-1-3)^2}=5$
$\overline{AC}=\sqrt{(8-2)^2+(-5-3)^2}=10$
즉 $\overline{AB}:\overline{AC}=\overline{BD}:\overline{DC}=1:2$이므로
점 D는 선분 BC를 $1:2$로 내분하는 점이다.
$\left(\frac{1\times8+2\times(-1)}{1+2}, \frac{1\times(-5)+2\times(-1)}{1+2}\right)$, 즉 D$\left(2, -\frac{7}{3}\right)$

STEP B 점 A와 점 D를 지름의 양 끝으로 하는 원의 넓이 구하기

두 점 $A(2, 3)$, $D\left(2, -\frac{7}{3}\right)$을 지름의 양 끝으로 하는 원의 반지름의 길이는

$\frac{1}{2}\overline{AD}=\frac{1}{2}\left\{3-\left(-\frac{7}{3}\right)\right\}=\frac{1}{2}\times\frac{16}{3}=\frac{8}{3}$

따라서 구하는 원의 넓이는 $\pi\times\left(\frac{8}{3}\right)^2=\frac{64}{9}\pi$

+α 두 점을 지름의 양 끝점으로 하는 원의 방정식 공식을 이용하여 구할 수 있어!

두 점 $A(2, 3)$, $D\left(2, -\frac{7}{3}\right)$을 지름의 양 끝점으로 하는 원의 방정식

$(x-2)(x-2)+(y-3)\left(y+\frac{7}{3}\right)=0$, $x^2-4x+4+y^2-\frac{2}{3}y-7=0$

$\therefore (x-2)^2+\left(y-\frac{1}{3}\right)^2=\frac{64}{9}$

따라서 구하는 원의 반지름의 길이는 $\frac{8}{3}$이므로 원의 넓이는 $\pi\times\left(\frac{8}{3}\right)^2=\frac{64}{9}\pi$

MINI해설 피타고라스 정리를 이용하여 풀이하기

$(x-2)^2+(y-4)^2=r^2$ ...... ㉠

$(x-1)^2+(y-1)^2=4$ ...... ㉡

원 ㉡의 중심을 $C(1, 1)$, 원 ㉠의 중심을 $C'(2, 4)$라 하고
두 원의 교점 중 한 점을 P라 하자.

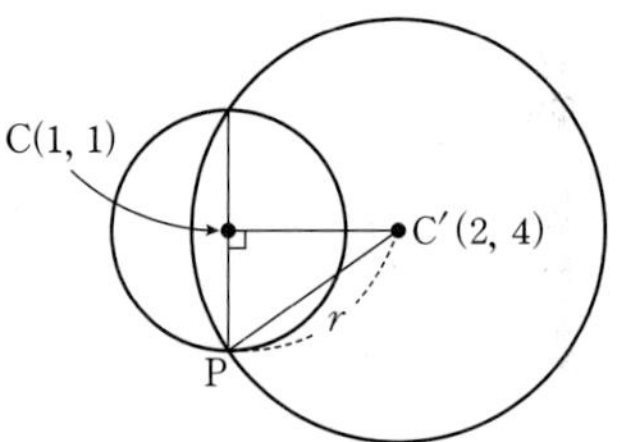

이때 원 ㉠이 원 ㉡의 둘레를 이등분하려면 두 원의 공통현이 원 ㉡의 중심 $C(1, 1)$을 지나야 한다.

$\overline{CC'}=\sqrt{(2-1)^2+(4-1)^2}=\sqrt{10}$, $\overline{CP}=2$

이때 원 ㉠의 중심 C'에서 공통현에 내린 수선의 발이 C이므로
직각삼각형 CPC'에서 피타고라스 정리에 의하여

$\overline{C'P}=\sqrt{\overline{CC'}^2+\overline{CP}^2}=\sqrt{(\sqrt{10})^2+2^2}=\sqrt{14}$

따라서 $r=\sqrt{14}$

0255

다음 물음에 답하시오.

(1) 원 $(x-2)^2+(y-4)^2=r^2$이 원 $(x-1)^2+(y-1)^2=4$의 둘레를 이등분할 때, 반지름 r의 값은?

TIP 한 원이 다른 한 원의 둘레를 이등분하기 위해서는 두 원의 교점을 지나는 직선이 원의 반지름이 작은 한 원의 지름의 양 끝점이 지나야 하므로 두 원의 공통현이 반지름이 작은 한 원의 중심을 지나야 둘레를 이등분한다.

① 3 ② $2\sqrt{3}$ ③ $\sqrt{14}$
④ 4 ⑤ $\sqrt{17}$

STEP A 두 원의 교점을 지나는 직선의 방정식 구하기

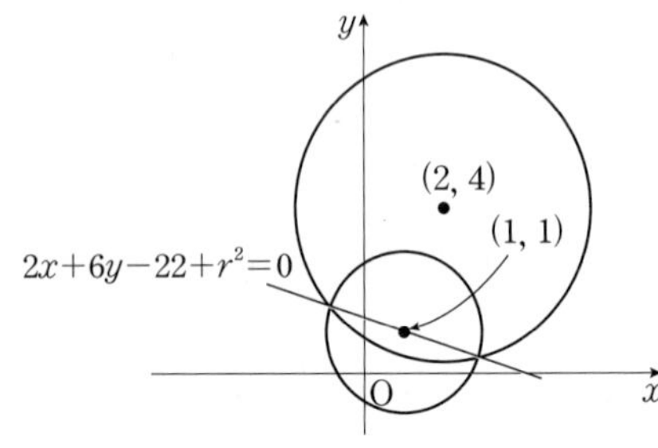

두 원 $(x-2)^2+(y-4)^2=r^2$, $(x-1)^2+(y-1)^2=4$를 각각 O, O'이라 하면

$O:(x-2)^2+(y-4)^2=r^2$,

$O':(x-1)^2+(y-1)^2=4$

이때 원 O가 원 O'의 둘레의 길이를 이등분하려면 두 원의 교점을 지나는 직선이 원 O'의 중심을 지나야 한다.

두 원 O, O'의 교점을 지나는 도형의 방정식은

$(x-2)^2+(y-4)^2-r^2+k\{(x-1)^2+(y-1)^2-4\}=0$ (단, k는 상수)

$k=-1$이면 두 원의 교점을 지나는 직선의 방정식이므로

$(x-2)^2+(y-4)^2-r^2-\{(x-1)^2+(y-1)^2-4\}=0$

$\therefore 2x+6y-22+r^2=0$

STEP B 두 원의 교점을 지나는 직선이 원 O'의 중심을 지남을 이용하여 r의 값 구하기

이 직선이 원 O'의 중심 $(1, 1)$을 지나므로

$2\times1+6\times1-22+r^2=0$

$\therefore r^2=14$

따라서 $r>0$이므로 $r=\sqrt{14}$

(2) 두 원 $(x-3)^2+(y-2)^2=4$, $(x-k)^2+y^2=9$의 교점을 P, Q라고 할 때, 선분 PQ의 길이를 최대로 하는 실수 k의 값의 합은?

TIP 공통현이 작은 원의 지름이 되려면 공통현이 작은 원의 중심을 지나면 된다.

① 3 ② 4 ③ 5
④ 6 ⑤ 7

STEP A 두 원의 교점을 지나는 직선의 방정식 구하기

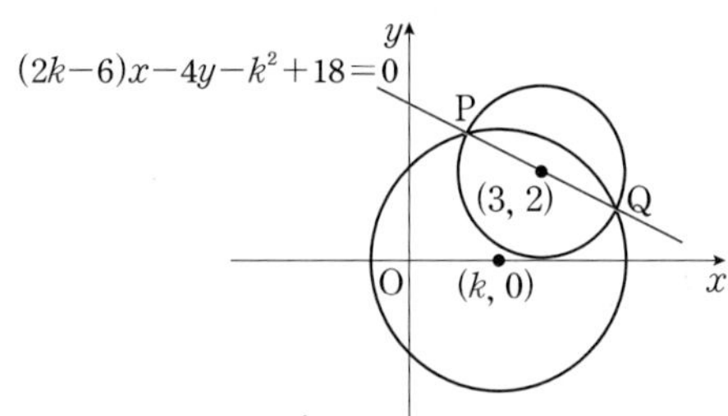

두 원 $(x-3)^2+(y-2)^2=4$, $(x-k)^2+y^2=9$ 을 각각 O, O'이라 하면

$O:(x-3)^2+(y-2)^2=4$,

$O':(x-k)^2+y^2=9$

두 원 O, O'의 교점을 지나는 도형의 방정식은

$(x-3)^2+(y-2)^2-4+k\{(x-k)^2+y^2-9\}=0$ (단, k는 상수)

$k=-1$이면 두 원의 교점을 지나는 직선의 방정식이므로

$(x-3)^2+(y-2)^2-4-\{(x-k)^2+y^2-9\}=0$

$\therefore (2k-6)x-4y-k^2+18=0$

STEP B 공통현의 길이가 최대가 되기 위해서는 공통현이 작은 원의 지름이 되어야 함을 이용하여 k의 값 구하기

이 직선이 원 O의 중심 $(3, 2)$를 지날 때, 선분 PQ의 길이가 최대가 된다.

$(2k-6)\times3-4\times2-k^2+18=0$, $k^2-6k+8=0$, $(k-2)(k-4)=0$

$\therefore k=2$ 또는 $k=4$

따라서 k의 값의 합은 $2+4=6$

0256

다음 물음에 답하시오.

(1) 두 점 A(3, 0), B(0, 3)에 대하여 $\overline{AP}:\overline{BP}=1:2$를 만족하는

TIP $2\overline{AP}=\overline{BP}$이므로 $4\overline{AP}^2=\overline{BP}^2$

점 P에서 삼각형 PAB의 넓이의 최댓값은?

① 3 ② $3\sqrt{2}$ ③ 6
④ $6\sqrt{2}$ ⑤ 9

STEP A $\overline{AP}:\overline{BP}=1:2$임을 이용하여 점 P가 그리는 도형의 방정식 구하기

주어진 조건을 만족하는 점 P의 좌표를 P(x, y)라 하면

두 점 A(3, 0), B(0, 3)에 대하여

$\overline{AP}=\sqrt{(x-3)^2+(y-0)^2}=\sqrt{x^2-6x+y^2+9}$

$\overline{BP}=\sqrt{(x-0)^2+(y-3)^2}=\sqrt{x^2+y^2-6y+9}$

이때 $\overline{AP}:\overline{BP}=1:2$에서

$2\overline{AP}=\overline{BP}$이므로 $4\overline{AP}^2=\overline{BP}^2$

$4(x^2-6x+y^2+9)=x^2+y^2-6y+9$, $x^2+y^2-8x+2y+9=0$

$\therefore (x-4)^2+(y+1)^2=8$

STEP B 삼각형 PAB의 넓이의 최댓값 구하기

점 P가 그리는 도형은 중심이 $(4, -1)$, 반지름이 $2\sqrt{2}$인 원이 된다.

점 P에서 직선 AB에 내린 수선의 발을 H라고 하면

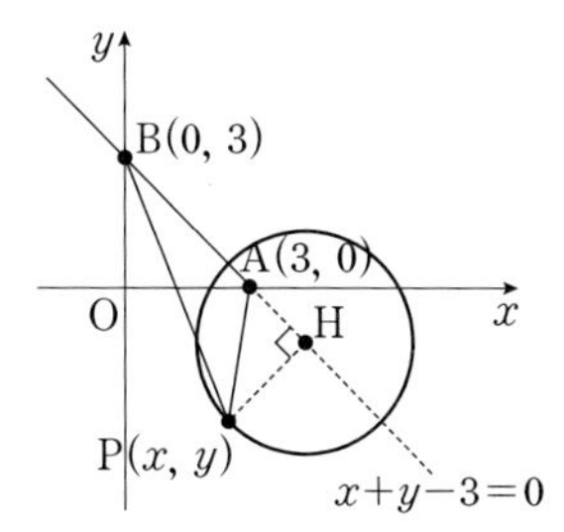

삼각형 PAB의 넓이는 $\frac{1}{2}\times\overline{AB}\times\overline{PH}$

두 점 A(3, 0), B(0, 3)에 대하여

$\overline{AB}=\sqrt{(3-0)^2+(0-3)^2}=3\sqrt{2}$

직선 AB의 방정식은

$y-3=\frac{0-3}{3-0}(x-0)$, 즉 $x+y-3=0$

이때 직선 AB가 원의 중심 $(4, -1)$을 지나므로 선분 PH의 길이의 최댓값은 반지름의 길이 $2\sqrt{2}$와 같다.

따라서 삼각형 PAB의 넓이의 최댓값은 $\frac{1}{2}\times3\sqrt{2}\times2\sqrt{2}=6$

2004년 경찰대 16번

(2) 두 점 A$(-1, 1)$, B$(2, 1)$로부터의 거리의 비가 $2:1$인 점 P에 대하여

TIP $\overline{AP}=2\overline{BP}$이므로 $\overline{AP}^2=4\overline{BP}^2$

∠PAB가 최대일 때, 선분 AP의 길이는?

① $\sqrt{10}$ ② $2\sqrt{3}$ ③ $\sqrt{13}$
④ $3\sqrt{2}$ ⑤ $2\sqrt{5}$

STEP A $\overline{AP}:\overline{BP}=2:1$임을 이용하여 점 P가 그리는 도형의 방정식 구하기

주어진 조건을 만족하는 점 P의 좌표를 P(x, y)라 하면

두 점 A$(-1, 1)$, B$(2, 1)$에 대하여

$\overline{AP}=\sqrt{\{x-(-1)\}^2+(y-1)^2}=\sqrt{x^2+2x+y^2-2y+2}$

$\overline{BP}=\sqrt{(x-2)^2+(y-1)^2}=\sqrt{x^2-4x+y^2-2y+5}$

이때 $\overline{AP}:\overline{BP}=2:1$에서

$\overline{AP}=2\overline{BP}$이므로 $\overline{AP}^2=4\overline{BP}^2$

$x^2+2x+y^2-2y+2=4(x^2-4x+y^2-2y+5)$, $x^2+y^2-6x-2y+6=0$

$\therefore (x-3)^2+(y-1)^2=4$

STEP B ∠PAB의 크기가 최대일 때, 선분 AP의 길이 구하기

점 P가 그리는 도형은 중심이 $(3, 1)$, 반지름이 2인 원이 된다.

∠PAB가 최대가 되는 것은 오른쪽 그림과 같이 직선 AP가 원에 접할 때이다.

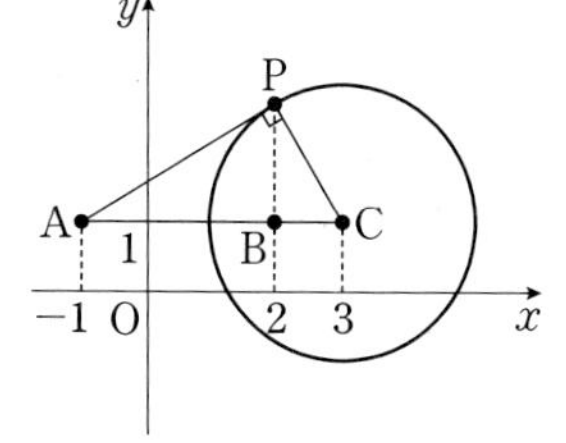

원의 중심을 C라 하면

삼각형 PAC에서 ∠APC$=90°$이므로

피타고라스 정리에 의하여

$\overline{AP}=\sqrt{\overline{AC}^2-\overline{PC}^2}=\sqrt{\{3-(-1)\}^2-2^2}=2\sqrt{3}$

0257

원 $(x-2)^2+y^2=40$에 접하고 직선 $x+3y-9=0$에 수직인 두 직선이

TIP 두 직선의 기울기의 곱은 -1

y축과 만나는 점을 각각 P, Q라 할 때, 선분 PQ의 길이는?

① 32 ② 38 ③ 40
④ 42 ⑤ 46

STEP A 원의 중심에서 직선 사이의 거리를 이용하여 직선의 방정식 구하기

직선 $x+3y-9=0$, 즉 $y=-\frac{1}{3}x+3$에 수직이므로 직선의 기울기는 3,

구하는 접선의 방정식을 $y=3x+k$, 즉 $3x-y+k=0$으로 놓으면

원의 중심 $(2, 0)$과 접선 사이의 거리가 원의 반지름의 길이인 $2\sqrt{10}$과

같으므로 $\frac{|3\times2-0+k|}{\sqrt{3^2+(-1)^2}}=2\sqrt{10}$, $|6+k|=20$, $6+k=\pm20$

$\therefore k=-26$ 또는 $k=14$

즉 구하는 직선의 방정식은 $3x-y-26=0$ 또는 $3x-y+14=0$

STEP B 선분 PQ의 길이 구하기

두 직선 $y=3x-26$, $y=3x+14$의 y절편이 -26, 14이므로

두 점 P, Q의 좌표는 $(0, 14)$, $(0, -26)$

따라서 선분 PQ의 길이는 $|14-(-26)|=40$

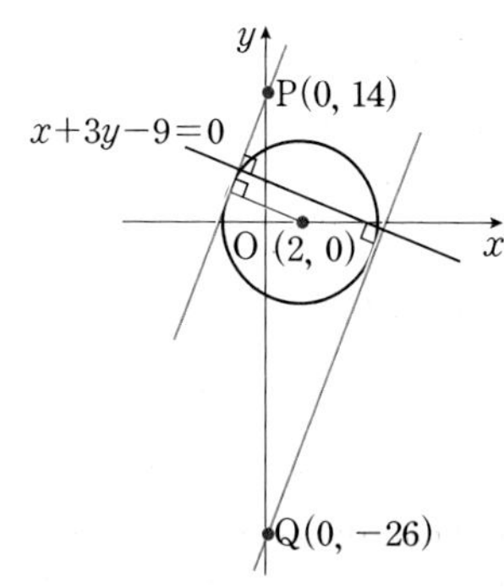

0258

원 $(x-2)^2+(y-3)^2=10$과 직선 $3x+4y-8=0$의 두 교점을 지나는 원 중에서 그 넓이가 최소인 원의 넓이는?

TIP 넓이가 최소인 원은 두 교점을 지름의 양 끝점으로 하는 원이다.

① 6π ② 8π ③ 9π
④ 12π ⑤ 15π

STEP A 원의 중심에서 현에 내린 수선은 현을 이등분함을 이용하기

다음 그림과 같이 원과 직선이 만나는 두 점을 각각 A, B라 하고

원의 중심 $(2, 3)$에서 직선 $3x+4y-8=0$에 내린 수선의 발을 H라 하면

선분 CH의 길이는 $\overline{CH}=\frac{|3\times2+4\times3-8|}{\sqrt{3^2+4^2}}=2$

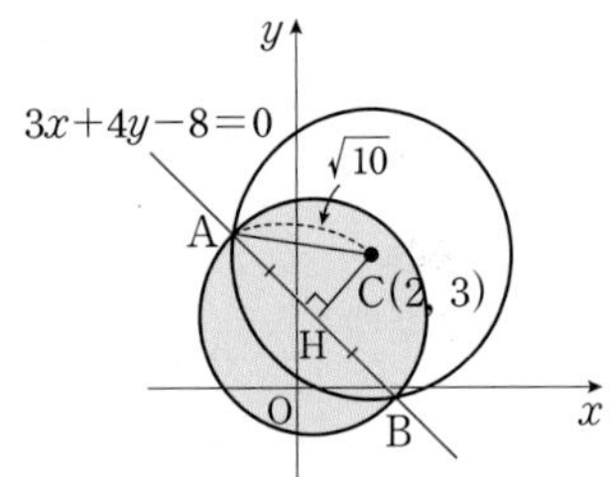

원 $(x-2)^2+(y-3)^2=10$에서 반지름의 길이가 $\sqrt{10}$이므로 $\overline{CA}=\sqrt{10}$
직각삼각형 CAH에서 피타고라스 정리에 의하여
$\overline{AH}=\sqrt{\overline{CA}^2-\overline{CH}^2}=\sqrt{(\sqrt{10})^2-2^2}=\sqrt{6}$

STEP B 교점을 지나는 원 중에서 그 넓이가 최소인 원의 넓이 구하기

두 점 A, B를 지나는 원 중에서 넓이가 최소인 것은 두 교점을 지름으로 하는 원이므로 원의 반지름의 길이는 $\overline{AH}=\sqrt{6}$
따라서 구하는 원의 넓이는 $\pi\times(\sqrt{6})^2=6\pi$

0259

다음 물음에 답하시오.

(1) 원 $x^2+y^2=4$ 밖의 한 점 P(3, 4)에서 이 원에 그은 두 접선의 접점을 A와 B라 할 때, 선분 AB의 길이를 구하시오.
TIP 직선 AB의 방정식은 $3x+4y=4$

STEP A 접선의 방정식을 이용하여 극선의 방정식 구하기

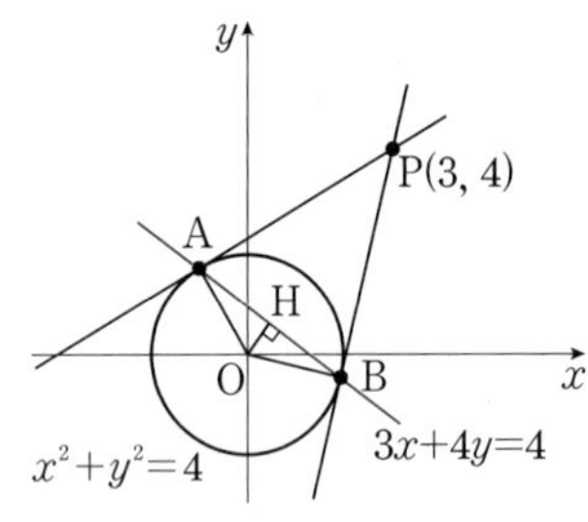

점 P(3, 4)에서 원 $x^2+y^2=4$에 그은 두 접선의 접점의 좌표를 $A(x_1,\ y_1)$, $B(x_2,\ y_2)$라 하면
두 접선의 방정식은 각각
$x_1x+y_1y=4$, $x_2x+y_2y=4$
이때 두 접선은 모두 점 P(3, 4)를 지나므로 $3x_1+4y_1=4$, $3x_2+4y_2=4$
이 두 식은 직선 $3x+4y=4$에 두 점 $A(x_1,\ y_1)$, $B(x_2,\ y_2)$를 대입한 것과 같다.
즉 직선 AB의 방정식은 $3x+4y=4$

STEP B $\overline{OA}=\overline{OB}$를 이용하여 선분 AB의 길이 구하기

원의 중심 O(0, 0)에서 직선 $3x+4y-4=0$에 내린 수선의 발을 H라 하면
$\overline{OH}=\dfrac{|-4|}{\sqrt{3^2+4^2}}=\dfrac{4}{5}$
또한, $\overline{OA}$, $\overline{OB}$는 원의 반지름이므로 $\overline{OA}=\overline{OB}=2$
직각삼각형 AOH에서 피타고라스 정리에 의하여
$\overline{AH}=\sqrt{\overline{OA}^2-\overline{OH}^2}=\sqrt{2^2-\left(\dfrac{4}{5}\right)^2}=\dfrac{2\sqrt{21}}{5}$
따라서 $\overline{AB}=2\overline{AH}=\dfrac{4\sqrt{21}}{5}$

MINI해설 직각삼각형 PAO의 넓이를 이용하여 풀이하기

원 $x^2+y^2=4$의 중심은 원점 O(0, 0)이고
반지름의 길이가 2이므로
$\overline{OA}=2$, $\overline{OP}=\sqrt{3^2+4^2}=5$
직각삼각형 OAP에서 피타고라스 정리에 의하여
$\overline{PA}=\sqrt{\overline{OP}^2-\overline{OA}^2}=\sqrt{5^2-2^2}=\sqrt{21}$
점 A에서 선분 OP에 내린 수선의 발을 H라 하자.
직각삼각형 PAO의 넓이는
$\dfrac{1}{2}\times\overline{OA}\times\overline{PA}=\dfrac{1}{2}\times\overline{OP}\times\overline{AH}$, $\overline{OA}\times\overline{PA}=\overline{OP}\times\overline{AH}$,
즉 $2\times\sqrt{21}=5\times\overline{AH}$, $\overline{AH}=\dfrac{2\sqrt{21}}{5}$
따라서 $\overline{AB}=2\overline{AH}=\dfrac{4\sqrt{21}}{5}$

(2) 점 P(1, 3)에서 원 $x^2+y^2=5$에 그은 두 접선의 접점을 각각 A, B라 할 때, 삼각형 PAB의 넓이를 구하시오.
TIP 원의 중심에서 직선 AB에 내린 수선의 발을 H라 할 때, $\overline{OA}=\overline{OB}$이므로 $\overline{AH}=\overline{BH}$임을 이용하여 삼각형 OAB의 넓이를 구한다.

STEP A 접선의 방정식을 이용하여 극선의 방정식 구하기

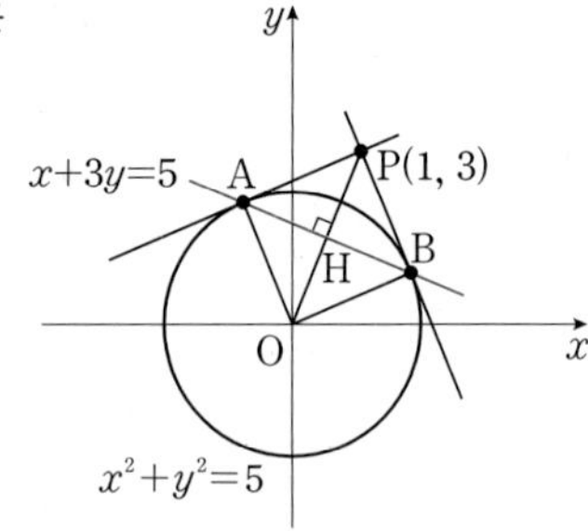

점 P(1, 3)에서 원 $x^2+y^2=5$에 그은 두 접선의 접점의 좌표를
$A(x_1,\ y_1)$, $B(x_2,\ y_2)$라고 하면
두 접선의 방정식은 각각
$x_1x+y_1y=5$, $x_2x+y_2y=5$
이때 두 접선이 모두 점 P(1, 3)을 지나므로 $x_1+3y_1=5$, $x_2+3y_2=5$
이 두 식은 직선 $x+3y=5$에 두 점 $A(x_1,\ y_1)$, $B(x_2,\ y_2)$를 대입한 것과 같다.
즉 직선 AB의 방정식은 $x+3y=5$

STEP B $\overline{OA}=\overline{OB}$를 이용하여 삼각형 PAB의 넓이 구하기

원의 중심 O(0, 0)에서 직선 $x+3y-5=0$에 내린 수선의 발을 H라 하면
$\overline{OH}=\dfrac{|-5|}{\sqrt{1^2+3^2}}=\dfrac{5}{\sqrt{10}}=\dfrac{\sqrt{10}}{2}$
또한, $\overline{OA}$, $\overline{OB}$는 원의 반지름이므로 $\overline{OA}=\overline{OB}=\sqrt{5}$
직각삼각형 AOH에서 피타고라스 정리에 의하여
$\overline{AH}=\sqrt{\overline{OA}^2-\overline{OH}^2}=\sqrt{(\sqrt{5})^2-\left(\dfrac{\sqrt{10}}{2}\right)^2}=\dfrac{\sqrt{10}}{2}$
$\therefore\ \overline{AB}=2\overline{AH}=\sqrt{10}$
점 P(1, 3)에서 직선 $x+3y-5=0$에 내린 수선의 발이 H이므로
$\overline{PH}=\dfrac{|1\times1+3\times3-5|}{\sqrt{1^2+3^2}}=\dfrac{5}{\sqrt{10}}=\dfrac{\sqrt{10}}{2}$
따라서 삼각형 PAB의 넓이는 $\dfrac{1}{2}\times\overline{AB}\times\overline{PH}=\dfrac{1}{2}\times\sqrt{10}\times\dfrac{\sqrt{10}}{2}=\dfrac{5}{2}$

MINI해설 접점의 좌표를 이용하여 풀이하기

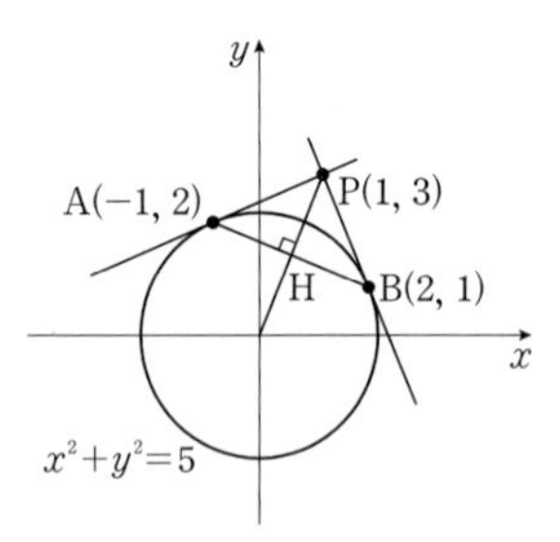

접점을 $Q(x_1,\ y_1)$이라 하면
접선의 방정식은 $x_1x+y_1y=5$
그런데 이 직선이 점 P(1, 3)을 지나므로 $x_1+3y_1=5$ …… ㉠
또한, 점 $Q(x_1,\ y_1)$은 원 위에 있으므로
$x_1^2+y_1^2=5$ …… ㉡
㉠, ㉡을 연립하여 풀면
$\begin{cases}x_1=-1\\y_1=2\end{cases}$ 또는 $\begin{cases}x_1=2\\y_1=1\end{cases}$
이때 두 점 (−1, 2), (2, 1)을 각각 A, B라 하면
$\overline{AB}=\sqrt{\{2-(-1)\}^2+(1-2)^2}=\sqrt{10}$
$\overline{AP}=\sqrt{\{1-(-1)\}^2+(3-2)^2}=\sqrt{5}$
삼각형 ABP는 이등변삼각형이므로
선분 AB를 밑변이라 할 때,
높이 h는
$h=\sqrt{(\sqrt{5})^2-\left(\dfrac{\sqrt{10}}{2}\right)^2}=\dfrac{\sqrt{10}}{2}$
따라서 구하는 삼각형 ABP의 넓이는 $\dfrac{1}{2}\times\sqrt{10}\times\dfrac{\sqrt{10}}{2}=\dfrac{5}{2}$

0260

1994학년도 수능기출 13번

다음 물음에 답하시오.

(1) 점 $\mathrm{A}(0,\ a)$에서 원 $x^2+y^2=8$에 그은 두 접선이 서로 수직일 때,

TIP 원의 중심과 점 $\mathrm{A}(0,\ a)$, 두 접점을 이어 만든 사각형은 정사각형이다.

양수 a의 값은?

① 3　② 4　③ 5　④ 6　⑤ 7

STEP A 두 직선이 서로 수직이므로 사각형이 정사각형임을 이해하기

원 $x^2+y^2=8$의 중심은 $\mathrm{O}(0,\ 0)$

점 $\mathrm{A}(0,\ a)$에서 원 $x^2+y^2=8$에 그은 두 접선이 서로 수직이고 원의 중심과 접점을 연결한 선분 역시 접선에 수직이므로 사각형은 한 변의 길이가 $2\sqrt{2}$인 정사각형이다.

STEP B 정사각형의 대각선의 길이를 이용하여 a의 값 구하기

오른쪽 그림과 같이 원의 중심 $\mathrm{O}(0,\ 0)$과 점 $\mathrm{A}(0,\ a)$에서 원에 그은 두 접선의 접점으로 만들어진 사각형은 한 변의 길이가 $2\sqrt{2}$인 정사각형이므로

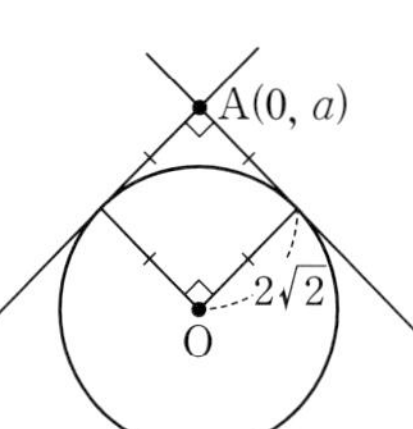

$\overline{\mathrm{OA}}=\sqrt{(2\sqrt{2})^2+(2\sqrt{2})^2}=4$

즉 두 점 $\mathrm{O}(0,\ 0)$, $\mathrm{A}(0,\ a)$에 대하여

$\overline{\mathrm{OA}}=a$

따라서 $\overline{\mathrm{OA}}=4$이므로 $a=4$

MINI해설 원의 중심에서 직선 사이의 거리를 이용하여 풀이하기

접선의 기울기를 m이라 하면

점 $\mathrm{A}(0,\ a)$를 지나고 기울기가 m인 직선의 방정식은 $y=mx+a$

$\therefore mx-y+a=0$　…… ㉠

이때 원의 중심 $(0,\ 0)$에서 직선 ㉠까지의 거리가 원의 반지름의 길이 $2\sqrt{2}$와 같아야 하므로

$\dfrac{|a|}{\sqrt{m^2+(-1)^2}}=2\sqrt{2}$, $|a|=2\sqrt{2}\times\sqrt{m^2+1}$

양변을 제곱하면 $8m^2+8-a^2=0$ ← m에 관한 이차방정식

즉 두 접선의 기울기를 m_1, m_2라 하면 점 P에서 두 접선의 기울기의 곱이 -1이므로

이차방정식 $8m^2+8-a^2=0$의 근과 계수의 관계에 의하여

$m_1m_2=\dfrac{8-a^2}{8}=-1$, $a^2=16$　$\therefore a=\pm4$

따라서 a는 양수이므로 $a=4$

(2) 좌표평면에 원 $(x-1)^2+(y-2)^2=r^2$과 원 밖의 점 $\mathrm{P}(5,\ 4)$가 있다.

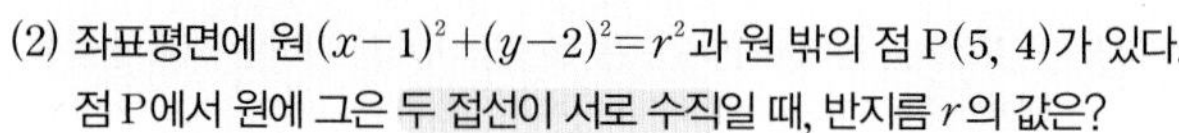

점 P에서 원에 그은 두 접선이 서로 수직일 때, 반지름 r의 값은?

TIP 두 직선의 기울기의 곱은 -1

① $\sqrt{10}$　② $\sqrt{11}$　③ $2\sqrt{3}$　④ $\sqrt{13}$　⑤ $\sqrt{14}$

STEP A 두 직선이 서로 수직이므로 사각형이 정사각형임을 이해하기

원 $(x-1)^2+(y-2)^2=r^2$의 중심은 $\mathrm{C}(1,\ 2)$

점 $\mathrm{P}(5,\ 4)$에서 원 $(x-1)^2+(y-2)^2=r^2$에 그은 두 접선이 서로 수직이고 원의 중심과 접점을 연결한 선분 역시 접선에 수직이므로 사각형은 한 변의 길이가 r인 정사각형이다.

STEP B 정사각형의 대각선의 길이를 이용하여 r의 값 구하기

다음 그림과 같이 원의 중심 $\mathrm{C}(1,\ 2)$와 점 $\mathrm{P}(5,\ 4)$에서 원에 그은 두 접선의 접점을 각각 A, B라 하면

사각형 PACB의 한 변의 길이가 r인 정사각형이므로

$\overline{\mathrm{CP}}=\sqrt{2}r$

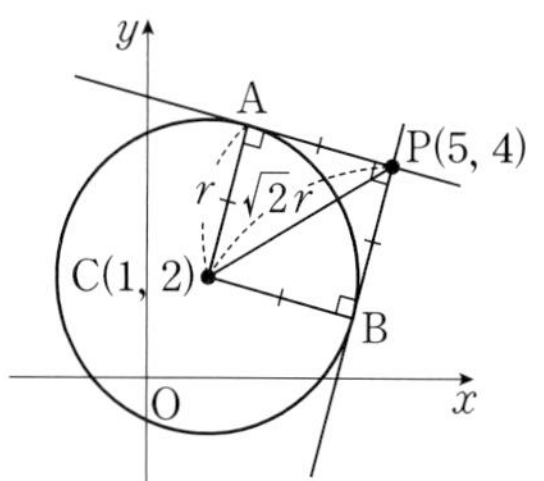

즉 두 점 $\mathrm{C}(1,\ 2)$, $\mathrm{P}(5,\ 4)$에 대하여 $\overline{\mathrm{CP}}=\sqrt{(5-1)^2+(4-2)^2}=2\sqrt{5}$

따라서 $\sqrt{2}r=2\sqrt{5}$이므로 $r=\sqrt{10}$

MINI해설 원의 중심에서 직선 사이의 거리를 이용하여 풀이하기

접선의 기울기를 m이라 하면

점 $\mathrm{P}(5,\ 4)$를 지나고 기울기가 m인 직선의 방정식은 $y-4=m(x-5)$

$\therefore mx-y-5m+4=0$　…… ㉠

이때 원의 중심 $\mathrm{C}(1,\ 2)$에서 직선 ㉠까지의 거리가 원의 반지름의 길이 r과 같아야 하므로

$\dfrac{|m\times1-1\times2-5m+4|}{\sqrt{m^2+(-1)}}=r$, $|-4m+2|=r\sqrt{m^2+1}$

양변을 제곱하면 $(r^2-16)m^2+16m+r^2-4=0$ ← m에 관한 이차방정식

즉 두 접선의 기울기를 m_1, m_2라 하면

점 P에서 두 접선의 기울기의 곱이 -1이므로

이차방정식 $(r^2-16)m^2+16m+r^2-4=0$의 근과 계수의 관계에 의하여

$m_1m_2=\dfrac{r^2-4}{r^2-16}=-1$, $r^2-4=-r^2+16$, $r^2=10$

$\therefore r=\pm10$

따라서 r은 양수이므로 $r=\sqrt{10}$

0261

다음 물음에 답하시오.

(1) 좌표평면 위에 원 $(x-2)^2+(y+2)^2=4$가 있다. 이 원에 접하는 접선들 중에서 서로 수직이 되는 두 직선의 교점을 P라 할 때,

TIP 원의 중심과 원에 접하는 두 직선의 교점으로 이루어진 사각형이 정사각형이다.

점 P가 그리는 도형과 직선 $y=x+1$까지 거리의 최솟값은?

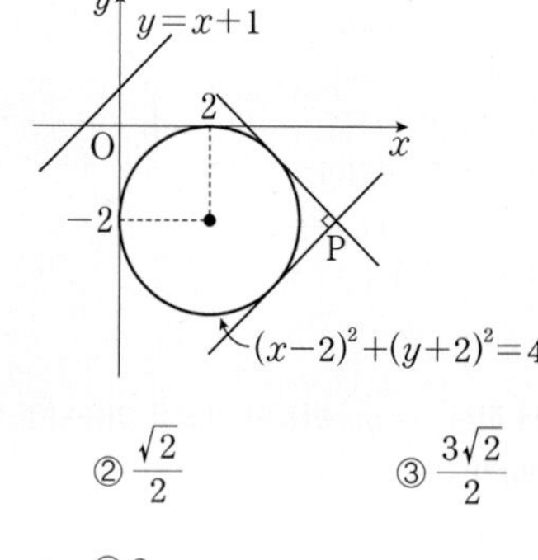

① 1　② $\dfrac{\sqrt{2}}{2}$　③ $\dfrac{3\sqrt{2}}{2}$　④ $\dfrac{5\sqrt{2}}{2}$　⑤ 2

STEP A 두 직선이 서로 수직이므로 사각형이 정사각형임을 이해하기

원 $(x-2)^2+(y+2)^2=4$의 중심은 $\mathrm{C}(2,\ -2)$

점 P에서 원 $(x-2)^2+(y+2)^2=4$에 그은 두 접선이 서로 수직이고 원의 중심과 접점을 연결한 선분 역시 접선에 수직이므로 사각형은 한 변의 길이가 2인 정사각형이다.

STEP B 점 P가 그리는 도형의 방정식 구하기

다음 그림과 같이 원의 중심 $\mathrm{C}(2,\ -2)$와 점 P에서 원에 그은 두 접선의 접점을 각각 A, B라 하면

사각형 CAPB는 한 변의 길이가 2인 정사각형이므로

$\overline{\mathrm{CP}}=\sqrt{2^2+2^2}=2\sqrt{2}$

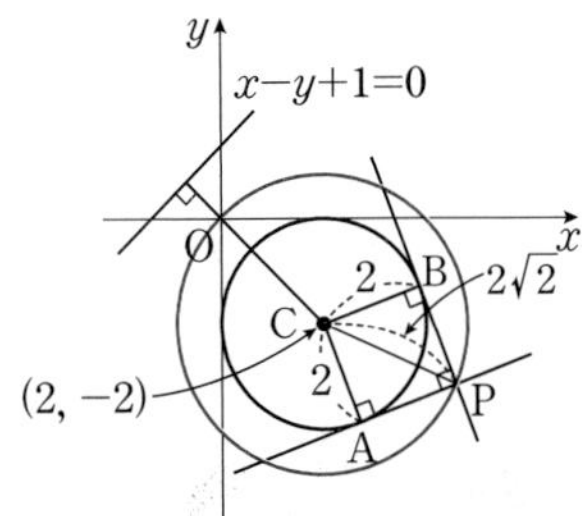

즉 점 P가 나타내는 도형은 중심이 $(2,\ -2)$이고 반지름의 길이가 $2\sqrt{2}$인 원이다.

$\therefore\ (x-2)^2+(y+2)^2=8$

STEP Ⓒ 점 P의 도형에서 직선 $y=x+1$까지 거리의 최솟값 구하기

원의 중심 $(2,\ -2)$에서 직선 $x-y+1=0$ 사이의 거리를 d라 하면

$$d=\frac{|1\times2-1\times(-2)+1|}{\sqrt{1^2+(-1)^2}}=\frac{5\sqrt{2}}{2}$$

따라서 반지름의 길이가 $2\sqrt{2}$이므로 원 위의 점 P에서 직선 $y=x+1$까지

거리의 최솟값은 $\frac{5\sqrt{2}}{2}-2\sqrt{2}=\frac{\sqrt{2}}{2}$

2015년 03월 고2 학력평가 나형 16번

(2) 좌표평면에서 중심이 $(1,\ 1)$이고 반지름의 길이가 1인 원과 직선 $y=mx\,(m>0)$가 두 점 A, B에서 만난다.
두 점 A, B에서 각각 이 원에 접하는 두 직선이 서로 수직이 되도록

TIP 두 직선의 기울기의 곱은 -1

하는 모든 실수 m의 값의 합은?

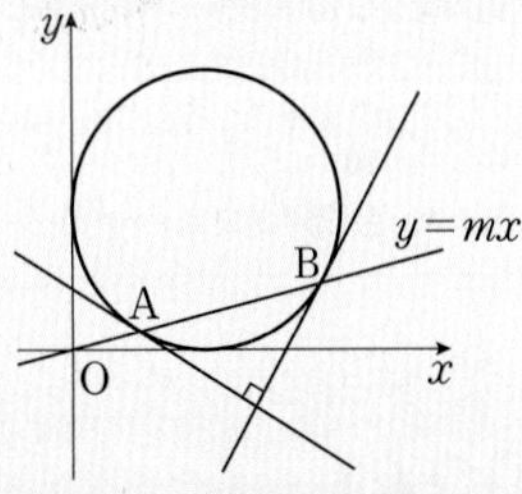

① 2　② $\frac{5}{2}$　③ 3　④ $\frac{7}{2}$　⑤ 4

STEP Ⓐ 두 직선이 서로 수직이므로 사각형이 정사각형임을 이해하기

원의 중심을 C$(1,\ 1)$이라 하고
두 점 A, B에서 각각 이 원에 접하는 두 직선의 교점을 D라 하자.
점 D에서 원에 그은 두 접선은 서로 수직이고 원의 중심과 접점을 연결한 선분 역시 접선에 수직이므로 사각형은 한 변의 길이가 1이 정사각형이다.

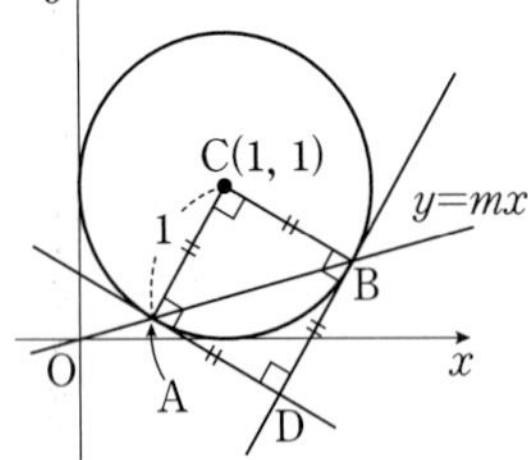

즉 $\overline{\mathrm{CD}}=\sqrt{1^2+1^2}=\sqrt{2}$

STEP Ⓑ 점 C에서 직선 $y=mx$까지의 거리를 이용하여 모든 실수 m의 값의 합 구하기

오른쪽 그림과 같이 정사각형 ADBC에서 대각선 CD의 중점을 M이라 하면

$\overline{\mathrm{CM}}=\frac{1}{2}\overline{\mathrm{CD}}=\frac{\sqrt{2}}{2}$

점 C$(1,\ 1)$과 직선 $y=mx$,
즉 $mx-y=0$ 사이의 거리가
선분 CM의 길이와 같으므로

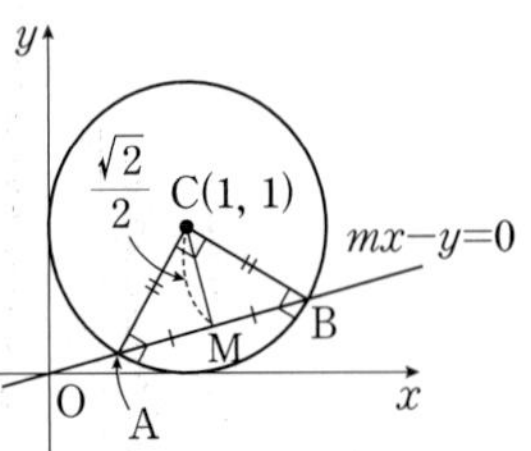

$\frac{|m\times1-1\times1|}{\sqrt{m^2+(-1)^2}}=\frac{\sqrt{2}}{2}$, $\sqrt{2m^2+2}=2|m-1|$

양변을 제곱하면 $2m^2+2=4m^2-8m+4$, $m^2-4m+1=0$

이차방정식 $m^2-4m+1=0$의 판별식을 D라 하면

$\frac{D}{4}=(-2)^2-1=3$

즉 $D>0$이므로 서로 다른 두 실근을 가진다.

따라서 이차방정식의 근과 계수의 관계에 의하여 모든 실수 m의 값의 합은 4

0262

2015년 09월 고1 학력평가 26번

오른쪽 그림과 같이 원 $x^2+y^2=25$와 직선 $y=f(x)$가 제 2사분면에 있는 원 위의 점 P에서 접할 때, $f(-5)f(5)$의

TIP 원과 직선이 접하므로 이차방정식의 판별식을 D라 할 때, $D=0$이어야 한다.

값을 구하시오.

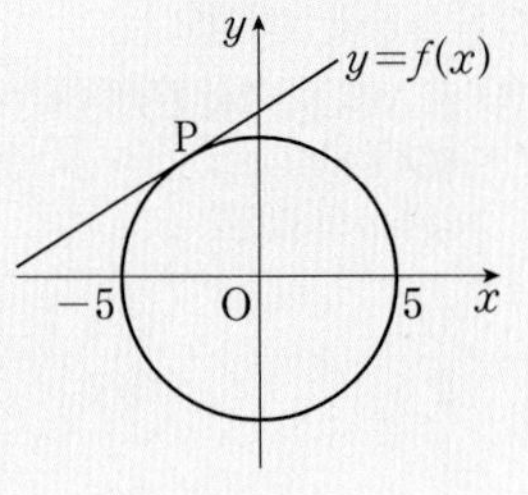

STEP Ⓐ 이차방정식의 판별식을 이용하여 $a,\ b$ 사이의 관계식 구하기

두 상수 $a,\ b$에 대하여 $f(x)=ax+b$라 하자.

직선 $y=ax+b$를 원 $x^2+y^2=25$에 대입하면

$x^2+(ax+b)^2=25$

$\therefore\ (a^2+1)x^2+2abx+b^2-25=0$

원과 직선이 접하려면 이 이차방정식은 중근을 가지므로
이차방정식의 판별식을 D라 하면 $D=0$이어야 한다.

$\frac{D}{4}=(ab)^2-(a^2+1)(b^2-25)=0$, $25a^2-b^2+25=0$

$\therefore\ b^2-25a^2=25$

+α 원의 중심과 직선 사이의 거리를 이용하여 $a,\ b$ 사이의 관계식을 구할 수 있어!

두 상수 $a,\ b$에 대하여 $y=ax+b$라 하자.

원 $x^2+y^2=25$에서 원의 중심은 $(0,\ 0)$이고 반지름의 길이는 5

원의 중심 $(0,\ 0)$과 직선 $ax-y+b=0$ 사이의 거리는 $\frac{|b|}{\sqrt{a^2+(-1)^2}}$

원과 직선이 접하므로 $\frac{|b|}{\sqrt{a^2+1}}=5$, $|b|=5\sqrt{a^2+1}$

양변을 제곱하면 $b^2-25a^2=25$

+α 원에 접하고 기울기가 m인 접선의 방정식을 이용하여 구할 수 있어!

두 상수 $a,\ b$에 대하여 접선의 방정식을 $y=ax+b$라 하자.

원 $x^2+y^2=25$에 접하고 기울기가 a, 반지름의 길이가 5인 접선의 방정식은

$y=ax\pm5\sqrt{a^2+1}$

이 직선은 $y=ax+b$와 일치하므로 $5\sqrt{a^2+1}=b$

양변을 제곱하면 $b^2-25a^2=25$

STEP Ⓑ $f(-5)f(5)$의 값 구하기

따라서 $f(-5)f(5)=(-5a+b)(5a+b)=b^2-25a^2=25$

다른풀이 원 밖의 한 점에서 접점까지의 거리를 이용하여 풀이하기

STEP Ⓐ 원 밖의 한 점에서 원에 그은 두 접점까지의 거리는 서로 같음을 이용하기

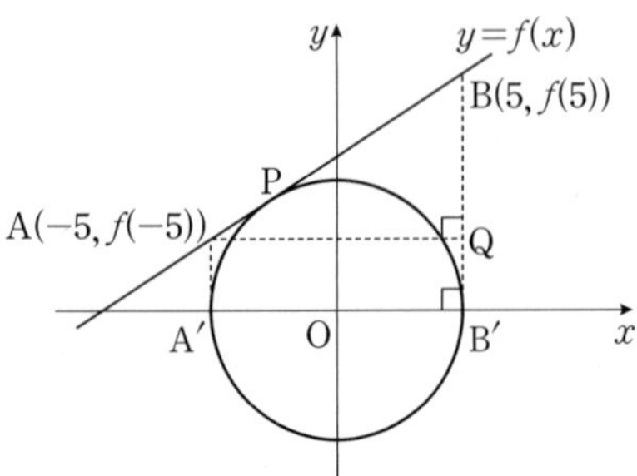

두 점 $(-5,\ 0)$, $(5,\ 0)$을 각각 A′, B′이라 하고

두 직선 $x=-5$, $x=5$와 직선 $y=f(x)$의 교점을 각각 A, B라 하면

A$(-5,\ f(-5))$, B$(5,\ f(5))$

원 밖의 한 점에서 원에 그은 두 접점까지의 거리는 같으므로

$\overline{\mathrm{AA'}}=\overline{\mathrm{AP}}=f(-5)$, $\overline{\mathrm{BB'}}=\overline{\mathrm{BP}}=f(5)$

STEP B 피타고라스 정리를 이용하여 $f(-5)f(5)$의 값 구하기

점 A를 지나고 x축에 평행한 직선이 선분 BB′과 만나는 점을 Q라 하면

$\overline{AB}=\overline{AP}+\overline{BP}=f(-5)+f(5)$

$\overline{BQ}=\overline{BB'}-\overline{QB'}=f(5)-f(-5)$ ← $\overline{QB'}=\overline{AA'}=f(-5)$

$\overline{AQ}=\overline{A'B'}=10$

직각삼각형 AQB에서 피타고라스 정리에 의하여 $\overline{AB}^2=\overline{BQ}^2+\overline{AQ}^2$

$\{f(-5)+f(5)\}^2=\{f(5)-f(-5)\}^2+10^2$, $4f(-5)f(5)=100$

따라서 $f(-5)f(5)=25$

0263

2018년 11월 고1 학력평가 26번 변형

좌표평면 위의 두 점 A(8, 15), B(a, b)에 대하여 선분 AB의 길이가 2일 때, a^2+b^2의 최댓값을 구하시오.

TIP 중심이 원점이고 원점에서 점 B(a, b)까지의 거리를 반지름으로 하는 원을 이용하여 구한다.

STEP A 선분 AB의 길이가 2임을 이용하여 a, b 사이의 관계식 구하기

두 점 A(8, 15), B(a, b)에 대하여 선분 AB의 길이가 2이므로

$\overline{AB}=\sqrt{(a-8)^2+(b-15)^2}=2$

양변을 제곱하면 $(a-8)^2+(b-15)^2=4$

즉 원 $(x-8)^2+(y-15)^2=4$의 중심은 점 A(8, 15)이고

점 B는 원 위의 점이다.

STEP B a^2+b^2의 값이 최대일 때의 점 B의 위치 이해하기

두 점 O(0, 0), B(a, b)에 대하여 $\overline{OB}=\sqrt{a^2+b^2}$

양변을 제곱하면 $\overline{OB}^2=a^2+b^2$

$\overline{OB}$의 길이가 최대일 때 a^2+b^2이 최댓값을 갖는다.

직선 OA가 원 $(x-8)^2+(y-15)^2=4$와 만나는 두 점 중 원점에서

더 멀리 있는 점을 B′이라 하면

선분 OB의 길이의 최댓값은 선분 OB′의 길이와 같다.

$\overline{OB'}=\overline{OA}+\overline{AB'}=\sqrt{8^2+15^2}+2$

$=17+2=19$

따라서 선분 OB의 길이의 최댓값은 19이므로 a^2+b^2의 최댓값은 $19^2=361$

0264

서술형

다음 그림과 같이 직선 $y=mx+n$이 두 원

$x^2+y^2=9$, $(x+3)^2+y^2=4$

에 동시에 접할 때, 두 실수 m, n에 대하여 $16mn$의 값을 구하는 과정을

TIP 두 원의 반지름의 길이의 비를 이용하여 두 원 중심 사이의 관계식을 구한다.

다음 단계로 서술하시오.

[1단계] 닮음비를 이용하여 m, n 사이의 관계식을 구한다. [3점]

[2단계] 점과 직선 사이의 거리를 이용하여 m^2의 값을 구한다. [5점]

[3단계] $16mn$의 값을 구한다. [2점]

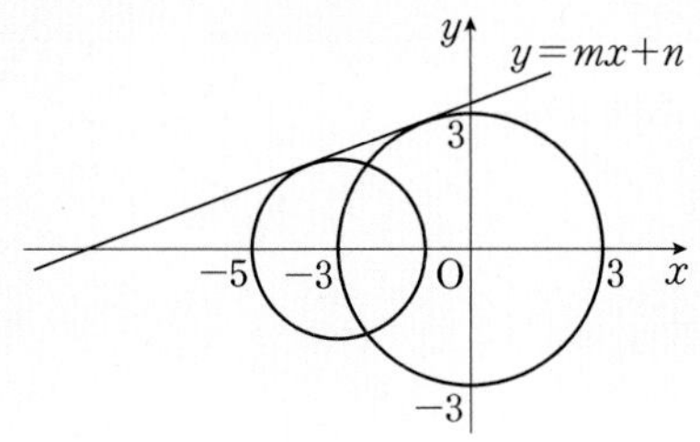

1단계 닮음비를 이용하여 m, n 사이의 관계식을 구한다. 3점

두 원의 중심을 O(0, 0), O′(−3, 0)이라 하자.

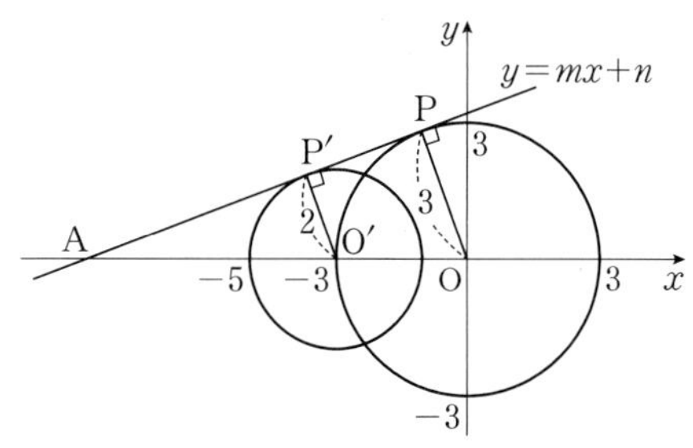

직선 $y=mx+n$과 두 원이 만나는 점을 각각 P, P′이라 하고

x축과 만나는 점을 A라 하면

두 삼각형 AO′P′과 AOP는 닮음이고

닮음비는 두 원의 반지름의 길이와 같으므로 2 : 3

이때 점 A의 좌표는 직선 $y=mx+n$의 x절편이므로 $-\frac{n}{m}$

즉 $\overline{AO'}:\overline{AO}=2:3$, $\left|-\frac{n}{m}-(-3)\right|:\left|-\frac{n}{m}\right|=2:3$,

$2\times\frac{n}{m}=3\times\left(\frac{n}{m}-3\right)$, $\frac{n}{m}=9$

$\therefore n=9m$ …… ㉠

2단계 점과 직선 사이의 거리를 이용하여 m^2의 값을 구한다. 5점

원점 O(0, 0)과 직선 $mx-y+n=0$ 사이의 거리는 반지름의 길이 3과

같으므로 $\frac{|n|}{\sqrt{m^2+(-1)^2}}=3$, $|n|=3\sqrt{m^2+1}$

위 식에 ㉠을 대입하면 $|9m|=3\sqrt{m^2+1}$

양변을 제곱하면 $81m^2=9m^2+9$, $8m^2=1$

$\therefore m^2=\frac{1}{8}$

3단계 $16mn$의 값을 구한다. 2점

따라서 $16mn=16m\times9m=16\times9\times m^2=16\times9\times\frac{1}{8}=18$

0265

서술형

오른쪽 그림과 같이

원 $x^2+(y-3)^2=2$ 위의 임의의

점 P와 두 점 A(0, −1), B(4, 3)에

대하여 삼각형 ABP의 넓이의

TIP 삼각형 ABP의 넓이가 최소일 때의 높이는
(원의 중심과 직선 사이의 거리)
−(원의 반지름의 길이)
삼각형 ABP의 넓이가 최대일 때의 높이는
(원의 중심과 직선 사이의 거리)
+(원의 반지름의 길이)

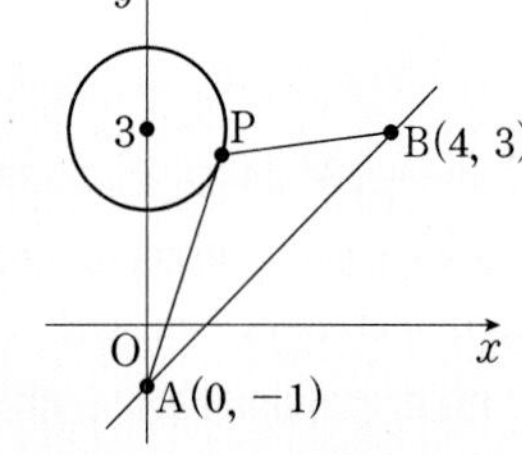

최댓값과 최솟값의 합을 구하는 과정

을 다음 단계로 서술하시오.

[1단계] 직선 AB의 방정식을 구한다. [3점]

[2단계] 원의 중심에서 직선 AB까지의 거리를 구한다. [3점]

[3단계] 삼각형 ABP의 넓이의 최댓값과 최솟값을 구한다. [4점]

1단계 직선 AB의 방정식을 구한다. 3점

두 점 A(0, −1), B(4, 3)을 지나는 직선 AB의 방정식은

$y-(-1)=\frac{3-(-1)}{4-0}(x-0)$, 즉 $x-y-1=0$

2단계 원의 중심에서 직선 AB까지의 거리를 구한다. 3점

원 $x^2+(y-3)^2=2$의 중심은 (0, 3), 반지름의 길이는 $r=\sqrt{2}$

점 (0, 3)에서 직선 $x-y-1=0$ 사이의 거리를 d라 하면

$d=\frac{|0-1\times3-1|}{\sqrt{1^2+(-1)^2}}=\frac{4}{\sqrt{2}}=2\sqrt{2}$

3단계	삼각형 ABP의 넓이의 최댓값과 최솟값을 구한다.	4점

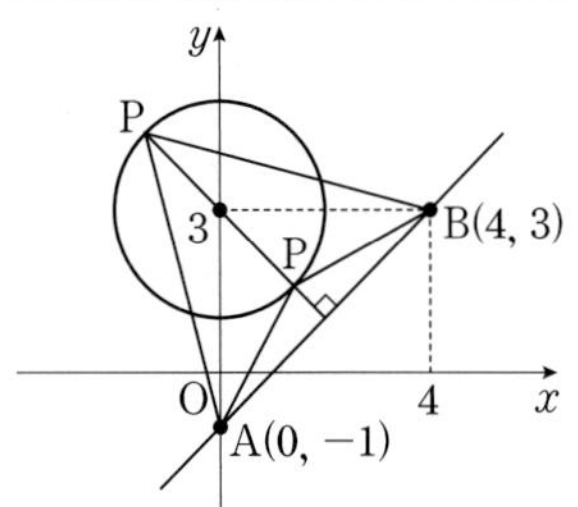

두 점 A(0, −1), B(4, 3)에 대하여 $\overline{AB}=\sqrt{(4-0)^2+\{3-(-1)\}^2}=4\sqrt{2}$

(i) 삼각형 ABP의 넓이의 최댓값

$\frac{1}{2}\times\overline{AB}\times(d+r)=\frac{1}{2}\times4\sqrt{2}\times(2\sqrt{2}+\sqrt{2})=\frac{1}{2}\times4\sqrt{2}\times3\sqrt{2}=12$

(ii) 삼각형 ABP의 넓이의 최솟값

$\frac{1}{2}\times\overline{AB}\times(d-r)=\frac{1}{2}\times4\sqrt{2}\times(2\sqrt{2}-\sqrt{2})=\frac{1}{2}\times4\sqrt{2}\times\sqrt{2}=4$

(i), (ii)에서 삼각형 ABP의 넓이의 최댓값과 최솟값의 합은 12+4=16

0266

서술형

좌표평면의 두 점 A(2, 5)와 B(4, 1)이 있다. 점 P가 중심이 원점이고 반지름의 길이가 1인 원 위의 점일 때, $\overline{PA}^2+\overline{PB}^2$의 최댓값과 최솟값을

TIP $\overline{PA}^2+\overline{PB}^2=2(\overline{PM}^2+\overline{AM}^2)$을 이용하여 구한다.

구하는 과정을 다음 단계로 서술하시오.

[1단계] 선분 AB의 중점 M의 좌표를 구한다. [2점]

[2단계] 원 위의 점 P에서 점 M까지의 거리의 최댓값과 최솟값을 구한다. [3점]

[3단계] 중선정리를 이용하여 $\overline{PA}^2+\overline{PB}^2$의 최댓값과 최솟값을 구한다. [5점]

1단계	선분 AB의 중점 M의 좌표를 구한다.	2점

두 점 A(2, 5), B(4, 1)에 대하여 선분 AB의 중점을 M이라 하면

$\left(\frac{2+4}{2}, \frac{5+1}{2}\right)$, 즉 M(3, 3)

2단계	원 위의 점 P에서 점 M까지의 거리의 최댓값과 최솟값을 구한다.	3점

원의 중심이 O(0, 0), 반지름의 길이는 1이므로

$\overline{OM}=\sqrt{3^2+3^2}=3\sqrt{2}$

(선분 PM의 길이의 최솟값)=(선분 OM의 길이)+(반지름의 길이)

$=3\sqrt{2}+1$

(선분 PM의 길이의 최솟값)=(선분 OM의 길이)−(반지름의 길이)

$=3\sqrt{2}-1$

3단계	중선정리를 이용하여 $\overline{PA}^2+\overline{PB}^2$의 최댓값과 최솟값을 구한다.	5점

$\overline{AM}=\sqrt{(3-2)^2+(3-5)^2}=\sqrt{5}$

삼각형 PAB에서 중선정리에 의하여

$\overline{PA}^2+\overline{PB}^2=2(\overline{PM}^2+\overline{AM}^2)$

$=2\{\overline{PM}^2+(\sqrt{5})^2\}$

이때 $\overline{PA}^2+\overline{PB}^2$의 최댓값은

$2\{(3\sqrt{2}+1)^2+5\}=48+12\sqrt{2}$

또한, $\overline{PA}^2+\overline{PB}^2$의 최솟값은

$2\{(3\sqrt{2}-1)^2+5\}=48-12\sqrt{2}$

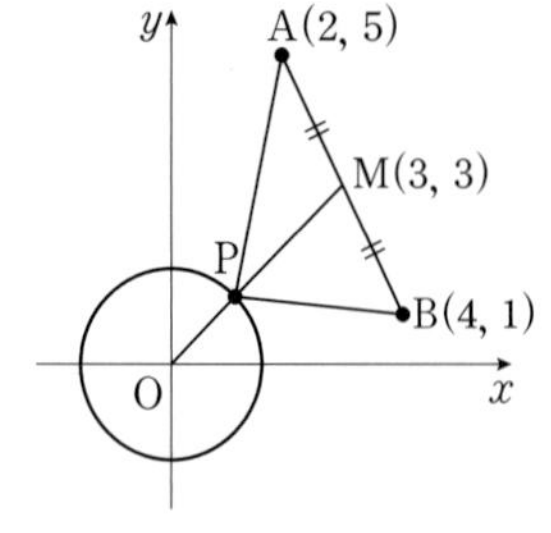

0267

서술형

점 P(3, −1)에서 원 $x^2+y^2=5$에 그은 두 접선이 y축과 만나는 두 점을

TIP 접점을 (x_1, y_1)으로 놓고 $x_1x+y_1y=5$임을 이용하여 구한다.

A와 B라 할 때, 삼각형 PAB의 넓이를 구하는 과정을 다음 단계로 서술하시오.

[1단계] 점 P(3, −1)에서 원 $x^2+y^2=5$에 그은 두 접선의 접점의 좌표를 구한다. [4점]

[2단계] 두 접선의 방정식을 구한다. [3점]

[3단계] 삼각형 PAB의 넓이를 구한다. [3점]

1단계	점 P(3, −1)에서 원 $x^2+y^2=5$에 그은 두 접선의 접점의 좌표를 구한다.	4점

원 $x^2+y^2=5$ 위의 접점을 Q(x_1, y_1)이라 하면 접선의 방정식은

$x_1x+y_1y=5$ …… ㉠

접선 ㉠이 점 P(3, −1)을 지나므로 $3x_1-y_1=5$

$y_1=3x_1-5$ …… ㉡

또한, 접점 Q(x_1, y_1)가 원 위의 점이므로

$x_1^2+y_1^2=5$ …… ㉢

㉡을 ㉢에 대입하면

$x_1^2+(3x_1-5)^2=5$, $x_1^2-3x_1+2=0$, $(x_1-1)(x_1-2)=0$

∴ $x_1=1$ 또는 $x_1=2$ …… ㉣

㉣을 ㉡에 대입하면

$y_1=-2$ 또는 $y_1=1$ …… ㉤

즉 접점 Q의 좌표는 (1, −2), (2, 1)

2단계	두 접선의 방정식을 구한다.	3점

㉣, ㉤을 ㉠에 대입하면 두 접선의 방정식은 $x-2y=5$, $2x+y=5$

+α 원의 중심에서 직선 사이의 거리를 이용하여 구할 수 있어!

접선의 기울기를 m이라 하면

점 P(3, −1)을 지나고 기울기가 m인 직선의 방정식은 $y-(-1)=m(x-3)$

∴ $mx-y-3m-1=0$ …… ㉠

이때 원과 직선이 접하려면 원의 중심 (0, 0)에서 직선 ㉠까지의 거리가 원의 반지름의 길이 $\sqrt{5}$와 같아야 한다.

즉 $\frac{|-3m-1|}{\sqrt{m^2+(-1)^2}}=\sqrt{5}$, $|-3m-1|=\sqrt{5m^2+5}$

양변을 제곱하면 $9m^2+6m+1=5m^2+5$

$2m^2+3m-2=0$, $(2m-1)(m+2)=0$

∴ $m=\frac{1}{2}$ 또는 $m=-2$

이를 ㉠에 대입하면 $x-2y-5=0$ 또는 $2x+y-5=0$

3단계	삼각형 PAB의 넓이를 구한다.	3점

두 접선의 방정식이 y축과 만나는 점의 좌표는 5, $-\frac{5}{2}$이므로

두 점 A, B의 좌표는 $\left(0, -\frac{5}{2}\right)$, (0, 5)이므로

$\overline{AB}=5-\left(-\frac{5}{2}\right)=\frac{15}{2}$

따라서 삼각형 PAB의 넓이는

$\frac{1}{2}\times3\times\frac{15}{2}=\frac{45}{4}$

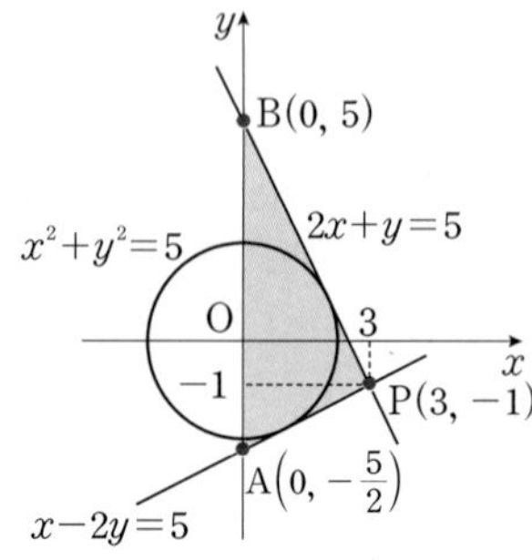

TOUGH

0268

원 $x^2+y^2=4$ 위를 움직이는 점 A와 직선 $y=x-4\sqrt{2}$ 위를 움직이는 서로 다른 두 점 B, C를 꼭짓점으로 하는 정삼각형 ABC를 만들 때, 정삼각형 ABC의 넓이의 최댓값을 M, 최솟값을 m이라 하자.

TIP 점 A와 직선 $y=x-4\sqrt{2}$ 사이의 거리가 정삼각형 ABC의 높이이다.

이때 Mm의 값을 구하시오.

STEP A 원의 중심과 직선 사이의 거리를 이용하여 정삼각형의 높이 구하기

원 $x^2+y^2=4$ 위의 점 A와 직선 $y=x-4\sqrt{2}$ 사이의 거리는 정삼각형 ABC의 높이이다.

이때 원의 중심인 $(0, 0)$과 직선 $x-y-4\sqrt{2}=0$ 사이의 거리는

$\frac{|-4\sqrt{2}|}{\sqrt{1+(-1)^2}}=4$

STEP B 정삼각형 ABC의 넓이의 최솟값과 최댓값 구하기

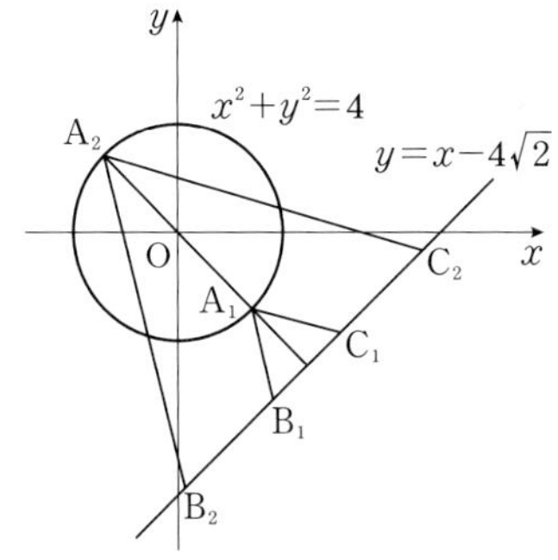

(ⅰ) 정삼각형 ABC의 넓이의 최솟값

원 $x^2+y^2=4$의 반지름의 길이가 2이므로

그림과 같이 정삼각형 $A_1B_1C_1$이고

이때의 높이는 $4-2=2$

정삼각형 $A_1B_1C_1$의 한 변의 길이를 a라 하면

$\frac{\sqrt{3}}{2}\times a=2 \quad \therefore a=\frac{4\sqrt{3}}{3}$

이때 정삼각형 $A_1B_1C_1$의 넓이는 $\frac{\sqrt{3}}{4}\times\left(\frac{4\sqrt{3}}{3}\right)^2=\frac{4\sqrt{3}}{3}$

(ⅰ) 정삼각형 ABC의 넓이의 최댓값

원 $x^2+y^2=4$의 반지름의 길이가 2이므로

그림과 같이 정삼각형 $A_2B_2C_2$이고

이때의 높이는 $4+2=6$

정삼각형 $A_2B_2C_2$의 한 변의 길이를 b라 하면

$\frac{\sqrt{3}}{2}\times b=6 \quad \therefore b=4\sqrt{3}$

이때 정삼각형 $A_2B_2C_2$의 넓이는 $\frac{\sqrt{3}}{4}\times(4\sqrt{3})^2=12\sqrt{3}$

(ⅰ), (ⅱ)에 의하여 $M=12\sqrt{3}$, $m=\frac{4\sqrt{3}}{3}$

따라서 $Mm=12\sqrt{3}\times\frac{4\sqrt{3}}{3}=48$

0269

2023년 11월 고1 학력평가 14번 변형

원 C : $x^2+y^2-4x-ay-b=0$에 대하여 좌표평면에서 원 C의 중심이 직선 $y=3x-4$ 위에 있다.

원 C와 직선 $y=3x-4$가 만나는 서로 다른 두 점을 A, B라 하자.

TIP 직선 $y=3x-4$이 원 C의 중심을 지나므로 선분 AB는 원 C의 지름이다.

원 C 위의 점 P에 대하여 삼각형 ABP의 넓이의 최댓값이 9일 때,

TIP 삼각형 ABP의 넓이가 최대가 되는 경우는 원 C 위의 점 P와 선분 AB 사이의 거리가 최대일 때이다.

$a+b$의 값을 구하시오. (단, a, b는 상수이고, 점 P는 점 A도 아니고 점 B도 아니다.)

STEP A 직선 $y=3x-4$가 원 C의 중심을 지남을 이용하여 a의 값 구하기

원 $x^2+y^2-4x-ay-b=0$에서

$(x^2-4x+4)-4+\left(y^2-ay+\frac{a^2}{4}\right)-\frac{a^2}{4}-b=0$

$\therefore (x-2)^2+\left(y-\frac{a}{2}\right)^2=\frac{a^2}{4}+b+4$

원 C의 중심의 좌표는 $\left(2, \frac{a}{2}\right)$, 반지름의 길이는 $\sqrt{\frac{a^2}{4}+b+4}$

이때 직선 $y=3x-4$가 원 C의 중심 $\left(2, \frac{a}{2}\right)$를 지나므로 $\frac{a}{2}=2$

$\therefore a=4$

STEP B 삼각형 ABP의 넓이의 최댓값이 9임을 이용하여 b의 값 구하기

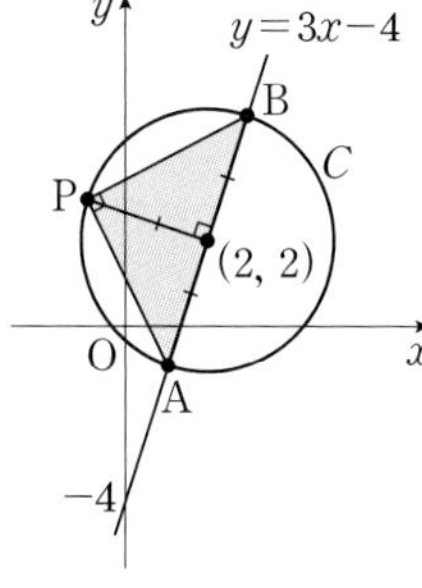

원 C의 반지름의 길이는

$\sqrt{\frac{a^2}{4}+b+4}=\sqrt{b+8}$

삼각형 ABP의 밑변을 선분 AB라 하면 선분 AB는 원 C의 지름이므로 삼각형 ABP의 높이의 최댓값은 원 C의 반지름의 길이와 같다.

이때 삼각형 ABP의 넓이의 최댓값이 9이므로

$\frac{1}{2}\times\overline{AB}\times$(원 C의 반지름의 길이)

$=\frac{1}{2}\times2\sqrt{b+8}\times\sqrt{b+8}$

$=b+8=9$

$\therefore b=1$

따라서 $a+b=4+1=5$

0270

2015년 03월 고2 학력평가 가형 19번 변형

좌표평면에 두 원 C_1 : $x^2+y^2=1$, C_2 : $x^2+y^2-12x+8y+43=0$이 있다. 그림과 같이 x축 위의 점 P에서 원 C_1에 그은 한 접선의 접점을 Q,

TIP 점 P는 x축 위의 점이므로 y좌표는 항상 0이다.

점 P에서 원 C_2에 그은 한 접선의 접점을 R이라 하자.

$\overline{PQ}=\overline{PR}$일 때, 점 P의 x좌표를 구하시오.

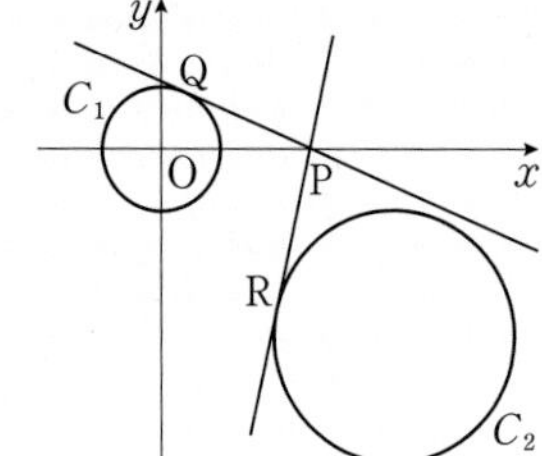

STEP A 원의 접선과 접점을 지나는 원의 반지름은 서로 수직임을 이용하기

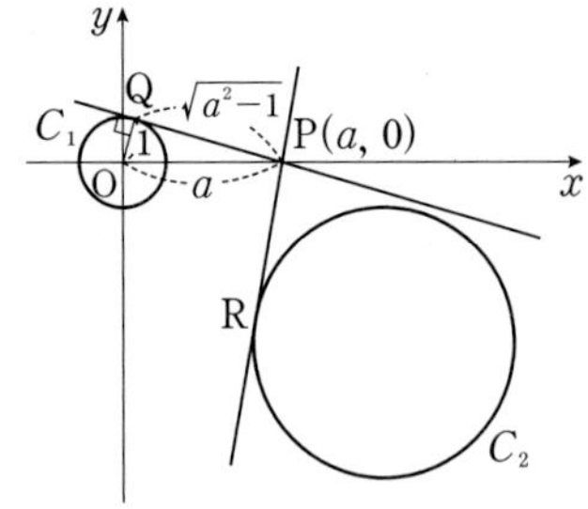

접점 P의 좌표를 $P(a, 0)$이라 하면 $\overline{OP}=\sqrt{a^2+0^2}=a$

원 C_1 : $x^2+y^2=1$의 반지름이 선분 OQ이므로 $\overline{OQ}\perp\overline{PQ}$

직각삼각형 OPQ에서 피타고라스 정리에 의하여

$\overline{PQ}=\sqrt{\overline{OP}^2-\overline{OQ}^2}=\sqrt{a^2-1}$

원 C_2 : $x^2+y^2-12x+8y+43=0$에서

$(x^2-12x+36)-36+(y^2+8y+16)-16+43=0$

$\therefore (x-6)^2+(y+4)^2=9$

즉 원 C_2의 중심을 O_2라 하면 $O_2(6, -4)$이고 반지름의 길이는 $\overline{O_2R}=3$

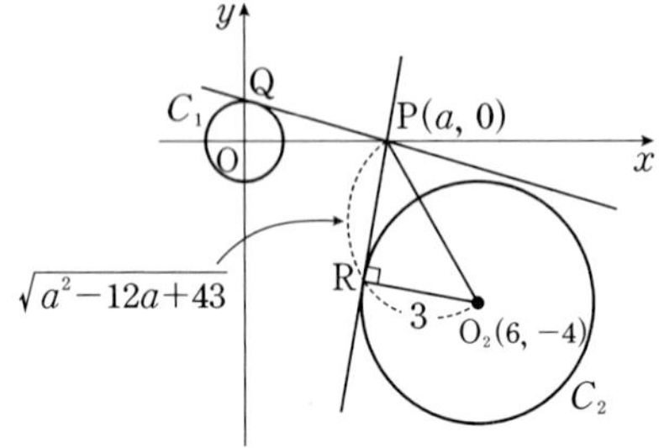

점 $P(a, 0)$에서 원 C_2에 그은 한 접선의 접점이 R이므로 $\overline{O_2R}\perp\overline{PR}$

두 점 $P(a, 0)$, $O_2(6, -4)$에서 선분 O_2P의 길이는

$\overline{O_2P}=\sqrt{(a-6)^2+\{0-(-4)\}^2}=\sqrt{a^2-12a+52}$

직각삼각형 PRO_2에서 피타고라스 정리에 의하여

$\overline{PR}=\sqrt{\overline{O_2P}^2-\overline{O_2R}^2}=\sqrt{(\sqrt{a^2-12a+52})^2-3^2}=\sqrt{a^2-12a+43}$

STEP B $\overline{PQ}=\overline{PR}$임을 이용하여 a의 값 구하기

이때 $\overline{PQ}=\overline{PR}$이므로 $\overline{PQ}^2=\overline{PR}^2$

즉 $a^2-1=a^2-12a+43$, $12a=44$ $\quad\therefore a=\frac{11}{3}$

따라서 점 P의 x좌표는 $\frac{11}{3}$

+α 원 C_2의 중심에서 점 P까지의 거리를 이용하여 구할 수 있어!

주어진 조건에서 $\overline{PQ}=\overline{PR}=\sqrt{a^2-1}$이므로

직각삼각형 PRO_2에서 피타고라스 정리에 의하여

$\overline{O_2P}=\sqrt{\overline{PR}^2+\overline{O_2R}^2}=\sqrt{(\sqrt{a^2-1})+3^2}=\sqrt{a^2+8}$

이때 $\overline{O_2P}=\sqrt{a^2-12a+52}$이므로 $\overline{O_2P}^2=a^2-12a+52$

즉 $a^2+8=a^2-12a+52$, $12a=44$ $\quad\therefore a=\frac{11}{3}$

따라서 점 P의 x좌표는 $\frac{11}{3}$

0271

2014년 09월 고1 학력평가 29번 변형

좌표평면 위의 두 점 $A(-\sqrt{7}, -2)$, $B(\sqrt{7}, 4)$와 직선 $y=x-3$ 위의 서로 다른 두 점 P, Q에 대하여 $\angle APB=\angle AQB=90°$일 때, 선분 PQ의 길이

TIP $\angle APB=\angle AQB=90°$이므로 선분 AB가 지름이다.

를 l이라 하자. l^2의 값을 구하시오.

STEP A 원주각의 성질을 이용하여 두 점 P, Q를 지나는 원의 방정식 구하기

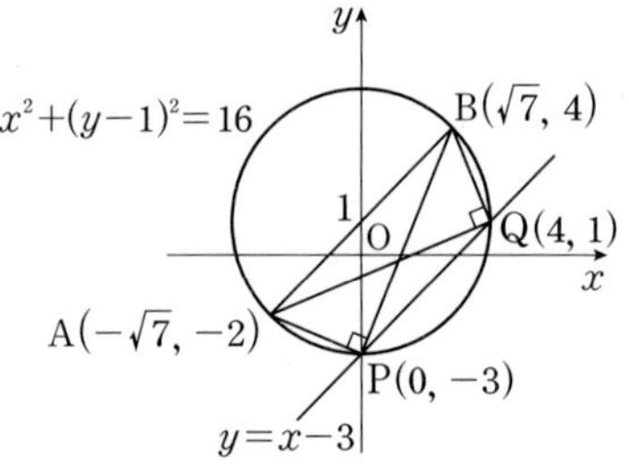

$\angle APB=\angle AQB=90°$이므로 원주각의 성질에 의하여

두 점 P, Q는 선분 AB를 지름으로 하는 원 위에 있다.

이때 원의 중심은 선분 AB의 중점이므로

$\left(\frac{-\sqrt{7}+\sqrt{7}}{2}, \frac{-2+4}{2}\right)$, 즉 $(0, 1)$

두 점 $A(-\sqrt{7}, -2)$, $B(\sqrt{7}, 4)$에 대하여 선분 AB의 길이는

$\overline{AB}=\sqrt{\{\sqrt{7}-(-\sqrt{7})\}^2+\{4-(-2)\}^2}=8$

이때 원의 반지름의 길이 $r=\frac{1}{2}\times\overline{AB}=\frac{1}{2}\times 8=4$

즉 두 점 P, Q를 지나는 원의 방정식은 $x^2+(y-1)^2=16$

STEP B 선분 PQ의 길이 구하기

원 $x^2+(y-1)^2=16$과 직선 $y=x-3$의 교점 P, Q의 좌표를 구하기 위하여

두 식을 연립하면 $x^2+(x-3-1)^2=16$, $x^2-4x=0$, $x(x-4)=0$

$\therefore x=0$ 또는 $x=4$

이를 $y=x-3$에 각각 대입하면 $y=-3$ 또는 $y=1$

즉 두 점 P, Q의 좌표는 $P(0, -3)$, $Q(4, 1)$이므로

$\overline{PQ}=\sqrt{(4-0)^2+\{1-(-3)\}^2}=4\sqrt{2}$

$\therefore l^2=\overline{PQ}^2=(4\sqrt{2})^2=32$

+α 점과 직선 사이의 거리를 이용하여 구할 수 있어!

원 $x^2+(y-1)^2=16$의 중심 $(0, 1)$을 C라 하고

점 $C(0, 1)$에서 직선 $y=x-3$,

즉 $x-y-3=0$에 내린 수선의 발을 H라 하면

원의 중심에서 현에 내린 수선의 발은 그 현을 이등분하므로

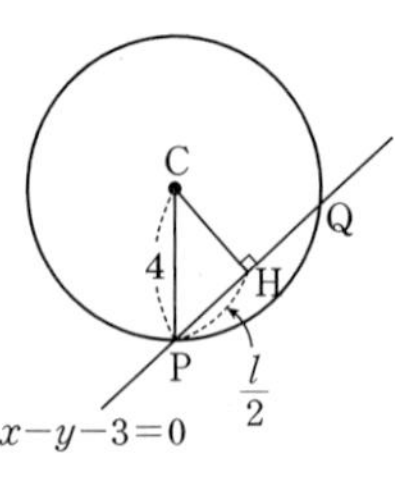

$\overline{PH}=\overline{HQ}=\frac{1}{2}\overline{PQ}=\frac{1}{2}l$

점 $C(0, 1)$과 직선 $x-y-3=0$ 사이의 거리는

선분 CH의 길이와 같으므로

$\overline{CH}=\frac{|0-1\times 1-3|}{\sqrt{1^2+(-1)^2}}=\frac{4}{\sqrt{2}}=2\sqrt{2}$

직각삼각형 CPH에서 피타고라스 정리에 의하여 $\overline{PH}^2=\overline{CP}^2-\overline{CH}^2$

즉 $\left(\frac{l}{2}\right)^2=4^2-(2\sqrt{2})^2$, $\frac{l^2}{4}=8$ $\quad\therefore l^2=32$

0272

2023년 11월 고1 학력평가 20번 변형

실수 $t(t>0)$에 대하여 좌표평면 위에 네 점 $A(1, 4)$, $B(5, 4)$, $C(3t, 0)$, $D(0, t)$가 있다. 선분 CD 위에 $\angle APB=90°$인 점 P가 존재하도록 하는

TIP 점 P는 두 점 A, B를 지름의 양 끝점으로 하는 원 C 위의 점이다.

t의 최댓값을 M, 최솟값을 m이라 할 때, $M+m$을 값을 구하시오.

STEP Ⓐ $\angle APB=90°$임을 이용하여 점 P의 위치 구하기

$\angle APB=90°$인 점 P는 두 점 $A(1, 4)$, $B(5, 4)$를 지름의 양 끝점으로 하는 원 C 위의 점이다.

원 C의 중심은 두 점 A, B의 중점이므로 $\left(\frac{1+5}{2}, \frac{4+4}{2}\right)$, 즉 $(3, 4)$

반지름의 길이는 $\frac{1}{2}\times(5-1)=\frac{1}{2}\times4=2$

$\therefore (x-3)^2+(y-4)^2=4$

+α 두 점을 지름의 양 끝점으로 하는 원의 방정식을 구할 수 있어!

두 점 $A(1, 4)$, $B(5, 4)$를 지름의 양 끝점으로 하는 원의 방정식은

$(x-1)(x-5)+(y-4)(y-4)=0$

$x^2-6x+5+(y-4)^2=0$, $(x^2-6x+9)+(y-4)^2-9+5=0$

$\therefore (x-3)^2+(y-4)^2=4$

STEP Ⓑ 원의 중심과 직선 사이의 거리가 원의 반지름의 길이보다 작거나 같음을 이용하여 t의 값의 범위 구하기

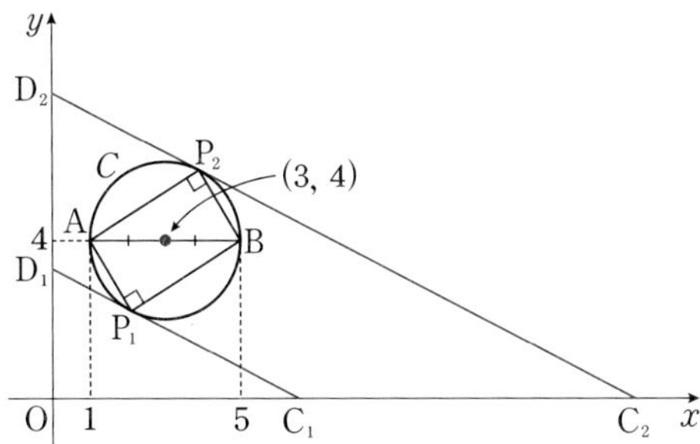

또한, 점 P는 원 C 위의 점이면서 선분 CD 위의 점이다.

두 점 $C(3t, 0)$, $D(0, t)$를 지나는 직선 CD의 방정식은

$y-t=\frac{0-t}{3t-0}(x-0)$, 즉 $y=-\frac{1}{3}x+t$

원의 중심 $(3, 4)$와 직선 $y=-\frac{1}{3}x+t$, 즉 $x+3y-3t=0$ 사이의 거리 d는

$d=\frac{|1\times3+3\times4-3t|}{\sqrt{1^2+3^2}}=\frac{|15-3t|}{\sqrt{10}}$

직선과 원 C가 만나려면 거리 d는 원의 반지름의 길이인 2보다 작거나 같아야 한다.

즉 $\frac{|15-3t|}{\sqrt{10}}\le2$, $|15-3t|\le2\sqrt{10}$ ← $|x|\le a(a>0)$이면 $-a\le x\le a$

$-2\sqrt{10}\le15-3t\le2\sqrt{10}$, $-15-2\sqrt{10}\le-3t\le-15+2\sqrt{10}$

$\therefore 5-\frac{2\sqrt{10}}{3}\le t\le5+\frac{2\sqrt{10}}{3}$

따라서 $M=5+\frac{2\sqrt{10}}{3}$, $m=5-\frac{2\sqrt{10}}{3}$이므로 $M+m=10$

0273

2019년 09월 고1 학력평가 21번 변형

세 직선 $2x-3y-6=0$, $2x+3y+6=0$, $3x+2y-9=0$의 교점을 꼭짓점으로 하는 삼각형 ABC에 내접하는 원의 중심을 $P(a, b)$라 할 때,

TIP 원의 중심 P에서 삼각형의 세 변 AB, BC, CA에 이르는 거리는 모두 같다.

$a+b$의 값을 구하시오. (단, a, b는 상수이다.)

STEP Ⓐ 세 직선의 교점 A, B, C의 좌표 구하기

세 직선 $2x-3y-6=0$, $2x+3y+6=0$, $3x+2y-9=0$을 각각 l, m, n이라 하자.

두 직선 l, m의 교점을 구하기 위하여 두 식을 연립하여 풀면

$x=0$, $y=-2$

두 직선 m, n의 교점을 구하기 위하여 두 식을 연립하여 풀면

$x=\frac{39}{5}$, $y=-\frac{36}{5}$

두 직선 n, l의 교점을 구하기 위하여 두 식을 연립하여 풀면

$x=3$, $y=0$

세 점 A, B, C의 좌표는 $(0, -2)$, $\left(\frac{39}{5}, -\frac{36}{5}\right)$, $(3, 0)$

STEP Ⓑ 원의 중심과 두 직선 사이의 거리가 원의 반지름과 같음을 이용하여 점 P의 y좌표 구하기

삼각형 ABC에 내접하는 원의 중심이 $P(a, b)$이므로

$0<a<\frac{39}{5}$

이때 내접원이 두 직선 l, m에 접하므로

점 $P(a, b)$와 직선 l 사이의 거리와 점 $P(a, b)$와 직선 m 사이의 거리가 같다.

즉 $\frac{|2\times a-3\times b-6|}{\sqrt{2^2+(-3)^2}}=\frac{|2\times a+3\times b+6|}{\sqrt{2^2+3^2}}$, $|2a-3b-6|=|2a+3b+6|$

(ⅰ) $2a-3b-6=2a+3b+6$일 때,

$-6b=12$ $\therefore b=-2$

(ⅱ) $2a-3b-6=-(2a+3b+6)$일 때,

$4a=0$ $\therefore a=0$

(ⅰ), (ⅱ)에서 $0<a<\frac{39}{5}$이므로 $b=-2$

STEP Ⓒ 원의 중심과 두 직선 사이의 거리가 원의 반지름과 같음을 이용하여 점 P의 x좌표 구하기

또한 내접원이 두 직선 m, n에 접하므로 점 $P(a, -2)$와 직선 m 사이의 거리와 점 $P(a, -2)$와 직선 n 사이의 거리가 같다.

즉 $\frac{|2\times a+3\times(-2)+6|}{\sqrt{2^2+3^2}}=\frac{|3\times a+2\times(-2)-9|}{\sqrt{3^2+2^2}}$, $|2a|=|3a-13|$

(ⅲ) $2a=3a-13$일 때, $a=13$

(ⅳ) $2a=-(3a-13)$일 때, $5a=13$

$\therefore a=\frac{13}{5}$

(ⅲ), (ⅳ)에서 $0<a<\frac{39}{5}$이므로 $a=\frac{13}{5}$

따라서 $a=\frac{13}{5}$, $b=-2$이므로 $a+b=\frac{3}{5}$

0274

2021년 11월 고1 학력평가 17번 변형

좌표평면 위에 두 점 $A(0, \sqrt{3})$, $B(1, 0)$과 원 $C:(x-1)^2+(y-12)^2=4$가 있다. 원 C 위의 점 P에 대하여 삼각형 ABP의 넓이가 자연수가 되도록

TIP 선분 AB를 밑변으로 하면 삼각형 ABP의 넓이는 점 P와 직선 AB 사이의 거리인 높이가 자연수가 되도록 하는 점 P의 개수를 구한다.

하는 모든 점 P의 개수를 구하시오.

STEP Ⓐ 원의 중심과 직선 사이의 거리 구하기

두 점 $A(0, \sqrt{3})$, $B(1, 0)$을 지나는 직선의 방정식은 $\frac{x}{1}+\frac{y}{\sqrt{3}}=1$,

즉 $\sqrt{3}x+y-\sqrt{3}=0$

원 $C:(x-1)^2+(y-12)^2=4$의 중심 $(1, 12)$와 직선 $\sqrt{3}x+y-\sqrt{3}=0$ 사이의 거리를 d라 하면

$d=\frac{|\sqrt{3}\times1+1\times12-\sqrt{3}|}{\sqrt{(\sqrt{3})^2+1^2}}=\frac{12}{2}=6$

STEP B 삼각형 ABP의 넓이의 최댓값과 최솟값 구하기

두 점 $A(0, \sqrt{3})$, $B(1, 0)$에 대하여 $\overline{AB}=\sqrt{(1-0)^2+(0-\sqrt{3})^2}=2$

(i) 삼각형 ABP의 넓이의 최댓값

원 $C : (x-1)^2+(y-12)^2=4$의 반지름의 길이 $r=2$이므로

삼각형 ABP의 넓이가 최대일 때의 높이는 $6+2=8$

삼각형 ABP의 넓이의 최댓값은 $\frac{1}{2}\times\overline{AB}\times8=8$

(ii) 삼각형 ABP의 넓이의 최솟값

원 $C : (x-1)^2+(y-12)^2=4$의 반지름의 길이 $r=2$이므로

삼각형 ABP의 넓이가 최소일 때의 높이는 $6-2=4$

삼각형 ABP의 넓이의 최솟값은 $\frac{1}{2}\times\overline{AB}\times4=4$

STEP C 삼각형 ABP의 넓이가 자연수가 되도록 하는 점 P의 개수 구하기

(i), (ii)에 의하여 $4\le$(삼각형 ABP의 넓이)≤8

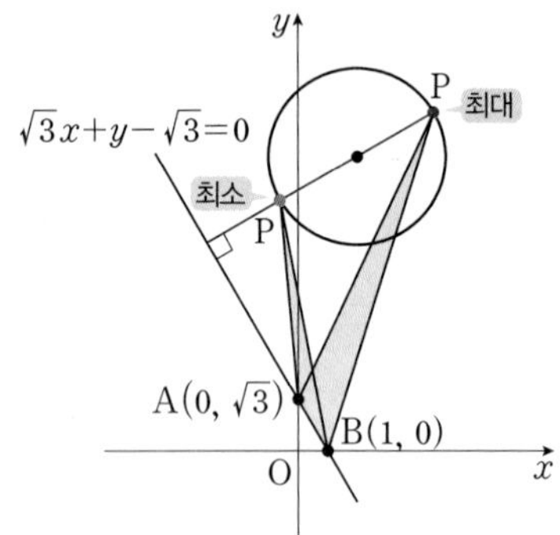

삼각형 APB의 넓이가 자연수가 되도록 하는 점 P의 개수는

삼각형의 넓이가 8과 4가 되는 원 위의 점 P는 1개씩이고

삼각형의 넓이가 5, 6, 7이 되는 원 위의 점 P는 2개씩 이다.

따라서 $2\times1+3\times2=8$

0275

2020년 09월 고1 학력평가 27번

다음 그림과 같이 좌표평면 위에 두 원 $C_1 : (x+7)^2+y^2=9$, $C_2 : (x-6)^2+(y+3)^2=1$과 직선 $l : y=x-3$이 있다. 원 C_1 위의 점 P에서 직선 l에 내린 수선의 발을 H_1, 원 C_2 위의 점 Q에서 직선 l에 내린 수선의 발을 H_2라 하자. 선분 H_1H_2의 길이의 최댓값을 M, 최솟값을 m이 라 할 때, 두 수 M, m에 대하여 Mm의 값을 구하시오.

TIP 원 위의 두 점 P, Q에서 직선 l에 내린 수선의 발의 위치를 이용하여 선분 H_1H_2의 길이의 최댓값과 최솟값을 구한다.

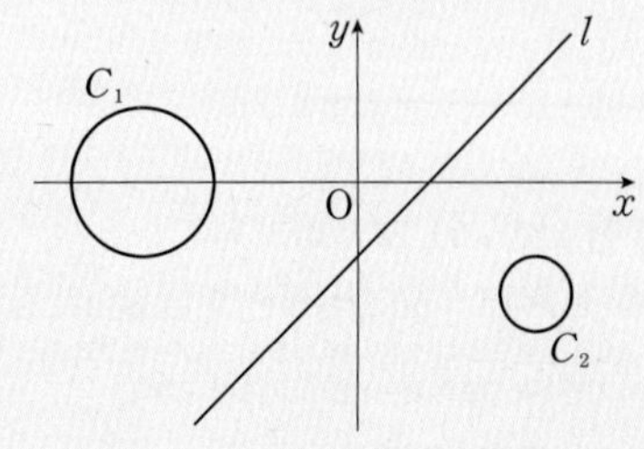

STEP A 두 원의 중심에서 직선 l에 내린 수선의 발의 좌표 구하기

원 $C_1 : (x+7)^2+y^2=9$의 중심을 O_1이라 하고

반지름의 길이를 r_1이라 하면

$O_1(-7, 0)$, $r_1=3$

점 $O_1(-7, 0)$에서 직선 $l : y=x-3$에 내린 수선의 발을 R이라 하면

직선 O_1R과 직선 l이 서로 수직이므로 직선 O_1R의 기울기는 -1

점 $O_1(-7, 0)$을 지나고 기울기가 -1인 직선 O_1R의 방정식은

$y-0=-\{x-(-7)\}$, 즉 $y=-x-7$

두 직선 l과 O_1R의 교점을 구하기 위하여 두 식을 연립하면 $x=-2$, $y=-5$

$\therefore R(-2, -5)$

원 $C_2 : (x-6)^2+(y+3)^2=1$의 중심을 O_2라 하고

반지름의 길이를 r_2라 하면

$O_2(6, -3)$, $r_2=1$

점 $O_2(6, -3)$에서 직선 $l : y=x-3$에 내린 수선의 발을 S라 하면

직선 O_2S와 직선 l이 서로 수직이므로 직선 O_2S의 기울기는 -1

점 $O_2(6, -3)$을 지나고 기울기가 -1인 직선 O_2S의 방정식은

$y-(-3)=-(x-6)$, 즉 $y=-x+3$

두 직선 l과 O_2S의 교점을 구하기 위하여 두 식을 연립하면 $x=3$, $y=0$

$\therefore S(3, 0)$

두 점 $R(-2, -5)$, $S(3, 0)$에서 선분 RS의 길이는

$\overline{RS}=\sqrt{\{3-(-2)\}^2+\{0-(-5)\}^2}=5\sqrt{2}$

+α 직선 l에 평행한 직선을 이용하여 구할 수 있어!

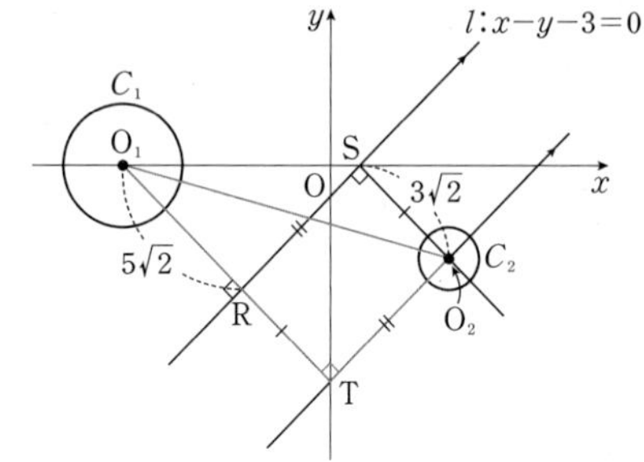

원 $C_1 : (x+7)^2+y^2=9$의 중심을 O_1이라 하면 $O_1(-7, 0)$이고

점 O_1에서 직선 $l : y=x-3$에 내린 수선의 발을 R이라 하자.

점 $O_1(-7, 0)$에서 직선 $y=x-3$, 즉 $x-y-3=0$ 사이의 거리는

선분 O_1R의 길이와 같으므로 $\overline{O_1R}=\frac{|1\times(-7)-0-3|}{\sqrt{1^2+(-1)^2}}=\frac{10}{\sqrt{2}}=5\sqrt{2}$

원 $C_2 : (x-6)^2+(y+3)^2=1$의 중심을 O_2라 하면 $O_2(6, -3)$이고

점 O_2에서 직선 $l : y=x-3$에 내린 수선의 발을 S라 하자.

점 $O_2(6, -3)$에서 직선 $y=x-3$, 즉 $x-y-3=0$ 사이의 거리는

선분 O_2S의 길이와 같으므로 $\overline{O_2S}=\frac{|1\times6-1\times(-3)-3|}{\sqrt{1^2+(-1)^2}}=\frac{6}{\sqrt{2}}=3\sqrt{2}$

점 R에서 직선 l에 평행하고 점 O_2를 지나는 직선에 내린 수선의 발을 T라 하면

$\overline{RT}=\overline{O_2S}=3\sqrt{2}$이므로 $\overline{O_1T}=\overline{O_1R}+\overline{RT}=8\sqrt{2}$

두 점 $O_1(-7, 0)$, $O_2(6, -3)$에서 선분 O_1O_2의 길이는

$\overline{O_1O_2}=\sqrt{\{6-(-7)\}^2+(-3-0)^2}=\sqrt{178}$

직각삼각형 O_1TO_2에서 피타고라스 정리에 의하여

$\overline{TO_2}=\sqrt{\overline{O_1O_2}^2-\overline{O_1T}^2}=\sqrt{(\sqrt{178})^2-(8\sqrt{2})^2}=5\sqrt{2}$

$\therefore \overline{RS}=\overline{TO_2}=5\sqrt{2}$

STEP B 선분 H_1H_2의 길이가 최대 최소가 되는 경우 구하기

원 C_1 위의 점 P에서 직선 l에 내린 수선의 발을 H_1이라 하면

$\overline{O_1P}=\overline{H_1R}=r_1=3$

원 C_2 위의 점 Q에서 직선 l에 내린 수선의 발을 H_2라 하면

$\overline{O_2Q}=\overline{H_2S}=r_2=1$

(i) 선분 H_1H_2의 길이가 최대인 경우

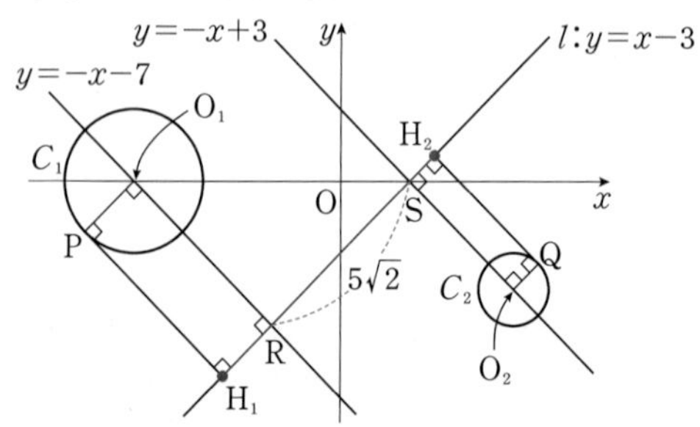

두 점 P, Q가 위와 같이 위치할 때, 선분 H_1H_2의 길이가 최대가 되므로

최댓값 $M=\overline{H_1R}+\overline{RS}+\overline{H_2S}=5\sqrt{2}+4$

(ii) 선분 H_1H_2의 길이가 최소인 경우

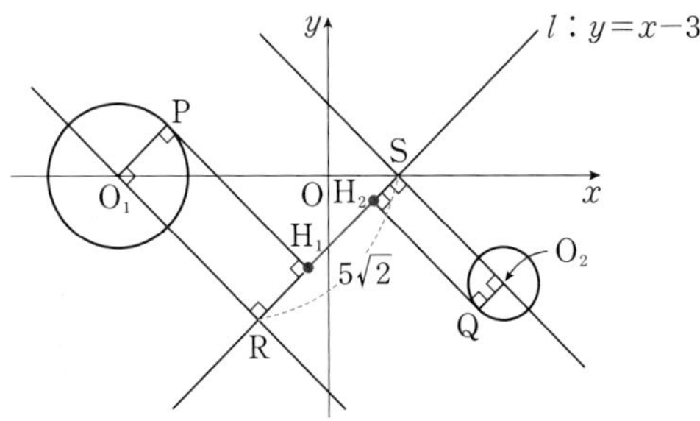

두 점 P, Q가 위와 같이 위치할 때, 선분 H_1H_2의 길이가 최소가 되므로

최솟값 $m=\overline{RS}-\overline{H_1R}-\overline{H_2S}=5\sqrt{2}-4$

STEP Ⓒ Mm의 값 구하기

(i), (ii)에 의하여 $M=5\sqrt{2}+4$, $m=5\sqrt{2}-4$이므로

$Mm=(5\sqrt{2}+4)(5\sqrt{2}-4)=50-16=34$

0276

다음 물음에 답하시오.

(1) 원 $(x+8)^2+(y-6)^2=10^2$ 위에 두 점 A$(-8, -4)$, B$(2, 6)$이 있다. 삼각형 ABP의 넓이가 최대가 되도록 하는 원 위의 한 점 P와 원의 중심을

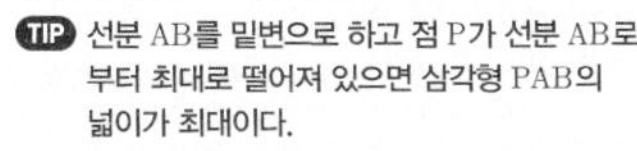
TIP 선분 AB를 밑변으로 하고 점 P가 선분 AB로부터 최대로 떨어져 있으면 삼각형 PAB의 넓이가 최대이다.

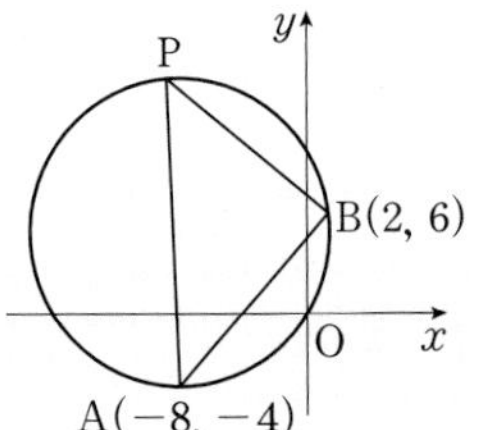

지나는 직선의 방정식을 $y=ax+b$라 할 때, $a+b$의 값을 구하시오.

STEP Ⓐ 삼각형 ABP의 넓이가 최대가 되는 점 P의 위치를 이해하기

삼각형 ABP의 넓이가 최대가 되려면 밑변 AB가 고정된 길이이고 높이가 최대이면 되므로 선분 AB에서 원 위의 한 점 P가 가장 멀리 떨어져 있을 때이다.

즉 선분 AB의 중점과 원의 중심을 지나는 직선이 원과 만나는 점이 P일 때, 가장 멀리 떨어지게 된다.

STEP Ⓑ 선분 AB의 중점과 원의 중심을 지나는 직선의 방정식 구하기

두 점 A$(-8, -4)$, B$(2, 6)$에 대하여

선분 AB의 중점의 좌표는

$\left(\frac{-8+2}{2}, \frac{-4+6}{2}\right)$, 즉 $(-3, 1)$

원 $(x+8)^2+(y-6)^2=10^2$의

중심이 $(-8, 6)$

두 점 $(-8, 6)$, $(-3, 1)$을 지나는

직선의 방정식은

$y-1=\frac{1-6}{-3-(-8)}\{x-(-3)\}$, 즉 $y=-x-2$

따라서 $a=-1$, $b=-2$이므로 $a+b=-3$

MINI해설 선분 AB에 수직이등분선의 방정식 풀이하기

삼각형 ABP의 넓이가 최대가 되려면 높이가 최대이면 되고 원에서 가장 긴 현은 지름이므로 점 P가 원의 중심을 지나므로 선분 AB에 수직인 직선 위에 놓으면 된다.

두 점 A$(-8, -4)$, B$(2, 6)$을 지나는 직선 AB의 기울기가 $\frac{6-(-4)}{2-(-8)}=1$

이므로 수직인 직선의 기울기는 -1

이때 기울기가 -1이고 원 $(x+8)^2+(y-6)^2=10^2$의 중심 $(-8, 6)$을 지나는 직선의 방정식은 $y-6=-\{x-(-8)\}$, 즉 $y=-x-2$

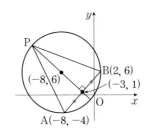

따라서 $a=-1$, $b=-2$이므로 $a+b=-3$

2012년 03월 고2 학력평가 27번

(2) 오른쪽 그림과 같이 원 $x^2+y^2=13$ 위의 두 정점 A$(-3, -2)$, B$(2, -3)$과 원 위의 동점 P를 꼭짓점으로 하는 삼각형 ABP의 넓이의 최댓값은

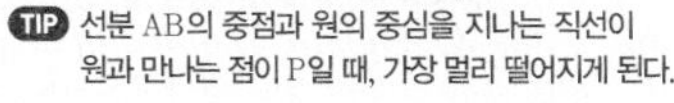
TIP 선분 AB의 중점과 원의 중심을 지나는 직선이 원과 만나는 점이 P일 때, 가장 멀리 떨어지게 된다.

$\frac{q}{p}(1+\sqrt{2})$이다. pq의 값을 구하시오.

(단, p, q는 서로소인 자연수이다.)

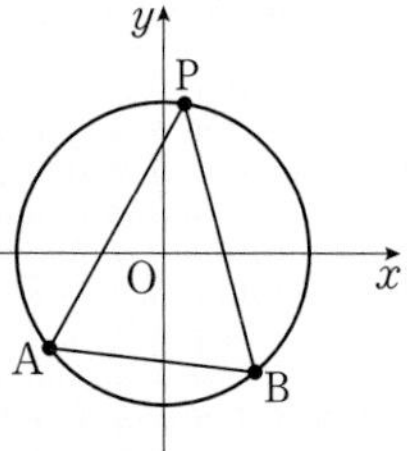

STEP Ⓐ 삼각형 ABP의 넓이가 최대가 되는 점 P의 위치를 이해하기

삼각형 ABP의 넓이가 최대가 되려면 밑변 AB가 고정된 길이이고 높이가 최대이면 되므로 선분 AB에서 원 위의 한 점 P가 가장 멀리 떨어져 있을 때이다.

즉 선분 AB의 중점과 원의 중심을 지나는 직선이 원과 만나는 점이 P일 때, 가장 멀리 떨어지게 된다.

STEP Ⓑ 선분 AB의 중점과 원의 중심 사이의 거리 구하기

두 점 A$(-3, -2)$, B$(2, -3)$에 대하여 선분 AB의 중점 M의 좌표는

$\left(\frac{-3+2}{2}, \frac{-2+(-3)}{2}\right)$,

즉 M$\left(-\frac{1}{2}, -\frac{5}{2}\right)$

원 $x^2+y^2=13$의 중심이 O$(0, 0)$,

반지름의 길이 $\overline{OP}=\sqrt{13}$

$\overline{OM}=\sqrt{\left(-\frac{1}{2}\right)^2+\left(-\frac{5}{2}\right)^2}=\frac{\sqrt{26}}{2}$

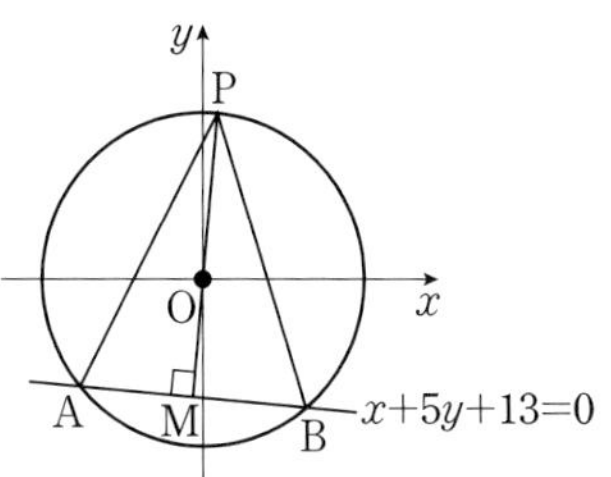

삼각형 ABP의 넓이가 최대일 때의 높이는 $\overline{OP}+\overline{OM}=\sqrt{13}+\frac{\sqrt{26}}{2}$

+α 직선 AB의 방정식을 이용하여 구할 수 있어!

두 점 A$(-3, -2)$, B$(2, -3)$을 지나는 직선의 방정식은

$y-(-3)=\frac{-3-(-2)}{2-(-3)}(x-2)$, 즉 $x+5y+13=0$

원 $x^2+y^2=13$의 중심 O$(0, 0)$에서 변 AB에 내린 수선의 발을 M이라 하자.

이때 점 $(0, 0)$과 직선 $x+5y+13=0$ 사이의 거리는 $\overline{OM}=\frac{|13|}{\sqrt{1^2+5^2}}=\frac{\sqrt{26}}{2}$

STEP Ⓒ 삼각형 ABP의 넓이의 최댓값 구하기

두 점 A$(-3, -2)$, B$(2, -3)$에 대하여

$\overline{AB}=\sqrt{(-3-2)^2+\{-2-(-3)\}^2}=\sqrt{26}$

삼각형 ABP의 넓이의 최댓값은

$\frac{1}{2}\times\overline{AB}\times\left(\sqrt{13}+\frac{\sqrt{26}}{2}\right)=\frac{13}{2}(1+\sqrt{2})$

따라서 $p=2$, $q=13$이므로 $pq=2\times13=26$

(3) 원 $x^2+y^2=5$가 직선 $x+y-1=0$과 만나는 두 점을 각각 A, B라고 하자. 원 위의 점을 P라고 할 때, 삼각형 ABP의 넓이의 최댓값을 S라

TIP 삼각형 ABP의 넓이가 최대가 되게 하는 원 위의 점 P에서 접선은 직선 AB와 평행하다.

하자. $2S$의 값을 구하시오.

STEP Ⓐ 원과 직선을 연립하여 두 점 A, B의 좌표 구하기

원 $x^2+y^2=5$와 직선 $x+y-1=0$의 교점 A, B의 좌표를 구하기 위하여 두 식을 연립하면

$x^2+(-x+1)^2=5$, $x^2-x-2=0$, $(x+1)(x-2)=0$

$\therefore x=-1$ 또는 $x=2$

이를 직선 $x+y-1=0$에 대입하면 $y=2$ 또는 $y=-1$

즉 두 점 A, B의 좌표는 A$(-1, 2)$, B$(2, -1)$

STEP Ⓑ **기울기가 주어진 원의 접선의 방정식 구하기**

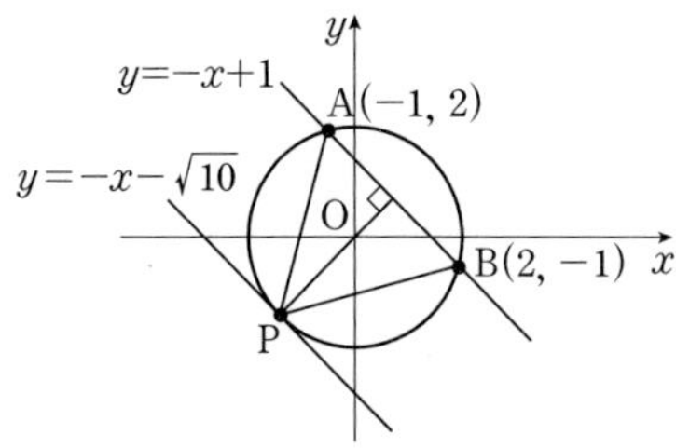

직선 $x+y-1=0$, 즉 $y=-x+1$의 기울기는 -1이므로
삼각형 ABP의 넓이가 최대인 것은 점 P를 지나는 직선의 기울기가 -1인 접선의 접점일 때이다.

기울기가 -1이고 원 $x^2+y^2=5$에 접하는 직선의 방정식은
$y=-x\pm\sqrt{5}\times\sqrt{(-1)^2+1}$, 즉 $y=-x\pm\sqrt{10}$
그런데 삼각형 ABP의 넓이가 최대가 되게 하는 접선 l은
$x+y+\sqrt{10}=0$

STEP Ⓒ **삼각형 ABP의 넓이의 최댓값 구하기**

점 A$(-1, 2)$와 접선 l 사이의 거리를 d라 하면
$d=\dfrac{|1\times(-1)+1\times2+\sqrt{10}|}{\sqrt{1^2+1^2}}=\dfrac{\sqrt{10}+1}{\sqrt{2}}=\dfrac{\sqrt{2}}{2}(\sqrt{10}+1)$
두 점 A$(-1, 2)$, B$(2, -1)$에 대하여
$\overline{\text{AB}}=\sqrt{\{2-(-1)\}^2+(-1-2)^2}=3\sqrt{2}$
삼각형 ABP의 넓이의 최댓값 S는
$S=\dfrac{1}{2}\times\overline{\text{AB}}\times d=\dfrac{1}{2}\times3\sqrt{2}\times\dfrac{\sqrt{2}}{2}(\sqrt{10}+1)=\dfrac{3(\sqrt{10}+1)}{2}$
따라서 $2S=3(\sqrt{10}+1)$

0277

오른쪽 그림과 같이 좌표평면 위에 원과 반원으로 이루어진 태극 문양이 있다. 태극 문양과 직선 $y=a(x-1)$이 서로

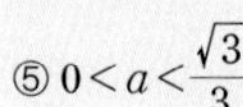 a의 값에 관계없이 항상 점 $(1, 0)$을 지난다.

다른 다섯 개의 점에서 만날 때, 상수 a의 값의 범위는?

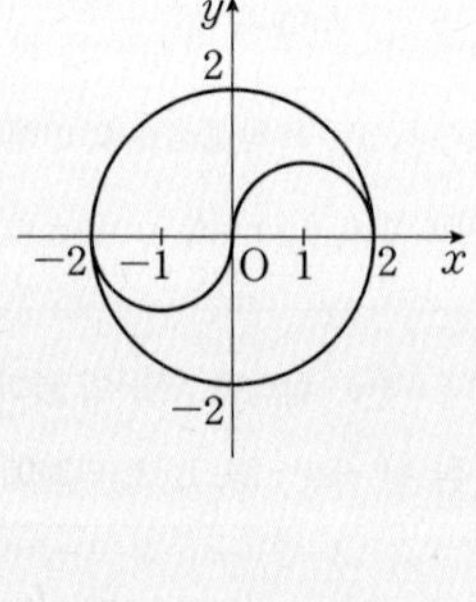

① $-\sqrt{3}<a<0$　② $-\dfrac{\sqrt{5}}{3}<a<0$
③ $-\dfrac{\sqrt{3}}{3}<a<0$　④ $0<a<\dfrac{\sqrt{2}}{3}$
⑤ $0<a<\dfrac{\sqrt{3}}{3}$

STEP Ⓐ **태극 문양과 직선이 서로 다른 다섯 개의 점에서 만나게 되는 경우 이해하기**

직선 $y=a(x-1)$은 a의 값에 관계없이 항상 점 $(1, 0)$을 지나고 기울기가 a인 직선이므로 주어진 도형과 서로 다른 다섯 점에서 만나기 위해서는 반원 $(x+1)^2+y^2=1(y\le0)$과 서로 다른 두 점에서 만나야 한다.
즉 다음 그림과 같이 (ⅰ), (ⅱ) 사이에 위치할 때이다.

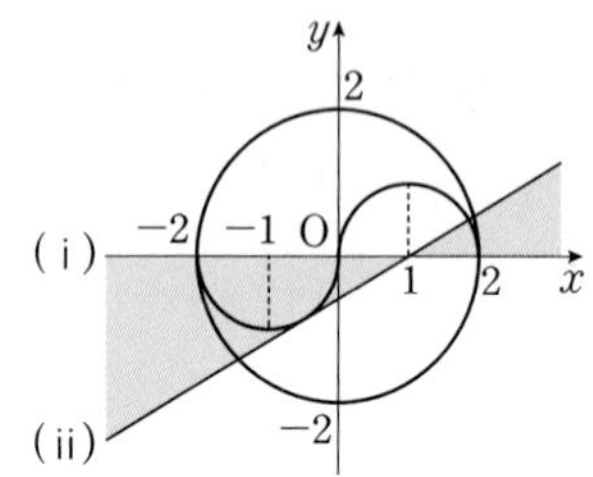

STEP Ⓑ **상수 a의 값의 범위 구하기**

(ⅰ) 직선 $y=a(x-1)$이 x축인 경우
직선 $y=a(x-1)$은 $y=0$이므로
$a(x-1)=0$　$\therefore a=0$
(ⅱ) 직선 $y=a(x-1)$이 원 $(x+1)^2+y^2=1(y\le0)$과 접하는 경우
직선 $ax-y-a=0$이 원 $(x+1)^2+y^2=1(y\le0)$과 접하려면
원의 중심 $(-1, 0)$에서 직선에 이르는 거리 d와 반지름의 길이 1과 같다.
$d=\dfrac{|-a-a|}{\sqrt{a^2+(-1)^2}}=1$, $|2a|=\sqrt{a^2+1}$
양변을 제곱하여 정리하면 $4a^2=a^2+1$, $a^2=\dfrac{1}{3}$
그런데 $a>0$이므로 $a=\dfrac{\sqrt{3}}{3}$
(ⅰ), (ⅱ)에 의하여 $0<a<\dfrac{\sqrt{3}}{3}$

0278

2017년 09월 고1 학력평가 20번

좌표평면 위에 원 $C:(x-1)^2+(y-2)^2=4$와 두 점 A$(4, 3)$, B$(1, 7)$이 있다. 원 C 위를 움직이는 점 P에 대하여 삼각형 PAB의 무게중심과

TIP 삼각형 PAB의 무게중심이 그리는 도형은 중심이 $(2, 4)$이고 반지름의 길이가 $\dfrac{2}{3}$인 원이다.

직선 AB 사이의 거리의 최솟값을 구하시오.

STEP Ⓐ **삼각형 PAB의 무게중심이 나타내는 도형의 방정식 구하기**

원 $C:(x-1)^2+(y-2)^2=4$ 위의 점 P(a, b)라 하면
점 P가 원 위의 점이므로
$(a-1)^2+(b-2)^2=4$　…… ㉠
세 점 A$(4, 3)$, B$(1, 7)$, P(a, b)를 꼭짓점으로 하는 삼각형 PAB의
무게중심을 (x, y)라 하면 $\left(\dfrac{4+1+a}{3}, \dfrac{3+7+b}{3}\right)$
즉 $x=\dfrac{a+5}{3}$, $y=\dfrac{b+10}{3}$이므로
$a=3x-5$, $b=3y-10$　…… ㉡
㉡을 ㉠에 대입하면 $(3x-5-1)^2+(3y-10-2)^2=4$
$\therefore (x-2)^2+(y-4)^2=\dfrac{4}{9}$
즉 삼각형 PAB의 무게중심이 그리는 도형은 중심이 $(2, 4)$이고
반지름의 길이는 $\dfrac{2}{3}$인 원이다.

STEP Ⓑ **삼각형 PAB의 무게중심과 직선 AB 사이의 거리의 최솟값 구하기**

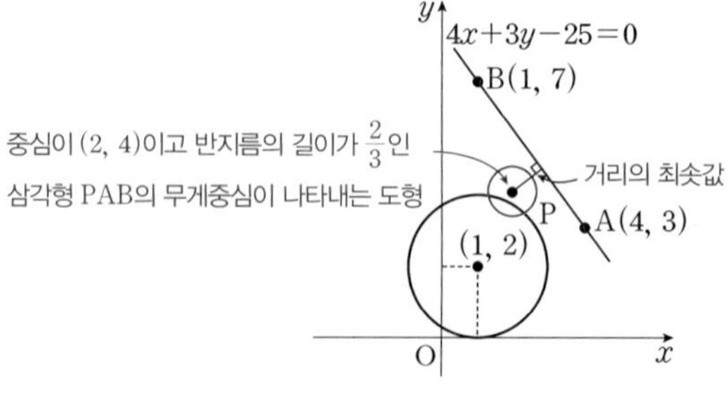

두 점 A$(4, 3)$, B$(1, 7)$을 지나는 직선 AB의 방정식은
$y-3=\dfrac{7-3}{1-4}(x-4)$, 즉 $4x+3y-25=0$
점 $(2, 4)$와 직선 $4x+3y-25=0$ 사이의 거리는 $\dfrac{|4\times2+3\times4-25|}{\sqrt{4^2+3^2}}=1$
따라서 거리의 최솟값은 삼각형 PAB의 무게중심이 그리는 원과 직선 AB 사이의 최단 거리이므로 $1-\dfrac{2}{3}=\dfrac{1}{3}$

04 도형의 이동

MAPL; YOURMASTERPLAN

0279

다음 물음에 답하시오.

(1) 점 $(3, 1)$을 점 $(1, -2)$로 옮기는 평행이동에 의하여 점 $(-1, -1)$로

TIP x축의 방향으로 a만큼, y축의 방향으로 b만큼 평행이동한 점의 좌표는 $(x, y) \longrightarrow (x+a, y+b)$

옮겨지는 점의 좌표를 구하시오.

STEP A **점의 평행이동을 이용하기**

점 $(3, 1)$을 x축의 방향으로 a만큼, y축의 방향으로 b만큼 평행이동한 점을 $(1, -2)$라 하면

$3+a=1, 1+b=-2 \quad \therefore a=-2, b=-3$

즉 주어진 평행이동은 x축의 방향으로 -2만큼, y축의 방향으로 -3만큼 평행이동한 것이다.

STEP B **점 $(-1, -1)$로 옮겨진 점의 좌표 구하기**

이때 $(-1, -1)$로 옮겨지는 점의 좌표를 (m, n)이라 하면

$(m, n) \longrightarrow (m-2, n-3)$

$m-2=-1, n-3=-1 \quad \therefore m=1, n=2$

따라서 위의 평행이동으로 점 $(-1, -1)$로 옮겨지는 점의 좌표는 $(1, 2)$

(2) 점 $(5, -3)$을 x축의 방향으로 a만큼, y축의 방향으로 -1만큼 평행이동한 점이 직선 $x+2y-1=0$ 위의 점일 때, 상수 a의 값을 구하시오.

STEP A **평행이동에 의하여 옮겨지는 점의 좌표 구하기**

점 $(5, -3)$을 x축의 방향으로 a만큼, y축의 방향으로 -1만큼 평행이동한 점은 $(5+a, -4)$

x축의 방향으로 a만큼 y축의 방향으로 b만큼 평행이동한 점의 좌표는 $(x, y) \longrightarrow (x+a, y+b)$

STEP B **평행이동한 점이 직선 위에 있을 때, a의 값 구하기**

점 $(5+a, -4)$가 직선 $x+2y-1=0$ 위의 점이므로 대입하면

$(5+a)-8-1=0, a-4=0$

따라서 상수 a의 값은 4

0280

두 점 $A(-1, a)$, $B(b, 4)$가 어떤 평행이동에 의하여 각각 $A'(1, 3)$, $B'(5, 7)$로 옮겨질 때, 이 평행이동에 의하여 점 (a, b)가 옮겨지는 점의

TIP x축의 방향으로 a만큼, y축의 방향으로 b만큼 평행이동한 점의 좌표는 $(x, y) \longrightarrow (x+a, y+b)$

좌표를 구하시오. (단, a, b는 상수이다.)

STEP A **평행이동에 의하여 옮겨지는 점의 좌표를 이용하여 a, b의 값 구하기**

두 점 $A(-1, a)$, $B(b, 4)$가 각각 $A'(1, 3)$, $B'(5, 7)$로 옮겨지므로 평행이동은 x축의 방향으로 2만큼, y축의 방향으로 3만큼

점 A에서 $(-1, a)$가 $(1, 3)$으로 평행이동 된 것이므로 x축의 방향으로 2만큼
점 B에서 $(b, 4)$가 $(5, 7)$로 평행이동 된 것이므로 y축의 방향으로 3만큼 평행이동

평행이동한 것이므로 $a+3=3$, $b+2=5 \quad \therefore a=0$, $b=3$

STEP B **점 (a, b)가 옮겨지는 점의 좌표 구하기**

따라서 점 $(0, 3)$을 x축의 방향으로 2만큼, y축의 방향으로 3만큼 평행이동하면 점 $(2, 6)$으로 옮겨진다.

0281

점 $(1, -3)$을 점 $(4, -5)$로 옮기는 평행이동에 의하여 y축 위의 점 P가

TIP 점 P의 좌표를 $(0, a)$로 가정한다.

직선 $y=-3x+5$ 위의 점으로 옮겨질 때, 점 P의 좌표를 구하시오.

STEP A **점의 평행이동 구하기**

점 $(1, -3)$이 점 $(4, -5)$로 평행이동한 것이므로 x축의 방향으로 3만큼, y축의 방향으로 -2만큼 평행이동한 것이다.

x축의 방향으로 m만큼, y축의 방향으로 n만큼 평행이동하면
$(1, -3)$의 점은 $(1+m, -3+n)=(4, -5)$이므로 $m=3$, $n=-2$

STEP B **점 P의 좌표 구하기**

y축 위의 점 P의 좌표를 $(0, a)$라 하면

평행이동 $(x, y) \longrightarrow (x+3, y-2)$에 의하여

점 $P(0, a)$가 옮겨지는 점의 좌표는 $(0+3, a-2)$, 즉 $(3, a-2)$

이 점이 직선 $y=-3x+5$ 위의 점이므로 $a-2=-3\times3+5 \quad \therefore a=-2$

따라서 점 P의 좌표는 $(0, -2)$

0282

다음 물음에 답하시오.

(1) 점 $(1, -2)$를 점 $(0, 1)$로 옮기는 평행이동에 의하여

TIP x축의 방향으로 -1만큼, y축의 방향으로 3만큼 이동한 것이다.

직선 $x+ay+b=0$이 직선 $x-2y+6=0$으로 옮겨질 때, 상수 a, b에 대하여 $a+b$의 값을 구하시오.

STEP A **평행이동에 의하여 옮겨지는 직선의 방정식 구하기**

점 $(1, -2)$를 x축의 방향으로 a만큼, y축의 방향으로 b만큼 평행이동한 점을 $(0, 1)$이라 하면 $1+a=0$, $-2+b=1 \quad \therefore a=-1$, $b=3$

즉 주어진 평행이동은 x축의 방향으로 -1만큼, y축의 방향으로 3만큼 평행이동한 것이다.

이 평행이동에 의하여 직선 $x+ay+b=0$이 옮겨지는 직선의 방정식은 x대신 $x+1$, y대신 $y-3$을 대입하면 $(x+1)+a(y-3)+b=0$

$\therefore x+ay-3a+b+1=0$

STEP B **$a+b$의 값 구하기**

이 직선이 직선 $x-2y+6=0$과 일치하므로 $a=-2$, $-3a+b+1=6$

따라서 $a=-2$, $b=-1$이므로 $a+b=-3$

(2) 직선 $2x+y+a=0$을 x축의 방향으로 3만큼, y축의 방향으로 -4

TIP 직선의 평행이동이므로 직선의 방정식에 x대신 $x-3$, y대신 $y+4$를 대입한다.

만큼 평행이동한 직선이 점 $(2, -5)$를 지날 때, 상수 a의 값을 구하시오.

STEP A **평행이동에 의하여 옮겨지는 직선의 방정식 구하기**

직선 $2x+y+a=0$을 x축의 방향으로 3만큼, y축의 방향으로 -4만큼 평행이동한 직선의 방정식은 x대신 $x-3$, y대신 $y+4$를 대입하면

$2(x-3)+y+4+a=0$

$\therefore 2x+y-2+a=0$ …… ㉠

STEP B **평행이동한 직선이 점 $(2, -5)$를 지날 때, 상수 a의 값 구하기**

평행이동한 직선이 점 $(2, -5)$를 지나므로 ㉠의 식에 대입하면

$4-5-2+a=0$, $a-3=0$

따라서 상수 a의 값은 3

0283

다음 물음에 답하시오.

(1) 직선 $5x+y+3=0$을 x축의 방향으로 2만큼, y축의 방향으로 a만큼 평행이동하였더니 직선 $5x+y-6=0$과 일치하였다. 이 평행이동에 의하여 점 $(3, 4)$가 이동하는 점의 좌표를 (p, q)라 할 때, 상수 p, q에 대하여 pq의 값은? (단, a는 상수이다.)

① 12 ② 13 ③ 14
④ 15 ⑤ 16

STEP Ⓐ **평행이동에 의하여 옮겨지는 직선의 방정식을 이용하여 a의 값 구하기**

직선 $5x+y+3=0$을 x축의 방향으로 2만큼, y축의 방향으로 a만큼 평행이동시킨 직선의 방정식은 x 대신 $x-2$, y 대신 $y-a$를 대입하면
$5(x-2)+(y-a)+3=0$
$\therefore 5x+y-a-7=0$ …… ㉠
㉠의 식이 직선 $5x+y-6=0$과 일치하므로 $-a-7=-6$ $\therefore a=-1$

STEP Ⓑ **점 $(3, 4)$를 평행이동한 점의 좌표 구하기**

점 $(3, 4)$를 x축의 방향으로 2만큼, y축의 방향으로 -1만큼 평행이동한 점의 좌표는 $(3+2, 4-1)$, 즉 $(5, 3)$
따라서 $p=5$, $q=3$이므로 $pq=5\times3=15$

(2) 직선 $3x+ay+5=0$을 x축의 방향으로 2만큼, y축의 방향으로 -4만큼 평행이동하였더니 원 $(x+1)^2+(y+3)^2=8$의 넓이를 이등분하는 직선으로 옮겨졌을 때, 상수 a의 값은?

TIP 원의 중심을 지난다.

① 1 ② 2 ③ 3
④ 4 ⑤ 5

STEP Ⓐ **평행이동에 의하여 옮겨지는 직선의 방정식 구하기**

직선 $3x+ay+5=0$을 x축의 방향으로 2만큼, y축의 방향으로 -4만큼 평행이동한 직선의 방정식은 x 대신 $x-2$, y 대신 $y+4$를 대입하면
$3(x-2)+a(y+4)+5=0$
$\therefore 3x+ay+4a-1=0$ …… ㉠

STEP Ⓑ **직선이 원의 넓이를 이등분하도록 하는 상수 a의 값 구하기**

직선 ㉠이 원 $(x+1)^2+(y+3)^2=8$의 넓이를 이등분하므로
원의 중심 $(-1, -3)$을 지나야 한다.
따라서 $-3-3a+4a-1=0$이므로 $a=4$

0284

다음 물음에 답하시오.

(1) 직선 $y=ax+b$를 x축의 방향으로 2만큼, y축의 방향으로 -1만큼 평행이동한 직선은 직선 $y=-\frac{1}{2}x+1$과 y축 위에서 수직으로 만난다. 이때 상수 a, b에 대하여 ab의 값을 구하시오.

TIP 직선의 평행이동이므로 직선의 방정식에 x 대신 $x-2$, y 대신 $y+1$을 대입한다.

STEP Ⓐ **평행이동에 의하여 옮겨지는 직선의 방정식 구하기**

직선 $y=ax+b$를 x축의 방향으로 2만큼, y축의 방향으로 -1만큼 평행이동한 직선의 방정식은 x 대신 $x-2$, y 대신 $y+1$을 대입하면
$y+1=a(x-2)+b$
$\therefore y=ax-2a+b-1$ …… ㉠

STEP Ⓑ **평행이동한 직선이 $y=-\frac{1}{2}x+1$과 y축 위에서 수직으로 만나는 것을 이용하여 a, b의 값 구하기**

직선 ㉠이 직선 $y=-\frac{1}{2}x+1$과 y축 위에서 수직으로 만나므로
직선 ㉠의 기울기는 2이고 y절편은 1이다.
수직인 두 직선의 기울기의 곱은 -1이므로 (구하는 직선의 기울기)$\times -\frac{1}{2}=-1$
즉 $a=2$, $-2a+b-1=1$이므로 $a=2$, $b=6$
따라서 $ab=2\times6=12$

(2) 직선 $x-2y+3=0$을 x축의 방향으로 1만큼, y축의 방향으로 b만큼 평행이동하였을 때, 두 직선 사이의 거리가 $\sqrt{5}$가 되도록 하는 양수 b의 값을 구하시오.

TIP x 대신에 $x-1$, y 대신에 $y-b$를 대입한다.

STEP Ⓐ **평행이동에 의하여 옮겨지는 직선의 방정식 구하기**

직선 $x-2y+3=0$ …… ㉠
을 x축의 방향으로 1만큼, y축의 방향으로 b만큼 평행이동한 직선의 방정식은 x 대신 $x-1$, y 대신 $y-b$를 대입하면 $(x-1)-2(y-b)+3=0$
$\therefore x-2y+2b+2=0$ …… ㉡

STEP Ⓑ **평행한 두 직선 사이의 거리를 이용하여 양수 b의 값 구하기**

두 직선 ㉠, ㉡ 사이의 거리는 직선 ㉠ 위의 한 점 $(-3, 0)$과 직선 ㉡ 사이의 거리와 같으므로
점 (x_1, y_1)과 직선 $ax+by+c=0$ 사이의 거리 $d=\frac{|ax_1+by_1+c|}{\sqrt{a^2+b^2}}$
$\frac{|-3-2\times0+2b+2|}{\sqrt{1^2+(-2)^2}}=\sqrt{5}$, $|2b-1|=5$
$2b-1=-5$ 또는 $2b-1=5$ $\therefore b=-2$ 또는 $b=3$
따라서 b가 양수이므로 $b=3$

0285

원 $(x-a)^2+(y-b)^2=c$를 x축의 방향으로 -4만큼, y축의 방향으로 -1만큼 평행이동하면 원 $x^2+y^2=4$와 일치할 때, 상수 a, b, c에 대하여 $a+b+c$의 값을 구하시오.

TIP x 대신에 $x+4$, y 대신에 $y+1$을 대입한다.

STEP Ⓐ **평행이동한 원의 방정식 구하기**

원 $(x-a)^2+(y-b)^2=c$를 x축의 방향으로 -4만큼, y축의 방향으로 -1만큼 평행이동한 도형의 방정식은 x 대신 $x+4$, y 대신 $y+1$을 대입하면
$(x+4-a)^2+(y+1-b)^2=c$ …… ㉠

STEP Ⓑ **$a+b+c$의 값 구하기**

㉠이 원 $x^2+y^2=4$와 일치하므로 $4-a=0$, $1-b=0$, $c=4$
$\therefore a=4$, $b=1$, $c=4$
따라서 $a+b+c=4+1+4=9$

+α 역방향의 평행이동을 이용하여 구할 수 있어!

원 $x^2+y^2=4$를 x축의 방향으로 4만큼, y축의 방향으로 1만큼 평행이동한 원 $(x-4)^2+(y-1)^2=4$가 원 $(x-a)^2+(y-b)^2=c$와 일치하므로 $a=4$, $b=1$, $c=4$

MINI해설 원의 중심을 평행이동하여 풀이하기

중심의 좌표가 (a, b)이고 반지름의 길이가 $\sqrt{c}$인 원을 x축의 방향으로 -4만큼, y축의 방향으로 -1만큼 평행이동하면 중심이 점 $(0, 0)$이고 반지름의 길이가 2인 원과 일치하므로
$a-4=0$, $b-1=0$, $\sqrt{c}=2$ $\therefore a=4$, $b=1$, $c=4$
따라서 $a+b+c=4+1+4=9$

0286

2016년 03월 고2 학력평가 가형 10번

다음 물음에 답하시오.

(1) 좌표평면에서 원 $(x+1)^2+(y+2)^2=9$를 x축의 방향으로 3만큼, y축의 방향으로 a만큼 평행이동한 원을 C라 하자. 원 C의 넓이가 직선 $3x+4y-7=0$에 의하여 이등분되도록 하는 상수 a의 값은?

TIP 직선 $3x+4y-7=0$은 원 C의 넓이를 이등분하므로 원 C의 중심을 지난다.

① $\frac{1}{4}$ ② $\frac{3}{4}$ ③ $\frac{5}{4}$
④ $\frac{7}{4}$ ⑤ $\frac{9}{4}$

STEP Ⓐ 평행이동한 원 C의 방정식 구하기

원 $(x+1)^2+(y+2)^2=9$를 x축의 방향으로 3만큼, y축의 방향으로 a만큼 평행이동한 원이 C이므로 x 대신 $x-3$, y 대신 $y-a$를 대입하면

$\{(x-3)+1\}^2+\{(y-a)+2\}^2=9$

$\therefore (x-2)^2+(y-a+2)^2=9$

+α 중심을 평행이동하여 구할 수 있어!

원 $(x+1)^2+(y+2)^2=9$에서 원의 중심은 $(-1, -2)$이고 반지름의 길이는 3이다.
이때 x축의 방향으로 3만큼, y축의 방향으로 a만큼 평행이동하면 원의 중심은
$(-1+3, -2+a)$ $\therefore (2, -2+a)$
또한, 반지름의 길이는 3으로 같다.
$\therefore (x-2)^2+(y-a+2)^2=9$

STEP Ⓑ 원 C의 넓이를 이등분하도록 하는 상수 a의 값 구하기

원 C의 넓이가 직선 $3x+4y-7=0$에 의하여 이등분되므로

직선이 원의 중심 $(2, a-2)$를 지나면 된다.

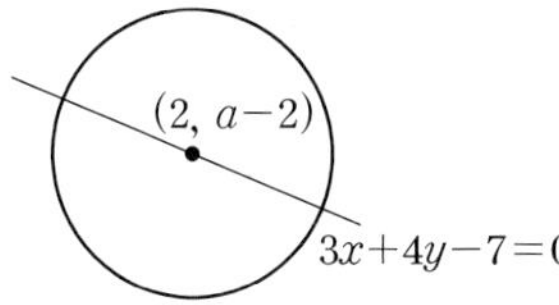

즉 $3\times2+4\times(a-2)-7=0$, $4a-9=0$

따라서 상수 a의 값은 $\frac{9}{4}$

(2) 원 $(x-2)^2+y^2=9$를 y축의 방향으로 a만큼 평행이동하였더니 직선 $3x+4y+1=0$과 접할 때, 모든 실수 a의 값의 곱은?

TIP 두 직선이 접할 때 원의 반지름의 길이와 원의 중심에서 직선까지의 거리가 같다.

① -11 ② -9 ③ -7
④ -5 ⑤ -3

STEP Ⓐ 주어진 원을 평행이동한 후 원의 방정식 구하기

원 $(x-2)^2+y^2=9$를 y축의 방향으로 a만큼 평행이동한 원의 방정식은 y 대신 $y-a$를 대입하면 $(x-2)^2+(y-a)^2=9$ ...... ㉠

STEP Ⓑ 평행이동한 원이 직선과 접할 때, 양수 a의 값 구하기

㉠이 직선 $3x+4y+1=0$과 접하므로

원의 중심 $(2, a)$에서 직선 $3x+4y+1=0$까지 거리가

점 (x_1, y_1)과 직선 $ax+by+c=0$ 사이의 거리 $d=\frac{|ax_1+by_1+c|}{\sqrt{a^2+b^2}}$

반지름의 길이인 3과 같다.

$\frac{|3\times2+4a+1|}{\sqrt{3^2+4^2}}=\frac{|7+4a|}{5}=3$,

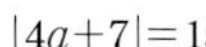

$|4a+7|=15$

$4a+7=15$ 또는 $4a+7=-15$

$\therefore a=2$ 또는 $a=-\frac{11}{2}$

따라서 모든 a의 값의 곱은 $2\times\left(-\frac{11}{2}\right)=-11$

0287

다음 물음에 답하시오.

(1) 원 $x^2+y^2=25$를 x축의 방향으로 2만큼, y축의 방향으로 -2만큼 평행이동한 원과 직선 $3x-4y+1=0$이 만나는 두 점을 A, B라 할 때, 선분 AB의 길이를 구하시오.

TIP 선분 AB는 평행이동한 원의 현이고 원의 중심에서 그 현에 내린 수선은 현을 수직이등분한다.

STEP Ⓐ 평행이동한 원의 방정식 구하기

원 $x^2+y^2=25$를 x축의 방향으로 2만큼, y축의 방향으로 -2만큼 평행이동한 원의 방정식은 x 대신 $x-2$, y 대신 $y+2$를 대입하면

$(x-2)^2+(y+2)^2=25$ ...... ㉠

STEP Ⓑ 점과 직선 사이의 거리, 피타고라스 정리를 이용하여 선분 AB의 길이 구하기

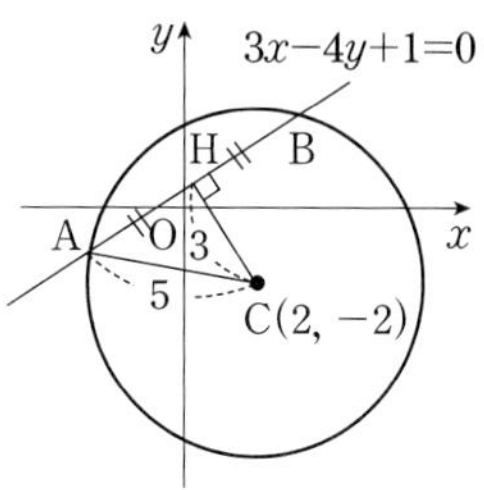

원 ㉠의 중심을 C$(2, -2)$라 하고 점 C에서 직선 $3x-4y+1=0$에 내린 수선의 발을 H라 하면 $\overline{AB}=2\overline{AH}$이고 직각삼각형 ACH에서 피타고라스 정리에 의하여

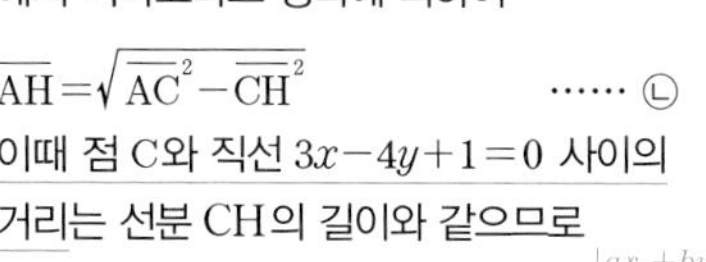

$\overline{AH}=\sqrt{\overline{AC}^2-\overline{CH}^2}$ ...... ㉡

이때 점 C와 직선 $3x-4y+1=0$ 사이의 거리는 선분 CH의 길이와 같으므로

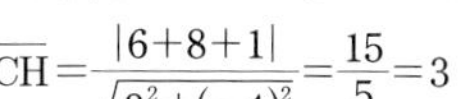

점 (x_1, y_1)과 직선 $ax+by+c=0$ 사이의 거리 $\frac{|ax_1+by_1+c|}{\sqrt{a^2+b^2}}$

$\overline{CH}=\frac{|6+8+1|}{\sqrt{3^2+(-4)^2}}=\frac{15}{5}=3$

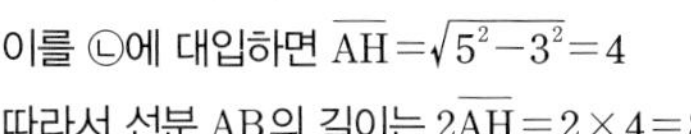

이를 ㉡에 대입하면 $\overline{AH}=\sqrt{5^2-3^2}=4$

따라서 선분 AB의 길이는 $2\overline{AH}=2\times4=8$

(2) 원 $x^2+y^2-4x+6y+9=0$과 이 원을 x축의 방향으로 a만큼, y축의 방향으로 2만큼 평행이동한 원의 공통현의 길이가 2일 때, 모든 실수 a의 값의 곱을 구하시오.

TIP 원의 평행이동이므로 x 대신 $x-a$, y 대신 $y-2$를 대입한다.

STEP Ⓐ 평행이동한 원의 방정식 구하기

$x^2+y^2-4x+6y+9=0$에서 $(x-2)^2+(y+3)^2=4$ ...... ㉠

이므로 x축의 방향으로 a만큼, y축의 방향으로 2만큼 평행이동한 원의 방정식은 x 대신 $x-a$, y 대신 $y-2$를 대입하면

$(x-a-2)^2+(y-2+3)^2=4$

$\therefore (x-a-2)^2+(y+1)^2=4$ ...... ㉡

STEP Ⓑ 공통현의 길이가 2일 때, a의 값 구하기

두 원 ㉠, ㉡의 중심이 각각 C$(2, -3)$, C$'(a+2, -1)$라 하면

두 원의 중심 사이의 거리가 $\overline{CC'}=\sqrt{(a+2-2)^2+(-1+3)^2}=\sqrt{a^2+4}$

두 점 A(x_1, y_1), B(x_2, y_2) 사이의 거리는 $\overline{AB}=\sqrt{(x_2-x_1)^2+(y_2-y_1)^2}$

이때 공통현의 길이가 2이므로 점 C에서 공통현 AB에 내린 수선의 발을 H라 하면 $\overline{AH}=\overline{BH}=\frac{1}{2}\overline{AB}=1$

오른쪽 그림과 같이 원의 반지름의 길이가 2인 직각삼각형 ACH에서 피타고라스 정리에 의하여

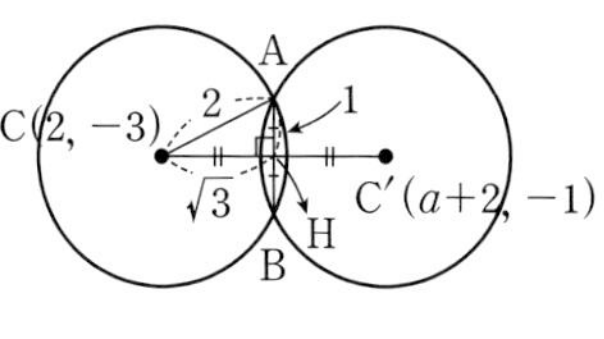

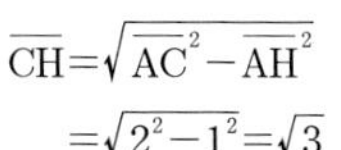

$\overline{CH}=\sqrt{\overline{AC}^2-\overline{AH}^2}$

$=\sqrt{2^2-1^2}=\sqrt{3}$

즉 $\overline{CC'}=2\overline{CH}$이므로 $\sqrt{a^2+4}=2\sqrt{3}$

양변을 제곱하여 정리하면 $a^2=8$ $\therefore a=2\sqrt{2}$ 또는 $a=-2\sqrt{2}$

따라서 모든 a의 값의 곱은 $2\sqrt{2}\times(-2\sqrt{2})=-8$

0288

이차함수 $y=x^2-2x+a$의 그래프를 y축의 방향으로 -4만큼 평행이동한 그래프가 x축에 접할 때, 상수 a의 값을 구하시오.

TIP x축에 접하므로 y의 좌표가 0이다.

STEP Ⓐ 평행이동한 이차함수의 식 구하기

$y=x^2-2x+a$의 그래프를 y축의 방향으로 -4만큼 평행이동한 이차함수의 식은 y 대신 $y+4$를 대입하면 $y+4=x^2-2x+a$

$\therefore y=x^2-2x+a-4$

STEP Ⓑ x축에 접할 때, a의 값 구하기

$y=x^2-2x+a-4=(x-1)^2+a-5$

이때 이 그래프가 x축에 접하므로 $a-5=0$

따라서 $a=5$

+α 판별식을 이용하여 구할 수 있어!

$y=x^2-2x+a-4$의 그래프가 x축에 접할 때

이차방정식 $x^2-2x+a-4=0$의 판별식을 D라 하면 중근을 가지므로 $D=0$

즉 $\frac{D}{4}=1-(a-4)=0,\ -a+5=0$

따라서 $a=5$

+α 꼭짓점의 평행이동으로 구할 수 있어!

이차함수 $y=x^2-2x+a=(x-1)^2+a-1$에서 꼭짓점의 좌표는 $(1,\ a-1)$

이때 y축의 방향으로 -4만큼 평행이동하면 꼭짓점의 좌표는 $(1,\ a-5)$

평행이동한 그래프가 x축에 접하므로 꼭짓점의 y좌표는 0이어야 한다.

따라서 $a-5=0$이므로 $a=5$

0289

2010년 03월 고2 학력평가 7번

다음 물음에 답하시오.

(1) 이차함수 $y=x^2-2x$의 그래프를 x축의 방향으로 -2만큼, y축의 방향으로 -1만큼 평행이동시키면 직선 $y=mx$와 두 점 P, Q에서 만난다. 선분 PQ의 중점이 원점일 때, 상수 m의 값은?

TIP 이차방정식의 두 근의 합은 0이다.

① -2 ② -1 ③ 0
④ 1 ⑤ 2

STEP Ⓐ 평행이동한 이차함수의 식 구하기

이차함수 $y=x^2-2x$를 x축의 방향으로 -2만큼, y축의 방향으로 -1만큼 평행이동한 이차함수의 그래프는 x 대신에 $x+2$, y 대신에 $y+1$을 대입하면

$y+1=(x+2)^2-2(x+2)$

$\therefore y=x^2+2x-1$

STEP Ⓑ 두 점 P, Q의 중점이 원점임을 이용하여 m의 값 구하기

이차함수 $y=x^2+2x-1$과 직선 $y=mx$가 서로 다른 두 점 P, Q에서 만나므로 $x^2+2x-1=mx$

$\therefore x^2+(2-m)x-1=0$

이때 두 점 P, Q의 중점이 원점이므로

이차방정식 $x^2+(2-m)x-1=0$의 두 근의 합은 0이다.

두 점 P, Q의 x좌표를 각각 α, β라 하면 중점이 원점이므로 $\frac{\alpha+\beta}{2}=0$

따라서 근과 계수의 관계에 의하여 두 근의 합 $-2+m=0$이므로 $m=2$

(2) 포물선 $y=x^2+x+5$의 그래프를 x축의 방향으로 3만큼, y축의 방향으로 k만큼 평행이동시키면 직선 $y=-3x+4$와 접할 때,

TIP 두 식을 연립하여 이차방정식을 작성하고 (판별식)=0

상수 k의 값은?

① -8 ② -6 ③ -4
④ 6 ⑤ 8

STEP Ⓐ 평행이동한 이차함수의 식 구하기

포물선 $y=x^2+x+5$를 x축의 방향으로 3만큼, y축의 방향으로 k만큼 평행이동한 이차함수의 그래프는 x 대신에 $x-3$, y 대신에 $y-k$를 대입하면

$y-k=(x-3)^2+(x-3)+5$

$\therefore y=x^2-5x+11+k$

STEP Ⓑ 포물선과 직선이 접하도록 하는 상수 k의 값 구하기

포물선 $y=x^2-5x+11+k$가 직선 $y=-3x+4$와 접하므로

$x^2-5x+11+k=-3x+4 \quad \therefore x^2-2x+7+k=0$

이차방정식이 $x^2-2x+7+k=0$의 판별식을 D라 하면 중근을 가지므로 $D=0$

$\frac{D}{4}=1-(7+k)=0,\ -6-k=0$

따라서 $k=-6$

0290

2011년 03월 고2 학력평가 27번

포물선 $y=x^2-2x$를 포물선 $y=x^2-12x+30$으로 옮기는 평행이동에

TIP 포물선의 꼭짓점을 이용하여 평행이동을 구할 수 있다.

의하여 직선 $l: x-2y=0$이 직선 l'으로 옮겨진다.

두 직선 l, l' 사이의 거리를 d라 할 때, d^2의 값을 구하시오.

STEP Ⓐ 포물선의 꼭짓점을 이용하여 평행이동 구하기

포물선 $y=x^2-2x=(x-1)^2-1$이므로 꼭짓점의 좌표는 $(1,\ -1)$

포물선 $y=x^2-12x+30=(x-6)^2-6$이므로 꼭짓점의 좌표는 $(6,\ -6)$

즉 점 $(1,\ -1)$이 $(6,\ -6)$으로 평행이동된 것이므로

x축의 방향으로 5만큼, y축의 방향으로 -5만큼 평행이동한 것이다.

+α 식을 이용하여 구할 수 있어!

포물선 $y=x^2-2x$를 x축의 방향으로 m만큼, y축의 방향으로 n만큼 평행이동하면 x 대신에 $x-m$, y 대신에 $y-n$을 대입하면 된다.

$y-n=(x-m)^2-2(x-m)$

$\therefore y=x^2-(2m+2)x+m^2+2m+n$

이때 $y=x^2-12x+30$과 일치하므로 $2m+2=12,\ m^2+2m+n=30$

즉 $m=5,\ n=-5$이므로 x축의 방향으로 5만큼, y축의 방향으로 -5만큼 평행이동한 것이다.

STEP Ⓑ 두 직선 l, l' 사이의 거리 구하기

직선 $l: x-2y=0$을 x축 방향으로 5만큼, y축 방향으로 -5만큼 평행이동한 직선 l'의 방정식은 x 대신 $x-5$, y 대신 $y+5$를 대입하면

$(x-5)-2(y+5)=0$이므로

직선 $l': x-2y-15=0$

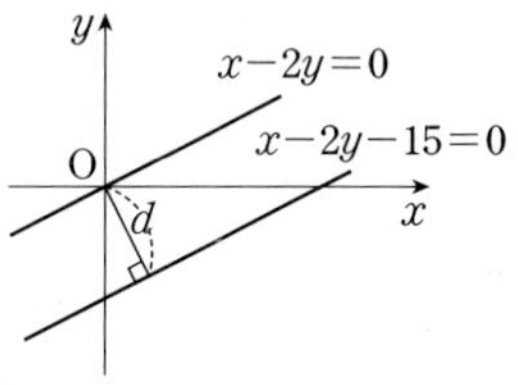

두 직선 l, l' 사이의 거리 d는

직선 $x-2y=0$ 위의 점 $(0,\ 0)$과

직선 $x-2y-15=0$ 사이의 거리와 같다.

원점 $(0,\ 0)$과 직선 $ax+by+c=0$ 사이의 거리 $d=\frac{|c|}{\sqrt{a^2+b^2}}$

$d=\frac{|-15|}{\sqrt{1^2+(-2)^2}}=3\sqrt{5}$

따라서 $d^2=45$

0291

다음 물음에 답하시오.

(1) 점 $(-3, 1)$을 y축에 대하여 대칭이동한 후 직선 $y=x$에 대하여

TIP 점 (a, b)를 y축에 대하여 대칭이동하면 $(-a, b)$

대칭이동한 점이 포물선 $y=x^2+ax-5$ 위에 있을 때, 상수 a의 값을

TIP 점 (a, b)를 $y=x$에 대하여 대칭이동한 점은 (b, a)

구하시오.

STEP A 대칭이동한 점의 좌표 구하기

점 $(-3, 1)$을 y축에 대하여 대칭이동한 점의 좌표는 $(3, 1)$

점 $(3, 1)$을 직선 $y=x$에 대하여 대칭이동한 점의 좌표는 $(1, 3)$

STEP B a의 값 구하기

점 $(1, 3)$이 포물선 $y=x^2+ax-5$ 위에 있으므로 $3=1+a-5$

따라서 $a=7$

(2) 점 (a, b)를 x축, y축, 원점에 대하여 대칭이동한 점을 각각 P, Q, R 이라 하자. 삼각형 PQR의 무게중심의 좌표가 $(-2, 1)$일 때,

TIP 세 점 (x_1, y_1), (x_2, y_2), (x_3, y_3)에 대하여 무게중심의 좌표는 $\left(\frac{x_1+x_2+x_3}{3}, \frac{y_1+y_2+y_3}{3}\right)$

상수 a, b에 대하여 $a+b$의 값을 구하시오.

STEP A 대칭이동을 이용하여 세 점 P, Q, R의 좌표 구하기

점 (a, b)를 x축에 대하여 대칭이동한 점 $P(a, -b)$

y축에 대하여 대칭이동한 점 $Q(-a, b)$

원점에 대하여 대칭이동한 점 $R(-a, -b)$

STEP B 삼각형 PQR의 무게중심을 이용하여 a, b의 값 구하기

세 점 $P(a, -b)$, $Q(-a, b)$, $R(-a, -b)$로 이루어진 삼각형 PQR의

무게중심의 좌표는 $\left(\frac{a+(-a)+(-a)}{3}, \frac{(-b)+b+(-b)}{3}\right)$이므로

$\left(-\frac{a}{3}, -\frac{b}{3}\right)$

무게중심의 좌표가 $(-2, 1)$이므로

$-\frac{a}{3}=-2$, $-\frac{b}{3}=1$ $\therefore a=6, b=-3$

따라서 $a+b=6+(-3)=3$

0292

2008년 11월 고1 학력평가 9번

좌표평면에서 점 $A(1, 3)$을 x축, y축에 대하여 대칭이동한 점을 각각 B, C라 하고, 점 $D(a, b)$를 x축에 대하여 대칭이동한 점을 E라 하자. 세 점 B, C, E가 한 직선 위에 있을 때, 직선 AD의 기울기는?

TIP 직선 BC의 기울기와 직선 CE의 기울기는 같다.

(단, $a\neq\pm1$인 상수이다.)

① -2 ② -1 ③ 1
④ 2 ⑤ 3

STEP A 세 점 B, C, E의 좌표 구하기

점 $A(1, 3)$을 x축에 대하여 대칭이동한 점 $B(1, -3)$

y축에 대하여 대칭이동한 점 $C(-1, 3)$

또한 점 $D(a, b)$를 x축에 대하여 대칭이동한 점 $E(a, -b)$

STEP B 세 점 B, C, E가 한 직선 위에 있음을 이용하여 a, b의 관계식 구하기

세 점 B, C, E가 한 직선 위에 있으므로

직선 BC의 기울기와 직선 CE의 기울기는 같다.

직선 BC의 기울기는 $\frac{3-(-3)}{-1-1}=-3$

직선 CE의 기울기는 $\frac{3-(-b)}{-1-a}$

즉 $\frac{3+b}{-1-a}=-3$, $3+b=3+3a$

$\therefore b=3a$

+α 직선의 방정식을 이용하여 구할 수 있어!

세 점 B, C, E가 한 직선 위에 있으므로 직선 BC 위에 점 E가 존재한다.

직선 BC의 방정식은 $y=\frac{3-(-3)}{-1-1}(x-1)-3$ $\therefore y=-3x$

점 $E(a, -b)$가 직선 BC 위에 있으므로 대입하면

$-b=-3a$ $\therefore b=3a$

STEP C 직선 AD의 기울기 구하기

따라서 두 점 $A(1, 3)$, $D(a, b)$의 기울기는 $\frac{b-3}{a-1}=\frac{3a-3}{a-1}=\frac{3(a-1)}{a-1}=3$

0293

점 $P(a, b)$를 y축에 대하여 대칭이동한 점이 제 3사분면 위에 있을 때,

TIP $x<0$, $y<0$

점 $Q(a-b, ab)$를 원점에 대하여 대칭이동한 후 y축에 대하여 대칭이동한 점은 제 몇 사분면 위에 있는지 구하시오. (단, a, b는 상수이다.)

STEP A a, b의 부호 구하기

점 $P(a, b)$를 y축에 대하여 대칭이동한 점은 $(-a, b)$이고

이 점이 제3사분면 위의 점이므로 $-a<0$, $b<0$

$\therefore a>0$, $b<0$

STEP B 대칭이동을 이용하여 점의 사분면의 위치 구하기

점 $Q(a-b, ab)$를 원점 대칭하면 $(-a+b, -ab)$이고

원점에 대한 대칭이동 : $(x, y)\longrightarrow(-x, -y)$

이 점을 y축에 대하여 대칭이동한 점은 $(a-b, -ab)$

이때 $a>0$, $b<0$이므로 $a-b>0$, $-ab>0$

따라서 점 $(a-b, -ab)$는 제1사분면 위에 있다.

0294

다음 물음에 답하시오.

(1) 포물선 $y=x^2+2ax+b$를 원점에 대하여 대칭이동한 포물선의

TIP x대신에 $-x$, y대신에 $-y$를 대입한다.

꼭짓점의 좌표가 $(3, 1)$일 때, 상수 a, b에 대하여 $a+b$의 값을 구하시오.

STEP A **원점에 대하여 대칭이동한 포물선의 식 구하기**

포물선 $y=x^2+2ax+b$를 원점에 대하여 대칭이동하면
x대신에 $-x$, y대신에 $-y$를 대입하면 된다.

$-y=(-x)^2+2a(-x)+b$

$\therefore y=-x^2+2ax-b$

STEP B **꼭짓점의 좌표를 이용하여 a, b의 값 구하기**

포물선 $y=-x^2+2ax-b=-(x-a)^2+a^2-b$이므로
꼭짓점의 좌표는 (a, a^2-b)이고 $(3, 1)$과 일치한다.

즉 $a=3$, $a^2-b=1$ $\quad\therefore a=3$, $b=8$

따라서 $a+b=3+8=11$

+α 꼭짓점의 좌표를 대칭이동하여 구할 수 있어!

포물선 $y=x^2+2ax+b=(x+a)^2-a^2+b$이므로 꼭짓점의 좌표는
$(-a, -a^2+b)$이고 꼭짓점의 좌표를 원점에 대하여 대칭이동하면
(a, a^2-b)이고 $(3, 1)$과 일치하므로 $a=3$, $a^2-b=1$

$\therefore a=3$, $b=8$

(2) 원 $x^2+y^2+2x+2ay+b=0$을 x축에 대하여 대칭이동한 후 직선

TIP y대신에 $-y$를 대입

$y=x$에 대하여 대칭이동한 원은 $(x+2)^2+(y+1)^2=9$이다.

TIP x, y를 바꾸어 준다.

이때 상수 a, b에 대하여 ab의 값을 구하시오.

STEP A **대칭이동을 이용하여 원의 방정식 구하기**

원 $x^2+y^2+2x+2ay+b=0$을 x축에 대하여 대칭이동하면
y대신에 $-y$를 대입하면 된다.

즉 $x^2+(-y)^2+2x+2a\times(-y)+b=0$이므로

$x^2+y^2+2x-2ay+b=0$

이 원을 $y=x$에 대하여 대칭이동하면 x, y를 바꾸면 되므로

$y^2+x^2+2y-2ax+b=0$

$\therefore x^2+y^2-2ax+2y+b=0$

STEP B **$(x+2)^2+(y+1)^2=9$와 일치할 때, a, b의 값 구하기**

원 $x^2+y^2-2ax+2y+b=0$에서 $(x-a)^2+(y+1)^2=a^2+1-b$

이때 $(x+2)^2+(y+1)^2=9$와 일치하므로

$-a=2$, $a^2+1-b=9$ $\quad\therefore a=-2$, $b=-4$

따라서 $ab=(-2)\times(-4)=8$

+α 원의 중심을 이용하여 구할 수 있어!

원 $x^2+y^2+2x+2ay+b=0$에서 $(x+1)^2+(y+a)^2=a^2+1-b$이므로
중심은 $(-1, -a)$이고 반지름의 길이는 $\sqrt{a^2+1-b}$
이때 중심을 x축에 대하여 대칭이동하면 $(-1, a)$
또한 $y=x$에 대하여 대칭이동하면 $(a, -1)$
원 $(x+2)^2+(y+1)^2=9$의 중심은 $(-2, -1)$이고 반지름의 길이는 3
즉 $(a, -1)$이 $(-2, -1)$과 같고 $\sqrt{a^2+1-b}=3$

$\therefore a=-2$, $b=-4$

0295

2011년 고2 성취도평가 25번

원 $(x+1)^2+(y+3)^2=4$를 원점에 대하여 대칭이동한 원을 C라 하고
직선 $mx-y+6=0$을 y축에 대하여 대칭이동한 직선을 l이라 하자.
직선 l이 원 C의 넓이를 이등분할 때, 상수 m의 값은?

TIP 원의 넓이를 이등분하는 직선은 원의 중심을 지난다.

① 3 ② 4 ③ 5 ④ 6 ⑤ 7

STEP A **대칭이동을 이용하여 원 C와 직선 l의 방정식 구하기**

원 $(x+1)^2+(y+3)^2=4$를 원점에 대하여 대칭이동하면
x대신에 $-x$, y대신에 $-y$를 대입하면 되므로

$(-x+1)^2+(-y+3)^2=4$

$\therefore C:(x-1)^2+(y-3)^2=4$

직선 $mx-y+6=0$을 y축에 대하여 대칭이동하면
x대신에 $-x$를 대입하면 되므로 $-mx-y+6=0$

$\therefore l:mx+y-6=0$

STEP B **직선 l이 원 C의 중심을 지남을 이용하여 m의 값 구하기**

직선 $l:mx+y-6=0$이
원 $(x-1)^2+(y-3)^2=4$의 넓이를
이등분하므로 원의 중심 $(1, 3)$을 지난다.
따라서 $m+3-6=0$이므로 $m=3$

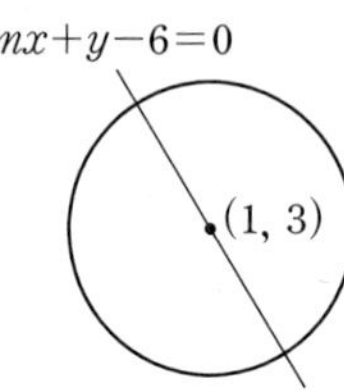

+α 원의 중심을 대칭이동하여 구할 수 있어!

원 $(x+1)^2+(y+3)^2=4$의 중심의 좌표는 $(-1, -3)$이고
원점에 대하여 대칭이동한 원의 중심은 $(1, 3)$
직선 $mx-y+6=0$을 y축에 대하여 대칭이동한 직선의 방정식은
$l:mx+y-6=0$
즉 직선 l이 원의 중심 $(1, 3)$을 지나므로 대입하면 $m+3-6=0$
따라서 $m=3$

0296

원 $(x-a)^2+(y+1)^2=4$를 직선 $y=x$에 대하여 대칭이동한 원이
직선 $3x+4y+1=0$에 접할 때, 모든 상수 a의 값의 합을 구하시오.

TIP (원의 중심에서 직선까지의 거리)=(원의 반지름의 길이)

STEP A **대칭이동을 이용하여 원의 방정식 구하기**

원 $(x-a)^2+(y+1)^2=4$를 직선 $y=x$에 대하여 대칭이동하면
x, y를 바꾸어주면 되므로 $(y-a)^2+(x+1)^2=4$

$\therefore (x+1)^2+(y-a)^2=4$

STEP B **원의 중심에서 직선까지의 거리가 반지름임을 이용하여 a의 값 구하기**

원 $(x+1)^2+(y-a)^2=4$가 직선 $3x+4y+1=0$에 접하므로
중심 $(-1, a)$에서 직선 $3x+4y+1=0$까지의 거리가 반지름의 길이 2이다.

점 (x_1, y_1)에서 직선 $ax+by+c=0$까지의 거리는 $\dfrac{|ax_1+by_1+c|}{\sqrt{a^2+b^2}}$

즉 $\dfrac{|-3+4a+1|}{\sqrt{3^2+4^2}}=2$, $|4a-2|=10$이므로

$4a-2=10$ 또는 $4a-2=-10$

$\therefore a=3$ 또는 $a=-2$

따라서 모든 상수 a의 값의 합은 1

0297

다음 물음에 답하시오.

(1) 점 (a, b)를 직선 $y=x$에 대하여 대칭이동한 후 x축의 방향으로 2만큼,

TIP 점 (x, y)를 $y=x$에 대하여 대칭이동하면 (y, x)

y축의 방향으로 -2만큼 평행이동하였더니 점 $(3, 1)$이 되었다.

TIP 점 (x, y)를 x축의 방향으로 m만큼, y축의 방향으로 n만큼 평행이동하면 $(x+m, y+n)$

이때 상수 a, b에 대하여 $a+b$의 값을 구하시오.

STEP A 점 (a, b)를 대칭이동과 평행이동한 후 점의 좌표 구하기

점 (a, b)를 직선 $y=x$에 대하여 대칭이동한 점의 좌표는 (b, a)

직선 $y=x$에 대한 대칭이동 : $(x, y) \longrightarrow (y, x)$

이 점을 x축의 방향으로 2만큼, y축의 방향으로 -2만큼 평행이동한

b대신 $b+2$, a대신 $a-2$를 대입한다.

점의 좌표는 $(b+2, a-2)$

STEP B 두 점이 일치함을 이용하여 a, b의 값 구하기

점 $(b+2, a-2)$와 점 $(3, 1)$이 일치하므로 $b+2=3$, $a-2=1$

따라서 $a=3$, $b=1$이므로 $a+b=4$

MINI해설 역으로 평행이동과 대칭이동을 이용하여 풀이하기

점 $(3, 1)$을 x축의 방향으로 -2만큼, y축의 방향으로 2만큼 평행이동한 점은 $(1, 3)$
이 점을 직선 $y=x$에 대하여 대칭이동한 점은 $(3, 1)$이므로
점 P의 좌표는 $(3, 1)$이므로 $a=3$, $b=1$
따라서 $a+b=4$

(2) 직선 $y=x+k$를 x축 방향으로 -1만큼, y축 방향으로 2만큼 평행이동시킨 다음 다시 y축에 대하여 대칭이동 시켰더니 점 $(2, 3)$을 지날 때, 상수 k의 값을 구하시오.

STEP A 평행이동과 대칭이동한 직선의 방정식 구하기

직선 $y=x+k$를 x축 방향으로 -1만큼, y축 방향으로 2만큼 평행이동시킨

x대신 $x+1$, y대신 $y-2$를 대입한다.

도형의 방정식은 $y-2=(x+1)+k$

$\therefore y=x+k+3$

이 도형을 y축에 대하여 대칭이동시킨 도형의 방정식은

y축에 대한 대칭이동 : $f(x, y)=0 \longrightarrow f(-x, y)=0$

$y=-x+k+3$ …… ㉠

STEP B 점 $(2, 3)$을 대입하며 k의 값 구하기

직선 ㉠이 점 $(2, 3)$을 지나므로 $3=-2+k+3$

따라서 $k=2$

MINI해설 역으로 평행이동과 대칭이동을 이용하여 풀이하기

점 $(2, 3)$을 y축에 대하여 대칭이동하면 $(-2, 3)$
점 $(-2, 3)$을 x축의 방향으로 1만큼, y축의 방향으로 -2만큼 평행이동하면 $(-1, 1)$
이때 직선 $y=x+k$가 점 $(-1, 1)$을 지나므로 대입하면 $1=-1+k$
따라서 $k=2$

0298

다음 물음에 답하시오.

(1) 직선 $y=2x+3$을 x축 방향으로 a만큼 평행이동한 후 원점에 대하여

TIP x대신에 $x-a$를 대입

대칭이동한 직선이 원 $x^2+y^2-2x-2y+1=0$의 넓이를 이등분할

TIP x대신에 $-x$, y대신에 $-y$를 대입 TIP 직선은 원의 중심을 지난다.

때, 상수 a의 값은?

① 1 ② 2 ③ 3 ④ 4 ⑤ 5

STEP A 평행이동과 대칭이동한 직선의 방정식 구하기

직선 $y=2x+3$을 x축의 방향으로 a만큼 평행이동하면 $y=2(x-a)+3$

x대신 $x-a$를 대입한다.

이 직선을 원점에 대하여 대칭이동하면 $-y=2(-x-a)+3$

원점에 대한 대칭이동 : $f(x, y)=0 \longrightarrow f(-x, -y)=0$

$\therefore y=2x+2a-3$

STEP B 원의 넓이를 이등분하는 a의 값 구하기

원 $x^2+y^2-2x-2y+1=0$에서 $(x-1)^2+(y-1)^2=1$

직선 $y=2x+2a-3$이 원 $(x-1)^2+(y-1)^2=1$의 넓이를 이등분하려면

직선이 원의 중심 $(1, 1)$을 지나야 하므로 $1=2+2a-3$

직선 $y=2x+2a-3$에 $x=1$, $y=1$을 대입한다.

따라서 $a=1$

(2) 원 $x^2+y^2=9$를 x축의 방향으로 1만큼, y축의 방향으로 2만큼 평행이동한 원을 다시 직선 $y=x$에 대하여 대칭이동하였더니 직선

TIP x대신 $x-1$, y대신에 $y-2$대입 TIP x, y를 바꾸어 준다.

$3x-4y-12=0$과 두 점 P, Q에서 만날 때, 선분 PQ의 길이는?

① $2\sqrt{2}$ ② $2\sqrt{5}$ ③ $4\sqrt{2}$ ④ $3\sqrt{5}$ ⑤ $4\sqrt{5}$

STEP A 평행이동과 대칭이동한 원의 방정식 구하기

$x^2+y^2=9$를 x축의 방향으로 1만큼, y축의 방향으로 2만큼 평행이동한

x대신 $x-1$, y대신 $y-2$를 대입한다.

원 $(x-1)^2+(y-2)^2=9$

원 $(x-1)^2+(y-2)^2=9$를 직선 $y=x$에 대하여 대칭이동한 원은

$(x-2)^2+(y-1)^2=9$ 직선 $y=x$에 대한 대칭이동 : $f(x, y)=0 \longrightarrow f(y, x)=0$

STEP B 선분 PQ의 길이 구하기

원 $(x-2)^2+(y-1)^2=9$에서 중심은 C$(2, 1)$, 반지름의 길이는 3

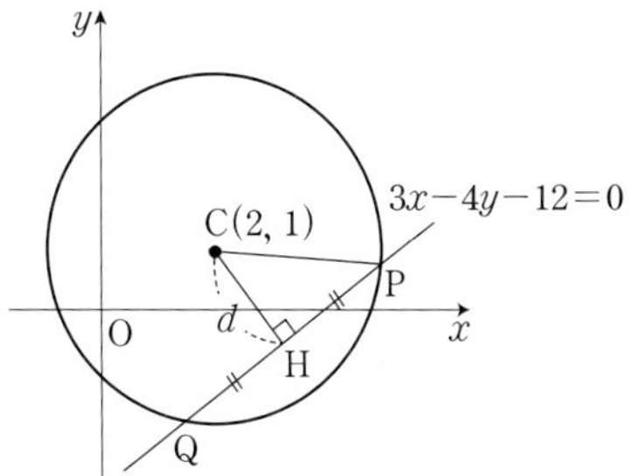

원의 중심 C에서 직선 $3x-4y-12=0$에 내린 수선의 발을 H라 하면

$\overline{CH}=\dfrac{|3\times2-4\times1-12|}{\sqrt{3^2+(-4)^2}}=2$ ← 점 (x_1, y_1)에서 직선 $ax+by+c=0$까지의 거리는 $\dfrac{|ax_1+by_1+c|}{\sqrt{a^2+b^2}}$

또한, $\overline{CP}$는 반지름의 길이와 같으므로 $\overline{CP}=3$

이때 직각삼각형 CHP에서 피타고라스 정리에 의하여

$\overline{PH}^2=\overline{CP}^2-\overline{CH}^2=9-4=5$ $\therefore \overline{PH}=\sqrt{5}$

따라서 $\overline{PQ}=2\overline{PH}=2\sqrt{5}$

0299

2023년 09월 고1 학력평가 15번 변형

이차함수 $y=x^2$의 그래프를 x축에 대하여 대칭이동한 후, x축의 방향으로 2만큼, y축의 방향으로 m만큼 평행이동한 그래프가 직선 $y=-2x+3$에 접할 때, 상수 m의 값을 구하시오. TIP 연립한 이차방정식의 판별식이 0이다.

STEP A 대칭이동과 평행이동한 이차함수의 식 구하기

이차함수 $y=x^2$의 그래프를 x축에 대하여 대칭이동하면 $-y=x^2$

y 대신에 $-y$를 대입한다.

$\therefore y=-x^2$

이 이차함수를 x축의 방향으로 2만큼, y축의 방향으로 m만큼 평행이동하면

x 대신에 $x-2$, y 대신에 $y-m$을 대입한다.

$y-m=-(x-2)^2$

$\therefore y=-x^2+4x-4+m$

STEP B 판별식이 0임을 이용하여 m의 값 구하기

이차함수 $y=-x^2+4x-4+m$이 직선 $y=-2x+3$에 접하므로

이차방정식 $-x^2+4x-4+m=-2x+3$

즉 $x^2-6x+7-m=0$의 판별식을 D라 하면 중근을 가지므로 $D=0$

$\frac{D}{4}=9-(7-m)=0,\ 2+m=0$

따라서 $m=-2$

0300

점 $(-3, a)$를 점 $(6, 5)$에 대하여 대칭이동한 점의 좌표가 $(b, 2)$일 때,

TIP 점 $(6, 5)$는 두 점 $(-3, a)$, $(b, 2)$의 중점이다.

상수 a, b에 대하여 $a+b$의 값을 구하시오.

STEP A 중점을 이용하여 a, b의 값 구하기

점 $(-3, a)$를 점 $(6, 5)$에 대하여 대칭이동한 점의 좌표가 $(b, 2)$이므로

$(6, 5)$는 두 점 $(-3, a)$, $(b, 2)$를 잇는 선분의 중점이다.

두 점 (x_1, y_1), (x_2, y_2)의 중점은 $\left(\frac{x_1+x_2}{2}, \frac{y_1+y_2}{2}\right)$

$\frac{-3+b}{2}=6,\ \frac{a+2}{2}=5$이므로 $a=8,\ b=15$

따라서 $a+b=8+15=23$

+α 대칭이동의 공식을 이용하여 구할 수 있어!

점 $\mathrm{P}(x, y)$를 점 $\mathrm{A}(a, b)$에 대하여 대칭이동한 점 P'의 좌표는 $\mathrm{P}'(2a-x, 2b-y)$

점 $(-3, a)$를 점 $(6, 5)$에 대하여 대칭이동한 점은 $(6\times2+3,\ 2\times5-a)$

즉 $(15, 10-a)$가 $(b, 2)$와 일치하므로 $a=8,\ b=15$

0301

다음 물음에 답하시오.

(1) 원 $(x-1)^2+(y-2)^2=k$를 점 $(-2, -3)$에 대하여 대칭이동한 원이 x축에 접할 때, 상수 k의 값은?

TIP (원의 중심의 y좌표의 절댓값)=(원의 반지름의 길이)

① 9 ② 16 ③ 25
④ 49 ⑤ 64

STEP A 원의 중심을 이용하여 대칭이동한 원의 방정식 구하기

원 $(x-1)^2+(y-2)^2=k$의 중심은 $(1, 2)$이고 반지름의 길이는 $\sqrt{k}$이다.

이 원을 점 $(-2, -3)$에 대하여 대칭이동한 원의 중심을 (a, b)라 하면

중심 $(1, 2)$와 점 (a, b)는 점 $(-2, -3)$에 대하여 대칭이므로

점 $(-2, -3)$은 두 점 $(1, 2)$, (a, b)를 잇는 선분의 중점이다.

즉 $\frac{1+a}{2}=-2,\ \frac{2+b}{2}=-3$

$\therefore a=-5,\ b=-8$

대칭이동한 원의 중심은 $(-5, -8)$이고

반지름의 길이가 $\sqrt{k}$이므로

원의 방정식은 $(x+5)^2+(y+8)^2=k$

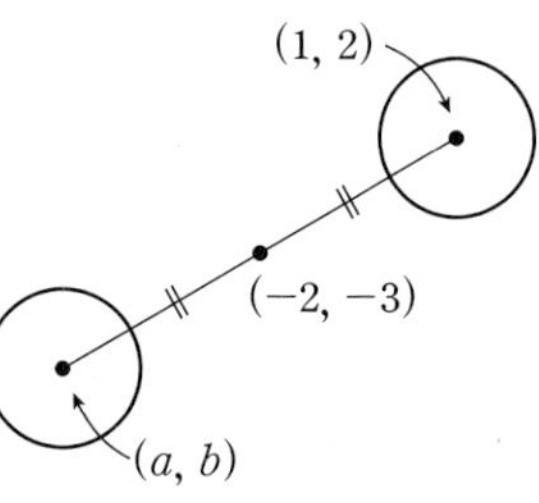

+α $f(2a-x, 2b-y)=0$임을 이용하여 구할 수 있어!

점 $(-2, -3)$에 대한 대칭이동이므로 구하는 원의 방정식은

$(x-1)^2+(y-2)^2=k$에 x 대신 $2\times(-2)-x$, y 대신 $2\times(-3)-y$를 대입하면 되므로

$(-4-x-1)^2+(-6-y-2)^2=k$

$\therefore (x+5)^2+(y+8)^2=k$

STEP B x축에 접하는 원의 방정식을 구하여 상수 k의 값 구하기

대칭이동한 원 $(x+5)^2+(y+8)^2=k$가 x축에 접하므로

$|$중심의 y좌표$|$=(반지름의 길이)

따라서 $|-8|=\sqrt{k}$이고 양변을 제곱하면 $k=64$

(2) 두 이차함수 $y=(x-1)^2+3$, $y=-(x-3)^2+13$의 그래프가 점 (a, b)에 대하여 대칭일 때, 상수 a, b에 대하여 $a+b$의 값은?

TIP 두 이차함수의 꼭짓점 좌표의 중점은 점 (a, b)이다.

① 6 ② 7 ③ 8
④ 9 ⑤ 10

STEP A 두 이차함수의 꼭짓점 좌표의 중점을 이용하여 a, b의 값 구하기

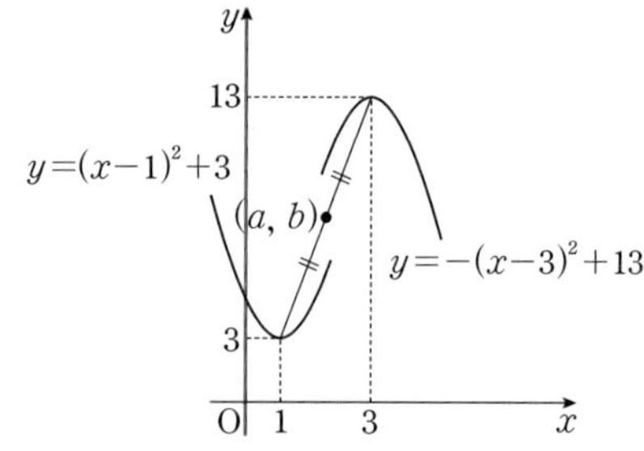

$y=(x-1)^2+3$에서 꼭짓점의 좌표는 $(1, 3)$

$y=-(x-3)^2+13$에서 꼭짓점의 좌표는 $(3, 13)$

두 이차함수가 점 (a, b)에 대하여 대칭이므로 두 꼭짓점 $(1, 3)$, $(3, 13)$을 잇는 선분의 중점이 점 (a, b)이다.

즉 $\frac{1+3}{2}=a,\ \frac{3+13}{2}=b\quad \therefore a=2,\ b=8$

따라서 $a+b=2+8=10$

+α 대칭이동의 공식을 이용하여 구할 수 있어!

점 $\mathrm{P}(x, y)$를 점 $\mathrm{A}(a, b)$에 대하여 대칭이동한 점 P'의 좌표는 $\mathrm{P}'(2a-x, 2b-y)$

꼭짓점 $(1, 3)$을 점 (a, b)에 대하여 대칭이동한 점의 좌표는 $(2a-1, 2b-3)$이므로

$2a-1=3,\ 2b-3=13\quad \therefore a=2,\ b=8$

+α 도형의 대칭이동을 이용하여 구할 수 있어!

도형 $f(x, y)=0$을 점 (a, b)에 대하여 대칭이동한 도형은 $f(2a-x, 2b-y)=0$

이차함수 $y=(x-1)^2+3$을 점 (a, b)에 대하여 대칭이동하면

x 대신에 $2a-x$, y 대신에 $2b-y$를 대입하면 되므로

$2b-y=(2a-x-1)^2+3\quad \therefore y=-(x+1-2a)^2-3+2b$

대칭이동한 이차함수가 $y=-(x-3)^2+13$과 일치하므로

$1-2a=-3,\ -3+2b=13\quad \therefore a=2,\ b=8$

0302

2007년 03월 고2 학력평가 10번

좌표평면 위의 정점 P에 대한 두 점 A, B의 대칭점은 각각 A′, B′이고 직선 AB의

TIP 두 선분 PA, PB의 길이는 각각 선분 PA′, PB′의 길이와 같다.

방정식은 $x-2y+4=0$이라 한다. 점 A′의 좌표가 $(3, 1)$, 직선 A′B′의 방정식이 $y=ax+b$일 때, 두 상수 a, b의 곱 ab의 값을 구하시오.

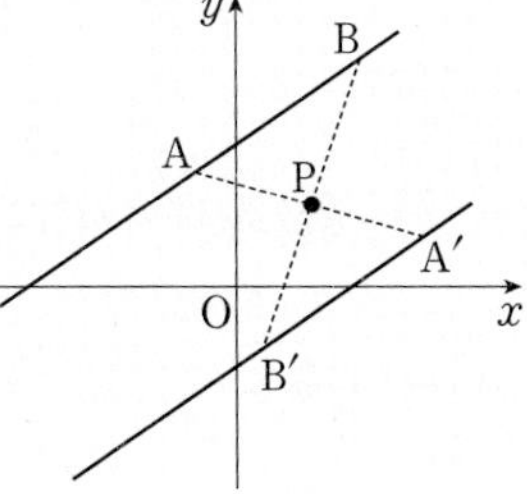

STEP A 점 대칭이동의 성질을 이용하기

$\overline{PA}=\overline{PA'}$, $\overline{PB}=\overline{PB'}$이고 $\angle APB=A'PB'$(맞꼭지각)이므로

$\triangle APB \equiv \triangle A'PB'$ (SAS합동)이다.

즉 $\angle PAB=\angle PA'B'$(엇각)이므로 직선 AB와 직선 A′B′은 서로 평행하다.

STEP B 직선 A′B′의 방정식을 구한 후 ab의 값 구하기

직선 A′B′의 기울기는 직선 AB의 기울기와 같으므로 $\frac{1}{2}$

또한, 직선 A′B′은 A′(3, 1)을 지나므로

직선 A′B′의 방정식은

기울기가 m이고 점 (x_1, y_1)을 지나는 직선의 방정식은 $y-y_1=m(x-x_1)$

$y-1=\frac{1}{2}(x-3)$ $\quad\therefore y=\frac{1}{2}x-\frac{1}{2}$

따라서 $a=\frac{1}{2}$, $b=-\frac{1}{2}$이므로

$ab=\frac{1}{2}\times\left(-\frac{1}{2}\right)=-\frac{1}{4}$

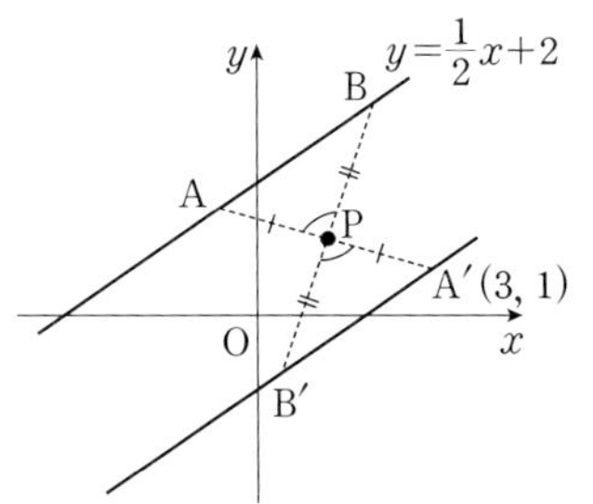

0303

다음 물음에 답하시오.

(1) 점 P(5, 3)을 직선 $y=2x+3$에 대하여 대칭이동한 점의 좌표를

TIP 대칭인 점과 점 (5, 3)의 중점은 직선 $y=2x+3$ 위의 점이다.

구하시오.

STEP A 중점과 기울기의 곱이 -1임을 이용하여 방정식 구하기

점 P(5, 3)의 직선 $y=2x+3$에 대하여 대칭이동한 점을 Q(a, b)라 하면

(ⅰ) 선분 PQ의 중점 $M\left(\frac{a+5}{2}, \frac{b+3}{2}\right)$이 직선 $y=2x+3$ 위에 있으므로

$\frac{b+3}{2}=2\times\frac{a+5}{2}+3$

$\therefore 2a-b=-13$ …… ㉠

(ⅱ) 두 점 P(5, 3), Q(a, b)를 지나는 직선은 직선 $y=2x+3$에 수직이므로

수직인 두 직선의 기울기의 곱은 -1이다.

$\frac{b-3}{a-5}\times 2=-1$

$\therefore a+2b=11$ …… ㉡

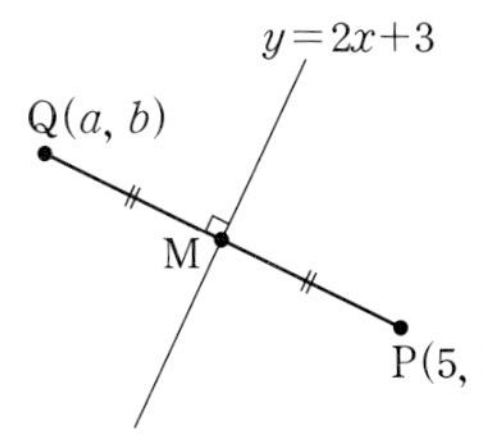

STEP B 대칭이동한 점의 좌표 구하기

㉠, ㉡을 연립하여 풀면 $a=-3$, $b=7$

따라서 대칭이동한 점의 좌표 $(-3, 7)$

(2) 원 $(x+6)^2+(y-5)^2=4$를 직선 $x-2y-4=0$에 대하여 대칭이동한

TIP 중심 $(-6, 5)$를 직선에 대하여 대칭이동한 점을 구하면 된다.

도형의 방정식을 구하시오.

STEP A 중점과 기울기의 곱이 -1임을 이용하여 방정식 구하기

원 $(x+6)^2+(y-5)^2=4$의 중심 $A(-6, 5)$이고 반지름의 길이는 2이다.

직선 $x-2y-4=0$에 대하여 $A(-6, 5)$와 대칭인 점을 $A'(a, b)$라고 하면

두 점 $A(-6, 5)$, $A'(a, b)$의 중점은 직선 $x-2y-4=0$ 위에 있는 점이다.

구하는 원의 방정식은 중심이 점 A′이고 반지름의 길이가 2인 원이다.

(ⅰ) 선분 AA′의 중점

$\left(\frac{-6+a}{2}, \frac{5+b}{2}\right)$가 직선 $x-2y-4=0$ 위에 있으므로

$\frac{a-6}{2}-2\times\frac{b+5}{2}-4=0$

$\therefore a-2b=24$ …… ㉠

(ⅱ) 두 점 $A(-6, 5)$, $A'(a, b)$를 지나는 직선은 직선 $x-2y-4=0$과 수직이므로 $\frac{b-5}{a+6}\times\frac{1}{2}=-1$

수직인 두 직선의 기울기의 곱은 -1이다.

$\therefore 2a+b=-7$ …… ㉡

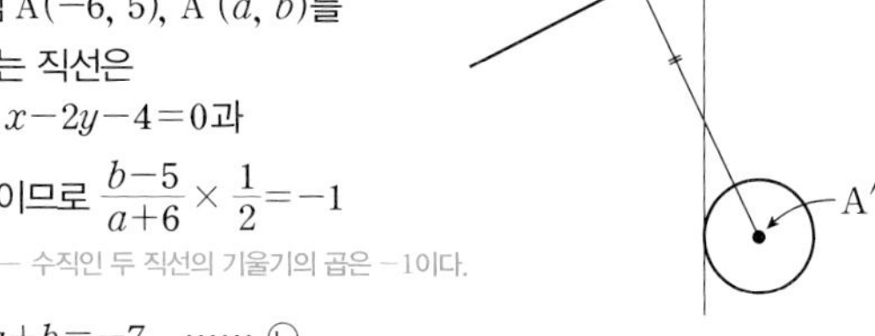

STEP B 대칭이동한 원의 방정식 구하기

㉠, ㉡을 연립하여 풀면 $a=2$, $b=-11$

따라서 중심이 $(2, -11)$이고 반지름의 길이가 2인 원이므로 대칭이동한 도형의 방정식은 $(x-2)^2+(y+11)^2=4$

0304

좌표평면에서 두 원 $(x+2)^2+(y-1)^2=4$, $(x+4)^2+(y-3)^2=4$가 직선 $ax+by+5=0$에 대하여 대칭일 때, 상수 a, b에 대하여

TIP 두 원이 한 직선에 대하여 대칭이면 두 원의 중심의 중점은 이 직선 위에 존재한다.

ab의 값은? (단, $ab\neq 0$)

① -3 ② -2 ③ -1
④ 1 ⑤ 2

STEP A 중점 조건과 수직 조건을 이용하여 a, b의 값 구하기

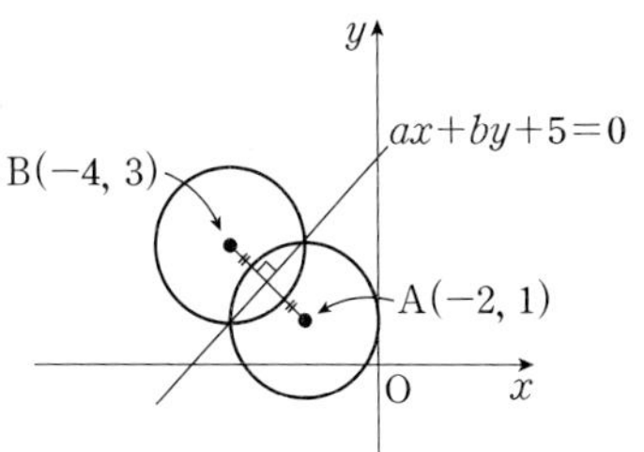

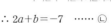

원 $(x+2)^2+(y-1)^2=4$에서 중심은 $A(-2, 1)$

원 $(x+4)^2+(y-3)^2=4$에서 중심은 $B(-4, 3)$

두 원이 직선 $ax+by+5=0$에 대하여 대칭이므로

두 점 $A(-2, 1)$, $B(-4, 3)$은 직선 $ax+by+5=0$에 대하여 대칭이다.

(ⅰ) 선분 AB의 중점 $\left(\frac{-2-4}{2}, \frac{1+3}{2}\right)$,

즉 $(-3, 2)$가 직선 $ax+by+5=0$ 위의 점이므로 대입하면

$-3a+2b+5=0$ …… ㉠

(ⅱ) 두 점 $A(-2, 1)$, $B(-4, 3)$을 잇는 직선과 $ax+by+5=0$이 서로 수직이므로

$\frac{1-3}{-2-(-4)}\times\left(-\frac{a}{b}\right)=-1$, $-1\times\left(-\frac{a}{b}\right)=-1$

$\therefore a+b=0$ …… ㉡

㉠, ㉡을 연립하면 풀면 $a=1$, $b=-1$

따라서 $ab=-1$

MINI해설 두 원의 중심의 수직이등분선을 직접 구하여 풀이하기

두 원 $(x+2)^2+(y-1)^2=4$, $(x+4)^2+(y-3)^2=4$가 직선 $ax+by+5=0$에 대하여 대칭이므로 두 원의 중심 $A(-2, 1)$, $B(-4, 3)$의 수직이등분선이 직선 $ax+by+5=0$이다.

(i) 선분 AB의 중점 $\left(\frac{-2-4}{2}, \frac{1+3}{2}\right)$, 즉 $(-3, 2)$

(ii) 선분 AB의 기울기는 $\frac{3-1}{-4-(-2)}=-1$이므로 수직인 직선의 기울기는 1이다.

구하는 직선은 $(-3, 2)$를 지나고 기울기가 1이므로

$y-2=1\times(x+3)$, $y=x+5$ $\quad\therefore x-y+5=0$

따라서 $a=1$, $b=-1$이므로 $ab=-1$

0305

다음 물음에 답하시오.

(1) 직선 $x-y-2=0$에 대하여 직선 $x+2y-4=0$을 대칭이동한 직선의 방정식을 구하시오.

TIP 직선 위의 점 $P(x, y)$라 하고 대칭이동한 점을 $P'(x', y')$라 하여 중점과 수직 조건으로 자취 방정식을 구한다.

STEP A 중점 조건과 수직 조건을 이용하여 대칭인 직선 구하기

직선 $x+2y-4=0$ 위의 점 $P(x, y)$를 직선 $x-y-2=0$에 대하여 대칭이동한 점을 $P'(x', y')$이라 하면

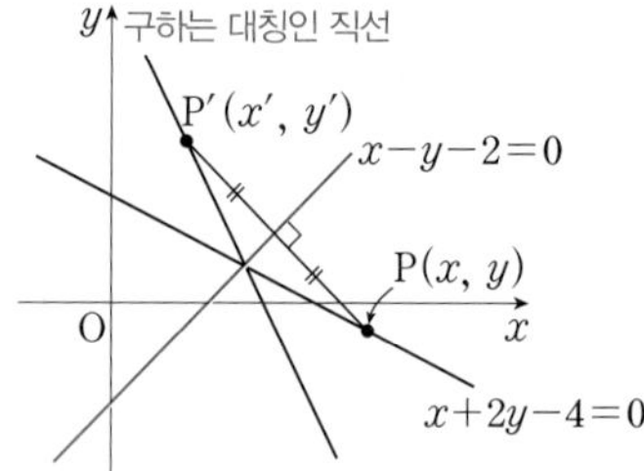

(i) 두 점 $P(x, y)$, $P'(x', y')$의 중점 $\left(\frac{x+x'}{2}, \frac{y+y'}{2}\right)$가 직선 $x-y-2=0$ 위에 있으므로

$\frac{x+x'}{2}-\frac{y+y'}{2}-2=0$ $\quad\therefore x-y=-x'+y'+4$ ⋯⋯ ㉠

(ii) 두 점 $P(x, y)$, $P'(x', y')$을 잇는 직선과 직선 $x-y-2=0$이 수직으로 만나므로 직선 PP′의 기울기는 -1

$\frac{y-y'}{x-x'}=-1$ $\quad\therefore x+y=x'+y'$ ⋯⋯ ㉡

㉠, ㉡을 연립하여 풀면 $x=y'+2$, $y=x'-2$

이때 점 (x, y)는 직선 $x+2y-4=0$ 위의 점이므로 대입하면

$y'+2+2(x'-2)-4=0$ $\quad\therefore 2x'+y'-6=0$

따라서 x', y' 대신에 x, y를 대입하면 대칭이동한 직선의 방정식은

$2x+y-6=0$

+α 직선의 기울기가 ±1인 경우 대칭이동으로 구할 수 있어!

직선 $y=x+a$에 대하여 $f(x, y)=0$을 대칭이동하면 $f(y-a, x+a)=0$이므로 x 대신에 $y-a$, y 대신에 $x+a$를 대입하면 된다.

직선 $x+2y-4=0$을 직선 $y=x-2$에 대하여 대칭이동하면 x 대신에 $y+2$, y 대신에 $x-2$를 대입하면 되므로

$(y+2)+2(x-2)-4=0$ $\quad\therefore 2x+y-6=0$

POINT 직선의 기울기가 ±1인 경우 대칭이동

① 직선 $y=x$에 대한 대칭이동 ⇨ $f(x, y)=0 \longrightarrow f(y, x)=0$

② 직선 $y=-x$에 대한 대칭이동 ⇨ $f(x, y)=0 \longrightarrow f(-y, -x)=0$

③ 직선 $y=x+a$에 대한 대칭이동 ⇨ $f(x, y)=0 \longrightarrow f(y-a, x+a)=0$

④ 직선 $y=-x+a$에 대한 대칭이동 ⇨ $f(x, y)=0 \longrightarrow f(-y+a, -x+a)=0$

(2) 직선 $3x+y-1=0$을 직선 $x+y-2=0$에 대하여 대칭이동한 직선의 방정식을 구하시오.

TIP 직선 위의 점 $P(x, y)$라 하고 대칭이동한 점을 $P'(x', y')$라하여 중점과 수직 조건으로 자취 방정식을 구한다.

STEP A 중점 조건과 수직 조건을 이용하여 대칭인 직선 구하기

직선 $3x+y-1=0$ 위의 점 $P(x, y)$를 직선 $x+y-2=0$에 대하여 대칭이동한 점을 점 $P'(x', y')$이라 하면

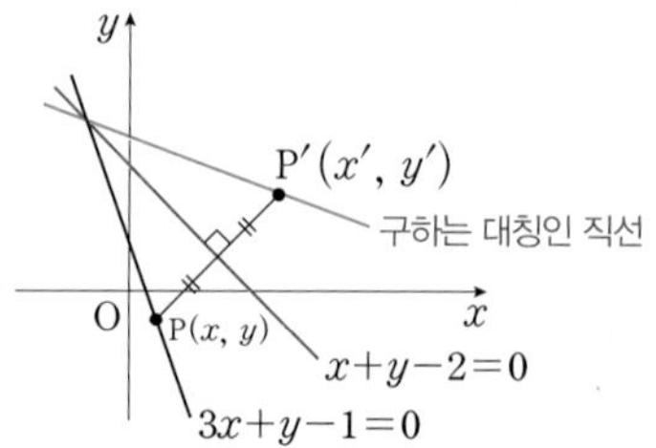

(i) 두 점 $P(x, y)$, $P'(x', y')$의 중점 $\left(\frac{x+x'}{2}, \frac{y+y'}{2}\right)$가 직선 $x+y-2=0$ 위에 있으므로

$\frac{x+x'}{2}+\frac{y+y'}{2}-2=0$ $\quad\therefore x+y=-x'-y'+4$ ⋯⋯ ㉠

(ii) 두 점 $P(x, y)$, $P'(x', y')$을 잇는 직선과 직선 $x+y-2=0$이 수직으로 만나므로 직선 PP′의 기울기는 1

$\frac{y-y'}{x-x'}=1$ $\quad\therefore x-y=x'-y'$ ⋯⋯ ㉡

㉠, ㉡을 연립하여 풀면 $x=-y'+2$, $y=-x'+2$

이때 점 (x, y)는 직선 $3x+y-1=0$ 위의 점이므로 대입하면

$3(-y'+2)+(-x'+2)-1=0$ $\quad\therefore x'+3y'-7=0$

따라서 x', y' 대신에 x, y를 대입하면 대칭이동한 직선의 방정식은

$x+3y-7=0$

+α 직선의 기울기가 ±1인 경우 대칭이동으로 구할 수 있어!

직선 $y=x+a$에 대하여 $f(x, y)=0$을 대칭이동하면 $f(y-a, x+a)=0$이므로 x 대신에 $y-a$, y 대신에 $x+a$를 대입하면 된다.

직선 $3x+y-1=0$을 직선 $y=-x+2$에 대하여 대칭이동하면 x 대신에 $-y+2$, y 대신에 $-x+2$를 대입하면 되므로

$3(-y+2)+(-x+2)-1=0$ $\quad\therefore x+3y-7=0$

0306

도형 $f(x, y)=0$이 오른쪽 그림과 같을 때, 다음 중 도형 $f(y-2, x-1)=0$으로 옳은 것은?

TIP $f(x, y)=0 \to f(x-2, y-1)=0 \to f(y-2, x-1)$

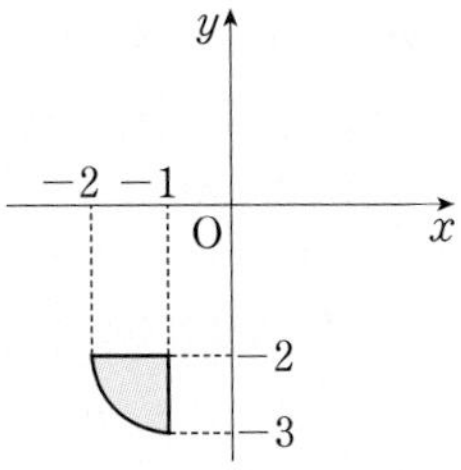

① 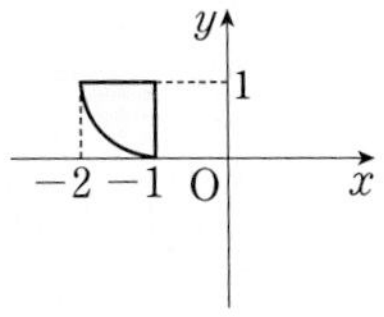

② 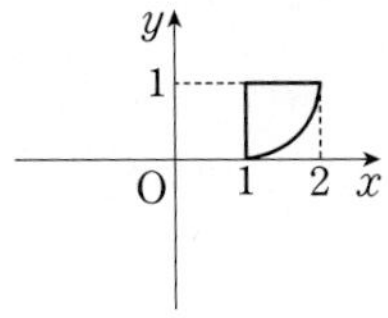

③ 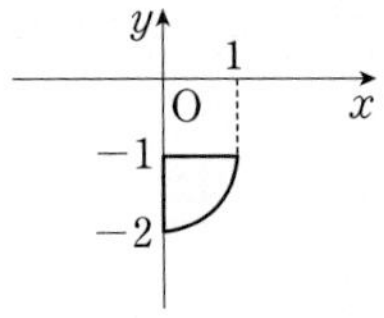

④ 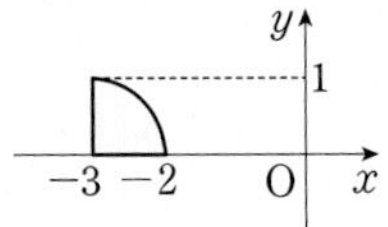

⑤ 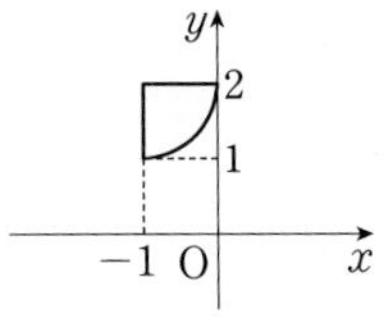

STEP A **평행이동한 후 대칭이동하기**

$f(x, y)=0$을 x축으로 2만큼, y축으로 1만큼 평행이동하면

x대신 $x-2$, y대신 $y-1$을 대입한다.

$f(x-2, y-1)=0$

또한, $f(x-2, y-1)=0$을 직선 $y=x$에 대하여 대칭이동하면

직선 $y=x$에 대한 대칭이동 : $f(x, y)=0 \longrightarrow f(y, x)=0$

$f(y-2, x-1)=0$

따라서 주어진 도형을 x축으로 2만큼, y축으로 1만큼 평행이동한 후 직선 $y=x$에 대하여 대칭이동한 도형은 오른쪽 그림과 같으므로 ①이다.

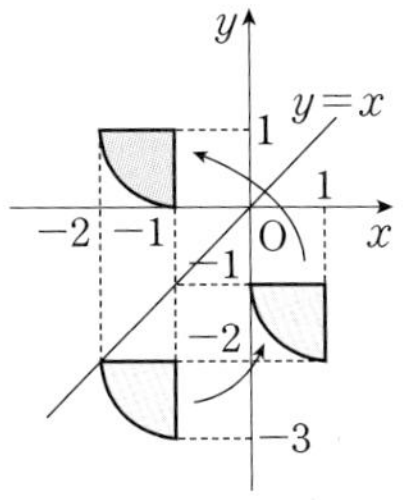

참고

$f(x,y)=0 \xrightarrow[y\text{축 방향으로 1만큼}]{x\text{축 방향으로 2만큼}} f(x-2,y-1)=0 \xrightarrow{\text{직선 } y=x \text{ 대칭}} f(y-2,x-1)=0$

MINI해설 대칭이동한 후 평행이동을 이용하여 풀이하기

$f(x, y)=0$을 직선 $y=x$에 대하여 대칭이동하면 $f(y, x)=0$

또한, $f(y, x)=0$을 x축으로 1만큼, y축으로 2만큼 평행이동하면

$f(y-2, x-1)=0$

따라서 주어진 도형을 직선 $y=x$에 대하여 대칭이동한 후 x축으로 1만큼, y축으로 2만큼 평행이동한 후 도형은 오른쪽 그림과 같다.

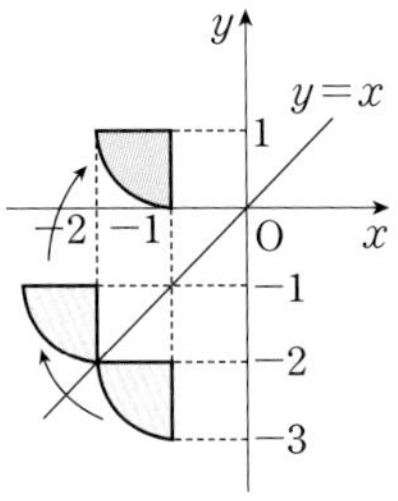

참고

$f(x, y)=0 \xrightarrow{\text{직선 } y=x \text{ 대칭}} f(y, x)=0 \xrightarrow[y\text{축 방향으로 2만큼}]{x\text{축 방향으로 1만큼}} f(y-2,x-1)=0$

0307

오른쪽 그림과 같이 도형 A를 나타내는 방정식이 $f(x, y)=0$일 때, 다음 [보기] 중 도형 B를 나타낼 수 있는 방정식을 모두 고르시오.

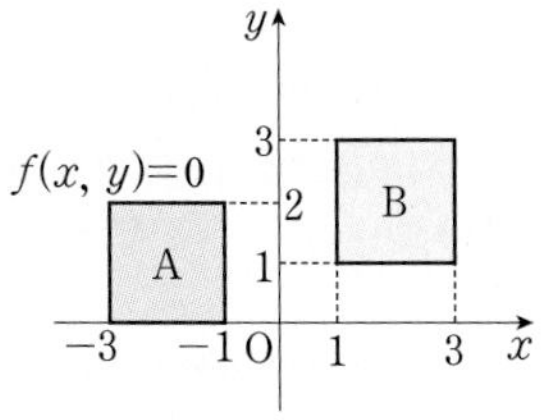

ㄱ. $f(x-4, y-1)=0$

ㄴ. $f(-x, -y-3)=0$

TIP 원점에 대한 대칭이동한 후 y축의 방향으로 -3만큼 평행이동

ㄷ. $f(x-4, -y+3)=0$

TIP x축에 대한 대칭이동한 후 x축의 방향으로 4만큼, y축의 방향으로 3만큼 평행이동

ㄹ. $f(-x, y-1)=0$

TIP y축에 대한 대칭이동한 후 y축의 방향으로 1만큼 평행이동

STEP A **대칭이동한 후 평행이동을 이용하여 참, 거짓 판단하기**

ㄱ. 도형 A의 방정식 $f(x, y)=0$을 x축의 방향으로 4만큼, y축의 방향으로 1만큼 평행이동 하면 $f(x-4, y-1)=0$의 그림은 오른쪽과 같고 도형 B가 된다. [참]

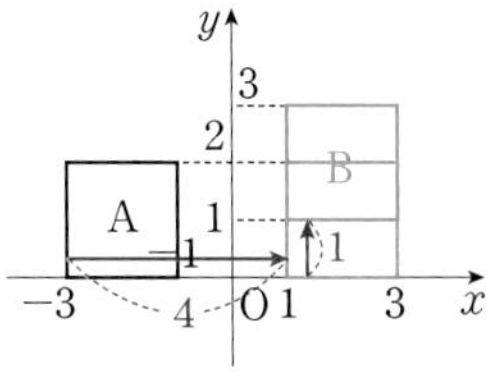

ㄴ. 도형 A의 방정식 $f(x, y)=0$을 원점에 대하여 대칭이동하면 $f(-x, -y)=0$이고 y축의 방향으로 -3만큼 평행이동 하면 $f(-x, -y-3)=0$의 그림은 오른쪽과 같고 도형 B가 되지 않는다. [거짓]

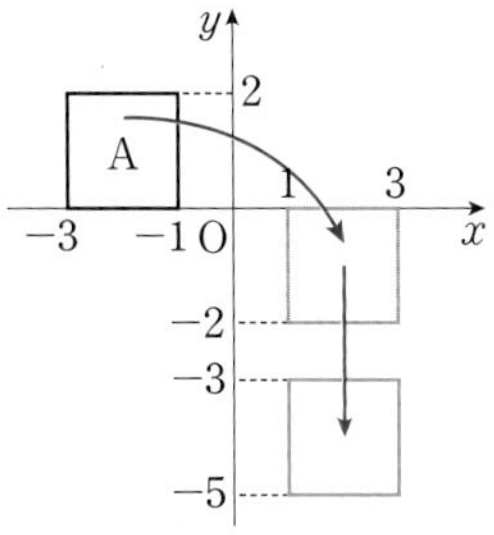

ㄷ. 도형 A의 방정식 $f(x, y)=0$을 x축에 대하여 대칭이동하면 $f(x, -y)=0$이고 x축의 방향으로 4만큼, y축의 방향으로 3만큼 평행이동 하면 $f(x-4, -y+3)=0$의 그림은 오른쪽과 같고 도형 B가 된다. [참]

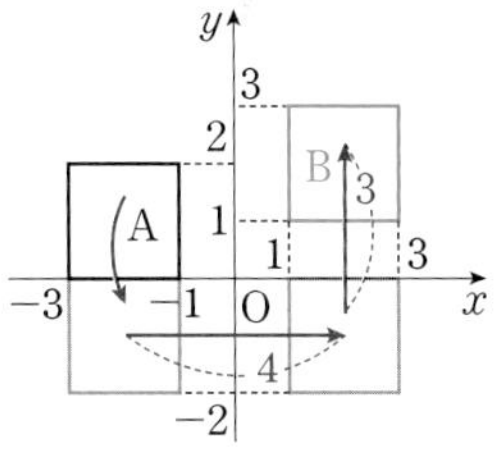

ㄹ. 도형 A의 방정식 $f(x, y)=0$을 y축에 대하여 대칭이동하면 $f(-x, y)=0$이고 y축의 방향으로 1만큼 평행이동 하면 $f(-x, y-1)=0$의 그림은 오른쪽과 같고 도형 B가 된다. [참]

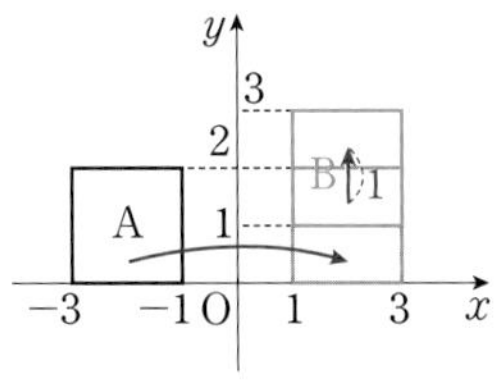

따라서 도형 B를 나타낼 수 있는 방정식은 ㄱ, ㄷ, ㄹ이다.

0308

다음 물음에 답하시오.

(1) 두 점 A$(2, 4)$, B$(3, -5)$와 y축 위의 임의의 점 P에 대하여 $\overline{AP}+\overline{PB}$의 최솟값을 구하시오.

TIP 점 A를 y축에 대하여 대칭이동한 후 점 B까지의 직선 거리를 구하면 된다.

STEP A 점 A를 y축에 대하여 대칭이동한 점의 좌표 구하기

점 A$(2, 4)$를 y축에 대하여 대칭이동한 점을

점 (a, b)를 y축에 대하여 대칭이동한 점은 $(-a, b)$

A$'$이라 하면 A$'(-2, 4)$

STEP B $\overline{AP}+\overline{BP}$의 최솟값 구하기

오른쪽 그림과 같이 $\overline{AP}=\overline{A'P}$이므로

$\overline{AP}+\overline{BP}=\overline{A'P}+\overline{BP} \geq \overline{A'B}$

$\overline{A'B}=\sqrt{(3+2)^2+(-5-4)^2}$

$=\sqrt{106}$

따라서 $\overline{AP}+\overline{BP}$의 최솟값은 $\sqrt{106}$

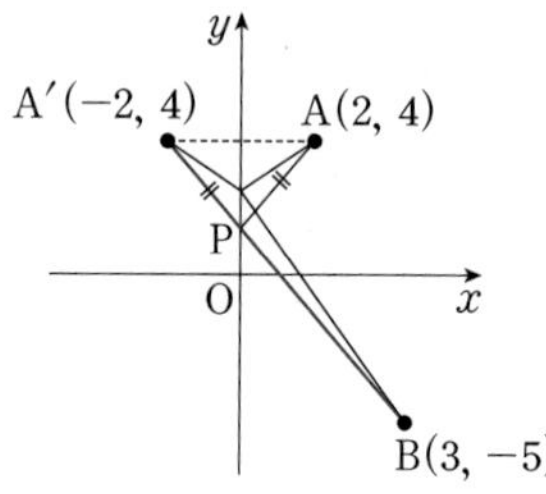

+α $\overline{AP}+\overline{BP}$가 최소가 될 때, 점 P의 좌표를 구할 수 있어!

$\overline{AP}+\overline{BP}$의 최솟값은 $\overline{A'B}$이다.
이때 점 P는 직선 A$'$B의 y절편이 된다.
직선 A$'$B의 방정식은 $y=\dfrac{4-(-5)}{-2-3}(x+2)+4 \quad \therefore y=-\dfrac{9}{5}x+\dfrac{2}{5}$
즉 점 P의 좌표는 P$\left(0, \dfrac{2}{5}\right)$일 때 최소가 된다.

(2) 두 점 A$(-1, 5)$, B$(2, 3)$과 직선 $y=-x$ 위를 움직이는 점 P에 대하여 $\overline{AP}+\overline{PB}$의 최솟값을 구하시오.

TIP 점 A를 $y=-x$에 대하여 대칭이동한 후 점 B까지 직선 거리를 구하면 된다.

STEP A 점 A를 직선 $y=-x$에 대하여 대칭이동한 점의 좌표 구하기

점 A$(-1, 5)$를 직선 $y=-x$에 대하여 대칭이동한 점을 A$'$이라 하면

점 (a, b)를 $y=-x$축에 대하여 대칭이동한 점은 $(-b, -a)$

A$'(-5, 1)$

STEP B $\overline{AP}+\overline{BP}$의 최솟값 구하기

오른쪽 그림과 같이 $\overline{AP}=\overline{A'P}$이므로

$\overline{AP}+\overline{BP}=\overline{A'P}+\overline{BP} \geq \overline{A'B}$

$\overline{A'B}=\sqrt{(2+5)^2+(3-1)^2}$

$=\sqrt{53}$

따라서 $\overline{AP}+\overline{BP}$의 최솟값은 $\sqrt{53}$

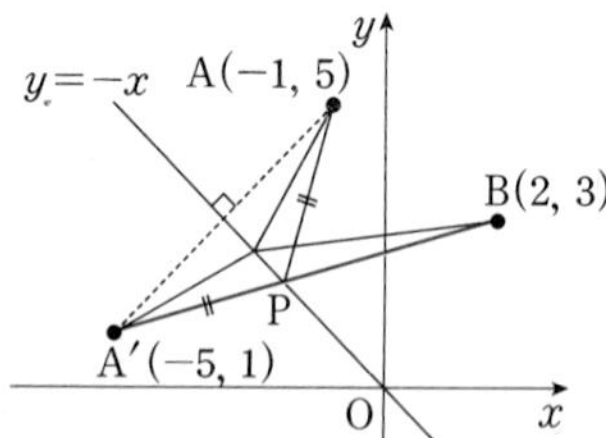

+α $\overline{AP}+\overline{BP}$가 최소가 될 때, 점 P의 좌표를 구할 수 있어!

$\overline{AP}+\overline{BP}$의 최솟값은 $\overline{A'B}$이다.
이때 점 P는 직선 A$'$B와 직선 $y=-x$의 교점이다.
직선 A$'$B의 방정식은 $y=\dfrac{3-1}{2-(-5)}(x-2)+3 \quad \therefore y=\dfrac{2}{7}x+\dfrac{17}{7}$
즉 $y=\dfrac{2}{7}x+\dfrac{17}{7}$과 $y=-x$의 교점을 구하면 되므로 $-x=\dfrac{2}{7}x+\dfrac{17}{7}$
$\therefore x=-\dfrac{17}{9}$
즉 점 P의 좌표는 P$\left(-\dfrac{17}{9}, \dfrac{17}{9}\right)$일 때 최소가 된다.

0309

두 점 A$(2, 5)$, B$(7, 0)$과 직선 $x+y=4$에 대하여 다음 물음에 답하시오.

(1) 직선 $x+y=4$에 대하여 점 A와 대칭인 점 A$'$의 좌표를 구하시오.

TIP 중점 조건과 수직 조건을 이용하여 구한다.

STEP A 중점 조건과 수직 조건을 이용하여 점 A$'$의 좌표 구하기

점 A$(2, 5)$를 직선 $x+y=4$에 대하여 대칭이동한 점을 A$'(a, b)$라 하면

(ⅰ) 두 점 A$(2, 5)$, A$'(a, b)$에 대하여

선분 AA$'$의 중점$\left(\dfrac{a+2}{2}, \dfrac{b+5}{2}\right)$가 직선 $x+y=4$ 위에 있으므로

두 점 (x_1, y_1), (x_2, y_2)의 중점은 $\left(\dfrac{x_1+x_2}{2}, \dfrac{y_1+y_2}{2}\right)$

$\dfrac{a+2}{2}+\dfrac{b+5}{2}=4 \quad \therefore a+b=1$ ...... ㉠

(ⅱ) 직선 AA$'$와 직선 $x+y=4$가 수직으로 만나므로

$y=-x+4$이므로 기울기는 -1

직선 AA$'$의 기울기는 1이다.

두 직선이 수직으로 만날 때, 기울기의 곱은 -1

즉 $\dfrac{b-5}{a-2}=1 \quad \therefore a-b=-3$ ...... ㉡

㉠, ㉡을 연립하여 풀면 $a=-1$, $b=2$이므로 A$'(-1, 2)$

(2) 직선 $x+y=4$ 위에 한 점 P에 대하여 $\overline{AP}+\overline{BP}$의 최솟값과 이때 점 P의 좌표를 구하시오.

TIP 대칭을 이용하여 $\overline{AP}+\overline{BP}$의 길이의 최솟값을 구한다.

STEP A $\overline{AP}+\overline{BP}$가 최소가 되는 경우 파악하기

점 A$(2, 5)$를 직선 $x+y=4$에 대하여 대칭이동한 점은 A$'(-1, 2)$이므로

직선 $x+y=4$ 위의 점 P에 대해서

$\overline{AP}=\overline{A'P}$

즉 $\overline{AP}+\overline{BP}=\overline{A'P}+\overline{BP} \geq \overline{A'B}$

STEP B $\overline{AP}+\overline{BP}$의 최솟값과 점 P의 좌표 구하기

즉 $\overline{AP}+\overline{BP}$의 최솟값은

$\overline{A'B}=\sqrt{\{7-(-1)\}^2+(0-2)^2}=\sqrt{68}=2\sqrt{17}$

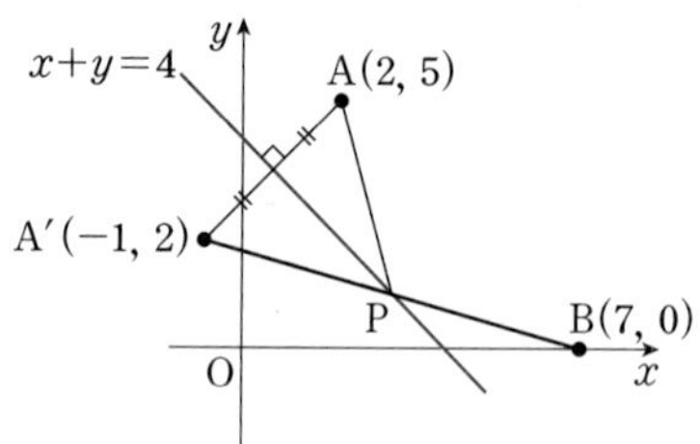

두 점 A$'(-1, 2)$, B$(7, 0)$을 지나는 직선의 방정식은

두 점 (x_1, y_1), (x_2, y_2)를 지나는 직선의 방정식은 $y-y_1=\dfrac{y_2-y_1}{x_2-x_1}(x-x_1)$

$y-2=\dfrac{0-2}{7+1}(x+1) \quad \therefore y=-\dfrac{1}{4}x+\dfrac{7}{4}$ ...... ㉠

직선 ㉠과 직선 $x+y=4$를 연립하여 풀면 $x=3$, $y=1$이므로

최소가 될 때 점 P는 P$(3, 1)$

따라서 $\overline{AP}+\overline{BP}$의 최솟값은 $2\sqrt{17}$이고 점 P의 좌표는 P$(3, 1)$

0310

2022년 11월 고1 학력평가 15번 변형

좌표평면 위에 두 점 A$(-2, 3)$, B$(4, 5)$가 있다. $\overline{\mathrm{BP}}=2$인 점 P와

TIP 점 P는 중심이 B이고 반지름의 길이가 2인 원 위의 점이다.

x축 위의 점 Q에 대하여 $\overline{\mathrm{AQ}}+\overline{\mathrm{QP}}$의 최솟값을 구하시오.

TIP 점 A를 x축에 대하여 대칭이동한 후 원 위의 점까지 거리의 최솟값을 구한다.

STEP A 점 P의 자취 방정식 구하기

점 B$(4, 5)$에 대하여 $\overline{\mathrm{BP}}=2$이므로

중심이 B이고 반지름의 길이가 2인 원 위의 점이 P이다.

즉 $(x-4)^2+(y-5)^2=4$ 위의 점이 P이다.

STEP B 대칭이동을 이용하여 $\overline{\mathrm{AQ}}+\overline{\mathrm{QP}}$가 최소가 되기 위한 조건 구하기

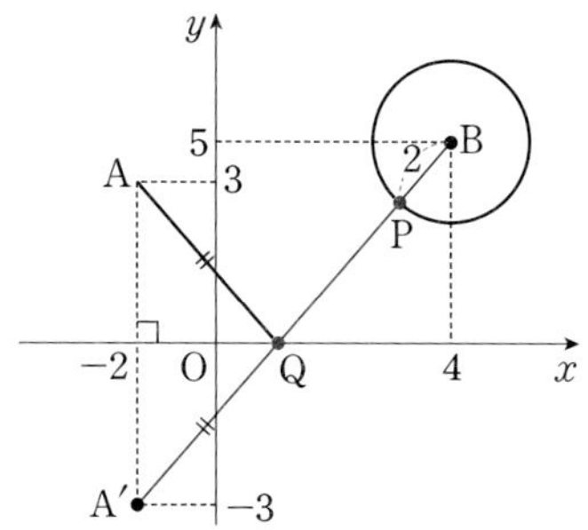

점 A$(-2, 3)$을 x축에 대하여 대칭이동한 점을 A′이라 하면

A′$(-2, -3)$

즉 $\overline{\mathrm{AQ}}=\overline{\mathrm{A'Q}}$이므로 $\overline{\mathrm{AQ}}+\overline{\mathrm{QP}}=\overline{\mathrm{A'Q}}+\overline{\mathrm{QP}}=\overline{\mathrm{A'P}}$

이때 $\overline{\mathrm{A'P}}$의 최솟값은 (점 A′에서 중심 B까지의 거리)−(원의 반지름의 길이)

원 외부의 점 A에서 원 위의 점 P까지 거리의 최솟값은
(점 A에서 중심까지의 거리)−(원의 반지름의 길이)
최댓값은 (점 A에서 중심까지의 거리)+(원의 반지름의 길이)

STEP C $\overline{\mathrm{AQ}}+\overline{\mathrm{QP}}$의 최솟값 구하기

두 점 A′$(-2, -3)$, B$(4, 5)$에 대하여

$\overline{\mathrm{A'B}}=\sqrt{\{4-(-2)\}^2+\{5-(-3)\}^2}=10$ ← 두 점 (x_1, y_1), (x_2, y_2) 사이의 거리는 $\sqrt{(x_2-x_1)^2+(y_2-y_1)^2}$

따라서 $\overline{\mathrm{AQ}}+\overline{\mathrm{QP}}$의 최솟값은 $10-2=8$

0311

오른쪽 그림과 같이 좌표평면 위의 두 점 A$(2, 5)$, B$(4, 3)$과 y축 위를 움직이는 점 P, x축 위를 움직이는 점 Q에 대하여 $\overline{\mathrm{AP}}+\overline{\mathrm{PQ}}+\overline{\mathrm{QB}}$의 최솟값을 구하시오.

TIP 점 A를 y축에 대하여 대칭이동, 점 B를 x축에 대하여 대칭이동한 후 직선 거리를 구하도록 한다.

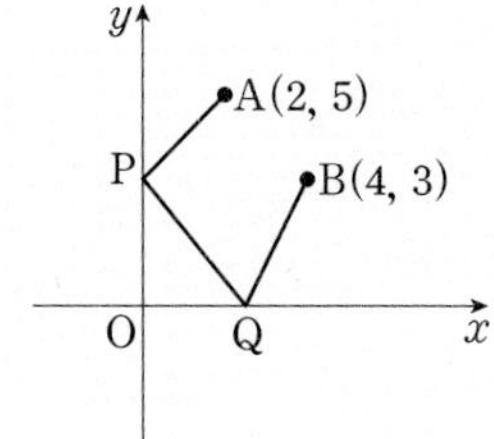

STEP A 점 A를 y축에 대하여 대칭이동한 점 A′의 좌표 구하기

점 A$(2, 5)$를 y축에 대하여 대칭이동한 점을 A′이라 하면

A′$(-2, 5)$

STEP B 점 B를 x축에 대하여 대칭이동한 점 B′의 좌표 구하기

점 B$(4, 3)$을 x축에 대하여 대칭이동한 점을 B′이라 하면

B′$(4, -3)$

STEP C $\overline{\mathrm{AP}}+\overline{\mathrm{PQ}}+\overline{\mathrm{QB}}$의 최솟값 구하기

오른쪽 그림과 같이

$\overline{\mathrm{AP}}=\overline{\mathrm{A'P}}$, $\overline{\mathrm{BQ}}=\overline{\mathrm{B'Q}}$

$\overline{\mathrm{AP}}+\overline{\mathrm{PQ}}+\overline{\mathrm{QB}}=\overline{\mathrm{A'P}}+\overline{\mathrm{PQ}}+\overline{\mathrm{QB'}}$

$\geq \overline{\mathrm{A'B'}}$

$=\sqrt{\{4-(-2)\}^2+(-3-5)^2}$

$=\sqrt{100}=10$

따라서 $\overline{\mathrm{AP}}+\overline{\mathrm{PQ}}+\overline{\mathrm{QB}}$의 최솟값은 10

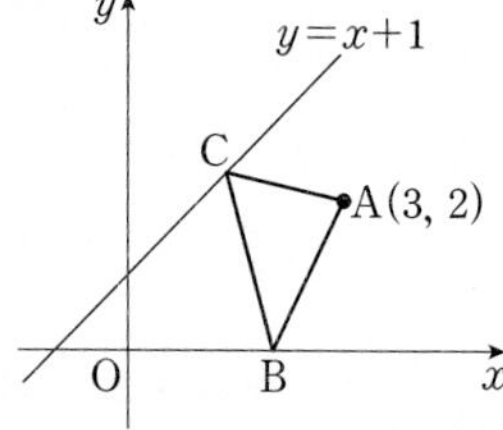

+α $\overline{\mathrm{AP}}+\overline{\mathrm{PQ}}+\overline{\mathrm{QB}}$가 최소일 때, 두 점 P, Q의 좌표를 구할 수 있어!

$\overline{\mathrm{AP}}+\overline{\mathrm{PQ}}+\overline{\mathrm{QB}}$의 최솟값은 $\overline{\mathrm{A'B'}}$이므로 두 점 P, Q는

직선 A′B′의 y절편이 점 P이고 x절편이 점 Q이다.

직선 A′B′의 방정식은 $y=\dfrac{5-(-3)}{-2-4}(x+2)+5$ $\quad\therefore y=-\dfrac{4}{3}x+\dfrac{7}{3}$

즉 점 P$\left(0, \dfrac{7}{3}\right)$, 점 Q$\left(\dfrac{7}{4}, 0\right)$일 때 선분 길이의 합은 최소이다.

0312

오른쪽 그림과 같이 좌표평면 위의 한 점 A$(3, 2)$와 x축 위를 움직이는 점 B, 직선 $y=x+1$ 위를 움직이는 점 C를 세 꼭짓점으로 하는 삼각형 ABC의 둘레의 길이의 최솟값은?

TIP 점 A를 x축과 직선 $y=x+1$에 대하여 대칭이동하고 직선 거리를 구하도록 한다.

① $2\sqrt{3}$ ② $2\sqrt{5}$ ③ 6 ④ $4\sqrt{3}$ ⑤ $2\sqrt{10}$

STEP A 점 A를 x축에 대하여 대칭이동한 점 A′의 좌표 구하기

점 A$(3, 2)$를 x축에 대하여 대칭이동한 점을 A′이라 하면 A′$(3, -2)$

STEP B 점 A를 직선 $y=x+1$에 대하여 대칭이동한 점 A″의 좌표 구하기

점 A$(3, 2)$를 직선 $y=x+1$에 대하여 대칭이동한 점을 A″(a, b)라 하면

(ⅰ) 선분 AA″의 중점 $\left(\dfrac{3+a}{2}, \dfrac{2+b}{2}\right)$는 직선 $y=x+1$

위의 점이므로 $\dfrac{2+b}{2}=\dfrac{3+a}{2}+1$ $\quad\therefore a-b=-3$ …… ㉠

(ⅱ) 두 점 A$(3, 2)$, A″(a, b)를 지나는 직선은 직선 $y=x+1$과 서로

수직이므로 $\dfrac{b-2}{a-3}\times 1=-1$ $\quad\therefore a+b=5$ …… ㉡

㉠, ㉡을 연립하여 풀면 $a=1$, $b=4$ $\quad\therefore$ A″$(1, 4)$

+α 직선의 기울기가 ±1인 경우 대칭이동으로 구할 수 있어!

점 A(x, y)를 직선 $y=x+a$에 대하여 대칭이동한 점을 A′이라 하면

x대신에 $y-a$, y대신에 $x+a$를 대입하면 된다.

즉 A′$(y-a, x+a)$

점 A$(3, 2)$이므로 $y=x+1$에 대하여 대칭이동한 점 A″의 좌표는

A″$(2-1, 3+1)$이므로 A″$(1, 4)$

STEP C 삼각형 ABC의 둘레의 길이의 최솟값 구하기

오른쪽 그림과 같이

$\overline{\mathrm{AB}}=\overline{\mathrm{A'B}}$, $\overline{\mathrm{AC}}=\overline{\mathrm{A''C}}$이므로

(삼각형 ABC의 둘레의 길이)

$=\overline{\mathrm{AB}}+\overline{\mathrm{BC}}+\overline{\mathrm{CA}}$

$=\overline{\mathrm{A'B}}+\overline{\mathrm{BC}}+\overline{\mathrm{CA''}}$

$\geq \overline{\mathrm{A'A''}}$

$=\sqrt{(1-3)^2+(4+2)^2}$

$=2\sqrt{10}$

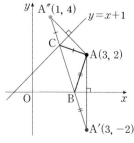

따라서 구하는 삼각형 ABC의 둘레의 길이의 최솟값은 $2\sqrt{10}$

+α 둘레의 길이가 최소일 때 두 점 B, C의 좌표를 구할 수 있어!

점 B는 직선 A′A″의 x절편이고 점 C는 직선 A′A″과 직선 $y=x+1$의 교점이다.

직선 A′A″의 방정식은 $y=\frac{-2-4}{3-1}(x-1)+4$ $\therefore y=-3x+7$

점 B는 직선의 x절편이므로 $B\left(\frac{7}{3}, 0\right)$

점 C는 직선 A′A″과 직선 $y=x+1$과 교점이므로 $-3x+7=x+1$에서

$x=\frac{3}{2}$이므로 $C\left(\frac{3}{2}, \frac{5}{2}\right)$

0313

2013년 03월 고2 학력평가 B형 29번 변형

오른쪽 그림과 같이 바다에 인접해 있는 두 해안 도로가 45°의 각을 이루며 만나고 있다.

TIP 직선의 기울기는 1이다.

두 해안 도로가 만나는 지점에서 바다쪽으로 km 떨어져 있는 배에서 출발하여 두 해안 도로를 차례대로 한 번씩 거쳐 다시 배로 되돌아오는 수영코스의 최단길이가 $100\sqrt{2}$m일 때, 상수 k의 값을 구하시오.

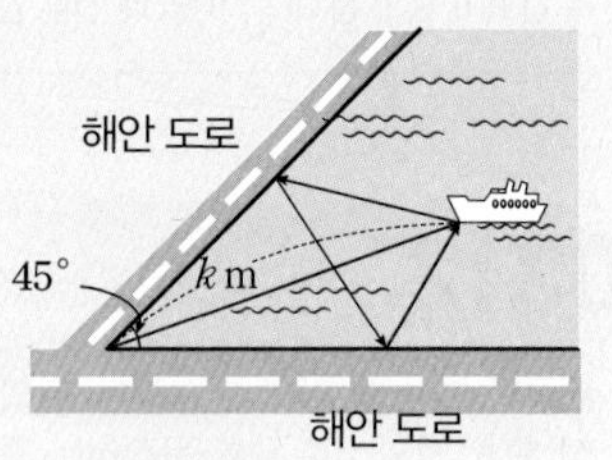

TIP 해안 도로를 기준으로 대칭이동을 이용하여 최단길이를 찾는다.

(단, 배는 정지해 있고 두 해안 도로는 일직선 모양이며 그 폭은 무시한다.)

STEP A 좌표평면으로 옮긴 후 거리가 최소가 되기 위한 조건 구하기

주어진 그림을 좌표평면으로 옮기고 배의 위치를 점 $P(a, b)$라 하자.
또한, 두 해안 도로가 만나는 점을 원점 O라 하면
두 해안 도로가 45°를 이루고 있으므로 직선 $y=x$라 할 수 있다.

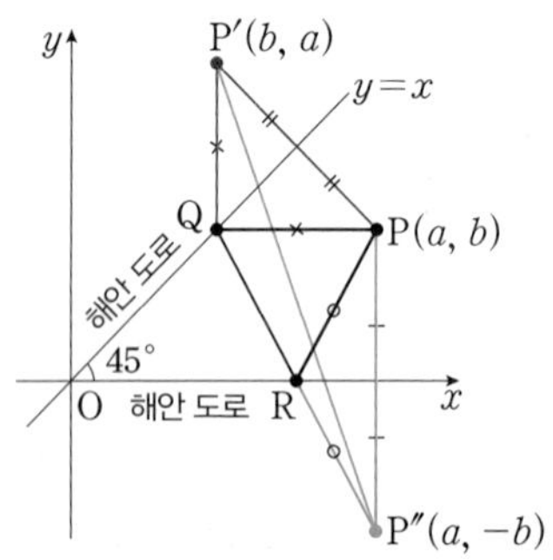

직선 $y=x$ 위의 점을 Q, x축 위의 점을 R이라 하면 수영코스는

$\overline{PQ}+\overline{QR}+\overline{RP}$

이때 점 $P(a, b)$를 $y=x$에 대하여 대칭이동한 점을 P′이라 하면

$P'(b, a)$

x축에 대하여 대칭이동한 점을 P″이라 하면

$P''(a, -b)$

$\overline{PQ}=\overline{P'Q}$, $\overline{RP}=\overline{RP''}$이므로

$\overline{PQ}+\overline{QR}+\overline{RP}=\overline{P'Q}+\overline{QR}+\overline{RP''}\geq\overline{P'P''}$

즉 $\overline{PQ}+\overline{QR}+\overline{RP}$의 최솟값은 $\overline{P'P''}$

STEP B 최솟값을 이용하여 a, b의 관계식 구하기

$\overline{P'P''}=\sqrt{(b-a)^2+(a+b)^2}=\sqrt{2a^2+2b^2}=100\sqrt{2}$이고

양변을 제곱하면 $2a^2+2b^2=20000$

$\therefore a^2+b^2=10000$

STEP C 상수 k의 값 구하기

점 $P(a, b)$에서 원점까지의 거리가 k이므로

$\sqrt{a^2+b^2}=k$

따라서 $\sqrt{a^2+b^2}=\sqrt{10000}=100$이므로 $k=100$

다른풀이 피타고라스 정리를 이용하여 풀이하기

STEP A 대칭이동을 이용하여 최소가 되기 위한 조건 구하기

두 해안 도로 교차점을 O, 배의 위치를 P,
두 해안 도로를 차례대로 한 번씩 걸치는 지점을 각각 X, Y라고 하자.
점 P를 해안 도로를 기준으로 대칭이동한 점을 A, B라 하면
다음 그림과 같이

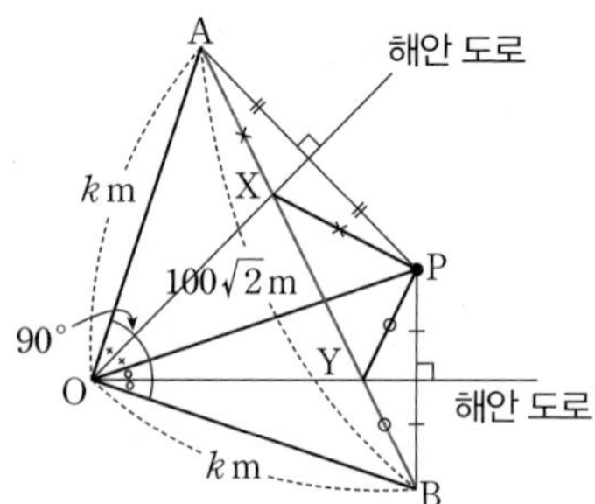

$\overline{PX}=\overline{AX}$, $\overline{PY}=\overline{BY}$이므로

$\overline{PX}+\overline{XY}+\overline{YP}=\overline{AX}+\overline{XY}+\overline{YB}$

$\geq\overline{AB}$

즉 수영코스의 최단길이가 $\overline{AB}$이고 $\overline{AB}=100\sqrt{2}$m

STEP B 직각삼각형의 피타고라스 정리를 이용하여 k의 값 구하기

이때 삼각형 POA와 삼각형 POB는 이등변삼각형이므로

$\overline{OB}=\overline{OA}=\overline{OP}=k$이고 $\angle AOB=45°\times2=90°$

삼각형 AOB는 빗변이 $100\sqrt{2}$m인 직각삼각형이다. ← ×+●=45°

직각삼각형 AOB에서 피타고라스 정리에 의해

$k^2+k^2=(100\sqrt{2})^2$, $2k^2=20000$

따라서 $k=100$

MAPL; YOURMASTERPLAN

단원종합문제

도형의 이동

BASIC

0314

2016년 09월 고1 학력평가 3번 변형

다음 물음에 답하시오.

(1) 좌표평면 위의 점 $(2, 3)$을 x축의 방향으로 -1만큼, y축의 방향으로 2만큼 평행이동한 후 x축에 대하여 대칭이동한 점의 좌표가 (a, b)

TIP x축의 방향으로 a만큼, y축의 방향으로 b만큼 평행이동한 점의 좌표는 $(x, y) \longrightarrow (x+a, y+b)$

일 때, $a+b$의 값은? (단, a, b는 상수이다.)

① -5 ② -4 ③ -3
④ 4 ⑤ 5

STEP A 점의 평행이동과 대칭이동을 이용하여 a, b의 값 구하기

점 $(2, 3)$을 x축의 방향으로 -1만큼, y축의 방향으로 2만큼 평행이동하면
x좌표에 -1, y좌표에 2를 더한다.

점 $(1, 5)$

점 $(1, 5)$를 x축에 대하여 대칭이동한 점의 좌표는 $(1, -5)$
y좌표의 부호가 반대

따라서 $a=1$, $b=-5$이므로 $a+b=-4$

2022년 03월 고2 학력평가 23번 변형

(2) 점 $(3, 5)$를 직선 $y=x$에 대하여 대칭이동한 후, y축의 방향으로

TIP 점 (x, y)를 $y=x$에 대하여 대칭이동하면 (y, x)

1만큼 평행이동한 점의 좌표는 (a, b)이다. ab의 값은?
(단, a, b는 상수이다.)

① 10 ② 15 ③ 20
④ 25 ⑤ 30

STEP A 점의 대칭이동과 평행이동을 이용하여 ab의 값 구하기

점 $(3, 5)$를 직선 $y=x$에 대하여 대칭이동한 점의 좌표는 $(5, 3)$
x좌표와 y의 좌표를 서로 바꾼다.

점 $(5, 3)$을 y축의 방향으로 1만큼 평행이동한 점의 좌표는 $(5, 4)$
y좌표에 1을 더한다.

따라서 $a=5$, $b=4$이므로 $ab=20$

0315

2024년 03월 고2 학력평가 25번 변형

좌표평면 위의 점 $\mathrm{A}(3, -1)$을 x축의 방향으로 1만큼, y축의 방향으로 -4만큼 평행이동한 점을 B라 하자. 직선 AB를 x축의 방향으로 5만큼, y축의 방향으로 4만큼 평행이동한 직선의 y절편을 구하시오.

TIP x대신에 $x-5$, y대신에 $y-4$를 대입한다.

STEP A 점 A의 평행이동을 이용하여 직선 AB의 방정식 구하기

점 $\mathrm{A}(3, -1)$을 x축의 방향으로 1만큼, y축의 방향으로 -4만큼 평행이동한 점 B의 좌표는 $(3+1, -1-4)$이므로 $\mathrm{B}(4, -5)$

이때 직선 AB의 기울기가 $\dfrac{-5-(-1)}{4-3}=-4$이므로

직선 AB의 방정식은 $y=-4(x-3)-1$, 즉 $y=-4x+11$

STEP B 직선 AB를 평행이동하여 y절편 구하기

직선 $y=-4x+11$을 x축의 방향으로 5만큼, y축의 방향으로 4만큼 평행이동한 직선의 방정식은 x대신 $x-5$, y대신 $y-4$를 대입하면

$y-4=-4(x-5)+11$이므로 $y=-4x+35$

따라서 평행이동한 직선의 y절편은 35

0316

2008년 고1 학업성취도평가 16번

원 $(x-1)^2+(y+1)^2=4$를 x축의 방향으로 1만큼, y축의 방향으로 2만큼 평행이동한 원에 대한 [보기]의 설명 중 옳은 것을 모두 고른 것은?

TIP 원의 평행이동이므로 x대신 $x-1$, y대신 $y-2$를 대입한다.

ㄱ. 원점을 지난다.
ㄴ. y축에 접한다.
ㄷ. 직선 $y=\dfrac{1}{2}x$는 원의 둘레를 이등분한다.

① ㄴ ② ㄱ, ㄴ ③ ㄱ, ㄷ
④ ㄴ, ㄷ ⑤ ㄱ, ㄴ, ㄷ

STEP A 평행이동한 원의 방정식 구하기

원 $(x-1)^2+(y+1)^2=4$를 x축의 방향으로 1만큼, y축의 방향으로 2만큼 평행이동한 원의 방정식은 x대신에 $x-1$, y대신에 $y-2$를 대입하면 되므로

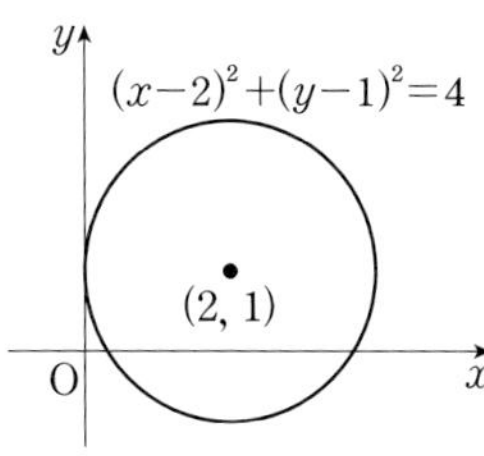

$(x-1-1)^2+(y-2+1)^2=4$

$\therefore (x-2)^2+(y-1)^2=4$

STEP B [보기]의 참, 거짓 판단하기

ㄱ. $(x-2)^2+(y-1)^2=4$에 $x=0$, $y=0$을 대입하면
$(-2)^2+(-1)^2=5 \neq 4$이므로 평행이동한 원은 원점을 지나지 않는다. [거짓]

ㄴ. 중심의 좌표가 $(2, 1)$이고 반지름의 길이가 2이므로 평행이동한 원은 y축에 접한다. [참]
|원의 중심의 x좌표|=(원의 반지름의 길이)

ㄷ. 직선 $y=\dfrac{1}{2}x$가 평행이동한 원의 중심인 점 $(2, 1)$을 지나므로 직선 $y=\dfrac{1}{2}x$는 원의 둘레를 이등분한다. [참]

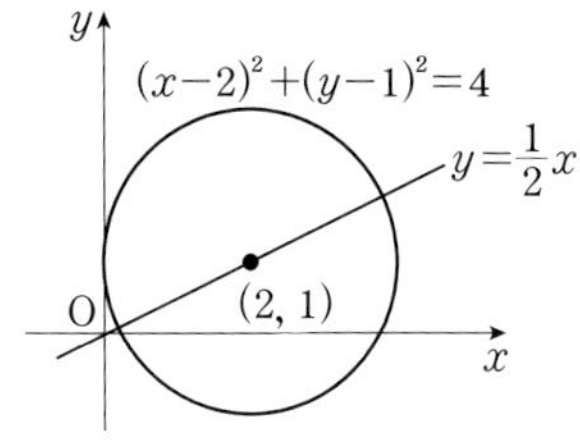

따라서 옳은 것은 ㄴ, ㄷ이다.

0317

2008년 03월 고2 학력평가 17번

다음 물음에 답하시오.

(1) 원 $x^2+y^2=1$을 x축의 방향으로 a만큼 평행이동하면 직선 $3x-4y-4=0$에 접한다. 이때 양수 a의 값은?

TIP (원의 중심에서 직선 사이의 거리)=(원의 반지름의 길이)

① $\frac{8}{3}$ ② $2\sqrt{2}$ ③ 3
④ $\sqrt{10}$ ⑤ $\frac{7}{2}$

STEP Ⓐ **평행이동한 원의 방정식 구하기**

원 $x^2+y^2=1$을 x축의 방향으로 a만큼 평행이동하면
x대신에 $x-a$를 대입하면 $(x-a)^2+y^2=1$
즉 원의 중심은 $(a, 0)$이고 반지름의 길이는 1이다.

STEP Ⓑ **직선이 원에 접함을 이용하여 a의 값 구하기**

직선 $3x-4y-4=0$이 원 $(x-a)^2+y^2=1$에 접함으로
원의 중심 $(a, 0)$에서 직선까지의 거리는 반지름의 길이 1과 같다.

즉 $\frac{|3a-4|}{\sqrt{3^2+(-4)^2}}=1$, $|3a-4|=5$이므로
$3a-4=5$ 또는 $3a-4=-5$
$\therefore a=3$ 또는 $a=-\frac{1}{3}$
따라서 $a>0$이므로 $a=3$

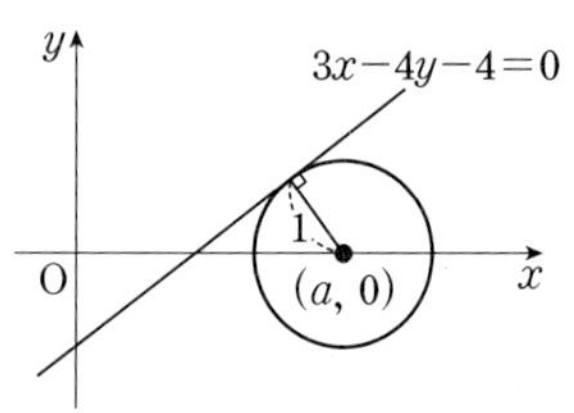

2017년 09월 고1 학력평가 15번

(2) 직선 $y=-\frac{1}{2}x-3$을 x축의 방향으로 a만큼 평행이동한 후

TIP x대신에 $x-a$를 대입

직선 $y=x$에 대하여 대칭이동한 직선을 l이라 하자. 직선 l이

TIP x, y를 바꾸어 준다.

원 $(x+1)^2+(y-3)^2=5$와 접하도록 하는 모든 상수 a의 값의 합은?

TIP (원의 중심에서 직선 사이의 거리)=(원의 반지름의 길이)

① 14 ② 15 ③ 16
④ 17 ⑤ 18

STEP Ⓐ **평행이동과 대칭이동을 이용하여 직선 l의 방정식 구하기**

직선 $y=-\frac{1}{2}x-3$을 x축의 방향으로 a만큼 평행이동하면
x대신에 $x-a$를 대입하면 되므로
$y=-\frac{1}{2}(x-a)-3$ $\therefore y=-\frac{1}{2}x+\frac{a}{2}-3$
이 직선을 $y=x$에 대하여 대칭이동하면 x, y를 바꾸어 주면 되므로
$x=-\frac{1}{2}y+\frac{a}{2}-3$ $\therefore y=-2x+a-6$
즉 직선 l의 방정식은 $l : 2x+y-a+6=0$

STEP Ⓑ **직선이 원에 접함을 이용하여 a의 값 구하기**

직선 $l : 2x+y-a+6=0$이
원 $(x+1)^2+(y-3)^2=5$에 접하므로
원의 중심 $(-1, 3)$에서 직선까지의 거리는
반지름의 길이 $\sqrt{5}$와 같다.

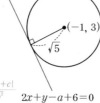

즉 $\frac{|-2+3-a+6|}{\sqrt{2^2+1^2}}=\frac{|-a+7|}{\sqrt{5}}=\sqrt{5}$

점 (x_1, y_1)에서 직선 $ax+by+c=0$까지의 거리는 $\frac{|ax_1+by_1+c|}{\sqrt{a^2+b^2}}$

$|-a+7|=5$이므로 $-a+7=5$ 또는 $-a+7=-5$
$\therefore a=2$ 또는 $a=12$
따라서 상수 a의 값의 합은 $2+12=14$

0318

2005년 03월 고2 학력평가 12번

다음 물음에 답하시오.

(1) 원 $x^2+y^2+2kx-6y+k^2=0$이 x축의 방향으로 1만큼, y축의 방향으로 -2만큼 평행이동하면 직선 $x-y+2=0$에 의하여 이등분된다.

TIP 직선이 평행이동한 원의 중심을 지난다.

이때 상수 k의 값은?

① 1 ② 2 ③ 3
④ 4 ⑤ 5

STEP Ⓐ **평행이동한 원의 중심의 좌표 구하기**

원 $x^2+y^2+2kx-6y+k^2=0$에서 $(x+k)^2+(y-3)^2=9$이므로
원의 중심의 좌표는 $(-k, 3)$
점 $(-k, 3)$을 x축의 방향으로 1만큼, y축의 방향으로 -2만큼 평행이동하면
$(-k+1, 3-2)$이므로 평행이동한 원의 중심의 좌표는 $(-k+1, 1)$

STEP Ⓑ **직선이 원의 중심을 지남을 이용하여 k의 값 구하기**

직선 $x-y+2=0$이 평행이동한 원을
이등분하므로 원의 중심 $(-k+1, 1)$을
지나면 된다.
즉 $(-k+1)-1+2=0$, $-k+2=0$
따라서 $k=2$

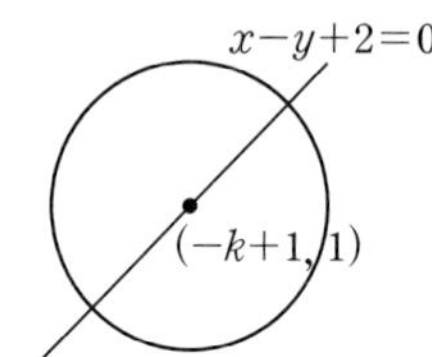

+α 직선을 평행이동하여 구할 수 있어!

원 $x^2+y^2+2kx-6y+k^2=0$을 x축의 방향으로 1만큼, y축의 방향으로 -2만큼 평행이동하면 직선 $x-y+2=0$에 의하여 이등분되므로
직선을 x축의 방향으로 -1만큼, y축의 방향으로 2만큼 평행이동하면
원 $x^2+y^2+2kx-6y+k^2=0$을 이등분한다.
즉 $(x+1)-(y-2)+2=0$에서 $x-y+5=0$이 원의 중심 $(-k, 3)$을 지난다.
따라서 $-k-3+5=0$이므로 $k=2$

2015년 11월 고1 학력평가 9번

(2) 직선 $y=kx+1$을 x축의 방향으로 2만큼, y축의 방향으로 -3만큼 평행이동시킨 직선이 원 $(x-3)^2+(y-2)^2=1$의 넓이를 이등분할 때, 상수 k의 값은?

TIP 직선이 원의 중심을 지난다.

① $\frac{7}{2}$ ② 4 ③ $\frac{9}{2}$
④ 5 ⑤ $\frac{11}{2}$

STEP Ⓐ **평행이동한 직선의 방정식이 원의 중심을 지남을 이용하여 k의 값 구하기**

직선 $y=kx+1$을 x축의 방향으로 2만큼, y축의 방향으로 -3만큼
(x대신에 $x-2$, y대신에 $y+3$을 대입한다.)
평행이동하면 $y+3=k(x-2)+1$
$\therefore y=kx-2k-2$ …… ㉠
㉠의 직선이 원 $(x-3)^2+(y-2)^2=1$의 넓이를 이등분하므로
원의 중심 $(3, 2)$를 지나면 된다.
즉 $2=3k-2k-2$, $2=k-2$
따라서 $k=4$

+α 원의 중심을 평행이동하여 구할 수 있어!

직선 $y=kx+1$을 x축의 방향으로 2만큼, y축의 방향으로 -3만큼 평행이동하면
원 $(x-3)^2+(y-2)^2=1$의 넓이를 이등분하므로
원의 중심 $(3, 2)$를 x축의 방향으로 -2만큼, y축의 방향으로 3만큼 평행이동하면
직선 $y=kx+1$을 지나야 한다.
즉 점 $(1, 5)$를 지나므로 대입하면 $5=k+1$이므로 $k=4$

0319

다음 물음에 답하시오.

(1) 점 $(2, 3)$을 y축에 대하여 대칭이동한 후, 다시 직선 $y=-x$에 대하여 대칭이동하였더니 포물선 $y=x^2+ax+8$ 위의 점이 되었다. 이때 상수 a의 값을 구하시오.

TIP x좌표의 부호가 반대

TIP (x, y)를 $y=-x$에 대하여 대칭이동하면 $(-y, -x)$

STEP A 점 $(2, 3)$을 대칭이동한 점의 좌표 구하기

점 $(2, 3)$을 y축에 대하여 대칭이동한 점의 좌표는 $(-2, 3)$

x좌표의 부호가 반대

이 점을 직선 $y=-x$에 대하여 대칭이동한 점의 좌표는 $(-3, 2)$

x, y의 좌표와 부호를 바꾼다.

STEP B 포물선에 대입하여 상수 a의 값 구하기

이 점이 포물선 $y=x^2+ax+8$ 위의 점이므로 $2=9-3a+8$, $3a=15$

따라서 $a=5$

2024년 03월 고2 학력평가 6번 변형

(2) 원 $(x+6)^2+(y+11)^2=36$을 y축의 방향으로 1만큼 평행이동한 후, x축에 대하여 대칭이동한 원이 점 $(0, a)$를 지날 때, 상수 a의 값을 구하시오.

TIP y대신에 $y-1$을 대입

TIP y대신에 $-y$를 대입

STEP A 평행이동과 대칭이동을 이용하여 원의 방정식 구하기

원 $(x+6)^2+(y+11)^2=36$을 y축의 방향으로 1만큼 평행이동하면

y대신 $y-1$을 대입한다.

원의 방정식은 $(x+6)^2+(y+10)^2=36$

또한, 원 $(x+6)^2+(y+10)^2=36$을 x축에 대하여 대칭이동하면

y좌표의 부호를 바꾸면 $(x+6)^2+(-y+10)^2=36$

원의 방정식은 $(x+6)^2+(y-10)^2=36$

STEP B 원이 점 $(0, a)$를 지남을 이용하여 a의 값 구하기

원 $(x+6)^2+(y-10)^2=36$이 점 $(0, a)$를 지나므로

$(0+6)^2+(a-10)^2=36$, $(a-10)^2=0$ ← 원의 방정식에 $x=0$, $y=a$를 대입

따라서 $a=10$

+α 점을 대칭이동하고 평행이동하여 구할 수 있어!

원 $(x+6)^2+(y+11)^2=36$을 y축의 방향으로 1만큼 평행이동한 후 x축에 대하여 대칭이동하면 점 $(0, a)$를 지나므로 점 $(0, a)$를 x축에 대하여 대칭이동한 후 y축의 방향으로 -1만큼 평행이동하면 원 $(x+6)^2+(y+11)^2=36$을 지난다.
즉 $(0, a)$를 x축에 대하여 대칭이동하면 $(0, -a)$이고 y축의 방향으로 -1만큼 평행이동하면 $(0, -a-1)$이므로 $(x+6)^2+(y+11)^2=36$에 대입하면
$(0+6)^2+(-a-1+11)^2=36$, $36+(-a+10)^2=36$
따라서 $a=10$

0320

다음 물음에 답하시오.

(1) 직선 $y=2x+k$를 원점에 대하여 대칭이동시킨 다음 x축 방향으로 1만큼, y축 방향으로 -2만큼 평행이동시켰더니 직선 $y=2x-7$과 일치하였다. 이때 상수 k의 값은?

TIP x대신에 $-x$, y대신에 $-y$를 대입

TIP x대신에 $x-1$, y대신에 $y+2$를 대입

① -3 ② -2 ③ 0
④ 2 ⑤ 3

STEP A 대칭이동과 평행이동한 직선의 방정식 구하기

직선 $y=2x+k$를 원점에 대하여 대칭이동하면 $-y=-2x+k$

$f(x, y)=0$을 원점에 대하여 대칭이동하면 $f(-x, -y)=0$

$\therefore y=2x-k$

또한, x축의 방향으로 1만큼, y축의 방향으로 -2만큼 평행이동하면

x대신에 $x-1$, y대신에 $y+2$를 대입

$y+2=2(x-1)-k$ $\therefore y=2x-4-k$ …… ㉠

STEP B 두 직선이 일치함을 이용하여 k의 값 구하기

㉠의 직선이 $y=2x-7$과 일치하므로 $-4-k=-7$

따라서 $k=3$

(2) 직선 $y=2x+3$을 x축의 방향으로 1만큼, y축의 방향으로 -2만큼 평행이동한 다음, 직선 $y=x$에 대하여 대칭이동하면 점 $(3, a)$를 지난다. 이때 실수 a의 값은?

TIP x대신에 $x-1$, y대신에 $y+2$를 대입

TIP $f(x, y)=0$을 $y=x$에 대하여 대칭이동하면 $f(y, x)=0$

① -2 ② -1 ③ 0
④ 1 ⑤ 2

STEP A 평행이동과 대칭이동한 직선의 방정식 구하기

직선 $y=2x+3$을 x축의 방향으로 1만큼, y축의 방향으로 -2만큼

x대신에 $x-1$, y대신에 $y+2$를 대입

평행이동하면 $y+2=2(x-1)+3$ $\therefore y=2x-1$

또한, 직선 $y=x$에 대하여 대칭이동하면 $x=2y-1$

x와 y의 자리를 바꾸어 준다.

$\therefore y=\frac{1}{2}x+\frac{1}{2}$ …… ㉠

STEP B 직선이 $(3, a)$를 지남을 이용하여 a의 값 구하기

㉠의 직선이 점 $(3, a)$를 지나므로 대입하면 $a=\frac{1}{2}\times3+\frac{1}{2}$

따라서 $a=2$

0321

다음 물음에 답하시오.

(1) 원 $(x-a)^2+(y+1)^2=4$를 원점에 대하여 대칭이동한 후 다시 직선 $y=x$에 대하여 대칭이동하였더니 직선 $x+2y+3=0$에 의하여 넓이가 이등분되었다. 이때 상수 a의 값은?

TIP $f(x, y)=0$을 원점에 대하여 대칭이동하면 $f(-x, -y)=0$

TIP $f(x, y)=0$을 $y=x$에 대하여 대칭이동하면 $f(y, x)=0$

TIP 직선이 대칭이동한 원의 중심을 지난다.

① -2 ② -1 ③ 0
④ 1 ⑤ 2

STEP A 대칭이동한 원의 방정식 구하기

원 $(x-a)^2+(y+1)^2=4$를 원점에 대하여 대칭이동하면

x대신에 $-x$, y대신에 $-y$대입

$(-x-a)^2+(-y+1)^2=4$ $\therefore (x+a)^2+(y-1)^2=4$

또한, 직선 $y=x$에 대하여 대칭이동하면 $(y+a)^2+(x-1)^2=4$

x와 y의 자리를 바꾸어 준다.

$\therefore (x-1)^2+(y+a)^2=4$

즉 원의 중심은 $(1, -a)$이고 반지름의 길이는 2이다.

STEP B 직선이 원의 중심을 지남을 이용하여 a의 값 구하기

직선 $x+2y+3=0$이 원 $(x-1)^2+(y+a)^2=4$의 넓이를 이등분하므로 원의 중심 $(1, -a)$를 지나면 된다.

따라서 $1-2a+3=0$이므로 $a=2$

+α 직선을 이동하여 구할 수 있어!

직선 $x+2y+3=0$을 $y=x$에 대하여 대칭이동한 후 원점에 대하여 대칭이동하면 원 $(x-a)^2+(y+1)^2=4$의 중심을 지나면 된다.
$x+2y+3=0$을 $y=x$에 대하여 대칭이동하면 $y+2x+3=0$
$\therefore 2x+y+3=0$
또한, 원점에 대하여 대칭이동하면 $-2x-y+3=0$
$\therefore 2x+y-3=0$ ...... ㉠
㉠의 직선이 원 $(x-a)^2+(y+1)^2=4$의 중심 $(a, -1)$을 지나야 하므로
$2a-1-3=0$
따라서 $a=2$

MINI해설 원의 중심을 이용하여 풀이하기

원 $(x-a)^2+(y+1)^2=4$의 중심의 좌표는 $(a, -1)$
중심의 좌표를 원점에 대하여 대칭이동하면 $(-a, 1)$
또한, $y=x$에 대하여 대칭이동하면 $(1, -a)$
이때 직선 $x+2y+3=0$이 대칭이동한 원의 넓이를 이등분하므로
원의 중심 $(1, -a)$를 지나야 한다.
따라서 $1-2a+3=0$이므로 $a=2$

(2) 좌표평면에서 직선 $x-y+2=0$을 원점에 대하여 대칭이동시킨 후
TIP $f(x, y)=0$을 원점에 대하여 대칭이동하면 $f(-x, -y)=0$
다시 직선 $y=x$에 대하여 대칭이동시켰더니
TIP $f(x, y)=0$을 $y=x$에 대하여 대칭이동하면 $f(y, x)=0$
원 $(x-1)^2+(y-a)^2=1$의 둘레의 길이를 이등분하였다.
TIP 원의 둘레를 이등분하는 직선은 원의 중심을 지난다.
이때 상수 a의 값은?

① 2 ② 3 ③ 4
④ 5 ⑤ 6

STEP Ⓐ 대칭이동한 직선의 방정식 구하기

직선 $x-y+2=0$을 원점에 대하여 대칭이동하면 $-x+y+2=0$
x 대신에 $-x$, y 대신에 $-y$ 대입
$\therefore x-y-2=0$
또한, 직선 $y=x$에 대하여 대칭이동하면 $y-x-2=0$
x와 y의 자리를 바꾸어 준다.
$\therefore x-y+2=0$

STEP Ⓑ 대칭이동한 직선이 원의 중심을 지남을 이용하여 a의 값 구하기

직선 $x-y+2=0$이 원 $(x-1)^2+(y-a)^2=1$의 둘레의 길이를 이등분하므로
원의 중심 $(1, a)$를 지나야 한다.
따라서 $1-a+2=0$이므로 $a=3$

MINI해설 원의 중심을 대칭이동하여 풀이하기

직선 $x-y+2=0$을 원점에 대하여 대칭이동한 후 직선 $y=x$에 대하여 대칭이동하면 원 $(x-1)^2+(y-a)^2=1$의 둘레의 길이를 이등분하므로
원의 중심 $(1, a)$를 지나야 한다.
이때 원의 중심 $(1, a)$를 직선 $y=x$에 대하여 대칭이동한 후 원점에 대하여 대칭이동하면 직선 $x-y+2=0$을 지난다.
$(1, a)$를 직선 $y=x$에 대하여 대칭이동하면 $(a, 1)$
$(a, 1)$을 원점에 대하여 대칭이동하면 $(-a, -1)$
따라서 $-a+1+2=0$이므로 $a=3$

0322

다음 물음에 답하시오.

(1) 직선 $y=\frac{1}{2}ax-1$을 y축에 대하여 대칭이동한 직선과
TIP $f(x, y)=0$을 y축에 대하여 대칭이동하면 $f(-x, y)=0$
직선 $y=\frac{1}{2}ax-1$을 원점에 대하여 대칭이동한 직선이
TIP $f(x, y)=0$을 원점에 대하여 대칭이동하면 $f(-x, -y)=0$
서로 수직일 때, 양수 a의 값은?
TIP 기울기의 곱이 -1

① 2 ② 3 ③ 4
④ 5 ⑤ 6

STEP Ⓐ 대칭이동한 두 직선의 방정식 구하기

직선 $y=\frac{1}{2}ax-1$을 y축에 대하여 대칭이동한 직선에 방정식은
x 대신에 $-x$를 대입
$y=-\frac{1}{2}ax-1$ ...... ㉠
직선 $y=\frac{1}{2}ax-1$을 원점에 대하여 대칭이동한 직선의 방정식은
x 대신에 $-x$, y 대신에 $-y$를 대입
$-y=-\frac{1}{2}ax-1 \quad \therefore y=\frac{1}{2}ax+1$ ...... ㉡

STEP Ⓑ 두 직선이 수직임을 이용하여 a의 값 구하기

두 직선 ㉠, ㉡이 서로 수직이므로 $-\frac{1}{2}a\times\frac{1}{2}a=-1$, $a^2=4$
$\therefore a=2$ 또는 $a=-2$
따라서 양수 a의 값은 2

2019년 03월 고2(나) 학력평가 16번 변형

(2) 좌표평면에 두 점 $A(-4, 2)$, $B(2, k)$가 있다. 점 A를 y축에 대하여 대칭이동한 점을 P라 하고, 점 B를 y축의 방향으로 -4만큼 평행이동한 점을 Q라 하자. 직선 BP와 직선 PQ가 서로 수직이 되도록 하는
TIP 직선 BP와 직선 PQ의 기울기의 곱이 -1이다.
실수 k의 값을 구하시오.

STEP Ⓐ 점의 평행이동과 대칭이동을 이용하여 두 점 P, Q의 좌표 구하기

점 $A(-4, 2)$를 y축에 대하여 대칭이동한 점 $P(4, 2)$
점 $B(2, k)$를 y축의 방향으로 -4만큼 평행이동한 점 $Q(2, k-4)$

STEP Ⓑ 직선 BP와 직선 PQ가 서로 수직임을 이용하여 k의 값 구하기

두 점 $B(2, k)$, $P(4, 2)$를 잇는 직선 BP의 기울기는
$\frac{k-2}{2-4}=-\frac{k-2}{2}$
두 점 $P(4, 2)$, $Q(2, k-4)$를 잇는 직선 PQ의 기울기는
$\frac{2-(k-4)}{4-2}=\frac{6-k}{2}$
이때 두 직선 BP, PQ가 서로 수직이므로 기울기의 곱은 -1이다.
즉 $\left(-\frac{k-2}{2}\right)\times\frac{6-k}{2}=-1$, $\frac{(k-2)(6-k)}{4}=1$, $k^2-8k+16=0$
따라서 $(k-4)^2=0$이므로 $k=4$

0323

원 $x^2+y^2-4x+6y+12=0$을 x축에 대하여 대칭이동한 원이

TIP $f(x, y)=0$을 x축에 대하여 대칭이동하면 $f(x, -y)=0$

직선 $y=mx$에 접하도록 하는 모든 실수 m의 값의 합은?

TIP (원의 중심에서 직선까지의 거리)=(원의 반지름의 길이)

① -3 ② -2 ③ -1
④ 2 ⑤ 4

STEP A x축에 대하여 대칭이동한 원의 방정식 구하기

원 $x^2+y^2-4x+6y+12=0$에서 $(x-2)^2+(y+3)^2=1$

이때 x축에 대하여 대칭이동하면 $(x-2)^2+(-y+3)^2=1$

y 대신에 $-y$ 대입

$\therefore (x-2)^2+(y-3)^2=1$

STEP B 원의 중심에서 직선까지의 거리가 반지름의 길이와 같음을 이용하여 m의 값의 합 구하기

원 $(x-2)^2+(y-3)^2=1$이 직선 $y=mx$에 접하므로

원의 중심 $(2, 3)$에서 직선 $mx-y=0$까지의 거리는 반지름의 길이 1과 같다.

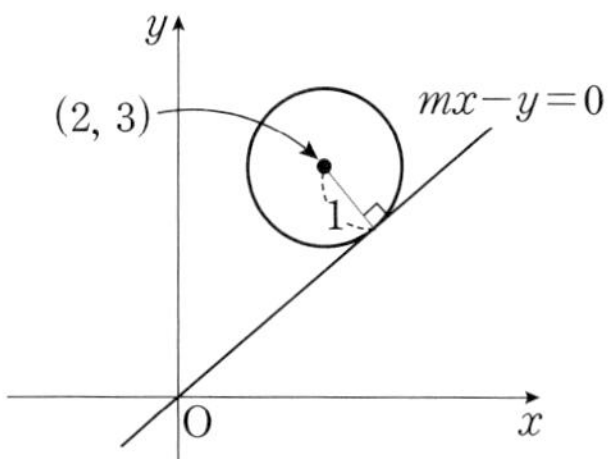

즉 $\dfrac{|2m-3|}{\sqrt{m^2+1}}=1$, $|2m-3|=\sqrt{m^2+1}$에서 양변을 제곱하면

$4m^2-12m+9=m^2+1$, $3m^2-12m+8=0$

이때 이차방정식의 근과 계수의 관계에 의하여 m의 값의 합은 4

이차방정식 $ax^2+bx+c=0$에서 두 근의 합은 $-\dfrac{b}{a}$

+α 판별식을 이용하여 구할 수 있어!

원 $(x-2)^2+(y-3)^2=1$이 직선 $y=mx$에 접하므로

연립한 이차방정식 $(x-2)^2+(mx-3)^2=1$

$(m^2+1)x^2-2(2+3m)x+12=0$의 판별식을 D라 하면 중근을 가지므로

$D=0$이어야 한다.

즉 $\dfrac{D}{4}=(2+3m)^2-12(m^2+1)=0$

$-3m^2+12m-8=0$

이때 이차방정식의 근과 계수의 관계에 의하여 m의 값의 합은 4

0324

2006년 11월 고1 학력평가 20번

원 C_1 : $x^2-2x+y^2+4y+4=0$을 직선 $y=x$에 대하여 대칭이동한

TIP x와 y의 좌표가 서로 바뀐다.

원을 C_2라 하자. 원 C_1 위의 임의의 점 P와 원 C_2 위의 임의의 점 Q에 대하여 두 점 P, Q 사이의 최소거리는?

TIP (두 원의 중심 사이의 거리)−(두 원의 반지름의 길이의 합)

① $2\sqrt{3}-2$ ② $2\sqrt{3}+2$ ③ $3\sqrt{2}-2$
④ $3\sqrt{2}+2$ ⑤ $3\sqrt{3}-2$

STEP A 원 C_2의 방정식 구하기

원 C_1 : $x^2-2x+y^2+4y+4=0$에서 $(x-1)^2+(y+2)^2=1$

이때 원 C_1을 직선 $y=x$에 대하여 대칭이동한 원 C_2의 방정식은

직선 $y=x$에 대한 대칭이동 : $f(x, y)=0 \longrightarrow f(y, x)=0$

C_2 : $(x+2)^2+(y-1)^2=1$

STEP B 두 점 P, Q 사이의 최소거리 구하기

오른쪽 그림과 같이 두 점 P, Q 사이의 최소거리는 두 원 C_1, C_2의 중심 사이의 거리에서 두 원의 반지름의 길이를 뺀 것과 같다.

두 원 C_1, C_2의 중심의 좌표가 각각 $(1, -2)$, $(-2, 1)$이고 각 원의 반지름의 길이가 1이다.

따라서 두 점 P, Q 사이의 최소거리는

두 점 $\mathrm{A}(x_1, y_1)$, $\mathrm{B}(x_2, y_2)$ 사이의 거리는 $\overline{\mathrm{AB}}=\sqrt{(x_2-x_1)^2+(y_2-y_1)^2}$

$\sqrt{(-2-1)^2+\{1-(-2)\}^2}-1-1=3\sqrt{2}-2$

두 점 P, Q 사이의 거리의 최댓값은 $3\sqrt{2}+2$

0325

2021년 09월 고1 학력평가 26번 변형

다음 물음에 답하시오.

(1) 원 $(x+1)^2+(y-2)^2=9$를 x축의 방향으로 m만큼, y축의 방향으로 n만큼 평행이동한 원을 C라 하자. 원 C가 다음 조건을 만족시킬 때, $m+n$의 값을 구하시오. (단, m, n은 상수이다.)

(가) 원 C의 중심은 제 4사분면 위에 있다.
(나) 원 C는 x축과 y축에 동시에 접한다.

TIP 제 4사분면에서 x, y축에 동시에 접하므로 $(x-r)^2+(y+r)^2=r^2$

STEP A 평행이동한 원의 방정식 구하기

원 $(x+1)^2+(y-2)^2=9$를 x축의 방향으로 m만큼, y축의 방향으로 n만큼

x대신에 $x-m$, y대신에 $y-n$을 대입

평행이동한 원의 방정식은 C : $(x-m+1)^2+(y-n-2)^2=9$

즉 원의 중심은 $(m-1, n+2)$이고 반지름의 길이는 3이다.

STEP B 평행이동한 원이 제 4사분면에서 x, y축에 동시에 접하기 위한 m, n의 값 구하기

원 C가 제 4사분면에서 x축과 y축에 동시에 접하므로

$r>0$일 때, 중심은 $(r, -r)$이고 반지름의 길이는 r

중심의 좌표에서 $m-1>0$, $n+2<0$ $\quad\therefore m>1$, $n<-2$

또한, $|m-1|=|n+2|=3$

$m-1=3$이므로 $m=4$, $n+2=-3$이므로 $n=-5$

따라서 $m+n=4+(-5)=-1$

POINT x축과 y축에 동시에 접하는 원

$r>0$일 때,

① 제1사분면에서 x축과 y축에 동시에 접하는 원 $(x-r)^2+(y-r)^2=r^2$
즉 원의 중심은 (r, r)이고 반지름의 길이는 r

② 제2사분면에서 x축과 y축에 동시에 접하는 원 $(x+r)^2+(y-r)^2=r^2$
즉 원의 중심은 $(-r, r)$이고 반지름의 길이는 r

③ 제3사분면에서 x축과 y축에 동시에 접하는 원 $(x+r)^2+(y+r)^2=r^2$
즉 원의 중심은 $(-r, -r)$이고 반지름의 길이는 r

④ 제4사분면에서 x축과 y축에 동시에 접하는 원 $(x-r)^2+(y+r)^2=r^2$
즉 원의 중심은 $(r, -r)$이고 반지름의 길이는 r

(2) 원 $(x-a)^2+(y+3)^2=4$를 x축에 대하여 대칭이동한 후 y축의 방향으로 -1만큼 평행이동한 원이 x축과 y축에 모두 접한다.

TIP 원의 중심을 (a, b), 반지름의 길이를 r이라 할 때, $|a|=|b|=r$

이때 양수 a의 값은?

① 1 ② 2 ③ 3
④ 4 ⑤ 5

STEP Ⓐ **대칭이동과 평행이동을 이용하여 원의 방정식 구하기**

원 $(x-a)^2+(y+3)^2=4$에서 x축에 대하여 대칭이동하면

$(x-a)^2+(-y+3)^2=4$ $\therefore (x-a)^2+(y-3)^2=4$

이 원을 y축의 방향으로 -1만큼 평행이동하면 ← y 대신 $y+1$을 대입한다.

$(x-a)^2+(y+1-3)^2=4$ $\therefore (x-a)^2+(y-2)^2=4$

즉 원의 중심은 $(a, 2)$이고 반지름의 길이는 2

STEP Ⓑ **원이 x축과 y축에 모두 접할 때, 양수 a의 값 구하기**

원이 x축과 y축에 동시에 접하므로 $|a|=2$ $\therefore a=2$ 또는 $a=-2$

원의 중심은 (a, b), 반지름의 길이를 r이라 할 때, $|a|=|b|=r$

따라서 양수 a의 값은 2

2021년 11월 고1 학력평가 13번 변형

(3) 좌표평면에서 두 양수 a, b에 대하여 원 $(x-a)^2+(y-b)^2=a^2$을 x축의 방향으로 -8만큼, y축의 방향으로 -3만큼 평행이동한 원을 C라 하자. 원 C가 x축과 y축에 동시에 접할 때, $a+b$의 값을 구하시오.

TIP 원의 중심을 (a, b), 반지름의 길이를 r이라 할 때 $|a|=|b|=r$

STEP Ⓐ **평행이동한 원의 중심과 반지름의 길이 구하기**

원 $(x-a)^2+(y-b)^2=a^2$ $(a>0, b>0)$에 대하여

x축의 방향으로 -8만큼, y축의 방향으로 -3만큼 평행이동하면

x 대신에 $x+8$, y 대신에 $y+3$을 대입

원 C는 $C:(x+8-a)^2+(y+3-b)^2=a^2$

즉 원의 중심은 $(a-8, b-3)$이고 반지름의 길이는 a이다.

STEP Ⓑ **원이 x축과 y축에 동시에 접함을 이용하여 a, b의 값 구하기**

원 C의 중심 $(a-8, b-3)$, 반지름의 길이가 a일 때,

x축과 y축에 동시에 접하므로 $|a-8|=a$, $|b-3|=a$

$|a-8|=a$에서 $a-8=a$ 또는 $a-8=-a$ $\therefore a=4$

$a-8=a$에서 $0-8=0$이므로 a의 값은 존재하지 않는다.

$|b-3|=a$에서 $b-3=4$ 또는 $b-3=-4$ $\therefore b=7$

$b-3=-4$에서 $b=-1$이므로 양수라는 조건을 만족시키지 않는다.

따라서 $a+b=4+7=11$

0326

다음 물음에 답하시오.

(1) 좌표평면 위에 두 점 A(1, 3), B(3, 1)이 있다. x축 위의 점 C에 대하여 삼각형 ABC의 둘레의 길이의 최솟값이 $2(\sqrt{a}+\sqrt{b})$일 때, 두 자연수 a, b의 합 $a+b$의 값을 구하시오.
(단, 점 C는 직선 AB 위에 있지 않다.)

STEP Ⓐ **대칭이동을 이용하여 삼각형 ABC의 둘레의 길이가 최소가 되기 위한 조건 이해하기**

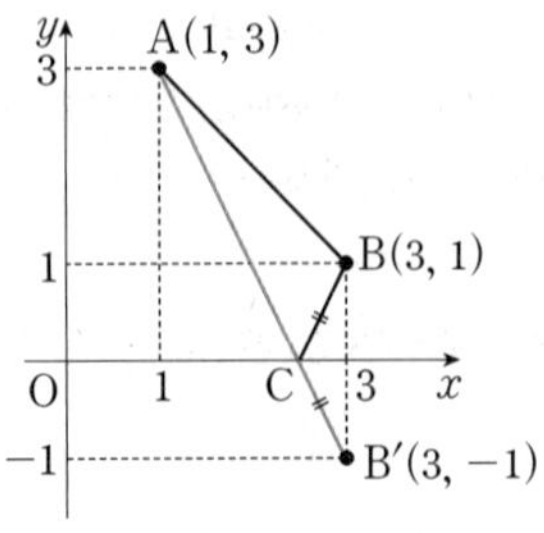

x축 위의 점 C에 대하여 삼각형 ABC의 둘레의 길이는

$\overline{AC}+\overline{BC}+\overline{AB}$

이때 점 B(3, 1)을 x축에 대하여 대칭이동한 점을 B′이라 하면

점 (x, y)를 x축에 대하여 대칭이동하면 $(x, -y)$

B′(3, −1)

즉 $\overline{BC}=\overline{B'C}$이므로

삼각형의 둘레의 길이는

$\overline{AC}+\overline{BC}+\overline{AB}=\overline{AC}+\overline{B'C}+\overline{AB}$

$\geq \overline{AB'}+\overline{AB}$

$\overline{AC}+\overline{B'C}$의 최솟값은 직선거리로 $\overline{AB'}$

즉 삼각형 ABC의 둘레의 길이의 최솟값은 $\overline{AB'}+\overline{AB}$

STEP Ⓑ **삼각형 ABC의 둘레의 길이의 최솟값 구하기**

$\overline{AB'}=\sqrt{(3-1)^2+(-1-3)^2}=\sqrt{20}=2\sqrt{5}$

두 점 (x_1, y_1), (x_2, y_2)에 대하여 두 점 사이의 거리는 $\sqrt{(x_1-x_2)^2+(y_1-y_2)^2}$

$\overline{AB}=\sqrt{(1-3)^2+(3-1)^2}=2\sqrt{2}$이므로

삼각형 ABC의 둘레의 길이의 최솟값은 $\overline{AB'}+\overline{BA}=2(\sqrt{5}+\sqrt{2})$

따라서 $a+b=5+2=7$

+α **삼각형 둘레의 길이가 최소일 때, 점 C의 좌표를 구할 수 있어!**

삼각형 둘레의 길이가 최소일 때 점 C의 좌표는 직선 AB′의 x절편이다.
두 점 A(1, 3), B′(3, −1)을 지나는 직선의 방정식은

$y=\frac{3-(-1)}{1-3}(x-1)+3$ $\therefore y=-2x+5$

즉 점 C는 직선의 x절편이므로 $C\left(\frac{5}{2}, 0\right)$

다른풀이 점 A를 대칭이동하여 풀이하기

STEP Ⓐ **대칭이동을 이용하여 삼각형 ABC의 둘레의 길이가 최소가 되기 위한 조건 이해하기**

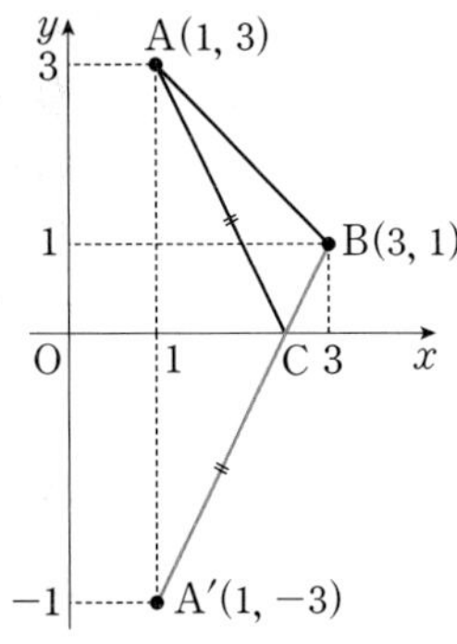

x축 위의 점 C에 대하여 삼각형 ABC의 둘레의 길이는 $\overline{AC}+\overline{BC}+\overline{AB}$

이때 점 A(1, 3)을 x축에 대하여 대칭이동한 점을 A′이라 하면 A′(1, −3)

즉 $\overline{AC}=\overline{A'C}$이므로 삼각형의 둘레의 길이는

$\overline{AC}+\overline{BC}+\overline{AB}=\overline{A'C}+\overline{BC}+\overline{AB}$

$\geq \overline{A'B}+\overline{AB}$

즉 삼각형 ABC의 둘레의 길이의 최솟값은 $\overline{A'B}+\overline{AB}$

STEP Ⓑ **삼각형 ABC의 둘레의 길이의 최솟값 구하기**

$\overline{A'B}=\sqrt{(3-1)^2+(1+3)^2}=\sqrt{20}=2\sqrt{5}$, $\overline{BA}=\sqrt{(1-3)^2+(3-1)^2}=2\sqrt{2}$

이므로 삼각형 ABC의 둘레의 길이의 최솟값은 $\overline{A'B}+\overline{BA}=2(\sqrt{5}+\sqrt{2})$

따라서 $a+b=5+2=7$

2013년 11월 고1 학력평가 6번

(2) 좌표평면 위에 직선 $y=x$ 위의 한 점 P가 있다. 점 P에서 점 A(3, 2)와 점 B(5, 3)에 이르는 거리의 합 $\overline{AP}+\overline{BP}$의 값이 최소일 때, 삼각형 ABP의 넓이는?

TIP 점 B를 대칭이동시켜 $\overline{AP}+\overline{BP}$의 최소를 구한다.

① 1 ② $\frac{3}{2}$ ③ 2 ④ $\frac{5}{2}$ ⑤ 3

STEP Ⓐ **대칭이동을 이용하여 $\overline{AP}+\overline{BP}$의 값이 최소가 되기 위한 조건 이해하기**

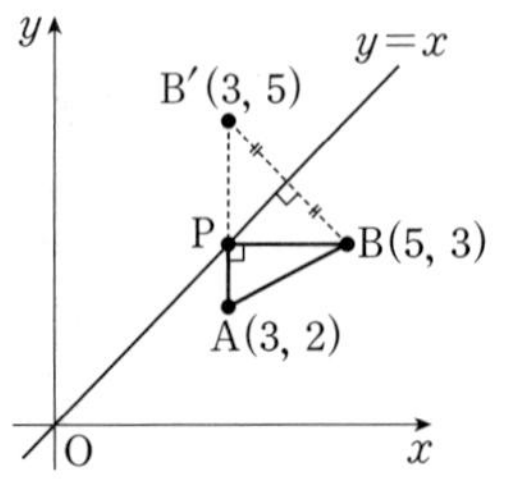

점 B(5, 3)을 $y=x$에 대하여 대칭이동한 점을 B′이라 하면 B′(3, 5)

점 (x, y)를 $y=x$에 대하여 대칭이동하면 (y, x)

이때 $y=x$ 위의 점 P에 대하여

$\overline{BP}=\overline{B'P}$이므로

$\overline{AP}+\overline{BP}=\overline{AP}+\overline{B'P}$

$\geq \overline{AB'}$

$\overline{AP}+\overline{B'P}$의 최솟값은 직선거리로 $\overline{AB'}$

즉 $\overline{AP}+\overline{BP}$의 최솟값은 $\overline{AB'}$

STEP Ⓑ **삼각형 ABP의 넓이 구하기**

점 P가 선분 AB′ 위에 있으므로 P(3, 3)이다.

이때 삼각형 ABP는 ∠P=90°인 직각삼각형이다.

따라서 삼각형 ABP의 넓이는 $\frac{1}{2}\times\overline{AP}\times\overline{BP}=\frac{1}{2}\times1\times2=1$

다른풀이 점 A를 대칭이동시켜 풀이하기

STEP Ⓐ 대칭이동을 이용하여 $\overline{\text{AP}}+\overline{\text{BP}}$의 값이 최소가 되기 위한 조건 이해하기

점 A$(3, 2)$를 $y=x$에 대하여 대칭이동한 점을 A$'$이라 하면 A$'(2, 3)$

이때 $y=x$ 위의 점 P에 대하여 $\overline{\text{AP}}=\overline{\text{A}'\text{P}}$이므로

$\overline{\text{AP}}+\overline{\text{BP}}=\overline{\text{A}'\text{P}}+\overline{\text{BP}}$

$\geq \overline{\text{A}'\text{B}}$

즉 $\overline{\text{AP}}+\overline{\text{BP}}$의 최솟값은 $\overline{\text{A}'\text{B}}$

STEP Ⓑ 삼각형 ABP의 넓이 구하기

점 P가 $y=x$ 위의 점이므로 P$(3, 3)$이다.

이때 삼각형 ABP는 $\angle \text{P}=90°$인 직각삼각형이다.

따라서 삼각형 ABP의 넓이는 $\frac{1}{2}\times\overline{\text{AP}}\times\overline{\text{BP}}=\frac{1}{2}\times1\times2=1$

2015년 11월 고1 학력평가 27번

(3) 좌표평면에서 제1사분면 위의 점 A를 $y=x$에 대하여 대칭이동시킨 점을 B라 하자. x축 위의 점 P에 대하여 $\overline{\text{AP}}+\overline{\text{PB}}$의 최솟값이 $10\sqrt{2}$일 때, 선분 OA의 길이를 구하시오. (단, O는 원점이고 점 A는 $y=x$ 위의 점이 아니다.)

TIP $x>0$, $y>0$

STEP Ⓐ 대칭이동을 이용하여 $\overline{\text{AP}}+\overline{\text{PB}}$의 값이 최소가 되기 위한 조건 이해하기

제1사분면 위의 점 A(a, b) $(a>0, b>0, a\neq b)$라 하면 $y=x$에 대하여 대칭이동한 점이 B

점 (x, y)를 $y=x$에 대하여 대칭이동하면 (y, x)

이므로 B(b, a)

또한, 점 A(a, b)를 x축에 대하여 대칭이동한 점을 A$'$이라 하면

점 (x, y)를 x축에 대하여 대칭이동하면 $(x, -y)$

A$'(a, -b)$

이때 $\overline{\text{AP}}=\overline{\text{A}'\text{P}}$이므로

$\overline{\text{AP}}+\overline{\text{PB}}=\overline{\text{A}'\text{P}}+\overline{\text{BP}}$

$\geq \overline{\text{A}'\text{B}}$

즉 $\overline{\text{AP}}+\overline{\text{PB}}$의 최솟값은 $\overline{\text{A}'\text{B}}$

STEP Ⓑ $\overline{\text{AP}}+\overline{\text{PB}}$의 최솟값이 $10\sqrt{2}$임을 이용하여 $\overline{\text{OA}}$의 길이 구하기

$\overline{\text{AP}}+\overline{\text{PB}}$의 최솟값이 $\overline{\text{A}'\text{B}}$이므로

$\overline{\text{A}'\text{B}}=\sqrt{(a-b)^2+(a+b)^2}=\sqrt{2(a^2+b^2)}=10\sqrt{2}$

양변을 제곱하면 $2(a^2+b^2)=200$

$\therefore a^2+b^2=100$

따라서 선분 OA의 길이는 $\sqrt{a^2+b^2}=\sqrt{100}=10$

원점 O$(0, 0)$과 점 A(a, b) 사이의 거리는 $\sqrt{(a-0)^2+(b-0)^2}=\sqrt{a^2+b^2}$

2022년 09월 고1 학력평가 17번 변형

그림과 같이 좌표평면 위에 두 점 A$(3, 4)$, B$(-4, 1)$이 있다. 서로 다른 두 점 C와 D가 각각 x축과 직선 $y=x$ 위에 있을 때, $\overline{\text{AD}}+\overline{\text{CD}}+\overline{\text{BC}}$의 최솟값은?

TIP 점 A를 $y=x$에 대하여 대칭이동하고 점 B를 x축에 대하여 대칭이동한다.

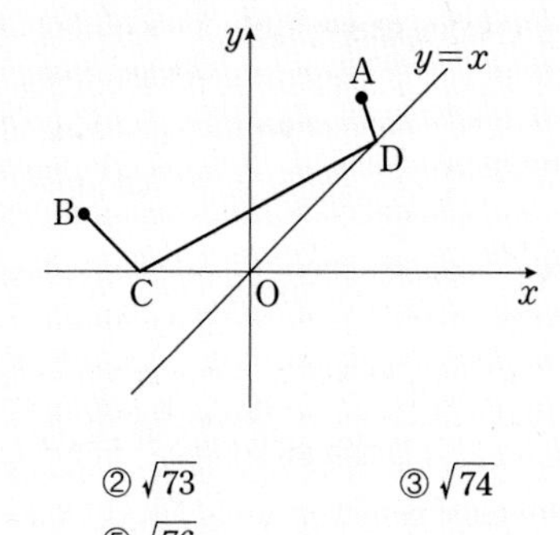

① $6\sqrt{2}$ ② $\sqrt{73}$ ③ $\sqrt{74}$

④ $5\sqrt{3}$ ⑤ $\sqrt{76}$

STEP Ⓐ 대칭이동을 이용하여 $\overline{\text{AD}}+\overline{\text{CD}}+\overline{\text{BC}}$의 값이 최소가 되기 위한 조건 이해하기

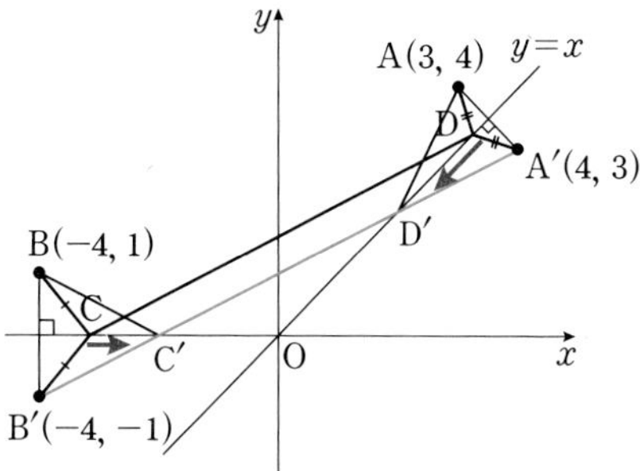

점 A$(3, 4)$를 $y=x$에 대하여 대칭이동 점을 A$'$이라 하면 A$'(4, 3)$

점 (x, y)를 $y=x$에 대하여 대칭이동하면 (y, x)

이때 $\overline{\text{AD}}=\overline{\text{A}'\text{D}}$

점 B$(-4, 1)$을 x축에 대하여 대칭이동한 점을 B$'$이라 하면 B$'(-4, -1)$

점 (x, y)를 x축에 대하여 대칭이동하면 $(x, -y)$

이때 $\overline{\text{BC}}=\overline{\text{B}'\text{C}}$

즉 $\overline{\text{AD}}+\overline{\text{CD}}+\overline{\text{BC}}=\overline{\text{A}'\text{D}}+\overline{\text{CD}}+\overline{\text{B}'\text{C}}$

$\geq \overline{\text{A}'\text{B}'}$

점 A$'$에서 점 B$'$까지 거리의 최솟값은 직선거리이다.

이므로 $\overline{\text{AD}}+\overline{\text{CD}}+\overline{\text{BC}}$의 최솟값은 $\overline{\text{A}'\text{B}'}$

STEP Ⓑ $\overline{\text{AD}}+\overline{\text{CD}}+\overline{\text{BC}}$의 최솟값 구하기

따라서 $\overline{\text{AD}}+\overline{\text{CD}}+\overline{\text{BC}}$의 최솟값은

$\overline{\text{A}'\text{B}'}=\sqrt{\{3-(-4)\}^2+\{4-(-1)\}^2}=\sqrt{49+25}=\sqrt{74}$

+α 두 점 C, D의 좌표를 구할 수 있어!

$\overline{\text{AD}}+\overline{\text{CD}}+\overline{\text{BC}}$의 값이 최소일 때, 점 C는 직선 A$'B'$의 x절편이고 점 D는 직선 A$'B'$과 직선 $y=x$의 교점이다.

직선 A$'$B$'$의 방정식은 $y=\frac{4-(-1)}{3-(-4)}(x-3)+4$ $\quad\therefore y=\frac{5}{7}x+\frac{13}{7}$

이때 점 C는 x절편이므로 $\text{C}\left(-\frac{13}{5}, 0\right)$

점 D는 직선 A$'$B$'$과 직선 $y=x$와 교점이므로

$x=\frac{5}{7}x+\frac{13}{7}$, $\frac{2}{7}x=\frac{13}{7}$ $\quad\therefore x=\frac{13}{2}$

$\therefore \text{D}\left(\frac{13}{2}, \frac{13}{2}\right)$

0328

다음 물음에 답하시오.

(1) 오른쪽 그림과 같이 좌표평면 위에 두 점 $\mathrm{A}(5, 2)$, $\mathrm{B}(1, 4)$가 있다. x축 위의 점 P와 y축 위의 점 Q에 대하여 사각형 ABQP의 둘레의 길이의 최솟값은?

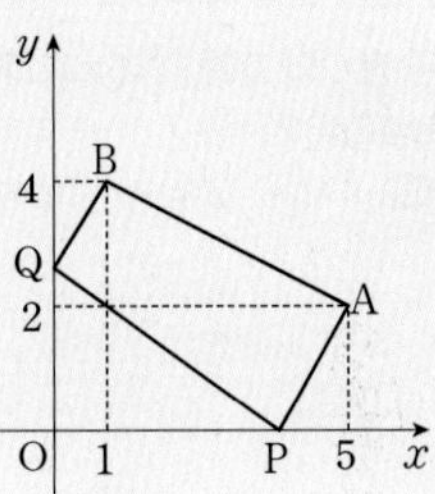

 점 A를 x축에 대하여, 점 B를 y축에 대하여 대칭이동하여 최솟값을 구한다.

① 10 ② $6\sqrt{3}$
③ $8\sqrt{5}$ ④ $6\sqrt{2}+2\sqrt{5}$
⑤ $2\sqrt{2}+6\sqrt{5}$

STEP Ⓐ **사각형 ABQP의 둘레의 길이가 최소가 되는 조건 이해하기**

점 A를 x축에 대하여 대칭이동한 점을 A′,

x축에 대한 대칭이동 : $(x, y) \longrightarrow (x, -y)$

점 B를 y축에 대하여 대칭이동한 점을 B′라 하면

y축에 대한 대칭이동 : $(x, y) \longrightarrow (-x, y)$

$\mathrm{A}'(5, -2)$, $\mathrm{B}'(-1, 4)$

이때 두 점 P, Q에 대하여 $\overline{\mathrm{AP}}=\overline{\mathrm{A'P}}$, $\overline{\mathrm{BQ}}=\overline{\mathrm{B'Q}}$이므로

(사각형 ABQP의 둘레의 길이)$=\overline{\mathrm{AB}}+\overline{\mathrm{BQ}}+\overline{\mathrm{QP}}+\overline{\mathrm{PA}}$

$=\overline{\mathrm{AB}}+\overline{\mathrm{B'Q}}+\overline{\mathrm{QP}}+\overline{\mathrm{PA'}}$

$\geq \overline{\mathrm{AB}}+\overline{\mathrm{A'B'}}$

즉 두 점 P, Q가 직선 A′B′ 위에 있을 때, 사각형 ABQP의 둘레의 길이가 최소가 된다.

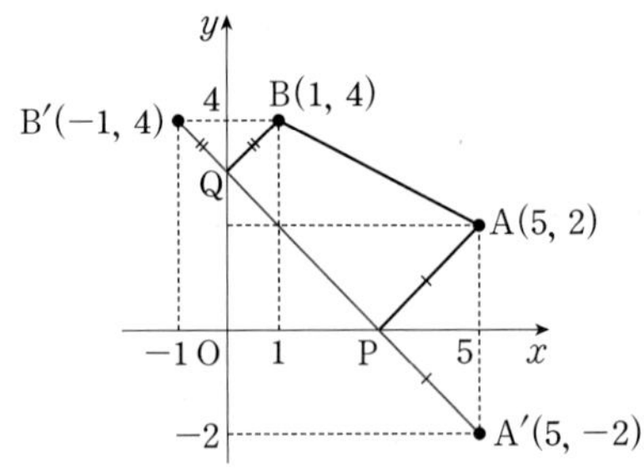

STEP Ⓑ **사각형 ABQP의 둘레의 길이의 최솟값 구하기**

따라서 사각형 ABQP의 둘레의 길이의 최솟값은

$\overline{\mathrm{A'B'}}+\overline{\mathrm{AB}}=\sqrt{(-6)^2+6^2}+\sqrt{(-4)^2+2^2}=6\sqrt{2}+2\sqrt{5}$

두 점 $\mathrm{A}(x_1, y_1)$, $\mathrm{B}(x_2, y_2)$ 사이의 거리는 $\overline{\mathrm{AB}}=\sqrt{(x_2-x_1)^2+(y_2-y_1)^2}$

+α 둘레의 길이가 최소일 때 두 점 P, Q의 좌표를 구할 수 있어!

사각형 ABQP의 둘레의 길이가 최소일 때, 두 점 P, Q는 직선 A′B′의 x절편과 y절편이다.

직선 A′B′의 방정식은 $y=\dfrac{4-(-2)}{-1-5}(x+1)+4 \quad \therefore y=-x+3$

즉 $\mathrm{P}(3, 0)$, $\mathrm{Q}(0, 3)$

(2) 두 점 $\mathrm{A}(4, 1)$, $\mathrm{B}(2, 5)$와 x축 위의 임의의 점 P, y축 위의 임의의 점 Q에 대하여 사각형 APQB의 둘레의 길이가 최소일 때, 직선 PQ의 기울기는?

TIP 점 A를 x축에 대하여, 점 B를 y축에 대하여 대칭이동한다.

① $-\dfrac{5}{3}$ ② $-\dfrac{4}{3}$ ③ -1
④ $-\dfrac{2}{3}$ ⑤ $-\dfrac{1}{3}$

STEP Ⓐ **사각형 APQB의 둘레의 길이가 최소가 되는 조건 이해하기**

점 A를 x축에 대하여 대칭이동한 점을 A′,

x축에 대한 대칭이동 : $(x, y) \longrightarrow (x, -y)$

점 B를 y축에 대하여 대칭이동한 점을 B′이라 하면

y축에 대한 대칭이동 : $(x, y) \longrightarrow (-x, y)$

$\mathrm{A}'(4, -1)$, $\mathrm{B}'(-2, 5)$

이때 $\overline{\mathrm{AP}}=\overline{\mathrm{A'P}}$, $\overline{\mathrm{BQ}}=\overline{\mathrm{B'Q}}$이므로

(사각형 APQB의 둘레의 길이)$=\overline{\mathrm{AP}}+\overline{\mathrm{PQ}}+\overline{\mathrm{QB}}+\overline{\mathrm{BA}}$

$=\overline{\mathrm{A'P}}+\overline{\mathrm{PQ}}+\overline{\mathrm{QB'}}+\overline{\mathrm{BA}}$

$\geq \overline{\mathrm{A'B'}}+\overline{\mathrm{AB}}$

즉 사각형 APQB의 둘레의 길이는 두 점 P, Q가 선분 A′B′ 위에 있을 때, 최소가 된다.

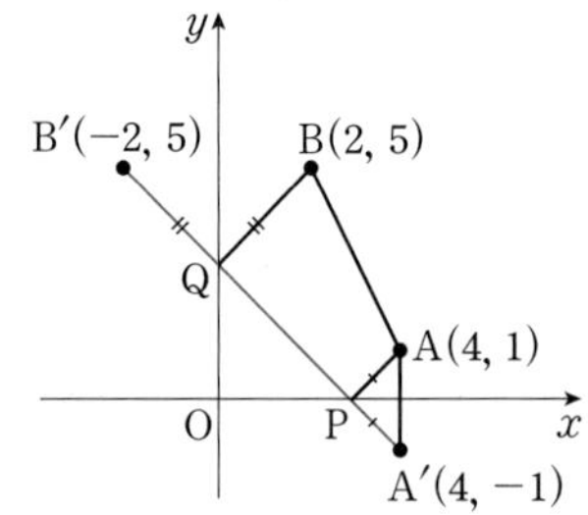

STEP Ⓑ **직선 PQ의 기울기 구하기**

따라서 직선 PQ의 기울기는 직선 A′B′의 기울기와 같으므로

두 점 (x_1, y_1), (x_2, y_2)를 잇는 직선의 기울기는 $\dfrac{y_2-y_1}{x_2-x_1}$

구하는 직선의 기울기는 $\dfrac{-1-5}{4-(-2)}=\dfrac{-6}{6}=-1$

NORMAL

0329

원 $(x-2)^2+(y+1)^2=1$을 x축의 방향으로 a만큼, y축의 방향으로 b만큼 평행이동한 원의 넓이를 직선 $(k-1)x+(k+1)y-6k=0$이 실수 k의 값에 관계없이 항상 이등분할 때, ab의 값을 구하시오. (단 a, b는 상수이다.)

TIP k에 대한 항등식

STEP A 평행이동한 원의 방정식 구하기

원 $(x-2)^2+(y+1)^2=1$을 x축의 방향으로 a만큼, y축의 방향으로 b만큼 평행이동한 원의 방정식은 $(x-a-2)^2+(y-b+1)^2=1$ …… ㉠

x대신에 $x-a$, y대신에 $y-b$대입

STEP B 항등식의 미정계수법을 이용하여 ab의 값 구하기

직선 $(k-1)x+(k+1)y-6k=0$이 실수 k의 값에 관계없이 항상 원 ㉠의 넓이를 이등분하려면 직선이 원의 중심 $(a+2, b-1)$을 지나야 하므로

$(k-1)(a+2)+(k+1)(b-1)-6k=0$

$\therefore (a+b-5)k-a+b-3=0$

이 식에 k에 대한 항등식이므로 $a+b-5=0$, $-a+b-3=0$

위의 식을 연립하여 풀면 $a=1$, $b=4$

따라서 $ab=1\times4=4$

0330

2021년 03월 고2 학력평가 15번 변형

좌표평면에서 세 점 $A(2, 4)$, $B(a, 6)$, $C(b, c)$가 다음 조건을 만족시킨다.

(가) 두 직선 OA, OB는 서로 수직이다.

TIP 두 직선 OA, OB의 기울기의 곱이 -1이다.

(나) 두 점 B, C는 직선 $y=x$에 대하여 서로 대칭이다.

TIP 두 점 B, C의 x좌표, y좌표가 서로 반대이다.

직선 AC의 y절편은? (단, O는 원점이다.)

TIP 직선이 y축과 만나는 점의 y좌표

① 8 ② 10 ③ 12 ④ 14 ⑤ 16

STEP A 조건 (가), (나)를 이용하여 a, b, c의 값 구하기

두 직선 OA, OB는 수직이므로 기울기의 곱은 -1

직선 OA의 기울기는 $\frac{4-0}{2-0}=2$

두 점 (x_1, y_1), (x_2, y_2)를 잇는 직선의 기울기는 $\frac{y_2-y_1}{x_2-x_1}$

직선 OB의 기울기는 $\frac{6-0}{a-0}=\frac{6}{a}$

즉 $2\times\frac{6}{a}=-1$이므로 $a=-12$ $\therefore B(-12, 6)$

조건 (나)에 의하여 두 점 $B(-12, 6)$, $C(b, c)$는 $y=x$에 대하여 대칭이므로 $C(6, -12)$ $\therefore b=6$, $c=-12$

STEP B 직선 AC의 y절편의 좌표 구하기

점 $A(2, 4)$, $C(6, -12)$에 대하여

직선 AC의 방정식은

$y=\frac{4-(-12)}{2-6}(x-2)+4$

$\therefore y=-4x+12$

따라서 직선 AC의 y절편은 12

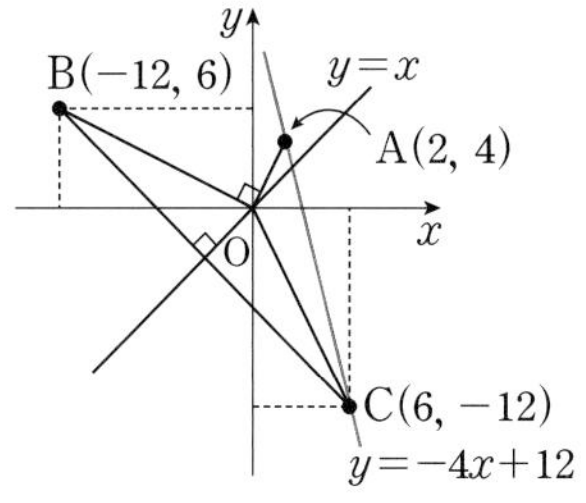

0331

다음 물음에 답하시오.

(1) 점 $(2, a)$를 점 $(3, 2a)$로 옮기는 평행이동에 의하여 포물선 $y=-x^2+2x$를 평행이동하면 직선 $y=2x+3$과 접할 때, 상수 a의 값을 구하시오.

TIP x축의 방향으로 1만큼, y축의 방향으로 a만큼 평행이동 한 것이다.

TIP 연립한 이차방정식이 중근을 가지므로 $D=0$

STEP A 점의 평행이동 이해하기

점 $(2, a)$를 x축의 방향으로 m만큼, y축의 방향으로 n만큼 평행이동한 점은 $(2+m, a+n)$이고 $(3, 2a)$와 일치하므로

$2+m=3$, $a+n=2a$

$\therefore m=1$, $n=a$ ← x축의 방향으로 1만큼, y축의 방향으로 a만큼 평행이동

STEP B 평행이동한 포물선의 방정식과 직선이 접함을 이용하여 a의 값 구하기

포물선 $y=-x^2+2x$를 x축의 방향으로 1만큼, y축의 방향으로 a만큼 평행이동하면 $y-a=-(x-1)^2+2(x-1)$

$\therefore y=-x^2+4x-3+a$

이때 포물선 $y=-x^2+4x-3+a$가 직선 $y=2x+3$과 접하므로

연립한 이차방정식 $-x^2+4x-3+a=2x+3$

즉 $x^2-2x+6-a=0$의 판별식을 D라 하면 중근을 가지므로 $D=0$

$\frac{D}{4}=1-(6-a)=0$, $-5+a=0$

따라서 상수 a의 값은 5

2024년 09월 고1 학력평가 24번 변형

(2) 직선 $y=2x+2$를 y축의 방향으로 m만큼 평행이동한 직선이 이차함수 $y=x^2-4x+12$의 그래프에 접할 때, 상수 m의 값을 구하시오.

TIP $y=2x+2+m$

TIP 연립한 이차방정식이 중근을 가지므로 $D=0$

STEP A 평행이동한 직선의 방정식 구하기

직선 $y=2x+2$를 y축의 방향을 m만큼 평행이동하면

$y-m=2x+2$

$\therefore y=2x+2+m$

STEP B 평행이동한 직선이 이차함수와 접함을 이용하여 m의 값 구하기

직선 $y=2x+2+m$이 이차함수 $y=x^2-4x+12$와 접하므로

연립한 이차방정식 $2x+2+m=x^2-4x+12$

즉 $x^2-6x+10-m=0$의 판별식을 D라 하면 중근을 가지므로 $D=0$

$\frac{D}{4}=9-(10-m)=0$, $-1+m=0$

따라서 상수 m의 값은 1

0332

2023년 11월 고1 학력평가 12번 변형

좌표평면 위의 두 점 A(2, 0), B(6, 4)와 직선 $y=x$ 위의 점 P에 대하여 $\overline{AP}+\overline{BP}$의 값이 최소가 되도록 하는 점 P를 P_0이라 하자.

TIP 점 A를 직선 $y=x$에 대하여 대칭이동시킨 후 $\overline{AP}+\overline{BP}$의 최솟값을 구한다.

직선 AP_0을 직선 $y=x$에 대하여 대칭이동한 직선이 점 $(a, 6)$을 지날 때, 상수 a의 값을 구하시오.

STEP A 대칭이동을 이용하여 $\overline{AP}+\overline{BP}$의 값이 최소가 되기 위한 조건 이해하고 점 P_0의 좌표 구하기

점 A(2, 0)을 $y=x$에 대하여 대칭이동한 점을 A′이라 하면 A′(0, 2)

x좌표와 y좌표를 서로 바꾼다.

$y=x$ 위의 점 P에 대하여 $\overline{AP}=\overline{A'P}$이므로

$\overline{AP}+\overline{BP}=\overline{A'P}+\overline{BP}$

$\geq \overline{A'B}$

점 A′에서 점 B까지 거리의 최솟값은 직선거리이므로 $\overline{A'B}$

이므로 $\overline{AP}+\overline{BP}$의 최솟값은 $\overline{A'B}$

$\overline{AP}+\overline{BP}$의 값이 최소일 때, 점 P_0는 직선 A′B와 직선 $y=x$의 교점이다.

두 점 A′(0, 2), B(6, 4)에 대하여 직선 A′B는

$y=\frac{4-2}{6-0}(x-0)+2 \quad \therefore y=\frac{1}{3}x+2$

즉 직선 $y=\frac{1}{3}x+2$와 직선 $y=x$의 교점은

$\frac{1}{3}x+2=x$이므로 $x=3$

$\therefore P_0(3, 3)$

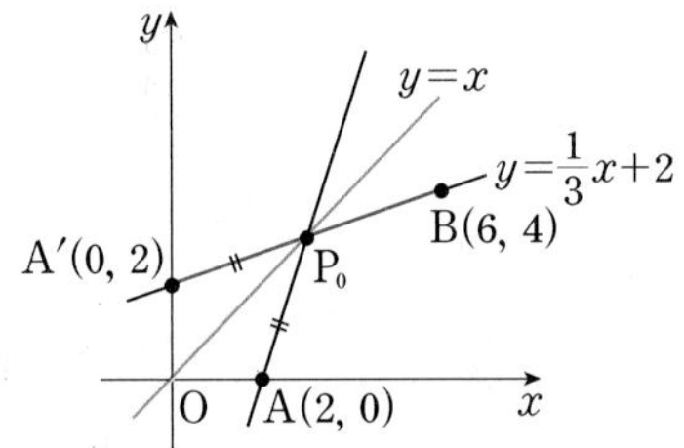

STEP B 대칭이동을 이용하여 상수 a의 값 구하기

직선 AP_0를 $y=x$에 대하여 대칭이동한 직선은 $A'P_0$와 같고

직선 $A'P_0$는 직선 A′B와 같으므로 직선의 방정식은 $y=\frac{1}{3}x+2$

이 직선이 점 $(a, 6)$을 지나므로 대입하면 $6=\frac{a}{3}+2$

따라서 상수 a의 값은 12

+α 직선의 방정식을 이용하여 구할 수 있어!

두 점 A(2, 0), $P_0(3, 3)$을 지나는 직선은 $y=\frac{3-0}{3-2}(x-2)+0$

$\therefore y=3x-6$

이때 직선 AP_0를 $y=x$에 대하여 대칭이동하면 $x=3y-6$

$\therefore y=\frac{1}{3}x+2$

0333

2024년 10월 고1 학력평가 15번 변형

다음 물음에 답하시오.

(1) 원 $C : x^2+y^2=8$ 위에 서로 다른 두 점 $A(a, b)$, $B(-b, -a)$가

TIP 두 점 A, B는 직선 $y=-x$에 대하여 대칭

있다. 원 C 위의 점 중 $\overline{AP}=\overline{BP}$, $\overline{AQ}=\overline{BQ}$를 만족시키는 서로 다른

TIP 삼각형 APB와 삼각형 AQB가 이등변삼각형이 되도록 두 점 P, Q를 구한다.

두 점 P, Q에 대하여 사각형 APBQ의 넓이가 8일 때, $a\times b$의 값을 구하시오. (단, $a+b\neq 0$)

STEP A 두 점 A, B가 $y=-x$에 대하여 대칭임을 이용하여 두 점 P, Q의 위치 구하기

두 점 $A(a, b)$, $B(-b, -a)$가 원 C 위의 점이므로 대입하면

$a^2+b^2=8$ …… ㉠

원 위의 두 점 $A(a, b)$, $B(-b, -a)$는 직선 $y=-x$에 대하여 대칭이고

원 위의 두 점 P, Q에 대하여 $\overline{AP}=\overline{BP}$, $\overline{AQ}=\overline{BQ}$이므로

두 점 P, Q의 위치는 다음과 같다.

즉 두 점 P, Q는 원 $x^2+y^2=8$과 직선 $y=-x$의 교점이어야 한다.

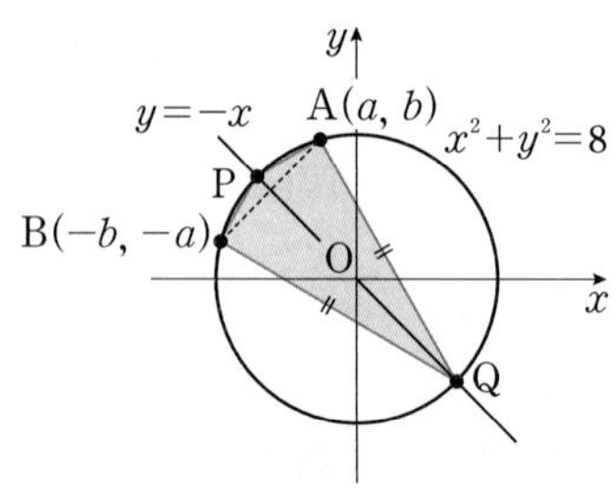

STEP B 사각형 APBQ의 넓이를 이용하여 선분 AB의 길이 구하기

원 $x^2+y^2=8$에서 반지름의 길이가 $2\sqrt{2}$이므로 $\overline{PQ}=4\sqrt{2}$

사각형 APBQ의 넓이는 $\frac{1}{2}\times\overline{PQ}\times\overline{AB}=\frac{1}{2}\times 4\sqrt{2}\times\overline{AB}=8$

$\therefore \overline{AB}=2\sqrt{2}$

STEP C 선분 AB의 길이를 이용하여 ab의 값 구하기

두 점 $A(a, b)$, $B(-b, -a)$에 대하여

$\overline{AB}=\sqrt{(a+b)^2+(b+a)^2}=\sqrt{2(a+b)^2}=2\sqrt{2}$

$\therefore (a+b)^2=4$

이때 $(a+b)^2=a^2+b^2+2ab=4$이고

㉠의 값을 대입하면 $8+2ab=4$

따라서 $ab=-2$

2016년 03월 고2 학력평가 가형 27번

(2) 오른쪽 그림과 같이 좌표평면에서 두 점 A(2, 0), B(1, 2)를 직선 $y=x$에 대하여 대칭이동한 점을 각각 C, D라 하자.

TIP 직선 $y=x$에 대한 대칭이동 : $(x, y)\longrightarrow(y, x)$

삼각형 OAB 및 그 내부와 삼각형 ODC 및 그 내부의 공통부분의 넓이를 S라 할 때, $60S$의 값을 구하시오.
(단, O는 원점이다.)

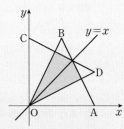

STEP A 직선 AB와 직선 OD의 교점의 좌표와 $y=x$의 교점의 좌표 구하기

오른쪽 그림과 같이 선분 AB와 선분 OD의 교점을 E, 선분 AB와 직선 $y=x$의 교점을 F라 하자.

직선 AB의 방정식은

$y-0=\frac{2-0}{1-2}(x-2)$

즉 $y=-2x+4$ …… ㉠

점 B(1, 2)를 직선 $y=x$에 대하여 대칭이동시킨 점이 D이므로 D(2, 1)

직선 $y=x$에 대한 대칭이동 : $(x, y)\longrightarrow(y, x)$

즉 직선 OD의 방정식은 $y=\frac{1}{2}x$ …… ㉡

㉠, ㉡을 연립하여 풀면 $x=\frac{8}{5}$, $y=\frac{4}{5}$ $\quad\therefore E\left(\frac{8}{5}, \frac{4}{5}\right)$

㉠과 직선 $y=x$를 연립하여 풀면 $x=\frac{4}{3}$, $y=\frac{4}{3}$ $\quad\therefore F\left(\frac{4}{3}, \frac{4}{3}\right)$

STEP B 삼각형 OEF의 넓이 구하기

두 직선 AB와 OD의 기울기의 곱이 -1
두 직선은 서로 수직이다.
이므로 $\angle OEF = 90°$이다.

$\overline{OE} = \sqrt{\left(\frac{8}{5}-0\right)^2+\left(\frac{4}{5}-0\right)^2} = \frac{4\sqrt{5}}{5}$

$\overline{EF} = \sqrt{\left(\frac{8}{5}-\frac{4}{3}\right)^2+\left(\frac{4}{5}-\frac{4}{3}\right)^2} = \frac{4\sqrt{5}}{15}$

즉 삼각형 OEF는 직각삼각형이므로
삼각형 OEF의 넓이는

$\frac{1}{2}\times\overline{OE}\times\overline{EF} = \frac{1}{2}\times\frac{4\sqrt{5}}{5}\times\frac{4\sqrt{5}}{15} = \frac{8}{15}$

STEP C S의 값 구하기

두 삼각형 OAB와 ODC의 공통부분의 넓이는 삼각형 OEF의 넓이의 2배이므로 $S = 2\times\frac{8}{15} = \frac{16}{15}$

따라서 $60S = 60\times\frac{16}{15} = 64$

0334

2016년 03월 고2 학력평가 나형 28번

오른쪽 그림과 같이 좌표평면에서 세 점 O(0, 0), A(4, 0), B(0, 3)을 꼭짓점으로 하는 삼각형 OAB를 평행이동한 도형을 삼각형 O′A′B′이라 하자. 점 A′의 좌표가 (9, 2)일 때, 삼각형 O′A′B′에 내접하는 원의 방정식은 $x^2+y^2+ax+by+c=0$이다. $a+b+c$의 값을 구하시오. (단, a, b, c는 상수이다.)

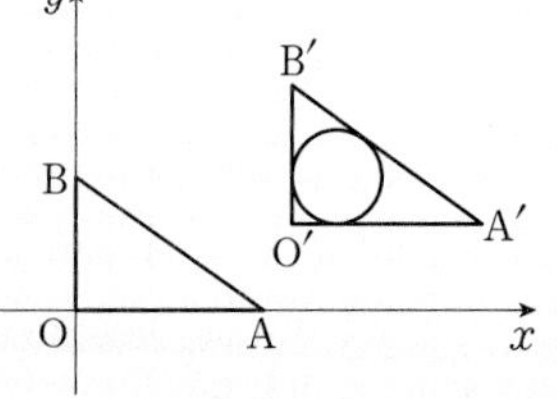

TIP 두 점 A, A′을 이용하여 평행이동을 구할 수 있다.

STEP A 삼각형 OAB에 내접하는 원을 C라 하고 원 C의 방정식 구하기

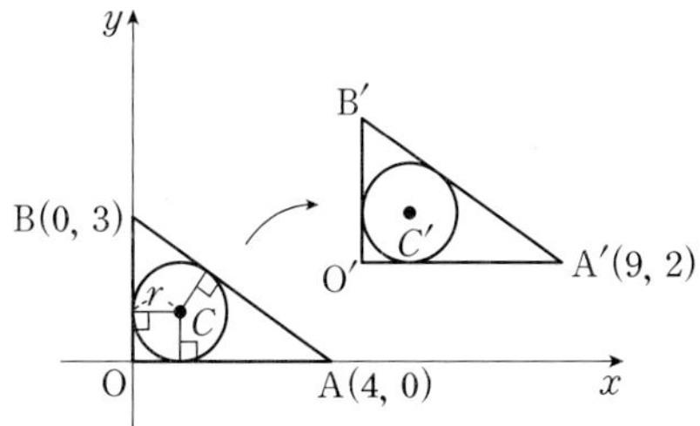

위의 그림과 같이 두 삼각형 OAB, O′A′B′에 내접하는 원을 각각 C, C'이라 하고 원 C의 반지름의 길이를 r이라 하면 원 C는 x축과 y축에 동시에 접하고 제1사분면에 중심이 있으므로 중심의 좌표는 (r, r)이고
$x>0$, $y>0$

원 C의 방정식은 $(x-r)^2+(y-r)^2=r^2$

또한, 직선 AB는 두 점 A(4, 0), B(0, 3)을 지나므로 직선 AB의 방정식은
두 점 $(a, 0)$, $(0, b)$를 지나는 직선의 방정식은 $\frac{x}{a}+\frac{y}{b}=1$

$\frac{x}{4}+\frac{y}{3}=1$, 즉 $3x+4y-12=0$

원 C가 직선 AB에 접하므로 원의 중심 (r, r)과 직선 AB 사이의 거리는
점 (x_1, y_1)과 직선 $ax+by+c=0$ 사이의 거리 $d=\frac{|ax_1+by_1+c|}{\sqrt{a^2+b^2}}$
원의 반지름의 길이 r과 같다.

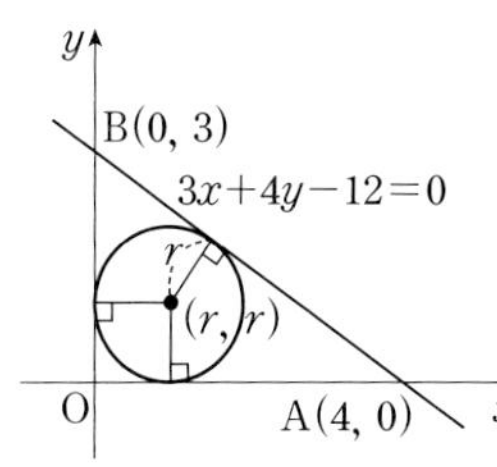

즉 $\frac{|3r+4r-12|}{\sqrt{3^2+4^2}}=r$, $|7r-12|=5r$

$7r-12=5r$ 또는 $7r-12=-5r$ $\quad\therefore r=6$ 또는 $r=1$

$r=6$이면 원 C가 삼각형 OAB에 내접하지 않으므로 $r=1$

즉 원 C의 방정식은 $(x-1)^2+(y-1)^2=1$

+α 삼각형의 넓이를 이용하여 구할 수 있어!

삼각형 OAB에 내접하는 원은 제1사분면에서 x축과 y축에 동시에 접하므로 반지름의 길이를 r이라 할 때, 원의 방정식은 $(x-r)^2+(y-r)^2=r^2$

이때 삼각형 OAB의 넓이는 $\frac{1}{2}\times\overline{OA}\times\overline{OB}=\frac{1}{2}\times r\times(\overline{OA}+\overline{OB}+\overline{AB})$이므로

$\frac{1}{2}\times4\times3=\frac{1}{2}\times r\times(4+3+5)$ $\quad\therefore r=1$

$r=1$이므로 원의 방정식은 $(x-1)^2+(y-1)^2=1$

STEP B 평행이동을 이용하여 원의 방정식 구하기

점 A(4, 0)을 x축의 방향으로 5만큼, y축의 방향으로 2만큼 평행이동하면 점 A′(9, 2)가 되므로 이 평행이동에 의하여
x좌표에 5를 더하고 y좌표에는 2를 더해준다.

원 C가 평행이동한 원 C'의 방정식은

$\{(x-5)-1\}^2+\{(y-2)-1\}^2=1$ ← x대신 $x-5$, y대신 $y-2$를 대입

$(x-6)^2+(y-3)^2=1$

$\therefore x^2+y^2-12x-6y+44=0$

따라서 $a=-12$, $b=-6$, $c=44$이므로 $a+b+c=26$

0335

2004년 06월 고2 학력평가 가형 6번

다음 물음에 답하시오.

(1) 두 원 $(x+2)^2+(y-1)^2=1$, $(x-2)^2+(y-5)^2=1$은 직선 l에 대하여 서로 대칭이다. 직선 l의 방정식은?

TIP 직선 l은 두 원의 중심 $(-2, 1)$, $(2, 5)$를 잇는 선분의 수직이등분선이다.

① $y=-2x+3$ ② $y=-x+2$ ③ $y=x+3$
④ $y=-x+3$ ⑤ $y=2x-1$

STEP A 중점 조건과 수직 조건을 이용하여 직선 l의 방정식 구하기

원 $(x+2)^2+(y-1)^2=1$에서 중심은 A$(-2, 1)$, 반지름의 길이는 1
원 $(x-2)^2+(y-5)^2=1$에서 중심은 B$(2, 5)$, 반지름의 길이는 1
이때 두 원이 직선 l에 대하여 대칭이므로
두 원의 중심 A$(-2, 1)$, B$(2, 5)$도 직선 l에 대하여 대칭이고
직선 l은 두 점 A, B를 잇는 선분의 수직이등분선이다.

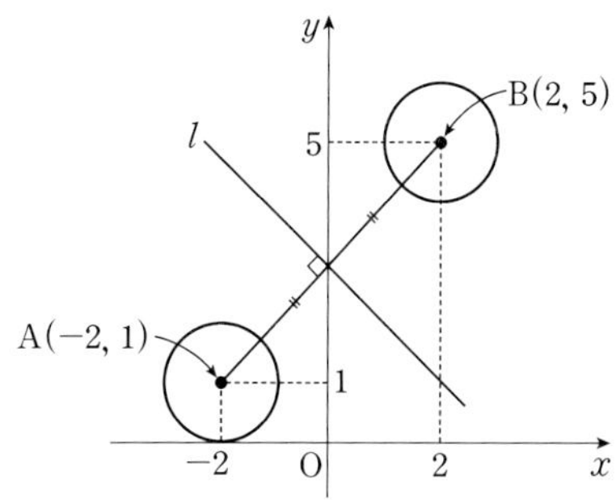

(i) 선분 AB와 직선 l은 수직으로 만나므로 직선 AB의 기울기는 $\frac{5-1}{2-(-2)}=1$

즉 직선 l의 기울기는 -1

(ii) 직선 l은 선분 AB의 중점을 지나므로 $\left(\frac{-2+2}{2}, \frac{1+5}{2}\right)$

즉 $(0, 3)$을 지나는 직선이다.

(i), (ii)에 의하여 직선 l은 기울기가 -1이고 점 $(0, 3)$을 지나므로
$l : y=-x+3$

(2) 원 $(x-2)^2+(y-5)^2=16$을 직선 $ax+by+1=0$에 대하여 대칭

TIP 두 원의 중심 $(2, 5)$, $(-6, 1)$에 대하여 수직이등분선이다.

이동한 원이 $x^2+y^2+12x-2y+c=0$일 때, 상수 a, b, c에 대하여

TIP 대칭이동하더라도 원의 반지름의 길이는 같다.

$a+b+c$의 값은?

① 16 ② 20 ③ 24
④ 28 ⑤ 32

STEP A 두 원이 직선에 대하여 대칭임을 이용하여 c의 값 구하기

원 $(x-2)^2+(y-5)^2=16$에서 중심 $A(2, 5)$이고 반지름의 길이는 4

이때 직선 $ax+by+1=0$에 대하여 대칭이동한 원이

$x^2+y^2+12x-2y+c=0$이므로

$(x+6)^2+(y-1)^2=37-c$에서 중심은 $B(-6, 1)$, 반지름의 길이는 $\sqrt{37-c}$

이때 대칭이동하더라도 반지름의 길이는 같으므로

$4=\sqrt{37-c}$이고 양변을 제곱하면 $16=37-c$

$\therefore c=21$

STEP B 중점 조건과 수직 조건을 이용하여 a, b의 값 구하기

두 원이 직선 $ax+by+1=0$에 대하여 대칭이므로

두 원의 중심 $A(2, 5)$, $B(-6, 1)$도 직선 $ax+by+1=0$에 대하여 대칭이다.

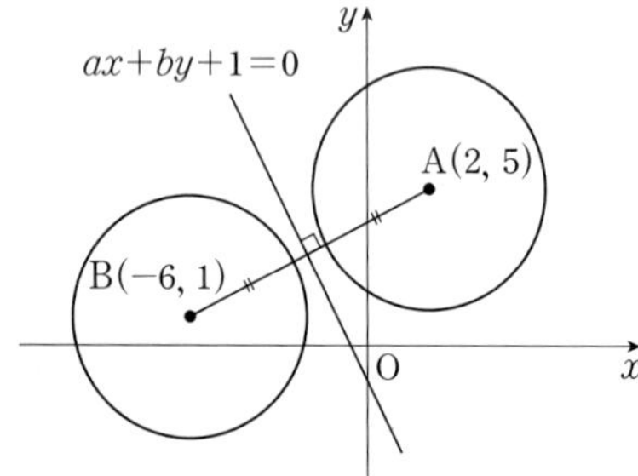

(i) 선분 AB와 직선 $ax+by+1=0$이 수직으로 만나므로

직선 AB의 기울기는 $\frac{5-1}{2-(-6)}=\frac{1}{2}$

직선 $ax+by+1=0$에서 $y=-\frac{a}{b}x-\frac{1}{b}$이므로 $-\frac{a}{b}\times\frac{1}{2}=-1$

$\therefore a=2b$ …… ㉠

(ii) 선분 AB의 중점 $\left(\frac{2+(-6)}{2}, \frac{5+1}{2}\right)$, 즉 $(-2, 3)$이

직선 $ax+by+1=0$ 위의 점이므로

$-2a+3b+1=0$ …… ㉡

㉠, ㉡을 연립하면 풀면 $a=2$, $b=1$

따라서 $a+b+c=2+1+21=24$

0336

2009년 05월 고2 성취도평가 가형 24번

다음 물음에 답하시오.

(1) 좌표평면 위의 두 점 $A\left(2, \frac{1}{2}\right)$, $B(5, -4)$가 있다. 직선 $y=x$ 위를 움직이는 점 P와 직선 $y=-x$ 위를 움직이는 점 Q에 대하여 $\overline{AP}+\overline{PQ}+\overline{QB}$가 최소가 될 때,

TIP 두 점 A, B를 대칭이동하여 $\overline{AP}+\overline{PQ}+\overline{QB}$의 값이 최소가 되는 값을 구한다.

두 점 P와 Q를 지나는 직선의 방정식을 $y=ax+b$라 하자. 상수 a, b에 대하여 a^2+b^2의 값을 구하시오.

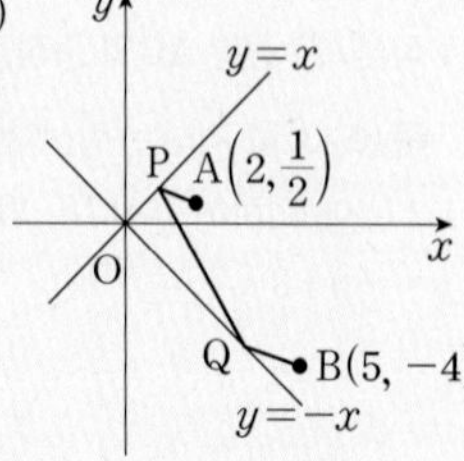

STEP A $\overline{AP}+\overline{PQ}+\overline{QB}$가 최소가 되는 조건 이해하기

점 $A\left(2, \frac{1}{2}\right)$을 $y=x$에 대하여 대칭이동시킨 점을 $A'\left(\frac{1}{2}, 2\right)$라 하면

직선 $y=x$에 대한 대칭이동 : $(x, y) \longrightarrow (y, x)$

$\overline{AP}=\overline{A'P}$

점 $B(5, -4)$를 $y=-x$축 대하여 대칭이동시킨 점을 $B'(4, -5)$라 하면

직선 $y=-x$에 대한 대칭이동 : $(x, y) \longrightarrow (-y, -x)$

$\overline{QB}=\overline{QB'}$

즉 $\overline{AP}+\overline{PQ}+\overline{QB}=\overline{A'P}+\overline{PQ}+\overline{QB'}$

$\geq \overline{A'B'}$ ← 점 A′에서 점 B′까지 직선거리가 최솟값이 되고 이때 두 점 P, Q는 선분 A′B′ 위의 점이다.

STEP B $\overline{AP}+\overline{PQ}+\overline{QB}$가 최소일 때, 직선 PQ의 방정식 구하기

오른쪽 그림과 같이

$\overline{AP}+\overline{PQ}+\overline{QB}$가 최소가 될 때,

직선 PQ의 방정식은 직선 A′B′의 방정식과 같으므로 직선 A′B′의 방정식은

두 점 (x_1, y_1), (x_2, y_2)를 지나는 직선의 방정식은 $y-y_1=\frac{y_2-y_1}{x_2-x_1}(x-x_1)$

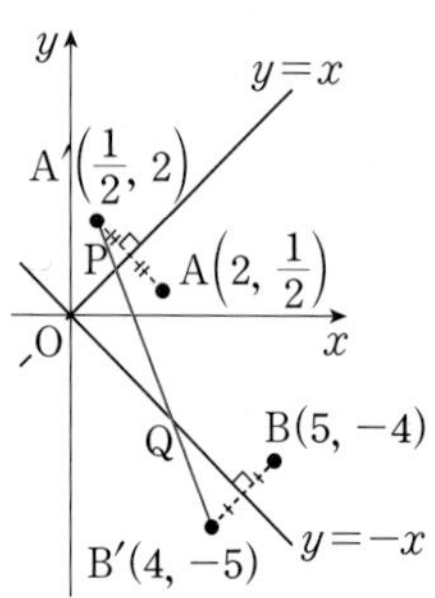

$y+5=\frac{2-(-5)}{\frac{1}{2}-4}(x-4)$ $\quad\therefore y=-2x+3$

따라서 $a=-2$, $b=3$이므로 $a^2+b^2=13$

2016년 11월 고1 학력평가 18번

(2) 그림과 같이 좌표평면 위에 두 점 $A(-10, 0)$, $B(10, 10)$과 선분 AB 위의 두 점 $C(-8, 1)$, $D(4, 7)$이 있다. 선분 AO 위의 점 E와 선분 OB 위의 점 F에 대하여 $\overline{CE}+\overline{EF}+\overline{FD}$의 값이 최소가 되도록

TIP 두 점 C, D를 대칭이동하여 $\overline{CE}+\overline{EF}+\overline{FD}$의 값이 최소가 되는 값을 구한다.

하는 점 E의 x좌표는? (단, O는 원점이다.)

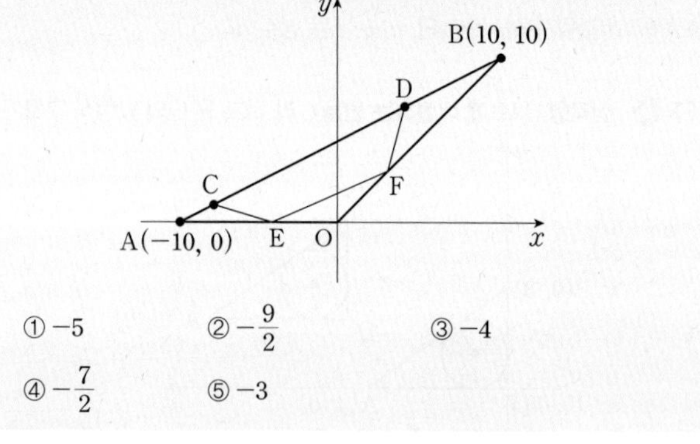

① -5 ② $-\frac{9}{2}$ ③ -4
④ $-\frac{7}{2}$ ⑤ -3

STEP A $\overline{CE}+\overline{EF}+\overline{FD}$가 최소가 되는 조건 이해하기

점 $C(-8, 1)$을 x축에 대하여 대칭이동한 점은 $C'(-8, -1)$이라 하면

x축에 대한 대칭이동 : $(x, y) \longrightarrow (x, -y)$

$\overline{CE}=\overline{C'E}$

점 $D(4, 7)$을 직선 $y=x$에 대하여 대칭이동한 점은 $D'(7, 4)$라 하면

직선 $y=x$에 대한 대칭이동 : $(x, y) \longrightarrow (y, x)$

$\overline{FD}=\overline{FD'}$

즉 $\overline{CE}+\overline{EF}+\overline{FD}=\overline{C'E}+\overline{EF}+\overline{FD'}$

$\geq \overline{C'D'}$ ← 점 C′에서 점 D′까지 직선거리가 최솟값이 되고 이때 두 점 E, F는 직선 C′, D′ 위의 점이다.

STEP B $\overline{CE}+\overline{EF}+\overline{FD}$의 값이 최소가 되도록 하는 점 E의 x좌표 구하기

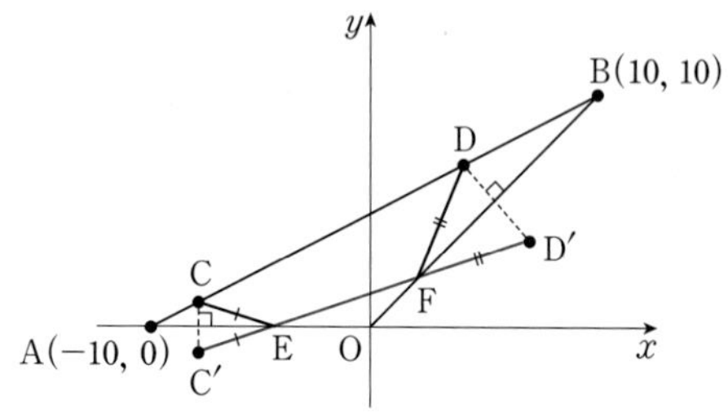

두 점 $\mathrm{C}'(-8, -1)$, $\mathrm{D}'(7, 4)$를 지나는 직선의 방정식은

두 점 (x_1, y_1), (x_2, y_2)를 지나는 직선의 방정식은 $y-y_1=\frac{y_2-y_1}{x_2-x_1}(x-x_1)$

$y-4=\frac{1}{3}(x-7)$ $\quad\therefore y=\frac{1}{3}x+\frac{5}{3}$

이때 점 E는 직선 $y=\frac{1}{3}x+\frac{5}{3}$의 x절편이다.

따라서 $\overline{\mathrm{CE}}+\overline{\mathrm{EF}}+\overline{\mathrm{FD}}$의 값이 최소가 되도록 하는 점 E의 x좌표는 -5

0337

좌표평면 위에 점 A(0, 5)가 있다. 직선 $y=-x$와 직선 $y=2x$ 위를 움직이는 점을 각각 B, C라 할 때, 삼각형 ABC의 둘레의 길이의 최솟값은?

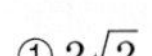

TIP 두 점 B, C를 각각 직선 $y=-x$, $y=2x$에 대하여 대칭이동시켜 최소가 되는 점의 좌표를 구하여 풀이한다.

① $2\sqrt{2}$ ② $2\sqrt{3}$
③ $3\sqrt{2}$ ④ $3\sqrt{5}$
⑤ $3\sqrt{10}$

STEP A 점 A의 직선 $y=-x$, $y=2x$에 대하여 대칭이동한 점의 좌표 구하기

점 A(0, 5)를 직선 $y=-x$에 대하여 대칭이동시킨 점을 P라 하면 $(-5, 0)$

직선 $y=-x$에 대한 대칭이동 : $(x, y) \longrightarrow (-y, -x)$

점 A(0, 5)를 직선 $y=2x$에 대하여 대칭이동시킨 점을 $\mathrm{Q}(a, b)$라 하면

(i) 선분 AQ의 중점 $\left(\frac{a+0}{2}, \frac{5+b}{2}\right)$는 직선 $y=2x$ 위에 있으므로

직선 $y=2x$에 $x=\frac{a}{2}$, $y=\frac{5+b}{2}$를 대입한다.

$\frac{b+5}{2}=2\times\frac{a}{2}$ $\quad\therefore b=2a-5$ $\quad\cdots\cdots$ ㉠

(ii) 직선 AQ와 직선 $y=2x$가 서로 수직이므로

$\frac{b-5}{a-0}\times 2=-1$ $\quad\therefore b=-\frac{1}{2}a+5$ $\quad\cdots\cdots$ ㉡

㉠, ㉡을 연립하여 풀면 $a=4$, $b=3$ $\quad\therefore \mathrm{Q}(4, 3)$

STEP B 삼각형 ABC의 둘레의 길이의 최솟값 구하기

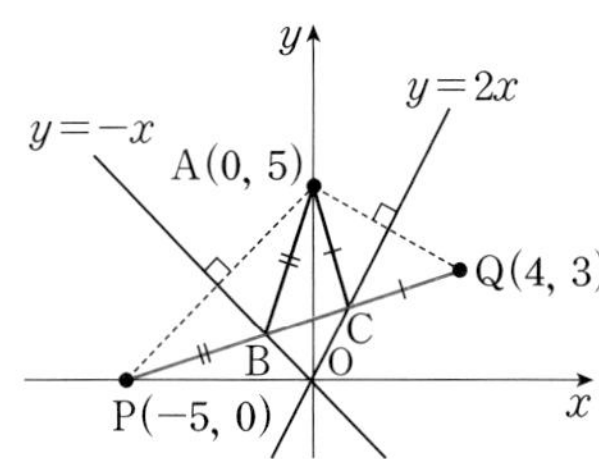

삼각형 ABC의 둘레의 길이는

$\overline{\mathrm{AB}}+\overline{\mathrm{BC}}+\overline{\mathrm{CA}}=\overline{\mathrm{PB}}+\overline{\mathrm{BC}}+\overline{\mathrm{CQ}}$

$\geq \overline{\mathrm{PQ}}$ ← 두 점 P, Q를 잇는 직선거리일 때, 최솟값이다.

즉 삼각형 ABC의 둘레의 길이의 최솟값은 $\overline{\mathrm{PQ}}$

따라서 $\overline{\mathrm{PQ}}=\sqrt{\{4-(-5)\}^2+(3-0)^2}=\sqrt{90}=3\sqrt{10}$

+α 둘레의 길이가 최소일 때, 두 점 B, C의 좌표를 구할 수 있어!

삼각형 ABC의 둘레의 길이의 최솟값은 $\overline{\mathrm{PQ}}$와 같다.

직선 PQ의 방정식은 $y=\frac{3-0}{4-(-5)}(x+5)+0$ $\quad\therefore y=\frac{1}{3}x+\frac{5}{3}$

이때 점 B는 직선 PQ와 직선 $y=-x$의 교점이므로

$-x=\frac{1}{3}x+\frac{5}{3}$이므로 $x=-\frac{5}{4}$ $\quad\therefore \mathrm{B}\left(-\frac{5}{4}, \frac{5}{4}\right)$

점 C는 직선 PQ와 직선 $y=2x$의 교점이므로

$2x=\frac{1}{3}x+\frac{5}{3}$이므로 $x=1$ $\quad\therefore \mathrm{C}(1, 2)$

0338

2017년 09월 고1 학력평가 13번

좌표평면에서 방정식 $f(x, y)=0$이 나타내는 도형이 그림과 같은 ㄱ 모양일 때, 다음 중 방정식 $f(x+1, 2-y)=0$이 좌표평면에 나타내는 도형은?

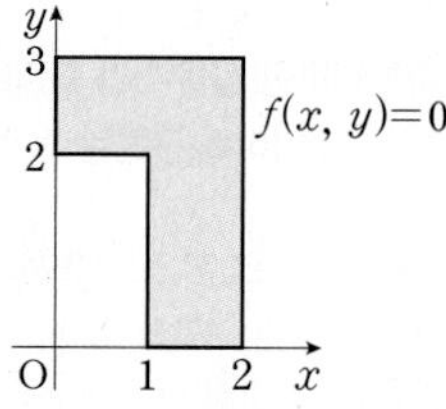

TIP 방정식 $f(x, y)=0$의 식을 어떻게 평행이동, 대칭이동을 하였는지 확인한다.

①

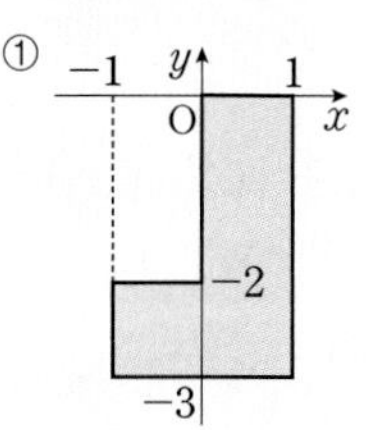

②

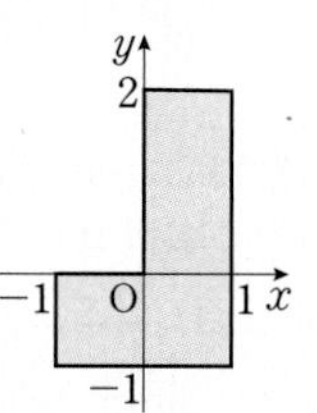

③

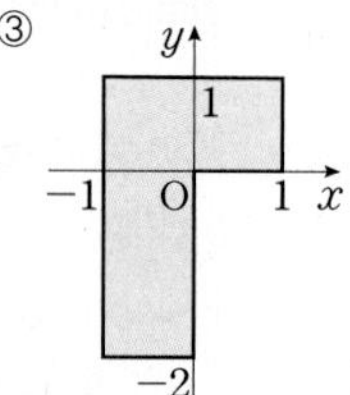

④

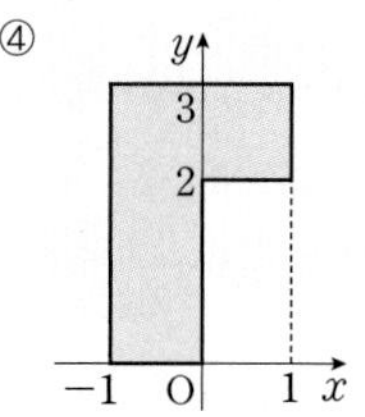

⑤

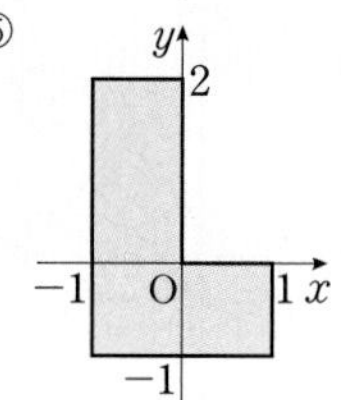

STEP A 대칭이동한 후 평행이동하여 도형 구하기

도형 $f(x, y)=0$을 x축에 대하여 대칭이동하면 $f(x, -y)=0$

이때 x축의 방향으로 -1만큼, y축의 방향으로 2만큼 평행이동하면

$f(x+1, -(y-2))=0$이므로 $f(x+1, 2-y)=0$

즉 $f(x, y)=0$을 x축에 대하여 대칭이동한 후 x축의 방향으로 -1만큼, y축의 방향으로 2만큼 평행이동하면 되므로 다음 그림과 같다.

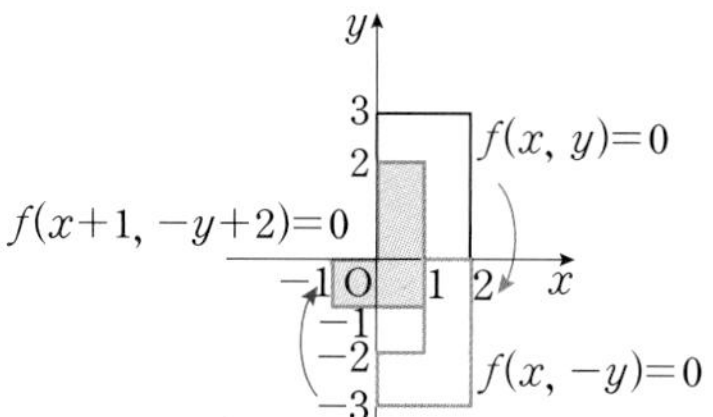

따라서 도형은 ②이다.

MINI해설 평행이동한 후 대칭이동하여 풀이하기

방정식 $f(x+1, -y+2)=0$이 나타내는 도형은 방정식 $f(x, y)=0$이 나타내는 도형을 x축의 방향으로 -1, y축의 방향으로 -2만큼 평행이동한 후 x축에 대하여 대칭이동한 도형이다.

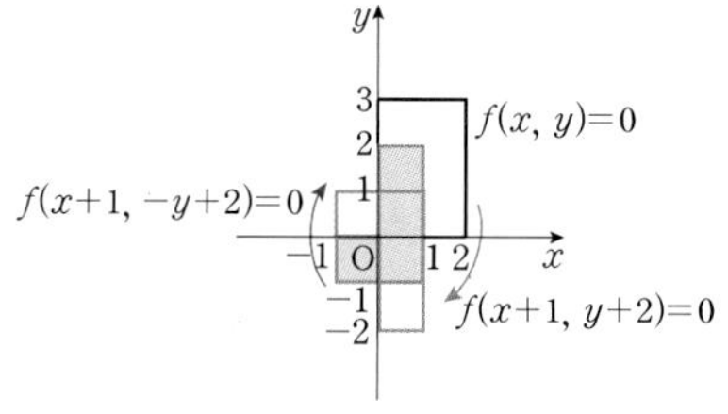

0339 서술형

점 A(2, 1)을 원점에 대하여 대칭이동한 점을 B, 직선 $y=x$에 대하여 대칭이동한 점을 C라 할 때, 세 점 A, B, C를 꼭짓점으로 하는 삼각형 ABC의 넓이를 구하는 과정을 다음 단계로 서술하시오.

TIP 삼각형의 높이는 점 C에서 직선 AB까지의 거리

[1단계] 점 B, C의 좌표를 구한다. [3점]
[2단계] 선분 AB의 길이와 직선 AB의 방정식을 구한다. [3점]
[3단계] 점 C에서 직선 AB 사이의 거리를 구하여 삼각형 ABC의 넓이를 구한다. [4점]

1단계	점 B, C의 좌표를 구한다.	3점

점 A(2, 1)을 원점에 대하여 대칭이동한 점 B의 좌표는 B(−2, −1)
직선 $y=x$에 대하여 대칭이동한 점 C의 좌표는 C(1, 2)

2단계	선분 AB의 길이와 직선 AB의 방정식을 구한다.	3점

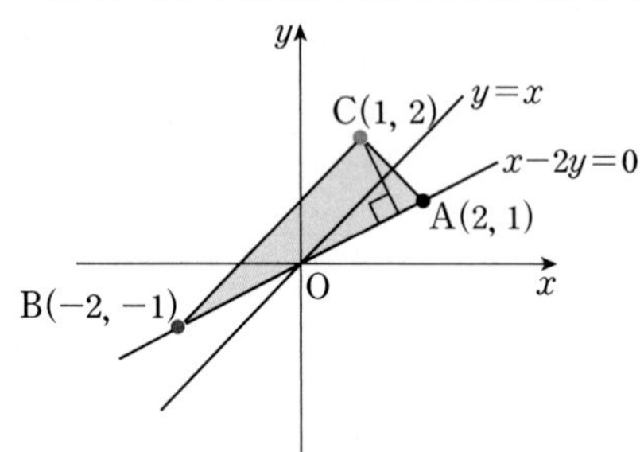

선분 AB의 길이는 $\sqrt{(-2-2)^2+(-1-1)^2}=2\sqrt{5}$
이때 직선 AB의 방정식은 $y-1=\frac{-1-1}{-2-2}(x-2)$
$\therefore x-2y=0$

3단계	점 C에서 직선 AB 사이의 거리를 구하여 삼각형 ABC의 넓이를 구한다.	4점

점 C(1, 2)와 직선 AB 사이의 거리는
$\frac{|1\times1-2\times2|}{\sqrt{1^2+(-2)^2}}=\frac{3}{\sqrt{5}}=\frac{3\sqrt{5}}{5}$ ← 점 (x_1, y_1)에서 직선 $ax+by+c=0$까지의 거리는 $\frac{|ax_1+by_1+c|}{\sqrt{a^2+b^2}}$

따라서 삼각형 ABC의 넓이는 $\frac{1}{2}\times2\sqrt{5}\times\frac{3\sqrt{5}}{5}=3$

0340 서술형

두 점 A(3, 4), B(7, −1)과 직선 $x+y+1=0$ 위에 한 점 P에 대하여 $\overline{AP}+\overline{BP}$의 최솟값을 구하는 과정을 다음 단계로 서술하시오.

TIP 점 A를 직선 $x+y+1=0$에 대하여 대칭이동하여 최솟값을 구한다.

[1단계] 직선 $x+y+1=0$에 대하여 점 A와 대칭인 점 A′의 좌표를 구한다. [4점]
[2단계] 직선 $x+y+1=0$ 위에 한 점 P에 대하여 $\overline{AP}+\overline{BP}$의 최솟값과 이때 점 P의 좌표를 구한다. [6점]

1단계	직선 $x+y+1=0$에 대하여 점 A와 대칭인 점 A′의 좌표를 구한다.	4점

점 A(3, 4)를 직선 $x+y+1=0$에 대하여 대칭이동시킨 점 A′(a, b)이라 하면
(ⅰ) 두 점을 이은 선분의 중점을
M이라 하면 $M\left(\frac{3+a}{2}, \frac{4+b}{2}\right)$가 직선 $x+y+1=0$ 위에 있으므로
두 점 (x_1, y_1), (x_2, y_2)의 중점은 $\left(\frac{x_1+x_2}{2}, \frac{y_1+y_2}{2}\right)$
$\frac{3+a}{2}+\frac{4+b}{2}+1=0$
$\therefore a+b=-9$ …… ㉠
(ⅱ) 두 점 (3, 4)와 (a, b)를 이은 직선은 직선 $x+y+1=0$과
수직이므로 $\frac{b-4}{a-3}\times(-1)=-1$
수직인 두 직선의 기울기의 곱은 −1이다.
$\therefore a-b=-1$ …… ㉡
㉠, ㉡을 연립하여 풀면 $a=-5$, $b=-4$

2단계	직선 $x+y+1=0$ 위에 한 점 P에 대하여 $\overline{AP}+\overline{BP}$의 최솟값과 이때 점 P의 좌표를 구한다.	6점

점 A(3, 4)를 직선 $x+y+1=0$에 대하여 대칭이동한 점은 A′(−5, −4)
이므로 직선 위의 점 P에 대하여 $\overline{AP}=\overline{A'P}$
즉 $\overline{AP}+\overline{BP}=\overline{A'P}+\overline{BP}\geq\overline{A'B}$이므로
즉 $\overline{AP}+\overline{BP}$의 최솟값은 $\overline{A'B}$
$\overline{A'B}=\sqrt{\{7-(-5)\}^2+\{-1-(-4)\}^2}=\sqrt{153}$

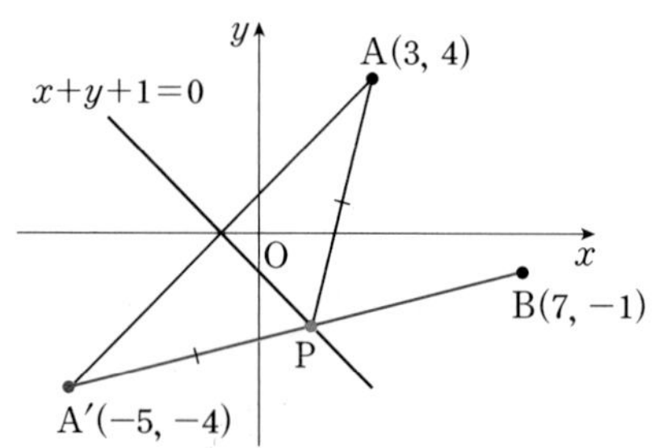

직선 A′B의 방정식은 $y=\frac{-1-(-4)}{7-(-5)}(x+5)-4$
$\therefore y=\frac{1}{4}x-\frac{11}{4}$
이때 점 P는 직선 A′B와 직선 $x+y+1=0$의 교점이므로
$\frac{1}{4}x-\frac{11}{4}=-x-1$에서 $x=\frac{7}{5}$
$\therefore P\left(\frac{7}{5}, -\frac{12}{5}\right)$
따라서 $\overline{AP}+\overline{BP}$의 최솟값은 $\sqrt{153}$이고 점 $P\left(\frac{7}{5}, -\frac{12}{5}\right)$

0341 서술형

세 점 A(4, 2), B(a, 0), C(b, b)를 꼭짓점으로 하는 삼각형 ABC에 대하여 삼각형 ABC의 둘레의 길이의 최솟값과 그때의 a, b를 구하는 과정을 다음 단계로 서술하시오. (단, $a>0$, $b>0$)

TIP 점 B는 x축 위의 점이고 점 C는 직선 $y=x$ 위의 점이므로 x축과 $y=x$에 대하여 대칭이동하여 최솟값을 구하도록 한다.

[1단계] 점 A(4, 2)를 x축과 $y=x$에 대하여 대칭이동한 점의 좌표를 구한다. [2점]

[2단계] 삼각형 ABC의 둘레의 길이의 최솟값을 구한다. [4점]

[3단계] 삼각형 ABC의 둘레의 길이가 최소일 때, 실수 a, b의 값을 구한다. [4점]

1단계 점 A(4, 2)를 x축과 $y=x$에 대하여 대칭이동한 점의 좌표를 구한다. **2점**

점 B(a, 0)은 x축 위의 점이므로 점 A(4, 2)를 x축에 대하여 대칭이동한 점을 A′이라 하면 A′(4, −2)

x축에 대한 대칭이동 : $(x, y) \longrightarrow (x, -y)$

또한, 점 C(b, b)는 직선 $y=x$ 위의 점이므로 점 A(4, 2)를 직선 $y=x$에 대하여 대칭이동한 점을 A″이라 하면 A″(2, 4)

직선 $y=x$에 대한 대칭이동 : $(x, y) \longrightarrow (y, x)$

2단계 삼각형 ABC의 둘레의 길이의 최솟값을 구한다. **4점**

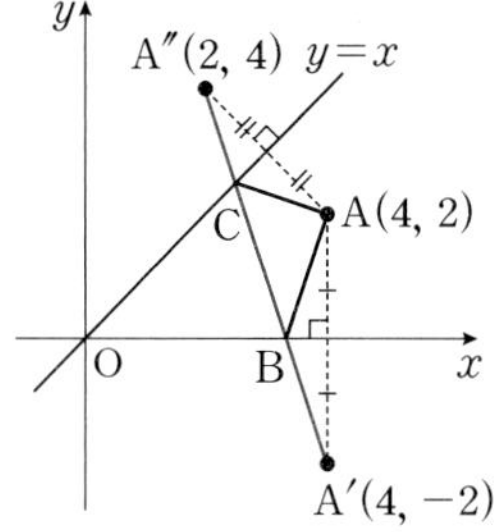

x축 위의 점 B에 대하여 $\overline{AB}=\overline{A'B}$, 직선 $y=x$ 위의 점 C에 대하여 $\overline{CA}=\overline{CA''}$이므로 삼각형 ABC의 둘레의 길이는

$$\overline{AB}+\overline{BC}+\overline{CA}=\overline{A'B}+\overline{BC}+\overline{CA''} \geq \overline{A'A''}$$

즉 삼각형 ABC의 최솟값은 $\overline{A'A''}=\sqrt{(4-2)^2+(-2-4)^2}=\sqrt{40}=2\sqrt{10}$

3단계 삼각형 ABC의 둘레의 길이가 최소일 때, 실수 a, b의 값을 구한다. **4점**

삼각형 ABC의 둘레의 길이가 최소일 때,
점 B는 직선 A′A″의 x절편이고 점 C는 직선 A′A″과 직선 $y=x$의 교점이다.

직선 A′A″의 방정식은 $y=\dfrac{4-(-2)}{2-4}(x-2)+4$

$\therefore y=-3x+10$

이때 점 B는 x절편이므로 $\mathrm{B}\left(\dfrac{10}{3}, 0\right)$

$\therefore a=\dfrac{10}{3}$

점 C는 직선 $y=x$와 교점이므로 $x=-3x+10$에서 $x=\dfrac{5}{2}$이므로

$\mathrm{C}\left(\dfrac{5}{2}, \dfrac{5}{2}\right)$ $\quad \therefore b=\dfrac{5}{2}$

따라서 삼각형 둘레의 길이가 최소일 때 $a=\dfrac{10}{3}$, $b=\dfrac{5}{2}$

0342 서술형

포물선 $y=x^2-4x$를 포물선 $y=x^2+6x$로 옮기는 평행이동에 의하여 직선 l : $x-2y+1=0$은 직선 l'으로 옮겨진다.
두 직선 l과 l' 사이의 거리를 구하는 과정을 다음 단계로 서술하시오.

TIP 점 (x, y)를 x축의 방향으로 m만큼, y축의 방향으로 n만큼 평행이동하면 $(x+m, y+n)$

[1단계] 꼭짓점의 좌표를 이용하여 포물선 $y=x^2-4x$를 포물선 $y=x^2+6x$로 옮기는 평행이동을 구한다. [3점]

[2단계] 직선 l : $x-2y+1=0$을 평행이동하여 직선 l'의 방정식을 구한다. [3점]

[3단계] 두 직선 l과 l' 사이의 거리를 구한다. [4점]

1단계 꼭짓점의 좌표를 이용하여 포물선 $y=x^2-4x$를 포물선 $y=x^2+6x$로 옮기는 평행이동을 구한다. **3점**

포물선 $y=x^2-4x=(x-2)^2-4$의 꼭짓점의 좌표를 A라 하면
A(2, −4)

포물선 $y=x^2+6x=(x+3)^2-9$의 꼭짓점의 좌표를 B라 하면
B(−3, −9)

이때 점 A(2, −4)를 x축의 방향으로 −5만큼, y축의 방향으로 −5만큼 평행이동한 것이 점 B(−3, −9)
즉 x축의 방향으로 −5만큼, y축의 방향으로 −5만큼 평행이동한 것이다.

> **+α** 식을 이용하여 평행이동을 구할 수 있어!
>
> 포물선 $y=x^2-4x$를 x축의 방향으로 m만큼, y축의 방향으로 n만큼 평행이동하면
> $y-n=(x-m)^2-4(x-m)$
> $\therefore y=x^2-(2m+4)x+m^2+4m+n$ …… ㉠
> ㉠의 식이 $y=x^2+6x$와 일치하므로
> $-2m-4=6$, $m^2+4m+n=0$
> 두 식을 연립하여 풀면 $m=-5$, $n=-5$
> 즉 x축으로 −5만큼, y축으로 −5만큼 평행이동한 것이다.

2단계 직선 l : $x-2y+1=0$을 평행이동하여 직선 l'의 방정식을 구한다. **3점**

직선 l : $x-2y+1=0$을 x축의 방향으로 −5만큼, y축의 방향으로 −5만큼 평행이동하면 $(x+5)-2(y+5)+1=0$

$\therefore l'$: $x-2y-4=0$

3단계 두 직선 l과 l' 사이의 거리를 구한다. **4점**

두 직선 l과 l' 사이의 거리는 직선 l : $x-2y+1=0$ 위의 점 (−1, 0)과 직선 l' : $x-2y-4=0$ 사이의 거리와 같다.

따라서 $\dfrac{|-1-0-4|}{\sqrt{1^2+(-2)^2}}=\sqrt{5}$

점 (x_1, y_1)과 직선 $ax+by+c=0$ 사이의 거리 $d=\dfrac{|ax_1+by_1+c|}{\sqrt{a^2+b^2}}$

0343

서술형

방정식 $f(x, y)=0$이 나타내는 도형이 네 점 $A(-1, -1)$, $B(-2, -2)$, $C(-1, -3)$, $D(0, -2)$를 꼭짓점으로 하는 정사각형일 때, 방정식 $f(-x, -y-1)=0$이 나타내는 도형 위의 점과 원점 사이의 거리의 최댓값을 M, 최솟값을 m을 구하는 과정을 다음 단계로 서술하시오.

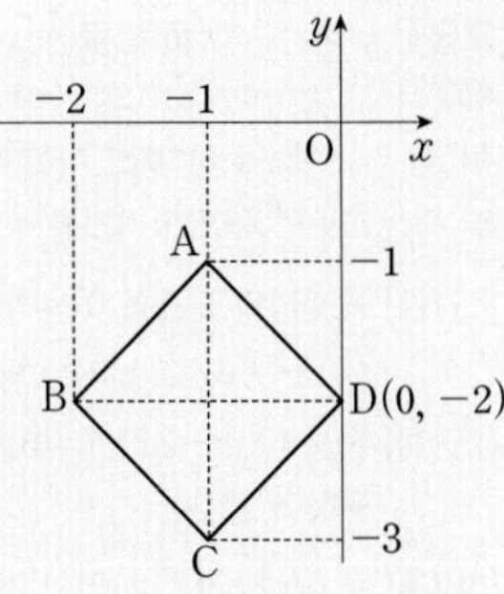

[1단계] 도형 $f(x, y)=0$을 도형 $f(-x, -y-1)=0$으로 옮기는 평행이동 또는 대칭이동을 구한다. [5점]

[2단계] 네 점 $A(-1, -1)$, $B(-2, -2)$, $C(-1, -3)$, $D(0, -2)$가 옮겨지는 점을 각각 A', B', C', D'이라 할 때, 네 점 A', B', C', D'의 좌표를 각각 구한다. [2점]

[3단계] 도형 위의 점과 원점 사이의 거리의 최댓값을 M, 최솟값을 m을 구한다. [3점]

1단계	도형 $f(x, y)=0$을 도형 $f(-x, -y-1)=0$으로 옮기는 평행이동 또는 대칭이동을 구한다.	5점

방정식 $f(x, y)=0$이 나타내는 도형을 원점에 대하여 대칭이동하면
$f(-x, -y)=0$ (x 대신에 $-x$, y 대신에 $-y$를 대입한다.)

또한, 방정식 $f(-x, -y)=0$이 나타내는 도형을 y축의 방향으로 -1만큼 평행이동하면 $f(-x, -y-1)=0$
(y 대신에 $y+1$을 대입한다.)

즉 방정식 $f(x, y)=0$이 방정식 $f(-x, -y-1)=0$으로 옮기는 것은 원점에 대하여 대칭이동한 후 y축의 방향으로 -1만큼 평행이동한 것이다.

2단계	네 점 $A(-1, -1)$, $B(-2, -2)$, $C(-1, -3)$, $D(0, -2)$가 옮겨지는 점을 각각 A', B', C', D'이라 할 때, 네 점 A', B', C', D'의 좌표를 각각 구한다.	2점

점 $A(-1, -1)$을 원점에 대하여 대칭이동하면 $(1, 1)$이고 y축의 방향으로 -1만큼 평행이동하면 $(1, 0)$ $\therefore A'(1, 0)$

점 $B(-2, -2)$를 원점에 대하여 대칭이동하면 $(2, 2)$이고 y축의 방향으로 -1만큼 평행이동하면 $(2, 1)$ $\therefore B'(2, 1)$

점 $C(-1, -3)$을 원점에 대하여 대칭이동하면 $(1, 3)$이고 y축의 방향으로 -1만큼 평행이동하면 $(1, 2)$ $\therefore C'(1, 2)$

점 $D(0, -2)$를 원점에 대하여 대칭이동하면 $(0, 2)$이고 y축의 방향으로 -1만큼 평행이동하면 $(0, 1)$ $\therefore D'(0, 1)$

이고 그림은 오른쪽과 같다.

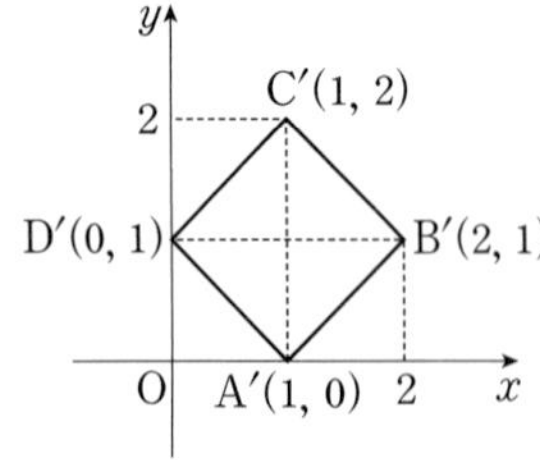

3단계	도형 위의 점과 원점 사이의 거리의 최댓값을 M, 최솟값을 m을 구한다.	3점

이 도형 위의 점과 원점 사이의 거리의 최댓값은 원점과 점 C' 또는 점 B' 사이의 거리이므로 $M=\sqrt{2^2+1^2}=\sqrt{5}$

또한, 최솟값은 원점과 직선 $A'D'$ 사이의 거리이고 직선 $A'D'$의 방정식은

$x+y-1=0$이므로 $m=\dfrac{|-1|}{\sqrt{1^2+1^2}}=\dfrac{\sqrt{2}}{2}$

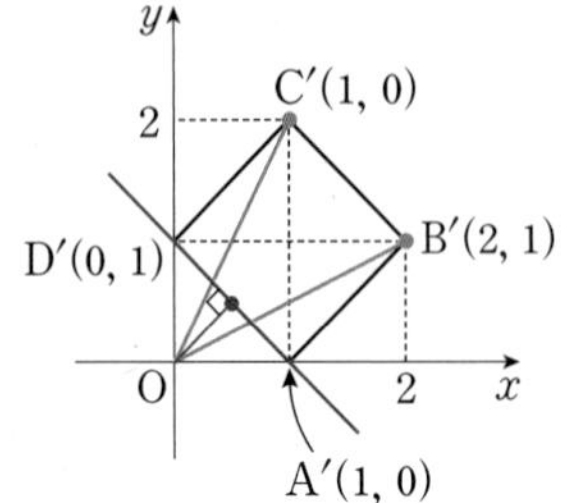

TOUGH

0344

2024년 09월 고1 학력평가 27번 변형

그림과 같이 좌표평면 위의 점 $A(a, 4)$ $(a>4)$를 직선 $y=x$에 대하여 대칭이동한 점을 B, 점 B를 x축에 대하여 대칭이동한 점을 C라 하자.

TIP x좌표와 y좌표를 서로 바뀐다. TIP y좌표의 부호만 바뀐다.

두 삼각형 ABC, AOC의 외접원의 반지름의 길이를 각각 r_1, r_2라 할 때, $r_1\times r_2=36\sqrt{2}$이다. 상수 a에 대하여 a^2의 값을 구하시오.
(단, O는 원점이다.)

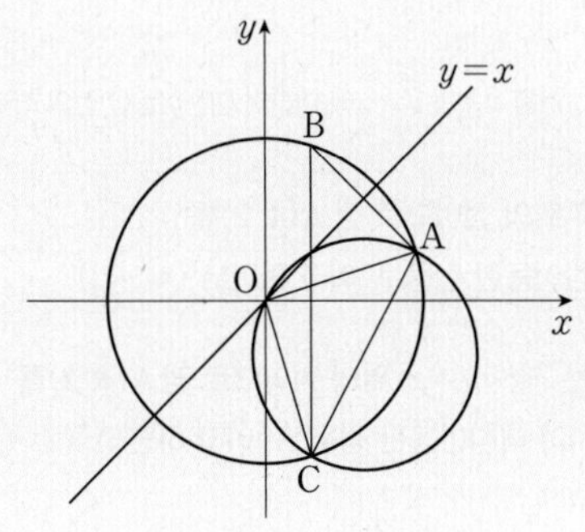

STEP A 점의 대칭이동을 이용하여 r_1의 값 구하기

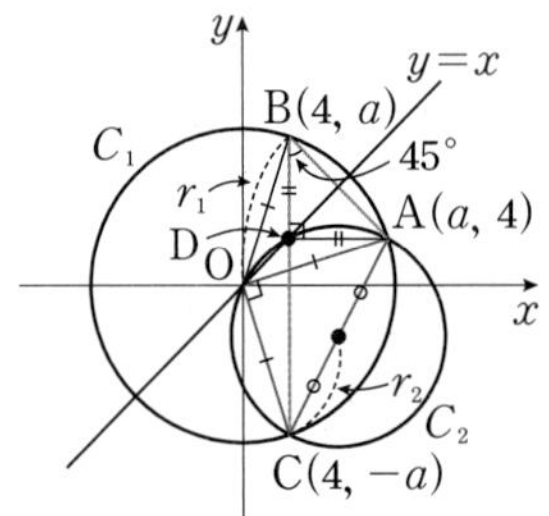

점 $A(a, 4)$를 직선 $y=x$에 대하여 대칭이동한 점 B의 좌표는 $B(4, a)$
(x좌표와 y좌표를 서로 바뀐다.)

점 $B(4, a)$를 x축에 대하여 대칭이동한 점 C의 좌표는 $C(4, -a)$
(y좌표의 부호만 바뀐다.)

이때 삼각형 ABC에서 $\overline{OA}=\overline{OB}=\overline{OC}=\sqrt{a^2+16}$이므로
외접원의 중심은 원점 $(0, 0)$이고 반지름의 길이 $\sqrt{a^2+16}$

$\therefore r_1=\sqrt{a^2+16}$

STEP B 지름에 대한 원주각을 이용하여 r_2의 값 구하기

선분 BC와 직선 $y=x$가 만나는 점을 D라 하면 ← D(4, 4)

삼각형 BDA는 직각이등변삼각형이므로 $\angle ABD=\angle ABC=45°$

이때 두 삼각형 ABC, AOC의 외접원을 각각 C_1, C_2라 하자.

원 C_1의 호 AC에 대한 원주각이 $\angle ABC=45°$이므로

원 C_1의 호 AC에 대한 중심각은 $\angle AOC=2\times\angle ABC=90°$
(중심각의 크기)=2×(원주각)

또한, $\angle AOC=90°$이므로 선분 AC는 원 C_2의 지름이므로
(지름에 대한 원주각은 90°)

$r_2=\dfrac{1}{2}\times\overline{AC}=\dfrac{\sqrt{2}}{2}r_1$ ← $\overline{AC}=\sqrt{2}\times\overline{OA}$

$\therefore r_2=\dfrac{\sqrt{2}}{2}\times\sqrt{a^2+16}$

+α 두 직선의 기울기의 곱을 이용하여 ∠AOC의 크기를 구할 수 있어!

두 점 $O(0, 0)$, $A(a, 4)$를 지나는 직선 OA의 기울기는 $\dfrac{4}{a}$

두 점 $O(0, 0)$, $C(4, -a)$를 지나는 직선 OC의 기울기 $-\dfrac{a}{4}$

이때 두 직선 OA, OC의 기울기의 곱이 $\dfrac{4}{a}\times\left(-\dfrac{a}{4}\right)=-1$이므로

두 직선 OA, OC가 서로 수직이다. ← 수직인 두 직선의 기울기의 곱은 -1

$\therefore \angle AOC=90°$

STEP C $r_1 \times r_2 = 36\sqrt{2}$임을 이용하여 a^2의 값 구하기

$r_1 \times r_2 = \sqrt{a^2+16} \times \frac{\sqrt{2}}{2} \times \sqrt{a^2+16} = \frac{\sqrt{2}}{2}(a^2+16)$이므로

$\frac{\sqrt{2}}{2} \times (a^2+16) = 36\sqrt{2}$, $a^2+16=72$

따라서 $a^2=56$

0345

2023년 09월 고1 학력평가 19번 변형

그림과 같이 기울기가 3인 직선 l이 원 $x^2+y^2=20$과 제2사분면 위의 점 A, 제3사분면 위의 점 B에서 만나고 $\overline{AB}=2\sqrt{10}$이다.
직선 OA와 원이 만나는 점 중 A가 아닌 점을 C라 하자.

TIP 두 점 A, C는 원 위의 점이고 직선 OA는 원점을 지나므로 두 점 A, C는 원점에 대하여 대칭이다.

점 C를 지나고 x축과 평행한 직선이 직선 l과 만나는 점을 D(a, b)라 할 때, 두 상수 a, b에 대하여 $3a+b$의 값을 구하시오. (단, O는 원점이다.)

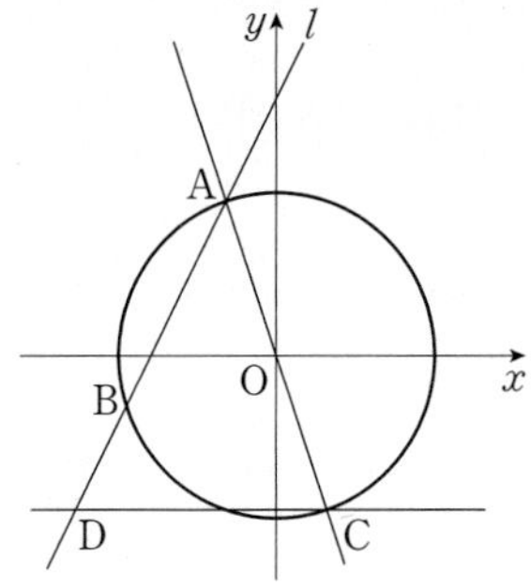

STEP A 현의 길이를 이용하여 직선 l의 방정식 구하기

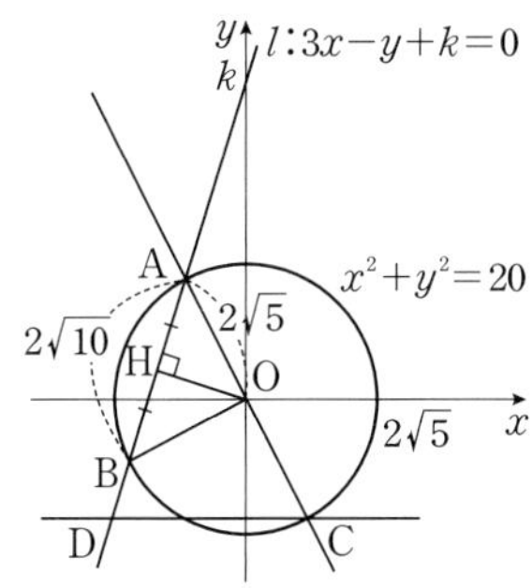

직선 l의 기울기가 3이므로 $y=3x+k$

$\therefore l : 3x-y+k=0$

이때 원 $x^2+y^2=20$의 중심 O(0, 0)에서 직선 l에 내린 수선의 발을 H라 하면 원의 중심에서 현에 내린 수선의 발은 현을 수직이등분하므로

$\overline{AH} = \frac{1}{2} \times \overline{AB} = \sqrt{10}$

또한, $\overline{OA}=2\sqrt{5}$이므로 직각삼각형 OAH에서 피타고라스 정리에 의하여

$\overline{OH}^2 = \overline{OA}^2 - \overline{AH}^2 = 20-10=10$ $\quad \therefore \overline{OH}=\sqrt{10}$

중심 O(0, 0)에서 직선 $3x-y+k=0$까지의 거리가 $\sqrt{10}$이므로

$\frac{|k|}{\sqrt{3^2+(-1)^2}} = \sqrt{10}$, $|k|=10$ $\quad \therefore k=10$ 또는 $k=-10$

점 (x_1, y_1)과 직선 $ax+by+c=0$ 사이의 거리 $d=\frac{|ax_1+by_1+c|}{\sqrt{a^2+b^2}}$

이때 $k>2\sqrt{5}$이므로 $k=10$ $\quad \therefore l : 3x-y+10=0$

STEP B 원과 직선의 방정식을 연립하여 세 점 A, B, C의 좌표 구하기

두 점 A, B는 직선 l과 원 $x^2+y^2=20$의 교점이므로

연립방정식 $x^2+(3x+10)^2=20$, $x^2+6x+8=0$, $(x+2)(x+4)=0$

$\therefore x=-2$ 또는 $x=-4$

이때 점 A의 x좌표가 점 B의 x좌표보다 크므로

점 A의 x좌표는 -2, 점 B의 x좌표는 -4

또한, 점 A는 제 2사분면 위의 점이므로 원의 방정식에 $x=-2$를 대입하면

$4+y^2=20$에서 $y=2$ $\quad \therefore$ A$(-2, 4)$

점 B는 제 3사분면 위의 점이므로 원의 방정식에 $x=-4$를 대입하면

$16+y^2=20$에서 $y=-2$ $\quad \therefore$ B$(-4, -2)$

점 C는 점 A를 원점에 대하여 대칭이동한 점이다.

$\therefore$ C$(2, -4)$ 원점에 대한 대칭 : $(x, y) \longrightarrow (-x, -y)$

STEP C 점 D의 좌표 구하기

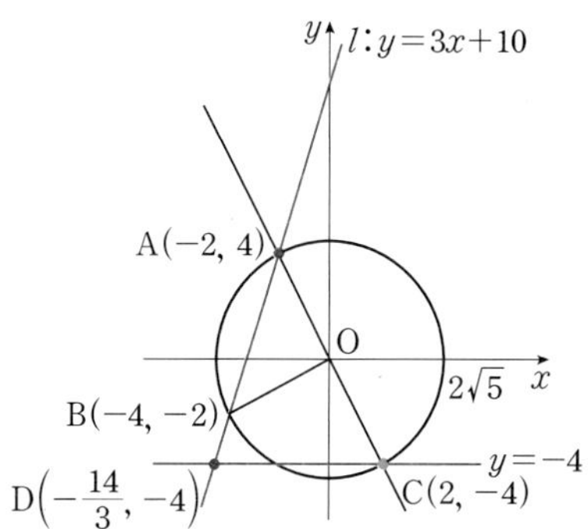

점 C$(2, -4)$를 지나고 x축에 평행한 직선은 $y=-4$

이때 점 D는 두 직선 $y=3x+10$과 $y=-4$의 교점이므로

$-4=3x+10$ $\quad \therefore x=-\frac{14}{3}$

즉 점 D$\left(-\frac{14}{3}, -4\right)$이므로 $a=-\frac{14}{3}$, $b=-4$

따라서 $3a+b=3\times\left(-\frac{14}{3}\right)+(-4)=-18$

0346

2014년 11월 고1 학력평가 19번

중심이 (4, 2)이고 반지름의 길이가 2인 원 O_1이 있다. 원 O_1을 직선 $y=x$에 대하여 대칭이동한 후 y축의 방향으로 a만큼 평행이동한 원을 O_2라 하자. 원 O_1과 원 O_2가 서로 다른 두 점 A, B에서 만나고 선분 AB

TIP 두 원의 중심을 이은 선분은 선분 AB를 수직이등분한다.

의 길이가 $2\sqrt{3}$일 때, 상수 a의 값을 구하시오.

STEP A 원 O_1을 대칭이동과 평행이동한 원 O_2의 방정식 구하기

원 O_1은 중심이 (4, 2)이고 반지름의 길이가 2인 원이므로

$O_1 : (x-4)^2+(y-2)^2=4$

이때 원 O_1을 직선 $y=x$에 대하여 대칭이동한 원이

직선 $y=x$에 대한 대칭이동 : $f(x, y)=0 \longrightarrow f(y, x)=0$

$(x-2)^2+(y-4)^2=4$이고 다시 이 원을 y축의 방향으로 a만큼 평행이동한 원이 $(x-2)^2+(y-a-4)^2=4$

y 대신에 $y-a$ 대입

$\therefore O_2 : (x-2)^2+(y-a-4)^2=4$

STEP B 두 원 O_1, O_2가 만나는 서로 다른 두 점 사이의 거리가 $2\sqrt{3}$임을 이용하여 a의 값 구하기

원 O_1과 원 O_2의 중심을 각각 C, D라 하면 두 원 O_1, O_2가 만나는 서로 다른 두 점 A, B에 대하여 선분 AB는 선분 CD에 의하여 수직이등분된다.

$\overline{AH}=\overline{BH}$

선분 AB와 선분 CD가 만나는 점을 H라 하면

$\overline{AH}=\overline{BH}=\frac{1}{2}\overline{AB}=\frac{1}{2}\times 2\sqrt{3}=\sqrt{3}$

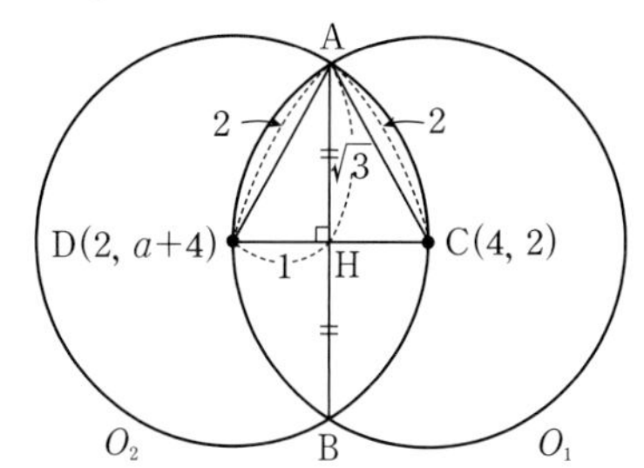

이때 삼각형 ADH에서 $\overline{AD}=2$이므로 피타고라스 정리에 의하여

$\overline{DH}=\sqrt{\overline{AD}^2-\overline{AH}^2}=1$이므로 $\overline{CD}=2$

즉 원 O_1과 원 O_2는 서로의 중심을 지나므로 삼각형 ADC는 정삼각형이다.

C(4, 2), D(2, $a+4$)에서

두 점 사이의 거리에 의하여

두 점 A(x_1, y_1), B(x_2, y_2) 사이의 거리는 $\overline{AB}=\sqrt{(x_2-x_1)^2+(y_2-y_1)^2}$

$\overline{CD}=\sqrt{(4-2)^2+(2-a-4)^2}=\sqrt{4+(-a-2)^2}=2$

양변을 제곱하여 정리하면 $4+(a+2)^2=4$, $(a+2)^2=0$

따라서 $a=-2$

0347

2022년 03월 고2 학력평가 27번 변형

두 양수 a, b에 대하여 원 $C:(x-2)^2+y^2=r^2$을 x축의 방향으로 a만큼, y축의 방향으로 b만큼 평행이동한 원을 C'이라 할 때, 두 원 C, C'이 다음 조건을 만족시킨다.

(가) 원 C'은 원 C의 중심을 지난다.

(나) 직선 $3x-4y+24=0$은 두 원 C, C'에 모두 접한다.

TIP 두 원 C, C'의 중심과 직선 사이의 거리가 반지름의 길이와 같다.

$5(a+b)+r$의 값을 구하시오. (단, r은 양수이다.)

STEP A 조건 (가)를 이용하여 a, b, r의 관계식 구하기

원 $C:(x-2)^2+y^2=r^2$의 중심은 A(2, 0)이고 반지름의 길이는 r이다.

이때 원 C를 x축의 방향으로 a만큼, y축의 방향으로 b만큼 평행이동하면

원 $C':(x-a-2)^2+(y-b)^2=r^2$

이때 원 C'의 중심은 A'($a+2$, b)이고 반지름의 길이는 r이다.

조건 (가)에 의하여 원 C'은 원 C의 중심 (2, 0)을 지나므로 대입하면

$(2-a-2)^2+(0-b)^2=r^2$

$\therefore a^2+b^2=r^2$ …… ㉠

STEP B 조건 (나)를 이용하여 r의 값 구하기

조건 (나)에 의하여 직선 $3x-4y+24=0$이 원 C의 접선이므로

중심 (2, 0)에서 직선까지의 거리는 반지름의 길이 r이다.

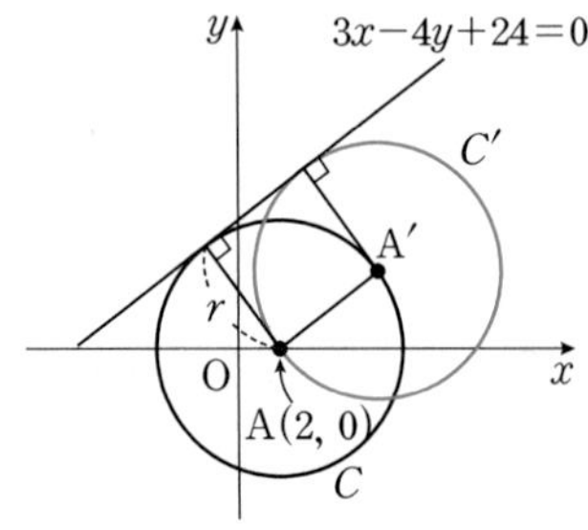

즉 $\dfrac{|6-0+24|}{\sqrt{3^2+4^2}}=r$ $\therefore r=6$

STEP C a, b의 값 구하기

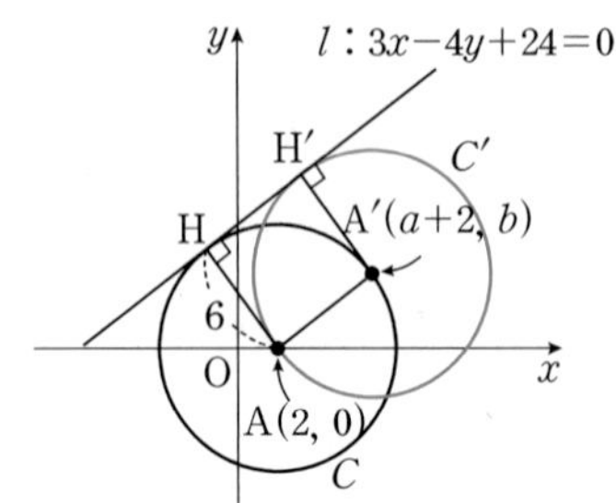

또한, 직선 AA'은 직선 $3x-4y+24=0$과 평행하므로 기울기는 $\dfrac{3}{4}$

사각형 AA'H'H는 정사각형

두 점 A(2, 0), A'($a+2$, b)를 잇는 직선의 기울기는 $\dfrac{b-0}{(a+2)-2}=\dfrac{b}{a}=\dfrac{3}{4}$

$\therefore b=\dfrac{3}{4}a$ …… ㉡

㉡의 식을 ㉠에 대입하면 $a^2+\left(\dfrac{3}{4}a\right)^2=36$, $\dfrac{25}{16}a^2=36$, $a^2=\dfrac{16\times36}{25}$

$\therefore a=\dfrac{24}{5}$ ($\because a>0$)

$a=\dfrac{24}{5}$를 ㉡의 식에 대입하면 $b=\dfrac{3}{4}\times\dfrac{24}{5}=\dfrac{18}{5}$

따라서 $a=\dfrac{24}{5}$, $b=\dfrac{18}{5}$, $r=6$이므로 $5(a+b)+r=5\left(\dfrac{24}{5}+\dfrac{18}{5}\right)+6=48$

+α 원의 중심과 직선 사이의 거리로 구할 수 있어!

원 C'의 중심 ($2+a$, b)에서 직선 $3x-4y+24=0$까지의 거리는 반지름의 길이 6이다.

$\dfrac{|3(2+a)-4b+24|}{\sqrt{3^2+(-4)^2}}=6$, $|3a-4b+30|=30$

즉 $3a-4b+30=30$ 또는 $3a-4b+30=-30$

(i) $3a-4b=0$일 때,

㉠의 식에 $b=\dfrac{3}{4}a$를 대입하면 $a^2+\left(\dfrac{3}{4}a\right)^2=36$ $\therefore a=\dfrac{24}{5}$

(ii) $3a-4b-60=0$일 때,

㉠의 식에 $b=\dfrac{3}{4}a-15$를 대입하면 $a^2+\left(\dfrac{3}{4}a-15\right)^2=36$

$\dfrac{25}{16}a^2-\dfrac{45}{2}a+189=0$이고 이차방정식의 판별식을 D라 하면

$D=\left(\dfrac{45}{2}\right)^2-4\times\dfrac{25}{16}\times189<0$이므로 실근이 존재하지 않는다.

0348

2019년 09월 고1 학력평가 16번 변형

좌표평면 위에 두 점 A(3, 6), B(12, 12)가 있다. 점 A를 직선 $y=x$에 대하여 대칭이동한 점을 A'이라 하자.

점 C(0, k)가 다음 조건을 만족시킬 때, 상수 k의 값은?

(가) $0<k<4$

(나) 삼각형 A'BC의 넓이는 삼각형 ACB의 넓이의 2배이다.

TIP $\overline{A'B}=\overline{AB}$이므로 삼각형의 높이의 비가 2 : 1이다.

① 1 ② $\dfrac{3}{2}$ ③ 2

④ $\dfrac{5}{2}$ ⑤ 3

STEP A 두 직선 AB, A'B의 방정식 구하기

두 점 A(3, 6), B(12, 12)에 대하여 직선 AB의 방정식은

두 점 (x_1, y_1), (x_2, y_2)을 지나는 직선의 방정식은 $y-y_1=\dfrac{y_2-y_1}{x_2-x_1}(x-x_1)$ (단, $x_1\neq x_2$)

$y-6=\dfrac{12-6}{12-3}(x-3)$, $y=\dfrac{2}{3}x+4$에서 $2x-3y+12=0$

점 A를 직선 $y=x$에 대하여 대칭이동한 점 A'의 좌표는 A'(6, 3)이므로

x좌표와 y좌표를 서로 바꾼다.

직선 A'B의 방정식은

$y-3=\dfrac{12-3}{12-6}(x-6)$, $y=\dfrac{3}{2}x-6$에서 $3x-2y-12=0$

STEP B 점과 직선 사이의 거리를 이용하여 조건 (가), (나)를 만족시키는 k의 값 구하기

삼각형 ACB의 넓이는

$\dfrac{1}{2}\times\overline{AB}\times$(점 C에서 직선 $2x-3y+12=0$까지의 거리)

삼각형 A'BC의 넓이는

$\dfrac{1}{2}\times\overline{A'B}\times$(점 C에서 직선 $3x-2y-12=0$까지의 거리)

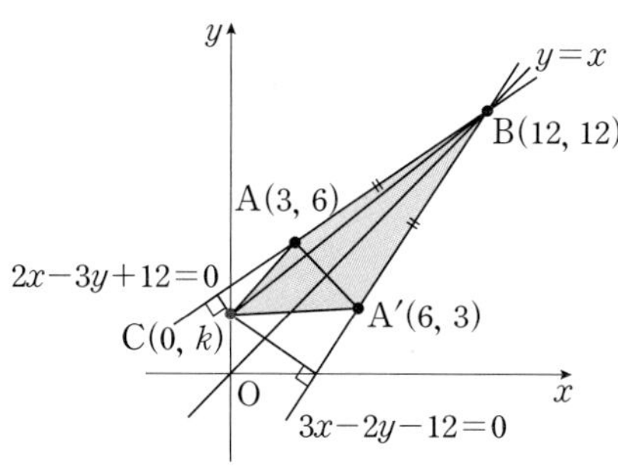

조건 (나)에 의하여 삼각형 $A'BC$의 넓이가 삼각형 ACB의 넓이의 2배이므로
점 C에서 직선 $3x-2y-12=0$까지의 거리가 점 C에서
직선 $2x-3y+12=0$까지의 거리의 2배이다.

즉 $\frac{|-3k+12|}{\sqrt{2^2+(-3)^2}}\times 2=\frac{|-2k-12|}{\sqrt{3^2+(-2)^2}}$, $2\times|-3k+12|=|-2k-12|$

점 (x_1, y_1)과 직선 $ax+by+c=0$ 사이의 거리는 $\frac{|ax_1+by_1+c|}{\sqrt{a^2+b^2}}$

$-6k+24=-2k-12$에서 $k=9$

$-6k+24=2k+12$에서 $k=\frac{3}{2}$

따라서 $0<k<4$이므로 $k=\frac{3}{2}$

0349

오른쪽 그림과 같이 좌표평면이 그려진 종이를 한 번 접었더니 두 점 $A(0, 2)$와 $B(4, 0)$이 겹쳐졌다.

TIP 종이를 접었을 때, 두 점 A, B가 겹쳐지므로 접는 선을 수직이등분인 직선의 방정식을 구한다.

이때 점 $C(3, -2)$와 겹쳐지는 점의 좌표를 구하시오.

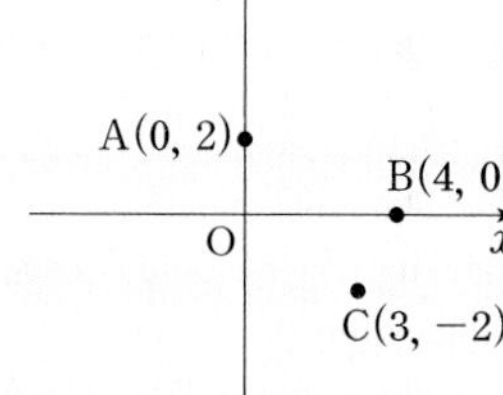

STEP A 두 점 A, B의 수직이등분선을 구하기

두 점 $A(0, 2)$와 $B(4, 0)$이 직선 $y=mx+n$에 대하여 서로 대칭이라고 하면 두 점 A와 B의 중점 $(2, 1)$이 직선 $y=mx+n$ 위에 있으므로

$1=2m+n$ ······ ㉠

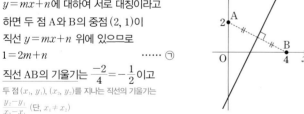

직선 AB의 기울기는 $\frac{-2}{4}=-\frac{1}{2}$이고

두 점 (x_1, y_1), (x_2, y_2)를 지나는 직선의 기울기는 $\frac{y_2-y_1}{x_2-x_1}$ (단, $x_1\neq x_2$)

직선 AB와 직선 $y=mx+n$은 서로 수직이므로

$-\frac{1}{2}\times m=-1$에서 $m=2$ ······ ㉡

㉡을 ㉠에 대입하면 $1=4+n$ $\therefore n=-3$

즉 두 점 A, B는 직선 $y=2x-3$에 대하여 서로 대칭이다.

STEP B 점 $C(3, -2)$를 직선에 대하여 대칭이동한 점의 좌표 구하기

점 $C(3, -2)$와 겹쳐지는 점을 (a, b)라 하면

두 점의 중점 $\left(\frac{a+3}{2}, \frac{b-2}{2}\right)$는 직선 $y=2x-3$ 위에 있으므로

직선 $y=2x-3$에 $x=\frac{a+3}{2}$, $y=\frac{b-2}{2}$를 대입한다.

$\frac{b-2}{2}=2\times\frac{a+3}{2}-3$

$\therefore 2a-b=-2$ ······ ㉢

두 점 $C(3, -2)$와 (a, b)를 지나는 직선의 기울기는 $\frac{b+2}{a-3}$이고

이 직선이 $y=2x-3$과 서로 수직이므로 $\frac{b+2}{a-3}\times 2=-1$

수직인 두 직선의 기울기의 곱은 -1이다.

$\therefore a+2b=-1$ ······ ㉣

㉢, ㉣을 연립하여 풀면 $a=-1$, $b=0$

따라서 점 $C(3, -2)$와 겹쳐지는 점의 좌표는 $(-1, 0)$

0350

원 $x^2-6x+y^2+2y+8=0$을 점 $P(a, 1)$에 대하여 대칭이동한 도형이

TIP 점 $P(x, y)$를 점 $A(a, b)$에 대하여 대칭이동한 점 P'의 좌표 $P'(2a-x, 2b-y)$

직선 $y=x+2$에 접한다고 할 때, 상수 a의 값의 합은?

① 2 ② 3 ③ 4
④ 5 ⑤ 6

STEP A 중점을 이용하여 대칭인 원의 방정식 구하기

$x^2-6x+y^2+2y+8=0$을 변형하면

$(x^2-6x+9)-9+(y^2+2y+1)-1+8=0$이므로

$(x-3)^2+(y+1)^2=2$ ······ ㉠

원의 중심 $(3, -1)$을 점 $P(a, 1)$에 대하여 대칭이동한 점을 (p, q)라 하면

점 $P(a, 1)$은 두 점 $(3, -1)$, (p, q)를 잇는 선분의 중점이다.

두 점 (x_1, y_1), (x_2, y_2)의 중점은 $\left(\frac{x_1+x_2}{2}, \frac{y_1+y_2}{2}\right)$

즉 $\frac{p+3}{2}=a$, $\frac{q-1}{2}=1$이므로 $p=2a-3$, $q=3$

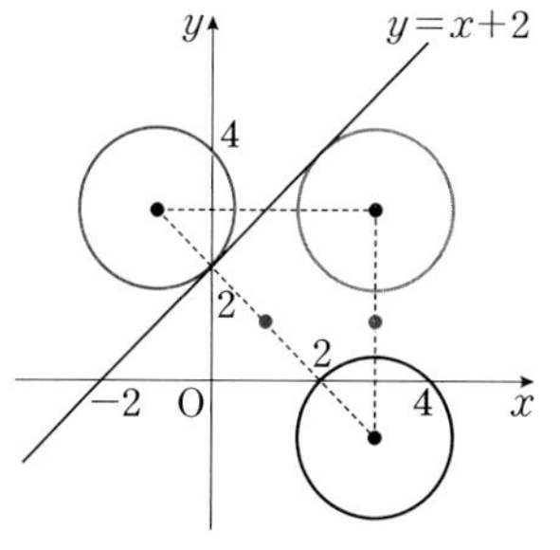

즉 ㉠을 점 $P(a, 1)$에 대하여 대칭이동하면 중심이 $(2a-3, 3)$이고

반지름의 길이가 $\sqrt{2}$인 원이다.

STEP B 중심에서 직선 사이의 거리가 반지름임을 이용하여 a의 값 구하기

이때 이 원이 직선 $y=x+2$에 접하므로 중심 $(2a-3, 3)$에서

직선 $x-y+2=0$까지의 거리가 반지름의 길이 $\sqrt{2}$와 같다.

점 (x_1, y_1)과 직선 $ax+by+c=0$ 사이의 거리 $d=\frac{|ax_1+by_1+c|}{\sqrt{a^2+b^2}}$

즉 $\frac{|2a-3-3+2|}{\sqrt{1^2+(-1)^2}}=\sqrt{2}$, $|2a-4|=2$

$\therefore a=1$ 또는 $a=3$

따라서 a의 값의 합은 $1+3=4$

0351

2011년 11월 고1 학력평가 16번

좌표평면 위에 중심의 좌표가 $\left(-\frac{1}{2},\ 0\right)$이고 반지름의 길이가 1인 원 O_1이 있다. 원 O_1을 y축에 대하여 대칭이동한 원을 O_2라 하고 x축의 방향으로 2만큼 평행이동한 원을 O_3이라 하자. 원 O_1의 내부와 원 O_2의 내부의 공통부분의 넓이와 원 O_2의 내부와 원 O_3의 내부의 공통부분의 넓이의 합은?

TIP

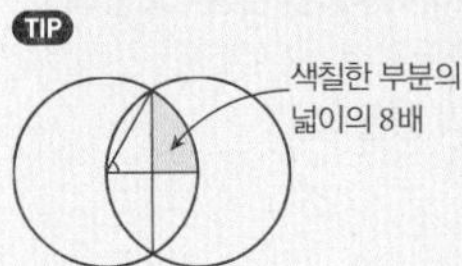

① $\frac{4}{3}\pi-2\sqrt{3}$　② $\frac{2}{3}\pi-\frac{\sqrt{3}}{2}$　③ $\frac{4}{3}\pi-\sqrt{3}$

④ $\frac{2}{3}\pi+\frac{\sqrt{3}}{2}$　⑤ $\frac{2}{3}\pi+\sqrt{3}$

STEP Ⓐ **원 O_1, O_2, O_3의 방정식 구하기**

원 O_1의 중심이 $\left(-\frac{1}{2},\ 0\right)$이고 반지름의 길이가 1이므로

방정식은 $\left(x+\frac{1}{2}\right)^2+y^2=1$이다.

원 O_1을 y축에 대하여 대칭이동한 원 O_2의 방정식은

y축에 대한 대칭이동 : $f(x,\ y)=0 \longrightarrow f(-x,\ y)=0$

$\left(x-\frac{1}{2}\right)^2+y^2=1$

원 O_1을 x축의 방향으로 2만큼 평행이동한 원 O_3의 방정식은

x대신에 $x-2$를 대입

$\left(x-\frac{3}{2}\right)^2+y^2=1$

STEP Ⓑ **공통된 부분의 넓이 구하기**

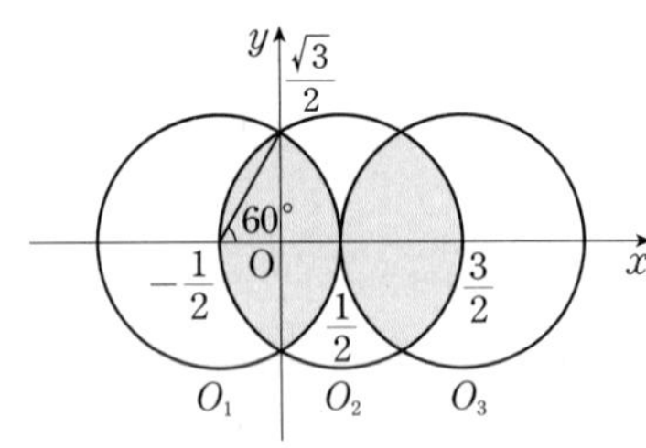

다음 그림과 같이 원 O_1의 내부와 원 O_2의 내부의 공통부분의 넓이와 원 O_2의 내부와 원 O_3의 내부의 공통부분의 넓이의 합 S는 반지름의 길이가 1이고 중심각의 크기가 60°인 부채꼴의 넓이에서 밑변의 길이가 $\frac{1}{2}$이고 높이가 $\frac{\sqrt{3}}{2}$인 직각삼각형의 넓이를 뺀 것의 8배이다.

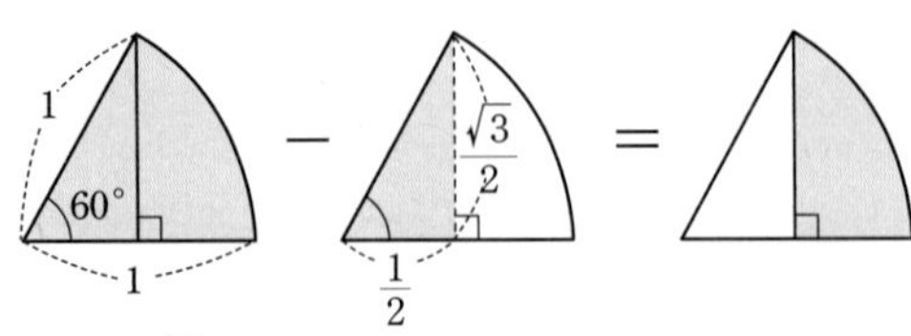

따라서 $S=8\left(\frac{\pi}{6}-\frac{\sqrt{3}}{8}\right)=\frac{4}{3}\pi-\sqrt{3}$

$\left(\pi\times1^2\times\frac{60°}{360°}\right)-\left(\frac{1}{2}\times\frac{1}{2}\times\frac{\sqrt{3}}{2}\right)$

0352

오른쪽 그림과 같은 전시장에서 관람객들이 전시물 A, B를 차례대로 관람한다. 입구 P에서 출구 Q까지 이동하는 거리가 최소가 되도록 전시물 A, B를 양 벽에 각각 배치하려고 할 때, 전시물 A의 위치는 입구 P가 있는 벽면에서 오른쪽으로 몇 m 떨어져 있어야 하는지 구하고, 그때의 최소 이동 거리를 구하시오.

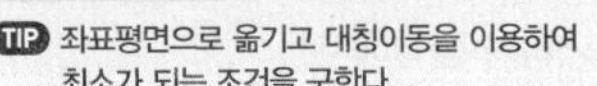
TIP 좌표평면으로 옮기고 대칭이동을 이용하여 최소가 되는 조건을 구한다.

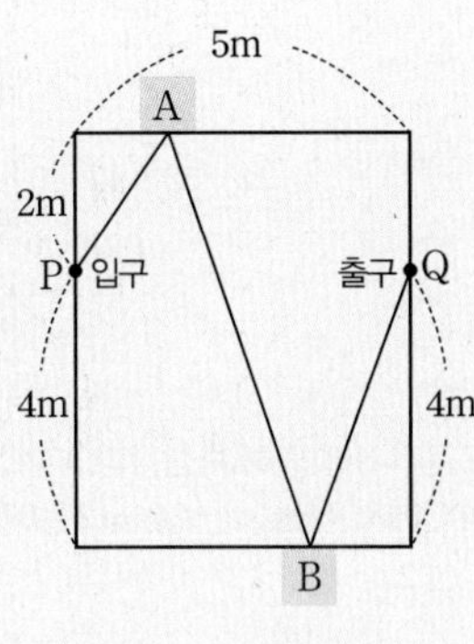

(단, 이 전시장의 바닥은 직사각형 모양이고 벽의 두께와 전시물의 크기는 무시한다.)

STEP Ⓐ **좌표평면 위에 나타내고 대칭이동을 이용하여 최소 이동 거리가 되기 위한 조건 구하기**

전시물 B가 있는 벽면과 입구 P가 있는 벽면을 각각 x축, y축으로 하여 전시장을 좌표평면 위에 나타내면 오른쪽 그림과 같다.

이때 점 P를 직선 $y=6$에 대하여 대칭이동한 점을 P$'$,

점 Q를 x축에 대하여 대칭이동한 점을 Q$'$이라 하면

$\overline{\text{PA}}+\overline{\text{AB}}+\overline{\text{BQ}}$

$=\overline{\text{P}'\text{A}}+\overline{\text{AB}}+\overline{\text{BQ}'}\geq\overline{\text{P}'\text{Q}'}$

이므로 선분 P$'$Q$'$의 길이가 구하는 최소 이동거리이다.

STEP Ⓑ **최소 이동 거리 구하기**

(ⅰ) 점 A는 직선 P$'$Q$'$과 직선 $y=6$의 교점이다.

이때 P$'(0,\ 8)$, Q$'(5,\ -4)$이므로 두 점 P$'$, Q$'$을 지나는 직선의 방정식은

$y-8=\frac{-4-8}{5-0}x \quad \therefore y=-\frac{12}{5}x+8$

$y=6$일 때, x의 값을 구하면

$6=-\frac{12}{5}x+8 \quad \therefore x=\frac{5}{6}$

즉 전시물 A는 입구 P가 있는 벽면에서 오른쪽으로 $\frac{5}{6}$m 떨어져 있어야 한다.

(ⅱ) 선분 P$'$Q$'$의 길이를 구하면

$\text{P}'\text{Q}'=\sqrt{5^2+(8+4)^2}=\sqrt{169}=13(\text{m})$

따라서 최소 이동 거리는 13m

0353

2014년 11월 고1 학력평가 21번

원 $x^2+(y-1)^2=9$ 위의 점 P가 있다. 점 P를 y축의 방향으로 -1만큼 평행이동한 후 y축에 대하여 대칭이동한 점을 Q라 하자.

TIP 역으로, 점 Q를 y축에 대하여 대칭이동한 후 y축의 방향으로 1만큼 평행이동하면 점 P가 된다.

두 점 $\mathrm{A}(1, -\sqrt{3})$, $\mathrm{B}(3, \sqrt{3})$에 대하여 삼각형 ABQ의 넓이가 최대일 때,

TIP $\overline{\mathrm{AB}}$는 고정되어 있으므로 점 Q에서 $\overline{\mathrm{AB}}$까지의 거리가 최대가 되도록 한다.

점 P의 y좌표는?

① $\frac{5}{2}$　② $\frac{11}{4}$　③ 3

④ $\frac{13}{4}$　⑤ $\frac{7}{2}$

STEP Ⓐ **점 Q가 원 $x^2+y^2=9$ 위의 점임을 파악하기**

점 P는 원 $x^2+(y-1)^2=9$ 위의 점이므로

점 Q는 원 $x^2+(y-1)^2=9$를 y축의 방향으로 -1만큼 평행이동한 후

y 대신 $y+1$을 대입하면 $x^2+y^2=9$

y축에 대하여 대칭이동한 원 $x^2+y^2=9$ 위의 점이다.

x 대신 $-x$를 대입하면 $(-x)^2+y^2=9$

STEP Ⓑ **삼각형 ABQ의 넓이가 최대가 될 조건 파악하기**

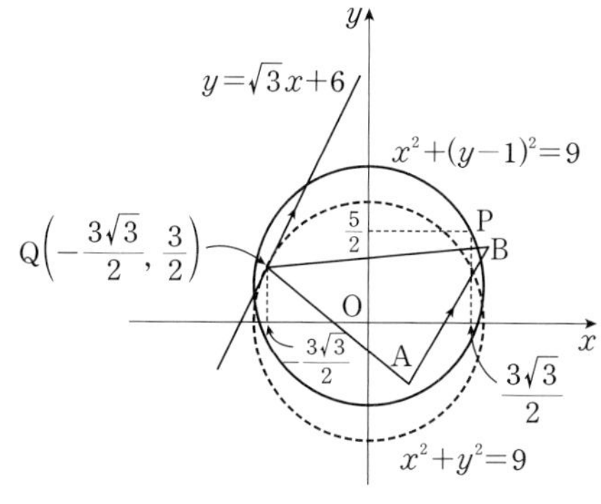

삼각형 ABQ의 넓이가 최대가 되려면 $\overline{\mathrm{AB}}$는 고정되어 있으므로

점 Q에서 $\overline{\mathrm{AB}}$까지의 거리가 최대가 되어야 한다.

즉 위의 그림과 같이 점 Q를 접점으로 하는 원 $x^2+y^2=9$의 접선이 직선 AB에 평행하고 점 Q의 x좌표가 음수일 때, 삼각형 ABQ의 넓이가 최대이다.

STEP Ⓒ **점 P의 y좌표 구하기**

이때 직선 AB의 기울기는 $\frac{\sqrt{3}-(-\sqrt{3})}{3-1}=\sqrt{3}$이므로

두 점 (x_1, y_1), (x_2, y_2)를 지나는 직선의 기울기는 $\frac{y_2-y_1}{x_2-x_1}$ (단, $x_1 \neq x_2$)

기울기가 $\sqrt{3}$이고 원 $x^2+y^2=9$에 접하는 접선의 방정식은

기울기가 m이고 원 $x^2+y^2=r^2$에 접하는 접선의 방정식은 $y=mx\pm r\sqrt{m^2+1}$

$y=\sqrt{3}x\pm3\sqrt{3+1}$　∴ $y=\sqrt{3}x\pm6$

점 Q는 직선 $y=\sqrt{3}x+6$과 원 $x^2+y^2=9$가 만나는 점이므로

$x^2+(\sqrt{3}x+6)^2=9$ ← $x^2+y^2=9$에 $y=\sqrt{3}x+6$ 대입

$4x^2+12\sqrt{3}x+27=0$, $(2x+3\sqrt{3})^2=0$

∴ $x=-\frac{3\sqrt{3}}{2}$

즉 삼각형 ABQ의 넓이가 최대일 때 점 Q의 좌표는 $\mathrm{Q}\left(-\frac{3\sqrt{3}}{2}, \frac{3}{2}\right)$

$y=\sqrt{3}x+6$에 $x=-\frac{3\sqrt{3}}{2}$을 대입하면 $y=-\frac{9}{2}+6=\frac{3}{2}$

이때 점 P는 점 Q를 y축에 대하여 대칭이동한 후

x좌표의 부호를 바꾸면 $\left(\frac{3\sqrt{3}}{2}, \frac{3}{2}\right)$

y축의 방향으로 1만큼 평행이동한 점이다.

y좌표에 1을 더하면 $\left(\frac{3\sqrt{3}}{2}, \frac{5}{2}\right)$

따라서 점 $\mathrm{P}\left(\frac{3\sqrt{3}}{2}, \frac{5}{2}\right)$의 y좌표는 $\frac{5}{2}$

0354

2024년 10월 고1 학력평가 21번 변형

좌표평면 위의 두 원

$C_1 : (x-1)^2+(y-6)^2=1$,

$C_2 : (x-8)^2+(y-2)^2=4$

에 대하여 원 C_1 위를 움직이는 점 P, 원 C_2 위를 움직이는 점 Q, y축 위를 움직이는 두 점 R, S가 있다.

두 점 R, S를 x축에 대하여 대칭이동한 점을 각각 R′, S′이라 하자.

이때 점 $\mathrm{A}(a, 2a+1)$에 대하여 다음을 만족시킨다.

TIP 점 A를 x축에 대하여 대칭이동한 점을 A′이라 하면 $\overline{\mathrm{AR}}=\overline{\mathrm{A'R'}}$, $\overline{\mathrm{AS}}=\overline{\mathrm{A'S'}}$

$(\overline{\mathrm{AR}}+\overline{\mathrm{PR'}}$의 최솟값$)=(\overline{\mathrm{AS}}+\overline{\mathrm{QS'}}$의 최솟값$)+1$

TIP R′, S′을 연결점으로 하여 직선거리가 최솟값이 된다.

상수 a의 값을 구하시오.

STEP Ⓐ **대칭이동을 이용하여 $\overline{\mathrm{AR}}+\overline{\mathrm{PR'}}$의 최솟값 구하기**

점 $\mathrm{A}(a, 2a+1)$을 x축에 대하여 대칭이동한 점을 A′이라 하면

$\mathrm{A'}(a, -2a-1)$

이때 y축 위의 점 $\mathrm{R}(0, r)$(r은 상수)을 x축에 대하여 대칭이동한 점이 R′이라 하면 $\mathrm{R'}(0, -r)$

$\overline{\mathrm{AR}}=\sqrt{a^2+(2a+1-r)^2}$,

$\overline{\mathrm{A'R'}}=\sqrt{a^2+(-2a-1+r)^2}$이므로

$\overline{\mathrm{AR}}=\overline{\mathrm{A'R'}}$

즉 $\overline{\mathrm{AR}}+\overline{\mathrm{PR'}}=\overline{\mathrm{A'R'}}+\overline{\mathrm{PR'}}$

이때 점 $\mathrm{A'}(a, -2a-1)$을 y축에 대하여 대칭이동한 점을 A″이라 하면

$\mathrm{A''}(-a, -2a-1)$이고 $\overline{\mathrm{A'R'}}=\overline{\mathrm{A''R'}}$이므로 $\overline{\mathrm{A'R'}}+\overline{\mathrm{PR'}}$의 최솟값은

(점 A″에서 원 C_1의 중심까지의 거리)−(반지름의 길이)

중심은 $(1, 6)$, 반지름의 길이는 1

∴ $\sqrt{(1+a)^2+(7+2a)^2}-1$　······ ㉠

STEP Ⓑ **대칭이동을 이용하여 $\overline{\mathrm{AS}}+\overline{\mathrm{QS'}}$의 최솟값 구하기**

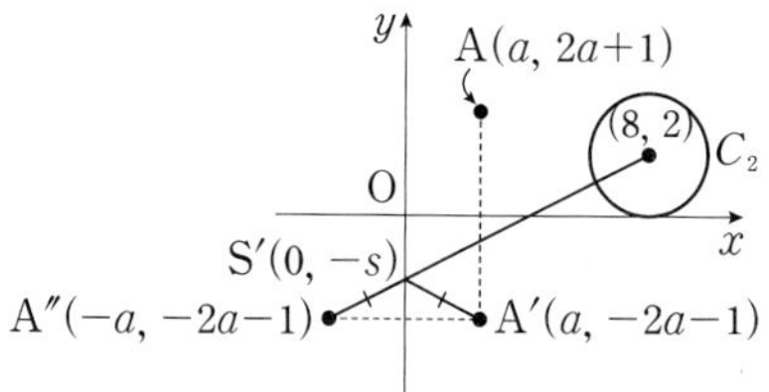

y축 위의 점 $\mathrm{S}(0, s)$(s는 상수)를 x축에 대하여 대칭이동한 점이 S′이라 하면 $\mathrm{S'}(0, -s)$

$\overline{\mathrm{AS}}=\sqrt{a^2+(2a+1-s)^2}$, $\overline{\mathrm{A'S'}}=\sqrt{a^2+(-2a-1+s)^2}$이므로 $\overline{\mathrm{AS}}=\overline{\mathrm{A'S'}}$

즉 $\overline{\mathrm{AS}}+\overline{\mathrm{QS'}}=\overline{\mathrm{A'S'}}+\overline{\mathrm{QS'}}$

이때 점 $\mathrm{A'}(a, -2a-1)$을 y축에 대하여 대칭이동한 점을 A″이라 하면

$\mathrm{A''}(-a, -2a-1)$이고 $\overline{\mathrm{A'S'}}=\overline{\mathrm{A''S'}}$이므로 $\overline{\mathrm{A'S'}}+\overline{\mathrm{QS'}}$의 최솟값은

(점 A″에서 원 C_2의 중심까지의 거리)−(반지름의 길이)

중심은 $(8, 2)$, 반지름의 길이는 2

∴ $\sqrt{(8+a)^2+(3+2a)^2}-2$　······ ㉡

STEP Ⓒ **관계식을 이용하여 a의 값 구하기**

$(\overline{\mathrm{AR}}+\overline{\mathrm{PR'}}$의 최솟값$)=(\overline{\mathrm{AS}}+\overline{\mathrm{QS'}}$의 최솟값$)+1$이므로

㉠, ㉡을 대입하면 $\sqrt{(1+a)^2+(7+2a)^2}-1=\{\sqrt{(8+a)^2+(3+2a)^2}-2\}+1$

$\sqrt{(1+a)^2+(7+2a)^2}=\sqrt{(8+a)^2+(3+2a)^2}$이므로 양변을 제곱하면

$(1+a)^2+(7+2a)^2=(8+a)^2+(3+2a)^2$

$5a^2+30a+50=5a^2+28a+73$, $2a=23$

따라서 상수 a의 값은 $\frac{23}{2}$

01 집합

M A P L ; Y O U R M A S T E R P L A N

0355

다음 [보기] 중 집합인 것만을 있는 대로 고르시오.

ㄱ. 0에 가까운 수의 모임
ㄴ. 제곱하여 1이 되는 실수의 모임
ㄷ. 우리나라 광역시의 모임
ㄹ. 귀여운 동물의 모임

① ㄱ ② ㄱ, ㄷ ③ ㄴ, ㄷ
④ ㄱ, ㄴ, ㄷ ⑤ ㄱ, ㄴ, ㄷ, ㄹ

STEP A 모임의 기준이 명확하면 집합임을 이용하기

ㄱ. ㄹ. '가까운', '귀여운'의 기준이 명확하지 않아 대상을 분명하게 정할 수 없으므로 집합이 아니다.
ㄴ. $x^2=1$에서 $x=1$ 또는 $x=-1$이므로 집합 $\{-1, 1\}$이다.
ㄷ. 그 대상이 부산, 대구, 인천, 광주, 대전, 울산으로 분명하므로 집합이다.
따라서 집합인 것은 ㄴ, ㄷ이다.

0356

집합 $A=\{\varnothing, 0, 1, \{0, 1\}\}$에 대하여 다음 중 옳지 않은 것은?

① $\varnothing \in A$ ② $0 \in A$ ③ $1 \in A$
④ $\{1\} \in A$ ⑤ $\{0, 1\} \in A$

STEP A 집합 A의 원소를 확인하여 옳지 않는 것을 찾기

집합 A의 원소는 $\varnothing$, 0, 1, $\{0, 1\}$이므로
$\{1\}$은 집합 A의 원소가 아니므로 $\{1\} \notin A$
따라서 옳지 않은 것은 ④이다.

0357

다음 물음에 답하시오.

(1) 다음 원소나열법을 조건제시법으로, 조건제시법을 원소나열법으로 나타낸 것으로 옳지 않은 것은?

① $\{2, 3, 5, 7\}$ ➡ $\{x \mid x$는 10 이하의 소수$\}$
② $\{x \mid x$는 8의 양의 약수$\}$ ➡ $\{1, 2, 4, 8\}$
③ $\{-1, -2, -3, -4, \cdots\}$ ➡ $\{x \mid x$는 음의 정수$\}$
④ $\{x \mid x^3-8x^2+15x=0\}$ ➡ $\{0, 3, 5\}$
⑤ $\{x \mid x$는 1보다 크고 30보다 작은 짝수$\}$ ➡ $\{2, 4, 6, 8, \cdots, 30\}$

STEP A 원소나열법과 조건제시법 표현하기

① $\{2, 3, 5, 7\}=\{x \mid x$는 10 이하의 소수$\}$
② $\{x \mid x$는 8의 양수$\}=\{1, 2, 4, 8\}$
③ $\{-1, -2, -3, -4, \cdots\}=\{x \mid x$는 음의 정수$\}$
④ $\{x \mid x^3-8x^2+15x=0\}=\{0, 3, 5\}$
$x(x^2-8x+15)=0$, $x(x-3)(x-5)=0$ $\therefore x=0$ 또는 $x=3$ 또는 $x=5$
⑤ x는 1보다 크고 30보다 작은 짝수이므로 30은 원소가 될 수 없다.
즉 $\{x \mid x$는 1보다 크고 30보다 작은 짝수$\}$ ➡ $\{2, 4, 6, 8, \cdots, 28\}$
따라서 옳지 않은 것은 ⑤이다.

(2) 다음 보기 중 집합 $A=\{3, 6, 9, 12, 15, 18\}$을 조건제시법으로 바르게 나타낸 것만을 있는 대로 고르면?

TIP [보기]의 집합을 원소나열법으로 나타내고 주어진 집합 A와 비교한다.

ㄱ. $A=\{x \mid x$는 3의 양의 배수$\}$
ㄴ. $A=\{x \mid x=3n, n=1, 2, 3, 4, 5, 6\}$
ㄷ. $A=\{x \mid x$는 18의 양의 약수$\}$
ㄹ. $A=\{x \mid x$는 $1<x<20$인 3의 배수$\}$

① ㄱ ② ㄱ, ㄷ ③ ㄴ, ㄹ
④ ㄱ, ㄴ, ㄹ ⑤ ㄴ, ㄷ, ㄹ

STEP A 각 집합을 원소나열법으로 나타내기

ㄱ. $A=\{3, 6, 9, 12, 15, 18, \cdots\}$
ㄴ. $A=\{3, 6, 9, 12, 15, 18\}$
ㄷ. $A=\{1, 2, 3, 6, 9, 18\}$
ㄹ. $A=\{3, 6, 9, 12, 15, 18\}$
이므로 집합 A를 조건제시법으로 바르게 나타낸 것은 ㄴ, ㄹ이다.

0358

집합 $A=\{-1, 0, 1\}$, $B=\{x \mid x$는 $x^2=4\}$에 대하여 다음 집합 C가

$$C=\{a+b \mid a \in A, b \in B\}$$

일 때, 집합 C의 모든 원소의 합을 구하시오.

STEP A 집합 C를 원소나열법으로 나타내기

$x^2=4$에서 $x=-2$ 또는 $x=2$이므로
$B=\{-2, 2\}$
$A=\{-1, 0, 1\}$, $B=\{-2, 2\}$이므로
집합 C는 집합 A의 원소 a와 집합 B의 원소 b의 합 $a+b$를 원소로 갖는 집합이다.
이때 $a \in A$에서 a의 값은 -1, 0, 1
$b \in B$에서 b의 값은 -2, 2이므로 $a+b$의 값은 오른쪽 표와 같다.

a \ b	-2	2
-1	-3	1
0	-2	2
1	-1	3

$C=\{-3, -2, -1, 1, 2, 3\}$

STEP B 집합 C의 모든 원소의 합 구하기

따라서 집합 C의 모든 원소의 합은 $-3+(-2)+(-1)+1+2+3=0$

0359

다음 물음에 답하시오.

(1) 집합 $A=\{x|x$는 6의 양의 약수$\}$에 대하여 $S=\{2x|x\in A\}$일 때, 집합 S의 모든 원소들의 합을 구하시오.

TIP 원소나열법으로 나타낸 후 구한 원소를 모두 더한다.

STEP A 집합 S를 원소나열법으로 나타내기

$A=\{x|x$는 6의 양의 약수$\}=\{1, 2, 3, 6\}$이므로

$x=1$일 때, $2x=2\times1=2$

$x=2$일 때, $2x=2\times2=4$

$x=3$일 때, $2x=2\times3=6$

$x=6$일 때, $2x=2\times6=12$

$\therefore S=\{2, 4, 6, 12\}$

STEP B 집합 S의 원소의 합 구하기

따라서 집합 S의 모든 원소의 합은 $2+4+6+12=24$

(2) 집합 $A=\{x|x=2n-1, n=1, 2\}$, $B=\{x|x$는 한 자리의 소수$\}$에 대하여 $S=\{a+b|a\in A, b\in B\}$일 때, 집합 S의 모든 원소들의 합을 구하시오.

STEP A 집합 S를 원소나열법으로 나타내기

$A=\{x|x=2n-1, n=1, 2\}=\{1, 3\}$

$B=\{x|x$는 한 자리의 소수$\}=\{2, 3, 5, 7\}$

이므로 집합 A의 원소 a와 집합 B의 원소 b에 대하여 $a+b$의 값을 구하면 다음 표와 같다.

a \ b	2	3	5	7
1	3	4	6	8
3	5	6	8	10

$\therefore S=\{3, 4, 5, 6, 8, 10\}$

STEP B 집합 S의 원소의 합 구하기

따라서 집합 S의 모든 원소의 합은 $3+4+5+6+8+10=36$

0360

서로 다른 세 자연수를 원소로 가지는 집합 $A=\{a, 5, 8\}$에 대하여 집합

$$B=\{x+y|x\in A, y\in A, x\neq y\}$$

TIP $\{x+y|p(x)\}$는 조건 $p(x)$를 만족시키는 x, y의 합 $x+y$를 원소로 갖는 집합이다.

라 하자. 집합 B의 모든 원소의 합이 30일 때, a의 값을 구하시오.

STEP A 집합 B를 원소나열법으로 나타내기

집합 B는 집합 $A=\{a, 5, 8\}$의 서로 다른 두 원소 x, y의 합 $x+y$를 원소로 갖는 집합이다.

$x\in A$, $y\in A$이므로 오른쪽 표에 의해 $x+y$의 값은 $a+5$, $a+8$, 13

$B=\{a+5, a+8, 13\}$

x \ y	a	5	8
a		$a+5$	$a+8$
5	$a+5$		13
8	$a+8$	13	

STEP B 집합 B의 원소의 합이 30일 때, a의 값 구하기

따라서 집합 B의 모든 원소의 합이 30이므로

$(a+5)+(a+8)+13=30$, $2a+26=30$, $2a=4$ $\therefore a=2$

0361

다음 [보기] 중 옳은 것만을 있는 대로 고르시오.

ㄱ. $n(\{0\})=1$

ㄴ. $n(\{1, 2, 3\})-n(\{1, 3\})=3$

ㄷ. $n(\{\varnothing, 2, 5\})=2$

ㄹ. $n(\{x|x$는 한 자리의 소수$\})=5$

ㅁ. $n(\{7\})<n(\{10\})$

STEP A 집합의 원소를 모두 구한 후 그 개수를 구하여 참, 거짓 판단하기

ㄱ. 집합 $\{0\}$의 원소는 0이므로 원소의 개수는 1개이다. 즉 $n(\{0\})=1$ [참]

ㄴ. $n(\{1, 2, 3\})-n(\{1, 3\})=3-2=1$ [거짓]

ㄷ. $n(\{\varnothing, 2, 5\})=3$ [거짓]

ㄹ. 한 자리의 소수는 2, 3, 5, 7이므로 $n\{x|x$는 한 자리의 소수$\})=4$ [거짓]

ㅁ. $n(\{7\})=1$, $n(\{10\})=1$이므로 $n(\{7\})=n(\{10\})$ [거짓]

따라서 옳은 것은 ㄱ이다.

0362

세 집합

$A=\{x|x$는 $|x|<2$의 정수$\}$, TIP $|x|<a$일 때, $-a<x<a$이다.

$B=\{x|x$는 36의 양의 약수$\}$,

$C=\{x|x^2=-9$인 실수$\}$ TIP $i=\sqrt{-1}$이므로 $x=\pm\sqrt{-9}=\pm3i$임을 이용한다.

일 때, $n(A)+n(B)+n(C)$의 값은?

① 11 ② 12 ③ 13 ④ 14 ⑤ 15

STEP A 집합 A, B, C의 원소를 구한 후 그 개수 구하기

$|x|<2$에서 $-2<x<2$

x가 정수이므로 $A=\{-1, 0, 1\}$ $\therefore n(A)=3$

$B=\{1, 2, 3, 4, 6, 9, 12, 18, 36\}$이므로 $n(B)=9$

이차방정식 $x^2=-9$에서 $x=\pm\sqrt{-9}=\pm3i$

실수 x는 존재하지 않으므로 집합 C는 공집합이다. $\therefore n(C)=0$

STEP B $n(A)+n(B)+n(C)$의 값 구하기

따라서 $n(A)+n(B)+n(C)=3+9+0=12$

0363

두 집합

$A=\{(x, y)|x^2+y^2=1, x, y$는 정수$\}$,

TIP $\{(x, y)|p(x)\}$는 조건 $p(x)$를 만족시키는 x, y의 순서쌍 (x, y)를 원소로 갖는 집합

$B=\{x|x^2-(k+4)x+4k<0, x$는 자연수$\}$

TIP 부등식을 풀어 k를 구한다.

에 대하여 $n(A)=n(B)$를 만족시키는 실수 k의 값의 범위를 구하시오.

STEP A 집합 A, B의 원소의 개수 구하기

$A=\{(-1, 0), (0, -1), (1, 0), (0, 1)\}$

이므로 $n(A)=4$

이때 $n(A)=n(B)$이어야 하므로

$n(B)=4$

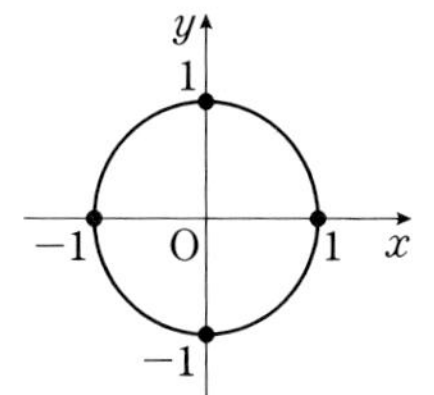

STEP B $n(B)=4$를 만족하는 실수 k의 값의 범위 구하기

$n(B)=4$이므로

$x^2-(k+4)x+4k<0$을 만족시키는 자연수 x의 개수가 4일 때, 실수 k의 범위를 구한다.

$x^2-(k+4)x+4k<0$, $(x-k)(x-4)<0$

(i) $k<4$일 때,
주어진 부등식의 해는 $k<x<4$
이때 자연수 x가 될 수 있는 수는 1, 2, 3의 3개이므로
조건을 만족하지 않는다.

(ii) $k=4$일 때, $(x-4)^2<0$이므로 해는 없다.

(iii) $k>4$일 때, 주어진 부등식의 해는 $4<x<k$
이때 자연수 x의 개수가 4이려면 $8<k\le 9$이어야 한다.

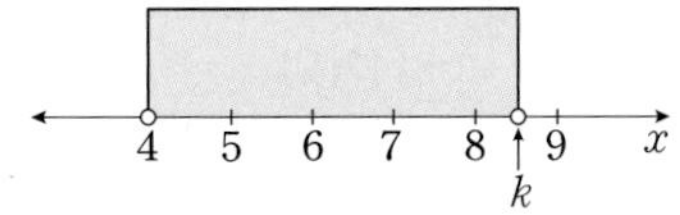

(i)~(iii)에서 실수 k의 값의 범위는 $8<k\le 9$

0364

집합 A가 자연수를 원소로 가질 때, 조건

$x\in A$이면 $7-x\in A$

TIP x와 $7-x$는 모두 자연수이다.

를 만족하는 집합 A의 개수를 구하시오. (단, $A\ne\varnothing$)

STEP A 조건을 만족하는 자연수 x의 값 구하기

집합 A는 자연수를 원소로 가지므로 x와 $7-x$가 모두 자연수이어야 한다.

$x\ge 1$, $7-x\ge 1$

$\therefore 1\le x\le 6$

집합 A의 원소가 될 수 있는 자연수는 1, 2, 3, 4, 5, 6

STEP B 조건을 만족하는 집합 A의 개수 구하기

이때 $x\in A$이면 $7-x\in A$이므로

1과 6, 2와 5, 3과 4는 동시에 집합 A의 원소이거나 원소가 아니다.

원소의 개수에 따라 집합 A를 구하면 다음과 같다.

(i) 원소의 개수가 2일 때,
$A=\{1, 6\}$, $A=\{2, 5\}$, $A=\{3, 4\}$

(ii) 원소의 개수가 4일 때,
$A=\{1, 2, 5, 6\}$, $A=\{1, 3, 4, 6\}$, $A=\{2, 3, 4, 5\}$

(iii) 원소의 개수가 6일 때,
$A=\{1, 2, 3, 4, 5, 6\}$

(i)~(iii)에서 집합 A의 개수는 $3+3+1=7$

참고 $x=7-x$를 만족시키는 자연수 x가 존재하지 않으므로
x와 $7-x$는 서로 다른 자연수이다.
따라서 집합 A의 원소의 개수는 짝수이다.

MINI해설 1, 2, 3이 집합 A의 원소인지 아닌지에 따라 풀이하기

집합 A는 1, 2, 3, 4, 5, 6 중의 어떤 원소들로 구성되면서
$1\in A$이면 $6\in A$, $2\in A$이면 $5\in A$, $3\in A$이면 $4\in A$,
즉 1, 2, 3이 집합 A의 원소인지 아닌지에 따라 6, 5, 4가 집합 A의 원소인지 아닌지가 결정된다.

따라서 집합 A의 개수는 $2\times2\times2=2^3=8$이고 이 중에 $\varnothing$도 포함되므로
$\varnothing$을 제외하면 집합 A의 개수는 $8-1=7$

0365

공집합이 아닌 집합 A가 자연수를 원소로 가질 때, 조건

$x\in A$이면 $\dfrac{16}{x}\in A$ TIP x는 16의 양의 약수이다.

를 만족하는 집합 A의 개수는?

① 3 ② 4 ③ 5
④ 6 ⑤ 7

STEP A 조건을 만족하는 자연수 x의 값 구하기

집합 A의 원소 x와 $\dfrac{16}{x}$이 모두 자연수이므로

x는 16의 양의 약수인 1, 2, 4, 8, 16이어야 한다.

STEP B 조건을 만족하는 집합 A의 개수 구하기

이때 $x\in A$이면 $\dfrac{16}{x}\in A$이므로

1과 16, 2와 8, 4와 4는 동시에 집합 A의 원소이거나 원소가 아니다.

원소의 개수에 따라 집합 A를 구하면 다음과 같다.

(i) 원소가 1개일 때, $A=\{4\}$

(ii) 원소가 2개일 때, $A=\{1, 16\}$, $A=\{2, 8\}$

(iii) 원소가 3개일 때, $A=\{1, 4, 16\}$, $A=\{2, 4, 8\}$

(iv) 원소가 4개일 때, $A=\{1, 2, 8, 16\}$

(v) 원소가 5개일 때, $A=\{1, 2, 4, 8, 16\}$

따라서 집합 A의 개수는 7

MINI해설 1, 2, 4가 집합 A의 원소인지 아닌지에 따라 풀이하기

집합 A는 1, 2, 4, 8, 16 중의 어떤 원소들로 구성되면서
$1\in A$이면 $16\in A$, $2\in A$이면 $8\in A$, $4\in A$이면 $4\in A$
즉 1, 2, 4가 집합 A의 원소인지 아닌지에 따라 16, 8, 4가 집합 A의 원소인지 아닌지가 결정된다.
따라서 집합 A의 개수는 $2\times2\times2=2^3=8$이고 이 중에 $\varnothing$도 포함되므로
$\varnothing$을 제외하면 집합 A의 개수는 $8-1=7$

0366

집합 A가 다음 조건을 만족할 때, $n(A)$의 최솟값을 구하시오. (단, $1\notin A$)

TIP 집합 A에는 확정된 원소와 가능한 원소가 있을 수 있으나 원소의 개수가 최소가 되려면 확정된 원소로만 이루어지면 된다.

(가) $3\in A$

(나) $a\in A$이면 $\dfrac{1}{1-a}\in A$

STEP A 조건을 만족하는 집합 A의 원소 구하기

집합 A의 원소 중 하나가 3이므로

(i) $3\in A$이면 $\dfrac{1}{1-3}\in A$, 즉 $-\dfrac{1}{2}\in A$

(ii) $-\dfrac{1}{2}\in A$이면 $\dfrac{1}{1-\left(-\dfrac{1}{2}\right)}\in A$, 즉 $\dfrac{2}{3}\in A$

(iii) $\dfrac{2}{3}\in A$이면 $\dfrac{1}{1-\dfrac{2}{3}}\in A$, 즉 $3\in A$

(i)~(iii)에서 집합 A는 원소 $-\dfrac{1}{2}$, $\dfrac{2}{3}$, 3을 반드시 포함하는 집합이다.

STEP B $n(A)$의 최솟값 구하기

$n(A)$가 최소이려면 원소의 개수가 가장 적은 집합이므로

집합 $A=\left\{-\dfrac{1}{2}, \dfrac{2}{3}, 3\right\}$

따라서 $n(A)$의 최솟값은 3

0367

다음 물음에 답하시오.

(1) 집합 $A=\{0, 1, \{1, 2\}, \varnothing\}$에 대하여 다음 중 옳은 것은?

TIP (원소)$\in A$, (부분집합)$\subset A$이다.

① $\{1\}\in A$ ② $\{1, 2\}\in A$ ③ $\varnothing\notin A$
④ $\{1, 2\}\subset A$ ⑤ $\{0, 1, 2\}\subset A$

STEP A **집합이 다른 집합의 원소가 되는 경우의 진위 판단하기**

집합 $A=\{0, 1, \{1, 2\}, \varnothing\}$의 원소는 $0, 1, \{1, 2\}, \varnothing$이다.
① $\{1\}$은 집합 A의 부분집합이므로 $\{1\}\subset A$ [거짓]
② $\{1, 2\}$는 집합 A의 원소이므로 $\{1, 2\}\in A$ [참]
③ $\varnothing$는 집합 A의 원소이므로 $\varnothing\in A$ [거짓]
④ $\{1, 2\}$는 집합 A의 원소이므로 $\{1, 2\}\in A$ [거짓]
⑤ 원소에 2가 없으므로 $\{0, 1, 2\}\not\subset A$ [거짓]
따라서 옳은 것은 ②이다.

2006년 06월 고1 학력평가 1번

(2) 집합 $A=\{1, 2, \{2, 3\}, \varnothing\}$에 대하여 옳은 것은?

TIP (원소)$\in A$, (부분집합)$\subset A$이다.

① $\{\varnothing\}\subset A$ ② $3\in A$ ③ $\{1\}\in A$
④ $\{1, 2\}\in A$ ⑤ $\{2, 3\}\subset A$

STEP A **집합이 다른 집합의 원소가 되는 경우의 진위 판단하기**

집합 $A=\{1, 2, \{2, 3\}, \varnothing\}$의 원소는 $1, 2, \{2, 3\}, \varnothing$이다.
① $\varnothing$는 집합 A의 원소이므로 집합 $\{\varnothing\}$는 집합 A의 부분집합이다.
$\therefore \{\varnothing\}\subset A$ [참]
② 3은 집합 A의 원소가 아니므로 $3\notin A$ [거짓]
③ 집합 $\{1\}$은 집합 A의 부분집합이므로 $\{1\}\subset A$ [거짓]
④ 집합 $\{1, 2\}$는 집합 A의 부분집합이므로 $\{1, 2\}\subset A$ [거짓]
⑤ 집합 $\{2, 3\}$은 집합 A의 원소이므로 $\{2, 3\}\in A$ [거짓]
따라서 옳은 것은 ①이다.

0368

두 집합 A, B가 오른쪽 벤 다이어그램과 같을 때, 다음 중 옳지 않은 것은?

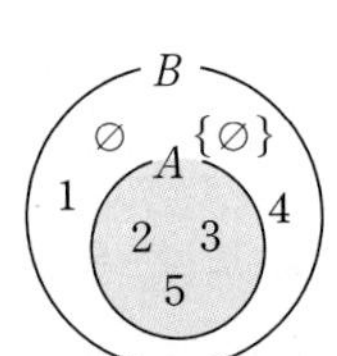

① $\{\varnothing\}\subset B$ ② $\{\varnothing, \{\varnothing\}\}\subset B$
③ $\{3, 5\}\not\subset A$ ④ $\{2, 3, 4\}\subset B$
⑤ $A\subset\{x\,|\,x$는 소수인 자연수$\}$

STEP A **집합과 집합의 관계인지 원소와 집합의 관계인지 $\in$, $\subset$를 써서 나타내기**

집합 $B=\{1, 2, 3, 4, 5, \varnothing, \{\varnothing\}\}$의 원소는 $1, 2, 3, 4, 5, \varnothing, \{\varnothing\}$이고
집합 $A=\{2, 3, 5\}$의 원소는 $2, 3, 5$
① $\varnothing\in B$이므로 $\{\varnothing\}\subset B$ [참]
② $\varnothing\in B$, $\{\varnothing\}\in B$이므로 $\{\varnothing, \{\varnothing\}\}\subset B$ [참]
③ $3\in A$, $5\in A$이므로 $\{3, 5\}\subset A$ [거짓]
④ $2\in B$, $3\in B$, $4\in B$이므로 $\{2, 3, 4\}\subset B$ [참]
⑤ $\{x\,|\,x$는 소수인 자연수$\}=\{2, 3, 5, 7, 11, \cdots\}$이므로
$A\subset\{x\,|\,x$는 소수인 자연수$\}$ [참]
따라서 옳지 않은 것은 ③이다.

0369

세 집합 A, B, C가 $A=\{0, 1, 2\}$, $B=\{2x+y\,|\,x\in A, y\in A\}$,

TIP $\{2x+y\,|\,p(x)\}$는 조건 $p(x)$를 만족시키는 x, y의 합 $2x+y$를 원소로 갖는 집합

$C=\{xy\,|\,x\in A, y\in A\}$일 때, 다음 중 옳은 것은?

TIP $\{xy\,|\,p(x)\}$는 조건 $p(x)$를 만족시키는 x, y의 곱 xy를 원소로 갖는 집합

① $A\subset B\subset C$ ② $A\subset C\subset B$ ③ $B\subset A\subset C$
④ $B\subset C\subset A$ ⑤ $C\subset B\subset A$

STEP A **집합을 원소나열법으로 나타내어 참, 거짓 판단하기**

$A=\{0, 1, 2\}$,
$B=\{2x+y\,|\,x\in A, y\in A\}$를 아래 표에 의하여 $2x+y$를 계산하면

y \ $2x$	0	2	4
0	0	2	4
1	1	3	5
2	2	4	6

$\therefore B=\{0, 1, 2, 3, 4, 5, 6\}$
$C=\{xy\,|\,x\in A, y\in A\}$를 아래 표에 의하여 xy를 계산하면

y \ x	0	1	2
0	0	0	0
1	0	1	2
2	0	2	4

$\therefore C=\{0, 1, 2, 4\}$
따라서 $A\subset C\subset B$

0370

다음 물음에 답하시오.

(1) 두 집합 $A=\{3, a+1\}$, $B=\{2, a-1, 2a+1\}$에 대하여 $A\subset B$일 때, 상수 a의 값을 구하시오.

STEP A **집합 A의 모든 원소가 집합 B의 원소임을 이용하여 상수 a의 값 구하기**

$3\in A$이므로 $A\subset B$이려면 $3\in B$에서 $a-1=3$ 또는 $2a+1=3$
$\therefore a=4$ 또는 $a=1$
(ⅰ) $a=4$일 때, $A=\{3, 5\}$, $B=\{2, 3, 9\}$ $\therefore A\not\subset B$
(ⅱ) $a=1$일 때, $A=\{2, 3\}$, $B=\{0, 2, 3\}$ $\therefore A\subset B$
(ⅰ), (ⅱ)에서 $a=1$

(2) 두 집합 $A=\{1, 2, a^2-1\}$, $B=\{3, a-1, b-1\}$에 대하여 $A\subset B$이고 $B\subset A$일 때, 상수 a, b에 대하여 $a+b$의 값을 구하시오.

TIP $A=B$

STEP A **$A\subset B$이고 $B\subset A$이면 $A=B$임을 파악하기**

$A\subset B$이고 $B\subset A$이므로 $A=B$
즉 두 집합 A, B의 원소가 서로 같아야 한다.

STEP B **조건을 만족하는 a, b의 값 구하기**

$a^2-1=3$이면 $a^2=4$에서 $a=2$ 또는 $a=-2$
(ⅰ) $a=2$일 때, $a-1=1$이므로 $B=\{3, 1, b-1\}$
$b-1=2$이면 $A=B=\{1, 2, 3\}$이므로 $b=3$
(ⅱ) $a=-2$일 때, $a-1=-3$이므로 만족하지 않는다.
따라서 $a=2$, $b=3$이므로 $a+b=5$

0371

두 집합

$$A=\{3, 4-2a\},\ B=\{x \mid x^2-bx-18=0\}$$

에 대하여 $A \subset B$이고 $B \subset A$일 때, 상수 a, b에 대하여 $a+b$의 값은?

TIP $A=B$

① -2　② -1　③ 1
④ 2　⑤ 3

STEP Ⓐ $A \subset B$이고 $B \subset A$이면 $A=B$임을 파악하기

$A \subset B$이고 $B \subset A$이므로 $A=B$
즉 두 집합 A, B의 원소가 서로 같아야 한다.

STEP Ⓑ 조건을 만족하는 a, b의 값 구하기

$x^2-bx-18=0$에 $x=3$을 대입하면
$9-3b-18=0$, $-3b=9$　$\therefore b=-3$
$x^2+3x-18=0$에서 $(x+6)(x-3)=0$
$\therefore x=-6$ 또는 $x=3$
이때 $B=\{-6, 3\}$이므로 $4-2a=-6$, $-2a=-10$　$\therefore a=5$
따라서 $a+b=5+(-3)=2$

0372

두 집합

$$A=\{x \mid -3a \le x \le 6\},\ B=\{x \mid -16 < x < 3a\}$$

에 대하여 $A \subset B$가 성립하도록 하는 정수 a의 값의 합을 구하시오.

STEP Ⓐ $A \subset B$를 만족하는 a의 값의 범위 구하기

$A \subset B$가 성립하도록 두 집합 A, B를 수직선 위에 나타내면
다음 그림과 같다.

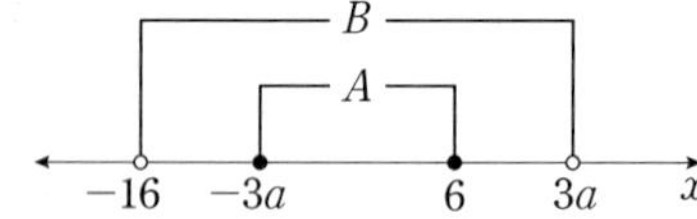

즉 $-16 < -3a$이고 $6 < 3a$이므로
$-16 < -3a$에서 $a < \frac{16}{3}$, $6 < 3a$에서 $2 < a$
$\therefore 2 < a < \frac{16}{3}$

STEP Ⓑ 정수 a의 값의 합 구하기

따라서 정수 a는 $3, 4, 5$이므로 그 합은 $3+4+5=12$

0373

집합 $A=\{1, 2, 3, \cdots, n\}$의 부분집합 중에서 $2, 3, 4$를 반드시 포함하는 부분집합의 개수가 32일 때, 자연수 n의 값을 구하시오.

TIP 집합 $A=\{a_1, a_2, a_3, \cdots, a_n\}$에 대하여 A의 부분집합의 개수 ➡ 2^n개

STEP Ⓐ 특정한 원소가 포함하는 부분집합의 개수를 이용하여 n의 값 구하기

집합 A의 부분집합 중 $2, 3, 4$를 포함하는 부분집합의 개수는 2^{n-3}
따라서 $2^{n-3}=32=2^5$, $n-3=5$　$\therefore n=8$

0374

다음 물음에 답하시오.

(1) 집합 $A=\{1, 2, 3, 4, 5\}$의 부분집합 중에서 홀수가 한 개 이상 속해 있는 집합의 개수는?

TIP 적어도 한 개의 홀수를 포함하는 부분집합의 개수

① 16　② 20　③ 24
④ 28　⑤ 32

STEP Ⓐ 홀수가 한 개 이상이므로 적어도 하나의 홀수를 원소로 갖는 부분집합의 개수 구하기

구하는 부분집합의 개수는
(전체 부분집합의 개수)−(홀수 $1, 3, 5$를 포함하지 않는 부분집합의 개수)
와 같다.

집합 A의 원소의 개수가 5이므로 부분집합의 개수는 $2^5=32$이고
이 중에서 홀수인 원소 $1, 3, 5$를 제외한 원소로 이루어진 집합 $\{2, 4\}$의
부분집합의 개수는 $2^2=4$
따라서 홀수가 한 개 이상 속해 있는 부분집합의 개수는 $32-4=28$

집합 $A=\{a_1, a_2, a_3, \cdots, a_n\}$에 대하여 A의 부분집합의 개수 ➡ 2^n개

+α 홀수가 한 개 이상이므로 경우를 직접 나누어 구할 수 있어!

(ⅰ) 홀수 원소가 1개 속해 있는 집합
$\{1\}, \{1, 2\}, \{1, 4\}, \{1, 2, 4\}$,
$\{3\}, \{3, 2\}, \{3, 4\}, \{3, 2, 4\}$,
$\{5\}, \{5, 2\}, \{5, 4\}, \{5, 2, 4\}$
$\therefore 12$(개)
(ⅱ) 홀수 원소가 2개 속해 있는 집합
$\{1, 3\}, \{1, 3, 2\}, \{1, 3, 4\}, \{1, 3, 2, 4\}$,
$\{3, 5\}, \{3, 5, 2\}, \{3, 5, 4\}, \{3, 5, 2, 4\}$,
$\{1, 5\}, \{1, 5, 2\}, \{1, 5, 4\}, \{1, 5, 2, 4\}$
$\therefore 12$(개)
(ⅲ) 홀수 원소가 3개 속해 있는 집합
$\{1, 3, 5\}, \{1, 3, 5, 2\}, \{1, 3, 5, 4\}, \{1, 3, 5, 2, 4\}$
$\therefore 4$(개)
(ⅰ)~(ⅲ)에 의해 홀수가 한 개 이상 속해 있는 집합의 개수는 $12+12+4=28$

POINT '적어도'라는 표현이 있는 부분집합의 개수

(전체 부분집합의 개수)−(주어진 조건을 만족하지 않는 부분집합의 개수)

(2) 집합 $A=\{1, 2, 3, 4, 5, 6\}$의 부분집합 중 적어도 하나의 짝수를 원소로 갖는 부분집합의 개수는?

TIP 적어도 한 개의 짝수를 포함하는 부분집합의 개수

① 24　② 36　③ 42
④ 50　⑤ 56

STEP Ⓐ '적어도'라는 표현이 있는 부분집합의 개수 구하기

구하는 부분집합의 개수는
(전체 부분집합의 개수)−(짝수 $2, 4, 6$을 포함하지 않는 부분집합의 개수)
와 같다.

집합 A의 원소의 개수가 6이므로 부분집합의 개수는 $2^6=64$이고
짝수 $2, 4, 6$을 포함하지 않는 부분집합의 개수는 $2^{6-3}=2^3=8$
따라서 적어도 하나의 짝수를 원소로 갖는 부분집합의 개수는 $64-8=56$

0375

2011년 고1 학업성취도평가 26번

집합 S의 원소 중에서 가장 큰 원소를 $M(S)$라 하자.
예를 들어 $S=\{4\}$일 때, $M(S)=4$이고 $S=\{1, 2\}$일 때, $M(S)=2$이다.
집합 $A=\{1, 2, 3, 4, 5\}$의 부분집합 X에 대하여 $M(X) \geq 3$을 만족하는 집합 X의 개수를 구하시오.

TIP 집합 A의 부분집합 X는 3 이상의 원소를 적어도 하나 가져야 한다.

STEP A **'적어도'라는 표현이 있는 부분집합의 개수 구하기**

$M(X) \geq 3$을 만족하기 위하여 집합 A의 부분집합 X는 3 이상의 원소를 적어도 하나 가져야 한다. 즉 조건을 만족하는 부분집합 X는
(전체 부분집합의 개수)−(3 이상의 원소를 포함하지 않는 부분집합의 개수)
와 같다.
집합 A의 부분집합의 개수는 $2^5=32$이고
3, 4, 5를 포함하지 않는 부분집합의 개수는 $2^{5-3}=2^2=4$
따라서 $M(X) \geq 3$을 만족하는 집합 X의 개수는 $32-4=28$

0376

다음 물음에 답하시오.

(1) 두 집합 $A=\{3, 4\}$, $B=\{x|x$는 12의 양의 약수$\}$에 대하여 $A \subset X \subset B$를 만족하는 집합 X의 개수를 구하시오.

TIP 집합 X는 원소 3, 4를 반드시 포함하는 집합 B의 부분집합이다.

STEP A **$A \subset X \subset B$를 만족시키는 집합 X 구하기**

$A=\{3, 4\}$, $B=\{x|x$는 12의 양의 약수$\}=\{1, 2, 3, 4, 6, 12\}$이므로
$A \subset X \subset B$를 원소나열법으로 정리하면 $\{3, 4\} \subset X \subset \{1, 2, 3, 4, 6, 12\}$

STEP B **특정한 원소를 포함하는 부분집합의 개수 구하기**

집합 X는 $B=\{1, 2, 3, 4, 6, 12\}$의 부분집합 중 원소 3, 4를 반드시 포함하는 부분집합이다.
따라서 구하는 집합 X의 개수는 $2^{6-2}=2^4=16$

(2) 두 집합 $A=\{2, 3, 5, 7, 11, 13, 15\}$, $B=\{2, 3, 5\}$에 대하여
$B \subset X \subset A$, $X \neq A$, $X \neq B$

TIP 집합 X는 원소 2, 3, 5를 반드시 포함하는 집합 A의 부분집합이다.

를 만족시키는 집합 X의 개수를 구하시오.

STEP A **$B \subset X \subset A$, $X \neq A$, $X \neq B$를 만족시키는 집합 X 구하기**

$B \subset X \subset A$, $X \neq A$, $X \neq B$를 만족시키는 집합 X는 집합 A의 부분집합 중 2, 3, 5를 원소로 갖는 집합에서 두 집합 A, B를 제외한 것과 같다.

STEP B **집합 X의 개수 구하기**

따라서 집합 X의 개수는 $2^{7-3}-2=16-2=14$

0377

다음 물음에 답하시오.

(1) 두 집합 $A=\{1, 3, 5, 7, 9\}$, $B=\{x|x$는 10 이하의 자연수$\}$에 대하여
$C=\{x|x \in B$이고 $x \notin A\}$
일 때, $C \subset X \subset B$를 만족시키는 집합 X의 개수는?

TIP 집합 C를 구하면 집합 C의 원소는 반드시 집합 X의 원소로 갖는다.

① 12 ② 16 ③ 30
④ 32 ⑤ 64

STEP A **집합 C 구하기**

$A=\{1, 3, 5, 7, 9\}$, $B=\{1, 2, 3, 4, 5, 6, 7, 8, 9, 10\}$에서
$C=\{x|x \in B$이고 $x \notin A\}=\{2, 4, 6, 8, 10\}$

STEP B **$C \subset X \subset B$를 만족하는 집합 X의 개수 구하기**

$C \subset X \subset B$에서 집합 X는 집합 B의 부분집합 중에서 원소 2, 4, 6, 8, 10을 반드시 원소로 갖는 집합이다.
따라서 집합 X의 개수는 $2^{10-5}=2^5=32$

(2) 두 집합
$A=\{x|x$는 $x^2-4x+3 \leq 0$인 정수$\}$,
$B=\{x|x$는 k 이하의 자연수$\}$
에 대하여 $A \subset X \subset B$를 만족시키는 집합 X의 개수가 64일 때,

TIP 집합 X는 집합 B의 부분집합 중 원소 1, 2, 3을 반드시 포함하는 부분집합이다.

자연수 k의 값은?
① 6 ② 8 ③ 9
④ 10 ⑤ 12

STEP A **두 집합 A, B 구하기**

$x^2-4x+3 \leq 0$에서 $(x-1)(x-3) \leq 0$ $\therefore 1 \leq x \leq 3$
x는 정수이므로 $A=\{1, 2, 3\}$
집합 $B=\{1, 2, 3, 4, 5, \cdots, k\}$에서 $n(B)=k$

STEP B **$A \subset X \subset B$를 이용하여 k의 값 구하기**

따라서 $A \subset X \subset B$에서 집합 X의 개수는 집합 B의 부분집합 중 1, 2, 3을 원소로 갖는 집합의 개수이고 그 개수는 64이므로 $2^{k-3}=64=2^6$, $k-3=6$
$\therefore k=9$

0378

두 집합 $A=\{x|x$는 $x^2<4$인 정수$\}$, $B=\{x|x$는 $|x|<4$인 정수$\}$에 대하여 다음 조건을 만족시키는 집합 X의 개수를 구하시오.

(가) $A \subset X \subset B$
(나) 집합 X의 원소의 개수는 5 이상이다.

TIP B의 부분집합 X는 $-3, -2, 2, 3$ 중 2개 이상을 원소로 갖는 집합이다.

STEP A **두 집합 A, B 구하기**

$x^2<4$에서 $x^2-4<0$, $(x+2)(x-2)<0$ $\therefore -2<x<2$
$A=\{x|x$는 $x^2<4$인 정수$\}=\{-1, 0, 1\}$
$|x|<4$에서 $-4<x<4$이므로
$B=\{x|x$는 $|x|<4$인 정수$\}=\{-3, -2, -1, 0, 1, 2, 3\}$

STEP B **두 조건 (가), (나)를 만족하는 집합 X의 개수 구하기**

두 조건 (가), (나)를 만족시키는 집합 X는 집합 B의 부분집합 중 $-1, 0, 1$을 원소로 갖고 나머지 원소 $-3, -2, 2, 3$ 중 2개 이상을 원소로 갖는 집합이다.
즉 집합 X는 집합 $\{-3, -2, 2, 3\}$의 부분집합 중 원소의 개수가 2 이상인 부분집합에 각각 원소 $-1, 0, 1$을 넣은 것과 같다.
따라서 구하는 집합 X의 개수는 집합 $\{-3, -2, 2, 3\}$의 부분집합의 개수에서 원소의 개수가 1인 부분집합 4개와 공집합 1개를 뺀 것과 같으므로 $2^4-4-1=11$

+α 집합 X를 직접 구할 수 있어!

집합 X를 직접 구하면 $\{-3, -2, -1, 0, 1\}$, $\{-3, -1, 0, 1, 2\}$, $\{-3, -1, 0, 1, 3\}$,
$\{-2, -1, 0, 1, 2\}$, $\{-2, -1, 0, 1, 3\}$, $\{-1, 0, 1, 2, 3\}$,
$\{-3, -2, -1, 0, 1, 2\}$, $\{-3, -1, 0, 1, 2, 3\}$, $\{-3, -2, -1, 0, 1, 3\}$,
$\{-2, -1, 0, 1, 2, 3\}$, $\{-3, -2, -1, 0, 1, 2, 3\}$
따라서 집합 X의 개수는 11

0379

집합 $A=\{1, 2, 3, \cdots, 10\}$에 대하여 다음 조건을 만족하는 집합 A의 부분집합 X의 개수를 구하시오.

(가) 집합 X의 원소 중 가장 작은 수는 3이다.
(나) 집합 X의 원소 중 가장 큰 수는 8이다.

STEP Ⓐ 조건을 만족하는 집합 X의 원소의 구성 이해하기

조건 (가)에서 집합 X의 원소 중 가장 작은 수는 3이므로
집합 X는 1, 2는 원소로 갖지 않고 3은 반드시 원소로 가져야 한다.
또, 조건 (나)에서 집합 X의 원소 중 가장 큰 수는 8이므로
집합 X는 9, 10은 원소로 갖지 않고 8은 반드시 원소로 가져야 한다.

STEP Ⓑ 부분집합 X의 개수 구하기

따라서 집합 X는 집합 A의 부분집합 중에서 3, 8은 반드시 원소로 갖고
1, 2, 9, 10을 원소로 갖지 않아야 하므로 집합 X의 개수는 $2^{10-2-4}=2^4=16$

0380

2015년 09월 고2 학력평가 나형 20번 변형

집합 $X=\{x|x$는 10 이하의 자연수$\}$의 원소 n에 대하여 X의 부분집합 중 n을 최소의 원소로 갖는 모든 집합의 개수를 $f(n)$이라 할 때,

TIP n를 최소의 원소로 갖는 집합은 n보다 작은 수는 원소로 갖지 않는 집합의 부분집합을 구한다.

$f(5)+f(6)+f(7)+f(8)+f(9)$의 값은?

① 26 ② 32 ③ 42
④ 56 ⑤ 62

STEP Ⓐ 집합의 개수 $f(n)$ 구하기

X의 부분집합이 n을 최소의 원소로 가지기 위해서는 n보다 작은
1, 2, $\cdots$, $n-1$이 포함되지 않으면서 n이 반드시 포함되어야 하므로
$f(n)=2^{10-(n-1)-1}=2^{10-n}$

STEP Ⓑ $f(5)+f(6)+f(7)+f(8)+f(9)$의 값 구하기

따라서 $f(5)+f(6)+f(7)+f(8)+f(9)=2^{10-5}+2^{10-6}+2^{10-7}+2^{10-8}+2^{10-9}$
$=2^5+2^4+2^3+2^2+2^1$
$=32+16+8+4+2$
$=62$

0381

2012년 09월 고1 학력평가 12번

집합 $S=\{1, 2, 3, 4, 5\}$의 부분집합 중 원소의 개수가 2개 이상인 모든 집합에 대하여 각 집합의 가장 작은 원소를 모두 더한 값은?

TIP 가장 작은 원소 외에 하나 이상의 원소가 있어야 하고
가장 작은 원소가 1, 2, 3, 4, 5인 부분집합의 경우로 나누어 구한다.

① 42 ② 46 ③ 50
④ 54 ⑤ 58

STEP Ⓐ 집합 S의 부분집합 중 가장 작은 원소가 1, 2, 3, 4, 5인 원소가 2개 이상인 부분집합의 개수 구하기

(ⅰ) 집합의 가장 작은 원소가 1인 경우
1을 포함하고 원소가 2개 이상인 부분집합의 개수는 $2^{5-1}-1=15$
1이 반드시 포함된 부분집합의 개수는 $2^{5-1}=2^4=16$
원소의 개수가 2개 이상이어야 하므로 $\{1\}$은 제외해야 한다.

(ⅱ) 집합의 가장 작은 원소가 2인 경우
1을 포함하지 않고 2를 포함하는 원소가 2개 이상인 부분집합의 개수는
$2^{5-2}-1=7$

(ⅲ) 집합의 가장 작은 원소가 3인 경우
1, 2를 포함하지 않고 3을 포함하는 원소가 2개 이상인 부분집합의
개수는 $2^{5-3}-1=3$

(ⅳ) 집합의 가장 작은 원소가 4인 경우
1, 2, 3을 포함하지 않고 4를 포함하는 원소가 2개 이상인 부분집합의
개수는 $2^{5-4}-1=1$

(ⅴ) 집합의 가장 작은 원소가 5인 경우
1, 2, 3, 4를 포함하지 않고 5를 포함하는 원소가 2개 이상인 부분집합은
없다.

(ⅰ)~(ⅴ)에서 구하는 각 집합의 가장 작은 원소를 모두 더한 값은
(가장 작은 원소)×(부분집합의 개수)의 합
$1\times15+2\times7+3\times3+4\times1=15+14+9+4=42$

POINT 집합 $A=\{a_1, a_2, a_3, \cdots, a_n\}$일 때,

① 부분집합 중 원소의 개수가 2개인 것의 개수 ➡ ${}_nC_2=\frac{n(n-1)}{2}$
② 집합 $A=\{a, b, c, d, e\}$의 부분집합 중에서 a 또는 b를 포함하는 부분집합의 개수 ➡ 집합 A의 부분집합의 개수에서 $\{c, d, e\}$의 부분집합의 개수를 뺀다.
③ $A\cap X\neq\varnothing$이면 X는 A의 원소 중 적어도 하나를 포함한다.

0382

다음 물음에 답하시오.

(1) 집합 $A=\{-1, 0, 1, a, b\}$의 공집합을 제외한 모든 진부분집합을 $A_1, A_2, A_3, \cdots, A_n$이라 하고, 집합 A_i의 모든 원소의 합을 $s_i(i=1, 2, 3, \cdots, n)$이라 하자. $s_1+s_2+s_3+\cdots+s_n=90$일 때, $n+a+b$의 값을 구하시오. (단, $a>b>1$)

STEP Ⓐ 집합 A의 진부분집합의 개수인 n의 값 구하기

공집합을 제외한 집합 A의 진부분집합의 개수는
$2^5-2=30$이므로 $n=30$
공집합 $\varnothing$과 자기 자신의 집합 A를 제외한다.

STEP Ⓑ $s_1+s_2+s_3+\cdots+s_n=90$임을 이용하여 $a+b$의 값 구하기

원소 -1을 포함하는 진부분집합의 개수는 $2^{5-1}-1=15$이고 같은 방법으로
원소 0, 1, a, b에 대해서도 진부분집합이 각각 15개씩 존재한다.
그러므로 집합 A의 모든 진부분집합의 모든 원소의 합은
$s_1+s_2+s_3+\cdots+s_n=15(-1+0+1+a+b)=15(a+b)$
즉 $15(a+b)=90$이므로 $a+b=6$

STEP Ⓒ $n+a+b$의 값 구하기

따라서 $n+a+b=36$

(2) 집합 $A=\{x|x$는 10 이하의 자연수$\}$의 부분집합 중에서 원소의 개수가 2인 부분집합을 각각 $X_1, X_2, X_3, \cdots, X_n$이라 하고, 집합 X_n의 모든 원소의 합을 S_n이라 하자. 이때 $S_1+S_2+S_3+\cdots+S_n$의 값을 구하시오.

STEP Ⓐ 집합 A의 부분집합 중에서 원소의 개수가 2이면서 1을 원소로 갖는 부분집합의 개수 구하기

$A=\{1, 2, 3, \cdots, 9, 10\}$
집합 A의 부분집합 중에서 원소의 개수가 2이면서 1을 원소로 갖는
부분집합은 $\{1, 2\}, \{1, 3\}, \{1, 4\}, \cdots, \{1, 10\}$의 9개이다.

STEP Ⓑ $S_1+S_2+S_3+\cdots+S_n$의 값 구하기

즉 $X_1, X_2, X_3, \cdots, X_n$ 중에서 1을 원소로 갖는 집합은 위의 9개이다.
마찬가지로 2, 3, 4, $\cdots$, 9, 10을 원소로 갖는 집합도 각각 9개씩 있다.
따라서 $S_1+S_2+S_3+\cdots+S_n=9(1+2+3+\cdots+9+10)=9\times55=495$

0383

집합 $S=\{2, 4, 6, 8, 10, 12\}$의 공집합이 아닌 서로 다른 부분집합을 $A_1, A_2, A_3, \cdots, A_n$ (n은 자연수)이라 하자. 집합 $A_k(k=1, 2, 3, \cdots, n)$의 원소 중 최솟값을 a_k라 할 때, $a_1+a_2+a_3+\cdots+a_n$의 값은?

① 236 ② 240 ③ 244
④ 248 ⑤ 252

STEP Ⓐ **각 원소가 최소일 때의 부분집합의 개수 구하기**

(ⅰ) 최소인 원소가 2인 경우
집합 A_k는 2를 반드시 원소로 갖는 집합이므로 그 개수는
$2^{6-1}=2^5=32$

(ⅱ) 최소인 원소가 4인 경우
집합 A_k는 4를 반드시 원소로 갖고 2는 원소로 갖지 않는 집합이므로
그 개수는 $2^{6-1-1}=2^4=16$

(ⅲ) 최소인 원소가 6인 경우
집합 A_k는 6을 반드시 원소로 갖고 2, 4는 원소로 갖지 않는 집합이므로
그 개수는 $2^{6-1-2}=2^3=8$

(ⅳ) 최소인 원소가 8인 경우
집합 A_k는 8을 반드시 원소로 갖고 2, 4, 6은 원소로 갖지 않는 집합이므로
그 개수는 $2^{6-1-3}=2^2=4$

(ⅴ) 최소인 원소가 10인 경우
집합 A_k는 10을 반드시 원소로 갖고 2, 4, 6, 8은 원소로 갖지 않는 집합
이므로 그 개수는 $2^{6-1-4}=2^1=2$

(ⅵ) 최소인 원소가 12인 경우
집합 A_k는 12만 원소로 갖는 집합이므로 그 개수는 1

STEP Ⓑ **$a_1+a_2+a_3+\cdots+a_n$의 값 구하기**

(ⅰ)~(ⅵ)에서 $a_1+a_2+a_3+\cdots+a_n$
$=2\times32+4\times16+6\times8+8\times4+10\times2+12\times1$
$=240$

0384

집합 $A=\{2, 4, 6, 8, 10\}$의 부분집합 중에서 원소의 개수가 2 이상인 모든 부분집합을 $A_1, A_2, A_3, \cdots, A_n$이라 하고, 집합 $A_k(k=1, 2, 3, \cdots, n)$의 원소 중 가장 큰 수를 M_k라 하자. $M_1+M_2+M_3+\cdots+M_n$의 값을 구하시오.

STEP Ⓐ **집합 A_i의 원소 중에서 가장 큰 수 M_k의 개수 구하기**

집합 $A=\{2, 4, 6, 8, 10\}$의 부분집합 $A_k(k=1, 2, 3, \cdots, n)$의 원소의 개수가 2 이상이므로 집합 A_k의 원소 중 가장 큰 실수인 M_k가 가질 수 있는 값은 4, 6, 8, 10이다.

(ⅰ) $M_k=4$인 부분집합은 $\{2, 4\}$의 1개이다.

(ⅱ) $M_k=6$인 부분집합은 6은 반드시 포함하고 8, 10을 원소로 포함하지 않고 원소의 개수가 1인 $\{6\}$을 제외한 것과 같으므로
A_k의 개수는 $2^{5-1-2}-1=2^2-1=3$

(ⅲ) $M_k=8$인 부분집합은 8은 반드시 포함하고 10을 원소로 포함하지 않고 원소의 개수가 1인 $\{8\}$을 제외한 것과 같으므로
A_k의 개수는 $2^{5-1-1}-1=2^3-1=7$

(ⅳ) $M_k=10$인 부분집합은 10은 반드시 포함하고 원소의 개수가 1인 $\{10\}$을 제외한 것과 같으므로 A_k의 개수는 $2^{5-1}-1=2^4-1=15$

STEP Ⓑ **$M_1+M_2+M_3+\cdots+M_n$의 값 구하기**

(ⅰ)~(ⅳ)에서 $M_1+M_2+M_3+\cdots+M_n=4\times1+6\times3+8\times7+10\times15$
$=4+18+56+150=228$

MAPL; YOUR MASTER PLAN

단원종합문제

집합 (1)

BASIC

0385

집합 $A=\{1, 2, \{1, 2\}, 3\}$일 때, 다음 중 옳지 않은 것은?

TIP (원소)$\in S$, (부분집합)$\subset S$이다.

① $1\in A$ ② $\{1, 2\}\subset A$ ③ $\{1, 2\}\in A$
④ $\{1, 2, 3\}\subset A$ ⑤ $\{2, 3\}\in A$

STEP Ⓐ **집합 A의 원소 확인하기**

집합 A의 원소는 1, 2, $\{1, 2\}$, 3이다.
① 1은 집합 A의 원소이므로 $1\in A$ [참]
②, ③ 집합 $\{1, 2\}$는 집합 A의 부분집합이 되고 원소도 되므로
$\{1, 2\}\subset A$, $\{1, 2\}\in A$ [참]
④ 집합 $\{1, 2, 3\}$은 집합 A의 부분집합이 되므로 $\{1, 2, 3\}\subset A$ [참]
⑤ $\{2, 3\}$은 A의 부분집합이므로 $\{2, 3\}\subset A$ [거짓]
따라서 옳지 않은 것은 ⑤이다.

0386

다음 물음에 답하시오.

(1) 두 집합 $A=\{a-1, a+5, 3\}$, $B=\{a^2-2a, -2, 4\}$에 대하여 $A=B$일 때, 상수 a의 값은?

TIP 두 집합 A, B의 원소가 서로 같다.

① -2 ② -1 ③ 1
④ 2 ⑤ 3

STEP Ⓐ **서로 같은 집합은 원소가 서로 같음을 이용하기**

두 집합 A, B가 같으므로 원소가 서로 같아야 한다.
즉 $a^2-2a=3$, $a^2-2a-3=0$, $(a+1)(a-3)=0$
$\therefore a=-1$ 또는 $a=3$

STEP Ⓑ **조건을 만족하는 a의 값 구하기**

(ⅰ) $a=-1$일 때,
$A=\{-2, 4, 3\}$, $B=\{3, -2, 4\}$이므로 $A=B$

(ⅱ) $a=3$일 때,
$A=\{2, 8, 3\}$, $B=\{3, -2, 4\}$이므로 $A\neq B$

(ⅰ), (ⅱ)에서 $a=-1$

2015년 03월 고2 학력평가 가형 5번

(2) 두 집합 $A=\{a+2, a^2-2\}$, $B=\{2, 6-a\}$에 대하여 $A=B$일 때, a의 값은?

TIP 두 집합 A, B를 이루고 있는 원소가 서로 같다.

① -2 ② -1 ③ 0
④ 1 ⑤ 2

STEP A **두 집합의 원소가 같음을 이용하기**

두 집합 A, B가 같으므로 두 집합의 원소가 같아야 한다.
즉 $a+2=2$ 또는 $a+2=6-a$

STEP B **조건을 만족하는 a의 값 구하기**

(i) $a+2=2$일 때,
$a=0$이므로 $A=\{-2, 2\}$, $B=\{2, 6\}$
$\therefore A \neq B$

(ii) $a+2=6-a$일 때,
$a=2$이므로 $A=\{4, 2\}$, $B=\{2, 4\}$
$\therefore A=B$

(i), (ii)에 의하여 $a=2$

MINI해설 곱셈 공식의 활용을 이용하여 풀이하기

$a^2-2=2$, $a+2=6-a$를 동시에 만족시키는 a의 값을 구하면
(i) $a^2-2=2$일 때,
$a^2=4$이고 $a^2-4=0$이므로 $(a-2)(a+2)=0$
$\therefore a=2$ 또는 $a=-2$
(ii) $a+2=6-a$일 때,
$2a=4$ $\therefore a=2$
(i), (ii)에 의하여 $a=2$

0387

2017년 06월 고2 학력평가 나형 8번

다음 물음에 답하시오.

(1) 전체집합 $U=\{1, 2, 3, 4, 5\}$에 대하여 $\{1, 2\} \subset X$를 만족시키는 U의 모든 부분집합 X의 개수는?

① 4 ② 6 ③ 8
④ 10 ⑤ 12

STEP A **조건을 만족하는 집합 X의 개수 구하기**

집합 X는 전체집합 $U=\{1, 2, 3, 4, 5\}$의 부분집합이고 $\{1, 2\} \subset X$이므로
$\{1, 2\} \subset X \subset U$
따라서 집합 X는 전체집합 U의 부분집합 중 1, 2를 반드시 원소로 갖는 부분집합이므로 집합 X의 개수는 $2^{5-2}=2^3=8$

2004년 05월 고1 학력평가 25번

(2) 전체집합 $U=\{1, 2, 3, 4, 5, 6\}$의 부분집합 A가
$\{1, 2\} \subset A$, $6 \notin A$
TIP 집합 X는 원소 1, 2를 반드시 포함하고 원소 6은 포함하지 않는다.
를 만족할 때, 집합 A의 개수는?

① 2 ② 4 ③ 8
④ 16 ⑤ 32

STEP A **조건을 만족하는 집합 A의 개수 구하기**

집합 A는 U의 부분집합 중 원소 1, 2는 포함하고
6은 포함하지 않은 집합이다.
따라서 집합 A는 $\{3, 4, 5\}$의 부분집합에 1, 2를 추가한 집합과 같으므로
집합 A의 개수는 $2^{6-2-1}=2^3=8$

0388

세 집합
$A=\{-1, 0, 1\}$,
$B=\{x+y \mid x \in A, y \in A\}$,
$C=\{xy \mid x \in A, y \in A\}$
사이의 포함 관계를 바르게 나타낸 것은?

① $A \subset B \subset C$ ② $A=C \subset B$ ③ $B \subset A=C$
④ $B \subset C \subset A$ ⑤ $C=B \subset A$

STEP A **집합 B를 만족하는 원소를 표로 나타내어 구하기**

집합 A의 두 원소 x, y에 대하여 $x+y$의 값을 구하면 오른쪽 표와 같으므로 $B=\{-2, -1, 0, 1, 2\}$

y \ x	-1	0	1
-1	-2	-1	0
0	-1	0	1
1	0	1	2

STEP B **집합 C를 만족하는 원소를 표로 나타내어 구하기**

집합 A의 두 원소 x, y에 대하여 xy의 값을 구하면 오른쪽 표와 같으므로 $C=\{-1, 0, 1\}$
따라서 $A=C \subset B$

y \ x	-1	0	1
-1	1	0	-1
0	0	0	0
1	-1	0	1

0389

두 집합 A, B에 대하여 옳은 것만을 [보기]에서 있는 대로 고른 것은?

ㄱ. $n(A)=n(\varnothing)$이면 $A=\varnothing$
ㄴ. $A \subset B$이면 $n(A)<n(B)$
ㄷ. $n(A)<n(B)$이면 $A \subset B$

① ㄱ ② ㄱ, ㄴ ③ ㄱ, ㄷ
④ ㄴ, ㄷ ⑤ ㄱ, ㄴ, ㄷ

STEP A **집합의 원소의 개수의 진위 판단하기**

ㄱ. $n(\varnothing)=0$이므로 $n(A)=0$
$A=\varnothing$이다. [참]
ㄴ. $A=B$이면 $A \subset B$이지만 $n(A)=n(B)$이다. [거짓]
ㄷ. $A=\{1\}$, $B=\{2, 3\}$이면 $n(A)<n(B)$이지만 $A \not\subset B$이다. [거짓]
따라서 옳은 것은 ㄱ뿐이다.

0390

다음 물음에 답하시오.

(1) 집합 $S=\{x \mid x=4k$, k는 10 이하의 자연수$\}$에 대하여
$4 \in X$, $16 \in X$, $8 \notin X$
를 모두 만족시키는 집합 S의 부분집합 X의 개수는?

① 32 ② 64 ③ 128
④ 256 ⑤ 512

STEP A **특정한 원소를 갖거나 갖지 않는 부분집합 X의 개수 구하기**

$S=\{4, 8, 12, 16, 20, 24, 28, 32, 36, 40\}$이므로 4, 16을 반드시 원소로 갖고
8을 원소로 갖지 않는 부분집합 X의 개수는 $2^{10-2-1}=2^7=128$

(2) 집합 $A=\{1, 3, 5, 7, 9, 11, 13, 15\}$에 대하여

$$\{1, 5, 11\} \subset X,\ 3 \notin X,\ 15 \notin X$$

를 만족시키는 집합 A의 부분집합 X의 개수는?

① 4　② 8　③ 16　④ 32　⑤ 64

STEP A 특정한 원소를 갖거나 갖지 않는 부분집합 X의 개수 구하기

집합 A에서 1, 5, 11을 반드시 원소로 갖고
3, 15를 원소로 갖지 않는 부분집합 X의 개수는 $2^{8-3-2}=2^3=8$

0391

다음 물음에 답하시오.

(1) 집합 $A=\{1, 2, 3, 4, 5, 6, 7\}$의 부분집합 중에서 적어도 한 개의 소수를 원소로 갖는 부분집합의 개수는?

① 36　② 60　③ 80　④ 120　⑤ 248

STEP A 적어도 한 개의 소수를 원소로 갖는 부분집합의 개수 구하기

집합 A의 부분집합 중에서 적어도 한 개의 소수를 원소로 갖는 부분집합은 A의 부분집합 중에서 소수 2, 3, 5, 7을 원소로 갖지 않는 집합이다.
즉 집합 $\{1, 4, 6\}$의 부분집합을 제외하면 된다.
따라서 구하는 부분집합의 개수는 $2^7-2^3=128-8=120$

(2) 집합 $A=\left\{x \mid x=\frac{18}{n},\ n\text{은 자연수}\right\}$의 부분집합 중에서 적어도 한 개의 홀수를 원소로 갖는 부분집합의 개수는?

① 26　② 36　③ 56　④ 66　⑤ 72

STEP A 집합 A의 원소나열법으로 나타내기

$A=\left\{x \mid x=\frac{18}{n},\ n\text{은 자연수}\right\}=\{1, 2, 3, 6, 9, 18\}$ ← 18의 약수

STEP B 적어도 한 개의 홀수를 원소로 갖는 부분집합의 개수 구하기

집합 A의 부분집합 중에서 적어도 한 개의 홀수를 원소로 갖는 부분집합은 A의 부분집합 중에서 홀수 1, 3, 9를 원소로 갖지 않는 집합이다.
즉 집합 $\{2, 6, 18\}$의 부분집합을 제외하면 된다.
따라서 구하는 부분집합의 개수는 $2^6-2^{6-3}=64-8=56$

0392

집합 $A=\{x \mid x\text{는 } k \text{ 이하의 자연수}\}$의 부분집합 중 1, 4, 8을 반드시 원소로 갖고 5, 9를 원소로 갖지 않는 부분집합의 개수가 64일 때, 자연수 k의 값은? (단, $k \geq 9$)

① 10　② 11　③ 12　④ 13　⑤ 14

STEP A 특정한 원소를 갖거나 갖지 않는 부분집합의 개수 구하기

$A=\{1, 2, 3, \cdots, k\}$에서 $n(A)=k$이므로 1, 4, 8을 반드시 원소로 갖고
5, 9를 원소로 갖지 않는 부분집합의 개수는 $2^{k-3-2}=64=2^6$
따라서 $k-5=6$이므로 $k=11$

0393

다음 물음에 답하시오.

(1) 두 집합 $A=\{x \mid x\text{는 4의 약수}\}$, $B=\{x \mid x\text{는 12의 약수}\}$에 대하여 $A \subset X \subset B$를 만족시키는 집합 X의 개수는?

① 4　② 8　③ 16　④ 32　⑤ 64

STEP A $A \subset X \subset B$를 만족시키는 집합 X의 개수 구하기

$A=\{1, 2, 4\}$, $B=\{1, 2, 3, 4, 6, 12\}$이므로 집합 X는 집합 B의 부분집합 중 집합 A의 원소 1, 2, 4를 반드시 원소로 갖는 부분집합이다.
따라서 집합 X의 개수는 $2^{6-3}=2^3=8$

(2) 두 집합 $A=\{x \mid x^2-7x-8<0,\ x\text{는 정수}\}$, $B=\{x \mid x^2-7x+10=0\}$에 대하여 $B \subset X \subset A$를 만족시키는 집합 X의 개수는?

① 16　② 32　③ 64　④ 128　⑤ 256

STEP A 두 집합 A, B를 원소나열법으로 나타내기

$x^2-7x-8<0$에서 $(x+1)(x-8)<0$　$\therefore -1<x<8$
$x^2-7x+10=0$에서 $(x-2)(x-5)=0$　$\therefore x=2$ 또는 $x=5$
즉 $A=\{0, 1, 2, 3, 4, 5, 6, 7\}$, $B=\{2, 5\}$

STEP B $B \subset X \subset A$를 만족시키는 집합 X의 개수 구하기

집합 X는 집합 A의 부분집합 중 집합 B의 원소 2, 5를 반드시 원소로 갖는 부분집합이다.
따라서 집합 X의 개수는 $2^{8-2}=2^6=64$

0394

두 집합

$$A=\{x \mid x^2-2x-35 \leq 0\},\ B=\{x \mid |x| \leq k\}$$

에 대하여 $B \subset A$가 성립하도록 하는 자연수 k의 값의 합을 구하시오.

STEP A 두 집합 A, B 구하기

$x^2-2x-35 \leq 0$, $(x+5)(x-7) \leq 0$　$\therefore -5 \leq x \leq 7$
$A=\{x \mid -5 \leq x \leq 7\}$, $B=\{x \mid -k \leq x \leq k\}$이므로
$B \subset A$가 성립하도록 두 집합 A, B를 수직선 위에 나타내면 오른쪽 그림과 같으므로
$-k \geq -5$, $k \leq 7$　$\therefore k \leq 5$

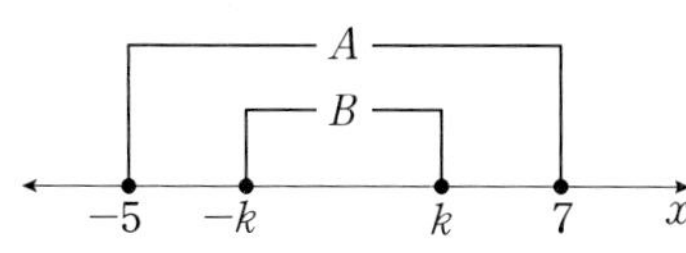

STEP B 자연수 k의 값의 합 구하기

따라서 자연수 k는 1, 2, 3, 4, 5이므로 그 합은 $1+2+3+4+5=15$

0395

2019년 03월 고2 학평 가형 25번 변형

다음 물음에 답하시오.

(1) 자연수 n에 대하여 자연수 전체집합의 부분집합 A_n을 다음과 같이 정의하자.

$$A_n=\{x \mid x\text{는 } \sqrt{n} \text{ 이하의 짝수}\}$$

$A_n \subset A_{50}$을 만족시키는 n의 최댓값을 구하시오.

STEP A **집합 A_{50}을 원소나열법으로 나타내기**

$A_{50}=\{x|x$는 $\sqrt{50}$ 이하의 짝수$\}=\{2, 4, 6\}$ ← $7=\sqrt{49}<\sqrt{50}<\sqrt{64}=8$

STEP B **$A_n \subset A_{50}$을 만족시키는 자연수 n의 최댓값 구하기**

$A_n \subset A_{50}$이려면 $1 \le \sqrt{n} < 8$이어야 하므로 $1 \le n < 64$

$A_n \subset A_{50}$이려면 집합 A_n이 8 이상의 짝수를 원소로 갖지 않아야 하므로 $\sqrt{n}<8$
한편 $6<\sqrt{n}<8$일 때, $A_n \subset A_{50}$이 성립하므로 $\sqrt{n} \le 6$이라 하지 않도록 주의한다.

따라서 자연수 n의 최댓값은 63

+α n의 범위에 따른 집합 A_n은 다음과 같아!

$1 \le n < 4$일 때 $A_n=\varnothing$, $4 \le n < 16$일 때 $A_n=\{2\}$
$16 \le n < 36$일 때 $A_n=\{2, 4\}$, $36 \le n < 64$일 때 $A_n=\{2, 4, 6\}$
$A_n \subset A_{50}$을 만족시키지 않는다.
$n \ge 64$일 때 $A_n=\{2, 4, 6, 8, \cdots\}$

(2) 자연수 n에 대하여
$A_n=\{x|x$는 $\sqrt{4n}$ 이하의 홀수$\}$
일 때, $A_n \subset A_{100}$을 만족시키는 n의 최댓값을 구하시오.

STEP A **집합 A_{100}를 원소나열법으로 나타내기**

$A_{100}=\{x|x$는 20 이하의 홀수$\}=\{1, 3, 5, \cdots, 19\}$

STEP B **$A_n \subset A_{100}$를 만족시키는 자연수 n의 최댓값 구하기**

이때 $A_n \subset A_{100}$이어야 하므로 $1 \le \sqrt{4n} < 21$

$1 \le 4n < 441$, $\frac{1}{4} \le n < \frac{441}{4}$

따라서 자연수 n의 최댓값은 110

0396

두 집합 A, B에 대하여 다음 [보기] 중 옳은 것을 모두 고른 것은?

ㄱ. $n(A)=n(B)$이면 $A=B$
ㄴ. $n(A)=0$이면 $A=\varnothing$
ㄷ. $A=\left\{x \middle| x=\frac{4}{n},\ x,\ n\text{은 정수},\ n \ne 0\right\}$일 때, $n(A)=6$
ㄹ. 자연수를 원소로 갖는 집합 A가 '$x \in A$이면 $6-x \in A$'를 만족시킬 때, 집합 A의 개수는 7이다.

① ㄱ, ㄷ ② ㄴ, ㄹ ③ ㄱ, ㄴ, ㄹ
④ ㄴ, ㄷ, ㄹ ⑤ ㄱ, ㄴ, ㄷ, ㄹ

STEP A **집합의 원소의 개수의 진위 판단하기**

ㄱ. 반례 $A=\{1, 2, 3\}$, $B=\{4, 5, 6\}$이면
$n(A)=n(B)=3$이지만 $A \ne B$ [거짓]

ㄴ. $n(A)=0$이면 A는 원소의 개수가 0이므로 원소가 하나도 없다.
$A=\varnothing$ [참]

ㄷ. x가 정수이므로 $|n|$은 4의 약수이어야 한다.
즉 $|n|$의 값은 1, 2, 4이므로 $n=\pm1$ 또는 $n=\pm2$ 또는 $n=\pm4$
$A=\{-4, -2, -1, 1, 2, 4\}$이므로 $n(A)=6$ [참]

ㄹ. $x \in A$이면 $6-x \in A$를 만족하는 x를 구하면
$1 \in A$이면 $5 \in A$이고 $2 \in A$이면 $4 \in A$
$3 \in A$이면 $3 \in A$
즉 집합 A는 1과 5, 2와 4, 3을 원소로 가지는 집합의 공집합이 아닌 부분집합이므로 집합 A의 개수는 7이다. [참]

참고 집합 A는 $\{3\}$, $\{1, 5\}$, $\{2, 4\}$, $\{1, 3, 5\}$, $\{2, 3, 4\}$, $\{1, 2, 4, 5\}$, $\{1, 2, 3, 4, 5\}$의 7개이다.

따라서 옳은 것은 ㄴ, ㄷ, ㄹ이다.

NORMAL

0397

실수 a에 대하여 두 집합 A, B를
$$A=\{-1, 0, a\},\ B=\{-2, -1, 0, a, 2a\}$$
라 하고, 집합 C를 $C=\{x+y|x \in A, y \in A\}$라 하자.
$B=C$일 때, a의 값은? (단, $a(a-1) \ne 0$)

① -3 ② -2 ③ -1
④ 2 ⑤ 3

STEP A **집합 C를 원소나열법으로 나타내기**

$A=\{-1, 0, a\}$이므로
$x \in A$, $y \in A$인 두 수 x, y에 대하여 $x+y$의 값을 구하면 오른쪽 표와 같다.

x \ y	-1	0	a
-1	-2	-1	$a-1$
0	-1	0	a
a	$a-1$	a	$2a$

이때 $B=\{-2, -1, 0, a, 2a\}$이고
$C=\{-2, -1, 0, a, 2a, a-1\}$

STEP B **$B=C$를 만족하는 실수 a의 값 구하기**

$B=C$이기 위해서는
$-2=a-1$ 또는 $-1=a-1$ 또는 $0=a-1$이어야 한다.
즉 $a=-1$ 또는 $a=0$ 또는 $a=1$이어야 한다.
따라서 $a(a-1) \ne 0$에서 $a \ne 0$, $a \ne 1$이므로 $a=-1$

0398

집합 $X=\{1, 2, 3, 4, 5, 6, 7\}$의 부분집합 중 두 개의 짝수를 원소로 갖는 부분집합의 개수는?

① 32 ② 36 ③ 40
④ 44 ⑤ 48

STEP A **집합 $X=\{1, 2, 3, 4, 5, 6, 7\}$의 부분집합 중 두 개의 짝수를 원소로 갖는 부분집합의 개수 구하기**

구하는 집합은 짝수 2, 4, 6 중 2, 4 또는 2, 6 또는 4, 6의 두 개의 짝수를 원소로 갖는 부분집합이다.
집합 X의 부분집합 중 2, 4를 반드시 원소로 갖고 6을 원소로 갖지 않는 부분집합의 개수는 $2^{7-2-1}=2^4=16$
마찬가지로 짝수 중 2, 6 또는 4, 6의 두 개의 모음을 원소로 갖는 부분집합의 개수도 각각 16이다.
따라서 구하는 부분집합의 개수는 $16 \times 3=48$

0399

두 집합

$A=\{x|x^2-6x+10=0,\ x\text{는 실수}\}$,

$B=\{x|x^2-2kx+9k=0,\ x\text{는 실수}\}$

에 대하여 $n(A)=n(B)$가 성립하도록 하는 정수 k의 개수를 구하시오.

STEP A 집합 A의 원소의 개수 구하기

이차방정식 $x^2-6x+10=0$의 판별식을 D_1이라 하면

$\frac{D_1}{4}=(-3)^2-10<0$이므로 실근을 갖지 않는다.

즉 $A=\varnothing$이므로 $n(A)=0$

STEP B $n(A)=n(B)$를 만족하는 정수 k의 개수 구하기

이때 $n(A)=n(B)$이려면 $n(B)=0$

즉 $B=\varnothing$이어야 하므로

이차방정식 $x^2-2kx+9k=0$은 실근을 갖지 않아야 한다.

이차방정식 $x^2-2kx+9k=0$의 판별식을 D_2이라 하면

$\frac{D_2}{4}=(-k)^2-9k<0,\ k(k-9)<0 \quad \therefore 0<k<9$

따라서 정수 k는 $1, 2, 3, 4, 5, 6, 7, 8$이므로 그 개수는 8

0400

다음 물음에 답하시오.

(1) 집합 $A=\{1, 2, 3, 4\}$의 서로 다른 16개의 부분집합을 각각

TIP 원소의 개수가 n개인 집합의 부분집합의 개수는 2^n

$A_1, A_2, \cdots, A_{16}$이라 하자. 집합 A_k의 원소의 합을 $a_k(k=1, 2, \cdots, 16)$라 할 때, $a_1+a_2+\cdots+a_{16}$의 값을 구하시오. (단, 공집합의 원소의 합은 0으로 간주한다.)

STEP A 집합 A의 부분집합 중에서 각 원소들의 개수 구하기

집합 $A=\{1, 2, 3, 4\}$의 부분집합 중에서

1을 반드시 포함하는 부분집합의 개수는 $2^{4-1}=8$

2를 반드시 포함하는 부분집합의 개수는 $2^{4-1}=8$

3을 반드시 포함하는 부분집합의 개수는 $2^{4-1}=8$

4를 반드시 포함하는 부분집합의 개수는 $2^{4-1}=8$

STEP B $a_1+a_2+\cdots+a_{16}$의 값 구하기

따라서 $A_1, A_2, \cdots, A_{16}$에는 원소 $1, 2, 3, 4$가 8번씩 들어가므로

$a_1+a_2+\cdots+a_{16}=8(1+2+3+4)=8\times10=80$

(2) 집합 $A=\{1, 2, 3, 4, x\}$의 모든 부분집합들의 원소들의 총합이

TIP 원소의 개수가 n개인 집합의 부분집합의 개수는 2^n

256일 때, 실수 x의 값을 구하시오. (단, $n(A)=5$)

STEP A 집합 A의 부분집합의 원소들의 개수 구하기

집합 A의 부분집합을 X라 하면 $1\in X$인 집합 X의 개수는

$2^{5-1}=2^4=16$

마찬가지로 $2\in X,\ 3\in X,\ 4\in X,\ x\in X$인 집합 X의 개수는

각각 16개씩이다.

STEP B 원소들의 총합이 256인 x의 값 구하기

각 부분집합에는 원소 $1, 2, 3, 4, x$가 16번씩 들어가므로

모든 부분집합의 원소들의 총합이 256

따라서 $16(1+2+3+4+x)=256 \quad \therefore x=6$

0401

서술형

두 집합 $A=\{x|x^2+ax-6=0\}$, $B=\{b, -3\}$에 대하여 $A\subset B$, $B\subset A$일 때, $a+b$의 값을 구하는 과정을 다음 단계로 서술하시오.

[1단계] 상수 a의 값을 구한다. [4점]
[2단계] 상수 b의 값을 구한다. [4점]
[3단계] $a+b$의 값을 구한다. [2점]

1단계 상수 a의 값을 구한다. **4점**

$A\subset B,\ B\subset A$이므로 $A=B$

$-3\in A$이므로 $x^2+ax-6=0$에 $x=-3$을 대입하면

$9-3a-6=0$

$\therefore a=1$

2단계 상수 b의 값을 구한다. **4점**

$x^2+x-6=0$에서 $(x+3)(x-2)=0$

$\therefore x=-3$ 또는 $x=2$

즉 $A=B=\{-3, 2\}$이므로 $b=2$

3단계 $a+b$의 값을 구한다. **2점**

따라서 $a+b=1+2=3$

0402

서술형

자연수 전체의 집합의 두 부분집합

$A=\left\{x\middle|x=\frac{6}{n},\ n\text{은 자연수}\right\}$, $B=\left\{x\middle|x=\frac{30}{n},\ n\text{은 자연수}\right\}$

에 대하여 $A\subset X\subset B$이고 $X\neq A,\ X\neq B$를 만족시키는 집합 X의 개수를 구하는 과정을 다음 단계로 서술하시오.

[1단계] 두 집합을 원소나열법으로 나타낸다. [3점]
[2단계] $A\subset X\subset B$를 만족시키는 집합 X의 개수를 구한다. [4점]
[3단계] $A\subset X\subset B$이고 $X\neq A,\ X\neq B$를 만족시키는 집합 X의 개수를 구한다. [3점]

1단계 두 집합을 원소나열법으로 나타낸다. **3점**

$A=\left\{x\middle|x=\frac{6}{n},\ n\text{은 자연수}\right\}=\{1, 2, 3, 6\}$ ← 6의 양의 약수

$B=\left\{x\middle|x=\frac{30}{n},\ n\text{은 자연수}\right\}=\{1, 2, 3, 5, 6, 10, 15, 30\}$ ← 30의 양의 약수

2단계 $A\subset X\subset B$를 만족시키는 집합 X의 개수를 구한다. **4점**

$A\subset X\subset B$를 만족시키는 집합 X는 집합 B의 부분집합 중 $1, 2, 3, 4$를 반드시 원소로 갖는 집합이므로 집합 X의 개수는 $2^{8-4}=2^4=16$

3단계 $A\subset X\subset B$이고 $X\neq A,\ X\neq B$를 만족시키는 집합 X의 개수를 구한다. **3점**

$X\neq A,\ X\neq B$이므로

집합 X는 A의 부분집합 중 $1, 2, 3, 4$를 반드시 원소로 갖는 부분집합에서 A, B를 제외한 것과 같다.

따라서 집합 X의 개수는 $16-2=14$

TOUGH

0403

세 집합 A, B, C에 대하여 옳은 것만을 [보기]에서 있는 대로 고르시오.

TIP 참이 아닌 것은 반례를 들어 해결하는 것이 쉽다.

ㄱ. $n(A)=n(B)$이면 $A=B$
ㄴ. $A\subset C$, $B\subset C$이면 $A=B$
ㄷ. $A\subset B$, $A\subset C$이면 $B=C$
ㄹ. $A\subset B$이면 $n(A)\le n(B)$
ㅁ. $A\subset B\subset C$이면 $n(A)<n(C)$
ㅂ. $n(A)<n(B)$이고 $n(B)<n(C)$이면 $A\subset C$

STEP A 집합의 원소의 개수의 진위 판단하기

ㄱ. 반례 $A=\{1, 2, 3\}$, $B=\{4, 5, 6\}$이면 $n(A)=n(B)=3$이지만 $A\ne B$ [거짓]

ㄴ. 반례 $A=\{1, 2\}$, $B=\{2, 5\}$, $C=\{1, 2, 4, 5\}$이면 $A\subset C$, $B\subset C$이지만 $A\ne B$ [거짓]

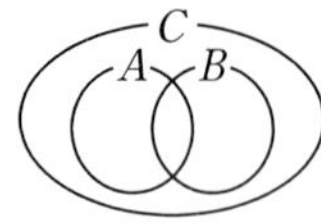

ㄷ. 반례 $A=\{1, 2\}$, $B=\{1, 2, 3\}$, $C=\{1, 2, 4\}$이면 $A\subset B$, $A\subset C$이지만 $B\ne C$ [거짓]

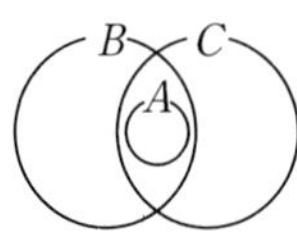

ㄹ. $A\subset B$이면 집합 A의 모든 원소가 집합 B에 속하므로 $n(A)\le n(B)$ [참]

ㅁ. 반례 $A=B=C$이면 $A\subset B\subset C$이지만 $n(A)=n(C)$ [거짓]

ㅂ. 반례 $A=\{1\}$, $B=\{2, 3\}$, $C=\{3, 4, 5\}$이면 $n(A)<n(B)$이고 $n(B)<n(C)$이지만 $A\not\subset C$ [거짓]

따라서 옳은 것은 ㄹ이다.

0404

2016년 09월 고2 학력평가 가형 13번

다음 물음에 답하시오.

(1) 집합 $A=\{3, 4, 5, 6, 7\}$에 대하여 다음 조건을 만족시키는 집합 A의 모든 부분집합 X의 개수를 구하시오.

(가) $n(X)\ge 2$
(나) 집합 X의 모든 원소의 곱은 6의 배수이다.

TIP 집합 X는 6을 원소로 갖거나 3과 4를 모두 원소로 가져야 한다.

STEP A 집합 A의 원소의 곱이 6의 배수가 되는 경우 파악하기

$A=\{3, 4, 5, 6, 7\}$의 원소의 곱이 6의 배수가 되려면 6을 원소로 갖거나 3, 4를 모두 원소로 가져야 한다.

STEP B $6\in X$일 때와 $3, 4\in X$, $6\notin X$일 때로 나누어 집합 X의 개수 구하기

(i) $6\in X$일 때,
집합 X는 A의 부분집합 중 6을 반드시 원소로 갖는 집합에서 $\{6\}$을 제외한 것과 같으므로 X의 개수는 $2^{5-1}-1=2^4-1=15$
집합 X의 원소가 2개 이상이므로 원소의 개수가 1인 $\{6\}$은 제외해야 한다.

(ii) $3, 4\in X$, $6\notin X$일 때, ← $6\in X$이면 (i)과 중복되므로 $6\notin X$이어야 한다.
집합 X는 A의 부분집합 중 3, 4는 반드시 원소로 갖고 6은 원소로 갖지 않는 것과 같으므로 X의 개수는 $2^{5-2-1}=4$

(i), (ii)에서 집합 X의 개수는 $15+4=19$

+α 집합 X의 개수를 다음과 같이 구할 수도 있어!

구하는 집합 A의 부분집합 X의 개수는 다음과 같다.
($6\in X$이고 $n(X)\ge 2$인 집합 X의 개수)+($3, 4\in X$인 집합 X의 개수)
−($3, 4, 6\in X$인 집합 X의 개수)
$=(2^{5-1}-1)+2^{5-2}-2^{5-3}=15+8-4=19$

(2) 집합 $A=\{1, 2, 3, 4, 5, 6\}$에 대하여 다음 조건을 만족시키는 집합 A의 모든 부분집합 X의 개수를 구하시오.

(가) $n(X)\ge 2$
(나) 집합 X의 모든 원소의 합은 홀수이다.

STEP A 집합 A의 원소의 합이 홀수인 경우 찾기

$A=\{1, 2, 3, 4, 5, 6\}$의 모든 부분집합 X의 원소의 합이 홀수이므로 집합 X의 원소 중 홀수가 1개 또는 3개이어야 한다.

STEP B 홀수의 개수에 따라 집합 X의 개수 구하기

조건 (나)에서 집합 X의 모든 원소의 합이 홀수가 되려면 집합 X의 원소 중 홀수가 1개 또는 3개 존재해야 한다.

(i) 집합 X에 홀수가 1개 존재하는 경우
집합 X가 홀수 중 1만 원소로 가질 때,
집합 X의 개수는 A의 부분집합 중에서 1을 반드시 원소로 갖고 3, 5를 원소로 갖지 않는 부분집합의 개수와 같다.
이때 $X=\{1\}$이면 $n(X)\ge 2$를 만족시키지 않으므로 제외해야 한다.
즉 집합 X의 개수는 $2^{6-1-2}-1=2^3-1=7$
마찬가지로 집합 X가 홀수 중 3 또는 5만 원소로 가질 때도 만족시키는 집합 X의 개수가 7이므로 집합 X에 홀수가 1개 존재하는 경우의 집합 X의 개수는 $7\times 3=21$

(ii) 집합 X에 홀수가 3개 존재하는 경우
집합 X의 개수는 A의 부분집합 중에서 1, 3, 5를 반드시 원소로 갖는 부분집합의 개수와 같으므로 $2^{6-3}=2^3=8$

(i), (ii)에서 부분집합 X의 개수는 $21+8=29$

(3) 두 집합 $A=\{1, 2, 3, 4, 5\}$, $B=\{1, 2\}$에 대하여 다음을 만족시키는 집합 X의 개수를 구하시오.

(가) $B\subset X\subset A$
(나) $n(X)\ge 4$

STEP A $B\subset X\subset A$를 만족하는 집합 X의 의미 파악하기

$B\subset X\subset A$를 만족시키는 집합 X는 집합 A의 부분집합 중에서 집합 B의 원소 1, 2를 반드시 원소로 갖는 집합이다.

STEP B $n(X)\ge 4$를 만족하는 집합 X의 개수 구하기

즉 집합 X는 집합 A의 부분집합 중 원소 1, 2를 제외한 집합 $\{3, 4, 5\}$의 부분집합 각각에 원소 1, 2를 넣어서 만든 집합과 같다.
이때 $n(X)\ge 4$에서 집합 $\{3, 4, 5\}$의 부분집합 중 원소의 개수가 2 또는 3인 집합의 개수를 구하면 되므로 ${}_3C_2+{}_3C_3=3+1=4$

0405

다음 세 조건을 만족하는 집합 X의 개수를 구하시오.

(가) $X \neq \varnothing$
(나) 모든 원소가 자연수이다.
(다) $x \in X$이면 $(9-x) \in X$이다.

STEP Ⓐ **조건을 만족하는 자연수 x의 범위를 구한 후 집합 X의 개수 구하기**

주어진 조건에서 x가 집합 X의 원소이면
$9-x$도 반드시 집합 X의 원소이어야 하고
집합 X는 자연수를 원소로 가지므로 x와 $9-x$가 모두 자연수이어야 한다.
$x \geq 1,\ 9-x \geq 1 \quad \therefore 1 \leq x \leq 8$
x가 취할 수 있는 값은 1, 2, 3, 4, 5, 6, 7, 8의 8가지이다.
1과 8, 2와 7, 3과 6, 4와 5는 함께 포함되어야 하므로
1, 2, 3, 4가 집합 X의 원소인지 아닌지에 따라 8, 7, 6, 5가 집합 X의 원소인지 아닌지가 결정되므로 집합 X의 개수는 $2^4=16$
이 중에는 $\varnothing$도 포함되므로 $\varnothing$을 제외하면 집합 X의 개수는 $2^4-1=15$

0406

두 집합

$$A=\{x \mid x\text{는 } x^2-ax+8=0\text{인 실수}\},\ B=\{1, 2, 4\}$$

에 대하여 $A \subset B$를 만족하는 자연수 a의 개수를 구하시오.

TIP $A=\varnothing$이거나 집합 A의 모든 원소가 집합 B에 속한다.

STEP Ⓐ **$A=\varnothing$인 경우 자연수 a 구하기**

이차방정식 $x^2-ax+8=0$의 판별식을 D라 하면
$D=(-a)^2-4\times1\times8<0 \quad \therefore a^2<32$
즉 $a^2<32$를 만족시키는 자연수 a는 1, 2, 3, 4, 5 ······ ㉠

STEP Ⓑ **집합 A의 모든 원소가 집합 B에 속할 때, 자연수 a 구하기**

$A \subset B$이므로 집합 B의 원소를 $x^2-ax+8=0$에 대입하여 확인해보자.

(i) $1 \in A$일 때,
$1-a+8=0$에서 $a=9$
$x^2-9x+8=0$에서 $(x-1)(x-8)=0 \quad \therefore x=1$ 또는 $x=8$
그런데 $A=\{1, 8\}$에서 $A \not\subset B$이므로 $a=9$는 조건을 만족하지 않는다.

(ii) $2 \in A$일 때,
$4-2a+8=0$에서 $a=6$
$x^2-6x+8=0$에서 $(x-2)(x-4)=0 \quad \therefore x=2$ 또는 $x=4$
그런데 $A=\{2, 4\}$에서 $A \subset B$이므로 $a=6$은 조건을 만족한다.

(iii) $4 \in A$일 때,
$16-4a+8=0$에서 $a=6$
이때 $a=6$이면 (ii)의 경우와 같다.

㉠과 (i)~(iii)에서 자연수 a는 1, 2, 3, 4, 5, 6의 6개이다.

다른풀이 이차방정식의 근의 개수로 나누어 풀이하기

STEP Ⓐ **집합 A의 개수로 나누어 근의 방정식을 이용하여 구하기**

집합 A에서 이차방정식 $x^2-ax+8=0$의 해의 개수는
0 또는 1 또는 2이므로 집합 A의 원소의 개수도 0 또는 1 또는 2이다.

(i) $n(A)=0$일 때,
$A=\varnothing$이므로 $A \subset B$이다.
이차방정식 $x^2-ax+8=0$의 판별식을 D라 하면
$D=(-a)^2-4\times1\times8<0 \quad \therefore a^2<32$
즉 $a^2<32$를 만족시키는 자연수 a는 1, 2, 3, 4, 5

(ii) $n(A)=1$일 때,
이차방정식 $x^2-ax+8=0$의 판별식을 D라 하면
$D=(-a)^2-4\times1\times8=0 \quad \therefore a^2=32$
$\therefore a=\pm4\sqrt{2}$
a는 자연수이므로 $a=\pm4\sqrt{2}$는 조건을 만족시키지 않는다.

(iii) $n(A)=2$일 때,
이차방정식 $x^2-ax+8=0$의 두 근을 α, β라 하면
근과 계수의 관계에 의하여 $\alpha+\beta=a$, $\alpha\beta=8$
이때 $\alpha \in B$, $\beta \in B$이면서 $\alpha\beta=8$을 만족시키는 α, β는
$\begin{cases}\alpha=2\\ \beta=4\end{cases}$ 또는 $\begin{cases}\alpha=4\\ \beta=2\end{cases}$
이므로 $\alpha+\beta=6 \quad \therefore a=6$

(i)~(iii)에서 자연수 a는 1, 2, 3, 4, 5, 6의 6개이다.

0407

2002년 11월 고1 학력평가 19번

집합 $S=\left\{1, \frac{1}{2}, \frac{1}{2^2}, \frac{1}{2^3}, \frac{1}{2^4}\right\}$의 공집합이 아닌 서로 다른 부분집합을 $A_1, A_2, A_3, \cdots, A_{31}$이라고 하자. 이때 집합 A_i의 원소 중에서 최소인 것을 $a_i\ (i=1, 2, 3, \cdots, 31)$라고 할 때, $a_1+a_2+a_3+\cdots+a_{31}$의 값을 구하시오.

TIP 각 집합의 최소인 원소를 찾아야 한다.

STEP Ⓐ **$A_1, A_2, A_3, \cdots, A_{31}$ 중 최소인 원소가 $1, \frac{1}{2}, \frac{1}{2^2}, \frac{1}{2^3}, \frac{1}{2^4}$인 경우로 나누기**

$A_1, A_2, A_3, \cdots, A_{31}$ 중에서

(i) 최소인 원소가 1인 집합
1만 속하는 집합이므로 부분집합의 개수는 $2^0=1$

(ii) 최소인 원소가 $\frac{1}{2}$인 집합
$\frac{1}{2}$은 속하고 $\frac{1}{2^2}, \frac{1}{2^3}, \frac{1}{2^4}$은 속하지 않는 집합이므로 부분집합의 개수는
$2^{5-1-3}=2^1=2$

(iii) 최소인 원소가 $\frac{1}{2^2}$인 집합
$\frac{1}{2^2}$은 속하고 $\frac{1}{2^3}, \frac{1}{2^4}$은 속하지 않는 집합이므로 부분집합의 개수는
$2^{5-1-2}=2^2=4$

(iv) 최소인 원소가 $\frac{1}{2^3}$인 집합
$\frac{1}{2^3}$은 속하고 $\frac{1}{2^4}$은 속하지 않는 집합이므로 부분집합의 개수는
$2^{5-1-1}=2^3=8$

(v) 최소인 원소가 $\frac{1}{2^4}$인 집합
$\frac{1}{2^4}$이 속하는 집합이므로 부분집합의 개수는 $2^{5-1}=2^4=16$

STEP Ⓑ **최소인 원소들의 합 구하기**

따라서 $A_1, A_2, A_3, \cdots, A_{31}$에서 각각 최소인 원소를 뽑아 모두 더한 값은

$a_1+a_2+a_3+\cdots+a_{31}=1\times1+\frac{1}{2}\times2+\frac{1}{2^2}\times4+\frac{1}{2^3}\times8+\frac{1}{2^4}\times16=5$

← (가장 작은 원소)×(부분집합의 개수)의 합

0408

전체집합 $U=\{x|x$는 12 이하의 자연수$\}$의 두 부분집합

$A=\{x|x$는 짝수$\}$, $B=\left\{x \middle| x=\frac{12}{n}, n\text{은 자연수}\right\}$

에 대하여 다음 집합을 구하시오.

(1) $(A-B)^c$　　(2) $A-B^c$

(3) $A^c \cap B$　　(4) $U-A^c$

STEP Ⓐ **세 집합을 원소나열법으로 나타내기**

$U=\{1, 2, 3, 4, 5, \cdots, 12\}$

$A=\{2, 4, 6, 8, 10, 12\}$

$B=\left\{x \middle| x=\frac{12}{n}, n\text{은 자연수}\right\}=\{1, 2, 3, 4, 6, 12\}$ ← 12의 약수

STEP Ⓑ **집합의 연산을 이용하여 구하기**

(1) $A-B=\{2, 4, 6, 8, 10, 12\}-\{1, 2, 3, 4, 6, 12\}=\{8, 10\}$이므로

$(A-B)^c=\{1, 2, 3, 4, 5, 6, 7, 9, 11, 12\}$

(2) $A-B^c=\{2, 4, 6, 8, 10, 12\}-\{5, 7, 8, 9, 10, 11\}=\{2, 4, 6, 12\}$

(3) $A^c \cap B=\{1, 3, 5, 7, 9, 11\} \cap \{1, 2, 3, 4, 6, 12\}=\{1, 3\}$

(4) $U-A^c=\{1, 2, 3, 4, \cdots, 12\}-\{1, 3, 5, 7, 9, 11\}=\{2, 4, 6, 8, 10, 12\}$

+α **여집합과 차집합의 성질 이용하여 구할 수 있어!**

(2) $A-B^c=A \cap (B^c)^c=A \cap B=\{2, 4, 6, 12\}$

(3) $A^c \cap B=B-A=\{1, 2, 3, 4, 6, 12\}-\{2, 4, 6, 8, 10, 12\}=\{1, 3\}$

(4) $U-A^c=U \cap (A^c)^c=U \cap A=A=\{2, 4, 6, 8, 10, 12\}$

0409

세 집합

$A=\left\{x \middle| x=\frac{15}{n}, n\text{은 자연수}\right\}$,

$B=\left\{x \middle| x=\frac{6}{n}, n\text{은 자연수}\right\}$,

$C=\left\{x \middle| x=\frac{20}{n}, n\text{은 자연수}\right\}$

대하여 다음 중 옳지 않은 것은?

① $A \cap C=\{1, 5\}$

② $B \cap C=\{1, 2\}$

③ $(A \cap B) \cup C=\{1, 2, 3, 4, 5, 10, 20\}$

④ $(A \cup B) \cap C=\{1, 2, 5, 10\}$

⑤ $A \cup (B \cap C)=\{1, 2, 3, 5, 15\}$

STEP Ⓐ **세 집합을 원소나열법으로 나타내기**

$A=\left\{x \middle| x=\frac{15}{n}, n\text{은 자연수}\right\}=\{1, 3, 5, 15\}$ ← 15의 약수

$B=\left\{x \middle| x=\frac{6}{n}, n\text{은 자연수}\right\}=\{1, 2, 3, 6\}$ ← 6의 약수

$C=\left\{x \middle| x=\frac{20}{n}, n\text{은 자연수}\right\}=\{1, 2, 4, 5, 10, 20\}$ ← 20의 약수

STEP Ⓑ **[보기]에서 옳은 것 구하기**

① $A \cap C=\{1, 5\}$

② $B \cap C=\{1, 2\}$

③ $(A \cap B) \cup C=\{1, 2, 3, 4, 5, 10, 20\}$

④ $(A \cup B) \cap C=\{1, 2, 3, 5, 6, 15\} \cap \{1, 2, 4, 5, 10, 20\}=\{1, 2, 5\}$ [거짓]

⑤ $A \cup (B \cap C)=\{1, 3, 5, 15\} \cup \{1, 2\}=\{1, 2, 3, 5, 15\}$

따라서 옳지 않은 것은 ④이다.

0410

두 집합 A, B에 대하여

$A=\left\{x \middle| x=\frac{6}{n}, n\text{은 자연수}\right\}$,

$A \cup B=\{x|x$는 $1 \le x < 10$인 자연수$\}$

일 때, 집합 A와 서로소인 집합 B의 모든 원소의 합을 구하시오.

STEP Ⓐ **두 집합을 원소나열법으로 나타내기**

$A=\left\{x \middle| x=\frac{6}{n}, n\text{은 자연수}\right\}$

$=\{1, 2, 3, 6\}$

$A \cup B=\{x|x$는 $1 \le x < 10$인 자연수$\}$

$=\{1, 2, 3, 4, 5, 6, 7, 8, 9\}$

STEP Ⓑ **집합 B의 원소들의 합 구하기**

집합 A와 집합 B가 서로소이므로

$A \cap B=\varnothing$이고 $B=\{4, 5, 7, 8, 9\}$

따라서 집합 B의 모든 원소의 합은 $4+5+7+8+9=33$

0411

다음 물음에 답하시오.

(1) 전체집합 $U=\{1, 2, 3, 4, 5, 6, 7, 8\}$의 두 부분집합 A, B에 대하여

$(A \cup B)^c=\{2, 8\}$, $A \cap B=\{4\}$, $A \cap B^c=\{1, 3, 7\}$

TIP 주어진 조건을 벤 다이어그램에 나타내면 편리하다.

일 때, 집합 B의 원소의 합을 구하시오.

STEP Ⓐ **조건을 만족하는 벤 다이어그램을 이용하여 구하기**

전체집합 U의 주어진 조건을 만족시키는 두 부분집합 A, B를 벤 다이어그램으로 나타내면 오른쪽 그림과 같으므로

$B=\{4, 5, 6\}$

따라서 집합 B의 원소의 합은 $4+5+6=15$

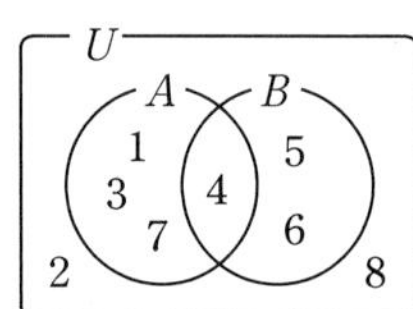

MINI해설 **차집합과 여집합의 성질을 이용하여 풀이하기**

여집합의 성질을 이용하여 변형하면

$(A \cup B)^c=U-(A \cup B)=\{2, 8\}$이므로 $A \cup B=\{1, 3, 4, 5, 6, 7\}$

차집합의 성질을 이용하여 변형하면

$A \cap B^c=A-B=\{1, 3, 7\}$

$B=(A \cup B)-(A-B)=\{1, 3, 4, 5, 6, 7\}-\{1, 3, 7\}=\{4, 5, 6\}$

따라서 집합 B의 원소의 합은 $4+5+6=15$

(2) 전체집합 $U=\{1, 2, 4, 8, 16\}$의 두 부분집합 A, B에 대하여

$A \cap B^c=\{1, 2\}$, $B-A=\{8\}$, $(A \cap B)^c=\{1, 2, 4, 8\}$

TIP 주어진 조건을 벤 다이어그램에 나타내면 편리하다.

일 때, 집합 A의 원소의 합을 구하시오.

STEP Ⓐ **조건을 만족하는 벤 다이어그램을 이용하여 구하기**

전체집합 U의 주어진 조건을 만족시키는 두 부분집합 A, B를 벤 다이어그램으로 나타내면 오른쪽 그림과 같으므로

$A=\{1, 2, 16\}$

따라서 집합 A의 원소의 합은 $1+2+16=19$

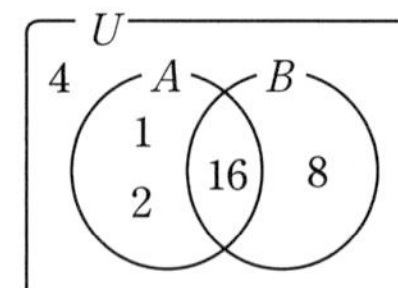

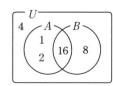

MINI해설 차집합과 여집합의 성질을 이용하여 풀이하기

여집합의 성질을 이용하여 변형하면

$A\cap B^{c}=A-B=\{1, 2\}$

여집합의 성질을 이용하여 변형하면

$(A\cap B)^{c}=U-(A\cap B)=\{1, 2, 4, 8\}$이므로 $A\cap B=\{16\}$

이때 $A=(A\cap B)\cup(A-B)=\{16\}\cup\{1, 2\}$

$\therefore A=\{1, 2, 16\}$

따라서 집합 A의 원소의 합은 19

0412

2015년 09월 고2 학력평가 나형 5번

전체집합 $U=\{x|x$는 9 이하의 자연수$\}$의 두 부분집합 A, B에 대하여

$$A\cap B=\{1, 2\},\ A^{c}\cap B=\{3, 4, 5\},\ A^{c}\cap B^{c}=\{8, 9\}$$

TIP 드모르간의 법칙에 의하여 $A^{c}\cap B^{c}=(A\cup B)^{c}$

를 만족시키는 집합 A의 모든 원소의 합은?

① 8 ② 10 ③ 12
④ 14 ⑤ 16

STEP A **벤 다이어그램을 이용하여 집합 A의 모든 원소의 합 구하기**

주어진 집합들을 벤 다이어그램으로 나타내면 오른쪽 그림과 같다.

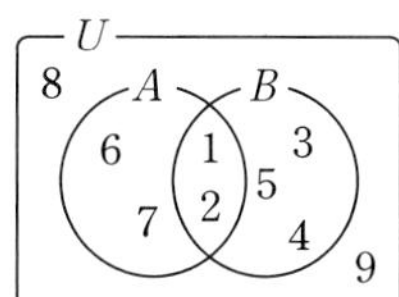

따라서 $A=\{1, 2, 6, 7\}$이므로

집합 A의 모든 원소의 합은

$1+2+6+7=16$

MINI해설 집합의 연산법칙을 이용하여 풀이하기

$A^{c}\cap B=\{3, 4, 5\}$, $A^{c}\cap B^{c}=\{8, 9\}$이므로

$(A^{c}\cap B)\cup(A^{c}\cap B^{c})=A^{c}\cap(B\cup B^{c})=A^{c}\cap U=A^{c}=\{3, 4, 5, 8, 9\}$

$\therefore A=U-A^{c}=\{1, 2, 6, 7\}$

따라서 집합 A의 모든 원소의 합은 $1+2+6+7=16$

0413

2003년 06월 고2 학력평가 나형 26번

두 집합 $A=\{1, 3, 4, 5\}$, $B=\{1, 4, 5\}$에 대하여 집합 X가 다음 두 조건을 모두 만족한다.

$$A\cap X=\{1, 3\},\ B\cup X=\{1, 2, 3, 4, 5, 6\}$$

이때 집합 X의 모든 원소의 합을 구하시오.

STEP A **조건을 만족하는 벤 다이어그램을 이용하여 구하기**

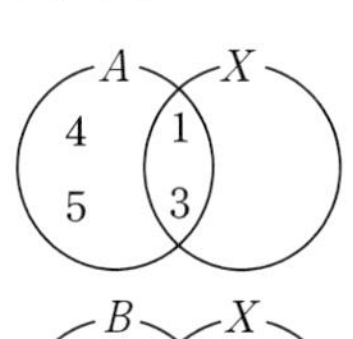

$A=\{1, 3, 4, 5\}$이고 $A\cap X=\{1, 3\}$이므로

집합 X는 1, 3을 원소로 갖고 4, 5는 원소로 갖지 않는다.

$B=\{1, 4, 5\}$이고 $B\cup X=\{1, 2, 3, 4, 5, 6\}$

이므로 집합 X는 2, 3, 6을 원소로 갖는다.

따라서 집합 X는 $\{1, 2, 3, 6\}$이므로

집합 X의 모든 원소의 합은 $1+2+3+6=12$

다른풀이 원소의 포함 관계를 이용하여 풀이하기

$A=\{1, 3, 4, 5\}$이고 $A\cap X=\{1, 3\}$에서

$1\in X$, $3\in X$, $4\notin X$, $5\notin X$

$B=\{1, 4, 5\}$, $B\cup X=\{1, 2, 3, 4, 5, 6\}$에서

$2\in X$, $3\in X$, $6\in X$, $X\subset\{1, 2, 3, 4, 5, 6\}$

따라서 $X=\{1, 2, 3, 6\}$이므로 모든 원소의 합은 $1+2+3+6=12$

0414

2017학년도 수능기출 나형 24번

다음 물음에 답하시오.

(1) 전체집합 $U=\{x|x$는 9 이하의 자연수$\}$의 두 부분집합

$A=\{3, 6, 7\}$, $B=\{a-4, 8, 9\}$

에 대하여 $A\cap B^{c}=\{6, 7\}$이다. 자연수 a의 값을 구하시오.

TIP $A\cap B^{c}$을 집합 B로 나타내보자.

STEP A **$A\cap B^{c}=A-B$임을 이용하여 집합 B의 원소 구하기**

$A\cap B^{c}=A-B=\{3, 6, 7\}-B=\{6, 7\}$

$A-(A\cap B)$에서 $A\cap B=\{3\}$이므로
집합 B는 3을 반드시 원소로 가져야 한다.

이므로 $3\in B$

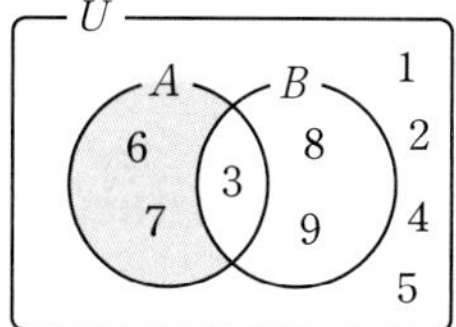

STEP B **a의 값 구하기**

따라서 $B=\{a-4, 8, 9\}$이므로 $a-4=3$ $\therefore a=7$

(2) 두 집합 $A=\{1, 6, 8, a^{2}-a-2\}$, $B=\{1, 4, a^{2}-1\}$에 대하여

$A-B=\{6\}$일 때, 상수 a의 값을 구하시오.

STEP A **$A-B=\{6\}$을 만족하는 a의 값 구하기**

$A-B=\{6\}$이므로 $1\in B$, $8\in B$, $a^{2}-a-2\in B$

이때 $B=\{1, 4, a^{2}-1\}$이므로 $a^{2}-1=8$, $a^{2}-a-2=4$

(ⅰ) $a^{2}-1=8$에서 $a^{2}=9$

$\therefore a=-3$ 또는 $a=3$

(ⅱ) $a^{2}-a-2=4$에서 $a^{2}-a-6=0$, $(a+2)(a-3)=0$

$\therefore a=-2$ 또는 $a=3$

(ⅰ), (ⅱ)를 모두 만족시켜야 하므로 $a=3$

0415

다음 물음에 답하시오.

(1) 두 집합 $A=\{3, 3a+5\}$, $B=\{2, 4-a, 2a^{2}-5a\}$에 대하여

$A\cap B=\{2\}$일 때, $A\cup B$의 모든 원소의 합은?

TIP $2\in A$, $2\in B$

① 17 ② 22 ③ 24
④ 26 ⑤ 30

STEP A **$A\cap B=\{2\}$를 만족하는 a의 값 구하기**

$A\cap B=\{2\}$이므로 $2\in A$

$3a+5=2$에서 $a=-1$

STEP B **집합 $A\cup B$의 모든 원소 구하기**

$A=\{2, 3\}$, $B=\{2, 5, 7\}$이므로 $A\cup B=\{2, 3, 5, 7\}$

$4-a$, $2a^{2}-5a$에 $a=-1$을 각각 대입하면
$4-a=4-(-1)=5$
$2a^{2}-5a=2\times(-1)^{2}-5\times(-1)=2+5=7$

따라서 $A\cup B$의 모든 원소의 합은 17

(2) 두 집합 $A=\{0,\ 3,\ a^2-3a+3\}$, $B=\{a-1,\ a,\ a+2\}$에 대하여
$A-B^C=\{1\}$일 때, $A\cup B$의 모든 원소의 합은?

① 6 ② 8 ③ 10
④ 12 ⑤ 14

STEP Ⓐ $A\cap B=\{1\}$을 만족하는 a의 값 구하기

$A-B^C=A\cap(B^C)^C$
$=A\cap B=\{1\}$
에서 $1\in A$이므로
$a^2-3a+3=1,\ a^2-3a+2=0,\ (a-1)(a-2)=0$
$\therefore a=1$ 또는 $a=2$

STEP Ⓑ 집합 $A\cup B$의 모든 원소 구하기

(i) $a=1$일 때,
$A=\{0,\ 1,\ 3\}$, $B=\{0,\ 1,\ 3\}$
세 원소 a^2-3a+3, $a-1$, $a+2$에 $a=1$을 각각 대입하면
$a^2-3a+3=1^2-3\times1+3=1$
$a-1=1-1=0,\ a+2=1+2=3$
$A\cap B=\{0,\ 1,\ 3\}$이므로 조건에 맞지 않는다.
(ii) $a=2$일 때,
$A=\{0,\ 1,\ 3\}$, $B=\{1,\ 2,\ 4\}$
세 원소 a^2-3a+3, $a-1$, $a+2$에 $a=2$를 각각 대입하면
$a^2-3a+3=2^2-3\times2+3=1$
$a-1=2-1=1,\ a+2=2+2=4$
$A\cap B=\{1\}$이므로 조건을 만족한다.
(i), (ii)에서 $a=2$
따라서 $A\cup B=\{0,\ 1,\ 2,\ 3,\ 4\}$이므로 모든 원소의 합은 $0+1+2+3+4=10$

0416

다음 물음에 답하시오.

(1) 두 집합 $A=\{1,\ a+1,\ 2a^2-1\}$, $B=\{a-2,\ 2a-1,\ a^2+3\}$에 대하여
$A-B=\{-1,\ 1\}$일 때, B의 모든 원소의 곱을 구하시오.
TIP $A-B=\{-1,\ 1\}$에서 원소 -1, 1은 집합 A에 포함된다.

STEP Ⓐ $A-B=\{-1,\ 1\}$을 만족하는 a의 값 구하기

$A-B=\{-1,\ 1\}$에서 $-1\in A$이므로
$a+1=-1$ 또는 $2a^2-1=-1$
(i) $a+1=-1$이면 $a=-2$일 때,
$A=\{1,\ -1,\ 7\}$, $B=\{-4,\ -5,\ 7\}$
네 원소 $2a^2-1$, $a-2$, $2a-1$, a^2+3에 $a=-2$를 각각 대입하면
$2a^2-1=2\times(-2)^2-1=7,\ a-2=(-2)-2=-4$
$2a-1=2\times(-2)-1=-5,\ a^2+3=(-2)^2+3=7$
이므로 $A-B=\{1,\ -1\}$
이것은 주어진 조건을 만족한다.
(ii) $2a^2-1=-1$이면 $a=0$일 때,
$A=\{1,\ -1\}$, $B=\{-2,\ -1,\ 3\}$
네 원소 $2a^2-1$, $a-2$, $2a-1$, a^2+3에 $a=0$을 각각 대입하면
$2a^2-1=2\times0^2-1=-1,\ a-2=0-2=-2$
$2a-1=2\times0-1=-1,\ a^2+3=0^2+3=3$
이므로 $A-B=\{1\}$
이것은 주어진 조건을 만족하지 않는다.
(i), (ii)에서 조건을 만족하는 a의 값은 -2

STEP Ⓑ 집합 B의 모든 원소의 곱 구하기

따라서 $B=\{-4,\ -5,\ 7\}$이므로 모든 원소의 곱은 $(-4)\times(-5)\times7=140$

(2) 두 집합 $A=\{x\,|\,x^2-3x-10=0\}$, $B=\{x\,|\,x^2-ax+6=0\}$에 대하여
$A-B=\{5\}$일 때, $A\cup B$의 모든 원소의 합을 구하시오.
TIP 집합 A의 원소 중에서 원소 5를 제외한 나머지는 집합 B의 원소이다.

STEP Ⓐ $A-B=\{5\}$를 만족하는 a의 값 구하기

$A=\{x\,|\,x^2-3x-10=0\}=\{x\,|\,(x+2)(x-5)=0\}=\{-2,\ 5\}$
$A-B=\{5\}$이므로 $-2\in B$
즉 $x^2-ax+6=0$의 한 근이 -2이므로 $4+2a+6=0$
$\therefore a=-5$

STEP Ⓑ 집합 $A\cup B$의 모든 원소의 합 구하기

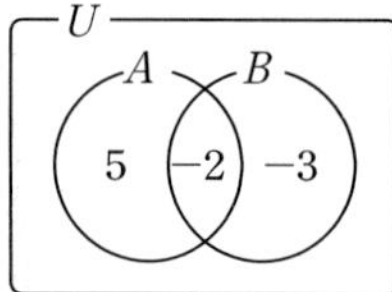

$B=\{x\,|\,x^2+5x+6=0\}$
$=\{x\,|\,(x+2)(x+3)=0\}$
$=\{-3,\ -2\}$
따라서 $A\cup B=\{-3,\ -2,\ 5\}$이므로
모든 원소의 합은 $-3+(-2)+5=0$

0417

두 집합 A, B에 대하여 $A-B=A$를 만족할 때, 다음 중 항상 옳은 것은?
TIP A와 B는 서로소이다.

① $A\cup B=B$ ② $A\cap B=A$ ③ $A^C\subset B$
④ $A\cap(A-B)=\varnothing$ ⑤ $A\subset B^C$

STEP Ⓐ A, B가 서로소임을 이용하여 옳은 것 구하기

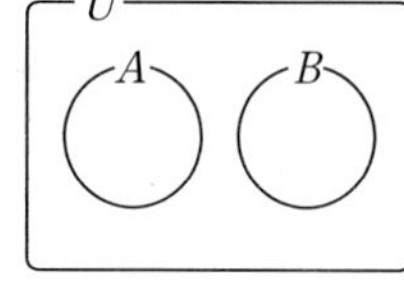

$A-B=A$이면 $A\cap B=\varnothing$
벤 다이어그램을 이용하면 오른쪽 그림과 같다.
$\therefore B-A=B$
① $A\cup B\neq B$
② $A\cap B=\varnothing$
③ $B\subset A^C$
④ $A\cap(A-B)=A\cap A=A$
따라서 옳은 것은 ⑤이다.

0418

2012년 06월 고1 학력평가 4번

다음 물음에 답하시오.

(1) 집합 $S=\{1,\ 2,\ 3,\ 4,\ 5\}$의 부분집합 중에서 집합 $\{1,\ 2\}$와 서로소인 집합의 개수는?
TIP 두 집합 A, B에 대하여 $A\cap B=\varnothing$일 때, 두 집합은 서로소이다.

① 1 ② 2 ③ 4
④ 7 ⑤ 8

STEP Ⓐ 집합 $\{1,\ 2\}$와 교집합이 공집합인 집합 S의 부분집합 구하기

집합 S의 부분집합이 집합 $\{1,\ 2\}$와 서로소가 되어야 하므로
집합 $\{1,\ 2\}$와 교집합이 공집합인 집합 S의 부분집합을 찾으면 된다.
그러므로 $\{1,\ 2,\ 3,\ 4,\ 5\}$에서 원소 1과 2를 제외한 집합 $\{3,\ 4,\ 5\}$의
부분집합을 구하면 다음과 같다.
$\varnothing$, $\{3\}$, $\{4\}$, $\{5\}$, $\{3,\ 4\}$, $\{3,\ 5\}$, $\{4,\ 5\}$, $\{3,\ 4,\ 5\}$
따라서 집합 S의 부분집합 중에서 $\{1,\ 2\}$와 서로소인 집합의 개수는 8

MINI해설 특정한 원소가 포함되지 않은 부분집합의 개수를 이용하여 풀이하기

집합 S의 부분집합 중에서 $\{1,\ 2\}$와 서로소인 집합은 집합 $\{1,\ 2,\ 3,\ 4,\ 5\}$에서
원소 1과 2를 제외한 집합 $\{3,\ 4,\ 5\}$의 부분집합이므로 $2^3=8$(개)

2016년 03월 고2 학력평가 가형 11번

(2) 전체집합 $U=\{x|x$는 10 이하의 자연수$\}$의 두 부분집합

$A=\{x|x$는 6의 약수$\}$, $B=\{2, 3, 5, 7\}$

TIP 원소나열법으로 나타내어 주어진 집합을 구한다.

에 대하여 [보기]에서 옳은 것만을 있는 대로 고른 것은?

ㄱ. $5 \notin A \cap B$

ㄴ. $n(B-A)=2$

ㄷ. U의 부분집합 중 집합 $A \cup B$와 서로소인 집합의 개수는 16이다. TIP 집합 $(A \cup B)^C$의 부분집합

① ㄱ ② ㄷ ③ ㄱ, ㄴ
④ ㄴ, ㄷ ⑤ ㄱ, ㄴ, ㄷ

STEP A **집합의 연산을 이용하여 [보기]의 진위 판단하기**

$A=\{1, 2, 3, 6\}$, $B=\{2, 3, 5, 7\}$

ㄱ. $A \cap B=\{2, 3\}$이므로 $5 \notin A \cap B$ [참]

5는 6의 약수가 아니므로 $5 \notin A$, 즉 $5 \notin A \cap B$

ㄴ. $B-A=\{5, 7\}$이므로 $n(B-A)=2$ [참]

집합 B에서 6의 약수 2, 3을 제외하면 $B-A=\{5, 7\}$

ㄷ. $A \cup B=\{1, 2, 3, 5, 6, 7\}$

전체집합 U의 부분집합 중에서 집합 $A \cup B$와 서로소인 집합은 집합 $(A \cup B)^C=\{4, 8, 9, 10\}$의 부분집합이므로 구하는 개수는 $2^4=16$ [참]

집합 A의 원소의 개수가 n이면 집합 A의 부분집합의 개수는 2^n이다.

따라서 옳은 것은 ㄱ, ㄴ, ㄷ이다.

0419

2016년 10월 고3 (전북)학력평가 나형 9번

다음 물음에 답하시오.

(1) 자연수 n에 대하여 두 집합 A, B가

$A=\{x|x^2-n^2 \geq 0\}$, $B=\{x||x-1|<5\}$

일 때, $A \cap B=\varnothing$이 되도록 하는 자연수 n의 최솟값은?

TIP 두 집합 A, B에 대하여 $A \cap B=\varnothing$일 때, 두 집합은 서로소이다.

① 3 ② 4 ③ 5
④ 6 ⑤ 7

STEP A **두 집합을 부등식의 해 구하기**

$A=\{x|x^2-n^2 \geq 0\}$에서

$x^2-n^2 \geq 0$, $(x-n)(x+n) \geq 0$

$\therefore x \leq -n$ 또는 $x \geq n$ ...... ㉠

$B=\{x||x-1|<5\}$에서

$|x-1|<5$, $-5<x-1<5$

$\therefore -4<x<6$ ...... ㉡

STEP B **$A \cap B=\varnothing$을 만족하는 n의 값의 범위 구하기**

㉠, ㉡에서 $A \cap B=\varnothing$이 되기 위해 수직선에 표시하면 다음 그림과 같다.

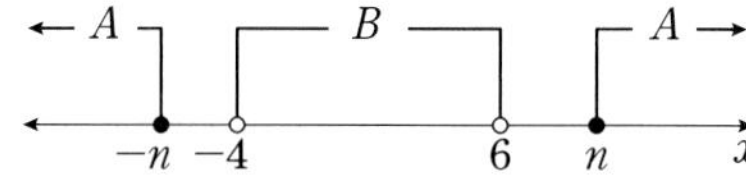

즉 $-n \leq -4$, $6 \leq n$이므로 $n \geq 6$

따라서 자연수 n의 최솟값은 6

2012년 03월 고2 학력평가 9번

(2) 두 집합

$A=\{x|(x-1)(x-26)>0\}$, $B=\{x|(x-a)(x-a^2) \leq 0\}$

에 대하여 $A \cap B=\varnothing$이 되도록 하는 정수 a의 개수는?

TIP 두 집합 A, B에 대하여 $A \cap B=\varnothing$일 때, 두 집합은 서로소이다.

① 1 ② 2 ③ 3
④ 4 ⑤ 5

STEP A **두 집합의 부등식의 해 구하기**

집합 A에서 $A=\{x|x<1$ 또는 $x>26\}$

집합 B에서 $B=\{x|a \leq x \leq a^2\}$ ($\because$ a는 정수)

STEP B **$A \cap B=\varnothing$을 만족하는 n의 값의 범위 구하기**

$A \cap B=\varnothing$이 되기 위해 수직선에 표시하면 다음 그림과 같다.

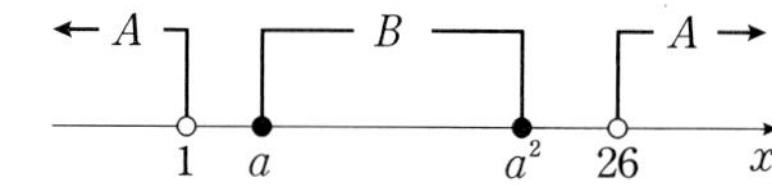

즉 $1 \leq a \leq a^2 \leq 26$을 만족해야 하므로 $1 \leq a \leq \sqrt{26}$

따라서 정수 a는 1, 2, 3, 4, 5이고 그 개수는 5

0420

다음 물음에 답하시오.

(1) $A \cap B^C=\varnothing$일 때, 항상 옳지 않은 것은? (단, U는 전체집합이다.)

① $A \subset B$ ② $B^C \subset A^C$ ③ $(A \cup B)-B=\varnothing$
④ $A^C \cup B=U$ ⑤ $B-A=\varnothing$

STEP A **집합의 연산의 성질을 이용하여 포함 관계 구하기**

$A \cap B^C=\varnothing$이면 $A-B=\varnothing$이므로 두 집합 A, B 사이의 관계를 벤 다이어그램으로 나타내면 오른쪽 그림과 같다.

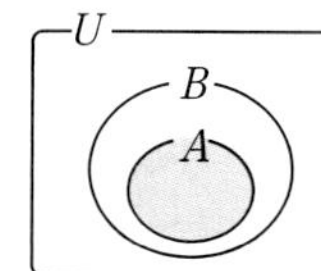

① $A \subset B$ [참]

② $B^C \subset A^C$ [참]

③ $A \cup B=B$이므로 $(A \cup B)-B=\varnothing$ [참]

④ $A^C \cup B=U$ [참]

⑤ $B-A=\varnothing$이므로 $B \subset A$ [거짓]

따라서 옳지 않은 것은 ⑤이다.

(2) 전체집합 U의 두 부분집합 A, B에 대하여 $A \cap B=A$가 성립할 때, 다음 중 옳지 않은 것은?

① $A^C \cup B=U$ ② $A \cup B=B$ ③ $(A-B)^C=U$
④ $A \cap B^C=\varnothing$ ⑤ $B \cap A^C=\varnothing$

STEP A **집합의 연산의 성질을 이용하여 포함 관계 구하기**

$A \cap B=A$일 때, $A \subset B$임을 두 집합 A, B 사이의 관계를 벤 다이어그램으로 나타내면 오른쪽 그림과 같다.

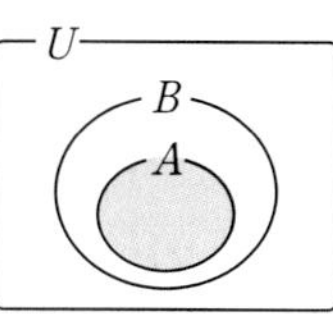

① $A^C \cup B=U$ [참]

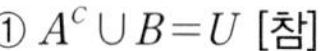

② $A \cup B=B$ [참]

③ $A-B=\varnothing$이므로 $(A-B)^C=U$ [참]

④ $A \cap B^C=A-B=\varnothing$ [참]

⑤ $B \cap A^C=B-A=\varnothing$이므로 $B \subset A$ [거짓]

따라서 옳지 않은 것은 ⑤이다.

0421

2017년 07월 고3 학력평가 나형 7번

다음 물음에 답하시오.

(1) 두 집합 $A=\{2, 2a+3\}$, $B=\{5, 7, a^2-2\}$에 대하여 $A\cap B=A$를

TIP $A\subset B$이므로 $2\in B$

만족시키는 실수 a의 값은?

① -4 ② -2 ③ 0
④ 2 ⑤ 4

STEP Ⓐ $A\cap B=A$이면 $A\subset B$임을 이해하기

$A\cap B=A$에서 $A\subset B$이므로 $2\in B$

STEP Ⓑ 실수 a의 값 구하기

$a^2-2=2$이므로 $a=-2$ 또는 $a=2$

(i) $a=-2$일 때,

$A=\{-1, 2\}$, $B=\{2, 5, 7\}$이므로 $A\cap B\neq A$

두 원소 $2a+3$, a^2-2에 $a=-2$를 각각 대입하면
$2a+3=2\times(-2)+3=-1$
$a^2-2=(-2)^2-2=2$

(ii) $a=2$일 때,

$A=\{2, 7\}$, $B=\{2, 5, 7\}$이므로 $A\cap B=A$

두 원소 $2a+3$, a^2-2에 $a=2$를 각각 대입하면
$2a+3=2\times2+3=7$
$a^2-2=2^2-2=2$

(i), (ii)에서 $a=2$

(2) 두 집합 A, B가 $A=\{-1, a^2\}$, $B=\{4, a-3, 2a-1\}$일 때, $A-B=\varnothing$을 만족하도록 하는 실수 a의 값은?

TIP $A\subset B$이므로 $-1\in B$

① -2 ② -1 ③ 0
④ 1 ⑤ 2

STEP Ⓐ $A-B=\varnothing$이면 $A\subset B$임을 이해하기

$A-B=\varnothing$에서 $A\subset B$이므로 $-1\in B$

STEP Ⓑ 실수 a의 값 구하기

(i) $a-3=-1$일 때, $a=2$이므로

$A=\{-1, 4\}$, $B=\{4, -1, 3\}$

$\therefore A\subset B$

(ii) $2a-1=-1$일 때, $a=0$이므로

$A=\{-1, 0\}$, $B=\{4, -3, -1\}$

$\therefore A\not\subset B$

(i), (ii)에서 구하는 a의 값은 $a=2$

0422

다음 물음에 답하시오.

(1) 두 집합 $A=\{x|a-3<x\le 5\}$, $B=\{x|1<x<5-a\}$가 $A\cup B=A$

TIP $B\subset A$

를 만족하도록 하는 정수 a의 개수를 구하시오. (단, $a<5$)

STEP Ⓐ $A\cup B=A$이면 $B\subset A$임을 이해하기

$A\cup B=A$이면 $B\subset A$

즉 집합 A는 집합 B의 원소를 모두 원소로 갖는다.

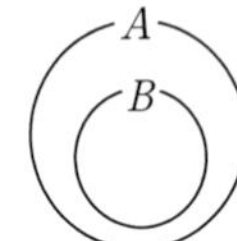

STEP Ⓑ $B\subset A$를 만족하는 정수 a의 값 구하기

$B\subset A$가 성립하므로 두 집합 A, B를 수직선 위에 나타내면 오른쪽 그림과 같다.

$a-3\le 1$이고 $5-a\le 5$이므로

$0\le a\le 4$

따라서 정수 a는 $0, 1, 2, 3, 4$이므로 그 개수는 5

(2) 실수 전체의 집합의 두 부분집합

$A=\{x|x^2-x-2\le 0\}$, $B=\{x||x-1|\le k\}$에 대하여 $A\cap B=A$가

TIP $A\subset B$

성립하도록 하는 양수 k의 최솟값을 구하시오.

STEP Ⓐ $A\cap B=A$이면 $A\subset B$임을 이해하기

$A\cap B=A$이면 $A\subset B$

즉 집합 B는 집합 A의 원소를 모두 원소로 갖는다.

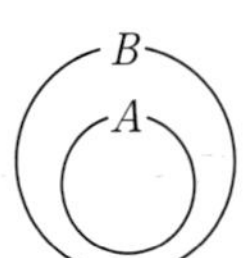

STEP Ⓑ $A\subset B$를 만족하는 k의 값의 범위 구하기

이차방정식 $x^2-x-2\le 0$, $(x+1)(x-2)\le 0$

$\therefore -1\le x\le 2$

즉 $A=\{x|-1\le x\le 2\}$

부등식 $|x-1|\le k$에서 $-k\le x-1\le k$

$\therefore -k+1\le x\le k+1$

즉 $B=\{x|-k+1\le x\le k+1\}$

$A\subset B$가 성립하려면

$-k+1\le -1$이고

$k+1\ge 2$이어야 한다.

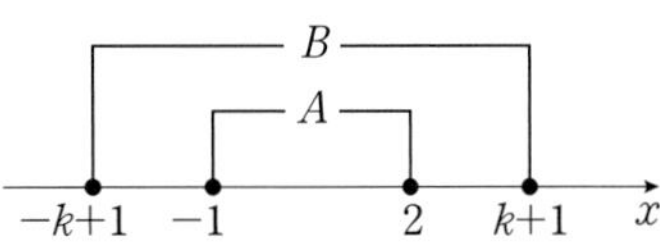

이때 $k\ge 2$이고 $k\ge 1$이어야 하므로 $k\ge 2$

따라서 양수 k의 최솟값은 2

0423

다음 물음에 답하시오.

(1) 두 집합 $A=\{1, 2, 3, 4\}$, $B=\{3, 4, 5, 6, 7\}$에 대하여

$(B-A)\cup X=X$, $B\cap X=X$를 만족하는 집합 X의 개수를 구하시오.

TIP $(B-A)\subset X\subset B$

STEP Ⓐ 세 집합 $B-A$, X, B의 포함 관계 파악하기

$B\cap X=X$에서 $X\subset B$

$(B-A)\cup X=X$에서 $(B-A)\subset X$

$\therefore (B-A)\subset X\subset B$

STEP Ⓑ 조건을 만족하는 집합 X의 개수 구하기

이때 $B-A=\{5, 6, 7\}$이므로 $\{5, 6, 7\}\subset X\subset\{3, 4, 5, 6, 7\}$

집합 X는 집합 $\{3, 4, 5, 6, 7\}$의 부분집합 중 원소 $5, 6, 7$을 반드시 포함하는 집합이다.

따라서 구하는 집합 X의 개수는 $2^{5-3}=2^2=4$

(2) 두 집합 $A=\{1, 2, 3, 4, 5\}$, $B=\{1, 3, 5, 7\}$에 대하여

$(A\cap B)\cap X=A\cap B$, $(A\cup B)\cup X=A\cup B$를 만족하는 집합 X의

TIP $(A\cap B)\subset X\subset(A\cup B)$

개수를 구하시오.

STEP Ⓐ **세 집합 $A\cap B$, X, $A\cup B$의 포함 관계 파악하기**

$(A\cap B)\cap X=A\cap B$에서 $(A\cap B)\subset X$

$(A\cup B)\cup X=A\cup B$에서 $X\subset(A\cup B)$

$\therefore (A\cap B)\subset X\subset(A\cup B)$

STEP Ⓑ **조건을 만족하는 집합 X의 개수 구하기**

이때 $A\cup B=\{1, 2, 3, 4, 5, 7\}$, $A\cap B=\{1, 3, 5\}$이므로

$\{1, 3, 5\}\subset X\subset\{1, 2, 3, 4, 5, 7\}$,

집합 X는 집합 $\{1, 2, 3, 4, 5, 7\}$의 부분집합 중 원소 1, 3, 5를 반드시 포함하는 집합이다.

따라서 집합 X의 개수는 $2^{6-3}=2^3=8$

0424

2017학년도 09월 고3 모의평가 나형 27번

다음 물음에 답하시오.

(1) 전체집합 $U=\{1, 2, 3, 4, 5, 6, 7, 8\}$의 두 부분집합 $A=\{1, 2\}$, $B=\{3, 4, 5\}$에 대하여 $X\cup A=X$, $X\cap B^C=X$를 만족시키는 U의 모든 부분집합 X의 개수를 구하시오.

TIP $A\subset X\subset B^C$

STEP Ⓐ **세 집합 A, B^C, X의 포함 관계 구하기**

$X\cup A=X$이므로 $A\subset X$

$X\cap B^C=X$이므로 $X\subset B^C$

$\therefore A\subset X\subset B^C$

STEP Ⓑ **조건을 만족하는 집합 X의 개수 구하기**

$A=\{1, 2\}$이고

$B^C=U-B=\{1, 2, 3, 4, 5, 6, 7, 8\}-\{3, 4, 5\}=\{1, 2, 6, 7, 8\}$

집합 X는 집합 $\{1, 2, 6, 7, 8\}$의 부분집합 중 원소 1, 2를 반드시 포함하는 집합이다.

따라서 집합 X의 개수는 $2^{5-2}=2^3=8$

2016년 11월 고2 학력평가 나형 15번

(2) 전체집합 $U=\{x|x$는 10 이하의 자연수$\}$의 두 부분집합 $A=\{1, 2, 3\}$, $B=\{4, 5, 6\}$에 대하여 다음 조건을 만족시키는 U의 부분집합 X의 개수는?

(가) $A-X=\varnothing$ TIP $A\subset X$

(나) $B\cap X=\varnothing$ TIP $X\subset B^C$

① 4 ② 8 ③ 16 ④ 32 ⑤ 64

STEP Ⓐ **세 집합 A, X, B^C의 포함 관계 파악하기**

조건 (가)에서 $A-X=\varnothing$이므로 $A\subset X$

조건 (나)에서 $B\cap X=\varnothing$이므로 $X\subset B^C$

두 집합 B, X의 공통인 원소가 없다.

$\therefore A\subset X\subset B^C$

STEP Ⓑ **조건을 만족하는 집합 X의 개수 구하기**

$B^C=U-B=\{1, 2, 3, 4, 5, 6, 7, 8, 9, 10\}-\{4, 5, 6\}$

$=\{1, 2, 3, 7, 8, 9, 10\}$

이때 $\{1, 2, 3\}\subset X\subset\{1, 2, 3, 7, 8, 9, 10\}$이므로

집합 X는 집합 $\{1, 2, 3, 7, 8, 9, 10\}$의 부분집합 중 원소 1, 2, 3을 반드시 포함하는 집합이다.

따라서 X의 개수는 $2^{7-3}=2^4=16$

0425

2011년 06월 고1 학력평가 27번

전체집합 $U=\{x|1\le x\le 12$, x는 자연수$\}$의 두 부분집합 $A=\{1, 2\}$, $B=\{2, 3, 5, 7\}$에 대하여 다음 조건을 만족시키는 U의 부분집합 X의 개수를 구하시오.

(가) $A\cup X=X$ TIP $A\subset X$

(나) $(B-A)\cap X=\{5, 7\}$ TIP $B-A$의 원소를 먼저 구한 후 집합 X의 원소를 구한다.

STEP Ⓐ **집합 X에 포함되는 원소와 포함되지 않는 원소 구하기**

조건 (가)에서

$A\cup X=X$이므로 $A\subset X$ …… ㉠

즉 집합 A의 두 원소 1과 2는 집합 X의 원소이다.

또, $A=\{1, 2\}$, $B=\{2, 3, 5, 7\}$에서 $B-A=\{3, 5, 7\}$

조건 (나)에서

$(B-A)\cap X=\{3, 5, 7\}\cap X=\{5, 7\}$

즉 집합 X는 원소 3을 포함하지 않고

원소 5, 7은 포함해야 한다. …… ㉡

STEP Ⓑ **조건을 만족하는 집합 X의 개수 구하기**

전체집합 U의 원소의 개수는 12이고

㉠, ㉡에서 집합 X는 U의 부분집합 중 원소 1, 2, 5, 7은 포함하고 원소 3은 포함하지 않는 집합이므로 집합 X의 개수는 $2^{12-4-1}=2^7=128$

0426

다음 물음에 답하시오.

(1) 집합 X가 집합 $A=\{1, 2, 3, 4, 5, 6\}$의 부분집합일 때, $\{1, 2, 3, 4, 5\}\cap X=\{3, 4, 5\}$를 만족하는 집합 X의 개수를 구하시오.

TIP 집합 X는 1, 2를 원소로 가지지 않는 A의 부분집합

STEP Ⓐ **조건을 만족하는 집합 X의 개수 구하기**

집합 X는 $\{1, 2, 3, 4, 5, 6\}$의 부분집합 중 원소 3, 4, 5는 반드시 포함하고 1, 2는 포함하지 않는 집합이다.

따라서 집합 X의 개수는 $2^{6-3-2}=2^1=2$

2002학년도 수능기출 인문계 27번

(2) $U=\{1, 2, 3, 4, 5\}$일 때, $\{2, 3\}\cap A\ne\varnothing$을 만족하는 U의 부분집합 A의 개수를 구하시오.

TIP 집합 A는 2 또는 3을 반드시 원소로 가지는 U의 부분집합

STEP Ⓐ **조건을 만족하는 집합 A의 개수 구하기**

$\{2, 3\}\cap A\ne\varnothing$이므로 집합 A는 2, 3 중 적어도 하나를 원소로 가져야 한다.

$2\in A$인 U의 부분집합 A의 개수는 $2^{5-1}=2^4=16$

$3\in A$인 U의 부분집합 A의 개수는 $2^{5-1}=2^4=16$

$2, 3\in A$인 U의 부분집합 A의 개수는 $2^{5-2}=2^3=8$

따라서 $n(A)=16+16-8=24$

MINI해설 **(전체 부분집합의 개수)−(2, 3을 원소로 갖지 않는 부분집합의 개수)임을 이용하여 풀이하기**

$\{2, 3\}\cap A\ne\varnothing$이므로 A는 2 또는 3을 원소로 갖는 집합이다.

즉 집합 A의 개수는 전체 부분집합의 개수에서 2, 3을 원소로 갖지 않는 U의 부분집합의 개수를 뺀 것과 같다.

따라서 구하는 집합 A의 개수는 $2^5-2^3=24$

0427

2022년 03월 고2 학력평가 13번 변형

전체집합 $U=\{x|x$는 60 이하의 자연수$\}$의 두 부분집합

$A=\{x|x$는 8의 배수$\}$, $B=\{x|x$는 3의 배수$\}$

가 있다.

$A\cup X=A$이고 $B\cap X=\varnothing$

TIP $X\subset A$이고 $X\subset B^C$

인 집합 X의 개수는?

① 8 ② 16 ③ 32
④ 64 ⑤ 128

STEP A 조건을 만족하는 집합 X 파악하기

$A\cup X=A$이므로 $X\subset A$이고
$B\cap X=\varnothing$이므로 $X\subset B^C$이다.
즉 집합 X는 집합 $A\cap B^C=A-B$의 부분집합이다.

STEP B 집합 $A-B$의 부분집합의 개수 구하기

집합 $A-B$는 60 이하의 8의 배수 중 3의 배수가 아닌 수의 집합이므로
$A-B=\{8, 16, 32, 40, 56\}$
따라서 집합 X의 개수는 집합 $A-B$의 부분집합의 개수이므로 $2^5=32$

0428

다음 물음에 답하시오.

(1) 전체집합 $U=\{1, 2, 3, 4, 5, 6\}$의 두 부분집합

$A=\{1, 2, 3\}$, $B=\{3, 5, 6\}$

에 대하여

$(A-B)\cup X=(B-A)\cup X$

TIP $A-B$의 원소와 $B-A$의 원소를 각각 구하여 만족하는 X의 개수를 구한다.

를 만족시키는 U의 부분집합 X의 개수를 구하시오.

STEP A 조건을 만족하는 집합 X의 개수 구하기

$A-B=\{1, 2\}$, $B-A=\{5, 6\}$이므로
$(A-B)\cup X=(B-A)\cup X$에서 $\{1, 2\}\cup X=\{5, 6\}\cup X$
를 만족시키는 집합 X는 $\{1, 2, 3, 4, 5, 6\}$의 부분집합 중 1, 2, 5, 6을 원소로 갖는 집합이어야 한다.
따라서 집합 X의 개수는 $2^{6-4}=2^2=4$

2014년 03월 고2 학력평가 A형 28번

(2) 전체집합 $U=\{x|x$는 $1\le x\le 10$인 자연수$\}$의 두 부분집합

$A=\{1, 2, 3, 4, 5\}$, $B=\{1, 3, 5, 7, 9\}$

가 있다. $A\cup C=B\cup C$가 성립하는 U의 부분집합 C의 개수를 구하시오.

TIP 벤 다이어그램을 이용하여 주어진 조건이 성립하도록 집합 C를 확인한다.

STEP A $A\cup C=B\cup C$를 만족하는 집합 C의 상황 파악하기

전체집합 U의 부분집합 C가
$\{1, 2, 3, 4, 5\}\cup C=\{1, 3, 5, 7, 9\}\cup C$
를 만족시키려면 집합 C는 두 집합
$\{1, 2, 3, 4, 5\}$, $\{1, 3, 5, 7, 9\}$에서
공통인 원소 1, 3, 5를 제외한 나머지 원소
2, 4, 7, 9를 반드시 원소로 가져야 한다.

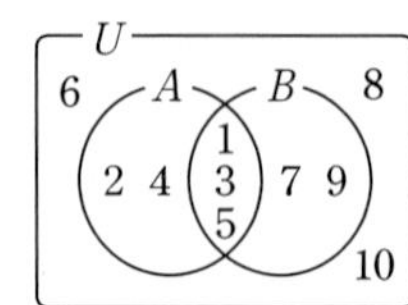

STEP B 조건을 만족하는 집합 C의 개수 구하기

따라서 집합 C는 전체집합 U의 부분집합 중에서 2, 4, 7, 9를 반드시 원소로 갖는 집합이므로 구하는 집합 C의 개수는 $2^{10-4}=2^6=64$

MINI해설 $A\subset(B\cup C)$, $B\subset(A\cup C)$가 성립함을 이용하여 풀이하기

$A\cup C=B\cup C$에서 $A\subset(B\cup C)$이고 $B\subset(A\cup C)$
(i) $A\subset(B\cup C)$에서 $2\in A$, $4\in A$이지만 $2\notin B$, $4\notin B$이므로 $2\in C$, $4\in C$
(ii) $B\subset(A\cup C)$에서 $7\in B$, $9\in B$이지만 $7\notin A$, $9\notin A$이므로 $7\in C$, $9\in C$
(i), (ii)에서 집합 C는 U의 부분집합 중 2, 4, 7, 9를 반드시 원소로 갖는 집합이다.
따라서 집합 C의 개수는 $2^{10-4}=2^6=64$

0429

자연수를 원소로 갖는 두 집합 $A=\{a, b, c, d\}$와 $B=\{a^2, b^2, c^2, d^2\}$이 다음 조건을 만족할 때, 집합 A의 모든 원소의 합을 구하시오.

(가) $A\cap B=\{a, d\}$ TIP 원소 a, d가 집합 A에도 속하고 집합 B에도 속한다.
(나) $a+d=10$
(다) $A\cup B$의 원소의 합은 114이다.

STEP A 조건 (나)를 이용하여 a, d의 값 구하기

a와 d가 집합 B의 원소이므로 a와 d는 어떤 자연수를 제곱한 수이다.
조건 (나)에 의하여 $a+d=10$을 만족하는 자연수는
$a=1$, $d=9$(또는 $a=9$, $d=1$)뿐이다.

STEP B 두 조건 (가), (다)를 이용하여 집합 A 구하기

즉 1과 9는 집합 A의 원소이므로 1^2과 9^2은 집합 B의 원소이고
1과 9는 집합 B의 원소이므로 1과 3은 집합 A의 원소이다.
$A=\{1, 3, 9, x\}$, $B=\{1, 9, 81, x^2\}$이므로 $A\cup B=\{1, 3, 9, 81, x, x^2\}$
조건 (다)에 의하여
$1+3+9+81+x+x^2=114$, $x^2+x-20=0$, $(x+5)(x-4)=0$
$\therefore x=4$ ($\because x>0$)
따라서 집합 $A=\{1, 3, 4, 9\}$이므로 원소의 합은 $1+3+4+9=17$

0430

2016년 11월 고1 학력평가 15번

집합 $A=\{1, 2, 3, 4, 5, 6, 7\}$의 공집합이 아닌 부분집합 X에 대하여 집합 X의 모든 원소의 합을 $S(X)$라 하자. 집합 X가 다음 조건을 만족시킬 때, $S(X)$의 최댓값은?

TIP 두 조건을 확인하여 각각 만족시키는 원소들의 합을 구한다.

(가) $X\cap\{1, 2, 3\}=\{2\}$
(나) $S(X)$의 값은 홀수이다.

① 11 ② 13 ③ 15
④ 17 ⑤ 19

STEP A 두 조건 (가), (나)를 만족하는 집합 X의 원소 구성 구하기

조건 (가)에서 $X\cap\{1, 2, 3\}=\{2\}$이므로
$1\notin X$, $2\in X$, $3\notin X$
조건 (나)에서 집합 X의 모든 원소의 합 $S(X)$가 홀수이므로
집합 X는 집합 A의 원소 중 홀수인 1, 3, 5, 7 중에서 1개 또는 3개를 원소로 가져야 한다.
$1\notin X$, $3\notin X$이므로 집합 X는 5, 7 중 1개만을 원소로 가져야 한다.

STEP B $S(X)$가 최대가 될 때는 집합 X의 원소 구하기

두 조건 (가), (나)를 만족시키면서 $S(X)$가 최대가 될 때는 집합 A의 원소 중 짝수인 4, 6을 원소로 갖고 홀수인 7을 원소로 가질 때이다.
즉 $X=\{2, 4, 6, 7\}$일 때, $S(X)$가 최대가 된다.
따라서 $S(X)$의 최댓값은 $2+4+6+7=19$

0431
2016년 03월 고3 학력평가 나형 29번

두 집합

$A=\{1, 2, 3, 4\}$, $B=\{1, 2, 3, 4, 5, 6, 7, 8\}$

에 대하여 집합 P가 다음 조건을 만족시킨다.

(가) $n(P\cap A)=2$
(나) $P-B=\varnothing$ **TIP** $P-B=\varnothing$이므로 $P\subset B$
(다) 집합 P의 모든 원소의 합은 28이다.

집합 $P-A$의 모든 원소의 곱을 구하시오.

STEP A 두 조건 (가), (다)를 만족하는 집합의 원소 구하기

$n(P\cap A)=2$에서
집합 A에 속하는 원소 1, 2, 3, 4 중 오직 2개만 집합 P에 속한다.
즉 집합 A의 원소 중 집합 P에 속하는 원소들의 합의 최댓값은 $3+4=7$,
최솟값은 $1+2=3$
즉 조건 (다)에서 집합 P의 원소 중 집합 A에 속하지 않는 원소들의 합은
집합 P의 모든 원소들의 합에서 집합 A의 원소 중 집합 P에 속하는 원소들의 최댓값과 최솟값을 빼준다.
21 이상 25 이하이다. …… ㉠

STEP B 두 조건 (나), (다)를 만족하는 집합 P를 구하여 $P-A$의 원소의 곱 구하기

조건 (나)에서 $P-B=\varnothing$이므로 $P\subset B$이고
집합 B의 원소 중 집합 A에 속하는 원소를 제외한 나머지 원소들의 집합은
$\{5, 6, 7, 8\}$

(i) $\{5, 6, 7, 8\}$이 집합 P에 포함되는 경우
원소의 합은 $5+6+7+8=26$이므로 ㉠을 만족시키지 않는다.

(ii) $\{5, 6, 7, 8\}$의 부분집합 중 세 원소로 이루어진 집합이 집합 P에 포함되는 경우
원소의 합의 최솟값은 $5+6+7=18$, 최댓값은 $6+7+8=21$이므로
㉠을 만족시키는 집합은 $\{6, 7, 8\}$이다.
조건 (다)에서 집합 P의 모든 원소의 합은 28이므로 만족하는
$P=\{3, 4, 6, 7, 8\}$

(iii) $\{5, 6, 7, 8\}$의 부분집합 중 두 원소로 이루어진 집합이 집합 P에 포함되는 경우
원소의 합의 최솟값은 $5+6=11$, 최댓값은 $7+8=15$이므로
㉠을 만족시키지 않는다.

(i)~(iii)에 의해 $P=\{3, 4, 6, 7, 8\}$이고 $P-A=\{6, 7, 8\}$

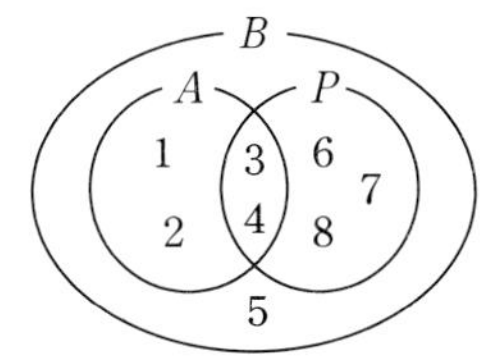

따라서 $P-A$의 모든 원소의 곱은 336

0432
2013년 11월 고1 학력평가 1번

전체집합 $U=\{1, 2, 3, 4, 5\}$의 두 부분집합

$A=\{1, 2, 3\}$, $B=\{2, 4\}$

에 대하여 집합 $(A^c\cap B)^c$의 모든 원소의 합을 구하시오.

TIP $(A^c\cap B)^c=A\cup B^c$

STEP A 드모르간의 법칙을 이용하기

$(A^c\cap B)^c=(A^c)^c\cup B^c$ ← 드모르간의 법칙
$=A\cup B^c$

STEP B 집합 $A\cup B^c$의 원소의 합 구하기

$A\cup B^c=\{1, 2, 3\}\cup\{1, 3, 5\}=\{1, 2, 3, 5\}$
따라서 집합 $(A^c\cap B)^c$의 모든 원소의 합은 $1+2+3+5=11$

0433
2012년 06월 고1 학력평가 6번

다음 물음에 답하시오.

(1) 전체집합 $U=\{1, 2, 3, 4, 5, 6\}$의 두 부분집합 $A=\{1, 2, 3, 4\}$, $B=\{3, 4, 5\}$에 대하여 집합 $A\cap(A^c\cup B)$의 모든 원소의 합은?

TIP $A\cap(A^c\cup B)=A\cap B$

① 5 ② 6 ③ 7
④ 8 ⑤ 9

STEP A 집합의 분배법칙을 이용하기

$A\cap(A^c\cup B)=(A\cap A^c)\cup(A\cap B)$ ← 분배법칙
$=\varnothing\cup(A\cap B)$
$=A\cap B$

STEP B 집합 $A\cap B$의 원소의 합 구하기

$A\cap B=\{1, 2, 3, 4\}\cap\{3, 4, 5\}=\{3, 4\}$
따라서 집합 $A\cap(A^c\cup B)$의 모든 원소의 합은 $3+4=7$

MINI해설 벤 다이어그램을 이용하여 풀이하기

$A=\{1, 2, 3, 4\}$에서 $A^c=\{5, 6\}$
$B=\{3, 4, 5\}$에서 $A^c\cup B=\{3, 4, 5, 6\}$
$A\cap(A^c\cup B)=\{3, 4\}$이므로
집합 $A\cap(A^c\cup B)$의 모든 원소의 합은
$3+4=7$

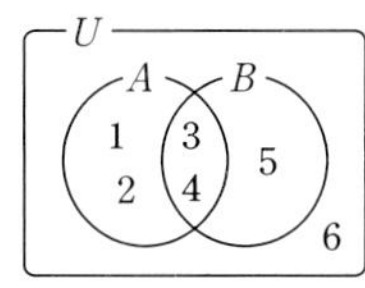

(2) 전체집합 $U=\{1, 3, 5, 7, 9, 11\}$의 두 부분집합

$A=\{1, 3, 5, 7\}$, $B=\{5, 7, 9, 11\}$

에 대하여 집합 $(B-A)^c-B^c$의 모든 원소의 합은?

TIP $(B-A)^c-B^c=A\cap B$

① 7 ② 9 ③ 12
④ 14 ⑤ 16

STEP A 집합의 연산법칙을 이용하기

$(B-A)^c-B^c=(B\cap A^c)^c\cap(B^c)^c$ ← 차집합의 성질
$=(B^c\cup A)\cap B$ ← 드모르간의 법칙
$=(B^c\cap B)\cup(A\cap B)$ ← 분배법칙
$=\varnothing\cup(A\cap B)$ ← 여집합의 성질
$=A\cap B$

STEP B 집합 $A\cap B$의 원소의 합 구하기

$A\cap B=\{1, 3, 5, 7\}\cap\{5, 7, 9, 11\}=\{5, 7\}$
따라서 모든 원소의 합은 $5+7=12$

0434
2016년 04월 고3 학력평가 나형 19번

전체집합 $U=\{x|x$는 7 이하의 자연수$\}$의 세 부분집합 A, B, C에 대하여 $B\subset A$이고 $A\cup C=\{1, 2, 3, 4, 5, 6\}$이다.

$A-B=\{5\}$, $B-C=\{2\}$, $C-A=\{4, 6\}$

TIP 주어진 조건을 벤 다이어그램에 그려 구한다.

일 때, 집합 $A\cap(B^c\cup C)$의 원소의 합을 구하시오.

STEP A **조건을 만족하는 원소 5가 속하는 두 가지 경우로 나누어 원소의 합 구하기**

주어진 조건을 만족하는 집합 A, B, C를 벤 다이어그램으로 나타내면 원소 5가 속하는 경우를 두 가지로 나눌 수 있다.

(ⅰ)

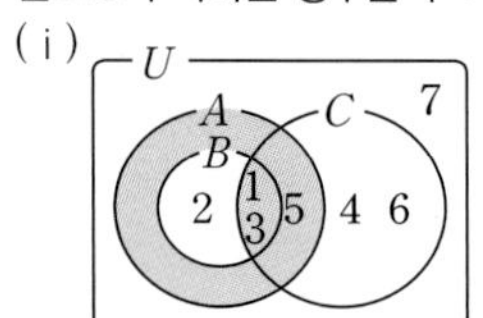

또는

(ⅱ)

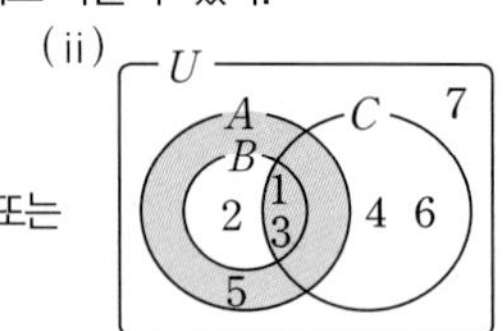

(ⅰ)의 경우

$A\cap(B^c\cup C)=(A\cap B^c)\cup(A\cap C)$ ← 분배법칙

$=(A-B)\cup(A\cap C)$ ← 차집합의 성질

$=\{5\}\cup\{1, 3, 5\}=\{1, 3, 5\}$

(ⅱ)의 경우

$A\cap(B^c\cup C)=(A\cap B^c)\cup(A\cap C)$ ← 분배법칙

$=(A-B)\cup(A\cap C)$ ← 차집합의 성질

$=\{5\}\cup\{1, 3\}=\{1, 3, 5\}$

(ⅰ), (ⅱ)에서 $A\cap(B^c\cup C)=\{1, 3, 5\}$이므로 원소의 합은 $1+3+5=9$

0435

집합의 연산법칙을 이용하여 다음 등식이 성립함을 증명하시오.

(1) $(A-B)-C=A-(B\cup C)$

(2) $(A\cup B)\cap(B-A)^c=A$

STEP A **집합의 연산법칙을 이용하기**

(1) $(A-B)-C=(A\cap B^c)\cap C^c$ ← 차집합의 성질

$=A\cap(B^c\cap C^c)$ ← 결합법칙

$=A\cap(B\cup C)^c$ ← 드모르간의 법칙

$=A-(B\cup C)$ ← 차집합의 성질

(2) $(A\cup B)\cap(B-A)^c=(A\cup B)\cap(B\cap A^c)^c$ ← 차집합의 성질

$=(A\cup B)\cap(B^c\cup A)$ ← 드모르간의 법칙

$=(A\cup B)\cap(A\cup B^c)$ ← 교환법칙

$=A\cup(B\cap B^c)$ ← 분배법칙

$=A\cup\varnothing$ ← 여집합의 성질

$=A$

0436

2011년 11월 고1 학력평가 7번 변형

전체집합 U의 세 부분집합 A, B, C에 대하여 옳은 것만을 [보기]에서 있는 대로 고른 것은?

ㄱ. $(A\cup B)\cap(A-B)^c=B$

ㄴ. $(A-B)-C=A-(B\cup C)$

ㄷ. $\{A\cap(B-A)^c\}\cup\{(B-A)\cap A\}=A$

① ㄱ ② ㄷ ③ ㄱ, ㄴ
④ ㄴ, ㄷ ⑤ ㄱ, ㄴ, ㄷ

STEP A **집합의 연산법칙을 이용하여 [보기]의 참, 거짓 판단하기**

ㄱ. $(A\cup B)\cap(A-B)^c=(A\cup B)\cap(A\cap B^c)^c$ ← 차집합의 성질

$=(A\cup B)\cap(A^c\cup B)$ ← 드모르간의 법칙

$=(B\cup A)\cap(B\cup A^c)$ ← 교환법칙

$=B\cup(A\cap A^c)$ ← 분배법칙

$=B\cup\varnothing$ ← 여집합의 성질

$=B$ [참]

ㄴ. $(A-B)-C=(A\cap B^c)-C$ ← 차집합의 성질

$=(A\cap B^c)\cap C^c$ ← 차집합의 성질

$=A\cap(B^c\cap C^c)$ ← 결합법칙

$=A\cap(B\cup C)^c$ ← 드모르간의 법칙

$=A-(B\cup C)$ [참] ← 차집합의 성질

ㄷ. $A\cap(B-A)^c=A\cap(B\cap A^c)^c$ ← 차집합의 성질

$=A\cap(B^c\cup A)$ ← 드모르간의 법칙

$=(A\cap B^c)\cup(A\cap A)$ ← 분배법칙

$=(A\cap B^c)\cup A$

$=A$

$(B-A)\cap A=(B\cap A^c)\cap A$ ← 차집합의 성질

$=B\cap(A^c\cap A)$ ← 결합법칙

$=B\cap\varnothing=\varnothing$ ← 여집합의 성질

이므로 $\{A\cap(B-A)^c\}\cup\{(B-A)\cap A\}=A\cup\varnothing=A$ [참]

따라서 옳은 것은 ㄱ, ㄴ, ㄷ이다.

0437

전체집합 U의 세 부분집합 A, B, C에 대하여 다음 [보기]에서 $A-(B\cup C)$와 같은 것을 모두 고른 것은?

TIP 주어진 조건을 벤 다이어그램으로 나타내고 보기도 벤 다이어그램으로 나타내어 같은 것을 찾는다.

ㄱ. $(A-B)-C$

ㄴ. $(A-C)-B$

ㄷ. $(A-B)\cap(A-C)$

① ㄱ ② ㄱ, ㄴ ③ ㄱ, ㄷ
④ ㄴ, ㄷ ⑤ ㄱ, ㄴ, ㄷ

STEP A **집합의 벤 다이어그램을 이용하여 [보기]의 참, 거짓 판단하기**

각 집합을 벤 다이어그램으로 나타내면

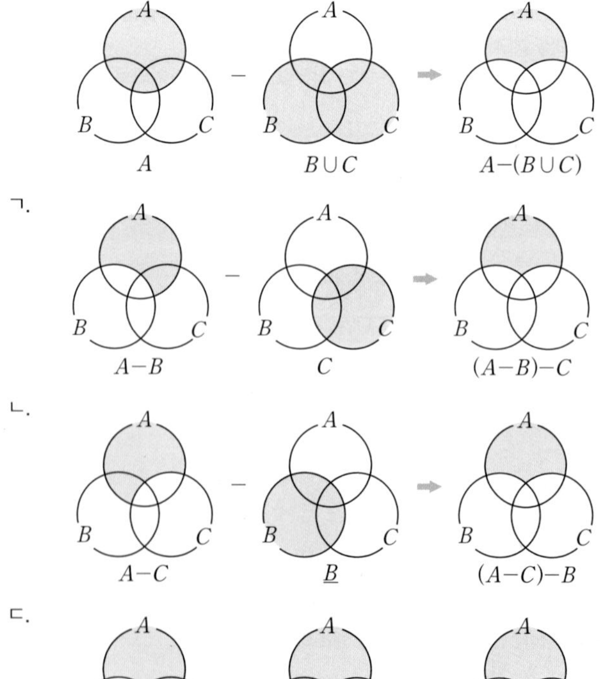

따라서 $A-(B\cup C)$와 같은 집합은 ㄱ, ㄴ, ㄷ이다.

0438

2010년 11월 고1 학력평가 6번

전체집합 U의 공집합이 아닌 서로 다른 두 부분집합 A, B가 $\{(A\cap B)\cup(A-B)\}\cap B=B$를 만족시킬 때, 항상 옳은 것만을 [보기]에서

TIP 연산법칙을 활용하여 식을 전개한다.

있는 대로 고른 것은?

ㄱ. $B\subset A$
ㄴ. $A-B=\varnothing$
ㄷ. $A\cup B^c=U$

① ㄱ ② ㄴ ③ ㄱ, ㄷ
④ ㄴ, ㄷ ⑤ ㄱ, ㄴ, ㄷ

STEP A 집합의 연산법칙을 이용하여 A와 B 사이의 관계식 구하기

$\{(A\cap B)\cup(A-B)\}\cap B=\{(A\cap B)\cup(A\cap B^c)\}\cap B$ ← 차집합의 성질
$=\{A\cap(B\cup B^c)\}\cap B$ ← 분배법칙
$=(A\cap U)\cap B$ ← 여집합의 성질
$=A\cap B=B$

$\therefore B\subset A$

STEP B $B\subset A$를 만족하는 [보기]의 참, 거짓 판단하기

ㄱ. $B\subset A$ [참]
ㄴ. 반례 $U=\{1, 2, 3, 4, 5\}$라 하고 $A=\{1, 2, 3\}$, $B=\{1, 2\}$ 라 하면 $A-B=\{3\}$이므로 $A-B\neq\varnothing$ [거짓]

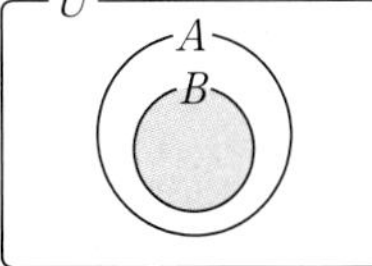

ㄷ. $A\cup B^c=U$ [참]
따라서 항상 옳은 것은 ㄱ, ㄷ이다.

0439

다음 물음에 답하시오.

(1) 전체집합 U의 두 부분집합 A, B에 대하여
$$\{(A^c\cup B^c)\cap(A\cup B^c)\}\cap A=\varnothing$$
TIP 연산법칙을 활용하여 A와 B의 관계식을 구한다.

일 때, 다음 중 항상 성립하는 것은?

① $A\cap B=\varnothing$ ② $A^c\subset B^c$ ③ $A\subset B$
④ $A\cup B=U$ ⑤ $A=B$

STEP A 집합의 연산법칙을 이용하여 A와 B 사이의 관계식 구하기

$\{(A^c\cup B^c)\cap(A\cup B^c)\}\cap A=\{(A^c\cap A)\cup B^c\}\cap A$ ← 분배법칙
$=(\varnothing\cup B^c)\cap A$ ← 여집합의 성질
$=A\cap B^c$
$=A-B$ ← 차집합의 성질

따라서 $A-B=\varnothing$이므로 $A\subset B$

(2) 전체집합 U의 두 부분집합 A, B에 대하여
$$\{(A\cap B)\cup(A-B)\}\cap B^c=A$$
TIP 연산법칙을 활용하여 A와 B의 관계식을 구한다.

일 때, 다음 중 항상 성립하는 것은?

① $A\subset B$ ② $B\subset A$ ③ $A\cap B=\varnothing$
④ $A\cup B=U$ ⑤ $A=B$

STEP A 집합의 연산법칙을 이용하여 A와 B 사이의 관계식 구하기

$\{(A\cap B)\cup(A-B)\}\cap B^c$
$=\{(A\cap B)\cup(A\cap B^c)\}\cap B^c$ ← 차집합의 성질
$=\{A\cap(B\cup B^c)\}\cap B^c$ ← 분배법칙
$=(A\cap U)\cap B^c$ ← 여집합의 성질
$=A\cap B^c$
$=A-B$ ← 차집합의 성질

즉 $A-B=A$이므로 $A\cap B=\varnothing$
따라서 옳은 것은 ③이다.

0440

전체집합 U의 두 부분집합 A, B에 대하여
$$\{(A-B)\cup(A\cap B)\}\cap\{(A-B)^c\cap(A\cup B)\}=A$$
TIP 연산법칙을 활용하여 A와 B의 관계식을 구한다.

일 때, 다음 중 옳은 것은?

① $A-B=\varnothing$ ② $A^c\subset B^c$ ③ $A\cap B=B$
④ $A\cap(A\cup B)=\varnothing$ ⑤ $A\cup(A^c\cap B^c)=A$

STEP A 집합의 연산법칙을 이용하여 A와 B 사이의 관계식 구하기

$\{(A-B)\cup(A\cap B)\}\cap\{(A-B)^c\cap(A\cup B)\}$
$=\{(A\cap B^c)\cup(A\cap B)\}\cap\{(A\cap B^c)^c\cap(A\cup B)\}$ ← 차집합의 성질
$=\{A\cap(B^c\cup B)\}\cap\{(A^c\cup B)\cap(A\cup B)\}$ ← 분배법칙, 드모르간의 법칙
$=(A\cap U)\cap\{(A^c\cap A)\cup B\}$ ← 여집합의 성질, 분배법칙
$=A\cap(\varnothing\cup B)$
$=A\cap B$

즉 $A\cap B=A$이므로 $A\subset B$
따라서 $A-B=\varnothing$

0441

세 집합 A, B, C에 대하여 오른쪽 벤 다이어그램의 색칠한 부분을 나타내는 집합은? (단, U는 전체집합이다.)

① $A\cap(B\cup C)$ ② $A\cup(B\cap C)$
③ $A\cap(B\cap C^c)$ ④ $A-(B\cap C)$
⑤ $A-(C-B)$

STEP A 주어진 벤 다이어그램을 집합의 연산법칙을 이용하여 식으로 나타내기

색칠한 부분을 나타내는 집합은 A에서 $C-B$를 제외한 집합이므로

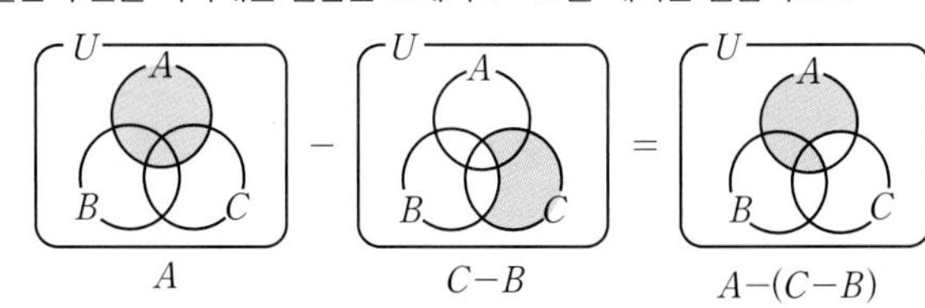

A $C-B$ $A-(C-B)$

따라서 $A-(C-B)$

0442

세 집합 A, B, C에 대하여 오른쪽 벤 다이어그램의 색칠한 부분을 나타내는 집합은? (단, U는 전체집합이다.)

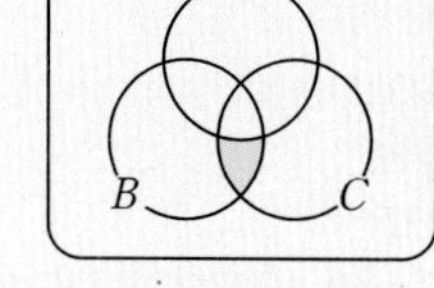

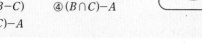

① $A-(B\cup C)$ ② $A-(B\cap C)$
③ $A\cap(B-C)$ ④ $(B\cap C)-A$
⑤ $(B\cup C)-A$

STEP Ⓐ **주어진 벤 다이어그램을 집합의 연산법칙을 이용하여 식으로 나타내기**

색칠한 부분을 나타내는 집합은 $B\cap C$에서 A를 제외한 집합이므로

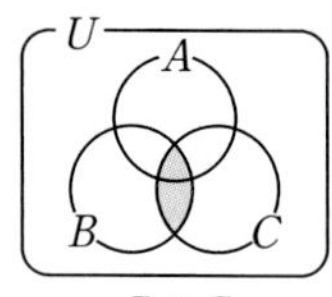

$B\cap C$

−

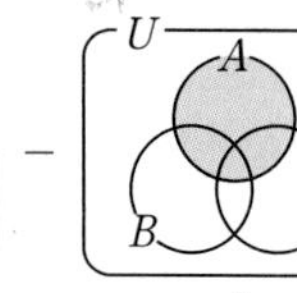

A

=

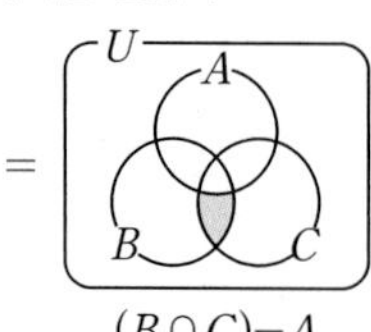

$(B\cap C)-A$

따라서 $(B\cap C)-A$

0443

전체집합 U의 세 부분집합 A, B, C에 대하여 오른쪽 벤 다이어그램에서 색칠한 부분이 나타내는 집합을 [보기]에서 모두

TIP 색칠한 부분의 집합을 구하고 [보기]의 집합들을 연산법칙을 이용하여 나타낸다.

고른 것은?

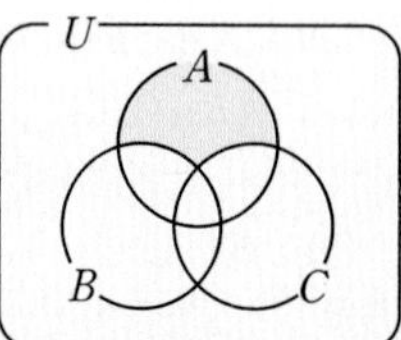

ㄱ. $A\cap(B^c\cup C^c)$
ㄴ. $A\cap B^c\cap C^c$
ㄷ. $A-(B-C)$
ㄹ. $(A-B)-C$

① ㄱ ② ㄴ ③ ㄱ, ㄴ
④ ㄴ, ㄹ ⑤ ㄱ, ㄴ, ㄷ, ㄹ

STEP Ⓐ **주어진 벤 다이어그램을 집합의 연산법칙을 이용하여 식으로 나타내기**

색칠한 부분을 나타내는 집합은 A에서 $(B\cup C)$를 제외한 집합이므로

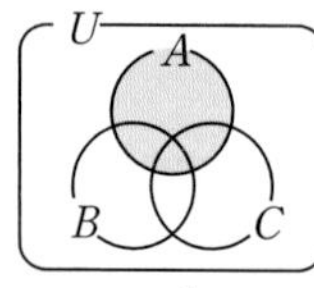

A

−

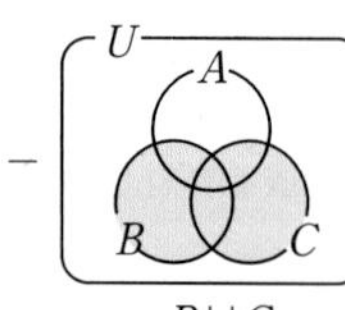

$B\cup C$

=

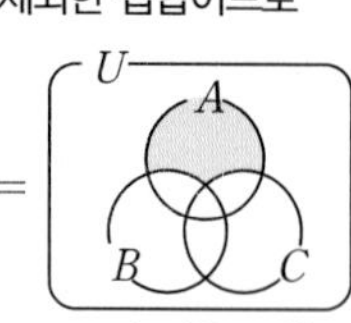

$A-(B\cup C)$

색칠한 부분을 나타내는 집합은 $A-(B\cup C)$

ㄱ. $A\cap(B^c\cup C^c)=A\cap(B\cap C)^c$ ← 드모르간의 법칙
$=A-(B\cap C)$ ← 차집합의 성질

ㄴ. $A\cap B^c\cap C^c=A\cap(B^c\cap C^c)$ ← 결합법칙
$=A\cap(B\cup C)^c$ ← 드모르간의 법칙
$=A-(B\cup C)$ ← 차집합의 성질

ㄷ. $A-(B-C)=A-(B\cap C^c)$

ㄹ. $(A-B)-C=(A\cap B^c)-C=(A\cap B^c)\cap C^c$ ← 차집합의 성질
$=A\cap(B^c\cap C^c)$ ← 결합법칙
$=A\cap(B\cup C)^c$ ← 드모르간의 법칙
$=A-(B\cup C)$ ← 차집합의 성질

따라서 $A-(B\cup C)$와 같은 집합은 ㄴ, ㄹ이다.

0444

2008년 09월 고1 학력평가 17번

두 집합

$$A=\{x\,|\,x^2-8x+12\le 0\},\ B=\{x\,|\,x^2+ax+b<0\}$$

에 대하여 $A\cap B=\varnothing$이고 $A\cup B=\{x|-1<x\le 6\}$일 때,

TIP 두 조건을 만족시키는 원소의 범위를 수직선 위에 나타낸다.

두 실수 a, b의 합 $a+b$의 값은?

① -3 ② -1 ③ 0
④ 1 ⑤ 3

STEP Ⓐ **집합 A의 원소의 범위를 이용하여 집합 B의 원소의 범위 구하기**

집합 A에서 $x^2-8x+12\le 0$, $(x-2)(x-6)\le 0$

$\therefore 2\le x\le 6$

한편 주어진 조건 $A\cap B=\varnothing$ $A\cup B=\{x|-1<x\le 6\}$을 만족하도록 집합 B의 범위를 수직선에 표시하면 오른쪽 그림과 같다.

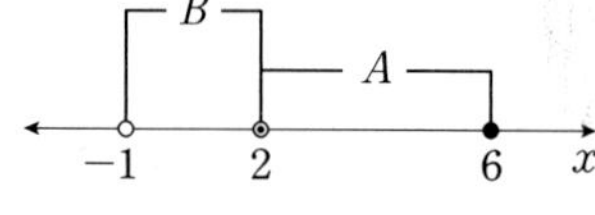

$\therefore B=\{x|-1<x<2\}$

STEP Ⓑ **집합 B의 원소의 범위가 $-1<x<2$가 되도록 하는 a, b의 값 구하기**

부등식 $x^2+ax+b<0$의 해가 $-1<x<2$이므로

$x^2+ax+b<0$에서 $(x+1)(x-2)<0$, 즉 $x^2-x-2<0$

따라서 $a=-1$, $b=-2$이므로 $a+b=-3$

0445

2006년 09월 고1 학력평가 14번

두 집합 $A=\{x\,|\,x^2+3x-4<0\}$, $B=\{x\,|\,x^2+ax+b<0\}$에 대하여

$A\cup B=\{x\,|\,x^2+x-12<0\}$, $A\cap B=\{x\,|\,x^2-1<0\}$

TIP 두 조건을 만족하는 원소의 범위를 수직선 위에 나타낸다.

일 때, 두 상수 a, b의 합 $a+b$의 값은?

① -5 ② -3 ③ 0
④ 3 ⑤ 5

STEP Ⓐ **집합 A, $A\cup B$, $A\cap B$의 부등식 풀기**

집합 A에서 $x^2+3x-4<0$, $(x-1)(x+4)<0$이므로

$A=\{x|-4<x<1\}$

집합 $A\cup B$에서 $x^2+x-12<0$, $(x+4)(x-3)<0$이므로

$A\cup B=\{x|-4<x<3\}$

집합 $A\cap B$에서 $x^2-1<0$, $(x+1)(x-1)<0$이므로

$A\cap B=\{x|-1<x<1\}$

STEP Ⓑ **조건을 만족하는 a, b의 값 구하기**

$A\cup B=\{x|-4<x<3\}$이고 $A=\{x|-4<x<1\}$이므로 집합 B는
($A\cup B=\{x|x\in A$ 또는 $x\in B\}$)

$1\le x<3$을 원소로 가진다.

또한, $A\cap B=\{x|-1<x<1\}$이므로 집합 B는 $-1<x<1$을 원소로 가진다.
($A\cup B=\{x|x\in A$ 그리고 $x\in B\}$)

$\therefore B=\{x\,|\,x^2+ax+b<0\}$
$=\{x|-1<x<3\}$

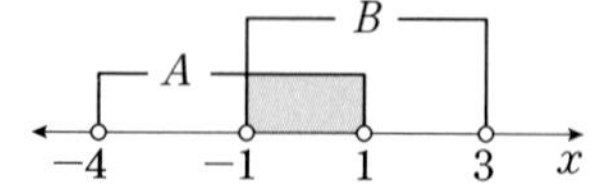

$-1<x<3$에서 $(x+1)(x-3)<0$

즉 $x^2-2x-3<0$

따라서 $a=-2$, $b=-3$이므로 $a+b=-5$

0446

2016년 03월 고3 학력평가 나형 25번

실수 전체의 집합 R의 두 부분집합

$$A=\{x|x^2-x-12\le 0\},\ B=\{x|x<a \text{ 또는 } x>b\}$$

TIP 이차부등식을 풀어 수직선 위에 나타낸다.

가 다음 조건을 만족시킨다.

(가) $A\cup B=R$
(나) $A-B=\{x|-3\le x\le 1\}$

두 상수 a, b에 대하여 $b-a$의 값을 구하시오.

STEP A 조건 (가)를 만족하는 a, b의 범위 구하기

$x^2-x-12\le 0$에서 $(x+3)(x-4)\le 0$이므로 $-3\le x\le 4$

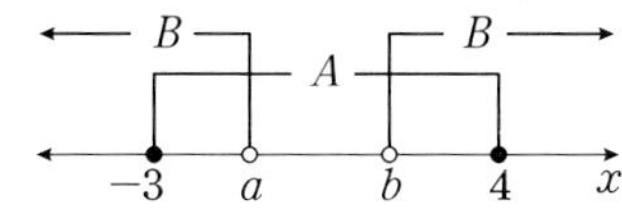

$\therefore A=\{x|-3\le x\le 4\}$
조건 (가)에서 $A\cup B=R$이므로 $a\ge -3$이고 $b\le 4$

STEP B 조건 (나)를 만족하는 a, b의 값 구하기

또, $A-B=A\cap B^C$이고 $B^C=\{x|a\le x\le b\}$이므로
$A\cap B^C=\{x|-3\le x\le 1\}$이 되도록 하는 A, B의 관계를 수직선 위에 나타내면 다음과 같다.

(i) $a>-3$인 경우
집합 $A\cap B^C$의 원소 중 가장 작은 수는 a이므로
$A-B=\{x|-3\le x\le 1\}$을 만족시키지 않는다.
그러므로 $a=-3$

(ii) $b\le 4$인 경우
집합 $A\cap B^C$의 원소 중 가장 큰 수는 b이므로
$A-B=\{x|-3\le x\le 1\}$을 만족시키기 위한 b의 값은 1
두 조건을 만족시키는 두 집합의 관계를 수직선 위에 나타내면 다음 그림과 같다.

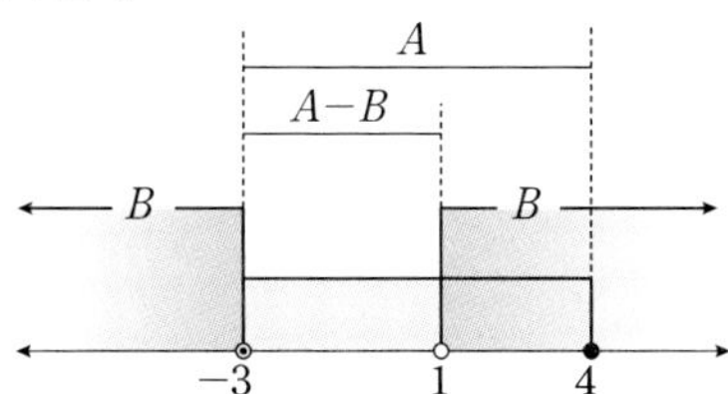

(i), (ii)에서 $a=-3$, $b=1$이므로 $b-a=4$

0447

전체집합 U의 두 부분집합 A, B에 대하여 $A\circ B=(A\cup B)-(A\cap B)$라

TIP 연산기호 ∘의 정의를 이해하고 주어진 집합을 연산을 이용하여 간단히 한다.

할 때, 다음 중 옳지 않은 것은?

① $A\circ\varnothing=A$　② $A\circ U=A^C$　③ $\varnothing\circ U=\varnothing$
④ $\varnothing\circ\varnothing=\varnothing$　⑤ $A\circ A^C=U$

STEP A 대칭차집합의 성질 이용하여 참, 거짓 판단하기

조건에 의해 $A\circ B=(A\cup B)-(A\cap B)=(A-B)\cup(B-A)$이므로
① $A\circ\varnothing=(A-\varnothing)\cup(\varnothing-A)=A\cup\varnothing=A$ [참]
② $A\circ U=(A-U)\cup(U-A)=\varnothing\cup(U-A)=U-A=A^C$ [참]
③ $\varnothing\circ U=(\varnothing-U)\cup(U-\varnothing)=\varnothing\cup U=U$ [거짓]
④ $\varnothing\circ\varnothing=(\varnothing-\varnothing)\cup(\varnothing-\varnothing)=\varnothing$ [참]
⑤ $A\circ A^C=(A-A^C)\cup(A^C-A)=A\cup A^C=U$ [참]
따라서 옳지 않은 것은 ③이다.

0448

전체집합 U의 두 부분집합 A, B에 대하여 연산 △를

$$A\triangle B=(A-B)\cup(B-A)$$

라 정의한다. 이때 $A\triangle B=\varnothing$이 성립할 때,

TIP 연산 △의 정의에 따라 $A\triangle B=(A-B)\cup(B-A)$를 간단히 정리한다.

다음 두 집합 A, B 사이의 관계를 나타낸 것은?

① $A\subset B$　② $B\subset A$　③ $A=B$
④ $A\cap B=\varnothing$　⑤ $A\cup B=U$

STEP A $A\triangle B=\varnothing$을 만족하는 두 집합 A, B의 관계식 구하기

$A\triangle B=(A-B)\cup(B-A)=\varnothing$이므로
$A-B=\varnothing$이면 $A\subset B$이고 $B-A=\varnothing$이면 $B\subset A$
따라서 $A=B$

0449

전체집합 U의 두 부분집합 A, B에 대하여 연산 ∘를

$$A\circ B=(A\cap B^C)\cup(A^C\cap B)$$

TIP 연산기호 ∘의 정의를 이해하고 [보기]의 집합을 연산을 이용하여 간단히 한다.

로 정의할 때, [보기] 중 옳은 것을 모두 고르면?

ㄱ. $A\circ A=A$
ㄴ. $A\circ B=B\circ A$
ㄷ. $A^C\circ B^C=A\circ B$
ㄹ. $(A\circ B)\circ C=A\circ(B\circ C)$

① ㄱ, ㄴ　② ㄱ, ㄷ　③ ㄴ, ㄷ
④ ㄴ, ㄷ, ㄹ　⑤ ㄱ, ㄴ, ㄷ, ㄹ

STEP A 대칭차집합의 참, 거짓 진위 판단하기

$A\circ B=(A\cap B^C)\cup(A^C\cap B)=(A-B)\cup(B-A)$이므로
ㄱ. $A\circ A=(A-A)\cup(A-A)$
$=\varnothing\cup\varnothing=\varnothing$ [거짓]
ㄴ. $A\circ B=(A-B)\cup(B-A)$
$B\circ A=(B-A)\cup(A-B)$
$\therefore A\circ B=B\circ A$ [참]
ㄷ. $A^C\circ B^C=(A^C-B^C)\cup(B^C-A^C)$
$=(A^C\cap B)\cup(B^C\cap A)$
$=(B-A)\cup(A-B)$
$=B\circ A=A\circ B$ [참]
ㄹ. $(A\circ B)\circ C$　$A\circ(B\circ C)$

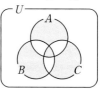

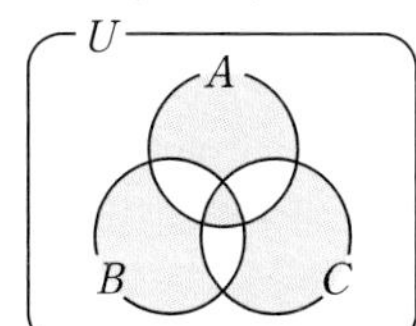

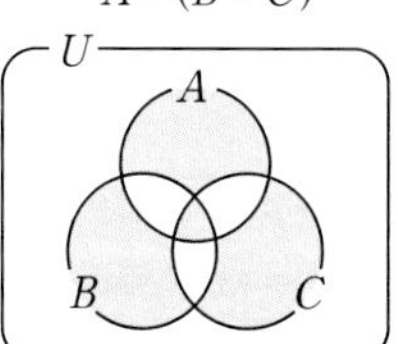

$\therefore (A\circ B)\circ C=A\circ(B\circ C)$ [참]
따라서 옳은 것은 ㄴ, ㄷ, ㄹ이다.

0450

다음 물음에 답하시오.

(1) 두 집합 $A=\{3, x+1, x^2\}$, $B=\{3, 4, x+4\}$에 대하여 $(A-B)\cup(B-A)=\{-1, 2\}$일 때, x의 값을 구하시오.

TIP $A\cap B$의 원소는 포함하지 않음을 생각하고 x의 값을 구한다.

STEP A $(A-B)\cup(B-A)=\{-1, 2\}$를 만족하는 x의 값 구하기

$4\in B$, $4\notin(A-B)\cup(B-A)$이므로 $4\in A\cap B$

$\therefore 4\in A$

(i) $x+1=4$, 즉 $x=3$일 때,

$A=\{3, 4, 9\}$, $B=\{3, 4, 7\}$이므로

$(A-B)\cup(B-A)=\{7, 9\}$는 주어진 조건에 모순이다.

(ii) $x^2=4$, 즉 $x=\pm2$

$x=2$일 때,

$A=\{3, 4\}$, $B=\{3, 4, 6\}$이므로

$(A-B)\cup(B-A)=\{6\}$은 주어진 조건에 모순이다.

$x=-2$일 때,

$A=\{3, -1, 4\}$, $B=\{3, 4, 2\}$이므로

$(A-B)\cup(B-A)=\{-1, 2\}$

(i), (ii)에서 $x=-2$

2015년 11월 고1 학력평가 11번

(2) 전체집합 $U=\{x|x$는 20 이하의 자연수$\}$의 두 부분집합

$A=\{1, 3, a-1\}$, $B=\{a^2-4a-7, a+2\}$

에 대하여 $(A\cap B^c)\cup(A^c\cap B)=\{1, 3, 8\}$일 때, 상수 a의 값을 구하시오.

TIP $(A\cap B^c)\cup(A^c\cap B)=(A-B)\cup(B-A)$

STEP A $(A-B)\cup(B-A)=\{1, 3, 8\}$에서 $a-1\in(A\cap B)$임을 구하기

$(A\cap B^c)\cup(A^c\cap B)=(A-B)\cup(B-A)$ 이고 벤 다이어그램으로 나타내면 오른쪽 그림과 같다.

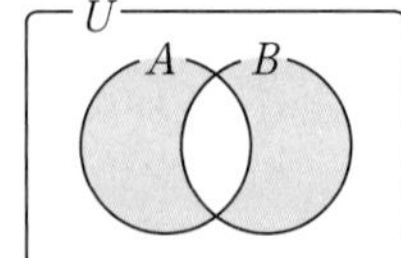

$(A-B)\cup(B-A)$의 원소가 1, 3, 8이고 $n(A)=3$, $n(B)=2$이므로 $n(A\cap B)=1$ 이어야 한다.

$\therefore a-1\in(A\cap B)$

STEP B a의 값 구하기

$a-1$은 B의 원소 중 어느 하나와 같아야 한다.

$a-1\neq a+2$이므로

$a-1=a^2-4a-7$, $a^2-5a-6=0$, $(a+1)(a-6)=0$

$\therefore a=-1$ 또는 $a=6$

(i) $a=-1$일 때,

$A=\{-2, 1, 3\}$, $B=\{-2, 1\}$이므로

$(A-B)\cup(B-A)=\{3\}$은 주어진 조건에 모순이다.

(ii) $a=6$일 때,

$A=\{1, 3, 5\}$, $B=\{5, 8\}$이므로

$(A-B)\cup(B-A)=\{1, 3, 8\}$

(i), (ii)에서 $a=6$

0451

다음 물음에 답하시오.

(1) 집합 $A=\{1, 2, 3, 4\}$에 대하여 $(A\cup B)-(A\cap B)=\{3, 4, 5, 6\}$일 때,

TIP 주어진 조건을 만족하도록 벤 다이어그램에 표시한다.

집합 B에 속하는 모든 원소의 합은?

① 12 ② 14 ③ 16 ④ 18 ⑤ 20

STEP A 대칭차집합을 만족하는 집합 B 구하기

$A=\{1, 2, 3, 4\}$와 $(A\cup B)-(A\cap B)=\{3, 4, 5, 6\}$ 를 벤 다이어그램으로 나타내면 오른쪽 그림의 색칠한 부분이다.

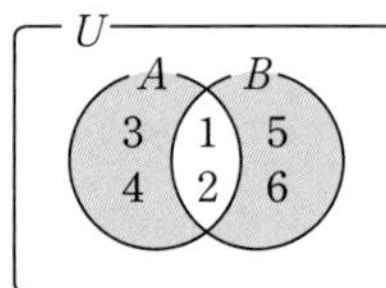

따라서 $B=\{1, 2, 5, 6\}$이므로 모든 원소의 합은 $1+2+5+6=14$

(2) 집합 $A=\{3, 4, 5, 6\}$에 대하여 $(A\cup B)\cap(A^c\cup B^c)=\{2, 4, 6, 10\}$

TIP 주어진 조건을 만족하도록 벤 다이어그램에 표시한다.

일 때, 집합 B에 속하는 모든 원소의 합은?

① 12 ② 14 ③ 16 ④ 18 ⑤ 20

STEP A 대칭차집합을 만족하는 집합 B 구하기

$(A\cup B)\cap(A^c\cup B^c)=(A\cup B)\cap(A\cap B)^c$ ← 드모르간의 법칙

$=(A\cup B)-(A\cap B)$ ← 차집합의 성질

$A=\{3, 4, 5, 6\}$과 $(A\cup B)-(A\cap B)=\{2, 4, 6, 10\}$ 을 벤 다이어그램으로 나타내면 오른쪽 그림의 색칠한 부분이다.

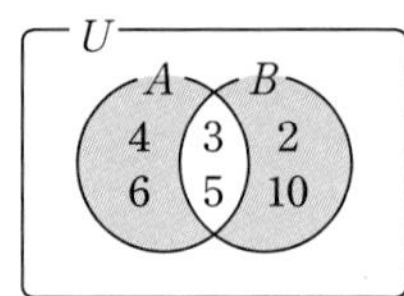

따라서 $B=\{2, 3, 5, 10\}$이므로 모든 원소의 합은 $2+3+5+10=20$

0452

2016년 03월 고2 학력평가 나형 26번

다음 물음에 답하시오.

(1) 전체집합 $U=\{1, 2, 3, 4, 5, 6, 7\}$의 두 부분집합 $A=\{1, 2, 3\}$, $B=\{2, 3, 4, 5\}$에 대하여 집합 P를 $P=(A\cup B)\cap(A\cap B)^c$이라 하자. $P\subset X\subset U$를 만족시키는 집합 X의 개수를 구하시오.

TIP 집합 P를 포함하는 U의 부분집합 X의 개수를 구하는 문제이다.

STEP A 집합 P의 원소 구하기

두 집합 $A=\{1, 2, 3\}$, $B=\{2, 3, 4, 5\}$에서

$A\cup B=\{1, 2, 3, 4, 5\}$, $A\cap B=\{2, 3\}$이므로

$P=(A\cup B)\cap(A\cap B)^c$

$=(A\cup B)-(A\cap B)$ ← 차집합의 성질

$=\{1, 2, 3, 4, 5\}-\{2, 3\}$

$=\{1, 4, 5\}$

STEP B $P\subset X\subset U$를 만족하는 집합 X의 개수 구하기

$P\subset X\subset U$이므로 $\{1, 4, 5\}\subset X\subset\{1, 2, 3, 4, 5, 6, 7\}$

따라서 집합 X는 1, 4, 5를 반드시 원소로 갖는 전체집합 U의 부분집합이므로 집합 X의 개수는 $2^{7-3}=2^4=16$

(2) 임의의 두 집합 X, Y에 대하여 $X\triangle Y=(X-Y)\cup(Y-X)$로

TIP 대칭차집합을 벤 다이어그램에 표시라고 해당하는 부분을 확인하여 집합 B의 원소를 구한다.

정의하자. 전체집합 $U=\{x\,|\,x$는 10 이하의 자연수$\}$의 두 부분집합 A, B가

$$A=\left\{x\,\middle|\,x=\frac{6}{n},\ n\text{은 자연수}\right\},\ A\triangle B=\{2, 5, 8, 10\}$$

을 만족시킬 때, 집합 B의 부분집합의 개수를 구하시오.

STEP A **대칭차집합을 만족하는 집합의 관계 구하기**

집합 $A\triangle B=(A-B)\cup(B-A)$를 벤 다이어그램에 나타내면 오른쪽 그림의 어두운 부분과 같다.

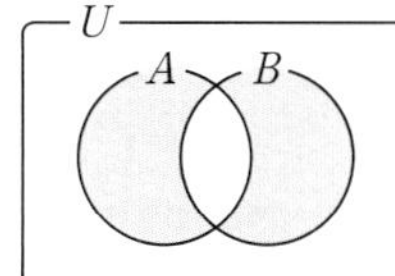

$A=\left\{x\,\middle|\,x=\frac{6}{n},\ n\text{은 자연수}\right\}$

$=\{x\,|\,x$는 6의 약수$\}$

$=\{1, 2, 3, 6\}$,

$A\triangle B=\{2, 5, 8, 10\}$이므로

$A\triangle B$에서 A의 원소는 2뿐이므로

$A-B=\{2\}$, $A\cap B=\{1, 3, 6\}$, $B-A=\{5, 8, 10\}$

STEP B **집합 B의 부분집합의 개수 구하기**

$U=\{x\,|\,x$는 10 이하의 자연수$\}$

$=\{1, 2, \cdots, 10\}$

이므로 벤 다이어그램에 나타내면 오른쪽 그림과 같다.

$\therefore B=\{1, 3, 5, 6, 8, 10\}$

따라서 $n(B)=6$이므로 집합 B의 부분집합의 개수는 $2^6=64$

0453

자연수 전체의 부분집합 A_k를 $A_k=\{x\,|\,x$는 k의 배수, k는 자연수$\}$라 정의할 때, $(A_2\cup A_3)\cap A_4=A_n$을 만족시키는 자연수 n의 값을 구하시오.

TIP 분배법칙을 이용하여 집합을 정리하고 배수의 집합을 확인한다.

STEP A **배수 집합의 연산을 이용하여 n의 값 구하기**

자연수를 원소로 갖는 집합 A_n은 자연수 n의 배수의 집합이므로

$(A_2\cup A_3)\cap A_4=(A_2\cap A_4)\cup(A_3\cap A_4)$

$A_2\cap A_4$는 2와 4의 공배수, 즉 4의 배수의 집합이고

$A_3\cap A_4$는 3과 4의 공배수, 즉 12의 배수의 집합이므로

$(A_2\cup A_3)\cap A_4=(A_2\cap A_4)\cup(A_3\cap A_4)=A_4\cup A_{12}$

이때 12가 4의 배수이므로 $A_4\cup A_{12}$는 4의 배수의 집합이다.

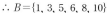

$A_4\cup A_{12}=\{4, 8, 12, 16, 20, 24, \cdots\}=A_4$

따라서 $(A_2\cup A_3)\cap A_4=A_4$이므로 $n=4$

0454

다음 물음에 답하시오.

(1) 두 집합

$$A_m=\{x\,|\,x\text{는 자연수 }m\text{의 약수}\},\ B_n=\{x\,|\,x\text{는 자연수 }n\text{의 배수}\}$$

에 대하여 $A_p=A_{12}\cap A_{18}$, $B_q=B_6\cap B_8$일 때, $p+q$의 값은?

TIP p는 12와 18의 최대공약수 **TIP** q는 6과 8의 최소공배수

① 12 ② 16 ③ 20
④ 24 ⑤ 30

STEP A **약수의 집합의 연산을 이용하여 p의 값 구하기**

자연수를 원소로 갖는 집합 A_n은 자연수 n의 약수의 집합이므로

$A_{12}=\{1, 2, 3, 4, 6, 12\}$,

$A_{18}=\{1, 2, 3, 6, 9, 18\}$

즉 $A_{12}\cap A_{18}=\{1, 2, 3, 6\}=A_6$이므로 $p=6$

STEP B **배수의 집합의 연산을 이용하여 q의 값 구하기**

자연수를 원소로 갖는 집합 B_n은 자연수 n의 배수의 집합이므로

$B_6=\{6, 12, 18, 24, \cdots\}$,

$B_8=\{8, 16, 24, 32, \cdots\}$

즉 $B_6\cap B_8=\{24, 48, \cdots\}=B_{24}$이므로 $q=24$

따라서 $p=6$, $q=24$이므로 $p+q=6+24=30$

(2) 자연수 n에 대하여 집합 A_n을 $A_n=\{x\,|\,x$는 n의 양의 약수$\}$로 정의할 때, $(A_{12}\cup A_{16})\cap(A_{12}\cup A_{20})=A_k$을 만족하는 자연수 k의 값은?

TIP 결합법칙을 이용하여 집합을 정리하고 약수의 집합을 확인한다.

① 8 ② 10 ③ 12
④ 14 ⑤ 16

STEP A **약수의 집합의 연산을 이용하여 k의 값 구하기**

자연수를 원소로 갖는 집합 A_n은 자연수 n의 약수의 집합이므로

$A_{12}=\{1, 2, 3, 4, 6, 12\}$,

$A_{16}=\{1, 2, 4, 8, 16\}$,

$A_{20}=\{1, 2, 4, 5, 10, 20\}$이므로

$(A_{12}\cup A_{16})\cap(A_{12}\cup A_{20})=A_{12}\cup(A_{16}\cap A_{20})$

$=\{1, 2, 3, 4, 6, 12\}\cup\{1, 2, 4\}$

$=\{1, 2, 3, 4, 6, 12\}=A_{12}$

따라서 $k=12$

0455

자연수 전체의 두 부분집합 A_m, B_n을

$$A_m=\{x\,|\,x\text{는 }m\text{의 배수}\},\ B_n=\{x\,|\,x\text{는 }n\text{의 약수}\}$$

라 하자. $A_p\subset(A_4\cap A_{10})$을 만족시키는 자연수 p의 최솟값과 $B_q\subset(B_{12}\cap B_{16})$을 만족시키는 자연수 q의 최댓값의 합을 구하시오.

STEP A **$A_p\subset(A_4\cap A_{10})$을 만족시키는 자연수 p의 최솟값 구하기**

집합 $A_4\cap A_{10}$은 4와 10의 공배수의 집합, 즉 20의 배수의 집합이므로

$A_4\cap A_{10}=A_{20}$

즉 $A_p\subset A_{20}$을 만족시키는 p는 20의 배수이므로

자연수 p의 최솟값은 20이다.

STEP B **$B_q\subset(B_{12}\cap B_{16})$을 만족시키는 자연수 q의 최댓값 구하기**

또한, 집합 $B_{12}\cap B_{16}$은 12와 16의 공약수의 집합, 즉 4의 약수의 집합이므로

$B_{12}\cap B_{16}=B_4$

$B_q\subset B_4$를 만족시키는 q는 4의 약수이므로 자연수 q의 최댓값은 4이다.

STEP C **자연수 p의 최솟값과 q의 최댓값의 합 구하기**

따라서 구하는 값은 $20+4=24$

0456

2016년 06월 고2 학력평가 가형 26번

전체집합 $U=\{x|x$는 자연수$\}$의 부분집합 A는 원소의 개수가 4이고

TIP $n(A)=4$

모든 원소의 합이 21이다. 상수 k에 대하여 집합 $B=\{x+k|x\in A\}$가 다음 조건을 만족시킨다.

(가) $A\cap B=\{4, 6\}$
(나) $A\cup B$의 모든 원소의 합이 40이다.

집합 A의 모든 원소의 곱을 구하시오.

STEP A 집합 $A\cup B$의 모든 원소의 합은 (집합 A의 모든 원소의 합)+(집합 B의 모든 원소의 합) −(집합 $A\cap B$의 모든 원소의 합)임을 이용하여 상수 k의 값 구하기

집합 A는 원소의 개수가 4이고 조건 (가)에서
$A\cap B=\{4, 6\}$이므로 $A=\{a, b, 4, 6\}$이라 하면
$B=\{x+k|x\in A\}$이므로 $B=\{a+k, b+k, 4+k, 6+k\}$
이때 집합 A의 모든 원소의 합이 21이므로
$a+b+4+6=21 \quad \therefore a+b=11$ …… ㉠
(집합 $A\cup B$의 원소의 합)
=(집합 A의 원소의 합)+(집합 B의 원소의 합)−(집합 $A\cap B$의 원소의 합)
$(a+k)+(b+k)+(4+k)+(6+k)=(a+b)+4k+10=21+4k$ $\qquad A\cap B=\{4, 6\}$

$40=21+(21+4k)-10 \quad \therefore k=2$

STEP B 집합 A의 모든 원소의 곱 구하기

집합 $B=\{6, 8, a+2, b+2\}$에서 $A\cap B=\{4, 6\}$이므로
$a+2$, $b+2$ 중의 어느 하나는 4가 되어야 한다.
$4\notin B$이면 $A\cap B=\{4, 6\}$이 성립하지 않는다.
$a+2=4$이면 $a=2$, $b=9$ ($\because$ ㉠)
$b+2=4$이면 $b=2$, $a=9$ ($\because$ ㉠)
따라서 집합 $A=\{2, 4, 6, 9\}$이므로 집합 A의 모든 원소의 곱은
$2\times4\times6\times9=432$

0457

2019년 07월 고3 학력평가 나형 15번 변형

집합 X의 모든 원소의 합을 $S(X)$라 할 때, 실수 전체의 집합의 두 부분집합
$A=\{a, b, c, d, e\}$,
$B=\{a+k, b+k, c+k, d+k, e+k\}$
에 대하여 다음 조건을 만족시키는 상수 k의 값은?

(가) $S(A)=25$ TIP $a+b+c+d+e=25$
(나) $A-B=\{3, 7, 10\}$
(다) $S(A\cup B)=85$

① 6 ② 7 ③ 8
④ 9 ⑤ 10

STEP A $S(A)$, $S(B)$의 값 구하기

조건 (가)에서 $S(A)=a+b+c+d+e=25$이므로
$S(B)=a+b+c+d+e+5k=25+5k$

STEP B $S(B)=S(A\cup B)-S(A-B)$를 이용하여 k의 값 구하기

조건 (나)에서 $S(A-B)=3+7+10=20$
조건 (다)에서 $S(A\cup B)=85$이므로 $S(B)=S(A\cup B)-S(A-B)$
$25+5k=85-20$, $5k=40$
따라서 $k=8$

MINI해설 $S(B)=S(A\cap B)+S(B-A)$임을 이용하여 풀이하기

조건을 만족하는 집합을 벤 다이어그램으로 나타내면 오른쪽 그림과 같다.

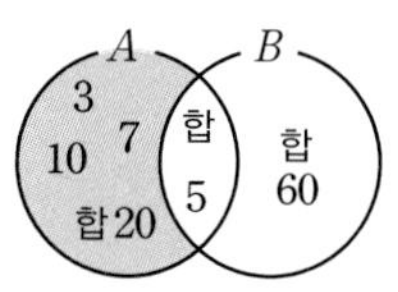

이때 $S(B)=S(A\cap B)+S(B-A)$이므로
$a+b+c+d+e+5k=25+5k=5+60$,
$5k=40$
따라서 $k=8$

0458

2015년 06월 고2 학력평가 나형 27번

실수 전체의 집합 U의 두 부분집합 A, B에 대하여

$n(A)=5$, $B=\left\{\frac{x+a}{2}\,\middle|\,x\in A\right\}$

TIP 집합 A의 원소를 이용하여 집합 B를 원소나열법으로 나타낸다.

이다. 두 집합 A, B가 다음 조건을 만족시킬 때, 상수 a의 값을 구하시오.

(가) 집합 A의 모든 원소의 합은 28이다.
(나) 집합 $A\cup B$의 모든 원소의 합은 49이다.
(다) $A\cap B=\{10, 13\}$

TIP $A\cap B\neq\varnothing$이므로 $A\cup B$의 모든 원소의 합은 A의 모든 원소의 합과 B의 모든 원소의 합을 더한 값에서 $A\cap B$의 모든 원소의 값을 빼주어야 한다.

STEP A 집합 A의 원소를 이용하여 집합 B 구하기

$n(A)=5$이므로 집합 $A=\{x_1, x_2, x_3, x_4, x_5\}$라 하면
$B=\left\{\frac{x+a}{2}\,\middle|\,x\in A\right\}$이므로
$B=\left\{\frac{x_1+a}{2}, \frac{x_2+a}{2}, \frac{x_3+a}{2}, \frac{x_4+a}{2}, \frac{x_5+a}{2}\right\}$

STEP B 조건 (가)를 이용하여 집합 B의 모든 원소의 합 구하기

조건 (가)에서 $x_1+x_2+x_3+x_4+x_5=28$
집합 B의 모든 원소의 합은
$\frac{x_1+a}{2}+\frac{x_2+a}{2}+\frac{x_3+a}{2}+\frac{x_4+a}{2}+\frac{x_5+a}{2}$
$=\frac{1}{2}(x_1+x_2+x_3+x_4+x_5)+\frac{5}{2}a$
$=\frac{1}{2}\times28+\frac{5}{2}a$
$=14+\frac{5}{2}a$

STEP C 두 조건 (나), (다)를 이용하여 a의 값 구하기

집합 $A\cup B$의 모든 원소의 합은 집합 A의 모든 원소의 합과 집합 B의 모든 원소의 합을 더한 것에서 집합 $A\cap B$의 모든 원소의 합을 뺀 것과 같다.
$n(A\cup B)=n(A)+n(B)-n(A\cap B)$와 같은 원리이다.
(집합 $A\cup B$의 원소의 합)
=(집합 A의 원소의 합)+(집합 B의 원소의 합)−(집합 $A\cap B$의 원소의 합)
$49=28+\left(14+\frac{5}{2}a\right)-(10+13)$
따라서 $\frac{5}{2}a=30$이므로 $a=12$

0459

다음 물음에 답하시오.

(1) 전체집합 U의 두 부분집합 A, B에 대하여

$n(U)=25$, $n(A)=11$, $n(B)=17$, $n(A^c\cap B^c)=6$일 때,

TIP 드모르간 법칙에 의해 $A^c\cap B^c=(A\cup B)^c$

$n(A\cap B)$를 구하시오.

STEP **A** $n(A\cup B)$**의 값 구하기**

$n(A^c\cap B^c)=n((A\cup B)^c)=n(U)-n(A\cup B)=6$에서

$25-n(A\cup B)=6$ $\quad\therefore n(A\cup B)=19$

STEP **B** $n(A\cup B)=n(A)+n(B)-n(A\cap B)$**를 이용하여 구하기**

$n(A\cup B)=n(A)+n(B)-n(A\cap B)$에서

$19=11+17-n(A\cap B)$

따라서 $n(A\cap B)=9$

(2) 두 집합 A, B에 대하여 $n(A)=38$, $n(B)=25$, $n(A\cup B)=49$일 때, $n(B-A)$의 값을 구하시오.

TIP $n(B-A)=n(B)-n(A\cap B)$

STEP **A** $n(A\cap B)$**의 값 구하기**

$n(A\cup B)=n(A)+n(B)-n(A\cap B)$에서

$49=38+25-n(A\cap B)$ $\quad\therefore n(A\cap B)=14$

STEP **B** $n(B-A)$**의 값 구하기**

따라서 $n(B-A)=n(B)-n(A\cap B)=25-14=11$

0460

전체집합 U의 두 부분집합 A, B에 대하여

$n(U)=70$, $n(A)=52$, $n(A\cap B)=20$, $n(A^c\cap B^c)=13$

TIP 드모르간 법칙에 의해 $A^c\cap B^c=(A\cup B)^c$

일 때, $n(B)$의 값은?

TIP $n(B)=n(A\cap B)+n(A\cup B)-n(A)$

① 20 ② 21 ③ 22
④ 23 ⑤ 25

STEP **A** $n(A\cup B)$**의 값 구하기**

$n(A^c\cap B^c)=n((A\cup B)^c)=n(U)-n(A\cup B)=13$에서

$70-n(A\cup B)=13$ $\quad\therefore n(A\cup B)=57$

STEP **B** $n(B)$**의 값 구하기**

따라서 $n(A\cap B)=n(A)+n(B)-n(A\cup B)$이므로

$n(B)=n(A\cap B)+n(A\cup B)-n(A)$

$=57+20-52$

$=25$

MINI해설 벤 다이어그램 이용하여 풀이하기

주어진 조건을 이용하여 오른쪽 그림과 같이 영역을 네 부분으로 나누고

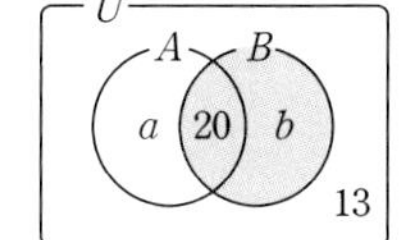

$n(A-B)=a$, $n(B-A)=b$,

$n(A\cap B)=20$이라 하면

$n(A)=a+20=52$ $\quad\therefore a=32$

$n(U)=a+b+20+13=70$ $\quad\therefore a+b=37$

따라서 $a=32$, $b=5$이므로 $n(B)=b+20=25$

0461

두 집합 A, B에 대하여 $n(A)=8$, $n(A-B)=5$, $n(B)=6$일 때, $(B-A)\subset X\subset B$를 만족하는 집합 X의 개수를 구하시오.

TIP 집합 $B-A$를 포함하는 집합 B의 부분집합인 X의 개수를 구한다.

STEP **A** $n(A-B)$**를 이용하여** $n(A\cap B)$**의 값 구하기**

$n(A-B)=n(A)-n(A\cap B)$이므로 $5=8-n(A\cap B)$

$\therefore n(A\cap B)=3$

또한, $n(B-A)=n(B)-n(A\cap B)=6-3=3$

STEP **B** **집합** X**의 개수 구하기**

$(B-A)\subset X\subset B$를 만족하는 집합 X는 $B-A$의 3개의 원소를 모두 포함하는 B의 부분집합이므로 집합 X의 개수는 $2^{6-3}=2^3=8$

전체집합 B의 원소 중에서 $B-A$의 원소를 제외한 부분집합의 개수이다.

0462

전체 60명의 학생을 대상으로 수학 여행지를 조사하였더니 제주도를 희망한 학생이 25명, 금강산을 희망한 학생이 39명이고 두 군데 모두 희망하지 않은 학생이 3명일 때, 다음 물음에 답하시오.

(1) 제주도와 금강산 중 적어도 하나를 희망하는 학생 수를 구하시오.

TIP $n(A\cup B)$

(2) 제주도와 금강산을 모두 희망하는 학생 수를 구하시오.

TIP $n(A\cap B)$

(3) 금강산만 희망하는 학생의 수를 구하시오.

TIP $n(B-A)$

STEP **A** **조건을 만족하는 집합의 원소의 개수 구하기**

전체 학생의 집합을 U, 제주도를 희망하는 학생의 집합을 A, 금강산을 희망하는 학생의 집합을 B라 하면

$n(U)=60$, $n(A)=25$, $n(B)=39$, $n(A^c\cap B^c)=3$

드모르간 법칙에 의해 $A^c\cap B^c=(A\cup B)^c$

STEP **B** $n(A\cup B)$**의 값 구하기**

(1) 제주도와 금강산 중 적어도 하나를 희망하는 학생 수는 $n(A\cup B)$이므로

$n(A^c\cap B^c)=n((A\cup B)^c)=n(U)-n(A\cup B)=3$

$60-n(A\cup B)=3$ $\quad\therefore n(A\cup B)=57$

STEP **C** $n(A\cap B)$**의 값 구하기**

(2) 제주도와 금강산을 모두 희망하는 학생 수는 $n(A\cap B)$이므로

$n(A\cap B)=n(A)+n(B)-n(A\cup B)=25+39-57=7$

STEP **D** $n(B-A)$**의 값 구하기**

(3) 금강산만 희망하는 학생의 수는 $n(B-A)$이므로

$n(B-A)=n(B\cap A^c)=n(B)-n(A\cap B)=39-7=32$

0463

2014년 11월 고1 학력평가 8번

어느 회사의 전체 신입사원 200명 중에서 소방안전 교육을 받은 사원은

TIP 소방안전 교육을 받은 사원의 집합을 A

120명, 심폐소생술 교육을 받은 사원은 115명, 두 교육을 모두 받지 않은

TIP 심폐소생술 교육을 받은 사원의 집합을 B

사원은 17명이다. 이 회사의 전체 신입사원 200명 중에서 심폐소생술 교육만을 받은 사원의 수는?

TIP $B-A$

① 60 ② 63 ③ 66
④ 69 ⑤ 72

01 집합

STEP A 조건을 만족하는 집합의 원소의 개수 구하기

전체 신입사원의 집합을 U, 소방안전 교육을 받은 사원의 집합을 A,
심폐소생술 교육을 받은 사원의 집합을 B라 하면
$n(U)=200$, $n(A)=120$, $n(B)=115$
두 교육을 모두 받지 않은 사원의 수는 $n(A^C \cap B^C)=17$이므로
드모르간 법칙에 의해 $A^C \cap B^C=(A \cup B)^C$
$n(U)-n(A \cup B)=17$

STEP B $n(B-A)$의 값 구하기

$n(A \cup B)=200-17=183$
$n(A \cup B)=n(A)+n(B)-n(A \cap B)$에서 $183=120+115-n(A \cap B)$
$\therefore n(A \cap B)=52$
따라서 심폐소생술 교육만을 받은 사원의 수는
$n(B-A)=n(B)-n(A \cap B)=115-52=63$

0464

준기네 반 학생 25명을 대상으로 A, B 두 영화를 관람한 학생 수를 조사하였더니 A 영화를 관람한 학생이 12명, B 영화를 관람한 학생이 18명, A, B 두 영화 중 어느 것도 관람하지 않은 학생이 5명이었다고 한다.
이때 A, B 두 영화 중 한 영화만 본 학생 수를 구하시오.
TIP $(A \cup B)-(A \cap B)$

STEP A 조건을 만족하는 집합의 원소의 개수 구하기

준기네 반 학생의 집합을 U, A 영화를 관람한 학생의 집합을 A,
B 영화를 관람한 학생의 집합을 B라 하면
$n(U)=25$, $n(A)=12$, $n(B)=18$, $n(A^c \cap B^c)=5$

STEP B 드모르간의 법칙을 이용하여 $n(A \cup B)-n(A \cap B)$의 값 구하기

$n(A^c \cap B^c)=n((A \cup B)^c)$ ← 드모르간의 법칙
$=n(U)-n(A \cup B)$
이므로
$5=25-n(A \cup B)$ $\quad \therefore n(A \cup B)=20$
$n(A \cup B)=n(A)+n(B)-n(A \cap B)$에서
$n(A \cap B)=n(A)+n(B)-n(A \cup B)$
$=12+18-20=10$

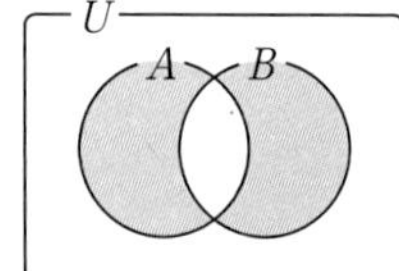

A, B 두 영화 중 한 영화만 본 학생의 집합은
$(A \cup B)-(A \cap B)$이므로 $n(A \cup B)-n(A \cap B)=20-10=10$
따라서 구하는 학생 수는 10

0465

전체집합 U의 두 부분집합 A, B에 대하여
$n(U)=40$, $n(A)=28$, $n(B)=22$일 때, $n(A \cap B)$의 최댓값을 M,
최솟값을 m이라 하자. 이때 $M-m$의 값을 구하시오.

STEP A $n(A \cap B)$의 최댓값과 최솟값 구하기

$n(U)=40$, $n(A)=28$, $n(B)=22$
(i) $n(A \cap B) \le n(A)$, $n(A \cap B) \le n(B)$이므로 $n(A \cap B) \le 22$
(ii) $n(A \cup B) \le n(U)$이므로
$n(A \cup B)=n(A)+n(B)-n(A \cap B) \le n(U)$
$28+22-n(A \cap B) \le 40$
$\therefore 10 \le n(A \cap B)$
(i), (ii)에서 $10 \le n(A \cap B) \le 22$이므로 $M=22$, $m=10$
따라서 $M-m=22-10=12$

0466

2017년 03월 고3 학력평가 나형 28번

어느 날 2개의 놀이 기구 A, B가 있는 놀이공원에 다녀온 30명의 학생을 대상으로 그날 어떤 놀이 기구를 이용했는지 조사하였더니 놀이 기구 A를 이용한 학생은 23명, 놀이 기구 B를 이용한 학생은 16명이었다.
놀이 기구 A, B를 모두 이용한 학생 수의 최댓값을 M, 최솟값을 m이라
TIP $n(A \cap B)$
할 때, $M+m$의 값을 구하시오.

STEP A 조건을 만족하는 집합의 원소의 개수 구하기

전체 학생의 집합을 U,
놀이 기구 A를 이용한 학생의 집합을 A,
놀이 기구 B를 이용한 학생의 집합을 B라 하면
$n(U)=30$, $n(A)=23$, $n(B)=16$
놀이 기구 A, B를 모두 이용한 학생 수는 $n(A \cap B)$

STEP B $n(A \cap B)$의 최댓값과 최솟값 구하기

(i) $n(A \cap B) \le n(A)$, $n(A \cap B) \le n(B)$이므로
$n(A \cap B) \le 16$
(ii) $n(A \cup B) \le n(U)=30$이므로
$n(A \cup B)=n(A)+n(B)-n(A \cap B) \le 40$
$23+16-n(A \cap B) \le 30$
$\therefore n(A \cap B) \ge 9$
(i), (ii)에 의하여 $9 \le n(A \cap B) \le 16$
따라서 $M=16$, $m=9$이므로 $M+m=16+9=25$

0467

2017년 03월 고2 학력평가 가형 15번

어느 학급 학생 30명을 대상으로 두 봉사 활동 A, B에 대한 신청을 받았다.
봉사 활동 A를 신청한 학생 수와 봉사 활동 B를 신청한 학생 수의 합이 36일 때, 봉사 활동 A, B를 모두 신청한 학생 수의 최댓값을 M, 최솟값을
TIP $n(A \cap B)$
m이라 하자. $M+m$의 값은?

봉사 활동 A　　봉사 활동 B

① 18　② 20　③ 22
④ 24　⑤ 26

STEP A 조건을 만족하는 집합의 원소의 개수 구하기

봉사 활동 A, B를 신청한 학생을 원소로 하는 집합을 각각 A, B라 하자.
$n(A \cup B)=n(A)+n(B)-n(A \cap B)$이고
$n(A)+n(B)=36$이므로
$n(A \cup B)=36-n(A \cap B)$ $\quad \cdots\cdots$ ㉠

STEP B $n(A\cap B)$의 최댓값과 최솟값 구하기

학급의 학생 수가 30이므로 $n(A\cup B)\le 30$

㉠에 의하여

$36-n(A\cap B)\le 30$ ← 봉사활동을 아예 신청하지 않은 학생이 있을 수도 있으므로 봉사활동을 신청한 학생 수는 학급 전체의 학생 수보다 적어야한다.

$n(A\cap B)\ge 6$ …… ㉡

$n(A\cap B)\le n(A\cup B)$이고 ㉠에 의하여

$n(A\cap B)\le 36-n(A\cap B)$

$n(A\cap B)\le 18$ …… ㉢

$n(A\cap B)=18$이면 $n(A)+n(B)=36$이므로 $n(A)=n(B)=18$

㉡, ㉢에 의하여 $6\le n(A\cap B)\le 18$

따라서 $M=18$, $m=6$이므로 $M+m=24$

0468

S고 학생 40명을 대상으로 세 편의 영화 A, B, C에 대한 관람여부를 조사하였더니 A, B, C를 관람한 학생이 각각 21명, 18명, 23명이었고, 세 편 모두를 관람한 학생이 4명이었다. 또한, 한 편도 관람하지 않은 학생이 2명이었다. 이때 영화를 두 편 이상 관람한 학생 수를 구하시오.

TIP $n(A\cap B)+n(B\cap C)+n(C\cap A)-2\times n(A\cap B\cap C)$

STEP A 조건을 만족하는 집합의 원소의 개수 구하기

S고 학생 40명의 집합을 전체집합 U,

세 편의 영화 A, B, C를 관람한 학생들의 집합을 각각 A, B, C라 하면

$n(U)=40$, $n(A)=21$, $n(B)=18$, $n(C)=23$

$n(A\cap B\cap C)=4$, $n((A\cup B\cup C)^c)=2$

세 편을 모두 관람한 학생 / 한 편도 관람하지 않은 학생

$\therefore n(A\cup B\cup C)=n(U)-n((A\cup B\cup C)^c)=40-2=38$

STEP B 영화를 두 편 이상 관람한 학생 수 구하기

$n(A\cup B\cup C)$

$=n(A)+n(B)+n(C)-n(A\cap B)-n(B\cap C)-n(C\cap A)+n(A\cap B\cap C)$

에서 $38=21+18+23-\{n(A\cap B)+n(B\cap C)+n(C\cap A)\}+4$

$\therefore n(A\cap B)+n(B\cap C)+n(C\cap A)=28$

따라서 구하는 학생 수는

$n(A\cap B)+n(B\cap C)+n(C\cap A)-2\times n(A\cap B\cap C)=28-8=20$(명)

$n(A\cap B\cap C)$는 $n(A\cap B)$, $n(B\cap C)$, $n(A\cap C)$에 모두 포함되므로 2를 곱해서 뺀다.

0469

2008년 06월 고1 학력평가 20번

어느 나라의 축구선수 1,000명 중 대표팀에 소속된 선수는 48명이다. 대표팀은 월드컵대표, 올림픽대표, 청소년대표의 세 종류로 각각 23명으로

TIP 순서대로 각각 집합 A, 집합 B, 집합 C라 하자.

구성되어 있다. 월드컵대표이면서 올림픽대표인 선수는 16명, 올림픽대표이면서 청소년대표인 선수는 5명, 청소년대표이면서 월드컵대표인 선수는 2명이다. 월드컵대표에만 소속되어 있는 선수는 모두 몇 명인가?

TIP $n(A\cup B\cup C)-n(B\cup C)$

① 3 ② 4 ③ 5
④ 6 ⑤ 7

STEP A 조건을 만족하는 집합의 원소의 개수 구하기

월드컵대표에 소속된 선수들의 집합을 A,

올림픽대표에 소속된 선수들의 집합을 B,

청소년대표에 소속된 선수들의 집합을 C라 하면

$n(A\cup B\cup C)=48$, $n(A)=23$, $n(B)=23$, $n(C)=23$,

$n(A\cap B)=16$, $n(B\cap C)=5$, $n(C\cap A)=2$

STEP B 월드컵대표에만 소속되어 있는 선수의 수 구하기

$n(B\cup C)=n(B)+n(C)-n(B\cap C)=23+23-5=41$

따라서 월드컵대표에만 소속되어 있는 선수의 수는

$n(A\cup B\cup C)-n(B\cup C)=48-41=7$

MINI해설 벤 다이어그램을 이용하여 풀이하기

$n(A\cup B\cup C)=n(A)+n(B)+n(C)-n(A\cap B)$
$-n(B\cap C)-n(C\cap A)+n(A\cap B\cap C)$

이므로 $n(A\cap B\cap C)=x$라 하면

$48=23+23+23-16-5-2+x$

$\therefore x=2$

따라서 오른쪽 벤 다이어그램에서 월드컵대표에만 소속되어 있는 선수는 $n(A)-n(A\cap B)$이므로

$23-(14+2)=7$

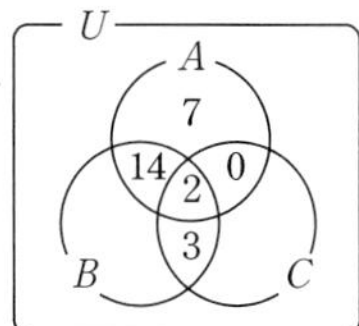

0470

2015년 03월 고2 학력평가 가형 26번

어느 고등학교의 2학년 학생 212명을 대상으로 문학 체험, 역사 체험, 과학 체험의 신청자 수를 조사한 결과 다음과 같은 사실을 알게 되었다.

TIP 순서대로 각각 집합 A, 집합 B, 집합 C라 하자.

(가) 문학 체험을 신청한 학생은 80명, 역사 체험을 신청한 학생은 90명이다.

(나) 문학 체험과 역사 체험을 모두 신청한 학생은 45명이다.
TIP $n(A\cap B)=45$

(다) 세 가지 체험 중 어느 것도 신청하지 않은 학생은 12명이다.
TIP $n((A\cup B\cup C)^c)=12$

과학 체험만 신청한 학생의 수를 구하시오.

STEP A 조건을 만족하는 집합의 원소의 개수 구하기

어느 고등학교의 2학년 학생 212명의 집합을 U,

문학 체험을 신청한 학생들의 집합을 A,

역사 체험을 신청한 학생들의 집합을 B,

과학 체험을 신청한 학생들의 집합을 C라 하자.

$n(U)=212$

조건 (가)에서 $n(A)=80$, $n(B)=90$,

조건 (나)에서 $n(A\cap B)=45$

$\therefore n(A\cup B)=n(A)+n(B)-n(A\cap B)=80+90-45=125$

조건 (다)에서 $n(A^c\cap B^c\cap C^c)=n((A\cup B\cup C)^c)=12$이므로

드모르간의 법칙

$n(A\cup B\cup C)=n(U)-n((A\cup B\cup C)^c)$ ← $n(U)=n(X)+n(X)^c$

$=212-12$

$=200$

STEP B 과학 체험만 신청한 학생의 수 구하기

따라서 과학 체험만 신청한 학생의 수는

$n(A\cup B\cup C)-n(A\cup B)=200-125$

$=75$

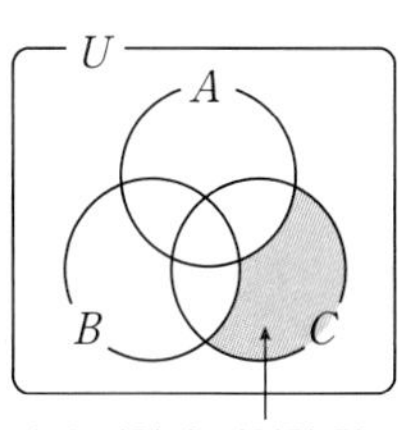

과학 체험만 신청한 학생

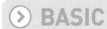

단원종합문제

집합 (2)

BASIC

0471

2015년 06월 고2 학력평가 가형 2번

다음 물음에 답하시오.

(1) 전체집합 $U=\{1, 2, 3, 4, 5\}$의 두 부분집합 $A=\{1, 2\}$, $B=\{2, 3, 4\}$에 대하여 집합 $A^c \cup B$의 원소의 개수는?

TIP $\{x | x \in A^c$ 또는 $x \in B\}$

① 1 ② 2 ③ 3
④ 4 ⑤ 5

STEP A 집합의 연산 법칙을 이용하여 $A^c \cup B$ 구하기

$U=\{1, 2, 3, 4, 5\}$의 부분집합

$A=\{1, 2\}$에 대하여 $A^c=\{3, 4, 5\}$

이므로 집합 $A^c \cup B=\{2, 3, 4, 5\}$

따라서 $A^c \cup B$의 원소의 개수는 4

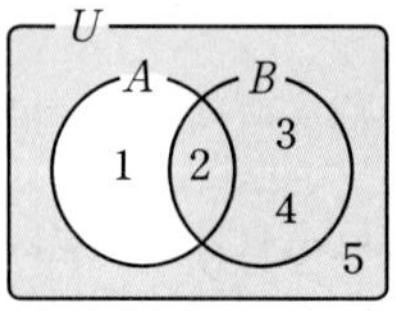

$A^c \cup B$

(2) 전체집합 $U=\{x | x$는 10 이하의 자연수$\}$의 두 부분집합 $A=\{1, 3, 5, 7, 9\}$, $B=\{4, 5, 6, 7, 8, 9\}$에 대하여 집합 $A \cap B^c$의

TIP $\{x | x \in A$ 그리고 $x \in B^c\}$

원소들의 합은?

① 4 ② 6 ③ 8
④ 10 ⑤ 12

STEP A 집합의 연산 법칙을 이용하여 $A \cap B^c$ 구하기

전체집합

$U=\{1, 2, 3, 4, 5, 6, 7, 8, 9, 10\}$에 대하여

$A \cap B^c = A-B$

$=\{1, 3, 5, 7, 9\}-\{4, 5, 6, 7, 8, 9\}$

$=\{1, 3\}$

따라서 집합 $A \cap B^c$의 원소들의 합은 $1+3=4$

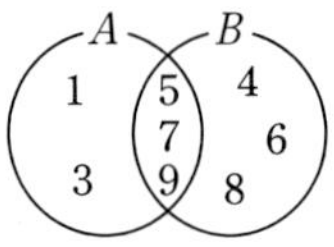

2017학년도 06월 고3 모의평가 나형 7번

(3) 전체집합 $U=\{x | x$는 10 이하의 자연수$\}$의 두 부분집합

$A=\{1, 2, 3, 6\}$, $B=\{1, 3, 5, 7, 9\}$

에 대하여 집합 B^c-A^c의 모든 원소의 합은?

TIP 차집합을 교집합으로 바꾸어 구한다.

① 8 ② 9 ③ 10
④ 11 ⑤ 12

STEP A 집합의 연산 법칙을 이용하여 B^c-A^c을 간단히 하기

$B^c-A^c=B^c \cap (A^c)^c$ ← 차집합의 성질

$=B^c \cap A$

$=A \cap B^c$

$=A-B$

STEP B 집합 $A-B$ 구하기

두 집합 $A=\{1, 2, 3, 6\}$, $B=\{1, 3, 5, 7, 9\}$에서

$A-B=\{1, 2, 3, 6\}-\{1, 3, 5, 7, 9\}$

$=\{2, 6\}$

따라서 집합 B^c-A^c의 모든 원소의 합은 8

다른풀이 여집합을 이용하여 차집합 구하여 풀이하기

STEP A 두 집합 A^c, B^c 구하기

$U=\{1, 2, 3, 4, 5, 6, 7, 8, 9, 10\}$이므로

$B^c=\{2, 4, 6, 8, 10\}$, $A^c=\{4, 5, 7, 8, 9, 10\}$

STEP B 집합 B^c-A^c의 모든 원소의 합 구하기

$B^c-A^c=\{2, 4, 6, 8, 10\}-\{4, 5, 7, 8, 9, 10\}$

$=\{2, 6\}$

따라서 B^c-A^c의 모든 원소의 합은 8

0472

두 집합

$A=\{x^2+2x, 4, 6\}$, $B=\{x, 6\}$

에 대하여 $A \cap B=B$를 만족시키는 모든 정수 x의 값의 합은?

① 3 ② 4 ③ 5
④ 6 ⑤ 7

STEP A 집합 사이의 포함 관계를 이용하여 미지수 구하기

$A \cap B=B$에서 $B \subset A$

$x \in B$이므로 $x \in A$에서 $x^2+2x=x$ 또는 $x=4$

$x^2+x=0$, $x(x+1)=0$에서 $x=-1$ 또는 $x=0$

따라서 정수 x의 값은 -1, 0, 4이므로 그 합은 $-1+0+4=3$

0473

2015년 09월 고2 학력평가 나형 5번

다음 물음에 답하시오.

(1) 전체집합 $U=\{x | x$는 9 이하의 자연수$\}$의 두 부분집합 A, B에 대하여

$A \cap B=\{1, 2\}$, $A^c \cap B=\{3, 4, 5\}$, $A^c \cap B^c=\{8, 9\}$

TIP 주어진 조건을 벤 다이어그램에 나타내어 구해보자.

를 만족시키는 집합 A의 모든 원소의 합은?

① 8 ② 10 ③ 12
④ 14 ⑤ 16

STEP A 조건을 만족하는 벤 다이어그램을 이용하여 집합 A 구하기

전체집합 U의 모든 원소를 나타내면

$U=\{1, 2, 3, 4, 5, 6, 7, 8, 9\}$

$A \cap B=\{1, 2\}$

$A^c \cap B=B-A=\{3, 4, 5\}$

$A^c \cap B^c=(A \cup B)^c=\{8, 9\}$

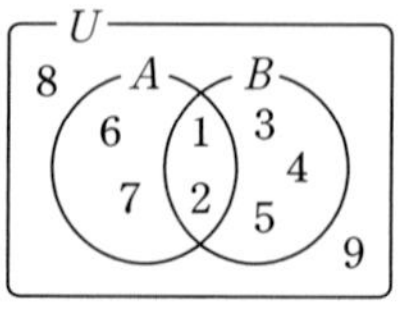

주어진 집합들을 벤 다이어그램으로 나타내면 오른쪽 그림과 같다.

따라서 집합 $A=\{1, 2, 6, 7\}$의 모든 원소의 합은 $1+2+6+7=16$

(2) 전체집합 $U=\{1, 2, 3, 4, 5\}$의 두 부분집합 A, B에 대하여

$$A\cap B=\{2\},\ A-B=\{4\},\ A^c\cap B^c=\{5\}$$

일 때, 집합 B의 원소의 합은?

① 2 ② 3 ③ 5
④ 6 ⑤ 14

STEP A 조건을 만족하는 벤 다이어그램을 이용하여 집합 B 구하기

전체집합 U의 주어진 조건을 만족시키는 두 부분집합 A, B를 벤 다이어그램으로 나타내면 오른쪽 그림과 같으므로
$B=\{1, 2, 3\}$
따라서 집합 B의 원소의 합은
$1+2+3=6$

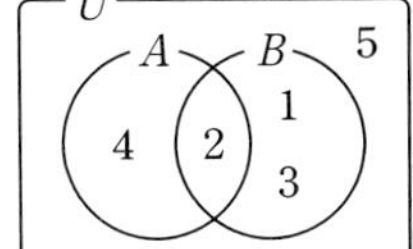

MINI해설 차집합과 여집합의 성질을 이용하여 풀이하기

$A^c\cap B^c=(A\cup B)^c=U-(A\cup B)=\{5\}$이므로 $A\cup B=\{1, 2, 3, 4\}$
이때 $A\cap B=\{2\}$, $A-B=\{4\}$에서
$A=(A\cap B)\cup(A-B)=\{2\}\cup\{4\}=\{2, 4\}$이므로 $B=\{1, 2, 3\}$
따라서 집합 B의 원소의 합은 6

0474

2024년 03월 고2 학력평가 11번 변형

전체집합 $U=\{1, 3, 5, 7, 9, 11\}$의 두 부분집합 A, B가 다음 조건을 만족시킨다.

(가) $A\cap B=\{3, 7\}$
(나) $A^c\cup B=\{1, 3, 7, 9\}$

집합 A의 모든 원소의 합은?

① 21 ② 24 ③ 26
④ 31 ⑤ 36

STEP A 조건 (나)를 만족하는 집합 $A\cap B^c$의 원소 구하기

조건 (나)에서 $A^c\cup B=\{1, 3, 7, 9\}$이고
드모르간의 법칙에 의하여 $(A^c\cup B)^c=A\cap B^c$이므로
$(A\cap B)^c=A^c\cup B^c$, $(A\cup B)^c=A^c\cap B^c$
$(A^c\cup B)^c=A\cap B^c=\{5, 11\}$

STEP B 집합 A의 원소 구하기

$A=(A\cap B)\cup(A\cap B^c)$
$=\{3, 7\}\cup\{5, 11\}$
$=\{3, 5, 7, 11\}$
따라서 집합 A의 모든 원소의 합은
$3+5+7+11=26$

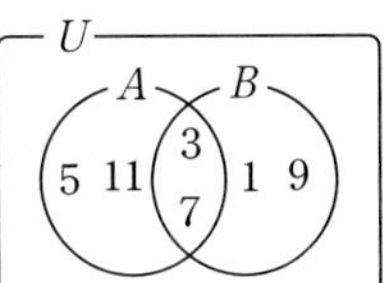

0475

전체집합 U의 두 부분집합 A, B에 대하여

$$\{A\cap(A^c\cup B)\}\cup\{B\cap(A\cup B)\}=A\cap B$$

일 때, [보기] 중 항상 옳은 것만을 있는 대로 고른 것은?

ㄱ. $A\cap B=B$ ㄴ. $A-B=\varnothing$
ㄷ. $B^c\subset A^c$ ㄹ. $A\cup B^c=U$

STEP A 집합의 연산법칙을 이용하여 A와 B 사이의 관계식 구하기

$\{A\cap(A^c\cup B)\}\cup\{B\cap(A\cup B)\}$
$=\{(A\cap A^c)\cup(A\cap B)\}\cup B$ ← 분배법칙, 흡수법칙
$=\{\varnothing\cup(A\cap B)\}\cup B$ ← 여집합의 성질
$=(A\cap B)\cup B$ ← 흡수법칙
$=B$
즉 $B=A\cap B$이므로 $B\subset A$
ㄱ. $A\cap B=B$ [참]
ㄴ. $A-B\neq\varnothing$ [거짓]
ㄷ. $A^c\subset B^c$ [거짓]
ㄹ. $A\cup B^c=U$ [참]
따라서 옳은 것은 ㄱ, ㄹ이다.

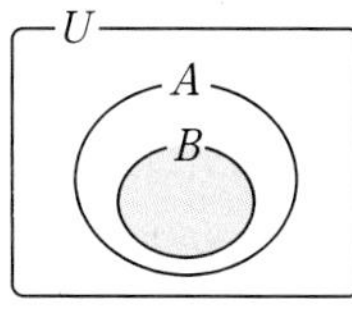

0476

다음 물음에 답하시오.

(1) 전체집합 U의 세 부분집합 A, B, C에 대하여 다음 중 $(A-B)\cup(A-C)$와 같은 집합은?

① $A\cap B\cap C$ ② $A-(B-C)$ ③ $A-(C-B)$
④ $A-(B\cap C)$ ⑤ $A-(B\cup C)$

STEP A 집합의 연산법칙을 이용하기

$(A-B)\cup(A-C)$
$=(A\cap B^c)\cup(A\cap C^c)$ ← 차집합의 성질
$=A\cap(B^c\cup C^c)$ ← 분배법칙
$=A\cap(B\cap C)^c$ ← 드모르간의 법칙
$=A-(B\cap C)$ ← 차집합의 성질

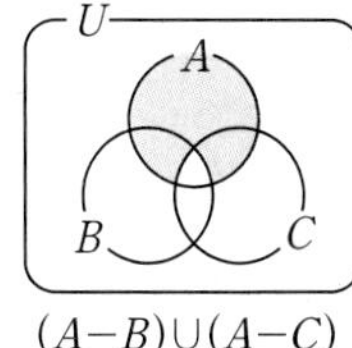

$(A-B)\cup(A-C)$

2007년 05월 고2 학력평가 나형 3번

(2) 전체집합 U의 임의의 세 부분집합 A, B, C에 대하여 $(A-B)-C$와 같은 집합은?

① $A\cap B\cap C$ ② $A\cap B\cap C^c$ ③ $A-(B\cap C)$
④ $A-(B\cup C)$ ⑤ $A-(B\cup C)^c$

STEP A 집합의 연산법칙을 이용하기

$(A-B)-C=(A-B)\cap C^c$
$=(A\cap B^c)\cap C^c$ ← 차집합의 성질
$=A\cap(B^c\cap C^c)$ ← 결합법칙
$=A\cap(B\cup C)^c$ ← 드모르간의 법칙
$=A-(B\cup C)$ ← 차집합의 성질

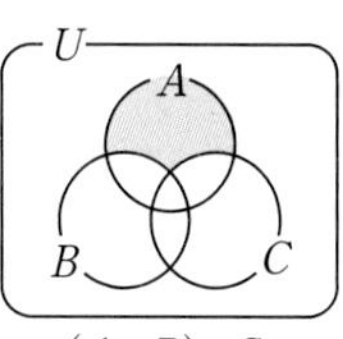

$(A-B)-C$

0477

다음 물음에 답하시오.

(1) 전체집합 $U=\{1, 2, 3, 4, 5, 6\}$의 두 부분집합 A, B에 대하여

$$A^c \cup B^c=\{1, 2, 3, 5\},\ (B-A)^c \cap \{A \cap (A \cap B)^c\}=\{1\}$$

TIP 드모르간의 법칙 $(B \cap A^c)^c=B^c \cup A$

이 성립할 때, 집합 A의 모든 원소의 합을 구하시오.

STEP A **집합의 연산법칙을 이용하여 집합 A의 모든 원소의 합 구하기**

$(B-A)^c \cap \{A \cap (A \cap B)^c\}=(B \cap A^c)^c \cap \{(A \cap A^c) \cup (A \cap B^c)\}$

$=(B^c \cup A) \cap \{\varnothing \cup (A \cap B^c)\}$

$=(B^c \cup A) \cap (A \cap B^c)$

$=A \cap B^c=A-B$

$\therefore A-B=\{1\}$ …… ㉠

또, $A^c \cup B^c=(A \cap B)^c$이므로 $(A \cap B)^c=\{1, 2, 3, 5\}$

$\therefore A \cap B=\{4, 6\}$ …… ㉡

㉠, ㉡에서 $A=\{1, 4, 6\}$

따라서 집합 A의 모든 원소의 합은 $1+4+6=11$

(2) 전체집합 $U=\{1, 2, 3, 4, 5\}$의 두 부분집합 A, B에 대하여 $A=\{1, 3\}$이고 $A \cap (A^c \cup B^c)=A$를 만족시키는 집합 B의 개수를 구하시오.

TIP 드모르간의 법칙 $(A \cap B)^c=A^c \cup B^c$

STEP A **집합의 연산법칙을 이용하여 집합 B의 개수 구하기**

$A \cap (A^c \cup B^c)=A \cap (A \cap B)^c$ ← 드모르간의 법칙

$=A-(A \cap B)$

$=A-B$

즉 $A-B=A$이므로 두 집합 A, B는 서로소이다.

U의 부분집합 중에서 $\{1, 3\}$과 서로소인 집합의 개수는 집합 $\{1, 2, 3, 4, 5\}$에서 원소 1과 3을 제외한 집합 $\{2, 4, 5\}$의 부분집합의 개수 $2^3=8$과 같으므로

집합 $A=\{1, 3\}$과 서로소인 전체집합 U의 부분집합은 $2^3=8$

0478

2018학년도 06월 고3 모의평가 나형 24번

다음 물음에 답하시오.

(1) 전체집합 $U=\{1, 2, 3, 4, 5, 6\}$의 부분집합 A에 대하여

$$\{1, 2, 3\} \cap A=\varnothing$$

을 만족시키는 모든 집합 A의 개수를 구하시오.

STEP A **조건을 만족하는 집합 A의 개수 구하기**

집합 A의 개수는 원소 1, 2, 3을 포함하지 않는 부분집합의 개수이므로

$2^{6-3}=2^3=8$

(2) 전체집합 $U=\{x \mid x$는 10 이하의 자연수$\}$의 두 부분집합 A, B에 대하여 $A=\{3, 8, 10\}$, $A^c \cap B^c=\{2, 4, 6\}$을 만족하는 집합 B의 개수를

TIP 드모르간의 법칙 $(A \cup B)^c=A^c \cap B^c$

구하시오.

STEP A **집합의 연산법칙을 이용하여 집합 B의 개수 구하기**

$A^c \cap B^c=(A \cup B)^c=\{2, 4, 6\}$이므로

$A \cup B=\{1, 3, 5, 7, 8, 9, 10\}$

이때 $A=\{3, 8, 10\}$이므로 집합 B는 원소 1, 5, 7, 9를 반드시 포함해야 한다.

따라서 집합 B의 개수는 $2^{7-4}=2^3=8$

0479

다음 물음에 답하시오.

(1) 전체집합 $U=\{1, 2, 3, 4, 5\}$의 두 부분집합 A, B에 대하여

$$\{1, 2, 3\} \cap A=\varnothing,\ \{4, 5\} \cup B=U$$

이다. 집합 A의 개수를 a개, 집합 B의 개수를 b개라 할 때, $a+b$의 값은?

① 4 ② 8 ③ 10 ④ 14 ⑤ 16

STEP A **조건을 만족하는 집합 A의 개수 구하기**

집합 A는 전체집합 $U=\{1, 2, 3, 4, 5\}$의 부분집합 중 1, 2, 3을 원소로 갖지 않는 집합이므로 $a=2^{5-3}=2^2=4$

STEP B **조건을 만족하는 집합 B의 개수 구하기**

집합 B는 전체집합 $U=\{1, 2, 3, 4, 5\}$의 부분집합 중 1, 2, 3을 반드시 원소로 갖는 집합이므로 $b=2^{5-3}=2^2=4$

따라서 $a+b=4+4=8$

(2) 전체집합 $U=\{1, 2, 3, 4, 5, 6\}$의 두 부분집합 A, B에 대하여

$$\{1, 2, 3\} \cap A \neq \varnothing,\ \{4, 5\} \cap A=\varnothing$$

를 만족시키는 U의 부분집합 A의 개수는?

① 4 ② 8 ③ 10 ④ 14 ⑤ 16

STEP A **조건을 만족하는 집합 A의 원소의 포함 관계 구하기**

$\{1, 2, 3\} \cap A \neq \varnothing$에서 집합 A는 1, 2, 3 중 적어도 하나의 원소를 포함한다.

$\{4, 5\} \cap A=\varnothing$에서 집합 A는 4, 5를 포함하지 않는다.

STEP B **집합 A의 개수 구하기**

즉 구하는 집합 A의 개수는 집합 $\{1, 2, 3, 6\}$의 부분집합 전체에서 1, 2, 3을 모두 원소로 갖지 않는 부분집합을 제외하면 되므로

$2^4-2^1=16-2=14$

0480

오른쪽 벤 다이어그램의 색칠한 부분을 나타내는 집합을 [보기]에서 모두 고른 것은? (단, U는 전체집합이다.)

ㄱ. $(B \cap C) \cap A^c$

ㄴ. $(B \cap C)-(A \cap B \cap C)$

ㄷ. $(B-A) \cap (C-A)$

① ㄱ ② ㄴ ③ ㄱ, ㄴ ④ ㄴ, ㄷ ⑤ ㄱ, ㄴ, ㄷ

STEP A **주어진 벤 다이어그램을 집합의 연산을 이용하여 나타내기**

ㄱ. $(B \cap C) \cap A^c=(B \cap C)-A$이므로 색칠한 부분을 나타내는 집합이다.

ㄴ. $(B \cap C)-(A \cap B \cap C)$를 그리면 색칠한 부분과 같다.

ㄷ. $(B-A) \cap (C-A)$에서 $B-A$와 $C-A$가 나타내는 부분의 교집합을 구하면 색칠한 부분과 같다.

따라서 옳은 것은 ㄱ, ㄴ, ㄷ이다.

0481

(1) 두 집합 $A=\{1, 2, 3, 4\}$, $B=\{3, 4, 5, 6\}$에 대하여
$(A-B)-X=\varnothing$, $(A\cup B)\cap X=X$를 만족시키는 집합 X의 개수를
TIP $(A-B)\subset X\subset(A\cup B)$
구하시오.

STEP A $A-B$, X, $A\cup B$의 포함 관계 파악하기

$(A-B)-X=\varnothing$에서 $(A-B)\subset X$
$(A\cup B)\cap X=X$에서 $X\subset(A\cup B)$
$\therefore (A-B)\subset X\subset(A\cup B)$
즉 $\{1, 2\}\subset X\subset\{1, 2, 3, 4, 5, 6\}$

STEP B 조건을 만족하는 집합 X의 개수 구하기

집합 X는 집합 $\{1, 2, 3, 4, 5, 6\}$의 부분집합 중에서 1, 2를 원소로 갖는 부분집합이다.
따라서 집합 X의 개수는 $2^{6-2}=2^4=16$

(2) 전체집합 $U=\{1, 2, 3, 4, 5, 6, 7, 8\}$의 세 부분집합 A, B, X에 대하여 $A=\{1, 2, 3, 4\}$, $B=\{2, 4, 6, 8\}$일 때,
$A^c\cup X=X$, $(A^c\cup B^c)\cap X=X$를 만족하는 집합 X의 개수를
TIP $A^c\subset X\subset(A^c\cup B^c)$
구하시오.

STEP A A^c, X, $A^c\cup B^c$의 포함 관계 파악하기

$A^c\cup X=X$에서 $A^c\subset X$
$(A^c\cup B^c)\cap X=X$에서 $X\subset(A^c\cup B^c)$ $\quad\therefore A^c\subset X\subset(A^c\cup B^c)$
즉 $\{5, 6, 7, 8\}\subset X\subset\{1, 3, 5, 6, 7, 8\}$

STEP B 조건을 만족하는 집합 X의 개수 구하기

집합 X는 집합 $\{1, 3, 5, 6, 7, 8\}$의 부분집합 중에서 원소 5, 6, 7, 8을 모두 갖는 부분집합이다.
따라서 집합 X의 개수는 $2^{6-4}=2^2=4$

0482

다음 물음에 답하시오.

(1) 전체집합 $U=\{x|1\le x\le 12,\ x$는 자연수$\}$의 두 부분집합 $A=\{1, 2\}$, $B=\{2, 3, 5, 7\}$에 대하여 다음 조건을 만족시키는 U의 부분집합 X의 개수를 구하시오.

(가) $A\cup X=X$
(나) $(B-A)\cap X=\{5, 7\}$

STEP A 집합 X에 포함되는 원소와 포함되지 않는 원소 구하기

조건 (가)에서 $A\cup X=X$이므로 $A\subset X$ …… ㉠
즉 집합 A의 두 원소 1과 2는 집합 X의 원소이다.
또, $A=\{1, 2\}$, $B=\{2, 3, 5, 7\}$에서 $B-A=\{3, 5, 7\}$
조건 (나)에서 $(B-A)\cap X=\{3, 5, 7\}\cap X=\{5, 7\}$
즉 집합 X는 원소 3을 포함하지 않고 원소 5, 7은 포함해야 한다. …… ㉡

STEP B 조건을 만족하는 집합 X의 개수 구하기

전체집합 U의 원소의 개수는 12이고
㉠, ㉡에서 집합 X는 U의 부분집합 중 원소 1, 2, 5, 7은 포함하고
원소 3은 포함하지 않는 집합이므로 집합 X의 개수는 $2^{12-4-1}=2^7=128$

(2) 전체집합 $U=\{x|1\le x\le 30,\ x$는 자연수$\}$의 부분집합
$A_k=\{x|x$는 k의 배수$\}$에 대하여 다음 조건을 만족하는 집합 X의 개수를 구하시오. (단, k는 자연수이다.)

(가) $A_4\cap X=X$ TIP $X\subset A_4$
(나) $(A_3\cap A_4)\cup X=X$ TIP $A_{12}\subset X$

STEP A 집합 A_4, $A_3\cap A_4$ 구하기

$U=\{1, 2, 3, \cdots, 30\}$, $A_3=\{3, 6, 9, 12, 15, 18, 21, 24, 27, 30\}$,
$A_4=\{4, 8, 12, 16, 20, 24, 28\}$이므로
$A_3\cap A_4=A_{12}=\{12, 24\}$

STEP B 조건을 만족하는 집합 X의 개수 구하기

$A_4\cap X=X$에서 $X\subset A_4$
$(A_3\cup A_4)\cup X=X$에서 $(A_3\cap A_4)\subset X$,
즉 $A_{12}\subset X$ $\quad\therefore A_{12}\subset X\subset A_4$
집합 X의 개수는 A_4의 부분집합 중에서 12, 24를 포함하는 부분집합의 개수와 같다.
따라서 집합 X의 개수는 $2^{7-2}=2^5=32$

0483

다음 물음에 답하시오.

(1) 전체집합 U의 두 부분집합 A와 B에 대하여
$$n(A^c\cap B)=7,\ n(A\cap B)=4,\ n(A\cup B)=20$$
일 때, $n(A-B)$를 구하시오.

STEP A 집합 B의 원소의 개수 구하기

$n(A^c\cap B)=7$, $n(A\cap B)=4$에서
$n(B)=n(A^c\cap B)+n(A\cap B)=7+4=11$

STEP B $n(A-B)$의 값 구하기

따라서 $n(A-B)=n(A\cup B)-n(B)=20-11=9$

2003학년도 수능기출 인문계 25번 변형

(2) 전체집합 U의 두 부분집합 A, B에 대하여
$$n(U)=20,\ n(A^c)=12,\ n(A^c\cap B^c)=6$$
TIP $A^c\cap B^c=(A\cup B)^c$이므로 $n(A\cup B)$의 값을 구할 수 있다.
일 때, $n(B-A)$의 값을 구하시오.
TIP $B-A=(A\cup B)-A$

STEP A 집합 $A\cup B$의 원소의 개수 구하기

$n(A^c)=12$이므로 $n(A)=n(U)-n(A^c)=20-12=8$
$n(A^c\cap B^c)=n((A\cup B)^c)=n(U)-n(A\cup B)$이므로
$6=20-n(A\cup B)$
$\therefore n(A\cup B)=14$

STEP B $n(B-A)$의 값 구하기

따라서 $n(B-A)=n(A\cup B)-n(A)=14-8=6$

(3) 전체집합 U의 두 부분집합 A와 B에 대하여

$A\cap B^{c}=A,\ n(A)=9,\ n(B)=14$

TIP $A\cap B^{c}=A$이면 두 집합 A, B는 서로소이다.

일 때, $n(A\cup B)$의 값을 구하시오.
(단, $n(X)$는 집합 X의 원소의 개수이다.)

STEP A $A\cap B^{c}=A$에서 두 집합 A, B 사이의 관계 구하기

$A\cap B^{c}=A$에서 $A-B=A$이므로 두 집합 A, B는 서로소이다.
$A\cap B=\varnothing$이므로 $n(A\cap B)=0$

STEP B $n(A\cup B)$의 값 구하기

따라서 $n(A\cup B)=n(A)+n(B)-n(A\cap B)$
$=9+14-0$
$=23$

POINT A, B가 서로소일 때

$A\cap B=\varnothing \Longleftrightarrow A-B=A$
$\Longleftrightarrow B-A=B$
$\Longleftrightarrow n(A\cap B)=0$
$\Longleftrightarrow n(A\cup B)=n(A)+n(B)$

0484

2024년 10월 고1 학력평가 12번 변형

세 집합 A, B, C가 다음 조건을 만족시킨다.

(가) $n(A\cup B)=n(A)+n(B)$
TIP 두 집합 A, B는 공통된 부분이 없다.
(나) $n((A\cup C)\cap(B\cup C))=3\times n(B\cap C^{c})$

$n(B\cup C)=20$일 때, $n(C)$의 값을 구하시오.

STEP A 집합의 연산 법칙을 이용하여 조건 (나) 정리하기

$n(A\cup B)=n(A)+n(B)-n(A\cap B)$
이므로
조건 (가)에서 $n(A\cap B)=0$, $A\cap B=\varnothing$
그러므로
$(A\cup C)\cap(B\cup C)=(A\cap B)\cup C$ ← 분배법칙
$=\varnothing\cup C=C$ ← $A\cap B=\varnothing$
조건 (나)에 의하여
$n(C)=3\times n(B\cap C^{c})$
$=3\times\{n(B\cup C)-n(C)\}$
$=3n(B\cup C)-3n(C)$
즉 $4n(C)=3n(B\cup C)$이므로 $n(C)=\frac{3}{4}\times n(B\cup C)$

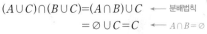

STEP B $n(B\cup C)=20$임을 이용하여 $n(C)$의 값 구하기

따라서 $n(B\cup C)=20$이므로 $n(C)=\frac{3}{4}\times 20=15$

0485

(1) 100명의 학생을 대상으로 수학, 영어 과목에 대한 선호도를 조사하였더니, 수학을 선택한 학생이 48명, 영어를 선택한 학생이 65명, 수학과 영어를 모두 선택하지 않은 학생이 21명이었다.
영어만 선택한 학생의 수를 구하시오.
TIP $n(B-A)=n(B)-n(A\cap B)$

STEP A 조건을 만족하는 집합의 원소의 개수 구하기

학생 전체의 집합을 U,
수학과 영어를 선택한 학생들의 집합을 각각 A, B라고 하면
$n(U)=100,\ n(A)=48,\ n(B)=65$
$n(A^{c}\cap B^{c})=n((A\cup B)^{c})=21$이므로
$n(A\cup B)=n(U)-n((A\cup B)^{c})=100-21=79$

STEP B $n(B-A)$의 값 구하기

$n(A\cap B)=n(A)+n(B)-n(A\cup B)$
$=48+65-79=34$
따라서 영어만 선택한 학생의 수는
$n(B-A)=n(B)-n(A\cap B)=65-34=31$(명)

2016년 06월 고2 학력평가 나형 25번

(2) 어느 학교 56명의 학생들을 대상으로 두 동아리 A, B의 가입여부를 조사한 결과 다음과 같은 사실을 알게 되었다.

(가) 학생들은 두 동아리 A, B 중 적어도 한 곳에 가입하였다.
(나) 두 동아리 A, B에 가입한 학생의 수는 각각 35명, 27명이었다.

동아리 A에만 가입한 학생의 수를 구하시오.
TIP $n(A-B)=n(A)-n(A\cap B)$

STEP A 조건을 만족하는 집합의 원소의 개수 구하기

두 동아리 A, B에 가입한 학생의 집합을 각각 A, B라고 하면
$n(A\cup B)=56,\ n(A)=35,\ n(B)=27$

STEP B $n(A-B)$의 값 구하기

$n(A\cup B)=n(A)+n(B)-n(A\cap B)$이므로
$56=35+27-n(A\cap B)$
$\therefore\ n(A\cap B)=6$
따라서 $n(A-B)=n(A)-n(A\cap B)=35-6=29$

MINI해설 벤 다이어그램을 이용하여 풀이하기

동아리 A에만 가입한 학생의 수를 x라 하자.
조건을 나타내면 오른쪽 벤 다이어그램과 같다.
따라서 $x+(35-x)+(x-8)=56$이므로
$x=29$

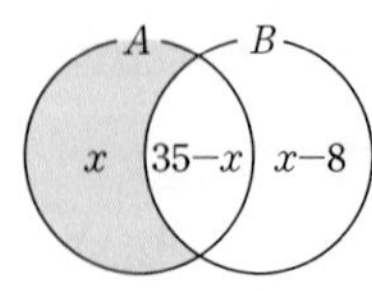

NORMAL

0486

다음 물음에 답하시오.

(1) 두 집합 $A=\{a^2+a, 3\}$, $B=\{a^2+2a, 2, 6\}$에 대하여 $A\cap B^c=\varnothing$를 만족시키는 모든 실수 a의 값의 합을 구하시오.

TIP $A\cap B^c=\varnothing$이면 $A-B=\varnothing$이므로 $A\subset B$

STEP A $A\cap B^c=\varnothing$를 만족하는 a의 값 구하기

$A\cap B^c=\varnothing$이면 $A-B=\varnothing$
이때 $A\subset B$이므로 $3\in B$
즉 $a^2+2a=3$이어야 한다.
$a^2+2a-3=0$, $(a+3)(a-1)=0$
$\therefore a=-3$ 또는 $a=1$

STEP B 조건을 만족하는 a의 값 구하기

a^2+a, a^2+2a에 실수 a의 값을 각각 대입하면
(i) $a=-3$일 때,
$a^2+a=(-3)^2+(-3)=6$이므로 $A=\{3, 6\}$
$a^2+2a=(-3)^2+2\times(-3)=9-6=3$이므로 $B=\{2, 3, 6\}$
즉 $A\subset B$를 만족시킨다.
(ii) $a=1$일 때,
$a^2+a=1^2+1=2$이므로 $A=\{2, 3\}$
$a^2+2a=(1)^2+2\times1=1+2=3$이므로 $B=\{2, 3, 6\}$
즉 $A\subset B$를 만족시킨다.
(i), (ii)에 의하여 모든 실수 a의 값의 합은 $-3+1=-2$

(2) 두 집합 $A=\{2, 3, 5, a^2-5\}$, $B=\{a-1, 2a-3, 4\}$에 대하여 $A-B=\{5\}$일 때, 집합 $A\cup B$의 모든 원소의 합을 구하시오.

TIP $2\in B$, $3\in B$, $a^2-5\in B$

(단, a는 상수이다.)

STEP A $A-B=\{5\}$를 만족하는 a의 값 구하기

$A-B=\{5\}$이므로 $2\in B$, $3\in B$, $a^2-5\in B$
즉 $\{2, 3, a^2-5\}=\{a-1, 2a-3, 4\}$이므로
$a^2-5=4$, $a^2=9$
$\therefore a=-3$ 또는 $a=3$

STEP B 조건을 만족하는 a를 결정하고 집합 $A\cup B$의 모든 원소 구하기

세 원소 a^2-5, $a-1$, $2a-3$에 상수 a의 값을 각각 대입하면
(i) $a=-3$일 때,
$A=\{2, 3, 4, 5\}$, $B=\{-9, -4, 4\}$
$a^2-5=(-3)^2-5=9-5=4$
$a-1=-3-1=-4$
$2a-3=2\times(-3)-3=-6-3=-9$
$A-B=\{2, 3, 5\}$이므로 조건을 만족하지 않는다.
(ii) $a=3$일 때,
$A=\{2, 3, 4, 5\}$, $B=\{2, 3, 4\}$
$a^2-5=3^2-5=9-5=4$
$a-1=3-1=2$
$2a-3=2\times3-3=6-3=3$
$A-B=\{5\}$이므로 조건을 만족한다.
(i), (ii)에 의하여 $a=3$
따라서 $A\cup B=\{2, 3, 4, 5\}$이므로 모든 원소의 합은 $2+3+4+5=14$

(3) 두 집합 $A=\{a, a+4, |a-1|\}$, $B=\{1, 2, a^2-1\}$에 대하여 $A\cap B=\{2, 3\}$이 되도록 상수 a의 값을 정할 때, 집합 $A\cup B$의 모든 원소의 합은?

TIP $3\in B$

① 3 ② 4 ③ 5
④ 6 ⑤ 7

STEP A $A\cap B=\{2, 3\}$을 만족하는 a의 값 구하기

$A\cap B=\{2, 3\}$이므로 $3\in B$
$a^2-1=3$, $a^2=4$
$\therefore a=-2$ 또는 $a=2$

STEP B 조건을 만족하는 a를 결정하고 집합 $A\cup B$의 모든 원소 구하기

두 집합 A, B의 원소에 상수 a를 각각 대입하면
(i) $a=-2$일 때,
$A=\{-2, 2, 3\}$, $B=\{1, 2, 3\}$이므로 $A\cap B=\{2, 3\}$을 만족시킨다.
$a+4=-2+4=2$
$|a-1|=|-2-1|=3$
$a^2-1=(-2)^2-1=4-1=3$
(ii) $a=2$일 때,
$A=\{1, 2, 6\}$, $B=\{1, 2, 3\}$이므로 $A\cap B=\{2, 3\}$을 만족시키지 않는다.
$a+4=2+4=6$
$|a-1|=|2-1|=1$
$a^2-1=2^2-1=4-1=3$
(i), (ii)에 의하여 $a=-2$
그러므로 $A=\{-2, 2, 3\}$, $B=\{1, 2, 3\}$이므로 $A\cup B=\{-2, 1, 2, 3\}$
따라서 집합 $A\cup B$의 모든 원소의 합은 $(-2)+1+2+3=4$

0487

다음 물음에 답하시오.

(1) 두 집합 $A=\{x-2, x+1, x+3\}$, $B=\{1, 2, x^2-1\}$에 대하여 $A\cap B=\{0, 2\}$일 때, $(A-B)\cup(B-A)$의 모든 원소의 합은?

TIP $0\in B$

① -3 ② -2 ③ -1
④ 1 ⑤ 2

STEP A $A\cap B=\{0, 2\}$를 만족하는 x의 값 구하기

$A\cap B=\{0, 2\}$이므로 $0\in B$
즉 $x^2-1=0$이어야 하므로 $(x-1)(x+1)=0$
$\therefore x=1$ 또는 $x=-1$

STEP B 조건을 만족하는 x의 값 구하기

두 집합 A, B의 원소에 x를 각각 대입하면
(i) $x=1$일 때,
$A=\{-1, 2, 4\}$, $B=\{0, 1, 2\}$이므로 $A\cap B=\{0, 2\}$의 조건을 만족하지 않는다.
$x-2=1-2=-1$
$x+1=1+1=2$
$x+3=1+3=4$
$x^2-1=1^2-1=0$
(ii) $x=-1$일 때,
$A=\{-3, 0, 2\}$, $B=\{0, 1, 2\}$이므로 $A\cap B=\{0, 2\}$의 조건을 만족한다.
$x-2=-1-2=-3$
$x+1=-1+1=0$
$x+3=-1+3=2$
$x^2-1=(-1)^2-1=0$
(i), (ii)에 의하여 $x=-1$

STEP Ⓒ **대칭차집합의 원소 구하기**

$A=\{-3, 0, 2\}$, $B=\{0, 1, 2\}$이므로

$(A-B)\cup(B-A)=\{-3\}\cup\{1\}=\{-3, 1\}$

따라서 모든 원소의 합은 $-3+1=-2$

(2) 두 집합 $A=\{1, 5, a-8\}$, $B=\{a^2-7a+4, a+3\}$에 대하여

$$(A\cup B)-(A\cap B)=\{1, 5, b\}$$

일 때, $a+b$의 값은? (단, a, b는 상수이다.)

① 14 ② 15 ③ 16
④ 17 ⑤ 18

STEP Ⓐ **$(A\cup B)-(A\cap B)=\{1, 5, b\}$를 만족하는 a의 값 구하기**

$(A\cup B)-(A\cap B)=(A-B)\cup(B-A)=\{1, 5, b\}$이므로

$(a-8)\in A\cap B$

즉 $a-8$은 집합 B의 원소이다.

이때 $a-8\neq a+3$이므로 $a-8=a^2-7a+4$

$a^2-8a+12=0$, $(a-2)(a-6)=0$

$\therefore a=2$ 또는 $a=6$

STEP Ⓑ **조건을 만족하는 b의 값 구하기**

두 집합 A, B의 원소에 a를 각각 대입하면

(ⅰ) $a=2$일 때,

$A=\{-6, 1, 5\}$, $B=\{-6, 5\}$이므로 $(A-B)\cup(B-A)=\{1\}$

(ⅱ) $a=6$일 때,

$A=\{-2, 1, 5\}$, $B=\{-2, 9\}$이므로 $(A-B)\cup(B-A)=\{1, 5, 9\}$

(ⅰ), (ⅱ)에서 $a=6$, $b=9$이므로 $a+b=15$

0488

2024년 10월 고1 학력평가 13번 변형

두 집합 $A=\{3, 4, 7\}$, $B=\left\{\dfrac{x+k}{3}\middle|x\in A\right\}$에 대하여

$(A\cap B)\subset X\subset A$를 만족시키는 집합 X의 개수가 2일 때,

TIP 집합 X는 $n(A\cap B)$를 반드시 포함하는 집합 A의 부분집합이다.

상수 k의 값은?

① 1 ② 2 ③ 3
④ 4 ⑤ 5

STEP Ⓐ **$n(A\cap B)$의 값 구하기**

$n(A\cap B)=p$라 하면

$(A\cap B)\subset X\subset A$를 만족시키는 집합 X의 개수는 2^{3-p}이므로

p개가 반드시 포함된 부분집합의 개수는 2^{3-p}

$2^{3-p}=2$에서 $3-p=1$

$\therefore p=2$

즉 $n(A\cap B)=2$

STEP Ⓑ **$n(A\cap B)=2$를 이용하여 k의 값 구하기**

$n(A\cap B)=2$이므로 집합 A의 세 원소 3, 4, 7 중 2개는

집합 B의 원소이고 나머지 1개는 집합 B의 원소가 아니다.

즉 $B=\left\{\dfrac{k+3}{3}, \dfrac{k+4}{3}, \dfrac{k+7}{3}\right\}$ ← 집합 B의 x의 원소는 A이므로 세 원소 3, 4, 7을 x에 대입

집합 A의 두 원소의 차가 각각 $4-3=1$, $7-4=3$이고

집합 B의 두 원소의 차가 각각 $\dfrac{k+4}{3}-\dfrac{k+3}{3}=\dfrac{1}{3}$, $\dfrac{k+7}{3}-\dfrac{k+4}{3}=1$이므로

$\dfrac{k+4}{3}=3$, $\dfrac{k+7}{3}=4$

따라서 $k=5$

+α 두 원소의 차의 최댓값을 이용하여 구할 수 있어!

집합 B의 두 원소의 차의 최댓값은 $\dfrac{3}{2}$이므로 ← $\dfrac{k+4}{2}-\dfrac{k+1}{2}=\dfrac{3}{2}$

$n(A\cap B)=2$이려면 $7\notin B$, $3\in B$, $4\in B$이어야 한다.

집합 B의 원소 중 차가 1인 두 원소는 $\dfrac{k+4}{3}$, $\dfrac{k+7}{3}$이므로

$\dfrac{k+4}{3}=3$, $\dfrac{k+7}{3}=4$

0489

전체집합 U의 공집합이 아닌 세 부분집합 P, Q, R이 다음 조건을 만족시킨다.

(가) $P\cup Q=Q$ TIP $P\subset Q$

(나) $P\cap Q\cap R^C=P$ TIP $P\cap Q\cap R^C=(P\cap Q)\cap R^C=P\cap R^C=P-R=P$

[보기]에서 항상 옳은 것만을 있는 대로 고른 것은?

ㄱ. $P\cap Q=P$

ㄴ. $R\subset P^C$

ㄷ. $P\cap R=\varnothing$

① ㄱ ② ㄴ ③ ㄱ, ㄴ
④ ㄱ, ㄷ ⑤ ㄱ, ㄴ, ㄷ

STEP Ⓐ **집합의 연산법칙을 이용하여 세 집합 P, Q, R의 포함 관계 구하기**

조건 (가)에서 $P\cup Q=Q$이므로 $P\subset Q$

조건 (나)에서 $P\cap Q\cap R^C=(P\cap Q)\cap R^C=P\cap R^C=P-R=P$

이므로 $P\subset R^C$

STEP Ⓑ **[보기]의 참, 거짓 판단하기**

ㄱ. 조건 (가)에서 $P\subset Q$ $\therefore P\cap Q=P$ [참]

ㄴ. 조건 (나)에서 $P\subset R^C$이므로 $R\subset P^C$ [참]

ㄷ. 세 집합 P, Q, R을 벤 다이어그램으로 나타내면 오른쪽 그림과 같으므로 $P\cap R=\varnothing$ [참]

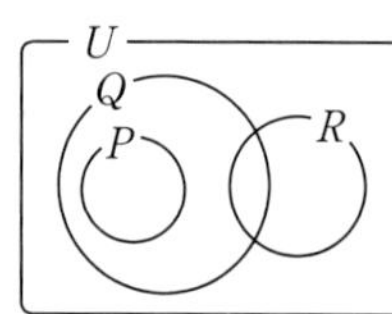

따라서 옳은 것은 ㄱ, ㄴ, ㄷ이다.

0490

전체집합 $U=\{x|x$는 10 이하의 자연수$\}$의 두 부분집합 A, B에 대하여

$$A-B=\{x|x\text{는 짝수}\},\ (A\cup B)\cap A^C=\{x|x\text{는 홀수인 소수}\}$$

TIP $(A\cup B)\cap A^C=(A\cap A^C)\cup(B\cap A^C)=\varnothing\cup(B-A)=B-A$

가 성립할 때, 집합 A의 원소의 개수가 최대일 때, 집합 B의 원소의 합은?

① 10 ② 15 ③ 20
④ 25 ⑤ 30

STEP Ⓐ **원소나열법으로 각 집합을 나타내기**

전체집합 $U=\{1, 2, 3, \cdots, 10\}$

$A-B=\{x|x$는 짝수$\}=\{2, 4, 6, 8, 10\}$

$(A\cup B)\cap A^C=\{x|x$는 홀수인 소수$\}=\{3, 5, 7\}$

STEP Ⓑ **집합의 연산법칙을 이용하여 간단히 하기**

$(A\cup B)\cap A^C=(A\cap A^C)\cup(B\cap A^C)$

$=\varnothing\cup(B-A)$

$=B-A$

즉 $B-A=\{3, 5, 7\}$

STEP **C** **벤 다이어그램을 이용하여 집합 B 구하기**

오른쪽 벤 다이어그램과 같이 $A\cap B$에 두 원소 1, 9가 모두 속할 때, 집합 A의 원소가 최대이다.
따라서 구하는 집합 B는 $B=\{1, 3, 5, 7, 9\}$이므로 원소의 합은 $1+3+5+7+9=25$

0491

다음 물음에 답하시오.

(1) 전체집합 $U=\{1, 2, 3, 4, 5, 6, 7, 8, 9, 10\}$의 두 부분집합

$A=\{1, 3, 5, 7, 9\}$, $B=\{3, 6, 9\}$

가 있다. $A\cup C=B\cup C$가 성립하는 U의 부분집합 C의 개수를 구하시오. **TIP** 벤 다이어그램을 이용하여 주어진 조건이 성립하도록 집합 C를 확인한다.

STEP **A** **$A\cup C=B\cup C$를 만족하는 집합 C의 원소 구하기**

$U=\{1, 2, 3, 4, 5, 6, 7, 8, 9, 10\}$의 부분집합 C가
$\{1, 3, 5, 7, 9\}\cup C=\{3, 6, 9\}\cup C$를 만족하려면
$A=\{1, 3, 5, 7, 9\}$, $B=\{3, 6, 9\}$에서 $A\cap B=\{3, 9\}$
즉 집합 C는 집합 A와 집합 B에서 공통인 원소 3, 9를 제외한 나머지 원소 1, 5, 6, 7을 반드시 원소로 갖는 U의 부분집합이다.

STEP **B** **집합 C의 개수 구하기**

따라서 집합 C의 개수는 $2^{10-4}=2^6=64$

MINI해설 $A\cup C=B\cup C$이면 각각 C에 포함됨을 이용하여 풀이하기

세 집합 U, A, B를 벤 다이어그램으로 나타내면 오른쪽 그림과 같다.

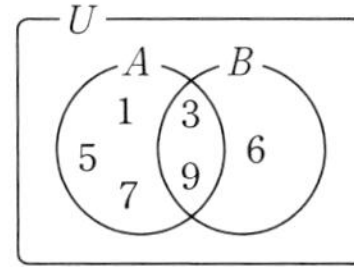

$A-B=\{1, 5, 7\}$, $B-A=\{6\}$
$A\cup C=B\cup C$를 만족하려면 집합 C는 $A-B$와 $B-A$를 모두 포함해야 한다.
즉 집합 C는 원소 1, 5, 6, 7을 반드시 포함하는 전체집합 U의 부분집합이다.
따라서 구하는 집합 C의 개수는 $2^{10-4}=2^6=64$

(2) 전체집합 $U=\{1, 2, 3, 4, 5, 6, 7, 8, 9, 10\}$의 두 부분집합 $A=\{1, 2, 3, 4, 5, 6\}$, $B=\{1, 3, 5\}$에 대하여 $A\cap X=B\cup X$를 만족하는 집합 X의 개수는?

TIP $X\subset A$이고 $B\subset X$이므로 $B\subset X\subset A$

① 4 ② 8 ③ 16
④ 32 ⑤ 64

STEP **A** **집합 A, B, X의 포함 관계 구하기**

(i) 모든 집합 X에 대하여
$X\subset(B\cup X)$이고 $(A\cap X)\subset A$이다.
이때 $B\cup X=A\cap X$이므로 $X\subset A$
(ii) 모든 집합 X에 대하여
$B\subset(B\cup X)$이고 $(A\cap X)\subset X$이다.
이때 $B\cup X=A\cap X$이므로 $B\subset X$
(i), (ii)에 의하여 $B\subset X\subset A$

STEP **B** **집합 X의 개수 구하기**

따라서 구하는 집합 X의 개수는 집합 A의 부분집합 중 집합 B의 원소인 1, 3, 5를 모두 원소로 갖는 집합의 개수와 같으므로 $2^{6-3}=2^3=8$

다른풀이 $A\subset B$이고 $B\subset C$이면 $A\subset C$임을 이용하여 풀이하기

STEP **A** **집합 A, B, X의 포함 관계 구하기**

$B\cup X=A\cap X$일 때, 모든 집합 X에 대하여
$X\subset B\cup X=A\cap X\subset X$이므로 $X=B\cup X=A\cap X$
즉 $B\subset X$이고 $X\subset A$이므로 $B\subset X\subset A$

STEP **B** **집합 X의 개수 구하기**

따라서 구하는 집합 X의 개수는 집합 A의 부분집합 중 집합 B의 원소인 1, 3, 5를 모두 원소로 갖는 집합의 개수와 같으므로 $2^{6-3}=2^3=8$

POINT 집합의 연산을 이용한 같은 표현

$A\subset B$인 부분집합의 같은 표현
$A\subset B \iff A\cap B=A$
$\iff A\cup B=B$
$\iff A-B=\varnothing \iff A\cap B^C=\varnothing$
$\iff B^C\subset A^C \quad \iff B^C-A^C=\varnothing$
$\iff A^C\cup B=U$ (전체집합)

0492

2009년 09월 고1 학력평가 21번

다음 물음에 답하시오.

(1) 두 집합 $A=\{x\mid x^2-6x+a\le 0\}$, $B=\{x\mid x^2-x+b<0\}$에 대하여 $A\cup B=\{x\mid -1<x\le 4\}$를 만족시키는 두 상수 a, b에 대하여
TIP 각 부등호에 맞는 근을 확인하여 두 집합 A, B의 원소를 구한다.
$a+b$의 값을 구하시오.

STEP **A** **$A\cup B=\{x\mid -1<x\le 4\}$을 이용하여 두 집합의 한 근을 각각 구하기**

$A\cup B=\{x\mid -1<x\le 4\}$이므로
집합 A에서 $A=\{x\mid x^2-6x+a\le 0\}$이므로
$x^2-6x+a=0$의 한 근이 4
집합 B에서 $B=\{x\mid x^2-x+b<0\}$이므로
$x^2-x+b=0$의 한 근이 -1

STEP **B** **a, b의 값 구하기**

$x^2-6x+a=0$에 $x=4$를 대입하면
$16-24+a=0 \quad \therefore a=8$
$x^2-x+b=0$에 $x=-1$을 대입하면
$1+1+b=0 \quad \therefore b=-2$
따라서 $a+b=6$

참고 $a=8$이면 $x^2-6x+8\le 0$에서 $2\le x\le 4$
$b=-2$이면 $x^2-x-2<0$에서 $-1<x<2$
따라서 $A\cup B=\{x\mid -1<x\le 4\}$

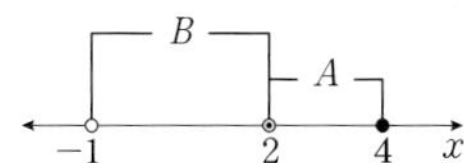

(2) 실수 전체의 집합의 두 집합
$A=\{x\mid 2x+1>4-x\}$, $B=\{x\mid x^2+ax+b\le 0\}$에 대하여
$A\cup B=\{x\mid x\ge -1\}$, $A\cap B=\{x\mid 1<x\le 5\}$
TIP 수직선 위에 나타내어 a, b의 값을 구한다.
를 만족시키는 두 상수 a, b에 대하여 $a+b$의 값을 구하시오.

STEP **A** **두 집합 A, B의 영역을 수직선 위에 나타내기**

집합 A에서 $2x+1>4-x$, $3x>3 \quad \therefore x>1$
$A=\{x\mid x>1\}$, $A\cup B=\{x\mid x\ge -1\}$, $A\cap B=\{x\mid 1<x\le 5\}$를 만족시키는 집합 B의 영역은 다음 그림과 같아야 한다.

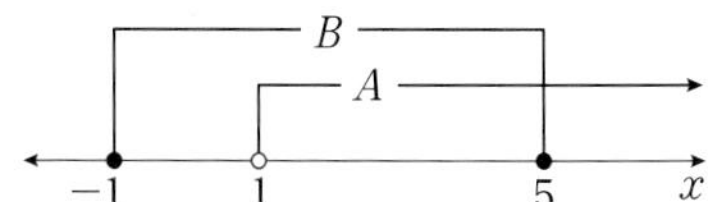

STEP B a, b의 값 구하기

집합 B에서 부등식 $x^2+ax+b\le0$의 해가 $-1\le x\le5$이므로

$(x+1)(x-5)\le0$, 즉 $x^2-4x-5\le0$

따라서 $a=-4$, $b=-5$이므로 $a+b=-9$

참고 $B=\{x|x^2+ax+b\le0\}=\{x|-1\le x\le5\}$에서 이차방정식 $x^2+ax+b=0$의 두 근은 -1, 5이므로 이차방정식의 근과 계수의 관계에 의하여

$-a=-1+5$, $b=(-1)\times5$

따라서 $a=-4$, $b=-5$이므로 $a+b=-9$

0493

S대학 병원에서는 지난 1개월간 통증 클리닉을 방문한 고등학생 52명을 대상으로 통증 부위에 관한 설문 조사를 실시하였다. 허리 또는 목의 통증을 호소한 학생이 41명으로 다른 부위의 통증으로 병원을 찾은 학생보다 압도적으로 많았는데, 그 중 허리 통증을 호소한 학생이 38명, 목 통증을 호소한 학생은 12명이었다. 허리 통증이 아니거나 목 통증이 아닌 증상으로 이 병원을 방문한 학생의 수를 구하시오.

TIP $n(A^c\cup B^c)=n((A\cap B)^c)=n(U)-n(A\cap B)$

STEP A 주어진 조건을 식으로 나타내기

전체 학생의 집합을 U, 허리 통증을 호소한 학생과 목의 통증을 호소한 학생의 집합을 각각 A, B라 하면

$n(U)=52$, $n(A\cup B)=41$, $n(A)=38$, $n(B)=12$

$n(A\cup B)=n(A)+n(B)-n(A\cap B)$이므로

$41=38+12-n(A\cap B)$ $\quad\therefore n(A\cap B)=9$

STEP B 벤 다이어그램을 이용하여 구하기

오른쪽 벤 다이어그램처럼 나타낼 수 있다.

이때 허리 통증이 아니거나 목 통증이 아닌 통증을 보인 학생의 집합은

$A^c\cup B^c=(A\cap B)^c$이므로

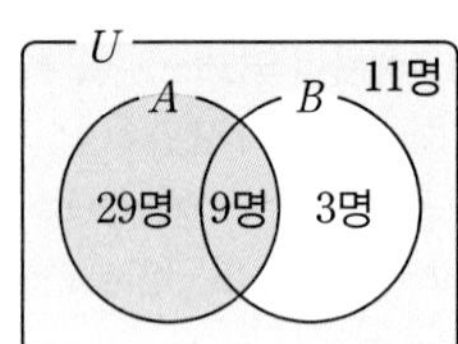

$n(A^c\cup B^c)=n((A\cap B)^c)$

$=n(U)-n(A\cap B)$

$=52-9=43$

따라서 허리 통증이 아니거나 목 통증이 아닌 증상으로 이 병원을 방문한 학생은 43(명)

0494

2017년 03월 고2 학력평가 나형 9번

어느 야구팀에서 등 번호가 2의 배수 또는 3의 배수인 선수는 모두 25명이다. 이 야구팀에서 등 번호가 2의 배수인 선수의 수와 등 번호가 3의 배수인 선수의 수는 같고, 등 번호가 6의 배수인 선수는 3명이다. 이 야구팀에서 등 번호가 2의 배수인 선수의 수는?

TIP 등 번호가 6의 배수인 선수는 3명이고 6의 배수는 2의 배수이면서 3의 배수이므로 $n(A\cap B)=3$

(단, 모든 선수는 각각 한 개의 등 번호를 갖는다.)

① 6 ② 8 ③ 10
④ 12 ⑤ 14

STEP A 조건을 만족하는 집합의 원소의 개수 구하기

등 번호가 2의 배수인 선수의 집합을 A,

등 번호가 3의 배수인 선수의 집합을 B라 하자.

등 번호가 2의 배수 또는 3의 배수인 선수가 25명이므로 $n(A\cup B)=25$

등 번호가 2의 배수인 선수의 수와 등 번호가 3의 배수인 선수의 수가 같으므로 $n(A)=n(B)$

등 번호가 6의 배수인 선수가 3명이고 6의 배수는 2의 배수이면서 동시에 3의 배수인 수이므로 $n(A\cap B)=3$

STEP B $n(A\cup B)=n(A)+n(B)-n(A\cap B)$를 이용하여 $n(A)$ 구하기

$n(A\cup B)=n(A)+n(B)-n(A\cap B)$

$=n(A)+n(A)-n(A\cap B)$

$=2\times n(A)-n(A\cap B)$

$25=2\times n(A)-3$ $\quad\therefore n(A)=14$

따라서 등 번호가 2의 배수인 선수의 수는 14

0495

서술형

어느 마라톤 동아리 회원 40명을 대상으로 두 코스 P와 Q를 다녀온 경험이 있는 회원 수를 조사하였더니 P코스는 28명이고 Q코스는 21명이었다. 두 코스 P와 Q를 모두 다녀온 회원 수의 최댓값을 M, 최솟값을 m이라 할 때, $M-m$의 값을 구하는 과정을 다음 단계로 서술하시오.

[1단계] 두 코스 P와 Q를 모두 다녀온 회원의 집합은 $A\cap B$이라 할 때, 최댓값 M을 구한다. [4점]

[2단계] 최솟값 m을 구한다. [4점]

[3단계] $M-m$의 값을 구한다. [2점]

1단계	두 코스 P와 Q를 모두 다녀온 회원의 집합은 $A\cap B$이라 할 때, 최댓값 M을 구한다.	4점

마라톤 동아리 회원 전체의 집합을 U,

두 코스 P와 Q를 다녀온 경험이 있는 회원의 집합을 각각 A와 B라 하면

두 코스 P와 Q를 모두 다녀온 회원의 집합은 $A\cap B$

$n(U)=40$, $n(A)=28$, $n(B)=21$

두 코스 P와 Q를 모두 다녀온 회원의 수는 $n(A\cap B)$

$n(A\cap B)\le n(A)$, $n(A\cap B)\le n(B)$이므로

$n(A\cap B)\le21$ …… ㉠

2단계	최솟값 m을 구한다.	4점

$n(A\cup B)\le n(U)=40$이므로 $n(A\cup B)=n(A)+n(B)-n(A\cap B)\le40$

$28+21-n(A\cap B)\le40$ $\quad\therefore n(A\cap B)\ge9$ …… ㉡

3단계	$M-m$의 값을 구한다.	2점

㉠, ㉡에 의하여 $9\le n(A\cap B)\le21$

따라서 구하는 최댓값은 $M=21$이고 최솟값은 $m=9$이므로

$M-m=21-9=12$

0496

서술형

두 집합

$A=\{x|x$는 8의 약수$\}$,

$B=\{x|x$는 20 이하의 4의 배수$\}$

에 대하여 $A\cap X=\varnothing$과 $B\cup X=B$를 만족시키는 집합 X의 개수를 구하는 과정을 다음 단계로 서술하시오.

[1단계] $A\cap X=\varnothing$과 $B\cup X=B$를 만족시키는 집합 X의 의미를 파악한다. [5점]

[2단계] 집합 X의 개수를 구한다. [5점]

1단계	$A\cap X=\varnothing$과 $B\cup X=B$를 만족시키는 집합 X의 의미를 파악한다.	5점

$A\cap X=\varnothing$에서 두 집합 A와 X는 서로소이고 $B\cup X=B$에서 $X\subset B$

$A=\{1, 2, 4, 8\}$, $B=\{4, 8, 12, 16, 20\}$이므로

X는 B의 부분집합 중에서 A와 서로소인 집합, 즉 $B-A=\{12, 16, 20\}$의 부분집합과 같다.

2단계	집합 X의 개수를 구한다.	5점

따라서 조건을 만족시키는 집합 X는 $\varnothing$, $\{12\}$, $\{16\}$, $\{20\}$, $\{12, 16\}$, $\{12, 20\}$, $\{16, 20\}$, $\{12, 16, 20\}$이고 그 개수는 8

0497

서술형

다음 물음에 답하시오.

(1) 1부터 100까지 자연수 중 3의 배수도 아니고 5의 배수도 아닌 자연수의 개수를 구하는 과정을 다음 단계로 서술하시오.

[1단계] 3의 배수의 집합을 A, 5의 배수의 집합을 B라 하고 $n(A)$, $n(B)$의 값을 구한다. [4점]

[2단계] $n(A\cup B)$의 값을 구한다. [3점]

TIP $n(A\cup B)=n(A)+n(B)-n(A\cap B)$

[3단계] 3의 배수도 아니고 5의 배수도 아닌 자연수의 개수를 구한다. [3점]

TIP $n(A^C\cap B^C)=n((A\cup B)^C)=n(U)-n(A\cup B)$

1단계	3의 배수의 집합을 A, 5의 배수의 집합을 B라 하고 $n(A)$, $n(B)$의 값을 구한다.	4점

1부터 100까지 자연수 전체의 집합을 U, 3의 배수의 집합을 A, 5의 배수의 집합을 B라 하면 $n(U)=100$, $n(A)=33$, $n(B)=20$

이때 $A\cap B$는 3과 5의 최소공배수인 15의 배수의 집합과 같으므로 $n(A\cap B)=6$

2단계	$n(A\cup B)$의 값을 구한다.	3점

3의 배수 또는 5의 배수의 집합은 $A\cup B$이므로

$n(A\cup B)=n(A)+n(B)-n(A\cap B)=33+20-6=47$

3단계	3의 배수도 아니고 5의 배수도 아닌 자연수의 개수를 구한다.	3점

3의 배수도 아니고 5의 배수도 아닌 수의 집합은 $A^C\cap B^C$, 즉 $(A\cup B)^C$이므로 ← [드모르간의 법칙] $(A\cup B)^C=A^C\cap B^C$

$n(A^C\cap B^C)=n((A\cup B)^C)=n(U)-n(A\cup B)=100-47=53$

서술형

(2) 100 미만의 자연수 중에서 7의 배수가 아니고, 5로 나누었을 때의 나머지가 3이 아닌 자연수의 개수를 구하는 과정을 다음 단계로 서술하시오.

[1단계] 7의 배수의 집합을 A, 5로 나누었을 때의 나머지가 3인 집합을 B라 하고 $n(A)$, $n(B)$의 값을 구한다. [4점]

[2단계] $n(A\cup B)$의 값을 구한다. [3점]

TIP $n(A\cup B)=n(A)+n(B)-n(A\cap B)$

[3단계] 7의 배수도 아니고 5로 나누었을 때의 나머지가 3이 아닌 자연수의 개수를 구한다. [3점]

TIP $n(A^C\cap B^C)=n((A\cup B)^C)=n(U)-n(A\cup B)$

1단계	7의 배수의 집합을 A, 5로 나누었을 때의 나머지가 3인 집합을 B라 하고 $n(A)$, $n(B)$의 값을 구한다.	4점

100 미만의 자연수 전체의 집합을 U, 7의 배수의 집합을 A, 5로 나누었을 때의 나머지가 3인 자연수의 집합을 B라 하면

$n(U)=99$, $n(A)=14$, $n(B)=20$

이때 $A\cap B$는 7의 배수이고 5로 나누었을 때의 나머지가 3인 자연수의 집합이므로 $A\cap B=\{28, 63, 98\}$, 즉 $n(A\cap B)=3$

2단계	$n(A\cup B)$의 값을 구한다.	3점

7의 배수이거나 5로 나누었을 때의 나머지가 3인 자연수의 집합은 $A\cup B$이므로 $n(A\cup B)=n(A)+n(B)-n(A\cap B)=14+20-3=31$

3단계	7의 배수가 아니고 5로 나누었을 때의 나머지가 3이 아닌 자연수의 개수를 구한다.	3점

7의 배수가 아니고 5로 나누었을 때의 나머지가 3이 아닌 자연수의 집합은 $A^C\cap B^C$, 즉 $(A\cup B)^C$

따라서 구하는 자연수의 개수는

$n(A^C\cap B^C)=n((A\cup B)^C)=n(U)-n(A\cup B)=99-31=68$

TOUGH

0498

전체집합 $U=\{x|x$는 $1\le x\le 10$, x는 자연수$\}$의 두 부분집합 A, B에 대하여

$$A-(A-B)=\{1, 3, 7\},\ B-(A\cap B)=\{2, 6, 8\}$$

일 때, 집합 B^C의 모든 원소의 합을 구하시오.

STEP A 집합의 연산법칙을 이용하여 간단히 한 후 $B=(A\cap B)\cup(B-A)$임을 이용하여 집합 B 구하기

$A-(A-B)=A\cap(A\cap B^C)^C=A\cap(A^C\cup B)$

$=(A\cap A^C)\cup(A\cap B)=\varnothing\cup(A\cap B)$

$=A\cap B=\{1, 3, 7\}$

$B-(A\cap B)=B\cap(A\cap B)^C=B\cap(A^C\cup B^C)$

$=(B\cap A^C)\cup(B\cap B^C)=(B\cap A^C)\cup\varnothing$

$=B\cap A^C=B-A=\{2, 6, 8\}$

이므로

$B=(A\cap B)\cup(B-A)=\{1, 2, 3, 6, 7, 8\}$

STEP B 집합 B^C의 모든 원소의 합 구하기

이때 $U=\{1, 2, 3, \cdots, 9, 10\}$에 대하여

$B^C=U-B=\{4, 5, 9, 10\}$

따라서 집합 B^C의 모든 원소의 합은 $4+5+9+10=28$

0499

자연수 n에 대하여

$$A_n=\{x|2n-1\le x\le 9n+10,\ x\text{는 정수}\}$$

라 할 때, $A_1\cap A_2\cap A_3\cap\cdots\cap A_n\ne\varnothing$을 만족시키는 자연수 n의 최댓값을 구하시오.

STEP A $A_1\cap A_2\cap A_3\cap\cdots\cap A_n\ne\varnothing$이 성립함을 이용하여 n의 최댓값 구하기

$A_1\cap A_2\cap A_3\cap\cdots\cap A_n\ne\varnothing$이 성립하려면

$A_1\cap A_n\ne\varnothing$이어야 한다.

이때 $A_1=\{x|1\le x\le 19,\ x$는 정수$\}$,

$A_n=\{x|2n-1\le x\le 9n+10,\ x$는 정수$\}$이므로 다음 그림에서

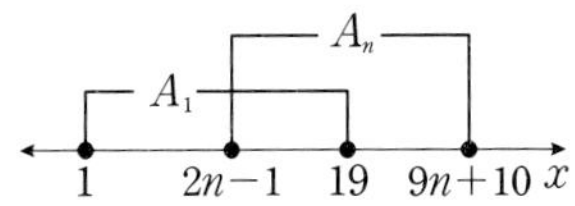

$2n-1\le 19$ ← (A_n의 원소의 최솟값) $\le$ (A_1의 원소의 최댓값)

$2n\le 20$ $\therefore n\le 10$

따라서 자연수 n의 최댓값은 10

MINI해설 원소나열법을 이용하여 풀이하기

$A_1=\{x|1\le x\le 19,\ x$는 정수$\}=\{1, 2, 3, \cdots, 19\}$

$A_2=\{x|3\le x\le 28,\ x$는 정수$\}=\{3, 4, 5, \cdots, 28\}$

$A_3=\{x|5\le x\le 37,\ x$는 정수$\}=\{5, 6, 7, \cdots, 37\}$

⋮

$A_{10}=\{x|19\le x\le 100,\ x$는 정수$\}=\{19, 20, 21, \cdots, 100\}$

$A_{11}=\{x|21\le x\le 109,\ x$는 정수$\}=\{21, 22, 23, \cdots, 109\}$

이때 $A_1\cap A_{11}=\varnothing$

따라서 $A_1\cap A_2\cap A_3\cap\cdots\cap A_n\ne\varnothing$이 성립하려면 $n\le 10$이어야 하므로 자연수 n의 최댓값은 10

0500

2014년 03월 고2 학력평가 B형 27번

집합 A_n을 $A_n=\{x|x$는 n의 배수$\}(n=1, 2, 3, \cdots)$이라 하자.
$A_n \cap A_2=A_{2n}$이고 90이 집합 A_2-A_n의 원소가 되도록 하는 90 이하의
TIP $A_n \cap A_2=A_{2n}$에서 $A_n=\{n, 2n, 3n, 4n, \cdots, \}$의 원소 중 짝수가 $2n, 4n, \cdots$, 이고 $n, 3n, 5n, \cdots$은 홀수이어야 하므로 n은 홀수이다.
자연수 n의 개수를 구하시오.

STEP A $A_n \cap A_2=A_{2n}$이 성립하는 n의 값 구하기

집합 $A_n \cap A_2$는 n과 2의 공배수의 집합이다.
$A_n \cap A_2=A_{2n}$에서 n과 2의 최소공배수는 $2n$이므로 n과 2는 서로소이다.
즉 n은 홀수인 자연수이다.

STEP B 조건을 만족하지 않는 n의 값 구하기

또한, 90이 집합 A_2-A_n의 원소가 되어야 하므로
$A-B=A\cap B^C$이므로 A에 속하고 B에 속하지 않는다.
90은 A_n의 원소가 될 수 없다.
즉 90은 n의 배수가 아니므로 n은 90의 약수가 아니다.
한편, 90의 약수는 1, 2, 3, 5, 6, 9, 10, 15, 18, 30, 45, 90이고 이 중 홀수는 1, 3, 5, 9, 15, 45이다.
그런데 A_n이 A_1, A_3, A_5, A_9, A_{15}, A_{45}가 되면 $90 \in A_n$에서 주어진 조건에 모순이므로 n은 1, 3, 5, 9, 15, 45가 될 수 없다.

STEP C 조건을 만족하는 자연수 n의 개수 구하기

즉 n은 90 이하의 자연수 중 홀수이면서 90의 약수가 아닌 수이다.
따라서 90의 약수 중 홀수는 1, 3, 5, 9, 15, 45이므로
조건을 만족하는 n의 개수는
(90 이하의 자연수 중 홀수)$-$(90의 약수 중 홀수)$=45-6=39$

POINT 배수와 약수의 집합

(1) 배수의 집합의 연산
집합 A_n을 자연수 n의 배수의 집합이라 하면
① $A_m \cap A_n \Rightarrow m$, n의 공배수의 집합
② m이 n의 배수이면 $A_m \subset A_n \Rightarrow A_m \cap A_n=A_m$, $A_m \cup A_n=A_n$
(2) 약수의 집합의 연산
자연수 k, l, m의 약수의 집합을 각각 A_k, A_l, A_m이라 할 때,
① $A_k \subset A_m \Rightarrow m$은 k의 배수 (k는 m의 약수)
② $A_k \cap A_l=A_m \Rightarrow m$은 k, l의 최대공약수
참고 $(A_k \cup A_l) \subset A_m$에서 m의 최솟값은 k와 l의 최소공배수

0501

2024년 10월 고1 학력평가 27번 변형

두 자연수 a, $b(b \le 40)$에 대하여
전체집합 $U=\{x|x$는 40 이하의 자연수$\}$의 두 부분집합
$A=\{x|x$는 a의 배수, $x \in U\}$,
$B=\{x|x$는 b의 약수, $x \in U\}$
TIP a가 b의 배수이면 b는 a의 약수이다.
가 다음 조건을 만족시킨다.

(가) $\{5, 10\} \subset A \cap B$ TIP 두 집합 A, B의 원소에 각각 5, 10이 포함된다.
(나) $n(B-A)=3$

집합 $A-B$의 모든 원소의 합을 구하시오.

STEP A 조건 (가)를 이용하여 집합 A 구하기

$A\cap B \subset A$, $A \cap B \subset B$이므로
조건 (가)에서 $\{5, 10\} \subset A$, $\{5, 10\} \subset B$
5, 10이 모두 a의 배수이다.
즉 a는 5의 약수이고 10의 약수이어야 한다.
$\therefore a=1$ 또는 $a=5$
5의 약수 : 1, 5이고 10의 약수 : 1, 2, 5, 10의 공통 약수는 1, 5
$a=1$이면 $A=U$가 되어 $B-A=\varnothing$이므로
조건 (나)를 만족시키지 않는다.
그러므로 $a=5$이고 $A=\{5, 10, 15, 20, 25, 30, 35, 40\}$

STEP B 두 조건 (가), (나)를 이용하여 집합 $A-B$의 모든 원소의 합의 최솟값 구하기

$\{5, 10\} \subset B$에서 5, 10이 모두 b의 약수이므로 ← b의 약수가 5, 10이므로 b는 5와 10의 배수이어야 한다.
$b=10$ 또는 $b=20$ 또는 $b=30$ 또는 $b=40$
(ⅰ) $b=10$일 때, ← 10의 약수
$B=\{1, 2, 5, 10\}$이므로 $B-A=\{1, 2\}$가 되어
조건 (나)를 만족시키지 않는다.
(ⅱ) $b=20$일 때, ← 20의 약수
$B=\{1, 2, 4, 5, 10, 20\}$이므로 $B-A=\{1, 2, 4\}$가 되어
조건 (나)를 만족시킨다.
$A-B=\{15, 25, 30, 35, 40\}$이므로
집합 $A-B$의 모든 원소의 합은 $15+25+30+35+40=145$
(ⅲ) $b=30$일 때, ← 30의 약수
$B=\{1, 2, 3, 5, 6, 10, 15, 30\}$이므로 $B-A=\{1, 2, 3, 6\}$이 되어
조건 (나)를 만족시키지 않는다.
(ⅳ) $b=40$일 때, ← 40의 약수
$B=\{1, 2, 4, 5, 8, 10, 20, 40\}$이므로 $B-A=\{1, 2, 4, 8\}$이 되어
조건 (나)를 만족시키지 않는다.

STEP C 집합 $A-B$의 모든 원소의 합 구하기

(ⅰ)~(ⅳ)에 의하여 집합 $A-B$의 모든 원소의 합은 145

0502

2024년 03월 고2 학력평가 28번 변형

1보다 큰 자연수 k에 대하여 전체집합

$U=\{x|x$는 $2k$ 이하의 자연수$\}$

의 두 부분집합

$A=\{x|x$는 $2k$ 이하의 짝수$\}$, $B=\{x|x$는 $2k$의 약수$\}$

가 $n(A)\times n((A\cup B)^c)=24$를 만족시킨다. 이때 $k+n((A\cup B)^c)$의 값을

TIP $n(A)$와 $n((A\cup B)^c)$은 24의 약수이어야 한다.

구하시오.

STEP A $n(A)$가 24의 약수임을 이용하여 k의 값 구하기

$n(A)\times n((A\cup B)^c)=24$에서 $n(A)$는 24의 양의 약수이다.

(ⅰ) $n(A)=1$인 경우

$n(A)=1$일 때, $A=\{2\}$이므로 $k=1$

$k=1$일 때, 전체집합 $U=\{1, 2\}$, 집합 $B=\{1, 2\}$

$(A\cup B)^c=\varnothing$이므로 $n(A)\times n((A\cup B)^c)=0$

(ⅱ) $n(A)=2$인 경우

$n(A)=2$일 때, $A=\{2, 4\}$이므로 $k=2$

$k=2$일 때, 전체집합 $U=\{1, 2, 3, 4\}$, 집합 $B=\{1, 2, 4\}$

$(A\cup B)^c=\{3\}$이므로 $n(A)\times n((A\cup B)^c)=2\times 1=2$

(ⅲ) $n(A)=3$인 경우

$n(A)=3$일 때, $A=\{2, 4, 6\}$이므로 $k=3$

$k=3$일 때, 전체집합 $U=\{1, 2, 3, 4, 5, 6\}$, 집합 $B=\{1, 2, 3, 6\}$

$(A\cup B)^c=\{5\}$이므로 $n(A)\times n((A\cup B)^c)=3\times 1=3$

(ⅳ) $n(A)=4$인 경우

$n(A)=4$일 때, $A=\{2, 4, 6, 8\}$이므로 $k=4$

$k=4$일 때, 전체집합 $U=\{1, 2, 3, 4, 5, 6, 7, 8\}$, 집합 $B=\{1, 2, 4, 8\}$

$(A\cup B)^c=\{3, 5, 7\}$이므로 $n(A)\times n((A\cup B)^c)=4\times 3=12$

(ⅴ) $n(A)=6$인 경우

$n(A)=6$일 때, $A=\{2, 4, 6, 8, 10, 12\}$이므로 $k=6$

$k=6$일 때, 전체집합 $U=\{1, 2, 3, \cdots, 12\}$, 집합 $B=\{1, 2, 3, 4, 6, 12\}$

$(A\cup B)^c=\{5, 7, 9, 11\}$이므로 $n(A)\times n((A\cup B)^c)=6\times 4=24$

(ⅵ) $n(A)=8$인 경우

$n(A)=8$일 때, $A=\{2, 4, 6, 8, 10, 12, 14, 16\}$이므로 $k=8$

$k=8$일 때, 전체집합 $U=\{1, 2, 3, \cdots, 16\}$, 집합 $B=\{1, 2, 4, 8, 16\}$

$(A\cup B)^c=\{3, 5, 7, 9, 11, 13, 15\}$이므로

$n(A)\times n((A\cup B)^c)=8\times 7=56$

(ⅶ) $n(A)=12$인 경우

$n(A)=12$일 때, $A=\{2, 4, 6, \cdots, 24\}$이므로 $k=12$

$k=12$일 때, 전체집합 $U=\{1, 2, 3, \cdots, 24\}$,

집합 $B=\{1, 2, 3, 4, 6, 8, 12, 24\}$

$(A\cup B)^c=\{5, 7, 9, 11, 13, 15, 17, 19, 21, 23\}$이므로

$n(A)\times n((A\cup B)^c)=12\times 10=120$

(ⅷ) $n(A)=24$인 경우

$n(A)=24$일 때, $A=\{2, 4, 6, \cdots, 48\}$이므로 $k=24$

$k=24$일 때, 전체집합 $U=\{1, 2, 3, \cdots, 48\}$,

집합 $B=\{1, 2, 3, 4, 6, 8, 12, 16, 24, 48\}$

$(A\cup B)^c=\{5, 7, 9, \cdots, 47\}$이므로

$n(A)\times n((A\cup B)^c)=24\times 22=528$

(ⅰ)~(ⅷ)에서 두 집합 A, B가 조건을 만족시키도록 하는 k의 값은 $k=6$

이때 $(A\cup B)^c=\{5, 7, 9, 11\}$이므로 $n((A\cup B)^c)=4$

따라서 $k+n((A\cup B)^c)=6+4=10$

0503

두 동아리 A 또는 B에 가입한 남학생 28명과 여학생 22명을 조사한 결과가 다음과 같다.

(가) 동아리 A에 가입한 학생 수와 동아리 B에 가입한 학생 수의 합은 60이다.

(나) 두 동아리 A와 B 중에서 한 동아리에만 가입한 남학생 수와 여학생 수는 같다.

이때 두 동아리 A와 B에 모두 가입한 여학생 수를 구하시오.

STEP A 조건을 만족하는 집합의 의미 파악하기

두 동아리 A와 B에 가입한 학생의 집합을 각각 A와 B라 하면

한 동아리에만 가입한 학생의 집합은 $(A-B)\cup(B-A)$

STEP B 한 동아리에만 가입한 학생 수 구하기

이때 $n(A\cup B)=28+22=50$이고

조건 (가)에서 $n(A)+n(B)=60$이므로

$n(A\cap B)=n(A)+n(B)-n(A\cup B)$

$=60-50=10$

즉 한 동아리에만 가입한 학생 수는

$n((A-B)\cup(B-A))=n(A\cup B)-n(A\cap B)$

$=50-10=40$

조건 (나)에서 두 동아리 A와 B 중에서 한 동아리에만 가입한 남학생 수와 여학생 수가 같으므로 한 동아리에만 가입한 여학생 수는 20이다.

STEP C 두 동아리에 모두 가입한 여학생 수 구하기

따라서 두 동아리 A와 B에 모두 가입한 여학생 수는 $22-20=2$

02 명제

MAPL; YOUR MASTER PLAN

0504

다음 중 참인 명제는?

① $\sqrt{25}$는 무리수이다.
② 마름모는 평행사변형이다.
③ $\sqrt{2}+\sqrt{3}=\sqrt{5}$
④ 9는 소수이다.
⑤ 2의 배수는 4의 배수이다.

STEP Ⓐ **명제의 참, 거짓을 판별하기**

① $\sqrt{25}=5$는 유리수이므로 주어진 명제는 거짓이다.
② 마름모는 평행사변형이므로 주어진 명제는 참이다.
③ $\sqrt{2}+\sqrt{3}\neq\sqrt{5}$이므로 주어진 명제는 거짓이다.
④ 9는 합성수이므로 주어진 명제는 거짓이다.
⑤ 6은 2의 배수이지만 4의 배수는 아니므로 주어진 명제는 거짓이다.
따라서 참인 명제는 ②이다.

0505

다음 중 거짓인 명제는?

① 강아지는 동물이다.
② x가 실수이면 부등식 $3-x\leq -x+5$이 성립한다.
③ 25의 약수는 5의 약수이다.
④ 9999는 10000에 가까운 수이다.
⑤ $a=0$이고 $b=0$이면 $a^2+b^2=0$이다.

STEP Ⓐ **명제 중 거짓인 명제 구하기**

① 강아지는 동물이므로 참인 명제이다.
② x가 실수이면 부등식 $3-x\leq -x+5$에서 $3\leq 5$이므로 참인 명제이다.
③ 25는 25의 약수이지만 5의 약수는 아니므로 거짓인 명제이다.
④ '가까운'은 기준이 명확하지 않으므로 참, 거짓을 판별할 수 없다.
즉 명제가 아니다.
⑤ $a=0$이고 $b=0$이면 $a^2+b^2=0$이므로 참인 명제이다.
따라서 거짓인 명제는 ③이다.

0506

다음 명제 중 그 부정이 참인 명제는?

① $2+\sqrt{3}$은 무리수이다.
② 삼각형의 세 내각의 크기의 합은 $180°$이다.
③ 광화문은 서울에 있다.
④ 두 홀수의 합은 짝수이다.
⑤ 방정식 $x^2+2=0$을 만족시키는 실수 x가 존재한다.

STEP Ⓐ **명제 중 부정의 참, 거짓을 판별하기**

① $2+\sqrt{3}$은 무리수이므로 주어진 명제는 참이다.
즉 주어진 명제의 부정은 거짓이다.
② 삼각형의 세 내각의 크기의 합은 $180°$이므로 주어진 명제는 참이다.
즉 주어진 명제의 부정은 거짓이다.
③ 광화문은 서울에 있으므로 주어진 명제는 참이다.
즉 주어진 명제의 부정은 거짓이다.
④ 두 홀수의 합은 짝수이므로 주어진 명제는 참이다.
즉 주어진 명제의 부정은 거짓이다.
⑤ 방정식 $x^2+2=0$을 만족하는 실수 x가 존재하지 않으므로
명제는 거짓이다.
즉 주어진 명제의 부정은 참이다.
따라서 부정이 참인 명제는 ⑤이다.

0507

전체집합 $U=\{x|x$는 10 이하의 자연수$\}$에서 정의된 두 조건 p, q가

$$p : x\text{는 } x=\frac{6}{n}\ (n\text{은 자연수})\text{이다.}$$

$$q : x\text{는 } x=\frac{8}{n}\ (n\text{은 자연수})\text{이다.}$$

일 때, 다음 조건의 진리집합을 구하시오.

(1) $\sim(\sim p)$
(2) p 그리고 $\sim q$
(3) $\sim p$ 또는 $\sim q$

STEP Ⓐ **조건과 진리집합 구하기**

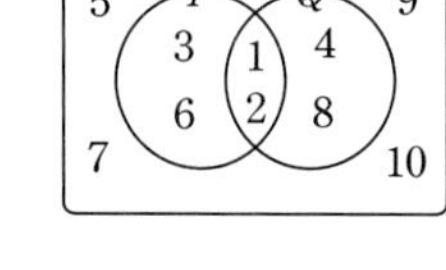

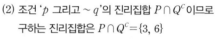

전체집합 $U=\{1, 2, 3, 4, 5, 6, 7, 8, 9, 10\}$
에 대하여 두 조건 p, q의 진리집합을 각각
P, Q라 하면
p : x는 6의 약수이므로 $P=\{1, 2, 3, 6\}$
q : x는 8의 약수이므로 $Q=\{1, 2, 4, 8\}$
(1) 조건 $\sim(\sim p)$의 진리집합 $(P^C)^C=P$이므로
구하는 진리집합은 $P=\{1, 2, 3, 6\}$
(2) 조건 'p 그리고 $\sim q$'의 진리집합 $P\cap Q^C$이므로
구하는 진리집합은 $P\cap Q^C=\{3, 6\}$
(3) 조건 '$\sim p$ 또는 $\sim q$'의 진리집합 $P^C\cup Q^C$이므로
구하는 진리집합은 $P^C\cup Q^C=(P\cap Q)^C=\{3, 4, 5, 6, 7, 8, 9, 10\}$

0508

전체집합 $U=\{x|x$는 7 이하의 자연수$\}$에서 정의된 두 조건 p, q가

$$p : x^2-8x+12=0,\ q : x^2-6x+9>0$$

일 때, 조건 '$\sim p$ 그리고 q'의 진리집합의 모든 원소의 합은?

① 15 ② 16 ③ 17
④ 18 ⑤ 19

STEP Ⓐ **조건과 진리집합 구하기**

전체집합 $U=\{1, 2, 3, 4, 5, 6, 7\}$에 대하여
두 조건 p, q의 진리집합을 각각 P, Q라 하면
p : $x^2-8x+12=0$에서 $(x-2)(x-6)=0$이므로 $P=\{2, 6\}$
q : $x^2-6x+9>0$에서 $(x-3)^2>0$이므로 $Q=\{1, 2, 4, 5, 6, 7\}$

STEP Ⓑ **진리집합의 모든 원소의 합 구하기**

조건 '$\sim p$ 그리고 q'의 진리집합 $P^C\cap Q$이므로
$P^C\cap Q=\{1, 3, 4, 5, 7\}\cap\{1, 2, 4, 5, 6, 7\}=\{1, 4, 5, 7\}$
따라서 구하는 진리집합의 모든 원소의 합은 $1+4+5+7=17$

0509

전체집합 $U=\{x|x\text{는 정수}\}$에 대하여 두 조건 p, q가

$$p : x^2+4x-21\neq0,\ q : |2x+1|=9$$

일 때, 조건 'p 그리고 $\sim q$'의 부정의 집합의 원소의 합은?

① 5　② 3　③ -3
④ -5　⑤ -9

STEP A 조건과 진리집합 구하기

두 조건 p, q의 진리집합을 각각 P, Q라 하면
조건 p의 부정은 $x^2+4x-21=0$이므로
$(x-3)(x+7)=0$에서 $x=3$ 또는 $x=-7$
$\therefore P^C=\{3, -7\}$
$|2x+1|=9$에서 $2x+1=-9$ 또는 $2x+1=9$
$2x=-10$ 또는 $2x=8$, 즉 $x=-5$ 또는 $x=4$
$\therefore Q=\{-5, 4\}$

STEP B 진리집합의 모든 원소의 합 구하기

조건 'p 그리고 $\sim q$'의 부정의 진리집합은 $P^C\cup Q$이므로
$P^C\cup Q=\{-7, -5, 3, 4\}$
따라서 진리집합의 모든 원소의 합은 $-7+(-5)+3+4=-5$

0510

다음 명제 중 참인 것은? (단, x, y, z는 실수이다.)
TIP 참과 거짓을 분명히 판별할 수 있는 문장이나 식

① $x^2=y^2$이면 $x=y$이다.
② 이등변삼각형이면 정삼각형이다.
③ $xz=yz$이면 $x=y$이다.
④ x가 소수이면 x는 홀수이다.
⑤ $x-2=0$이면 $x^2-x-2=0$이다.

STEP A 명제의 참, 거짓을 판별하기

① 반례 $x=-1$, $y=1$이면
$x^2=y^2=1$이지만 $x\neq y$이므로 거짓이다. [거짓]
② 이등변삼각형이면 정삼각형이다. [거짓]
'정삼각형(세 변의 길이가 모두 같은 삼각형)이면 이등변삼각형(두 변의 길이가 모두 같은 삼각형)이다'는 참이다.
③ 반례 $x=2$, $y=3$, $z=0$이면
$xz=yz=0$이지만 $x\neq y$이다. [거짓]
④ 반례 $x=2$는 소수이지만 x는 짝수이다. [거짓]
⑤ $x-2=0$의 진리집합을 $P=\{2\}$
$x^2-x-2=0$, $(x+1)(x-2)=0$의 진리집합을 $Q=\{-1, 2\}$
이때 $P\subset Q$이므로 주어진 명제는 참이다.
따라서 참인 명제는 ⑤이다.

0511

다음 [보기] 중 참인 명제를 모두 고른 것은?

ㄱ. x가 홀수이면 x^2은 홀수이다.
ㄴ. 두 정수 x, y에 대하여 xy가 홀수이면 $x+y$도 홀수이다.
ㄷ. xy가 정수이면 x, y는 정수이다.
ㄹ. 자연수 x에서 x가 6의 약수이면 x는 12의 약수이다.
TIP 진리집합은 전체집합 U에서 조건 $p(x)$를 참인 명제로 만들어 주는 변수의 값 모두의 집합이다.

① ㄱ　② ㄴ　③ ㄱ, ㄹ
④ ㄴ, ㄷ　⑤ ㄷ, ㄹ

STEP A 명제의 참, 거짓을 판별하기

ㄱ. x가 홀수이므로 $x=2m+1$ (m은 정수)로 놓으면
$x^2=(2m+1)^2=4m^2+4m+1=2(2m^2+2m)+1$
이때 $2m^2+2m$이 정수이므로 x^2은 홀수이다. [참]
ㄴ. 반례 $x=1$, $y=3$이면 $xy=1\times3=3$이므로 xy는 홀수이지만
$x+y=1+3=4$는 짝수이다. [거짓]
ㄷ. 반례 $x=\sqrt{2}$, $y=-\sqrt{2}$이면 $xy=(\sqrt{2})\times(-\sqrt{2})=-2$이므로
xy는 정수이지만 x, y는 정수가 아니다. [거짓]
ㄹ. 6의 약수의 진리집합을 $P=\{1, 2, 3, 6\}$
12의 약수의 진리집합을 $Q=\{1, 2, 3, 4, 6, 12\}$
이때 $P\subset Q$이므로 주어진 명제는 참이다. [참]
따라서 옳은 것은 ㄱ, ㄹ이다.

0512

다음 [보기]의 명제 중 참인 것을 모두 고른 것은?

ㄱ. $a>b>0$이면 $\frac{1}{a}>\frac{1}{b}>0$이다.
ㄴ. $ab=0$이면 $a=0$이고 $b=0$이다.
ㄷ. $a>0$, $b>0$이면 $a+b>0$, $ab>0$이다.
ㄹ. $a+b>2$, $ab>1$이면 $a>1$, $b>1$이다.

TIP 미지수가 있는 등식 또는 부등식의 경우 미지수의 값에 따라 참, 거짓이 바뀌면 명제가 아니다.

① ㄱ　② ㄴ　③ ㄷ
④ ㄷ, ㄹ　⑤ ㄴ, ㄷ, ㄹ

STEP A 명제의 참, 거짓을 판별하기

ㄱ. 반례 $a=2$, $b=1$이면 $a>b>0$이지만 $\frac{1}{2}<\frac{1}{1}$이다. [거짓]
ㄴ. 반례 $a=2$, $b=0$이면 $ab=0$이지만 $a\neq0$이고 $b=0$이다. [거짓]
ㄷ. $a>0$, $b>0$이면 $a+b>0$, $ab>0$이다. [참]
ㄹ. 반례 $a=10$, $b=\frac{1}{2}$이면 $a+b>2$, $ab>1$이지만
$a>1$, $b>1$은 아니다. [거짓]
따라서 참인 명제는 ㄷ이다.

0513

2002학년도 06월 고3 모의평가 자연계 4번

전체집합 U에 대하여 두 조건 p, q의 진리집합을 각각 P, Q라 하자.
명제 $p \longrightarrow \sim q$가 참일 때, 다음 중 항상 옳은 것은?

TIP $p \longrightarrow \sim q$가 참이므로 $P \subset Q^{C}$이고 $P \cap Q = \varnothing$이다.

① $P \cup Q = U$　② $P - Q = P$　③ $Q - P = \varnothing$
④ $P \cap Q = P$　⑤ $P \cup Q = P$

STEP Ⓐ **진리집합을 벤 다이어그램으로 나타내어 옳은 것을 구하기**

두 조건 p, q의 진리집합을 P, Q라 하면
명제 $p \longrightarrow \sim q$가 참이므로 $P \subset Q^{C}$이 성립한다.
즉 $P \cap Q = \varnothing$이고 이를 벤 다이어그램으로 나타내면 오른쪽 그림과 같다.

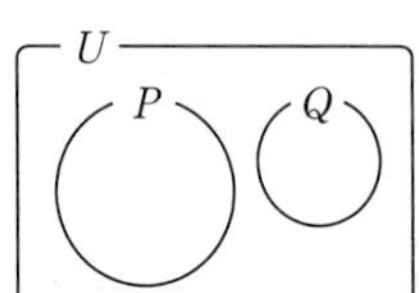

① $P \cup Q \neq U$ [거짓]
② $P - Q = P$ [참]
③ $Q - P = Q$ [거짓]
④ $P \cap Q = \varnothing$ [거짓]
⑤ $P \cup Q \neq P$ [거짓]
따라서 옳은 것은 ②이다.

0514

다음 물음에 답하시오.

(1) 전체집합 U에 대하여 세 조건 p, q, r의 진리집합을 각각 P, Q, R이라고 할 때, 다음 두 조건이 성립한다.

(가) $P \cap Q = Q$
(나) $P \cup R^{C} = R^{C}$

TIP $Q \subset P$이지만 P와 R, Q와 R은 포함 관계가 아니다.

이때 다음 중 항상 참이라고 할수 없는 명제는?

① $p \longrightarrow q$　② $\sim q \longrightarrow \sim r$　③ $p \longrightarrow r$
④ $\sim q \longrightarrow r$　⑤ $r \longrightarrow \sim q$

STEP Ⓐ **진리집합을 벤 다이어그램으로 나타내어 옳은 것을 구하기**

$P \cap Q = Q$에서 $Q \subset P$
$P \cup R^{C} = R^{C}$에서 $P \subset R^{C}$
세 집합 P, Q, R의 포함 관계를 벤 다이어그램으로 나타내면 오른쪽 그림과 같다.
① $P \not\subset Q$이므로 명제 $p \longrightarrow q$는 거짓이다.
② $Q^{C} \not\subset R^{C}$이므로 명제 $\sim q \longrightarrow \sim r$은 거짓이다.
③ $P \not\subset R$이므로 명제 $p \longrightarrow r$은 거짓이다.
④ $Q^{C} \not\subset R$이므로 명제 $\sim q \longrightarrow r$은 거짓이다.
⑤ $R \subset Q^{C}$이므로 명제 $r \longrightarrow \sim q$는 참이다.
따라서 항상 참인 명제는 ⑤이다.

(2) 전체집합 U에 대하여 세 조건 p, q, r의 진리집합을 각각 P, Q, R이라고 할 때, 다음 두 조건이 성립한다.

(가) $P \cap Q = P$
(나) $Q - R = Q$

이때 다음 중 항상 참이라고 할 수 없는 명제는?

① $p \longrightarrow q$　② $\sim p \longrightarrow r$　③ $r \longrightarrow \sim q$
④ $\sim q \longrightarrow \sim p$　⑤ $p \longrightarrow \sim r$

STEP Ⓐ **진리집합을 벤 다이어그램으로 나타내어 옳은 것을 구하기**

$P \cap Q = P$에서 $P \subset Q$
$Q - R = Q$에서 $Q \cap R = \varnothing$
세 집합 P, Q, R의 포함 관계를 벤 다이어그램으로 나타내면 오른쪽 그림과 같다.
① $P \subset Q$이므로 명제 $p \longrightarrow q$는 참이다.
② $P^{C} \not\subset R$이므로 명제 $\sim p \longrightarrow r$은 거짓이다.
③ $R \subset Q^{C}$이므로 명제 $r \longrightarrow \sim q$는 참이다.
④ $Q^{C} \subset P^{C}$이므로 명제 $\sim q \longrightarrow \sim p$은 참이다.
⑤ $P \subset R^{C}$이므로 명제 $p \longrightarrow \sim r$는 참이다.
따라서 항상 참이라고 할 수 없는 명제는 ②이다.

0515

전체집합 U에서 세 조건 p, q, r의 진리집합을 각각 P, Q, R이라 하고 이들의 포함 관계가 오른쪽 벤 다이어그램으로 나타날 때, 참인 명제는?

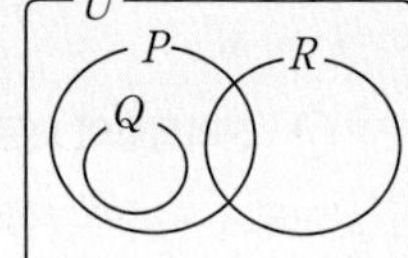

① $\sim q \longrightarrow p$　② $\sim p \longrightarrow r$
③ $r \longrightarrow q$　④ $\sim p \longrightarrow \sim q$
⑤ $\sim r \longrightarrow q$

STEP Ⓐ **벤 다이어그램에서 세 집합 P, Q, R 사이의 포함 관계를 이용하여 명제의 참, 거짓을 판별하기**

① $Q^{C} \not\subset P$이므로 명제 $\sim q \longrightarrow p$는 거짓이다.
② $P^{C} \not\subset R$이므로 명제 $\sim p \longrightarrow r$은 거짓이다.
③ $R \not\subset Q$이므로 명제 $r \longrightarrow q$는 거짓이다.
④ $P^{C} \subset Q^{C}$이므로 명제 $\sim p \longrightarrow \sim q$는 참이다.
⑤ $R^{C} \not\subset Q$이므로 명제 $\sim r \longrightarrow q$는 거짓이다.
따라서 참인 명제는 ④이다.

0516

전체집합 U에서 두 조건 p, q의 진리집합 P, Q에 대하여 두 집합 P, Q 사이의 포함 관계가 오른쪽 그림과 같을 때, 명제 $p \longrightarrow \sim q$가 거짓임을 보여주는 원소는?

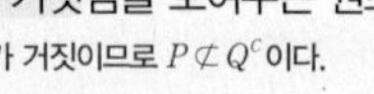
TIP $p \longrightarrow \sim q$가 거짓이므로 $P \not\subset Q^{C}$이다.

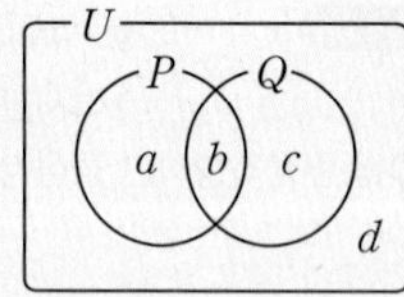

① a　② b　③ c
④ d　⑤ b, c

STEP Ⓐ **명제의 반례가 되는 집합 구하기**

명제 $p \longrightarrow \sim q$가 거짓임을 보이려면 P의 원소 중에서 Q^{C}의 원소가 아닌 것을 찾으면 된다.
따라서 반례는 $P - Q^{C} = P \cap (Q^{C})^{C} = P \cap Q$의 원소인 b이다.

0517

두 조건 p, q의 진리집합을 P, Q라 하자. 명제 $p \longrightarrow q$가 거짓임을 보이려면 반례를 찾으면 된다. 다음 중 그 반례가 반드시 속하는 집합은?

TIP $p \longrightarrow q$가 거짓이므로 $P \not\subset Q$이다.

① $P \cap Q$　② $P \cap Q^{C}$　③ $P^{C} \cap Q$
④ $P^{C} \cap Q^{C}$　⑤ $P^{C} \cup Q$

STEP A 명제의 반례가 되는 집합 구하기

두 조건 p, q의 진리집합이 P, Q이므로 명제 $p \longrightarrow q$가 거짓임을 보이려면 집합 P에는 속하지만 집합 Q에 속하지 않는 원소가 있으면 된다.
따라서 구하는 반례의 집합은 $P-Q=P\cap Q^C$이므로 ②이다.

0518

다음 물음에 답하시오.

(1) 실수 x에 대하여 명제 '$x>\frac{2}{3}$이면 $x>\frac{8}{3}$이다.'가 거짓이 되도록 하는 x의 값의 범위가 $\alpha<x\le\beta$일 때, $\beta-\alpha$의 값을 구하시오.

STEP A 명제의 반례가 되는 집합 구하기

두 조건 p, q의 진리집합을 각각 P, Q라 하면
$P=\left\{x \mid x>\frac{2}{3}\right\}$, $Q=\left\{x \mid x>\frac{8}{3}\right\}$
주어진 명제가 거짓이 되도록 하는 x의 값의 범위는 $\frac{2}{3}<x\le\frac{8}{3}$
명제 $p \longrightarrow q$가 거짓이므로 집합 $P-Q$의 원소를 구한다.

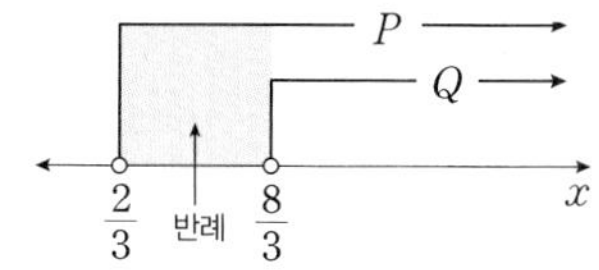

따라서 $\alpha=\frac{2}{3}$, $\beta=\frac{8}{3}$이므로 $\beta-\alpha=\frac{8}{3}-\frac{2}{3}=\frac{6}{3}=2$

(2) x가 정수일 때, 두 조건
$p: x^2-6x-7<0$, $q: 2x-5>0$
에 대하여 명제 $p \longrightarrow \sim q$가 거짓이 되도록 하는 모든 정수 x의 값의 합을 구하시오.

STEP A p, q의 진리집합 구하기

두 조건 p, q의 진리집합을 각각 P, Q라 하면
$p: x^2-6x-7<0$에서 $(x+1)(x-7)<0$
$\therefore -1<x<7$
$P=\{0, 1, 2, 3, 4, 5, 6\}$
$q: 2x-5>0$에서 $x>\frac{5}{2}$이므로 $Q=\{3, 4, 5, 6, \cdots\}$

STEP B 명제 $p \longrightarrow \sim q$가 거짓이 되도록 하는 모든 정수 x의 값 구하기

명제 $p \longrightarrow \sim q$가 거짓이 되도록 하는 x의 값은
$P-Q^C=P\cap(Q^C)^C=P\cap Q$의 원소와 같다.
따라서 $P\cap Q=\{3, 4, 5, 6\}$이므로 구하는 모든 정수의 합은
$3+4+5+6=18$

0519

다음 물음에 답하시오.

(1) 실수 전체 집합에서 두 조건
$p: 0<x<2$, $q: -3+a<x<3+a$
에 대하여 명제 $p \longrightarrow q$가 참일 때, 실수 a의 값의 범위를 구하시오.
TIP 두 조건의 진리집합을 각각 P, Q라 하면 $P\subset Q$

STEP A p, q의 진리집합 구하기

두 조건 p, q의 진리집합을 P, Q라고 하면
$P=\{x \mid 0<x<2\}$, $Q=\{x \mid -3+a<x<3+a\}$

STEP B $P\subset Q$를 만족하는 a의 값의 범위 구하기

명제 $p \longrightarrow q$가 참이 되려면
$P\subset Q$이어야 한다.
두 집합 P, Q가 $P\subset Q$를 만족하도록 수직선 위에 나타내면 오른쪽 그림과 같으므로 $-3+a\le 0$, $2\le 3+a$
따라서 $a\le 3$, $-1\le a$이므로 $-1\le a\le 3$

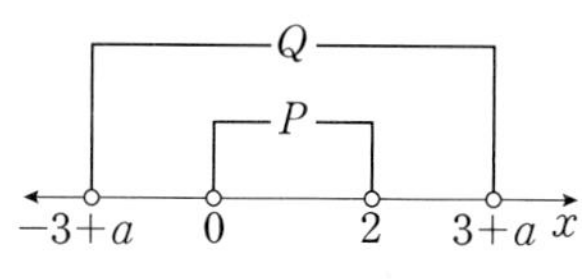

2011년 03월 고2 학력평가 23번

(2) 실수 x에 대한 두 조건
$p: -1<x<a+1$, $q: |x-10|\ge 1$
에 대하여 명제 $p \longrightarrow q$가 참이 되도록 하는 실수 a의 값의 범위를 구하시오.
TIP 두 조건의 진리집합을 각각 P, Q라 하면 $P\subset Q$

STEP A p, q의 진리집합 구하기

조건 $q: |x-10|\ge 1$에서 $x-10\le -1$ 또는 $x-10\ge 1$
$\therefore x\le 9$ 또는 $x\ge 11$
조건 p, q의 진리집합을 각각 P, Q라 하면
$P=\{x \mid -1<x<a+1\}$, $Q=\{x \mid x\le 9$ 또는 $x\ge 11\}$

STEP B $P\subset Q$를 만족하는 a의 값의 범위 구하기

명제 $p \longrightarrow q$가 참이 되려면
$P\subset Q$이어야 하므로 수직선 위에 나타내면 오른쪽 그림과 같다.
$a+1\le 9$에서 $a\le 8$
따라서 $a\le 8$

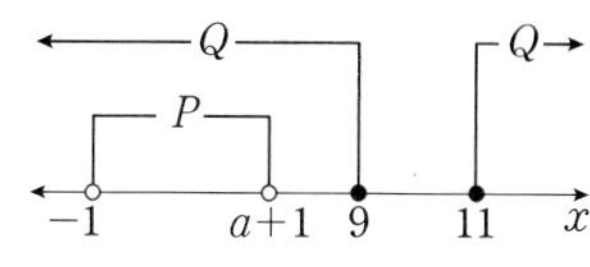

주의 조건 p에서 $-1<a+1$, $a>-2$이므로 실수 a의 값의 범위는 $-2<a\le 8$이라 할 수 있으나 $a\le -2$인 범위에서 진리집합 P가 공집합이 되므로 공집합은 모든 집합의 부분집합이므로 실수 a의 값의 범위는 $a\le 8$이다.

0520

2016년 09월 고2 학력평가 가형 10번

다음 물음에 답하시오.

(1) 실수 x에 대하여 두 조건 p, q를 각각
$p: |x-a|\le 3$, $q: x^2+2x-24\le 0$
이라 하자. 명제 $p \longrightarrow q$가 참이 되도록 하는 실수 a의 최댓값은?
TIP 두 조건의 진리집합을 각각 P, Q라 하면 $P\subset Q$

① -2 ② -1 ③ 0
④ 1 ⑤ 2

STEP A p, q의 진리집합 구하기

두 조건 p, q의 진리집합을 각각 P, Q라 하면
조건 $p: |x-a|\le 3$에서 $-3\le x-a\le 3$
$\therefore a-3\le x\le a+3$
조건 $q: x^2+2x-24\le 0$에서 $(x+6)(x-4)\le 0$
$\therefore -6\le x\le 4$
$P=\{x \mid a-3\le x\le a+3\}$,
$Q=\{x \mid -6\le x\le 4\}$
집합 P, Q를 수직선에 나타내면 오른쪽 그림과 같다.

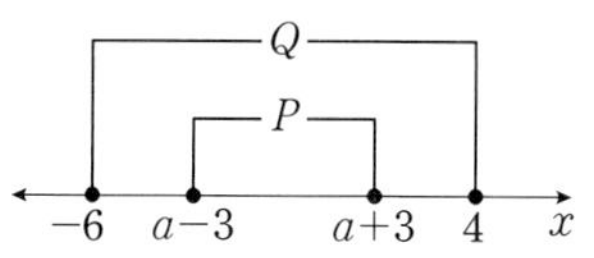

STEP B $P\subset Q$를 만족하는 a의 값의 범위 구하기

명제 $p \longrightarrow q$가 참이므로 $P\subset Q$이어야 한다.
$-6\le a-3$ $\therefore a\ge -3$ …… ㉠
$a+3\le 4$ $\therefore a\le 1$ …… ㉡
㉠, ㉡을 동시에 만족시키는 a의 값의 범위는 $-3\le a\le 1$
따라서 실수 a의 최댓값은 1

2015년 09월 고2 학력평가 나형 11번 변형

(2) 두 조건 p, q의 진리집합을 각각 P, Q라 하고

$P=\{x|x^2-x-20\le 0\}$, $Q=\{x||x|>a\}$

일 때, 명제 $\sim p \longrightarrow q$가 참이기 위한 자연수 a의 개수는?

TIP $\sim p \longrightarrow q$이려면 $P^C \subset Q$이어야 한다.

① 1 ② 2 ③ 3
④ 4 ⑤ 5

STEP A $\sim p$, q의 진리집합 구하기

조건 $\sim p$, q의 진리집합을 각각 P^C, Q라 하면

$x^2-x-20\le 0$, $(x+4)(x-5)\le 0$이므로

$P=\{x|-4\le x\le 5\}$

$P^C=\{x|x<-4$ 또는 $x>5\}$, $Q=\{x|x<-a$ 또는 $x>a\}$

$x\ge 0$일 때 $x>a$, $x<0$일 때 $-x>a$에서 $x<-a$이다.

명제 $\sim p \longrightarrow q$가 참이기 위해서는 $P^C\subset Q$이어야 하므로

집합 P^C, Q를 수직선에 나타내면 다음 그림과 같다.

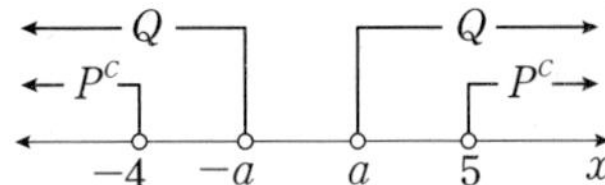

$-4\le -a$이고 $a\le 5$

STEP B $P^C\subset Q$를 만족하는 a의 값의 범위 구하기

따라서 $a\le 4$이므로 자연수 a는 1, 2, 3, 4이고 그 개수는 4

0521

2014년 03월 고2 학력평가 B형 11번

세 조건 p, q, r이

$p: x>4$, $q: x>5-a$, $r: (x-a)(x+a)>0$

일 때, 명제 $p\longrightarrow q$와 명제 $q\longrightarrow r$이 모두 참이 되도록 하는 실수 a의

TIP $P\subset Q$, $Q\subset R$이 참이 되어야 한다.

최댓값과 최솟값의 합은?

① 3 ② $\frac{7}{2}$ ③ 4
④ $\frac{9}{2}$ ⑤ 5

STEP A p, q, r의 진리집합 포함 관계에서 a의 값의 범위 구하기

세 조건 p, q, r의 진리집합을 각각 P, Q, R이라 하면

명제 $p\longrightarrow q$와 명제 $q\longrightarrow r$이 모두 참이 되려면 $P\subset Q\subset R$이어야 한다.

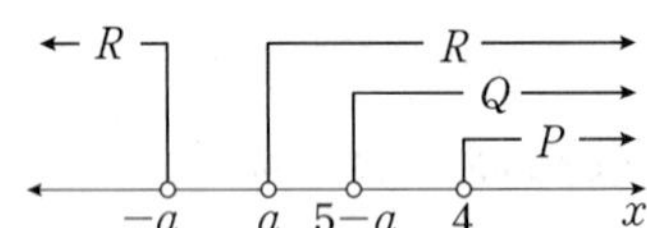

$P\subset Q$에서 $5-a\le 4$

$\therefore a\ge 1$ …… ㉠

$a=0$이면 $r: x^2>0$이므로 $R=\{x|x\ne 0$인 모든 실수$\}$

a가 양수이므로

$R=\{x|(x-a)(x+a)>0\}=\{x|x<-a$ 또는 $x>a\}$

$Q\subset R$에서 $a\le 5-a$

$\therefore a\le \frac{5}{2}$ …… ㉡

㉠, ㉡에서 $1\le a\le \frac{5}{2}$

STEP B 실수 a의 최댓값과 최솟값 구하기

따라서 실수 a의 최댓값은 $\frac{5}{2}$, 최솟값은 1이고 그 합은 $\frac{5}{2}+1=\frac{7}{2}$

0522

다음 [보기]에서 명제의 부정이 참인 명제를 있는 대로 고르시오.

ㄱ. 어떤 홀수 n에 대하여 n^2은 짝수이다.
ㄴ. $x^3=8$인 실수 x가 존재한다.
ㄷ. 모든 마름모는 정사각형이다.
ㄹ. 어떤 실수 x에 대하여 $x^2-x+1\le 0$이다.

STEP A 명제의 부정의 참, 거짓의 진위 판단하기

ㄱ. 부정 모든 홀수 n에 대하여 n^2은 짝수가 아니다.
이때 모든 홀수 n에 대하여 n^2은 홀수이므로
주어진 명제의 부정은 참이다.

ㄴ. 부정 모든 실수 x에 대하여 $x^3-8\ne 0$
이때 $x=2$일 때, $x^3-8=0$이므로 성립하지 않는다.
주어진 명제의 부정은 거짓이다.

ㄷ. 부정 어떤 마름모는 정사각형이 아니다.
이때 마름모 중에는 정사각형이 아닌 것도 있으므로
주어진 명제의 부정은 참이다.

ㄹ. 부정 모든 실수 x에 대하여 $x^2-x+1>0$이다.
이때 모든 실수 x에 대하여 $x^2-x+1=\left(x-\frac{1}{2}\right)^2+\frac{3}{4}>0$이므로
주어진 명제의 부정은 참이다.

따라서 명제의 부정이 참인 명제는 ㄱ, ㄷ, ㄹ이다.

0523

다음 물음에 답하시오.

(1) 명제 '모든 실수 x에 대하여 $x^2-8x+k\ge 0$이다.'가 참이 되도록 하는

TIP 어떤 x를 부등식에 대입해도 이차부등식은 성립해야 한다.

실수 k의 최솟값은?

① 4 ② 6 ③ 8
④ 12 ⑤ 16

STEP A 이차부등식과 이차방정식의 관계를 이용하기

주어진 명제가 참이 되려면 모든 실수 x에 대하여

이차부등식 $x^2-8x+k\ge 0$가 성립해야 하므로 이차함수 x^2-8x+k의

그래프는 아래로 볼록하고 x축과 접하거나 만나지 않아야 한다.

함수 $f(x)$의 그래프가 x축과 서로 다른 두 점에서 만나면 $f(x)<0$이므로 조건에 맞지 않는다.

판별식을 D라 하면

$D\le 0$이어야 한다.

$\frac{D}{4}=(-4)^2-k\le 0$ $\therefore k\ge 16$

따라서 실수 k의 최솟값은 16

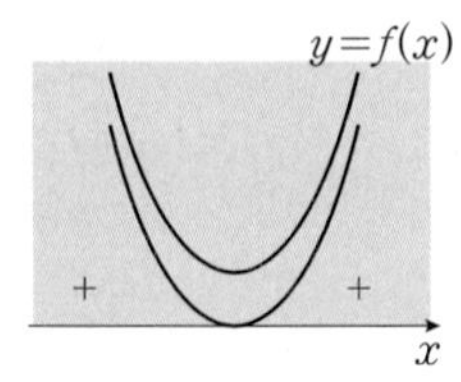

2017년 03월 고3 학력평가 나형 12번

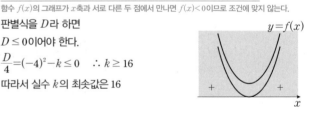

(2) 실수 x에 대한 조건

'모든 실수 x에 대하여 $x^2+4kx+3k^2\ge 2k-3$이다.'

가 참인 명제가 되도록 하는 상수 k의 최댓값을 M, 최솟값을 m이라 하자. $M-m$의 값은?

① 2 ② 4 ③ 6
④ 8 ⑤ 10

STEP Ⓐ **이차함수와 이차부등식의 관계를 이용하기**

모든 실수 x에 대하여
부등식 $x^2+4kx+3k^2 \geq 2k-3$이 참인
명제가 되려면
$f(x)=x^2+4kx+3k^2-2k+3$이라 할 때,
함수 $y=f(x)$의 그래프가 x축에 접하거나
만나지 않아야 한다.

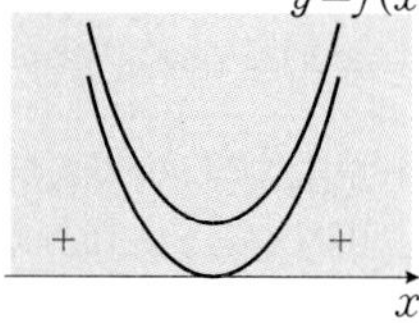

STEP Ⓑ **판별식을 이용하여 k의 값의 범위 구하기**

이차방정식 $x^2+4kx+3k^2-2k+3=0$이 중근 또는 허근을 가져야 하므로
이차방정식 $x^2+4kx+3k^2-2k+3=0$의 판별식을 D라 하면
$D \leq 0$이어야 한다.

$\frac{D}{4}=(2k)^2-(3k^2-2k+3) \leq 0,\ k^2+2k-3 \leq 0,\ (k+3)(k-1) \leq 0$

$\therefore -3 \leq k \leq 1$

따라서 k의 최댓값 $M=1$, 최솟값 $m=-3$이므로 $M-m=1-(-3)=4$

0524

2023년 11월 고1 학력평가 25번

정수 k에 대한 두 조건 p, q가 모두 참인 명제가 되도록 하는 모든 k의 값의 합을 구하시오.

p : 모든 실수 x에 대하여 $x^2+2kx+4k+5>0$이다.

TIP 모든 실수 x에 대하여 이차부등식 $ax^2+bx+c>0$가 성립하려면 $a>0$이고 (이차방정식 $ax^2+bx+c=0$의 판별식)<0이어야 한다.

q : 어떤 실수 x에 대하여 $x^2=k-2$이다.

STEP Ⓐ **조건 p가 참인 명제가 되도록 하는 모든 k의 값 구하기**

$f(x)=x^2+2kx+4k+5$라 하자.
이차함수 $y=f(x)$의 그래프는
이차항의 계수가 양수이므로 아래로 볼록하고
모든 실수 x에 대하여 $f(x)>0$이려면
이차함수의 그래프가 x축과 만나지 않아야 한다.

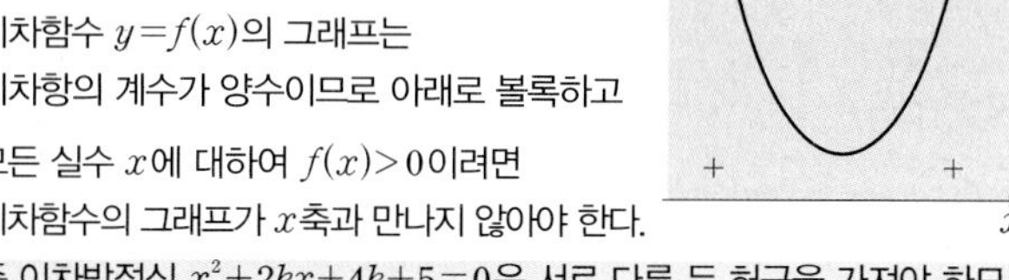

즉 이차방정식 $x^2+2kx+4k+5=0$은 서로 다른 두 허근을 가져야 하므로
판별식을 D라 하면 $D<0$이어야 한다.

$\frac{D}{4}=k^2-1\times(4k+5)<0,\ k^2-4k-5<0$

즉 $(k+1)(k-5)<0$이므로 $-1<k<5$ ← $(x-\alpha)(x-\beta)<0(\alpha<\beta)$의 해는 $\alpha<x<\beta$

이때 정수 k에 대한 조건 p의 진리집합을 P라 하면 $P=\{0, 1, 2, 3, 4\}$

+α 이차함수의 최솟값을 이용하여 k의 값의 범위를 구할 수 있어!

$f(x)=x^2+2kx+4k+5$라 하자.
모든 실수 x에 대하여 $f(x)>0$이려면 이차함수 $y=f(x)$의 최솟값이 0보다 커야 한다.

$f(x)=x^2+2kx+4k+5$
$=(x^2+2kx+k^2)-k^2+4k+5$
$=(x+k)^2-k^2+4k+5$

이므로 이차함수 $y=f(x)$는 $x=-k$일 때, 최솟값 $-k^2+4k+5$를 갖는다.
이때 $-k^2+4k+5>0$이어야 하므로 $k^2-4k-5<0,\ (k-5)(k+1)<0$
$\therefore -1<k<5$

STEP Ⓑ **조건 q가 참인 명제가 되도록 하는 모든 k의 값 구하기**

어떤 실수 x에 대하여 $x^2=k-2$이므로 $k-2 \geq 0$ $\quad\therefore k \geq 2$
이때 정수 k에 대한 조건 q의 진리집합을 Q라 하면
$Q=\{2, 3, 4, \cdots\}$

STEP Ⓒ **두 조건 p, q가 참인 명제가 되도록 하는 모든 k의 값의 합 구하기**

$P\cap Q=\{2, 3, 4\}$이므로 ← $2 \leq k<5$
두 조건 p, q가 모두 참인 명제가 되도록 하는 정수 k의 값은 2, 3, 4
따라서 모든 정수 k의 값의 합은 $2+3+4=9$

MAPL; YOUR MASTER PLAN

단원종합문제

명제 (1)

BASIC

0525

다음은 편지 내용의 일부분이다.

> 안녕하세요? 저는 제주도에 사는 희망이라고 해요.
> ㄱ. 제주도는 섬이랍니다.
> 제가 자랑하고 싶은 곳은 한라산이에요.
> ㄴ. 한라산은 아시아에서 가장 높은 산이랍니다.
> ㄷ. 한라산에는 예쁜 꽃들이 많아요.
> 날씨가 맑은 날에는 산 정상까지 보인답니다.
> ㄹ. 오늘은 날씨가 참 좋군요.

위의 밑줄 친 문장 중에서 명제인 것을 모두 고른 것은?

TIP 참인지 거짓인지 기준이 명확한 문장이나 식

① ㄱ ② ㄱ, ㄴ ③ ㄴ, ㄹ
④ ㄱ, ㄷ, ㄹ ⑤ ㄱ, ㄴ, ㄷ, ㄹ

STEP Ⓐ **명제의 문장이나 식 중 참, 거짓의 진위 판단하기**

ㄱ. '섬이다. / 섬이 아니다.'라는 참, 거짓을 판단할 수 있는 기준이 있으므로 참인 명제이다.
ㄴ. 참, 거짓을 판단할 수 있는 높이라는 기준이 있으므로 거짓인 명제이다.
ㄷ, ㄹ. '예쁜', '좋다'의 기준은 사람마다 다르므로 참, 거짓을 판별할 수 없다.
즉 ㄷ, ㄹ은 명제가 아니다.
따라서 명제인 것은 ㄱ, ㄴ이다.

0526

2005년 11월 고1 학력평가 2번

x, y가 실수일 때, 다음 중 참인 명제는?

① $x^2=1$이면 $x=1$이다.
② $x^2>1$이면 $x<1$이다.
③ x가 9의 배수이면 x는 3의 배수이다.
④ $x+y \geq 2$이면 $x \geq 1$이고 $y \geq 1$이다.
⑤ $x+y$가 짝수이면 x, y는 모두 짝수이다.

STEP Ⓐ **명제의 참, 거짓의 진위 판단하기**

① 반례 $x=-1$이면 $x^2=1$이지만 $x=-1$은 아니다. [거짓]
② 반례 $2^2>1$이지만 $2>1$ [거짓]
③ x가 9의 배수이면 x는 3의 배수이다. [참]
④ 반례 $x=3,\ y=-1$일 때, $x+y=2$이지만 $y<1$ [거짓]
⑤ 반례 $x=3,\ y=5$일 때, $x+y$는 짝수이지만 x, y는 모두 홀수이다. [거짓]

따라서 참인 명제는 ③이다.

0527

2017학년도 09월 고3 모의평가 나형 12번

다음 물음에 답하시오.

(1) 정수 x에 대한 조건 $p : x(x-11) \geq 0$에 대하여 조건 $\sim p$의 진리집합

TIP 명제 p의 부정은 $\sim p$이고 진리집합은 P^C이다.

의 원소의 개수는?

① 6 ② 7 ③ 8
④ 9 ⑤ 10

STEP Ⓐ 명제 p의 부정 $\sim p$ 구하기

조건 p의 진리집합을 P라 하면

$x(x-11) \geq 0$에서 $x \leq 0$ 또는 $x \geq 11$

$P=\{x \mid x \leq 0$ 또는 $x \geq 11\}$

$\sim p : x(x-11) < 0$에서 $0 < x < 11$

STEP Ⓑ x의 조건을 확인하여 P^C의 원소의 개수 구하기

정수 x에 대하여 조건 $\sim p$의 진리집합은 P^C이므로

$P^C=\{x \mid 0 < x < 11,\ x$는 정수$\}$

$=\{1, 2, 3, \cdots, 10\}$

따라서 진리집합의 원소의 개수는 10

(2) 전체집합 $U=\{x \mid x$는 실수$\}$일 때, U의 두 원소 a, b에 대하여 조건 '$|a|+|b|=0$'의 부정과 같은 것은?

TIP $a=0$의 부정은 $a \neq 0$이다.

① $a=0$ 또는 $b=0$ ② $a \neq 0$ 또는 $b \neq 0$
③ $a=0$이고 $b=0$ ④ $a=0$이고 $b \neq 0$
⑤ $a \neq 0$이고 $b=0$

STEP Ⓐ 명제 p의 부정 $\sim p$ 구하기

$|a|+|b|=0$이면 $a=0$이고 $b=0$

조건 $|a|+|b|=0$의 부정은 $|a|+|b| \neq 0$

따라서 $a \neq 0$ 또는 $b \neq 0$

0528

전체집합 $U=\{x \mid x$는 10 이하의 자연수$\}$일 때, 두 조건 p, q가

$p : x^2-6x+5<0$, $q : x$는 9의 약수이다.

조건 '$\sim p$ 그리고 q'의 진리집합의 원소의 합은?

① 6 ② 7 ③ 8
④ 9 ⑤ 10

STEP Ⓐ 조건의 진리집합 사이의 관계를 이용하여 원소의 합 구하기

$U=\{1, 2, 3, 4, 5, 6, 7, 8, 9, 10\}$

$x^2-6x+5<0$에서 $(x-1)(x-5)<0$이므로

$1<x<5$

두 조건 p, q의 진리집합을 각각 P, Q라 하면

$P=\{2, 3, 4\}$, $Q=\{1, 3, 9\}$, $P^C=\{1, 5, 6, 7, 8, 9, 10\}$

따라서 조건 '$\sim p$ 그리고 q'의 진리집합은 $P^C \cap Q=\{1, 9\}$이므로

원소의 합은 $1+9=10$

0529

다음 명제 [보기]에서 참인 명제만을 있는 대로 고른 것은?

ㄱ. 모든 실수 x에 대하여 $|x+3|>0$이다.
ㄴ. 어떤 실수 x에 대하여 $2x^2+5x+3=0$이다.
ㄷ. 어떤 실수 x에 대하여 $x^2+2<0$이다.

① ㄱ ② ㄴ ③ ㄷ
④ ㄱ, ㄷ ⑤ ㄱ, ㄴ, ㄷ

STEP Ⓐ '모든'과 '어떤'의 의미를 이해하여 참, 거짓의 진위 판단하기

ㄱ. 반례 $x=-3$이면 $|x+3|=0$이므로 주어진 명제는 거짓이다.

ㄴ. $x=-1$이면 $2x^2+5x+3=0$이므로 주어진 명제는 참이다.

ㄷ. 모든 실수 x에 대하여 $x^2+2>0$이므로 어떤 실수 x에 대하여 $x^2+2<0$을 만족하는 실수 x는 존재하지 않으므로 거짓이다.

따라서 옳은 것은 ㄴ이다.

POINT '모든'과 '어떤'이 들어있는 명제

공집합이 아닌 전체집합 U에서 정의된 조건 $p(x)$의 진리집합을 P라 하자.

① '모든 $x \in U$에 대하여 p이다.'는 $P=U$이면 참이고 $P \neq U$이면 거짓이다.

② '어떤 $x \in U$에 대하여 p이다.'는 $P \neq \varnothing$이면 참이고 $P=\varnothing$이면 거짓이다.

0530

다음 물음에 답하시오.

(1) 전체집합 U에 대하여 두 조건 p, q의 진리집합을 각각 P, Q라 할 때, 명제 $p \longrightarrow \sim q$가 참일 때, [보기]에서 옳은 것을 있는 대로

TIP $P \subset Q^C$

고른 것은?

ㄱ. $P \subset Q^C$ ㄴ. $P \cap Q^C=P$
ㄷ. $P^C \cap Q=Q$ ㄹ. $P^C \cup Q^C=U$

① ㄱ, ㄴ ② ㄷ, ㄹ ③ ㄱ, ㄴ, ㄷ
④ ㄱ, ㄷ, ㄹ ⑤ ㄱ, ㄴ, ㄷ, ㄹ

STEP Ⓐ 벤 다이어그램에서 두 집합 P, Q 사이의 포함 관계를 이용하여 명제의 참, 거짓을 판별하기

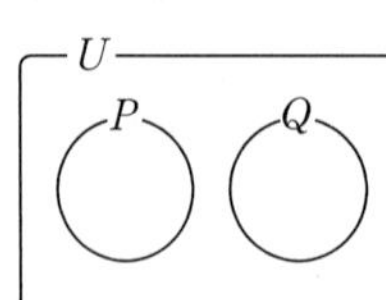

두 조건 p, q의 진리집합은 각각 P, Q이므로 명제 $p \longrightarrow \sim q$가 참이므로 $P \subset Q^C$이고 P, Q의 포함 관계는 오른쪽 그림과 같다.

ㄱ. $P \subset Q^C$ [참]

ㄴ. $P \subset Q^C$이므로 $P \cap Q^C=P$ [참]

ㄷ. $P \subset Q^C$이므로 $P^C \cap Q=Q$ [참]

ㄹ. $P \subset Q^C$이므로 $P^C \cup Q^C=U$ [참]

따라서 항상 옳은 것은 ㄱ, ㄴ, ㄷ, ㄹ이다.

(2) 두 조건 p, q의 진리집합을 각각 P, Q라 할 때, 명제 $\sim p \longrightarrow q$가 참이다. 다음 [보기] 중 항상 옳은 것을 있는 대로 고른 것은? (단, U는 전체집합이다.)

TIP $P^C \subset Q$

ㄱ. $P \cup Q = U$
ㄴ. $P \cap Q = \varnothing$
ㄷ. $P^C \cap Q = P^C$

① ㄱ　　② ㄷ　　③ ㄱ, ㄴ
④ ㄱ, ㄷ　　⑤ ㄱ, ㄴ, ㄷ

STEP A 벤 다이어그램에서 두 집합 P, Q 사이의 포함 관계를 이용하여 명제의 참, 거짓을 판별하기

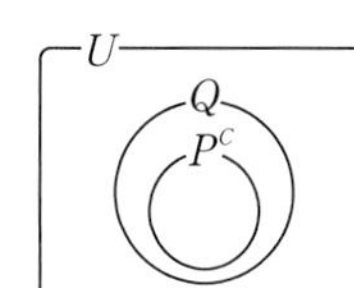

두 조건 p, q의 진리집합을 각각 P, Q라 할 때, $\sim p \longrightarrow q$가 참이므로 $P^C \subset Q$가 성립한다.
ㄱ. $P \cup Q = U$ [참]
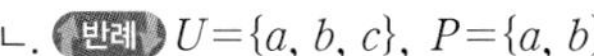
ㄴ. **반례** $U=\{a, b, c\}$, $P=\{a, b\}$, $Q=\{b, c\}$라 하면 $P^C=\{c\} \subset Q$ 이지만 $P \cap Q = \{b\} \neq \varnothing$ [거짓]
ㄷ. $P^C \subset Q$이므로 $P^C \cap Q = P^C$ [참]
따라서 항상 옳은 것은 ㄱ, ㄷ이다.

0531

2017학년도 06월 고3 모의평가 나형 16번

실수 x에 대한 세 조건

$$p : |x|>4,\ q : x^2-9 \leq 0,\ r : x \leq 3$$

TIP 부등식의 부정은 수직선을 그린 후 그 여집합을 그린다.

에 대하여 [보기]에서 참인 명제만을 있는 대로 고른 것은?

ㄱ. $q \longrightarrow r$
ㄴ. $p \longrightarrow \sim q$
ㄷ. $r \longrightarrow \sim p$

① ㄱ　　② ㄱ, ㄴ　　③ ㄱ, ㄷ
④ ㄴ, ㄷ　　⑤ ㄱ, ㄴ, ㄷ

STEP A 세 조건 p, q, r의 진리집합 구하기

세 조건 p, q, r의 진리집합을 각각 P, Q, R이라 하면
$P=\{x \mid x<-4$ 또는 $x>4\}$
$Q=\{x \mid -3 \leq x \leq 3\}$
$R=\{x \mid x \leq 3\}$

STEP B [보기]의 참, 거짓을 판단하기

ㄱ. $Q \subset R$이므로 명제 $q \longrightarrow r$은 참이다.

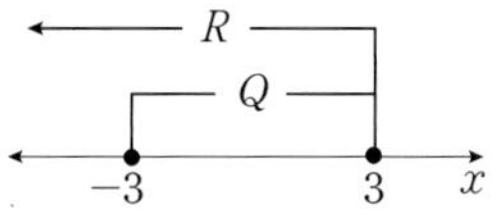

ㄴ. $Q^C=\{x \mid x<-3$ 또는 $x>3\}$이므로 $P \subset Q^C$

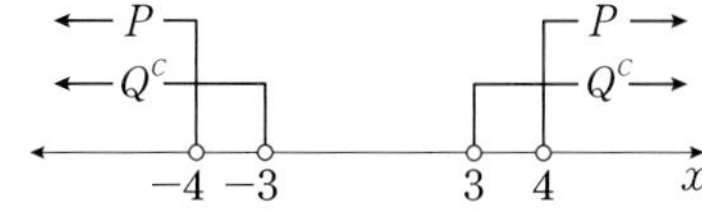

즉 명제 $p \longrightarrow \sim q$는 참이다.
ㄷ. $P^C=\{x \mid -4 \leq x \leq 4\}$이므로 $R \not\subset P^C$
즉 명제 $r \longrightarrow \sim p$는 거짓이다.
따라서 참인 명제는 ㄱ, ㄴ이다.

0532

다음 물음에 답하시오.

(1) 실수 x에 대하여 두 조건 p, q가

$$p : x^2-2x-15>0,\ q : |x|>a$$

일 때, 명제 $p \longrightarrow q$가 참이 되도록 하는 자연수 a의 값의 합은?

① 3　　② 4　　③ 5
④ 6　　⑤ 7

STEP A p, q의 진리집합 구하기

두 조건 p, q의 진리집합을 P, Q라 하면
$p : x^2-2x-15>0$에서 $(x+3)(x-5)>0$
$\therefore x<-3$ 또는 $x>5$
즉 $P=\{x \mid x<-3x$ 또는 $x>5\}$
$q : |x|>a$에서 $x<-a$ 또는 $x>a$
즉 $Q=\{x \mid x<-a$ 또는 $x>a\}$

STEP B $P \subset Q$를 만족하는 a의 값의 범위 구하기

두 조건 p, q의 진리집합을 각각 P, Q라 하면 명제 $p \longrightarrow q$가 참이므로 $P \subset Q$이어야 한다.

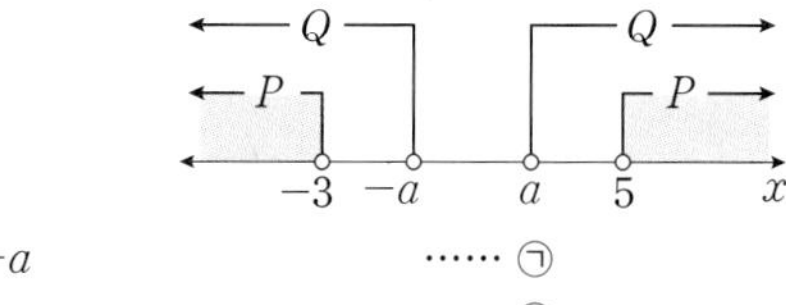

$-3 \leq -a$ ...... ㉠
$a \leq 5$ ...... ㉡
㉠, ㉡을 동시에 만족시키는 a의 값의 범위는 $a \leq 3$
따라서 자연수 a는 1, 2, 3이므로 그 합은 $1+2+3=6$

2015년 09월 고1 학력평가 10번

(2) 실수 x에 대하여 두 조건 p, q가

$$p : |x| \geq a,\ q : x<-2 \text{ 또는 } x \geq 4$$

일 때, 명제 $p \longrightarrow q$가 참이 되도록 하는 양수 a의 최솟값은?

TIP 명제 $p \longrightarrow q$가 참이 되려면 $P \subset Q$이어야 한다.

① 1　　② 2　　③ 3
④ 4　　⑤ 5

STEP A p, q의 진리집합 구하기

조건 $p : |x| \geq a$에서 $x \geq a$ 또는 $x \leq -a$
두 집합 $P=\{x \mid x \geq a$ 또는 $x \leq -a\}$, $Q=\{x \mid x<-2$ 또는 $x \geq 4\}$

STEP B $P \subset Q$를 만족하는 a의 값의 범위 구하기

두 조건 p, q의 진리집합을 각각 P, Q라 하면 명제 $p \longrightarrow q$가 참이므로 $P \subset Q$이어야 한다.

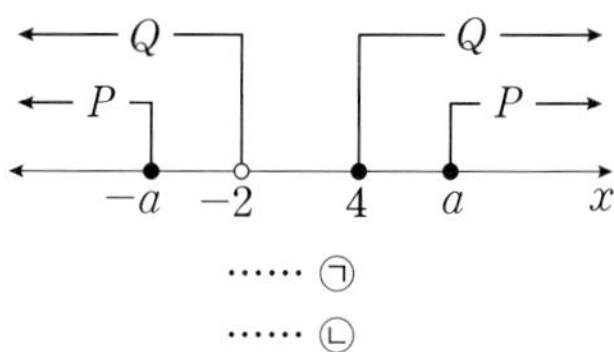

$-a<-2$ ...... ㉠
$a \geq 4$ ...... ㉡
㉠, ㉡을 동시에 만족시키는 a의 값의 범위는 $a \geq 4$
따라서 양수 a의 최솟값은 4

0533

2010년 06월 고1 학력평가 17번

다음 물음에 답하시오.

(1) 전체집합 $U=\{x|x$는 10 이하의 자연수$\}$에서의 두 조건

p : x는 4의 약수이다.

q : $2x-17 \le 0$

의 진리집합을 각각 P, Q라 할 때, $P \subset X \subset Q$를 만족시키는 집합

TIP 집합 X는 집합 Q의 부분집합 중 원소 1, 2, 4를 반드시 포함하는 집합

X의 개수는?

① 4 ② 8 ③ 16
④ 32 ⑤ 64

STEP A p, q의 진리집합 구하기

조건 p의 진리집합은 $P=\{1, 2, 4\}$,

조건 q의 진리집합 Q는 $2x-17 \le 0$에서 $2x \le 17$

$\therefore x \le \frac{17}{2}$

$Q=\{1, 2, 3, 4, 5, 6, 7, 8\}$

STEP B $P \subset X \subset Q$를 만족시키는 집합 X의 개수 구하기

$P \subset X \subset Q$이므로 집합 X는 집합 Q의 부분집합 중 원소 1, 2, 4를 반드시 포함하는 집합이다.

따라서 집합 X의 개수는 $2^{8-3}=2^5=32$

2010년 09월 고1 학력평가 24번

(2) 전체집합 $U=\{x|x$는 10 이하의 자연수$\}$에 대하여 두 조건 p, q의 진리집합을 각각 P, Q라 하자.

TIP 조건 $p(x)$를 참인 명제로 만들어 주는 변수의 값 모두의 집합이다.

조건 p가 p : x는 소수이다.

일 때, 명제 $\sim p \longrightarrow q$가 참이 되게 하는 집합 Q의 개수를 구하시오.

TIP $P^C \subset Q$

STEP A 조건 p를 이용하여 두 집합 P와 P^C 구하기

10 이하의 자연수 중 소수는 2, 3, 5, 7이므로 $P=\{2, 3, 5, 7\}$이고

$\sim p$의 진리집합은 $P^C=\{1, 4, 6, 8, 9, 10\}$

STEP B 명제 $\sim p \longrightarrow q$가 참이 되게 하는 집합 Q의 개수 구하기

명제 $\sim p \longrightarrow q$가 참이 되려면 $P^C \subset Q$이어야 한다.

즉 집합 Q는 집합 P^C의 원소 1, 4, 6, 8, 9, 10을 반드시 포함하는 전체집합 U의 부분집합이다.

따라서 집합 Q의 개수는 $2^{10-6}=2^4=16$

NORMAL

0534

전체집합 U에 대하여 두 조건 p, q의 진리집합을 각각 P, Q라 할 때, 다음 [보기] 중 명제 $\sim p \longrightarrow \sim q$가 거짓임을 보일 수 있는 원소가 반드시

TIP $\sim p \longrightarrow \sim q$가 거짓이므로 $P^C \not\subset Q^C$이다.

속하는 집합은?

ㄱ. $P \cap Q^C$　　ㄴ. $P \cap Q$
ㄷ. $Q-P$　　ㄹ. $(P \cup Q)^C$

① ㄱ ② ㄷ ③ ㄱ, ㄷ
④ ㄷ, ㄹ ⑤ ㄴ, ㄷ, ㄹ

STEP A 두 진리집합 P, Q 사이의 포함 관계를 이용하여 구하기

$\sim p \longrightarrow \sim q$가 참이면

진리집합 P^C, Q^C의 포함 관계는 $P^C \subset Q^C$가 성립한다.

명제 $\sim p \longrightarrow \sim q$가 거짓임을 보이려면 $P^C \not\subset Q^C$임을 보이면 된다.

P^C에 원소가 존재하고 Q^C에는 원소가 존재하지 않아야 한다.

따라서 [보기]에서 $Q-P$를 만족한다.

0535

세 조건

p : $|x-2| \le 3$,

q : $x^2-5x+4 \le 0$,

r : $x<0$

에 대하여 참인 명제를 [보기]에서 있는 대로 고른 것은?

ㄱ. $p \longrightarrow q$　　ㄴ. $q \longrightarrow p$
ㄷ. $q \longrightarrow \sim r$　　ㄹ. $\sim r \longrightarrow p$

① ㄱ ② ㄴ, ㄷ ③ ㄷ, ㄹ
④ ㄱ, ㄷ, ㄹ ⑤ ㄴ, ㄷ, ㄹ

STEP A 세 조건 p, q, r의 진리집합 구하기

$|x-2| \le 3$에서 $-3 \le x-2 \le 3$이므로 $-1 \le x \le 5$

$x^2-5x+4 \le 0$에서 $(x-1)(x-4) \le 0$이므로 $1 \le x \le 4$

세 조건 p, q, r의 진리집합을 각각 P, Q, R이라 하면

$P=\{x|-1 \le x \le 5\}$, $Q=\{x|1 \le x \le 4\}$, $R=\{x|x<0\}$

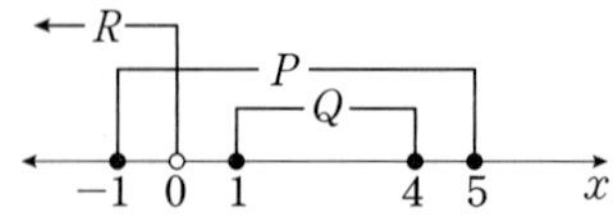

STEP B [보기]의 참, 거짓의 판단하기

ㄱ. $P \not\subset Q$이므로 명제 $p \longrightarrow q$는 거짓이다.

ㄴ. $Q \subset P$이므로 명제 $q \longrightarrow p$는 참이다.

ㄷ. $Q \subset R^C$이므로 명제 $q \longrightarrow \sim r$는 참이다.

ㄹ. $R^C \not\subset P$이므로 명제 $\sim r \longrightarrow p$는 거짓이다.

따라서 참인 명제는 ㄴ, ㄷ이다.

0536

실수 x에 대하여 세 조건 p, q, r이

$p : 1 \le x \le 3$, $q : 6 < x < 8$, $r : x > k$

TIP 부등식의 부정은 수직선을 그린 후 그 여집합을 그린다.

일 때, 두 명제 $q \longrightarrow r$, $r \longrightarrow \sim p$가 모두 참이 되도록 하는 실수 k의 최댓값을 M, 최솟값을 m이라 할 때, Mm의 값은?

① 3 ② 6 ③ 8
④ 18 ⑤ 24

STEP A 세 조건 p, q, r의 진리집합 구하기

세 조건 p, q, r의 진리집합을 각각 P, Q, R이라 하자.
$P=\{x|1 \le x \le 3\}$, $Q=\{x|6<x<8\}$, $R=\{x|x>k\}$

STEP B 진리집합 포함 관계와 수직선을 이용하여 k의 최댓값과 최솟값 구하기

두 명제 $q \longrightarrow r$, $r \longrightarrow \sim p$가 모두 참이면
$Q \subset R$, $R \subset P^C$이 성립해야 하므로 수직선에 나타내면 다음 그림과 같다.

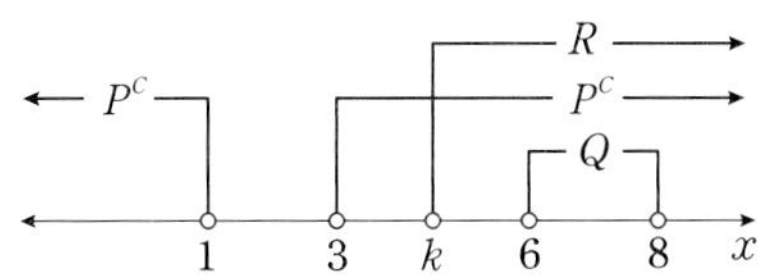

즉 $3 \le k \le 6$이므로 최댓값 $M=6$, 최솟값 $m=3$
따라서 $Mm=6 \times 3=18$

0537

2017년 10월 고3 학력평가 나형 8번

다음 물음에 답하시오.

(1) 실수 x에 대한 두 조건

$p : x^2-a^2 \le 0$, $q : |x-2| \le 5$

에 대하여 명제 $p \longrightarrow q$가 참이 되도록 하는 양수 a의 최댓값을 구하시오.

STEP A p, q의 진리집합 구하기

두 조건 p, q의 진리집합을 각각 P, Q라 하면
$P=\{x|-a \le x \le a\}$, $Q=\{x|-3 \le x \le 7\}$

$|x-2| \le 5$이므로 $-5 \le x-2 \le 5$이고 양변에 2를 더해주면 $-3 \le x \le 7$

STEP B 명제 $p \longrightarrow q$가 참이면 $P \subset Q$임을 이용하여 a의 값의 범위 구하기

명제 $p \longrightarrow q$가 참이면
$P \subset Q$이어야 하므로
$-3 \le -a$, $a \le 7$
따라서 $a \le 3$이므로 a의 최댓값은 3

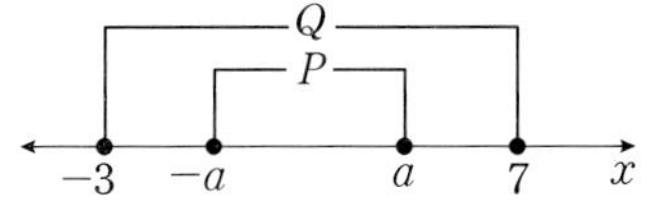

(2) 실수 x에 대하여 두 조건 p, q가

$p : |x-5| \le a$,
$q : x<1$ 또는 $x \ge 10$

일 때, 명제 $p \longrightarrow \sim q$가 참이 되도록 하는 양수 a의 최댓값을 구하시오.

STEP A 명제와 진리집합의 관계를 이해하기

$|x-5| \le a$에서 $-a+5 \le x \le a+5$
두 조건 p, q의 진리집합을 각각 P, Q라 하면
$P=\{x|-a+5 \le x \le a+5\}$, $Q^C=\{x|1 \le x < 10\}$

STEP B 명제 $p \longrightarrow \sim q$가 참이면 $P \subset Q$임을 이용하여 a의 값의 범위 구하기

명제 $p \longrightarrow \sim q$가 참이 되려면
$P \subset Q^C$이어야 하므로
$1 \le -a+5$, $a+5<10$
$a \le 4$, $a<5$ $\therefore a \le 4$
따라서 양수 a의 최댓값은 4

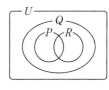

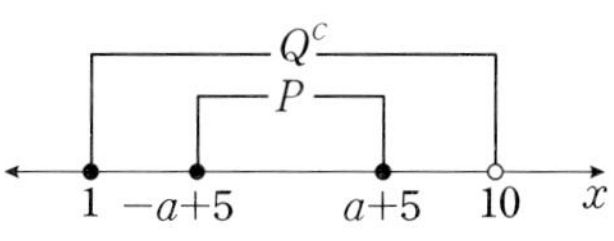

0538

2014년 11월 고1 학력평가 17번

전체집합 U에 대하여 세 조건 p, q, r의 진리집합을 각각 P, Q, R이라고 할 때, 다음 두 조건이 성립한다.

$P \cap Q=P$, $R^c \cup Q=U$

TIP 벤 다이어그램에 나타내어 확인해보자.

다음 중 참인 명제만을 [보기]에서 있는 대로 고른 것은?

ㄱ. $p \longrightarrow q$
ㄴ. $r \longrightarrow q$
ㄷ. $p \longrightarrow \sim r$

① ㄱ ② ㄷ ③ ㄱ, ㄴ
④ ㄴ, ㄷ ⑤ ㄱ, ㄴ, ㄷ

STEP A 주어진 조건을 벤 다이어그램을 이용하여 참인 명제 구하기

ㄱ. $P \cap Q=P$에서 $P \subset Q$이므로 $p \longrightarrow q$는 참인 명제이다.
ㄴ. $R^c \cup Q=U$에서 $(R^c \cup Q)^c=U^c=\varnothing$
$R \cap Q^c=R-Q=\varnothing$이므로 $R \subset Q$
즉 $r \longrightarrow q$는 참인 명제이다.
ㄷ. $P \cap R \ne \varnothing$이면 $P \not\subset R^c$
즉 $p \longrightarrow \sim r$은 거짓인 명제이다.
따라서 옳은 것은 ㄱ, ㄴ이다.

0539

다음 물음에 답하시오.

(1) 세 조건 p, q, r을 만족시키는 진리집합 P, Q, R이 오른쪽 벤 다이어그램과 같을 때, 다음 명제 중 항상 참인 것은?

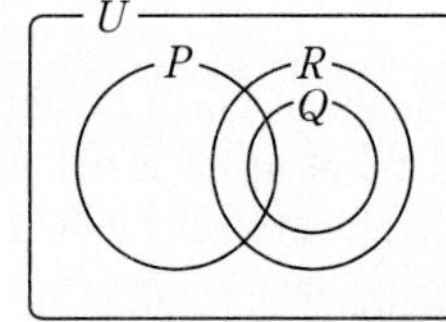

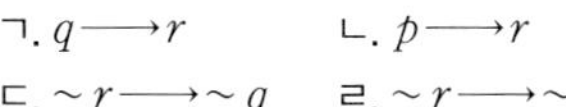
ㄱ. $q \longrightarrow r$ ㄴ. $p \longrightarrow r$
ㄷ. $\sim r \longrightarrow \sim q$ ㄹ. $\sim r \longrightarrow \sim p$

① ㄱ ② ㄴ ③ ㄷ, ㄹ
④ ㄱ, ㄷ ⑤ ㄱ, ㄴ, ㄷ

STEP A 세 진리집합 P, Q, R 사이의 포함 관계를 이용하여 구하기

ㄱ. $Q \subset R$이므로 $q \longrightarrow r$은 참인 명제이다.
ㄴ. $P \not\subset R$이므로 $p \longrightarrow r$은 거짓인 명제이다.
ㄷ. $R^C \subset Q^C$이므로 $\sim r \longrightarrow \sim q$는 참인 명제이다.
ㄹ. $R^C \not\subset P^C$이므로 $\sim r \longrightarrow \sim p$는 거짓인 명제이다.
따라서 참인 명제는 ㄱ, ㄷ이다.

POINT 명제 $p \longrightarrow q$의 참, 거짓과 진리집합의 포함 관계

두 조건 p, q의 진리집합을 각각 P, Q라 하면
집합 P, Q의 포함 관계와 명제 $p \longrightarrow q$의 참, 거짓 사이의 관계는 다음과 같다.
① $P \subset Q$이면 명제 $p \longrightarrow q$는 참이다.
② $P \not\subset Q$이면 명제 $p \longrightarrow q$는 거짓이다.

(2) 전체집합 U에 대하여 세 조건 p, q, r의 진리집합을 각각 P, Q, R이라 할 때, 이들의 포함 관계가 오른쪽 벤 다이어그램으로 나타난다. 다음 [보기] 중 참인 명제를 모두 고르면?

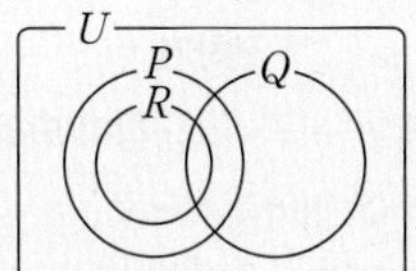

ㄱ. $r \longrightarrow p$
ㄴ. $q \longrightarrow r$
ㄷ. (q 이고 r)$\longrightarrow p$ TIP $Q \cap R$
ㄹ. $p \longrightarrow$(q 또는 r) TIP $Q \cup R$

① ㄱ ② ㄱ, ㄷ ③ ㄱ, ㄴ, ㄷ
④ ㄴ, ㄷ, ㄹ ⑤ ㄱ, ㄴ, ㄷ, ㄹ

STEP A 주어진 조건을 이용하여 세 진리집합 P, Q, R 사이의 포함 관계를 이용하여 구하기

ㄱ. $R \subset P$이므로 명제 $r \longrightarrow p$는 참이다.
ㄴ. $Q \not\subset R$이므로 명제 $q \longrightarrow r$은 거짓이다.
ㄷ. $(Q \cap R) \subset P$이므로 명제 (q이고 r)$\longrightarrow p$는 참이다.
ㄹ. $P \not\subset (Q \cup R)$이므로 명제 $p \longrightarrow$ (q 또는 r)은 거짓이다.
따라서 참인 명제는 ㄱ, ㄷ이다.

0540

2013년 09월 고1 학력평가 25번

다음 물음에 답하시오.
(1) 실수 전체의 집합에 대하여 명제

'어떤 실수 x에 대하여 $x^2-18x+k<0$'

의 부정이 참이 되도록 하는 상수 k의 최솟값을 구하시오.

STEP A 주어진 명제의 부정 구하기

주어진 명제의 부정은 '모든 실수 x에 대하여 $x^2-18x+k \ge 0$'이다.

STEP B 주어진 명제의 부정이 참이 되는 k의 값의 범위 구하기

부등식 $x^2-18x+k \ge 0$이 모든 실수 x에 대하여 성립하려면

모든 실수 x에 대하여 $ax^2+bx+c \ge 0$이려면
(1) $a \ne 0$일 때, $a>0$, $b^2-4ac \le 0$
(2) $a=0$일 때, $b=0$, $c \ge 0$이어야 한다.

이차방정식 $x^2-18x+k=0$이 중근 또는 서로 다른 두 허근을 가져야 한다.
이차방정식 $x^2-18x+k=0$의 판별식을 D라 하면 $\frac{D}{4}=(-9)^2-k \le 0$

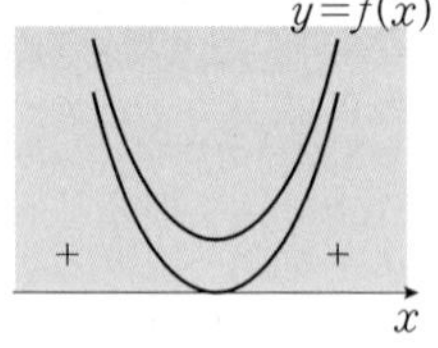

$\therefore k \ge 81$
따라서 구하는 k의 최솟값은 81

2020년 03월 고2 학력평가 27번 변형

(2) 명제

'어떤 실수 x에 대하여 $x^2+10x+3k-4 \le 0$이다.'

가 거짓이 되도록 하는 정수 k의 최솟값을 구하시오.
TIP 주어진 명제의 부정은 참이 된다.

STEP A 주어진 명제의 부정 구하기

주어진 명제

'어떤 실수 x에 대하여 $x^2+10x+3k-4 \le 0$이다.'
가 거짓이면 이 명제의 부정은 참이다.
즉
'모든 실수 x에 대하여 $x^2+10x+3k-4>0$이다.'는 참이다.

STEP B 명제의 부정이 참이 되도록 하는 조건 구하기

$f(x)=x^2+10x+3k-4$이라 하자.
모든 실수 x에 대하여 $f(x)>0$이려면
이차함수 $y=f(x)$의 그래프가 아래로 볼록
(이차함수의 최고차항의 계수)>0
하므로 x축과 만나지 않아야 한다.
즉 이차방정식 $x^2+10x+3k-4=0$이 실근을 갖지 않아야 한다.

y=f(x)
+ +
x

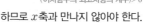

STEP C 이차방정식의 판별식을 이용하여 정수 k의 최솟값 구하기

이차방정식 $x^2+10x+3k-4=0$의 판별식을 D라 하면
$D<0$이어야 하므로
$\frac{D}{4}=5^2-(3k-4)<0$, $25-3k+4<0$, $3k>21$
$\therefore k>7$
따라서 정수 k의 최솟값은 8

0541

다음 물음에 답하시오.
(1) 명제

'모든 실수 x에 대하여 $2x^2-2kx+3k>0$이다'

가 거짓이 되도록 하는 자연수 k의 최솟값은?
TIP 주어진 명제를 부정하면 참이 된다.

① 3 ② 4 ③ 5
④ 6 ⑤ 7

STEP A 주어진 명제의 참이 되는 k의 값의 범위 구하기

명제 '모든 실수 x에 대하여 $2x^2-2kx+3k>0$이다.'가 거짓이면
이 명제의 부정인
'어떤 실수 x에 대하여 $2x^2-2kx+3k \le 0$이다.'는 참이다.
주어진 명제가 참이 되려면
조건 $2x^2-2kx+3k>0$의 진리집합이 실수 전체의 집합이어야 하므로
이차방정식 $2x^2-2kx+3k=0$의 판별식을 D라 하면 $D<0$이어야 한다.
$\frac{D}{4}=(-k)^2-2\times3k<0$, $k(k-6)<0$
즉 $0<k<6$일 때, 주어진 명제는 참이다.

STEP B 명제가 거짓이 되는 k의 값의 범위 구하기

따라서 주어진 명제가 거짓이 되려면 $k \le 0$ 또는 $k \ge 6$이므로 구하는 자연수 k의 최솟값은 6

MINI해설 주어진 명제의 부정을 이용하여 풀이하기

주어진 명제가 거짓이면 주어진 명제의 부정은 참이다.
주어진 명제의 부정은
'어떤 실수 x에 대하여 $2x^2-2kx+3k \le 0$이다.'
가 부정인 명제가 참이 되려면 이차방정식 $2x^2-2kx+3k=0$의 판별식을 D라 하면
$D \ge 0$이어야 한다.
$\frac{D}{4}=(-k)^2-2\times3 \ge 0$, $k(k-6) \ge 0$
즉 $k \le 0$ 또는 $k \ge 6$이어야 한다.
따라서 구하는 자연수 k의 최솟값은 6

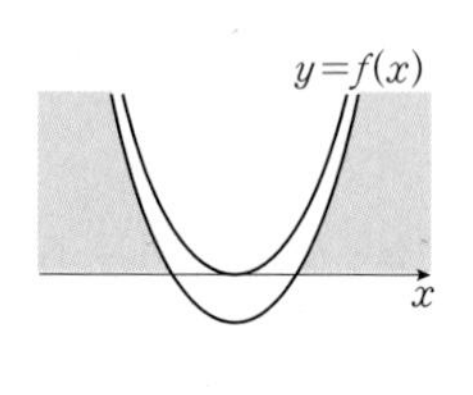

2019년 03월 고2 학력평가 나형 15번 변형

(2) 명제

'모든 실수 x에 대하여 $2x^2+8x+a \ge 0$이다.'

가 거짓이 되도록 하는 정수 a의 최댓값을 구하시오.
TIP 주어진 명제의 부정은 참이 된다.

STEP Ⓐ **주어진 명제의 부정 구하기**

주어진 명제 '모든 실수 x에 대하여 $2x^2+8x+a\geq 0$이다.'가 거짓이면 이 명제의 부정은 참이다.
즉 '어떤 실수 x에 대하여 $2x^2+8x+a<0$이다.'는 참이다.

STEP Ⓑ **명제의 부정이 참이 되도록 하는 조건 구하기**

$f(x)=2x^2+8x+a$라 하자.
어떤 실수 x에 대하여 $f(x)<0$이려면
이차함수 $y=f(x)$의 그래프가 아래로 볼록(이차함수의 최고차항의 계수)>0
하므로 x축과 서로 다른 두 점에서 만나야 한다.
즉 이차방정식 $2x^2+8x+a=0$이 서로 다른 두 실근을 가져야 한다.

STEP Ⓒ **이차방정식의 판별식을 이용하여 정수 a의 최댓값 구하기**

이차방정식 $2x^2+8x+a=0$의 판별식을 D라 하면
$D>0$이어야 하므로 $\dfrac{D}{4}=4^2-2a>0$, $2a<16$ $\quad\therefore a<8$
따라서 정수 a의 최댓값은 7

MINI해설 이차함수의 최솟값을 이용하여 풀이하기

$f(x)=2x^2+8x+a$라 하자.
어떤 실수 x에 대하여 $f(x)<0$이려면
이차함수 $y=f(x)$의 최솟값이 0보다 작아야 한다.
$f(x)=2x^2+8x+a$
$=2(x^2+4x+4)-8+a$
$=2(x+2)^2-8+a$
이므로 이차함수 $f(x)$는 $x=-2$일 때,
최솟값 $-8+a$를 갖는다.
이때 $-8+a<0$이어야 하므로 $a<8$
따라서 정수 a의 최댓값은 7

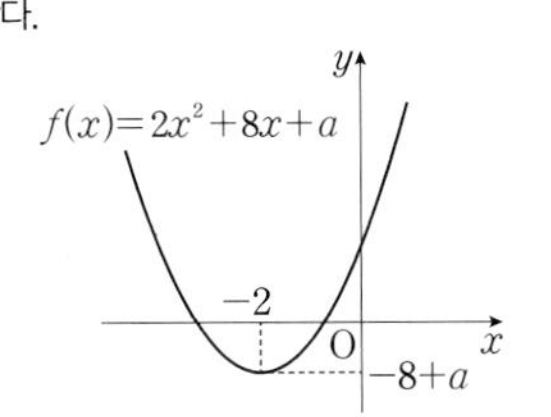

0542

서술형

두 조건
$$p : |2x-1|<3,\ q : a\leq x\leq b-5$$
에 대하여 명제 $p\longrightarrow q$가 참일 때, a의 최댓값과 b의 최솟값의 합을 구하는 과정을 다음 단계로 서술하시오.
[1단계] 두 조건 p, q의 진리집합을 구한다. [4점]
[2단계] a, b의 값의 범위를 구한다. [4점]
[3단계] a의 최댓값과 b의 최솟값의 합을 구한다. [2점]

1단계 두 조건 p, q의 진리집합을 구한다. 4점

$|2x-1|<3$에서 $-3<2x-1<3$, $-2<2x<4$
$\therefore -1<x<2$
두 조건 p, q의 진리집합을 각각 P, Q라 하면
$P=\{x|-1<x<2\}$, $Q=\{x|a\leq x\leq b-5\}$

2단계 a, b의 값의 범위를 구한다. 4점

명제 $p\longrightarrow q$가 참이면 $P\subset Q$이어야 하므로
다음 그림과 같이 $a\leq -1$, $b-5\geq 2$

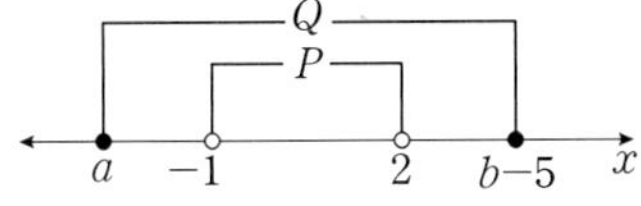

$\therefore a\leq -1$, $b\geq 7$

3단계 정수 a의 최댓값과 정수 b의 최솟값의 합을 구한다. 2점

정수 a의 최댓값은 -1, 정수 b의 최솟값은 7
따라서 구하는 합은 $-1+7=6$

TOUGH

0543

2011년 09월 고1 학력평가 8번

전체집합 U의 공집합이 아닌 세 부분집합 A, B, C에 대하여 다음은 A, B, C의 관계를 나타낸 명제이다.

(가) 어떤 $x\in A$에 대하여 $x\notin B$이다.
(나) 모든 $x\in B$에 대하여 $x\notin C$이다.

TIP 주어진 두 명제 (가), (나)만으로는 두 집합 A, C의 관계를 알 수 없다. 즉 조건을 가지고 벤 다이어그램을 직접 그리기 보다는 선택지에서 조건을 만족시키는 것을 찾는다.

세 집합 A, B, C의 포함 관계를 나타낸 다음 벤 다이어그램 중 위의 두 명제가 항상 참이 되도록 하는 것은?

①
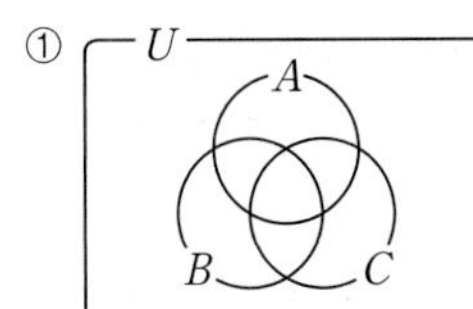

②
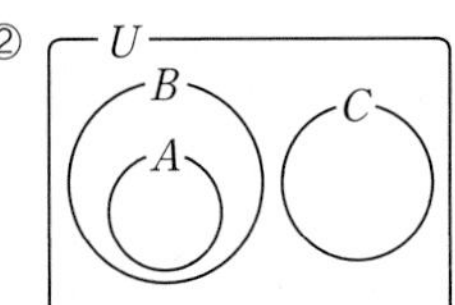

③
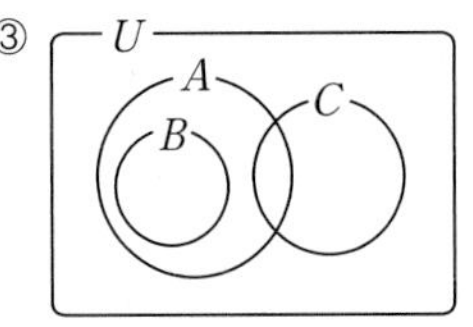

④
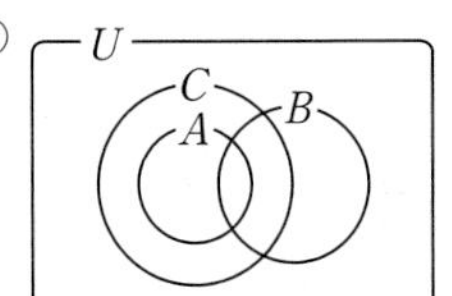

⑤
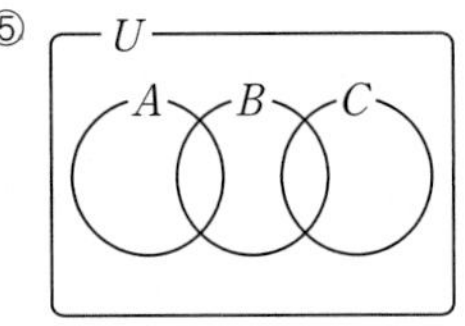

STEP Ⓐ **「모든」과 「어떤」의 의미를 이해하여 참이 되는 것 구하기**

조건 (가)에서 어떤 $x\in A$에 대하여 $x\notin B$이므로 집합 A의 모든 원소가 집합 B의 원소인 것은 아니다.
즉 $A\not\subset B$이므로 ②은 아니다.
조건 (나)에서 모든 $x\in B$에 대하여 $x\notin C$이므로 두 집합 B, C는 교집합이 없어야 한다.
즉 $B\cap C=\varnothing$이므로 ①, ④, ⑤는 아니다.
따라서 세 집합 A, B, C를 벤 다이어그램으로 나타내면 ③이다.

+α 「모든」과 「어떤」의 의미를 벤 다이어그램으로 나타내보자!

「모든」과 「어떤」의 의미를 벤 다이어그램을 그리면 다음과 같다.

① 모든 $x\in A$에 대하여 $x\in B$이다.	② 모든 $x\in A$에 대하여 $x\notin B$이다.
B, A, x	A, x, B
③ 어떤 $x\in A$에 대하여 $x\notin B$이다.	④ 어떤 $x\in A$에 대하여 $x\in B$이다.
A, B, x	A, B, x

0544

2015년 06월 고2 학력평가 가형 11번, 나형 16번

전체집합 U가 실수 전체의 집합일 때, 실수 x에 대한 두 조건 p, q가

$p: a(x-1)(x-2)<0,\ q: x>b$

TIP a, b의 부호에 따라 이차부등식의 해가 바뀐다.

이다. 두 조건 p, q의 진리집합을 각각 P, Q라 할 때, 옳은 것만을 [보기]에서 있는 대로 고른 것은? (단, a, b는 실수이다.)

ㄱ. $a=0$일 때, $P=\varnothing$이다.
ㄴ. $a>0$, $b=0$일 때, $P\subset Q$이다.
ㄷ. $a<0$, $b=3$일 때, 명제 '$\sim p$이면 q이다.'는 참이다.

① ㄱ ② ㄱ, ㄴ ③ ㄱ, ㄷ
④ ㄴ, ㄷ ⑤ ㄱ, ㄴ, ㄷ

STEP A **명제와 진리집합 사이의 관계 구하기**

ㄱ. $a=0$이면 $p: 0\times(x-1)(x-2)<0$이므로
$a(x-1)(x-2)<0$을 만족하는 실수 x는 존재하지 않으므로
모든 실수 x에 대하여 부등식 좌변의 값이 0이다.
$P=\varnothing$이다. [참]

ㄴ. $a>0$, $b=0$이면 $a(x-1)(x-2)<0$에서 $a>0$이므로
$(x-1)(x-2)<0 \quad \therefore 1<x<2$
조건 p의 진리집합은 $P=\{x|1<x<2\}$이고
조건 q의 진리집합은 $Q=\{x|x>0\}$이므로 $P\subset Q$이다. [참]

ㄷ. $a<0$, $b=3$이면 $a(x-1)(x-2)<0$에서 $a<0$이므로
$(x-1)(x-2)>0 \quad \therefore x<1$ 또는 $x>2$
조건 p의 진리집합은 $P=\{x|x<1$ 또는 $x>2\}$이므로
조건 $\sim p$의 진리집합은 $P^C=\{x|1\le x\le 2\}$이다.
명제의 역이므로 등호가 붙었으므로 부등호에 유의한다.
조건 q의 진리집합은 $Q=\{x|x>3\}$이다.
이때 $P^C\not\subset Q$이므로 명제 '$\sim p$이면 q이다.'는 거짓이다. [거짓]

따라서 옳은 것은 ㄱ, ㄴ이다.

0545

2012년 06월 고1 학력평가 16번

다음 물음에 답하시오.

(1) 명제
'$k-1\le x\le k+3$인 어떤 실수 x에 대하여 $0\le x\le 2$이다.'
TIP 주어진 명제가 참이 되려면 $P\cap Q\neq\varnothing$
가 참이 되게 하는 정수 k의 개수는?

① 4 ② 5 ③ 6
④ 7 ⑤ 8

STEP A **두 조건을 진리집합 P, Q로 나타내기**

조건 $k-1\le x\le k+3$의 진리집합을 P라 하면
$P=\{x|k-1\le x\le k+3\}$
조건 $0\le x\le 2$의 진리집합을 Q라 하면
$Q=\{x|0\le x\le 2\}$

STEP B **어떤 실수 x에 대하여 주어진 명제가 참이 되기 위한 조건 구하기**

어떤 실수 x에 대하여 주어진 명제가 참이 되려면 진리집합 P에 속하는 원소 중에서 진리집합 Q에 속하는 원소가 적어도 하나 존재해야 한다.
'어떤 실수 x에 대하여'라고 주어졌으므로 단 하나의 실수만 만족하여도 주어진 명제는 참이 된다.
따라서 $P\cap Q$가 공집합이 아니어야 한다.

즉 주어진 명제가 참이 되려면 $P\cap Q\neq\varnothing$이어야 한다.
이때 두 진리집합 P와 Q를 수직선 위에 나타내어 보면
다음의 2가지 경우 중 하나이다.

(ⅰ) $k-1\ge 0$인 경우 ← $k\ge 1$
$k-1\le 2$, $k\le 3$
$\therefore 1\le k\le 3$

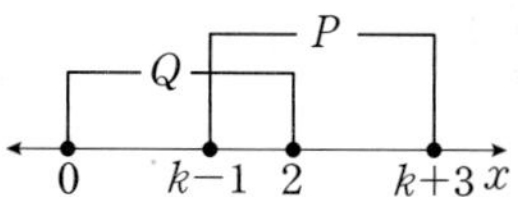

(ⅱ) $k-1<0$인 경우 ← $k<1$
$0\le k+3$, $k\ge -3$
$\therefore -3\le k<1$

(ⅰ), (ⅱ)에서 $-3\le k\le 3$
따라서 주어진 명제를 참이 되게 하는 정수 k는 $-3, -2, -1, 0, 1, 2, 3$이고 그 개수는 7

2021년 03월 고2 학력평가 19번 변형

(2) 자연수 n에 대한 조건
'$1\le x\le 4$인 어떤 실수 x에 대하여 $x^2-6x+n\ge 0$이다.'
TIP $1\le x\le 4$의 범위에서 $x^2-6x+n\ge 0$인 x가 적어도 하나 존재한다.
가 참인 명제가 되도록 하는 n의 최솟값은?

① 4 ② 5 ③ 6
④ 7 ⑤ 8

STEP A **주어진 조건이 참인 명제가 되도록 하는 조건 구하기**

$f(x)=x^2-6x+n$이라 하자.
$1\le x\le 4$인 어떤 실수 x에 대하여 $f(x)\ge 0$이려면
$1\le x\le 4$이고 $f(x)\ge 0$인 실수 x가 적어도 하나 존재해야 하므로
이 범위에서 함수 $f(x)$의 최댓값이 0 이상이어야 한다.

+α **함숫값 $f(x)$의 최댓값이 0 이상인 이유!**

$1\le x\le 4$인 어떤 실수 x에 대하여
함숫값 $f(x)$가 0 이상인 것이 하나 이상 존재하려면 아래 그림과 같이
$1\le x\le 4$의 함숫값 중에서 가장 큰 값이 0보다 크거나 같으면 된다.

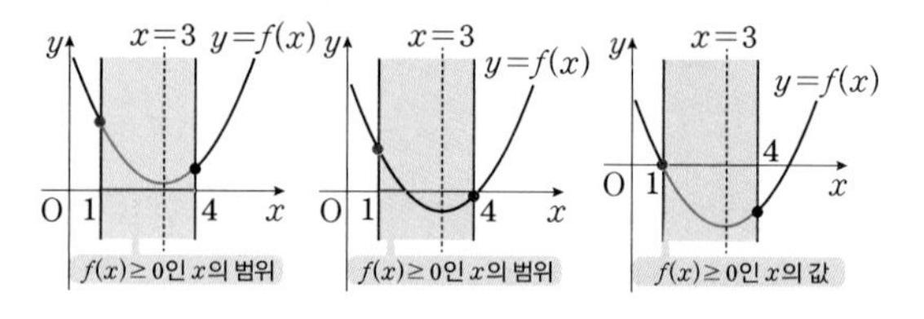

STEP B **$1\le x\le 4$에서 $f(x)$의 최댓값이 0 이상임을 이용하여 자연수 n의 최솟값 구하기**

이때 $f(x)=x^2-6x+n=(x-3)^2+n-9$에서
꼭짓점의 좌표는 $(3,\ n-9)$
함수 $y=f(x)$의 그래프의 꼭짓점의 x좌표 3은 $1\le x\le 4$에 속한다.
$1\le x\le 4$에서 양 끝값과 꼭짓점의 함숫값을 구하면
$f(1)=n-5$, $f(3)=n-9$, $f(4)=n-8$이므로
함수 $f(x)$는 $x=1$에서 최댓값 $n-5$를 갖는다.
즉 $f(1)\ge 0$, $n-5\ge 0$이어야 하므로 $n\ge 5$
따라서 자연수 n의 최솟값은 5

0546

2023년 03월 고2 학력평가 18번

실수 x에 대한 두 조건

$$p : |x-k| \le 2,\ q : x^2-4x-5 \le 0$$

이 있다. 명제 $p \longrightarrow q$와 명제 $p \longrightarrow \sim q$가 모두 거짓이 되도록 하는

TIP 두 조건의 진리집합을 각각 P, Q라 하면 $P \not\subset Q$이고 $P \not\subset Q^C$이어야 한다.

모든 정수 k의 값의 합은?

① 14 ② 16 ③ 18
④ 20 ⑤ 22

STEP A 두 조건 p, q의 진리집합 구하기

두 조건 p, q의 진리집합을 각각 P, Q라 하자.

조건 p에서 $|x-k| \le 2$, $k-2 \le x \le k+2$ ← $|ax+b| \le c \Longleftrightarrow -c \le ax+b \le c$

이므로 $P=\{x|k-2 \le x \le k+2\}$

조건 q에서 $x^2-4x-5 \le 0$, $(x+1)(x-5) \le 0$

이므로 $Q=\{x|-1 \le x \le 5\}$

이때 $Q^C=\{x|x<-1$ 또는 $x>5\}$이다.

STEP B 주어진 조건을 만족시키는 정수 k의 값 구하기

명제 $p \longrightarrow q$와 명제 $p \longrightarrow \sim q$가 모두 거짓이므로

$P \not\subset Q$이고 $P \not\subset Q^C$

즉 $P \cap Q^C \ne \varnothing$이고 $P \cap Q \ne \varnothing$ …… ㉠

이어야 한다.

그러므로 P가 Q와 Q^C의 부분집합이 되지 않으려면

$k-2 \ge -1$이고 $k+2 \le 5$이어야 하므로 $k \ge 1$, $k \le 3$

즉 $1 \le k \le 3$이면 $P \subset Q$가 되어 조건을 만족시키지 않으므로

다음과 같이 k의 범위를 나누어 생각하자.

(i) $k<1$인 경우

㉠에서 $P \cap Q \ne \varnothing$이므로 [그림1]과 같이

$-1 \le k+2$, 즉 $k \ge -3$ …… ㉡

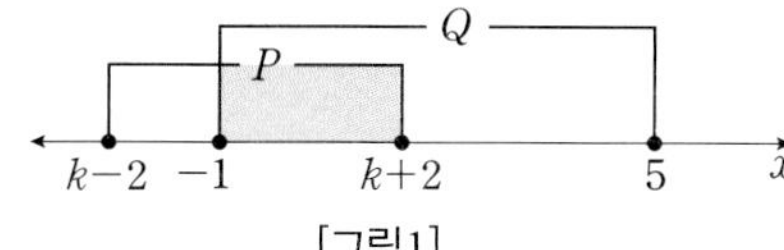

[그림1]

㉠에서 $P \cap Q^C \ne \varnothing$이므로 [그림2]와 같이

$k-2<-1$, 즉 $k<1$ …… ㉢

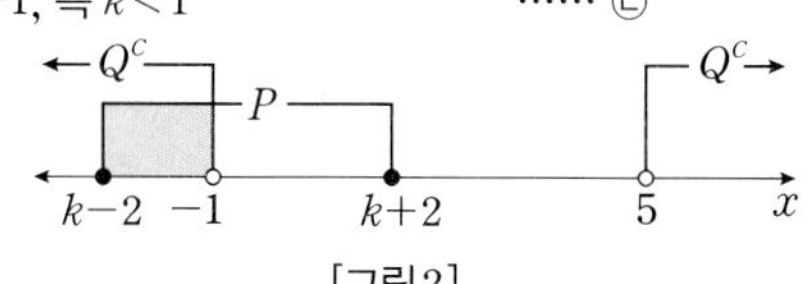

[그림2]

㉡, ㉢에서 $-3 \le k<1$이고 이 부등식을 만족시키는 정수 k의 값은

-3, -2, -1, 0

(ii) $k>3$인 경우

㉠에서 $P \cap Q \ne \varnothing$이므로 [그림3]과 같이

$k-2 \le 5$, 즉 $k \le 7$ …… ㉣

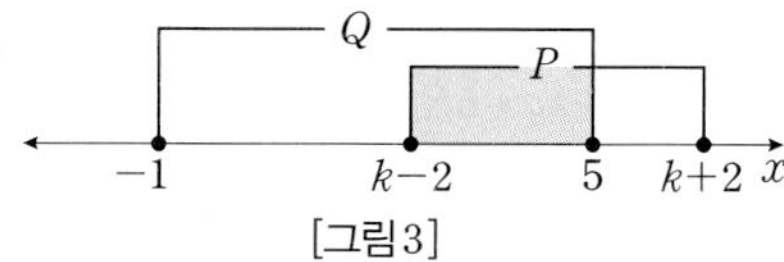

[그림3]

㉠에서 $P \cap Q^C \ne \varnothing$이므로 [그림4]와 같이

$5<k+2$, 즉 $k>3$ …… ㉤

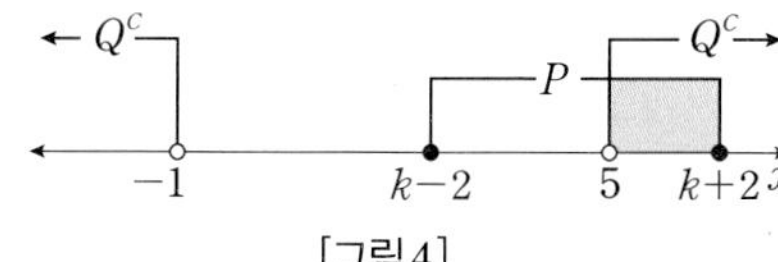

[그림4]

㉣, ㉤에서 $3<k \le 7$이고 이 부등식을 만족시키는 정수 k의 값은

4, 5, 6, 7

STEP C 정수 k의 값의 합 구하기

(i), (ii)에서 주어진 조건을 만족시키는 정수 k의 값은

-3, -2, -1, 0, 4, 5, 6, 7이고 그 합은

$(-3)+(-2)+(-1)+0+4+5+6+7=16$

0547

2016년 03월 고3 학력평가 나형 27번

전체집합 $U=\{x|x$는 8 이하의 자연수$\}$에 대하여

조건 '$p : x^2 \le 2x+8$'의 진리집합을 P, 두 조건 q, r의 진리집합을 각각 Q, R이라 하자. 두 명제 $p \longrightarrow q$와 $\sim p \longrightarrow r$가 모두 참일 때,

TIP $P \subset Q \subset U$, $P^C \subset R \subset U$을 만족하는 순서쌍 (Q, R)의 개수

두 집합 Q, R의 순서쌍 (Q, R)의 개수를 구하시오.

STEP A 주어진 조건을 만족하는 집합 Q, R의 개수 구하기

$x^2 \le 2x+8$에서 $(x+2)(x-4) \le 0$이므로

$-2 \le x \le 4$

$P \subset U$이므로 $P=\{1, 2, 3, 4\}$ ← $U=\{1, 2, 3, 4, 5, 6, 7, 8\}$

명제 $p \longrightarrow q$가 참이므로 $P \subset Q$이므로

$\{1, 2, 3, 4\} \subset Q \subset \{1, 2, 3, 4, 5, 6, 7, 8\}$을 만족하는 집합 Q의 개수는

$2^{8-4}=2^4=16$ …… ㉠

명제 $\sim p \longrightarrow r$이 참이므로 $P^C \subset R$이므로

$\{5, 6, 7, 8\} \subset R \subset \{1, 2, 3, 4, 5, 6, 7, 8\}$을 만족하는 집합 R의 개수는

$2^{8-4}=2^4=16$ …… ㉡

STEP B 두 집합 Q, R의 순서쌍 (Q, R)의 개수 구하기

㉠, ㉡을 동시에 만족하는 순서쌍 (Q, R)의 개수는 $16 \times 16=256$

MINI해설 $n(R^C)$의 값에 따른 순서쌍 (Q, R)의 개수를 구하여 풀이하기

명제 $\sim p \longrightarrow r$이 참이므로

대우 명제인 $\sim r \longrightarrow p$도 참이므로 $R^C \subset P$

(i) $n(R^C)=0$인 경우

$R^C=\varnothing$이므로 $R=U$

그러므로 순서쌍 (Q, R)의 개수는 $2^4 \times 1$

(ii) $n(R^C)=1$인 경우

$R^C=\{1\}$이면 $R=\{2, 3, 4, 5, 6, 7, 8\}$

이때 순서쌍 (Q, R)의 개수는 $2^4 \times 1$

R^C이 $\{2\}$, $\{3\}$, $\{4\}$인 경우도 가능한 집합 Q의 개수는 각각 2^4씩이다.

그러므로 순서쌍 (Q, R)의 개수는 $2^4 \times 4$

(iii) $n(R^C)=2$인 경우

$R^C=\{1, 2\}$이면 $R=\{3, 4, 5, 6, 7, 8\}$

이때 순서쌍 (Q, R)의 개수는 $2^4 \times 1$

R^C이 $\{1, 3\}$, $\{1, 4\}$, $\{2, 3\}$, $\{2, 4\}$, $\{3, 4\}$인 경우도 가능한 집합 Q의 개수는 각각 2^4씩이다.

그러므로 순서쌍 (Q, R)의 개수는 $2^4 \times 6$

(iv) $n(R^C)=3$인 경우

$R^C=\{1, 2, 3\}$이면 $R=\{4, 5, 6, 7, 8\}$

이때 순서쌍 (Q, R)의 개수는 $2^4 \times 1$

R^C이 $\{1, 2, 4\}$, $\{1, 3, 4\}$, $\{2, 3, 4\}$인 경우도 가능한 집합 Q의 개수는 각각 2^4씩이다.

그러므로 순서쌍 (Q, R)의 개수는 $2^4 \times 4$

(v) $n(R^C)=4$인 경우

$R^C=\{1, 2, 3, 4\}$이면 $R=\{5, 6, 7, 8\}$

이때 순서쌍 (Q, R)의 개수는 $2^4 \times 1$

(i)~(v)에 의해서 순서쌍 (Q, R)의 개수는

$2^4+4 \times 2^4+6 \times 2^4+4 \times 2^4+2^4=16 \times 2^4=256$

0548

다음 명제의 역과 대우를 구하고 각각의 참, 거짓을 판별하시오.

TIP 명제가 참이면 그 대우도 참이고 명제가 거짓이면 그 대우 또한 거짓이다.

(1) a, b가 무리수이면 ab도 무리수이다.

(2) x가 6의 약수이면 x는 12의 약수이다.

(3) 실수 x, y에 대하여 $|x|+|y|=0$이면 $x^2+y^2=0$이다.

STEP A 명제가 참이면 대우도 참임을 이용하기

(1) 명제 : a, b가 무리수이면 ab도 무리수이다.

역 : ab가 무리수이면 a, b는 무리수이다. [거짓]

반례 $a=\sqrt{2}$, $b=2$일 때, $ab=2\sqrt{2}$로 무리수이지만 b는 유리수이다.

대우 : ab도 무리수가 아니면 a 또는 b는 무리수가 아니다. [거짓]

반례 $a=\sqrt{2}$, $b=\sqrt{2}$일 때, $ab=2$로 유리수이지만 a, b는 무리수이다.

따라서 주어진 명제는 거짓이다.

(2) 명제 : x가 6의 약수이면 x는 12의 약수이다.

역 : x는 12의 약수이면 x가 6의 약수이다. [거짓]

반례 $x=4$일 때, x는 12의 약수이지만 6의 약수가 아니다.

대우 : x가 12의 약수가 아니면 x는 6의 약수이다. [참]

따라서 주어진 명제도 참이다.

(3) 명제 : 실수 x, y에 대하여 $|x|+|y|=0$이면 $x^2+y^2=0$이다.

역 : $x^2+y^2=0$이면 $|x|+|y|=0$이다. [거짓]

대우 : $x^2+y^2\neq 0$이면 $|x|+|y|\neq 0$ [참]

따라서 주어진 명제도 참이다.

0549

2015년 06월 고2 학력평가 나형 6번

다음 물음에 답하시오.

(1) 명제 '$x^2-6x+5\neq 0$이면 $x-a\neq 0$이다.'가 참이 되기 위한 모든 실수 a의 값의 합은?

TIP $p\longrightarrow q$가 참이면 대우 $\sim q\longrightarrow\sim p$ 또한 참이다.

① 6 ② 7 ③ 8
④ 9 ⑤ 10

STEP A 명제의 대우를 이용하여 상수 a의 값 구하기

주어진 명제가 참이 되기 위해서 그 명제의 대우

'$x-a=0$이면 $x^2-6x+5=0$이다.'가 참이 되어야 한다.

$x=a$일 때, $a^2-6a+5=0$, $(a-1)(a-5)=0$

$\therefore$ $a=1$ 또는 $a=5$

따라서 구하는 모든 실수 a의 값의 합은 $1+5=6$

(2) 두 실수 x, y에 대하여 명제

'$x+y<-4$이면 $x<a$ 또는 $y<1$이다.'

가 참이 되도록 하는 실수 a의 최솟값은?

① -6 ② -5 ③ -4
④ -3 ⑤ -2

STEP A 명제의 대우를 이용하여 상수 a의 값 구하기

주어진 명제의 대우는

'$x\geq a$이고 $y\geq 1$이면 $x+y\geq -4$이다.'

명제가 참이면 그 대우도 참이므로

$x\geq a$, $y\geq 1$에서 $x+y\geq a+1$

즉 $a+1\geq -4$이므로 $a\geq -5$

따라서 실수 a의 최솟값은 -5

0550

다음 명제의 역과 대우를 말하고, 그것의 참, 거짓을 판별하시오.

TIP 명제가 참이면 그 대우도 참이고 명제가 거짓이면 그 대우 또한 거짓이다.

(1) 실수 a, b, c에 대하여 $ac=bc$이면 $a=b$이다.

(2) 실수 x에 대하여 $x\geq 0$이면 $|x|=x$이다.

(3) 집합 A, B에 대하여 $A\subset B$이면 $A\cap B=A$이다.

(4) 자연수 x, y에 대하여 $x+y$가 짝수이면 x, y가 짝수이다.

(5) x, y가 정수이면 $x+y$, xy는 모두 정수이다.

STEP A 명제의 역과 대우 구하기

(1) 명제 : 실수 a, b, c에 대하여 $ac=bc$이면 $a=b$이다. [거짓]

반례 $c=0$일 때, $a\neq b$이어도 $ac=bc$가 성립한다.

역 : 실수 a, b, c에 대하여 $a=b$이면 $ac=bc$이다. [참]

대우 : 실수 a, b, c에 대하여 $a\neq b$이면 $ac\neq bc$이다. [거짓]

(2) 명제 : 실수 x에 대하여 $x\geq 0$이면 $|x|=x$이다. [참]

역 : 실수 x에 대하여 $|x|=x$이면 $x\geq 0$이다. [참]

대우 : 실수 x에 대하여 $|x|\neq x$이면 $x<0$이다. [참]

(3) 명제 : 집합 A, B에 대하여 $A\subset B$이면 $A\cap B=A$이다. [참]

역 : 집합 A, B에 대하여 $A\cap B=A$이면 $A\subset B$이다. [참]

대우 : 집합 A, B에 대하여 $A\cap B\neq A$이면 $A\not\subset B$이다. [참]

(4) 명제 : 자연수 x, y에 대하여 $x+y$가 짝수이면 x, y가 짝수이다. [거짓]

반례 $x=1$, $y=3$이면 $x+y$는 짝수이지만 x, y는 짝수가 아니다.

역 : 자연수 x, y에 대하여 x, y가 짝수이면 $x+y$가 짝수이다. [참]

대우 : 자연수 x, y에 대하여 x가 홀수이거나 y가 홀수이면 $x+y$가 홀수이다. [거짓]

(5) 명제 : x, y가 정수이면 $x+y$, xy는 모두 정수이다. [참]

역 : $x+y$, xy가 모두 정수이면 x, y는 정수이다. [거짓]

반례 $x=2+\sqrt{3}$, $y=2-\sqrt{3}$이면 $x+y$, xy가 모두 정수이지만 x, y는 정수가 아니다.

대우 : $x+y$, xy가 정수가 아니면 x, y가 정수가 아니다. [참]

0551

다음 명제 중 그 역이 참인 것은? (단, a, b, m은 실수이다.)

TIP 명제가 참일 때, 그 역이 반드시 참이 아니므로 명제와 그 명제의 역이 참인지 각각 확인해야한다.

① 자연수 x, y에 대하여 x, y가 짝수이면 xy는 짝수이다.

② $a>2$이면 $a^2>4$이다.

③ $a=b$이면 $a^2=b^2$이다.

④ $a>0$이고 $b>0$이면 $a+b>0$이다.

⑤ $a^2+b^2=0$이면 $a=0$이고 $b=0$이다.

STEP A 각 명제의 역을 구하고 그 명제의 역의 참, 거짓을 판별하기

① 역 : 자연수 x, y에 대하여 xy가 짝수이면 x, y가 짝수이다. [거짓]

반례 $x=2$, $y=3$이면 $xy=6$은 짝수이지만 y는 홀수이다.

② 역 : $a^2>4$이면 $a>2$이다. [거짓]

반례 $a=-3$일 때, $a^2>4$이지만 $a<2$이다.

③ 역 : $a^2=b^2$이면 $a=b$이다. [거짓]

반례 $a=1$, $b=-1$이면 $a^2=b^2$이지만 $a\neq b$이다.

④ 역 : $a+b>0$이면 $a>0$이고 $b>0$이다. [거짓]

반례 $a=3$, $b=-2$일 때, $a+b>0$이지만 $a>0$, $b<0$이다.

⑤ 역 : $a=0$이고 $b=0$이면 $a^2+b^2=0$이다. [참]

따라서 역이 참인 명제는 ⑤이다.

0552

다음 물음에 답하시오.

(1) 명제 '$x^2-ax+6=0$이면 $x-2=0$이다.'의 역이 참이 되도록 하는

TIP 명제 $p \longrightarrow q$에 대하여 가정과 결론을 바꾼 것인 $q \longrightarrow p$이 역이라 한다.

상수 a의 값은?

① 2 ② 3 ③ 4
④ 5 ⑤ 7

STEP Ⓐ 명제의 역을 구하여 참이 되는 a의 값 구하기

주어진 명제의 역은 '$x-2=0$이면 $x^2-ax+6=0$이다.'이다.
역이 참이어야 하므로 $x=2$를 $x^2-ax+6=0$에 대입하면
$4-2a+6=0$
따라서 $a=5$

(2) 두 조건 p, q가 $p: -5 \le x < 3$, $q: |x-n| \le 2$일 때,
명제 $p \longrightarrow q$의 역이 참이 되게 하는 정수 n의 개수는?

TIP 명제 $p \longrightarrow q$의 역 $q \longrightarrow p$가 참이 되려면 $Q \subset P$이어야 한다.

① 2 ② 3 ③ 4
④ 5 ⑤ 7

STEP Ⓐ 조건 p, q의 진리집합 P, Q 구하기

두 조건 p, q의 진리집합을 각각 P, Q라고 하면
$P=\{x|-5 \le x < 3\}$, $Q=\{x|n-2 \le x \le n+2\}$

STEP Ⓑ 명제의 역을 구하여 참이 되는 n의 값의 범위 구하기

명제 $p \longrightarrow q$의 역 $q \longrightarrow p$가 참이 되려면 $Q \subset P$이어야 하므로
$-5 \le n-2$, $n+2 < 3$ $\therefore -3 \le n < 1$

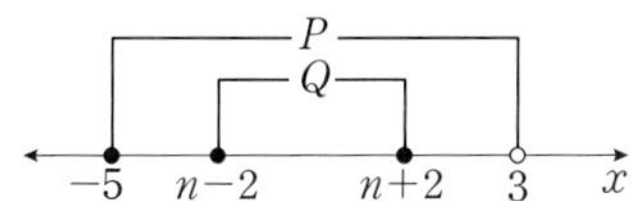

따라서 정수 n은 -3, -2, -1, 0이므로 그 개수는 4

0553

명제의 역이 참인 것을 [보기]에서 모두 고르면?

TIP 명제가 참일 때, 그 역이 반드시 참이 아니므로 명제와 그 명제의 역이 참인지 각각 확인해야한다.

ㄱ. 자연수 n에 대하여 n이 홀수이면 n^2은 홀수이다.
ㄴ. 자연수 n에 대하여 n이 2의 배수이면 n은 4의 배수이다.
ㄷ. 실수 x, y에 대하여 $xy>0$이면 $x>0$이고 $y>0$이다.

① ㄱ ② ㄷ ③ ㄱ, ㄴ
④ ㄴ, ㄷ ⑤ ㄱ, ㄴ, ㄷ

STEP Ⓐ 역을 구하여 참임을 구하기

ㄱ. 역 : 자연수 n에 대하여 n^2이 홀수이면 n이 홀수이다. [참]
증명 이 명제의 대우는 자연수 n에 대하여 n이 짝수이면 n^2이 짝수이다.
즉 $n=2k$ (k는 자연수)로 놓으면 $n^2=4k^2=2(2k^2)$이므로
n^2은 짝수이다.
ㄴ. 역 : 자연수 n에 대하여 n이 4의 배수이면 n은 2의 배수이다. [참]
증명 n이 4의 배수이면 $n=4k$ (k는 자연수)로 놓을 수 있다.
이때 $n=4k=2(2k)$이므로 n은 2의 배수이다. [참]
ㄷ. 역 : 실수 x, y에 대하여 $x>0$이고 $y>0$이면 $xy>0$이다. [참]
따라서 역이 참인 것은 ㄱ, ㄴ, ㄷ이다.

0554

2016년 04월 고3 학력평가 나형 8번

세 조건 p, q, r에 대하여 두 명제 $p \longrightarrow \sim q$와 $r \longrightarrow q$가 모두 참일 때,

TIP 세 조건에서 두 명제가 참이므로 삼단논법을 이용하여 구한다.

다음 명제 중 항상 참인 것은?

① $r \longrightarrow \sim p$ ② $p \longrightarrow r$ ③ $q \longrightarrow p$
④ $q \longrightarrow \sim r$ ⑤ $\sim r \longrightarrow p$

STEP Ⓐ 주어진 명제의 대우를 각각 구하기

두 명제 $p \longrightarrow \sim q$, $r \longrightarrow q$가 참이므로 각각의 대우인
$q \longrightarrow \sim p$, $\sim q \longrightarrow \sim r$도 참이다.
이때 $p \longrightarrow \sim q$, $\sim q \longrightarrow \sim r$이 참이므로 삼단논법에 의하여
$p \longrightarrow \sim r$도 항상 참이고 그 대우인 $r \longrightarrow \sim p$도 참이다.
따라서 항상 참인 명제는 ①이다.

MINI해설 진리집합을 이용하여 풀이하기

세 조건 p, q, r의 진리집합을 각각 P, Q, R이라 하자.
명제 $p \longrightarrow \sim q$가 참이면 대우 $q \longrightarrow \sim p$도 참이므로 $Q \subset P^C$
명제 $r \longrightarrow q$가 참이므로 $R \subset Q$
$\therefore R \subset Q \subset P^C$
따라서 $R \subset P^C$이므로 명제 $r \longrightarrow \sim p$가 항상 참이다.

0555

2007년 03월 고2 학력평가 6번

세 조건 p, q, r에 대하여 두 명제 $\sim q \longrightarrow \sim p$, $r \longrightarrow \sim q$가 모두 참

TIP 명제가 참이면 그 대우도 참이므로 $p \longrightarrow q$, $q \longrightarrow \sim r$는 모두 참이다.

일 때, [보기]에서 참인 명제를 모두 고른 것은?

ㄱ. $p \longrightarrow q$
ㄴ. $q \longrightarrow r$
ㄷ. $r \longrightarrow \sim p$

① ㄱ ② ㄴ ③ ㄱ, ㄷ
④ ㄴ, ㄷ ⑤ ㄱ, ㄴ, ㄷ

STEP Ⓐ 주어진 명제의 대우와 삼단논법을 이용하여 참인 명제 구하기

ㄱ. 명제 $\sim q \longrightarrow \sim p$가 참이므로 그 대우 $p \longrightarrow q$도 참이다.
ㄴ. 명제 $r \longrightarrow \sim q$가 참이므로 그 대우 $q \longrightarrow \sim r$도 참이다.
ㄷ. 두 명제 $p \longrightarrow q$, $q \longrightarrow \sim r$이 참이므로 $p \longrightarrow \sim r$도 참이고
그 대우 $r \longrightarrow \sim p$도 참이다.
따라서 [보기]에서 참인 명제는 ㄱ, ㄷ이다.

0556

다음 두 명제가 모두 참일 때, 항상 참인 명제인 것은?

(가) 음악을 잘하는 학생은 노래도 잘 부른다.
(나) 노래를 잘 부르는 학생은 슈퍼스타 K에 출전한다.

TIP 주어진 명제를 가정과 결론을 나누어 기호로 나타낸 후 대우의 성질과 삼단논법을 이용한다.

① 음악을 잘하는 학생은 슈퍼스타K에 출전하는 것은 아니다.
② 슈퍼스타 K에 출전하는 학생은 노래를 잘 부른다.
③ 슈퍼스타 K에 출전하는 학생은 음악을 잘한다.
④ 슈퍼스타 K에 출전하지 않는 학생은 음악을 잘하지 않는다.
⑤ 노래를 잘 부르고 슈퍼스타 K에 출전한 학생은 음악을 잘한다.

STEP Ⓐ **주어진 명제를 기호로 나타내고 각각의 명제를 기호로 나타내기**

p : 음악을 잘하는 학생, q : 노래도 잘 부르는 학생
r : 슈퍼스타 K에 출전하는 학생이라 하면
(가)에서 '음악을 잘하는 학생은 노래도 잘 부른다.'는 $p \longrightarrow q$가 참이다.
(나)에서 '노래를 잘 부르는 학생은 슈퍼스타 K에 출전한다.'는 $q \longrightarrow r$이 참이다.
이때 $p \longrightarrow q$, $q \longrightarrow r$이므로 삼단논법에 의하여 $p \longrightarrow r$도 참이다.
즉 '음악을 잘하는 학생은 슈퍼스타 K에 출전한다.'가 참인 명제이고 그 대우도 참이다.
따라서 항상 참인 명제는 ④이다.

0557

2003학년도 수능기출 인문계 5번

전체집합 U의 세 부분집합 P, Q, R이 각각 세 조건 p, q, r의 진리집합이고 두 명제 $p \longrightarrow q$와 $q \longrightarrow r$가 모두 참일 때, [보기] 중 옳은 것을
TIP 세 조건에서 두 명제가 참이므로 삼단논법을 이용하여 구한다.
모두 고르면?

ㄱ. $P \subset R$
ㄴ. $(P \cup Q) \subset R^c$
ㄷ. $(P^c \cap R^c) \subset Q^c$

① ㄱ ② ㄱ, ㄴ ③ ㄱ, ㄷ
④ ㄴ, ㄷ ⑤ ㄱ, ㄴ, ㄷ

STEP Ⓐ **주어진 명제를 진리집합 사이의 포함 관계로 나타내기**

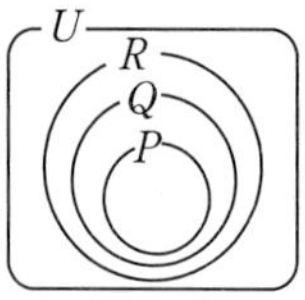

두 명제 $p \longrightarrow q$와 $q \longrightarrow r$이 참이므로
삼단논법에 의하여 $p \longrightarrow r$이다.
명제 $p \longrightarrow q$가 참이므로 $P \subset Q$
명제 $q \longrightarrow r$이 참이므로 $Q \subset R$
$\therefore P \subset Q \subset R$ …… ㉠

STEP Ⓑ **[보기]의 참, 거짓의 진위 판단하기**

ㄱ. $P \subset R$ [참]
ㄴ. $P \cup Q = Q$이고 $Q \subset R$이므로 $(P \cup Q) \subset R$
$\therefore (P \cup Q) \not\subset R^c$ [거짓]
ㄷ. 드모르간의 법칙에 의하여 $P^c \cap R^c = (P \cup R)^c = R^c$ ($\because$ ㉠)
㉠에서 $Q \subset R$이므로 $R^c \subset Q^c$
$\therefore (P^c \cap R^c) \subset Q^c$ [참]
참고 ㉠에서 $Q \subset R$이므로 $Q \subset P \cup R$
즉 $(P \cup R)^c \subset Q^c$이므로 $(P^c \cap R^c) \subset Q^c$ [참]
따라서 옳은 것은 ㄱ, ㄷ이다.

0558

전체집합 U에 대하여 세 조건 p, q, r의 진리집합을 각각 P, Q, R이라 하자. 세 명제 $p \longrightarrow \sim q$, $\sim q \longrightarrow r$, $q \longrightarrow \sim r$이 모두 참일 때, 항상
TIP 세 명제가 모두 참이므로 진리집합을 이용하여 포함 관계를 구한다.
옳은 것만을 [보기]에서 있는 대로 고른 것은?

ㄱ. $P \cap Q = \varnothing$
ㄴ. $P \cap R = R$
ㄷ. $Q \cup R = U$

① ㄱ ② ㄷ ③ ㄱ, ㄴ
④ ㄱ, ㄷ ⑤ ㄴ, ㄷ

STEP Ⓐ **주어진 명제를 진리집합 사이의 포함 관계로 나타내기**

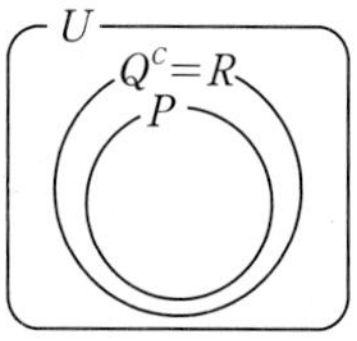

명제 $p \longrightarrow \sim q$가 참이므로 $P \subset Q^c$
명제 $\sim q \longrightarrow r$가 참이므로 $Q^c \subset R$
명제 $q \longrightarrow \sim r$가 참이므로 $Q \subset R^c$
$\therefore P \subset Q^c = R$

STEP Ⓑ **[보기]의 참, 거짓의 진위 판단하기**

ㄱ. $P \subset Q^c$이므로 $P \cap Q = \varnothing$ [참]
ㄴ. $P \subset R$이므로 $P \cap R = P$ [거짓]
ㄷ. $Q^c = R$이므로 $Q \cup R = U$ [참]
따라서 옳은 것은 ㄱ, ㄷ이다.

0559

2012년 11월 고1 학력평가 14번

전체집합 U의 공집합이 아닌 세 부분집합 P, Q, R이 각각 세 조건 p, q, r의 진리집합이고 세 명제 $p \longrightarrow q$, $\sim p \longrightarrow q$, $\sim r \longrightarrow p$가 모두 참일
TIP 주어진 조건을 진리집합으로 나타내어 포함 관계를 나타낸다.
때, 옳은 것만을 [보기]에서 있는 대로 고른 것은?

ㄱ. $P^c \subset Q$
ㄴ. $R - P^c = \varnothing$
ㄷ. $(R^c \cup P^c) \subset Q$

① ㄱ ② ㄴ ③ ㄱ, ㄷ
④ ㄴ, ㄷ ⑤ ㄱ, ㄴ, ㄷ

STEP Ⓐ **주어진 명제를 진리집합 사이의 포함 관계로 나타내기**

명제 $p \longrightarrow q$이 참이므로 $P \subset Q$ …… ㉠
명제 $\sim p \longrightarrow q$이 참이므로 $P^c \subset Q$ …… ㉡
명제 $\sim r \longrightarrow p$이 참이므로 $R^c \subset P$ …… ㉢
㉠, ㉡에서 $P \cup P^c \subset Q$이므로 $U = Q$ …… ㉣
㉠, ㉢에서 $R^c \subset P \subset Q$

STEP Ⓑ **[보기]의 참, 거짓 판별하기**

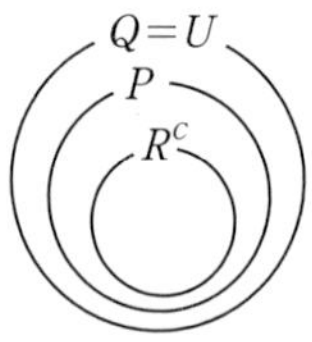

ㄱ. ㉡에서 $P^c \subset Q$이다. [참]
ㄴ. 반례 $P = \{1, 2\}$, $R = \{2, 3\}$,
$Q = \{1, 2, 3\}$일 때,
$R - P^c = R \cap P = \{2\} \neq \varnothing$ [거짓]
ㄷ. ㉣에서 $(R^c \cup P^c) \subset Q = U$이다. [참]
따라서 옳은 것은 ㄱ, ㄷ이다.

0560

다음에서 조건 p는 조건 q이기 위한 어떤 조건인지 말하시오.
(단, x, y는 실수이다.)

(1) p : $a > 0$이고 $b > 0$ q : $a + b > 0$
(2) p : x, y가 모두 정수이다. q : xy, $x + y$가 정수이다.
(3) p : $x^2 = y^2$ q : $|x| = |y|$

STEP Ⓐ **명제와 그 역의 참과 거짓을 구해 조건을 판정하기**

두 조건 p, q의 진리집합을 각각 P, Q라 하자.
(1) $p \longrightarrow q$: $a > 0$이고 $b > 0$이면 $a + b > 0$이다. [참]
$q \longrightarrow p$: $a + b > 0$이면 $a > 0$이고 $b > 0$이다. [거짓]
반례 $a = -1$이고 $b = 2$일 때, $a + b > 0$이지만 $a < 0$이다.
따라서 $p \Longrightarrow q$이므로 p는 q이기 위한 충분조건이다.

(2) $p \longrightarrow q$: x, y가 모두 정수이면 xy, $x+y$가 정수이다. [참]

$q \longrightarrow p$: xy, $x+y$가 정수이면 x, y가 모두 정수이다. [거짓]

반례 $x=1+\sqrt{2}$, $y=1-\sqrt{2}$이면 xy, $x+y$가 정수이지만 x, y는 정수가 아니다.

따라서 $p \Longrightarrow q$이므로 p는 q이기 위한 충분조건이다.

(3) $p \longrightarrow q$: $\underset{x=\pm y}{x^2=y^2}$이면 $\underset{x=\pm y}{|x|=|y|}$이다. [참]

$q \longrightarrow p$: $|x|=|y|$이면 $x^2=y^2$이다. [참]

따라서 $p \Longleftrightarrow q$이므로 p는 q이기 위한 필요충분조건이다.

0561

다음 중 p가 q이기 위한 필요조건이지만 충분조건은 아닌 것을 고르면?

TIP 두 조건 p, q의 진리집합 P, Q에 대하여 $P \supset Q$이지만 $P \not\subset Q$인 것을 찾으면 된다.

(단, A, B는 집합이고 a, b, c는 모두 실수이다.)

① p : $a>b>0$ $\quad$ q : $a^2>b^2$

② p : $a^2+b^2=0$ $\quad$ q : $ab=0$

③ p : $a=b$ $\quad$ q : $ac=bc$

④ p : $A \subset B$ 또는 $A \subset C$ $\quad$ q : $A \subset (B \cup C)$

⑤ p : $ab=|ab|$ $\quad$ q : $a>0$, $b>0$

STEP A 명제와 그 역의 참과 거짓을 구해 조건을 판정하기

두 조건 p, q의 진리집합을 각각 P, Q라 하자.

① $p \longrightarrow q$: $a>b>0$이면 $a^2>b^2$이다. [참]

$q \longrightarrow p$: $a^2>b^2$이면 $a>b>0$이다. [거짓]

반례 $a=-5$이고 $b=2$일 때, $a^2>b^2$이지만 $a<b$이다.

즉 $p \Longrightarrow q$이므로 p는 q이기 위한 충분조건이다.

② $p \longrightarrow q$: $a^2+b^2=0$이면 $ab=0$이다. [참]

$q \longrightarrow p$: $ab=0$이면 $a^2+b^2=0$이다. [거짓]

반례 $a=0$이고 $b=1$이면 $a^2+b^2=0$을 만족하지 않는다.

즉 $p \Longrightarrow q$이므로 p는 q이기 위한 충분조건이다.

③ $p \longrightarrow q$: $a=b$이면 $ac=bc$이다. [참]

$q \longrightarrow p$: $ac=bc$이면 $a=b$이다. [거짓]

반례 $a=1$, $b=2$, $c=0$이면 $ac=bc$이지만 $a \neq b$이다.

즉 $p \Longrightarrow q$이므로 p는 q이기 위한 충분조건이다.

④ $p \longrightarrow q$: $A \subset B$ 또는 $A \subset C$이면 $A \subset (B \cup C)$이다. [참]

$q \longrightarrow p$: $A \subset (B \cup C)$이면 $A \subset B$ 또는 $A \subset C$이다. [거짓]

반례 벤 다이어그램에서 $A \subset (B \cup C)$이지만 $A \not\subset B$이고 $A \not\subset C$

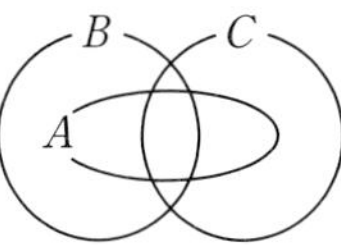

따라서 $p \Longrightarrow q$이므로 p는 q이기 위한 충분조건이다.

⑤ $p \longrightarrow q$: $ab=|ab|$이면 $a>0$, $b>0$이다. [거짓]

반례 $ab=|ab|$에서 $ab \geq 0$이므로 $a \geq 0$, $b \geq 0$ 또는 $a \leq 0$, $b \leq 0$

$q \longrightarrow p$: $a>0$, $b>0$이면 $ab=|ab|$이다. [참]

즉 $q \Longrightarrow p$이므로 p는 q이기 위한 필요조건이다.

따라서 필요조건은 ⑤이다.

0562

다음 두 조건 p, q에 대하여 다음 중 p가 q이기 위한 필요충분조건이

TIP 두 조건 p, q의 진리집합 P, Q에 대하여 $P=Q$인 것을 찾으면 된다.

아닌 것은? (단, A, B는 집합이고 a, b, c는 실수이다.)

① p : $a^2+b^2=0$ $\quad$ q : $|a|+|b|=0$

② p : $a-c>b-c$ $\quad$ q : $a>b$

③ p : $a^2>b^2$ $\quad$ q : $|a|>|b|$

④ p : $a=b=c=0$ $\quad$ q : $(a-b)^2+(b-c)^2+(c-a)^2=0$

⑤ p : $A \cup B=B$ $\quad$ q : $A-B=\varnothing$

STEP A 명제와 그 역의 참과 거짓을 구해 조건을 판정하기

두 조건 p, q의 진리집합을 각각 P, Q라 하자.

① $p \longrightarrow q$: $a^2+b^2=0$이면 $a=b=0$이므로 $|a|+|b|=0$이다. [참]

$q \longrightarrow p$: $|a|+|b|=0$이면 $a=b=0$이므로 $a^2+b^2=0$이다. [참]

즉 $p \Longleftrightarrow q$이므로 p는 q이기 위한 필요충분조건이다.

② $p \longrightarrow q$: $a-c>b-c$이면 $a>b$이다. [참]

$q \longrightarrow p$: $a>b$이면 $a-c>b-c$이다. [참]

이때 $a-c>b-c$의 양변에 c를 더하면 $a>b$이고

$a>b$의 양변에 $-c$를 더하면 $a-c>b-c$이다.

즉 $p \Longleftrightarrow q$이므로 p는 q이기 위한 필요충분조건이다.

③ $p \longrightarrow q$: $a^2>b^2$이면 $|a|>|b|$이다. [참]

$q \longrightarrow p$: $|a|>|b|$이면 $a^2>b^2$이다. [참]

즉 $p \Longleftrightarrow q$이므로 p는 q이기 위한 필요충분조건이다.

④ $p \longrightarrow q$: $a=b=c=0$이면 $(a-b)^2+(b-c)^2+(c-a)^2=0$이다. [참]

$q \longrightarrow p$: $(a-b)^2+(b-c)^2+(c-a)^2=0$이면 $a=b=c=0$이다. [거짓]

반례 $(a-b)^2+(b-c)^2+(c-a)^2=0 \Longleftrightarrow a=b=c$

즉 $p \Longrightarrow q$이므로 p는 q이기 위한 충분조건이다.

⑤ $p \longrightarrow q$: $A \cup B=B$이면 $A \subset B$이므로 $A-B=\varnothing$이다. [참]

$q \longrightarrow p$: $A-B=\varnothing$이면 $A \subset B$이므로 $A \cup B=B$ [참]

즉 $p \Longleftrightarrow q$이므로 p는 q이기 위한 필요충분조건이다.

따라서 필요충분조건이 아닌 것은 ④이다.

POINT a, b가 실수일 때,

① $a^2+b^2=0 \Longleftrightarrow a=0$이고 $b=0$

② $|a|+|b|=0 \Longleftrightarrow a=0$이고 $b=0$

③ $a+bi=0 \Longleftrightarrow a=0$이고 $b=0$

0563

다음에서 조건 p는 조건 q이기 위한 어떤 조건인지 말하시오.
(단, x는 실수이다.)

(1) p : $1<x<3$ $\quad$ q : $x<5$

(2) p : $x=0$ $\quad$ q : $x^2=0$

(3) p : $x^2-2x=0$ $\quad$ q : $x-2=0$

STEP A 두 조건의 진리집합 사이의 포함 관계를 이용하여 조건을 판정하기

두 조건 p, q의 진리집합을 각각 P, Q라 하자.

(1) $P=\{x|1<x<3\}$, $Q=\{x|x<5\}$

$\therefore P \subset Q$

따라서 p는 q이기 위한 충분조건이다.

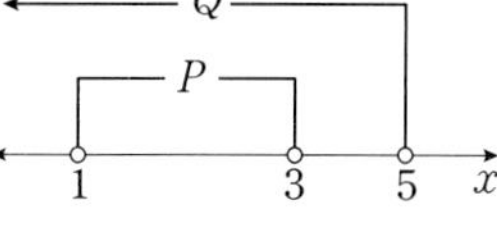

(2) $P=\{0\}$, $Q=\{0\}$ $\quad \therefore P=Q$

따라서 p는 q이기 위한 필요충분조건이다.

(3) $P=\{0, 2\}$, $Q=\{2\}$ $\quad \therefore P \supset Q$

따라서 p는 q이기 위한 필요조건이다.

0564

다음 중 p가 q이기 위한 필요조건이지만 충분조건은 아닌 것을

TIP 두 조건 p, q의 진리집합 P, Q에 대하여 $P \supset Q$이지만 $P \not\subset Q$인 것을 찾으면 된다.

모두 고르면? (단, A, B는 집합이고 x는 실수이다.)

① p : x는 6의 약수이다. q : x는 12의 약수이다.
② p : $x>0$ q : $x^2>0$
③ p : $x>2$ q : $3x>4-x$
④ p : x는 24의 약수이다. q : x는 12의 약수이다.
⑤ p : $x=2$ q : $x^2=4$

STEP Ⓐ **두 조건의 진리집합 사이의 포함 관계를 이용하여 조건을 판정하기**

두 조건 p, q의 진리집합을 각각 P, Q라 하자.

① $P=\{1, 2, 3, 6\}$, $Q=\{1, 2, 3, 4, 6, 12\}$이므로 $P \subset Q$
p는 q이기 위한 충분조건이다.

② $P=\{x|x>0\}$, $Q=\{x|x \neq 0$인 실수$\}$이므로 $P \subset Q$
p는 q이기 위한 충분조건이다.

③ $P=\{x|x>2\}$, $Q=\{x|x>1\}$이므로 $P \subset Q$
p는 q이기 위한 충분조건이다.

④ $P=\{1, 2, 3, 4, 6, 8, 12, 24\}$, $Q=\{1, 2, 3, 4, 6, 12\}$이므로 $Q \subset P$
p는 q이기 위한 필요조건이다.

⑤ $P=\{2\}$, $Q=\{-2, 2\}$이므로 $P \subset Q$
p는 q이기 위한 충분조건이다.

따라서 필요조건인 것은 ④이다.

0565

다음 중 $a=b=0$과 필요충분조건이 아닌 것은? (단, a, b는 실수이다.)

TIP 두 조건 p, q의 진리집합 P, Q에 대하여 $P=Q$가 아닌 것을 찾으면 된다.

① $a^2+b^2=0$ ② $a^2-ab+b^2=0$ ③ $|a|+|b|=0$
④ $a+bi=0$ ⑤ $a+b\sqrt{m}=0$ (단, $\sqrt{m}$은 무리수이다.)

STEP Ⓐ **두 조건의 진리집합 사이의 포함 관계를 이용하여 조건을 판정하기**

a, b가 실수이므로

① $a^2+b^2=0$이면 $a=b=0$

② $a^2-ab+b^2=\left(a-\dfrac{b}{2}\right)^2+\dfrac{3}{4}b^2=0$에서 $a-\dfrac{b}{2}=0$, $\dfrac{3}{4}b^2=0$
$\therefore a=b=0$

③ $|a|+|b|=0$이면 $a=b=0$

④ $a+bi=0$이면 $a=b=0$

⑤ 반례 $a=-m$, $b=\sqrt{m}$일 때만 성립한다.

따라서 $a=b=0$과 필요충분조건이 아닌 것은 ⑤이다.

POINT 충분조건과 필요조건

주의 필요조건과 충분조건 문제는 항상 주어에 집중한다.

(1) p : $ab=0 \longrightarrow q$: $a^2+b^2=0$ [거짓]
q : $a^2+b^2=0 \longrightarrow p$: $ab=0$ [참]
따라서 $q \longrightarrow p$가 참이므로 $ab=0$은 $a^2+b^2=0$이기 위한 필요조건

(2) p : $a+b=0 \longrightarrow q$: $a^2+b^2=0$ [거짓]
q : $a^2+b^2=0 \longrightarrow p$: $a+b=0$ [참]
따라서 $q \longrightarrow p$가 참이므로 $a+b=0$은 $a^2+b^2=0$이기 위한 필요조건

(3) p : $|a|+|b|=0 \longrightarrow q$: $a^2+b^2=0$ [참]
q : $a^2+b^2=0 \longrightarrow p$: $|a|+|b|=0$ [참]
따라서 $p \longrightarrow q$, $q \longrightarrow p$가 모두 참이므로 $|a|+|b|=0$은 $a^2+b^2=0$이기 위한 필요충분조건

0566

2016년 04월 고3 학력평가 나형 12번

실수 x에 대하여 두 조건 p, q가

$$p : a \leq x \leq a+2,\ q : x<5 \text{ 또는 } x>9$$

이다. $\sim p$는 q이기 위한 필요조건이 되도록 하는 모든 정수 a의 값의 합을

TIP 두 조건 p, q의 진리집합 사이의 포함 관계를 이용한다.

구하시오.

STEP Ⓐ **두 조건 $\sim p$, q의 진리집합 구하기**

두 조건 p, q의 진리집합을 각각 P, Q라 하면
$P^C=\{x|x<a$ 또는 $x>a+2\}$, $Q=\{x|x<5$ 또는 $x>9\}$

STEP Ⓑ **진리집합 사이의 포함 관계를 이용하여 a의 값의 범위 구하기**

$\sim p$는 q이기 위한 필요조건이 되려면 $Q \subset P^C$이므로
이를 수직선 위에 나타내면 그림과 같다.

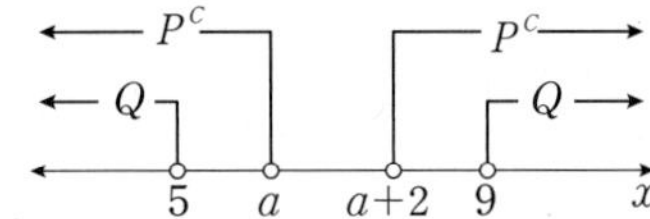

$5 \leq a$, $a+2 \leq 9$ $\therefore 5 \leq a \leq 7$
따라서 정수 a는 5, 6, 7이므로 그 합은 $5+6+7=18$

다른풀이 명제 $q \longrightarrow \sim p$의 대우 $p \longrightarrow \sim q$를 이용하여 풀이하기

STEP Ⓐ **두 조건 p, $\sim q$의 진리집합 구하기**

두 조건 p, q의 진리집합을 각각 P, Q라 하면
$P=\{x|a \leq x \leq a+2\}$, $Q^C=\{x|5 \leq x \leq 9\}$

STEP Ⓑ **진리집합 사이의 포함 관계를 이용하여 a의 범위 구하기**

$\sim p$는 q이기 위한 필요조건이므로 명제 $q \longrightarrow \sim p$는 참이다.
즉 명제 $q \longrightarrow \sim p$는 참이므로 대우 $p \longrightarrow \sim q$도 참이다.
$\therefore P \subset Q^C$
이때 $P \subset Q^C$이므로 이를 수직선 위에 나타내면 오른쪽 그림과 같다.

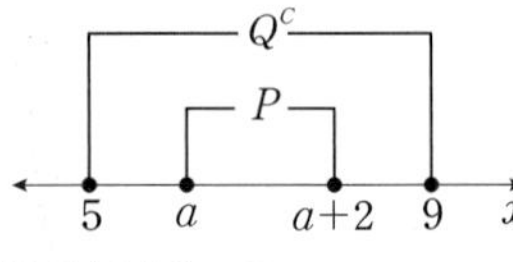

$5 \leq a$, $a+2 \leq 9$, 즉 $5 \leq a \leq 7$
따라서 정수 a의 값은 5, 6, 7이므로 그 합은 $5+6+7=18$

0567

2015년 03월 고2 학력평가 가형 9번

실수 x에 대하여 두 조건 p, q가 다음과 같다.

$$p : x^2-2x-8<0,\ q : x \geq a$$

p가 q이기 위한 충분조건이 되도록 하는 실수 a의 최댓값은?

TIP 두 조건 p, q의 진리집합을 각각 P, Q라 할 때, $p \Longrightarrow q$이려면 $P \subset Q$이어야 한다.

① -4 ② -2 ③ 0
④ 2 ⑤ 4

STEP Ⓐ **두 조건 p, q의 진리집합 구하기**

두 조건 p, q의 진리집합을 각각 P, Q라 하면
조건 p : $x^2-2x-8<0$에서 $(x-4)(x+2)<0$이므로
$P=\{x|-2<x<4\}$
조건 q : $x \geq a$에서 $Q=\{x|x \geq a\}$

STEP Ⓑ **진리집합 사이의 포함 관계를 이용하여 a의 값의 범위 구하기**

p가 q이기 위한 충분조건이 되려면 $P \subset Q$이므로 이를 수직선 위에 나타내면 오른쪽 그림과 같다.

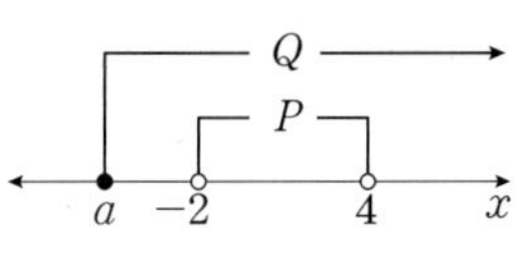

$\therefore a \leq -2$ ← p, q의 진리집합의 부등식에서 둘 다 등호를 포함한다.

따라서 실수 a의 최댓값은 -2

0568

2016년 09월 고2 학력평가 나형 10번 변형

다음 물음에 답하시오.

(1) 실수 x에 대하여 두 조건 p, q를 각각

$p: -1<x<2$, $q: x^2+ax+b<0$

이라 하자. p는 q이기 위한 필요충분조건일 때, $a+b$의 값을 구하시오.

TIP 두 조건 p, q의 진리집합 P, Q에 대하여 $P=Q$인 것을 찾으면 된다.

(단, a, b는 상수이다.)

STEP A 두 조건 p, q의 진리집합 구하기

두 조건 p, q의 진리집합을 각각 P, Q라 하면

$P=\{x|-1<x<2\}$, $Q=\{x|x^2+ax+b<0\}$

STEP B 진리집합 사이의 포함 관계를 이용하여 a, b의 값 구하기

p는 q이기 위한 필요충분조건이므로 $P=Q$이어야 하므로

이차부등식 $x^2+ax+b<0$의 해는 $-1<x<2$이다.

부등식 $x^2-x-2<0$의 해는 $-1<x<2$이다.

즉 $(x+1)(x-2)=x^2-x-2=x^2+ax+b$

따라서 $a=-1$, $b=-2$이므로 $a+b=-3$

2016년 03월 고2 학력평가 나형 11번 변형

(2) 실수 x에 대하여 두 조건 p, q가 다음과 같다.

$p: x^2-2x-3\le 0$, $q: |x-a|\le b$

p는 q이기 위한 필요충분조건일 때, ab의 값을 구하시오.

TIP 두 조건 p, q의 진리집합 P, Q에 대하여 $P=Q$인 것을 찾으면 된다.

(단, a, b는 상수이다.)

STEP A 두 조건 p, q의 진리집합 구하기

두 조건 p, q의 진리집합을 각각 P, Q라 하면

조건 $p: x^2-2x-3\le 0$에서 $(x-3)(x+1)\le 0$이므로

$P=\{x|-1\le x\le 3\}$

조건 $q: |x-a|\le b$에서 $-b\le x-a\le b$

$a-b\le x\le a+b$이므로 $Q=\{x|a-b\le x\le a+b\}$

STEP B 진리집합 사이의 포함 관계를 이용하여 a, b의 값 구하기

p는 q이기 위한 필요충분조건이므로 $P=Q$이어야 한다.

따라서 두 등식 $a-b=-1$, $a+b=3$을 연립하여 풀면 $a=1$, $b=2$이므로

$ab=2$

0569

2018학년도 06월 고3 모의평가 나형 6번 변형

다음 물음에 답하시오.

(1) 실수 x에 대한 두 조건

$p: 2x^2+5x-a=0$, $q: x-2=0$

에 대하여 p가 q이기 위한 필요조건이 되도록 하는 상수 a의 값을

TIP 두 조건 p, q의 진리집합 P, Q에 대하여 $Q\subset P$이다.

구하시오.

STEP A 두 조건 p, q의 진리집합 구하기

두 조건 p, q의 진리집합을 각각 P, Q라 하면

$P=\{x|2x^2+5x-a=0\}$, $Q=\{x|x=2\}$

STEP B p가 q이기 위한 필요조건이 되려면 $Q\subset P$이어야 함을 이용하기

p가 q이기 위한 필요조건이 되려면 q를 만족시키는 x의 값이 p도

만족시켜야 하므로 $2\times 2^2+5\times 2-a=0$ ← $2x^2+5x-a=0$에 $x=2$를 대입한다.

따라서 $a=18$

MINI해설 $x=2$가 $2x^2+5x-a=0$의 근임을 이용하여 풀이하기

p가 q이기 위한 필요조건이 되려면

명제 '$x-2=0$이면 $2x^2+5x-a=0$이다.'가 참이어야 한다.

즉 $x=2$는 이차방정식 $2x^2+5x-a=0$의 근이므로 $2\times 2^2+5\times 2-a=0$

따라서 $a=18$

2009년 06월 고1 학력평가 24번

(2) 실수 x에 대한 두 조건

$p: \dfrac{\sqrt{x+3}}{\sqrt{x-12}}=-\sqrt{\dfrac{x+3}{x-12}}$, $q: -5<x<n-4$

에 대하여 p는 q이기 위한 충분조건일 때, 상수 n의 최솟값을 구하시오.

TIP 두 집합 p, q의 진리집합을 각각 P, Q라 할 때, $p\Longrightarrow q$이려면 $P\subset Q$이어야 한다.

STEP A $\dfrac{\sqrt{b}}{\sqrt{a}}=-\sqrt{\dfrac{b}{a}}$를 만족시키는 경우는 $a<0$, $b\ge 0$임을 이용하기

두 조건 p, q의 진리집합을 각각 P, Q라 하면

조건 p에서 $\dfrac{\sqrt{x+3}}{\sqrt{x-12}}=-\sqrt{\dfrac{x+3}{x-12}}$이므로 $x+3\ge 0$, $x-12<0$

$\therefore -3\le x<12$

$P=\{x|-3\le x<12\}$

STEP B 진리집합 사이의 포함 관계를 이용하여 n의 값의 범위 구하기

$P=\{x|-3\le x<12\}$, $Q=\{x|-5<x<n-4\}$이므로

p가 q이기 위한 충분조건이려면 $P\subset Q$

이를 수직선 위에 나타내면 다음 그림과 같다.

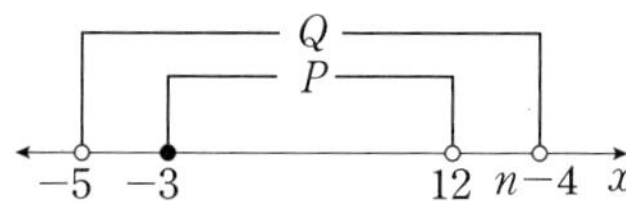

즉 $12\le n-4$이어야 하므로 $n\ge 16$

따라서 n의 최솟값은 16

0570

2017학년도 수능기출 나형 7번

실수 x에 대한 두 조건 $p: |x-1|\le 3$, $q: |x|\le a$에 대하여

p가 q이기 위한 충분조건이 되도록 하는 자연수 a의 최솟값은?

TIP 두 집합 p, q의 진리집합을 각각 P, Q라 할 때, $p\Longrightarrow q$이려면 $P\subset Q$이어야 한다.

① 1 ② 2 ③ 3
④ 4 ⑤ 5

STEP A 두 조건 p, q의 진리집합 구하기

두 조건 p, q의 진리집합을 각각 P, Q라 하면

$P=\{x||x-1|\le 3\}$

$=\{x|-3\le x-1\le 3\}$

$=\{x|-2\le x\le 4\}$ …… ㉠

또, a가 자연수이므로

$Q=\{x||x|\le a\}$

$=\{x|-a\le x\le a\}$ …… ㉡

STEP B 진리집합 사이의 포함 관계를 이용하여 a의 값의 범위 구하기

p가 q이기 위한 충분조건이 되려면

$P\subset Q$이므로 이를 수직선 위에

나타내면 오른쪽 그림과 같다.

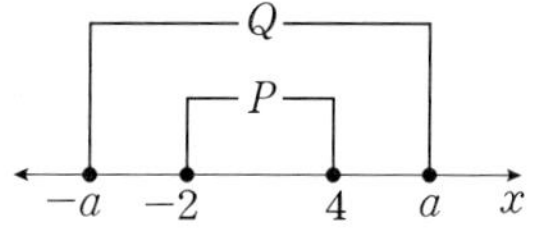

㉠과 ㉡에서 $-a\le -2$이고 $a\ge 4$

즉 $a\ge 2$이고 $a\ge 4$ $\therefore a\ge 4$

따라서 자연수 a의 최솟값은 4

0571

세 조건

$$p : -a \le x \le a+2,\ q : -4 < x < 2,\ r : x \le 7$$

에 대하여 p가 q이기 위한 필요조건이고 p는 r이기 위한 충분조건이

TIP 세 조건 p, q, r의 진리집합을 각각 P, Q, R이라 할 때, $Q \subset P$, $P \subset R$

되는 a의 값의 범위를 구하시오.

STEP **A** **두 조건 p, q, r의 진리집합 구하기**

세 조건 p, q, r의 진리집합 P, Q, R이라 하면

$P=\{x|-a \le x \le a+2\}$,

$Q=\{x|-4 < x < 2\}$,

$R=\{x|x \le 7\}$

STEP **B** **진리집합 사이의 포함 관계를 이용하여 a의 범위 값의 구하기**

p가 q이기 위한 필요조건이고

p는 r이기 위한 충분조건이므로

$Q \subset P$이고 $P \subset R$이므로

이를 수직선 위에 나타내면 그림과 같다.

조건이 세 개이므로 포함 관계를 잘 생각하며 수직선 위에 나타낸다.

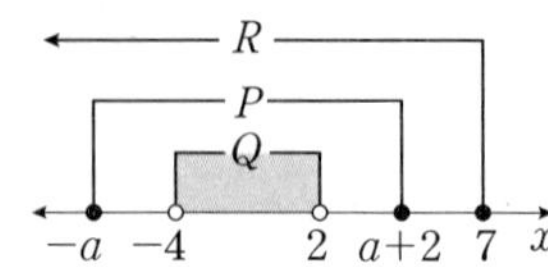

a의 값의 범위는

$-a \le -4$에서 $a \ge 4$ …… ㉠

$2 \le a+2 \le 7$에서 $0 \le a \le 5$ …… ㉡

㉠, ㉡을 동시에 만족하는 a의 값의 범위는 $4 \le a \le 5$

0572

두 조건 p, q를 만족하는 진리집합을 각각 P, Q라 하자.

$\sim q$는 p이기 위한 충분조건일 때, 다음 중 옳은 것은?

TIP '$\sim q$이면 p이다.'가 참이므로 두 조건의 진리집합을 생각하고 두 집합의 포함 관계를 알아본다.

(단, U는 전체집합이다.)

① $P \cap Q = \varnothing$ ② $P \subset Q$ ③ $Q \subset P$
④ $P-Q=P$ ⑤ $P \cup Q = U$

STEP **A** **주어진 조건을 이용하여 두 진리집합 P, Q 사이의 포함 관계를 벤 다이어그램으로 나타내기**

$\sim q$는 p이기 위한 충분조건이므로

$\sim q \Longrightarrow p$에서 $Q^c \subset P$

이때 벤 다이어그램으로 나타내면

오른쪽 그림과 같다.

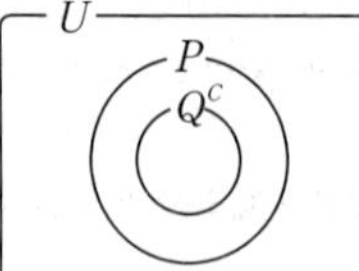

따라서 주어진 보기에서 $P \cup Q = U$

0573

전체집합 U에 대하여 세 조건 p, q, r의 진리집합을 각각 P, Q, R이라고 하자.

세 집합 P, Q, R 사이의 포함 관계가

TIP 세 집합의 포함 관계를 확인한다.

(1) $P \subset Q$는 p는 q이기 위한 충분조건

(2) $P \supset Q$는 p는 q이기 위한 필요조건

(3) $P = Q$는 p는 q이기 위한 필요충분조건이다.

오른쪽 벤 다이어그램과 같을 때, 다음 [보기] 중 옳은 것을 모두 고르면?

ㄱ. q는 r이기 위한 필요조건이다.

ㄴ. $\sim p$는 $\sim r$이기 위한 충분조건이다.

ㄷ. p이고 q는 r이기 위한 필요조건이다.

① ㄱ ② ㄴ ③ ㄷ
④ ㄱ, ㄷ ⑤ ㄱ, ㄴ, ㄷ

STEP **A** **세 진리집합 P, Q, R 사이의 포함 관계를 이용하여 구하기**

ㄱ. 벤 다이어그램에서 $R \subset Q$이므로 $r \Longrightarrow q$
즉 q는 r이기 위한 필요조건이다. [참]

ㄴ. 벤 다이어그램에서 $R \subset P$이므로 $P^c \subset R^c$
즉 $\sim p \Longrightarrow \sim r$이므로 $\sim p$는 $\sim r$이기 위한 충분조건이다. [참]

ㄷ. 벤 다이어그램에서 $R \subset (P \cap Q)$이므로 $r \Longrightarrow (p$이고 $q)$
즉 p이고 q는 r이기 위한 필요조건이다. [참]

따라서 옳은 것은 ㄱ, ㄴ, ㄷ이다.

0574

전체집합 U에서 세 조건 p, q, r을 만족하는 진리집합을 각각 P, Q, R이라 할 때, 다음 물음에 답하시오. (단, $P \ne Q \ne R$)

TIP 주어진 조건을 연산 법칙을 이용하여 간단히 하고 어떤 조건인지 확인한다.

(1) $P \cup (Q-P) = P$가 성립할 때, p는 q이기 위한 무슨 조건인지 말하시오.

(2) $P \cup (Q-P)^c = U$가 성립할 때, p는 q이기 위한 무슨 조건인지 말하시오.

(3) $(R-P) \cup (P-Q) = \varnothing$이 성립할 때, r은 q이기 위한 무슨 조건인지 말하시오.

STEP **A** **세 진리집합 P, Q, R 사이의 포함 관계를 이용하여 구하기**

(1) $P \cup (Q-P) = P \cup (Q \cap P^c)$ ← 차집합의 성질
$= (P \cup Q) \cap (P \cup P^c)$ ← 분배법칙
$= (P \cup Q) \cap U = P \cup Q$ ← 여집합의 성질
에서 $P \cup Q = P$이므로 $Q \subset P$ $\therefore q \Longrightarrow p$
따라서 p는 q이기 위한 필요조건이다.

(2) $P \cup (Q-P)^c = P \cup (Q \cap P^c)^c$ ← 차집합의 성질
$= P \cup (Q^c \cup P)$ ← 드모르간의 법칙
$= P \cup Q^c$
$= (Q \cap P^c)^c$
$= (Q-P)^c = U$
즉 $Q-P = \varnothing$이므로 $Q \subset P$ $\therefore q \Longrightarrow p$
따라서 p는 q이기 위한 필요조건이다.

(3) $(R-P) \cup (P-Q) = \varnothing$에서 $R-P = \varnothing$이고 $P-Q = \varnothing$이므로
$R \subset P$, $P \subset Q$이다.
삼단논법에 의하여 $R \subset P \subset Q$
$p \Longrightarrow q$이고 $q \Longrightarrow r$이면 $p \Longrightarrow r$
즉 $R \subset Q$이므로 $r \Longrightarrow q$
따라서 r은 q이기 위한 충분조건이다.

0575

세 조건 p, q, r에 대하여 p는 q이기 위한 충분조건, $\sim q$는 r이기 위한 필요조건일 때, 다음 중 항상 참이라고 할 수 없는 것은?

TIP 세 집합의 포함 관계를 확인한다.
(1) $p \Longrightarrow q$는 p는 q이기 위한 충분조건
(2) $p \Longleftarrow q$는 p는 q이기 위한 필요조건
(3) $p \Longleftrightarrow q$는 p는 q이기 위한 필요충분조건이다.

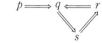

① $p \longrightarrow \sim r$　② $q \longrightarrow \sim r$　③ $\sim q \longrightarrow \sim p$
④ $r \longrightarrow \sim p$　⑤ $\sim r \longrightarrow q$

STEP A 세 진리집합 P, Q, R 사이의 포함 관계를 이용하여 구하기

p는 q이기 위한 충분조건이므로 $p \Longrightarrow q$ …… ㉠
즉 명제 $p \longrightarrow q$가 참이므로 그 대우인 $\sim q \longrightarrow \sim p$도 참이다.
$\therefore \sim q \Longrightarrow \sim p$
$\sim q$는 r이기 위한 필요조건이므로 $r \Longrightarrow \sim q$
즉 명제 $r \longrightarrow \sim q$가 참이므로 그 대우인 $q \longrightarrow \sim r$도 참이다.
$\therefore q \Longrightarrow \sim r$ …… ㉡
㉠, ㉡에서 삼단논법에 의하여 $p \Longrightarrow \sim r$
즉 명제 $p \longrightarrow \sim r$이 참이므로 그 대우인 $r \longrightarrow \sim p$도 참이다.
따라서 ⑤는 항상 참이라고 할 수 없다.

0576

세 조건 p, q, r이 다음 조건을 만족시킨다.

(가) p는 q이기 위한 충분조건이다.
TIP $p \Longrightarrow q$는 p는 q이기 위한 충분조건
(나) $\sim q$는 $\sim r$이기 위한 필요조건이다.
TIP $\sim q \Longleftarrow \sim r$는 $\sim q$는 $\sim r$이기 위한 필요조건

이때 [보기]의 명제 중에서 항상 참인 것만을 있는 대로 고른 것은?

ㄱ. $q \longrightarrow p$
ㄴ. $p \longrightarrow r$
ㄷ. $\sim p \longrightarrow r$

① ㄱ　② ㄴ　③ ㄱ, ㄴ
④ ㄴ, ㄷ　⑤ ㄱ, ㄴ, ㄷ

STEP A 대우와 삼단논법을 이용하여 [보기]의 진위 판단하기

조건 (가)에서 p는 q이기 위한 충분조건이므로
$p \Longrightarrow q$ …… ㉠
조건 (나)에서 $\sim q$는 $\sim r$이기 위한 필요조건이므로 $\sim r \Longrightarrow \sim q$
즉 $\sim r \longrightarrow \sim q$가 참이므로 대우인 $q \longrightarrow r$도 참이다.
$\therefore q \Longrightarrow r$ …… ㉡
㉠, ㉡에서 삼단논법에 의하여 $p \Longrightarrow r$
($p \Longrightarrow q$이고 $q \Longrightarrow r$이면 $p \Longrightarrow r$)
따라서 명제 $p \longrightarrow r$이 참이므로 항상 참인 명제는 ㄴ이다.

MINI해설 진리집합의 포함 관계를 이용하여 풀이하기

네 조건 p, q, r, s의 진리집합을 각각 P, Q, R, S라고 하면
조건 (가)에서 p는 q이기 위한 충분조건이므로 $P \subset Q$
조건 (나)에서 $\sim q$는 $\sim r$이기 위한 필요조건이므로
$R^C \subset Q^C$, 즉 $Q \subset R$　$\therefore P \subset Q \subset R$
ㄱ. $P \subset Q$이므로 $q \longrightarrow p$는 거짓이다.
ㄴ. $P \subset R$이므로 $p \longrightarrow r$은 참이다.
ㄷ. $P^c \not\subset R$이므로 $\sim p \longrightarrow r$은 거짓이다.
따라서 항상 참인 명제는 ㄴ이다.

0577

네 조건 p, q, r, s에 있어서 다음 조건을 만족한다.

p는 q이기 위한 충분조건, q는 r이기 위한 필요조건,
r은 s이기 위한 필요조건, s는 q이기 위한 필요조건

TIP 네 조건을 삼단논법을 이용하여 정리한다.

다음 중에서 옳은 것을 모두 고른 것은?

ㄱ. p는 s이기 위한 충분조건이다.
ㄴ. r은 p이기 위한 필요조건이다.
ㄷ. s는 q이기 위한 필요충분조건이다.

TIP 세 집합의 포함 관계를 확인한다.
(1) $p \Longrightarrow q$는 p는 q이기 위한 충분조건
(2) $p \Longleftarrow q$는 p는 q이기 위한 필요조건
(3) $p \Longleftrightarrow q$는 p는 q이기 위한 필요충분조건이다.

① ㄱ　② ㄴ　③ ㄷ
④ ㄱ, ㄷ　⑤ ㄱ, ㄴ, ㄷ

STEP A 명제의 삼단논법을 이용하여 구하기

p는 q이기 위한 충분조건이므로 $p \Longrightarrow q$
q는 r이기 위한 필요조건이므로 $r \Longrightarrow q$
r은 s이기 위한 필요조건이므로 $s \Longrightarrow r$
s는 q이기 위한 필요조건이므로 $q \Longrightarrow s$
이때 $s \Longrightarrow r$, $r \Longrightarrow q$, $q \Longrightarrow s$이므로
$s \Longleftrightarrow r$, $r \Longleftrightarrow q$, $q \Longleftrightarrow s$이다.
이것을 정리하면 오른쪽 그림과 같다.
ㄱ. $p \Longrightarrow s$이므로 p는 s이기 위한 충분조건이다. [참]
ㄴ. $p \Longrightarrow r$이므로 r은 p이기 위한 필요조건이다. [참]
ㄷ. $s \Longleftrightarrow q$이므로 s는 q이기 위한 필요충분조건이다. [참]
따라서 옳은 것은 ㄱ, ㄴ, ㄷ이다.

MINI해설 진리집합의 포함 관계를 이용하여 풀이하기

네 조건 p, q, r, s의 진리집합을 P, Q, R, S라고 하면
$P \subset Q$, $Q \supset R$, $R \supset S$, $S \supset Q$이므로
$Q \subset S \subset R$에서 $R \subset S$이고 $S \subset Q$이므로
$Q=R=S$
벤 다이어그램으로 나타내면 오른쪽 그림과 같다.

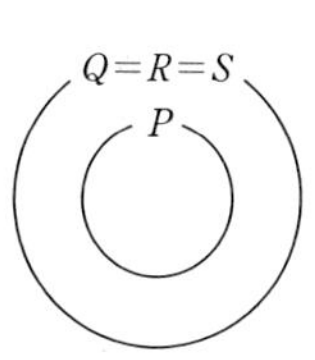

ㄱ. $P \subset S$이므로 p는 s이기 위한 충분조건이다.
ㄴ. $R \supset P$이므로 r은 p이기 위한 필요조건이다.
ㄷ. $Q=R=S$이므로 s는 q이기 위한 필요충분조건이다.
따라서 옳은 것은 ㄱ, ㄴ, ㄷ이다.

단원종합문제

명제 (2)

BASIC

0578

2018학년도 06월 고3 모의평가 나형 12번

실수 a에 대하여 명제

'$a \geq \sqrt{3}$이면 $a^2 \geq 3$이다.'

의 대우는?

TIP 명제 $p \longrightarrow q$이면 대우는 $\sim q \longrightarrow \sim p$이다.

① $a^2 < 3$이면 $a > \sqrt{3}$이다. ② $a^2 < 3$이면 $a < \sqrt{3}$이다.
③ $a^2 \leq 3$이면 $a \leq \sqrt{3}$이다. ④ $a > \sqrt{3}$이면 $a^2 \leq 3$이다.
⑤ $a \geq \sqrt{3}$이면 $a^2 < 3$이다.

STEP Ⓐ 명제의 대우 구하기

'$a \geq \sqrt{3}$이면 $a^2 \geq 3$이다'의 대우는 '$a^2 < 3$이면 $a < \sqrt{3}$이다.'

0579

전체집합 U에 대하여 두 조건 p와 q의 진리집합을 각각 P와 Q라 할 때, 다음에서 옳지 않은 것은?

① $\sim p$의 진리집합은 P^C이다.
② 명제 $p \longrightarrow q$가 참이면 $Q^C \subset P^C$이다.
③ $Q \subset P$이면 명제 $p \longrightarrow q$는 참이다.
④ $P \neq U$이면 '모든 x에 대하여 p이다.'는 거짓이다.
⑤ $P \neq \varnothing$이면 '어떤 x에 대하여 p이다.'는 참이다.

STEP Ⓐ 주어진 명제를 이용하여 참, 거짓 판별하기

① $\sim p$의 진리집합은 P^C이다. [참]
② 명제 $p \longrightarrow q$가 참이면 그 대우 $\sim q \longrightarrow \sim p$도 참이므로
$Q^C \subset P^C$이다. [참]
③ $Q \subset P$이면 명제 $q \longrightarrow p$는 참이다. [거짓]
④ $P \neq U$이면 '모든 x에 대하여 p이다.'는 거짓이다. [참]
⑤ $P \neq \varnothing$이면 '어떤 x에 대하여 p이다.'는 참이다. [참]
따라서 옳지 않은 것은 ③이다.

0580

2013년 09월 고1 학력평가 3번

다음 물음에 답하시오.

(1) 세 조건 p, q, r에 대하여 두 명제 $p \longrightarrow q$, $r \longrightarrow \sim q$가 모두 참일

TIP 명제와 그 대우는 참, 거짓이 항상 같은 것을 이용하여 새로운 참인 명제를 유도할 수 있다.

때, 다음 명제 중 항상 참인 것은?

① $\sim p \longrightarrow \sim q$ ② $q \longrightarrow r$ ③ $r \longrightarrow \sim p$
④ $\sim r \longrightarrow q$ ⑤ $\sim r \longrightarrow \sim p$

STEP Ⓐ 주어진 명제의 대우를 각각 구하기

두 명제 $p \longrightarrow q$, $r \longrightarrow \sim q$가 참이므로
각각의 대우인 $\sim q \longrightarrow \sim p$, $q \longrightarrow \sim r$도 참이다.
$r \longrightarrow \sim q$, $\sim q \longrightarrow \sim p$가 참이므로
삼단논법에 의하여 $r \longrightarrow \sim p$도 항상 참이다.

STEP Ⓑ [보기]의 참, 거짓을 판별하기

① $\sim q \longrightarrow \sim p$는 참이지만 $\sim p \longrightarrow \sim q$의 참, 거짓을 추론할 수 없다.
② $q \longrightarrow \sim r$은 참이지만 $q \longrightarrow r$의 참, 거짓을 추론할 수 없다.
③ $p \longrightarrow q$, $q \longrightarrow \sim r$이 참이므로 $p \longrightarrow \sim r$이 참이고
그 대우 $r \longrightarrow \sim p$도 참이다.
④ $q \longrightarrow \sim r$은 참이지만 $\sim r \longrightarrow q$의 참, 거짓을 추론할 수 없다.
⑤ $r \longrightarrow \sim p$는 참이지만 $\sim r \longrightarrow \sim p$의 참, 거짓을 추론할 수 없다.
따라서 항상 참인 것은 ③이다.

(2) 세 조건 p, q, r에 대하여 두 명제 $p \longrightarrow q$와 $\sim r \longrightarrow \sim q$가 모두 참일 때, 항상 참인 명제를 [보기]에서 모두 고르면?

ㄱ. $q \longrightarrow r$ ㄴ. $\sim p \longrightarrow \sim q$
ㄷ. $\sim r \longrightarrow \sim p$ ㄹ. $p \longrightarrow \sim r$

① ㄱ, ㄴ ② ㄱ, ㄷ ③ ㄴ, ㄹ
④ ㄴ, ㄷ, ㄹ ⑤ ㄱ, ㄴ, ㄷ, ㄹ

STEP Ⓐ 주어진 명제의 대우를 각각 구하기

두 명제 $p \longrightarrow q$, $\sim r \longrightarrow \sim q$가 참이므로
각각의 대우인 $\sim q \longrightarrow \sim p$, $q \longrightarrow r$도 참이다.
$p \longrightarrow q$, $q \longrightarrow r$이 참이므로
삼단논법에 의하여 $p \longrightarrow r$도 항상 참이다.
항상 참인 명제는 $p \longrightarrow r$와 그 대우인 $\sim r \longrightarrow \sim p$도 참이다.
따라서 ㄱ, ㄷ이다.

0581

두 조건 p, q에 대하여 명제 $p \longrightarrow \sim q$의 역이 참일 때, 다음 중 반드시

TIP 명제의 역과 대우를 먼저 구한 후 참, 거짓임을 판별한다.

참인 명제는?

① $\sim p \longrightarrow q$ ② $\sim q \longrightarrow \sim p$ ③ $\sim p \longrightarrow \sim q$
④ $q \longrightarrow p$ ⑤ $p \longrightarrow \sim q$

STEP Ⓐ 주어진 명제의 역의 대우 구하기

명제 $p \longrightarrow \sim q$의 역이 참이므로 명제 $\sim q \longrightarrow p$가 참이다.
이 명제의 대우도 참이므로 명제 $\sim p \longrightarrow q$도 참이다.
따라서 반드시 참인 명제는 ①이다.

0582

2012년 09월 고1 학력평가 11번 변형

두 조건 p, q에 대하여 p가 q이기 위한 필요조건이지만 충분조건이 아닌 것

TIP 두 조건 p, q의 진리집합을 각각 P, Q라 할 때, p가 q이기 위한 필요조건이지만 충분조건이 되지 않으려면 $Q \subset P$, $P \neq Q$

만을 [보기]에서 있는 대로 고른 것은? (단, x, y는 실수이다.)

ㄱ. $p : |x+3|=2$ $q : x=-1$
ㄴ. $p : |x|<1$ $q : x<1$
ㄷ. $p : x^2>y^2$ $q : x>y>0$

① ㄱ ② ㄴ ③ ㄱ, ㄷ
④ ㄴ, ㄷ ⑤ ㄱ, ㄴ, ㄷ

STEP A 두 조건의 진리집합 사이의 포함 관계를 이용하여 조건을 판정하기

조건 p, q의 진리집합을 각각 P, Q라 할 때,
p가 q이기 위한 필요조건이지만 충분조건이 되지 않으려면
$Q \subset P$, $P \neq Q$이어야 한다.

ㄱ. $P=\{-5, -1\}$, $Q=\{-1\}$이므로 $Q \subset P$이므로 $q \Longrightarrow p$이다.
p가 q이기 위한 필요조건이다.

ㄴ. $P=\{x \mid -1<x<1\}$이므로 $P \subset Q$이므로 $p \Longrightarrow q$이다.
p가 q이기 위한 충분조건이다.

ㄷ. $p \longrightarrow q$: $x^2>y^2$이면 $x>y>0$ [거짓]
반례 $x=-2$, $y=1$이면 $x^2>y^2$이지만 $x>y>0$은 아니다.
$q \longrightarrow p$: $x>y>0$이면 $x^2>y^2$이다.
즉 $q \Longrightarrow p$이므로 p가 q이기 위한 필요조건이다.

따라서 필요조건인 것은 ㄱ, ㄷ이다.

0583

다음 물음에 답하시오.

(1) $x^3-4x^2+ax+b \neq 0$은 $x \neq -1$이고 $x \neq 2$이기 위한 충분조건일 때,
TIP p가 q이기 위한 충분조건이므로 $p \longrightarrow q$는 참이고 그 대우 $\sim q \longrightarrow \sim p$도 참이다.
두 상수 a, b에 대하여 $a+b$의 값을 구하시오.

STEP A 명제의 대우를 구하기

명제 '$x^3-4x^2+ax+b \neq 0$이면 $x \neq -1$이고 $x \neq 2$이다.'가 참이므로
이 명제의 대우인
'$x=-1$ 또는 $x=2$이면 $x^3-4x^2+ax+b=0$이다.'도 참이다.

STEP B 두 조건을 진리집합 사이의 포함 관계를 이용하여 a, b의 값 구하기

$x=-1$일 때,
$-1-4-a+b=0$에서 $-a+b=5$ …… ㉠
$x=2$일 때,
$8-16+2a+b=0$에서 $2a+b=8$ …… ㉡
㉠, ㉡에서 $a=1$, $b=6$이므로 $a+b=7$

2018학년도 06월 고3 모의평가 나형 6번 변형

(2) 실수 x에 대한 두 조건
$p : 2x^2+3x-2a=0$, $q : x-4=0$
에 대하여 p가 q이기 위한 필요조건이 되도록 하는 상수 a의 값을
TIP $p \Longleftarrow q$는 p는 q이기 위한 필요조건
구하시오.

STEP A 두 조건 p, q의 진리집합 구하기

두 조건 p, q의 진리집합을 각각 P, Q라 하면
$P=\{x \mid 2x^2+3x-2a=0\}$, $Q=\{x \mid x=4\}$

STEP B p가 q이기 위한 필요조건이 되려면 $Q \subset P$이어야 함을 이용하기

p가 q이기 위한 필요조건이 되려면
q를 만족시키는 x의 값이 p도 만족시켜야 하므로
$2 \times 4^2+3 \times 4-2a=0$ ← $2x^2+3x-2a=0$에 $x=4$를 대입한다.
따라서 $a=22$

MINI해설 $x=4$가 $2x^2+3x-2a=0$의 근임을 이용하여 풀이하기

p가 q이기 위한 필요조건이 되려면
명제 '$x-4=0$이면 $2x^2+3x-2a=0$이다.'가 참이어야 한다.
즉 $x=4$는 이차방정식 $2x^2+3x-2a=0$의 근이므로
$2 \times 4^2+3 \times 4-2a=0$
따라서 $a=22$

0584

다음 [보기]의 세 조건에 대하여 p가 q이기 위한 충분조건이고
TIP p가 q이기 위한 충분조건이면 명제 $p \longrightarrow q$가 참이다.
q는 r이기 위한 필요충분조건일 때, 상수 a, b, c에 대하여
TIP 두 조건 q, r을 각각 만족시키는 실수 x의 집합이 같아야 한다.
$a+b+c$의 값은?

$p : x=4$
$q : x^2-(a+1)x+a=0$
$r : x^2+bx+c=0$

① 3 ② 5 ③ 7
④ 10 ⑤ 12

STEP A p가 q이기 위한 충분조건임을 이용하여 a의 값 구하기

p가 q이기 위한 충분조건이므로
$x=4$를 $x^2-(a+1)x+a=0$에 대입하면
$16-(a+1) \times 4+a=0$
$\therefore a=4$

STEP B q는 r이기 위한 필요충분조건임을 이용하여 b, c의 값 구하기

q는 r이기 위한 필요충분조건이므로
$x^2-5x+4=0$과 $x^2+bx+c=0$이 일치한다.
즉 $b=-5$, $c=4$
따라서 $a+b+c=4+(-5)+4=3$

0585

세 조건 p, q, r의 진리집합을 각각 P, Q, R이라 하자. p는 q이기 위한 필요조건이고 p는 r이기 위한 충분조건일 때, 다음 [보기] 중 옳은 것을
TIP 세 집합의 포함 관계를 확인한다.
(1) $p \Longrightarrow q$는 p는 q이기 위한 충분조건
(2) $p \Longleftarrow q$는 p는 q이기 위한 필요조건
(3) $p \Longleftrightarrow q$는 p는 q이기 위한 필요충분조건이다.
있는 대로 고른 것은?

ㄱ. $Q \cap R^C=\varnothing$
ㄴ. 명제 $p \longrightarrow q$는 참이다.
ㄷ. q는 r이기 위한 충분조건이다.

① ㄱ ② ㄴ ③ ㄷ
④ ㄱ, ㄷ ⑤ ㄱ, ㄴ, ㄷ

STEP A 주어진 조건을 이용하여 두 진리집합 P, Q 사이의 포함 관계를 벤 다이어그램으로 나타내기

p는 q이기 위한 필요조건이고
p는 r이기 위한 충분조건이므로
$q \Longrightarrow p$이고 $p \Longrightarrow r$이다.
즉 삼단논법에 의하여 $q \Longrightarrow p \Longrightarrow r$이
성립하므로 진리집합 사이의 포함 관계는
$Q \subset P \subset R$이 성립한다.

STEP B [보기]의 참, 거짓의 진위 판단하기

ㄱ. $Q \cap R^C=Q-R=\varnothing$ [참]
ㄴ. $q \Longrightarrow p$, 즉 명제 $q \longrightarrow p$가 참이지만 그 역이 참인지는 알 수 없다. [거짓]
ㄷ. $q \Longrightarrow r$이 성립하므로 q는 r이기 위한 충분조건이다. [참]
따라서 옳은 것은 ㄱ, ㄷ이다.

0586

다음 물음에 답하시오.

(1) 전체집합 U에 대하여 세 조건 p, q, r의 진리집합이 각각 P, Q, R이다. 세 집합 P, Q, R 사이의 포함 관계가 오른쪽 벤 다이어그램과 같을 때, 다음 중에서 옳은 것은?

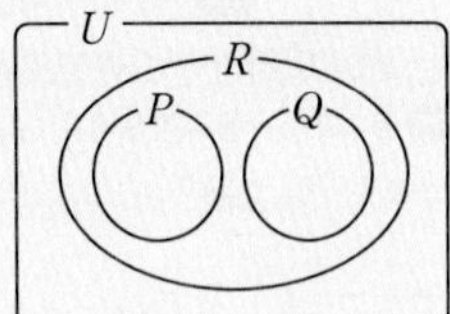

① p는 r이기 위한 필요조건이다.
② p는 $\sim r$이기 위한 필요조건이다.
③ q는 p이기 위한 충분조건이다.
④ $\sim p$는 q이기 위한 필요충분조건이다.
⑤ $\sim r$은 $\sim p$이기 위한 충분조건이다.

STEP Ⓐ 세 진리집합 P, Q, R 사이의 포함 관계를 이용하여 구하기

① $P \subset R$에서 $p \Longrightarrow r$이므로 r은 p이기 위한 필요조건이다. [거짓]
② $R^c \not\subset P$이므로 p는 $\sim r$이기 위한 필요조건이 아니다. [거짓]
③ $Q \not\subset P$이므로 q는 p이기 위한 충분조건이 아니다. [거짓]
④ $Q \subset P^c$이므로 $\sim p$는 q이기 위한 필요조건이다. [거짓]
⑤ $R^c \subset P^c$이므로 $\sim r$은 $\sim p$이기 위한 충분조건이다. [참]
따라서 옳은 것은 ⑤이다.

POINT 필요조건과 충분조건과 진리집합의 관계

두 조건 p, q의 진리집합을 각각 P, Q라 하면
(1) $P \subset Q$이면 $p \Longrightarrow q$이므로 $\begin{cases} p\text{는 } q\text{이기 위한 충분조건} \\ q\text{는 } p\text{이기 위한 필요조건} \end{cases}$
(2) $P=Q$이면 $p \Longleftrightarrow q$이므로 p와 q는 서로 필요충분조건
참고 $Q \subset P$이면 $q \Longrightarrow p$이므로 $\begin{cases} p\text{는 } q\text{이기 위한 필요조건} \\ q\text{는 } p\text{이기 위한 충분조건} \end{cases}$

(2) 전체집합 U에 대하여 세 조건 p, q, r의 진리집합을 각각 P, Q, R이라고 할 때, 집합 P, Q, R 사이의 관계를 벤 다이어그램으로 나타내면 오른쪽 그림과 같다. 다음 중 옳은 것은?

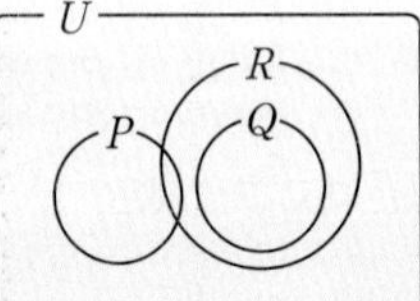

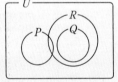

① p는 $\sim q$이기 위한 필요조건이다.
② $\sim p$는 q이기 위한 충분조건이다.
③ p는 $\sim r$이기 위한 충분조건이다.
④ 명제 $\sim r \longrightarrow \sim q$는 참이다.
⑤ 명제 $\sim r \longrightarrow p$는 참이다.

STEP Ⓐ 세 진리집합 P, Q, R 사이의 포함 관계를 이용하여 구하기

① $P \subset Q^c$에서 $p \Longrightarrow \sim q$이므로 p는 $\sim q$이기 위한 충분조건이다. [거짓]
② $Q \subset P^c$에서 $q \Longrightarrow \sim p$이므로 $\sim p$는 q이기 위한 필요조건이다. [거짓]
③ $P \not\subset R^c$이므로 p는 $\sim r$이기 위한 필요조건도 충분조건도 아니다. [거짓]
④ $R^c \subset Q^c$이므로 $\sim r \longrightarrow \sim q$는 참인 명제이다.
⑤ $R^c \not\subset P$이므로 $\sim r \longrightarrow p$는 거짓인 명제이다.
따라서 옳은 것은 ④이다.

0587

2016년 06월 고2 학력평가 가형 8번

다음 물음에 답하시오.

(1) 실수 x에 대하여 두 조건 p, q가 $p : |x-1|<k$, $q : x \le 6$이다. p는 q이기 위한 충분조건이 되도록 하는 실수 k의 최댓값은?

TIP 두 조건 p, q의 진리집합을 각각 P, Q라 할 때, $p \Longrightarrow q$이려면 $P \subset Q$이어야 한다.

① 1 ② 2 ③ 3
④ 4 ⑤ 5

STEP Ⓐ 두 조건 p, q의 진리집합 구하기

두 조건 p, q의 진리집합을 각각 P, Q라 하면
$P=\{x|1-k<x<1+k\}$, ← $|x-a| \le b$이면 $x-a \le b$이다.
$Q=\{x|x \le 6\}$

STEP Ⓑ $P \subset Q$를 만족하는 k의 값의 범위 구하기

p는 q이기 위한 충분조건이므로 $P \subset Q$를 수직선 위에 나타내면 오른쪽 그림과 같다.

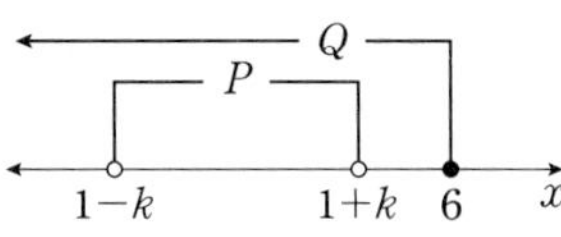

즉 $1+k \le 6$, $k \le 5$
따라서 k의 최댓값은 5

(2) 실수 x에 대하여 두 조건 p, q가
$p : a-1 \le x \le b+2$, $q : |x-1|<3$
일 때, p가 q이기 위한 필요조건이 되는 a의 최댓값과 b의 최솟값의 합은?

TIP 두 조건 p, q의 진리집합을 각각 P, Q라 할 때, $q \Longrightarrow p$이려면 $Q \subset P$이어야 한다.

① 1 ② 2 ③ 3
④ 4 ⑤ 5

STEP Ⓐ 두 조건 p, q의 진리집합 구하기

두 조건 p, q의 진리집합을 P, Q라 하면
$P=\{x|a-1 \le x \le b+2\}$
$Q=\{x||x-1|<3\}=\{x|-2<x<4\}$
$|x-1|<3$이므로 $-3<x-1<3$이고 양변에 1을 더해주면 $-2<x<4$

STEP Ⓑ $Q \subset P$를 만족하는 a의 최댓값과 b의 최솟값 구하기

이때 p가 q이기 위한 필요조건이 되려면 $Q \subset P$이므로 이를 수직선 위에 나타내면 오른쪽 그림과 같다.

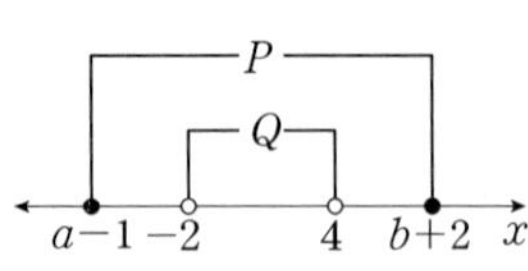

$a-1 \le -2$에서 $a \le -1$이므로
a의 최댓값은 -1,
$b+2 \ge 4$에서 $b \ge 2$이므로
b의 최솟값은 2
따라서 a의 최댓값과 b의 최솟값의 합은 $-1+2=1$

NORMAL

0588

실수 x에 대하여 두 조건 p와 q가

$$p : x^2-4a^2 \le 0,\ q : |x-3| \le 4$$

일 때, 명제 $p \longrightarrow q$의 역이 참이 되도록 하는 자연수 a의 최솟값을 구하시오.

STEP A 두 조건 p, q의 진리집합 구하기

두 조건 p와 q의 진리집합을 각각 P와 Q라 하면

$p : x^2-4a^2 \le 0$에서 $(x+2a)(x-2a) \le 0$이므로

$P=\{x|-2a \le x \le 2a\}$

$q : |x-3| \le 4$에서 $-4 \le x-3 \le 4$이므로

$Q=\{x|-1 \le x \le 7\}$

STEP B 자연수 a의 최솟값 구하기

명제 $p \longrightarrow q$의 역이 참이 되려면 $Q \subset P$이어야 하므로

$-2a \le -1$, $2a \ge 7$

즉 $a \ge \dfrac{7}{2}$

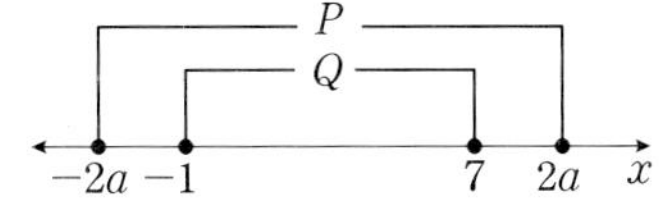

따라서 자연수 a의 최솟값은 4

0589

전체집합 U에 대하여 세 조건 p, q, r의 진리집합을 각각 P, Q, R이라 할 때, 세 집합 사이의 포함 관계가 오른쪽 그림과 같다. 다음에서 옳은 것은?

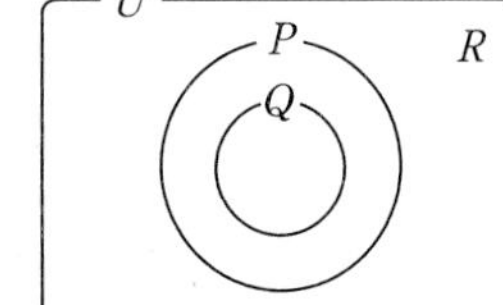

① p는 q이기 위한 충분조건이다.
② $\sim q$는 p이기 위한 충분조건이다.
③ q는 $\sim r$이기 위한 필요조건이다.
④ r은 $\sim p$이기 위한 필요충분조건이다.
⑤ $\sim r$은 $\sim q$이기 위한 필요조건이다.

STEP A 세 진리집합 P, Q, R 사이의 포함 관계를 이용하여 구하기

① 벤 다이어그램에서 $Q \subset P$이므로 $q \Longrightarrow p$
즉 p는 q이기 위한 필요조건이다. [거짓]

② 벤 다이어그램에서 $Q^c \not\subset P$이므로 $\sim q \not\Longrightarrow p$
$\sim q$는 p이기 위한 필요조건도 충분조건도 아니다. [거짓]

③ 벤 다이어그램에서 $Q \subset R^c$이므로 $q \Longrightarrow \sim r$
q는 $\sim r$이기 위한 충분조건이다. [거짓]

④ 벤 다이어그램에서 $R \subset P^c$, $P^c \subset R$이므로 $r \Longleftrightarrow \sim p$
r은 $\sim p$이기 위한 필요충분조건이다. [참]

⑤ 벤 다이어그램에서 $R^c \not\subset Q^c$, $Q^c \not\subset R^c$이므로
$\sim r$은 $\sim q$이기 위한 필요조건도 충분조건도 아니다. [거짓]

따라서 옳은 것은 ④이다.

0590

2022년 11월 고1 학력평가 13번 변형

다음 물음에 답하시오.

(1) 실수 x에 대한 두 조건

$$p : x^2-4x+4 \le 0,\ q : |x-a| \le 5$$

에 대하여 p가 q이기 위한 충분조건이 되도록 하는 실수 a의 최댓값과 최솟값의 합은?

TIP 두 조건 p, q의 진리집합 P, Q에 대하여 $P \subset Q$이다.

① 4 ② 5 ③ 6
④ 7 ⑤ 8

STEP A 두 조건 p, q의 진리집합 구하기

조건 $p : x^2-4x+4 \le 0$에서 $(x-2)^2 \le 0$이므로 $x=2$

실수 a에 대하여 $a^2 \le 0$이면 $a=0$

조건 $q : |x-a| \le 5$에서 $-5 \le x-a \le 5$이므로 $a-5 \le x \le a+5$

두 조건 p, q의 진리집합을 각각 P, Q라 하면

$P=\{2\}$, $Q=\{x|a-5 \le x \le a+5\}$

STEP B p가 q이기 위한 충분조건이 되려면 $P \subset Q$이어야 함을 이용하기

p가 q이기 위한 충분조건이 되려면 $P \subset Q$ ← $p \Longrightarrow q$

이어야 하므로 이를 수직선에 나타내면 오른쪽 그림과 같다.

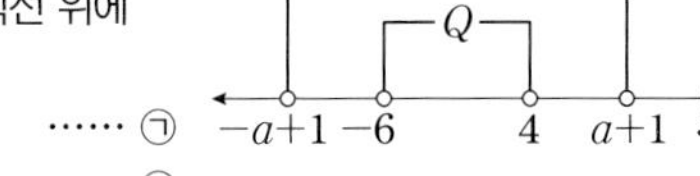

$a-5 \le 2 \le a+5$에서 $a \le 7$, $-3 \le a$

이므로 a의 값의 범위는 $-3 \le a \le 7$

따라서 실수 a의 최댓값은 7, 최솟값은 -3

이므로 그 합은 $7+(-3)=4$

> **+α** a의 값의 범위를 다음과 같이 구할 수도 있어!
>
> p가 q이기 위한 충분조건이 되려면 $P \subset Q$이어야 한다.
> 즉 $2 \in P$에서 $2 \in Q$이므로
> 조건 $q : |x-a| \le 5$에서 $-5 \le 2-a \le 5$, $-7 \le -a \le 3$ $\quad \therefore -3 \le a \le 7$
> $|x| \le a\ (a>0)$이면 $-a \le x \le a$

2012년 10월 고1 성취도평가 8번 변형

(2) 실수 x에 대하여 두 조건 p, q가

$$p : |x-1| < a,\ q : |x+1| < 5$$

일 때, p가 q이기 위한 필요조건이 되도록 하는 자연수 a의 최솟값은?

TIP 두 조건 p, q의 진리집합 사이의 포함 관계를 이용한다.

① 3 ② 4 ③ 5
④ 6 ⑤ 7

STEP A 두 조건 p, q의 진리집합 구하기

조건 p, q의 진리집합을 각각 P, Q라 할 때,

$P=\{x|-a+1 < x < a+1\}$ ← $|x|<a$를 만족시키는 x의 값의 범위는 $-a<x<a$

$Q=\{x|-6 < x < 4\}$

STEP B 진리집합 사이의 포함 관계를 이용하여 a의 값의 범위 구하기

조건 p가 조건 q이기 위한 필요조건이 되려면 $Q \subset P$이므로 이를 수직선 위에 나타내면 오른쪽 그림과 같다.

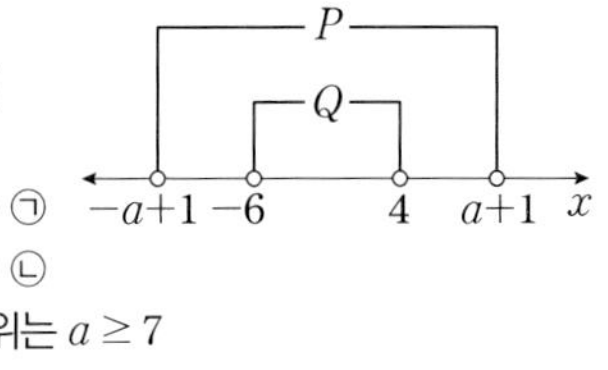

$a+1 \ge 4$에서 $a \ge 3$ …… ㉠

$-a+1 \le -6$에서 $a \ge 7$ …… ㉡

㉠, ㉡을 동시에 만족하는 a의 값의 범위는 $a \ge 7$

따라서 자연수 a의 최솟값은 7

0591

2020학년도 고3 사관기출 나형 12번 변형

실수 x에 대하여 두 조건 p와 q가

$$p : (x-a+4)(x+3a-18)=0,$$
$$q : x(x-3a) \le 0$$

일 때, p가 q이기 위한 충분조건이 되도록 하는 모든 정수 a의 값의 합을 구하시오.

STEP A 두 조건 p, q의 진리집합 구하기

조건 $p : (x-a+4)(x+3a-18)=0$에서 $x=a-4$ 또는 $x=18-3a$

두 조건 p, q의 진리집합을 각각 P, Q라 하면

$P=\{a-4,\ 18-3a\}$, $Q=\{x \mid x(x-3a) \le 0\}$

STEP B p가 q이기 위한 충분조건이 되려면 $P \subset Q$이어야 함을 이용하기

p가 q이기 위한 충분조건이므로 $p \Longrightarrow q$, 즉 $P \subset Q$이어야 한다.

$a-4 \in Q$ 또는 $18-3a \in Q$이다.

(i) $a-4 \in Q$일 때,

$(a-4)(a-4-3a) \le 0$, $(a-4)(-2a-4) \le 0$, $(a-4)(2a+4) \ge 0$

$\therefore a \le -2$ 또는 $a \ge 4$ …… ㉠

(ii) $18-3a \in Q$일 때,

$(18-3a)(18-3a-3a) \le 0$, $(a-6)(a-3) \le 0$

$\therefore 3 \le a \le 6$ …… ㉡

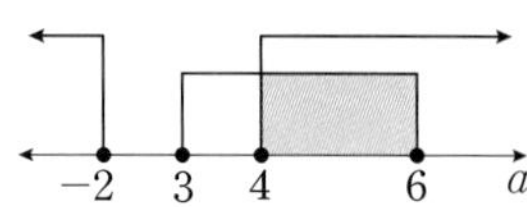

㉠, ㉡을 동시에 만족하는 a의 값의 범위는 $4 \le a \le 6$

따라서 정수 a는 4, 5, 6이므로 그 합은 $4+5+6=15$

0592

2023년 11월 고1 학력평가 13번 변형

다음 물음에 답하시오.

(1) 실수 x에 대한 두 조건

$$p : (x+3)(x+1)(x-4)=0,$$
$$q : x^2+kx+k-1=0$$

에 대하여 p가 q이기 위한 필요조건이 되도록 하는 모든 정수 k의

TIP 두 조건 p, q의 진리집합 P, Q에 대하여 $Q \subset P$

값의 곱은?

① -81 ② -36 ③ -24
④ -18 ⑤ -16

STEP A 두 조건 p, q의 진리집합 구하기

$p : (x+3)(x+1)(x-4)=0$에서 $x=-3$ 또는 $x=-1$ 또는 $x=4$

$q : x^2+kx+k-1=0$에서 $(x+1)(x+k-1)=0$이므로

$x=-1$ 또는 $x=-k+1$

이때 실수 x에 대한 두 조건 p, q의 진리집합을 각각 P, Q라 하면

$P=\{-3,\ -1,\ 4\}$, $Q=\{-1,\ -k+1\}$

STEP B p가 q이기 위한 필요조건이 되도록 하는 정수 k의 값 구하기

p가 q이기 위한 필요조건이 되려면 $Q \subset P$ ← $q \Longrightarrow p$

즉 $-k+1 \in Q$이므로 $-k+1 \in P$이어야 한다. ← $-1 \in P$, $-1 \in Q$

(i) $-k+1=-3$일 때, $k=4$

(ii) $-k+1=-1$일 때, $k=2$

(iii) $-k+1=4$일 때, $k=-3$

(i)~(iii)에 의하여 모든 정수 k의 값은 4, 2, -3이므로 그 곱은

$4 \times 2 \times (-3)=-24$

2018년 10월 고3 학력평가 나형 17번

(2) 실수 x에 대한 두 조건

$$p : (x-1)^2 \le 0,\ q : 2x^2-(3k+7)x+2=0$$

에 대하여 p가 q이기 위한 필요조건이 되도록 하는 모든 정수 k의

TIP 두 조건 p, q의 진리집합 P, Q에 대하여 $Q \subset P$

값의 합은?

① -7 ② -6 ③ -5
④ -4 ⑤ -3

STEP A 조건 p의 진리집합 구하기

두 조건 p, q의 진리집합을 각각 P, Q라 하자.

조건 $p : (x-1)^2 \le 0$에서 $x=1$이므로 $P=\{1\}$

실수 a에 대하여 $a^2 \le 0$이면 $a^2=0$ $\therefore a=0$

STEP B p가 q이기 위한 필요조건이 되려면 $Q \subset P$이어야 함을 이용하기

p가 q이기 위한 필요조건이 되려면 $Q \subset P$이어야 하므로 ← $p \Longrightarrow q$

$1 \in Q$ 또는 $Q=\varnothing$이다.

(i) $1 \in Q$일 때,

$2x^2-(3k+7)x+2=0$이 $x=1$을 근으로 가지므로

$2-(3k+7)+2=0$, 즉 $k=-1$

$2x^2-4x+2=0$, $2(x-1)^2=0$, $x=1$

이때 $Q=\{1\}$이 되어 $Q \subset P$를 만족시킨다.

(ii) $Q=\varnothing$일 때,

이차방정식 $2x^2-(3k+7)x+2=0$이 근을 갖지 않으므로

$2x^2-(3k+7)x+2=0$의 판별식을 D라 하면

$D<0$이어야 한다.

$D=(3k+7)^2-16<0$, $9k^2+42k+33<0$

$3(k+1)(3k+11)<0$ $\therefore -\dfrac{11}{3}<k<-1$

이때 정수 k의 값은 -3, -2

[이차방정식의 판별식]
이차방정식 $ax^2+bx+c=0$의 판별식을 D라 하면 $D=b^2-4ac$

STEP C 정수 k의 값의 합 구하기

(i), (ii)에서 조건을 만족시키는 정수 k의 값은 -1, -2, -3이므로 그 합은

$(-1)+(-2)+(-3)=-6$

0593

2013년 09월 고1 학력평가 13번

두 실수 a, b에 대하여 세 조건 p, q, r은

$$p : |a|+|b|=0,\ q : a^2-2ab+b^2=0,\ r : |a+b|=|a-b|$$

TIP 세 조건 p, q, r의 식을 각각 정리하여 실수 a, b 사이의 관계식을 구한다.

이다. 옳은 것만을 [보기]에서 있는 대로 고른 것은?

ㄱ. p는 q이기 위한 충분조건이다.
ㄴ. $\sim p$는 $\sim r$이기 위한 필요조건이다.
ㄷ. q이고 r은 p이기 위한 필요충분조건이다.

① ㄱ ② ㄷ ③ ㄱ, ㄴ
④ ㄴ, ㄷ ⑤ ㄱ, ㄴ, ㄷ

STEP A 세 조건 p, q, r에서 a, b의 조건 구하기

세 조건 p, q, r의 진리집합을 각각 P, Q, R이라고 하면

$p : |a|+|b|=0$이면 $a=0$이고 $b=0$이므로

$P=\{(a,\ b) \mid a=0$이고 $b=0\}$

$q : a^2-2ab+b^2=0$에서 $(a-b)^2=0$이므로 $a=b$

$Q=\{(a,\ b) \mid a=b\}$

$r : |a+b|=|a-b|$에서 $|a+b|^2=|a-b|^2$이면 $ab=0$

즉 $a=0$ 또는 $b=0$ ← $a^2+2ab+b^2=a^2-2ab+b^2$이므로 $4ab=0$

$R=\{(a,\ b) \mid a=0$ 또는 $b=0\}$

STEP B 명제의 참, 거짓을 진위 판단하기

ㄱ. $P \subset Q$이므로 $p \Longrightarrow q$ [참]

ㄴ. $P \subset R$이므로 $R^C \subset P^C$ $\quad \therefore \sim r \Longrightarrow \sim p$ [참]

ㄷ. $Q \cap R = \{(a, b) | a=0$이고 $b=0\}$이므로 $Q \cap R = P$

$\quad \therefore$ (q이고 r)$\Longleftrightarrow p$ [참]

따라서 옳은 것은 ㄱ, ㄴ, ㄷ이다.

0594

2011년 10월 고1 학력평가 13번

다음 물음에 답하시오.

(1) 전체집합 $U=\{x | x$는 실수$\}$에 대하여 두 조건 p, q는

$$p : x^2-3ax+2a^2>0,\ q : -8<x \le 18$$

TIP a의 부호에 따라 이차부등식의 해를 구한다.

이다. $\sim p$는 q이기 위한 충분조건일 때, 정수 a의 개수를 구하시오.

STEP A 두 조건의 진리집합 사이의 포함 관계 구하기

조건 $\sim p$의 진리집합 P^C과 조건 q의 진리집합 Q에 대하여

$\sim p$는 q이기 위한 충분조건이므로 $P^C \subset Q$

STEP B 진리집합 사이의 포함 관계를 수직선에 나타내고 a의 값의 범위 구하기

$p : x^2-3ax+2a^2>0$에서 $(x-a)(x-2a)>0$이므로

$a \ge 0$일 때, $P=\{x | x<a$ 또는 $x>2a\}$

$a<0$일 때, $P=\{x | x<2a$ 또는 $x>a\}$

(ⅰ) $a \ge 0$일 때, $P^C=\{x | a \le x \le 2a\}$

$\quad -8<a,\ 2a \le 18 \quad \therefore 0 \le a \le 9$

$\quad$즉 정수 a의 개수는 10

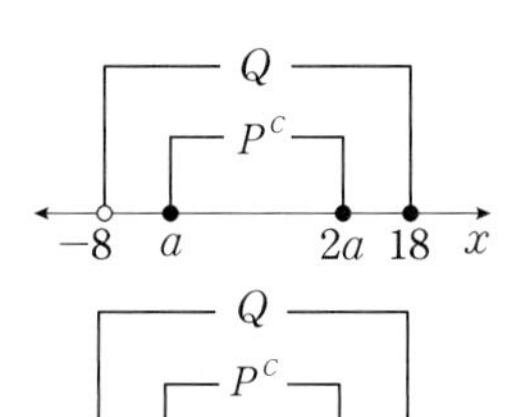

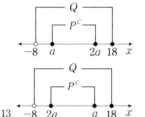

(ⅱ) $a<0$일 때, $P^C=\{x | 2a \le x \le a\}$

$\quad -8<2a,\ a \le 18 \quad \therefore -4<a<0$

$\quad$즉 정수 a의 개수는 3

(ⅰ), (ⅱ)에 의해 정수 a의 개수는 $10+3=13$

2016년 09월 고1 학력평가 11번 변형

(2) 실수 x에 대하여 두 조건 p, q를 각각

$$p : (x-5)(x+2) \ge 0,\ q : |x-8|<a$$

라 하자. p는 q이기 위한 필요조건이 되도록 하는 자연수 a의 값의 합을 구하시오. TIP $q \Longrightarrow p$이므로 $Q \subset P$

STEP A 두 조건 p, q의 진리집합 구하기

두 조건 p, q의 진리집합을 각각 P, Q라 할 때,

$(x-5)(x+2) \ge 0$에서 $x \le -2$ 또는 $x \ge 5$

$P=\{x | x \le -2$ 또는 $x \ge 5\}$

$|x-8|<a$에서 $-a<x-8<a$ ⟵ $|x-a|<b$이면 $-b<x-a<b$이다.

$\therefore 8-a<x<8+a$

$Q=\{x | 8-a<x<8+a\}$

STEP B 진리집합 사이의 포함 관계를 수직선에 나타내고 a의 값의 범위 구하기

p는 q이기 위한 필요조건이 되려면 $q \Longrightarrow p$에서 $Q \subset P$이어야 한다.

$Q \subset P$가 성립하도록 P, Q를 수직선 위에 나타내면 다음 그림과 같다.

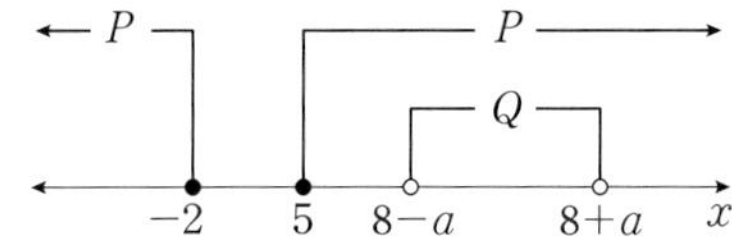

$a>0$이므로 $5 \le 8-a$ ⟵ $8-a<8+a$는 성립하지 않으므로 제외한다.

즉 $0<a \le 3$

따라서 자연수 a는 1, 2, 3이므로 그 합은 $1+2+3=6$

주의 $8+a \le -2$이면 $a \le -10$이므로 a가 자연수인 조건을 만족시키지 않는다.

0595

2013년 11월 고1 성취도평가 28번

다음 물음에 답하시오.

(1) 실수 x에 대하여 세 조건 p, q, r이

$$p : 0<x \le 7,\ q : -1 \le x \le a,\ r : x \ge b$$

TIP 부등식을 수직선에 그린 후 최솟값을 구한다.

이다. p는 q이기 위한 충분조건이고 r은 q이기 위한 필요조건일 때, $a-b$의 최솟값을 구하시오.

STEP A 세 조건의 진리집합 사이의 포함 관계 구하기

세 조건 p, q, r의 진리집합을 각각 P, Q, R이라 하면

p는 q이기 위한 충분조건이므로 $P \subset Q$,

r은 q이기 위한 필요조건이므로 $Q \subset R$

STEP B 진리집합 사이의 포함 관계를 수직선에 나타내고 a, b의 값의 범위 구하기

위 조건을 수직선 위에 나타내면 오른쪽 그림과 같다.

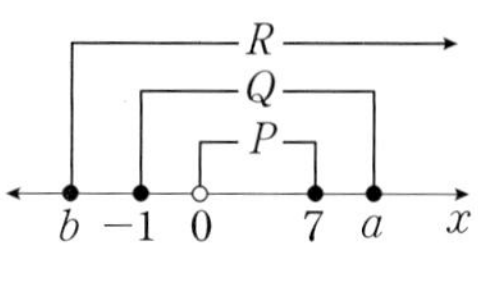

따라서 $a \ge 7$, $b \le -1$이고 $a-b$의 최솟값은 a가 최소, b가 최대일 때이므로

$7-(-1)=8$

(2) 실수 x에 대하여 세 조건

$$p : 1 \le x \le 2 \text{ 또는 } x \ge 4,\ q : x \ge a,\ r : x \ge b$$

에 대하여 p가 q이기 위한 충분조건일 때, a의 최댓값을 M,

TIP $P \subset Q$

p가 r이기 위한 필요조건일 때, b의 최솟값을 m이라고 하자.

TIP $R \subset P$

이때 $M+m$의 값을 구하시오.

STEP A 세 조건 p, q, r의 진리집합 구하기

세 조건 p, q, r의 진리집합을 각각 P, Q, R이라 하면

$P=\{x | 1 \le x \le 2$ 또는 $x \ge 4\}$, $Q=\{x | x \ge a\}$, $R=\{x | x \ge b\}$

p가 q이기 위한 충분조건이므로 $P \subset Q$

p가 r이기 위한 필요조건이므로 $R \subset P$ $\quad \therefore R \subset P \subset Q$

STEP B a의 최댓값, b의 최솟값 구하기

$R \subset P \subset Q$이므로 이를 수직선 위에 나타내면 그림과 같다.

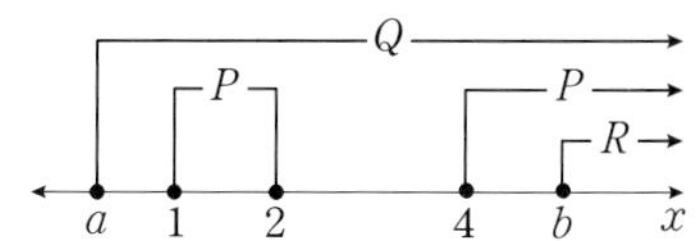

$a \le 1$, $b \ge 4$에서 a의 최댓값 $M=1$, b의 최솟값 $m=4$

따라서 $M+m=5$

0596

서술형

양수 a, b에 대하여

$$p : x^2<a,\ q : x^2-2x<3,\ r : x<b$$

일 때, p는 q이기 위한 충분조건이고, r은 q이기 위한 필요조건이다.

TIP $P \subset Q$ TIP $Q \subset R$

a의 최댓값과 b의 최솟값의 합을 구하는 과정을 다음 단계로 서술하시오.

[1단계] 세 조건 p, q, r의 진리집합을 각각 구한다. [3점]

[2단계] 수직선 위에 나타내어 a와 b의 값의 범위를 구한다. [4점]

[3단계] a의 최댓값과 b의 최솟값의 합을 구한다. [3점]

1단계	세 조건 p, q, r의 진리집합을 각각 구한다.	3점

세 조건 p, q, r의 진리집합을 각각 P, Q, R이라 하면

$P=\{x|-\sqrt{a}<x<\sqrt{a}\}$

$Q=\{x|x^2-2x<3\}$

$=\{x|(x-3)(x+1)<0\}$

$=\{x|-1<x<3\}$

$R=\{x|x<b\}$

2단계	수직선 위에 나타내어 a와 b의 값의 범위를 구한다.	4점

p는 q이기 위한 충분조건이고

r은 q이기 위한 필요조건이므로

$p \Longrightarrow q$이고 $q \Longrightarrow r$이므로

$P\subset Q\subset R$

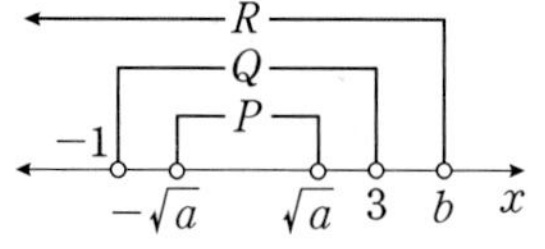

$-1\le -\sqrt{a}$, $\sqrt{a}\le 3$이고 $b\ge 3$이어야 하므로 $0<a\le 1$, $b\ge 3$

두 조건을 동시에 만족해야 한다.

3단계	a의 최댓값과 b의 최솟값의 합을 구한다.	3점

따라서 a의 최댓값은 1, b의 최솟값은 3이므로 구하는 합은 4

0597

서술형

실수 x에 대하여 두 조건 p와 q가

$p: ax^2+2x-6\ge 0$, $q: x^2+2bx+9>0$

이다. 다음 두 명제가 모두 거짓이 되도록 하는 정수 a의 최댓값을 M, 자연수 b의 최솟값을 m이라 할 때, $M+m$의 값을 구하는 과정을 다음 단계로 서술하시오.

(가) 어떤 실수 x에 대하여 p이다.

(나) $\sim p$는 q이기 위한 충분조건이다.

[1단계] 명제 (가)가 거짓임을 이용하여 a의 값의 범위를 구한다. [4점]

[2단계] 명제 (나)가 거짓임을 이용하여 b의 값의 범위를 구한다. [4점]

[3단계] 정수 a의 최댓값 M, 자연수 b의 최솟값 m을 이용하여 $M+m$의 값을 구한다. [2점]

1단계	명제 (가)가 거짓임을 이용하여 a의 값의 범위를 구한다.	4점

실수 전체의 집합을 U, 두 조건 p와 q의 진리집합을 각각 P와 Q라 하자.

(ⅰ) 명제 (가)가 거짓이면

$P=\varnothing$이어야 하므로 $a<0$

이차방정식 $ax^2+2x-6=0$의 판별식을 D_1이라 하면

$D_1<0$이어야 하므로

$\frac{D_1}{4}=1+6a<0$에서 $a<-\frac{1}{6}$

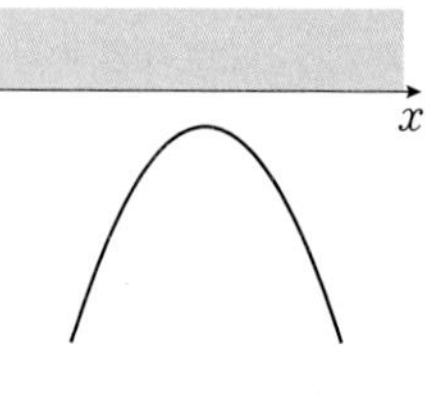

2단계	명제 (나)가 거짓임을 이용하여 b의 값의 범위를 구한다.	4점

(ⅱ) 명제 (나)에서 $\sim p \longrightarrow q$가 거짓이면 그 대우

$\sim q \longrightarrow p$도 거짓이어야 하므로 $Q^C \not\subset P$

이때 [1단계]에서 $P=\varnothing$이므로 이차부등식 $x^2+2bx+9\le 0$의 해가 존재해야 한다.

이차방정식 $x^2+2bx+9=0$의 판별식을 D_2라 하면

$D_2\ge 0$이어야 하므로

$\frac{D_2}{4}=b^2-9\ge 0$에서 $b\le -3$ 또는 $b\ge 3$

그런데 b가 자연수이므로 $b\ge 3$

3단계	정수 a의 최댓값 M, 자연수 b의 최솟값 m을 이용하여 $M+m$의 값을 구한다.	2점

(ⅰ), (ⅱ)에서 $M=-1$이고 $m=3$이므로 $M+m=-1+3=2$

TOUGH

0598

세 조건 p, q, r을 만족하는 진리집합을 각각 P, Q, R이라 하자.

$(P-Q)\cup(Q-R^C)=\varnothing$

일 때, 다음 중 항상 옳은 것은? (단, P, Q, R은 공집합이 아니다.)

TIP 주어진 조건을 벤 다이어그램으로 나타내어 옳은 것을 구한다.

① 조건 p는 조건 r이기 위한 충분조건이다.

② 조건 $\sim r$은 조건 q이기 위한 충분조건이다.

③ 조건 p는 조건 $\sim r$이기 위한 충분조건이다.

④ 조건 p는 조건 q이기 위한 필요조건이다.

⑤ 조건 r은 조건 q이기 위한 필요조건이다.

STEP Ⓐ 진리집합 포함 관계 구하기

세 조건 p, q, r을 만족하는 집합을 각각 P, Q, R이므로

$(P-Q)\cup(Q-R^C)=\varnothing$에서

$P-Q=\varnothing$, $Q-R^C=\varnothing$이므로

즉 $P-Q=\varnothing$에서 $P\subset Q$,

두 부분집합 A, B에서 $A-B=\varnothing$이면 $A\subset B$이다.

$Q-R^C=\varnothing$에서 $Q\subset R^C$ $\quad\therefore P\subset Q\subset R^C$

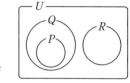

U Q P R

STEP Ⓑ 참인 명제 구하기

① $P\not\subset R$이므로 조건 p는 조건 r이기 위한 필요조건도 충분조건도 아니다. [거짓]

② $Q\subset R^C$이므로 조건 $\sim r$은 조건 q이기 위한 필요조건이다. [거짓]

③ $P\subset R^C$이므로 조건 p는 조건 $\sim r$이기 위한 충분조건이다. [참]

④ $P\subset Q$이므로 조건 p는 조건 q이기 위한 충분조건이다. [거짓]

⑤ $R\not\subset Q$이므로 조건 r은 조건 q이기 위한 필요조건도 충분조건도 아니다. [거짓]

따라서 옳은 것은 ③이다.

0599

2016년 03월 고2 학력평가 가형 16번

세 조건 p, q, r의 진리집합을 각각

$P=\{3\}$, $Q=\{a^2-1, b\}$, $R=\{a, ab\}$

라 하자. p는 q이기 위한 충분조건이고, r은 p이기 위한 필요조건일 때,

TIP 세 조건 p, q, r의 진리집합 P, Q, R에 대하여 $P\subset Q$, $P\subset R$이다.

$a+b$의 최솟값은? (단, a, b는 실수이다.)

① $-\frac{3}{2}$ ② -2 ③ $-\frac{5}{2}$

④ -3 ⑤ $-\frac{7}{2}$

STEP Ⓐ 세 집합 P, Q, R의 포함 관계 파악하기

세 조건 p, q, r의 진리집합 P, Q, R에 대하여

p는 q이기 위한 충분조건이므로 $P\subset Q$ …… ㉠

r는 p이기 위한 필요조건이므로 $P\subset R$ …… ㉡

STEP Ⓑ 세 집합 P, Q, R의 포함 관계를 이용하여 a, b의 값 구하기

㉠에서 $3\in P$이므로 $3\in Q$이어야 한다. 즉 $a^2-1=3$ 또는 $b=3$

(ⅰ) $a^2-1=3$일 때, $a^2=4$이므로 $a=-2$ 또는 $a=2$

이때 ㉡에서 $ab=3$이어야 하므로 $a=-2$, $b=-\frac{3}{2}$ 또는 $a=2$, $b=\frac{3}{2}$

$3\in P$이므로 $3\in R$

(ⅱ) $b=3$일 때,

㉡에서 $a=3$ 또는 $ab=3$이므로 $a=3$, $b=3$ 또는 $a=1$, $b=3$

STEP C $a+b$의 최솟값 구하기

(i), (ii)에서 $a+b$의 최솟값은 $a=-2$, $b=-\frac{3}{2}$이므로

$(-2)+\left(-\frac{3}{2}\right)=-\frac{7}{2}$

0600

2022년 03월 고2 학력평가 17번 변형

다음 물음에 답하시오.

(1) 실수 x에 대한 두 조건

$p: x^2+4ax+4 \geq 0$,

$q: x^2+2bx+25 \leq 0$

이 있다. 다음 두 문장이 모두 참인 명제가 되도록 하는 정수 a, b의 순서쌍 (a, b)의 개수를 구하시오.

(가) 모든 실수 x에 대하여 p이다.

TIP $P=U$이다.

(나) p는 $\sim q$이기 위한 충분조건이다.

TIP 두 조건 p, q의 진리집합 P, Q에 대하여 $P \subset Q^C$이다.

STEP A (가)가 참인 명제가 되도록 하는 정수 a의 값 구하기

실수 전체의 집합을 U라 하고

두 조건 p, q의 진리집합을 각각 P, Q라 하자.

'모든 실수 x에 대하여 $x^2+4ax+4 \geq 0$'이어야 하므로 ← $P=U$

이차방정식 $x^2+4ax+4=0$의 판별식을 D_1이라 하면 $D_1 \leq 0$이어야 한다.

$\frac{D_1}{4}=4a^2-4 \leq 0$,

$4(a+1)(a-1) \leq 0$

$\therefore -1 \leq a \leq 1$

[이차방정식의 판별식]
이차방정식 $ax^2+bx+c=0$의 판별식을 D라 하면
$D=b^2-4ac$ 또는 $\frac{D}{4}=(b')^2-ac$ $(b=2b')$

즉 (가)가 참인 명제가 되도록 하는 정수 a는 -1, 0, 1이므로

그 개수는 3

+α 이차함수의 그래프가 x축에 접하거나 만나지 않음을 확인해 볼 수 있어!

이차함수 $y=x^2+4ax+4$의 그래프는 아래로 볼록하므로
모든 실수 x에 대하여 $y \geq 0$가 되려면 이차함수의 그래프가
x축에 접하거나 만나지 않아야 한다.
중근 또는 허근

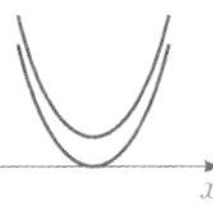

STEP B (나)가 참인 명제가 되도록 하는 정수 b의 값 구하기

'p는 $\sim q$이기 위한 충분조건이다.'가 참인 명제가 되려면

$P \subset Q^C$이어야 하고 $P=U$이므로 $Q^C=U$이다.

$U=P \subset Q^C \subset U$이므로 $Q^C=U$이다.
즉 $Q=\varnothing$이므로 이차부등식 $x^2+2bx+25 \leq 0$의 해가 존재하지 않는다.

즉 모든 실수 x에 대하여 $x^2+2bx+25>0$이어야 하므로

이차방정식 $x^2+2bx+25=0$의 판별식을 D_2라 하면 $D_2<0$이어야 한다.

$\frac{D_2}{4}=b^2-25<0$, $(b+5)(b-5)<0$ $\quad \therefore -5<b<5$

즉 (나)가 참인 명제가 되도록 하는 정수 b는

-4, -3, -2, -1, 0, 1, 2, 3, 4이므로 그 개수는 9

+α 이차함수의 그래프가 x축과 만나지 않음을 확인해 볼 수 있어!

이차함수 $y=x^2+2bx+25$의 그래프는 아래로 볼록하므로
모든 실수 x에 대하여 $y>0$가 되려면 이차함수의 그래프가
x축과 만나지 않아야 한다.
허근

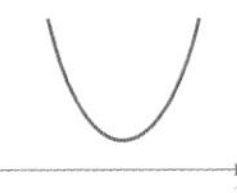

STEP C 순서쌍 (a, b)의 개수 구하기

따라서 정수 a, b의 순서쌍 (a, b)의 개수는 $3 \times 9=27$

(정수 a의 개수)×(정수 b의 개수)

2024년 10월 고2 학력평가 16번 변형

(2) 두 자연수 a, b에 대하여 실수 x에 대한 두 조건

$p: x^2-4x+a+2 \leq 0$,

$q: 0<|x-b| \leq 5$ TIP $0<|x-b|$이므로 $b \neq 0$이다.

의 진리집합을 각각 P, Q라 하자.

$P \neq \varnothing$, $P \subset Q$ TIP $P \neq \varnothing$이므로 실수 x가 존재하므로 판별식 $D \geq 0$, p가 q이기 위한 충분조건이다.

가 되도록 하는 a, b의 모든 순서쌍 (a, b)의 개수는?

① 6 ② 7 ③ 8
④ 9 ⑤ 10

STEP A $P \neq \varnothing$임을 이용하여 자연수 a의 값 구하기

$P \neq \varnothing$이려면 $x^2-4x+a+2 \leq 0$을 만족시키는 실수 x가 존재해야 한다.

이차방정식 $x^2-4x+a+2=0$의 판별식을 D라 하면

$D=(-2)^2-(a+2)$이고 $D \geq 0$이어야 하므로

$(-2)^2-(a+2) \geq 0$에서 $a \leq 2$

이때 $P \neq \varnothing$가 되도록 하는 자연수 a의 값은 1, 2

[이차방정식의 판별식]
이차방정식 $ax^2+bx+c=0$의 판별식을 D라 하면
$D=b^2-4ac$ 또는 $\frac{D}{4}=(b')^2-ac$ $(b=2b')$

STEP B a의 값을 이용하여 $P \neq \varnothing$, $P \subset Q$를 만족하는 순서쌍의 개수 구하기

$0<|x-b| \leq 5$에서

$Q=\{x \mid b-5 \leq x<b$ 또는 $b<x \leq b+5\}$ ← $|x-a| \leq b$이면 $x-a \leq b$이고 $x-a \geq -b$이므로 $-b \leq x-a \leq b$

(i) $a=1$일 때,

$x^2-4x+3 \leq 0$, $(x-1)(x-3) \leq 0$에서 ← $x^2-4x+a+2 \leq 0$에 $a=1$을 대입

$P=\{x \mid 1 \leq x \leq 3\}$이므로 $P \subset Q$이려면

$P \subset \{x \mid b-5 \leq x<b\}$이거나 $P \subset \{x \mid b<x \leq b+5\}$이어야 한다.

(a) $P \subset \{x \mid b-5 \leq x<b\}$일 때,

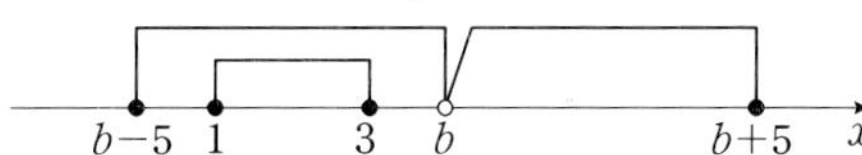

$b-5 \leq 1$, $3<b$에서 $3<b \leq 6$이므로

$P \subset Q$가 되도록 하는 자연수 b의 값은 4, 5, 6

그러므로 $P \neq \varnothing$, $P \subset Q$가 되도록 하는

두 자연수 a, b의 모든 순서쌍 (a, b)는 $(1, 4)$, $(1, 5)$, $(1, 6)$

(b) $P \subset \{x \mid b<x \leq b+5\}$일 때,

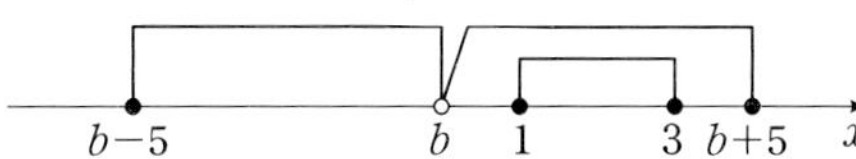

$b<1$, $3 \leq b+5$에서 $-2 \leq b<1$이므로

$P \subset Q$가 되도록 하는 자연수 b의 값은 존재하지 않는다.

(ii) $a=2$일 때,

$x^2-4x+4 \leq 0$, $(x-2)^2 \leq 0$에서 ← $x^2-4x+a+2 \leq 0$에 $a=2$를 대입

$P=\{2\}$이므로 ← 완전제곱식이므로 $x=2$

$P \subset Q$이려면 $b-5 \leq 2<b$ 또는 $b<2 \leq b+5$이어야 하므로

$2<b \leq 7$ 또는 $-3 \leq b<2$

$P \subset Q$가 되도록 하는 자연수 b의 값은 1, 3, 4, 5, 6, 7

그러므로 $P \neq \varnothing$, $P \subset Q$가 되도록 하는

두 자연수 a, b의 모든 순서쌍 (a, b)는

$(2, 1)$, $(2, 3)$, $(2, 4)$, $(2, 5)$, $(2, 6)$, $(2, 7)$

(i), (ii)에 의하여 구하는 모든 순서쌍 (a, b)의 개수는 $3+6=9$

0601

2023년 03월 고2 학력평가 19번 변형

다음 조건을 만족시키는 집합 A의 개수를 구하시오.

(가) $\{0\} \subset A \subset \{x \mid x$는 실수$\}$
(나) $a^2-2a-1 \notin A$이면 $a \notin A$이다.
TIP 명제가 참이면 그 명제의 대우도 참이다.
(다) $n(A)=4$

STEP A 두 조건 (가), (나)를 이용하여 집합 A의 부분집합 구하기

조건 (가)에서 $0 \in A$
조건 (나)에서 명제 '$a^2-2a-1 \notin A$이면 $a \notin A$'가 참이므로
이 명제의 대우 '$a \in A$이면 $a^2-2a-1 \in A$'도 참이다.
명제 $p \longrightarrow q$의 대우는 $\sim q \longrightarrow \sim p$이다.

$0 \in A$이므로 $0^2-2\times0-1=-1 \in A$ ← $a=0$을 대입
$-1 \in A$이므로 $(-1)^2-2\times(-1)-1=2 \in A$ ← $a=-1$을 대입
$2 \in A$이므로 $2^2-2\times2-1=-1 \in A$ ← $a=2$를 대입
그러므로 $\{-1, 0, 2\} \subset A$

STEP B 조건 (다)를 만족하는 집합 A의 원소 구하기

조건 (다)에서 $n(A)=4$이므로
$A=\{-1, 0, 2, k\}$ (단, k는 $k\neq-1$, $k\neq0$, $k\neq2$인 실수)라 하자.
$k \in A$이면 $k^2-2k-1 \in A$이므로
k^2-2k-1의 값은 $-1, 0, 2, k$ 중 하나이다.

(ⅰ) $k^2-2k-1=-1$인 경우
$k^2-2k=0$에서 $k(k-2)=0$, $k=0$ 또는 $k=2$
이는 $k\neq0$, $k\neq2$에 모순이다.

(ⅱ) $k^2-2k-1=0$인 경우
근의 공식에 의하여 $k=1+\sqrt{2}$ 또는 $k=1-\sqrt{2}$

(ⅲ) $k^2-2k-1=2$인 경우
$k^2-2k-3=0$에서 $(k+1)(k-3)=0$, $k=-1$ 또는 $k=3$
$k\neq-1$이므로 $k=3$

(ⅳ) $k^2-2k-1=k$인 경우
$k^2-3k-1=0$에서 근의 공식에 의하여 $k=\dfrac{3+\sqrt{13}}{2}$ 또는 $k=\dfrac{3-\sqrt{13}}{2}$

(ⅰ)~(ⅳ)에서 $k=1+\sqrt{2}$ 또는 $k=1-\sqrt{2}$ 또는 $k=3$ 또는
$k=\dfrac{3+\sqrt{13}}{2}$ 또는 $k=\dfrac{3-\sqrt{13}}{2}$

STEP C 집합 A의 개수 구하기

따라서 집합 A가 될 수 있는 것은
$\{-1, 0, 2, 1+\sqrt{2}\}$, $\{-1, 0, 2, 1-\sqrt{2}\}$, $\{-1, 0, 2, 3\}$,
$\left\{-1, 0, 2, \dfrac{3+\sqrt{13}}{2}\right\}$, $\left\{-1, 0, 2, \dfrac{3-\sqrt{13}}{2}\right\}$이므로 그 개수는 5

0602

2024년 03월 고2 학력평가 26번 변형

실수 x에 대한 두 조건

$$p: 3x-a=0,\ q: x^2-bx+16>0$$

TIP 조건 p의 진리집합은 $P=\left\{\frac{a}{3}\right\}$

이 있다. 명제 $p \longrightarrow \sim q$와 명제 $\sim p \longrightarrow q$가 모두 참이 되도록 하는
TIP 두 진리집합 P, Q에 대하여 $P \subset Q^C$이고 $Q^C \subset P$일 때, $P=Q^C$
두 양수 a, b의 값의 합을 구하시오.

STEP A 명제 $p \longrightarrow \sim q$와 명제 $\sim p \longrightarrow q$가 모두 참임을 이용하여 집합 P와 Q의 관계 구하기

두 조건 p, q의 진리집합을 각각 P, Q라 하면
$\sim p$의 진리집합은 P^C
명제 $p \longrightarrow \sim q$가 참이므로 명제의 대우에 의하여
$q \longrightarrow \sim p$도 참이 된다.
즉 $Q \subset P^C$
명제 $\sim p \longrightarrow q$가 참이므로 $P^C \subset Q$
즉 $Q \subset P^C$이고 $P^C \subset Q$이므로 $Q=P^C$

STEP B $Q=P^C$임을 이용하여 양수 a, b의 값 구하기

$p: 3x-a=0$의 진리집합은
$P=\left\{\dfrac{a}{3}\right\}$이고 $P^C=\left\{x \mid x\neq\dfrac{a}{3}\text{인 실수}\right\}$
$Q=P^C$이므로 $Q=\left\{x \mid x\neq\dfrac{a}{3}\text{인 실수}\right\}$이어야 한다.

즉 부등식 $x^2-bx+16>0$의 해가 $x\neq\dfrac{a}{3}$인 모든 실수이므로
이차함수 $y=x^2-bx+16$의 그래프는 x축에 접해야 한다.

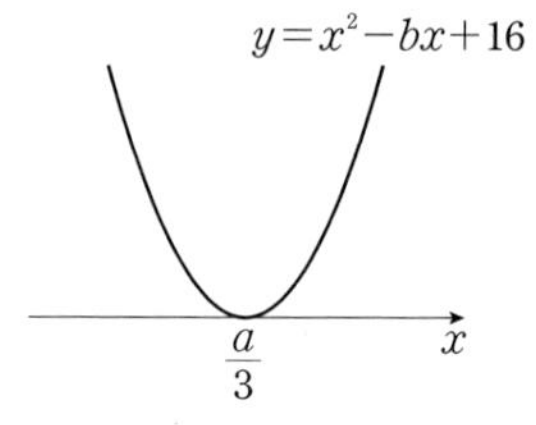

이때 이차방정식 $x^2-bx+16=0$의 판별식을 D라 할 때, $D=0$이어야 한다.
$D=(-b)^2-4\times1\times16=0$이므로 $b^2=64$
$\therefore b=8$ 또는 $b=-8$
그런데 b는 양수이므로 $b=8$
$x^2-8x+16=(x-4)^2$에서 $\dfrac{a}{3}=4$이므로 $a=12$
따라서 $a+b=12+8=20$

MINI해설 $P=Q^C$임을 이용하여 풀이하기

두 조건 p, q의 진리집합을 각각 P, Q라 하면
$\sim p$의 진리집합은 P^C
명제 $p \longrightarrow \sim q$가 참이므로 $P \subset Q^C$
$\sim p \longrightarrow q$도 참이므로 명제의 대우 $\sim q \longrightarrow p$도 참이 된다.
즉 $Q^C \subset P$이고 $P \subset Q^C$이므로 $P=Q^C$
진리집합 P, Q는 $P=\left\{\dfrac{a}{3}\right\}$, $Q^C=\{x \mid x^2-bx+16\leq0\}$이므로
$P=Q^C$이기 위해서는 이차함수 $y=x^2-bx+16$의
그래프는 $x=\dfrac{a}{3}$에서 x축에 접해야 하므로
$x^2-bx+16=\left(x-\dfrac{a}{3}\right)^2$
즉 $x^2-bx+16=x^2-\dfrac{2a}{3}x+\dfrac{a^2}{9}$의 계수를 비교하면
$b=\dfrac{2a}{3}$, $16=\dfrac{a^2}{9}$, 즉 $a^2=144$
따라서 $a=12$, $b=8$이므로 $a+b=20$

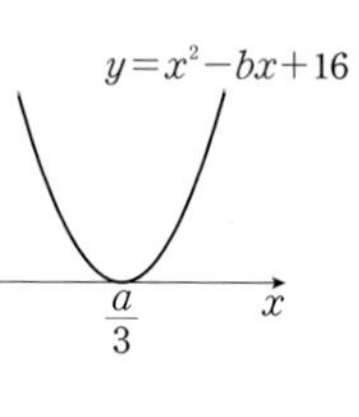

0603

서술형

다음 명제에 대하여 물음에 답하시오. [풀이 과정을 자세히 서술하시오.]

두 자연수 m, n에 대하여 mn이 홀수이면 m과 n은 모두 홀수이다.

(1) 위의 명제의 대우를 말하시오.

TIP 명제 $p \longrightarrow q$의 대우는 $\sim q \longrightarrow \sim p$이다.

(2) (1)을 이용하여 주어진 명제가 참임을 증명하시오.

STEP A 대우를 이용하여 명제를 증명하기

(1) 주어진 명제의 대우는
두 자연수 m, n에 대하여 m 또는 n이 짝수이면 mn은 짝수이다.

(2) (i) m이 짝수이면
$m=2k$ (k는 자연수)로 나타낼 수 있다.
$mn=2k\times n=2kn$이고 $2kn$이 짝수이므로 mn은 짝수이다.
(ii) n이 짝수이면
$n=2l$ (l은 자연수)로 나타낼 수 있다.
$mn=m\times 2l=2lm$이고 $2lm$이 짝수이므로 mn은 짝수이다.
(i), (ii)에서 m 또는 n이 짝수이면 mn은 짝수이다.
따라서 주어진 명제의 대우가 참이므로 주어진 명제도 참이다.

0604

서술형

다음 명제에 대하여 물음에 답하시오. [풀이 과정을 자세히 서술하시오.]

a, b가 양의 정수일 때, $a+b$가 홀수이면 a, b 중 하나는 홀수이고 다른 하나는 짝수이다.

(1) 위의 명제의 대우를 말하시오.

TIP 명제 $p \longrightarrow q$의 대우는 $\sim q \longrightarrow \sim p$이다.

(2) (1)을 이용하여 주어진 명제가 참임을 증명하시오.

TIP 대우법을 이용하여 명제가 참임을 증명한다.

STEP A 대우를 이용하여 명제를 증명하기

(1) 주어진 명제의 대우는
a, b가 양의 정수일 때, a, b 모두 짝수이거나 홀수이면 $a+b$가 짝수이다.

(2) (1)의 대우가 참임을 증명한다.
(i) a, b가 모두 짝수라 하면
$a=2m$, $b=2n$ (m, n은 양의 정수)으로 나타낼 수 있으므로
$a+b=2m+2n=2(m+n)$이므로 $a+b$는 짝수이다.
(ii) a, b가 모두 홀수라 하면
$a=2m-1$, $b=2n-1$ (m, n은 양의 정수)로 나타낼 수 있으므로
$a+b=(2m-1)+(2n-1)=2(m+n-1)$이므로 $a+b$는 짝수이다.
(i), (ii)에서 주어진 명제의 대우가 참이므로 주어진 명제도 참이다.
명제와 그 대우의 참, 거짓은 항상 일치하므로 명제가 참임을 증명하기 어려울 때, 대우가 참임을 이용하여 증명한다.

0605

다음은 명제 '자연수 a, b에 대하여 ab가 짝수이면 a 또는 b가 짝수이다.'를 증명한 것이다.

주어진 명제의 대우

TIP 명제 $p \longrightarrow q$의 대우는 $\sim q \longrightarrow \sim p$이다.

'자연수 a, b에 대하여 a와 b가 모두 홀수이면 ab는 (가) 이다.'가 참임을 보이면 된다.
a와 b가 모두 홀수이면
$a=2k+1$, $b=2k'+1$ (k, k'은 0 또는 자연수)로 나타낼 수 있으므로
$ab=(2k+1)(2k'+1)=4kk'+2k+2k'+1=2(2kk'+k+k')+1$
이때 $2kk'+k+k'$은 0 또는 자연수이므로 ab는 (나) 이다.
즉 a와 b가 모두 홀수이면 ab는 (가) 이다.
따라서 자연수 a, b에 대하여 ab가 짝수이면 a 또는 b도 짝수이다.

TIP 대우가 참이므로 명제 또한 참이다.

위의 증명에서 (가), (나)에 알맞은 것을 써 넣으시오.

STEP A 대우를 이용하여 명제를 증명하기

주어진 명제의 대우
자연수 a, b에 대하여 a와 b가 모두 홀수이면 ab는 홀수 이다.
두 조건 ab가 짝수, a 또는 b가 짝수이므로 대우는 a와 b가 모두 홀수이면 ab는 홀수이다.
를 증명하면 된다.
a와 b가 모두 홀수이면
$a=2k+1$, $b=2k'+1$로 나타낼 수 있으므로
$ab=(2k+1)(2k'+1)$
$=4kk'+2k+2k'+1$
$=2(2kk'+k+k')+1$
이때 $2kk'+k+k'$은 0 또는 자연수이므로 ab는 홀수 이다.
즉 a와 b가 모두 홀수이면 ab는 홀수 이다.
따라서 자연수 a, b에 대하여 ab가 짝수이면 a 또는 b가 짝수이다.
명제의 대우가 참임을 증명하였으므로 그 명제 또한 참임을 알 수 있다.
따라서 (가): 홀수, (나): 홀수이다.

0606

$\sqrt{2}$가 유리수가 아님을 이용하여 명제 '$\sqrt{2}+1$은 유리수가 아니다.'가 참임을 귀류법으로 증명하려고 한다. 다음 물음에 답하시오.

TIP 결론을 부정하여 가정이 모순임을 보여주어 주어진 명제가 참임을 증명한다.

(1) 주어진 명제의 부정을 말하시오.
(2) 주어진 명제가 참임을 증명하시오.

STEP A 주어진 명제의 부정 구하기

(1) 주어진 명제의 부정은
'$\sqrt{2}+1$은 유리수이다.'이다.

STEP B 귀류법을 이용하여 증명하기

(2) $\sqrt{2}+1$이 유리수라 가정하면
$\sqrt{2}+1=a$ (a는 유리수)로 나타낼 수 있다.
이때 $\sqrt{2}=a-1$이고 유리수끼리의 뺄셈은 유리수이므로 $a-1$은 유리수이다.
그런데 이것은 $\sqrt{2}$가 유리수가 아니라는 사실에 모순이다.
따라서 $\sqrt{2}+1$은 유리수가 아니다.

0607

$\sqrt{2}$가 무리수임을 이용하여 다음 명제가 참임을 귀류법을 이용하여 증명하시오.

TIP 결론을 부정하여 가정이 모순임을 보여주어 주어진 명제가 참임을 증명한다.

> 유리수 a, b에 대하여 $a+b\sqrt{2}=0$이면 $a=b=0$이다.

STEP Ⓐ **귀류법을 이용하여 명제를 증명하기**

결론을 부정하여 $b\neq0$이라고 가정하면

$a+b\sqrt{2}=0$에서 $\sqrt{2}=-\dfrac{a}{b}$이다.

이때 전제조건에서 a, b가 유리수이므로 $-\dfrac{a}{b}$는 유리수이다.

즉 $\sqrt{2}$는 유리수이다.

그런데 이것은 $\sqrt{2}$가 무리수라는 사실에 모순이므로 $b=0$이다.

또, $b=0$을 등식 $a+b\sqrt{2}=0$에 대입하면 $a=0$이다.

따라서 유리수 a, b에 대하여 $a+b\sqrt{2}=0$이면 $a=b=0$이다.

0608

다음은 자연수 n에 대하여 명제 'n^2이 3의 배수이면 n이 3의 배수이다.'가 참임을 귀류법으로 증명하는 과정이다.

> 주어진 명제의 결론을 부정하면
>
> 'n^2이 3의 배수이면 n이 3의 배수가 아니다.'
>
> 라고 가정하면 n은 3의 배수가 아니므로
>
> $n=$ (가) 또는 $n=$ (나) (k는 음이 아닌 정수) 중의 하나이다.
>
> (ⅰ) $n=$ (가) 일 때, $n^2=3(3k^2+2k)+$ (다) 이므로
>
> n^2이 3의 배수가 아니다.
>
> (ⅱ) $n=$ (나) 일 때, $n^2=3(3k^2+4k+1)+$ (다) 이므로
>
> n^2이 3의 배수가 아니다.
>
> (ⅰ), (ⅱ)에 n^2이 3의 배수라는 가정에 모순이다.
>
> 따라서 자연수 n에 대하여 n^2이 3의 배수이면 n이 3의 배수이다.

위의 과정에서 (가), (나)를 $f(k)$, $g(k)$라 하고, (다)를 a라 할 때, $f(2)+g(2)+a$의 값을 구하시오.

STEP Ⓐ **대우를 이용하여 명제를 증명하기**

주어진 명제의 결론을 부정하면

'n^2이 3의 배수이면 n이 3의 배수가 아니다.'

라고 가정하면 n은 3의 배수가 아니므로

$n=$ $\boxed{3k+1}$ 또는 $n=$ $\boxed{3k+2}$ (k는 음이 아닌 정수) 중의 하나이다.

$n=3k-1$ 또는 $n=3k-2$ (k는 자연수)로 놓을 수 있다.

(ⅰ) $n=\boxed{3k+1}$일 때,

$n^2=(3k+1)^2=9k^2+6k+1=3(3k^2+2k)+\boxed{1}$이므로

n^2이 3의 배수가 아니다.

(ⅱ) $n=\boxed{3k+2}$일 때,

$n^2=(3k+2)^2=9k^2+12k+4=3(3k^2+4k+1)+\boxed{1}$이므로

n^2이 3의 배수가 아니다.

(ⅰ), (ⅱ)에서 n^2이 3의 배수라는 가정에 모순이다.

따라서 $f(k)=3k+1$, $g(k)=3k+2$, $a=1$이므로

$f(2)+g(2)+a=7+8+1=16$

0609

다음은 실수 a, b에 대하여 $|a-b|\leq|a|+|b|$임을 증명하는 과정이다.

> a, b가 실수이고 $|a-b|\geq0$, $|a|+|b|\geq0$이므로
>
> $(|a|+|b|)^2-(|a-b|)^2=|a|^2+2|a||b|+|b|^2-(a-b)^2$
>
> $=$ (가) ≥0
>
> $\therefore |a|+|b|\geq|a-b|$
>
> 이때 등호가 성립하는 경우는 (나) 일 때이다.

위의 증명에서 (가), (나)에 들어갈 알맞은 것을 차례로 나열하시오.

STEP Ⓐ **$A^2\geq0$, $B^2\geq0$일 때, $A^2-B^2>0 \iff A>B$임을 이용하여 빈칸 추론하기**

$|a|+|b|\geq0$, $|a-b|\geq0$이므로 양변을 제곱하여

$(|a|+|b|)^2-|a-b|^2\geq0$이 성립함을 보이면 된다.

$(|a|+|b|)^2-(|a-b|)^2=|a|^2+2|a||b|+|b|^2-(a-b)^2$

$=a^2+2|ab|+b^2-(a^2-2ab+b^2)$

$=\boxed{2(|ab|+ab)}\geq0$ ($\because |ab|\geq ab$)

① a 또는 b의 값이 0일 때에는 $ab=|ab|=0$
② a, b의 부호가 같을 때에는 $ab=|ab|$
③ a, b의 부호가 다를 때에는 $ab<0$, $|ab|>0$, $ab<|ab|$
①~③에 의하여 $ab\leq|ab|$

$\therefore (|a|+|b|)^2\geq(|a-b|)^2$

그런데 $|a|+|b|\geq0$, $|a-b|\geq0$이므로 $|a|+|b|\geq|a-b|$

이때 등호가 성립하는 경우는 $|ab|=-ab$이므로 $\boxed{ab\leq0}$일 때이다.

따라서 (가) : $2(|ab|+ab)$, (나) : $ab\leq0$이다.

0610

다음은 실수 $a>0$, $b>0$에 대하여 $\sqrt{a}+\sqrt{b}>\sqrt{a+b}$임을 증명하는 과정이다.

TIP 양변을 제곱하여 증명한다.

> $(\sqrt{a}+\sqrt{b})^2-(\sqrt{a+b})^2=(a+2\sqrt{ab}+b)-(a+b)$
>
> $=$ (가) >0
>
> $\therefore (\sqrt{a}+\sqrt{b})^2$ (나) $(\sqrt{a+b})^2$
>
> 그런데 $\sqrt{a}+\sqrt{b}>0$, $\sqrt{a+b}>0$이므로 $\sqrt{a}+\sqrt{b}$ (다) $\sqrt{a+b}$

위의 증명에서 (가), (나), (다)에 들어갈 알맞은 것을 차례로 나열하시오.

STEP Ⓐ **$A^2\geq0$, $B^2\geq0$일 때, $A^2-B^2>0 \iff A>B$임을 이용하여 빈칸 추론하기**

$\sqrt{a}+\sqrt{b}>0$, $\sqrt{a+b}>0$이므로 양변을 제곱하여

$(\sqrt{a}+\sqrt{b})^2-(\sqrt{a+b})^2>0$이 성립함을 보이면 된다.

$(\sqrt{a}+\sqrt{b})^2-(\sqrt{a+b})^2=(a+2\sqrt{ab}+b)-(a+b)$

$=\boxed{2\sqrt{ab}}>0$

$\therefore (\sqrt{a}+\sqrt{b})^2\boxed{>}(\sqrt{a+b})^2$

그런데 $\sqrt{a}+\sqrt{b}>0$, $\sqrt{a+b}>0$이므로 $\sqrt{a}+\sqrt{b}\boxed{>}\sqrt{a+b}$

따라서 (가) : $2\sqrt{ab}$, (나) : $>$, (다) : $>$이다.

0611

다음 중 옳지 않은 것은?

TIP 양변을 제곱하여 참, 거짓을 판별한다.

① a, b가 실수일 때, $|a-b| \ge ||a|-|b||$

② a, b가 실수일 때, $|a-b| \ge |a|-|b|$

③ a, b가 실수일 때, $\sqrt{2(a^2+b^2)} \le |a|+|b|$

④ $a \ge 0$, $b \ge 0$일 때, $\sqrt{a}+\sqrt{b} \ge \sqrt{a+b}$

⑤ $a \ge 0$, $b \ge 0$일 때, $\sqrt{2(a+b)} \ge \sqrt{a}+\sqrt{b}$

STEP A **양변을 제곱하여 정리한 후 참, 거짓 판별하기**

① $(|a-b|)^2-(|a|-|b|)^2=(a^2-2ab+b^2)-(a^2-2|ab|+b^2)$

$=-2(ab-|ab|) \ge 0$ ($\because ab \le |ab|$)

① a 또는 b의 값이 0일 때에는 $ab=|ab|=0$
② a, b의 부호가 같을 때에는 $ab=|ab|$
③ a, b의 부호가 다를 때에는 $ab<0$, $|ab|>0$, $ab<|ab|$
①~③에 의하여 $ab \le |ab|$

즉 $(|a-b|)^2 \ge ||a|-|b||^2$이므로 $|a-b| \ge ||a|-|b||$

(단, 등호는 $ab \ge 0$일 때 성립한다.) [참]

② (i) $|a|<|b|$일 때,

$|a-b|>0$, $|a|-|b|<0$이므로 $|a-b|>|a|-|b|$

(ii) $|a| \ge |b|$일 때,

$|a-b| \ge 0$, $|a|-|b| \ge 0$이므로

$(|a-b|)^2-(|a|-|b|)^2=(a^2-2ab+b^2)-(a^2-2|ab|+b^2)$

$=-2(ab-|ab|) \ge 0$ ($\because ab \le |ab|$)

즉 $(|a-b|)^2 \ge (|a|-|b|)^2$이므로 $|a-b| \ge |a|-|b|$ [참]

(i), (ii)에 의하여 $|a-b| \ge |a|-|b|$

(단, 등호는 $|a| \ge |b|$이고 $ab \ge 0$일 때 성립한다.)

③ $\{\sqrt{2(a^2+b^2)}\}^2-\{|a|+|b|\}^2=2(a^2+b^2)-(|a|^2+2|a||b|+|b|^2)$

$=2(a^2+b^2)-(a^2+2|a||b|+b^2)$

$=|a|^2-2|a||b|+|b|^2$

$=(|a|-|b|)^2 \ge 0$

즉 $\{\sqrt{2(a^2+b^2)}\}^2 \ge \{|a|+|b|\}^2$이므로 $\sqrt{2(a^2+b^2)} \ge |a|+|b|$

(단, 등호는 $|a|=|b|$일 때 성립한다.) [거짓]

④ $(\sqrt{a}+\sqrt{b})^2-(\sqrt{a+b})^2=(a+b+2\sqrt{ab})-(a+b)=2\sqrt{ab} \ge 0$

즉 $(\sqrt{a}+\sqrt{b})^2 \ge (\sqrt{a+b})^2$이므로 $\sqrt{a}+\sqrt{b} \ge \sqrt{a+b}$

(단, 등호는 $ab=0$일 때, 성립한다.) [참]

⑤ $(\sqrt{2(a+b)})^2-(\sqrt{a}+\sqrt{b})^2=2(a+b)-(a+2\sqrt{ab}+b)$

$=2a+2b-a-2\sqrt{ab}-b$

$=a-2\sqrt{ab}+b$

$=(\sqrt{a}-\sqrt{b})^2 \ge 0$

즉 $(\sqrt{2(a+b)})^2 \ge (\sqrt{a}+\sqrt{b})^2$이므로 $\sqrt{2(a+b)} \ge \sqrt{a}+\sqrt{b}$

(단, 등호는 $ab=0$일 때 성립한다.) [참]

따라서 옳지 않은 것은 ③이다.

POINT 제곱의 차를 이용한 두 식의 대소 비교

① a, b가 실수일 때, $|a+b| \le |a|+|b|$

② a, b가 실수일 때, $|a-b| \le |a|+|b|$

③ a, b가 실수일 때, $|a-b| \ge ||a|-|b||$

④ a, b가 실수일 때, $|a|-|b| \le |a-b|$

⑤ a, b가 실수일 때, $\sqrt{2(a^2+b^2)} \ge |a|+|b|$

⑥ $a>0$, $b>0$일 때, $\sqrt{2(a+b)} > \sqrt{a}+\sqrt{b}$

⑦ $a>0$, $b>0$일 때, $\sqrt{a}+\sqrt{b} > \sqrt{a+b}$

⑧ $a>b>0$일 때, $\sqrt{a-b} > \sqrt{a}-\sqrt{b}$

0612

$a>0$, $b>0$일 때, 다음 물음에 답하시오.

(1) $3a+4b=24$일 때, ab의 최댓값을 구하시오.

STEP A **두 양수의 합이 일정하면 산술평균과 기하평균의 관계를 이용하여 곱의 최댓값을 구하기**

$3a>0$, $4b>0$이므로 산술평균과 기하평균의 관계에 의하여

$3a+4b \ge 2\sqrt{3a \times 4b}$ (단, 등호는 $3a=4b$일 때 성립한다.)

그런데 $3a+4b=24$이므로 $24 \ge 2\sqrt{12ab}$, $12 \ge \sqrt{12ab}$

양변을 제곱하면 $144 \ge 12ab$

$\therefore ab \le 12$

따라서 ab의 최댓값은 12

(2) $ab=2$일 때, a^2+b^2의 최솟값을 구하시오.

STEP A **두 양수의 곱이 일정하면 산술평균과 기하평균의 관계를 이용하여 합의 최솟값을 구하기**

$a^2>0$, $b^2>0$이므로 산술평균과 기하평균의 관계에 의하여

$a^2+b^2 \ge 2\sqrt{a^2 \times b^2}=2|ab|=2ab$

(단, 등호는 $a^2=b^2$, 즉 $a=b$일 때 성립한다.)

그런데 $ab=2$이므로 $a^2+b^2 \ge 2 \times 2=4$

따라서 a^2+b^2의 최솟값은 4

0613

양수 a, b에 대하여 $a^2+16b^2=16$일 때, ab의 최댓값은?

① 1 ② 2 ③ 3
④ 4 ⑤ 5

STEP A **두 양수의 곱이 일정하면 산술평균과 기하평균의 관계를 이용하여 합의 최솟값을 구하기**

$a^2>0$, $b^2>0$이므로 산술평균과 기하평균의 관계에 의하여

$a^2+16b^2 \ge 2\sqrt{a^2 \times 16b^2}=8|ab|=8ab$

(단, 등호는 $a^2=16b^2$, 즉 $a=4b$일 때 성립한다.)

이때 $a^2+16b^2=16$이므로 $16 \ge 8ab$

$\therefore ab \le 2$

따라서 ab의 최댓값은 2

0614

다음 물음에 답하시오.

(1) $a>0$, $b>0$이고 $3a+2b=1$일 때, $\dfrac{2}{a}+\dfrac{3}{b}$의 최솟값을 구하시오.

STEP A **산술평균과 기하평균의 관계를 이용하여 최솟값 구하기**

$\dfrac{2}{a}+\dfrac{3}{b}=\dfrac{3a+2b}{ab}=\dfrac{1}{ab}$

한편 $a>0$, $b>0$이므로 산술평균과 기하평균의 관계에 의하여

$3a+2b \ge 2\sqrt{3a \times 2b}=2\sqrt{6ab}$

그런데 $3a+2b=1$이므로 $1 \ge 2\sqrt{6ab}$ (단, 등호는 $3a=2b$일 때 성립한다.)

03 절대부등식

STEP Ⓑ $\frac{2}{a}+\frac{3}{b}$의 최솟값 구하기

양변을 제곱하면 $1 \geq 24ab$

$\therefore \frac{1}{ab} \geq 24$

따라서 $\frac{2}{a}+\frac{3}{b}=\frac{1}{ab}$의 최솟값은 24

+α 곱을 이용하여 산술평균과 기하평균을 이용하여 구할 수 있어!

$a>0$, $b>0$이므로 산술평균과 기하평균의 관계에 의하여

$(3a+2b)\left(\frac{2}{a}+\frac{3}{b}\right)=\frac{9a}{b}+\frac{4b}{a}+12 \geq 2\sqrt{\frac{9a}{b}\times\frac{4b}{a}}+12$

여기서 등호는 $\frac{9a}{b}=\frac{4b}{a}$, 즉 $3a=2b$일 때 성립한다.

이때 $3a+2b=1$이므로 $\frac{2}{a}+\frac{3}{b} \geq 24$

따라서 $\frac{2}{a}+\frac{3}{b}$의 최솟값은 24

2015년 09월 고2 학력평가 가형 7번

(2) 두 실수 x, y에 대하여 $xy>0$, $x+y=3$일 때, $\frac{1}{x}+\frac{1}{y}$의 최솟값은?

TIP x와 y의 부호는 같다.

① 1 ② $\frac{4}{3}$ ③ $\frac{5}{3}$

④ 2 ⑤ $\frac{7}{3}$

STEP Ⓐ 주어진 식을 정리하고 산술평균과 기하평균의 관계를 이용하기

주어진 식을 정리하면

$\frac{1}{x}+\frac{1}{y}=\frac{x+y}{xy}=\frac{3}{xy}$ …… ㉠

$xy>0$, $x+y=3$에서 $x>0$, $y>0$이므로

x와 y의 부호가 같고 부호가 같은 두 수를 더하여 양수가 나왔으므로 x와 y는 둘 다 양수이다.

산술평균과 기하평균의 관계를 이용하면

$x+y \geq 2\sqrt{xy}$ (단, 등호는 $x=y$일 때 성립한다.)

$(x+y)^2 \geq 4xy$, $\frac{1}{xy} \geq \frac{4}{(x+y)^2}$ …… ㉡

$x>0$, $y>0$이므로 양변을 제곱하여도 부등호의 방향은 똑같다.

STEP Ⓑ $\frac{1}{x}+\frac{1}{y}$의 최솟값 구하기

㉠, ㉡에서 $\frac{1}{x}+\frac{1}{y}=\frac{3}{xy} \geq \frac{12}{(x+y)^2}=\frac{12}{3^2}=\frac{4}{3}$

$\therefore \frac{1}{x}+\frac{1}{y} \geq \frac{4}{3}$

따라서 최솟값은 $\frac{4}{3}$

+α 곱을 이용하여 산술평균과 기하평균을 이용하여 구할 수 있어!

$x>0$, $y>0$이므로 산술평균과 기하평균의 관계를 이용하면

$\frac{1}{x}+\frac{1}{y}=\frac{1}{3}\left(\frac{1}{x}+\frac{1}{y}\right)(x+y)$

$=\frac{1}{3}\left(2+\frac{y}{x}+\frac{x}{y}\right)$

$\geq \frac{1}{3}\left(2+2\sqrt{\frac{y}{x}\times\frac{x}{y}}\right)$

$=\frac{4}{3}$ (단, 등호는 $x=y$일 때 성립한다.)

따라서 최솟값은 $\frac{4}{3}$

0615

다음 물음에 답하시오.

(1) $a>0$, $b>0$일 때, $\left(a+\frac{2}{b}\right)\left(b+\frac{8}{a}\right)$의 최솟값을 구하시오.

TIP 식을 전개한 산술평균과 기하평균의 관계를 이용하여 최솟값을 구한다.

STEP Ⓐ 주어진 식을 전개하기

$\left(a+\frac{2}{b}\right)\left(b+\frac{8}{a}\right)=ab+8+2+\frac{16}{ab}$

$=ab+\frac{16}{ab}+10$

STEP Ⓑ 산술평균과 기하평균의 관계를 이용하여 최솟값 구하기

$ab>0$, $\frac{16}{ab}>0$이므로 산술평균과 기하평균의 관계에 의하여

두 양수 a, b에 대하여 $\frac{a+b}{2} \geq \sqrt{ab}$ (단, 등호는 $a=b$일 때 성립한다.)

$ab+\frac{16}{ab}+10 \geq 2\sqrt{ab\times\frac{16}{ab}}+10=18$

$\therefore \left(a+\frac{2}{b}\right)\left(b+\frac{8}{a}\right) \geq 18$ $\left(\text{단, 등호는 } ab=\frac{16}{ab},\ ab=4\text{일 때 성립한다.}\right)$

따라서 구하는 최솟값은 18

+α 식을 전개하지 않고 구하는 경우를 알아보자!

$a+\frac{2}{b} \geq 2\sqrt{\frac{2a}{b}}$ …… ㉠

$b+\frac{8}{a} \geq 2\sqrt{\frac{8b}{a}}$ …… ㉡

이때 두 부등식 ㉠, ㉡의 양변을 곱하면

$\left(a+\frac{2}{b}\right)\left(b+\frac{8}{a}\right) \geq 2\sqrt{\frac{2a}{b}}\times 2\sqrt{\frac{8b}{a}}=16$에서 최솟값을 16이라 하면 안 된다.

왜냐하면 ㉠에서 등호가 성립하는 경우는 $a=\frac{2}{b}$, 즉 $ab=2$일 때이고

㉡에서 등호가 성립하는 경우는 $b=\frac{8}{a}$, 즉 $ab=8$일 때이므로

두 등식을 동시에 만족하는 a, b가 존재하지 않기 때문이다.

따라서 두 식의 곱의 꼴의 최솟값을 구하는 경우에는 일반적으로 먼저 주어진 식을 전개한 후 산술평균과 기하평균의 관계를 이용해야 한다.

(2) $x>0$, $y>0$일 때, $\left(2x+\frac{3}{y}\right)\left(\frac{3}{x}+2y\right)$의 최솟값을 구하시오.

TIP 식을 전개한 산술평균과 기하평균의 관계를 이용하여 최솟값을 구한다.

STEP Ⓐ 주어진 식을 전개하기

$\left(2x+\frac{3}{y}\right)\left(\frac{3}{x}+2y\right)=6+4xy+\frac{9}{xy}+6$

$=4xy+\frac{9}{xy}+12$

STEP Ⓑ 산술평균과 기하평균의 관계를 이용하여 최솟값 구하기

$x>0$, $y>0$이므로 $4xy>0$, $\frac{9}{xy}>0$

산술평균과 기하평균의 관계에 의하여

두 양수 a, b에 대하여 $\frac{a+b}{2} \geq \sqrt{ab}$ (단, 등호는 $a=b$일 때 성립한다.)

$4xy+\frac{9}{xy}+12 \geq 2\sqrt{4xy\times\frac{9}{xy}}+12$

$=2\sqrt{36}+12$

$=12+12=24$

$\left(\text{단, 등호는 } 4xy=\frac{9}{xy},\ xy=\frac{3}{2}\text{일 때 성립한다.}\right)$

따라서 구하는 최솟값은 24

0616

다음 물음에 답하시오.

(1) $a>1$일 때, $9a+\frac{1}{a-1}$의 최솟값은?

TIP $a>1$에서 $a-1>0$이므로 양수 조건이 있는 분수식의 최솟값은 산술평균과 기하평균의 관계를 이용한다.

① 10 ② 13 ③ 15
④ 16 ⑤ 17

STEP A 주어진 식을 변형하기

$9a+\frac{1}{a-1}=9(a-1)+\frac{1}{a-1}+9$

STEP B 산술평균과 기하평균의 관계를 이용하여 최솟값 구하기

$a>1$에서 $a-1>0$이므로 산술평균과 기하평균의 관계에 의하여

두 양수 a, b에 대하여 $\frac{a+b}{2}\ge\sqrt{ab}$ (단, 등호는 $a=b$일 때 성립한다.)

$$9a+\frac{1}{a-1}=9(a-1)+\frac{1}{a-1}+9 \ge 2\sqrt{9(a-1)\times\frac{1}{a-1}}+9 = 2\times3+9=15 \left(\text{단, 등호는 } a=\frac{4}{3}\text{일 때 성립한다.}\right)$$

따라서 $9a+\frac{1}{a-1}$의 최솟값은 15

2017년 06월 고2 학력평가 가형 25번 변형

(2) $x>-1$일 때, $x+\frac{9}{x+1}$의 최솟값을 m, 그 때의 x의 값을 n이라 할 때, $m+n$의 값은?

TIP $x>-1$에서 $x+1>0$이므로 양수 조건이 있는 분수식의 최솟값은 산술평균과 기하평균의 관계를 이용한다.

① 2 ② 3 ③ 5
④ 6 ⑤ 7

STEP A 주어진 식을 변형하기

$x+\frac{9}{x+1}=x+1+\frac{9}{x+1}-1$ ← 산술평균과 기하평균의 관계를 이용하기 위하여 x를 분수식의 분모인 $x+1$과 같은 꼴로 변형해준다.

STEP B 산술평균과 기하평균의 관계를 이용하여 최솟값 구하기

$x>-1$에서 $x+1>0$이므로 산술평균과 기하평균의 관계에 의하여

$$x+1+\frac{9}{x+1}-1\ge 2\sqrt{(x+1)\times\frac{9}{x+1}}-1 = 2\times3-1=5$$

즉 구하는 최솟값은 5이다.

이때 등호는 $x+1=\frac{9}{x+1}$일 때, 성립하므로

$(x+1)^2=9$, $x+1=3(\because x+1>0)$

$\therefore x=2$

$x=2$일 때, 최솟값 5를 가진다.

따라서 $m=5$, $n=2$이므로 $m+n=7$

0617

실수 x에 대하여 $x^2-x+\frac{16}{x^2-x+1}$의 최솟값을 a, 그때의 x의 값을 b라 할 때, $a+b$의 값을 구하시오.

STEP A 주어진 식을 변형하기

$x^2-x+\frac{16}{x^2-x+1}=x^2-x+1+\frac{16}{x^2-x+1}-1$

STEP B 산술평균과 기하평균의 관계를 이용하여 $a+b$의 값 구하기

$x^2-x+1=\left(x-\frac{1}{2}\right)^2+\frac{3}{4}>0$이므로

산술평균과 기하평균의 관계에 의하여

두 양수 a, b에 대하여 $\frac{a+b}{2}\ge\sqrt{ab}$ (단, 등호는 $a=b$일 때 성립한다.)

$$x^2-x+1+\frac{16}{x^2-x+1}-1\ge 2\sqrt{(x^2-x+1)\times\frac{16}{x^2-x+1}}-1 = 8-1=7$$

이므로 최솟값은 7이다.

이때 등호는 $x^2-x+1=\frac{16}{x^2-x+1}$일 때, 성립하므로

$(x^2-x+1)^2=16$에서 $x^2-x+1=4(\because x^2-x+1>0)$

$\therefore x^2-x-3=0$

이차방정식의 근과 계수의 관계에 의하여 등호가 성립할 때의 모든 x의 값의 합은 1

따라서 $a=7$, $b=1$이므로 $a+b=7+1=8$

0618

2019년 11월 고1 학력평가 16번 변형

한 모서리의 길이가 4이고 부피가 64인 직육면체를 만들려고 한다. 이때 만들 수 있는 직육면체의 대각선의 길이의 최솟값을 구하시오.

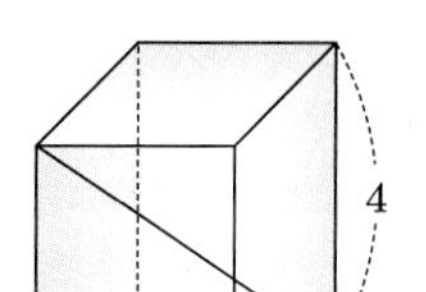

TIP 세 모서리의 길이가 a, b, c인 직육면체에서 대각선의 길이는 $\sqrt{a^2+b^2+c^2}$

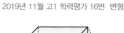

STEP A 대각선의 길이를 식으로 나타내고 a와 b 사이의 관계식 구하기

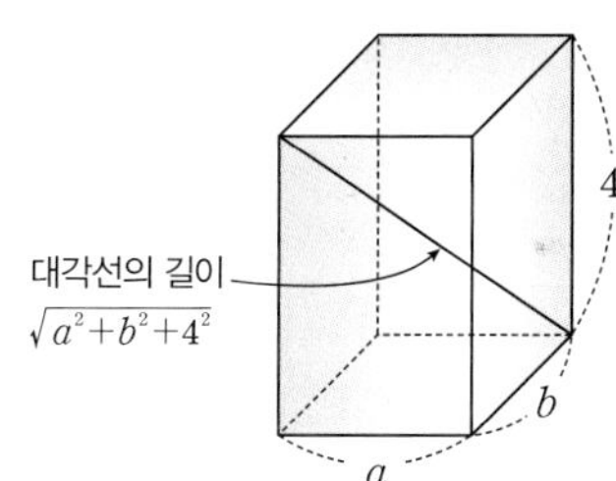

그림과 같이 직육면체의 세 모서리의 길이를 각각 a, b, 4라 하면

직육면체의 대각선의 길이는 $\sqrt{a^2+b^2+4^2}$

직육면체의 부피는 64이므로 $4ab=64$에서 $ab=16$

STEP B 산술평균과 기하평균의 관계를 이용하여 대각선의 길이의 최솟값 구하기

$a>0$, $b>0$이므로 산술평균과 기하평균의 관계에 의하여

$a>0$, $b>0$일 때, $a+b\ge2\sqrt{ab}$ (단, 등호는 $a=b$일 때 성립한다.)

$a^2+b^2\ge2\sqrt{a^2b^2}$ (단, 등호는 $a^2=b^2$일 때 성립한다.)

$=2|ab|$

$=2\times16=32$

$\therefore \sqrt{a^2+b^2+16}\ge\sqrt{32+16}=4\sqrt{3}$

따라서 직육면체의 대각선의 길이의 최솟값은 $4\sqrt{3}$

POINT 직육면체의 여러 가지 공식

$\overline{AB}$, $\overline{BC}$, $\overline{BF}$의 세 모서리의 길이가 a, b, c인 직육면체에서 다음과 같이 나타낼 수 있다.

① 모서리의 길이의 총합 ➡ $4(a+b+c)$
② 대각선의 길이 ➡ $\sqrt{a^2+b^2+c^2}$
③ 부피 ➡ abc

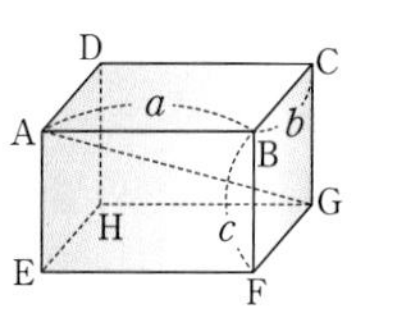

0619

2018년 06월 고2 학력평가 나형 17번 변형

양수 m에 대하여 직선 $y=mx+3m+4$가 x축, y축과 만나는 점을 각각 A, B라 하자. 삼각형 OAB의 넓이의 최솟값을 구하시오. (단, O는 원점이다.)

TIP $y=mx+2m+3$에 $y=0$, $x=0$을 각각 대입하여 두 점 A, B의 좌표를 구한다.

STEP Ⓐ 두 점 A, B의 좌표 구하기

점 A는 직선 $y=mx+3m+4$가 x축과 만나는 점이므로 ($y=0$을 대입)

$0=mx+3m+4$에서 $x=-\dfrac{3m+4}{m}=-\dfrac{4}{m}-3$

$\therefore$ $\mathrm{A}\left(-\dfrac{4}{m}-3,\ 0\right)$

점 B는 직선 $y=mx+3m+4$가 y축과 만나는 점이므로 ($x=0$을 대입)

$y=m\times0+3m+4$에서 $y=3m+4$

$\therefore$ $\mathrm{B}(0,\ 3m+4)$

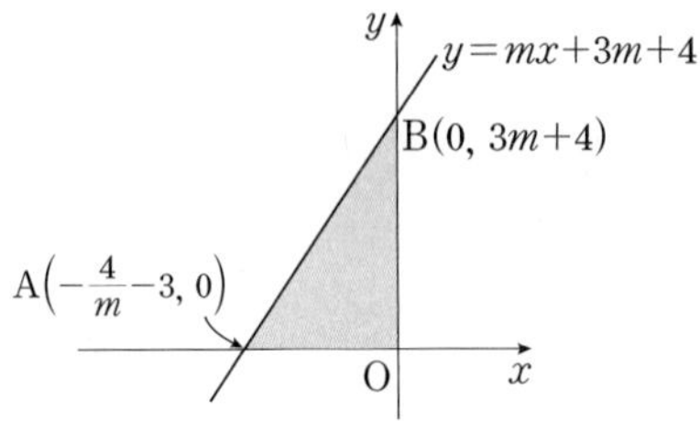

STEP Ⓑ 산술평균과 기하평균의 관계를 이용하여 넓이의 최솟값 구하기

삼각형 OAB의 넓이는 산술평균과 기하평균의 관계에 의하여

($a>0$, $b>0$일 때, $a+b\ge2\sqrt{ab}$ (단, 등호는 $a=b$일 때 성립한다.))

$\dfrac{1}{2}\times\overline{\mathrm{OA}}\times\overline{\mathrm{OB}}=\dfrac{1}{2}\times\left(\dfrac{4}{m}+3\right)\times(3m+4)$ ← $\overline{\mathrm{OA}}=\left|-\dfrac{4}{m}-3\right|=\dfrac{4}{m}+3$

$=\dfrac{1}{2}\times\left(12+\dfrac{16}{m}+9m+12\right)$ ← $m>0$이므로 $9m>0$, $\dfrac{16}{m}>0$

$=\dfrac{1}{2}\times\left(9m+\dfrac{16}{m}+24\right)$

$\ge\dfrac{1}{2}\times\left(2\sqrt{9m\times\dfrac{16}{m}}+24\right)$ ← $9m+\dfrac{16}{m}\ge2\sqrt{9m\times\dfrac{16}{m}}=24$

$=\dfrac{1}{2}(2\times12+24)=24$

$\left(\text{단, 등호는 } 9m=\dfrac{16}{m}\text{일 때 성립한다.}\right)$

따라서 삼각형 OAB의 넓이의 최솟값은 24

0620

오른쪽 그림과 같이 좌표평면에서 직선 $y=-2x+8$ 위의 점 $\mathrm{P}(a,\ b)$와 x축 위의 두 점 $\mathrm{A}(3,\ 0)$, $\mathrm{B}(5,\ 0)$ 및 y축 위의 두 점 $\mathrm{C}(0,\ 5)$, $\mathrm{D}(0,\ 9)$를 꼭짓점으로 하는 두 삼각형 PAB, PCD의 넓이를 각각 S_1, S_2라고 하자. $S_1\times S_2$의 최댓값을 구하시오. (단, $a>0$, $b>0$)

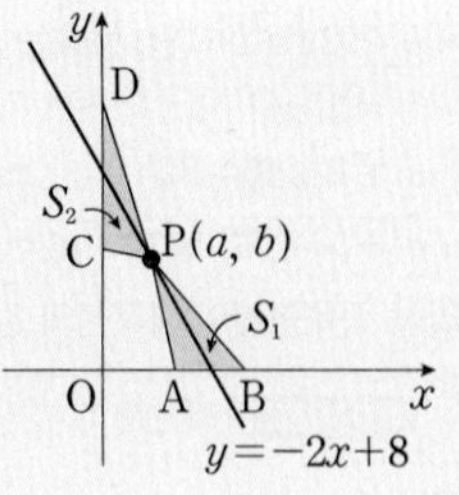

STEP Ⓐ 삼각형의 넓이 S_1, S_2 구하기

점 $\mathrm{P}(a,\ b)$는 직선 $y=-2x+8$ 위의 점이므로

$b=-2a+8$ ← 직선 $y=-2x+8$에 $x=a$, $y=b$를 대입

$\therefore$ $2a+b=8$

삼각형 APB, CPD의 넓이가 각각 S_1, S_2이므로

$S_1=\dfrac{1}{2}\times\{(\text{점 B의 } x\text{축})-(\text{점 A의 } x\text{축})\}\times(\text{점 P의 } y\text{좌표})$

$=\dfrac{1}{2}\times2\times b=b$

$S_2=\dfrac{1}{2}\times\{(\text{점 D의 } y\text{좌표})-(\text{점 C의 } y\text{좌표})\}\times(\text{점 P의 } x\text{좌표})$

$=\dfrac{1}{2}\times4\times a=2a$

$\therefore$ $S_1\times S_2=b\times2a=2ab$

STEP Ⓑ 산술평균과 기하평균의 관계를 이용하여 최댓값 구하기

$a>0$, $b>0$이므로 산술평균과 기하평균의 관계에 의하여

(두 양수 a, b에 대하여 $\dfrac{a+b}{2}\ge\sqrt{ab}$ (단, 등호는 $a=b$일 때 성립한다.))

$\dfrac{2a+b}{2}\ge\sqrt{2a\times b}$ (단, 등호는 $2a=b$일 때 성립한다.)

이때 $2a+b=8$이므로 $\dfrac{8}{2}\ge\sqrt{2ab}$에서 $4\ge\sqrt{2ab}$

양변을 제곱하면 $16\ge2ab$

따라서 $S_1\times S_2=2ab$의 최댓값은 16

(단, 등호는 $2a=b$, 즉 $a=2$, $b=4$일 때 성립한다.)

0621

다음 물음에 답하시오.

(1) 실수 x, y에 대하여 $x^2+y^2=4$일 때, $4x+3y$의 최댓값과 최솟값을 각각 구하시오.

STEP Ⓐ 코시-슈바르츠의 부등식에서 최댓값과 최솟값 구하기

x, y는 실수이므로 코시-슈바르츠의 부등식에 의하여

(a, b, x, y가 실수일 때, $(a^2+b^2)(x^2+y^2)\ge(ax+by)^2$ $\left(\text{단, 등호는 } \dfrac{x}{a}=\dfrac{y}{b}\text{일 때 성립한다.}\right)$)

$(4^2+3^2)(x^2+y^2)\ge(4x+3y)^2$

$\left(\text{단, 등호는 } \dfrac{x}{4}=\dfrac{y}{3},\ \text{즉 } 3x=4y\text{일 때 성립한다.}\right)$

이때 $x^2+y^2=4$이므로 대입하면 $25\times4\ge(4x+3y)^2$

$\therefore$ $-10\le4x+3y\le10$

따라서 $4x+3y$의 최댓값은 10, 최솟값은 -10

(2) 실수 x, y에 대하여 $x+3y=10$일 때, x^2+y^2의 최솟값을 구하시오.

STEP Ⓐ 코시-슈바르츠의 부등식에서 최솟값 구하기

x, y는 실수이므로 코시-슈바르츠의 부등식에 의하여

(a, b, x, y가 실수일 때, $(a^2+b^2)(x^2+y^2)\ge(ax+by)^2$ $\left(\text{단, 등호는 } \dfrac{x}{a}=\dfrac{y}{b}\text{일 때 성립한다.}\right)$)

$(1^2+3^2)(x^2+y^2)\ge(x+3y)^2$

$\left(\text{단, 등호는 } x=\dfrac{y}{3},\ \text{즉 } 3x=y\text{일 때 성립한다.}\right)$

이때 $x+3y=10$이므로 대입하면 $10(x^2+y^2)\ge10^2$

$\therefore$ $x^2+y^2\ge10$

따라서 x^2+y^2의 최솟값은 10

0622

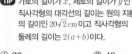

오른쪽 그림과 같이 반지름의 길이가 $10\sqrt{2}\text{cm}$인 원에 내접하는 직사각형의 둘레의 길이의 최댓값은?

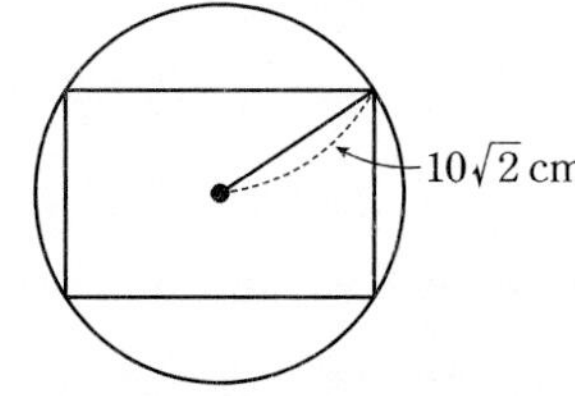

TIP 가로의 길이가 x, 세로의 길이가 y인 직사각형의 대각선의 길이는 원의 지름의 길이인 $20\sqrt{2}\text{cm}$이고 직사각형의 둘레의 길이는 $2(a+b)$이다.

① 20cm ② 40cm
③ 60cm ④ 80cm
⑤ 100cm

STEP **A** **피타고라스 정리에 의하여 지름의 관계식 구하기**

가로의 길이를 $x$cm, 세로의 길이를 $y$cm라 하면
직사각형의 대각선의 길이는 원의 지름의 길이와 같으므로

원의 지름의 길이=(반지름의 길이)×2이므로 $2\times10\sqrt{2}\text{cm}=20\sqrt{2}\text{cm}$

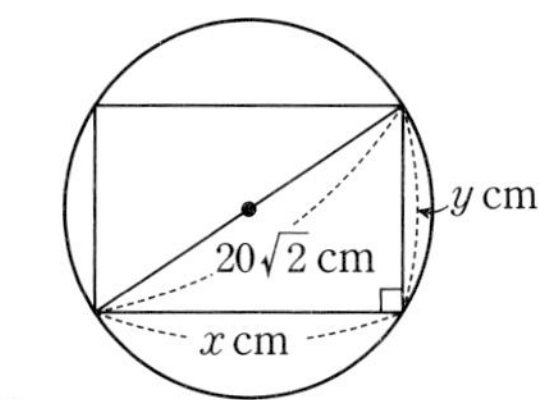

피타고라스 정리에 의하여 $x^2+y^2=(20\sqrt{2})^2=800$

STEP **B** **코시-슈바르츠의 부등식에서 최댓값 구하기**

직사각형의 둘레의 길이는 $(2x+2y)$cm이고
x, y는 실수이므로 코시-슈바르츠의 부등식에 의하여
$(2^2+2^2)(x^2+y^2)\geq(2x+2y)^2$ $\left(\text{단, 등호는 } \frac{x}{2}=\frac{y}{2}, \text{ 즉 } x=y\text{일 때 성립한다.}\right)$
이때 $x^2+y^2=800$을 대입하면 $8\times800\geq(2x+2y)^2$, $(2x+2y)^2\leq6400$
$\therefore 0<2x+2y\leq80(\because x>0, y>0)$
따라서 직사각형의 둘레의 길이의 최댓값은 80cm

0623

다음 그림과 같이 대각선의 길이가 $2\sqrt{5}$이고 가로의 길이와 세로의 길이가 각각 a, b인 직사각형 모양의 종이를 4등분하여 눈금에 맞게 접어서 직육면체 모양의 기둥을 만들려고 한다.

TIP 직육면체의 밑면의 한 변의 길이는 $\frac{a}{4}$이고 높이는 b이다.

기둥의 모든 모서리의 길이의 합의 최댓값을 구하시오.

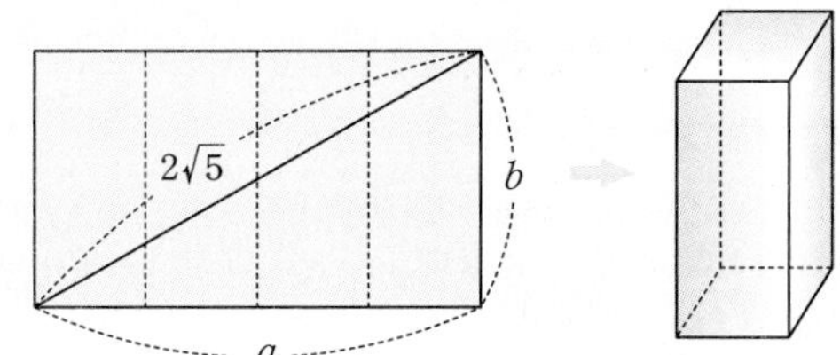

STEP **A** **정사각기둥의 모든 모서리의 길이의 합 구하기**

직사각형의 가로, 세로의 길이가 각각 a, b이므로 $a^2+b^2=20$
이때 직육면체의 밑면의 한 변의 길이는 $\frac{a}{4}$, 높이는 b이므로
정사각기둥의 모든 모서리의 길이의 합은 $\frac{a}{4}\times8+4b=2a+4b$

STEP **B** **코시-슈바르츠의 부등식에서 최댓값 구하기**

코시-슈바르츠의 부등식에 의하여 $(2^2+4^2)(a^2+b^2)\geq(2a+4b)^2$
$\left(\text{단, 등호는 } \frac{a}{2}=\frac{b}{4}\text{일 때 성립한다.}\right)$
이때 $a^2+b^2=20$이므로 대입하면 $20\times20\geq(2a+4b)^2$
$\therefore -20\leq2a+4b\leq20$
그런데 $a>0$, $b>0$이므로 $0<2a+4b\leq20$
따라서 구하는 최댓값은 20

단원종합문제

절대부등식

BASIC

0624

다음은 명제 '$\sqrt{5}$는 무리수이다.'가 참임을 귀류법을 이용하여 증명하는 과정이다.

> $\sqrt{5}$를 (가) 라 가정하면
> $\sqrt{5}=\frac{n}{m}$ (m, n은 (나) 인 자연수) …… ㉠
> 으로 나타낼 수 있다.
> ㉠의 양변을 제곱하면
> $5=\frac{n^2}{m^2}$ $\therefore n^2=5m^2$ …… ㉡
> 이때 n^2이 (다) 이므로 n도 (다) 이다.
> $n=5k$ (k는 자연수)라 하고 ㉡에 대입하면
> $(5k)^2=5m^2$ $\therefore m^2=5k^2$
> 이때 m^2이 (다) 이므로 m도 (다) 이다.
> 그런데 이것은 m, n이 (나) 인 자연수라는 가정에 모순이다.
> 따라서 $\sqrt{5}$은 무리수이다.

위의 과정에서 (가), (나), (다)에 알맞은 것은?

	(가)	(나)	(다)
①	유리수	서로소	짝수
②	유리수	서로소	5의 배수
③	유리수	$m\neq n$	홀수
④	무리수	서로소	홀수
⑤	무리수	$m\neq n$	5의 배수

STEP **A** **명제의 결론 부정하기**

$\sqrt{5}$를 유리수 라 가정하면
$\sqrt{5}=\frac{n}{m}$ (m, n은 서로소 인 자연수) …… ㉠
으로 나타낼 수 있다.

STEP **B** **유리수의 성질을 이용하여 모순이 생기는 것을 보이기**

㉠의 양변을 제곱하면
$5=\frac{n^2}{m^2}$ $\therefore n^2=5m^2$ …… ㉡
이때 n^2이 5의 배수 이므로 n도 5의 배수 이다.
n이 5의 배수이면 $n=5k$ (k는 자연수)로 나타낼 수 있으므로
㉡에 대입하면 $(5k)^2=5m^2$ $\therefore m^2=5k^2$
이때 m^2의 5의 배수 이므로 m도 5의 배수 이다.
그런데 이것은 m, n이 서로소 인 자연수라는 가정에 모순이므로
$\sqrt{5}$은 무리수이다.
따라서 (가) : 유리수, (나) : 서로소, (다) : 5의 배수이다.

0625

a, b가 실수일 때, 다음 [보기] 중 옳은 것을 모두 고른 것은?

ㄱ. $|a+b| \ge |a|+|b|$
ㄴ. $|a-b| \le |a|+|b|$
ㄷ. $|a-b| \ge |a|-|b|$

① ㄱ ② ㄴ ③ ㄱ, ㄴ
④ ㄴ, ㄷ ⑤ ㄱ, ㄴ, ㄷ

STEP A 부등식 증명을 이용하여 참, 거짓 판단하기

ㄱ. $|a+b| \ge |a|+|b|$에서

$(a+b)^2-(|a|+|b|)^2=(a^2+2ab+b^2)-(a^2+2|ab|+b^2)$
$=2(ab-|ab|) \le 0$ ($\because ab \le |ab|$)
(단, 등호는 $ab \le 0$일 때, 성립한다.)

이므로 $|a+b| \le |a|+|b|$이다. [거짓]

ㄴ. $|a-b| \le |a|+|b|$에서

$(a-b)^2-(|a|+|b|)^2=(a^2-2ab+b^2)-(a^2-2|ab|+b^2)$
$=-2(ab+|ab|)$

이때 $ab<0$일 때, $-2(ab-ab)=0$이고
$ab \ge 0$일 때, $-2(ab+ab) \le 0$
즉 모든 실수 a, b에 대하여 $-2(ab+|ab|) \le 0$
(단, 등호는 $ab \le 0$일 때, 성립한다.)
$\therefore |a-b| \le |a|+|b|$ [참]

ㄷ. $|a-b| \ge |a|-|b|$에서

$(a-b)^2-(|a|-|b|)^2=(a^2-2ab+b^2)-(a^2-2|ab|+b^2)$
$=2(|ab|-ab) \ge 0$ ($\therefore ab \le |ab|$)
(단, 등호는 $ab \ge 0$일 때, 성립한다.)

이므로 $|a-b| \ge |a|-|b|$이다. [참]

따라서 옳은 것은 ㄴ, ㄷ이다.

0626

2016년 09월 고2 학력평가 나형 6번

다음 물음에 답하시오.

(1) 양수 x에 대하여 $2x+\dfrac{8}{x}$의 최솟값은?

① 5 ② 6 ③ 7
④ 8 ⑤ 9

STEP A 산술평균과 기하평균의 관계를 이용하여 최솟값 구하기

$2x>0$, $\dfrac{8}{x}>0$이므로 산술평균과 기하평균의 관계에 의하여

두 양수 a, b에 대하여 $\dfrac{a+b}{2} \ge \sqrt{ab}$ (단, 등호는 $a=b$일 때 성립한다.)

$2x+\dfrac{8}{x} \ge 2\sqrt{2x \times \dfrac{8}{x}}=8$ $\left(\text{단, 등호는 } 2x=\dfrac{8}{x}\text{일 때 성립한다.}\right)$

$2x+\dfrac{8}{x}$에서 $x^2=4$이고 $x>0$이므로 $x=2$

따라서 $2x+\dfrac{8}{x}$의 최솟값은 8

2016년 11월 고2 학력평가 나형 9번

(2) 양수 a에 대하여 $18a+\dfrac{1}{2a}$의 최솟값은?

① 6 ② 8 ③ 10
④ 12 ⑤ 14

STEP A 산술평균과 기하평균의 관계를 이용하여 최솟값 구하기

a가 양수이므로 $18a>0$, $\dfrac{1}{2a}>0$이고 산술평균과 기하평균의 관계에 의하여

두 양수 a, b에 대하여 $\dfrac{a+b}{2} \ge \sqrt{ab}$ (단, 등호는 $a=b$일 때 성립한다.)

$18a+\dfrac{1}{2a} \ge 2\sqrt{18a \times \dfrac{1}{2a}}=2 \times \sqrt{9}=6$

$\left(\text{단, 등호는 } 18a=\dfrac{1}{2a}\text{일 때 성립한다.}\right)$

따라서 $18a+\dfrac{1}{2a}$의 최솟값은 6

0627

2018년 11월 고2 학력평가 나형 9번 변형

$x>0$인 실수 x에 대하여

$$9x+\frac{a}{x}(a>0)$$

의 최솟값이 12일 때, 상수 a의 값은?

TIP 양수 조건이 있는 분수식의 최솟값은 산술평균과 기하평균의 관계를 이용하여 구한다.

① 2 ② 3 ③ 4
④ 6 ⑤ 9

STEP A 산술평균과 기하평균의 관계를 이용하여 상수 a의 값 구하기

$9x>0$, $\dfrac{a}{x}>0$이므로 산술평균과 기하평균의 관계에 의하여

$a>0$, $b>0$일 때, $a+b \ge 2\sqrt{ab}$ (단, 등호는 $a=b$일 때 성립한다.)

$9x+\dfrac{a}{x} \ge 2\sqrt{9x \times \dfrac{a}{x}}=2\sqrt{9a}=6\sqrt{a}$ $\left(\text{단, 등호는 } 9x=\dfrac{a}{x}\text{일 때 성립한다.}\right)$

이때 최솟값이 12이므로 $6\sqrt{a}=12$

따라서 $\sqrt{a}=2$에서 $a=4$

0628

2013년 09월 고1 학력평가 24번

두 실수 a, b에 대하여 $ab=8$일 때, a^2+4b^2의 최솟값을 구하시오.

STEP A 산술평균과 기하평균의 관계를 이용하여 최솟값 구하기

a, b가 실수이고 $ab=8$이므로 $a^2>0$, $b^2>0$

산술평균과 기하평균의 관계에 의하여

두 양수 a, b에 대하여 $\dfrac{a+b}{2} \ge \sqrt{ab}$ (단, 등호는 $a=b$일 때 성립한다.)

$a^2+4b^2 \ge 2\sqrt{a^2 \times 4b^2}=4|ab|=4 \times 8=32$

(단, 등호는 $a^2=4b^2$일 때 성립한다.)

따라서 a^2+4b^2의 최솟값은 32

0629

실수 x, y에 대하여 $x^2+y^2=10$일 때, $(x+3y)^2$의 값이 최대가 되는 양수 x의 값은?

① 1 ② $\sqrt{2}$ ③ $\sqrt{3}$
④ 2 ⑤ $\sqrt{10}$

STEP A 코시-슈바르츠의 부등식에서 최솟값 구하기

x, y는 실수이므로 코시-슈바르츠의 부등식에 의하여

a, b, x, y가 실수일 때, $(a^2+b^2)(x^2+y^2) \ge (ax+by)^2$ $\left(\text{단, 등호는 } \dfrac{x}{a}=\dfrac{y}{b}\text{일 때 성립한다.}\right)$

$(1^2+3^2)(x^2+y^2) \ge (x+3y)^2$ $\left(\text{단, 등호는 } x=\dfrac{y}{3}\text{, 즉 } 3x=y\text{일 때 성립한다.}\right)$

이때 $x^2+y^2=10$이므로 대입하면 $(1^2+3^2) \times 10 \ge (x+3y)^2$

$\therefore (x+3y)^2 \le 10^2$

$(x+3y)^2$은 $y=3x$에서 최댓값 100을 갖는다.

즉 $x^2+y^2=10$에 $y=3x$를 대입하면 $x^2+9x^2=10$, $x^2=1$

따라서 $x>0$이므로 $x=1$

0630

다음 [보기]에서 옳은 것만을 있는 대로 고른 것은?

ㄱ. 실수 a, b에 대하여 $|a+b| \geq |a|-|b|$
ㄴ. $a \geq b \geq 0$이면 $\sqrt{a-b} \geq \sqrt{a}-\sqrt{b}$
ㄷ. 0이 아닌 실수 a, b에 대하여 $\left(a^2+\frac{1}{b^2}\right)\left(b^2+\frac{1}{a^2}\right) \geq 4$

① ㄱ ② ㄷ ③ ㄱ, ㄴ
④ ㄴ, ㄷ ⑤ ㄱ, ㄴ, ㄷ

STEP Ⓐ **두 식의 제곱의 차의 부호를 확인하여 [보기]의 참, 거짓 판단하기**

ㄱ. $|a+b| \geq |a|-|b|$에서

$(a+b)^2-(|a|-|b|)^2=(a^2+2ab+b^2)-(a^2-2|ab|+b^2)$
$=2(ab+|ab|)$

이때 $ab \geq 0$일 때, $2(ab-ab) \geq 0$이고
$ab<0$일 때, $2(ab+ab)=0$이므로 모든 실수 a, b에 대하여
$2(ab+|ab|) \geq 0$
$\therefore |a+b| \geq |a|-|b|$ (단, 등호는 $ab \leq 0$일 때 성립한다.)

ㄴ. $a \geq b \geq 0$일 때, $\sqrt{a} \geq \sqrt{b}$이고 $\sqrt{a-b} \geq \sqrt{a}-\sqrt{b}$

$(\sqrt{a-b})^2-(\sqrt{a}-\sqrt{b})^2=(a-b)-(a-2\sqrt{ab}+b)$
$=2\sqrt{ab}-2b$
$=2\sqrt{b}(\sqrt{a}-\sqrt{b}) \geq 0$ ($\because \sqrt{a} \geq \sqrt{b}$)

$\therefore \sqrt{a-b} \geq \sqrt{a}-\sqrt{b}$ (단, 등호는 $a=b$ 또는 $b=0$일 때 성립한다.) [참]

STEP Ⓑ **산술평균과 기하평균의 관계에 의하여 참, 거짓 판단하기**

ㄷ. $a^2>0$, $b^2>0$이므로 산술평균과 기하평균의 관계에 의하여

$\left(a^2+\frac{1}{b^2}\right)\left(b^2+\frac{1}{a^2}\right)=a^2b^2+1+1+\frac{1}{a^2b^2}=a^2b^2+\frac{1}{a^2b^2}+2$
$\geq 2\sqrt{a^2b^2 \times \frac{1}{a^2b^2}}+2$
$=2+2=4$

$\left(\text{단, 등호는 } a^2b^2=\frac{1}{a^2b^2}, \text{ 즉 } a^2b^2=1\text{일 때 성립한다.}\right)$ [참]

따라서 옳은 것은 ㄱ, ㄴ, ㄷ이다.

0631

2015년 09월 고2 학력평가 나형 16번

다음 물음에 답하시오.

(1) $x>0$, $y>0$일 때, $\left(4x+\frac{1}{y}\right)\left(\frac{1}{x}+16y\right)$의 최솟값은?

① 34 ② 36 ③ 38
④ 40 ⑤ 42

STEP Ⓐ **주어진 식을 전개하기**

$\left(4x+\frac{1}{y}\right)\left(\frac{1}{x}+16y\right)=4+16+64xy+\frac{1}{xy}=20+64xy+\frac{1}{xy}$

STEP Ⓑ **산술평균과 기하평균의 관계를 이용하여 최솟값 구하기**

$x>0$, $y>0$에서 $xy>0$이므로 산술평균과 기하평균의 관계에 의하여
$xy>0$이므로 $\frac{1}{xy}>0$이다.

$\left(4x+\frac{1}{y}\right)\left(\frac{1}{x}+16y\right)=20+64xy+\frac{1}{xy}$
$\geq 20+2\sqrt{64xy \times \frac{1}{xy}}$
$=20+16=36$ $\left(\text{단, 등호는 } xy=\frac{1}{8}\text{일 때 성립한다.}\right)$

따라서 최솟값은 36

(2) $x>0$, $y>0$일 때, $(x-3y)\left(\frac{1}{x}-\frac{3}{y}\right)$의 최댓값은?

TIP $(x-3y)\left(\frac{1}{x}-\frac{3}{y}\right)=10-3\left(\frac{x}{y}+\frac{y}{x}\right)$에서 $\frac{x}{y}+\frac{y}{x}$가 최소일 때, 최대이다.

① -4 ② -2 ③ 2
④ 4 ⑤ 6

STEP Ⓐ **주어진 식을 전개하기**

주어진 식을 전개하여 정리하면

$(x-3y)\left(\frac{1}{x}-\frac{3}{y}\right)=1-\frac{3x}{y}-\frac{3y}{x}+9$
$=10-3\left(\frac{x}{y}+\frac{y}{x}\right)$ …… ㉠

이 식은 $\frac{x}{y}+\frac{y}{x}$의 값이 최소일 때, 최대이다.

STEP Ⓑ **산술평균과 기하평균의 관계를 이용하여 최댓값 구하기**

$x>0$, $y>0$에서 $xy>0$이므로 산술평균과 기하평균의 관계에 의하여

$\frac{x}{y}+\frac{y}{x} \geq 2\sqrt{\frac{x}{y} \times \frac{y}{x}}=2$ $\left(\text{단, 등호는 } \frac{x}{y}=\frac{y}{x}, \text{ 즉 } x=y\text{일 때 성립한다.}\right)$

따라서 $\frac{x}{y}+\frac{y}{x}$의 최솟값이 2이므로 ㉠의 최댓값은 $10-3 \times 2=4$

0632

2003년 04월 고3 학력평가 인문계 7번

다음은 양수 a, b에 대하여 $\sqrt{ab} \leq \frac{a+b}{2}$가 성립함을 증명하는 과정이다.

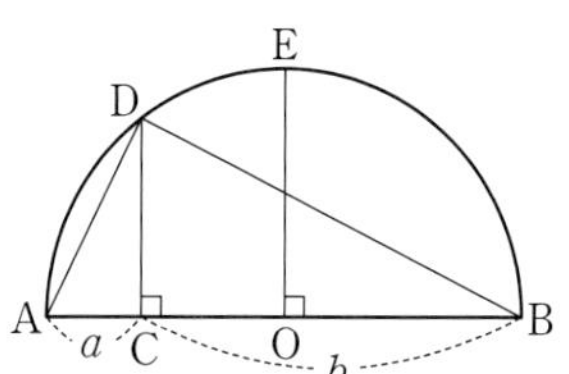

그림과 같이 O가 중심이고 선분 AB가 지름인 반원에서
$\overline{AC}=a$, $\overline{BC}=b$이고 두 선분 CD, OE는 모두 선분 AB에 수직이다.
$\angle ADB$는 지름 AB에 대한 원주각이므로
삼각형 ADB는 직각삼각형이다.
또한, $\triangle ACD \backsim \triangle DCB$이므로
$\boxed{(가)}^2=\overline{AC} \times \overline{BC}=ab$ $\therefore \boxed{(가)}=\sqrt{ab}$
한편 $\boxed{(나)}=\frac{\overline{AB}}{2}=\frac{a+b}{2}$
이때 $\boxed{(가)} \leq \boxed{(나)}$이므로 $\sqrt{ab} \leq \frac{a+b}{2}$이다.

위의 [증명]과정에서 다음 중 (가), (나)에 알맞은 것은?

	(가)	(나)
①	$\overline{OE}$	$\overline{BD}$
②	$\overline{CD}$	$\overline{OE}$
③	$\overline{CD}$	$\overline{AD}$
④	$\overline{AD}$	$\overline{OE}$
⑤	$\overline{AC}$	$\overline{CD}$

STEP Ⓐ **두 삼각형 ACD와 DCB가 닮음임을 이용하여 (가) 구하기**

$\triangle ACD \backsim \triangle DCB$ (AA닮음)이므로 $\overline{AC}:\overline{CD}=\overline{CD}:\overline{BC}$

$\therefore \boxed{\overline{CD}}^2=\overline{AC} \times \overline{BC}=ab$ $\therefore \boxed{\overline{CD}}=\sqrt{ab}$

STEP Ⓑ **$\overline{AB}$가 원 O의 지름임을 이용하여 (나) 구하기**

$\frac{\overline{AB}}{2}$는 원 O의 반지름의 길이이므로 $\boxed{\overline{OE}}=\frac{\overline{AB}}{2}=\frac{a+b}{2}$

따라서 (가) : $\overline{CD}$, (나) : $\overline{OE}$

NORMAL

0633

오른쪽 그림과 같이 두 점 A(a, b), B(c, d)가 두 동심원 위의 점일 때, $ac+bd$의 최댓값 M, 최솟값 m이라 할 때, $M-m$의 값을 구하시오.

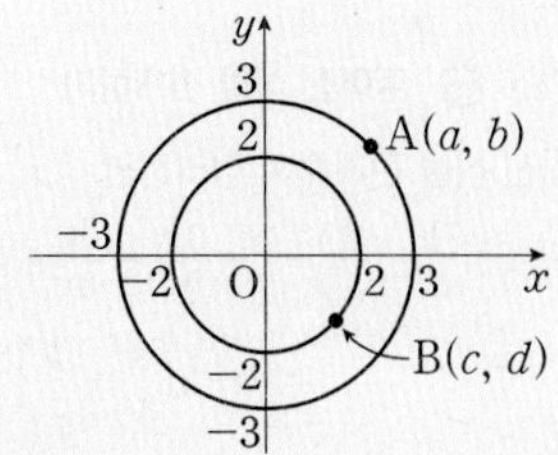

STEP A 코시-슈바르츠의 부등식에서 최솟값, 최댓값 구하기

점 A(a, b)가 원 $x^2+y^2=9$ 위에 있으므로 $a^2+b^2=9$

점 B(c, d)가 원 $x^2+y^2=4$ 위에 있으므로 $c^2+d^2=4$

a, b, c, d는 실수이므로 코시-슈바르츠의 부등식에 의하여

a, b, x, y가 실수일 때, $(a^2+b^2)(x^2+y^2)\geq(ax+by)^2$ (단, 등호는 $\frac{x}{a}=\frac{y}{b}$일 때 성립한다.)

$(a^2+b^2)(c^2+d^2)\geq(ac+bd)^2$ (단, 등호는 $\frac{c}{a}=\frac{d}{b}$일 때 성립한다.)

이때 $a^2+b^2=9$, $c^2+d^2=4$이므로 대입하면 $9\times4\geq(ac+bd)^2$

$\therefore -6\leq ac+bd\leq 6$

즉 $ac+bd$의 최댓값은 6, 최솟값은 -6

따라서 $M=6$, $m=-6$이므로 $M-m=12$

0634

a, b, c가 양수일 때, $\frac{b+c}{a}+\frac{c+a}{b}+\frac{a+b}{c}$의 최솟값은?

① 3 ② 4 ③ 6 ④ 8 ⑤ 12

STEP A 산술평균과 기하평균의 관계를 이용하여 최솟값 구하기

$a>0$, $b>0$, $c>0$이므로 산술평균과 기하평균의 관계에 의하여

두 양수 a, b에 대하여 $\frac{a+b}{2}\geq\sqrt{ab}$ (단, 등호는 $a=b$일 때 성립한다.)

$$\frac{b+c}{a}+\frac{c+a}{b}+\frac{a+b}{c}=\frac{b}{a}+\frac{c}{a}+\frac{c}{b}+\frac{a}{b}+\frac{a}{c}+\frac{b}{c}$$
$$=\left(\frac{b}{a}+\frac{a}{b}\right)+\left(\frac{c}{a}+\frac{a}{c}\right)+\left(\frac{c}{b}+\frac{b}{c}\right)$$
$$\geq 2\sqrt{\frac{b}{a}\times\frac{a}{b}}+2\sqrt{\frac{c}{a}\times\frac{a}{c}}+2\sqrt{\frac{c}{b}\times\frac{b}{c}}$$
$=6$ (단, 등호는 $a=b=c$일 때 성립한다.)

따라서 구하는 최솟값은 6

0635

2010년 11월 고1 학력평가 9번

실수 a, b, c, d에 대하여 $a>b$, $c>d$일 때, 대소 관계가 항상 성립하는 것만을 [보기]에서 있는 대로 고른 것은?

TIP $a-b>0$, $c-d>0$

ㄱ. $ac+bd>bc+ad$
ㄴ. $ac>bd$
ㄷ. $\sqrt{a-b}+\sqrt{c-d}>\sqrt{a+c-b-d}$

① ㄱ ② ㄴ ③ ㄱ, ㄷ ④ ㄴ, ㄷ ⑤ ㄱ, ㄴ, ㄷ

STEP A 두 식의 차의 부호를 이용하여 참, 거짓 판단하기

ㄱ. $ac+bd-(bc+ad)=(ac-bc)-(ad-bd)$
$=(a-b)c-(a-b)d$
$=(a-b)(c-d)>0$ ($\because a>b$, $c>d$) — $a-b>0$, $c-d>0$

$\therefore ac+bd>bc+ad$ [참]

STEP B 반례를 찾아 ㄴ의 대소 관계가 거짓임을 판단하기

ㄴ. 반례 $a=3$, $b=-2$, $c=-3$, $d=-4$일 때, $a>b$, $c>d$이지만 $ac=-9$, $bd=8$이므로 $ac<bd$이다. [거짓]

STEP C 두 식의 제곱의 차를 이용하여 참, 거짓 판단하기

ㄷ. $\sqrt{a-b}+\sqrt{c-d}>\sqrt{a+c-b-d}$에서
$\sqrt{a-b}+\sqrt{c-d}>0$, $\sqrt{a+c-b-d}>0$이므로
모두 양수이므로 양변을 제곱하여도 부등호의 방향은 변하지 않는다.
양변을 제곱하여 두 식의 차를 정리하면
$(\sqrt{a-b}+\sqrt{c-d})^2-(\sqrt{a+c-b-d})^2$
$=(a-b+2\sqrt{(a-b)(c-d)}+c-d)-(a+c-b-d)$
$=2\sqrt{(a-b)(c-d)}>0$
$\therefore \sqrt{a-b}+\sqrt{c-d}>\sqrt{a+c-b-d}$ [참]

따라서 항상 성립하는 것은 ㄱ, ㄷ이다.

0636

2011년 09월 고1 학력평가 10번

세 실수 x, y, z에 대하여 조건 p가 조건 q이기 위한 충분조건이지만 필요조건이 아닌 것만을 [보기]에서 있는 대로 고른 것은?

TIP $p\Longrightarrow q$이고 $p\not\Longleftarrow q$

ㄱ. p : $x=0$이고 $y=0$ q : $|x+y|=|x-y|$
ㄴ. p : $x>y>z$ q : $(x-y)(y-z)(z-x)<0$
ㄷ. p : $xy<0$ q : $|x|+|y|>|x+y|$

① ㄱ ② ㄷ ③ ㄱ, ㄴ ④ ㄴ, ㄷ ⑤ ㄱ, ㄴ, ㄷ

STEP A 조건 p가 조건 q이기 위한 충분조건이지만 필요조건이 아니므로 $p\longrightarrow q$는 참이고 $q\longrightarrow p$는 거짓인 명제 찾기

ㄱ. p : $x=0$이고 $y=0$
q : $|x+y|=|x-y|$에서 양변을 제곱하면
$|x+y|$와 $|x-y|$의 값이 0이라는 조건이 없다.
$x^2+2xy+y^2=x^2-2xy+y^2$ $\therefore xy=0$ ← $x=0$ 또는 $y=0$
즉 $p\Longrightarrow q$이므로 p는 q이기 위한 충분조건이다.

ㄴ. p : $x>y>z$에서 $x-y>0$, $y-z>0$이고 $z-x<0$
q : $(x-y)(y-z)(z-x)<0$에서
세 실수 $x-y$, $y-z$, $z-x$ 중에서 음수가 1개이거나 3개이어야 한다.
$x-y>0$, $y-z>0$이고 $z-x<0$
또는 $x-y>0$, $z-x>0$이고 $y-z<0$
또는 $y-z>0$, $z-x>0$이고 $x-y<0$
또는 $x-y<0$, $y-z<0$이고 $z-x<0$
즉 $p\Longrightarrow q$이므로 p는 q이기 위한 충분조건이다.

ㄷ. p : $xy<0$
q : $|x|+|y|>|x+y|$에서
$\Longleftrightarrow (|x|+|y|)^2>|x+y|^2$
$\Longleftrightarrow x^2+2|x||y|+y^2>x^2+2xy+y^2$
$\Longleftrightarrow |xy|>xy$
$\Longleftrightarrow xy<0$ ← $xy\geq0$이면 $|xy|=xy$
즉 $p\Longleftrightarrow q$이므로 p는 q이기 위한 필요충분조건이다.

따라서 충분조건이지만 필요조건이 아닌 것은 ㄱ, ㄴ이다.

0637

2011년 03월 고2 학력평가 7번

다음 물음에 답하시오.

(1) 직선 $\frac{x}{a}+\frac{y}{b}=1(a>0,\ b>0)$이 점 $\mathrm{A}(2,\ 3)$을 지날 때, ab의 최솟값은?

TIP 산술평균과 기하평균의 관계를 이용한다.

① 18 ② 21 ③ 24
④ 27 ⑤ 30

STEP Ⓐ 직선이 지나는 점의 좌표를 이용하여 a와 b 사이의 관계식 구하기

직선 $\frac{x}{a}+\frac{y}{b}=1$이 점 $\mathrm{A}(2,\ 3)$을 지나므로

$x=2,\ y=3$을 대입하면 $\frac{2}{a}+\frac{3}{b}=1$

STEP Ⓑ 산술평균과 기하평균의 관계를 이용하여 ab의 최솟값 구하기

$a>0,\ b>0$이므로 $\frac{2}{a}>0,\ \frac{3}{b}>0$

산술평균과 기하평균의 관계에 의하여

$a>0,\ b>0$일 때, $a+b\geq 2\sqrt{ab}$ (단, 등호는 $a=b$일 때 성립한다.)

$1=\frac{2}{a}+\frac{3}{b}\geq 2\sqrt{\frac{2}{a}\times\frac{3}{b}}=\frac{2\sqrt{6}}{\sqrt{ab}}$ $\left(\text{단, 등호는 } \frac{2}{a}=\frac{3}{b}\text{일 때 성립한다.}\right)$

$\sqrt{ab}\geq 2\sqrt{6}$ $\quad\therefore ab\geq 24$

따라서 ab의 최솟값은 24

(2) 점 $(1,\ 4)$를 지나는 직선이 x축과 만나는 점을 $\mathrm{A}(a,\ 0)$, y축과 만나는 점을 $\mathrm{B}(0,\ b)$라 할 때, 삼각형 OAB의 넓이의 최솟값을 구하시오.
(단, $a>0,\ b>0$이고 점 O는 원점이다.)

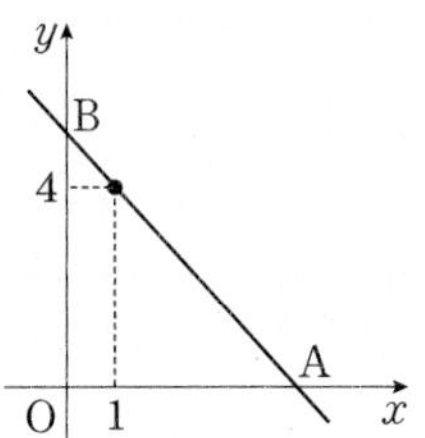

STEP Ⓐ 직선이 지나는 점의 좌표를 이용하여 a와 b 사이의 관계식 구하기

두 점 $\mathrm{A}(a,\ 0)$, $\mathrm{B}(0,\ b)$를 지나는 직선의 방정식은 $\frac{x}{a}+\frac{y}{b}=1$

x절편이 a, y절편이 b인 직선의 방정식이다.

이 직선이 점 $(1,\ 4)$를 지나므로 $\frac{1}{a}+\frac{4}{b}=1$

이때 삼각형 OAB의 넓이를 S라 하면

$S=\frac{1}{2}ab$ …… ㉠

STEP Ⓑ 산술평균과 기하평균의 관계를 이용하여 ab의 최솟값 구하기

이때 $a>0,\ b>0$이므로 산술평균과 기하평균의 관계에 의하여

$\frac{1}{a}+\frac{4}{b}\geq 2\sqrt{\frac{1}{a}\times\frac{4}{b}}=\frac{4}{\sqrt{ab}}$, 즉 $1\geq\frac{4}{\sqrt{ab}}$에서 $\sqrt{ab}\geq 4$

$\therefore ab\geq 16$ $\left(\text{단, 등호는 } \frac{1}{a}=\frac{4}{b}\text{일 때 성립한다.}\right)$ …… ㉡

㉠, ㉡에서 $S=\frac{1}{2}ab\geq\frac{1}{2}\times 16=8$

따라서 삼각형 OAB의 넓이의 최솟값은 8

0638

다음 물음에 답하시오.

(1) 이차방정식 $x^2-2x+a=0$이 허근을 갖도록 하는 실수 a에 대하여 $a+\frac{9}{a-1}$는 $a=k$일 때, 최솟값 l을 갖는다.
이때 $k+l$의 값을 구하시오.

STEP Ⓐ 이차방정식이 허근을 갖도록 하는 a의 범위 구하기

이차방정식 $x^2-2x+a=0$이 허근을 가지므로 판별식을 D라 하면

$\frac{D}{4}=(-1)^2-a<0$ $\quad\therefore a-1>0$

STEP Ⓑ 산술평균과 기하평균의 관계를 이용하여 최솟값 구하기

$$\begin{aligned}a+\frac{9}{a-1}&=a-1+\frac{9}{a-1}+1\\&\geq 2\sqrt{(a-1)\times\frac{9}{a-1}}+1\\&=6+1=7\ \left(\text{단, 등호는 } a-1=\frac{9}{a-1},\ \text{즉 } a=4\text{일 때 성립한다.}\right)\end{aligned}$$

즉 $a+\frac{9}{a-1}$는 $a=4$일 때, 최솟값은 7을 가지므로 $k=4,\ l=7$

따라서 $k+l=4+7=11$

(2) 이차방정식 $x^2+2x-a=0$이 서로 다른 두 실근을 갖도록 하는 실수 a에 대하여 $a+\frac{4}{a+1}$는 $a=k$일 때, 최솟값 l을 갖는다.
이때 $k+l$의 값을 구하시오.

STEP Ⓐ 이차방정식이 허근을 갖도록 하는 a의 범위 구하기

이차방정식 $x^2+2x-a=0$이 서로 다른 두 실근을 가지므로
판별식을 D라 하면

$\frac{D}{4}=1^2+a>0$ $\quad\therefore a+1>0$

STEP Ⓑ 산술평균과 기하평균의 관계를 이용하여 최솟값 구하기

$$\begin{aligned}a+\frac{4}{a+1}&=a+1+\frac{4}{a+1}-1\\&\geq 2\sqrt{(a+1)\times\frac{4}{a+1}}-1\\&=4-1=3\ \left(\text{단, 등호는 } a+1=\frac{4}{a+1},\ \text{즉 } a=1\text{일 때 성립한다.}\right)\end{aligned}$$

즉 $a+\frac{4}{a+1}$는 $a=1$일 때, 최솟값은 3을 가지므로 $k=1,\ l=3$

따라서 $k+l=1+3=4$

0639

2012년 09월 고1 학력평가 26번

다음 물음에 답하시오.

(1) $x>3$일 때, $x^2+\frac{49}{x^2-9}$의 최솟값을 구하시오.

TIP $x>3$이면 $x^2>9$이므로 $x^2-9>0$이고 양수조건이 만들어졌으므로 산술 기하평균의 관계를 이용하기

STEP Ⓐ 주어진 식을 변형하기

$x^2+\frac{49}{x^2-9}=(x^2-9)+\frac{49}{x^2-9}+9$ ← 분모와 같은 식으로 만들기 위해 변형한다.

STEP Ⓑ 산술평균과 기하평균의 관계를 이용하여 최솟값 구하기

$x>3$에서 $x^2-9>0,\ \frac{49}{x^2-9}>0$이므로

산술평균과 기하평균의 관계에 의하여

두 양수 $a,\ b$에 대하여 $\frac{a+b}{2}\geq\sqrt{ab}$ (단, 등호는 $a=b$일 때 성립한다.)

$(x^2-9)+\frac{49}{x^2-9}+9\geq 2\sqrt{(x^2-9)\times\frac{49}{x^2-9}}+9=23$

$\therefore x^2+\frac{49}{x^2-9}\geq 23$ $\left(\text{단, 등호는 } x^2-9=\frac{49}{x^2-9},\ \text{즉 } x=4\text{일 때 성립한다.}\right)$

따라서 $x=4$일 때, 최솟값은 23

(2) 모든 실수 x에 대하여 $x^2-x+\dfrac{64}{x^2-x+1}$의 최솟값을 구하시오.

TIP $x^2-x+1>0$이므로 양수조건이 만들어졌으므로 산술 기하평균의 관계를 이용하기

STEP A 주어진 식을 변형하기

$$x^2-x+\frac{64}{x^2-x+1}=x^2-x+1+\frac{64}{x^2-x+1}-1$$ ← 분모와 같도록 식 변형

STEP B 산술평균과 기하평균의 관계를 이용하여 최솟값 구하기

$x^2-x+1=\left(x-\dfrac{1}{2}\right)^2+\dfrac{3}{4}>0$이므로

산술평균과 기하평균의 관계에 의하여

두 양수 a, b에 대하여 $\dfrac{a+b}{2}\geq\sqrt{ab}$ (단, 등호는 $a=b$일 때 성립한다.)

$$x^2-x+1+\frac{64}{x^2-x+1}-1\geq 2\sqrt{(x^2-x+1)\times\frac{64}{x^2-x+1}}-1$$

$$=2\times8-1=15$$

$\therefore x^2-x+\dfrac{64}{x^2-x+1}\geq 15$

$\left(\text{단, 등호는 } x^2-x+1=\dfrac{64}{x^2-x+1}, \text{ 즉 } x^2-x+1=8\text{일 때 성립한다.}\right)$

따라서 모든 실수 x에 대하여 최솟값은 15

0640

2009년 09월 고1 학력평가 13번

다음은 실수 a, b에 대하여 $a>0$, $b>0$일 때, $\left(a+\dfrac{1}{b}\right)\left(b+\dfrac{4}{a}\right)$의 최솟값을 구하는 과정으로, 어떤 학생의 오답에 대한 선생님의 첨삭지도 일부이다. (가), (나)에 알맞은 것과 최솟값을 바르게 구한 것은?

> [학생풀이] 2025년 ○○월 ○○일
>
> 산술평균과 기하평균의 대소 관계를 적용하면
>
> $a+\dfrac{1}{b}\geq 2\sqrt{\dfrac{a}{b}}$ …… ㉠
>
> $b+\dfrac{4}{a}\geq 2\sqrt{\dfrac{4b}{a}}$ …… ㉡
>
> ㉠, ㉡의 양변을 각각 곱하면
>
> $\left(a+\dfrac{1}{b}\right)\left(b+\dfrac{4}{a}\right)\geq 4\sqrt{\dfrac{a}{b}\times\dfrac{4b}{a}}=8$ …… ㉢
>
> 그러므로 구하는 최솟값은 8이다.
>
> [첨삭내용] ○ ○ ○ (인)
>
> ㉠의 등호가 성립할 때는 (가) 이고
>
> ㉡의 등호가 성립할 때는 (나) 이다.
>
> **TIP** 두 식의 값이 같을 때 부등호의 등호가 성립한다.
>
> 따라서 (가)와 (나)를 동시에 만족하는 양수 a, b는 존재하지 않으므로 최솟값은 8이 될 수 없다.

	(가)	(나)	최솟값
①	$ab=1$	$a=4b$	10
②	$ab=1$	$ab=4$	10
③	$a=b$	$a=b$	10
④	$a=b$	$ab=1$	9
⑤	$ab=1$	$ab=4$	9

STEP A 학생풀이에 대하여 (가), (나)에 빈칸 추론하기

㉠에서 $a+\dfrac{1}{b}\geq 2\sqrt{\dfrac{a}{b}}$이고 등호는 $a=\dfrac{1}{b}$일 때, 즉 $ab=1$일 때 성립한다.

$\therefore$ (가) : $ab=1$

㉡에서 $b+\dfrac{4}{a}\geq 2\sqrt{\dfrac{4b}{a}}$이고 등호는 $b=\dfrac{4}{a}$일 때, 즉 $ab=4$일 때 성립한다.

$\therefore$ (나) : $ab=4$ ← $ab=1$의 실수이면서 $ab=4$를 만족하는 ab가 존재하지 않는다.

STEP B 올바른 최솟값 구하기

$\left(a+\dfrac{1}{b}\right)\left(b+\dfrac{4}{a}\right)=ab+4+1+\dfrac{4}{ab}=ab+\dfrac{4}{ab}+5$ ← 위와 같은 오류를 범하지 않으려면 식을 전개하여 풀어야 한다.

$ab>0$, $\dfrac{4}{ab}>0$이므로

산술평균과 기하평균의 관계에 의하여

$$\left(a+\frac{1}{b}\right)\left(b+\frac{4}{a}\right)=ab+\frac{4}{ab}+5$$

$$\geq 2\sqrt{ab\times\frac{4}{ab}}+5$$

$$=4+5=9 \left(\text{단, 등호는 } ab=\frac{4}{ab}\text{일 때 성립한다.}\right)$$

따라서 $\left(a+\dfrac{1}{b}\right)\left(b+\dfrac{4}{a}\right)$의 최솟값은 $4+5=9$

0641

2005년 09월 고1 학력평가 29번

좌표평면에서 제 1사분면 위의 점 $\mathrm{P}(a, b)$에 대하여 $a+2b=10$이 성립한다. x축 위의 두 점 $\mathrm{A}(2, 0)$, $\mathrm{B}(6, 0)$과 y축 위의 두 점 $\mathrm{C}(0, 1)$, $\mathrm{D}(0, 3)$에 대하여 두 삼각형 ABP, CDP의 넓이를 각각 S_1, S_2라 할 때, S_1과 S_2의 곱 S_1S_2의 최댓값을 구하시오.

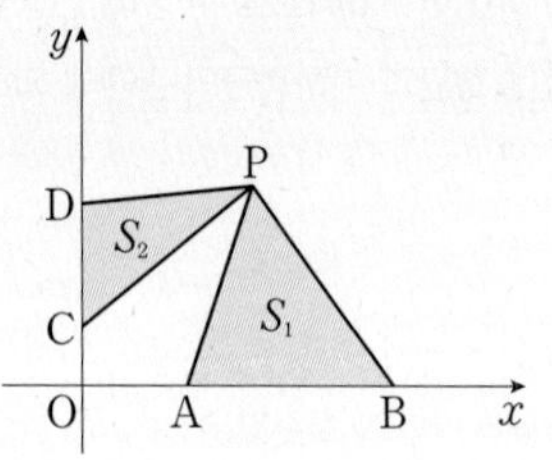

TIP 주어진 좌표를 이용하여 두 삼각형의 넓이를 구한 후 산술평균과 기하평균의 관계를 이용하여 구한다.

STEP A S_1, S_2를 a, b에 관한 식으로 나타내기

네 점 $\mathrm{A}(2, 0)$, $\mathrm{B}(6, 0)$, $\mathrm{C}(0, 1)$, $\mathrm{D}(0, 3)$을 그림에 나타내면

삼각형 ABP는 밑변의 길이가 4, 높이가 b이고

삼각형 CDP는 밑변의 길이가 2, 높이가 a이다.

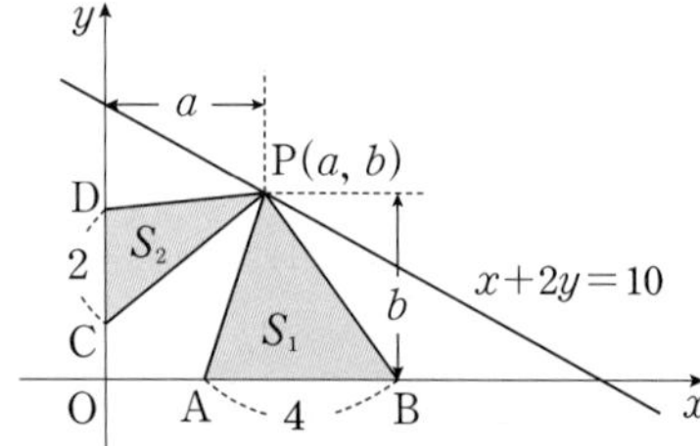

$S_1=\overline{\mathrm{AB}}\times$(점 P의 y좌표)

$=\dfrac{1}{2}\times4\times b=2b$

$S_2=\overline{\mathrm{CD}}\times$(점 P의 x좌표)

$=\dfrac{1}{2}\times2\times a=a$

STEP B S_1S_2의 최댓값 구하기

$a+2b=10$이고 $S_1S_2=2ab$

이때 $S_1=2b>0$, $S_2=a>0$이므로

산술평균과 기하평균의 관계에 의하여

두 양수 a, b에 대하여 $\dfrac{a+b}{2}\geq\sqrt{ab}$ (단, 등호는 $a=b$일 때 성립한다.)

$10=a+2b\geq 2\sqrt{2ab}$ (단, 등호는 $a=2b$일 때 성립한다.)

$\sqrt{2ab}\leq 5$이므로 $S_1S_2=2ab\leq 25$

따라서 S_1S_2의 최댓값은 25

0642

서술형

양수 a, b에 대하여 $\left(a+\frac{1}{2b}\right)\left(2b+\frac{9}{a}\right)$는 $ab=m$일 때, 최솟값 n을 갖는다. 상수 m, n에 대하여 mn의 값을 구하는 과정을 다음 단계로 서술하시오.

TIP 두 식의 곱의 형태로 주어진 식은 전개한 후 풀이한다.

[1단계] 산술평균과 기하평균의 관계를 이용하여 최솟값 n을 구한다. [5점]
[2단계] m의 값을 구한다. [3점]
[3단계] mn의 값을 구한다. [2점]

1단계 산술평균과 기하평균의 관계를 이용하여 최솟값 n을 구한다. **5점**

$$\left(a+\frac{1}{2b}\right)\left(2b+\frac{9}{a}\right)=2ab+9+1+\frac{9}{2ab}$$
$$=10+2ab+\frac{9}{2ab}$$

서로 역수 관계인 두 식 $f(a)$, $\frac{1}{f(a)}$ $(f(a)>0)$의 합인 $f(a)+\frac{1}{f(a)}$의 최솟값은 산술평균과 기하평균의 관계를 이용하여 구한다.

$a>0$, $b>0$이므로 $2ab>0$, $\frac{9}{2ab}>0$이고
산술평균과 기하평균의 관계에 의하여

두 양수 a, b에 대하여 $\frac{a+b}{2}\ge\sqrt{ab}$ (단, 등호는 $a=b$일 때 성립한다.)

$$\left(a+\frac{1}{2b}\right)\left(2b+\frac{9}{a}\right)=10+2ab+\frac{9}{2ab}\ge 10+2\sqrt{2ab\times\frac{9}{2ab}}$$
$$=10+6=16\ \left(\text{단, 등호는 } 2ab=\frac{9}{2ab}\text{일 때 성립한다.}\right)$$

$\therefore n=16$

2단계 m의 값을 구한다. **3점**

이때 등호는 $2ab=\frac{9}{2ab}$일 때, 성립하므로
$(ab)^2=\frac{9}{4}$에서 $ab=\frac{3}{2}$ $(\because a>0,\ b>0)$ $\quad\therefore m=\frac{3}{2}$

3단계 mn의 값을 구한다. **2점**

따라서 $mn=16\times\frac{3}{2}=24$

0643

서술형

자연수 a, b, c에 대하여 명제

'$a^2+b^2=c^2$이면 a, b, c 중 적어도 하나는 짝수이다.'

가 참임을 증명하는 과정을 다음 단계로 서술하시오.

TIP 명제 $p\longrightarrow q$가 참임을 직접 증명하기 어려울 때 대우를 이용하여 참임을 증명한다.

[1단계] 위의 명제의 대우를 구한다. [3점]
[2단계] 대우를 이용하여 주어진 명제가 참임을 증명한다. [7점]

1단계 위의 명제의 대우를 구한다. **3점**

자연수 a, b, c에 대하여 주어진 명제의 대우는

명제 $p\longrightarrow q$의 대우는 $\sim q\longrightarrow\sim p$이다.

'a, b, c가 모두 홀수이면 $a^2+b^2\ne c^2$이다.'

2단계 대우를 이용하여 주어진 명제가 참임을 증명한다. **7점**

a, b, c가 모두 홀수이면
$a=2k-1$, $b=2l-1$, $c=2m-1$ (단, k, l, m은 자연수)로 나타낼 수 있다.

이때 $a^2+b^2=(2k-1)^2+(2l-1)^2$
$=(4k^2-4k+1)+(4l^2-4l+1)$
$=2(2k^2-2k+2l^2-2l+1)$ ← a^2+b^2는 짝수

$c^2=(2m-1)^2=4m^2-4m+1$
$=2(2m^2-2m)+1$ ← c^2는 홀수

이므로 a^2+b^2은 짝수, c^2은 홀수이다. 즉 $a^2+b^2\ne c^2$이다.
따라서 주어진 명제의 대우가 참이므로 주어진 명제도 참이다.

TOUGH

0644

2020년 11월 고1 학력평가 16번

두 양수 a, b에 대하여 좌표평면 위의 점 $\mathrm{P}(a,\ b)$를 지나고 직선 OP에 수직인 직선이 y축과 만나는 점을 Q라 하자. 점 $\mathrm{R}\left(-\frac{1}{a},\ 0\right)$에 대하여 삼각형 OQR의 넓이의 최솟값은? (단, O는 원점이다.)

TIP (삼각형 OQR의 넓이)$=\frac{1}{2}\times\overline{\mathrm{OR}}\times\overline{\mathrm{OQ}}$

① $\frac{1}{2}$ ② 1 ③ $\frac{3}{2}$
④ 2 ⑤ $\frac{5}{2}$

STEP A 점 Q의 좌표 구하기

직선 OP의 기울기는 $\frac{b-0}{a-0}=\frac{b}{a}$이고
직선 OP에 수직인 직선의 기울기는 $-\frac{a}{b}$

수직인 두 직선의 기울기의 곱은 -1이므로 $\frac{b}{a}\times\left(-\frac{a}{b}\right)=-1$

이므로 점 $\mathrm{P}(a,\ b)$를 지나고
직선 OP에 수직인 직선의 방정식은

[직선의 방정식]
점 $(x_1,\ y_1)$을 지나고 기울기가 m인 직선의 방정식은 $y=m(x-x_1)+y_1$

$$y=-\frac{a}{b}(x-a)+b\qquad\therefore y=-\frac{a}{b}x+\frac{a^2}{b}+b$$

이때 점 Q의 좌표는 $\left(0,\ b+\frac{a^2}{b}\right)$ ← $y=-\frac{a}{b}x+\frac{a^2}{b}+b$에 $x=0$을 대입하면 $y=\frac{a^2}{b}+b$

STEP B 삼각형 OQR의 넓이를 a, b에 관한 식으로 나타내기

$\overline{\mathrm{OR}}=\left|-\frac{1}{a}\right|=\frac{1}{a}$, $\overline{\mathrm{OQ}}=\frac{a^2}{b}+b$이므로
삼각형 OQR의 넓이는

$$\frac{1}{2}\times\overline{\mathrm{OR}}\times\overline{\mathrm{OQ}}=\frac{1}{2}\times\frac{1}{a}\times\left(\frac{a^2}{b}+b\right)$$
$$=\frac{1}{2}\left(\frac{b}{a}+\frac{a}{b}\right)$$

$\frac{a}{b}$와 $\frac{b}{a}$가 역수 관계임을 파악하고 산술평균과 기하평균의 관계를 이용하여 최솟값을 구한다.

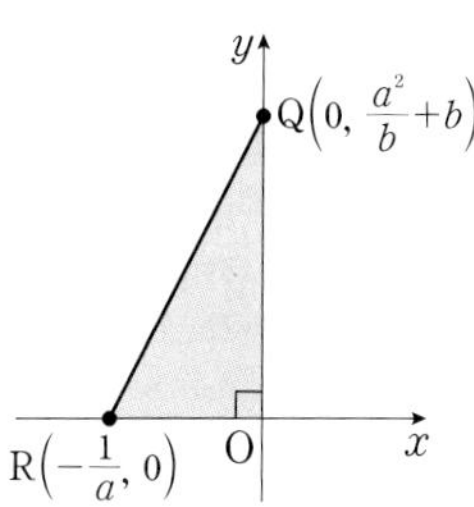

STEP C 산술평균과 기하평균의 관계를 이용하여 삼각형 OQR의 넓이의 최솟값 구하기

$a>0$, $b>0$이므로 $\frac{a}{b}>0$, $\frac{b}{a}>0$
산술평균과 기하평균의 관계에 의하여

$a>0$, $b>0$일 때, $a+b\ge 2\sqrt{ab}$ (단, 등호는 $a=b$일 때 성립한다.)

$$\frac{1}{2}\left(\frac{b}{a}+\frac{a}{b}\right)\ge\frac{1}{2}\times 2\sqrt{\frac{b}{a}\times\frac{a}{b}}=\frac{1}{2}\times 2\times 1=1$$

$\left(\text{단, 등호는 }\frac{a}{b}=\frac{b}{a}\text{일 때 성립한다.}\right)$

따라서 삼각형 OQR의 넓이의 최솟값은 1

0645

2013학년도 경찰대기출 17번

두 실수 x와 y에 대하여 $2x^2+y^2-2x+\dfrac{4}{x^2+y^2+1}$의 최솟값을 구하시오.

TIP $x^2+y^2+1>0$이므로 양수 조건이 있으므로 산술 기하평균의 관계를 이용한다.

STEP A 주어진 식을 변형하기

$$2x^2+y^2-2x+\frac{4}{x^2+y^2+1}$$

$$=x^2+y^2+1+\frac{4}{x^2+y^2+1}+(x-1)^2-2$$ ← 분모와 같은 식으로 만들기 위해 변형

STEP B 산술평균과 기하평균의 관계를 이용하여 최솟값 구하기

모든 실수 x, y에 대하여 $x^2+y^2+1>0$이므로

산술평균과 기하평균의 관계에 의하여

$$2x^2+y^2-2x+\frac{4}{x^2+y^2+1}$$

$$=x^2+y^2+1+\frac{4}{x^2+y^2+1}+(x-1)^2-2$$

$$\geq 2\sqrt{(x^2+y^2+1)\times\frac{4}{x^2+y}}+(x-1)^2-2$$

$$=4+(x-1)^2-2$$

$$=(x-1)^2+2$$

$\left(\text{단, 등호는 } x^2+y^2+1=\dfrac{4}{x^2+y^2+1},\ \text{즉 } x^2+y^2+1\text{일 때 성립한다.}\right)$

또한, x는 실수이므로 $(x-1)^2\geq 0$ (단, 등호는 $x=1$일 때 성립한다.)

따라서 주어진 식은 $x=1$, $y=0$일 때, 최솟값 $4+0-2=2$를 갖는다.

0646

2011년 09월 고1 학력평가 20번

'피타고라스 나무' 란 다음과 같은 규칙으로 그린 [그림1]과 같은 도형이다.

[단계1]	정사각형을 그린 후 정사각형의 한 변을 빗변으로 하는 직각삼각형을 그린다.
[단계2]	직각삼각형의 나머지 두 변을 한 변으로 하는 정사각형을 각각 그린다. **TIP** 두 정사각형의 넓이의 합이 가장 큰 정사각형의 넓이와 같다.
[단계3]	[단계2]에서 그려진 두 정사각형의 한 변을 각각 빗변으로 하는 직각삼각형을 [단계1]에서 그린 직각삼각형과 닮음이 되도록 그린다.
[단계4]	[단계2]와 [단계3]을 계속 반복하여 그린다.

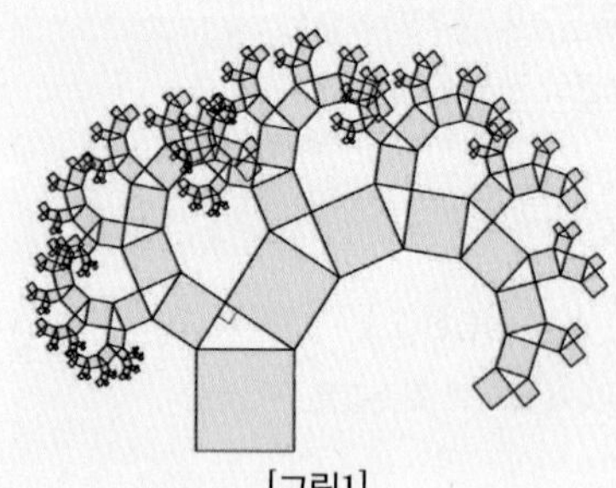

[그림1]

'피타고라스 나무'의 일부분인 [그림2]에서 직각삼각형 ABC의 세 변의 길이가 각각 a, b, c이고 정사각형 7개의 넓이의 합이 75일 때, $2abc$의 최댓값은?

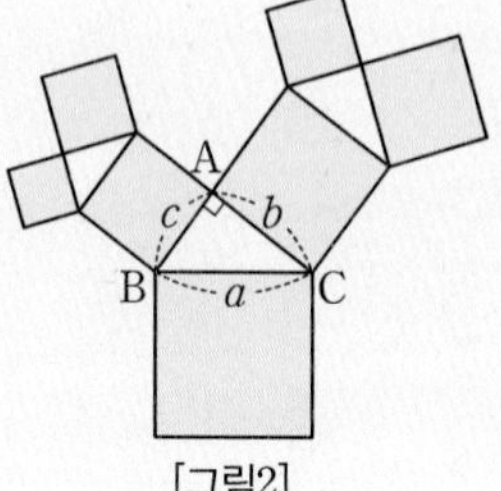

[그림2]

① 125 ② 130
③ 135 ④ 140
⑤ 145

STEP A 피타고라스의 정리를 이용하여 식을 세우기

오른쪽 그림과 같이 직사각형의 각 변을 한 변으로 하는 정사각형의 넓이를 각각 S_1, S_2, S_3이라 하면

$S_1=a^2$, $S_2=b^2$, $S_3=c^2$

피타고라스의 정리에 의해

$a^2=b^2+c^2$

$\therefore S_1=S_2+S_3$

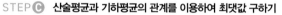

STEP B 정사각형 7개의 넓이를 구하기

오른쪽 그림과 같이 각 정사각형의 넓이를 S_1, S_2, $\cdots$, S_7이라 하면

$S_1=S_2+S_3$, $S_2=S_6+S_7$, $S_3=S_4+S_5$

이 성립한다.

정사각형 7개의 넓이의 합이 75이므로

$S_1+S_2+\cdots+S_7$

$=S_1+(S_2+S_3)+(S_4+S_5)+(S_6+S_7)$

$=S_1+S_1+(S_2+S_3)$

$=S_1+S_1+S_1$

$=3S_1=75$

$\therefore S_1=25,\ a^2=25,\ a=5\ (\because a>0)$

STEP C 산술평균과 기하평균의 관계를 이용하여 최댓값 구하기

$a^2=b^2+c^2$이므로 산술평균과 기하평균의 관계에 의하여

$a^2=b^2+c^2\geq 2\sqrt{b^2c^2}=2bc\ (\because b>0,\ c>0)$

이므로 $25\geq 2bc$

따라서 $2abc$의 최댓값은 125

0647

2014년 03월 고2 학력평가 A형 30번

그림과 같이 $\overline{AB}=2$, $\overline{AC}=3$, $A=30°$인 삼각형 ABC의 변 BC 위의 점 P에서 두 직선 AB, AC 위에 내린 수선의 발을 각각 M, N이라 하자.

$\dfrac{\overline{AB}}{\overline{PM}}+\dfrac{\overline{AC}}{\overline{PN}}$의 최솟값이 $\dfrac{q}{p}$일 때, $p+q$의 값을 구하시오.

TIP 두 점 A, P를 잇는 보조선을 그어 (삼각형 ABC의 넓이)=(삼각형 ABP의 넓이)+(삼각형 APC의 넓이)임을 이용한다.

(단, p와 q는 서로소인 자연수이다.)

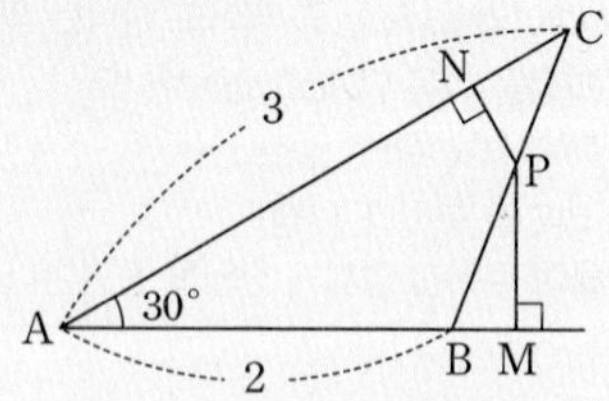

STEP A $\overline{PM}=x$, $\overline{PN}=y$라 하고 삼각형 ABC의 넓이를 이용하여 x, y 사이의 관계식 구하기

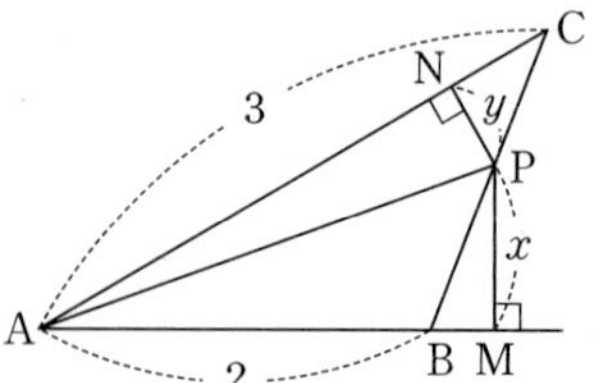

$\overline{PM}=x$, $\overline{PN}=y$라 하면

(삼각형 ABC의 넓이)=(삼각형 ABP의 넓이)+(삼각형 APC의 넓이)에서

$\dfrac{1}{2}\times2\times3\times\sin30°=\dfrac{1}{2}\times2\times x+\dfrac{1}{2}\times3\times y$ ← $\sin30°=\dfrac{1}{2}$

$\therefore 2x+3y=3$

STEP B **산술평균과 기하평균의 관계를 이용하여 최솟값 구하기**

$\dfrac{\overline{AB}}{\overline{PM}}+\dfrac{\overline{AC}}{\overline{PN}}=\dfrac{2}{x}+\dfrac{3}{y}$에서 산술평균과 기하평균의 관계에 의하여

$a>0,\ b>0$일 때, $a+b\geq 2\sqrt{ab}$ (단, 등호는 $a=b$일 때 성립한다.)

$$3\left(\frac{2}{x}+\frac{3}{y}\right)=(2x+3y)\left(\frac{2}{x}+\frac{3}{y}\right)$$
$$=13+\frac{6x}{y}+\frac{6y}{x}$$
$$\geq 13+2\sqrt{\frac{6x}{y}\times\frac{6y}{x}}$$
$$=25\ \left(\text{단, 등호는 } \frac{x}{y}=\frac{y}{x}\text{일 때 성립한다.}\right)$$

즉 $\dfrac{2}{x}+\dfrac{3}{y}\geq\dfrac{25}{3}$이므로 $\dfrac{2}{x}+\dfrac{3}{y}$의 최솟값은 $\dfrac{25}{3}$

따라서 $p+q=3+25=28$

POINT 삼각형의 넓이

두 변의 길이와 그 끼인각이 주어진 경우
삼각형 ABC의 넓이를 S라 하면 다음이 성립한다.

$S=\dfrac{1}{2}ab\sin C=\dfrac{1}{2}bc\sin A=\dfrac{1}{2}ca\sin B$

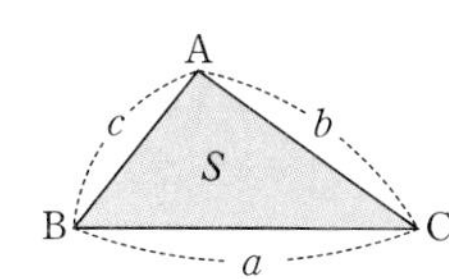

0648

2016년 03월 고3 학력평가 나형 17번

두 양수 a, b에 대하여 한 변의 길이가 $a+b$인 정사각형 ABCD의 네 변 AB, BC, DC, DA를 각각 $a:b$로 내분하는 점을 E, F, G, H라 하고, 선분 FH의 중점을 M이라 하자.

TIP $\overline{FM}=\overline{HM}$

그림은 위의 설명과 같이 그린 한 예이다. [보기]에서 옳은 것만을 있는 대로 고른 것은?

ㄱ. $\overline{FM}=\overline{GM}$
ㄴ. $\triangle EFM\geq\triangle FGM$
ㄷ. $\overline{FH}=6\sqrt{2}$일 때, 삼각형 FGM의 넓이의 최댓값은 9이다.

① ㄱ ② ㄷ ③ ㄱ, ㄷ
④ ㄴ, ㄷ ⑤ ㄱ, ㄴ, ㄷ

STEP A **$\overline{FM}=\overline{GM}$임을 보이기**

ㄱ. 삼각형 GDH와 삼각형 FCG는 직각이등변삼각형이므로 각 FGH는 직각이다. ← $\angle DGH=\angle CGF=45°$이므로 $\angle FGH=180°-2\times45°=90°$
또, 문제에서 점 M은 선분 FH의 중점이므로
세 점 F, G, H는 중심이 M인 한 원 위에 있다.
그러므로 $\overline{FM}=\overline{GM}$이다. [참]

STEP B **산술평균과 기하평균의 관계를 이용하여 (삼각형 EFM의 넓이)≥(삼각형 FGM의 넓이)임을 보이기**

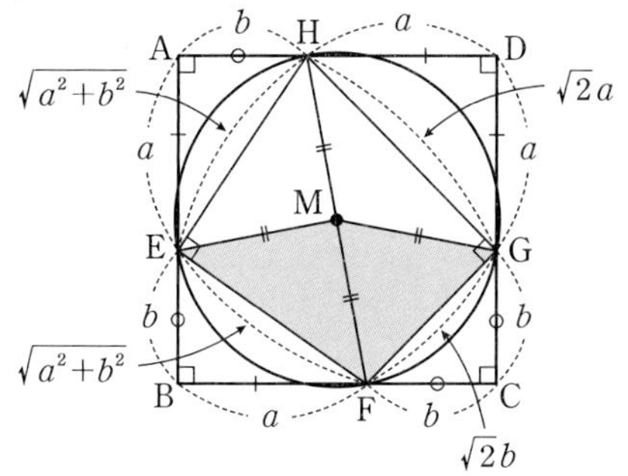

ㄴ. 삼각형 AEH와 삼각형 BFE가 합동이므로
SSS합동
$\angle AEH+\angle BEF=90°$이고 삼각형 EFH는 직각이등변삼각형이다.
즉 $\overline{EF}=\overline{EH}=\sqrt{a^2+b^2}$
그러므로 삼각형 EFH의 넓이는 $\dfrac{1}{2}(a^2+b^2)$ ← $\dfrac{1}{2}(\sqrt{a^2+b^2})^2$
선분 EM은 삼각형 EFH를 이등분하므로 삼각형 EFM의 넓이는 $\dfrac{1}{4}(a^2+b^2)$
또한, 삼각형 FGH는 직각삼각형이므로 넓이는 ab이고
$\dfrac{1}{2}\times\sqrt{2}a\times\sqrt{2}b$
삼각형 FGM의 넓이는 $\dfrac{1}{2}ab$
이때 $a>0$, $b>0$이고 산술평균과 기하평균의 관계에 의하여
$a>0,\ b>0$일 때, $a+b\geq 2\sqrt{ab}$ (단, 등호는 $a=b$일 때 성립한다.)
$a^2+b^2\geq 2\sqrt{a^2b^2}=2ab$이므로
$\dfrac{1}{4}(a^2+b^2)\geq\dfrac{1}{4}(2ab)=\dfrac{1}{2}ab$
즉 (삼각형 EFM의 넓이)≥(삼각형 FGM의 넓이) [참]

STEP C **산술평균과 기하평균의 관계를 이용하여 삼각형 FGM의 넓이의 최댓값 구하기**

ㄷ. 선분 FH는 직각이등변삼각형 EFH의 빗변이므로 그 길이는
$\sqrt{2}\times\sqrt{a^2+b^2}$ ← $\sqrt{(\sqrt{a^2+b^2})^2+(\sqrt{a^2+b^2})^2}=\sqrt{2(a^2+b^2)}$
문제에서 $\overline{FH}=6\sqrt{2}$이므로 $\sqrt{2}\times\sqrt{a^2+b^2}=6\sqrt{2}$에서 $a^2+b^2=36$
그런데 삼각형 FGM의 넓이는 $\dfrac{1}{2}ab$이고
산술평균과 기하평균의 관계에 의하여 $36=a^2+b^2\geq 2ab$이므로
$\dfrac{1}{2}ab\leq 9$
그러므로 삼각형 FGM의 넓이의 최댓값은 9이다. [참]

따라서 옳은 것은 ㄱ, ㄴ, ㄷ이다.

01 함수

0649

다음은 두 집합 $X=\{1, 2, 3\}$, $Y=\{1, 2, 3, 4\}$의 원소들 사이의 대응 관계를 좌표평면 위에 나타낸 것이다. 이 중 X에서 Y로의 함수인 것은?

TIP X에서 Y로의 함수는 X의 각 원소에 Y의 원소가 오직 하나씩 대응한다.

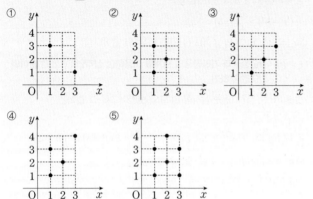

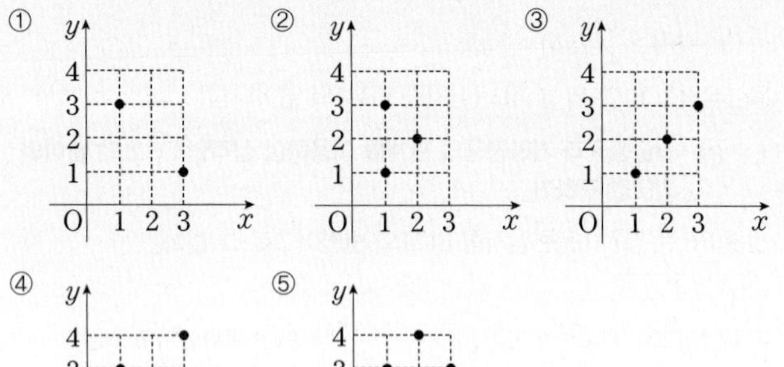

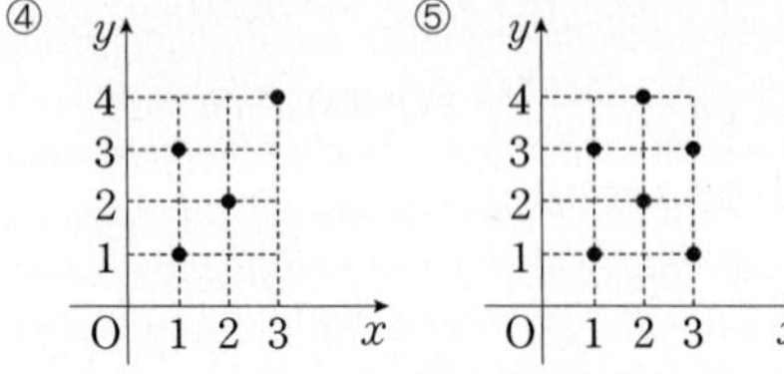

STEP A 집합 X에서 집합 Y로의 함수 구하기

① 집합 X의 원소 2에 대응되는 집합 Y의 원소가 없으므로 함수가 아니다.
② 집합 X의 원소 1이 집합 Y의 두 원소 1, 3에 대응되고
집합 X의 원소 3에 대응되는 집합 Y의 원소가 없으므로 함수가 아니다.
③ 집합 X의 모든 원소가 집합 Y의 원소에 하나씩 대응되므로 함수이다.
④ 집합 X의 원소 1이 집합 Y의 두 원소 1, 3에 대응되므로 함수가 아니다.
⑤ 집합 X의 모든 원소가 집합 Y의 원소에 두 개씩 대응되므로 함수가 아니다.
따라서 함수인 것은 ③이다.

0650

집합 $X=\{-1, 0, 1\}$, $Y=\{0, 1, 2, 3\}$에 대하여 다음 중 X에서 Y로의 함수가 아닌 것은?

TIP X에서 Y로의 함수는 X의 각 원소에 Y의 원소가 오직 하나씩 대응한다.

① $y=x^3+1$ ② $y=|x|$ ③ $y=2x+1$
④ $y=\begin{cases} 1 & (x<0) \\ 3 & (x \geq 0) \end{cases}$ ⑤ $y=\dfrac{2}{x^2+1}$

STEP A 집합 X에서 집합 Y로의 함수 구하기

두 집합 $X=\{-1, 0, 1\}$, $Y=\{0, 1, 2, 3\}$에 대하여
주어진 대응을 그림으로 나타내면 다음과 같다.

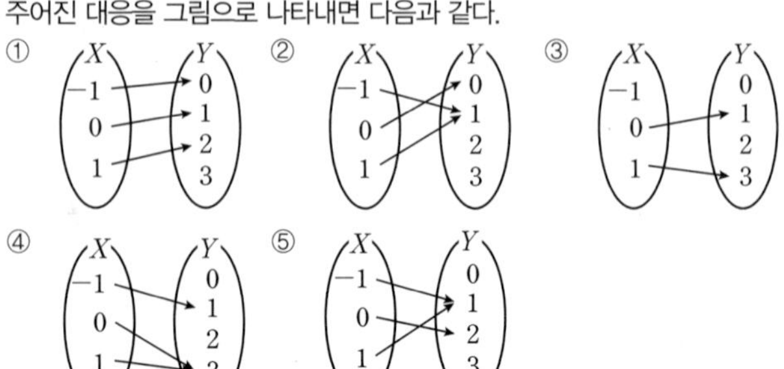

[보기] ③은 집합 X의 원소 -1에 대응하는 집합 Y의 원소가 없으므로 함수가 아니다.
따라서 함수가 아닌 대응은 ③이다.

0651

두 집합 $X=\{-2, 0, 2\}$, $Y=\{a, b, c\}$에 대하여 $f(x)=5x+1$에 X에서 Y로의 함수가 되도록 하는 상수 a, b, c에 대하여 $a+b+c$의 값을 구하시오.

TIP 정의역에 대한 함숫값은 $f(-2)=-9$, $f(0)=1$, $f(2)=11$이므로 치역은 $\{-9, 1, 11\}$

STEP A 집합 X에서 집합 Y로의 함수 구하기

함수 f의 정의역은 $X=\{-2, 0, 2\}$이므로 함숫값은
$f(-2)=-10+1=-9 \in Y$
$f(0)=1 \in Y$
$f(2)=10+1=11 \in Y$이어야 하므로 $Y=\{-9, 1, 11\}$

STEP B $a+b+c$의 값 구하기

따라서 $a+b+c=-9+1+11=3$

0652

실수 전체의 집합에서 정의된 [보기]의 그래프 중 함수의 그래프인 것만을 있는 대로 고르시오.

TIP 정의역의 각 원소 a에 대하여 y축에 평행한 직선 $x=a$와 오직 한 점에서 만나야 한다.

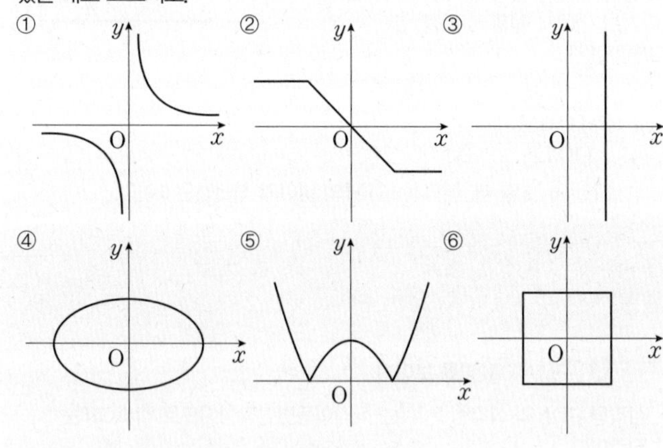

STEP A 함수의 그래프 구하기

주어진 그래프 위에 직선 $x=a$ (a는 상수)를 그었을 때,
어떤 a에 대해서도 교점이 1개뿐인 것을 찾는다.
① $x=0$에서 정의되지 않으므로 함수의 그래프가 아니다.
정의역이 실수 전체의 집합 중 $x=0$에서 함숫값이 존재하지 않는다.
② 정의역의 원소 a에 대하여 직선 $x=a$와 오직 한 점에서 만나므로 함수의 그래프이다.
③ x의 값에 대응되는 y의 값이 무수히 많으므로 함수의 그래프가 아니다.
④ 오른쪽 그림처럼 직선 $x=a$와 서로 다른 두 점에서 만나는 경우가 있으므로 함수의 그래프가 아니다.

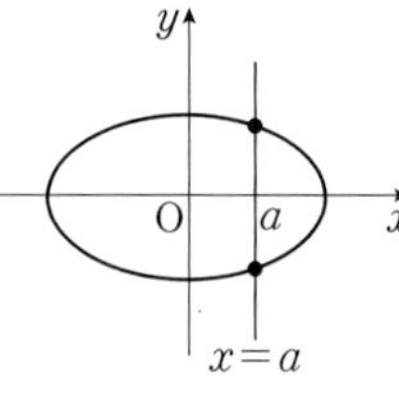

⑤ 정의역의 원소 a에 대하여 직선 $x=a$와 오직 한 점에서 만나므로 함수의 그래프이다.
⑥ x의 값에 대응되는 y의 값이 2개인 경우가 있으므로 함수의 그래프가 아니다.
따라서 함수의 그래프는 ②, ⑤이다.

0653

다음 물음에 답하시오.

(1) 두 집합 $X=\{0, 1, 2, 3, 4\}$, $Y=\{y|y$는 정수$\}$에 대하여 함수 $f: X \longrightarrow Y$를 $f(x)=(x^2$을 5로 나누었을 때의 나머지)로 정의할 때, 함수 f의 치역의 모든 원소의 합을 구하시오.

TIP x의 값에 0, 1, 2, 3, 4를 대입하면서 5로 나누어 나머지를 구하도록 한다.

STEP A 정의역의 원소를 대입하면서 함숫값 구하기

집합 X의 원소의 함숫값을 구하면

$f(0)=(0^2$을 5로 나누었을 때의 나머지$)=0$ ← $0=5\times0+0$, 몫은 0, 나머지 0

$f(1)=(1^2$을 5로 나누었을 때의 나머지$)=1$ ← $1=5\times0+1$, 몫은 0, 나머지 1

$f(2)=(2^2$을 5로 나누었을 때의 나머지$)=4$ ← $4=5\times0+4$, 몫은 0, 나머지 4

$f(3)=(3^2$을 5로 나누었을 때의 나머지$)=4$ ← $9=5\times1+4$, 몫은 1, 나머지 4

$f(4)=(4^2$을 5로 나누었을 때의 나머지$)=1$ ← $16=5\times3+1$, 몫은 3, 나머지 1

따라서 함수 $f(x)$의 치역은 $\{0, 1, 4\}$이므로 모든 원소의 합은 $0+1+4=5$

(2) 함수 f가 실수 전체의 집합 R에서 R로의 함수 f를

$$f(x)=\begin{cases} 2x+1 & (x\le1) \\ -x^2+5 & (x>1)\end{cases}$$

로 정의할 때, $f(-2)+f(2)$의 값을 구하시오.

TIP $f(x)$에 각각 $x=-2$, $x=2$를 범위에 맞는 식에 대입한다.

STEP A 조건을 만족하는 함숫값 구하기

(i) $-2<1$이므로 $f(-2)=2\times(-2)+1=-3$ ← $x\le1$일 때, $f(x)=2x+1$

(ii) $2>1$이므로 $f(2)=-2^2+5=1$ ← $x>1$일 때, $f(x)=-x^2+5$

(i), (ii)에서 $f(-2)+f(2)=-3+1=-2$

0654

다음 물음에 답하시오.

(1) 실수 전체의 집합에서 정의된 함수 f가

$f(x)=\begin{cases} x & (x\text{는 유리수}) \\ 4-x & (x\text{는 무리수})\end{cases}$일 때, $f(x)+f(4-x)$의 값은?

TIP x가 유리수일 때와 무리수일 때로 나누어 함수식에 대입하도록 한다.

① 2 ② 3 ③ 4 ④ 5 ⑤ 6

STEP A 조건을 만족하는 함숫값 구하기

(i) x가 유리수일 때, ← $f(x)=x$

$4-x$도 유리수이므로 $f(x)+f(4-x)=x+(4-x)=4$

(ii) x가 무리수일 때, ← $f(x)=4-x$

$4-x$도 무리수이므로 $f(x)+f(4-x)=(4-x)+\{4-(4-x)\}=4$

(i), (ii)에 의하여 $f(x)+f(4-x)=4$

(2) 음이 아닌 정수 전체의 집합에서 정의된 함수

$$f(x)=\begin{cases} x+1 & (0\le x\le4) \\ f(x-4) & (x>4)\end{cases}$$

로 정의할 때, $f(3)+f(25)$의 값은?

TIP $f(25)=f(21)=f(17)=f(13)=f(9)=f(5)=f(1)$

① 2 ② 3 ③ 5 ④ 6 ⑤ 7

STEP A 조건을 만족하는 함숫값 구하기

(i) $x=3$일 때, $0\le x\le4$이므로 $f(3)=3+1=4$

(ii) $x=25$일 때, $f(x)=f(x-4)$이므로

$f(25)=f(25-4)=f(21)$, $f(21)=f(21-4)=f(17)$

$f(17)=f(17-4)=f(13)$, $f(13)=f(13-4)=f(9)$

$f(9)=f(9-4)=f(5)$, $f(5)=f(5-4)=f(1)$

즉 $f(25)=f(21)=f(17)=f(13)=f(9)=f(5)=f(1)$

$x=1$일 때, $0\le x\le4$이므로 $f(1)=1+1=2$

$\therefore f(25)=2$

(i), (ii)에서 $f(3)+f(25)=4+2=6$

0655

실수 전체의 집합에서 정의된 함수 f에 대하여 다음 등식이 성립할 때, $f(3)$의 값과 $f(x)$를 구하시오.

(1) $f\left(\dfrac{x+1}{2}\right)=3x+5$

TIP $\dfrac{x+1}{2}=t$로 치환하면 $x=2t-1$이므로 식에 대입하여 $f(x)$의 식을 구한다.

STEP A $\dfrac{x+1}{2}=t$로 치환하여 $f(x)$의 식 구하기

함수 $f\left(\dfrac{x+1}{2}\right)=3x+5$에서 $\dfrac{x+1}{2}=t$로 치환하면 $x=2t-1$

주어진 식에 대입하면 $f(t)=3(2t-1)+5=6t+2$

$\therefore f(x)=6x+2$ ← t를 x로 바꾸어 나타내면 된다.

STEP B $f(3)$의 값 구하기

$f(x)=6x+2$이므로 $f(3)=6\times3+2=20$

따라서 $f(x)=6x+2$이고 $f(3)=20$

+α 주어진 식에서 바로 구할 수 있어!

$f\left(\dfrac{x+1}{2}\right)=3x+5$에서 $\dfrac{x+1}{2}=3$일 때, $x=5$

즉 주어진 식에 $x=5$를 대입하면 $f\left(\dfrac{5+1}{2}\right)=3\times5+5$

$\therefore f(3)=20$

(2) $f(2x-1)=x^2+2x$

TIP $2x-1=t$로 치환하면 $x=\dfrac{t+1}{2}$이므로 식에 대입하여 $f(x)$의 식을 구한다.

STEP A $2x-1=t$로 치환하여 $f(x)$의 식 구하기

$f(2x-1)=x^2+2x$에서

$2x-1=t$로 치환하면 $x=\dfrac{t+1}{2}$이므로

주어진 식에 대입하면 $f(t)=\left(\dfrac{t+1}{2}\right)^2+2\left(\dfrac{t+1}{2}\right)=\dfrac{1}{4}t^2+\dfrac{3}{2}t+\dfrac{5}{4}$

$\therefore f(x)=\dfrac{1}{4}x^2+\dfrac{3}{2}x+\dfrac{5}{4}$ ← t를 x로 바꾸어 나타내면 된다.

STEP B $f(3)$의 값 구하기

$f(x)=\dfrac{1}{4}x^2+\dfrac{3}{2}x+\dfrac{5}{4}$이므로 $f(3)=\dfrac{9}{4}+\dfrac{9}{2}+\dfrac{5}{4}=\dfrac{32}{4}=8$

따라서 $f(x)=\dfrac{1}{4}x^2+\dfrac{3}{2}x+\dfrac{5}{4}$이고 $f(3)=8$

+α 주어진 식에서 바로 구할 수 있어!

$f(2x-1)=x^2+2x$에서 $2x-1=3$일 때, $x=2$

즉 주어진 식에 $x=2$를 대입하면 $f(2\times2-1)=2^2+2\times2$

$\therefore f(3)=8$

0656

두 집합 $X=\{-1, 0, 1\}$, $Y=\{-2, -1, 0, 1, 2\}$에 대하여 X에서 Y로의 두 함수 f, g가 [보기]와 같을 때, $f=g$인 것만을 있는 대로 고르면?

TIP 각각의 정의역의 원소를 대입했을 때 함숫값이 같아야 한다.

ㄱ. $f(x)=x^2$, $g(x)=x^3$

ㄴ. $f(x)=\begin{cases} 2 & (x=1) \\ \dfrac{x^2-1}{x-1} & (x \neq 1) \end{cases}$, $g(x)=x+1$

ㄷ. $f(x)=-2|x|$, $g(x)=2x$

① ㄱ ② ㄴ ③ ㄱ, ㄴ
④ ㄴ, ㄷ ⑤ ㄱ, ㄴ, ㄷ

STEP Ⓐ $f=g$이면 정의역의 각 원소에 대한 함숫값이 서로 같아야 함을 이용하여 같은 함수 구하기

ㄱ. $f(x)=x^2$, $g(x)=x^3$에서
$f(-1)=1$, $g(-1)=-1$이므로 $f(-1)\neq g(-1)$
$\therefore f\neq g$

ㄴ. $f(x)=\begin{cases} 2 & (x=1) \\ \dfrac{x^2-1}{x-1} & (x \neq 1) \end{cases}$, $g(x)=x+1$에서
$f(-1)=g(-1)=0$, $f(0)=g(0)=1$, $f(1)=g(1)=2$
$\therefore f=g$

ㄷ. $f(x)=-2|x|$, $g(x)=2x$에서
$f(1)=-2$, $g(1)=2$이므로 $f(1)\neq g(1)$
$\therefore f\neq g$

따라서 두 함수 f, g가 서로 같은 것은 ㄴ이다.

0657

집합 $X=\{-1, 1\}$에서 실수 전체의 집합 R로의 함수 f와 g를 각각 다음과 같이 정의하자.

TIP 두 함수의 정의역과 공역을 일치한다.

$$f(x)=x^3+2a,\ g(x)=ax+b$$

이때 두 함수 f, g가 서로 같도록 하는 상수 a, b에 대하여 ab의 값은?

TIP $f=g$이면 $f(-1)=g(-1)$, $f(0)=g(0)$, $f(1)=g(1)$을 만족시킨다.

① -2 ② -1 ③ 2
④ 4 ⑤ 6

STEP Ⓐ $f=g$이면 정의역의 각 원소에 대한 함숫값이 서로 같아야 함을 이용하기

두 함수의 정의역과 공역이 일치하므로 $f=g$이기 위해서 정의역의 모든 원소 x에 대하여 $f(x)=g(x)$이어야 한다.

(ⅰ) $x=-1$일 때,
$f(-1)=g(-1)$이므로 $-1+2a=-a+b$
$\therefore 3a-b=1$ …… ㉠

(ⅱ) $x=1$일 때,
$f(1)=g(1)$이므로 $1+2a=a+b$
$\therefore a-b=-1$ …… ㉡

㉠, ㉡을 연립하면 $a=1$, $b=2$
따라서 $ab=1\times 2=2$

0658

다음 물음에 답하시오.

(1) 실수 전체의 집합의 부분집합 X를 정의역으로 하는 두 함수
$$f(x)=x^2,\ g(x)=3x-2$$
일 때, $f=g$가 되는 정의역 X의 개수를 구하시오. (단, $X\neq\varnothing$)

TIP 두 함수식에 대하여 함숫값이 서로 같아지도록 하는 x의 값을 구한다.

STEP Ⓐ $f(x)=g(x)$를 만족하는 x의 값 구하기

정의역 X의 원소 x에 대하여 $f(x)=g(x)$이어야 하므로
$x^2=3x-2$, $x^2-3x+2=0$, $(x-1)(x-2)=0$
$\therefore x=1$ 또는 $x=2$

STEP Ⓑ 정의역 X의 개수 구하기

$f=g$를 만족시키는 정의역 X는 집합 $\{1, 2\}$의 부분집합 중 공집합이 아니어야 하므로 $\{1\}$, $\{2\}$, $\{1, 2\}$
따라서 정의역 X의 개수는 3

공집합이 아닌 부분집합의 개수이므로 $2^2-1=3$

(2) 집합 X를 정의역으로 하는 두 함수
$$f(x)=x^3-6x-1,\ g(x)=x+5$$
에 대하여 $f=g$가 되도록 하는 집합 X의 개수를 구하시오.

TIP 두 함수식에 대하여 함숫값이 서로 같아지도록 하는 x의 값을 구한다.

(단, $X\neq\varnothing$)

STEP Ⓐ $f(x)=g(x)$를 만족하는 x의 값 구하기

정의역 X의 원소 x에 대하여 $f(x)=g(x)$이어야 하므로
$x^3-6x-1=x+5$, $x^3-7x-6=0$
$(x+2)(x+1)(x-3)=0$
$\therefore x=-2$ 또는 $x=-1$ 또는 $x=3$ ← 조립제법을 이용하여

-2	1	0	-7	-6
		-2	4	6
	1	-2	-3	0

$\therefore x^3-7x-6=(x+2)(x^2-2x-3)$

STEP Ⓑ 집합 X의 개수 구하기

$f=g$를 만족시키는 집합 X는 집합 $\{-2, -1, 3\}$의 부분집합 중 공집합이 아니어야 하므로
$\{-2\}$, $\{-1\}$, $\{3\}$, $\{-2, -1\}$, $\{-2, 3\}$, $\{-1, 3\}$, $\{-2, -1, 3\}$
따라서 집합 X의 개수는 7

공집합이 아닌 부분집합의 개수이므로 $2^3-1=7$

0659

임의의 두 실수 a, b에 대하여 함수 $f(x)$가

$$f(a+b)=f(a)+f(b)$$

를 만족하고, $f(1)=2$일 때, [보기]에서 옳은 것만을 있는 대로 고른 것은?

ㄱ. $f(2)=4$ TIP $a=1$, $b=1$을 대입한다.
ㄴ. $f(0)+f(3)=6$
ㄷ. 임의의 자연수 n에 대하여 $f(na)=nf(a)$이다.
TIP $f(2a)$, $f(3a)$, $f(4a)$, …을 대입하면서 규칙성을 구한다.

① ㄷ ② ㄱ, ㄴ ③ ㄱ, ㄷ
④ ㄴ, ㄷ ⑤ ㄱ, ㄴ, ㄷ

STEP A $f(a+b)=f(a)+f(b)$에 적당한 값을 대입하여 [보기]의 참, 거짓 판단하기

$f(a+b)=f(a)+f(b)$ …… ㉠

ㄱ. ㉠의 양변에 $a=1$, $b=1$을 대입하면
$f(2)=f(1)+f(1)=2+2=4$ $\therefore f(2)=4$ [참]

ㄴ. ㉠의 양변에 $a=0$, $b=0$을 대입하면
$f(0)=f(0)+f(0)$ $\therefore f(0)=0$
㉠의 양변에 $a=1$, $b=2$를 대입하면
$f(3)=f(1)+f(2)=2+4=6$ $\therefore f(3)=6$
$\therefore f(0)+f(3)=0+6=6$ [참]

ㄷ. $f(2a)=f(a+a)=f(a)+f(a)=2f(a)$
$f(3a)=f(a+2a)=f(a)+f(2a)=f(a)+2f(a)=3f(a)$
$f(4a)=f(a+3a)=f(a)+f(3a)=f(a)+3f(a)=4f(a)$
⋮
$\therefore f(na)=f(a+(n-1)a)=f(a)+f((n-1)a)$
$=f(a)+(n-1)f(a)=nf(a)$ [참]

따라서 옳은 것은 ㄱ, ㄴ, ㄷ이다.

0660

임의의 실수 x, y에 대하여 함수 f가

$$f(x+y)=f(x)f(y),\ f(x)>0$$

을 만족시키고 $f(2)=4$일 때, 다음 [보기]에서 옳은 것만을 있는 대로 고르면?

ㄱ. $f(0)=1$ TIP $x=0$, $y=0$을 대입한다.
ㄴ. $f(1)=2$ TIP $x=1$, $y=1$을 대입한다.
ㄷ. $f(100x)=\{f(x)\}^{100}$ TIP $f(2x)$, $f(3x)$, $f(4x)$, …의 규칙성을 구한다.

① ㄱ ② ㄱ, ㄴ ③ ㄱ, ㄷ
④ ㄴ, ㄷ ⑤ ㄱ, ㄴ, ㄷ

STEP A x, y에 적당한 수를 대입하여 $f(0)$, $f(1)$의 값 구하기

ㄱ. 임의의 실수 x, y에 대하여 $f(x+y)=f(x)f(y)$ …… ㉠
㉠의 양변에 $x=0$, $y=0$을 대입하면 $f(0+0)=f(0)\times f(0)$
즉 $f(0)=\{f(0)\}^2$이므로 $\{f(0)\}^2-f(0)=0$, $f(0)\{f(0)-1\}=0$
$\therefore f(0)=0$ 또는 $f(0)=1$
이때 $f(0)>0$이므로 $f(0)=1$ [참]

ㄴ. ㉠의 양변에 $x=1$, $y=1$을 대입하면 $f(1+1)=f(1)\times f(1)$
즉 $f(2)=\{f(1)\}^2=4$이므로 $f(1)=2$ 또는 $f(1)=-2$
이때 $f(1)>0$이므로 $f(1)=2$ [참]

STEP B 규칙성을 이용하여 $f(100x)=\{f(x)\}^{100}$임을 구하기

ㄷ. $f(x+x)=f(x)f(x)=\{f(x)\}^2$ $\therefore f(2x)=\{f(x)\}^2$
$f(x+2x)=f(x)f(2x)=f(x)\{f(x)\}^2=\{f(x)\}^3$ $\therefore f(3x)=\{f(x)\}^3$
$f(x+3x)=f(x)f(3x)=f(x)\{f(x)\}^3=\{f(x)\}^4$ $\therefore f(4x)=\{f(x)\}^4$
⋮
즉 자연수 n에 대하여
$f(nx)=f(x)f((n-1)x)=f(x)\{f(x)\}^{n-1}=\{f(x)\}^n$
$\therefore f(100x)=\{f(x)\}^{100}$ [참]

따라서 옳은 것은 ㄱ, ㄴ, ㄷ이다.

0661

함수 f가 임의의 두 양수 x, y에 대하여

$$f(xy)=f(x)+f(y),\ f(2)=2,\ f(3)=5$$

를 만족할 때, $f(1)+f(216)$의 값을 구하시오.

STEP A $x=1$, $y=1$을 대입하여 $f(1)$의 값 구하기

임의의 양수 x, y에 대하여 $f(xy)=f(x)+f(y)$이므로
$x=1$, $y=1$을 양변에 대입하면
$f(1\times1)=f(1)+f(1)$, $f(1)=2f(1)$
$\therefore f(1)=0$

STEP B x, y에 적당한 수를 대입하여 $f(216)$의 값 구하기

$f(2)=2$, $f(3)=5$이므로 $x=2$, $y=3$을 대입하면
$f(2\times3)=f(2)+f(3)$이므로 $f(6)=7$
$f(6)=7$이므로 $x=6$, $y=6$을 대입하면
$f(6\times6)=f(6)+f(6)$이므로 $f(36)=2f(6)=14$
$f(6)=7$, $f(36)=14$이므로 $x=6$, $y=36$을 대입하면
$f(6\times36)=f(6)+f(36)$이므로 $f(216)=21$
따라서 $f(1)=0$, $f(216)=21$이므로 $f(1)+f(216)=21$

+α 규칙성을 이용하여 구할 수 있어!

임의의 두 양수 x, y에 대하여 $f(xy)=f(x)+f(y)$이므로
$f(x\times x)=f(x)+f(x)$ $\therefore f(x^2)=2f(x)$
$f(x\times x^2)=f(x)+f(x^2)=f(x)+2f(x)=3f(x)$ $\therefore f(x^3)=3f(x)$
$f(x\times x^3)=f(x)+f(x^3)=f(x)+3f(x)=4f(x)$ $\therefore f(x^4)=4f(x)$
⋮
이므로 자연수 n에 대하여 $f(x^n)=nf(x)$이다.
$f(216)=f(6^3)=3f(6)$이므로 $f(216)=3\times7=21$ ← $f(2\times3)=f(2)+f(3)$

POINT 함수방정식 $f(xy)=f(x)+f(y)$의 성질

(1) $f(x^n)=nf(x)$ (단, n이 자연수)

증명 $f(x^n)=f(x\times x^{n-1})=f(x)+f(x^{n-1})$
$=f(x)+f(x)+f(x^{n-2})$
$=f(x)+f(x)+\cdots+f(x)$ ← n개
$=nf(x)$

(2) $f\left(\frac{1}{x}\right)=-f(x)$

증명 주어진 식의 양변에 $y=\frac{1}{x}$을 대입하면
$f\left(x\times\frac{1}{x}\right)=f(x)+f\left(\frac{1}{x}\right)$, $f(1)=f(x)+f\left(\frac{1}{x}\right)$
$\therefore f\left(\frac{1}{x}\right)=-f(x)$ ($\because f(1)=0$)

0662

다음 함수 중에서 일대일대응인 것은?

TIP 일대일함수의 그래프 중 (치역)=(공역)인 함수

① $f(x)=|x|-1$ ② $f(x)=x^2-2x+1$ ③ $f(x)=-x+1$
④ $f(x)=|x+1|$ ⑤ $f(x)=-x^2$

STEP A 일대일대응인 함수 구하기

함수 중에서 일대일대응은 치역과 공역이 같고 일대일함수이어야 한다.
따라서 일대일대응의 그래프는 임의로 y축과 평행한 직선을 그을 때, 교점의 개수가 한 개인 것과 (치역)=(공역)인 함수의 그래프이다.

①
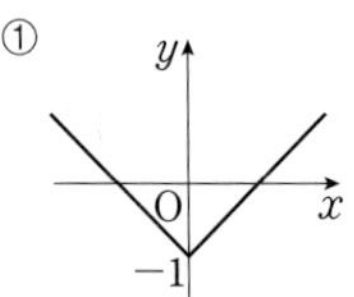
②
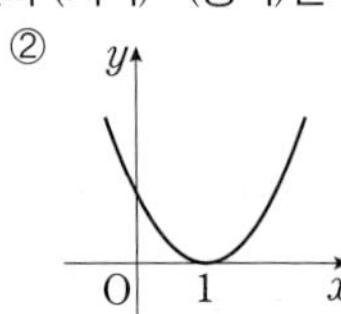
③
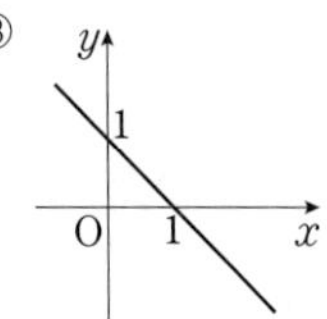
④
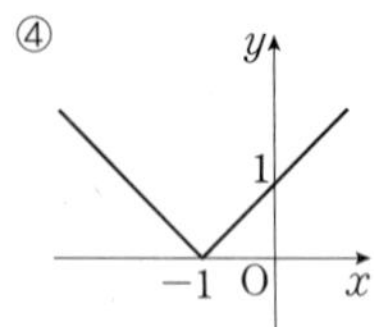
⑤
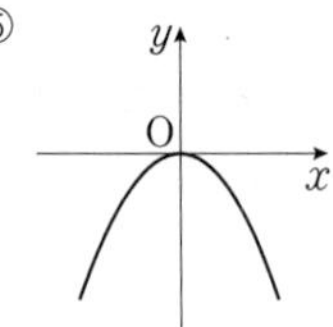

따라서 ③이다.

0663

함수 f 중 다음 조건을 만족하는 함수가 아닌 것은?

정의역의 임의의 두 원소 x_1, x_2에 대하여
$x_1 \neq x_2$이면 $f(x_1) \neq f(x_2)$이다. TIP 일대일함수이다.

① $f(x)=x+1$ ② $f(x)=(x-2)^2\,(x \geq 2)$
③ $f(x)=\begin{cases} x+2 & (x \geq 0) \\ -x^2-1 & (x<0) \end{cases}$ ④ $f(x)=-x^2\,(x \geq 0)$
⑤ $f(x)=x+|x|$

STEP A 일대일함수 구하기

주어진 함수의 그래프를 좌표평면에 나타내고 치역의 각 원소 a에 대하여 x축에 평행인 직선 $y=a$를 그려 보면 다음과 같다.

①
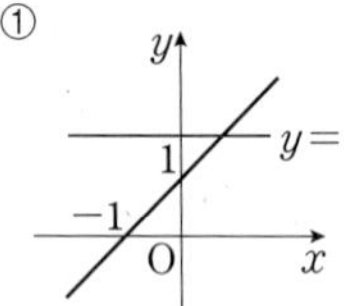
②
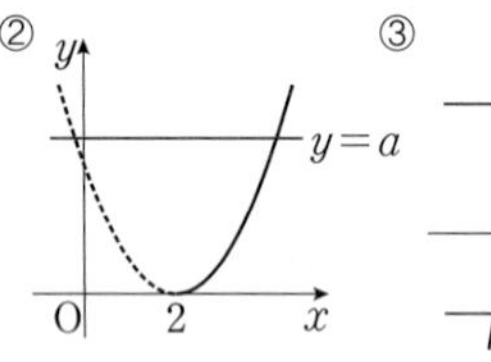
③
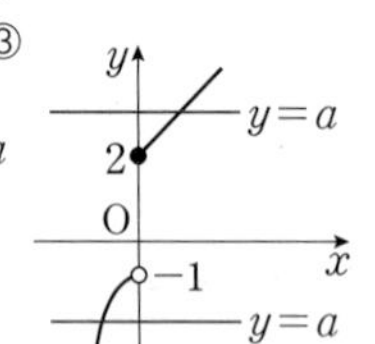
④
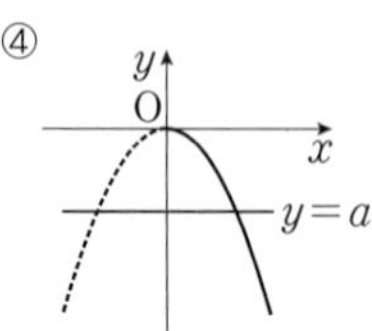
⑤
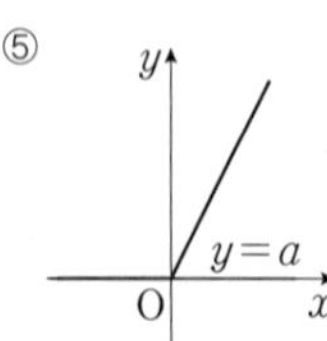

① 직선 $y=a$와 교점이 1개이고 치역과 공역이 같으므로 일대일함수이고 동시에 일대일대응이다.
② 직선 $y=a$ $(a \geq 0)$와 교점이 1개이므로 일대일함수이다.
이때 치역은 실수 전체의 집합이 아니므로 일대일대응은 아니다.
$\{y|y \geq 0\}$
③ 직선 $y=a$ $(a \geq 2$ 또는 $a<-1)$와 그래프가 오직 한 점에서 만나므로 일대일함수이다.
치역이 실수 전체의 집합이 아니므로 일대일대응은 아니다.
$\{y|y \geq 2$ 또는 $y<-1\}$
④ 직선 $y=a$ $(a \leq 0)$와 교점이 1개이므로 일대일함수이다.
이때 치역은 실수 전체의 집합이 아니므로 일대일대응은 아니다.
$\{y|y \leq 0\}$
⑤ $f(x)=x+|x|=\begin{cases} 2x & (x \geq 0) \\ 0 & (x<0) \end{cases}$에서 직선 $y=0$과 그래프가 무수히 많은 점에서 만나므로 일대일대응이 아니다.
즉 $-2 \neq -1$이지만 $f(-2)=f(-1)=0$이므로 일대일함수가 아니다.
따라서 일대일함수가 아닌 것은 ⑤이다.

0664

다음 물음에 답하시오.

(1) 실수 전체의 집합에서 정의된 함수 f는 상수함수이고 $f(5)=2$일 때, $f(1)+f(3)+f(5)+\cdots+f(99)$의 값을 구하시오.

STEP A 함수 f가 상수함수임을 이용하여 주어진 식 계산하기

$f(5)=2$이고 함수 f는 상수함수이므로 $f(x)=2$ ← 상수함수 $f(x)=c$ (c는 상수)
즉 $f(1)=f(3)=f(5)=\cdots=f(99)=2$
따라서 $f(1)+f(3)+f(5)+\cdots+f(99)=\underbrace{2+2+2+\cdots+2}_{50\text{개}}=2\times 50=100$

(2) 실수 전체의 집합에서 정의된 두 함수 f, g에 대하여 f가 항등함수, g가 상수함수이다. $f(-2)+g(5)=7$일 때, $f(3)+g(3)$의 값을 구하시오.

STEP A 항등함수와 상수함수를 이용하여 $g(5)$의 값 구하기

함수 f는 항등함수이므로 $f(x)=x$ $\quad\therefore f(-2)=-2$
즉 $f(-2)+g(5)=7$에서 $-2+g(5)=7$
$\therefore g(5)=9$ ← 함수 g가 상수함수이므로 $g(x)=9$

STEP B $f(3)+g(3)$의 값 구하기

따라서 $f(3)+g(3)=3+9=12$

0665

2009년 11월 고1 학력평가 7번 변형

다음 물음에 답하시오.

(1) 집합 $X=\{1, 2, 3\}$에 대하여 집합 X에서 X로의 세 함수 f, g, h는 일대일대응, 항등함수, 상수함수이고 다음 조건을 만족시킬 때, $f(2)+g(3)+h(3)$의 값은?

(가) $f(3)=g(2)=h(1)$ TIP 함수 g가 항등함수이므로 $g(2)=2$
(나) $f(1)g(2)=f(3)$

① 4 ② 5 ③ 6
④ 7 ⑤ 8

STEP A 함수 g가 항등함수임을 이용하여 $g(3)$, $h(3)$의 값 구하기

함수 g는 항등함수이므로 $g(x)=x$
조건 (가)에서 $f(3)=g(2)=h(1)=2$
함수 h는 상수함수이므로 $h(3)=2$ ← 상수함수 $h(x)=2$
또한, 함수 g는 항등함수이므로 $g(3)=3$

STEP B 일대일대응을 이용하여 $f(2)$의 값 구하고 주어진 식의 값 계산하기

조건 (가)에서 $f(3)=2$, $g(2)=2$이고 $f(1)g(2)=f(3)$이므로
$f(1)\times 2=2$ $\quad\therefore f(1)=1$
함수 f는 일대일대응이므로 $f(1)=1$, $f(3)=2$에서 $f(2)=3$
따라서 $f(2)+g(3)+h(3)=3+3+2=8$

(2) 집합 $X=\{2, 3, 6\}$에 대하여 집합 X에서 X로의 세 함수 f, g, h는 일대일대응, 항등함수, 상수함수이고 다음 조건을 만족시킬 때, $f(6)+g(3)+h(6)$의 값은?

(가) $f(3)=g(2)=h(6)$ TIP 함수 g가 항등함수이므로 $g(2)=2$
(나) $f(2)=g(2)+2h(3)$

① 4 ② 5 ③ 6
④ 7 ⑤ 8

STEP A 함수 g가 항등함수임을 이용하여 $f(2)$, $h(6)$의 값 구하기

함수 g는 항등함수이므로 $g(x)=x$
조건 (가)에서 $f(3)=g(2)=h(6)=2$
$\therefore h(6)=2$ ← 함수 h는 상수함수이므로 $h(2)=h(3)=h(6)=2$
조건 (나)에서 $g(2)=2$이고 $h(3)=2$이므로
$f(2)=g(2)+2h(3)=2+(2\times 2)=6$
$\therefore f(2)=6$

STEP B 일대일대응을 이용하여 $f(6)$의 값 구하고 주어진 식의 값 계산하기

함수 f는 일대일대응이고 $f(3)=2$, $f(2)=6$이므로 $f(6)=3$
따라서 $f(6)+g(3)+h(6)=3+3+2=8$
함수 g는 항등함수이므로 $g(3)=3$
함수 h는 상수함수이므로 $h(6)=2$

0666

2023년 03월 고2 학력평가 13번 변형

집합 $X=\{1, 2, 3, 4, 5, 6\}$에 대하여 집합 X에서 X로의 세 함수 f, g, h가 다음 조건을 만족시킨다.

(가) f는 항등함수이고 g는 상수함수이다.
TIP $f(x)=x$, $g(x)=c$ (상수 c는 집합 X의 원소)
(나) 집합 X의 모든 원소 x에 대하여 $f(x)+g(x)+h(x)=8$이다.
TIP x의 값을 대입하여 함숫값을 구한다.

$g(5)+h(1)$의 값을 구하시오.

STEP A 항등함수와 상수함수의 의미 파악하기

조건 (가)에서 f는 항등함수이므로 $f(x)=x$이다.
$f: X \to X$, $f(x)=x$
조건 (가)에서 g는 상수함수이므로 집합 X의 원소 중 하나를 c라 할 때,
$g(x)=c$ (c는 상수)
$g(x)=c$이다.

STEP B 조건 (나)를 이용하여 함수 h의 함숫값의 식 구하기

조건 (나)에서 집합 X의 모든 원소 x에 대하여 $f(x)+g(x)+h(x)=8$에서
$x=1$을 대입하면 $f(1)+g(1)+h(1)=8$이므로 $1+c+h(1)=8$
$\therefore h(1)=7-c$
$x=2$를 대입하면 $f(2)+g(2)+h(2)=8$이므로 $2+c+h(2)=8$
$\therefore h(2)=6-c$
$x=3$을 대입하면 $f(3)+g(3)+h(3)=8$이므로 $3+c+h(3)=8$
$\therefore h(3)=5-c$
$x=4$를 대입하면 $f(4)+g(4)+h(4)=8$이므로 $4+c+h(4)=8$
$\therefore h(4)=4-c$
$x=5$를 대입하면 $f(5)+g(5)+h(5)=8$이므로 $5+c+h(5)=8$
$\therefore h(5)=3-c$
$x=6$을 대입하면 $f(6)+g(6)+h(6)=8$이므로 $6+c+h(6)=8$
$\therefore h(6)=2-c$

STEP C 함수 h의 함숫값을 이용하여 주어진 식의 값 계산하기

함수 $g(x)=c$에서 상수 c의 값은 $c=1$이므로 위의 식에 대입하면
함수 g는 상수함수이므로 $g(x)=1$
$h(1)=6$, $h(2)=5$, $h(3)=4$, $h(4)=3$, $h(5)=2$, $h(6)=1$
따라서 $g(5)+h(1)=1+6=7$

+α $c=1$임을 알 수 있어!

$c=2$일 때, $h(6)=0$이므로 함수가 될 수 없다.
$c=3$일 때, $h(5)=0$, $h(6)=-1$이므로 함수가 될 수 없다.
$c=4$일 때, $h(4)=0$, $h(5)=-1$, $h(6)=-2$이므로 함수가 될 수 없다.
$c=5$일 때, $h(3)=0$, $h(4)=-1$, $h(5)=-2$, $h(6)=-3$이므로 함수가 될 수 없다.
$c=6$일 때, $h(2)=0$, $h(3)=-1$, $h(4)=-2$, $h(5)=-3$, $h(6)=-4$이므로 함수가 될 수 없다.
$\therefore c=1$

0667

다음 물음에 답하시오.

(1) 두 집합 $X=\{x|-1\le x\le 1\}$, $Y=\{y|2\le y\le 4\}$에 대하여 X에서 Y로의 함수 $f(x)=ax+b$가 일대일대응일 때, 상수 a, b에 대하여 ab의 값을 구하시오. (단, $a>0$)
TIP $a>0$이므로 $f(-1)=2$, $f(1)=4$

STEP A 일대일대응이 되기 위한 조건 파악하기

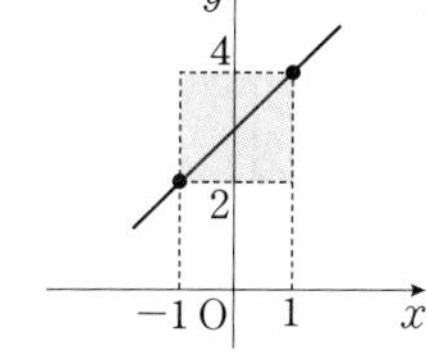

$f(x)=ax+b$에서 $a>0$이므로
x의 값이 증가할 때, y의 값도 증가한다.
이때 $f(x)$가 일대일대응이므로 치역과 공역이 같도록 $y=f(x)$의 그래프를 그려 보면 오른쪽 그림과 같아야 한다.
$\therefore f(-1)=2$, $f(1)=4$

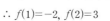

STEP B 상수 a, b의 값 구하기

$f(-1)=2$에서 $f(-1)=-a+b=2$ …… ㉠
$f(1)=4$에서 $f(1)=a+b=4$ …… ㉡
㉠, ㉡을 연립하면 $a=1$, $b=3$
따라서 $ab=3$

POINT 일대일대응이 되기위한 조건

(i) 일대일함수이다. ➡ 그래프가 증가 또는 감소
(ii) (치역)=(공역) ➡ 정의역의 양 끝 값의 함숫값이 공역의 양 끝 값과 같다.

(2) 두 집합 $X=\{x|1\le x\le 2\}$, $Y=\{y|-2\le y\le 3\}$에 대하여 함수 $f(x)=ax^2+2ax+b$가 집합 X에서 Y로의 일대일대응일 때, 두 상수 a, b에 대하여 $a+b$의 값을 구하시오. (단, $a>0$)
TIP 함수의 그래프를 그리고 공역과 치역이 일치하도록 구한다.

STEP A 일대일대응이 되기 위한 조건 파악하기

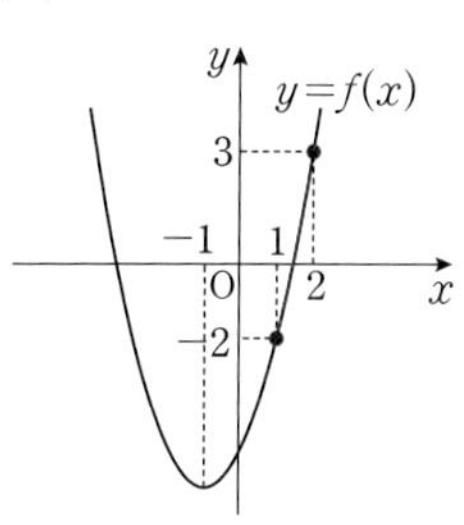

함수 $f(x)=ax^2+2ax+b=a(x+1)^2-a+b$
$a>0$이므로 아래로 볼록하고 꼭짓점의 좌표는 $(-1, -a+b)$이다.
이때 정의역 $X=\{x|1\le x\le 2\}$에서 일대일대응이 되기 위해서 x의 값이 증가할 때, y의 값도 증가해야 하므로 $y=f(x)$의 그래프는 오른쪽 그림과 같아야 한다.
$\therefore f(1)=-2$, $f(2)=3$

STEP B **상수 a, b 구하기**

즉 $f(1)=-2$, $f(2)=3$이므로

$f(1)=a+2a+b=-2 \quad \therefore 3a+b=-2 \quad \cdots\cdots$ ㉠

$f(2)=4a+4a+b=3 \quad \therefore 8a+b=3 \quad \cdots\cdots$ ㉡

㉠, ㉡에서 연립하여 풀면 $a=1$, $b=-5$

따라서 $a+b=1+(-5)=-4$

0668

다음 물음에 답하시오.

(1) 집합 $X=\{x|x \geq k\}$에 대하여 X에서 X로의 함수 $f(x)=x^2+4x$가 일대일대응이 되도록 하는 실수 k의 값을 구하시오.

TIP 일대일함수의 그래프 중 (치역)=(공역)인 함수

STEP A **일대일함수가 되기 위한 k의 값의 범위 구하기**

$f(x)=x^2+4x=(x^2+4x+4)-4$

$=(x+2)^2-4$

함수 $f(x)$가 일대일함수가 되기 위해서 대칭축을 기준으로 한쪽 부분만 생각해야 한다.

정의역 구간에서 증가 또는 감소한다.

이때 정의역이 $X=\{x|x \geq k\}$이므로 $k \geq -2$

STEP B **치역과 공역이 같아야 하는 조건을 이용하여 k의 값 구하기**

집합 $X=\{x|x \geq k\}$에 대하여 함수 $f(x)=x^2+4x$가 일대일대응이 되려면 $f(x)$의 치역이 집합 X와 같아야 한다.

즉 k의 값은 함수 $f(x)=x^2+4x$의 그래프와 직선 $y=x$가 만나는 점의 x좌표 중의 하나이어야 한다.

$f(k)=k$가 되는 k의 값을 구한다.

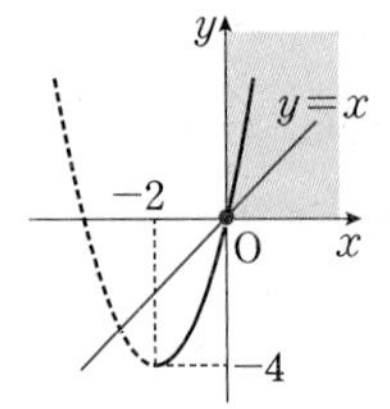

방정식 $x^2+4x=x$, $x(x+3)=0 \quad \therefore x=-3$ 또는 $x=0$

따라서 $k \geq -2$이므로 $k=0$

(2) 집합 $X=\{x|x \leq k\}$에 대하여 X에서 X로의 함수 $f(x)=-x^2-6x$가 일대일대응이 되도록 하는 실수 k의 값을 구하시오.

TIP 일대일함수의 그래프 중 (치역)=(공역)인 함수

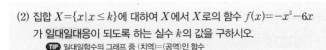

STEP A **일대일함수가 되기 위한 a의 값의 범위 구하기**

$f(x)=-x^2-6x=-(x+3)^2+9$

함수 $f(x)$가 일대일함수가 되기 위해서 대칭축을 기준으로 한쪽 부분만 생각해야 한다.

정의역 구간에서 증가 또는 감소한다.

이때 정의역이 $X=\{x|x \leq k\}$이므로 $k \leq -3$

STEP B **치역과 공역이 같아야 하는 조건을 이용하여 k의 값 구하기**

집합 $X=\{x|x \leq k\}$에 대하여 함수 $f(x)=-x^2-6x$가 일대일대응이 되려면 $f(x)$의 치역이 집합 X와 같아야 한다.

즉 k의 값은 함수 $f(x)=-x^2-6x$의 그래프와 직선 $y=x$가 만나는 점의 x좌표 중의 하나이어야 한다.

$f(k)=k$가 되는 k의 값을 구한다.

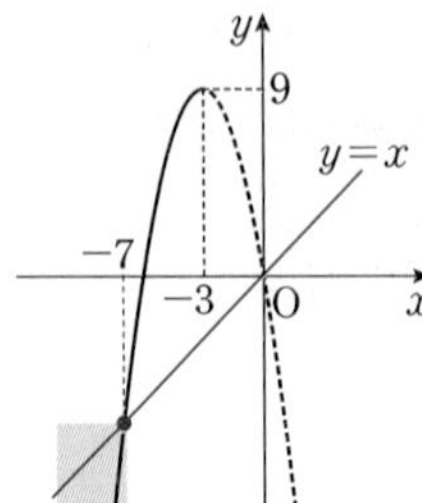

방정식 $-x^2-6x=x$, $x^2+7x=0$,

$x(x+7)=0 \quad \therefore x=0$ 또는 $x=-7$

따라서 $k \leq -3$이므로 $k=-7$

0669

2022년 03월 고2 학력평가 26번 변형

다음 물음에 답하시오.

(1) 두 집합 $X=\{x|x \geq a\}$, $Y=\{y|y \geq b\}$에 대하여 X에서 Y로의 함수 $f(x)=x^2-5x+5$가 일대일대응이다. 두 상수 a, b에 대하여 $a-b$의 최댓값을 구하시오.

TIP 일대일함수의 그래프 중 (치역)=(공역)인 함수

STEP A **일대일함수가 되기 위한 a의 값의 범위 구하기**

$f(x)=x^2-5x+5=\left(x-\frac{5}{2}\right)^2-\frac{5}{4}$

함수 $f(x)$가 일대일대응이 되기 위해서 대칭축을 기준으로 한쪽 부분만 생각해야 한다.

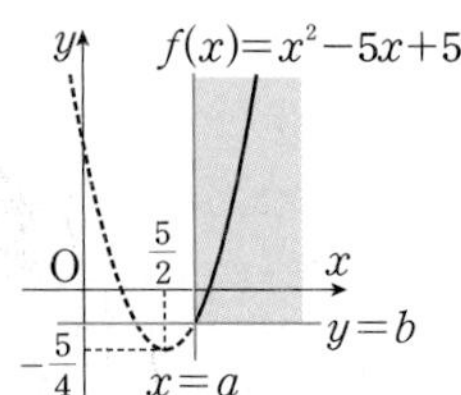

이때 정의역 $X=\{x|x \geq a\}$이므로 $a \geq \frac{5}{2}$

STEP B **치역과 공역이 같음을 이용하여 $a-b$의 최댓값 구하기**

또한, 일대일대응이 되기 위해서 치역과 공역이 같아야 한다.

정의역 $X=\{x|x \geq a\}$에서 치역은 $\{y|y \geq f(a)\}$이므로

공역 $Y=\{y|y \geq b\}$과 일치하기 위해서 $b=f(a)$

$\therefore b=a^2-5a+5 \quad \cdots\cdots$ ㉠

이때 $a-b$의 최댓값을 구하기 위해서 ㉠의 식을 대입하면

$a-(a^2-5a+5)=-a^2+6a-5\left(a \geq \frac{5}{2}\right)$

$g(a)=-a^2+6a-5\left(a \geq \frac{5}{2}\right)$라 하면

$-a^2+6a-5=-(a-3)^2+4$

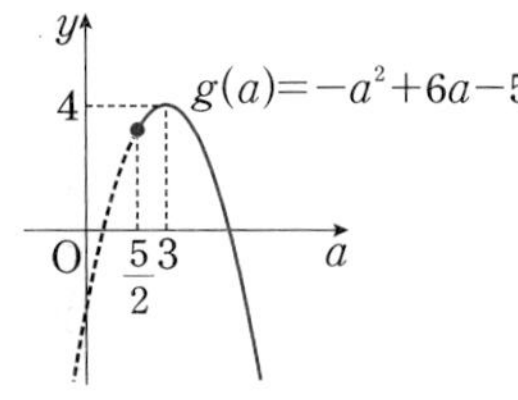

그래프는 오른쪽과 같고 $a=3$일 때, 최댓값은 4를 가진다.

따라서 $a-b$의 최댓값은 4

2023년 03월 고2 학력평가 16번 변형

(2) 집합 $X=\{x|0 \leq x \leq 5\}$에 대하여 X에서 X로의 함수

$$f(x)=\begin{cases} ax^2+b & (0 \leq x < 2) \\ x-2 & (2 \leq x \leq 5) \end{cases}$$

가 일대일대응일 때, $f(1)$의 값을 구하시오. (단, a, b는 상수이다.)

TIP 일대일함수의 그래프 중 (치역)=(공역)인 함수

STEP A **일대일대응이 되도록 치역을 구한 후 그래프 그리기**

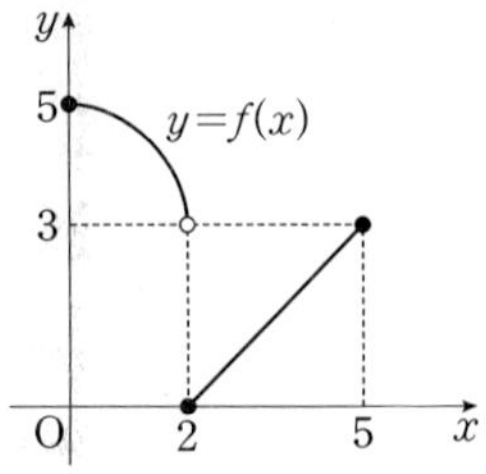

집합 $\{x|2 \leq x \leq 5\}$에서 정의된 함수 $y=x-2$의 치역은 $\{y|0 \leq y \leq 3\}$이므로 함수 f가 일대일대응이 되기 위해서는 집합 $\{x|0 \leq x < 2\}$에서 정의된 함수 $y=ax^2+b$의 치역이 $\{y|3 < y \leq 5\}$이어야 하고 함수 $y=f(x)$의 그래프는 오른쪽 그림과 같아야 한다.

일대일대응의 그래프가 반드시 이어지지 않는다. 공역과 치역이 같음에 유념하여 그래프를 그린다.

+α **$a>0$일 때, 함수 $f(x)$가 일대일대응이 아님을 알 수 있어!**

위의 풀이에서

이차함수 $g(x)=ax^2+b$ (단, $a>0$)에 대하여 $g(0)=3$, $g(2)=5$인 경우에는 함수 $y=f(x)$의 그래프가 오른쪽 그림과 같다.

이 경우에는 $f(0)=f(5)=3$이므로

함수 $f(x)$는 일대일대응이 아니다.

또한, 공역의 원소 5가 치역에 속하지 않으므로 함수 $f(x)$는 일대일대응이 아니다.

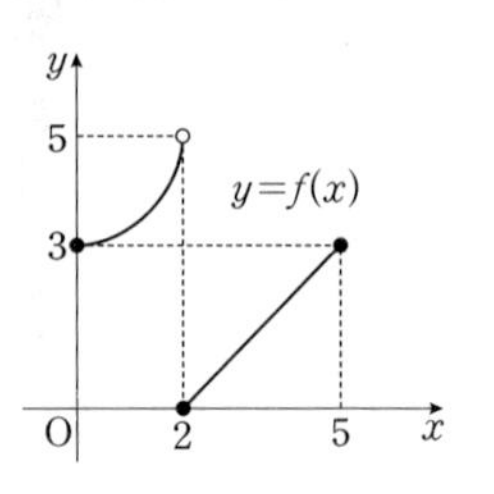

STEP B $f(x)$의 식을 구한 후 $f(1)$의 값 구하기

이차함수 $g(x)=ax^2+b$라 할 때, 위의 그래프에서 $g(0)=5$, $g(2)=3$이다.

$g(x)=ax^2+b$에 $x=0$, $x=3$을 각각 대입하면

$g(0)=5$에서 $b=5$

$g(2)=3$에서 $4a+b=3$이므로 $b=5$를 대입하면

$4a+5=3$, $4a=-2$, $a=-\frac{1}{2}$ $\quad\therefore g(x)=-\frac{1}{2}x^2+5$

$$f(x)=\begin{cases}-\frac{1}{2}x^2+5 & (0\le x<2)\\ x-2 & (2\le x\le 5)\end{cases}$$

따라서 $f(1)=-\frac{1}{2}\times 1^2+5=\frac{9}{2}$

0670

2016년 09월 고2 나형 11번 변형

실수 전체의 집합에서 정의된 함수

$$f(x)=\begin{cases}(a+5)x+1 & (x<0)\\ (3-a)x+1 & (x\ge 0)\end{cases}$$

이 일대일대응이 되도록 하는 모든 정수 a의 개수는?

TIP 일차함수에 대하여 기울기의 부호가 같아야 한다.

① 4 ② 5 ③ 6
④ 7 ⑤ 8

STEP A 일대일대응이 되기 위한 조건을 만족하는 a의 범위 구하기

함수 $f(x)$가 일대일대응이 되기 위해서는

직선 $y=(a+5)x+1$의 기울기가 양수일 때, 직선 $y=(3-a)x+1$의 기울기도 양수이어야 하고 직선 $y=(a+5)x+1$의 기울기가 음수일 때, 직선 $y=(3-a)x+1$의 기울기도 음수이어야 한다.

즉 $(a+5)$, $(3-a)$의 부호가 같아야 하므로 $(a+5)(3-a)>0$

기울기의 부호가 같으므로 곱은 양수이다.

$(a+5)(a-3)<0$ $\quad\therefore -5<a<3$

따라서 정수 a는 $-4, -3, -2, -1, 0, 1, 2$이므로 개수는 7

0671

실수 전체의 집합 R에서 R로의 함수 f가

$$f(x)=\begin{cases}-(x-1)^2+b & (x<1)\\ ax+5 & (x\ge 1)\end{cases}$$

이고 일대일대응일 때, 정수 a, b에 대하여 $a+b$의 최솟값은?

TIP $x<1$에서 $f(x)$는 증가한다.

① 3 ② 4 ③ 5
④ 6 ⑤ 7

STEP A 일대일대응이 되기 위한 조건을 만족하는 a, b의 범위를 구하여 $a+b$의 최솟값 구하기

$x<1$에서 함수 $y=-(x-1)^2+b$는 x의 값이 증가하면 y의 값도 증가하므로 함수 $f(x)$가 증가하고 일대일대응이 되려면 $y=f(x)$의 그래프가 오른쪽 그림과 같아야 한다.

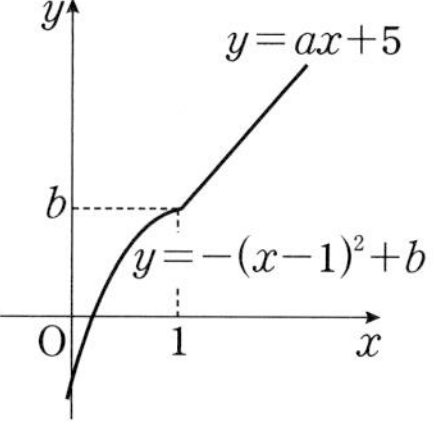

(i) 함수 $y=ax+5$의 기울기가 양수이어야

$y=f(x)$의 그래프는 증가하는 함수이다.

하므로 $a>0$

(ii) 함수 $y=ax+5$는 모두 점 $(1, b)$를 지나므로 $b=a+5$

$\therefore a=b-5$

$a>0$이므로 $b-5>0$ $\quad\therefore b>5$

(i), (ii)에서 $a>0$, $b>5$이므로 정수 a, b의 최솟값은 $a=1$, $b=6$

따라서 $a+b$의 최솟값은 $1+6=7$

0672

다음 물음에 답하시오.

(1) 실수 전체의 집합 R에 대하여 함수 $f: R \longrightarrow R$이

$$f(x)=a|x+1|-5x$$

TIP 주어진 식에서 $x+1$이 절댓값 안에 들어가 있으므로 $x+1$이 0보다 크거나 같은 경우와 0보다 작은 경우로 나누어서 계산한다.

로 정의될 때, 이 함수가 일대일대응이 되도록 하는 정수 a의 개수를 구하시오.

STEP A x의 범위에 따른 함수 $f(x)$의 식 구하기

함수 $f(x)=a|x+1|-5x$는 ← $|a|=\begin{cases}a & (a\ge 0)\\ -a & (a<0)\end{cases}$

(i) $x<-1$일 때,

$f(x)=a(-x-1)-5x=-(a+5)x-a$

(ii) $x\ge -1$일 때,

$f(x)=a(x+1)-5x=(a-5)x+a$

(i), (ii)에 의하여 $f(x)=\begin{cases}-(a+5)x-a & (x<-1)\\ (a-5)x+a & (x\ge -1)\end{cases}$

$x=-1$을 두 식에 대입하면 값이 같으므로 $x=-1$에서 연결되어 있다.

STEP B 일대일대응이 되기 위한 조건을 만족하는 정수 a의 개수 구하기

$f(x)$가 일대일대응이 되려면

함수 $f(x)$는 실수 전체에서 증가하거나 감소해야하므로

모든 실수 a에 대하여 직선 $y=a$와 함수 $y=f(x)$의 그래프가 한 점에서 만나야 한다.

직선 $y=-(a+5)x-a$의 기울기가 양수일 때,

직선 $y=(a-5)x+a$의 기울기도 양수이어야 하고

직선 $y=-(a+5)x-a$의 기울기가 음수일 때,

직선 $y=(a-5)x+a$의 기울기도 음수이어야 한다.

즉 두 직선의 기울기 곱은

두 직선의 기울기의 부호가 같으므로 곱은 양수이다.

$-(a+5)(a-5)>0$, $(a+5)(a-5)<0$

$\therefore -5<a<5$

따라서 정수 a는 $-4, -3, -2, -1, 0, 1, 2, 3, 4$이므로 개수는 9

2004년 03월 고2 학력평가 9번 변형

(2) 실수 전체의 집합 R에 대하여 R에서 R로의 함수

$$f(x)=a|x-2|+(2-a)x+2a$$

TIP 주어진 식에서 $x-2$이 절댓값 안에 들어가 있으므로 $x-2$이 0보다 크거나 같은 경우와 0보다 작은 경우로 나누어서 계산한다.

가 일대일대응이 되기 위한 실수 a의 값의 범위는?

① $a<-1$ ② $-1<a<1$ ③ $0<a<1$
④ $a<1$ ⑤ $a<-1$, $a>1$

STEP A x의 범위에 따른 함수 $f(x)$의 식 구하기

$f(x)=a|x-2|+(2-a)x+2a$에서

(i) $x\ge 2$일 때, $f(x)=a(x-2)+(2-a)x+2a$

$=2x$

(ii) $x<2$일 때, $f(x)=-a(x-2)+(2-a)x+2a$

$=-2(a-1)x+4a$

(i), (ii)에서 $f(x)=\begin{cases}2x & (x\ge 2)\\ -2(a-1)x+4a & (x<2)\end{cases}$

$x=2$를 두 식에 대입하면 값이 같으므로 $x=2$에서 연결되어 있다.

STEP B 일대일대응이 되기 위한 조건을 만족하는 a의 값의 범위 구하기

$x\ge 2$에서 직선 $y=2x$가 x의 값이 증가하면 y의 값도 증가하므로

함수 $f(x)$가 일대일대응이 되려면

$x<2$에서 직선 $y=-2(a-1)x+4a$의 기울기가 양수이어야 하므로

$-2(a-1)>0$

따라서 $a<1$

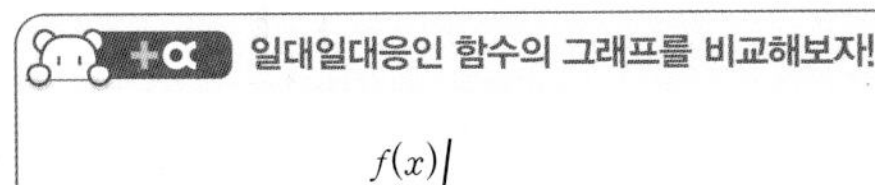
+α 일대일대응인 함수의 그래프를 비교해보자!

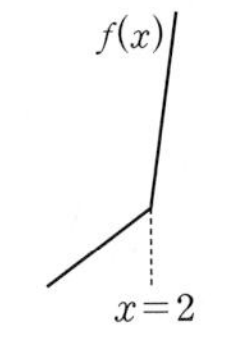

일대일 대응인 함수의 그래프
($x<2$에서 증가함수인 경우)

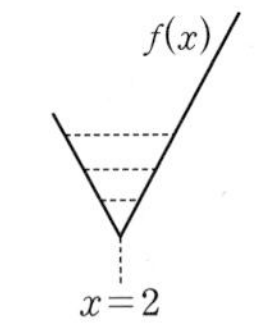

일대일 대응이 아닌 그래프
($x<2$에서 감소함수인 경우)

0673

다음 물음에 답하시오.

(1) 실수 전체의 집합에서 공집합이 아닌 부분집합 X에 대하여 함수 $f(x)=\dfrac{4}{x}$가 X에서 X로의 항등함수가 되도록 하는 집합 X 중 원소의 개수가 최대인 집합을 S라 할 때, 집합 S의 모든 원소의 곱을 구하시오.

TIP 정의역과 공역이 같으면서 정의역의 각 원소에 자기 자신이 대응하는 함수이다.

STEP A 항등함수가 되기 위한 집합 S의 원소 구하기

함수 $f(x)$가 항등함수가 되려면 정의역의 원소 x에 대하여

$f(x)=x$이어야 하므로 $\dfrac{4}{x}=x$

즉 $x^2=4$ $\therefore x=-2$ 또는 $x=2$

집합 X는 집합 $\{-2, 2\}$의 공집합이 아닌 부분집합이므로

그 개수는 $2^2-1=3$

이때 집합 S는 원소의 개수가 최대인 집합이므로 $S=\{-2, 2\}$

따라서 집합 S의 모든 원소의 곱은 $-2\times2=-4$

(2) 실수 전체의 집합에서 공집합이 아닌 집합 X를 정의역으로 하는 함수 $f(x)=x^2-2x+2$가 항등함수가 되도록 하는 집합 X의 개수를 구하시오.

TIP 정의역과 공역이 같으면서 정의역의 각 원소에 자기 자신이 대응하는 함수이다.

STEP A 항등함수가 되기 위한 집합 X의 개수 구하기

$f(x)=x^2-2x+2$가 항등함수가 되려면 정의역의 원소 x에 대하여

$f(x)=x$이어야 하므로 $x^2-2x+2=x$

즉 $x^2-3x+2=0$, $(x-1)(x-2)=0$

$\therefore x=1$ 또는 $x=2$

따라서 집합 X는 집합 $\{1, 2\}$의 공집합이 아닌 부분집합이므로 그 개수는

(집합 X의 개수는 $\{1\}$, $\{2\}$, $\{1, 2\}$이므로 개수는 3이다.)

$2^2-1=3$

0674

2019년 11월 고1 학력평가 11번 변형

다음 물음에 답하시오.

(1) 집합 $X=\{-2, 1\}$에 대하여 X에서 X로의 함수

$$f(x)=\begin{cases} 3x+a & (x<0) \\ x^2-3x+b & (x\ge0) \end{cases}$$

이 항등함수일 때, ab의 값은? (단, a, b는 상수이다.)

TIP 정의역과 공역이 같고 정의역의 각 원소에 자기 자신이 대응하는 함수, 즉 $f(x)=x$

① 9 ② 12 ③ 15
④ 18 ⑤ 21

STEP A 항등함수임을 이용하여 a, b의 값 구하기

함수 $f(x)$가 항등함수이므로 집합 X의 모든 원소 x에 대하여 $f(x)=x$이다.

$x=-2$일 때, $f(-2)=3\times(-2)+a=-2$ $\therefore a=4$

($x<0$일 때, $f(x)=3x+a$)

$x=1$일 때, $f(1)=1-3\times1+b=1$ $\therefore b=3$

($x\ge0$일 때, $f(x)=x^2-3x+b$)

따라서 $ab=4\times3=12$

2022년 11월 고1 학력평가 8번 변형

(2) 집합 $X=\{0, 3, 5\}$에 대하여 X에서 X로의 함수

$$f(x)=\begin{cases} 2x+3 & (x<2) \\ x^2+ax+b & (x\ge2) \end{cases}$$

가 상수함수일 때, $a+b$의 값은? (단, a, b는 상수이다.)

TIP 함수 $f(x)$가 상수함수이므로 $f(0)=f(3)=f(5)=c$ (c는 집합 X의 원소)

① 6 ② 8 ③ 10
④ 12 ⑤ 14

STEP A 함수 $f(x)$가 상수함수임을 이용하여 치역의 값 구하기

집합 $X=\{0, 3, 5\}$에 대하여 X에서 X로의 함수 $f(x)$가 상수함수이므로

$f(0)=f(3)=f(5)=c$ (c는 집합 X의 원소)이어야 한다.

$x=0$일 때, $f(0)=2\times0+3=3$이므로 $f(3)=f(5)=3$

STEP B $f(3)=f(5)=3$임을 이용하여 상수 a, b의 값 구하기

$x=3$일 때, $f(3)=9+3a+b=3$ $\therefore 3a+b=-6$ …… ㉠

$x=5$일 때, $f(5)=25+5a+b=3$ $\therefore 5a+b=-22$ …… ㉡

㉠, ㉡를 연립하여 풀면 $a=-8$, $b=18$

따라서 $a+b=-8+18=10$

+α 이차방정식의 근과 계수의 관계를 이용하여 구할 수 있어!

$f(3)=f(5)=3$이므로 $f(x)=3$이 되는 두 근은 $x=3$ 또는 $x=5$이다.
즉 $f(x)-3=0$, $x^2+ax+b-3=0$의 두 근이 $x=3$ 또는 $x=5$이므로
이차방정식의 근과 계수의 관계에 의하여
두 근의 합 $-a=3+5$ $\therefore a=-8$
두 근의 곱 $b-3=3\times5$ $\therefore b=18$

+α 이차방정식의 식을 작성하여 항등식으로 구할 수 있어!

$f(3)=f(5)=3$이므로 $f(x)=3$이 되는 두 근은 $x=3$ 또는 $x=5$이다.
즉 $f(x)-3=(x-3)(x-5)$, $x^2+ax+b-3=(x-3)(x-5)$
$x^2+ax+b-3=x^2-8x+15$이므로 계수를 비교하면
$a=-8$, $b-3=15$ $\therefore a=-8$, $b=18$

0675

집합 $X=\{a, b, c\}$에 대하여 X에서 X로의 함수 f를 다음과 같이 정의한다.

$$f(x)=\begin{cases} -3 & (x<0) \\ 4x-3 & (0\le x<2) \\ 5 & (x\ge2) \end{cases}$$

이 함수 f가 항등함수일 때, $f(a)+f(b)+f(c)$의 값을 구하시오.

TIP 함수 f가 항등함수이므로 $f(x)=x$의 교점을 구하도록 한다.

(단, a, b, c는 서로 다른 상수이다.)

STEP A 함수 f가 항등함수이므로 x의 범위에 따라 $f(x)=x$를 만족하는 x의 값 구하기

집합 X를 정의역으로 하는 함수 $f(x)$가 항등함수이므로

X의 모든 원소 x에 대하여 $f(x)=x$이어야 한다.

(ⅰ) $x<0$일 때,
$f(x)=-3$이므로 $f(x)=x$를 만족하는 x의 값은 -3이다.
(ⅱ) $0\le x<2$일 때,
$f(x)=4x-3$이므로 $f(x)=x$에서 $4x-3=x$ $\quad\therefore x=1$
즉 $f(x)=x$를 만족하는 x의 값은 1이다.
(ⅲ) $x\ge 2$일 때,
$f(x)=5$이므로 $f(x)=x$를 만족하는 x의 값은 5이다.
(ⅰ)~(ⅲ)에 의하여 $X=\{-3, 1, 5\}$
이때 a, b, c는 서로 다른 상수이므로 $a<b<c$라 할 때,
f가 항등함수이기 위해서는 $a=-3$, $b=1$, $c=5$이어야 한다.
따라서 $f(a)+f(b)+f(c)=a+b+c=-3+1+5=3$

MINI해설 함수의 그래프를 이용하여 풀이하기

실수 전체의 집합에서 정의된 함수

$$f(x)=\begin{cases}-3 & (x<0)\\ 4x-3 & (0\le x<2)\\ 5 & (x\ge 2)\end{cases}$$

의 그래프와 직선 $y=x$를 좌표평면에 나타내면 다음과 같다.

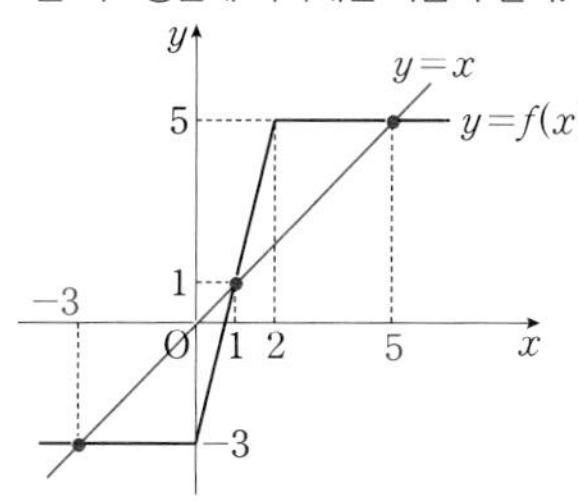

이때 f는 X에서 X로의 항등함수이므로
$f(a)=a$, $f(b)=b$, $f(c)=c$를 만족시켜야 한다.
따라서 $y=f(x)$의 그래프와 직선 $y=x$의 교점의 x좌표를 원소로 하는 집합을 정의역과 치역으로 할 때, 항등함수가 된다.
$\therefore f(a)+f(b)+f(c)=(-3)+1+5=3$

0676

두 집합 $X=\{1, 2, 3\}$, $Y=\{1, 2, 3, 4, 5\}$에 대하여 다음 물음에 답하시오.

(1) X에서 Y로의 함수의 개수
(2) X에서 Y로의 함수에서 일대일함수의 개수
TIP 일대일함수일 때, ${}_{공역}\mathrm{P}_{정의역}$
(3) X에서 Y로의 함수에서 상수함수의 개수
TIP 공역의 개수와 같다.

STEP A 조건을 만족하는 함수 f의 개수 구하기

(1) 집합 X의 원소 1, 2, 3에 대응할 수 있는 집합 Y의 원소가 각각 1, 2, 3, 4, 5의 5가지씩이다.
따라서 구하는 함수의 개수는 $5^3=125$
(2) 집합 X의 원소 1, 2, 3에 대응하는 집합 Y의 원소를 정하는 경우의 수는 집합 Y의 원소 1, 2, 3, 4, 5 중 3개를 택하여 일렬로 나열하는 순열의 수와 같다.
따라서 구하는 함수의 개수는 ${}_5\mathrm{P}_3=5\times4\times3=60$
(3) 집합 X의 모든 원소가 대응할 수 있는 집합 Y의 원소가 1, 2, 3, 4, 5의 5가지이다.
따라서 구하는 상수함수의 개수는 5

POINT 함수의 개수

집합 X의 원소의 개수가 m, 집합 Y의 원소의 개수가 n일 때,
① X에서 Y로의 함수의 개수 ➡ n^m
② X에서 Y로의 일대일함수의 개수 ➡ $n(n-1)(n-2)\cdots(n-m+1)(m\le n)$
③ $m=n$일 때, 일대일대응의 개수 ➡ $n(n-1)(n-2)\cdots2\times1$
④ X에서 Y로의 상수함수의 개수 ➡ n개 (공역의 개수)

0677

두 집합 $X=\{1, 2, 3, 4\}$, $Y=\{5, 6, 7, 8, 9\}$에 대하여 다음 조건을 만족시키는 X에서 Y로의 함수 f의 개수는?

> 집합 X의 임의의 두 원소 x_1, x_2에 대하여 $f(x_1)=f(x_2)$이면 $x_1=x_2$이다.
> TIP 일대일함수의 대우이다.

① 24 ② 36 ③ 64
④ 81 ⑤ 120

STEP A 함수 f가 일대일함수임을 이해하기

주어진 조건에서 집합 X의 두 원소 x_1, x_2에 대하여
$f(x_1)=f(x_2)$이면 $x_1=x_2$이다.
이때 명제의 대우는 $x_1\ne x_2$이면 $f(x_1)\ne f(x_2)$이므로
집합 f는 일대일함수이다.

STEP B 일대일함수가 되기 위한 함수의 개수 구하기

따라서 함수 f가 일대일함수이므로 ${}_5\mathrm{P}_4=5\times4\times3\times2=120$

+α 일대일함수의 개수를 구할 수 있어!

$f(1)$이 될 수 있는 집합 Y의 원소는 5, 6, 7, 8, 9의 5가지
$f(2)$가 될 수 있는 집합 Y의 원소는 $f(1)$의 값을 제외한 4가지
$f(3)$이 될 수 있는 집합 Y의 원소는 $f(1)$, $f(2)$의 값을 제외한 3가지
$f(4)$가 될 수 있는 집합 Y의 원소는 $f(1)$, $f(2)$, $f(3)$의 값을 제외한 2가지
따라서 일대일함수의 개수는 $5\times4\times3\times2=120$

0678

집합 $X=\{1, 2, 3\}$에서 집합 X에서 Y로의 함수의 개수가 64일 때,
집합 X에서 Y로의 일대일함수의 개수를 구하시오.
TIP 정의역의 서로 다른 원소에 공역의 서로 다른 원소가 대응하는 함수

STEP A 함수의 개수를 이용하여 집합 Y의 원소의 개수 구하기

집합 X에서 Y로의 함수를 f라 하고 집합 Y의 원소의 개수를 n이라 하면
$f(1)$의 값이 될 수 있는 집합 Y의 원소는 n개
$f(2)$의 값이 될 수 있는 집합 Y의 원소는 n개
$f(3)$의 값이 될 수 있는 집합 Y의 원소는 n개
이므로 함수의 개수는 $n^3=64$
X에서 Y로의 함수의 개수 ➡ $(공역)^{(정의역)}$
$\therefore n=4$

STEP B 집합 X에서 Y로의 일대일함수의 개수 구하기

집합 Y의 원소의 개수는 4이다.
따라서 함수 f가 일대일함수일 때, 개수는 ${}_4\mathrm{P}_3=4\times3\times2=24$

+α 일대일함수의 개수를 구할 수 있어!

$f(1)$이 될 수 있는 집합 Y의 원소는 4가지
$f(2)$가 될 수 있는 집합 Y의 원소는 $f(1)$의 값을 제외한 3가지
$f(3)$이 될 수 있는 집합 Y의 원소는 $f(1)$, $f(2)$의 값을 제외한 2가지
따라서 일대일함수의 개수는 $4\times3\times2=24$

0679

두 집합 $X=\{1, 2, 3, 4\}$, $Y=\{1, 2, 3, 4, 5, 6\}$에 대하여 다음 조건을 만족하는 함수 $f: X \longrightarrow Y$의 개수를 구하시오.

(1) 집합 X의 임의의 두 원소 x_1, x_2에 대하여
$x_1 \neq x_2$이면 $f(x_1) \neq f(x_2)$이다.
TIP 일대일함수가 되는 개수이므로 순열의 수를 이용하여 구할 수 있다.

STEP A 일대일함수의 개수 구하기

X의 원소가 서로 다른 경우, 대응되는 Y의 원소도 서로 달라야 하므로 f는 일대일함수이고 정의역의 원소 4개에 대응할 공역의 원소 6개 중 4개를 선택한 후, 순서를 고려하여 일렬로 나열하면 된다.
따라서 순열의 수와 같으므로 함수 f의 개수는 ${}_6P_4=6\times5\times4\times3=360$

(2) 집합 X의 임의의 두 원소 x_1, x_2에 대하여
$x_1 < x_2$이면 $f(x_1) > f(x_2)$이다.
TIP 대소 관계가 정해진 함수의 개수이므로 조합의 수를 이용하여 구할 수 있다.

STEP A 함숫값의 대소가 정해진 함수의 개수 구하기

$x_1 < x_2$이면 $f(x_1) > f(x_2)$이므로 $f(1)>f(2)>f(3)>f(4)$
즉 Y의 원소 1, 2, 3, 4, 5, 6의 6개 중 4개를 택하여 크기가 큰 수부터 차례대로 X의 원소 1, 2, 3, 4에 대응시키면 된다.
따라서 구하는 함수 f의 개수는 조합의 수와 같으므로 ${}_6C_4={}_6C_2=\dfrac{6\times5}{2\times1}=15$

0680

2008년 04월 고3 학력평가 가형 이산 26번 변형

두 집합 $X=\{1, 2, 3, 4, 5\}$, $Y=\{1, 2, 3, 4, 5, 6, 7\}$에 대하여 다음 조건을 모두 만족하는 함수 $f: X \longrightarrow Y$의 개수는?

(가) $f(3)=4$
(나) 집합 X의 임의의 두 원소 x_1, x_2에 대하여
$x_1 < x_2$이면 $f(x_1) < f(x_2)$이다.
TIP $f(1)<f(2)<f(3)=4<f(4)<f(5)$

① 6 ② 8 ③ 9
④ 10 ⑤ 12

STEP A $f(1)$, $f(2)$, $f(4)$, $f(5)$가 될 수 있는 경우의 수 구하기

조건 (가)에서 $f(3)=4$이고
조건 (나)에 의하여
$f(1)<f(2)<f(3)<f(4)<f(5)$의 순서가 정해진다.

(ⅰ) $f(1)$, $f(2)$는 각각 1, 2, 3 중 하나와 짝이 지어지므로 1, 2, 3에서 2개를 택하는 경우의 수와 같다.
$\therefore {}_3C_2={}_3C_1=3$

(ⅱ) $f(4)$, $f(5)$는 각각 5, 6, 7 중 하나와 짝이 지어지므로 5, 6, 7에서 2개를 택하는 경우의 수와 같다.
$\therefore {}_3C_2={}_3C_1=3$

STEP B 곱의 법칙을 이용하여 함수 f의 개수 구하기

(ⅰ), (ⅱ)에서 구하는 함수 f의 개수는 $3\times3=9$

0681

다음 물음에 답하시오.

(1) 집합 $X=\{1, 2, 3, 4, 5\}$에 대하여 함수 $f: X \longrightarrow X$ 중에서 $f(1)<f(3)<f(5)$를 만족시키는 함수 f의 개수를 구하시오.
TIP 대소 관계가 정해진 함수의 개수이므로 조합의 수를 이용한 후 $f(2)$, $f(4)$의 값을 결정하도록 한다.

STEP A $f(1)<f(3)<f(5)$를 만족시키는 경우의 수 구하기

주어진 조건에서 $f(1)<f(3)<f(5)$이므로 대소 관계가 정해져 있으므로 $f(1)$, $f(3)$, $f(5)$는 집합 X의 원소 5개 중 3개를 택하여 작은 순서대로 차례대로 배열하면 된다. ← 순서가 결정되어 있으므로 조합의 수

즉 ${}_5C_3={}_5C_2=\dfrac{5\times4}{2\times1}=10$

STEP B $f(2)$, $f(4)$가 될 수 있는 경우의 수 구하기

$f(2)$가 될 수 있는 값은 집합 X의 원소 1, 2, 3, 4, 5의 5가지
$f(4)$가 될 수 있는 값은 집합 X의 원소 1, 2, 3, 4, 5의 5가지
즉 $f(2)$, $f(4)$의 값을 결정하는 경우의 수는 $5\times5=25$

STEP C 곱의 법칙을 이용하여 함수 f의 개수 구하기

따라서 조건을 만족시키는 함수 f의 개수는 $10\times25=250$

(2) 두 집합 $X=\{1, 2, 3, 4, 5\}$, $Y=\{0, 1, 2, 3, 4, 5\}$에 대하여 함수 $f: X \longrightarrow Y$가 일대일함수이고 $f(2)<f(3)<f(4)$일 때, 함수 f의 개수를 구하시오.

STEP A $f(2)<f(3)<f(4)$를 만족시키는 경우의 수 구하기

주어진 조건에서 $f(2)<f(3)<f(4)$이므로 대소 관계가 정해져 있으므로 $f(2)$, $f(3)$, $f(4)$는 집합 Y의 원소 6개 중 3개를 택하여 작은 순서대로 차례대로 배열하면 된다. ← 순서가 결정되어 있으므로 조합의 수

즉 ${}_6C_3=\dfrac{6\times5\times4}{3\times2\times1}=20$

STEP B $f(1)$, $f(5)$가 될 수 있는 경우의 수 구하기

또한, 함수 f는 일대일함수이므로 $f(1)$, $f(5)$의 값은 $f(2)$, $f(3)$, $f(4)$의 값을 제외한 집합 Y의 남은 원소 3개 중 2개를 택한 후 순서를 고려하여 배열하면 된다.
즉 ${}_3P_2=3\times2=6$

STEP C 곱의 법칙을 이용하여 함수 f의 개수 구하기

따라서 조건을 만족시키는 함수 f의 개수는 $20\times6=120$

MAPL; YOURMASTERPLAN

단원종합문제

함수

BASIC

0682

다음 두 집합 $X=\{-1, 0, 1\}$, $Y=\{0, 1, 2, 3\}$에 대하여 X에서 Y로의 함수가 아닌 것은?

TIP X에서 Y로의 함수는 X의 각 원소에 Y의 원소가 오직 하나씩 대응한다.

① $f(x)=|x|+1$ ② $f(x)=|x|-1$ ③ $f(x)=1-x^3$

④ $f(x)=x^2+1$ ⑤ $f(x)=x^2+2$

STEP A 집합 X에서 집합 Y로의 함수 구하기

두 집합 $X=\{-1, 0, 1\}$, $Y=\{0, 1, 2, 3\}$에 대하여

주어진 대응을 그림으로 나타내면 다음과 같다.

① 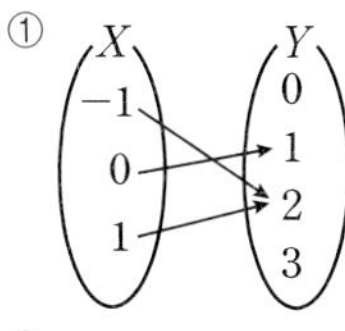

② 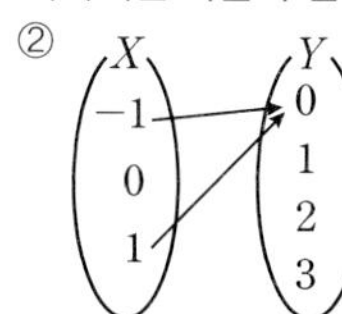

③ 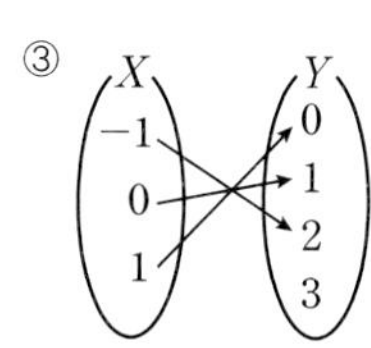

④ 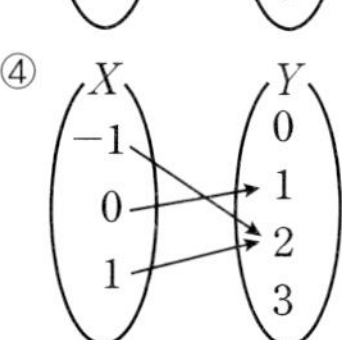

⑤ 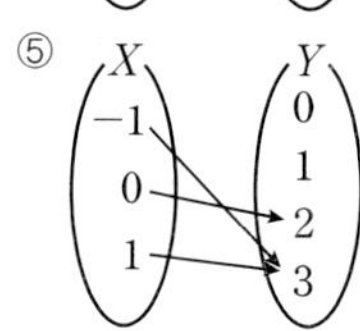

따라서 ②에서 집합 X의 원소 0에 대응하는 집합 Y의 원소가 없으므로 함수가 아니다.

0683

함수 f가 실수 전체의 집합에서

$$f(x)=\begin{cases} x-1 & (x\text{는 유리수}) \\ x & (x\text{는 무리수}) \end{cases}$$

로 정의될 때, $f(2)-f(1-\sqrt{2})$의 값을 구하시오.

TIP $f(x)$에 각각 $x=2$, $x=1-\sqrt{2}$를 대입하여 값을 구한다.

STEP A 조건에 맞는 식에 대입하여 주어진 식의 값 계산하기

2는 유리수이므로 $f(2)=2-1=1$ ← $f(x)=x-1$

$1-\sqrt{2}$는 무리수이므로 $f(1-\sqrt{2})=1-\sqrt{2}$ ← $f(x)=x$

따라서 $f(2)-f(1-\sqrt{2})=1-(1-\sqrt{2})=\sqrt{2}$

0684

다음 물음에 답하시오.

(1) 함수 $f(x)$에 대하여 $f(2x-1)=x+2$일 때, $f(3)$의 값을 구하시오.

TIP $2x-1=3$이 되는 x의 값을 대입하여 구한다.

STEP A $2x-1=3$이 되는 x의 값을 이용하여 $f(3)$의 값 구하기

$f(2x-1)=x+2$에서 $2x-1=3$이 되는 x의 값은 $x=2$

따라서 $x=2$를 대입하면 $f(2\times2-1)=2+2=4$이므로 $f(3)=4$

+α $f(x)$의 식을 이용하여 구할 수 있어!

$f(2x-1)=x+2$에서 $2x-1=t$로 치환하면 $x=\dfrac{t+1}{2}$이므로

주어진 식에 대입하면 $f(t)=\dfrac{t+1}{2}+2$이므로 $f(x)=\dfrac{1}{2}x+\dfrac{5}{2}$

따라서 $f(3)=\dfrac{3}{2}+\dfrac{5}{2}=4$

(2) 두 함수 f, g를 $f(x)=2x^2-x+1$, $g(2x-1)=f(x+1)$로 정의할 때, $g(5)$의 값을 구하시오.

TIP $2x-1=5$가 되는 x의 값을 구하고 대입하여 구한다.

STEP A $2x-1=5$가 되는 x의 값을 이용하여 $g(5)$의 값 구하기

$g(2x-1)=f(x+1)$에서 $2x-1=5$가 되는 x의 값은 $x=3$이므로

주어진 식에 대입하면 $g(2\times3-1)=f(3+1)$이므로 $g(5)=f(4)$

따라서 $f(4)=2\times4^2-4+1=29$이므로 $g(5)=29$

+α $g(x)$의 식을 이용하여 구할 수 있어!

$g(2x-1)=f(x+1)$에서 $2x-1=t$로 치환하면 $x=\dfrac{t+1}{2}$이므로

주어진 식에 대입하면 $g(t)=f\left(\dfrac{t+3}{2}\right)$

즉 $g(t)=2\left(\dfrac{t+3}{2}\right)^2-\left(\dfrac{t+3}{2}\right)+1$이고 t 대신에 x를 대입하면

$g(x)=2\left(\dfrac{x+3}{2}\right)^2-\left(\dfrac{x+3}{2}\right)+1$

따라서 $g(5)=2\times4^2-4+1=29$

0685

실수 전체의 집합에서 정의된 함수 f에 대하여 다음의 그래프 중 아래의 두 조건을 모두 만족시키는 것은?

(가) 정의역의 임의의 두 원소 x_1, x_2에 대하여 $f(x_1)=f(x_2)$이면 $x_1=x_2$이다. TIP 일대일함수의 대우이다.

(나) 치역과 공역이 같다. TIP 일대일대응

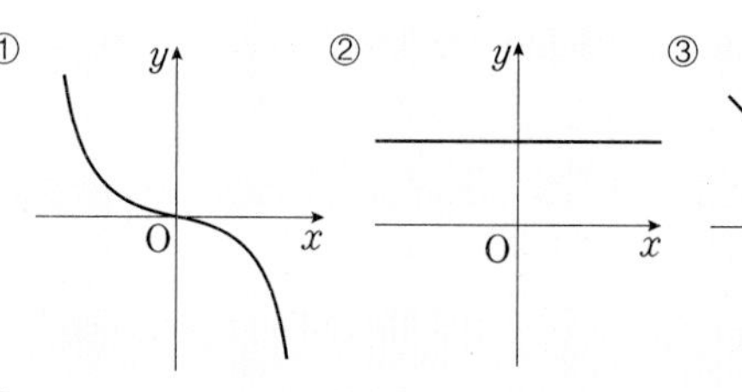

③
y
O
x

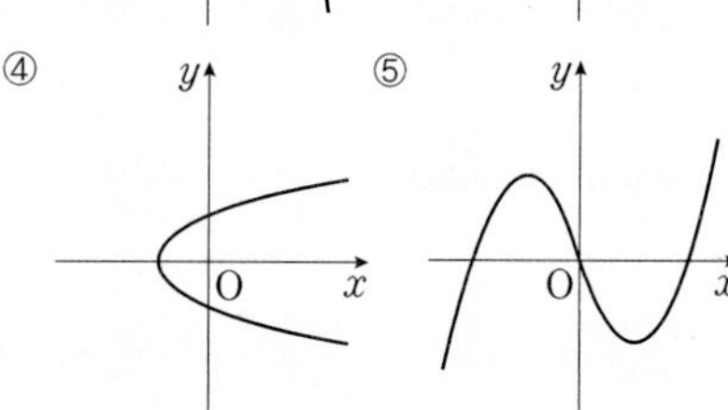

STEP A 일대일대응인 함수 구하기

조건 (가)에서 $f(x_1)=f(x_2)$이면 $x_1=x_2$의 대우는

명제 $p \longrightarrow q$의 대우는 $\sim q \longrightarrow \sim p$이고 어떤 명제의 대우가 참이면 그 명제도 참이다.

$x_1\neq x_2$이면 $f(x_1)\neq f(x_2)$이고

조건 (나)에 의해 치역과 공역이 같으므로 이 함수는 일대일대응이다.

즉 일대일대응을 나타내는 그래프를 찾는다.

따라서 ① 직선은 $y=k$ (k는 상수)와 함수의 그래프와의 교점이 1개이고 치역과 공역이 같으므로 일대일대응이다.

0686

집합 $X=\{1, 2\}$에서 실수 전체의 집합 Y로의 두 함수

$$f(x)=ax^2-1,\ g(x)=3x+b$$

에 대하여 $f=g$일 때, $a+b$의 값은? (단, a, b는 상수이다.)

TIP $f=g$이면 $f(1)=g(1)$, $f(2)=g(2)$를 만족시킨다.

① -1　② -2　③ -3
④ -4　⑤ -5

STEP Ⓐ 두 함수 f와 g가 서로 같을 조건 구하기

두 함수 f, g에 대하여 정의역과 공역이 일치하고 $f=g$일 때,
정의역의 원소 각각에 대하여 함숫값이 서로 같아야 한다.

즉 정의역의 원소 x에 대하여 $f(x)=g(x)$

STEP Ⓑ $f(1)=g(1)$, $f(2)=g(2)$를 이용하여 a, b의 값 구하기

$f(1)=g(1)$, $f(2)=g(2)$이어야 하므로
$x=1$일 때, $a-1=3+b$
$\therefore a-b=4$ …… ㉠
$x=2$일 때, $4a-1=6+b$
$\therefore 4a-b=7$ …… ㉡
㉠, ㉡을 연립하여 풀면 $a=1$, $b=-3$
따라서 $a+b=1+(-3)=-2$

0687

집합 $X=\{-1, a\}$에 대하여 X에서 실수 전체의 집합으로의 두 함수 $f(x)$, $g(x)$가 다음과 같다.

$$f(x)=x^2-x-2,\ g(x)=x+b$$

집합 X의 모든 원소 x에 대하여 $f=g$일 때, $a+b$의 값은?

TIP $f=g$이면 $f(-1)=g(-1)$, $f(a)=g(a)$를 만족시킨다.

(단, $a>0$이고 b는 상수이다.)

① -4　② -2　③ 0
④ 2　⑤ 4

STEP Ⓐ 두 함수 f와 g가 서로 같을 조건 구하기

두 함수 f, g에 대하여 정의역과 공역이 일치하고 $f=g$일 때,
정의역의 원소 각각에 대하여 함숫값이 서로 같아야 한다.

즉 정의역의 원소 x에 대하여 $f(x)=g(x)$

STEP Ⓑ $f(-1)=g(-1)$, $f(a)=g(a)$를 이용하여 $a+b$의 값 구하기

$f(-1)=g(-1)$에서 $1+1-2=-1+b$
$\therefore b=1$
$f(a)=g(a)$에서 $a^2-a-2=a+1$, $a^2-2a-3=0$
$(a-3)(a+1)=0$
$\therefore a=3$ 또는 $a=-1$
$a>0$이므로 $a=3$
따라서 $a+b=3+1=4$

0688

두 집합 $X=\{x \mid x\le k\}$, $Y=\{y \mid y\le 2\}$에 대하여 X에서 Y로의 함수 f가 $f(x)=-(x-1)^2+2$일 때, 다음 물음에 답하시오.

(1) 함수 f가 일대일함수가 되도록 하는 실수 k의 값의 범위를 구하시오.
(2) 함수 f가 공역과 치역이 같도록 하는 실수 k의 값의 범위를 구하시오.

TIP 치역이 $y\le 2$가 되는 k의 범위만 구하면 된다.

(3) 함수 f가 일대일대응이 되도록 하는 실수 k의 값을 구하시오.

TIP 일대일함수이면서 동시에 공역과 치역이 일치하는 k의 값을 구하면 된다.

STEP Ⓐ 함수 $f(x)$의 그래프를 그려 확인하기

$f(x)=-(x-1)^2+2$
(1) 함수 f가 일대일함수가 되도록 하는 실수 k의 값의 범위는
[그림1]에서 $k\le 1$
(2) 함수 f가 공역과 치역이 같도록 하는 실수 k의 값의 범위는
[그림2]에서 $k\ge 1$
(3) 함수 f가 일대일대응이 되도록 하는 실수 k의 값의 범위는
[그림3]에서 $k=1$
위에서 구한 k의 범위에서 공통된 범위의 값을 구하면 된다.

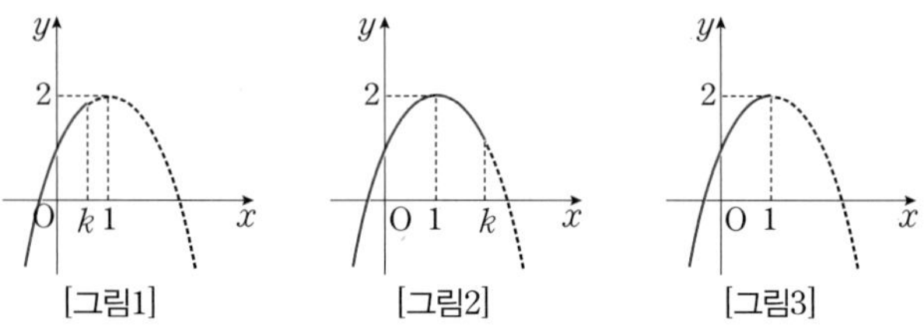

POINT 여러 가지 함수

(1) 일대일함수 : 정의역이 서로 다른 원소에 공역의 서로 다른 원소가 대응하는 함수
(2) 일대일대응 : 일대일함수 중 치역과 공역이 서로 같은 함수
(3) 항등함수 : 정의역과 공역이 같고 정의역의 각 원소에 자기 자신이 대응하는 함수
즉 $f(x)=x$
(4) 상수함수 : 정의역의 모든 원소에 공역의 단 하나의 원소만 대응하는 함수
즉 $f(x)=c$ (c는 공역의 원소인 상수)

참고 공역이 주어지지 않은 어떤 함수가 일대일함수이면 치역을 공역으로 생각하여 이 함수를 일대일대응으로 볼 수 있다.

0689

실수 전체의 집합 R에서 R로의 함수

$$f(x)=\begin{cases}-2x+1 & (x\ge 0)\\ (|a|-5)x+1 & (x<0)\end{cases}$$

가 일대일대응일 때, 정수 a의 개수를 구하시오.

TIP $x\ge 0$에서 감소하는 함수이므로 $x<0$에서 감소하도록 기울기의 범위를 구하면 된다.

STEP Ⓐ 일대일대응이 되기 위한 조건 파악하기

$x\ge 0$에서 $f(x)=-2x+1$에서
감소함수이므로 $x<0$에서도 감소하는 함수이어야 한다.

즉 함수 $f(x)$가 일대일대응이 되려면
$y=f(x)$의 그래프는 오른쪽 그림과 같아야 한다.

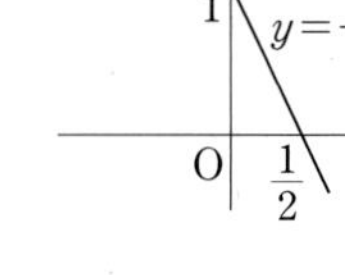

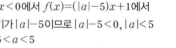

이때 $x<0$에서 $f(x)=(|a|-5)x+1$에서
기울기가 $|a|-5$이므로 $|a|-5<0$, $|a|<5$
$\therefore -5<a<5$

STEP Ⓑ 정수 a의 개수 구하기

따라서 정수 a는 -4, -3, -2, -1, 0, 1, 2, 3, 4이므로 그 개수는 9

0690

다음 물음에 답하시오.

(1) 집합 $X=\{-1, 0, 1\}$에 대하여 X에서 X로의 세 함수 f, g, h는 각각 일대일대응, 항등함수, 상수함수이고 다음을 만족할 때, $f(1)g(-1)h(-1)$의 값을 구하시오.

(가) $f(-1)=g(1)=h(1)$ TIP 함수 g가 항등함수이므로 $g(1)=1$
(나) $f(-1)+f(1)=f(0)$

STEP A **함수 g가 항등함수임을 이용하여 $f(-1)$, $h(1)$의 값 구하기**

함수 g는 항등함수이므로 $g(1)=1$
$g(x)=x$

조건 (가)에서 $f(-1)=g(1)=h(1)=1$

$\therefore f(-1)=1$, $h(1)=1$

STEP B **조건 (나)와 상수함수 h를 이용하여 주어진 값 계산하기**

함수 h는 상수함수이므로 $h(-1)=h(0)=h(1)=1$
$h(x)=c$ (c는 상수)

함수 f는 일대일대응이고 $f(-1)=1$이므로 조건 (나)에 대입하면

$1+f(1)=f(0)$에서 $f(1)=-1$, $f(0)=0$이다.
$f(1)=0$, $f(0)=-1$인 경우 등식이 성립하지 않는다.

따라서 $f(1)g(-1)h(-1)=(-1)\times(-1)\times 1=1$

(2) 실수 전체의 집합에서 정의된 두 함수 f, g가 다음 조건을 만족시킬 때, $f(2)g(2)$의 값을 구하시오.

(가) $f(x)$는 항등함수, $g(x)$는 상수함수
TIP $f(x)=x$, $g(x)=c$
(나) 두 함수 $y=f(x)$와 $y=g(x)$의 그래프의 교점의 x좌표는 3이다. TIP 함수 f가 항등함수이므로 $f(3)=3$

STEP A **조건 (나)를 이용하여 상수함수의 치역 구하기**

$f(x)$가 항등함수이므로 $f(x)=x$

$g(x)$가 상수함수이므로 $g(x)=c$ (c는 상수)

이때 조건 (나)에서 두 함수의 교점의 x좌표가 3이므로

방정식 $f(x)=g(x)$의 실근이 $x=3$

식에 대입하면 $f(3)=g(3)$이고 $f(3)=3$이므로 $g(3)=3$
함수 g는 상수함수이므로 $g(x)=3$

$\therefore g(x)=3$

따라서 $f(2)g(2)=2\times 3=6$
함수 f는 항등함수이므로 $f(2)=2$

0691

전체집합 $U=\{x|x$는 10 이하의 자연수$\}$의 부분집합 X를 정의역으로 하는 함수 f를

$f(x)=(x$의 양의 약수의 개수$)$

로 정의할 때, 함수 f의 치역이 $\{2\}$가 되도록 하는 집합 X의 개수는? (단, $X\neq\varnothing$) TIP 양의 약수의 개수가 2이므로 집합 X의 원소는 소수이다.

① 4 ② 8 ③ 15
④ 16 ⑤ 31

STEP A **약수의 개수가 2인 자연수 구하기**

함수 f의 치역이 $\{2\}$이므로 정의역의 원소는 소수이어야 한다.
약수가 1과 자기 자신뿐이다.

집합 U의 원소 중 소수는 2, 3, 5, 7이므로

집합 X는 집합 $\{2, 3, 5, 7\}$의 공집합이 아닌 부분집합이다.

따라서 집합 X의 개수는 $2^4-1=15$
집합 A의 원소의 개수가 n일 때, 집합 A의 부분집합의 개수는 2^n이고 공집합을 제외한 부분집합의 개수는 2^n-1

0692

다음 물음에 답하시오.

(1) 집합 $X=\{1, 2, 3, 4, 5\}$에 대하여 함수 $f: X\longrightarrow X$ 중에서 $f(1)\neq 5$이고 일대일대응인 f의 개수는?
TIP $f(1)$이 대응하는 경우는 4가지이고 나머지 정의역에 대응할 수 있는 원소는 4가지

① 36 ② 64 ③ 72
④ 81 ⑤ 96

STEP A **일대일대응의 개수 구하기**

$f(1)\neq 5$이므로 $f(1)$의 값이 될 수 있는 것은 1, 2, 3, 4의 4개

$f(2)$, $f(3)$, $f(4)$, $f(5)$는 $f(1)$의 값을 제외한 나머지 4개의 원소에 대응할 수 있으므로 그 개수는 $4!=24$

따라서 구하는 함수 f의 개수는 $4\times 24=96$

MINI해설 여사건을 이용하여 풀이하기

일대일대응인 f의 개수는 $5!=120$
이때 $f(1)=5$이고 일대일대응인 f의 개수는 $4!=24$
따라서 구하는 함수 f의 개수는 $120-24=96$

(2) 집합 $X=\{1, 2, 3, 4\}$에 대하여 함수 $f: X\longrightarrow X$ 중에서 $f(1)\neq 1$, $f(3)\neq 3$이고 치역과 공역이 일치하는 일대일함수 f의 개수는?
TIP 치역과 공역이 일치하는 일대일함수는 일대일대응이다.

① 12 ② 14 ③ 16
④ 18 ⑤ 20

STEP A **일대일대응이 되기 위한 함수의 개수 구하기**

치역과 공역이 일치하는 일대일함수 f는 일대일대응이다.

(i) $f(1)=2$ 또는 $f(1)=4$인 경우
$f(3)$의 값이 될 수 있는 것은 $f(1)$의 값과 3을 제외한 2개이므로
일대일대응인 f의 개수는 $2\times 2\times 2!=8$
$f(2)$, $f(4)$가 대응하는 경우의 수

(ii) $f(1)=3$인 경우
$f(3)$의 값이 될 수 있는 것은 1, 2, 4의 3개이므로
일대일대응인 f의 개수는 $1\times 3\times 2!=6$
$f(2)$, $f(4)$가 대응하는 경우의 수

(i), (ii)에서 함수 f의 개수는 $8+6=14$

MINI해설 여사건을 이용하여 풀이하기

전체 함수의 개수에서 $f(1)=1$ 또는 $f(3)=3$인 일대일대응의 개수를 뺀다.
X에서 X로의 일대일대응인 f의 개수는 $4!=24$
$f(1)=1$이고 일대일대응인 f의 개수는 $3!=6$
$f(3)=3$이고 일대일대응인 f의 개수는 $3!=6$
$f(1)=1$이고 $f(3)=3$이면서 일대일대응인 f의 개수는 $2!=2$
이때 일대일대응인 f 중에서 $f(1)=1$ 또는 $f(3)=3$인 함수 f의 개수는 $6+6-2=10$
따라서 구하는 함수 f의 개수는 $24-10=14$

NORMAL

0693

다음 [보기] 중에서 서로 같은 함수끼리 짝을 지은 것을 모두 고른 것은?

ㄱ. 정의역이 $\{-1, 1\}$일 때, $f(x)=x$, $g(x)=\frac{1}{x}$

ㄴ. $f(x)=x+1$, $g(x)=\frac{x^2-1}{x-1}$

ㄷ. $f(x)=|x|$, $g(x)=\sqrt{x^2}$

① ㄱ ② ㄴ ③ ㄷ
④ ㄱ, ㄷ ⑤ ㄴ, ㄷ

STEP A 서로 같은 함수 구하기

ㄱ. f와 g는 정의역이 $\{-1, 1\}$로 각각 서로 같고
$f(-1)=g(-1)=-1$, $f(1)=g(1)=1$
$\therefore f=g$

ㄴ. $f(x)=x+1$의 정의역은 실수 전체의 집합이고
$g(x)=\frac{x^2-1}{x-1}$의 정의역은 1을 제외한 실수 전체의 집합이므로
f와 g의 정의역이 서로 다르다.
즉 f와 g는 서로 같은 함수가 아니다.

ㄷ. $f(x)=|x|=\begin{cases} x & (x \ge 0) \\ -x & (x<0) \end{cases}$, $g(x)=\sqrt{x^2}=\begin{cases} x & (x \ge 0) \\ -x & (x<0) \end{cases}$이므로
$f=g$

따라서 서로 같은 함수끼리 짝이 지어진 것은 ㄱ, ㄷ이다.

0694

두 집합 $X=\{1, 2, 3, 4, 5\}$, $Y=\{1, 2, 3, 4, 5, 6, 7, 8\}$에 대하여 다음 조건을 만족시키는 함수 $f: X \longrightarrow Y$의 개수는?

(가) $f(3)=3$
(나) $x_1 \in X$, $x_2 \in X$에 대하여 $x_1<x_2$이면 $f(x_1)>f(x_2)$이다.

TIP 대소 관계가 결정되어 있으므로 조합의 수로 구할 수 있다.

① 10 ② 12 ③ 16
④ 18 ⑤ 20

STEP A 조합을 이용하여 함숫값의 대소가 정해진 함수의 개수 구하기

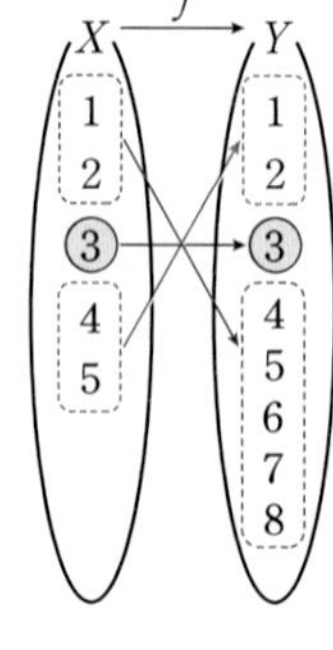

(가)에서 $f(3)=3$이므로
(나)를 만족시키려면
$f(1)>f(2)>f(3)=3>f(4)>f(5)$
즉 $f(1)$, $f(2)$는 공역 Y의 원소
4, 5, 6, 7, 8 중 2개를 선택하여 크기가 큰 것부터 $f(1)$, $f(2)$에 대응하는 수이므로
${}_5C_2=\frac{5\times4}{2\times1}=10$
$f(4)$, $f(5)$는 공역 Y의 원소 1, 2 중 2개를 선택하여 크기가 큰 것부터 $f(4)$, $f(5)$에 대응하는 수이므로 ${}_2C_2=1$
따라서 구하는 함수 f의 개수는 $10\times1=10$

0695

다음 물음에 답하시오.

(1) 집합 $X=\{x|x \ge a\}$에 대하여 X에서 X로의 함수 $f(x)=x^2+2x-6$이 일대일대응일 때, 상수 a의 값을 구하시오.

TIP 일대일함수의 그래프 중 (치역)=(공역)인 함수

STEP A 일대일함수가 되기 위한 a의 값의 범위를 구하기

$f(x)=x^2+2x-6=(x+1)^2-7$이므로
대칭축은 $x=-1$
이때 함수 $y=f(x)$가 일대일함수가 되려면대칭축을 기준으로 한쪽 부분만 생각해야 한다.
즉 정의역 $X=\{x|x \ge a\}$이므로 $a \ge -1$

STEP B 치역과 공역이 같아야 함을 이용하여 a의 값 구하기

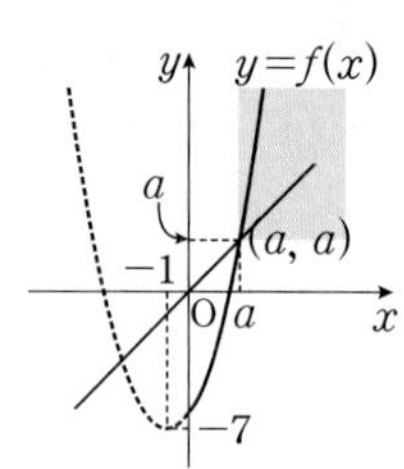

정의역 $X=\{x|x \ge a\}$에 대하여
함수 $f(x)=x^2+2x-6$이 일대일대응이 되려면 $f(x)$의 치역이 집합 X와 같아야 한다.
즉 a의 값은 함수 $f(x)=x^2+2x-6$의 그래프와 직선 $y=x$가 만나는 교점의 x좌표이다.
방정식 $x^2+2x-6=x$, $x^2+x-6=0$
$(x+3)(x-2)=0$
$\therefore a=-3$ 또는 $a=2$
따라서 $a \ge -1$이므로 $a=2$

(2) 정의역이 $\{x|x \ge k\}$이고 공역이 $\{y|y \ge k+3\}$인 함수 $f(x)=x^2-x$가 일대일대응이 되도록 하는 상수 k의 값을 구하시오.

TIP 일대일함수의 그래프 중 (치역)=(공역)인 함수

STEP A 일대일함수가 되기 위한 k의 값의 범위를 구하기

$y=x^2-x=\left(x^2-x+\frac{1}{4}\right)-\frac{1}{4}=\left(x-\frac{1}{2}\right)^2-\frac{1}{4}$이므로
대칭축은 $x=\frac{1}{2}$
이때 함수 $y=f(x)$가 일대일함수가 되기 위해서 대칭축을 기준으로 한쪽 부분만 생각해야 한다.
즉 정의역 $X=\{x|x \ge k\}$이므로 $k \ge \frac{1}{2}$

STEP B 치역과 공역이 같아야 함을 이용하여 k의 값 구하기

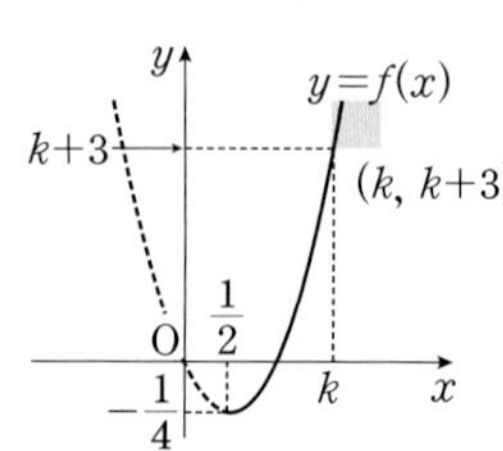

정의역 $X=\{x|x \ge k\}$에 대하여
$f(x)=x^2-x$가 일대일대응이 되려면
$f(x)$의 치역이 공역 $Y=\{y|y \ge k+3\}$이어야 한다.
즉 $f(k)=k+3$이 되는 k의 값을 구하면 된다.
방정식 $k^2-k=k+3$, $k^2-2k-3=0$
$(k+1)(k-3)=0$
$\therefore k=-1$ 또는 $k=3$
따라서 $k \ge \frac{1}{2}$이므로 $k=3$

0696

다음 물음에 답하시오.

(1) 실수 전체의 집합에서 정의된 함수 $f(x)=ax+|x-2|+3$이

TIP 주어진 식에서 $x-2$가 절댓값 안에 들어가 있으므로 $x-2$가 0보다 크거나 같은 경우와 0보다 작은 경우로 나누어서 계산한다.

일대일대응이 되도록 하는 실수 a의 값의 범위를 구하시오.

STEP Ⓐ x의 범위에 따른 $f(x)$의 식 구하기

함수 $f(x)=ax+|x-2|+3$에서 절댓값 기호 안의 식 $x-2$가 0이 되는 $x=2$를 기준으로 구간을 나누어 나타내면

$x \geq 2$일 때, $f(x)=ax+(x-2)+3=(a+1)x+1$

$x<2$일 때, $f(x)=ax-(x-2)+3=(a-1)x+5$

$\therefore f(x)=\begin{cases}(a+1)x+1 (x\geq 2)\\(a-1)x+5 (x<2)\end{cases}$

STEP Ⓑ 일대일대응이 되기 위한 조건을 만족하는 a의 값의 범위 구하기

함수 $f(x)$가 증가함수 또는 감소함수이므로 다음 그림과 같이 함수의 그래프는 $x\geq 2$, $x<2$일 때, 기울기의 부호가 같아야 한다.

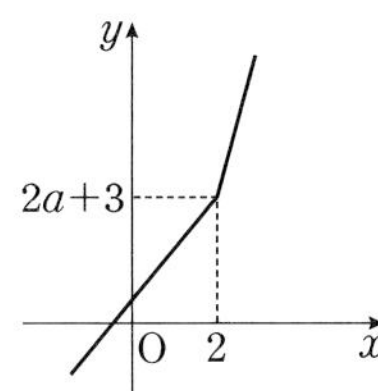

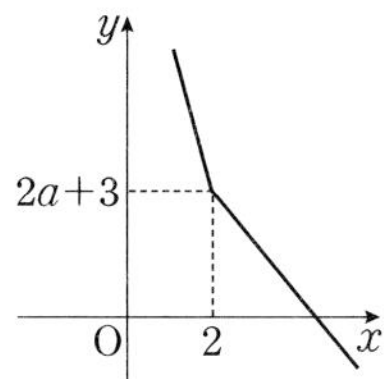

함수 $f(x)$가 증가함수이면 $a+1>0$, $a-1>0$

함수 $f(x)$가 감소함수이면 $a+1<0$, $a-1<0$

즉 $(a+1)(a-1)>0$

따라서 실수 a의 범위는 $a<-1$ 또는 $a>1$

$x=2$일 때, $2a+3$으로 연결되어 있으므로 치역은 실수 전체의 집합이므로 일대일대응이 된다.

(2) 실수 전체의 집합에서 정의된 함수 $f(x)=a|x-1|+x-2$가

TIP 주어진 식에서 $x-1$이 절댓값 안에 들어가 있으므로 $x-1$이 0보다 크거나 같은 경우와 0보다 작은 경우로 나누어서 계산한다.

일대일대응이 되도록 하는 실수 a의 값의 범위를 구하시오.

STEP Ⓐ x의 범위에 따른 $f(x)$의 식 구하기

함수 $f(x)=a|x-1|+x-2$에서 절댓값 기호 안의 식 $x-1$이 0이 되는 $x=1$을 기준으로 구간을 나누어 나타내면

$x\geq 1$일 때, $f(x)=a(x-1)+x-2=(a+1)x-(a+2)$

$x<1$일 때, $f(x)=-a(x-1)+x-2=(1-a)x+a-2$

$\therefore f(x)=\begin{cases}(a+1)x-(a+2) & (x\geq 1)\\(1-a)x+a-2 & (x<1)\end{cases}$

STEP Ⓑ 일대일대응이 되기 위한 조건을 만족하는 a의 값의 범위 구하기

함수 $f(x)$는 증가함수 또는 감소함수이므로 $x\geq 1$, $x<1$일 때, 기울기의 부호는 같아야 한다.

즉 함수 $f(x)$가 증가함수이면 $a+1>0$, $1-a>0$

함수 $f(x)$가 감소함수이면 $a+1<0$, $1-a<0$

즉 $(a+1)(1-a)>0$, $(a+1)(a-1)<0$

따라서 실수 a의 범위는 $-1<a<1$

$x=1$일 때, -1로 연결되어 있으므로 치역은 실수 전체의 집합이므로 일대일대응이 된다.

0697

다음 물음에 답하시오.

(1) 집합 X를 정의역으로 하는 함수 $f(x)=x^2-12$가 항등함수가 되도록

TIP 집합 X의 원소 x에 대하여 $f(x)=x$

하는 집합 X의 개수는? (단, $X\neq\varnothing$)

① 3 ② 4 ③ 5 ④ 6 ⑤ 7

STEP Ⓐ 함수 $f(x)$가 항등함수가 되기 위한 x의 값 구하기

함수 $f(x)=x^2-12$가 항등함수이므로

정의역 X의 임의의 원소 x에 대하여 $f(x)=x$

즉 $x^2-12=x$, $x^2-x-12=0$, $(x+3)(x-4)=0$

$\therefore x=-3$ 또는 $x=4$

STEP Ⓑ 집합 X의 개수 구하기

따라서 집합 X는 집합 $\{-3, 4\}$의 공집합이 아닌 부분집합이므로

그 개수는 $2^2-1=3$ ← 집합 X는 $\{-3\}$, $\{4\}$, $\{-3, 4\}$

(2) 공집합이 아닌 집합 X를 정의역으로 하는 함수 $f(x)=(x-2)^3+2$에 대하여 함수 f가 X에서의 항등함수가 되도록 하는 집합 X의 개수는?

TIP 집합 X의 원소 x에 대하여 $f(x)=x$

① 3 ② 4 ③ 7 ④ 8 ⑤ 15

STEP Ⓐ 함수 $f(x)$가 항등함수가 되기 위한 x의 값 구하기

함수 $f(x)=(x-2)^3+2$가 항등함수이므로 정의역 X의 원소 x에 대하여 $f(x)=x$

즉 $(x-2)^3+2=x$, $x^3-6x^2+12x-6=x$, $x^3-6x^2+11x-6=0$

$(x-1)(x^2-5x+6)=0$, $(x-1)(x-2)(x-3)=0$

$\therefore x=1$ 또는 $x=2$ 또는 $x=3$ ← 조립제법을 이용하면

1	1	−6	11	−6
		1	−5	6
	1	−5	6	0

$\therefore x^3-6x^2+11x-6=(x-1)(x^2-5x+6)=0$

STEP Ⓑ 집합 X의 개수 구하기

따라서 집합 X는 집합 $\{1, 2, 3\}$의 공집합이 아닌 부분집합이므로

그 개수는 $2^3-1=7$

0698

다음 물음에 답하시오.

(1) 두 집합 $X=\{1, 2, 3\}$, $Y=\{1, 2, 3, 4, 5\}$에 대하여 다음 조건을 만족시키는 X에서 Y로의 함수 f의 개수를 구하시오.

(가) $x_1 \in X$, $x_2 \in X$일 때, $x_1 \neq x_2$이면 $f(x_1) \neq f(x_2)$

TIP 일대일함수의 조건이다.

(나) $f(1)+f(2)+f(3)=7$

STEP A $f(1)+f(2)+f(3)=7$을 만족하는 함숫값 구하기

조건 (가)에서 $x_1 \neq x_2$이면 $f(x_1) \neq f(x_2)$이므로
함수 f는 일대일함수이다.
또한, 조건 (나)에서 $f(1)+f(2)+f(3)=7$이므로
$f(1)$, $f(2)$, $f(3)$이 될 수 있는 정의역의 부분집합 $\{1, 2, 4\}$에 대응하는 경우이다.

STEP B 함수 f의 개수 구하기

$f(1)$의 값이 될 수 있는 원소는 $1, 2, 4$이므로 3가지
$f(2)$의 값이 될 수 있는 원소는 $f(1)$의 값을 제외한 2가지
$f(3)$의 값이 될 수 있는 원소는 $f(1)$, $f(2)$의 값을 제외한 1가지
따라서 함수 f의 개수는 $3 \times 2 \times 1 = 6$

(2) 두 집합 $X=\{x_1, x_2, x_3, x_4, x_5, x_6\}$, $Y=\{1, 2, 3, 4, 6, 9\}$에 대하여 함수 $f: X \longrightarrow Y$ 중에서 다음 조건을 모두 만족시키는 f의 개수를 구하시오.

(가) $f(x_1) \times f(x_3) \times f(x_5) = f(x_2) \times f(x_4) \times f(x_6)$

TIP 함숫값의 곱 36임을 이용하여 구한다.

(나) 일대일대응이다.

TIP $x_1 \neq x_2$이면 $f(x_1) \neq f(x_2)$이고 $\{f(x) | x \in X\} = Y$

STEP A 조건 (가)를 만족시키는 경우 구하기

공역 Y의 모든 원소의 곱이 $1 \times 2 \times 3 \times 4 \times 6 \times 9 = 36^2$이므로
$f(x_1) \times f(x_3) \times f(x_5) = 36$, $f(x_2) \times f(x_4) \times f(x_6) = 36$이어야 한다.
이때 곱이 36이 되는 공역의 원소를 나누면 $(1, 4, 9)$, $(2, 3, 6)$

STEP B 함수 f의 개수 구하기

$1, 4, 9$를 $f(x_1)$, $f(x_3)$, $f(x_5)$에 대응시키는 경우의 수는 $3! = 3 \times 2 \times 1 = 6$
$2, 3, 6$을 $f(x_2)$, $f(x_4)$, $f(x_6)$에 대응시키는 경우의 수는 $3! = 3 \times 2 \times 1 = 6$
이므로 $6 \times 6 = 36$
또한, $2, 3, 6$을 $f(x_1)$, $f(x_3)$, $f(x_5)$에 대응시키는 경우의 수도 6
$1, 4, 9$를 $f(x_2)$, $f(x_4)$, $f(x_6)$에 대응시키는 경우의 수도 6
이므로 $6 \times 6 = 36$
따라서 조건을 만족시키는 함수 f의 개수는 $36 + 36 = 72$

0699

다음 물음에 답하시오.

(1) 두 집합 $X=\{a, b, c, d\}$, $Y=\{y | y$는 $1 \leq y \leq 10$인 자연수$\}$에 대하여 다음 조건을 모두 만족시키는 함수 $f: X \longrightarrow Y$의 개수를 구하시오.

(가) $x_1 \in X$, $x_2 \in X$일 때, $x_1 \neq x_2$이면 $f(x_1) \neq f(x_2)$이다.

TIP 일대일함수이다.

(나) $x \in X$일 때, $f(x)$의 최솟값은 3, 최댓값은 9이다.

TIP 치역이 될 수 있는 원소는 $3, 4, 5, 6, 7, 8, 9$이다.

STEP A 주어진 조건 이해하기

조건 (가)에서 $x_1 \neq x_2$이면 $f(x_1) \neq f(x_2)$이므로
함수 f는 일대일함수이다.
또한, 조건 (나)에서 $f(x)$의 최솟값이 3이고 최댓값이 9이므로
공역의 원소 $3, 9$는 반드시 함숫값이어야 하고 $4, 5, 6, 7, 8$ 중 2개를 택하여 일대일함수의 경우의 수를 구하면 된다.

STEP B 조건을 만족시키는 함수 f의 개수 구하기

공역의 원소 $4, 5, 6, 7, 8$중 2개를 선택하는 경우의 수는
${}_5C_2 = \frac{5 \times 4}{2 \times 1} = 10$
이때 치역의 원소 4개를 정의역의 원소 4개에 배열하면 되므로
$4! = 4 \times 3 \times 2 \times 1 = 24$
따라서 함수 f의 개수는 $10 \times 24 = 240$

+α 순열의 수로 구할 수 있어!

함숫값 3, 9에 배열할 정의역의 원소를 정하는 경우의 수는 ${}_4P_2 = 4 \times 3 = 12$
또한, 함숫값이 될 수 있는 원소 $4, 5, 6, 7, 8$ 중 2개를 택하여
정의역의 남은 원소 2개에 배열하는 경우의 수는 ${}_5P_2 = 5 \times 4 = 20$
따라서 함수 f의 개수는 $12 \times 20 = 240$

(2) 집합 $U=\{1, 2, 3, \cdots, 7, 8\}$의 두 부분집합 A, B에 대하여 다음 조건을 모두 만족시키는 A에서 B로의 함수 f의 개수를 구하시오.

(가) 함수 f는 일대일대응이다. TIP $n(A)=4$, $n(B)=4$

(나) $f(1)=4$ TIP $1 \in A$, $4 \in B$

(다) $A \cup B = U$, $A \cap B = \varnothing$

TIP 함수 f가 일대일대응이므로 두 집합 A, B의 원소의 개수는 같아야 한다.

STEP A 집합 A, B에 조건 구하기

집합 $U=\{1, 2, 3, \cdots, 7, 8\}$의 두 부분집합 A, B에 대하여
$A \cup B = U$, $A \cap B = \varnothing$이고 A에서 B로의 함수 f가 일대일대응이므로
$n(A)=4$, $n(B)=4$이어야 한다.
공역과 치역의 원소의 개수가 같아야 하므로 집합 A, B의 원소의 개수는 같다.
또, $f(1)=4$이므로 $1 \in A$, $4 \in B$이다.

STEP B 함수 f의 개수 구하기

집합 A는 $1, 4$를 제외한 나머지 원소 $2, 3, 5, \cdots, 8$에서 3개의 원소를
택하는 경우의 수이므로 ${}_6C_3 = \frac{6 \times 5 \times 4}{3 \times 2 \times 1} = 20$
집합 A가 결정이 나면 나머지 원소로 집합 B가 결정된다.
이때 $f(1)=4$이므로 집합 A의 나머지 원소 3개를 집합 B의 원소 3개에
대응하는 경우의 수이므로 $3! = 3 \times 2 \times 1 = 6$
따라서 구하는 함수 f의 개수는 $20 \times 6 = 120$

0700

2008년 05월 학력평가 가형 12번 변형

다음 물음에 답하시오.

(1) 0이 아닌 모든 실수 x에 대하여 정의된 함수 f가

$2f(x)+3f\left(\frac{1}{x}\right)=\frac{2}{x}$를 만족할 때, $f(2)$의 값은?

TIP $x=2$, $x=\frac{1}{2}$을 대입하여 연립방정식을 이용한다.

① 1 ② 2 ③ 3
④ 4 ⑤ 5

STEP A 주어진 식에 적절한 수를 대입하여 $f(2)$의 값 구하기

$2f(x)+3f\left(\frac{1}{x}\right)=\frac{2}{x}$ …… ㉠

㉠의 식에서 $x=2$를 대입하면 $2f(2)+3f\left(\frac{1}{2}\right)=1$ …… ㉡

㉠의 식에서 $x=\frac{1}{2}$을 대입하면 $2f\left(\frac{1}{2}\right)+3f(2)=4$ …… ㉢

$2\times$㉡$-3\times$㉢을 하면 $-5f(2)=-10$

$\left\{4f(2)+6f\left(\frac{1}{2}\right)\right\}-\left\{6f\left(\frac{1}{2}\right)+9f(2)\right\}=-10$

따라서 $f(2)=2$

+α $f(x)$의 식을 이용하여 구할 수 있어!

$2f(x)+3f\left(\frac{1}{x}\right)=\frac{2}{x}$ …… ㉠

㉠의 식에 x대신에 $\frac{1}{x}$를 대입하면

$2f\left(\frac{1}{x}\right)+3f(x)=2x$ …… ㉡

$2\times$㉠$-3\times$㉡을 하면 $-5f(x)=\frac{4}{x}-6x$ $\therefore f(x)=\frac{6}{5}x-\frac{4}{5x}$

$\left\{4f(x)+6f\left(\frac{1}{x}\right)\right\}-\left\{6f\left(\frac{1}{x}\right)+9f(x)\right\}=\frac{4}{x}-6x$

따라서 $f(2)=\frac{12}{5}-\frac{2}{5}=2$

(2) $x\neq 0$인 모든 실수 x에 대하여 정의된 함수 $f(x)$가

$2f(x)+f\left(\frac{1}{2x}\right)=2x$를 만족시킬 때, $f(1)$의 값은?

TIP $x=1$, $x=\frac{1}{2}$을 대입하여 연립방정식을 이용한다.

① 1 ② 2 ③ 3
④ 4 ⑤ 5

STEP A 주어진 식에 적절한 수를 대입하여 $f(1)$의 값 구하기

$2f(x)+f\left(\frac{1}{2x}\right)=2x$ …… ㉠

㉠의 식에서 $x=1$을 대입하면 $2f(1)+f\left(\frac{1}{2}\right)=2$ …… ㉡

㉠의 식에서 $x=\frac{1}{2}$을 대입하면 $2f\left(\frac{1}{2}\right)+f(1)=1$ …… ㉢

$2\times$㉡$-$㉢을 하면 $3f(1)=3$

$\left\{4f(1)+2f\left(\frac{1}{2}\right)\right\}-\left\{2f\left(\frac{1}{2}\right)+f(1)\right\}=3$

따라서 $f(1)=1$

MINI해설 양변에 $x=1$, $x=\frac{1}{2}$을 대입하여 풀이하기

$2f(x)+f\left(\frac{1}{2x}\right)=2x$에서 양변에 $x=1$을 대입하면

$2f(1)+f\left(\frac{1}{2}\right)=2$ …… ㉠

또, 양변에 $x=\frac{1}{2}$을 대입하면

$2f\left(\frac{1}{2}\right)+f(1)=1$ …… ㉡

$2\times$㉠$-$㉡을 하면 $3f(1)=3$ $\therefore f(1)=1$

0701

서술형

두 집합 $X=\{x|1\le x\le 3\}$과 $Y=\{y|-1\le y\le 5\}$에 대하여 X에서 Y로의 함수 $f(x)=ax+b$가 일대일대응이 되도록 할 때, 상수 a, b의 순서쌍 (a, b)를 구하는 과정을 다음 단계로 서술하시오.

[1단계] $a>0$일 때, 순서쌍 (a, b)를 구하시오. [5점]

TIP $a>0$이므로 증가함수이다.

[2단계] $a<0$일 때, 순서쌍 (a, b)를 구하시오. [5점]

TIP $a<0$이므로 감소함수이다.

1단계 $a>0$일 때, 순서쌍 (a, b)를 구하시오. 5점

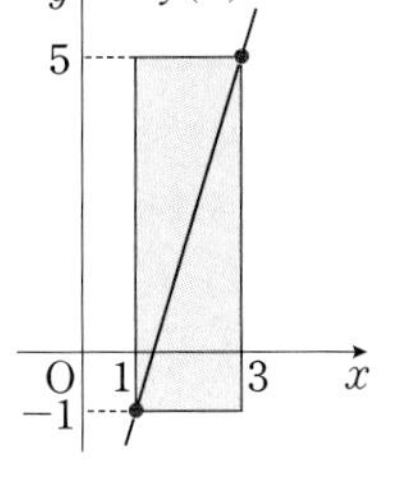

$f(x)=ax+b$에서 $a>0$이므로

x의 값이 증가할 때, y의 값도 증가한다.

이때 함수 f가 일대일대응이므로

치역과 공역이 같도록 $y=f(x)$의 그래프를 그려 보면 오른쪽 그림과 같다.

두 점 $(1, -1)$과 $(3, 5)$를 지날 때,

$f(1)=a+b=-1$, $f(3)=3a+b=5$

두 식을 연립하여 풀면 $a=3$, $b=-4$

따라서 순서쌍 (a, b)는 $(3, -4)$

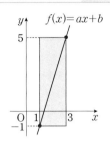

2단계 $a<0$일 때, 순서쌍 (a, b)를 구하시오. 5점

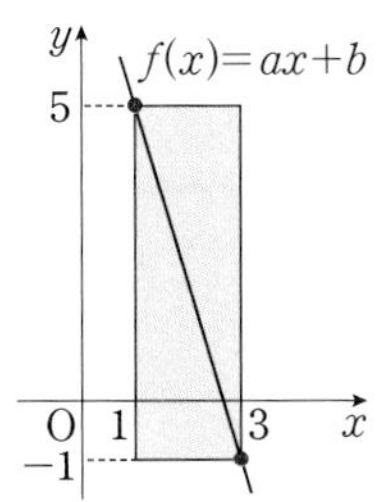

$f(x)=ax+b$에서 $a<0$이므로

x의 값이 증가할 때, y의 값은 감소한다.

이때 함수 f가 일대일대응이므로

치역과 공역이 같도록 $y=f(x)$의 그래프를 그려 보면 오른쪽 그림과 같다.

$f(1)=a+b=5$, $f(3)=3a+b=-1$

두 식을 연립하여 풀면 $a=-3$, $b=8$

따라서 순서쌍 (a, b)는 $(-3, 8)$

0702

서술형

함수 $f(x)$가 모든 실수 x, y에 대하여 $f(x+y)=f(x)+f(y)+2xy$를

TIP 함수방정식 $f(x+y)=f(x)f(y)$ 또는 $f(x+y)=f(x)+f(y)$의 조건이 주어질 때 적당한 x, y의 값을 대입하여 함숫값을 구한다.

만족하고 $f(1)=2$일 때, $f(5)$의 값을 구하는 과정을 다음 단계로 서술하시오.

[1단계] $f(2)$의 값을 구하시오. [3점]

[2단계] $f(1)$과 $f(2)$를 이용하여 $f(3)$의 값을 구하시오. [3점]

[3단계] $f(2)$와 $f(3)$을 이용하여 $f(5)$의 값을 구하시오. [4점]

1단계 $f(2)$의 값을 구하시오. 3점

$f(x+y)=f(x)+f(y)+2xy$ …… ㉠

㉠에 $x=1$, $y=1$을 대입하면

$f(1+1)=f(1)+f(1)+2=2+2+2=6$ $\therefore f(2)=6$

2단계 $f(1)$과 $f(2)$를 이용하여 $f(3)$의 값을 구하시오. 3점

㉠에 $x=2$, $y=1$을 대입하면

$f(2+1)=f(2)+f(1)+4=6+2+4=12$ $\therefore f(3)=12$

3단계 $f(2)$와 $f(3)$을 이용하여 $f(5)$의 값을 구하시오. 4점

㉠에 $x=3$, $y=2$를 대입하면

$f(3+2)=f(3)+f(2)+12=12+6+12=30$

따라서 $f(5)=30$

TOUGH

0703

2024년 03월 고2 학력평가 27번 변형

집합 $X=\{1, 2, 3, 4, 5, 6\}$에 대하여 다음 조건을 만족시키는 함수 $f : X \longrightarrow X$의 개수를 구하시오.

(가) $x_1 \in X$, $x_2 \in X$인 임의의 x_1, x_2에 대하여 $1 \le x_1 < x_2 \le 4$이면 $f(x_1) > f(x_2)$이다.
TIP $x=1, 2, 3, 4$에서 감소한다.
(나) 함수 f의 일대일대응이 아니다.

STEP A 조건 (가)를 만족시키는 경우의 수 구하기

조건 (가)에서 $1 \le x_1 < x_2 \le 4$이면 $f(x_1) > f(x_2)$이므로
$x=1, 2, 3, 4$에서 감소하는 함수이다.
즉 $f(1)$, $f(2)$, $f(3)$, $f(4)$의 순서가 정해져 있으므로
공역 $\{1, 2, 3, 4, 5, 6\}$에서 4개를 선택하면 된다.

${}_6C_4 = {}_6C_2 = \frac{6 \times 5}{2 \times 1} = 15$ …… ㉠

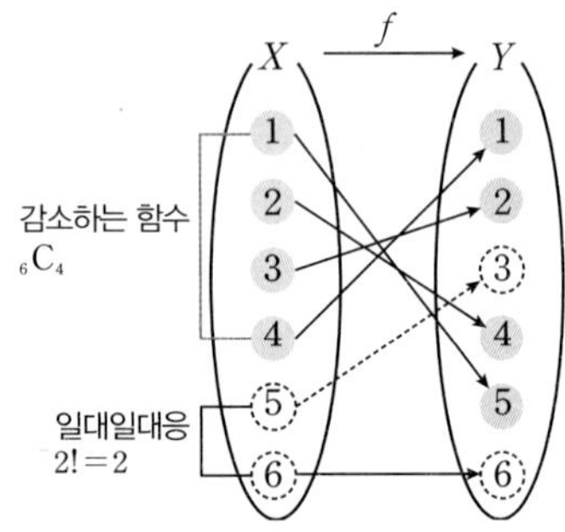

STEP B 조건 (나)를 만족시키는 $f(5)$, $f(6)$의 경우의 수 구하기

조건 (나)에서 일대일대응이 아니므로 $f(5)$, $f(6)$이 될 수 있는 경우의 수에서 일대일대응이 되는 경우의 수를 제외하면 된다.

(ⅰ) $f(5)$, $f(6)$이 될 수 있는 경우의 수
$x=5$, 6은 공역 $\{1, 2, 3, 4, 5, 6\}$에 모두 대응할 수 있으므로
경우의 수는 $6 \times 6 = 36$

(ⅱ) 일대일대응이 되는 경우의 수
$f(1)$, $f(2)$, $f(3)$, $f(4)$가 결정되고 공역에 남은 2개의 원소에 $x=5$, 6이 하나씩 대응이 되면 일대일대응이 되므로 경우의 수는 $2 \times 1 = 2$

(ⅰ), (ⅱ)에서 일대일대응이 되지 않는 $f(5)$, $f(6)$이 될 수 있는 경우의 수는
$36-2=34$ …… ㉡

+α $f(5)$, $f(6)$의 경우를 나누어 구할 수 있어!

일대일대응이 아니므로

(ⅰ) $f(5)$가 $f(1)$, $f(2)$, $f(3)$, $f(4)$의 값 중 하나가 되는 경우
$f(5)$가 $f(1)$, $f(2)$, $f(3)$, $f(4)$의 값 중 하나가 되는 경우의 수는 4
$f(6)$이 $f(1)$, $f(2)$, $f(3)$, $f(4)$의 값이 아닌 값에 대응하는 경우의 수는 2
$\therefore 4 \times 2 = 8$

(ⅱ) $f(6)$이 $f(1)$, $f(2)$, $f(3)$, $f(4)$의 값 중 하나가 되는 경우
$f(6)$이 $f(1)$, $f(2)$, $f(3)$, $f(4)$의 값 중 하나가 되는 경우의 수는 4
$f(5)$가 $f(1)$, $f(2)$, $f(3)$, $f(4)$의 값이 아닌 값에 대응하는 경우의 수는 2
$\therefore 4 \times 2 = 8$

(ⅲ) $f(5)$, $f(6)$이 모두 $f(1)$, $f(2)$, $f(3)$, $f(4)$의 값 중 하나가 되는 경우
$f(5)$, $f(6)$이 $f(1)$, $f(2)$, $f(3)$, $f(4)$에 대응하는 경우는 $4 \times 4 = 16$

(ⅳ) $f(5)$, $f(6)$이 $f(1)$, $f(2)$, $f(3)$, $f(4)$ 이외의 값에 대응하는 경우
일대일대응이 아니므로 $f(5)$, $f(6)$이 남은 두 원소 중 한 원소에 모두 대응하는 경우이므로 경우의 수는 2

(ⅰ)~(ⅲ)에서 $f(5)$, $f(6)$을 대응하는 경우의 수는 $8+8+16+2=34$

STEP C 함수의 개수 구하기

㉠, ㉡의 경우에서 함수 $f(x)$의 개수는 $15 \times 34 = 510$

0704

다음 물음에 답하시오.

(1) 집합 $A=\{-2, -1, 0, 1, 2\}$에 대하여 다음 두 조건을 모두 만족하는 함수 f의 개수를 구하시오.

(가) 함수 f는 A에서 A로의 함수이다.
(나) A의 모든 원소 x에 대하여 $f(-x)=-f(x)$이다.
TIP $f(-x)=-f(x)$를 만족하는 함수 $f(x)$는 원점에 대하여 대칭인 함수이다.

STEP A 조건 (나)를 이용하여 $f(0)$의 값 구하기

조건 (나)에서 함수 $f(x)$가 집합 A의 모든 원소 x에 대하여
$f(-x)=-f(x)$를 만족하므로 $x=0$을 대입하면 $f(0)=-f(0)$
$\therefore f(0)=0$

STEP B 조건을 만족시키는 함수 f의 개수 구하기

조건 (나)에 의하여
$x=1$을 대입하면 $f(-1)=-f(1)$
$x=2$를 대입하면 $f(-2)=-f(2)$
이때 $f(1)$의 값이 결정되면 $f(-1)$의 값도 정해진다.
또한, $f(2)$의 값이 결정되면 $f(-2)$의 값도 정해진다.
즉 $f(1)$이 될 수 있는 값은 $-2, -1, 0, 1, 2$로 5가지
$f(2)$가 될 수 있는 값은 $-2, -1, 0, 1, 2$로 5가지
따라서 조건을 만족시키는 함수 f의 개수는 $5 \times 5 = 25$

2011년 03월 고2 학력평가 26번

(2) 집합 $X=\{-2, -1, 0, 1, 2\}$에 대하여 다음 두 조건을 만족하는 함수 $f : X \longrightarrow X$의 개수를 구하시오.

(가) f는 일대일대응이다.
(나) X의 모든 원소 x에 대하여 $f(-x)=-f(x)$이다.
TIP $f(-x)=-f(x)$를 만족하는 함수 $f(x)$는 원점에 대하여 대칭인 함수이다.

STEP A 조건 (나)를 이용하여 $f(0)$의 값 구하기

조건 (나)에서 함수 $f(x)$가 집합 X의 모든 원소 x에 대하여
$f(-x)=-f(x)$를 만족하므로 $x=0$을 대입하면 $f(0)=-f(0)$
$\therefore f(0)=0$

STEP B 조건을 만족시키는 함수 f의 개수 구하기

조건 (나)에 의하여
$x=1$을 대입하면 $f(-1)=-f(1)$
$x=2$를 대입하면 $f(-2)=-f(2)$
이때 $f(1)$의 값이 결정되면 $f(-1)$의 값도 정해진다.
또한, $f(2)$의 값이 결정되면 $f(-2)$의 값도 정해진다.
$f(1)$이 될 수 있는 값은 $f(0)=0$의 값을 제외한 $-2, -1, 1, 2$ 중 하나의 값을 선택하면 되므로 경우의 수는 4가지
$f(2)$가 될 수 있는 값은 $f(0)=0$, $f(1)$, $f(-1)$의 값을 제외한 2개 중 하나를 선택하면 되므로 경우의 수는 2가지
따라서 구하는 함수의 개수는 $2 \times 4 = 8$

0705

2018년 03월 고2 학력평가 나형 13번

집합 $X=\{1, 2, 3, 4, 5, 6\}$에서 집합 $Y=\{0, 2, 4, 6, 8\}$로의 함수 f를

$f(x)=(x^3+3x^2$의 일의 자리의 숫자$)$

로 정의하자. $f(a)=0$, $f(b)=4$를 만족시키는 X의 원소 a, b에 대하여

TIP 정의역 X의 각 원소에 대한 함숫값을 구한다.

$a+b$의 최댓값은?

① 7 ② 8 ③ 9
④ 10 ⑤ 11

STEP Ⓐ 함수 $f(x)$의 함숫값 구하기

집합 X에서 집합 Y로의 함수 f에 대하여

$f(x)=(x^3+3x^2$의 일의 자리의 숫자$)$이므로

$x=1$을 대입하면 $f(1)$은 4의 일의 자리 숫자이므로 $f(1)=4$

$x=2$를 대입하면 $f(2)$는 20의 일의 자리 숫자이므로 $f(2)=0$

$x=3$을 대입하면 $f(3)$은 54의 일의 자리 숫자이므로 $f(3)=4$

$x=4$를 대입하면 $f(4)$는 112의 일의 자리 숫자이므로 $f(4)=2$

$x=5$를 대입하면 $f(5)$는 200의 일의 자리 숫자이므로 $f(5)=0$

$x=6$을 대입하면 $f(6)$은 324의 일의 자리 숫자이므로 $f(6)=4$

STEP Ⓑ $a+b$의 최댓값 구하기

$f(a)=0$이 되는 a의 값은 2 또는 5이므로 a의 최댓값은 5

$f(b)=4$가 되는 b의 값은 1 또는 3 또는 6이므로 b의 최댓값은 6

따라서 $a+b$의 최댓값은 $5+6=11$

0706

함수 $f(x)$가 모든 실수 x에 대하여 등식

$$f(x+1)=\frac{f(x)-5}{f(x)-3},\ f(0)=-1$$

을 만족할 때, $f(2025)+f(2026)$의 값은 $\frac{n}{m}$이다. 이때 $m+n$의 값을 구하시오. (단, m, n은 서로소인 자연수이다.)

TIP 반복된 규칙을 구한다.

STEP Ⓐ x에 수를 대입하면서 $f(x)$의 규칙성 구하기

함수 $f(x)$가 모든 실수 x에 대하여

$$f(x+1)=\frac{f(x)-5}{f(x)-3} \quad \cdots\cdots ㉠$$

㉠의 식에 $x=0$을 대입하면 $f(1)=\frac{f(0)-5}{f(0)-3}=\frac{-1-5}{-1-3}=\frac{-6}{-4}=\frac{3}{2}$

$x=1$을 대입하면 $f(2)=\frac{f(1)-5}{f(1)-3}=\frac{\frac{3}{2}-5}{\frac{3}{2}-3}=\frac{-7}{-3}=\frac{7}{3}$

$x=2$를 대입하면 $f(3)=\frac{f(2)-5}{f(2)-3}=\frac{\frac{7}{3}-5}{\frac{7}{3}-3}=\frac{-8}{-2}=4$

$x=3$을 대입하면 $f(4)=\frac{f(3)-5}{f(3)-3}=\frac{4-5}{4-3}=-1$

$x=4$를 대입하면 $f(5)=\frac{f(4)-5}{f(4)-3}=\frac{-1-5}{-1-3}=\frac{-6}{-4}=\frac{3}{2}$

⋮

이므로 함수 $f(x)$는 4를 주기로 같은 함숫값을 가진다.

$$\therefore f(x)=\begin{cases} -1 & (x=4k) \\ \frac{3}{2} & (x=4k+1) \\ \frac{7}{3} & (x=4k+2) \\ 4 & (x=4k+3) \end{cases} \text{(단, } k\text{는 음이 아닌 정수)}$$

STEP Ⓑ $f(2025)+f(2026)$의 값 구하기

$2025=4\times506+1$이므로 $f(2025)=f(1)=\frac{3}{2}$

$2026=4\times506+2$이므로 $f(2026)=f(2)=\frac{7}{3}$

즉 $f(2025)+f(2026)=\frac{3}{2}+\frac{7}{3}=\frac{23}{6}$

따라서 $m=6$, $n=23$이므로 $m+n=6+23=29$

0707

집합 $X=\{1, 2, 3, 4, 5\}$에 대하여 일대일대응인 함수 $f: X \longrightarrow X$가

TIP 일대일대응을 이용하여 $f(5)$를 결정하고 나머지 함숫값을 구한다.

다음 조건을 만족시킨다.

(가) $f(2)-f(3)=f(4)-f(1)=f(5)$
(나) $f(1)<f(2)<f(4)$

$f(2)+f(5)$의 값은?

① 4 ② 5 ③ 6
④ 7 ⑤ 8

STEP Ⓐ $f(5)$의 값을 이용하여 함수 $f(x)$ 구하기

조건 (가)에서 $f(2)-f(3)=f(4)-f(1)=f(5)$이므로

$f(5)$의 값을 나누면 다음과 같다.

(ⅰ) $f(5)=1$일 때,

$f(2)-f(3)=1$, $f(4)-f(1)=1$이므로 함숫값으로 가능한 경우는

$\{f(2)=5,\ f(3)=4,\ f(4)=3,\ f(1)=2\}$ 또는

$\{f(2)=3,\ f(3)=2,\ f(4)=5,\ f(1)=4\}$이다.

이때 조건 (나)에서 $f(1)<f(2)<f(4)$를 만족시키지 않으므로

함수 $f(x)$는 존재하지 않는다.

(ⅱ) $f(5)=2$일 때,

$f(2)-f(3)=2$, $f(4)-f(1)=2$이고

$f(1)$, $f(2)$, $f(3)$, $f(4)$가 될 수 있는 값은 1, 3, 4, 5이므로

두 함숫값의 차가 동시에 2가 되는 경우가 존재하지 않으므로

함수 $f(x)$는 존재하지 않는다.

(ⅲ) $f(5)=3$일 때,

$f(2)-f(3)=3$, $f(4)-f(1)=3$이므로 함숫값으로 가능한 경우는

$\{f(2)=5,\ f(3)=2,\ f(4)=4,\ f(1)=1\}$ 또는

$\{f(2)=4,\ f(3)=1,\ f(4)=5,\ f(1)=2\}$이다.

이때 조건 (나)에서 $f(1)<f(2)<f(4)$를 만족시키는 경우는

$\{f(2)=4,\ f(3)=1,\ f(4)=5,\ f(1)=2\}$

$\therefore f(1)=2,\ f(2)=4,\ f(3)=1,\ f(4)=5,\ f(5)=3$

(ⅳ) $f(5)=4$일 때,

$f(2)-f(3)=4$, $f(4)-f(1)=4$이고

$f(1)$, $f(2)$, $f(3)$, $f(4)$가 될 수 있는 값은 1, 2, 3, 5이므로

두 함숫값의 차가 동시에 4가 되는 경우가 존재하지 않으므로

함수 $f(x)$는 존재하지 않는다.

(ⅴ) $f(5)=5$일 때,

$f(2)-f(3)=5$, $f(4)-f(1)=5$이고

$f(1)$, $f(2)$, $f(3)$, $f(4)$가 될 수 있는 값은 1, 2, 3, 4이므로

두 함숫값의 차가 5가 되는 경우가 존재하지 않으므로

함수 $f(x)$는 존재하지 않는다.

(ⅰ)~(ⅴ)에서 $f(1)=2$, $f(2)=4$, $f(3)=1$, $f(4)=5$, $f(5)=3$

따라서 $f(2)+f(5)=4+3=7$

다른풀이 대소관계를 이용하여 풀이하기

STEP A 주어진 조건을 이용하여 $f(5)$의 값 구하기

함수 f가 일대일대응이므로 일대일함수이면서 (공역)=(치역)이어야 한다.

조건 (가)에서 $f(2)-f(3)=f(4)-f(1)=f(5)$이므로 $f(5)\geq 1$

즉 $f(2)-f(3)\geq 1$, $f(4)-f(1)\geq 1$

$\therefore f(2)\geq f(3)+1$, $f(4)\geq f(1)+1$

조건 (나)에서 $f(1)<f(2)<f(4)$이고 $f(2)-f(3)=f(4)-f(1)$이므로

$f(3)<f(1)<f(2)<f(4)$

이때 $f(2)-f(3)\geq 2$, $f(4)-f(1)\geq 2$이어야 하고 $f(2)\leq 4$이므로

$f(2)-f(3)\leq 3$

$\therefore f(5)=2$ 또는 $f(5)=3$

STEP B $f(2)+f(5)$의 값 구하기

(i) $f(5)=2$인 경우

$f(5)=2$일 때, $f(3)<f(1)<f(2)<f(4)$에서

$f(4)=5$, $f(2)=4$, $f(1)=3$, $f(3)=1$

일대일대응이고 대소 관계가 정해져 있으므로 함숫값을 구할 수 있다.

이때 $f(4)-f(1)=5-3=2$로 조건을 만족시키지만

$f(2)-f(3)=4-1=3$이므로 조건을 만족시키지 않는다.

(ii) $f(5)=3$인 경우

$f(5)=3$일 때, $f(3)<f(1)<f(2)<f(4)$에서

$f(4)=5$, $f(2)=4$, $f(1)=2$, $f(3)=1$

일대일대응이고 대소 관계가 정해져 있으므로 함숫값을 구할 수 있다.

이때 $f(4)-f(1)=f(2)-f(3)=3$이므로 조건을 만족시킨다.

(i), (ii)에 의하여

$f(1)=2$, $f(2)=4$,

$f(3)=1$, $f(4)=5$, $f(5)=3$

따라서 $f(2)+f(5)=4+3=7$

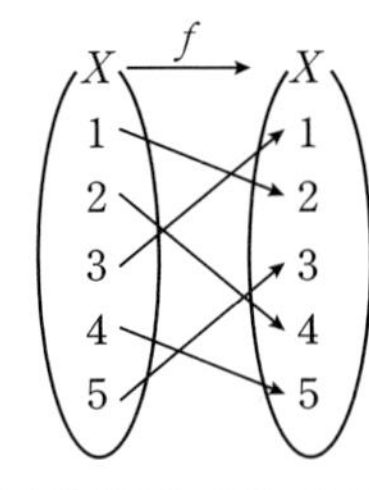

+α 함숫값을 표로 나타내어 확인할 수 있어!

$f(5)$	$f(4)-f(1)$	$f(2)-f(3)$	$f(4)>f(2)>f(1)$
1	5-4	3-2	5>3>4 (모순)
2			(모순)
3	5-2	4-1	5>4>2 (만족)
4			(모순)
5			(모순)

즉 $f(5)=3$, $f(4)=5$, $f(1)=2$, $f(2)=4$, $f(3)=1$이므로 $f(2)+f(5)=4+3=7$

0708

2014년 11월 고1 학력평가 28번

집합 $X=\{1, 2, 3, 4\}$에 대하여 두 함수 $f : X \longrightarrow X$, $g : X \longrightarrow X$가 있다. 함수 $y=f(x)$는 $f(4)=2$를 만족시키고 함수 $y=g(x)$의 그래프는 그림과 같다. 두 함수 $y=f(x)$, $y=g(x)$에 대하여 함수 $h : X \longrightarrow X$를

$$h(x)=\begin{cases} f(x) & (f(x)\geq g(x)) \\ g(x) & (g(x)>f(x)) \end{cases}$$

라 정의하자. 함수 $y=h(x)$가 일대일대응일 때, $f(2)+h(3)$의 값을 구하시오.

TIP $h(x)$가 함숫값으로 $f(x)$와 $g(x)$를 가질 때의 조건을 이용한다.

STEP A 주어진 조건을 이용하여 $h(3)$, $h(4)$의 값 구하기

$f(4)=2$이고 주어진 그래프에서 $g(4)=3$이므로 $g(4)>f(4)$

$\therefore h(4)=g(4)=3$

또한, 함수 $h(x)$는 일대일대응이므로 $h(3)\neq 3$

이때 $g(3)=3$이므로 $h(3)\neq g(3)$ ← $h(x)$의 정의에 의하여 $h(3)\neq g(3)$이면 $h(3)=f(3)$

즉 $h(3)=f(3)$이고 $f(3)>g(3)=3$이므로 $f(3)=4$

$\therefore h(3)=4$

STEP B $h(1)=1$, $h(2)=2$를 이용하여 $f(2)$의 값 구하기

이때 $h(3)=4$, $h(4)=3$이므로

$h(1)$, $h(2)$는 각각 1, 2 중 하나의 값을 갖고 $h(1)\neq h(2)$

(i) $h(1)=1$인 경우

$h(1)$은 $f(1)$과 $g(1)$ 중 작지 않은 값을 가지는데 $g(1)=2$이므로

$h(1)$의 값은 $f(1)$의 값에 관계없이 2 이상이 되어 모순이다.

(ii) $h(2)=1$인 경우

$h(2)$는 $f(2)$와 $g(2)$ 중 작지 않은 값을 가지는데 $g(2)=1$이므로

$f(2)=1$이면 만족한다.

$\therefore f(2)=1$

따라서 $f(2)+h(3)=1+4=5$

02 합성함수와 역함수

0709

두 함수 $f : X \longrightarrow Y$, $g : Y \longrightarrow Z$가 다음 그림과 같을 때, $(g \circ f)(x)=6$을 만족하는 x의 값을 구하시오.

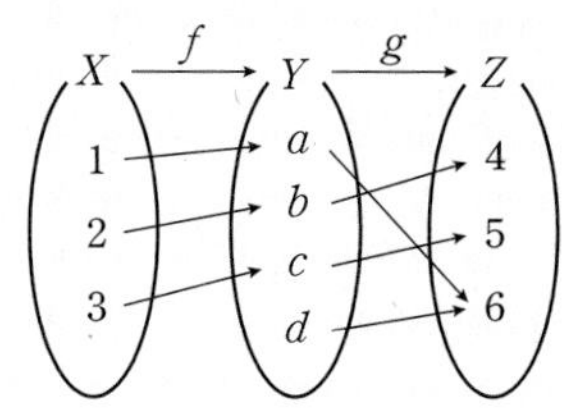

STEP A 합성함수의 정의를 이용하여 x의 값 구하기

$(g \circ f)(x)=g(f(x))=6$에서 ← $(g \circ f)(a)=g(f(a))$

$g(a)=6$이므로 $f(x)=a$, 즉 $x=1$일 때, $f(1)=a$

따라서 $x=1$

0710

오른쪽 그림과 같이 정의된 함수 $f : X \longrightarrow X$에 대하여

$f(3)+(f \circ f)(3)+(f \circ f \circ f)(3)$

TIP 함수의 대응관계에 따라 함숫값을 각각 구한다.

의 값은?

① 5 ② 6
③ 7 ④ 8
⑤ 9

STEP A 합성함수의 정의를 이용하여 주어진 값 계산하기

$f(3)=2$이므로 $(f \circ f)(3)=f(f(3))=f(2)=5$

$(f \circ f \circ f)(3)=f(f(f(3)))=f(f(2))=f(5)=1$

따라서 $f(3)+(f \circ f)(3)+(f \circ f \circ f)(3)=2+5+1=8$

0711

집합 $X=\{1,\ 2,\ 3\}$에 대하여 X에서 X로의 함수 $f(x)=ax+3$과 X에서 모든 정수 집합으로의 함수 $g(x)=4-x$에 대하여 합성함수 $g \circ f$가 정의되도록 실수 a의 값을 구하시오.

TIP 함수 $f(x)$의 치역이 함수 $g(x)$의 정의역의 부분집합이 되어야 한다.

STEP A 합성함수 $g \circ f$가 정의되기 위한 조건 구하기

합성함수 $g \circ f$가 정의되기 위해서 함수 $f(x)$의 치역이 함수 $g(x)$의 정의역의 부분집합이 되어야 한다.

즉 $f(1)=a+3$, $f(2)=2a+3$, $f(3)=3a+3$이므로

$\{a+3,\ 2a+3,\ 3a+3\} \subset \{1,\ 2,\ 3\}$ ← {함수 $f(x)$의 치역}⊂{함수 $g(x)$의 정의역}

STEP B 실수 a의 값 구하기

(ⅰ) $a+3=1$인 경우

$a+3=1$일 때, $a=-2$이므로 함수 $f(x)$의 치역은 $\{1,\ -2,\ -3\}$

이때 함수 $g(x)$의 정의역 $\{1,\ 2,\ 3\}$에 부분집합이 되지 않으므로 합성함수가 정의되지 않는다.

(ⅱ) $a+3=2$인 경우

$a+3=2$일 때, $a=-1$이므로 함수 $f(x)$의 치역은 $\{0,\ 1,\ 2\}$

이때 함수 $g(x)$의 정의역 $\{1,\ 2,\ 3\}$에 부분집합이 되지 않으므로 합성함수가 정의되지 않는다.

(ⅲ) $a+3=3$인 경우

$a+3=3$일 때, $a=0$이므로 함수 $f(x)$의 치역은 $\{3\}$

이때 함수 $g(x)$의 정의역 $\{1,\ 2,\ 3\}$에 부분집합이 되므로 합성함수가 정의된다.

(ⅰ)~(ⅲ)에서 실수 a의 값은 0

0712

두 함수 f, g에 대하여 다음 물음에 답하시오.

(1) 함수 $f(x)=2x+a$에 대하여 $(f \circ f)(1)=f(-1)$이 성립하도록 하는 상수 a의 값을 구하시오.

TIP $(f \circ f)(x)=2(2x+a)+a$

STEP A 합성함수의 정의를 이용하여 상수 a의 값 구하기

$f(x)=2x+a$이므로 $(f \circ f)(1)=f(f(1))=f(2+a)=2(2+a)+a=4+3a$

$f(-1)=-2+a$

이때 $(f \circ f)(1)=f(-1)$이므로 $4+3a=-2+a$, $2a=-6$

따라서 $a=-3$

(2) 함수 $f(x)=ax+b$에 대하여 합성함수 $(f \circ f)(x)=4x+3$일 때, $f(1)$의 값을 구하시오. (단, $a>0$, a, b는 상수이다.)

TIP $(f \circ f)(x)=a(ax+b)+b$

STEP A 합성함수의 정의를 이용하여 상수 a, b의 값 구하기

함수 $f(x)=ax+b$에 대하여 합성함수 $(f \circ f)(x)$는

$(f \circ f)(x)=f(f(x))=f(ax+b)=a(ax+b)+b=a^2x+ab+b$

즉 $(f \circ f)(x)=a^2x+ab+b$이므로 $a^2x+ab+b=4x+3$ ← x에 대한 항등식

$a^2=4$, $ab+b=3$

이때 $a>0$이고 위의 식을 연립하여 풀면 $a=2$, $b=1$

STEP B $f(1)$의 값 구하기

따라서 $f(x)=2x+1$이므로 $f(1)=2\times1+1=3$

0713

다음 물음에 답하시오.

(1) 두 함수 $f(x)=ax+b$, $g(x)=-x+1$에 대하여 $(g \circ f)(x)=2x+3$이 성립할 때, $f(-3)$의 값은? (단, a, b는 상수이다.)

TIP $(g \circ f)(x)=-(ax+b)+1$

① 1 ② 2 ③ 3
④ 4 ⑤ 5

STEP A 합성함수의 정의를 이용하여 상수 a, b의 값 구하기

두 함수 $f(x)=ax+b$, $g(x)=-x+1$에 대하여

$(g \circ f)(x)=g(f(x))=g(ax+b)=-(ax+b)+1$

즉 $(g \circ f)(x)=-ax-b+1$이므로 $-ax-b+1=2x+3$ ← x에 대한 항등식

$-a=2$, $-b+1=3$ $\therefore a=-2$, $b=-2$

STEP B $f(-3)$의 값 구하기

따라서 $f(x)=-2x-2$이므로 $f(-3)=-2\times(-3)-2=6-2=4$

(2) 두 함수 $f(x)=\begin{cases} -2x+4 & (x \ge 1) \\ 2 & (x<1) \end{cases}$, $g(x)=x^2-2$에 대하여

$(f \circ g)(3)+(g \circ f)(0)$의 값은?

TIP $(f \circ g)(3)+(g \circ f)(0)=f(g(3))+g(f(0))$

① -18 ② -12 ③ -10
④ -8 ⑤ -6

STEP Ⓐ **합성함수의 정의를 이용하여 구하기**

$(f \circ g)(3)=f(g(3))=f(3^2-2)=\underline{f(7)=-2\times7+4}=-10$

$x \ge 1$일 때, $f(x)=-2x+4$

$(g \circ f)(0)=\underline{g(f(0))}=g(2)=2^2-2=2$

$x<1$일 때, $f(x)=2$

따라서 $(f \circ g)(3)+(g \circ f)(0)=-10+2=-8$

0714

2018년 04월 고3 학력평가 나형 26번 변형

두 함수

$$f(x)=x+a,\ g(x)=\begin{cases} x-4 & (x<3) \\ x^2 & (x \ge 3) \end{cases}$$

에 대하여 $(f \circ g)(0)+(g \circ f)(0)=16$을 만족시키는 상수 a의 값을 구하시오.

TIP $(g \circ f)(0)=g(f(0))=g(a)$이므로 a의 범위를 나누어 a의 값을 구한다.

STEP Ⓐ **합성함수의 정의를 이용하여 $(f \circ g)(0)$과 $(g \circ f)(0)$의 값 구하기**

$(f \circ g)(0)=f(g(0))=f(-4)=-4+a$ ← $x<3$에서 $g(x)=x-4$

$(g \circ f)(0)=g(f(0))=g(a)$ ← $(g \circ f)(a)=g(f(a))$

STEP Ⓑ **a의 값의 범위를 나누고 상수 a의 값 구하기**

(i) $a<3$인 경우

$x<3$일 때, $g(x)=x-4$이므로 $g(a)=a-4$

$(f \circ g)(0)+(g \circ f)(0)=(-4+a)+(a-4)=2a-8=16$ $\therefore a=12$

이때 $a<3$의 조건을 만족시키지 않는다.

(ii) $a \ge 3$인 경우

$x \ge 3$일 때, $g(x)=x^2$이므로 $g(a)=a^2$

$(f \circ g)(0)+(g \circ f)(0)=(-4+a)+a^2=a^2+a-4=16$

$a^2+a-20=0$, $(a+5)(a-4)=0$ $\therefore a=-5$ 또는 $a=4$

$a \ge 3$이므로 $a=4$

(i), (ii)에 의하여 $a=4$

0715

함수 $f(x)=1-x$에 대하여 $f^1=f$, $f^{n+1}=f \circ f^n$와 같이 정의할 때, $f^9(6)+f^{10}(10)$의 값을 구하시오. (단, n은 자연수이다.)

TIP 합성함수의 정의를 이용하여 규칙성을 구하도록 한다.

STEP Ⓐ **합성함수의 정의를 이용하여 함숫값의 규칙성 구하기**

함수 $f(x)=1-x$에 대하여

$f^1(x)=1-x$

$f^2(x)=f(f(x))=f(1-x)=1-(1-x)=x$ $\therefore f^2(x)=x$

$f^3(x)=f(f^2(x))=f(x)=1-x$ $\therefore f^3(x)=1-x$

$f^4(x)=f(f^3(x))=f(1-x)=1-(1-x)=x$ $\therefore f^4(x)=x$

⋮

$\therefore f^n(x)=\begin{cases} 1-x & (n\text{은 홀수}) \\ x & (n\text{은 짝수}) \end{cases}$

STEP Ⓑ **$f^9(6)+f^{10}(10)$의 값 구하기**

따라서 $\underline{f^9(6)+f^{10}(10)}=(1-6)+10=5$

$f^9(x)=1-x$, $f^{10}(x)=x$

0716

2010년 11월 고1 학력평가 25번 변형

다음 물음에 답하시오.

(1) 집합 $X=\{1, 2, 3\}$에 대하여 함수 $f: X \longrightarrow X$를 오른쪽 그림과 같이 정의한다.

$f^1(x)=f(x)$, $f^{n+1}(x)=f(f^n(x))$ $(n=1, 2, 3, \cdots)$이라고 할 때, $f^{31}(1)+f^{32}(2)+f^{33}(3)$의 값은?

TIP 규칙을 찾아 주어진 값을 구한다.

① 2 ② 3 ③ 4
④ 5 ⑤ 6

STEP Ⓐ **합성함수의 규칙성을 이용하여 함숫값 구하기**

$f^1(1)=f(1)=2$

$f^2(1)=f(f^1(1))=f(2)=3$

$f^3(1)=f(f^2(1))=f(3)=1$

$f^4(1)=f(f^3(1))=f(1)=2$

⋮

이므로 $f^n(1)$의 값은 주기가 3으로 2, 3, 1의 값이 순서대로 반복된다.

즉 $f^{31}(1)=f^{3\times10+1}(1)=f^1(1)=2$ …… ㉠

$f^1(2)=f(2)=3$

$f^2(2)=f(f^1(2))=f(3)=1$

$f^3(2)=f(f^2(2))=f(1)=2$

$f^4(2)=f(f^3(2))=f(2)=3$

⋮

이므로 $f^n(2)$의 값은 주기가 3으로 3, 1, 2의 값이 순서대로 반복된다.

즉 $f^{32}(2)=f^{3\times10+2}(2)=f^2(2)=1$ …… ㉡

$f^1(3)=f(3)=1$

$f^2(3)=f(f^1(3))=f(1)=2$

$f^3(3)=f(f^2(3))=f(2)=3$

$f^4(3)=f(f^3(3))=f(3)=1$

⋮

이므로 $f^n(3)$의 값은 주기가 3으로 1, 2, 3의 값이 순서대로 반복된다.

즉 $f^{33}(3)=f^{3\times10+3}(3)=f^3(3)=3$ …… ㉢

STEP Ⓑ **$f^{31}(1)+f^{32}(2)+f^{33}(3)$의 값 구하기**

㉠, ㉡, ㉢에 의하여 $f^{31}(1)+f^{32}(2)+f^{33}(3)=2+1+3=6$

+α 만족하는 조건을 그림으로 나타낼 수 있어!

조건을 만족하는 $f(x)$는 그림과 같이 $f^3(x)=x$를 만족하고 같은 형태가 반복되므로 $f^{3k}(x)=x$를 만족한다. (단, k는 자연수이다.)

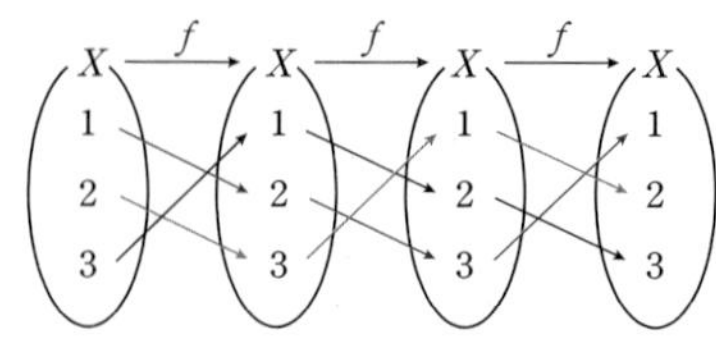

(2) 집합 $X=\{1, 2, 3\}$에 대하여 함수 $f : X \longrightarrow X$의 그래프가 오른쪽 그림과 같고 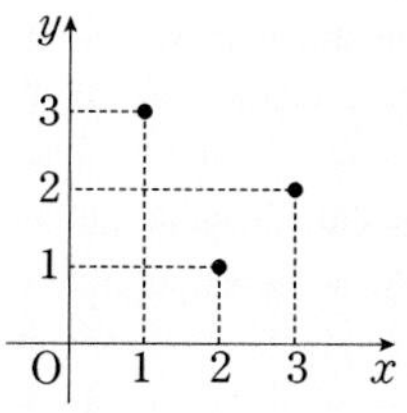
$f^1(x)=f(x)$, $f^{n+1}(x)=f(f^n(x))$
로 정의할 때,
$f^{10}(1)+f^{11}(2)+f^{12}(3)$의 값은?
TIP 규칙을 찾아 주어진 값을 구한다.
(단, n은 자연수이다.)

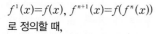

① 3 ② 4 ③ 5
④ 6 ⑤ 9

STEP A 합성함수의 규칙성을 이용하여 함숫값 구하기

$f^1(1)=3$
$f^2(1)=f(f^1(1))=f(3)=2$
$f^3(1)=f(f^2(1))=f(2)=1$
$f^4(1)=f(f^3(1))=f(1)=3$
⋮
이므로 $f^n(1)$의 값은 주기가 3으로 3, 2, 1의 값이 순서대로 반복된다.
즉 $f^{10}(1)=f^{3\times3+1}(1)=f^1(1)=3$ …… ㉠

$f^1(2)=1$
$f^2(2)=f(f^1(2))=f(1)=3$
$f^3(2)=f(f^2(2))=f(3)=2$
$f^4(2)=f(f^3(2))=f(2)=1$
⋮
이므로 $f^n(2)$의 값은 주기가 3으로 1, 3, 2의 값이 순서대로 반복된다.
즉 $f^{11}(2)=f^{3\times3+2}(2)=f^2(2)=3$ …… ㉡

$f(3)=2$
$f^2(3)=f(f(3))=f(2)=1$
$f^3(3)=f(f^2(3))=f(1)=3$
$f^4(3)=f(f^3(3))=f(3)=2$
⋮
이므로 $f^n(3)$의 값은 주기가 3으로 2, 1, 3의 값이 순서대로 반복된다.
즉 $f^{12}(3)=f^{3\times3+3}(3)=f^3(3)=3$ …… ㉢

STEP B $f^{10}(1)+f^{11}(2)+f^{12}(3)$의 값 구하기

㉠, ㉡, ㉢에 의하여 $f^{10}(1)+f^{11}(2)+f^{12}(3)=3+3+3=9$

0717

2012년 11월 고1 학력평가 8번 변형

집합 $\{1, 3, 5, 7\}$에서 정의된 함수 $f(x)$가

$$f(x)=\begin{cases} x+2 & (x\le5) \\ 1 & (x>5) \end{cases}$$

이고 $f^1=f$, $f^{n+1}=f\circ f^n$으로 정의할 때,
$f^{100}(3)+f^{101}(5)$의 값을 구하시오. (단, n은 자연수이다.)
TIP 규칙을 찾아 주어진 값을 구한다.

STEP A 합성함수의 규칙성을 이용하여 함숫값 구하기

$f^1(3)=5$ ← $x\le5$일 때, $f(x)=x+2$
$f^2(3)=f(f(3))=f(5)=7$ ← $x\le5$일 때, $f(x)=x+2$
$f^3(3)=f(f^2(3))=f(7)=1$ ← $x>5$일 때, $f(x)=1$
$f^4(3)=f(f^3(3))=f(1)=3$
$f^5(3)=f(f^4(3))=f(3)=5$
⋮
이므로 $f^n(3)$의 값은 주기가 4로 5, 7, 1, 3의 값이 순서대로 반복된다.
즉 $f^{100}(3)=f^{4\times24+4}(3)=f^4(3)=3$ …… ㉠

$f(5)=7$ ← $x\le5$일 때, $f(x)=x+2$
$f^2(5)=f(f(5))=f(7)=1$ ← $x>5$일 때, $f(x)=1$
$f^3(5)=f(f^2(5))=f(1)=3$ ← $x\le5$일 때, $f(x)=x+2$
$f^4(5)=f(f^3(5))=f(3)=5$
$f^5(5)=f(f^4(5))=f(5)=7$
⋮
이므로 $f^n(5)$의 값은 주기가 4로 7, 1, 3, 5의 값이 순서대로 반복된다.
즉 $f^{101}(5)=f^{4\times25+1}(5)=f^1(5)=7$ …… ㉡

STEP B $f^{100}(3)+f^{101}(5)$의 값 구하기

㉠, ㉡에 의하여 $f^{100}(1)+f^{101}(5)=3+7=10$

0718

다음 물음에 답하시오.

(1) 두 함수 $f(x)=3x+a$, $g(x)=-2x+3$에 대하여 합성함수 $g\circ f=f\circ g$가 성립할 때, $f(10)$의 값을 구하시오.
TIP $(g\circ f)(x)$의 식과 $(f\circ g)(x)$의 식을 구하고 항등식으로 구한다.
(단, a는 상수이다.)

STEP A $(g\circ f)(x)$, $(f\circ g)(x)$의 식 구하기

$f(x)=3x+a$, $g(x)=-2x+3$에서
$(g\circ f)(x)=g(f(x))=g(3x+a)$
$g(x)$에 x대신 $f(x)$를 대입한다.
$=-2(3x+a)+3$
$=-6x-2a+3$
$\therefore (g\circ f)(x)=-6x-2a+3$ …… ㉠
$(f\circ g)(x)=f(g(x))=f(-2x+3)$
$f(x)$에 x대신 $g(x)$를 대입한다.
$=3(-2x+3)+a$
$=-6x+9+a$
$\therefore (f\circ g)(x)=-6x+9+a$ …… ㉡

STEP B $(g\circ f)(x)=(f\circ g)(x)$임을 이용하여 상수 a의 값 구하기

$(g\circ f)(x)=(f\circ g)(x)$이므로 ㉠, ㉡에서
$-6x-2a+3=-6x+9+a$ ← x에 대한 항등식
즉 $-2a+3=9+a$, $3a=-6$
$\therefore a=-2$
따라서 $f(x)=3x-2$이므로 $f(10)=30-2=28$

(2) 세 함수 f, g, h에 대하여 $(f\circ g)(x)=5x+1$, $h(x)=x+1$일 때, $(f\circ(g\circ h))(x)=-4$를 만족할 때, x의 값을 구하시오.

STEP A 합성함수의 결합법칙을 이용하여 $(f\circ(g\circ h))(x)$의 식 구하기

합성함수의 결합법칙에 의하여
$(f\circ(g\circ h))(x)=((f\circ g)\circ h)(x)$ ← 결합법칙은 성립한다.
$=(f\circ g)(x+1)$
$=5(x+1)+1=5x+6$ ← x대신 $x+1$을 대입
$\therefore (f\circ(g\circ h))(x)=5x+6$

STEP B x의 값 구하기

따라서 $(f\circ(g\circ h))(x)=5x+6=-4$이므로 $x=-2$

0719

두 함수 $f(x)=4x-3$, $g(x)=ax+b$에 대하여

$g(2)=3$, $f \circ g=g \circ f$

TIP 모든 x에 대하여 함숫값 $(f \circ g)(x)$와 $(g \circ f)(x)$가 같아야 한다.

가 성립할 때, $(g \circ f)(2)$의 값은?

① 5 ② 6 ③ 7
④ 8 ⑤ 9

STEP Ⓐ 주어진 조건을 이용하여 상수 a, b의 값 구하기

$f(x)=4x-3$, $g(x)=ax+b$에서

$g(2)=3$이므로 $2a+b=3$ …… ㉠

$(f \circ g)(x)=f(g(x))=f(ax+b)=4(ax+b)-3$

$\therefore (f \circ g)(x)=4ax+4b-3$

$(g \circ f)(x)=g(f(x))=g(4x-3)=a(4x-3)+b$

$\therefore (g \circ f)(x)=4ax-3a+b$

$f \circ g=g \circ f$이므로 위의 식이 일치한다.

즉 $4ax+4b-3=4ax-3a+b$, $4b-3=-3a+b$ ← x에 대한 항등식

$\therefore a+b=1$ …… ㉡

㉠, ㉡을 연립하여 풀면 $a=2$, $b=-1$이므로 $g(x)=2x-1$

STEP Ⓑ $(g \circ f)(2)$의 값 구하기

따라서 $(g \circ f)(2)=g(f(2))=g(5)=2\times5-1=9$

0720

세 함수 f, g, h가 다음 조건을 만족할 때, 상수 a, b에 대하여 $a+b$의 값을 구하시오.

(가) $f(x)=-x+a$
(나) $(h \circ g)(x)=2x+1$
(다) $(h \circ (g \circ f))(x)=2bx-3$

TIP 결합법칙에 의하여 $h \circ (g \circ f)=(h \circ g) \circ f$

STEP Ⓐ 합성함수의 결합법칙을 이용하여 $(h \circ (g \circ f))(x)$의 식 구하기

합성함수의 결합법칙에 의하여

$(h \circ (g \circ f))(x)=((h \circ g) \circ f)(x)$이므로

조건 (다)에서

$(h \circ (g \circ f))(x)=((h \circ g) \circ f)(x)$ ← 결합법칙은 성립한다.

$=(h \circ g)(-x+a)$

$=2(-x+a)+1$

$=-2x+2a+1$

이므로 $-2x+2a+1=2bx-3$ ← x에 대한 항등식

즉 $-2=2b$, $2a+1=-3$이므로 $a=-2$, $b=-1$

따라서 $a+b=(-2)+(-1)=-3$

0721

두 함수 $f(x)=2x+1$, $g(x)=6x+3$에 대하여 다음을 만족하는 함수 $h(x)$를 구하시오.

(1) $(f \circ h)(x)=g(x)$
(2) $(h \circ f)(x)=g(x)$
(3) $(h \circ g \circ f)(x)=g(x)$

STEP Ⓐ 합성함수의 성질을 이용하여 $h(x)$ 구하기

(1) $(f \circ h)(x)=g(x)$에서

$(f \circ h)(x)=f(h(x))=2h(x)+1$

$2h(x)+1=6x+3$ $\therefore h(x)=3x+1$

(2) $(h \circ f)(x)=g(x)$에서

$(h \circ f)(x)=h(f(x))=h(2x+1)$

$h(2x+1)=6x+3$ …… ㉠

이때 $2x+1=t$라 하면 $x=\frac{1}{2}(t-1)$이므로 ㉠에 대입하면

$h(t)=6\left(\frac{t-1}{2}\right)+3$, $h(t)=3t$에서 t를 x로 바꾸면 된다.

$\therefore h(x)=3x$

(3) $(h \circ g \circ f)(x)=h(g(f(x)))=h(g(2x+1))$ ← $(g \circ f)(a)=g(f(a))$

$=h(6(2x+1)+3)$

$=h(12x+9)$

즉 $(h \circ g \circ f)(x)=g(x)$에서

$h(12x+9)=6x+3$ …… ㉡

이때 $12x+9=t$라 하면 $x=\frac{t-9}{12}$이므로 ㉡의 식에 대입하면

$h(t)=6\left(\frac{t-9}{12}\right)+3=\frac{t-3}{2}$에서 t를 x로 바꾸면 된다.

$\therefore h(x)=\frac{x-3}{2}$

0722

2015년 09월 고2 학력평가 가형 6번 변형

다음 물음에 답하시오.

(1) 두 함수 $f(x)=\frac{1}{2}x+1$, $g(x)=-x^2+6$이 있다. 모든 실수 x에 대하여 함수 $h(x)$가 $(f \circ h)(x)=g(x)$를 만족시킬때, $h(3)$의 값은?

TIP $f(h(x))=g(x)$에 $x=3$을 대입한다.

① -8 ② -5 ③ 0
④ 5 ⑤ 8

STEP Ⓐ 합성함수의 성질을 이용하여 $h(x)$의 식 구하기

$(f \circ h)(x)=g(x)$에서 $(f \circ h)(x)=f(h(x))=\frac{1}{2}h(x)+1$이므로

주어진 식에 대입하면 $\frac{1}{2}h(x)+1=-x^2+6$

$\therefore h(x)=-2x^2+10$

STEP Ⓑ $h(3)$의 값 구하기

따라서 $h(3)=-2\times3^2+10=-8$

MINI해설 $h(3)=k$로 놓고 풀이하기

$(f \circ h)(x)=g(x)$에서 양변에 $x=3$을 대입하면 $f(h(3))=g(3)=-3$

이때 $h(3)=k$라고 하면 $f(k)=-3$이므로 $\frac{1}{2}k+1=-3$

따라서 $k=-8$이므로 $h(3)=-8$

(2) 두 함수 f, g에 대하여 $g(x)=\frac{x+1}{2}$, $(f \circ g)(x)=3x+2$일 때,

TIP $f\left(\frac{x+1}{2}\right)=3x+2$에서 $\frac{x+1}{2}=t$로 치환하여 $f(x)$의 식을 구한다.

$f(2)$의 값은?

① 5 ② 7 ③ 9
④ 11 ⑤ 13

STEP A 합성함수의 성질을 이용하여 $f(x)$의 식 구하기

$(f \circ g)(x)=f\left(\frac{x+1}{2}\right)=3x+2$ …… ㉠ ← $f(g(x))$에 x대신 $g(x)$를 대입

이때 $\frac{x+1}{2}=t$라 하면 $x=2t-1$이므로 ㉠의 식에 대입하면

$f(t)=3(2t-1)+2=6t-1$이고 t를 x로 바꾸면 된다.

$\therefore f(x)=6x-1$

STEP B $f(2)$의 값 구하기

따라서 $f(2)=6\times2-1=11$

MINI해설 $g(x)=2$인 x의 값을 구하여 풀이하기

$(f \circ g)(x)=f(g(x))=3x+2$에서 $f(2)$를 구하므로

$g(x)=\frac{x+1}{2}=2 \quad \therefore x=3$

따라서 $f(2)=(f \circ g)(3)=3\times3+2=11$

0723

1994학년도 고3 수능기출 나형 6번

$f(x)=5x-1$이고 함수 $g(x)$는 모든 함수 $h(x)$에 대하여

$(h \circ g \circ f)(x)=h(x)$

TIP $(g \circ f)(x)=x$가 되어야 한다.

를 만족시킨다. $g(4)$의 값을 구하시오.
(단, $f(x)$, $g(x)$, $h(x)$는 실수 전체의 집합 R에서 R로의 함수이다.)

STEP A 합성함수의 성질을 이용하여 $g(x)$의 식 구하기

$(h \circ g \circ f)(x)=h(g(f(x)))=h(x)$이므로 $g(f(x))=x$이어야 한다.

$f(x)=5x-1$이므로 $g(f(x))=g(5x-1)=x$ …… ㉠

이때 $5x-1=t$라 하면 $x=\frac{t+1}{5}$이므로 ㉠의 식에 대입하면

$g(t)=\frac{t+1}{5}$이고 t를 x로 바꾸면 된다.

$\therefore g(x)=\frac{x+1}{5}$

STEP B $g(4)$의 값 구하기

따라서 $g(4)=\frac{4+1}{5}=1$

+α $f(x)=4$가 되는 x의 값으로 구할 수 있어!

$(h \circ g \circ f)(x)=h(g(f(x)))=h(x)$이므로 $g(f(x))=x$

이때 $f(x)=5x-1$이고 $f(x)=4$가 되는 x의 값을 구하면

$5x-1=4$이므로 $x=1$

즉 양변에 $x=1$을 대입하면 $g(f(1))=g(4)=1$

MINI해설 역함수 관계를 이용하여 풀이하기

$f(x)$와 $g(x)$의 관계를 이용하면

$(h \circ g \circ f)(x)=h(g(f(x)))=h(x)$에서 $g(f(x))=x$이고 $f(x)$가

일대일대응이므로 $f(x)$와 $g(x)$는 역함수 관계이다.

함수 f의 역함수가 f^{-1}일 때, $f^{-1}(a)=b \Longleftrightarrow f(b)=a$이다.

이때 $g(4)=t$라 하면 $f(t)=4$이므로 $f(t)=5t-1=4$에서 $t=1$

따라서 $g(4)=1$

0724

2016년 10월 고3 학력평가(전북) 나형 10번

다음 물음에 답하시오.

(1) 세 집합 $X=\{1, 2, 3\}$, $Y=\{a, b, c\}$, $Z=\{4, 5, 6\}$에 대하여 일대일대응인 함수 $f : X \longrightarrow Y$와 $g : Y \longrightarrow Z$가

TIP 일대일함수이고 공역과 치역이 같아야 한다.

$f(1)=a$, $g(b)=4$, $(g \circ f)(2)=6$을 만족할 때, $(g \circ f)(3)$의 값을 구하시오.

STEP A 두 함수 f, g가 일대일대응임을 이용하여 함숫값 구하기

$f(1)=a$, $g(b)=4$이고 두 함수 f, g는 모두 일대일대응이다.

다음 그림에서 $(g \circ f)(2)=6$이므로 $f(2)=c$이어야 한다.

$f(2)=b$이면 $g(f(2))=g(b)=4$이므로 조건을 만족시키지 않는다.

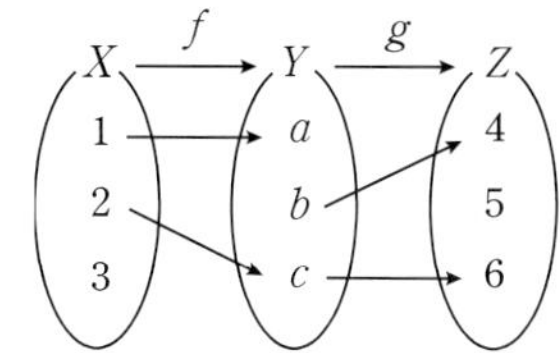

따라서 $f(3)=b$, $g(a)=5$에서 $(g \circ f)(3)=g(f(3))=g(b)=4$

2016년 10월 고3 학력평가(전북) 나형 10번

(2) 집합 $X=\{1, 2, 3\}$에 대하여 X에서 X로의 일대일대응인 두 함수

TIP 일대일함수이고 정의역의 원소의 개수와 공역의 원소의 개수가 같다.

f, g가 $f(1)=2$, $g(3)=1$, $(g \circ f)(3)=2$를 만족시킨다.

$f(2)+f(3)+2g(2)$의 값을 구하시오.

STEP A 두 함수 f, g가 일대일대응임을 이용하여 함숫값 구하기

$f(1)=2$, $g(3)=1$이고 $(g \circ f)(3)=2$이므로

함수 f가 일대일대응에서 $f(3)=1$ 또는 $f(3)=3$로 나눌 수 있다.

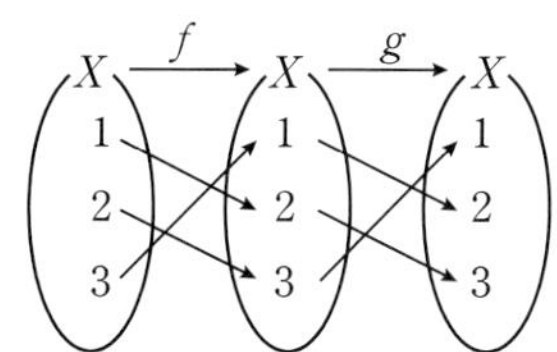

(i) $f(3)=1$일 때,

$g(f(3))=g(1)=2$

(ii) $f(3)=3$일 때,

$g(f(3))=g(3)=1$이므로

$(g \circ f)(3)=2$에 모순이다.

(i), (ii)에서 f, g가 일대일대응이므로 $f(2)=3$, $g(2)=3$

따라서 $f(2)+f(3)+2g(2)=3+1+2\times3=10$

0725

집합 $X=\{1, 2, 3, 4\}$에 대하여 X에서 X로의 두 함수 f, g가 모두 일대일대응이고

TIP 일대일함수이고 공역과 치역이 같아야 한다.

$f(1)=4$, $g(2)=3$, $g(3)=4$, $(g \circ f)(2)=3$, $(g \circ f)(4)=1$

을 만족할 때, 다음을 구하시오.

(1) $f(3)$

(2) $(g \circ f)(1)$

STEP Ⓐ **두 함수 f, g가 일대일대응임을 이용하여 함숫값 구하기**

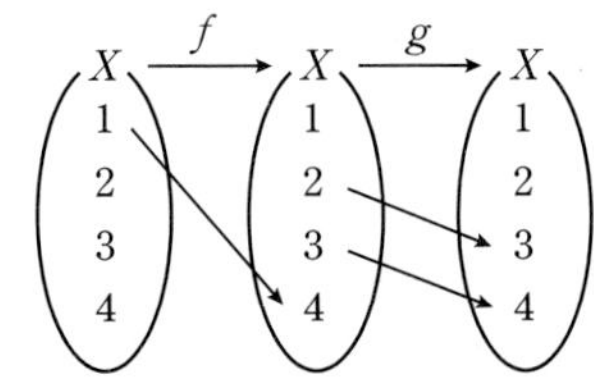

(1) $(g \circ f)(2)=g(f(2))=3$이고 $g(2)=3$이므로 $f(2)=2$

$(g \circ f)(4)=g(f(4))=1$이고 $g(3)=4$이므로 $f(4) \neq 3$

즉 $f(4)=1$

따라서 함수 f는 일대일대응이므로 $f(3)=3$

(2) $g(3)=4$, $g(2)=3$이고 $(g \circ f)(4)=g(f(4))=g(1)=1$

함수 g는 일대일대응이므로 $g(4)=2$

따라서 $(g \circ f)(1)=g(f(1))=g(4)=2$

0726

집합 $X=\{1, 2, 3, 4, 5\}$에 대하여 일대일대응인 함수 $f : X \longrightarrow X$가

$$f(1)=2,\ f(3)=4,\ (f \circ f \circ f)(5)=1$$

TIP $f(5)$가 될 수 있는 값의 경우를 나누어 확인한다.

을 만족할 때, $f(2)+2f(4)+3f(5)$의 값을 구하시오.

STEP Ⓐ **두 함수 f, g가 일대일대응임을 이용하여 함숫값 구하기**

$f(1)=2$, $f(3)=4$이고 f가 일대일대응이므로

$f(5)$는 1, 3, 5 중 어느 하나의 값을 가진다.

(ⅰ) $f(5)=1$이면 $(f \circ f \circ f)(5)=(f \circ f)(1)=f(2)=1$이므로

함수 f가 일대일대응이라는 조건에 모순이 된다.

$f(5)=1$, $f(2)=1$이므로 일대일대응이 되지 않는다.

(ⅱ) $f(5)=3$이면 $(f \circ f \circ f)(5)=(f \circ f)(3)=f(4)=1$

이때 함수 f가 일대일대응이므로 $f(2)=5$

$\therefore f(2)=5,\ f(4)=1,\ f(5)=3$

(ⅲ) $f(5)=5$이면 $(f \circ f \circ f)(5)=(f \circ f)(5)=f(5)=1$이므로

함수 f가 함수가 되지 않으므로 조건을 만족시키지 않는다.

$f(5)=5$, $f(5)=1$이므로 함수가 되지 않는다.

(ⅰ)~(ⅲ)에 의하여 $f(1)=2$, $f(2)=5$, $f(3)=4$, $f(4)=1$, $f(5)=3$

$f(2)+2f(4)+3f(5)=5+2 \times 1+3 \times 3=16$

0727

오른쪽 그림은 함수 $y=f(x)$의 그래프와 직선 $y=x$이다. 이때 다음 물음에 답하시오. (단, 모든 점선은 x축 또는 y축에 평행하다.)

(1) $(f \circ f \circ f)(b)$의 값을 구하시오.

(2) $(f \circ f)(x)=c$를 만족시키는 x의 값을 구하시오.

STEP Ⓐ **그래프에서 합성함수의 함숫값 구하기**

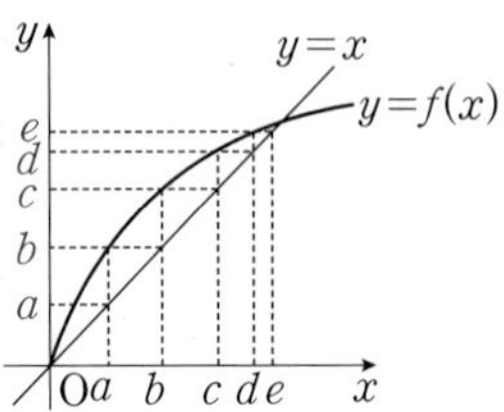

(1) 오른쪽 그림에서

직선 $y=x$를 이용하여 y축과 점선이 만나는 점의 y좌표를 구하면 다음과 같다.

$f(b)=c$, $f(c)=d$, $f(d)=e$

이므로

$(f \circ f \circ f)(b)=f(f(f(b)))=f(f(c))=f(d)=e$

$(g \circ f)(a)=g(f(a))$

(2) $f(x)=t$라 하면 $(f \circ f)(x)=f(f(x))=f(t)=c$

이때 $f(b)=c$이므로 $t=b$

따라서 $f(x)=b$에서 $f(a)=b$이므로 $x=a$

0728

두 함수 $y=f(x)$, $y=g(x)$의 그래프가 오른쪽 그림과 같다. 이때 $(g \circ f)(p)$의

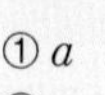 TIP 직선 $y=x$를 이용하여 x축의 좌표를 결정한다.

값은? (단, 모든 점선은 x축 또는 y축에 평행하다.)

① a ② b ③ c ④ d ⑤ e

STEP Ⓐ **그래프에서 합성함수의 함숫값 구하기**

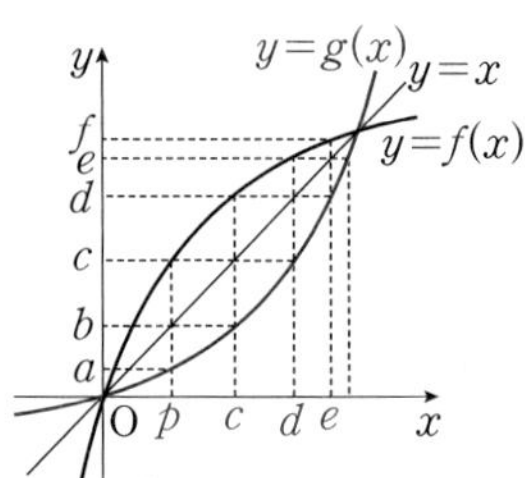

직선 $y=x$ 위의 점은 x좌표와 y좌표가 같으므로 y축 위의 점 b, c, d, e, f에 대응하는 x축 위의 점은 오른쪽 그림과 같다.

따라서 $f(p)=c$, $g(c)=b$이므로

$(g \circ f)(p)=g(f(p))=g(c)=b$

$g(x)$에 x대신 $f(p)$를 대입한다.

0729

다음 물음에 답하시오.

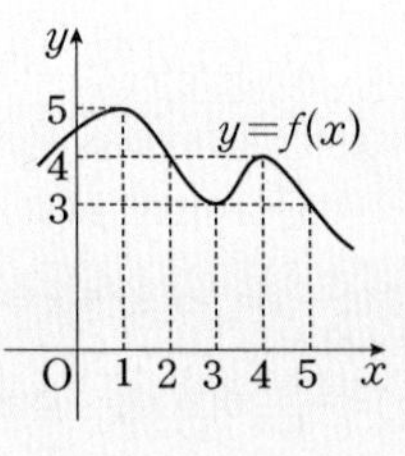

(1) 오른쪽 그래프 $y=f(x)$에 대하여 다음 물음에 답하시오.

① $(f \circ f \circ f)(1)$의 값을 구하시오.

② $(f \circ f)(x)=3$을 만족하는 x의 값을 모두 구하시오.

TIP $f(x)=t$로 치환하고 그래프를 확인하여 $f(t)=3$을 만족하는 값을 구한다.

STEP Ⓐ **그래프에서 합성함수의 함숫값 구하기**

① $(f \circ f \circ f)(1)=(f \circ f)(f(1))$ ← $(g \circ f)(a)=g(f(a))$

$=(f \circ f)(5)$

$=f(f(5))$

$=f(3)=3$

② $(f \circ f)(x)=3$에서 $f(x)=t$로 놓으면 $f(t)=3$

$f(t)=3$을 만족하는 t의 값은 $t=3$ 또는 $t=5$

즉 $f(x)=3$ 또는 $f(x)=5$

(ⅰ) $f(x)=3$을 만족하는 x의 값은 $x=3$ 또는 $x=5$

(ⅱ) $f(x)=5$를 만족하는 x의 값은 $x=1$

(ⅰ), (ⅱ)에서 $(f \circ f)(x)=3$을 만족하는 x의 값은

$x=1$ 또는 $x=3$ 또는 $x=5$

(2) 다음 그래프 $y=f(x)$에 대하여 다음 물음에 답하시오.
(단, $x<0$, $x>13$일 때, $f(x)<0$이다.)

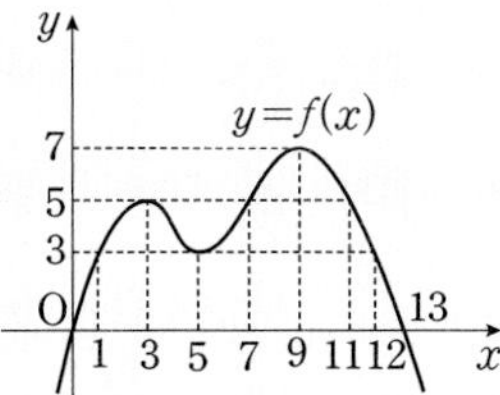

① $(f\circ f\circ f\circ f)(9)$의 값을 구하시오.

② $(f\circ f)(x)=5$를 만족시키는 x의 값을 모두 구하시오.

TIP $f(x)=t$로 치환하고 그래프를 확인하여 $f(t)=3$을 만족하는 값을 구한다.

STEP Ⓐ 그래프에서 합성함수의 함숫값 구하기

① $(f\circ f\circ f\circ f)(9)=(f\circ f\circ f)(f(9))$ ← $(g\circ f)(a)=g(f(a))$

$=(f\circ f\circ f)(7)$

$=(f\circ f)(f(7))$

$=(f\circ f)(5)$

$=f(f(5))$

$=f(3)=5$

② $f(f(x))=5$에서 $f(x)=t$로 놓으면 $f(t)=5$

$f(t)=5$를 만족하는 t의 값은 $t=3$ 또는 $t=7$ 또는 $t=11$

즉 $f(x)=3$ 또는 $f(x)=7$ 또는 $f(x)=11$

(ⅰ) $f(x)=3$일 때, $x=1$ 또는 $x=5$ 또는 $x=12$

(ⅱ) $f(x)=7$일 때, $x=9$

(ⅲ) $f(x)=11$일 때, x의 값을 존재하지 않는다.

(ⅰ)~(ⅲ)에서 $(f\circ f)(x)=5$를 만족하는 x의 값은

$x=1$ 또는 $x=5$ 또는 $x=9$ 또는 $x=12$

0730

다음 물음에 답하시오.

(1) $0\le x\le 4$에서 정의된 함수 $y=f(x)$의 그래프가 오른쪽 그림과 같을 때, 함수 $y=(f\circ f)(x)$의 그래프를 그리시오.

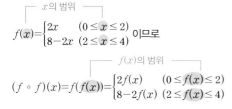

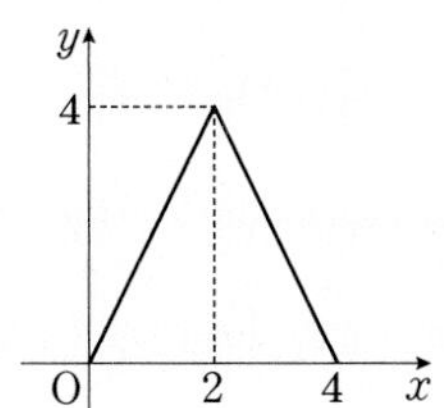

STEP Ⓐ 그래프에서 $f(x)$의 식 세우고 함수 $y=(f\circ f)(x)$의 그래프 그리기

x의 범위

$f(x)=\begin{cases}2x & (0\le x\le 2)\\ 8-2x & (2\le x\le 4)\end{cases}$ 이므로

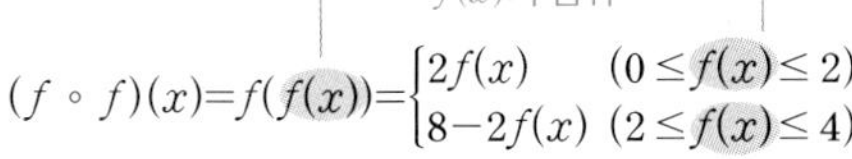

$(f\circ f)(x)=f(f(x))=\begin{cases}2f(x) & (0\le f(x)\le 2)\\ 8-2f(x) & (2\le f(x)\le 4)\end{cases}$

(ⅰ) $0\le f(x)\le 2$인 x의 범위는 $0\le x\le 1$, $3\le x\le 4$

즉 $0\le x\le 1$에서는 $f(x)=2x$, $3\le x\le 4$에서는 $f(x)=8-2x$이다.

(ⅱ) $2\le f(x)\le 4$인 x의 범위는 $1\le x\le 2$, $2\le x\le 3$

즉 $1\le x\le 2$에서는 $f(x)=2x$, $2\le x\le 3$에서는 $f(x)=8-2x$이다.

(ⅰ), (ⅱ)에서 $y=f(f(x))$

$=\begin{cases}2f(x) & (0\le f(x)\le 2)\\ 8-2f(x) & (2\le f(x)\le 4)\end{cases}$

$=\begin{cases}2(2x) & (0\le x\le 1)\\ 2(8-2x) & (3\le x\le 4)\\ 8-2(2x) & (1\le x\le 2)\\ 8-2(8-2x) & (2\le x\le 3)\end{cases}$

$=\begin{cases}4x & (0\le x\le 1)\\ 8-4x & (1\le x\le 2)\\ 4x-8 & (2\le x\le 3)\\ 16-4x & (3\le x\le 4)\end{cases}$

따라서 함수 $f(x)$의 그래프는 오른쪽과 같다.

MINI해설 그래프를 이용하여 합성함수의 그래프를 그리는 방법

$y=(f\circ f)(x)=f(f(x))=f(t)$ ← $f(x)=t$로 놓는다.

x에 따른 t의 증가와 감소를 조사한다.

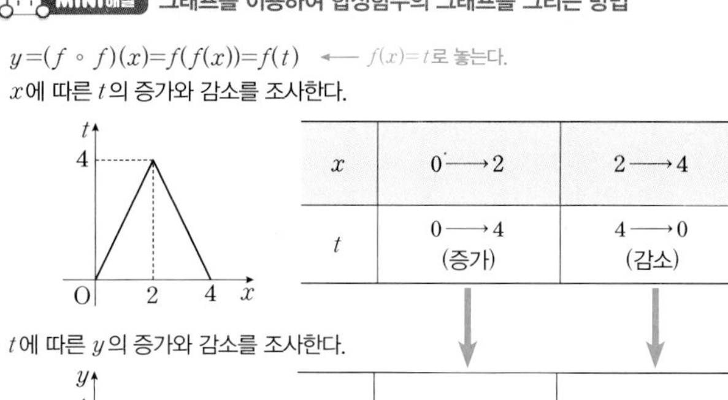

x	$0\longrightarrow 2$	$2\longrightarrow 4$
t	$0\longrightarrow 4$ (증가)	$4\longrightarrow 0$ (감소)

t에 따른 y의 증가와 감소를 조사한다.

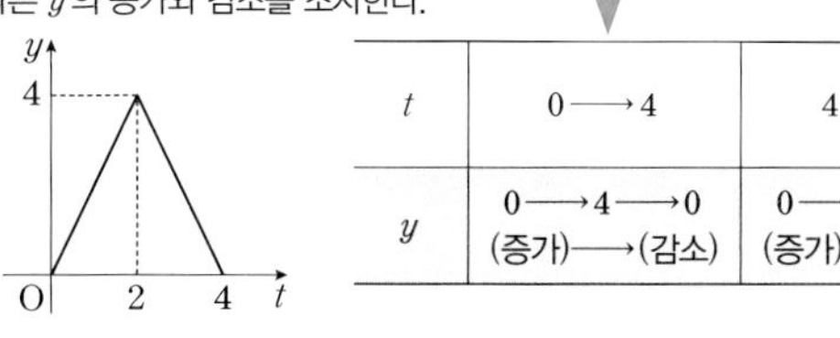

t	$0\longrightarrow 4$	$4\longrightarrow 0$
y	$0\longrightarrow 4\longrightarrow 0$ (증가)⟶(감소)	$0\longrightarrow 4\longrightarrow 0$ (증가)⟶(감소)

x에 따른 y의 증가와 감소를 조사하여, 함수 $y=(g\circ f)(x)$의 그래프를 그린다.

x	$0\longrightarrow 2$	$2\longrightarrow 4$
y	$0\longrightarrow 4\longrightarrow 0$ (증가)⟶(감소)	$0\longrightarrow 4\longrightarrow 0$ (증가)⟶(감소)

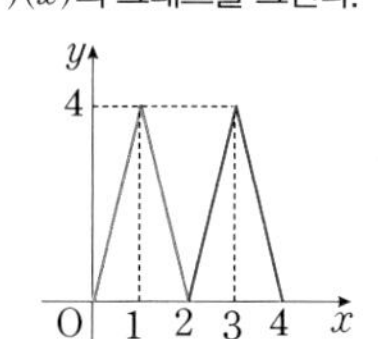

(2) $0\le x\le 4$에서 정의된 두 함수 $y=f(x)$, $y=g(x)$의 그래프가 다음 그림과 같을 때, 합성함수 $(g\circ f)(x)$의 그래프를 그리시오.

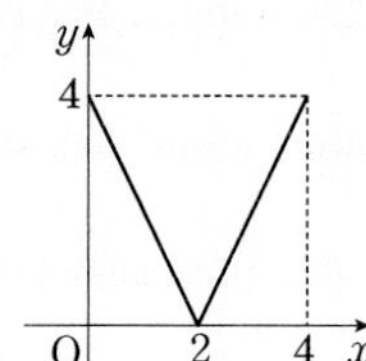

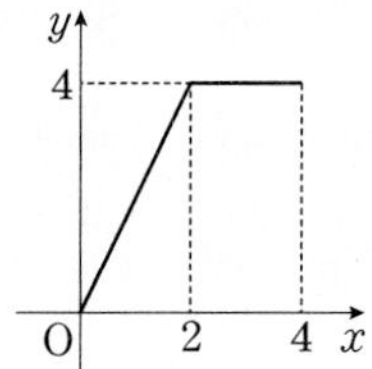

STEP Ⓐ 구간에 따른 그래프를 이용하여 $f(x)$, $g(x)$의 식 세우기

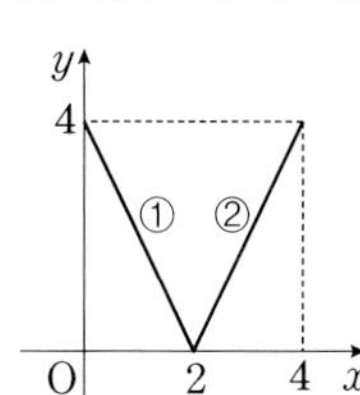

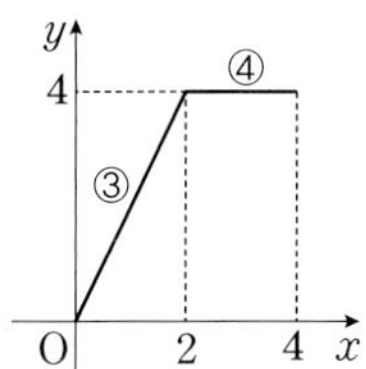

$f(x)=\begin{cases}-2x+4 & (0\le x\le 2)\\ 2x-4 & (2\le x\le 4)\end{cases}$ …… ① …… ②

$g(x)=\begin{cases}2x & (0\le x\le 2)\\ 4 & (2\le x\le 4)\end{cases}$ …… ③ …… ④

STEP B x의 범위를 확인하여 $(g \circ f)(x)$의 식 구하기

$y=(g \circ f)(x)$의 식을 구한다.

$$(g \circ f)(x)=g(f(x))=\begin{cases} 2f(x) & (0 \le f(x) \le 2) \\ 4 & (2 \le f(x) \le 4) \end{cases}$$

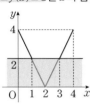

$0 \le f(x) \le 2$인 x의 범위	$2 \le f(x) \le 4$인 범위
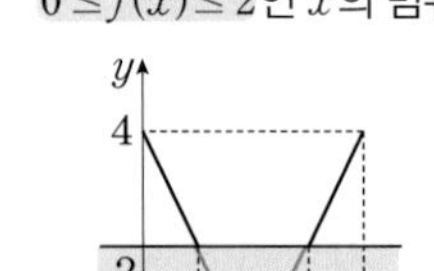	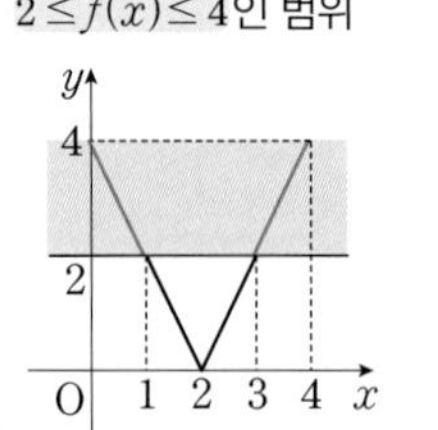
(ⅰ) $1 \le x \le 2$일 때, $0 \le f(x) \le 2$이고 $f(x)=-2x+4$이므로 $g(f(x))=2f(x)=-4x+8$ (ⅱ) $2 \le x \le 3$일 때, $0 \le f(x) \le 2$이고 $f(x)=2x-4$이므로 $g(f(x))=2f(x)=4x-8$	(ⅰ) $0 \le x \le 1$일 때, $2 \le f(x) \le 4$이므로 $g(f(x))=4$ (ⅱ) $3 \le x \le 4$일 때, $2 \le f(x) \le 4$이므로 $g(f(x))=4$

(ⅰ)~(ⅳ)에서 $g(f(x))=\begin{cases} 4 & (0 \le x \le 1) \\ -4x+8 & (1 \le x \le 2) \\ 4x-8 & (2 \le x \le 3) \\ 4 & (3 \le x \le 4) \end{cases}$

이므로 $y=(g \circ f)(x)$의 그래프는 다음과 같다.

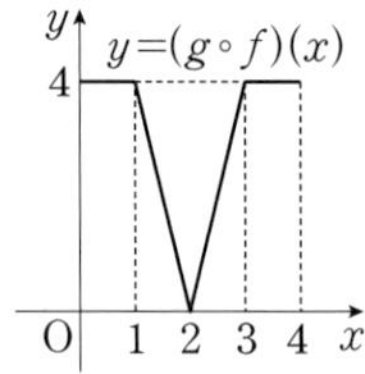

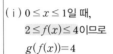

MINI해설 그래프를 이용하여 합성함수의 그래프를 그리는 방법

$y=(f \circ f)(x)=f(f(x))=f(t)$ ← $f(x)=t$로 놓는다.

x에 따른 t의 증가와 감소를 조사한다.

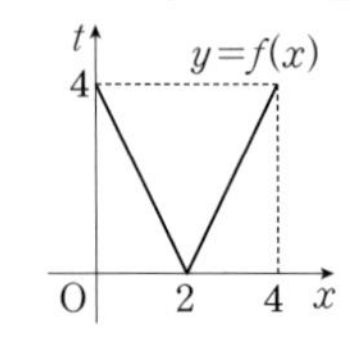

x	$0 \longrightarrow 2$	$2 \longrightarrow 4$
t	$4 \longrightarrow 0$ (감소)	$0 \longrightarrow 4$ (증가)

t에 따른 y의 증가와 감소를 조사한다.

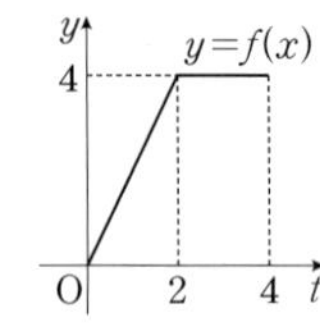

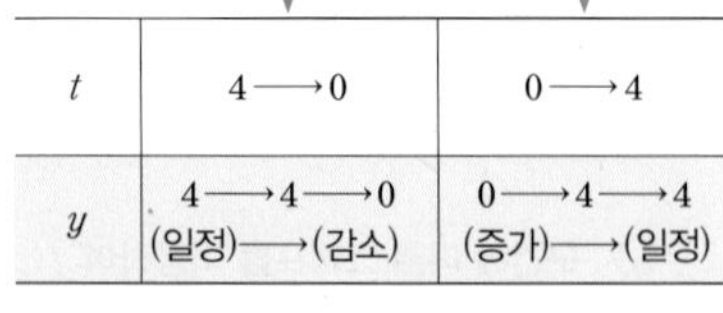

t	$4 \longrightarrow 0$	$0 \longrightarrow 4$
y	$4 \longrightarrow 4 \longrightarrow 0$ (일정)⟶(감소)	$0 \longrightarrow 4 \longrightarrow 4$ (증가)⟶(일정)

x에 따른 y의 증가와 감소를 조사하여, 함수 $y=(g \circ f)(x)$의 그래프를 그린다.

x	$0 \longrightarrow 2$	$2 \longrightarrow 4$
y	$4 \longrightarrow 4 \longrightarrow 0$ (일정)⟶(감소)	$0 \longrightarrow 4 \longrightarrow 4$ (증가)⟶(일정)

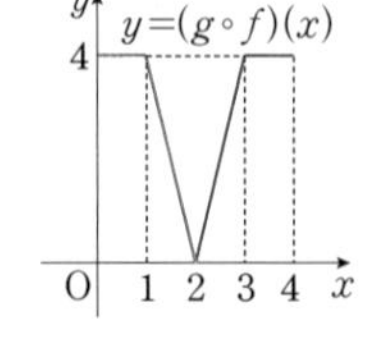

0731

$0 \le x \le 2$에서 정의된 두 함수 $y=f(x)$, $y=g(x)$의 그래프가 아래의 그림과 같다.

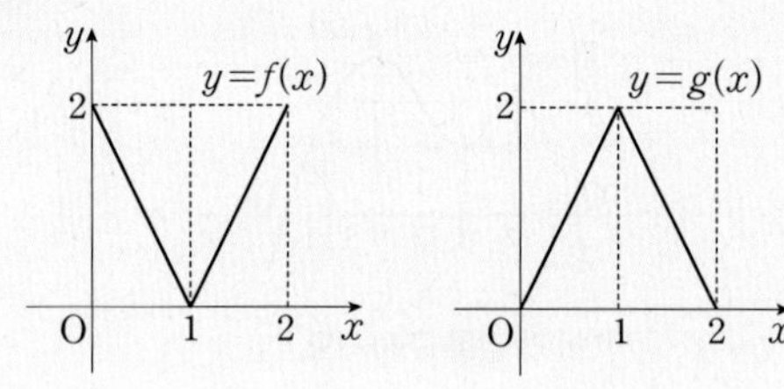

이때 합성함수 $y=(f \circ g)(x)$의 그래프의 개형으로 바른 것은?

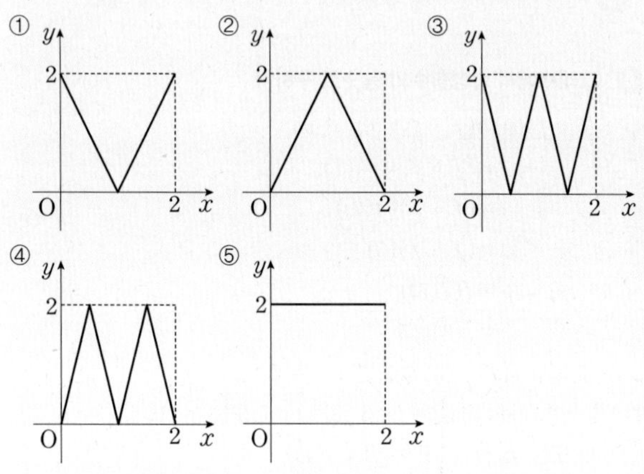

STEP A 함수 $f(x)$, $g(x)$의 식을 구하고 $y=(f \circ g)(x)$의 식 구하기

주어진 함수의 그래프를 나타내는 식은 다음과 같다.

$$f(x)=\begin{cases} -2x+2 & (0 \le x < 1) \\ 2x-2 & (1 \le x \le 2) \end{cases}$$

$$g(x)=\begin{cases} 2x & (0 \le x < 1) \\ -2x+4 & (1 \le x \le 2) \end{cases}$$

$$y=(f \circ g)(x)=f(g(x))=\begin{cases} -2g(x)+2 & (0 \le g(x) < 1) \\ 2g(x)-2 & (1 \le g(x) \le 2) \end{cases}$$

$f(x)$에 x대신 $g(x)$를 대입한다.

STEP B $g(x)$의 범위를 만족하는 x의 범위를 구하여 그래프 그리기

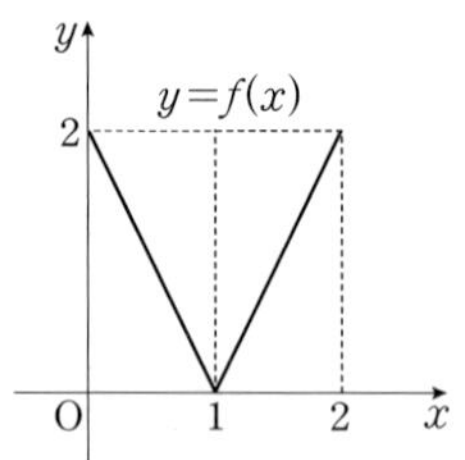

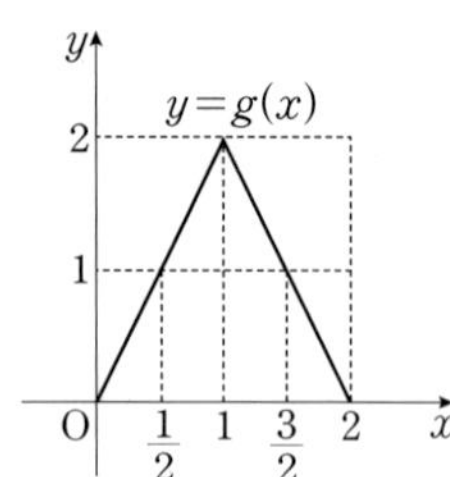

$0 \le g(x) < 1$인 x의 범위는 $0 \le x < \frac{1}{2}$, $\frac{3}{2} < x \le 2$

$1 \le g(x) \le 2$인 x의 범위는 $\frac{1}{2} \le x \le 1$, $1 \le x \le \frac{3}{2}$

(ⅰ) $0 \le x < \frac{1}{2}$일 때, $0 \le g(x) < 1$이므로

$f(g(x))=-2(2x)+2=-4x+2$ ← $g(x)=2x$를 대입

(ⅱ) $\frac{1}{2} \le x \le 1$일 때, $1 \le g(x) \le 2$이므로

$f(g(x))=2(2x)-2=4x-2$ ← $g(x)=2x$를 대입

(ⅲ) $1 \le x \le \frac{3}{2}$일 때, $1 \le g(x) \le 2$이므로

$f(g(x))=2(-2x+4)-2=-4x+6$ ← $g(x)=-2x+4$를 대입

(ⅳ) $\frac{3}{2} < x \le 2$일 때, $0 \le g(x) \le 1$이므로

$f(g(x))=-2(-2x+4)+2=4x-6$ ← $g(x)=-2x+4$를 대입

따라서 함수 $y=(f \circ g)(x)$의 그래프는 다음 그림과 같다.

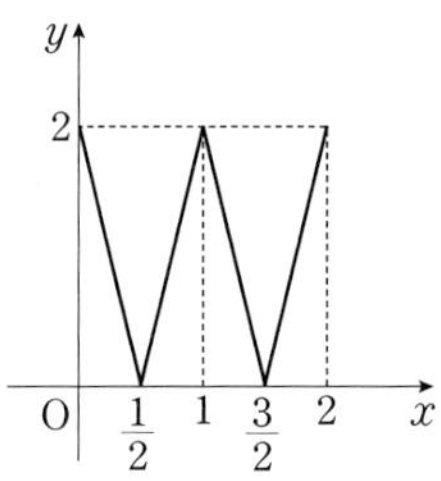

MINI해설 그래프를 이용하여 합성함수의 그래프를 그리는 방법

$y=(f\circ f)(x)=f(f(x))=f(t)$ ← $f(x)=t$로 놓는다.

x에 따른 t의 증가와 감소를 조사한다.

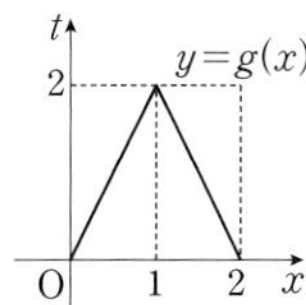

x	$0\longrightarrow1$	$1\longrightarrow2$
t	$0\longrightarrow2$ (증가)	$2\longrightarrow0$ (감소)

t에 따른 y의 증가와 감소를 조사한다.

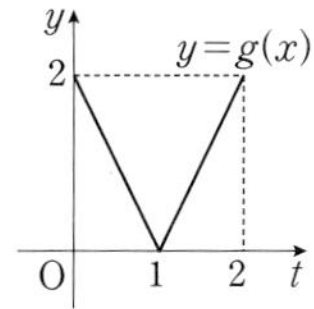

t	$0\longrightarrow2$	$2\longrightarrow0$
y	$2\longrightarrow0\longrightarrow2$ (감소)⟶(증가)	$2\longrightarrow0\longrightarrow2$ (감소)⟶(증가)

x에 따른 y의 증가와 감소를 조사하여, 함수 $y=(g\circ f)(x)$의 그래프를 그린다.

x	$0\longrightarrow1$	$1\longrightarrow2$
y	$2\longrightarrow0\longrightarrow2$ (감소)⟶(증가)	$2\longrightarrow0\longrightarrow2$ (감소)⟶(증가)

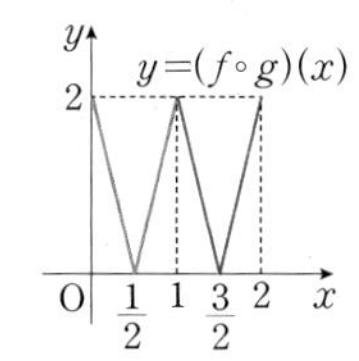

0732

집합 $0\le x\le1$에서 정의된 두 함수 $y=f(x)$, $y=g(x)$의 그래프가 아래의 그림과 같다.

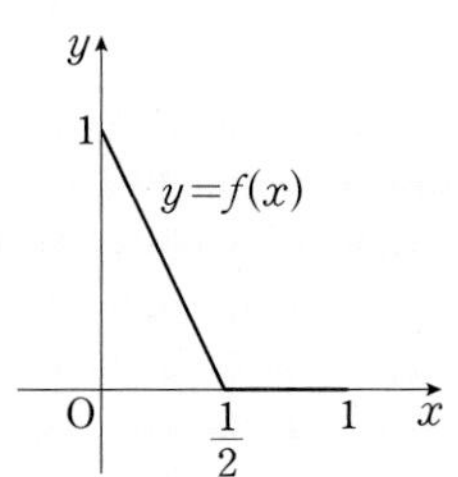

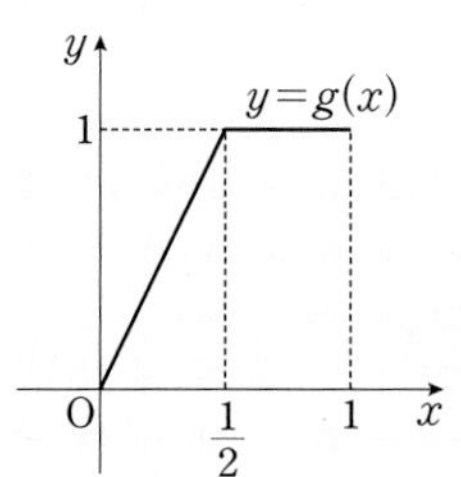

다음 중 함수 $y=(g\circ f)(x)$의 그래프로 옳은 것은?

①
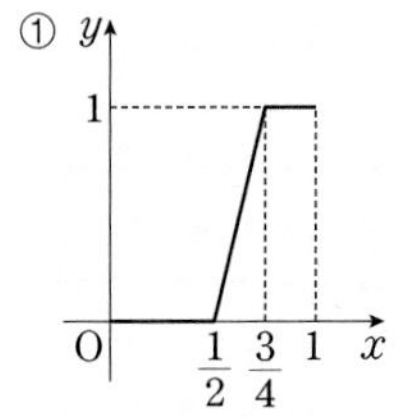

②
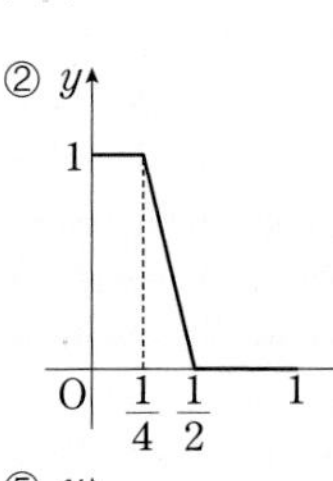

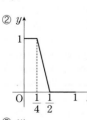

③
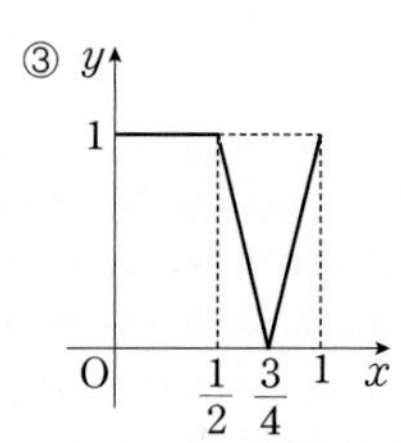

④
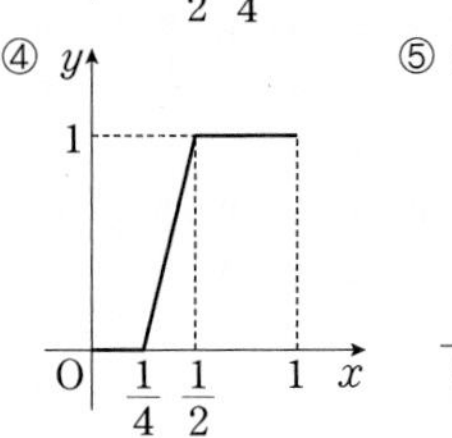

⑤
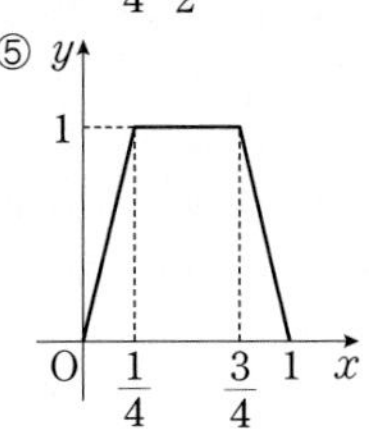

STEP A $y=f(x)$**의 식을 이용하여** $y=(g\circ f)(x)$**의 식을 구하기**

$$f(x)=\begin{cases}-2x+1 & \left(0\le x\le\frac{1}{2}\right)\\ 0 & \left(\frac{1}{2}<x\le1\right)\end{cases},\quad g(x)=\begin{cases}2x & \left(0\le x\le\frac{1}{2}\right)\\ 1 & \left(\frac{1}{2}<x\le1\right)\end{cases}$$

$$y=g(f(x))=\begin{cases}2f(x) & \left(0\le f(x)\le\frac{1}{2}\right)\\ 1 & \left(\frac{1}{2}<f(x)\le1\right)\end{cases}$$

$0\le f(x)\le\frac{1}{2}$인 x의 범위는 $\frac{1}{4}\le x\le\frac{1}{2}$, $\frac{1}{2}\le x\le1$

$\frac{1}{2}<f(x)\le1$인 x의 범위는 $0\le x<\frac{1}{4}$

(ⅰ) $0\le x<\frac{1}{4}$일 때,

$\frac{1}{2}<f(x)\le1$이므로 $g(f(x))=1$

(ⅱ) $\frac{1}{4}\le x\le\frac{1}{2}$일 때,

$0\le f(x)\le\frac{1}{2}$이므로 $g(f(x))=2f(x)=-4x+2$

(ⅲ) $\frac{1}{2}\le x\le1$일 때,

$0\le f(x)\le\frac{1}{2}$이므로 $g(f(x))=2f(x)=0$

(ⅰ)~(ⅲ)에서

$$y=(g\circ f)(x)=\begin{cases}1 & \left(0\le x\le\frac{1}{4}\right)\\ -4x+2 & \left(\frac{1}{4}\le x\le\frac{1}{2}\right)\\ 0 & \left(\frac{1}{2}\le x\le1\right)\end{cases}$$

이고 그래프는 ②와 같다.

MINI해설 그래프를 이용하여 합성함수의 그래프를 그리는 방법

$y=(f\circ f)(x)=f(f(x))=f(t)$ ← $f(x)=t$로 놓는다.

x에 따른 t의 증가와 감소를 조사한다.

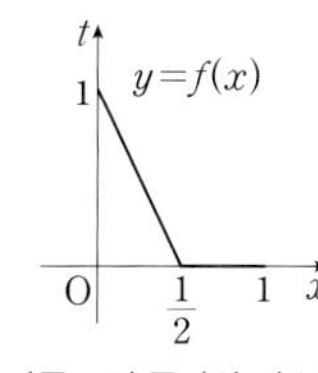

x	$0\longrightarrow\frac{1}{2}$	$\frac{1}{2}\longrightarrow1$
t	$1\longrightarrow0$ (감소)	$0\longrightarrow0$ (일정)

t에 따른 y의 증가와 감소를 조사한다.

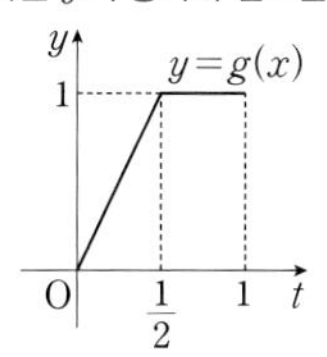

t	$1\longrightarrow0$	$0\longrightarrow0$
y	$1\longrightarrow1\longrightarrow0$ (일정)⟶(감소)	0 (일정)

x에 따른 y의 증가와 감소를 조사하여, 함수 $y=(g\circ f)(x)$의 그래프를 그린다.

x	$0\longrightarrow\frac{1}{2}$	$\frac{1}{2}\longrightarrow1$
y	$1\longrightarrow1\longrightarrow0$ (일정)⟶(감소)	0 (일정)

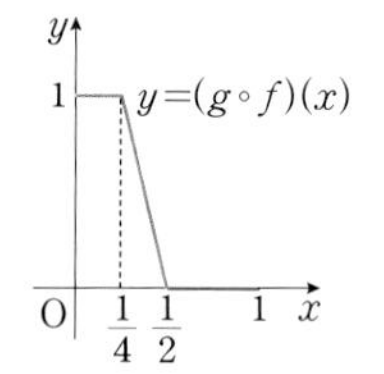

0733

$0 \le x \le 2$에서 함수 $y=f(x)$의 그래프가 다음 그림과 같을 때, 방정식 $f(f(x))=1$

TIP $f(x)=1$이 되는 근을 α라 하면 $f(x)=\alpha$가 되는 근을 구한다.

의 모든 실근의 합을 구하시오.

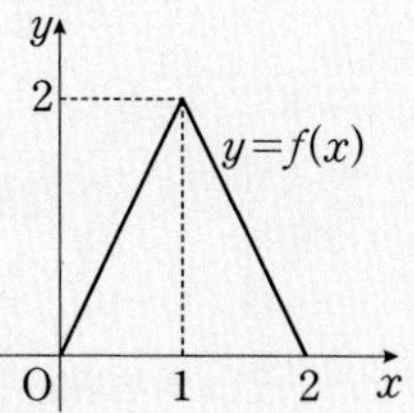

STEP Ⓐ 주어진 그래프를 식으로 나타내고 $f(x)=1$인 x의 값 구하기

주어진 그래프를 식으로 나타내면 다음과 같다.

$$f(x)=\begin{cases} 2x & (0 \le x < 1) \\ 4-2x & (1 \le x \le 2) \end{cases}$$

이때 $f(x)=1$이 되는 근은

$0 \le x < 1$에서 $2x=1$이므로 $x=\frac{1}{2}$

$1 \le x \le 2$에서 $4-2x=1$이므로 $x=\frac{3}{2}$

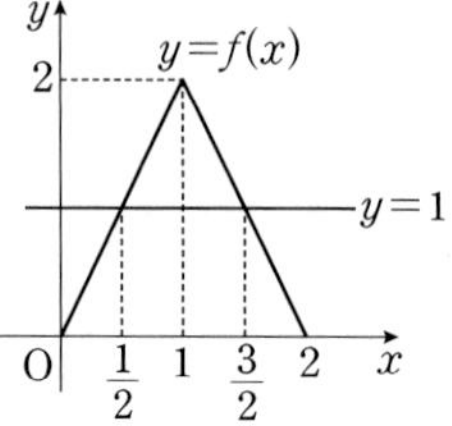

STEP Ⓑ $f(f(x))=1$을 만족시키는 x의 값에 따라 경우 나누기

$f(f(x))=1$에서 $f(x)=\frac{1}{2}$ 또는 $f(x)=\frac{3}{2}$이어야 한다.

(ⅰ) $f(x)=\frac{1}{2}$일 때,

$0 \le x < 1$에서 $2x=\frac{1}{2}$이므로 $x=\frac{1}{4}$

$1 \le x \le 2$에서 $4-2x=\frac{1}{2}$이므로 $x=\frac{7}{4}$

$\therefore x=\frac{1}{4}$ 또는 $x=\frac{7}{4}$

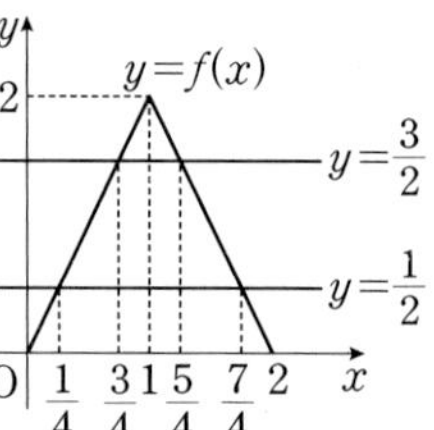

(ⅱ) $f(x)=\frac{3}{2}$일 때,

$0 \le x < 1$에서 $2x=\frac{3}{2}$이므로 $x=\frac{3}{4}$

$1 \le x \le 2$에서 $4-2x=\frac{3}{2}$이므로 $x=\frac{5}{4}$

$\therefore x=\frac{3}{4}$ 또는 $x=\frac{5}{4}$

(ⅰ), (ⅱ)에 의하여 방정식의 모든 실근은

$x=\frac{1}{4}$ 또는 $x=\frac{3}{4}$ 또는 $x=\frac{5}{4}$ 또는 $x=\frac{7}{4}$

따라서 모든 실근의 합은 $\frac{1}{4}+\frac{3}{4}+\frac{5}{4}+\frac{7}{4}=4$

+α $x=1$을 대칭임을 이용하여 실근의 합을 구할 수 있어!

그림과 같이 $f(\alpha)=f(\beta)=1(\alpha<\beta)$이라 하면 $f(f(x))=1$에서

$f(x)=\alpha$ ← $0<\alpha<1$

또는 $f(x)=\beta$ ← $1<\beta<2$

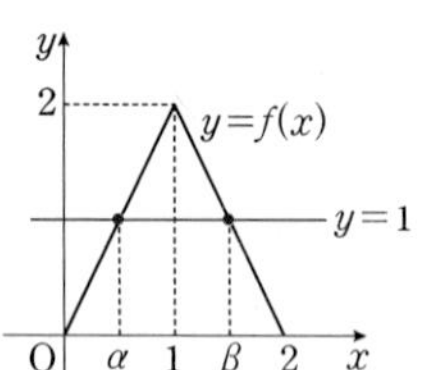

이때 그림과 같이

$f(x_1)=f(x_2)=\alpha$, $f(x_3)=f(x_4)=\beta$

라 하면 주어진 방정식의 실근의 합은

$\frac{x_1+x_2}{2}=1$, $\frac{x_3+x_4}{2}=1$이므로

$x=1$에 대한 대칭

$x_1+x_2=2$, $x_3+x_4=2$

따라서 모든 실근의 합은 $2+2=4$

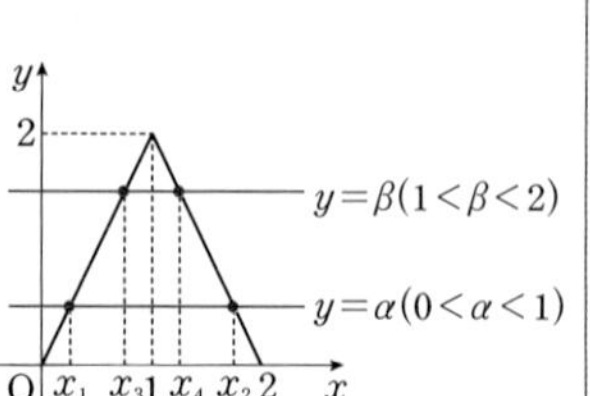

0734

이차함수 $y=f(x)$의 그래프는 그림과 같이 점 $(3, -6)$을 꼭짓점으로 하고 점 $(0, -3)$을 지난다. 이때 방정식 $f(f(x))=-3$의 모든 실근의 합은?

TIP $f(x)=-3$이 되는 근을 $x=\alpha$라 하면 $f(x)=\alpha$가 되는 근의 합을 구한다.

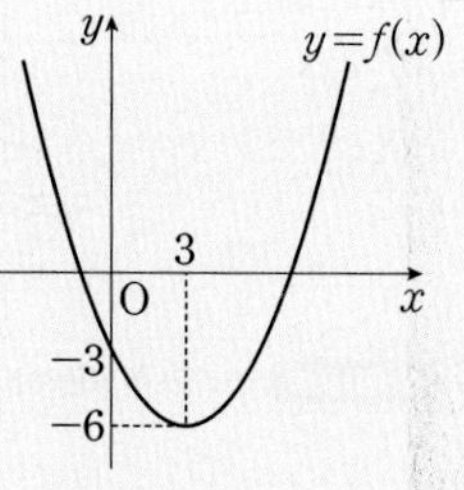

① 6 ② 8

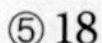

③ 10 ④ 12

⑤ 18

STEP Ⓐ 이차함수 $f(x)$의 식 구하고 $f(x)=-3$인 근 구하기

이차함수 $y=f(x)$의 꼭짓점의 좌표가 $(3, -6)$이므로

$f(x)=a(x-3)^2-6$ $(a>0)$이다.

이때 $(0, -3)$을 지나므로 $f(0)=9a-6=-3$ $\therefore a=\frac{1}{3}$

$\therefore f(x)=\frac{1}{3}(x-3)^2-6$

이때 방정식 $f(x)=-3$은 $\frac{1}{3}(x-3)^2-6=-3$이므로

$(x-3)^2-18=-9$, $x^2-6x=0$, $x(x-6)=0$

$\therefore x=0$ 또는 $x=6$

STEP Ⓑ 방정식 $f(f(x))=-3$의 모든 실근의 합 구하기

방정식 $f(f(x))=-3$에서 $f(x)=0$ 또는 $f(x)=6$이다.

(ⅰ) $f(x)=0$일 때,

$\frac{1}{3}(x-3)^2-6=0$이므로

$(x-3)^2-18=0$, $x^2-6x-9=0$

판별식을 D_1이라 하면 $\frac{D_1}{4}=9+9>0$이므로 서로 다른 두 실근을 갖는다.

이차방정식의 근과 계수의 관계에 의하여 두 실근의 합은 6

(ⅱ) $f(x)=6$일 때,

$\frac{1}{3}(x-3)^2-6=6$이므로

$(x-3)^2-18=18$, $x^2-6x-27=0$

판별식을 D_2라 하면 $\frac{D_2}{4}=9+27>0$이므로 서로 다른 두 실근을 갖는다.

이차방정식의 근과 계수의 관계에 의하여 두 실근의 합은 6

(ⅰ), (ⅱ)에 의하여 $f(f(x))=-3$인 되는 모든 실근의 합은 $6+6=12$

+α 대칭축을 이용하여 구할 수 있어!

$f(x)=-3$의 두 근을 α, $\beta(\alpha<\beta)$라 하면

$f(x)=\alpha$, $f(x)=\beta$의 근이 $f(f(x))=-3$의 실근이다.

이때 $\alpha=0$, $\beta>0$이므로 다음 그림과 같다.

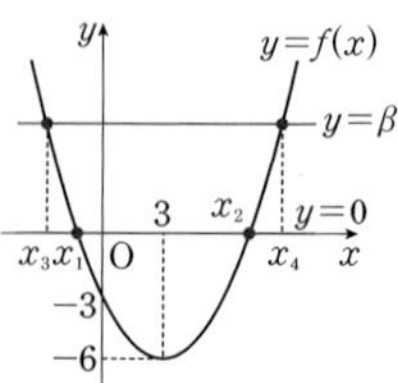

즉 $\frac{x_1+x_2}{2}=3$, $\frac{x_3+x_4}{2}=3$이므로 $x_1+x_2=6$, $x_3+x_4=6$

따라서 모든 실근의 합은 $6+6=12$

0735

이차함수 $y=f(x)$의 그래프는 그림과 같고 $f(-1)=0$, $f(5)=0$이다.
방정식 $(f \circ f)(x)=0$의 서로 다른 실근의 개수가 3이고 이 세 실근을

TIP $f(x)=0$이 되는 근은 $x=-1$ 또는 $x=5$

α, β, γ라 할 때, $\alpha\beta\gamma$의 값을 구하시오.

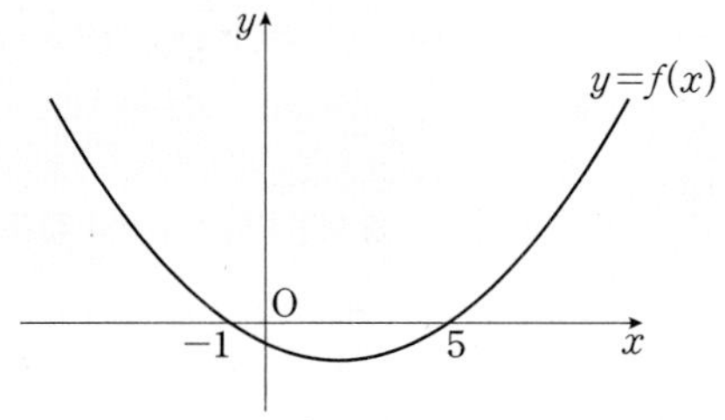

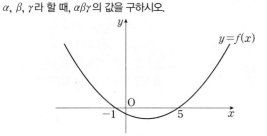

STEP A **방정식 $(f \circ f)(x)=0$을 만족시키는 서로 다른 실수 x의 개수가 3이기 위한 조건 파악하기**

이차함수 $y=f(x)$에 대하여 $f(-1)=0$, $f(5)=0$이므로
방정식 $f(f(x))=0$일 때,
$f(x)=-1$ 또는 $f(x)=5$ …… ㉠
이때 방정식 $f(x)=5$가 되는 서로 다른 두 실근의 개수는 2이고
$f(f(x))=0$의 서로 다른 실근의 개수가 3이므로
$f(x)=-1$이 되는 근의 개수는 1이어야 한다.

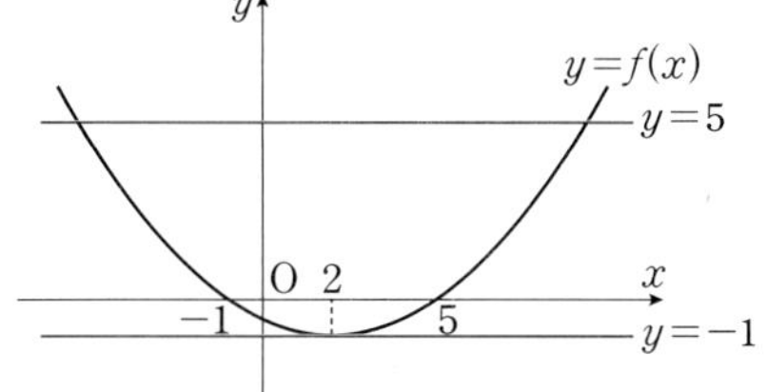

즉 이차함수 $y=f(x)$의 꼭짓점의 y좌표가 -1이다.

STEP B **이차함수 $f(x)$의 식 작성하기**

이차함수 $y=f(x)$의 그래프가 직선 $x=2$에 대하여 대칭이고
꼭짓점의 y좌표가 -1이므로 꼭짓점의 좌표는 $(2, -1)$
$f(x)=a(x-2)^2-1(a>0)$으로 놓으면
$f(-1)=0$이므로 $9a-1=0$ $\therefore a=\frac{1}{9}$
$\therefore f(x)=\frac{1}{9}(x-2)^2-1$

STEP C **방정식 $(f \circ f)(x)=0$을 만족시키는 서로 다른 세 실근의 곱 구하기**

㉠에서
$f(x)=-1$일 때, $\frac{1}{9}(x-2)^2-1=-1$ $\therefore x=2$
$f(x)=5$일 때, $\frac{1}{9}(x-2)^2-1=5$, $(x-2)^2=54$, $x^2-4x-50=0$
이차방정식의 근과 계수의 관계에 의하여 두 실근의 곱은 -50
따라서 서로 다른 세 실근의 곱은 $2\times(-50)=-100$

0736

다음 물음에 답하시오. (단, a, b는 상수이다.)

(1) 두 함수 $f(x)=2x+a$, $g(x)=-2x+b$에 대하여
$f^{-1}(3)=2$, $g^{-1}(4)=-2$일 때, $a+b$의 값을 구하시오.

TIP $f(a)=b$이면 $f^{-1}(b)=a$임을 이용한다.

STEP A **$f(a)=b$일 때, $f^{-1}(b)=a$임을 이용하여 a, b의 값 구하기**

$f^{-1}(3)=2$에서 $f(2)=3$이므로
$f(2)=4+a=3$ $\therefore a=-1$
$g^{-1}(4)=-2$에서 $g(-2)=4$이므로
$g(-2)=4+b=4$ $\therefore b=0$
따라서 $a+b=-1+0=-1$

(2) 함수 $f(x)=ax+b$에 대하여 $f^{-1}(2)=0$, $f(f(0))=3$일 때,

TIP $f(a)=b$이면 $f^{-1}(b)=a$임을 이용한다.

$f(6)$의 값을 구하시오.

STEP A **$f(a)=b$일 때, $f^{-1}(b)=a$임을 이용하여 a, b의 값 구하기**

$f^{-1}(2)=0$에서 $f(0)=2$이므로
$f(0)=a\times0+b=2$ $\therefore b=2$
$f(f(0))=f(2)=3$이므로
$f(2)=2a+b=3$ $\therefore a=\frac{1}{2}$

STEP B **$f(6)$의 값 구하기**

$a=\frac{1}{2}$, $b=2$이므로 $f(x)=\frac{1}{2}x+2$
따라서 $f(6)=\frac{1}{2}\times6+2=5$

0737

2009년 11월 고1 학력평가 5번

다음 물음에 답하시오.

(1) 집합 $A=\{1, 2, 3, 4\}$에 대하여 집합 A에서 A로의 두 함수
$y=f(x)$, $y=g(x)$의 그래프가 각각 그림과 같을 때,
$(g \circ f)(1)+(f \circ g)^{-1}(3)$의 값은?

TIP $(f \circ g)^{-1}=(g^{-1} \circ f^{-1})$

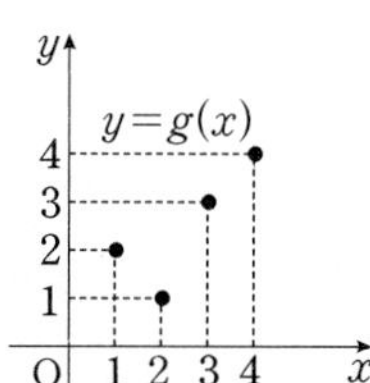

① 4 ② 5 ③ 6
④ 8 ⑤ 9

STEP A **역함수의 성질을 이용하여 식 정리하기**

$(g \circ f)(1)+(f \circ g)^{-1}(3)=g(f(1))+(g^{-1} \circ f^{-1})(3)$
$(g \circ f)^{-1}=f^{-1} \circ g^{-1}$
$=g(f(1))+g^{-1}(f^{-1}(3))$

STEP B **그래프를 이용하여 함숫값 구하기**

두 함수 $y=f(x)$, $y=g(x)$의 그래프로부터 $f(1)=1$, $g(1)=2$이고
$f(4)=3$에서 $f^{-1}(3)=4$
$g(4)=4$에서 $g^{-1}(4)=4$
따라서 $(g \circ f)(1)+(f \circ g)^{-1}(3)=g(f(1))+g^{-1}(f^{-1}(3))$
$=g(1)+g^{-1}(4)$
$=2+4=6$

2015년 06월 고2 학력평가 가형 16번

(2) 집합 $A=\{1, 2, 3, 4, 5\}$에 대하여 집합 A에서 A로의 두 함수 $f(x)$, $g(x)$가 있다. 두 함수 $y=f(x)$, $y=(f\circ g)(x)$의 그래프가 각각 그림과 같을 때, $g(4)+(g\circ f)^{-1}(2)$의 값은?

TIP $(g\circ f)^{-1}=(f^{-1}\circ g^{-1})(1)=f^{-1}(g^{-1}(1))$

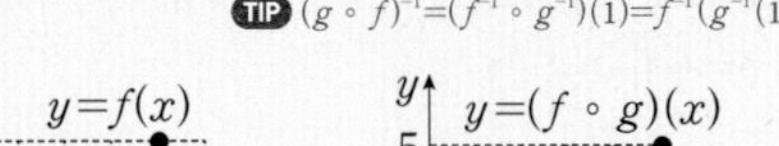

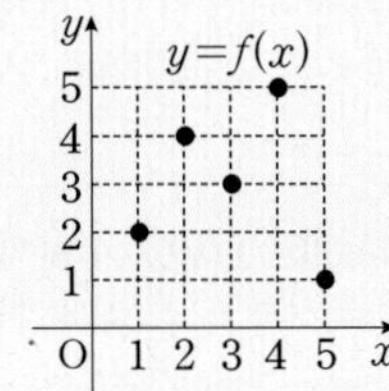

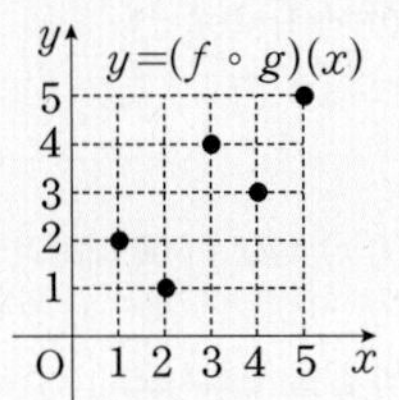

① 6 ② 7 ③ 8
④ 9 ⑤ 10

STEP Ⓐ **그래프를 이용하여 $g(3)$, $g(4)$ 구하기**

$(f\circ g)(3)=f(g(3))=4$이고 $f(2)=4$이므로 $g(3)=2$

$(f\circ g)(4)=f(g(4))=3$이고 $f(3)=3$이므로 $g(4)=3$

STEP Ⓑ **역함수의 성질을 이용하여 $g(2)+(g\circ f)^{-1}(1)$의 값 구하기**

이때 $g(3)=2$에서 $g^{-1}(2)=3$이므로 ← 역함수의 성질 $f^{-1}(a)=b\Longleftrightarrow f(b)=a$

$(g\circ f)^{-1}(2)=f^{-1}(g^{-1}(2))=f^{-1}(3)=3$

따라서 $g(4)+(g\circ f)^{-1}(2)=3+3=6$

0738

2001학년도 고3 수능기출 나형 12번

실수 전체의 집합 R에서 R로의 함수

$$f(x)=\begin{cases}\frac{1}{5}x^2+3 (x\ge 0)\\ 3-\frac{1}{3}x^2 (x<0)\end{cases}$$

에 대하여 $f^{-1}(0)+f^{-1}(a)=2$를 만족하는 a의 값을 구하시오.

TIP $y=\frac{1}{5}x^2+3$에서 $y\ge 3$이고 $y=3-\frac{1}{3}x^2$에서 $y\le 3$이므로 대입해야 할 식을 구하면서 풀이한다.

STEP Ⓐ **범위를 나누고 역함수의 성질을 이용하여 $f^{-1}(0)$의 값 구하기**

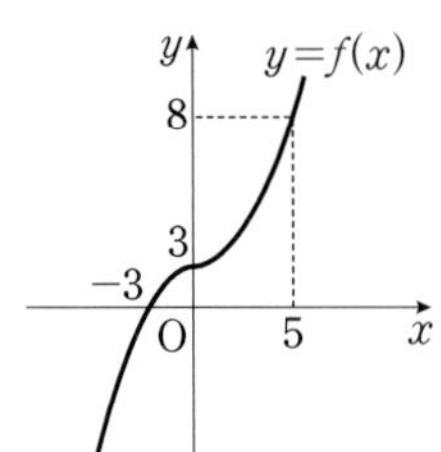

$x\ge 0$일 때, $f(x)=\frac{1}{5}x^2+3\ge 3$

$x<0$일 때, $f(x)=3-\frac{1}{3}x^2<3$

$f^{-1}(0)=k$로 놓으면 $f(k)=0$

즉 $k<0$이므로 $f(k)=3-\frac{1}{3}k^2=0$, $k^2=9$

$\therefore k=-3(\because k<0)$

그러므로 역함수의 성질에 의해 $f^{-1}(0)=-3$

+α 범위를 이용하여 구할 수 있어!

$f^{-1}(0)=k$라 하면 $f(k)=0$

(i) $k\ge 0$일 때,
$x\ge 0$에서 $f(x)=\frac{1}{5}x^2+3$이므로 $f(k)=\frac{1}{5}k^2+3=0$
이때 실수 k의 값이 존재하지 않으므로 조건을 만족시키지 않는다.

(ii) $k<0$일 때,
$x<0$에서 $f(x)=3-\frac{1}{3}x^2$이므로 $f(k)=3-\frac{1}{3}k^2=0$, $k^2=9$
$\therefore k=-3$ 또는 $k=3$
이때 $k<0$이므로 $k=-3$

(i), (ii)에 의하여 $f^{-1}(0)=-3$

STEP Ⓑ **$f^{-1}(0)+f^{-1}(a)=2$를 이용하여 a의 값 구하기**

$f^{-1}(0)+f^{-1}(a)=2$에서 $-3+f^{-1}(a)=2$ $\therefore f^{-1}(a)=5$

즉 $f(5)=a$이므로 대입하면 $f(5)=\frac{1}{5}\times 5^2+3=a$

따라서 $a=8$

0739

두 함수 $f(x)=3x-5$, $g(x)=2x-3$에 대하여 다음 물음에 답하시오.

(1) $(f\circ g^{-1})(a)=7$을 만족시키는 상수 a의 값을 구하시오.

STEP Ⓐ **$f(a)=b$이면 $f^{-1}(b)=a$를 이용하여 상수 a의 값 구하기**

$f(x)=3x-5$이므로 $(f\circ g^{-1})(a)=f(g^{-1}(a))=3g^{-1}(a)-5$

이때 $(f\circ g^{-1})(a)=7$이므로 $3g^{-1}(a)-5=7$, $3g^{-1}(a)=12$ $\therefore g^{-1}(a)=4$

따라서 $g(4)=a$이므로 $a=2\times 4-3=5$

+α 합성함수의 성질을 이용하여 구할 수 있어!

$f(x)=7$에서 $3x-5=7$ $\therefore x=4$

이때 $(f\circ g^{-1})(a)=f(g^{-1}(a))=7$이므로 $g^{-1}(a)=4$

따라서 역함수의 성질에 의하여 $g(4)=a$이므로 $a=2\times 4-3=5$

(2) $(g\circ(f\circ g)^{-1}\circ g)(2)$의 값을 구하시오.

STEP Ⓐ **역함수의 성질을 이용하여 식 정리하고 함숫값 구하기**

$(f\circ g)^{-1}=g^{-1}\circ f^{-1}$이므로

$$\begin{aligned}(g\circ(f\circ g)^{-1}\circ g)(2)&=(g\circ(g^{-1}\circ f^{-1})\circ g)(2)\\&=((g\circ g^{-1})\circ(f^{-1}\circ g))(2)\\&=(f^{-1}\circ g)(2)\\&=f^{-1}(g(2))\\&=f^{-1}(1)\end{aligned}$$ ← $g(2)=2\times 2-3=1$

$f^{-1}(1)=a$로 놓으면 $f(a)=1$이므로 $f(a)=3a-5=1$ $\therefore a=2$

따라서 $(g\circ(f\circ g)^{-1}\circ g)(2)=2$

0740

실수 전체의 집합에서 정의된 두 함수

$$f(x)=\begin{cases}x^2+2 & (x\ge 0)\\ x+2 & (x<0)\end{cases},\ g(x)=x-3$$

에 대하여 $((f^{-1}\circ g)^{-1}\circ f)(-1)$의 값은?

TIP $((f^{-1}\circ g)^{-1}\circ f)(x)=(g^{-1}\circ f\circ f)(x)$

① 3 ② 4 ③ 5
④ 6 ⑤ 7

STEP Ⓐ **역함수의 성질을 이용하여 식 정리하기**

$(f^{-1}\circ g)^{-1}=g^{-1}\circ f$이므로

$$\begin{aligned}((f^{-1}\circ g)^{-1}\circ f)(-1)&=(g^{-1}\circ f\circ f)(-1)\\&=g^{-1}(f(f(-1)))\\&=g^{-1}(f(1))\\&=g^{-1}(3)\end{aligned}$$

← $f(-1)=-1+2=1$
← $f(1)=1^2+2=3$

STEP Ⓑ **$g^{-1}(a)=b$일 때, $g(b)=a$임을 이용하여 함숫값 구하기**

$g^{-1}(3)=k$로 놓으면 $g(k)=3$에서 $k-3=3$ $\therefore k=6$

따라서 $((f^{-1}\circ g)^{-1}\circ f)(-1)=6$

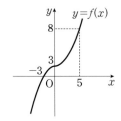

0741

2009년 06월 고2 학력평가 나형 4번 변형

다음 물음에 답하시오.

(1) 두 함수 $f(x)$, $g(x)$에 대하여 $f(x)=2x-3$, $f^{-1}(x)=g(2x+3)$ 일 때, $g(9)$의 값을 구하시오.

TIP $g(2x+3)$에 적당한 값을 대입하여 $g(9)$이 되도록 구한 후 역함수의 성질을 이용한다.

STEP A $2x+3=9$가 되는 x의 값을 대입하여 함숫값 구하기

$f^{-1}(x)=g(2x+3)$에서

$2x+3=9$ $\quad\therefore x=3$

$g(9)$의 값을 구해야 하므로 $g(2x+3)$에서 $g(9)$가 나오는 x의 값을 구한다.

$g(9)=f^{-1}(3)=k$라 하면

$f(k)=3$ ← 역함수의 성질 $f^{-1}(a)=b \Longleftrightarrow f(b)=a$

$f(k)=2k-3=3$ $\quad\therefore k=3$

따라서 $g(9)=f^{-1}(3)=3$

+α 역함수와 합성함수의 성질을 이용하여 구할 수 있어!

$f(x)=2x-3$에서 역함수를 구하면 $f^{-1}(x)=\frac{1}{2}x+\frac{3}{2}$이므로

$y=2x-3$에서 x에 대한 식으로 나타내면
$x=\frac{1}{2}y+\frac{3}{2}$이고 x, y의 자리를 바꾸면 $y=\frac{1}{2}x+\frac{3}{2}$

$g(2x+3)=\frac{1}{2}x+\frac{3}{2}$

이때 $2x+3=t$라 하면 $x=\frac{1}{2}t-\frac{3}{2}$이므로 주어진 식에 대입하면

$g(t)=\frac{1}{2}\left(\frac{1}{2}t-\frac{3}{2}\right)+\frac{3}{2}=\frac{1}{4}t+\frac{3}{4}$이고 t를 x로 바꾸면

$g(x)=\frac{1}{4}x+\frac{3}{4}$

따라서 $g(9)=\frac{9}{4}+\frac{3}{4}=3$

2003년 06월 고2 학력평가 나형 6번

(2) 함수 $f(x)$의 역함수는 $f^{-1}(x)=3x-2$이고 함수 $g(x)$를 $g(x)=f(2x-2)$로 정의할 때, $g(3)$의 값을 구하시오.

TIP $x=3$을 대입하고 역함수의 성질을 이용한다.

STEP A $x=3$을 대입하고 역함수의 성질을 이용하여 함숫값 구하기

$g(x)=f(2x-2)$에서 $x=3$을 대입하면

$g(3)=f(4)$

이때 $f(4)=k$라 하면

$f^{-1}(k)=4$이므로 $3k-2=4$ $\quad\therefore k=2$

따라서 $g(3)=f(4)=2$

+α 역함수와 합성함수의 성질을 이용하여 구할 수 있어!

$f^{-1}(x)=3x-2$에서 역함수는 원래함수 $f(x)$이므로

구하면 $f(x)=\frac{1}{3}x+\frac{2}{3}$

$y=3x-2$에서 x에 대한 식으로 나타내면
$x=\frac{1}{3}y+\frac{2}{3}$이고 x, y의 자리를 바꾸면 $y=\frac{1}{3}x+\frac{2}{3}$

이때 $f(2x-2)=\frac{1}{3}(2x-2)+\frac{2}{3}=\frac{2}{3}x$이므로 $g(x)=f(2x-2)=\frac{2}{3}x$

따라서 $g(3)=\frac{2}{3}\times 3=2$

0742

다음 물음에 답하시오.

(1) 함수 $f(x)=ax-5$의 역함수가 $f^{-1}(x)=\frac{1}{2}x+b$일 때,

TIP 역함수를 구하는 방법은 y에 대한 식을 x에 대한 식으로 바꾸고 x, y의 자리를 바꾼다.

상수 a, b의 곱 ab의 값을 구하시오.

STEP A $f(x)$의 역함수 구하기

$y=ax-5$로 놓고 x에 대하여 풀면 $ax=y+5$

$\therefore x=\frac{1}{a}y+\frac{5}{a}$

x와 y를 서로 바꾸면 $f(x)$의 역함수는 $f^{-1}(x)=\frac{1}{a}x+\frac{5}{a}$

STEP B 두 식이 일치함을 이용하여 상수 a, b의 값 구하기

$f^{-1}(x)=\frac{1}{a}x+\frac{5}{a}=\frac{1}{2}x+b$이므로 $\frac{1}{a}=\frac{1}{2}$, $\frac{5}{a}=b$ ← x에 대한 항등식

$\therefore a=2$, $b=\frac{5}{2}$

따라서 $ab=2\times\frac{5}{2}=5$

+α 합성함수를 이용해서 구할 수 있어!

역함수의 성질에서 $f\circ f^{-1}(x)=x$이므로

$(f\circ f^{-1})(x)=f(f^{-1}(x))=f\left(\frac{1}{2}x+b\right)=a\left(\frac{1}{2}x+b\right)-5=\frac{a}{2}x+ab-5$

즉 $\frac{a}{2}x+ab-5=x$이므로 $a=2$, $b=\frac{5}{2}$

(2) 실수 전체의 집합에서 정의된 함수 f가 $f(2x+1)=4x+5$를 만족

TIP $2x+1$을 치환을 이용하여 $f(x)$의 식을 구한다.

시킬 때, $f^{-1}(11)$의 값을 구하시오.

STEP A $2x+1=t$로 치환하여 $f(x)$의 식 구하기

$f(2x+1)=4x+5$에서 $2x+1=t$라 하면 $x=\frac{t-1}{2}$

이것을 $f(2x+1)=4x+5$에 대입하면

$f(t)=4\left(\frac{t-1}{2}\right)+5=2t+3$이고 t를 x로 바꾸면 된다.

$\therefore f(x)=2x+3$

STEP B $f(x)$의 역함수를 구하여 $f^{-1}(11)$의 값 구하기

$y=2x+3$으로 놓고 x에 대하여 풀면 $x=\frac{1}{2}y-\frac{3}{2}$

x와 y를 서로 바꾸면 $f(x)$의 역함수는 $y=\frac{1}{2}x-\frac{3}{2}$

따라서 $f^{-1}(x)=\frac{1}{2}x-\frac{3}{2}$이므로 $f^{-1}(11)=\frac{11}{2}-\frac{3}{2}=4$

+α $f^{-1}(11)=k$로 놓고 구할 수 있어!

$f^{-1}(11)=k$라 하면 $f(k)=11$이므로 $2x+1=k$에서 $x=\frac{k-1}{2}$

$f(k)=4\times\frac{k-1}{2}+5=2k+3$

따라서 $2k+3=11$이므로 $k=4$

MINI해설 $f(a)=b$일 때, $f^{-1}(b)=a$임을 이용하여 풀이하기

$f(2x+1)=4x+5$이므로

$f^{-1}(4x+5)=2x+1$ …… ㉠

$4x+5=11$에서 $x=\frac{3}{2}$

따라서 ㉠에 $x=\frac{3}{2}$을 대입하면 $f^{-1}(11)=2\times\frac{3}{2}+1=4$

0743

두 함수 f, g에 대하여 $f(x)=2x+4$이고 $f^{-1}(x)=g\left(\frac{1}{6}x+1\right)$일 때,

TIP $f^{-1}(x)=\frac{1}{2}x-2$

함수 $g(x)=ax+b$일 때, 상수 a, b에 대하여 ab의 값은?

① -15 ② -10 ③ -5
④ 10 ⑤ 15

STEP Ⓐ $f(x)$의 역함수 구하기

$y=2x+4$이라 하고 x에 대하여 풀면 $2x=y-4$

$\therefore x=\frac{1}{2}y-2$

즉 $f^{-1}(x)=\frac{1}{2}x-2$이므로 $g\left(\frac{1}{6}x+1\right)=\frac{1}{2}x-2$

STEP Ⓑ 함수 $g(x)$를 구하고 ab의 값 구하기

이때 $\frac{1}{6}x+1=t$로 놓으면 $x=6t-6$

$g(t)=\frac{1}{2}(6t-6)-2=3t-5$이므로

t를 x로 바꾸면 $g(x)=3x-5$

따라서 $a=3$, $b=-5$이므로 $ab=3\times(-5)=-15$

+α 합성함수를 이용하여 구할 수 있어!

$f^{-1}(x)=g\left(\frac{1}{6}x+1\right)$에서 양변에 $f(x)$를 합성하면

$f\circ f^{-1}(x)=f\circ g\left(\frac{1}{6}x+1\right)$

$\therefore f\circ g\left(\frac{1}{6}x+1\right)=x$

이때 $g(x)=ax+b$이므로 $g\left(\frac{1}{6}x+1\right)=a\left(\frac{1}{6}x+1\right)+b=\frac{a}{6}x+a+b$

$f\left(g\left(\frac{1}{6}x+1\right)\right)=f\left(\frac{a}{6}x+a+b\right)=2\left(\frac{a}{6}x+a+b\right)+4=\frac{a}{3}x+2a+2b+4$

즉 $\frac{a}{3}x+2a+2b+4=x$이므로 $a=3$, $b=-5$

0744

두 함수 $f(x)=\frac{1}{2}x-1$, $g(x)=2x+a$에 대하여
$(g\circ f)^{-1}=g^{-1}\circ f^{-1}$이 성립할 때, 상수 a의 값을 구하시오.

TIP $(g\circ f)(x)$와 $g\circ f$를 각각 구한 후 역함수를 구한다.

STEP Ⓐ $(g\circ f)(x)$의 역함수 구하기

$(g\circ f)(x)=g(f(x))$ ← $g(x)$에 x대신 $f(x)$를 대입한다.

$=2\left(\frac{1}{2}x-1\right)+a$

$=x-2+a$

이므로 $y=x-2+a$로 놓고 x에 대하여 풀면 $x=y+2-a$

x와 y를 서로 바꾸면 $(g\circ f)(x)$의 역함수는 $y=x+2-a$

$\therefore (g\circ f)^{-1}(x)=x+2-a$ …… ㉠

STEP Ⓑ $f(x)$와 $g(x)$의 역함수 구하기

$f(x)=\frac{1}{2}x-1$에서 $y=\frac{1}{2}x-1$로 놓고 x에 대하여 풀면

$x=2y+2$

x와 y를 서로 바꾸면 $f(x)$의 역함수는 $f^{-1}(x)=2x+2$

$g(x)=2x+a$에서 $y=2x+a$로 놓고 x에 대하여 풀면

$x=\frac{1}{2}y-\frac{a}{2}$

x와 y를 서로 바꾸면 $g(x)$의 역함수는 $g^{-1}(x)=\frac{1}{2}x-\frac{a}{2}$

STEP Ⓒ $(g\circ f)^{-1}=g^{-1}\circ f^{-1}$을 만족하는 a의 값 구하기

$(g^{-1}\circ f^{-1})(x)=g^{-1}(f^{-1}(x))$

$=\frac{1}{2}(2x+2)-\frac{a}{2}$

$=x+1-\frac{a}{2}$ …… ㉡

㉠, ㉡에서 $(g\circ f)^{-1}=g^{-1}\circ f^{-1}$이므로 $x+2-a=x+1-\frac{a}{2}$

즉 $2-a=1-\frac{a}{2}$이므로 $\frac{a}{2}=1$

따라서 $a=2$

+α 교환법칙이 성립함을 이용하여 구할 수 있어!

$(g\circ f)^{-1}=g^{-1}\circ f^{-1}=(f\circ g)^{-1}$

$\therefore g\circ f=f\circ g$

$(g\circ f)(x)=g(f(x))=2\left(\frac{1}{2}x-1\right)+a=x-2+a$

$(f\circ g)(x)=f(g(x))=\frac{1}{2}(2x+a)-1=x+\frac{1}{2}a-1$

즉 $x-2+a=x+\frac{1}{2}a-1$이므로 $-2+a=\frac{1}{2}a-1$에서 $\frac{1}{2}a=1$

따라서 $a=2$

0745

2000학년도 고3 수능기출 나형 10번

[보기]의 함수 $f(x)$ 중 $(f\circ f\circ f)(x)=f(x)$가 성립하는 것을 모두 고른 것은?

TIP $(f\circ f\circ f)(x)=f(f(f(x)))$

ㄱ. $f(x)=x+1$
ㄴ. $f(x)=-x$
ㄷ. $f(x)=-x+1$

① ㄱ ② ㄴ ③ ㄷ
④ ㄱ, ㄷ ⑤ ㄴ, ㄷ

STEP Ⓐ 주어진 식을 간단히 하기

함수 $f(x)$의 역함수를 $f^{-1}(x)$라 하자. ← [보기]의 함수는 일대일대응

$(f\circ f\circ f)(x)=f(x)$에서 $(f\circ f\circ f)(x)=f(f(f(x)))=f(x)$

$\therefore (f\circ f)(x)=x$

즉 $f(x)$의 역함수 $f^{-1}(x)$에 대하여 $f(x)=f^{-1}(x)$를 만족한다.

STEP Ⓑ 조건을 만족하는 함수 $f(x)$의 식 구하기

ㄱ. $f(x)=y=x+1$이라 하자.
x와 y의 위치를 서로 바꾸면 $x=y+1$
$\therefore y=x-1$
$f^{-1}(x)=x-1$이므로 $f(x)\neq f^{-1}(x)$ [거짓]

ㄴ. $f(x)=y=-x$라 하자.
x와 y의 위치를 서로 바꾸면 $x=-y$ $\therefore y=-x$
$\therefore f(x)=f^{-1}(x)=-x$ [참]

ㄷ. $f(x)=y=-x+1$이라 하자.
x와 y의 위치를 서로 바꾸면 $x=-y+1$
$\therefore y=-x+1$
$\therefore f(x)=f^{-1}(x)=-x+1$ [참]

따라서 $(f\circ f\circ f)(x)=f(x)$가 성립하는 것은 ㄴ, ㄷ이다.

0746

다음 함수의 그래프 중 정의역의 모든 원소 x에 대하여 $f(f(x))=x$를

TIP $f(x)=f^{-1}(x)$이므로 $y=x$에 대하여 대칭인 함수를 구하면 된다.

만족시키는 함수 $f(x)$의 그래프는?

① 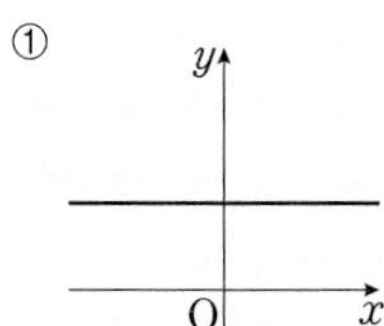
② 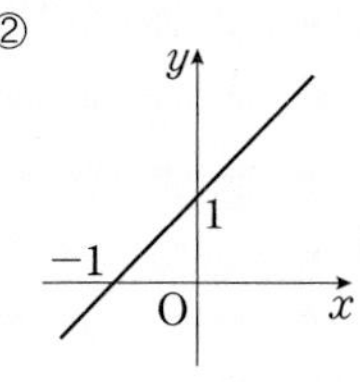
③ 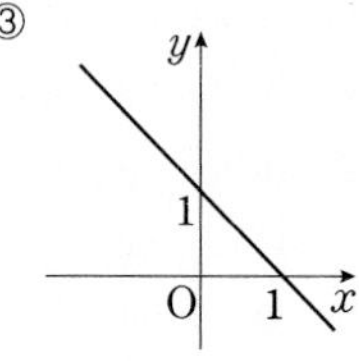
④ 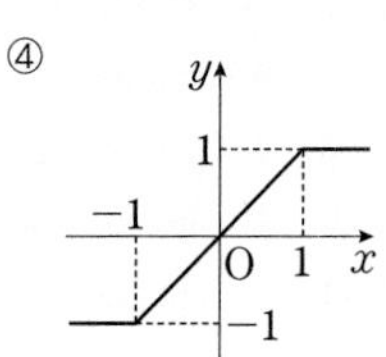
⑤ 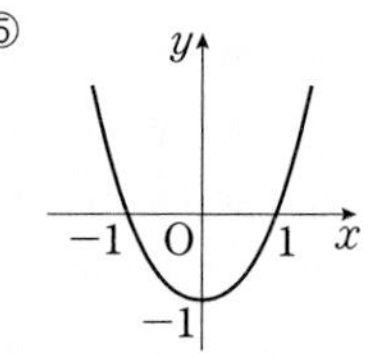

STEP A $f(f(x))=x$**를 만족하는 함수** $f(x)$ **구하기**

$f(f(x))=x$에서 $f\circ f=I$(I는 항등함수)이므로

$f(x)=f^{-1}(x)$

또한, $y=f^{-1}(x)$의 그래프는 $y=f(x)$의 그래프를 직선 $y=x$에 대하여 대칭이동하여 얻을 수 있으므로 $y=f(x)$의 그래프는 직선 $y=x$에 대하여

x와 y의 좌표를 바꾸어준다.

대칭이어야 한다.

따라서 함수 $f(x)$의 그래프는 ③이다.

(2) 일차함수 $f(x)$가 모든 실수 x에 대하여 $f(f(x))=x$이고

TIP $f(x)=f^{-1}(x)$

$f(0)=5$일 때, $f(3)$의 값을 구하시오.

STEP A **일차함수** $f(x)$**의 역함수** $f^{-1}(x)$**의 식 구하기**

일차함수 $f(x)$에 대하여 $f(0)=5$이므로

$f(x)=ax+5(a\neq 0)$으로 놓을 수 있다.

이때 $f(f(x))=x$이므로 $f(x)=f^{-1}(x)$

$f(x)=ax+5$에서 $y=ax+5$라 하고 x에 대한 식으로 나타내면

$x=\frac{1}{a}y-\frac{5}{a}$이고 x, y를 바꾸면 $y=\frac{1}{a}x-\frac{5}{a}$

$\therefore f^{-1}(x)=\frac{1}{a}x-\frac{5}{a}$

STEP B $f(3)$**의 값 구하기**

$f(x)=f^{-1}(x)$이므로 $ax+5=\frac{1}{a}x-\frac{5}{a}$

즉 $a=\frac{1}{a}$, $5=-\frac{5}{a}$이므로 $a=-1$

$a=\frac{1}{a}$에서 $a^2=1$이므로 $a=-1$ 또는 $a=1$

$5=-\frac{5}{a}$에서 $5a=-5$이므로 $a=-1$

두 식을 동시에 만족시키는 $a=-1$

$\therefore f(x)=-x+5$

따라서 $f(3)=-3+5=2$

+α 합성함수를 이용하여 구할 수 있어!

일차함수 $f(x)$에 대하여 $f(0)=5$이므로 $f(x)=ax+5$라 할 수 있다.

$f(f(x))=x$이므로 $f(ax+5)=a(ax+5)+5$

즉 $a^2x+5a+5=x$이므로 $a^2=1$, $5a+5=0$ $\quad\therefore a=-1$

0747

2004년 09월 고3 모의평가 나형 4번 변형

다음 물음에 답하시오.

(1) 함수 $f(x)=ax+2$가 모든 실수 x에 대하여 $f=f^{-1}$을 만족시킬 때,

TIP 함수 f와 f의 역함수 f^{-1}에 대하여 $f=f^{-1}$이면 $(f\circ f)(x)=x$이다.

상수 a의 값을 구하시오. (단, $a\neq 0$)

STEP A $f^{-1}(x)$**의 식 구하기**

$f(x)=ax+2$에서 $y=ax+2$라 하고 x에 대한 식으로 나타내면

$x=\frac{1}{a}y-\frac{2}{a}$이고 x, y를 바꾸어 주면 $y=\frac{1}{a}x-\frac{2}{a}$

$\therefore f^{-1}(x)=\frac{1}{a}x-\frac{2}{a}$

STEP B $f(x)=f^{-1}(x)$**임을 이용하여** a**의 값 구하기**

$f=f^{-1}$이므로 $ax+2=\frac{1}{a}x-\frac{2}{a}$

따라서 $a=\frac{1}{a}$, $2=-\frac{2}{a}$이므로 $a=-1$

$a=\frac{1}{a}$에서 $a^2=1$이므로 $a=-1$ 또는 $a=1$

$2=-\frac{2}{a}$에서 $2a=-2$이므로 $a=-1$

동시에 만족시키는 a의 값은 $a=-1$

+α 합성함수를 이용하여 구할 수 있어!

$f=f^{-1}$에서 양변에 f를 합성하면 $(f\circ f)(x)=(f\circ f^{-1})(x)$이므로

$(f\circ f)(x)=x$

$f(x)=ax+2$에서 $(f\circ f)(x)=f(f(x))=f(ax+2)=a(ax+2)+2$

즉 $a^2x+2a+2=x$이므로 $a^2=1$, $2a+2=0$

따라서 $a=-1$

0748

다음 물음에 답하시오.

(1) 실수 전체의 집합에서 함수 $f(x)$가

$$f(x)=|2x-4|-ax+2$$

로 정의될 때, $f(x)$의 역함수가 존재하도록 하는 자연수 a의 최솟값을

TIP 함수 f의 역함수 f^{-1}이 존재하기 위해서는 함수 f가 일대일대응이어야한다.

구하시오.

STEP A **구간을 나누어** $f(x)$**의 식 작성하기**

$f(x)=|2x-4|-ax+2$에서

(i) $x\geq 2$일 때,

$f(x)=2x-4-ax+2=(2-a)x-2$

(ii) $x<2$일 때,

$f(x)=-(2x-4)-ax+2=-(2+a)x+6$

(i), (ii)에서 $f(x)=\begin{cases}(2-a)x-2 & (x\geq 2)\\ -(2+a)x+6 & (x<2)\end{cases}$ ← $x=2$에서 함숫값은 같으므로 연결되어있다.

STEP B **역함수가 존재하도록 하는 자연수** a**의 최솟값 구하기**

함수 $f(x)$의 역함수가 존재하므로 실수 전체의 집합에서 일대일대응이다.

이때 구간에 의하여 나누어진 두 직선의 기울기의 부호가 같아야 한다.

즉 $-(2-a)(2+a)>0$이어야 하므로 $(a-2)(a+2)>0$

$\therefore a<-2$ 또는 $a>2$

따라서 자연수 a의 최솟값은 3

(2) 실수 전체의 집합에서 함수 $f(x)$가

$$f(x)=\begin{cases} -kx+1 & (x \le 0) \\ (k-5)x+1 & (x>0) \end{cases}$$

과 같이 정의될 때, 역함수 f^{-1}가 존재하기 위한 정수 k의 개수를

TIP 함수 f의 역함수 f^{-1}이 존재하기 위해서는 함수 f가 일대일대응이어야한다.

구하시오.

STEP A 일대일대응이 되도록 k의 범위 구하기

함수 f의 역함수가 존재하려면 일대일대응이어야 한다.
역함수가 존재하려면 구간에 의하여 나누어진 두 직선의 기울기의 부호가 같아야 한다. ← $x=0$에서 함숫값은 같으므로 연결되어있다.

즉 $-k(k-5)>0$, $k(k-5)<0$ $\quad \therefore 0<k<5$

STEP B 정수 k의 개수 구하기

따라서 정수 k는 $1, 2, 3, 4$이므로 그 개수는 4

0749

다음 물음에 답하시오.

(1) 실수 전체의 집합에서 정의된 함수

$$f(x)=\begin{cases} -2x+2a & (x \ge 0) \\ (a-1)x+a^2-8 & (x<0) \end{cases}$$

의 역함수가 존재할 때, 상수 a의 값은?

TIP 함수 f의 역함수 f^{-1}이 존재하기 위해서는 함수 f가 일대일대응이어야한다.

① -5 ② -4 ③ -3
④ -2 ⑤ -1

STEP A $x=0$에서 두 함수의 함숫값이 같음을 이용하여 a의 값 구하기

함수 $f(x)$의 역함수가 존재하기 위해서는 함수 $f(x)$가 일대일대응이어야 하고 공역이 실수 전체의 집합이므로 치역도 실수 전체의 집합이어야 한다.
즉 $x=0$에서 두 일차함수의 함숫값이 같아야 하므로
$2a=a^2-8$, $a^2-2a-8=0$, $(a-4)(a+2)=0$
$\therefore a=-2$ 또는 $a=4$ $\quad \cdots\cdots$ ㉠

STEP B 두 일차함수의 기울기를 이용하여 a의 범위 구하기

또한, 두 일차함수의 그래프의 기울기의 부호가 같아야 하므로
$a-1<0$ $\quad \therefore a<1$ $\quad \cdots\cdots$ ㉡
따라서 ㉠, ㉡에서 공통된 a의 값을 구하면 $a=-2$

+α 기울기의 부호가 같지 않음을 그래프를 통해 확인할 수 있어!

$a-1=0$ 또는 $a-1>0$이면 함수 $f(x)$는 오른쪽 그림과 같이 일대일대응이 아니다.

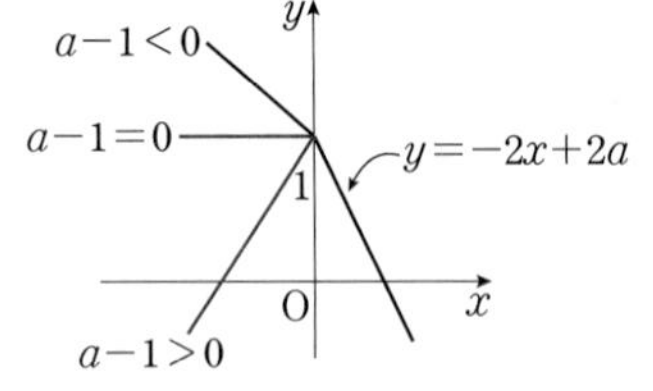

2018년 06월 고2 학력평가 나형 14번 변형

(2) 두 정수 a, b에 대하여 실수 전체의 집합에서 정의된 함수

$$f(x)=\begin{cases} a(x-2)^2+b & (x<2) \\ -2x+8 & (x \ge 2) \end{cases}$$

의 역함수가 존재할 때, $a+b$의 최솟값은?

TIP 함수 f의 역함수 f^{-1}이 존재하기 위해서는 함수 f가 일대일대응이어야한다.

① 1 ② 3 ③ 5
④ 7 ⑤ 9

STEP A $x=2$에서 함숫값이 같음을 이용하여 b의 값 구하기

함수 $f(x)$의 역함수가 존재하기 위해서 함수 $f(x)$가 일대일대응이어야 하고 공역이 실수 전체의 집합이므로 치역도 실수 전체의 집합이어야 한다.
즉 $x=2$에서 주어진 두 함수의 함숫값이 같아야 하므로
$b=-2\times2+8$ $\quad \therefore b=4$

STEP B 함수의 그래프를 이용하여 a의 범위 구하기

$x \ge 2$에서 $f(x)=-2x+8$이므로 감소함수이다.
일대일대응이어야 하므로 $x<2$에서 감소함수이고 그래프는 오른쪽과 같다.
$\therefore a>0$
따라서 정수 a의 최솟값은 1이므로
$a+b$의 최솟값은 $1+4=5$

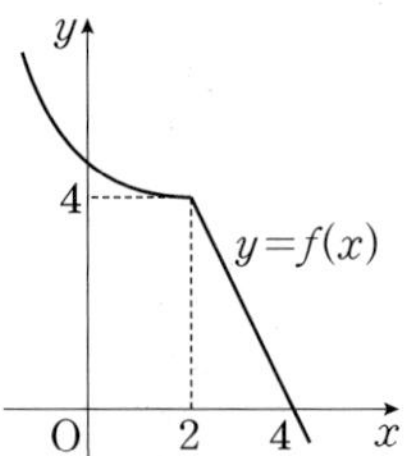

0750

실수 전체의 집합에서 함수 $f(x)$가

$$f(x)=\begin{cases} x+a & (x \le 3) \\ 3x-1 & (x>3) \end{cases}$$

과 같이 정의되고 역함수 f^{-1}가 존재할 때,

TIP 함수 f의 역함수 f^{-1}이 존재하기 위해서는 함수 f가 일대일대응이어야한다.

$(f^{-1} \circ f^{-1})(14)$의 값을 구하시오. (단, a는 상수이다.)

STEP A $x=3$에서 함숫값이 같음을 이용하여 a의 값 구하기

함수 $f(x)$의 역함수가 존재하려면 $f(x)$가 일대일대응이어야 하고 공역이 실수 전체의 집합이므로 치역도 실수 전체이어야 한다.
즉 $x=3$에서 주어진 두 함수의 함숫값이 같아야 하므로
$3+a=3\times3-1$ $\quad \therefore a=5$

즉 $f(x)=\begin{cases} x+5 & (x \le 3) \\ 3x-1 & (x>3) \end{cases}$

STEP B $(f^{-1} \circ f^{-1})(14)$의 값 구하기

$x \le 3$에서 $y=x+5 \le 8$ $\quad \cdots\cdots$ ㉠
$x>3$에서 $y=3x-1>8$ $\quad \cdots\cdots$ ㉡
$f^{-1}(14)=p$라 하면 $f(p)=14$이고 ㉡에 의하여
$f(p)=3p-1=14$이므로 $p=5$ $\quad \therefore f^{-1}(14)=5$
$(f^{-1} \circ f^{-1})(14)=f^{-1}(f^{-1}(14))=f^{-1}(5)$에서
$f^{-1}(5)=q$라 하면 $f(q)=5$이고 ㉠에 의하여
$f(q)=q+5=5$이므로 $q=0$ $\quad \therefore f^{-1}(5)=0$
따라서 $(f^{-1} \circ f^{-1})(14)=0$

+α 범위에 따라 대입하여 구할 수 있어!

$f^{-1}(14)=p$라 하면 $f(p)=14$
(i) $p \le 3$일 때, $f(p)=p+5=14$이므로 $p=9$
이때 $p \le 3$의 조건을 만족시키지 않는다.
(ii) $p>3$일 때, $f(p)=3p-1=14$이므로 $p=5$
(i), (ii)에 의하여 $p=5$이므로 $f^{-1}(14)=5$
$f^{-1}(5)=q$라 하면 $f(q)=5$
(iii) $q \le 3$일 때, $f(q)=q+5=5$이므로 $q=0$
(iv) $q>3$일 때, $f(q)=3q-1=5$이므로 $q=2$
이때 $q>3$의 조건을 만족시키지 않는다.
(iii), (iv)에 의하여 $q=0$이므로 $f^{-1}(5)=0$

0751

함수 $y=f(x)$의 그래프와 직선 $y=x$가

TIP 직선 $y=x$ 위의 모든 점은 x, y좌표가 같다.

오른쪽 그림과 같을 때,다음 물음에 답하시오.
(단, 모든 점선은 x축 또는 y축에 평행하다.)

(1) $(f \circ f \circ f)(a)$의 값을 구하시오.

(2) $(f \circ f)(x)=d$인 x의 값을 구하시오.

(3) $(f^{-1} \circ f^{-1})(c)$의 값을 구하시오.

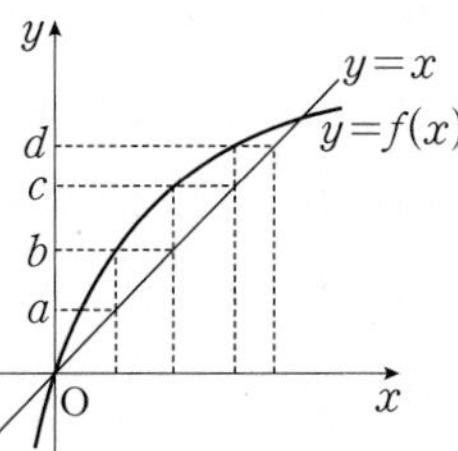

STEP A **주어진 그래프를 이용하여 함숫값 구하기**

직선 $y=x$ 위의 점의 x좌표와 y좌표는 서로 같으므로 주어진 그림에 x좌표를 나타내면 오른쪽 그림과 같다.

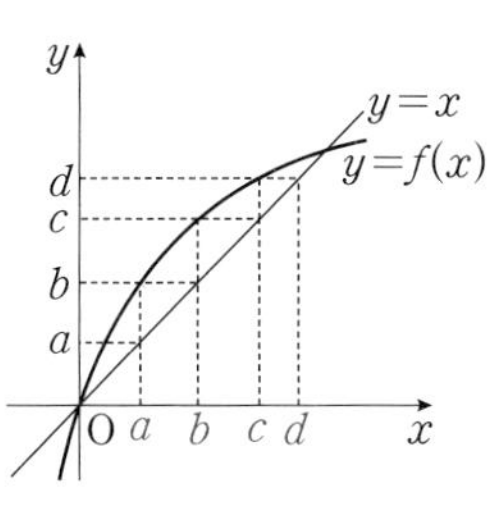

(1) $f(a)=b$, $f(b)=c$, $f(c)=d$

따라서 $(f \circ f \circ f)(a)=f(f(f(a)))$

$=f(f(b))$

$=f(c)$

$=d$

(2) $f(x)=d$가 되는 $x=c$이므로 $f(f(x))=d$에서 $f(x)=c$

$f(x)=c$가 되는 x의 값은 $x=b$

따라서 $(f \circ f)(x)=d$가 되는 x의 값은 $x=b$

(3) $f^{-1}(c)=p$라 하면 $f(p)=c$ $\quad \therefore p=b$

$(f^{-1} \circ f^{-1})(c)=f^{-1}(f^{-1}(c))=f^{-1}(b)$

$f^{-1}(b)=q$라 하면 $f(q)=b$ $\quad \therefore q=a$

따라서 $(f^{-1} \circ f^{-1})(c)=f^{-1}(f^{-1}(c))=f^{-1}(b)=a$

0752

일대일대응인 두 함수

$y=f(x)$, $y=g(x)$의 그래프가 오른쪽 그림과 같이 주어졌을 때,

$(g \circ f)^{-1}(3)+g^{-1}(2)$의 값은?

TIP 역함수의 그래프를 그리면 복잡하므로 역함수의 성질을 이용하여 구한다.

(단, 모든 점선은 x축 또는 y축에 평행하다.)

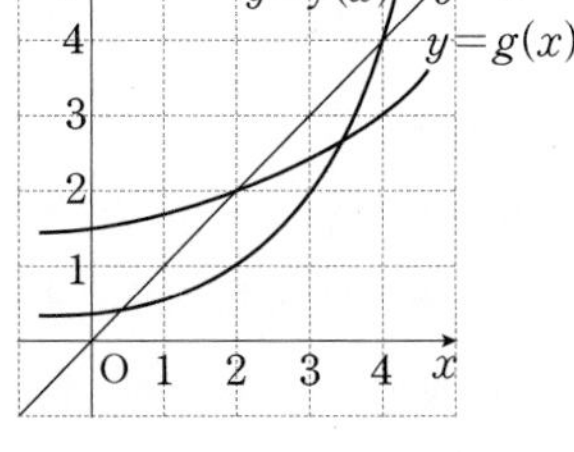

① 3 ② 4 ③ 5

④ 6 ⑤ 7

STEP A **주어진 그래프와 역함수의 성질을 이용하여 함숫값 구하기**

오른쪽 그림에서

$f(4)=4$, $g(2)=2$, $g(4)=3$이므로

$f^{-1}(4)=4$, $g^{-1}(2)=2$, $g^{-1}(3)=4$

따라서

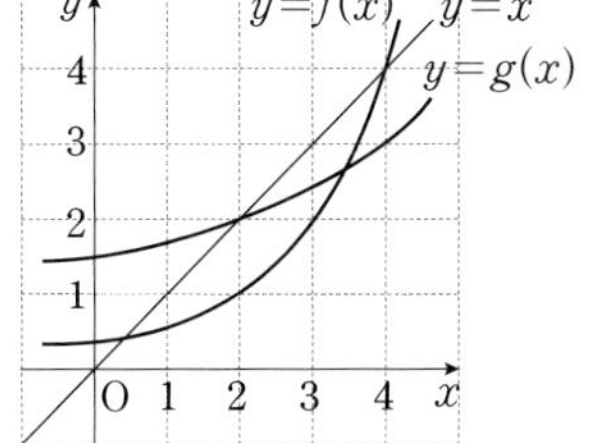

$(g \circ f)^{-1}(3)+g^{-1}(2)$

$=(f^{-1} \circ g^{-1})(3)+2$

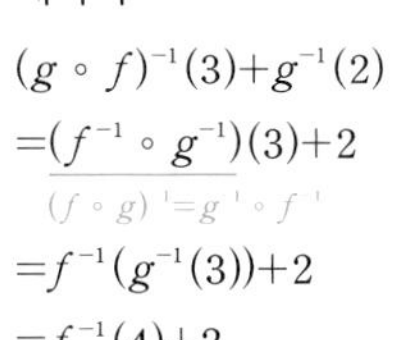

$=f^{-1}(g^{-1}(3))+2$

$=f^{-1}(4)+2$

$=4+2=6$

0753

2009년 03월 고2 학력평가 9번 변형

오른쪽 그림은 $x \geq 0$에서 정의된 두 함수 $y=f(x)$, $y=g(x)$의 그래프와 직선 $y=x$를 나타낸 것이다.

TIP 직선 $y=x$ 위의 모든 점은 x, y좌표가 같다.

$(f \circ g^{-1})(c)$의 값은?

(단, 모든 점선은 x축 또는 y축에 평행하고 함수 $g(x)$는 역함수가 존재한다.)

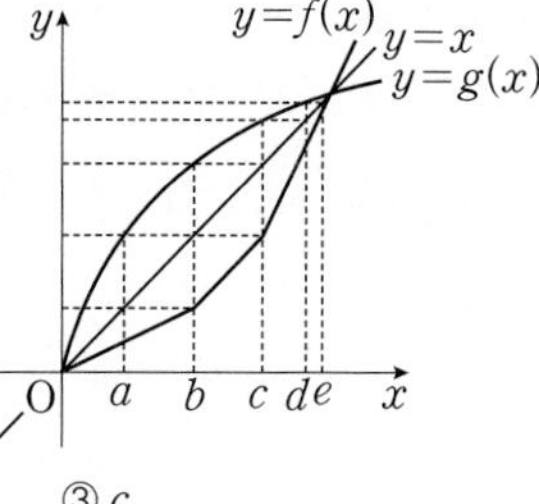

① a ② b ③ c

④ d ⑤ e

STEP A **주어진 그래프와 역함수의 성질을 이용하여 함숫값 구하기**

직선 $y=x$ 위의 점은 x좌표와 y좌표가 같으므로 y축의 좌표를 나타내면 오른쪽 그래프와 같다.

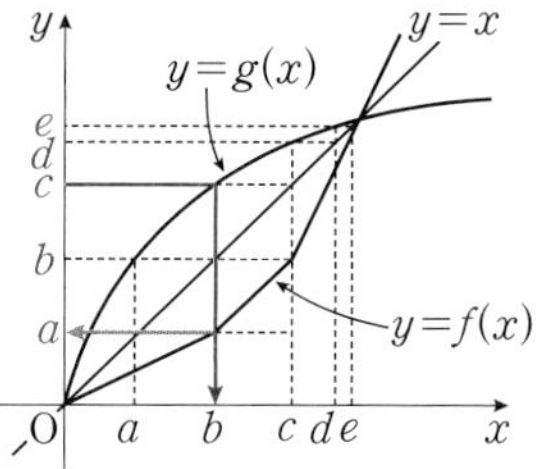

$g^{-1}(c)=k$라 하면 $g(k)=c$이므로 $k=b$

$\therefore g^{-1}(c)=b$

따라서 $(f \circ g^{-1})(c)=f(g^{-1}(c))$

$=f(b)=a$

0754

2010년 11월 고1 학력평가 27번

다음 물음에 답하시오.

(1) 함수 $f(x)=x^2-4x(x \geq 2)$의 그래프와 그 역함수 $y=f^{-1}(x)$의 그래프의 교점이 (a, b)일 때, ab의 값을 구하시오.

TIP 증가함수 일때 $y=f(x)$와 $y=x$의 교점과 같다.

STEP A **함수 $y=f(x)$의 그래프와 $y=f^{-1}(x)$의 그래프의 관계 파악하기**

함수 $f(x)=x^2-4x(x \geq 2)$의 그래프를 $y=x$에 대하여 대칭이동한 그래프가 역함수의 그래프이므로 $y=f(x)$와 $y=x$의 교점은 $y=f(x)$와 $y=f^{-1}(x)$의 교점이 된다.

STEP B **$y=f(x)$의 그래프와 직선 $y=x$의 교점의 좌표 구하기**

교점 (a, b)는 $y=f(x)$와 $y=x$의 교점이므로 $x^2-4x=x$에서

$x(x-5)=0$

$\therefore x=5(\because x \geq 2)$

즉 교점은 $(5, 5)$이므로

$a=5$, $b=5$

따라서 $ab=5 \times 5=25$

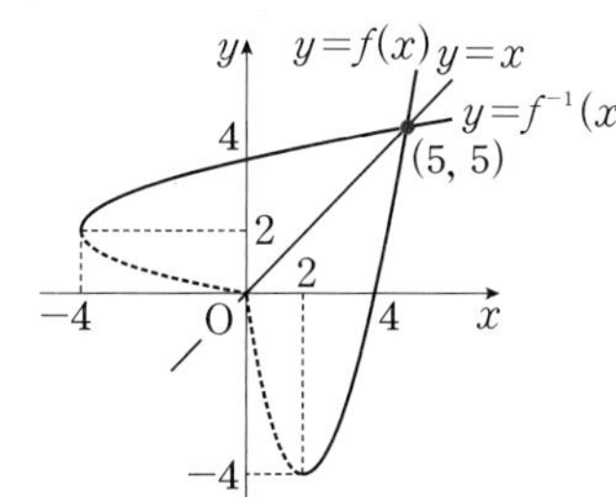

(2) 함수 $f(x)=5x-a$의 그래프와 그 역함수 $y=f^{-1}(x)$의 그래프의 교점의 x좌표가 2일 때, 상수 a의 값을 구하시오.

TIP 증가함수일 때 함수 $y=f(x)$의 그래프와 직선 $y=x$의 교점의 x좌표와 같다.

STEP A **함수 $y=f(x)$의 그래프와 $y=f^{-1}(x)$의 그래프의 관계 파악하기**

함수 $f(x)=5x-a$의 그래프를 $y=x$에 대하여 대칭이동한 그래프가 역함수의 그래프이므로 $y=f(x)$와 $y=x$의 교점은 $y=f(x)$와 $y=f^{-1}(x)$의 교점이 된다.

STEP B **$(2, 2)$를 지남을 이용하여 상수 a의 값 구하기**

$y=f(x)$와 $y=x$의 교점의 x좌표가 2이므로 교점의 좌표는 $(2, 2)$

따라서 $f(2)=10-a=2$이므로 $a=8$

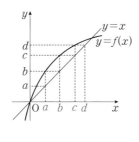

0755

함수 $f(x)=2x-6$의 역함수를 $f^{-1}(x)$라 할 때,

$$\{f(x)\}^2=f(x)f^{-1}(x)$$

TIP $\{f(x)\}^2-f(x)f^{-1}(x)=0$을 인수분해하여 방정식을 구하도록 한다.

를 만족시키는 모든 실수 x의 값의 합은?

① 4　② 6　③ 8
④ 9　⑤ 12

STEP A $\{f(x)\}^2=f(x)f^{-1}(x)$**를 이용하여 방정식 구하기**

$\{f(x)\}^2=f(x)f^{-1}(x)$에서

$\{f(x)\}^2-f(x)f^{-1}(x)=0,\ f(x)\{f(x)-f^{-1}(x)\}=0$

$\therefore f(x)=0$ 또는 $f(x)=f^{-1}(x)$

STEP B 모든 실수 x의 값의 합 구하기

(ⅰ) $f(x)=0$일 때, $2x-6=0,\ 2x=6\quad \therefore x=3$

(ⅱ) $f(x)=f^{-1}(x)$일 때,

두 함수 $y=f(x),\ y=f^{-1}(x)$의 그래프의 교점은 $y=f(x)$의 그래프와 직선 $y=x$의 교점과 같으므로 ← $f(x)$는 증가함수

$2x-6=x\quad \therefore x=6$

(ⅰ), (ⅱ)에서 모든 실수 x의 값의 합은 $3+6=9$

다른풀이 역함수를 구하여 이차방정식의 근과 계수를 이용하여 풀이하기

STEP A $f(x)$**의 역함수 구하기**

$y=2x-6$이라 하면 $2x=y+6$

$\therefore x=\frac{1}{2}y+3$

x와 y를 서로 바꾸면 $y=\frac{1}{2}x+3$

$\therefore f^{-1}(x)=\frac{1}{2}x+3$

STEP B 모든 실수 x의 값의 합 구하기

$\{f(x)\}^2=f(x)f^{-1}(x)$에서 $(2x-6)^2=(2x-6)\left(\frac{1}{2}x+3\right)$

$4x^2-24x+36=x^2+6x-3x-18,\ 3x^2-27x+54=0$

$\therefore x^2-9x+18=0$

(판별식)>0이므로 서로 다른 두 실근을 갖는다.

따라서 이차방정식의 근과 계수의 관계에 의하여 x의 값의 합은 9

0756

다음 물음에 답하시오.

(1) 함수 $f(x)=\begin{cases}\frac{1}{4}x+3 & (x\ge 0)\\ \frac{5}{2}x+3 & (x<0)\end{cases}$의 역함수를 $g(x)$라 할 때, 함수 $y=f(x)$와 $y=g(x)$의 그래프로 둘러싸인 부분의 넓이를 구하시오.

TIP 함수 $y=f(x)$의 그래프와 역함수 $y=g(x)$의 그래프는 직선 $y=x$에 대하여 대칭이다.

STEP A 함수 $y=f(x)$의 그래프와 $y=f^{-1}(x)$의 그래프의 관계 파악하기

함수 $f(x)=\begin{cases}\frac{1}{4}x+3 & (x\ge 0)\\ \frac{5}{2}x+3 & (x<0)\end{cases}$

의 그래프는 오른쪽 그림과 같다.

함수 $y=f(x)$의 그래프와 역함수 $y=g(x)$의 그래프는 직선 $y=x$에 대하여 대칭이므로 함수 $y=f(x)$의 그래프와 $y=x$의 그래프로 둘러싸인 넓이의 2배이다.

STEP B $y=f(x)$**의 그래프와 직선** $y=x$**의 교점의** x**좌표 구하기**

함수 $y=f(x)$의 그래프와 직선 $y=x$의 교점은

$x\ge 0$일 때, $\frac{1}{4}x+3=x$ 이므로 $x=4$

$\therefore (4,\ 4)$

$x<0$일 때, $\frac{5}{2}x+3=x$ 이므로 $x=-2$

$\therefore (-2.\ -2)$

STEP C $y=f(x)$**와** $y=g(x)$**의 그래프로 둘러싸인 부분의 넓이 구하기**

함수 $y=f(x)$의 그래프와 직선 $y=x$로 둘러싸인 부분의 넓이 S라 하면

$S=\frac{1}{2}\times 3\times 2+\frac{1}{2}\times 3\times 4=9$

따라서 구하는 넓이는 $2S=2\times 9=18$

(2) 정의역과 치역이 모두 실수 전체의 집합이고 역함수가 존재하는 함수

$$f(x)=\begin{cases}(a^2-1)(x-4)+2 & (x\ge 4)\\ \frac{1}{2}x & (x<4)\end{cases}$$

에 대하여 a의 값이 최소의 양의 정수일 때, $f(x)$의 역함수 $g(x)$에 대하여 두 함수 $y=f(x),\ y=g(x)$의 그래프로 둘러싸인 부분의 넓이

TIP 함수 $y=f(x)$의 그래프와 역함수 $y=g(x)$의 그래프는 직선 $y=x$에 대하여 대칭이다.

를 구하시오.

STEP A 역함수가 존재하기 위한 a의 범위 구하기

함수 $f(x)$의 역함수가 존재하려면 함수 $f(x)$는 일대일대응이어야 한다.

직선의 기울기가 양수이므로 $a^2-1>0$, 즉 $(a-1)(a+1)>0$

a의 값은 양의 정수이므로 기울기는 양이다.

$\therefore a<-1$ 또는 $a>1$ ← $x=4$에서 함숫값은 같으므로 연결되어 있다.

이때 a는 최소의 양의 정수이므로 $a=2$

$\therefore f(x)=\begin{cases}3x-10 & (x\ge 4)\\ \frac{1}{2}x & (x<4)\end{cases}$

STEP B 두 함수 $y=f(x),\ y=g(x)$의 그래프로 둘러싸인 부분의 넓이 구하기

함수 $y=f(x)$의 그래프와 역함수 $y=g(x)$의 그래프는 직선 $y=x$에 대하여 대칭이므로 함수 $y=f(x)$의 그래프와 $y=x$로 둘러싸인 부분의 넓이의 2배이다.

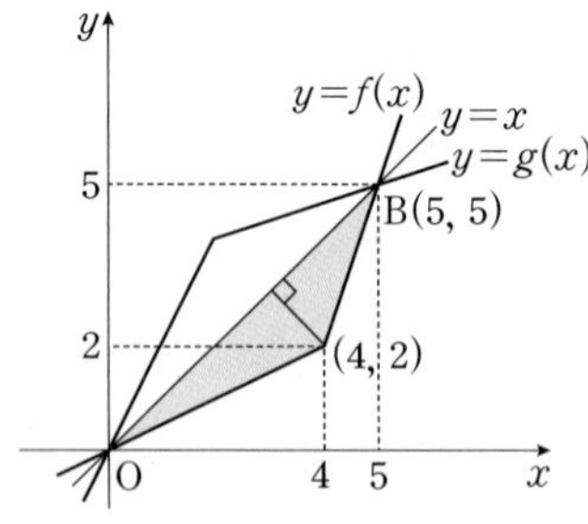

함수 $y=f(x)$의 그래프와 직선 $y=x$의 교점은 $3x-10=x$

$\therefore x=5$

이때 $\overline{OB}=\sqrt{5^2+5^2}=5\sqrt{2}$이고

점 $(4,\ 2)$에서 직선 $y=x$까지 거리는

점 $(x_1,\ y_1)$과 직선 $ax+by+c=0$ 사이의 거리 $d=\frac{|ax_1+by_1+c|}{\sqrt{a^2+b^2}}$

$\frac{|4-2|}{\sqrt{1^2+1^2}}=\sqrt{2}$

따라서 구하는 넓이는 $2\times\frac{1}{2}\times 5\sqrt{2}\times\sqrt{2}=10$

단원종합문제

BASIC

0757

2017학년도 09월 고3 모의평가 나형 5번 변형

다음 물음에 답하시오.

(1) 다음 그림은 두 함수 $f: X \longrightarrow Y$, $g: Y \longrightarrow Z$를 나타낸 것이다.

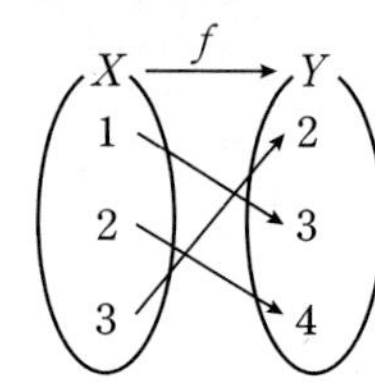
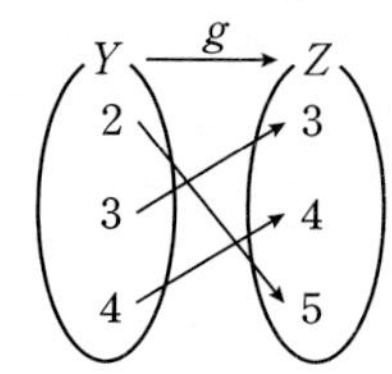

$(g \circ f)(2)$의 값은?

TIP $(g \circ f)(a)=g(f(a))$

① 1 ② 2 ③ 3
④ 4 ⑤ 5

STEP A 합성함수의 정의를 이용하여 주어진 함수의 함숫값 구하기

$f(2)=4$, $g(4)=4$

따라서 $(g \circ f)(2)=g(f(2))=g(4)=4$

2013년 03월 고2 학력평가 B형 4번

(2) 집합 $X=\{1, 2, 3, 4, 5\}$에 대하여 X에서 X로의 두 함수 f, g가 각각 그림과 같을 때, $(f^{-1} \circ g)(4)$의 값은? (단, f^{-1}는 f의 역함수이다.)

TIP $(f^{-1} \circ g)(4)=f^{-1}(g(4))$

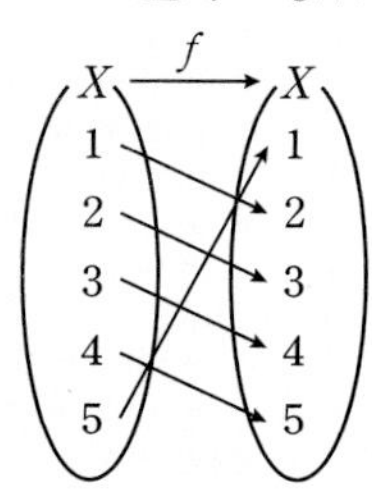
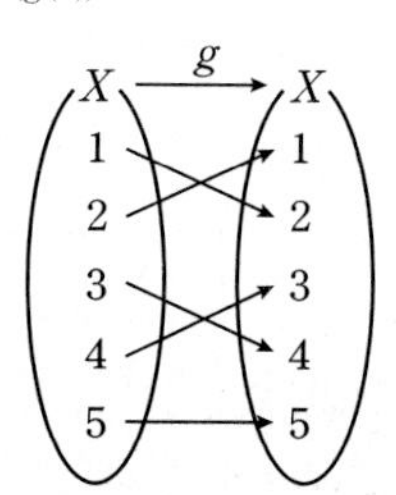

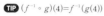

① 1 ② 2 ③ 3
④ 4 ⑤ 5

STEP A 합성함수와 역함수의 성질을 이용하여 함숫값 구하기

$(f^{-1} \circ g)(4)=f^{-1}(g(4))=f^{-1}(3)$ ← $g(4)=3$

따라서 $f^{-1}(3)=a$라 하면 $f(a)=3$

역함수의 성질 $f^{-1}(a)=b \Longleftrightarrow f(b)=a$

이므로 $a=2$

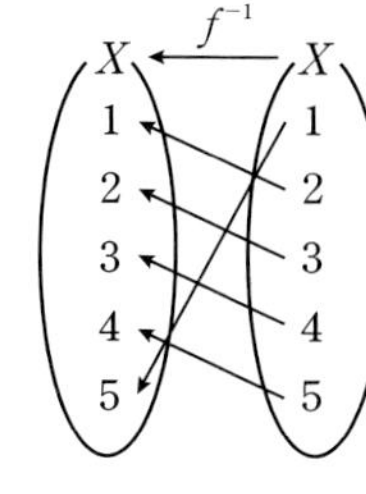

0758

다음 물음에 답하시오.

(1) 두 함수 f, g가 $f(x)=2x-3$, $g(2x-1)=-6x+5$를 만족할 때,

TIP $x=3$을 대입하면 $g(5)=-13$

$(f \circ g)(5)$의 값은?

① -31 ② -29 ③ -27
④ -25 ⑤ -23

STEP A $g(5)$의 값 구하기

$g(2x-1)=-6x+5$에서 $2x-1=5$이면 $x=3$이므로

양변에 $x=3$을 대입하면 $g(2\times3-1)=-6\times3+5$

$\therefore g(5)=-13$

+α 함수 $g(x)$의 식을 이용하여 구할 수 있어!

$g(2x-1)=-6x+5$에서 $2x-1=t$라 하면 $x=\frac{1}{2}t+\frac{1}{2}$이므로

식에 대입하면 $g(t)=-6\left(\frac{1}{2}t+\frac{1}{2}\right)+5=-3t+2$

t를 x로 바꾸면 $g(x)=-3x+2$

$\therefore g(5)=-13$

STEP B $(f \circ g)(5)$의 값 구하기

따라서 $(f \circ g)(5)=f(g(5))=f(-13)=-29$

$f(-13)=2\times(-13)-3=-29$

(2) 두 함수 $f(x)=ax+b$, $g(x)=x+2$에 대하여

$(f \circ g)(x)=2x+3$

TIP $f(g(x))=f(x+2)=2x+3$

이 성립할 때, $f(5)$의 값은? (단, a, b는 상수이다.)

① 3 ② 5 ③ 7
④ 9 ⑤ 11

STEP A $(f \circ g)(x)$의 식을 이용하여 상수 a, b의 값 구하기

두 함수 $f(x)=ax+b$, $g(x)=x+2$에 대하여

$(f \circ g)(x)=f(g(x))=f(x+2)=a(x+2)+b$

$\therefore (f \circ g)(x)=ax+2a+b$

$(f \circ g)(x)=2x+3$이므로 $ax+2a+b=2x+3$ ← x에 대한 항등식

즉 $a=2$, $2a+b=3$

$\therefore a=2$, $b=-1$

STEP B $f(5)$의 값 구하기

따라서 $f(x)=2x-1$이므로 $f(5)=2\times5-1=9$

+α 합성함수의 성질을 이용하여 구할 수 있어!

두 함수 $(f \circ g)(x)=2x+3$에서 $g(x)=x+2$이므로

$f(x+2)=2x+3$

이때 $x+2=t$라 하면 $x=t-2$이므로 식에 대입하면

$f(t)=2(t-2)+3=2t-1$이고 t를 x로 바꾸면 $f(x)=2x-1$

$f(x)=ax+b$에서 $a=2$, $b=-1$

따라서 $f(5)=2\times5-1=9$

(3) 두 함수 $f(x)=\begin{cases} 2x-3 & (x \ge 1) \\ 5 & (x<1) \end{cases}$, $g(x)=3x^2-5$에 대하여

$(f \circ g)(1)+(g \circ f)(2)$의 값은?

TIP $(g \circ f)(a)=g(f(a))$

① 3 ② 4 ③ 5
④ 6 ⑤ 7

STEP Ⓐ 구간에 따른 합성함수의 함숫값 구하기

$(f \circ g)(1)=f(g(1))=f(-2)=5$

$g(1)=3\times1^2-5=-2$　$x<1$일 때, $f(x)=5$

$(g \circ f)(2)=g(f(2))=g(1)=-2$

$x \ge 1$일 때, $f(x)=2x-3$

따라서 $(f \circ g)(1)+(g \circ f)(2)=5+(-2)=3$

0759

실수 전체의 집합에서 정의된 함수 f에 대하여

$$f(6x+1)=-2x+9$$

TIP $6x+1=t$로 치환하여 $f(x)$의 식을 구한다.

가 성립할 때, 역함수는 $f^{-1}(x)=ax+b$이다. 이때 상수 a, b에 대하여 ab의 값은?

① -96 ② -84 ③ -66
④ -52 ⑤ -36

STEP Ⓐ $f(x)$의 식 구하기

$f(6x+1)=-2x+9$에서 $6x+1=t$라 하면

$x=\dfrac{t-1}{6}$이므로 식에 대입하면

$f(t)=-2\times\left(\dfrac{t-1}{6}\right)+9$, $f(t)=-\dfrac{1}{3}t+\dfrac{28}{3}$

$\therefore f(x)=-\dfrac{1}{3}x+\dfrac{28}{3}$

STEP Ⓑ 역함수의 식을 이용하여 ab의 값 구하기

$f(x)=-\dfrac{1}{3}x+\dfrac{28}{3}$에서 $y=-\dfrac{1}{3}x+\dfrac{28}{3}$이라 하고

x에 대하여 풀면 $x=-3y+28$이고 x와 y를 서로 바꾸면

구하는 역함수는 $y=-3x+28$

$\therefore f^{-1}(x)=-3x+28$

따라서 $a=-3$, $b=28$이므로 $ab=-3\times28=-84$

0760

일차함수 $y=f(x)$의 그래프가 오른쪽 그림과 같이 두 점 $(-1, 0)$, $(0, 2)$를 지난다.

TIP $f(x)=2x+2$

$(f \circ f)(x)=2$를 만족시키는 실수 x의 값은?

① -2 ② -1
③ 0 ④ 1
⑤ 2

STEP Ⓐ 두 점을 지나는 직선의 방정식 구하기

일차함수 $y=f(x)$의 그래프가 두 점 $(-1, 0)$, $(0, 2)$를 지나므로

두 점 (x_1, y_1), (x_2, y_2)를 지나는 직선의 방정식은 $y-y_1=\dfrac{y_2-y_1}{x_2-x_1}(x-x_1)$

$f(x)=2x+2$

STEP Ⓑ 합성함수를 이용하여 x의 값 구하기

$(f \circ f)(x)=f(f(x))=f(2x+2)=2(2x+2)+2=4x+6$

이때 $(f \circ f)(x)=2$이므로 $4x+6=2$

따라서 $x=-1$

MINI해설 직선 위의 점을 대입하여 풀이하기

일차함수 $y=f(x)$의 그래프가 두 점 $(-1, 0)$, $(0, 2)$를 지나므로

$f(-1)=0$, $f(0)=2$

일차함수 $y=f(x)$는 일대일대응이므로 $f(f(x))=2$에서 $f(x)=0$

따라서 $x=-1$

0761

집합 $X=\{1, 2, 3\}$에 대하여 X에서 X로의 두 함수

$$f(x)=ax+2,\ g(x)=-x+3$$

에 대하여 합성함수 $g \circ f$가 정의되도록 하는 상수 a의 값은?

TIP $\{f(x)$의 치역$\} \subset \{g(x)$의 정의역$\}$

① -2 ② -1 ③ 0
④ 1 ⑤ 2

STEP Ⓐ 합성함수가 정의되기 위한 조건 구하기

합성함수 $g \circ f$가 정의되기 위해서

함수 $f(x)$의 치역이 함수 $g(x)$의 정의역의 부분집합이 되어야 한다.

$X=\{1, 2, 3\}$에 대하여 함수 $f(x)$의 함숫값을 구하면

$f(1)=a+2$, $f(2)=2a+2$, $f(3)=3a+2$

즉 $\{a+2, 2a+2, 3a+2\} \subset \{1, 2, 3\}$

함수 $g(x)$의 정의역

STEP Ⓑ 상수 a의 값 구하기

(ⅰ) $a+2=1$일 때, $a=-1$이므로

함수 $f(x)$의 치역은 $\{1, 0, -1\}$이므로 부분집합이 되지 않는다.

(ⅱ) $a+2=2$일 때, $a=0$이므로

함수 $f(x)$의 치역은 $\{2\}$이므로 함수 $g(x)$의 정의역의 부분집합이 된다.

$\therefore a=0$

(ⅲ) $a+2=3$일 때, $a=1$이므로

함수 $f(x)$의 치역은 $\{3, 4, 5\}$이므로 부분집합이 되지 않는다.

(ⅰ)~(ⅲ)에서 $g \circ f$가 정의되도록 하는 a의 값은 0

0762

다음 물음에 답하시오.

(1) 두 함수 $f(x)=4x+a$, $g(x)=ax+2$에 대하여 $f \circ g=g \circ f$가

TIP $f \circ g=g \circ f$이므로 식을 구한 후 항등식으로 a의 값을 구한다.

성립할 때, $f(2)+g(3)$의 값을 구하시오. (단, $a>0$)

STEP Ⓐ $f \circ g=g \circ f$임을 이용하여 상수 a의 값 구하기

$f(x)=4x+a$, $g(x)=ax+2$에서

$(f \circ g)(x)=f(g(x))=f(ax+2)=4(ax+2)+a=4ax+8+a$

$(g \circ f)(x)=g(f(x))=g(4x+a)=a(4x+a)+2=4ax+a^2+2$

이때 $f \circ g=g \circ f$이므로 $4ax+8+a=4ax+a^2+2$ ← x에 대한 항등식

$8+a=a^2+2$, $a^2-a-6=0$, $(a+2)(a-3)=0$

$\therefore a=-2$ 또는 $a=3$

$a>0$이므로 $a=3$

STEP Ⓑ $f(2)+g(3)$의 값 구하기

따라서 $f(x)=4x+3$, $g(x)=3x+2$이므로

$f(2)+g(3)=(4\times2+3)+(3\times3+2)=11+11=22$

(2) 실수 전체의 집합에서 정의된 함수

$f(x)=x-1,\ g(x)=ax+b$ (a, b는 상수)

에 대하여

$g(-1)=1$, $(f\circ g)(x)=(g\circ f)(x)$

TIP $f\circ g=g\circ f$이므로 식을 구한 후 항등식으로 a, b의 값을 구한다.

를 만족할 때, $g(3)$의 값을 구하시오.

STEP A 주어진 조건을 이용하여 a, b의 값 구하기

두 함수 $f(x)=x-1$, $g(x)=ax+b$에 대하여

$g(-1)=1$이므로 $-a+b=1$ …… ㉠

$(f\circ g)(x)=f(g(x))=(ax+b)-1=ax+b-1$

$(g\circ f)(x)=g(f(x))=a(x-1)+b=ax-a+b$

이때 $(f\circ g)(x)=(g\circ f)(x)$이므로

$ax+b-1=ax-a+b$ ← x에 대한 항등식

즉 $b-1=-a+b$ $\therefore a=1$ …… ㉡

㉠, ㉡을 연립하여 풀면 $a=1$, $b=2$

STEP B $g(3)$의 값 구하기

따라서 $g(x)=x+2$이므로 $g(3)=5$

(3) 함수 $f : X \longrightarrow X$가 오른쪽 그림과 같고 함수 $g : X \longrightarrow X$에 대하여

$g(1)=3,\ f\circ g=g\circ f$

가 성립할 때, $g(2)$의 값을 구하시오.

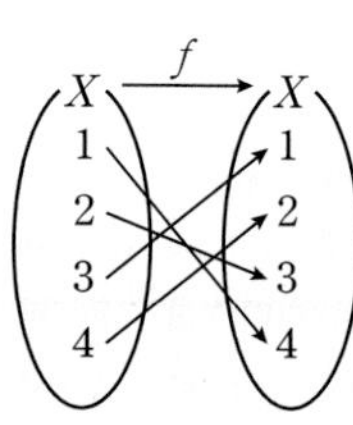

STEP A $x=1$을 대입하여 $g(4)$의 값 구하기

$f\circ g=g\circ f$에서 $f(g(x))=g(f(x))$ …… ㉠

이때 $g(1)=3$이므로 $x=1$을 대입하면

$f(g(1))=g(f(1))$, $f(3)=g(4)$

$\therefore g(4)=1$

STEP B $x=4$를 대입하여 $g(2)$의 값 구하기

㉠의 식에 $x=4$를 대입하면 $f(g(4))=g(f(4))$, $f(1)=g(2)$

따라서 $g(2)=4$

0763

다음 물음에 답하시오.

(1) 세 함수 f, g, h에 대하여 $(h\circ g)(x)=6x+7$, $f(x)=x-5$일 때, $(h\circ(g\circ f))(4)$의 값은?

TIP 합성함수의 결합법칙 $h\circ(g\circ f)=(h\circ g)\circ f$

① 1 ② 2 ③ 3
④ 4 ⑤ 5

STEP A 결합법칙을 이용하여 함숫값 구하기

$h\circ(g\circ f)=(h\circ g)\circ f$이므로

$(h\circ(g\circ f))(x)=((h\circ g)\circ f)(x)$

$=(h\circ g)(f(x))$

$=(h\circ g)(x-5)$ ← $(h\circ g)(x)=6x+7$

$=6(x-5)+7=6x-23$

따라서 $(h\circ(g\circ f))(4)=6\times4-23=1$

MINI해설 직접 함숫값을 구하여 풀이하기

$(h\circ(g\circ f))(4)=((h\circ g)\circ f)(4)$

$=(h\circ g)(f(4))$ ← $f(x)=x-5$

$=(h\circ g)(-1)$

$=6\times(-1)+7=1$ ← $(h\circ g)(x)=6x+7$

2023년 11월 고1 학력평가 6번 변형

(2) 실수 전체의 집합에서 정의된 두 함수 $f(x)=2x+7$, $g(x)$가 있다. 모든 실수 x에 대하여 $(g\circ g)(x)=3x-1$일 때, $((f\circ g)\circ g)(a)=a$를 만족시키는 실수 a의 값은?

TIP 합성함수의 결합법칙 $((f\circ g)\circ g)(a)=(f\circ(g\circ g))(a)$

① -2 ② -1 ③ 1
④ 2 ⑤ 3

STEP A 결합법칙을 이용하여 실수 a의 값 구하기

$((f\circ g)\circ g)(x)=(f\circ(g\circ g))(x)$ ← 결합법칙 $h\circ(g\circ f)=(h\circ g)\circ f$

$=f((g\circ g)(x))$

$=f(3x-1)$

$=2(3x-1)+7$

$=6x+5$

즉 $((f\circ g)\circ g)(a)=6a+5$이므로 $6a+5=a$

따라서 $a=-1$

(3) 실수 전체의 집합에서 정의된 두 함수 f, g가 $f(x)=-x+3$, $g(x)=4x-1$일 때, $(g\circ(f\circ h))(x)=3x-1$을 만족시키는 함수 $h(8)$의 값은?

TIP 합성함수의 결합법칙 $g\circ(f\circ h)=(g\circ f)\circ h$

① -5 ② -4 ③ -3
④ -2 ⑤ -1

STEP A $(g\circ f)(x)$의 값 구하기

$f(x)=-x+3$, $g(x)=4x-1$이므로

$g(f(x))=g(-x+3)=4(-x+3)-1=-4x+11$

$\therefore g(f(x))=-4x+11$

STEP B 결합법칙을 이용하여 함숫값 구하기

$(g\circ(f\circ h))(x)=((g\circ f)\circ h)(x)$ ← 결합법칙 $g\circ(f\circ h)=(g\circ f)\circ h$

$((g\circ f)\circ h)(x)=(g\circ f)(h(x))$

$=-4h(x)+11$ ← $g(f(x))=-4x+11$에 x 대신 $h(x)$를 대입

즉 $-4h(x)+11=3x-1$에서 $h(x)=-\frac{3}{4}x+3$

따라서 $h(8)=-\frac{3}{4}\times8+3=-3$

0764

다음 물음에 답하시오.

(1) 집합 $X=\{1, 2, 3\}$에 대하여 X에서 X로의 두 함수 f, g가 모두 일대일대응이고 $f(1)=3$, $f(2)=1$, $(g \circ f)(3)=3$, $(f \circ g)(3)=3$

TIP 함수 f가 일대일대응이므로 $f(3)=2$

을 만족할 때, $f(3)+(g \circ f)(1)$의 값은?

① 1 ② 2 ③ 3
④ 5 ⑤ 6

STEP A 두 함수 f, g가 일대일대응임을 이용하여 함숫값 구하기

함수 f가 일대일대응이고 $f(1)=3$, $f(2)=1$이므로 $f(3)=2$

$(g \circ f)(3)=g(f(3))=g(2)=3$

$(f \circ g)(3)=f(g(3))=3$에서 $f(1)=3$이므로 $g(3)=1$

함수 g도 일대일대응이고 $g(2)=3$, $g(3)=1$이므로 $g(1)=2$

STEP B $f(3)+(g \circ f)(1)$의 값 구하기

$(g \circ f)(1)=g(f(1))=g(3)=1$

따라서 $f(3)+(g \circ f)(1)=2+1=3$

(2) 집합 $X=\{1, 2, 3, 4\}$에 대하여 X에서 X로의 두 함수 f, g가 모두 일대일대응이고 $f(2)=4$, $g(1)=2$, $g(3)=4$, $(g \circ f)(3)=2$,

TIP 일대일함수이고 공역과 치역이 같아야 한다.

$(g \circ f)(4)=1$을 만족할 때, $f(1)+(g \circ f)(2)$의 값은?

① 2 ② 3 ③ 4
④ 5 ⑤ 6

STEP A 함수 f가 일대일대응임을 이용하여 함숫값 구하기

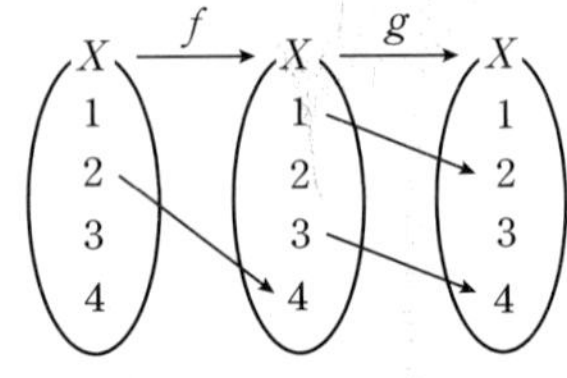

$g(1)=2$이고 $(g \circ f)(3)=(g(f(3)))=2$이므로 $f(3)=1$

함수 f가 일대일대응이고 $f(2)=4$, $f(3)=1$이므로

$f(4)$가 될 수 있는 값은 2 또는 3이다.

(i) $f(4)=2$인 경우

$f(4)=2$일 때, $(g \circ f)(4)=g(f(4))=g(2)=1$

(ii) $f(4)=3$인 경우

$f(4)=3$일 때, $(g \circ f)(4)=g(f(4))=g(3)=1$

이때 $g(3)=4$이므로 일대일대응이라는 조건을 만족시키지 않는다.

(i), (ii)에서 $f(4)=2$, $g(2)=1$이다.

두 함수 f, g는 일대일대응이므로

함수 f에서 $f(2)=4$, $f(3)=1$, $f(4)=2$이므로 $f(1)=3$

함수 g에서 $g(1)=2$, $g(2)=1$, $g(3)=4$이므로 $g(4)=3$

STEP B $f(1)+(g \circ f)(2)$의 값 구하기

따라서 $f(1)+(g \circ f)(2)=3+g(f(2))=3+g(4)=3+3=6$

POINT 일대일대응의 정의

(i) $x_1, x_2 \in X$에 대하여 $x_1 \neq x_2$이면 $f(x_1) \neq f(x_2)$이다.
(ii) 치역과 공역이 같다. (정의역의 원소의 개수와 공역의 원소의 개수가 같다.)

0765

집합 $X=\{1, 2, 3, 4, 5\}$에 대하여 함수 $f : X \longrightarrow X$의 역함수 f^{-1}가 존재하고 $f(2)=4$, $f^{-1}(3)=f(5)=1$, $(f \circ f)(1)=2$일 때,

TIP 함수 $f(x)$는 일대일대응이어야 한다.

$f^{-1}(2)+(f \circ f)(4)$의 값을 구하시오.

STEP A 함수 f가 일대일대응임을 이용하여 함숫값 구하기

집합 $X=\{1, 2, 3, 4, 5\}$에 대하여

함수 $f : X \longrightarrow X$의 역함수가 존재하므로

일대일대응이어야 한다.

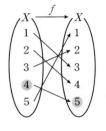

이때 $f^{-1}(3)=1$이므로 $f(1)=3$이고

$(f \circ f)(1)=f(f(1))=f(3)=2$

즉 $f(1)=3$, $f(2)=4$, $f(3)=2$, $f(5)=1$

이므로 $f(4)=5$

STEP B $f^{-1}(2)+(f \circ f)(4)$의 값 구하기

$f^{-1}(2)=k$라 하면

$f(k)=2$이므로 $k=3$ $\therefore f^{-1}(2)=3$

따라서 $f^{-1}(2)+(f \circ f)(4)=3+f(f(4))=3+f(5)=3+1=4$

0766

2008년 06월 고1 학력평가 7번 변형

다음 물음에 답하시오.

(1) 함수 $f(x)=2x+a$에 대하여 $f^{-1}(4)=1$, $f^{-1}(8)=b$일 때,

TIP $f(a)=b$일 때, $f^{-1}(b)=a$

$a+b$의 값은? (단, a, b는 상수이고, f^{-1}는 f의 역함수이다.)

① 3 ② 4 ③ 5
④ 6 ⑤ 7

STEP A 역함수의 성질을 이용하여 두 상수 a, b의 값 구하기

함수 $f(x)=2x+a$에 대하여 $f^{-1}(4)=1$이므로 $f(1)=4$

즉 $f(1)=2+a=4$ $\therefore a=2$

$f^{-1}(8)=b$에서 $f(b)=8$이므로 $f(b)=2b+2=8$

$\therefore b=3$

따라서 $a=2$, $b=3$이므로 $a+b=5$

2018학년도 06월 고3 모의평가 나형 11번 변형

(2) 두 함수 $f(x)=x^3+1$, $g(x)=x-6$에 대하여 $(g^{-1} \circ f)(1)$의 값은?

TIP $(g^{-1} \circ f)(-1)=g^{-1}(f(-1))$

(단, g^{-1}는 g의 역함수이다.)

① 4 ② 5 ③ 6
④ 7 ⑤ 8

STEP A 역함수의 성질을 이용하여 함숫값 구하기

함수 $f(x)=x^3+1$에서 $f(1)=1^3+1=2$

$(g^{-1} \circ f)(1)=g^{-1}(f(1))=g^{-1}(2)$이고

$g^{-1}(2)=k$라 하면 $g(k)=2$

$g(k)=k-6=2$ $\therefore k=8$

따라서 $(g^{-1} \circ f)(1)=g^{-1}(f(1))=g^{-1}(2)=8$

0767

2010년 고2 학업성취도평가 18번

다음 물음에 답하시오.

(1) 집합 $A=\{1, 2, 3, 4, 5\}$에 대하여 A에서 A로의 두 함수 f, g가 있다. (가)는 함수 f의 그래프이고 (나)는 함수 g의 대응을 나타낸 것이다. $(f^{-1}\circ g)^{-1}(1)$의 값은?

TIP $(f\circ g)^{-1}=g^{-1}\circ f^{-1}$

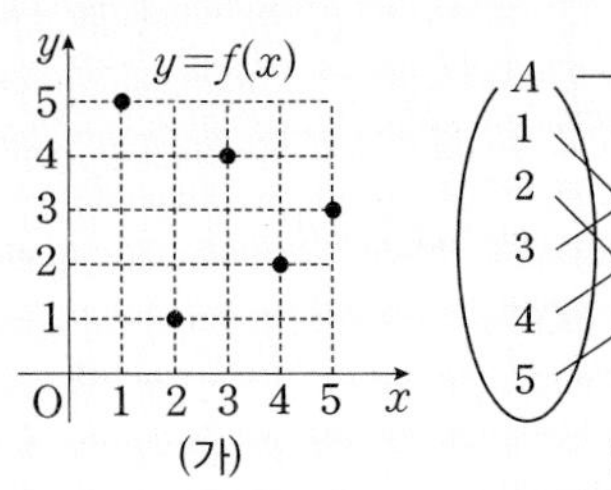

① 1 ② 2 ③ 3
④ 4 ⑤ 5

STEP A **역함수의 성질을 이용하여 함숫값 구하기**

역함수의 성질에 의하여 $(f^{-1}\circ g)^{-1}(1)=(g^{-1}\circ f)(1)$

이때 $f(1)=5$이므로 $(g^{-1}\circ f)(1)=g^{-1}(f(1))=g^{-1}(5)$

$g^{-1}(5)=k$라 하면 $g(k)=5$이므로 $k=2$

따라서 $(f^{-1}\circ g)^{-1}(1)=(g^{-1}\circ f)(1)=2$

(2) 집합 $X=\{1, 2, 3, 4\}$에 대하여 함수 $f : X \longrightarrow X$의 그래프가 오른쪽 그림과 같다. 함수 $g : X \longrightarrow X$의 역함수가 존재하고 $g(1)=3$, $g^{-1}(4)=2$, $(g\circ f)(3)=1$일 때, $(f\circ(g\circ f)^{-1}\circ f)(1)$의 값은?

TIP $(f\circ g)^{-1}=g^{-1}\circ f^{-1}$

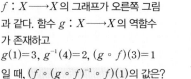

① 0 ② 1 ③ 2
④ 3 ⑤ 4

STEP A **함수 g가 일대일대응임을 이용하여 $g(3)$의 값 구하기**

함수 g에 대하여 $g^{-1}(4)=2$이므로 $g(2)=4$,

$(g\circ f)(3)=g(f(3))=g(4)=1$

즉 $g(1)=3$, $g(2)=4$, $g(4)=1$이므로 $g(3)=2$

STEP B **역함수의 성질을 이용하여 함숫값 구하기**

$$\begin{aligned}(f\circ(g\circ f)^{-1}\circ f)(1)&=(f\circ f^{-1}\circ g^{-1}\circ f)(1)\\&=((f\circ f^{-1})\circ(g^{-1}\circ f))(1)\\&=(g^{-1}\circ f)(1)\\&=g^{-1}(f(1))\\&=g^{-1}(2)\end{aligned}$$

이때 $g^{-1}(2)=k$라 하면 $g(k)=2$이므로 $k=3$

따라서 $(f\circ(g\circ f)^{-1}\circ f)(1)=3$

0768

다음 물음에 답하시오. (단, 모든 점선은 x축 또는 y축에 평행하다.)

(1) $x\ge0$에서 정의된 두 함수 $y=f(x)$, $y=x$의 그래프가 오른쪽 그림과 같다. 함수 $f(x)$의 역함수를 $g(x)$라 할 때, $(g\circ g)(k)$의 값은?

TIP $g(x)$가 $f(x)$의 역함수이므로 $f(a)=b$일 때, $g(b)=a$

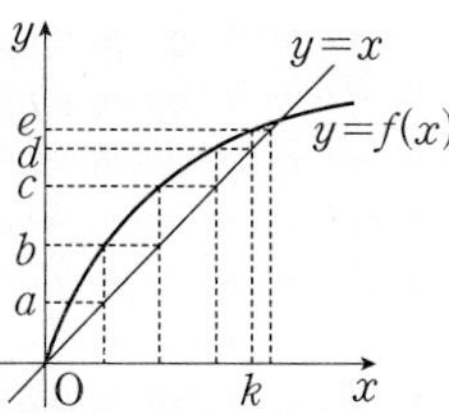

① a ② b ③ c
④ d ⑤ e

STEP A **역함수의 정의를 이용하여 함숫값 구하기**

직선 $y=x$ 위의 점은 x좌표와 y의 좌표가 같으므로 x축의 좌표를 나타내면 오른쪽의 그래프와 같다.

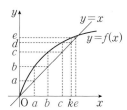

이때 k의 값은 d이므로

$(g\circ g)(k)=(g\circ g)(d)$

함수 $g(x)$는 함수 $f(x)$의 역함수이므로

$g(d)=p$라 하면 $f(p)=d$이므로 $p=c$

$\therefore g(d)=c$

또한, $g(c)=q$라 하면 $f(q)=c$이므로 $q=b$ $\therefore g(c)=b$

따라서 $(g\circ g)(k)=(g\circ g)(d)=g(g(d))=g(c)=b$

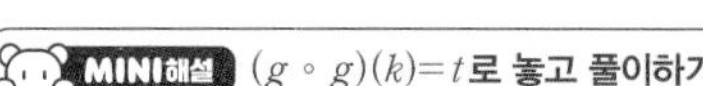

$(g\circ g)(k)=t$로 놓고 풀이하기

그림에서 $k=d$이고 함수 $f(x)$의 역함수가 $g(x)$이므로

$(g\circ g)(k)=t$라 하면 $(f\circ f)(t)=d$ ← $k=d$

$\therefore f(f(t))=d$

위의 그림에서 $f(c)=d$이므로 $f(t)=c$

또, 위의 그림에서 $f(b)=c$이므로 $t=b$

따라서 $(g\circ g)(k)=b$

(2) 오른쪽 그림은 함수 $y=f(x)$의 그래프와 직선 $y=x$의 그래프이다. 이때 $(f\circ f)(4)+(f\circ f)^{-1}(8)$의 값은?

TIP $f(a)=b$이면 $f^{-1}(b)=a$

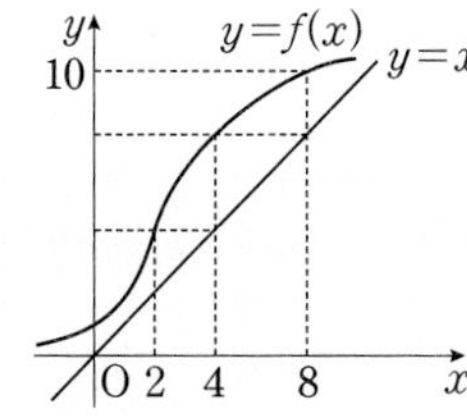

① 6 ② 8
③ 10 ④ 12
⑤ 14

STEP A **역함수의 성질을 이용하여 함숫값 구하기**

직선 $y=x$ 위의 점은 x좌표와 y좌표가 같으므로 y축의 좌표를 나타내면 오른쪽 그림과 같다.

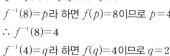

$(f\circ f)(4)=f(f(4))=f(8)=10$

$f^{-1}(8)=p$라 하면 $f(p)=8$이므로 $p=4$

$\therefore f^{-1}(8)=4$

$f^{-1}(4)=q$라 하면 $f(q)=4$이므로 $q=2$

$\therefore f^{-1}(4)=2$

$$\begin{aligned}즉\ (f\circ f)^{-1}(8)&=(f^{-1}\circ f^{-1})(8)\\&=f^{-1}(f^{-1}(8))\\&=f^{-1}(4)=2\end{aligned}$$

따라서 $(f\circ f)(4)+(f\circ f)^{-1}(8)=10+2=12$

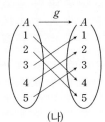

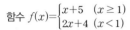

0769

다음 물음에 답하시오.

(1) 함수 $f(x)=\begin{cases} x+5 & (x \geq 1) \\ 2x+4 & (x<1) \end{cases}$에 대하여 $f(0)+f^{-1}(7)$의 값은?

① 6　② 5　③ 4
④ 3　⑤ 2

STEP Ⓐ **역함수의 성질을 이용하여 $f^{-1}(7)$의 값 구하기**

함수 $f(x)=\begin{cases} x+5 & (x \geq 1) \\ 2x+4 & (x<1) \end{cases}$

의 그래프는 오른쪽 그림과 같다.

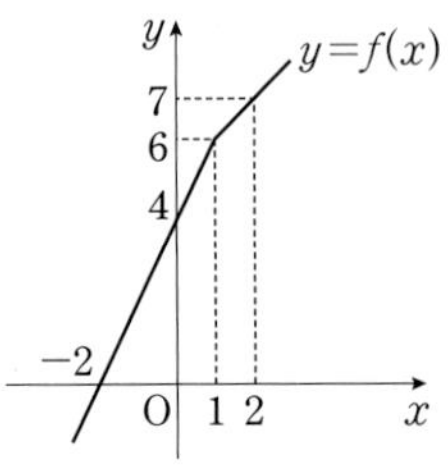

$f^{-1}(7)=a$라고 하면 $f(a)=7$

역함수의 성질 $f^{-1}(a)=b \Longleftrightarrow f(b)=a$

$y=f(x)$의 그래프에서 함숫값이 7이려면

$a \geq 1$이어야 하므로 $a+5=7$

$\therefore a=2$

즉 $f^{-1}(7)=2$

$x<1$일 때, $f(x)=2x+4$이므로

$f(0)=4$

+α 범위를 이용하여 구할 수 있어!

$f^{-1}(7)=k$라 하면 $f(k)=7$

(ⅰ) $k \geq 1$인 경우

$x \geq 1$일 때, $f(x)=x+5$이므로 $f(k)=k+5=7$

$\therefore k=2$

이때 $k=2$는 $x \geq 1$의 범위에 포함되므로 조건을 만족시킨다.

(ⅱ) $k<1$인 경우

$x<1$일 때, $f(x)=2x+4$이므로 $f(k)=2k+4=7$

$\therefore k=\frac{3}{2}$

이때 $k=\frac{3}{2}$는 $x<1$의 범위에 포함되지 않으므로 조건을 만족시키지 않는다.

(ⅰ), (ⅱ)에 의하여 $k=2$

STEP Ⓑ **$f(0)+f^{-1}(7)$의 값 구하기**

따라서 $f(0)+f^{-1}(7)=4+2=6$

(2) 실수 전체의 집합에서 정의된 함수

$$f(x)=\begin{cases} x & (x \geq 1) \\ -x^2+2x & (x<1) \end{cases}$$

에 대하여 $(f \circ f)(2)+f^{-1}(-3)$의 값은?

① 1　② 2　③ 3
④ 4　⑤ 5

STEP Ⓐ **역함수의 성질을 이용하여 $f^{-1}(3)$의 값 구하기**

함수 $f(x)=\begin{cases} x & (x \geq 1) \\ -x^2+2x & (x<1) \end{cases}$

의 그래프는 오른쪽과 같다.

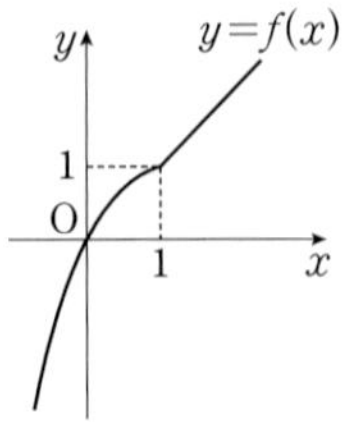

$f^{-1}(-3)=k$라 하면 $f(k)=-3$

$y=f(x)$에서 함숫값이 -3이 되기 위해서

$k<1$이어야 한다.

즉 $f(k)=-k^2+2k=-3$, $k^2-2k-3=0$

$(k-3)(k+1)=0$

$\therefore k=-1(\because k<1)$

$\therefore f^{-1}(-3)=-1$

+α 범위를 이용하여 구할 수 있어!

$f^{-1}(-3)=k$라 하면 $f(k)=-3$

(ⅰ) $k \geq 1$인 경우

$x \geq 1$일 때, $f(x)=x$이므로 $f(k)=k=-3$　$\therefore k=-3$

$k=-3$은 $x \geq 1$의 범위에 포함되지 않으므로 조건을 만족시키지 않는다.

(ⅱ) $k<1$인 경우

$x<1$일 때, $f(x)=-x^2+2x$이므로 $f(k)=-k^2+2k=-3$

$k^2-2k-3=0$, $(k-3)(k+1)=0$　$\therefore k=3$ 또는 $k=-1$

$k<1$이므로 $k=-1$

(ⅰ), (ⅱ)에 의하여 $k=-1$이므로 $f^{-1}(-3)=-1$

STEP Ⓑ **$(f \circ f)(2)+f^{-1}(-3)$의 값 구하기**

$(f \circ f)(2)=f(f(2))=f(2)=2$이고 $f^{-1}(-3)=-1$

따라서 $(f \circ f)(2)+f^{-1}(-3)=2+(-1)=1$

0770

다음 물음에 답하시오.

(1) 집합 $X=\{x | x \geq a\}$에 대하여 집합 X에서 집합 X로의 함수 $f(x)=x^2-2x$의 역함수가 존재할 때, 상수 a의 값은?

TIP 함수 $f(x)$는 일대일대응이고 일대일함수이면서 공역과 치역이 일치한다.

① 1　② 2　③ 3
④ 4　⑤ 5

STEP Ⓐ **일대일함수가 되기 위한 a의 범위 구하기**

함수 $f(x)=x^2-2x$의 역함수가 존재하기 위해서 함수 $f(x)$는 일대일대응이어야 한다.

일대일함수이면서 공역과 치역이 일치하는 함수

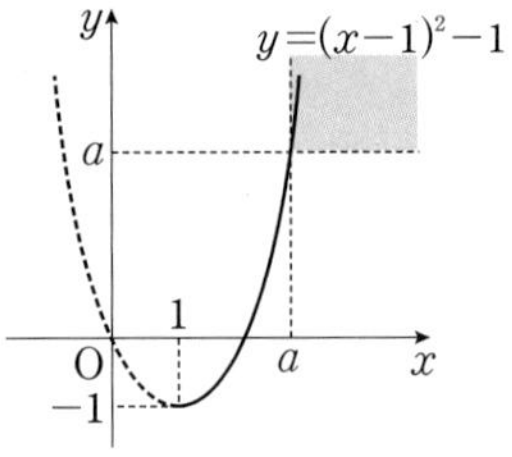

먼저 함수 $f(x)$가 일대일함수가 되려면 대칭축을 기준으로 한쪽 부분만 생각해야 한다.

$f(x)=x^2-2x=(x-1)^2-1$

즉 정의역이 $X=\{x | x \geq a\}$이므로 $a \geq 1$

STEP Ⓑ **공역과 치역이 일치하기 위한 상수 a의 값 구하기**

일대일대응이 되기 위해서 공역과 치역이 일치해야 하므로

$f(a)=a$이어야 한다.

$a^2-2a=a$, $a^2-3a=0$, $a(a-3)=0$　$\therefore a=0$ 또는 $a=3$

따라서 $a \geq 1$이므로 $a=3$

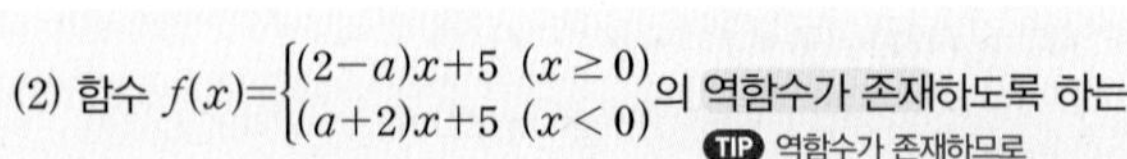

(2) 함수 $f(x)=\begin{cases} (2-a)x+5 & (x \geq 0) \\ (a+2)x+5 & (x<0) \end{cases}$의 역함수가 존재하도록 하는

TIP 역함수가 존재하므로 이 함수는 일대일대응이다.

정수 a의 개수는?

① 1　② 2　③ 3
④ 4　⑤ 5

STEP Ⓐ **역함수가 존재하도록 하는 a의 범위 구하기**

함수 f의 역함수가 존재하려면 함수 f는 일대일대응이어야 한다.

$x \geq 0$일 때의 직선의 기울기와 $x<0$일 때의 직선의 기울기는 부호가 같아야 한다. ← 두 기울기의 부호가 같아야 그래프가 계속 증가하거나 감소한다.

즉 $(2-a)(a+2)>0$, $(a-2)(a+2)<0$

$\therefore -2<a<2$

따라서 정수 a는 $-1, 0, 1$이므로 그 개수는 3

NORMAL

0771

집합 $X=\{0, 2, 4, 6\}$에 대하여 함수 $f : X \longrightarrow X$가

$$f(x)=\begin{cases} x+2 & (x \le 4) \\ 0 & (x=6) \end{cases}$$

이다. $f^2=f \circ f$, $f^3=f \circ f^2$, $\cdots$, $f^{n+1}=f \circ f^n$으로 나타낼 때, $f^{30}(6)+f^{31}(0)$의 값은? (단, n은 자연수이다.)

TIP 합성함수의 값을 구하면서 규칙성을 찾는다.

① 2 ② 4 ③ 6
④ 8 ⑤ 10

STEP A 합성함수의 규칙성을 이용하여 함숫값 계산하기

집합 $X=\{0, 2, 4, 6\}$에 대하여 함수 $f(x)$는

$$f(x)=\begin{cases} x+2 & (x \le 4) \\ 0 & (x=6) \end{cases}$$

$f(6)=0$

$f^2(6)=f(f(6))=f(0)=2$

$f^3(6)=f(f^2(6))=f(2)=4$

$f^4(6)=f(f^3(6))=f(4)=6$

$f^5(6)=f(f^5(6))=f(6)=0$

⋮

이므로 $f^n(6)$의 값은 주기가 4로 0, 2, 4, 6의 값이 반복된다.

$\therefore$ $f^{30}(6)=f^{4\times7+2}(6)=f^2(6)=2$

$f^{30}(6)=f^{26}(6)=f^{22}(6)=f^{18}(6)=f^{14}(6)=f^{10}(6)=f^{6}(6)=f^{2}(6)$

$f(0)=2$

$f^2(0)=f(f(0))=f(2)=4$

$f^3(0)=f(f^2(0))=f(4)=6$

$f^4(0)=f(f^3(0))=f(6)=0$

$f^5(0)=f(f^4(0))=f(0)=2$

⋮

이므로 $f^n(0)$의 값은 주기가 4로 2, 4, 6, 0의 값이 반복된다.

$\therefore$ $f^{31}(0)=f^{4\times7+3}(0)=f^3(0)=6$

$f^{31}(0)=f^{27}(0)=f^{23}(0)=f^{19}(0)=f^{15}(0)=f^{11}(0)=f^{7}(0)=f^{3}(0)$

STEP B $f^{30}(6)+f^{31}(0)$의 값 구하기

따라서 $f^{30}(6)+f^{31}(0)=2+6=8$

0772

다음 물음에 답하시오.

(1) 집합 $X=\{1, 2, 3, 4\}$에 대하여 함수 $f : X \longrightarrow X$가 다음 조건을 만족시킨다.

(가) 함수 f는 일대일대응이다.

TIP 공역과 치역이 같아야 한다.

(나) 집합 X의 모든 원소 a에 대하여 $f(a) \neq a$이다.

$f(1)+f(4)=7$일 때, $f(1)+f^{-1}(1)$의 값은? (단, f^{-1}는 f의 역함수이다.)

① 4 ② 5 ③ 6
④ 7 ⑤ 8

STEP A 주어진 조건을 이용하여 $f(1)$, $f(4)$의 값 구하기

조건 (가)에서 함수 f는 일대일대응이고 $f(1)+f(4)=7$이므로

$f(1)$, $f(4)$가 될 수 있는 값은 $f(1)=3$, $f(4)=4$ 또는 $f(1)=4$, $f(4)=3$

이때 조건 (나)에서 $f(a) \neq a$이므로 $f(1)=4$, $f(4)=3$이어야 한다.

STEP B 조건 (나)를 이용하여 $f(2)$, $f(3)$의 값 구하기

$f(1)=4$, $f(4)=3$이므로 $f(2)$, $f(3)$이 될 수 있는 값은

$f(2)=2$, $f(3)=1$ 또는 $f(2)=1$, $f(3)=2$

이때 조건 (나)에서 $f(a) \neq a$이므로 $f(2)=1$, $f(3)=2$이어야 한다.

STEP C $f(1)+f^{-1}(1)$의 값 구하기

$f^{-1}(1)=k$라 하면 $f(k)=1$이므로 $k=2$

따라서 $f(1)+f^{-1}(1)=4+2=6$

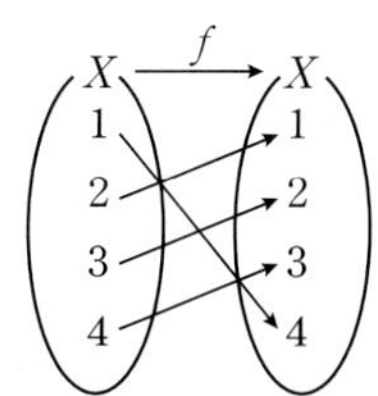

2014년 03월 고2 학력평가 A형 18번

(2) 집합 $X=\{1, 2, 3, 4, 5\}$에 대하여 함수 $f : X \longrightarrow X$가 그림과 같다. 함수 $g : X \longrightarrow X$는 다음 조건을 만족시킨다.

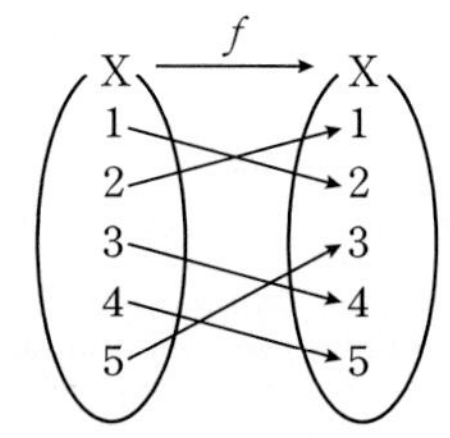

(가) $g(1)=3$, $g(2)=5$

(나) g의 역함수가 존재한다.

TIP 역함수가 존재하므로 함수 g는 일대일대응이다.

$(g \circ f)(4)+(f \circ g)(4)$의 최댓값은?

① 5 ② 6 ③ 7
④ 8 ⑤ 9

STEP A 함수 $g(x)$가 일대일대응임을 이용하여 $(g \circ f)(4)+(f \circ g)(4)$의 값 구하기

조건 (나)에서 함수 g는 역함수가 존재하므로 일대일대응이어야 한다.

$f(4)=5$이므로

$(g \circ f)(4)+(f \circ g)(4)=g(f(4))+f(g(4))=g(5)+f(g(4))$

이때 $g(1)=3$, $g(2)=5$이므로

$g(5)$가 될 수 있는 값은 1, 2, 4 중 하나의 값을 가진다.

(ⅰ) $g(5)=1$일 때,

$g(5)=1$이므로 $g(4)$가 될 수 있는 값은 2 또는 4이다.

① $g(4)=2$일 때, $g(5)+f(g(4))=1+f(2)=1+1=2$

② $g(4)=4$일 때, $g(5)+f(g(4))=1+f(4)=1+5=6$

즉 $g(5)=1$일 때, $(g \circ f)(4)+(f \circ g)(4)$의 최댓값은 6

(ⅱ) $g(5)=2$일 때,

$g(5)=2$이므로 $g(4)$가 될 수 있는 값은 1 또는 4이다.

① $g(4)=1$일 때, $g(5)+f(g(4))=2+f(1)=2+2=4$

② $g(4)=4$일 때, $g(5)+f(g(4))=2+5=7$

즉 $g(5)=2$일 때, $(g \circ f)(4)+(f \circ g)(4)$의 최댓값은 7이다.

(ⅲ) $g(5)=4$일 때,

$g(5)=4$이므로 $g(4)$가 될 수 있는 값은 1 또는 2이다.

① $g(4)=1$일 때, $g(5)+f(g(4))=4+f(1)=4+2=6$

② $g(4)=2$일 때, $g(5)+f(g(4))=4+f(2)=4+1=5$

즉 $g(5)=4$일 때 $(g \circ f)(4)+(f \circ g)(4)$의 최댓값은 6이다.

STEP B $(g \circ f)(4)+(f \circ g)(4)$의 최댓값 구하기

(ⅰ)~(ⅲ)에서 $g(5)+f(g(4))$의 최댓값은 $g(5)=2$, $f(g(4))=5$일 때이므로

$(g \circ f)(4)+(f \circ g)(4)$의 최댓값은 7

0773

2008년 03월 고2 학력평가 26번

두 함수 $f(x)=|x|-3$, $g(x)=\begin{cases} -x^2+3 & (x \geq 0) \\ x^2+3 & (x<0) \end{cases}$에 대하여

$g(f(k))=2$를 만족하는 실수 k의 값을 α, $\beta(\alpha>\beta)$라 하자.

TIP $f(a)=b$일 때, $f^{-1}(b)=a$

이때 $\alpha-\beta$의 값을 구하시오.

STEP A $g(x)=2$가 되는 x의 값 구하기

$g(x)=\begin{cases} -x^2+3 & (x \geq 0) \\ x^2+3 & (x<0) \end{cases}$에서 $g(x)=2$가 되는 값은

(ⅰ) $x \geq 0$일 때,

$-x^2+3=2$, $x^2-1=0$

$(x+1)(x-1)=0$

$\therefore x=-1$ 또는 $x=1$

이때 $x \geq 0$이므로 $x=1$

(ⅱ) $x<0$일 때,

$x^2+3=2$, $x^2+1=0$

이때 실수 x의 값은 존재하지 않는다.

(ⅰ), (ⅱ)에 의하여 $x=1$

STEP B $g(f(k))=2$를 만족시키는 k의 값 구하기

$g(1)=2$이므로 $g(f(k))=2$에서 $f(k)=1$

$f(k)=|k|-3=1$이므로 $|k|=4$

$\therefore k=-4$ 또는 $k=4$

따라서 $\alpha=4$, $\beta=-4$이므로 $\alpha-\beta=4-(-4)=8$

0774

2007년 03월 고2 학력평가 25번

실수 전체의 집합에서 정의된 두 함수

$$f(x)=5x+20,\ g(x)=\begin{cases} 2x & (x<25) \\ x+25 & (x \geq 25) \end{cases}$$

에 대하여 $f(g^{-1}(40))+f^{-1}(g(40))$의 값을 구하시오.

TIP $f(a)=b$일 때, $f^{-1}(b)=a$

(단, f^{-1}, g^{-1}는 각각 f, g의 역함수이다.)

STEP A $f(g^{-1}(40))$의 값 구하기

$g^{-1}(40)=a$로 놓으면 $g(a)=40$

$a<25$일 때, $g(a)=2a=40$ $\quad \therefore a=20$

$a \geq 25$일 때, $g(a)=a+25=40$, $a=15$는 $a \geq 25$의 모순이다.

즉 $g^{-1}(40)=20$이므로 $f(g^{-1}(40))=f(20)=5\times20+20=120$

STEP B $f^{-1}(g(40))$의 값 구하기

또한, $g(40)=40+25=65$이므로

$f^{-1}(g(40))=f^{-1}(65)$

$f^{-1}(65)=b$로 놓으면 $f(b)=65$ ← 역함수의 성질 $f^{-1}(a)=b \Longleftrightarrow f(b)=a$

$5b+20=65$, $b=9$ $\quad \therefore f^{-1}(65)=9$

$\therefore f^{-1}(g(40))=f^{-1}(65)=9$

따라서 $f(g^{-1}(40))+f^{-1}(g(40))=f(20)+f^{-1}(65)$

$=120+9=129$

MINI해설 $f^{-1}(x)$, $g^{-1}(x)$를 구하여 풀이하기

$f(x)=5x+20$에서 $f(x)$의 역함수는 $f^{-1}(x)=\frac{1}{5}x-4$

$g(x)=\begin{cases} 2x & (x<25) \\ x+25 & (x \geq 25) \end{cases}$에서 $g(x)$의 역함수는

$g^{-1}(x)=\begin{cases} \frac{1}{2}x & (x<50) \\ x-25 & (x \geq 50) \end{cases}$

$\therefore f(g^{-1}(40))+f^{-1}(g(40))=f\left(\frac{1}{2}\times40\right)+f^{-1}(40+25)$

$=f(20)+f^{-1}(65)$

$=120+9=129$

참고

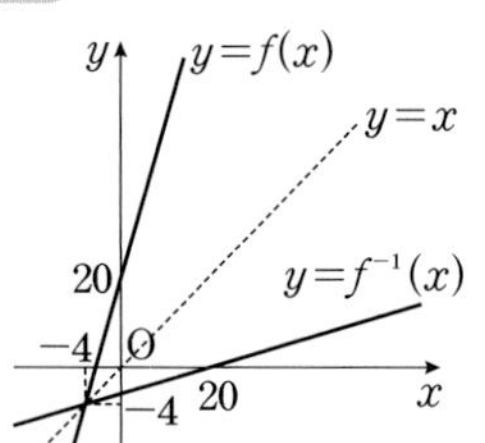

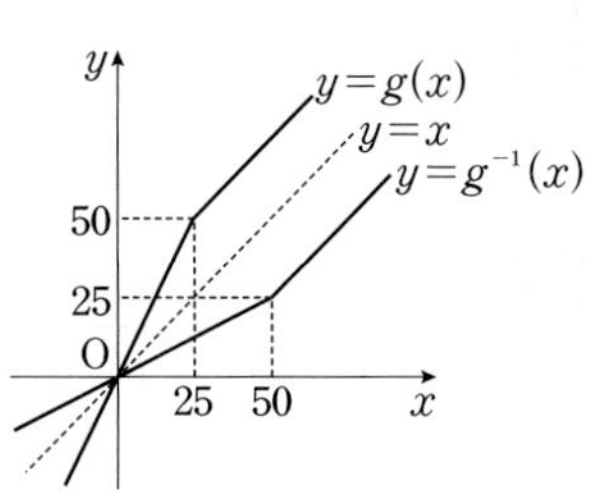

0775

다음 물음에 답하시오. (단, f^{-1}는 f의 역함수이다.)

(1) 실수 전체의 집합 R에서 R로의 함수 $f(x)=\begin{cases} 2x+3 & (x \geq 0) \\ -x^2+3 & (x<0) \end{cases}$에 대하여 $f^{-1}(2)+f^{-1}(a)=3$을 만족하는 상수 a의 값은?

TIP $f(a)=b$일 때, $f^{-1}(b)=a$

① 9 ② 10 ③ 11
④ 12 ⑤ 13

STEP A 역함수의 성질을 이용하여 $f^{-1}(2)$의 값 구하기

$f^{-1}(2)=k$라 하면 $f(k)=2$

(ⅰ) $k \geq 0$일 때,

$x \geq 0$일 때, $f(x)=2x+3$이므로 $f(k)=2k+3=2$

$\therefore k=-\frac{1}{2}$

이때 $k \geq 0$의 조건을 만족시키지 않는다.

(ⅱ) $k<0$일 때,

$x<0$일 때, $f(x)=-x^2+3$이므로 $f(k)=-k^2+3=2$, $k^2=1$

$\therefore k=-1$ 또는 $k=1$

이때 $k<0$이므로 $k=-1$

(ⅰ), (ⅱ)에 의하여 $k=-1$이므로 $f^{-1}(2)=-1$

STEP B $f^{-1}(2)+f^{-1}(a)=3$을 이용하여 a의 값 구하기

$f^{-1}(2)+f^{-1}(a)=3$에서 $-1+f^{-1}(a)=3$

$\therefore f^{-1}(a)=4$

즉 $f^{-1}(a)=4$이므로 $f(4)=a$

따라서 $f(4)=2\times4+3=11$이므로 $a=11$

(2) 실수 전체의 집합에서 정의된 함수 $f(x)=\begin{cases} x^2+a & (x \geq 1) \\ x+3 & (x<1) \end{cases}$가 역함수가 존재할 때, $(f^{-1} \circ f^{-1})(7)$의 값은? (단, a는 상수이다.)

TIP $x=1$에서 두 함수의 함숫값이 같아야 한다. TIP $f(a)=b$일 때, $f^{-1}(b)=a$

① -4 ② -3 ③ -2
④ -1 ⑤ 3

STEP A **역함수가 존재하기 위한 상수 a의 값 구하기**

함수 $f(x)=\begin{cases} x^2+a & (x \ge 1) \\ x+3 & (x<1) \end{cases}$의 역함수가 존재하므로

함수 $f(x)$는 일대일대응이어야 한다.

이때 공역이 실수 전체의 집합이므로 치역도 실수 전체의 집합이다.

즉 $x=1$에서 두 함수의 함숫값이 같아야 하므로

$1^2+a=1+3 \quad \therefore a=3$

$\therefore f(x)=\begin{cases} x^2+3 & (x \ge 1) \\ x+3 & (x<1) \end{cases}$

STEP B $(f^{-1} \circ f^{-1})(7)$**의 값 구하기**

$f^{-1}(7)=p$라 하면 $f(p)=7$

$p \ge 1$이라 하면 $f(p)=p^2+3=7 \quad \therefore p=2$

$p<1$이라 하면 $f(p)=p+3=7 \quad \therefore p=4$

이때 $p<1$의 조건을 만족시키지 않으므로 $p=2$

$\therefore f^{-1}(7)=2$

즉 $(f^{-1} \circ f^{-1})(7)=f^{-1}(f^{-1}(7))=f^{-1}(2)$이고

$f^{-1}(2)=q$라 하면 $f(q)=2$

$q \ge 1$일 때, $f(q)=q^2+3=2$이고 실수 q의 값은 존재하지 않는다.

$q<1$일 때, $f(q)=q+3=2 \quad \therefore q=-1$

$\therefore f^{-1}(2)=-1$

따라서 $(f^{-1} \circ f^{-1})(7)=f^{-1}(f^{-1}(7))=f^{-1}(2)=-1$

(3) 함수 $f(x)=x|x|+a$와 그 역함수 $f^{-1}(x)$에 대하여 $f^{-1}(2)=3$일 때,

TIP 절댓값 안의 값이 0이 되도록 하는 값을 기준으로 나눈다.

$(f \circ f)^{-1}(2)$의 값은? (단, a는 상수이다.)

① 1 ② $\sqrt{2}$ ③ $\sqrt{5}$
④ $2\sqrt{2}$ ⑤ $\sqrt{10}$

STEP A $f^{-1}(2)=3$**임을 이용하여 상수 a의 값 구하기**

$f(x)=x|x|+a=\begin{cases} x^2+a & (x \ge 0) \\ -x^2+a & (x<0) \end{cases}$

$f^{-1}(2)=3$에서 $f(3)=2$이므로 $f(3)=9+a=2 \quad \therefore a=-7$

역함수의 성질 $f^{-1}(a)=b \Longleftrightarrow f(b)=a$

$\therefore f(x)=\begin{cases} x^2-7 & (x \ge 0) \\ -x^2-7 & (x<0) \end{cases}$

STEP B $(f \circ f)^{-1}(2)$**의 값 구하기**

$(f \circ f)^{-1}(2)=f^{-1}(f^{-1}(2))=f^{-1}(3)$에서

$f^{-1}(3)=k$라 하면 $f(k)=3$

$k \ge 0$일 때, $f(k)=k^2-7=3 \quad \therefore k=\sqrt{10} (\because k \ge 0)$

$k<0$일 때, $f(k)=-k^2-7=3$이고 실수 k의 값은 존재하지 않는다.

$\therefore f^{-1}(3)=\sqrt{10}$

따라서 $(f \circ f)^{-1}(2)=\sqrt{10}$

0776

2010년 03월 고2 학력평가 10번

집합 $X=\{1, 2, 3, 4\}$에서 집합 $Y=\{1, 3, 7, 9\}$로의 두 함수 f, g를 각각

$f(n)=(3^n$의 일의 자릿수), $g(n)=(7^n$의 일의 자릿수)로 정의할때,

TIP n에 값을 순서대로 대입하여 규칙을 찾는다.

$(f \circ g^{-1})(1)+(g \circ f^{-1})(7)$의 값은?

① 4 ② 8 ③ 10
④ 12 ⑤ 16

STEP A **두 함수 f, g의 함숫값 구하기**

$f(n)=(3^n$의 일의 자릿수)이므로

$f(1)$은 3^1의 일의 자릿수이므로 $f(1)=3$

$f(2)$는 3^2의 일의 자릿수이므로 $f(2)=9$

$f(3)$은 3^3의 일이 자릿수이므로 $f(3)=7$

$f(4)$는 3^4의 일의 자릿수이므로 $f(4)=1$

$g(n)=(7^n$의 일의 자릿수)이므로

$g(1)$은 7^1의 일의 자릿수이므로 $g(1)=7$

$g(2)$는 7^2의 일의 자릿수이므로 $g(2)=9$

$g(3)$은 7^3의 일의 자릿수이므로 $g(3)=3$

$g(4)$는 7^4의 일의 자릿수이므로 $g(4)=1$

STEP B $(f \circ g^{-1})(1)+(g \circ f^{-1})(7)$**의 값 구하기**

$g^{-1}(1)=4, \ f^{-1}(7)=3$

따라서 $(f \circ g^{-1})(1)+(g \circ f^{-1})(7)=f(g^{-1}(1))+g(f^{-1}(7))$

$=f(4)+g(3)=1+3=4$

0777

2023년 11월 고1 학력평가 15번 변형

실수 전체의 집합에서 정의된 함수 $f(x)$가 역함수를 갖는다.

모든 실수 x에 대하여 $f(x)=f^{-1}(x)$, $f(x^2+2)=-2x^2+2$일 때,

TIP $(f \circ f)(x)=x$이고 $x^2+1=t$로 치환하여 $f(x)$의 식을 구할 수 있다.

$f(-4)$의 값은?

① 2 ② 3 ③ 4
④ 5 ⑤ 6

STEP A **주어진 조건을 이용하여 $f(-5)$의 값 구하기**

$f(-4)=k$라 하면 역함수가 존재하므로 $f^{-1}(k)=-4$

또한, $f(x)=f^{-1}(x)$이므로 $f(k)=-4$

이때 $f(x^2+2)=-2x^2+2$에서 $-2x^2+2=-4$일 때, $x^2=3$

$x^2=3$를 대입하면 $f(5)=-4$이므로 $k=5$

따라서 $f(-4)=5$

0778

다음 물음에 답하시오.

(1) $x \neq -1$인 모든 실수에서 정의되는 두 함수

$$f(x)=\frac{2x-1}{x+1}, \ g\left(\frac{2x-1}{3}\right)=2x+1$$

에 대하여 $(f^{-1} \circ g)(1)$의 값을 구하시오.

TIP $(f^{-1} \circ g)(1)=f^{-1}(g(1))$이므로 $g\left(\frac{2x-1}{3}\right)$이 $g(1)$이 되는 값을 구한다.

STEP A $g(1)$**의 값 구하기**

$g\left(\frac{2x-1}{3}\right)=2x+1$에서 $\frac{2x-1}{3}=1$이므로 $x=2$

$x=2$를 주어진 식에 대입하면 $g\left(\frac{2 \times 2-1}{3}\right)=2 \times 2+1$

$\therefore g(1)=5$

+α $g(x)$**의 식을 이용하여 구할 수 있어!**

$g\left(\frac{2x-1}{3}\right)=2x+1$에서 $\frac{2x-1}{3}=t$라 하면 $x=\frac{3}{2}t+\frac{1}{2}$이므로

식에 대입하면 $g(t)=2\left(\frac{3}{2}t+\frac{1}{2}\right)+1, \ g(t)=3t+2$

t를 x로 바꾸면 $g(x)=3x+2$

$\therefore g(1)=3 \times 1+2=5$

STEP Ⓑ 역함수의 성질을 이용하여 $(f^{-1}\circ g)(1)$의 값 구하기

$(f^{-1}\circ g)(1)=f^{-1}(g(1))=f^{-1}(5)$

$f^{-1}(5)=k$ (k는 상수)라 하면 $f(k)=5$ ← 역함수의 성질 $f^{-1}(a)=b \Longleftrightarrow f(b)=a$

$f(k)=\dfrac{2k-1}{k+1}=5,\ 2k-1=5k+5\quad \therefore k=-2$

따라서 $(f^{-1}\circ g)(1)=-2$

(2) 양의 실수 전체의 집합 A에서 A로의 함수 f와 h를 각각

$$f(x)=x^2+x,\ h(x)=\frac{x+2}{f(x)}$$

라 한다. g를 f의 역함수라 할 때, $h(g(2))$의 값을 구하시오.

TIP $f^{-1}=g$이고 $g(2)=k$라 하면 $f(k)=2$

STEP Ⓐ 역함수의 성질을 이용하여 $g(2)$의 값 구하기

g가 f의 역함수이므로 $g(2)=k$라 하면 $f(k)=2$

$f(k)=k^2+k=2,\ k^2+k-2=0,\ (k+2)(k-1)=0$

$\therefore k=-2$ 또는 $k=1$

이때 양의 실수 전체의 집합에서 함수가 정의되고 있으므로 $k=1$

$\therefore g(2)=1$

STEP Ⓑ $h(g(2))$의 값 구하기

따라서 $h(g(2))=h(1)=\dfrac{1+2}{f(1)}=\dfrac{3}{2}$ ← $f(1)=1^2+1=2$

0779

다음 물음에 답하시오.

(1) 오른쪽 그림과 같이 좌표평면 위에 점 $(2,\ -9)$를 꼭짓점으로 하고 점 $(0,\ -5)$를 지나는 이차함수 $y=f(x)$의 그래프가 있다.

방정식 $f(f(x))=-5$를 만족시키는

TIP $f(x)=-5$일 때, $x=\alpha$라 하면 $f(x)=\alpha$가 되는 근의 합을 구한다.

모든 실근의 합은?

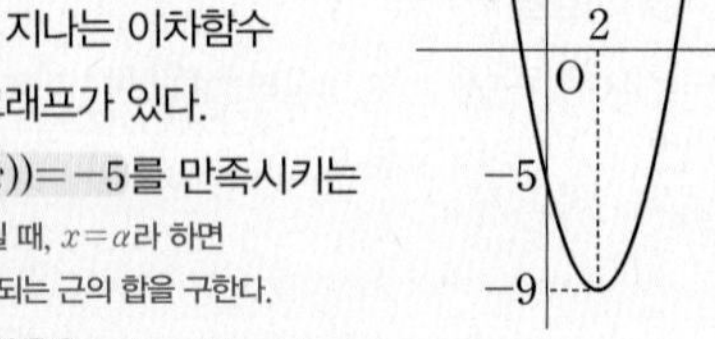

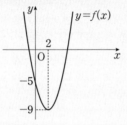

① 6　② 7　③ 8

④ 9　⑤ 10

STEP Ⓐ $f(x)=-5$가 되는 x의 값 구하기

이차함수 $y=f(x)$의 꼭짓점이 $(2,\ -9)$이므로

$f(x)=a(x-2)^2-9\ (a\neq 0)$

이때 $(0,\ -5)$를 지나므로 대입하면 $f(0)=4a-9=-5\quad \therefore a=1$

$\therefore f(x)=(x-2)^2-9$

$f(x)=-5$가 되는 x의 값은 $(x-2)^2-9=-5$

$x^2-4x=0,\ x(x-4)=0\quad \therefore x=0$ 또는 $x=4$

STEP Ⓑ $f(f(x))=-5$를 만족시키는 모든 실근의 합 구하기

$f(0)=-5,\ f(4)=-5$이므로

$f(f(x))=-5$에서 $f(x)=0$ 또는 $f(x)=4$

(ⅰ) $f(x)=0$인 경우

$(x-2)^2-9=0,\ x^2-4x-5=0$

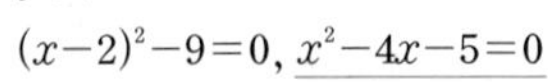
판별식을 D_1이라 하면 $\dfrac{D_1}{4}=4+5>0$이므로 서로 다른 두 실근을 갖는다.

이차방정식의 근과 계수의 관계에 의하여 두 근의 합은 4

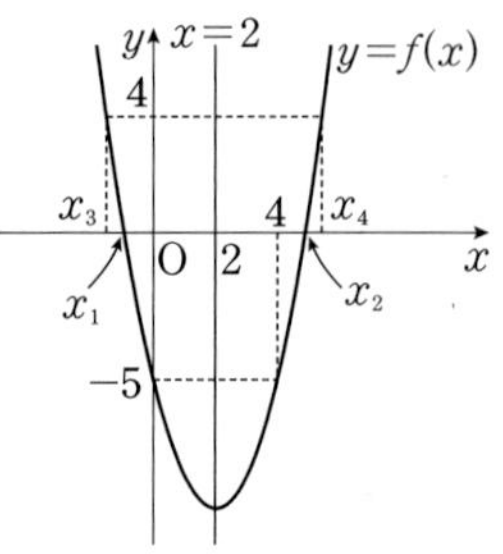

(ⅱ) $f(x)=4$인 경우

$(x-2)^2-9=4,\ x^2-4x-9=0$

판별식을 D_2라 하면 $\dfrac{D_2}{4}=4+9>0$이므로 서로 다른 두 실근을 갖는다.

이차방정식 근과 계수의 관계에 의하여 두 근의 합은 4

(ⅰ), (ⅱ)에 의하여 $f(f(x))=-5$인 모든 실근의 합은 $4+4=8$

2016년 03월 고3 학력평가 나형 19번 변형

(2) 이차함수 $f(x)$가 다음 조건을 만족시킨다.

(가) $f(0)=f(2)=0$

TIP $f(x)=ax(x-2)$

(나) 이차방정식 $f(x)-4(x-2)=0$의 실근의 개수는 1이다.

TIP 이차방정식은 중근을 갖는다.

방정식 $(f\circ f)(x)=-2$의 서로 다른 실근을 모두 곱한 값은?

① $-\dfrac{1}{3}$　② $-\dfrac{2}{3}$　③ $-\dfrac{1}{2}$

④ $-\dfrac{4}{3}$　⑤ $-\dfrac{5}{3}$

STEP Ⓐ 조건 (가), (나)를 이용하여 $f(x)$의 식 구하기

조건 (가)에서 $f(0)=f(2)=0$이므로 $f(x)=ax(x-2)\ (a\neq 0)$

조건 (나)에서 이차방정식 $f(x)-4(x-2)=0$의 실근의 개수가 1이므로 중근을 가져야 한다.

$ax(x-2)-4(x-2)=0,\ ax^2-2(a+2)x+8=0$

이차방정식의 판별식을 D라 하면 $D=0$

$\dfrac{D}{4}=(a+2)^2-8a=0,\ a^2-4a+4=0,\ (a-2)^2=0\quad \therefore a=2$

$\therefore f(x)=2x(x-2)$

+α 인수분해를 이용하여 구할 수 있어!

$ax(x-2)-4(x-2)=0,\ (x-2)(ax-4)=0\quad \therefore x=2$ 또는 $x=\dfrac{4}{a}$

이때 실근의 개수가 1이므로 두 실근은 서로 같다.

즉 $2=\dfrac{4}{a}$이므로 $a=2$

STEP Ⓑ $f(f(x))=-2$를 만족시키는 서로 다른 x의 값 구하기

$f(x)=-2$가 되는 근을 구하면 $2x(x-2)=-2,\ 2x^2-4x+2=0$

$2(x-1)^2=0\quad \therefore x=1$

$f(1)=-2$이므로 $f(f(x))=-2$일 때, $f(x)=1$

즉 이차방정식 $2x(x-2)=1,\ 2x^2-4x-1=0$에서 근과 계수의 관계에

이차방정식의 판별식을 D라 하면 $\dfrac{D}{4}=4+2>0$이므로 서로 다른 두 실근을 갖는다.

의하여 서로 다른 두 실근의 곱은 $-\dfrac{1}{2}$

0780

2012년 03월 고2 학력평가 16번 변형

오른쪽 그림과 같이 점 $(2,\ 0)$을 지나는 함수 $y=f(x)$의 그래프와 $y=x$의 그래프가 두 점 $(-2,\ -2)$, $(5,\ 5)$에서 만나고 그 외의 점에서 만나지 않는다.

$\{f(x)\}^2=f(x)f^{-1}(x)$를 만족시키는

TIP 인수분해를 이용하여 방정식을 작성한다.

모든 실수 x의 값의 합은?

(단, f^{-1}은 f의 역함수이다.)

① 1　② 2　③ 3

④ 4　⑤ 5

STEP A 주어진 식을 인수분해하여 방정식 구하기

$\{f(x)\}^2=f(x)f^{-1}(x)$에서

$\{f(x)\}^2-f(x)f^{-1}(x)=0$

$f(x)\{f(x)-f^{-1}(x)\}=0$

$\therefore f(x)=0$ 또는 $f(x)=f^{-1}(x)$

STEP B 역함수의 성질을 이용하여 x의 값의 합 구하기

(i) $f(x)=0$인 경우

함수 $f(x)$가 $(2, 0)$을 지나므로

$f(2)=0 \quad \therefore x=2$

(ii) $f(x)=f^{-1}(x)$인 경우

함수 $y=f^{-1}(x)$는 $y=f(x)$를 직선 $y=x$에 대하여 대칭이동한 그래프이다.

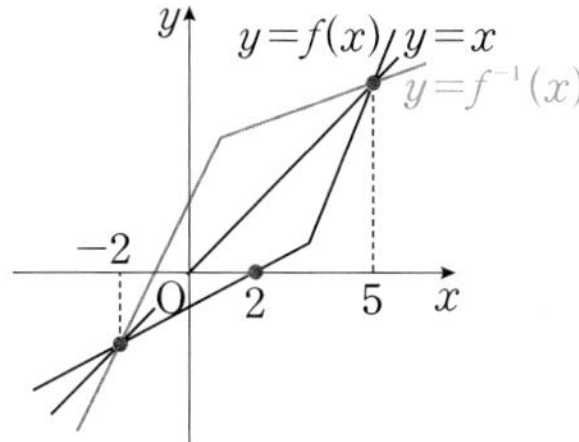

즉 $y=f(x)$와 $y=x$의 교점이 $y=f(x)$와 $y=f^{-1}(x)$의 교점이다.

함수 $y=f(x)$가 두 점 $(-2, -2)$, $(5, 5)$를 지나므로

$f(-2)=f^{-1}(-2)$, $f(5)=f^{-1}(5)$

$\therefore x=-2$ 또는 $x=5$

(i), (ii)에 의하여 $\{f(x)\}^2=f(x)f^{-1}(x)$를 만족하는 x의 값은

$x=2$ 또는 $x=-2$ 또는 $x=5$이므로 모든 실근의 합은 $2+(-2)+5=5$

0781

2005년 03월 고2 학력평가 16번 변형

다음 물음에 답하시오.

(1) 함수 $f(x)=x^2-4x+6(x\geq 2)$의 역함수를 $y=f^{-1}(x)$라 할 때,

TIP 역함수 $y=f^{-1}(x)$는 $y=f(x)$와 직선 $y=x$에 대하여 대칭이다.

$y=f(x)$와 $y=f^{-1}(x)$의 두 교점 사이의 거리는?

① $\sqrt{2}$ ② $\sqrt{3}$ ③ 2

④ $2\sqrt{2}$ ⑤ $2\sqrt{3}$

STEP A $y=f(x)$와 $y=f^{-1}(x)$의 교점의 좌표 구하기

함수 $y=f(x)$의 그래프와 $y=f^{-1}(x)$의 그래프의 교점은

직선 $y=x$ 위에 있으므로 $x^2-4x+6=x$에서

두 그래프는 직선 $y=x$에 대하여 대칭인 그래프이다.

$x^2-5x+6=0$, $(x-2)(x-3)=0$

$\therefore x=2$ 또는 $x=3$

즉 두 교점의 좌표는 $(2, 2)$, $(3, 3)$

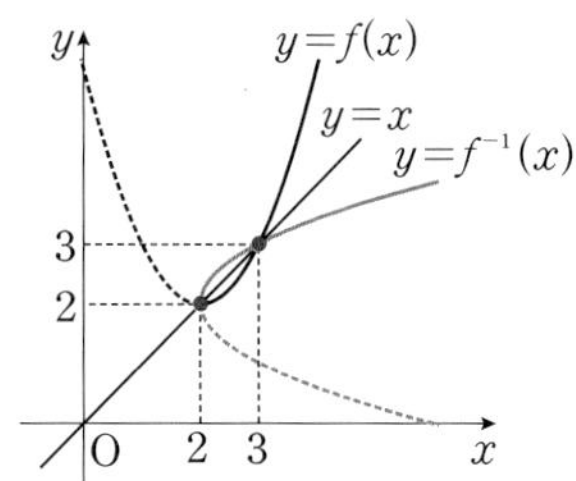

STEP B 두 교점 사이의 거리 구하기

따라서 두 교점 사이의 거리를 d라 하면 $d=\sqrt{(3-2)^2+(3-2)^2}=\sqrt{2}$

두 점 $A(x_1, y_1)$, $B(x_2, y_2)$ 사이의 거리는 $\overline{AB}=\sqrt{(x_2-x_1)^2+(y_2-y_1)^2}$

(2) $x\geq 1$에서 정의된 함수 $f(x)=\frac{1}{2}x^2-x+a$에 대하여 함수 $y=f(x)$의 그래프와 그 역함수 $y=f^{-1}(x)$의 그래프는 서로 다른 두 점 A, B

TIP 역함수 $y=f^{-1}(x)$는 $y=f(x)$와 직선 $y=x$에 대하여 대칭이다.

에서 만난다. $\overline{AB}=4$일 때, 상수 a의 값은?

① 1 ② $\sqrt{2}$ ③ 2

④ $2\sqrt{2}$ ⑤ 4

STEP A $y=f(x)$와 $y=f^{-1}(x)$의 그래프의 관계 파악하기

함수 $y=f(x)$의 그래프와 $y=f^{-1}(x)$의 그래프는 직선 $y=x$에 대하여 대칭이므로 함수 $y=f(x)$의 그래프와 그 역함수의 그래프가 서로 다른 두 점 A, B에서 만나면 함수 $y=f(x)$의 그래프와 직선 $y=x$도 서로 다른 두 점 A, B에서 만난다.

STEP B $\overline{AB}=4$를 만족하는 관계식 구하기

$\frac{1}{2}x^2-x+a=x$에서 $\frac{1}{2}x^2-2x+a=0$

$x^2-4x+2a=0$ …… ㉠

이차방정식의 두 근을 α, β라 하면 두 점 A, B의 좌표는 (α, α), (β, β)이고

두 점 $A(x_1, y_1)$, $B(x_2, y_2)$ 사이의 거리는 $\overline{AB}=\sqrt{(x_2-x_1)^2+(y_2-y_1)^2}$

$\overline{AB}=4$이므로 $\overline{AB}=\sqrt{(\beta-\alpha)^2+(\beta-\alpha)^2}=\sqrt{2(\beta-\alpha)^2}=4$

양변을 제곱하면 $2(\beta-\alpha)^2=16$

$\therefore (\beta-\alpha)^2=8$

STEP C 이차방정식의 근과 계수의 관계와 곱셈공식을 이용하여 a의 값 구하기

이차방정식 $x^2-4x+2a=0$의 근과 계수의 관계에 의하여

이차방정식 $ax^2+bx+c=0$의 두 근을 α, β라 할 때, $\alpha+\beta=-\frac{b}{a}$, $\alpha\beta=\frac{c}{a}$

$\alpha+\beta=4$, $\alpha\beta=2a$이므로 $(\beta-\alpha)^2=(\alpha+\beta)^2-4\alpha\beta=16-8a$, $16-8a=8$

따라서 $a=1$

0782

두 함수 $f: X\longrightarrow Y$, $g: Y\longrightarrow Z$에 대하여 다음 중 옳은 것은?
(단, 정답은 두 개이다.)

① 두 함수 f, g가 일대일대응이면 $(g\circ f)^{-1}=f^{-1}\circ g^{-1}$이다.

② $(g\circ f)(x)=x$이면 f는 g의 역함수이다.

③ 함수 f의 역함수 f^{-1}가 존재할 때, 두 함수 $f\circ f^{-1}$와 $f^{-1}\circ f$는 서로 같은 함수이다.

④ 함수 $y=f(x)$이 그래프와 그 역함수 $y=f^{-1}(x)$의 그래프는 직선 $y=x$에 대하여 대칭이다.

⑤ 두 함수 $y=f(x)$, $y=f^{-1}(x)$의 그래프의 교점은 함수 $y=f(x)$의 그래프와 직선 $y=x$의 교점이다.

STEP A 역함수의 성질을 이용하여 참, 거짓 판단하기

① f, g는 일대일대응이므로 역함수가 존재한다.
즉 $(g\circ f)^{-1}=f^{-1}\circ g^{-1}$이다. [참]

② 반례 $X=\{1, 2\}$, $Y=\{1, 2\}$, $Z=\{1, 2, 3\}$이고
$f(x)=x$, $g(x)=x$이면 함수 g는 일대일대응이 아니므로 역함수가 존재하지 않는다. [거짓]

③ 함수 $f\circ f^{-1}$는 Y에서 Y로의 항등함수이고 $f^{-1}\circ f$는 X에서 X로의 항등함수이므로 정의역이 서로 다르므로 서로 같은 함수가 아니다. [거짓]

④ 함수 $y=f(x)$의 그래프와 그 역함수 $y=f^{-1}(x)$의 그래프는 반드시 직선 $y=x$에 대하여 대칭이다. [참]

⑤ 두 함수 $y=f(x)$, $y=f^{-1}(x)$의 그래프의 교점이 반드시 함수 $y=f(x)$의 그래프와 직선 $y=x$의 교점만 되는 것은 아니다. [거짓]

반례 감소하는 함수
$f(x)=(x-1)^2(x\leq 1)$과
그 역함수 $y=f^{-1}(x)$의
그래프의 교점은 오른쪽 그림과
같이 직선 $y=x$ 위의 점이 아닌
$(0, 1)$, $(1, 0)$것도 존재한다.

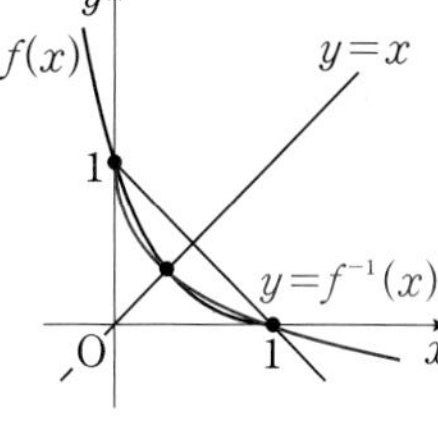

따라서 옳은 것은 ①, ④이다.

0783

서술형

함수 $f(x)=x+1-\left|\frac{1}{2}x-1\right|$의 역함수를 $g(x)$라고 할 때, 두 함수 $y=f(x)$, $y=g(x)$의 그래프로 둘러싸인 부분의 넓이를 구하는 과정을

TIP 함수 $y=f(x)$의 그래프와 역함수 $y=g(x)$의 그래프는 직선 $y=x$에 대하여 대칭이다.

다음 단계로 서술하시오.

[1단계] 함수 $f(x)$를 범위에 따라 구한다. [3점]

[2단계] 두 함수 $y=f(x)$, $y=g(x)$의 그래프의 교점의 좌표를 구한다. [3점]

[3단계] 두 함수 $y=f(x)$, $y=g(x)$의 그래프로 둘러싸인 부분의 넓이를 구한다. [4점]

1단계 함수 $f(x)$의 그래프를 범위에 따라 구한다. **3점**

함수 $f(x)=x+1-\left|\frac{1}{2}x-1\right|$에서 절댓값 안의 식이 $\frac{1}{2}x-1$이므로

$\frac{1}{2}x-1=0$, $x=2$를 기준으로 식을 구하면

(ⅰ) $x\geq 2$일 때,

$f(x)=x+1-\left|\frac{1}{2}x-1\right|=x+1-\frac{1}{2}x+1=\frac{1}{2}x+2$

(ⅱ) $x<2$일 때,

$f(x)=x+1-\left|\frac{1}{2}x-1\right|=x+1+\frac{1}{2}x-1=\frac{3}{2}x$

(ⅰ), (ⅱ)에서 $f(x)=\begin{cases}\frac{1}{2}x+2 & (x\geq 2)\\ \frac{3}{2}x & (x<2)\end{cases}$

2단계 두 함수 $y=f(x)$, $y=g(x)$의 그래프의 교점의 좌표를 구한다. **3점**

함수 $y=f(x)$의 그래프와 그 역함수 $y=g(x)$의 그래프는 직선 $y=x$에 대하여 대칭이므로 다음 그림과 같다.

두 그래프는 직선 $y=x$에 대하여 대칭인 그래프이다.

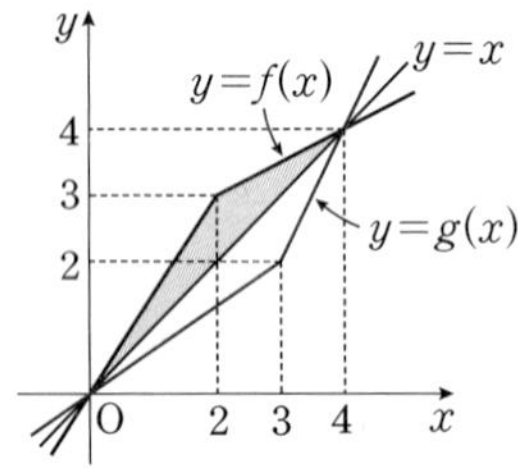

함수 $y=f(x)$와 역함수 $y=g(x)$의 그래프의 교점은

함수 $y=f(x)$의 그래프와 직선 $y=x$의 교점과 같으므로

$x\geq 2$에서 $\frac{1}{2}x+2=x$, $x+4=2x$ $\quad\therefore x=4$

$x<2$에서 $\frac{3}{2}x=x$ $\quad\therefore x=0$

즉 구하는 교점의 좌표는 $(0, 0)$, $(4, 4)$이다.

3단계 두 함수 $y=f(x)$와 $y=g(x)$의 그래프로 둘러싸인 부분의 넓이를 구한다. **4점**

한편 함수 $y=f(x)$의 그래프와 그 역함수 $y=g(x)$의 그래프로 둘러싸인 부분의 넓이는 함수 $y=f(x)$의 그래프와 직선 $y=x$로 둘러싸인 부분의 넓이의 2배이다.

이때 위의 그림에서 색칠한 부분은 함수 $y=f(x)$의 그래프와 직선 $y=x$로 둘러싸인 부분의 넓이가 $\frac{1}{2}\times 1\times 2+\frac{1}{2}\times 1\times 2=2$

따라서 두 함수 $y=f(x)$와 $y=g(x)$로 둘러싸인 부분의 넓이는 4

0784

2008년 03월 고2 학력평가 14번 서술형

다음 물음에 답하시오.

(1) 함수 f에 대하여 $f^2(x)=f(f(x))$, $f^3(x)=f(f^2(x))$, …로 정의하자. 집합 $X=\{1, 2, 3\}$에 대하여 함수 $f: X \longrightarrow X$가 다음 두 조건을 만족시킨다.

> (가) $f(1)=3$
> (나) $f^3=I$ (I는 항등함수)

함수 f의 역함수를 g라 할 때, $g^{10}(2)+g^{11}(3)$의 값을 구하는 과정을

TIP 함수 f는 일대일대응이다.

다음 단계로 서술하시오.

[1단계] 일대일대응을 만족하면서 $f^3=I$를 만족하는 함수 $f(2)$, $f(3)$의 값을 구한다. [3점]

[2단계] 역함수 g에 대하여 $g^n=I$ (I는 항등함수)를 만족하는 최소의 자연수 n의 값을 구한다. [3점]

[3단계] $g^{2026}(2)+g^{2027}(3)$의 값을 구한다. [4점]

1단계 $f^3=I$를 만족하는 함수 $f(2)$, $f(3)$의 값을 구한다. **3점**

함수 f에 대하여 조건 (가)에서 $f(1)=3$이고

역함수 g가 존재하므로 일대일대응이다.

이때 $f(2)$, $f(3)$이 될 수 있는 값은

$f(2)=2$, $f(3)=1$ 또는 $f(2)=1$, $f(3)=2$

(ⅰ) $f(1)=3$, $f(2)=2$, $f(3)=1$인 경우

조건 (나)에서 $f^3=I$이므로

$f(1)=3$, $f(f(1))=f(3)=1$, $f(f(f(1)))=f(f(3))=f(1)=3$

이므로 조건을 만족시키지 않는다.

(ⅱ) $f(1)=3$, $f(2)=1$, $f(3)=2$인 경우

조건 (나)에서 $f^3=I$이므로

$f(1)=3$, $f(f(1))=f(3)=2$, $f(f(f(1)))=f(f(3))=f(2)=1$

$f(2)=1$, $f(f(2))=f(1)=3$, $f(f(f(2)))=f(f(1))=f(3)=2$

$f(3)=2$, $f(f(3))=f(2)=1$, $f(f(f(3)))=f(f(2))=f(1)=3$

이므로 조건을 만족시킨다.

(ⅰ), (ⅱ)에 의하여

$f(1)=3$, $f(2)=1$, $f(3)=2$이고

함수의 대응은 오른쪽 그림과 같다.

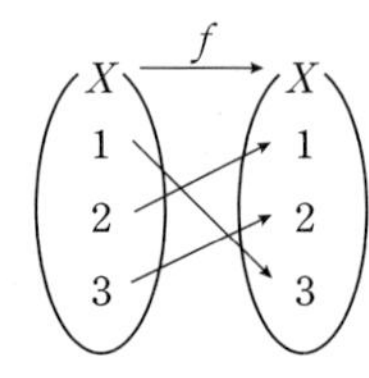

2단계 $g^n=I$를 만족하는 최소의 자연수 n의 값을 구한다. **3점**

$f^3=I$이므로 역함수 g에 대하여

$f(1)=3$, $f(3)=2$, $f(2)=1$에서 $g(3)=1$, $g(2)=3$, $g(1)=2$

이므로 함수 g의 대응 관계는 다음과 같다.

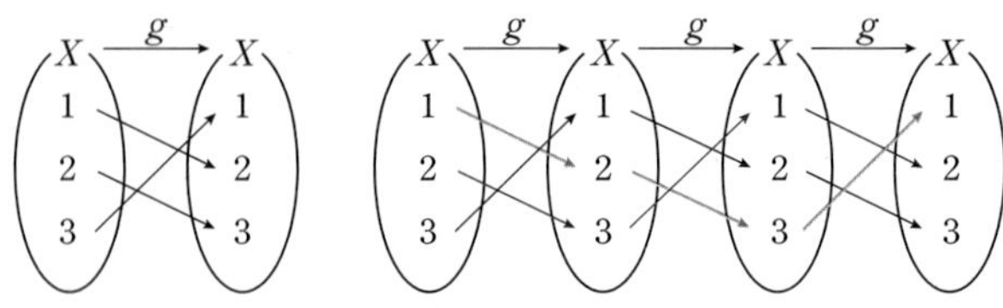

즉 $g^3=I$이므로 최소의 자연수는 $n=3$이다.

3단계 $g^{2026}(2)+g^{2027}(3)$의 값을 구한다. **4점**

$g^3=I$이므로

$g^{2026}(2)=g^{3\times 675+1}(2)=g(2)=3$, $g^{2027}(3)=g^{3\times 675+2}(3)=g^2(3)=2$

따라서 $g^{2026}(2)+g^{2027}(3)=3+2=5$

2015년 11월 고2 학력평가 나형 18번 변형

(2) 집합 $X=\{1, 2, 3, 4\}$에 대하여 X에서 X로의 함수 f가

$$f(x)=\begin{cases} x^2 & (x=1, 2) \\ x+a & (x=3, 4)(a\text{는 상수}) \end{cases}$$

이고 함수 f의 역함수 g가 존재한다.

TIP 함수 f의 역함수 f^{-1}이 존재하기 위해서는 함수 f가 일대일대응이어야한다.

$g^1(x)=g(x)$, $g^{n+1}(x)=g(g^n(x))(n=1, 2, 3, \cdots)$이라 할 때, $a+g^{10}(2)+g^{11}(2)$의 값을 구하는 과정을 다음 단계로 서술하시오.

[1단계] 역함수가 존재하기 위한 a의 값을 구한다. [3점]
[2단계] 역함수 g에 대하여 $g^n=I$ (I는 항등함수)를 만족하는 최소의 자연수 n의 값을 구한다. [3점]
[3단계] $a+g^{100}(2)+g^{101}(2)$의 값을 구한다. [4점]

1단계 역함수가 존재하기 위한 a의 값을 구한다. 3점

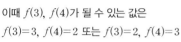

$f(1)=1$, $f(2)=4$, $f(3)=3+a$,
$f(4)=4+a$이고
함수 $f(x)$는 역함수가 존재하므로 일대일대응이다.

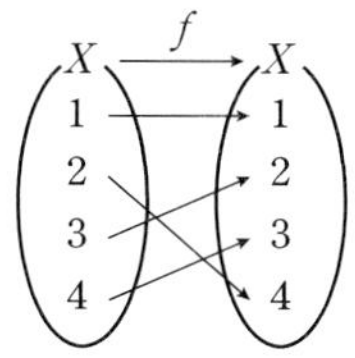

이때 $f(3)$, $f(4)$가 될 수 있는 값은
$f(3)=3$, $f(4)=2$ 또는 $f(3)=2$, $f(4)=3$

(ⅰ) $f(3)=3$, $f(4)=2$인 경우
$f(3)=3$일 때, $3+a=3$이므로 $a=0$
$f(4)=2$일 때, $4+a=2$이므로 $a=-2$
동시에 만족시키는 a의 값이 존재하지 않는다.

(ⅱ) $f(3)=2$, $f(4)=3$인 경우
$f(3)=2$일 때, $3+a=2$이므로 $a=-1$
$f(4)=3$일 때, $4+a=3$이므로 $a=-1$
동시에 만족시키는 $a=-1$

(ⅰ), (ⅱ)에 의하여 $a=-1$

2단계 $g^n=I$를 만족하는 최소의 자연수 n의 값을 구한다. 3점

$f(1)=1$, $f(2)=4$, $f(3)=2$, $f(4)=3$이므로
역함수 $g(x)$는 $g(1)=1$, $g(2)=3$, $g(3)=4$, $g(4)=2$이고
$g^3=I$이므로 최소의 자연수는 $n=3$

3단계 $a+g^{100}(2)+g^{101}(2)$의 값을 구한다. 4점

즉 $g^{100}(2)=g^{3\times33+1}(2)=g(2)=3$이고
$g^{101}(2)=g^{3\times33+2}(2)=g^2(2)=g(g(2))=g(3)=4$
따라서 $a+g^{100}(2)+g^{101}(2)=a+g(2)+g^2(2)=-1+3+4=6$

TOUGH

0785

2018년 10월 학력평가 나형 28번 변형

두 집합 $X=\{1, 2, 3, 4\}$, $Y=\{1, 2, 4, 8\}$에 대하여 함수 $f: X \longrightarrow Y$가 다음 조건을 만족시킨다.

(가) 함수 f는 일대일대응이다.
TIP 함수 $f(n)$은 일대일대응이므로 역함수가 존재한다.
(나) $f(3)=4$
(다) 등식 $\frac{1}{2}f(a)=(f\circ f^{-1})(a)$를 만족시키는 상수 a의 개수는 2이다.
TIP 역함수의 성질에서 $f\circ f^{-1}=f^{-1}\circ f=I$

$f(4)\times f^{-1}(1)$의 값을 구하시오.

STEP Ⓐ **조건 (다)를 만족시키는 a의 값을 이용하여 함숫값 구하기**

조건 (다)에서 $\frac{1}{2}f(a)=(f\circ f^{-1})(a)=f(f^{-1}(a))$이므로
(집합 X의 원소, 집합 Y의 원소)

원소 a는 두 집합 X, Y에 동시에 존재하는 원소이다.
두 집합에 동시에 존재하는 원소는 1, 2, 4

역함수의 성질에 의하여 $(f\circ f^{-1})(a)=a$이므로
$\frac{1}{2}f(a)=(f\circ f^{-1})(a)=a$, 즉 $f(a)=2a$
두 함수는 역함수 관계이고 합성함수이므로 a를 대입한 값은 a이다.

이때 $f(3)=4$이고 $f(a)=2a$를 만족시키는 a의 개수가 2이므로
$f(3)=4$이므로 $f(2)\neq4$이어야 한다.
$f(1)=2$, $f(4)=8$
또한, 함수 $f(x)$는 일대일대응이므로
$f(1)=2$, $f(3)=4$, $f(4)=8$이므로 $f(2)=1$

STEP Ⓑ $f(4)\times f^{-1}(1)$**의 값 계산하기**

$f^{-1}(1)=k$라 하면 $f(k)=1$이므로 $k=2$ $\quad\therefore f^{-1}(1)=2$
따라서 $f(4)\times f^{-1}(1)=8\times2=16$

0786

2018년 10월 학력평가 나형 28번 변형

두 함수

$$f(x)=-x+a,\ g(x)=\begin{cases} 2x+4 & (x<a) \\ x^2-4 & (x\geq a) \end{cases}$$

에 대하여 $(g\circ f)(-1)+(f\circ g)(4)=39$를 만족시키는 모든 실수 a의 값의 합을 S라 할 때, $10S^2$의 값을 구하시오.

TIP $f(-1)=1+a>a$, $x=4$를 기준으로 a의 범위를 나누어 구하도록 한다.

STEP Ⓐ **합성함수의 정의를 이용하여 $(g\circ f)(-1)$의 값 구하기**

$f(-1)=1+a$이고 $1+a>a$이므로 $x\geq a$일 때, $g(x)=x^2-4$
즉 $(g\circ f)(-1)=g(f(-1))=g(1+a)=(1+a)^2-4=a^2+2a-3$

STEP Ⓑ **a의 범위를 나누어 주어진 등식을 이용하여 a의 값 구하기**

$x=4$가 a를 기준으로 대입해야 할 식이 나누어지므로 범위를 나누면
(ⅰ) $a>4$일 때,
$x<a$일 때, $g(x)=2x+4$이므로 $g(4)=2\times4+4=12$
$(f\circ g)(4)=f(g(4))=f(12)=-12+a$
이때 $(g\circ f)(-1)+(f\circ g)(4)=39$에 대입하면
$(a^2+2a-3)+(-12+a)=39$, $a^2+3a-15=39$
$a^2+3a-54=0$, $(a+6)(a-9)=0$ $\quad\therefore a=-6$ 또는 $a=9$
즉 $a>4$이므로 $a=9$

(ii) $a \le 4$일 때,

$x \ge a$일 때, $g(x)=x^2-4$이므로 $g(4)=4^2-4=12$

$(f \circ g)(4)=f(g(4))=f(12)=-12+a$

이때 $(g \circ f)(-1)+(f \circ g)4=39$에 대입하면

$(a^2+2a-3)+(-12+a)=39$, $a^2+3a-15=39$

$a^2+3a-54=0$, $(a+6)(a-9)=0$ $\therefore a=-6$ 또는 $a=9$

즉 $a \le 4$이므로 $a=-6$

(i), (ii)에 의하여 상수 a의 값은 $a=9$ 또는 $a=-6$

STEP Ⓒ $10S^2$의 값 구하기

a의 값의 합 $S=9+(-6)=3$

따라서 $10S^2=10 \times 3^2=90$

0787

2021년 11월 고1 학력평가 28번 변형

실수 전체의 집합에서 정의된 함수

$$f(x)=\begin{cases} 4x+3 & (x<2) \\ x^2-9x+25 & (x \ge 2) \end{cases}$$

에 대하여 $(f \circ f)(a)=f(a)$를 만족시키는 모든 실수 a의 값의 합을

TIP $f(a)=t$로 치환하여 t의 근을 구한 후 접근한다.

구하시오.

STEP Ⓐ $f(a)=t$로 치환하여 t의 근 구하기

방정식 $(f \circ f)(a)=f(a)$에서 $f(f(a))=f(a)$

이때 $f(a)=t$로 치환하면 $f(t)=t$

즉 함수 $y=f(t)$와 직선 $y=t$의 교점의 t의 좌표를 구하면 된다.

(i) $t<2$일 때, $t<2$에서

$f(t)=4t+3$이므로 $4t+3=t$, $3t+3=0$

$\therefore t=-1$

(ii) $t \ge 2$일 때, $t \ge 2$에서

$f(t)=t^2-9t+25$이므로 $t^2-9t+25=t$

$t^2-10t+25=0$, $(t-5)^2=0$

$\therefore t=5$

(i), (ii)에서 t의 값은 $t=-1$ 또는 $t=5$

STEP Ⓑ $f(a)=t$임을 이용하여 모든 실수 a의 값의 합 구하기

(i) $f(a)=-1$인 경우

① $a<2$일 때, $f(a)=4a+3$이므로 $4a+3=-1$, $4a=-4$

$\therefore a=-1$

② $a \ge 2$일 때, $f(a)=a^2-9a+25$이므로 $a^2-9a+25=-1$

$a^2-9a+26=0$

이때 이차방정식의 판별식을 D_1라 하면

$D_1=81-104<0$이므로 실근 a의 값은 존재하지 않는다.

즉 $f(a)=-1$이 되는 a의 값은 $a=-1$

(ii) $f(a)=5$인 경우

① $a<2$일 때, $f(a)=4a+3$이므로 $4a+3=5$, $4a=2$

$\therefore a=\frac{1}{2}$

② $a \ge 2$일 때, $f(a)=a^2-9a+25$이므로 $a^2-9a+25=5$

$a^2-9a+20=0$, $(a-4)(a-5)=0$ 또는 $a=5$

$\therefore a=4$ 또는 $a=5$

이때 이차방정식의 판별식을 D_2라 하면

$D_2=81-80>0$이므로 서로 다른 두 실근을 가진다.

즉 $f(a)=5$가 될 때, a의 값의 합은 $\frac{1}{2}+9=\frac{19}{2}$

(i), (ii)에 의하여 모든 실수 a의 값의 합은 $-1+\frac{19}{2}=\frac{17}{2}$

0788

2018학년도 고3 사관기출 나형 11번

다음 물음에 답하시오.

(1) 집합 $X=\{2, 4, 6, 8\}$에서 X로의 일대일대응 $f(x)$가

$$f(6)-f(4)=f(2),\ f(6)+f(4)=f(8)$$

TIP 조건을 이용하여 각각의 대소관계를 정한다.

을 모두 만족시킬 때, $(f \circ f)(6)+f^{-1}(4)$의 값은?

① 8 ② 10 ③ 12
④ 14 ⑤ 16

STEP Ⓐ 조건을 만족하는 $f(8)$, $f(6)$, $f(4)$의 대소 비교하기

$f(6)-f(4)=f(2)$에서 $f(6)>f(4)$, $f(6)>f(2)$

$f(6)+f(4)=f(8)$에서 $f(8)>f(6)$, $f(8)>f(4)$

$\therefore f(8)>f(6)>f(4)$

STEP Ⓑ 함수 $f(x)$의 함숫값 구하기

$f(6)>f(2)$이므로

가장 큰 값은 $f(8)$이고 $f(8)=8$

이때 $(f(6), f(4))$는 $(6, 4)$, $(6, 2)$, $(4, 2)$

중 하나를 가져야 한다. ← $f(x)$는 일대일대응

그런데 $(f(6), f(4))$가 $(6, 4)$, $(4, 2)$이면

$f(6)+f(4)=f(8)=8$을 만족하지 않으므로

$(f(6), f(4))=(6, 2)$이다.

즉 $f(6)=6$, $f(4)=2$

$\therefore f(4)=2$, $f(6)=6$, $f(8)=8$이므로 $f(2)=4$

STEP Ⓒ $(f \circ f)(6)+f^{-1}(4)$의 값 구하기

따라서 $f(8)=8$, $f(6)=6$, $f(4)=2$, $f(2)=4$

역함수의 성질 $f^{-1}(a)=b \Longleftrightarrow f(b)=a$

$\therefore (f \circ f)(6)+f^{-1}(4)=6+2=8$

2022년 03월 고2 학력평가 14번 변형

(2) 집합 $X=\{1, 2, 3, 4, 5\}$에 대하여 X에서 X로의 함수 f의 역함수가 존재하고

TIP 함수 f는 일대일대응이다.

$$2f(1)+f(3)=12,\ f^{-1}(3)-f^{-1}(1)=2$$

일 때, $f(5)+f^{-1}(5)$의 값은?

① 5 ② 6 ③ 7
④ 8 ⑤ 9

STEP Ⓐ 주어진 조건을 이용하여 함숫값 추론하기

$2f(1)+f(3)=12$에서 $f(1)=5$, $f(3)=2$이다.

$f^{-1}(3)=a$라고 할 때, $f(a)=3$,

$f^{-1}(1)=b$라고 할 때, $f(b)=1$

이때 a, b가 될 수 있는 값은 2, 4, 5 중 하나의 값을 갖는다.

또한, $f^{-1}(3)-f^{-1}(1)=2$이므로 $a-b=2$

$\therefore a=4$, $b=2$

즉 $f(4)=3$, $f(2)=1$

함수 f에 대하여 $f(1)=5$, $f(2)=1$, $f(3)=2$, $f(4)=3$이므로 $f(5)=4$

+α $f(1)=5$, $f(3)=2$임을 알 수 있어!

$f(1)=1$일 때 $2f(1)+f(3)=2+f(3)=12$이므로 $f(3)$은 존재하지 않는다.

$f(1)=2$일 때 $2f(1)+f(3)=4+f(3)=12$이므로 $f(3)$은 존재하지 않는다.

$f(1)=3$일 때 $2f(1)+f(3)=6+f(3)=12$이므로 $f(3)$은 존재하지 않는다.

$f(1)=4$일 때 $2f(1)+f(3)=8+f(3)=12$에서 $f(3)=4$이므로 일대일대응을 만족시키지 않는다.

STEP B $f(5)+f^{-1}(5)$의 값 구하기

$f(5)=4$, $f^{-1}(5)=k$라 하면 $f(k)=5$이므로 $k=1$

따라서 $f(5)+f^{-1}(5)=4+1=5$

0789

2013년 11월 고1 학력평가 21번

실수 전체의 집합에서 정의된 두 함수 $f(x)$, $g(x)$가

$$f(x)=\begin{cases} 2 & (x>2) \\ x & (|x|\le 2) \\ -2 & (x<-2) \end{cases},\ g(x)=x^2-2$$

일 때, 옳은 것만을 [보기]에서 있는 대로 고른 것은?

ㄱ. $(f\circ g)(2)=2$

ㄴ. $(g\circ f)(-x)=(g\circ f)(x)$

TIP $(g\circ f)(x)$의 식을 구하고 x대신에 $-x$를 대입하여 두 식을 비교한다.

ㄷ. $(f\circ g)(x)=(g\circ f)(x)$

① ㄱ ② ㄷ ③ ㄱ, ㄴ ④ ㄴ, ㄷ ⑤ ㄱ, ㄴ, ㄷ

STEP A $(f\circ g)(2)$의 값 구하기

ㄱ. $(f\circ g)(2)=f(g(2))$에서 $g(2)=2^2-2=2$이므로

$f(g(2))=f(2)=2$ [참]

STEP B $(g\circ f)(x)$와 $(g\circ f)(-x)$의 식을 각각 구하기

ㄴ. $(g\circ f)(x)$에서

$x>2$일 때, $(g\circ f)(x)=g(f(x))=g(2)=2^2-2=2$

$-2\le x\le 2$일 때, $(g\circ f)(x)=g(f(x))=g(x)=x^2-2$

$x<-2$일 때, $(g\circ f)(x)=g(f(x))=g(-2)=(-2)^2-2=2$

즉 $(g\circ f)(x)=\begin{cases} 2 & (x>2) \\ x^2-2 & (-2\le x\le 2) \\ 2 & (x<-2) \end{cases}$ …… ㉠

이때 $(g\circ f)(-x)$는 ㉠의 식에서 x대신에 $-x$를 대입하면 되므로

$(g\circ f)(-x)=\begin{cases} 2 & (-x>2) \\ x^2-2 & (-2\le -x\le 2) \\ 2 & (-x<-2) \end{cases}$이고 정리하면

$(g\circ f)(-x)=\begin{cases} 2 & (x>2) \\ x^2-2 & (-2\le x\le 2) \\ 2 & (x<-2) \end{cases}$

이므로 ㉠의 식과 일치한다. [참]

STEP C $(f\circ g)(x)$의 식을 구하여 $(g\circ f)(x)$의 식과 비교하기

ㄷ. $(f\circ g)(x)$에 대하여 $(f\circ g)(x)=\begin{cases} 2 & (g(x)>2) \\ g(x) & (-2\le g(x)\le 2) \\ -2 & (g(x)<-2) \end{cases}$

이때 $g(x)>2$에서 $x^2-2>2$이므로 $x>2$ 또는 $x<-2$

$-2\le g(x)\le 2$에서 $-2\le x^2-2\le 2$이므로 $-2\le x\le 2$

$g(x)<-2$에서 $x^2-2<-2$에서 실수 x의 값은 존재하지 않는다.

즉 $(f\circ g)(x)=\begin{cases} 2 & (x>2) \\ x^2-2 & (-2\le x\le 2) \\ 2 & (x<-2) \end{cases}$이므로 ㉠의 식과 일치한다. [참]

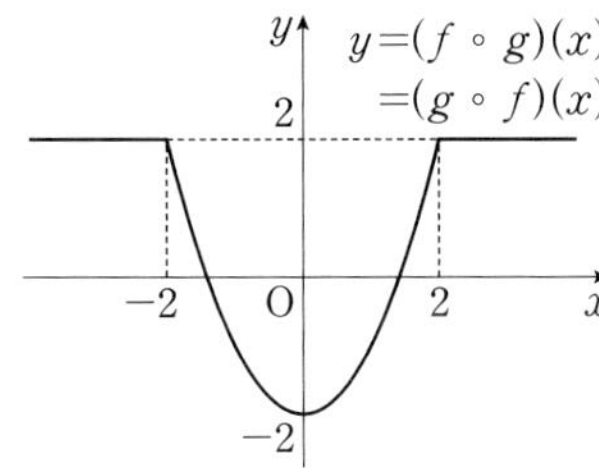

따라서 옳은 것은 ㄱ, ㄴ, ㄷ이다.

0790

2019학년도 06월 고3 모의평가 나형 29번 변형

함수

$$f(x)=\begin{cases} ax+b & (x<2) \\ cx^2+3x & (x\ge 2) \end{cases}$$

가 실수 전체의 집합에서 연속이고 역함수를 갖는다.

함수 $y=f(x)$의 그래프와 역함수 $y=f^{-1}(x)$의 그래프의 교점의 개수가 3이고, 그 교점의 x좌표가 각각 0, 2, 3일 때, $20(a+b+c)$의 값을 구하시오. (단, a, b, c는 상수이다.)

TIP 두 함수는 역함수 관계이므로 직선 $y=x$에 대하여 대칭이다.

문항분석

두 함수가 역함수 관계임을 이용하여 직선 $y=x$에 대칭이므로 3개의 교점 중 한 점은 직선 $y=x$ 위에 있음을 알 수 있다. 함수 $f(x)$가 증가함수일 때와 감소함수일 때로 나누어 교점이 3개가 성립하는지 확인하여 $2a+4b-10c$의 값을 구한다.

STEP A 두 함수 $y=f(x)$, $y=f^{-1}(x)$의 위치 관계를 이용하여 그래프 개형 추론하기

$y=f(x)$의 역함수 $y=f^{-1}(x)$가 존재하므로 일대일대응이고 두 함수는 $y=x$에 대하여 대칭이다. 즉 함수 $y=f(x)$는 실수 전체의 집합에서 증가하거나 감소하는 함수이어야 한다.

STEP B 두 함수 $y=f(x)$, $y=f^{-1}(x)$의 교점이 3개이기 위한 조건 구하기

(i) $f(x)$가 증가함수일 때,

함수 $f(x)$가 증가함수이므로 $y=f(x)$와 $y=f^{-1}(x)$의 교점은 $y=f(x)$와 $y=x$의 교점과 일치하므로 교점의 좌표는 $(0, 0)$, $(2, 2)$, $(3, 3)$이고 함수 $f(x)$에 대입하면

$f(0)=b=0 \quad \therefore b=0$

$f(2)=4c+6=2 \quad \therefore c=-1$

$f(3)=9c+9=3 \quad \therefore c=-\frac{1}{3}$

이때 동시에 만족시키는 c의 값은 존재하지 않는다.

(ii) $f(x)$가 감소함수일 때,

함수 $f(x)$가 감소함수이므로 $y=f(x)$는 직선 $y=x$가 한 점에서 만나고 $y=x$ 이외의 점에서 $y=f^{-1}(x)$와 두 점에서 만난다.

이때 두 곡선 $y=f(x)$와 $y=f^{-1}(x)$의 두 교점은 $y=x$에 대하여 대칭이므로 $x=0$, $x=3$에서 만난다.

두 교점이 $y=x$에 대하여 대칭이므로 $x=0$일 때, y좌표는 3이 되고 $x=3$일 때, y좌표는 0이 된다.

STEP C 교점의 좌표를 이용하여 a, b, c의 값 구하기

$y=f(x)$와 $y=x$의 교점이 $(2, 2)$이므로 식에 대입하면

$f(2)=4c+6=2 \quad \therefore c=-1$

또한, 나머지 두 교점은 $y=x$에 대하여 대칭이므로 교점의 좌표는 $(0, 3)$과 $(3, 0)$이다.

$f(0)=a\times 0+b=3 \quad \therefore b=3$

$f(3)=9c+9=0 \quad \therefore c=-1$

이때 함수 $f(x)$는 $x=2$에서 연결되어 있으므로 두 함수의 함숫값은 같다.

즉 $y=ax+b$에 $x=2$를 대입하면 $2a+b=2 \quad \therefore a=-\frac{1}{2}$

$b=3$이므로 대입하면 $2a+3=2 \quad \therefore a=-\frac{1}{2}$

따라서 $a=-\frac{1}{2}$, $b=3$, $c=-1$이므로 $20\left\{-\frac{1}{2}+3+(-1)\right\}=20\times\frac{3}{2}=30$

POINT 함수 $y=f(x)$의 역함수 $y=g(x)$의 교점

증가함수 $y=f(x)$와 그 역함수 $y=f^{-1}(x)$의 그래프는 직선 $y=x$에 대하여 대칭이므로 두 함수 $y=f(x)$, $y=f^{-1}(x)$의 그래프의 교점은 일반적으로 함수 $y=f(x)$의 그래프와 직선 $y=x$의 교점과 같다.

함수 $y=f(x)$의 그래프와 직선 $y=x$의 교점이 존재하면 그 교점은 함수 $y=f(x)$의 그래프와 그 역함수 $y=f^{-1}(x)$의 그래프의 교점이지만 함수 $y=f(x)$의 그래프와 그 역함수 $y=f^{-1}(x)$의 그래프의 교점이 반드시 함수 $y=f(x)$의 그래프와 직선 $y=x$의 교점만 되는 것은 아니다. (감소함수)

0791

다음 식을 간단히 하시오.

(1) $\dfrac{a}{a^2-b^2}-\dfrac{b}{b^2-a^2}$

(2) $\dfrac{2}{x^2-1}+\dfrac{1}{x^2+3x+2}$

(3) $\dfrac{x-1}{x^2+3x+2}\times\dfrac{x^2-4}{x^2-x}$

(4) $\dfrac{x^2-5x+6}{x^2+5x+4}\div\dfrac{x^2-4x+3}{x^2+3x-4}$

STEP A 유리식의 사칙연산 계산하기

(1) $\dfrac{a}{a^2-b^2}-\dfrac{b}{b^2-a^2}=\dfrac{a}{a^2-b^2}+\dfrac{b}{a^2-b^2}=\dfrac{a+b}{a^2-b^2}$

$=\dfrac{a+b}{(a+b)(a-b)}=\dfrac{1}{a-b}$

(2) $\dfrac{2}{x^2-1}+\dfrac{1}{x^2+3x+2}=\dfrac{2}{(x-1)(x+1)}+\dfrac{1}{(x+1)(x+2)}$

$=\dfrac{2(x+2)+(x-1)}{(x-1)(x+1)(x+2)}$

$=\dfrac{3(x+1)}{(x-1)(x+1)(x+2)}$

$=\dfrac{3}{(x-1)(x+2)}$

(3) $\dfrac{x-1}{x^2+3x+2}\times\dfrac{x^2-4}{x^2-x}=\dfrac{x-1}{(x+1)(x+2)}\times\dfrac{(x-2)(x+2)}{x(x-1)}=\dfrac{x-2}{x(x+1)}$

(4) $\dfrac{x^2-5x+6}{x^2+5x+4}\div\dfrac{x^2-4x+3}{x^2+3x-4}=\dfrac{(x-2)(x-3)}{(x+1)(x+4)}\times\dfrac{(x-1)(x+4)}{(x-1)(x-3)}=\dfrac{x-2}{x+1}$

0792

다음 식의 값을 구하시오.

(1) $\dfrac{1}{(a-b)(a-c)}+\dfrac{1}{(b-a)(b-c)}+\dfrac{1}{(c-a)(c-b)}$

(2) $\dfrac{a}{(a-b)(a-c)}+\dfrac{b}{(b-a)(b-c)}+\dfrac{c}{(c-a)(c-b)}$

(3) $\dfrac{a^2}{(a-b)(a-c)}+\dfrac{b^2}{(b-a)(b-c)}+\dfrac{c^2}{(c-a)(c-b)}$

STEP A 유리식의 덧셈과 뺄셈 구하기

(1) $\dfrac{1}{(a-b)(a-c)}+\dfrac{1}{(b-a)(b-c)}+\dfrac{1}{(c-a)(c-b)}$

$=\dfrac{-1}{(a-b)(c-a)}+\dfrac{-1}{(a-b)(b-c)}+\dfrac{-1}{(b-c)(c-a)}$

$=\dfrac{-(b-c)-(c-a)-(a-b)}{(a-b)(b-c)(c-a)}$

$=\dfrac{-b+c-c+a-a+b}{(a-b)(b-c)(c-a)}=0$

(2) $\dfrac{a}{(a-b)(a-c)}+\dfrac{b}{(b-a)(b-c)}+\dfrac{c}{(c-a)(c-b)}$

$=\dfrac{-a}{(a-b)(c-a)}+\dfrac{-b}{(a-b)(b-c)}+\dfrac{-c}{(b-c)(c-a)}$

$=\dfrac{-a(b-c)-b(c-a)-c(a-b)}{(a-b)(b-c)(c-a)}$

$=\dfrac{-ab+ac-bc+ab-ca+bc}{(a-b)(b-c)(c-a)}=0$

(3) $\dfrac{a^2}{(a-b)(a-c)}+\dfrac{b^2}{(b-c)(b-a)}+\dfrac{c^2}{(c-a)(c-b)}$

$=\dfrac{-a^2}{(a-b)(c-a)}+\dfrac{-b^2}{(b-c)(a-b)}+\dfrac{-c^2}{(c-a)(b-c)}$

$=\dfrac{-a^2(b-c)-b^2(c-a)-c^2(a-b)}{(a-b)(b-c)(c-a)}$

따라서 분자를 a에 대하여 내림차순으로 정리하여 인수분해하면

$-(b-c)a^2+(b^2-c^2)a-bc(b-c)=-(b-c)\{a^2-(b+c)a+bc\}$

$=-(b-c)(a-b)(a-c)$

$=(a-b)(b-c)(c-a)$

이므로 $\dfrac{(a-b)(b-c)(c-a)}{(a-b)(b-c)(c-a)}=1$

0793

다음 식을 간단히 하시오.

(1) $\dfrac{a^2-6a}{a^2+a-2}\times\dfrac{a^2+5a+6}{a+1}\div\dfrac{a^2-3a-18}{a-1}$

(2) $\dfrac{x+3}{x^2+x-2}\times\dfrac{3x^2+2x-8}{2x^2+x-1}\div\dfrac{3x^2+5x-12}{x^2-1}$

STEP A 유리식의 곱셈과 나눗셈 계산하기

(1) $\dfrac{a^2-6a}{a^2+a-2}\times\dfrac{a^2+5a+6}{a+1}\div\dfrac{a^2-3a-18}{a-1}$

$=\dfrac{a(a-6)}{(a-1)(a+2)}\times\dfrac{(a+2)(a+3)}{a+1}\times\dfrac{a-1}{(a+3)(a-6)}$

$=\dfrac{a}{a+1}$

(2) $\dfrac{x+3}{x^2+x-2}\times\dfrac{3x^2+2x-8}{2x^2+x-1}\div\dfrac{3x^2+5x-12}{x^2-1}$

$=\dfrac{x+3}{(x-1)(x+2)}\times\dfrac{(3x-4)(x+2)}{(2x-1)(x+1)}\times\dfrac{(x+1)(x-1)}{(3x-4)(x+3)}$

$=\dfrac{1}{2x-1}$

0794

다음 물음에 답하시오. (단, a, b는 상수이다.)

(1) $x\neq-1$, $x\neq2$인 모든 실수 x에 대하여

$\dfrac{a}{x-2}+\dfrac{b}{x+1}=\dfrac{3x-3}{x^2-x-2}$

TIP 주어진 등식의 좌변을 통분하고 항등식의 성질을 이용하여 구한다.

이 성립할 때, $b-a$의 값을 구하시오.

STEP A 좌변을 통분하여 정리하기

주어진 식의 좌변을 통분하면 정리하면

$\dfrac{a}{x-2}+\dfrac{b}{x+1}=\dfrac{a(x+1)+b(x-2)}{(x+1)(x-2)}=\dfrac{ax+a+bx-2b}{(x+1)(x-2)}$

$=\dfrac{(a+b)x+a-2b}{x^2-x-2}$

STEP B 분자의 계수를 비교하여 상수 a, b의 값 구하기

즉 $\dfrac{(a+b)x+a-2b}{x^2-x-2}=\dfrac{3x-3}{x^2-x-2}$이고 분모가 같으므로 분자가 같으면 된다.

$(a+b)x+a-2b=3x-3$에서 $a+b=3$, $a-2b=-3$ ← x에 대한 항등식

위의 식을 연립하여 풀면 $a=1$, $b=2$

따라서 $b-a=2-1=1$

(2) $x \neq 1$인 임의의 실수 x에 대하여 등식

$$\frac{a}{x-1}+\frac{bx+a}{x^2+x+1}=\frac{3x}{x^3-1}$$

TIP 주어진 등식의 좌변을 통분하고 항등식의 성질을 이용하여 구한다.

가 성립할 때, 상수 a, b에 대하여 $a-b$의 값을 구하시오.

STEP Ⓐ **좌변을 통분하여 정리하기**

주어진 식의 좌변을 통분하면 정리하면

$$\frac{a}{x-1}+\frac{bx+a}{x^2+x+1}=\frac{a(x^2+x+1)}{(x-1)(x^2+x+1)}+\frac{(bx+a)(x-1)}{(x-1)(x^2+x+1)}$$
$$=\frac{ax^2+ax+a+bx^2+(a-b)x-a}{x^3-1}$$
$$=\frac{(a+b)x^2+(2a-b)x}{x^3-1}$$

STEP Ⓑ **분자의 계수를 비교하여 상수 a, b의 값 구하기**

즉 $\frac{(a+b)x^2+(2a-b)x}{x^3-1}=\frac{3x}{x^3-1}$이고 분모가 같으므로 분자가 같으면 된다.

$(a+b)x^2+(2a-b)x=3x$에서 $a+b=0$, $2a-b=3$ ← x에 대한 항등식

위의 식을 연립하여 풀면 $a=1$, $b=-1$

따라서 $a-b=1-(-1)=2$

POINT 항등식의 표현

주어진 식이 x에 대한 항등식과 같은 표현
① x의 값에 관계없이 항상 성립한다.
② 임의의 (모든) x에 대하여 성립한다.
③ x가 어떤 값을 갖더라도 항상 성립한다.

0795

2010년 11월 고1 학력평가 8번

다음 물음에 답하시오.

(1) 모든 실수 x에 대하여 유리식 $\frac{x^2+2px+q}{2x^2+qx+2}$의 값이 항상 일정할 때,

TIP 모든 실수 x에 대하여 항상 성립하므로 항등식이다.

$4p+q$의 값은? (단, p, q는 상수이다.)

① 2 ② 3 ③ 4
④ 5 ⑤ 6

STEP Ⓐ **주어진 유리식의 값을 상수 k로 놓고 정리하기**

$\frac{x^2+2px+q}{2x^2+qx+2}=k$ ($k \neq 0$인 상수)라 하고

x에 대하여 정리하면

$x^2+2px+q=k(2x^2+qx+2)=2kx^2+kqx+2k$

$(2k-1)x^2+(qk-2p)x+(2k-q)=0$

STEP Ⓑ **항등식의 성질을 이용하여 상수 p, q의 값 구하기**

모든 실수 x에 대하여 성립하므로 항등식의 계수를 비교하면

$ax+b=a'x+b'$이 x에 대한 항등식일 때, $a=a'$, $b=b'$이다.

$2k-1=0$, $qk-2p=0$, $2k-q=0$

$\therefore k=\frac{1}{2}$, $q=2k=2\times\frac{1}{2}=1$, $p=\frac{1}{2}qk=\frac{1}{2}\times1\times\frac{1}{2}=\frac{1}{4}$

따라서 $4p+q=4\times\frac{1}{4}+1=2$

2010년 03월 고2 학력평가 5번

(2) 다음 식의 분모를 0으로 만들지 않는 모든 실수 x에 대하여

$\dfrac{1-\frac{1}{x+1}}{1+\frac{1}{x-1}}=\frac{px+q}{x+1}$가 성립할 때, 상수 p, q의 합 $p+q$의 값은?

TIP 주어진 식의 좌변을 통분하고 항등식의 성질을 이용하여 우변과 비교한다.

① -2 ② -1 ③ 0
④ 1 ⑤ 2

STEP Ⓐ **좌변의 식 간단히 정리하기**

주어진 식의 좌변을 간단히 정리하면

$$\frac{1-\frac{1}{x+1}}{1+\frac{1}{x-1}}=\frac{\frac{x}{x+1}}{\frac{x}{x-1}}=\frac{x(x-1)}{x(x+1)}=\frac{x-1}{x+1}$$

STEP Ⓑ **분자의 계수를 비교하여 상수 p, q의 값 구하기**

즉 $\frac{x-1}{x+1}=\frac{px+q}{x+1}$이고 분모가 같으므로 분자가 같으면 된다.

$x-1=px+q$이므로 $p=1$, $q=-1$

따라서 $p+q=1+(-1)=0$

0796

$x \neq 1$인 모든 실수 x에 대하여 다음 물음에 답하시오.
(단, a_1, a_2, a_3, $\cdots$, a_{10}은 상수이다.)

(1) $\frac{x^9-1}{(x-1)^{10}}=\frac{a_1}{x-1}+\frac{a_2}{(x-1)^2}+\cdots+\frac{a_9}{(x-1)^9}+\frac{a_{10}}{(x-1)^{10}}$

TIP 주어진 식의 분모를 $(x-1)^{10}$으로 통분하여 구한다.

가 성립할 때, $a_1-a_2+a_3-a_4+\cdots+a_9-a_{10}$의 값을 구하시오.

TIP 부호가 번갈아 가면서 바뀌고 있으므로 적절한 x의 값을 대입하여 구한다.

STEP Ⓐ **우변을 통분하여 정리하기**

$$\frac{a_1}{x-1}+\frac{a_2}{(x-1)^2}+\cdots+\frac{a_9}{(x-1)^9}+\frac{a_{10}}{(x-1)^{10}}$$
$$=\frac{a_1(x-1)^9+a_2(x-1)^8+\cdots+a_9(x-1)+a_{10}}{(x-1)^{10}}$$

STEP Ⓑ **양변에 $x=0$을 대입하여 구하기**

$\frac{x^9-1}{(x-1)^{10}}=\frac{a_1(x-1)^9+a_2(x-1)^8+\cdots+a_9(x-1)+a_{10}}{(x-1)^{10}}$에서

분모가 같으므로 분자가 같으면 된다.

즉 $x^9-1=a_1(x-1)^9+a_2(x-1)^8+\cdots+a_9(x-1)+a_{10}$

이 식이 x에 대한 항등식이므로 $x=0$을 대입하면

$-1=-a_1+a_2-a_3+\cdots-a_9+a_{10}$

따라서 $a_1-a_2+a_3-a_4+\cdots+a_9-a_{10}=1$

(2) $\frac{x^9+8}{(x-1)^{10}}=\frac{a_1}{x-1}+\frac{a_2}{(x-1)^2}+\cdots+\frac{a_9}{(x-1)^9}+\frac{a_{10}}{(x-1)^{10}}$가 성립할 때,

TIP 분모를 $(x-1)^{10}$으로 통분하여 정리한다.

$a_1+a_2+\cdots+a_9$의 값의 값을 구하시오.

STEP Ⓐ **우변을 통분하여 정리하기**

$$\frac{a_1}{x-1}+\frac{a_2}{(x-1)^2}+\cdots+\frac{a_9}{(x-1)^9}+\frac{a_{10}}{(x-1)^{10}}$$
$$=\frac{a_1(x-1)^9+a_2(x-1)^8+\cdots+a_9(x-1)+a_{10}}{(x-1)^{10}}$$

STEP B 양변에 $x=2$를 대입하여 구하기

$\dfrac{x^9+8}{(x-1)^{10}}=\dfrac{a_1(x-1)^9+a_2(x-1)^8+\cdots+a_9(x-1)+a_{10}}{(x-1)^{10}}$에서

분모가 같으므로 분자가 같으면 된다.

즉 $x^9+8=a_1(x-1)^9+a_2(x-1)^8+\cdots+a_9(x-1)+a_{10}$ ······ ㉠

㉠의 식이 x에 대한 항등식이므로 $x=2$를 대입하면

$2^9+8=a_1+a_2+\cdots+a_9+a_{10}$

또한, ㉠식에 $x=1$을 대입하면 $9=a_{10}$

따라서 $a_1+a_2+\cdots+a_9=520-a_{10}=511$

0797

다음 각 분수식을 간단히 하시오.

(1) $\dfrac{1}{x(x+1)}+\dfrac{2}{(x+1)(x+3)}+\dfrac{3}{(x+3)(x+6)}+\dfrac{4}{(x+6)(x+10)}$

(2) $\dfrac{1}{1\times3}+\dfrac{1}{3\times5}+\dfrac{1}{5\times7}+\dfrac{1}{7\times9}+\dfrac{1}{9\times11}$

STEP A 부분분수로 변형하여 정리하기

(1) 각 분수식을 부분분수로 변형하여 정리하면

$$\dfrac{1}{x(x+1)}+\dfrac{2}{(x+1)(x+3)}+\dfrac{3}{(x+3)(x+6)}+\dfrac{4}{(x+6)(x+10)}$$
$$=\dfrac{1}{1}\left(\dfrac{1}{x}-\dfrac{1}{x+1}\right)+\dfrac{2}{2}\left(\dfrac{1}{x+1}-\dfrac{1}{x+3}\right)+\dfrac{3}{3}\left(\dfrac{1}{x+3}-\dfrac{1}{x+6}\right)+\dfrac{4}{4}\left(\dfrac{1}{x+6}-\dfrac{1}{x+10}\right)$$
$$=\left(\dfrac{1}{x}-\dfrac{1}{x+1}\right)+\left(\dfrac{1}{x+1}-\dfrac{1}{x+3}\right)+\left(\dfrac{1}{x+3}-\dfrac{1}{x+6}\right)+\left(\dfrac{1}{x+6}-\dfrac{1}{x+10}\right)$$
$$=\dfrac{1}{x}-\dfrac{1}{x+10}=\dfrac{10}{x(x+10)}$$

(2) $$\dfrac{1}{1\times3}+\dfrac{1}{3\times5}+\dfrac{1}{5\times7}+\dfrac{1}{7\times9}+\dfrac{1}{9\times11}$$
$$=\dfrac{1}{3-1}\left(\dfrac{1}{1}-\dfrac{1}{3}\right)+\dfrac{1}{5-3}\left(\dfrac{1}{3}-\dfrac{1}{5}\right)+\dfrac{1}{7-5}\left(\dfrac{1}{5}-\dfrac{1}{7}\right)+\dfrac{1}{9-7}\left(\dfrac{1}{7}-\dfrac{1}{9}\right)+\dfrac{1}{11-9}\left(\dfrac{1}{9}-\dfrac{1}{11}\right)$$
$$=\dfrac{1}{2}\left\{\left(\dfrac{1}{1}-\dfrac{1}{3}\right)+\left(\dfrac{1}{3}-\dfrac{1}{5}\right)+\left(\dfrac{1}{5}-\dfrac{1}{7}\right)+\left(\dfrac{1}{7}-\dfrac{1}{9}\right)+\left(\dfrac{1}{9}-\dfrac{1}{11}\right)\right\}$$
$$=\dfrac{1}{2}\left(1-\dfrac{1}{11}\right)=\dfrac{5}{11}$$

0798

다음 물음에 답하시오.

(1) $f(x)=\dfrac{1}{x(x+1)}$일 때, $f(1)+f(2)+f(3)+\cdots+f(99)$의 값은?

TIP $f(x)$의 식을 부분분수로 변형한 후 $x=1, 2, 3, \cdots, 99$를 대입하여 정리한다.

① $\dfrac{1}{100}$ ② $\dfrac{1}{101}$ ③ $\dfrac{98}{99}$
④ $\dfrac{99}{100}$ ⑤ $\dfrac{100}{101}$

STEP A 부분분수로 변형하여 정리하기

$f(x)=\dfrac{1}{x(x+1)}=\dfrac{1}{x+1-x}\left(\dfrac{1}{x}-\dfrac{1}{x+1}\right)=\dfrac{1}{x}-\dfrac{1}{x+1}$

$\dfrac{1}{AB}=\dfrac{1}{B-A}\left(\dfrac{1}{A}-\dfrac{1}{B}\right)$

STEP B $f(1)+f(2)+\cdots+f(99)$의 값 구하기

$f(1)+f(2)+f(3)+\cdots+f(99)$

$=\left(\dfrac{1}{1}-\dfrac{1}{2}\right)+\left(\dfrac{1}{2}-\dfrac{1}{3}\right)+\left(\dfrac{1}{3}-\dfrac{1}{4}\right)+\cdots+\left(\dfrac{1}{99}-\dfrac{1}{100}\right)=1-\dfrac{1}{100}=\dfrac{99}{100}$

(2) 분모를 0으로 만들지 않는 모든 실수 x에 대하여

TIP 주어진 식은 x에 대한 항등식이다.

$$\dfrac{1}{(x-2)(x-1)}+\dfrac{2}{(x-1)(x+1)}+\dfrac{1}{(x+1)(x+2)}=\dfrac{c}{(x+a)(x+b)}$$

TIP 부분분수로 변형하여 좌변과 우변을 비교한다.

이 성립할 때, $a+b+c$의 값은? (단, a, b, c는 상수이다.)

① 4 ② 5 ③ 6
④ 7 ⑤ 8

STEP A 좌변의 식을 부분분수로 변형하여 간단히 하기

$$\dfrac{1}{(x-2)(x-1)}+\dfrac{2}{(x-1)(x+1)}+\dfrac{1}{(x+1)(x+2)}$$
$$=\left(\dfrac{1}{x-2}-\dfrac{1}{x-1}\right)+\left(\dfrac{1}{x-1}-\dfrac{1}{x+1}\right)+\left(\dfrac{1}{x+1}-\dfrac{1}{x+2}\right)$$
$$=\dfrac{1}{x-2}-\dfrac{1}{x+2}=\dfrac{4}{(x-2)(x+2)}$$ ← $\dfrac{1}{AB}=\dfrac{1}{B-A}\left(\dfrac{1}{A}-\dfrac{1}{B}\right)$

STEP B 좌변과 우변이 같음을 이용하여 $a+b+c$의 값 구하기

즉 $\dfrac{4}{(x-2)(x+2)}=\dfrac{c}{(x+a)(x+b)}$이므로

$a=-2,\ b=2,\ c=4$ 또는 $a=2,\ b=-2,\ c=4$

따라서 $a+b+c=(-2)+2+4=4$

0799

다음 물음에 답하시오.

(1) 함수 $f(x)=4x^2-1$에 대하여 $\dfrac{1}{f(1)}+\dfrac{1}{f(2)}+\dfrac{1}{f(3)}+\cdots+\dfrac{1}{f(50)}$의 값을 구하시오.

STEP A $\dfrac{1}{f(x)}$의 식을 구하고 부분분수의 식으로 변형하기

함수 $f(x)=4x^2-1$에서 $\dfrac{1}{f(x)}=\dfrac{1}{4x^2-1}$이므로 ← $\dfrac{1}{AB}=\dfrac{1}{B-A}\left(\dfrac{1}{A}-\dfrac{1}{B}\right)$

$\dfrac{1}{f(x)}=\dfrac{1}{4x^2-1}=\dfrac{1}{(2x-1)(2x+1)}=\dfrac{1}{2}\left(\dfrac{1}{2x-1}-\dfrac{1}{2x+1}\right)$

$(2x+1)-(2x-1)=2$

STEP B $\dfrac{1}{f(1)}+\dfrac{1}{f(2)}+\dfrac{1}{f(3)}+\cdots+\dfrac{1}{f(50)}$의 값 구하기

따라서 $\dfrac{1}{f(1)}+\dfrac{1}{f(2)}+\dfrac{1}{f(3)}+\cdots+\dfrac{1}{f(50)}$

$=\dfrac{1}{2}\left\{\left(1-\dfrac{1}{3}\right)+\left(\dfrac{1}{3}-\dfrac{1}{5}\right)+\left(\dfrac{1}{5}-\dfrac{1}{7}\right)+\cdots+\left(\dfrac{1}{99}-\dfrac{1}{101}\right)\right\}$

$=\dfrac{1}{2}\left(1-\dfrac{1}{101}\right)=\dfrac{50}{101}$

(2) 함수 $f(x)=\dfrac{2}{x^2-1}$에 대하여 $f(2)+f(3)+f(4)+\cdots+f(10)$의 값을 구하시오.

TIP $f(x)$의 식을 부분분수로 변형한 후 $x=2, 3, \cdots, 10$을 대입하여 정리한다.

STEP A 주어진 식을 부분분수로 변형하여 나타내기

$f(x)=\dfrac{2}{x^2-1}=\dfrac{2}{(x-1)(x+1)}=\dfrac{2}{2}\left(\dfrac{1}{x-1}-\dfrac{1}{x+1}\right)$

$\therefore f(x)=\dfrac{1}{x-1}-\dfrac{1}{x+1}$ ← $\dfrac{1}{AB}=\dfrac{1}{B-A}\left(\dfrac{1}{A}-\dfrac{1}{B}\right)$

STEP B $f(2)+f(3)+f(4)+\cdots+f(10)$의 값 구하기

따라서 $f(2)+f(3)+f(4)+\cdots+f(10)$

$=\left(\dfrac{1}{1}-\dfrac{1}{3}\right)+\left(\dfrac{1}{2}-\dfrac{1}{4}\right)+\left(\dfrac{1}{3}-\dfrac{1}{5}\right)+\cdots+\left(\dfrac{1}{8}-\dfrac{1}{10}\right)+\left(\dfrac{1}{9}-\dfrac{1}{11}\right)$

$=1+\dfrac{1}{2}-\dfrac{1}{10}-\dfrac{1}{11}=\dfrac{110+55-11-10}{110}=\dfrac{72}{55}$

0800

다음 함수의 그래프를 그리고 정의역, 치역, 점근선의 방정식을 구하시오.

(1) $y=-\dfrac{2}{x+1}-1$

(2) $y=\dfrac{5-x}{x-3}$

STEP A 유리함수의 식을 정리한 후 그래프 그리기

(1) $y=-\dfrac{2}{x+1}-1$의 그래프는

$y=-\dfrac{2}{x}$의 그래프를 x축의 방향으로 -1, y축의 방향으로 -1만큼 평행이동한 것으로 오른쪽 그림과 같다

정의역 : $\{x|x\neq-1$인 모든 실수$\}$

치　역 : $\{y|y\neq-1$인 모든 실수$\}$

점근선의 방정식 : $x=-1$, $y=-1$

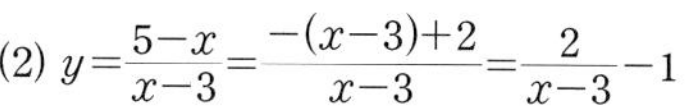

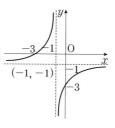

(2) $y=\dfrac{5-x}{x-3}=\dfrac{-(x-3)+2}{x-3}=\dfrac{2}{x-3}-1$

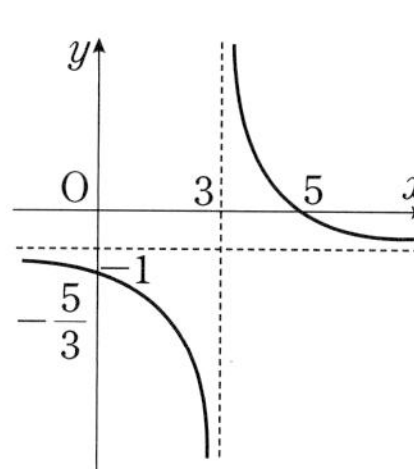

$y=\dfrac{2}{x}$의 그래프를 x축의 방향으로 3만큼, y축의 방향으로 -1만큼 평행이동한 것으로 오른쪽 그림과 같다.

정의역 : $\{x|x\neq3$인 모든 실수$\}$

치　역 : $\{y|y\neq-1$인 모든 실수$\}$

점근선의 방정식 : $x=3$, $y=-1$

0801

함수 $y=\dfrac{2x-1}{x-1}$의 그래프에 대한 다음 설명 중 옳지 않은 것은?

TIP $y=\dfrac{k}{x-p}+q$의 꼴로 변형하여 참, 거짓을 판단한다.

① 정의역은 $\{x|x\neq1$인 실수$\}$이다.

② 점근선은 두 직선 $x=1$, $y=2$이다.

③ 함수 $y=\dfrac{1}{x}$의 그래프를 x축의 방향으로 1만큼, y축의 방향으로 2만큼 평행이동한 것이다.

④ 점 $(1,\ 2)$에 대하여 대칭이다. TIP 점근선의 교점에 대하여 점대칭이다.

⑤ 그래프는 제1, 2, 3사분면을 지난다.

STEP A $y=\dfrac{k}{x-p}+q$의 꼴로 변형하기

$y=\dfrac{2x-1}{x-1}=\dfrac{2(x-1)+1}{x-1}=\dfrac{1}{x-1}+2$

이므로 $y=\dfrac{1}{x}$를 x축의 방향으로 1만큼, y축의 방향으로 2만큼 평행이동한 것이다. 또한, 점근선의 방정식은 $x=1$, $y=2$이고 그래프는 오른쪽 그림과 같다.

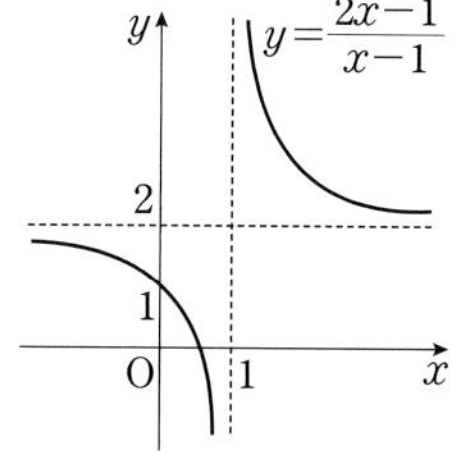

STEP B [보기]의 참, 거짓의 판단하기

① 함수 $y=\dfrac{2x-1}{x-1}$의 정의역은 $\{x|x\neq1$인 실수$\}$이다. [참]

② 그래프의 점근선은 두 직선 $x=1$, $y=2$이다. [참]

③ 이 함수의 그래프는 $y=\dfrac{1}{x}$의 그래프를 x축의 방향으로 1만큼, y축의 방향으로 2만큼 평행이동한 것이다. [참]

④ 점 $(1,\ 2)$에 대하여 대칭이다. [참]

⑤ 그래프는 위의 그림과 같이 제3사분면은 지나지 않는다. [거짓]

따라서 옳지 않은 것은 ⑤이다.

0802

2013년 06월 고2 성취도평가 7번

다음 물음에 답하시오.

(1) 유리함수 $y=\dfrac{x+2a-5}{x-4}$의 그래프가 제3사분면을 지나지 않도록 하는 상수 a의 범위를 구하시오.(단, $2a-1\neq0$)

TIP $x<0$, $y<0$이므로 지나지 않도록 하려면 y절편이 0보다 크거나 같아야한다.

STEP A $y=\dfrac{k}{x-p}+q$의 꼴로 변형하기

$y=\dfrac{x+2a-5}{x-4}=\dfrac{(x-4)+2a-1}{x-4}=\dfrac{2a-1}{x-4}+1$

이때 점근선의 방정식은 $x=4$, $y=1$

상수 $2a-1$의 범위에 따라 그래프의 위치가 달라지므로 범위를 나누어 그래프를 그리면 된다.

STEP B 제3사분면을 지나지 않는 a의 범위 구하기

(i) $a>\dfrac{1}{2}$일 때,

$2a-1>0$, 즉 $a>\dfrac{1}{2}$일 때 점근선을 기준으로 그래프는 다음과 같다.

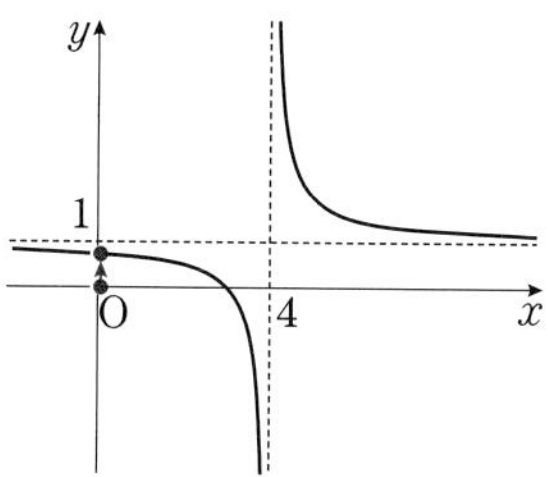

이때 제3사분면을 지나지 않기 위해서 $x=0$일 때, $y\geq0$이면 된다.

즉 $\dfrac{2a-5}{-4}\geq0$, $2a-5\leq0$　$\therefore a\leq\dfrac{5}{2}$

이때 $a>\dfrac{1}{2}$이므로 구하는 a의 범위는 $\dfrac{1}{2}<a\leq\dfrac{5}{2}$

(ii) $a<\dfrac{1}{2}$일 때,

$2a-1<0$, 즉 $a<\dfrac{1}{2}$일 때 점근선을 기준으로 그래프를 다음과 같다.

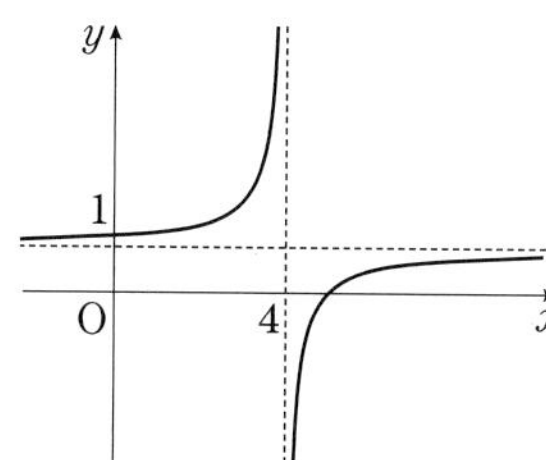

이때 제3사분면을 지나지 않으므로

구하는 a의 범위는 $a<\dfrac{1}{2}$

(i), (ii)에 의하여 a의 범위는 $a<\dfrac{1}{2}$ 또는 $\dfrac{1}{2}<a\leq\dfrac{5}{2}$

2017년 06월 고2 학력평가 나형 15번

(2) 함수 $y=\frac{3x+k-10}{x+1}$의 그래프가 제 4사분면을 지나도록 하는 자연수 k의 개수를 구하시오.

TIP $x>0,\ y<0$

STEP A $y=\frac{k}{x-p}+q$의 꼴로 변형하기

$y=\frac{3x+k-10}{x+1}=\frac{3(x+1)+k-13}{x+1}=3+\frac{k-13}{x+1}$

이때 점근선의 방정식은 $x=-1,\ y=3$

상수 $k-13$의 범위에 따라 그래프의 위치가 달라지므로 범위를 나누어 그래프를 그리면 된다.

STEP B 제 4사분면을 지나도록 하는 k의 범위 구하기

(i) $k>13$일 때,

$k-13>0$, 즉 $k>13$일 때 점근선을 기준으로 그래프는 다음과 같다.

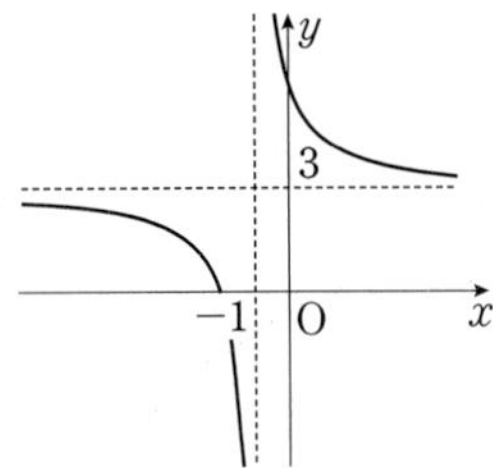

이 경우 제 4사분면을 지날 수 없다.

(ii) $k<13$일 때,

$k-13<0$, 즉 $k<13$일 때 점근선을 기준으로 그래프는 다음과 같다.

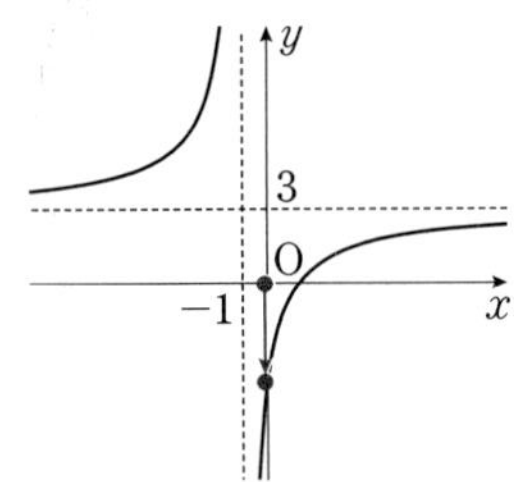

이때 제 4사분면을 지나기 위해서 $x=0$을 대입할 때, $y<0$이면 된다.

즉 $\frac{k-10}{1}<0,\ k-10<0 \quad \therefore k<10$

이때 $k<13$과 공통된 범위를 구하면 $k<10$

(iii) $k=13$일 때,

함수 $y=\frac{3x+13-10}{x+1}=\frac{3(x+1)}{x+1}=3$ (단 $x\neq-1$)이고 그래프는 다음과 같다.

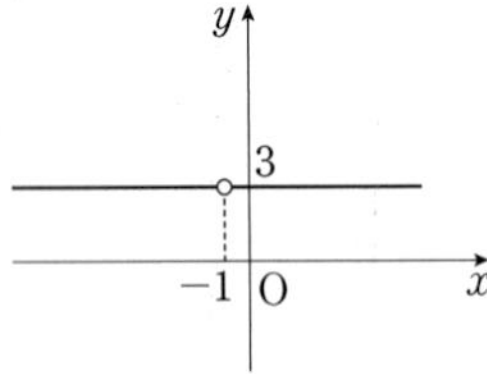

이때 함수는 제 4사분면을 지나지 않는다.

(i)~(iii)에 의하여 상수 k의 범위를 $k<10$

따라서 자연수 k의 값은 $1,\ 2,\ 3,\ \cdots,\ 9$이므로 개수는 9

0803

다음 [보기] 중에서 평행이동을 하여 $y=\frac{2}{x}$의 그래프와 일치할 수 있는 것을 모두 고른 것은?

TIP $y=\frac{k}{x-p}+q(k\neq0)$의 꼴로 바꾸어 상수 k의 값을 비교한다.

ㄱ. $y=\frac{-x+2}{x+1}$

ㄴ. $y=\frac{2x+3}{x+2}$

ㄷ. $y=\frac{-2x+6}{x-2}$

① ㄱ ② ㄴ ③ ㄷ
④ ㄱ, ㄷ ⑤ ㄴ, ㄷ

STEP A 주어진 함수를 $y=\frac{k}{x-p}+q(k\neq0)$의 꼴로 변형하기

ㄱ. $y=\frac{-x+2}{x+1}=\frac{-(x+1)+3}{x+1}=\frac{3}{x+1}-1$

이므로 $y=\frac{3}{x}$의 그래프를 x축의 방향으로 -1만큼, y축의 방향으로 -1만큼 평행이동한 그래프이다.

ㄴ. $y=\frac{2x+3}{x+2}=\frac{2(x+2)-1}{x+2}=-\frac{1}{x+2}+2$

이므로 $y=-\frac{1}{x}$의 그래프를 x축의 방향으로 -2만큼, y축의 방향으로 2만큼 평행이동한 그래프이다.

ㄷ. $y=\frac{-2x+6}{x-2}=\frac{-2(x-2)+2}{x-2}=\frac{2}{x-2}-2$

이므로 $y=\frac{2}{x}$의 그래프를 x축의 방향으로 2만큼, y축의 방향으로 -2만큼 평행이동한 그래프이다.

따라서 평행이동하여 함수 $y=\frac{2}{x}$의 그래프와 겹쳐질 수 있는 것은 ㄷ이다.

0804

2012년 03월 고2 학력평가 7번

다음 물음에 답하시오.

(1) 유리함수 $y=\frac{2}{x+3}+1$의 그래프를 x축의 방향으로 m만큼, y축의 방향으로 n만큼 평행이동하면 $y=\frac{-2x+6}{x-2}$의 그래프와 일치한다.

TIP x 대신에 $x-m$, y대신에 $y-n$을 대입하여 정리한다.

상수 $m,\ n$에 대하여 $m+n$의 값은?

① -4 ② -2 ③ 2
④ 4 ⑤ 6

STEP A 유리함수를 평행이동하여 함수의 식 구하기

$y=\frac{2}{x+3}+1$의 그래프를

x축의 방향으로 m만큼, y축의 방향으로 n만큼 평행이동한 그래프의 식은

$y=\frac{2}{x+3}+1$에 x대신 $x-m$, y대신 $y-n$을 대입한다.

$y=\frac{2}{x-m+3}+1+n$ …… ㉠

$y=\frac{-2x+6}{x-2}$의 식을 정리하면

$y=\frac{-2x+6}{x-2}=\frac{-2(x-2)+2}{x-2}=\frac{2}{x-2}-2$ …… ㉡

두 그래프 ㉠, ㉡이 일치하므로 그래프의 식이 같아야 하므로

$-m+3=-2,\ 1+n=-2 \quad \therefore m=5,\ n=-3$

따라서 $m+n=5+(-3)=2$

+α 점근선을 이용하여 구할 수 있어!

$y=\dfrac{2}{x+3}+1$에서 점근선의 방정식은 $x=-3,\ y=1$

이때 유리함수 $y=\dfrac{2}{x+3}+1$을 x축의 방향으로 m만큼, y축의 방향으로 n만큼 평행이동할 때, 점근선을 평행이동하면 되므로 평행이동한 점근선은

$x=-3+m,\ y=1+n$ ...... ㉠

x대신에 $x-m$을 대입하면 $x-m=-3$에서 $x=-3+m$
y대신에 $y-n$을 대입하면 $y-n=1$에서 $y=1+n$

함수 $y=\dfrac{-2x+6}{x-2}$의 점근선의 방정식은 $x=2,\ y=-2$ ...... ㉡

㉠, ㉡이 일치해야 하므로 $-3+m=2,\ 1+n=-2$

$\therefore m=5,\ n=-3$

+α $y=\dfrac{k}{x-p}+q(k\neq 0)$꼴로 바꾸어 구할 수 있어

$y=\dfrac{-2x+6}{x-2}=\dfrac{-2(x-2)+2}{x-2}=\dfrac{2}{x-2}-2$

즉 유리함수 $y=\dfrac{2}{x-2}-2$는 유리함수 $y=\dfrac{2}{x+3}+1$의 그래프를 x축의 방향으로 5만큼, y축의 방향으로 -3만큼 평행이동한 것이다.

x대신에 $x-5$, y대신에 $y+3$을 대입한다.

$\therefore m=5,\ n=-3$

(2) 함수 $y=\dfrac{-x+1}{x+3}$의 그래프를 x축의 방향으로 a만큼, y축의 방향으로 b만큼 평행이동하면 함수 $y=\dfrac{-3x-2}{x+2}$의 그래프와 일치한다고 할 때,

TIP x대신에 $x-a$, y대신에 $y-b$를 대입하여 식을 정리한다.

상수 a, b에 대하여 $a+b$는?

① -3 ② -2 ③ -1
④ 1 ⑤ 2

STEP Ⓐ **유리함수를 평행이동하여 함수의 식 구하기**

함수 $y=\dfrac{-x+1}{x+3}$의 그래프를 x축의 방향으로 a만큼, y축의 방향으로 b만큼 평행이동하면

$y-b=\dfrac{-(x-a)+1}{(x-a)+3}$, $y=\dfrac{-x+a+1}{x-a+3}+b$이고 통분하여 정리하면

$y=\dfrac{(b-1)x+a+1-ab+3b}{x-a+3}$ ...... ㉠

㉠의 식이 $y=\dfrac{-3x-2}{x+2}$와 일치해야 하므로

$-a+3=2,\ b-1=-3,\ a+1-ab+3b=-2$

$\therefore a=1,\ b=-2$

따라서 $a+b=1+(-2)=-1$

+α 점근선을 이용하여 구할 수 있어!

$y=\dfrac{-x+1}{x+3}$에서 점근선의 방정식은 $x=-3,\ y=-1$

이때 함수를 x축의 방향으로 a만큼, y축의 방향으로 b만큼 평행이동하면 점근선도 평행이동하면 되므로 $x=-3+a,\ y=-1+b$ ...... ㉠

x대신에 $x-a$를 대입하면 $x-a=-3$에서 $x=-3+a$
y대신에 $y-b$를 대입하면 $y-b=-1$에서 $y=-1+b$

$y=\dfrac{-3x-2}{x+2}$에서 점근선의 방정식은 $x=-2,\ y=-3$ ...... ㉡

㉠, ㉡이 일치하므로 $-3+a=-2,\ -1+b=-3$

$\therefore a=1,\ b=-2$

+α $y=\dfrac{k}{x-p}+q(k\neq 0)$꼴로 바꾸어 구할 수 있어!

유리함수 $y=\dfrac{-x+1}{x+3}=\dfrac{-(x+3)+4}{x+3}=\dfrac{4}{x+3}-1$ ...... ㉠

유리함수 $y=\dfrac{-3x-2}{x+2}=\dfrac{-3(x+2)+4}{x+2}=\dfrac{4}{x+2}-3$ ...... ㉡

㉠의 함수를 x축의 방향으로 1만큼, y축의 방향으로 -2만큼 평행이동한 것이

x대신에 $x-1$, y대신에 $y+2$를 대입한다.

㉡의 함수이므로 $a=1,\ b=-2$

0805

2015년 03월 고2 학력평가 가형 16번 변형

유리함수 $f(x)=\dfrac{3x+k}{x+4}$의 그래프를 x축의 방향으로 -2만큼, y축의 방향으로 3만큼 평행이동한 곡선을 $y=g(x)$라 하자.

TIP 주어진 그래프에 x대신 $x+2$, y대신 $y-3$을 대입한다.

곡선 $y=g(x)$의 두 점근선의 교점이 곡선 $y=f(x)$ 위의 점일 때, 상수 k의 값을 구하시오.

STEP Ⓐ **$f(x)=\dfrac{3x+k}{x+4}$의 그래프를 평행이동한 그래프의 식 구하기**

$f(x)=\dfrac{3x+k}{x+4}=\dfrac{3(x+4)+k-12}{x+4}=\dfrac{k-12}{x+4}+3$의 그래프를 x축의 방향으로 -2만큼, y축의 방향으로 3만큼 평행이동한 그래프 식은

$y-3=\dfrac{k-12}{(x+2)+4}+3$

$\therefore g(x)=\dfrac{k-12}{x+6}+6$

STEP Ⓑ **$y=g(x)$의 점근선의 교점 구하기**

곡선 $g(x)=\dfrac{k-12}{x+6}+6$의 점근선의 방정식은 $x=-6,\ y=6$이므로

$y=\dfrac{k}{x-p}+q$에서 점근선의 방정식은 $x=p,\ y=q$이다.

두 점근선의 교점의 좌표는 $(-6,\ 6)$

+α 점근선을 평행이동하여 구할 수 있어!

유리함수 $f(x)=\dfrac{3x+k}{x+4}$에서 점근선의 방정식은 $x=-4,\ y=3$

이때 유리함수를 x축의 방향으로 -2만큼, y축의 방향으로 3만큼 평행이동하면 점근선도 같이 평행이동 되므로 평행이동한 점근선의 방정식은 $x=-6,\ y=6$

x대신에 $x+2$를 대입하면 $x+2=-4$이므로 $x=-6$
y대신에 $y-3$을 대입하면 $y-3=3$이므로 $y=6$

두 점근선의 교점은 $(-6,\ 6)$

STEP Ⓒ **두 점근선의 교점을 $y=f(x)$에 대입하여 k 구하기**

점 $(-6,\ 6)$이 곡선 $f(x)=\dfrac{3x+k}{x+4}$ 위의 점이므로

$f(-6)=\dfrac{3\times(-6)+k}{-6+4}=6,\ -18+k=-12$ ← $f(x)=\dfrac{3x+k}{x+4}$에 $x=-6$을 대입

따라서 $k=6$

0806

다음 물음에 답하시오.

(1) 함수 $y=\dfrac{ax+b}{x+c}$의 그래프가 오른쪽 그림과 같을 때, 상수 a, b, c에 대하여 $a+b+c$의 값을 구하시오.

TIP 점근선의 방정식은 $x=-c,\ y=a$

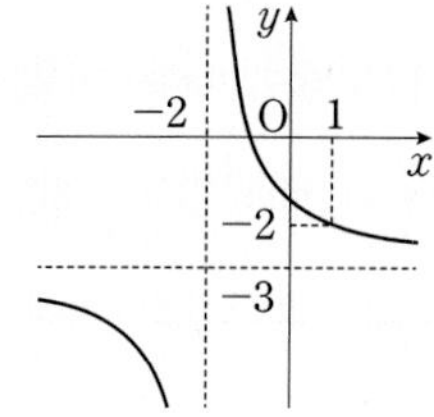

STEP Ⓐ **주어진 조건을 만족하는 a, b, c의 값 구하기**

주어진 그래프의 점근선의 방정식이 $x=-2,\ y=-3$이므로 함수식은

$y=\dfrac{k}{x+2}-3(k>0)$ ...... ㉠

이때 함수의 그래프가 점 $(1,\ -2)$를 지나므로

$-2=\dfrac{k}{1+2}-3\quad \therefore k=3$

$k=3$을 ㉠에 대입하여 정리하면

$y=\dfrac{3}{x+2}-3=\dfrac{3-3(x+2)}{x+2}=\dfrac{-3x-3}{x+2}$

따라서 $a=-3,\ b=-3,\ c=2$이므로 $a+b+c=-3+(-3)+2=-4$

MINI해설 점근선의 방정식을 이용하여 풀이하기

함수 $y=\frac{ax+b}{x+c}$에서 점근선의 방정식은 $x=-c$, $y=a$
이때 그래프에서 점근선의 방정식은 $x=-2$, $y=-3$ $\quad\therefore a=-3$, $c=2$
함수 $y=\frac{-3x+b}{x+2}$의 그래프가 $(1, -2)$를 지나므로 대입하면
$-2=\frac{-3+b}{1+2}$, $-3+b=-6$ $\quad\therefore b=-3$
따라서 $a=-3$, $b=-3$, $c=2$이므로 $a+b+c=(-3)+(-3)+2=-4$

(2) 함수 $y=\frac{b}{x+a}+c$의 그래프가 오른쪽 그림과 같을 때, 상수 a, b, c에 대하여 $a+b+c$의 값을 구하시오.

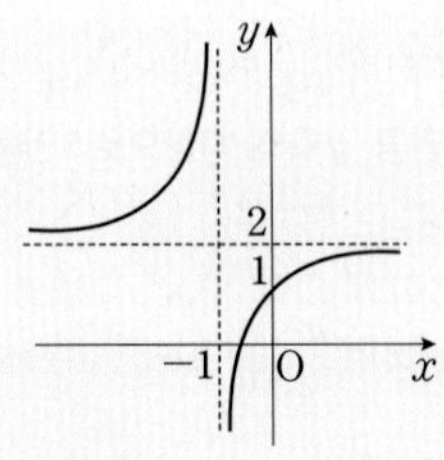

STEP A 주어진 조건을 만족하는 a, b, c의 값 구하기

주어진 함수의 점근선의 방정식이 $x=-1$, $y=2$이므로 함수식은

$y=\frac{k}{x+1}+2(k<0)$ $\quad\cdots\cdots$ ㉠

이때 이 함수의 그래프가 점 $(0, 1)$을 지나므로

$1=\frac{k}{0+1}+2$ $\quad\therefore k=-1$

$k=-1$을 ㉠의 식에 대입하여 정리하면 $y=\frac{-1}{x+1}+2$

따라서 $a=1$, $b=-1$, $c=2$이므로 $a+b+c=1+(-1)+2=2$

MINI해설 점근선의 방정식을 이용하여 풀이하기

함수 $y=\frac{b}{x+a}+c$에서 점근선의 방정식은 $x=-a$, $y=c$
그래프에서 점근선의 방정식은 $x=-1$, $y=2$ $\quad\therefore a=1$, $c=2$
함수 $y=\frac{b}{x+1}+2$의 그래프가 $(0, 1)$을 지나므로 대입하면
$1=\frac{b}{1}+2$ $\quad b=-1$
따라서 $a=1$, $b=-1$, $c=2$이므로 $a+b+c=1+(-1)+2=2$

0807

2016년 03월 고2 학력평가 가형 8번

다음 물음에 답하시오.

(1) 유리함수 $f(x)=\frac{ax+1}{x+b}$의 정의역이 $\{x|x\neq2$인 실수$\}$, 치역이

TIP $y=\frac{k}{x-p}+q$에서 정의역 : $\{x|x\neq p$인 실수$\}$, 치역 : $\{y|y\neq q$인 실수$\}$

$\{y|y\neq3$인 실수$\}$일 때, $f(4)$의 값은? (단, a, b는 상수이다.)

① 6 ② $\frac{13}{2}$ ③ 7
④ $\frac{15}{2}$ ⑤ 8

STEP A 정의역과 치역을 이용하여 a, b의 값 구하기

유리함수 $y=f(x)$에서 정의역이 $\{x|x\neq2$인 실수$\}$,

치역이 $\{y|y\neq3$인 실수$\}$이므로 점근선의 방정식은 $x=2$, $y=3$

$f(x)=\frac{ax+1}{x+b}$에서 점근선의 방정식은 $x=-b$, $y=a$

$\therefore a=3$, $b=-2$

따라서 $a=3$, $b=-2$를 대입하면 $f(x)=\frac{3x+1}{x-2}$이므로

$f(4)=\frac{12+1}{4-2}=\frac{13}{2}$

MINI해설 $y=\frac{k}{x+p}+q$의 꼴로 풀이하기

정의역이 $\{x|x\neq2$인 실수$\}$,
치역이 $\{y|y\neq3$인 실수$\}$이므로 점근선의 방정식은 $x=2$, $y=3$
즉 $f(x)=\frac{k}{x-2}+3$이라 하고 식을 정리하면 $f(x)=\frac{3x+k-6}{x-2}$
이때 $a=3$, $k-6=1$, $b=-2$이므로 $k=7$
따라서 $f(x)=\frac{3x+1}{x-2}$이므로 $f(4)=\frac{12+1}{4-2}=\frac{13}{2}$

POINT 유리함수 $y=\frac{ax+b}{cx+d}(c\neq0, ad-bc\neq0)$의 그래프

$y=\frac{cx+d}{ax+b}$의 그래프는 $y=\frac{k}{x-p}+q$의 꼴로 변형하여 그래프를 그린다.
① 정의역 : $\{x|x\neq p$인 실수$\}$, 치역 : $\{y|y\neq q$인 실수$\}$
② 점근선의 방정식은 $x=p$, $y=q$

2013년 03월 고2 학력평가 B형 5번

(2) 유리함수 $f(x)=\frac{ax+b}{x+c}$의 그래프가 점 $(0, 1)$을 지나고

TIP $y=\frac{k}{x-p}+q$에서 정의역 : $\{x|x\neq p$인 실수$\}$, 치역 : $\{y|y\neq q$인 실수$\}$

정의역이 $\{x|x\neq-1$인 실수$\}$, 치역이 $\{y|y\neq-2$인 실수$\}$일 때, $f(-4)$의 값은? (단, a, b, c는 상수이다.)

① -5 ② -4 ③ -3
④ -2 ⑤ -1

STEP A 정의역과 치역을 이용하여 a, c의 값 구하기

유리함수 $y=f(x)$에서

정의역이 $\{x|x\neq-1$인 실수$\}$, 치역이 $\{y|y\neq-2$인 실수$\}$이므로

점근선의 방정식은 $x=-1$, $y=-2$

$f(x)=\frac{ax+b}{x+c}$에서 점근선의 방정식은 $x=-c$, $y=a$

$\therefore a=-2$, $c=1$

STEP B $(0, 1)$을 지남을 이용하여 b의 값 구하기

$f(x)=\frac{-2x+b}{x+1}$의 그래프가 $(0, 1)$을 지나므로 대입하면

$f(0)=\frac{b}{1}=1$ $\quad\therefore b=1$

따라서 $f(x)=\frac{-2x+1}{x+1}$이므로 $f(-4)=\frac{8+1}{-4+1}=-3$

MINI해설 $y=\frac{k}{x+p}+q$의 꼴로 풀이하기

정의역이 $\{x|x\neq-1$인 실수$\}$, 치역이 $\{y|y\neq-2$인 실수$\}$이므로
점근선의 방정식은 $x=-1$, $y=-2$
즉 함수 $f(x)=\frac{k}{x+1}-2$라 하면 $(0, 1)$을 지나므로 대입하면
$f(0)=\frac{k}{1}-2=1$ $\quad\therefore k=3$
따라서 $f(x)=\frac{3}{x+1}-2$이므로 $f(-4)=\frac{3}{-4+1}-2=-3$
$f(x)=\frac{3}{x+1}-2=\frac{-2x+1}{x+1}$이므로 $a=-2, b=1$, $c=1$이 된다.

0808

다음 물음에 답하시오.

(1) 함수 $y=\frac{6x+4}{x-1}$의 정의역은 $\{x \mid a \le x \le b\}$일 때, 치역은 $\{y \mid -4 \le y \le 4\}$이다. 상수 a, b에 대하여 $a+b$의 값을 구하시오.

STEP A $y=\frac{k}{x-p}+q(k \neq 0)$**꼴로 변형하기**

$y=\frac{6x+4}{x-1}=\frac{6(x-1)+10}{x-1}=\frac{10}{x-1}+6$이므로

$y=\frac{6x+4}{x-1}$의 그래프는 $y=\frac{10}{x}$의 그래프를 x축의 방향으로 1만큼, y축의 방향으로 6만큼 평행이동한 것이다.

STEP B 치역이 $-4 \le y \le 4$**일 때, 정의역 구하기**

$y=\frac{6x+4}{x-1}$에서 점근선의 방정식은 $x=1$, $y=6$이고 그래프는 오른쪽 그림과 같다.

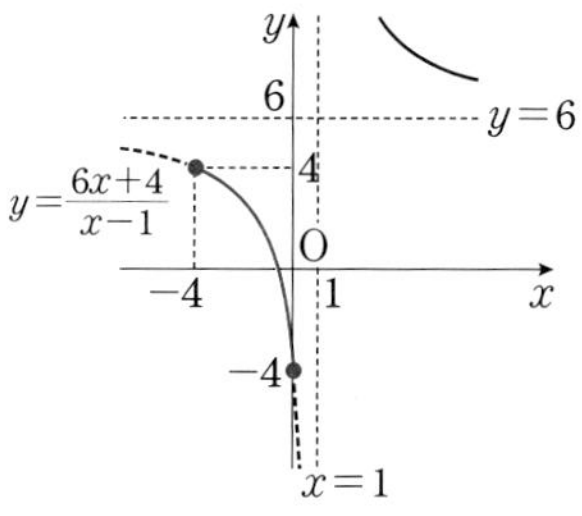

이때 치역이 $\{y \mid -4 \le y \le 4\}$일 때,

정의역은 $\underline{\{x \mid -4 \le x \le 0\}}$

$\frac{6x+4}{x-1}=-4$에서 $6x+4=-4x+4$, $10x=0$ $\therefore x=0$

$\frac{6x+4}{x-1}=4$에서 $6x+4=4x-4$, $2x=-8$ $\therefore x=-4$

따라서 $a=-4$, $b=0$이므로 $a+b=(-4)+0=-4$

(2) 함수 $y=\frac{3-2x}{x+1}$의 치역이 $\{y \mid y \le -3$ 또는 $y \ge 3\}$일 때, 정의역에 속하는 모든 정수의 개수를 구하시오.

STEP A $y=\frac{k}{x-p}+q(k \neq 0)$**꼴로 변형하기**

$y=\frac{-2x+3}{x+1}=\frac{-2(x+1)+5}{x+1}=\frac{5}{x+1}-2$이므로

$y=\frac{-2x+3}{x+1}$의 그래프는 $y=\frac{5}{x}$의 그래프를 x축의 방향으로 -1만큼, y축의 방향으로 -2만큼 평행이동한 것이다.

STEP B 치역이 $y \le -3$ **또는** $y \ge 3$**일 때, 정의역 구하기**

$y=\frac{-2x+3}{x+1}$에서 점근선의 방정식은 $x=-1$, $y=-2$이고 그래프는 오른쪽 그림과 같다.

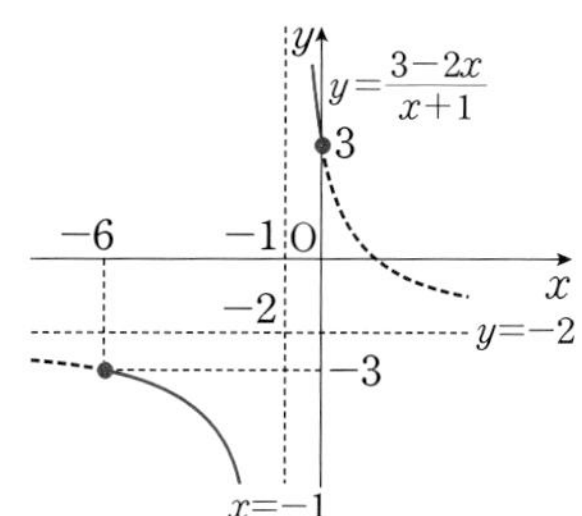

이때 치역이 $\{y \mid y \le -3$ 또는 $y \ge 3\}$일 때,

정의역은 $\underline{\{x \mid -6 \le x < -1 \text{ 또는 } -1 < x \le 0\}}$

$\frac{-2x+3}{x+1}=-3$에서 $-2x+3=-3x-3$ $\therefore x=-6$

$\frac{-2x+3}{x+1}=3$에서 $-2x+3=3x+3$, $5x=0$ $\therefore x=0$

따라서 정의역에 속하는 정수는 $-6, -5, -4, -3, -2, 0$이므로 그 개수는 6

0809

2018년 09월 고2 학력평가 가형 8번 변형

다음 물음에 답하시오.

(1) 두 상수 a, b에 대하여 정의역이 $\{x \mid 2 \le x \le a\}$인 함수 $y=\frac{4}{x-1}-3$의 치역이 $\{y \mid -1 \le y \le b\}$일 때, $a+b$의 값은?

TIP 주어진 함수의 그래프를 그려서 정의역과 치역을 확인하여 식에 대입한다.

(단, $a>2$, $b>-1$)

① 4 ② 5 ③ 6
④ 7 ⑤ 8

STEP A 함수의 그래프를 이용하여 a, b**의 값 구하기**

함수 $y=\frac{4}{x-1}-3$에서 점근선의 방정식은 $x=1$, $y=-3$이고 그래프의 개형은 오른쪽 그림과 같다.

이때 점근선을 기준으로 $x>1$일 때,

함수 $y=\frac{4}{x-1}-3$은 감소한다.

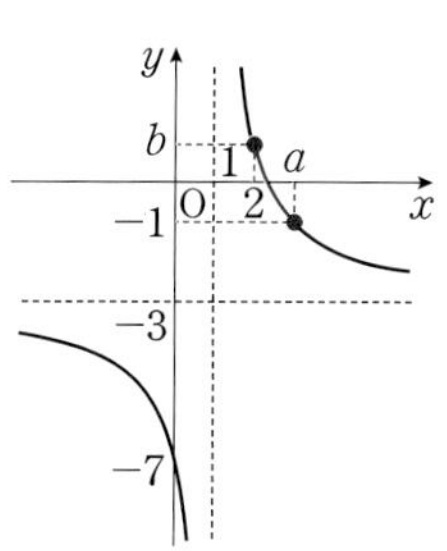

즉 $(2, b)$를 지나므로 대입하면

$b=\frac{4}{2-1}-3$

$\therefore b=1$

$(a, -1)$을 지나므로 $-1=\frac{4}{a-1}-3$, $\frac{4}{a-1}=2$

$\therefore a=3$

따라서 $a=3$, $b=1$이므로 $a+b=3+1=4$

(2) 정의역이 $\{x \mid -5 \le x \le a\}$인 함수 $f(x)=\frac{x-1}{x+2}$의 치역이

TIP 주어진 함수의 그래프를 그려서 정의역과 치역을 확인하여 식에 대입한다.

$\{y \mid b \le y \le 4\}$일 때, 상수 a, b에 대하여 $b-a$의 값은?

① 4 ② 5 ③ 6
④ 7 ⑤ 8

STEP A 함수의 그래프를 이용하여 a, b**의 값 구하기**

함수 $f(x)=\frac{x-1}{x+2}$에서 점근선의 방정식은 $x=-2$, $y=1$이고 그래프의 개형은 오른쪽 그림과 같다.

점근선을 기준으로 $x<-2$일 때,

함수 $f(x)=\frac{x-1}{x+2}$는 증가한다.

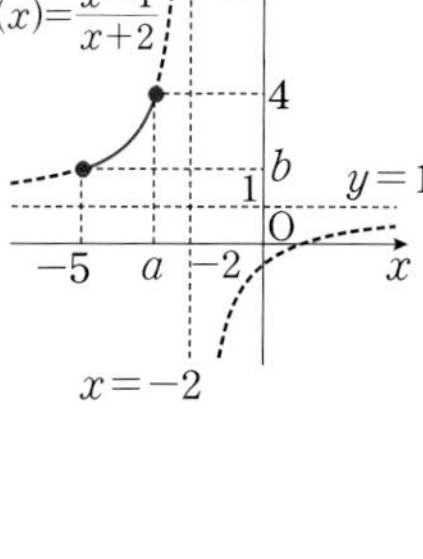

즉 $(-5, b)$를 지나므로

$f(-5)=\frac{-5-1}{-5+2}=b$

$\therefore b=2$

$(a, 4)$를 지나므로 $f(a)=\frac{a-1}{a+2}=4$, $a-1=4a+8$

$\therefore a=-3$

따라서 $a=-3$, $b=2$이므로 $b-a=2-(-3)=5$

0810

함수 $f(x)=\dfrac{ax+b}{x+c}$의 정의역을 A, 치역을 B라 하면

$A-B=\{3\}$, $B-A=\{-2\}$

TIP $A=\{x|x\neq-c$인 실수$\}$, $B=\{y|y\neq a$인 실수$\}$

이다. 함수 $y=f(x)$의 그래프가 점 $(2, 2)$를 지날 때, 상수 a, b, c에 대하여 $a+b+c$의 값을 구하시오. (단, $b\neq ac$)

STEP A 함수의 점근선을 이용하여 a, c의 값 구하기

함수 $f(x)=\dfrac{ax+b}{x+c}$에서 점근선의 방정식은 $x=-c$, $y=a$

이때 집합 $A=\{x|x\neq-c$인 실수$\}$, 집합 $B=\{y|y\neq a$인 실수$\}$이므로

$A-B=\{a\}$, $B-A=\{-c\}$ $\quad\therefore a=3,\ c=2$

집합 B에는 a를 제외한 실수이므로 $A-B$에서 a만 남는다.
집합 A에서 $-c$를 제외한 실수이므로 $B-A$에서 $-c$가 남는다.

STEP B $(2, 2)$를 지남을 이용하여 b의 값 구하기

$a=3$, $c=2$이므로 $f(x)=\dfrac{3x+b}{x+2}$

이때 함수가 $(2, 2)$를 지나므로 대입하면 $f(2)=\dfrac{6+b}{2+2}=2$ $\quad\therefore b=2$

따라서 $a=3$, $b=2$, $c=2$이므로 $a+b+c=3+2+2=7$

0811

다음 물음에 답하시오.

(1) 함수 $f(x)=\dfrac{bx+c}{2x+a}$의 역함수가 $f^{-1}(x)=\dfrac{4x+7}{2x-5}$일 때, 상수 a, b, c에 대하여 상수 $a+b+c$의 값을 구하시오.

STEP A 역함수 이용하여 a, b, c의 값 구하기

$f(x)=\dfrac{bx+c}{2x+a}$에서 $y=\dfrac{bx+c}{2x+a}$

이때 x에 대하여 풀면 $2xy+ay=bx+c$, $(2y-b)x=-ay+c$

$\therefore x=\dfrac{-ay+c}{2y-b}$

x와 y를 서로 바꾸어 역함수를 구하면 $y=\dfrac{-ax+c}{2x-b}$

$f^{-1}(x)=\dfrac{-ax+c}{2x-b}=\dfrac{4x+7}{2x-5}$ $\quad\therefore a=-4,\ b=5,\ c=7$

따라서 $a+b+c=(-4)+5+7=8$

> **MINI해설** 역함수 공식을 이용하여 풀이하기
>
> $f(x)=\dfrac{bx+c}{2x+a}$의 역함수를 공식을 이용하면 $f^{-1}(x)=\dfrac{-ax+c}{2x-b}$
>
> 함수 $f(x)=\dfrac{ax+b}{cx+d}$의 역함수 공식은 $f^{-1}(x)=\dfrac{-dx+b}{cx-a}$
>
> $f^{-1}(x)=\dfrac{-ax+c}{2x-b}=\dfrac{4x+7}{2x-5}$이므로 $a=-4$, $b=5$, $c=7$
>
> 따라서 $a+b+c=(-4)+5+7=8$

> **MINI해설** $(f^{-1})^{-1}=f$임을 이용하여 풀이하기
>
> 역함수의 성질에서 $(f^{-1})^{-1}=f$이므로 $f^{-1}(x)=\dfrac{4x+7}{2x-5}$의 역함수가 $f(x)=\dfrac{bx+c}{2x+a}$
>
> 역함수의 공식에 의하여
>
> $y=\dfrac{4x+7}{2x-5}$의 역함수를 구하면 $y=\dfrac{5x+7}{2x-4}$ $\quad\therefore a=-4,\ b=5,\ c=7$
>
> 따라서 $a+b+c=(-4)+5+7=8$

(2) 함수 $f(x)=\dfrac{1-4x}{2x-3}$에 대하여 $(f\circ g)(x)=x$를 만족하는 함수 $g(x)$를 구하시오.

STEP A 함수 $g(x)$가 $f(x)$의 역함수임을 이용하여 $g(x)$의 식 구하기

$(f\circ g)(x)=x$에서 $g(x)=f^{-1}(x)$이므로

$g(x)$는 함수 $f(x)$의 역함수이다.

$y=\dfrac{1-4x}{2x-3}$으로 하고 x에 대하여 풀면 $2xy-3y=1-4x$

$(2y+4)x=3y+1$ $\quad\therefore x=\dfrac{3y+1}{2y+4}$

x와 y를 바꾸어 역함수를 구하면 $y=\dfrac{3x+1}{2x+4}$

따라서 $g(x)=\dfrac{3x+1}{2x+4}$

> **MINI해설** 역함수 공식을 이용하여 풀이하기
>
> $f(x)=\dfrac{1-4x}{2x-3}$의 역함수를 공식을 이용하면 $f^{-1}(x)=\dfrac{1+3x}{2x+4}$
>
> 함수 $f(x)=\dfrac{ax+b}{cx+d}$의 역함수 공식은 $f^{-1}(x)=\dfrac{-dx+b}{cx-a}$
>
> 따라서 $f^{-1}(x)=g(x)=\dfrac{1+3x}{2x+4}$

0812

함수 $f(x)=\dfrac{ax+b}{x+c}$의 그래프가 오른쪽 그림과 같을 때, 함수 $y=f(x)$의 역함수

TIP 함수 $f(x)=\dfrac{ax+b}{cx+d}$의 역함수 공식은 $f^{-1}(x)=\dfrac{-dx+b}{cx-a}$

를 $g(x)$라 할 때, $g(5)$의 값은?

① $\dfrac{1}{2}$ ② $\dfrac{2}{3}$ ③ $\dfrac{3}{4}$ ④ 1 ⑤ $\dfrac{7}{4}$

STEP A 그래프를 이용하여 상수 a, b, c의 값 구하기

함수 $f(x)=\dfrac{ax+b}{x+c}$에서 점근선의 방정식은 $x=-c$, $y=a$

그래프에서 점근선의 방정식은 $x=1$, $y=2$이므로 $a=2$, $c=-1$

함수 $f(x)=\dfrac{2x+b}{x-1}$의 그래프가 $(0, 3)$을 지나므로 대입하면

$f(0)=\dfrac{b}{-1}=3$ $\quad\therefore b=-3$

$\therefore f(x)=\dfrac{2x-3}{x-1}$

STEP B 함수 $g(x)$의 식 구하기

$f(x)=\dfrac{2x-3}{x-1}$의 역함수가 $g(x)$이므로 $g(x)=\dfrac{x-3}{x-2}$

$f(x)=\dfrac{ax+b}{cx+d}$일 때, 역함수 $f^{-1}(x)=\dfrac{-dx+b}{cx-a}$

따라서 $g(5)=\dfrac{5-3}{5-2}=\dfrac{2}{3}$

> **MINI해설** 역함수의 성질을 이용하여 풀이하기
>
> 함수 $f(x)=\dfrac{ax+b}{x+c}$에서 점근선의 방정식은 $x=-c$, $y=a$
>
> 그래프에서 점근선의 방정식은 $x=1$, $y=2$이므로 $a=2$, $c=-1$
>
> 함수 $f(x)=\dfrac{2x+b}{x-1}$의 그래프가 $(0, 3)$을 지나므로 대입하면
>
> $f(0)=\dfrac{b}{-1}=3$ $\quad\therefore b=-3$
>
> $\therefore f(x)=\dfrac{2x-3}{x-1}$
>
> 이때 함수 $y=f(x)$의 역함수가 $y=g(x)$이고 $g(5)=k$라 하면
>
> $f(k)=5$, $f(k)=\dfrac{2k-3}{k-1}=5$, $2k-3=5k-5$ $\quad\therefore k=\dfrac{2}{3}$
>
> 따라서 $g(5)=\dfrac{2}{3}$

0813

2011학년도 경찰대기출 3번

유리함수 $f(x)=\frac{ax+b}{cx+d}$의 그래프가 다음 조건을 만족시킨다.

(가) 원점을 지난다.
TIP 유리함수의 식에 $(0, 0)$을 대입한다.
(나) 점근선의 방정식은 $x=1$과 $y=-2$이다.

이때 함수 $f(x)$의 역함수를 $f^{-1}(x)$라 할 때, $f^{-1}(-1)$의 값을 구하시오.

STEP A 주어진 조건을 이용하여 함수 $f(x)$의 식 구하기

유리함수 $f(x)=\frac{ax+b}{cx+d}$에서 조건 (가)에 의하여 $(0, 0)$을 지나므로

$f(0)=\frac{b}{d}=0 \quad \therefore b=0$

$f(x)=\frac{ax}{cx+d}$에서 점근선의 방정식은 $x=-\frac{d}{c}$, $y=\frac{a}{c}$이고

조건 (나)에서 점근선의 방정식이 $x=1$, $y=-2$이므로

$-\frac{d}{c}=1$, $\frac{a}{c}=-2 \quad \therefore d=-c, a=-2c$

$f(x)=\frac{-2cx}{cx-c}$이고 분자와 분모를 c로 나누어 주면

$f(x)=\frac{-2x}{x-1}$

STEP B $f^{-1}(-1)$의 값 구하기

$f(x)=\frac{-2x}{x-1}$에서 역함수 $f^{-1}(x)=\frac{x}{x+2}$

따라서 $f^{-1}(-1)=\frac{-1}{-1+2}=-1$

> **+α 역함수의 성질을 이용하여 구할 수 있어!**
>
> $f^{-1}(-1)=k$라 하면 $f(k)=-1$
>
> $f(k)=\frac{-2k}{k-1}=-1$, $-2k=-k+1 \quad \therefore k=-1$
>
> 따라서 $f^{-1}(-1)=-1$

0814

다음 물음에 답하시오.

(1) 함수 $f(x)=\frac{ax}{3x+2}$에 대하여 $f(x)=f^{-1}(x)$가 성립할 때, 상수 a의
TIP $f^{-1}(x)=\frac{-2x}{3x-a}$
값을 구하시오. (단, f^{-1}는 f의 역함수이다.)

STEP A 유리함수 $f(x)$의 역함수 $f^{-1}(x)$의 식 구하기

$y=\frac{ax}{3x+2}$로 놓고 x에 대하여 풀면 $3xy+2y=ax$

$(3y-a)x=-2y \quad \therefore x=\frac{-2y}{3y-a}$

x와 y를 서로 바꾸어 역함수를 구하면 $y=\frac{-2x}{3x-a}$

$\therefore f^{-1}(x)=\frac{-2x}{3x-a}$

> **+α 역함수의 공식을 이용하여 구할 수 있어!**
>
> $y=\frac{ax+b}{cx+d}$에서 역함수는 $y=\frac{-dx+b}{cx-a}$
>
> $f(x)=\frac{ax}{3x+2}$에서 역함수의 공식에 의하여 $f^{-1}(x)=\frac{-2x}{3x-a}$

STEP B $f(x)=f^{-1}(x)$를 만족하는 a의 값 구하기

$f(x)=f^{-1}(x)$이므로 $\frac{ax}{3x+2}=\frac{-2x}{3x-a}$

따라서 $a=-2$

> **+α 점근선의 교점이 $y=x$ 위에 있음을 이용하여 구할 수 있어!**
>
> 유리함수 $f(x)=\frac{ax+b}{cx+d}$에서 $f(x)=f^{-1}(x)$가 성립하면
> 점근선의 교점이 $y=x$ 위에 존재한다.
>
> $f(x)=\frac{ax}{3x+2}$에서 점근선의 방정식은 $x=-\frac{2}{3}$, $y=\frac{a}{3}$
>
> 따라서 $-\frac{2}{3}=\frac{a}{3}$이므로 $a=-2$

(2) 두 함수 $y=\frac{ax+1}{2x-6}$, $y=\frac{bx+1}{2x+6}$의 그래프가 직선 $y=x$에 대하여 대칭일 때, 상수 a, b에 대하여 $b-a$의 값을 구하시오.
TIP 두 함수가 역함수 관계이다.

STEP A 두 함수가 역함수임을 이용하여 a, b의 값 구하기

$y=\frac{ax+1}{2x-6}$의 역함수가 $y=\frac{bx+1}{2x+6}$이므로

$y=\frac{ax+1}{2x-6}$을 x에 대하여 정리하면

$y(2x-6)=ax+1$, $(2y-a)x=6y+1$

$\therefore x=\frac{6y+1}{2y-a}$

x, y를 서로 바꾸면 역함수는 $y=\frac{6x+1}{2x-a}$

즉 $y=\frac{bx+1}{2x+6}=\frac{6x+1}{2x-a}$이어야 하므로 $a=-6$, $b=6$

따라서 $b-a=6-(-6)=12$

> **MINI해설 점근선을 이용하여 풀이하기**
>
> $y=\frac{ax+1}{2x-6}$에서 점근선의 방정식은 $x=3$, $y=\frac{a}{2}$ …… ㉠
>
> $y=\frac{bx+1}{2x+6}$에서 점근선의 방정식은 $x=-3$, $y=\frac{b}{2}$ …… ㉡
>
> 이때 두 함수가 $y=x$에 대하여 대칭이므로 역함수이다.
> 즉 ㉠의 점근선을 $y=x$에 대하여 대칭이동하면 ㉡과 일치한다.
> ㉠에서 $y=x$에 대하여 대칭이동하면 $x=\frac{a}{2}$, $y=3$이므로
>
> $\frac{a}{2}=-3$, $3=\frac{b}{2} \quad \therefore a=-6, b=6$
>
> 따라서 $b-a=6-(-6)=12$

0815

2007년 06월 고2 학력평가 16번

다음 물음에 답하시오.

(1) 유리함수 $f(x)=\frac{kx}{x+3}$의 그래프가 직선 $y=x$에 대하여 대칭일 때,
TIP $f(x)=f^{-1}(x)$
상수 k의 값은?

① -5 ② -3 ③ -1
④ 1 ⑤ 3

STEP A 유리함수 $f(x)$의 역함수 $f^{-1}(x)$ 구하기

함수 $f(x)$가 직선 $y=x$에 대하여 대칭이므로

$f(x)=f^{-1}(x)$

$y=\frac{kx}{x+3}$라 하고 x에 대하여 풀면

$xy+3y=kx$, $x(y-k)=-3y \quad \therefore x=\frac{-3y}{y-k}$

x와 y를 서로 바꾸면 $y=\frac{-3x}{x-k} \quad \therefore f^{-1}(x)=\frac{-3x}{x-k}$

$f(x)=f^{-1}(x)$이므로 $\frac{kx}{x+3}=\frac{-3x}{x-k}$

따라서 $k=-3$

MINI해설 점근선의 교점이 $y=x$ 위에 있을 조건을 이용하여 풀이하기

$f(x)=\frac{kx}{x+3}=\frac{k(x+3)-3k}{x+3}=\frac{-3k}{x+3}+k$의 그래프가 $y=x$에 대하여 대칭이려면 그 역함수의 그래프와 일치한다.
즉 두 점근선의 방정식은 $x=-3$, $y=k$이므로
두 점근선의 교점 $(-3, k)$는 직선 $y=x$ 위에 있어야 한다.
따라서 $k=-3$

MINI해설 역함수 공식을 이용하여 풀이하기

$f(x)=\frac{kx}{x+3}$의 역함수를 공식을 이용하면 $f^{-1}(x)=\frac{-3x}{x-k}$
함수 $f(x)=\frac{ax+b}{cx+d}$의 역함수 공식은 $f^{-1}(x)=\frac{-dx+b}{cx-a}$
$f(x)=f^{-1}(x)$이므로 $\frac{kx}{x+3}=\frac{-3x}{x-k}$
따라서 $k=-3$

2017학년도 수능기출 나형 10번

(2) 좌표평면에서 함수 $y=\frac{3}{x-5}+k$의 그래프가 직선 $y=x$에 대하여 대칭일 때, 상수 k의 값은?
TIP $f(x)=f^{-1}(x)$

① 1 ② 2 ③ 3
④ 4 ⑤ 5

STEP Ⓐ **주어진 함수의 역함수 구하기**

함수 $y=\frac{3}{x-5}+k$의 그래프가 직선 $y=x$에 대하여 대칭이므로
$f(x)=f^{-1}(x)$
주어진 함수는 역함수와 일치한다.

$y=\frac{3}{x-5}+k$에서 x에 대하여 풀면 $y-k=\frac{3}{x-5}$
$xy-5y-kx+5k=3$, $(y-k)x=5y-5k+3$
$\therefore x=\frac{5y-5k+3}{y-k}$
x와 y를 바꾸면 $y=\frac{5x-5k+3}{x-k}=\frac{3}{x-k}+5$
두 함수가 일치하므로 $\frac{3}{x-k}+5=\frac{3}{x-5}+k$
따라서 $k=5$

+α 점근선의 교점이 $y=x$ 위에 있음을 이용하여 구할 수 있어!

함수 $y=\frac{3}{x-5}+k$에서 점근선의 방정식은 $x=5$, $y=k$
이때 그래프가 $y=x$에 대하여 대칭이므로 역함수와 일치한다.
즉 점근선의 교점 $(5, k)$가 $y=x$ 위의 점이다.
따라서 $k=5$

0816

다음 물음에 답하시오.

(1) 함수 $f(x)=\frac{ax+1}{x+b}$의 그래프와 그 역함수의 그래프가 모두 점 $(2, 3)$을 지날 때, 상수 a, b에 대하여 $a+b$의 값을 구하시오.
TIP $f(2)=3$, $f(3)=2$

STEP Ⓐ **역함수의 성질을 이용하여 a, b의 값 구하기**

함수 $y=f(x)$와 그 역함수 $y=f^{-1}(x)$가 모두 점 $(2, 3)$을 지나므로
대입하면 $f(2)=3$, $f^{-1}(2)=3$
이때 $f^{-1}(2)=3$이므로 $f(3)=2$이다.

$f(2)=\frac{2a+1}{2+b}=3$, $2a+1=6+3b$
$\therefore 2a-3b=5$ …… ㉠
$f(3)=\frac{3a+1}{3+b}=2$, $3a+1=6+2b$
$\therefore 3a-2b=5$ …… ㉡
㉠, ㉡을 연립하여 풀면 $a=1$, $b=-1$
따라서 $a+b=1+(-1)=0$

(2) 함수 $f(x)=\frac{ax}{3x+b}$의 그래프와 그 역함수 $y=f^{-1}(x)$의 그래프가 모두 점 $(1, 2)$를 지날 때, $f^{-1}(6)$의 값을 구하시오.
TIP $f(1)=2$, $f^{-1}(1)=2$
(단, a와 b는 상수이다.)

STEP Ⓐ **역함수의 성질을 이용하여 a, b의 값 구하기**

함수 $y=f(x)$와 그 역함수 $y=f^{-1}(x)$가 모두 $(1, 2)$를 지나므로
대입하면 $f(1)=2$, $f^{-1}(1)=2$
이때 $f^{-1}(1)=2$이므로 $f(2)=1$
$f(1)=\frac{a}{3+b}=2$, $a=6+2b$ $\therefore a-2b=6$ …… ㉠
$f(2)=\frac{2a}{6+b}=1$, $2a=6+b$ $\therefore 2a-b=6$ …… ㉡
㉠, ㉡을 연립하여 풀면 $a=2$, $b=-2$

STEP Ⓑ **$f^{-1}(6)$의 값 구하기**

$f(x)=\frac{2x}{3x-2}$에서 $y=\frac{2x}{3x-2}$라 하고 x에 대하여 풀면
$3xy-2y=2x$, $(3y-2)x=2y$
$\therefore x=\frac{2y}{3y-2}$
x와 y를 바꾸면 $y=\frac{2x}{3x-2}$이므로 $f^{-1}(x)=\frac{2x}{3x-2}$
따라서 $f^{-1}(6)=\frac{12}{18-2}=\frac{3}{4}$
역함수의 공식을 이용하여
$f(x)=\frac{2x}{3x-2}$에서 $f^{-1}(x)=\frac{2x}{3x-2}$
또한, 점근선의 교점이 $\left(\frac{2}{3}, \frac{2}{3}\right)$이므로 $y=x$ 위에 존재한다. 즉 역함수와 일치하는 그래프이다.

+α 역함수의 성질을 이용하여 구할 수 있어!

$f^{-1}(6)=k$라 하면 $f(k)=6$
$f(x)=\frac{2x}{3x-2}$에서 $f(k)=\frac{2k}{3k-2}=6$, $2k=18k-12$ $\therefore k=\frac{3}{4}$
따라서 $f^{-1}(6)=\frac{3}{4}$

0817

다음 물음에 답하시오.

(1) 유리함수 $y=\frac{4x-5}{x-2}$의 그래프는 점 (a, b)에 대하여 대칭일 때,
TIP 두 점근선의 교점이다.
상수 a, b에 대하여 $a+b$의 값을 구하시오.

STEP Ⓐ **유리함수의 식을 변형하여 점근선을 구하기**

$y=\frac{4x-5}{x-2}=\frac{4(x-2)+3}{x-2}=\frac{3}{x-2}+4$
이므로 점근선의 방정식은 $x=2$, $y=4$

STEP Ⓑ **대칭인 점 (a, b) 구하기**

주어진 함수의 그래프는 두 점근선의 교점 $(2, 4)$에 대하여 대칭이다.
따라서 $a=2$, $b=4$이므로 $a+b=2+4=6$

(2) 함수 $y=\dfrac{3}{x-a}+b$의 그래프가 직선 $y=x-1$, $y=-x+3$에 대하여 대칭일 때, 상수 a, b에 대하여 $a+b$의 값을 구하시오.

TIP 두 직선의 교점을 점근선의 교점과 일치한다.

STEP A 유리함수의 점근선의 방정식 구하기

함수 $y=\dfrac{3}{x-a}+b$의 그래프의 점근선의 방정식은 $x=a$, $y=b$

STEP B 대칭인 두 직선의 교점과 일치함을 이용하여 a, b 구하기

직선 $y=x-1$, $y=-x+3$이 모두 점근선의 교점을 지나므로
점근선의 교점 (a, b)를 대입하면

$b=a-1$ …… ㉠

$b=-a+3$ …… ㉡

㉠, ㉡을 연립하여 풀면 $a=2$, $b=1$

따라서 $a+b=2+1=3$

+α 두 직선의 교점을 이용하여 구할 수 있어!

두 직선 $y=x-1$과 $y=-x+3$이 모두 점근선의 교점을 지난다.

$y=x-1$ …… ㉠

$y=-x+3$ …… ㉡

㉠, ㉡을 연립하면 풀면 $x=2$, $y=1$이므로 교점은 $(2, 1)$

$\therefore a=2$, $b=1$

0818

2017년 03월 고2 학력평가 가형 8번

다음 물음에 답하시오.

(1) 유리함수 $y=\dfrac{3x+b}{x+a}$의 그래프가 점 $(2, 1)$을 지나고, 점 $(-2, c)$에 대하여 대칭일 때, 상수 a, b, c에 대하여 $a+b+c$의 값은?

TIP 두 점근선의 교점이 $(-2, c)$이다.

① 1 ② 2 ③ 3
④ 4 ⑤ 5

STEP A 주어진 조건을 이용하여 a, b, c의 값 구하기

유리함수 $y=\dfrac{3x+b}{x+a}$가 점 $(2, 1)$을 지나므로 대입하면

$1=\dfrac{6+b}{2+a}$ $\quad\therefore b=a-4$ …… ㉠

또한, 점 $(-2, c)$에 대하여 대칭이므로 점근선의 교점이 되고
점근선의 방정식은 $x=-2$, $y=c$ …… ㉡

유리함수 $y=\dfrac{3x+b}{x+a}$에서 점근선의 방정식은

$y=\dfrac{3x+b}{x+a}=\dfrac{3(x+a)-3a+b}{x+a}=\dfrac{-3a+b}{x+a}+3$

$x=-a$, $y=3$ …… ㉢

㉡, ㉢이 일치하므로 $a=2$, $c=3$이고

$a=2$를 ㉠에 대입하면 $b=-2$

따라서 $a+b+c=2+(-2)+3=3$

(2) 함수 $f(x)=\dfrac{ax+b}{x+c}$의 그래프가 두 직선 $y=x+1$, $y=-x+7$에 대하여 대칭이고 점 $(1, 2)$를 지날 때, 상수 a, b, c에 대하여

TIP 두 직선의 교점은 점근선의 교점과 일치한다.

$a+b+c$의 값은?

① -9 ② -8 ③ -7
④ -6 ⑤ -5

STEP A 두 직선의 교점이 점근선의 교점임을 이용하여 a, c의 값 구하기

함수 $f(x)=\dfrac{ax+b}{x+c}$의 그래프가 두 직선 $y=x+1$, $y=-x+7$에 대하여 대칭이므로 두 직선의 교점은 함수 $y=f(x)$의 점근선의 교점이다.

$y=x+1$ …… ㉠

$y=-x+7$ …… ㉡

㉠, ㉡을 연립하여 풀면 $x=3$, $y=4$이므로 교점은 $(3, 4)$

즉 점근선의 방정식은 $x=3$, $y=4$

$f(x)=\dfrac{ax+b}{x+c}$에서 점근선의 방정식은 $x=-c$, $y=a$이므로 $a=4$, $c=-3$

+α 대칭인 직선을 구하여 a, c의 값을 구할 수 있어!

$f(x)=\dfrac{ax+b}{x+c}$에서 점근선의 방정식은 $x=-c$, $y=a$이므로
점근선의 교점은 $(-c, a)$

이때 대칭이 되는 직선은 기울기가 ±1이고 점근선의 교점을 지나므로

$y=(x+c)+a$, $y=-(x+c)+a$

$y=x+1$과 $y=x+a+c$와 일치하므로 $a+c=1$ …… ㉠

$y=-x+7$과 $y=-x+a-c$와 일치하므로 $a-c=7$ …… ㉡

㉠, ㉡을 연립하면 $a=4$, $c=-3$

STEP B $(1, 2)$를 지남을 이용하여 b의 값 구하기

$f(x)=\dfrac{4x+b}{x-3}$의 그래프가 점 $(1, 2)$를 지나므로

$f(1)=\dfrac{4+b}{1-3}=2$, $4+b=-4$ $\quad\therefore b=-8$

따라서 $a=4$, $b=-8$, $c=-3$이므로 $a+b+c=4+(-8)+(-3)=-7$

0819

함수 $f(x)=\dfrac{ax-5}{x+b}$의 역함수의 그래프가 두 직선 $y=x-1$, $y=-x+5$에 대하여 대칭일 때, 상수 a, b에 대하여 $a+b$의 값을 구하시오.

TIP 유리함수 $y=\dfrac{k}{x-p}+q(k\neq0)$의 그래프가 점 (p, q)를 지나고 기울기가 ±1인 직선 $y=\pm(x-p)+q$에 대하여 각각 대칭한다.

STEP A 함수 $y=f(x)$의 역함수 $f^{-1}(x)$의 식 구하기

함수 $f(x)=\dfrac{ax-5}{x+b}$에서 $y=\dfrac{ax-5}{x+b}$라 하고 x에 대하여 풀면

$xy+by=ax-5$, $(y-a)x=-by-5$ $\quad\therefore x=\dfrac{-by-5}{y-a}$

x와 y를 바꾸면 $y=\dfrac{-bx-5}{x-a}$ $\quad\therefore f^{-1}(x)=\dfrac{-bx-5}{x-a}$

STEP B 두 직선의 교점이 점근선의 교점임을 이용하여 a, b의 값 구하기

역함수 $f^{-1}(x)=\dfrac{-bx-5}{x-a}$가 두 직선 $y=x-1$, $y=-x+5$에 대하여 대칭이므로 두 직선의 교점은 점근선의 교점과 일치한다.

$y=x-1$ …… ㉠

$y=-x+5$ …… ㉡

㉠, ㉡을 연립하여 풀면 $x=3$, $y=2$이므로 점근선의 교점은 $(3, 2)$

$f^{-1}(x)=\dfrac{-bx-5}{x-a}$에서 점근선의 방정식은 $x=a$, $y=-b$이므로
점근선의 교점은 $(a, -b)$ $\quad\therefore a=3$, $b=-2$

따라서 $a+b=3+(-2)=1$

+α 역함수의 성질을 이용하여 구할 수 있어!

함수 $y=f(x)$의 역함수 $y=f^{-1}(x)$가 두 직선 $y=x-1$, $y=-x+5$에 대하여 대칭이므로 두 직선을 연립하면 점근선의 교점이 $(3, 2)$이다.

즉 $y=f^{-1}(x)$의 점근선의 방정식은 $x=3$, $y=2$

이때 $y=f(x)$는 $y=f^{-1}(x)$를 $y=x$에 대하여 대칭이동한 것이므로
$y=f(x)$의 점근선의 방정식은 $x=2$, $y=3$

$f(x)=\dfrac{ax-5}{x+b}$에서 점근선의 방정식은 $x=-b$, $y=a$ $\quad\therefore a=3$, $b=-2$

0820

함수 $f(x)=\frac{ax+b}{x+c}$의 그래프는 점 $(1, 4)$를 지나며 $x=-1$, $y=3$을

TIP 점근선의 방정식은 $x=-c$, $y=a$

점근선으로 가질 때, $1 \le x \le 3$에 대하여 $f(x)$의 최댓값과 최솟값을 구하시오.

STEP Ⓐ **주어진 조건을 이용하여 a, b, c의 값 구하기**

함수 $f(x)=\frac{ax+b}{x+c}$에서 점근선의 방정식은 $x=-c$, $y=a$

이때 $x=-1$, $y=3$과 일치하므로 $a=3$, $c=1$

또한, 함수 $f(x)=\frac{3x+b}{x+1}$이 점 $(1, 4)$를 지나므로 $f(1)=\frac{3+b}{1+1}=4$

$\therefore b=5$

STEP Ⓑ **$1 \le x \le 3$에서 최댓값과 최솟값 구하기**

함수 $f(x)=\frac{3x+5}{x+1}=\frac{3(x+1)+2}{x+1}=\frac{2}{x+1}+3$

이므로 $y=\frac{2}{x}$의 그래프를 x축의 방향으로 -1만큼, y축의 방향으로 3만큼 평행이동한 것이다.

이때 $1 \le x \le 3$에서 주어진 함수의 그래프는 오른쪽 그림과 같다.

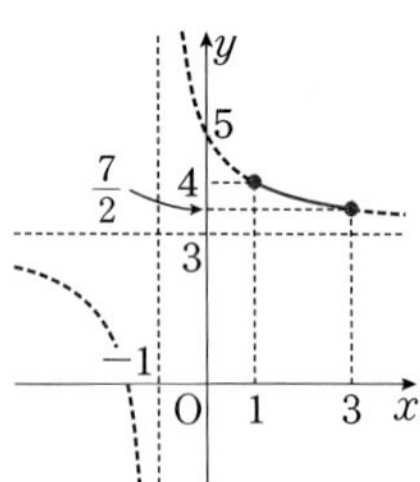

따라서 $x=1$일 때, 최댓값은 $f(1)=\frac{2}{2}+3=4$

$x=3$일 때, 최솟값은 $f(3)=\frac{2}{4}+3=\frac{7}{2}$

0821

2005학년도 경찰대기출 6번

함수 $y=\frac{ax+b}{x+c}$가 점 $(2, 1)$에 대하여 대칭이고 점 $(3, 3)$을 지난다.

TIP 함수 $y=\frac{k}{x-p}+q(k \ne 0)$의 그래프가 점 (p, q)에서 대칭임을 이용한다.

구간 $-1 \le x \le 1$에서 이 함수의 최댓값을 M, 최솟값을 m이라 하면 $3M-m$의 값은?

① 1 ② 2 ③ 3 ④ 4 ⑤ 5

STEP Ⓐ **주어진 조건을 이용하여 a, b, c의 값 구하기**

함수 $y=\frac{ax+b}{x+c}$가 점 $(2, 1)$에 대하여 대칭이므로

점근선의 방정식은 $x=2$, $y=1$

$y=\frac{ax+b}{x+c}$에서 점근선의 방정식은 $x=-c$, $y=a$ $\therefore a=1$, $c=-2$

또한, $y=\frac{x+b}{x-2}$가 점 $(3, 3)$을 지나므로 대입하면 $3=\frac{3+b}{3-2}$, $3=3+b$

$\therefore b=0$

STEP Ⓑ **유리함수의 정의역이 주어졌을 때, 최댓값 최솟값 구하기**

함수 $f(x)=\frac{x}{x-2}=\frac{(x-2)+2}{x-2}=\frac{2}{x-2}+1$

이므로 $y=\frac{2}{x}$의 그래프를 x축의 방향으로 2만큼, y축의 방향으로 1만큼 평행이동한 것이다.

이때 $-1 \le x \le 1$에서 주어진 함수의 그래프는 오른쪽 그림과 같다.

$x=-1$일 때, 최댓값은 $M=\frac{2}{-1-2}+1=\frac{1}{3}$

$x=1$일 때, 최솟값은 $m=\frac{2}{1-2}+1=-1$

따라서 $3M-m=3\times\frac{1}{3}-(-1)=2$

0822

$a \le x \le 1$에서 함수 $y=\frac{4x+k}{x-2}$의 최댓값이 $\frac{3}{2}$, 최솟값이 1일 때,

TIP 함수 $y=\frac{k}{x-p}+q(k \ne 0)$의 꼴로 변형한 후 분자의 값을 양수와 음수인 경우로 나누어 구한다.

두 상수 a, k에 대하여 $5a-k$의 값을 구하시오.

STEP Ⓐ **유리함수의 식을 변형하기**

$y=\frac{4x+k}{x-2}=\frac{4(x-2)+8+k}{x-2}=\frac{k+8}{x-2}+4$

이므로 점근선의 방정식이 $x=2$, $y=4$

$y=\frac{k}{x-p}+q$에서 점근선의 방정식은 $x=p$, $y=q$이다.

이때 $k+8$이 음수인 경우와 양수인 경우로 나눈다.

STEP Ⓑ **$a \le x \le 1$에서 최댓값과 최솟값을 만족하는 a, k의 값 구하기**

(ⅰ) $k+8<0$일 때, $a \le x \le 1$에서

$x<2$일 때, 증가함수이므로 $x=1$에서 최댓값을 가진다.

$x=1$일 때, 최댓값이 $\frac{3}{2}$이므로

$\frac{4+k}{1-2}=\frac{3}{2}$ $\therefore k=-\frac{11}{2}$

즉 $k+8<0$의 조건을 만족시키지 않는다.

(ⅱ) $k+8>0$일 때, $a \le x \le 1$에서

$x<2$에서 감소함수이므로 $x=a$에서 최댓값을 가진다.

주어진 함수의 그래프는 오른쪽 그림과 같다.

즉 $x=1$일 때, 최솟값이 1이므로

$\frac{4+k}{1-2}=1$ $\therefore k=-5$

$x=a$일 때, 최댓값이 $\frac{3}{2}$이므로

$\frac{4a-5}{a-2}=\frac{3}{2}$, $8a-10=3a-6$, $5a=4$

$\therefore a=\frac{4}{5}$

(ⅰ), (ⅱ)에서 $a=\frac{4}{5}$, $k=-5$이므로 $5a-k=5\times\frac{4}{5}-(-5)=9$

0823

두 집합 $A=\left\{(x, y) \middle| y=\frac{2x-4}{x}\right\}$, $B=\{(x, y)|y=ax+2\}$에 대하여 $A\cap B=\varnothing$일 때, 상수 a의 값의 범위를 구하시오.

TIP 두 함수의 교점이 존재하지 않는다.

STEP Ⓐ **$A\cap B=\varnothing$의 의미 이해하기**

집합 A는 원소는 함수 $y=\frac{2x-4}{x}$ 위의 점의 좌표이고 집합 B의 원소는 직선 $y=ax+2$ 위의 점의 좌표이다.

이때 $A\cap B=\varnothing$이므로 두 함수의 교점은 존재하지 않는다.

STEP Ⓑ **유리함수와 직선의 그래프를 그려 a의 값의 범위 구하기**

$y=\frac{2x-4}{x}=-\frac{4}{x}+2$의 그래프는

$y=-\frac{4}{x}$의 그래프를 y축의 방향으로 2만큼 평행이동한 것이므로 오른쪽 그림과 같다.

또, 직선 $y=ax+2$는 a의 값에 관계없이 점 $(0, 2)$를 지난다.

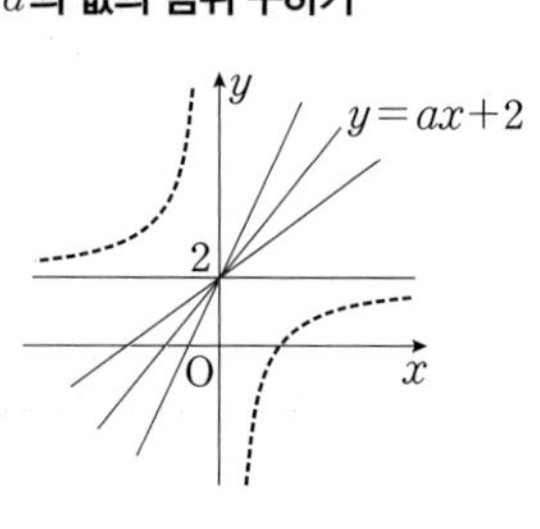

따라서 직선 $y=ax+2$가 곡선 $y=\frac{2x-4}{x}$와 만나지 않으려면 기울기 a는 $a \ge 0$이어야 한다.

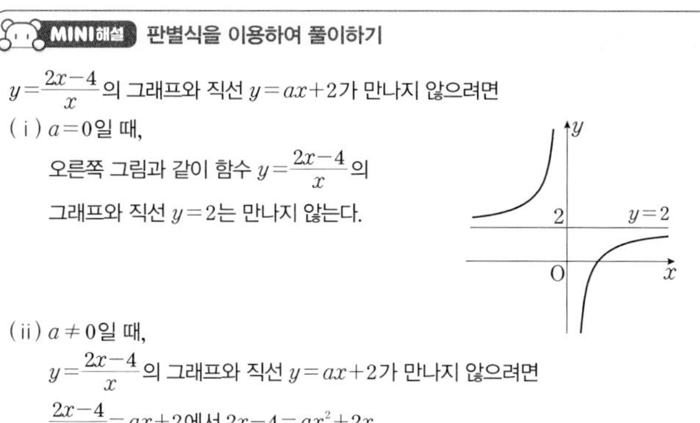

MINI해설 판별식을 이용하여 풀이하기

$y=\dfrac{2x-4}{x}$의 그래프와 직선 $y=ax+2$가 만나지 않으려면

(ⅰ) $a=0$일 때,

오른쪽 그림과 같이 함수 $y=\dfrac{2x-4}{x}$의 그래프와 직선 $y=2$는 만나지 않는다.

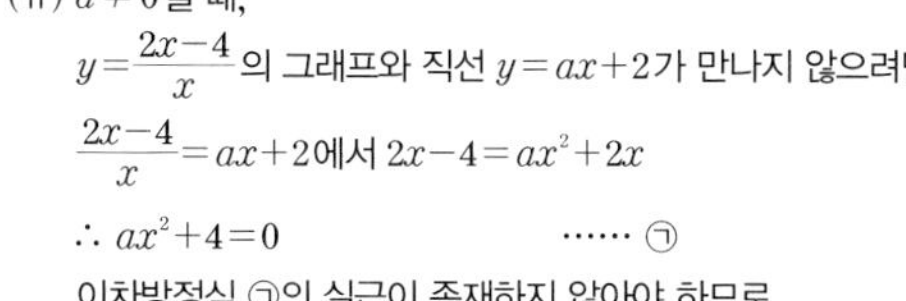

(ⅱ) $a\neq 0$일 때,

$y=\dfrac{2x-4}{x}$의 그래프와 직선 $y=ax+2$가 만나지 않으려면

$\dfrac{2x-4}{x}=ax+2$에서 $2x-4=ax^2+2x$

$\therefore ax^2+4=0$ …… ㉠

이차방정식 ㉠의 실근이 존재하지 않아야 하므로

이 이차방정식의 판별식을 D라 하면 $D=-16a<0$ $\therefore a>0$

(ⅰ), (ⅱ)에 의하여 k의 값의 범위는 $a\geq 0$이다.

0824

두 집합 $A=\left\{(x,\ y)\,\middle|\, y=\dfrac{x-3}{x+1}\right\}$, $B=\{(x,\ y)|y=ax+1\}$에 대하여 $n(A\cap B)=1$일 때, 상수 a의 값은?

TIP 두 함수는 한 점에서 만난다.

① 10 ② 12 ③ 14
④ 16 ⑤ 18

STEP Ⓐ $n(A\cap B)=1$**의 의미 이해하기**

집합 A의 원소는 함수 $y=\dfrac{x-3}{x+1}$ 위의 점이고 집합 B의 원소는 직선 $y=ax+1$ 위의 점이다.

이때 $n(A\cap B)=1$이라는 것은 공통된 원소의 개수가 1이므로 두 함수의 교점의 개수는 1이다.

STEP Ⓑ **두 함수의 교점의 개수가 1임을 이용하여 상수 a의 값 구하기**

$y=\dfrac{x-3}{x+1}$에서 점근선의 방정식은 $x=-1$, $y=1$이고

직선 $y=ax+1$의 그래프는 a의 값에 관계없이 $(0,\ 1)$을 지나므로

a의 값에 따라 그래프를 그리면 다음과 같다.

(ⅰ) $a=0$일 때,

오른쪽 그림과 같이 함수 $y=\dfrac{x-3}{x+1}$의 그래프와 직선 $y=1$은 만나지 않는다.

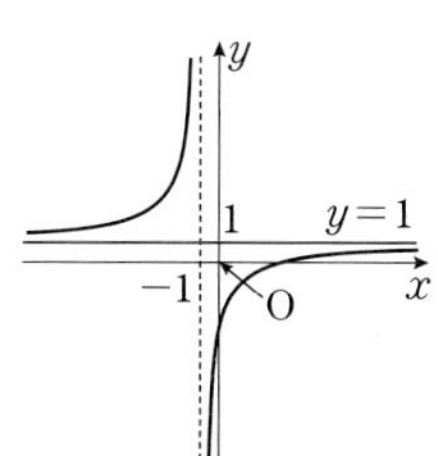

(ⅱ) $a\neq 0$일 때,

$y=\dfrac{x-3}{x+1}$과 $y=ax+1$이 한 점에서 만나므로 $\dfrac{x-3}{x+1}=ax+1$에서

$x-3=(ax+1)(x+1)$

$x-3=ax^2+(a+1)x+1$

$\therefore ax^2+ax+4=0$ …… ㉠

㉠의 이차방정식이 중근을 가지므로

판별식을 D라 하면

$D=a^2-16a=0$ $\therefore a=0$ 또는 $a=16$

이때 $a\neq 0$이므로 $a=16$

(ⅰ), (ⅱ)에 의하여 $a=16$

0825

다음 물음에 답하시오.

(1) $2\leq x\leq 4$에서 정의된 함수 $y=\dfrac{2x+1}{x-1}$의 그래프와 직선

TIP 주어진 범위에서 함수 $y=\dfrac{2x+1}{x-1}$의 그래프를 그려서 확인해본다.

$y=mx-m+2$가 만나도록 하는 상수 m의 값의 범위를 구하시오.

STEP Ⓐ **유리함수의 식을 변형하여 그래프 그리기**

$y=\dfrac{2x+1}{x-1}=\dfrac{2(x-1)+3}{x-1}=\dfrac{3}{x-1}+2$

이므로 $y=\dfrac{3}{x}$의 그래프를

x축의 방향으로 1만큼, y축의 방향으로 2만큼 평행이동한 것이므로

x대신 $x-1$, y대신 $y-2$을 대입한 것이다.

$2\leq x\leq 4$에서 그래프는 오른쪽 그림과 같다.

이때 직선 $y=mx-m+2$

즉 $y=m(x-1)+2$는 m의 값에 관계없이 점 $(1,\ 2)$를 지난다.

STEP Ⓑ $2\leq x\leq 4$**에서 두 그래프가 만나도록 하는 m의 값의 범위 구하기**

(ⅰ) 직선 $y=m(x-1)+2$가 점 $(2,\ 5)$를 지날 때,

$5=m(2-1)+2$ $\therefore m=3$

(ⅱ) 직선 $y=m(x-1)+2$가 점 $(4,\ 3)$을 지날 때,

$3=m(4-1)+2$ $\therefore m=\dfrac{1}{3}$

(ⅰ), (ⅱ)에서 구하는 m의 값의 범위는 $\dfrac{1}{3}\leq m\leq 3$

(2) $1\leq x\leq 3$인 임의의 실수 x에 대하여 $ax+3\leq\dfrac{3x+5}{x+1}\leq bx+3$이

TIP $1\leq x\leq 3$에서 $y=\dfrac{3x+5}{x+1}$의 최댓값은 $x=1$일 때 4, 최솟값은 $x=3$일 때 $\dfrac{7}{2}$

항상 성립할 때, $b-a$의 최솟값을 구하시오. (단, a, b는 상수이다.)

TIP (b의 최솟값)−(a의 최댓값)

STEP Ⓐ **유리함수의 식을 변형하여 그래프 그리기**

$y=\dfrac{3x+5}{x+1}=\dfrac{3(x+1)+2}{x+1}=\dfrac{2}{x+1}+3$

이므로 $1\leq x\leq 3$에서

함수 $y=\dfrac{3x+5}{x+1}$ …… ㉠

의 그래프는 오른쪽 그림과 같다.

이때 직선 $y=ax+3$, $y=bx+3$은 각각 점 $(0,\ 3)$을 지난다.

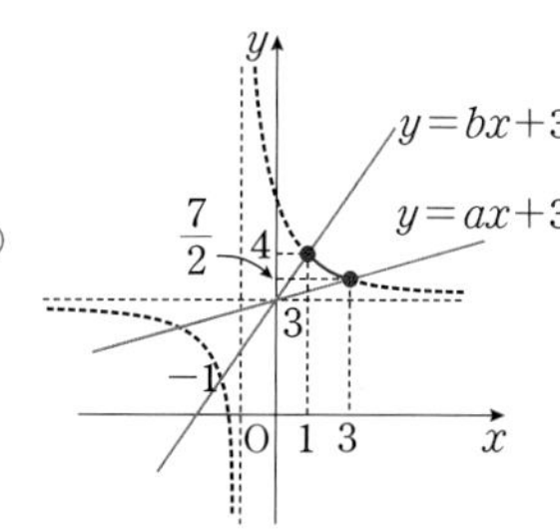

STEP Ⓑ $1\leq x\leq 3$**에서 두 그래프가 만나도록 하는 a, b의 값의 범위 구하기**

(ⅰ) 직선 $y=bx+3$이 점 $(1,\ 4)$를 지날 때,

$4=b+3$ $\therefore b=1$

직선 $y=bx+3$이 곡선 ㉠의 위쪽에 위치하려면 $b\geq 1$

(ⅱ) 직선 $y=ax+3$이 점 $\left(3,\ \dfrac{7}{2}\right)$을 지날 때,

$\dfrac{7}{2}=3a+3$ $\therefore a=\dfrac{1}{6}$

즉 직선 $y=ax+3$이 곡선 ㉠의 아래쪽에 위치하려면 $a\leq\dfrac{1}{6}$

(ⅰ), (ⅱ)에서 a의 최댓값은 $\dfrac{1}{6}$, b의 최솟값은 1이므로 $b-a$의 최솟값은

$1-\dfrac{1}{6}=\dfrac{5}{6}$

MINI해설 원점을 지나는 직선으로 유도하여 풀이하기

$\frac{3x+5}{x+1}=\frac{3(x+1)+2}{x+1}=\frac{2}{x+1}+3$

이므로 주어진 부등식을 정리하면

$ax\le\frac{2}{x+1}\le bx$ …… ㉠

$1\le x\le3$에서 $y=\frac{2}{x+1}$의 그래프는

오른쪽 그림과 같으므로

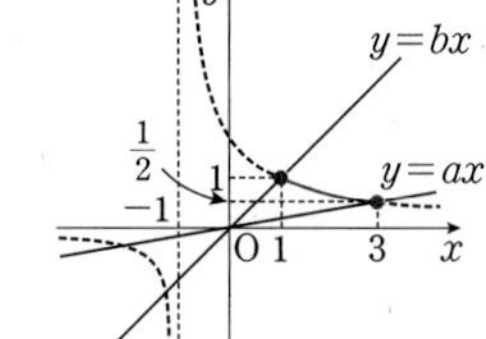

부등식 ㉠을 만족시키는 상수 a, b의

값의 범위는 $a\le\frac{1}{6}$, $b\ge1$

따라서 a의 최댓값은 $\frac{1}{6}$, b의 최솟값은 1이므로 $b-a$의 최솟값은 $1-\frac{1}{6}=\frac{5}{6}$

0826

함수 $f(x)=\frac{x}{x+1}$에 대하여

$$f^2(x)=f(f(x)),\ f^3(x)=f(f^2(x)),\ \cdots,\ f^{10}(x)=f(f^9(x))$$

로 정의할 때, $f^{10}(1)$의 값은?

TIP 주어진 함수를 합성하면서 규칙성을 구하도록 한다.

① $\frac{1}{10}$ ② $\frac{9}{10}$ ③ $\frac{10}{9}$

④ $\frac{1}{11}$ ⑤ $\frac{10}{11}$

STEP A $f^n(x)$의 값의 규칙성 추론하기

$f(x)=\frac{x}{x+1}$에서

$$f^2(x)=f(f(x))=\frac{\frac{x}{x+1}}{\frac{x}{x+1}+1}=\frac{x}{2x+1}$$

분모와 분자에 $x+1$을 곱하면 $\frac{x}{x+(x+1)}=\frac{x}{2x+1}$

$$f^3(x)=f(f^2(x))=\frac{\frac{x}{2x+1}}{\frac{x}{2x+1}+1}=\frac{x}{3x+1}$$

분모와 분자에 $2x+1$을 곱하면 $\frac{x}{x+(2x+1)}=\frac{x}{3x+1}$

⋮

$$f^n(x)=\frac{x}{nx+1}$$

STEP B $f^{10}(1)$의 값 구하기

따라서 $f^{10}(x)=\frac{x}{10x+1}$이므로 $f^{10}(1)=\frac{1}{10\times1+1}=\frac{1}{11}$

+α 직접 함숫값을 구하여 계산할 수 있어!

$f(x)=\frac{x}{x+1}$에서

$f(1)=\frac{1}{1+1}=\frac{1}{2}$ ← $f^1(1)$일 때, 분모는 2

$f^2(1)=f(f(1))=f\left(\frac{1}{2}\right)=\frac{\frac{1}{2}}{\frac{1}{2}+1}=\frac{1}{3}$ ← $f^2(1)$일 때, 분모는 3

$f^3(1)=f(f^2(1))=f\left(\frac{1}{3}\right)=\frac{\frac{1}{3}}{\frac{1}{3}+1}=\frac{1}{4}$ ← $f^3(1)$일 때, 분모는 4

⋮

$f^{10}(1)=f(f^9(1))=f\left(\frac{1}{10}\right)=\frac{\frac{1}{10}}{\frac{1}{10}+1}=\frac{1}{11}$

0827

함수 $f(x)=\frac{1}{1-x}$에 대하여

$$f^1=f,\ f^{n+1}=f\circ f^n\ (n=1, 2, 3, \cdots)$$

로 정의할 때, $f^{101}(2)$의 값은?

TIP 합성함수를 계속 구해 일정한 규칙이 있거나 항등함수가 나오게 되는 규칙을 찾는다.

① -1 ② $-\frac{1}{2}$ ③ 1

④ $\frac{1}{2}$ ⑤ $\frac{3}{2}$

STEP A $f^n(x)$의 값의 규칙성 추론하기

$f(x)=\frac{1}{1-x}$에서

$$f^2(x)=(f\circ f)(x)=f(f(x))=f\left(\frac{1}{1-x}\right)=\frac{1}{1-\frac{1}{1-x}}=-\frac{1-x}{x}$$

$$f^3(x)=(f\circ f^2)(x)=f(f^2(x))=\frac{1}{1+\frac{1-x}{x}}=x$$

$$f^4(x)=(f\circ f^3)(x)=f(f^3(x))=f(x)$$

즉 $f^n(x)$는 주기가 3으로 함수 $\frac{1}{1-x}$, $-\frac{1-x}{x}$, x가 반복됨을 알 수 있다.

STEP B $f^{101}(2)$의 값 구하기

$f^{101}(x)=f^{3\times33+2}(x)=f^2(x)=-\frac{1-x}{x}$

따라서 $f^{101}(2)=-\frac{1-2}{2}=\frac{1}{2}$

MINI해설 직접 대입하여 규칙성 추정하여 풀이하기

$f(x)=\frac{1}{1-x}$에서 $f(2)=\frac{1}{1-2}=-1$

$f^2(2)=(f\circ f)(2)=f(f(2))=f(-1)=\frac{1}{1-(-1)}=\frac{1}{2}$

$f^3(2)=(f\circ f^2)(2)=f(f^2(2))=f\left(\frac{1}{2}\right)=\frac{1}{1-\frac{1}{2}}=2$

$f^4(2)=(f\circ f^3)(2)=f(f^3(2))=f(2)=\frac{1}{1-2}=-1$

⋮

$\therefore f^n(2)=\begin{cases}-1 & (n=3k-2)\\ \frac{1}{2} & (n=3k-1)\\ 2 & (n=3k)\end{cases}$ (단, k는 자연수이다.)

따라서 $f^{101}(2)=\frac{1}{2}$

0828

오른쪽 그림은 유리함수 $f(x)=\frac{ax+b}{x+c}$의 그래프이다.

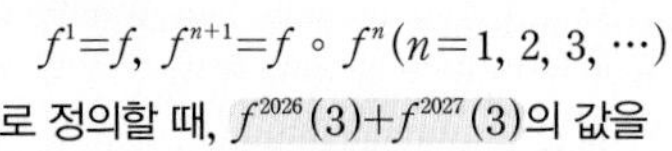

$f^1=f,\ f^{n+1}=f\circ f^n\,(n=1, 2, 3, \cdots)$

로 정의할 때, $f^{2026}(3)+f^{2027}(3)$의 값을 구하시오.

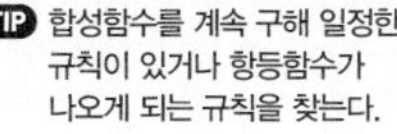

TIP 합성함수를 계속 구해 일정한 규칙이 있거나 항등함수가 나오게 되는 규칙을 찾는다.

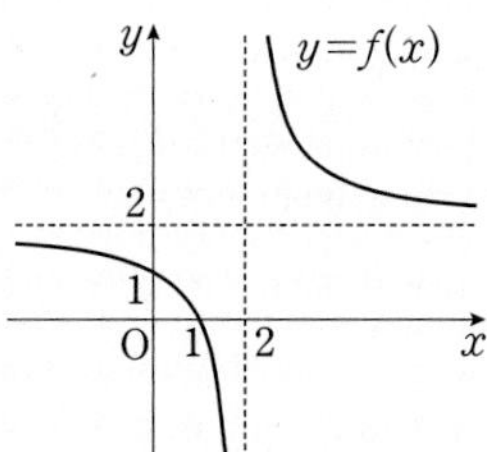

STEP A 주어진 그래프를 이용하여 $f(x)$의 식 작성하기

주어진 함수의 그래프에서 점근선의 방정식이 $x=2$, $y=2$이므로

함수의 식을 $y=\frac{k}{x-2}+2\,(k\neq 0)$로 놓을 수 있다.

이때 이 함수의 그래프가 점 $(0, 1)$을 지나므로

$1=\frac{k}{0-2}+2\quad \therefore k=2$

즉 $y=\frac{2}{x-2}+2=\frac{2x-2}{x-2}$

+α 함수식에서 직접 구할 수 있어!

$f(x)=\frac{ax+b}{x+c}$에서 점근선의 방정식은 $x=-c$, $y=a$

그래프에서 점근선의 방정식은 $x=2$, $y=2$이므로

$a=2$, $c=-2$

$f(x)=\frac{2x+b}{x-2}$가 점 $(0, 1)$을 지나므로

$f(0)=-\frac{b}{2}=1\quad \therefore b=-2$

$\therefore f(x)=\frac{2x-2}{x-2}$

STEP B $f^n(x)$의 값의 규칙성 추론하기

$f(x)=\frac{2x-2}{x-2}$에서

$$f^2(x)=(f\circ f)(x)=f(f(x))=f\left(\frac{2x-2}{x-2}\right)=\frac{2\left(\frac{2x-2}{x-2}\right)-2}{\frac{2x-2}{x-2}-2}=\frac{2x}{2}=x$$

$f^3(x)=(f\circ f^2)(x)=f(f^2(x))=f(x)$

즉 자연수 n에 대하여

함수 $f^2(x)=f^4(x)=f^6(x)=\cdots=f^{2n}(x)$는 항등함수이므로

$f^{2026}(x)=f^{2\times 1013}(x)=x$

$f^{2027}(x)=f^{2\times 1013+1}(x)=f(x)=\frac{2x-2}{x-2}$

따라서 $f^{2026}(3)+f^{2027}(3)=3+\frac{2\times 3-2}{3-2}=3+4=7$

MINI해설 직접 대입하여 규칙성 추정하여 풀이하기

$f(x)=\frac{2x-2}{x-2}$에서

$f(3)=\frac{2\times 3-2}{3-2}=4$

$f^2(3)=(f\circ f)(3)=f(f(3))=f(4)=\frac{2\times 4-2}{4-2}=3$

$f^3(3)=(f\circ f^2)(3)=f(f^2(3))=f(3)=4$

$f^4(3)=(f\circ f^3)(3)=f(f^3(3))=f(4)=3$

$\vdots$

$\therefore f^n(3)=\begin{cases}4 & (n\text{이 홀수})\\ 3 & (n\text{이 짝수})\end{cases}$

따라서 $f^{2026}(3)+f^{2027}(3)=3+4=7$

0829

2016년 11월 고2 학력평가 나형 17번 변형

양수 a에 대하여 함수 $f(x)=\frac{ax}{x+1}$의 그래프의 점근선인 두 직선과

TIP 두 점근선의 방정식은 $x=-1$, $y=a$

직선 $y=x$로 둘러싸인 부분의 넓이가 8일 때, a의 값은?

① 2 ② 3 ③ 4
④ 5 ⑤ 6

STEP A 유리함수의 식을 변형하여 그래프 그리기

함수 $f(x)=\frac{ax}{x+1}=\frac{a(x+1)-a}{x+1}=-\frac{a}{x+1}+a\,(a>0)$이므로

점근선의 방정식은 $x=-1$, $y=a$이고 원점을 지나므로

그래프는 다음 그림과 같다.

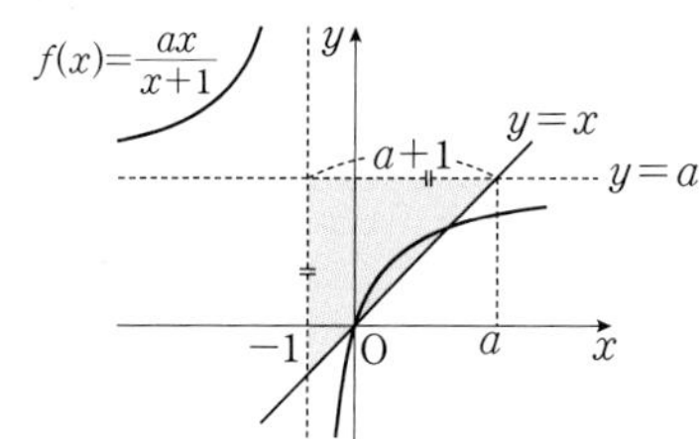

STEP B 두 점근선과 $y=x$로 둘러싸인 부분의 넓이를 이용하여 a의 값 구하기

두 직선 $x=-1$, $y=a$와 직선 $y=x$로 둘러싸인 부분의 넓이는

$\frac{1}{2}(a+1)^2=8$이므로 $(a+1)^2=16$

$\therefore a=3$ 또는 $a=-5$

따라서 a는 양수이므로 $a=3$

0830

2016년 03월 고2 학력평가 가형 18번

오른쪽 그림과 같이 유리함수 $y=\frac{k}{x}\,(k>0)$의 그래프가 직선 $y=-x+8$과 두 점 P, Q에서 만난다. 삼각형 OPQ의 넓이가 16일 때,

TIP 세 부분의 삼각형으로 나누어 넓이를 이용하여 좌표를 구하도록 한다.

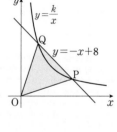

상수 k의 값은? (단, O는 원점이다.)

① 10 ② 12
③ 14 ④ 16
⑤ 18

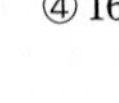

STEP A 넓이가 같은 두 삼각형 OAP, OQB의 넓이 구하기

직선 $y=-x+8$이 x축, y축과 만나는 점을 각각 A, B라 하면

A$(8, 0)$, B$(0, 8)$

삼각형 OAB의 넓이는

$\triangle\text{OAB}=\frac{1}{2}\times 8\times 8=32$

함수 $y=\frac{k}{x}$의 그래프와 직선 $y=-x+8$은 모두 직선 $y=x$에 대하여 대칭이므로

점 P(a, b)라 하면 점 Q(b, a)이다.

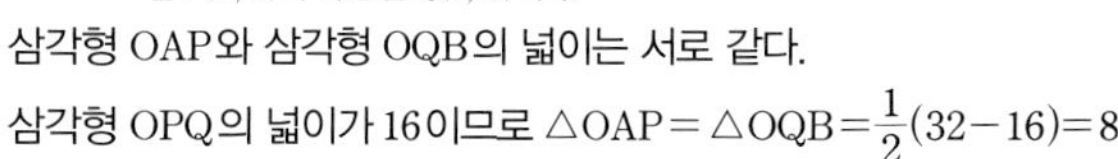

삼각형 OAP와 삼각형 OQB의 넓이는 서로 같다.

삼각형 OPQ의 넓이가 16이므로 $\triangle\text{OAP}=\triangle\text{OQB}=\frac{1}{2}(32-16)=8$

STEP B 점 P의 좌표를 구하여 k 구하기

점 P의 좌표를 (a, b)라 하면

03 유리함수

삼각형 OAP의 넓이는 $\frac{1}{2}\times 8\times b=8$이므로 $b=2$

점 P는 직선 $y=-x+8$ 위의 점이므로 $b=-a+8=2$ $\quad\therefore a=6$

이때 점 P는 함수 $y=\frac{k}{x}$의 그래프 위의 점이므로 $(6, 2)$를 대입하면 $2=\frac{k}{6}$

따라서 $k=12$

MINI해설 내분점을 이용하여 상수 k 구하기

직선 $y=-x+8$이 x축, y축과 만나는 점을 각각 A, B라 하면

$A(8, 0)$, $B(0, 8)$

삼각형 OAB의 넓이는 $\frac{1}{2}\times 8\times 8=32$

함수 $y=\frac{k}{x}$의 그래프와 직선 $y=-x+8$은 모두 직선 $y=x$에 대하여 대칭이므로

삼각형 OAP와 삼각형 OQB의 넓이는 서로 같다.

삼각형 OPQ의 넓이가 16이므로 $\triangle OAP=\triangle OQB=\frac{1}{2}(32-16)=8$

세 삼각형 OAP, OPQ, OQB의 넓이의 비와 세 선분 AP, PQ, QB의 길이의 비가

같으므로 $\overline{AP}:\overline{PQ}:\overline{QB}=8:16:8=1:2:1$

그러므로 점 P는 선분 AB를 $1:3$로 내분하는 점이므로

두 점 $A(x_1, y_1)$, $B(x_2, y_2)$에 대하여 선분 AB를 $m:n$으로 내분하는 점 P의 좌표는 $\left(\frac{mx_2+nx_1}{m+n}, \frac{my_2+ny_1}{m+n}\right)$

$P\left(\frac{1\times 0+3\times 8}{1+3}, \frac{1\times 8+3\times 0}{1+3}\right)$, 즉 $P(6, 2)$

따라서 점 P는 함수 $y=\frac{k}{x}$의 그래프 위의 점이므로 $k=6\times 2=12$

MINI해설 점과 직선 사이의 거리를 이용하여 상수 k 구하기

원점에서 직선 $y=-x+8$에 내린 수선의 발을 H라 하면 직선 OH와 직선 $y=-x+8$은 서로 수직이므로 기울기의 곱이 -1이어야 한다.

따라서 직선 OH의 방정식은 $y=x$이고

점 H의 좌표는 $(4, 4)$

$\overline{OH}=\sqrt{4^2+4^2}=4\sqrt{2}$

삼각형 OPQ의 넓이가 16이므로

삼각형 OPH의 넓이는 8

$\frac{1}{2}\times\overline{OH}\times\overline{PH}=8$ $\quad\therefore \overline{PH}=2\sqrt{2}$

점 P의 좌표를 $(a, -a+8)$이라 하면

점 P와 직선 $x-y=0$ 사이의 거리는

점 (x_1, y_1)과 직선 $ax+by+c=0$ 사이의 거리 $d=\frac{|ax_1+by_1+c|}{\sqrt{a^2+b^2}}$

선분 PH의 길이와 같으므로 $\frac{|2a-8|}{\sqrt{2}}=2\sqrt{2}$

$a>4$이므로 $a=6$

따라서 점 P의 좌표는 $(6, 2)$이고 $k=6\times 2=12$

0831

2015년 03월 고2 학력평가 나형 21번 변형

다음 그림과 같이 점 $A(-3, 3)$와 곡선 $y=\frac{3}{x}$ 위의 두 점 B, C가 다음 조건을 만족시킨다.

(가) 점 B와 점 C는 직선 $y=x$에 대하여 대칭이다.

(나) 삼각형 ABC의 넓이는 4이다.

TIP 선분 BC를 밑변으로 하고 점 A에서 직선 BC에 이르는 거리를 이용한다.

점 B의 좌표를 (α, β)라 할 때, $\alpha^2+\beta^2$의 값을 구하시오. (단, $\alpha>\sqrt{3}$)

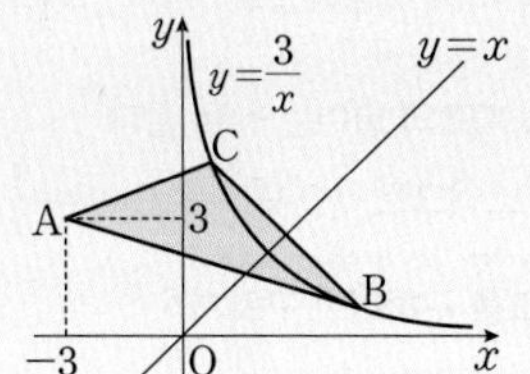

STEP A 주어진 조건을 이용하여 α, β의 관계식 구하기

점 $B(\alpha, \beta)$가 곡선 $y=\frac{3}{x}$ 위의 점이므로 대입하면 $\beta=\frac{3}{\alpha}$

$\therefore \alpha\beta=3$ $\quad\cdots\cdots$ ㉠

또한, 점 B와 점 C가 $y=x$에 대한 대칭이므로

점 C의 좌표는 $C(\beta, \alpha)$

$\alpha>\sqrt{3}$이므로 $0<\beta<\sqrt{3}$ $\quad\therefore 0<\beta<\alpha$

$\beta=\frac{3}{\alpha}$이므로 $\alpha>\sqrt{3}$일 때, $\beta<\sqrt{3}$

이때 선분 BC의 길이는

$\overline{BC}=\sqrt{(\alpha-\beta)^2+(\beta-\alpha)^2}=\sqrt{2}|\alpha-\beta|=\sqrt{2}(\alpha-\beta)$

직선 BC는 기울기가 -1인 직선이므로 방정식을 구하면

$y=-(x-\alpha)+\beta$ $\quad\therefore x+y-(\alpha+\beta)=0$

점 $A(-3, 3)$에서 직선 BC까지의 거리는

$\frac{|-3+3-(\alpha+\beta)|}{\sqrt{1^2+1^2}}=\frac{|\alpha+\beta|}{\sqrt{2}}=\frac{\alpha+\beta}{\sqrt{2}}$

삼각형 ABC의 넓이는

$\frac{1}{2}\times\overline{BC}\times$(점 A에서 직선 BC까지의 거리)이므로

$\frac{1}{2}\times\sqrt{2}(\alpha-\beta)\times\frac{\alpha+\beta}{\sqrt{2}}=4$

$\therefore \alpha^2-\beta^2=8$ $\quad\cdots\cdots$ ㉡

STEP B 곱셈 공식의 변형을 이용하여 $\alpha^2+\beta^2$의 값 구하기

㉠, ㉡에서 $\alpha\beta=3$, $\alpha^2-\beta^2=8$에서

$(\alpha^2+\beta^2)^2=(\alpha^2-\beta^2)^2+4\alpha^2\beta^2$ $\quad\leftarrow (a+b)^2=(a-b)^2+4ab$

$(\alpha^2+\beta^2)^2=8^2+4\times 3^2=100$

$\therefore \alpha^2+\beta^2=10$ 또는 $\alpha^2+\beta^2=-10$

따라서 $\alpha^2+\beta^2>0$이므로 $\alpha^2+\beta^2=10$

0832

오른쪽 그림과 같이 함수 $y=\frac{k}{x-2}+1\,(x>2)$의 그래프 위의 한 점 P에서 두 점근선에 내린 수선의 발을 각각 A, B라 하자. $\overline{PA}+\overline{PB}$의 최솟값이 6이 되도록 k의 값을 정할 때, 양수 k의 값을 구하시오.

TIP 산술평균과 기하평균의 관계 이용하기

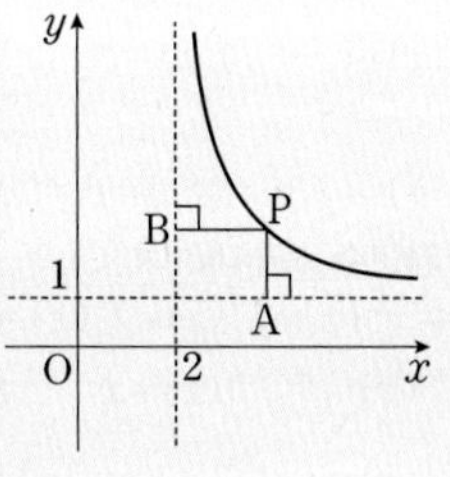

STEP A 점 P의 x좌표를 a라 하고 $\overline{PA}$, $\overline{PB}$의 길이의 식 구하기

점 P의 x좌표를 $a\,(a>2)$라 하면 $P\left(a, \frac{k}{a-2}+1\right)$이고

점 $A(a, 1)$, 점 $B\left(2, \frac{k}{a-2}+1\right)$ $\quad\leftarrow$ 점 A의 x좌표는 점 P의 x좌표와 같고 점 B의 y좌표는 점 P의 y좌표와 같다.

이때 두 선분 PA, PB의 길이는

$\overline{PA}=\left(\frac{k}{a-2}+1\right)-1=\frac{k}{a-2}$

$\overline{PB}=a-2$

STEP B 산술평균과 기하평균의 관계를 이용하여 양수 k의 값 구하기

$a>2$이므로 $\overline{PA}=\frac{k}{a-2}>0$, $\overline{PB}=a-2>0$

$\overline{PA}+\overline{PB}$의 최솟값은 산술평균과 기하평균의 관계에 의하여

$\overline{PA}+\overline{PB}=\frac{k}{a-2}+(a-2)\geq 2\sqrt{\frac{k}{a-2}\times(a-2)}=2\sqrt{k}$

(단, 등호는 $a=2+\sqrt{k}$일 때 성립한다.) $\quad\leftarrow \frac{k}{a-2}=a-2$에서 $(a-2)^2=k$, $a=2+\sqrt{k}$ 또는 $a=2-\sqrt{k}$, 이때 $a>2$이므로 $a=2+\sqrt{k}$

따라서 최솟값 $2\sqrt{k}=6$이므로 $k=9$

양변을 제곱하면 $4k=36$

0833

2011년 11월 고1 학력평가 21번 변형

$x>0$에서 정의된 함수 $y=\frac{8}{x}$의 그래프를 x축의 방향으로 1만큼, y축의 방향으로 2만큼 평행이동한 그래프 위의 점 P에서 x축, y축에 내린 수선

TIP x대신 $x-1$, y대신 $y-2$를 대입한다.

의 발을 각각 Q, R이라 할 때, 직사각형 ROQP의 넓이의 최솟값은?

TIP 산술평균과 기하평균의 관계 이용하기

(단, O는 원점이다.)

① 8 ② 10 ③ 12
④ 16 ⑤ 18

STEP A 평행이동한 유리함수의 식에서 점 P의 x좌표를 a라 하고 직사각형의 넓이 구하기

$x>0$에서 정의된 함수 $y=\frac{8}{x}$의 그래프를 x축의 방향으로 1만큼, y축의 방향으로 2만큼 평행이동한 그래프의 식은

$y=\frac{8}{x-1}+2(x>1)$이고 그래프는 오른쪽 그림과 같다.

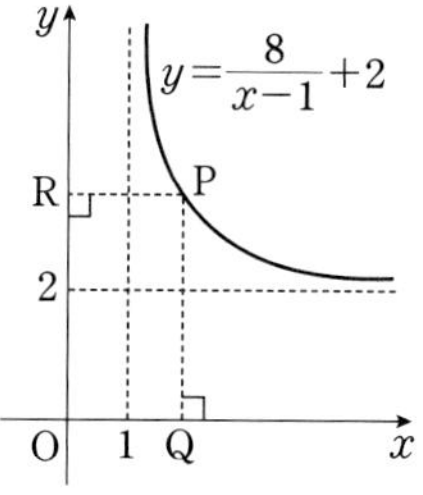

점 P는 $y=\frac{8}{x-1}+2$의 그래프 위의 점이므로 점 P의 좌표를 $\mathrm{P}\left(a, \frac{8}{a-1}+2\right)(a>1)$라 하면

직사각형 ROQP의 넓이 S는

$S=\overline{\mathrm{OR}}\times\overline{\mathrm{OQ}}=\left(\frac{8}{a-1}+2\right)\times a$

STEP B 산술평균과 기하평균의 관계를 이용하여 직사각형의 넓이의 최솟값 구하기

이때 $a-1>0$이므로 산술평균과 기하평균의 관계에 의하여

$a>0,\ b>0,\ a+b\geq 2\sqrt{ab}$

$$\begin{aligned}S&=a\left(\frac{8}{a-1}+2\right)=\{(a-1)+1\}\left(\frac{8}{a-1}+2\right)\\&=10+2(a-1)+\frac{8}{a-1}\\&\geq 10+2\sqrt{2(a-1)\times\frac{8}{a-1}}\\&=10+8=18\ (\text{단, 등호는 } a=3\text{일 때 성립})\end{aligned}$$

따라서 직사각형 ROQP의 넓이의 최솟값은 18이다.

+α 다음과 같이 구할 수 있어!

$S=a\left(\frac{8}{a-1}+2\right)=\frac{8a}{a-1}+2a=\frac{8}{a-1}+2a+8=\frac{8}{a-1}+2(a-1)+10$

$\frac{8a}{a-1}=\frac{8(a-1)+8}{a-1}=\frac{8}{a-1}+8$

이때 $a-1>0$이므로 산술평균과 기하평균의 관계에 의하여

$S=\frac{8}{a-1}+2(a-1)+10\geq 2\sqrt{\frac{8}{a-1}\times 2(a-1)}+10=2\sqrt{16}+10=18$

0834

2013년 11월 고1 학력평가 16번 변형

오른쪽 그림과 같이 함수 $y=\frac{4}{x-1}+2$의 그래프 위의 한 점 P에서 이 함수의 그래프의 두 점근선에 내린 수선의 발을각각 Q, R이라 하고 두 점근선의 교점을 S라 하

TIP 함수의 점근선이 $x=1$, $y=2$이므로 S(1, 2)이다.

자. 사각형 PRSQ의 둘레의 길이의 최솟값

TIP 산술평균과 기하평균의 관계 이용하기

을 구하시오. (단, 점 P는 제 1사분면 위의 점이다.)

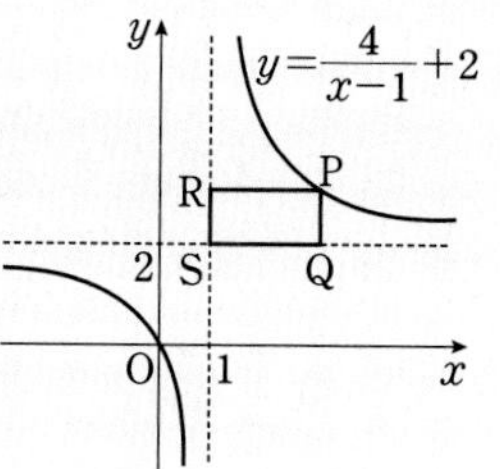

STEP A 점 P의 x좌표를 a로 놓고 세 점 P, Q, R의 좌표 구하기

점 P의 x좌표를 $a\ (a>1)$라 하면

점 $\mathrm{P}\left(a, \frac{4}{a-1}+2\right)$

이때 점 Q$(a, 2)$, 점 $\mathrm{R}\left(1, \frac{4}{a-1}+2\right)$

이므로

$\overline{\mathrm{PQ}}=\left(\frac{4}{a-1}+2\right)-2=\frac{4}{a-1}$

$\overline{\mathrm{PR}}=a-1$

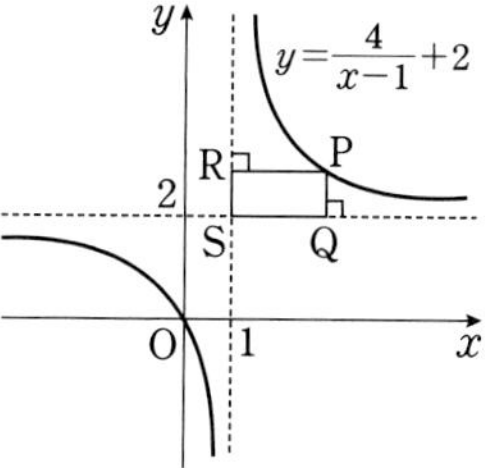

STEP B 산술평균과 기하평균의 관계를 이용하여 최솟값 구하기

$a>1$이므로 $\frac{4}{a-1}>0$, $a-1>0$

직사각형 PRSQ의 둘레의 길이는

$2(\overline{\mathrm{PQ}}+\overline{\mathrm{PR}})=2\left(\frac{4}{a-1}+a-1\right)=\frac{8}{a-1}+2(a-1)$

이때 산술평균과 기하평균의 관계에 의하여

$\frac{8}{a-1}+2(a-1)\geq 2\sqrt{\frac{8}{a-1}\times 2(a-1)}=8$

(단, 등호는 $a=3$일 때 성립한다.) ← $\frac{8}{a-1}=2(a-1)$에서 $(a-1)^2=4$, $a=3$ 또는 $a=-1$, 이때 $a>1$이므로 $a=3$

따라서 직사각형 PRSQ의 둘레의 길이의 최솟값은 8

03 유리함수

MAPL ; YOURMASTERPLAN

단원종합문제

유리함수

BASIC

0835

함수 $y=\dfrac{ax+b}{cx+d}$가 다항함수가 아닌 유리함수가 되기 위한 상수

TIP $y=\dfrac{1}{x}$, $y=\dfrac{x}{x-1}$는 다항함수가 아닌 유리함수이다.

a, b, c, d의 조건을 구하면?

① $c\neq0$, $ad\neq bc$ ② $c=0$, $ad\neq bc$ ③ $c\neq0$, $ad=bc$
④ $c=0$, $ad=bc$ ⑤ $d=0$, $ad\neq bc$

STEP A 다항함수가 아닌 유리함수가 되기 위한 조건 구하기

$c=0$이면 $y=\dfrac{ax+b}{cx+d}=\dfrac{ax+b}{d}=\dfrac{a}{d}x+\dfrac{b}{d}$이므로 다항함수이다.

$\therefore c\neq0$ …… ㉠

$ad-bc=0$이면 $ad=bc$

즉 $a:b=c:d$이므로

$y=\dfrac{ax+b}{cx+d}=\dfrac{a}{c}\left(단, x\neq-\dfrac{d}{c}\right)$인 상수함수가 된다.

$\therefore ad\neq bc$ …… ㉡

따라서 ㉠, ㉡에 의해 다항함수가 아닌 유리함수이기 위한 조건은 $c\neq0$, $ad\neq bc$

0836

2011년 고2 성취도평가 16번

다음 물음에 답하시오.

(1) 함수 $y=\dfrac{2x+1}{x-3}$의 그래프는 $y=\dfrac{k}{x}$의 그래프를 x축의 방향으로 m만큼, y축의 방향으로 n만큼 평행이동한 것이다. $k+m+n$의 값은?

TIP $y=\dfrac{k}{x-p}+q(k\neq0)$은 함수 $y=\dfrac{k}{x}$의 그래프를 x축의 방향으로 p만큼, y축의 방향으로 q만큼 평행이동 한 것이다.

(단, k, m, n은 상수이다.)

① 9 ② 12 ③ 15
④ 18 ⑤ 21

STEP A $y=\dfrac{k}{x-p}+q(k\neq0)$의 꼴로 변형하여 k, m, n의 값 구하기

$y=\dfrac{2x+1}{x-3}=\dfrac{2(x-3)+7}{x-3}=\dfrac{7}{x-3}+2$

이 그래프는 $y=\dfrac{7}{x}$의 그래프를 x축의 방향으로 3만큼, y축의 방향으로 2만큼 평행이동한 것이므로 $k=7$, $m=3$, $n=2$

따라서 $k+m+n=7+3+2=12$

(2) 함수 $y=\dfrac{2x+b}{x+a}$의 그래프를 x축의 방향으로 1만큼, y축의 방향으로 c만큼 평행이동하였더니 함수 $y=\dfrac{3}{x}$의 그래프와 일치하였다.

TIP x대신에 $x-1$, y대신에 $y-c$를 대입한다.

이때 상수 a, b, c의 합 $a+b+c$의 값은?

① 1 ② 2 ③ 3
④ 4 ⑤ 5

STEP A 평행이동한 식 구하기

함수 $y=\dfrac{2x+b}{x+a}$를 x축의 방향으로 1만큼, y축의 방향으로 c만큼

평행이동하면 $y-c=\dfrac{2(x-1)+b}{(x-1)+a}$, $y=\dfrac{2x-2+b}{x-1+a}+c$

$\therefore y=\dfrac{(2+c)x-2+b-c+ac}{x-1+a}$ …… ㉠

STEP B 두 함수가 같음을 이용하여 a, b, c의 값 구하기

㉠의 함수가 $y=\dfrac{3}{x}$과 같으므로

$\dfrac{(2+c)x-2+b-c+ac}{x-1+a}=\dfrac{3}{x}$

분모 $x-1+a=x$이므로 $a=1$

분자 $(2+c)x-2+b-c+ac=3$에서 $a=1$을 대입하면

$(2+c)x-2+b=3$이므로 $c=-2$, $b=5$

따라서 $a=1$, $b=5$, $c=-2$이므로 $a+b+c=1+5+(-2)=4$

+α $y=\dfrac{k}{x-p}+q(k\neq0)$로 변형하여 구할 수 있어!

$y=\dfrac{2x+b}{x+a}=\dfrac{2(x+a)-2a+b}{x+a}=\dfrac{-2a+b}{x+a}+2$이고

x축의 방향으로 1만큼, y축의 방향으로 c만큼 평행이동하면

$y-c=\dfrac{-2a+b}{(x-1)+a}+2$이므로 $y=\dfrac{-2a+b}{x-1+a}+2+c$

이때 $y=\dfrac{3}{x}$과 일치하므로 $x-1+a=x$에서 $a=1$

$-2a+b=3$에서 $a=1$이므로 $b=5$

$2+c=0$이므로 $c=-2$ $\therefore a=1$, $b=5$, $c=-2$

MINI해설 $y=\dfrac{3}{x}$의 그래프를 평행이동하여 미지수 풀이하기

함수 $y=\dfrac{2x+b}{x+a}$를 x축의 방향으로 1만큼, y축의 방향으로 c만큼 평행이동한 식이 $y=\dfrac{3}{x}$이므로 $y=\dfrac{3}{x}$을 x축의 방향으로 -1만큼, y축의 방향으로 $-c$만큼 평행이동 한 것이 $y=\dfrac{2x+b}{x+a}$이다.

즉 $y+c=\dfrac{3}{x+1}$, $y=\dfrac{3}{x+1}-c$

$\therefore y=\dfrac{-cx-c+3}{x+1}$

두 식이 일치하므로 $\dfrac{2x+b}{x+a}=\dfrac{-cx-c+3}{x+1}$

$\therefore a=1$, $b=5$, $c=-2$

따라서 $a+b+c=1+5+(-2)=4$

0837

다음 물음에 답하시오.

(1) 함수 $y=\frac{ax+b}{x+c}$의 그래프가 점 $(2, 3)$에 대하여 대칭이고 점 $(5, 4)$를

TIP 두 점근선의 방정식은 $x=2$, $y=3$

지날 때 상수 a, b, c에 대하여 $a+b+c$의 값은?

① -4 ② -3 ③ -2
④ -1 ⑤ 0

STEP Ⓐ **함수가 $(2, 3)$에 대하여 대칭임을 이용하여 a, c의 값 구하기**

함수 $y=\frac{ax+b}{x+c}$에서 점근선의 방정식은 $x=-c$, $y=a$

$y=\frac{ax+b}{cx+d}$에서 점근선의 방정식은 $x=-\frac{d}{c}$, $y=\frac{a}{c}$

이때 함수의 그래프가 점 $(2, 3)$에 대하여 대칭이므로
점근선의 방정식은 $x=2$, $y=3$
$\therefore a=3$, $c=-2$

STEP Ⓑ **점 $(5, 4)$를 지남을 이용하여 b의 값 구하기**

$a=3$, $c=-2$이므로 함수 $y=\frac{3x+b}{x-2}$
이때 함수의 그래프가 점 $(5, 4)$를 지나므로 대입하면
$4=\frac{15+b}{3}$, $15+b=12$ $\therefore b=-3$
따라서 $a=3$, $b=-3$, $c=-2$이므로 $a+b+c=3+(-3)+(-2)=-2$

2014년 11월 고1 학력평가 9번

(2) 유리함수 $y=\frac{3ax}{2x-1}(a\neq0)$의 그래프의 점근선은 두 직선

TIP 유리함수 $y=\frac{ax+b}{cx+d}(c\neq0,\ ad-bc\neq0)$의 그래프는 $y=\frac{k}{x-p}+q(k\neq0)$꼴로 변형한다.

$x=m$, $y=m$이다. $a+m$의 값은? (단, a, m은 상수이다.)

① $\frac{1}{6}$ ② $\frac{1}{3}$ ③ $\frac{1}{2}$
④ $\frac{2}{3}$ ⑤ $\frac{5}{6}$

STEP Ⓐ **유리함수의 점근선의 방정식을 이용하여 a, m의 값 구하기**

유리함수 $y=\frac{3ax}{2x-1}$에서 점근선의 방정식은 $x=\frac{1}{2}$, $y=\frac{3a}{2}$

$y=\frac{ax+b}{cx+d}$에서 점근선의 방정식은 $x=-\frac{d}{c}$, $y=\frac{a}{c}$

이때 점근선의 방정식이 $x=m$, $y=m$이므로 $m=\frac{1}{2}$, $a=\frac{1}{3}$

$m=\frac{1}{2}$이므로 $\frac{3a}{2}=\frac{1}{2}$ $\therefore a=\frac{1}{3}$

따라서 $a+m=\frac{1}{3}+\frac{1}{2}=\frac{5}{6}$

0838

2004학년도 09월 고3 모의평가 가형 7번

다음 물음에 답하시오.

(1) 유리함수 $f(x)=\frac{2x-3}{x-2}$의 그래프에 대한 설명으로 옳은 것만을

TIP 유리함수 $y=\frac{ax+b}{cx+d}(c\neq0,\ ad-bc\neq0)$의 그래프는 $y=\frac{k}{x-p}+q(k\neq0)$꼴로 변형하여 보기의 참, 거짓을 판단한다.

[보기]에서 있는 대로 고른 것은?

ㄱ. $g(x)=\frac{1}{x}$의 그래프를 평행이동시켜 $f(x)$의 그래프와 일치시킬 수 있다.
ㄴ. $f(x)$의 그래프는 직선 $y=-x$에 대하여 대칭이다.
ㄷ. $f(x)$의 그래프와 $f(x)$의 역함수의 그래프는 일치한다.

① ㄱ ② ㄷ ③ ㄱ, ㄴ
④ ㄱ, ㄷ ⑤ ㄱ, ㄴ, ㄷ

STEP Ⓐ **$y=\frac{k}{x-p}+q(k\neq0)$의 꼴로 바꾸어 그래프 그리기**

$y=\frac{2x-3}{x-2}=\frac{2(x-2)+1}{x-2}=\frac{1}{x-2}+2$
이므로 $y=\frac{1}{x}$의 그래프를 x축의 방향으로 2만큼, y축의 방향으로 2만큼 평행이동한 것이고 그래프는 오른쪽 그림과 같다.

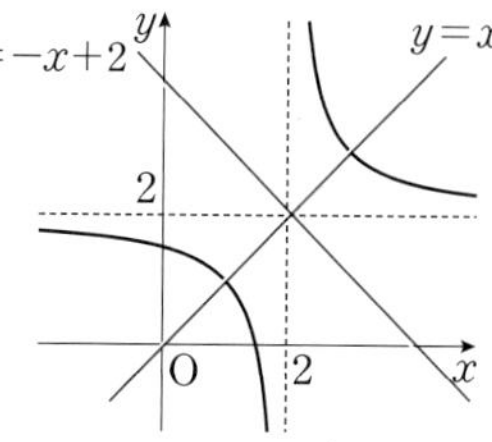

STEP Ⓑ **[보기]의 참, 거짓 판단하기**

ㄱ. $g(x)=\frac{1}{x}$의 그래프를 x축의 방향으로 2만큼, y축의 방향으로 2만큼 평행이동하면 함수 $f(x)$의 그래프와 일치한다. [참]
ㄴ. $f(x)$의 대칭인 직선은 기울기가 ±1이고 점근선의 교점 $(2, 2)$를 지난다.
$y=(x-2)+2$에서 $y=x$, $y=-(x-2)+2$에서 $y=-x+4$
즉 $y=-x$에 대하여 대칭이 아니다. [거짓]
ㄷ. $y=\frac{2x-3}{x-2}$으로 놓고 x에 관하여 풀면
$yx-2y=2x-3$, $(y-2)x=2y-3$ $\therefore x=\frac{2y-3}{y-2}$
x와 y를 서로 바꾸어 역함수를 구하면 $y=\frac{2x-3}{x-2}$
즉 $f(x)=f^{-1}(x)$이므로 $f(x)$의 그래프와 $f(x)$의 역함수의 그래프는 서로 일치한다. [참]
점근선의 교점이 $(2, 2)$로 $y=x$ 위에 있으므로 역함수의 그래프와 일치한다.

따라서 옳은 것은 ㄱ, ㄷ이다.

2016년 10월 고3 학력평가 나형 10번

(2) 유리함수 $f(x)=\frac{x}{1-x}$에 대하여 [보기]에서 옳은 것만을 있는 대로

TIP 유리함수 $y=\frac{ax+b}{cx+d}(c\neq0,\ ad-bc\neq0)$의 그래프는 $y=\frac{k}{x-p}+q(k\neq0)$꼴로 변형하여 [보기]의 참, 거짓을 판단한다.

고른 것은?

ㄱ. 함수 $f(x)$의 정의역과 치역이 서로 같다.
ㄴ. 함수 $y=f(x)$의 그래프는 $y=-\frac{1}{x}$의 그래프를 평행이동한 것이다.
ㄷ. 함수 $y=f(x)$의 그래프는 제 2사분면을 지나지 않는다.

① ㄴ ② ㄷ ③ ㄱ, ㄷ
④ ㄴ, ㄷ ⑤ ㄱ, ㄴ, ㄷ

STEP Ⓐ $y=\dfrac{k}{x-p}+q(k\neq0)$의 꼴로 바꾸어 그래프 그리기

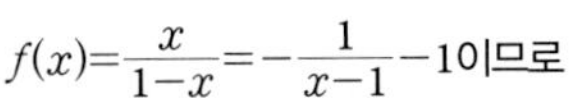

$f(x)=\dfrac{x}{1-x}=-\dfrac{1}{x-1}-1$이므로 함수 $y=f(x)$의 그래프는 $y=-\dfrac{1}{x}$의 그래프를 x축 방향으로 1, y축 방향으로 -1만큼 평행이동한 것이고 그래프는 오른쪽 그림과 같다.

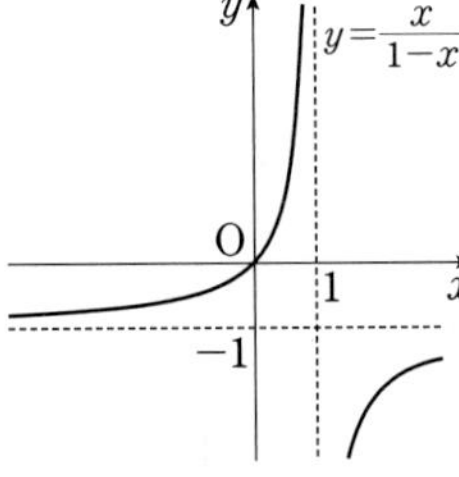

STEP Ⓑ [보기]의 참, 거짓 판단하기

ㄱ. 함수 $f(x)$의 정의역은 1이 아닌 모든 실수이고 치역은 -1이 아닌 모든 실수이므로 정의역과 치역은 서로 같지 않다. [거짓]

ㄴ. 함수 $y=f(x)$의 그래프는 $y=-\dfrac{1}{x}$의 그래프를 x축 방향으로 1, y축 방향으로 -1만큼 평행이동한 그래프이다. [참]

ㄷ. 그림과 같이 제 2사분면을 지나지 않는다. [참]

따라서 옳은 것은 ㄴ, ㄷ이다.

0839

두 함수 $f(x)=\dfrac{x+4}{x+1}$, $g(x)=\dfrac{x+3}{x-1}$에 대하여 $(f^{-1}\circ g)^{-1}(2)$의 값은?

TIP $(f\circ g)^{-1}=g^{-1}\circ f^{-1}$이고 순서가 바뀜에 주의한다.

① -5 ② -3 ③ 2
④ 3 ⑤ 5

STEP Ⓐ 역함수의 성질을 이용하여 함숫값 구하기

$(f^{-1}\circ g)^{-1}(2)=(g^{-1}\circ f)(2)$ ← $(f\circ g)^{-1}=g^{-1}\circ f^{-1}$

$=g^{-1}(f(2))$ ← $f(2)=\dfrac{2+4}{2+1}=2$

$=g^{-1}(2)$

$g^{-1}(2)=k$라 하면 $g(k)=2$

$\dfrac{k+3}{k-1}=2$, $k+3=2k-2$ $\therefore k=5$

따라서 $(f^{-1}\circ g)^{-1}(2)=5$

0840

다음 물음에 답하시오.

(1) $-5\leq x\leq a$에서 유리함수 $y=-\dfrac{2}{x-1}$의 최댓값은 $\dfrac{2}{3}$, 최솟값은 b

TIP 주어진 구간에서 그래프를 그리고 최댓값과 최솟값을 확인한다.

이다. 상수 a, b에 대하여 ab의 값을 구하시오.

STEP Ⓐ 유리함수의 그래프를 이용하여 상수 a, b의 값 구하기

유리함수 $y=-\dfrac{2}{x-1}$에서 점근선의 방정식은 $x=1$, $y=0$이고 $-5\leq x\leq a$에서 그래프는 오른쪽 그림과 같다.

최댓값은 $x=a$일 때, $-\dfrac{2}{a-1}=\dfrac{2}{3}$

이므로 $2a-2=-6$ $\therefore a=-2$

최솟값은 $x=-5$일 때, $-\dfrac{2}{-5-1}=b$

$\therefore b=\dfrac{1}{3}$

따라서 $a=-2$, $b=\dfrac{1}{3}$이므로 $ab=-\dfrac{2}{3}$

(2) 유리함수 $f(x)=\dfrac{ax+b}{x+c}$의 그래프는 점 $(2, 1)$에 대하여 대칭이고

TIP 점근선의 방정식은 $x=2$, $y=1$

점 $(1, 2)$를 지난다. $-1\leq x\leq 1$일 때, $y=f(x)$의 최댓값과 최솟값을 구하시오.

STEP Ⓐ 주어진 조건을 이용하여 함수 $f(x)$의 식 구하기

유리함수 $f(x)=\dfrac{ax+b}{x+c}$에서 점근선의 방정식은 $x=-c$, $y=a$

또한, 점 $(2, 1)$에 대하여 대칭이므로 점근선의 방정식은 $x=2$, $y=1$

$\therefore a=1$, $c=-2$

유리함수 $f(x)=\dfrac{x+b}{x-2}$의 그래프가 점 $(1, 2)$를 지나므로 대입하면

$f(1)=\dfrac{1+b}{1-2}=2$, $1+b=-2$ $\therefore b=-3$

$\therefore f(x)=\dfrac{x-3}{x-2}$

STEP Ⓑ 유리함수의 그래프를 이용하여 주어진 구간에서 최댓값과 최솟값 구하기

유리함수 $f(x)=\dfrac{x-3}{x-2}$의 그래프는 오른쪽 그림과 같다.

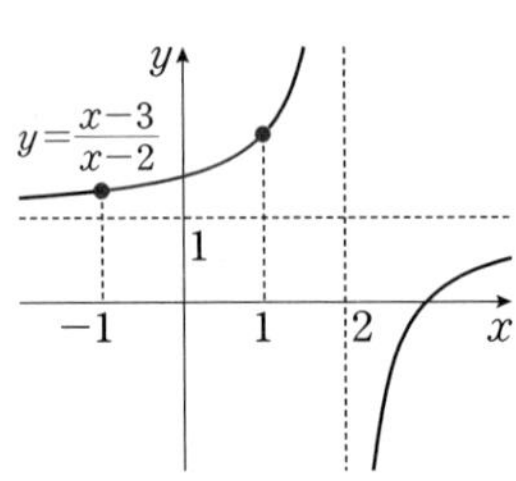

이때 $-1\leq x\leq 1$에서

최댓값은 $x=1$일 때,

$f(1)=\dfrac{1-3}{1-2}=2$

최솟값은 $x=-1$일 때,

$f(-1)=\dfrac{-1-3}{-1-2}=\dfrac{4}{3}$

따라서 최댓값은 2, 최솟값은 $\dfrac{4}{3}$

POINT 유리함수의 최대 최소

$a\leq x\leq b$에서 함수 $f(x)=\dfrac{k}{x-p}+q(k\neq0)$의 최댓값과 최솟값

① $a<p<b$이면 최댓값과 최솟값은 존재하지 않는다.

② $p<a$ 또는 $p>b$이면 $f(a)$, $f(b)$ 중 큰 값이 최댓값, 작은 값이 최솟값이다.

0841

다음 물음에 답하시오.

(1) 유리함수 $y=\dfrac{ax+b}{cx+1}$의 그래프가

TIP 점근선의 방정식은 $x=-\dfrac{1}{c}$, $y=\dfrac{a}{c}$

오른쪽 그림과 같을 때, 상수 a, b, c에 대하여 $a+b+c$의 값을 구하시오.

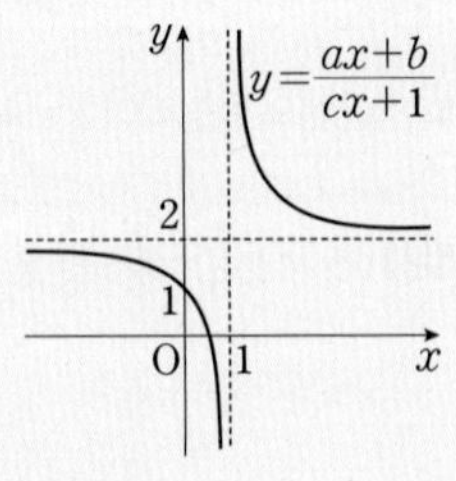

STEP Ⓐ 함수의 그래프를 이용하여 a, b, c의 값 구하기

유리함수 $y=\dfrac{ax+b}{cx+1}$에서 점근선의 방정식은 $x=-\dfrac{1}{c}$, $y=\dfrac{a}{c}$

주어진 그래프에서 점근선의 방정식은 $x=1$, $y=2$

$\therefore a=-2$, $c=-1$

또한, $y=\dfrac{-2x+b}{-x+1}=\dfrac{2x-b}{x-1}$의 그래프가 점 $(0, 1)$을 지나므로 대입하면

$\dfrac{-b}{-1}=1$ $\therefore b=1$

따라서 $a=-2$, $b=1$, $c=-1$이므로 $a+b+c=(-2)+1+(-1)=-2$

(2) 함수 $f(x)=\frac{x+a}{bx+c}$의 그래프가 오른쪽 그림과 같을 때, 함수 $g(x)=ax^2+2bx+c$의 최솟값을 구하시오.

TIP 점근선의 방정식은 $x=-\frac{c}{b}$, $y=\frac{1}{b}$

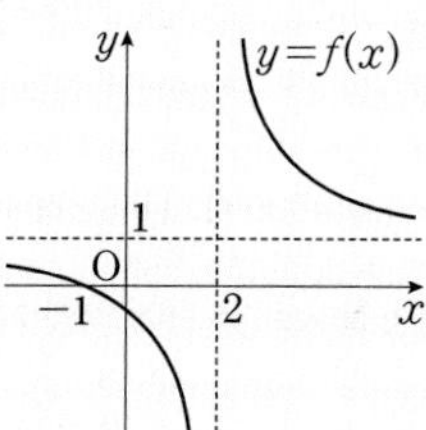

STEP A 주어진 그래프를 이용하여 a, b, c의 값 구하기

유리함수 $f(x)=\frac{x+a}{bx+c}$의 점근선의 방정식은 $x=-\frac{c}{b}$, $y=\frac{1}{b}$

주어진 그래프에서 점근선의 방정식은 $x=2$, $y=1$

$\therefore b=1$, $c=-2$

또한, $f(x)=\frac{x+a}{x-2}$의 그래프가 점 $(-1, 0)$을 지나므로 대입하면

$f(-1)=\frac{-1+a}{-3}=0 \quad \therefore a=1$

STEP B $g(x)$의 최솟값 구하기

$a=1$, $b=1$, $c=-2$이므로 함수 $g(x)=x^2+2x-2=(x+1)^2-3$

따라서 함수 $g(x)$는 $x=-1$일 때, 최솟값 -3을 가진다.

0842

다음 물음에 답하시오.

(1) 함수 $y=\frac{2x+3}{x+1}$의 그래프를 y축의 방향으로 a만큼 평행이동하면 직선 $y=-x$에 대하여 대칭일 때, 상수 a의 값은?

TIP 평행이동한 함수의 점근선의 교점은 직선 $y=-x$ 위에 존재한다.

① -2 ② -1 ③ 1
④ 2 ⑤ 3

STEP A 평행이동한 함수가 $y=-x$에 대하여 대칭일 때, a의 값 구하기

$y=\frac{2x+3}{x+1}=\frac{2(x+1)+1}{x+1}=\frac{1}{x+1}+2$

그래프를 y축의 방향으로 a만큼 평행이동하면 $y=\frac{1}{x+1}+2+a$이므로

점근선의 방정식은 $x=-1$, $y=2+a$

이때 함수가 직선 $y=-x$에 대하여 대칭이므로 점근선의 교점이 직선을 지나야 한다.

대칭인 직선의 기울기는 ±1이고 점근선의 교점을 지나야 한다.

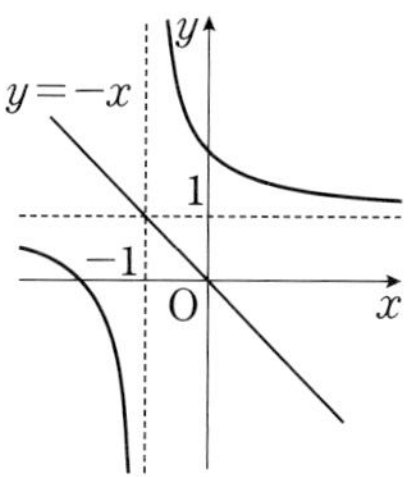

따라서 $(-1, 2+a)$를 직선에 대입하면 $2+a=-(-1)$이므로 $a=-1$

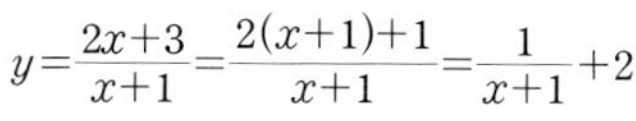

점근선의 평행이동을 이용하여 구할 수 있어!

함수 $y=\frac{2x+3}{x+1}$에서 점근선의 방정식은 $x=-1$, $y=2$
이때 함수를 y축의 방향으로 a만큼 평행이동할 때, 점근선도 같이 평행이동되므로 평행이동한 점근선의 방정식은 $x=-1$, $y=2+a$
평행이동한 함수가 $y=-x$에 대하여 대칭이므로 점근선의 교점을 지난다.
즉 $(-1, 2+a)$를 대입하면 $2+a=-(-1)$이므로 $a=-1$

(2) 함수 $f(x)=\frac{bx}{ax+1}$의 정의역과 치역이 같다. 곡선 $y=f(x)$의 두 점근선의 교점이 직선 $y=2x+3$ 위에 있을 때, $a+b$의 값은? (단, a와 b는 0이 아닌 상수이다.)

TIP 점근선의 방정식은 $x=-\frac{1}{a}$, $y=\frac{b}{a}$에서 $-\frac{1}{a}=\frac{b}{a}$

① $-\frac{2}{3}$ ② $-\frac{1}{3}$ ③ 0
④ $\frac{1}{3}$ ⑤ $\frac{2}{3}$

STEP A 주어진 조건을 이용하여 a, b의 값 구하기

함수 $f(x)=\frac{bx}{ax+1}$에서 점근선의 방정식은 $x=-\frac{1}{a}$, $y=\frac{b}{a}$이므로

정의역은 $\left\{x \mid x\neq-\frac{1}{a}\text{인 실수}\right\}$이고 치역은 $\left\{y \mid y\neq\frac{b}{a}\text{인 실수}\right\}$

이때 정의역과 치역이 같아야 하므로 $-\frac{1}{a}=\frac{b}{a}$

$\therefore b=-1$

또한, 점근선의 교점 $\left(-\frac{1}{a}, -\frac{1}{a}\right)$가 직선 $y=2x+3$ 위의 점이므로

$-\frac{1}{a}=2\times\left(-\frac{1}{a}\right)+3$, $-1=-2+3a$

$\therefore a=\frac{1}{3}$

따라서 $a+b=\frac{1}{3}+(-1)=-\frac{2}{3}$

0843

다음 물음에 답하시오.

(1) 유리함수 $y=\frac{3x+k-1}{x+1}$의 그래프가 모든 사분면을 지나도록 하는 정수 k의 최댓값은?

TIP $y=\frac{3x+k-1}{x+1}=\frac{3(x+1)+k-4}{x+1}=\frac{k-4}{x+1}+3$이므로 $k-4$의 범위를 나누어 그래프를 그리도록 한다.

① -2 ② -1 ③ 0
④ 1 ⑤ 2

STEP A 유리함수의 점근선의 방정식을 구하기

$y=\frac{3x+k-1}{x+1}=\frac{3(x+1)+k-4}{x+1}=\frac{k-4}{x+1}+3$이므로

점근선의 방정식은 $x=-1$, $y=3$

이때 상수 $k-4$의 부호에 따라 그래프가 달라지므로 범위를 나누어 살펴보면 된다.

STEP B k의 범위에 따라 그래프 그리고 모든 사분면을 지나기 위한 k의 범위 구하기

(i) $k-4>0$, 즉 $k>4$일 때,
$y=\frac{k-4}{x+1}+3$의 그래프는 오른쪽 그림과 같고 제 4사분면을 지나지 않으므로 조건을 만족시키지 않는다.

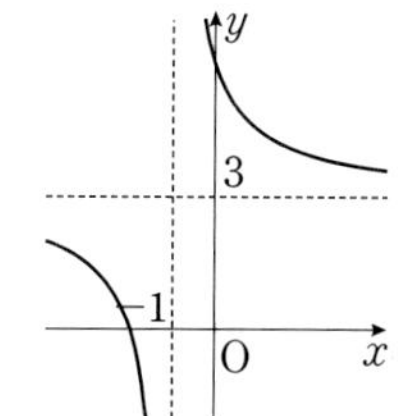

(ii) $k-4=0$, 즉 $k=4$일 때,
함수 $y=3$이므로 그래프는 오른쪽 그림과 같고 제3사분면과 제 4사분면을 지나지 않으므로 조건을 만족시키지 않는다.

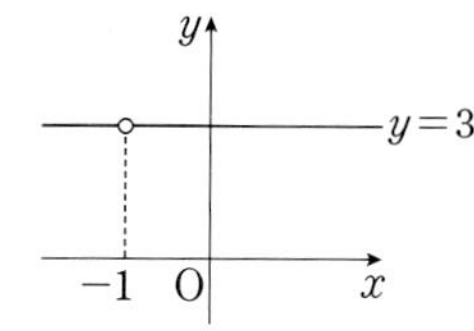

(iii) $k-4<0$, 즉 $k<4$일 때,

$y=\dfrac{k-4}{x+1}+3$의 그래프는 오른쪽 그림과 같고 모든 사분면을 지나기 위해서 $x=0$을 대입하였을 때, $y<0$이어야 한다.

즉 $y=\dfrac{k-4}{0+1}+3<0$, $k-1<0$

$\therefore k<1$

(i)~(iii)에서 모든 사분면을 지나기 위한 k의 범위는 $k<1$

따라서 정수 k의 최댓값은 0

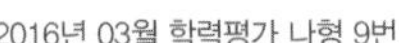

2016년 03월 학력평가 나형 9번

(2) 유리함수 $y=\dfrac{5}{x-p}+2$의 그래프가 제 3사분면을 지나지 않도록 하는

TIP $x<0$, $y<0$이므로 지나지 않도록 하려면 y절편이 0보다 크거나 같아야한다.

정수 p의 최솟값은?

① 3 ② 4 ③ 5
④ 6 ⑤ 7

STEP Ⓐ **유리함수의 점근선을 구하기**

유리함수 $y=\dfrac{5}{x-p}+2$에서 점근선의 방정식은 $x=p$, $y=2$

이때 p의 부호에 따라 그래프의 위치가 달라지므로 범위를 나누어 그래프를 그리도록 한다.

STEP Ⓑ **p의 부호에 따라 그래프를 그리고 제 3사분면을 지나지 않는 정수 p의 최솟값 구하기**

(i) $p>0$일 때,

유리함수 $y=\dfrac{5}{x-p}+2$의 그래프는 오른쪽 그림과 같다.

이때 그래프가 제 3사분면을 지나지 않으려면 $x=0$을 대입할 때, $y\geq 0$

즉 $\dfrac{5}{0-p}+2\geq 0$이고 양변에 p를 곱하면

$-5+2p\geq 0 \quad \therefore p\geq\dfrac{5}{2}$

(ii) $p\leq 0$일 때,

유리함수 $y=\dfrac{5}{x-p}+2$의 그래프는 오른쪽 그림과 같다.

이때 유리함수의 그래프는 반드시 제 3사분면을 지나므로 주어진 조건을 만족시키지 않는다.

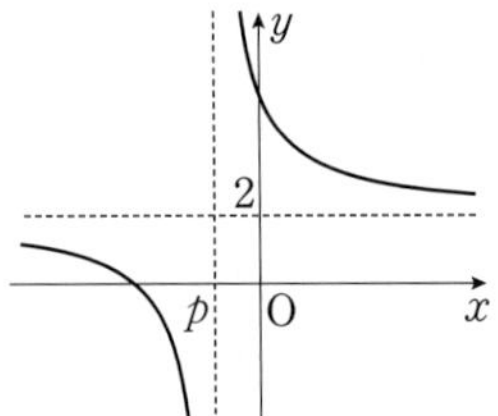

(i), (ii)에 의하여 그래프가 제3사분면을 지나지 않도록 하는 p의 범위는 $p\geq\dfrac{5}{2}$

따라서 정수 p의 최솟값은 3

0844

2015년 11월 고1 학력평가 12번

다음 물음에 답하시오.

(1) 유리함수 $y=\dfrac{2x-1}{x-a}$의 그래프와 그 역함수의 그래프가 일치할 때,

TIP $(f\circ f)(x)=x$이면 $f(x)=f^{-1}(x)$

상수 a의 값은?

① 1 ② 2 ③ 3
④ 4 ⑤ 5

STEP Ⓐ **역함수를 구하고 두 식이 일치함을 이용하여 a의 값 구하기**

함수 $y=\dfrac{2x-1}{x-a}$에서 x에 관하여 풀면

$xy-ay=2x-1$, $(y-2)x=ay-1 \quad \therefore x=\dfrac{ay-1}{y-2}$

x와 y를 서로 바꾸어 역함수를 구하면 $y=\dfrac{ax-1}{x-2}$

따라서 $y=\dfrac{2x-1}{x-a}$과 $y=\dfrac{ax-1}{x-2}$의 그래프가 일치하므로 $a=2$

MINI해설 점근선의 교점이 $y=x$ 위에 있을 조건을 이용하여 풀이하기

유리함수 $y=\dfrac{2x-1}{x-a}$에서 점근선의 방정식은 $x=a$, $y=2$

이때 역함수의 그래프와 일치하므로

점근선의 교점 $(a, 2)$가 직선 $y=x$ 위에 존재한다.

따라서 $a=2$

(2) 함수 $g(x)=\dfrac{2x+1}{x-2}$에 대하여 $(g\circ f)(x)=x$를 만족하는 함수

TIP $(g\circ f)(x)=x$이면 $f(x)=g^{-1}(x)$

$f(x)$가 있을 때, $(f\circ f)(1)$의 값은?

① 1 ② 2 ③ 3
④ 4 ⑤ 5

STEP Ⓐ **역함수를 구한 후 계수 비교하여 풀이하기**

$(g\circ f)(x)=x$이므로 $f(x)=g^{-1}(x)$

$y=\dfrac{2x+1}{x-2}$을 x에 대하여 풀면 $xy-2y=2x+1$

$(y-2)x=2y+1 \quad \therefore x=\dfrac{2y+1}{y-2}$

x와 y를 바꾸면 $y=g^{-1}(x)=f(x)=\dfrac{2x+1}{x-2}$

따라서 $(f\circ f)(1)=f(f(1))=f(-3)=\dfrac{2\times(-3)+1}{-3-2}=1$

0845

다음 물음에 답하시오.

(1) 함수 $f(x)=\dfrac{ax+b}{x+c}$의 그래프는 점근선의 방정식이 $x=-1$, $y=2$

TIP 점근선의 방정식은 $x=-c$, $y=a$

이고 y축과 점 $(0, 4)$에서 만날 때, $f^{-1}(3)$의 값은?
(단, f^{-1}는 f의 역함수이다.)

① -2 ② -1 ③ 0
④ 1 ⑤ 2

STEP Ⓐ **주어진 조건을 이용하여 a, b, c의 값 구하기**

함수 $f(x)=\dfrac{ax+b}{x+c}$에서 점근선의 방정식은 $x=-c$, $y=a$이고

$x=-1$, $y=2$와 일치하므로 $a=2$, $c=1$

함수 $f(x)=\dfrac{2x+b}{x+1}$의 그래프가 $(0, 4)$를 지나므로 대입하면

$f(0)=\dfrac{b}{1}=4 \quad \therefore b=4$

STEP Ⓑ **역함수의 성질을 이용하여 $f^{-1}(3)$의 값 구하기**

$f(x)=\dfrac{2x+4}{x+1}$에서 $f^{-1}(3)=k$라 하면 $f(k)=3$

$f(k)=\dfrac{2k+4}{k+1}=3$, $2k+4=3k+3 \quad \therefore k=1$

따라서 $f^{-1}(3)=1$

(2) 함수 $f(x)=\dfrac{3x-1}{x-2}$의 역함수를 $g(x)$라 할 때, $y=g(x)$의 그래프를

TIP $g(x)=\dfrac{2x-1}{x-3}$

x축의 방향으로 a만큼, y축의 방향으로 b만큼 평행이동하면 $y=f(x)$의 그래프와 겹쳐진다. 상수 a, b에 대하여 $a+b$의 값은?

① -2 ② -1 ③ 0
④ 1 ⑤ 2

STEP A **함수 $g(x)$의 식 구하기**

함수 $g(x)$는 $f(x)=\dfrac{3x-1}{x-2}$의 역함수이므로 $y=\dfrac{3x-1}{x-2}$라 하고

x에 대하여 풀면 $xy-2y=3x-1$, $(y-3)x=2y-1$ $\therefore x=\dfrac{2y-1}{y-3}$

x와 y를 바꾸어 역함수를 구하면 $g(x)=\dfrac{2x-1}{x-3}$

STEP B **평행이동하여 $f(x)$의 그래프와 일치하는 a, b의 값 구하기**

$f(x)=\dfrac{3x-1}{x-2}=\dfrac{3(x-2)+5}{x-2}=\dfrac{5}{x-2}+3$

$g(x)=\dfrac{2x-1}{x-3}=\dfrac{2(x-3)+5}{x-3}=\dfrac{5}{x-3}+2$

이므로 $y=g(x)$의 그래프를 x축의 방향으로 -1, y축의 방향으로 1만큼 평행이동하면 $y=f(x)$의 그래프와 겹친다.

따라서 $a=-1$, $b=1$이므로 $a+b=0$

+α 점근선의 방정식을 이용하여 구할 수 있어!

$f(x)=\dfrac{3x-1}{x-2}$에서 점근선의 방정식은 $x=2$, $y=3$
역함수 $g(x)$는 함수 $y=f(x)$를 $y=x$에 대하여 대칭이동한 그래프이므로
점근선의 방정식은 $x=3$, $y=2$
이때 함수 $y=g(x)$는 x축의 방향으로 a만큼, y축의 방향으로 b만큼 평행이동하므로
점근선도 평행이동하면 $x=3+a$, $y=2+b$
이때 $3+a=2$, $2+b=3$이므로 $a=-1$, $b=1$

0846

다음 물음에 답하시오.

(1) 함수 $f(x)=\dfrac{ax+b}{x+1}$에 대하여 $y=f(x)$의 그래프가 점 $(3, 1)$을 지나고 $f=f^{-1}$일 때, 상수 a, b에 대하여 $b-a$의 값을 구하시오.

TIP $f^{-1}(3)=1$

(단, f^{-1}는 f의 역함수이다.)

STEP A **$f(3)=1$, $f(1)=3$임을 이용하여 a, b의 값 구하기**

함수 $y=f(x)$의 그래프가 점 $(3, 1)$을 지나므로 대입하면

$f(3)=\dfrac{3a+b}{3+1}=1$ $\therefore 3a+b=4$ …… ㉠

$f=f^{-1}$에서 $y=f(x)$이 역함수 $y=f^{-1}(x)$도 점 $(3, 1)$을 지난다.

즉 $f^{-1}(3)=1$이므로 $f(1)=3$

$f(1)=\dfrac{a+b}{1+1}=3$ $\therefore a+b=6$ …… ㉡

㉠, ㉡을 연립하여 풀면 $a=-1$, $b=7$

따라서 $b-a=7-(-1)=8$

+α 점근선 교점이 $y=x$ 위에 있음을 이용하여 구할수 있어!

$f(x)=\dfrac{ax+b}{x+1}$에서 점근선은 $x=-1$, $y=a$
이때 $f=f^{-1}$이므로 점근선의 교점 $(-1, a)$는 직선 $y=x$ 위에 있으므로 $a=-1$

(2) 함수 $f(x)=\dfrac{ax+1}{x+b}$의 그래프의 역함수가 $y=g(x)$이다. 점 $(1, 2)$가 함수 $y=f(x)$의 그래프와 $y=g(x)$의 그래프 위에 있을 때,

TIP 점 $(1, 2)$를 각각 두 함수에 대입한다.

상수 a, b에 대하여 ab의 값을 구하시오.

STEP A **역함수의 성질을 이용하여 a, b의 값 구하기**

함수 $f(x)=\dfrac{ax+1}{x+b}$의 그래프가 점 $(1, 2)$를 지나므로

$f(1)=\dfrac{a+1}{1+b}=2$, $a+1=2+2b$

$\therefore a-2b=1$ …… ㉠

또한, 점 $(1, 2)$가 역함수 $y=g(x)$ 위의 점이다.

즉 $g(1)=2$이므로 $f(2)=1$

$f(2)=\dfrac{2a+1}{2+b}=1$, $2a+1=2+b$

$\therefore 2a-b=1$ …… ㉡

㉠, ㉡을 연립하여 풀면 $a=\dfrac{1}{3}$, $b=-\dfrac{1}{3}$

따라서 $ab=\dfrac{1}{3}\times\left(-\dfrac{1}{3}\right)=-\dfrac{1}{9}$

0847

오른쪽 그림은 유리함수 $f(x)=\dfrac{ax+b}{x+c}$의 그래프이다.

$f^1=f$, $f^{n+1}=f\circ f^n$ $(n=1, 2, 3, \cdots)$

로 정의할 때, $f^{99}(1)+f^{100}(2)$의 값은?

TIP 합성함수를 계속 구해 일정한 규칙이 있거나 항등함수가 나오게 되는 규칙을 찾는다.

① 2 ② $\dfrac{5}{2}$ ③ $\dfrac{7}{2}$
④ 5 ⑤ 7

STEP A **그래프를 이용하여 $f(x)$의 식 구하기**

유리함수 $f(x)=\dfrac{ax+b}{x+c}$에서 점근선의 방정식은 $x=-c$, $y=a$

주어진 그래프에서 점근선의 방정식은 $x=3$, $y=3$

$\therefore a=3$, $c=-3$

또한, $f(x)=\dfrac{3x+b}{x-3}$의 그래프가 $(0, 2)$를 지나므로

$f(0)=\dfrac{b}{-3}=2$ $\therefore b=-6$

$\therefore f(x)=\dfrac{3x-6}{x-3}$

STEP B **$f^n(x)$의 값의 규칙성 추론하여 $f^{99}(1)+f^{100}(2)$의 값 구하기**

$f(x)=\dfrac{3x-6}{x-3}$에서

$$f^2(x)=(f\circ f)(x)=f(f(x))=f\left(\dfrac{3x-6}{x-3}\right)=\dfrac{3\left(\dfrac{3x-6}{x-3}\right)-6}{\dfrac{3x-6}{x-3}-3}=\dfrac{3x}{3}=x$$

분자와 분모에 $x-3$을 곱하면 $\dfrac{3(3x-6)-6(x-3)}{3x-6-3(x-3)}=\dfrac{3x}{3}=x$

$f^3(x)=(f\circ f^2)(x)=f(f^2(x))=f(x)$

⋮

즉 $f^n(x)=\begin{cases}\dfrac{3x-6}{x-3} & (n\text{은 홀수})\\ x & (n\text{은 짝수})\end{cases}$

따라서 $f^{99}(1)+f^{100}(2)=\dfrac{3\times1-6}{1-3}+2=\dfrac{3}{2}+2=\dfrac{7}{2}$

0848

$0 \le x \le 2$에서 함수 $y=\dfrac{2x+a}{x+1}$의 최댓값이 1일 때,

TIP 함수 $y=\dfrac{k}{x-p}+q(k \ne 0)$의 꼴로 변형한 후 분자의 값을 양수와 음수인 경우로 나누어 구한다.

상수 a의 값을 구하시오. (단, $a \ne 2$)

STEP A 유리함수의 식을 변형하기

$y=\dfrac{2x+a}{x+1}=\dfrac{2(x+1)-2+a}{x+1}=\dfrac{a-2}{x+1}+2$

이므로 점근선의 방정식은 $x=-1$, $y=2$이다.

$y=\dfrac{k}{x-p}+q$에서 점근선의 방정식은 $x=p$, $y=q$이다.

이때 $a-2$가 양수인 경우와 음수인 경우로 나누어 정리한다.

STEP B $0 \le x \le 2$에서 최댓값이 1일 때, 상수 a의 값 구하기

(i) $a-2>0$일 때,
$0 \le x \le 2$에서 오른쪽 그림과 같이
$x=0$에서 최댓값 a를 가지므로
$a=1$
이때 $a>2$이므로
조건을 만족시키지 않는다.

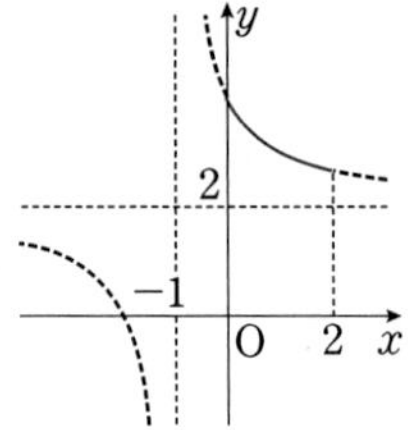

(ii) $a-2<0$일 때,
$0 \le x \le 2$에서 오른쪽 그림과 같이
$x=2$일 때, 최댓값 1을 가져야 하므로
$\dfrac{4+a}{3}=1 \quad \therefore a=-1$

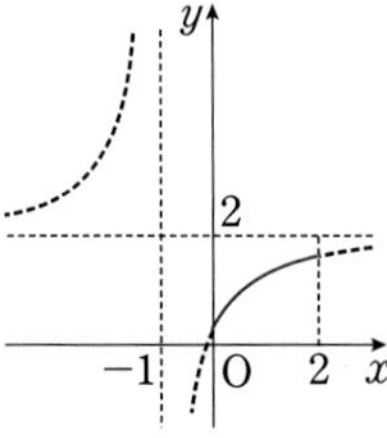

(i), (ii)에서 $a=-1$

NORMAL

0849

두 유리함수 $y=\dfrac{x-4}{x-a}$, $y=\dfrac{-ax+1}{x-2}$의 그래프의 점근선으로 둘러싸인

TIP 두 함수의 그래프의 점근선을 모두 찾아 좌표평면 위에 그린 후 점근선으로 둘러싸인 부분이 나타내는 도형의 넓이를 구한다.

부분의 넓이가 18일 때, 양수 a의 값을 구하시오.

STEP A 두 유리함수의 점근선의 방정식 구하기

$y=\dfrac{x-4}{x-a}$에서 점근선의 방정식은 $x=a$, $y=1$

$y=\dfrac{-ax+1}{x-2}$에서 점근선의 방정식은 $x=2$, $y=-a$

STEP B 점근선으로 둘러싸인 부분의 넓이가 18인 양수 a 구하기

(i) $a>2$일 때,
점근선의 방정식으로 둘러싸인 부분의
그래프는 오른쪽 그림과 같다.
직사각형에서 가로의 길이는 $a-2$,
세로의 길이는 $1-(-a)=1+a$
즉 넓이는 $(a-2)(1+a)=18$,
$a^2-a-20=0$, $(a-5)(a+4)=0$
$\therefore a=5$ 또는 $a=-4$
이때 $a>2$이므로 $a=5$

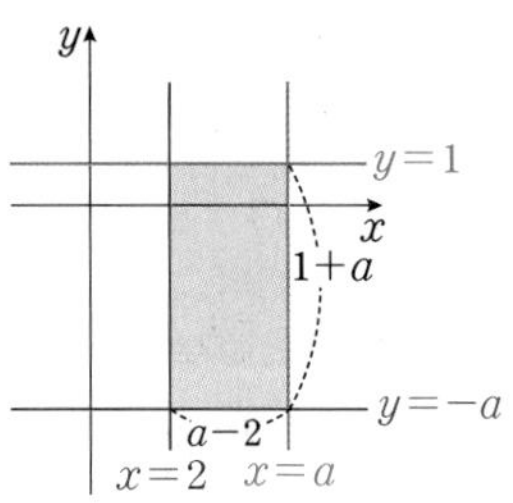

(ii) $0<a<2$일 때,
점근선으로 둘러싸인 부분의 그래프는
오른쪽 그림과 같다.
직사각형의 가로의 길이는 $2-a$,
세로의 길이는 $1+a$
즉 넓이는 $(2-a)(1+a)=18$,
$-a^2+a+2=18$, $a^2-a+16=0$이고
이차방정식의 판별식을 D라 하면
$D=1-64<0$이므로 실수인 a의 값은
존재하지 않는다.

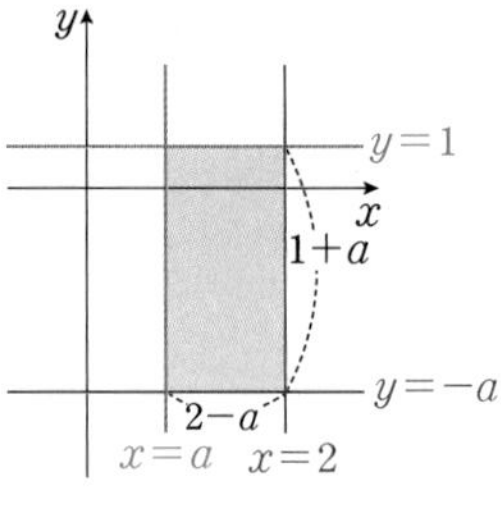

(i), (ii)에서 양수 a의 값은 5

0850

2021년 03월 고2 학력평가 16번 변형

좌표평면에서 곡선 $y=\dfrac{k}{x-3}+2(k<0)$이 x축, y축과 만나는 점을 각각 A, B라 하고, 이 곡선의 두 점근선의 교점을 C라 하자.
세 점 A, B, C가 한 직선 위에 있도록 하는 상수 k의 값은?

TIP 세 점에서 두 점을 지나는 각각의 직선이 서로 같아야 한다.

① -6 ② -5 ③ -4
④ -3 ⑤ -2

STEP A 유리함수의 그래프를 이용하여 세 점 A, B, C의 좌표 구하기

곡선 $y=\dfrac{k}{x-3}+2(k<0)$에서 x축과 만나는 점의 좌표는

$0=\dfrac{k}{x-3}+2$, $0=k+2(x-3)$, $2x-6+k=0$, $x=\dfrac{6-k}{2}$

$\therefore A\left(\dfrac{6-k}{2}, 0\right)$

y축과 만나는 점의 좌표는 $y=\dfrac{k}{0-3}+2$, $y=-\dfrac{k}{3}+2$

$\therefore B\left(0, -\dfrac{k}{3}+2\right)$

또한, $y=\dfrac{k}{x-3}+2$에서 점근선의 방정식은 $x=3$, $y=2$이므로

점근선의 교점 C(3, 2)

STEP B **세 점 A, B, C가 한 직선 위에 있도록 하는 k의 값 구하기**

세 점 $A\left(\frac{6-k}{2}, 0\right)$, $B\left(0, -\frac{k}{3}+2\right)$, $C(3, 2)$가 한 직선 위에 존재하므로 두 직선 AC와 BC의 기울기는 같다.

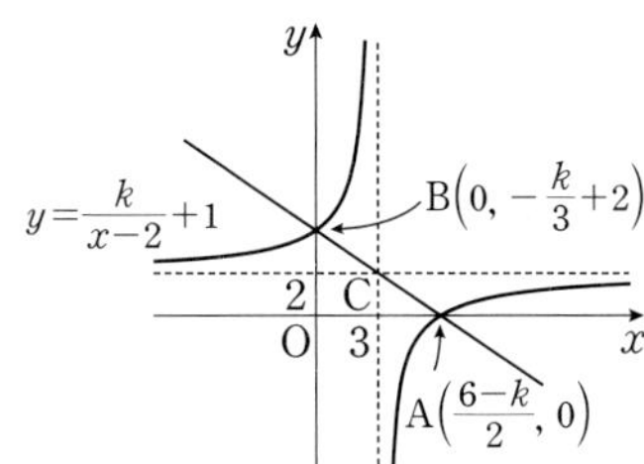

직선 AC의 기울기는 $\frac{2-0}{3-\frac{6-k}{2}}=\frac{4}{k}$ …… ㉠

직선 BC의 기울기는 $\frac{2-\left(-\frac{k}{3}+2\right)}{3-0}=\frac{k}{9}$ …… ㉡

㉠, ㉡의 값이 일치하므로 $\frac{4}{k}=\frac{k}{9}$, $k^2=36$ $\therefore k=6$ 또는 $k=-6$

따라서 $k<0$이므로 $k=-6$

+α 유리함수의 대칭성을 이용하여 구할 수 있어!

세 점 A, B, C가 한 직선 위에 있으므로 점 C는 대칭인 점이 된다.
즉 두 점 A, B는 점 C를 기준으로 대칭인 점이 된다.

이때 두 점 A, B의 중점이 점 C이므로 $\left(\frac{\frac{6-k}{2}+0}{2}, \frac{0-\frac{k}{3}+2}{2}\right)$, $\left(\frac{6-k}{4}, \frac{-k+6}{6}\right)$

이고 점 C(3, 2)와 일치하므로 $\frac{6-k}{4}=3$, $\frac{-k+6}{6}=2$ $\therefore k=-6$

0851

$2\le x\le 3$에서 $ax+1\le\frac{x}{x-1}\le bx+1$이 항상 성립할 때, 상수 a, b에

TIP $\frac{x}{x-1}=\frac{1}{x-1}+1$에서 $ax+1\le\frac{1}{x-1}+1\le bx+1$이므로 $ax\le\frac{1}{x-1}\le bx$가 성립한다.

대하여 $a-b$의 최댓값을 구하시오.

STEP A **유리함수의 식을 변형하여 그리기**

$y=\frac{x}{x-1}=\frac{(x-1)+1}{x-1}=\frac{1}{x-1}+1$

이므로 $2\le x\le 3$에서

함수 $y=\frac{x}{x-1}$ …… ㉠

의 그래프는 오른쪽 그림과 같다.

이때 직선 $y=ax+1$, $y=bx+1$

은 각각 점 (0, 1)을 지난다.

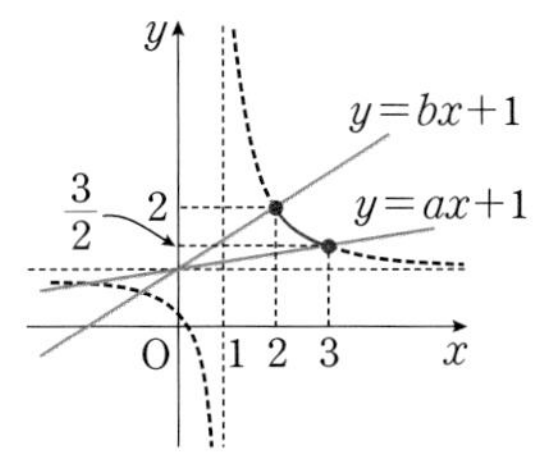

STEP B **$2\le x\le 3$에서 두 그래프가 만나도록 하는 a, b의 범위 구하기**

(i) 직선 $y=bx+1$이 점 (2, 2)를 지날 때,

$2=2b+1$ $\therefore b=\frac{1}{2}$

직선 $y=bx+1$이 곡선 ㉠의 위쪽에 위치하려면 $b\ge\frac{1}{2}$

(ii) 직선 $y=ax+1$이 점 $\left(3, \frac{3}{2}\right)$을 지날 때,

$\frac{3}{2}=3a+1$ $\therefore a=\frac{1}{6}$

직선 $y=ax+1$이 곡선 ㉠의 아래쪽에 위치하려면 $a\le\frac{1}{6}$

(i), (ii)에서 a의 최댓값은 $\frac{1}{6}$, b의 최솟값은 $\frac{1}{2}$이므로

$a-b$의 최댓값은 $\frac{1}{6}-\frac{1}{2}=-\frac{1}{3}$

MINI해설 원점을 지나는 직선으로 유도하여 풀이하기

$\frac{x}{x-1}=\frac{(x-1)+1}{x-1}=\frac{1}{x-1}+1$

이므로 주어진 부등식을 정리하면

$ax\le\frac{1}{x-1}\le bx$ …… ㉠

$2\le x\le 3$에서 $y=\frac{1}{x-1}$의

그래프는 오른쪽 그림과 같으므로

부등식 ㉠을 만족시키는

상수 a, b의 값의 범위는 $a\le\frac{1}{6}$, $b\ge\frac{1}{2}$

따라서 $a-b$의 최댓값은 $\frac{1}{6}-\frac{1}{2}=-\frac{1}{3}$

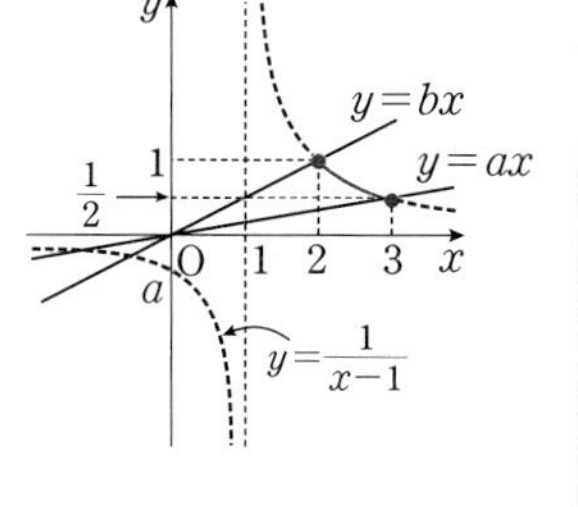

0852

$0\le x\le 3$에서 두 함수

TIP 함수의 그래프를 좌표평면에 나타내어 꼭짓점과 점근선을 파악하여 구한다.

$$f(x)=x^2-4x+1,\ g(x)=\frac{x+9}{x+4}$$

에 대하여 $(g\circ f)(x)$의 최댓값 M, 최솟값을 m이라 하면 $M+m$의 값을 구하시오.

STEP A **$0\le x\le 3$에서 $f(x)$의 값의 범위 구하기**

$0\le x\le 3$에서

함수 $f(x)=x^2-4x+1$

$=(x-2)^2-3$

의 그래프는 오른쪽 그림과 같으므로

$-3\le f(x)\le 1$

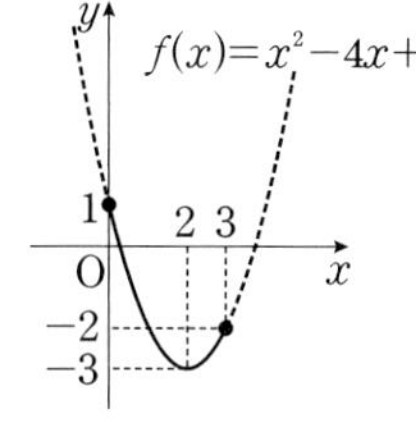

STEP B **$f(x)=t$로 치환하여 $g(f(x))=g(t)$의 치역 구하기**

$(g\circ f)(x)=g(f(x))$에서 $f(x)=t$로 치환하면

$g(t)=\frac{t+9}{t+4}=\frac{(t+4)+5}{t+4}=\frac{5}{t+4}+1$ (단, $-3\le t\le 1$)

이고 그래프는 다음 그림과 같다.

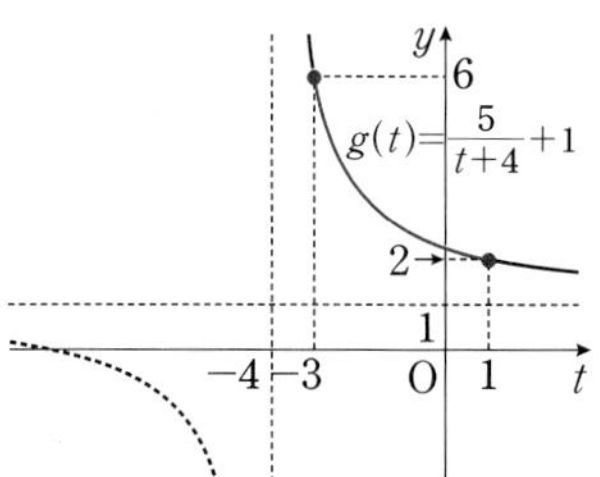

최댓값은 $t=-3$일 때, $g(-3)=\frac{5}{-3+4}+1=6$이므로 $M=6$

최솟값은 $t=1$일 때, $g(1)=\frac{5}{1+4}+1=2$이므로 $m=2$

따라서 $M+m=6+2=8$

0853

2017년 03월 고3 학력평가 나형 16번

두 함수 $f(x)$, $g(x)$가

$$f(x)=\frac{6x+12}{2x-1},\ g(x)=\begin{cases}1 & (x\text{가 정수인 경우})\\ 0 & (x\text{가 정수가 아닌 경우})\end{cases}$$

일 때, 방정식 $(g\circ f)(x)=1$을 만족시키는 모든 자연수 x의 개수는?

TIP $g(f(x))=1$에서 $f(x)$의 값이 정수이어야 한다.

① 4 ② 5 ③ 6
④ 7 ⑤ 8

STEP Ⓐ $(g\circ f)(x)=1$을 만족하는 $f(x)$의 조건 구하기

함수 $g(x)$에서 x의 값이 정수이면 $g(x)=1$

방정식 $(g\circ f)(x)=g(f(x))=1$이므로 $f(x)$가 정수이어야 한다.

STEP Ⓑ $f(x)$가 정수가 되기 위한 자연수 x의 값 구하기

$f(x)=\frac{6x+12}{2x-1}=\frac{15}{2x-1}+3$이 정수가 되려면

$2x-1$은 15의 약수이어야 한다.

x가 자연수이므로 $2x-1$은 자연수이고 $2x-1$은 15의 양의 약수이다.

즉 $2x-1=1,\ 3,\ 5,\ 15$ $\quad\therefore x=1,\ 2,\ 3,\ 8$

따라서 $(g\circ f)(x)=1$을 만족하는 모든 자연수 x의 개수는 4

0854

유리함수 $f(x)=\frac{ax+b}{x+2}$는 그 역함수와 일치하며, $y=f(x)$와 $y=x$의

TIP 점근선의 교점이 $y=x$ 위에 있다.

두 교점 사이의 거리가 8일 때, 상수 a, b에 대하여 $a-b$의 값은?

① -6 ② -3 ③ 0
④ 3 ⑤ 6

STEP Ⓐ 점근선의 교점이 $y=x$ 위에 있음을 이용하여 a의 값 구하기

유리함수 $f(x)=\frac{ax+b}{x+2}$에서 점근선의 방정식은 $x=-2,\ y=a$

이때 함수 $y=f(x)$와 그 역함수가 일치하므로 점근선의 교점 $(-2,\ a)$는 직선 $y=x$ 위에 있어야 한다.

$\therefore a=-2$

+α 직접 역함수를 이용하여 구할 수 있어!

$f(x)=\frac{ax+b}{x+2}$에서 $y=\frac{ax+b}{x+2}$라 하고 x에 대하여 풀면

$xy+2y=ax+b,\ (y-a)x=-2y+b\quad\therefore x=\frac{-2y+b}{y-a}$

x와 y를 바꾸면 $y=\frac{-2x+b}{x-a}$

이때 두 함수가 일치하므로 $a=-2$

STEP Ⓑ $y=f(x)$와 $y=x$의 두 교점 사이의 거리가 8임을 이용하여 b의 값 구하기

$y=f(x)$와 $y=x$의 두 교점 사이의 거리가 8이므로

$\frac{-2x+b}{x+2}=x$에서 $-2x+b=x^2+2x,\ x^2+4x-b=0$

이차방정식 $x^2+4x-b=0$의 서로 다른 두 실근은 $x=\alpha,\ x=\beta$라 하면

근과 계수의 관계에 의하여 $\alpha+\beta=-4,\ \alpha\beta=-b$ …… ㉠

또한, 교점의 좌표는 $(\alpha,\ \alpha)$, $(\beta,\ \beta)$이므로 두 점 사이의 거리는

$\sqrt{(\alpha-\beta)^2+(\alpha-\beta)^2}=\sqrt{2}|\alpha-\beta|=8$

$\therefore |\alpha-\beta|=4\sqrt{2}$ …… ㉡

㉠, ㉡에서 곱셈 공식의 변형에 의하여

$(\alpha-\beta)^2=(\alpha+\beta)^2-4\alpha\beta$이므로 $32=16+4b\quad\therefore b=4$

따라서 $a=-2,\ b=4$이므로 $a-b=-2-4=-6$

+α 두 근의 차를 이용하여 구할 수 있어!

$f(x)=\frac{-2x+b}{x+2}$와 $y=x$의 두 교점 사이의 거리가 8이므로

서로 다른 두 교점의 x좌표 사이의 거리는 $4\sqrt{2}$이다.

기울기가 1이므로 직각삼각형의 길이의 비는 $1:1:\sqrt{2}$

방정식 $\frac{-2x+b}{x+2}=x,\ -2x+b=x^2+2x,\ x^2+4x-b=0$

이차방정식의 두 근의 차가 $4\sqrt{2}$이므로

$\frac{\sqrt{16+4b}}{1}=4\sqrt{2}$이고 양변을 제곱하면 $16+4b=32\quad\therefore b=4$

이차방정식 $ax^2+bx+c=0$에서 두 근의 차 $|\alpha-\beta|=\frac{\sqrt{b^2-4ac}}{|a|}$

0855

2017년 03월 고2 학력평가 나형 19번

유리함수 $f(x)=\frac{2x+b}{x-a}$가 다음 조건을 만족시킨다.

(가) 2가 아닌 모든 실수 x에 대하여 $f^{-1}(x)=f(x-4)-4$이다.

TIP $f^{-1}(x)$의 그래프는 $f(x)$의 그래프를 x축의 방향으로 4만큼, y축의 방향으로 -4만큼 평행이동한 것이다.

(나) 함수 $y=f(x)$의 그래프를 평행이동하면 함수 $y=\frac{3}{x}$의 그래프와 일치한다.

$a+b$의 값은? (단, a, b는 상수이고 f^{-1}은 f의 역함수이다.)

① 1 ② 2 ③ 3
④ 4 ⑤ 5

STEP Ⓐ 유리함수의 점근선을 이용하여 $f^{-1}(x)$의 점근선 구하기

유리함수 $f(x)=\frac{2x+b}{x-a}$에서 점근선의 방정식은 $x=a,\ y=2$ …… ㉠

이때 역함수 $y=f^{-1}(x)$는 $y=f(x)$의 그래프를 $y=x$에 대하여 대칭이동한 것이므로 점근선의 방정식은 $x=2,\ y=a$ …… ㉡

STEP Ⓑ 두 조건 (가), (나)를 이용하여 a, b의 값 구하기

조건 (가)에서 $f^{-1}(x)=f(x-4)-4$이므로 $y=f^{-1}(x)$의 그래프는

$y=f(x)$의 그래프를 x축의 방향으로 4만큼, y축의 방향으로 -4만큼 이동한 그래프와 일치한다.

이때 $y=f(x)$의 점근선을 x축의 방향으로 4만큼, y축의 방향으로 -4만큼 평행이동하면 역함수의 점근선과 일치해야 한다.

㉠에서 x축의 방향으로 4만큼, y축의 방향으로 -4만큼 평행이동하면

$x=a+4,\ y=-2$이고 $x=2,\ y=a$와 일치하므로 $a=-2$

$f(x)=\frac{2x+b}{x+2}=\frac{2(x+2)+b-4}{x+2}=\frac{b-4}{x+2}+2$이고

$y=\frac{3}{x}$의 그래프를 평행이동하여 일치하므로 $b-4=3\quad\therefore b=7$

따라서 $a+b=-2+7=5$

다른풀이 역함수를 직접 구하여 풀이하기

STEP Ⓐ 조건 (가)를 만족하는 a의 값 구하기

$y=\frac{2x+b}{x-a}$에서 x에 관하여 풀면 $(x-a)y=2x+b,\ xy-ay=2x+b$

$(y-2)x=ay+b\quad\therefore x=\frac{ay+b}{y-2}$

x와 y를 서로 바꾸어 역함수를 구하면 $f^{-1}(x)=\frac{ax+b}{x-2}$

조건 (가)에 의해

$$\frac{ax+b}{x-2}=\frac{2(x-4)+b}{(x-4)-a}-4=\frac{2(x-4)+b}{(x-4)-a}-\frac{4(x-4-a)}{(x-4)-a}$$

$$=\frac{-2x+4a+8+b}{x-4-a}$$

$-2=-4-a$에서 $a=-2$

STEP B **조건 (나)를 이용하는 b의 값 구하기**

$$f(x)=\frac{2x+b}{x+2}=\frac{2(x+2)+b-4}{x+2}$$
$$=2+\frac{b-4}{x+2}$$

이므로 (나)에 의해 $b-4=3$

$b=7$

따라서 $a+b=-2+7=5$

0856

2020년 03월 고2 학력평가 19번 변형

함수 $f(x)=\dfrac{a}{x-4}+b$에 대하여 함수 $y=\left|f(x-a)-\dfrac{a}{2}\right|$의 그래프가 y축에 대하여 대칭일 때, $f(b)$의 값은? (단, a, b는 상수이고 $a\neq0$)

TIP 직선 $x=0$의 좌우가 대칭이어야 하므로 곡선 $y=f(x+a)+\dfrac{a}{2}$는 원점에 대하여 대칭이어야 한다.

① -2 ② $-\dfrac{5}{3}$ ③ $-\dfrac{4}{3}$

④ -1 ⑤ $-\dfrac{2}{3}$

STEP A **$y=\left|f(x-a)-\dfrac{a}{2}\right|$의 그래프가 y축에 대하여 대칭이기 위한 점근선의 방정식 구하기**

곡선 $y=\left|f(x-a)-\dfrac{a}{2}\right|$의 그래프는 $y<0$인 부분을 x축에 대하여 대칭이동한 것이다.

이때 함수의 그래프가 y축에 대하여 대칭이 되기 위해서

$y=f(x-a)-\dfrac{a}{2}$의 점근선의 방정식은

$x=0$, $y=0$ …… ㉠

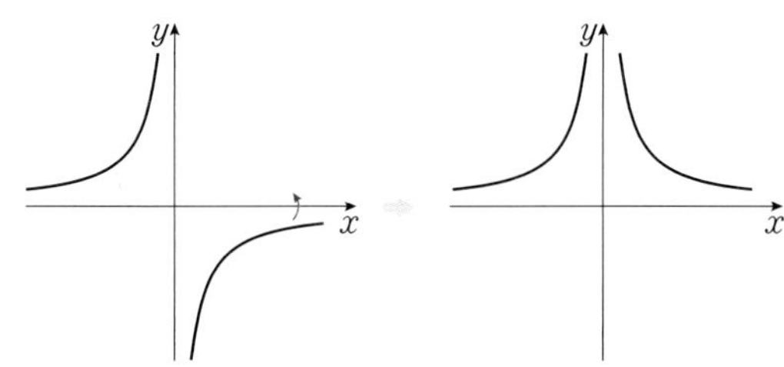

STEP B **$y=f(x-a)-\dfrac{a}{2}$의 점근선 방정식을 이용하여 a, b의 값 구하기**

$f(x)=\dfrac{a}{x-4}+b$에서 점근선의 방정식은 $x=4$, $y=b$

이때 $y=f(x-a)-\dfrac{a}{2}$의 그래프는 $y=f(x)$의 그래프를 x축의 방향으로 a만큼, y축의 방향으로 $-\dfrac{a}{2}$만큼 평행이동한 것이므로

점근선의 방정식을 평행이동하면 $x=4+a$, $y=b-\dfrac{a}{2}$이고

㉠과 일치하므로

$4+a=0$에서 $a=-4$

$b-\dfrac{a}{2}=0$에서 $a=-4$이므로 $b=-2$

STEP C **$f(b)$의 값 구하기**

$a=-4$, $b=-2$이므로 $f(x)=\dfrac{-4}{x-4}-2$

따라서 $f(b)=f(-2)=\dfrac{-4}{-2-4}-2=-\dfrac{4}{3}$

0857

오른쪽 그림은 함수 $y=\dfrac{2}{x-2}+4$의 그래프를 나타낸 것이다. 이 곡선 위의 세 점 P, Q, R을 각각 한 꼭짓점으로 하고, 이 점과 이웃하지 않는 두 변이 점근선과 평행하거나 점근선 위에 있는 세 직사각형 A, B, C의 넓이를 각각 S_A, S_B, S_C라고 할 때, 다음 중 옳은 것은?

TIP 유리함수 위의 점에서 점근선에 내린 수선의 발을 이용하여 만든 직사각형의 넓이는 일정하다.

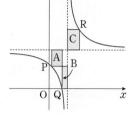

① $S_A=S_B=S_C$ ② $S_A=S_B<S_C$ ③ $S_C<S_A=S_B$

④ $S_B<S_A<S_C$ ⑤ $S_A<S_B<S_C$

STEP A **이 직사각형의 넓이는 점의 위치에 관계없이 일정함을 이용하기**

$y=\dfrac{2}{x-2}+4$에서 $y-4=\dfrac{2}{x-2}$이므로 $(x-2)(y-4)=2$

점 R의 좌표를 (x, y)라 하면 이 점과 이웃하지 않는 두 변이 점근선과 겹치는 직사각형의 가로, 세로의 길이는 각각 $|x-2|$, $|y-4|$

이 직사각형의 넓이는 $|(x-2)(y-4)|=2$로 점의 위치에 관계없이 일정함을 알 수 있다.

STEP B **S_A, S_B, S_C의 관계 구하기**

오른쪽 그림에서 빗금 친 부분의 직사각형을 D라 하고

점 P의 좌표를 (a, b)라 하면

S_A+S_D에서 이 점과 이웃하지 않는 두 변이 점근선과 겹치는 직사각형의 가로, 세로의 길이는 각각 $|2-a|$, $|4-b|$이다.

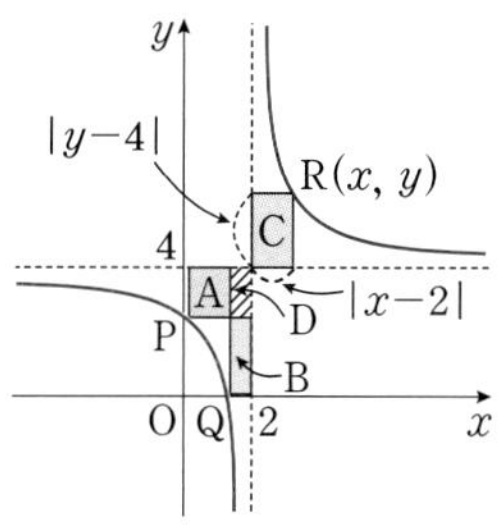

S_A+S_D의 넓이는 $|2-a||4-b|=2$로 점의 위치와 관계없이 일정하다.

S_B+S_D도 2로 일정하다.

$\therefore S_C=S_A+S_D=S_B+S_D$

따라서 $S_A=S_B<S_C$

0858

2016년 06월 고2 학력평가 나형 11번

오른쪽 그림과 같이 함수 $y=\dfrac{4}{x}$의 그래프 위의 점 중 제 1사분면에 있는 한 점을 $\mathrm{A}\left(a, \dfrac{4}{a}\right)$라 하고 점 A를 x축, y축, 원점에 대하여 대칭이동한 점을 각각 B, C, D라 하자. 직사각형 ACDB의 둘레의 길이의 최솟값은?

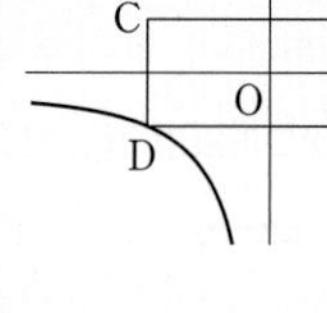

TIP 둘레의 길이는 $2(\overline{AB}+\overline{AC})$이고 산술평균과 기하평균의 관계를 이용할 수 있다.

① 10 ② 12 ③ 14

④ 16 ⑤ 18

STEP A **점 A의 x좌표를 a라 하고 각 점의 좌표 구하기**

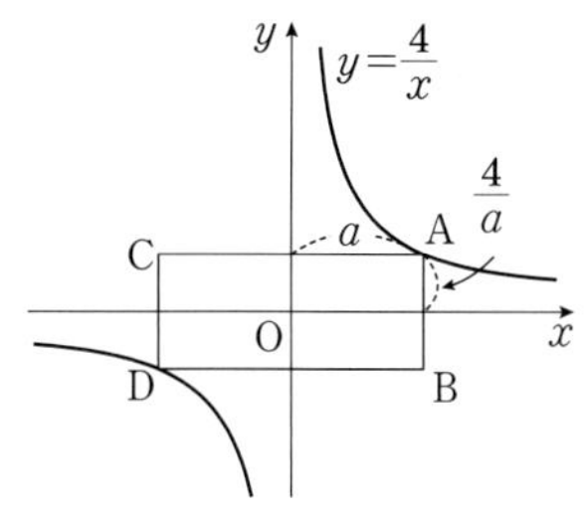

함수 $y=\frac{4}{x}$의 점근선의 방정식은 $x=0$, $y=0$이므로

점 $(0, 0)$에 대하여 그래프는 대칭이다.

점 A의 x좌표를 $a(a>0)$라 하면 $A\left(a, \frac{4}{a}\right)$이고 원점에 대하여

대칭이동한 점 $D\left(-a, -\frac{4}{a}\right)$

점 $B\left(a, -\frac{4}{a}\right)$, 점 $C\left(-a, \frac{4}{a}\right)$

STEP B 산술평균과 기하평균의 관계를 이용하여 최솟값 구하기

직사각형 ACDB에서

$\overline{AB}=\frac{4}{a}-\left(-\frac{4}{a}\right)=\frac{8}{a}$, $\overline{AC}=a-(-a)=2a$이므로

둘레의 길이는 $2(\overline{AB}+\overline{AC})=2\left(\frac{8}{a}+2a\right)=4a+\frac{16}{a}$

$a>0$이므로 산술평균과 기하평균의 관계에 의하여

$4a+\frac{16}{a}\ge 2\sqrt{4a\times\frac{16}{a}}=16$ (단, 등호는 $a=2$일 때 성립한다.)

$4a=\frac{16}{a}$, $4a^2=16$이므로 $a=2$ 또는 $a=-2$, 즉 $a>0$이므로 $a=2$

따라서 직사각형 ACDB의 둘레의 길이의 최솟값은 16

POINT 점의 대칭이동

① x축에 대한 대칭이동 : $(x, y)\longrightarrow(x, -y)$
② y축에 대한 대칭이동 : $(x, y)\longrightarrow(-x, y)$
③ 원점에 대한 대칭이동 : $(x, y)\longrightarrow(-x, -y)$
④ 직선 에 대한 대칭이동 : $(x, y)\longrightarrow(y, x)$
⑤ 직선 $y=-x$에 대한 대칭이동 : $(x, y)\longrightarrow(-y, -x)$

0859

서술형

유리함수 $f(x)=\frac{bx+c}{x+a}$의 그래프는 두 직선 $x=1$, $y=2$를 점근선으로

TIP 점근선의 방정식은 $x=-a$, $y=b$

하고 점 $(-2, 1)$을 지난다. 이 그래프 위의 제1사분면의 점 P에서 x축,

TIP $x>0$, $y>0$

y축에 내린 수선의 발을 각각 A, B라 할 때, $\overline{AP}+\overline{BP}$의 최솟값을 구하는

TIP 산술평균과 기하평균의 관계를 이용하여 구할 수 있다.

과정을 다음 단계로 서술하시오. (단, a, b, c는 상수이다.)

[1단계] 두 점근선과 한 점을 지나는 유리함수 $f(x)$의 식을 구한다. [5점]
[2단계] 산술평균과 기하평균을 이용하여 $\overline{AP}+\overline{BP}$의 최솟값을 구한다. [5점]

1단계 두 점근선과 한 점을 지나는 유리함수 $f(x)$의 식을 구한다. **5점**

$f(x)=\frac{bx+c}{x+a}$에서 점근선의 방정식은 $x=-a$, $y=b$이고

점근선의 방정식이 $x=1$, $y=2$로 주어졌으므로 $a=-1$, $b=2$

$f(x)=\frac{2x+c}{x-1}$의 그래프가 점 $(-2, 1)$을 지나므로 대입하면

$f(-2)=\frac{-4+c}{-2-1}=1$, $-4+c=-3$ $\quad\therefore c=1$

$\therefore f(x)=\frac{2x+1}{x-1}$

2단계 산술평균과 기하평균을 이용하여 $\overline{AP}+\overline{BP}$의 최솟값을 구한다. **5점**

$f(x)=\frac{2x+1}{x-1}=\frac{2(x-1)+3}{x-1}=\frac{3}{x-1}+2$에서

점 P의 좌표를 $\left(p, \frac{3}{p-1}+2\right)(p>1)$라 하면

$\overline{AP}=\frac{3}{p-1}+2$, $\overline{BP}=p$

이때 $p-1>0$, $\frac{3}{p-1}>0$이므로

산술평균과 기하평균의 관계에 의하여

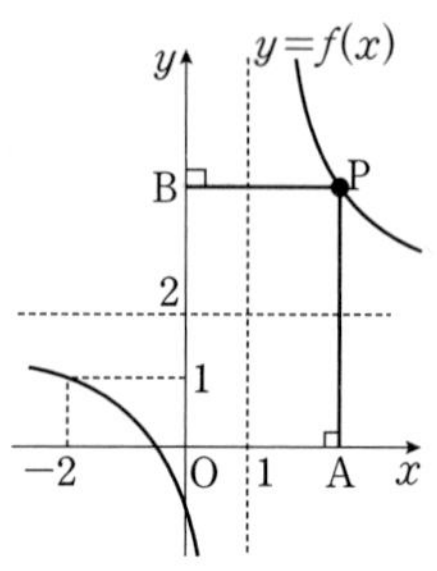

$$\begin{aligned}\overline{AP}+\overline{BP}&=\frac{3}{p-1}+2+p\\&=\frac{3}{p-1}+(p-1)+3\\&\ge 2\sqrt{\frac{3}{p-1}\times(p-1)}+3\\&=2\sqrt{3}+3\end{aligned}$$

$\left(\text{단, 등호는 } p-1=\frac{3}{p-1}\text{, 즉 } p=1+\sqrt{3}\text{일 때 성립한다.}\right)$

따라서 $\overline{AP}+\overline{BP}$의 최솟값은 $2\sqrt{3}+3$

0860

서술형

유리함수 $f(x)=\frac{ax+b}{cx+d}(ad-bc\ne0,\ c\ne0)$의 그래프가 두 직선 $y=x-1$, $y=-x+5$에 대하여 모두 대칭이고 점 $(1, 3)$을 지날 때,

TIP 함수의 점근선을 각각 대입하고 연립하여 구한다.

$f(x)$의 역함수 $f^{-1}(x)$를 구하는 과정을 다음 단계로 서술하시오.
(단, a, b, c, d는 상수이다.)

[1단계] 유리함수의 그래프의 대칭성을 이용하여 유리함수 $f(x)$의 식을 구한다. [3점]
[2단계] 유리함수가 지나는 점을 대입하여 $f(x)$를 구한다. [3점]
[3단계] 유리함수 $f(x)$의 역함수 $f^{-1}(x)$를 구한다. [4점]

1단계 유리함수의 그래프의 대칭성을 이용하여 유리함수 $f(x)$의 식을 구한다. **3점**

유리함수 $f(x)$의 그래프가 두 직선 $y=x-1$, $y=-x+5$에 대하여 각각 대칭이므로 두 직선 $y=x-1$, $y=-x+5$의 교점 $(3, 2)$에 대해서도 대칭이다.
즉 점근선의 방정식은 $x=3$, $y=2$이므로 주어진 함수의 식을

$f(x)=\frac{k}{x-3}+2$ ($k\ne0$인 상수) ...... ㉠

$y=\frac{k}{x-p}+q$에서 점근선의 방정식은 $x=p$, $y=q$이다.

로 놓을 수 있다.

2단계 유리함수가 지나는 점을 대입하여 $f(x)$를 구한다. **3점**

㉠의 그래프가 점 $(1, 3)$을 지나므로

$3=\frac{k}{1-3}+2$ $\quad\therefore k=-2$ ← $x=1$, $y=3$을 대입

$k=-2$를 ㉠에 대입하면

$f(x)=\frac{-2}{x-3}+2=\frac{2x-8}{x-3}$

3단계 유리함수 $f(x)$의 역함수 $f^{-1}(x)$를 구한다. **4점**

$y=\frac{2x-8}{x-3}$라 하면 x에 대하여 풀면

$xy-3y=2x-8$, $(y-2)x=3y-8$

$\therefore x=\frac{3y-8}{y-2}$

x와 y를 서로 바꾸면 $y=\frac{3x-8}{x-2}$

따라서 역함수 $f^{-1}(x)=\frac{3x-8}{x-2}$

TOUGH

0861

2020학년도 사관기출 나형 7번

집합 $X=\{x|x>0\}$에 대하여 함수 $f:X \longrightarrow X$가

$$f(x)=\begin{cases} \frac{1}{x}+1 & (0<x\leq 3) \\ -\frac{1}{x-a}+b & (x>3) \end{cases}$$

TIP 점근선을 기준으로 그래프의 위치를 그리면서 접근한다.

이다. 함수 $f(x)$가 일대일대응일 때, $a+b$의 값은?

TIP 일대일함수이고 공역과 치역이 일치하므로 치역은 $y>0$

(단, a, b는 상수이다.)

① $\frac{13}{4}$ ② $\frac{10}{3}$ ③ $\frac{41}{12}$ ④ $\frac{7}{2}$ ⑤ $\frac{43}{12}$

STEP A 일대일대응 조건을 만족하는 점근선의 방정식 구하기

$X=\{x|x>0\}$에서 함수 $f:X \longrightarrow X$가 일대일대응이다.

일대일함수이면서 공역과 치역이 일치해야 한다.

이때 $0<x\leq 3$에서 $y=\frac{1}{x}+1$의 치역은 $y\geq\frac{4}{3}$이므로

$x>3$에서 $y=-\frac{1}{x-a}+b$의 치역은 $0<y<\frac{4}{3}$이어야 한다.

$y=-\frac{1}{x}$를 x축의 방향으로 a만큼, y축의 방향으로 b만큼 평행이동한 것이다.

함수의 그래프가 $y=\frac{4}{3}$에 한없이 가까워지므로 점근선의 방정식이 될 수 있다.

이때 일대일대응이 되도록 그래프를 그리면 다음과 같다.

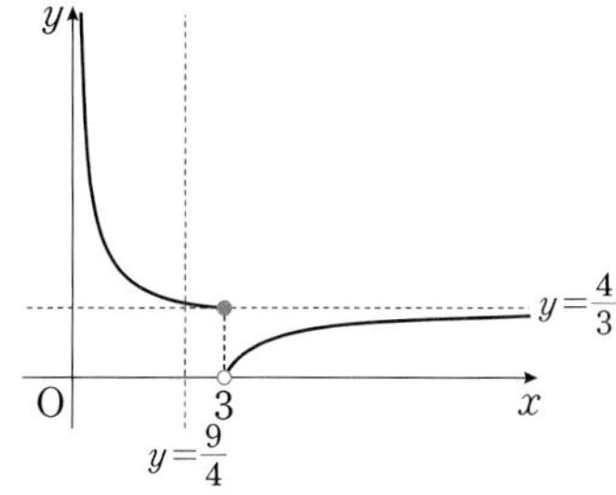

즉 함수 $y=-\frac{1}{x-a}+b$의 그래프는 점 $(3,\ 0)$을 지나고 점근선의 방정식은

그래프는 점 $(3,\ 0)$을 지나지만 $x>3$에서 $y=0$은 포함되지 않으므로 일대일대응이 될 수 있다.

$y=\frac{4}{3}$이어야 한다.

점근선의 방정식이 $y=\frac{4}{3}$이므로 $b=\frac{4}{3}$, 점 $(3,\ 0)$을 지나므로 대입하면

$0=-\frac{1}{3-a}+\frac{4}{3}$, $12-4a=3$ $\quad\therefore a=\frac{9}{4}$

STEP B $a+b$의 값 구하기

따라서 $a=\frac{9}{4}$, $b=\frac{4}{3}$이므로 $a+b=\frac{9}{4}+\frac{4}{3}=\frac{43}{12}$

POINT 여러 가지 함수

① 일대일함수 : 정의역의 서로 다른 원소에 공역의 서로 다른 원소가 대응하는 함수
② 일대일대응 : 일대일함수 중 치역과 공역이 서로 같은 함수
③ 항등함수 : 정의역과 공역이 같고 정의역의 각 원소에 자기 자신이 대응하는 함수 즉 $f(x)=x$
④ 상수함수 : 정의역의 모든 원소에 공역의 단 하나의 원소만 대응하는 함수 즉 $f(x)=c$ (c는 상수)

참고 공역이 주어지지 않은 어떤 함수가 일대일함수이면 치역을 공역으로 생각하여 이 함수를 일대일대응으로 볼 수 있다.

0862

2024년 03월 고2 학력평가 17번 변형

유리함수 $f(x)=\frac{6}{x-a}+6\,(a>1)$에 대하여 좌표평면에서 함수 $y=f(x)$의 그래프가 x축, y축과 만나는 점을 각각 A, B라 하고 함수 $y=f(x)$의 그래프의 두 점근선이 만나는 점을 C라 하자.

TIP $y=\frac{k}{x-p}+q\,(k\neq 0)$의 그래프의 두 점근선은 두 직선 $x=p$, $y=q$이므로 점의 좌표는 $(p,\ q)$

사각형 OACB의 넓이가 30일 때, 상수 a의 값은? (단, O는 원점이다.)

① 4 ② $\frac{9}{2}$ ③ 5 ④ $\frac{11}{2}$ ⑤ 6

STEP A 세 점 A, B, C의 좌표 구하고 그래프 그리기

$f(x)=\frac{6}{x-a}+6$에서 점근선의 방정식은 $x=a$, $y=6$

또한, x축과 만나는 점의 좌표는 $y=0$을 대입하면 되므로

$0=\frac{6}{x-a}+6$, $0=6+6(x-a)$, $6x=6a-6$ $\quad x=a-1$

$\therefore$ A$(a-1,\ 0)$

y축과 만나는 점의 좌표는 $x=0$을 대입하면 되므로

$f(0)=-\frac{6}{a}+6$ $\quad\therefore$ B$\left(0,\ -\frac{6}{a}+6\right)$

점 C는 두 점근선의 교점이므로 C$(a,\ 6)$

이때 함수의 그래프를 그리면 다음과 같다.

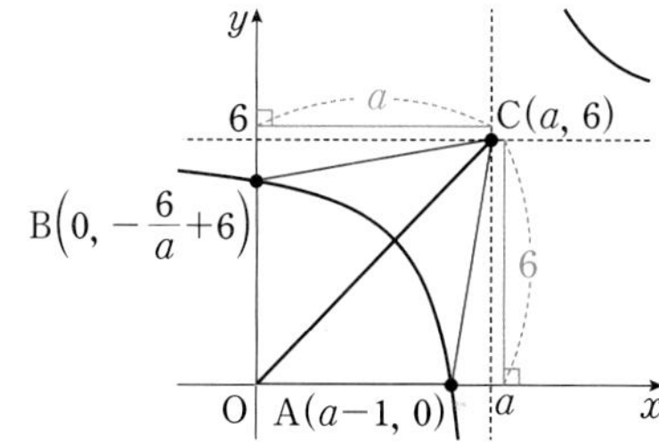

STEP B 사각형 OACB의 넓이를 이용하여 상수 a의 값 구하기

사각형 OACB의 넓이는 삼각형 OAC의 넓이와 삼각형 OCB의 넓이의 합과 같다.

삼각형 OAC의 넓이는 $\frac{1}{2}\times\overline{OA}\times 6=\frac{1}{2}\times(a-1)\times 6=3a-3$

삼각형 OCB의 넓이는 $\frac{1}{2}\times\overline{OB}\times a=\frac{1}{2}\times\left(-\frac{6}{a}+6\right)\times a=3a-3$

즉 사각형 OACB의 넓이는 $(3a-3)+(3a-3)=6a-6$

따라서 $6a-6=30$이므로 $a=6$

0863

2024년 03월 고2 학력평가 17번 변형

두 양수 a, k에 대하여 함수 $f(x)=\frac{k}{x}$의 그래프 위의 두 점

TIP $y=f(x)$는 $y=x$에 대하여 대칭이다.

$$\mathrm{P}(a,\ f(a)),\ \mathrm{Q}(a+4,\ f(a+4))$$

가 다음 조건을 만족시킬 때, k의 값은?

(가) 직선 PQ의 기울기는 -1이다.
(나) 두 점 P, Q를 원점에 대하여 대칭이동한 점을 각각 R, S라 할 때, 사각형 PQRS의 넓이는 $16\sqrt{5}$이다.

TIP 직선 PQ의 기울기가 -1이므로 사각형 PQRS는 직사각형이 된다.

① $\frac{1}{2}$ ② 1 ③ $\frac{3}{2}$
④ 2 ⑤ $\frac{5}{2}$

STEP A 조건 (가)를 이용하여 a, k의 관계식 구하기

두 점 P, Q가 함수 $f(x)=\frac{k}{x}$ 위의 점이므로

점 $\mathrm{P}\left(a,\ \frac{k}{a}\right)$, 점 $\mathrm{Q}\left(a+4,\ \frac{k}{a+4}\right)$

조건 (가)에서 직선 PQ의 기울기가 -1이므로

$$\frac{\frac{k}{a+4}-\frac{k}{a}}{(a+4)-a}=\frac{-4k}{4a(a+4)}=-1$$

$\therefore k=a(a+4)$ …… ㉠

+α 함수의 그래프의 성질을 이용하여 구할 수 있어!

함수 $f(x)=\frac{k}{x}$의 그래프는 $y=x$에 대하여 대칭이다.
이때 함수 위의 점 P, Q의 기울기가 -1이므로 $y=x$에 대하여 대칭이 된다.
점 $\mathrm{P}\left(a,\ \frac{k}{a}\right)$, 점 $\mathrm{Q}\left(a+4,\ \frac{k}{a+4}\right)$이므로 $a=\frac{k}{a+4}$, $\frac{k}{a}=a+4$
$\therefore k=a(a+4)$

STEP B 대칭점의 좌표를 이용하여 사각형 PQRS가 직사각형임을 보이기

$k=a(a+4)$이므로 $\mathrm{P}(a,\ a+4)$, $\mathrm{Q}(a+4,\ a)$
조건 (나)에서 점 P를 원점에 대하여 대칭이동한 점 $\mathrm{R}(-a,\ -a-4)$
점 Q를 원점에 대하여 대칭이동 한 점 $\mathrm{S}(-a-4,\ -a)$

이때 직선 PS의 기울기를 구하면 $\frac{(a+4)-(-a)}{a-(-a-4)}=\frac{2a+4}{2a+4}=1$이므로

선분 PQ와 선분 PS는 서로 수직으로 만난다.
즉 사각형 PQRS는 직사각형이 된다.

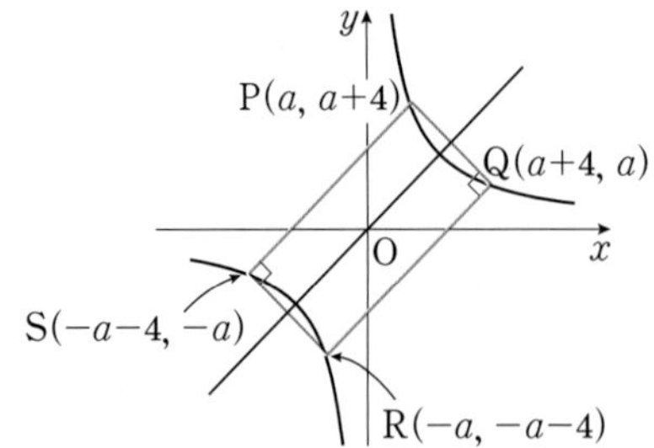

STEP C 직사각형의 넓이를 이용하여 k의 값 구하기

$\overline{\mathrm{PQ}}=\sqrt{\{(a+4)-a\}^2+\{a-(a+4)\}^2}=\sqrt{32}=4\sqrt{2}$

$\overline{\mathrm{QR}}=\sqrt{\{(a+4)+a\}^2+\{a-(-a-4)\}^2}=(2a+4)\sqrt{2}$

직사각형 PQRS의 넓이는

$\overline{\mathrm{PQ}}\times\overline{\mathrm{QR}}=4\sqrt{2}\times\{(2a+4)\sqrt{2}\}=8(2a+4)=16a+32$

$16a+32=16\sqrt{5}$이므로 $a=\sqrt{5}-2$

따라서 ㉠에 대입하면 $k=a(a+4)=(\sqrt{5}-2)(\sqrt{5}+2)=5-4=1$

+α 직선의 기울기를 이용하여 선분의 길이를 구할 수 있어!

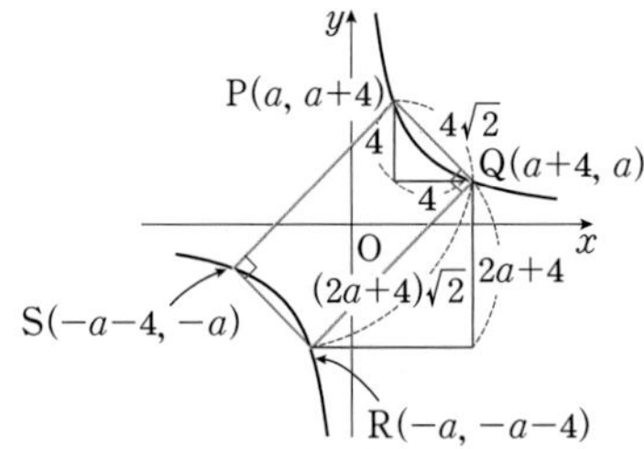

직선의 기울기가 1 또는 -1일 때,
직각삼각형을 만들면 직각이등변삼각형이 만들어지므로 길이를 바로 구할 수 있다.

0864

2014년 11월 고1 학력평가 18번

오른쪽 그림과 같이 함수 $f(x)=\frac{8}{2x-1}\left(x>\frac{1}{2}\right)$의 그래프와 직선 $y=-x$가 있다. 함수 $y=f(x)$의 그래프 위의 점 P를 지나고 x축에 수직인 직선이 직선 $y=-x$와 만나는 점을 Q라 하자. 선분 PQ의 길이의 최솟값은?

TIP 산술평균과 기하평균을 이용하여 최솟값 구한다.

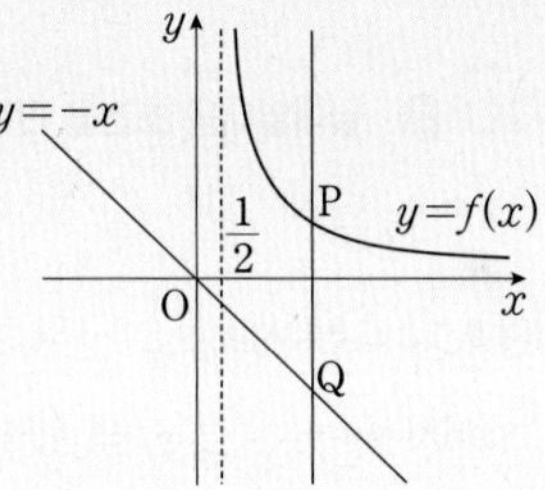

① $\frac{5}{2}$ ② 3 ③ $\frac{7}{2}$
④ 4 ⑤ $\frac{9}{2}$

STEP A 점 P의 x좌표를 k라 하고 선분 PQ의 길이의 식 구하기

점 P의 x좌표를 k라 하고 점 $\mathrm{P}\left(k,\ \frac{8}{2k-1}\right)\left(k>\frac{1}{2}\right)$라 하면

점 Q의 좌표는 $\mathrm{Q}(k,\ -k)$

즉 $\overline{\mathrm{PQ}}=\frac{8}{2k-1}-(-k)=\frac{8}{2k-1}+k$

STEP B 산술평균과 기하평균을 이용하여 최솟값 구하기

$k>\frac{1}{2}$에서 $2k-1>0$이므로

$$\begin{aligned}\overline{\mathrm{PQ}}&=\frac{8}{2k-1}+k\\&=\frac{8}{2k-1}+\frac{1}{2}(2k-1)+\frac{1}{2}\\&\geq 2\sqrt{\frac{8}{2k-1}\times\frac{1}{2}(2k-1)}+\frac{1}{2}\\&=\frac{9}{2}\end{aligned}$$

← 산술평균 기하평균 관계에 의하여 $a>0$, $b>0$, $a+b\geq 2\sqrt{ab}$

$\left(\text{단, 등호는 } \frac{8}{2k-1}=\frac{1}{2}(2k-1),\ \text{즉 } k=\frac{5}{2}\text{일 때 성립한다.}\right)$

$\frac{8}{2k-1}=\frac{1}{2}(2k-1)$을 정리하면 $\frac{16}{2k-1}=2k-1$, $16=(2k-1)^2$에서
양변에 루트를 씌우면 $2k-1=\pm4$이므로 $k=\frac{5}{2}$일 때와 $k=-\frac{3}{2}$로 나뉜다.

따라서 선분 PQ의 길이의 최솟값은 $\frac{9}{2}$

0865

2022년 03월 고2 학력평가 18번

함수 $f(x)=\frac{a}{x}+b\,(a\neq 0)$이 다음 조건을 만족시킨다.

(가) 곡선 $y=|f(x)|$는 직선 $y=2$와 한 점에서만 만난다.
TIP 유리함수의 점근선에서 경우를 나누어 구한다.

(나) $f^{-1}(2)=f(2)-1$

$f(8)$의 값은? (단, a, b는 상수이다.)

① $-\frac{1}{2}$　② $-\frac{1}{4}$　③ 0　④ $\frac{1}{4}$　⑤ $\frac{1}{2}$

STEP A 조건 (가)를 만족하는 상수 b의 값 구하기

함수 $f(x)=\frac{a}{x}+b\,(a\neq 0)$의 점근선의 방정식은 $x=0$, $y=b$이므로 a, b의 부호에 따라 다음과 같이 나타낸다.

(ⅰ) $a>0$, $b>0$일 때,
조건 (가)를 만족시키기 위해서 다음 그래프와 같이 $b=2$
조건 (나)에서 $f^{-1}(2)=p$라 하면 $f(p)=2$
이때 $f(x)=\frac{a}{x}+2$에서 $f(p)=\frac{a}{p}+2\neq 2$이므로
$f^{-1}(2)$의 값은 존재하지 않는다.

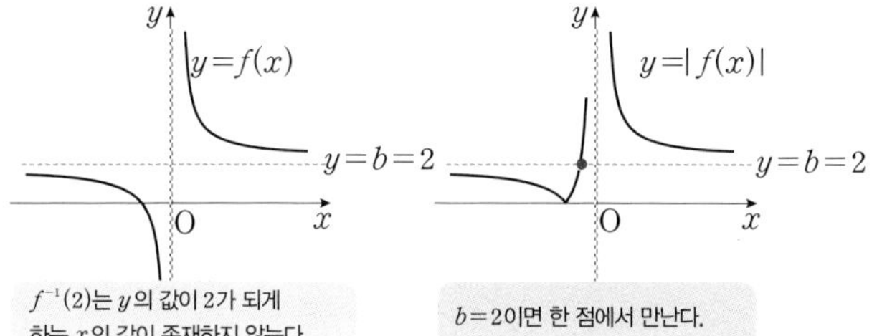

$f^{-1}(2)$는 y의 값이 2가 되게 하는 x의 값이 존재하지 않는다.
$b=2$이면 한 점에서 만난다.

(ⅱ) $a>0$, $b<0$일 때,
조건 (가)를 만족시키기 위해서 다음 그래프와 같이 $b=-2$
조건 (나)에서 $f^{-1}(2)=q$라 하면 $f(q)=2$
이때 $f(x)=\frac{a}{x}-2$에서
$f(q)=\frac{a}{q}-2=2$, $q=\frac{a}{4}$　$\therefore f^{-1}(2)=\frac{a}{4}$
조건 (나)의 식에 대입하면
$f^{-1}(2)=f(2)-1$이므로 $\frac{a}{4}=\left(\frac{a}{2}-2\right)-1$, $\frac{a}{4}=3$　$\therefore a=12$

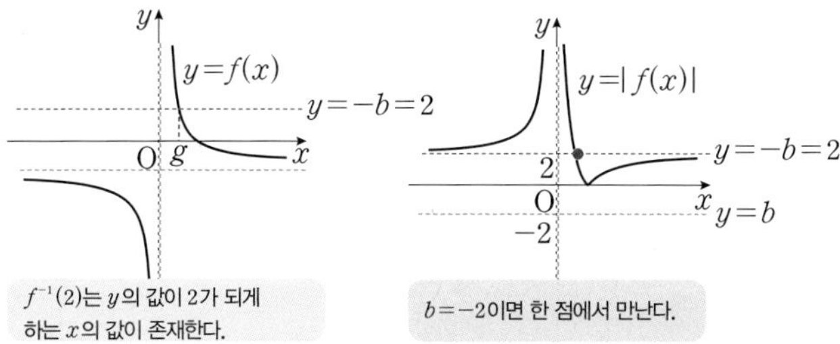

$f^{-1}(2)$는 y의 값이 2가 되게 하는 x의 값이 존재한다.
$b=-2$이면 한 점에서 만난다.

(ⅲ) $a<0$, $b>0$일 때,
(ⅰ)과 같이 $f^{-1}(2)$가 존재하지 않으므로 조건을 만족시키지 않는다.

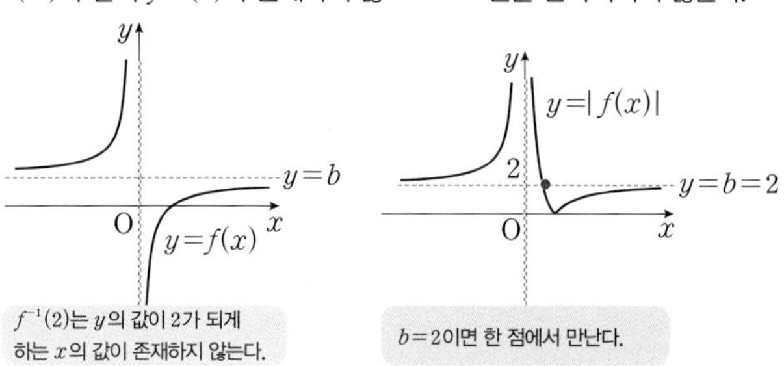

$f^{-1}(2)$는 y의 값이 2가 되게 하는 x의 값이 존재하지 않는다.
$b=2$이면 한 점에서 만난다.

(ⅳ) $a<0$, $b<0$일 때,
조건 (가)를 만족시키기 위해서 다음 그래프와 같이 $b=-2$
조건 (나)에서 $f^{-1}(2)=s$라 하면 $f(s)=2$
이때 $f(x)=\frac{a}{x}-2$에서
$f(s)=\frac{a}{s}-2=2$, $s=\frac{a}{4}$　$\therefore f^{-1}(s)=\frac{a}{4}$
조건 (나)의 식에 대입하면
$f^{-1}(2)=f(2)-1$이므로 $\frac{a}{4}=\left(\frac{a}{2}-2\right)-1$　$\therefore a=12$
이때 $a<0$라는 조건을 만족시키지 않는다.

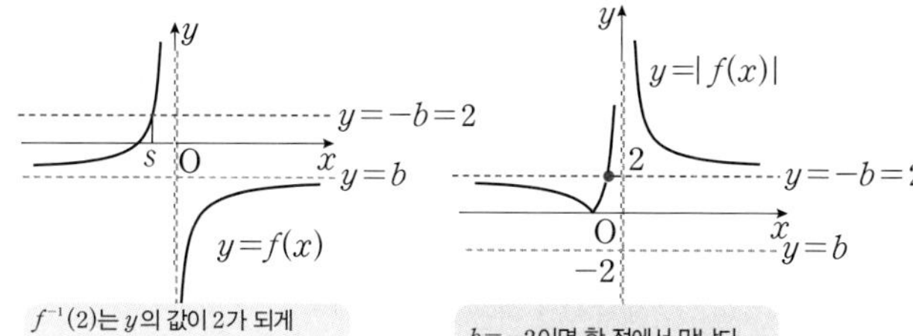

$f^{-1}(2)$는 y의 값이 2가 되게 하는 x의 값이 존재한다.
$b=-2$이면 한 점에서 만난다.

(ⅰ)~(ⅳ)에서 $a=12$, $b=-2$

STEP B $f(8)$의 값 구하기

$a=12$, $b=-2$이므로 $f(x)=\frac{12}{x}-2$
따라서 $f(8)=\frac{12}{8}-2=-\frac{1}{2}$

다른풀이 $f(x)=\pm 2$를 만족하는 실근이 1개임을 이용하여 풀이하기

STEP A 조건 (가)를 만족하는 상수 b의 값 구하기

조건 (가)에서 곡선 $y=f(x)$가 직선 $y=2$와 만나는 점의 개수와 직선 $y=-2$와 만나는 점의 개수의 합은 1이다.
즉 $y=f(x)$와 직선 $y=2$와 한 점에서 만날 때, 점근선의 방정식은 $y=-2$
(유리함수는 일대일대응이므로 $y=2$와의 교점의 개수는 1)
($y=-2$와 교점이 존재하지 않아야 하므로 점근선이 되어야 한다.)
또한, $y=f(x)$와 직선 $y=-2$와 한 점에서 만날 때,
점근선의 방정식은 $y=2$가 되어야 하므로
$b=-2$ 또는 $b=2$　…… ㉠

STEP B 조건 (나)를 만족하는 상수 a의 값 구하기

$f(x)=\frac{a}{x}+b$, 즉 $y=\frac{a}{x}+b$에서 $\frac{a}{x}=y-b$, $x=\frac{a}{y-b}$
x와 y를 서로 바꾸면 $y=\frac{a}{x-b}$
그러므로 $f^{-1}(x)=\frac{a}{x-b}$이다.
조건 (나)에서 $f^{-1}(2)=f(2)-1$이므로
$\frac{a}{2-b}=\frac{a}{2}+b-1$　…… ㉡
㉡에서 $b\neq 2$이므로 ㉠에서 $b=-2$이다.
㉡에 $b=-2$를 대입하면 $\frac{a}{4}=\frac{a}{2}-3$
$\therefore a=12$

STEP C $f(8)$의 값 구하기

따라서 $f(x)=\frac{12}{x}-2$이므로 $f(8)=\frac{12}{8}-2=-\frac{1}{2}$

0866

다음 물음에 답하시오.

(1) $1 < a < 2$일 때, $\sqrt{(1-a)^2}-\sqrt{4a^2-4a+1}$을 간단히 하시오.

TIP $1 < a < 2$에서 $1-a < 0$, $2a-1 > 0$

STEP A 주어진 식을 간단히 정리하기

$\sqrt{(1-a)^2}-\sqrt{4a^2-4a+1}$
$=\sqrt{(1-a)^2}-\sqrt{(2a-1)^2}$
$=|1-a|-|2a-1|$ ← $\sqrt{(x-a)^2}=|x-a|=\begin{cases} x-a & (x \ge a) \\ -(x-a) & (x < a) \end{cases}$

STEP B $1 < a < 2$에서 부호 판단하여 계산하기

이때 $1 < a < 2$에서 $1-a < 0$, $2a-1 > 0$
따라서 $|1-a|-|2a-1|=-(1-a)-(2a-1)=-a$

(2) $-2 < a < 3$일 때, $\sqrt{a^2+4a+4}+\sqrt{a^2-6a+9}$를 간단히 하시오.

STEP A 주어진 식을 간단히 정리하기

$\sqrt{a^2+4a+4}+\sqrt{a^2-6a+9}=\sqrt{(a+2)^2}+\sqrt{(a-3)^2}$
$=|a+2|+|a-3|$

STEP B $-2 < a < 3$에서 부호 판단하여 계산하기

이때 $-2 < a < 3$에서 $a+2 > 0$, $a-3 < 0$
따라서 $|a+2|+|a-3|=(a+2)-(a-3)=5$

0867

다음 물음에 답하시오.

(1) $\dfrac{1}{\sqrt{3-x}}+\sqrt{x+2}$의 값이 실수가 되도록 하는 실수 x에 대하여 $\sqrt{(x+3)^2}-\sqrt{x^2-8x+16}$을 간단히 하면?

① $2x-1$ ② 7 ③ $-2x+1$
④ $2x+1$ ⑤ 1

STEP A 무리식이 실수가 되도록 하는 x의 값의 범위 구하기

$3-x > 0$이므로 $x < 3$
$x+2 \ge 0$이므로 $x \ge -2$
$\therefore -2 \le x < 3$

STEP B $\sqrt{(x+3)^2}-\sqrt{x^2-8x+16}$을 간단히 정리하기

따라서 $x+3 > 0$, $x-4 < 0$이므로
$\sqrt{(x+3)^2}-\sqrt{x^2-8x+16}=\sqrt{(x+3)^2}-\sqrt{(x-4)^2}$
$=|x+3|-|x-4|$
$=x+3+(x-4)$
$=2x-1$

2018년 11월 고1 학력평가 3번

(2) 실수 x가 $\dfrac{\sqrt{x+1}}{\sqrt{x-1}}=-\sqrt{\dfrac{x+1}{x-1}}$을 만족할 때,

TIP 음수의 제곱근의 성질을 이용하여 풀이한다.

$\sqrt{(x-1)^2+4x}-\sqrt{(x+1)^2-4x}$를 간단히 하면?

① 2 ② $2x$ ③ $-2x$
④ $2x+2$ ⑤ $-2x+2$

STEP A 음수의 제곱근의 성질을 이용하여 x의 값의 범위 구하기

$\dfrac{\sqrt{x+1}}{\sqrt{x-1}}=-\sqrt{\dfrac{x+1}{x-1}}$이므로 음수의 제곱근의 성질에 의하여
$(x+1 > 0,\ x-1 < 0)$ 또는 $(x+1=0,\ x-1 \ne 0)$이므로
$\dfrac{\sqrt{b}}{\sqrt{a}}=-\sqrt{\dfrac{b}{a}}$일 때, $(b > 0,\ a < 0)$ 또는 $(b=0,\ a \ne 0)$
$x+1 \ge 0$, $x-1 < 0$
$\therefore -1 \le x < 1$

STEP B 주어진 식을 간단히 정리하기

$\sqrt{(x-1)^2+4x}=\sqrt{(x^2-2x+1)+4x}=\sqrt{x^2+2x+1}=\sqrt{(x+1)^2}=|x+1|$
$\sqrt{(x+1)^2-4x}=\sqrt{(x^2+2x+1)-4x}=\sqrt{x^2-2x+1}=\sqrt{(x-1)^2}=|x-1|$
$-1 \le x < 1$에서 $x+1 \ge 0$, $x-1 < 0$
따라서 $\sqrt{(x-1)^2+4x}-\sqrt{(x+1)^2-4x}=|x+1|-|x-1|$
$=(x+1)+(x-1)$
$=2x$

POINT 음수의 제곱근의 성질

① $a < 0$, $b < 0$일 때, $\sqrt{a}\sqrt{b}=-\sqrt{ab}$
② $a > 0$, $b < 0$일 때, $\dfrac{\sqrt{a}}{\sqrt{b}}=-\sqrt{\dfrac{a}{b}}$

0868

2014년 03월 고2 학력평가 B형 6번

다음 물음에 답하시오.

(1) 모든 실수 x에 대하여 $\sqrt{kx^2-kx+3}$의 값이 실수가 되도록 하는 정수 k의 개수를 구하시오.

TIP 모든 실수 x에 대하여 $kx^2-kx+3 \ge 0$

STEP A 무리식이 실수가 되기 위한 조건 구하기

모든 실수 x에 대하여 $\sqrt{kx^2-kx+3}$의 값이 실수가 되어야 하므로
$kx^2-kx+3 \ge 0$을 만족해야 한다.

STEP B 모든 실수 x에 대하여 $kx^2-kx+3 \ge 0$이 되기 위한 k의 범위 구하기

(i) $k=0$일 때,
$0 \times x^2-0 \times x+3=3$이므로 모든 실수 x에 대하여 실수가 된다.
(ii) $k \ne 0$일 때,
$y=kx^2-kx+3$이라 하면 모든 실수 x에 대하여 $y \ge 0$
이때 $k > 0$이어야 하고 이차방정식 $kx^2-kx+3=0$의 판별식을 D라 하면 $D \le 0$이어야 한다.
$D=k^2-12k \le 0$, $k(k-12) \le 0$
$\therefore 0 \le k \le 12$
이때 $k > 0$이므로 공통된 범위를 구하면 $0 < k \le 12$
(i), (ii)에 의하여 $0 \le k \le 12$
따라서 정수 k의 값이 $0, 1, 2, 3, \cdots, 12$이므로 그 개수는 13

(2) 실수 x의 값에 관계없이 $\frac{1}{\sqrt{x^2-2kx+k+20}}$이 항상 실수가 되도록

TIP 모든 실수 x에 대하여 $x^2-2kx+k+20>0$

정수 k의 개수를 구하시오.

STEP A **무리식이 실수가 되기 위한 조건 구하기**

모든 실수 x에 대하여 $\frac{1}{\sqrt{x^2-2kx+k+20}}$의 값이 실수가 되어야 하므로

$x^2-2kx+k+20>0$을 만족해야 한다.

STEP B **모든 실수 x에 대하여 $x^2-2kx+k+20>0$가 되기 위한 조건 구하기**

모든 실수 x에 대하여 $x^2-2kx+k+20>0$이므로

이차방정식 $x^2-2kx+k+20=0$의 판별식을 D라 하면 $D<0$이어야 한다.

$\frac{D}{4}=k^2-(k+20)<0,\ k^2-k-20<0$

$(k+4)(k-5)<0$

$\therefore -4<k<5$

따라서 정수 k는 $-3,\ -2,\ -1,\ 0,\ 1,\ 2,\ 3,\ 4$이므로 그 개수는 8

> **POINT** 이차부등식이 항상 성립할 조건
>
> 이차방정식 $ax^2+bx+c=0$의 판별식을 D라 하면
>
> ① 모든 실수 x에 대하여 이차부등식 $ax^2+bx+c\geq 0$이 성립할 조건
> ➡ $a>0,\ D=b^2-4ac\leq 0$
>
> ② 모든 실수 x에 대하여 이차부등식 $ax^2+bx+c\leq 0$이 성립할 조건
> ➡ $a<0,\ D=b^2-4ac\leq 0$

0869

다음 물음에 답하시오.

(1) $x=\frac{\sqrt{2}}{2}$일 때, $\frac{\sqrt{1+x}}{\sqrt{1-x}}-\frac{\sqrt{1-x}}{\sqrt{1+x}}$의 값을 구하시오.

TIP 두 식을 통분하여 대입한다.

STEP A **두 식을 통분하여 계산하기**

$x=\frac{\sqrt{2}}{2}$이므로 $1+x>0,\ 1-x>0$

이때 주어진 식을 간단히 정리하면

$$\frac{\sqrt{1+x}}{\sqrt{1-x}}-\frac{\sqrt{1-x}}{\sqrt{1+x}}=\frac{(\sqrt{1+x})^2-(\sqrt{1-x})^2}{\sqrt{1-x}\sqrt{1+x}}$$ ← 두 식을 통분한다.

$$=\frac{1+x-(1-x)}{\sqrt{1-x^2}}$$

$$=\frac{2x}{\sqrt{1-x^2}}$$

따라서 $x=\frac{\sqrt{2}}{2}$를 대입하면 $\frac{2\times\frac{\sqrt{2}}{2}}{\sqrt{1-\left(\frac{\sqrt{2}}{2}\right)^2}}=\frac{\sqrt{2}}{\sqrt{1-\frac{2}{4}}}=\frac{\sqrt{2}}{\frac{\sqrt{2}}{2}}=2$

(2) $x=\frac{\sqrt{5}}{2}$일 때, $\frac{\sqrt{x+1}-\sqrt{x-1}}{\sqrt{x+1}+\sqrt{x-1}}+\frac{\sqrt{x+1}+\sqrt{x-1}}{\sqrt{x+1}-\sqrt{x-1}}$의 값을 구하시오.

TIP 두 식을 통분하여 대입한다.

STEP A **두 식을 통분하여 계산하기**

$x=\frac{\sqrt{5}}{2}$이므로 $x+1>0,\ x-1>0$

이때 주어진 식을 간단히 정리하면

$$\frac{\sqrt{x+1}-\sqrt{x-1}}{\sqrt{x+1}+\sqrt{x-1}}+\frac{\sqrt{x+1}+\sqrt{x-1}}{\sqrt{x+1}-\sqrt{x-1}}$$ ← 두 식을 통분한다.

$$=\frac{(\sqrt{x+1}-\sqrt{x-1})^2}{(\sqrt{x+1}+\sqrt{x-1})(\sqrt{x+1}-\sqrt{x-1})}+\frac{(\sqrt{x+1}+\sqrt{x-1})^2}{(\sqrt{x+1}-\sqrt{x-1})(\sqrt{x+1}+\sqrt{x-1})}$$

$$=\frac{(x+1)-2\sqrt{x+1}\sqrt{x-1}+(x-1)}{(x+1)-(x-1)}+\frac{(x+1)+2\sqrt{x+1}\sqrt{x-1}+(x-1)}{(x+1)-(x-1)}$$

$$=\frac{4x}{2}=2x$$

따라서 $x=\frac{\sqrt{5}}{2}$를 대입하면 $2x=2\times\frac{\sqrt{5}}{2}=\sqrt{5}$

0870

다음 물음에 답하시오.

(1) 양의 실수 x에 대하여 $f(x)=\frac{1}{\sqrt{x+1}+\sqrt{x}}$일 때,

TIP $f(x)=\sqrt{x+1}-\sqrt{x}$

$f(1)+f(2)+f(3)+\cdots+f(99)$의 값은?

TIP x의 값을 대입하면서 정리하면 된다.

① 8 ② 9 ③ 10
④ 11 ⑤ 12

STEP A **분모의 유리화를 이용하여 $f(x)$의 식 정리하기**

$$f(x)=\frac{1}{\sqrt{x+1}+\sqrt{x}}=\frac{\sqrt{x+1}-\sqrt{x}}{(\sqrt{x+1}+\sqrt{x})(\sqrt{x+1}-\sqrt{x})}$$ ← 분모의 유리화

$$=\frac{\sqrt{x+1}-\sqrt{x}}{x+1-x}$$

$$=\sqrt{x+1}-\sqrt{x}$$

STEP B **$f(1)+f(2)+f(3)+\cdots+f(99)$의 값 구하기**

따라서 $f(1)+f(2)+f(3)+\cdots+f(99)$

$=(\sqrt{2}-\sqrt{1})+(\sqrt{3}-\sqrt{2})+(\sqrt{4}-\sqrt{3})+\cdots+(\sqrt{100}-\sqrt{99})$

$=-1+\sqrt{100}=9$

> **+α** 같은 문제 다른 표현
>
> $\frac{1}{1+\sqrt{2}}+\frac{1}{\sqrt{2}+\sqrt{3}}+\frac{1}{\sqrt{3}+\sqrt{4}}+\cdots+\frac{1}{\sqrt{99}+\sqrt{100}}$
>
> $=(\sqrt{2}-1)+(\sqrt{3}-\sqrt{2})+(\sqrt{4}-\sqrt{3})+\cdots+(\sqrt{100}-\sqrt{99})$
>
> $=-1+\sqrt{100}=9$

(2) $x>\frac{1}{2}$인 실수 x에 대하여 $f(x)=\sqrt{2x-1}+\sqrt{2x+1}$일 때,

$\frac{1}{f(1)}+\frac{1}{f(2)}+\frac{1}{f(3)}+\cdots+\frac{1}{f(60)}$의 값은?

TIP $\frac{1}{f(x)}=\frac{1}{2}(\sqrt{2x+1}-\sqrt{2x-1})$

① 5 ② 6 ③ 7
④ 8 ⑤ 9

STEP A **분모의 유리화를 이용하여 $\frac{1}{f(x)}$의 식 정리하기**

$$\frac{1}{f(x)}=\frac{1}{\sqrt{2x-1}+\sqrt{2x+1}}$$

$$=\frac{\sqrt{2x-1}-\sqrt{2x+1}}{(\sqrt{2x-1}+\sqrt{2x+1})(\sqrt{2x-1}-\sqrt{2x+1})}$$ ← 분모의 유리화

$$=-\frac{\sqrt{2x-1}-\sqrt{2x+1}}{2}$$

$$=\frac{1}{2}(\sqrt{2x+1}-\sqrt{2x-1})$$

STEP B $\frac{1}{f(1)}+\frac{1}{f(2)}+\frac{1}{f(3)}+\cdots+\frac{1}{f(60)}$의 값 구하기

따라서 $\frac{1}{f(1)}+\frac{1}{f(2)}+\frac{1}{f(3)}+\cdots+\frac{1}{f(60)}$

$=\frac{1}{2}\{(\sqrt{3}-1)+(\sqrt{5}-\sqrt{3})+\cdots+(\sqrt{121}-\sqrt{119})\}$

$=\frac{1}{2}(\sqrt{121}-1)=\frac{1}{2}(11-1)=5$

+α 같은 문제 다른 표현

$\frac{1}{1+\sqrt{3}}+\frac{1}{\sqrt{3}+\sqrt{5}}+\frac{1}{\sqrt{5}+\sqrt{7}}+\cdots+\frac{1}{\sqrt{119}+\sqrt{121}}$

$=\frac{\sqrt{3}-1}{2}+\frac{\sqrt{5}-\sqrt{3}}{2}+\frac{\sqrt{7}-\sqrt{5}}{2}+\cdots+\frac{\sqrt{121}-\sqrt{119}}{2}$

$=\frac{1}{2}(\sqrt{121}-1)=5$

0871

다음 물음에 답하시오.

(1) $x=\frac{1}{2-\sqrt{3}}$, $y=\frac{1}{2+\sqrt{3}}$일 때, $\frac{\sqrt{y}}{\sqrt{x}}+\frac{\sqrt{x}}{\sqrt{y}}$의 값을 구하시오.

TIP 통분을 이용하여 식을 간단히 정리한다.

STEP A 주어진 식 정리하기

주어진 식을 통분하여 정리하면

$\frac{\sqrt{y}}{\sqrt{x}}+\frac{\sqrt{x}}{\sqrt{y}}=\frac{(\sqrt{y})^2+(\sqrt{x})^2}{\sqrt{x}\times\sqrt{y}}=\frac{x+y}{\sqrt{xy}}$

STEP B $x+y$, xy의 값을 이용하여 주어진 식 계산하기

$x=\frac{1}{2-\sqrt{3}}=\frac{2+\sqrt{3}}{(2-\sqrt{3})(2+\sqrt{3})}=\frac{2+\sqrt{3}}{4-3}=2+\sqrt{3}$

$y=\frac{1}{2+\sqrt{3}}=\frac{2-\sqrt{3}}{(2+\sqrt{3})(2-\sqrt{3})}=\frac{2-\sqrt{3}}{4-3}=2-\sqrt{3}$

이때 $x+y=(2+\sqrt{3})+(2-\sqrt{3})=4$, $xy=(2+\sqrt{3})(2-\sqrt{3})=4-3=1$

따라서 $\frac{\sqrt{y}}{\sqrt{x}}+\frac{\sqrt{x}}{\sqrt{y}}=\frac{x+y}{\sqrt{xy}}=\frac{4}{\sqrt{1}}=4$

(2) $x=\frac{1}{\sqrt{3}-1}$, $y=\frac{1}{\sqrt{3}+1}$일 때, $\frac{\sqrt{x}-\sqrt{y}}{\sqrt{x}+\sqrt{y}}+\frac{\sqrt{x}+\sqrt{y}}{\sqrt{x}-\sqrt{y}}$의 값을 구하시오.

TIP 통분을 이용하여 식을 간단히 정리한다.

STEP A 주어진 식 정리하기

주어진 식을 통분하여 정리하면

$\frac{\sqrt{x}-\sqrt{y}}{\sqrt{x}+\sqrt{y}}+\frac{\sqrt{x}+\sqrt{y}}{\sqrt{x}-\sqrt{y}}=\frac{(\sqrt{x}-\sqrt{y})^2+(\sqrt{x}+\sqrt{y})^2}{(\sqrt{x}+\sqrt{y})(\sqrt{x}-\sqrt{y})}$

$=\frac{(x-2\sqrt{xy}+y)+(x+2\sqrt{xy}+y)}{x-y}$

$=\frac{2(x+y)}{x-y}$

STEP B $x+y$, $x-y$의 값을 이용하여 주어진 식 계산하기

$x=\frac{1}{\sqrt{3}-1}=\frac{\sqrt{3}+1}{(\sqrt{3}-1)(\sqrt{3}+1)}=\frac{\sqrt{3}+1}{2}$,

$y=\frac{1}{\sqrt{3}+1}=\frac{\sqrt{3}-1}{(\sqrt{3}+1)(\sqrt{3}-1)}=\frac{\sqrt{3}-1}{2}$

이때 $x+y=\frac{\sqrt{3}+1}{2}+\frac{\sqrt{3}-1}{2}=\sqrt{3}$, $x-y=\frac{\sqrt{3}+1}{2}-\frac{\sqrt{3}-1}{2}=1$

따라서 $\frac{\sqrt{x}-\sqrt{y}}{\sqrt{x}+\sqrt{y}}+\frac{\sqrt{x}+\sqrt{y}}{\sqrt{x}-\sqrt{y}}=\frac{2(x+y)}{x-y}=\frac{2\sqrt{3}}{1}=2\sqrt{3}$

0872

2013년 고2 성취도평가 23번

무리함수 $y=-\sqrt{x+1}+2$에 대한 설명으로 [보기]에서 옳은 것을 모두 고른 것은?

TIP $y=-\sqrt{a(x-p)}+q\,(a>0)$에서 정의역은 $x\ge p$, 치역은 $y\le q$

ㄱ. 정의역은 $\{x|x\ge-1\}$이다.
ㄴ. 치역은 $\{y|y\le2\}$이다.
ㄷ. 그래프는 제 3사분면을 지난다.

① ㄱ ② ㄷ ③ ㄱ, ㄴ
④ ㄴ, ㄷ ⑤ ㄱ, ㄴ, ㄷ

STEP A 무리함수의 그래프 그리기

$y=-\sqrt{x+1}+2=-\sqrt{x-(-1)}+2$

이므로

$y=-\sqrt{x}$의 그래프를 x축의 방향으로 -1만큼, y축의 방향으로 2만큼 평행이동한 그래프이다.

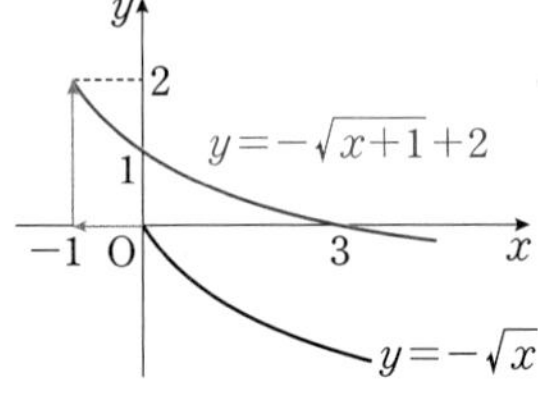

STEP B [보기]의 참, 거짓 판단하기

ㄱ. $x+1\ge0$이므로 $x\ge-1$

즉 무리함수 $y=-\sqrt{x+1}+2$의 정의역은 $\{x|x\ge-1\}$이다. [참]

근호 안의 식이 0이거나 0보다 커야한다.

ㄴ. 치역은 $\{y|y\le2\}$이다. [참]

ㄷ. 무리함수의 그래프의 y절편이 1이고 함수의 그래프는 위의 그림과 같이 제3사분면을 지나지 않는다. [거짓]

따라서 옳은 것은 ㄱ, ㄴ이다.

0873

다음 물음에 답하시오. (단, a, b는 상수이다.)

(1) 함수 $y=-\sqrt{-4x+a}+2$의 정의역이 $\{x|x\le2\}$이고 치역이 $\{y|y\le b\}$일 때, ab의 값은?

TIP 근호 안의 식이 0 이상이어야 한다.

① 6 ② 12 ③ 14
④ 16 ⑤ 18

STEP A 주어진 무리함수의 식에서 정의역과 치역 구하기

$y=-\sqrt{-4x+a}+2=-\sqrt{-4\left(x-\frac{a}{4}\right)}+2$이므로 $y=-\sqrt{-4x}$의 그래프를 x축의 방향으로 $\frac{a}{4}$만큼, y축의 방향으로 2만큼 평행이동한 것이다.

함수 $y=-\sqrt{-4x+a}+2$에서 근호 안의 식이 $-4x+a$이므로

정의역은 $-4x+a\ge0$, $4x\le a$ $\therefore x\le\frac{a}{4}$

또한, $-\sqrt{-4x+a}\le0$이므로 치역은 $y\le2$

STEP B 정의역과 치역을 이용하여 a, b의 값 구하기

정의역이 $\{x|x\le2\}$에서 $x\le\frac{a}{4}$와 일치하므로 $a=8$

치역이 $\{y|y\le b\}$에서 $y\le2$와 일치하므로 $b=2$

따라서 $ab=8\times2=16$

(2) 함수 $y=\sqrt{-2x+4}+a$의 정의역이 $\{x|x \le b\}$이고

TIP 근호 안의 식이 0 이상이어야 한다.

치역이 $\{y|y \ge -1\}$일 때, $a+b$의 값은?

① -2　② -1　③ 1
④ 2　⑤ 3

STEP A 주어진 무리함수의 식에서 정의역과 치역 구하기

$y=\sqrt{-2x+4}+a=\sqrt{-2(x-2)}+a$이므로

$y=\sqrt{-2x}$의 그래프를 x축의 방향으로 2만큼, y축의 방향으로 a만큼 평행이동한 것이다.

함수 $y=\sqrt{-2x+4}+a$에서 근호 안의 식이 $-2x+4$이므로

정의역은 $-2x+4 \ge 0$, $2x \le 4$

$\therefore x \le 2$

또한, $\sqrt{-2x+4} \ge 0$이므로 치역은 $y \ge a$

STEP B 정의역과 치역을 이용하여 a, b의 값 구하기

정의역이 $\{x|x \le b\}$에서 $x \le 2$와 일치하므로 $b=2$

치역이 $\{y|y \ge -1\}$에서 $y \ge a$와 일치하므로 $a=-1$

따라서 $a+b=(-1)+2=1$

0874

함수 $y=\dfrac{3x+10}{x+3}$의 그래프의 점근선의 방정식이 $x=a$, $y=b$이고,

TIP 점근선의 방정식은 $x=-3$, $y=3$

함수 $f(x)=-\sqrt{ax+b}+c$에 대하여 $f(1)=-2$이다.

이때 함수 $f(x)$의 정의역과 치역을 구하시오. (단, a, b, c는 상수이다.)

STEP A 유리함수의 점근선의 방정식과 $f(1)=-2$를 이용하여 $f(x)$의 식 구하기

함수 $y=\dfrac{3x+10}{x+3}$에서 점근선의 방정식은 $x=-3$, $y=3$

$y=\dfrac{3x+10}{x+3}=\dfrac{3(x+3)+1}{x+3}=\dfrac{1}{x+3}+3$이므로 $y=\dfrac{1}{x}$의 그래프를 x축의 방향으로 -3만큼, y축의 방향으로 3만큼 평행이동한 것이다.

$\therefore a=-3$, $b=3$

함수 $f(x)=-\sqrt{ax+b}+c$에서 $a=-3$, $b=3$을 대입하면

$f(x)=-\sqrt{-3x+3}+c$

이때 $f(1)=-2$이므로 대입하면

$f(1)=-\sqrt{-3+3}+c=-2$　$\therefore c=-2$

$\therefore f(x)=-\sqrt{-3x+3}-2$

STEP B 함수 $f(x)$의 정의역과 치역 구하기

$f(x)=-\sqrt{-3x+3}-2$에서 근의 안의 식이 $-3x+3$이므로

정의역은 $-3x+3 \ge 0$, $3x \le 3$

$\therefore x \le 1$

또한, $-\sqrt{-3x+3} \le 0$이므로 치역은 $y \le -2$

따라서 정의역은 $\{x|x \le 1\}$이고 치역은 $\{y|y \le -2\}$

0875

다음 무리함수의 최댓값과 최솟값을 각각 구하시오.

(1) $y=\sqrt{2-x}+3$ (단, $0 \le x \le 1$)

(2) $y=-\sqrt{3-x}+2$ (단, $-1 \le x \le 2$)

STEP A 그래프를 이용하여 주어진 범위에서 최댓값, 최솟값 구하기

(1) $y=\sqrt{2-x}+3=\sqrt{-(x-2)}+3$이므로

$y=\sqrt{-x}$의 그래프를 x축의 방향으로 2만큼, y축의 방향으로 3만큼 평행이동한 것이고 그래프는 다음 그림과 같다.

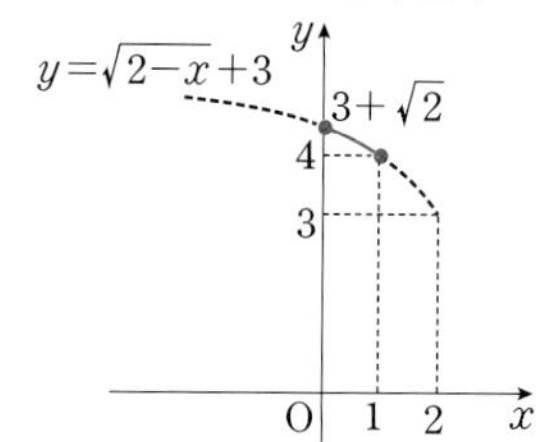

따라서 $x=0$일 때, 최댓값 $\sqrt{2}+3$이고 $x=1$일 때, 최솟값 $\sqrt{2-1}+3=4$

(2) $y=-\sqrt{3-x}+2=-\sqrt{-(x-3)}+2$이므로

$y=-\sqrt{-x}$의 그래프를 x축의 방향으로 3만큼, y축의 방향으로 2만큼 평행이동한 것이고 그래프는 다음 그림과 같다.

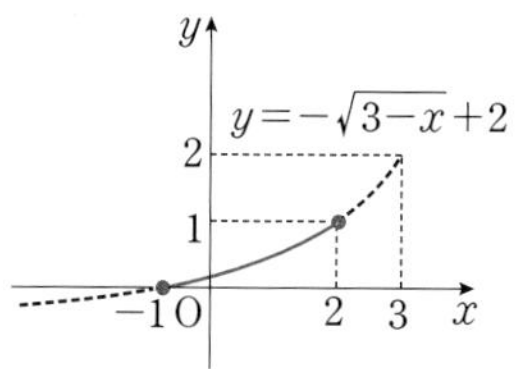

따라서 $x=2$일 때, 최댓값 $-\sqrt{3-2}+2=1$이고

$x=-1$일 때, 최솟값 $-\sqrt{3-(-1)}+2=0$

0876

다음 물음에 답하시오.

(1) $-4 \le x \le 0$에서 함수 $y=\sqrt{9-ax}+b$의 최댓값이 5, 최솟값이 1일

TIP 함수의 정의역과 치역을 이용하여 그래프의 개형을 그린다.

때, 상수 a, b에 대하여 $a+b$의 값은? (단, $a>0$)

① 5　② 6　③ 7
④ 8　⑤ 9

STEP A 무리함수의 정의역과 치역을 구하고 그래프 그리기

함수 $y=\sqrt{9-ax}+b$에서 근호 안의 식이 $9-ax$이므로 정의역은

$9-ax \ge 0$, $ax \le 9$　$\therefore x \le \dfrac{9}{a}$

또한, $\sqrt{9-ax} \ge 0$이므로 치역은 $y \ge b$

이때 $-4 \le x \le 0$에서 그래프는 오른쪽 그림과 같다.

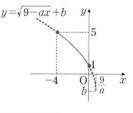

STEP B 최댓값과 최솟값을 이용하여 a, b의 값 구하기

$x=-4$일 때, 최댓값은 5이므로

$\sqrt{9+4a}+b=5$, $\sqrt{9+4a}=5-b$, $9+4a=(5-b)^2$

$\therefore a=\dfrac{(5-b)^2-9}{4}$　…… ㉠

$x=0$에서 최댓값이 1이므로

$\sqrt{9}+b=1$, $3+b=1$　$\therefore b=-2$　…… ㉡

㉠, ㉡을 연립하여 풀면 $a=10$, $b=-2$

따라서 $a+b=10+(-2)=8$

04 무리함수

Ⅲ 함수와 그래프

(2) $-8 \le x \le -1$에서 함수 $y=-\sqrt{-x+a}+2$의 최댓값이 -1일 때,
TIP 함수의 정의역과 치역을 이용하여 그래프의 개형을 그린다.
최솟값은? (단, a는 상수이다.)
① -6 ② -5 ③ -4
④ -3 ⑤ -2

STEP Ⓐ **무리함수의 정의역과 치역을 구하고 그래프 그리기**

함수 $y=-\sqrt{-x+a}+2$에서 근호 안의 식이 $-x+a$이므로
정의역은 $-x+a \ge 0$
$\therefore x \le a$
또한, $-\sqrt{-x+a} \le 0$이므로 치역은 $y \le 2$
이때 $-8 \le x \le -1$에서 그래프는 다음 그림과 같다.

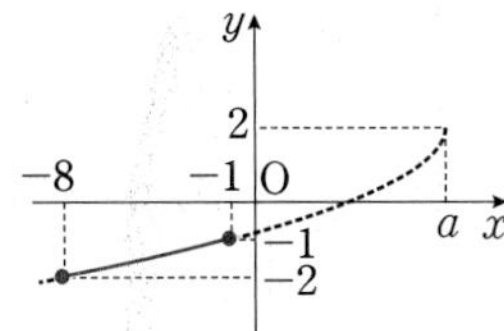

STEP Ⓑ **최댓값을 이용하여 a의 값 구하고 최솟값 계산하기**

$x=-1$에서 최댓값 -1을 가지므로 $-1=-\sqrt{1+a}+2$
$\sqrt{1+a}=3,\ 1+a=9 \quad \therefore a=8$
$\therefore y=-\sqrt{-x+8}+2$
따라서 함수의 최솟값은 $x=-8$일 때이므로 $-\sqrt{8+8}+2=-2$

0877

유리함수 $f(x)=\dfrac{ax+c}{x+b}$의 점근선의 방정식이 $x=-4,\ y=-2$이고
TIP 점근선의 방정식은 $x=-b,\ y=a$
$f(0)=\dfrac{1}{4}$을 만족하는 상수 $a,\ b,\ c$에 대하여 $-6 \le x \le 0$에서 함수 $y=-\sqrt{ax+b}+c$의 최댓값을 M, 최솟값을 m이라 할 때, $M+m$의 값을 구하시오.

STEP Ⓐ **주어진 조건을 이용하여 $a,\ b,\ c$의 값 구하기**

유리함수 $f(x)=\dfrac{ax+c}{x+b}$에서 점근선의 방정식은 $x=-b,\ y=a$
주어진 점근선의 방정식이 $x=-4,\ y=-2$
$\therefore a=-2,\ b=4$
$f(x)=\dfrac{-2x+c}{x+4}$에서 $f(0)=\dfrac{c}{4}=\dfrac{1}{4}$
$\therefore c=1$

STEP Ⓑ **$-6 \le x \le 0$에서 무리함수의 최댓값과 최솟값 구하기**

$y=-\sqrt{-2x+4}+1=-\sqrt{-2(x-2)}+1$이므로
$y=-\sqrt{-2x}$의 그래프를 x축의 방향으로 2만큼, y축의 방향으로 1만큼 평행이동 한 것이다.

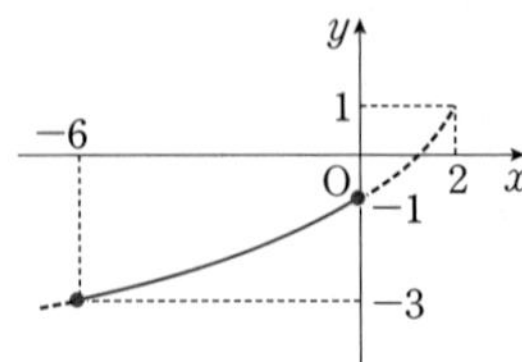

$-6 \le x \le 0$에서 $y=-\sqrt{-2x+4}+1$의 그래프는 그림과 같으므로
$x=-6$일 때, 최솟값 $m=-\sqrt{4-2\times(-6)}+1=-4+1=-3$
$x=0$일 때, 최댓값 $M=-\sqrt{4-2\times0}+1=-2+1=-1$
따라서 $M+m=-1+(-3)=-4$

0878

다음 함수의 그래프 중 무리함수 $y=\sqrt{x}$의 그래프를 평행이동하거나 대칭이동하여 겹쳐질 수 있는 함수가 아닌 것은?
TIP $y=\pm\sqrt{\pm(x-a)}+b$의 형태이면 된다.
① $y=-\sqrt{x}$ ② $y=\dfrac{1}{2}\sqrt{4-4x}+2$ ③ $y=-\dfrac{\sqrt{-4x}}{2}$
④ $y=3\sqrt{x-2}+1$ ⑤ $y=-\sqrt{3-x}+1$

STEP Ⓐ **평행이동 또는 대칭이동으로 겹쳐질 수 있는 함수 구하기**

① $y=-\sqrt{x}$의 그래프는 $y=\sqrt{x}$의 그래프를 x축에 대하여 대칭이동하면 겹쳐진다.
② $y=\dfrac{1}{2}\sqrt{4-4x}+2=\sqrt{\dfrac{1}{4}(4-4x)}+2=\sqrt{-(x-1)}+2$의 그래프는
$y=\sqrt{x}$의 그래프를 y축에 대하여 대칭이동한 후 x축의 방향으로 1만큼, y축의 방향으로 2만큼 평행이동하면 겹쳐진다.
③ $y=-\dfrac{\sqrt{-4x}}{2}=-\sqrt{\dfrac{-4}{4}x}=-\sqrt{-x}$의 그래프는 $y=\sqrt{x}$의 그래프를 원점에 대하여 대칭이동하면 겹쳐진다.
④ $y=3\sqrt{x-2}+1$의 그래프는 $y=3\sqrt{x}$의 그래프를 x축의 방향으로 2만큼
$y=3\sqrt{x}=\sqrt{9x}$
y축의 방향으로 1만큼 평행이동 한 것이므로 $y=\sqrt{x}$와 겹쳐질 수 없다.
⑤ $y=-\sqrt{-(x-3)}+1$의 그래프는 $y=\sqrt{x}$의 그래프를 원점에 대하여 대칭이동한 후 x축의 방향으로 3만큼, y축의 방향으로 1만큼 평행이동 하면 겹쳐진다.

따라서 평행이동 또는 대칭이동하여 $y=\sqrt{x}$의 그래프와 겹쳐질 수 없는 것은 ④이다.

0879

다음 물음에 답하시오.
(1) 함수 $y=\sqrt{ax}$의 그래프를 x축의 방향으로 m만큼, y축의 방향으로 n만큼 평행이동하였더니 함수 $y=\sqrt{-2x-4}-3$의 그래프와 겹쳐진다.
TIP x대신 $x-m$, y대신 $y-n$을 대입한다.
이때 $a+m+n$의 값은? (단, $a,\ m,\ n$은 상수이다.)
① -7 ② -6 ③ -5
④ -4 ⑤ -3

STEP Ⓐ **주어진 함수를 평행이동 하여 식 작성하기**

$y=\sqrt{ax}$의 그래프를 x축의 방향으로 m만큼, y축의 방향으로 n만큼
x대신에 $x-m$, y대신에 $y-n$을 대입한다.
평행이동하면 $y-n=\sqrt{a(x-m)}$
$\therefore y=\sqrt{a(x-m)}+n$

STEP Ⓑ **두 식이 일치함을 이용하여 $a,\ m,\ n$의 값 구하기**

$y=\sqrt{-2x-4}-3=\sqrt{-2(x+2)}-3$에서 $y=\sqrt{a(x-m)}+n$과 일치하므로
$a=-2,\ m=-2,\ n=-3$
따라서 $a+m+n=-2+(-2)+(-3)=-7$

+α $y=\sqrt{-2x-4}-3$**을 평행이동하여 구할 수 있어!**

$y=\sqrt{ax}$를 x축의 방향으로 m만큼, y축의 방향으로 n만큼 평행이동하면
$y=\sqrt{-2x-4}-3$
역으로 $y=\sqrt{-2x-4}-3$을 x축의 방향으로 $-m$만큼, y축의 방향으로 $-n$만큼 평행이동하면 $y=\sqrt{ax}$와 일치한다.
$y+n=\sqrt{-2(x+m)-4}-3,\ y=\sqrt{-2x-2m-4}-3-n$
위의 식이 $y=\sqrt{ax}$이므로 $a=-2,\ m=-2,\ n=-3$

2017학년도 06월 고3 모의평가 나형 15번

(2) 함수 $y=a\sqrt{x}+4$의 그래프를 x축의 방향으로 m만큼, y축의 방향으로 n만큼 평행이동하였더니 함수 $y=\sqrt{9x-18}$의 그래프와 일치하였다. $a+m+n$의 값은? (단, a, m, n은 상수이다.)

TIP x대신 $x-m$, y대신 $y-n$을 대입한다.

① 1 ② 2 ③ 3
④ 4 ⑤ 5

STEP A **주어진 함수를 평행이동하여 식 작성하기**

함수 $y=a\sqrt{x}+4$의 그래프를
x축의 방향으로 m만큼, y축의 방향으로 n만큼 평행이동한 그래프를
x대신 $x-m$, y대신 $y-n$을 대입한다.
나타내는 함수는 $y-n=a\sqrt{x-m}+4$
$\therefore y=a\sqrt{x-m}+n+4$

STEP B **두 식이 일치함을 이용하여 a, m, n의 값 구하기**

함수 $y=\sqrt{9x-18}=3\sqrt{x-2}$에서 $y=a\sqrt{x-m}+n+4$와 일치하므로
$a=3$, $m=2$, $n=-4$
따라서 $a+m+n=3+2+(-4)=1$

+α $y=\sqrt{9x-18}$을 평행이동하여 구할 수 있어!

$y=a\sqrt{x}+4$의 그래프를 x축의 방향으로 m만큼, y축의 방향으로 n만큼 평행이동 한 것이 $y=\sqrt{9x-18}$
역으로 $y=\sqrt{9x-18}$을 x축의 방향으로 $-m$만큼, y축의 방향으로 $-n$만큼 평행이동하면 $y=a\sqrt{x}+4$와 일치한다.
$y+n=\sqrt{9(x+m)-18}$, $y=3\sqrt{x+m-2}-n$
위의 식이 $y=a\sqrt{x}+4$와 일치하므로 $a=3$, $m=2$, $n=-4$

0880

다음 물음에 답하시오.

(1) 함수 $y=\sqrt{kx+2}$의 그래프를 x축의 방향으로 3만큼, y축의 방향으로 -2만큼 평행이동한 후, y축에 대하여 대칭이동한 함수의 그래프가 점 $(-4,\ 2)$를 지날 때, 상수 k의 값을 구하시오.

TIP y축에 대한 대칭이동 : $f(x,\ y)=0 \longrightarrow f(-x,\ y)=0$

STEP A **평행이동과 대칭이동을 이용하여 식 구하기**

무리함수 $y=\sqrt{kx+2}$의 그래프를
x축의 방향으로 3만큼, y축의 방향으로 -2만큼 평행이동한 식은
x대신에 $x-3$, y대신에 $y+2$를 대입한다.
$y+2=\sqrt{k(x-3)+2}$
$\therefore y=\sqrt{k(x-3)+2}-2$
위의 함수를 y축에 대하여 대칭이동하면
x대신에 $-x$를 대입한다.
$y=\sqrt{k(-x-3)+2}-2$
$\therefore y=\sqrt{-k(x+3)+2}-2$

STEP B **$(-4,\ 2)$를 대입하여 k의 값 구하기**

무리함수 $y=\sqrt{-k(x+3)+2}-2$의 그래프가 $(-4,\ 2)$를 지나므로
$2=\sqrt{-k\times(-1)+2}-2$, $4=\sqrt{k+2}$
따라서 $k=14$

2018학년도 06월 고3 모의평가 나형 27번

(2) 함수 $y=\sqrt{ax+b}+c$의 그래프를 x축의 방향으로 -4만큼, y축의 방향으로 3만큼 평행이동한 후 y축에 대하여 대칭이동 하였더니 함수 $y=\sqrt{-2x+9}+6$의 그래프와 일치하였다. $a+b+c$의 값을 구하시오. (단, a, b, c는 상수이다.)

TIP y축에 대한 대칭이동 : $f(x,\ y)=0 \longrightarrow f(-x,\ y)=0$

STEP A **평행이동과 대칭이동한 식 구하기**

무리함수 $y=\sqrt{ax+b}+c$의 그래프를 x축의 방향으로 -4만큼,
y축의 방향으로 3만큼 평행이동한 식은
$y-3=\sqrt{a(x+4)+b}+c$
$\therefore y=\sqrt{a(x+4)+b}+c+3$
위의 함수를 y축에 대하여 대칭이동하면
$y=\sqrt{a(-x+4)+b}+c+3$

STEP B **두 식이 일치함을 이용하여 a, b, c의 값 구하기**

$y=\sqrt{-ax+4a+b}+c+3$이 $y=\sqrt{-2x+9}+6$와 일치하므로
$a=2$, $4a+b=9$, $c+3=6$
따라서 위의 식을 연립하면 $a=2$, $b=1$, $c=3$이므로
$a+b+c=2+1+3=6$

0881

함수 $f(x)=-\sqrt{ax+b}+c$의 그래프가 오른쪽 그림과 같을 때, $f(-6)$의 값은? (단, a, b, c는 상수이다.)

TIP 그래프의 시작점은 $(2,\ 1)$에서 $c=1$이고 정의역이 $x\le 2$이므로 $a<0$

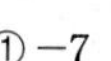

① -7 ② -6
③ -5 ④ -4
⑤ -3

STEP A **그래프의 평행이동을 이용하여 a, b, c의 값 구하기**

무리함수 $f(x)=-\sqrt{ax+b}+c$의 그래프는 $y=-\sqrt{ax}$의 그래프를
x축의 방향으로 2만큼, y축의 방향으로 1만큼 평행이동 한 것이다.
즉 $y=-\sqrt{a(x-2)}+1$이므로
$y=-\sqrt{ax-2a}+1$ …… ㉠
이때 함수의 그래프가 $(0,\ -1)$을 지나므로 대입하면
$-1=-\sqrt{-2a}+1$, $\sqrt{-2a}=2$
$\therefore a=-2$
$a=-2$를 ㉠의 식에 대입하면 $f(x)=-\sqrt{-2x+4}+1$

+α 시작점과 지나는 점을 이용하여 구할 수 있어!

무리함수 $y=\sqrt{a(x-p)}+q$에서 시작점이 $(p,\ q)$이다.
이때 $x=p$를 대입하면 근호 안의 값이 0이 되고 식의 상수의 값이 q이다.
주어진 그래프에서 시작점이 $(2,\ 1)$이므로 $f(x)=-\sqrt{ax+b}+c$에서
$x=2$를 대입하면 근호 안의 식이 0이므로 $2a+b=0$ $\therefore b=-2a$
상수의 값이 c이므로 $c=1$
즉 $f(x)=-\sqrt{ax-2a}+1$이고 점 $(0,\ -1)$을 지나므로 대입하면
$f(0)=-\sqrt{-2a}+1=-1$, $\sqrt{-2a}=2$ $\therefore a=-2$
$\therefore f(x)=-\sqrt{-2x+4}+1$

STEP B **$f(-6)$의 값 구하기**

따라서 $f(-6)=-\sqrt{12+4}+1=-3$

0882

무리함수 $y=\sqrt{ax+b}+c$의 그래프가

TIP 그래프가 제 1사분면에서 시작하므로 $c>0$, $-\frac{b}{a}>0$이어야 한다.

오른쪽 그림과 같을 때, 무리함수 $f(x)=\sqrt{bx+c}+a$의 그래프의 개형은? (단, a, b, c는 상수이다.)

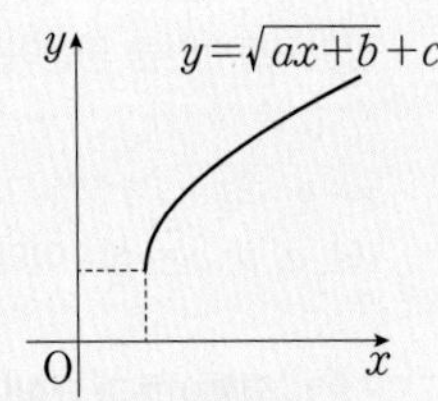

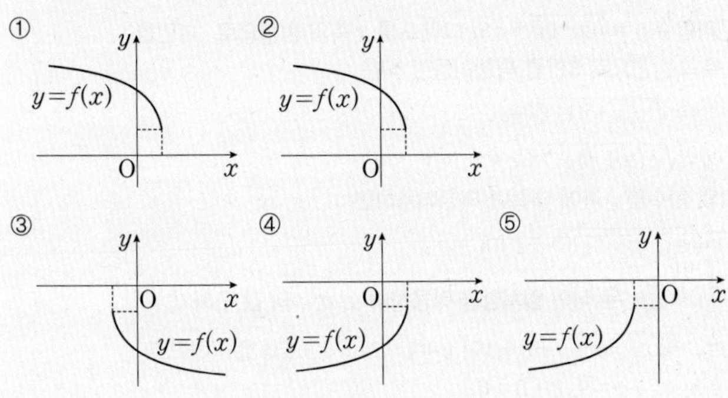

STEP Ⓐ **그래프의 평행이동을 이용하여 a, b, c의 부호 결정하기**

$y=\sqrt{ax+b}+c=\sqrt{a\left(x+\frac{b}{a}\right)}+c$이므로 주어진 함수의 그래프는

$y=\sqrt{ax}\,(a>0)$의 그래프를 x축의 방향으로 $-\frac{b}{a}$만큼, y축의 방향으로

정의역은 $ax+b\geq 0$, 에서 $x\geq -\frac{b}{a}$이므로 $a>0$

c만큼 평행이동한 것이다.

점 $\left(-\frac{b}{a},\ c\right)$가 제1사분면 위에 있으므로 $-\frac{b}{a}>0$, $c>0$

$\therefore a>0$, $b<0$, $c>0$

STEP Ⓑ **$y=\sqrt{bx+c}+a$의 그래프의 개형 그리기**

$y=\sqrt{bx+c}+a=\sqrt{b\left(x+\frac{c}{b}\right)}+a$이므로 이 함수의 그래프는

정의역은 $bx+c\geq 0$, $bx\geq -c$이고 $b<0$이므로 양변을 b로 나누어주면 $x\leq -\frac{c}{b}$

$y=\sqrt{bx}$의 그래프를 x축의 방향으로 $-\frac{c}{b}$만큼, y축의 방향으로 a만큼 평행이동한 것이다.

이때 $b<0$, $-\frac{c}{b}>0$, $a>0$이므로 $y=\sqrt{bx+c}+a$의 그래프의 개형은 ①이다.

시작점이 $\left(-\frac{c}{b},\ a\right)$이므로 제 1사분면에서 시작하는 그래프이다.

0883

함수 $y=\sqrt{ax+b}+c$의 그래프가 오른쪽

TIP 그래프의 시작점이 $(2,\ -1)$이므로 $c=-1$, $-\frac{b}{a}=2$이어야 한다.

그림과 같다. 함수 $y=\frac{ax+b}{x+c}$의 그래프의 두 점근선의 교점의 좌표가 $(p,\ q)$일 때, $p+q$의 값을 구하시오. (단, a, b, c는 상수이다.)

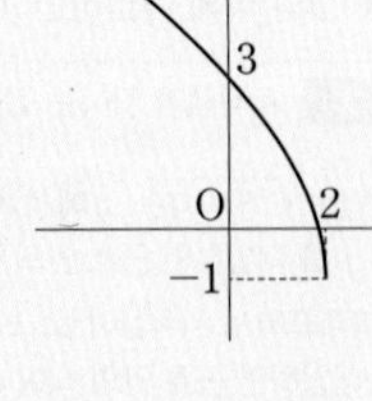

STEP Ⓐ **주어진 그래프를 이용하여 a, b, c의 값 구하기**

주어진 함수의 그래프는 $y=\sqrt{ax}\,(a<0)$의 그래프를 x축의 방향으로 2만큼, y축의 방향으로 -1만큼 평행이동한 것이므로 $y=\sqrt{a(x-2)}-1$

이 그래프가 점 $(0,\ 3)$를 지나므로

$3=\sqrt{-2a}-1$, $\sqrt{-2a}=4$, $-2a=16$ $\quad\therefore a=-8$

즉 $y=\sqrt{-8(x-2)}-1=\sqrt{-8x+16}-1$이므로 $b=16$, $c=-1$

+α 시작점과 지나는 점을 이용하여 구할 수 있어!

무리함수 $y=\sqrt{a(x-p)}+q$에서 시작점이 $(p,\ q)$이다.
이때 $x=p$를 대입하면 근호 안의 값이 0이 되고 식의 상수의 값이 q이다.
주어진 그래프에서 시작점이 $(2,\ -1)$이므로 $y=\sqrt{ax+b}+c$에서 $x=2$를 대입하면 근호 안의 식이 0이므로 $2a+b=0$ $\quad\therefore b=-2a$
상수의 값이 c이므로 $c=-1$, 즉 $y=\sqrt{2x-2a}-1$이고 점 $(0,\ 3)$을 지나므로 대입하면 $3=\sqrt{-2a}-1$, $\sqrt{-2a}=4$이고 양변을 제곱하면 $-2a=16$ $\quad\therefore a=-8$
$\therefore a=-8$, $b=16$, $c=-1$

STEP Ⓑ **유리함수의 점근선의 방정식 구하기**

$$y=\frac{ax+b}{x+c}=\frac{-8x+16}{x-1}=\frac{-8(x-1)+8}{x-1}=\frac{8}{x-1}-8$$

이므로 점근선의 방정식은 $x=1$, $y=-8$이고 점근선의 교점은 $(1,\ -8)$

따라서 $p=1$, $q=-8$이므로 $p+q=1+(-8)=-7$

0884

함수 $y=\sqrt{ax+b}+c$의 그래프가 오른쪽

TIP 시작점 $\left(-\frac{b}{a},\ c\right)$가 제 4사분면의 점이다.

그림과 같을 때, 함수 $y=\frac{a}{x+b}+c$의 그래프의 개형은? (단, a, b, c는 상수이다.)

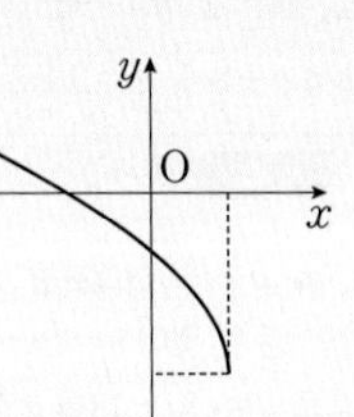

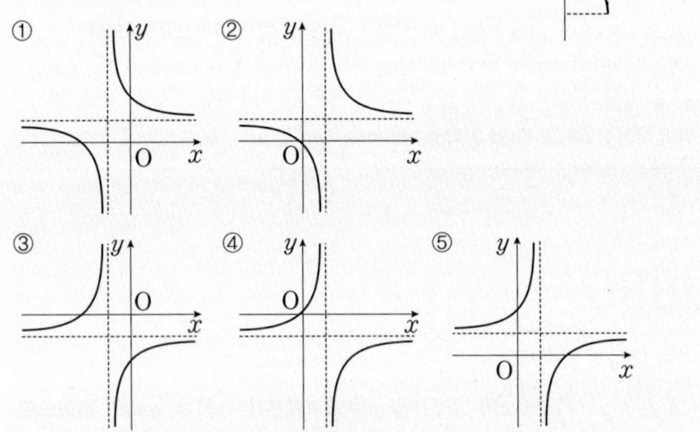

STEP Ⓐ **무리함수의 그래프를 이용하여 a, b, c의 부호 구하기**

$y=\sqrt{ax+b}+c=\sqrt{a\left(x+\frac{b}{a}\right)}+c$이므로 이 함수의 그래프는

$y=\sqrt{ax}\,(a<0)$의 그래프를 x축의 방향으로 $-\frac{b}{a}$만큼, y축의 방향으로 c만큼 평행이동한 것이다.

점 $\left(-\frac{b}{a},\ c\right)$가 제4사분면 위에 있으므로 $-\frac{b}{a}>0$, $c<0$

$\therefore a<0$, $b>0$, $c<0$

STEP Ⓑ **유리함수의 그래프의 개형 그리기**

유리함수 $y=\frac{a}{x+b}+c$의 그래프는 $y=\frac{a}{x}$의 그래프를 x축의 방향으로 $-b$만큼, y축의 방향으로 c만큼 평행이동시킨 것이다.

x대신 $x+b$, y대신 $y-c$를 대입한 것이다.

즉 $y=\frac{a}{x+b}+c$의 그래프의 점근선의 방정식은 $x=-b$, $y=c$

$a<0$, $-b<0$, $c<0$이므로 $y=\frac{a}{x+b}+c$의 그래프의 개형은 ③이다.

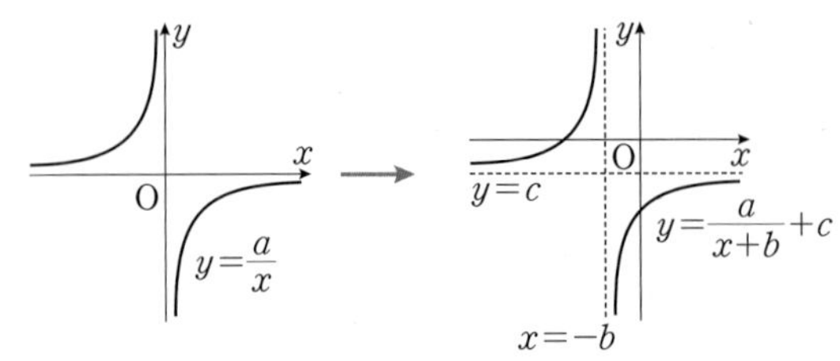

0885

다음 물음에 답하시오.

(1) 함수 $y=\dfrac{ax+b}{x+c}$의 그래프가 오른쪽

TIP 점근선의 방정식은 $x=-c$, $y=a$이고 y절편이 음수이다.

그림과 같을 때, 다음 중 함수 $y=\sqrt{-bx+c}+a$의 그래프의 개형은? (단, a, b, c는 상수이다.)

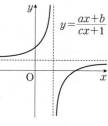

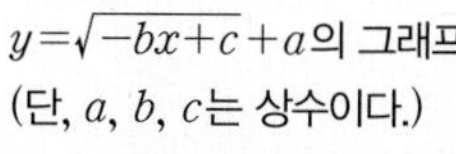

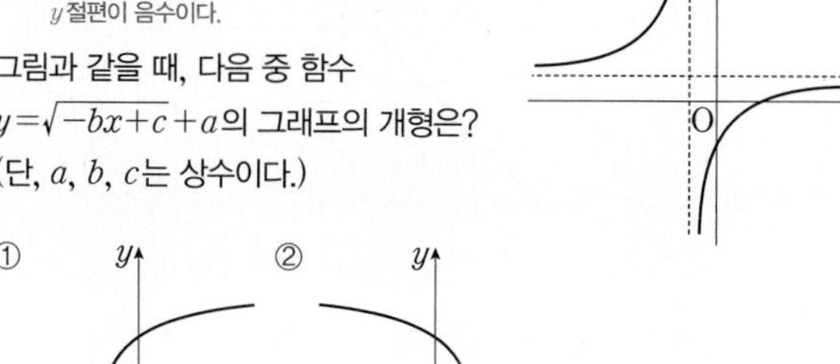

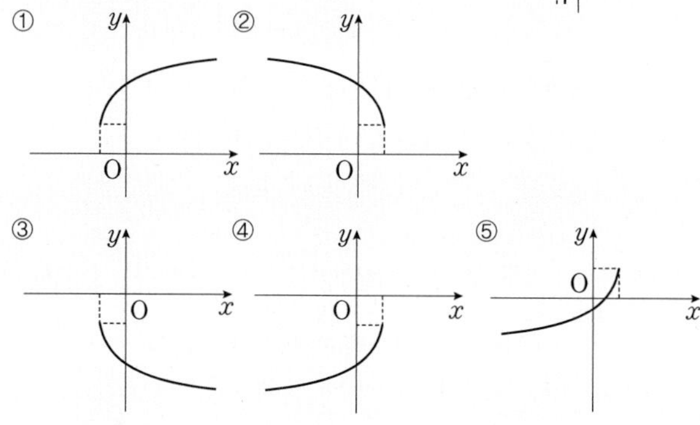

STEP A 유리함수의 그래프에서 a, b, c의 부호 결정하기

함수 $y=\dfrac{ax+b}{x+c}$에서 점근선의 방정식은 $x=-c$, $y=a$이고

그래프에서 x의 점근선의 방정식이 음수이므로 $-c<0$

$\therefore c>0$

또한, y의 점근선의 방정식이 양수이므로 $a>0$

그래프에서 y절편의 부호가 음수이므로 $x=0$을 대입하면

$\dfrac{b}{c}<0$이므로 $b<0$

$\therefore a>0,\ b<0,\ c>0$

STEP B 무리함수의 그래프의 개형 그리기

$y=\sqrt{-bx+c}+a=\sqrt{-b\left(x-\dfrac{c}{b}\right)}+a$이므로 이 함수의 그래프는

$y=\sqrt{-bx}$의 그래프를 x축의 방향으로 $\dfrac{c}{b}$만큼, y축의 방향으로 a만큼 평행이동한 것이다.

이때 $-b>0$, $\dfrac{c}{b}<0$, $a>0$이므로 $y=\sqrt{-bx+c}+a$의 그래프의 개형은 ①이다.

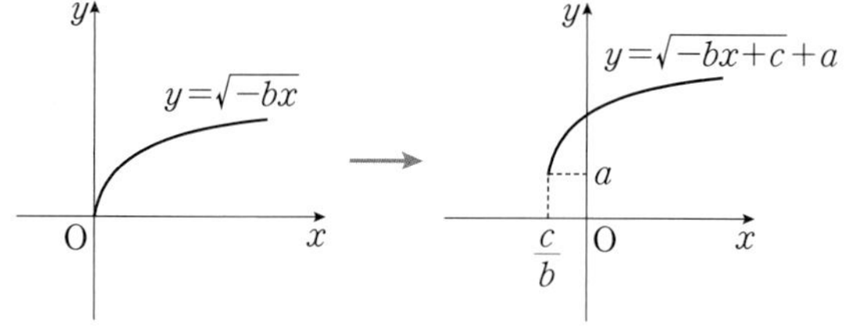

(2) 유리함수 $y=\dfrac{ax+b}{cx+1}$의 그래프가

TIP 점근선의 방정식은 $x=-\frac{1}{c}$, $y=\frac{a}{c}$이고 y절편은 양수이다.

오른쪽과 같을 때, 함수 $y=\sqrt{ax-b}+c$의 그래프의 개형으로 알맞은 것은? (단, a, b, c는 상수이다.)

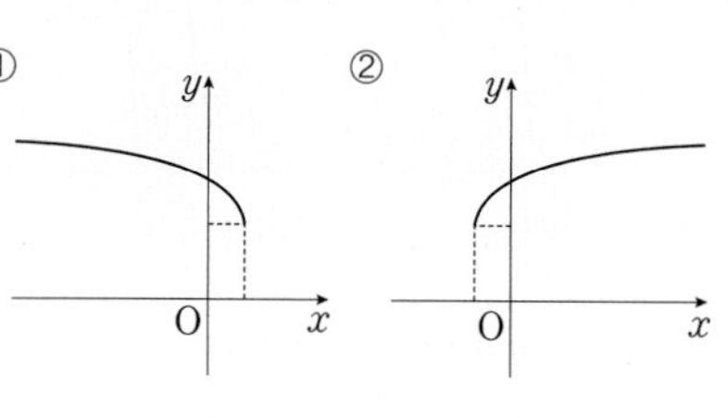

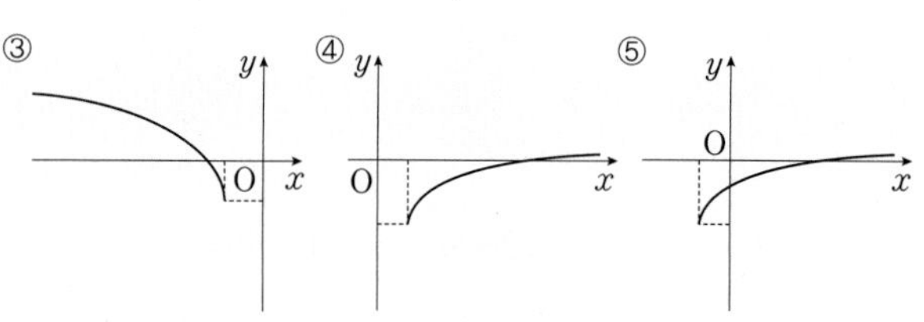

STEP A 유리함수의 그래프의 개형을 이용하여 a, b, c의 부호 구하기

함수 $y=\dfrac{ax+b}{cx+1}$에서 점근선의 방정식은 $x=-\dfrac{1}{c}$, $y=\dfrac{a}{c}$이고

그래프에서 x의 점근선의 방정식은 양수이므로 $-\dfrac{1}{c}>0$

$\therefore c<0$

또한, y의 점근선이 양수이므로 $\dfrac{a}{c}>0$

$\therefore a<0$

그래프에서 y절편의 부호가 양수이므로 $x=0$을 대입하면

$\dfrac{b}{1}>0 \quad \therefore b>0$

$\therefore a<0,\ b>0,\ c<0$

STEP B 무리함수의 그래프의 개형 그리기

$y=\sqrt{ax-b}+c=\sqrt{a\left(x-\dfrac{b}{a}\right)}+c$이므로 이 함수의 그래프는

$y=\sqrt{ax}\,(a<0)$의 그래프를 x축의 방향으로 $\dfrac{b}{a}$만큼, y축의 방향으로 c만큼 평행이동한 것이다.

이때 $a<0$, $\dfrac{b}{a}<0$, $c<0$이므로 함수$y=\sqrt{ax-b}+c$의 그래프의 개형은 ③이다.

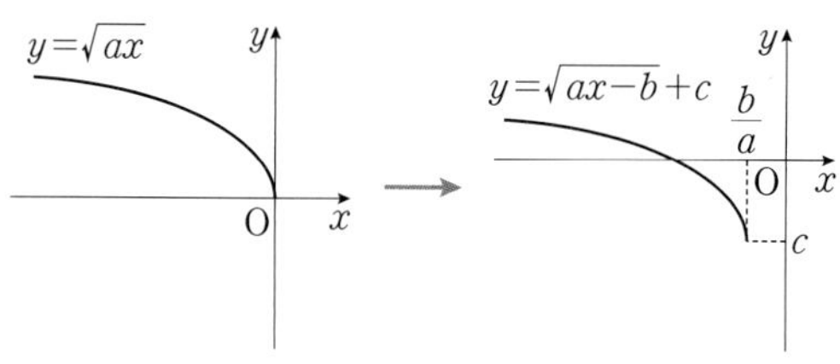

04 무리함수

0886

유리함수 $y=\dfrac{bx+c}{x+a}$의 그래프가

TIP 점근선의 방정식은 $x=-a$, $y=b$이고 점 $(0, 4)$를 대입한다.

오른쪽 그림과 같을 때, 함수 $f(x)=\sqrt{ax+b}+c$에 대하여 [보기]에서 옳은 것만을 있는 대로 고른 것은? (단, a, b, c는 상수이다.)

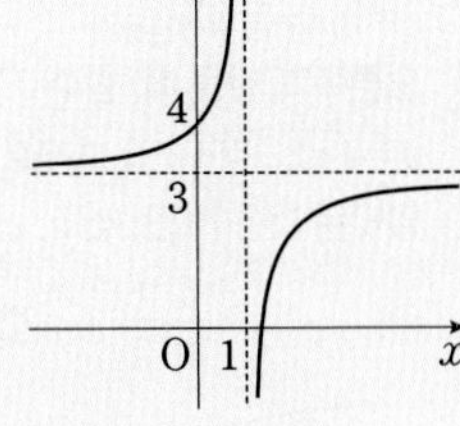

ㄱ. 정의역이 $\{x|x\le 3\}$이고 치역이 $\{y|y\ge -4\}$이다.
ㄴ. 그래프는 제 1사분면을 지나지 않는다.
ㄷ. $-6\le x\le -1$에서 함수 $f(x)$의 최댓값은 -1이다.

① ㄱ ② ㄴ ③ ㄱ, ㄴ
④ ㄴ, ㄷ ⑤ ㄱ, ㄴ, ㄷ

STEP Ⓐ **주어진 그래프를 이용하여 a, b, c의 값 구하기**

유리함수 $y=\dfrac{bx+c}{x+a}$에서 점근선의 방정식은 $x=-a$, $y=b$이고

그래프에서 점근선의 방정식은 $x=1$, $y=3$

$\therefore a=-1, b=3$

또한, 점 $(0, 4)$를 지나므로 $y=\dfrac{3x+c}{x-1}$에 대입하면

$4=\dfrac{c}{-1}$ $\quad\therefore c=-4$

$\therefore a=-1, b=3, c=-4$

STEP Ⓑ **무리함수 $f(x)=\sqrt{ax+b}+c$의 그래프 개형 그리기**

$y=\sqrt{ax+b}+c$
$=\sqrt{-x+3}-4$
$=\sqrt{-(x-3)}-4$

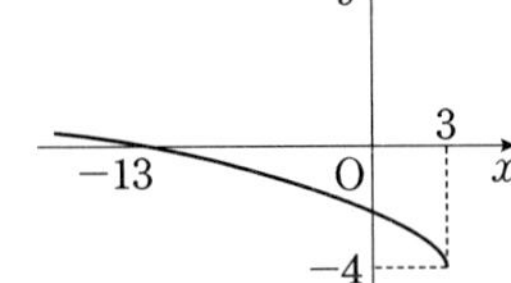

의 그래프는 $y=\sqrt{-x}$의 그래프를 x축의 방향으로 3만큼, y축의 방향으로 -4만큼 평행이동한 그래프이므로 오른쪽 그림과 같다.
따라서 제 2, 3, 4사분면을 지난다.

STEP Ⓒ **[보기]의 참, 거짓 판단하기**

ㄱ. 정의역이 $\{x|x\le 3\}$이고 치역이 $\{y|y\ge -4\}$이다. [참]
ㄴ. 그래프는 제 1사분면을 지나지 않는다. [참]
ㄷ. $-6\le x\le -1$에서 함수 $f(x)$의 최댓값은
$f(-6)=\sqrt{-(-6-3)}-4=3-4=-1$이다. [참]

따라서 옳은 것은 ㄱ, ㄴ, ㄷ이다.

0887

다음 물음에 답하시오.

(1) 함수 $y=\sqrt{1-x}+1$의 역함수가 $y=-x^2+ax+b(x\ge c)$일 때,

TIP x에 대한 식으로 나타낸 후 x, y를 바꾸어준다. 이때 역함수의 정의역은 원래함수의 치역과 같다.

상수 a, b, c에 대하여 $a+b+c$의 값을 구하시오.

STEP Ⓐ **무리함수의 역함수 구하기**

함수 $y=\sqrt{1-x}+1$의 정의역은 $\{x|x\le 1\}$, 치역은 $\{y|y\ge 1\}$이므로

역함수의 정의역은 $\{x|x\ge 1\}$, 치역은 $\{y|y\le 1\}$이다.

$y=\sqrt{1-x}+1$에서 $y-1=\sqrt{1-x}$

양변을 제곱한 후 x에 대하여 풀면

$(y-1)^2=1-x$, $x=-(y-1)^2+1$

$\therefore x=-y^2+2y$

x와 y를 바꾸면 구하는 역함수는 $y=-x^2+2x(x\ge 1)$

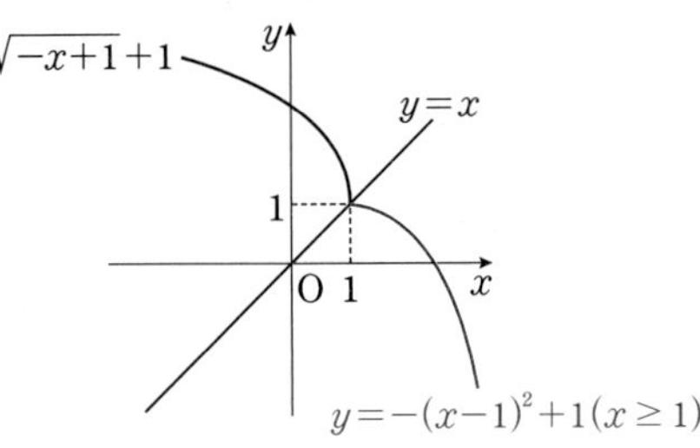

STEP Ⓑ **$a+b+c$의 값 구하기**

따라서 $a=2$, $b=0$, $c=1$이므로 $a+b+c=2+0+1=3$

(2) 함수 $y=-\sqrt{3x-6}+1$의 역함수가 $y=a(x+b)^2+c(x\le d)$일 때,

TIP x에 대한 식으로 나타낸 후 x, y를 바꾸어준다. 이때 역함수의 정의역은 원래함수의 치역과 같다.

상수 a, b, c, d에 대하여 $a+b+c+d$의 값을 구하시오.

STEP Ⓐ **무리함수의 역함수 구하기**

함수 $y=-\sqrt{3x-6}+1$의 정의역은 $\{x|x\ge 2\}$, 치역은 $\{y|y\le 1\}$이므로

역함수의 정의역은 $\{x|x\le 1\}$, 치역은 $\{y|y\ge 2\}$이다.

$y=-\sqrt{3x-6}+1$에서 $y-1=-\sqrt{3x-6}$

양변을 제곱한 후 x에 대하여 풀면

$(y-1)^2=3x-6$, $3x=(y-1)^2+6$

$\therefore x=\dfrac{1}{3}(y-1)^2+2$

x와 y를 바꾸면 구하는 역함수는 $y=\dfrac{1}{3}(x-1)^2+2(x\le 1)$

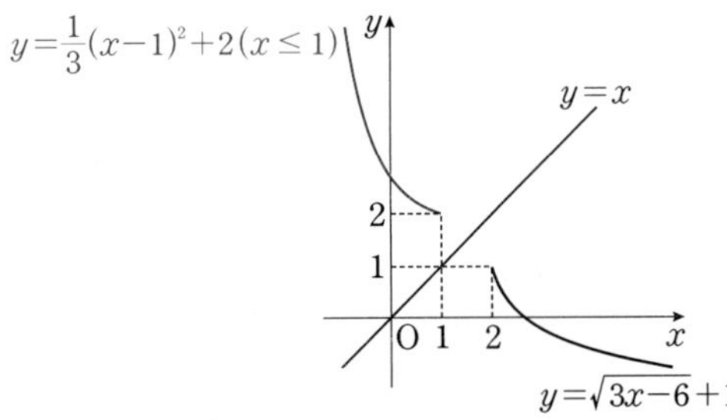

STEP Ⓑ **$a+b+c+d$의 값 구하기**

따라서 $a=\dfrac{1}{3}$, $b=-1$, $c=2$, $d=1$이므로

$a+b+c+d=\dfrac{1}{3}+(-1)+2+1=\dfrac{7}{3}$

0888

2018년 03월 고3 학력평가 나형 17번 변형

무리함수 $f(x)=\sqrt{ax+b}+1$의 역함수를 $g(x)$라 하자. 곡선 $y=f(x)$와 곡선 $y=g(x)$가 점 $(1, 4)$에서 만날 때, $g(7)$의 값은?

TIP $f(1)=4$, $g(1)=4$

(단, a, b는 상수이다.)

① -9 ② -8 ③ -7
④ -6 ⑤ -5

STEP Ⓐ **두 함수 $f(x)$, $g(x)$가 모두 $(1, 4)$를 지남을 이용하여 a, b의 값 구하기**

무리함수 $f(x)=\sqrt{ax+b}+1$와 그 역함수 $g(x)$의 그래프가 점 $(1, 4)$에서 만나므로 두 함수 모두 점 $(1, 4)$를 지난다.

즉 $f(1)=\sqrt{a+b}+1=4$, $\sqrt{a+b}=3$

$\therefore a+b=9$ ...... ㉠

또한, $g(1)=4$에서 역함수의 성질에 의하여 $f(4)=1$

$f(a)=b$일 때, $f^{-1}(b)=a$

$f(4)=\sqrt{4a+b}+1=1$, $\sqrt{4a+b}=0$

$\therefore 4a+b=0$ ...... ㉡

㉠, ㉡을 연립하여 풀면 $a=-3$, $b=12$

STEP B $g(7)$의 값 구하기

무리함수 $f(x)=\sqrt{-3x+12}+1$이고 $g(7)=k$라 하면 $f(k)=7$

$f(k)=\sqrt{-3k+12}+1=7$, $\sqrt{-3k+12}=6$이고 양변을 제곱하면

$-3k+12=36$ $\therefore k=-8$

따라서 $g(7)=-8$

+α 역함수를 직접 구해서 함숫값을 계산할 수 있어!

$f(x)=\sqrt{-3x+12}+1$에서 정의역은 $\{x|x\le 4\}$이고 치역은 $\{y|y\ge 1\}$에서 역함수의 정의역은 $\{x|x\ge 1\}$이고 치역은 $\{y|y\ge 4\}$

$y=\sqrt{-3x+12}+1$에서 $y-1=\sqrt{-3x+12}$이고 양변을 제곱하여 x에 대하여 나타내면 $(y-1)^2=-3x+12$ $\therefore x=-\frac{1}{3}(y-1)^2+4$

x, y를 바꾸어주면 $g(x)=-\frac{1}{3}(x-1)^2+4(x\ge 1)$

따라서 $g(7)=-\frac{1}{3}\times 36+4=-8$

0889

다음 물음에 답하시오.

(1) 무리함수 $y=\sqrt{-x+a}+b$의 그래프가 오른쪽 그림과 같을 때, 그 역함수를 $y=g(x)$라 할 때, $g(0)$의 값을 구하시오.

TIP $y=f(x)$의 역함수는 $y=g(x)$이므로 $f(a)=b$는 $g(b)=a$가 된다.

(단, a, b는 실수이다.)

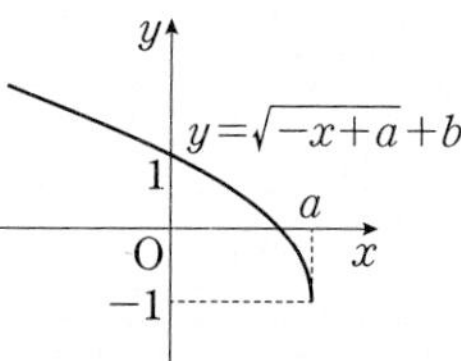

STEP A 주어진 그래프를 이용하여 a, b의 값 구하기

무리함수 $y=\sqrt{-x+a}+b$의 그래프가 점 $(a, -1)$을 지나므로 대입하면

$-1=\sqrt{-a+a}+b$ $\therefore b=-1$

또한, 점 $(0, 1)$을 지나므로 대입하면 $1=\sqrt{a}-1$, $\sqrt{a}=2$ $\therefore a=4$

$\therefore a=4$, $b=-1$

STEP B 역함수의 성질을 이용하여 $g(0)$의 값 구하기

무리함수 $f(x)=\sqrt{-x+4}-1$에서 $g(0)=k$라 하면 $f(k)=0$

$f(a)=b$일 때, $f^{-1}(b)=a$

$f(k)=\sqrt{-k+4}-1=0$, $\sqrt{-k+4}=1$이고 양변을 제곱하면

$-k+4=1$ $\therefore k=3$

따라서 $g(0)=3$

+α 역함수를 직접 구해서 함숫값을 계산할 수 있어!

$f(x)=\sqrt{-x+4}-1$에서 정의역은 $\{x|x\le 4\}$, 치역은 $\{y|y\ge -1\}$에서 역함수의 정의역은 $\{x|x\ge -1\}$, 치역은 $\{y|y\le 4\}$

$y=\sqrt{-x+4}-1$에서 $y+1=\sqrt{-x+4}$이고 양변을 제곱하여 x에 대하여 나타내면 $(y+1)^2=-x+4$ $\therefore x=-(y+1)^2+4$

x, y를 바꾸어주면 $g(x)=-(x+1)^2+4(x\ge -1)$

따라서 $g(0)=-1+4=3$

(2) 함수 $y=a(x-b)^2+c(x\ge b)$의 역함수

TIP $y=\sqrt{px+q}+r$이라 하고 식을 구한다.

의 그래프가 오른쪽 그림과 같을 때, 상수 a, b, c에 대하여 $a+b+c$의 값을 구하시오.

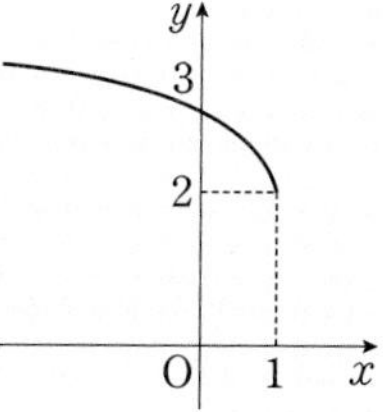

STEP A 주어진 그래프를 이용하여 무리함수의 식 구하기

주어진 그래프에서 무리함수를 $y=\sqrt{px+q}+r$ (p, q, r은 상수)라 하면 시작점이 $(1, 2)$이므로 $x=1$을 대입하면 근호 안의 식의 값이 0이다.

즉 $p+q=0$ ...... ㉠

또한, 상수 $r=2$

그래프가 점 $(0, 3)$을 지나므로 대입하면 $3=\sqrt{q}+2$ $\therefore q=1$

$q=1$을 ㉠의 식에 대입하면 $p=-1$

$\therefore y=\sqrt{-x+1}+2$

STEP B 역함수를 구한 후 $a+b+c$의 값 구하기

무리함수 $y=\sqrt{-x+1}+2$에서 정의역은 $\{x|x\le 1\}$, 치역은 $\{y|y\ge 2\}$

역함수의 정의역은 $\{x|x\ge 2\}$, 치역은 $\{y|y\le 1\}$

$y=\sqrt{-x+1}+2$에서

$y-2=\sqrt{-x+1}$의 양변을 제곱하여 x에 대하여 나타내면

$(y-2)^2=-x+1$ $\therefore x=-(y-2)^2+1$

x, y를 바꾸어 주면 $y=-(x-2)^2+1$이므로 역함수는

$y=-(x-2)^2+1(x\ge 2)$이고 $y=a(x-b)^2+c(x\ge b)$와 일치한다.

따라서 $a=-1$, $b=2$, $c=1$이므로 $a+b+c=-1+2+1=2$

+α 역함수의 성질을 이용하여 구할 수 있어!

무리함수의 그래프에서 시작점은 $(1, 2)$이므로 이차함수의 꼭짓점의 좌표는 $(2, 1)$

또한, 무리함수의 정의역이 $\{x|x\le 1\}$이고 치역이 $\{y|y\ge 2\}$이므로

이차함수의 정의역은 $\{x|x\ge 2\}$이고 치역은 $\{y|y\le 1\}$이다.

이때 무리함수의 y절편이 $(0, 3)$이므로 이차함수의 x절편은 $(3, 0)$이 된다.

$y=a(x-2)^2+1(x\ge 2)$에서 $(3, 0)$을 대입하면 $0=a+1$ $\therefore a=-1$

$\therefore y=-(x-2)^2+1(x\ge 2)$

0890

정의역이 $\{x|x>2\}$인 두 함수

$$f(x)=\sqrt{4x+1},\ g(x)=\frac{x+2}{x-2}$$

에 대하여 $(g\circ(f\circ g)^{-1}\circ g)(3)$을 구하시오.

TIP $g\circ(f\circ g)^{-1}\circ g=g\circ g^{-1}\circ f^{-1}\circ g=f^{-1}\circ g$

STEP A 주어진 합성함수의 식 정리하기

$g\circ(f\circ g)^{-1}\circ g=g\circ g^{-1}\circ f^{-1}\circ g=f^{-1}\circ g$ ← $g\circ g^{-1}=I$

이므로

$(g\circ(f\circ g)^{-1}\circ g)(3)=(f^{-1}\circ g)(3)$

$=f^{-1}(g(3))$

$=f^{-1}(5)$ ← $g(3)=\frac{3+2}{3-2}=5$

STEP B 역함수의 성질을 이용하여 계산하기

$f^{-1}(5)=k$라 하면 $f(k)=5$이므로 ← 역함수의 성질 $f^{-1}(a)=b \Longleftrightarrow f(b)=a$

$\sqrt{4k+1}=5$

양변을 제곱하면 $4k+1=25$ $\therefore k=6$

따라서 $(g\circ(f\circ g)^{-1}\circ g)(3)=f^{-1}(5)=6$

0891

다음 물음에 답하시오.

(1) 두 함수 $f(x)=\frac{2x+3}{x+3}$, $g(x)=-3\sqrt{x-1}$에 대하여 $(f\circ g)^{-1}(3)$의 값은?

TIP $(f\circ g)^{-1}=g^{-1}\circ f^{-1}$이므로 $(f\circ g)^{-1}(3)=(g^{-1}\circ f^{-1})(3)=g^{-1}(f^{-1}(3))$

① 2 ② 3 ③ 4 ④ 5 ⑤ 6

STEP Ⓐ 역함수의 성질을 이용하여 계산하기

$(f\circ g)^{-1}(3)=(g^{-1}\circ f^{-1})(3)=g^{-1}(f^{-1}(3))$

이때 $f^{-1}(3)=a$라 하면

$f(a)=3$이므로 $\frac{2a+3}{a+3}=3$, $2a+3=3a+9$

$\therefore a=-6$

즉 $f^{-1}(3)=-6$이므로 $g^{-1}(f^{-1}(3))=g^{-1}(-6)$

$g^{-1}(-6)=b$라 하면

$g(b)=-6$이므로 $-3\sqrt{b-1}=-6$, $\sqrt{b-1}=2$

$\therefore b=5$

따라서 $(f\circ g)^{-1}(3)=5$

(2) 두 함수 $f(x)=\frac{3x+1}{x-1}$, $g(x)=\sqrt{3x+4}$에 대하여 $(f^{-1}\circ g)^{-1}(3)$의 값은?

TIP $(f\circ g)^{-1}=g^{-1}\circ f^{-1}$이므로 $(f^{-1}\circ g)^{-1}(3)=(g^{-1}\circ f)(3)=g^{-1}(f(3))$

① 5 ② 6 ③ 7 ④ 8 ⑤ 9

STEP Ⓐ 역함수의 성질을 이용하여 계산하기

$(f^{-1}\circ g)^{-1}(3)=(g^{-1}\circ f)(3)$

$=g^{-1}(f(3))$ ← $f(3)=\frac{9+1}{3-1}=5$

$=g^{-1}(5)$

이때 $g^{-1}(5)=k$라 하면 $g(k)=5$이므로 $g(k)=\sqrt{3k+4}=5$

$3k+4=25$ $\therefore k=7$

따라서 $(f^{-1}\circ g)^{-1}(3)=7$

0892

2020년 03월 고2 학력평가 16번 변형

함수 $f(x)=\sqrt{2x-14}+3$이 있다. 함수 $g(x)$가 $\frac{7}{3}$ 이상의 모든 실수 x에 대하여

$f^{-1}(g(x))=3x$

TIP $f(f^{-1}(x))=x$에서 $f\circ f^{-1}=I$이므로 $f(f^{-1}(g(x))=f(3x)$

를 만족시킬 때, $g(3)$의 값을 구하시오.

STEP Ⓐ 역함수의 성질을 이용하여 $g(3)$의 값 구하기

$f^{-1}(g(x))=3x$에서 $x=3$을 대입하면 $f^{-1}(g(3))=9$

이때 $f^{-1}(a)=9$라 하면 $f(9)=a$이므로 $\sqrt{18-14}+3=5$ $\therefore a=5$

따라서 $f^{-1}(5)=9$이므로 $g(3)=5$

+α 역함수의 합성을 이용하여 구할 수 있어!

$f^{-1}(g(x))=3x$에서 양변에 f를 합성하면

$f\circ f^{-1}(g(x))=f(3x)$이므로 $g(x)=f(3x)$

따라서 $g(3)=f(9)=5$

MINI해설 역함수를 직접 구하여 풀이하기

함수 $f(x)=\sqrt{2x-14}+3$의 정의역이 $\{x|x\geq 7\}$이고 치역은 $\{y|y\geq 3\}$

$y=\sqrt{2x-14}+3$으로 놓고 $y-3=\sqrt{2x-14}$

양변을 제곱하면 $(y-3)^2=2x-14$

x에 대하여 풀면 $x=\frac{1}{2}(y-3)^2+7$이므로

x와 y를 서로 바꾸면 역함수 $y=\frac{1}{2}(x-3)^2+7$ ← 역함수는 $y=x$에 대하여 대칭

$\therefore f^{-1}(x)=\frac{1}{2}(x-3)^2+7(x\geq 3)$ ← 역함수의 정의역은 원래 함수의 치역

즉 $f^{-1}(g(x))=3x$에서 $\frac{1}{2}\{g(x)-3\}^2+7=3x$, $\{g(x)-3\}^2=6x-14$이므로

$g(x)=\sqrt{6x-14}+3$ ← $f^{-1}(x)$의 정의역은 항상 3보다 크므로 $x\geq\frac{7}{3}$에서 $g(x)\geq 3$

따라서 $g(3)=\sqrt{6\times 3-14}+3=\sqrt{18-14}+3=5$

0893

다음 물음에 답하시오.

(1) 두 곡선 $y=\sqrt{x+6}$, $x=\sqrt{y+6}$의 교점의 좌표를 (a, b)라 할 때,

TIP 서로 역함수 관계

상수 a, b에 대하여 $a+b$의 값을 구하시오.

STEP Ⓐ 두 함수가 역함수 관계임을 확인하기

두 함수 $y=\sqrt{x+6}$, $x=\sqrt{y+6}$은 x와 y의 위치가 서로 바뀌어 있으므로 $y=x$에 대한 대칭이다.

즉 서로 역함수 관계이다.

STEP Ⓑ 곡선과 직선 $y=x$의 교점 구하기

두 곡선 $y=\sqrt{x+6}$과 $x=\sqrt{y+6}$의 교점은 $y=\sqrt{x+6}$과 직선 $y=x$의 교점과 일치한다.

$\sqrt{x+6}=x$, $x+6=x^2$, $x^2-x-6=0$, $(x+2)(x-3)=0$

$\therefore x=-2$ 또는 $x=3$

이때 $x\geq 0$이므로 $x=3$

$y=\sqrt{x+6}$에서 정의역은 $\{x|x\geq -6\}$, 치역은 $\{y|y\geq 0\}$이므로 역함수의 정의역은 $\{x|x\geq 0\}$이다. 즉 $x\geq 0$에서 x의 값을 구하도록 한다.

즉 두 곡선의 교점은 $(3, 3)$이므로 $a=3$, $b=3$

따라서 $a+b=3+3=6$

(2) 무리함수 $y=\sqrt{x-3}+3$의 그래프와 그 역함수의 그래프가 서로 다른 두 점에서 만날 때, 이 두 점 사이의 거리를 구하시오.

TIP $y=\sqrt{x-3}+3$의 그래프와 직선 $y=x$의 교점과 같다.

STEP Ⓐ $y=\sqrt{x-3}+3$의 그래프와 직선 $y=x$의 교점의 x좌표 구하기

무리함수 $y=\sqrt{x-3}+3$와 이 함수의 역함수의 교점은 직선 $y=x$ 위에 있으므로 구하는 두 교점은 $y=\sqrt{x-3}+3$의 그래프와 직선 $y=x$의 교점과 같다.

두 함수의 그래프는 직선 $y=x$에 대하여 대칭이다.

$\sqrt{x-3}+3=x$에서 $\sqrt{x-3}=x-3$

양변을 제곱하면 $(x-3)=(x-3)^2$

$(x-3)(x-4)=0$

$\therefore x=3$ 또는 $x=4$

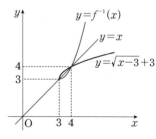

STEP Ⓑ 두 점 사이의 거리 구하기

따라서 두 교점의 좌표는 $(3, 3)$, $(4, 4)$이므로 두 점 사이의 거리는

$\sqrt{(4-3)^2+(4-3)^2}=\sqrt{2}$

0894

2007년 고2 성취도평가 나형 19번 변형

무리함수 $y=\sqrt{3x-2}+k$의 그래프와 이 함수의 역함수의 그래프가 두 점에서 만날 때, 교점 사이의 거리가 $\sqrt{14}$이 되도록 하는 상수 k의 값은?

TIP 두 점 사이의 거리 공식을 이용하여 구한다.

① $\frac{1}{8}$ ② $\frac{1}{4}$ ③ $\frac{3}{8}$
④ $\frac{1}{2}$ ⑤ $\frac{5}{8}$

STEP Ⓐ $y=\sqrt{3x-2}+k$**의 그래프와** $y=x$**의 교점 구하기**

무리함수 $y=\sqrt{3x-2}+k$의 그래프와 그 역함수의 교점은
무리함수와 직선 $y=x$의 교점과 일치한다.
즉 $\sqrt{3x-2}+k=x$, $\sqrt{3x-2}=x-k$이고 양변을 제곱하면
$3x-2=x^2-2kx+k^2$
$\therefore x^2-(2k+3)x+k^2+2=0$
이때 이차방정식의 두 근을 $x=\alpha$, $x=\beta$라 하면
교점의 좌표는 (α, α), (β, β)이고 근과 계수의 관계에 의하여
두 근의 합 $\alpha+\beta=2k+3$
두 근의 곱 $\alpha\beta=k^2+2$ ······ ㉠

STEP Ⓑ **두 점 사이의 거리가** $\sqrt{14}$**임을 이용하여** k**의 값 구하기**

두 교점 (α, α), (β, β) 사이의 거리가 $\sqrt{14}$이므로
$\sqrt{(\alpha-\beta)^2+(\alpha-\beta)^2}=\sqrt{14}$, $2(\alpha-\beta)^2=14$
$\therefore (\alpha-\beta)^2=7$
㉠을 이용하여 곱셈 공식의 변형하면
$(\alpha-\beta)^2=(\alpha+\beta)^2-4\alpha\beta=7$
$(2k+3)^2-4(k^2+2)=7$
따라서 $12k+1=7$이므로 $k=\frac{1}{2}$

+α 이차방정식의 두 근의 차를 이용하여 구할 수 있어!

교점의 좌표 (α, α), (β, β) 사이의 거리가 $\sqrt{14}$이므로
교점의 x좌표 $x=\alpha$, $x=\beta$ 사이의 거리는 $\sqrt{7}$이 된다.
이차방정식 $x^2-(2k+3)+k^2+2=0$에서 두 근의 차에서
$|\alpha-\beta|=\frac{\sqrt{(4k^2+12k+9)-4(k^2+2)}}{|1|}=\sqrt{7}$
$12k+1=7$
따라서 k의 값은 $\frac{1}{2}$

0895

2020학년도 고3 수능기출 나형 10번

다음 물음에 답하시오.

(1) 함수 $y=\sqrt{4-2x}+4$의 역함수의 그래프와 직선 $y=-x+k$가 서로 다른 두 점에서 만나도록 하는 실수 k의 최솟값은?

TIP 시작점을 지날 때와 접할 때를 이용하여 k의 범위를 구하도록 한다.

① 4 ② 5 ③ 6
④ 7 ⑤ 8

STEP Ⓐ **역함수의 그래프와 직선** $y=-x+k$**가 서로 다른 두 점에서 만날 조건 이해하기**

$y=\sqrt{4-2x}+4=\sqrt{-2(x-2)}+4$이므로 정의역은 $\{x\,|\,x\le 2\}$이고
치역은 $\{y\,|\,y\ge 4\}$이다.
이때 그 역함수와 직선 $y=-x+k$와 서로 다른 두 점에서 만난다면
함수 $y=\sqrt{4-2x}+4$의 그래프와 직선 $y=-x+k$와 서로 다른 두 점에서 만나야 한다.

STEP Ⓑ $y=\sqrt{4-2x}+4$**과 직선** $y=-x+k$**가 서로 다른 두 점에서 만나기 위한** k**의 범위 구하기**

함수 $y=\sqrt{4-2x}+4$과 직선 $y=-x+k$가 서로 다른 두 점에서 만날 때,

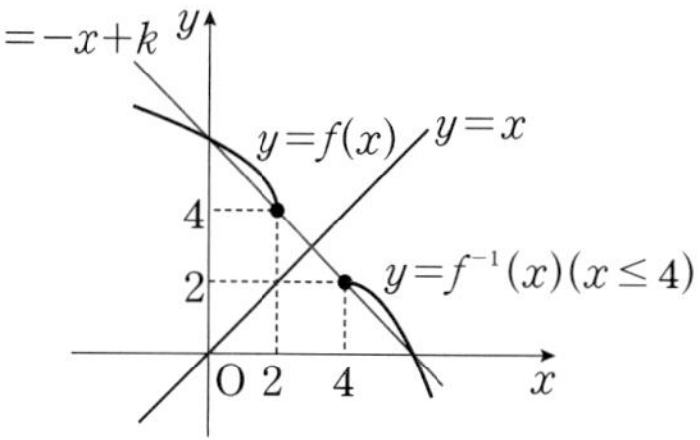

(ⅰ) 점 $(2, 4)$을 지날 때,
$y=-x+k$에서 k는 y절편이므로 점 $(2, 4)$을 지날 때, 최솟값이다.
직선 $y=-x+k$가 점 $(2, 4)$을 지날 때, 서로 다른 두 점에서 만나므로
대입하면 $4=-2+k$ $\therefore k=6$

(ⅱ) 직선 $y=-x+k$가 함수 $y=\sqrt{4-2x}+4$에 접할 때,
$y=-x+k$가 함수 $y=\sqrt{4-2x}+4$에 접할 때보다 아래에 있으면
서로 다른 두 점에서 만나다.
즉 서로 접하므로
$-x+k=\sqrt{4-2x}+4$, $-x+k-4=\sqrt{4-2x}$
$(a+b+c)^2=a^2+b^2+c^2+2ab+2bc+2ca$
양변을 제곱하면 $x^2+k^2+16-2kx-8k+8x=4-2x$
$x^2-2(k-5)x+k^2-8k+12=0$이고 판별식을 D라 하면
$\frac{D}{4}=(k-5)^2-(k^2-8k+12)=0$, $-2k+13=0$
$\therefore k=\frac{13}{2}$

(ⅰ), (ⅱ)에 의하여 k의 범위는 $6\le k<\frac{13}{2}$
따라서 k의 최솟값은 6

MINI해설 역함수를 직접 구하여 풀이하기

함수 $y=\sqrt{4-2x}+4$의 정의역이 $\{x\,|\,x\le 2\}$이고 치역은 $\{y\,|\,y\ge 4\}$
$y-4=\sqrt{4-2x}$의 양변을 제곱하면 $(y-4)^2=4-2x$
x에 대하여 풀면 $x=-\frac{1}{2}(y-4)^2+2$이므로
x와 y를 서로 바꾸면 역함수 $y=-\frac{1}{2}(x-4)^2+2$ ← 역함수는 $y=x$에 대하여 대칭
$\therefore y=-\frac{1}{2}(x-4)^2+2\,(x\ge 4)$ ← 역함수의 정의역은 원래 함수의 치역
함수 $y=-\frac{1}{2}(x-4)^2+2\,(x\ge 4)$와 직선 $y=-x+k$가 서로 다른 두 점에서
만나도록 하는 실수 k의 값이 최소인 경우는 직선 $y=-x+k$가
함수 $y=-\frac{1}{2}(x-3)^2+2$의 꼭짓점 $(4, 2)$를 지날 때이다.
즉 직선 $y=-x+k$에 $x=4$, $y=2$를 대입하면 $2=-4+k$
따라서 $k=6$

(2) 무리함수 $f(x)=\sqrt{x-2}+k$의 역함수를 $g(x)$라 할 때,
두 함수 $y=f(x)$와 $y=g(x)$의 그래프가 서로 다른 두 점에서
TIP $y=f(x)$의 그래프와 직선 $y=x$의 교점과 같다.
만나도록 하는 정수 k의 개수는?

① 1 ② 2 ③ 3
④ 4 ⑤ 5

STEP Ⓐ **두 함수** $y=f(x)$, $y=g(x)$**의 그래프가 서로 다른 두 점에서 만날 조건 이해하기**

무리함수 $f(x)=\sqrt{x-2}+k$에서 정의역이 $\{x\,|\,x\ge 2\}$, 치역은 $\{y\,|\,y\ge k\}$
이므로 x의 값이 증가할 때, y의 값도 증가한다.
즉 $y=f(x)$와 그 역함수 $y=g(x)$의 교점은 $y=f(x)$와 $y=x$의 교점과
일치하므로 $y=f(x)$와 $y=x$가 서로 다른 두 점에서 만나면 된다.

STEP B **그래프를 그리고 정수 k의 개수 구하기**

$f(x)=\sqrt{x-2}+k$와 직선 $y=x$는 서로 다른 두 점에서 만나므로

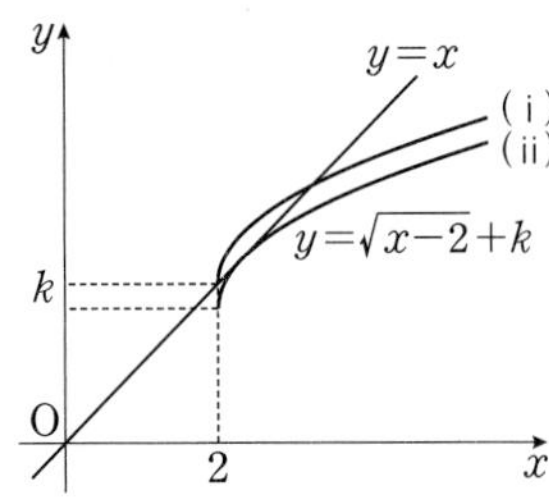

(i) 점 $(2,\ k)$를 지날 때,

$y=x$가 점 $(2,\ k)$를 지날 때 두 점에서 만난다.

$\therefore k=2$

(ii) $y=x$가 $y=f(x)$에 접할 때,

$y=f(x)$가 $y=x$에 접할 때 보다 위에 있으면 되므로

$\sqrt{x-2}+k=x,\ \sqrt{x-2}=x-k$이고 양변을 제곱하면

$x-2=x^2-2kx+k^2,\ x^2-(2k+1)x+k^2+2=0$

이때 이차방정식의 판별식을 D라 하면

$D=(2k+1)^2-4(k^2+2)=0,\ 4k-7=0 \quad \therefore k=\frac{7}{4}$

(i), (ii)에 의하여 k의 범위는 $\frac{7}{4}<k\leq 2$

따라서 정수 $k=2$이므로 그 개수는 1

0896

함수 $y=\sqrt{x+1}$의 그래프와 직선 $y=x+k$가 다음 조건을 만족하기 위한 실수 k의 값의 범위를 구하시오.

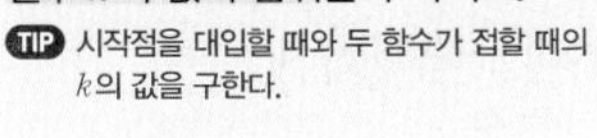

TIP 시작점을 대입할 때와 두 함수가 접할 때의 k의 값을 구한다.

(1) 서로 다른 두 점에서 만난다.
(2) 한 점에서 만난다.
(3) 만나지 않는다.

STEP A **직선과 곡선이 $(-1,\ 0)$을 지날 때와 접할 때, k의 범위 구하기**

무리함수 $y=\sqrt{x+1}$의 그래프는 $y=\sqrt{x}$의 그래프를 x축의 방향으로 -1만큼 평행이동한 것이고

x대신 $x+1$을 대입한 것이다.

$y=x+k$는 기울기가 1이고 y절편이 k인 직선이다.

(i) 직선 $y=x+k$가 점 $(-1,\ 0)$을 지날 때, $0=-1+k \quad \therefore k=1$

(ii) 함수 $y=\sqrt{x+1}$의 그래프와 직선 $y=x+k$가 접할 때의 k의 값은

$\sqrt{x+1}=x+k$

양변을 제곱하여 정리하면

$x+1=x^2+2kx+k^2$

$\therefore x^2+(2k-1)x+k^2-1=0$

이 이차방정식의 판별식을 D라 하면

이차방정식 $ax^2+bx+c=0$의 판별식을 D라 하면 $D=b^2-4ac$

$D=(2k-1)^2-4k^2+4=-4k+5=0 \quad \therefore k=\frac{5}{4}$

STEP B **k의 값의 범위 구하기**

(1) 곡선과 직선이 서로 다른 두 점에서 만나려면 $1\leq k<\frac{5}{4}$

(2) 곡선과 직선이 한 점에서 만나려면 $k=\frac{5}{4}$ 또는 $k<1$

(3) 곡선과 직선이 만나지 않으려면 $k>\frac{5}{4}$

0897

다음 물음에 답하시오.

(1) 두 집합

$$A=\{(x,\ y)\,|\,y=-\sqrt{2x+4}+1\},\ B=\{(x,\ y)\,|\,y=-x+k\}$$

일 때, $n(A\cap B)=2$를 만족하는 실수 k의 범위는?

TIP 무리함수의 그래프와 직선이 서로 다른 두 점에서 만나야 한다.

① $-\frac{3}{2}<k\leq -1$ ② $-\frac{3}{2}\leq k<-1$ ③ $-\frac{3}{2}\leq k\leq -1$
④ $-1\leq k\leq \frac{3}{2}$ ⑤ $-1\leq k<\frac{3}{2}$

STEP A **$n(A\cap B)=2$의 의미 이해하기**

집합 A의 원소는 함수 $y=-\sqrt{2x+4}+1$ 위의 점이고

집합 B의 원소는 직선 $y=-x+k$ 위의 점이 된다.

이때 $n(A\cap B)=2$이므로 집합 A와 집합 B의 공통된 원소가 2개이므로 두 함수는 서로 다른 두 교점을 가진다.

STEP B **직선과 곡선이 $(-2,\ 1)$을 지날 때와 접할 때, k의 값의 범위 구하기**

(i) $y=-x+k$가 점 $(-2,\ 1)$을 지날 때,

함수 $y=-\sqrt{2x+4}+1$에서

정의역은 $\{x\,|\,x\geq -2\}$,

치역은 $\{y\,|\,y\leq 1\}$

즉 시작점은 $(-2,\ 1)$이다.

이때 직선 $y=-x+k$가 시작점 $(-2,\ 1)$을 지날 때, 두 점에서 만나므로 $1=2+k$

$\therefore k=-1$

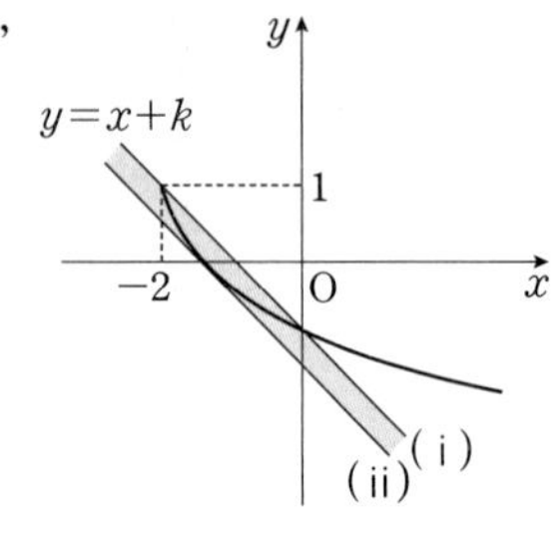

(ii) 직선 $y=-x+k$가 $y=-\sqrt{2x+4}+1$에 접할 때,

직선 $y=-x+k$가 곡선에 접할 때보다 위에 있으면 서로 다른 두 점에서 만난다.

즉 $-x+k=-\sqrt{2x+4}+1,\ -x+k-1=-\sqrt{2x+4}$이고

양변을 제곱하면 $x^2+k^2+1-2kx-2k+2x=2x+4$

$x^2-2kx+k^2-2k-3=0$

이차방정식의 판별식을 D라 하면

$\frac{D}{4}=k^2-(k^2-2k-3)=0,\ 2k+3=0$

$\therefore k=-\frac{3}{2}$

(i), (ii)에 의하여 구하는 k의 값의 범위는 $-\frac{3}{2}<k\leq -1$

(2) 두 집합

$$A=\{(x,\ y)\,|\,y=\sqrt{2x-4}+1\},\ B=\{(x,\ y)\,|\,y=mx+1\}$$

에 대하여 $A\cap B\neq\varnothing$일 때, 실수 m의 범위는?

TIP 무리함수의 그래프와 직선이 만나야 한다.

① $0\leq m\leq \frac{1}{2}$ ② $0\leq m\leq 1$ ③ $\frac{1}{2}\leq m\leq 1$
④ $\frac{1}{2}\leq m\leq 3$ ⑤ $\frac{1}{2}\leq m<\frac{3}{2}$

STEP A **$A\cap B\neq\varnothing$의 의미 이해하기**

집합 A의 원소는 $y=\sqrt{2x-4}+1$ 위의 점이고

집합 B의 원소는 $y=mx+1$ 위의 점이 된다.

이때 $A\cap B\neq\varnothing$이므로 두 집합의 교집합이 존재하므로 $y=\sqrt{2x-4}+1$과 $y=mx+1$의 교점이 존재해야 한다.

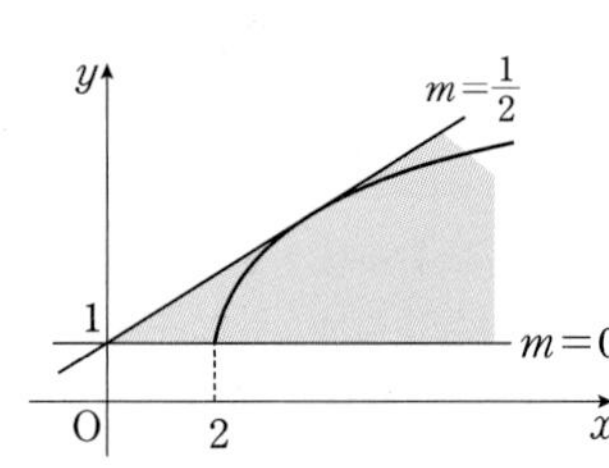

STEP B 직선과 곡선이 $(2, 1)$을 지날 때와 접할 때, k의 값의 범위 구하기

(i) $y=mx+1$이 점 $(2, 1)$을 지날 때,

함수 $y=\sqrt{2x-4}+1$에서 정의역은 $\{x \mid x \geq 2\}$, 치역은 $\{y \mid y \geq 1\}$

즉 시작점은 $(2, 1)$이다.

이때 직선 $y=mx+1$이 시작점 $(2, 1)$을 지날 때 두 점에서 만나므로

$1=2m+1 \quad \therefore m=0$

(ii) 직선 $y=mx+1$이 $y=\sqrt{2x-4}+1$에 접할 때,

직선 $y=mx+1$이 $y=\sqrt{2x-4}+1$에 접할 때 한 점에서 만난다.

즉 $mx+1=\sqrt{2x-4}+1$, $mx=\sqrt{2x-4}$이고 양변을 제곱하면

$m^2x^2=2x-4$, $m^2x^2-2x+4=0$

이차방정식의 판별식을 D라 하면 $\frac{D}{4}=1-4m^2=0$

$\therefore m=\frac{1}{2}$ 또는 $m=-\frac{1}{2}$

이때 $m>0$이므로 $m=\frac{1}{2}$

(i), (ii)에 의하여 m의 값의 범위는 $0 \leq m \leq \frac{1}{2}$

0898

2019년 03월 고2 학력평가 나형 24번

함수 $y=6-2\sqrt{1-x}$의 그래프와 직선 $y=-x+k$가 제1사분면에서 만나도록 하는 모든 정수 k의 값의 합을 구하시오.

TIP (i) 직선 $y=-x+k$가 함수 $y=6-2\sqrt{1-x}$의 그래프의 시작점을 지나는 경우
(ii) 직선 $y=-x+k$가 함수 $y=6-2\sqrt{1-x}$의 그래프의 y절편을 지나는 경우

STEP A 무리함수의 그래프와 직선이 만나는 점이 제1사분면에 있는 경우 구하기

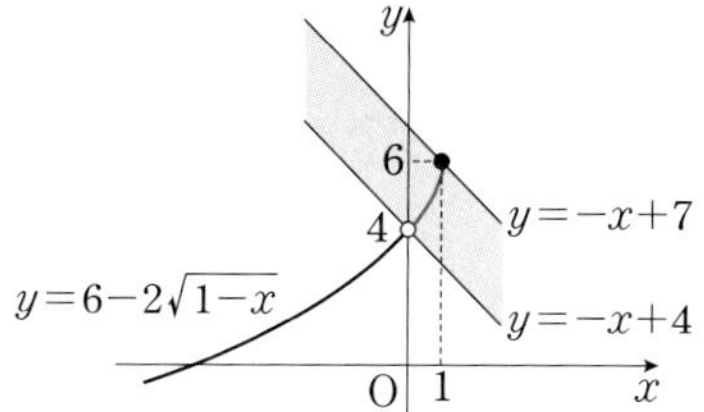

(i) 직선 $y=-x+k$가 점 $(1, 6)$을 지날 때,

함수 $y=6-2\sqrt{1-x}$에서 정의역은 $\{x \mid x \leq 1\}$, 치역은 $\{y \mid y \leq 6\}$이므로 시작점은 $(1, 6)$이다.

점 $(1, 6)$이 제1사분면의 점이므로 직선 $y=-x+k$가 점 $(1, 6)$을 지날 때부터 아래에 있으면 제1사분면에서 만난다.

$6=-1+k \quad \therefore k=7$

(ii) 직선 $y=-x+k$가 함수 $y=6-2\sqrt{1-x}$의 y절편을 지날 때,

함수 $y=6-2\sqrt{1-x}$에서 $x=0$을 대입하여 y절편을 구하면

$y=6-2\sqrt{1} \quad \therefore (0, 4)$

직선 $y=-x+k$가 $(0, 4)$를 지날 때보다 위에 있으면 제1사분면에서 교점이 존재한다.

$4=0+k \quad \therefore k=4$

(i), (ii)에 의하여 실수 k의 값의 범위는 $4<k \leq 7$

STEP B 정수 k의 값의 합 구하기

따라서 조건을 만족시키는 정수 k는 $5, 6, 7$이므로 그 합은 $5+6+7=18$

MAPL; YOUR MASTER PLAN

단원종합문제

무리함수

BASIC

0899

무리식 $\sqrt{3x+9}-\sqrt{1-x}$의 값이 실수가 되도록 하는 모든 정수 x의 값의 합은?

TIP 근호 안의 식이 0보다 크거나 같아야 한다.

① -1 ② -2 ③ -3
④ -4 ⑤ -5

STEP A 무리식의 값이 실수가 되려면 (근호 안에 있는 식의 값)≥ 0이어야 함을 이용하기

무리식 $\sqrt{3x+9}-\sqrt{1-x}$의 값이 실수가 되려면

$3x+9 \geq 0$, $1-x \geq 0$이어야 하므로

$x \geq -3$이고 $x \leq 1$

$\therefore -3 \leq x \leq 1$

따라서 구하는 정수 x는 $-3, -2, -1, 0, 1$이고 그 합은

$(-3)+(-2)+(-1)+0+1=-5$

0900

2014년 11월 고1 학력평가 6번

다음 물음에 답하시오.

(1) 오른쪽 그림과 같이 무리함수 $y=\sqrt{-2x+4}+a$의 그래프가 두 점 $(b, 1)$, $(0, 3)$을 지날 때,

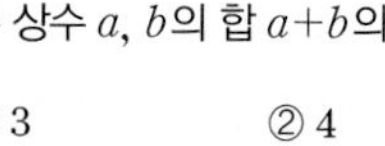

두 상수 a, b의 합 $a+b$의 값은?

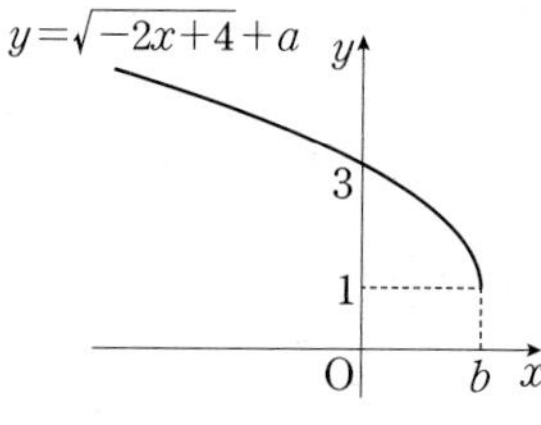

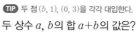

① 3 ② 4
③ 5 ④ 6
⑤ 7

STEP A 지나는 점을 이용하여 a, b의 값 구하기

무리함수 $y=\sqrt{-2x+4}+a$의 그래프가 점 $(0, 3)$을 지나므로

$x=0$, $y=3$을 대입하면 $3=\sqrt{4}+a$, $3=2+a$

$\therefore a=1$

무리함수 $y=\sqrt{-2x+4}+1$의 그래프가 점 $(b, 1)$을 지나므로

$x=b$, $y=1$을 대입하면 $1=\sqrt{-2b+4}+1$, $\sqrt{-2b+4}=0$

$\therefore b=2$

따라서 $a+b=1+2=3$

MINI해설 무리함수의 정의역과 치역을 이용하여 풀이하기

$y=\sqrt{-2x+4}+a$의 정의역이 $\{x \mid x \leq 2\}$, 치역이 $\{y \mid y \geq a\}$이므로

그래프에서 $x \leq b$, $y \geq 1$이므로 $a=1$, $b=2$

따라서 $a+b=1+2=3$

(2) 함수 $f(x)=-\sqrt{ax+b}+c$의 그래프가

TIP 두 점 $(4,\ 2)$, $(0,\ -2)$를 각각 대입한다.

오른쪽 그림과 같을 때, $f(-5)$의 값은?
(단, a, b, c는 상수이다.)

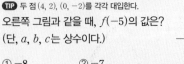

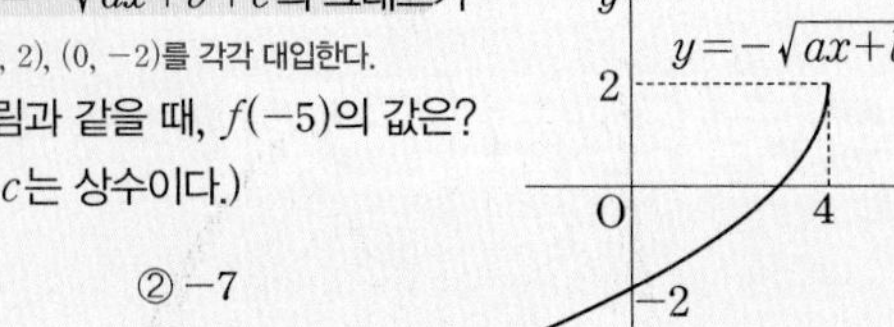

① -8 ② -7
③ -6 ④ -5
⑤ -4

STEP A 무리함수의 그래프가 지나는 점의 좌표를 이용하여 $y=f(x)$의 식 구하기

주어진 함수의 그래프는 $y=-\sqrt{ax}\,(a<0)$의 그래프를 x축의 방향으로 4만큼, y축의 방향으로 2만큼 평행이동한 것이므로

$y=-\sqrt{a(x-4)}+2$ …… ㉠

이 함수의 그래프가 점 $(0,\ -2)$를 지나므로 $-2=-\sqrt{-4a}+2$

$4=\sqrt{-4a}$, $16=-4a$ $\therefore a=-4$

$a=-4$를 ㉠에 대입하여 정리하면 $f(x)=-\sqrt{-4(x-4)}+2$

+α 시작점과 점 $(0,\ -2)$를 이용하여 구할 수 있어!

함수 $f(x)=-\sqrt{ax+b}+c$의 그래프에서 시작점이 $(4,\ 2)$이므로
$x=4$를 대입하면 근호 안의 값이 0이다.
즉 $4a+b=0$ $\therefore b=-4a$
또한, 상수 c의 값은 $c=2$
$f(x)=-\sqrt{ax-4a}+2$가 점 $(0,\ -2)$를 지나므로 대입하면
$f(0)=-\sqrt{-4a}+2=-2$, $\sqrt{-4a}=4$이고 양변을 제곱하면
$-4a=16$ $\therefore a=-4$
즉 $f(x)=-\sqrt{-4x+16}+2$

STEP B $f(-5)$의 값 구하기

따라서 $f(-5)=-\sqrt{-4(-5-4)}+2=-6+2=-4$

0901

다음 물음에 답하시오.

(1) 함수 $f(x)=\sqrt{-3x+a}+b$의 정의역은 $\{x|x\le 2\}$이고

TIP 정의역은 $-3x+a\ge 0$, 치역은 $y\ge b$

치역은 $\{y|y\ge -2\}$일 때, $f(-1)$의 값은? (단, a, b는 상수이다.)

① 1 ② 2 ③ 3
④ 4 ⑤ 5

STEP A 정의역과 치역을 이용하여 a, b의 값 구하기

함수 $y=\sqrt{-3x+a}+b=\sqrt{-3\left(x-\frac{a}{3}\right)}+b$

$-3\left(x-\frac{a}{3}\right)\ge 0$, $x\le\frac{a}{3}$에서 정의역 $\left\{x\middle|x\le\frac{a}{3}\right\}$이고 치역은 $\{y|y\ge b\}$

주어진 조건에서 정의역은 $\{x|x\le 2\}$이고 치역은 $\{y|y\ge -2\}$이므로

$\frac{a}{3}=2$, $b=-2$ $\therefore a=6$, $b=-2$

+α 시작점을 이용하여 구할 수 있어!

정의역 $\{x|x\le 2\}$, 치역 $\{y|y\ge -2\}$에서 시작점이 $(2,\ -2)$
이때 $x=2$를 대입하면 근호 안의 값이 0이므로
$-6+a=0$ $\therefore a=6$
또한, 상수 $b=-2$

STEP B $f(-1)$의 값 구하기

따라서 $f(x)=\sqrt{-3x+6}-2$이므로 $f(-1)=\sqrt{-3\times(-1)+6}-2=1$

(2) $a\le x\le b$에서 정의된 함수 $y=\sqrt{-2x+1}+4$의 치역이

TIP $y=7$일 때 x의 값, $y=5$일 때 x의 값을 구한다.

$\{y|5\le y\le 7\}$일 때, 상수 a, b에 대하여 $a+b$의 값은?

① -5 ② -4 ③ -3
④ -2 ⑤ -1

STEP A 정의역과 치역을 이용하여 a, b의 값 구하기

$y=\sqrt{-2x+1}+4=\sqrt{-2\left(x-\frac{1}{2}\right)}+4$

이므로 주어진 함수의 그래프는

$y=\sqrt{-2x}$의 그래프를 x축의 방향으로

$\frac{1}{2}$만큼, y축의 방향으로 4만큼 평행이동한 것

x대신 $x-\frac{1}{2}$, y대신 $y-4$를 대입한 것이다.

이므로 오른쪽 그림과 같다.

이때 $y=7$일 때, $x=-4$이고 $y=5$일 때, $x=0$이므로

$\sqrt{-2x+1}+4=7$, $\sqrt{-2x+1}=3$, $-2x+1=9$ $\therefore x=-4$
$\sqrt{-2x+1}+4=5$ $\sqrt{-2x+1}=1$, $-2x+1=1$ $\therefore x=0$

정의역은 $\{x|-4\le x\le 0\}$

따라서 $a=-4$, $b=0$이므로 $a+b=-4$

0902

다음 물음에 답하시오.

(1) 함수 $y=\sqrt{px+9}+3$의 그래프를 x축의 방향으로 m만큼, y축의 방향으로 n만큼 평행이동하였더니 함수 $y=3\sqrt{x}$의 그래프와 일치

TIP x대신 $x-m$, y대신 $y-n$을 대입한다.

하였다. $m+n+p$의 값은? (단, m, n, p는 상수이다.)

① 6 ② 7 ③ 8
④ 9 ⑤ 10

STEP A 평행이동한 함수의 식 구하기

함수 $y=\sqrt{px+9}+3$을 x축의 방향으로 m만큼, y축의 방향으로 n만큼 평행이동하면 $y-n=\sqrt{p(x-m)+9}+3$

$\therefore y=\sqrt{px-pm+9}+3+n$ …… ㉠

이때 ㉠의 함수가 $y=3\sqrt{x}$와 일치하므로 ← $3\sqrt{x}=\sqrt{9x}$

$\sqrt{px-pm+9}+3+n=\sqrt{9x}$

$p=9$, $-pm+9=0$, $3+n=0$

$\therefore p=9$, $m=1$, $n=-3$

따라서 $m+n+p=1+(-3)+9=7$

MINI해설 역으로 평행이동하여 풀이하기

$y=\sqrt{px+9}+3$의 그래프를 x축의 방향으로 m만큼, y축의 방향으로 n만큼 평행이동하면 $y=3\sqrt{x}$이므로
역으로 $y=3\sqrt{x}$의 그래프를 x축의 방향으로 $-m$만큼, y축의 방향으로 $-n$만큼 평행이동하면 $y=\sqrt{px+9}+3$과 일치한다.
$y+n=3\sqrt{x+m}$, $y=\sqrt{9x+9m}-n$
즉 $\sqrt{9x+9m}-n=\sqrt{px+9}+3$이므로 $p=9$, $m=1$, $n=-3$

2018학년도 고3 사관기출 나형 12번

(2) 점 $(-2,\ 2)$를 지나는 함수 $y=\sqrt{ax}$의 그래프를 y축의 방향으로 b만큼 평행이동한 후 x축에 대하여 대칭이동한 그래프가 점 $(-8,\ 5)$를

TIP x축에 대한 대칭이동 $f(x,\ y)=0 \longrightarrow f(x,\ -y)=0$

지날 때, ab의 값은? (단, a, b는 상수이다.)

① 12 ② 14 ③ 16
④ 18 ⑤ 20

STEP A 점 $(-2,\ 2)$를 지남을 이용하여 a의 값 구하기

함수 $y=\sqrt{ax}$가 점 $(-2,\ 2)$를 지나므로 $2=\sqrt{-2a}$
양변을 제곱하면 $4=-2a$ $\therefore a=-2$

STEP B 평행이동과 대칭이동을 이용하여 b의 값 구하기

$y=\sqrt{-2x}$를 y축의 방향으로 b만큼 평행이동하면 $y-b=\sqrt{-2x}$
y대신에 $y-b$를 대입
$\therefore y=\sqrt{-2x}+b$ …… ㉠
㉠의 식을 x축에 대하여 대칭이동하면 $-y=\sqrt{-2x}+b$
y대신에 $-y$를 대입
$\therefore y=-\sqrt{-2x}-b$ …… ㉡
㉡의 식이 점 $(-8,\ 5)$를 지나므로 $5=-\sqrt{16}-b$, $5=-4-b$
$\therefore b=-9$
따라서 $a=-2$, $b=-9$이므로 $ab=(-2)\times(-9)=18$

0903

다음 함수의 그래프 중 평행이동하여 무리함수 $y=\sqrt{-2x+4}$의 그래프와

TIP $y=\sqrt{ax}$에서 x축으로 p만큼, y축으로 q만큼 평행이동하면 $y=\sqrt{a(x-p)}+q$

겹쳐지는 것은?

① $y=\sqrt{2x-2}-3$ ② $y=\sqrt{-(4-2x)}+1$
③ $y=\sqrt{2-2x}+1$ ④ $y=\sqrt{-3x+6}+1$
⑤ $y=-\sqrt{-x+2}+3$

STEP A 평행이동하여 일치하는 그래프 구하기

평행이동하여 $y=\sqrt{-2x+4}=\sqrt{-2(x-2)}$의 그래프와 겹칠 수 있는 것은 $y=\sqrt{-2(x-p)}+q$의 형태이어야 한다. ← $y=\sqrt{-2x}$를 x축의 방향으로 2만큼 평행이동

① $y=\sqrt{2x-2}-3=\sqrt{2(x-1)}-3$의 그래프는 $y=\sqrt{2x}$의 그래프를 x축 방향으로 1만큼, y축 방향으로 -3만큼 평행이동한 그래프이다.
즉 $y=\sqrt{-2x+4}$를 평행이동하여 겹쳐질 수 없다.
② $y=\sqrt{-(4-2x)}+1=\sqrt{2(x-2)}+1$의 그래프는 $y=\sqrt{2x}$의 그래프를 x축 방향으로 2만큼, y축 방향으로 1만큼 평행이동한 그래프이다.
즉 $y=\sqrt{-2x+4}$를 평행이동하여 겹쳐질 수 없다.
③ $y=\sqrt{2-2x}+1=\sqrt{-2(x-1)}+1$의 그래프는 $y=\sqrt{-2x}$의 그래프를 x축 방향으로 1만큼, y축 방향으로 1만큼 평행이동한 그래프이다.
즉 $y=\sqrt{-2x+4}$를 평행이동하여 겹쳐질 수 있다.
④ $y=\sqrt{-3x+6}+1=\sqrt{-3(x-2)}+1$의 그래프는 $y=\sqrt{-3x}$의 그래프를 x축 방향으로 2만큼, y축 방향으로 1만큼 평행이동한 그래프이다.
즉 $y=\sqrt{-2x+4}$를 평행이동하여 겹쳐질 수 없다.
⑤ $y=-\sqrt{-x+2}+3=-\sqrt{-(x-2)}+3$의 그래프는 $y=\sqrt{-x}$의 그래프를 x축 방향으로 2만큼, y축 방향으로 3만큼 평행이동한 그래프이다.
즉 $y=\sqrt{-2x+4}$를 평행이동하여 겹쳐질 수 없다.

따라서 평행이동하여 그 그래프를 $y=\sqrt{-2x+4}$의 그래프와 겹칠 수 있는 함수는 ③이다.

0904

2017년 03월 고2 학력평가 11번

함수 $y=\sqrt{a(6-x)}\,(a>0)$의 그래프와 함수 $y=\sqrt{x}$의 그래프가 만나는 점을 A라 하자. 원점 O와 점 B$(6,\ 0)$에 대하여 삼각형 AOB의 넓이가 6

TIP (삼각형 AOB의 넓이)$=\frac{1}{2}\times$(밑변)$\times$(높이)$=6$, 밑변은 $\overline{\text{OB}}$, 높이는 점 A의 y좌표

일 때, 상수 a의 값은?

① 1 ② 2 ③ 3
④ 4 ⑤ 5

STEP A 삼각형 AOB의 넓이가 6인 점 A의 좌표 구하기

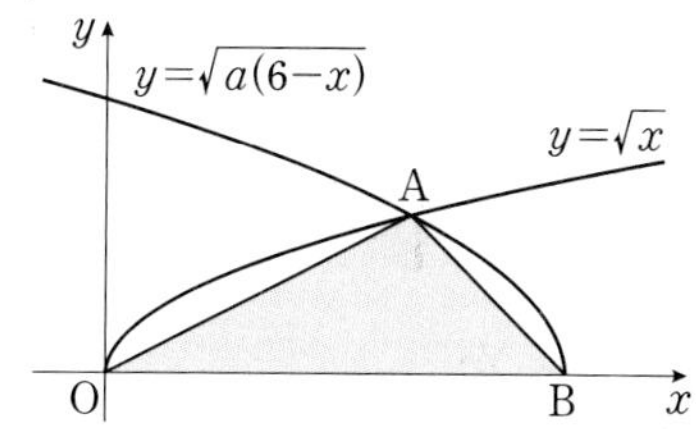

점 A의 좌표를 $(p,\ q)$ (p, q는 양수)라 하면
$\overline{\text{OB}}=6$이고 삼각형 AOB의 넓이가 6이므로 $\frac{1}{2}\times6\times q=6$
점 B의 x좌표와 같다.
$\therefore q=2$
이때 점 A$(p,\ 2)$는 곡선 $y=\sqrt{x}$ 위의 점이므로 $2=\sqrt{p}$에서 $p=4$이다.
$\therefore$ A$(4,\ 2)$

STEP B 점 A를 곡선에 대입하여 상수 a의 값 구하기

점 A$(4,\ 2)$는 곡선 $y=\sqrt{a(6-x)}$ 위의 점이므로 $2=\sqrt{a(6-4)}$
$2=\sqrt{2a}$이고 양변을 제곱하면 $4=2a$
따라서 $a=2$

0905

두 무리함수 $y=\sqrt{2x}$와 $y=\sqrt{8x}$의 그래프가 오른쪽 그림과 같다. 점 A$(a,\ 0)$에서 x축에 수직인 직선을 그어 곡선 $y=\sqrt{8x}$와 만나는 점을 D라

TIP 점 D$(a,\ \sqrt{8a})$이므로 한 변의 길이는 $\sqrt{8a}$

하고 $\overline{\text{AD}}$를 한 변으로 하는 정사각형 ABCD를 만들면 점 C가 곡선 $y=\sqrt{2x}$ 위에 존재한다. 이때 a의 값을 구하시오.

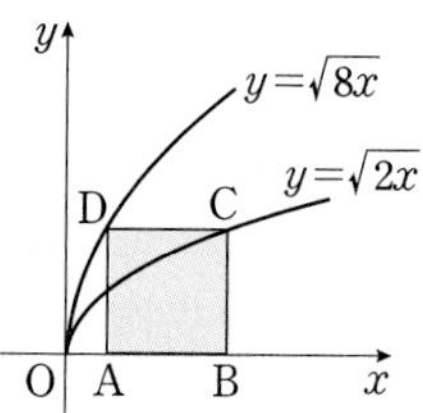

STEP A 점 D의 좌표를 이용하여 점 C의 좌표 구하기

점 A의 x좌표가 a이므로 $x=a$를 $y=\sqrt{8x}$에 대입하면
점 D$(a,\ \sqrt{8a})$
이때 선분 CD가 x축에 평행한 선분이므로
점 C의 y좌표는 $\sqrt{8a}$
즉 $\sqrt{8a}=\sqrt{2x}$이고 양변을 제곱하면 $8a=2x$ $\therefore x=4a$
$\therefore$ C$(4a,\ \sqrt{8a})$

STEP B 정사각형의 한 변의 길이를 이용하여 a의 값 구하기

정사각형의 한 변의 길이가 $\sqrt{8a}$이므로
$\overline{\text{CD}}=4a-a=\sqrt{8a}$, $3a=\sqrt{8a}$이고 양변을 제곱하면 $9a^2=8a$
$a(9a-8)=0$ $\therefore a=0$ 또는 $a=\frac{8}{9}$
따라서 $a>0$이므로 $a=\frac{8}{9}$

+α 한 변의 길이를 이용하여 구할 수 있어!

정사각형의 한 변의 길이가 $\sqrt{8a}$이므로 점 C의 좌표는 $C(a+\sqrt{8a},\ \sqrt{8a})$
이때 점 C가 $y=\sqrt{2x}$ 위의 점이므로 대입하면
$\sqrt{8a}=\sqrt{2(a+\sqrt{8a})}$이고 양변을 제곱하면 $8a=2(a+\sqrt{8a})$, $3a=\sqrt{8a}$
다시 양변을 제곱하면 $9a^2=8a$, $a(9a-8)=0$
따라서 $a>0$이므로 $a=\frac{8}{9}$

0906

다음 물음에 답하시오.

(1) $-5\le x\le 3$에서 함수 $y=\sqrt{-2x+6}+a$는 최솟값 -2, 최댓값 M을 갖는다. 이때 $a+M$의 값은? (단, a는 상수이다.)

TIP 그래프의 개형을 그리고 최댓값과 최솟값을 구한다.

① -2　② -1　③ 0　④ 1　⑤ 2

STEP Ⓐ **제한범위에서 무리함수의 그래프 그리기**

$y=\sqrt{-2x+6}+a=\sqrt{-2(x-3)}+a$의 그래프는 함수 $y=\sqrt{-2x}$의 그래프를 x축의 방향으로 3만큼, y축의 방향으로 a만큼 평행이동하면
x대신 $x-3$을 y대신 $y-a$를 대입
오른쪽 그림과 같다.

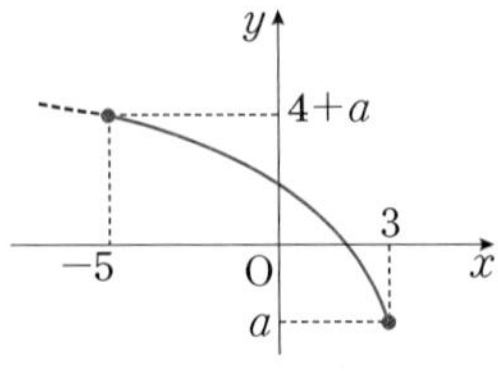

STEP Ⓑ **최댓값과 최솟값 구하기**

$x=3$일 때, 최솟값 $\sqrt{-2\times3+6}+a=a$이므로 $a=-2$
$x=-5$일 때, 최댓값 $M=\sqrt{-2\times(-5)+6}+a=\sqrt{16}+a=4-2=2$
따라서 $a+M=-2+2=0$

(2) $-1\le x\le 3$에서 함수 $y=\sqrt{2x+3}+a$의 최댓값이 5일 때, 이 함수의 최솟값은? (단, a는 상수이다.)

TIP 그래프의 개형을 그리고 최댓값과 최솟값을 구한다.

① 2　② 3　③ $2+\sqrt{5}$　④ $2+\sqrt{6}$　⑤ $2+\sqrt{7}$

STEP Ⓐ **제한범위에서 무리함수의 그래프 그리기**

$y=\sqrt{2x+3}+a=\sqrt{2\left(x+\frac{3}{2}\right)}+a$의 그래프는 함수 $y=\sqrt{2x}$의 그래프를 x축의 방향으로 $-\frac{3}{2}$만큼, y축의 방향으로 a만큼 평행이동하면
x대신 $x+\frac{3}{2}$, y대신 $y-a$를 대입한 것이다.
오른쪽 그림과 같다.

STEP Ⓑ **최댓값과 최솟값 구하기**

$x=3$일 때, 최댓값은 $\sqrt{2\times3+3}+a=3+a=5$이므로 $a=2$
따라서 $x=-1$일 때, 최솟값은 $\sqrt{2\times(-1)+3}+a=1+2=3$

(3) $-2\le x\le a$에서 함수 $y=-\sqrt{3x+7}+3$의 최솟값이 -2, 최댓값이 b일 때, $a+b$의 값은? (단, a는 상수이다.)

TIP 그래프의 개형을 그리고 최댓값과 최솟값을 구한다.

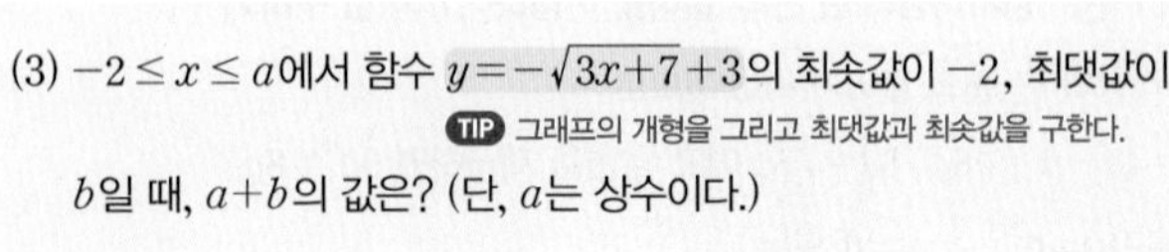

① 8　② 11　③ 14　④ 17　⑤ 20

STEP Ⓐ **제한범위에서 무리함수의 그래프 파악하기**

$y=-\sqrt{3x+7}+3=-\sqrt{3\left(x+\frac{7}{3}\right)}+3$
이므로 주어진 함수의 그래프는 $y=-\sqrt{3x}$의 그래프를 x축의 방향으로 $-\frac{7}{3}$만큼, y축의 방향으로 3만큼 평행이동한 것이고 오른쪽 그림과 같다.

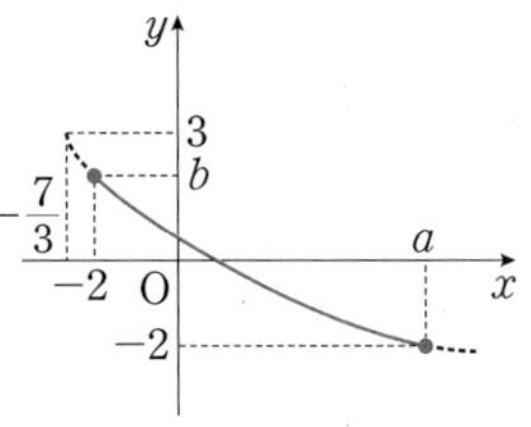

STEP Ⓑ **최댓값과 최솟값을 이용하여 a, b의 값 구하기**

$x=a$에서 최솟값 $-\sqrt{3a+7}+3=-2$, $\sqrt{3a+7}=5$
양변을 제곱하면 $3a+7=25$　$\therefore a=6$
$x=-2$에서 최댓값 $-\sqrt{3\times(-2)+7}+3=-1+3=2$　$\therefore b=2$
따라서 $a=6$, $b=2$이므로 $a+b=6+2=8$

0907

2017년 03월 고2 학력평가 나형 5번

다음 물음에 답하시오.

(1) 무리함수 $f(x)=a\sqrt{x+1}+2$에 대하여 $f^{-1}(10)=3$일 때, 상수 a의 값은? (단, f^{-1}는 f의 역함수이다.)

TIP 역함수의 성질 $f^{-1}(a)=b \Longleftrightarrow f(b)=a$

① 1　② 2　③ 3　④ 4　⑤ 5

STEP Ⓐ **$f(a)=b$이면 $f^{-1}(b)=a$임을 이용하여 상수 a의 값 구하기**

역함수의 성질에 의하여 $f^{-1}(10)=3$에서 $f(3)=10$
즉 $f(3)=a\sqrt{3+1}+2=2a+2=10$
따라서 $a=4$

2014년 03월 고2 학력평가 A형 6번

(2) 무리함수 $y=\sqrt{ax+b}$의 역함수의 그래프가 두 점 $(2,\ 0)$, $(5,\ 7)$을 지날 때, $a+b$의 값을 구하시오. (단, a, b는 상수이다.)

TIP $y=\sqrt{ax+b}$의 그래프는 $(0,\ 2)$, $(7,\ 5)$를 지난다.

STEP Ⓐ **$f(a)=b$이면 $f^{-1}(b)=a$임을 이용하여 $a+b$의 값 구하기**

함수 $y=\sqrt{ax+b}$의 역함수의 그래프가 두 점 $(2,\ 0)$, $(5,\ 7)$을 지나므로
함수 $y=\sqrt{ax+b}$의 그래프는 두 점 $(0,\ 2)$, $(7,\ 5)$를 지난다.
함수 $y=f(x)$의 역함수를 구할 때, x와 y의 좌표가 바뀌므로 점의 좌표 또한 x와 y의 좌표가 바뀐다.
$2=\sqrt{b}$에서 $b=4$
$5=\sqrt{7a+b}$에서 $7a+b=25$
$\therefore a=3$
따라서 $a+b=3+4=7$

(3) 함수 $f(x)=\sqrt{-x+2a}-3$의 역함수 $g(x)$에 대하여 $g(0)=-1$일 때, $g(2)$의 값은?

TIP 역함수의 성질에 의하여 $f(-1)=0$

① -19　② -18　③ -17　④ -16　⑤ -15

STEP Ⓐ **$f(a)=b$이면 $f^{-1}(b)=a$임을 이용하여 a의 값 구하기**

함수 $y=f(x)$의 역함수 $y=g(x)$에 대하여
$g(0)=-1$이므로 $f(-1)=0$
$f(-1)=\sqrt{1+2a}-3=0$, $\sqrt{1+2a}=3$이고 양변을 제곱하면 $1+2a=9$
$\therefore a=4$

STEP **B** **역함수의 성질을 이용하여 $g(2)$의 값 구하기**

$f(x)=\sqrt{-x+8}-3$의 역함수 $g(x)$에 대하여 $g(2)=k$라 하면 $f(k)=2$

즉 $f(k)=\sqrt{-k+8}-3=2$, $\sqrt{-k+8}=5$에서 양변을 제곱하면

$-k+8=25 \quad \therefore k=-17$

따라서 $g(2)=-17$

MINI해설 역함수를 직접 구하여 풀이하기

함수 $f(x)$의 치역은 $\{y \mid y \geq -3\}$이므로

역함수 $g(x)$의 정의역은 $\{x \mid x \geq -3\}$

$y=\sqrt{-x+2a}-3$이라 하면

$y+3=\sqrt{-x+2a}$의 양변을 제곱한 후 x에 대하여 풀면

$(y+3)^2=-x+2a \quad \therefore x=-(y+3)^2+2a$

x와 y를 서로 바꾸면 역함수는 $y=-(x+3)^2+2a(x \geq -3)$

$\therefore g(x)=-(x+3)^2+2a(x \geq -3)$

$g(0)=-1$이므로 $-(0+3)^2+2a=-1$

$-9+2a=-1 \quad \therefore a=4$

따라서 $g(x)=-(x+3)^2+8(x \geq -3)$이므로 $g(2)=-(2+3)^2+8=-17$

0908

다음 물음에 답하시오.

(1) 정의역이 $\{x \mid x>1\}$인 두 함수 $f(x)=\dfrac{2x+3}{x-1}$, $g(x)=\sqrt{x+2}$에 대하여 $(g \circ f^{-1})(a)=2$일 때, 상수 a의 값은?

TIP $(g \circ f^{-1})(a)=g(f^{-1}(a))=2$

(단, f^{-1}는 f의 역함수이다.)

① 3 ② 5 ③ 7
④ 9 ⑤ 11

STEP **A** **$f(a)=b$이면 $f^{-1}(b)=a$임을 이용하여 $f^{-1}(a)$의 값 구하기**

$(g \circ f^{-1})(a)=g(f^{-1}(a))=2$ …… ㉠

$f^{-1}(a)=k$라 하면 ㉠에서 $g(k)=2$이므로 ← $f^{-1}(a)=b \Longleftrightarrow f(b)=a$

$g(k)=\sqrt{k+2}=2 \quad \therefore k=2$

STEP **B** **$(g \circ f^{-1})(a)=2$를 만족하는 상수 a의 값 구하기**

즉 $f^{-1}(a)=2$이므로 $a=f(2)$

따라서 $a=f(2)=\dfrac{4+3}{2-1}=7$

MINI해설 역함수의 성질을 이용하여 풀이하기

$g(x)=\sqrt{x+2}=2$에서 양변을 제곱하면 $x+2=4 \quad \therefore x=2$

이때 $(g \circ f^{-1})(a)=g(f^{-1}(a))=2$이므로 $f^{-1}(a)=2$

역함수의 성질에 의하여 $f(2)=a$이므로 $f(2)=\dfrac{4+3}{2-1}=7$

따라서 $a=7$

(2) 1보다 큰 실수 전체의 집합에서 정의된 함수

$$f(x)=\frac{x+1}{x-1},\ g(x)=\sqrt{2x-1}$$

에 대하여 $(f \circ (g \circ f)^{-1} \circ f)(3)$의 값은?

TIP $(f \circ (g \circ f)^{-1} \circ f)(3)=(f \circ f^{-1} \circ g^{-1} \circ f)(3)=(g^{-1} \circ f)(3)$

(단, f^{-1}는 f의 역함수이다.)

① $\dfrac{1}{2}$ ② $\dfrac{3}{2}$ ③ $\dfrac{5}{2}$
④ $\dfrac{7}{2}$ ⑤ $\dfrac{9}{2}$

STEP **A** **주어진 함수의 식 간단히 정리하기**

$(f \circ (g \circ f)^{-1} \circ f)(3)=(f \circ f^{-1} \circ g^{-1} \circ f)(3)$

역함수의 성질에 의하여 $(f \circ f^{-1})(x)=x$

$=(g^{-1} \circ f)(3)$

$=g^{-1}(f(3))$

STEP **B** **$(f \circ (g \circ f)^{-1} \circ f)(3)$의 값 구하기**

$f(x)=\dfrac{x+1}{x-1}$에서 $f(3)=\dfrac{3+1}{3-1}=\dfrac{4}{2}=2$

$g^{-1}(f(3))=g^{-1}(2)$

이때 $g^{-1}(2)=k$라 하면

$g(k)=2$

$g(k)=\sqrt{2k-1}=2$이고 양변을 제곱하면

$2k-1=4 \quad \therefore k=\dfrac{5}{2}$

따라서 $(f \circ (g \circ f)^{-1} \circ f)(3)=g^{-1}(f(3))=g^{-1}(2)=\dfrac{5}{2}$

0909

유리함수 $y=\dfrac{ax+b}{x+c}$의 그래프가 오른쪽 그림과 같을 때, 무리함수 $y=\sqrt{ax+b}+c$의 그래프의 개형은?
(단, a, b, c는 상수이다.)

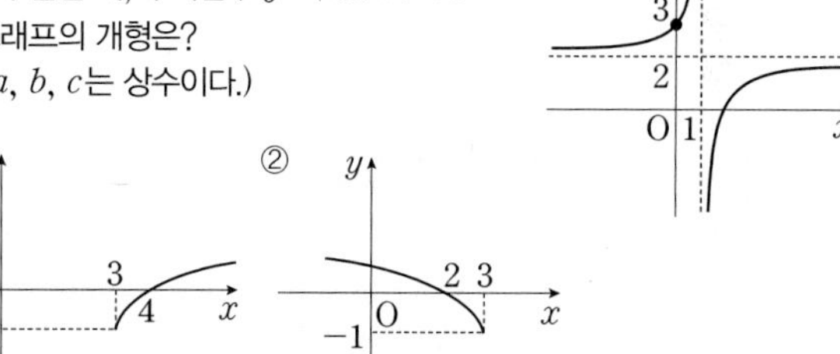

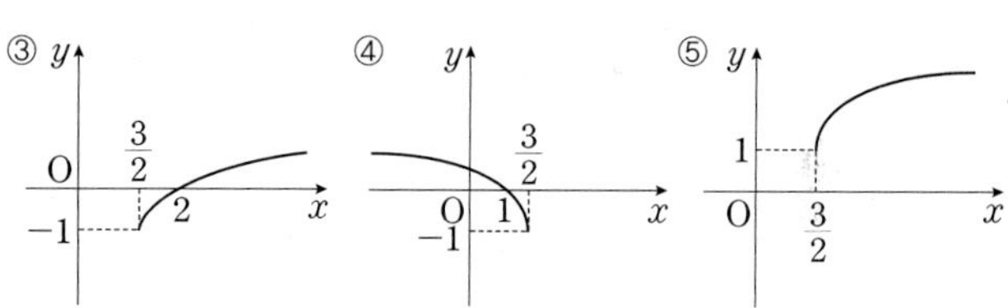

STEP **A** **주어진 그래프를 이용하여 a, b, c의 값 구하기**

유리함수 $y=\dfrac{ax+b}{x+c}$에서 점근선의 방정식은 $x=-c$, $y=a$

주어진 그래프에서 점근선의 방정식은 $x=1$, $y=2$

$\therefore a=2$, $c=-1$

또한, $y=\dfrac{2x+b}{x-1}$의 그래프가 점 $(0, 3)$을 지나므로 대입하면

$3=\dfrac{b}{-1} \quad \therefore b=-3$

$\therefore a=2$, $b=-3$, $c=-1$

STEP **B** **함수 $y=\sqrt{ax+b}+c$의 그래프 그리기**

$y=\sqrt{ax+b}+c$

$=\sqrt{2x-3}-1$

$=\sqrt{2\left(x-\dfrac{3}{2}\right)}-1$

이므로 $y=\sqrt{2x}$의 그래프를 x축의 방향으로 $\dfrac{3}{2}$만큼, y축의 방향으로 -1만큼 평행이동한

x대신 $x-\dfrac{3}{2}$, y대신 $y+1$을 대입한 것이다.

그래프이므로 오른쪽 그림과 같다.

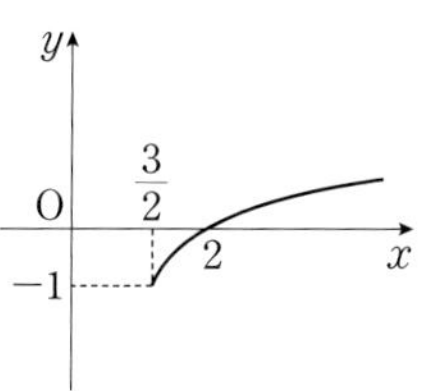

따라서 그래프는 ③과 같다.

NORMAL

0910

다음에서 함수 $y=-\sqrt{3x+6}+3$에 대한 설명으로 옳지 않은 것은?

TIP 정의역은 $\{x|x\geq -2\}$, 치역은 $\{y|y\leq 3\}$

① 정의역은 $\{x|x\geq -2\}$이다.
② 치역은 $\{y|y\leq 3\}$이다.
③ 그래프는 함수 $y=-\sqrt{3x}$의 그래프를 x축의 방향으로 -2만큼, y축의 방향으로 -3만큼 평행이동한 것이다.
④ 그래프는 제 3사분면을 지나지 않는다.
⑤ 역함수는 $y=\frac{1}{3}x^2-2x+1(x\leq 3)$이다.

STEP A $y=-\sqrt{3x+6}+3$의 그래프 그리기

$y=-\sqrt{3x+6}+3=-\sqrt{3(x+2)}+3$의 그래프는 $y=-\sqrt{3x}$의 그래프를 x축의 방향으로 -2만큼, y축의 방향으로 3만큼 평행이동한 것이므로 오른쪽 그림과 같다.

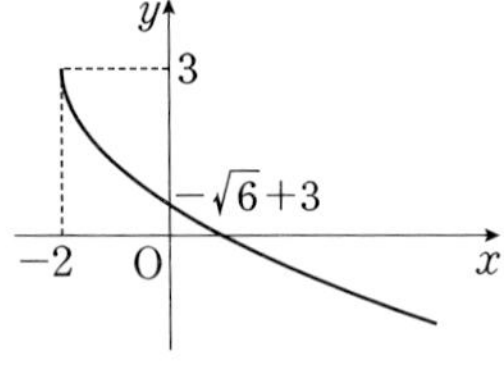

STEP B 유리함수의 참, 거짓 판단하기

① 정의역은 근호 안의 식이 0 이상이므로 $3x+6\geq 0$
$\therefore \{x|x\geq -2\}$ [참]

② $-\sqrt{3x+6}\leq 0$에서 $-\sqrt{3x+6}+3\leq 3$이므로
치역은 $\{y|y\leq 3\}$ [참]

③ 그래프는 함수 $y=-\sqrt{3x}$의 그래프를 x축의 방향으로 -2만큼, y축의 방향으로 3만큼 평행이동한 것이다. [거짓]

④ 위의 그래프에서 제 3사분면을 지나지 않는다. [참]

⑤ $y=-\sqrt{3x+6}+3$에서 치역이 $\{y|y\leq 3\}$이므로
역함수의 정의역은 $\{x|x\leq 3\}$
x에 대하여 풀면 $y-3=-\sqrt{3x+6}$, $(y-3)^2=3x+6$
$\therefore x=\frac{1}{3}(y-3)^2-2$
이때 x, y를 바꾸면 $y=\frac{1}{3}(x-3)^2-2$이므로
역함수는 $y=\frac{1}{3}x^2-2x+1(x\leq 3)$ [참]

따라서 옳지 않은 것은 ③이다.

0911

2017년 07월 고3 학력평가 나형 12번

두 함수 $f(x)$, $g(x)$가

$$f(x)=\sqrt{x+1},\ g(x)=\frac{p}{x-1}+q\ (p>0,\ q>0)$$

이다. 두 집합 $A=\{f(x)|-1\leq x\leq 0\}$과 $B=\{g(x)|-1\leq x\leq 0\}$이 서로 같을 때, 두 상수 p, q에 대하여 $p+q$의 값은?

TIP $-1\leq x\leq 0$에서 두 함수 $f(x)$와 $g(x)$의 함숫값, 즉 치역이 같다.

① 1 ② 2 ③ 3
④ 4 ⑤ 5

STEP A 두 집합 A, B의 원소 이해하기

집합 A는 $\{x|-1\leq x\leq 0\}$에서 치역이고
집합 B는 $\{x|-1\leq x\leq 0\}$에서 치역이다.
이때 두 집합에 서로 같으므로 $-1\leq x\leq 0$에서 두 함수의 치역이 같아야 한다.

STEP B $-1\leq x\leq 0$에서 두 함수의 치역 구하기

함수 $f(x)=\sqrt{x+1}$은 $y=\sqrt{x}$의 그래프를 x축의 방향으로 -1만큼 평행이동한 것이고 $-1\leq x\leq 0$에서 그래프는 오른쪽 그림과 같다.

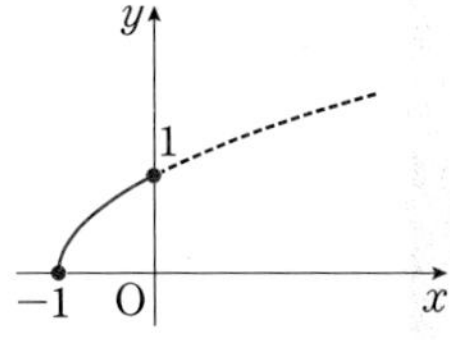

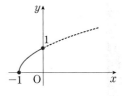

이때 치역은 $0\leq y\leq 1$이므로
집합 $A=\{y|0\leq y\leq 1\}$ …… ㉠

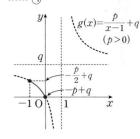

함수 $g(x)=\frac{p}{x-1}+q$에서 점근선의 방정식은 $x=1$, $y=q(q>0)$이고 $x=0$에서 $y=-p+q$이므로 그래프는 오른쪽 그림과 같다.

이때 $x=-1$에서 $g(-1)=-\frac{p}{2}+q$
$x=0$에서 $g(0)=-p+q$이므로
치역은 $-p+q\leq y\leq -\frac{p}{2}+q$이므로
집합 $B=\left\{y|-p+q\leq y\leq -\frac{p}{2}+q\right\}$ …… ㉡

STEP C $A=B$를 만족하는 p, q의 값 구하기

$A=B$이므로 $-p+q=0$, $-\frac{1}{2}p+q=1$
두 식을 연립하여 풀면 $p=2$, $q=2$
따라서 $p+q=2+2=4$

0912

2000학년도 고3 수능기출 나형 6번

함수 $y=\sqrt{x}$의 그래프 위의 두 점 $\mathrm{P}(a,\ b)$, $\mathrm{Q}(c,\ d)$에 대하여 $\frac{b+d}{2}=1$일 때, 직선 PQ의 기울기는? (단, $0<a<c$)

TIP 두 점 $(x_1,\ y_1)$, $(x_2,\ y_2)$를 지나는 직선의 기울기는 $\frac{y_2-y_1}{x_2-x_1}$이다.

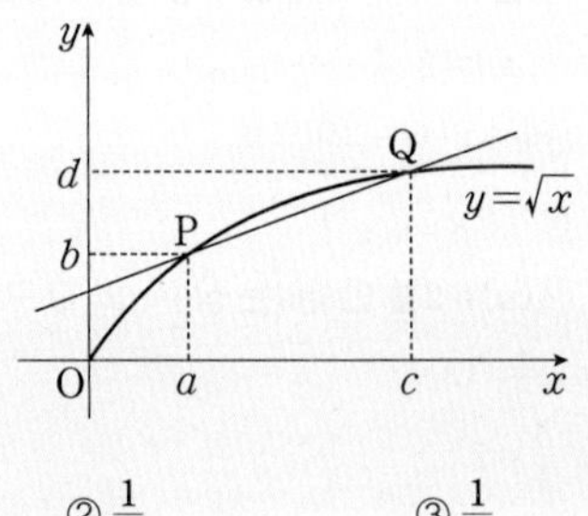

① $\frac{1}{5}$ ② $\frac{1}{4}$ ③ $\frac{1}{3}$
④ $\frac{1}{2}$ ⑤ 1

STEP A 조건을 만족하는 직선 PQ의 기울기 구하기

두 점 $\mathrm{P}(a,\ b)$, $\mathrm{Q}(c,\ d)$가 $y=\sqrt{x}$ 위의 점이므로 대입하면
$b=\sqrt{a}$, $d=\sqrt{c}$ $\therefore a=b^2$, $c=d^2$ …… ㉠

직선 PQ의 기울기는 $\frac{b-d}{a-c}$ …… ㉡

두 점 $(x_1,\ y_1)$, $(x_2,\ y_2)$를 지나는 직선의 기울기는 $\frac{y_1-y_2}{x_1-x_2}$

㉠의 식을 ㉡에 대입하여 정리하면
$\frac{b-d}{a-c}=\frac{b-d}{b^2-d^2}=\frac{b-d}{(b-d)(b+d)}=\frac{1}{b+d}$

이때 $\frac{b+d}{2}=1$이므로 $b+d=2$

따라서 직선 PQ의 기울기는 $\frac{1}{b+d}=\frac{1}{2}$

0913

2016년 11월 고2 학력평가 나형 27번

다음 그림과 같이 양수 a에 대하여 직선 $x=a$와 두 곡선 $y=\sqrt{x}$, $y=\sqrt{3x}$가 만나는 점을 각각 A, B라 하자. 점 B를 지나고 x축과 평행한

TIP 점 $A(a, \sqrt{a})$, 점 $B(a, \sqrt{3a})$

직선이 곡선 $y=\sqrt{x}$와 만나는 점을 C라 하고, 점 C를 지나고 y축과 평행

TIP 점 C의 y좌표는 점 B의 y좌표와 같다.

한 직선이 곡선 $y=\sqrt{3x}$와 만나는 점을 D라 하자. 두 점 A, D를 지나는

TIP 점 D의 x좌표는 점 C의 x좌표와 같다.

직선의 기울기가 $\frac{1}{4}$일 때, a의 값을 구하시오.

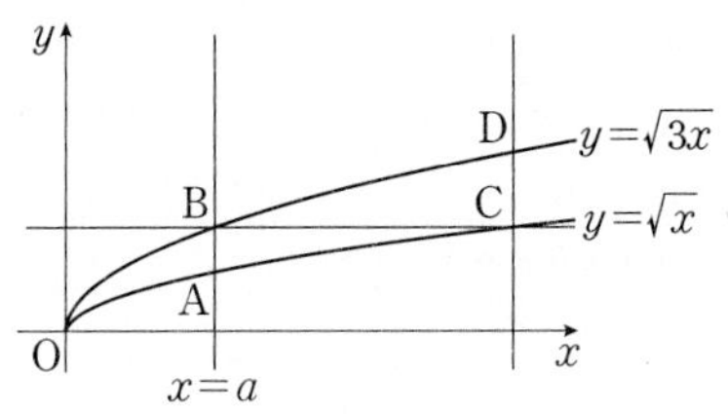

STEP A $x=a$를 이용하여 각 점의 좌표 구하기

$x=a$가 $y=\sqrt{x}$와 만나는 점 A의 좌표는 $A(a, \sqrt{a})$

$x=a$가 $y=\sqrt{3x}$와 만나는 점 B의 좌표는 $B(a, \sqrt{3a})$

선분 BC가 x축과 평행하므로 점 C의 좌표는 점 B의 좌표와 일치하므로

$\sqrt{3a}=\sqrt{x}$에서 양변을 제곱하면 $x=3a$ $\quad\therefore C(3a, \sqrt{3a})$

또한, 선분 CD가 y축과 평행하므로 점 D의 x좌표는 점 C의 x좌표와 일치한다. $\therefore D(3a, \sqrt{9a})$

STEP B 직선 AD의 기울기를 이용하여 a의 값 구하기

두 점 $A(a, \sqrt{a})$, $D(3a, \sqrt{9a})$를 지나는 직선의 기울기가 $\frac{1}{4}$이므로

$\frac{\sqrt{9a}-\sqrt{a}}{3a-a}=\frac{3\sqrt{a}-\sqrt{a}}{2a}=\frac{\sqrt{a}}{a}=\frac{1}{4}$, $4\sqrt{a}=a$이고 양변을 제곱하면

$16a=a^2$, $a(a-16)=0$ $\quad\therefore a=0$ 또는 $a=16$

따라서 양수 a의 값은 16

0914

2013년 03월 고2 학력평가 B형 12번

두 집합

$A=\{(x, y) \mid -1 \le x \le 1, 1 \le y \le 3\}$, $B=\{(x, y) \mid y=\sqrt{x-k}\}$

에 대하여 $A \cap B \neq \varnothing$을 만족시키는 실수 k의 최솟값은?

TIP 두 집합이 만족하는 원소가 존재한다.

① -10 ② -8 ③ -6
④ -4 ⑤ -2

STEP A 집합 A가 나타내는 영역 구하기

집합

$A=\{(x, y) \mid -1 \le x \le 1, 1 \le y \le 3\}$

이 나타내는 영역은 오른쪽 그림과 같다.

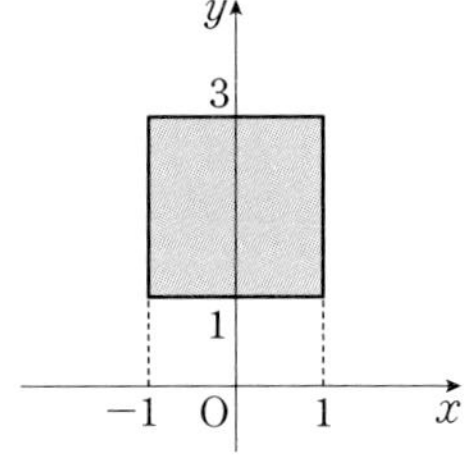

STEP B $A \cap B \neq \varnothing$의 의미 이해하기

집합 B의 원소는 함수 $y=\sqrt{x-k}$ 위의 점이고 $A \cap B \neq \varnothing$이므로 집합 A가 나타내는 영역과 함수 $y=\sqrt{x-k}$ 위의 점의 공통된 원소가 존재한다.

즉 집합 A가 나타내는 영역의 경계 또는 내부를 함수 $y=\sqrt{x-k}$의 그래프가 지나야 한다.

STEP C 조건을 만족하는 k의 범위 구하기

$y=\sqrt{x-k}$의 그래프가 두 점 $(-1, 3)$과 $(1, 1)$을 지날 때 또는 그 사이에 있으면 된다.

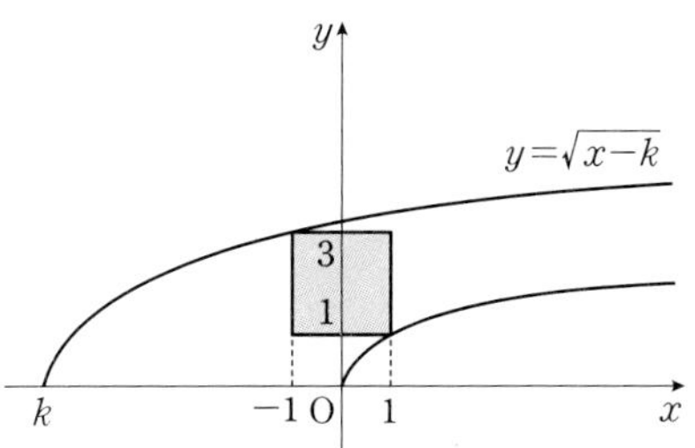

즉 $3=\sqrt{-1-k}$이고 양변을 제곱하면

$9=-1-k$ $\quad\therefore k=-10$

$1=\sqrt{1-k}$이고 양변을 제곱하면

$1=1-k$ $\quad\therefore k=0$

조건을 만족시키는 k의 범위는 $-10 \le x \le 0$

따라서 k의 최솟값은 -10

0915

실수 전체의 집합 R에서 R로의 함수

$$f(x)=\begin{cases} \sqrt{4-x}+3 & (x<4) \\ -(x-a)^2+4 & (x \ge 4) \end{cases}$$

가 일대일대응이 되도록 하는 상수 a의 값을 구하시오.

TIP 일대일대응 조건과 (4, 3)에서 두 함숫값이 같음을 이용하여 a의 값을 구한다.

STEP A 함수 $f(x)$가 일대일대응이 되기 위한 a의 조건 구하기

함수 $f(x)$가 일대일대응이 되기 위해서는

곡선 $y=-(x-a)^2+4(x \ge 4)$가 점 (4, 3)을 지나야 하고 ← $x=4$에서 연결되어야 한다.

곡선 $y=-(x-a)^2+4$의 축이 $x=a$이므로 $a \le 4$이다.

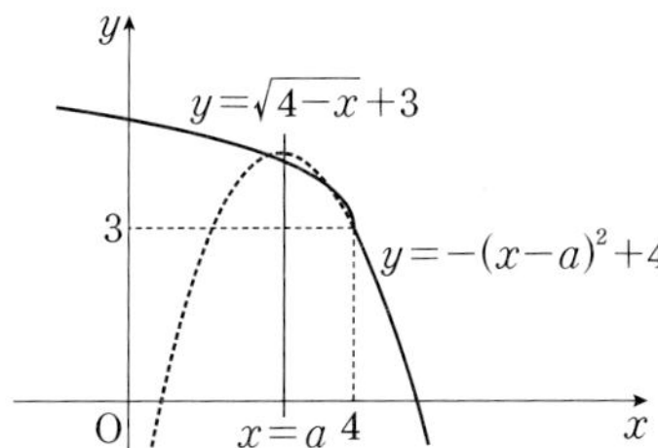

STEP B $a \le 4$를 만족하는 a의 값 구하기

점 (4, 3)을 곡선 $y=-(x-a)^2+4$에 대입하면

$3=-(4-a)^2+4$, $a^2-8a+15=0$, $(a-3)(a-5)=0$

$\therefore a=3$ 또는 $a=5$

따라서 $a \le 4$이므로 $a=3$

0916

함수 $y=\sqrt{ax+b}+c$의 그래프가 다음 그림과 같을 때, 함수 $y=\frac{cx+b}{x+a}$에 대하여 [보기]에서 옳은 것만을 있는 대로 고른 것은? (단, a, b, c는 상수이다.)

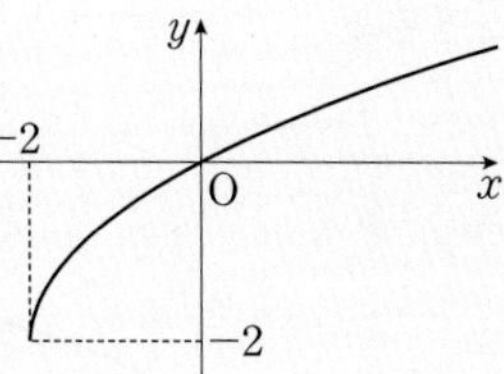

ㄱ. 정의역과 치역이 서로 같다.
ㄴ. 그래프는 직선 $y=x$에 대하여 대칭이다.
ㄷ. 그래프는 제 4사분면을 지나지 않는다.

① ㄱ ② ㄴ ③ ㄱ, ㄴ
④ ㄴ, ㄷ ⑤ ㄱ, ㄴ, ㄷ

STEP Ⓐ 주어진 그래프를 이용하여 a, b, c의 값 구하기

주어진 함수의 그래프는 $y=\sqrt{ax}(a>0)$의 그래프를 x축의 방향으로 -2만큼, y축의 방향으로 -2만큼 평행이동한 것이므로
$y=\sqrt{a(x+2)}-2$
이 그래프가 원점을 지나므로 $0=\sqrt{2a}-2$, $\sqrt{2a}=2$이고
양변을 제곱하면 $2a=4$ $\therefore a=2$
$y=\sqrt{2x+4}-2$이므로 $y=\sqrt{ax+b}+c$와 일치하므로
$a=2$, $b=4$, $c=-2$
$\therefore y=\frac{-2x+4}{x+2}$

STEP Ⓑ [보기]의 참, 거짓 판단하기

ㄱ. $y=\frac{-2x+4}{x+2}$에서 정의역은 $\{x|x\neq-2$인 실수$\}$,
치역은 $\{y|y\neq-2$인 실수$\}$이므로 정의역과 치역이 서로 같다. [참]
ㄴ. 그래프의 점근선의 방정식이 $x=-2$, $y=-2$이므로 점근선의 교점은 $(-2, -2)$
대칭인 직선의 기울기는 ±1이고 점근선의 교점을 지나므로 $y=(x+2)-2$에서 $y=x$
대칭인 다른 한 직선은 $y=-(x+2)-2$이므로 $y=-x-4$
즉 함수의 그래프는 $y=x$에 대하여 대칭이다. [참]
ㄷ. $y=\frac{-2x+4}{x+2}$의 그래프는 오른쪽 그림과 같고 제 4사분면을 지난다. [거짓]

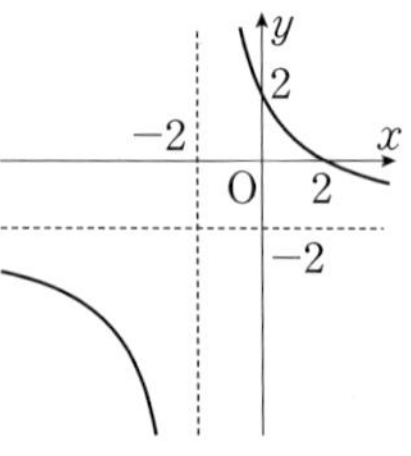

따라서 옳은 것은 ㄱ, ㄴ이다.

0917

2011년 11월 고1 학력평가 20번

꼭짓점의 좌표가 $\left(\frac{1}{2}, \frac{9}{2}\right)$인 이차함수 $f(x)=ax^2+bx+c$의 그래프가 점 $(0, 4)$를 지날 때, 무리함수 $g(x)=a\sqrt{x+b}+c$에 대하여 옳은 것만을 [보기]에서 있는 대로 고른 것은?

ㄱ. 정의역은 $\{x|x\geq-2\}$이고 치역은 $\{y|y\leq4\}$이다.
ㄴ. 함수 $y=g(x)$의 그래프는 제 3사분면을 지난다.
ㄷ. 방정식 $f(x)=0$의 두 근을 α, $\beta(\alpha<\beta)$라 할 때, $\alpha\leq x\leq\beta$에서 함수 $g(x)$의 최댓값은 2이다.
TIP $g(x)$의 그래프가 감소함수임을 이용하여 최댓값을 구한다.

① ㄱ ② ㄴ ③ ㄱ, ㄷ
④ ㄴ, ㄷ ⑤ ㄱ, ㄴ, ㄷ

STEP Ⓐ 주어진 조건을 이용하여 무리함수 $g(x)$ 구하기

이차함수 $f(x)=ax^2+bx+c$의 그래프의 꼭짓점의 좌표가 $\left(\frac{1}{2}, \frac{9}{2}\right)$
이므로 $f(x)=a\left(x-\frac{1}{2}\right)^2+\frac{9}{2}$
이때 이차함수의 그래프가 점 $(0, 4)$를 지나므로

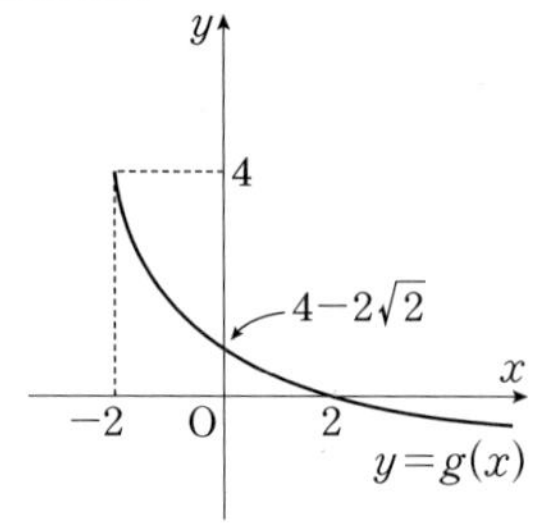

$\frac{1}{4}a+\frac{9}{2}=4$에서 $\frac{1}{4}a=-\frac{1}{2}$ $\therefore a=-2$
$f(x)=-2\left(x-\frac{1}{2}\right)^2+\frac{9}{2}=-2x^2+2x+4$이므로 $b=2$, $c=4$
$\therefore g(x)=-2\sqrt{x+2}+4$

STEP Ⓑ 무리함수를 이용하여 [보기]의 참, 거짓 판단하기

$g(x)=-2\sqrt{x+2}+4$의 그래프는 $g(x)=-2\sqrt{x}$의 그래프를 x축의 방향으로 -2만큼, y축 방향으로 4만큼 평행이동한 것이므로 다음 그림과 같다.
x대신 $x+2$, y대신 $y-4$를 대입한 것이다.

ㄱ. 그림과 같이 무리함수 $y=g(x)$의 정의역은 $\{x|x\geq-2\}$,
치역은 $\{y|y\leq4\}$이다. [참]
ㄴ. 함수 $y=g(x)$의 그래프는 제 3사분면을 지나지 않는다. [거짓]
ㄷ. 방정식 $f(x)=-2(x+1)(x-2)=0$의 두 근을 α, β라 할 때,
$\alpha=-1$, $\beta=2$이므로 $-1\leq x\leq2$에서 함수 $g(x)$의 최댓값은
$x=-1$일 때, $g(-1)=-2\times1+4=2$ [참]
따라서 옳은 것은 ㄱ, ㄷ이다.

0918

다음 물음에 답하시오.
(1) 오른쪽 그림은 함수 $f(x)=-\sqrt{-4x-a}$의 그래프이다. 함수 $y=f(x)$와 그 역함수 $y=f^{-1}(x)$의 그래프가 한 점에서 접할 때,
TIP 두 함수가 직선 $y=x$에서 접하는 그래프이다.
상수 a의 값을 구하시오.

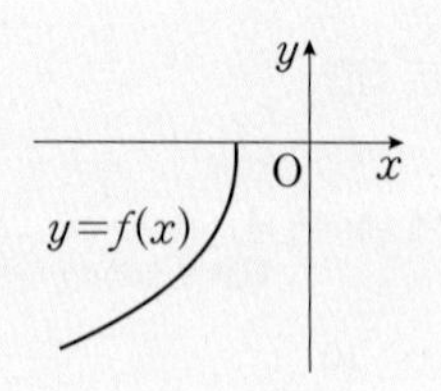

STEP Ⓐ $y=f(x)$와 $y=x$가 접함을 이해하기

$f(x)=-\sqrt{-4x-a}$의 그래프와 그 역함수 $y=f^{-1}(x)$가 한 점에서 만난다는 것은 두 함수가 한 점에서 접한다는 것이다.
이때 $y=f(x)$와 $y=x$의 교점은 $y=f(x)$와 $y=f^{-1}(x)$의 교점이므로 $y=f(x)$와 $y=x$는 한 점에서 만나고 접한다.

STEP Ⓑ 함수 $y=f(x)$와 $y=x$가 접하도록 하는 a의 값 구하기

$f(x)=-\sqrt{-4x-a}$와 직선 $y=x$가 서로 접하므로 $-\sqrt{-4x-a}=x$
양변을 제곱하면 $-4x-a=x^2$
$x^2+4x+a=0$
이차방정식의 판별식을 D라 하면 중근을 가지므로 $D=0$
즉 $\frac{D}{4}=4-a=0$
따라서 상수 a의 값은 4

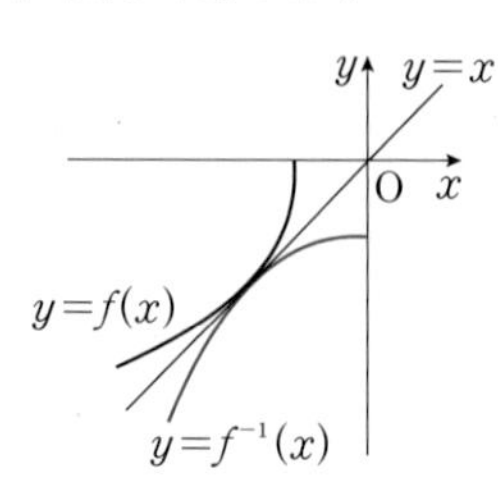

(2) 함수 $y=4\sqrt{x}$의 그래프를 x축의 방향으로 a만큼 평행이동한 함수를 $y=f(x)$라 할 때, $y=f(x)$와 그 역함수 $y=f^{-1}(x)$의 그래프가 서로 접할 때, 상수 a의 값을 구하시오.

TIP 두 함수가 직선 $y=x$에서 접하는 그래프이다.

STEP A $y=f(x)$와 $y=x$가 접함을 이해하기

함수 $y=4\sqrt{x}$를 x축의 방향으로 a만큼 평행이동한 함수 $f(x)$는

$f(x)=4\sqrt{x-a}$

이때 $y=f(x)$와 $y=x$의 교점은 $y=f(x)$와 $y=f^{-1}(x)$의 교점이므로

$y=f(x)$가 그 역함수 $y=f^{-1}(x)$와 서로 접하고 있으면

$y=f(x)$와 직선 $y=x$가 서로 접한다는 것이다.

STEP B 함수 $y=f(x)$와 $y=x$가 접하도록 하는 a의 값 구하기

$f(x)=4\sqrt{x-a}$와 $y=x$가 서로 접하므로

$4\sqrt{x-a}=x$이고 양변을 제곱하면

$16(x-a)=x^2$, $x^2-16x+16a=0$

이차방정식의 판별식을 D라 하면

중근을 가지므로 $D=0$

즉 $\frac{D}{4}=64-16a=0$

따라서 상수 a의 값은 4

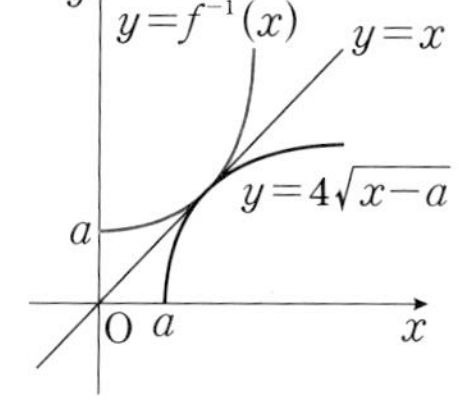

0919

2011년 11월 고1 학력평가 12번

다음 물음에 답하시오.

(1) $x \geq 2$에서 정의된 두 함수 $f(x)=\sqrt{x-2}+2$, $g(x)=x^2-4x+6$의 그래프가 서로 다른 두 점에서 만난다. 두 점 사이의 거리는?

TIP 두 함수가 만나는 서로 다른 두 점은 직선 $y=x$ 위에 있는 점이다.

① 1 ② $\sqrt{2}$ ③ 2
④ $2\sqrt{2}$ ⑤ 4

STEP A 함수 $f(x)$와 $g(x)$는 역함수 관계임을 구하기

$f(x)=\sqrt{x-2}+2$에서 $x \geq 2$이므로 치역은 $\{y | y \geq 2\}$

$y=\sqrt{x-2}+2$에서 $y-2=\sqrt{x-2}$

양변을 제곱하여 x에 대하여 풀면

$(y-2)^2=x-2 \quad \therefore x=(y-2)^2+2$

x, y를 바꾸어 주면 $y=(x-2)^2+2$

즉 함수 $y=f(x)$의 역함수는 $y=x^2-4x+6(x \geq 2)$이므로

$y=f(x)$와 $y=g(x)$는 역함수의 관계이다.

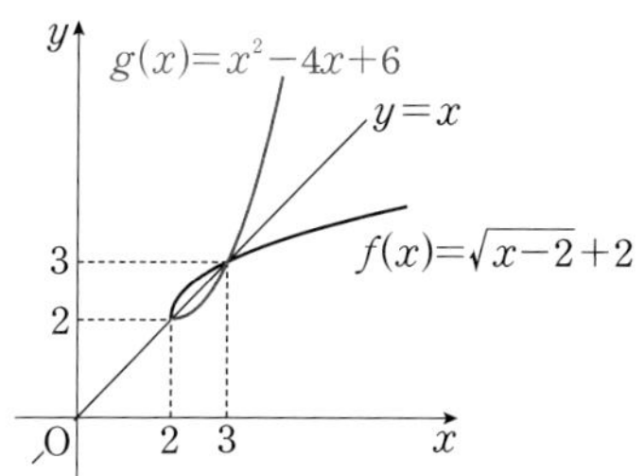

STEP B 두 함수 $y=g(x)$, $y=x$가 만나는 두 점 사이의 거리 구하기

두 함수 $y=f(x)$, $y=g(x)$의 그래프가 만나는 점은 함수 $y=g(x)$의 그래프와 직선 $y=x$의 교점과 같다.

$g(x)=x$에서 $x^2-4x+6=x$, $x^2-5x+6=0$

$(x-2)(x-3)=0 \quad \therefore x=2$ 또는 $x=3$

따라서 두 함수의 그래프의 교점은 $(2, 2)$, $(3, 3)$이므로

두 점 사이의 거리는 $\sqrt{(3-2)^2+(3-2)^2}=\sqrt{2}$

두 점 $A(x_1, y_1)$, $B(x_2, y_2)$ 사이의 거리는 $\overline{AB}=\sqrt{(x_2-x_1)^2+(y_2-y_1)^2}$

(2) 함수 $f(x)=\sqrt{2x-a}+2$의 그래프와 그 역함수 $f^{-1}(x)$의 그래프의 두 교점 사이의 거리가 $2\sqrt{2}$일 때, 상수 a의 값은?

TIP 두 함수는 역함수 관계이므로 두 함수가 만나는 교점은 직선 $y=x$ 위에 있다.

① -1 ② 1 ③ 2
④ 3 ⑤ 4

STEP A $f(x)=\sqrt{2x-a}+2$와 $y=x$의 교점을 이용하여 근과 계수의 관계 구하기

함수 $y=f(x)$와 직선 $y=x$의 교점은 두 함수 $y=f(x)$, $y=f^{-1}(x)$의 교점이므로 $\sqrt{2x-a}+2=x$에서 $\sqrt{2x-a}=x-2$

양변을 제곱하면 $2x-a=(x-2)^2 \quad \therefore x^2-6x+4+a=0$

서로 다른 두 교점이 있으므로 이차방정식의 서로 다른 두 실근을 α, β라 하면 근과 계수의 관계에 의하여

두 근의 합 $\alpha+\beta=6$, 두 근의 곱 $\alpha\beta=4+a$ …… ㉠

STEP B 두 교점 사이의 거리를 이용하여 a의 값 구하기

이차방정식의 서로 다른 두 근이 $x=\alpha$, $x=\beta$이므로

교점의 좌표는 (α, α), (β, β)

이때 두 교점 사이의 거리가 $2\sqrt{2}$이므로

$\sqrt{(\alpha-\beta)^2+(\alpha-\beta)^2}=2\sqrt{2}$, $(\alpha-\beta)^2=4$

㉠의 값을 대입하면 $(\alpha-\beta)^2=(\alpha+\beta)^2-4\alpha\beta$, $36-4(4+a)=20-4a$

따라서 $20-4a=4$이므로 $a=4$

MINI해설 교점의 좌표를 이용하여 풀이하기

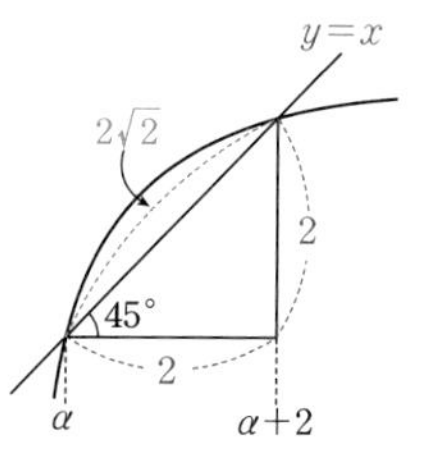

함수 $y=f(x)$와 직선 $y=x$의 교점은

두 함수 $y=f(x)$, $y=f^{-1}(x)$의 교점이므로

$\sqrt{2x-a}+2=x$에서 $\sqrt{2x-a}=x-2$

양변을 제곱하여 이차방정식을 구하면

$x^2-6x+4+a=0$

이때 두 교점 사이의 거리가 $2\sqrt{2}$이므로

교점의 x좌표 사이의 거리는 2이다.

즉 이차방정식 $x^2-6x+4+a=0$의 두 근을 α, $\alpha+2$라 할 수 있다.

이때 근과 계수의 관계에 의하여

두 근의 합 $\alpha+(\alpha+2)=6 \quad \therefore \alpha=2$

두 근의 곱 $\alpha(\alpha+2)=4+a$에서 $\alpha=2$이므로 대입하면 $2\times(2+2)=4+a$

따라서 $a=4$

(3) 함수 $y=\sqrt{x+2}+2$의 역함수를 $y=g(x)$라 할 때, 연립방정식 $\begin{cases} y=\sqrt{x+2}+2 \\ y=g(x) \end{cases}$의 근을 $x=\alpha$, $y=\beta$라 하자. $\alpha^2-5\beta$의 값은?

TIP 두 함수의 교점은 직선 $y=x$ 위에 있는 점이다.

① -3 ② -2 ③ -1
④ 0 ⑤ 1

STEP A $y=\sqrt{x+2}+2$와 $y=x$의 교점과 같음을 이해하기

함수 $y=\sqrt{x+2}+2$는 $y=\sqrt{x}$의 그래프를 x축의 방향으로 -2만큼, y축의 방향으로 2만큼 평행이동한 것이고 역함수 $y=g(x)$는 $y=x$에 대하여 대칭이동한 것이므로 그래프는 다음과 같다.

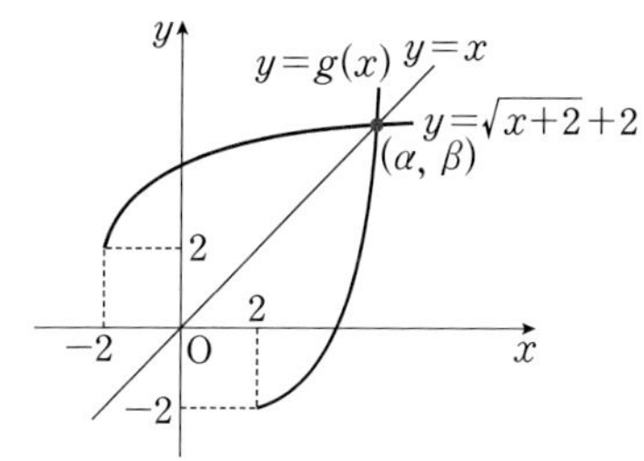

04 무리함수

Ⅲ 함수와 그래프

즉 $y=\sqrt{x+2}+2$와 그 역함수 $y=g(x)$의 교점은
$y=\sqrt{x+2}+2$와 $y=x$의 교점과 같다.

STEP B $\alpha^2-5\beta$의 값 구하기

$\sqrt{x+2}+2=x$에서 $\sqrt{x+2}=x-2$이고 양변을 제곱하면
$x+2=x^2-4x+4$, $x^2-5x+2=0$
이차방정식의 근이 $x=\alpha$이고 교점의 좌표 (α, β)에서 $\alpha=\beta$
즉 $x=\alpha$를 식에 대입하면 $\alpha^2-5\alpha+2=0$
$\therefore \alpha^2-5\alpha=-2$
따라서 $\alpha^2-5\beta=\alpha^2-5\alpha=-2$

0920

다음 물음에 답하시오.

(1) 두 함수 $y=\sqrt{x+|x|}$, $y=x+k$의 그래프가 서로 다른 세 점에서 만나도록 하는 실수 k의 값의 범위는?

TIP 원점을 지날 때와 접할 때의 경우를 나누어 구한다.

① $k\geq\frac{1}{2}$ ② $k<\frac{1}{2}$ ③ $k>1$
④ $0<k<\frac{1}{2}$ ⑤ $0<k<1$

STEP A 함수 $y=\sqrt{x+|x|}$의 그래프 그리기

$y=\sqrt{x+|x|}=\begin{cases}\sqrt{2x} & (x\geq 0)\\ 0 & (x<0)\end{cases}$이므로
그래프는 오른쪽 그림과 같다.
이때 $y=x+k$의 그래프는 기울기가 1이고 y의 절편이 k인 직선이다.

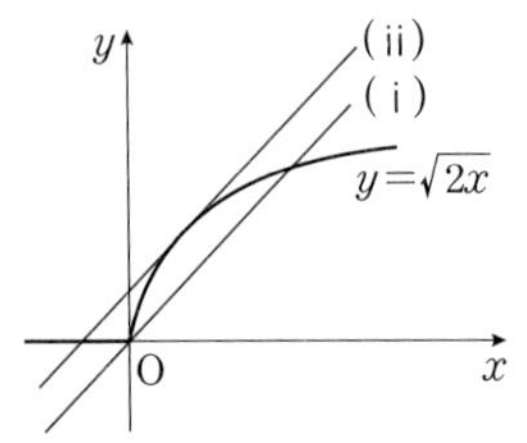

STEP B 두 함수가 서로 다른 세 점에서 만나기 위한 k의 값의 범위 구하기

$y=\sqrt{x+|x|}$와 직선 $y=x+k$가 서로 다른 세 점에서 만나기 위해서
$y=x+k$가 점 $(0, 0)$을 지날 때와 접할 때 사이에 있으면 된다.

(i) 직선 $y=x+k$가 원점을 지날 때,
$0=0+k$ $\therefore k=0$

(ii) 직선 $y=x+k$가 함수 $y=\sqrt{2x}$의 그래프와 접할 때,
$\sqrt{2x}=x+k$에서 양변을 제곱하면
$2x=x^2+2kx+k^2$ $\therefore x^2+2(k-1)x+k^2=0$
위의 이차방정식의 판별식을 D라 하면

이차방정식 $ax^2+bx+c=0$의 판별식을 D라 하면 $D=b^2-4ac$, $\frac{D}{4}=b'^2-ac$ (단, $b=2b'$)

중근을 가지므로 $D=0$
$\frac{D}{4}=(k-1)^2-k^2=0$, $-2k+1=0$
$\therefore k=\frac{1}{2}$

(i), (ii)에서 서로 다른 세 점에서 만날 때, k의 범위는 $0<k<\frac{1}{2}$

(2) 함수 $f(x)=\begin{cases}\sqrt{x-1} & (x\geq 1)\\ \sqrt{1-x} & (x<1)\end{cases}$의 그래프와 직선 $y=mx$가 서로 다른 세 점에서 만나도록 하는 실수 m의 값의 범위는?

TIP 그래프를 그리고 $y=mx$는 원점을 반드시 지나므로 원점을 기준으로 회전하면서 서로 다른 세 점에서 만나기 위한 조건을 구한다.

① $m>1$ ② $m>\frac{1}{2}$ ③ $-\frac{1}{2}<m<0$
④ $0<m<\frac{1}{2}$ ⑤ $0<m<1$

STEP A 함수 $f(x)$의 그래프 그리고 서로 다른 세 점에서 만나기 위한 조건 구하기

$y=\sqrt{x-1}$는 $y=\sqrt{x}$의 그래프를 x축의 방향으로 1만큼 평행이동한 것이고
$y=\sqrt{1-x}$는 $y=\sqrt{-x}$의 그래프를 x축의 방향으로 1만큼 평행이동한 것이다.
직선 $y=mx$는 점 $(0, 0)$을 지나고 $y=f(x)$와 직선이 서로 다른 세 점에서 만나기 위해서 $y=\sqrt{x-1}$에 접할 때와 $(1, 0)$을 지날 때 사이를 지나면 된다.

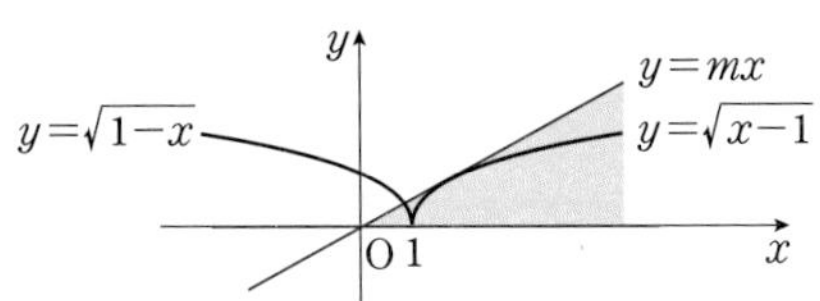

STEP B 두 함수가 서로 다른 세 점에서 만나기 위한 m의 값의 범위 구하기

(i) $y=mx$가 $y=\sqrt{x-1}$에 접할 때,
$y=mx$와 $y=\sqrt{x-1}$이 접하므로 $mx=\sqrt{x-1}$이고
양변을 제곱하면 $m^2x^2=x-1$, $m^2x^2-x+1=0$
이차방정식의 판별식을 D라 할 때, 중근을 가지므로 $D=0$
즉 $D=1-4m^2=0$, $m^2=\frac{1}{4}$
$\therefore m=\frac{1}{2}$ 또는 $m=-\frac{1}{2}$
이때 $m>0$이므로 $m=\frac{1}{2}$

(ii) 점 $(1, 0)$을 지날 때,
$y=mx$가 점 $(1, 0)$을 지날 때, $m=0$

(i), (ii)에서 두 함수가 서로 다른 세 점에서 만나기 위한 m의 범위는
$0<m<\frac{1}{2}$

0921

2013년 11월 고1 학력평가 27번

$3\leq x\leq 5$에서 정의된 두 함수 $y=\frac{-2x+4}{x-1}$와 $y=\sqrt{3x}+k$의 그래프가 한 점에서 만나도록 하는 실수 k의 최댓값을 M이라 할 때, M^2의 값을 구하시오.

TIP $y=\sqrt{3x+k}$의 개형을 그려 최댓값 구하기

STEP A 함수 $y=\frac{-2x+4}{x-1}$의 그래프 그리기

$y=\frac{-2x+4}{x-1}=\frac{-2(x-1)+2}{x-1}=\frac{2}{x-1}-2$이므로 $3\leq x\leq 5$에서
함수 $y=\frac{-2x+4}{x-1}$의 그래프는 다음과 같다.

함수 $y=\frac{-2x+4}{x-1}$의 점근선은 $x=1$, $y=-2$이다.

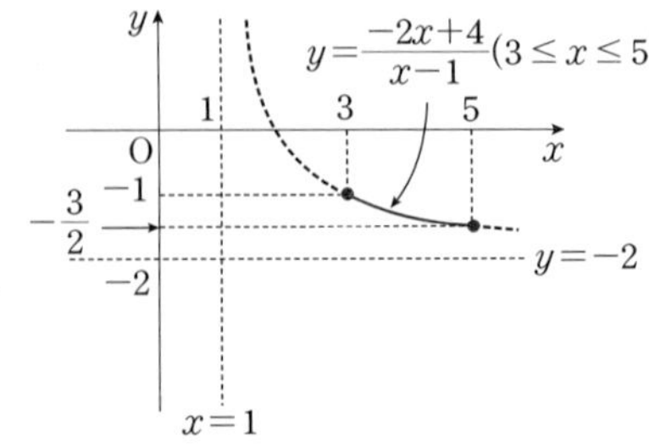

STEP B 두 함수의 그래프가 한 점에서 만나도록 하는 k의 값의 범위 구하기

두 함수의 그래프가 한 점에서 만나려면 $f(x)=\sqrt{3x}+k$라 할 때,
$f(3)\leq -1$, $f(5)\geq -\frac{3}{2}$이어야 한다.
$f(3)=\sqrt{3\times 3}+k=3+k\leq -1$에서 $k\leq -4$ …… ㉠
$f(5)=\sqrt{3\times 5}+k=\sqrt{15}+k\geq -\frac{3}{2}$에서 $k\geq -\frac{3}{2}-\sqrt{15}$ …… ㉡
㉠, ㉡에서 k의 값의 범위는 $-\frac{3}{2}-\sqrt{15}\leq k\leq -4$

STEP C k의 최댓값을 구하기

따라서 k의 최댓값은 $M=-4$이므로 $M^2=16$

$k=-4$에서 최댓값일 때, 두 함수의 그래프가 점 $(3, -1)$에서 만난다.

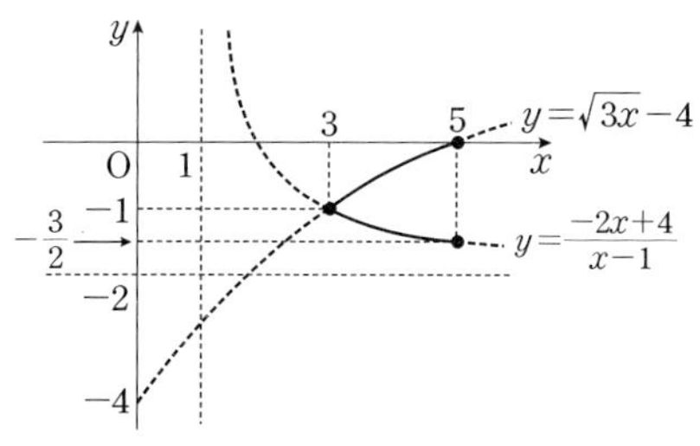

0922

함수 $y=\sqrt{x+1}-1$의 그래프 위의 점 P와 직선 $y=x+1$ 사이의 거리의 최솟값을 구하시오.

TIP 함수 $y=\sqrt{x+1}-1$의 그래프와 접하고 기울기가 1인 직선과 $y=x+1$ 사이의 거리와 같다.

STEP A **함수 위의 점 P에서 직선 $y=x+1$ 사이의 거리가 최솟값이 되기 위한 조건 구하기**

함수 $y=\sqrt{x+1}-1$의 그래프 위의 점 P와 직선 $y=x+1$ 사이의 거리의 최솟값은 함수 $y=\sqrt{x+1}-1$의 그래프와 접하고 기울기가 1인 직선과 $y=x+1$ 사이의 거리와 같다.

이때 점 P는 접점이 되고 점 P에서 접선의 기울기가 1이다.

STEP B **무리함수에 접하고 기울기가 1인 직선의 방정식 구하기**

함수 $y=\sqrt{x+1}-1$의 그래프와 접하고 기울기가 1인 직선의 방정식을 $y=x+n$ (n은 상수)라 하면

$\sqrt{x+1}-1=x+n$에서 $\sqrt{x+1}=x+n+1$

양변을 제곱하면

$x+1=x^2+2(n+1)x+(n+1)^2$

$\therefore x^2+(2n+1)x+n^2+2n=0$

위의 이차방정식의 판별식을 D라 하면 중근을 가지므로 $D=0$

이차방정식 $ax^2+bx+c=0$의 판별식을 D라 하면 $D=b^2-4ac$

$D=(2n+1)^2-4(n^2+2n)=0$

$4n+1-8n=0 \quad \therefore n=\frac{1}{4}$

함수 $y=\sqrt{x+1}-1$의 그래프와 접하고 기울기가 1인 직선의 방정식은 $y=x+\frac{1}{4}$이다.

STEP C **점과 직선 사이의 거리를 이용하여 최솟값 구하기**

함수 $y=\sqrt{x+1}-1$의 그래프와 두 직선 $y=x+1$, $y=x+\frac{1}{4}$을 나타내면 오른쪽 그림과 같다.

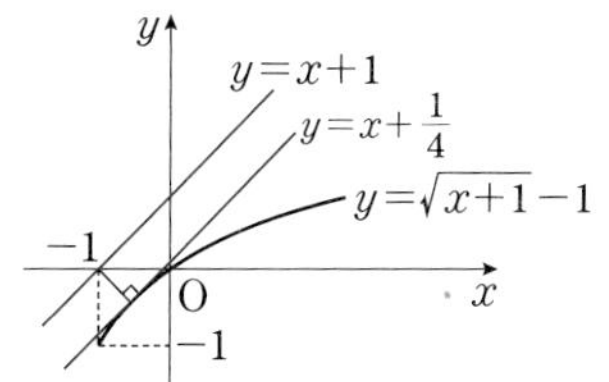

따라서 구하는 거리의 최솟값은 직선 $y=x+1$ 위의 한 점 $(-1, 0)$과 직선 $y=x+\frac{1}{4}$, 즉 $x-y+\frac{1}{4}=0$ 사이의 거리와 같으므로

점 (x_1, y_1)과 직선 $ax+by+c=0$ 사이의 거리 $d=\frac{|ax_1+by_1+c|}{\sqrt{a^2+b^2}}$

$\frac{\left|-1+\frac{1}{4}\right|}{\sqrt{1^2+(-1)^2}}=\frac{3}{4\sqrt{2}}=\frac{3\sqrt{2}}{8}$

0923

서술형

다음을 서술하시오.

(1) 함수 $f(x)=\sqrt{x-5}+k$의 그래프와 그 역함수 $y=f^{-1}(x)$의 그래프가 서로 다른 두 점에서 만나도록 하는 실수 k의 값의 범위를 구하는 과정을 다음 단계로 서술하시오.

[1단계] 두 함수 $y=f(x)$, $y=f^{-1}(x)$의 그래프가 서로 다른 두 점에서 만날 조건을 구한다. [3점]

[2단계] 점 $(5, k)$가 직선 $y=x$ 위에 있을 때 상수 k의 값을 구한다. [1점]

[3단계] 함수 $y=\sqrt{x-5}+k$의 그래프와 직선 $y=x$가 한 점에서 만날 때, 상수 k의 값을 구한다. [4점]

[4단계] 실수 k의 값의 범위를 구한다. [2점]

1단계	두 함수 $y=f(x)$, $y=f^{-1}(x)$의 그래프가 서로 다른 두 점에서 만날 조건을 구한다.	3점

무리함수 $f(x)=\sqrt{x-5}+k$는 x의 값이 커질 때 함숫값도 커지므로 함수 $y=f(x)$의 그래프와 역함수 $y=f^{-1}(x)$의 그래프의 교점은 함수 $y=f(x)$의 그래프와 직선 $y=x$의 교점과 일치한다.

즉 두 함수 $y=f(x)$, $y=f^{-1}(x)$의 그래프가 서로 다른 두 점에서 만나기 위해서는 함수 $y=f(x)$의 그래프와 직선 $y=x$의 교점의 개수가 2이어야 한다.

2단계	점 $(5, k)$가 직선 $y=x$ 위에 있을 때 상수 k의 값을 구한다.	1점

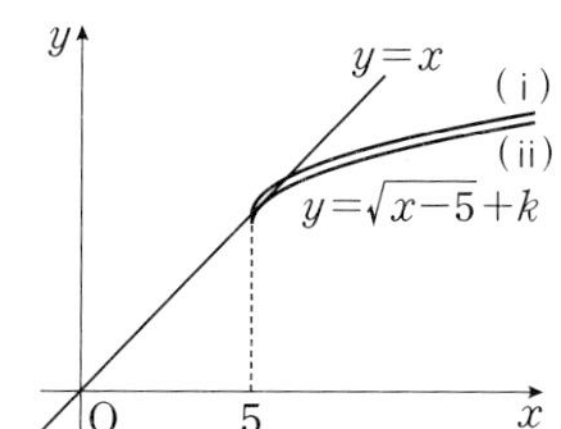

점 $(5, k)$가 직선 $y=x$ 위에 있을 때, $k=5$ …… ㉠

3단계	함수 $y=\sqrt{x-5}+k$의 그래프와 직선 $y=x$가 한 점에서 만날 때, 상수 k의 값을 구한다.	4점

함수 $y=\sqrt{x-5}+k$의 그래프와 직선 $y=x$가 한 점에서 만날 때,

$\sqrt{x-5}+k=x$에서 $\sqrt{x-5}=x-k$

이 식의 양변을 제곱하여 정리하면 $x^2-(2k+1)x+k^2+5=0$

이 이차방정식의 판별식을 D라 하면 중근을 가지므로 $D=0$

$D=(2k+1)^2-4\times1\times(k^2+5)=0$, $4k-19=0$

$\therefore k=\frac{19}{4}$ …… ㉡

접할 때보다 그래프는 위에 있어야 한다.

4단계	실수 k의 값의 범위를 구한다.	2점

㉠, ㉡에서 구하는 실수 k의 값의 범위는 $\frac{19}{4}<k\le5$

(2) 함수 $f(x)=\sqrt{2x-2}+k$에 대하여 함수 $y=f(x)$의 그래프와 그 역함수 $y=f^{-1}(x)$의 그래프가 서로 다른 두 점에서 만날 때, 이 두 점 사이의 거리가 $2\sqrt{2}$가 되도록 하는 상수 k의 값을 구하는 과정을 다음 단계로 서술하시오.

TIP 두 함수 $y=f(x)$, $y=g(x)$의 그래프가 서로 다른 두 점에서 만나므로 함수 $y=f(x)$의 그래프와 직선 $y=x$가 서로 다른 두 점에서 만난다.

[1단계] $y=f(x)$와 $y=f^{-1}(x)$가 만나는 점의 x좌표를 각각 α, β라 할 때, 만나는 두 점을 구한다. [3점]

[2단계] 이차방정식의 근과 계수의 관계를 이용하여 α, β의 관계식을 구한다. [3점]

[3단계] 곱셈공식 $(\alpha-\beta)^2=(\alpha+\beta)^2-4\alpha\beta$를 이용하여 k의 값을 구한다. [4점]

1단계	$y=f(x)$와 $y=f^{-1}(x)$가 만나는 점의 x좌표를 각각 α, β라 할 때, 만나는 두 점을 구한다.	3점

함수 $y=f(x)$의 그래프와 그 역함수 $y=f^{-1}(x)$의 그래프는 직선 $y=x$에 대하여 대칭이므로 두 함수 $y=f(x)$와 $y=f^{-1}(x)$의 그래프가 만나는 점은 함수 $y=f(x)$의 그래프와 직선 $y=x$가 만나는 점과 같다.

즉 두 그래프가 만나는 서로 다른 두 점의 x좌표를 각각 α, β라 하면 두 점의 좌표는 (α, α), (β, β)이다.

2단계	이차방정식의 근과 계수의 관계를 이용하여 α, β의 관계식을 구한다.	3점

이때 α, β는 방정식 $\sqrt{2x-2}+k=x$의 두 근이다.

$\sqrt{2x-2}+k=x$에서 $\sqrt{2x-2}=x-k$

양변을 제곱하면 $2x-2=x^2-2kx+k^2$

$x^2-2(k+1)x+k^2+2=0$

이차방정식의 근과 계수의 관계에 의하여

이차방정식 $ax^2+bx+c=0$의 두 근을 α, β라 하면 $\alpha+\beta=-\frac{b}{a}$, $\alpha\beta=\frac{c}{a}$

$\alpha+\beta=2(k+1)$, $\alpha\beta=k^2+2$ ······ ㉠

3단계	곱셈공식 $(\alpha-\beta)^2=(\alpha+\beta)^2-4\alpha\beta$를 이용하여 k의 값을 구한다.	4점

두 점 (α, α), (β, β) 사이의 거리가 $2\sqrt{2}$이므로

두 점 $A(x_1, y_1)$, $B(x_2, y_2)$ 사이의 거리는 $\overline{AB}=\sqrt{(x_2-x_1)^2+(y_2-y_1)^2}$

$\sqrt{(\alpha-\beta)^2+(\alpha-\beta)^2}=2\sqrt{2}$

양변을 제곱하면 $2(\alpha-\beta)^2=8$, $(\alpha-\beta)^2=4$

즉 $(\alpha-\beta)^2=(\alpha+\beta)^2-4\alpha\beta=4$ ······ ㉡

㉠을 ㉡에 대입하면

$4(k+1)^2-4(k^2+2)=4$, $(k+1)^2-(k^2+2)=1$

따라서 $2k-1=1$이므로 $k=1$

MINI해설 앞의 풀이과정에서 k를 다음과 같이 풀이하기

두 그래프가 만나는 서로 다른 두 점의 좌표를 (α, α), (β, β) $(\alpha<\beta)$라 하면

이 두 점 사이의 거리가 $2\sqrt{2}$이므로 $\sqrt{(\beta-\alpha)^2+(\beta-\alpha)^2}=2\sqrt{2}$

양변을 제곱하면 $2(\beta-\alpha)^2=8$

$\alpha<\beta$이므로 $\beta-\alpha=2$ $\therefore \beta=\alpha+2$ ······ ㉢

㉢을 ㉠에 대입하면

$\alpha+(\alpha+2)=2(k+1)$이므로 $\alpha=k$

$\alpha(\alpha+2)=k^2+2$이므로 $k(k+2)=k^2+2$

따라서 $2k=2$, $k=1$

참고 두 함수 $y=f(x)$, $y=f^{-1}(x)$의 그래프는 다음 그림과 같다.

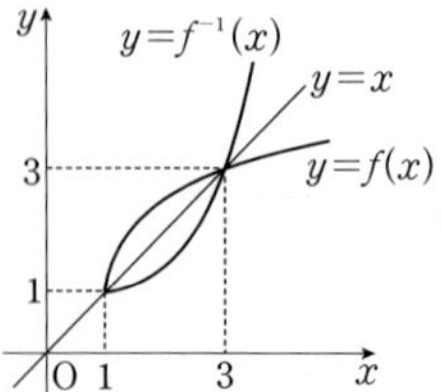

0924

서술형

두 집합 $A=\{(x, y)\mid y=\sqrt{4-2x}\}$, $B=\{(x, y)\mid y=-x+k\}$에 대하여 $n(A\cap B)=2$일 때, 실수 k의 값의 범위를 다음 단계로 서술하시오.

TIP 두 집합 A, B가 서로 다른 두 점에서 만난다.

[1단계] $n(A\cap B)=2$일 때, 무리함수 $y=\sqrt{4-2x}$의 그래프와 직선 $y=-x+k$의 위치 관계를 서술한다. [2점]

[2단계] 직선이 $(2, 0)$을 지날 때의 k의 값을 구한다. [2점]

[3단계] 직선 $y=-x+k$가 무리함수 $y=\sqrt{4-2x}$와 접할 때의 k의 값을 구한다. [4점]

[4단계] $n(A\cap B)=2$일 때, k의 범위를 구한다. [2점]

1단계	$n(A\cap B)=2$일 때, 무리함수 $y=\sqrt{4-2x}$의 그래프와 직선 $y=-x+k$의 위치 관계를 서술한다.	2점

$n(A\cap B)=2$이므로 무리함수 $y=\sqrt{4-2x}=\sqrt{-2(x-2)}$의 그래프와 직선 $y=-x+k$는 서로 다른 두 점에서 만난다.

2단계	직선이 $(2, 0)$을 지날 때의 k의 값을 구한다.	2점

직선 $y=-x+k$가 점 $(2, 0)$을 지날 때,

$0=-2+k$ ← $x=2$, $y=0$을 대입

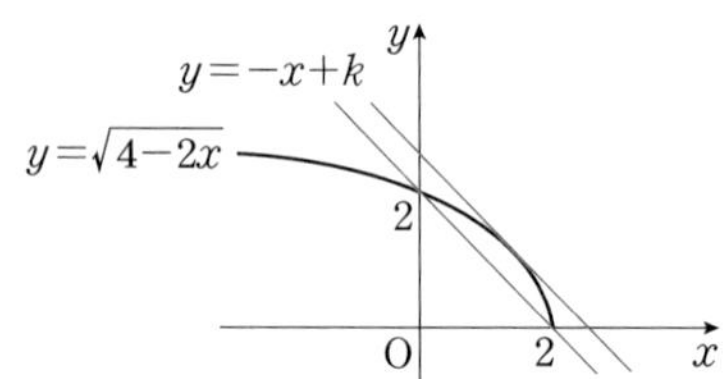

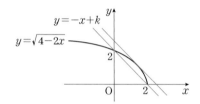

$\therefore k=2$

3단계	직선 $y=-x+k$가 무리함수 $y=\sqrt{4-2x}$와 접할 때의 k의 값을 구한다.	4점

직선 $y=-x+k$가 무리함수 $y=\sqrt{4-2x}$와 접할 때,

$\sqrt{4-2x}=-x+k$에서 양변을 제곱하면

$4-2x=x^2-2kx+k^2$

$\therefore x^2-2(k-1)x+k^2-4=0$

이 이차방정식의 판별식을 D라 하면 중근을 가지므로 $D=0$

이차방정식 $ax^2+bx+c=0$의 판별식을 D라 하면 $D=b^2-4ac$, $\frac{D}{4}=b'^2-ac$ (단, $b=2b'$)

$\frac{D}{4}=(k-1)^2-(k^2-4)=0$, $-2k+5=0$

$\therefore k=\frac{5}{2}$

4단계	$n(A\cap B)=2$일 때, k의 범위를 구한다.	2점

따라서 함수 $y=\sqrt{4-2x}$의 그래프와 직선 $y=-x+k$는 서로 다른 두 점에서 만나야 하므로 k의 값의 범위는 $2\le k<\frac{5}{2}$

TOUGH

0925

2016년 03월 고3 학력평가 나형 15번

무리함수 $f(x)=\sqrt{x-k}$에 대하여 좌표평면에 곡선 $y=f(x)$와 세 점 $\mathrm{A}(1,\ 6)$, $\mathrm{B}(7,\ 1)$, $\mathrm{C}(8,\ 9)$를 꼭짓점으로 하는 삼각형 ABC가 있다. 곡선 $y=f(x)$와 함수 $f(x)$의 역함수의 그래프가 삼각형 ABC와 만나도록 하는 실수 k의 최댓값은?

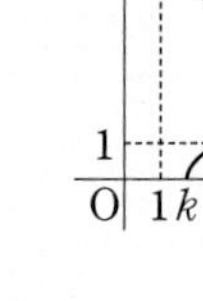

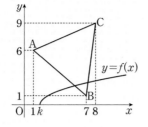

TIP $y=f(x)$의 그래프가 점 $\mathrm{A}(7,\ 1)$을 지날 때 $y=f^{-1}(x)$가 점 $\mathrm{C}(1,\ 6)$을 지날 때를 기준으로 k의 값을 구한다.

① 6　② 5　③ 4　④ 3　⑤ 2

STEP A $y=f(x)$**가 삼각형 ABC와 만나기 위한** k**의 범위 구하기**

함수 $f(x)=\sqrt{x-k}$가 점 $\mathrm{B}(7,\ 1)$을 지날 때, $f(7)=\sqrt{7-k}=1$이고
양변을 제곱하면 $7-k=1$　$\therefore k=6$
이때 $k>6$일 때 함수 $y=f(x)$는 삼각형 ABC와 만나지 않는다.
$\therefore k\le 6$

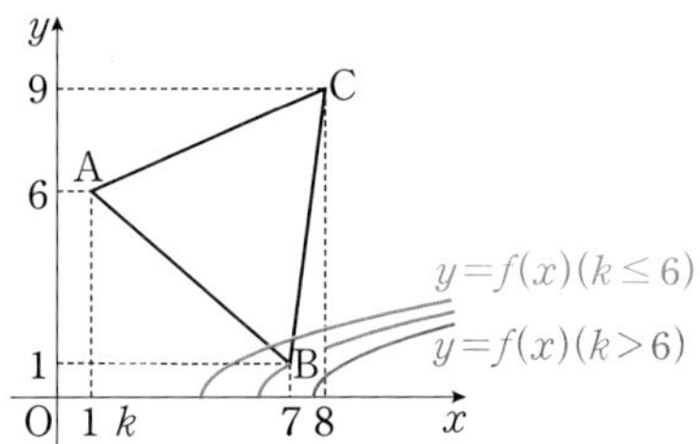

+α $y=f(x)$**와 삼각형 ABC와 만나는** k**의 범위를 구할 수 있어!**

$f(x)=\sqrt{x-k}$의 그래프가 점 $\mathrm{A}(1,\ 6)$을 지날 때부터 오른쪽으로 평행이동하면 되므로 $f(1)=\sqrt{1-k}=6$에서 양변을 제곱하면 $1-k=36$이므로 $k=-35$
$\therefore k\ge -35$
점 $\mathrm{B}(7,\ 1)$을 지날 때부터 왼쪽으로 평행이동하면 되므로
$f(7)=\sqrt{7-k}=1$에서 양변을 제곱하면 $7-k=1$이므로 $k=6$
$\therefore k\le 6$
즉 함수 $y=f(x)$와 삼각형 ABC와 만나기 위한 k의 공통된 범위를 구하면
$-35\le k\le 6$

STEP B $y=f^{-1}(x)$**가 점 A를 지날 때,** k**의 최댓값 구하기**

또, $y=\sqrt{x-k}$의 역함수를 구하면 $x=\sqrt{y-k}$에서 양변을 제곱하면
x와 y의 좌표를 바꾸어 준다.
$x^2=y-k$이고 y에 대하여 정리하면 $y=x^2+k(x\ge 0)$
역함수 $y=x^2+k(x\ge 0)$이 점 $\mathrm{A}(1,\ 6)$을 지날 때,
$6=1+k$　$\therefore k=5$
이때 $k>5$이면 역함수 $y=x^2+k$와 삼각형 ABC는 만나지 않는다.
$\therefore k\le 5$

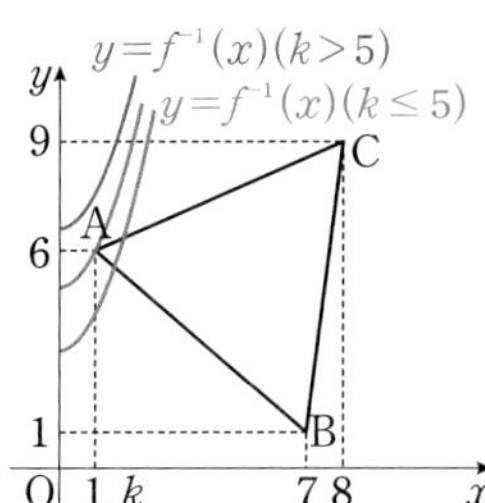

따라서 함수 $y=f(x)$의 그래프와 역함수의 그래프가 삼각형과 동시에 만나도록 하는 실수 k의 최댓값은 5

+α $y=f^{-1}(x)$**와 삼각형 ABC와 만나는** k**의 범위를 구할 수 있어!**

역함수 $f^{-1}(x)=x^2+k$의 그래프가 점 $\mathrm{A}(1,\ 6)$을 지날 때부터 y축의 음의 방향으로 평행이동하면 되므로 $f^{-1}(1)=1+k=6$이므로 $k=5$
$\therefore k\le 5$
점 $\mathrm{B}(7,\ 1)$을 지날 때부터 y축 양의 방향으로 평행이동하면 되므로
$f^{-1}(7)=49+k=1$이므로 $k=-48$
$\therefore k\ge -48$
즉 함수 $y=f^{-1}(x)$와 삼각형 ABC와 만나기 위한 k의 공통범위를 구하면
$-48\le k\le 5$

0926

2012년 11월 고1 학력평가 18번

실수 전체의 집합에서 정의된 함수 f가 $f(x)=\begin{cases}\dfrac{2x+3}{x-2} & (x>3)\\ \sqrt{3-x}+a & (x\le 3)\end{cases}$일 때,
함수 f는 다음 조건을 만족시킨다.

(가) 함수 f의 치역은 $\{y\,|\,y>2\}$이다.
(나) 임의의 두 실수 x_1, x_2에 대하여 $x_1\ne x_2$이면 $f(x_1)\ne f(x_2)$이다.

TIP 일대일함수의 조건과 $x=3$에서 두 함숫값이 같음을 이용하여 a의 값을 구한다.

$f(2)f(k)=40$일 때, 상수 k의 값은? (단, a는 상수이다.)

① $\dfrac{3}{2}$　② $\dfrac{5}{2}$　③ $\dfrac{7}{2}$　④ $\dfrac{9}{2}$　⑤ $\dfrac{11}{2}$

STEP A 두 조건 (가), (나)를 이용하여 a**의 값 구하기**

조건 (가)에서 함수 f의 치역이 $\{y\,|\,y>2\}$이므로
함수 $f(x)$는 2보다 큰 모든 실수를 함숫값으로 가져야 한다.
조건 (나)에서 함수 $f(x)$가 일대일함수이므로
일대일함수는 치역과 공역이 같으므로 그래프에서 끊어지는 부분이 없어야 한다.
주어진 함수의 그래프는 다음 그림과 같다.

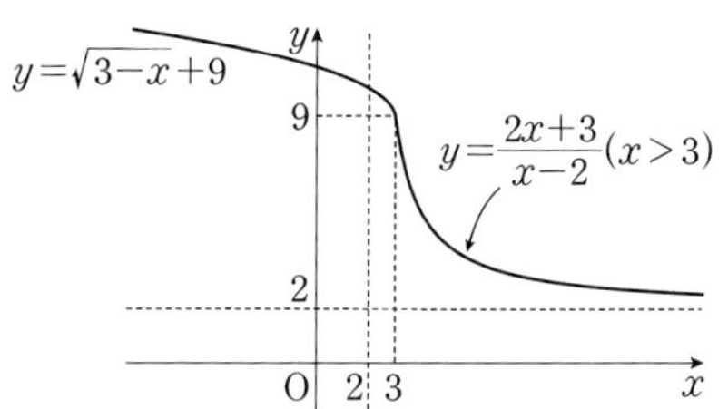

$y=\dfrac{2x+3}{x-2}$에 $x=3$을 대입하면
$x=3$에서 연결되어 있어야한다.
$y=\dfrac{2\times 3+3}{3-2}=9$이므로 두 조건 (가), (나)를 만족하기 위해서는
$f(3)=\sqrt{3-3}+a=9$에서 $a=9$
$\therefore\ f(x)=\sqrt{3-x}+9(x\le 3)$

STEP B $f(2)f(k)=40$**을 만족하는 상수** k**의 값 구하기**

$f(2)=\sqrt{3-2}+9=10$이므로 $f(2)f(k)=10f(k)=40$
$\therefore\ f(k)=4$
즉 $2<f(k)<9$이므로 $k>3$임을 알 수 있다.
즉 $f(x)=\dfrac{2x+3}{x-2}$에 $x=k$를 대입하면 $f(k)=\dfrac{2k+3}{k-2}=4$, $2k+3=4k-8$
따라서 $2k=11$이므로 $k=\dfrac{11}{2}$

0927

2014년 11월 고1 학력평가 20번

다음 물음에 답하시오.

(1) 그림과 같이

함수 $f(x)=\sqrt{2x+3}$의 그래프가

함수 $g(x)=\frac{1}{2}(x^2-3)(x\geq 0)$의

TIP 두 함수 $y=f(x)$, $y=g(x)$가 역함수 관계이므로 $y=x$에 대하여 대칭임을 이용한다.

그래프와 만나는 점을 A라 하자.

함수 $y=f(x)$ 위의 점 $B\left(\frac{1}{2}, 2\right)$를 지나고 기울기가 -1인 직선 l이 함수 $y=g(x)$의 그래프와 만나는 점을 C라 할 때, 삼각형 ABC의 넓이는?

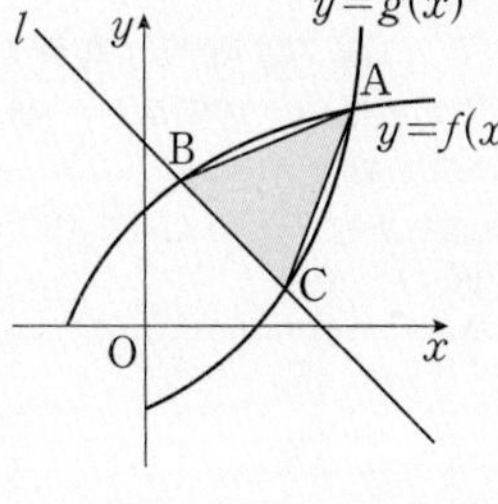

① $\frac{9}{4}$ ② $\frac{19}{8}$ ③ $\frac{5}{2}$

④ $\frac{21}{8}$ ⑤ $\frac{11}{4}$

STEP A **함수 $f(x)$와 $g(x)$는 역함수 관계임을 이해하기**

함수 $f(x)=\sqrt{2x+3}$에서 $y=\sqrt{2x+3}$이라 하고

양변을 제곱하여 x에 대하여 풀면 $y^2=2x+3$

$\therefore x=\frac{1}{2}(y^2-3)$

이때 x, y를 바꾸어 주면 $y=\frac{1}{2}(x^2-3)$

즉 $g(x)=\frac{1}{2}(x^2-3)$은 함수 $f(x)=\sqrt{2x+3}$의 역함수이다.

두 함수는 $y=x$에 대하여 대칭이다.

STEP B **세 점 A, B, C의 좌표 구하기**

점 A는 두 함수 $y=f(x)$, $y=g(x)$의 교점이므로 $y=f(x)$와 $y=x$의 교점과 같다.

즉 $\sqrt{2x+3}=x$에서 양변을 제곱하면 $2x+3=x^2$, $x^2-2x-3=0$

$(x+1)(x-3)=0$ $\therefore x=-1$ 또는 $x=3$

이때 점 A의 x좌표는 양수이므로 A$(3, 3)$

$y=f(x)$의 정의역은 $x\geq -\frac{3}{2}$이고 $y=g(x)$의 정의역은 $x\geq 0$이므로 점 A의 x좌표는 양수이다.

기울기가 -1인 직선과 두 함수 $y=f(x)$, $y=g(x)$의 교점은

$y=x$에 대한 대칭이므로 점 $B\left(\frac{1}{2}, 2\right)$일 때 $C\left(2, \frac{1}{2}\right)$

점 (x, y)를 $y=x$에 대하여 대칭이동하면 (y, x)

STEP C **삼각형 ABC의 넓이 구하기**

$B\left(\frac{1}{2}, 2\right)$, $C\left(2, \frac{1}{2}\right)$에서 선분 BC의 길이는

$\overline{BC}=\sqrt{\left(\frac{1}{2}-2\right)^2+\left(2-\frac{1}{2}\right)^2}=\frac{3\sqrt{2}}{2}$

또한, 직선 BC의 방정식은 기울기가 -1이고 점 $B\left(\frac{1}{2}, 2\right)$를 지나므로

$y=-\left(x-\frac{1}{2}\right)+2$

$\therefore x+y-\frac{5}{2}=0$

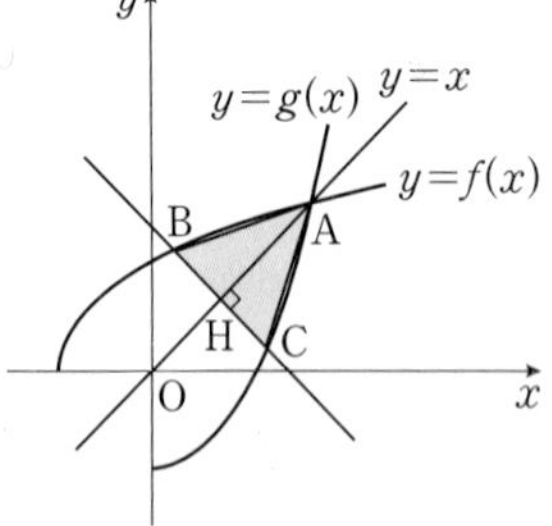

이때 점 A$(3, 3)$에서 직선 $x+y-\frac{5}{2}=0$까지의 거리는

점 (x_1, y_1)에서 직선 $ax+by+c=0$까지의 거리는 $\frac{|ax_1+by_1+c|}{\sqrt{a^2+b^2}}$

$\frac{\left|3+3-\frac{5}{2}\right|}{\sqrt{1^2+1^2}}=\frac{7}{2\sqrt{2}}$

삼각형 ABC의 넓이는 $\frac{1}{2}\times\overline{BC}\times$(점 A에서 직선 BC까지의 거리)이다.

따라서 $\frac{1}{2}\times\frac{3\sqrt{2}}{2}\times\frac{7}{2\sqrt{2}}=\frac{21}{8}$

2019학년도 고3 사관기출 나형 17번

(2) 다음 그림과 같이 두 양수 a, b에 대하여 함수 $f(x)=a\sqrt{x+5}+b$의 그래프와 역함수 $f^{-1}(x)$의 그래프가 만나는 점을 A라 하자.

곡선 $y=f(x)$ 위의 점 B$(-1, 7)$과 곡선 $y=f^{-1}(x)$ 위의 점 C에

TIP 역함수 관계인 두 함수 위의 각각의 점 B, C는 직선 $y=x$에 대하여 서로 대칭이다.

대하여 삼각형 ABC는 $\overline{AB}=\overline{AC}$인 이등변삼각형이다.

삼각형 ABC의 넓이가 64일 때, ab의 값은? (단, 점 C의 x좌표는 점 A의 x좌표보다 작다.)

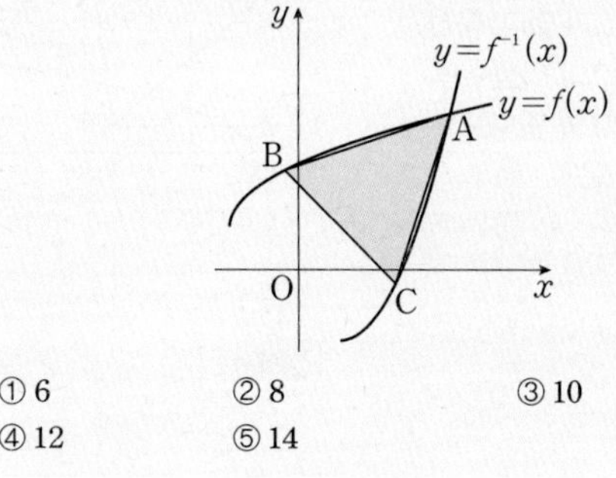

① 6 ② 8 ③ 10

④ 12 ⑤ 14

STEP A **역함수의 성질을 이용하여 점 C의 좌표 구하기**

삼각형 ABC는 $\overline{AB}=\overline{AC}$인 이등변삼각형이고

두 점 B, C는 각각 $y=f(x)$, $y=f^{-1}(x)$ 위의 점이므로

점 C는 점 B를 직선 $y=x$에 대하여 대칭이동한 점이다.

점 A에서 선분 BC에 내린 수선의 발은 선분 BC를 수직이등분하고 수직이등분선은 $y=x$이므로 직선 BC의 기울기는 -1이다.

점 B의 좌표가 B$(-1, 7)$이므로 점 C의 좌표는 C$(7, -1)$

이때 두 점 사이의 거리 공식에 의하여 선분 BC의 길이는

두 점 (x_1, y_1), (x_2, y_2) 사이의 거리는 $\sqrt{(x_2-x_1)^2+(y_2-y_1)^2}$

$\overline{BC}=\sqrt{(7+1)^2+(-1-7)^2}=8\sqrt{2}$

STEP B **삼각형의 넓이를 이용하여 점 A의 좌표 구하기**

직선 $y=x$ 위에 있는 점 A의 좌표를 A$(k, k)(k>7)$라 하고

점 A에서 변 BC에 내린 수선의 발을 D라 하자.

이등변삼각형 ABC에서 점 D는 두 점 B, C의 중점이므로 ← $\overline{BD}=\overline{CD}$

두 점 (x_1, y_1), (x_2, y_2)의 중점의 좌표는 $\left(\frac{x_1+x_2}{2}, \frac{y_1+y_2}{2}\right)$

점 D의 좌표는 D$(3, 3)$

두 점 A(k, k), D$(3, 3)$을 지나는 선분 AD의 길이는

두 점 (x_1, y_1), (x_2, y_2) 사이의 거리는 $\sqrt{(x_2-x_1)^2+(y_2-y_1)^2}$

$\overline{AD}=\sqrt{(k-3)^2+(k-3)^2}=\sqrt{2(k-3)^2}$

주어진 조건에서 삼각형 ABC의 넓이가 64이므로

$\frac{1}{2}\times\overline{BC}\times\overline{AD}=\frac{1}{2}\times 8\sqrt{2}\times\sqrt{2(k-3)^2}=8\sqrt{(k-3)^2}=64$

양변을 제곱하면 $(k-3)^2=64$, $k^2-6k-55=0$, $(k-11)(k+5)=0$

$\therefore k=11$ 또는 $k=-5$

그런데 $k>7$이므로 $k=11$

즉 점 A의 좌표는 A$(11, 11)$

STEP C **함수 $y=f(x)$가 지나는 점을 이용하여 a, b의 값 구하기**

함수 $f(x)=a\sqrt{x+5}+b$가

점 A$(11, 11)$을 지나므로

$x=11$, $y=11$을 대입하면

$11=a\sqrt{11+5}+b$

$\therefore 4a+b=11$ …… ㉠

함수 $f(x)=a\sqrt{x+5}+b$가

점 B$(-1, 7)$을 지나므로

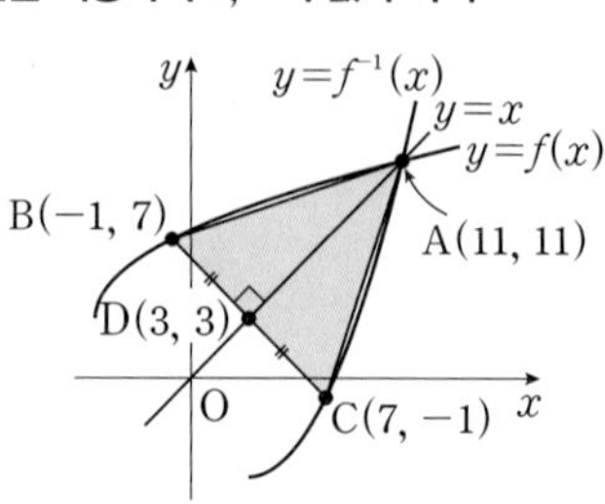

$x=-1$, $y=7$을 대입하면 $7=a\sqrt{-1+5}+b$

$\therefore 2a+b=7$ …… ㉡

㉠, ㉡을 연립하여 풀면 $a=2$, $b=3$

따라서 $ab=2\times 3=6$

0928

2009년 03월 고2 학력평가 29번

다음 물음에 답하시오.

(1) 두 함수 $f(x)=\sqrt{x+4}-3$, $g(x)=\sqrt{-x+4}+3$의 그래프와 두 직선 $x=-4$, $x=4$로 둘러싸인 도형의 넓이를 구하시오.

TIP 두 함수는 평행이동과 대칭이동으로 겹쳐질 수 있으므로 곡선의 모양은 같다.

STEP A 함수 $y=f(x)$와 $y=g(x)$의 그래프 그리기

함수 $y=\sqrt{x+4}-3$의 그래프는 $y=\sqrt{x}$의 그래프를 x축의 방향으로 -4만큼, y축의 방향으로 -3만큼 평행이동시킨 것이고

x대신 $x+4$, y대신 $y+3$을 대입한 것이다.

$y=\sqrt{-x+4}+3$의 그래프는 $y=\sqrt{-x}$의 그래프를 x축의 방향으로 4만큼, y축의 방향으로 3만큼 평행이동시킨 것이다.

x대신 $x-4$, y대신 $y-3$을 대입한 것이다.

즉 함수 $y=f(x)$, $y=g(x)$의 그래프는 다음과 같다.

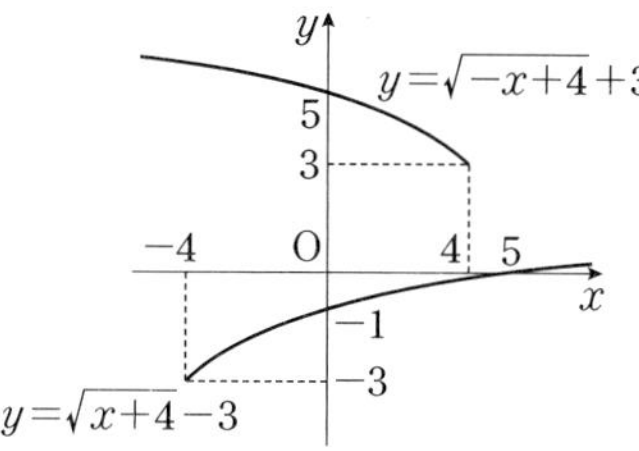

STEP B 둘러싸인 도형의 넓이 구하기

다음 그림과 같이 두 직선 $x=-4$, $y=3$과 곡선 $y=\sqrt{-x+4}+3$으로 둘러싸인 부분의 넓이를 S_1이라 하고

두 직선 $x=4$, $y=-3$과 곡선 $y=\sqrt{x+4}-3$으로 둘러싸인 부분의 넓이를 S_2라 하면 $S_1=S_2$

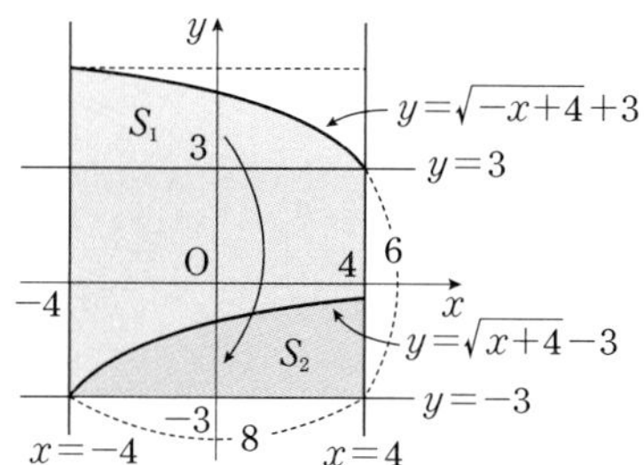

따라서 구하는 넓이를 S라 하면

$S=$(네 직선 $x=-4$, $x=4$, $y=3$, $y=-3$으로 둘러싸인 직사각형의 넓이)

$=8\times6=48$ ← S_1을 S_2로 옮기면 직사각형의 넓이와 같다.

2015년 06월 고2 학력평가 나형 25번

(2) 함수 $f(x)=\begin{cases}\sqrt{x} & (x\ge0)\\ x^2 & (x<0)\end{cases}$의 그래프와 직선 $x+3y-10=0$이 두 점 A$(-2, 4)$, B$(4, 2)$에서 만난다. 다음 그림과 같이 주어진 함수 $f(x)$의 그래프와 직선으로 둘러싸인 부분의 넓이를 구하시오.

TIP $y=\sqrt{x}$와 $y=x^2(x<0)$의 그래프는 대칭이동을 이용하여 겹쳐질 수 있으므로 곡선으로 둘러싸인 부분을 잘라서 삼각형의 넓이를 구하도록 한다.

(단, O는 원점이다.)

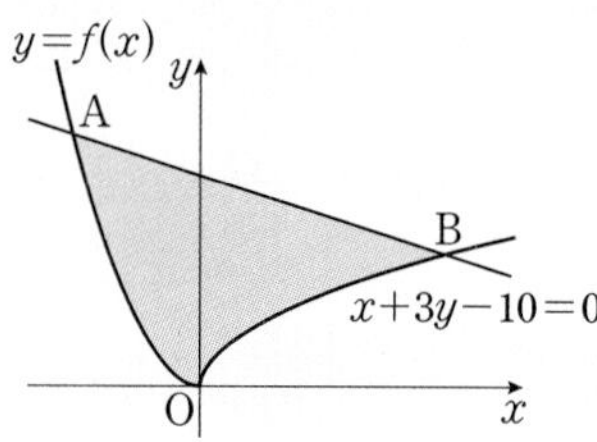

STEP A 두 직선 OA, OB와 $y=f(x)$의 그래프로 둘러싸인 두 부분의 넓이가 서로 같음을 이용하기

구하는 넓이를 S라 하면 함수 $y=\sqrt{x}$의 그래프는

함수 $y=x^2(x\le0)$의 그래프를 y축에 대하여 대칭이동한 후

x의 좌표에 음수를 곱한다.

직선 $y=x$에 대하여 대칭이동한 그래프와 일치한다.

x와 y의 좌표를 바꾸어 준다.

점 A는 같은 방법의 대칭이동으로 점 B로 이동한다.

점 A$(-2, 4)$를 y축에 대하여 대칭이동하면 $(2, 4)$

다시 $y=x$에 대하여 대칭이동하면 $(4, 2)$이므로 점 B가 된다.

즉 다음과 같이 S'의 영역과 S''의 영역의 넓이는 서로 같다.

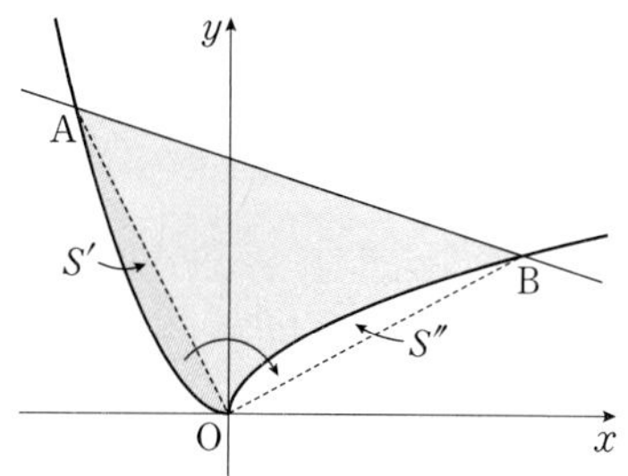

즉 구하는 넓이 S의 값은 삼각형 OBA의 넓이와 같다.

STEP B 삼각형 OAB의 넓이 구하기

삼각형 OBA에서 밑변을 $\overline{AB}$라 하면

높이는 원점과 직선 $x+3y-10=0$ 사이의 거리이다.

원점 $(0, 0)$과 직선 $ax+by+c=0$ 사이의 거리 $d=\frac{|c|}{\sqrt{a^2+b^2}}$

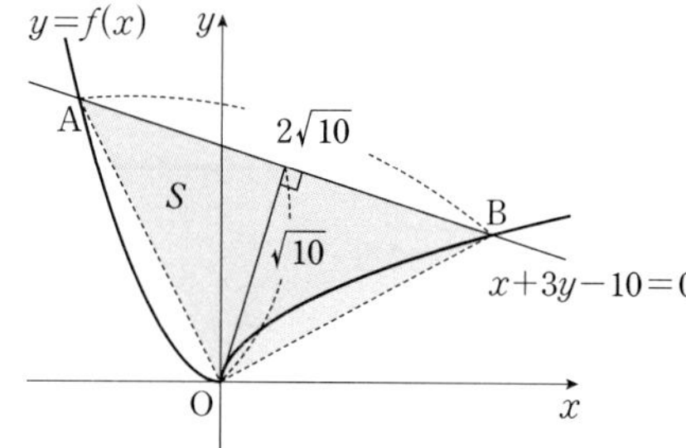

두 점 A$(-2, 4)$, B$(4, 2)$ 사이의 거리에 의하여

두 점 A(x_1, y_1), B(x_2, y_2) 사이의 거리는 $\overline{AB}=\sqrt{(x_2-x_1)^2+(y_2-y_1)^2}$

$\overline{AB}=\sqrt{(4+2)^2+(2-4)^2}=2\sqrt{10}$이고

높이는 $\frac{|0+3\times0-10|}{\sqrt{1^2+3^2}}=\sqrt{10}$

따라서 $S=\frac{1}{2}\times\sqrt{10}\times2\sqrt{10}=10$

MINI해설 사다리꼴의 넓이에서 삼각형의 넓이를 빼서 풀이하기

직선 $x+3y-10=0$이 y축과 만나는 점은 C$\left(0, \frac{10}{3}\right)$

점 C를 $y=x$에 대하여 대칭이동한 점을 C$'\left(\frac{10}{3}, 0\right)$이라 하고

점 B에서 x축에 내린 수선의 발을 H라 하자.

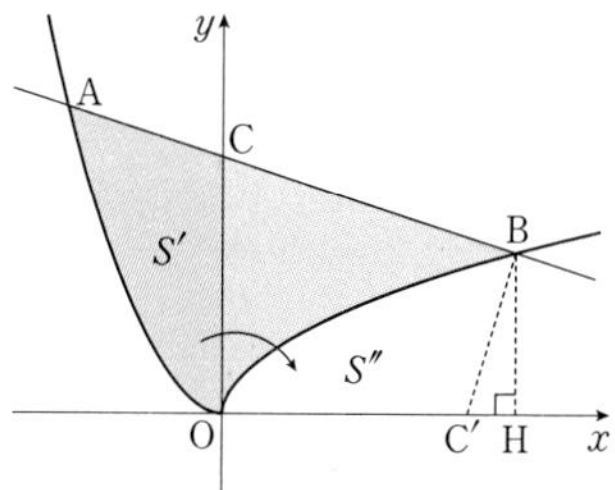

그림과 같이 S'의 영역과 S''의 영역의 넓이는 서로 같기 때문에 S의 값은 사다리꼴 COHB의 넓이에서 삼각형 BC$'$H의 넓이를 뺀 것과 같다.

(사다리꼴 COHB의 넓이)$=\frac{1}{2}\times\left(2+\frac{10}{3}\right)\times4=\frac{32}{3}$

(삼각형 BC$'$H의 넓이)$=\frac{1}{2}\times\left(4-\frac{10}{3}\right)\times2=\frac{2}{3}$

따라서 $S=\frac{32}{3}-\frac{2}{3}=10$